W0035375

v. Sengbusch · Botanik

Peter von Sengbusch

Botanik

Mit 841 Abbildungen

McGraw-Hill Book Company GmbH
Hamburg · New York · St. Louis · San Francisco · Auckland · Bogotá · Guatemala
Lissabon · London · Madrid · Mailand · Mexiko · Montreal · Neu Delhi · Panama
Paris · San Juan · São Paulo · Singapur · Sydney · Tokio · Toronto

CIP-Kurztitelaufnahme der Deutschen Bibliothek:

Sengbusch, Peter von:

Botanik/Peter von Sengbusch. – Hamburg;
New York [u.a.]: McGraw-Hill, 1988.

ISBN 3 – 89 028 – 217 – 2

Lektorat und Herstellung: Siegfried Fischer, Stuttgart
Umschlag: Grafik Design Studio, Hamburg
Gesamtherstellung: Druckerei Kossuth, Budapest

Printed in Hungary
ISBN 3 – 89 028 – 217 – 2

Vorwort

Warum ein Lehrbuch über Botanik, wo doch jeder, der etwas auf sich hält, heute nur noch über Bio- und Gentechnologie redet und wo Lehrpläne mancher Universitäten durch Studien- und Prüfungsordnungen unabänderlich festgeschrieben sind? Jede Wissenschaft ist ein Teil menschlicher Kulturgeschichte, sie spiegelt einen ständigen Wandel wider, sie fußt auf angesammeltem Wissen und ist ein Abbild menschlicher Neugier. Ein solcher Wissensfundus kann nicht durch einige wenige Daten der letzten Jahre in Frage gestellt werden. Vielmehr dient er als eine solide Basis, die durch neue Ergebnisse erweitert wird und Anlaß zu neuen Fragen gibt. Es ist daher nicht die Aufgabe eines neuen Lehrbuchs, Bekanntes zu widerrufen oder zu vernachlässigen, sondern es unter einem neuen Blickwinkel zu sehen. Gründe, die Autoren bewegen, ein Lehrbuch zu verfassen, finden sich auch in der anschließenden Zitatensammlung.

Um Pflanzen, ihr Wachstum, ihre Differenzierung und ihre ökologischen Ansprüche zu verstehen, bedarf es aller zu einem gegebenen Zeitpunkt verfügbaren Methoden und Denkansätze. Der Evolutionsforscher Ernst Mayr wies kürzlich darauf hin, daß die herausragende Erkenntnis der Biologie des 20. Jahrhunderts die „Einheit der Biologie" sei. Um den Gedanken nachzuvollziehen, bedarf es der Betrachtung der molekularen und zellulären Vorgänge. Erst hier zeigt sich, daß die Genome der Tiere, Planzen und anderen Organismen in gleicher Weise organisiert sind, in gleicher Weise exprimiert werden, daß die Zellen aus gleichartigen Komponenten bestehen, über die gleiche molekulare Architektur verfügen und daß die Kommunikation der Zellen untereinander auf denselben Prinzipien beruht. Die Evolution der Organismen verstehen wir heute als einen Vervollkommnungsprozeß, ein Zusammenfügen wertvoller genetischer Information und deren sinnvoller Nutzung. Die Organismen nahmen im Verlauf der Evolution an Komplexität zu, der Weg dorthin folgte aber verschiedenen Strategien. In der Evolution der Tiere ist es ein Mehr an Struktur und Leistung. Nur durch die Zunahme der Neuronenzahl und die Erhöhung des Verknüpfungsgrades konnte die Qualität des Lernens verbessert werden, Denken wurde möglich. Bei den höheren Pflanzen – den Blütenpflanzen – sieht es so aus, als würde die Zunahme der Artenzahl, der Vielfalt der Formen, der Anpassungen an die verschiedensten Standortbedingungen und an Bestäuber auf einer stetig geringeren Nutzung der zur Verfügung stehenden genetischen Information beruhen. Das bedeutet, daß zunehmend Gene abgeschaltet, bestimmte Genaktivitäten inhibiert und Biosynthesewege verkürzt werden. Die auf diese Weise entstandenen Formen – auf vielfache Weise abgewandelt – ergeben so die von uns erkannte Vielfalt. Eine zeitweilige Inaktivierung von Genen kann durch die Wirkung bestimmter „Schalter", der Transposons, erklärt werden. Offensichtlich spielen diese bei der Evolution höherer Pflanzen eine herausragende Rolle. Es wird zunehmend deutlich, daß sich die Natur gentechnischer Methoden bedient. Diese gehören derzeit zu den – auch in der Öffentlichkeit – kontrovers diskutierten Themen. Wenngleich in der Anwendung gewisse Gefahren nicht geleugnet werden dürfen, muß hervorgehoben werden, daß sich die Gentechnik bereits heute als eine effiziente Methode zur Klärung vieler Probleme der botanischen Grundlagenforschung bewährt hat, und daß sie auch in Zukunft erfolgreich sein wird, steht außer Frage. Für einen Botaniker ist es wichtig zu wissen, wo und wofür sie einsetzbar ist. Doch bei weitem nicht alle Probleme sind durch sie lösbar. 1988 erhielten drei deutsche Wissenschafter – J. Deisenhofer, R. Huber, H. Michel – den Nobelpreis für

Chemie als Anerkennung für ihre Arbeiten zur Aufklärung der molekularen Struktur eines Photosynthesereaktionszentrums. Die Photosynthese ist eine Domäne botanischer Forschung. Sie ging viele Irrwege, man könnte sogar sagen, daß die Geschichte dieser Forschungsdisziplin im 20. Jahrhundert eine Aneinanderreihung von Mißverständnissen aufweist. Auch durch die preisgekrönten Arbeiten ist man noch nicht am Ziel. Die Ergebnisse wurden mit einer physikalischen Methode – der Röntgenstrukturanalyse – und dem Einsatz von Großrechnern erzielt. Als Versuchsobjekte dienten keine Pflanzen, sondern Bakterien. Und nur weil wir aus der Evolutionsforschung heraus wissen, daß die Photosynthese in Bakterien entstanden ist und die Vorläufer der Pflanzen Zellen dieser Art als Endosymbionten aufgenommen haben, kommt den Arbeiten auch eine entscheidende Bedeutung für die Botanik zu.

In der klassischen Biologie werden Botanik und Zoologie als zwei gleichwertig nebeneinanderstehende Disziplinen betrachtet und gelehrt. Die Kenntnis der Baupläne von Tieren und Pflanzen wird als unabdingbares Grundwissen eingestuft. Leider ist es aber so, daß die gerade beschriebenen Gemeinsamkeiten der Organismen auf dieser Ebene am wenigsten in Erscheinung treten. Es ist daher nicht mehr unumstritten, über welches Grundwissen ein Studienanfänger verfügen muß. Bedingt durch die bereits an Schulen erfolgte Spezialisierung, beginnen Biologiestudenten ihr Studium unter verschiedensten Voraussetzungen und unterschiedlichsten Vorkenntnissen, ebenso variabel sind deren Berufsvorstellungen. Natürlich ist es für einen Studenten, der es sich zum Ziel gesetzt hat, im Labor zu arbeiten, nicht nötig, über umfassende Artenkenntnisse zu verfügen oder den Generationswechsel bestimmter Pflanzengruppen zu beherrschen. Andererseits ist es aber unabdingbar, daß andere sich sehr intensiv damit befassen. Die Arten- und Formenvielfalt gehört (noch!?) zu unserer realen Umwelt. Wir müssen sie kennen, alleine schon, um eine Handhabe für ihren Schutz zu haben. Ein Studium ist ein Nachvollziehen dessen, was Generationen von Menschen auch erst mühsam lernen mußten. Der Erkenntniszuwachs ist stets an die Leistungen bestimmter Personen gebunden. Es gibt nicht die Wissenschaft *per se,* sondern nur einen Konsens darüber, was erforderlich ist, um sich untereinander zu verständigen. Ausgewählte Inhalte auf Kosten anderer daher als Grundwissen zu deklarieren, wirkt demotivierend und kommt einer Bevormundung der Lernenden gleich. Sie widerspricht der traditionellen Aufgabe der Universität, selbständig denkende Erwachsene auszubilden, die sich nach Studienabschluß in der außeruniversitären Umwelt zu bewähren haben. Ein Lehrbuch – und so möchte ich es verstanden sehen – stellt einen Erfahrungsbericht dar, es ist keine Verkündung *ex cathedra.*

Ich habe es mir nicht zur Aufgabe gemacht, einen Studenten zum Botanikstudium zu motivieren; das hätte bereits vor Studienbeginn geschehen müssen. Ich habe mich jedoch bemüht, die unterschiedlichsten Facetten botanischer Grundlagenforschung zusammenzustellen und Zusammenhänge aufzuzeigen. Der Erfolg eines Studiums hängt am wenisten von guten Prüfungsleistungen ab; viel wichtiger ist es, das Gefühl zu bekommen, sich mit einer Sache, einem Problem identifizieren zu können und der „Wissenschaft" nicht als einer abstrakten Größe gegenüberzustehen. Sich mit einem Thema oder Problem zu identifizieren heißt auch, mit anderen darüber zu sprechen und Erfahrungen weiterzugeben. Verschiedene Formen des Lehrens und Lernens dienen der gegenseitigen Verständigung. Eine Spezialisierung, so notwendig sie im Institutsalltag bzw. am Arbeitsplatz auch sein mag, birgt oft die Gefahr der Isolation in sich. Dem ein wenig entgegenzuwirken ist ein weiteres Anliegen dieses Buches. Unsere heutige Gesellschaft ist an vielen Fragen interessiert, zu denen Botaniker Beiträge leisten können. Ohne die Mithilfe der Politik lassen sich die anstehenden Probleme (z. B. Waldsterben in Mitteleuropa, Zerstörung tropischer Regenwälder, verschmutzte Nordsee) nicht lösen. Den Biologen fällt die schwere Aufgabe zu, die Öffentlichkeit über komplexe Zusammenhänge in lebenden Systemen aufzuklären.

Dieses Lehrbuch ist die Wiedergabe von Lehrinhalten, die ich in Veranstaltungen an der Universität Bielefeld vorgetragen habe. Dazu zählen Praktika in der Aufbauphase der Fakultät für Biologie Mitte der siebziger Jahre und eine Anzahl von Vorlesungen und Seminaren in den letzten Jahren. Die Erarbeitung der Inhalte hingegen geschah andernorts: am Institut für Allgemeine Botanik und Botanischer

VI

Garten der Universität Hamburg. Hier waren das wissenschaftliche Umfeld und die Infrastruktur eines Instituts mit langer Tradition vorhanden, die die Voraussetzung zur Konzeption eines umfassenden Lehrprogramms sind. Die Bibliothek mit in vergangene Jahrhunderte zurückreichenden Beständen, die umfangreichen Algensammlungen, Präparatesammlungen, der Botanische Garten und das Herbarium Hamburgense boten Anschauungsmaterial für neue Lehrinhalte. Den Mitarbeitern des Hauses danke ich für viele Anregungen sowie für Bereitstellung, Auswahl und Mithilfe bei der Bewertung des Materials. Ich danke dem früheren Geschäftsführenden Direktor des Instituts, Herrn Prof. Dr. W. Abel, dafür, daß er mir im Rahmen einer Vertretungsprofessur Ende der siebziger Jahre die entsprechenden Arbeitsmöglichkeiten bot. Der Stiftung Volkswagenwerk (Hannover) danke ich für die Gewährung eines Akademiestipendiums, wodurch ich Zeit für eine Forschungstätigkeit gewann, die sich als eine fundierte Basis für die Umsetzung von Forschungsergebnissen in Lehrinhalte erwies. Viele der Abbildungen in dem Buch wurden speziell dafür angefertigt. Den Studierenden Rainer Duden, Andrea Fock, Rolf Kappler und Michael Meyberg danke ich für die Herstellung vieler Präparate und Aufnahmen, Frau C. Adami (Hamburg) für die Mitarbeit an Dunkelkammerarbeiten und Herrn K. Weigel (Bielefeld) für die Herstellung der Mehrzahl der graphischen Darstellungen. Herrn Prof. Dr. U. Kristen und Herrn Prof. Dr. K. Kubitzki (Hamburg) danke ich für die fachliche Kritik an zahlreichen Kapiteln. Frau Dr. Susanne Renner (Universität Aarhus) hat das Manuskript vollständig durchgearbeitet und mir eine Vielzahl von Verbesserungsvorschlägen unterbreitet; ihr gilt mein besonderer Dank. Ich danke allen Kollegen im In- und Ausland, die mich mit zusätzlichen Abbildungsvorlagen versorgten und mir die Nachdruckerlaubnis für graphische Darstellungen erteilten. Besonders hervorheben möchte ich die Unterstützung durch Prof. Dr. W. Barthlott (Bonn), Prof. Dr. J. Bauch, Dr. H.-G. Richter, Dr. U. Schmitt und Dr. G. Seehann (Reinbek), Dr. S. Berger (Ladenburg), Dr. A. Coté (Paris), Prof. Dr. H. D. Ihlenfeldt, Dr. V. Bittrich, Dr. N. Jürgens und M. Struck (Hamburg), Prof. Dr. R. Kollmann (Kiel), Prof. Dr. P. Leins (Heidelberg), Dr. H. Lörz (Köln), Dr. I. Lichtscheidl und Dr. D. G. Weiss (Wien/München), Prof. Dr. E. Schnepf und Dr. H. Quader (Heidelberg) und Prof. Dr. T. N. Taylor (Ohio State), die mir umfangreiche Bildserien zur Verfügung gestellt haben.

Hamburg, Oktober 1988   Peter von Sengbusch

Aus Vorworten

Wer aus dem vorliegenden Buch Botanik zu lernen denkt, der möge es gleich wieder ungelesen beseite legen, denn Botanik lernt man nicht aus Büchern. Wer aber die Natur selbst zu erforschen strebt und sich dabei nach einem Führer umsieht, der ihn manchen Fehler, zu dem verführerischer Schein reizt, vermeiden lehrt, biete ich diese Grundzüge an.
M.J. Schleiden: Grundzüge der wissenschaftlichen Botanik, 1842

Das hier vorliegende Lehrbuch der Botanik soll den Anfänger in den gegenwärtigen Zustand unserer Wissenschaft einführen, es soll ihn nicht nur mit den wichtigsten bereits festgestellten Tatsachen des Pflanzenlebens bekannt machen, sondern auch auf die Theorien und Probleme hinweisen, mit denen sich die botanische Forschung jetzt vorwiegend beschäftigt... Übrigens wird der aufmerksame Leser aus meiner Behandlung der Literatur auch leicht die Namen und die Bedeutung derjenigen Forscher kennenlernen, welche zumal in neuerer Zeit die Wissenschaft wesentlich gefördert haben.
J. Sachs: Lehrbuch der Botanik, 1873 (3. Aufl.)

Wer aber Vorlesungen hält, hat nicht nur das Recht, sondern auch die Pflicht, seine eigenste Auffassung des Gegenstandes in den Vordergrund zu stellen. Die Hörer wollen und sollen wissen, wie sich das Gesamtbild im Kopfe des Vortragenden gestaltet, es bleibt dabei Nebensache, ob andere ebenso oder anders denken.

J. Sachs: Vorlesungen über Pflanzenphysiologie, 1882

Das ganze physiologische Forschen ist in voller Entwicklung. Es kann das Buch nur ein Bild vermitteln, wie wir derzeit die Vorgänge sehen, wo jetzt die forschende Front verläuft, gut bearbeitete Felder hinter uns liegen und wo Neuland sichtbar wird. Es ist die Aufgabe eines jeden Lehrbuches, Rechenschaft zu geben, wo wir in unserer Forschung stehen und welche Vorstellungen wir uns derzeit bilden können. Es ist das Schicksal eines jeden Lehrbuches, durch die kommende Forschung überholt zu werden. Möge der junge Nachwuchs, den wir auch in der Botanik so dringend notwendig brauchen, aus unserer Darstellung diesen Stand der Erkenntnis gewinnen und mögen durch seine Forscherarbeit unsere Bücher möglichst bald veraltet sein.

F. v. Wettstein, zitiert nach E. Bünning: Entwicklungs- und Bewegungsphysiologie der Pflanze, 1953 (3. Aufl.)

Ich sehe [...] keinen Nachteil darin, wenn nicht nur dem Forscher, sondern auch dem Studenten neben den Tatsachen die Meinung des Verfassers vorgelegt wird. So wird der Lernende frühzeitig erkennen, daß die Wissenschaft nicht eine Anhäufung von Tatsachen ist, die man nach Be darin, wenn nicht nur dem Forscher, sondern auch dem Studenten neben den Tatsachen die Meinung des Verfassers vorgelegt wird. So wird der Lernende frühzeitig erkennen, daß die Wissenschaft nicht eine Anhäufung von Tatsachen ist, die man nach Belieben entweder aus einer Vorlesung oder aus einem Buch erlernen könne. Wichtiger als die Vermittlung von Tatsachen ist das Überzeugen von der Notwendigkeit, sich zu der Erarbeitung einer eigenen Auffassung über die Wege und Ergebnisse der biologischen Forschung nicht mit einer Quelle zu begnügen.

E. Bünning: Entwicklungs- und Bewegungsphysiologie der Pflanze. Berlin, Göttingen, Heidelberg: Springer 1953 (3. Aufl.)

Darstellungen der Ökologie gibt es in großer Zahl. Warum noch eine?
Jeder Mensch ist anders, jeder sieht die Probleme anders. Jeder setzt die Gewichte anders, jeder hat einen anderen Stil. Wie ich mir als Student oft sehr spezifische Bücher auswählte, so scheint mir heute eine Wahlmöglichkeit unter verschiedenen und verschiedenartigen Darstellungen notwendig. Der Mannigfaltigkeit der Ökologie kommt man meines Erachtens am nächsten, wenn auch eine Mannigfaltigkeit an Darstellungen zu Verfügung steht.

H. Remmert: Ökologie, ein Lehrbuch. Berlin, Heidelberg, New York: Springer 1978 (1. Aufl.)

Inhalt

Interzelluläre Kommunikation

Wechselwirkungen zwischen Pflanzen und Pilzen, Bakterien, Viren

Evolution

Überblick über das Pflanzenreich

Ökologie

Register 844

1. Botanik. Geschichte einer Wissenschaft

Botanik ist die Wissenschaft von den Pflanzen. Doch was bedeutet diese Aussage? Ist Wissenschaft das, was heute in den Laboratorien erarbeitet wird, im Freiland beobachtet wird oder in großen Bibliotheken nachzulesen ist?

Sicher sind das alles Aspekte, doch sie allein runden das Gesamtbild nicht ab. Wissenschaft ist gleichwohl eine intellektuelle Auseinandersetzung mit einem ge-

JOACHIMUS JUNGIUS
Ph. et Med. D.,Gymnafij olim Hamburg. Rector, illiusq, ut et Gießenæ,Roftoch.,et
Juliæ Academ. Prof. P.,Mathematicus fummus ceteraq, Incomparabilis Philofophus

JUNGIUS, invicti fcrutator, cernite, veri
Maximus, his oculis, hoc fuit ore gravi.
Abdita mens, ardens, fubtilis, & omnibus inftans,
Sollicitam vultu fe probat ipfa fuo.
Immenfum cui fcire datum eft, huic nulla putantur
Effe fatis: nunquam, quod cupit, omne capit.

A. C. clɔ lɔc LXXVII. M. K.

Joachim Jungius (1587–1657); Begründer der modernen Terminologie in der Botanik. Diese wurde später von J. Ray ausgebaut und von C. v. Linné vervollkommnet. (Staats- und Universitätsbibliothek Hamburg)

gebenen Thema. Sie ist der Versuch, aus Einzelbeobachtungen etwas allgemein Gültiges zu erschließen, aus Bekanntem auf Unbekanntes zu extrapolieren und sich mit der Kritik gegenteiliger Argumente auseinanderzusetzen. Die Wissenschaft über Pflanzen hat eine lange Geschichte. Sie verlief wie die übrige menschliche Kulturgeschichte weder geradlinig noch zielstrebig: Phasen ausgiebigen Erkenntnisgewinns wechselten mit Rückschlägen ab. Vor allem in den zurückliegenden Jahrhunderten wurden Ansichten mit äußerster Härte, oft mit Polemik und persönlicher Diffamierung Andersdenkender ausgefochten, wenngleich die Auseinandersetzungen nicht an das Ausmaß der Inquisition G. Galileis heranreichten.

Fehldeutungen von Befunden gehören genauso wie ihre Richtigstellung zum Alltag einer jeden Wissenschaft. Zu einer akzeptierten – oft auch Lehrbuchmeinung genannten – Aussage zählen Befunde, zu denen es (zu einem bestimmten Zeitpunkt) Zustimmung gibt, die mit anderen, verwandten Aussagen (oder Beobachtungen) im Einklang stehen und die (fast) allen Versuchen, sie zu widerlegen, standhalten. Nicht selten werden gegenteilige Befunde (oft sehr lange) als „unwesentliche Ausnahmen" hingenommen, ehe eine neue Hypothese oder mit neuartigen Methoden gewonnene Ergebnisse diese Befunde bestätigen und die alten Vorstellungen in ein neues Licht rücken.

Die Geschichte der Wissenschaft ist die Geschichte eines Lernprozesses. Die Beschäftigung mit Pflanzen und die Entwicklung menschlicher Kultur sind nicht voneinander zu trennen. Pflanzen sind wichtige Nahrungsmittel des Menschen und nicht nur für ihn, sondern für alle Primaten, viele *Mammalia,* andere Vertebraten usw. Es gehört demnach auch nicht zu den kulturellen Errungenschaften des Menschen, erkannt zu haben, daß bestimmte Pflanzen nahrhafter als andere sind und manche gemieden werden müssen, weil sie voller Bitter- und/oder Giftstoffe sind. Tiere meiden sie aus Erfahrung oder einem Instinkt folgend. Pflanzen dienen nicht nur der Nahrung. Sie können zu Werkzeugen verarbeitet werden oder dienen als Material zum Bau von Behausungen.

Worin liegen nun die Leistungen früher menschlicher Kulturen, und inwieweit haben sie es verstanden, Pflanzen zu nutzen?

Der entscheidende Aspekt mag wohl in der Tatsache liegen, daß es ihnen gelang, bestimmte Arten zu selektieren und in Kultur zu nehmen. Daraus ergaben sich neue Aufgaben. Seßhaftigkeit und Entwicklung neuer Sozialstrukturen waren ebenso entscheidend wie die Fortentwicklung von Anbauverfahren (Bearbeitung des Bodens) und der Lagerung der Ernte. Durch Erfahrung gewann man die Einsicht, daß höhere Erträge durch die Wahl geeigneten Saatguts zu erzielen seien. Damit waren die Grundlagen einer Pflanzenzüchtung gelegt; es entstanden Kulturpflanzen (zahme Pflanzen, wie sie die Griechen in der Antike nannten), die sich in immer stärkerem Maße von den Wildformen unterschieden. Die Nutzung des Feuers war ein wesentlicher Fortschritt bei der Zubereitung von Nahrungsmitteln.

Zu den ersten und auch heute noch wichtigsten Kulturpflanzen gehören eine Anzahl von Grasarten (Getreide). Ihre Samen sind unaufgeschlossen schlecht verdaulich, und vielleicht war gerade der Umgang mit ihnen eine Herausforderung an den menschlichen Verstand, etwas zu unternehmen, um sie in eine eßbare Form zu überführen. Getreidearten waren aber nicht die einzigen Kulturpflanzen. Die frühen, uns noch erhaltenen Kunstwerke und schriftlichen Dokumente überliefern uns, daß der Mensch eine Anzahl von Pflanzen nutzte und bereits die Erfahrung besaß, sie für ganz bestimmte Zwecke einzusetzen. So finden sich in altbabylonischen Schriften (erhalten in arabischen Übersetzungen) Hinweise über die Bearbeitung des Bodens, über die Verbesserung der Saaten, Bäume und Früchte und über den Schutz der Pflanzen vor Schäden. Besonderer Wert wurde auf die Beschreibung von Giften und die Nutzung von Arzneipflanzen gelegt.

Eine Fülle von Erkenntnissen wurde bereits in den ersten Büchern des Alten Testaments dargelegt. K. Sprengel hat 1817 in seiner „Geschichte der Botanik" den ersten großen Versuch unternommen, alles über das Wissen von Pflanzen in der Literatur der Antike zusammenzutragen und die in vielen Sprachen unterschiedlichen Pflanzenbezeichnungen zu deuten. Zur Illustration dessen seien einige Beispiele genannt:

Die Ägypter produzierten aus dem Mark von Papyrus *(Cyperus papyrus)* Papier. Da offensichtlich ein großer Bedarf dafür bestand, stellte sich die Frage, ob Papyrus auch ohne Schlamm aufwachsen könne. Aus der Papyruspflanze wurde nicht nur Papier gewonnen, es wurden auch Kränze für Könige und Götter daraus gewunden.

Die Ägypter kannten ursprünglich nur den Sommerweizen *(Triticum aestivum);* der Winterweizen wurde erst wesentlich später aus dem Sommerweizen gezüchtet.

Bekannt waren der Ölbaum, die Weinrebe und der Feigenbaum. Letzterer lieferte zwar schmackhafte Früchte, doch nur sehr schlechtes Bauholz.

Pflanzen wurden nicht allein unter rein nützlichen Gesichtspunkten gesehen. Man durchschaute nicht alle ihre Eigenarten, schrieb ihnen besondere Kräfte zu und hielt einige von ihnen für heilig. So war die Lotuspflanze *(Nelumbio nucifera)* den alten Ägyptern ebenso wie den Hindus und anderen östlichen Völkern heilig. Ihre Früchte wurden gegessen, nur den ägyptischen Priestern waren sie verboten.

In vielen alten Sagen wurde den Pflanzen Sanftheit und Zartheit der Gefühle zugeschrieben, in allen Kulturkreisen wurde die Schönheit und die Vergänglichkeit der Blüten gesehen und mit emotionellen Werten belegt. Von den Griechen und Römern sind nur wenige bildliche Darstellungen von Pflanzen überliefert, doch um so häufiger erscheinen sie in ihrer Mythologie.

Die Entstehung der Pflanzen wurde mit Göttersagen verknüpft. Der Spartaner Hyacinthos, von Apoll geliebt, wurde in eine Blume gleichen Namens verwandelt. Das gleiche Schicksal widerfuhr Narcissos. Die Heliaden, die Töchter der Sonne, wurden zu Schwarzpappeln, welche Electron (Bernstein) ausschwitzen.

Homers Kenntnis der Pflanzen beschränkte sich auf nützliche, vorwiegend aus Kleinasien stammende Arten. Zu den wichtigsten Kulturpflanzen Griechenlands und Kleinasiens gehört der Ölbaum, der einer Sage nach von Herkules, als er von Prometheus befreit wurde, vom Kaukasus nach Griechenland gebracht worden sein soll.

Klar unterschied Homer zwischen den wilden und den zahmen Formen (Kulturformen).

Arzneipflanzen spielten in Griechenland eine herausragende Rolle. Sie wurden von Wurzelgräbern (Rhizotomen) gesammelt. Diese arbeiteten mit Aberglaube und angeblicher Zauberei. Die Richtung des Windes, die Stunde des Tages oder der Nacht waren erfolgsentscheidend. Tänze und Gebete, oft auch obszöne Äußerungen begleiteten die Pflanzensuche.

Der wohl geschickteste Rhizotom (nach Aussage von Theophrast, siehe folgenden Abschnitt) war Thrasyas von Mantinea. Er befaßte sich mit der Bereitung von Giften aus Mohnsaft und Schierling und stellte fest, daß dieselbe Pflanze, je nach Anlage des Körpers, bisweilen Arzneikräfte, manchmal keine und manchmal Giftwirkungen ausübte.

Erste wissenschaftliche Darstellungen

Betrachtete man die Pflanzen bislang in erster Linie unter dem Gesichtspunkt der Nützlichkeit für und der Wirkung auf den Menschen, folgte in einer späteren Zeitepoche die Beschäftigung mit den Pflanzen an sich. Man verglich sie mit den Tieren und stellte fest, daß letztere dem Menschen näher stehen als die Pflanzen. Aus der philosophischen Schule der Pythagoräer ist Empedokles aus Agrigent (Akragas) der bekannteste. Nach ihm besteht die Welt aus vier Elementen: Wasser und Feuer, Erde und Luft. Als Elemente sind sie ewig und unveränderlich, und nur durch wechselseitige Anziehung und Abstoßung derselben erklärt sich die Entstehung und der Untergang der Körper.

2

Abb. 1.1. Universalgelehrte und Botaniker des Altertums, des Mittelalters, der Renaissance und des 17. Jahrhunderts. *a* Theophrast, *b* Plinius Secundus *c* Albertus Magnus *d-f:* „Die Väter der deutschen Botanik" (K. Sprengel): *d* O. Brunfels, *e* H. Bock, *f* L. Fuchs, *g* K. Gesner, *h* A. Caesalpin(o), *i* J. P. de Tournefort. (Bildvorlagen aus: V. B. Wittrock, 1902)

3

Er lehrte, daß Pflanzen ebenso wie Tiere eine Seele hätten, die verlangen und sich betrüben könne, ja sogar Verstand und Vernunft habe. Die Richtung der Zweige und Blätter gegen die Sonne und die Wiederherstellung dieser Richtung, wenn sie niedergebeugt werden, schien die beseelte Natur zu bestätigen. Die Pflanzen seien früher entstanden als die Tiere. Es gäbe keinesfalls eine Einheit in ihrem Organismus, sondern jeder Teil lebe für sich.

Von Aristoteles (geb. 384 v. Chr. in Stagira auf Chalkidike, gest. 322 v. Chr. in Chalkis), dessen umfangreiches Werk über das Tierreich Jahrhunderte geprägt hat, ist wenig über seine Arbeiten an Pflanzen überliefert. Doch in vielen seiner erhaltenen Werke finden sich Hinweise auf die Natur der Pflanzen.

Er sah, daß die Dinge in der Natur klassifizierbar waren und daß es ein Kontinuum von unbelebten Dingen zu den belebten Tieren gab. Den Pflanzen ordnete er eine Mittelstellung zu und ging davon aus, daß es Übergänge zwischen ihnen und den Tieren gäbe. So zweifelte er bei verschiedenen Meeresbewohnern, ob sie der einen oder der anderen Gruppe zuzuordnen seien.

Den Begriff „Seele", der bis über die Renaissance hinaus immer wiederkehrt, würde man heute durch den Ausdruck „Leben" ersetzen und die alte Problematik in die Fragen kleiden: Was ist Leben? Warum lebt eine Pflanze, wodurch unterscheiden sich Pflanzen von toter Materie?

Antworten auf solche Fragen wurden immer wieder gegeben. Aristoteles schreibt dem Leben (der Seele) Denken und Empfinden zu, die Fähigkeit zur Bewegung und im Zusammenhang mit der Ernährung das Wachstum. Er erkannte die Beziehung zwischen Nahrungsaufnahme (bei Pflanzen durch die Wurzel aus der Erde) und dem Wachstum in alle Richtungen. Im Gegensatz zu den Tieren sei das Weibliche nicht vom Männlichen getrennt, die Pflanze habe beide Geschlechter in sich. Der Hauptzweck der Vegetation sei der Fruchtansatz und die Fortpflanzung.

Der bedeutendste und einflußreichste Botaniker des Altertums war Aristoteles' Schüler Theophrast (Tyrtamus aus Eresos auf Lesbos: 371–286 v. Chr., s. Abb. 1.1a), der den Nachlaß (einschließlich der Bibliothek) seines Lehrers übernahm und weiter bearbeitete. Die entscheidende Periode seines Lebens verbrachte er, ebenso wie vor ihm Aristoteles, in Athen. Er versammelte eine große Zahl von Schülern um sich und betreute den ersten wissenschaftlichen Botanischen Garten (über dessen Größe, Pflanzenbestand und Bestandsdauer nichts überliefert ist). Theophrast verfaßte zwei überlieferte Schriften:
1. Die Naturgeschichte der Gewächse
2. Über die Ursache des Pflanzenwuchses

Beide Werke gelangten in der Mitte des 15. Jahrhunderts in den mitteleuropäischen (abendländischen) Kulturkreis. Durch den Griechen T. Gaza wurden sie auf Veranlassung von Papst Nikolaus V. ins Lateinische übersetzt (1483 in Treviso gedruckt). Die Übersetzung soll fehlerhaft sein, die ihr zugrunde liegende Handschrift ging verloren. Eine weitere Fassung erschien 1497, die teils weniger und teils mehr Mängel als die vorangegangene aufwies. Die erste Bearbeitung in deutscher Sprache wurde 1822 von K. Sprengel herausgebracht. Für Jahrhunderte bildeten Theophrasts Werke eine unabänderliche Richtschnur, nach der Pflanzenkunde gelehrt und verstanden wurde. Es sind Werke der allgemeinen Botanik. Pflanzenarten werden daher eher beiläufig genannt, und es ist oft schwer zu rekonstruieren, welche Arten wirklich gemeint sind. Theophrasts Wissen über ausländische Arten war lückenhaft, obwohl er auch über sie berichtet. Seinerzeit waren den Griechen durch die Feldzüge Alexanders des Großen Indien, Persien, Baktrien, Syrien, Ägypten und Libyen bekannt. Die Reiseberichte der Begleiter Alexanders waren jedoch unzuverlässig und oft widersprüchlich.

Wegen des kulturgeschichtlich bedeutenden Einflusses sollen im folgenden die wichtigsten Gedankengänge und Begriffe aus Theophrasts Werken zusammenfassend skizziert werden, allein schon um darzulegen, wie vielfältig das Wissen über Pflanzen in der Antike war und nach welchen Kriterien die Erkenntnisse systematisiert und geordnet wurden. Weitgehend unberücksichtigt bleiben dabei eine Reihe von Fehldeutungen, falschen Verallgemeinerungen sowie Irrtümern, die auf ungenauen Abschriften und Übersetzungen beruhen.

Die Naturgeschichte der Gewächse

Das Werk besteht aus neun Büchern:

(1) Anatomie der Gewächse: Blüte, Kätzchen, Blatt, Frucht, Saft, Fasern, Kernholz.
Stamm: große Verschiedenheiten in bezug auf Höhe und Festigkeit, Beschaffenheit und Schichtung und das Abblättern der Rinde. Innerer Bau: holzig oder fleischig, Knoten, Dornen.
Wurzeln: bald zahlreich wie bei Getreide, bald einzelne Pfahlwurzeln, tief eindringend oder oberflächlich, verschieden in Glätte und Festigkeit, mit häufigem oder geringem Wurzelausschlag. Bei vielen Gartenpflanzen rübenartig verdickt, Luftwurzeln (beim Indischen Feigenbaum).
Blätter: große Mannigfaltigkeit in Form, Richtung, Stand und Beschaffenheit.
Samen: verlangen besonders Feuchtigkeit und Wärme. Bei deren Mangel keimen sie nicht. Sie liegen bald unmittelbar unter der äußeren Hülle, einzeln oder zu mehreren, bald sind sie von Fleisch und Schalen umschlossen, bald liegen sie in einer Hülse oder einer Haut (Weizen, Hirse) oder einem Fruchtbehälter (Mohn und Mohnartige).
Blüten: Einige bestehen nur aus „Fäserchen" (Weinstock, Maulbeerbaum), andere sind blättrig. Bald ist die Blütenhülle einfarbig, bald zweifarbig (Kelch und Krone). Die Blüten der Bäume sind meist einfach (weißlich), mit Ausnahme des Granatbaums und einiger Mandelarten. Einige Blüten sind auch unfruchtbar.

Botanik im 17. und 18. Jahrhundert: Grundlagen der Systematik

Das Lateinische begann seine Bedeutung zu verlieren. Die Zeiten gingen zu Ende, in denen jeder einzelne alle Naturwissenschaften gleichzeitig vertreten mußte, und es wurde von Jahrzehnt zu Jahrzehnt schwieriger, dem Fortschritt der wissenschaftlichen Gesamtentwicklung zu folgen.

Trotz einer sich abzeichnenden Tendenz zur Spezialisierung gehörten dieser Epoche noch eine Reihe hervorragender allgemeingebildeter Naturwissenschaftler an: Bacon (1561–1626), Galilei (1564–1642), Kepler (1571–1630), Descartes (1596–1650). Es wuchs das Bedürfnis nach gegenseitiger Verständigung; Vereine und gelehrte Gesellschaften wurden gegründet:

1603 in Rom: Akademie der Luchsäugigen (s. Kap. 3)

1657 in Florenz: Akademie der Experimente

Beide Akademien gingen jedoch durch die Eifersucht der päpstlichen Kurie bald zugrunde.

In Deutschland gründete J. Jungius 1622 in Rostock eine Akademie, der wegen des Dreißigjährigen Krieges auch keine lange Lebensdauer beschieden war.

1663 entstand eine Akademie in Oxford, die später unter Karl II. (von England) in eine Königliche Gesellschaft (Royal Society) umgewandelt wurde. Sie gehört auch heute noch zu den renommiertesten, international anerkannten Vereinigungen.

1666 war das Gründungsjahr der Pariser Akademie der Wissenschaften.

Die entscheidenden Beiträge zum Fortschritt der Botanik waren die Versuche, die Vielfalt der Pflanzenarten in ein natürliches System zu bringen. Carl v. Linné gilt als Begründer der modernen Pflanzensystematik. Natürlich bauen auch seine Arbeiten auf Ergebnissen und Erkenntnissen anderer Forscher auf. Im folgenden werden einige der bekanntesten Botaniker vorgestellt, auf deren Arbeiten sich Linné stützen konnte. Viele der offenen Fragen bildeten Hauptforschungsthemen späterer Jahre (vor allem im ausgehenden 18., im 19. Jahrhundert und in der Gegenwart).

J. Jungius (geb. 1587 in Lübeck, gest. 1657 in Hamburg, s. Abb. auf S. 1): Jungius war kein Botaniker, doch wie Cesalpin in Italien war er im deutschsprachigen Raum der erste, der philosophisch geschultes Denken mit genauer Beobachtung der Pflanzen zu verbinden wußte. Er verstand es, Begriffe eindeutig zu definieren, Definitionen zu formulieren, und schränkte somit die individuelle Willkür der Terminologie in der Systematik ein. Obwohl auch bei ihm scholastisches Gedankengut nachgewiesen werden kann, bemühte er sich, sich davon zu lösen. Um so mehr war er von mathematischen Denkweisen geprägt. Um sein Werk zu würdigen, seien einige seiner Ansichten vorgestellt:

– Er hielt es für logisch korrekt, daß genau definierte Begriffe, ebenso wie die Zahlen in der Mathematik, sichere, unabänderliche Werte seien. Er gilt als Begründer einer wissenschaftlichen Kunstsprache, die später von Ray ausgebaut und von Linné vervollkommnet wurde.

– Auf Versuchen und auf den daraus gezogenen Folgerungen müsse alles beruhen. Unbegründete Autorität habe keinen Wert. Ebensowenig könne das Alter (und Altertum) die Gültigkeit einer Vorschrift begründen.

– Er forderte, daß alle Pflanzenteile, die ihrem inneren Wesen nach dieselben sind, wenngleich verschieden in ihrer Gestalt, ein- und denselben Namen tragen müssen. Auf diesem Grundsatz beruht die gesamte Terminologie: Blätter, Blattstiele und ihre Anheftung; Blüten, Früchte und Samen wurden abgehandelt.

– Für die Systematik bringt er keine Einführung, sondern kritisiert bestehende Ansichten und bringt neue Vorschläge: „… wenn die Pflanzen nicht in feststehende Arten und Gattungen gebracht werden und nach einer bestimmten Methode – aber nicht nach dieses oder jenes Mannes Willkür – geordnet werden, so wird sozusagen das Studium der Pflanzenbeschauung ein endloses. Eine Ordnung in Klassen, Arten und Gattungen setzt aber dem Unendlichen eine Grenze."

– Er bezweifelt und verwirft die Einteilung in Bäume, Sträucher, Halbsträucher und Kräuter und macht deutlich, daß sich Halbsträucher und Sträucher von den Kräutern vornehmlich durch ihre „Ausdauer" (Mehrjährigkeit) unterscheiden.

– Er unterscheidet zwischen wichtigen und unwichtigen Merkmalen: „Die Unterscheidungszeichen, welche man hernimmt von Dornen, Farbe, Geruch, Geschmack, medizinischem Wert, Standort, Zeit des Austreibens, sowie der Zahl der Blumen und Früchte, sind unbeständige und geben keinen Grund, Arten zu unterscheiden."

– Er definiert die Pflanze als einen lebenden, nicht empfindenden Körper. Sie ist ein, an einem bestimmten Ort oder bestimmter Unterlage befestigter Körper, von wo aus sie sich ernährt, wächst und sich fortpflanzen kann. Sie ernährt sich insofern, als sie die aufgenommene Nahrung in Eigensubstanz umwandelt, um dasjenige zu ersetzen, was von der Eigenwärme und dem inneren Feuer verflüchtigt worden ist. Sie wird dabei größer und bildet neue Teile. Das Wachstum der Pflanze unterscheidet sich aber von dem der Tiere dadurch, daß nicht alle Teile gleichzeitig wachsen.

– Die Fortpflanzung wird wie folgt definiert: „Man sagt von einer Pflanze, sie pflanzt sich fort, wenn sie eine ihr spezifisch ähnliche erzeugt." Wie bei Cesalpin wird der Artbegriff mit der Fortpflanzung verbunden.

Dem britischen Biologen J. Ray (lat.: Rajus) (1628–1705) gebührt Priorität für den Einsatz von Blütenmerkmalen zur Klassifikation von Pflanzen. Er unterschied nach eingehendem Studium pflanzlicher Embryonen klar zwischen Mono- und Dikotyledonen. Wie schon erwähnt, übernahm er die Begriffsterminologie von J. Jungius und beeinflußte C. v. Linné. Er stellte sechs Regeln auf (1703), die auch heute noch zu den Grundprinzipien der pflanzlichen Systematik gehören:

(1) Namen sollten nicht verändert werden, um Verwirrung und Irrtum zu vermeiden.

(2) Merkmale müssen distinkt und exakt definiert sein; solche, die auf relativen Beziehungen (wie Größenunterschieden) beruhen, sollen nicht verwendet werden.

(3) Merkmale sollen für jedermann leicht feststellbar sein.

(4) Gruppen, die von fast allen Botanikern anerkannt werden, sollen beibehalten werden.

(5) Es ist darauf zu achten, daß verwandte Pflanzen nicht getrennt, unnatürliche und einander fremde nicht vereinigt werden.

(6) Merkmale dürfen nicht ohne Notwendigkeit vermehrt, sondern es dürfen nur so viele aufgeführt werden, als zur sicheren Kennzeichnung erforderlich sind.

Auf diesen Erkenntnissen aufbauend, versuchte er, größere Verwandtschaftskreise abzuleiten (Familien, Gattungen), führte Definitionen für einzelne Gattungen ein und stellte auf dieser Grundlage einen Bestimmungsschlüssel auf. Trotz vieler guter Ansätze verharrte auch er noch bei der Trennung in Holzpflanzen und Kräuter.

Das Problem der Verwandtschaft, die Definitionen von Gattungen und Familien wurden auch von einer Reihe anderer Botaniker angegangen. Der Leipziger Mediziner und Philosoph A. Bachmann (lat. Rivinus, 1652–1725) schlug – ohne aber sich selbst daran zu halten – eine binäre Nomenklatur vor. Er postulierte, daß der Gattungsname bei jeder Art genannt werden müsse und der spezifische Artname ihm als Adjektiv folgen müsse.

Bliebe noch der Franzose J.P. de Tournefort (1656–1708, s. Abb. 1.1i) zu nennen. Durch viele Reisen (Frankreich, Spanien, Portugal, Holland, England, Griechenland, Kleinasien, Afrika) erwarb er eine breite Artenkenntnis. Von seiner Griechenland/Kleinasienreise allein brachte er 1300 neue Arten mit. Auch er bemühte sich, die Vielfalt der Arten in einem natürlichen Verwandtschaftssystem zu ordnen.

Wie Ray erkannte er die Bedeutung des Blütenbaus für dieses Vorhaben. Sein System stützte sich auf die Form der Blütenkrone. Dabei konzentrierte er sich vor allem auf Verwachsungen von Blütenblättern sowie die Unterscheidung von Ober- und Unterständigkeit des Fruchtknotens. Gattungen wurden exakt definiert und die Diagnosen durch detaillierte Zeichnungen des Blüten- und Fruchtbaus illustriert. Den einzelnen Arten maß er keine zu große Bedeutung bei, er zählte sie unter der jeweiligen Gattung lediglich auf.

Alle Versuche, natürliche Verwandtschaften abzuleiten, krankten an z.T. noch falschen Voraussetzungen. Man glaubte, durch einige leicht wahrnehmbare Merkmale, deren systematischer Wert *a priori* in subjektiver Auswahl bestimmt wurde, zu einer natürlichen Verwandtschaft zu kommen.

Eine Wende trat mit Carl v. Linné ein. Er machte deutlich, daß es ein natürliches System geben müsse, das aber nicht nach den bisherigen Verfahren der Wahl willkürlicher Merkmale charakterisiert bzw. aufgestellt werden könne.

Carl v. Linné (geb. 1707 in Råshuld, Südschweden, Professor der Anatomie und Medizin, später der Botanik in Uppsala, gest. 1778, s. Abb. auf S. 592) gilt als Begründer der Pflanzen- (und Tier-)systematik.

Sein Biograph K. Hagberg schrieb 1946:

„Wer ein erschöpfendes und allen Ansprüchen genügendes Werk über Carl Linnaeus schreiben wollte, müßte über eine umfassende Kenntnis aller humanistischen Wissenschaften verfügen. Er müßte aber auch praktischer Arzt sein, überdies die Geschichte der Medizin von Grund auf beherrschen, Latein als Umgangssprache sprechen, mit dem ganzen wissenschaftlichen Rüstzeug der Zoologie, Botanik und Geologie vollkommen vertraut sein und daneben noch ethnographische Forschungen betreiben. Eingehende und langwierige philosophische und theologische Studien gehören ebenfalls zu den unumgänglichen Voraussetzungen. Der Betreffende sollte endlich ein Literatur- und Menschenkenner, ein Naturfreund und Wanderer sein und womöglich etwas vom Dichter haben."

1735 erschien Carl v. Linnés Hauptwerk: *Systema naturae* in erster, 1759 in 10. Auflage.

Zu seinen weiteren wichtigen Werken gehören: *Fundamenta botanica* (1736), *Bibliotheca botanica* (1736), *Flora lapponica* (1737), *Hortus Cliffortianus* (1737), *Critica botanica* (1737), *Flora suecica* (1745), *Philosophia botanica* (1751), *Species plantarum* (1753).

Unter seiner Führung entwickelte sich Uppsala zu einem Zentrum internationaler botanischer Forschung. Seine Schüler haben fremdländische Pflanzen in das Linnésche System eingearbeitet.

Linnés Beiträge zur Systematik der Pflanzen (und Tiere) sind vielfältig, die Konsequenzen weittragend. Zu seinen Verdiensten gehört eine Zusammenstellung all dessen, was vor ihm geleistet worden war. Außerdem werden ihm folgende Neuerungen zugeschrieben:

(1) Strenge Durchführung der binären Nomenklatur in Verbindung mit der sorgfältigen methodischen Charakterisierung der Gattungen und Arten, die er auf das gesamte damals bekannte Pflanzenreich auszudehnen suchte.

(2) Terminologie. Auf Arbeiten von Jungius basierend, definiert er morphologische Begriffe. Bei der Beschreibung der Fruktifikationsorgane (Blüte) geht er weit über seine Vorgänger hinaus. Die Fruktifikation der Vegetabilien, schreibt er, ist ein temporärer Teil, welcher das Alte begrenzt und das Neue beginnen läßt. Einige Einzelheiten:
 – Kelch: begrenzt die Rinde in der Fruktifikation
 – Blumenkrone
 – Staubgefäße: erzeugen Pollen
 – Pistill, welches der Frucht anhängend, den Pollen aufnimmt. Es werden zum ersten Male Fruchtknoten, Griffel und Narbe deutlich voneinander unterschieden

10

- Perikarp: der die Samen enthaltende Fruchtknoten. Die Frucht wird als eigenes Organ beschrieben
- Same: ein abfallender Teil der Pflanze
- Receptaculum: alles, wodurch die Fruktifikationsorgane untereinander verbunden sind

Seine Definitionen wurden richtungweisend, und ohne sie wäre heute auch keine Pflanze zu beschreiben.

(3) Artbegriff. Der Name Linné ist untrennbar mit dem Artbegriff und mit der Annahme einer Konstanz der Arten verknüpft. Er postulierte, daß es genau so viele Arten gäbe, wie von Anfang an geschaffen worden seien. Er rückte jedoch von dieser These in der letzten von ihm redigierten Auflage der „Systema naturae" wieder ein wenig ab (s. Kap. 8). Als Varietäten definierte er solche Formen, die durch äußere Einflüsse wie Klima, Sonne, Wind, Wärme und Feuchtigkeit verändert worden sind. Jene können durch Größe, Blütenfüllung, Kräuselung, Farbe, Geschmack und Duft vom Typus abweichen.

(4) Er sah in der Aufstellung eines natürlichen Systems die Hauptaufgabe der Botanik. In einem seiner Ansätze bemüht er sich, ein Verwandtschaftssystem, beruhend auf Verteilung, Zahl und Verwachsung von Staub- und Fruchtblättern, zu entwickeln (Sexualsystem). Er sah die Schwächen des Systems und suchte ohne viel Erfolg nach alternativen Konzepten. Seine Definition einer Konstanz der Arten bildete dabei ein offensichtliches Hindernis, denn sie negiert die natürliche Verwandtschaft, auf die es ja bei der Entwicklung eines natürlichen Systems ausschließlich ankommen sollte. Der Widerspruch blieb lange bestehen und wurde erst 1859 durch C. Darwin (s. Kap. 35) gelöst.

Nachdem die Richtlinien der Systematik erarbeitet waren, konnte die Klassifizierung der Pflanzen zügig vorangetrieben werden:

A.L. de Jussieu (1748–1836) konzipierte Familiendiagnosen (unter Berücksichtigung der Merkmale von Blüte und Frucht und der vegetativen Organe). Anstelle der bloßen Aufzählung kleiner, nebeneinanderstehender Gruppen, führte er die Einteilung des Pflanzenreiches in größere und graduell subordinierte (untergeordnete) Gruppen ein, was Linné ausdrücklich als über seine Kräfte gehend bezeichnet hatte.

Mikroskopie und Physiologie: Entwicklungen im 19. Jahrhundert und ihre Anfänge im 17. Jahrhundert

Die Anfänge der Mikroskopie und Physiologie reichen bis ins 17. Jahrhundert zurück.

Man begann, angeregt durch Harveys Entdeckung des Blutkreislaufs nach etwas Entsprechendem bei Pflanzen zu suchen. Saftstöme wurden untersucht, der Wasserhaushalt wurde studiert, und die Erkenntnis, daß Salze eine entscheidende Rolle für die Ernährung der Pflanze spielen, setzte sich durch.

Das Mikroskop wurde zu einem nützlichen Hilfsmittel der Forschung ausgebaut (s. Kap. 3). P. Borelli aus Den Haag in Holland gehörte zu den ersten Anwendern. Er sah an Pflanzenblättern Nerven, Flecken, einfache und sternförmige Haare. Die Engländer R. Hooke (1635–1703) und N. Grew (1628–1711), der Italiener M. Malpighi (1623–1694) und der Holländer A. van Leeuwenhoek (1630–1723) gelten als die herausragenden Mikroskopiker im letzten Drittel des 17. Jahrhunderts. Sie erkannten, daß die im Mikroskop gesehenen Bilder gewertet werden müßten und daß ein Gesamtbild aus Teilbildern zu rekonstruieren sei. Es käme dabei darauf an, das Wichtige vom Unwichtigen zu unterscheiden und die einzelnen Wahrnehmungen in einen logischen Zusammenhang zu bringen. Bei den Untersuchungen ist das Ziel zu verfolgen, die ganze innere Struktur der Pflanze zu erfassen und die Ergebnisse so darzulegen, daß die Aussagen jederzeit reproduziert werden könnten. Geschickte und überlegte Präparation, sorgfältiges Kombinieren der verschiedenen Bilder und lange Übung seien nötig, um jenes Ziel zu erreichen. Je stärker ein Mikroskop vergrößert, desto kleiner ist der zu beobachtende Ausschnitt, desto geringer ist auch die Tiefenschärfe, und desto höher sind die Anforderungen an das Abstraktionsvermögen. Da gerade diese Voraussetzung nur von wenigen erfüllt wurde, setzte sich zu Beginn des 18. Jahrhunderts die Meinung durch, mit dem Mikroskop könne man alles sehen, was man sehen wolle. Konstruktionsprobleme taten das übrige. Die Mikroskopie stagnierte daher nach vielversprechendem Start für über ein Jahrhundert.

Robert Hooke gilt als Konstrukteur eines brauchbaren zweilinsigen Mikroskops. Er sah Saftgänge im pflanzlichen Gewebe und bemerkte darin Scheidewände, die er als Klappen deutete. Sein Hauptwerk „Micrographia" (1667) enthält eine Reihe mikroskopischer Beobachtungen; die wichtigste ist die Abbildung von Korkgewebe, aus der der zellige Aufbau ersichtlich ist. Hooke erkannte diesen Tatbestand und nannte die von ihm gesehenen Einheiten Zellen. Als gut geschulter Mathematiker und Physiker errechnete er ihre Zahl auf 1000 pro Quadratzoll. Neben seinen mikroskopischen Studien befaßte er sich mit physiologischen Prozessen und postulierte, daß das Abknikken der Blattfieder der Mimosa pudica (s. Kap. 32) auf eine Abgabe („Aushauchung") einer sehr feinen Flüssigkeit zurückzuführen sei. Das Brennen der Nessel erklärte er durch Ausfluß eines ätzenden Saftes aus den Borsten der Pflanzen (s. Kap. 5).

N. Grew (s. Abb. auf S. 35) war Pflanzenphysiologe und -anatom. Er vermutete, daß der in den Staubfäden enthaltene Blütenstaub für die Befruchtung dienlich sein könne, und er beschrieb als erster Zellgewebe als Grundelemente des organischen Baus von Pflan-

Abb. 1.2. Botanik wird eine experimentelle Wissenschaft. Mikroskopie: *a* M. Malpighi, *b* R. Brown, *c* C. F. Mirbel, *d* H. v. Mohl. Physiologie (Photosynthese, s. Kap. 24): *e* S. Hales, *f* J. Ingen-Housz. Kreuzungsexperimente: (Klassische Genetik, s. Kap. 8): *g* R. J. Camerarius, *h* J. G. Kölreuter. Embryologie: *i* W.F. Hofmeister. (Bildvorlagen aus: V.B. Wittrock, 1902)

zen. Eine besondere Bedeutung schrieb er dem Mark der Stengel zu, sah darin enthaltene Fasern und unterschied drei Typen: einzelne Fasern, schraubenförmige Fasern und Saftröhren im Bast. Er beschrieb die Entwicklung des Holzes und die Anordnung und Form von Spaltöffnungen; von ihm stammt der Begriff Parenchym (s. Kap. 5). Er erkannte, daß die einzelnen Teilgebiete der Botanik zu einem Gesamtbild zusammengefügt werden müssen und daß ein Wissenschaftszweig vom Erfolg der anderen abhängt.

M. Malpighi (1628–1694, s. Abb. 1.2a) war Professor in Bologna, 1679 erschien seine „Anatomia plantarum". Auch er befaßte sich mit Saftgängen in der Rinde. Er analysierte den inneren Bau der Wurzel und den Keimungsprozeß von Gräsern. Seine Darstellungen sind genauer als die von Grew, doch ließ er sich mehr von Vorurteilen leiten.

A. van Leeuwenhoek (1632–1723) aus Delft untersuchte zahlreiche Gegenstände (Infusorien, rote Blutkörperchen, Bakterien). Seine Beobachtungen waren noch sorgfältiger als die von Grew und Malpighi. Er sah aus zellulärem Gewebe bestehende Strahlengänge im Holz und dokumentierte die Organisation von Stengelquerschnitten, Tüpfel in sekundärem Holz und Kristalle in Zellen (s. Abb. 1.3).

Am Ende dieser Forschungsperiode war sichergestellt, daß pflanzliche Gewebe aus zwei Grundtypen bestanden
- dem aus Kammern (= Zellen) bestehenden saftigen Grundgewebe und
- den langgestreckten Fasern

Mit Beginn des 19. Jahrhunderts setzte wieder eine rege Forschungstätigkeit ein, wobei mindestens zwei Richtungen parallel verfolgt wurden:
- einmal eine detaillierte Analyse der pflanzlichen Gewebe
- und zum anderen die Erforschung des Fortpflanzungsmodus. In diesem Zusammenhang wurden auch die bis dahin vernachlässigten niederen Pflanzen (Kryptogamen: Algen, Pilze, Moose, Farne) mit einbezogen. Die Erforschung der Fortpflanzungsorgane brachte den entscheidenden Durchbruch zur Klärung der Abstammungs- und Verwandtschaftsbeziehungen der großen taxonomischen Einheiten. Die Entwicklung von den Algen bis hin zu den Angiospermen konnte in großen Zügen nachvollzogen werden.

Im Zeitraum von 1800 bis 1840 arbeiteten mehrere Mikroskopiker an der Untersuchung des anatomischen Aufbaus der Pflanzen. Mit zunehmender Übung in der Präparation und der Vervollkommnung der Mikroskope (Zunahme der Vergrößerung, deutlichere Gesichtsfelder, Farbkorrekturen) hielt im ganzen auch die Herstellung mikroskopischer Zeichnungen Schritt.

Zu den bekanntesten Mikroskopikern gehörten C. F. Mirbel (1776–1854/Paris, s. Abb. 1.2c), K. Sprengel (1766–1833/Halle), H. F. Link (1767–1850/Rostock, Berlin), C. L. Treviranus (1779–1864/Rostock, Breslau), J. J. Bernhardi (1774–1850/Erfurt) und

P. Moldenhawer (1766–1827/Kiel) einerseits und F. J. F. Meyen und H. v. Mohl andererseits. Letztere konnten bereits auf den Erfahrungen ihrer Vorgänger aufbauen.

Einige Ergebnisse der Forscher der ersten Generation: Mirbel stellte 1801 eine Theorie des Zellenbaus der Pflanze auf, Sprengel verfaßte 1802 eine Anleitung zum Studium der Gewächse, Treviranus entdeckte die Interzellularräume (1806) in parenchymatischem Gewebe und 1821 die Bedeutung der Spaltöffnungen. Moldenhawer führte den Mais als Versuchsobjekt ein. Er sah, daß die Gefäße zu Bündeln vereint sind und daß sich diese deutlich vom Parenchym abheben. Er mazerierte festes Gewebe durch Fäulnis in Wasser und zerdrückte bzw. zerquetschte die Überreste, um auf diese Weise Strukturelemente (Leitbündel) isoliert untersuchen zu können.

F. J. F. Meyen (1804–1840, Professor in Berlin) arbeitete über den Inhalt von Pflanzenzellen, 1830 erschien sein Lehrbuch der Phytotomie. Er unterschied und beschrieb einzelne Gewebetypen wie Mesenchym, Parenchym, Prosenchym und Pleurenchym.

H. v. Mohl (1805–1872, Professor in Tübingen, 1866 erster Dekan einer Mathematisch-Naturwissenschaftlichen Fakultät, s. Abb. 1.2d) gilt als der sorgfältigste Mikroskopiker seiner Zeit. Die Linsen seiner Mikroskope stellte er selbst her. Er entdeckte, daß sich Zellen durch Teilung vermehren (1835), er beschrieb die Entwicklung der Spaltöffnungen (1838) und prägte den Begriff Protoplasma (1851).

Um die Mitte des 19. Jahrhunderts wurden diffizilere Probleme angegangen; die Zahl wissenschaftlicher Publikationen stieg lawinenartig an, eine Reihe neuer wissenschaftlicher Zeitschriften, die z.T. heute noch fortgeführt werden, wurde begründet. Man interessierte sich jetzt nicht mehr ausschließlich für die Anatomie voll ausgebildeter Gewebe, sondern begann, deren Entwicklung zu studieren. Unabhängig davon unternahm man es, die chemische Struktur der Zellen aufzuklären, indem man die Präparate mit Säuren, Alkalien, Alkohol, Äther u.a. vorbehandelte.

A. Payen (1795–1871, Professor in Paris) fand, daß junge Zellhäute (= Zellwände) nahezu ausschließlich aus Cellulose bestehen und daß diese später durch inkrustierende Substanzen verunreinigt werden, wobei sich die physikalischen und chemischen Eigenschaften der Wände grundsätzlich ändern.

1838 postulierte M. Schleiden (1804–1881, s. Abb. auf S. 208), daß alle pflanzlichen Gewebe aus Zellen aufgebaut seien. Er gilt daher als Begründer der Zelltheorie. Der Münchener Botaniker C.W. v. Nägeli (1817–1891) formulierte die heute noch geltende Theorie der Zellbildung. Er klassifizierte die Gewebe in Teilungsgewebe und Dauergewebe.

R. Brown (1773–1858/London, s. Abb. 1.2b) entdeckte 1840 den Zellkern, dem Schleiden später eine herausragende Rolle für die Zellbildung zuschrieb, T. Hartig (1805–1880/Braunschweig) die Aleuronkörner in Samen und A. Payen die Stärkekörner.

Durch Kochen in einem Gemisch aus Salpetersäure

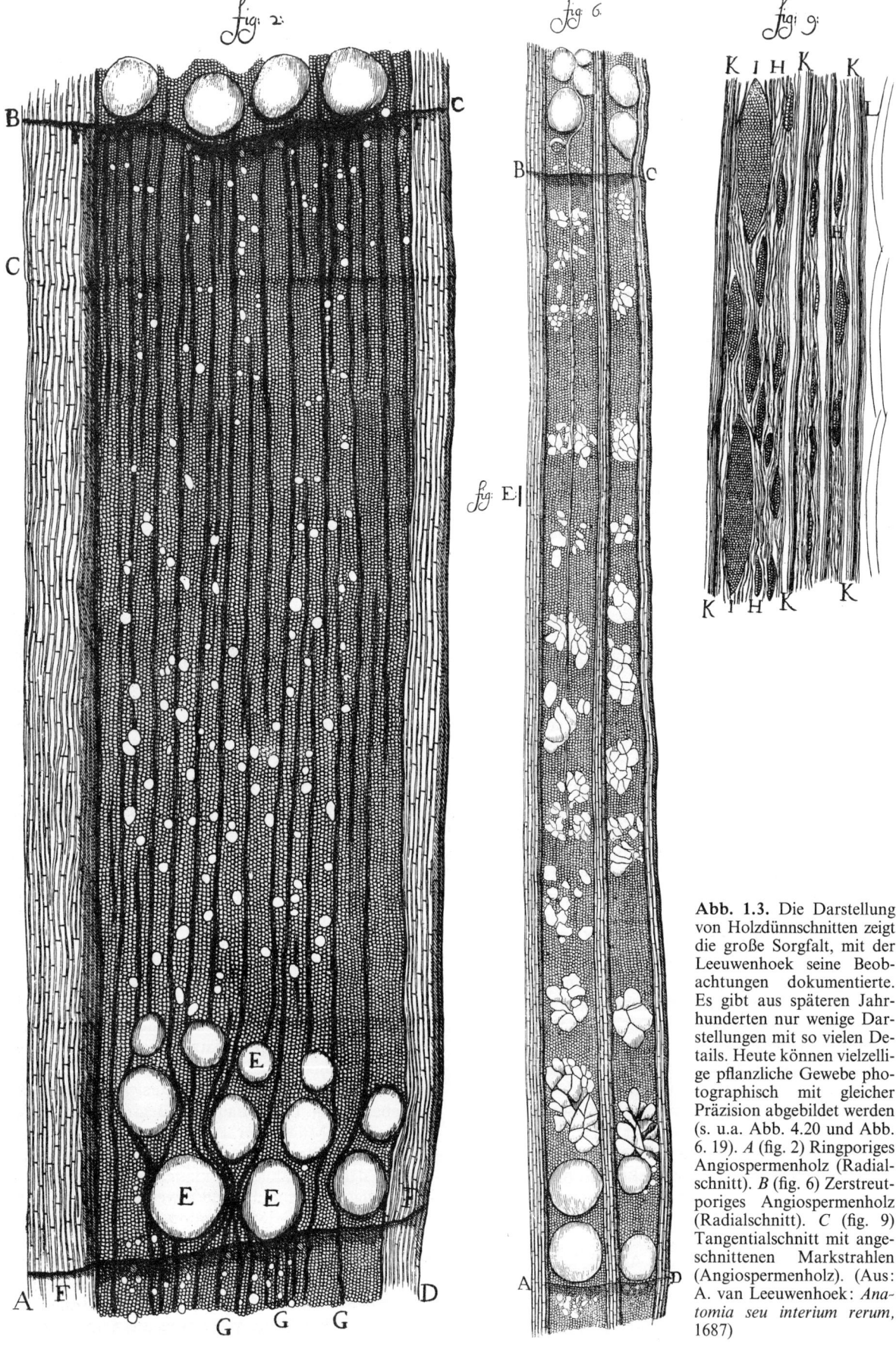

Abb. 1.3. Die Darstellung von Holzdünnschnitten zeigt die große Sorgfalt, mit der Leeuwenhoek seine Beobachtungen dokumentierte. Es gibt aus späteren Jahrhunderten nur wenige Darstellungen mit so vielen Details. Heute können vielzellige pflanzliche Gewebe photographisch mit gleicher Präzision abgebildet werden (s. u.a. Abb. 4.20 und Abb. 6. 19). *A* (fig. 2) Ringporiges Angiospermenholz (Radialschnitt). *B* (fig. 6) Zerstreutporiges Angiospermenholz (Radialschnitt). *C* (fig. 9) Tangentialschnitt mit angeschnittenen Markstrahlen (Angiospermenholz). (Aus: A. van Leeuwenhoek: *Anatomia seu interium rerum*, 1687)

14

und chlorsaurem Kalk konnte F. Schulze (1851) einzelne Zellen aus Holz isolieren (Schulzesches Mazerationsverfahren).

Seit den fünfziger Jahren wurden an den Universitäten mikroskopische Übungen (Praktika) angeboten. Die Qualität der Lehrbücher nahm sprunghaft zu. Richtungweisend im Stil und in der Darstellung war M. Schleidens Werk „Grundzüge der wissenschaftlichen Botanik" (1842).

In der zweiten Hälfte des 19. Jahrhunderts wurden in immer stärkerem Umfang spezifische Farbstoffe zur Kennzeichnung der sonst nur schwach erkennbaren intrazellulären Strukturen (Kern u.a.) eingesetzt. Dieser methodische Ansatz erlaubte es E. Strasburger, den Vorgang der Kernteilung, den Zerfall des Kerns in Chromosomen und deren Aufteilung auf die Tochterzellen zu verfolgen (1875). Mehr hierüber im Kapitel 9.

Charakterisierung der Kryptogamen, stammesgeschichtliche Verwandtschaft zwischen Kryptogamen und Phanerogamen

Erste (unvollständige) Arbeiten zu diesem Thema erschienen zu Beginn des 18. Jahrhunderts.

J. J. Dillenius (1687–1747, Professor in Oxford) verfaßte 1717 eine „Fortpflanzung der Farrenkräuter (= Farne) und Moose". Den Staub in den Mooskapseln hielt er noch für Pollen. Eine Richtigstellung (→ Sporen) erfolgte durch Tournefort.

Ein Pilzbuch, „Theatrum fungorum", mit der Beschreibung eßbarer und giftiger Arten erschien 1675 in Antwerpen; der Verfasser war F. V. Sterbeeck (1631–1693).

H. F. Link bereitete ein System der Pilze und Schwämme vor, das C. G. Nees von Esenbeck vervollständigte und 1817 (in Würzburg) herausgab.

Algen wurden von dem Vegesacker Arzt A. W. Roth (1737–1834) bearbeitet, der (1797) Grundregeln für die Unterscheidung von Süßwasseralgen (unter Zuhilfenahme eines Mikroskops) erstellte.

Bonaventure Corti beobachtete die zirkulierende Bewegung des Saftes in den Gliedern von Chara (1774, s. Kap. 25) und der Genfer Geistliche J. P. Vaucher die Verbindung zweier Röhren bei Spirogyra und die dadurch erfolgte Erzeugung von Keimkügelchen sowie das Zusammentreten der letzten in den verengten Stellen. Er kam zu dem Schluß (1803), daß diese Vereinigung als ein Sexualakt (Konjugation) aufzufassen sei. Eine Bestätigung folgte 1858 durch de Bary.

K. C. Schmiedel (1718–1793) begann mit der Untersuchung der Befruchtungsorgane von Lebermoosen und anderen Kryptogamen. Grundlegend für alle späteren Untersuchungen wurden aber die Arbeiten von J. Hedwig (1730–1799) aus Siebenbürgen, ab 1789 Professor der Medizin, später der Botanik in Leipzig. 1774 entdeckte er die Befruchtungsorgane der Laubmoose, und in den Jahren 1782–1784 legte

er Beweise vor, um die Moose in das Linnésche System mit einbeziehen zu können. Dem Inspektor des Berliner Botanischen Gartens, Fr. Otto (1784–1856), gelang es als erstem, Farne aus Sporen zu ziehen. In Berlin begründete er die reichste Farnsammlung Europas.

Ein sehr genaues Bild über niedere Pilze und deren Entwicklungsstadien wurde nach über zwanzigjährigem Studium durch den erst in Freiburg, dann in Straßburg wirkenden Botaniker A. de Bary (1831–1888, s. Abb. auf S. 467) erstellt. Er begnügte sich nicht damit, die einzelnen Entwicklungsstadien an ihren natürlichen Standorten aufzusuchen, sondern nahm die Arten in Kultur, um so vollständig geschlossene Entwicklungsreihen zu verfolgen. Es gelang ihm auch, das Eindringen parasitärer Pilze in das Innere gesunder Pflanzen (und Tiere) festzustellen und zu zeigen, daß Pilze in lebendem pflanzlichem Gewebe existieren können. 1863 wies er nach, daß der gesamte Fruchtkörper der Ascomyceten selbst das Produkt eines Sexualaktes ist, der an den Fäden des Mycels stattfindet.

In den vierziger Jahren liefen wiederum viele der auseinanderdriftenden Spezialgebiete zusammen. Die mikroskopischen Verfahren waren weit vorangekommen (siehe vorangegangenen Abschnitt), und es zeigte sich, daß sie auch für das Studium der Kryptogamen unentbehrlich waren.

Den entscheidenden Durchbruch in bezug auf die stammesgeschichtliche Verwandtschaft zwischen Kryptogamen und den Phanerogamen (Blütenpflanzen) erzielte W. Hofmeister (1824–1877, 1863 Professor der Botanik in Heidelberg, 1872 in Tübingen, s. Abb. 1.2i). Er stellte die Gymnospermen, die bisher zu den Dikotyledonen gestellt wurden, als dritte Klasse neben die Mono- und Dikotyledonen und erkannte Homologien zwischen dem Fortpflanzungsmodus höherer Kryptogamen und der Samenbildung der Phanerogamen.

Zu seinen wichtigsten Untersuchungen gehört das Studium der Embryonalentwicklung der Phanerogamen (1851). Er fand, daß der Embryosack schon vor der Befruchtung ein „Keimkörperchen" enthält, welches durch das Eintreffen des Pollenschlauches zur weiteren Entwicklung, also zur Bildung des Embryos angeregt wird. Er verfolgte Schritt für Schritt, Zelle für Zelle die Bildung und Organisation der Samenknospe, die Natur des Embryosacks und des Pollenkorns sowie die Entstehung des Embryos aus der befruchteten Eizelle. Darüber hinaus erkannte er die Bedeutung des Generationswechsels (s. Kap. 44–48) zur Aufklärung der Verwandtschaftsverhältnisse so unterschiedlich organisierter Gruppen wie die der Lebermoose, Laubmoose, Farne, Schachtelhalme, Coniferen (Gymnospermen), Monokotyledonen und Dikotyledonen.

Damit schuf er die wichtigste Voraussetzung zur Konstruktion eines wirklich natürlichen Systems der Pflanzen. Der Generationswechsel tritt bei den Farnen und Moosen am deutlichsten in Erscheinung. Das gleiche Muster findet sich aber auch bei den Selaginellales; sie produzieren nämlich kleine männliche Mikrosporen und große weibliche Megasporen. Mit dem Auftreten dieser Zwischenlösung ließ sich die Samenbildung der Coniferen verstehen, deren Embryosack der großen Spore entspricht, wobei das Prothallium (Gametangium) zum Endosperm degenerierte, während sich die Pollenkörner als den Mikrosporen homolog erwiesen.

Die entwicklungsgeschichtlichen Zusammenhänge bildeten von nun an einen roten Faden, entlang dessen die Evolution der verschiedenartigsten Pflanzengruppen erforscht werden konnte. Nur acht Jahre nach Hofmeisters Untersuchungen erschien Darwins Deszendenztheorie. Die verwandtschaftlichen Beziehungen der großen Gruppen des Pflanzenreichs waren bereits so sicher begründet, daß sich keinerlei Widerspruch zwischen Beobachtungen und Theorie ergab und die Entwicklungsgeschichte der Pflanzen somit zu einer wichtigen Stütze der Deszendenztheorie wurde.

Physiologie

Auch hier gab es wieder eine lange Vorgeschichte und einen langsamen Erkenntnisprozeß. Das Wissen im 16. und zu Beginn des 17. Jahrhunderts entsprach dem des Altertums. Dazu gehörte die Erkenntnis, daß die Wurzel nicht nur der Befestigung im Boden dient, sondern auch für die Nahrungsaufnahme benötigt wird, und daß bestimmte Düngemittel (z.B. Asche) die Vegetation kräftig fördern.

C. Perrault (1613–1688) stellte umfangreiche Beobachtungen über die Bewegung von Säften in Pflanzen an. Er glaubte, daß die „Gärung der Erdfeuchtigkeit" und die Wirkung der Säfte in der Wurzel Ursachen für das Aufsteigen der Säfte seien. Er meinte, daß Wärme entstehen würde und sich die Flüssigkeit daher ausdehnen müsse.

Die absteigende Bewegung der Säfte versuchte er durch Wachstum der Wurzeln und eine Wechselwirkung zwischen Laub und Wurzeln zu erklären.

Der Prior des Klosters S. Martin Sous Traune, E. Mariotte (1620–1684), erkannte 1679, daß die verschiedensten Pflanzen ihre Nahrung aus denselben Bestandteilen des Bodens ziehen und weit mehr Stoffe bilden können, als im Boden zu finden sind. Damit zusammenhängend erkannte er das Phänomen, daß derselbe aufsteigende Saft in einem wilden Birnbaum herbe und in einem darauf gepfropften edlen Reis wohlschmeckende Früchte ausbildet. Für eine jeweils bestimmte Pflanzenart wies er (durch Destillation) stets die gleichen Inhaltsstoffe nach. Damit demonstrierte er, daß es in Pflanzen eine Stoffumwandlung geben muß. Zur Untermauerung dieser Ansicht machte er folgende Rechnung auf:

„... Man kann 3000 oder 4000 verschiedene Pflanzenarten in 7–8 Pfund Erde kultivieren. ... Wenn nun Säfte, Öle, Erden in jeder Pflanzenart verschieden sind, müßten alle diese in dem kleinen Quantum Erde und im Regenwasser enthalten sein, was offensichtlich unmöglich ist. Denn jede dieser Pflanzenarten würde im reifen Zustand wenigstens 1 Gros fixiertes Salz und 2 Gros Erde enthalten, und alle diese Prinzipien zusammen mit denen, die im Wasser gelöst sind, würden wenigstens 2–3 Unzen wiegen. Das, multipliziert mit der Zahl von 4000 Pflanzenarten, würde ein Gewicht von 500 Pfund ergeben."

J. Woodward, Professor am Gresham College in London (1665–1728), stellte eine Pflanze in ein Gefäß mit Wasser und bedeckte dessen Oberfläche so, daß eine Verdunstung nur durch die Teile der Pflanze möglich war. Dabei fand er, daß die Pflanze im Zeitraum von drei Monaten sechsundvierzigmal soviel Wasser abgab, wie sie in sich selbst speichern konnte. S. Hales (1677–1761, s. Abb. 1.2e) vervollkommnete solche Versuche und wies auf die Bedeutung der Hydrostatik zur Erklärung des Saftsteigens hin. Er ermittelte eine Beziehung zwischen der Größe des Saftdrucks und der Verdunstung. Als neuartiges Versuchsgerät führte er die Waage ein und stellte so die Verbindung zwischen Pflanzenphysiologie und Physik her. Durch Gewichtsvergleiche versuchte er die Zeit zwischen Wasseraufnahme und Wasserabgabe zu ermitteln und die Wandergeschwindigkeit des Wassers in der Pflanze zu errechnen.

Die Untersuchung einzelner Pflanzenstoffe, insbesondere der Säuren wurde durch den Schweden C. W. Scheele (1742–1786) von 1770 ab und durch den Franzosen Vanquelin gegen Ende des Jahrhunderts gefördert. Die Wein-, Zitronen-, Äpfel-, Oxal-, Gallen-, Chinasäure u.a. (s. Kap. 16) wurden durch sie bekannt. A. S. Markgraf aus Berlin (1709–1782) und Duhamel du Monceau analysierten Pflanzenasche und identifizierten darin eine Anzahl von Salzen. Markgraf ist auch der Entdecker des Rohrzuckers in Zuckerrüben und der erste, der das Mikroskop als Hilfsmittel der analytischen Chemie einsetzte (Nachweis von Zuckerkristallen in getrockneten Wurzelschnitten).

S. Fr. Hermstaedt (1760–1833/Berlin) führte die chemische Analyse zur Charakterisierung von Nutzpflanzen ein. Er machte auf die Erscheinungen der Gärung und Verwesung aufmerksam. Der Schwede J. J. Berzelius (1779–1848) konnte in der ersten Hälfte des 19. Jahrhunderts bereits 40 voneinander verschiedene aus Pflanzen isolierte organische Verbindungen auflisten.

1838 stellte die Göttinger Akademie der Wissenschaften die Preisfrage: ... ob die sogenannten unorganischen Elemente, die in der Asche der Pflanzen gefunden werden, auch dann in den Pflanzen zu finden sind, wenn sie denselben nicht von außen angeboten werden, und ob jene Elemente so wesentliche Bestandteile des vegetabilischen Organismus sind, daß dieser sie zu seiner völligen Ausbildung durchaus bedarf. Gewinner des Preisausschreibens (1840) war der Gießener Chemiker J. v. Liebig (1803–1873) mit seiner Arbeit „Die organische Chemie in ihrer Anwendung auf Agricultur und Physiologie".

Ihm gebührt Anerkennung für die zielstrebige Anwendung chemischer Methoden zur Klärung von Fragen der Pflanzenernährung. Er untersuchte die Beziehung zwischen den Erträgen von Feldpflanzen zu der Menge des zugeführten Düngers. Er erkannte die Bedeutung der mineralischen Bestandteile, die von der Verwesung von Pflanzen- und Tierresten herrühren. Er untersuchte, welche Bestandteile und in welchen Mengen dem Boden durch die Ernte entzogen werden, und kam zu dem Schluß, daß die Pflanzen ihre wesentlichen Bestandteile (C, H, O und N) in ihrer Umgebung im Überfluß finden, so daß die Zuführung dieser Stoffe durch Düngung überflüssig sei.

Ergänzt wurden Liebigs Feststellungen durch Karl Sprengels Untersuchungen über Erträge und Ernährung von Nutzpflanzen. Er erbrachte den Beweis, daß bestimmte, wenn auch äußerst geringe Mengen mineralischer Bestandteile für das Leben und Gedeihen von Pflanzen ebenso wichtig sind wie die bisher im Dünger besonders geschätzten und oft im Übermaß zugeführten Stoffe.

Ab der Mitte des Jahrhunderts wurde die Forschung, vor allem im Hinblick auf ihre Anwendung und aus kommerziellem Interesse, in immer stärkerem Maße gefördert. Eigenständige Forschungsstationen wurden begründet, zunächst oft privat, später im ausgehenden 19. und im 20. Jahrhundert durch den Staat und die Industrie gefördert und finanziert. In Rothamsted bei London initiierte der Gutsbesitzer Lawes eine mit großem Geldaufwand und umfangreichen Ländereien ausgestattete Forschungsstelle. Sie gehört auch heute noch zu den herausragenden, international anerkannten landwirtschaftlichen Forschungseinrichtungen: Rothamsted Experimental Station.

Auch in Deutschland entstanden an einigen Stellen vergleichbare Institute. Man begann, sich für die Bedeutung der „Proteinsubstanz" der Pflanzen für die menschliche Ernährung zu interessieren, und fand, daß Stickstoff für ihren Aufbau benötigt wird, wohingegen stärkehaltige Stoffe (Kohlenhydrate) stickstoff-

frei waren. Es wurden Verfahren entwickelt, um die Menge gelöster und nicht löslicher Kohlenhydrate und, unabhängig davon, den Gehalt der Pflanzen an Zucker und Fett zu bestimmen.

Literatur

Bernal, J.D.: Wissenschaft, Band 1–4. Reinbek bei Hamburg: Rowohlt 1970 (rororo 6743–6747)

Hagberg, K.: Carl Linnaeus, Ein Großes Leben aus dem Barock. Hamburg: Claassen und Goverts 1946

Jessen, K.F.W.: Botanik der Gegenwart und Vorzeit in culturgeschichtlicher Entwicklung. Ein Beitrag zur Geschichte der abendländischen Völker. Leipzig: F.A. Brockhaus 1864

Mägdefrau, K.: Geschichte der Botanik. Leben und Leistung großer Forscher. Stuttgart: Gustav Fischer 1973

Mason, S.F.: Geschichte der Naturwissenschaft. Stuttgart: A. Kröner 1961 (Kröners Taschenausgabe Bd. 307)

Meyer, E.H.F.: Geschichte der Botanik, 4 Bände (Königsberg 1854–57), Nachdruck. Amsterdam: Messrs. A. Asher 1965

Möbius, M.: Geschichte der Botanik. Jena: Gustav Fischer 1937 (Nachdruck: Stuttgart: Gustav Fischer 1968)

Sachs, J.: Geschichte der Botanik vom 16. Jahrhundert bis 1860. – München: R. Oldenbourg 1875

Schmucker, T.: Geschichte der Biologie. Göttingen: Vandenhoeck und Ruprecht 1936.

Sprengel, K.: Geschichte der Botanik, 2 Bände. Altenburg und Leipzig: F.A. Brockhaus 1817

Wittrock, V.B.: Catalogus illustratus iconothecae botanicae. Acta Horti Bergiani 3, No. 2 und 3 (1903, 1905). Stockholm: Isaac Marcus' Boktryckeri – Aktieblolag.

2. Wie benutzt man ein Bestimmungsbuch? Wichtige Merkmale der Blütenpflanzen

Im Gegensatz zu manchen anderen Pflanzen sind die Blütenpflanzen auffallend, artenreich und häufig. Etwas über sie zu wissen gehört zur Allgemeinbildung. Viele von ihnen sind als Nutzpflanzen von großer wirtschaftlicher Bedeutung, andere dienen als Zierpflanzen, und alle zusammen bilden als sogenannte Primärproduzenten (s. Kap. 54) die Grundlagen allen Lebens auf der Erde. Grüne Pflanzen sind in der Lage, Sonnenenergie in chemische Energie umzusetzen (Photosynthese, s. Kap. 24), wobei sie *quasi* als Abfallprodukt den für fast alle übrigen Organismen lebensnotwendigen Sauerstoff produzieren. Es ist viel über Blütenpflanzen geschrieben worden, so daß jeder Leser dieses Kapitels etliches vermissen wird, was er für wissenswert hält, und anderes vorfindet, was ihm zu trivial erscheint. Jeder wird aber verstehen, daß in wenigen Zeilen nicht alles das wiederzugeben ist, worüber es eine umfangreiche, zum Teil populärwissenschaftliche Literatur gibt, in der trotz der vielleicht abfällig gebrauchten Bezeichnung vieles wissenschaftlich einwandfrei, klar und vor allem gut illustriert dargestellt ist.

Um sich ein Bild von der Vielfalt der Pflanzen machen zu können und einzelne Arten kennenzulernen, bedarf es ihrer Identifikation. Es gibt zahlreiche Bestimmungsbücher, die nach zum Teil unterschiedlichen Methoden vorgehen. In steigendem Maße werden Farbphotos verwendet; andere Werke arbeiten mit einem Schlüssel, in dem die Blütenfarbe als primäres Erkennungsmerkmal angesehen wird, und eine dritte Gruppe schließlich – jene nämlich, die als „wissenschaftlich" eingestuft wird – benutzt einen dichotomen Schlüssel. Der Benutzer wird vor eine Serie alternativer Entscheidungen gestellt. Die „Wissenschaftlichkeit" begründet sich vornehmlich auf Vollständigkeit, denn die meisten der bebilderten Bücher enthalten nur die häufigsten oder auffallendsten Pflanzen. So ist nicht schwer, Arten zu finden, die nicht mit aufgeführt sind; dann muß man eben auf jene Bücher zurückgreifen, die vollständige Artenlisten enthalten.

Die Erforschung der Flora Mitteleuropas hat, wie im vorangegangenen Kapitel gezeigt, eine jahrhundertealte Tradition. Sie spiegelt sich in der weitgehenden Vollständigkeit moderner Florenwerke und Bestimmungsbücher wider. Unvollständig, wenn überhaupt vorhanden, sind Bestimmungsbücher wenig erforschter Gebiete, so z.B. der Tropen, der Subtropen und vieler Gebirge.

Wir werden uns an anderer Stelle ausgiebig mit der Frage nach der Entstehung der Formenvielfalt (Evolution) auseinandersetzen und dabei sehen, daß Gebirge mit ihren kleinräumigen, von der übrigen Umwelt isolierten Arealen ideale Voraussetzungen für Artneubildungen bieten. Bereits das ist ein Grund dafür, weshalb selbst erfahrene Botaniker mit renommierten Bestimmungswerken der mitteleuropäischen Floren gelegentlich (z.B. in den Alpen) Schwierigkeiten haben können.

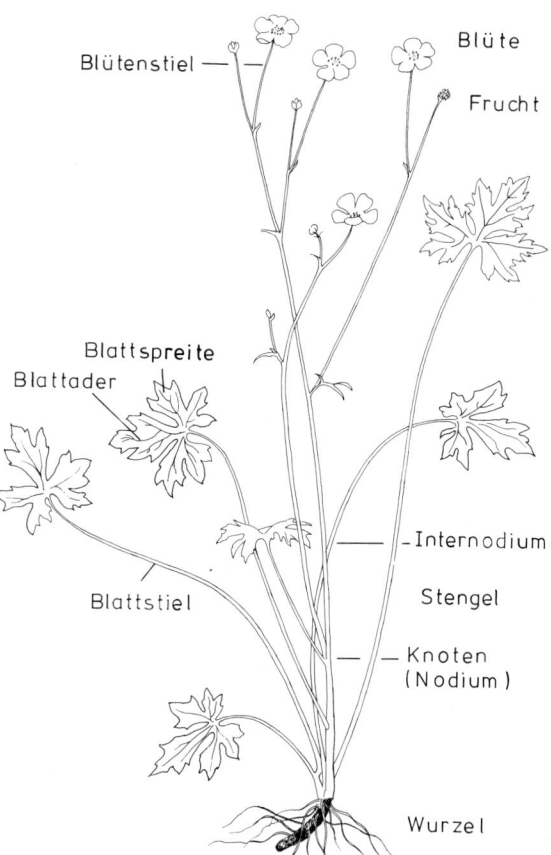

Abb. 2.1. Bezeichnungen der wichtigsten Teile einer „typischen" Blütenpflanze (hier *Ranunculus acris*, Scharfer Hahnenfuß). (Nach V. H. Heywood, 1978)

18

In diesem Kapitel werden nur Merkmale (samentragender) Blütenpflanzen (Phanerogamen, Spermatophyta) angesprochen. Außer den eingangs genannten Gründen (Auffälligkeit, Häufigkeit) kann man diese Einschränkung dadurch begründen, daß hier viele Strukturen vorgestellt werden, die auch bei den übrigen, d.h. nicht-blühenden Pflanzen vorkommen können. Manche der Strukturen, z.B. die Blüten und die Samen fehlen den Farnen, Moosen, Algen usw.; andere wiederum, beispielsweise die Wurzel und die Blätter, sind dort unvollkommen ausgebildet oder durch andersartige Einrichtungen ersetzt. Den Vegetationskörper vielzelliger Algen (und Moose) nennt man Thallus und den der Blütenpflanzen, Farne und farnähnlichen Gewächse (Pteridophyten) Kormus. Die zuletzt genannten Pflanzengruppen faßt man daher auch als Kormophyten zusammen. Mit den Besonderheiten der einzelnen Pflanzengruppen werden wir uns noch ausführlich auseinandersetzen (ab Kap. 43).

Der Vegetationskörper einer „typischen" Blütenpflanze besteht aus einem oberirdischen Sproß und einer unterirdischen Wurzel. Der Sproß wiederum besteht aus einer Sproßachse und daran sitzenden Blättern und Blüten (s. Abb. 2.1). Jeder der in der Abbildung benannten Teile (Organe) kann in vielen Varianten vorliegen, und die Varianten wiederum können bei den verschiedenen Arten in unterschiedlicher Weise miteinander gekoppelt sein. Das nahezu uneingeschränkte Kombinationsvermögen ist eine der wesentlichen Ursachen für die Entstehung der hohen Artenzahl; gleichzeitig erschwert es die Ermittlung der verwandtschaftlichen Beziehungen der Arten untereinander.

Die Sproßachse

In einem Samen sind die Anlagen für den Sproß und die Wurzel getrennt. Nach der Keimung entwickelt sich der dem Licht zustrebende Sproß und die auf den Erdmittelpunkt (Geotropismus, s. Kap. 32) zuwachsende Wurzel. Der im ersten Entwicklungsstadium gebildete Sproß wird Haupt- oder Primärsproß genannt, und je nach Pflanzengruppe trägt er ein, zwei oder mehrere Keimblätter (Kotyledonen). Wachsende und ausgewachsene Sprosse sind in Knoten (Nodien) und dazwischenliegende Abschnitte (Internodien) untergliedert. Die Knoten sind jene Bereiche, an denen Seitensprosse oder Blätter abzweigen.

Die Spitze eines wachsenden Sprosses endet stets mit einer Knospe, die einen Vegetationspunkt und Blattanlagen (oder Blütenanlagen) enthält.

Im Bereich der Nodien werden Seiten- oder Achselknospen angelegt, aus denen Seitensprosse (Seitenäste) hervorgehen können.

Pflanzliche Sprosse können entweder einjährig (annuell) oder mehrjährig (perennierend) sein. Welche Alternative realisiert ist, ist in der Regel artspezifisch, bei einigen Arten aber auch standortspezifisch.

Abb. 2.2. *A*. Monopodium (mit durchgehender Hauptachse). *B* Sympodium (mit zusammengesetzter Hauptachse, wobei der jeweilige Hauptachsenabschnitt mit einer Knospe abschließt und die Seitenachsen aus der obersten Blattachsel die Fortsetzung bilden). Aus den Schemata ist ersichtlich, daß die Knospen beim Monopodium an der durchgehenden Hauptachse in den Blattachseln sitzen, während sie beim Sympodium den Blättern gegenüberstehen. (Nach F. Oehlkers, 1956)

Die Sproßachse einjähriger Arten ist meist krautig und wird als Stengel bezeichnet, mehrjährige Sprosse sind meist verholzt und werden Stamm genannt. Bei manchen Arten (z.B. vielen Gräsern) ist der Stengel hohl und heißt Halm. Zur Charakterisierung der Sproßachsen zählt man einmal den Verzweigungstyp, zum anderen die Oberflächenbeschaffenheit (glatt, behaart, ungerillt oder mit Rillen versehen, rund oder kantig) und drittens das Verhältnis von Höhe zu Durchmesser.

Man unterscheidet zwischen monopodialer und sympodialer Verzweigung; die monopodiale zeichnet sich durch eine durchgehende Hauptachse aus, der in regelmäßigen Abständen schwächere Seitenachsen entspringen (s. Abb. 2.2). Bei sympodialer Verzweigung stellt der Haupttrieb (der Primärsproß) sein Wachstum ein, und Achselknospen führen es fort. Ersetzt dabei nur eine Achselknospe den ursprünglichen Trieb, wächst jener zur neuen Hauptachse heran (Monochasium). Treiben hingegen zwei Knospen zu gleichwertigen Seitenästen aus, entsteht ein gabelförmiges Gebilde, ein Dichasium.

Als Extremfälle für unterschiedliches Höhe/Durchmesser-Verhältnis können einmal die Rankensprosse genannt werden, deren Durchmesser (und Stabilität) im Vergleich zur Länge so gering ist, daß sie auf einen Halt durch andere Pflanzen oder andere Stützen angewiesen sind, um aufrecht zu wachsen. Zum anderen ist die Sukkulenz (Dickfleischigkeit) zu nennen, die

Abb. 2.3. Sukkulenz (Dickfleischigkeit) ist eine Anpassung an aride (trockene) Lebensräume. Sie kann sich sowohl im Stamm als auch in den Blättern manifestieren. Sukkulente Pflanzen findet man in vielen Familien. In manchen Gattungen (z. B. der Compositengattung *Senecio (a, b)* sind einige Arten sukkulent, viele andere jedoch „normal" krautig (z. B. die vielen *Senecio*-Arten der heimischen Flora)

a Stammsukkulenz: völlige Reduktion der Blätter, aufrechte Stellung der Stämmchen, dadurch geringe Strahlungsbelastung. Verkleinerung der Oberfläche; photosynthetisierendes Gewebe im Stamm *(Senecio longiflorus)*.

b Bei dieser *Senecio*-Art *(Senecio mandraliscae)* ist der sukkulente Stamm von einer Korkschicht umgeben. Die Blätter sind ebenfalls sukkulent, aber ohne Kork, sie werden nur in der Spitzenregion (apikal) angelegt.

c Stammsukkulenz: in jüngeren Stadien noch Blattausbildung; die Blätter sind ebenfalls sukkulent, sie fallen später ab (Narben am Stamm) *(Austrocylindropuntia subulata,* Cactaceae).

d, e Blattsukkulenz ist für viele Mittagsblumengewächse (Aizoaceae) typisch. Der Sproß ist stark reduziert, oft besteht er nur noch aus Blättern (und Blüten). Die Gestalt der Pflanze nähert sich der Kugelform („lebende Steine") *(Gibbaeum petrense* und *Conophytum wettsteinii)*.

20

Abb. 2.4. Phyllokladien bei *Ruscus hypoglossum* (einer mediterranen, den Spargelgewächsen angehörenden Art). Die Blätter sind zu Schuppen reduziert. Blattähnlich geformte Sprosse (Phyllokladien) übernehmen die Aufgabe der Photosynthese. Die Blüten entspringen in den Achseln der Phyllokladien.

einem besonders bei Pflanzen arider (trockener) oder salzhaltiger Standorte begegnet (s. Abb. 2.3).

Sproßachsen sind in der Regel radiärsymmetrisch-

gebaut, bei wenigen Arten sind die Seitensprosse als flache, blattähnliche Phyllokladien ausgebildet (s. Abb. 2.4).

Vielfach, besonders bei den Holzpflanzen, unterscheidet man zwischen Lang- und Kurztrieben. Langtriebe sind durch zahlreiche, oft verlängerte Internodien gekennzeichnet, durch die der Längenzuwachs von Bäumen und Sträuchern bewirkt wird. Kurztriebe gehen aus Seitenästen hervor. Sie besitzen verkürzte Internodien und zeichnen sich oft durch spezielle Funktionen aus. Bei einigen Arten entsprechen sie den Sproßdornen (sie sind jenen homolog). Unter homolog versteht man dabei die Ausbildung unterschiedlicher Organe (oder Formen), die vom gleichen Grundorgan (Muster) abgeleitet werden können.

Seitensprosse können bei einigen Arten zu Ausläufern und/oder Rhizomen umgestaltet sein, und die wiederum dienen in der Regel der vegetativen Vermehrung.

Unter Ausläufern versteht man horizontale, oberoder unterirdisch wachsende, gelegentlich Blätter tragende Seitensprosse, deren Internodien stark verlängert sind und die oft direkt am Sproß Wurzeln schlagen (sproßbürtige Wurzeln). Teile von Ausläufern können zu aufrechtem Wuchs übergehen und verhalten sich dann wie normale Sprosse (typisches Beispiel: Erdbeere).

Rhizome sind meist unterirdisch wachsende, ausdauernde Sprosse ohne verlängerte Internodien. Vielfach sind sie zu Speicherorganen umgewandelt, gelegentlich enden sie in speziell ausgebildeten Speicherknollen, so wie wir sie von der Kartoffel her kennen. Von kleinen schuppenähnlichen Nebenblättern abgesehen, tragen Rhizome keine Blätter, jedoch können sich Triebe, die an die Erdoberfläche gelangen, zu blatt- und blütentragenden Sprossen entwickeln (häufig bei einer Reihe monokotyler Arten, z.B. *Iris*; *Arundo* u. a. s. Abb. 2.5).

Abb. 2.5. Freipräpariertes (ansonsten unterirdisches) Rhizom von *Arundo donax* (Pfahlrohr, Riesenschilf, Gramineae).

21

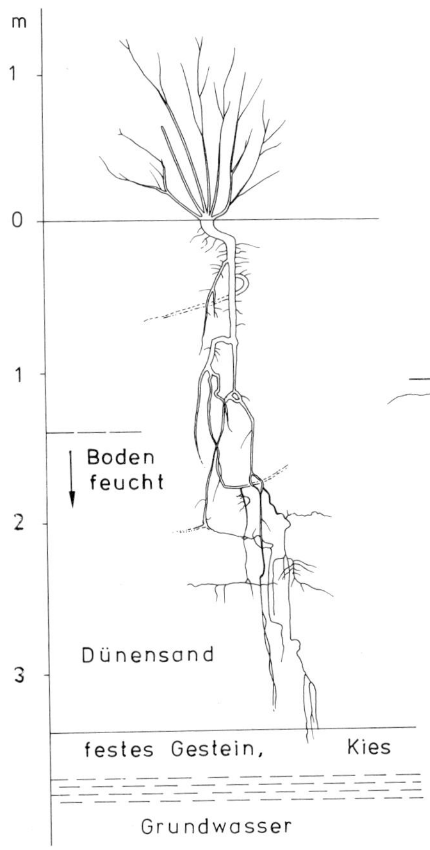

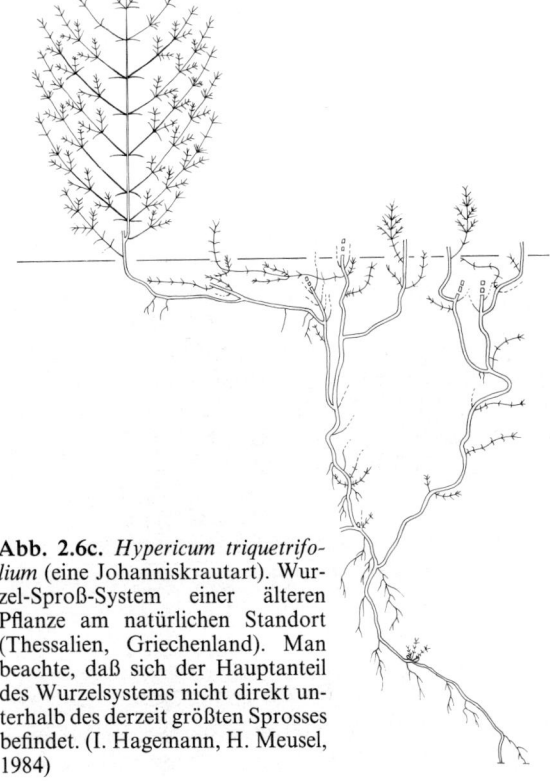

Abb. 2.6a. Pfahlwurzelsystem; *Suaeda fruticosa* (Salz-busch), eine südwestafrikanische Art. Die Verzweigung der Wurzeln erfolgt erst in größerer Tiefe (in wasserführenden Bodenschichten), Seitenwurzeln nahe der Erdoberfläche sterben wegen Wassermangel frühzeitig ab. (Nach H. Walter, 1951/1960)

Abb. 2.6b. *Jurinea cycyanoides,* ein doppelstöckiges Wurzel-system. (Nach E. Lichtenegger)

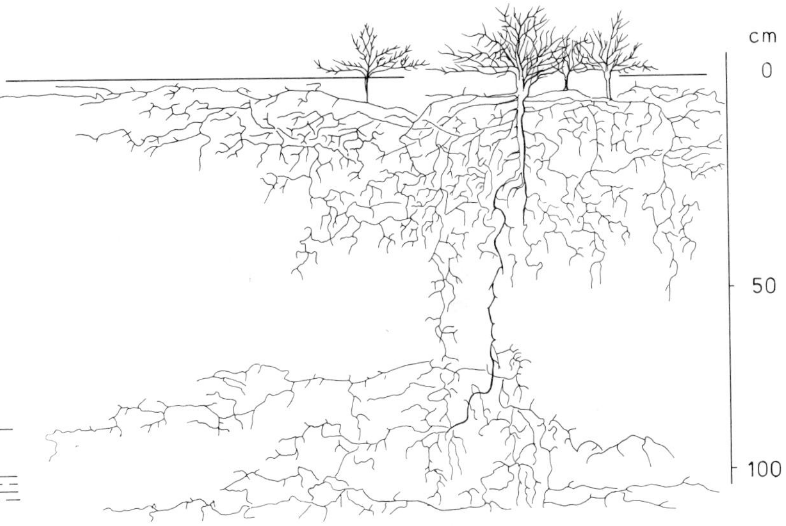

Abb. 2.6c. *Hypericum triquetrifo-lium* (eine Johanniskrautart). Wur-zel-Sproß-System einer älteren Pflanze am natürlichen Standort (Thessalien, Griechenland). Man beachte, daß sich der Hauptanteil des Wurzelsystems nicht direkt un-terhalb des derzeit größten Sprosses befindet. (I. Hagemann, H. Meusel, 1984)

Wurzeln

Ein Merkmal der Wurzeln ist die Blattlosigkeit. Man unterscheidet zwischen Haupt- und Neben-(Seiten-)wurzeln; letztere können vielfach verzweigt sein und bilden ein umfangreiches Wurzelsystem aus (s. Abb. 2.6 a-d). Zu den verschiedenen Wurzeltypen gehört u.a. die Pfahlwurzel, bei der die Hauptwurzel domi-nierend ist, kaum Seitenwurzeln trägt und tief in den Boden eindringt. Verdickte, als Speicherorgane aus-gebildete Wurzeln bezeichnet man als Rüben; an ihrer Bildung kann das Hypokotyl (Abschnitt zwischen Wurzelhals und Ansatzstelle der Kotyledonen) betei-ligt sein (s. Abb. 2.7). Auch verdickte Seitenwurzeln können als Speicherorgane (Knollen) ausgebildet sein. Das Wurzelwerk vieler Monokotyledonenfami-lien (z.B. der Gramineen [Gräser]) besteht durchweg aus Seitenwurzeln (Adventivwurzeln). Des weiteren sind sproßbürtige Wurzeln, also solche, die direkt dem Sproß entspringen, sowie Luftwurzeln zu nennen (s. Abb. 2.8).

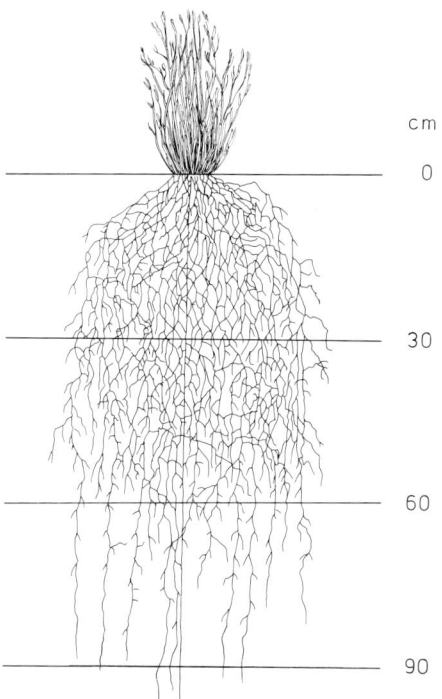

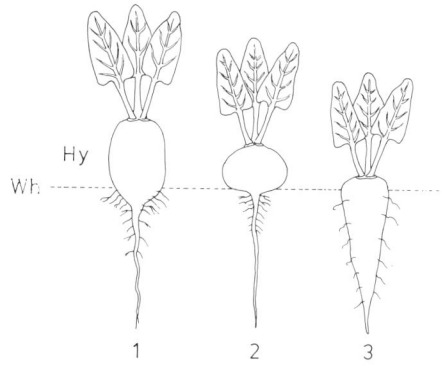

Abb. 2.6d. Wurzelsystem der Gräser, das ausschließlich aus Adventivwurzeln besteht (hier *Aristata purpuraea,* eine Art der nordamerikanischen Prärie). (Nach H. Walter, 1951/1960)

Abb. 2.7. Rübenbildung bei *Beta vulgaris* (*1* Runkelrübe, *2* Rote Rübe, *3* Zuckerrübe). *Hy* Hypokotyl, *Wh* Region des Wurzelhalses. (W. Troll 1954, nach W. Rauh, 1937)

Abb. 2.8. *Ficus benghalensis:* Luftwurzeln (im Botanischen Garten Singapur).

23

Abb. 2.9. Blattformen und Blattränder. *a* länglich-elliptisch, ganzrandig *(Rhododendron spec.)*; *b* elliptisch-zugespitzt, ganzrandig *(Fagus sylvatica)*; *c* eiförmig, Basis leicht herzförmig, Rand grob einfach gesägt *(Urtica dioica)*; *d* Umriß verkehrt eiförmig, Blattrand gebuchtet *(Quercus robur)*; *e* breit eiförmig, zugespitzt, Basis leicht herzförmig, Blattrand doppelt gesägt *(Corylus avellana)*; *f* doppelt fiederteilig *(Artemisia absinthium)*; *g* handförmig geteilt mit unregelmäßig doppelt gesägtem Rand *(Pelargonium spec.)*; *h* handförmig gefiedert, Fiederblätter ganzrandig, Blattgrund mit Nebenblättern *(Lupinus luteus)*; *i* fiederspaltig oder eiförmig gefiedert *(Sonchus oleraceus)*; *j* Heterophyllie, unterschiedliche Blattformen, hier am Jahrestrieb, erste und letzte Blätter ganzrandig, mittlere Blätter gebuchtet *(Symphoricarpos rivularis)*; *k* einfach unpaarig gefiedert, glattrandig, Fiedern eiförmig, Spitze ausgerandet *(Robinia pseudacacia)*; *l* einfach unpaarig gefiedert, Fiedern länglich-eiförmig, Blattrand gesägt, zuweilen doppelt gesägt *(Sorbus aucuparia)*; *m* einfach paarig gefiedert, Fiedern eiförmig, leicht asymmetrisch, glattrandig *(Tamarindus indica)*; *n* doppelt fiederschnittig (fiederteilig) *(Achillea millefolium)*; *o* Blatt sitzend, mit vorgestreckten Öhrchen (= Anhängseln) *(Sonchus oleraceus)*; *p* Nebenblätter in Dornen umgebildet *(Acacia spec.)*.

24

Blätter

Während sich die Sproßachse (Langtrieb) in der Regel durch potentiell unbegrenztes Wachstum auszeichnet, ist das der Blätter begrenzt. Sie sind dorsiventral, d.h., Unter- und Oberseite sind verschieden gebaut und nehmen verschiedene Funktionen wahr.

Ein typisches Blatt besteht aus einer Blattspreite oder Lamina, einem Blattstiel und dem Blattgrund.

Der Blattgrund ist bei einigen Arten deutlich, bei anderen gar nicht vom Blattstiel abgesetzt. Manchmal ist er lediglich an einer schwachen Verbreiterung der Blattstielbasis erkennbar. Gelegentlich trägt er seitliche Auswüchse, die Nebenblätter oder Stipeln genannt werden.

Deutlich erkennbare Blattstiele treten bei sehr vielen Arten in Erscheinung; sie können aber auch fehlen, und man sagt dann das Blatt sei sitzend, wobei die Basis der Blattspreite in Einzelfällen den Stengel fast oder ganz umfassen kann – in diesen Fällen ist das Blatt stengelumfassend.

Im Extremfall können die Spreitenenden miteinander verwachsen sein, so daß es so aussieht, als sei das Blatt vom Stengel durchwachsen. Zieht sich die Basis noch ein Stück an der Sproßachse herab, hat man ein herablaufendes Blatt vor sich. Bei vielen Monokotyledonen, z.B. bei Gräsern umgibt der Blattgrund den Halm in Form einer Scheide.

Die Blattspreite ist von Blattadern oder Blattnerven (Leitbündel enthaltend) durchzogen. Je nach Organisation unterscheidet man parallel- oder bogennervige, fiedernervige und netznervige Blätter.

Ebenso variabel wie die Aderung ist die Form der Blätter, wobei man zwischen einfachen und zusammengesetzten unterscheidet (s. Abb. 2.9).

Ein weiteres Bestimmungsmerkmal ist die Beschaffenheit des Blattrandes, der glatt, gesägt, doppelt gesägt, gekerbt oder gebuchtet sein kann. Blätter mit tiefen Einschnitten nennt man fiederspaltig, kammförmig gefiedert, handförmig geteilt oder gelappt.

Zusammengesetzte Blätter bestehen aus mehreren Blättchen oder Fiedern, die in regelmäßiger Anordnung an einer ungeteilten oder verzweigten Blattspindel oder Rhachis sitzen. Die Fieder sind gleich oder unterschiedlich groß.

Bei etlichen Arten sind Strukturen vorhanden, die man als Blattumwandlungen (Metamorphosen) bezeichnet, weil sie mit den Blättern homologisierbar sind. Hierzu gehören die Blattdornen, bei denen die Ausbildung der Blattspreite unterblieben ist und die Blattnerven durch Einlagerung festen Materials verstärkt worden sind (s. Abb. 2.10), sowie die Blattranken, denen die Blattspreiten ebenfalls fehlen, deren Blattstiel aber extrem biegsam ist (s. Abb. 32.7).

Niederblätter sind einfach gestaltete, schuppenförmige Blätter an der Basis der Sproßachse. Ihnen rechnet man auch die Knospenschuppen der Holzpflanzen zu.

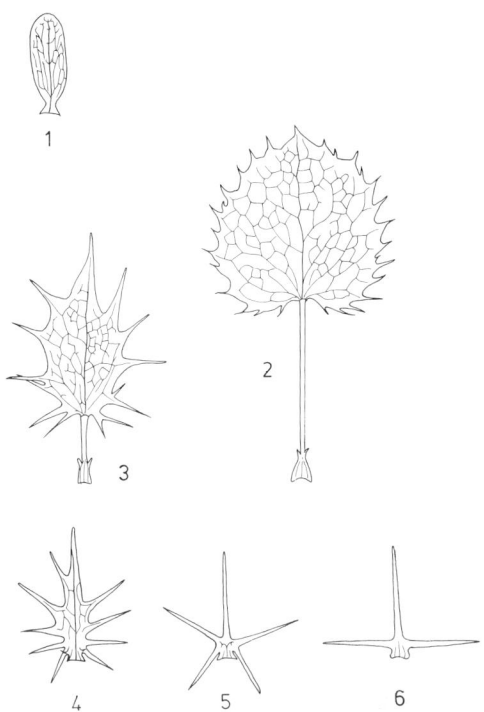

Abb. 2.10. *Berberis vulgaris:* An einem Sproß können unterschiedlich geformte Blätter und die verschiedensten Übergänge zwischen Blättern und Dornen festgestellt werden (1. Primärblatt). (Nach. W. Troll, 1954)

Abb. 2.11. Hochblätter. *a Bougainvillea spectabilis* (Nyctaginaceae). Die unscheinbaren blaßgelben Blüten sind von auffallenden rotviolett gefärbten Hochblättern umgeben, die die Funktion eines Schauapparats (zur Anlockung der Bestäuber) wahrnehmen. *b Spathiophyllum* cf. *floribundum.* Der Blütenstand wird von einem blütenblattähnlichen Hochblatt umschlossen.

Schließlich wären noch die Hochblätter zu nennen, die bei einigen Arten auffällig gefärbt sind und das Vorhandensein großer Blüten vortäuschen. Als typische Beispiele können die im Mittelmeerraum häufige *Bougainvillea spectabilis* und die Aronstabarten genannt werden (s. Abb. 2.11). Manche, vornehmlich aquatisch lebende Arten verfügen über unterschiedlich gestaltete Blätter (Heterophyllie). Ein Beispiel hierfür ist *Ranunculus aquatilis* (Wasserhahnenfuß) mit fiederförmig geteilten, submers vorkommenden Blättern und ungeteilten Schwimmblättern.

Die Blätter sind am Stengel stets in regelmäßigen Mustern angeordnet, die am besten dann zu erkennen sind, wenn man den Sproß von oben betrachtet. In den meisten Fällen wird deutlich, daß sie in Form einer Schraube angeordnet sind und zwischen aufeinanderfolgenden Blättern stets gleiche Winkel (Divergenzwinkel) meßbar sind. Im einfachsten Fall beträgt dieser Winkel 180°, die Blätter sind dann zweizeilig gegenständig angeordnet. Es kommen aber auch andere Winkel vor: 120° ($=1/3$) oder 144° ($2=2/5$) oder 135° ($=3/8$) usw.

Die Regelmäßigkeit der Blattstellung wurde bereits im vorigen Jahrhundert von C.F. Schimper und A. Braun entdeckt und heißt nach ihnen Schimper-Braunsche Hauptreihe. Die dabei auftretenden Winkel entsprechen einer Fibonacci-Reihe, d.h., Zähler und Nenner aufeinanderfolgender Brüche sind gleich der Summe von Zähler und Nenner der beiden vorangegangenen:

$$\frac{2}{5} = \frac{1+1}{2+3}; \quad \frac{3}{8} = \frac{1}{3} + \frac{2}{5} \quad \text{usw.,}$$

die Reihe würde demnach wie folgt lauten:

$$\frac{1}{2} \quad \frac{1}{3} \quad \frac{2}{5} \quad \frac{3}{8} \quad \frac{5}{13} \quad \frac{8}{21} \quad \frac{13}{34} \quad \frac{21}{55} \quad \frac{34}{89} \quad \text{usw.}$$

In Winkelgrade umgerechnet heißt das, daß ein Grenzwert, der bei etwa 137° 30′ liegt, erreicht wird, und der wiederum ist dafür bekannt, daß er einen Kreisbogen nach dem „goldenen Schnitt" teilt.

Der Vorteil regelmäßiger Anordnung der Blätter liegt darin, eine möglichst hohe Lichtausbeute zu erreichen.

Grenzfälle:

Wirtlige Blattstellung (Anordnung der Blätter in Quirlen): An jedem Knoten stehen zwei oder mehrere Blätter. Die Anordnung im darauffolgenden Knoten ist meist „auf Lücke"

Entspringen einem Knoten zwei Blätter, sind sie ausnahmslos gegenständig.

Rosetten: Sie sind meist grundständig; an der Stengelbasis reihen sich unter vollständiger oder nahezu vollständiger Reduktion der Internodien Knoten auf Knoten. Aus der Rosette entspringt ein im basalen Teil meist nodienfreier Stengelabschnitt, an dessen Ende eine oder mehrere Blüten sitzen. Bei vielen rosettentragenden Arten ist der Stengel verzweigt und trägt zusätzliche, oft anders geformte Blätter.

Blüten

Bevor wir uns ausgiebiger mit dem Bau von Blüten befassen, sei vorausgeschickt, daß es sich bei ihnen um Fortpflanzungsorgane handelt, in denen sich Samen entwickeln, und daß die Blütenpflanzen in zwei „Klassen", in Gymnospermen (Nacktsamer) und Angiospermen (Bedecktsamer) untergliedert werden. Die Gymnospermen sind stammesgeschichtlich die ältere und primitivere Gruppe. Im streng systematischen Sinne darf man sie nicht als Klasse bezeichnen, denn ihr gehören zwei echte Klassen, die Coniferen (Nadelbäume) und die Cycadeen an, die nicht auf die gleichen Vorfahren zurückzuführen sind (s. Kap. 47).

Die Angiospermen sind eine echte Klasse. Ihnen gehören fast alle Blütenpflanzen (im engeren Sinne) an, und das, was wir im folgenden besprechen werden, bezieht sich in erster Linie auf deren Blüten.

In vielen Schulbüchern werden die Blüte der Anemone und/oder der Tulpe als typisches Beispiel für sie vorgestellt. Die Wahl ist nicht schlecht, denn an deren Blüten kann der Grundbauplan besser demonstriert werden als an vielen anderen (s. Abb. 2.12).

Es darf wohl vorausgesetzt werden, daß jeder auf-

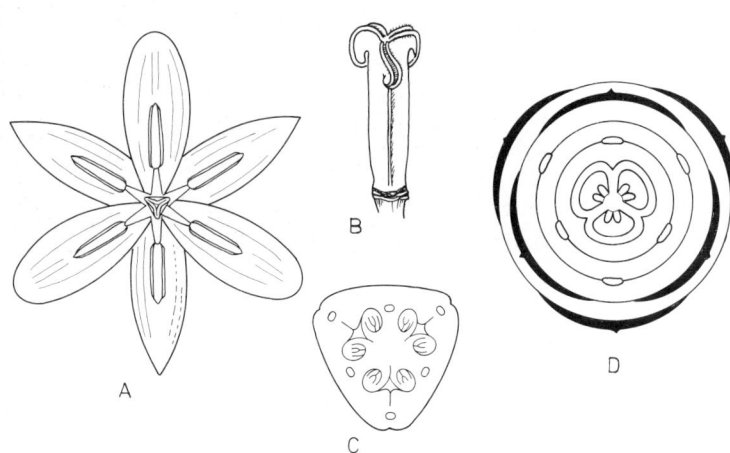

Abb. 2.12. *Tulipa gesneriana* (Tulpe). *A* Blüte in Aufsicht, *B, C* Pistill (Stempel); Gesamtansicht *(B)* und Querschnitt im Bereich des Ovars *(C)*. *D* Blütendiagramm. Blütendiagramme wurden im vergangenen Jahrhundert von dem Kieler Botaniker A. Eichler (1875, 1878) für die Mehrzahl der einheimischen und fremdländischen Pflanzengruppen erstellt. Sie symbolisieren die Position, die Zahl und die Symmetrieverhältnisse der einzelnen Komponenten einer Blüte in den jeweiligen Blütenblattkreisen. (Nach W. Troll, 1957).

26

grund eigener Erfahrung einen Eindruck von der Mannigfaltigkeit der Blütenformen gewonnen hat. Es ist sicher auch bekannt, daß die Blütenformen, die -farben und -düfte im Verlauf der Evolution in Anpassung an bestimmte Bestäuber (Insekten: Bienen, Hummeln, Schmetterlinge, Fliegen u.a., Vögel: Kolibris u.a.) entstanden sind (s. Abb. 2.13).

Windbestäubte Pflanzen, zu denen in erster Linie die Gymnospermen, aber auch viele Angiospermen gehören, haben unauffällige Blüten.

Blüten werden als Kurztriebe mit begrenztem Wachstum definiert. An einer Blütenachse, die oft nur

Abb. 2.13. Blüten. *a, b, d* Unterschiedliche Blütenformen in einer Pflanzenfamilie (Ranunculaceae). Sie paßt sich stark an Bestäuber und Habitate an. *a Adonis vernalis.* zeigt den als ursprünglich angesehenen Blütenbau: große Anzahl von Blüten-, Staub- und Fruchtblättern (in spiraliger Anordnung). Die genaue Anzahl der einzelnen Elemente ist nicht streng determiniert. Bestäuber werden durch die Farbe der Blütenblätter angelockt. Es gibt keine Vorrichtungen, die gezielt auf bestimmte Bestäuber abgestimmt sind. *b Thalictrum aquilegifolium* hat prinzipiell die gleichen Merkmale wie Adonis, jedoch fällt die Blütenhülle frühzeitig ab (= keine Blütenblätter vorhanden). Die Blüte besteht ausschließlich aus Staubblättern, die um relativ unauffällige Fruchtblätter angeordnet sind. Die Filamente der Staubblätter sind gefärbt und stark verlängert; die Antheren selbst sind nicht vergrößert – Windbestäubung. *c Cerastium uniflorum;* ein Beispiel für eine radiärsymmetrisch gebaute Caryophyllaceenblüte. Der Blütenaufbau ähnelt dem von Adonis, jedoch ist die Zahl aller Blütenelemente (artspezifisch) konstant. Die Blüte ist nicht an bestimmte Bestäuber angepaßt. Zur Anlockung wird Nektar angeboten. Die Spaltung der Kronblätter täuscht eine größere Zahl vor (10 anstatt 5), was vermutlich die Attraktivität für Bestäuber erhöht. *d Aconitum napellus;* eine an bestimmte Bestäuber angepaßte, zygomorphe Blüte. Die Zahl der jeweiligen Blütenelemente ist konstant. Die Blütengröße ist auf die Körpergröße der Bestäuber (Bienen) abgestimmt. Ihrer Anlockung dient die blaue Blütenfarbe sowie das Vorhandensein von nektarabsondernden Honigblättern. Frucht- und Staubblätter sind vor Witterungseinflüssen und Freßfeinden besser als bei den offenen Blüten geschützt. Es wird nur wenig Pollen gebildet (keine Verschwendung wie bei Windbestäubung). *e Datura candida plena* (Stechapfel, Solanaceae); eine weitere Neuerung. Die Blütenblätter sind miteinander verwachsen (Sympetalie) und bilden eine Krone mit kelchartigem Rand. Die Anzahl der Blütenelemente läßt sich noch an den Zipfeln der Krone erkennen. Die Blüte hängt abwärts, ist relativ groß und durch ihre helle Färbung recht auffällig, ein guter Schutz der Staub- und Fruchtblätter ist gewährleistet. Anpassung an bestimmte Bestäuber, die in die Kronröhre hineinkriechen oder einen langen Rüssel besitzen müssen, um an Nahrung (Nektar) zu gelangen. (A. Fock (a, b), 1985)

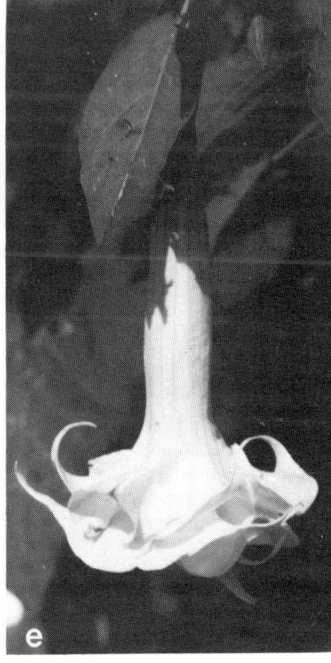

als Blütenboden ausgebildet ist, sind in schraubiger oder wirteliger Anordnung in mehreren Kreisen übereinander Blattorgane angeordnet, die sich in ihrem Aussehen und ihrer Funktion deutlich von den übrigen (Laub-)Blättern abheben.

Von unten nach oben gehend, unterscheidet man zwischen Kelch *(Calyx)*, der meist auffällig gefärbten Blütenkrone *(Corolle)*, den Staubblättern und schließlich den Fruchtblättern. Kelch und Blütenkrone zusammen bezeichnet man als Blütenhülle oder Perianth. Wenn sich Kelch und Blütenkrone jedoch nicht voneinander unterscheiden lassen oder wenn der Kelch fehlt, liegt ein Perigon vor. Fehlt die Blütenhülle ganz, spricht man von nackter Blüte. Solche Blüten sind für windbestäubte Arten typisch.

Die Gesamtheit der Staubblätter (♂ Fortpflanzungsorgane) bezeichnet man als Androeceum, die der Fruchtblätter (♀ Fortpflanzungsorgane) als Gynoeceum.

Die Blütenachse tritt bei den meisten Angiospermen kaum in Erscheinung, sie ist gewöhnlich verkürzt und zu einem Blütenboden verbreitert; gelegentlich ist er leicht gewölbt oder scheibenförmig ausgebildet (Diskus).

Bei den Gymnospermen hingegen sowie bei manchen der primitiven Angiospermen (*Magnolia* z.B.) ist die Achse lang und hat die Form eines Zapfens (s. Abb. 49.2).

Die Kelchblätter (Sepalen) sind mit Hochblättern homologisierbar. Es gibt eine Reihe von Pflanzenarten, z.B. *Helleborus foetidus* (Nieswurz), an denen ein solcher stufenloser Übergang eindrucksvoll zu demonstrieren ist. Im Knospenzustand dienen sie dem Schutz der inneren Blütenorgane. Nach der Blütenentfaltung (Anthese) tritt ihre Funktion zurück; bei vielen Arten, z.B. beim Mohn, werden sie abgestoßen, bei anderen werden sie zurückgeschlagen, und bei einer dritten Gruppe von Arten werden sie nach der Befruchtung reaktiviert; erneutes Wachstum setzt ein, und sie bilden eine Hülle um die reifende Frucht. Die Kelchblätter – wie übrigens auch die anderen Blütenorgane – sind in Form eines Kreises oder in Form mehrerer übereinanderstehender Kreise angeordnet. Strenggenommen handelt es sich dabei um Schrauben. Die Nodien folgen aber so dicht aufeinander, daß die Schraubenstruktur nicht mehr auflösbar ist (mehr dazu s. Kap. 48).

Entsprechend dem ursprünglichen radiärsymmetrischen Bau des Sprosses sind die meisten Blüten radiär gebaut. Die Elemente eines Blütenkreises sind dabei gleich gestaltet und gleichmäßig um die Achse angeordnet (radiäre, aktinomorphe oder strahlige Blüten). Blüten dieser Art können durch mehr als zwei Symmetrieebenen in zwei spiegelbildlich gleiche Hälften zerlegt werden. Den radiärsymmetrischen Formen stellt man die bilateralsymmetrischen gegenüber, die sich zwar auch durch zwei Symmetrieebenen in zwei spiegelbildlich gleiche Hälften zerlegen lassen, bei denen die Hälften jedoch unterschiedlich gestaltet sind. Man denke hier nur an die Blüten der Veilchen oder

Stiefmütterchen. Eine weitere – dazu besonders häufige – Variante sind die dorsiventralen (zygomorphen) Blüten, welche sich durch nur eine Ebene in zwei spiegelbildlich gleiche Hälften teilen. Eisenhut (s. Abb. 2.13 und 2.14) und Salbei sind nur einige von vielen Arten mit diesem Merkmal.

Die meisten Blütenpflanzen haben getrennt-blumenblättrige Blüten, (Dialypetalae). Bei den verwachsen-blumenblättrigen (Sympetalae) sind die Blütenblätter (Petalen) untereinander zu einer Kronröhre vereint. Aus der Zahl der freien Zipfel kann die Zahl der verwachsenen Petalen erschlossen werden.

Die Symmetrieverhältnisse und der Bau der Blüten läßt sich am anschaulichsten durch Blütendiagramme wiedergeben, in denen die einzelnen Organe (Zahl und Position) schematisch wiedergegeben sind. Ein entscheidender Aspekt, der Symmetrieverhältnissen stets zugrunde liegt, ist die Zahl der einzelnen Blütenorgane. Es gibt einige wenige, immer wiederkehrende Grundwerte. Bei den meisten Angiospermen spielt die Zahl 5 eine wesentliche Rolle, bei einer ihrer Familien, den Cruciferae (= Brassicaceae; Kreuzblütler), lautet sie 4, und bei den Monokotyledonen (einer Untergruppe der Angiospermen) ist die Zahl 3 vorherrschend (Trimerie).

Die Staubblätter (Stamina) oder Sepalen werden entwicklungsgeschichtlich als umgebildete Blütenblätter (Petalen) gedeutet. Diese Deutung ist durch das vielfache Auftreten von Zwischenformen begründbar. Das klassische Beispiel hierfür ist die Weiße Seerose (übrigens eine recht primitive Angiosperme), doch findet man derartige Formen auch bei vielen

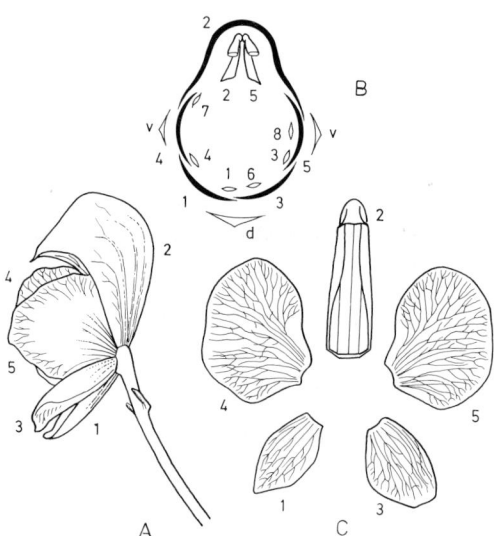

Abb. 2.14. *Aconitum napellus* (Eisenhut). *A* Blüte in Seitenansicht. Die Perianthblätter sind in der Reihenfolge ihrer Entstehung (Anlage) beziffert. *B* Diagramm der Blüte, das Perianth (außen) und den Honigblattzyklus (innen) umfassend (getrennt beziffert; d: Deckblatt, v: Vorblätter), *C* zergliedertes Perianth (Bezifferung wie bei *A*). (Nach W. Troll, 1957)

28

anderen Arten (s. Abb. 50.2). Züchter machen sich diese Eigenschaft zur Züchtung „gefüllter" Blüten zunutze; die wildlebende Heckenrose z.B. besitzt wenige Blütenblätter und viele Staubblätter; die meisten der heutigen Kultursorten zeichnen sich durch „volle" Blüten mit zahlreichen Blütenblättern aus; die Zahl der Staubblätter ist dafür gering.

Ein normal ausgebildetes Staubblatt setzt sich aus einem fadenförmigen, sterilen Staubfaden (Filament) und einem fertilen Staubbeutel (Anthere) zusammen. Die Anthere wiederum besteht aus (meist) zwei Theken, die durch ein Konnektiv miteinander verbunden sind. Jede Theka enthält zwei Pollensäcke, in denen Pollenbildung erfolgt (s. Kap. 27 und 48).

Unfruchtbare Staubblätter nennt man Staminodien. Eine ihrer Varianten sind die nektarabsondernden Honigblätter, die oft zwischen dem Perianth und den Staubblättern liegen. Gelegentlich erreichen sie die Größe der Petalen.

Der zentrale Teil einer typischen Blüte enthält das aus Fruchtblättern (Karpellen) bestehende Gynoeceum. Oft sieht man ihm den Aufbau aus Fruchtblättern nicht an; um so deutlicher erscheint eine Gliederung (von oben nach unten) in Narbe oder Stigma, Griffel und Fruchtnoten. Die Narbe ist das Aufnahmeorgan (Empfängnisorgan) für Pollenkörner. Sie kann bei den einzelnen Pflanzenarten unterschiedlich strukturiert sein. Oft ist sie knopfförmig und mit Papillen versehen, nicht selten ist sie verzweigt. Man unterscheidet zwischen trockenen und feuchten Narben. Die Oberfläche der trockenen ist meist fedrig behaart, die der feuchten mit einer klebrigen Schicht überzogen. Der Griffel bildet das Verbindungsstück zum basal liegenden Fruchtknoten, der die Samenanlagen beherbergt.

Bei radialer Betrachtung des Gynoeceums – oft nur in Querschnitten oder in reifen Früchten sichtbar – tritt der Blattcharakter der Fruchtblätter in Erscheinung. Das einzelne Fruchtblatt einer Angiospermenblüte ist in der Regel zu einer röhrenförmigen Struktur verwachsen, an deren Grunde, innerhalb des so gebildeten Hohlraums (geschützt und durch das eingerollte Fruchtblatt „bedeckt") die Samenanlagen liegen. Bei den Gymnospermen fehlt dieser Schutz; die Samenanlagen liegen dort daher frei auf den Fruchtblättern. Bei einem Angiospermenfruchtblatt wird die Mittelrippe Rückennaht genannt; die durch die Verwachsung der Blattränder gebildete Naht ist die Bauchnaht.

Üblicherweise besteht ein Fruchtknoten aus mehreren Fruchtblättern. Zu den Ausnahmen gehören die Gynoeceen in Leguminosenblüten: sie besitzen einen monomeren Fruchtknoten (bestehend aus nur einem Fruchtblatt).

Die Fruchtblätter eines mehrblättrigen Fruchtknotens sind entweder frei, oder sie sind untereinander verwachsen. Die Art der Verwachsung und damit die Lage der Samenanlagen wurden von A. Engler und E. Prantl Ende des vergangenen Jahrhunderts als wichtiges taxonomisches Merkmal zur Untergliederung der

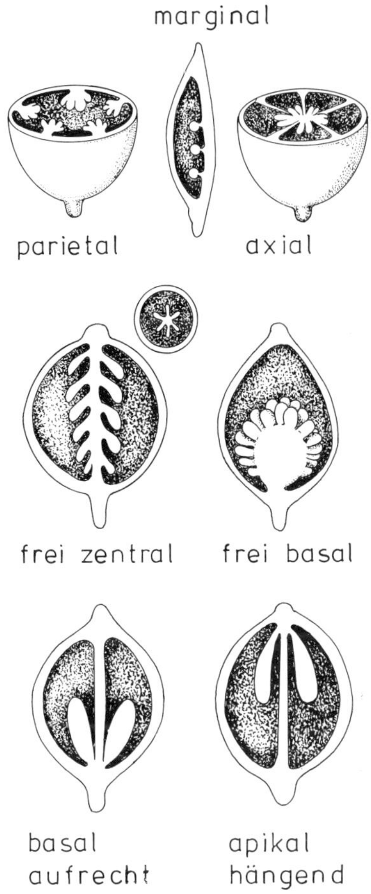

marginal

parietal — axial

frei zentral — frei basal

basal aufrecht — apikal hängend

Abb. 2.15. Die wichtigsten Formen der Placentation. Lage der Samenanlagen (Placentation) im Fruchtknoten. Eine marginale (seitenständige) Placentation kommt bei apokarpen Gynoeceen vor, eine axiale (zentralwinkelständige) ist für synkarpe Gynoeceen typisch, eine parietale (randständige) für parakarpe. Frei zentrale und frei basale Placentation sind Merkmale lysikarper Gynoeceen; basal aufrecht und apikal hängend sind Varianten hiervon. (Nach V. H. Heywood, 1978)

Angiospermen erkannt. So wurden einige Ordnungen (Centrospermae, Parietales) nach der Art der Fruchtknotenarchitektur benannt (mehr dazu s. Kap. 48).

Die Lage der Samenanlagen (und der späteren Samen) im Fruchtknoten wird Placentation genannt. (s. Abb. 2.15).

Ein aus freien Karpellen bestehender Fruchtknoten ist apokarp (apokarpes Gynoeceum) und stellt die ursprünglichste Form des Angiospermengynoeceums dar; bei Ranunculaceen ist diese Form oft zu finden. Hiervon abgeleitet sind Fruchtknoten mit verwachsenen Fruchtblättern (s. Abb. 2.16). Synkarpe Gynoeceen entstehen durch Verwachsung der Randzonen von Karpellen, also Verwachsungen von Rückennähten. Die Samenanlagen geraten dadurch ins Zentrum des Komplexes: zentralwinkelständige Samenanlage (= axiale Placentation). Die aus mehreren Fruchtblättern zusammengesetzten Fruchtknoten sind, wie aus

29

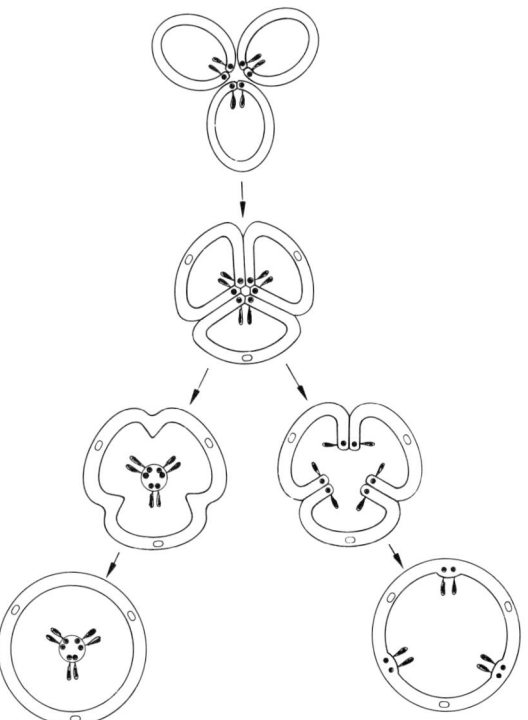

Abb. 2.16. Fruchtknotenquerschnitte. Evolutionsschema der Grundtypen des Gynoeceums. Vom apokarpen Gynoeceum (oben) leitet sich das synkarpe ab, aus dem wiederum das parakarpe (rechts) und das lysikarpe (links) hervorgehen. Der parakarpe und der lysikarpe Typ sind in zwei Progressionsstadien (Evolutionsstadien) wiedergegeben, um die verschiedenen Entstehungswege aus dem synkarpen Ausgangstyp zu veranschaulichen. Die Samenanlagen sind schwarz gezeichnet. (A. Takhtajan, 1942)

Abb. 2.16 hervorgeht, primär gefächert. Sie bestehen daher aus mehreren Kammern, was sich am eindrucksvollsten an Querschnitten durch einen Apfel oder eine Tomate demonstrieren läßt. Die Zahl der Kammern (Fächer) entspricht der der Fruchtblätter. Die Fruchtblätter können aber auch an der Nahtstelle der eingerollten Fruchtblätter verwachsen, also Ver-

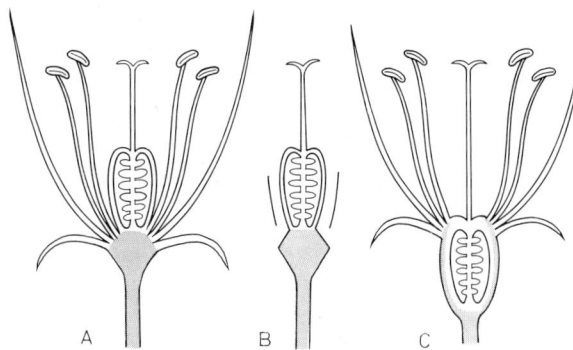

Abb. 2.17. Blütenlängsschnitte. Lage des Fruchtknotens: *A* oberständig, *B* mittelständig, *C* unterständig. Die Blüte ist *A* hypogyn, *B* perigyn, *C* epigyn. (Nach W. Troll, 1954)

wachsungen an Bauchnähten. Es entsteht dann ein parakarpes Gynoeceum. Die Samenanlagen sind hier in einem gemeinsamen Hohlraum eingeschlossen. Es gibt zudem Fälle, bei denen dieser sekundär durch sogenannte falsche Scheidewände untergliedert ist. Die Samenanlagen liegen hier entweder peripher (wandständig oder parietal): parietale Placentation oder wie beim synkarpen Fruchtknoten axial.

Die Position des Fruchtknotens in Relation zu den übrigen Blütenblättern ist ein wichtiges taxonomisches Merkmal. Zu unterscheiden ist zwischen oberständigen, mittelständigen und unterständigen Fruchtknoten (hypogyn, perigyn und epigyn; s. Abb. 2.17).

Blüten, die sowohl ein Androeceum als auch ein Gynoeceum enthalten, nennt man zwittrig oder hermaphrodit. Enthalten sie nur ein Androeceum, haben wir ♂ Blüten vor uns; enthalten sie nur ein Gynoeceum, haben wir es mit ♀ Blüten zu tun. Befinden sich ♂ und ♀ Blüten auf einer Pflanze, ist sie einhäusig oder monözisch; sind sie auf zwei Individuen verteilt, sind die Pflanzen zweihäusig oder diözisch (Monözie und Diözie).

Im Extremfall kann eine Blüte auf ein einzelnes Staubblatt oder ein einzelnes Fruchtblatt reduziert sein. Eine solche Reduktion kommt bei den Blüten der Wolfsmilchgewächse (Euphorbiaceae) vor, bei denen allerdings die einzelnen Blütenreste sekundär wieder zusammengefaßt sind und von (farbigen, meist gelben) Nektarien umhüllt werden. Dadurch ergibt sich die Form einer Scheinblüte, die als Cyathium bezeichnet wird. Manche Wolfsmilcharten besitzen gefärbte Hochblätter, um den Mangel an Blütenblättern wieder wettzumachen. Das bekannteste Beispiel dafür ist der Weihnachtsstern *(Poinsettia pulcherrima)*.

Blütenstände (Infloreszenzen)

Oft trägt ein Pflanzensproß eine ganze Anzahl regelmäßig angeordneter Blüten. Nur selten schließt die primäre Sproßachse mit nur einer einzelnen, terminal sitzenden Blüte ab. Wie bereits bei der Besprechung der Verzweigungstypen von Sprossen erwähnt, unterscheidet man auch hier zwischen monopodialen (razemösen) und sympodialen (zymösen) Blütenständen oder Infloreszenzen.

Zwischen den beiden Extremen Einzelblüte und vielblütiger Blütenstand bestehen alle denkbaren Übergänge.

Die Grundmuster der Sproßverzweigungen lassen sich aufgrund unterschiedlicher Komplexität mehreren Infloreszenztypen zuordnen. Zu den einfachsten razemösen Infloreszenzen mit unverzweigter Hauptachse gehören die Traube, Doldentraube, Ähre, das Kätzchen, der Zapfen, der Kolben, das Köpfchen und die Dolde. Zusammengesetzte razemöse Infloreszenzen mit Seitenästen erster und höherer Ordnung sind die Rispe, die Doldenrispe, die zusammengesetzte Ähre und die zusammengesetzte Dolde. Bei den zymösen

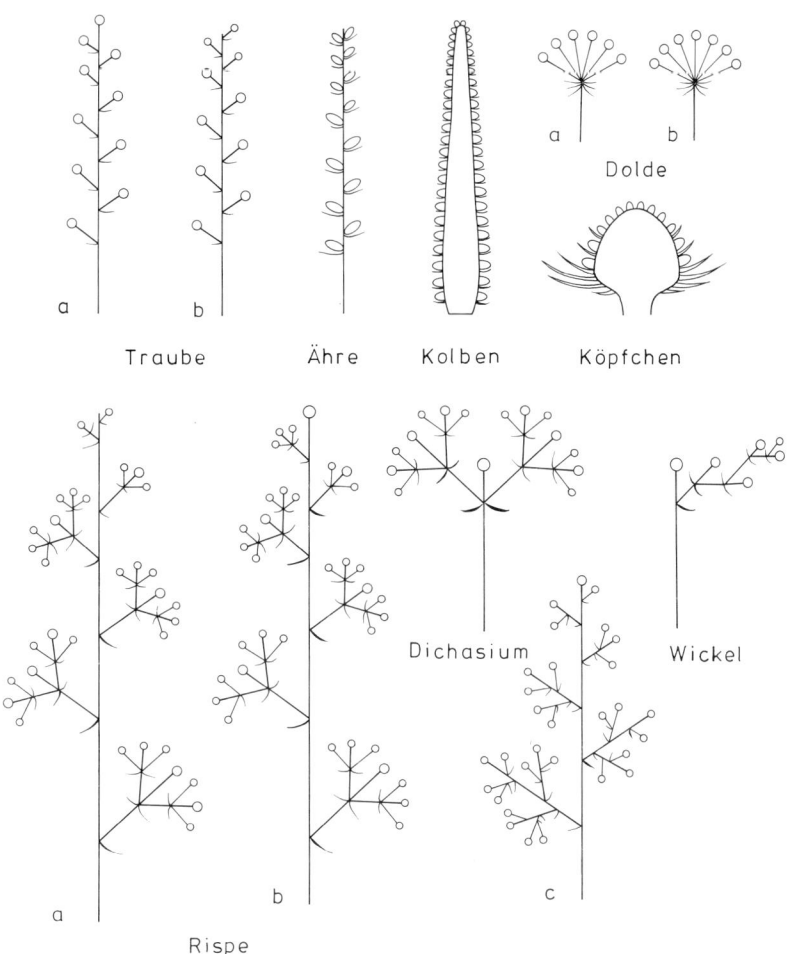

Abb. 2.18. Infloreszenzen. (Nach W. Troll, 1954)

Traube   Ähre   Kolben   Köpfchen   Dolde   Dichasium   Wickel   Rispe

Infloreszenzen wird die Hauptachse von Seitenachsen übergipfelt, wobei die Verzweigungen mehrfach aufeinander folgen können. Je nachdem, welche und wie viele Seitenzweige ausgebildet werden, unterscheidet man zwischen Dichasium, Pleiochasium (oder Trugdolde), Wickel, Schraubel und Spirre (s. Abb. 2.18).

Schließlich sind noch jene Infloreszenzen zu erwähnen, die Infloreszenzen mehrerer Typen enthalten (zusammengesetzte Blütenstände, heterotypische Infloreszenzen). Teilinfloreszenzen von *Carex*-Arten z.B. sind als Ähren ausgebildet, welche in Form einer Traube zusammengefaßt sind, bei Arten der nah verwandten Gattung *Scirpus* sind die Ähren zu Köpfchen vereint. In einer großen Gruppe der Gräser, den Ährenrispengräsern, sind, wie schon der Name sagt, Ähren zu Rispen angeordnet. Bei den Birken sind Dichasien zu Ähren zusammengestellt und beim Rhododendron Trauben zu Dolden.

Früchte und Samen

Früchte: Als Frucht bezeichnet man den Zustand der Blüte während der Samenreife. Perianth und Staubblätter sind zu diesem Zeitpunkt meist vertrocknet und abgefallen. Während der Fruchtbildung kommt es zu einer weitgehenden Umgestaltung der Fruchtblätter, die Narben vertrocknen, der Griffel fällt häufig ab oder wird, wenn er der Fruchtverbreitung dienen soll, weiter entwickelt.

Die Fruchtknotenwände (das Perikarp) differenzieren sich, und aus ihnen entstehen vielfach drei Schichten, die oft eine unterschiedliche Weiterentwicklung erfahren. Man nennt sie Exokarp, Mesokarp und Endokarp. Die einzelnen Schichten können im Verlauf der Fruchtbildung teils häutig und ledrig, teils fleischig und fasrig oder holzig werden (s. Abb. 2.19). Durch diese Veränderung entstehen Vorrichtungen zum Schutz und zur Verbreitung der Samen. Nicht selten ist die Blütenachse an der Fruchtbildung beteiligt, und auch der Kelch wird vielfach mit einbezogen. Je nachdem, wie das Gynoeceum organisiert war, entstehen Einzel- oder Sammelfrüchte. Einzelfrüchte gehen aus einem monomeren Gynoeceum oder aus einzelnen Fruchtblättern eines apokarpen Gynoeceums hervor. Öffnen sich die reifen Früchte und streuen die reifen Samen aus, liegen Öffnungsfrüchte vor. Dem stehen die Schließfrüchte gegenüber, bei denen die Samen zusammen verbreitet werden.

31

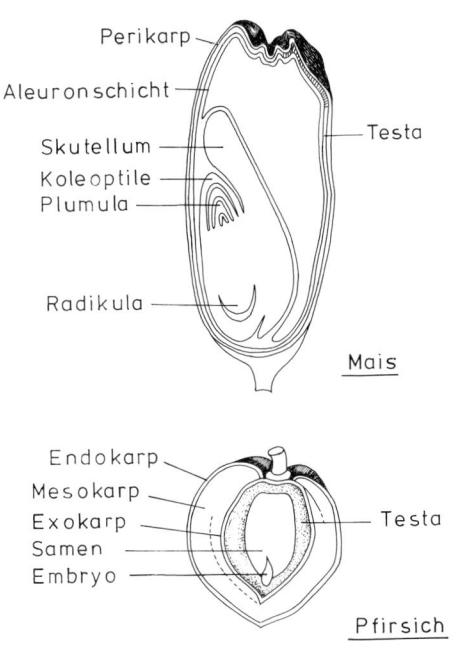

Mais

Pfirsich

Abb. 2.19. Aufbau von Früchten (Querschnitte). (Nach V.H. Heywood, 1978)

Öffnungsfrüchte setzen zahlreiche Samen frei. Das Perikarp wird bei der Reife trockenhäutig. Hier die wichtigsten Typen:

Balgfrüchte: Die Frucht besteht aus einem Fruchtblatt. Die Öffnung kann an der Bauchnaht oder an der Rückennaht erfolgen. An der Bauchnaht öffnet sich der Balg z.B. bei den Früchten des Rittersporns *(Delphinium),* bei den Magnolien an der Rückennaht. Balgfrüchte sind u.a. für die recht primitive Familie der Hahnenfußgewächse (Ranunculaceae) typisch.

Hülsenfrüchte: Bekanntlich ist dies der Fruchttyp der Leguminosen. Im Gegensatz zum Balg erfolgt die Öffnung an Bauch- und Rückennaht gleichzeitig. Dabei rollen sich die beiden Fruchtblatthälften oft schraubig auf, was wiederum für die Verbreitung der Samen nützlich ist.

Die Schoten der Cruciferae bestehen aus zwei Fruchtblättern, zwischen denen eine falsche Scheidewand eingezogen ist. Bei der Reife lösen sich die beiden Fruchtblätter, doch die Samen bleiben noch über einen längeren Zeitraum mit der Scheidewand verbunden.

Kapseln bestehen aus zwei oder mehr Fruchtblättern. Die Öffnung erfolgt auf unterschiedliche Weise.

Schließfrüchte streuen ihre Samen nicht aus. Sie verfügen über verschiedenartig gebaute Anhängsel, die der Verbreitung dienen. Nach der Wandbeschaffenheit unterscheidet man Beeren von Nüssen und Steinfrüchten.

Das Perikarp der Beeren wird in allen seinen Teilen fleischig und saftig und ist in der Regel gefärbt. Es wird samt Samen von Tieren (Vögeln, Säugern usw.) gefressen. Die Samen werden unverdaut wieder ausge-

schieden und somit verbreitet. Eine Beere enthält meist eine Vielzahl von Samen. Bei Nüssen entwickelt sich das Perikarp meist zu einem harten, dickwandigen Gehäuse, welches in der Regel nur einen einzigen Samen umschließt (Haselnuß, Eichel usw., aber nicht: Walnuß).

Den Nüssen rechnet man auch die Karyopsen der Gräser zu, die sich durch eine relativ dünne Samenschale auszeichnen. Dann auch die Achänen der Korbblütler (Compositae), bei denen sich der Kelch zu einem Pappus (einem Flugorgan) entwickelt, wobei jedes einzelne Fruchtblatt eine Teilfrucht ausbildet. Steinfrüchte besitzen eine stets feste innere Fruchtwand, die sich aus dem Endokarp und Teilen des Mesokarps entwickelt, und eine äußere, fleischige oder fasrige Hülle. Fleischig ist sie bei Kirschen, Pflaumen, Oliven, Walnüssen usw., fasrig bei der Kokosnuß.

Sammelfrüchte gehen aus Blüten mit apokarpem Gynoeceum hervor. Hierzu gehören die Sammelnußfrüchte, bei denen alle Teil- oder Einzelfrüchte beieinander bleiben und sich als Einheit von der Pflanze lösen. An ihrer Bildung ist meist die Blütenachse beteiligt. Eine Erdbeere ist das Musterbeispiel hierfür. Bei ihr entwickelt sich aus jedem Fruchtblatt ein Nüßchen, das auf der sich verdickenden und fleischig werdenden Blütenachse sitzen bleibt. Sammelsteinfrüchte kommen u.a. bei Brom- und Himbeeren vor.

Bei manchen Arten bleiben die aus kompletten Infloreszenzen gebildeten Fruchtstände zusammen und werden als vollständige Einheit verbreitet.

Samen: In der Regel sind die Samen von einer festen Samenschale umgeben, die sich vom Integument ableitet, mehr dazu in der Abbildung 47.2, und die einen weitgehend entwickelten, mit Nährstoffen versorgten Embryo schützt, ihn vor Wasserverlust bewahrt und ungünstiger Witterung widersteht. Die Nährstoffe sind in Keimblättern (oder Kotyledonen) gespeichert, von denen die Samen der Monokotyledonen eines, die der Dikotyledonen in der Regel zwei besitzen.

Bei vielen Arten keimen die Samen erst in der folgenden Vegetationsperiode. Um überhaupt keimen zu können, müssen sie eine Kälteperiode über sich ergehen lassen (Vernalisation, s. Kap. 28).

Die Samenzahl einer Pflanze ist oft beträchtlich, bei einigen Arten kann sie in der Größenordnung von über 100 000 liegen.

Vielfältige artspezifische Vorrichtungen fördern die Samenverbreitung, denn nur an geeigneten Standorten kann sich ein Same zu einer neuen lebensfähigen Pflanze entwickeln. Erfolgt die Ausbreitung ausschließlich durch Mechanismen, die die Pflanze selbst ausbildet, spricht man von autochorer Verbreitung. Wirken bei der Verbreitung externe Faktoren (Wind, Wasser, Tiere usw.) mit, hat man es mit einer allochoren Verbreitung zu tun.

Oft werden die samenhaltigen Früchte, selten die Samen allein verbreitet.

32

Zu den autochoren Verbreitungsmechanismen zählt man die Schleuder- und Spritzbewegungen.

Windverbreitung oder Anemochorie ist die bei Pflanzen verbreitetste Erscheinung. Früchte und Samen sind daher meist leicht und klein (s. Abb. 48.18) und vielfach mit speziell gebauten Flug- oder Schwebevorrichtungen versehen. Hierzu gehören lufthaltige Hohlräume in Samen der Orchideen, allseitig behaarte Samen (Baumwolle), pappustragende Samen (Composlten) und dann vor allem jene, die symmetrisch oder asymmetrisch gebaute Flügel besitzen.

Die Verbreitung durch Wasser (Hydrochorie) tritt im Vergleich zur Windverbreitung stark in den Hintergrund. Durch Wasser verbreitete Samen verfügen meist über eine unbenetzbare Außenschicht, oder sie sind behaart, wobei sich zwischen den Haaren Luftblasen halten. Einige große, durch die Meeresströmung verbreitete Früchte, wie die der Kokosnuß, sind von locker strukturierten, lufthaltigen Gewebeschichten umgeben.

Der Zoochorie, d.h. der Verbreitung durch Tiere, sind wir bereits bei der Besprechung der Beeren, Stein-

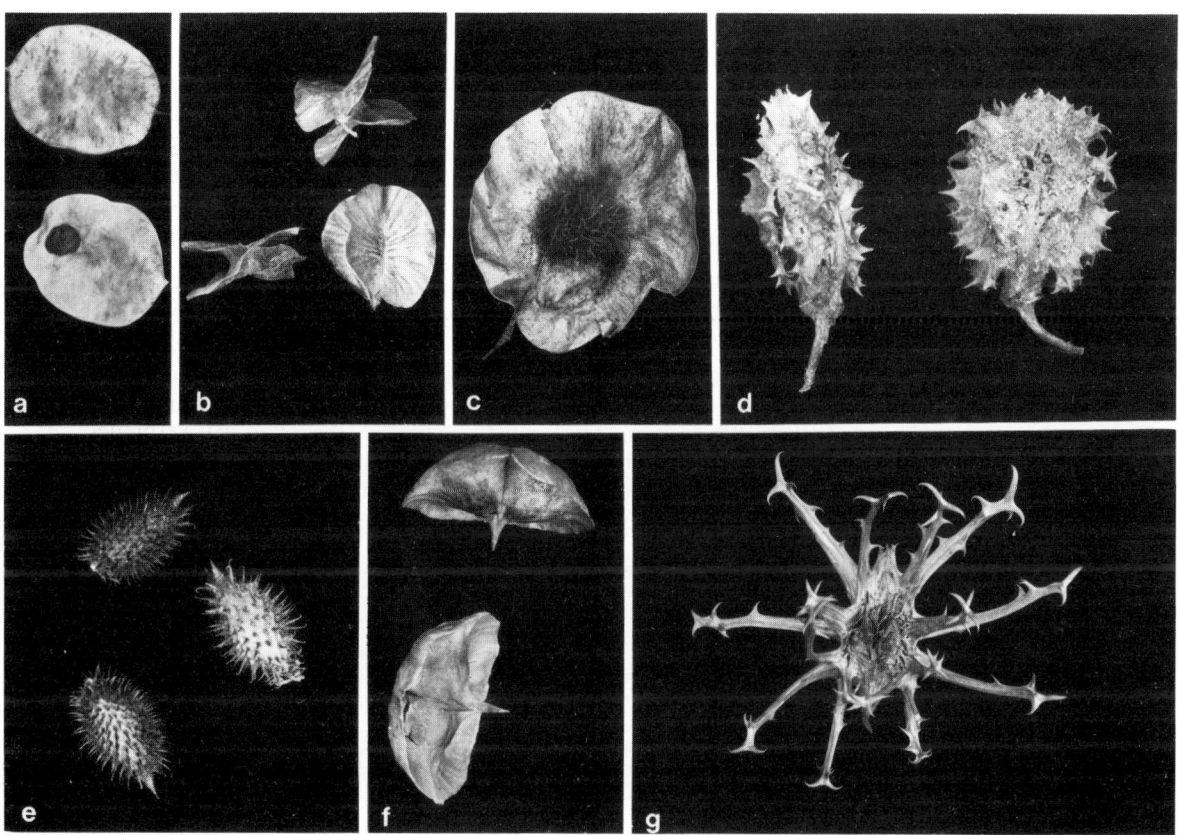

Abb. 2.20. Früchte mit hochspezialisierten, der Ausbreitung dienenden Einrichtungen. *a* Windverbreitung: flache, sehr leichte, trockene Schötchen mit relativ großer Oberfläche und nur ein bis zwei Samen pro Frucht (*Lunaria annua,* Brassicaceae). *b* Bodenroller: dreidimensional gebaute, trockene, leichte Früchte, die in trockenen Habitaten (Lebensräumen) leicht verdriftet werden (*Pterodiscus ugamicus,* Pedaliaceae). *c* Windverbreitung, Klettverbreitung und Bodenroller; eine Dreifachstrategie. Flache, trockene Hülse mit großer Oberfläche, jedoch relativ schwer. Durch Wind können daher nur geringe Distanzen überwunden werden. Das stachelige Zentrum dient der Klettverbreitung (exochore Verbreitung, vgl. auch e) durch Tiere, die Anordnung der „Flügel" erlaubt zudem eine Verdriftung auf dem Boden (*Pterocarpus angolensis,* Fabaceae). *d* Trampelklette: verholzte Fruchtwand mit Stacheln und Widerhaken, die sich in die weichen Teile der Hufe von Säugern einbohren können

und so ausgebreitet werden. Trampelkletten sind sehr kompakt und stabil gebaut (*Harpogophytum procumbens,* Pedaliaceae). *e* Klettverbreitung: trockene Früchte, deren Oberfläche mit Widerhaken versehen ist, die sich im Fell der Säuger verhaken. Relativ feste Struktur der Früchte, die aber mit der Zeit in Teilfrüchte zerfallen, also effektive Ausbreitung nicht durch Ablage der gesamten Frucht an einem Ort, sondern Verteilung auf verschiedene (*Xanthium riparium,* Compositae). *f* Trampelklette (vgl. *d*) Sehr kompakt gebaute Trockenfrucht mit „Reißzweckenprinzip". Diese Form wird nur durch Hufe (von Säugern) verbreitet, sie kann sich nicht im Fell festsetzen. (*Dicerocargium senecioides,* Pedaliaceae). *g* nochmals Trampelklette (vgl. *d* und *f*), aber Ausbreitung durch Verhaken im Fell der Tiere ebenfalls möglich (ebenso Verhaken der Früchte untereinander). Für die Verbreiter Gefahr der Verletzung (*Harpogophytum procumbens,* Pedaliaceae). (*leg. et det.:* H.-D. Ihlenfeldt; Aufn.: A. Fock, 1985)

33

früchte und Sammelfrüchte begegnet. Werden Samen gefressen und durch Exkremente wieder ausgeschieden, spricht man von endozoochorischer Verbreitung. Dem steht die epizoochorische gegenüber, bei der sich Samen oder Früchte entweder mittels schleimiger Sekrete, die von Drüsenhaaren an der Samen-/Fruchtoberfläche ausgeschieden werden, an den Tierkörper anheften, oder über verschiedenartig ausgebildete Widerhaken verfügen, mit denen sie sich im Haarkleid der Tiere verfangen (s. Abb. 2.20).

An einer Samenverbreitung sind nicht nur große Tiere beteiligt, vielfach erfolgt die Ausstreuung durch Insekten, z.B. Ameisen (Myrmecochorie). Solche Samen tragen spezielle Anhängsel, Elaiosomen, die Lock- und Nährstoffe enthalten. Myrmecochorie kommt z.B. bei etlichen Primelarten vor.

Wie die vorgestellten Fälle zeigten, gibt es eine Fülle unterschiedlicher Verbreitungsmechanismen für Samen. Die Variabilität ist dabei jedoch bei weitem nicht so groß, wie sie uns im Bau von Blüten begegnet. Dies liegt vor allem daran, daß die Spezialisierung und die Anpassung an samen- oder fruchtverbreitende Tiere weniger weit fortgeschritten ist als die Spezialisierung des Bestäubungsvorgangs.

Literatur

Eichler, A.: Blütendiagramme. Leipzig: W. Engelmann, 1875 und 1878 (2 Bände)

Engler, A., E. Prantl: Die natürlichen Pflanzenfamilien, nebst ihren Gattungen und wichtigen Arten insbesondere der Nutzpflanzen. Leipzig: W. Engelmann 1887–1915; Berlin: Duncker und Humblot, 2. Auflage: ab 1921 (wird fortgeführt)

v. Guttenberg, H.: Der primäre Bau der Angiospermenwurzel. in: „Handbuch der Pflanzenanatomie", Band VIII, 5. Berlin–Stuttgart: Gebr. Bornträger 1968 (2. Aufl.)

Hagemann, I., H. Meusel: *Hypericum triquetrifolium* Turba, ein Wurzelsproß-Geophyt. Wuchsform und Verbreitung. Flora *175,* 385–405 (1984)

Heywood, V.H. (ed.): Flowering plants of the world. Oxford, London: Oxford University Press 1978

Kutschera, L., E. Lichtenegger: Wurzelatlas mitteleuropäischer Grünpflanzen. Bd. 2: Dikotyledonen. Stuttgart: G. Fischer 1988

Lichtenegger, E.: Wurzelbild und Lebensraum. Beitr. Biol. Pflanzen *52,* 31–56 (1976)

Oehlkers, F.: Das Leben der Gewächse. Berlin–Göttingen–Heidelberg: Springer Verlag 1956

Rauh, W.: Die Bildung von Hypokotyl- und Wurzelsprossen und ihre Bedeutung für die Wuchsformen der Pflanzen. Nova Acta Leopoldina, N.F. *4,* 393–553 (1937)

Rauh, W.: Beiträge zur Morphologie und Biologie der Holzgewächse. Nova Acta Leopoldina N.F. *5,* 287–348 (1937)

Troll, W.: Praktische Einführung in die Pflanzenmorphologie. Jena: VEB G. Fischer Verlag 1954/1957 (2 Bände)

Walter, H.: Grundlagen der Pflanzenverbreitung. I. Standortlehre. Stuttgart: E. Ulmer Verlag, 1951, 1960

Weberling, F.: Morphologie der Blüte und der Blütenstände. Stuttgart: E. Ulmer Verlag 1981

3. Mikroskopie

Lichtmikroskopie

Das Mikroskop ist das wohl am häufigsten genutzte Hilfsmittel vieler Biologen. Der Grund hierfür liegt auf der Hand: Zellen sind die Grundeinheiten allen Lebens, und ihre Größe liegt, von wenigen Ausnahmen abgesehen, unterhalb der Auflösungsgrenze des

Nehemiah Grew (1628–1711); Britischer Pflanzenanatom und -physiologe. Doktor der Medizin (M. D.); 1677 Secretary der Royal Society. Einer der ersten Mikroskopiker. Er konzentrierte sich auf das Studium der Gewebe. Dieser Ausdruck stammt von ihm. Er ist Verfasser des Werkes *The anatomy of plants* (1682). (The Royal Society, London)

menschlichen Auges. Es gibt zahlreiche Angaben darüber, daß die Brechung des Lichts an Glaslinsen oder mit Wasser gefüllten Kugeln sowie das sich hieraus ergebende Vergrößerungsvermögen bereits im Altertum bekannt waren. Im 13. Jahrhundert hat der britische Philosoph und Naturforscher Roger Bacon Segmente von Glaskugeln als Vergrößerungsgläser (Lupen) verwendet und sie sehbehinderten Personen als Brille empfohlen. Auch das Schleifen von Linsen entwickelte sich in den folgenden Jahrhunderten zu einer immer vollkommeneren Fertigkeit.

Nach Überlieferung des Arztes P. Borch sollen Hans und Zacharias Jansen (Vater und Sohn) aus dem holländischen Middelburg Anfang des 17. Jahrhunderts durch Hintereinanderschaltung zweier Linsen das zusammengesetzte Mikroskop erfunden haben. Gleichzeitig werden sie auch als Erfinder des Fernrohrs genannt. Nach anderen Quellen wird C. J. Drebbel (1572–1634) aus Alkmaar als Erfinder des Mikroskops angesehen. Selbst wenn das nicht zutreffen sollte, hat er sich um die Verbreitung von Mikroskopen verdient gemacht. Die Bezeichnung Mikroskop wurde von Mitgliedern der römischen Accademia dei Lincei (Akademie der Luchsäugigen) eingeführt, deren prominentestes Mitglied G. Galilei war.

Unabhängig von der anlaufenden Entwicklung der zweilinsigen (zusammengesetzten) Mikroskope wurde der Einsatz immer stärker vergrößernder Linsen („einlinsige Mikroskope") vorangetrieben. Wieder war es ein Holländer, A. van Leeuwenhoek, dem es gelang, Linsen mit etwa 270facher Vergrößerung (Brennweite 1 mm) zu konstruieren und erfolgreich mit ihnen zu arbeiten. Mit seinen Untersuchungen hatte der Einsatz „einlinsiger Mikroskope" seinen Höhepunkt erreicht.

Wie schon berichtet, erschien 1667 die „Micrographia" des britischen Naturforschers R. Hooke, der mit Hilfe eines zweilinsigen Mikroskops pflanzliche Gewebe untersuchte und ihren Aufbau aus Zellen erkannte.

Die Fortentwicklung und vor allem der Einsatz von Mikroskopen im 18. Jahrhundert verlief nur zögernd. Das beruhte zum einen auf der Ansicht namhafter Naturforscher, das Mikroskop sei entbehrlich, weil es noch vieles zu entdecken gäbe, wozu man es nicht benötige, und zum anderen auf störenden Farbfehlern (chromatische Aberration). Letztere waren die Ursache für zahlreiche Fehlinterpretationen, die zu dem Vorurteil führten, mit dem Mikroskop könne man alles sehen, was man sehen wolle.

Zur Minderung dieses Handicaps hatte D. Gregory bereits 1695 erwogen, Farbfehler durch Kombination von Linsen unterschiedlicher Dispersion zu reduzieren. 1771 gab der Mathematiker L. Euler eine theoretische Begründung für Achromate (farbkorrigierte Linsensysteme) und schlug vor, solche achromatische Objektive zu berechnen. Gebaut wurden sie schließlich von F.G. Beeldsnyder (1735–1808), der zwischen zwei bikonvexe Linsen aus Kronglas (mit einem bestimmten Brechungsindex) eine bikonkave Linse aus

Flintglas (mit einem vom Kronglas verschiedenen Brechungsindex) einschloß.

Fortentwickelt wurden achromatische Linsensysteme durch G.D. Amici (1786–1863), auf den auch die Erfindung von Immersionsobjektiven zurückgeht.

Der eigentliche Durchbruch auf dem Weg zur Konstruktion moderner Mikroskope erfolgte nach der Ausarbeitung der Theorie der Bildentstehung im Mikroskop durch E. Abbe (1840–1905). Er bewies, daß eine absolute, von der Objektivapertur und der Lichtwellenlänge abhängige Leistungsgrenze der mikroskopischen Abbildung existiert. Seine Theorie erlaubte es, hochleistungsfähige Mikroskope reproduzierbar und somit serienmäßig herzustellen.

Der Einsatz neuentwickelter Glassorten durch O. Schott (1851–1935) führte 1886 zur Entwicklung apochromatischer Objektive (hierbei wird ein als „sekundäres Spektrum" bezeichneter Farbrest beseitigt) durch E. Abbe und C. Zeiss.

Durch die Fortschritte im Mikroskopbau ermöglicht, folgten in der zweiten Hälfte des vorigen Jahrhunderts in rascher Folge zahlreiche Entdeckungen auf den Gebieten der Histologie, Cytologie und Bakteriologie.

Gefördert wurde der Trend durch die Entwicklung und den Einsatz geeigneter Fixierungs-, Einbettungs- und Schneideverfahren (Mikrotom), spezifischer Farbstoffe und von Konservierungsmitteln.

Zur Theorie des Lichtmikroskops

Je näher man einen Gegenstand an das Auge heranführt, desto mehr Einzelheiten sieht man, wobei aber sehr schnell die Grenze erreicht wird, bei deren Unterschreiten das Auge den Gegenstand nicht mehr scharf abbilden kann, da der Krümmungsradius der Augenlinse nur in bestimmten Grenzen variierbar ist. Beim menschlichen Auge liegt diese Grenze, auch Bezugssehweite genannt, bei 250 mm (Durchschnittswert erwachsener Menschen). Das Auge sieht den Gegenstand unter dem Sehwinkel G. Beim Betrachten eines Gegenstands interessiert, wie genau Einzelheiten erkannt werden können. Mit anderen Worten: ob zwei benachbarte Punkte gerade noch als getrennt wahrgenommen werden können. Das Maß für die Unterscheidbarkeit zweier Punkte ist das Auflösungsvermögen. Zum Beobachten von Objekten, die unter der Auflösungsgrenze des Auges liegen, benötigt man ein Vergrößerungsglas (eine Lupe), deren Vergrößerung sich nach der Formel

$$V = \frac{250\,[\text{mm}]}{f\,[\text{mm}]}$$

berechnet.

Hierbei sind die 250 mm die Bezugssehweite des menschlichen Auges und f die Brennweite der Linse. Kennt man die Vergrößerung einer Lupe und möchte die Brennweite errechnen, formuliert man die Beziehung um und erhält

$$f\,[\text{mm}] = \frac{250\,[\text{mm}]}{V}.$$

Die Abbildung 3.1 zeigt den Strahlengang bei Verwendung einer einzelnen Linse.

Möchte man Objekte noch stärker vergrößern, benötigt man zwei hintereinandergeschaltete Linsen(systeme) (Objektiv und Okular) und ist damit bereits beim Mikroskop (s. Abb 3.2). Durch das Objektiv wird das Objekt (O) vergrößert, es entsteht ein reelles, umgekehrtes Zwischenbild (O'). Dieses wird durch das Okular nachvergrößert. Man erhält O", welches man als umgekehrtes Bild im Abstand von ca. 250 mm erkennen kann. Die Vergrößerung eines Mikroskops ist damit das Produkt von

$$V_{\text{Objektiv}} \text{ und } V_{\text{Okular}}$$

Das Auflösungsvermögen ist jedoch ausschließlich durch das Objektiv bedingt. Zur Beschreibung eines Objektivs genügt nicht nur der Vergrößerungsfaktor, sondern als weitere Größe wird die numerische Apertur (A) benötigt. Darunter versteht man

$$A = n \cdot \sin \alpha$$

wobei n der Brechungsindex des Mediums zwischen Objekt (bzw. dem Deckglas) und der Frontlinse des Objektivs ist. In der Regel ist dieses Medium Luft mit dem Brechungsindex n = 1. α ist der Öffnungswinkel, unter dem ein Strahl vom Objektiv gerade noch aufgenommen werden kann; dieser Winkel kann niemals größer als 90° sein, und somit kann auch die numeri-

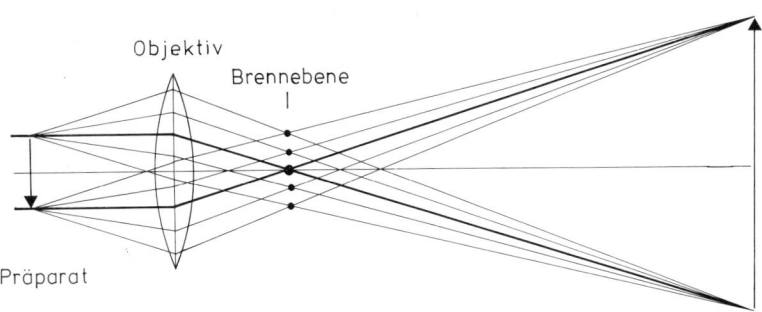

Abb. 3.1. Objektiv: Strahlengang, Vergrößerung

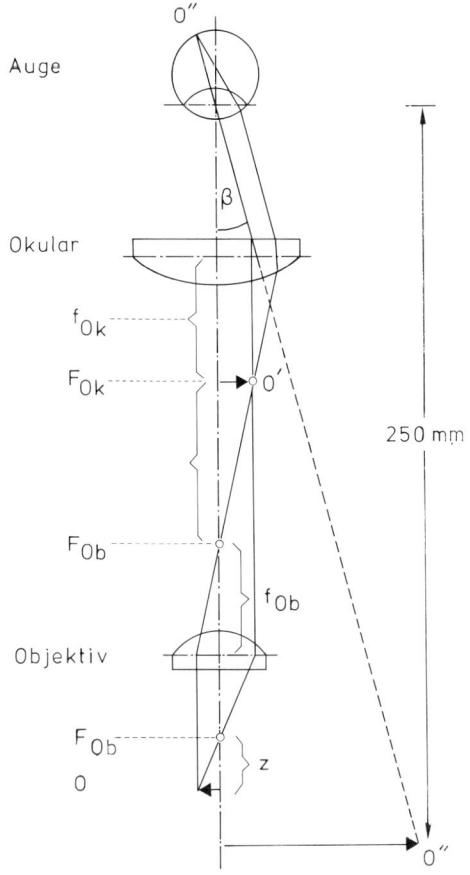

Abb. 3.2. Strahlengang im Mikroskop. F = Brennebene, O = Objekt, Ob = Objektiv, Ok = Okular

sche Apertur (unter der Bedingung n = 1) niemals Werte über 1 annehmen. In der Praxis bildet der Wert 0,95 die oberste Grenze, weil der Abstand zwischen Objektiv und Deckglasoberfläche nicht den Wert 0 annehmen kann. Die Apertur von 0,95 entspricht einem Öffnungswinkel von ca. 72°. Eine Steigerung des Aperturwerts ist durch die Wahl eines anstelle der Luft stärker brechenden Mediums zwischen Objektiv und Deckglasoberfläche erreichbar. Hierzu hat sich das Immersionsöl mit einem Brechungsindex von n = 1,515 bewährt. Es ist wenig sinnvoll, noch stärker brechende Verbindungen einzusetzen, denn dann wäre der Brechungsindex des Deckglases und der Linsen der limitierende Faktor (n = 1,525). Immersionsöl läßt sich nur bei speziell konstruierten Immersionsobjektiven verwenden. Bei einem maximalen Öffnungswinkel (α) von 67,5° erhält man dann eine Apertur von $1,515 \times 0,92 = 1,40$.

Ist die Apertur eines Objektivs bekannt, kann man nach der Formel

$$d = \frac{\lambda}{2\,A_{Obj.}}$$

das Auflösungsvermögen und somit die maximale

(förderliche) Vergrößerung bestimmen. Wie ersichtlich, spielt λ, die Wellenlänge des Lichts, eine entscheidende Rolle. Ist $\lambda = 550$ nm (= grünes Licht), ergibt sich folgende Beziehung zwischen Auflösungsvermögen und Apertur:

$$d = \frac{550\,[\text{mm}]}{2 \times 1,40} = 200\,\text{nm} = 0,2\,\mu\text{m}$$

0,2 µm ist folglich die theoretisch höchste Auflösung, die mit einem Lichtmikroskop erreicht werden kann.

In grober Annäherung kann gezeigt werden, daß das Auflösungsvermögen des Lichtmikroskops bei Verwendung eines starken Immersionsobjektivs etwa bei der halben Lichtwellenlänge liegt. Kennt man die Auflösungsgrenze eines Mikroskops, läßt sich die maximale (förderliche) Gesamtvergrößerung ermitteln. Eine Vergrößerung gilt dann als förderlich, wenn die gerade aufgelösten Punkte (im Abstand von 0,2 µm) so stark vergrößert werden, daß sie vom Auge als klar getrennte Einheiten zu sehen sind. Bei einer Bezugssehweite von 250 mm beträgt die Auflösung des menschlichen Auges ca. 0,15–0,2 mm. Als Faustregel wird daher angegeben, daß die förderliche Vergrößerung bei etwa

$$500-1000 \times A_{Obj.}$$

liegen sollte, bei einem Objektiv mit der Apertur 1,4 also bei maximal 1400fach.

Wellencharakter des Lichts; Beugungserscheinungen und Bildentstehung

Licht hat bekanntlich Wellencharakter, und es ist deshalb nötig, sich mit einigen grundlegenden Prinzipien der Wellenoptik auseinanderzusetzen, um eine Bildentstehung im Mikroskop deuten zu können, vor allem aber, um die Grundlagen moderner lichtmikroskopischer Verfahren wie Phasenkontrast-, Polarisations- und Interferenzkontrastmikroskopie zu verstehen. Zunächst einige Begriffe und deren Definitionen:

Amplitude, Frequenz, Wellenlänge und Phase sind die wichtigsten Parameter, um einen Wellenzug zu beschreiben (s. Abb. 3.3). Die Wellenlänge des sichtbaren Lichts liegt zwischen 400 und 800 nm.

Die Interferenz ist die gegenseitige Beeinflussung zweier Wellenzüge, wobei die Wellenberge verstärkt oder abgeschwächt werden können (Amplitudenverstärkung, Amplitudenreduktion). Im Extremfall können zwei Wellen einander auslöschen (s. Abb. 3.4).

Unter Beugung versteht man die partielle Ablenkung (eines Lichtstrahls) an den Kanten lichtundurchlässiger Objekte. Zur Veranschaulichung ist es sinnvoll, sich Beugungserscheinungen an einfachen, spalt- oder lochförmigen Blenden klarzumachen. Stellt man hinter eine solche Blende einen Schirm in den Strahlengang, kann man das Beugungsbild abbil-

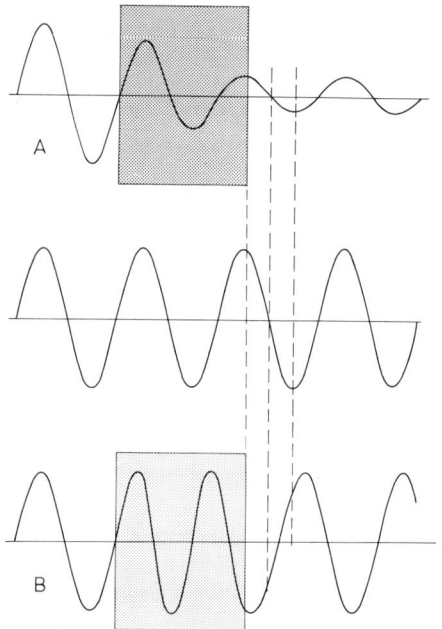

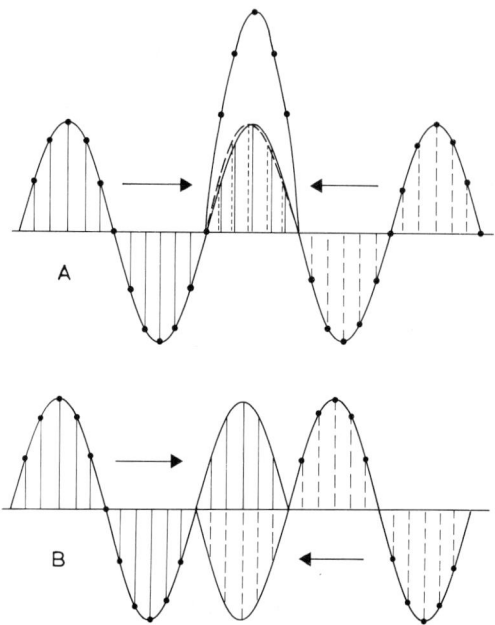

Abb. 3.3. Wirkung eines Amplitudenpräparats *(A)* und eines Phasenpräparats *(B)*. In der Mitte unbeeinflußter Lichtstrahl. Bei *A* nimmt die Lichtintensität nach Durchtritt durch das Präparat ab, jenes erscheint daher dem Betrachter dunkel (Lichtschwächung). Bei *B* wird die Phase des Lichtwellenzuges verändert. Die Änderung ist mit bloßem Auge nicht erkennbar, wird aber in einem Phasenkontrastmikroskop zur Bilderzeugung genutzt. (Nach D. Gerlach, 1985)

Abb. 3.4. Interferenz. *A* Am Treffpunkt der Wellenbewegungen wirken gleich große und gleich gerichtete Kräfte auf die Teilchen (Photonen) ein, die somit auf ein höheres Niveau gehoben werden (Amplitudenverstärkung). *B* Zwei Wellenzüge treffen aufeinander, aber am Treffpunkt treten gleich große, entgegengesetzt wirkende Kräfte ein. Die beiden Wellenzüge heben einander daher auf (Löschung). (Nach D. Gerlach, 1985)

den. Es besteht aus sich zum Rand hin abschwächenden regelmäßigen Folgen von Punkten oder Linien (s. Abb. 3.5). Die Musterzusammensetzung und -anordnung hängt von der Art der Blende oder des verwendeten Objekts (z.B. einem mikroskopischen Präparat) ab. Doch stets sind die Muster um eine zentrale Achse (hier: unvergrößertes Projektionsbild der Blende) angeordnet.

Verwendet man eine Blende mit zwei Öffnungen, wird das Licht an den Rändern beider gebeugt. Die Beugungsbilder der nunmehr zwei Strahlen überlagern sich, man erkennt in regelmäßigen Abständen Verstärkungen und Abschwächungen (s. Abb. 3.6). Um ein vergrößertes Bild zu erhalten, müssen die ersten Nebenmaxima des Beugungsbildes mit erfaßt werden (E. Abbe). Wie schon die Ergebnisse in der Abbildung 3.5 zeigten, sind die Abstände der Punkte im Beugungsbild umgekehrt proportional zu den entsprechenden Abständen im Objekt. Zur Rückverwandlung eines Beugungsbildes in ein reales Bild, bedarf es einer Sammellinse (im Mikroskop: Objektiv), deren Apertur groß genug ist, die Intensitätsmaxima ($-I$, $+I$) einzufangen. Das „Zwischenbild" kommt durch das Zusammenwirken von gebeugtem und nicht gebeugtem Licht zustande.

Vergrößerungen, so wie hier beschrieben, lassen sich auch durch andersartige Strahlung erzeugen.

Die für Biologen wohl wichtigste Ergänzung des Lichtmikroskops ist das Elektronenmikroskop, bei dem die Ablenkung (Beugung an Atomkernen) eines Elektronenstrahls nutzbar gemacht wird. Ferner ist die kurzwellige Röntgenstrahlung zu nennen, die sich zur Aufklärung von Molekülstrukturen eignet (M. v. Laue, L. Bragg, Ergebnisse s. Abb. 17.15, 17.18 und 18.5). Da es aber keine Sammellinsen für Röntgenstrahlen gibt, muß die im Beugungsbild enthaltene Information mathematisch verrechnet werden, um die Struktur des Moleküls zu ermitteln.

Phasenkontrast- und Dunkelfeldmikroskopie

Eines der Hauptprobleme der Mikroskopie biologischer Objekte ist deren Kontrastarmut. Doch nur dort, wo Kontrast vorhanden ist oder wo ein solcher durch kontraststeigernde Mittel (z.B. selektive Farbstoffe) hergestellt werden kann, lassen sich Strukturen sichtbar machen. Lichtabsorbierende Teile eines Präparats schwächen die Amplitude der durch sie hindurchtretenden Wellenzüge. Man spricht daher auch von Amplitudenpräparaten. Die Lichtschwächungen werden vom Auge als Helligkeitsunterschiede wahrgenommen. Die unsichtbaren Anteile lassen das Licht passieren, wobei es jedoch, je nach Konsistenz der

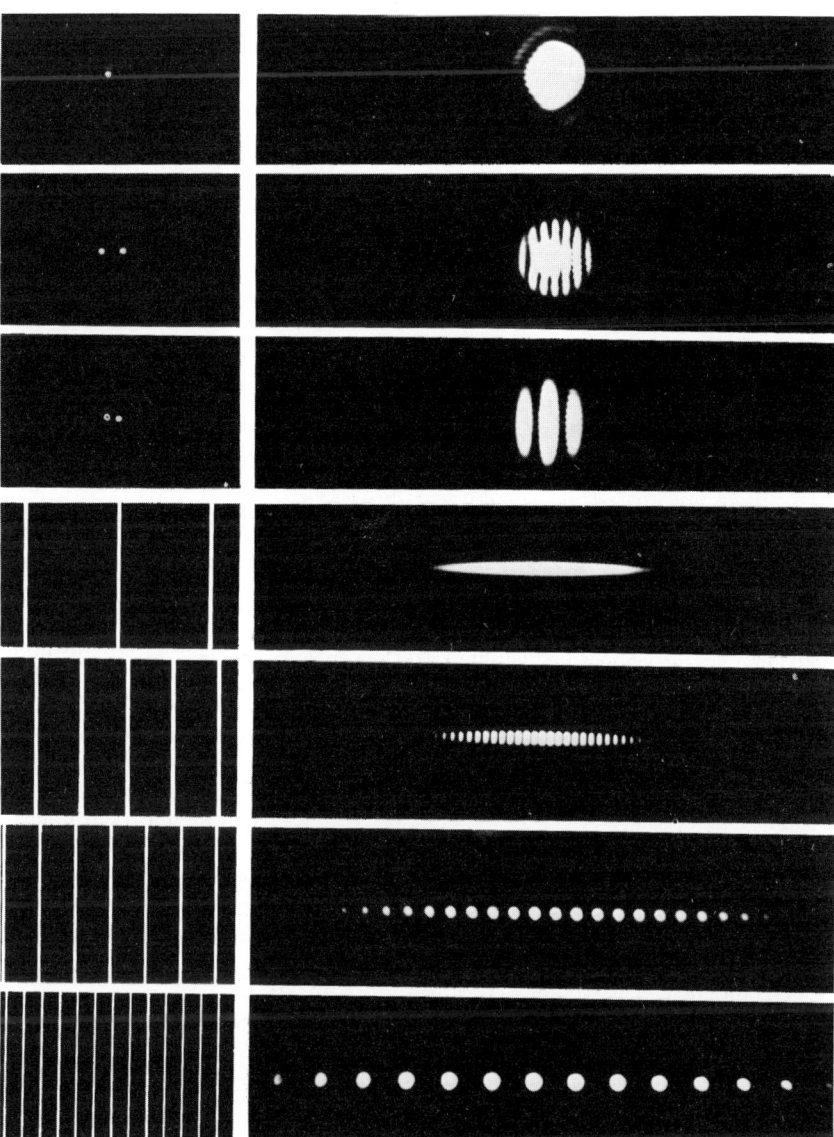

Abb. 3.5. Optische Diffraktion. Beugungserscheinungen an vorgegebenen Masken (realen Strukturen; linke Bildleiste). Um Beugungsbilder (Reflexe) sichtbar zu machen, benötigt man einen Laserstrahl. Die Masken werden in den Strahlengang eingebracht. Die Beugung an einer punktförmigen Struktur führt zu Reflexen (rechte Bildleiste) in konzentrischen Ringen (im hier dargestellten Experiment ist das erste Intensitätsmaximum nur schwach zu sehen). Beugung an Punktreihen (oder Linienreihen) führt zur Aufgliederung des durch den Punkt verursachten Beugungsbildes. Die Abstände der Reflexe im Beugungsbild sind den Abständen in der Maske umgekehrt proportional (s.a. Abb. 3.6). Die Intensität der Reflexe nimmt mit steigender Ordnung stark ab.

Materie, in seiner Phasenlage verändert wird, weil seine Geschwindigkeit während des Wegs durch das Präparat verringert wird. Solche Phasenunterschiede können aber weder vom Auge noch durch einen photographischen Film erkannt werden.

1935 gelang es dem holländischen Physiker F. Zernike, sie durch eine Manipulation im Strahlengang in Amplitudendifferenzen zu überführen; 1953 wurde ihm dafür der Nobelpreis für Physik verliehen. Seine Methode ist als Phasenkontrastmikroskopie bekannt,

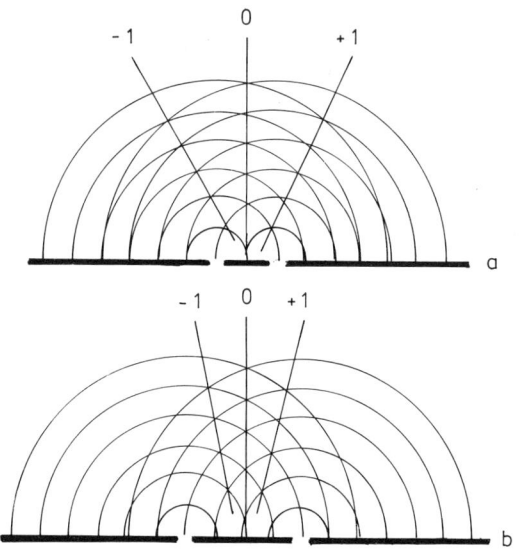

Abb. 3.6. Beugungserscheinungen an Spalten. Je näher zwei Spalten (oder Lochblenden), an denen eine Beugung des Lichts stattfindet, beieinanderliegen, desto größer ist der Winkel, unter dem die ersten Intensitätsmaxima der Beugung erscheinen; um so größer muß folglich auch die Apertur einer Linse sein, um sie noch einfangen zu können.

39

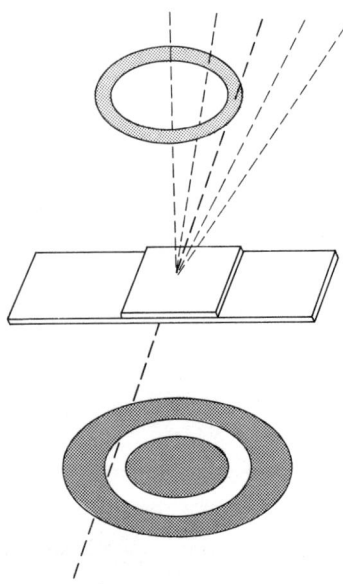

Abb. 3.7. Anordnung der Ringblende (unterhalb des Objekts) und des Phasenrings (im Objektiv). Nur die direkten Lichtstrahlen werden durch den Phasenring beeinflußt. (Werkphoto CARL ZEISS)

und die einschlägigen Vorrichtungen sind heute fester Bestandteil nahezu aller Forschungs- und vieler Unterrichtsmikroskope. Ein eminenter Vorteil liegt darin, lebende Objekte beobachten und folglich auch Abläufe in den Zellen verfolgen zu können. So wurde es u.a. möglich, den Ablauf der Mitose (s. Kap. 9) sichtbar zu machen und zu filmen (K. Michel, Fa. Carl Zeiss, 1943).

Zum Verfahren selbst: Man benötigt einen Spezialkondensor mit einer Ringblende sowie einen „Phasenring", der in der hinteren Brennebene des Objektivs angebracht ist.

Dem Phasenring fallen zwei wichtige Aufgaben zu:
(1) Er sorgt für eine Angleichung der Helligkeiten von gebeugtem und nichtgebeugtem Licht (s. Abb. 3.7), weil die durch das Präparat direkt hindurchtretenden Strahlen in ihrer Intensität abgeschwächt werden. Im Gegensatz zu einem konventionellen lichtmikroskopischen Bild erscheint der Hintergrund eines Phasenkontrastbildes daher dunkel (s. Abb. 3.9 b).
(2) Erfahrungsgemäß beträgt die Phasenverschiebung bei der Mehrzahl biologischer Präparate $\lambda/4$. Der Phasenring ist so gebaut, daß hier eine weitere Verschiebung um nochmals $\lambda/4$ erfolgt. Zusammen kommt man somit auf eine Erhöhung des Betrags auf $\lambda/2$. Damit fallen durch Interferenz zwischen gebeugtem und nichtgebeugtem Strahl Wellenberg auf Wellental, und es erfolgt Auslöschung (s. Abb. 3.8).

Ein Nachteil des Verfahrens:

Ab einer bestimmten Dicke der Präparate treten helle Höfe um die Strukturen herum auf („Halo-Effekt").

Dunkelfeldmikroskopie: Bei der Dunkelfeldbeleuchtung arbeitet man mit einem Spezialkondensor, dessen Apertur so groß ist, daß die direkt aus ihm kommenden Lichtstrahlen am Objektiv vorbeigehen. Nur wenn ein Präparat in den Strahlengang gebracht wird, gelangt das von ihm abgebeugte Licht in das Objektiv und trägt zur Abbildung bei. Die Strukturen erscheinen leuchtend vor dunklem Hintergrund (s. Abb. 3.9a). Dieser Methode kommt in der Biologie keine allzu große Bedeutung zu; doch recht eindrucksvoll lassen sich mit ihr z.B. Kristalle (isoliert oder intrazellulär) nachweisen.

Fluoreszenzmikroskopie

Die Fluoreszenzmikroskopie beruht auf der Tatsache, daß gewisse Moleküle einen Teil des von ihnen absorbierten Lichts in Form einer langwelligeren (energieärmeren) Strahlung wieder abgeben. Ein bekanntes Beispiel dafür ist die rote Eigenfluoreszenz des Chlorophylls (s. Abb. 3.9d). Seit den Untersuchungen des österreichischen Lehrers M. Haitinger in den dreißiger Jahren weiß man, daß es eine Anzahl sogenannter Fluorochrome gibt, mit denen mikroskopische Präparate fluorochromiert werden können und die dadurch

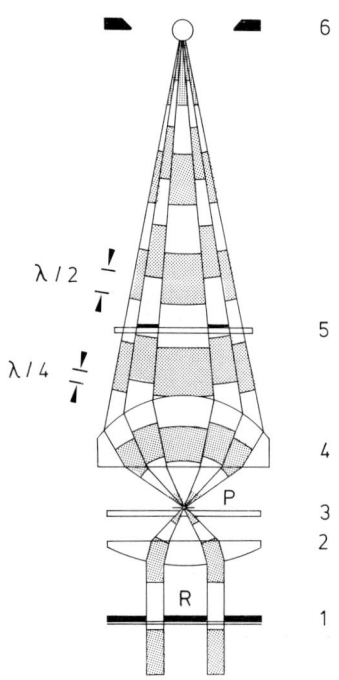

Abb. 3.8. Strahlengang in einem Phasenkontrastmikroskop. *1* Ringblende, *2* Kondensor, *3* Präparat, *4* Objektiv, *5* Phasenplatte, *6* Brennebene des Objektivs. Der Wellencharakter des Lichts wird durch den Wechsel heller und dunkler Bereiche angedeutet. (Werkphoto CARL ZEISS)

40

zu einem indirekten (oder sekundären) Fluoreszieren gebracht werden können. In den nachfolgenden Jahrzehnten wurde eine Anzahl sogenannter Vitalfarbstoffe gefunden oder entwickelt, die – in geringen Konzentrationen angewandt – bestimmte Teile der Zelle markieren, ohne sie zum Absterben zu bringen. Dadurch wurde es möglich, einen Stofftransport in Zellen und Geweben zu verfolgen oder den pH-Wert bestimmter Kompartimente, z.B. der Vakuole, zu ermitteln.

Seit etwa zehn, fünfzehn Jahren erlebt die Fluoreszenzmikroskopie eine erneute Blüte, einmal, weil das Spektrum neuer, zum Teil hochspezifischer Fluorochrome erweitert werden konnte und zum anderen, weil völlig neue Ansätze, beispielsweise die indirekte Immunfluoreszenz, erfolgreich angewandt werden konnten. Hinzu kommen Verbesserungen im Mikroskopbau, sowie vor allem die Entwicklung leistungsfähiger Filter.

Ein Fluoreszenzmikroskop kann in zwei Ausführungen konstruiert werden: als Durchlicht- und als Auflichtfluoreszenzmikroskop. Ersteres ist die ältere Bauweise. Man benötigt drei Komponenten:

(1) eine starke Lichtquelle, die vornehmlich kurzwellige Strahlung emittiert. Quecksilber-Hochdrucklampen haben sich hier bewährt.

(2) Erregerfilter: Dieses Filter sorgt dafür, daß nur anregende Strahlung das Präparat erreicht. Es wird daher unterhalb des Präparats in den Lichtweg eingebracht. Darüber hinaus ist es vorteilhaft, mit einem Dunkelfeldkondensor zu arbeiten.

(3) Sperrfilter: Dieses Filter wird in den Strahlengang zwischen Objektiv und Okular eingeschoben. Es soll nur für langwellige, durch Emission am Präparat erzeugte „Sekundärstrahlung" (Fluoreszenz) durchlässig sein.

In den letzten Jahren hat die Auflichtfluoreszenzmikroskopie die Durchlichtfluoreszenzmikroskopie weitgehend abgelöst. Die Durchlichtfluoreszenz bleibt jedoch bei schwach vergrößernden Objektiven $(2,5 \times, 6,3 \times)$ der Auflichtfluoreszenz überlegen. Bei dieser wirkt das Objektiv zugleich auch als Kondensor, und je stärker es ist, desto intensivere Strahlung steht zur Verfügung. Das Kernstück der Auflichtmikroskopie ist eine Konstruktion im Strahlengang zwischen Objektiv und Okular, über die die anregende Strahlung zugeführt wird, und die aus Erregerfilter, Teilerspiegel und Sperrfilter (s. Abb. 3.10) besteht.

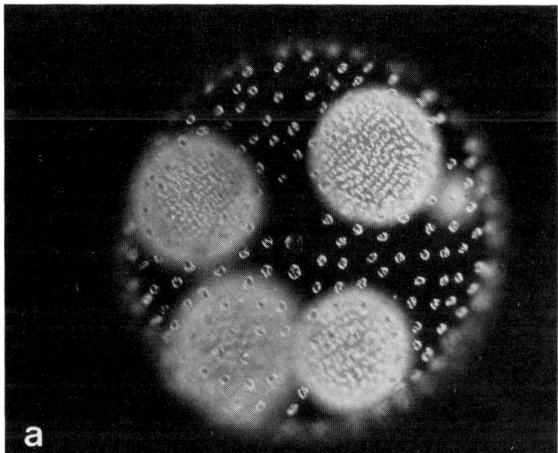

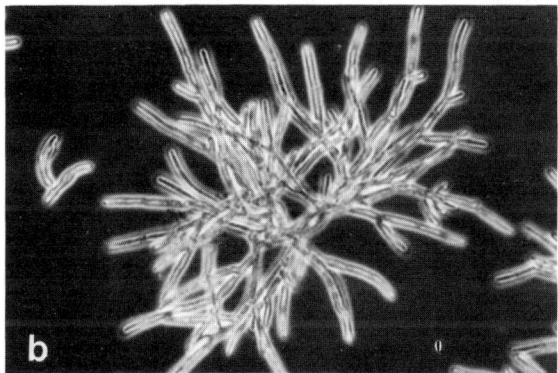

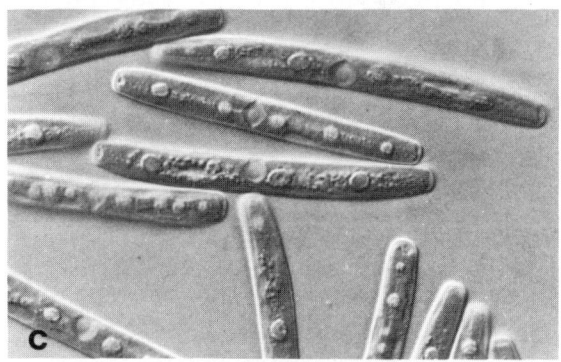

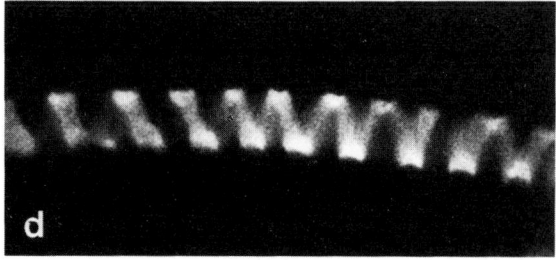

Abb. 3.9. Unterschiedliche mikroskopische Techniken. Als Versuchsobjekte dienten verschiedene Algen, Näheres zu ihrer systematischen Stellung im Kapitel 44. *a* Dunkelfeldmikroskopie. Versuchsobjekt: Kolonie von *Volvox aureus* mit darin heranwachsenden Tochterkolonien. *b* Phasenkontrastmikroskopie. Versuchsobjekt: *Microthamnion spec.* *c* Interferenzkontrastmikroskopie. Versuchsobjekt: *Roya obtusa.* Hier sind deutlich intrazelluläre Strukturen, wie Zellkern Pyrenoide u.a. erkennbar, Näheres siehe folgendes Kapitel. *d* Fluoreszenzmikroskopie. Autofluoreszenz (rote Eigenfluoreszenz) des Chloroplasten von *Spirogyra spec.* (s.a. Abb. 4.9). (R. Duden (a), 1984)

41

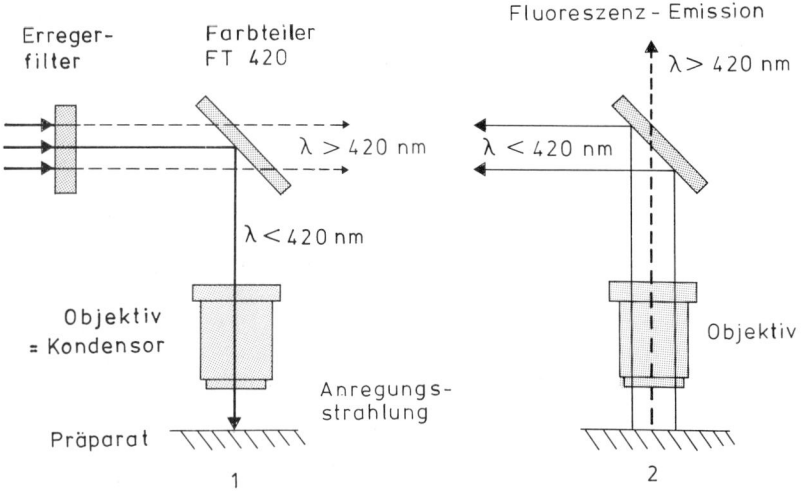

Abb. 3.10. Strahlengang in einem Epifluoreszenzmikroskop. *1* anregende Strahlung, *2* emittierte Strahlung (Fluoreszenz). Die angegebenen Nanometerwerte beziehen sich auf einen der möglichen Fälle. Durch Wahl anderer Filtersysteme kann auch Licht anderer Wellenlängen verwendet werden. (Werkphoto CARL ZEISS)

Polarisations- und Interferenzkontrastmikroskopie

Die Wellenzüge des Lichts schwingen normalerweise in alle Richtungen. Durch geeignete Polarisationsfilter kann eine bestimmte Schwingungsebene herausgefiltert werden, so daß linear polarisiertes Licht entsteht. Es kann durch ein zweites Polarisationsfilter total gelöscht werden, wenn man dieses so dreht, daß seine Sperrwirkung senkrecht zu der des ersten steht. Solche, um ihre eigene Achse drehbaren Polarisationsfilter können (zentriert) in den Strahlengang eines Mikroskops eingebaut werden, eines unterhalb des Kondensors (Polarisator), ein zweites oberhalb des Objektivs (Analysator).

Der Einsatz eines solcherart entstandenen Polarisationsmikroskops ist nur dann sinnvoll, wenn Präparate mit Polarisationseigenschaften untersucht werden

sollen. Das ist nur dann gegeben, wenn sie aus orientiert zusammengelagerten Einheiten (Molekülen, Atomen) aufgebaut sind (doppelbrechende Kristalle); die Hauptanwendung findet diese Methode daher in der Mineralogie, denn Kristalle sind *per definitionem* regelmäßig gebaut, und durch Verwendung polarisierten Lichts können die Kristallachsen und die Raumgitter exakt ermittelt werden. In der Biologie ist die Nutzung eingeschränkt, doch kann damit der Aufbau von Stärkekörnern (s. Abb. 3.11), die Orientierung von Cellulosefibrillen in der pflanzlichen Zellwand, oder die Lage von stäbchenförmigen Viren (z.B. des Tabakmosaikvirus) in Zellen analysiert werden.

Von der Polarisationsmikroskopie ausgehend, entwickelte der französische Physiker G. Nomarski (Paris) Mitte der fünfziger Jahre die Interferenzkontrastmikroskopie (auch Differential-Interferenzkontrast; DIC, genannt). Hierfür benötigt man außer einem Polarisator und einem Analysator zwei Wollaston-Prismen.

Ein Wollaston-Prisma besteht aus zwei verkitteten Kalkspatkeilen. An der Kittfläche wird ein polarisier-

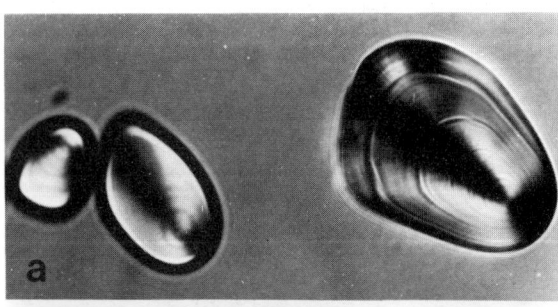
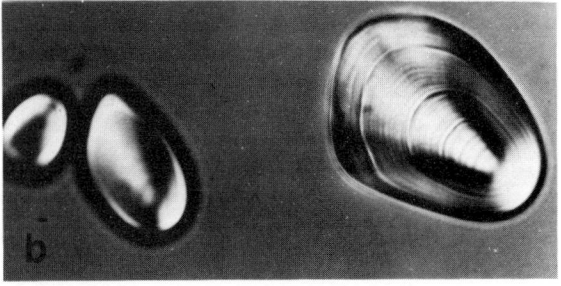

Abb. 3.11. Kartoffelstärke in polarisiertem Licht. Wegen des regelmäßigen molekularen Aufbaus eines Stärkekorns (Radiärsymmetrie, s.a. Abb. 4.10) wird polarisiertes Licht in bestimmten Sektoren vollständig absorbiert. Diese Zonen erscheinen daher schwarz. Durch Drehung eines in den Lichtweg eingebrachten Analysators kann die Lage der Sektoren verändert werden. Die Analysatorstellung in *a* unterscheidet sich von der in *b* um 90°. Die Aufnahmen wurden in einem Interferenzkontrastmikroskop gemacht. Dieses mikroskopische Verfahren ist bekanntlich auf polarisiertes Licht angewiesen. Durch den Interferenzkontrast wird die für Kartoffelstärke charakteristische exzentrische Schichtung der Stärkekörner sichtbar; mehr dazu im folgenden Kapitel. Strukturen (Moleküle), die polarisiertes Licht (einer bestimmten Richtung) löschen, zeigen ein richtungsabhängiges Verhalten (sie sind ausgerichtet orientiert, s. Abb. 4.10). Man bezeichnet sie aufgrund dieser Ausrichtung als anisotrop. Moleküle in andersartigen Anordnungen nennt man isotrop.

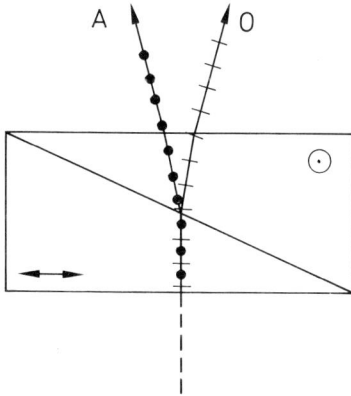

Abb. 3.12. Das Wollaston-Prisma, ein Strahlenteiler. Punkte und Linien geben die Polarisationsrichtung der jeweiligen Strahlen (Teilstrahlen) an. (Werkphoto CARL ZEISS)

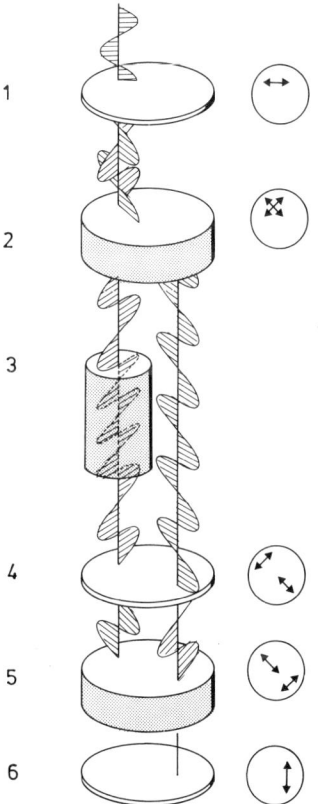

Abb. 3.13. Strahlengang in einem Interferenzkontrastmikroskop. Die Schwingungsebenen des Lichts sind durch Wellenzüge wiedergegeben (Polarisationsrichtung, siehe Darstellung rechts im Bild). *a* Analysator (ein Polarisationsfilter) *2* Strahlenvereiniger (Wollastonprisma Nr. 2), *3* Präparat (Objekt), *4* λ/4-Platte, *5* Strahlenteiler (Wollastonprisma Nr. 1), *6* Polarisator (ebenfalls ein Polarisationsfilter, Polarisationsrichtung senkrecht zu [1]). (W. J. Patzelt, LEITZ-Informationsschrift, 1974)

ter Lichtstrahl in zwei senkrecht aufeinander stehende Wellenzüge (Teilstrahlen) gespalten (s. Abb. 3.12). Das erste Wollaston-Prisma wird in die vordere Brennebene des Kondensors eingesetzt, das zweite in die hintere Brennweite des Objektivs (s. Abb. 3.13).

Das Objekt wird somit von zwei senkrecht aufeinander stehenden Wellenzügen durchstrahlt. Diese werden je nach Dicke oder Brechungseigenschaften des Präparats in ihrer Phase verschoben. Optimaler Interferenzkontrast entwickelt sich an Kanten im Präparat, an denen die beiden Teilstrahlen in ihrer Phase unterschiedlich verschoben werden. Dabei ist es keineswegs gleichgültig, wie das Präparat orientiert ist. Sinnvollerweise verwendet man daher einen Drehtisch, um es in allen Orientierungen analysieren zu können.

Durch das zweite Wollaston-Prisma werden die beiden Wellenzüge wieder zusammengeführt. Um nunmehr eine Interferenz zu erzielen, müssen die Schwingungsebenen zusammenfallen, was wiederum durch den Analysator bewirkt wird.

Ein Interferenzkontrastbild erscheint als plastisches Relief, was jeden Ungeübten zu der Annahme veranlassen wird, man habe es hier mit einer dreidimensionalen Abbildung der Präparatstruktur zu tun (s. Abb. 3.9c).

Das ist natürlich nicht der Fall, vielmehr ist es so, daß hier Dichteunterschiede im Präparat in Höhenunterschiede im Bild transformiert werden. Im Gegensatz zur Phasenkontrastmikroskopie können auch dicke Präparate bearbeitet werden.

Neben den Hell-Dunkel-Kontrasten, die man durch Drehung des Polarisators oder durch die Einstellung des zweiten Wollaston-Prismas steigern oder abschwächen kann, lassen sich (durch Einsatz eines λ/4-Plättchens) auch verschiedene Farbkontraste erzielen. Bilder dieser Art findet man vor allem in der Werbung oder in Informationsschriften wissenschaftlicher Institute sowie der Ministerien; ihr wissenschaftlicher Wert ist umstritten.

Mikrophotographie; Bildverarbeitung durch Videokameras AVEC-DIC, AVEC-POL

Parallel zur Entwicklung der Mikroskopie entstand Bedarf, das Gesehene zu dokumentieren. Das klassische und von allen Biologiestudenten geübte Verfahren ist das Zeichnen. Eine Erleichterung brachte die Konstruktion eines Zeichengeräts durch E. Abbe, das dem Okular aufgesetzt wird und bei dem das Bild über ein Prisma und einen Spiegel auf eine Zeichenunterlage projiziert wird. Als eine Alternative bot sich später die Mikrophotographie an, durch die jedoch wegen der geringen Tiefenschärfe des Bildes jeweils nur einzelne Ebenen des Präparats erfaßt werden können. Gerade deshalb wird sie auch heute noch von einigen Biologen recht kritisch betrachtet. Sie hat sich trotzdem als eine unabhängige Methode durchgesetzt. Wie

43

zahlreiche Abbildungen in diesem Buch belegen mögen, läßt sich durch Photos exakt das demonstrieren, was zu sehen ist. Wenn es sein muß (s.u.a.Abb.4.9 a–c), können mehrere Bilder von unterschiedlichen Ebenen des Präparats angefertigt werden. Die wichtigsten Vorteile gegenüber der Zeichnung sind einmal die Geschwindigkeit, mit der die Dokumentation erfolgt, zum anderen der Ausschluß subjektiver Bewertungen (künstlerische Freiheit des Zeichners), durch die einer Darstellung mehr Schaden als Nutzen zugefügt werden kann. Der parallele Einsatz verschiedener mikroskopischer Verfahren am gleichen Präparat erlaubt es, dasselbe Objekt mit unterschiedlichen Methoden zu studieren und entsprechende Aufnahmen nebeneinanderzustellen, um so die Orientierung zu gewährleisten (s. dazu u.a. Abb. 33.9).

Das heute erhältliche Filmmaterial erlaubt es, auch bei denkbar ungünstigen Lichtverhältnissen (z.B. bei der Fluoreszmikroskopie) zu befriedigenden Ergebnissen zu gelangen.

Die Möglichkeiten der Kinematographie wurden schon kurz gestreift. Es gibt eine Menge an Dokumentarfilmen über Bewegungsabläufe in Zellen, von Zellen, von Paarungsreaktionen u.a. Die Mehrzahl der in Deutschland gedrehten Filme entstand (und entsteht) in Zusammenarbeit mit dem Institut für den Wissenschaftlichen Film in Göttingen (Universitäten und andere wissenschaftliche Einrichtungen können die Filme dort kostenlos entleihen).

Videokameras, Restlichtverstärker und computergesteuerte Bildspeicherung und -auswertung sind aus der modernen Mikroskopie ebenfalls nicht mehr wegzudenken. Erste Anwendungen hiervon gab es bereits zu Beginn der fünfziger Jahre, die wichtigsten Entwicklungen setzten jedoch erst Ende der siebziger ein.

Zu nennen sind zwei von R.D. Allen (Dartmouth College, Hanover, New Hampshire, USA) entwickelte Verfahren:

AVEC-DIC *(Allen's video-enhanced contrast, differential interference contrast)* und

AVEC-POL *(Allen's video-enhanced contrast, polarization microscopy)*.

Beide Verfahren beruhen auf der Erkenntnis, daß bestimmte Videokameras (die richtige Auswahl des Modells ist allesentscheidend) Helligkeitsunterschiede um Größenordnungen besser verarbeiten als das menschliche Auge oder ein photographischer Film. Je nach Fragestellung oder Objekt können die Kennlinien der Kamera verschieden eingestellt werden. E. Abbe definierte, wie besprochen, das Auflösungsvermögen des Lichtmikroskops als denjenigen Abstand zwischen zwei Punkten, in dem sie noch als gerade getrennte Einheiten wahrgenommen werden können. Der limitierende Faktor ist die Lichtwellenlänge. Diese Auflösungsgrenze heißt nicht, daß kleinere Strukturen unsichtbar bleiben. So lassen sich z.B. durch Fluorochromierung einzelne Molekülkomplexe sichtbar machen, vorausgesetzt, die Abstände zwischen gleichartigen Molekülen (Molekülkomplexen) liegen über der mikroskopischen Auflösungsgrenze.

An die Stelle der Fluorochromierung kann eine Kontrastverstärkung durch AVEC-DIC treten, und obwohl der Kontrast, den z.B. Mikrotubuli (s. Kap. 25) hinterlassen, nicht ausreicht, um vom menschlichen Auge wahrgenommen zu werden, kann er von der Kamera erfaßt und identifiziert werden.

Durch Bildspeicherung und -auswertung können u.a. gezielt bewegliche Teilchen hervorgehoben werden. Das einschlägige Computerprogramm subtrahiert den Bildinhalt eines Bildes von dem, welches Sekunden oder Minuten vorher an der gleichen Stelle aufgenommen wurde. Alle unbeweglichen Strukturen verschwinden, und nur die beweglichen werden abgebildet.

Kameras mit Restlichtverstärker werden in der Fluoreszenzmikroskopie zum Nachweis von Fluorochromen eingesetzt, deren Fluoreszenz weit unterhalb der Empfindlichkeitsschwelle des menschlichen Auges liegt. Das schon erwähnte Verfahren der Vitalfärbung kann wieder aufgegriffen werden, da heute weit mehr und wesentlich spezifischere Sonden zur Verfügung stehen als in den vierziger und fünfziger Jahren. Wegen der noch geringeren Konzentrationen werden die Zellen noch weniger geschädigt.

Während bei der nunmehr schon gängigen Fluoreszenzmikroskopie nach Bestrahlung des Objekts Photonen (hv) emittiert und registriert werden (Fluoreszenz), lassen sich mit einem Photoelektronenmikroskop Sekundärelektronen nachweisen, die nach Bestrahlung (mit UV-Strahlung) aus einem Präparat freigesetzt werden. Das Gerät verfügt über eine Elektronenoptik (siehe folgenden Abschnitt), die Auflösung ist höher als bei der Fluoreszenzmikroskopie. Die Technik wurde erst vor kurzem entwickelt, erste Ergebnisse an biologischen Objekten liegen vor; sie lassen erwarten, daß das Verfahren in absehbarer Zeit mit einer weiten Verbreitung rechnen kann (O.H. Griffith, G.B. Birrell, 1985.).

Elektronenmikroskopie

1924 erkannte M. de Broglie den Wellencharakter der Elektronenstrahlen und schuf damit die Voraussetzung zur Konstruktion eines Elektronenmikroskops. Den Prototyp bauten M. Knoll und E. Ruska (Technische Universität Berlin, 1932).

Eines der ersten elektronenmikroskopischen Bilder eines biologischen Objekts war die Darstellung des Tabakmosaikvirus (TMV); das erste elektronenmikroskopische Bild einer Zelle wurde 1945 von K. R. Porter, A. Claude und E. F. Fullam (Rockefeller Institute, New York) veröffentlicht.

Aufbau und Strahlengang; TEM

Vorab sei vermerkt, daß man heutzutage die konventionellen Elektronenmikroskope TEM (Transmissionselektronenmikroskope) nennt. Wir werden uns daher zunächst mit ihrem Aufbau befassen.

Der Elektronenstrahl wird durch eine stromdurchflossene und dadurch aufgeheizte, haarnadelförmig gebaute Kathode erzeugt und durch eine an eine Anode angelegte Hochspannung abgesaugt. Diese Beschleunigungsspannung beträgt größenordnungsmäßig 50–150 kV. Je höher sie ist, desto geringer ist die Wellenlänge der Elektronenstrahlung und desto höher das Auflösungsvermögen. Allerdings wird die Auflösung in der Elektronenmikroskopie weniger durch diesen Faktor als vielmehr durch die Qualität der Linsensysteme, vor allem aber durch die Präparationstechnik des Präparats begrenzt. Moderne Geräte erreichen Auflösungen von 2–3 Å; bei biologischen Objekten sind aber nur selten Auflösungen unter 20 (10) Å zu erreichen. Die förderliche Vergrößerung liegt damit in der Größenordnung von 300 000.

Der beschleunigte Elektronenstrahl tritt durch eine Bohrung am Boden der Anode hindurch, und sein Weg kann nunmehr analog dem eines Lichtstrahls im Lichtmikroskop verfolgt werden (s. Abb. 3.14). Die Linsensysteme bestehen aus stromdurchflossenen Spulen, die um sich herum ein elektromagnetisches Feld erzeugen. Der Strahl wird als erstes durch einen Kondensor gebündelt. Er tritt dann durch das Objekt hindurch, an dem er partiell abgelenkt wird. Der Grad der Ablenkung hängt von der Elektronendichte der Atome im Präparat ab. Je höher deren Atommasse ist, desto stärker ist die Ablenkung. Da biologische Objekte zum überwiegenden Teil aus Atomen niedriger Ordnungszahlen (C, H, N, O) bestehen, erzeugen sie einen nur geringen Kontrast. Die Präparate müssen daher in der Regel durch spezielle Kontrastmittel (Schwermetalle) behandelt werden, damit man überhaupt etwas erkennt. Sie dürfen zudem nicht viel dicker als 100 nm sein, denn durch Elektronenabsorption wird die Temperatur erhöht. Die wiederum kann zur Zerstörung des Objekts führen.

Im Elektronenmikroskop können grundsätzlich keine lebenden Objekte beobachtet werden.

Nach Durchtritt durch das Objekt werden die gestreuten Elektronen von einem Objektiv gesammelt; es entsteht dadurch ein Zwischenbild, das anschließend durch ein weiteres Linsensystem (hier Projektiv genannt) nachvergrößert wird. Das dabei entstehende Bild wird auf einem fluoreszierenden Schirm sichtbar gemacht oder auf photographischem Film dokumentiert. Elektronenmikroskopische Bilder sind stets schwarz-weiß. Der Schwärzungsgrad (Grauschattierungen) spiegelt die Elektronendichte (= Atommassenunterschiede) im durchstrahlten Präparat wider.

Rasterelektronenmikroskop (REM)

Anders als bei dem gerade beschriebenen Transmissionselektronenmikroskop verläuft der Strahlengang im Rasterelektronenmikroskop (REM, im Englischen: *scanning electron microscope*; SEM). Die ver-

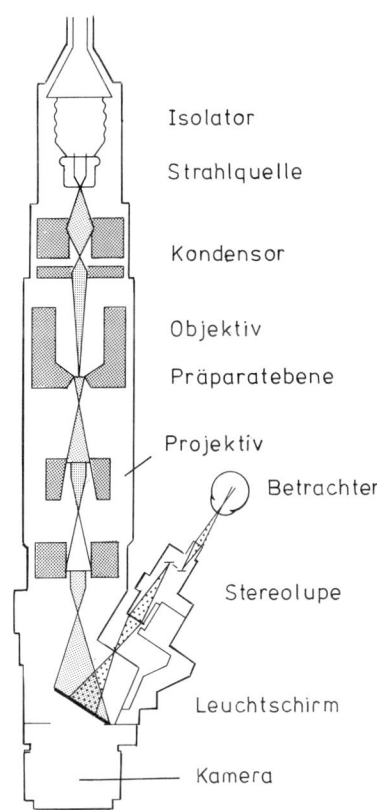

Abb. 3.14. Strahlengang in einem Elektronenmikroskop. Der Elektronenstrahl ist durch helles Raster wiedergegeben. Er endet am Leuchtschirm, bzw. nach dem Wegklappen auf der Filmschicht in der am Fuß des Geräts angebrachten Kamera. Der Strahlengang der vom Leuchtschirm ausgehenden Fluoreszenzstrahlung ist durch ein Punktraster dargestellt. (Nach R. H. Lange, J. Blödorn, 1981)

wendete Technologie basiert auf Erkenntnissen der Fernsehtechnik. Das Verfahren eignet sich zur Darstellung leitender Oberflächen; biologische Objekte müssen daher zunächst durch Aufdampfen eines Metallfilms (meist Gold) leitend gemacht werden.

Das Auflösungsvermögen ist üblicherweise geringer als beim TEM, die Tiefenschärfe jedoch um Größenordnungen höher. Die Rasterelektronenmikroskopie eignet sich deshalb auch zur Darstellung von Objekten bei ausgesprochen schwachen Vergrößerungen (Lupenvergrößerungen). Zahlreiche Beispiele hierfür folgen in späteren Kapiteln.

Die Objektoberfläche wird durch den primären Elektronenstrahl Punkt für Punkt abgetastet, wodurch sogenannte Sekundärelektronen freigesetzt werden. Die Intensität der Sekundärstrahlung ist vom Neigungswinkel der Objektoberfläche abhängig. Die Sekundärelektronen werden von einem seitlich schräg über der Probe angebrachten Detektor aufgefangen. Das Signal wird elektronisch verstärkt. Die Vergrößerung ist daher stufenlos wählbar, und das Bild erscheint zeitsequenziell auf einem Kathoden-bzw. Fernsehbildschirm (s. Abb. 3.15)

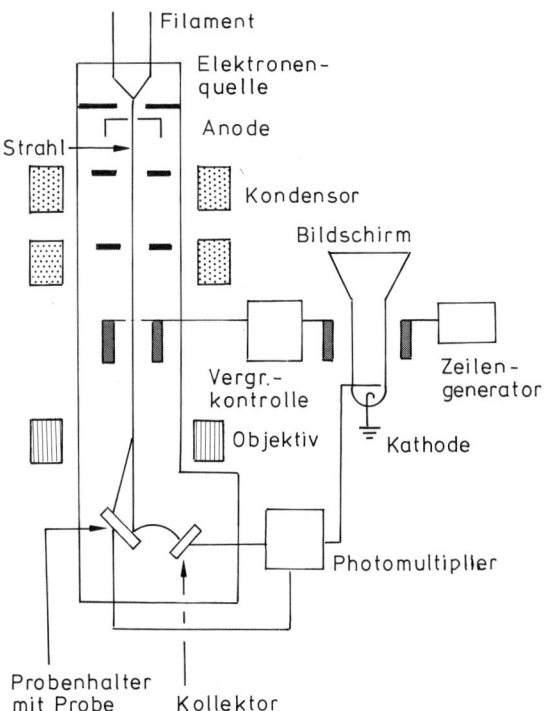

Abb. 3.15. Schema des Strahlengangs im Rasterelektronenmikroskop. (Nach J. W.S. Hearle *et al.*, 1972)

In der Tabelle 1 sind die Eigenschaften des Lichtmikroskops denen von TEM und REM gegenübergestellt.

Abschließend einige Bemerkungen über Neu-, bzw. Weiterentwicklungen.

(1) Das Hochspannungselektronenmikroskop *(high voltage electron microscope)*: Es arbeitet mit einer Beschleunigungsspannung von 700–3000 kV. Sein Auflösungsvermögen ist höher, die Objekte können dicker sein, ihre Belastung ist geringer. Nachteilig ist jedoch der immense apparative Aufwand. Es gibt auf der ganzen Welt nur einige wenige Geräte. Neue Erkenntnisse für die Botanik liegen noch nicht vor.

(2) Das *Scanning-Transmission-Electron-Microscope* (STEM): Bei dieser Fortentwicklung des REM (SEM) wird das Präparat durchstrahlt, und die bei der Durchstrahlung erzeugte Sekundärstrahlung wird genutzt. Auch hier ist der Aufwand groß, er lohnt sich aber, weil hierdurch große Moleküle (Nukleinsäuren, Proteine) oder Molekülkomplexe (z.B. Viren) besser und schonender dargestellt werden können als im TEM. Für die botanische Forschung gibt es z.Z. aber auch hier noch nichts Neues.

Die Auswertung elektronenmikroskopischer Bilder geschieht in zunehmendem Maße durch computergesteuerte Auswertungsprogramme. Allerdings eignen sie sich meist nur für die Rekonstruktion regelmäßig wiederkehrender Muster; diese wiederum sind auf molekularer Ebene eher gegeben als auf zellulärer.

Präparationstechniken

Biologische Objekte können nur nach aufwendigen Vorbereitungen elektronenmikroskopisch bearbeitet werden. Die Gefahr der Artefaktbildung ist hoch, D.W. Fawcett schrieb dazu (1964):

„Es muß vorbehaltlos zugegeben werden, daß wir keine objektiven Kriterien zur Beurteilung guter Strukturerhaltung haben. Vielleicht ist es eher ein Glaubenssatz der Morphologen als eine Frage des bewiesenen Tatbestandes, daß ein Bild, das scharf, zusammenhängend, geordnet, detailliert und allgemein ästhetisch ist, eher der Wirklichkeit zu entsprechen scheint als eines, das grob, ungeordnet und undeutlich ist… Jedes andere Kriterium als Leitschnur anzunehmen bedeutet, Unsorgfältigkeit und technisches Stümpertum zu ermuntern."

Jahrelange Erfahrungen und vergleichbare Ergebnisse, die nach Einsatz unterschiedlicher Methoden gewonnen wurden, gaben letztlich die Gewähr für die Zuverlässigkeit der Methoden und für die Aussage, daß man es tatsächlich mit real existierenden Strukturen zu tun hat.

Tabelle 1. Vergleich von Licht- und Elektronenmikroskopie

	Lichtmikroskopie	Transmissionselektronenmikroskopie (TEM)	Rasterelektronenmikroskopie (REM)
Auflösung			
durchschnittlich	200 nm	20 Å (= 2 nm)	100 Å (= 10 nm)
unter besonderen			
Bedingungen	200 nm	2 Å (= 0,2 nm)	5 Å (= 0,5 nm)
Tiefenschärfe	gering	durchschnittlich	sehr hoch
Präparatherstellung	meist einfach	aufwendig	einfach
Art der Präparate	reale Objekte (lebend, nicht lebend) Abdrücke	nicht lebend, kontrastiert, Abdrücke	nicht lebend, durch Bedampfung kontrastiert, Abdrücke
Dicke der Präparate	dick	sehr dünn	beliebig
Umgebung der Präparate	beliebig	Vakuum	(meist) Vakuum
Bildausschnitt	groß	klein	groß

J.W.S. Hearle, J.T. Sparrow, P.M. Cross, 1972

Biologische Präparate – selbst einzelne Zellen – sind meist zu groß und zu dick, um als Ganzes verwendet zu werden. In der Regel müssen Querschnitte angefertigt werden. Die Schnittechnik erfordert die Einhaltung folgender Schritte:

(1) Fixierung des Materials, üblicherweise mit Glutaraldehyd (zur Stabilisierung der Proteinstrukturen) und Osmiumtetroxyd (zur Festigung von Membranen), dann Entwässerung.

(2) Einbettung in Kunstharz (meist auf Epoxydbasis). Durch Imprägnierung werden die zellulären Strukturen stabilisiert. Ohne diese Verfestigung würden sie im Vakuum (im Elektronenmikroskop) kollabieren.

(3) Schneiden des in Kunstharz eingeschlossenen Materials: Benötigt wird ein Ultramikrotom, mit dem Schnittdicken von 15–100 nm erzielt werden können. Ultramikrotome sind meist mit Glasmessern bestückt. Bruchkanten von Spiegelglas sind nämlich schärfer als Metallmesser, ihre Lebensdauer hingegen ist kurz. Als Alternative können Diamantmesser verwendet werden; sie sind langlebiger, doch wesentlich teurer.

(4) Überführung der Schnitte auf einen Objektträger: Die Objektträger bestehen aus Kupfernetzchen, die von einem kohleverstärkten Kunststoffilm (Formvar) überzogen sind.

(5) Kontrastierung: Es gibt zwei prinzipiell verschiedene Möglichkeiten der Kontrastierung: Bedampfung und „Färbung" mit Schwermetallionen. Bei der Bedampfung werden die Präparate (im Vakuum) einer Metalldampfwolke (meist: Platin oder Platin/Kohle, Gold, Vanadium, Chrom, Blei u.a.) ausgesetzt. Die Wolke entsteht bei der Erhitzung einer entsprechenden Metallelektrode, die in einem vorgegebenen Abstand und einem eingestellten Winkel zur Präparatoberfläche entfernt ist (= Schrägbedampfung). Durch reliefartige Präparatoberflächen bedingt, bildet sich ein ungleichmäßig strukturierter Metallfilm über dem Objekt aus (Reliefkontrast). Es gibt Fälle, in denen ein Abdruck von der Oberfläche (eine Replika) genommen wird. Dabei werden etwas dickere Metallfilme (oft kohleverstärkt) erzeugt, die vom Präparat abgezogen und dann als solche mikroskopiert werden. Bei der Kontrastierung durch Schwermetallionen werden die Präparate mit Uranylacetat- oder Bleicitratlösung behandelt. Die Salze werden von den Objekten unterschiedlich stark absorbiert, so daß später im elektronenmikroskopischen Bild unterschiedlich intensiv markierte Strukturen erscheinen. Man spricht von *positive staining,* wenn eine Struktur das Kontrastierungsmittel absorbiert hat oder wenn es von ihm eingelagert wird. Dem steht das *negative staining* gegenüber, bei dem sich die Metallionen (Phosphorwolframsäure, Uranylacetat, Uranylformiat u.a.) um die eigentlichen Strukturen herum lagern. Im Elektronenmikroskop ist demnach nicht die Struktur selbst, sondern die Umgebung durch hohen Kontrast gekennzeichnet. *Negative staining* wird in der Regel zur Sichtbarmachung von Makromolekülen und Molekülkomplexen (Ribosomen, Viren u.a.) eingesetzt. In der Regel muß ein spezifisches Spreitungsmittel zugesetzt werden, um ein Verklumpen der Moleküle zu unterbinden.

Gefrierätzverfahren

Gefrierverfahren (z.B. Gefriertrocknung) sind in gewisser Hinsicht eine Alternative zur chemischen Fixierung, oft ist die Strukturerhaltung besser.

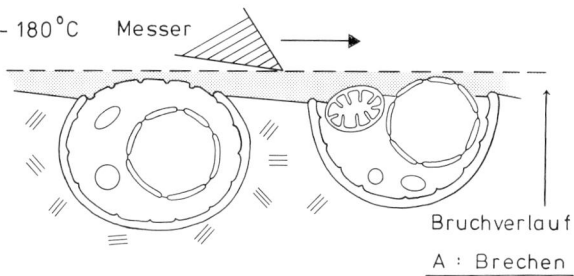

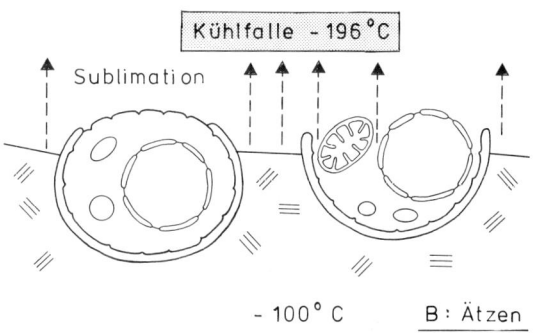

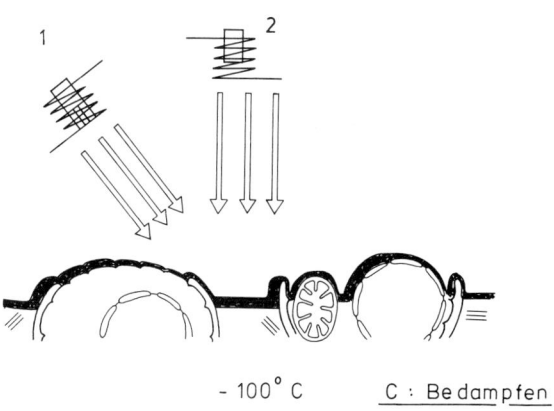

Abb. 3.16. Prinzip der Gefrierätzung: *A* Brechen, *B* Ätzen, *C* Bedampfen. *1* und *2* sind zwei Bedampfungsvorrichtungen. Die seitliche Position der einen bewirkt die asymmetrische Schattierung der Objektoberfläche. (Nach H. J. Preusser; Kontakte, E. MERCK, 1983)

47

Der Gefrierbruch und das Gefrierätzverfahren (H. Moor und K. Mühlethaler; University of California, Berkeley und Eidgenössische Hochschule Zürich, 1963) eignen sich nur für kleine Objekte: Zellen und subzelluläre Strukturen. Hierbei werden die Objekte eingefroren, und das gefrorene Material wird mit Hilfe eines Glasmessers „gebrochen" (s. Abb. 3.16). Die Präparate splittern, wobei die Bruchflächen entlang der Membranen oder zwischen zwei Membranhälften verlaufen (s. Abb. 7.11 oder 24.14). Wasser wird anschließend durch Gefriertrocknung entfernt. Es sublimiert, d.h., es geht von der festen, unter Umgehung der flüssigen, direkt in die Gasphase über. Das Präparat wird dadurch oberflächlich angeätzt.

Es folgt nunmehr eine Schrägbedampfung, und der dabei erhaltene Abdruck wird abgezogen und mikroskopiert.

J. Heuser (Washington University, St. Louis) entwickelte Ende der siebziger Jahre ein Schockgefrierverfahren *(quick-freeze, deep-etch preparation of samples)*, bei dem das Auskristallisieren des Wassers unterbunden wird. Die (sehr kleinen) Objekte werden „schockartig" in flüssigen Stickstoff überführt, wobei das Wasser einen glasförmigen Zustand annimmt. Dies wiederum bewirkt eine wesentlich verbesserte Objekterhaltung. Die Methode eignet sich zur Darstellung großer Moleküle und Molekülkomplexe (s. u.a. Abb. 25.1 und 44.10).

· Auch hier muß durch Bedampfung ein Abdruck erstellt werden. Im Gegensatz zum *„negative staining"* kann ein dreidimensionales Bild der Molekülstruktur gewonnen werden.

Literatur

Allen, R.D., N. Strömgren-Allen, and J.F. Travis: Video-enhanced contrast, differential interference contrast (AVEC-DIC) microscopy. Cell Motility *1*, 291–302 (1981)

Allen, R.D., J.L. Travis, N. Strömgren-Allen, and H. Yilmaz: Video-enhanced contrast polarization (AVEC-POL) microscopy. Cell Motility *1*, 275–289 (1981)

Beyer, H. (ed.): Handbuch der Mikroskopie. Berlin: VEB Verlag Technik, 1973

Freund, H.: 150 Jahre Entwicklung der Mikroskopie im Überblick. Microscopica Acta *76*, 105–112 (1974)

Gerlach, D.: Das Lichtmikroskop: Eine Einführung in Funktion, Handhabung und Spezialverfahren für Mediziner und Biologen. Stuttgart: Georg Thieme Verlag, 1985 (2. Aufl.)

Griffith, O.H., G.B. Birrell: Photoelectron microscopy. Trends in Biochem. Sci. *10*, 336–339 (1985)

Gundlach, H.: Differential-Interferenzkontrast-Mikroskopie nach Nomarski – ein neues Kontrastierungsverfahren. Zool. Anz. Suppl. *33*, Verh. Zool. Ges., S. 627–631 (1969)

Hearle, J.W.S., J.T. Sparrow, and P.M. Cross (eds.): The use of scanning electron microscope. Oxford: Pergamon Press, 1972

Heuser, J.: Quick-freeze, deep-etch preparation of samples for 3-D electron microscopy. Trends in Biochem. Sciences *6*, 64–68 (1981)

Heywood, V.H. (ed.): Scanning electron microscopy. New York, London: Academic Press 1971

Lang, W.: Differential-Interferenzkontrast-Mikroskopie nach Nomarski. Zeiss-Informationen *70*, 114–120 (1968)

Lang, W., H. Gundlach: Differential-Interferenzkontrast-Mikroskopie nach Nomarski. Zeiss-Informationen *71*, 12–18 (1969)

Lange, R.H., J. Blödorn: Das Elektronenmikroskop. TEM + REM. Leitfaden für Biologen und Mediziner. Stuttgart: Georg Thieme Verlag, 1981

Michel, K.: Die Grundzüge der Theorie des Mikroskops in elementarer Darstellung. Stuttgart: Wiss. Verlagsges. m.b.H., 1964 (2. Aufl.)

Moor, H., Mühlethaler, K.: Fine structure of frozen-etched yeast cells. J. Cell Biol. *17*, 609–628 (1963)

Müller, H.R.: Gefriertrocknung als Fixierungsmethode an Pflanzenzellen. J. Ultrastructure Res. *1*, 109–137 (1957)

Patzelt, W.J.: Polarisationsmikroskopie. Grundlagen, Instrumente, Anwendungen. Wetzlar: Ernst Leitz GmbH, 1974

Reimer, L., G. Pfefferkorn: Raster-Elektronenmikroskopie. Berlin–Heidelberg–New York: Springer Verlag 1973

Tanaka, K.: Scanning electron microscopy of intracellular structures. Intern. Rev. Cytology *68*, 97–125 (1980)

4. Was erkennt man mit dem Mikroskop? Zellen und Gewebe

1838 stellte M. Schleiden die Zelltheorie auf, die besagt, daß alle Pflanzen aus Zellen aufgebaut sind. 1839 erweiterte T. Schwann die Aussage auf tierische Organismen. 1855 folgte R. Virchows *„Omnis cellula e cellula"*.

Dieser Satz gilt universell und gehört zu den wenigen, man könnte schon sagen, Dogmen in der Biologie.

Eine Vermehrung pflanzlicher Zellen durch Teilung wurde erstmals von dem Tübinger Botaniker H. v. Mohl im Jahre 1835 beobachtet.

Um die Mitte des 19. Jahrhunderts war das Bild über den zellulären Aufbau pflanzlicher Gewebe weitgehend abgerundet. Die steigende Perfektion beim Bau und der Nutzung der Mikroskope, die Vervollkommnung der Schneide- und Konservierungstechniken sowie der Einsatz selektiver Farbstoffe erlaubten es, pflanzliche Zellen und Gewebe reproduzierbar darzustellen. Es erschienen durch Graphiken illustrierte Lehrbücher, von denen J. Sachs' „Lehrbuch der Botanik" (1. Aufl. 1868), später als „Vorlesungen über Pflanzenphysiologie" fortgeführt, eine herausragende und richtungweisende Rolle einnahm. Abbildungen daraus wurden in viele nachfolgende Werke, so auch in dieses Buch übernommen, wodurch die Tatsache dokumentiert wird, daß sauber ausgearbeitete wissenschaftliche Ergebnisse nicht veralten oder durch neuere Daten falsifiziert werden. Vielmehr bilden sie eine tragfähige Grundlage, auf der spätere Forschungen aufbauen können.

Seit jener Zeit gehören auch mikroskopisch-botanische Übungen zum Repertoire des Grundstudiums der Botanik. Ein Standardwerk, dessen Inhalt ebenfalls über Jahrzehnte hinweg bis in unsere Zeit Gültigkeit behielt, ist E. Strasburgers „Kleines Botanisches Praktikum" (1. Aufl. 1884).

Die Untersuchungen im vorigen Jahrhundert beschränkten sich weitgehend auf die Beobachtung und Auswertung von Längs- und Querschnitten durch die verschiedensten Pflanzenteile. In unserem Jahrhundert konzentrierte man sich, noch mehr als im vorangegangenen, auf Probleme der Entwicklung einzelner Gewebe im Verlauf der Individualentwicklung (Ontogenese) und der Evolution (Phylogenie). Man war und ist bemüht, den Pflanzenkörper als dreidimensionale Struktur zu verstehen und die Bedeutung der relativen Anordnung einzelner Gewebe zueinander zu erfassen.

Zellen

Allgemeine Merkmale, Besonderheiten von Pflanzenzellen, Form und Inhalt

Zellen sind vielgestaltig. Eine typische Zelle, oder gar eine typische Pflanzenzelle gibt es nicht. Was in manchen Lehrbüchern als eine solche hingestellt wird, ist ein Kompendium aus Beobachtungen an einer Reihe verschiedener Zelltypen. Es gibt eine Anzahl von Merkmalen, die allen Zellen eigen sind, darüber hinaus gibt es eine Gruppe von Merkmalen, die man nur bei Pflanzenzellen findet, sodann gibt es eine weitere Gruppe, durch die sich undifferenzierte von differenzierten Zellen unterscheiden.

Zunächst ein allgemein gültiges Merkmal: Jede Zelle ist von einer Membran umgeben.

Tierische und pflanzliche Zellen enthalten einen Zellkern, der den Bakterienzellen und den Zellen der Blaualgen fehlt. Man unterscheidet daher zwischen den Eukaryoten (= Eukaryonten, = Organismen mit echtem Zellkern) und den Prokaryoten (= Prokaryonten, = Organismen ohne Zellkern). Im Gegensatz zu den tierischen Zellen sind die pflanzlichen fast immer von einer Zellwand umgeben, und viele von ihnen enthalten einen bestimmten Organellentyp: die Plastiden, von denen die Chloroplasten am auffälligsten sind. Zellwände kommen zwar auch bei Bakterien und Blaualgen vor, allerdings gibt es keinerlei Gemeinsamkeiten in der chemischen Zusammensetzung zwischen diesen Wänden und denen der Pflanzenzellen. Wir haben es daher mit einer sogenannten analogen Erscheinung zu tun, worunter man die Ausbildung ähnlicher Strukturen mit gleichartiger Funktion versteht, die nicht auf eine gemeinsame Vorstufe zurückgeführt werden können.

Der Inhalt einer Pflanzenzelle (das Plasma oder Protoplasma) ändert seine Zusammensetzung im Verlauf des Wachstums und der Entwicklung. Ausdifferenzierte Zellen sind typischerweise durch eine voluminöse Vakuole gekennzeichnet (s. Abb. 4.1).

Außer den klar erkennbaren Strukturen wie Zellkern und Chloroplasten, sieht man im Lichtmikroskop in jeder Zelle eine Vielzahl granulär erscheinender Partikel, von denen einige mit spezifischen Farb-

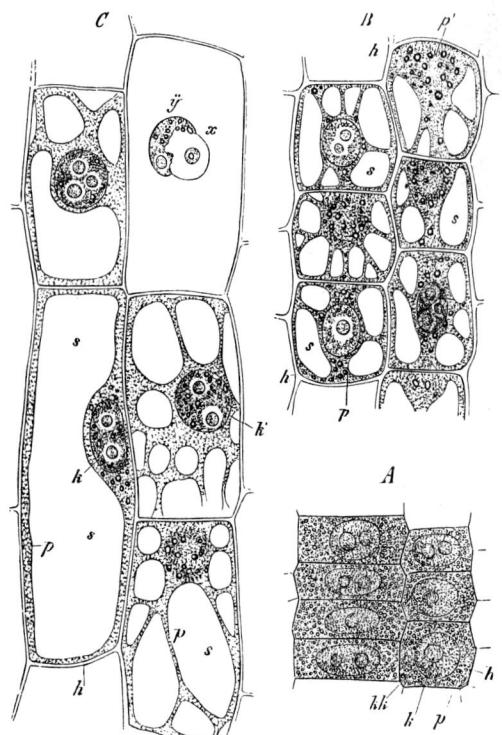

Abb. 4.1. Parenchymzellen aus der mittleren Schicht der Wurzelrinde von *Fritillaria imperialis* (Schachblume); Längsschnitte. *A* dicht über der Wurzelspitze liegende, sehr junge Zellen, noch ohne Vakuolen. *B* Zellen etwa 2 mm über der Wurzelspitze, im Protoplasma bilden sich Vakuolen *(s)*; *p* einzelne Vesikel im Protoplasma. *C* Zellen 7–8 mm über der Wurzelspitze; die Zellkerne *(k)* und große Vakuolen *(s)* sind deutlich sichtbar. (J. Sachs, 1887)

stoffen selektiv anfärbbar sind. Gelegentlich lassen sich auch unterschiedliche Formen (z.B. längliche, runde usw.) voneinander unterscheiden. Die Mehrzahl dieser Partikel liegt an oder unter der Auflösungsgrenze des konventionellen Lichtmikroskops, und ihre Identifikation, genaue Charakterisierung und Strukturaufklärung gelang erst nach Einsatz des Elektronenmikroskops (s. Kap. 7). Als typische Beispiele seien hier die Mitochondrien genannt.

Neben den in Pflanzenzellen weit verbreiteten Organellen kommen manchmal, vor allem in spezialisierten Zellen, bestimmte Einschlüsse, wie Kristalle, Fetttröpfchen, Stärkekörner u.a. vor.

Zellen sind keine statischen Gebilde. Sehr oft sieht man in den Zellen eine mehr oder weniger ausgeprägte Plasmaströmung, durch die Zellorganellen, z.B. die Chloroplasten und die verschiedensten Granula bewegt werden.

Abgesehen von der Brownschen Molekularbewegung laufen die meisten dieser Bewegungen gerichtet ab, und es sieht oft so aus, als würden sich die einzelnen Partikel wie auf Schienen bewegen. Wie wir in Kapitel 25 noch sehen werden, gibt es auf molekularer

Ebene sichere Anhaltspunkte dafür, daß diese Annahme tatsächlich zutrifft.

Aufbau einer Pflanzenzelle, dargestellt am Beispiel der Epidermiszellen einer Zwiebelschuppe

Die Epidermis ist das Abschlußgewebe aller oberirdischen Organe gegenüber ihrer Umwelt. Die Zellen der Zwiebelepidermis sind Standardobjekte beim ersten Kurstag eines jeden botanisch-mikroskopischen Anfängerpraktikums. Da sie kein Chlorophyll enthalten, dürfte man sie eigentlich gar nicht als „typische" Pflanzenzellen heranziehen. In der Abbildung 4.2 sind Verbände solcher Zellen dargestellt. Sie sind langgestreckt, das Längen-/Breitenverhältnis kann in recht weiten Grenzen schwanken.

Jede Zelle ist von einer in sich geschlossenen Wand umgeben (s. dazu auch Abb. 26.11). Vor allem im Bereich der Zellpole (Spitzen) oder dort, wo drei Zellen aneinanderstoßen, bleibt ein extrazellulärer Interzellularraum ausgespart. Ansonsten ist zwischen aneinanderliegenden Zellen eine pektinhaltige Mittellamelle ausgebildet, die den Zusammenhalt der Zellen und damit die Bildung von Geweben gewährleistet. In regelmäßigen Abständen ist die Zellwand durchbrochen (perforiert), so daß die Zellinhalte untereinander

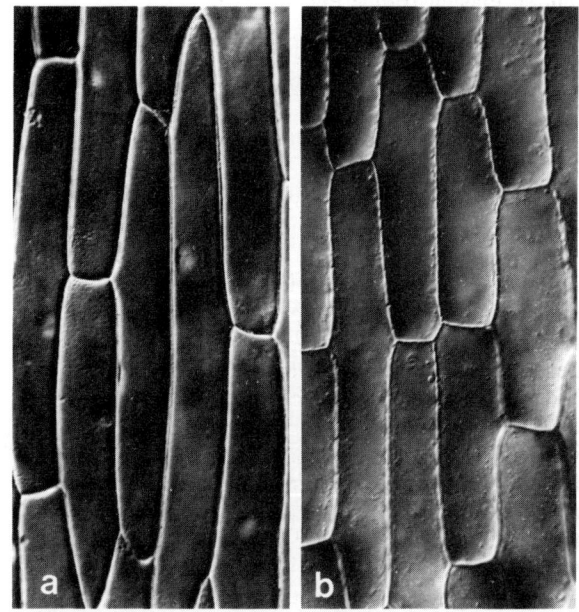

Abb. 4.2. Epidermis von *Allium cepa* (Küchenzwiebel). Interferenzkontrastmikroskopische Aufnahmen von Gewebeverbänden. Die Zellen können – wie der Vergleich von *a* und *b* zeigt – unterschiedlich geformt sein (unterschiedliches Längen-/Breitenverhältnis). In *b* wurde eine andere Bildebene als in *a* eingestellt. In *a* sind außer den Zellwänden Zellkerne erkennbar, in *b* Durchbrechungen der Zellwand (Tüpfel/Plasmodesmen).

50

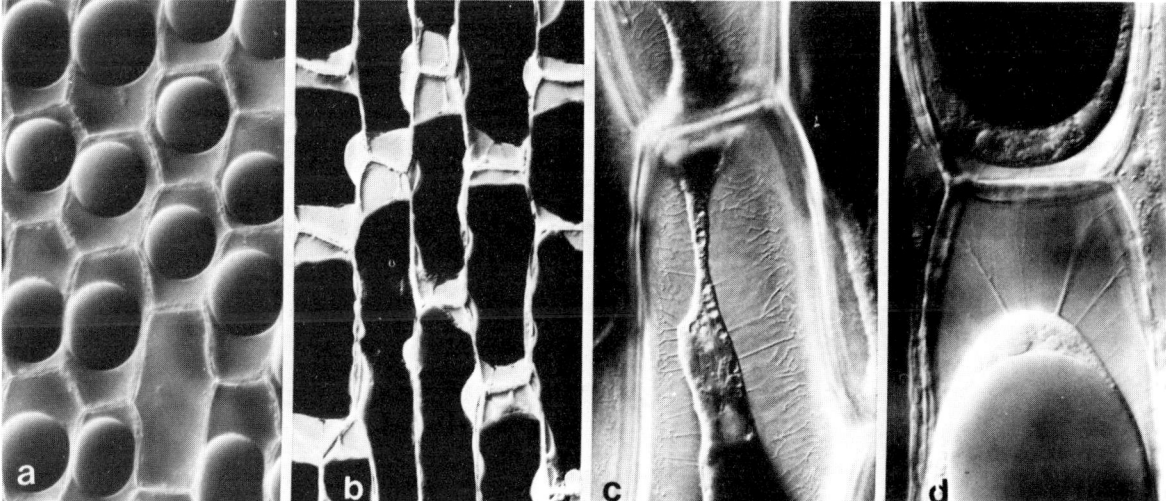

Abb. 4.3. Plasmolyse in Epidermiszellen von *Allium cepa* (Küchenzwiebel). Zur besseren Sichtbarmachung der Vakuolen wurde eine Sorte mit rotem Vakuoleninhalt verwendet; Interferenzkontrastaufnahmen. *a* nach Zugabe einer Kaliumrhodanitlösung. Der Protoplast kugelt sich ab. *b* nach Zugabe einer Calciumnitratlösung. Der Protoplast und die Vakuole nehmen eine unregelmäßige Form an (soge- nannte Krampfplasmolyse). *c* nach Kaliumrhodanitzugabe; zwischen zurückweichendem Protoplast und der Zellwand bleiben Verbindungen bestehen, die Hechtschen Fäden. *d* wie *c*. Hier sind – vor allem bei der oberen Zelle – die äußere Abgrenzung des Plasmas und die Abgrenzung des Plasmas gegenüber der Vakuole zu sehen. (R. Duden, 1984)

Kontakt aufnehmen können. Die Aussparungen in der Wand heißen Tüpfel, die durch sie hindurchlaufenden Plasmastränge Plasmodesmen.

Die Oberseite der Epidermiszellen sieht unregelmäßig faltig aus. Die Ursache hierfür ist eine wasserabstoßende, wachsartige Auflagerung, die Kutikula (s. Abb. 5.3).

Der Zellinhalt: Protoplasma, Cytoplasma, Cytosol

Der von einer Membran (Plasmamembran oder Plasmalemma) umgebene „lebende" Zellinhalt ist das Plasma (= Protoplasma). Das Plasma der Zelle nennt man auch den Protoplasten (s. Kap. 29). Meist liegt dieser der Zellwand so eng an, daß die umgrenzende Membran nicht wahrgenommen werden kann. Um deren Existenz nachzuweisen, überträgt man die Zellen zweckmäßigerweise in ein Medium hoher Salz- (oder Zucker-)konzentration. Dabei schrumpft der Protoplast und löst sich von der Wand.

Der Vorgang ist reversibel und wird als Plasmolyse bezeichnet; die Umkehr des Prozesses ist die Deplasmolyse (s. Abb. 4.3). Die Ursache für die Formveränderungen ist in den Membran- und Plasmaeigenschaften zu suchen. Dazu seien hier nur die Stichworte Semipermeabilität, Osmose und Turgor (osmotischer Druck) angegeben (weiteres dazu, Kap. 22). Eine die Plasmolyse hervorrufende Substanz wird Plasmolytikum genannt, und je nach ihrer chemischen Zusam- mensetzung (z.B. K^+-Ionen oder Ca^{2+}-Ionen) nimmt der Protoplast unterschiedliche, doch charakteristische Gestalt an. Daraus wiederum folgt, daß das Plasmolytikum die Membraneigenschaften beeinflußt. Es wird auch deutlich, daß sich die Eigenschaften des Plasmalemmas von denen des Tonoplasten unterscheiden. Der Tonoplast ist die Membran, die die Vakuole umschließt. Der Unterschied ist vor allem dann augenscheinlich, wenn, wie in der Abbildung 4.3 dargestellt, Zellen mit gefärbtem Vakuoleninhalt verwendet werden.

Oft ist die Vakuole von zahlreichen Plasmasträngen durchzogen, deren Vorkommen darauf hinweist, daß wir das Plasma nicht als eine einfache Lösung betrachten dürfen, die allein nach den Regeln der Hydrodynamik zu beschreiben wäre. Vielmehr enthält es visköse, strukturbestimmende Komponenten, deren chemische, physikalisch-chemische und strukturelle Eigenschaften erst in den letzten Jahren und dazu erst bruchstückweise erkannt worden sind, mehr dazu wieder im Kapitel 25.

Cytoplasma – Karyoplasma. Der Zellkern ist ein auffallender Bestandteil nahezu aller lebenden Pflanzenzellen (s. Abb. 4.4). Die Struktur des Kerns ist gegen das übrige Plasma abgesetzt, er ist von einer Hülle (nach elektronenmikroskopischen Untersuchungen einer Doppelmembran, s. Abb. 7.4, 7.10 und 7.11) umgeben. Für den Kerninhalt wurde der Begriff Karyoplasma, für das restliche Plasma der Ausdruck Cytoplasma geprägt.

Solche Begriffe gelten in bestimmten Phasen im Lebenszyklus einer Zelle. Im Verlauf der Zell- und

51

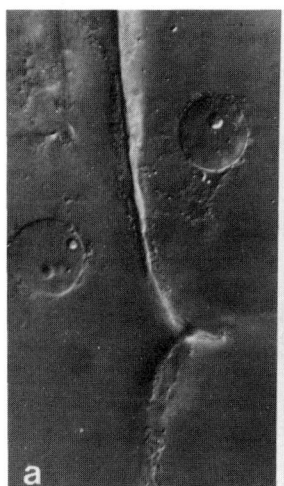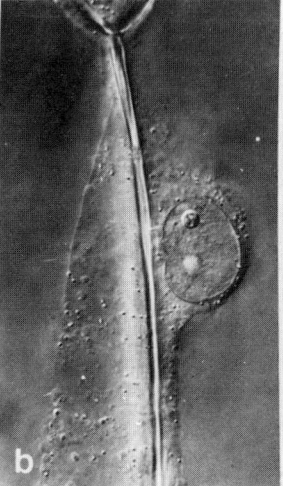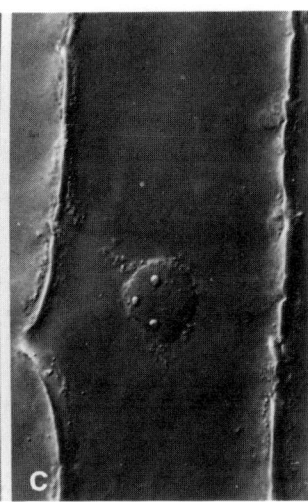

Abb. 4.4. Interferenzkontrastmikroskopische Aufnahmen der Epidermiszellen von *Allium cepa*. Bildebene auf Zellkerne eingestellt. Die Zellkerne (Nuklei) können ein, zwei oder drei Nukleoli enthalten (*a, b, c*). Das interzelluläre, granulär aussehende Material ist Cytoplasma. In *c* sind auch Plasmodesmen erkennbar. (R. Duden, 1984)

Kernteilung (Mitose) löst sich die Kernmembran auf, wodurch die Struktur des Kerns verlorengeht, an seine Stelle treten die Chromosomen (s. Kap. 9). Während dieses Stadiums ist es natürlich nicht sinnvoll, von Karyo- und Cytoplasma zu sprechen.

Die Kerne pflanzlicher Zellen sind in der Regel rund oder elliptisch, gelegentlich auch spindelförmig. Normalerweise findet man einen Kern pro Pflanzenzelle, doch sind Zellen mit zwei Kernen keine zu seltenen Ausnahmen. Die Zellen einiger Algen, z.B. die aus der Gattung *Cladophora* sind vielkernig oder polyenergid (s. Abb. 4.5). Als Unterstrukturen des Zellkerns fallen (oft erst nach Färbung) ein oder mehrere Nukleoli auf.

Auch sie disintegrieren während der Zell- und Kernteilung und bilden sich erst im Anschluß an eine erneute Kernbildung wieder.

Cytoplasma – Cytosol. Zum Cytoplasma werden alle Strukturen mit Ausnahme des Zellkerns gerechnet, damit also auch die Chloroplasten, Mitochondrien, und zahlreiche weitere, oft nur elektronenmikroskopisch sichtbare Partikel. Der nicht-partikuläre Teil des Cytoplasmas ist das Cytosol.

Plastiden

Plastiden sind typische Organellen der Pflanzenzellen. Zu ihnen gehören die bereits genannten Chloroplasten. Daneben aber auch noch andere, wie die farbigen Chromoplasten und die farblosen Leukoplasten, sowie Übergangsstadien (Proplastiden) (s. Abb. 4.6). Jene wiederum sind rudimentäre (zurückgebildete) Formen, die z.B. bei der Eizellbildung durch Degeneration von Plastiden entstehen. Während der pflanzlichen Embryonalentwicklung können sie sie sich wie-

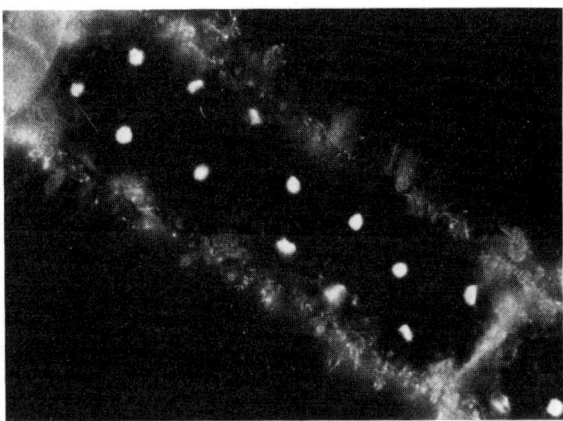

Abb. 4.5. Zahlreiche Zellkerne in einer Zelle sind das Merkmal einer bestimmten Grünalgengruppe (Ordnung: Chladophorales; Art: hier *Chladophora spec.*) Die Kerne wurden durch einen kernspezifischen Fluoreszenzfarbstoff (DAPI) sichtbar gemacht. Zellen mit mehreren Kernen bezeichnet man als polyenergid.

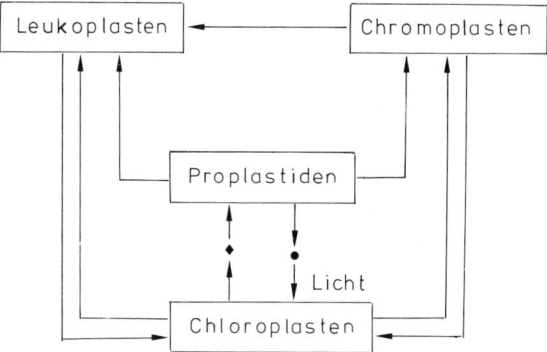

Abb. 4.6. Übergänge zwischen den einzelnen Plastidentypen. Zur Bildung der Chloroplasten wird Licht benötigt; die Rückbildung zu Proplastiden erfolgt über mehrere Zwischenstufen im Verlauf der Differenzierung bestimmter Zelltypen (z.B. der Eizellen). (Nach T. Butterfaß, 1970)

52

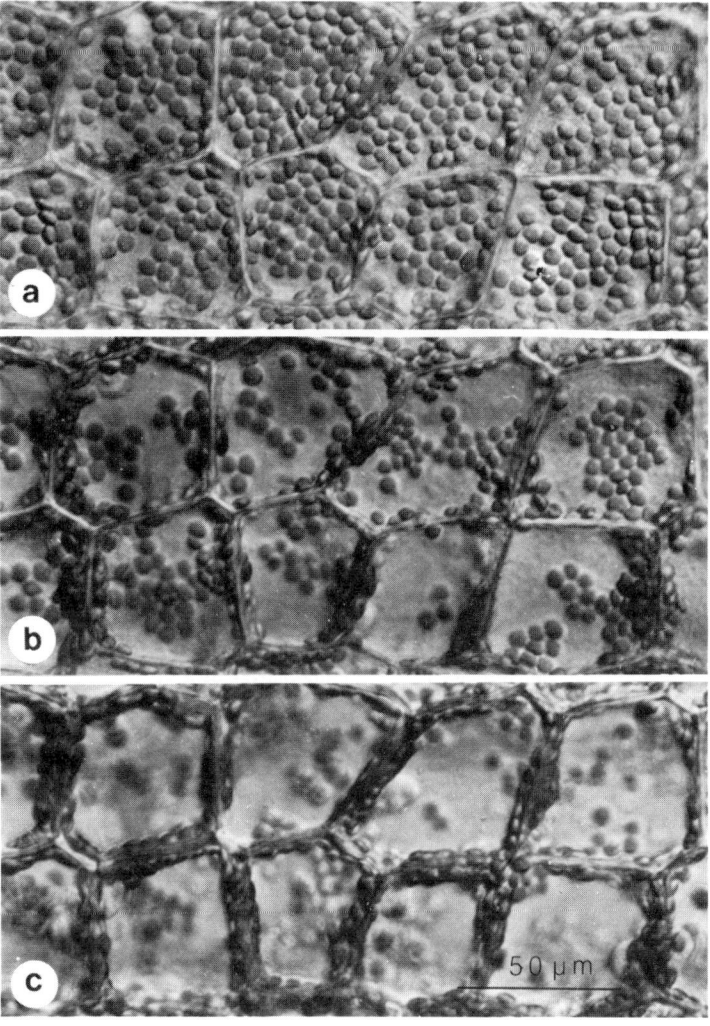

Abb. 4.7. Aufsicht auf Epidermiszellen eines *Vallisneria*-Blattes. *a* Chloroplastenverteilung unter Schwachlichtbedingungen (Kontrolle). Die Mehrzahl der Chloroplasten liegt der periklinen Wand (Oberfläche des Gewebes) an. *b* Verlagerung der Chloroplasten 10 Minuten nach Zugabe von EGTA, einer Ca^{2+}-bindenden Substanz. *c* 30 Minuten nach EGTA-Zugabe. Alle Chloroplasten liegen den antiklinen Wänden an und unterliegen einer Rotationsströmung (wie unter Starklichtbedingungen!). Die Bewegung wird durch Ca^{2+}-Mangel induziert. (Y. Yamaguchi, R. Nagai, 1981)

der zu vollständigen Plastiden differenzieren. Eine Ergrünung, und damit die Umwandlung in Chloroplasten, erfolgt bei den meisten höheren Pflanzen jedoch nur nach Belichtung.

Chloroplasten. Chloroplasten sind Träger des grünen Pflanzenfarbstoffs Chlorophyll. In ihnen laufen die Reaktionen der Photosynthese ab (s. Kap. 24). Durch sie werden die Pflanzen in die Lage versetzt, Sonnenenergie in chemische Energie umzusetzen.

Pflanzen gelten daher als Primärproduzenten, von deren Existenz die der Konsumenten (vorwiegend also der Tiere) abhängt (s. Kap. 54). Chloroplasten kommen in vielen Zelltypen oberirdischer Organe vor.

Besonders leicht lassen sie sich in einschichtigen Geweben, so in den Blättchen einiger Moose, wie *Funaria hygrometrica* oder *Mnium hornum* oder einer Wasserpflanze *(Vallisneria)* beobachten. Hier sind sie relativ groß, ihre Gestalt ist linsenförmig. Bei diffusem Tageslicht liegen sie vornehmlich an der oberen und unteren Fläche der Blätter. Man sieht sie daher in der Aufsicht, und sie erscheinen als runde Strukturen. Bei

starker Belichtung verlagern sie sich und nehmen eine Stellung parallel zu den Seitenwänden ein, wobei sie im Profil schmäler erscheinen (s. Abb. 4.7 und Abb. 46.5). In Chloroplasten wird Stärke gebildet und gespeichert. Sie ist mit Jod-Jodkalium (Lugolsches Reagenz) leicht nachweisbar. Der Komplex Stärke – Jod ist blau gefärbt.

Die Stärkebildung im Verlauf des Photosyntheseprozesses kann, wie J. Sachs – der wohl profilierteste Pflanzenphysiologe des vergangenen Jahrhunderts (s. Abb. S. 389), erstmals zeigte, in einem Experiment sichtbar gemacht werden, in dem ein Blatt durch eine Schablone teilweise abgedeckt wird, so daß es nur partiell dem Sonnenlicht ausgesetzt ist. Nach Ablauf eines Tages wird das Blatt zunächst gebleicht, um die Störung des Stärkenachweises durch Chlorophyll und andere Pigmente auszuschalten und anschließend in eine Jod-Jodkaliumlösung gelegt. Man erhält – einer Photographie vergleichbar – das Abbild der Schablone als Verteilungsmuster von Stärke im Blatt (s. Abb. 4.8). J. Sachs nahm an, die Stärke sei das primäre Produkt der Photosynthese. Diese Annahme erwies

53

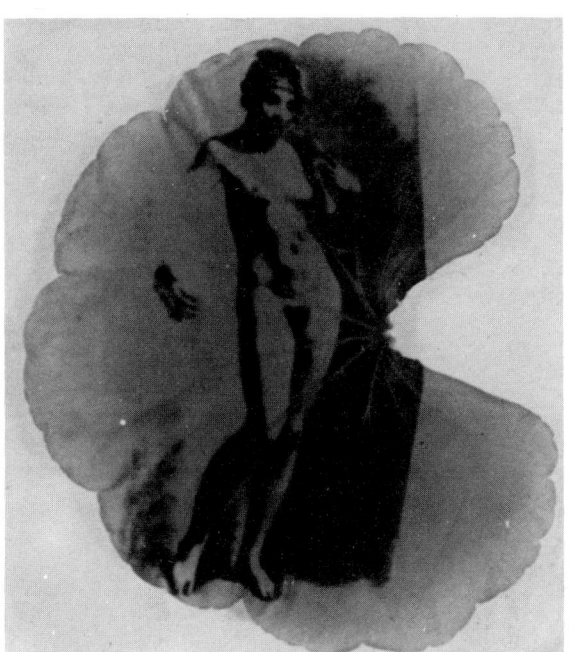

Den plattenförmigen *Mougeotia*-Chloroplasten kann man, je nach Lichtmenge in Flächen- oder Kantenstellung beobachten (s. Abb. 30.12). Seine Drehung ist ein experimentell gut analysiertes Beispiel

Abb. 4.8. Stärkebild auf einem Pelargoniumblatt. Das Blatt wurde mit einem Negativ abgedeckt und für einige Stunden dem Licht ausgesetzt. In den belichteten Bereichen wurde Stärke gebildet, die mit Jod-Jodkalium nachweisbar ist (im Bild dunkel). (D. A. Walker 1983)

sich jedoch als falsch, denn es werden zunächst einfache Zucker (Glucose u.a.) gebildet, von denen lediglich ein Teil zu Stärke polymerisiert wird.

Die Gestalt der Chloroplasten in Zellen höherer Pflanzen ähnelt weitgehend der in Moosen. Ihr Durchmesser beträgt durchschnittlich 4–8 µm. Ihre Zahl liegt in der Größenordnung von 10–50 pro Zelle.

Das Chlorophyll ist in ihnen ungleichmäßig verteilt. Bei hoher Auflösung lassen sich chlorophyllreiche und chlorophyllarme Bereiche (Grana und Stroma) voneinander unterscheiden. Anregung mit kurzwelligem Licht (z.B. blauem oder violettem Licht) führt zu einer intensiven, leuchtend roten Eigenfluoreszenz (Autofluoreszenz) des Chlorophylls, die in einem Fluoreszenzmikroskop eindrucksvoll demonstriert werden kann. Hierbei treten die Unterschiede zwischen den Grana und dem Stroma besonders deutlich hervor.

Die Gleichförmigkeit der Chloroplastenstruktur bei allen höheren Pflanzen weist darauf hin, daß die optimale Form in Verlauf der Evolution schon recht früh gefunden und seitdem nicht geändert wurde.

Anders sieht es bei den Algen aus. Chloroplasten der Grünalgen (Chlorophyceen) sind vielgestaltig. Viele Arten besitzen nur einen, oft nahezu das gesamte Plasma der Zelle erfüllenden Chloroplasten. Er ist bei *Spirogyra*-Arten schraubenförmig gewunden, bei *Zygnema* und *Zygnemopsis* sternförmig und bei *Oedogonium* netzförmig strukturiert (s. Abb. 4.9).

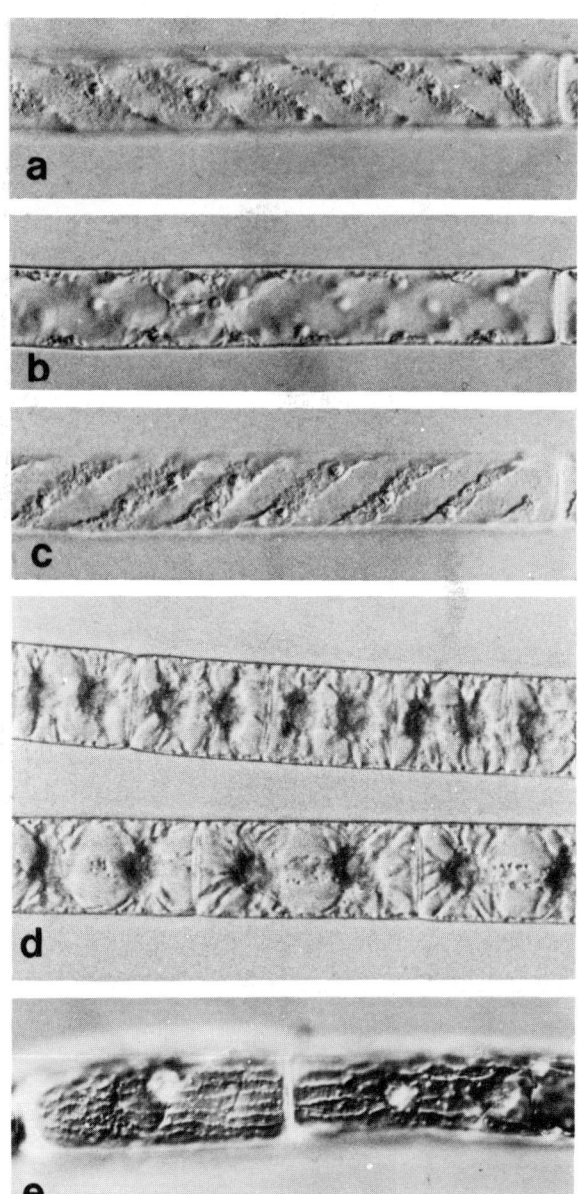

Abb. 4.9. Interferenzkontrastmikroskopische Aufnahmen von Chloroplasten in Grünalgen. *a-c: Spirogyra spec.* Der Chloroplast ist schraubenförmig. *a, b, c* sind Aufnahmen der gleichen Zelle in unterschiedlichen Bildebenen. Durch Vergleich kann die Drehrichtung der Schraube ermittelt werden (s.a. Abb. 39d). *d Zygnema spec.* sternförmiger Chloroplast; *e Oedogonium cardiacum*, netzförmiger Chloroplast.

54

einer induzierten Chloroplastenbewegung (s. Kap. 25 und 30).

Die Chloroplasten vieler Algen verfügen – im Gegensatz zu den weitaus meisten der höheren Pflanzen – über deutlich sichtbare Pyrenoide, in denen Stärke gebildet und gespeichert wird.

Chromoplasten. Chromoplasten sind farbige (gelbe, orange oder rote) Plastiden. Die Färbung beruht in der Regel auf der Anwesenheit von gelbem Xanthophyll und gelben bis roten Carotinoiden (s. Kap. 20). Beide Stoffklassen kommen auch in den Chloroplasten vor, sind dort aber durch Chlorophyll überdeckt. Da Chlorophyll aber schneller als die Carotinoide abgebaut wird, erhalten wir im Herbst die Laubfärbung. Es gibt fließende Übergänge zwischen Chromo- und Chloroplasten, ebenso wie es Übergänge zwischen Chromoplasten und Leukoplasten gibt. Typische Chromoplasten verursachen die Orangefärbung der Möhre, die Rotfärbung der reifen Paprika- und Tomatenfrüchte, sowie die Färbung zahlreicher, doch bei weitem nicht aller Blüten. Die Carotinoide sind schwer wasserlöslich und kristallisieren daher in den Chromoplasten oft aus, wobei die Kristalle unterschiedliche Formen annehmen können: platten- oder nadelförmig, gezackt, sichelförmig usw.

In vielen Fällen wird die Blütenfarbe und/oder die Farbe der Blätter durch gefärbten Vakuoleninhalt verursacht. Die Farbe des Vakuoleninhalts und die Farbe der Plastiden kann zu Mischfarben führen. Typisches Beispiel: Blätter der Blutbuche (der Vakuoleninhalt ist rot, die Chloroplasten grün).

Den Chromoplasten rechnet man traditionsgemäß auch die Plastiden der Rot- und Braunalgen zu, obwohl sie Chlorophyll enthalten. Die grüne Farbe wird durch das rote Phycoerythrin (bei Rotalgen, Rhodophyceae), bzw. das braune Fucoxanthin (bei Braunalgen, Phaeophyceae) überdeckt (s. Kap. 44).

Leukoplasten. Leukoplasten sind weitverbreitete, farblose Plastiden. Sie entstehen aus Proplastiden, stellen aber keine homogene Organellengruppe dar. Eine Teilpopulation kann sich bei Belichtung zu Chloroplasten oder Chromoplasten differenzieren, für andere wiederum trifft dies nicht zu. So findet man in den Nebenzellen der Schließzellen (s. Kap. 5) regelmäßig Leukoplasten, die ständig dem Licht ausgesetzt sind, ohne daß es zu einer Umwandlung in Chloroplasten kommt. Leukoplasten kommen auch in farblosen Blättern oder Blatteilen (= panaschierte Blätter) vor. Es gibt eine Reihe von Beispielen, die zeigen, daß sie durch Mutation aus Chloroplasten hervorgegangen sind, welche die Fähigkeit zur Chlorophyllbildung eingebüßt haben. Es gibt sogar einige Arten, wie z.B. die Nestwurz (*Neottia*, eine Orchidee), die überhaupt kein Chlorophyll mehr bilden können, deshalb auch keine Photosynthese treiben können und auf parasitische oder saprophytische Lebensweise angewiesen sind. (Saprophie: Abhängigkeit vom Vorhandensein toten organischen Materials.)

Eine zweite Klasse der Leukoplasten kommt regelmäßig in nichtgrünen Geweben ansonsten grüner Pflanzen vor. Besonders deutlich treten sie in der Wurzel in Erscheinung. Diese Leukoplasten können ergrünen, doch unterbleibt das normalerweise, weil Licht als Auslöser fehlt. Die Leukoplasten der Wurzelhaube (Calyptra) sind stärkehaltig und werden deshalb den Amyloplasten (stärkehaltigen Leukoplasten) (s.a. Abb. 4.21 und 7.8) zugerechnet. Wie an anderer Stelle dargelegt (s. Kap. 32), kommt ihnen die Funktion von Statolithen zu, die eine entscheidende Rolle zur Wahrnehmung der Erdschwerkraft spielen (Geotropismus).

Stärke

Stärke haben wir im vorangegangenen Abschnitt als Inhaltsstoff von Chloroplasten und Leukoplasten (Amyloplasten) kennengelernt. Sie entsteht durch Polymerisation von Glucoseresten, die ihrerseits als Produkte der Photosynthese entstehen. Da Zucker in der Pflanze transportiert werden können (s. Kap. 28), z.B. aus Blättern in die Wurzel oder aus Blättern in Samen und Früchte, erfolgt eine Stärkebildung auch in diesen Speicherorganen. Je nach Pflanzenart werden in den Plastiden Stärkekörner unterschiedlicher Form gebildet. Da man aus ihrer Gestalt auf die Herkunft schließen kann, eignen sie sich zur Identifikation von Samen und anderen stärkehaltigen Pflanzenteilen. Die folgenden Werte veranschaulichen die Größenvariation ihrer Durchmesser: Stärke aus Kartoffelknollen: $70-100$ μm; aus Weizenendosperm: $30-45$ μm und aus Maisendosperm $12-18$ μm.

Ihre Form spiegelt die Art der Bildung wider. Stärkemoleküle sind langgestreckt und wenig verzweigt (s. Kap. 17 Abb. 17.1, 2). In den Plastiden werden sie – von einem sogenannten Bildungszentrum ausgehend – radiär abgelagert. Dabei wird Schicht auf Schicht angelegt, wobei die Schichtdicke von der durchschnittlichen Moleküllänge abhängt (s. Abb. 4.10). Ein Stärkekorn ist folglich kristallähnlich (semikristallin) konstruiert, was man mit einem Polarisations-

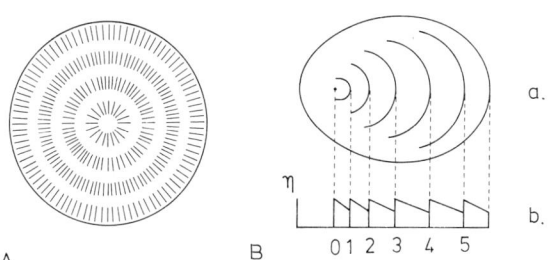

Abb. 4.10. *A* Modell für den Aufbau eines Stärkekorns. Die einzelnen Striche symbolisieren Stärkemoleküle. Aufgrund ihrer Anordnung entsteht ein radiales Muster. *B* Schichtung der Stärkekörner. a. Bildungskern und Schichtungsgrenzen. b. Diagramm der Lichtbrechungsverhältnisse. Auf der Ordinate ist der Brechungsindex angegeben. (A. Frey-Wyssling, 1938)

55

mikroskop auch eindrucksvoll belegen kann (s. Abb. 3.11).

In angefeuchteten Präparaten ist eine auf unterschiedlichem Hydratationsgrad (Wassergehalt) der einzelnen Molekülabschnitte beruhende Schichtung erkennbar.

Je dichter die Molekülpackung ist, desto weniger Wasser wird eingelagert. Wasserarme Schichten wiederum sind stärker lichtbrechend als wasserreiche. Nach dem Austrocknen der Präparate verschwindet die Schichtung. Je nachdem, ob das Bildungszentrum zentral oder peripher gelegen ist, entstehen Stärkekörner mit konzentrischer oder mit exzentrischer Schichtung. Die Stärkekörner der Gramineen (Gräser: Weizen, Mais usw.) sind in der Regel konzentrisch, die der Kartoffel stets exzentrisch. Gelegentlich finden sich bei den genannten Arten in einem Plastid zwei bis drei Bildungszentren, was zur Anlage mehrerer Stärkekörner führt. Im Verlauf der Größenzunahme kann es dazu kommen, daß solche Zwillings- oder Drillingskörner schließlich von gemeinsamen Schichten umhüllt werden (halbzusammengesetzte Stärkekörner).

Zusammengesetzte Stärkekörner sind für die Haferstärke charakteristisch, sie bestehen aus einer großen Zahl von Teilkörnern.

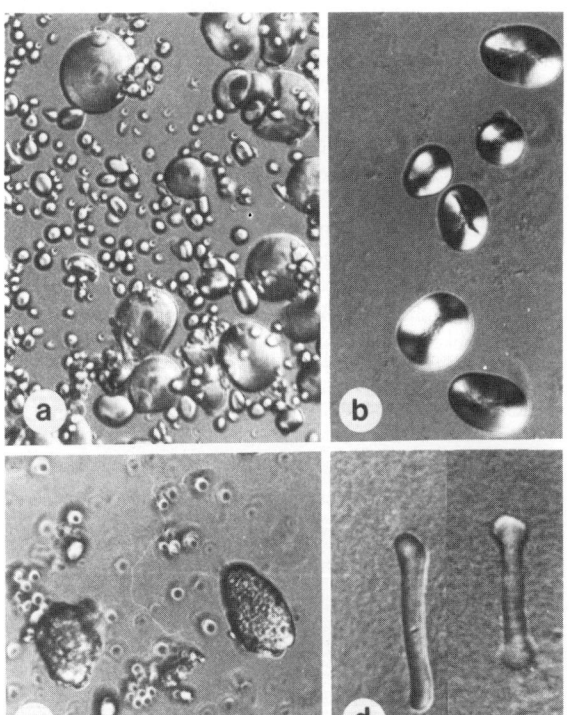

Abb. 4.11. Stärkekörner. *a* Weizenstärke (konzentrische Schichtung); *b* Bohnenstärke (ellipsoid gebaute Stärkekörner, durch Aushöhlung entstehen Risse); *c* Haferstärke (zusammengesetzte Stärkekörner), *d* Euphorbienstärke (hantelförmige Gebilde, etwa 2,5 × stärker vergrößert als die übrigen).

Noch zwei weitere Beispiele:

Stärkekörner in den Samen der Bohne *(Phaseolus vulgaris)* sind sehr groß, ihre Form ist rund oder oval, die Abstände der Schichten (Lamellen) sind sehr gleichmäßig. Das Zentrum ist durch Zugabe von Wasser leicht aushöhlbar. Im mikroskopischen Bild erscheinen – vom Zentrum ausgehend – radiale Risse.

Im Milchsaft von Euphorbien (Wolfsmilchgewächsen, wie z.B. *Euphorbia splendens*) findet man hantelförmige Stärkekörner (s. Abb. 4.11).

Kristalline Einschlüsse in Zellen

Einige Beispiele hierzu siehe Abbildung 4.12.

Zellwand

Von ganz wenigen Ausnahmen abgesehen, sind Pflanzenzellen von einer cellulosehaltigen Zellwand umgeben. Während des Wachstums ist sie plastisch, d.h. dehnungsfähig und verformbar. Nach Abschluß dieser Phase nimmt sie elastische Eigenschaften an, d.h., die Dehnbarkeit bleibt (in Grenzen) erhalten, doch die Verformbarkeit geht verloren. Aufgrund dieser veränderten Eigenschaften wird zwischen Primär- und Sekundärwand unterschieden. Wie wir bei der Besprechung elektronenmikroskopischer Aufnahmen der Wand sehen werden (s. Kap. 26), unterscheiden sich die beiden Formen in erster Linie durch unterschiedliche Anordnung von Cellulosefibrillen. In der Primärwand liegen sie ungeordnet vor (Streutextur), in der Sekundärwand gerichtet und in Schichten übereinander geordnet (Ringtextur, Schraubentextur).

Sekundärwände vieler Zellen (vor allem die der Festigungs- und Leitgewebe) sind durch zusätzliche wandverstärkende Substanzen inkrustiert. Einzelheiten zu ihrer Chemie s. wiederum im Kapitel 26, hier seien nur die Stichworte
– Lignin (Grundsubstanz des Holzes) und
– Suberin (Grundsubstanz des Korks) genannt.
Hinzu kommt, daß derart veränderte Sekundärwände oft phenolische Oxidationsprodukte enthalten, die ihnen eine dunkle Färbung (rötlich-schwarz mit verschiedenen Zwischentönen) verleihen.

Gewebe

Der Wissenschaftszweig, der sich mit Geweben befaßt, ist die Histologie. Für die Beschreibung pflanzlicher Gewebe wird jedoch genauso oft der Ausdruck Pflanzenanatomie verwendet. Der Begriff Gewebe beruht eigentlich auf einer Fehlinterpretation, denn einer der ersten Pflanzenanatomen, der Engländer N. Grew, meinte (1682), daß das Zellwandgerüst der Pflanzen aus äußerst feinen Fäden bestehen würde und daß der Aufbau des Pflanzenkörpers mit einer

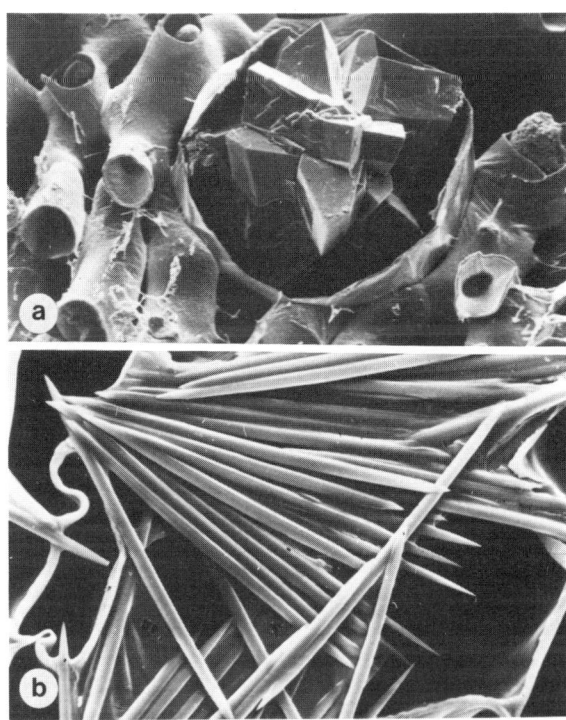

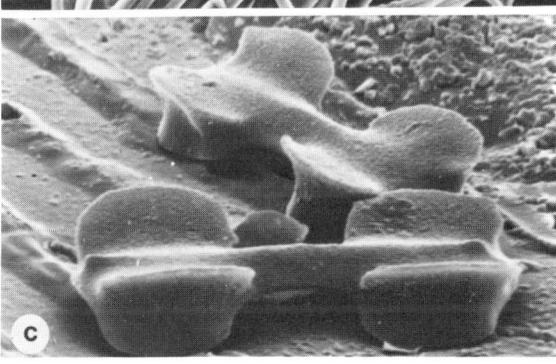

Abb. 4.12. Viele Pflanzenzellen enthalten kristalline Einschlüsse unterschiedlicher chemischer Zusammensetzung und Form. Kristallaggregate werden Drusen, Bündel nadelförmiger Kristalle Raphiden genannt; rasterelektronenmikroskopische Aufnahmen. *a* Calciumoxalat-Druse in einer Mesophyllzelle eines Blattes vom Oleander *(Nerium oleander)*. Typische Drusenform der Dikotyledonen. *b* Calciumoxalat-Nadeln (Raphiden) aus der Wurzel von *Vanilla* (Orchidaceae). Typische Raphiden-Bündel der Monokotyledonen. *c* Herauspräparierte Kieselsäure-Körper aus den Kieselzellen der Epidermis von *Schizachyrium sanguineum* [einer Gramineen(Gras-) Art der Altwelttropen]. Charakteristische Mineralisation einer Gramineenzelle. [W. Barthlott, Martens, 1979 *(c)* W. Barthlott, unveröff. *(a, b)*]

Übereinanderschichtung einer größeren Anzahl Brüsseler Spitzen vergleichbar sei. In diesem Sinne sprach er von einem Zellgewebe *(Contexus cellulosus)*. Trotz dieses Mißverständnisses blieb der Name erhalten und wurde sogar von der Pflanzenanatomie auf die tierische Histologie übertragen.

So wie wir es heute sehen, sind Gewebe Zusammenschlüsse von Zellen; Organe sind funktionelle Einheiten eines Organismus. Die Grundorgane einer phanerogamen Pflanze sind Sproß, Blätter und Wurzel.

Die Organe bestehen aus unterschiedlichen Geweben, die Blätter z.B. aus Abschlußgewebe, Assimilationsgewebe, Leitgewebe u.a. Ein Gewebe kann unterschiedlich strukturierte Zelltypen enthalten. Das Leitgewebe z.B. enthält die Zellen des Xylems und die des Phloems.

Auf Vorschlag von C. W. v. Nägeli unterscheidet man zwischen Teilungs- und Dauergeweben. Teilungsgewebe (Meristeme) verfügen über ein hohes Zellteilungsvermögen. In Dauergeweben kommt es nur ausnahmsweise zu Zellteilungen. Diese Gewebe bestehen in der Regel aus weitgehend ausdifferenzierten, oft spezialisierten Zellen. Aufgrund ihrer funktionellen Eigenschaften können sie folgenden Kategorien zugeordnet werden:

– Abschlußgewebe (Epidermis, Kork, Borke)
– Grundgewebe (Parenchym)
– Assimilationsgewebe (Palisadenparenchym, Schwammparenchym)
– Festigungs- oder Stützgewebe (Kollenchym, Sklerenchym)
– Leitgewebe (Gefäße; Xylem, Phloem).

1877 erschien A. de Barys grundlegendes Werk über die Gewebelehre („Vergleichende Anatomie der Vegetationsorgane der Phanerogamen und Farne"), aus dem das folgende Zitat stammt:

„Die Gewebeelemente jeder Art gehen aus den Zellen des Meristems hervor, jedes hat ursprünglich die Eigenschaften einer Zelle. Mit der definitiven Ausbildung tritt nun zunächst der Hauptunterschied ein, daß die einen zeitlebens den Bau und alle charakteristischen Eigenschaften typischer Zellen behalten, die anderen die Zellqualitäten verlieren. Erstere behalten die Fähigkeit selbständigen Wachstums und bleiben teilungsfähig, als Folge davon kann aus ihnen selbst Meristem werden, die anderen verlieren mit ihrer Ausbildung die Fähigkeit der Zellteilung und des selbständigen Wachstums. In der Regel hören sie überhaupt auf, zu wachsen. In manchen Fällen findet ein andauerndes wirkliches Wachstum solcher Elemente in Folge ihrer Ernährung durch benachbarte Zellen statt".

Mit den Ursachen des Differenzierungsprozesses werden wir uns an anderer Stelle befassen (s. Kap. 28). Hier nur einige immer wiederkehrende Teilungsmuster, aus denen sich bereits eine ganze Menge über die Gestalt und die Größe der Zellen herleiten läßt:

Das wohl wichtigste Prinzip einer pflanzlichen Differenzierung ist die Polarität, die während der Embryonalentwicklung (Ontogenese) bereits nach der ersten Teilung der befruchteten Eizelle (der Zygote) zum Ausdruck kommt und die Hauptachse des Vegetationskörpers damit irreversibel festlegt. Wurzeln und Sproß entwickeln sich nachfolgend unabhängig voneinander. Man spricht daher von einer Wurzel-Sproß-Polarität.

Zellteilungen, die senkrecht zur nächsten Oberfläche des betreffenden Organs erfolgen, nennt man antiklin, solche, die parallel zu ihr angelegt sind, peri-

57

klin. Oft teilen sich die Zellen inäqual; das Ergebnis sind zwei ungleich große Tochterzellen. Als Faustregel gilt, daß die kleinere den vorhandenen physiologischen Zustand beibehält, während sich die größere in eine bestimmte Richtung differenziert, bzw. spezialisiert. Ausnahmen von dieser Regel kommen vor, so spezialisiert sich bei der Spaltöffnungsbildung die kleinere Tochterzelle stärker als die größere.

Zu den auffälligsten Merkmalen unterschiedlich differenzierter Zellen gehört die ungleiche Größenzunahme. Manche Zellen teilen sich ohne eine merkliche Volumenzunahme, andere wiederum stellen die Teilungen ein und vergrößern sich beträchtlich. Pflanzliches Wachstum kann daher weitgehend auf eine Volumenzunahme einzelner Zellen zurückgeführt werden. Da nun aber der Vergrößerung einer jeden Zelle der Widerstand bereits vorhandener, benachbarter Zellen entgegenwirkt, die Zellen zudem auch noch über die Mittellamelle relativ fest untereinander verkittet sind, kommt es zwangsläufig zu beträchtlichen Gewebespannungen. Breitet sich eine Zelle in alle Richtungen gleichmäßig aus, würde man rein theoretisch eine Kugelgestalt erwarten. Da die Zellen meist aber von einer Vielzahl von Nachbarzellen umgeben sind, die wegen der Asynchronie der Zellteilungen und unterschiedlicher eigener Entwicklungsgeschichte verschieden groß sind, sind auch die zwischen den Zellen ausgebildeten gemeinsamen Wandflächen ungleich groß.

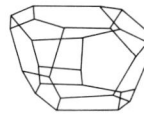

Abb. 4.13. Beispiele isodiametrischer Zellen (Parenchymzellen aus Markgewebe). (R.I. Hulbary, 1944)

Folglich ist die Form einer sich nach allen Seiten gleichmäßig vergrößernden Zelle als ein vielseitiger Körper (= isodiametrische Zelle, ein Polyeder) zu beschreiben (s. Abb. 4.13). Oft erfolgt die Streckung der Zellen gerichtet. Meist geschieht das in Richtung der Achse des betreffenden Organs (Streckungswachstum). Die entstehenden Zellen sind langgestreckt und laufen an den Enden spitz aus. Für diesen Zelltyp wurde der Begriff prosenchymatisch geprägt.

Werden bei einem Streckungswachstum alle in einem bestimmten Gewebeabschnitt liegenden Zellen erfaßt (z.B. in Wachstumszonen des Sprosses und der Wurzel), verlängert sich das Organ auf allen Seiten gleichmäßig, während das Wachstum nur einer Seite (Flanke) des Organs zu einer Krümmung führt. Im Zusammenhang mit den pflanzlichen Wachstumsbewegungen werden wir uns mit dieser Erscheinung ausgiebig auseinandersetzen (s. Kap. 32).

Allein diese wenigen, durch ungleiche Teilungsraten und unterschiedliche Volumenzunahme einzelner Zellen verursachten Spannungen und Formveränderungen machen deutlich, daß der Kormus der Pflanze kein einheitlicher, durch einfache geometrische Beziehungen zu beschreibender Körper ist.

Die scheinbaren Unregelmäßigkeiten der Teilungen (unterschiedliche Teilungsaktivitäten einzelner Zellen oder Zellgruppen, inäquale Teilungen usw.), das unterschiedliche Streckungsvermögen einzelner Zellen und das Ausmaß sowie die Art ihrer Spezialisierung sind demnach die Ursache für die histologische Variabilität und die Entstehung einer spezifischen Gestalt der Pflanze (Morphogenese).

Obwohl jeder der Schritte, getrennt betrachtet, als eine Abweichung von der Norm erscheint, stehen sie zusammengenommen unter der Kontrolle des Genoms der Pflanze. Mit anderen Worten: Wachstum und Differenzierung sind exakt aufeinander abgestimmt und so koordiniert, daß die entstehende Pflanze eine artspezifische Gestalt annimmt. Es gibt zwischen den Zellen demnach einen Informationsaustausch, durch den deren Aktivitäten reguliert werden.

Phänologisch wird der Abgleich am eindrucksvollsten an der Ausbildung symmetrischer Formen auf zellulärer und auf Organebene sichtbar.

Doch wie kann eine solche Kontrolle des Wachstums und die Koordination der Differenzierungsprozesse aussehen?

J. Bonner vom California Institute of Technology in Pasadena stellte 1965 ein Modell in Form eines Fließdiagramms vor, in dem das Zusammenspiel genetisch fixierter Schaltstellen für die Entwicklung spezialisierter Zellen aus einer Einzelzelle dargelegt ist (s. Abb. 4.14). Es mag uns immer noch zu hypothetisch erscheinen, aber es stellt sicher eine sinnvolle Arbeitshypothese dar, die dazu anregen soll, nach den geforderten Regulatoren zu suchen.

Meristeme

Gefäßpflanzen (und manche Thallophyten, s. Kap. 44 und 46) produzieren zeitlebens neue Zellen, und in regelmäßigen Abständen werden neue Organe angelegt. In einem Embryo sind noch alle Zellen gleich teilungsaktiv, doch sobald er eine bestimmte Größe überschritten und ein bestimmtes Differenzierungsstadium erreicht hat, beschränkt sich die Produktion neuer Zellen in der Regel auf bestimmte Bereiche (Meristeme).

Typische Meristeme kommen in Spitzenregionen aller Sprosse und Wurzeln sowie an Haupt- und Seitenachsen vor. Man bezeichnet sie als Scheitel- oder Apikalmeristeme, oder aber als Vegetationspunkte. Die Sproßmeristeme sind meist durch Hüllblätter geschützt. Der gesamte Komplex ist eine Knospe.

Aus der Existenz der Apikalmeristeme leitet sich das Spitzenwachstum als eines der auffallendsten Kennzeichen des pflanzlichen Wachstums ab. Dieses

58

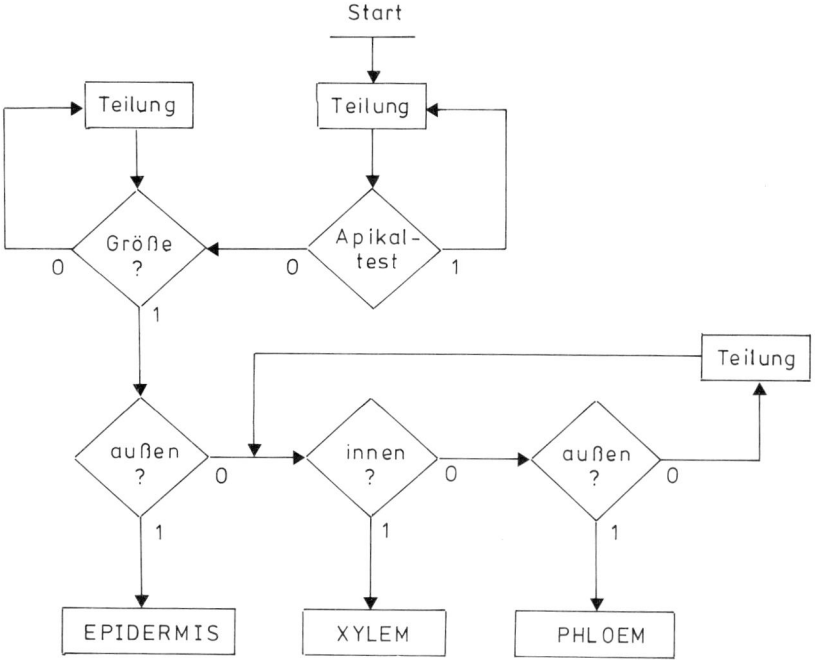

Abb. 4.14. Flußdiagramm für das Zusammenspiel von genetisch fixierten Schaltstellen (Genen oder Gengruppen) während der Differenzierung einer Einzelzelle (einer meristematischen Zelle im Vegetationspunkt) in die verschiedenen Gewebetypen eines Pflanzensprosses. Das Diagramm weist auf die Bedeutung der Positionsinformation hin. (J. Bonner, 1965)

und damit die pflanzliche Entwicklung stehen im krassen Gegensatz zu den Vorgängen bei der tierischen Entwicklung. Das Wachstum der Tiere ist nämlich nach dem Abschluß der Embryonalentwicklung ein allometrischer Prozeß, d.h., es wachsen stets alle Körperteile gleichermaßen, so daß die Proportionen zueinander gewahrt bleiben. Sobald ein Tier seine volle Größe erreicht hat, storniert das Wachstum. Dennoch finden auch in einem erwachsenen Tier unentwegt Zellteilungen statt. Man denke dabei nur an die Zellen der Epithelien oder an blutbildende Zellen. Jedoch wird durch derartige Teilungen lediglich Ersatz für verbrauchte oder beschädigte Zellen geschaffen.

Solche Reparaturen kommen bei Pflanzen nicht vor. Wird z.B. ein Blatt, eine Blüte oder was auch immer entfernt oder beschädigt, wird der betroffene Teil weder ersetzt noch repariert. Vielmehr werden an anderer Stelle neue, oft gleichartige Teile angelegt – und das wiederum kommt bei Tieren nicht vor.

Zellen eines Meristems sind potentiell uneingeschränkt teilungsfähig, was jedoch nicht heißt, daß sie sich ständig in Teilung befinden. Bei vielen Pflanzen kennt man das Prinzip der Apikaldominanz, das besagt, daß Meristeme in Seitensprossen (= subapikal gelegene Meristeme, Seitenknospen) in ihrer Aktivität unterdrückt werden, solange der Hauptsproß wächst. Auch das ist wieder ein Hinweis auf einen Informationsfluß zwischen den einzelnen Meristemen. Wird die Spitze des Hauptsprosses entfernt, entfällt der Hemmeffekt, und die Seitenknospen treiben aus. Neben den Apikalmeristemen besitzen viele Pflanzen (Gymnospermen, Dikotyledonen) flächig ausgedehnte Lateralmeristeme (Kambium, Korkkambium), die

ein sekundäres Dickenwachstum der Sproßachse bewirken. Ihre Aktivitäten können jahreszeitlich schwanken und spiegeln sich beispielsweise in der Ausprägung von Jahresringen wider (s. Kap. 6).

Andere Pflanzen, z.B. viele Monokotyledonen (Gräser u.a.) verfügen über interkalare Meristeme. Es sind aktiv wachsende, vom Apikalmeristem deutlich abgesetzte Meristeme, die zwischen mehr oder weniger differenzierten Geweberegionen, in der Regel an der Basis eines Internodiums, eingefügt sind. Die Bildung sekundärer Meristeme (Folgemeristeme) veranschaulicht, daß Zellen, die einen gewissen Grad an Spezialisierung angenommen und damit die Teilungsaktivität unter normalen Umständen weitgehend eingeschränkt haben, ihren Differenzierungsstatus aufgeben und sich entdifferenzieren können. Die Bereitschaft zur Teilung geht also nicht verloren, die Zellen können in den quasi-meristematischen Zustand rücküberführt werden, sobald es die äußeren Umstände erfordern. Die weit verbreitete Anwendung von Stecklingen im Gartenbau oder beispielsweise die Bildung von Sekundärblättern und -wurzeln an Schnittstellen eines Begonienblattes können als Belege hierfür herangezogen werden.

Für uns stellt sich nunmehr die Frage nach der genauen Definition und Abgrenzung eines Meristems.

– Und da beginnen die Schwierigkeiten.

Zunächst ein ganz einfaches Beispiel:

Dictyota dichotoma (Gabeltang, eine Braunalge) bildet einen flächigen Thallus aus, dessen Dicke nur eine Zellschicht umfaßt. Apikal sitzt eine große Scheitelzelle, die sich in der Regel periklin teilt. Die nach unten (subapikal, basalwärts) abgesonderte Tochterzelle teilt sich antiklin, in nachfolgend gebildeten

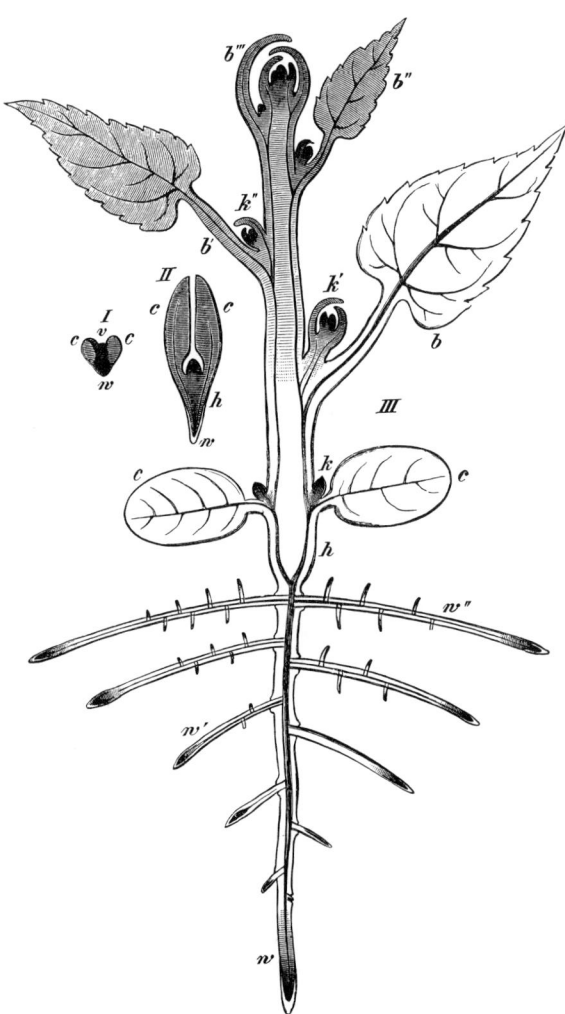

Tochterzellen finden alternierend perikline und antikline Teilungen statt. Der Thallus nimmt damit sowohl an Länge als auch an Breite zu.

In regelmäßigen Abständen teilt sich auch die Scheitelzelle antiklin. Als Folge davon entstehen zwei gleichwertige Scheitelzellen, deren Teilungen wiederum zu einer Gabelung des Thallus führen (s. Abb. 44.39).

So einfach das Schema der Teilungen an diesem Beispiel auch erläutert werden kann, so wenig definiert es die Abgrenzung des Meristems gegenüber den ausdifferenzierten Thalluszellen. In der klassischen Sachs'schen Abbildung eines Kormophyten (s. Abb. 4.15) wird dieser Tatbestand durch einen Gradienten der Teilungsaktivität wiedergegeben. Die meristematischen Eigenschaften gehen nicht von einer Teilung zur nächsten, sondern erst allmählich verloren.

Beispiel 2:

Im Gegensatz zu den flächigen Thalli vieler Algen ist der Kormus in der Regel ein dreidimensionaler Körper. Bei einigen Lebermoosen, den Laubmoosen und einfachen Gefäßkryptogamen (Schachtelhalmen und vielen Farnen) bildet eine einzige tetraedrisch gebaute Scheitelzelle (Initialzelle) die Spitze des Vegetationspunkts. Von ihr werden Tochterzellen in regelmäßigem Wechsel der Teilungsebenen nach drei Richtungen (basalwärts) hin abgegeben. Die Tochterzellen wiederum können antikline und perikline Teilungen durchlaufen (s. Abb. 4.16).

Beispiel 3:

Bei den Phanerogamen wird die Spitze durch eine ganze Gruppe von Zellen (Initialzellen) ohne jegliches Anzeichen einer Spezialisierung gebildet. Anstelle der Bezeichnung Vegetationspunkt ist es daher zweckmäßiger, den Begriff Vegetationszone oder Vegetationskegel zu verwenden (s. Abb. 4.17., 4.18 und 4.19). Auch zeigte sich, daß das Apikalmeristem mehrschichtig strukturiert ist, wobei man bei den Angiospermen (und einigen Gymnospermen) zwischen außen liegenden Tunikaschichten und dem zentral

Abb. 4.15. Schema einer dikotylen Pflanze. *I* und *II* embryonale Zustände, *III* nach der Keimung; *c* Kotyledonen, *w, w'* Wurzeln, *h* Hypokotyl, *b-b'''* Blätter, *k-k'''* Knospen. Die Vegetationspunkte sind schwarz, die in Streckung begriffenen Teile grau gehalten, die ausgewachsenen Teile weiß. (J. Sachs, 1887).

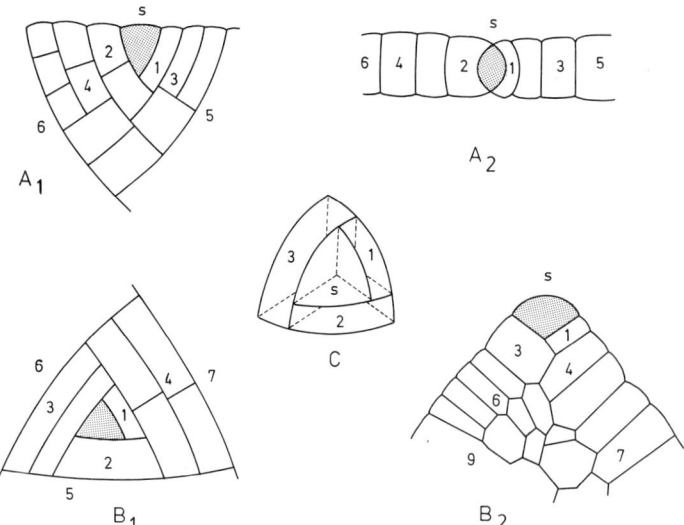

Abb. 4.16. Mehrschneidige Scheitelzellen in Aufsicht (links) und Quer- und Längsschnitten (rechts). A_1, A_2 zweischneidige Scheitelzelle eines einschichtigen thallösen Lebermooses; B_1, B_2 dreischneidige Scheitelzelle eines Schachtelhalms; *C* Modell einer von oben gesehenen dreischneidigen Scheitelzelle. – Die Scheitelzellen sind in den Zeichnungen mit s gekennzeichnet und/oder durch Rasterung hervorgehoben. Die Numerierung beginnt jeweils mit dem jüngsten Segment. (Nach L. Kny, C. W. v. Nägeli, S. Schwendener, J. Sachs)

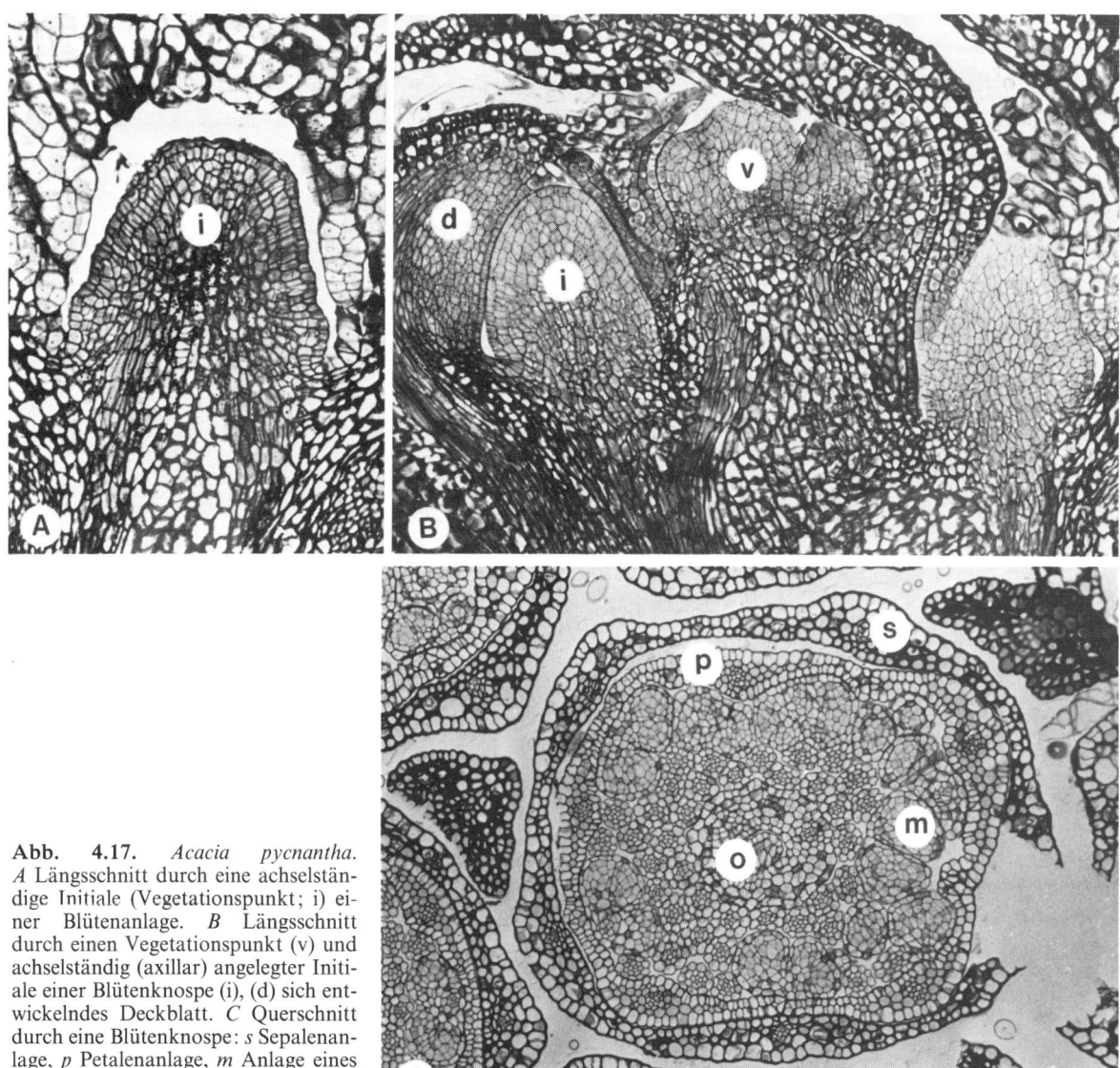

Abb. 4.17. *Acacia pycnantha.* *A* Längsschnitt durch eine achselständige Initiale (Vegetationspunkt; i) einer Blütenanlage. *B* Längsschnitt durch einen Vegetationspunkt (v) und achselständig (axillar) angelegter Initiale einer Blütenknospe (i), (d) sich entwickelndes Deckblatt. *C* Querschnitt durch eine Blütenknospe: *s* Sepalenanlage, *p* Petalenanlage, *m* Anlage eines Staubblatts (Stamens), *o* Anlage des Ovars. (M. Sedgley, 1986)

gelegenen Corpus unterscheidet (A. Schmidt, 1924; F.A.L. Clowes, 1924; A. Förster, 1943). In den meristematischen Zellen der Tunika laufen vorwiegend antikline, in den Zellen des Corpus sowohl antikline als auch perikline Teilungen ab.

In einigen Abschnitten des Corpus sind bestimmte Teilungsrichtungen vorherrschend, und damit ist bereits ein erster Schritt in Richtung Gewebedifferenzierung getan. Aus der äußeren Tunikaschicht entwickelt sich normalerweise die Epidermis. Die übrigen (inneren) Gewebe der Pflanze stammen von Zellen des Corpus, der Tunika oder von beiden ab.

Dieses Schema ist sicherlich eine brauchbare Richtschnur zum Verständnis der pflanzlichen Entwick-

lung, denn es weist auf die Erscheinung einer Positionsinformation hin, die besagt, daß sich eine Zelle nur dann (in eine bestimmte Richtung) weiterentwickelt, wenn sie sich in der „richtigen" Position innerhalb eines Gewebes befindet. Daraus folgt wiederum, daß Zellen, die aufgrund äußerer Einwirkungen (z.B. Beschädigungen) in eine neue Position geraten sind, neue Aufgaben übernehmen, sich also umdifferenzieren.

Zu Beginn unseres Jahrhunderts stellte G. Haberlandt (Universität Graz, später Universität Berlin) den Satz der Totipotenz der Pflanzenzellen auf. Er besagt, daß sich jede Zelle zu einer ganzen Pflanze entwickeln könne. Wie die bislang genannten Beispie-

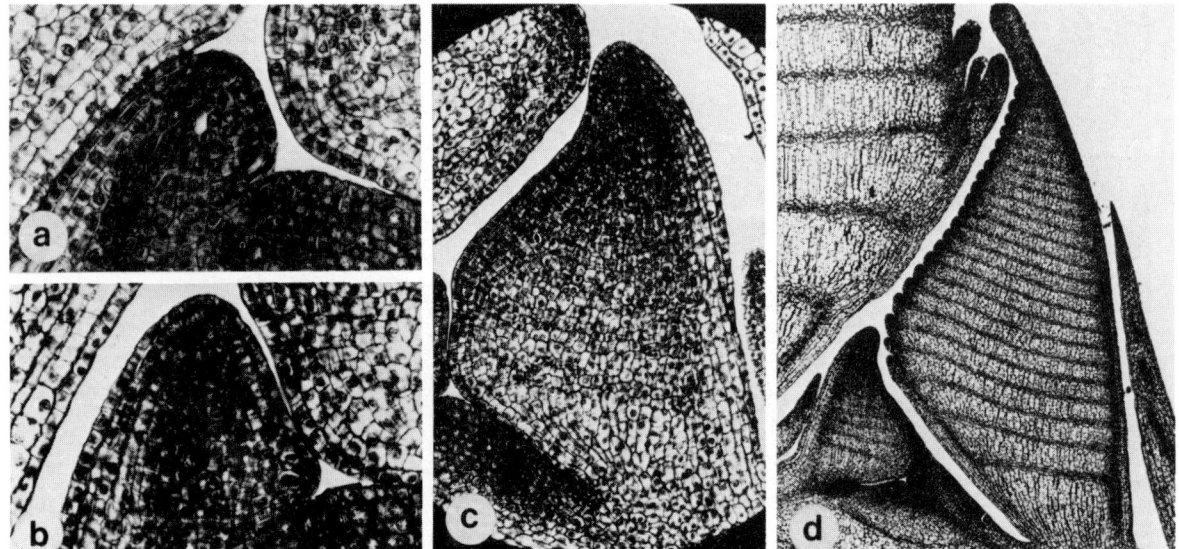

Abb. 4.18. Frühe Stadien der Entwicklung eines Fiederblattes bei einer nordamerikanischen Umbellifere *(Oxypolis greenmannii)*. *a* Längsschnitt durch eine Blattanlage (durch ein Blattprimordium) (Länge 80 µm); *b* fortschreitende Entwicklung (Länge 130 µm). Erster Ansatz zur Ausbildung einer Fiederanlage. *c* In diesem Stadium ist ein periodisches Muster meristematischer Aktivitäten entlang der gesamten Anlage (hell-dunkel-Streifung, da meristematische Zellen kleiner als etwas weiter entwickelte sind, sind sie stärker angefärbt) senkrecht zur Achse der Blattanlage erkennbar. (Länge 500 µm = ½ mm). *d* Nahezu vollständig entwickelte Blattanlage mit periodischem Muster der Fiederanlagen. (D.R. Kaplan, 1975)

le zeigen, gilt der Satz für viele, doch nicht für alle Zelltypen. Wir kommen an anderer Stelle noch einmal hierauf zurück (s. Kap. 27 und 29). Aus allem folgt, daß ein Wachstum durch Zellteilung zwar für den meristematischen Zustand typisch, doch nicht auf den Vegetations- oder Wachstumsbereich beschränkt ist.

Ein Meristem umfaßt keinesfalls nur die Initialzellen und ihre unmittelbaren Derivate, sondern schließt, wie schon angedeutet, verschieden lange Abschnitte des Sprosses mit ein.

Die Situation in Wurzelmeristemen ist im Prinzip ähnlich, obwohl die anatomischen Verhältnisse anders gestaltet sind. Der Vegetationspunkt des Sprosses ist ja, wie wir gesehen haben, durch Hüllblätter geschützt.

In der Wurzel übernimmt die Wurzelhaube diese Aufgabe. Sie wird durch Zellen, die vom Meristem kontinuierlich nach außen abgesondert werden, ständig regeneriert. Die Zellen unterliegen einer hohen Umsatzrate *("turn over")*, weil die am weitesten außen liegenden durch wachstumsbedingten Vorschub der Wurzelspitze und Reibung an Erdpartikeln beschädigt und damit verbraucht werden (s. Abb. 4.20, 4.21 und 4.22).

Prokambium; Lateralmeristeme (Kambium, Korkkambium)

Üblicherweise unterscheidet man zwischen dem primären und dem sekundären Sproßwachstum. Ersteres ist mit Sproßverlängerung, Anlage von Blättern und Ausdifferenzierung der einzelnen Gewebetypen verknüpft, letzteres mit (sekundärem) Dickenwachstum der Sproßachse und Anlage neuer (sekundärer) Leitgewebe (A. de Bary, 1877).

Obwohl wir uns mit dem Leitgewebe erst später ausführlich befassen werden, sei schon jetzt erwähnt, daß es stets aus den beiden funktionellen Einheiten Xylem und Phloem besteht.

Beide zusammen sind zu Leitbündeln vereint. In Sprossen liegt das Xylem innen (in Richtung Achse), das Phloem außen (in Richtung Peripherie), in Blattstielen und Blattnerven liegt das Xylem oben, das Phloem unten; in Pflanzen mit sekundärem Dickenwachstum (fossile Pteridophyten, fossile und rezente

Abb. 4.19. Rasterelektronenmikroskopische Aufnahmen der Entwicklung einer Weizenähre. *A* Sproßspitze: apikaler Vegetationskegel; *b* Blattprimordium (Blattanlage). *B* Sproßverlängerung (Streckungswachstum) *C* Übergang vom vegetativen zum generativen Stadium. *D* Fortschreitende Verlängerung der Achse. Blattanlagen an der Basis, Ährenachse mit Reihen der Ährchenanlagen, *s* Spelzenanlage wie *D*, aber in Seitenansicht. Ährenachse während des Stadiums der Ausdifferenzierung der Einzelblütenanlagen; *s* Spelzenanlage; *d* Deckspelzenanlage; *a* Anlage einer Einzelblüte (Antherenanlagen, von Spelze und Deckspelze umgeben). Die von der Spitze am weitesten entfernten Anlagen sind am weitesten entwickelt. *G* fortgeschrittenes Entwicklungsstadium (Seitenansicht) (J.S. Gardner, W. M. Hess, E. J. Trione, 1985)

62

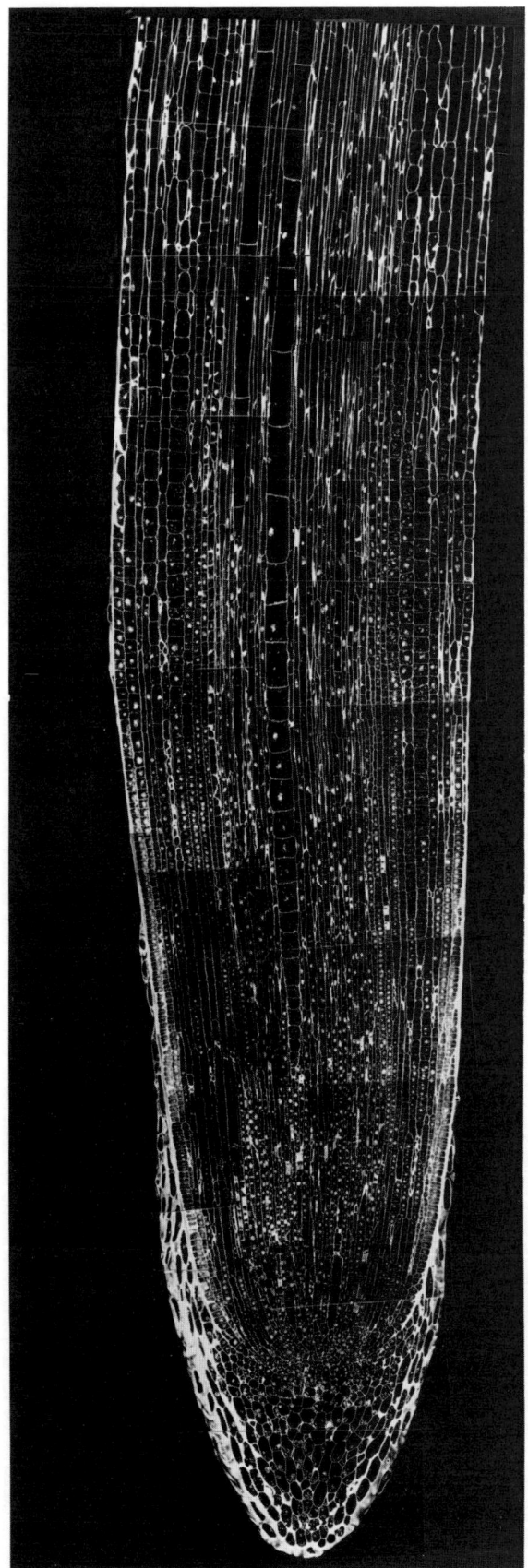

Abb. 4.20. Längsschnitt durch eine Wurzelspitze von *Nicotiana tabacum*. Teilungswachstum, Streckungswachstum und Differenzierung des Leitgewebes (s.a. Abb. 4.19). Fluoreszenzmikroskopische Aufnahme eines Semidünnschnitts. Als Fluorochrom wurde PAS (Perjodat-Schiffsches Reagenz) mit einer Spezifität für Polysaccharide verwendet. Markiert sind daher Zellwände, Zellkerne, Stärkekörner und Schleimabsonderungen. Der Vegetationspunkt (Apex) wird von einer Calyptra umschlossen. Die Zellen im Bereich des Vegetationspunkts sind sehr klein. Die Calyptra und die Epidermis entstehen aus gemeinsamen Initialen, die primäre Rinde und der Zentralzylinder aus anderen Apikalinitialen. Im Zentralzylinder kommt es zu einer Ausdifferenzierung der Zellen zu Leitelementen. Die Größe aller Zellen nimmt zu, sie strecken sich parallel zur Längsachse. Bei Zellen der Leitelemente ist die Größenzunahme besonders drastisch. (R. Kappler, 1984)

Gymnospermen, etliche (verholzte Dikotyledonen) sind sie durch ein meristematisches Gewebe (Kambium) voneinander getrennt. Zusätzlich verfügen viele Pflanzenarten über ein weiteres Teilungsgewebe, das Phellogen oder Korkkambium, das für die laufende Produktion von sekundärem Abschlußgewebe benötigt wird.

Prokambium. Als Prokambium bezeichnet man ein meristematisches Gewebe, das determiniert ist, sich zu primärem Leitgewebe zu differenzieren. Es entsteht dicht unterhalb des Vegetationspunktes und zwar stets dort, wo neue Blattanlagen (Blattprimordien) erscheinen. Im Bereich der Sproßspitze ist die Entwicklung der Leitgewebe daher eng mit der Bildung neuer Blätter verknüpft. Blätter und die mit ihnen verbundenen Leitgewebe werden in einem Wachstumsvorgang angelegt. Die in die Blätter führenden Leitbündel heißen Blattspuren. Die Zellen des Prokambiums sind in der Regel zu Strängen vereint. Sie stellen eine Verlängerung der Leitbündel in den Vegetationspunkt hinein dar und sichern so den Anschluß neu gebildeter Blätter an das Leitgewebe. Die Prokambiumzellen sind gestreckt, sie vergrößern sich im Verlauf ihrer Entwicklung. Das Volumen der Vakuole nimmt beträchtlich zu, so daß die Zellen transparenter (heller) als ihre Nachbarzellen erscheinen. Dieses Stadium wird üblicherweise als der entscheidende Schritt auf dem Weg zur Differenzierung in Leitgewebezellen betrachtet.

In Pflanzen mit sekundärem Dickenwachstum verbleiben einige der Prokambiumzellen in meristematischem Zustand und werden damit zu Kambiumzellen.

Die bislang knapp skizzierten Merkmale des Prokambiums veranschaulichen, daß es nur einen Übergangszustand repräsentiert. In verschiedenen Höhen (Ebenen) der Sproßspitze kann es daher in unterschiedlichen Entwicklungsstadien vorliegen.

Nunmehr stellt sich die Frage nach den Ursachen seiner Entstehung.

Zwei Möglichkeiten wären denkbar:

Abb. 4.21. Längsschnitt durch eine Wurzelspitze von *Nicotiana tabacum*. (Ausschnittvergrößerung gegenüber 4.20), mit gleicher Technik hergestellt.) *W* Wurzelmeristem, *C* Calyptra, *S* Zellen mit Statolithenstärke. *V* verschleimende Zellen an der Wurzelhaubenspitze (unmittelbar vor ihrer Abstoßung). (R. Kappler, 1984)

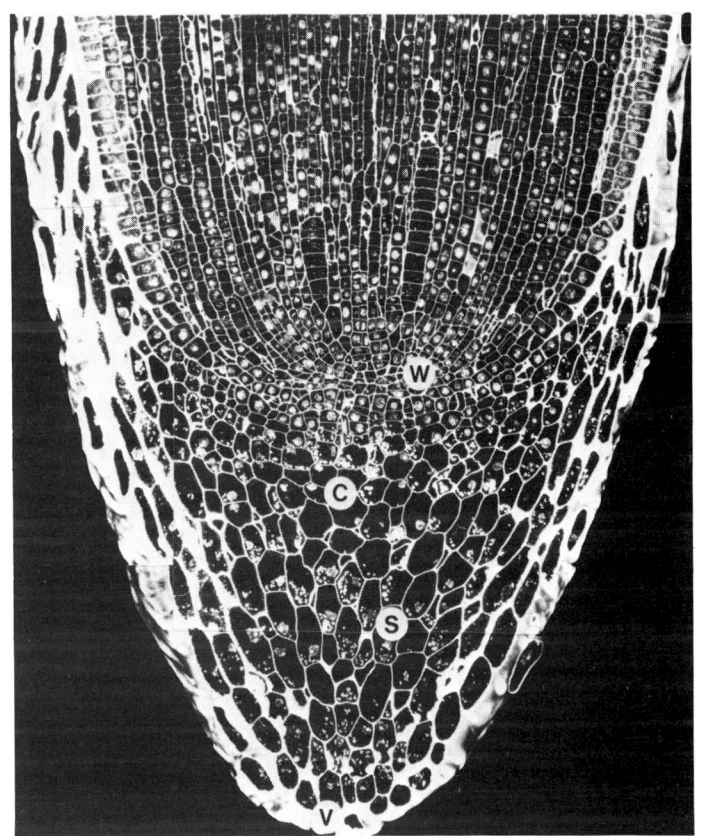

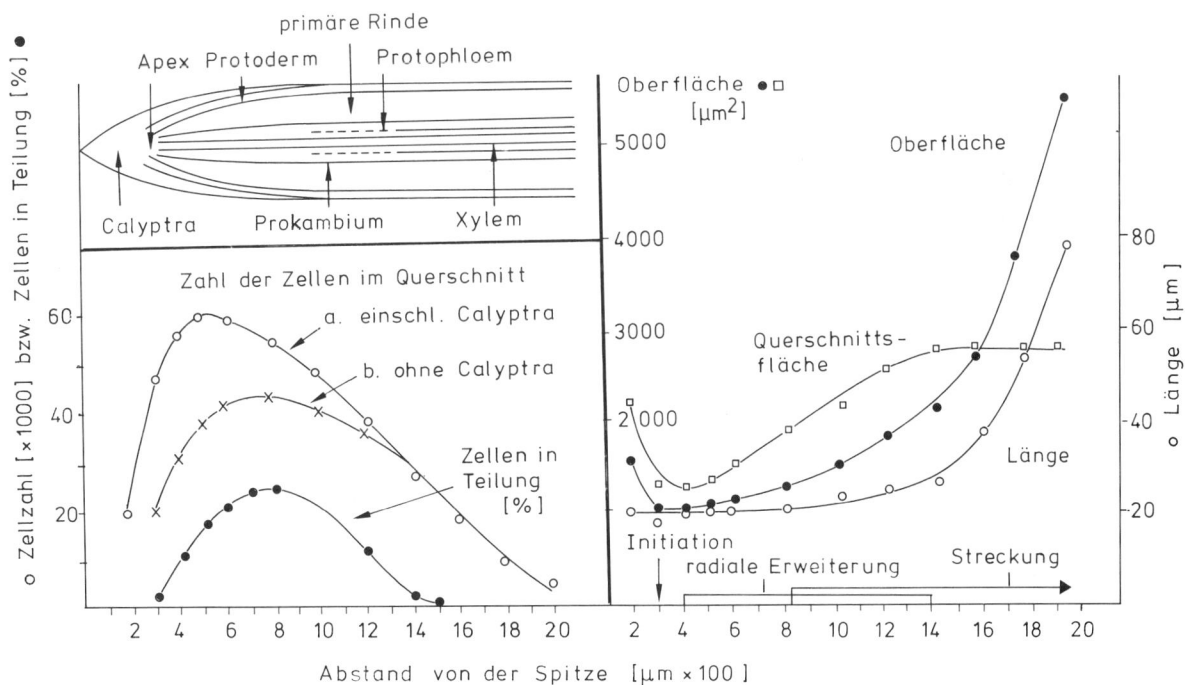

Abb. 4.22. Wachstumsvorgänge in den ersten zwei Millimetern der Wurzelspitze von *Allium cepa* (Küchenzwiebel). Folgende Bestimmungen wurden durchgeführt, um das Wachstum in den bezeichneten Niveaus der Wurzel zu charakterisieren. Links: Anzahl der Zellen in einem 100 μm dicken Querschnitt; Zellzahl ohne Calyptrazellen (ohne die Zellen der Wurzelhaube); Prozentsatz der in Teilung befindlichen Zellkerne. Rechts: Querschnittsfläche; Länge und Oberfläche der Zellen in verschiedenen Abständen von der Wurzelspitze. (W. A. Jensen, M. Ashton, 1960)

65

(1) Die Ursache für die Bildung des Prokambiums ist in Zell-Zell-Wechselwirkungen (s. Kap. 28) innerhalb des Gewebeverbandes des Vegetationspunkts zu suchen, welche das Blattstellungsmuster und damit die Position der Leitbündelanlagen determinieren.

(2) Die Induktion geht von ausdifferenzierten Geweben aus. Die Information darüber gelangt über bereits fertiggestellte Prokambiumzellen zum Vegetationspunkt.

Experimentell konnte die erste Annahme bestätigt werden, denn die Bildung und Fortentwicklung des Prokambiums und des Blattstellungsmusters bleiben in isolierten Vegetationspunkten ungestört erhalten.

Die Determination der Zellen erfolgt zu einem Zeitpunkt, zu dem noch keinerlei morphologische Veränderungen sichtbar sind. Im Gegensatz zum Begriff Differenzierung, mit dem man eine (meist irreversible) Veränderung von Strukturen und Funktionen in bestimmte spezialisierte Richtungen hin beschreibt, versteht man unter Determination die (ebenfalls meist irreversible) Auslösung dieser Prozesse.

Lange bevor eine sicht- oder meßbare Veränderung erkennbar ist, laufen auf den Ebenen der Genexpression, des Stoffwechsels und der Regulation von Zellaktivitäten Prozesse ab, als deren späte Folge die sichtbaren Veränderungen in Erscheinung treten.

Kambium. Das Kambium ist der Prototyp eines Lateralmeristems. Es ist je nach Herkunft ein- bis mehrschichtig und bildet in der Regel eine zusammenhängende Zellschicht aus, die nahe der Peripherie des Sprosses (und der Wurzel) liegt und die Form eines Hohlzylinders annimmt.

Wo vorhanden, trennt es das Xylem vom Phloem, und wie schon erwähnt, entsteht es im Bereich der Leitbündel aus dem Prokambium, wodurch eine Kontinuität des meristematischen Zustands gewährleistet ist. In den Abschnitten zwischen den Leitbündeln wird das Kambium aus parenchymatischen (also bereits differenzierten) Zellen gebildet. Um dem Rechnung zu tragen, unterscheidet man zwischen faszikulärem und interfaszikulärem Kambium (= Kambium innerhalb von Gefäßen und Kambium zwischen den Gefäßen). Das interfaszikuläre Kambium muß demnach als ein Folgemeristem oder als ein sekundäres Meristem klassifiziert werden.

Einige wenige Monokotyledonen (Drachenbaum [Dracaena], Yucca, Aloe u.a.) besitzen ein mehrschichtiges extrafaszikuläres Kambium (s. Abb. 6.17).

Die Zellen des Kambiums bezeichnet man oft auch als Initialen, weil sie nach Teilung die Bildung spezialisierter Zellen (aus jeweils einer der Tochterzellen) initiieren.

In der Regel kommen im Kambium zwei Zelltypen vor:

(1) Fusiforme Initialen:
Das sind plattenförmige, langgestreckte, an den Enden spitz auslaufende, stark vakuolisierte Zellen, die wegen ihres spindelförmigen Aussehens fusiform genannt werden. Aus ihnen gehen die

Elemente des Xylems und Phloems, sowie alle übrigen, parallel zur Organachse angeordneten Zellen hervor.

(2) Strahlinitialen:
Es sind nahezu isodiametrische, kleine Zellen, die oft zu Gruppen vereint sind. Sie entstehen aus fusiformen Initialen oder deren Teilungsprodukten. Aus ihnen entwickeln sich in Holzpflanzen radiär angeordnete Markstrahlen (transversale Elemente, s. Kap. 6).

I.W. Bailey, der in den zwanziger Jahren unseres Jahrhunderts die grundlegenden Arbeiten über den Aufbau des Kambiums durchführte, konnte bei einem Vergleich eines einjährigen und eines sechzigjährigen Stammes von *Pinus strobus* (Weymouthskiefer) folgende Daten ermitteln (s. Tabelle 1). Diesen Werten ist zu entnehmen, daß sowohl die Länge der fusiformen Initialen als auch ihre Zahl mit steigendem Alter des Stammes zunehmen. Die Zunahme der Zellzahl und damit die Weitung (Dilatation) des Kambiumhohlzylinders beruht auf der durch das Kambium selbst verursachten Verdickung des zentral gelegenen Xylemzylinders.

Tabelle 1. Unterschiede im Kambiumumfang und in der Größe und Zahl der Initialen zwischen einem 1- und einem 60-jährigen Stamm der Weymouthskiefer *(Pinus strobus)*

	Alter	
	1jährig	60jährig
Radius des Holzzylinders	2 mm	20 cm
Umfang des Kambiums	12,56 mm	1,25 m
Durchschnittliche Länge der fusiformen Initialen	870 μm	4000 μm
Anzahl der fusiformen Initialen im Querschnitt des Stamms	724	23 100
Anzahl der Strahlinitialen im Querschnitt des Stamms	70	8796

I.W. Bailey, 1923

Durch tangentiale (perikline) Teilungen fusiformer Initialen werden sekundäre Leitelemente in entgegengesetzte Richtungen abgegeben, wobei Xylemelemente nach innen, Phloemelemente nach außen hin angelegt werden. Die Derivate der Initialen sind in radiären Reihen angeordnet, so daß ihre Abstammung leicht zurückzuverfolgen ist. Durch regelmäßiges Auftreten antikliner Teilungen der Initialen werden Defizite, die durch Zunahme des Stammumfangs bedingt sind, ausgeglichen. Die Kambiumtätigkeit ist von jahreszeitlichen Temperaturschwankungen abhängig, was bekanntlich zur Ausbildung von Jahresringen führt (s. Kap. 6).

Unterschiede in der Dicke einzelner Jahresringe belegen, daß das Ausmaß des sekundären Dickenwachstums durch äußere Faktoren, wie Temperatur, Länge der Lichtphase, Erdfeuchtigkeit u.a. beeinflußt wird. Neben der Produktion von Xylem- und Phloemelementen sowie von parenchymatischen Zellen (in

66

interfaszikulären Abschnitten) fällt dem Kambium eine wichtige Funktion bei der Wundheilung zu

Korkkambium oder Phellogen. Hierbei handelt es sich um ein sekundäres Lateralmeristem, das der Bildung eines sekundären Abschlußgewebes (Borke; Phellem oder Kork) dient (s. Abb. 5.18). Es wird ausnahmslos nach außen abgegeben. Vielfach, doch nicht immer, gibt das Phellogen auch Zellen ins Stamminnere ab, die ebenfalls eine Schicht (Phelloderm) ausbilden.

Das Phellogen ist im Vergleich zum Kambium recht einfach strukturiert. Die Zellen erscheinen im Querschnitt rechteckig, in radialer Richtung flach und in tangentialer plattenförmig. Das Plasma ist stark vakuolisiert, es kann Gerbstoffe und Chloroplasten enthalten.

Das Phellogen entsteht aus Zellen der Epidermis und/oder Zellen darunterliegender Parenchymschichten. Man unterscheidet zwischen primärem und sekundärem Phellogen. Phellogene können demnach im Stamm wiederholte Male angelegt werden. Bei einigen Arten ist es im ersten Jahr einschichtig, später mehrschichtig. Es kann mehrjährig, teils sogar lebenslang, oder auch nur einjährig aktiv sein. Wie beim Kambium wird die Aktivität durch externe Faktoren gesteuert.

Literatur

de Bary, A.: Vergleichende Anatomie der Vegetationsorgane der Phanerogamen und Farne. Leipzig: W. Engelmann 1877

Bierhorst, D.W.: Morphology of vascular plants. New York: The Macmillan Comp. 1971

Bonner, J.: The molecular biology of differentiation. Oxford, London: Oxford Univ. Press 1965

Esau, K.: Anatomy of seed plants. New York: J. Wiley and Sons, Inc. 1960

Esau, K.: Pflanzenanatomie (dt. Übers.) Stuttgart: G. Fischer Verlag 1969

Fahn, A.: Plant anatomy. Oxford: Pergamon Press 1967

Frey-Wyssling, A.: Submikroskopische Morphologie des Protoplasmas und seiner Derivate. Berlin: Gebr. Bornträger 1938

Gardner, J.S., W.M. Hess, E.J. Trione: Development of the young wheat spike: A SEM study of chinese spring wheat. Amer. J. Bot. *72,* 548–559 (1985)

Gimmler, H. (Herausg.): Julius Sachs und die Pflanzenphysiologie heute. Würzburg: Verlag der Physik.-Med. Gesellschaft (1984)

Huber, B.: Grundzüge der Pflanzenanatomie. Berlin–Göttingen–Heidelberg: Springer Verlag 1961

Hulbary, R.I.: The influence of air spaces on the threedimensional shapes of cells in *Elodea* stems, and comparison with pith cells of *Ailanthus.* Amer. J. Bot. *31,* 561–580 (1944)

Jensen, W.A., M. Ashton: Composition of developing primary wall in onion root tip cells. Plant Physiol. *35,* 313–323 (1960)

Kaplan, D.R.: Comparative developmental evaluation of the morphology of unifacial leaves. Bot. Jahrb. Syst. *95,* 1–105 (1975)

Parke, R.V.: Growth periodicity and the shoot tip of *Abies concolor.* Amer. J. Bot. *46,* 110–118 (1959)

Sachs, J.: Vorlesungen über Pflanzen-Physiologie Leipzig: W. Engelmann 1887 (2. Aufl.)

Sedgley, M.: Some effects of temperature and light on floral initiation and development in *Acacia pycnantha.* Austr. J. Plant Physiol. *12,* 109–118 (1985)

Strasburger, E.: Das kleine botanische Praktikum für Anfänger. Jena: G. Fischer 1884 (1. Aufl.)

Yamaguchi, Y., R. Nagai: Motile apparatus in *Vallisneria* leaf cells. I. Organization of microfilaments. J. Cell Sci. *48,* 193–205 (1981)

5. Abschlußgewebe, Grundgewebe (Parenchym) und Assimilationsgewebe

Epidermis – Rhizodermis

Die Epidermis ist das vorherrschende Abschlußgewebe primärer oberirdischer Pflanzenteile; so des Sprosses, der Blätter, Blüten, Früchte und Samen. Die Wurzeln sind von der Rhizodermis umgeben, welche der Epidermis in vieler Hinsicht ähnelt, jedoch auch markante Unterschiede zu ihr aufweist.

Die Epidermis entsteht aus der äußersten Schicht des Apikalmeristems. Die Ableitung der Rhizodermis hingegen ist weniger klar. Je nach Art kann sie entwicklungsgeschichtlich entweder der Wurzelhaube oder der primären Rinde zugerechnet werden.

Der Epidermis können zahlreiche Funktionen zugeschrieben werden:

- Sie bietet der Pflanze Schutz vor Austrocknung und regelt die Transpirationsrate.
- Sie schützt die Pflanze vor den verschiedensten chemischen und physikalischen Fremdeinflüssen sowie vor Tierfraß und Befall durch Parasiten.
- Sie ist am Gasaustausch, an der Sekretion bestimmter Stoffwechselprodukte und an der Absorption von Wasser beteiligt.
- In ihr sind Rezeptoren für Licht und mechanische Reize enthalten. Sie wirkt damit als ein Signalwandler zwischen Umwelt und Pflanze.

Entsprechend den verschiedenen Funktionen enthält sie eine Anzahl unterschiedlich differenzierter Zellen. Hinzu kommen artspezifische Varianten und unterschiedliche Organisation der Epidermen in den einzelnen Teilen einer Pflanze. Sie besteht im wesentlichen aus drei Kategorien von Zellen

(1) den „eigentlichen" Epidermiszellen,
(2) den Zellen der Stomata (Spaltöffnungen) und
(3) den Trichomen (griech.: Trichoma; Haar), epidermalen Anhangsgebilden verschiedener Form, Struktur und Funktion.

Zellen der Rhizodermis können einen speziellen Trichomtyp, die Wurzelhaare ausbilden, die der Wasser- und Nährstoffaufnahme dienen. Bei einigen Arten der Leguminosen sind sie an der Erkennung und Aufnahme stickstoffixierender Bakterien (Rhizobien) beteiligt.

Epidermiszellen

Die „eigentlichen", d.h., die am wenigsten spezialisierten Epidermiszellen machen die Hauptmasse der Zellen des Abschlußgewebes aus. Sie sind in der Aufsicht entweder polygonal (von platten- oder tafelförmiger Gestalt) oder gestreckt. Die zwischen ihnen ausgebildeten Wände sind vielfach gewellt oder gebuchtet (s. Abb. 5.1). Wodurch diese Form während der Entwicklung induziert wird, ist unbekannt, die vorliegenden Hypothesen erklären den Sachverhalt nur unbefriedigend.

Gestreckte Epidermiszellen findet man an Organen oder Organteilen, die selbst gestreckt sind, so z.B. an Stengeln, Blattstielen und Blattrippen sowie an den Blättern der meisten Monokotyledonen. Ober- und Unterseite von Blattspreiten können von unterschiedlich strukturierten Epidermen bedeckt sein, wobei sowohl die Form der Zellen, die Dicke der Wände als auch die Verteilung und Zahl spezialisierter Zellen (Stomata und/oder Trichome) pro Flächeneinheit variieren kann.

Meist ist die Außenwand der Zellen dicker als die übrigen Wände. Besonders deutlich tritt das bei der Epidermis von Coniferennadeln und bei Xerophyten (Pflanzen trockener Standorte) in Erscheinung. Dünne Wände findet man hingegen bei Wasserpflanzen. In vielen Samen verstärkt sich die Wand im Verlauf der Reifung und erfüllt fast das gesamte Lumen der Zelle, der Protoplast wird verdrängt und degeneriert. Die Epidermiszellen der meisten Arten sind chloroplastenfrei. Ausnahmen findet man bei Farnen, Wasser- und einigen Schattenpflanzen.

Meist ist die Epidermis einschichtig, jedoch sind bei Arten aus mehreren Familien (Moraceae: hier die meisten *Ficus*-Arten, Piperaceae: *Peperomia* [Peperonie], Begoniaceae, Malvaceae u.a.) mehrschichtige wasserspeichernde Epidermen nachgewiesen worden (s. Abb. 5.2), die durch perikline Teilungen aus einer ursprünglich einschichtigen Gewebelage hervorgegangen sind. Epidermiszellen sondern nach außen eine Cutinschicht (Kutikula) ab, die als ein ununterbrochener Film alle epidermalen Oberflächen überzieht. Sie kann entweder glatt oder durch Vorwölbungen, Leisten, Falten und Furchen strukturiert sein (s. Abb. 5.3). In einigen Fällen, so bei der Frucht der Tomate, ist sie durch eingelagerte Carotinoide pig-

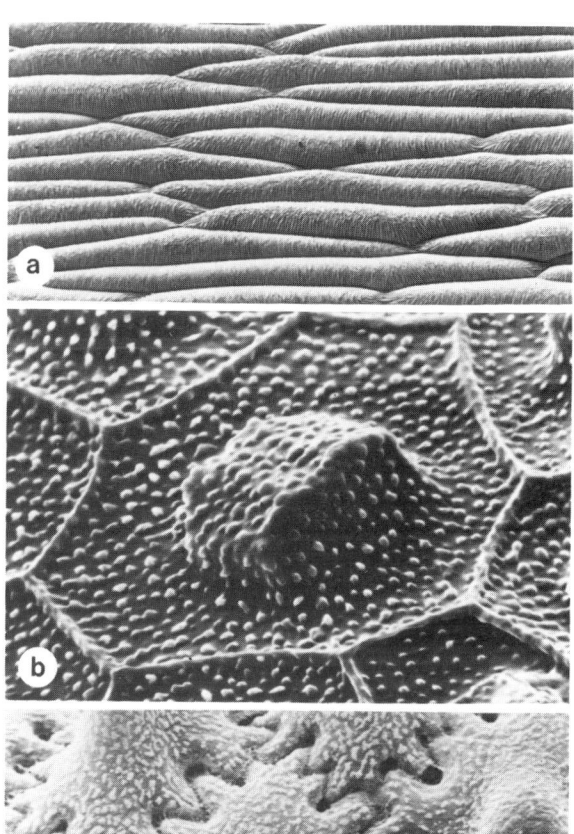

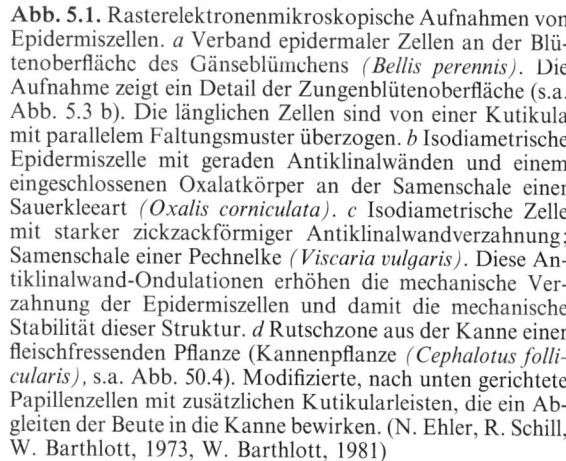

Abb. 5.1. Rasterelektronenmikroskopische Aufnahmen von Epidermiszellen. *a* Verband epidermaler Zellen an der Blütenoberfläche des Gänseblümchens *(Bellis perennis)*. Die Aufnahme zeigt ein Detail der Zungenblütenoberfläche (s.a. Abb. 5.3 b). Die länglichen Zellen sind von einer Kutikula mit parallelem Faltungsmuster überzogen. *b* Isodiametrische Epidermiszelle mit geraden Antiklinalwänden und einem eingeschlossenen Oxalatkörper an der Samenschale einer Sauerkleeart *(Oxalis corniculata)*. *c* Isodiametrische Zelle mit starker zickzackförmiger Antiklinalwandverzahnung; Samenschale einer Pechnelke *(Viscaria vulgaris)*. Diese Antiklinalwand-Ondulationen erhöhen die mechanische Verzahnung der Epidermiszellen und damit die mechanische Stabilität dieser Struktur. *d* Rutschzone aus der Kanne einer fleischfressenden Pflanze (Kannenpflanze *(Cephalotus follicularis)*, s.a. Abb. 50.4). Modifizierte, nach unten gerichtete Papillenzellen mit zusätzlichen Kutikularleisten, die ein Abgleiten der Beute in die Kanne bewirken. (N. Ehler, R. Schill, W. Barthlott, 1973, W. Barthlott, 1981)

riert (s. Abb. 5.4). Starker Wachsbelag verleiht pflanzlichen Oberflächen ein weißliches Aussehen. Er wirkt auf zweierlei Weise. Einmal schränkt er die Transpiration (den Wasserverlust) ein, zum anderen bewirkt er (aufgrund der hellen Färbung) eine Reflexion des Lichts und schützt die Pflanze damit vor übermäßiger Erhitzung.

Spaltöffnungen (Stomata)

Eine wichtige Funktion der Epidermis wird von den Spaltöffnungen, den Stomata, wahrgenommen. Die vollständige funktionelle Einheit wird als Stomatakomplex oder Spaltöffnungsapparat bezeichnet. Dazu gehören zwei chloroplastenhaltige Schließzellen, zwischen denen eine Pore (ein Spalt) vorhanden ist, sowie

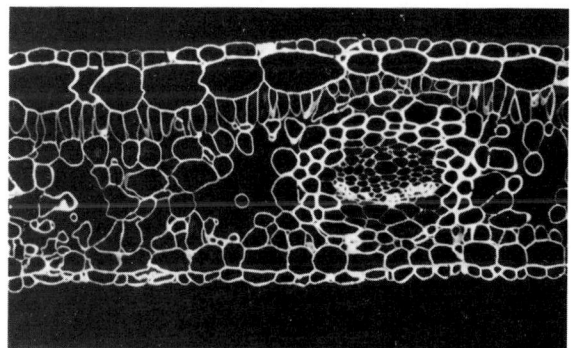

Abb. 5.2. *Ficus benjamini.* Doppelte Epidermis (an Blattober- und unterseite). Die der äußeren Epidermisschicht unterlagerte besteht aus großen wasserspeichernden Zellen. Weitere Gewebetypen: Assimilationsgewebe (s. folgende Abschnitte), Palisadenparenchym (parallel angeordnete Zellen), darunter Schwammparenchym (mit umfangreichem Interzellularensystem). Rechts im Bild ein von einer Gefäßbündelscheide umgebenes Leitbündel (oben Phloem, darunter Xylem [an dicken Zellwänden erkennbar]). (R. Kappler, 1986)

mentiert. Zusätzlich werden vielfach Wachse, Öle, Harze, Salzkristalle und wasserlösliche (hydrophile) Schleime abgesondert. Besonders häufig tritt eine Verschleimung bei der Samenbildung in Erscheinung. Durch Wachsausscheidungen wird die Benetzbarkeit der Blätter, mehr noch als durch die Kutikula selbst, verhindert. Vielfach sind diese Wachse auch struktu-

69

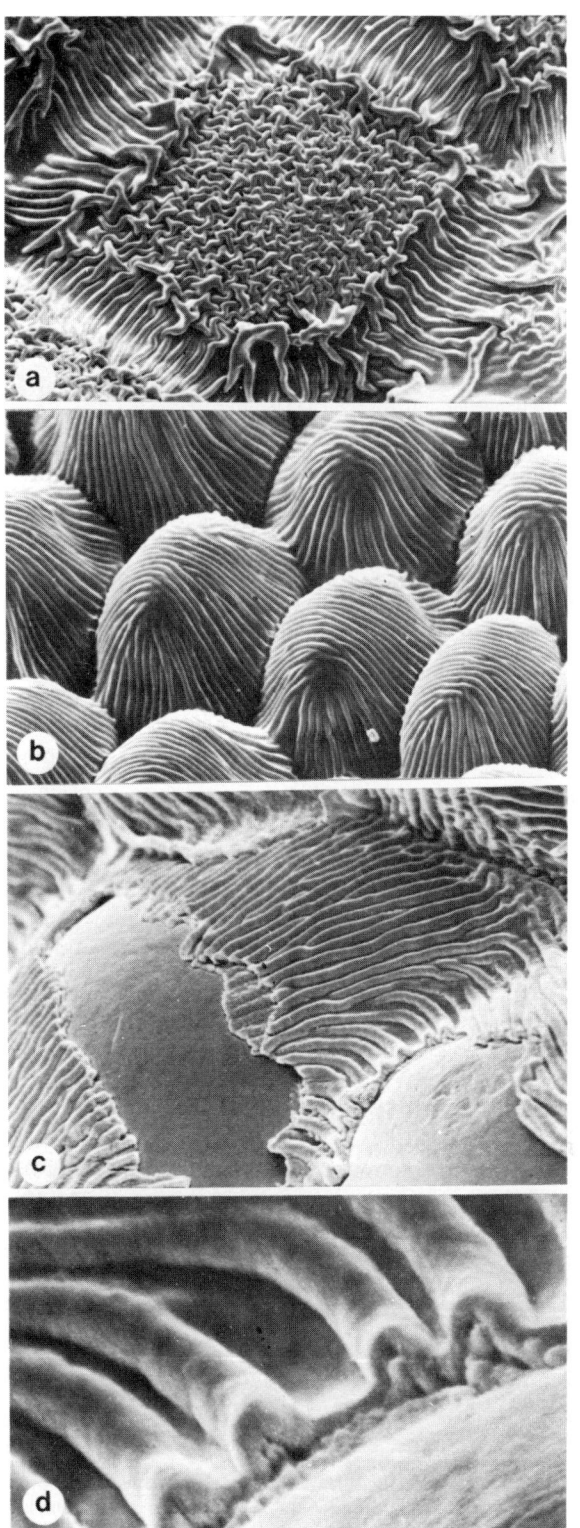

Abb. 5.3. Kutikula; rasterelektronenmikroskopische Aufnahmen. *a* Isodiametrische Zelle der Samenschale einer Kakteenart *(Matucana spec.)*. Die mächtig entwickelte Kutikula hat sich in Falten gelegt und zeigt den Grundtyp der kutikularen Faltung der Angiospermen. Die parallelen Falten überqueren im rechten Winkel die Zellgrenzen (sog. Antiklinalfeld). Im zentralen Bereich der Zelloberfläche sind die Falten anders angeordnet (Zentralfeld). Kutikularfalten sind ein Tendenzmerkmal aller Angiospermen und auf diese beschränkt. *b* Oberseite einer Zungenblüte der Färberkamille *(Anthemis tinctoria,* Compositae). Beinahe parallele Faltung der Kutikula. Diese Kutikularfalten sind multifunktional: Sie erhöhen den intensiven Samteffekt der Blütenfarbe, steigern die Unbenetzbarkeit der Blütenoberfläche durch Wasser, erhöhen die Stabilität der Blütenblätter, und schließlich können sie offensichtlich taktil von landenden Bestäubern erkannt werden, die somit eine zusätzliche Information über den „richtigen" Landeplatz erhalten. *c* Epidermale Oberfläche der Samenschale einer Kaktee *(Aztekium spec.)*. Ein Teil der Kutikula ist nach vorheriger enzymatischer Behandlung (mit Pektinasen, s. Kap. 17 und 29) durch Ultraschall abgesprengt. *d* Ein Detail der in *c* gezeigten Struktur. Man erkennt deutlich die Kutikula in gleichmäßiger Dicke als ein System von Hohlfalten über der glatten, unstrukturierten Zellwand der Epidermis-Außenseite. Die beiden Aufnahmen erlauben exemplarisch das Verständnis des Aufbaus einer komplex gebauten Kutikula. (W. Barthlott, N. Ehler, 1977, W. Barthlott, 1981)

Abb. 5.4. Epikutikulare Wachse und ähnliche Sekrete. Rasterelektronenmikroskopische Aufnahmen. *a* Belag aus stäbchenförmigen Kristalloiden auf der Samenschale eines Mittagsblumengewächses *(Sceletium, Aizoaceae)*. Es gibt zwei Typen von Stäbchen: kurze und lange. *b* Fadenförmige Flavonoid-Kristalloide des Blattes einer Mehlprimel (Primulaceae). Fadenförmige Flavonoid-Kristalle dieser Art findet man nur bei bestimmten Primeln sowie bei einigen wenigen Farnen. *c* Ungewöhnliche Bildung komplexer Wachsstrukturen an der Blattunterseite einer Pflanze des tropischen Regenwaldes *(Bellucia pentamera,* Melastomataceae). Deutlich erkennbar: freiliegende Stomata (vgl. dazu *e* und Abb. 5.7). *d* Parallel orientierte Wachsplättchen auf dem Sproß des Spargels *(Asparagus;* s.a. Abb. 5.5.). Streng orientierte Wachsplättchen sind ausschließlich auf bestimmte Ordnungen der Monokotyledonen beschränkt und erlauben deren systematische Umgrenzung. *e* Sproßoberfläche von *Colletia spec.* (Rhamnaceae). Die auffälligen röhrenförmigen Strukturen sind Kamine, an deren Basis stets eine Spaltöffnung liegt. Sie verändern den Gasaustausch bzw. die Transpiration der stark xeromorphen Pflanze südamerikanischer Trockengebiete. *f* Pilzhyphen auf einer Blattoberseite von *Prosopis spec,* einer Art aus der Familie der Mimosaceae. Um die Pilzhyphen ist der kristalloide plättchenförmige Wandbelag verschwunden. Der Pilz kann sich nunmehr unmittelbar auf der wachsfreien Blattoberfläche ausbreiten. (W. Barthlott, 1981, W. Barthlott, E. Wollenweber, 1981 *(a, b, d, e)* W. Barthlott, 1985 unveröff. *(f)*, S. Renner, 1986 unveröff. *(c)*)

70

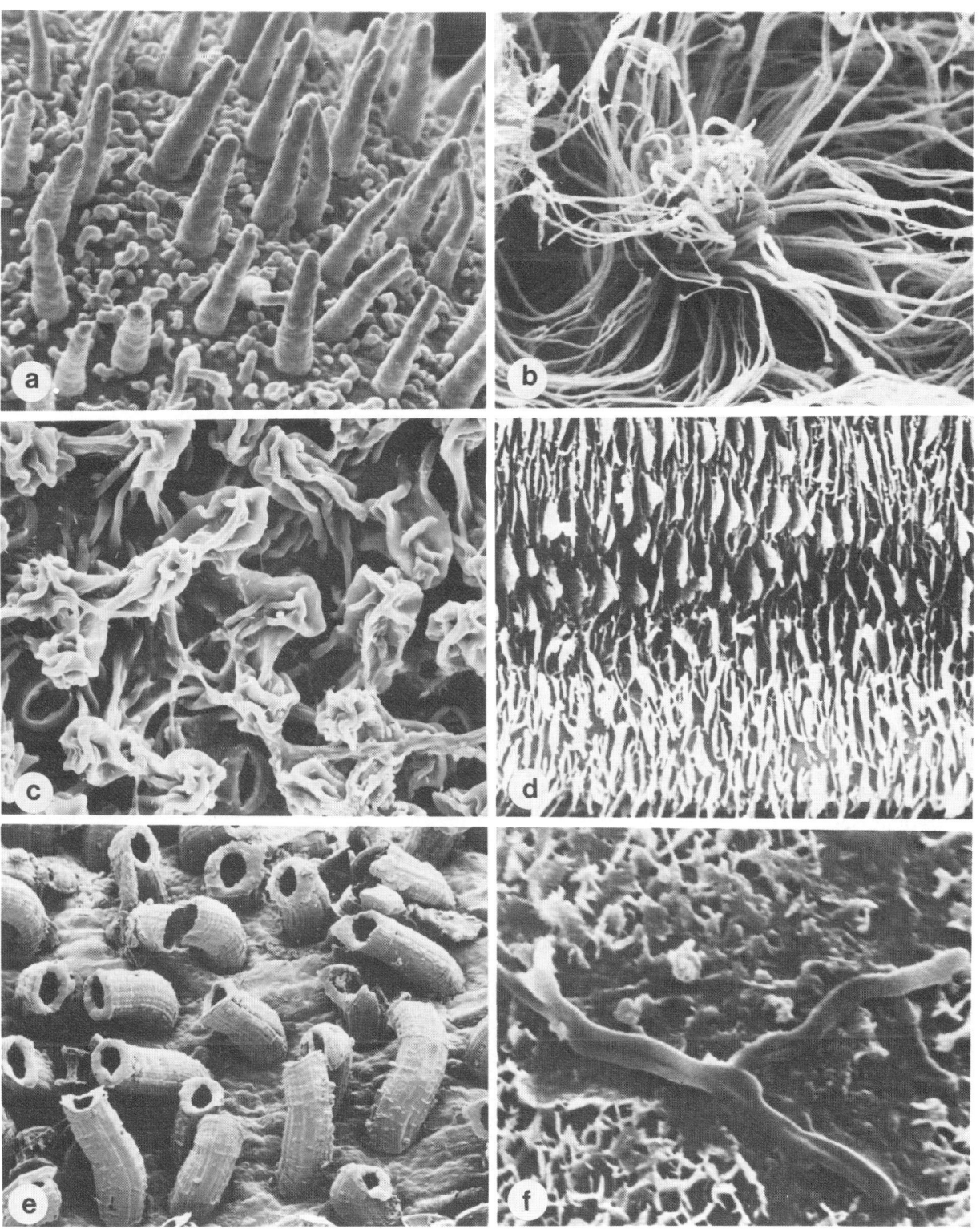

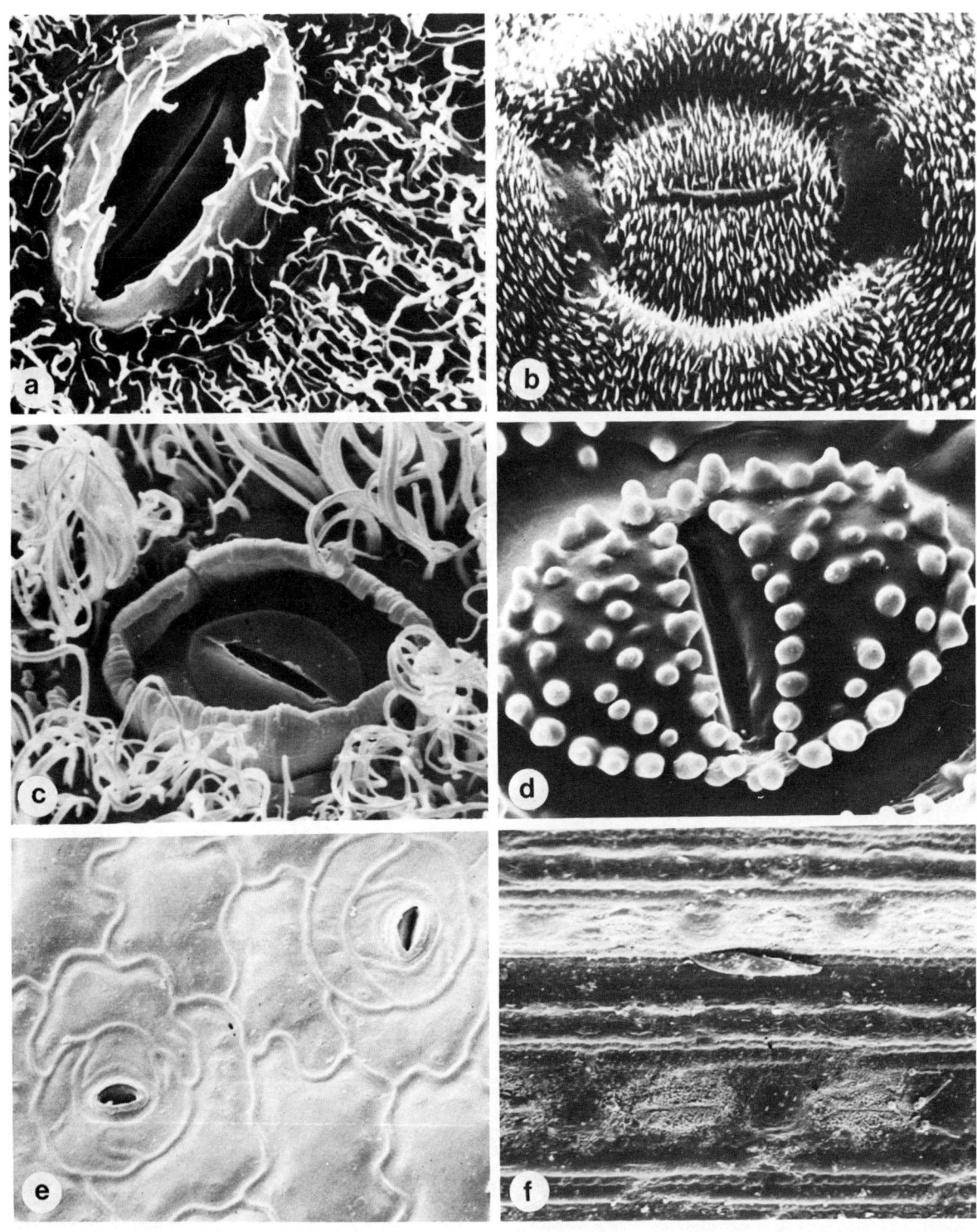

zwei bis vier benachbarte chloroplastenfreie Nebenzellen (s. Abb. 5.5). In Querschnitten wird deutlich,
daß die Schließzellen unterschiedlich dicke Zellwände
besitzen und ihnen ein Interzellularraum (eine „Atemhöhle") unterlagert ist, der mit den übrigen Interzellularen des betreffenden pflanzlichen Gewebes kommu-
nizierend verbunden ist (s. Abb. 5.6).

Nach Bedarf kann der Spalt erweitert oder geschlossen werden. Die Spaltöffnungen regeln somit
Transpiration (Wasserabgabe) und CO_2-Aufnahme.
Sowohl der Wassergehalt als auch die CO_2-Konzen-
tration im pflanzlichen Gewebe wirken als Regulatoren des Öffnungszustands.

Durch Gestaltveränderung regulieren die Schließ-

72

Abb. 5.5. Spaltöffnungen (Stomata) und epikutikulare Wachse; rasterelektronenmikroskopische Aufnahmen. *a* Spaltöffnung einer Rose. Fadenförmige, liegende Wachs kristalloide, charakteristisch für viele Rosengewächse (Rosaceae). *b* Spaltöffnung eines Maiglöckchens *(Convallaria majalis)*. Die plättchenförmigen Wachskristalloide zeigen eine strenge geometrische Anordnung („Convallaria-Typ"), die formal etwa dem Feldlinienmuster einer elektromagnetischen Spule entspricht. Dieser Typ von Wachsen ist auf die drei Monokotyledonen-Ordnungen Liliales, Asparagales und Burmaniales beschränkt und erlaubt deren systematische Umgrenzung. *c* Spaltöffnung der Paradiesvogelblume *Strelitzia reginae* (Musaceae). Massive, zusammengesetzte Wachsstränge, die um das Stoma eine dichte Wachsmanschette bilden. Dieser „*Strelitzia*-Typ" der epikutikularen Wachse ist beschränkt auf die monokotylen Überordnungen der Areciflorae, Commeliniflorae und Zingiberiflorae sowie der Bromeliales und der Velloziales und erlaubt deren systematische Umgrenzung. *d* Spaltöffnung des Ackerschachtelhalmes *Equisetum arvense*. Subkutikular eingeschlossene Kieselkörper zeichnen sich reliefartig als Knoten auf der Oberfläche ab. *e Echeveria* (Crassulaceae): Spaltöffnung auf der Blattunterseite. Deutlich nachvollziehbar sind die Teilungsschritte im Verlauf der Entstehung der Spaltöffnung. Die Entwicklungsgeschichte dieser Spaltöffnung wird dem „*Sedum*-Typ" zugerechnet. *f* Typische Monokotyledonen-Epidermis am Beispiel des Grases *Schizachyrium* mit in Reihen angeordneten Zellen. (W. Barthlott, D. Frölich, 1983; H.-D. Behnke, W. Barthlott, 1983; W. Barthlott, 1985 *(a)*)

zellen die Porengröße (Einzelheiten über den Mechanismus im Kapitel 32).

Stomata kommen an allen oberirdischen Pflanzenteilen vor. Ihre Anzahl liegt in der Größenordnung von 100–300/mm².

An Wurzeln, in der Epidermis der chlorophyllfreien Sprosse der parasitischen Arten *Monotropa hypopitys* (Fichtenspargel) und *Neottia nidus-avis* (Nestwurz) sowie bei einigen submers lebenden Wasserpflanzen fehlen sie, bei anderen Wasserpflanzen hingegen sind sie normal ausgeprägt.

Sie kommen auch in gefärbten und weißen Blütenblättern vor, doch sind sie hier oft funktionslos.

Bei den parallelnervigen Blättern der meisten Monokotyledonen, einigen Dikotyledonen sowie in den Nadeln der Coniferen sind sie in parallel zueinander liegenden Reihen angeordnet.

Ihre Entstehung geht auf Schließzellenmutterzellen zurück, die wiederum in der Epidermis in regelmäßigen Abständen durch inäquale Teilungen angelegt werden. Die Initiale der Spaltöffnung ist dabei die kleinere, plasmareichere der beiden Tochterzellen. Die beiden Schließzellen entstehen aus ihr durch eine äquale Teilung, die Bildung der Nebenzellen kann auf ganz unterschiedliche Weise erfolgen.

Die Entwicklung der Stomata in einem Blatt erfolgt meist asynchron. In parallelnervigen Blättern folgt ihre Entwicklung der sukzessiven Differenzierung der einzelnen Blattabschnitte. Die Differenzierungswelle verläuft basipetal, d.h., sie beginnt an der Blattspitze und dehnt sich in Richtung der Blattbasis aus.

Bei netznervigen Blättern sind verschiedene Entwicklungsstadien der Stomata mosaikartig über die gesamte Blattfläche verteilt.

Variationen zum Thema. Da es unterschiedliche Entstehungswege für Spaltöffnungsapparate gibt, ist zu erwarten, daß auch morphologische Varianten vorkommen (s. Abb. 5.7). Als typische Ausnahmeform werden immer die Schließzellen von Gramineen genannt, die bei vielen Arten hantelförmig strukturiert sind.

Von den Spaltöffnungen ableitbar sind die Hydathoden (Wasserspalten), die oft an den Enden der Leitungsbahnen zu finden sind. Die Schließzellen sehen zwar noch so wie bei den Spaltöffnungen aus, lassen sich aber nicht mehr schließen. Eine Wasserabscheidung durch sie wird als Guttation bezeichnet (s. Abb. 5.8). Charakteristisch gebaute Hydathoden kommen u.a. an Blatträndern der Kapuzinerkresse *(Tropaeolum majus)*, des Frauenmantels *(Alchemilla vulgaris)* und an den Blattspitzen vieler Gräser vor. Im Guttationswasser gelöste Salze, sowie Zucker und andere organische Substanzen kristallisieren nach Verdunstung des Wassers an der Austrittsstelle aus. Als

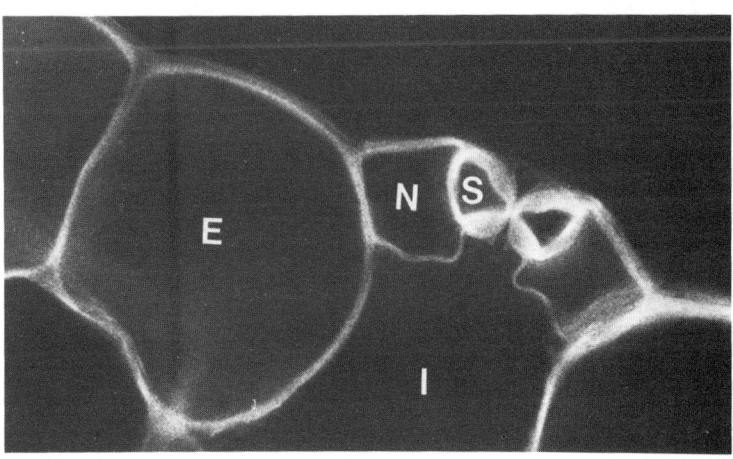

Abb. 5.6. Querschnitt durch eine Spaltöffnung von *Rhoeo discolor. S* Schließzelle, *N* Nebenzelle, *E* nicht spezialisierte Epidermiszelle *I* Interzellularraum. (R. Kappler, 1984)

73

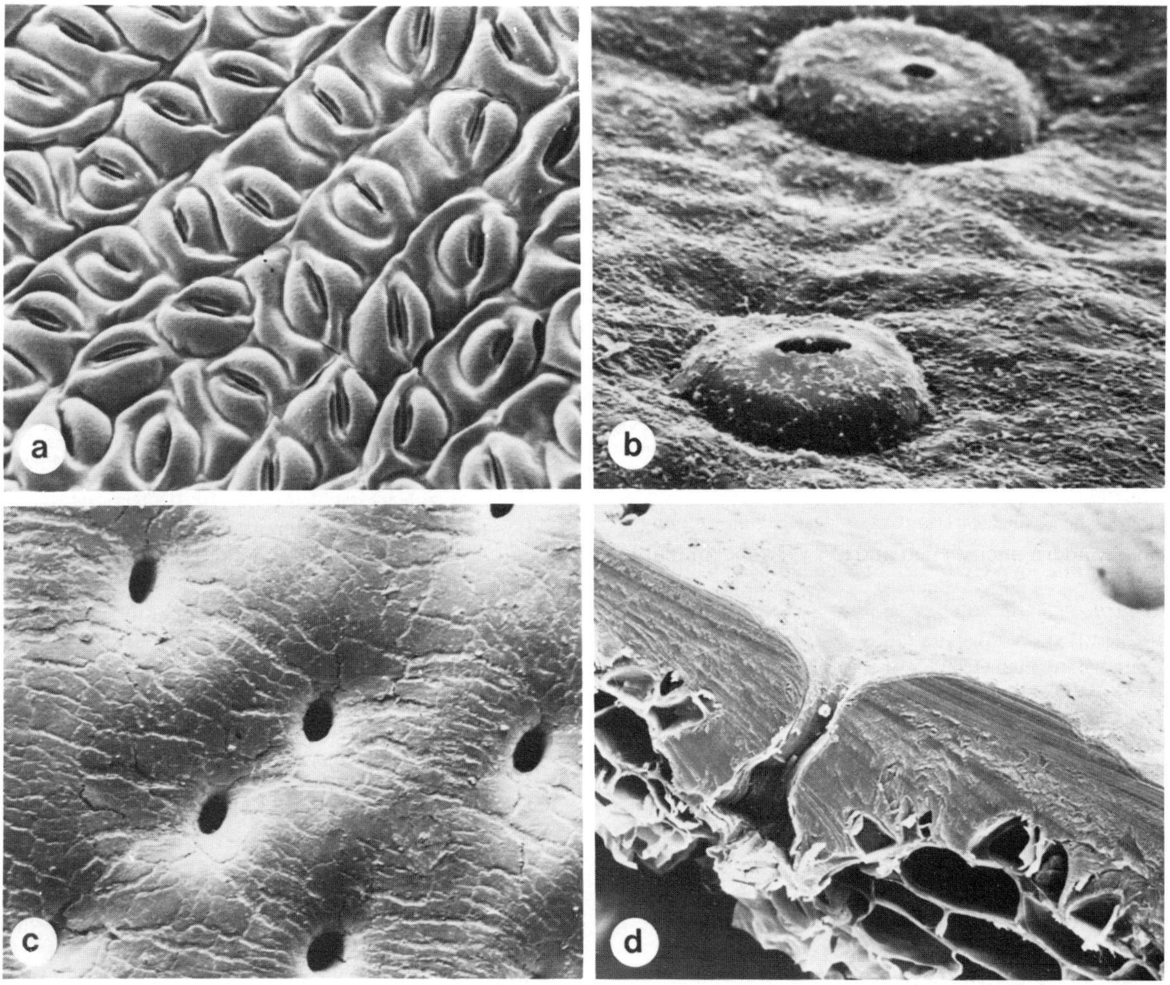

Abb. 5.7. Spaltöffnungen von Pflanzen unterschiedlicher, teilweise extremer Standorte (s.a. Abb. 5.4 e); rasterelektronenmikroskopische Aufnahmen. *a* Blattunterseite des Baumfarnes *Cibotium schiedei*. Extrem hohe Zahl von Spaltöffnungen pro Flächeneinheit einer in tropischen Nebelwäldern lebenden Art. *b* Spaltöffnung der Blattunterseite vom Buchsbaum *(Buxus sempervirens)*. Der Buchsbaum hat keine spezielle ökologische Präferenz. *Buxus* ist aber mikromorphologisch das beste Beispiel für erhabene Stomata. *c* und *d* Sproßepidermis der xeromorphen Kaktee *Rhipsalis dissimilis*. *c* Epidermis in Aufsicht. Erkennbar sind kraterförmige Einsenkungen, in deren Tiefe jeweils eine Spaltöffnung liegt. *d* Querschnitt durch Epidermis und darunterliegende Gewebeportionen. Erkennbar sind die sehr tief versenkten Schließzellen sowie die extrem verdickte Kutikula. Die beiden Aufnahmen *(c* und *d)* zeigen die klassische Adaptation eines Xerophyten. (W. Barthlott, 1981, 1986)

Abb. 5.8. Ein Blatt von *Alchemilla vulgaris* an einer frei stehenden Pflanze, Mitte Mai morgens sechs Uhr nach einer kühlen Nacht. Die weißen Kugeln an den Blattzähnen sind die ausgepreßten Wassertropfen. (J. Sachs, 1887)

typische Beispiele hierfür können die Kalkabsonderungen der Steinbrecharten *(Saxifraga)* und die Salzdrüsen der Halophyten (Salzpflanzen) genannt werden.

Trichome: Haare, Schuppen, Papillen usw.

Epidermale Anhangsgebilde verschiedener Form, Struktur und Funktion werden als Trichome bezeichnet. Sie treten als Schutz-, Stütz- und Drüsenhaare in Form von Schuppen, verschiedenen Papillen und bei Wurzeln als absorbierende Haare auf. An ihrer Bildung sind allein Epidermiszellen beteiligt. Oft entsteht ein Trichom aus nur einer solchen Zelle, manchmal sind an der Entstehung mehrere beteiligt.

Die Trichome sind von den Emergenzen (z.B. den Stacheln) und den Kurztrieben (z.B. den Dornen) zu unterscheiden, weil jene nicht nur Zellen der Epidermis, sondern auch Zellen anderer Gewebe mit enthalten (s. Abb. 5.9).

Haare. An pflanzlichen Oberflächen kommen Haare in mannigfaltiger Ausbildung vor. Sie können ein- oder vielzellig, verzweigt oder unverzweigt, lebend oder tot sein. Ihre Wand kann durch Silikat, Calciumcarbonat oder andere Einlagerungen verhärtet sein und ihnen damit einen borstenartigen Charakter verleihen. Solche steifen Borsten (z.B. bei den Boraginaceae und den Cruciferae) schützen die Pflanzen vor Tierfraß.

Viele, vor allem die stark verzweigten Haare dienen dem Transpirationsschutz. Es ist bekannt, daß Pflanzen trockener Standorte entweder sukkulent sind (und damit auch eine dicke Kutikula besitzen) oder über einen dichten, silbrig erscheinenden Haarfilz verfügen. Bei *Stachys lanata* (Filziger Ziest) wurden 120 Haare/mm² gezählt.

Eine mikroskopische Analyse zeigt, daß Haarzellen oft stark verzweigt und abgestorben sind. Daraus ergeben sich für die Pflanze gleich drei Vorteile:

(1) Das Lumen toter Zellen ist lufterfüllt. Es verleiht den Zellen ein weißlich-silbriges Aussehen. Ein großer Teil des eingestrahlten Lichts wird reflektiert. Der Effekt ist der gleiche, der mit dicken Wachsschichten erreicht wird.

(2) Über der Blattoberfläche wird ein zirkulationsberuhigter Raum geschaffen. Mit anderen Worten: Wasserverluste an der Blattoberfläche werden auf ein Minimum reduziert.

(3) Durch das Absterben der Zellen wird die wasserverlierende Oberfläche drastisch reduziert. Lebten die Zellen, wäre wegen der durch die Verzweigungen bedingten großen Oberfläche ein zu starker Wasserverlust unvermeidlich.

Haare sind an Blattoberflächen regelmäßig angeordnet, sie werden stets in annähernd gleichen Abständen voneinander angelegt. Vergleichbare Muster treten auch bei den Stomata auf.

Damit stellt sich für uns die Frage nach den Ursachen dieser Regelmäßigkeit.

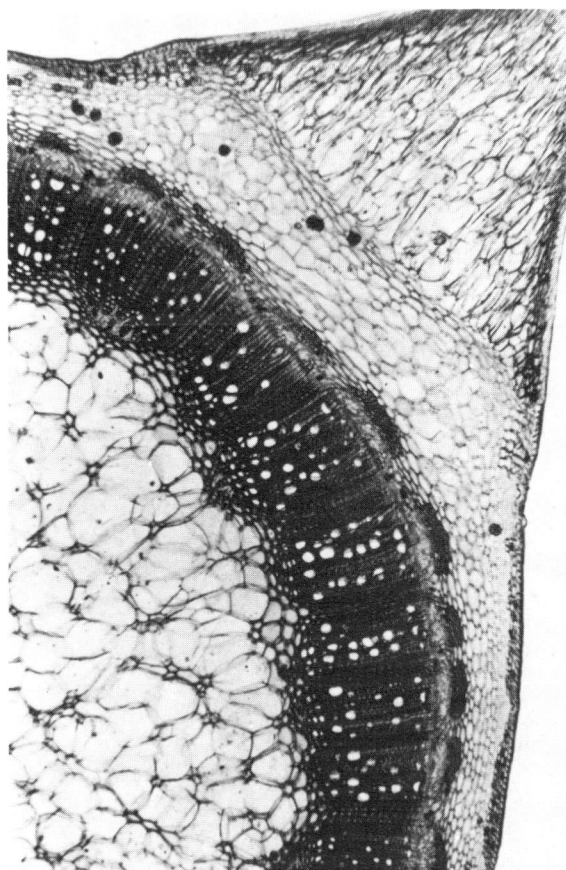

Abb. 5.9. Querschnitt durch den Stachel einer Rose. Am Aufbau ist nicht allein die Epidermis, sondern auch das darunterliegende Rindengewebe beteiligt. Im Gegensatz zu den Dornen werden bei den Stacheln keine Holzelemente eingebaut. Im Leitbündelring sind daher unterhalb der Stachelansatzstelle auch keinerlei Deformationen (Auswüchse) erkennbar.

Zwar können wir heute darauf noch keine abschließende Antwort geben, wohl aber ein mathematisches Modell präsentieren, das nach Regeln aufgestellt wurde, die auch in den pflanzlichen Geweben gelten dürften. (Einzelheiten dazu im Kapitel 28.)

Ein Kaleidoskop verschiedener Haare (s. Abb. 5.10). Ausgesprochen lange (1–6 cm), einzellige und unverzweigte Haare, deren Wand aus nahezu reiner Cellulose besteht, umgeben die Samen von *Gossypium* (Baumwolle). Verzweigt sind sie z.B. bei *Lobelia* und bei *Arabis alpina*.

Vielzellige Haare können aus einer oder aus mehreren Zellreihen bestehen.

Typische Beispiele sind die Etagenhaare der Platane *(Platanus hybrida)* oder die der Königskerze *(Verbascum nigrum)*. Haare auf Blättern der Eiche *(Quercus robur)* sehen büschelförmig, die vieler Malvaceae sternförmig aus.

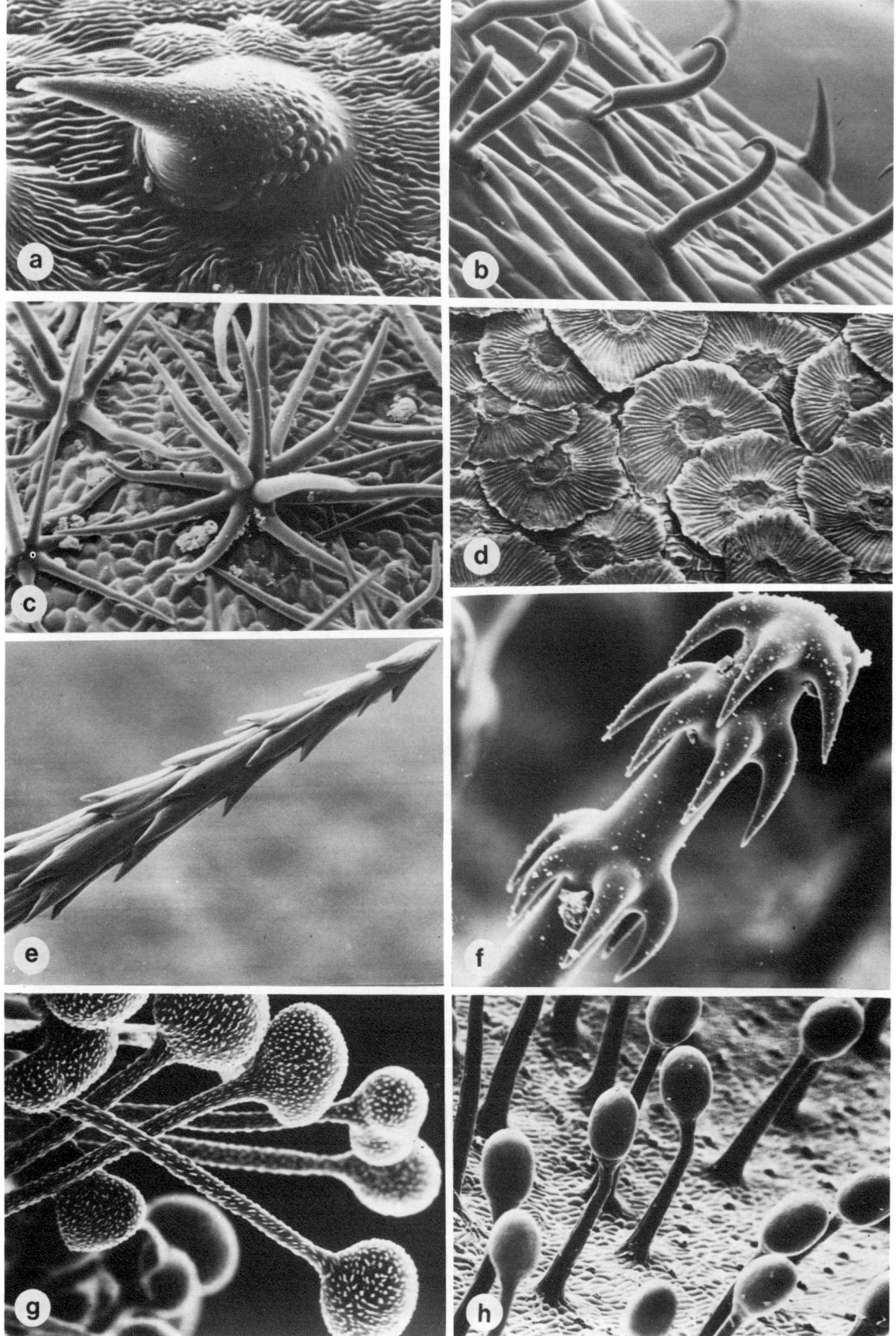

Abb. 5.10. Rasterelektronenmikroskopische Aufnahmen epidermaler Trichome (Haare und haarähnliche Gebilde). *a* Einzelliges, verkieseltes Trichom der Blattoberseite von *Cannabis indica* (Hanf). Solche verkieselten Trichome sind auf die Ordnung der Urticales beschränkt und haben funktionell unterschiedlichste Aufgaben: z.B. Kletterhaare beim Hopfen *(Humulus)* oder Brennhaare bei der Brennessel *(Urtica)*. Diese Trichome sind von hohem systematischem Wert. Die einzige Verwechslungsmöglichkeit von *Cannabis* innerhalb der europäischen Flora besteht nur mit dem Hopfen (aufgrund allein dieses feinstrukturellen Merkmals). *b* Einzellige Hakenhaare am Blatt einer Bohne *(Phaseolus vulgaris)*. Diese Hakenhaare haben möglicherweise die unterstützende Funktion beim Klettern der Pflanze oder sind Abwehrstrukturen gegen Befall von Blattläusen. Bohnenstroh wurde früher auf dem Balkan beim Befall mit Bettwanzen als Schlafunterlage in Betten verwendet: Die Insekten verfangen sich in diesen Widerhakenhaaren und gehen dabei zugrunde. *c* Sternhaare auf dem Blatt einer Zistrose *(Cistus villosus,* Cistaceae). *d* Absorbierende Saugschuppen auf der Blattoberseite von *Tillandsia spec. e* Harpunenartiger Widerhaken-Dorn eines Feigenkaktus *(Opuntia)*. Es handelt sich hier um eine vielzellige Struktur, die letztlich ein mikroskopisch reduziertes Blatt darstellt. Innerhalb der Kakteen sind diese sogenannten. Glochidien ausschließlich auf die Unterfamilie der Opuntiodeae beschränkt. *f* Komplex gebaute Widerhakenstruktur: Trichom von *Loasa* (Loasaceae). Hier handelt es sich um ein einzelliges Trichom; komplizierte unizelluläre Widerhaken-Trichome sind ein Charakteristikum der isolierten Familie der Loasaceae. *g* Einzellige Köpfchentrichome aus dem Blütenschlund eines Löwenmäulchens *(Antirrhinum majus)* mit komplizierten Kutinstrukturen (modifiziertes Kutikularfaltungsmuster). *h* Vielzellige Köpfchentrichome (Drüsen) auf dem Blatt eines fleischfressenden Sonnentaus *(Drosera capensis,* s.a. Abb. 50.4). Die komplex gebauten Köpfchendrüsen stehen im Dienste des Tierfanges und der Verdauung, sie haben die Funktion der Sekretion und Absorption. (W. Barthlott, 1980, 1981; W. Barthlott, 1986)

Bei der Ölweide *(Eleagnus angustifolia)* sind sie schirmartig gebaut (Schuppenhaare). Bei den Bromeliaceen haben derartige Schuppen die Funktion von Absorptionshaaren. Die Feuchtigkeit der Atmosphäre wird durch Kapillarkräfte gesammelt und kommt der Pflanze zugute.

Drüsenhaare bestehen aus einem mehrzelligen Stiel und einem ein- oder vielzelligen Köpfchen. Beispiele für die Entwicklung während der Ontogenese sind in den Abbildungen 5.11 und 5.12 wiedergegeben.

Drüsenhaare auf Blättern des Tabaks *(Nicotiana tabacum)* haben vielzellige Köpfchen, bei Primeln (z.B. *Primula sinensis*) und Pelargonien (z.B *Pelargonium zonale*) sind sie einzellig. Das Sekret (von *Pelar-*

Abb. 5.11. Entwicklung eines Drüsenhaares auf der Blattepidermis von *Origanum dictamnus* (Lamiaceae). *B* Basalzelle, *I* Initialzelle der Drüse, *M* Mutterzellen des Drüsenköpfchens, *S* Stielzelle. *1 bis 3* Wachstumsstadien der Initialzelle (× 720, × 720, × 648), *4* erste perikline Teilung, basalwärts wird die Basalzelle abgegliedert. In der peripheren Zelle ist Plasma angereichert. (× 720), *5* Sich entwickelndes Drüsenhaar, bestehend aus Basalzelle, Stielzelle und Mutterzelle des Drüsenköpfchens (× 720), *6, 7* Aufeinanderfolge antikliner Teilungen der Drüsenköpfchenmutterzelle (× 648). Hierbei entstehen 12 Zellen, 4 liegen zentral, 8 in einem peripheren Ring. *8, 9* Drüsenentwicklung. Das Sekret wird produziert und sammelt sich extrazellulär in einem subkutikulären Raum (× 504, × 360); *10* gealtertes Drüsenhaar nach Freisetzung des Sekrets durch Aufreißen der Kutikula (× 360). (A. Bosabalidis, I. Tsekos, 1982).

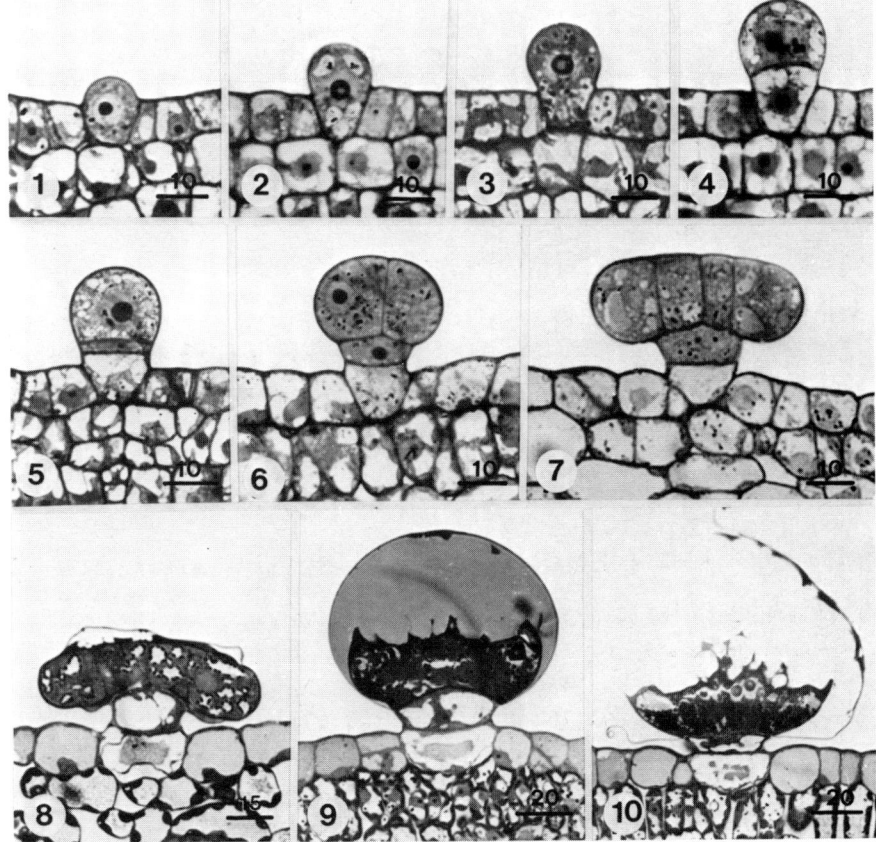

77

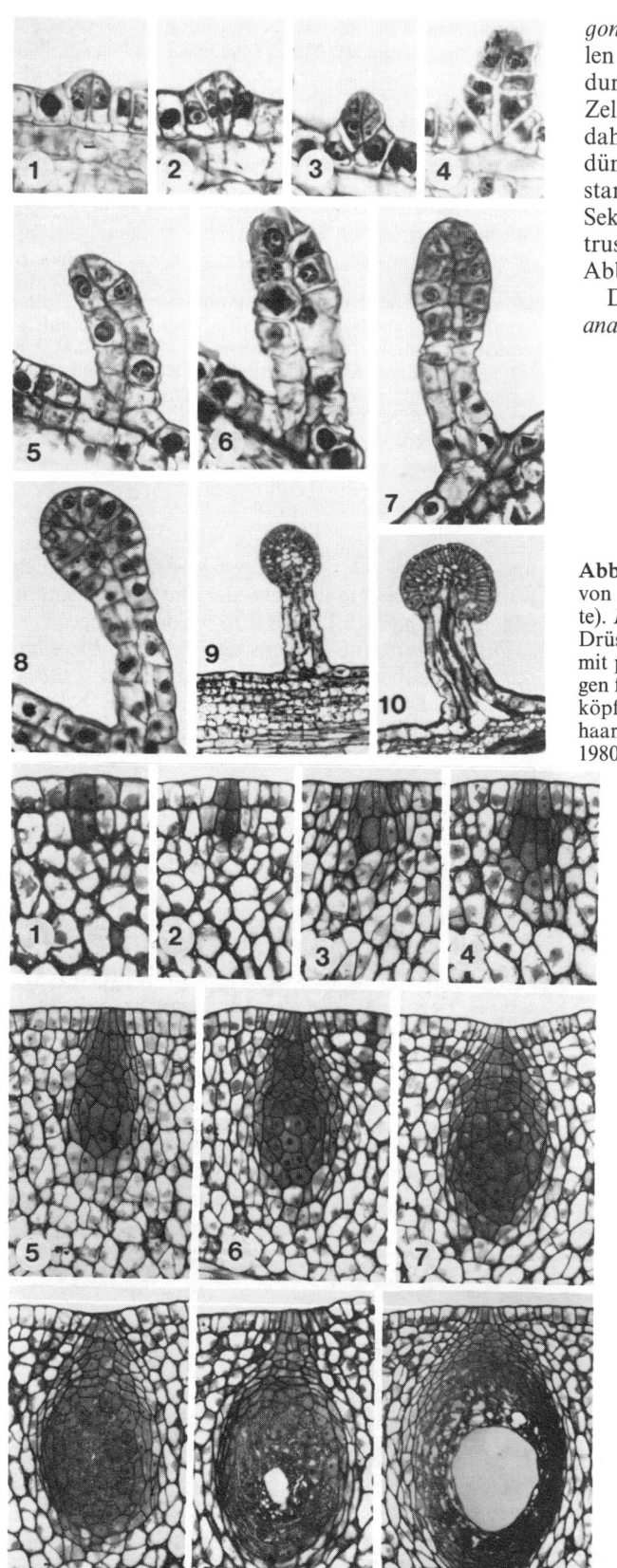

gonium zonale) ist ein ätherisches Öl. Die Drüsenzellen selbst sind plasmareich, die Sekretion erfolgt durch die Zellwand. Das Öl sammelt sich an der Zelloberfläche und erscheint unter dem Mikroskop daher als stark lichtbrechende Kappe, die von einem dünnen Film aus Kutikulaanteilen und Zellwandbestandteilen bedeckt ist. Nach deren Platzen wird das Sekret freigesetzt. In der Fruchtschale, z.B. der Citrusfrüchte sind eingesenkte sekretorische Drüsen (s. Abb. 5.13) enthalten.

Die Staubfäden (Stamina) von *Tradescantia virginiana* sind von mehrzelligen Haaren umgeben, die ein-

Abb. 5.12. Entwicklung eines Drüsenhaares in der Blüte von *Adenocaulon bicolor* (eine nordamerikanische Composite). *1 bis 4* Wie bei der Entwicklung des *Origanum dictamnus* Drüsenhaares (s. Abb. 5.11) setzt die Entwicklung auch hier mit periklinen Teilungen der Initialen ein; antikline Teilungen folgen ($\times 369$); *5 bis 8* Entwicklungsstadien des Drüsenköpfchens ($\times 369$); *9, 10* nahezu voll entwickeltes Drüsenhaar (Längsansicht, $\times 46$). (E. E. Karrfalt, G. L. Kreitner, 1980)

Abb. 5.13. *Citrus deliciosa.* Entwicklung sekretorischer Kavernen (Drüsen) in der Fruchtschale. (Produktionsorte ätherischer Öle). *1* Initialzellen. Ein Zellpaar, bestehend aus einer epidermalen und einer darunterliegenden Zelle ($\times 256$); *2, 3* antikline Teilungen ($\times 320$, $\times 192$); *4* perikline Teilung ($\times 224$); *5, 6* zunehmende Größe des Drüsengewebes ($\times 224$); *7* Abschluß der Zellteilungsphase ($\times 224$); *8, 9* beginnende Kavernenbildung, Auflösung der Zellwände im Zentrum der Drüse; *10* fertige Kaverne (gefüllt mit ätherischen Ölen). (A. Bosabalidis, I. Tsekos, 1982)

zelne Zelle sieht tonnenförmig aus. Der Protoplast ist wandständig, der Vakuoleninhalt durch einen rotvioletten Farbstoff (ein Anthocyan, s. Kap. 20) gefärbt. Die Vakuole ist von zahlreichen, unterschiedlich dicken Plasmasträngen durchsetzt. Der Kern liegt zentral, und es sieht so aus, als sei er an den Plasmasträngen aufgehängt. Da die Plasmastränge ihre Form ständig ändern, wird der Kern, wie an elastischen Gummibändern hängend, ständig hin- und hergezogen.

In den Plasmasträngen strömt das Plasma lebhaft und transportiert deutlich erkennbare Granula. Die Strömung ist streng gerichtet, wobei in vielen Strängen ein Gegenverkehr auf getrennten Bahnen sichtbar ist. Wegen der leichten Erkennbarkeit und Regelmäßigkeit der Strömung sind die Staubfadenhaare der *Tradescantia virginiana* zu einem klassischen Demonstrationsobjekt für diese Zellaktivitäten geworden.

Aus einem anderen Grund wurden die Staubfadenhaare der Flockenblume *(Centaurea jacea)* und der Kornblume *(Centaurea cyanus)* bekannt. Sie sind berührungsempfindlich und lösen eine Reizbewegung der Staubfäden aus.

Brennhaare der Brennessel (z.B. *Urtica dioica*): Ein Brennhaar ist eigentlich eine Emergenz, es ist zweiteilig und besteht aus einem vielzelligen Sockel, an dessen Bildung auch subepidermal gelegene Zellen beteiligt sind, und einer in ihn eingelassenen Haarzelle.

Der untere (basale) Abschnitt der Haarzelle wird Bulbus genannt. Er ist von den Sockelzellen becherförmig umgeben. An seinem oberen Ende läuft das Haar spitz aus und endet in einem seitlich angesetzten Köpfchen. An der Übergangsstelle ist die Zellwand merklich dünner als in den übrigen Abschnitten.

Eingelagerte Silikate machen sie zudem spröde, so daß das Köpfchen bei Berührung leicht abbricht und an der Sollbruchstelle eine Spitze hinterläßt, die einer Einstichkanüle gleicht. Wegen der Starrheit der Wand wird der Druck ungepuffert auf den Bulbus übertragen, dessen Inhalt (Natriumformiat, Acetylcholin und Histamin) durch die Kanüle ausgepreßt und damit gegebenenfalls in eine Wundstelle injiziert wird.

Weitere Trichome und Spezialfunktionen der Epidermis. Papillen sind Ausstülpungen der Epidermisoberfläche. Das Lehrbuchbeispiel hierfür sind die Papillen auf Blütenoberflächen des Stiefmütterchens *(Viola tricolor)* sowie die Blattoberflächen vieler Arten im tropischen Regenwald. Sie verleihen der Oberfläche eine samtartige Konsistenz.

Einige Zellen von Epidermen können als Wasserspeicher ausgebildet sein. Ein typisches Beispiel stellen die Blasenzellen an Oberflächen vieler Mittagsblumenarten und anderer Sukkulenten dar (s. Abb. 5.14).

Bei manchen Pflanzen (Beispiel: Glockenblume *[Campanula persicifolia]*) sind die Außenwände der Epidermis linsenförmig verdickt. Sie wirken damit wie Sammellinsen und bündeln das Licht, das seinerseits von spezifischen Rezeptoren (Lichtperzeptoren) wahrgenommen und in eine physiologische Reaktion umgesetzt wird (s. Abb. 32.19).

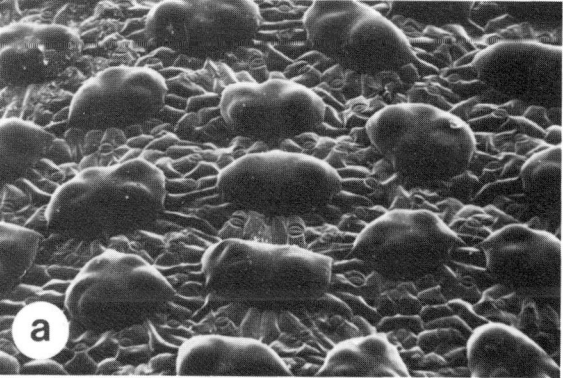
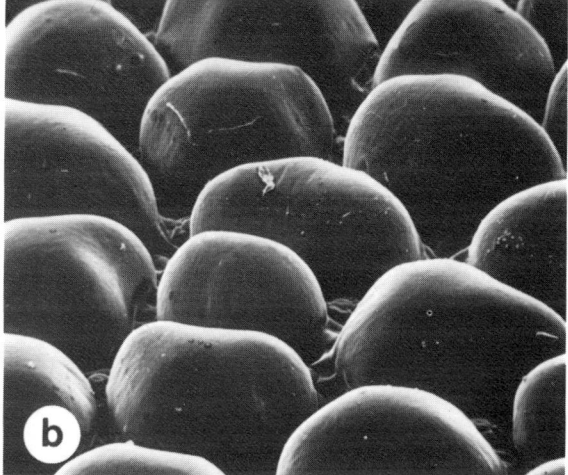
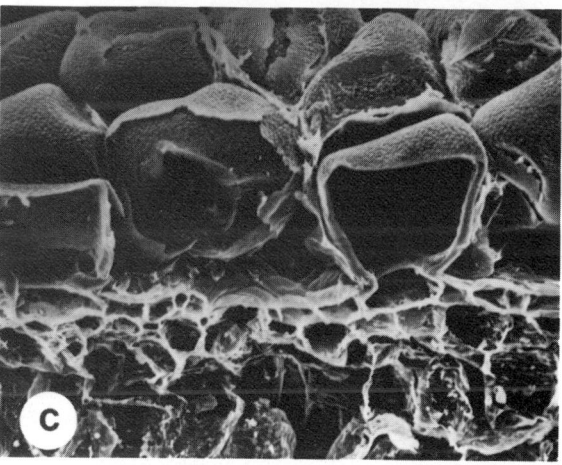

Abb. 5.14. Blasenzellen (Idioblasten); rasterelektronenmikroskopische Aufnahmen. *a Aptenia cordifolia × haeckeliana* (Aizoaceae). Die großvolumigen Blasenzellen liegen verstreut (aber in regelmäßigem Muster) zwischen kleinen, nichtspezialisierten Epidermiszellen. *b Jacobsenia kolbei* (Aizoaceae). Nahezu die gesamte Oberfläche wird von den Blasenzellen eingenommen. *c Crassula falcata* (Crassulaceae). Querschnitt durch eine Blasenzelle und kleinlumige, nichtspezialisierte Epidermiszellen. Der äußeren Zellwand der Blasenzellen und der übrigen Epidermiszellen ist eine Wachsschicht aufgelagert. Im Gegensatz zu den in *a* und *b* gezeigten Blasenzellen, verfügen diese hier über eine dicke äußere Zellwand, bei *a* und *b* ist sie dünnwandig, (N. Jürgens, 1986)

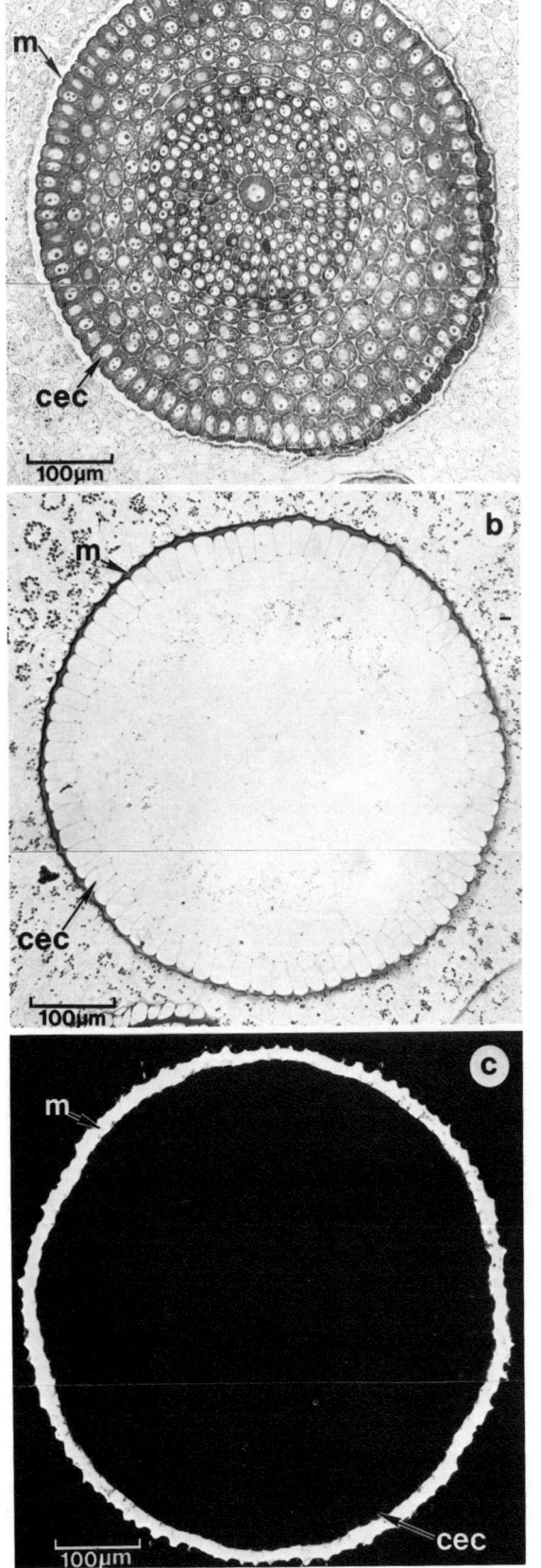

a

m

cec

100µm

b

m

cec

100µm

c

m

cec

100µm

Rhizodermis

Eine wichtige Eigenschaft der Rhizodermis ist die Ausbildung von Wurzelhaaren. Die Anlage erfolgt im Bereich einer Zone hoher Teilungsaktivität, wobei ein Wurzelhaar gewöhnlich aus einer kleinen Ausstülpung (einer Papille) am apikalen Ende der Zellen hervorgeht. Unter apikalem Ende versteht man hier das der Wurzelspitze nächstliegende Ende. Bei vielen Pflanzenarten können sich die Wurzelhaare aus allen Rhizodermiszellen bilden, bei anderen ist die Haarbildung auf bestimmte, darauf spezialisierte Zellen (Trichoblasten) beschränkt, die in einem regelmäßigen Muster an der Rhizodermisoberfläche verteilt sind. Die Anlage und das Wachstum (Streckungswachstum) der Wurzelhaare verlaufen in den einzelnen Wurzelabschnitten synchron. Die ältesten Haare sind die längsten, die der Wurzelspitze nächstliegenden die kürzesten.

Wurzelhaare erreichen eine Länge von 80–150 µm, ihr Durchmesser beträgt 5–17 µm. Im ausdifferenzierten Zustand sind sie stark vakuolisiert. Nur selten sind sie vielzellig (Beispiel: an den Adventivwurzeln [Seitenwurzeln] von *Kalanchoe*). Sie haben eine nur kurze, auf Tage bemessene Lebensdauer und werden daher ständig neu angelegt. Durch die Ausbildung der Wurzelhaare wird die absorbierende Oberfläche der Wurzel drastisch erhöht.

1937 hat H. J. Dittmer (Department of Botany, University of Iowa) die Oberfläche der Wurzel einer Roggenpflanze *(Secale cereale)* aus gemessenen Werten und Zählungen hochgerechnet. Seine Werte lauten:

Die Roggenpflanze verfügt über 13 800 000 Wurzeln (einschließlich aller Seitenwurzeln und Verzweigungen). Das entspricht einer Oberfläche von 235 km². Die Wurzeln tragen 14 Milliarden lebende Wurzelhaare mit einer Oberfläche von 400 km², was eine Gesamtfläche von 635 km² ergibt. Das Wurzelwerk ist in einem Erdvolumen von 1/22 m³ enthalten. Die

Abb. 5.15. Querschnitt durch die Wurzelanlage von *Triticum aestivum*. Nachweis bestimmter Molekülklassen durch Einsatz unterschiedlicher Färbeverfahren (= cytochemischer Nachweis). *a* Das Präparat ist mit Toluidinblau gefärbt worden. Das Plasma der Zellen ist gefärbt. Ein charakteristisches Kennzeichen der Wurzel ist der in der Mitte liegende Zentralzylinder (Leitbündelstrang), der von einer Endodermis gegen das übrige Rindengewebe abgesetzt ist. *b* Färbung des Präparats mit Perjodat-Schiffschem Reagenz, einem Reagenz auf Kohlenhydrate. Hier wird eine von den Epidermiszellen (CEC: *columnar epithelial cells,* so genannt wegen ihrer säulenförmigen Gestalt) ausgeschiedene Gallerte markiert. *c* Fluoreszenzmikroskopische Aufnahme nach Fluorochromierung mit FITC-UEA (s. Kap. 17), einem mit einem Fluoreszenzmarker versehenen Lektin mit einer Spezifität für den Zucker L-Fucose (B.A. Baldo, A.L. Reid, P. A. Boniface, 1983)

80

Oberfläche der Wurzel ist 130mal so groß wie die der oberirdischen Teile. Unter Berücksichtigung der an Interzellularräume grenzenden Mesophyllzellwände (siehe Kapitelende) sind die absorbierenden Oberflächen der Wurzel immer noch 22mal so groß wie die transpirierende Fläche des oberirdischen Sprosses. Das sieht nach einem Ungleichgewicht aus, denn die Pflanze kann demnach mehr Wasser aufnehmen als abgeben. Doch ist zu berücksichtigen, daß die Berechnung mit vielen Unsicherheitsfaktoren behaftet ist. Sie geht u.a. davon aus, daß alle Wurzelhaare stets gleich aktiv sind. Es wäre sicher wünschenswert, eine solche Kalkulation an einer anderen Pflanze der gleichen oder einer anderen Art zu wiederholen, um die Fehlerquote abschätzen zu können und auch um zu überprüfen, inwieweit Angaben, die an einer Art, respektive einem Individuum gewonnen wurden, verallgemeinert werden können.

Wurzelhaare stehen stets in engem Kontakt zu Bodenpartikeln. Oft sind sie mit ihnen verwachsen, und es ist daher praktisch unmöglich, eine in Erde gewachsene Wurzel unbeschädigt zu isolieren. In der Regel sezernieren Wurzelhaare kohlenhydrathaltige Schleime (s. Abb. 5.15). Sie bilden damit eine Rhizosphäre aus, in der die Nährstoffe aufbereitet werden, bevor sie von den Wurzelhaarzellen absorbiert und damit von der Pflanze genutzt werden.

Velamen radicum, ein Sonderfall bei Luftwurzeln: Dieses Gebilde stellt eine mehrschichtige Epidermis dar, die an Luftwurzeln von Araceen und baumbewohnenden Orchideen ausgebildet wird (s. Abb. 5.16). Sie besteht zu einem überwiegenden Teil aus abgestorbenen Zellen, die wie ein Schwamm Wasser speichern können. Trocken sieht das *Velamen* silbrig aus, da die Zellen von Luft erfüllt sind. In feuchtem Zustand schimmern die Chloroplasten aus darunterliegendem Gewebe durch und lassen die Wurzel grün erscheinen.

Sekundäre Abschlußgewebe

Bei der Besprechung des Phellogens wurde auch auf seine Produkte (Phelloderm und Phellem) hingewiesen. Rindengewebe tritt in älteren Achsenorganen und Wurzeln, also an allen Organen mit sekundärem Dickenwachstum auf. Bei Moosen, Farnen und Monokotyledonen findet man es nur ausnahms- und ansatzweise.

Die Zellen des Phellems werden auch als Kork bezeichnet, Phelloderm, Phellogen und Phellem zusammen als Periderm. Korkschichten sind nur selten einheitliche Strukturen. Die rissige, artspezifische Oberflächenstruktur der Baumstämme ist ein sichtbarer Ausdruck hiervon.

Vielfach ist das Phellem von Gruppen parenchymatischer Zellen durchsetzt, die zu spezifisch geformten, oft länglichen, sogenannten Lentizellen angeordnet sind. Gut sind diese an der Oberfläche von *Sambucus*

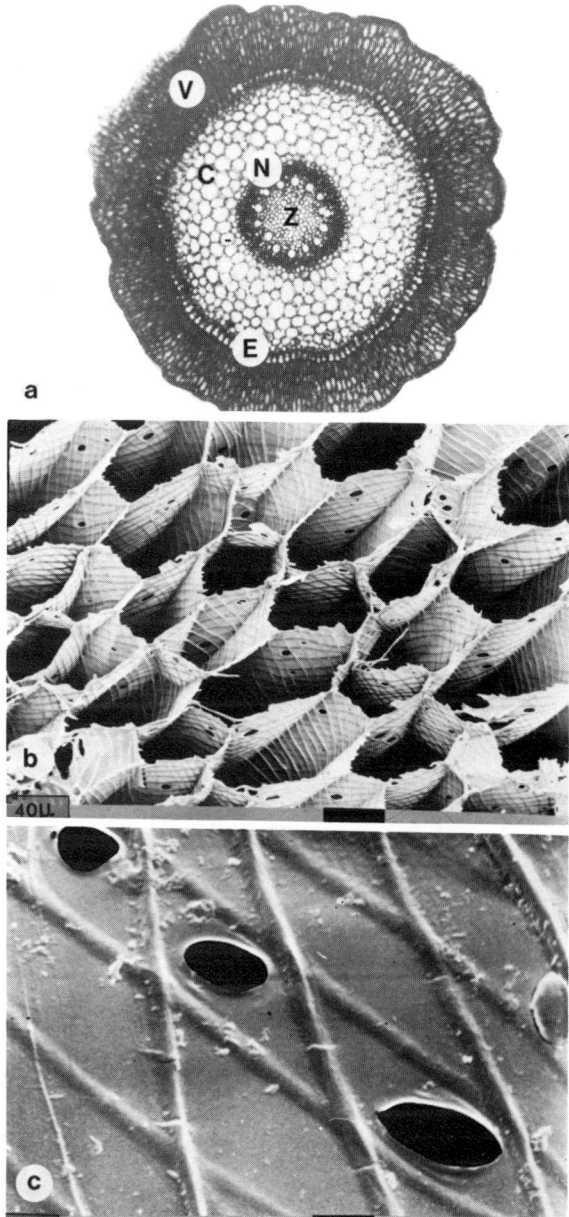

Abb. 5.16. Wurzel und Velamen radicum der Orchidee *Dendrobium superbum. a* Lichtmikroskopische Aufnahme durch die Wurzel. Erkennbar sind: Velamen (V), Exodermis (E), Cortex (C), Endodermis (N) und Zentralzylinder (Z). *b, c* Rasterelektronemikroskopische Aufnahmen von Zellen des Velamens. *b* bei geringer Vergrößerung. Der Verband besteht aus abgestorbenen Zellen, deren Wände durch helikale Wandverdickungen verstärkt und von Poren durchsetzt sind. *c* Detail aus der Wand einer einzelnen Velamen-Zelle bei hoher Vergrößerung. Man erkennt die Wanddurchbrechungen sowie die auf der Vorder- und Rückseite der Zellwand sich überkreuzenden, aufgelagerten sekundären Wandverdickungen. Sie bestehen aus Cellulose. (W. Barthlott, 1976, W. Barthlott, 1984 unveröff.)

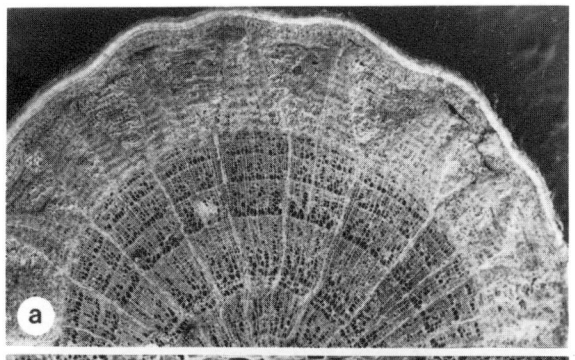
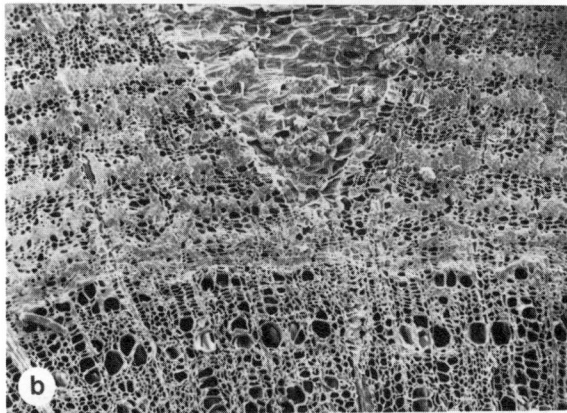
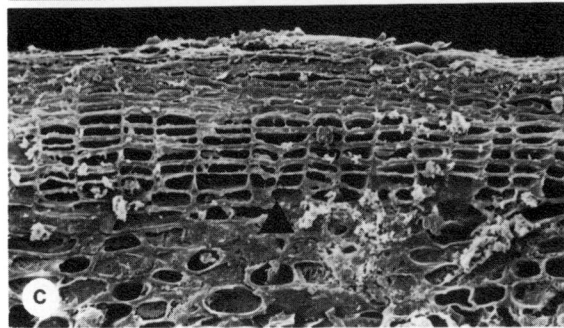

Abb. 5.17. Rasterelektronenmikroskopische Aufnahmen der Rinde von *Tilia cordata*. Querschnitte durch einen vierjährigen Zweig. *a* Übersicht: im Zentrum Holz (vier Jahresringe). Zwischen dem Holz- und dem Bastteil liegt das Kambium. An der Peripherie des Zweiges (als helle Zone erkennbar) das Korkkambium. Das Holz (und der Bast) sind von Markstrahlen durchzogen. *b* Im Bastteil sind einige der Markstrahlen, aber nicht alle, durch antikline Teilungen keilförmig nach außen erweitert (Rindenstrahlen). Sie bestehen vornehmlich aus sehr großen Parenchymzellen. Das Bastgewebe ist komplex strukturiert; neben den weitlumigen Parenchymzellen kommen englumige (im Bild optisch nicht aufgelöste) Sklerenchymzellen („Hartbast"), sowie Siebröhren mit Geleitzellen und Parenchymzellen („Weichbast") vor. *c* Einschichtiges Korkkambium. Die nach außen abgegebenen Derivate bilden zunächst ein mehrschichtiges Gewebe aus lebenden Zellen. Mit zunehmendem Abstand vom Kambium beginnen die Zellen abzusterben und zu kollabieren. Gelegentlich teilt sich das Kambium antiklin (Pfeil). Die Konsequenz daraus ist ein Dilatationswachstum, das Gewebe weitet sich. (H.-D. Ihlenfeldt, 1986)

nigra (Holunder, einem typischen Praktikumsbeispiel) zu sehen.

Die Gesamtheit aller Korkanteile, sowohl der durch das primäre als auch der durch die sekundären Phellogene gebildeten, die teilweise andere Gewebearten einschließen, wird als Borke bezeichnet. Vereinfachend kann man sagen, Borke ist alles das, was außerhalb des Korkkambiums (Phellogens) liegt (s. Abb. 5.17).

Grundgewebe (Parenchym)

Dazu J. Sachs:

„Die Gesamtheit aller Gewebemassen, welche von dem Hautgewebe (Anm.: der Epidermis) umschlossen und von den Gefäßbündeln durchzogen sind, fasse ich unter dem Ausdruck Grundgewebe zusammen, wie ich es in der 1. Auflage meines Lehrbuchs 1868 zuerst charakterisiert habe. Bei jüngeren, noch saftigen, nur von der Epidermis bedeckten Organen, deren Gefäßbündel noch nicht durch nachträgliches Dickenwachstum deformiert worden sind, bei Organen überhaupt, in welchen die Bildung echten Holzes und sekundärer Rinde noch nicht eingetreten ist, besteht die Hauptmasse aus Grundgewebe. Zu klarster Anschauung gelangt dasselbe vielleicht bei Betrachtung eines Apfels, dessen ganze genießbare Substanz daraus besteht...

... Die verbreitetste und, wie man wohl annehmen darf, ursprünglichste Form des Grundgewebes ist das gewöhnliche, dünnwandige Parenchym."

Parenchymatische Zellen sind durchweg lebend, meist isodiametrisch, seltener gestreckt (s. Abb. 5.18).

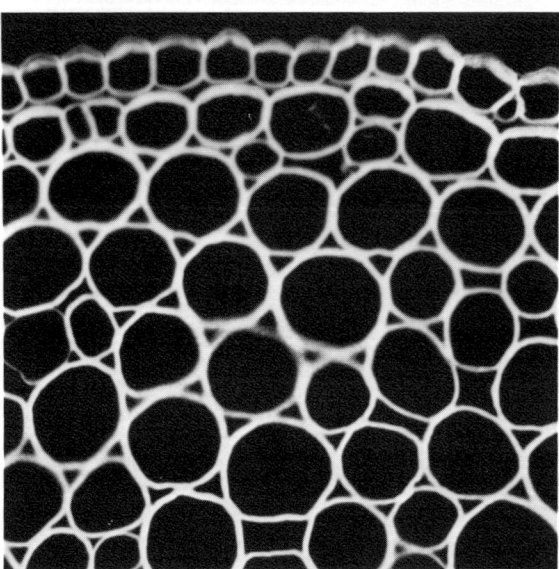

Abb. 5.18. Parenchym. Zwischen den Zellen sind große Interzellularräume vorhanden. Oben im Bild eine einschichtige Epidermis aus seitlich dicht schließenden Zellen. (R. Duden, 1985)

Das Mark der Sprosse, die Speichergewebe der Früchte, Samen, der Wurzel und anderer unterirdischer Organe sind ebenso als Parenchyme zu betrachten wie das Mesophyll (Assimilationsgewebe der Laubblätter). Wegen der fundamentalen Bedeutung für die Assimilation und damit für die gesamte Ernährung der Pflanze ist es zweckmäßig, das Mesophyll in einem gesonderten Abschnitt (im Anschluß an die Besprechung des weniger spezialisierten Parenchyms) zu behandeln.

Oft kommt den Parenchymen anscheinend nur eine einfache Füllfunktion zu. Wie schon der Name Grundgewebe ausdrückt, stellt es die Masse der Zellen, in welches spezialisierte Gewebe, wie Leitgewebe und oft auch die Samen eingebettet sind.

Parenchymzellen sind weder morphologisch noch physiologisch spezialisiert. Vielfach enthalten sie Chloroplasten, manchmal, vor allem dort, wo sie sich unter Lichtausschluß entwickelt haben, Leukoplasten oder unvollständig strukturierte Chloroplasten. Obwohl in ausdifferenzierten Parenchymen keine oder nur vereinzelte Zellteilungen stattfinden, behalten die Zellen ihre Teilungsbereitschaft, was allein schon darin zum Ausdruck kommt, daß sie die Hauptmenge der an der Wundheilung und Regeneration von Pflanzenteilen beteiligten Zellen stellen. Man könnte demnach vielleicht sagen, daß sich die Zellen in Wartestellung befinden. Sie bilden einen Zellpool (einen Zellvorrat), der bei Bedarf, d.h., während der normalen Ontogenese und ebenso bei außergewöhnlichen äußeren Anlässen aktiviert werden kann.

Das Meristem haben wir als das Teilungsgewebe der Pflanzen charakterisiert. Das Parenchym könnte man entsprechend als ein Ausgangsgewebe beschreiben, von dem aus sich während der Ontogenese die unterschiedlichsten Zelltypen ableiten. Auf die Bedeutung der Position einer Zelle in Beziehung zu den übrigen wurde schon hingewiesen (s. Kap. 4), von ihr hängt es ab, ob sich eine Zelle teilt oder nicht (Positionsinformation). Auch bei den parenchymatischen Zellen entscheidet die Lage einer Zelle über ihr weiteres Schicksal und darüber, in welche Richtung sich die Zelle (oder eine Gruppe benachbarter Zellen) weiterentwickelt.

Parenchymatische Gewebe (z.B. aus dem Mark des Sprosses) können auf geeigneten synthetischen Nährmedien (Nährböden) kultiviert und dadurch die Zellen zu Teilungen angeregt werden. Die Teilungskapazität wird über Jahrzehnte beibehalten, wenn Teile der Kulturen in regelmäßigen Zeitabständen auf ein frisches Medium überführt werden. Die Zellen verbleiben in einem weitgehend unspezialisierten Zustand. Sie bilden Aggregate aus, die als Kalli (sing. Kallus) bezeichnet werden; die Kulturen selbst nennt man Gewebe- oder Kalluskulturen. Hält man sie bei Dunkelheit, bleiben die Kalli farblos, bei Belichtung ergrünen sie meist. Durch Zusatz geeigneter Wuchsstoffe (Phytohormone) können Sproß- und/oder Wurzelbildung induziert werden. Mehr darüber im Kapitel 29.

Speicherfunktionen

Im Stoffwechsel der Pflanzen entsteht eine Vielzahl spezifischer Substanzen, von denen ein Teil gespeichert und zu einem späteren Zeitpunkt gegebenenfalls genutzt wird. Es sind wiederum vorwiegend parenchymatische Zellen in den verschiedensten ober- und unterirdischen Organen, die als Depot dienen. Mit der Chemie der gespeicherten Substanzen werden wir uns später noch ausgiebig befassen. Hier sei nur vermerkt, daß grundsätzlich zwischen kleinen und großen Molekülen (Makromolekülen) zu unterscheiden ist. Zu den kleinen rechnet man – außer den anorganischen Ionen – organische Säuren (bzw. ihre Salze), Zucker, eine Anzahl stickstoffhaltiger Verbindungen (z.B. Aminosäuren, Alkaloide) u.a., zu den Makromolekülen die Stärke sowie die Proteine.

Kleine Moleküle werden meist in gelöster Form in den Vakuolen gespeichert. Gelegentlich kristallisieren sie aus, und die Kristalle werden je nach Art entweder in der Vakuole oder im Plasma abgelagert. Makromoleküle gelangen nur selten in die zentrale Vakuole. Sie werden als mikroskopisch sichtbare Aggregate (Proteinkörper, Stärkekörner) im Plasma deponiert.

Zucker und Stärke gehören zu den wichtigsten Primärprodukten der Photosynthese. Bekanntlich sind verschiedenste Zucker in mitunter beträchtlichen Mengen im Parenchym von Früchten (dem Fruchtfleisch) enthalten. Die gleichzeitige Speicherung organischer Säuren (in den gleichen Zellen) verleiht ihnen den artspezifischen, oft süß-sauren Geschmack. Stärkedepots findet man in Samen (im Endosperm, ebenfalls einem parenchymatischen Gewebe), in Wurzeln, Wurzelknollen (Dahlien, Batate), Sproßknollen (Kartoffel) u.a.

Proteine werden ebenfalls oft in Samen gespeichert, zumeist in darauf spezialisierten Zellen. In einem Weizenkorn findet man beispielsweise in den zentral gelegenen Endospermzellen Stärke und in weiter außen liegenden Protein in Form sogenannter Aleuronkörner.

Bei den Proteinen handelt es sich um Speicherproteine, die einer bestimmten Proteinklasse angehören. Ihre chemische Zusammensetzung und Struktur ist artspezifisch.

Beim Auskeimen der Samen werden die im Endosperm gelagerten Makromoleküle (Reservestoffe) partiell degradiert und dienen dem Aufbau des Keimlings. Nach Mobilisierung ihrer Inhaltsstoffe stirbt dieses Gewebe in der Regel ab.

Das Problem Wasser

Neben den eben genannten Verbindungen speichern Parenchymzellen große Mengen an Wasser. Besonders augenscheinlich in Geweben sukkulenter (dickfleischiger) Pflanzen: Kakteen, Aloe, Agave, Aizoaceae (= Mittagsblumengewächse). In den einzelnen Abschnitten eines Bambushalmes wurde eine direkte

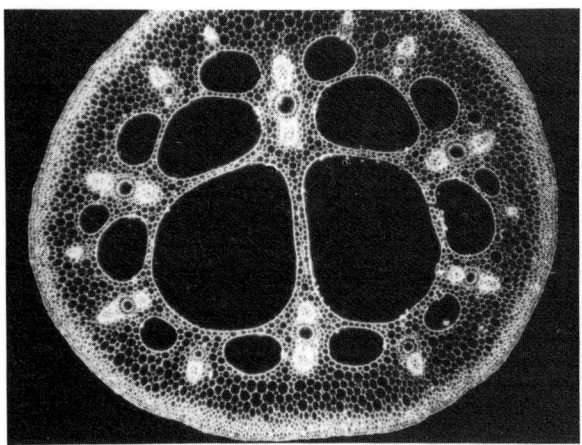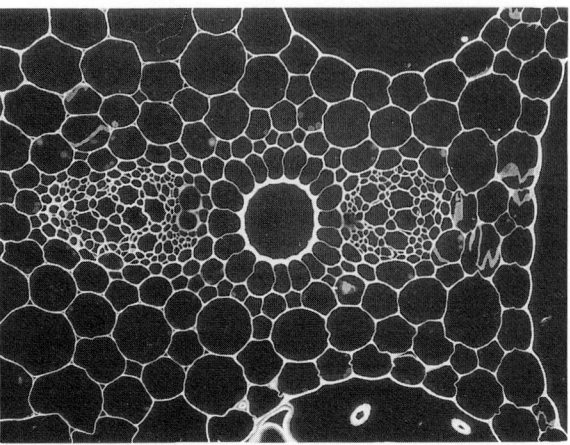

Abb. 5.19. *Nymphea alba* (Weiße Seerose). Links der Stengelquerschnitt mit weitlumigen Luftkanälen und rudimentär ausgebildeten Leitbündeln, denen hier mehr Festigungs- als Leitfunktion zukommt. Rechts eine Ausschnittsvergröße-rung. Zwei rudimentär ausgebildete Leitbündel flankieren einen von Spezialzellen umgebenen Luftkanal. (R. Duden, 1985)

(lineare) Korrelation zwischen prozentualem Anteil an Parenchymgewebe und Wassergehalt ermittelt.

Aber auch bestimmte Teile der Pflanzen unserer Breiten sind wasserhaltiger als die übrigen: dazu zählen z.B. das Fruchtfleisch, die Zwiebeln, die Knospen und alle „fleischigen" Verdickungen oberirdischer Teile usw.

Die Kapazität, in den Vakuolen Wasser zu speichern, ist von der Molarität der darin gelösten Substanzen abhängig. Man spricht dabei vom osmotischen Wert, siehe dazu Kapitel 22.

Im vorangegangenen Abschnitt haben wir die Vakuolen parenchymatischer Zellen als Depots für eine Reihe kleiner Moleküle kennengelernt. Aus der eben postulierten physikochemischen Bedingung folgt zwingend, daß gerade solche Zellen für eine hohe Wasseraufnahmerate prädestiniert sind. Man erkennt das allein schon daran, daß reife Früchte stets prall sind; in überreifen kann der hohe osmotische Druck sogar zu ihrem Platzen führen.

In den meisten parenchymatischen Geweben, vor allem denen mit Speicherfunktion, gibt es nur kleine, teilweise sogar gar keine Interzellularen. Das ist zum einen durch den hohen osmotischen Druck (= Turgor) der einzelnen Zellen, zum anderen durch deren dünne Zellwände erklärbar, die der Ausdehnung des Zellinhalts nur wenig Widerstand entgegensetzen, es dadurch gar nicht erst zur Bildung von Interzellularen kommen lassen.

Durchlüftungsgewebe, Aerenchyme

Anders als gerade beschrieben sieht es bei einem speziellen Typ parenchymatischer Zellen aus, der sich durch stärkere Wände auszeichnet. Durch Auseinanderweichen solcher Zellen oder durch Reißen der Gewebe entstehen lufterfüllte Hohlräume. Die durch Reißen entstehenden Hohlräume sind im Sproß und in den Wurzeln meist tangential oder radial angelegt. Die Ursache für das Reißen ist in Spannungsdifferenzen zwischen benachbarten, sich unterschiedlich vergrößernden Geweben zu suchen. Beim Auseinanderweichen, beruhend auf asymmetrischem Streckungswachstum, entstehen unregelmäßig geformte Zellen, zwischen denen sich umfangreiche Interzellularsysteme ausbilden. Beispielhaft dafür ist das Schwammparenchym der Laubblätter.

Ausgedehnte Durchlüftungsgewebe findet man aber auch im Mark vieler Monokotyledonen feuchter Standorte, z.B. bei den Binsen. Wegen der dort auftretenden spezifischen Zellform wird der Gewebetyp als Sternparenchym bezeichnet.

In submers (untergetaucht) wachsenden Sprossen vieler Angiospermen, so z.B. bei der Weißen und der Gelben Teichrose kommen im Parenchym große, schon mit bloßem Auge erkennbare Luftkanäle vor (s.a. Abb. 5.19), die durch einfache Zellschichten voneinander getrennt sind.

Diese wabenartige Konstruktion bedingt zweierlei: Zum einen hohe Festigkeit bei nur geringem Materialeinsatz. Dieses Prinzip wird übrigens im technologischen Bereich erfolgreich angewandt. Zum anderen wird durch das geringe spezifische Gewicht ein Auftrieb erzeugt, der der Schwimmfähigkeit der Sprosse zugute kommt.

Assimilationsgewebe/Mesophyll

Assimilationsgewebe im weitesten Sinne sind all jene, die aus chloroplastenhaltigen Zellen bestehen und daher zu Photosyntheseleistungen befähigt sind. Man findet sie überall dort, wo Pflanzen grün aussehen.

Abb. 5.20. Querschnitt durch das Blatt einer Bohne *(Vicia faba)*; die natürliche Dicke des Blattes beträgt 0,2–0,3 mm; *e* Epidermis, *sp* Spaltöffnung, *a* Atemhöhle, unter derselben, *i* Interzellularräume der nur an einzelnen Punkten verbundenen Zellen des mit Chlorophyll versehenen Mesophylls, *g* Gefäße im Querschnitt; *s* Siebröhren, *gs* Gefäßbündelscheide. (J. Sachs, 1887)

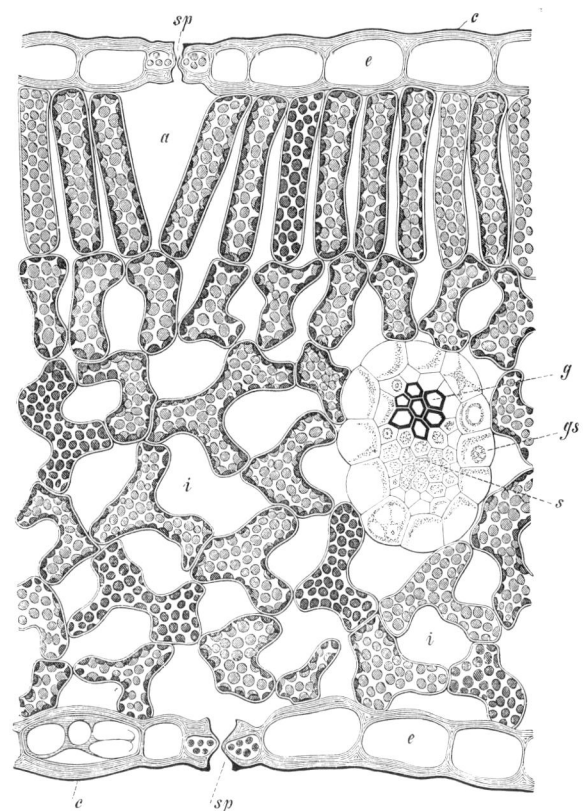

Ein wichtiger Teilaspekt der Photosynthese ist der Einbau von Kohlendioxyd in organisches Material. Die dabei anfallenden Produkte bezeichnet man summarisch als Assimilate.

Bekanntermaßen sind die Laubblätter höherer Pflanzen die bei weitem wichtigsten Produktionsstätten – sofern man aquatische einzellige Algen hier außer acht läßt.

Blätter sind in der Regel aus drei Gewebetypen, dem Mesophyll, der Epidermis und dem Leitgewebe aufgebaut. In alter und neuer Darstellung sind diese in den Abbildungen. 5.20 und 5.21 zu sehen.

Das Mesophyll ist ein parenchymatisches Gewebe, das als das eigentliche Assimilationsgewebe angesehen werden kann. In den Blättern der meisten Farne und Phanerogamen, besonders ausgeprägt bei den Dikotyledonen und vielen Monokotyledonen, ist es in Palisaden- und Schwammparenchym untergliedert.

Bevor wir auf Einzelheiten eingehen, sei bemerkt, daß die Begriffe Mesophyll und Assimilationsgewebe nicht als Synonyme verwendet werden dürfen, denn

Abb. 5.21. Rasterelektronenmikroskopische Aufnahme eines gefriergetrockneten Querschnitts eines *Phaseolus vulgaris-* Blattes (Bohnenblattes). *E* obere und untere Epidermis, *Sz* Schließzelle, *P* Zellen des Palisadenparenchyms, *S* Zellen des Schwammparenchyms, *I* Interzellularräume. In der klassischen Durchlichtmikroskopie (s. o.) wird auch der Zellinhalt (hier vor allem die Plastiden) sichtbar. Bei der Rasterelektronenmikroskopie wird ein Abdruck der Oberfläche genommen. Die Form der Zellen kommt daher deutlich zum Ausdruck, der Zellinhalt wird nicht gesehen. (C.E. Jeffree, J.E. Dale, S.C. Fry, 1986)

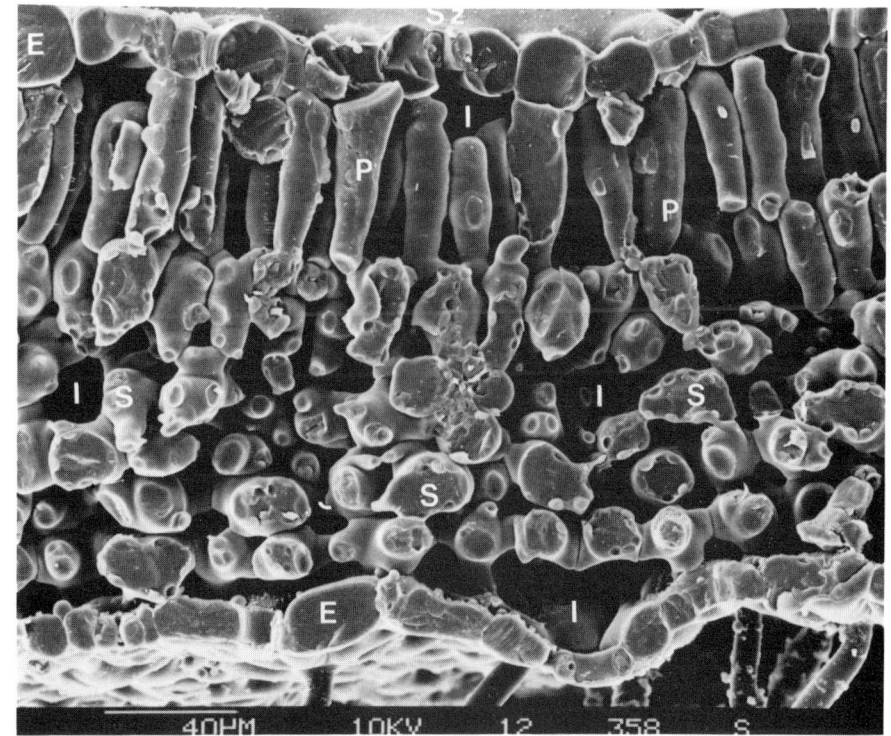

es gibt chloroplastenfreie Blätter, die sich in ihrem Aufbau nur unwesentlich von vergleichbaren, grünen Blättern unterscheiden. Folglich enthalten sie Mesophyll, doch eine Assimilation unterbleibt.

Ein „typisches" Blatt ist dorsiventral gebaut. Das Palisadenparenchym liegt dabei meist an der Blattoberseite unmittelbar unter der Epidermis. Das Schwammparenchym füllt den darunterliegenden Raum aus. Es ist von einem voluminösen Interzellularsystem durchsetzt, dessen Gasraum über die Spaltöffnungen in direktem Kontakt zur Außenwelt steht.

Die hier grob skizzierte Struktur des Assimilationsgewebes wird immer wieder als ein Musterbeispiel für Selektion und Adaptation (Anpassung) zitiert.

Nach dem, was wir heute über die Photosynthese wissen, muß ein effizient arbeitendes Assimilationsgewebe zumindest folgende Kriterien erfüllen:
– Es muß so strukturiert sein, daß einfallendes Licht optimal genutzt werden kann.
– Die Zellen bedürfen einer kontinuierlichen und ausreichenden Zufuhr an Kohlendioxid (CO_2).
– Alle Zellen müssen über direkten Zell-zu-Zell-Kontakt mit dem Leitungssystem verbunden sein, damit die Wasserzufuhr und ein Abtransport der Assimilate gewährleistet sind.

Die Konstruktion des Assimilationsgewebes der Laubblätter erfüllt die genannten Bedingungen auf nahezu ideale Weise.

Hinzu kommt, daß die äußere Gestalt der Blattspreite (Lamina) flächig und dünn ist und die Stellung der Blätter an Sproßhaupt- und nebenachsen den Anforderungen maximaler Lichtausnutzung entgegenkommen. Der Beschattungsgrad der Chloroplasten durch Zellen und andere Blätter wird somit auf ein Minimum reduziert.

Die Versorgung der Pflanzen mit Licht, Kohlendioxyd und vor allem mit Wasser schwankt in weiten Grenzen. Daher ist es auch nicht verwunderlich, daß im Verlauf der Evolution Modifikationen des Konstruktionsplans mit erhöhtem adaptivem Wert entstanden sind, deren Ausprägung von Umwelt-/Standortbedingungen gesteuert wird. Oftmals ist daher die Struktur des Assimilationsgewebes von Pflanzen der gleichen Art je nach Standort verschieden.

Palisadenparenchym

Das Palisadenparenchym besteht aus langgestreckten, zylindrischen Zellen. Nebeneinanderliegende Zellen ähneln daher dem Bild von Pfählen, aus denen eine Palisade aufgebaut ist. Der Vergleich ist treffend, wenn man Querschnitte eines Blattes betrachtet, ist aber weniger glücklich, wenn man sich vergegenwärtigt, daß die Zellen ja nicht nur in einer Reihe, sondern auch zu einer Fläche angeordnet sind. Palisadenparenchymzellen enthalten im Vergleich zu Schwammparenchymzellen größenordnungsmäßig drei- bis fünfmal so viele Chloroplasten. Sie liegen in der Regel

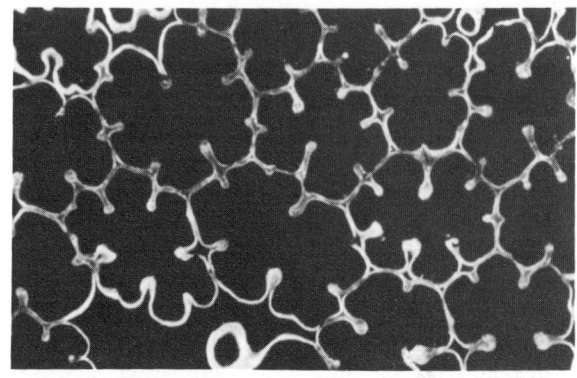

Abb. 5.22. Armpalisadenparenchym (im Querschnitt einer Kiefernnadel). Die Oberflächenvergrößerung der Zellwand erfolgt durch Einstülpungen ins Zellumen. (R. Duden, 1985).

wandständig, da diese Anordnung eine optimale Lichtausnutzung sichert.

Bei einigen Arten sind die Zellen irregulär, gelegentlich sind sie gegabelt (Y-förmig: Armpalisadenparenchym, s. Abb. 5.22). Solche Varianten kommen bei Farnen, Coniferen und einigen wenigen Angiospermen (z.B. bei einigen Ranunculaceen- und Caprifoliaceenarten [Beispiel: Holunder]) vor. Es gibt keine direkten verwandtschaftlichen Beziehungen zwischen diesen Arten (Gruppen), darum stellt sich die Frage: Worin liegt der Selektionswert des Armpalisadenparenchyms?

Man sagt, die Zelloberfläche werde dadurch vergrößert, was vorteilhaft sei. Das mag stimmen, doch daraus ergibt sich die bislang offene Folgefrage: Warum ist diese Struktur so selten?

Die Entstehung und vor allem die Ausdifferenzierung des Palisadenparenchyms wird vielfach durch äußere Faktoren, vor allem durch Licht oder den CO_2-Gehalt der Atmosphäre beeinflußt (s. Abb. 5.23). Bei vielen Arten wird zwischen Sonnen- und Schattenblättern unterschieden.

Sonnenblätter waren während ihrer Ontogenese einer großen Lichtmenge ausgesetzt. Es entwickelte sich ein mehrschichtiges Palisadenparenchym. Schattenblätter hingegen erhielten während der Entwicklung nur wenig Licht, das Palisadenparenchym blieb einschichtig. Die Vergrößerung des Palisadenparenchyms geht in der Regel auf Kosten der Ausdehnung des Schwammparenchyms, das bei Sonnenblättern schwächer als bei Schattenblättern ausgeprägt ist.

Ein nicht minder wichtiger Faktor für den Grad der Differenzierung ist die Position eines Blattes am Sproß. Ältere, am Sproß unten stehende Blätter haben oft ein einschichtiges, junge, oben stehende, ein mehrschichtiges Palisadenparenchym.

Neben der eben beschriebenen, am weitesten verbreiteten Organisationsform sind die folgenden Varianten nachgewiesen worden:

86

- Palisadenparenchym an der Blattunterseite. Besonders auffällig bei Schuppenblättern. Beispiel: Lebensbaum *(Thuja)*, sowie bei den Blättern des Bärlauchs *(Allium ursinum)*.
- Palisadenparenchym an beiden Blattseiten (Ober- und Unterseite). Häufig bei Pflanzen trockener Standorte (Xerophyten). Beispiel: Kompaßpflanze *(Lactuca serriola)*.
- Ringförmig geschlossenes Palisadenparenchym: In zylindrisch organisierten Blättern und in Nadeln der Coniferen (s. Abb. 5.24).

Schwammparenchym

Die Variabilität der Schwammparenchymzellen und die Ausbildung des Schwammparenchyms selbst sind noch vielgestaltiger als die des Palisadenparenchyms. Es wird meist als Durchlüftungsgewebe bezeichnet, denn es enthält eine Vielzahl untereinander verbundener Interzellularen. Das bedeutet jedoch nicht, daß der Kontakt der Palisadenparenchymzellen zu gashaltigen Interzellularen weniger stark ausgeprägt sei. Im Gegenteil: anteilsmäßig wird bei ihnen ein größerer Teil ihrer Oberfläche von Interzellularen umgeben als bei den Schwammparenchymzellen. Da sie langgestreckt und zylindrisch gebaut sind, besteht selbst bei dichtester Packung nur ein punktueller Kontakt zu Nachbarzellen.

Bei den Schwammparenchymzellen hingegen sind umfangreiche flächige Kontakte zwischen den benachbarten Zellen zu erkennen, hinzu kommen Zell-zu-Zell-Verbindungen zwischen Schwamm- und Palisadenparenchymzellen sowie zwischen Schwammparenchymzellen und den Zellen der Leitungsbahnen, wodurch ein verlustloser Wasser- und Assimilattransport erklärbar ist.

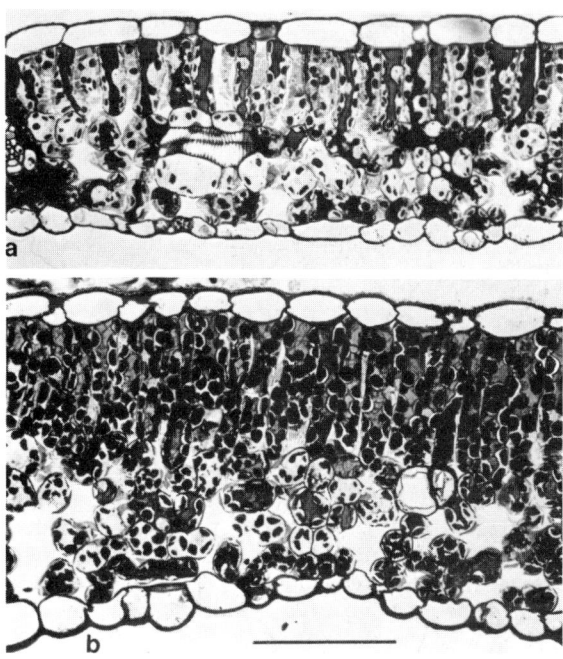

Abb. 5.23. *Leea brunoniana* (eine in Australien vorkommende Verwandte der Weinrebe *Vitis vinifera*). *a* Querschnitt durch das Mesophyllgewebe eines Blattes (Kontrolle); *b* Querschnitt durch ein Blatt einer Pflanze, die in CO_2-angereicherter Atmosphäre aufwuchs; Balken 100 µm. (P.E. Kriedemann, R.J. Sward, W.J.S. Dowton, 1976).

Das Interzellularsystem verursacht die Ausbildung ausgedehnter innerer Oberflächen im Blatt, wobei das Verhältnis Interzellularraum zu Gesamtzellvolumen art- und standortspezifisch ist. Als Anhaltspunkt können Verhältniswerte in der Größenordnung von 70–700 : 1000 genannt werden.

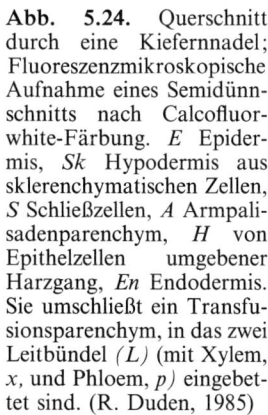

Abb. 5.24. Querschnitt durch eine Kiefernnadel; Fluoreszenzmikroskopische Aufnahme eines Semidünnschnitts nach Calcofluorwhite-Färbung. *E* Epidermis, *Sk* Hypodermis aus sklerenchymatischen Zellen, *S* Schließzellen, *A* Armpalisadenparenchym, *H* von Epithelzellen umgebener Harzgang, *En* Endodermis. Sie umschließt ein Transfusionsparenchym, in das zwei Leitbündel *(L)* (mit Xylem, *x,* und Phloem, *p)* eingebettet sind. (R. Duden, 1985)

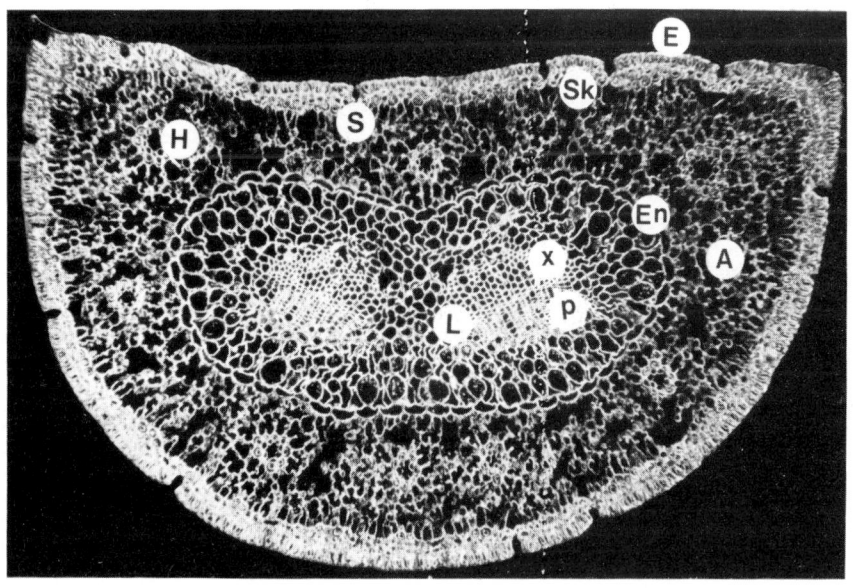

Auf die Oberfläche bezogen ermittelte F.M. Turrel (1934) aufgrund von Messungen und Extrapolationen auf das gesamte Blattwerk eines Trompetenbaumes *(Catalpa)* folgende Werte:
innere Oberfläche: 5100 m²
äußere Oberfläche: 390 m²
Das Verhältnis der beiden Oberflächen zueinander ist ebenfalls art- und standortspezifisch. Der Quotient ist bei Schattenblättern niedrig (6,8–9,9), bei Sonnenblättern hoch (17,2–31,3).

Evolution, Rückbildungen, Umwandlungen

Die Untergliederung in die beiden Parenchymtypen (Schwamm- und Palisadenparenchym) erfolgte im Verlauf der Evolution schrittweise. Beide gehen aus dem gleichen Grundgewebe hervor, und wie zahlreiche Übergänge belegen, sind die typischen Palisaden- und Schwammparenchymzellen lediglich als Extremwerte (Endglieder) einer abgeschlossenen Differenzierung zu betrachten.

Von wenigen Ausnahmen abgesehen, sind bei den Algen alle Zellen zur Photosynthese befähigt. Blätter einfacher Laubmoose sind ein-, selten zweischichtig. Hier entfällt sogar die Untergliederung in Epidermis und Mesophyll.

Bei manchen anderen Moosen, so bei den *Polytrichum*-Arten (Laubmoos) und *Riccia*-Arten (Lebermoos) befinden sich auf der Blattoberseite lamellenartig aussehende Rippen, die aus mehreren übereinanderliegenden Zellreihen bestehen und auf Assimilation spezialisiert sind. Andere Lebermoose (typisches Beispiel: *Marchantia*) verfügen über einen mehrschichtigen, dem Boden direkt aufliegenden Thallus. Über einer Schicht großlumiger Parenchymzellen liegt ein Assimilationsgewebe, das aus zahlreichen kleinen, rundlichen, zu Gruppen vereinten Zellen und voluminösen, zusammenhängenden Luftkammern besteht.

Bei Lebermoosen sind weder Spaltöffnungen noch Schließmechanismen vorhanden. Statt dessen ist die oberseitige Epidermis von charakteristisch gebauten – nicht verschließbaren – Atemöffnungen durchsetzt.

Bei vielen Wasser- und Sumpfpflanzen tritt anstelle der Gliederung in Palisaden- und Schwammparenchym ein homogen strukturiertes Aerenchym auf, das sich durch überproportional große Lufträume (Interzellularen) auszeichnet.

In den Blättern der Wasserpest *(Elodea canadensis)* ist das Assimilationsgewebe auf zwei Zellagen reduziert. Auch hier kann man weder von Epidermis noch von Mesophyll sprechen.

Die Leitbündel nahezu aller Gefäßpflanzen sind von der Bündelscheide, einer mehr oder weniger umfangreichen Parenchymschicht, umgeben. Meist enthalten deren Zellen weniger Chloroplasten als das übrige Mesophyll. Oft ist in ihnen Stärke gespeichert, so daß sich auch der Begriff Stärkescheide eingebürgert hat.

Bei vielen – vor allem tropischen – Gramineen (Mais, Zuckerrohr u.a.) sind die Zellen der Bündelscheiden von einem Kranz chloroplastenhaltiger Mesophyllzellen umgeben. Beide Zellschichten umgeben die Leitbündel – im Querschnitt gesehen – wie zwei konzentrische Ringe.

Wie sich in den letzten Jahren herausstellte, ist dieser Bauplan für die C_4-Pflanzen charakteristisch. Dabei handelt es sich um eine Gruppe von Arten aus den verschiedensten Familien der Mono- und Dikotyledonen, bei denen ein Einbau von Kohlendioxyd in eine organische Säure der eigentlichen Photosynthese vorgeschaltet ist (s. Kap. 24).

Pflanzen ohne diesen Zusatzweg (der einer vorübergehenden CO_2-Speicherung dient) werden vom Standpunkt der Photosyntheseforschung aus als C_3-Pflanzen bezeichnet.

Selbst innerhalb einzelner Gattungen kann eine Art als C_3-, eine zweite als C_4-Pflanze charakterisiert werden. Das bekannteste Beispiel hierfür sind die beiden *Atriplex*-Arten *A. patula* (C_3) und *A. rosea* (C_4).

Es gibt sogar Arten, deren untere Blätter nach dem einen, die oberen nach dem anderen Schema organisiert sind und dementsprechend einen unterschiedlichen Effizienzgrad der Photosynthese aufweisen. Wie durch Fossilien belegt, gab es C_4-Pflanzen bereits im Pliozän (s. Abb. 5.25).

Eine Variante des C_4-Weges zeichnet die CAM-Pflanzen aus. Normalerweise handelt es sich dabei um Sukkulenten (dickfleischige Pflanzen) trockener Standorte. Zur Vermeidung von Transpirationsverlusten sind die Spaltöffnungen tagsüber geschlossen. CO_2 kann daher nur nachts aufgenommen und akkumuliert werden. Die Bindung erfolgt wie bei den C_4-Pflanzen; die organische Säure (meist Äpfelsäure/Malat) wird in den Vakuolen großvolumiger, weitgehend chloroplastenfreier Parenchymzellen gespeichert. Tagsüber wird das CO_2 wieder abgespalten, es diffundiert von dort in die Mesophyllzellen und wird in den Photosyntheseprozeß eingeschleust.

Entstehung des Mesophylls während der Ontogenese

Blätter entwickeln sich aus Blattanlagen, die ihrerseits aus kleinen seitlichen Ausstülpungen des Sprosses hervorgehen. Durch bevorzugte Teilungsrichtungen verursacht, entsteht eine flächige Struktur. Die zentral liegenden Zellen (das Plattenmeristem) sind u.a. als die eigentlichen Vorläufer der Mesophyllzellen anzusehen. Die Ausdifferenzierung in typische Palisaden- und Schwammparenchymzellen erfolgt durch ungleiche Wachstumsraten der verschiedenen Zellschichten im sich entwickelnden Blatt.

Zellteilungs- und Zellstreckungsaktivität sind in den einzelnen Lagen zeitlich gegeneinander versetzt. Hinzu kommt, daß sich die Zellen in unterschiedliche Richtungen ausbreiten.

88

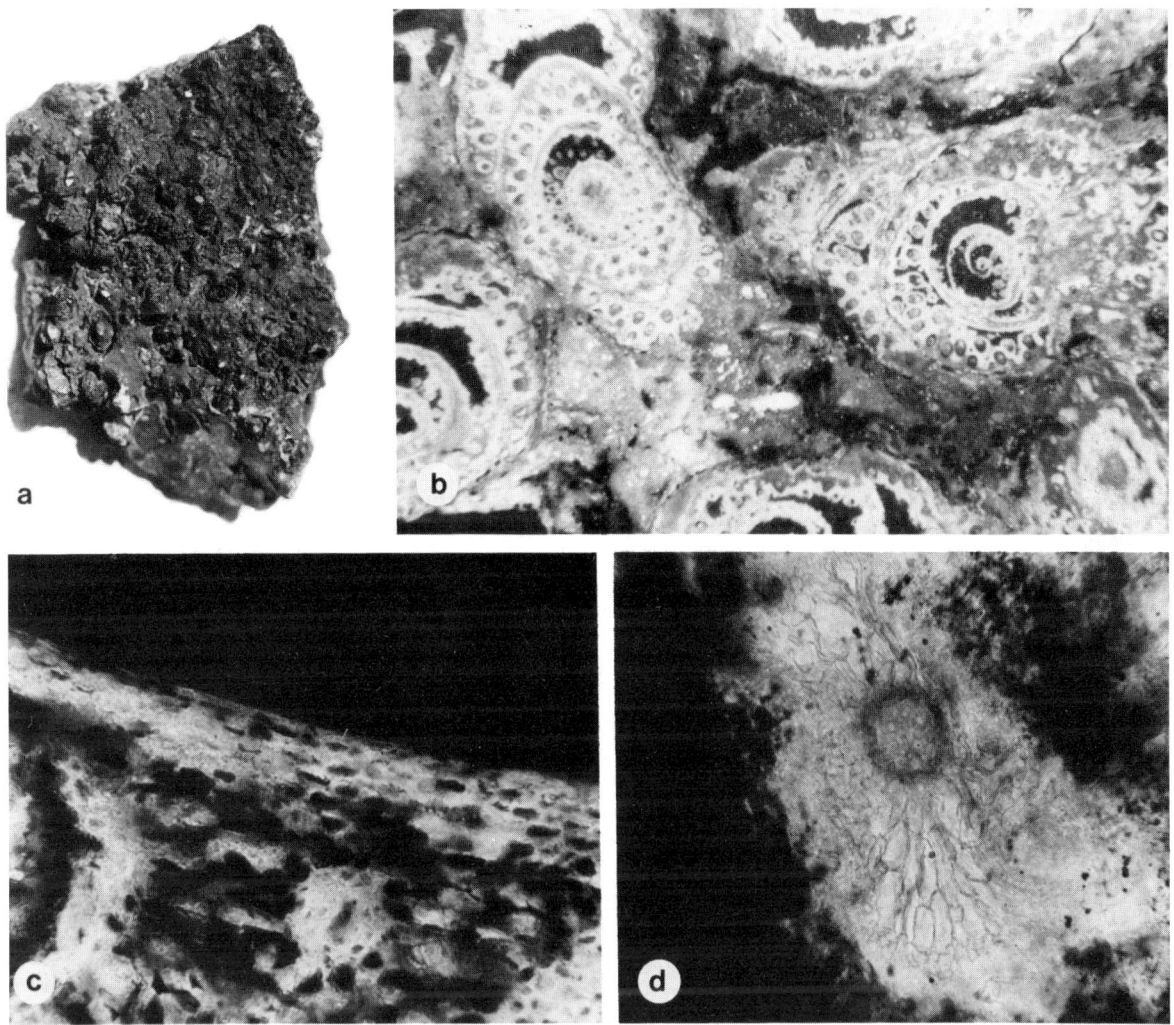

Abb. 5.25. Eine C_4-Pflanze aus dem Pliozän. Die Kranzanatomie in fossilen Gramineen-Blättern weist darauf hin, daß es diesen Weg der Photosynthese schon damals gab. *a* Versteinerung (Gesamtüberblick); *b* Blattquerschnitt (Dünnschliff) mit Kranzanatomie um Leitbündel; *c* Querschnitt (Dünnschliff) durch die Wurzel mit Aerenchym; *d* Querschnitt (Dünnschliff) durch Halme, die von jeweils mehreren Blattscheidenschichten umgeben sind. (W.D. Tidwell, 1978)

Zur Veranschaulichung ein Beispiel:

Zellen des Palisadenparenchyms strecken sich senkrecht zur Ebene des Blattes, Zellen des Leitgewebes (das während der Blattentwicklung ebenfalls angelegt wird) parallel zur Blattebene.

Solange Teilung und Streckung in zwei Geweben (z.B. der Epidermis und dem Mesophyll) aufeinander abgeglichen sind, bleiben die Relationen der Zellen zueinander gleich. Zu einem relativ frühen Zeitpunkt jedoch beginnen die Epidermiszellen der Oberseite sich schneller als die noch nicht voll ausdifferenzierten Palisadenparenchymzellen zu teilen. Folglich entstehen durch Auseinanderweichen der letzteren große Interzellularräume. Sie werden zum Teil wieder aufgefüllt, weil sich die Palisadenparenchymzellen zu einem späteren Zeitpunkt antiklin teilen und damit ihre Zahl vermehren.

Die Wechselwirkungen zwischen Ausdifferenzierung der unteren Epidermis und dem Schwammparenchym sind variabler gestaltet. Je nach Art wird erst die Teilungsaktivität der Epidermiszellen oder erst die der Schwammparenchymzellen eingestellt.

Zellteilungs- und Zellstreckungsaktivität sind im Schwammparenchym zeitlich voneinander getrennt. Die unterschiedliche Wachstumsgeschwindigkeit in den verschiedenen Teilen des sich entwickelnden Blattes führt dazu, daß sich die Zuwachszonen wellenförmig über das Blatt ausdehnen. Erst kürzlich konnten diese Wachstumsbewegungen in einem Zeitrafferfilm dokumentiert werden, in dem eindrucksvoll zu sehen ist, daß das Wachstum und die Ausdehnung eines (Buchen-)Blattes mit intensiven Wellenbewegungen einhergeht (W. Kausch, Universität Bonn, 1986).

89

Literatur

Baldo, B.A., A.L. Reid, P.A. Boniface: Lectins as cytochemical probes of the developing wheat grain. IV. Demonstration of mucilage containing L-fucose, associated with roots in ungerminated grain. Austr. J. Plant Physiol. *10*, 459–470 (1983)

Baker, E.A.: The morphology and composition of isolated plant cuticles. New Phytol. *69*, 1053–1058 (1970)

Barthlott, W.: Struktur und Funktion des Velamen Radicum der Orchideen. Proc. 8th World Orchid Conference, 438–443, Hamburg 1976

Barthlott, W.: Morphogenese und Mikromorphologie komplexer Cuticular-Faltungsmuster an Blüten-Trichomen von *Antirrhinum* L. (Scrophulariaceae). Ber. Deutsch. Bot. Ges. *93*, 379–390 (1980)

Barthlott, W.: Epidermal and seed surface characters of plants: systematic applicability and some evolutionary aspects. Nord. J. Bot. *1*, 345–355 (1981)

Barthlott, W., D. Frölich: Mikromorphologie und Orientierungsmuster epicuticularer Wachs-Kristalloide: Ein neues systematisches Merkmal bei Monokotylen. Plant Syst. Evol. *142*, 171–185 (1983)

Barthlott, W., R. Schill: Oberflächensculpturen bei höheren Pflanzen. Progr. in Botany *47*, 19–29 (1985)

Behnke, H.-D., W. Barthlott: New evidence from the ultrastructural and micromorphological fields in angiosperm classification. Nord. J. Bot. *3*, 43–66 (1983)

Bosabalidis, A., I. Tsekos: Ultrastructural studies on the secretory cavities of *Citrus deliciosa* Ten. 1. Early stages of the gland cell differentiation. Protoplasma *112*, 55–62 (1982)

Bosabalidis, A., I. Tsekos: Glandular scale development and essential oil secretion in *Origanum dictamnus* L. Planta *156*, 496–504 (1982)

Carr, D.J., S.G.M. Carr and J.R. Lenz: Oriented arrays of epicuticular wax plates in *Eucalyptus* species. Protoplasma, *124*, 205–212 (1985)

Cormack, R.G.H.: The development of the root hairs by *Elodea canadensis*. New Phytol. *36*, 19–25 (1937)

Dittmer, H.J.: A quantitative study of the roots and root hairs of a winter rye plant. Amer. J. Bot. *24*, 417–420 (1937)

Fahn, A.: Ultrastructure of nectaries in relation to nectar secretion., Amer. J. Bot. *66*, 977–985 (1979)

v. Guttenberg, H.: Lehrbuch der Allgemeinen Botanik. Berlin: Akademie-Verlag 1956 (5. Aufl.)

Haberlandt, G.: Entwicklungsgeschichte des mechanischen Gewebesystems der Pflanze. Leipzig: W. Engelmann 1879

Haberlandt, G.: Physiologische Pflanzenanatomie. Leipzig: W. Engelmann 1924 (6. Aufl.)

Hardin, J.W.: Atlas of foliar surface features in woody plants. I. Vestiture and trichome types of eastern north american *Quercus.*, Bull. Torrey Botanical Club *106*, 313–325 (1979)

Hardin, J.W. and R.E. Beckmann: Atlas of foliar surface features in woody plants. V. *Fraxinus* (Oleaceae) of eastern north america. Brittonia *34*, 129–140 (1982)

Heslop-Harrison, Y. and J. Heslop-Harrison: The digestive glands of *Pinguicula*. Ann. Bot. *47*, 293–319 (1981)

Karrfalt, E.E., Kreitner, G.L.: The development of the glandular trichomes of *Adenocaulon bicolor*. Can. J. Bot. *58*, 61–67 (1980)

Kriedemann, P.E., R.J. Sward, W.J.S. Downton: Vine response to carbon dioxide enrichment during heat therapy. Austr. J. Plant Physiol. *3*, 605–618 (1976)

Lersten, N.R. and J.D. Curtis: Anatomy and distribution of secretory glands and other emergences in *Toffieldia* (Liliaceae). Ann. Bot. *41*, 879–882 (1977)

Nambudiri, E.M.V., W.D. Tidwell, B.N. Smith, N.P. Hebbert: A C-4 plant from the pliocene. Nature *276*, 816–817 (1978)

Netting, A.G. and P. v. Wettstein-Knowles: The physico-chemical basis of leaf wettability in wheat. Planta *114*, 289–309 (1973)

Rachmilevitz, T. and A. Fahn: The floral nectary of *Tropaeolum majus* L.– The nature of the secretory cells and the manner of nectar secretion. Ann. Bot. *39*, 721–728 (1975)

Troll, W.: Morphologie der Pflanzen. Band 1: Vegetationsorgane. Berlin: Gebr. Borntraeger, 1937

Troll, W.: Praktische Einführung in die Pflanzenmorphologie. Jena: VEB G. Thieme Verlag 1954/1957

Troll, W.: Die Infloreszenzen. Stuttgart: G. Fischer Verlag, 1964–1969

Troll, W., Höhn, K.: Allgemeine Botanik. Stuttgart: F. Enke Verlag, 1973 (4. Aufl.)

Turrell, F.M.: Leaf surface of a twenty-one-year-old catalpa tree. Iowa Acad. Sci. Proc. *41*, 79–84 (1934)

v. Wiesner, I.: Die Rohstoffe des Pflanzenreichs. Leipzig: W. Engelmann 1928/29 (4. Aufl.)

6. Festigungs- oder Stützgewebe

Die Ausbildung stabiler Stützelemente war eine wichtige Voraussetzung zur Evolution großer terrestrischer Organismen. Tiere besitzen Endo- oder Exoskelette, viele Pflanzen verholzte Stengel oder Stämme.

Die Architektur des pflanzlichen Vegetationskörpers ist durchweg sehr komplex. Dünne Blattstiele tragen schwere flächige Blattspreiten, Stengel tragen Blätter, Blüten und Früchte.

Alle Organe sind mechanischen Belastungen ausgesetzt. Die oberirdischen Sprosse oder ihre Teile (Äste, Blätter usw.) folgen den Bewegungen des Windes. Aufgrund ihrer hohen Elastizität kehren sie in ihre Ausgangsposition zurück, oder sie pendeln um eine gedachte Achse. Baumstämme sind ausreichend stabil, um dem Wind widerstehen zu können, sie sind druck- und biegefest. Wegen der oft ausladenden Krone bieten sie ihm eine große Angriffsfläche. Diese wirkt als ein Hebel, ein großer Teil der Energie wirkt daher als Zugkraft auf die Wurzel ein, zu deren Funktionen wiederum außer der Wasser- und Nährstoffaufnahme die Verankerung der Pflanze im Boden gehört.

Die Festigkeit von Geweben dient auch dem Schutz vor Feinden. Die harte Schale vieler Samen verhindert ein Zerbeißen oder Zerstechen durch Tiere und das Eindringen von Parasiten (Pilze, Bakterien u.a.).

Im vorangegangenen Kapitel haben wir gesehen, daß lebende pflanzliche Zellen wasserreich sind und die Gewebe unter einer erheblichen, durch Turgor bedingten Spannung stehen, die ihnen eine gewisse Stabilität verleiht.

Wie wichtig diese Gewebespannung ist, erkennt man am besten daran, daß Blätter und andere Pflanzenteile erschlaffen, sobald die Wasserzufuhr unterbrochen ist.

Ausgedehnte spezialisierte Stützgewebe kommen nur bei den Kormophyten (Gefäßpflanzen) vor. Zwar gibt es auch riesige marine Braunalgen (Tange, z.B. *Macrocystis, Laminaria*), aber es ist nicht eine einzige terrestrische Alge bekannt, deren Thallus sich um mehr als eine Zellage über seine Unterlage erhebt.

Die Kormophyten enthalten bis zu drei Typen von Stützgeweben:

(1) das Kollenchym, ein Gewebe aus lebenden Zellen,
(2) das Sklerenchym, ein Gewebe aus fast immer abgestorbenen Zellen, und
(3) das Leitgewebe, bestehend aus lebenden und aus abgestorbenen Zellen, dem außer der Stützfunktion die Aufgabe des Transports und der Verteilung von Wasser, Nährstoffen und Assimilaten zukommt.

Leitgewebe werden üblicherweise als eigenständige Gewebe betrachtet; sie werden im zweiten Teil dieses Kapitels behandelt. Mit steigender Organisationshöhe der Kormophyten nimmt der Anteil toter Zellen im Vegetationskörper zu. Bei den Moosen gehören sie zu den Ausnahmen, bei den Phanerogamen sind sie weit verbreitet.

Meist sind es langgestreckte (prosenchymatische) Zellen, die parallel zur jeweiligen Organachse orientiert und oft zu Bündeln (Fasern) vereint sind.

Schon in den dreißiger Jahren des vergangenen Jahrhunderts konstatierte der Tübinger Botaniker H. v. Mohl, daß solche Fasern stets aus normalen lebenden Zellen hervorgegangen sind.

Stütz- und Festigungsgewebe liegen meist an der Peripherie pflanzlicher Organe (z.B. des Stengels, der Blattstiele usw.).

Sind die Zellen zu Schichten vereint, entstehen Hohlzylinder, deren Stabilität bekanntlich höher ist als die von Stäben gleichen Durchmessers.

In gerippten oder kantigen Stengeln sind Stützgewebe auf die Rippen bzw. Ecken konzentriert. In submers lebenden Kormophyten sind sie auf ein Minimum reduziert.

Kollenchym

Das Kollenchym besteht aus lebenden, meist prosenchymatischen, oft chloroplastenhaltigen Zellen. Wie zahlreiche Übergangsformen belegen, leitet es sich vom Parenchym ab. Die Differenzierung ist reversibel; eine Rückbildung zu Meristemen wurde wiederholt beobachtet.

Die Wände der Kollenchymzellen sind durch Cellulose- und Pektinauflagerungen verstärkt, wobei sich die Verstärkung oft auf einzelne Seiten oder Ecken der Zellen beschränkt. Die Wände sind von Tüpfeln durchbrochen, welche oft in Gruppen (Feldern) angeordnet sind.

Auf Vorschlag des Berliner Botanikers C. Müller (1890) unterscheidet man zwischen verschiedenen Typen.

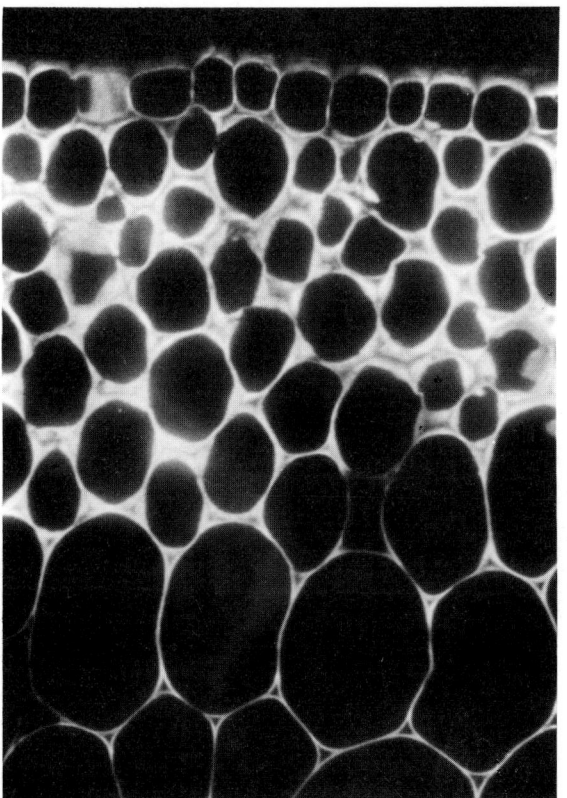

Abb. 6.1. Eckenkollenchym: *Aristolochia durior* (Pfeifenwinde), Querschnitt durch einen jungen Stengel. (R. Duden, 1985)

Die bekanntesten sind:

(1) Eckenkollenchym/Kantenkollenchym.

In Querschnitten ist eine Verstärkung der Zellekken zu sehen. In Längsschnitten wird deutlich, daß die Zellen gestreckt sind und daß sich die Verstärkung über die gesamte Zellänge erstreckt. Daher ist es sinnvoller, von Kantenkollenchym zu sprechen. Der Stengelquerschnitt von *Begonia rex* oder verwandter Arten ist das Standarddemonstrationsobjekt in mikroskopisch-botanischen Übungen. Ecken-/Kantenkollenchyme kommen auch bei Arten aus den folgenden Gattungen vor: *Ficus, Vitis, Ampelopsis, Polygonum, Beta, Rumex, Boehmeria, Morus, Cannabis, Pelargonium* u.a.

(2) Plattenkollenchym.

Bei diesem Kollenchymtyp sind die Tangentialwände stärker als die Radialwände verdickt. Demonstrationsobjekt: *Sambucus nigra*. Alternativen: Arten der Gattungen *Sanguisorba, Rhoeo, Eupatoria*.

(3) Lückenkollenchym.

Während die Interzellularräume bei den beiden vorangegangenen Typen gar nicht oder kaum ausgeprägt sind, sind sie hier sehr groß. Zwischen den Zellen sind daher deutliche Lücken erkennbar.

Vorkommen: Arten aus den Gattungen: *Lactuca, Salvia, Prunella,* und der Familie der Compositen.

In Stengelquerschnitten erscheint das Kollenchym vielfach als peripherer Ring, der je nach Art entweder der Epidermis direkt unterlagert ist oder durch eine oder wenige Parenchymschichten von ihr getrennt ist. In der Regel ist es mehrschichtig (s. Abb. 6.1).

In kantigen oder gerippten Stengeln bildet es Stränge, die an den Ecken oder in den Rippen verlaufen.

Oft ist entweder das Phloem oder das Xylem der Leitbündel mit kollenchymatischen Zellen assoziiert.

Die Form und die Anordnung der Zellen bedingen eine hohe mechanische Festigkeit des Gewebes, deren Belastbarkeit mit $10-12$ kg/mm² angegeben wird.

Es gilt als das typische Stützgewebe wachsender und sich streckender Pflanzenteile, bleibt aber auch in ausdifferenzierten Geweben (Stengeln, Blattstielen, Blattspreiten, Wurzeln, usw.) bei gleicher Struktur und Funktion erhalten.

Die Zellwände verhalten sich plastisch, sie sind also durch Dehnung verformbar. Diese Eigenschaft ist gerade in wachsenden Pflanzenteilen vorteilhaft. Die Kollenchymzellen können sich deshalb synchron mit den übrigen Zellen strecken, ohne daß die Festigkeit der Gewebe dadurch beeinträchtigt wird. Durch den gleichzeitigen Einbau von zusätzlichem Wandmaterial wird der neue Zustand stabilisiert.

Sklerenchym

Im Gegensatz zum Kollenchym besteht ausdifferenziertes Sklerenchym aus abgestorbenen Zellen mit extrem verdickten Wänden (Sekundärwänden), die bis zu 90 Prozent des gesamten Zellvolumens einnehmen können und aus Cellulose und/oder Lignin, der Grundsubstanz des Holzes, bestehen. Üblicherweise unterscheidet man zwischen Fasern (Sklerenchymfasern) und Sklereiden. Der Unterschied ist nicht immer eindeutig. Übergänge kommen vor und sind selbst innerhalb einer Pflanze nachweisbar.

Fasern. Unter Fasern versteht der Botaniker prosenchymatische Sklerenchymzellen, die in der Regel zu Bündeln vereint sind (s. Abb. 6.2). In der Umgangssprache werden solche Bündel oder die Gesamtheit der Bündel – etwa die eines Stengels – als Fasern bezeichnet.

Wegen ihrer hohen Belastbarkeit und der Leichtigkeit, mit der sie verarbeitet werden können, werden sie seit dem Altertum für verschiedenartige Zwecke genutzt (Taue, Textilien, Matratzen usw.). Die Fasern von *Linum usitatissimum* (Flachs) sind in Europa und Ägypten seit über 3000 Jahren bekannt, die von *Cannabis sativa* (Hanf) in China ebenso lange.

Diese Fasern (hinzu kommen die aus *Corchorus capsularis* [Jute] und *Boehmeria nivea* [Ramie, einer Nessel]) sind extrem weich und elastisch und sind deshalb für die Verarbeitung zu Textilien geeignet. Die Zellwände bestehen vorwiegend aus Cellulose.

92

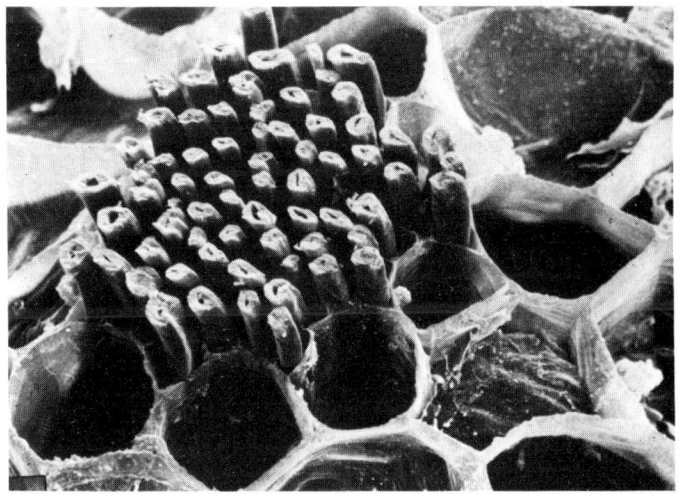

Abb. 6.2. Rasterelektronenmikroskopische Aufnahme eines Sklerenchymbündels aus dem Blatt einer Bromelie *(Acanthostachys)*. Die parallelnervigen Blätter der Monokotyledonen sind durch eine Vielzahl von Sklerenchymbündeln mechanisch außerordentlich verstärkt und daher extrem reißfest. Die Sklerenchymbündel vieler Monokotyledonen-Blätter liefern wichtige Fasern (Sisal-Agaven, Manila-Hanf). Die Abbildung zeigt ein solches Bündel innerhalb eines umgebenden weichen Parenchyms (Stahlbeton-Konstruktion, s.a. Abb. 6.15 und 6.19.) (W. Barthlott, 1983 unveröff.)

Dem stehen die Hartfasern gegenüber, die vornehmlich bei den Monokotyledonen zu finden sind.

Typische Beispiele: Fasern vieler Gramineen; Agaven (Sisal: *Agave sisalana*); Lilien (*Yucca,* dann aber auch *Phormium tenax* [Neuseelandflachs], *Musa textilis* (Manilahanf, eine Verwandte der Banane) u.a.

Ihre Zellwände enthalten neben der Cellulose einen hohen Ligninanteil. Die Belastbarkeit der Neuseelandflachsfasern liegt bei 20–25 kg/mm² und erreicht damit den gleichen Wert wie ein guter Stahldraht (25 kg/mm²). Die Faser reißt jedoch bei der geringsten Überlastung, während der Draht weit darüber hinaus belastet werden kann. Er verformt sich dabei zwar (plastisch), reißt aber erst bei einer Belastung von 80 kg/mm².

Der Verdickungsprozeß einer Zellwand wurde u.a. bei *Linum* (s. Abb. 6.3) studiert.

Die Verdickungen der Sekundärwand bestehen aus Schichten, die, von der Fasermitte ausgehend, abgelagert werden. Gleichzeitig verlängert sich die Zelle durch Wachstum an beiden Spitzen. Während der Entwicklung erscheinen die Sekundärwandschichten als Röhren, von denen die ältere (äußere) stets länger als die nächstfolgende ist. Nach Abschluß des Wachstums können die fehlenden Abschnitte ergänzt werden, wodurch sich die Wand gleichmäßig bis in die Faserspitzen hin verdickt.

Meist entstehen Fasern aus meristematischem Gewebe. Das Kambium und das Prokambium sind die Hauptbildungsorte. Oft sind sie mit dem Xylem der Leitbündel assoziiert. Xylemfasern sind immer verholzt. Es gibt sichere Hinweise dafür, daß die Faserzellen im Verlauf der Evolution aus den Tracheiden hervorgegangen sind.

Im Lauf der Faserevolution nahm die Wandstärke zu, die Tüpfel wurden verkleinert, und die Eigenschaft, Wasser zu leiten, ging verloren.

Zu den extraxylären Fasern gehören die Bastfasern (außerhalb des Kambiumringes gelegen), sowie Fasern, die in charakteristischen Mustern an den verschiedensten Stellen des Sprosses angeordnet sind.

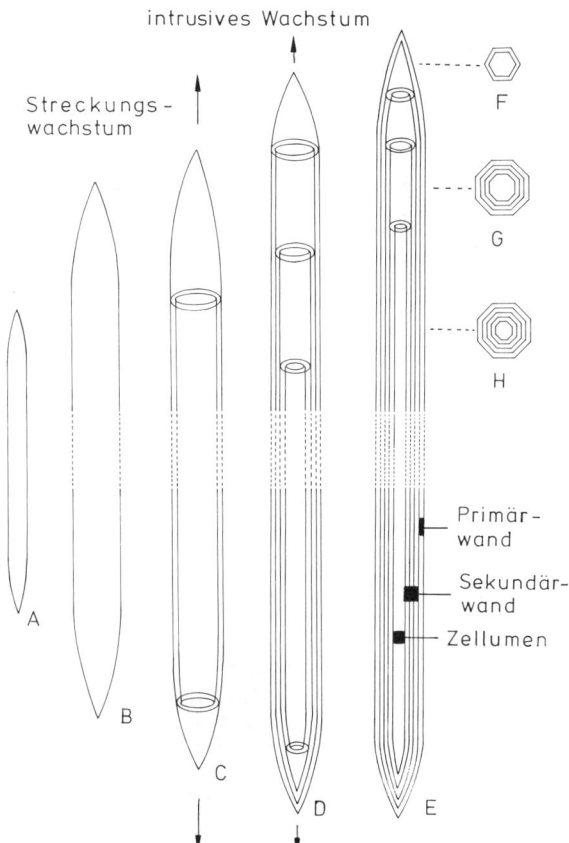

Abb. 6.3. Schematische Darstellung des Wachstums und der Differenzierung primärer Phloemfasern. *A* junge Faser, schmal und relativ kurz. *B* die Faser ist durch Streckungswachstum länger geworden und hat ihren maximalen Durchmesser erreicht. *C* der mittlere Abschnitt der Zelle hat das Streckungswachstum beendet und ist bereits mit einer Sekundärschicht ausgestattet. *D* das basale Ende der Zelle hat das Apikalwachstum beendet; aufeinanderfolgende Sekundärwandschichten werden, von der Fasermitte ausgehend, abgelagert. *E* die endgültige Länge ist durch intrusives Wachstum erreicht; Beendigung der Sekundärwandablagerung. *F bis H* Querschnitte der Zelle (Faser) *E*, unterschiedlich starke Sekundärwandablagerung in verschiedenen Abschnitten. (K. Esau, 1969)

93

Abb. 6.4. Sklereiden (Steinzellen) im Endosperm des Samens von *Royena villosa* (einer Art aus der Familie der Ebenaceae [= Ebenholzgewächse]). Die Plasmodesmen wurden durch eine Jod-Silber-Imprägnation kontrastiert. (I. Dörr, B. van Cleve, 1983)

Sklereiden. Sklereiden treten in unterschiedlichen Formen auf. Die Zellen können isodiametrisch, prosenchymatisch, gegabelt oder bizarr verzweigt sein. Sie können zu Bündeln vereint sein, komplette peripher gelegene Hohlzylinder ausbilden oder als Einzelzellen oder Zellgruppen im parenchymatischen Gewebe auftreten. Charakteristische Beispiele hierfür sind die Steinzellen (wegen ihrer Härte so genannt) im Fruchtfleisch der Birne *(Pyrus communis)* und der Quitte *(Cydonia oblonga)* sowie im Sproß der Wachsblume *(Hoya carnosa)*. Die Zellwände erfüllen nahezu das gesamte Zellinnere; eine Schichtung und die Ausbildung von oft verzweigten Tüpfeln ist meist deutlich erkennbar.

Die Schalen vieler Samen (z.B. der Nüsse) und die Kerne z.B. der Kirschen und Pflaumen bestehen aus Sklereiden (s. Abb. 6.4).

Leitgewebe

Leitgewebe dienen dem Transport von Wasser und darin gelösten Salzen, von Photosyntheseprodukten (Assimilaten), Wachstumsregulatoren (z.B. gewissen Phytohormonen, s. Kap. 31) und, *last not least,* Schadstoffen und Parasiten. So werden Viren und Mycoplasmen (s. Kap. 35) *via* Leitbahnen über den

94

gesamten Vegetationskörper verteilt. Man unterscheidet bekanntlich zwischen den Elementen der Wasserleitung (Xylem) und denen der Assimilatleitung (Phloem) (= Holzteil und Bastteil). Beide zusammen sind zu Leitbündeln vereint. Sie enthalten – außer wenigen lebenden – zum überwiegenden Teil tote Zellen.

Die verholzten Zellwände der Xylemelemente (wir können hier zunächst vereinfachend von Holz sprechen) können Jahrtausende überdauern. In versteinertem Zustand haben sie sich als ideale Leitfossilien zum Nachweis des ersten Auftretens und der Ausbreitung der großen taxonomischen Gruppen terrestrischer Pflanzen erwiesen.

Echte Leitbündel sind für die Gefäßpflanzen (Trachaeophyten: Pteridophyten, Phanerogamen) kennzeichnend. Bei Thallophyten findet man allenfalls Ansätze von Systemen mit Leitfunktionen, doch sind diese nicht mit den Geweben der Gefäßpflanzen homologisierbar. Primitive Leitbündel kommen bei den Laubmoosen vor (s. Abb. 46.4).

Die Art der Zellen und die Anordnung der Leitbündel in Sproß und Wurzel sind zuverlässige Merkmale zur Charakterisierung einzelner Pflanzenklassen. Das Xylem fast aller Angiospermen enthält drei Zelltypen: Tracheen (Gefäße), Tracheiden und die bereits besprochenen Xylemfasern.

Den meisten Gymnospermen fehlen die Tracheen. Die wenigen Ausnahmen weisen auf die verwandtschaftliche Beziehung zwischen Gymnospermen und Angiospermen hin.

Bei den Monokotyledonen sind die Leitbündel im Sproß scheinbar verstreut verteilt. Bei den Dikotyledonen und vielen Gymnospermen sind sie in einem peripher gelegenen Ring angeordnet. Xylem und Phloem sind dabei durch ein meristematisches Gewebe (Kambium) voneinander getrennt. Das Kambium ermöglicht sekundäres Dickenwachstum. Im Sproß der Pteridophyten und in den Wurzeln der Phanerogamen liegen die Leitbündelstränge zentral.

Im folgenden werden zunächst die Zellen des Xylems und Phloems sowie deren Phylogenie behandelt.

Im Anschluß daran folgen die Besprechung der Monokotyledonen- und Dikotyledonenleitbündel (so wie sie sich in Querschnitten darstellen), ferner des sekundären Dickenwachstums und damit zusammenhängend, die Bildung und Struktur von Gymnospermen und Angiospermenholz.

Schließlich müssen wir uns mit der Anordnung von Leitgeweben in Wurzeln und der dreidimensionalen Anordnung und den Verzweigungen im Sproß befassen.

Xylem

Die wichtigsten Leitelemente des Xylems sind die Tracheiden und die Tracheen (Gefäße). Hinzu kommen die Xylemfasern und lebende Parenchymzellen. Vieles spricht dafür, daß sich sowohl die Xylemfasern als auch die Tracheen von den Tracheiden ableiten.

Mehr darüber später. Zunächst einmal ein Porträt der Zellen:

Zur Isolierung und Abbildung verholzter Zellen bedient man sich des seit 1851 bewährten Schulzeschen Mazerationsverfahrens: Kleine Holzstückchen werden mit einem Gemisch aus festem Kaliumchlorat und konzentrierter Salpetersäure überschichtet. Das Volumen Holz + Reagenz sollte nicht mehr als ca. 10 Prozent des Reaktionsgefäßes ausmachen, denn nach vorsichtiger Erwärmung kommt es zu einer lebhaften Gasentwicklung. Die Oberflächen der Holzstückchen werden stark angegriffen. Die einzelnen Zellen lassen sich nach dem Waschen der Präparate mit einem Spatel abschaben und mikroskopieren (s. Abb. 6.5).

Tracheiden. Tracheiden sind gestreckt, im Schnitt 1 mm lange, an beiden Enden geschlossene Zellen. Man kann diesen Zelltyp als den Prototyp prosenchymatischer Zellen ansehen, denn er läuft an den Enden spitz aus, echte Endwände fehlen daher. In Querschnitten erscheinen die Zellen oft eckig, die verholzte Sekundärwand ist relativ dünn. Ihr Belag ist entlang der gesamten Zelloberfläche einheitlich strukturiert. Die (Sekundär-)wände sind von zahlreichen Tüpfeln durchbrochen, die je nach Herkunft rund, oval oder spalten(rillen-)förmig sind. Sie liegen einzeln vor, sind statistisch verteilt, schraubig entlang der Längsachse angeordnet oder in Gruppen zusammengefaßt. Derartige Gruppen (Felder) liegen oft an den Zellenden. Liegen spaltförmige Tüpfel übereinander, kann sich eine leiter-oder treppenförmige Perforation herausbilden, die man üblicherweise als scalariform bezeichnet.

Wir werden ihr bei der Besprechung der Tracheen (Gefäße) wieder begegnen.

Vielfach erscheinen die Tüpfel als „behöft" (oder „gehöft": Hoftüpfel). In Tracheiden mancher Gymnospermen sind sie besonders deutlich ausgeprägt.

Ihre Struktur kann am besten in Querschnitten durch benachbarte Zellen (in nichtmazerierten Präparaten) erkannt werden (s. Abb. 6.6). Zwischen den Zellen bleibt die Mittellamelle (→ Schließhaut) erhalten. Im Zentrum des Tüpfels liegt ein Torus, der aus Primärwandmaterial besteht (s. Abb. 6.7).

In dieser Zone ist die Sekundärwand abgehoben. Zwischen ihr und der Mittellamelle entsteht ein Bereich, der als Hof bezeichnet wird. In der Aufsicht erscheint diese Struktur als Projektion zweier konzentrischer Ringe. Hoftüpfel kommen nur in sekundärwandhaltigen Zellen vor.

Tracheen oder Gefäße. Zoologen verstehen unter Tracheen die Luftröhren der Insekten, Botaniker die wassergefüllten Röhren des Xylems.

Der Begriff wurde im 17. Jahrhundert von M. Malpighi geprägt, der im Auftreten der Tracheen eine wichtige Gemeinsamkeit in der Anatomie von Tieren und Pflanzen gefunden zu haben glaubte.

Im Gegensatz zu den Tracheiden sind die Endwände (Querwände) der einzelnen Tracheenzellen perforiert oder, was weit häufiger vorkommt, völlig aufgelöst. Wegen der Länge der Röhren, die ihrerseits aus zahlreichen Zellen zusammengesetzt sind, ist es sehr

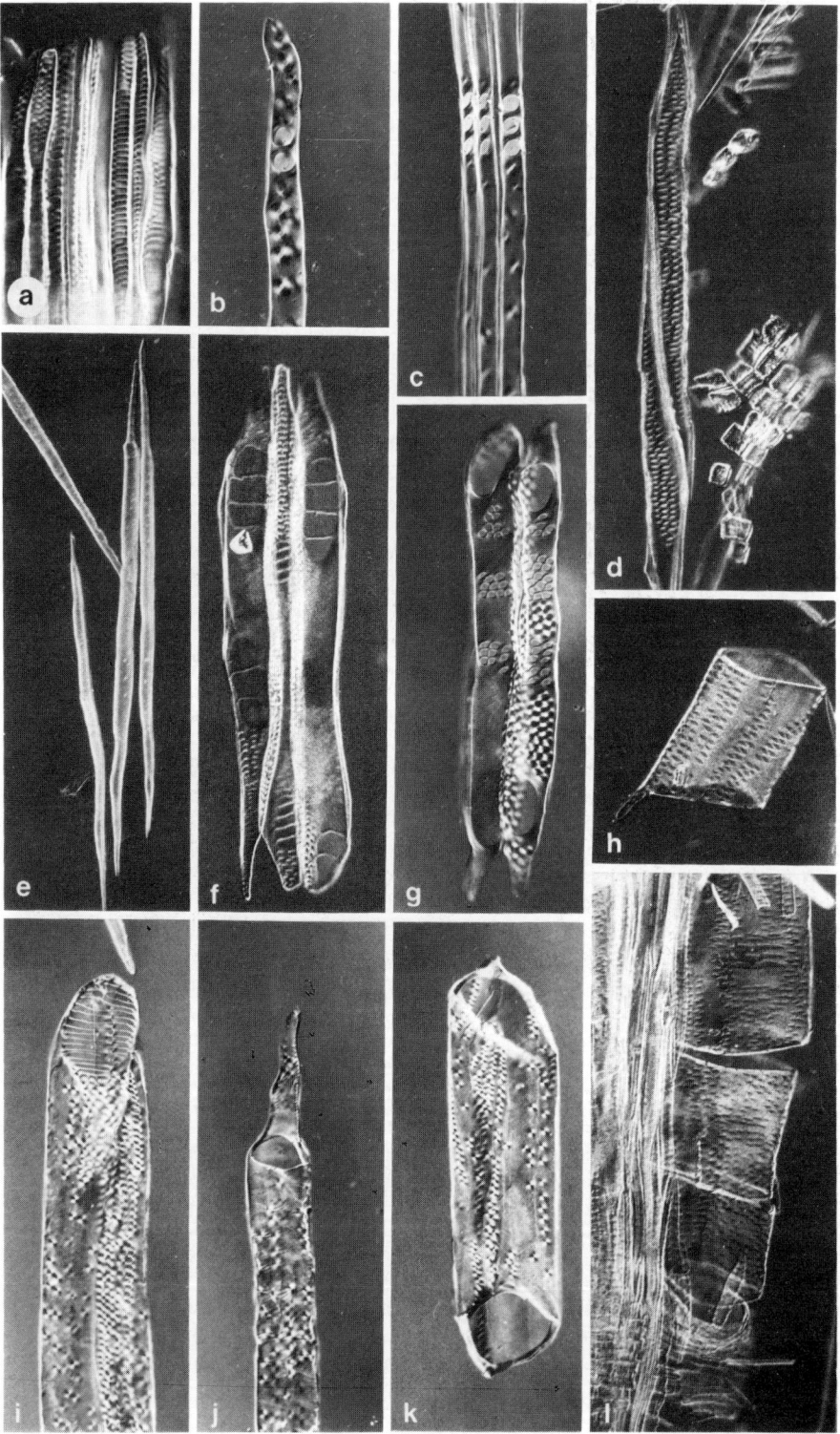

Abb. 6.5. Mazeriertes Holz. Xylemelemente im Interferenzkontrast. *a Drimys winteri* (Winteraceae): Primitives Angiospermenholz (vgl. auch *d*). *b, c* Gymnospermenholz *(Pinus nigra)*. Tracheiden mit Hoftüpfelfeldern und Tüpfelfeldern, die den Kontakt zwischen Tracheiden und den Markstrahlen herstellen. *d Drimys winteri;* Tracheiden mit Tüpfeln in den Seitenwänden, rechts im Bild Zellen der Markstrahlen. *e* Sklereiden (Angiospermenholz) *f Castanea sativa:* Tracheen mit scalariform (leiterförmig) durchbrochenen Perforationen nahe den Zellenden *g Aesculus hippocastanum:* Tracheen mit einfachen Perforationen nahe den Zellenden und Tüpfelfeldern in den Seitenwänden. *h Quercus robur:* Trachee (Gefäß), kurze gedrungene Zelle, Enden offen, an einem der Enden läuft die Zelle in einen Zipfel aus. Die Seitenwände sind von schlitzförmigen Tüpfeln durchsetzt. *i Platanus platanoides:* Trachee mit scalariform perforierter Endwand. *j Sorbus aucuparia:* relativ englumiges Gefäß mit einfach perforierter Endwand und lang auslaufendem Zipfel. *k Robinia pseudoacacia:* weitlumiges Gefäß mit einfacher Perforation. Tüpfelfelder in Seitenwand in Längsrichtung (nicht in Querrichtung wie in *g*). *l Quercus robur:* Ein zerfallendes Gefäß, wobei der Aufbau der langen Röhre aus kurzen Elementen (siehe *h*) ersichtlich ist. Beim Vergleich der Teilabbildungen untereinander sind eine Anzahl von Progressionen von Tracheiden zu Tracheen (und Sklereidfasern) erkennbar.

1. Veränderung des Längen-Breitenverhältnisses:
   $d \to g \to k \to h$
2. Zunehmende Querstellung der Endwand:
   $a \to d \to g \to i \to k \to h$
3. Übergang von getüpfelter Querwand über scalariforme zur einfachen Perforation:
   $d \to i \to f \to g$
4. Reduktion der Leitfunktion (Spezialisierung von Festigungselementen, Sklereiden)
   $a \to d \to e$

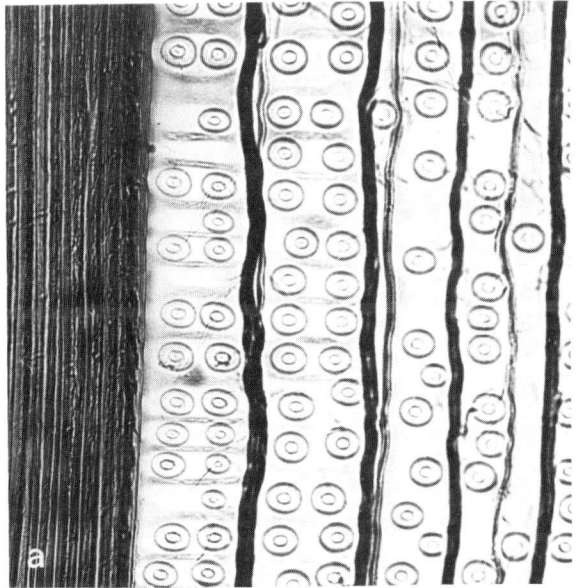

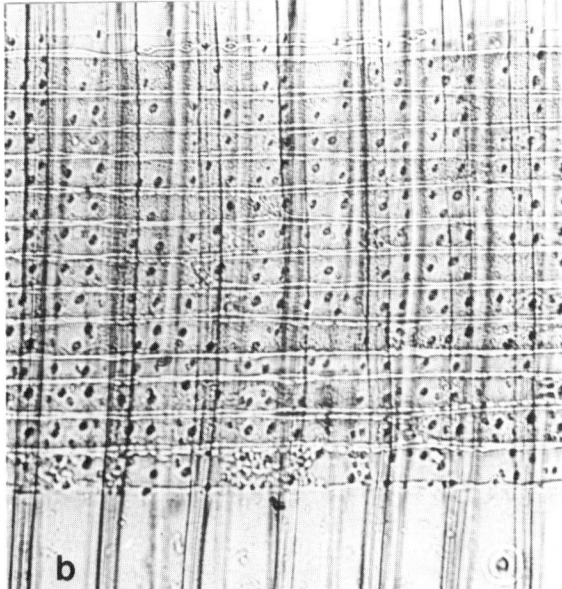

Abb. 6.6. Hoftüpfel und Tüpfel in den Seitenwänden der Tracheiden von Gymnospermen. *a* Hoftüpfel im Frühholz von *Larix decidua*. Man beachte, daß die im Herbst angelegten Festigungselemente (links im Bild) keine Tüpfel dieser Art besitzen. *b* Tüpfel, die der Verbindung zwischen Tracheiden und Markstrahlen dienen *(Abies alba)*.

schwer, sie als Ganzes zu isolieren, sie können bis zu mehreren Metern lang sein. Es wird allgemein angenommen, daß sie zumindest bei einigen Arten ebenso lang wie der oberirdische Sproß sind. Während der Ontogenese erweitern sie sich sehr stark. Im Querschnitt erscheinen sie meist rund, wobei der Durchmesser üblicherweise erheblich größer als der der Tracheiden ist, wodurch die Wasserführungskapazität steigt.

Besonders weitlumige Gefäße kommen bei den Laubbäumen vor, von denen ja bekannt ist, daß sie durch Transpiration ganz beträchtliche Wassermengen verlieren. So beträgt der Verlust einer voll ausgewachsenen Birke (mit einer geschätzten Blattzahl von 200 000) an trockenen Tagen bis zu 400 Liter Wasser. Andererseits kommen bei den mit am höchsten rezenten Bäumen, den Redwoods u.a. Sequoias an der kalifornischen Pazifikküste, ausschließlich Tracheiden vor.

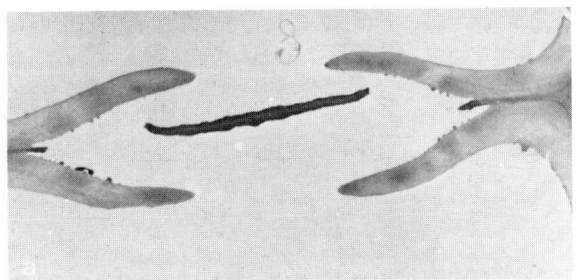

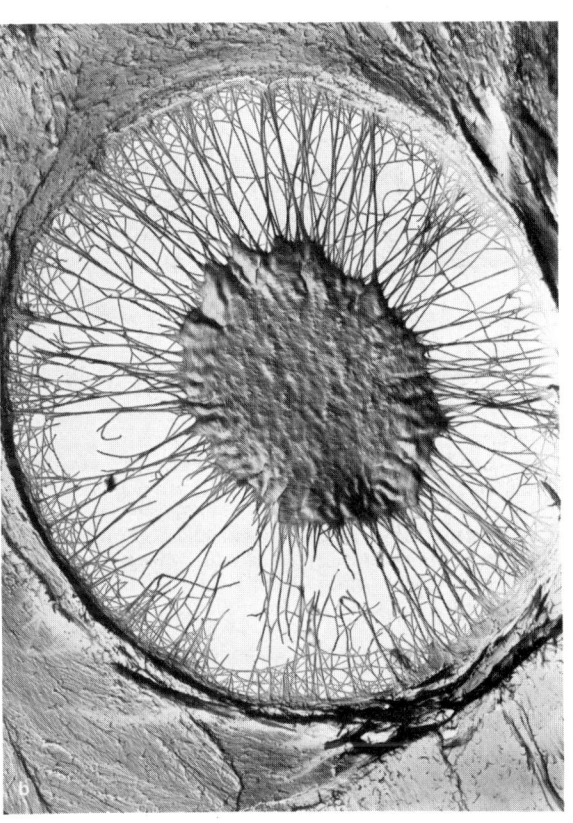

Abb. 6.7. Hoftüpfel im sekundären Xylem der Kiefer *(Pinus sylvestris)*; Elektronenmikroskopische Aufnahmen. *a* Querschnitt. Der zentral gelegene (konvex, linsenförmig gestaltete) Torus hat eine größere Ausdehnung als die von der Sekundärwand gebildete Apertur (Öffnung) des Hoftüpfels. Wie im Bild zu erkennen, wird der Torus durch Primärwandmaterial in seiner Position gehalten. (× 2835). *b* Torus in Aufsicht. Hier wird deutlich, daß das Primärwandmaterial ein Netz aus radial angeordneten, sich zum Teil überkreuzenden Fibrillen ausbildet, in dem der Torus „aufgehängt" erscheint. Das Netz ist für Wasser und darin gelöste Substanzen voll durchlässig (× 3038). (J. Bauch, W. Liese, R. Schultze, 1972)

97

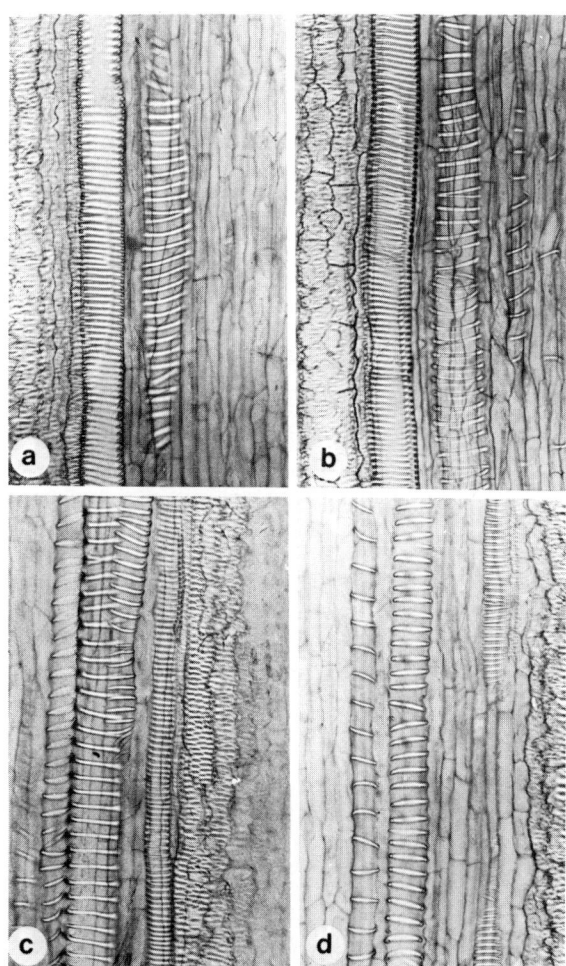

Abb. 6.8. Längsschnitte durch Xylemelemente von *Cucurbita pepo* (Kürbis). Interferenzkontrastaufnahmen. *a* und *b*, *c* und *d* jeweils gleiche Bildausschnitte in verschiedenen optischen Ebenen. Ringgefäße (Verstärkerelemente in den einzelnen Zellen in unterschiedlichen Abständen), Schraubengefäße; Abzweigung eines Gefäßes (in *c*), daneben Parenchymzellen (relativ kurz, mit engem Durchmesser).

Gefäße sind durch charakteristisch strukturierte Sekundärwandablagerungen (Lignin) an der Primärwandinnenseite gekennzeichnet. Es gibt schraubenförmige, ringförmige oder netzförmige Aussteifungen. Dementsprechend werden sie als Schrauben-, Ring-oder Netzgefäße bezeichnet (s. Abb. 6.8 und 6.9). Außerdem gibt es auch Tüpfel- und Leitergefäße, deren Wand nahezu vollständig mit Sekundärwandmaterial ausgekleidet und lediglich durch runde oder spaltförmige Tüpfel durchbrochen ist.

Zwischen den genannten Formen kommen viele Übergänge vor. Oft liegen in einem Leitbündel mehrere, gelegentlich sogar alle Typen nebeneinander. Es gibt aber auch viele Arten, denen der eine oder der andere Typ fehlt. Die Tracheen (wie auch die Tracheiden) entstehen während des primären Sproßwachstums aus Zellen des Prokambiums. Überall dort, wo sekundäres Dickenwachstum vorkommt, werden sie vorwiegend aus den Zellen des Kambiums gebildet.

Evolution der Xylemelemente

Tracheiden sind für die meisten Pteridophyten und Gymnospermen typisch, die Tracheen (Gefäße) für die Angiospermen und die hochentwickelten Gymnospermen, z.B. für die Gnetales. Tracheen mit anderer Entstehungsgeschichte findet man bei *Pteridium* (einem Farn), *Equisetum* (Schachtelhalmen) und in Wurzeln einiger Arten von *Marsilea* (Wasserfarn). Tracheen fehlen im primären Xylem einiger primitiver Angiospermen (Arten aus den Familien *Winteraceae, Monimiacee, Chloranthaceae, Tetracentraceae* [I. W. Bailey, 1944]). Wie schon erwähnt, gibt es gute Hinweise darauf, daß die Tracheen sich von den Tracheiden ableiten. Ferner wurde bereits darauf hingewiesen, daß auch die Xylemfasern als umgewandelte Tracheiden anzusehen sind.

Die Evolution vielzelliger terrestrischer Pflanzen erforderte die Ausbildung von Stütz- und Leitgeweben. Beide Funktionen (Stützen und Leiten) können am besten von gestreckten Zellen erfüllt werden, doch lassen sie sich in einem weiteren Punkt nur schwer vereinbaren: Die Stützfunktion erfordert nämlich die Ausbildung möglichst dicker und damit stabiler Zellwände, während die Leitfunktion Durchlässigkeit der Wände erfordert. Gelöst wurde das Paradoxon zunächst durch das Nebeneinander von verstärkter Zellwand mit Tüpfeln in einer Zelle (in Tracheiden). Doch für eine Entwicklung großer Landpflanzen (Bäume mit hoher Transpirationsrate) reichte dies nicht aus, und es kam daher im Laufe der Evolution zu einer Trennung von Stütz- und Leitfunktionen.

Xylemfasern können als Derivate der Tracheiden angesehen werden. Ihre Wand ist stabiler als die der Tracheiden, die Leitfunktion ging weitgehend verloren; parallel dazu trat die Stützfunktion bei den Tracheiden in verstärktem Maße in den Hintergrund, sie spezialisierten sich fortschreitend auf die Leitfunktion.

Bliebe jetzt noch die Frage nach den entwicklungsgeschichtlichen Beziehungen zwischen den Tracheiden und den Tracheen (Gefäßen) zu klären. Neben der Annahme, daß sich die Gefäße von den Tracheiden ableiten, wäre denkbar, daß sie unabhängig voneinander entstanden sind.

Zu Beginn der dreißiger Jahre lag genügend Beobachtungsmaterial vor, um zwischen den beiden Hypothesen zu entscheiden.

In voneinander unabhängigen Untersuchungen konnten die Amerikaner F.H. Frost (1930/31), V.I. Cheadle und I.W. Bailey (in den vierziger und fünfziger Jahren) die Richtigkeit der ersten Annahme beweisen. Die Beweisführung beruht auf logisch nachvollziehbaren Voraussetzungen, die erfüllt sein müssen, um eine direkte genetische Verwandtschaft zwischen den zwei Strukturen sicherzustellen.

98

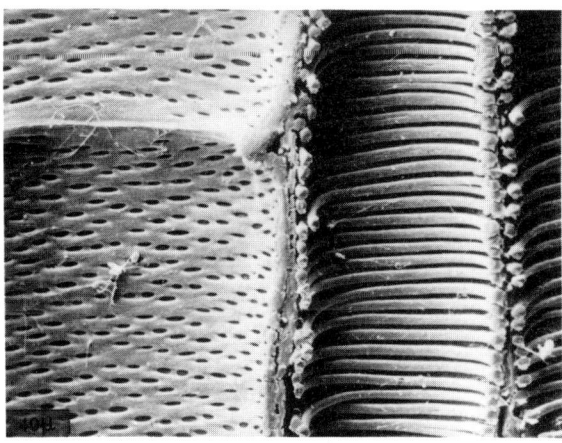

Abb. 6.9. Rasterelektronenmikroskopische Aufnahme eines Längsschnitts durch einen Teil eines Leitbündels (Xylem) des Kürbis *(Cucurbita pepo)*, unterschiedliche Tracheenelemente zeigend. Man beachte (rechts im Bild) die an der Tracheeninnenseite angelagerten, der Verstärkung dienenden Sekundärwandelemente (Spiralgefäß). (W. Barthlott, 1986 unveröff.)

Mindestens zwei der Voraussetzungen konnten bei der vergleichenden Analyse von Tracheiden und Gefäßen als erfüllt angesehen werden:

(1) Unter der Annahme, daß eine der Strukturen primitiver als die andere ist und beide durch das gleiche genetische Programm determiniert werden, müßte man in der abgeleiteten (weiterentwikkelten) Struktur Eigenschaften bzw. Merkmale finden, die für die primitivere Form typisch sind. Wäre das nicht der Fall, müßte die Annahme, daß zwischen beiden eine genetische Verwandtschaft besteht, verworfen werden, es sei denn, beide Strukturen hätten sich seit der Trennung so stark auseinanderentwickelt, daß alle Gemeinsamkeiten verlorengegangen sind.

Dazu die Ergebnisse von Beobachtungen an Tracheiden und Gefäßen:

– Wände primitiver Tracheiden (z.B. die der Pteridophyten) sind meist durch runde oder längliche, schwach oder gar nicht behöfte Tüpfel durchbrochen; an den Zellenden sind diese zu Tüpfelfeldern vereint. Ähnliche Anordnungen findet man bei vielen Gymnospermen. Oft kommen dort übereinanderliegende, rillenförmige Tüpfel vor. Diese Anordnung ähnelt in vielerlei Hinsicht den scaliformen (leiter- oder treppenförmigen) Perforationen (= Perforationsplatten) der Gefäße. Der wesentliche Unterschied liegt im Vorhandensein der Mittellamelle (Schließhaut) bei den Tracheiden und ihrem Fehlen bei den Gefäßen.

– Perforationsplatten sind für primitive Angiospermen typisch, eine vollständige Auflösung der Endwand für weiterentwickelte Taxa. Ein Nebeneinander beider Formen ist häufig.

– Die Tracheiden besitzen keine deutlich ausgeprägte Endwand. Sie fehlt auch den primitiven Gefäßen. Mit fortschreitender Vervollkommnung tritt sie (während der Ontogenese!) in immer stärkerem Maße in Erscheinung.

(2) Wenn ein bestimmtes Merkmal als primitiv angesehen werden kann, so ist es wahrscheinlich, daß andere mit ihm sehr eng assoziierte Merkmale ebenfalls als primitiv zu gelten haben.

– Tracheiden sind dünne, langgestreckte Zellen, Tracheen bestehen aus kurzen, weitlumigen. Dennoch: zahlreiche Übergänge kommen vor. Je länger Tracheenelemente sind, als desto primitiver können sie gelten. Ihre Wände sind fast immer getüpfelt. Tüpfelfelder mit runden Tüpfeln sind als primitiv einzustufen, scalariforme Perforationen als weiter fortgeschritten und ein völliger Durchbruch als vorläufige Endstufe der Entwicklung von den Tracheiden zu den Tracheen.

Mit der Erweiterung des Zellumens ging eine Verstärkung der Sekundärwand einher.

– Unabhängig von dieser Entwicklung verlief die Evolution der Hoftüpfel. In Tracheiden der Farne und Angiospermen sind sie relativ einfach konstruiert, bei den rezenten Gymnospermen hoch entwickelt.

Phloem

Die leitenden Elemente des Phloems dienen dem Transport von Photosyntheseprodukten. Im Gegensatz zu den Tracheiden und Gefäßen enthalten sie in ausdifferenziertem Zustand Plasma, gelegentlich auch noch den Zellkern.

Auch Phloemelemente sind gestreckt. Im typischen Fall sind die Endwände (Querwände) von zahlreichen, zu Siebplatten vereinten Tüpfeln durchsetzt. In Längsreihen übereinanderliegende Zellen stehen durch Plasmodesmen untereinander in Kontakt.

Die von den Zellen (den Siebelementen) geformten Röhren bezeichnet man als Siebröhren. Im Phloem der Angiospermen sind ihnen ein oder mehrere plasmareiche, kernhaltige Geleitzellen benachbart (s. Abb. 7.17).

Über die Phylogenie der Siebelemente ist weit weniger als über die der Xylemelemente bekannt. Das beruht zum einen darauf, daß die Zellwände hier nur durch Cellulose verstärkt und deshalb nicht so widerstandsfähig wie durch Lignin verstärkte Wände sind, und zum anderen auf der zeitlich begrenzten Funktionstüchtigkeit des Phloems. Nach Verlust seiner Aktivität werden die Zellen umorganisiert und verlieren dadurch ihre typischen strukturellen Merkmale. Sie liegen daher in Fossilien auch nur selten in gut erhaltenem Zustand vor.

99

Trotz dieser Erschwernisse konnten durch vergleichende pflanzenanatomische Untersuchungen (von Monokotyledonen) eindeutig phylogenetische Trends erkannt werden (V.I. Cheadle 1948, Cheadle et al., 1941, 1948, K. Esau et al., 1953, Esau 1964/69):

(1) Die ursprünglich statistisch über die gesamte Wand verteilten Tüpfel konzentrieren sich in „Siebfeldern" (Anhäufungen von Poren). Die Porendurchmesser liegen in der Größenordnung von $1-15$ µm.

(2) Spezialisierte Siebfelder verlagern sich an die Endwände.

(3) Es folgt eine graduelle Änderung der Orientierung dieser Endwände von sehr schräger zu Querstellung.

(4) Dann folgt ein stufenweiser Übergang von zusammengesetzten zu einfachen Siebplatten.

(5) Die Aktivität der Siebfelder in Seitenwänden wird reduziert. Damit wird der Fluß der Assimilate in eine Richtung (Längsrichtung) kanalisiert, und die Ferntransportleistungen werden gesteigert.

Normalerweise sind Phloemelemente in wurzelnahen Sproßabschnitten „fortschrittlicher" und damit leistungsfähiger konstruiert als in Spitzenregionen.

Im Bereich der Siebplatten wird regelmäßig Kallose (ein Polysaccharid, siehe Kapitel 17) abgelagert, die mit spezifischen Reagentien in Zellen lokalisiert werden kann. Mit Resorcinblau erhält man eine Blaufärbung, mit Anilinblau eine leuchtend gelbe Fluoreszenz.

Mit zunehmendem Alter der Zellen nimmt die Kallosemenge zu, wodurch sich die Durchmesser der Poren laufend verengen; funktionslos gewordene Siebelemente sind durch dicke Kallosepfropfen verstopft.

Eine Frage bleibt unbeantwortet: Was ist hierbei die Ursache, was die Folge? Werden die Zellen durch die Kalloseablagerungen inaktiviert, oder erscheinen diese erst nach einer Inaktivierung?

Aktive Siebzellen enthalten große Mengen der sogenannten P-Proteine (Phloem-Proteine). Es wurde viel darüber spekuliert, ob ihnen eine aktive Funktion beim Transport der Assimilate zukommt. Eine klärende Antwort steht aus (Weiteres im Kapitel 28).

Die Siebröhrenelemente der Angiospermen (Mono- und Dikotyledonen), nicht jedoch die der Pteridophyten und der Gymnospermen sind mit Geleitzellen assoziiert. Beim Ginkgo werden ihre Aufgaben von spezialisierten parenchymatischen Zellen wahrgenommen, deren Struktur denen der Geleitzellen ähnelt.

Geleitzellen und Siebelemente sind meristematischen Ursprungs, und ihre Entstehungsgeschichte ist mit der der Xylemelemente vergleichbar. Man unterscheidet auch hier zwischen primärem und sekundärem Phloem.

Primäres Phloem entsteht durch Längsteilung und -streckung meristematischer Zellen. Oft teilen sich Zellen inäqual. Die größere Tochterzelle differenziert sich zum Siebelement, die kleinere nach gegebenenfalls ein bis zwei Längs- und/oder Querteilungen zu Geleitzellen. Folglich können auf eine Siebzelle mehrere Geleitzellen entfallen.

Die Zahl ist meist artspezifisch, allerdings wurde eine Variabilität selbst innerhalb einzelner Pflanzen festgestellt.

Neben den typischen Phloemelementen findet man im Phloem stets Fasern und/oder Sklereiden sowie parenchymatische Zellen, die als Speicher für Stärke, Fette, Öle und andere Nährstoffe dienen. Vielfach enthalten sie Gerbstoffe und Harze.

Leitbündel der Monokotyledonen

In Leitbündeln der Sprosse von Mono- und Dikotyledonen stehen Xylem und Phloem normalerweise einander gegenüber (kollaterale Leitbündel). Das Xylem liegt in der Regel innen, das Phloem außen. In Dikotyledonen sind sie durch ein faszikuläres Kambium voneinander getrennt. Man spricht von offenen Leitbündeln, im Gegensatz zu den „geschlossenen" der Monokotyledonen, denen ein solches Kambium fehlt (s. Abb. 6.10).

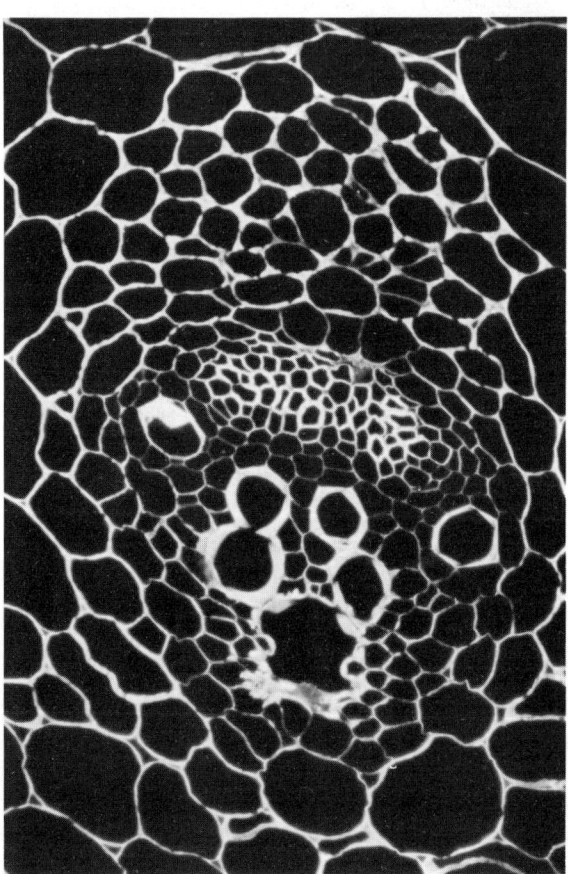

Abb. 6.10. Querschnitt durch ein Leitbündel von *Zea mays*. Geschlossenes, kollaterales Leitbündel; ein Kambium ist demnach nicht vorhanden. Oberhalb des Leitbündels die Zellen der Gefäßbündelscheide. Das Leitbündel selbst besteht aus den Zellen des Phloems (im oberen Teil des Leitbündels) und denen des Xylems (darunter). (R. Kappler, 1986)

100

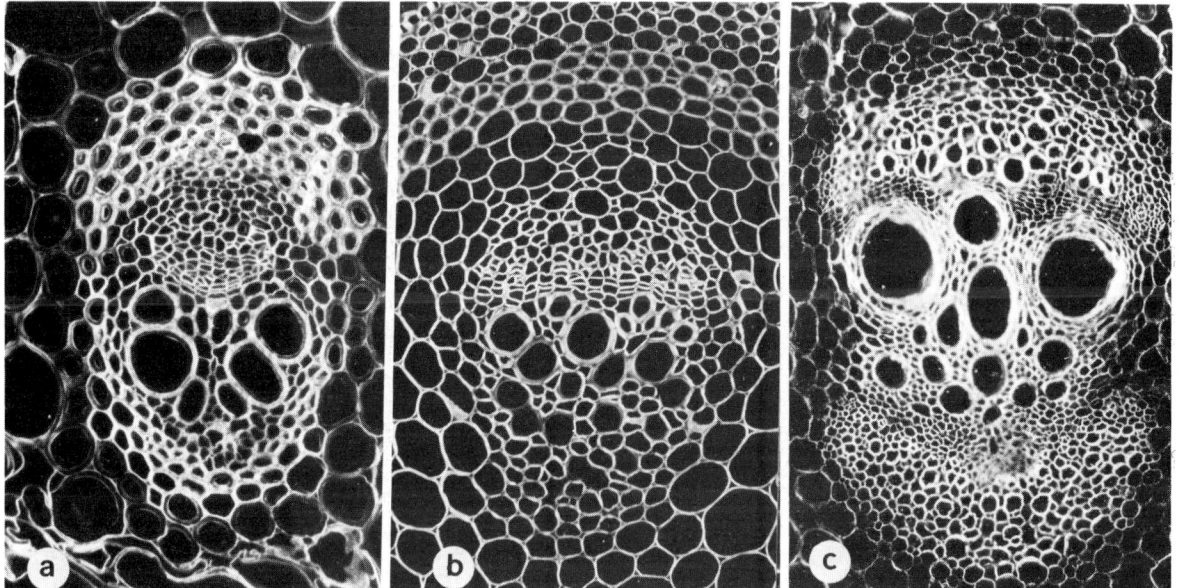

Abb. 6.11. Querschnitte durch Dikotyledonenleitbündel. *a Ranunculus repens; b Aristolochia durior c Cucurbita pepo.* Die drei hier abgebildeten Leitbündel gehören zum offenen Typ. Phloem (oben) und Xylem (unten) sind durch ein mehrschichtiges Kambium (aus englumigen, dünnwandigen Zellen) voneinander getrennt. Das Leitbündel von *Ranunculus repens* ist von einer Gefäßbündelscheide aus starkwandigen Zellen umgeben, bei *Aristolochia durior* ist sie nicht klar erkennbar. Die ersten beiden Leitbündel sind kollateral: ein Xylemteil steht einem Phloemteil gegenüber. Das Leitbündel von *Cucurbita pepo* ist bikollateral: Mit dem Xylem (Mitte) sind ein äußeres (oben) und ein inneres (unten) Phloem assoziiert. Das Kambium liegt zwischen dem äußeren Phloem und dem Xylem. Zwischen dem Xylem und dem inneren Phloem liegt ein mehrschichtiges Parenchym. (R. Duden, 1985)

Xylem und Phloem sind von einer Bündelscheide (Leitbündelscheide) aus parenchymatischen, oft stärkehaltigen Zellen umgeben.

Das klassische Objekt zur Demonstration der Struktur und Anordnung der Monokotyledonenleitbündel ist der Maisstengel *(Zea mays)*. Obwohl die Leitbündel bei Betrachtung von Stengelquerschnitten verstreut angeordnet erscheinen, kommen sie im peripheren Bereich gehäuft vor. Zentral gelegene Bündel sind in der Regel größer als die peripher gelegenen. Viele Monokotyledonen haben hohle Stengel, und wegen des nur geringen Raums zur Unterbringung von Leitbündeln sieht es dort oft so aus, als seien die Bündel in einem Ring angeordnet.

In Stengeln einiger monokotyler Wasserpflanzen *(Helodea, Potamogeton)* sind sie zu einem zentralen (axialen) Strang vereint. Die Anordnung ist als sekundär zu betrachten, denn sie hat sich in Anpassung an das Wasserleben entwickelt. Eine vergleichbare Organisation findet man bei manchen submers lebenden Dikotyledonen. Die Festigkeit des Sprosses wird dadurch zwar geschwächt, die Flexibilität jedoch erhöht. Genau das wird benötigt, um den Zugansprüchen, die durch Wasserströmungen hervorgerufen werden, gerecht zu werden. Selektion auf effizienten Wassertransport ist bei submers lebenden Pflanzen sowieso nicht zu erwarten.

Mit der Struktur und Anordnung der Leitbündel in der Wurzel werden wir uns in einem der nachfolgenden Abschnitte befassen.

Leitbündel der Dikotyledonen

Der Einfachheit halber wird die Besprechung der Organisation primärer Leitbündel in Sprossen krautiger Pflanzen (Praktikumsobjekt: Kriechender Hahnenfuß: *Ranunculus repens*) an den Anfang gestellt (s. Abb. 6.11a):

Die Leitbündel werden als kollateral und offen bezeichnet, weil Xylem und Phloem (wie bei den Monokotyledonen und Gymnospermen) einander gegenüberliegen und durch ein meist mehrschichtiges Kambium voneinander getrennt sind.

In Stengelquerschnitten ist die Anordnung der Leitbündel in Kreisform erkennbar (s. Ab. 6.12). Interfaszikuläres Kambium kommt bei vielen, doch nicht bei allen Arten (z.B. dem erwähnten *Ranunculus repens*) vor. Bei krautigen Dikotyledonen ist faszikuläres Kambium stets vorhanden, ist meist jedoch teilungsinaktiv.

Die Strukturelemente des Xylems und Phloems gleichen den entsprechenden Elementen der Monokotyledonen. Oft sind die Leitbündel von einer Bündel-

101

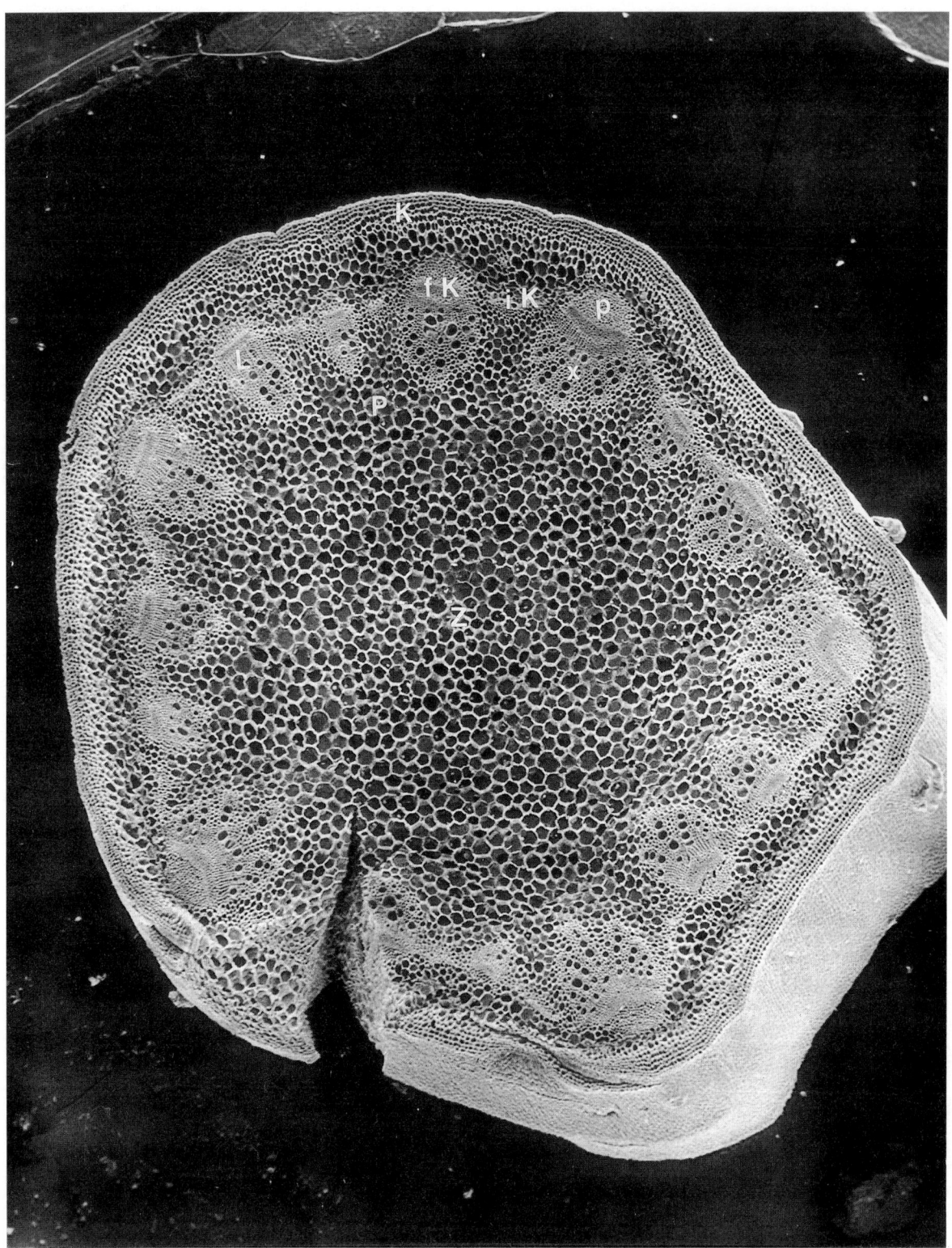

Abb. 6.12. Rasterelektronenmikroskopische Aufnahme eines Querschnitts durch einen internodialen Abschnitt des Stengels von *Xanthium strumarium* (Gemeine Spitzklette). Unterhalb der Epidermis ist ein Ring aus kleinzelligem Kollenchym *(K)* erkennbar. Die Hauptmasse des Stengels wird von großen, dünnwandigen Parenchymzellen *(P)* gebildet. Die Leitbündel *(L)* sind in einem peripheren Ring angeordnet (*p* kleinzelliges Phloem, *x* Xylem mit weitlumigen Gefäßen). Faszikuläres *(fK)* und interfaszikuläres *(iK)* Kambium sind vorhanden. Der vom Kambium umschlossene Bereich ist der Zentralzylinder *(Z)*. (J. E. Sliwinski, F. B. Salisbury, 1984)

102

scheide aus Zellen mit verstärkten Wänden umgeben und in großzelliges parenchymatisches Gewebe (Mark) eingebettet. Parenchymbereiche zwischen ihnen werden Markstrahlen genannt.

Abweichungen von dieser Organisation findet man bei kantigen Stengeln, bei denen die Anordnung und der äußere Umriß des Stengelquerschnitts aufeinander abgestimmt sind.

Ein weitgehend abgeändertes Muster kommt in einigen Familien (Solanaceae, Asclepidiaceae, Compositae, Cucurbitaceae u.a.) vor, in denen die Leitbündel offen und bikollateral sind, d.h., das Xylem ist an beiden Seiten mit Phloem assoziiert (s. Abb. 6.15c).

Die Leitbündel sind hier in zwei konzentrischen Kreisen angeordnet, die Gefäßlumina des inneren sind weit größer als die des äußeren.

Zur Demonstration des sekundären Dickenwachstums und damit auch der Bildung von Holz hat sich *Aristolochia sipho* (Pfeifenwinde) als Studienobjekt bewährt. In sehr jungen Zweigen ist lediglich faszikuläres Kambium vorhanden; interfaszikuläres entwickelt sich noch während des ersten Jahres lange vor Beginn des sekundären Dickenwachstums (s. Abb. 6.13).

In mehrjährigen Zweigen bleibt die Anordnung der Gewebe im Prinzip erhalten. Durch die Kambiumaktivität nimmt der Zweigdurchmesser an Dicke zu, und die Leitbündel nehmen (im Querschnitt) eine gestreckte Form an. Es gilt allgemein, daß weit mehr Xylem- als Phloemelemente gebildet werden. Jahresringe sind deutlich erkennbar, denn zu Beginn einer jeden Vegetationsperiode (im Frühjahr) werden zunächst weitlumige Gefäße (Leitfunktion) und Fasern (Stützfunktion) (Frühholz) angelegt. In der nachfolgenden Zeit werden Elemente mit stetig engeren Lumina produziert. Im Herbst entstehen nur einige wenige englumige Leitelemente (Spätholz).

Holz der Gymnospermen

Das Holz der Gymnospermen ist einfacher und homogener als das der Angiospermen. Abgesehen von Arten der Ordnung Gnetales findet man bei den Gymnospermen nur Tracheiden als Leitelemente.

Die wichtigsten Erkenntnisse über die Struktur und Bildung des Holzes der Kiefer *(Pinus sylvestris)*, die immer wieder als Prototyp des Gymnospermenholzes herangezogen wird, stammen von Karl Sanio (1832–1891) aus Lyck in Ostpreußen. Ergänzt wurden die Befunde in unserem Jahrhundert durch Untersuchungen des amerikanischen Botanikers I.W. Bailey (1954).

Sanio nahm an (1872, 1873), daß „...Bast und Holzzellen einer radialen Reihe durch abwechselnde Teilungen aus einer einzigen Kambiumzelle hervorgehen".

Dieses Ergebnis ist eine der ersten und wichtigsten Stützen für die Bedeutung des Kambiums für das sekundäre Dickenwachstum.

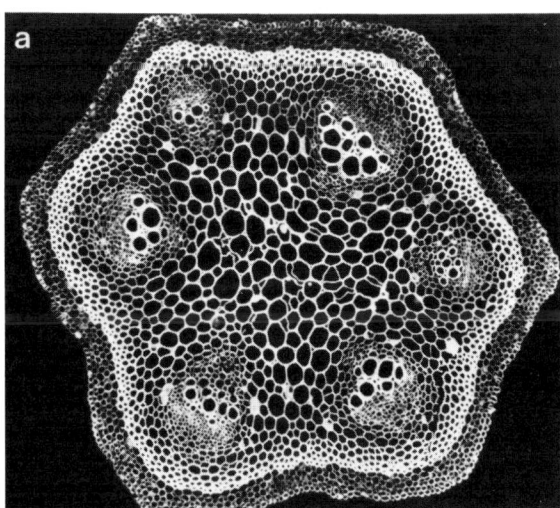

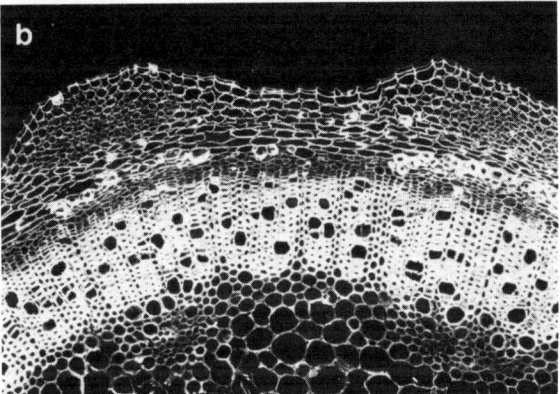

Abb. 6.13. *Aristolochia durior* (Pfeifenwinde): Sekundäres Dickenwachstum. *a* Querschnitt durch einen jungen Stengel. Die Leitbündel sind getrennt. Interfaszikuläres Kambium ist noch nicht vorhanden. Zwischen Peripherie und Leitbündelkranz ist ein mehrere Zellschichten dicker Kollenchymring eingelagert. Man beachte die unterschiedliche Zellgröße von Kollenchymzellen (und den Zellen der Leitbündel) im Vergleich zu den zentral gelegenen Parenchymzellen. *b* Querschnitt durch einen einjährigen Zweig. Xylemelemente übernehmen zunehmend die Festigungsfunktion. Die Zahl der Leitbündel ist im Vergleich zu *a* erhöht, so daß sie zusammen einen nahezu lückenlosen Leitbündelring ergeben, der nur gelegentlich durch Parenchym (Markstrahlen) durchsetzt ist. Das Kollenchym ist bedeutungslos geworden. (R. Duden, 1985)

Die Vorgänge im Angiospermenholz laufen im Prinzip genauso ab, doch war es anfangs keineswegs einfach, den logischen Zusammenhang zu erkennen. *Pinus sylvestris* (oder verwandte Arten, z.B. die nordamerikanische *Pinus strobus*) erwiesen sich als ideale Versuchsobjekte, weil das Gymnospermenholz einfacher als das Angiospermenholz gebaut ist. Kiefernholz ist ebenfalls ein Standardobjekt eines jeden botanischen Anfängerpraktikums. Da Zellen und Gewebe dreidimensionale Körper sind, muß man sie von drei

Abb. 6.14. Gymnospermenholz *(Pinus sylvestris)*. *a* Querschnitt, deutliche Ausprägung von Jahresringen; *b* Längsschnitt; auch wieder mit Jahresringen und (schräg angeschnitten) Markstrahlen (die Zellen im Präparat teilweise lufterfüllt und daher stark lichtbrechend); *c* Tangentialschnitt mit angeschnittenen Markstrahlen. Darüber hinaus ist (wie auch bei *b*) erkennbar, daß die Tracheiden eine begrenzte Länge haben und an ihren Enden spitz auslaufen.

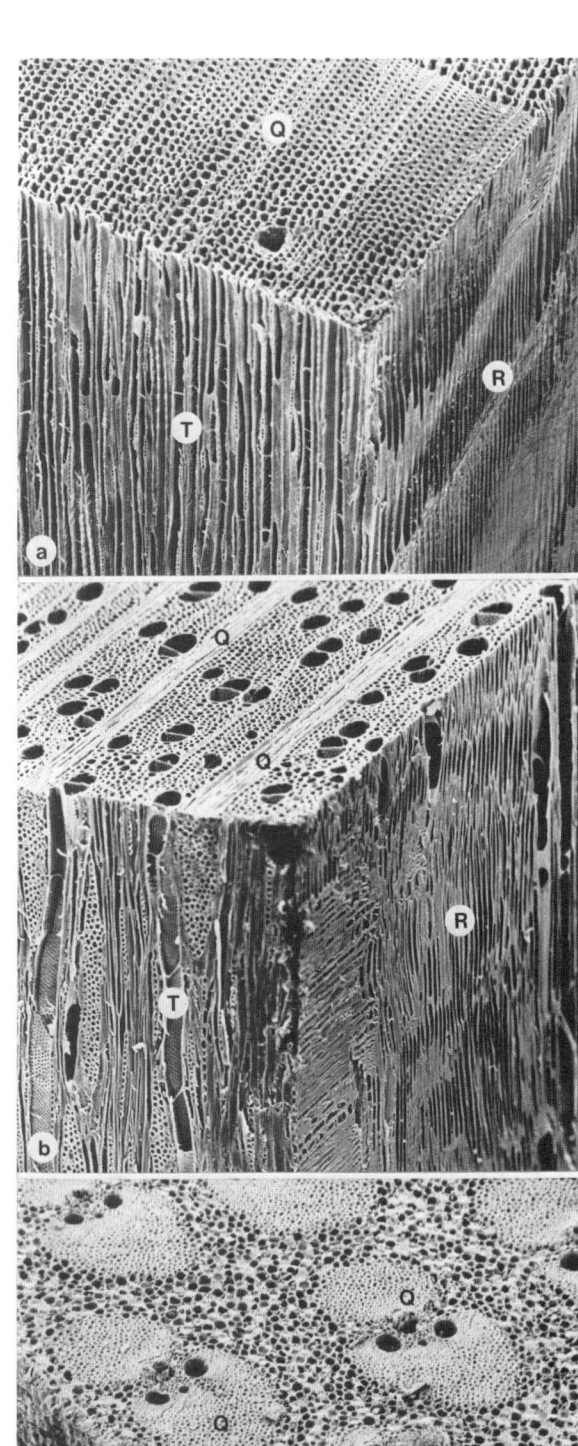

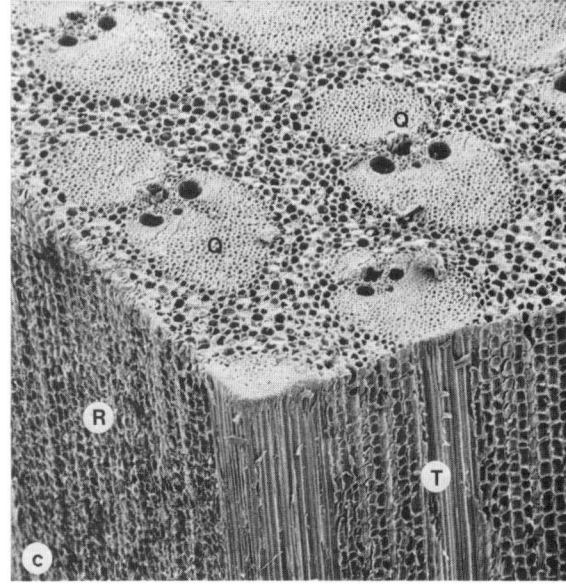

Abb. 6.15. Holz: Rasterelektronenmikroskopische Aufnahmen. Blockdiagramme, aus denen die Beziehung zwischen Quer-, Radial- und Tangentialschnitten (Q, R, T) hervorgehen. *a* Fichte *(Picea alba)*. Beispiel für ein Gymnospermenholz. *b* Buche *(Fagus sylvestris)*. Beispiel für ein Angiospermenholz (Dikotyledonen). *c* Bambus *(Dendrocalamus spec.)*. Beispiel für Monokotyledonenholz (Einzelheiten zu den einzelnen Holztypen im Text und Abb. 6.17–6.22). (U. Schmitt, 1986)

104

Seiten betrachten, um einen Eindruck von der zellulären Organisation zu erhalten:
- Querschnitt
- radialer Längsschnitt
- tangentialer Längsschnitt (s. Abb. 6. 14).

Diese drei Perspektiven können zu einem Blockdiagramm zusammengefaßt werden. Seit einigen Jahren bedient man sich der Rasterelektronenmikroskopie (s. Kap. 3) zur Untersuchung von Holzstrukturen (s. Abb. 6. 15).

Die wohl bekanntesten Merkmale von Gymnospermen- und Angiospermenhölzern sind einmal die Ausprägung von Jahresringen (zu sehen in Querschnitten), zum anderen die Maserung. (Besonders deutlich in tangentialen Längsschnitten zu sehen. Die in der Möbelindustrie viel genutzten Furniere sind derartige Tangentialschnitte.)

Jahresringe eignen sich für Altersbestimmungen, und wie wir schon gesehen haben, hängt ihre Dicke von zahlreichen Faktoren ab. Als ein davon unabhängiges Verfahren hat sich seit Jahren das ^{14}C-Verfahren durchgesetzt. Es beruht auf der Feststellung, daß in jede kohlenstoffhaltige Verbindung (so auch in das Lignin des Holzes) nicht nur das normale Kohlenstoffisotop ^{12}C, sondern auch das relativ seltene ^{14}C eingebaut wird. In der Atmosphäre beträgt das ^{14}C/^{12}C-Verhältnis $1 : 10^6$. ^{14}C hat eine Halbwertszeit von 5770 Jahren. Von dem Moment an, wo Kohlenstoff in eine biologische Struktur eingebaut wird, sinkt der ^{14}C-Gehalt der Probe, da ja im Verlauf der Zeit kein neuer Kohlenstoff aufgenommen wird. Das Verhältnis ^{14}C/^{12}C verschiebt sich somit zugunsten des ^{12}C. Einige mehrere Tausend Jahre alte kalifornische *Sequoia*-und *Pinus aristata*-Exemplare erwiesen sich daher als ideale Testobjekte, um die Genauigkeit der beiden Verfahren zu prüfen. Die Ergebnisse sind in der Abbildung 6.16 dargestellt.

Das Xylem des Gymnospermenholzes enthält keine

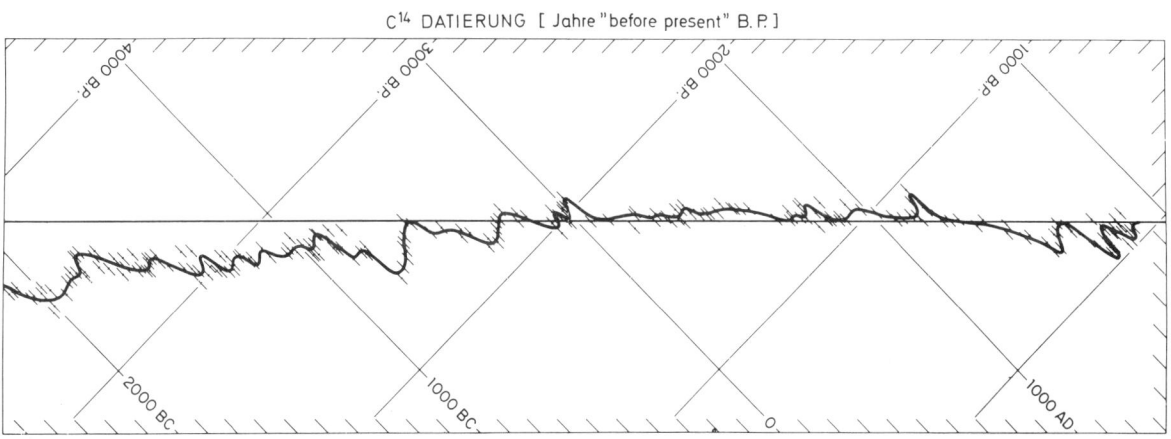

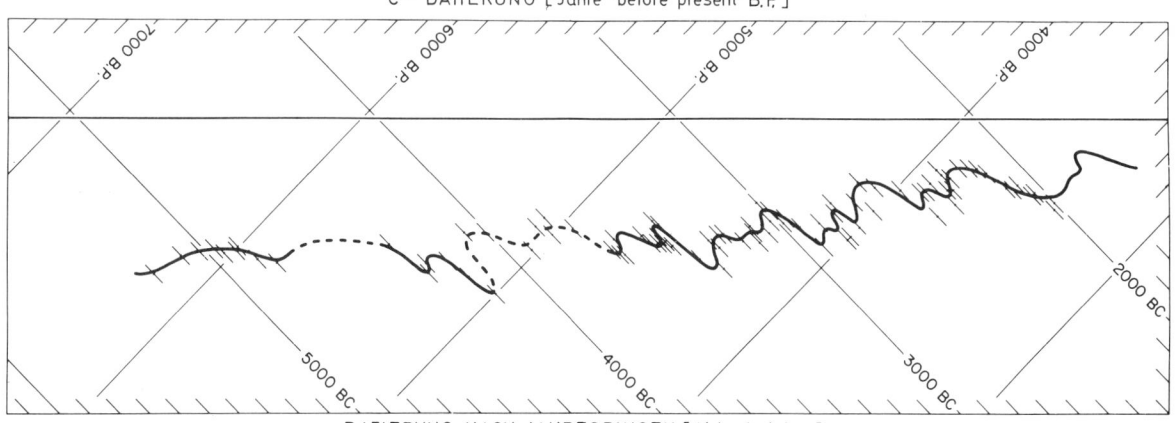

Abb. 6.16. Eichkurve. Der ^{14}C-Gehalt eines jeden Jahresringes von *Pinus aristata* wurde bestimmt. Diese Daten wurden gegen die Anzahl der Jahresringe aufgetragen. (R. Suess, 1970).

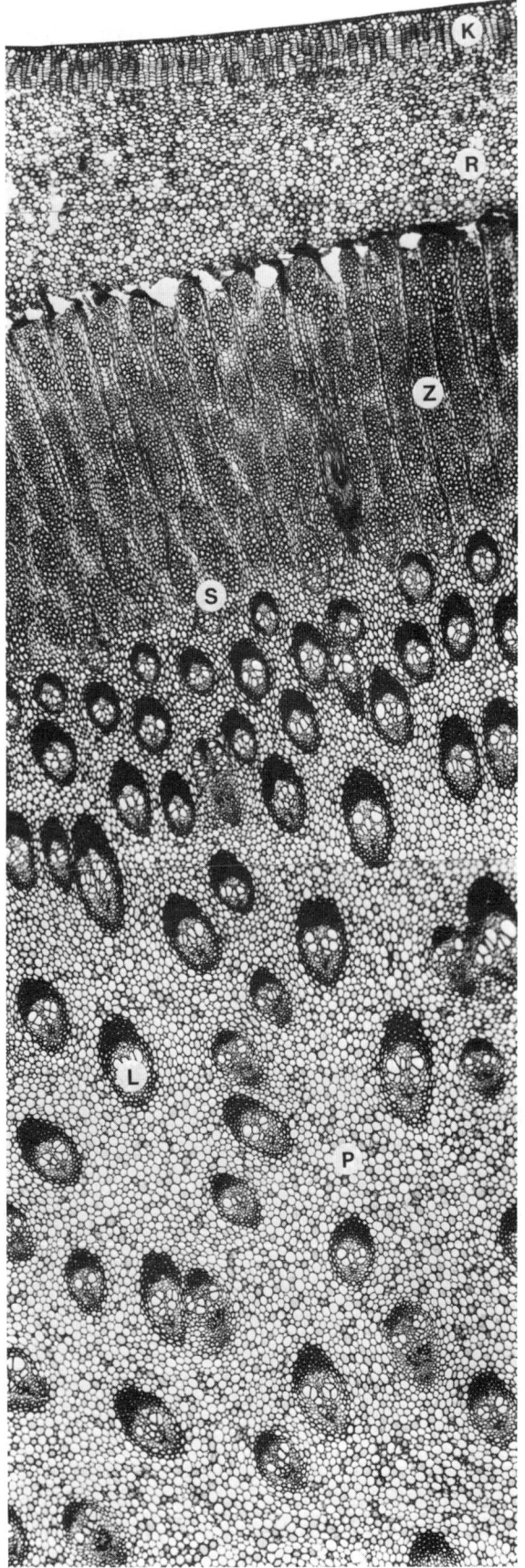

Abb. 6.17. Monokotyledonenholz. Querschnitt durch einen verholzten Sproß von *Dracaena fragrans,* einem afrikanischen Drachenbaum: Atypisches sekundäres Dickenwachstum. *K* peripher liegende, aus mehreren Zellschichten bestehende Korkschicht. *R* Rinde, in äußeren Teilen primär, in den inneren sekundär. *L* primäre, *S* sekundäre Leitbündel (mit zentral gelegenen Tracheiden und peripher gelegener Gefäßbündelscheide); *P* Parenchymatisches Grundgewebe des Zentralzylinders. In einer Zone *(Z),* die Rindengewebe vom Parenchym des Zentralzylinders trennt, bilden sich Folgemeristeme (Lateralmeristem; extrafaszikuläres Kambium, s.a. Abb. 6.19), wodurch ein „atypisches" Dickenwachstum und die Anlage sekundärer Leitbündel hervorgerufen wird. (Präp.: G. Seehann, 1986)

oder nur wenige Parenchymzellen. Ihr Auftreten (oder Fehlen) kennzeichnet Arten bestimmter Gattungen. Bei *Pinus* findet man sie nur als Epithel von Harzgängen, bei vielen Podocarpaceen, Taxodiaceen, Cupressaceen (Zypressen) sind sie reichlich vorhanden, bei Araucariaceen und Taxaceen (Eiben) fehlen sie ganz.

Die Tracheiden sind 0,5–11 mm lang. Sie sind zwar in Längsrichtung orientiert, doch stehen sie mit den oberhalb und unterhalb anschließenden Tracheiden nicht mit den Endwänden, sondern mit den Enden ihrer Seitenwände in Kontakt. Es entstehen daher niemals (auch nicht bei Gefäßen) ideal senkrechte Leitbahnen.

Abb. 6.18. Monokotyledonenholz. Der Bau des Holzes der Monokotyledonen unterscheidet sich grundsätzlich von dem der Dikotyledonen. Durch extrem feste, englumige Fasern verstärkte Gefäßbündel sind in ein voluminöses Parenchym, bestehend aus regelmäßig angeordneten, weitlumigen Parenchymzellen eingebettet. Monokotyledonenholz ist nach dem Prinzip „Stahlbeton" gebaut, das ihm eine hohe Biegefestigkeit verleiht. Man denke dabei u.a. an Bambus oder die hohen, schlankstämmigen Palmen, die auch stärksten tropischen Stürmen widerstehen, oder an die lianenartige Rotangpalme, aus deren Holz Rattanmöbel hergestellt werden. Im Gegensatz dazu ist Dikotyledonenholz und das Holz der Gymnospermen (s. Abb. 6.14) nach dem Backsteinbauprinzip konstruiert. Kein Wunder, daß dann beispielsweise Fichten so stark seitenwindanfällig sind, ihre Stämme leicht splittern. *a* Querschnitt durch einen verholzten Sproß von *Calamus spec.* (Rattanpalme, Rotangpalme), eine Liane, deren Gefäßbündel je ein außergewöhnlich weitlumiges Gefäß enthalten. Die Gefäßbündel sind durch Kappen aus festen Sklerenchymfasern verstärkt (×18), Färbung: Astrablau/Safranin. *b* Querschnitt durch einen verholzten Sproß von *Dendrocalamus spec.* (Riesenbambus). Man beachte den hohen Anteil an Sklerenchymfasern, der dem Holz die extreme Festigkeit und die günstigen Biegeeigenschaften verleihen (s.a. Abb. 6.15), (×18), Färbung: Astrablau, Acridinrot/Chrysoidin. (Präparate: G. Seehann, 1986)

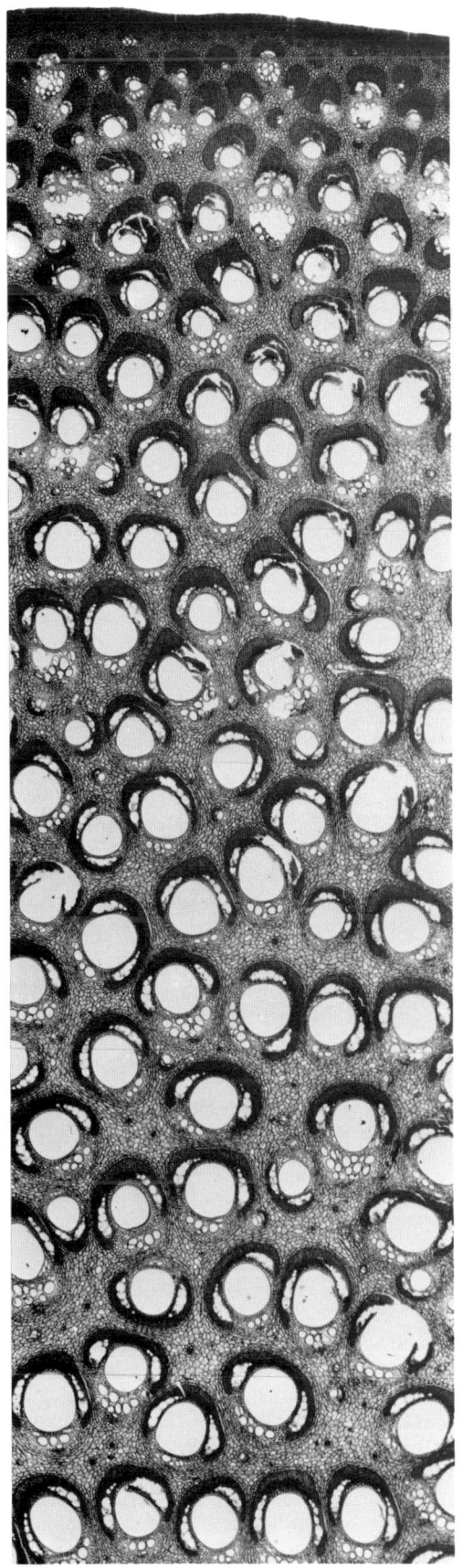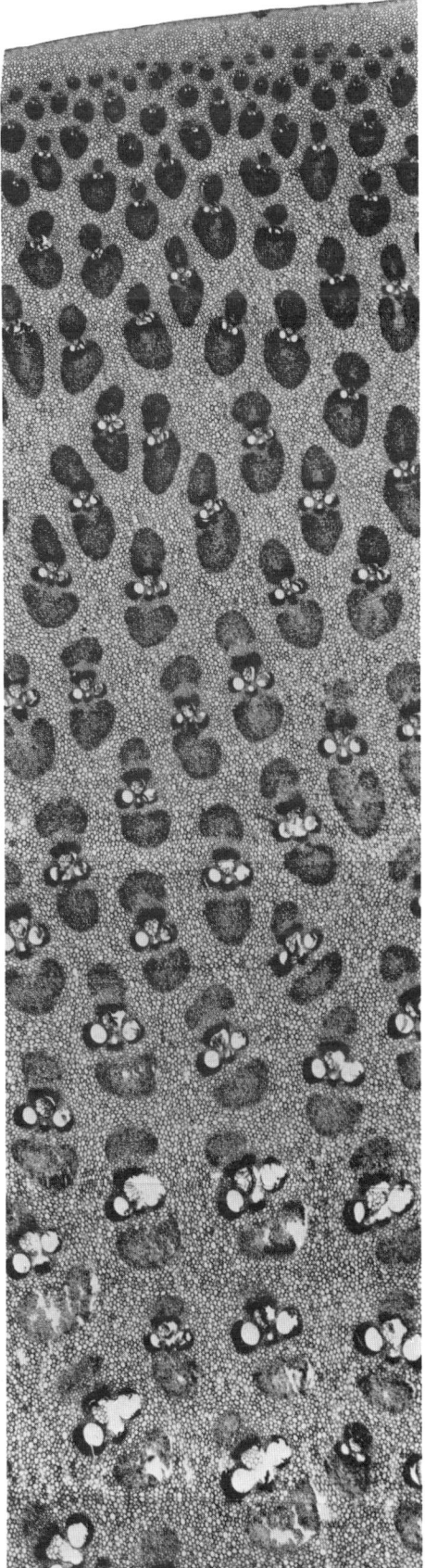

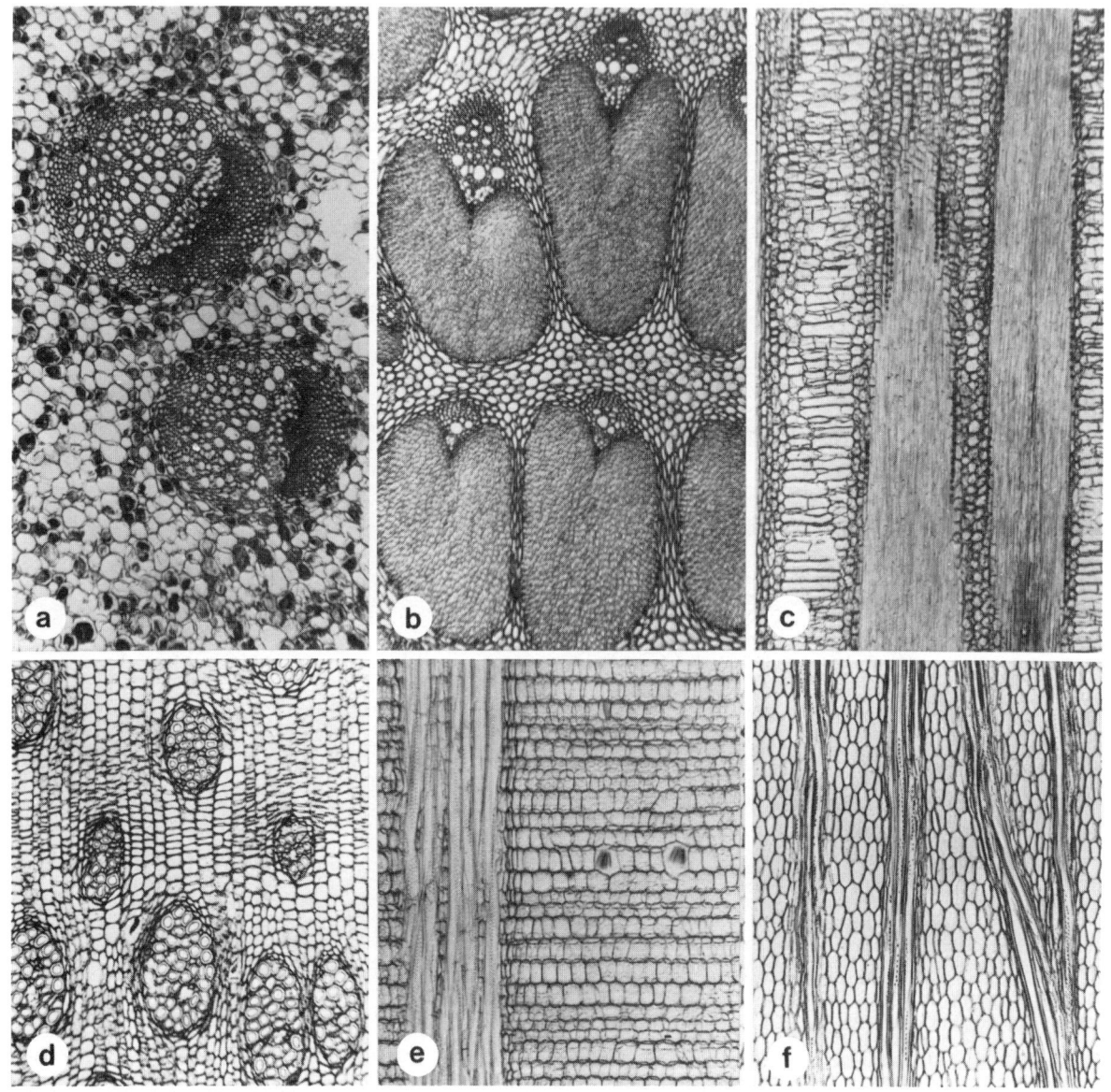

Abb. 6.19. Monokotyledonenholz. *a bis c Jubaea chilensis* (Chilenische Honigpalme); *d* primäre Leitbündel; *e* Quer-, und *f* Längsschnitt durch Holz mit sekundären Leitbündeln. Auch hier ist der hohe Faseranteil typisch. Sowohl im Quer- als auch im Längsschnitt sind die regelmäßig angeordneten (etagierten) Parenchymzellen erkennbar. *d bis f Dracaena* *fragrans* (eine Drachenbaumart, s. Abb. 53.3 und Abb 6.17) *g* Querschnitt mit extrafaszikulärem Kambium, *h* Längsschnitt (radial). Man beachte die extrem regelmäßige etagierte Anordnung der Parenchymzellen. *i* Längsschnitt (tangential) mit einem sich verzweigenden Gefäßbündel. (Präp.: G. Seehann, H.-G. Richter, 1986)

Bei vielen Arten wird zwischen Splintholz und Kernholz unterschieden. Unter Splintholz versteht man ein aktives, wasserleitendes Gewebe, unter Kernholz ein inaktives, das ausschließlich Festigungsfunktionen wahrnimmt. Dessen Zellen enthalten nur wenig Wasser und Reservestoffe; statt dessen werden organische Stoffe, Öle, Gummi, Harze, Gerb- und Farbstoffe sowie aromatische Verbindungen eingelagert.

Durch oxydierte phenolische Substanzen erhält das Holz eine dunklere Farbe.

Typisches Kernholz fehlt der Fichte *(Picea excelsa)*, der Tanne *(Abies alba)* sowie einigen Angiospermen (Pappel, Weide). Diese Hölzer werden in der holzverarbeitenden Industrie weniger geschätzt als kernholzhaltige Hölzer, sie gelten daher als weniger wertvoll.

Markstrahlen: Holz ist in regelmäßigen Abständen

von radial angeordneten Parenchymzellen und meist auch von Tracheiden durchsetzt. Sie entstehen aus den Strahlinitialen des Kambiums.

Die Strahlen des Coniferenholzes sind meist nur eine Zellschicht dick, sie können aber 1–20 (manchmal sogar bis zu 50 Zellagen) hoch sein. Strahltra-

cheiden und axial orientierte Tracheiden sind über Tüpfel miteinander verbunden (s. Abb. 6.6b). Strahlen mit Harzgängen erscheinen in Tangentialschnitten spindelförmig.

Harzgänge können sowohl axial als auch radial ausgerichtet sein. Sie sind eigentlich nichts anderes als

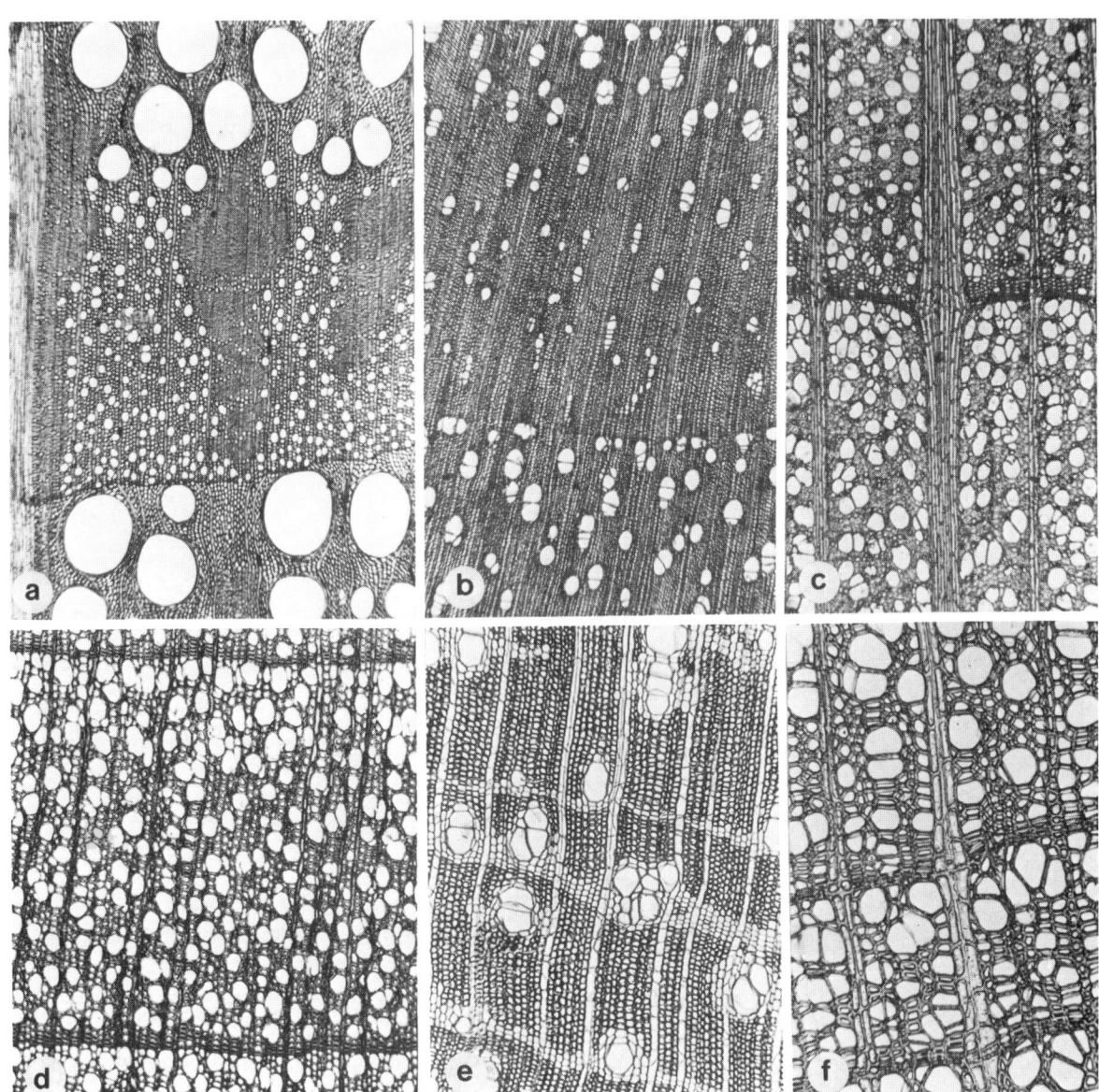

Abb. 6.20. Angiospermenholz (Holz der Dikotyledonen in Querschnitten).
a Quercus robur, ein Beispiel für ringporiges Holz. Weitlumige Gefäße werden nur im Frühjahr angelegt, später werden nur noch englumige Leit- und Festigungselemente (Sklerenchymfasern) produziert; links im Bild ein Markstrahl. *b Rhamnus frangula.* Zwischenstellung zwischen ringporigem und zerstreutporigem Holz. Das Lumen der Gefäße nimmt in Verlauf einer Vegetationsperiode kontinuierlich ab. *c Platanus platanoides.* Zerstreutporiges, von zahlreichen Markstrahlen durchsetztes Holz. Die Größenabnahme der Gefäßlumina im Verlauf einer Vegetationsperiode ist nur gering.

d Malus domestica. Zerstreutporiges Holz mit relativ englumigen Gefäßen, ohne ausgeprägte Ansammlungen von Festigungselementen. *e Quassia amara.* Jahresringloses Holz mit Gruppen weitlumiger Gefäße und gebändertem und teilweise die Gefäße umgebenden (vasizentrischen) Parenchym. Das Umgeben der Gefäße mit einer Parenchymschicht gilt als hoch entwickelt. Es verhindert das Eindringen von Luft (Luftembolie) in die unter starker Saugspannung stehenden Gefäße.
f Liriodendron tulipifera. Zerstreutporiges Holz, weitlumige Tracheiden, mehrschichtige Markstrahlen.

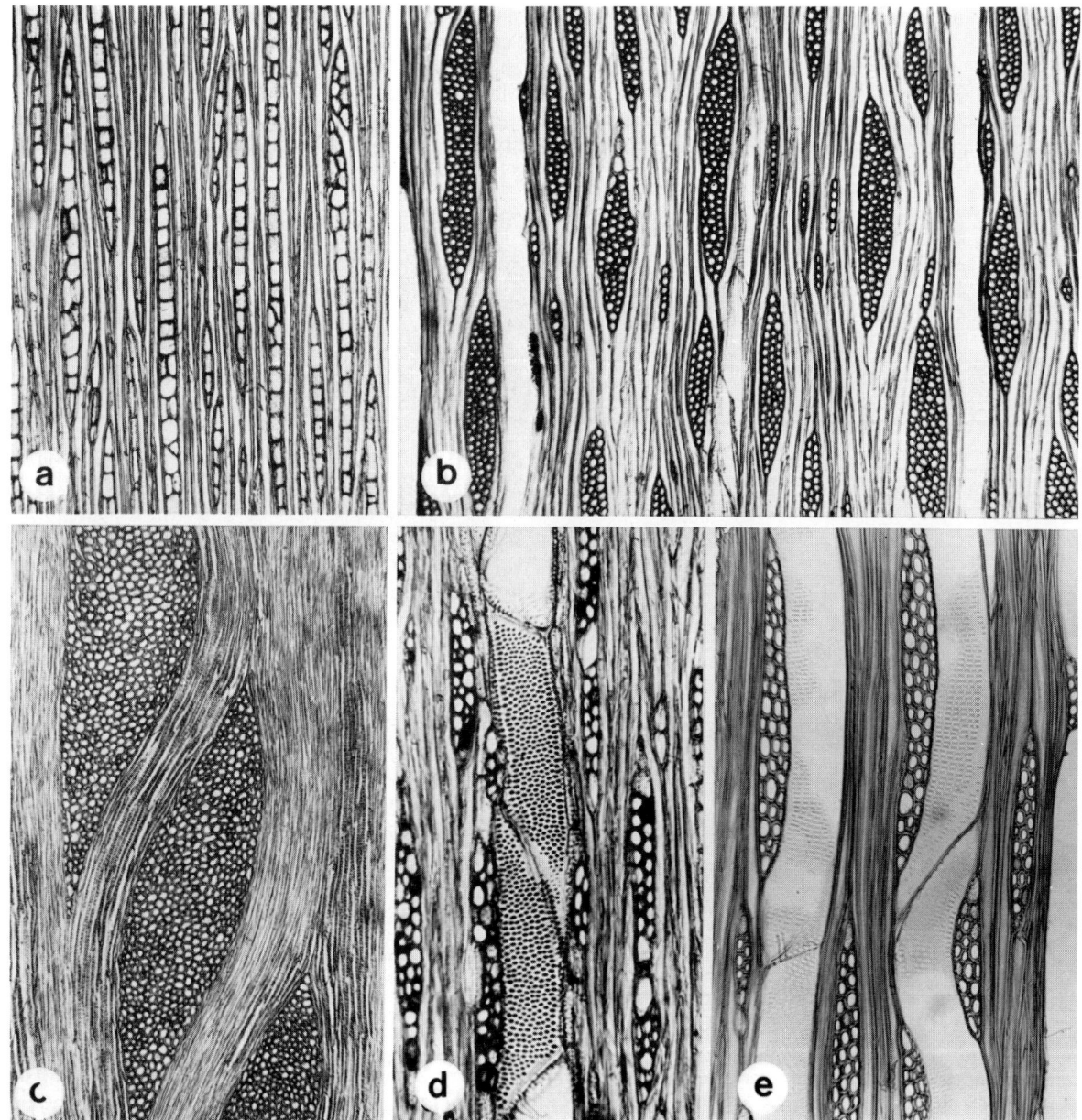

Abb. 6.21. Angiospermenholz (Holz der Dikotyledonen) in Tangentialschnitten. *a Myrica gale:* einreihige Markstrahlen; *b Acer platanoides:* mehrreihige Markstrahlen; *c Morus alba:* voluminöse, vielreihige Markstrahlen, englumiges Skler- enchym; *d Laurus nobilis:* zweireihige Markstrahlen, mit Poren durchsetzte Seitenwände der Gefäße; *e Liriodendron tulipifera:* mehrreihige Markstrahlen, Festigungselemente (Sklerenchym), Gefäße mit Poren in den Seitenwänden.

Interzellularen, die durch Auseinanderweichen von Parenchymzellen vergrößert wurden. Daraus folgt, daß sie stets von Parenchymzellen ausgekleidet (begrenzt) sein müssen.

Für ihr Erscheinen gibt es verschiedene Ursachen: Verwundungen, Verletzungen durch Druck, oder Frost- und Windschäden sind nur einige der Faktoren, die ihre Bildung stimulieren. Die einzelnen Gymnospermenfamilien reagieren auf die genannten Störfaktoren unterschiedlich.

Holz der Angiospermen

Angiospermenholz in typischer Ausprägung findet man fast nur bei Dikotyledonen. Ansätze einer Holzbildung kommen bei einigen Monokotyledonenarten vor, der Holzkörper ist jedoch durchweg inhomogen aufgebaut (mehr dazu s. Abb. 6.17, 6.18 und 6.19).

Im Gegensatz zu der recht übersichtlichen Architektur des Gymnospermenholzes ist das Angiospermenholz komplexer und variantenreicher. Die mei-

110

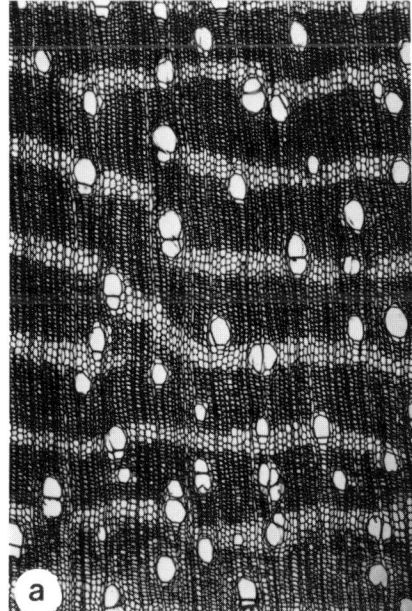
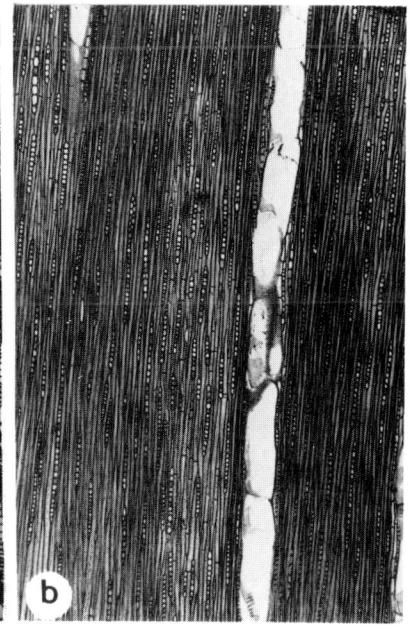

Abb. 6.22. Jahresringloses Holz einer neotropischen Melastomatacee. *1* Querschnitt (× 22), *2* Tangentialschnitt (× 33). (B.J.H. Ter Welle, J. Koek-Noorman, 1981)

sten Hölzer enthalten als Leitelemente Gefäße, und wie wir schon gesehen haben, können sie sehr verschieden gebaut sein. Darüber hinaus kann das Holz einen hohen Anteil an Xylemfasern und Parenchymzellen (letztere bis zu 23 Prozent aller Xylemelemente) enthalten. Auch der Bau der Markstrahlen variiert, sie enthalten zwar fast nur Parenchymzellen, doch deren Ausbildung variiert stark (s. Abb. 6.20 und 6.21).

Die Unterschiede in Form und Orientierung der Xylemelemente sind aus dem Bau des Kambiums heraus erklärbar. Es gibt keine Pflanzenart mit einem „typischen" Angiospermenholz, vielmehr können die folgenden Variablen als Bestimmungs- und Identifikationsmerkmale einzelner Hölzer herangezogen werden:
- An- oder Abwesenheit von Gefäßen.
- Verteilung der Gefäße im Gewebe.
- Form, Größe und Anordnung der Markstrahlen
- Verteilung von axialem Parenchym
- Etagierter oder nicht-etagierter Bau
- Typ der Perforationsplatten in Gefäßen usw.

Umwelteinflüsse führen zu zahlreichen Modifikationen, mit zunehmendem Alter ändert sich die Zusammensetzung des Holzes. Zwei Hauptmuster sind bei der Anordnung der Gefäße erkannt worden:
(1) Zerstreutporiges Holz:
   Alle Gefäße besitzen annähernd gleichen Durchmesser, sie sind gleichmäßig über jeden Zuwachsring verteilt; der Begriff „porig" bezieht sich hier auf die Gefäßlumina.
   Beispiele: *Acer* (Ahorn), *Betula* (Birke), *Liriodendron* (Tulpenbaum, eine Magnoliacea).
(2) Ringporiges Holz:
   Die Gefäße haben unterschiedlich große Durchmesser, weitlumige treten vorrangig im Frühjahr

auf. Im Herbst werden fast nur noch Xylemfasern angelegt. Dieses Muster gilt als hochspezialisiert. Es wurde bei nur wenigen Arten der nördlichen gemäßigten Zone nachgewiesen. Beispiele: *Castanea* (Kastanie), *Fraxinus* (Esche), *Robinia* und bestimmte *Quercus* (Eichen)-Arten.

Neben den klar ausgeprägten Formen kommt eine Menge unterschiedlicher Übergangsformen vor. Ringporiges Holz leitet Wasser fast ausschließlich in der äußeren Zuwachszone. Im Frühjahr geschieht die Bildung der Gefäße rascher, der Wasserfluß ist etwa 10mal so hoch wie bei zerstreutporigem Holz.

Bei vielen tropischen Arten unterbleibt eine Jahresringbildung (s. Abb. 6.22). So findet man keinerlei Anzeichen hierfür bei 75 Prozent aller Bäume im indischen Regenwald, bei 45 Prozent der Bäume im Amazonasbecken und bei 15 Prozent derer Malaysias. Auch Pflanzen trockener Standorte, deren Wurzeln aber ständig Kontakt zum Grundwasser haben (z.B. *Tamarix articulata, Acacia radiana, Acacia tortilis)*, weisen eine über das ganze Jahr konstante Aktivität auf. Verpflanzungsversuche ergaben, daß der Rhythmus der Kambiumaktivität bei einigen Arten erblich ist, bei anderen vornehmlich durch äußere Faktoren gesteuert wird.

Wie die Abbildung 6.23 zeigt, sind Gefäße seitlich (lateral) miteinander verknüpft (Stoffaustausch über Tüpfel), wobei sich die Kontakte bei einigen Arten auf Gefäße einer Wachstumszone beschränken, bei anderen sich über mehrere erstrecken.

Xylemfasern sind in den meisten Angiospermenhölzern reichlich vertreten. In ringporigen sind sie im Spätholz vorherrschend. Bei einigen Arten enthalten sie lebende Protoplasten, die üblicherweise als Stärkespeicher dienen. Dieser Organisationstyp gilt als fort-

111

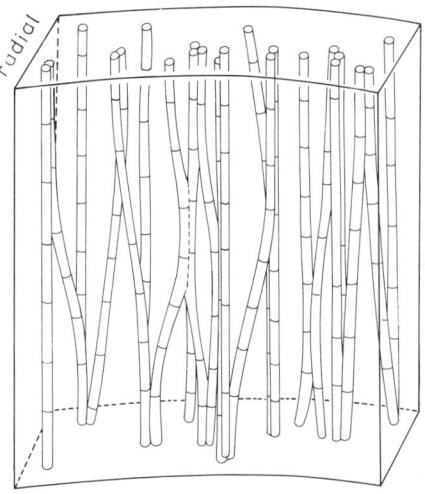

Abb. 6.23. Verlauf der Gefäße im Holz einer Pappel *(Populus).* In der Zeichnung ist die Vernetzung in radialer und tangentialer Richtung erkennbar. Die Dimensionen des dargestellten Ausschnitts sind 1 mm (tangential) ×25 mm (hoch) × 300 μm (radial). (H.J. Braun, 1959)

schrittlich. Auffallend ist das damit korrelierte Fehlen oder die geringe Zahl axialer Parenchymzellen.

Markstrahlen: Sie enthalten nur ausnahmsweise Tracheiden, ansonsten bestehen sie aus Parenchymzellen, deren Längsachsen entweder in radialer oder in axialer Richtung orientiert sind (s. Abb. 6.6 und 6.21). Neben einschichtigen kommen mehrschichtige Markstrahlen vor.

Wie das Gymnospermenholz ist auch das Angiospermenholz von zahlreichen Interzellularen durchsetzt, deren Struktur, Entstehung und Inhalt jedoch variabler gestaltet sind. Neben Kanälen findet man oft Kavernen (Höhlungen), die Harze, Öle, Gummi oder Schleime enthalten. Ihre Wandungen können aus parenchymatischen Zellen bestehen, sie können aber auch fehlen. Die Interzellularen entstehen entweder wie bei den Gymnospermen durch Auseinanderweichen oder durch Reißen von Zellen; gummiähnliche Substanzen werden oft erst nach einer Degeneration der Zellen abgesondert. Dadurch werden häufig auch benachbarte Gefäße aufgefüllt und außer Funktion gesetzt. Die Gummibildung kann durch Infektionskrankheiten, Schädigungen durch Insekten oder durch physiologische Störungen hervorgerufen werden.

Die Struktur und die Anordnung der Xylemelemente bestimmt die Festigkeit, die übrigen physikalischen Eigenschaften von Holz und damit natürlich auch seinen wirtschaftlichen Wert. Ein wichtiges, doch nicht ausschließliches Indiz für Festigkeit ist das spezifische Gewicht. Bei getrocknetem (wasserfreiem) Holz hängt es ausschließlich von der Masse des Zellwandmaterials pro Volumeneinheit ab.

Das Gewicht reiner Wandsubstanz beträgt 1,4–1,62 g/cm³; die Wandsubstanz im Gewebeverband wiegt 0,04–1,4 g/cm³. Der Wert 0,04 wurde für Holz einer Leguminose *(Aeschynomene)* ermittelt, der Wert 1,4 für eine Art aus der Familie der Rhamnaceae *(Krugiodendron).*

Die Unterschiede beruhen auf der Art der Gewebekonstruktion und den relativen Anteilen der einzelnen Xylemelemente.

Xylemfasern mit dicken Wänden und engen Lumina tragen zur Erhöhung des spezifischen Gewichts bei, weitlumige Gefäße mit dünnen Wänden zu einer Reduktion. Andererseits wird die Festigkeit durch Xylemfasern erhöht, durch Gefäße geschwächt. Ringporige Hölzer sind wegen der Konzentration der Gefäße auf definierte Zonen gegen gewisse Belastungen weniger widerstandsfähig als Hölzer mit diffus verteilten Gefäßen.

Das berühmte und erstaunlich stabile Balsaholz *(Ochroma pyramidale,* eine Art aus der Familie der Bombacaceae) hat ein spezifisches Gewicht von 0,1–0,16 g/cm³. Dies geringe Gewicht beruht u.a. auf einem hohen Anteil großer dünnwandiger Parenchymzellen.

Im allgemeinen können leichten Hölzern zwei Konstruktionsprinzipien zugrunde liegen. Entweder wechseln Schichten aus dickwandigen und dünnwandigen Zellen einander ab oder beide Zelltypen sind statistisch verteilt und formen damit ein strukturell homogenes Gewebe.

Leitbündel in Wurzeln

Die Leitbündel in Wurzeln sind im Vergleich zu denen im Sproß relativ einfach konstruiert und variantenarm. Als einer der Gründe wird die im Vergleich zu oberirdischen Anforderungen weniger variable Umwelt genannt.

Xylem- und Phloemelemente sind zu einem zentral gelegenen, marklosen Strang zusammengefaßt. Die Dikotyledonenwurzel wird immer wieder als Grundtyp herausgestellt und besprochen. Die Monokotyledonenwurzel unterscheidet sich, was den primären Bau betrifft, nur unwesentlich, so daß hier eine gesonderte Abhandlung entfallen kann. Dikotyledonenwurzeln vieler Arten (Holzpflanzen, perennierende [= ausdauernde, mehrjährige] Arten) sind zu sekundärem Dickenwachstum befähigt, Monokotyledonenwurzeln sind, von wenigen Ausnahmen *(Dracaena* u.a.) abgesehen, dazu nicht in der Lage.

In der Regel besteht der primäre Leitbündelzylinder aus radial angeordneten Xylemelementen (Xylemsträngen) und peripher liegendem Phloem. Die Leitelemente sind von zwei konzentrischen Hohlzylindern aus parenchymatischem Gewebe, dem Perizykel und der Endodermis umgeben. Der Perizykel fehlt in Wurzeln einiger einfacher Wasserpflanzen und bei einigen Parasiten. Das Ganze ist in großzelliges Parenchym (primäre Rinde) eingebettet.

112

Die Radialwände der Endodermis sind durch charakteristische, 1865/66 von Caspari entdeckte Verdickungen gekennzeichnet (Casparische Streifen). Diese Wandverstärkungen enthalten Lignin, Suberin, andere inkrustierende Substanzen, und oft auch phenolische Oxydationsprodukte, die ihnen eine dunkle Farbe verleihen.

Die Endodermis gilt zwar als eine für Wurzeln typische Zellschicht, kommt aber vielfach auch in oberirdischen Sprossen vor, wo sie, wie in der Wurzel, an der Peripherie der Leitbündelzone (auch dort spricht man eigentlich vom Leitbündelzylinder) lokalisiert ist. In Sprossen einiger Farne umgibt die Endodermis einzelne Leitbündel.

Die Verwandtschaft der Leitbündelanordnung in Wurzel und Sproß wird durch die Stelärtheorie (siehe folgenden Abschnitt) anschaulich gemacht. Diese geht u.a. davon aus, daß Wurzel und Sproß lediglich zwei Teile einer Achseneinheit sind.

Ein immerwiederkehrendes Problem ist die Frage nach der Umorganisation der Leitbündelstränge in der Übergangszone zwischen den beiden Organen. Korrekterweise dürfte man gar nicht von Wurzel-Sproß-Übergang sprechen, denn die beiden sind durch Epi- und Hypokotyl voneinander getrennt. Während der Embryonalentwicklung entstehen diese zuerst, und erst nachfolgend werden Sproß und Wurzel angelegt. Während dieser frühen Phase werden im Bereich des Epi- oder Hypokotyls Leitbündel gebildet, die sich vom Initiationspunkt aus simultan sowohl in Richtung Wurzel als auch in Richtung Sproß verlängern und dabei die jeweils organspezifische Organisation annehmen.

Sekundäres Dickenwachstum kommt, wie schon beschrieben, in der Wurzel vieler Dikotyledonen vor. Das Kambium entsteht dabei in der Regel sekundär aus parenchymatischen Zellen, die während des primären Wachstums zwischen den Xylemstrahlen angelegt werden; es wird ergänzt durch Perizykelzellen, so daß sich schließlich ein homogener Kambiumzylinder herausbildet.

Als Folge des sekundären Dickenwachstums reißen Perizykel und Endodermis. Die dabei entstehenden Lücken werden von zusätzlichen, durch Teilung entstandenen Parenchymzellen aufgefüllt. Wie bei Sprossen wird auch in der Wurzel sekundäres Abschlußgewebe gebildet (Phelloderm, Phellogen, Phellem).

Trotz der vielen prinzipiellen Gemeinsamkeiten in der Organisation der Leitbündel von Wurzel und Sproß gibt es einige fundamentale Unterschiede: Die Bildung der Leitbündel im Sproß ist in der Regel unmittelbar mit der gleichzeitigen Anlage von Blättern oder Seitenzweigen verknüpft, die Bildung neuer Leitbahnen geht vom Apikalmeristem aus.

Anders bei der Wurzel: Seitenwurzeln entstehen aus Zellen des Perizykel; die Anlage wächst von innen nach außen.

Erst in einem zweiten (unabhängigen) Differenzierungsschritt wird der Kontakt der neu gebildeten Leitbündel zur Primärwurzel (= Pfahlwurzel) hergestellt. Auch Seitenwurzeln können sich erneut verzweigen. Man kommt dann zu Seitenwurzeln 2., 3...5... Ordnung.

Im Gegensatz zu den Blättern sind die Seitenwurzeln, rein morphologisch betrachtet, zentralsymmetrisch gebaut (Ausnahmen: z.B. Seitenwurzeln der *Kalanchoe*), während Blätter und Blattstiele üblicherweise dorsiventral sind. Physiologisch scheint eine Dorsiventralität jedoch auch in Seitenwurzeln vorzuliegen (siehe dazu Geotropismus, Kapitel 32).

Bekanntlich haben Wurzeln zwei, in gewisser Hinsicht entgegengesetzte Aufgaben. Einmal dienen sie der Verankerung der Pflanze im Boden, zum anderen der Wasser- und Nährstoffaufnahme. Die Verankerungsfunktion erfordert, daß Wurzeln besonders zugfest und mit Verstärkerelementen (z.B. Verholzung, Fasern im Phloem usw.) durchsetzt sein müssen. Hierzu trägt das schon besprochene sekundäre Dickenwachstum maßgeblich bei. Andererseits wird durch Verholzung und Ausbildung von Rindenschichten die Wasseraufnahmerate gemindert. Daher hat sich auch in Wurzeln das Prinzip der Arbeitsteilung durchgesetzt. Gerade bei mehrjährigen (perennierenden) Exemplaren kommen an Enden stark verholzter Primär- und Seitenwurzeln wenig oder unverholzte, kurzlebige Verzweigungen vor, die man als Nährwurzeln bezeichnet. Andererseits sind auch die sekundären Abschlußgewebe nicht völlig wasserundurchlässig; inwieweit sie an der Nährstoffaufnahme beteiligt sind, ist nicht hinreichend geklärt.

Neben den Primär- und Seitenwurzeln findet man bei vielen Mono- und Dikotyledonen sogenannte Adventivwurzeln (s. Abb. 2.5d). Sie entspringen den verschiedensten Teilen des Sprosses oder der Wurzel selbst. So besteht z.B. das Wurzelsystem vieler Gräser nahezu ausschließlich aus Adventivwurzeln (H. v. Guttenberg, Universität Rostock, 1940). Vielfach werden die Wurzeln oder ihre Teile einschließlich des Hypokotyls als Speichergewebe genutzt. Das parenchymatische Gewebe der primären Rinde (und des Xylems und Phloems) schwillt an, zahlreiche Zellteilungen finden statt. Der dabei entstehende Speicher wird sekundär durch Leitbündel versorgt.

Räumliche Anordnung von Leitbündeln; Stelärtheorie

Die bisher dargelegten Ausführungen über den Bau von Leitbündeln beruhen auf der Auswertung von Querschnittspräparaten von Stengeln und Wurzeln.

Wie wir gesehen haben, eignen sich diese zur Darstellung der Position und der Organisation der Leitbündel (Lage von Xylem, Phloem, Kambium usw.), sie sagen jedoch nichts über die räumliche (dreidimensionale) Anordnung und die Entstehung des Leitbündelsystems aus. Es ist nicht ganz einfach, sich ein anschauliches Bild hierüber zu machen. Serienschnitte

113

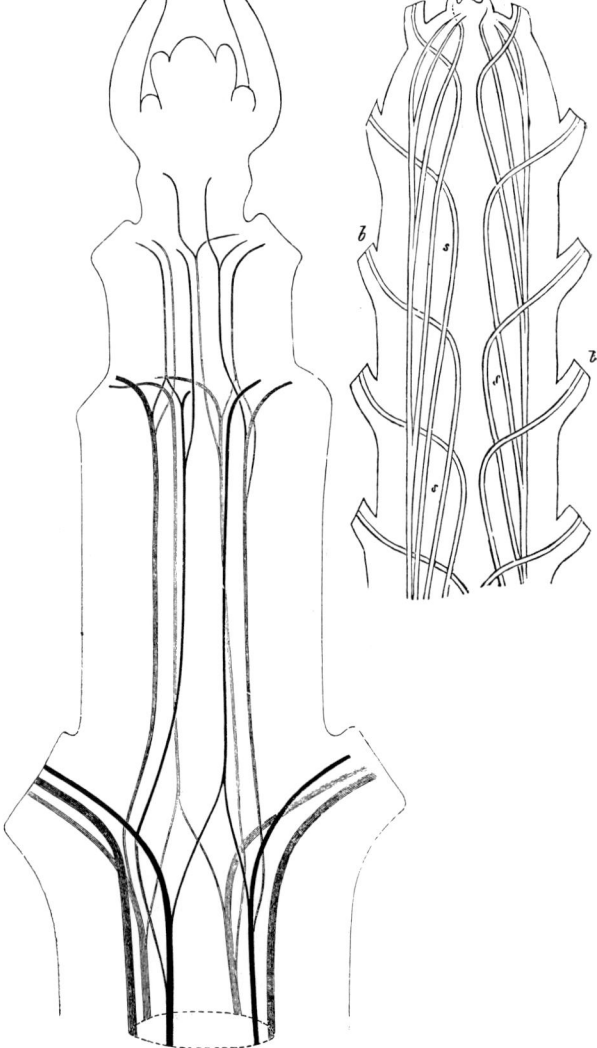

Abb. 6.24. *a Clematis viticella:* Sproßende durchsichtig gemacht, um den Verlauf der Gefäßbündel (Blattspuren) zu zeigen, die oben in die (weggenommenen) Blätter ausbiegen. *b* Verlauf der Gefäßbündel in einem Monokotylensproß (Palmentypus); *v* Vegetationspunkt, *ss* Sproßachse, *bb* Blattbasen. (J. Sachs, 1887)

und die daraus abgeleitete Rekonstruktion des Leitbündelverlaufs sind zwar ein notwendiges, doch sehr zeitraubendes Verfahren.

Eine weitere Möglichkeit besteht in der Mazeration des Stengels, also praktisch einem kontrollierten Fäulnisprozeß, bei dem man davon ausgeht, daß die Leitbündel die mit am widerstandsfähigsten Gewebe sind und den Mazerationsprozeß weitgehend unbe-'schadet überstehen.

Trotz methodischer Widrigkeiten sind die genannten Wege mit Erfolg beschritten worden. Von zahlreichen Pflanzenarten aus den verschiedensten Klassen kennen wir heute den Verlauf der Leitbündel; zusätz-

liche Informationen erhielt man durch die Auswertung von Fossilien.

Einen der ersten umfangreichen, reich bebilderten Überblicke über den Gefäßbündelverlauf findet man in der 1877 erschienenen „Vergleichenden Anatomie der Vegetationsorgane der Phanerogamen und Farne" durch den in Straßburg wirkenden Pflanzenanatom und Mykologen A. de Bary (s. Abb. auf S. 467). Er erkannte, daß die Organisation der Leitbündel in den einzelnen Pflanzenklassen auf bestimmte Grundmuster zurückzuführen ist (s.a. Abb. 6.24).

Von ihm stammen auch die heute noch geläufigen Begriffe axialer Strang (Axialstrang), Blattspur(-strang) und Blattlücke.

In unserem Jahrhundert ist es üblich, von der Stelärtheorie zu sprechen, wenn man sich mit dem Verlauf und der Entstehung von Leitbündeln auseinandersetzt.

Das Konzept der Stele geht auf P. van Tieghem, Professor am Musée d'Histoire Naturelle de Paris und seinen Schüler H. Douliot (1886) zurück. Ihre Vorschläge wurden vielfach überarbeitet und abgewandelt. Die von van Tieghem vorgeschlagene Terminologie ist heute nur noch von historischem Interesse.

Besonders um die Jahrhundertwende gab es kaum einen namhaften Morphologen, der sich nicht mit dieser Problematik befaßte. Nennenswert sind vor allem E. Strasburger (Professor der Botanik an der Universität Bonn), mit seiner 1891 erschienenen Arbeit „Über den Bau und die Vorrichtungen der Leitungsbahnen in der Pflanze", E. C. Jeffrey (University of Toronto, später Harvard University), der 1898 eine Reihe neuer Begriffe definierte, u.a. Protostele und Siphonostele (mit denen wir uns noch ausgiebig befassen werden), sowie die Engländer G. Brebner (1902) und F. O. Bower.

Der unterschiedliche Gebrauch von Begriffen und eine eigenständige Nomenklatur trugen gerade in jener Zeit mehr zur Verwirrung als zur Klärung bei. Um 1910 stabilisierte sich die Lage, und man einigte sich auf Definitionen, die als „British System" in die Literatur eingegangen sind.

Unter Stelen faßt man das Leitbündelsystem, einschließlich des mit ihm assoziierten Gewebes sowie das vom Leitbündelzylinder umgebene Mark zusammen.

Der Ausdruck Stele entstammt, wie so viele Ausdrücke der Pflanzenanatomie, dem Griechischen und bedeutet Säule. Die Stelärtheorie besagt, daß der primäre Pflanzenkörper in Stengel und Wurzel nach dem gleichen Prinzip konstruiert ist, weil beide eine zentrale Säule (Stele) enthalten, die in primäres Rindengewebe eingebettet ist. Die Stelärtheorie befaßt sich nicht mit dem sekundären Dickenwachstum. Das steläre Muster kann als ein konservatives Merkmal angesehen werden, dessen Komplexität im Verlauf der Evolution zunahm.

Die Protostele, ein einfach organisiertes Leitsystem. Die Protostele ist ein einfacher, unverzweigter, zentral gelegener Axialstrang aus Xylem, das von Phloem ummantelt ist. Eine Protostele enthält kein

114

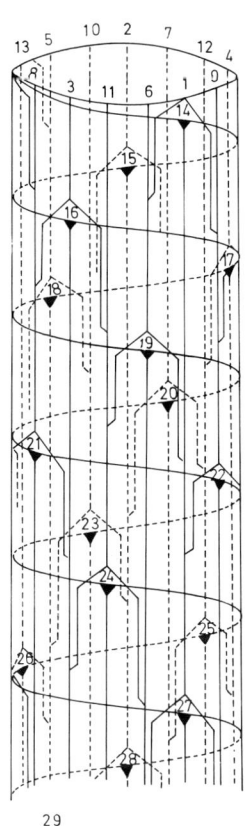

Abb. 6.25. Gefäßbündelstruktur bei *Hectorella caespitosa,* die durch schraubige Anordnung der Blattspuren (Dreiecke) charakterisiert ist. Die Schraube ist zur Veranschaulichung mit eingezeichnet worden. Die jüngste Blattspur ist mit 1, die älteste mit 29 beziffert. (J.P. Scipworth, 1962)

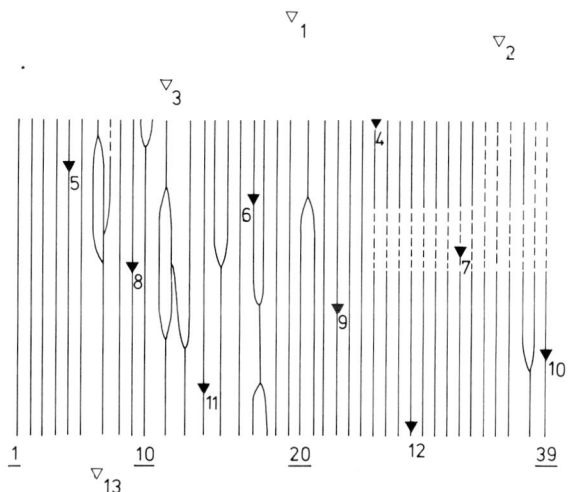

Abb. 6.26. Longitudinale Darstellung des Leitbündelsystems. Der Leitbündelzylinder ist in diesem Schema (und den folgenden) als aufgeklappt und in die Ebene projiziert zu denken. Hier primitives Leitbündelsystem von *Callyxilon brownii.* Die Blattspuren sind durch dunkle Dreiecke angedeutet. Die Ziffern repräsentieren das ontogenetische Alter. Wie aus der Ziffernfolge hervorgeht, ist die Anordnung schraubig (s. dazu Abb. 6.22). Zwischen den Leitbündeln sind nur gelegentlich Verwachsungen oder Abzweigungen vorhanden. (C. B. Beck *et al.,* 1982)

Mark. Man findet sie bei den primitiven Gefäßpflanzen, z.B. der fossilen *Rhynia,* sowie bei den Lycopodiaceen, in jungen Farnsprossen, in Stengeln einiger einfacher Wasserpflanzen und in den meisten Wurzeln der Angiospermen.

Die Siphonostele im weitesten Sinne. Die Siphonostele stellt den Prototyp der Leitbündelsysteme der Farne und aller weiter entwickelten Gefäßpflanzen (Samenpflanzen) dar. Sie besteht aus mehreren axialen Leitbündeln, die im Stengel in Form eines Hohlzylinders angeordnet sind und ein Markgewebe umschließen (s. Abb. 6.25).

Von den axialen Leitbündeln zweigen Blatt- und Zweigspuren ab, die sich in die Blätter, bzw. Seitenzweige hinein erstrecken. Eine Blattspur beginnt stets am Abzweigungspunkt und reicht bis zur Blattbasis (Blattansatzstelle). Ein Blatt kann durch eine oder mehrere Blattspuren versorgt werden. Die Axialbündel (axiale Leitbündel) erstrecken sich über die gesamte Länge eines Stengelabschnitts hinweg.

Vergegenwärtigt man sich, wie Leitbündel im Verlauf der Ontogenese entstehen, wird sofort klar, daß sie aus Segmenten zusammengesetzt sind, die ursprünglich als Blattspuren angelegt waren. Der Übergang Blattspur zu Leitbündel geschieht, sobald eine apikalwärts angelegte Blattspur den Kontakt zum bestehenden Leitbündelsystem aufnimmt.

Axialbündel sind in der Regel durch Querverbin-

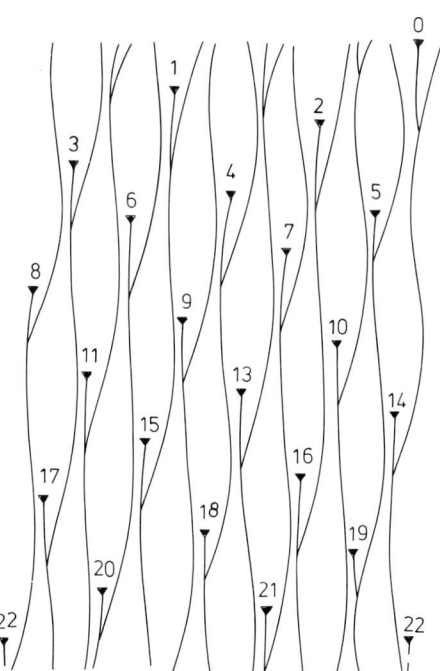

Abb. 6.27. Leitbündelsystem einer Tanne *(Abies concolor).* Nach der Abzweigung der Blattspuren verlaufen diese noch eine Weile im Stamm (etwa parallel zur Achse), bevor sie ihn verlassen. (C. B. Beck *et al.,* 1982)

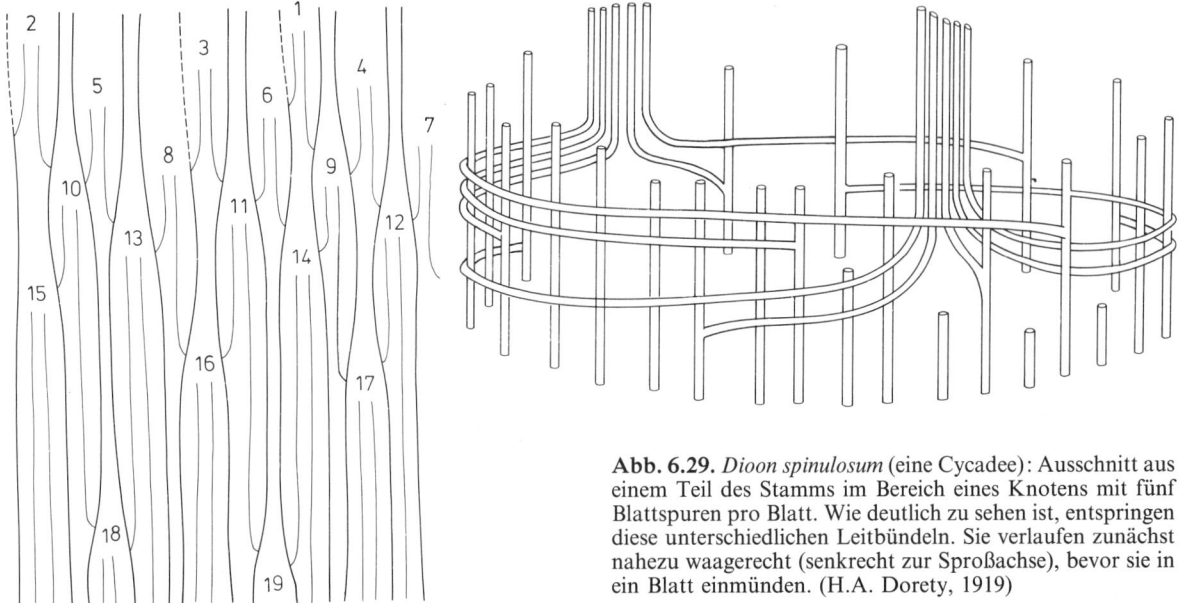

Abb. 6.28. *Ginkgo biloba*. Jedes Blatt wird durch zwei Spuren (als dünne Linien gezeichnet) versorgt, die von unterschiedlichen axialen Bündeln (dicke Linien) abzweigen. (C. B. Beck *et al.*, 1982)

Abb. 6.29. *Dioon spinulosum* (eine Cycadee): Ausschnitt aus einem Teil des Stamms im Bereich eines Knotens mit fünf Blattspuren pro Blatt. Wie deutlich zu sehen ist, entspringen diese unterschiedlichen Leitbündeln. Sie verlaufen zunächst nahezu waagerecht (senkrecht zur Sproßachse), bevor sie in ein Blatt einmünden. (H.A. Dorety, 1919)

dungen untereinander vernetzt, wodurch ein kommunizierendes Leitungssystem zustande kommt (K. J. Dormer, 1954).

Die Bereiche, in denen Blattspuren abzweigen, sind die Knoten oder Nodien und die zwischen ihnen liegenden Abschnitte die Internodien. Die Struktur der Knoten in den Stengeln der Dikotyledonen ist relativ einfach, komplexe Vernetzungen treten vorwiegend bei den Monokotyledonen auf.

Einige Beispiele: Einfache Verhältnisse kommen bei primitiven fossilen Vorläufern der Gymnospermen (Progymnospermen) vor, so z.B. bei der Art *Callixylon brownii,* deren Leitbündelsystem C. B. Beck 1979 rekonstruiert hat. Es zeigt im wesentlichen parallel geordnete Leitbündel, zwischen denen es nur wenige Verknüpfungen (Anastomosen) gibt (s. Abb. 6.26).

Eine beträchtliche Steigerung der Komplexität des Verzweigungsmusters findet man bei den Gymnospermen, das steläre Grundmuster einer Tanne ist in der Abbildung 6.27 wiedergegeben.

Man unterscheidet zwischen den offenen Leitbündelsystemen und den geschlossenen, bei denen die Blattspuren durch Anastomosen untereinander in Verbindung stehen. Bei *Ginkgo biloba* wird jedes Blatt durch zwei Blattspuren versorgt, die sich von getrennten, aber benachbarten Axialbündeln ableiten (s. Abb. 6.28).

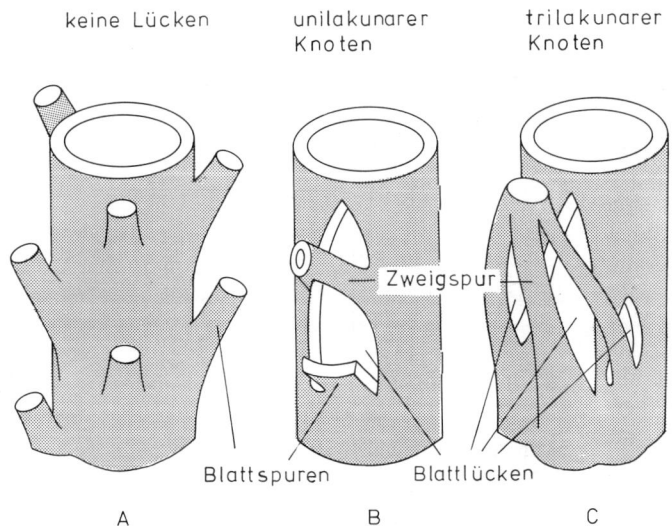

Abb. 6.30. Stelentypen. *A* Siphonostele ohne Blattlücken; *B, C* Siphonostelen mit Blattlücken, *B* unilakunarer Knoten, *C* trilakunarer Knoten. (Y. Ogura, 1938)

Abb. 6.31. Ausschnitte aus freipräparierten Leitbündelzylindern von Cycadeen (*a* und *b* sind verschiedene Arten). Die Leitbündelstränge stehen in regelmäßigen Abständen (ca. 2 cm) untereinander in Verbindung und bilden dadurch ein homogen geformtes Netz aus, dazwischen sind (bei *a*) große Blattlücken ausgespart. Bei *b* ist der Vernetzungsgrad so hoch, daß die einzelnen Stränge (und die Blattlücken) nur noch schwach wahrzunehmen sind.

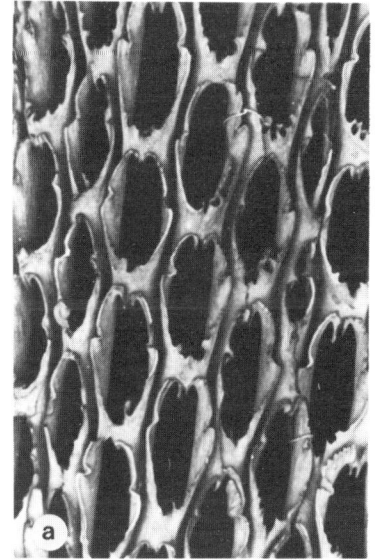
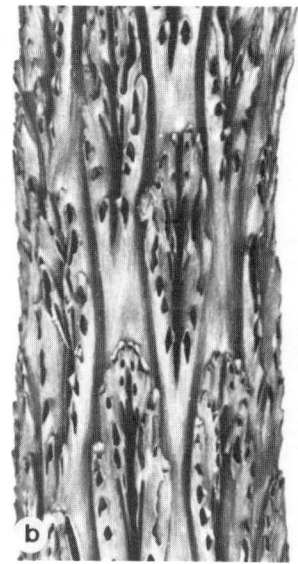

Bei den Cycadales (z.B. *Dioon spinulosum*) sind fünf Blattspuren pro Blatt vorhanden, die entfernt liegenden Axialsträngen entspringen. Die Blattspuren liegen dem Leitbündelzylinder zunächst ringförmig an, bevor sie vereint in Richtung Blatt abzweigen (H. A. Dorety, 1919, s. Abb. 6.29).

Hier haben wir es bereits mit einer recht komplexen Organisation der Knotenstruktur zu tun.

Angiospermen zeichnen sich durch eine hohe Variabilität in der Konstruktion der Leitbündelzylinder aus, obwohl die Grundmuster weitgehend identisch sind. Es gibt jedoch einen gravierenden Unterschied zwischen den Dikotyledonen und den Monokotyledonen. Die Situation bei den Dikotyledonen steht dem Grundmuster am nächsten, ist am übersichtlichsten und wird daher zuerst besprochen:

Die Variationen beruhen auf Richtung und Ganghöhe der Schraube, Anzahl der Spuren pro Blatt und Natur der Blattansatzstelle. In diesem Zusammenhang muß der Begriff Blattlücke fallen, der sich auf eine Aussparung in Leitbündelzylindern oberhalb der Blattansatzstelle bezieht (s. Abb. 6.30). In der Regel enthalten Angiospermen fünf Leitbündelstränge. Man betrachtet diese Zahl als Grundeinheit, von der Varianten mit mehr oder weniger Strängen abgeleitet sind.

In 91 Prozent aller Arten kommen offene Systeme vor (s. Abb. 6.32), geschlossene (verschiedene Blattspuren und Blattspurkomplexe miteinander verbunden) bei den übrigen (sowohl bei Kräutern als auch bei Holzpflanzen). Die Zahl der Leitbündel pro Leitbündelstrang ist dort geradzahlig mit vier als Grundzahl (s. Abb. 6.33).

Vielfach sind Blattlücken sehr groß (z.B. bei vielen Angiospermen, unter anderem bei den Kakteen, aber auch bei Cycadeen und Farnen). Der Leitbündelzylinder sieht daher netzartig strukturiert aus (s. Abb. 6.31).

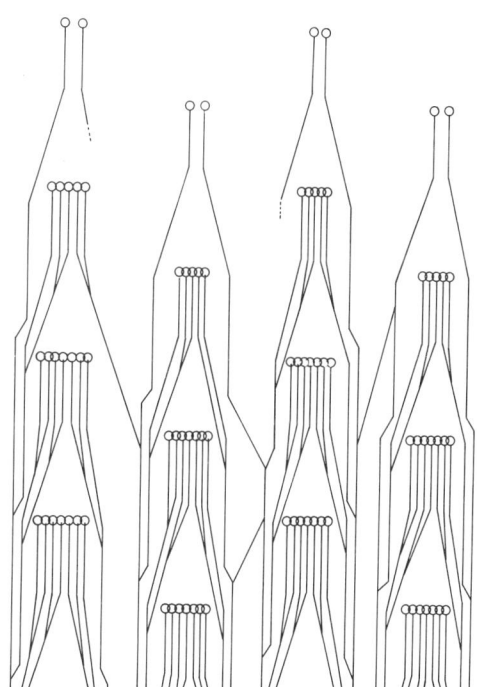

Abb. 6.32. Leitbündelsystem bei Angiospermen: *Xymalos monospora*. Jedes Blatt wird durch eine Vielzahl von Blattspuren versorgt. Die Zahl erhöht sich durch Verzweigungen der Blattspuren, nachdem sie von zentral gelegenen Leitbündeln abgezweigt sind. (C.B. Beck *et al.* 1982)

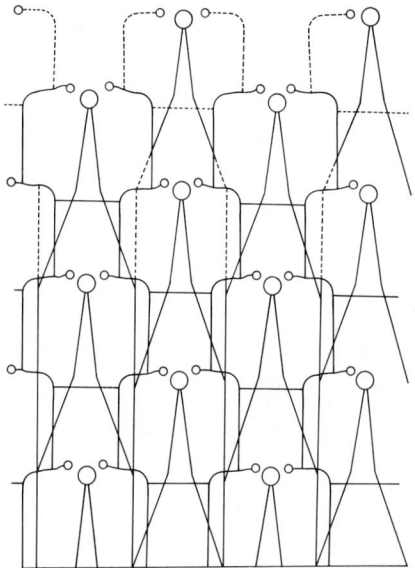

Abb. 6.33. Komplexes Leitbündelsystem (teils offen, teils geschlossen) und Blattspurmuster bei Angiospermen, hier *Calycanthus floridus*. (C.B. Beck *et al.*, 1982)

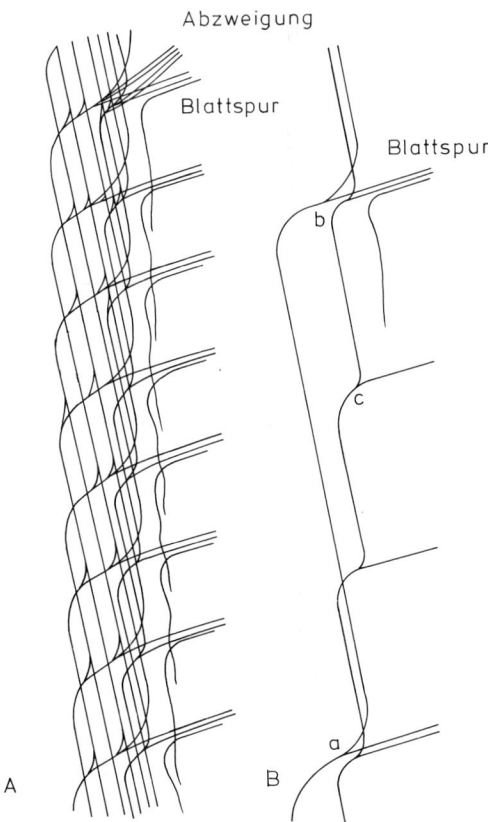

Abb. 6.34. Verlauf von Leitbündeln und Blattspuren im Stengel von Monokotyledonen. *A* Jedes Blatt wird durch drei Blattspuren versorgt, die durch Brücken untereinander verbunden sind. Die Abzweigungsorte sind als Knoten des Stengels erkennbar. Im obersten Knoten ist ein zusätzliches abzweigendes Bündel vorhanden, das in einen Seitenzweig einmündet. *B* Darstellung der Leitgefäße, die zu einer Blattspur gebündelt werden, und deren veränderliche Position in Querschnitten durch unterschiedliche Höhen des Stengels (die Stengelachse ist als eine senkrechte Linie zu denken). (M. H. Zimmermann, P.B. Tomlinson, 1972)

Zusammenfassend können im Verlauf der Evolution der Samenpflanzen folgende Trends ausgemacht werden (C. B. Beck *et al.*, 1982):

(1) Offene Leitbündelsysteme sind primitiv, geschlossene abgeleitet.

(2) Der unilakunare Typ (nur eine Blattlücke) ist primitiv, multilakunare gelten als abgeleitet. Ausnahmen, Übergänge und Rückentwicklungen findet man bei vielen Dikotyledonen. Oft findet man zwei oder mehrere Typen innerhalb einer Pflanze. Das unilakunare Knotensystem erscheint in älteren geologischen Schichten als das trilakunare. Es ist der häufigste Typ bei primitiven Samenpflanzen.

(3) Leitbündelsysteme mit fünf Strängen sind vermutlich primitiv, diejenigen mit mehr oder weniger Strängen abgeleitet.

(4) Stelen (Leitbündelsäulen) mit Blattspuren, die in Längsrichtung (longitudinal) ein oder nur wenige Internodien durchlaufen, können als primitiv, solche, die viele Internodien durchlaufen, als abgeleitet angesehen werden.

(5) Bei Samenpflanzen gilt eine helicale (schraubige) Anordnung der Blattanlagen als primitiver als andersartige Anordnungen.

Monokotyledonen, ein hochspezialisierter Sonderfall: Bei den Monokotyledonen scheinen die Leitbündel über den gesamten Stengel verteilt zu sein, wobei sie nahe der Peripherie einander genähert sind. Betrachtet man den Verlauf eines einzelnen Axialbündels, erkennt man eine klare schraubige Form.

Niemals liegt ein Leitbündel nur zentral oder nur peripher. Je nachdem, wo man den Stengel anschneidet, trifft man es daher mal im Zentrum, mal in peripherer Lage an. In regelmäßigen Abständen zweigen Blattspuren ab. Auch sie verlaufen über lange Strecken hinweg im Stengel, liegen in der Regel jedoch peripher. Dies ist auch der Hauptgrund, weshalb man in Querschnitten gerade dort besonders viele Leitbündel sieht. Ein Teil von ihnen stellt Axialstränge, ein anderer Blattspuren dar. In Querschnitten sind sie meist nicht voneinander unterscheidbar, obwohl Axialstränge in der Regel einen etwas größeren Durchmesser haben. Axialbündel können durch Brückenbündel untereinander verknüpft sein (s. Abb. 6.34).

Unter Berücksichtigung dieses Bauplans erscheint die durch Betrachtung von Querschnitten gewonnene Aussage, die Leitbündel seien im Stengel verstreut angeordnet, irreführend. Der Konstruktionsplan veranschaulicht, daß hier, wie auch bei den Dikotyledonen (und den Gymnospermen), eine klare Rotationssymmetrie vorliegt, bei der die Form des Leitbündelzylinders jedoch weitgehend abgewandelt ist, im Querschnitt sogar aufgehoben erscheint. Jedes Leitbündel wird während der Ontogenese in peripherer Position angelegt, und erst während des nachfolgenden Wachstums geraten einzelne Abschnitte streckenweise ins Zentrum des Stengels.

Literatur

Bailey, I. W.: Contributions to plant anatomy. Waltham, Mass.: Chronica Botanica Comp., 1954

de Bary, A.: Vergleichende Anatomie der Vegetationsorgane der Phanerogamen und Farne. Leipzig: Wilhelm Engelhard, 1877

Bauch, J., W. Liese, R. Schultze: The morphological variability of the boarded pit membranes in gymnosperms. Wood Sci. and Technol. 6, 165–184 (1972)

Beck, C. B., R. Schmid, G. W. Rothwell: Stelar morphology and the primary vascular system of seed plants. Bot. Rev. 48, 691–815 (1982)

Berger, R., and H. E. Suess (eds.): Radiocarbon dating. Berkeley: University of California Press, 1979

Braun, H. J.: Die Vernetzung der Gefäße bei Populus. Zeitschr. Bot. 47, 421–434 (1959)

Carlquist, S.: Comparative plant anatomy. New York: Holt, Rinehart and Winston, 1961

Caspari, R.: Bemerkungen über die Schutzscheide und die Bildung des Stammes und der Wurzel. Jahrb. f. Wiss. Bot. 4, 101–124 (1865/66)

Cheadle, V. I.: Secondary growth by means of a thickening ring in certain monocotyledones. Bot. Gazette 98, 535–555 (1937)

Cheadle, V. I., and N. W. Uhl: Types of vascular bundles in the Monocotyledonae and their relation to the late metaxylem conducting elements. Amer. J. Bot. 35, 486–496 (1984)

Cheadle, V. T.: Research on xylem and phloem. – Progress in fifty years. Amer. J. Bot. 43, 719–731 (1956)

Dorety, H. A.: Embryo and seedling of Dioon spinulosum. Bot. Gaz. 67, 251–257 (1919)

Esau, K.: Origin and development of the primary vascular tissues in seed plants. Bot. Rev. 9, 125–206 (1943)

Esau, K.: Pflanzenanatomie. Stuttgart: G. Fischer Verlag, 1969

Foster, A.S.: Comparative morphology of vascular plants. San Francisco: W. H. Freemen and Comp., 1959

Frost, F. H.: Specialization in secondary xylem of dicotyledons. Bot. Gazette 89, 67–94 (1930), Bot. Gazette 91, 88–96 (1931)

Grosser, D. and W. Liese: Present status and problems of bamboo classification. J. Arnold Arboretum 54, 293–308 (1973)

v. Guttenberg, H.: Der primäre Bau der Angiospermenwurzel, in „Handbuch der Pflanzenanatomie" Bd. 8 (K. Linsbauer, Herausg.). Berlin, Stuttgart: Gebr. Borntraeger 1968 (2. Aufl.)

Libby, W. F.: Altersbestimmung mit der ^{14}C-Methode. Mannheim: B.T. Hochschultaschenbücher, 1969

Meylan, B. A., B. G. Butterfield: The structure of New Zealand woods. Wellington: Science Information Division DSIR, 1978

Muhammad, A. F., and R. Sattler: Vessel structure of Gnetum and the origin of Angiosperms. Amer. J. Bot. 69, 1004–1021 (1982)

Ogura, T.: Anatomie der Vegetationsorgane der Pteridophyten. Band VII in „Handbuch der Pflanzenanatomie" (K. Linsbauer Herausg.). Berlin: Gebr. Bornträger, 1938

Parameswaran, N.: Zur Wandstruktur von Sklereiden in einigen Baumrinden. Protoplasma 85, 305–314 (1975)

Roberts, L. W.: The initiation of xylem differentiation. Bot. Rev., 35, 201–250 (1969)

Sanio, K.: Anatomie der gemeinen Kiefer (Pinus silvestris L.). Jahrb. f. Wiss. Bot. 9, 50–126 (1873/74)

Skipworth, J. P.: The primary vascular system and phyllotaxis in Hectorella caespitosa. New Zeal. J. Sci. 5, 253–258 (1962)

Sliwinski, J. E., F. B. Salisbury: Gravitropism in higher plant shoots. Plant Physiol. 76, 1000–1008 (1984)

Strasburger, E.: Über den Bau und die Verrichtungen der Leitungsbahnen in den Pflanzen. Histologische Beiträge 3. Jena: G. Fischer Verlag, 1891

Suess, H. E.: Bristlecone-pine calibration of the radiocarbon time-scale 5200 B.C. to the present, S. 303–311 in: Radiocarbon variation and absolute chronology (I. U. Olson ed.) Nobel Symp. 12. Stockholm: Almkvist and Wiksell, 1970

Ter Welle, B. J. H., J. Koek-Noorman: Wood anatomy of the neotropical Melastomataceae. Blumea 27, 335–394 (1981)

Zimmermann, M. H., P. B. Tomlinson: The vascular system of monocotyledoneous stems. Bot. Gaz. 133, 141–155 (1972)

Zimmermann, M. H., K. F. McCue and J. S. Sperry: Anatomy of the palm Rhapis excelsea, VIII. Vessel network and vessellength distribution in the stem. J. Arnold Arboretum 63, 83–95 (1982)

Zimmermann, W.: Die Phylogenie der Pflanzen. Stuttgart: G. Fischer Verlag, 1959 (2. Aufl.)

7. Zur Orientierung: Die wichtigsten intrazellulären Strukturen

Die Mehrzahl intrazellulärer Partikel liegt an oder unter der Abbeschen Auflösungsgrenze des Lichtmikroskops. Zwar wurden bereits vor der Nutzung des Elektronenmikroskops etliche Strukturen erkannt und benannt, so beispielsweise die Grana in den Chloroplasten oder die Mitochondrien, einst Chondriosomen genannt, doch ließ sich mit solchen Beobachtungen zunächst nur sehr wenig anfangen.

Im Jahre 1945 publizierten K. R. Porter, A. Claude und E. F. Fullam (Rockefeller Institute, New York) im Journal of Experimental Medicine das erste elektronenmikroskopische Bild einer tierischen Zelle (einer in Kultur gehaltenen Fibroblastenzelle).

Die Umrisse der Zelle waren deutlich erkennbar, die Zelle sah an den Polen ausgefranst aus, der Zellkern war zu sehen, und dazu noch viel fibrilläres Material im Zellplasma. Doch das Bild hält den heutigen Anforderungen, die an elektronenmikroskopische Aufnahmen gestellt werden, bei weitem nicht stand.

Um ein Elektronenmikroskop als Hilfsmittel in der Zellbiologie einsetzen zu können, mußten zwei Voraussetzungen erfüllt werden – die Grundlagen dazu wurden in der eben zitierten Arbeit gelegt. Die Pionierarbeiten über die Ultrastruktur tierischer und pflanzlicher Zellen wurden in den späten vierziger und fünfziger Jahren gleichfalls am Rockefeller Institute durchgeführt. Außer den genannten Wissenschaftlern sind vor allem noch G. Palade und M. C. Ledbetter hervorzuheben.

Zur Technik:

(1) Die Zellen oder Gewebe müssen in Kunstharz eingebettet werden, um möglichst dünne Schnitte durch die Präparate legen zu können.

(2) Die Strukturen müssen fixiert und kontrastiert werden. Ein bewährtes membranstabilisierendes Fixativ und Kontrastierungsmittel ist das Osmiumtetroxyd (OsO_4); zeitweilig wurde auch mit Kaliumpermanganat gearbeitet.

Die Präparationstechniken entscheiden im wesentlichen mit darüber, was man im Elektronenmikroskop schließlich zu sehen bekommt. Doch ist diese Aussage nichts anderes als die altbekannte Erfahrungstatsache aus der Lichtmikroskopie, daß man mit bestimmten Farbstoffen selektiv bestimmte Strukturen anfärbt und daß man zahlreiche Methoden einsetzen muß, um sich ein weitgehend abgerundetes Bild der Zelle machen zu können.

Da elektronenmikroskopische Präparate im Vergleich zur Zelldicke außerordentlich dünn sind, betrachtet man jeweils nur eine Ebene; es ist daher erforderlich, eine Vielzahl von Schnitten durchzumustern, um eine realistische Vorstellung von der dreidimensionalen Organisation intrazellulärer Strukturen zu gewinnen. Erst nachdem umfangreiche Bildserien vorlagen, konnten Modellvorstellungen über die tatsächlichen dreidimensionalen Strukturen der intrazellulären Bestandteile entwickelt werden.

Die im Elektronenmikroskop erkennbaren Strukturen sind Abbilder von Makromolekülen oder makromolekularen Komplexen. Sie alle sind heutzutage einer biochemisch-molekularbiologischen Analyse zugänglich, und wir wissen mittlerweile sehr viel über deren molekularen Aufbau und ihre Funktion. Es ist daher zweckmäßig, in diesem Kapitel lediglich die Strukturen selbst zu präsentieren; ihre Behandlung im Zusammenhang mit der Funktion folgt an anderer Stelle, z.B. in den Kapiteln 22 bis 26.

Das Elektronenmikroskop wird inzwischen oft auch als ein Hilfsmittel zur Überprüfung der Homo-

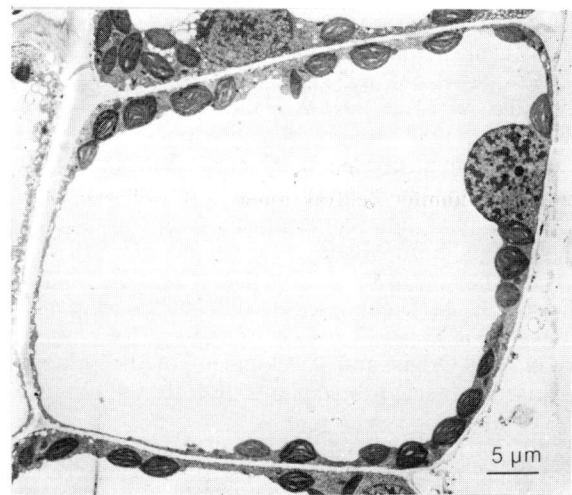

Abb. 7.1. Elektronenmikroskopische Aufnahme eines Querschnitts durch eine Zelle von *Vallisneria,* mit antiklin (an Seitenwänden) liegenden Chloroplasten *(C)* und Zellkern *(K)*; man beachte die große, zentral gelegene Vakuole *(V)*; die Chloroplasten unterliegen in lebenden Zellen dieser Art üblicherweise einer Rotationsbewegung; *W* Zellwand; Balken 5 μm. (Y. Yamaguchi und R. Nagai, 1981)

120

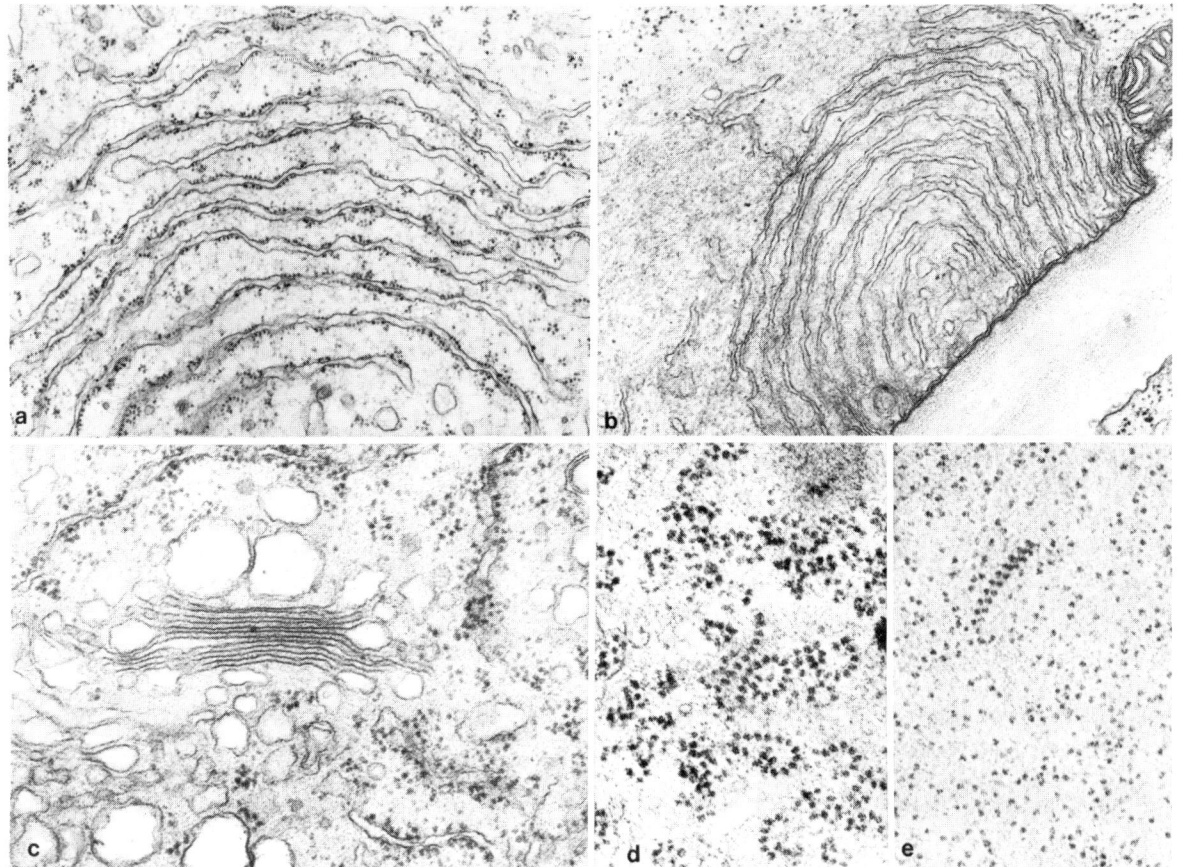

Abb. 7.2. Intrazelluläre (endoplasmatische) Membransysteme und Ribosomen. *a* rauhes endoplasmatisches Retikulum (= *rough ER; rER*) in Zellen einer Suchhyphe von *Cuscuta odorata* (Kleeseide). Der Besatz mit Ribosomen an der dem Cytosol zugewandten Seite ist für das *rER* typisch (× 27 260). (I. Dörr, 1977), *b* glattes endoplasmatisches Retikulum (= *smooth ER; sER*) in jungen Siebröhren des Sprosses von *Vicia faba*. Dem *sER* fehlen Ribosomen (× 27 840). (Ch. Glockmann, R. Kollmann, 1983); *c* Dictyosom in einer Haustorialzelle von *Cuscuta odorata* (× 49 300). (Ch. Glockmann, R. Kollmann, 1984); *d* Zu spezifischen (hier spiraligen) Aggregaten zusammengelagerte Ribosomen (Polysomen) an ER-Membranen (in Aufsicht) in einer Haustorialzelle von *Cuscuta odorata* (× 58 000). (Ch. Glockmann,. R. Kollmann, 1981); *e* Polysom (in helicaler Anordnung) und (freie) Ribosomen im Cytosol einer jungen Siebröhre aus dem Sproß von *Helianthus annuus* (Sonnenblume) (× 57 240). (Ch. Glockmann, R. Kollmann, 1983)

genität bestimmter Zellfraktionen, z.B. isolierter Mitochondrien, isolierter DNS, isolierter Gene usw. herangezogen.

Es ist unmöglich, lebende Zellen elektronenmikroskopisch zu analysieren, weil die Präparate erst kontrastiert und dann im Vakuum betrachtet werden.

Was ist auf elektronenmikroskopischen Bildern zu sehen?

Bevor man sich mit einer neuen Technik auseinandersetzt oder sie anwenden möchte, ist es ratsam, damit Ergebnisse zu erzielen, die sich an Bekanntes anschlie-

ßen. Unerläßlich ist daher die Forderung, zunächst zu versuchen, solche Strukturen abzubilden, die man bereits lichtmikroskopisch identifiziert hat.

Die Abbildung 7.1 zeigt ein elektronenmikroskopisches Bild einer „typischen" Pflanzenzelle bei schwacher Vergrößerung. In der Tat sind darauf im Überblick Strukturen zu sehen, die uns bereits geläufig sind: Zellwand, Zellkern, Chloroplasten, Vakuole und ein dünner, wandständiger Plasmaschlauch. Bereits dieses Bild zeigt deutlich, daß die abgebildeten Strukturen klar gegliederte Unterstrukturen aufweisen.

Die wichtigste Erkenntnis aus der ersten Phase elektronenmikroskopischer Forschung (1945 bis etwa 1955) war die Feststellung, daß die Ultrastruktur tierischer und pflanzlicher Zellen nahezu identisch ist. Die Zellen sind von ausgedehnten Membransystemen durchsetzt, die das Plasma in eine Anzahl von Kompartimenten untergliedern. Alle Membranen haben

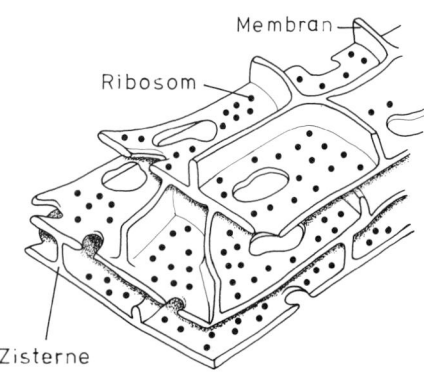

Abb. 7.3. Modell des endoplasmatischen Retikulums (Ausschnitt). Die Zisterne wird auch Lumen genannt. (Nach W.R. Bowen, 1969)

die gleiche Dicke, sie sind als Doppelschichten identifizierbar (zwei parallel liegende dunkle Linien). Die Doppelschichtstruktur beruht auf der Anlagerung des Kontrastierungsmittels an beiden Seiten (Innen- und Außenseite) der Membran.

Aufgrund ihrer Lage und ihrer Assoziation mit anderen Strukturen können sie verschiedenen Typen zugeordnet werden:
- Plasmamembran (Plasmalemma). Ein Dogma: Jede Zelle ist von einer Plasmamembran umgeben.
- Endoplasmatisches Retikulum (E. R., s. Abb. 7.2). Das ist ein umfangreiches intrazelluläres Membransystem, das für alle eukaryotischen Zellen typisch ist. An der dem Plasma zugewandten Seite sind (oft) klar definierte Partikel (Ribosomen) angelagert; es sind die Orte der Proteinbiosynthese. Das Innere des endoplasmatischen Retikulums (Lumen) ist stets ribosomenfrei. Ein Modell der Faltung ist in der Abbildung 7.3 wiedergegeben.
- Kernhülle und Kernporen. Der Zellkern ist von einer Doppelmembran, einer Hülle, umgeben (s. Abb. 7.4). Die innere und die äußere Kernmembran stehen lokal untereinander in Verbindung. Das dabei entstehende spezifische Faltungsmuster manifestiert sich in der Ausbildung von Kernporen. Wie

aus den Abbildungen 7.4 und 7.5 deutlich hervorgeht, handelt es sich bei der Durchlöcherung der Kernhülle nicht um Perforationen von Membranen. Die Kernporen sind mit einem spezifisch strukturierten Material, dem Kernporenkomplex, ausgefüllt.

Auf zahlreichen Bildern ist zu sehen, daß das endoplasmatische Retikulum eine Ausstülpung der äußeren, ribosomentragenden Kernmembran ist, so daß der Schluß gezogen werden konnte, daß die Kernhülle und das E.R. ebenfalls ein Kontinuum bilden.
- Golgi-Apparat. Außer dem E.R. enthält das Plasma – meist in E.R.-Nachbarschaft – Stapel abgeflachter Vesikel, an deren Rändern vielfach freie Vesikel erkennbar sind (s. Abb. 7.2c). Die einzelnen Stapel sind die Dictyosomen, die Gesamtheit aller Dictyosomen einer Zelle ist der Golgi-Apparat. Er ist eine Schaltstelle des Membranflusses und ist am Export von Makromolekülen aus der Zelle beteiligt.

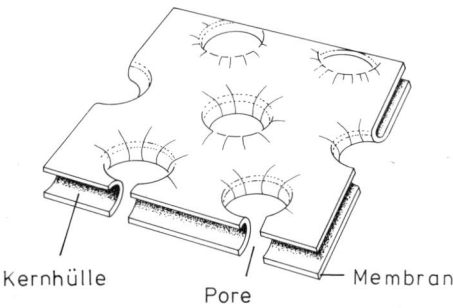

Abb. 7.5. Kernhülle mit Kernporen (schematische Darstellung, Ausschnitt). (Nach W.R. Bowen, 1969)

Organellen. Organellen sind membranumschlossene funktionelle Einheiten der Zelle. Am bekanntesten sind die Mitochondrien, die Orte, an denen die Zellatmungsprozesse ablaufen, und die Plastiden, von denen wiederum die Chloroplasten am auffälligsten sind.

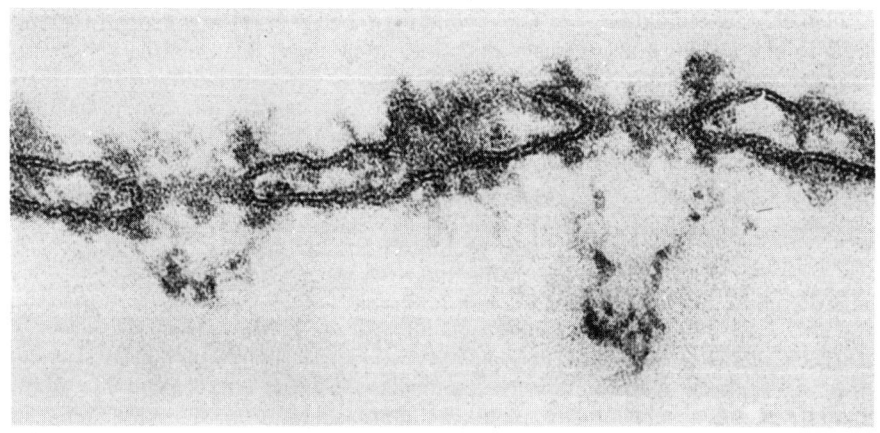

Abb. 7.4. Kernhülle im Querschnitt (Ausschnitt). Die Kernporen entstehen durch Einfaltung der Membran. Innere und äußere Membran gehen übergangslos ineinander über. Die Poren sind vom sogenannten Kernporenkomplex (bestehend aus Proteinen und Nukleinsäuren, die im Bild als fibrilläres Material erscheinen) ausgefüllt. (U. Scheer; Heidelberg)

122

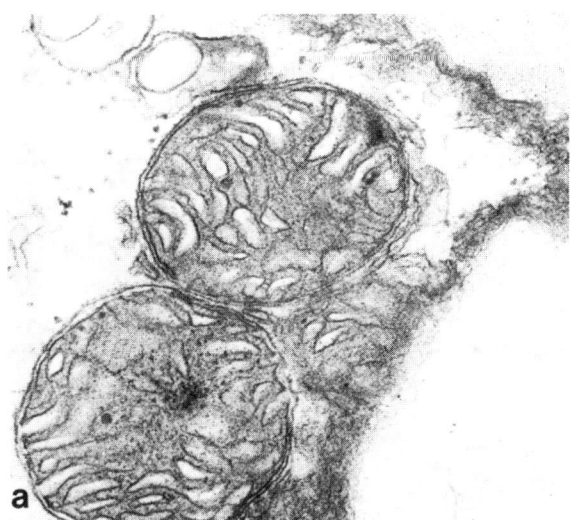

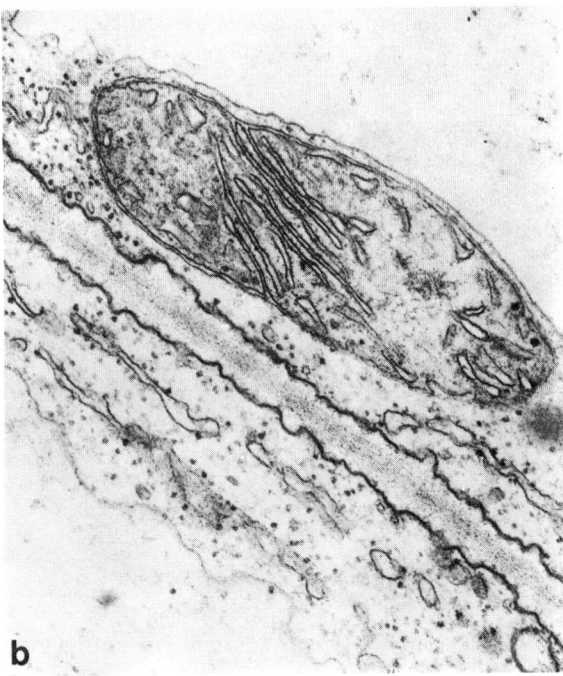

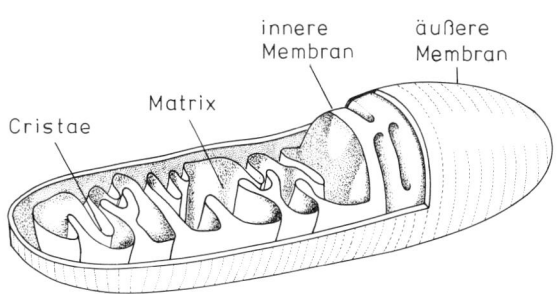

Abb. 7.7. Aufbau eines Mitochondriums (schematische Darstellung) (Nach W.R. Bowen, 1969)

Abb. 7.6. Mitochondrien. *a* aus jungen Siebröhren des Sprosses von *Helianthus annuus* (Sonnenblume). Man beachte, daß die membranösen Einstülpungen (Cristae) ins Mitochondrieninnere (Matrix, im Bild grau) ausschließlich von der inneren Mitochondrienmembran gebildet werden und dadurch zu ihrer Oberflächenvergrößerung beitragen ($\times$ 57 660). (Ch. Glockmann, R. Kollmann, 1985); *b* Mitochondrien in einer Haustorialzelle von *Cuscuta odorata* (Kleeseide). Auch hier wieder sind die von der inneren Mitochondrienmembran gebildeten Cristae deutlich auszumachen ($\times$ 50 220) (Ch. Glockmann, R. Kollmann, 1979)

Mitochondrien kommen in tierischen und in pflanzlichen Zellen vor, Plastiden nur in pflanzlichen.

– Mitochondrien (s. Abb. 7.6 und 7.7) bestehen strukturell aus zwei in sich geschlossenen Membranen, der äußeren und der inneren. Die innere ist ins Mitochondrieninnere (Matrix) hinein gefaltet, und je nach Faltungstyp unterscheidet man zwischen Cristae und Tubuli.

– In Plastiden sind drei Membrantypen vorhanden. Die äußere und die innere Plastidenmembran bilden die Plastidenhülle. Innerhalb der Hülle liegt das Thylakoidsystem, das sich in voll ausgebildeten Chloroplasten durch ein spezifisches Faltungsmuster auszeichnet (s. Abb. 23.6). In anderen Plastidentypen, Proplastiden oder Entwicklungsstufen der Chloroplasten liegt es in vereinfachter Form vor (s. dazu Abb. 23.7). In den Chloroplasten der Algen ist es anders strukturiert (s. Abb. 44.2); stärkehaltige Plastiden sind die Amyloplasten (s. Abb. 7.8).

Microbodies: Das sind zelluläre Kompartimente, die etwa halb so groß wie die Mitochondrien und von einer einfachen Membran umgeben sind. In ihnen laufen ganz bestimmte Stoffwechselwege ab. Je nach der Art der Umsetzungen unterscheidet man zwischen Peroxysomen und Glyoxysomen (s. Abb. 7.9 und Kap. 23).

Zellkern: Der von der Kernhülle umgebene Zellkern enthält granulär aussehendes Material (Chromatin). Der Nukleolus ist als Bereich hohen Kontrastes erkennbar (s. Abb. 7.10).

Weitere Einzelheiten konnten erst nach partieller Isolierung der Chromatinanteile elektronenmikroskopisch analysiert werden (s. Kap. 21).

Neuere Präparationstechniken und Auswertungsverfahren

Weitere Erkenntnisse über intrazelluläre Strukturen erhielt man nach Einsatz neuer Präparationsverfahren (Arbeiten aus der Zeit von Mitte der fünfziger bis Mitte der sechziger Jahre). Das Gefrierätzverfahren erwies sich als Methode der Wahl zur Darstellung von Membranoberflächen (s. Abb. 7.11). Die Auflösung ist ausreichend, um einzelne Makromoleküle (oder makromolekulare Komplexe) erkennen zu können. Vor allem dann, wenn sie in regelmäßigen Mustern (zweidimensionalen Kristallen) in der Membran angeordnet sind (s. Abb. 24.14).

Durch Verwendung von Glutaraldehyd als Konservierungsmittel konnten röhrenförmige Strukturen

123

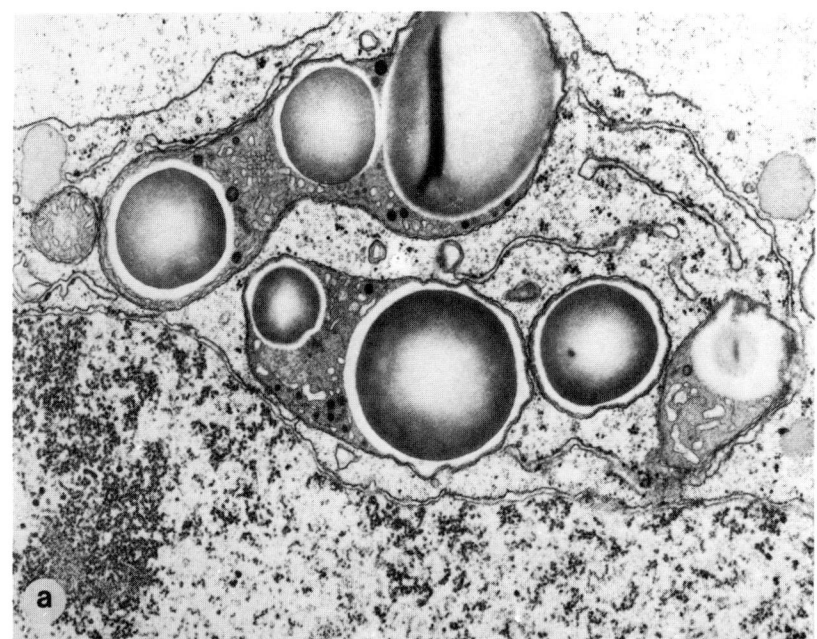

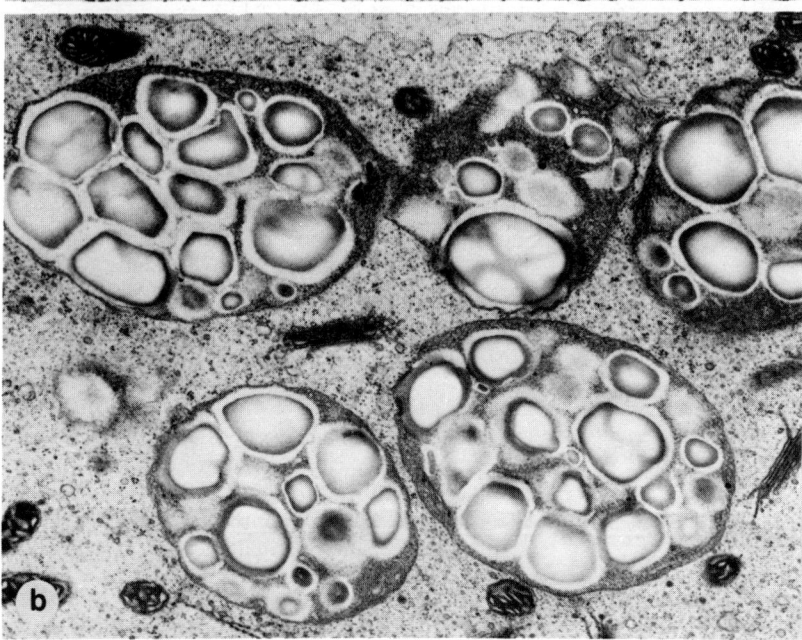

Abb. 7.8. Amyloplasten (stärkehaltige Plastiden) *a* Junge Amyloplasten (Proplastiden in fortgeschrittenem Entwicklungsstadium) neben Zellkern (unten im Bild; die Kernhülle ist als eine deutliche Doppelmembran erkennbar) in einer Haustorialzelle von *Cuscuta odorata* (Kleeseide; × 20 720) (Ch. Glockmann, R. Kollmann, 1980); *b* Amyloplasten (Statolithen, s.a. Abb. 4.21) einer Statocyste aus der Wurzelhaube von *Vicia faba* (× 14 060). (R. Kollmann, 1979)

– Mikrotubuli – erkannt werden (s. Abb. 7.12). Es sind Bestandteile des Cytoskeletts (s. Kapitel 25). Sie sind für Bewegungen von Organellen und anderen intrazellulären Partikeln, den Chromosomentransport und als Strukturelemente von Geißeln (9 + 2-Struktur, s. Abb. 25.6) unentbehrlich.

Zu den Besonderheiten einer Pflanzenzelle gehört die Zellwand, deren Schichtenaufbau durch elektronenmikroskopische Analyse bestätigt wurde (s. Abb. 26.34). Eine Schichtung liegt auch bei den Wandverstärkungen in Kollenchymzellen (s. Abb. 26.6), Steinzellen und verkorkten Zellen vor (s. Abb. 26.11).

Eine weitere wichtige Methode ist der Einsatz ganz

spezifischer *Marker* oder Sonden zur Lokalisierung bestimmter Molekülklassen oder Moleküle. Wir werden uns mit diesem Problem im Kapitel 17 befassen (s.a. Abb. 17.23). Man stellt damit die Brücke zum molekularen Bereich her. Um dies deutlich zum Ausdruck zu bringen, spricht man dabei auch von der molekularen Architektur der Zelle.

Von den eben skizzierten Verfahren unabhängig sind die Versuche, elektronenmikroskopische Aufnahmen mit dem Ziel auszuwerten, die dreidimensionale Struktur der intrazellulären Einheiten zu erschließen. Da hierbei große Datenmengen anfallen, ist der Einsatz von Computern erforderlich. Das größte

124

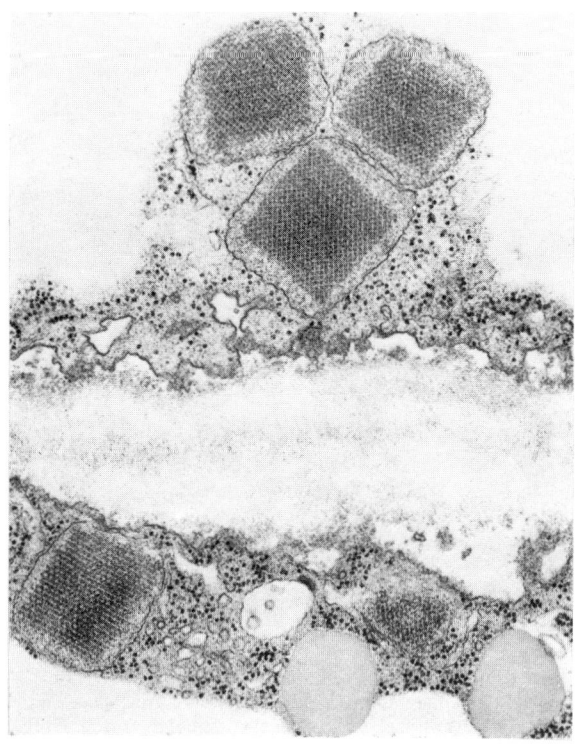

Abb. 7.9. *Microbodies,* Sphärosomen: Kristall enthaltende *Microbodies* und Sphärosomen (Oleosomen; unten im Bild) in Kalluszellen von *Helianthus annuus* (Sonnenblume × 31 850). (Ch. Glockmann, R. Kollman, 1985)

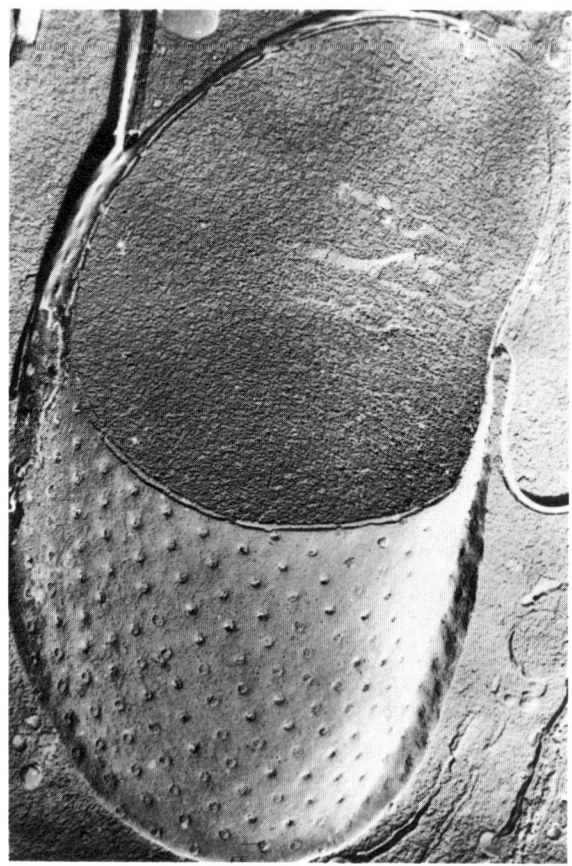

Abb. 7.11. Gefrierätzpräparat der Kernhülle mit Kernporen eines Interphasekerns von *Selaginella kraussiana. A* Doppelmembran (Anschnitt), *N* Karyoplasma. Im unteren Bereich des Bildes (mit Kernporen: *P*) ist die Außenseite der Hülle abgebildet (× 15 600). (B.W. Thair,. A.B. Wardrop 1971)

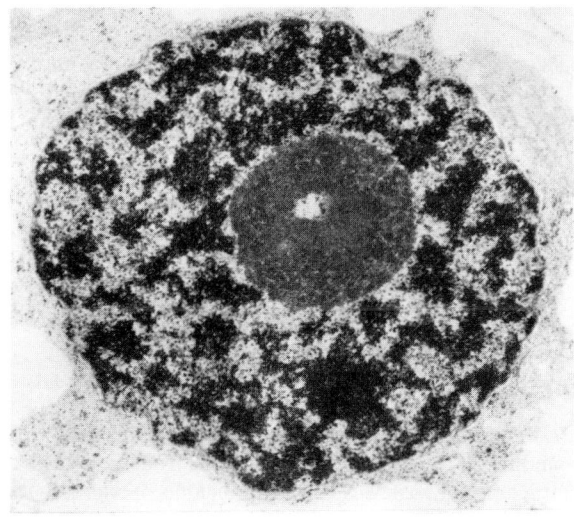

Abb. 7.10. Zellkern (Nukleus). Elektronenmikroskopische Aufnahme des Kerns einer Zelle aus einer Kalluskultur von *Vicia faba.* Deutlich sind der Mikronukleus (Nukleolus; im Bildzentrum) sowie die eu- und heterochromatischen Bereiche des Kerns erkennbar. Die Kernhülle (eine Doppelmembran) ist bei dieser Vergrößerung (× 10 150) nicht zu sehen (s. Abb. 7.3, 7.4). (× 10 150) (Ch. Glockmann, R. Kollmann, 1983)

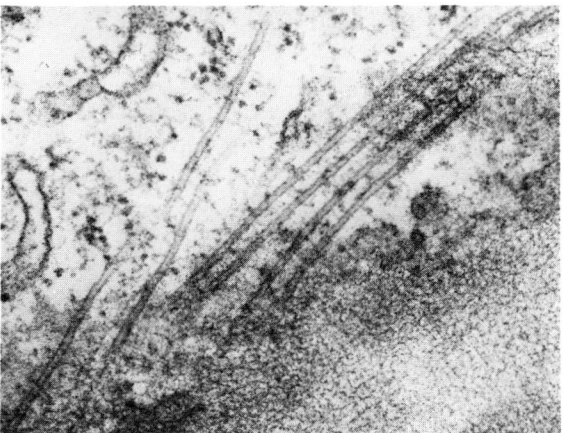

Abb. 7.12. Mikrotubuli (längs) in einer Haustorialzelle von *Orobanche crenata* (Sommerwurz, eine parasitische Art). Mikrotubuli sind Komponenten des Cytoskeletts (s. Kap. 25). Durch Fixierung mit Glutaraldehyd bleibt ihre Struktur konserviert, so daß sie elektronenmikroskopisch abbildbar werden. In Querschnitten (s. Abb. 25.14) sind sie als Ringe erkennbar (× 69 355). (I. Dörr, 1974)

125

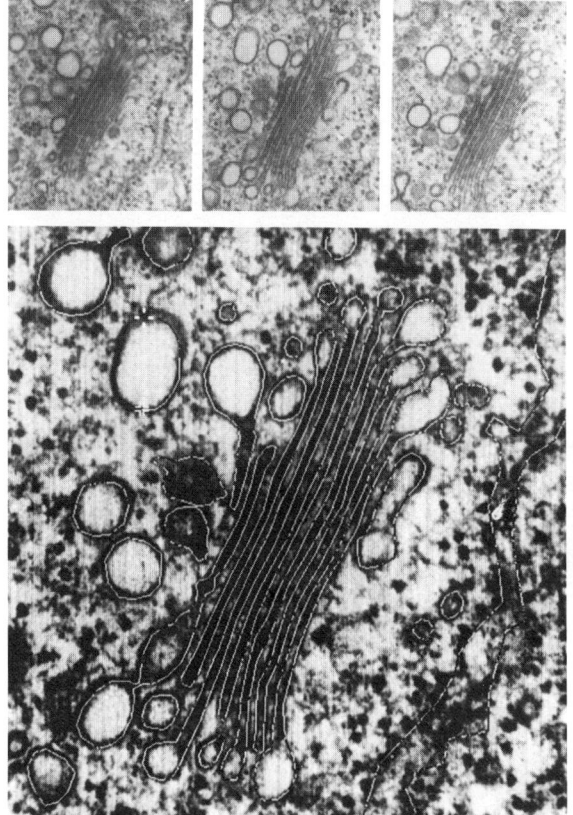

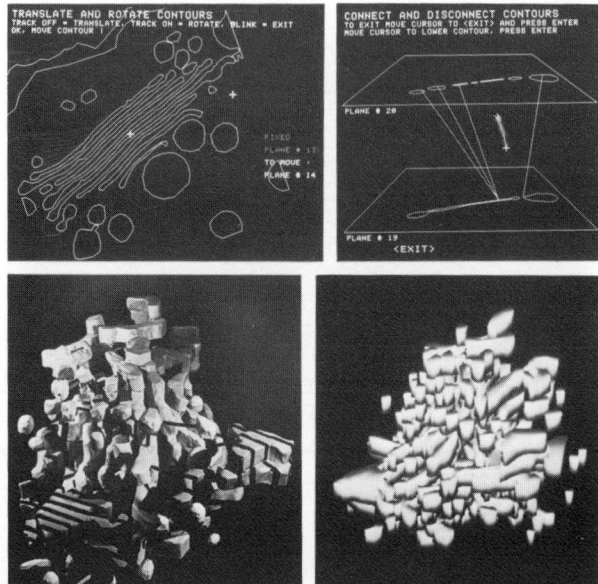

Abb. 7.13. Bildauswertung und Modellbau. *1 und 2* Elektronenmikroskopische Aufnahmen von Dictyosomen aus Suspensionskulturzellen von *Acer pseudoplatanus*. *1 a bis c* Dictyosomen in verschiedenen Ebenen geschnitten (Präparatdicke 70 nm, × 28 250). *2* Festlegung der Umrißkonturen. Das eingegebene Bild (s.o.) wird digitalisiert und auf einem Bildschirm abgebildet. Die gewünschten Konturen müssen nunmehr eingegeben werden (weiße Linien im Bild). Der Rechner speichert sowohl das Originalbild als auch die überlagerte Schemazeichnung. Solche Aufzeichnungen müssen für jede elektronenmikroskopische Aufnahme getrennt hergestellt werden. *3* Darstellung der Umrißkonturen (nur diese werden im folgenden weiterbearbeitet). Als nächstes werden die Konturensätze der einzelnen Schichten durch Drehen und Verschieben gegeneinander ausgerichtet. Diese Korrektur ist nötig, weil die Koordinaten bei der zugrundeliegenden Schnittserie nicht aufeinander abgeglichen sind. *4* Ermittlung der dreidimensionalen Struktur durch Festlegung der Verbindungen zwischen Konturen benachbarter Schichten. *5* Ein Vergleichsmodell aus Kunststoff. Die Umrisse (vergleichbar denen in *2*) wurden auf Kunststoffplatten übertragen, die entsprechend konturierten Scheiben wurden ausgeschnitten. Die einzelnen Scheiben wurden zur Rekonstruktion der dreidimensionalen Dictyosomenstruktur herangezogen. Im Bild links und rechts (gestreift dargestellt) Teile des endoplasmatischen Retikulums. *6* Hier wurde der gleiche Datensatz wie in *5* verwendet. Die Rekonstruktionsarbeit wurde unter Zugrundelegung der in *2 bis 4* dargestellten Schritte vom Computer bewerkstelligt. (W. Menhardt, J. Lockhausen, W.J. Dallas, U. Kristen, 1986)

und bislang nicht befriedigend gelöste Problem ist die Strukturerkennung (Bildbewertung) durch den Rechner. Ein Rechner kann nicht entscheiden, ob eine Struktur, die im Bild als bestimmter Grauton erscheint, tatsächlich das ist, was man als Beobachter einer bestimmten Struktur (z.B. einem Dictyosom) zuordnet. In der Abbildung 7.13 sind die einzelnen Schritte eines von W. Menhardt, J. Lockhausen, W.J. Dallas und U. Kristen (Phillips-Forschungslabor, Hamburg, und Institut für Allgemeine Botanik, Hamburg, 1986) erarbeiteten Verfahrens zur Konstruktion eines dreidimensionalen Dictyosomenmodells dargestellt. Ein wesentlicher Schritt, nämlich die Umsetzung des elektronenmikroskopischen Bildes in eine Umrißskizze, bleibt Handarbeit.

Zellkontakte, benachbarte Zellen, Zellen im Gewebeverband

Wie bereits im Kapitel 4 dargelegt, ist die Zellwand vielfach von Tüpfeln durchsetzt, durch die Plasmabrücken (Plasmodesmen) die beiden benachbarten Zellen miteinander verbinden. Die Tüpfel und Plasmodesmen können in unterschiedlicher Form auftreten. Sie können z.B. sehr englumig, verzweigt und/ oder sehr zahlreich sein; sie können aber auch weitlumig sein und in nur geringer Zahl auftreten (s. Abb. 7.14, 7.15). Besonders auffallende Tüpfel findet man, wie im Kapitel 6 beschrieben, in den verschiedenen Zelltypen der Leitgewebe. Beispiele hierfür sind die

Abb. 7.14. Kontakte zwischen benachbarten Zellen. *a* Elektronenmikroskopische Aufnahme eines Querschnitts durch Zellen des Stylus (Griffels) von *Strelitzia reginae.* Die Sekundärwände sind extrem stark verdickt und von weitlumigen Tüpfeln durchsetzt. *N* Zellkern, *P* eine Plastide, *V* Vakuole ($\times 4970$). (E. Kronestedt, B. Walles, 1986); *b* Rasterelektronenmikroskopische Aufnahme von interzellulären Verbindungssträngen zwischen Zellen des Palisadenparenchyms von *Phaseolus vulgaris.* Die Stränge bestehen vermutlich aus Interzellularsubstanz (Pektin?). Es sind keine Plasmodesmen. Ihr Durchmesser beträgt 0,1–0,2 µm. (C.E. Jeffree, J.E. Dale, S.C. Fry, 1986)

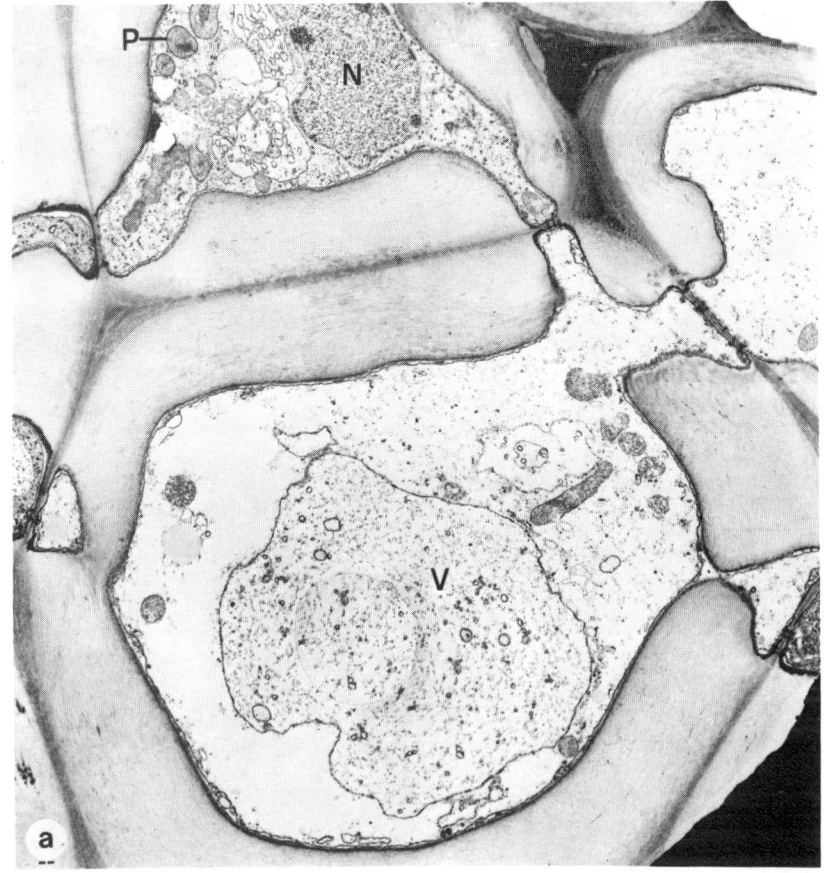

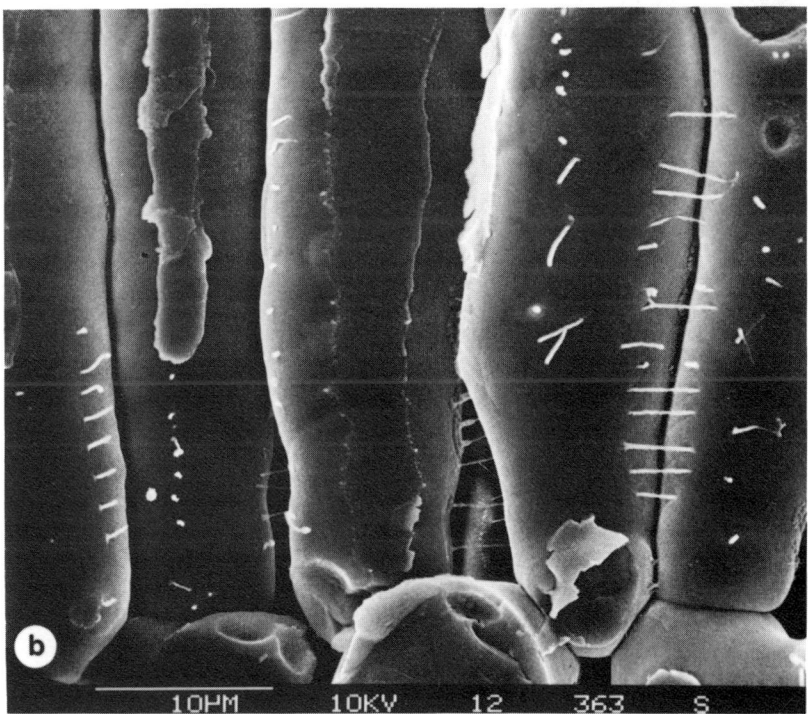

127

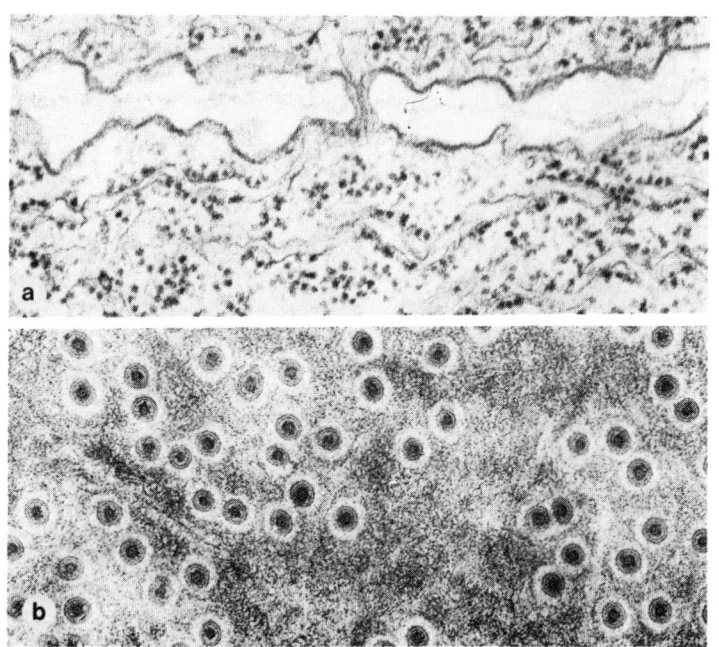

Abb. 7.15. Elektronenmikroskopische Aufnahmen von Plasmodesmen. *a* Längsschnitt. Plasmodesmen in junger Zellwand zwischen Haustorialzellen von *Cuscuta odorata* (Kleeseide). Man beachte, daß sich das endoplasmatische Retikulum durch die Plasmodesmen hindurch erstreckt. Die beiden Zellen sind reich an rauhem endoplasmatischem Retikulum ($\times$ 58 000). (Ch. Glockmann, R. Kollmann, 1975) *b* Querschnitt (Aufsicht). Plasmodesmen mit Kallosezylindern in der Wand zwischen Phloemparenchymzellen im Sproß von *Metasequoia glyptostroboides* (s. Abb. 47.5) ($\times$ 58 000). (Ch. Glockmann, R. Kollmann, 1979)

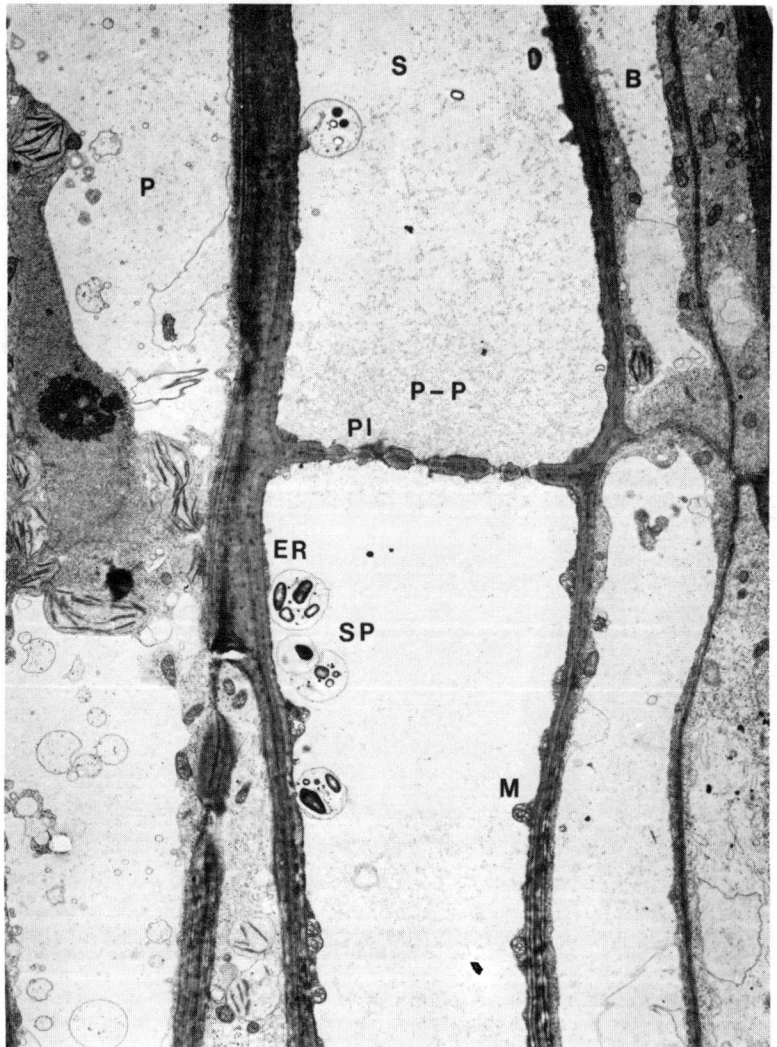

Abb. 7.16. Längsschnitt durch das Phloem von *Cheiranthus cheiri* (Brassicaceae) mit kernlosen Siebröhren *(S)* und kernhaltigen Begleitzellen *(B)* sowie benachbarten Parenchymzellen *(P)*. Die Siebröhren enthalten Siebröhrenplastiden *(SP)* des S-Typs (s.a. Abb. 49.6), Mitochondrien *(M)*, endoplasmatisches Retikulum (ER) und P-Protein (P-P; s.a. Abb. 28.2). Die Siebplatte *(Pl)* ist von Poren durchbrochen ($\times$ 3660). (H.-D. Behnke, 1981)

Abb. 7.17. Elektronenmikroskopische Aufnahme eines Tüpfelfeldes in der Tracheenwand aus einem Sproß von *Populus canadensis „robusta"* (s.a. Abb. 6.5). Die hier abgebildeten Tüpfel werden auch Kontakttüpfel genannt, weil durch sie der Kontakt zu den benachbarten Xylemparenchymzellen hergestellt wird. Die Abbildung zeigt einen Kohlehüllabdruck, der vom eigentlichen biologischen Objekt genommen wurde (× 24 700). (I. Dörr, 1979)

Poren in Siebplatten (s. Abb. 7.16) oder die Tüpfelfelder in Xylemelementen (s. Abb. 7.17).

Wie wir schon gesehen haben, lassen sich lichtmikroskopisch eine Anzahl von Zelltypen und Gewebearten identifizieren. Durch elektronenmikroskopische Analyse kommen die Unterschiede zwischen bestimmten Zellformen oft noch deutlicher zum Ausdruck (s. Abb. 7.18).

Ein Comeback der Lichtmikroskopie

Durch die Elektronenmikroskopie konnte das vollständige Repertoire subzellulärer Organellen und anderer Einschlüsse sichtbar gemacht werden. Doch wie bereits ausgeführt, lassen sich im Elektronenmikro-

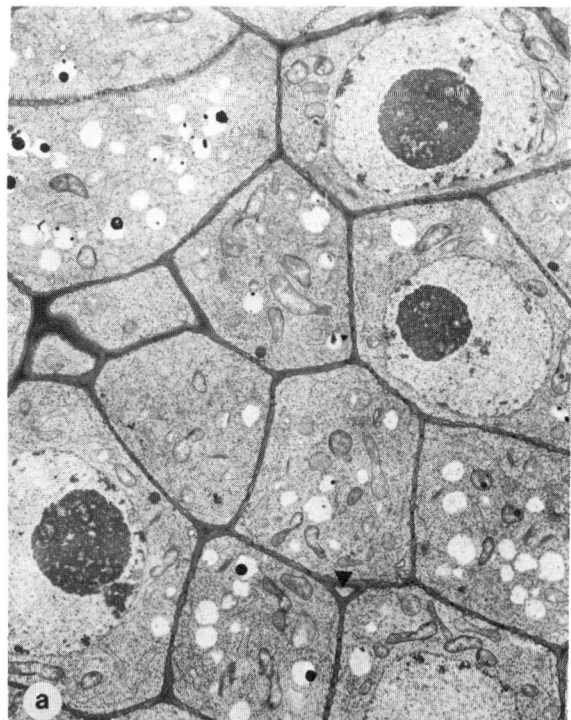

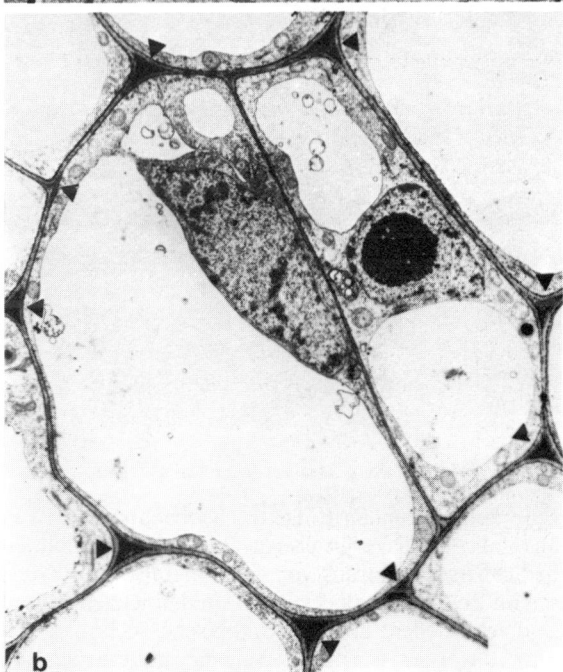

Abb. 7.18. Zellen im Gewebeverband; benachbarte Zellen. *a* Meristemzellen eines Haustoriums von *Alectra vogelii*, einer tropischen Scrophulariacee. Die Meristemzellen sind plasmareich, der Zellkern (mit Nukleolus; dunkel) nimmt einen großen Teil des Zellvolumens ein. Die Vakuole ist noch nicht ausgebildet, Interzellularen (▼) zwischen den Zellen sind, wenn vorhanden, englumig (× 4480). (R. Kollmann, 1977); *b* Parenchymatische Zellen aus dem Leitbündel des Sprosses einer parasitisch lebenden Art *(Orobanche fuliginosa)*. Man beachte die voluminösen Vakuolen in beiden abgebildeten Zellen. Die randständigen Zellkerne nehmen nur wenig Raum ein. Die Interzellularen sind durch ▼ hervorgehoben (× 3200). (I. Dörr, 1970)

129

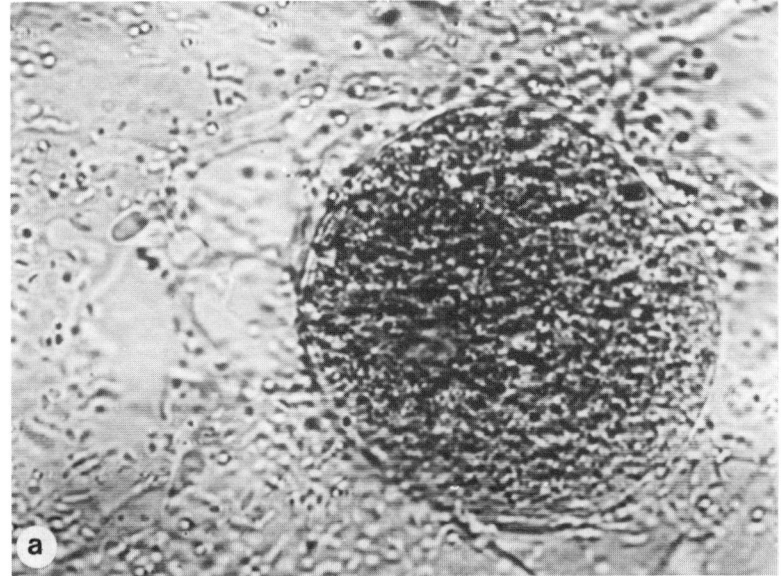

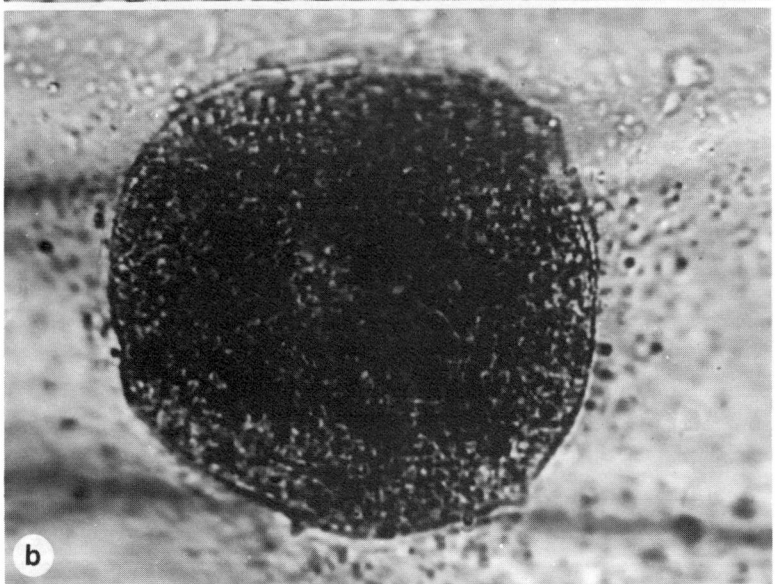

Abb. 7.19. Zellkern von *Allium cepa*, sichtbar gemacht im UV-Mikroskop. *a* bei $\lambda = 310$ nm, *b* bei $\lambda = 280$ nm. Mit abnehmender Wellenlänge nimmt der Kontrast zu. Die Nukleinsäuren im Kern haben ein Absorptionsmaximum bei $\lambda = 260$ nm. Es empfiehlt sich dennoch, mit möglichst langwelliger UV-Strahlung zu arbeiten, da eine Zunahme an Zellschäden mit einer Abnahme der Wellenlänge einhergeht. (I.K. Lichtscheidl, 1987)

skop keine lebenden Einheiten beobachten; so ist es allenfalls durch Vergleich von Bildserien möglich, einen gewissen Eindruck von den dynamischen Prozessen im Zellplasma zu gewinnen. In den letzten Jahren sind verschiedene lichtmikroskopische Techniken optimiert worden (s.a. Kap. 3), neue außerordentlich spezifische Fluoreszenzfarbstoffe wurden gefunden und die Nutzung von Videocameras und Computern verbesserte die Bilddokumentation und -auswertung. Drei der Verfahren sollen mit Beispielen im folgenden besprochen werden: die UV–Mikroskopie, AVEC–DIC und der Einsatz neuer Fluorochrome.

UV–Mikroskopie

Die UV–Mikroskopie ist keine neue Technik. Zwei ihrer Vorteile wären zu nennen: 1. UV–Licht (ultra-

violettes Licht der Wellenlängen unter $\lambda = 310$ nm) ist kurzwelliger als sichtbares Licht ($\lambda = 800-400$ nm). Die Abbésche Auflösungsgrenze wird somit von ca. 0,2 mµ auf ca. 0,1 mµ gesenkt. 2. Viele subzelluläre Strukturen absorbieren aufgrund ihres Gehalts an Proteinen und Nukleinsäuren ultraviolettes Licht und können daher ohne zusätzliche Kontrastierung erkannt werden (s. Abb. 7.19). Dennoch hatte sich die UV-Mikroskopie lange Zeit nicht durchsetzen können. Das lag vor allem an Schwierigkeiten in der Dokumentation der Ergebnisse. Erst nach Einsatz leistungsfähiger Videocameras kamen die Vorteile voll zur Geltung (I. K. Lichtscheidl und W. G. Url, Institut für Pflanzenphysiologie, Universität Wien, 1987). Außer dem Zellkern können Mitochondrien, Plastiden, Sphaerosomen, der Golgi–Apparat u.a. sicher identifiziert werden (s. Abb. 7.20). Daneben sind tubuläre Elemente ($\varnothing$ 100 nm oder mehr) nachweis-

130

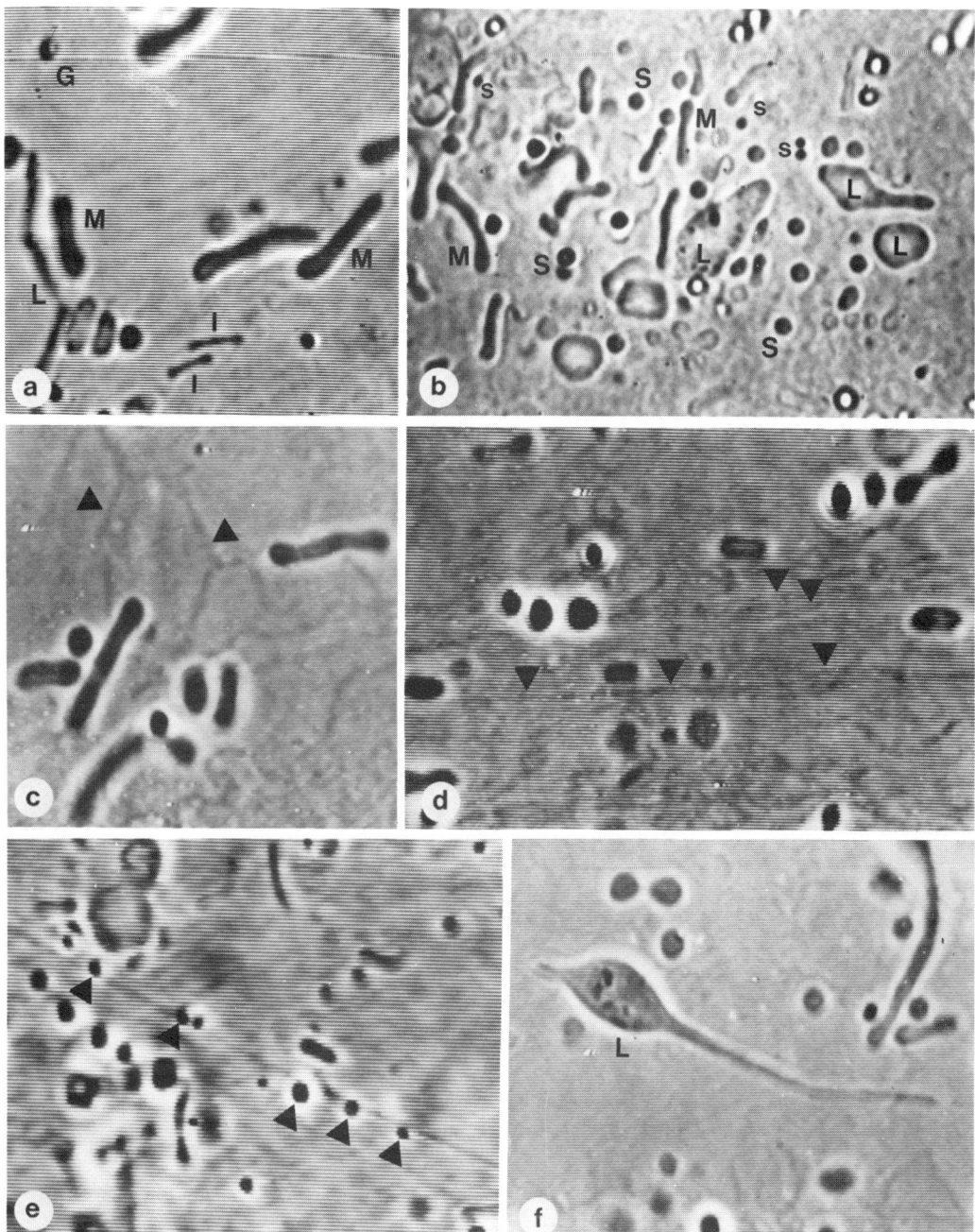

Abb. 7.20. Bestandteile des Cytoplasmas in Epidermiszellen von *Allium cepa*. Die Zellen der inneren Epidermis der Zwiebel wurden im UV-Mikroskop bei einer Wellenlänge von $\lambda = 310$ nm untersucht. Diese Wellenlänge bewirkt keine sichtbaren Veränderungen des Cytoplasmas innerhalb der Beobachtungszeit (5–10 min.). Durch die größere Auflösungsfähigkeit dieses Mikroskops im Vergleich zum konventionellen Lichtmikroskop können die Organellen deutlich dargestellt werden. Außerdem werden weitere Elemente sichtbar, die im Lichtmikroskop kaum gesehen werden können und nur aus der Elektronen- und der Fluoreszenzmikroskopie bekannt sind. Dabei handelt es sich um dünne Elemente des Endoplasmatischen Retikulums (ER) mit einem Durchmesser von ca. 100 nm und um Aktinfilamentbündel, die sich auch verzweigen, und an denen auch gerichtete aktive Bewegung der Organellen erfolgt. Der Durchmesser dieser Bündel beträgt 100 nm oder weniger. *a, M* Mitochondrium, *I* kleine, mitochondrienähnliche Einschlüsse, *L* Leukoplast, *G* Golgi-Apparat (Seitenansicht). *b* Bezeichnungen wie bei *a*, zusätzlich *S* und *ss:* große und kleine Sphaerosomen (membranumgebene Vesikel), daneben Partikel mit unbekannter Funktion. *c* Dünne Elemente des ER sind in ruhigem wandständigem Plasma oft zu einem polygonalen Netzwerk (▲) angeordnet. *d* In strömendem Plasma sind die ER-Elemente oft parallel zur Strömungsrichtung ausgerichtet (▼ ▼). *e* Aktinfilamentbündel, an denen Sphaerosomen entlang wandern (▲ ▲). *f, L* Leukoplast (in Aufsicht, mit Fortsatz). (*a, b* I.K. Lichtscheidl und W.G. Url, 1987, *c, f:* I.K. Lichtscheidl, 1987)

131

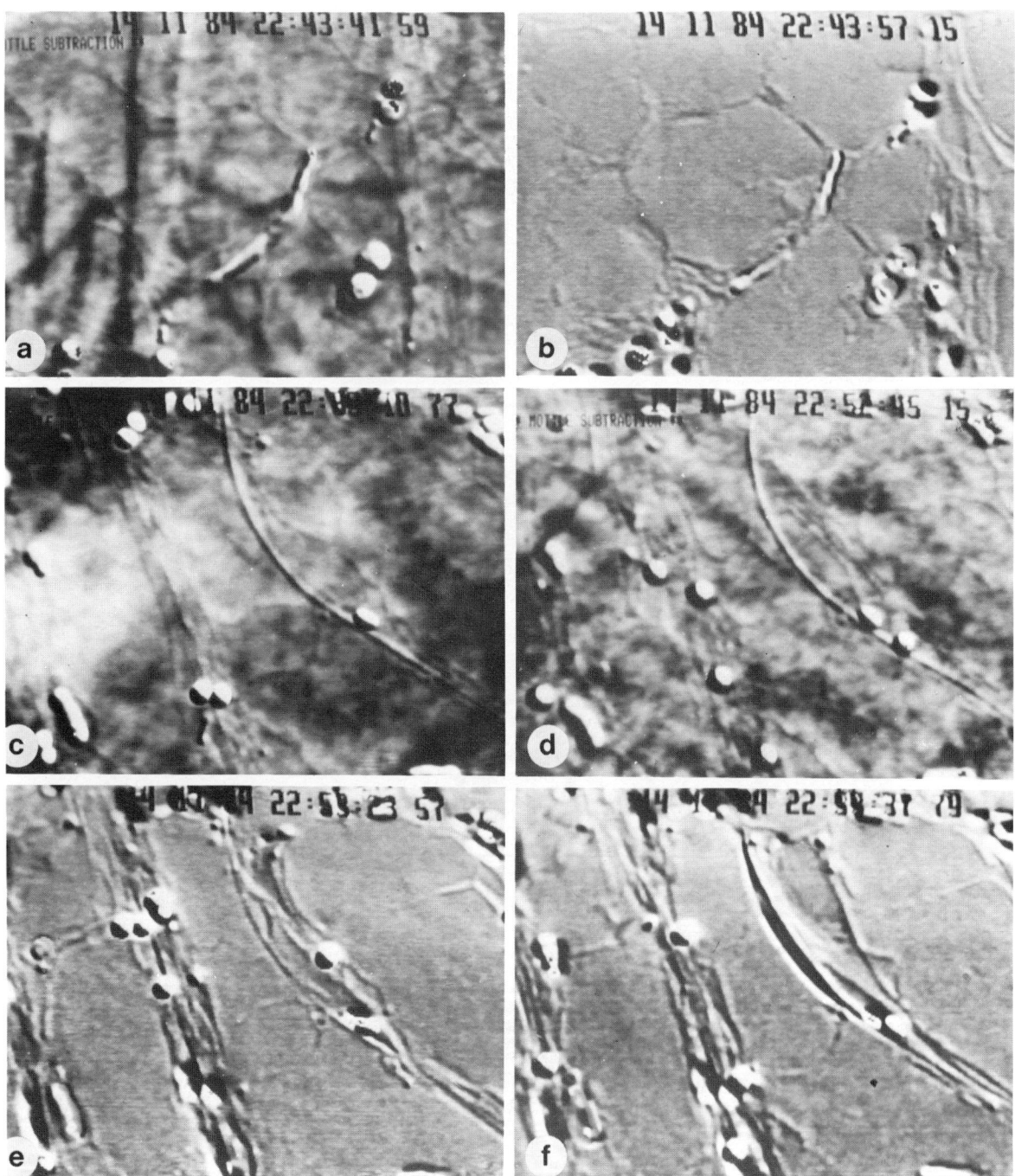

Abb. 7.21. Computerunterstützte Bildauswertung interferenzkontrastmikroskopischer Aufnahmen (AVEC-DIC-Verfahren). Versuchsobjekt: Zellen, der inneren Epidermis von *Allium cepa. a und b* Beispiel für eine digitale Kontrastverstärkung durch Subtraktion. *a* Rohbild; interferenzkontrastmikroskopische Aufnahme. Bei der Analyse von zellwandnahem Plasma stört insbesondere die Struktur der Zellwand. *b* Das Rohbild wurde 10 sec. nach Aufnahme von *a* in veränderter Bildebene hergestellt, anschließend wurde *a* von *b* subtrahiert, die plasmatischen Komponenten ergeben ein Bild mit ausreichendem Kontrast. Ein polygonales Muster, aufgebaut aus ER-Elementen, tritt deutlich in Erscheinung. *c, h, f* Zeitliche Aufeinanderfolge von Aufnahmen.

c Rohbild, *d* digitale Kontrastverstärkung, die einzelnen Strukturen treten deutlicher in Erscheinung. Die Störung durch den Hintergrund bleibt erhalten. *e* Subtraktion des Hintergrundes und damit weitere Kontrasterhöhung. *f* desgleichen, wenige Sekunden später aufgenommen. Aus dem Vergleich der Partikelverteilung in den vier Teilabbildungen kann auf ihre Verlagerungsgeschwindigkeit im Plasma geschlossen werden. Die in *e* und *f* deutlich hervortretenden Stränge bestehen ebenfalls vorwiegend aus ER. Es gibt aber eindeutige Hinweise darauf, daß sie parallel zu Aktinfilamentbündeln organisiert sind, an denen sich die kleinen Partikel (hier Sphaerosomen) entlang bewegen. (I. K. Lichtscheidl und D. G. Weiss, 1988)

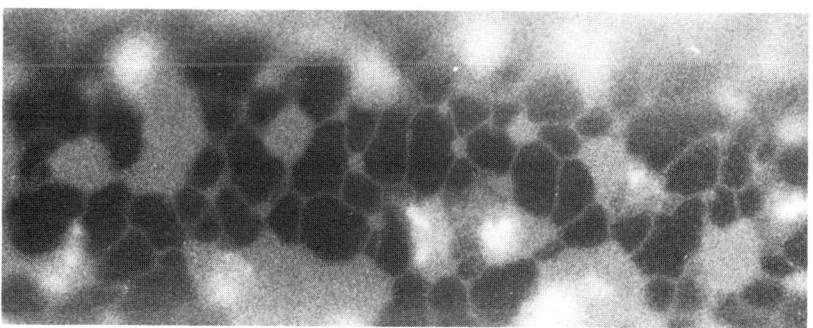

Abb. 7.22. Peripheres Netzwerk aus cisternalem (flachem) und tubulärem Endoplasmatischen Retikulum (ER) in einer unbehandelten Epidermiszelle der Zwiebel *(Allium cepa)*. Mitochondrien (helle Stäbchen) erscheinen in enger Verbindung mit dem cisternalen ER. (H. Quader, 1986)

bar, die sich durch Vergleich mit Ergebnissen elektronenmikroskopischer und fluoreszenzmikroskopischer Untersuchungen als Teile des Endoplasmatischen Retikulums (ER) erwiesen. In zellwandnahem ruhendem Plasma sind sie oft in Form eines polygonalen Netzwerks angeordnet, in strömendem Plasma sind sie in Strömungsrichtung ausgerichtet (Abb. 7.20 c und d). Ferner sieht man Aktinfilamentbündel (Abb. 7.20 e), die sich einer elektronenmikroskopischen Analyse mangels geeigneter Kontrastierung normalerweise entziehen. In einzelnen UV-mikroskopischen Bildern sind sie nur schwer vom tubulären ER unterscheidbar. Ihre Mitwirkung an Bewegungsabläufen kennzeichnet sie jedoch als vom ER verschiedene Strukturen. Zudem können sie durch Wahl spezifischer Fluorochrome im Fluoreszenzmikroskop eindeutig identifiziert werden (s. a. folgende Abschnitte).

AVEC–DIC

R. D. Allen hat, wie in Kap. 3 beschrieben, das nach ihm benannte *Allen's video-enhanced contrast, diffe-* *rential interference contrast*–Verfahren entwickelt. Es beruht im wesentlichen auf einer Bildauswertung interferenzkontrastmikroskopischer Aufnahmen. Die von einer Videocamera festgehaltenen Bilder können digitalisiert werden und sind somit einer computergesteuerten Analyse zugänglich. Durch Subtraktion können z.B. alle identischen Strukturen in zeitlich aufeinanderfolgenden Bildern gelöscht werden. Als Ergebnis erhält man die Abbildung aller beweglichen Teilchen. Es lassen sich aber auch Bilder unterschiedlicher Tiefenschärfeebenen voneinander subtrahieren, wodurch störender Bildhintergrund herausgefiltert wird. Das Verfahren hat sich in den letzten Jahren zunehmend als Methode der Wahl zum Studium von Bewegungsabläufen und des Cytoskeletts der Zelle bewährt.

N. S. Allen und R. D. Allen (1978) und I. K. Lichtscheidl und D. G. Weiss (1987) haben es zur Analyse der Plasmabewegung in pflanzlichen Zellen (*Chara, Allium cepa* u.a.) eingesetzt (s. Abb. 7.21). Seine Stärke kommt in den hier wiedergegebenen Abbildungen nur unvollständig zur Geltung (gleiches gilt für die Abb. 7.20). Erst in Videofilmen erkennt man

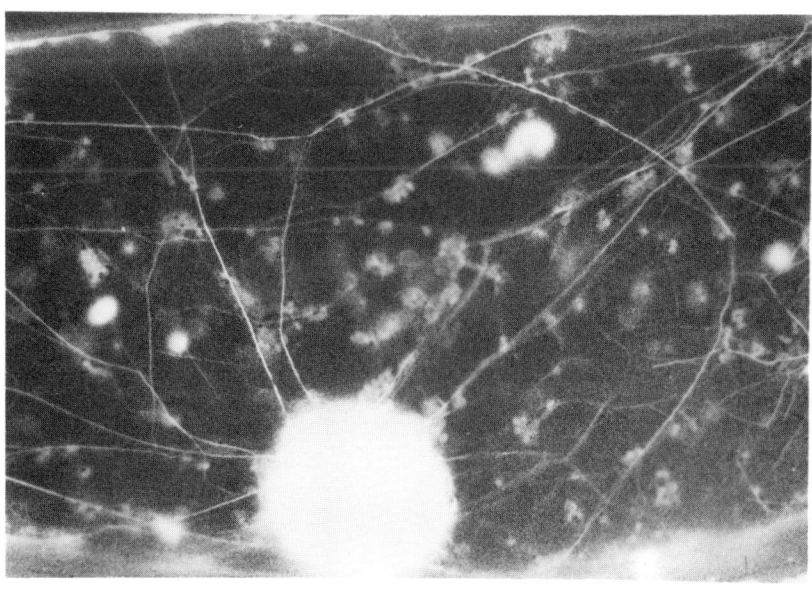

Abb. 7.23. Fluoreszenz der Aktinfilamentbündel nach Markierung mit Rhodamin-Phalloidin in einer Epidermiszelle von *Allium cepa*. Die Stränge (Bündel, Kabel) gehen oft vom Kern aus und durchziehen die Zelle über weite Strecken, dabei spalten sie sich in immer dünner werdende Untereinheiten auf. (I.K. Lichtscheidl und D. G. Weiss, 1988)

133

das ganze Ausmaß der Bewegungsabläufe im Plasma. Durch die Auswertung der Filme lassen sich die unterschiedlichen Bewegungsgeschwindigkeiten der einzelnen Partikel ermitteln. Es kann gezeigt werden, daß bestimmte Partikel entlang von Aktinfilamentbündeln wandern und ihre Richtung ändern, sobald sie von einem Aktinfilamentbündel auf eines mit anderer Polarität springen. Es zeigt sich auch, daß das ER als ein mechanisches Hindernis wirkt, das der Wanderung mancher Partikel im Wege steht.

Neue Fluorochrome

Das lipophile Kation 3,3-Dihexyloxacarbocyanin – Jodid (DiOC) erwies sich als idealer *Marker* des ER und anderer Membransysteme (H. Quader und E. Schnepf, Zellenlehre, Universität Heidelberg, 1986; s. Abb. 7.22). Da die Zellen hierbei nicht fixiert werden und das Fluorochrom – zumindest zeitweise – die zellulären Funktionen nicht merklich beeinträchtigt, eignet es sich zum Studium des Membranflusses in lebenden Zellen. Anders sieht es mit fluoreszenzmarkiertem Phalloidin, dem Gift des Knollenblätterpilzes aus, das sich als aktinspezifisch herausgestellt hat und daher zum Nachweis von Aktinfilamenten in fixierten Zellen herangezogen werden kann (s. Abb. 7.23 und Kap. 25). Aktinfilamente sind in Kernnähe besonders häufig, von dort aus erstrecken sie sich über das ganze Zellplasma. Sie sind in anfangs dicken Bündeln oder Kabeln vereint, die sich in zunehmendem Abstand vom Kern immer weiter aufspalten.

Literatur

Allen, N. S., R. D. Allen: Cytoplasmic streaming in green plants. Annu. Rev. Biophys. Bioeng. *7*, 497–526 (1978)

Behnke, H.-D.: Sieve-element characters. Nord. J. Bot. *1*, 381–400 (1981)

Bowen, W. R.: Experimental Cell Biology. New York: The Macmillan Comp., 1969

Frey-Wyssling, A., K. Mühlethaler: Ultrastructural plant cytology. Amsterdam: Elsevier Publ. Comp. 1965

Gunning, B. E. S., M. W. Steere: Ultrastructure and the biology of plant cells. London: Edward Arnold Publ. Ltd. 1975 (dt. Übers.: Biologie der Pflanzenzelle. Stuttgart: G. Fischer Verlag, 1977)

Hall, J. L. (ed.): Electron microscopy and cytochemistry of plant cells. Amsterdam: Elsevier / North Holland 1978

Jeffree, C. E., J. E. Dale, S. C. Fry: The genesis of intercellular spaces in developing leaves of *Phaseolus vulgaris* L. Protoplasma *132*, 90–98 (1986)

Kiermayer, O (ed.): Cytomorphogenesis in plants. (Cell Biology Monographs 8) Wien – New York: Springer Verlag, 1981

Ledbetter, M. C., Porter K. R.: Introduction to the fine structure of plant cells. Berlin–Heidelberg–New York: Springer Verlag, 1970

Lichtscheidl, I. K., W. G. Url: Investigation of the protoplasm of *Allium cepa* inner epidermal cells using ultraviolet microscopy. Europ. J. Cell Biol. *43*, 93–97 (1987)

Lichtscheidl, I. K., D. G. Weiss: Visualization of submicroscopic structures in the cytoplasm of *Allium cepa* inner epidermal cells by video-enhanced contrast light microscopy. Europ. J. Cell Biol.*46*, 376–382 (1988)

Menhardt, W., J. Lockhausen, W. J. Dallas, U. Kristen: An environment for three-dimensional shaded perspective display of cell components. Micron and Microscop. Acta *17*, 349–357 (1986)

Quader, H., E. Schnepf: Endoplasmic reticulum and cytoplasmic streaming: fluorescence microscopical observations in adaxial epidermis cells of onion bulb scales. Protoplasma *131*, 250–252 (1986)

Schnepf, E.: The structure of cells (Prokaryotes, Eukaryotes) in: „Biophysics" (W. Hoppe, W. Lohmann, H. Markl, H. Ziegler eds.) Berlin–Heidelberg–New York: Springer Verlag, 1983

Thair, B. W., A. B. Wardrop: The structure and arrangement of nuclear pores in plant cells. Planta *100*, 1–17 (1971)

8. Klassische Genetik. Frühe Erfahrungen und Überblick über Arbeiten bis zur Wiederentdeckung der Mendelschen Regeln

Die Genetik (Vererbungslehre) ist ein Teilgebiet der Allgemeinen Biologie. Die wichtigsten Regeln sind allgemeingültig und betreffen gleichermaßen Pflanzen, Tiere und Mikroorganismen.

Die raschen Erfolge der Molekularen Genetik (s. Kap. 21) in den letzten 40 Jahren beruhen zu einem überwiegenden Teil auf der Wahl günstiger Versuchsobjekte (Bakterien, Viren). Die richtige Objektwahl zur Lösung gegebener Probleme war schon seit den

Gregor Mendel (1822–1884); Veröffentlichte 1866 eine Schrift mit dem Titel „Versuche über Pflanzenhybriden". Die darin niedergelegten Befunde und Schlußfolgerungen blieben 34 Jahre lang unbeachtet. Nach ihrer „Wiederentdeckung" im Jahre 1900 wurden die seitdem Mendelsche Regeln genannten Postulate Grundlage und Ausgangspunkt moderner Genetik. Das Bild zeigt Gregor Mendel im Ornat eines Prälaten.

Anfängen der empirischen Genetik ein entscheidender Faktor.

Wo immer Spuren menschlicher Kulturen (aus der Periode der quartären Eiszeit im Diluvium oder Paläolithikum) gefunden wurden, fand man stets auch Kulturpflanzen. Das Spektrum kultivierter Arten ist, verglichen mit der Zahl wildwachsender Arten, erstaunlich gering. Im euro-asiatischen Raum waren es anfangs in erster Linie Getreidearten: Emmer *(Triticum dicoccum)*, Einkorn *(Triticum monococcum)*, Dinkelweizen *(Triticum spicatum)*, Saatweizen *(Triticum aestivum)*, Spelz *(Triticum spelta)*, Hartweizen *(Triticum durum)*, ferner *Triticum dicoccoides, Triticum compactum, Triticum aegilopoides*, dann Gerste *(Hordeum vulgare, Hordeum spontanaeum)* – und einige Leguminosen. Roggen und Hafer wurden erst wesentlich später in Kultur genommen. Auffallend ist, daß nahezu alle Arten nur einer Gattung, nämlich *Triticum* angehören.

Selbst heute ist die Zahl kultivierter (wirtschaftlich bedeutender) Arten relativ niedrig.

Für jeden, der sich mit dem Auftreten von Kulturpflanzen befassen möchte, stellen sich zwei grundsätzliche Fragen: Wie sind die Kulturpflanzen aus den jeweiligen Wildformen entstanden? Wie wurden die neuen Formen verbreitet? Die ältesten Dokumente sind einerseits wirkliche materielle Überreste, die bei Ausgrabungen zutage gefördert werden (von daher kennen wir auch die gerade aufgezählten Arten) andererseits bildliche und schriftliche Urkunden. Es gibt nahezu keine Hinweise darauf, allenfalls Spekulationen darüber, wie effizient die Selektionsverfahren waren, um die neu entwickelten Kultursorten zu stabilisieren, sie im Ertrag zu verbessern und sie vor Fremdeinflüssen aller Art zu schützen.

Frühe Vorstellungen über Mechanismen einer Vererbung beruhen vermutlich auf Beobachtungen des Menschen an sich selbst. Es war offensichtlich, daß sich bestimmte Merkmale von den Eltern auf ihre Kinder übertrugen. In wohl allen frühen menschlichen Kulturen gab es, wie bei vielen *Mammalia,* einen hohen Grad an Inzucht. Damit verbunden war eine genetische Isolation der Teilpopulationen voneinander. Somit waren die Voraussetzungen zur Anreicherung nicht nur vorteilhafter, sondern vor allem auch ungünstiger Merkmale gegeben. Zwar glaubte man ursprünglich nicht an eine Vererbung von Mißbildungen oder auffallend negativen Merkmalen und suchte daher in religiösen Dogmen und Mythen die Ursache für ihr Auftreten.

Daher war die auf einer Jahrtausende währenden Erfahrung beruhende Feststellung, daß Inzucht mit mehr Nach- als Vorteilen verbunden sei, als ein entscheidender Fortschritt zu werten. Das Inzestverbot war die Konsequenz aus dieser Erkenntnis und ein erstes Beispiel für „angewandte Genetik".

Ein echtes Verstehen von Mechanismen der Vererbung setzt ein hohes Abstraktionsvermögen voraus. Daher erschienen erst zu einem sehr späten Zeitpunkt in der Geschichte der Botanik erste Beiträge zu diesem Thema.

Unter Einbeziehung unseres heutigen Wissensstandes erkennen wir, daß sich eine Pflanzengenetik erst dann etablieren konnte, als sichergestellt war, daß auch bei den Pflanzen Sexualität existiert.

Deren Entdeckung geht auf den Tübinger Professor der Medizin und Direktor des Botanischen Gartens, R. J. Camerarius (1665–1721 s. Abb. 1.2g), zurück. 1694 verfaßte er seine Schrift *De sexu plantarum epistola"*, in der er u.a. schreibt:

„Im Pflanzenreich... vollzieht sich keine Fortpflanzung durch den Samen, diese Gabe der vollkommenen Natur und das allgemeine Mittel zur Erhaltung der Art, wenn nicht die vorher erscheinenden Staubbeutel der Blüte die Pflanze selbst dazu vorbereitet haben. Es erscheint also billig, diesen Staubbeuteln einen edleren Namen und die Funktion der männlichen Geschlechtsteile beizulegen, so daß also ihre Kapseln die Gefäße und Behälter sind, in denen der Samen selbst, jener Staub, der subtilste Bestandteil der Pflanzen ausgeschieden, gesammelt und von da aus später abgegeben wird; er gelangt nämlich an die Spitze der Pflanze, wenn er schon gehörig durchgeseiet und verfeinert ist, hier wird er secerniert und erlangt seine höchste Wirksamkeit. Wie bei den Pflanzen die Staubbeutel die Bildungsstätte des männlichen Samens sind, so entspricht der Behälter der Samen mit seiner Narbe oder seinem Griffel den weiblichen Geschlechtsteilen, denn derselbe leistet wenigstens dem jungen Keim, den er empfängt und bewacht, mütterlichen Beistand."

Die Bedeutung und die Vorteile der geschlechtlichen Fortpflanzung bei Mensch und Tier waren im 17. und 18. Jahrhundert bereits weitgehend anerkannt. Der Philosoph J. G. Herder (1744–1803) schrieb in seinen „Ideen zur Philosophie der Geschichte der Menschheit" (1785–1792):

„Das feinste Mittel endlich, dadurch die Natur Vielartigkeit und Bestandheit der Formen in ihren Gattungen verbindet, ist die Schöpfung und Paarung zweier Geschlechter. Wie wunderbarfein und geistig mischen sich die Züge beider Eltern in dem Angesicht und Bau ihrer Kinder. Als ob nach verschiedenen Verhältnissen ihre Seele in sie gegossen und die tausendfältigen Naturkräfte der Organisation sich unter dieselben verteilt hätten. Daß Krankheiten und Züge der Bildung, daß sogar Neigungen und Dispositionen sich forterben, ist weltbekannt; ja oft kommen wunderbarerweise die Gestalten lange verstorbener Vorfahren aus dem Strom der Generationen wieder. Ebenso unläugbar, obgleich schwer zu erklären ist der Einfluß mütterlicher Gemüts- und Leibeszustände auf den Ungeborenen, dessen Wirkung manches traurige Beispiel lebenslang mit sich trägt."

Linnés Satz von der Konstanz der Arten (s. Kap. 1) schien einem Fortschritt auf dem Gebiet der Vererbung im Wege zu stehen. Doch schon zu seiner Zeit lagen mehrere erfolgreiche Einzelbeobachtungen über Artkreuzungen bei Pflanzen vor, und auch ihm selbst gelang eine Bastardierung (Kreuzung) zwischen den beiden Bocksbartarten *Tragopogon pratensis × Tragopogon sporrifolius*. Für diese Arbeit wurde ihm (1760) der erste Preis einer Ausschreibung der Kaiserlichen Akademie der Wissenschaften zu St. Petersburg zugesprochen. Durch den Ausgang des Versuchs angeregt, wich er von seiner ursprünglichen Haltung ab. Der Satz von der Konstanz der Arten wurde in der letzten von ihm bearbeiteten Auflage der *„Systema naturae"* gestrichen. Er glaubte nunmehr, daß neue Arten durch Bastardierung vorhandener entstehen können.

Eine erste systematische Analyse möglicher Bastardierungen nah verwandter Arten wurde von J. G. Kölreuter (1733–1806 s. Abb. 1.2h), dem Direktor der fürstlichen Hofgärten (ab 1763) und Professor der Naturgeschichte in Karlsruhe, durchgeführt. Er stellte einen Bastard aus den beiden Tabakarten *Nicotiana rustica × Nicotiana paniculata* her. Dieser war steril und stand in seinen Merkmalen zwischen beiden Elternarten. Er war demnach intermediär:

„Ich wurde mit vielem Vergnügen gewahr, daß sie (die Bastarde) nicht nur allein in der Ausbreitung der Äste, in der Lage und Farbe der Blumen überhaupt, gerade das Mittel zwischen beiden natürlichen Gattungen (Anm.: Arten) hielten, sondern daß auch bei ihnen insbesondere alle zur Blume gehörigen Teile, die Staubkölbchen allein ausgenommen, eine fast geometrische Proportion zeigten; ein Umstand, der durch die alte aristotelische Lehre von der Erzeugung durch beiderlei Samen vollkommen gerechtfertigt, und hingegen der Lehre von den Samentierchen, oder den in dem Eierstocke der Tiere und Pflanzen ursprünglich angenommenen und durch den männlichen Samen zu belebenden Embryonen und Keimen gänzlich widerspricht."

Mutter und Vater tragen demnach gleichmäßig und spezifisch zur Herstellung des Bastards bei.

Kölreuter erzeugte auch Bastarde zwischen Arten aus den Gattungen *Dianthus, Matthiola, Hyoscyamus, Verbascum, Hibiscus, Datura, Cucurbita, Aquilegia, Cheiranthus* usw.

Seine Untersuchungen ließen jedoch noch zahlreiche Fragen offen. Bastardierungen wurden im ausgehenden 18. und beginnenden 19. Jahrhundert von vielen Züchtern mit wechselnden Erfolgen und nicht immer klar auswertbaren Ergebnissen bei einer Reihe mehr oder weniger nah miteinander verwandter Arten durchgeführt. Die Züchter verfolgten meist praktische Ziele. Sie waren beispielsweise an neuen Farben von Zierpflanzen interessiert, doch an den Ursachen, die einer Bastardierung zugrunde liegen, war ihnen weniger gelegen.

Eine kurze Mitteilung des französischen Naturforschers und praktischen Landwirts M. Sageret (1763–1851) befaßt sich (1826) mit Bastardierungen in der Familie der Kürbisgewächse (Cucurbitaceae). Erstmalig in der Geschichte der Pflanzenhybriden wurden die Merkmale der Eltern in einander entgegengesetzten Paaren angeordnet. So unterschied er bei der Kreuzung zweier Melonenrassen der Art *Cucumis melo L.* in

Melon cantaloup brodé ($\female$)	Melon chaté ($\male$)
1. Fleisch gelb	Fleisch weiß
2. Samen gelb	Samen weiß
3. Schale mit Netz	Schale glatt
4. Rippen stark hervortretend	Rippen leicht angedeutet
5. Geschmack süß	Geschmack süß-sauer

In Bastarden wurden die Eigenschaften nicht vermischt. Sie waren demnach nicht intermediär, sondern glichen eindeutig entweder dem einen oder dem anderen Elter. Das eine Merkmal war daher dominant über das andere, die Merkmale wurden unabhängig voneinander vererbt.

C. F. Gaertner (1772–1850) aus Calw in Württemberg war der Preisträger einer von der Holländischen Akademie zu Haarlem initiierten Ausschreibung. Der Ausschreibungstext lautete:

Was lehrt die Erfahrung hinsichtlich der Erzeugung neuer Arten und Abarten durch die künstliche Befruchtung von Blüten mit dem Pollen der anderen, und welche Nutz- und Zierpflanzen lassen sich in dieser Weise erzeugen und vervielfältigen?

Die 1837 eingereichte Arbeit mit dem Titel „Versuche und Beobachtungen über die Bastarderzeugung im Pflanzenreich" wurde (mit Ergänzungen) 1849 gedruckt.

Sie war durch methodische Fortschritte gekennzeichnet, 9000 Versuche wurden ausgewertet, folgende Schlüsse wurden gezogen:

(1) Eine genaue Bestimmung der Arten und ihre sorgfältige Aufzucht sind die Voraussetzung für alle Bastardierungsexperimente. Alle geernteten Früchte müssen gesondert aufbewahrt werden, und alle Keimpflanzen müssen aufgezogen werden.

(2) Bei gleichzeitiger Bestäubung mit gemischtem Pollen (mit eigenem und mit fremdem Pollen) tritt keine Vermischung der Merkmale in den Produkten ein.

Es fand stets eine gleichmäßige Befruchtung durch eine der Pollenarten statt, nämlich durch diejenige mit dem höchsten Verwandtschaftsgrad zu den Ovarien (Eizellen).

Sukzessiv gemischte Bestäubungen von Narbenhälften bei *Nicotiana rustica* mit Pollen von *Nicotiana paniculata* und *Nicotiana rustica* ergaben entweder reine *Nicotiana rustica*-Pflanzen oder echte *rustica-paniculata*-Bastarde. Jedes Pollenkorn wirkt also für sich und unabhängig von den anderen.

Niemals kommt es zu einer Verschmelzung zweier oder mehrerer väterlicher Typen mit den mütterlichen, noch werden zwei Embryonen verschiedener Art aus einem Ei gebildet.

(3) In Bestätigung der Untersuchungen Kölreuters wird festgestellt, daß aus der Kreuzung reiner Species immer wieder die gleichen Bastardformen hervorgehen.

(4) Bei einer einfachen Bastarderzeugung sind mütterliche und väterliche Faktoren zweier verschiedener Pflanzenarten tätig.

(5) Bei der Bastarderzeugung modifizieren, vermischen und kreuzen sich die einzelnen Merkmale und heben sich zum Teil gegenseitig auf. Es besteht daher das allgemeine Gesetz der Bastarderzeugung sowohl bei Pflanzen als auch bei Tieren, daß die Charaktere der Stammeltern niemals rein und unverändert in die Bildung des Partners übergehen.

(6) Es ist noch unbekannt, nach welchen Normen die Merkmale der Eltern in den Bastarden gemischt werden. Auch ist nicht bekannt, warum in einem Bastard mehr der ganze Habitus, in anderen nur einzelne Teile wie Blätter, Blumen, Früchte und Samen verändert werden. Die Bastarderzeugung ist also kein chemischer Prozeß, wie Kölreuter annahm, sondern ein der tierischen Zeugung analoger Vorgang, durch den bei beiden in den weiteren Generationen Varianten und Varietäten entstehen.

(7) Die Bildung neuerer Formen aus Elementen und Merkmalen der Eltern nach Bastardierung ist für die Pflanzenphysiologie wie für die Systematik von gleicher Wichtigkeit. Für die Systematik entsteht aus den Bastardierungsversuchen die Frage, ob es stabile Arten gibt oder ob sie einer Veränderung oder Fortbildung in der Zeit unterworfen sind.

Mendel kritisierte an Gaertners Arbeit, daß eingehende Beschreibungen der einzelnen Versuche fehlten, ausreichende Diagnosen für die verschiedenen Bastardformen nicht aufgenommen worden seien sowie alle Angaben über die Merkmale der Hybriden zu unbestimmt seien.

Ch. Naudin (1815–1899) war Preisträger der Pariser Akademie der Wissenschaften. 1861 erfolgte die folgende Aufgabenstellung:

Das Studium der Pflanzenhybriden vom Gesichtspunkt ihrer Fruchtbarkeit und der Erhaltung oder Nichterhaltung ihrer Merkmale.

Naudin reichte seine Arbeit mit dem Titel „Neuere Untersuchungen über die Bastardierung bei den Pflanzen" im Jahre 1863 ein. Er arbeitete mit Bastarden von Arten, die den Gattungen *Papaver, Mirabilis, Primula, Datura, Nicotiana, Petunia, Digitalis, Linaria, Ribes, Luffa, Coccinia* und *Cucumis* angehörten. Seine Untersuchungen litten jedoch an zu geringem Material und ungünstigen äußeren Einflüssen (Frost, Dürre, Schädlinge). Es fehlte ihm außerdem an Raum, um sie in großem Umfang anzusetzen. Er erkannte die Aufspaltung der Bastarde in nachfolgenden Generationen, doch irgendwelche Zahlenverhältnisse sah er nicht.

Er diskutierte die Frage, ob aus den Bastarden neue Arten entstehen können, und kam zu dem Schluß,

137

daß das nicht möglich sei. Er wies auf die Problematik des Artbegriffs hin und zitierte die Tatsache, daß natürliche Bastarde von *Salix* (Weide) und *Rubus* (Brombeere) immer wieder spalten und ihnen daher das wesentliche Merkmal einer Art, nämlich die Konstanz, fehlt.

Gregor Mendel, Bastardierung von Sorten, Bedeutung der Vererbung einzelner Merkmale, Mendelsche Regeln

Wie eben dargelegt, durchlief die Vererbungsforschung im ausgehenden 18. und im beginnenden 19. Jahrhundert eine sehr arbeitsreiche Phase, in der eine Vielzahl an Beobachtungen gesammelt wurde und zahlreiche Schlüsse gezogen wurden. Es fehlte aber der entscheidende Durchbruch. In der Systematik gelang ein solcher Carl v. Linné (s. Kap. 1), in der Genetik Gregor Mendel.

Johann Mendel (der Vorname Gregor wurde ihm nach seinem Eintritt ins Kloster gegeben), geb. 1822 in Heinzendorf (im deutschen Teil des damals österreichischen Schlesiens), Abt in Brünn, gest. 1884, publizierte 1866 eine kleine Schrift mit dem Titel „Versuche über Pflanzenhybride", die zum grundlegenden Werk und Ausgangspunkt der modernen Genetik wurde.

Mendel hatte von Anfang an seine Aufgabe klarer gesehen als alle seine Vorgänger. Ihn berührte nicht das bereits geklärte Problem der Sexualität der Blütenpflanzen, nicht die Frage nach der Abgrenzung von Art und Varietät, sondern ausschließlich die zahlenmäßige Erfassung der Weitergabe von elterlichen Eigenschaften auf die Hybriden.

In dreifacher Hinsicht ging er bei den Kreuzungsversuchen neue Wege:

– Er hat erstens nicht wie seine Vorgänger Arten oder Varietäten miteinander gekreuzt, die sich in sehr vielen Eigenschaften voneinander unterschieden; vielmehr war die getrennte Betrachtung eines einzelnen vom Gesamtaussehen der Art losgelösten Merkmals der erste große Fortschritt der Mendelschen Methodik.

– Zweitens maß er den zahlenmäßigen Verhältnissen, in denen die Bastarde auftreten, große Bedeutung bei Dazu schrieb er:

„Um die Beziehungen zu erkennen, in welchen die Hybridformen zueinander selbst und ihren Stammarten stehen, erscheint es notwendig, daß die Glieder der Entwicklungsreihe in jeder einzelnen Generation vollzählig der Beobachtung unterzogen werden."

Er hielt es für unumgänglich, mit einer möglichst großen Individuenzahl zu arbeiten, weil der Zufall bei der Beobachtung weniger Exemplare eine zu große Rolle spiele und die Gesetzmäßigkeiten, die

bei entsprechend großem Material sichtbar werden, überdecken könne.

– Drittens analysierte er die bei der Bastardierung erhaltenen Pflanzen getrennt. Ebenso trennte er die einzelnen Generationen der Bastarde sorgfältig voneinander.

Über seine Versuchspflanzen schrieb er:

„Die Auswahl der Pflanzengruppe muß mit möglichster Vorsicht geschehen, wenn man nicht im vorhinein allen Erfolg in Frage stellen will.

Die Versuchspflanzen müssen notwendig

1. Konstant differierende Merkmale besitzen.
2. Die Hybriden derselben müssen während der Blütezeit vor der Einwirkung jedes fremdartigen Pollens geschützt sein oder leicht geschützt werden können.
3. Dürfen die Hybriden und ihre Nachkommen in den aufeinanderfolgenden Generationen keine merkliche Störung der Fruchtbarkeit erlangen.

Fälschungen durch fremden Pollen, wenn solche im Verlauf des Versuchs vorkämen, müßten zu ganz irrigen Ansichten führen. Verminderte Fruchtbarkeit oder gänzliche Sterilität einzelner Formen, wie sie unter den Nachkommen vieler Hybriden vorkommen, würden die Versuche erschweren oder ganz vereiteln."

Er wählte *Pisum sativum* als Versuchspflanze und konzentrierte sich auf die Analyse von sieben Merkmalspaaren. Die Wahl des Objekts war auch insofern glücklich, als die Kulturform in der Regel ein Selbstbestäuber ist, die einzelnen Linien (Sorten) daher einen hohen Inzuchtgrad aufweisen und er deshalb auf reine Linien zurückgreifen konnte.

Mendel gelangte zu den folgenden Ergebnissen und Aussagen:

1.) Bei Kreuzungen zweier Pflanzen, die sich in einem der Merkmale voneinander unterscheiden, erhält man in bezug auf dieses Merkmal gleichförmig aussehende Bastarde.

Diese Aussage nennen wir heute die 1. Mendelsche Regel (= Uniformitäts- oder Reziprozitätsregel).

Dazu noch einige Bemerkungen zur modernen Terminologie. Die Elterngeneration wird mit P (= Parentalgeneration) bezeichnet. Durch Bastardierung erhält man die erste Filialgeneration (Tochtergeneration): F_1. Kreuzt man die Bastarde untereinander, kommt man zur F_2, eine Generation weiter zur F_3 usw. Der Begriff Uniformitätsregel beschreibt die Homogenität der Individuen in der F_1. Dabei kann (wie bei allen von Mendel an der Erbse untersuchten Merkmalspaaren) eines der Merkmale dominant über das andere sein (dominant-rezessiver Erbgang). Alle Individuen der F_1 sind dann durch das dominante Merkmal ausgezeichnet.

Es gibt aber auch Fälle, bei denen die Merkmalsausprägung in der F_1 eine Zwischenstellung zwischen den Merkmalen der beiden Eltern einnimmt. In diesen Fällen spricht man von intermediärem Erbgang (s. Abb. 8.1).

Reziprozitätsregel bedeutet, daß es bei der Kreuzung zweier Pflanzen (mit Unterschieden in einem Merkmalspaar) belanglos ist, ob das Merkmal vom Vater oder von der Mutter (oder umgekehrt = rezi-

138

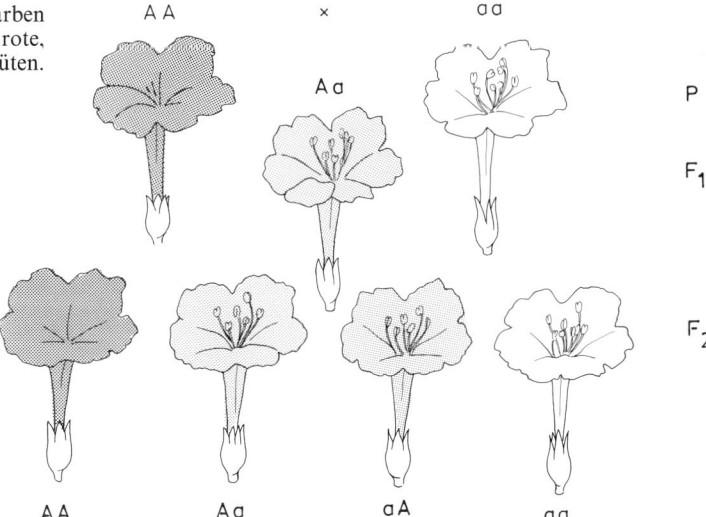

Abb. 8.1. Intermediärer Erbgang der Blütenfarben von *Mirabilis jalapa*. AA-Genotypen haben rote, Aa-Genotypen rosa und aa-Genotypen weiße Blüten. (C. Correns, 1902)

prok) stammt. Hierzu ein Beispiel: ♀ Samen rund × ♂ Samen kantig ergibt in der F_1 Individuen (♀ und ♂), deren Samen rund sind, da rund über kantig dominant ist.

Zum gleichen Ergebnis kommt man durch Verwendung des folgenden Elternpaares: ♀ Samen kantig × ♂ Samen rund. Es hat sich durchgesetzt, in Kreuzungsexperimenten den ♀ Elter (Elter = Singular von Eltern) an erster, den ♂ an zweiter Stelle zu schreiben. Unter dieser Voraussetzung können die Symbole ♀ und ♂ entfallen.

2.) Wurden nunmehr die Hybriden (Bastarde) untereinander gekreuzt, traten in der darauffolgenden Generation (= F_2) die rezessiven Formen wieder auf (s. Tabelle 1).
Aus den experimentell ermittelten Verhältniszahlen extrapolierte Mendel auf das Verhältnis 3 : 1.

Tabelle: 1: Verhältniszahlen für differierende Merkmale in der „ersten Generation der Hybriden": F_2

Merkmalspaar	Ausgezählte Individuen	Verhältnis
1. Samen: rund–kantig	5474 : 1850	2,96 : 1
2. Kotyledonen: gelb–grün	6022 : 2001	3,01 : 1
3. Samenschale: grau–weiß	705 : 224	3,15 : 1
4. Hülse: einfach gewölbt–eingeschnürt	882 : 299	2,95 : 1
5. Unreife Hülse: grün–gelb	428 : 152	2,82 : 1
6. Blüte: achsenständig–endständig	651–207	3,14 : 1
7. Blütenachse: lang–kurz	787 : 277	2,84 : 1

Daraus folgerte er:

„Da die Glieder der ersten Hybridgeneration (Anm: F_2) unmittelbar aus den Samen der Hybriden hervorgehen, wird es nun ersichtlich, daß die Hybriden je zweier differierender Merkmale Samen bilden, von denen die eine Hälfte wieder die Hybridform entwickelt, während die andere Pflanzen gibt, welche konstant bleiben und zu gleichen Teilen den dominierenden und den rezessiven Charakter erhalten."

Mendel ging davon aus, daß sowohl die Pollenzellen als auch die Keimzellen (= Eizellen) Anlagen tragen.

Damit hatte er eine weitere wichtige Erkenntnis gewonnen; es werden nicht die Eigenschaften an sich, sondern die Anlagen dafür vererbt.

Da es vom Zufall abhängt, welche Pollen- und Keimzellen sich miteinander verbinden, wird nach den Regeln der Wahrscheinlichkeit die Befruchtung nach folgendem Schema vor sich gehen:

Pollenzellen   A A   a a

Keimzellen   A A   a a

daraus ergeben sich in der Nachkommenschaft:
       AA   Aa   aA   aa

Diese Gesetzmäßigkeit bringen wir heute druch die 2. Mendelsche Regel (= Spaltungsregel) zum Ausdruck:

Die F_2-Individuen sind untereinander nicht alle gleich, vielmehr werden unterschiedliche Erscheinungsformen sichtbar. Stets treten die Merkmale der Ausgangsformen (der Parentalgeneration: P) in bestimmten Zahlenverhältnissen wieder auf. Je nachdem, ob ein dominant-rezessiver oder ein intermediärer Erbgang vorliegt, erhält man eine Aufspaltung von 3 : 1 oder 1 : 2 : 1.

Beim dominant-rezessiven Erbgang sieht man den Individuen, die sich durch das dominante Merkmal auszeichnen, nicht an, ob es in nachfolgenden Generationen erhalten bleibt oder aufspaltet.

Zur Klärung des Sachverhalts einige formale Betrachtungen: Eine Merkmalsanlage, z.B. Samenform, Kotyledonenfarbe, Samenschalenfarbe wird (einem Vorschlag von Bateson [1909] folgend) Gen genannt.

Die Zustandsform, in der ein Gen vorliegt, z.B. bei der Samenform rund oder kantig, bezeichnet man als Allel. Wenn wir die Schemata in der Abbildung 8.1 betrachten, sehen wir, daß jedes Individuum pro Gen ein Allel von der Mutter, ein weiteres vom Vater erhalten hat. Beide Allele können gleichartig, sie können aber auch verschieden sein. Im ersten Fall wäre das Individuum homozygot (die Aussage bezieht sich immer nur auf das zu untersuchende Merkmal), im zweiten heterozygot. Bereits Mendel kennzeichnete Gene (er nannte sie seinerzeit Anlagen) durch Buchstaben (s.o.). Auch hier gibt es heute nach internationalen Konventionen Regeln, die die Schreibweise solcher Abkürzungen festlegen.

Es ist aber leider so, daß sich in den einzelnen Teildisziplinen der Genetik unterschiedliche Terminologien eingebürgert haben. Drosophilagenetiker verwenden andere Bezeichnungen als etwa die Bakteriengenetiker.

Zunächst aber zu einer Grundregel. Ein dominantes Allel wird durch einen Großbuchstaben, ein rezessives durch den entsprechenden kleinen Buchstaben gekennzeichnet. Kreuzt man beispielsweise eine rotblühende Pflanze (rot sei dominant) mit einer weißblühenden (weiß demnach rezessiv), darf man nicht mit den Abkürzungen r (= rot) und w (= weiß) operieren, sondern muß die rotblühende Form mit R, die weißblühende mit r kennzeichnen.

Da in einem Individuum pro Gen zwei Allele vorliegen, gibt es die beiden homozygoten Formen RR und rr, zum anderen die heterozygote(n) Rr (= rR).

Bei dominant-rezessivem Erbgang lassen sich die Homozygoten (RR) unter den Individuen mit dominanter Merkmalsausprägung nicht von den Heterozygoten (Rr) unterscheiden. Um eine Entscheidung herbeizuführen, werden einzelne Individuen mit dem rezessiven Elter (rr) gekreuzt. Dabei hat man es mit einer Rückkreuzung zu tun. Man erhält, von Homozygoten (RR × rr) ausgehend, in der darauffolgenden Generation ausschließlich Rr (alle Individuen sind uniform), während man von Heterozygoten (Rr × rr) ausgehend, zu je 50 Prozent Rr und rr kommt.

Da man einem Individuum unter den hier beschriebenen Voraussetzungen zunächst nicht ansehen kann, ob das entsprechende Gen in homozygotem oder heterozygotem Zustand (RR oder Rr) vorliegt, unterscheidet man zwischen Phänotyp (= Erscheinungsform) und dem Genotyp (= der allelen Zusammensetzung). Einem bestimmten Phänotyp können demnach mehrere (hier zwei) Genotypen zugrunde liegen.

3.) Kombination mehrerer Merkmalspaare.
Mendels Beispiel:
runde Samen und gelbe Kotyledonen × kantige Samen und grüne Kotyledonen.

In der F_1 hatten alle Individuen runde Samen und gelbe Kotyledonen, in der F_2 spalteten sie sich wie folgt auf:

315 runde Samen und gelbe Kotyledonen
108 runde Samen und grüne Kotyledonen
101 kantige Samen und gelbe Kotyledonen
 38 kantige Samen und grüne Kotyledonen

Das Ergebnis kann durch das in der Abbildung 8.2 präsentierte Schema interpretiert werden. Die Merkmale werden unabhängig voneinander vererbt. In der

P: AABB x aabb
Gameten: AB   ab

F_1:   AaBb
Gameten:

Eizellen   Pollen

F_2	AB	Ab	aB	ab
AB	AABB	AABb	AaBB	AaBb
Ab	AAbB	AAbb	AabB	Aabb
aB	aABB	aABb	aaBB	aaBb
ab	aAbB	aAbb	aabB	aabb

Abb. 8.2. *Punnett-Square:* Schema zur Wiedergabe der Genotypen in der P-, F_1- und F_2-Generation. Beispiel für einen dihybriden Erbgang. Diese Art der Darstellung wurde zu Beginn des Jahrhunderts durch den britischen Genetiker R.C. Punnett eingeführt.

F_2 treten die Genotypen im Zahlenverhältnis 9 : 3 : 3 : 1 auf.

Damit wären wir bei der 3. Mendelschen Regel (Unabhängigkeitsregel oder Regel von der Neukombination verschiedener Genpaare).

Die Unabhängigkeitsregel beinhaltet zwangsläufig, daß Genkombinationen neu entstehen können, die ursprünglich nicht vorhanden waren, nämlich:
runde Samen und grüne Kotyledonen und
kantige Samen und gelbe Kotyledonen.

Untersucht man nur ein Merkmal (wie bei der Besprechung der 1. und 2. Mendelschen Regel angenommen), spricht man von monohybridem Erbgang. Kommen weitere Merkmale (Gene) hinzu, von dihybridem, trihybridem... polyhybridem.

Konsequenzen aus Mendels Entdeckungen

Die Ergebnisse und vor allem die Schlußfolgerungen Mendels gelten heute als Ausgangspunkt moderner Vererbungslehre (Genetik). Es ist daher unumgänglich, die Aussagen kritisch zu überprüfen, um ihren Geltungsbereich abzustecken.

Mendel verstand es zu abstrahieren. War erst dieser Schritt vollzogen, ließ das Ergebnis auch eine Extra-

140

polation (eine Vorhersage) zu. Abstraktion allein genügt jedoch nicht, um Biologie zu verstehen. Hierzu Mendel:

> „Die Geltung der für *Pisum* aufgestellten Sätze bedarf allerdings selbst noch der Bestätigung und es wäre deshalb eine Wiederholung wenigstens der wichtigsten Versuche wünschenswert... (und)... ob die veränderlichen Hybride anderer Pflanzenarten ein ganz übereinstimmendes Verhalten zeigen, muß gleichfalls erst durch Versuche entschieden werden; indessen dürfte man vermuten, daß in wichtigen Punkten eine prinzipielle Verschiedenheit nicht vorkommen könne, da die Einheit im Entwicklungsplane des organischen Lebens außer Frage steht."

Bezeichnend ist der letzte Satz, denn er beschreibt ein uns heute geläufiges, seinerzeit aber höchst umstrittenes Phänomen der Biologie, nämlich die Kontinuität. Sie wird durch die Vererbung gewahrt und bildet einen Grundpfeiler des Evolutionsgedankens.

Mendels Arbeit wurde von nur wenigen seiner Zeitgenossen zur Kenntnis genommen. Einer der wenigen, mit denen er über seine Ergebnisse korrespondierte, war der Münchener Botaniker C. v. Nägeli. Mendel berichtete ihm über Kreuzungen zwischen nah verwandten Wildformen, über gewisse sonderbare Folgerungen, die nicht in das übliche Schema paßten, sowie über Untersuchungen, die die Annahme nahelegten, daß auch die Vererbung des Geschlechts durch die Spaltungsregel zu deuten sei.

Er sah Probleme, die sich bei der Vererbung von Blütenfarben ergeben, denn das Auftreten zahlreicher Schattierungen ließ sich nicht durch einzelne Gene erklären. Er postulierte, daß daran zahlreiche Gene beteiligt seien und jedes einen gewissen Beitrag zur Ausprägung der Farbintensität liefere. Im Gegensatz zu *Pisum* (Erbse) fand er beim Mais einen intermediären Erbgang, sah darin aber keinen fundamentalen Unterschied zum dominant-rezessiven.

Alle diese Ergebnisse wurden von Mendel nie publiziert. Sie sind in seinem (erhaltenen) Briefwechsel mit C. v. Nägeli enthalten. C. Correns hat ihn bearbeitet und 1905 herausgegeben. Mit Unterstützung durch v. Nägeli bearbeitete Mendel *Hieracium*(Habichtskraut)-Bastarde, vor allem solche aus den Untergattungen *Pilosella* und *Archhieracium*.

Die Wahl dieses Objekts erwies sich als recht unglücklich, denn *Hieracium* ist eine Gattung, mit der die Systematiker auch heute noch ihre Schwierigkeiten haben. Oft erscheinen stabile Zwischen- oder Übergangsformen, deren Auftreten Mendel nicht deuten konnte. Abgesehen von technischen Schwierigkeiten (Compositenblüten sind nie leicht zu bearbeiten), machte ihm eine erst viel später erkannte Erscheinung einen Strich durch die Rechnung:

Bei gewissen Arten entstehen die Samen nämlich direkt aus der Embryosackmutterzelle oder einer der Zellen des sie umgebenden Gewebes; die Reduktionsteilung (s. Kap. 9) unterbleibt. Eine solche Art der Samenbildung wird als Agamospermie bezeichnet (s. Kap. 38).

Die Mutterpflanze bildet demnach ohne Befruchtung Nachkommen aus, die sich zu ihr so verhalten wie ihre eigenen Ableger. Daneben gibt es Arten, die nicht alle Samen agamosperm bilden, sondern bei denen ein Teil aus befruchteten Eizellen hervorgeht. Das alles führte natürlich zu völlig unübersichtlichen Zahlenverhältnissen, weil die Voraussetzungen, auf denen die Mendelschen Regeln beruhen, nicht mehr gegeben waren.

Wie bekannt, blieb Mendels grundlegende Arbeit 35 Jahre unbeachtet. Im Jahre 1900 war die Zeit zur Wiederentdeckung reif. Der Deutsche Carl Correns (1864–1933), der Holländer Hugo de Vries (1848–1935) sowie der Österreicher Erich von Tschermak-Seysenegg (1871–1962) gelten als die Wiederentdecker der Mendelschen Regeln. Ihre Publikationen erschienen nahezu zur gleichen Zeit (im Frühjahr 1900).

Von Mendels Arbeit erfuhren sie erst kurz vor Abschluß ihrer eigenen Untersuchungen. H. de Vries schreibt dazu entschuldigend:

> „Diese wichtige Abhandlung wird so selten zitiert, daß ich sie selbst erst kennenlernte, nachdem ich die Mehrzahl meiner Versuche abgeschlossen und die im Text mitgeteilten Sätze daraus abgeleitet hatte."

Die Priorität Mendels wurde von allen drei Wiederentdeckern unumwunden anerkannt. C. Correns erkannte darüber hinaus, daß nicht alle Merkmale frei miteinander kombinierbar seien, sondern daß einige eindeutig untereinander gekoppelt sind (d.h. stets gemeinsam vererbt werden).

Mit dem Jahre 1900 beginnend, setzte eine rege Forschungstätigkeit ein. Die Gültigkeit der nun so genannten Mendelschen Regeln wurde für zahlreiche Pflanzen- und Tierarten bestätigt. Man fand aber auch Ausnahmen und suchte sie zu deuten.

Eine herausragende Bedeutung kam der Frage nach dem Mechanismus der Vererbung zu. Die Chromosomentheorie der Vererbung (siehe folgendes Kapitel) bot eine experimentell zunächst aber noch unzureichend abgesicherte Antwort hierauf. Heute gilt sie neben den Mendelschen Regeln als weiterer Grundpfeiler der Genetik. Sie wurde zu einer Voraussetzung, den Vererbungsprozeß auf molekularer Ebene zu verstehen. Es dauerte dann bis 1944, ehe O. T. Avery, C. M. McLeod und M. McCarty (Rockefeller Institute, New York) die Desoxyribonukleinsäure (DNS, DNA) als Träger genetischer Information erkannten. Neun weitere Jahre vergingen, ehe J. D. Watson und F. H. C. Crick (1953, Cavendish Laboratory, Cambridge/England) ihre berühmte DNS-Doppelhelix vorstellten. Fast lapidar endet ihre Publikation mit dem Satz *„It has not escaped our notice that the specific pairing we have postulated immediately suggests a possible copying mechanism of the genetic material"*.

Um zu derartigen Ergebnissen zu gelangen, war um 1900 die Zeit noch lange nicht reif. Das biochemische Wissen steckte in den Anfängen, über Makromoleküle wußte man ebenso wenig wie über schwache Wechselwirkungen und die modernen analytischen Verfahren (z.B. Röntgenstrukturanalyse).

Der Würzburger Physiker W. C. Röntgen entdeckte

zwar schon 1895 die nach ihm benannte Strahlung. Damit waren jedoch noch nicht die Voraussetzungen erfüllt, sie zur Aufklärung von Molekülstrukturen zu verwenden, denn es fehlte noch der theoretische Hintergrund, um aus Beugungsbildern auf molekulare Strukturen rückschließen zu können.

Literatur

Avery, O. T., C. M. MacLeod, M. McCarty: Studies on the chemical nature of the substance inducing transformation of Pneumococcae types. Induction of transformation by a desoxyribonucleic acid fraction isolated from *Pneumococcus* type III. J. exp. Med. *79,* 137–158 (1944)

Camararius, R. J.: Über das Geschlecht der Pflanzen. Übersetzt und herausgegeben von M. Möbius. Ostwalds Klassiker der exakten Wissenschaft, Nr. 105, Leipzig, 1899

Correns, C.: G. Mendels Regel über das Verhalten der Nachkommenschaft der Rassenbastarde. Ber. Deutsch. Bot. Ges. *18,* 158–168 (1900)

Correns, C.: Gregor Mendels Briefe an Carl Nägeli, 1866–1873. Abh. Math. Phys. Kl. Königl. Sächs. Ges. Wiss. *29,* 188–265 (1905)

Iltis, H.: Gregor Johann Mendel. Leben, Werk und Wirkung. Berlin: Springer Verlag, 1924

Mendel, G.: Versuche über Pflanzenhybriden. Verh. des Naturf. Vereins, Brünn *10,* 1865. Nachdruck: Weinheim: Engelmann (J. Cramer), 1960. Abdruck der Originalhandschrift: Der Züchter *13,* 221–268 (1941) revised edition: in „Fundamenta Genetica" (J. Krizenecky and B. Nemec ed.) Prague: Publ. House Czechoslovak Akad. Sci., 1965

Schiemann, E.: Entstehung der Kulturpflanzen. In „Handbuch der Vererbungswissenschaft" (E. Baur und M. Hartmann, Herausg.), Band III. Berlin: Gebr. Bornträger, 1932

Schwanitz, F.: Die Entstehung der Nutzpflanzen als Modell für die Evolution der gesamten Pflanzenwelt. S. 175–300 in „Die Evolution der Organismen" (G. Heberer, Herausg.) Stuttgart: G. Fischer, 1971 (3. Aufl.)

Stubbe, H.: Kurze Geschichte der Genetik bis zur Wiederentdeckung der Vererbungsregeln Gregor Mendels. Jena: VEB Gustav Fischer Verlag, 1965

Tschermak, E.: Über künstliche Kreuzung bei *Pisum sativum.* Ber. Deutsch. Bot. Ges. *18,* 232–239 (1900)

de Vries, H.: Das Spaltungsgesetz der Bastarde. Vorläufige Mitteilung. Ber. Deutsch. Bot. Ges. *18,* 83–90 (1900)

Watson, J. D., F. H. C. Crick: Molecular structure of nucleic acids. A structure for desoxyribose nucleic acid. Nature *171,* 737–738 (1953)

142

9. Cytologie. Befruchtung, Zellteilung, Kernteilung, Chromosomen, Reduktionsteilung, Chromosomentheorie der Vererbung (Teil I)

Im Jahre 1840 hatte R. Brown in Epidermiszellen von Orchideen und Staubfäden von *Tradescantia* Zellkerne entdeckt. M. Schleiden nahm an, daß sie für die Zellteilung notwendig seien, doch konnte er keinen Beweis für seine Annahme erbringen.

Bis in die zweite Hälfte des 19. Jahrhunderts hinein befaßten sich die Mikroskopiker vorwiegend mit der Gestalt von Zellen und Geweben. Nur wenige Zellkomponenten konnten ohne weiteren Aufwand gesehen werden (z.B. Chloroplasten).

Wie jeder Teilnehmer eines botanischen Anfängerpraktikums erfährt, kann man den Zellkern bei einigen Objekten (z.B. in Zellen der Zwiebelschuppenepidermis, s. Abb. 4.2) leicht identifizieren. Bei den übrigen Zelltypen hingegen bleibt er meist unerkannt. Dennoch konnte C. v. Nägeli (1844) durch geduldige Studien nachweisen, daß er weitverbreitet und in Zellen von Algen, Pilzen, Moosen und Gefäßpflanzen zu finden ist.

Zwei Entwicklungen waren für die Analyse intrazellulärer Strukturen (Cytologie) ausschlaggebend. Zum einen die Verbesserung von Mikroskoplinsen (s. Kap. 3), zum anderen der Einsatz spezifischer Farbstoffe.

Mit dem Aufkommen der organischen Chemie und der Farbstoffindustrie stand eine Vielzahl synthetischer Farbstoffe zur Verfügung, von denen sich viele für die Mikroskopie eigneten. Mit ihrer Hilfe können bestimmte Zellbestandteile selektiv angefärbt werden.

Im Jahre 1849 entwickelte Hartung das Karmin-Essigsäure-Verfahren, 1863 Waldeyer die Hämatoxilinfärbung. Damit war der Weg offen, die Abläufe bei der Zell- und vor allem bei der Kernteilung im Detail zu analysieren und den Befruchtungsvorgang aufzuklären.

Wie an anderer Stelle (Kap. 1) dargelegt, bemühte sich M. Malpighi, Gemeinsamkeiten im Bau des Tier- und Pflanzenkörpers zu entdecken. Seine Bestrebungen fußten auf Annahmen, die bis ins Altertum zurückreichten. Die Entwicklung der Mikroskopie und exakte histologische Studien, vor allem in der ersten Hälfte des 19. Jahrhunderts, widerlegten sein Konzept.

Ganz anders sieht die Situation auf der Zellebene aus. Bereits die 1838/39 von M. Schleiden und T. Schwann formulierte Zelltheorie weist auf Gemeinsamkeiten zwischen Tieren und Pflanzen hin. Die Vermehrung durch Teilung und das Vorhandensein von Zellkernen sind weitere Hinweise hierauf.

1877 demonstrierte der Berliner Anatom O. Hertwig an Seeigeleiern, daß der Befruchtungsvorgang auf dem Eindringen des Spermienkopfs in die Eizelle beruht und daß sowohl das Spermium als auch die Eizelle einen echten Zellkern enthalten, die in der befruchteten Eizelle miteinander verschmelzen. Die Bedeutung des Pollens für die Befruchtung von pflanzlichen Eizellen geht auf Camerarius' Arbeiten (siehe vorangegangenes Kapitel) zurück. O. Kölreuter nahm noch an, der Pollen würde eine ölige, befruchtende Substanz abscheiden.

G. Amici (1786–1863) aus Modena (Professor in Modena, dann Florenz und schließlich Pisa) entdeckte 1830 das Auswachsen eines Pollenschlauchs und dessen Eindringen in die Mikropyle.

Offen blieb dann noch die Frage nach dem Kontakt zwischen Pollenschlauchende (das stets als geschlossene Struktur gesehen wurde) und dem Kern der Eizelle. Doch 1884 bewies E. Strasburger (Botanisches Institut der Universität Bonn), daß der Pollenschlauch nicht geschlossen bleibt, sondern sich nach dem Kontakt mit dem Embryosack am unteren Ende auflöst und einer seiner Kerne mit dem Kern der Eizelle verschmilzt (siehe hierzu auch Kapitel 48). Daraus schloß er, daß Eigenschaften des Vaters durch den Spermakern (Pollenkern) übertragen werden und daß es überhaupt die Zellkerne sind, die die spezifische Entwicklungsrichtung im sich entwickelnden Organismus bestimmen. Das durch die Befruchtung entstehende Verschmelzungsprodukt wird als Zygote bezeichnet.

In der 1. Auflage (1894) des von ihm begründeten Lehrbuchs der Botanik schreibt E. Strasburger:

„Alle Zellkerne in einem Organismus sind Nachkommen des Kerns der Keimzellen (Ei oder Spore), dieser selbst entstammt den Kernen vorangegangener Generationen. Eine freie Kernbildung findet nirgends statt. Ebenso ist alles Zytoplasma im Organismus vom Zytoplasma der Keimzellen abzuleiten."

Zell- und Kernteilung

Normalerweise sind Zell- und Kernteilung miteinander gekoppelt. Mit Ausnahmen werden wir uns an

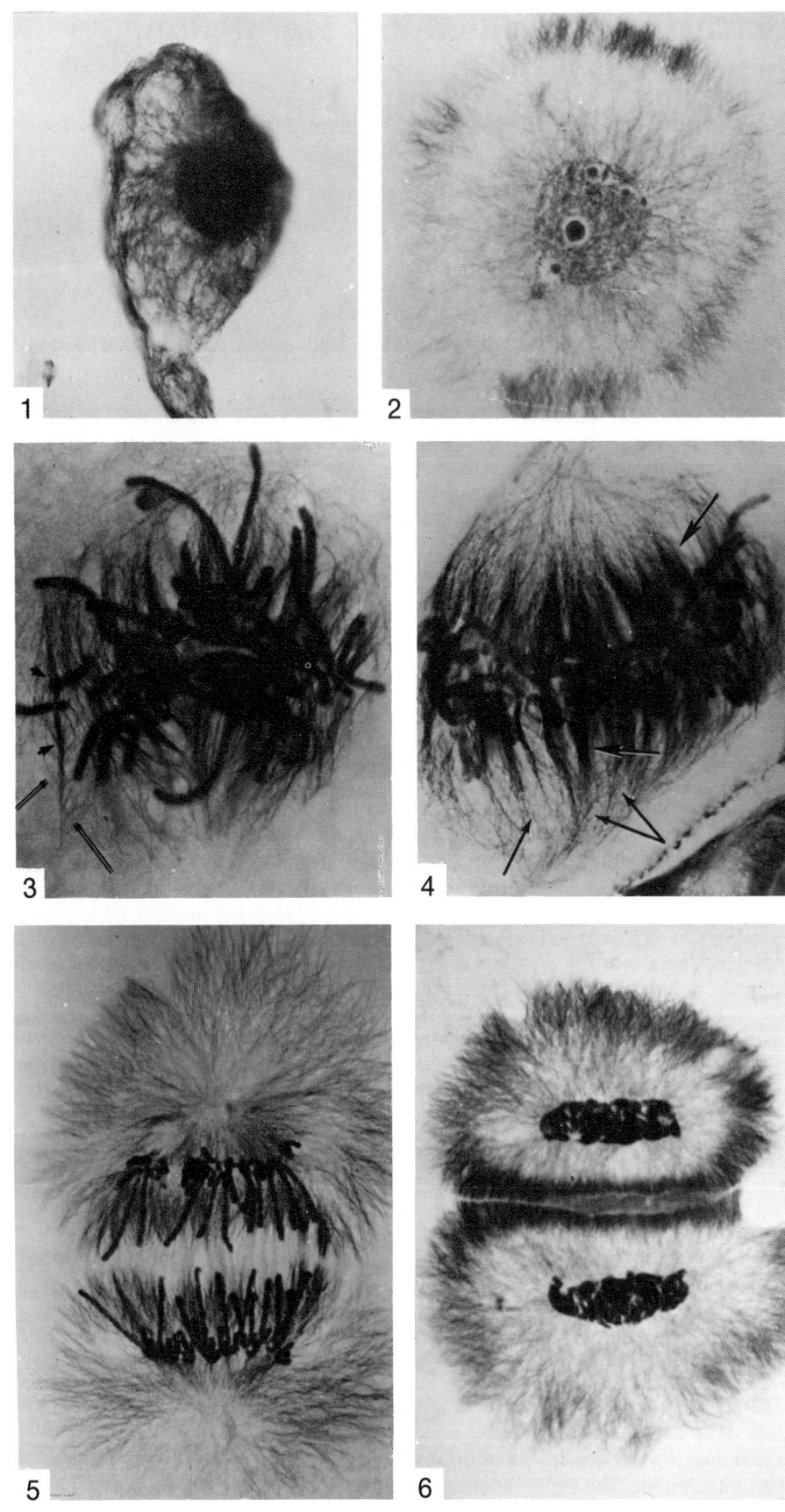

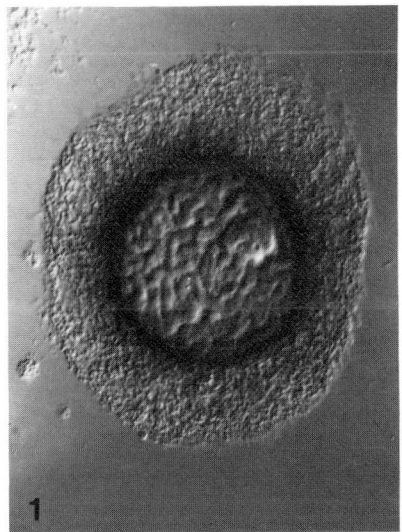
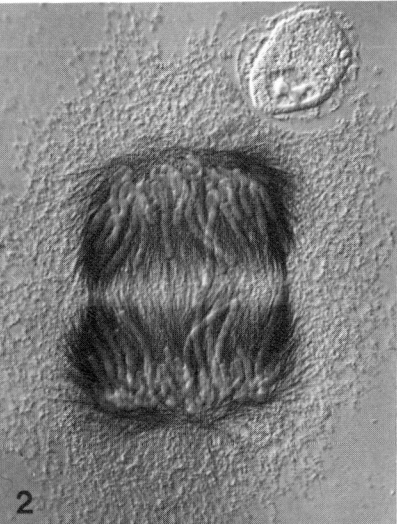
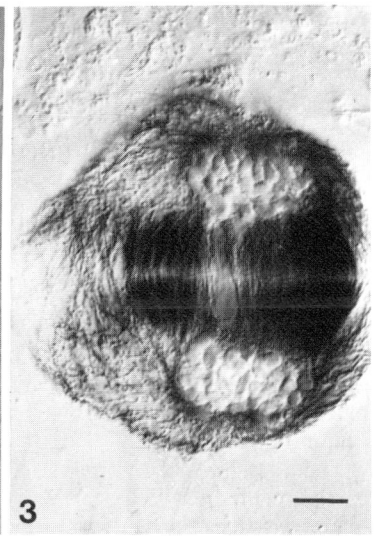

Abb. 9.1. Mitose in Endospermzellen von *Haemanthus ka-therinae* (Südafrikanische Blutlilie; Fam. Amaryllidaceae). Der Verteilung der Chromosomenhälften (Chromatiden) im Verlauf der Mitose läuft eine Umstrukturierung des Mikrotubulisystems der Zelle parallel (mehr dazu s. Kapitel 25). Es bildet sich dabei die Kernspindel aus, später der Phragmoplast. In den beiden Bildserien (*A* und *B*) wurden die Mikrotubuli durch eine Immuno-Gold-Markierung kontrastiert (an gegen Tubulin, dem Hauptbestandteil der Mikrotubuli, gerichtete Antikörper (s. Kap. 17) wurde kolloidales Gold fixiert). In der Bildserie *A* wurden der Interphasekern und die Chromosomen durch einen anderen, kern- und chromosomenspezifischen Farbstoff sichtbar gemacht.
In der Bildserie *B* sind die ungefärbten Chromosomen im Interferenzkontrast erkennbar.
A 1 Interphase. Das Mikrotubulisystem erscheint ungeordnet. Der Kern ist als großer dunkler Kreis erkennbar. *2* Präprophase. Im Zellkern ist ein Nukleolus sichtbar. Das Mikrotubulisystem strukturiert sich um, die Mikrotubuli

sammeln sich an der Peripherie der Zelle (Präprophaseband, s.a. Abb. 25.15). *3* späte Prophase (Prometaphase). Die Struktur des Zellkerns ist aufgelöst, die einzelnen Chromosomen sind sichtbar. Die Mikrotubuli ordnen sich zur Kernspindel. *4* frühe Metaphase. Die Chromosomen ordnen sich in der Äquatorialplatte. Die Kernspindel ist voll ausgebildet. *5* Anaphase. Die Chromosomenhälften (Chromatiden) werden zu den Polen (der Spindel) bewegt. *6* späte Telophase. Die Kernstruktur tritt wieder in Erscheinung. Die Anordnung der Mikrotubuli nimmt das für die Interphase typische Bild an (Balken: 10 µm).
B 1 Präprophase. Die Kernstruktur und der Nukleolus sind noch intakt. Die Mikrotubuli sind zum Präprophaseband organisiert. Die Chromosomen beginnen, sichtbar zu werden. *2* späte Anaphase (rechts oben im Bild der Interphasekern einer Nachbarzelle mit Nukleolus). *3* frühe Telophase. Die Mikrotubuli bilden den Phragmoplasten aus; Balken 10 µm. (A.S. Bajer und J. Molè-Bajer, 1986)

anderer Stelle befassen (s. Kap. 11). Der Ablauf der Kernteilung in pflanzlichen Zellen wurde von E. Strasburger aufgeklärt. 1875 erschien sein Standardwerk „Zellbildung und Zellteilung". Schon 1884 waren die Befunde bereits Inhalt seines „Kleinen botanischen Praktikums", und seit 1894 sind sie ein fest etablierter Bestandteil des „Lehrbuchs der Botanik".

In der 4. Auflage (1900) wird die Kernteilung wie folgt beschrieben:

„Von bestimmten, ganz begrenzten Fällen abgesehen, vermehren sich die pflanzlichen Zellkerne auf dem Wege der sog. mitotischen oder indirekten Teilung. Der Teilungsvorgang wird auch Karyogenese (Anm.: heute üblicherweise Mitose) bezeichnet. Er spielt sich in ziemlich komplizierter Weise ab, die aber notwendig erscheint, um die Substanz des Mutterkerns völlig gleichmäßig auf die beiden Tochterkerne zu verteilen."

Anfangs arbeitete Strasburger mit alkoholfixiertem Material. 1879 ließ er seinen Mitarbeiter A. Lundström die Mitose am lebenden Objekt (Staubfaden-

haaren von *Tradescantia*) untersuchen. Mit modernen mikroskopischen Techniken, vor allem der Phasenkontrast- und der Interferenzkontrastmikroskopie, lassen sich heutzutage die Vorgänge der Kernteilung an einer Vielzahl von Zelltypen sichtbar machen. Es gibt Schulfilme, in denen der Vorgang eindrucksvoll dokumentiert ist, weshalb eigentlich jeder Student der Biologie einen solchen Film schon vor Beginn seines Studiums gesehen haben sollte.

Strasburgers Möglichkeiten waren wesentlich bescheidener. Trotzdem erkannte er, daß die Kerne vor Beginn – oder in einem Anfangsstadium – der Mitose sich streckten und eine spindelförmige Gestalt annahmen. Es wurden längsfasrige Strukturen erkennbar. Er sah Stadien, in denen sie sich verkürzten und schließlich als kompakte Stäbchen erschienen. 1888 wurden sie von Waldeyer Chromosomen genannt, weil sie mit bestimmten Kernfarbstoffen besonders intensiv anfärbbar sind (griech.: *chroma* = Farbe; *soma* = Körper).

145

Das Stadium des Sichtbarwerdens der Chromosomen zu Beginn der Mitose wird auf Strasburgers Vorschlag hin Prophase genannt.

Der Kieler Anatom W. Flemming erkannte 1880, daß sich Chromosomen der Prophase durch einen Längsspalt auszeichnen.

Im Anschluß an die Prophase werden sie in die Zellteilungsebene befördert und orientieren sich dort in der Äquatorialplatte. Dieses Stadium ist die Metaphase. Die beiden Chromosomenlängshälften (= Chromatiden) treten dabei deutlich in Erscheinung. Sie rücken hierauf in entgegengesetzte Richtungen auseinander, um die beiden Tochterkerne zu bilden. Die Phase des Auseinanderweichens wird Anaphase, die der Bildung von Tochterkernen Telophase genannt (s. Abb. 9.1).

In die geschilderten Vorgänge greifen andere wiederum in bestimmter Weise ein. Während die Kernfäden kürzer werden, sich entwirren und in die einzelnen Chromosomen zerfallen, bilden sich im Plasma faserig aussehende Aggregate, die sich in der Zelle von Pol zu Pol anordnen. Man nennt sie Spindelfasern, die gesamte Struktur Kernspindel. Die Spindel besteht aus ununterbrochenen Fasern, die von Pol zu Pol reichen, und solchen, die einen Pol mit einem Chromosom verbinden (Stützfasern und Zugfasern). Das Auseinanderweichen der Chromatiden beruht auf einer Kontraktion der Zugfasern. Eine Zugfaser setzt stets an einer bestimmten Stelle des Chromosoms, dem Centromer oder der Spindelansatzstelle an. Entsprechend der Lage des Centromers entstehen die für die Anaphase typischen V-, L-, U- oder I-förmigen Strukturen (s. Abb. 9.2).

Heute weiß man, daß die Fasern Tubulin enthalten. Unter Verwendung spezifischer, fluoreszenzmarkierter Antikörper läßt es sich in der Kernspindel selektiv darstellen (s. Abb. 9.1 und 25.16). Während der späten Anaphase wird in Pflanzenzellen in der Ebene der Äquatorialplatte die Anlage einer neuen Zellwand sichtbar, die Wandbildung schreitet während der Telophase fort.

Tierische Zellen hingegen teilen sich durch Einschnürung der Mutterzelle. Die entscheidende Bedeutung der Mitose liegt in allen Fällen in der qualitativ und quantitativ stets gleichen Verteilung der Erbanlagen, wobei die Längsspaltung den wesentlichen Schritt darstellt. Jede Tochterzelle erhält folglich eine Chromosomenhälfte (Chromatid). Die Zahl der Chromosomen ist in der Regel artspezifisch.

Auch diese Entdeckung geht auf E. Strasburger zurück, und der Prager Zoologe Rabl dehnte die Aussage auch auf tierische Zellen aus.

Abweichungen von dieser Regel beruhen oft auf dem Verkleben einzelner Chromosomen an ihren Enden, wodurch sich die Chromosomenzahl abartig ändert. Solche Änderungen, verbunden mit gleichzeitigen genetischen Veränderungen, erbrachten schließlich den noch ausstehenden endgültigen Beweis für die Richtigkeit der Chromosomentheorie (mehr darüber im Kapitel 11).

Reduktionsteilung oder Meiose

Bei der Befruchtung verschmelzen zwei Kerne, so daß sich die Chromosomenzahl zwangsläufig verdoppelt.

Wenn man diesen Gedanken weiterverfolgt, müßte man eine exponentielle Zunahme der Zahl im Verlauf aufeinanderfolgender Generationen erwarten. Das ist natürlich nicht der Fall, denn bei der Keimzellenbildung (Eizellen, Pollen) reduziert sich die Chromosomenzahl auf die Hälfte.

Dieser Vorgang wird Meiose oder Reduktionsteilung genannt. Er besteht aus zwei unmittelbar aufein-

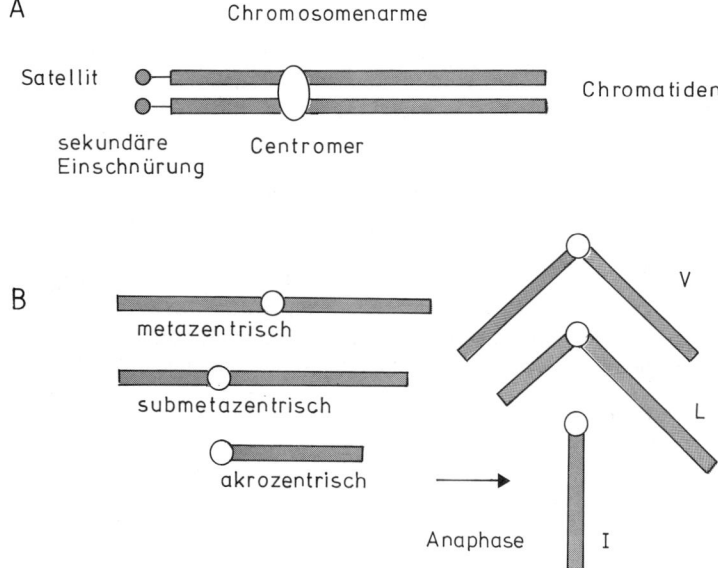

Abb. 9.2. *A* Benennung der einzelnen Chromosomenteile. *B* Chromosomenmorphologie in der Meta- und der Anaphase.

146

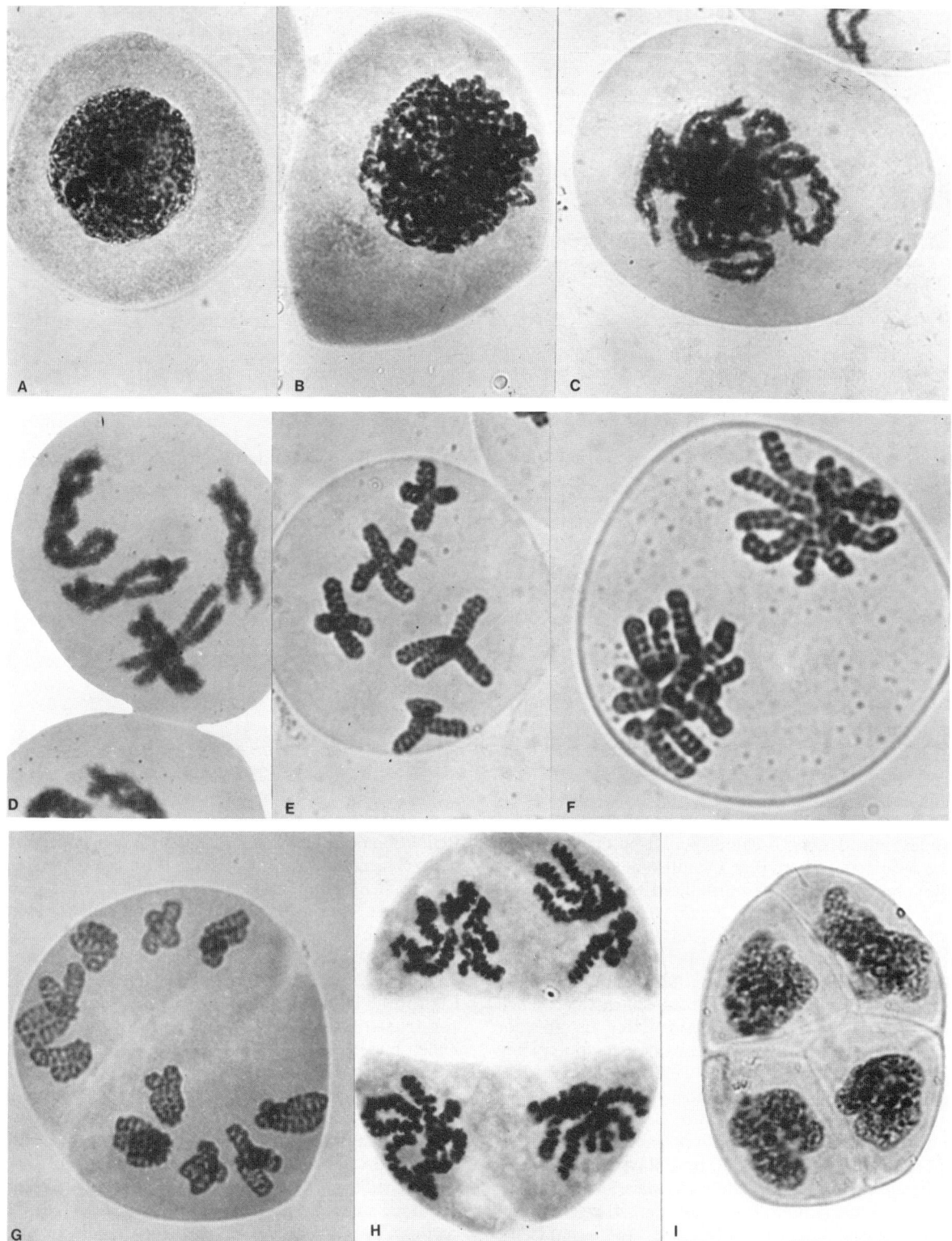

Abb. 9.3. Meiosestadien bei *Trillium erectum. A, B* frühe Prophase I (Chromosomen werden sichtbar); *C* mittlere Prophase I (homologe Chromosomen paaren sich; *D* späte Prophase I; *E* Metaphase I; *F* Anaphase I (die Centromeren teilen sich nicht, Tochterchromosomen wandern zu den Polen); *G* Metaphase II; *H* Anaphase II (die Centromeren haben sich geteilt, Chromosomenhälften wandern zu den Polen); *I* frühe Telophase nach den beiden meiotischen Teilungen (die Kerne sind haploid, die Chromosomen einsträngig). (Aufn.: A.H. Sparrow und R.F. Smith, zur Verfügung gestellt von V. Pond, Brookhaven National Laboratory)

147

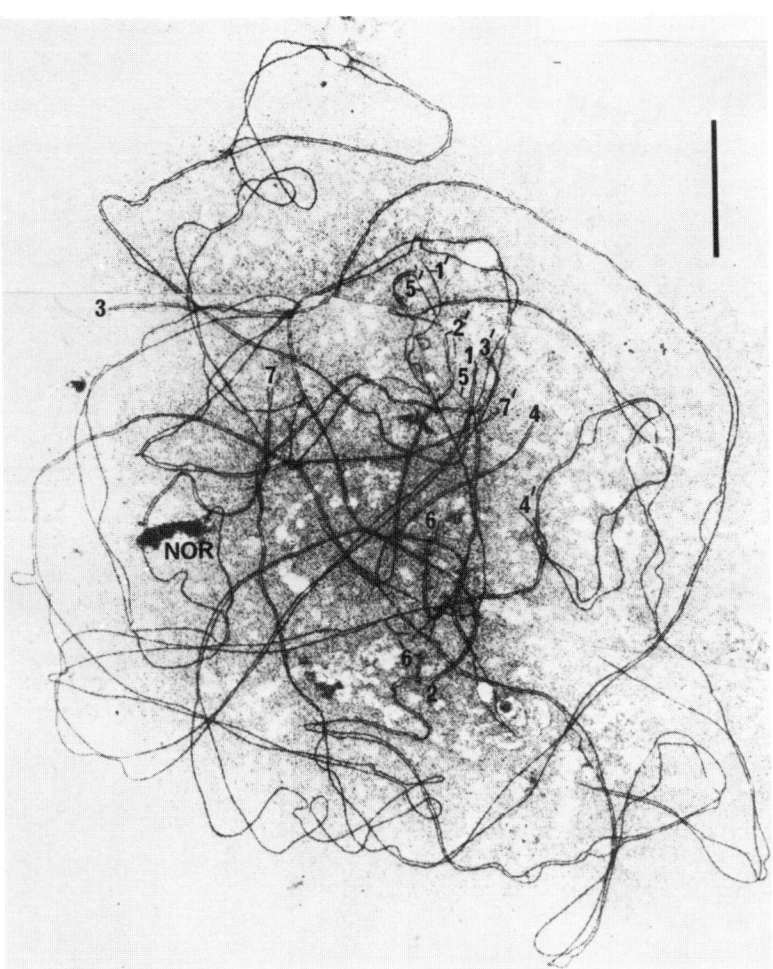

Abb. 9.4. Elektronenmikroskopische Aufnahme der Bivalente des Zygotänstadiums im Zellkern vom Roggen. Jedes der sieben Chromosomenpaare ist identifizierbar. Im Bild sind die beiden freien Enden der Chromosomen durch die jeweiligen Ziffern gekennzeichnet. NOR: Nukleolusorganisatorregion. (C.B. Gillies, 1985)

anderfolgenden mitoseähnlichen Teilungen: Durch die erste Teilung wird die Chromosomenzahl halbiert; die zweite ist eine ganz normale Mitose.

Jede Keimzelle enthält einen vollständigen Chromosomensatz (= haploider Chromosomensatz). Die Zelle ist folglich haploid. Zygoten und daraus gebildete Körperzellen sind diploid, denn sie enthalten zwei gleichartige (= homologe) Chromosomensätze, einen von der Mutter, den zweiten vom Vater. Es gibt, vor allem bei Pflanzen, triploide, tetraploide... polyploide Zellen. Mit deren Entstehung werden wir uns im Kapitel 37 etwas näher auseinandersetzen.

Der belgische Zoologe E. van Beneden gilt als der Entdecker der Meiose (1883, 1887). Nahezu gleichzeitig fand E. Strasburger, daß im Pollenschlauch vieler Liliengewächse (er arbeitete zeitweise vornehmlich mit der Schachblume *Fritillaria persica*) zwei aufeinanderfolgende Mitosen stattfinden. 1884 nahm er die Untersuchungen in seine Praktikumsanleitung auf. Es geht aus Text und Zeichnung jedoch nicht eindeutig hervor, daß die Chromosomenzahl während der ersten Teilung halbiert wird. Erst 1889 konnte er diesen Beweis für *Allium* erbringen. Im gleichen Jahr beschrieb J. L. L. Guignard (Professor in Paris) die

Reduktion der Chromosomenzahl bei *Lilium martagon.*

Im Gegensatz zur Mitose ist die Prophase der ersten meiotischen Teilung ungewöhnlich lang und läßt sich in mehrere Phasen unterteilen. Während dieser Zeit paaren sich homologe Chromosomen.

Die Phasen im einzelnen, so wie sie sich uns heute darstellen, zeigt die Abbildung 9.3.

Leptotän. Dieses Stadium weicht nur unwesentlich von frühen Stadien der Mitose ab. Gewöhnlich sind Zellen und Kerne meiotischer Gewebe größer als die benachbarter Gewebe. Die Chromosomen sind folglich etwas länger. Oft erscheinen sie in Längsrichtung untergliedert. In regelmäßigen Abständen treten Verdickungen auf, die wie Perlen an einer Kette angeordnet sind. Man bezeichnet sie als Chromomeren. Ihre Zahl, Größe und Lage ist artkonstant. Ein geübter Cytologe kann aus ihrer Struktur auf die Identität bestimmter Chromosomen schließen. 1931 zählte J. Belling (University of California, Berkeley) 1500–2000 Chromomeren in einem einfachen Chromosomensatz einer Lilienart.

Die Orientierung der einzelnen Chromosomen ist nicht ganz dem Zufall überlassen. Die Centromerenregionen sind meist einander genähert.

148

Zygotän. Während dieses Stadiums setzt eine Paarung (Synapse, synaptischer Komplex) homologer Chromosomen ein (s. Abb. 9.4). Unmittelbar nach Initiation des Vorgangs breitet sich die Paarung reißverschlußartig über die gesamte Länge des Chromosoms aus.

Pachytän. Während des Pachytäns stabilisiert sich die Paarung. Die Zahl der synaptischen Komplexe entspricht im Regelfall der haploiden Chromosomenzahl der betreffenden Art. Die Paare werden auch als Bivalente bezeichnet.

Diplotän. Die Bivalente trennen sich wieder. Dabei wird deutlich, daß jedes Chromosom aus zwei Chromatiden besteht, so daß der Komplex während der Trennung als viersträngige Einheit erscheint. Normalerweise wird die Trennung zunächst nicht vervollständigt, die homologen Chromosomen bleiben punktuell aneinander hängen. Man erkennt diesen Zustand an der Ausbildung kreuzförmiger Strukturen, Einzelschlaufen, mehreren hintereinanderliegenden Schlaufen usw. Jeder Kontaktpunkt wird als Chiasma (Plural: Chiasmata) bezeichnet (s. Abb. 9.5).

Diakinese. Die Diakinese ist eine Fortsetzung des Diplotäns. Es ist meist schwer, eine klare Trennung zwischen beiden Stadien zu ziehen. Die Chromosomen kondensieren wieder und nehmen damit eine kompakte Form an.

Metaphase. Von nun an ähneln die Vorgänge wieder denen der Mitose. Die Kernmembran wird vollständig aufgelöst, der Spindelapparat voll ausgebildet.

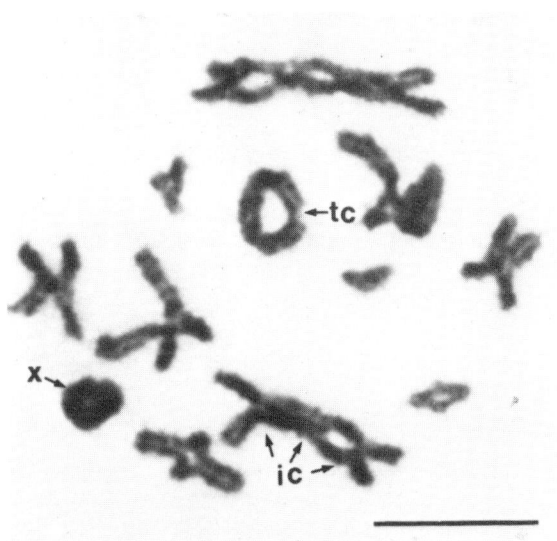

Abb. 9.5. Chiasmata in Spermatozyten von *Locusta migratoria*. Im Bild sind 11 Bivalente und ein X-Chromosom zu sehen. Chiasmata treten an beliebiger Stelle entlang eines Chromosoms auf (interstitial, ic) oder an den Enden der Bivalente (tc). Balken: 10 μm (hier wurde ein Beispiel aus dem Tierreich gebracht, weil diese Strukturen hier (bei Grillen) besser als an pflanzlichen Objekten darstellbar sind). (B. Bernelot-Moens, P.B. Moens, 1986)

Die homologen Chromosomen (Bivalente) bleiben zunächst noch beieinander. Während die Centromeren in der Metaphase der Mitose alle in einer Ebene angeordnet sind, liegen sie hier in zwei parallel übereinandergeschichteten Ebenen. Die Centromeren von je einem haploiden Chromosomensatz liegen dabei jeweils in einer Ebene.

Anaphase. Während der Anaphase werden homologe Chromosomen voneinander getrennt. Die beiden Chromatiden eines jeden Chromosoms bleiben noch beieinander. Es folgen die Telophase, dann die Interkinese (dieses Stadium entspricht dem sogenannten Ruhekernstadium, oder besser gesagt, dem Interphasestadium). Kurz darauf folgt die zweite meiotische Teilung mit den üblichen Stadien Prophase, Metaphase, Anaphase und Telophase. Hierbei werden die Chromatiden voneinander getrennt.

Als Ergebnis der Meiose einer diploiden Zelle entstehen vier haploide Zellen (Gonen), von denen sich eine (bei der Eizellbildung) oder alle (bei der Pollenbildung) zu reifen Gameten (Keimzellen) weiterentwickeln können.

Die Meiose ist nicht auf die Phanerogamen beschränkt. Sie wurde auch bei allen Gefäßkryptogamen, Moosen und Algen, und natürlich auch bei den Pilzen und Tieren festgestellt.

Chromosomentheorie der Vererbung, Teil 1

Die gerade beschriebenen Details der Mitose und Meiose waren um die Jahrhundertwende bekannt. Darüber hinaus kannte man auch Abweichungen vom Standardschema, die zunächst unverstanden blieben.

Im Jahre 1887 stellte der Freiburger Zoologe A. Weismann die Keimbahntheorie auf, die eine Kontinuität des Keimplasmas über die Generationen hinweg fordert:

„Der Körper, das Soma, stirbt, das Keimplasma lebt weiter... (es) erzeugt durch seine Entfaltung die Teile des Körpers. Umgekehrt haben neue, erworbene Veränderungen des Körpers auf das Keimplasma keinen Einfluß. Es gibt daher keine Vererbung erworbener Eigenschaften.“

Mitte der achtziger Jahre des vorigen Jahrhunderts wurde von verschiedenen Forschern (Zoologen und Botanikern), unter anderen T. Boveri, O. Hertwig, E. Strasburger und A. Weismann darauf hingewiesen, daß Erbanlagen auf Chromosomen lokalisiert sein könnten. Ferner wurde eine Individualität einzelner Chromosomen während des ganzen Lebens des Zellkerns postuliert.

Als die Mendelschen Regeln im Jahre 1900 wiederentdeckt und der breiten Öffentlichkeit zugänglich gemacht wurden, schien es naheliegend, den Mechanismus der Chromosomenverteilung bei der Keimzellenbildung und die Verschmelzung zweier Kerne bei der Befruchtung mit der Verteilung von Merkmalsanlagen auf die Nachkommenschaft in Einklang zu brin-

149

gen, denn auch nach den Mendelschen Vorstellungen wurde eine Art Reduktion (der Anlagen) gefordert.

W.S. Sutton und T. Boveri 1903/04 faßten die in der Luft liegenden Vorstellungen zur Chromosomentheorie der Vererbung zusammen. Sie blieb jedoch noch auf Jahre umstritten, denn ein schlüssiger Beweis ließ auf sich warten.

E. Strasburger schreibt 1909:

„Die Studien über die Vererbung zeigen nun, daß die nach den Mendelschen Regeln sichtbare Erscheinung ganz dem entsprechen, was sich mikroskopisch bei der Kernteilung und Kernverschmelzung an den Chromosomen beobachten läßt."

Im „Lehrbuch der Botanik" wurden Mitose und Reduktionsteilung einerseits und Vererbung andererseits durch verschiedene Autoren bearbeitet. Strasburger, der bis zur 11. Auflage (1911) den morphologischen Teil, und damit auch die Kernteilung beschrieb, ging mit keinem Wort auf die Beziehung zu den Vererbungsgesetzen ein. Der Physiologe L. Jost schrieb in dieser (und in der 12. Auflage 1913) noch:

„Trotz vieler Hypothesen und Spekulationen wissen wir über die materielle Beschaffenheit dieser „Anlagen" nichts Sicheres, noch weniger über die Art und Weise, wie sie den Entwicklungsgang beeinflussen...."

Erst in der 13. Auflage (1917) folgte:

Daß diese Anlagen an die Chromosomen des Zellkerns gebunden sind, ist wahrscheinlich. Über die Art und Weise aber, wie sie den Entwicklungsgang beeinflussen, wissen wir nichts..."

Soweit der Stand der Dinge zu Beginn unseres Jahrhunderts. Wir kommen auf die Beweise der Chromo-

somentheorie später zurück. Zunächst mußte geklärt werden, welche weiteren Veränderungen an Chromosomen möglich sind und welchen Einfluß solche Veränderungen auf Genotyp und Phänotyp haben.

Literatur

Bajer, A. S., J. Molè–Bajer: Reorganization of microtubules in endosperm cells and cell fragments of the higher plant *Haemanthus* in vivo. J. Cell Biol. *102*, 263–281 (1986)

Belling, J.: The ultimate chrommers of *Lilium* and *Aloe* with regard to the numbers of genes. Berkeley: Univ. of California Publ. Bot. *14*, 307–318 (1928)

Bernelot–Moens, C., P.B. Moens: Recombination nodules and chiasma localization in two Orthoptera. Chromosoma (Berl.) *93*, 220–226 (1986)

Gillies, C.B.: An electron microscopic study of synaptonemal complex formation at zygotene in rye. Chromosoma (Berl.) *92*, 165–175 (1985)

Strasburger, E., F. Noll, H. Schenk, A.F.W. Schimper: Lehrbuch der Botanik für Hochschulen. Jena: G. Fischer Verlag 1894 (1. Aufl.) (neubearbeitet von D. v. Denffer, H. Ziegler, F. Ehrendorfer und A. Bresinsky. Stuttgart: G. Fischer Verlag, 1983 (32. Auflage))

Swanson, C.P.: Cytology and Cytogenetics. Englewood Cliffs N.J.: Prentice-Hall, Inc. 1957 (dt. Übers.: Cytologie und Cytogenetik; Stuttgart: G. Fischer Verlag, 1960)

10. Bestätigung der Mendelschen Regeln; Widersprüche; Mutationen

Mit der Wiederentdeckung der Mendelschen Regeln setzte in vielen Ländern (Deutschland, Dänemark, England, Frankreich, Schweden, USA) eine Phase intensiver Forschung ein. Es galt, den Gültigkeitsbereich der Gesetzmäßigkeiten abzustecken und mögliche Abweichungen zu deuten. H. Kappert zählt in seinen 1978 herausgegebenen Lebenserinnerungen („Vier Jahrzehnte miterlebte Genetik") vier Fragenkomplexe auf, die zu Beginn des 20. Jahrhunderts der Kritik vieler Forscher standhalten mußten und andererseits Anregungen für neue Experimente boten:

(1) Berechtigen die Ergebnisse Mendels und der Wiederentdecker zu den aus ihren Ergebnissen gezogenen Schlüssen bzw. zu einer so weitreichenden Verallgemeinerung, daß von Vererbungsgesetzen gesprochen werden kann? Ist vor allem die für die Erklärung der Spaltungsphänomene grundlegende Annahme von der Unveränderlichkeit der Erbanlagen im Bastard berechtigt?

(2) Erfolgt die Spaltung nach väterlichen und mütterlichen Eigenschaften tatsächlich stets in bestimmten Zahlenverhältnissen, die wieder die Bildung von Keimzellen mit väterlichen und mütterlichen Anlagen im Verhältnis 1:1 und ihre zufällige Kombination voraussetzen?

(3) Können überhaupt aus dem Verhalten von Bastarden zwischen Pflanzenrassen (oder -varietäten) ganz untergeordneten taxonomischen Ranges Schlüsse auf das Verhalten von Einheiten höheren Ranges wie von Arten und Gattungen gezogen werden?

Ist vor allem eine Übertragung der bei Pflanzen gefundenen Verhältnisse auf Tier und Mensch möglich?

(4) Gelten die für die Übertragung von Farb- und Formenmerkmalen anscheinend zutreffenden Regeln auch für wichtige, das Leben der Organismen beeinflussende oder gar beherrschende Merkmale?

Im Jahre 1909 stellte der britische Genetiker W. Bateson eine (schon damals unvollständige) Liste von über 100 analysierten Beispielen aus dem Pflanzen- und Tierreich zusammen, aus der hervorging, daß die Vererbung der verschiedensten Merkmale den Mendelschen Regeln folgte, und daß sie daher als allgemeingültig anzusehen sind. Die Betrachtung der Details ergab jedoch eine Vielzahl scheinbarer und echter Abweichungen, für die sich erst im Verlauf der Zeit eindeutige Erklärungen finden ließen. Gleichzeitig eröffneten die Untersuchungen Wege zum Studium von Genwirkungen. Man begann zu lernen, welchen Einfluß ein Gen auf die Ausprägung eines Merkmals ausübt; daß ein Merkmal durch mehrere unabhängige Gene beeinflußbar ist, ein Gen mehrere Merkmale beeinflussen kann, und daß einzelne Gene im Verlauf der Entwicklung einer Pflanze (und eines Tieres) nacheinander zum Zuge kommen.

Bateson und der Däne W. Johannsen prägten eine Anzahl von z.T. schon genannten Begriffen und schufen damit die Grundlage der modernen genetischen Terminologie.

Die folgenden Begriffe und Begriffspaare sind für das Verständnis der Grundlagen der Vererbung unumgänglich. Daher vorab einige Kurzdefinitionen:

Gen: Merkmalsanlage (Grundeinheit der Vererbung), erkennbar durch das Vorhandensein unterschiedlicher Allele.

Allel: Zustandsform eines Gens. Ein haploider Organismus enthält nur eine Genkopie (= 1 Allel) pro Genort, ein diploider zwei; sind jene gleichartig, spricht man von Homozygotie (homozygot), sind sie verschieden, von Heterozygotie (heterozygot).

Genotyp: Spezifische Allelzusammensetzung einer Zelle; der Begriff bezieht sich entweder auf das gesamte Genom oder (weit öfter gebraucht) auf bestimmte Gene.

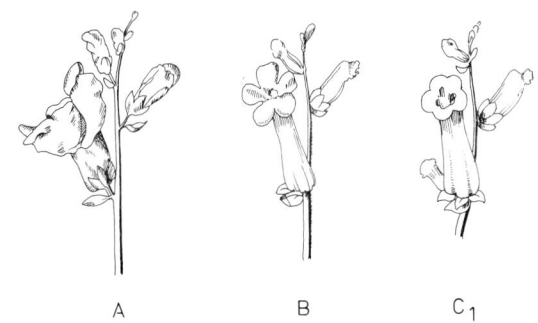

Abb. 10.1. Normale Blüte von *Antirrhinum majus* (Löwenmäulchen) *(A)* und die radiärsymmetrische Blüte einer Mutante *(B)*. C_1 ist eine der Formen, die in der F_1 der Kreuzung von *A* und *B* entsteht. (E. Baur, 1930)

151

Genom: Gesamtheit aller Gene eines Individuums.

Genpool: Gesamtheit aller Gene (besser aller Allele) in einer Population.

Genmutation: Erbänderung, beruhend auf einer Strukturänderung in einem Gen.

Phänotyp: Erscheinungsbild eines Individuums aufgrund des Vorliegens eines bestimmten Genotyps und der Einwirkung von Umwelteinflüssen.

dominantes Allel: Allel, das in heterozygotem Zustand den Phänotyp determiniert.

rezessives Allel: Allel, dessen phänotypischer Effekt bei Heterozygoten nicht zur Wirkung kommt.

Einige scheinbar einfache Abweichungen von den Mendelschen Regeln.
Welche Bedeutung kommt dem Dominanzbegriff zu?

C. Darwin (1868) hat sich über einen langen Zeitraum hinweg mit botanischen Problemen befaßt, arbeitete über Selbst- und Fremdbefruchtung, hat verschiedene Arten miteinander gekreuzt und die Nachkommenschaft zahlenmäßig erfaßt, ohne irgendwelche Schlüsse aus den Zahlen zu ziehen.

Unter anderem arbeitete er mit dem Löwenmäulchen *(Antirrhinum majus)*, einer Art aus der Familie der Scrophulariaceae. Die Blüten der meisten Arten dieser Familie sind zygomorph, sind also durch nur eine Symmetrieebene gekennzeichnet. Wenige Arten sind (wie die meisten Blüten der Angiospermen) radiärsymmetrisch gebaut (s. Abb. 10.1). Gelegentlich tritt dieser Blütentyp auch bei *Antirrhinum majus* auf. Man kann solche Individuen isolieren, selbsten (d.h. mit Pollen der gleichen Pflanze befruchten) und damit eine reine Linie etablieren.

Darwin kreuzte derartige Pflanzen mit zygomorph blühenden Partnern und erhielt folgendes Ergebnis:

Tabelle 1. Zygomorphie und Radiärsymmetrie bei *Antirrhinum majus*

Parentalgeneration:	zygomorph × radiärsymmetrisch		
F_1:	zygomorph		
F_2: Anzahl:	zygomorph 88	intermediär 2	radiärsymmetrisch 37

Schlägt man die intermediären Formen den zygomorphen zu, ist das Ergebnis mit einer 3:1-Spaltung vereinbar. Zygomorph ist offensichtlich ein dominantes Merkmal, wobei die Dominanz allerdings unvollständig ist, denn es gibt eine ganz schwache Tendenz in Richtung intermediär.

C. Correns (seinerzeit am Botanischen Institut der Universität Leipzig) analysierte eine große Zahl von Arten und Merkmalen und suchte Antworten auf verschiedenste Fragen. In einer 1902 erschienenen Arbeit beschrieb er eine Spaltung beim Mais *(Zea mays)*: rundliche Körner (dominantes Merkmal): runzlige Körner (rezessives Merkmal), in der F_2 8975:1711. Bei einer 3:1-Spaltung wären die Werte 8015:2671 zu erwarten. Die Abweichung schien ihm zu groß zu sein, und er erklärte sie durch ein mehr oder weniger leichtes Zustandekommen der einen oder der anderen Keimzellkombination. Diese Aussage ist insofern wichtig, als die Mendelschen Regeln auf statistischen Annahmen beruhen und u.a. davon ausgehen, daß alle Gametentypen stets in gleicher Menge und alle Kombinationen mit gleicher Wahrscheinlichkeit auftreten.

Lebende Systeme sind aber, wie auch die nachfolgenden Beispiele zeigen werden, keineswegs stets gleichwertig. Darwins Selektionshypothese der Evolution (s. Kap. 36) baut bekanntlich auf der Existenz ungleicher Genotypen in einer Population auf.

Ein weiteres, von Correns untersuchtes Versuchsobjekt ist die Brennessel. Die Art *Urtica pilulifera* hat Blätter mit gesägtem, *Urtica dodartii* Blätter mit glattem Rand. Gesägt ist dominant über glatt. In der F_2 aus einer Kreuzung beider Arten kommt es daher zu einer klaren 3:1-Spaltung. Dieses Beispiel ist in zahlreichen Lehrbüchern zitiert, das Schema abgebildet worden. Bei Pflanzen mit gesägten Blättern gleichen die homozygoten Formen augenscheinlich den heterozygoten. Bei den Heterozygoten zeichnen sich jedoch die beiden ersten Laubblätter (und nur diese) durch eine geringere Zahl an Blattrandzähnchen aus, sie sind dadurch von den entsprechenden Laubblättern der Homozygoten unterscheidbar. Correns nennt diese Erscheinung eine versteckte Hinneigung zur intermediären Form.

Bei dem klassischen Mendelschen Erbsenbeispiel (Samenform rund : kantig) bezieht sich die Dominanz, wie wir ja schon gesehen haben, auf die Samenform. Das gleiche Gen beeinflußt aber auch die Form der Stärkekörner. In runden Samen findet man einfach gebaute, große, längliche, in runzligen Samen eigenartig zusammengesetzte Stärkekörner. In den Heterozygoten (in der F_1 und F_2) kommen beide Formen nebeneinander vor (A.D. Darbishire, 1911); sie stellen damit einen intermediären Typus dar. Die Erscheinung, daß ein Gen mehrere Merkmale beeinflußt, wird als Pleiotropie bezeichnet.

1 : 1, 2 : 1, 15 : 1, 12 : 3 : 1, 9 : 7, und dennoch Übereinstimmung mit den Mendelschen Regeln

Es wird oft unterschätzt, wie breit die wissenschaftlichen Kenntnisse jener waren, die die Genetik von Anbeginn gestaltend und richtunggebend beeinflußt haben. Vor und nach der Jahrhundertwende wurde eine Fülle von Bastardierungen durchgeführt. Doch nur ganz wenige Beispiele gingen in die Lehrbuchliteratur ein, und es mag daher der falsche Eindruck

152

aufkommen, nur sie seien angesetzt und ausgewertet worden. Alles, was an pflanzlichen Objekten gezeigt werden konnte, ließ sich auch bei Tieren nachweisen. Die immer wieder gebrachten Beispiele geben die Verhältnisse am anschaulichsten wieder und demonstrieren zum Teil wenigstens eine Reihe scheinbarer Abweichungen.

Hinzu kommt, daß der Begriff „Merkmal" nicht klar definiert ist. Es hängt allein vom Betrachter ab, was er darunter versteht, und nicht immer sind die Alternativen so klar wie bei dem Merkmalspaar Blütenfarbe rot/weiß. Nun weiß man aber auch, daß es bei vielen Blütenfarben Farbschattierungen und zahlreiche Übergänge gibt, und für alle diese Erscheinungen müssen schließlich Erklärungen gefunden werden.

Landwirte und Pflanzenzüchter sind in erster Linie am „Ertrag" interessiert, einem Merkmal, von dem jeder Praktiker weiß, daß es einem hohen Grad an Variabilität unterliegt.

Die Definition von „Merkmal" beschränkt sich keineswegs auf ohne Hilfsmittel erkennbare Phänotypen. Das Mikroskop, andere physikalische und (bio-) chemische Analyseverfahren wurden zu genauso wichtigen Hilfsmitteln der Genetiker wie effiziente Auslese(=Selektions-)verfahren und eine mathematische Auswertung der Ergebnisse. Je mehr man sich mit der Problematik, wie ein Gen wirkt oder was ein Gen ist befaßte, um so mehr mußte die Methodik verfeinert werden, um so wichtiger wurde es, ein geeignetes (und möglichst einfaches) Objekt zu analysieren, und um so mehr Vorkenntnisse waren erforderlich, um einen komplexen Vorgang Schritt für Schritt zu entschlüsseln.

1:1. Beispiel: Heterostylie bei Primeln. Wieder eine Erscheinung, die auch C. Darwin untersucht hat (s. Abb. 10.2 und Abb. 27.8). Viele Primelarten zeichnen sich durch Heterostylie aus. Etwa die Hälfte der in der Natur vorhandenen Blüten enthalten einen langen, die anderen einen kurzen Griffel. Die Staubbeutel befinden sich niemals auf Griffelhöhe. Primeln

sind durchweg Fremdbefruchter, und normalerweise sind langgrifflige Formen nur durch Pollen kurzgriffliger, und kurzgrifflige nur durch Pollen langgriffliger befruchtbar, womit ein wirkungsvoller Schutz vor Selbstbefruchtung gegeben ist. Bei einigen wenigen Arten (z.B. *Primula sinensis*) kann (unter Ausschluß fremden Pollens) eine Selbstbefruchtung ausgelöst werden.

Bei Selbstung langgriffliger Formen erhält man in der folgenden Generation ausschließlich langgrifflige Blüten, bei einer Selbstung kurzgriffliger entstehen kurzgrifflige und langgrifflige Blüten im Verhältnis 3 : 1, und bei einer Kreuzung langgrifflig × kurzgrifflig (wie in der Natur) erscheinen beide Formen im Verhältnis 1:1.

Die Befunde lassen sich einfach dadurch erklären, daß Kurzgriffligkeit auf Heterozygotie, die Langgriffligkeit auf Homozygotie beruht. Das Beibehalten des 1:1-Verhältnisses wird durch permanente Rückkreuzungen aufrechterhalten.

Dieses Experiment zeigt, daß es in der Natur keineswegs nur reine Linien gibt und daß viele Phänotypen auf Heterozygotie zurückgeführt werden können. Die dominanten Homozygoten treten unter natürlichen Bedingungen in vielen Arten fast nie in Erscheinung.

Wie die Abbildung 10.2 zeigt, beruht der Unterschied zwischen den beiden Blütentypen nicht nur auf Lang- und Kurzgriffligkeit, vielmehr sind auch die Griffeloberfläche und die Form und Größe des Pollens unterschiedlich. Demnach haben wir es hier wieder mit einem Beispiel für Pleiotropie zu tun, oder aber mit einer Vielzahl gekoppelter Merkmale (oder beidem).

2:1. Beispiel:*Antirrhinum majus.* Wegen der hohen Variabilität der Blütenfarben ist das Löwenmäulchen seit langem eine beliebte Gartenpflanze, und es lag natürlich stets im gärtnerischen Interesse, besonders attraktiv aussehende Formen als reine Linien zu gewinnen.

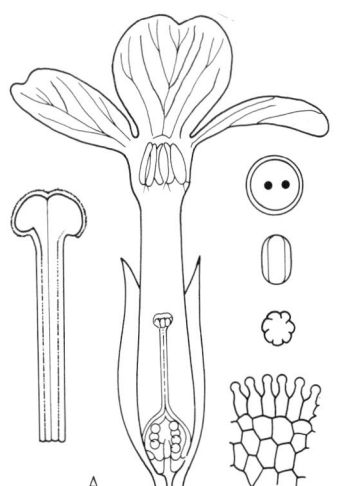
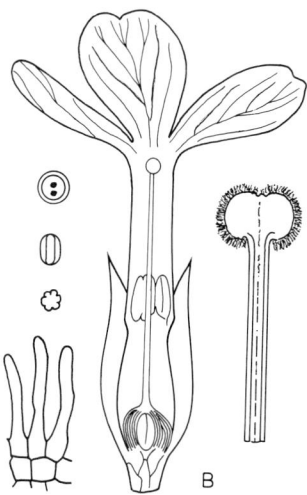

Abb. 10.2. Heterostylie bei *Primula veris* L. Neben den Blüten sind die zugehörigen Narben, die Narbenpapillen und die Pollenkörner bei gleicher Vergrößerung dargestellt (s.a. Abb. 27.8). (Nach C. Darwin, 1862)

153

Erste Ansätze hierzu gehen ins 17. Jahrhundert zurück, Tournefort befaßte sich mit ihm um 1700, und im 19. Jahrhundert waren zahlreiche Varietäten weit verbreitet; durch Einfuhr und Nutzung neuer Arten wurde zudem die Mannigfaltigkeit der Formen gesteigert.

E. Baur (1875–1933), erster Direktor des 1927 gegründeten Kaiser-Wilhelm-Instituts für Züchtungsforschung in Müncheberg/Mark (heute: Max-Planck-Institut f. Züchtungsforschung, Köln–Vogelsang) wählte es als eines seiner Hauptversuchsobjekte zur Analyse der Variabilität von Blütenfarben.

Hier zunächst ein anderes seiner Experimente:

Es gibt eine Form *(„aurea")* mit goldgelben, statt normal grünen Laubblättern.

Kreuzt man solche Pflanzen untereinander, erhält man grüne und *aurea*-Phänotypen im Verhältnis 1:2. In den Aussaatschalen findet man zusätzlich elfenbeinfarbige Keimlinge, die kurz nach der Keimung eingehen und daher das o.g. Spaltungsverhältnis nicht beeinflussen.

E. Baur schloß daraus, daß die *„aurea"*-Form heterozygot ist, die grüne dominant homozygot und die elfenbeinfarbigen Keimlinge die rezessiv homozygoten Formen darstellen. Letztere sind nicht lebensfähig und treten daher in ausgewachsenem Zustand nicht in Erscheinung. Die Allelkombination gg ist folglich letal. In diesem Fall ist die Letalität (= Sterblichkeit) physiologisch leicht erklärbar. Das blasse Aussehen beruht auf Chlorophyllabwesenheit, und sobald der Nährstoffvorrat der Samen aufgebraucht ist, wird die Entwicklung abgebrochen, weil sich die Pflanzen

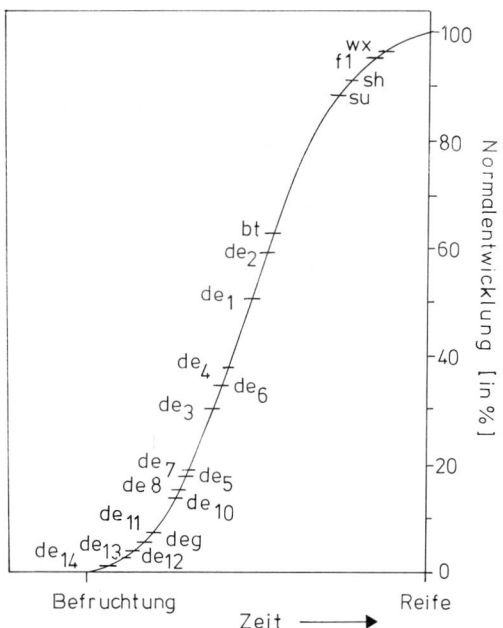

Abb. 10.3. Zeitpunkt der Wirkung einer Reihe von Letalfaktoren beim Mais. Die Abkürzung *de* bedeutet *developmental mutant.* (A.J. Mangelsdorf, 1926)

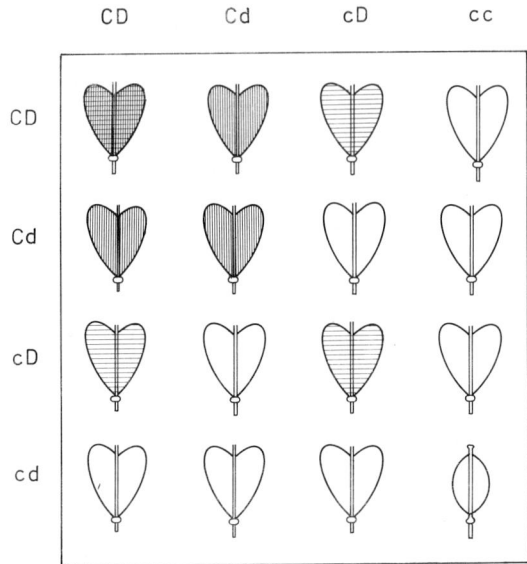

Abb. 10.4. Die Vererbung der Fruchtformen bei *Capsella* (G. H. Shull, 1914)

nicht weiter ernähren können. Letalität kann auf ungünstige Gen- oder Allelkombinationen (Letalitätsfaktoren) zurückgeführt werden und in unterschiedlichen Entwicklungsstadien zum Zuge kommen.

Der amerikanische Genetiker A. J. Mangelsdorf hatte bis 1926 19 voneinander verschiedene Letalitätsfaktoren beim Mais *(Zea mays)* identifiziert (s. Abb. 10.3). Umgekehrt ist ein Sortiment solcher Formen ein geeignetes Ausgangsmaterial für entwicklungsphysiologische Studien.

Eine genaue Analyse (mit modernen Techniken) läßt Schlüsse über Zeitpunkt und Art der einzelnen Genwirkungen zu.

Letalität ist natürlich ein relativer Begriff. Er besagt lediglich, daß ein Individuum unter gegebenen Umweltsbedingungen nicht lebenstüchtig ist, sich aber unter veränderten Bedingungen ggf. ganz normal entwickeln kann. Chloroplastenfreie Pflanzen beispielsweise können auf zuckerhaltigem Nährsubstrat unter Zusatz von Wuchsstoffen durchaus kultiviert und am Leben erhalten werden.

15:1. Polygene Effekte. Wir haben bereits Beispiele für Pleiotropie kennengelernt, ein Gen beeinflußt demnach mehrere Merkmale. Es gibt aber auch den entgegengesetzten Fall, daß mehrere Gene ein Merkmal beeinflussen.

Der schwedische Genetiker H. Nilsson-Ehle (Landwirtschaftliche Forschungsstation Svalöf) berichtete 1909 über eine Kreuzung zwischen einer schwarzkörnigen (genauer gesagt dunkelkörnigen) und einer weißkörnigen (hellen) Hafersorte. In der F_1 fand er nur „schwarze" Körner, in der F_2 entfielen auf 630 „schwarze" 40 „weiße", was einem Verhältnis von 15:1 entspricht. Er ging nun davon aus, daß zwei voneinander unabhängige Gene (N, M) sowohl jedes

154

für sich als auch beide zusammen die dunkle Kornfarbe bewirken. In der F_2 entstehen dadurch nach dem Schema eines dihybriden Erbgangs 15 Individuen, bei denen zumindest eines der Gene in heterozygot dominantem Zustand vorliegt. Alle Genotypen, die mindestens ein dominantes N oder ein dominantes M enthalten, führen zu „Schwarzkörnigkeit"; nur die doppelt rezessiv Homozygoten führen zu „Weißkörnigkeit". Beide Gene wirken gleichsinnig und gleichartig.

Ein vergleichbares Ergebnis erhielt der amerikanische Genetiker G.H. Shull (Princeton Unversity) bei Kreuzungen zwischen zwei Hirtentäschelkrautarten: *Capsella bursa-pastoris* und *Capsella heegeri*. Erstere ist durch herzförmige Schötchen, letztere durch ovale gekennzeichnet. In der F_1 sind alle herzförmig, in der F_2 kommt ein ovales auf 15 herzförmige (s. Abb. 10.4). Beide Gene beeinflussen die Fruchtform in gleicher Weise, eines kann das andere gleichwertig vertreten.

12:3:1. Epistasie. $12 + 3 + 1$ macht zusammen 16. Schwarzgefärbte Samen der Buschbohne ergeben nach Kreuzung mit bestimmten Sorten weißer Bohnen eine schwarzsamige F_1-Generation, die in der F_2 aber nicht nur aus schwarzen und weißen Phänotypen besteht, sondern auch braunsamige Typen enthält. Hier ist das Spaltungsverhältnis 12 schwarz : 3 braun : 1 weiß. Dies ist aber offensichtlich wieder nur eine Variante eines in zwei Merkmalspaaren heterozygoten Bastards, mit dem Unterschied jedoch, daß die beiden voneinander unabhängigen Gene nicht gleichartig sind. Eine biochemische Charakterisierung der Farbstoffzusammensetzung ergab, daß die Dunkelfärbung durch zwei unterschiedliche, dunkle Substanzen hervorgerufen wird. Das dominante Allel des Gens A bewirkt die Bildung eines schwarzen Farbstoffs; das entsprechende Allel von B den braunen. A ist 12mal vertreten. Das trifft zwar auch für B zu, doch wird die Ausprägung des braunen Farbstoffs durch gleichzeitige Anwesenheit des schwarzen (in 9 der 12 Fälle) überdeckt.

Generell spricht man von der Erscheinung der Epistasie, wenn ein Gen das Sichtbarwerden der Wirkung eines anderen verhindert. Dieser Begriff gilt meist nur unter bestimmten Voraussetzungen. Analysiert man die Farbstoffzusammensetzung in den einzelnen Samen der Nachkommenschaft mit Hilfe biochemischer (chromatographischer) Methoden, bei denen beide Farbstoffe voneinander getrennt und anschließend identifiziert werden können, erhält man für jeden eine unabhängige Verteilung (Segregation) nach dem Mendelschen Spaltungsverhältnis 3:1.

Doch liegen die Dinge nicht immer so einfach wie im geschilderten Fall. Epistasie kann sich nämlich auch darin äußern, daß ein weiteres Gen (hypostatisches Gen) überhaupt nicht zur Wirkung gelangt.

9:7. Voneinander abhängige Gene. Die vorangegangenen Beispiele (15:1, 12:3:1) waren durch Segregation voneinander unabhängiger Gene erklärbar. Ein Verhältnis von 9:7 in der F_2 erhält man bei dihybridem Erbgang, bei dem zwei unselbständige Gene komplementär zusammenwirken, d.h., wo jedes ohne das andere nicht in Erscheinung treten kann. So fand Kappert, daß bei gewissen Erbsensorten mit dem Merkmal violetthülsig, in entsprechenden Kreuzungen mit grünhülsigen Früchten, in der F_2 neun violetthülsige auf sieben grünhülsige Früchte entfielen.

Es genügt also nicht, wenn nur eines der Gene in dominantem Zustand vorliegt. Durch spätere biochemische Analyse solcher Phänotypen konnte eine sinnvolle Erklärung gegeben werden. Die Bildung des violetten Farbstoffs erfolgt in zwei Schritten. Im ersten Schritt (bedingt durch das Gen V) entsteht aus einer Vorstufe des Farbstoffs ein ebenfalls noch farbloses Zwischenprodukt. Das Gen U bewirkt, daß dieses anschließend in den violetten Farbstoff umgewandelt wird. Wenn V in doppelt rezessivem Zustand vorliegt, kommt U nicht zur Wirkung, weil das Zwischenprodukt fehlt. Wenn U hingegen doppelt rezessiv ist, wird zwar das Zwischenprodukt gebildet, aber die Umwandlung in den Farbstoff unterbleibt.

Geschlechtsbestimmung

Da das weibliche und männliche Geschlecht im Pflanzen- und Tierreich vielfach in ungefähr gleichem Verhältnis (oft 1:1) auftritt, lag der Gedanke nahe, daß auch die Geschlechtsbestimmung durch Faktoren gesteuert wird, die nach Mendelschen Regeln vererbt werden. Ein 1:1-Verhältnis kommt, wie schon das Beispiel der Heterostylie bei Primeln zeigte, durch kontinuierliche Rückkreuzungen zwischen einer heterozygoten und einer homozygoten Form zustande, oder anders ausgedrückt, bei Kreuzung eines Individuums, das zwei Sorten Keimzellen (Gameten) in gleicher Zahl erzeugt, mit einem Individuum, das lauter gleiche Gameten bildet. C. Correns legte diese Überlegung einer Serie von Kreuzungsexperimenten mit einer Reihe von Pflanzenarten zugrunde und bewies durch Kreuzungen monözischer (einhäusiger), zwittriger mit diözischen (zweihäusigen) Pflanzenarten, daß eine Vererbung des Geschlechts tatsächlich nach dem Muster einer Rückkreuzung erfolgt.

Das bekannteste Beispiel ist seine Analyse der Spaltungszahlen bei den Zaunrübenarten *Bryonia alba* und *Bryonia dioica*. *Bryonia alba* ist zwittrig, d.h., in jeder Blüte sind Staubgefäße und Stempel enthalten. Jede Pflanze ist also zugleich ♀ und ♂. *Bryonia dioica* ist zweihäusig. Auf ♀-Pflanzen findet man nur stempelhaltige Blüten, auf ♂ nur staubfadentragende. Durch Kreuzungen entstehen:

(I) *Bryonia alba* ♀ (♂) × *Bryonia alba* ♂ (♀)
F_1 : 100% *Bryonia alba* (♀, ♂)

(II) *Bryonia dioica* ♀ × *Bryonia alba* ♂ (♀)
F_1: 100% Bastard ♀

(III) *Bryonia alba* ♀ (♂) × *Bryonia dioica* ♂
F_1: 50% Bastard ♀ + 50% Bastard ♂

(IV) *Bryonia dioica* ♀ × *Bryonia dioica* ♂
F_1: 50% *Bryonia dioica* ♀ + 50% *Bryonia dioica* ♀

Hieraus zog Correns folgende Schlüsse: Die beiden Kreuzungen einer weiblichen Pflanze mit einer männlichen der gleichen Art (I und IV) registrieren das normale Verhalten in der Natur und dienen daher als geeignete Kontrollen. Bei I *(Bryonia alba)* entstehen nur zwittrige *Bryonia alba*-Nachkommen. Bei IV *(Bryonia dioica)* erhält man eine Trennung der beiden Geschlechter im Verhältnis 1:1. Auffallend sind die Ergebnisse der reziproken Kreuzungen zwischen beiden Arten. Wenn, wie bei II das ♀ *Bryonia dioica,* das ♂ *Bryonia alba* ist, entstehen ausschließlich weibliche Artbastarde. Diese Ergebnisse sind widerspruchsfrei unter der Annahme erklärbar, daß *Bryonia dioica* ♀, ebenso wie *Bryonia alba* (bei der ja keine Geschlechtertrennung vorliegt) lauter gleiche, in bezug auf das Geschlecht entscheidende Anlagen produziert. In der reziproken Kreuzung (III) hingegen erhält man eine Aufspaltung, weil sich *Bryonia dioica* ♂ in bezug auf den geschlechtsbestimmenden Faktor wie heterozygote Bastarde verhalten und daher zwei Gametentypen erzeugen. Daraus folgt, daß das männliche Geschlecht bei *Bryonia dioica* heterozygot, das weibliche homozygot ist.

Diese Aussage konnte nachfolgend auf etliche Pflanzen- und nahezu alle Tierarten ausgedehnt werden. Wie später noch dargelegt wird, ist der geschlechtsbestimmende Faktor nicht ein einzelnes Gen, sondern eine Gruppe von Genen, die an die Existenz von Geschlechtschromosomen (X, Y) gebunden sind. In der Regel ist das weibliche Geschlecht durch XX, das männliche durch XY charakterisiert. Ausnahmen kommen vor, bei Vögeln beispielsweise ist die Situation genau umgekehrt. Manchmal fehlt das Y-Chromosom. Der Genotyp wäre dann X0 (0 = Null). Geschlechtschromosomen sind bei Tieren leicht auseinanderzuhalten, für die meisten höheren Pflanzen trifft das jedoch nicht zu. Die hier beschriebene Geschlechtsbestimmung gilt für diözische Pflanzen, die meisten Arten jedoch sind zwittrig (monözisch; gleichzeitig ♀ und ♂, Abk.: ☿), d.h., Gynoeceum und Androeceum sind auf ein und derselben Pflanze ausgebildet. Es entfällt in der Regel auch die Ausprägung spezieller Geschlechtschromosomen. Vermerkt sei, daß es von vielen, üblicherweise monözischen Pflanzen, diözische Formen (Mutanten) gibt und daß innerhalb vieler Gattungen eine Art monözisch, eine nah verwandte diözisch sein kann.

Heterosis

Wie aus mehreren dargestellten Beispielen ersichtlich, kann ein Gen in heterozygotem Zustand bereits seine volle Leistung erbringen. Wir haben aber auch gesehen, daß es oft eines Zusammenspiels mehrerer Gene zur Ausprägung eines Merkmals bedarf. Dieses Phänomen begegnet uns immer dann, wenn wir es mit komplexen Merkmalen, wie Blütenfarbe oder „Ertrag" zu tun haben. In der Regel findet man dann fließende Übergänge zwischen den einzelnen Phäno-

typen. So konnte E. Baur 1919 nach langjährigen Arbeiten an *Antirrhinum majus* über 100 verschiedene Gene charakterisieren, die an der Ausprägung von über 1000 verschiedenen (genau analysierten) Rassen beteiligt sind.

Allein durch eine relativ kleine Zahl von Genen – größenordnungsmäßig 20 – ist die gesamte Farbenmannigfaltigkeit der Löwenmäulchenblüten erklärbar. In Folge aller denkbaren Kreuzungen läßt sich eine kontinuierliche Variationsreihe erstellen. Bei 20 Genen sind nämlich 2^{20} = 1 048 576 voneinander verschiedene Kombinationen (Phänotypen) möglich. Die sichtbare Kontinuität beruht somit auf dem Vorhandensein weniger diskontinuierlicher Einheiten (Gene). Dieses duale Prinzip ist in der Natur weit verbreitet. Man denke hier nur an die bekannte Tatsache aus der Chemie, daß jede Substanz aus einfachen Partikeln (Atomen oder Molekülen) zusammengesetzt ist. Kontinuität tritt überall dort in Erscheinung, wo die ihr zugrunde liegenden Einheiten unter der Auflösungsgrenze des Betrachters (Mensch, Tier oder technisches Gerät) liegen.

Zusammenfassend schreibt E. Baur:

„Ich bin aufgrund der genauen Kenntnis der Grundunterschiede von *Antirrhinum majus* imstande, ähnlich wie ein Chemiker, der sich aus wenigen Grundstoffen eine ungeheuer große Zahl von Verbindungen herstellen kann, mit Hilfe eines kleinen Satzes von Pflanzen, deren Formel ich genau kenne, irgendwelche gewünschte Rasse, d.h., eine gewisse Kombination von Grundunterschieden jederzeit herzustellen."

Diese Aussage ist zugleich ein Programm für die Pflanzenzüchtung, denn die genaue Kenntnis des Ausgangsmaterials erweist sich damit als alles entscheidende Voraussetzung zur Selektion optimal ertragreicher Kultursorten.

Obwohl das prinzipielle Vorgehen auf scheinbar einfache Überlegungen zurückgeht, trifft die Isolation und Manifestation reiner Linien, vor allem bei Fremdbefruchtern, auf unüberwindliche Schwierigkeiten. Man nimmt an, daß es z.B. beim Mais etwa 30 wachstumsfördernde Gene gibt.

Die Wahrscheinlichkeit, eine Pflanze zu finden, in der sie alle in dominant homozygotem Zustand (AA BB CC DD EE FF......) vorliegen, beträgt 1 : 4^{30}. Die dafür benötigte Versuchsfläche würde das 2000fache der vorhandenen Landfläche der Erdoberfläche ausmachen.

Wie kommt ein Züchter aus diesem Dilemma heraus? Das magische Wort lautet Heterosis (G.M. Shull, 1909). Heterosis beruht auf der Feststellung, daß die F_1 zwischen zwei ertragreichen Sorten einen höheren Ertrag als die beiden Elternsorten ergibt. Die Durchschnittsleistung ist auch stets höher als die der nachfolgenden Generationen (F_2, F_3 .... F_n).

Das Ziel der Züchtung kann daher nicht darin bestehen, nur reine Linien zu gewinnen. Vielmehr ist es wichtig, solche Formen zu selektieren, die unter kontrollierten Bedingungen die günstigsten Eigenschaften aufweisen. Es ist daher durchaus sinnvoll,

156

Jahr für Jahr neue Bastarde zu erzeugen, deren Produkte der menschlichen Ernährung (oder der Ernährung von Tieren) dienen. Entgegen herkömmlicher Praxis bedeutet das Trennung zwischen Saatguterzeugung und Nahrungsmittelerzeugung. Heutzutage beruht beispielsweise nahezu der gesamte Maisanbau in den Vereinigten Staaten (von dort ausgehend auch in anderen Ländern) auf einer derartigen Heterosiszüchtung. Die wissenschaftlichen Grundlagen für den wirtschaftlichen Erfolg wurden in der ersten Hälfte unseres Jahrhunderts durch die amerikanischen Genetiker (und Pflanzenzüchter) D.F. Jones, G.H. Shull, Mangelsdorf und L.J. Stadler gelegt.

Zur Demonstration des Heterosiseffekts eignet sich ein relativ einfaches Beispiel:

Die Höhe von Erbsenpflanzen wird durch die Zahl der Internodien im Stengel und die durchschnittlichen Internodienlängen bestimmt. Für die Internodienzahl sei das Gen Z, für ihre Länge das Gen L verantwortlich. Die jeweils dominanten Allele lassen demnach viele lange Internodien entstehen. Durch Kreuzung zweier halbhoher Rassen, von denen die eine viele kurze, die andere wenige, aber lange Internodien besitzt, müßte man eine F_1 mit gesteigerter Wüchsigkeit erhalten.

Unter der Annahme, daß das dominante Allel Z die Bildung von 24, das entsprechende rezessive (z) 12 Internodien induziert und die Internodienlänge bei L 6 cm und bei l 3 cm beträgt, käme man durch Kreuzung zu folgendem Ergebnis:

P: ZZll   ×   zzLL
            24 × 3 = 72 cm   12 × 6 = 72 cm
F_1:   ZzLl
                24 × 6 = 144 cm
F_2:   9 × Z.L. entspricht 9 × (24 × 6)
          3 × Z.ll entspricht 3 × (24 × 3)
          3 × zzL. entspricht 3 × (12 × 6)
          1 × zzll entspricht 1 × (12 × 3)

Daraus errechnet sich eine Durchschnittslänge von 110,25 cm.

In der F_3 ist die Situation noch ungünstiger. Die Durchschnittslänge sinkt auf 95,06 cm.

Das Beispiel lehrt, daß die Leistung in aufeinanderfolgenden Generationen drastisch abnimmt. Die Abnahme beruht nämlich auf der kontinuierlichen Abnahme heterozygoter Formen bei gleichzeitiger Zunahme der homozygoten.

Das bedeutet jedoch nicht, daß sich allein dominante Allele in den einzelnen Pflanzen konzentrieren. Vielmehr treten Kombinationen wie

      AA bb CC dd ee ff GG ....,
oder aa bb CC DD EE ff gg ....,
oder AA BB cc dd EE FF GG .... usw. in
Erscheinung.

In jeder Kombination liegt nur ein Teil der Gene in homozygot dominantem Zustand vor, und das wiederum führt zu relativ ungünstigen Phänotypen. Die Leistung der Heterozygoten

      Aa Bb Cc Dd Ee Ff Gg ....

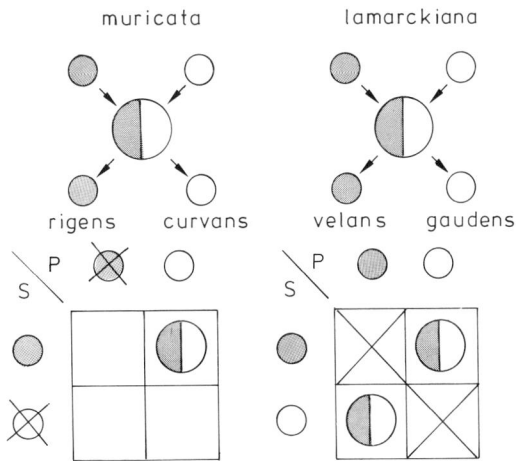

Abb. 10.5. Schematische Darstellung von zwei Typen balancierter Letalfaktoren bei *Oenothera*. Links: gametische Letalfaktoren bei *Oenothera muricata*. Der Komplex *rigens* ist infolge eines Pollenletalfaktors im Pollen lebensunfähig (s. Abb. 10.6), der Komplex *curvans* vermag keine funktionsfähigen Samenanlagen aufzubauen. Rechts: zygotische Letalfaktoren bei *Oenothera lamarckiana*. Die Homozygoten *velans* × *velans* und *gaudens* × *gaudens* sind nicht lebensfähig. (R.E. Cleland, 1935)

wird nur von einigen wenigen erreicht. Die ihrerseits sind in der Masse der übrigen Genotypen so leicht nicht zu finden.

Es gibt einige Wildformen, die stets als Heterozygoten vorliegen. Das klassische Beispiel hierfür ist *Oenothera lamarckiana* (und andere *Oenothera*-Arten). Die genetische Analyse ergab, daß das Genom in zwei Komplexe zerfällt, die O. Renner (1924, Botanisches Institut der Universität Jena) *gaudens* und *velans* nannte. Der *gaudens*-Komplex induziert die Bildung grüner Knospen, breiter Blätter und roter Flecken auf den rosettenbildenden Blättern; der *velans*-Komplex eine Rotstreifung der Knospen, schmale Blätter und grüne rosettenbildende Blätter.

Diese Merkmale können beim Betrachten von *Oenothera lamarckiana* und ihrer intraspezifischen Nachkommenschaft gar nicht erkannt werden. Erst nach Kreuzung mit verwandten Arten, wie z.B. *Oenothera muricata* treten sie in Erscheinung. *Oenothera lamarckiana* kann als ein *gaudens-velans*-Hybrid beschrieben werden. Aufgrund eines balancierten Letalsystems bleiben nur die Hybriden erhalten (s. Abb. 10.5). Für *Oenothera muricata* gilt etwas Ähnliches: Die Art wird als *rigens-curvans*-Hybrid charakterisiert. Der *rigens*-Komplex erzeugt nur defekte Pollen (aber funktionsfähige Eizellen), der *curvans*-Komplex einen funktionslosen Embryosack. Deshalb sind nur die Kombinationen ♀ *rigens* × ♂ *curvans* lebensfähig. (s. Abb. 10.6).

Eine Deutung des balancierten Letalsystems konnte 1949 nach Analyse der Chromosomenkonstitution (des Karyotyps) der jeweiligen Komplexe gegeben werden (siehe dazu Kap. 12).

157

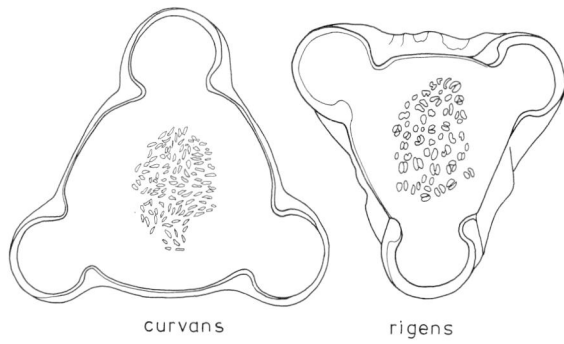

Abb. 10.6. Pollen von *Oenothera muricata* mit funktionsfähigem *curvans*- und letalem *rigens*-Komplex (unterscheidbar an unterschiedlicher Struktur der Stärkekörner). (O. Renner, 1919)

Erbänderungen (Mutationen); Einflüsse der Umwelt auf den Phänotyp (Modifikationen)

Schon kurz nach der Wiederentdeckung der Mendelschen Regeln beobachtete H. de Vries neu auftretende Formen in Populationen von *Oenothera*. Sie zeichneten sich gegenüber den übrigen, weitverbreiteten Exemplaren (dem Wildtyp) durch andersartigen Wuchs, anders geformte Blätter sowie durch unterschiedliche Entwicklungsgeschwindigkeit aus. Die Änderungen des Phänotyps blieben auch in der Nachkommenschaft erhalten, stellten sich damit also als erblich heraus. Sie beruhten offensichtlich auf Veränderungen der Erbanlagen, ohne daß eine Ursache zu erkennen war. Derartige Erbänderungen nennt man Mutationen und Organismen, in denen sie zum Zuge kommen, Mutanten.

Unter dem Ausdruck „Wildtyp" versteht man ganz allgemein die in der Natur am häufigsten auftretenden Phänotypen (einer betreffenden Art). Unterscheidet sich eine Mutante in einem bestimmten Merkmal vom Wildtyp, kennzeichnet man das mutierte Allel durch eine geeignete Abkürzung, das Wildtypallel durch +.

Den Mutationen stellt man die Modifikationen gegenüber. Der Begriff beschreibt umweltbedingte Änderungen des Phänotyps.

Dazu ein Beispiel: E.S. Robertson und I. C. Anderson (1961) charakterisierten eine Mutante vom Mais, die sich in rezessiv homozygotem Zustand (v/v) bei niedriger Temperatur ($< 20°$ C) durch eine blasse Färbung der Blätter *(virescent)* auszeichnete. Bei erhöhter Temperatur ($37°$ C) glichen die Pflanzen dem Wildtyp. Die F_1-Hybriden ($+/v$) waren dunkelgrün (wie der Wildtyp), in der F_2 wurde eine 3:1-Aufspaltung gefunden, als die Pflanzen bei $20°$ C kultiviert wurden. Erfolgte die Kultur jedoch bei $37°$ C, erschienen einheitlich aussehende, dunkelgrüne Pflanzen (s. Abb. 10.7).

Dieser Fall veranschaulicht, daß die Ausbildung eines Phänotyps durch Umweltfaktoren (hier die Temperatur) beeinflußt werden kann. (s. Abb. 10.8).

Gerade bei Pflanzen sind Modifikationen an der Tagesordnung. Zu den bekannten Lehrbuchbeispielen gehört der Befund, daß die Blütenfarbe einer bestimmten Sorte von *Primula sinensis* bei Raumtemperatur rot, bei erhöhter Temperatur weiß erscheint. Mutanten, die erst bei erhöhter Temperatur erkennbar sind, nennt man temperatursensitive Mutanten. Hochgebirgsformen und überhaupt Pflanzen, die einer intensiven Strahlung ausgesetzt sind, zeigen gedrungenen Wuchs. Flachlandformen und solche, die während ihres Wachstums geringen Lichtintensitäten ausgesetzt waren, zeigen deutliches Streckenwachstum. Man weiß, daß gerade die Entwicklung der Pflanzen in weit stärkerem Umfang noch als die der Tiere durch externe Faktoren gesteuert wird. Der Begriff Photomorphogenese (s. Kap. 30) belegt, welch wichtige Rolle dabei dem Licht zukommt. Eine in Dunkelheit aufwachsende Pflanze kann weder Blüten noch Chloroplasten bilden, obwohl die dazu nötigen Erbanlagen ebenfalls vorhanden sind. Um jene zu aktivieren, bedarf es des entsprechenden externen Signals. Damit wird deutlich, daß die Entwicklung

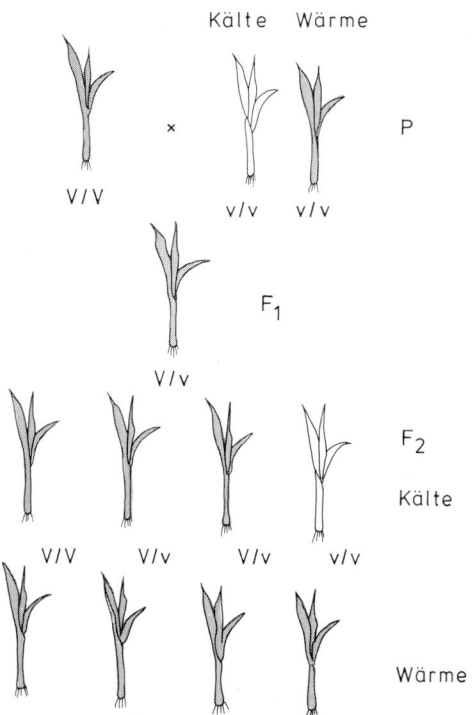

Abb. 10.7. *Zea mays:* Schema einer Kreuzung zwischen Wildtyp (V/V) und einer Mutante (*virescent:* v/v). Bei niedrigen Temperaturen erscheinen *virescent*-Pflanzen zunächst grünlich-gelb. Sie ergrünen bei längerer Versuchsdauer. Bei hoher Temperatur sind sie von vornherein grün. Die v/v-Keimlinge sind dann nicht von denen mit der genetischen Konstitution V/V oder V/v zu unterscheiden. (E.S. Robertson, I.C. Anderson, 1961)

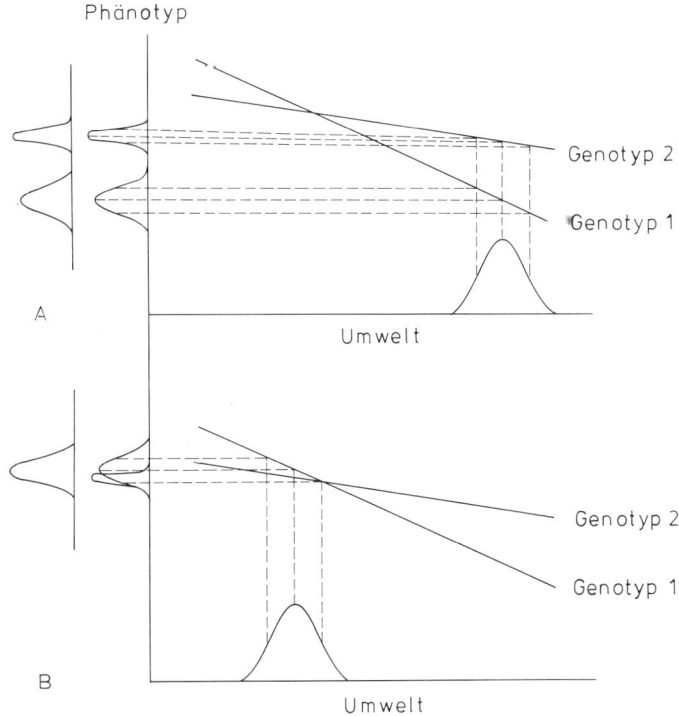

Abb. 10.8. Die Auswirkungen von Umwelteinflüssen auf die Modifikation von Phänotypen zweier unterschiedlicher Genotypen.

einer Pflanze (und die anderer Organismen) durch ein Wechselspiel zwischen Erbanlagen und Umweltfaktoren gesteuert wird.

Es gehört heute zu den akzeptierten Fakten, daß die Umwelt den Phänotyp beeinflußt, auf den Genotyp jedoch keinen direkten, präziser ausgedrückt, richtenden Einfluß ausübt.

Es gibt jedoch eine Anzahl von Chemikalien und physikalischen Faktoren, die Mutationen auslösen und damit die Mutationshäufigkeit erhöhen.

Zu den physikalischen Faktoren gehört in erster Linie die ionisierende Strahlung. 1927 wies J.H. Muller nach, daß Röntgenstrahlung die Mutationsrate bei *Drosophila* heraufsetzt. Nahezu gleichzeitig wurden

Mutanten auch bei verschiedenen Pflanzen induziert: *Nicotiana tabacum* (T.H. Goodspeed), *Datura stramonium* (C.S. Gager und A.F. Blakeslee, 1927) *Zea mays* und *Hordeum vulgare* (L.J. Stadler). Die Mutagene wirken auf den Organismus fast ausnahmslos schädigend, ihre Wirkung ist zeit- und dosisabhängig (s. Abb. 10.9a).

Unter den wenigen Überlebenden ist die Mutationsrate gegenüber der entsprechenden Kontrolle drastisch erhöht (s. Abb. 10.9b). Doch nur in den allerseltensten Fällen entsteht durch ein mutagenes Agens (= Mutagen) eine Mutante, die gegenüber dem Wildtyp vorteilhaftere Eigenschaften aufweist oder eine höhere Lebenserwartung hat.

Abb. 10.9. *a* Inaktivierungskinetiken. Die Funktionen 1, 2 und 3 entsprechen einer Eintreffer-, Zweitreffer- und Dreitrefferkinetik. Die Anzahl der notwendigen Treffer läßt sich aus dem Diagramm ablesen, wenn man den linearen Bereich der Kurven nach „rückwärts" extrapoliert (gestrichelt dargestellt). Der Schnittpunkt mit der Ordinate gibt die Zahl der Treffer an, z.B. 300:100 = 3; *b* Mutationsauslösung bei *Drosophila* durch ionisierende Strahlung. Die unterschiedlichen Symbole (● ▲ □) im Diagramm beziehen sich auf unterschiedliche Strahlenquellen. (Nach K.G. Zimmer und N.W. Timoféeff-Ressovsky, 1942)

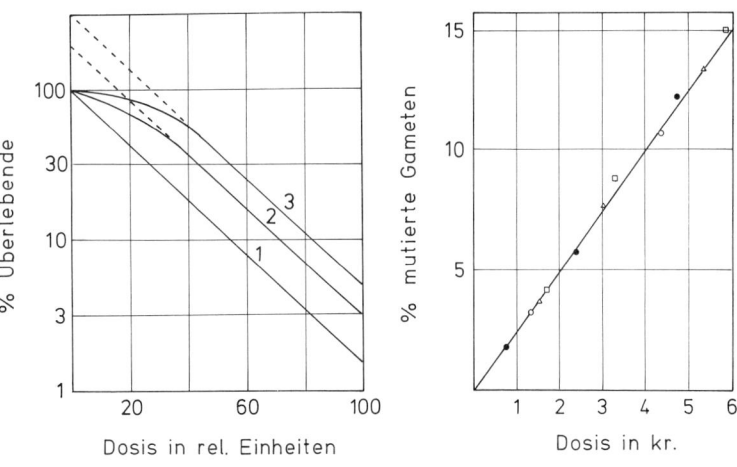

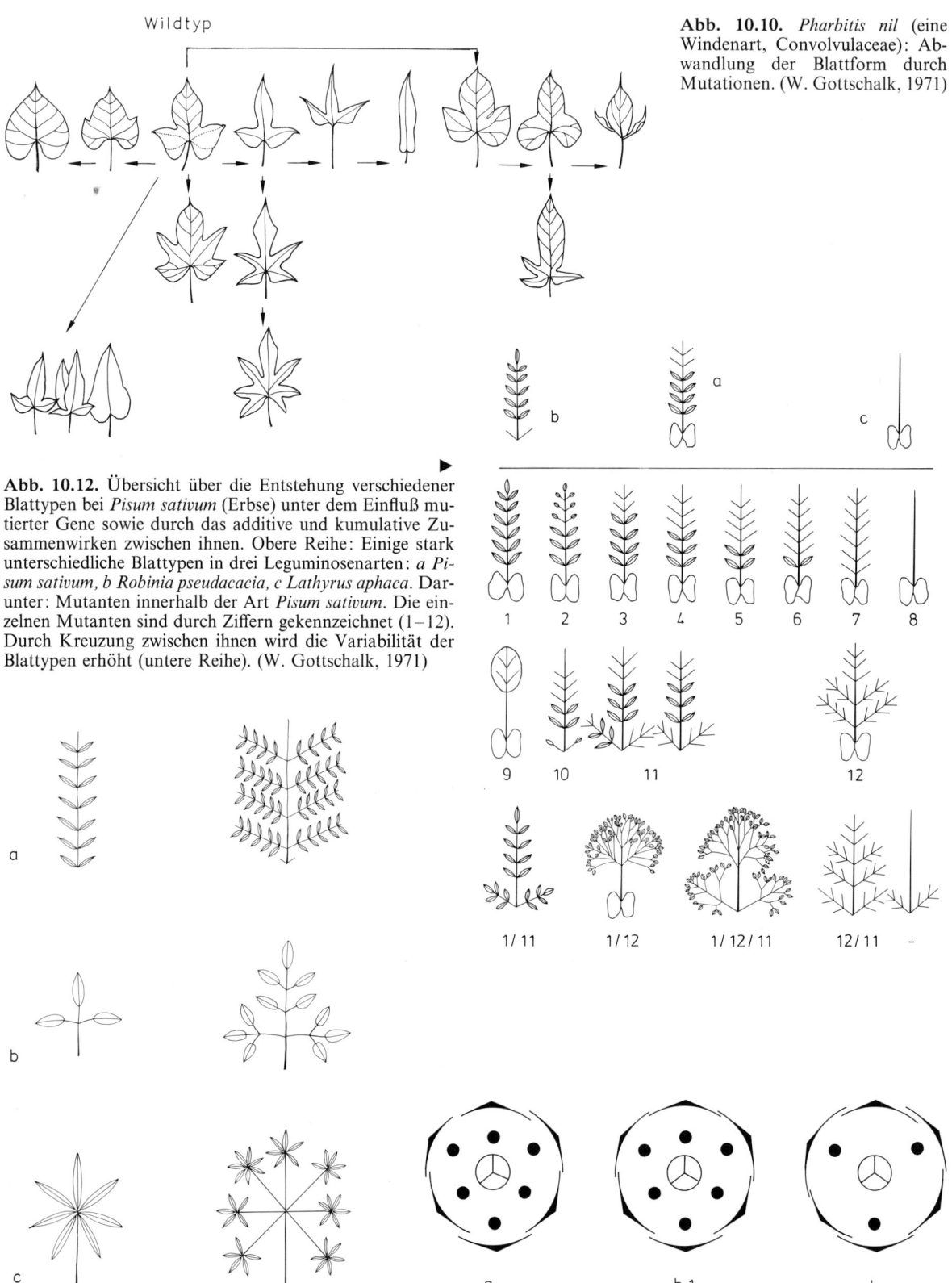

Wildtyp

Abb. 10.10. *Pharbitis nil* (eine Windenart, Convolvulaceae): Abwandlung der Blattform durch Mutationen. (W. Gottschalk, 1971)

Abb. 10.12. Übersicht über die Entstehung verschiedener Blattypen bei *Pisum sativum* (Erbse) unter dem Einfluß mutierter Gene sowie durch das additive und kumulative Zusammenwirken zwischen ihnen. Obere Reihe: Einige stark unterschiedliche Blattypen in drei Leguminosenarten: *a Pisum sativum, b Robinia pseudacacia, c Lathyrus aphaca.* Darunter: Mutanten innerhalb der Art *Pisum sativum.* Die einzelnen Mutanten sind durch Ziffern gekennzeichnet (1–12). Durch Kreuzung zwischen ihnen wird die Variabilität der Blattypen erhöht (untere Reihe). (W. Gottschalk, 1971)

Abb. 10.11. Entstehung doppelt gefiederter und gefingerter Blätter aus einfach gefingerten bei drei Leguminosenarten: (links: Wildform, rechts: Mutante); *a Cicer arietinum, b Phaseolus aureus, c Lupinus luteus.* (W. Gottschalk, 1971)

Abb. 10.13. Blütendiagramm von Liliaceen *(a)* und Iridaceen *(b)* sowie einer Mutante von *Iris pallida (b₁)*, deren Blütendiagramm dem der Liliaceen gleicht. (W. Gottschalk, 1971).

160

Der Versuch, durch Bestrahlung ertragreichere oder resistentere Sorten zu züchten, erwies sich trotz eines großen finanziellen Aufwands weitgehend als Fehlschlag. Anders sieht die Situation bei Mikroorganismen aus. Wegen ihrer großen Vermehrungsrate ist es relativ einfach, auch noch so selten auftretende vorteilhafte Formen zu isolieren. Nahezu alle in der heutigen industriellen Mikrobiologie verwendeten Stämme zur Produktion verschiedenartigster Stoffe (von der Zitronensäure bis zu Proteinen und Antibiotika) sind durch Mutagene erzeugt worden. Diese Stämme finden unter kontrollierten Laborbedingungen ideale Lebensbedingungen, haben aber kaum eine Chance, sich unter natürlichen Bedingungen gegen den jeweiligen Wildtyp durchzusetzen.

In der Evolutionsforschung spricht man von Fitneß und beschreibt damit den relativen Fortpflanzungserfolg eines Individuums. Die Fitneß von Mutanten ist meist sehr gering.

Die Mutagene können auf unterschiedliche Weise wirken. Mutationen können daher verschiedenen Typen angehören. Rein formal unterscheidet man zwischen den:
- Punktmutationen (= Genmutationen). Dabei sind einzelne Gene betroffen.
- Chromosomenmutationen. Dabei werden Änderungen im Chromosomensatz sichtbar, und
- Genommutationen. Dabei werden Chromosomensätze *en bloc* verändert, z.B. verdoppelt.

In den Abbildungen 10.10–10.14 sind eine Anzahl von Mutationen der verschiedensten morphologischen Merkmale von Pflanzen dargestellt, um zu demonstrieren, welchen Einfluß einzelne Allele haben können.

Obwohl sich die Produktion pflanzlicher Mutanten wirtschaftlich nicht rentiert hat, erwies sie sich als das wohl wirkungsvollste experimentelle Instrument moderner Grundlagenforschung. Die Analyse der verschiedensten Mutanten gab Aufschlüsse über die Struktur und Funktion von Erbanlagen sowie über ihren Einfluß auf die Entwicklung eines Individuums.

E. Baur definierte in seinem Lehrbuch der Vererbungslehre Modifikationen, Mutationen und Kombinationen (Bastardbildung) wie folgt:

Modifikationen: nicht erbliche Verschiedenheiten zwischen den Individuen einer Population (oder Art), verursacht durch diverse Außeneinwirkungen, wie Licht, Wärme, Ernährung usw., die die einzelnen Individuen ungleich beeinflussen.

Mutationen: erbliche Verschiedenheiten zwischen den Eltern und ihren Nachkommen, auch den vegetativ entstandenen, welche nicht auf Bastardbildung beruhen, sondern andere Ursachen haben.

Kombinationen: erbliche Verschiedenheiten zwischen den Individuen einer Population und auch zwischen den Nachkommen eines Elternpaares, verursacht durch Bastardspaltung und Neukombination der Erbanlagen.

Diese drei Kategorien sind dem bloßen Aussehen nach nicht zu unterscheiden. Worauf das „Variieren"

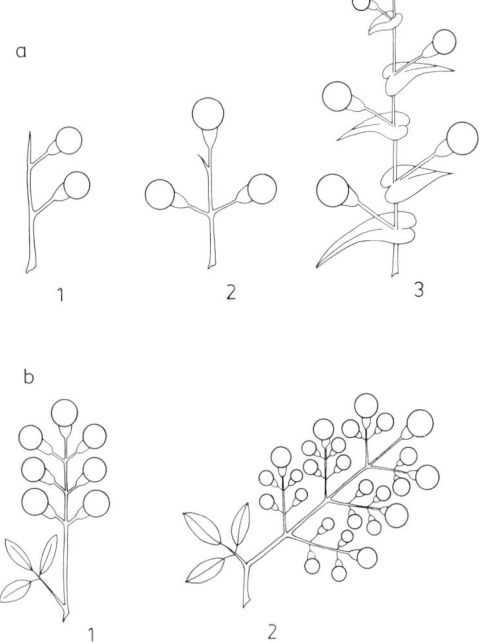

Abb. 10.14. Veränderung der Infloreszenzen durch Mutation. *a Pisum sativum* mit uni-*(1)* und bilateraler *(2,3)* Infloreszenz; das mutierte Gen bewirkt nicht nur die Bildung andersartiger Infloreszenzen *(2,3)*. Zusätzlich werden große stengelumfassende Vorblätter ausdifferenziert. *b Phaseolus vulgaris:* unverzweigte und verzweigte Infloreszenzen. (W. Gottschalk, 1971)

irgendeines Individuums beruht, ist meistens nur durch sorgfältige Vererbungsversuche feststellbar. Nimmt man solche Versuche als Kriterium für die Unterscheidung, dann ist die Trennung der drei Kategorien fast immer sicher durchführbar.

Nicht immer gelten die Mendelschen Regeln

Kopplung von Merkmalen

Die 3. Mendelsche Regel postuliert, daß Anlagen für die verschiedenen Merkmale unabhängig voneinander vererbt werden. Die Aussage trifft für alle sieben von ihm analysierten Merkmale zu. Wie er aber in seinem Briefwechsel mit C. v. Nägeli schon andeutete, wird die Regel gelegentlich durchbrochen. Einen Beleg dafür erbrachten im Jahre 1905 W. Bateson, E.R. Saunders und R.C. Punnett durch Arbeiten an der Spanischen Wicke *(Lathyrus odoratus)*. Untersucht wurde die Vererbung von Blütenfarbe und Pollenstruktur. 381 F_2-Pflanzen wurden ausgewertet. Die entsprechenden Merkmale verteilten sich wie folgt:

161

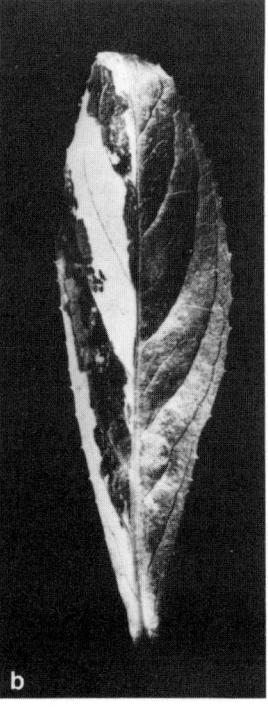

Abb. 10.15. Plasmatische Vererbung, demonstriert am Beispiel einer hellgrün-dunkelgrün-Scheckung der Blätter des Weidenröschens *(Epilobium angustifolium)*, *a* typische, verschachtelte Musterung auf dem Höhepunkt der Entmischung (s. Abb. 10.18 und 10.19). Aus Arealen mit Mischzellen entstehen bei fortgesetzter Entmischung immer neue Flecken, deren Dicke und Größe vom Ausgangsmischungsverhältnis abhängt. *b* die Entmischung erfolgte bereits frühzeitig in der Blattentwicklung. Als Folge davon entstehen große, klar voneinander getrennte, „farblose" (= gelbe) und dunkelgrüne Sektoren. (P. Michaelis, 1954, 1966)

284 (= 74,6%) Blütenfarbe: purpur, Pollen: lang
21 (= 5,5%) Blütenfarbe: purpur, Pollen: rund
21 (= 5,5%) Blütenfarbe: rot, Pollen: lang
55 (= 14%) Blütenfarbe: rot, Pollen: rund

In einem Wiederholungsexperiment fand R.C. Punnett (1917) unter 6952 F_2-Pflanzen:

4831 (= 69,5%) Blütenfarbe: purpur, Pollen: lang
390 (= 5,6%) Blütenfarbe: purpur, Pollen: rund
393 (= 5,6%) Blütenfarbe: rot, Pollen: lang
1338 (= 19,3%) Blütenfarbe: rot, Pollen: rund

Das bedeutet also, daß die Merkmalsanlagen in der Regel gemeinsam vererbt werden. Sie werden bei der Gametenbildung normalerweise nicht voneinander getrennt, so daß die Kombinationen Blütenfarbe purpur, Pollen lang: Blütenfarbe rot, Pollen rund, im ungefähren Verhältnis 3:1 auftreten.

Bemerkenswert sind die Ausnahmen, denn gelegentlich wird die Kopplung gelöst, und es treten in geringen Prozentzahlen die reziproken Kombinationen (Blütenfarbe purpur, Pollen rund) und, in gleicher

Menge, Blütenfarbe rot, Pollen lang, auf. Die Kreuzungsexperimente geben keine schlüssige Erklärung für diese Befunde. Doch unter Einbeziehung der Chromosomentheorie erhält man eine durchaus plausible Antwort. Spätere Untersuchungen von T.H. Morgan und seinen Mitarbeitern an der Taufliege *Drosophila melanogaster* ergaben, daß die Zahl der Kopplungsgruppen der Anzahl der Chromosomen im haploiden Satz entspricht und daß die gelegentlichen Ausnahmen auf einem Chromosomenstückaustausch beruhen, der während der Paarung homologer Chromosomen in der Meiose erfolgt. Die Daten aus Kreuzungsexperimenten wurden einerseits zu einer wichtigen Stütze der Chromosomentheorie, andererseits eröffnete die Auswertung der Austauschhäufigkeiten einen Weg, Gene auf Chromosomen zu lokalisieren.

Plasmatische Vererbung

Bereits wenige Jahre nach der Wiederentdeckung der Mendelschen Regeln beschrieben C. Correns (1909) und E. Baur (1909, 1910) Kreuzungsexperimente, auf die die Mendelschen Regeln nicht anwendbar waren. So wird ein bestimmter Typ der Blattscheckigkeit (grün-weiß-Panaschierung, s. Abb. 10.15) von *Mirabilis jalapa* und *Antirrhinum majus* sowie einigen anderen Arten nach dem folgenden Schema vererbt:

(1) ♀ grün × ♂ grün-weiß gescheckt
F_1: ausschließlich grüne Pflanzen
(2) ♀ grün-weiß gescheckt × ♂ grün
F_1: ausschließlich grün-weiß gescheckte Pflanzen.

Die Reziprozitätsregel, also praktisch die 1. Mendelsche Regel ist damit verletzt. In der F_2 kommt es zu keinerlei zahlenmäßig erfaßbaren Aufspaltung. Es entfällt somit auch die Gültigkeit der 2. Mendelschen Regel.

Für die Ausprägung des Phänotyps der F_1 ist nur der mütterliche Genotyp ausschlaggebend. Im Gegensatz zum Kern des Pollens, ist der Kern der Eizelle von einem voluminösen Plasma umgeben; es lag daher der Gedanke nahe, daß dieses Plasma Erbträger enthält, die sich bei der beobachteten Verteilung von weiß-grün- und grün-Phänotypen auswirken. Man nannte diese Erscheinung plasmatische oder mütterliche, später auch extrachromosomale Vererbung. (s. Abb. 10.16).

Bei *Pelargonium zonale* stellte E. Baur eine Variante dieses Vererbungsmodus fest: Es gibt von dieser Art, außer Pflanzen mit rein grünen Blättern, weißgeränderte und gelbgeränderte (Weißrand- und Gelbrandpelargonien). Die Vererbung der Gelbrandform erfolgt nach dem gleichen Muster wie die der Weißrandform.

In der F_1 können bereits die Kotyledonen ausgewertet werden. Dabei treten, neben grünen und gescheckten, auch einige rein weiße Formen auf, die sich wegen des Fehlens von Chlorophyll natürlich nicht weiterentwickeln können.

162

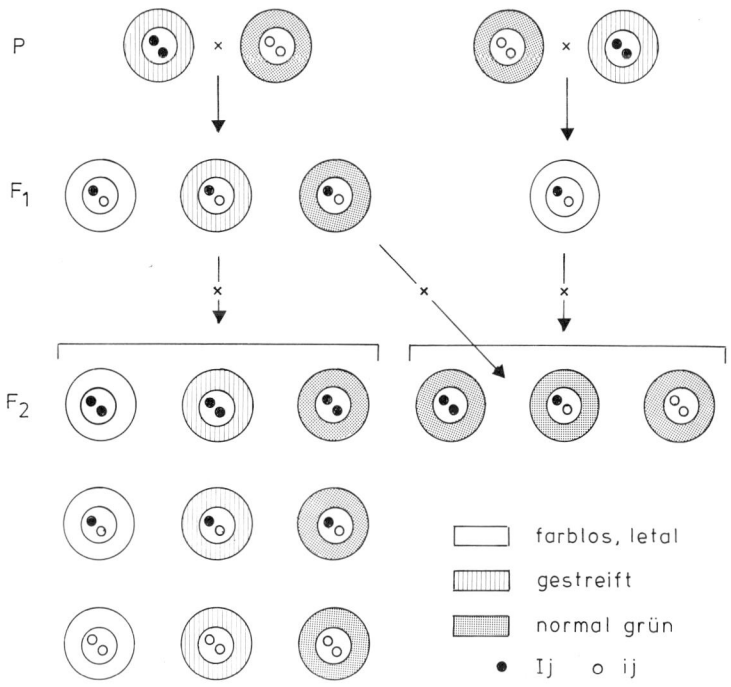

Abb. 10.16. Erbgang bei einer plasmatischen Lokalisation der Erbträger *(status albomaculatus)*. Reziproke Kreuzungen führen zu unterschiedlicher (aber in sich einheitlicher) F_1. Das Kerngenom ist durch ausgefüllte bzw. offene Kreise dargestellt. Wie aus der Abbildung ersichtlich, hat es hier keinen Einfluß auf die Ausprägung des Phänotyps. (M.M. Rhoades, 1946)

farblos, letal
gestreift
normal grün
• Ij   o ij

Die Ergebnisse der Kreuzungsexperimente:
(1) ♀ grün × ♂ grün-weiß gescheckt
   F_1: in drei voneinander unabhängigen Ansätzen wurden 159 Exemplare ausgewertet, davon waren: 138 grün, 17 gescheckt, 4 weiß
(2) ♀ grün-weiß gescheckt × ♂ grün
   F_1: 65 Exemplare wurden ausgezählt, davon waren: 46 grün, 19 gescheckt und 0 weiß.

Dieses Beispiel ähnelt zwar den Beobachtungen an *Mirabilis jalapa* und *Antirrhinum majus*, macht aber zugleich deutlich, daß auch das (wenige) Plasma des Pollens einen Einfluß auf die Merkmalsausprägung haben kann.

Was sind plasmatische Faktoren? Welche Bedingungen müssen Erbträger erfüllen? Erbträger müssen ganz allgemein zwei Kriterien erfüllen:
– sie müssen die sie enthaltende Information weitergeben und
– sie müssen in der Lage sein, sich selbst zu verdoppeln (replizieren). Verlorengegangene Erbträger sind nicht ersetzbar.

Wie schon an anderer Stelle vermerkt, erfüllen außer den Chromosomen auch die Plastiden diese Bedingungen. Ihre morphologische Kontinuität wurde in den Jahren 1882–1885 von F. Schmitz, A.F.W. Schimper und A. Meyer erwiesen.

Hierauf aufbauend deutete E. Baur (1909) seine Ergebnisse wie folgt:

„Die befruchtete Eizelle, die entstanden ist durch Vereinigung einer „grünen" mit einer „weißen" Sexualzelle enthält demnach zweierlei Chromatophoren (Anm.: Plastiden), grüne und weiße. Bei den Zellteilungen der zum Embryo auswachsenden Eizelle verteilen sich die Chromatophoren ganz nach Zufallsgesetzen auf die Tochterzellen. Erhält eine Tochterzelle nur weiße Chromatophoren, so wird diese Zelle weiterhin nur weiße Zelldeszendenzen (Anm.: Nachkommen in der betreffenden Zellinie, s. Abb. 10.17) haben und ein weißes Mosaikstück aus sich hervorgehen lassen. Erhält eine Tochterzelle nur grüne Chromatophoren, so entsteht daraus ein konstant grüner Zellkomplex. Zellen mit beiderlei Chromatophoren werden auch weiterhin aufspalten können usw. ..."

Diese Folgerung führte zur Formulierung der Entmischungshypothese (E. Baur 1909, O. Renner 1922).
Sie geht davon aus, daß in einer Zelle gleichzeitig

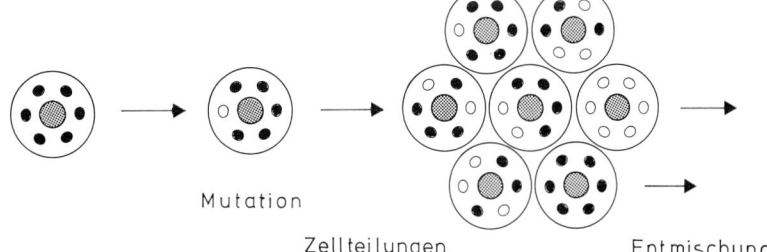

Abb. 10.17. Entstehung einer Plastidenmutante und deren Ausbreitung im Verlauf aufeinanderfolgender Zellteilungen (→ Entmischung).

Mutation   Zellteilungen   Entmischung

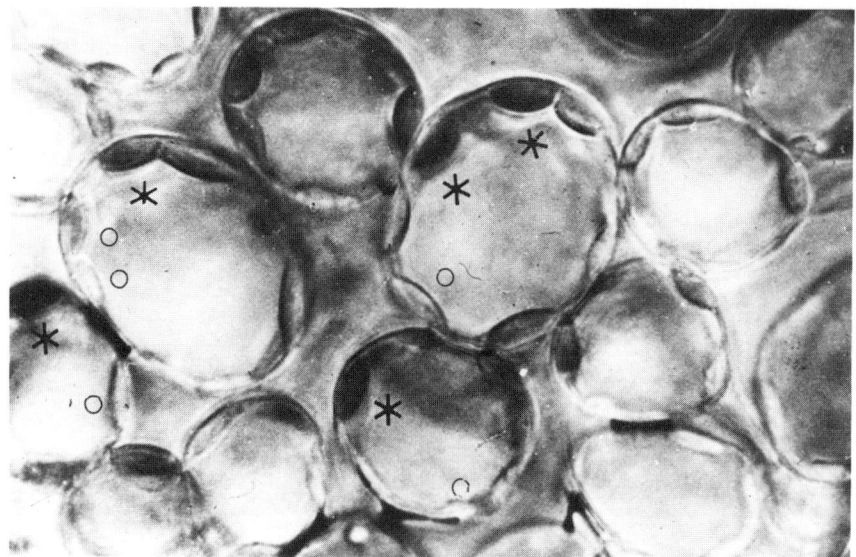

Abb. 10.18. Mischzellen mit zwei Plastidentypen, im Bild durch * und ○ gekennzeichnet. Die dunklen (normalen) sind grün, die hellen farblos, hellgelb oder hellgrün. Versuchsobjekt: *Epilobium angustifolium* (Weidenröschen). (P. Michaelis, 1966)

verschiedene Plastidensorten vorkommen. Daß das tatsächlich zutrifft, konnte aber erst Jahre später durch das Auftreten von „Mischzellen" bewiesen werden (s. Abb. 10.18).

P. Michaelis (1955/1956, Max-Planck-Institut für Züchtungsforschung, Köln-Vogelsang) berechnete unter verschiedenen Voraussetzungen die statistische Wahrscheinlichkeit einer Entmischung zweier Plastidensorten (s. Abb. 10.19).

In Zellen höherer Pflanzen kommen größenordnungsmäßig 10–100 Plastiden und etwa 700 Mitochondrien vor. Unter der Annahme, daß zur vollständigen Entwicklung einer einjährigen Pflanze etwa 100 aufeinanderfolgende Zellteilungen erforderlich sind, läßt sich eine praktisch vollständige Entmischung der Plastiden vorhersagen. Für die Mitochondrien trifft diese Aussage nicht mehr zu. Die Entmischung bleibt, bei 700 pro Zelle, über 100 Zellteilungsfolgen unvollständig.

Die Mitochondrien müssen an dieser Stelle ausdrücklich genannt werden, weil auch sie als Erbträger erkannt worden sind. Die Ergebnisse wurden jedoch weniger an Pflanzen als vielmehr an Hefen, anderen Pilzen, Protozoen und tierischen Zellen gewonnen. In den sechziger Jahren wurde schließlich gezeigt, daß sowohl Plastiden als auch Mitochondrien DNS enthalten, welche ihrerseits genetische Information trägt. Mehr darüber im Kapitel 23.

Zusammenfassend kann plasmatische Vererbung durch drei Eigenschaften charakterisiert werden:
- Die Verteilung folgt nicht den Mendelschen Regeln.
- Reziprok angesetzte Kreuzungen verhalten sich unterschiedlich.
- Die Erbträger entmischen sich während der Ontogenese (Embryonalentwicklung).

Doch nicht immer beruht eine grün-weiße Scheckung von Blättern oder eine Panaschierung von Blüten auf

Entmischung plasmatischer Faktoren (s. Abb. 10.20) denn:
(1) In vielen Fällen werden grün-weiß-Muster (Chlorosen) durch Viren hervorgerufen; gleiches gilt für „Buntblättrigkeit" mancher Blüten, zum Beispiel der Tulpe. Die Scheckung kann nur durch vegetative Vermehrung oder Pfropfung erhalten werden, weil Viren in fast allen Fällen nicht in die Samen gelangen, die Nachkommenschaft daher gesund (Blätter grün, Blüten einfarbig) ist.
(2) Es gibt eine Vielzahl von regelmäßig strukturierten grün-weiß-Mustern, deren Vererbung nach den Mendelschen Regeln erfolgt, die also durch Gene im Kern determiniert werden.
(3) Im Gegensatz zum eben besprochenen Phänotyp kommen Muster vor, bei denen es so aussieht, als kämen im Verlauf der Ontogenese zahlreiche Umschläge vor. Aus einer weißen Linie entstehen grüne Zellen, die wieder in weiße zurückschlagen können – und umgekehrt. Für diese Erscheinung machte man früher „labile" Gene verantwortlich. Seit einigen Jahren weiß man, daß es tatsächlich „springende" Gene gibt, die als „Schalter" bestimmte andere Gene ein- und wieder abschalten. Mehr darüber in Kapitel 21.

Die Existenz von Genen im Kern, in den Plastiden (und in den Mitochondrien), wirft die Frage nach der Kooperation der einzelnen Genome untereinander auf. Mit anderen Worten: Verträgt sich jeder Kern mit jedem Plasma? Diese Situation tritt z.B. stets bei Artkreuzungen in Erscheinung, von denen man ja weiß, daß sie gelegentlich zustande kommen, oft aber auch mißlingen.

Vielfach kommt es bei Artkreuzungen zu einer „Bastardbleichheit", einer Erscheinung, die O. Renner in den zwanziger und dreißiger Jahren an Arten der Gattung *Oenothera* (Nachtkerzengewächse) analysierte. In reziproken Kreuzungen der beiden Arten

164

Oenothera hookeri × *Oenothera lamarckiana* fallen die folgenden Unterschiede ins Auge:

(1) ♀ *Oe. hookeri* × ♂ *Oe. lamarckiana*

F_1: Bastarde fast immer grün. Selten traten Pflanzen mit helleren Flecken auf den ersten Blättern auf.

(2) ♀ *Oe. lamarckiana* × ♂ *Oe. hookeri*

F_1: Bastarde bleich, viele Jungpflanzen gingen zugrunde. Ein Teil der Bastarde hatte jedoch auf den Keimblättern und den ersten Laubblättern normal grüne Flecken.

Renner führte die Unterschiede auf Verschiedenheiten im Erbgut der Plastiden zurück, wobei die Plastiden vom Genotyp der Kerne beeinflußt werden.

Durch umfangreiche Serien von Kreuzungsexperimenten mit einer Anzahl von *Oenothera* – Arten wurden in den letzten Jahrzehnten verschiedene Plastidentypen und unterschiedliche Genomkomplexe charakterisiert und die Verträglichkeit der einzelnen Kombinationen untereinander getestet (F. Schötz,

Botanisches Institut der Universität München, W. Stubbe, Botanisches Institut der Universität Düsseldorf). Dabei zeigte sich nach Prüfung von etwa 400 Kombinationen, daß die Plastiden von 14 Wildarten zu 5 Reaktionstypen (I–V) zusammengefaßt werden können. Zu den Unterschieden gehört eine unterschiedliche Vermehrungsgeschwindigkeit der Plastiden. So lassen sich die einzelnen *Oenothera*-Arten nach abnehmender Vermehrungsrate in folgender Reihe anordnen:

hookeri > *bauri* > *lamarckiana* > *rubricaulis* > *suaveolens* > *biennis* > *syrticola* > *parviflora* *rubricuspis* > *ammophila* > *artrovirens*.

Die Vermehrungsgeschwindigkeit wird im wesentlichen von den Plastiden selbst und nicht vom Kern bestimmt. Zum Vergleich können die Eigenschaften der Kerne klassifiziert werden (A–C). Die Ergebnisse der Untersuchungen lassen sich zu einem Schema zusammenstellen, aus dem ersichtlich wird, daß es einen unterschiedlichen Grad an Verträglichkeit zwi-

Abb. 10.19. Ergebnis eines Teilungsversuchs über 10 Teilungsfolgen. An der Basis der beiden (nur zur Hälfte abgebildeten) Schemata ist in einer „Zelle" das Ausgangsmischungsverhältnis der Erbträger durch eine entsprechende Schraffur eingetragen. In den zwei darüber gezeichneten „Geschwisterzellen" sind die im Teilungsversuch erhaltenen Mischungsverhältnisse eingezeichnet, und in derselben Weise ist in den weiteren Teilungsfolgen verfahren. Zellen, die dadurch nur „mutierte" (hier weiß dargestellte) Plastiden

erhalten haben, bleiben auch weiterhin weiß. Zellen mit ausschließlich grünen Plastiden sind schwarz gezeichnet. Das linke Schema zeigt eine rasch ablaufende Entmischung in rein normale und rein mutierte Zellen. Es ist dabei eine nur geringe Anzahl von Erbeinheiten (p = 5) als gegeben angenommen worden. Im rechten Schema wird eine langsamere Entmischung bei einer größeren Anzahl von Erbeinheiten (p = 25) verdeutlicht. (P. Michaelis, 1966)

Abb. 10.20. Panaschierungsmuster, die auf unterschiedliche genetische Ursachen zurückzuführen sind. *a bis d* Periklinal- und Sektorialchimären (s.a. Abb. 12.2). Die Ausprägung der Muster wird durch stabile, im Kern lokalisierte Gene gesteuert. In etlichen Fällen liegen in den einzelnen Zonen auch unterschiedliche Ploidiegrade vor. *a Pelargonium zonale* (*„Mme Sallerei"*), Weißrandpelargonie, ein Beispiel für eine Periklinalchimäre. *b bis d* Sektorialchimären. Die unterschiedlichen Muster in den gezeigten Beispielen beruhen auf unterschiedlichen Entwicklungsprogrammen der Blätter der jeweiligen Arten. *b Tropaeolum majus* (Kapuzinerkresse, eine Dikotyledone). Die überlagerte Sprenkelung beruht vermutlich auf der zusätzlichen Wirkung „labiler" (springender) Gene (s. Kap. 21). *c, d* Monokotyledonen: *Arundo donax* „variegata" und *Alpinia sanderae. e Hibiscus rosa-sinensis* (*„Snow Queen"*). Auch dieses Muster geht voraussichtlich auf die Wirkung springender Gene zurück. *f Tulipa gesneriana.* Das geflammte Aussehen der Tulpenblüten wird durch eine Virusinfektion verursacht. *g, h Dieffenbachia* (verschiedene Sorten). Das Panaschierungsmuster beruht wohl auch hier auf der Wirkung springender Gene.

166

schen Kern-Plastiden-Kombinationen gibt (s. Abb. 10.21).

Der Einfluß eines bestimmten Kerngens auf die Ergrünungsfähigkeit der Plastiden des Mais wurde 1946 von M.M. Rhoades (Cold Spring Harbor Laboratory) untersucht. Das Gen Iojap (Ij) verursacht im homozygot rezessiven Zustand eine (regelmäßige) grün-weiß-Streifung der Maisblätter. Zunächst sah es so aus, als würde es sich entsprechend den Mendelschen Regeln verhalten. Detaillierte Kreuzungsexperimente führten jedoch zu folgendem Ergebnis:

(1) ♀ grün (IjIj) × ♂ gestreift (ijij)
    F_1: einheitlich grün (Ijij)
(2) ♀ gestreift (ijij) × ♂ grün (IjIj)
    F_1: vorwiegend grün (Ijij), daneben
    gestreift (Ijij)
    und weiß (letal) (Ijij).
    Trotz unterschiedlicher Phänotypen bleibt der Genotyp stets gleich.
(3) Durch Kreuzung von
    ♀ gestreift (Ijij) × ♂ grün (Ijij)

erhält man folgende Typen (entsprechend einer F_2):
    grün (IjIj)
    gestreift (IjIj)
    weiß (letal) (IjIj)
    grün (Ijij)
    gestreift (Ijij)
    weiß (letal) (Ijij).

Die Analyse der Daten läßt den Schluß zu, daß das Gen ij die Bildung abnormaler Chloroplasten induziert, welche anschließend als solche erhalten bleiben und sich unabhängig von der Konstitution des Kerns manifestieren. Deshalb können in der F_2 auch in Pflanzen des Genotyps IjIj oder Ijij gestreifte (und weiße) Formen auftreten. Wie entsteht nun aber die Streifung? Warum entstehen durch ijij-Einfluß nicht ausschließlich defekte (= weiß aussehende) Plastiden?

Offensichtlich bleibt auch in den ijij-Pflanzen eine Anzahl von Plastiden grün, und es sieht so aus, als könnten gelegentlich auch die farblosen ergrünen. Jedenfalls machen die Ergebnisse deutlich, daß die genetische Information von Kern und Plastiden einander ergänzt und daß die Genome der unterschiedlichen Kompartimente zusammenarbeiten.

Molekulargenetische Untersuchungen der letzten Jahre ergaben, daß es einen perfekt funktionierenden, genau aufeinander eingespielten Informationsfluß zwischen dem Kern und den Plastiden (und den Mitochondrien) gibt und daß die in Chloroplasten und Mitochondrien lokalisierten Gene einen entscheidenden (unersetzlichen) Einfluß auf die Existenz der Zellen haben. In Chloroplasten lokalisierte Gene steuern Reaktionen der Photosynthese, in Mitochondrien lokalisierte den Reaktionsablauf der Atmungskette (s. Kap. 23).

Literatur

Bateson, W.: Principles of Heredity. Cambridge: University Press, 1902

Bateson, W.: Mendel's principles of heredity. Cambridge: University Press, 1909

Baur, E.: Die *aurea*-Sippen von *Antirrhinum majus*. Z. Abst. u. Vererbl. *1*, 124–125 (1908)

Baur, E.: Das Wesen und die Erblichkeitsverhältnisse der „*varietates albomarginatae hort.*" von *Pelargonium zonale*. Z. Abst. u. Vererbl. *1*, 330–351 (1909)

Baur, E.: Mutationen von *Antirrhinum majus*. Z. Abst. u. Vererbl. *19*, 177–193 (1918)

Baur, E.: Einführung in die Vererbungslehre. Berlin: Gebr. Borntträger, 1930 (7. Aufl.)

Cleland, R.E.: The cytogenetics of *Oenothera*. Adv. Genetics *11*, 147–237 (1962)

Correns, C.: Scheinbare Ausnahmen von der Mendelschen Spaltungsregel der Bastarde. Ber. Deutsch. Bot. Ges. *20*, 159–172 (1902)

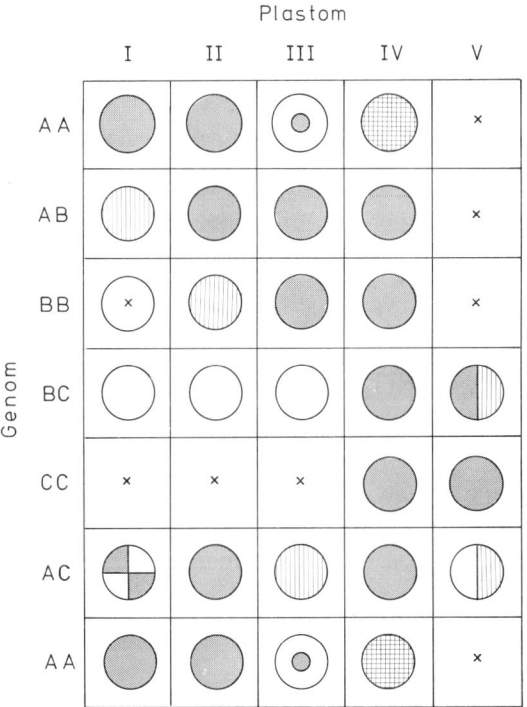

Abb. 10.21. Kombinationsrechteck, das eine Übersicht über die Wirkung bestimmter Genom-Plastom-Kombinationen bei Artkreuzungen mit Arten aus der Untergattung *Euoenothera* auf die Ergrünungsfähigkeit der Plastiden gibt. Dunkle Felder: völlige Verträglichkeit (grüne Plastiden). +: letale Kombinationen; helle Felder: Kombinationen mit nichtergrünenden Plastiden; gestreifte Felder: Kombinationen mit partiell ergrünenden Plastiden; Felder mit Sektoren oder konzentrischen Kreisen: Unterschiedliche Phänotypen in der Nachkommenschaft. (W. Stubbe, 1959)

Correns, C.: Vererbungsversuche mit blaß-(gelb-)-grünen und buntblättrigen Sippen bei *Mirabilis jalapa, Urtica pilulifera* und *Lunaria annua*. Z. Abst. u. Vererbl., *1*, 291–329 (1909)

Correns, C.: Vererbung und Bestimmung des Geschlechts. Vers. deutsch. Naturf. u. Ärzte, 1926 (Gesammelte Abhandlungen, S. 672)

Correns, C.: Bestimmung, Vererbung und Verteilung des Geschlechts bei höheren Pflanzen. in „Handbuch der Vererbungslehre", Band II (E. Baur und M. Hartmann Herausg.) Berlin: Gebr. Bornträger, 1928

Correns, C.: Nichtmendelnde Vererbung. in „Handbuch der Vererbungslehre" (F. v. Wettstein, Herausg.). Berlin: Gebr. Bornträger, 1937

Darlington, C.D.: Ring-formation in *Oenothera* and other genera. J. Genet. *20*, 345–363 (1929)

Darwin, C.: On the two forms, or dimorphic conditions in the species of *Primula*, and on their remarkable sexual relations. Proc. Linnean Soc. London, Bot. *6*, 77–97 (1862)

East, E.M., A.J. Mangelsdorf: A new interpretation of the hereditary behavior of self-sterile plants. Proc. Natl. Acad. Sci. US *11*, 166–171 (1925)

East, E.M.: Heterosis. Genetics *21*, 375–397 (1936)

Emerson, E.A., E.M. East: The inheritance of quantitative characters in maize. Bull. No. 2, Agric. Expt. Station of Nebrasca, Lincoln, Nebr. 1913

Emerson, E.A.: Genetical studies of variegated pericarp in maize. Genetics *2*, 1–35 (1917)

Gager, C.S., A.F. Blakeslee: Chromosome and gene mutations in *Datura* following exposure to radium rays. Proc. Natl. Acad. Sci. US 13, 75–79 (1927)

Gottschalk, W.: Über die mutative Abänderung pflanzlicher Organisationsmerkmale. Planta (Ber.) *57*, 313–330 (1961)

Gottschalk, W.: Die Bedeutung der Genmutationen für die Evolution der Pflanzen. Stuttgart: G. Fischer Verlag, 1971

Hagemann, R.: Plasmatische Vererbung. Jena: VEB G. Fischer Verlag, 1964

Johannsen, W.: Elemente der exakten Erblichkeitslehre. Jena: G. Fischer Verlag, 1926 (3. Aufl.)

Kappert, H.: Die vererbungswissenschaftlichen Grundlagen der Züchtung. Berlin–Hamburg: P. Parey Verlag, 1953 (2. Aufl.)

Kappert, H.: Vier Jahrzehnte miterlebte Genetik. Berlin–Hamburg: P. Parey Verlag, 1978

Mangelsdorf, A.J.: The genetics and morphology of some endosperm characters in maize. Connecticut Agric. Expt. Station, Bull. 279 (1926)

Mangelsdorf, P.C.: Hybrid corn: its genetic basis and its significance in human affairs. in „Genetics in the 20th century" (L.C. Dunn, ed.). New York: The Macmillan Comp., 1951

Mangelsdorf, P.C., D.F. Jones: The expression of mendelian factors in the gametophyte of maize. Genetics *11*, 423–455 (1926)

Michaelis, P.: Cytoplasmic inheritance in *Epilobium* and its theoretical significance. Adv. Genetics *6*, 287–401 (1954)

Michaelis, P.: Plasmatische Vererbung beim Weidenröschen *(Epilobium)*. Umschau, S. 629–635 (1966)

Morgan, T.: The theory of the gene. New Haven: Yale Univ. Press, 1926

Muller, J.H.: Artificial transmutation of the gene. Science *66*, 84–87 (1927)

Nilsson-Ehle, H.: Kreuzungsuntersuchungen an Hafer und Weizen. Acta Univ. Lund, Ser. II, *5*, 1–122 (1909)

Renner, O.: Versuche über die gametische Konstitution der Oenotheren. Z. Abst. u. Vererbl. *18*, 121–294 (1917)

Renner, O.: Zur Biologie und Morphologie der männlichen Haplonten einiger Oenotheren. Z. Bot. *11*, 305–380 (1919)

Renner, O.: Eiplasma und Pollenschlauch als Vererbungsträger bei den Oenotheren. Z. Abst. u. Vererbl. *27*, 235–237 (1922)

Renner, O.: Die Scheckung der Oenotherenbastarde. Biol. Zbl. *44*, 309–336 (1924)

Renner, O.: Artbastarde bei Pflanzen. in „Handbuch der Vererbungslehre" Band II, (E. Baur, H. Hartmann Herausg.). Berlin: Gebr. Bornträger, 1929

Renner, O.: Die pflanzlichen Plastiden als selbständige Elemente der genetischen Konstitution. Ber. sächs. Akad. Wiss. (Math.-Phys. Klasse) *86*, 241–266 (1934)

Rhoades, M.M.: Plastid mutations. Cold Spring Harbor Symp. Quant. Biol. *11*, 202–207 (1946)

Rhoades, M.M.: Gene induced mutations of a heritable cytoplasmic factor producing male sterility. Proc. Natl. Acad. Sci. US *36*, 634–635 (1950)

Robertson, E.S., I.C. Anderson: Temperature sensitive alleles of the Y_1 locus in maize. J. Heredity *52*, 53–60 (1961)

Schötz, F.: Über Plastidenkonkurrenz bei *Oenothera*. Planta *43*, 182–240 (1954)

Schötz, F.: Effects of the disharmony between genome and plastome on the differentiation of the thylakoid system in *Oenothera*. Symp. Soc. exptl. Biol. *24*, 39–54 (1970)

Shull, G.H.: Duplicate genes for capsule-form in *Capsella bursa-pastoris*. Z. Abst. u. Vererbl. *12*, 97–149 (1914)

Shull, G.H.: What is „heterosis"? Genetics *33*, 439–446 (1948)

Stubbe, W.: Genetische Analyse des Zusammenwirkens von Genom und Plastom bei *Oenothera*. Z. Vererbl. *90*, 288–298 (1959)

de Vries, H.: Die Mutationstheorie. Leipzig: Veit u. Co., 1901–1903

Zimmer, K.G., N.W. Timoféeff-Ressovsky: Über einige physikalische Vorgänge bei der Auslösung von Genmutationen durch Strahlung. Z. ind. Abst. u. Vererbungsl. *80*, 353–372 (1942)

168

11. Chromosomen; Chromosomentheorie (Teil II)

In einer ersten Phase der Chromosomenforschung – beschrieben im Kapitel 9 – wurden die Mechanismen der Mitose und Meiose aufgeklärt und die einzelnen Phasen charakterisiert. Die Übereinstimmung zwischen Verteilungsmuster und genetischen Daten machte die Annahme wahrscheinlich, daß Chromosomen Träger von Erbanlagen (Genen) seien.

Dennoch wurde die Chromosomentheorie zu Beginn des 20. Jahrhunderts nur von wenigen akzeptiert, und insgesamt eher skeptisch betrachtet. Den eigentlichen Durchbruch erzielte sie, nachdem die Individualität einzelner Chromosomen erkannt worden war und verschiedene Änderungen im cytologischen Bild mit genetischen Änderungen in Einklang gebracht werden konnten.

Entscheidend war dabei die Wahl eines geeigneten Versuchsobjekts, und als solches erwies sich die Fruchtfliege *Drosophila melanogaster,* die von T.H. Morgan (Columbia University, New York) um 1910 in die genetische Forschung eingeführt wurde. Sie bietet u.a. folgende Vorteile:

(1) Die Generationsdauer beträgt nur 14 Tage.
(2) Es können Tausende von Individuen auf kleinstem Raum (in Kulturgläsern auf Regalen) gehalten werden.
(3) Wegen der hohen Individuenzahl ist die Chance, Mutanten (= Individuen mit veränderten erblichen Eigenschaften) zu identifizieren und zu selektieren, relativ hoch.
(4) *Drosophila* besitzt $n = 4$ Chromosomen. Das X-Chromosom ist vom Y-Chromosom deutlich verschieden.
(5) *Drosophila*larven enthalten in verschiedenen Organen (z.B. in der Speicheldrüse) spezialisierte Chromosomen, die Riesenchromosomen. Sie sind ideal zum Studium von Veränderungen der Chromosomenstruktur geeignet.

Es gibt keine Pflanze, die alle diese Bedingungen erfüllt. Die Generationsdauer höherer Pflanzen ist durchweg viel länger. Selten lassen sich pro Jahr mehr als zwei Generationen testen. Pflanzen haben einen hohen Platzbedarf, und deshalb sind Experimente mit ihnen nicht nur zeit-, sondern vor allem auch kostenaufwendig.

Viele Pflanzen, vor allem Monokotyledonen, verfügen zwar über größere, lichtmikroskopisch leichter sichtbare Chromosomen als *Drosophila.* Riesenchromosomen hingegen wurden nur ausnahmsweise in einigen hochspezialisierten Zellen weniger Pflanzenarten nachgewiesen (so z.B. in den Suspensorzellen der Bohne *Phaseolus coccineus*). Es liegen bis heute keine für die Grundlagenforschung wichtige Ergebnisse vor, die an pflanzlichen Riesenchromosomen erarbeitet worden sind.

Auch wenn es sich hier um ein Botaniklehrbuch handelt, müssen einige wenige – grundlegende – Ergebnisse der *Drosophila*-Forschung behandelt werden. Dazu gehören:
- der Nachweis der Geschlechtschromosomen und der geschlechtsgebundenen Vererbung,
- der Nachweis, daß Gene in linearer Anordnung auf Chromosomen lokalisiert sind,
- der Nachweis struktureller Veränderungen von Chromosomen (Chromosomenmutationen) und
- der Nachweis der Korrelation zwischen Genkarte (aufgestellt aufgrund von Ergebnissen aus Kreuzungsexperimenten) und der Chromosomenstruktur.

Die wesentlichen Aussagen konnten später auch für Pflanzen verifiziert werden. Als Objekt der Wahl erwies sich vielfach *Zea mays.* Wegen seiner hohen wirtschaftlichen Bedeutung, vor allem in den USA, standen genügend Geldmittel und Versuchsflächen zur Verfügung, um die Versuche im notwendigen Umfang durchzuführen. Rentiert haben sich die Ausgaben, denn bei kaum einer Kulturpflanze sind innerhalb kurzer Zeit (wenige Jahrzehnte) derart hohe Ertragssteigerungen durch konsequente Anwendung genetischen Grundlagenwissens zu verzeichnen gewesen.

Geschlechtschromosomen und geschlechtsgebundene Vererbung

Einen ersten stichhaltigen Hinweis für einen Zusammenhang zwischen Chromosomen und Geschlecht erbrachte H. v. Henking (1891). Er arbeitete über die Spermatogenese und deren Beziehung zur Eientwicklung der Hemiptere *Pyrrhocoris apterus* und fand, daß die Hälfte der Tochterzellen während der Anaphase II ein Chromatidelement mehr als die übrigen erhielt. Er war sich nicht sicher, ob es sich dabei um ein Chromosom handelt, und nannte die Struktur daher X.

Ähnliche Beobachtungen wurden in der Folge an anderen Insekten gemacht, und 1902 postulierte C.E. McClung, daß das X-Element etwas mit der Geschlechtsbestimmung zu tun haben müsse. Die Bestätigung erfolgte 1905 durch E.B. Wilson (Columbia University, New York), der bei Männchen von *Protenor belfragei* 13 (= 2n), bei Weibchen 14 Chromosomen zählte und dem Männchen ein, dem Weibchen zwei X-Chromosomen (von ihm stammt auch dieser Begriff) zuordnen konnte.

Im Jahre 1909 fand er, daß Männchen einiger anderer Insektengattungen *(Lygaeus, Tenebrio, Drosophila)* neben einem X-Chromosom ein anders geformtes, wesentlich kleineres Y-Chromosom besitzen, so daß der Genotyp der Männchen mit XY angegeben werden muß.

Da sich X- und Y-Chromosomen strukturell voneinander unterscheiden (und sich bei der Meiose daher auch nicht paaren), spricht man von Heterochromosomen, im Gegensatz zu den übrigen, den Autosomen.

Ein Jahr später entdeckte T.H. Morgan eine *Drosophila*-Mutante mit weißen (anstelle von roten) Augen. Die Vererbung des Merkmals „Weißäugigkeit" *(white, w)* ist geschlechtsgebunden. Schon 1911 konnten diese Ergebnisse mit der Verteilung der Geschlechtschromosomen korreliert werden. Die Merkmalsanlage (das Gen) für *white* wurde auf dem X-Chromosom lokalisiert:

$$X^W X \times XY \to X^W X, X^W Y, XX, XY \quad \text{oder}$$
$$XX \times X^W Y \to XX^W, X^W X, XY, XY.$$

Das erste geschlechtschromosomengebundene pflanzliche Gen wurde 1912 von E. Baur entdeckt. Er beschrieb eine schmalblättrige Mutante von *Silene alba* (= *Melandrium album*) und bewies durch entsprechende Kreuzungen, daß das Merkmal geschlechtsgebunden vererbt wird.

Die Existenz der geschlechtsgebundenen Vererbung bestimmter Merkmale erwies sich im nachhinein als die sicherste Stütze der Chromosomentheorie der Vererbung.

Erwähnt sei, daß Merkmale, wie „Weißäugigkeit" oder „Schmalblättrigkeit", *a priori* nichts mit der Geschlechtsbestimmung (Determination des Geschlechts) zu tun haben. Das X-Chromosom und das Y-Chromosom sind demnach nicht allein für die Festlegung des Geschlechts verantwortlich, sondern sie sind gleichermaßen Träger von Genen, die vom Geschlecht unabhängige Merkmale beeinflussen.

Wodurch wird nun aber die Ausprägung des Geschlechts determiniert?

Darauf gibt es keine allgemeingültige Antwort. An zwei Beispielen, *Drosophila melanogaster* einerseits, und *Silene alba* (= *Melandrium album*) andererseits, wurde gezeigt, daß die Geschlechtsbestimmung auf unterschiedlichen Mechanismen beruht, daß also die geschlechtsbestimmenden Gene auf unterschiedlichen Chromosomen lokalisiert sein können. Bei der Bestimmung des Geschlechts von *Melandrium album* spielt das Y-Chromosom eine entscheidende Rolle.

Die Art ist diözisch, und die Geschlechtsvererbung folgt dem klassischen Schema XX = ♀, XY = ♂; das Y-Chromosom ist hier sehr groß. I. Ono, A.F. Blakeslee, H. Warmke und M. Westergaard (Literatur bei M.Westergaard, 1948) analysierten unter Einsatz polyploider Rassen (siehe dazu Kap. 12 und 37: Polyploidie) den Einfluß der Geschlechtschromosomen auf die Autosomen. Parallelluntersuchungen hierzu wurden von Bridges an *Drosophila* durchgeführt. Die experimentellen Daten sind in der Tabelle 1 zusammengefaßt.

Tabelle 1. Einfluß des Verhältnisses von Geschlechtschromosomen (X,Y) zu Autosomen (A) bei *Melandrium album* und *Drosophila melanogaster* (M. Westergaard, 1953)

Kombinations-Nr.	Karyotyp	*Melandrium*	*Drosophila*
1	2 A + XX	♀	♀
2	2 A + XXX	♀	♀ (Überweibchen)
3	3 A + X	?	♂ (steril)
4	3 A + XX	♀	♀
5	3 A + XXX	♀	♀
6	4 A + XX	♀	♂
7	4 A + XXX	♀	♀
8	4 A + XXXX	♀	♀
9	4 A + XXXXX	♀	?
10	2 A + XY	♂	♂
11	2 A + XYY	♂	♂
12	2 A + XXY	♂	♀
13	2 A + XXYY	?	♀
14	3 A + XY	♂	♂ (Übermännchen)
15	3 A + XXY	♂	♀
16	3 A + XXXY	♂	♀
17	4 A + XY	♂	?
18	4 A + XXY	♂	?
19	4 A + XXYY	♂	?
20	4 A + XXXY	♂	?
21	4 A + XXXYY	♂	?
22	4 A + XXXXY	♀ = ♂→♀	?
23	4 A + XXXXYY	♂	?

Aus ihnen geht hervor, daß die Balance zwischen den irgendwo im Autosomensatz vorhandenen Determinanten für das männliche Geschlecht, und den auf dem X-Chromosom liegenden für das weibliche bei *Drosophila* geschlechtsbestimmend ist. Im Gegensatz dazu ist bei *Melandrium album* die Anwesenheit eines Y-Chromosoms für die Bildung von ♂ ausschlaggebend.

Das Y-Chromosom ist für die Bestimmung des männlichen Geschlechts so stark wirksam, daß es den Anschein hat, als würden die Autosomen und X-Chromosomen überhaupt keine Rolle spielen.

In einem Fall hingegen (Zeile 22) sieht man, daß auch bei *Melandrium* ein Balancemechanismus zum Zuge kommen kann. Offensichtlich tragen X-Chromosomen ♀-bestimmende Gene, die aber so schwach sind, daß bei Gegenwart eines Y-Chromosoms vier X-Chromosomen erforderlich sind, um dessen Einfluß zu kompensieren.

170

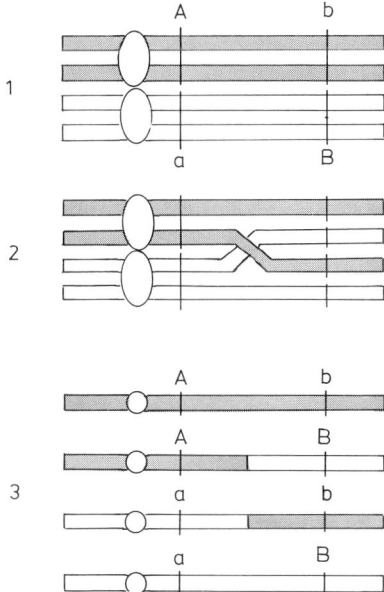

Abb. 11.1. Crossing-over (schematische Darstellung). *1* Paarung homologer Chromosomen; *2* Crossing-over zwischen zwei Chromatiden verschiedener (aber homologer) Chromosomen; *3* Endprodukte nach Chromatidentrennung.

Der *Drosophila*- und der *Melandrium*-Fall dürfen nicht zu der Schlußfolgerung verleiten, bei Tieren würde der eine, bei Pflanzen der andere Weg eingeschlagen, denn die Geschlechtsdetermination von *Rumex acetosa* folgt dem *Drosophila*-Schema (I. Ono, 1935, Y. Yamamoto, 1938).

Nachweis, daß Gene in linearer Anordnung auf Chromosomen lokalisiert sind

Die bereits besprochenen Ergebnisse von W. Bateson u.a., daß bei *Lathyrus odoratus* zwei Merkmale in der Regel gekoppelt sind, gelegentlich aber voneinander getrennt werden, bilden einen experimentellen Ansatz zur Lokalisierung von Genen auf den Chromosomen. Batesons Daten waren noch nicht ausreichend, um dementsprechende Konsequenzen ziehen zu können. Es waren schließlich wiederum die an *Drosophila* gewonnenen Ergebnisse, die diesen Schluß zuließen.

Die Chromosomentheorie (in ihrer einfachsten Formulierung) fordert, daß die Zahl der Kopplungsgruppen der Zahl der Chromosomen (1 n = haploider Satz) entspricht. Tatsächlich wurden aber, zunächst bei *Pisum sativum,* später auch bei anderen Arten, mehr Kopplungsgruppen als 1 n Chromosomen nachgewiesen. H. de Vries vermutete daher (1903), daß die Vermehrung der Zahl der Kopplungsgruppen auf Chromosomenstückaustausch beruht. Die strukturel-

len Voraussetzungen dafür sind während der Prophase der Meiose gegeben, in der sich homologe Chromosomen paaren. F.A. Janssens beobachtete während der Meiose von *Batrachoseps attenuatus* (einem Amphibium) die Überkreuzung einzelner Chromosomenarme im Diplotänstadium, und nannte diesen Zustand Chiasma (s. Abb. 11.1).

Er erkannte darüber hinaus, daß die Chromosomenarme (genauer Chromatidenarme) an dieser Stelle brechen können und über Kreuz wieder verwachsen.

T.H. Morgan zeigte nun an zwei X-Chromosomengebundenen Merkmalen, daß ein Faktorenaustausch erfolgt und daß dieser auf einem Crossing-over beruht. Mit anderen Worten: aufgrund genetischer Analysen wird ein Chromosomenstückaustausch gefordert.

Bei der Aufstellung einer Genkarte ist die relative Crossing-over-Wahrscheinlichkeit zwischen zwei Genen (Genorten) entscheidend. Liegen zwei Genorte auf einem Chromosom nahe beieinander, ist die Wahrscheinlichkeit ihrer Trennung durch Crossing-over gering; mit steigendem Abstand nimmt sie zu. Unter dieser Prämisse wertete Morgans Mitarbeiter A.H. Sturtevant die Austauschhäufigkeiten mehrerer auf dem X-Chromosom liegender Gene aus. Er zeigte damit, daß sich die Austauschhäufigkeiten mit den Genabständen korrelieren ließen und daß sich Genabstände additiv verhielten. So ist beispielsweise der Abstand von A–C gleich der Summe aus A–B + B–C. Dies wiederum heißt, daß die Genorte A, B und C linear auf dem Chromosom angeordnet sind. Die Werte für große Genabstände sind jedoch oft niedriger als erwartet (niedriger als die Summe kurzer Teilstrecken). Dieses Phänomen, Interferenz genannt, beruht auf dem Vorkommen von Doppel-Crossingover, durch die die Häufigkeit von Crossing-over-Ereignissen scheinbar verringert wird (s. Abb. 11.2). Der ersten, anfangs noch sehr einfachen Genkarte einer Kopplungsgruppe (X-Chromosom von *Drosophila*) folgten bald weitere sowie Ergänzungen der ersten.

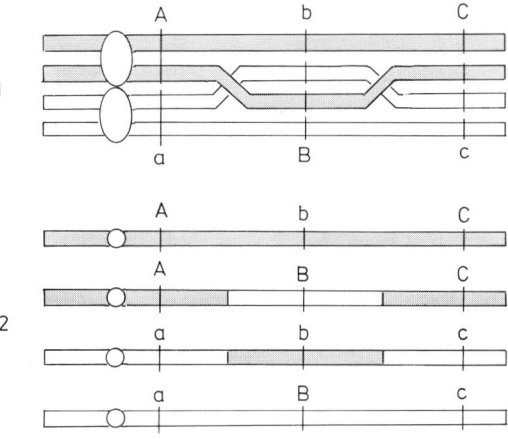

Abb. 11.2. Doppel-Crossing-over

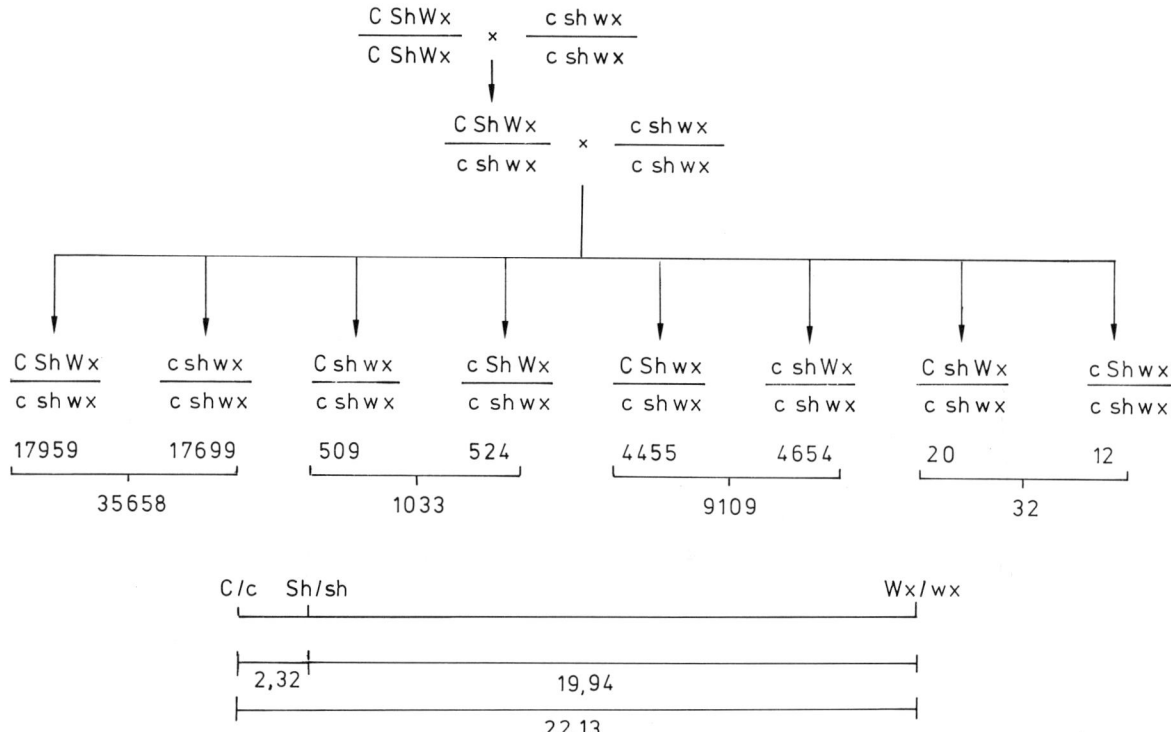

Abb. 11.3. Ergebnis von Stadlers Experiment zur Kartierung der ersten drei Genorte auf einem Mais-Chromosom (Nr. 9 nach heutiger Zählung). Die Genorte sind: *C (color), Sh (shrunken)* und *Wx (waxy)*. Großbuchstaben: dominant, Kleinbuchstaben: rezessiv. Aus den angesetzten Kreuzungen (oben im Schema) erhielt er in der F_2 (Mitte) die in der Darstellung angegebenen Spaltungszahlen (und Genotypen). Daraus errechnete er die unten wiedergegebene Anordnung der Gene auf dem Chromosom. (L.J. Stadler, 1926)

Bereits 1926 lag die erste Genkarte (mit nur drei Genorten) eines pflanzlichen Chromosoms vor (L.J. Stadler, University of Missouri, Columbia, 1926, s. Abb. 11.3).

Nach Kartierung zusätzlicher Genorte mußten die ursprünglich festgelegten Abstände präzisiert werden, da auch sie durch Doppel-Crossing-over verfälscht waren. Erst die Feinanalyse unter Zuhilfenahme zahl-

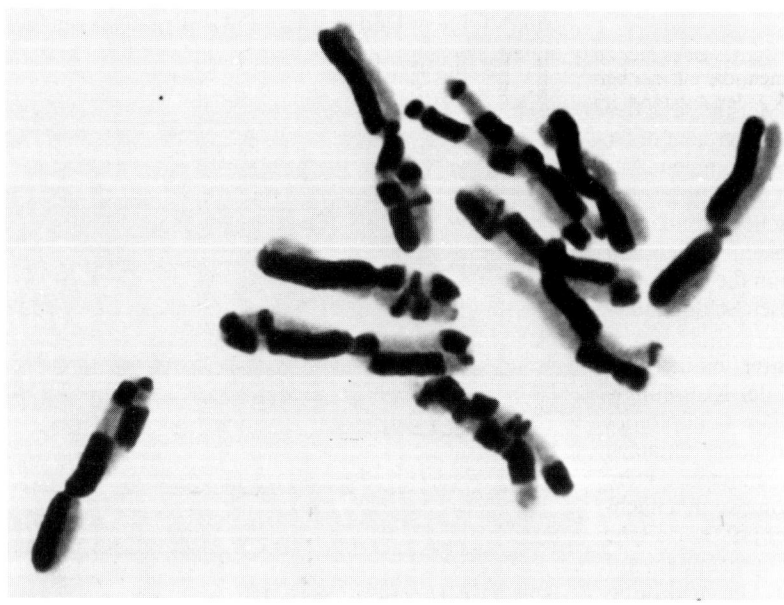

Abb. 11.4. Schwesterchromatidaustausch (mitotisches Crossing-over). Austausche in Zellen von *Allium cepa*. Die harlekinartig aussehenden Chromosomen erhält man durch Behandlung der Zellen mit Bromdesoxyuridin (BrdU) für eine Replikationsperiode. Durch BrdU wird die Austauschrate drastisch heraufgesetzt. Durch Wahl eines geeigneten Farbstoffs, der BrdU-substituierte Chromatiden nur schwach, BrdU-freie aber stark anfärbt, können die nach dem Herauswaschen des nicht-eingebauten BrdU gebildeten Chromatiden als stark gefärbte Einheiten erkannt werden, jeder Sprung im Färbungsmuster entspricht einem Crossing-over-Ereignis. (in Analogie hierzu: s. Nachweis semikonservativer DNS, in Abb. 21.11). (J.B. Schvartzman, F. Cortés, A. González-Fernández, C. Gutiérrez und J.F. López-Saez, 1979)

Abb. 11.5. Mitotisches Crossing-over in einem Blatt von *Nicotiana tabacum*. Im vorliegenden Fall wurde eine doppelt heterozygote Mutante (Su+/+cl) verwendet (+ = Wildtypallel). Die beiden Genorte Su und cl sind miteinander gekoppelt. Die Blätter sehen gelbgrün aus, da Su (dominant über +!) eine völlige Ergrünung unterdrückt. Das cl-Allel macht sich nur in homozygotem Zustand bemerkbar. Ohne das entsprechende Wildtypallel ist keine Chlorophyllbildung möglich, cl/cl-Pflanzen sind farblos. Durch Crossing-over in *einer* Zelle während der Ontogenese des Blattes ist es hier zu Kombinationen + + und Su cl gekommen, die auf die beiden Tochterzellen verteilt wurden. Aus jeder entstand im Verlauf der weiteren Blattentwicklung ein Zellklon, beide sind benachbart und als Zwillingsfleck erkennbar. Die beiden Zellklone sind etwa gleich groß. Aus solchen Farbmusterverteilungen (Form und Größe) können Rückschlüsse auf die Vorgänge (z.B. die Zellteilungsfolge) während der Blattentwicklung gezogen werden. Der dunkle Klon (+ +) z.B. erstreckt sich über eine der Blattadern hinaus, d.h., daß auch die darin enthaltenen Zellen des Leitgewebes aus jener Zelle entstanden sind, in der das Crossing-over stattfand. (P.S. Carlson, 1974)

reicher Genorte (*Marker*) führte in Annäherung zu den realen Abständen (s. Abb. 11.8). Neben dem Crossing-over während der Meiose (meiotisches Crossing-over) kommt gelegentlich auch mitotisches Crossing-over vor, der Effekt ist in den Abbildungen 11.4 und 11.5 dargestellt.

Chromosomenstrukturen und strukturelle Veränderungen der Chromosomen

Bereits die ersten lichtmikroskopischen Beobachtungen an Chromosomen ergaben, daß sich die Chromosomen eines Satzes strukturell voneinander unterscheiden können. Gelegentlich findet man an den Enden einzelner Chromosomen Anhänge, die als Satelliten bezeichnet werden.

Am günstigsten lassen sich Chromosomen während der Metaphase, zu einem Zeitpunkt, zu dem die beiden Chromatiden noch zusammenhängen, betrachten. Sie erscheinen dann in X- oder V-förmiger Konfiguration (s. Abb. 9.2). Während dieses Stadiums lassen sie sich auch am einfachsten zählen, strukturelle Änderungen oder das Fehlen einzelner Chromosomen lassen sich erfassen.

In der Chromosomenforschung ist es üblich, die Chromosomen eines Satzes der Größe nach zu sortieren und sie mit fallender Größe (Länge) zu numerieren. Das Chromosom 1 eines Satzes ist in der Regel das größte; X- und Y-Chromosomen werden getrennt behandelt und in der Darstellung zuletzt präsentiert. Das X-Chromosom ist bei einigen Arten größer als das Chromosom 1; das Y-Chromosom ist oft sehr klein. Wie aber schon erwähnt, sind die Geschlechtschromosomen bei höheren Pflanzen (soweit vorhanden) strukturell meist nicht voneinander unterscheidbar. Die Charakterisierung der Chromosomen einer Art durch Zahl und Form nennt man Karyotyp. Die Identität der n = 10 Maischromosomen wurde in den späten zwanziger und frühen dreißiger Jahren durch

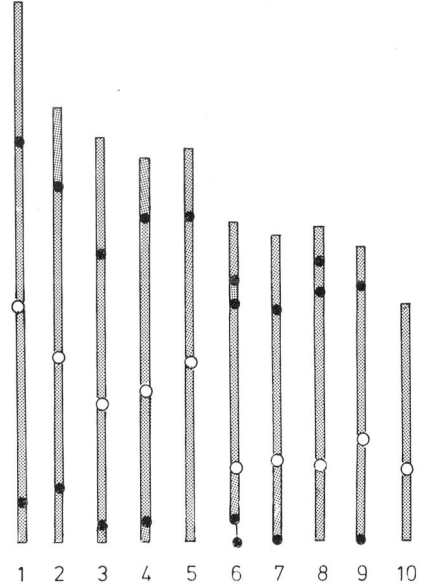

Abb. 11.6. Schematische Darstellung der Chromosomen von *Zea mays*. Die Centromeren sind als helle Kreise, Verdickungen (Knöpfe, *knobs*) als dunkle dargestellt. (M. M. Rhoades, 1950)

173

B. McClintock (Carnegie Institution of Washington) geklärt. Chromosom 1 ist mehr als doppelt so lang wie das Chromosom 10, im Chromosom 5 sind langer und kurzer Arm annähernd gleich lang, in Chromosom 6 ist der lange Arm sieben mal so lang wie der kurze. Chromosom 6 trägt am kurzen Arm eine endständige (telomere), knopfartige Struktur (einen Satelliten). Mehrere der Chromosomen sind an bestimmten Stellen regelmäßig verdickt (s. Abb. 11.6).

Die Kopplungsgruppe I (siehe vorangegangenen Abschnitt) konnte dem Chromosom 9 zugeordnet werden.

Warum diese Konfusion bei der Numerierung? Chromosomennummern werden nach Chromosomengröße vergeben. Die Numerierung der Kopplungsgruppen hat historische Gründe. Die Experi-

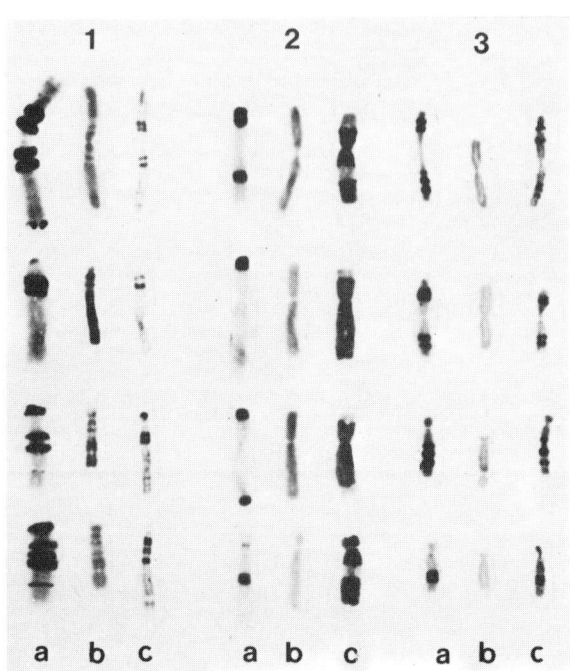

Abb. 11.8. Chromosomenbandierung, hervorgerufen durch drei verschiedene Färbeverfahren. *a* Giemsa-Färbung (G-Banden); *b* Feulgenfärbung; nach kurzer hydrolytischer Vorbehandlung der Präparate; *c* Feulgenfärbung nach ausgedehnter hydrolytischer Vorbehandlung. Chromosomen von: 1. *Anemone blanda*, 2. *Scilla sibirica*, 3. *Fritillaria lanceolata*. (G.E. Marks, 1983)

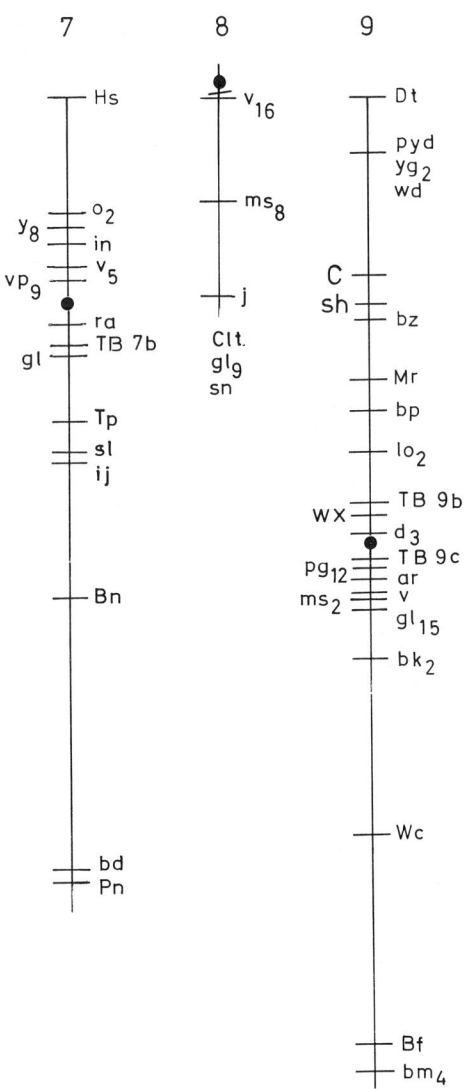

Abb. 11.7. Ausschnitt aus der Chromosomenkarte von *Zea mays*. Nur die auf den Chromosomen 7–9 lokalisierten Genorte sind hier dargestellt. (M.G. Neuffer und E.H. Coe, 1974)

mente mit den Genorten der Kopplungsgruppe I wurden eben früher als die der Kopplungsgruppe II, III usw. durchgeführt.

Chromosomenstrukturen und Genkarten des Mais sind der Abbildung. 11.7 zu entnehmen. Es gibt nur sehr wenige Pflanzenarten, bei denen die Erforschung der Genkarte so weit wie beim Mais gediehen ist. Einige weit lückenhaftere Karten existieren z.B. von *Antirrhinum majus* und einigen Getreidearten (*Triticum aestivum* u.a.). Doch selbst die Genkarte des Mais ist bei weitem nicht so detailliert wie die von *Drosophila melanogaster* oder die des Menschen. Dies mag verwundern. Es gibt heute aber Techniken, Genkarten aufgrund von Untersuchungen an Zellkulturen (Analyse von Fusionsprodukten menschlicher Zellen mit Mäusezellen) zu erstellen. Das Interesse an allem, was mit dem Menschen selbst zu tun hat, ist natürlich größer als das an Pflanzen, und die medizinische Forschung wird durch erheblich höhere finanzielle Mittel gefördert als die Botanik oder die Züchtungsforschung. Es sei aber auch gesagt, daß das für menschliche (allgemein für tierische) Zellen erarbeitete Verfahren zur Genkartierung aus prinzipiellen Erwägungen heraus nicht auf pflanzliche Zellen übertragbar ist.

Durch Färbung mit den klassischen Chromosomenfarbstoffen, z.B. mit Karminessigsäure, lassen sich einzelne Chromosomenabschnitte deutlicher als

174

andere färben. Das Färbungsmuster ist spezifisch. Während der Interphase ist die Chromosomenstruktur in der Regel aufgelöst. Die Intensität der Kernfärbung ist meist geringer, vor allem aber weniger einheitlich als die der Chromosomen. Die färbbare Substanz wird Chromatin genannt. Auf Vorschlag von E. Heitz (seinerzeit am Botanischen Institut der Universität Hamburg, 1927, 1929) ist zwischen Hetero- und Euchromatin zu unterscheiden. Unter Heterochromatin werden die intensiv angefärbten Bereiche, unter Euchromatin die diffus gefärbten verstanden. Heterochromatin ist meist granulär über den gesamten Zellkern verteilt. Heute können wir sagen, daß die DNS in heterochromatischen Bereichen wie auch in den Chromosomen hochgradig kondensiert (dicht gepackt) ist und daher viel Farbstoff bindet, während sie in euchromatischen Bereichen in aufgelockerter Form vorliegt.

Seit mehreren Jahren werden in steigendem Umfang hochspezifische Fluorochrome (Fluoreszenzfarbstoffe) zur Chromosomenfärbung herangezogen. Sie gestatten es, Details der Chromosomenstruktur, so z.B. die Verteilung von Eu- und Heterochromatin zu studieren. Es kann mit ihrer Hilfe aber auch gezeigt werden, daß das Heterochromatin keine einheitliche Fraktion ist, sondern daß es mehrere – unterschiedlich anfärbbare – Heterochromatinarten gibt. Vielfach ist nach Einsatz bestimmter Farbstoffe eine deutliche Querbänderung der Chromosomen erkennbar (s.Abb. 11.8 und 11.9), mehr darüber im Kapitel 39. Das Bandierungsmuster ist spezifisch und erleichtert die Identifikation einzelner Chromosomen. Um die Bänderung deutlicher hervortreten zu lassen, unterwirft man die Chromosomenpräparate einer Vorbe-

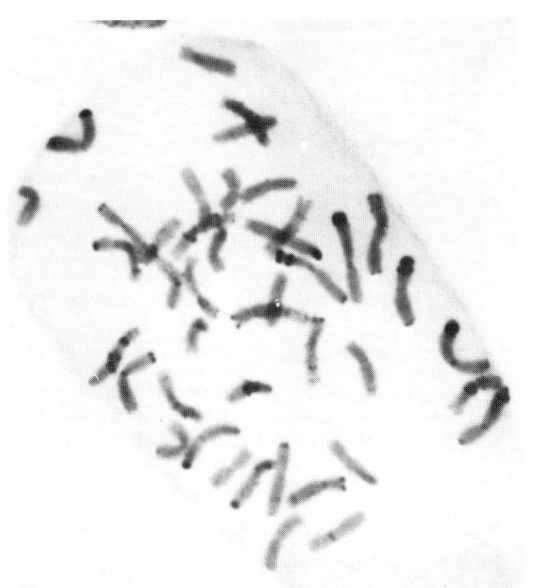

Abb. 11.9. Chromosomen von *Triticale* (einem Bastard aus *Triticum* [Weizen] und *Secale* [Roggen]). *Secale*-Chromosomen sind an (meist) terminalen heterochromatischen Abschnitten (G-Banden) identifizierbar; Balken: 10 μm (A. Merker, 1976)

handlung mit proteinabbauenden Enzymen (Proteasen).

Auch der simultane Einsatz von zwei unterschiedlichen Fluorochromen, von denen z.B. eines für Hetero-, das andere für Euchromatin spezifisch ist, erleichtert das Arbeiten, oder besser gesagt, die Auswertung der Ergebnisse.

Die modernen Techniken sind nicht nur zur Charakterisierung der einzelnen Chromosomen wichtig, sie erlauben es auch, das Schicksal einzelner Abschnitte beim Übergang Chromosom → Interphasekern zu verfolgen und bestimmte Bereiche des Kerns mit bestimmten Chromosomen zu homologisieren (s. Abb. 39.4). Darüber hinaus lassen sich Änderungen der Chromosomenstruktur (Inversionen, Duplikationen usw., siehe folgenden Abschnitt) sowie das Auftreten zusätzlicher oder das Fehlen einzelner Chromosomen leicht ausmachen. Einschränkend sei jedoch vermerkt, daß einige der Farbstoffe mit tierischen Chromosomen zwar eindrucksvolle Bilder liefern, pflanzliche Chromosomen jedoch weit weniger gut markieren. Warum?

Lampenbürstenchromosomen

In bestimmten Entwicklungsstadien einiger weniger Arten werden Chromosomen ausgebildet, in denen die DNS weitgehend dekondensiert ist und in Form von Schlaufen – von einer Zentralachse ausgehend – organisiert ist. Solche Lampenbürstenchromosomen sind für die Oozyten (Vorstufen von Eizellen) der Amphibien typisch. Sie kommen u.a. auch bei der großzelligen siphonalen Grünalge *Acetabularia* vor. Für Molekularbiologen erwiesen sie sich als ideale Objekte zum Studium selektiver Genaktivitäten (siehe dazu das Kapitel 21).

Riesenchromosomen

Auch die Riesenchromosomen sind eine Besonderheit weniger spezialisierter Zellen in einigen Tier- und Pflanzengruppen. Normale Chromosomen bestehen aus ein bis zwei Chromatiden; während der Interphase ist die Chromosomenstruktur aufgelöst. Riesenchromosomen bestehen aus einer Vielzahl von Chromatiden (größenordnungsmäßig 1000). Sie werden daher auch polytäne Chromosomen oder Polytänchromosomen genannt. Die polytäne Chromosomenstruktur bleibt während der Interphase erhalten. Man findet sie daher nicht als freie Chromosomen im Plasma, sondern stets im Kern von einer deutlich sichtbaren Kernmembran umgeben. In Präparationen der Riesenchromosomen (in Quetschpräparaten) wird die Membran absichtlich zerstört, um die Chromosomen zu spreiten und sie dadurch besser sichtbar zu machen.

Vielfach, aber nicht immer, sind die jeweils homologen Chromosomen miteinander gepaart (z.B. bei *Dro-*

sophila melanogaster). Das X-Chromosom der Männchen ist leicht daran zu erkennen, daß es nur halb so dick wie die übrigen ist, da ihm ein homologer Partner fehlt. Alle Riesenchromosomen von *Drosophila* sind im Bereich ihrer Centromeren untereinander verbunden. Dieser Bereich ist stark heterochromatisch (Chromozentrum). Riesenchromosomen zeichnen sich durch eine deutliche regelmäßige Querbänderung aus; das Bandenmuster ist hochspezifisch. Im Fall von *Drosophila melanogaster* ist jede einzelne Bande identifiziert, klassifiziert und numeriert worden.

Dabei ist zu beachten, daß die Bänderung der Riesenchromosomen nichts mit der eben besprochenen Bandierung normaler Chromosomen zu tun hat. Die Bänderung der Riesenchromosomen ist auch ohne

Färbung sichtbar (z.B. im Phasenkontrast- oder im Interferenzkontrastmikroskop). Die Bandierung normaler Chromosomen ist, wenn man so will, ein Artefakt, ein Muster also, das nur nach Einsatz spezifischer Farbstoffe und unter bestimmten Bedingungen zutage tritt. Riesenchromosomen erwiesen sich als geeignete Studienobjekte zur Untersuchung von Strukturänderungen der Chromosomen und deren Folgen.

Chromosomenmutationen

Wie jede physikalische Struktur, können Chromosomen und damit auch Gene verändert werden. Die

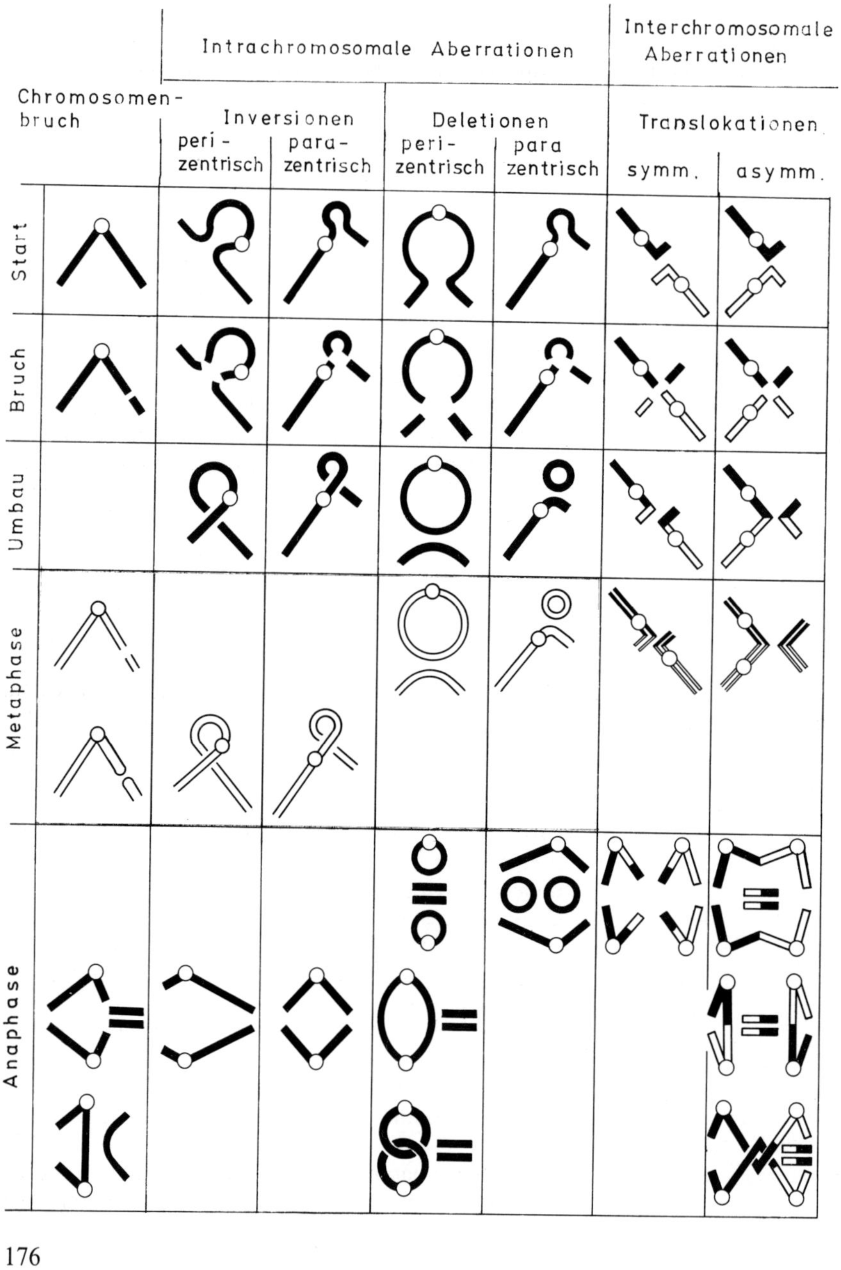

Abb. 11.10. Eine Zusammenstellung der chromosomalen Aberrationen, Entstehung und ihre Folgen während der Mitose. Perizentrisch: Schlaufenbildung unter Einbeziehung beider Chromosomenarme und Einschluß des Centromers. Parazentrisch: Schlaufenbildung innerhalb eines Chromosomenarmes (unter Ausschluß des Centromers). Centromerenfreie Stücke gehen in der Anaphase verloren. Chromosomen mit zwei Centromeren oder ineinanderverschlungene Ringe brechen während der Anaphase.

Änderungen machen sich als Erbänderung (Mutation) bemerkbar. Der ursprüngliche Zustand kann meist nicht wieder hergestellt werden. Wenn eine Erbinformation, etwa durch Verlust eines Chromosomenstücks, verlorengegangen ist, bleibt der Verlust irreversibel. Eine durch Mutation hervorgerufene Änderung bleibt in allen nachfolgenden Generationen erhalten, sofern der Schaden nicht Letalität zur Folge hat.

An Riesenchromosomen konnte eine Anzahl verschiedenster Chromosomenänderungen (Chromosomenmutationen) identifiziert werden, die, wie sich später zeigte, auch für andere Chromosomen gelten (s. Abb. 11.10):

(1) Defizienz. Stückverlust an einem der Enden. Da der Stückverlust fast immer nur in einem der beiden homologen Partner erfolgt, erhält man Paarungen zwischen einem defekten und einem intakten Chromosom. Defizienzen sind im cytologischen Bild an einer Stufe erkennbar. Der nicht gepaarte Abschnitt des intakten Partners ist ein gutes Indiz für die Länge des verlorengegangenen Stückes.

(2) Deletion. Stückverlust in der Mitte eines Chromosoms. Einen Verlust in der Chromosomenmitte erkennt man an einer Ausstülpung. Dem defekten Partner fehlt nämlich ein Abschnitt, der beim intakten vorhanden ist. Aus der Länge der Ausstülpung kann wiederum auf die Lage der Deletion und ihren Umfang geschlossen werden.

(3) Duplikation. Einzelne Chromosomenabschnitte sind verdoppelt. Auch hier kommt es bei der Paarung zu einer Ausstülpung. Um eine solche von einer Deletionsschlaufe zu unterscheiden, muß man das Bandenmuster analysieren. Liegt im nicht gepaarten Abschnitt ein Muster vor, das sich an anderer Stelle (meist benachbart) wiederholt, hat man es mit einer Duplikation zu tun. Fehlt ein Abschnitt, liegt eine Deletion vor.

(4) Inversion: Hierbei handelt es sich um eine Umkehr eines bestimmten Chromosomenabschnitts. Die Paarung homologer Chromosomen ist unter Bildung von oft recht komplex erscheinenden Schleifen (Schlaufen) möglich.

(5) Translokationen. Unter Translokation versteht man die Übertragung eines Chromosomenabschnitts (Segments) von einem Chromosom auf ein anderes (nicht homologes). Translokationen sind bei einer Anzahl von Arten (z.B. Mais, *Oenothera* u.a.) nachgewiesen worden.

Wie entstehen Chromosomenmutationen? Am einfachsten sind die Defizienzen erklärbar. Sie entstehen als Folge eines einfachen Chromosomenbruchs. Zahlreiche mutationsauslösende Agentien, z.B. bestimmte Chemikalien oder ionisierende Strahlung, induzieren solche Schäden, genauer gesagt, sie erhöhen die Wahrscheinlichkeit des Auftretens von Brüchen. Chromosomenbruchstücke ohne Centromer gehen in der nachfolgenden Mitose verloren. Sie werden in keinen der beiden Tochterkerne integriert, verbleiben meist in der Ebene der Äquatorialplatte und gehen dort zugrunde.

Die übrigen Chromosomenmutationen sind durch zwei unmittelbar aufeinander folgende Ereignisse erklärbar: Bruch, dann Verwachsung (Fusion). Dieser Mechanismus liegt auch dem Crossing-over zugrunde.

Rein formal lassen sich Deletion und Duplikation durch ein „illegitimes" Crossing-over verstehen. Beim „normalen" Crossing-over entstehen zwei Chromatiden, die den ursprünglichen homolog sind (d.h. gleich lang und mit der gleichen Zahl an Genorten). Beim „illegitimen" Crossing-over entstehen zwei ungleich lange Produkte. Als Folge davon verliert das eine Chromatid ein Stück (Deletion), das zweite gewinnt eines hinzu, und zwar einen Abschnitt, den es eigentlich selbst schon besitzt (Duplikation). Meist liegen duplizierte Abschnitte nebeneinander (als Tandem).

Das klassische Beispiel für eine solche Deletions/Duplikations-Entstehung ist das Bar-Gen (der Bar-Locus, wegen der Dominanz über den Wildtyp wird „Bar" groß geschrieben) von *Drosophila*. *Drosophila* besitzt normalerweise annähernd oval geformte Augen. Bei der Mutante Bar sind sie, sofern das Gen in homozygotem Zustand vorliegt, balkenförmig (= Bar). Die Erscheinung Bar selbst beruht bereits auf einer Duplikation eines Chromosomenabschnitts. Die Anlage für dieses Merkmal kann einer bestimmten Chromosomenbande zugeordnet werden. Durch „illegitimes" Crossing-over im Bereich dieses Abschnitts kann aus dem Komplex einmal durch Stückverlust der Normalzustand wiederhergestellt werden (= Rückmutation), zum anderen entsteht im homologen Chromatid ein Abschnitt, in dem die Chromosomenbande dreimal hintereinandergeschaltet ist (= Doppelbar).

Duplikationen sind für den Organismus keineswegs folgenlos. Die Ausprägung des Merkmals Bar zeigt ja schon, daß nicht das Fehlen oder der Defekt eines bestimmten Gens die abnorme Augenform hervorruft, sondern ein überzähliger Chromosomenabschnitt.

In einem normalen diploiden Genom gibt es für jedes Gen zwei Allele. Sie liegen auf getrennten (aber homologen) Chromosomen, und man sagt daher, sie seien in trans-Konformation. Nach Duplikation eines Chromosomenabschnitts erscheinen die darauf liegenden Gene nunmehr vierfach, je zweimal in trans und in cis (cis = auf demselben Chromosom):

A B C *C* D E F ...

C und *C* werden nunmehr als Pseudoallele bezeichnet. Sie werden während der meiotischen Segregation (Trennung homologer Chromosomensätze) nicht voneinander getrennt, es sei denn durch Crossing-over. Ein Allel und das zugehörige Pseudoallel können voneinander unabhängige Mutationen akkumulieren und damit eine voneinander unabhängige Evolution durchlaufen (s.Kap. 42). Nur selten ist die Wirkung von Allel und Pseudoallel additiv. Ein Pseudoallel (in cis) ersetzt damit nicht ein zweites Allel (in

177

trans). Diese Beobachtung weist darauf hin, daß Gene in einem Genom keine selbständigen Einheiten sind, sondern daß ihre Aktivitäten durch benachbarte Genabschnitte gesteuert werden. Ursprünglich nannte man diese Erscheinung Positionseffekt. Die molekularbiologische Analyse beginnt, Aufschlüsse darüber zu geben, wie die Kontrollmechanismen einzelner Gene aussehen könnten. Über ihre Aktivitäten in pflanzlichen Genomen weiß man allerdings noch relativ wenig. Mit einigen, an Mikroorganismen aufgeklärten, richtungweisenden Modellbeispielen werden wir uns später befassen.

Die Entstehung einer Inversion wurde von B. McClintock (1938) am Beispiel der Maischromosomen analysiert (s. Abb. 21.18). Nach dem Zerbrechen verkleben einander homologe Abschnitte miteinander; mit der Folge, daß neben centromerenfreien Stücken (die als Verlust abzuschreiben sind), solche mit zwei Centromeren entstehen. Während der Anaphase wandern diese zu entgegengesetzten Polen, so daß der zwischen ihnen liegende Abschnitt eine Brücke bildet, die schließlich reißt. Da der Ort des Bruches dem Zufall überlassen ist, wird eine der Tochterzellen ein verlängertes Chromosomenstück, die andere ein verkürztes erhalten. Im verlängerten ist der zusätzliche Bereich zum bereits vorhandenen invertiert.

Translokationen entstehen als Folge einer Paarung nichthomologer Chromosomen während der Meiose. *Oenothera* ist das klassische Beispiel hierfür. Wir haben bereits gesehen, daß *Oenothera lamarckiana* nur als Hybrid lebensfähig ist. Im Gegensatz zu den meisten anderen Tier- und Pflanzenarten sind bei *Oenothera* Kopplungsgruppen und Chromosomen nicht miteinander korrelierbar. Es gibt n = 7 Chromosomen, doch nur eine Kopplungsgruppe (= Komplex, alternativ *gaudens* oder *velans*). Die Ursache hierfür

liegt in einer Serie regelmäßig aufeinanderfolgender Translokationen (R.E. Cleland, University of Indiana, Bloomington, 1949). Cleland symbolisierte den Informationsgehalt eines jeden Chromosoms durch zwei durch einen Punkt getrennte Ziffern.

Der mütterliche Chromosomensatz wäre dann wie folgt zu schreiben:

1.2   3.4   5.6   7.8   9.10   11.12   13.14

Dem steht der väterliche Chromosomensatz gegenüber:

2.3   4.5   6.7   8.9   10.11   12.13   14.1

Während der Meiose paaren sich homologe Chromosomenabschnitte. In der Regel sind sie ja mit einander homologen Chromosomen identisch. Hier ist es anders, denn aus den dargestellten Chromosomen bildet sich aufgrund der regelmäßigen (balancierten) Translokationen ein Chromosomenring aus (s. Abb. 11.11). Während der Anaphase I werden die Centromeren streng alternativ auf die eine und die andere Tochterzelle verteilt. Das Ergebnis: es bleibt alles beim alten. Die Chromosomen des einst mütterlichen und des einst väterlichen Chromosomensatzes bleiben geschlossen beieinander, und das erklärt das Vorliegen von nur einer Kopplungsgruppe.

Dieses System funktioniert zwar gut, doch ist es störanfälliger als der übliche Meiosemechanismus. Die Störungen manifestieren sich in einer erhöhten Mutationsrate innerhalb der Gattung *Oenothera*. Das ist auffällig genug und ist wohl auch der Grund dafür gewesen, daß H. deVries zu Beginn des Jahrhunderts das Phänomen der Mutation gerade bei dieser Art entdeckt hatte. Vergleichbare Situationen wurden u.a. bei *Rhoeo discolor*, *Paeonia californica* sowie bei Arten aus der Gattung *Datura* nachgewiesen.

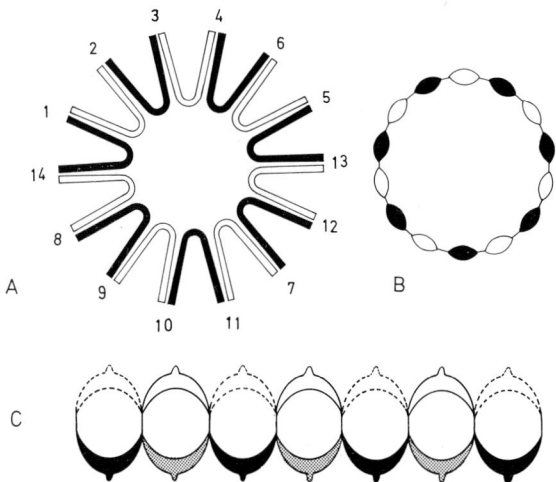

Abb. 11.11. Schematische Darstellung von Meiosestadien einer komplexheterozygotischen *Oenothera. A* Pachytän, *B* Diakinese, *C* Metaphase (W. Stubbe, 1980)

Literatur

Carlson, P.S.: Mitotic crossing-over in a higher plant. Genet. Res. *24,* 109–112 (1974)

Cleland, R.E.: Cytotaxonomic studies on certain Oenotheras from California. Proc. Amer. Phil. Soc. *75,* 339–429 (1935)

Cleland, R.E.: The evolution of the North American Oenotheras of the „*biennis*" group. Planta *51,* 387–398 (1958)

Cleland, R.E.: The cytogenetics of *Oenothera*. Adv. Genetics *11,* 147–237 (1962)

Creighton, H.B. and B. McClintock: A correlation of cytological and genetical crossing over in *Zea mays.* Proc. Natl. Acad. Sci. US *17,* 492–497 (1931)

Grun, P.: Plant lampbrush chromosomes. Exptl. Cell Res. *14,* 619–621 (1958)

Heitz, E.: Heterochromatin, Chromocentren, Chromomeren. Ber. Deutsch. Bot. Ges. *47,* 274–284 (1929)

178

McClintock, B.: Chromosome morphology in *Zea mays*. Science *69*, 629 (1929)

McClintock, B.: The fusions of broken ends of chromosomes following nuclear fusion. Proc. Natl. Acad. Sci. US *28*, 458–463 (1942)

McClintock, B.: Chromosome organization and genetic expression. Cold Spring Harbor Symp. Quant. Biol. *16*, 13–47 (1951)

Marks, G.E: Feulgen banding of heterochromatin in plant chromosomes. J. Cell Sci. *62*, 171–176 (1983)

Merker, A.: The cytogenetic effect of heterochromatin in hexaploid *Triticale*. Hereditas *83*, 215–222 (1976)

Nagl. W.: Puffing of polytene chromosomes in a plant *(Phaseolus vulgaris)*. Naturwissenschaften *56*, 221–222 (1969)

Nagl, W.: Chromosomen. Organisation, Funktion und Evolution des Chromatins. Berlin–Hamburg: Parey Verlag, 1980 (2. Aufl.)

Nagl, W.: Polytene chromosomes of plants. Int. Rev. Cytology *73*, 21–53 (1981)

M.G. Neuffer and E.H. Coe: Maize, p 3–30. In: „Handbook of genetics" (R.C. King ed.) New York: Plenum Press, 1974

Rhoades, M.M.: Meiosis in maize. J. Hered. *41*, 59–67 (1950)

Rhoades, M.M.: The cytogenetics of maize. In „Corn and corn improvement" (G.F. Sprague ed.) New York, London: Academic Press, 1955

Scheer, U., W.W. Franke, M.F. Trendelenburg and H. Spring: Classification of loops of lampbrush chromosomes according to the arrangement of transcriptional complexes. J. Cell Sci. *22*, 503–519 (1976)

Schvartzman, J.B., F. Cortés, A. González-Fernández, C. Gutiérrez, J.F. López-Sáez: On the nature of sister-chromatid exchanges in 5-bromodeoxyuridine-substituted chromosomes. Genetics *92*, 1251–1264 (1979)

Schweizer, D.: Differential staining of plant chromosomes with Giemsa. Chromosoma *40*, 307–320 (1973)

Sheridan, W.F.: Maize for biological research. Charlottesville, VA: Plant Molecular Biology Association, 1982

Spring, H., U. Scheer, W.W. Franke, and M.F. Trendelenburg: Lampbrush-type chromosomes in the primary nucleus of the green alga *Acetabularia mediterranea*. Chromosoma *50*, 25–43 (1975)

Stadler, L.J.: The variability of crossing over in maize. Genetics *11*, 1–37 (1926)

Stubbe, W.: Über die Bedingungen der Komplexheterozygotie und die beiden Wege der Evolution komplexheterozygotischer Arten bei *Oenothera*. Ber. Deutsch. Bot. Ges. *93*, 441–447 (1980)

Westergaard, M.: Über den Mechanismus der Geschlechtsbestimmung bei *Melandrium album*. Naturwissenschaften *40*, 253–260 (1953)

12. Chromosomenzahlen; Translokationen und ihre Folgen

In der Regel ist jede Art durch eine bestimmte Chromosomenzahl charakterisiert. Die Chromosomen sind an ihrer spezifischen Gestalt erkennbar, und um den Karyotyp einer Art zu beschreiben, müssen daher sowohl Zahl als auch Form der Chromosomen bestimmt werden. Heutzutage ist es meist sogar erforderlich, die Verteilung des Heterochromatins zu berücksichtigen.

Die Auswertung der Chromosomenzahlen vieler Arten ergab, daß sich nah verwandte Arten in vielen Gattungen durch ein Vielfaches einer Grundzahl (x) auszeichnen. Als Ursache hierfür kann Polyploidisierung angenommen werden; mehr dazu im folgenden Abschnitt.

Translokationen (ebenso wie Inversionen) führen zu einer Neukombination genetischer Information, damit zu einer Steigerung der Variabilität, und oft wird durch solche Chromosomenmutationen die Entstehung neuer Arten gefördert (mehr dazu s. Kap. 37). Der cytologische Nachweis von Translokationen, verbunden mit Änderungen von Kopplungsgruppen, widerlegte auch die letzten Kritiken an der Chromosomentheorie der Vererbung. Bei *Drosophila melanogaster* konnten genetisch nachgewiesene Deletionen mit einem an Riesenchromosomen erkennbaren Stückverlust korreliert werden. Die Länge und Lage dieses Abschnitts stimmten mit den entsprechenden Abständen in der Genkarte überein.

Einige Maischromosomen (so das Chromosom 9) zeichnen sich durch eine endständige Verdickung (einen Knopf) aus. Durch ein Kreuzungsexperiment mit geeigneten, leicht erkennbaren genetischen Markern konnte B. McClintock zeigen, daß Crossing-over und Änderung im cytologischen Bild zueinander parallel laufen (s. Abb. 12.1).

Genommutationen; Polyploidie

Kerne in Körperzellen eines Individuums enthalten in der Regel einen diploiden Chromosomensatz (2n), Keimzellen einen haploiden (1n). Abweichend hiervon kommen Kerne mit einem Vielfachen eines einfachen Chromosomensatzes vor. Sie sind polyploid (Polyploidie). Je nachdem, wie viele Male ein Chromosomensatz erscheint, unterscheidet man zwischen triploid (3n, Triploidie), tetraploid (4n, Tetraploidie), pentaploid (5n, Pentaploidie), hexaploid (6n, Hexaploidie), ... octoploid (8n, Octoploidie) ... usw.

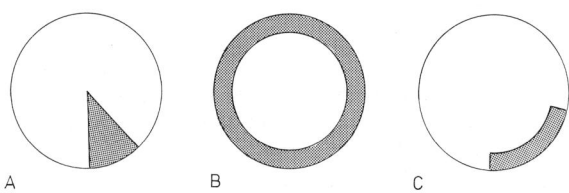

Abb. 12.2. Drei Chimärentypen. *A* Sektorialchimäre, *B* Periklinalchimäre, *C* Meriklinalchimäre. Die Chimären zeichnen sich durch unterschiedliche Gen- oder Chromosomenzusammensetzung aus. Die Auswirkungen sind im Phänotyp erkennbar (s.a. Abb. 10.20). (Nach E. Baur, 1908/09).

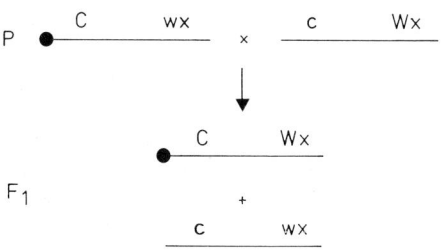

Abb. 12.1. Eine Korrelation zwischen cytogenetischem und genetischem Crossing-over. Bei einer Kreuzung zwischen zwei Individuen mit den in Linie 1 (P) wiedergegebenen Genotypen und Karyotypen ergeben sich in der F_1 nach Crossing-over die darunter stehenden Typen. Durch dieses Experiment wurde gezeigt, daß bei einem Crossing-over Genotypen und gleichzeitig Karyotypen neu kombiniert werden. (H.B. Craiton und B. McClintock, 1931)

Polyploidie ist in vielen Pflanzengruppen verbreitet (Tabelle 1). Innerhalb eines Individuums können einzelne Kerne oder Kerne einzelner Gewebe polyploid, die übrigen diploid sein. Man spricht dann von Cytochimären. Es sind genetische Mosaike, und nach Verteilung der unterschiedlichen Genotypen unterscheidet man zwischen Sektorial- und Periklinalchimären

180

(s. Abb. 12.2). Vielfach sind sämtliche Kerne eines Individuums (oder einer Art) polyploid. Hierzu zählen alle bekannten Kulturpflanzen und 30–50 Prozent aller wildwachsenden Angiospermen der gemäßigten Zone. Bei Polyploiden ist zwischen Autopolyploiden und Allopolyploiden zu unterscheiden.

Tabelle 1. Auto- und allopolyploide Kulturpflanzen (F.C. Elliot, 1958)

Art	Basiszahl (x)	Chromosomen-zahl (2n)
Autopolyploidie		
Kartoffel *(Solanum tuberosum)*	12	42
Kaffee *(Coffea arabica)*	11	22, 44, 66, 88
Banane *(Musa sapientum)*	11	22, 33
Alfalfa *(Medicago sativa)*	8	32
Erdnuß *(Arachis hypogaea)*	10	40
Süßkartoffel *(Ipomoea batata)*	15	90
Allopolyploidie		
Tabak *(Nicotiana tabacum)*	12	48
Baumwolle *(Gossypium hirsutum)*	13	52
Weizen *(Triticum aestivum)*	7	42
Hafer *(Avena sativa)*	7	42
Zuckerrohr *(Saccharum officinarum)*	10	80
Pflaume *(Prunus spec.)*	8	16, 24, 32, 48
Erdbeere *(Fragaria grandiflora)*	7	56
Apfel *(Malus sylvestris)*	17	34, 51
Birne *(Pyrus communis)*	17	34, 51

Autopolyploidie

Autopolyploidie beschreibt das mehrfache Auftreten eines einfachen Chromosomensatzes. Derartige Polyploidisierungen treten im Verlauf des Differenzierungsprozesses in pflanzlichen Geweben regelmäßig in Erscheinung.

Durch quantitative Bestimmung der DNS-Mengen in Kernen aus verschiedenen Geweben des Mais wurde gezeigt, daß sich die Mengen wie 2:4:8:16 verhalten. Endospermgewebe ist primär triploid, doch wurden auch Kerne mit 6-, 12- und 24-fachem Satz nachgewiesen (s. Abb. 12.3). Die geringe Variation der Werte ist einmal ein guter Hinweis auf die Zuverlässigkeit der Methode, sagt zum anderen aber auch aus, daß es außer der Polyploidisierung keine weiteren Veränderungen im Chromosomenbestand gibt.

Polyploidie ist experimentell durch den Mitoseinhibitor Colchicin, ein Alkaloid der Herbstzeitlosen *(Colchicum autumnale),* induzierbar (O.J. Eigsti, 1937, A.F. Blakeslee und A. Avery, 1937, B.B. Nebel, 1937, Formel s. Abb. 20.11). Es hemmt die Ausbildung der Kernspindel. Während der verlängerten Metaphase nehmen die Chromosomen zeitweilig eine X-förmige Struktur an, weil die Chromatiden einander abstoßen, am Centromer jedoch zunächst noch miteinander verbunden bleiben. Eine nach Colchicineinwirkung eingeleitete Mitose wird als C-Mitose bezeichnet. In ihr können Chromosomen leichter erkannt und identifi-

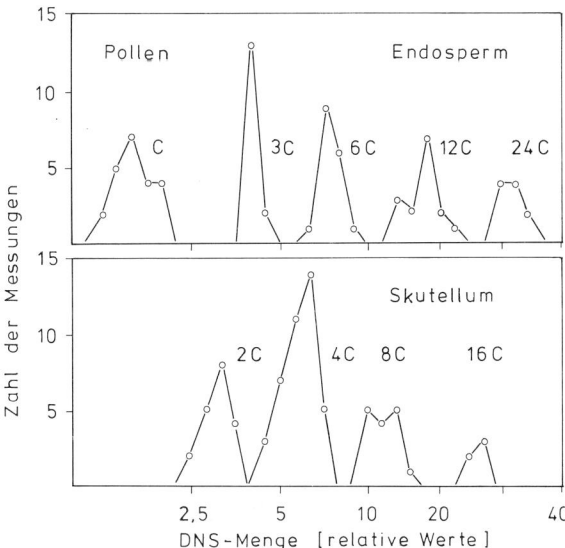

Abb. 12.3. Relative Mengen an DNS in Kernen des Maiskorns und des reifen Pollens. Eine 2 : 4 : 8 : 16-Reihe ist in den Kernen des Skutellums erkennbar, eine 3 : 6 : 12 : 24-Reihe ist in den triploiden Kernen des Endosperms vorhanden. (H. Swift, 1953)

ziert werden als in einer normal ablaufenden Mitose. Nach einiger Zeit trennen sich die Chromatiden vollständig, werden von einer sich neu bildenden Kernmembran umschlossen und gehen in den Interphasezustand über. Die Chromosomenzahl hat sich damit verdoppelt. Aus einem diploiden Kern ist ein tetraploider entstanden.

Auch Polyploide können Gameten bilden, die der Tetraploiden sind diploid. Da vier Chromosomen einander homolog sind, bilden sich während der Meiose Quadrivalente. Ihre Stabilität ist weit geringer als die der Bivalente, was zu einer erhöhten Fehlerrate führt und, als Folge davon, mit reduzierter Fertilität (z.B. im Extremfall Pollensterilität) verbunden ist. Es bestehen deutliche artspezifische Unterschiede. Bei manchen Arten läuft die Quadrivalentbildung reibungslos ab, bei anderen kommt sie überhaupt nicht zustande. Wie die Tabelle 1 zeigte, sind viele Kulturpflanzen autopolyploid. In den Kapiteln 37 bis 39 werden wir eine Reihe autopolyploider Wildpflanzen kennenlernen. In nahezu allen diesen Fällen findet man während der Meiose Bivalente. Das bedeutet, daß sich die Pflanzen trotz eines erhöhten Ploidiegrads wie Diploide verhalten. Dafür können zweierlei Gründe angeführt werden. Einmal gibt es Gene, die eine Quadrivalentbildung verhindern, zum anderen sind die Karyotypen verschiedener Individuen oder Populationen einer Art entgegen landläufiger Vorstellung keinesfalls alle gleich; sie können sich aufgrund von Translokationen, Inversionen usw. voneinander unterscheiden; bei Bastardierung wird somit eine Quadrivalentbildung unterbunden. Oft haben sich solche Mecha-

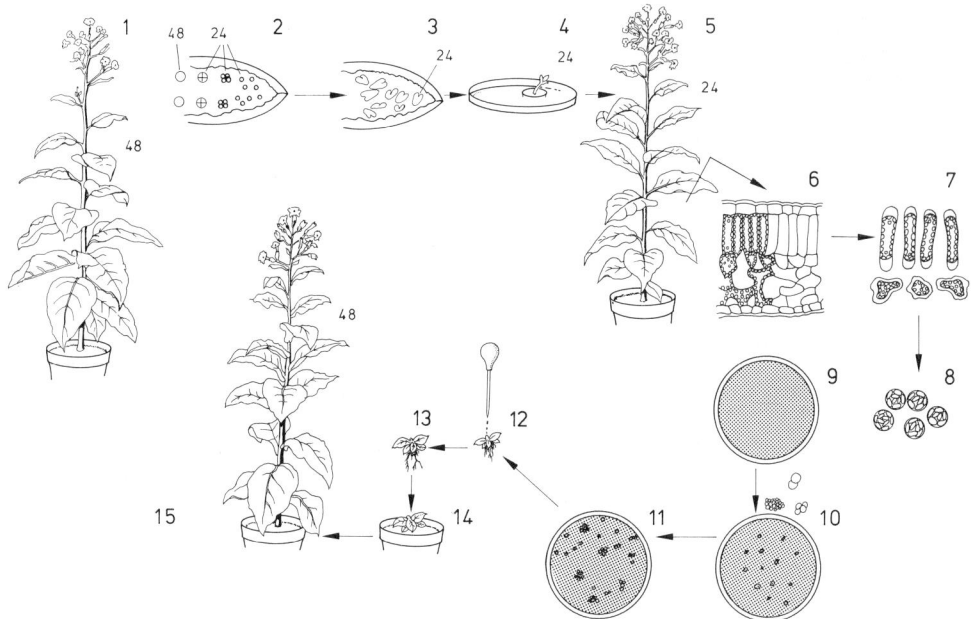

Abb. 12.4. Schematische Darstellung der Einführung einer mikrobiologischen Arbeitsphase in die Pflanzenzüchtung. Verbindung konventionell sexueller mit somatischer Genetik. *1* Tabak (48 Chromosomen); *2* Inneres einer Anthere: Meiose, die zu haploiden Gonen mit 24 Chromosomen führt; *3* Embryoide in der Anthere; *4* Aus der Anthere auswachsendes haploides Pflänzchen; *5* haploide Tabakpflanze; *6* Blattquerschnitt; *7* Isolierung von Mesophyllzellen mit Pektinasen; *8* Entfernen der Zellwand durch Cellula-sen (→ Protoplasten); *9* Ausplattieren der Protoplasten; *10* Auswachsen resistenter Zellen zu kleinen Kolonien (Kalli); *11* Regeneration zu kleinen Pflänzchen; *12* Diploidisierung mit Colchicin; *13 bis 15* Entwicklung einer diploiden Pflanze mit veränderten Merkmalen, deren Genotyp durch Kreuzungsanalyse (und molekularbiologische Techniken) getestet werden kann; weitere Einzelheiten im Kapitel 29. (G. Melchers, 1972)

nismen auch erst im Verlauf mehrerer Generationen nach einer Bastardierung entwickelt.

Bei Polyploiden, die sich in der Meiose wie Diploide verhalten, ist es, sinnvoll, n von der sogenannten Basis- oder Grundzahl (x) zu unterscheiden. Der Ploidiegrad bezieht sich stets auf die Basiszahl. Sie kann durch Untersuchungen der Meiose bei einer Art nicht erschlossen werden, sondern ergibt sich erst durch Vergleich mit verwandten (ursprünglicheren) Arten und stellt einen kleinsten gemeinsamen Teiler dar.

Triploide: Während der Meiose der Triploide findet eine Trivalentbildung statt. In der sich anschließenden Anaphase I werden die Chromosomen zufallsgemäß auf die beiden Tochterzellen verteilt. Nur in den seltensten Fällen erhält eine genau den doppelten (2n), die andere den einfachen (1n) Satz. Die Regel ist, daß jede von ihnen mit unvollständigen Sätzen ausgestattet wird (Aneuploidie, s. folgenden Abschnitt). Hierdurch wird fast immer das Gleichgewicht der Chromosomen untereinander gestört, nichtbalancierte Chromosomenzusammensetzungen entstehen, was letal ist.

Triploidie führt demnach – von ganz seltenen Ausnahmen abgesehen – zu Pollensterilität (stark reduzierter Fertilität).

Die Erzeugung von Triploiden hingegen ist relativ einfach und geschieht durch Befruchtung einer haploiden Eizelle mit diploidem Pollen, oder umgekehrt, einer diploiden Eizelle mit haploidem Pollen.

Haploide: Gelegentlich kommt es vor, daß die Produkte einer Meiose (die Gonen) unter Umgehung einer Befruchtung zu einer vollständigen Pflanze auswachsen. Durch bestimmte externe Faktoren kann die Wahrscheinlichkeit des Auswachsens erhöht werden. So können z.B. Vorstufen der Pollen in unreifen Antheren auf geeignetem Nährmedium zum Auskeimen und zur nachfolgenden Differenzierung gebracht werden. Die Ausbeute ist bei solchen Versuchen jedoch außerordentlich gering. Haploide Pflanzen sind kleiner als diploide. Sie bilden zwar Blüten, doch keine Früchte, weil es keine ungestörte Meiose geben kann. Wie die Mesophyllzellen vieler diploider Pflanzen eignen sich die der entsprechenden haploiden (Haplonten) zur Gewinnung von Protoplasten (s. Kap. 29). Durch Colchicinbehandlung kann ihr Genom in den diploiden Zustand überführt werden. Die Zellen können anschließend zur Regeneration gebracht werden und vollständige, normale Pflanzen bilden.

G. Melchers (Max-Planck-Insitut für Biologie, Tübingen, 1960) schlug vor, Haploide in erhöhtem Umfang für die Züchtungsforschung zu nutzen. Seine Argumente hierfür lauten:

182

(1) Der Erfolg oder Mißerfolg einer mutagenen Einwirkung ist sehr rasch festzustellen, und zwar besonders dann, wenn Defektmutationen des Blattpigmentsystems als Merkmale Verwendung finden.

(2) Resistenz gegenüber Krankheiten oder ungünstigen Außenfaktoren kann auf haploider Basis direkt an den behandelten Pflanzen selektiert werden.

(3) Haploide Pflanzen machen es möglich, Mutanten aufzufinden, die die generative Haplophase oder die Embryonalstadien nicht zu passieren imstande sind.

Zur Illustration des Vorgehens dient das in der Abbildung 12.4 vorgestellte Beispiel.

Wodurch unterscheiden sich Diploide von Tetraploiden und anderen Polyploiden?

Es ist allgemein bekannt, daß Kulturpflanzen größer und ertragreicher als die ihnen entsprechenden Wildformen sind. Nach Entdeckung der Colchicinwirkung lag es daher nahe, neue Sorten durch Polyploidisierung zu züchten – zumindest, es zu versuchen. Der gewünschte Erfolg blieb aus, denn Polyploidisierung führt keineswegs nur zur Anreicherung günstiger Eigenschaften.

Polyploide können (gegenüber den entsprechenden Diploiden) wie folgt charakterisiert werden (ergänzt nach G.L. Stebbins, 1940, 1950):

(1) Mit zunehmender Zellgröße steigt der Wassergehalt.

Tendenz: der osmotische Wert sinkt, die Zellen verlieren an Frostresistenz.

Beispiel: Riesenfrüchte vieler Kulturpflanzen (Tomate u.a.) schmecken wäßriger als die entsprechenden Wildformen. Der relative Mangel an Geschmacksstoffen ist ein Zeichen für eine stärkere Verdünnung von Inhaltsstoffen.

(2) Verminderte Wachstumsrate, bedingt durch geringere Zellteilungsrate. Die Versorgung der Zellen mit Auxin, einem Phytohormon (s. Kap. 31), ist gestört, die Atmungsintensität der Zellen reduziert, die Aktivität vieler Enzyme vermindert. Der Vitamin-C-Gehalt ist erhöht.

(3) Bestimmte Organe sind abnorm vergrößert, ihre Proportionen zueinander sind verändert, die Blätter sind oft verdickt. Eine Größenzunahme der Pflanzen ist nicht mit dem Ploidiegrad korreliert. Sie durchläuft ein Optimum. Tetraploide sind meist größer als Triploide, die wieder größer als die Diploiden sind. Pflanzen eines höheren Ploidiegrads zeichnen sich aber oft durch Zwergwuchs aus, denn es treten Chromosomenanomalien auf, und die Chromosomensätze kooperieren nicht mehr reibungslos miteinander. Disharmonie ist durch Inkompatibilität (Unverträglichkeit) gekennzeichnet.

(4) Die Zeitspanne bis zur Blütenbildung sowie die sich anschließende Blütenperiode sind verlängert, beruhend auf einem generell langsameren Wachstum, verursacht durch geringere Stoffwechselra-

ten. Für Arten, deren Blühperiode im Spätsommer oder Herbst liegt, kann sich diese Verzögerung verhängnisvoll auswirken.

(5) Die Zahl der Chloroplasten in den Schließzellen ist mit dem Ploidiegrad korrelierbar (A. Mochizuki und N. Sueoko, 1955, s. Tabelle 2). T. Butterfaß (Max-Planck-Institut für Pflanzengenetik, Ladenburg/Heidelberg) gab für die durchschnittliche Zahl der Chloroplasten in Schließzellen der Zuckerrübe folgende Werte an: haploid 8, diploid 14, triploid 20, tetraploid 25, pentaploid 30, hexaploid 36, octoploid 50.

Tabelle 2. Anzahl der Chloroplasten in den Schließzellenpaaren von *Beta vulgaris* (Mittelwerte). (Nach A. Mochizuki und N. Sueoko, 1955)

Herkunft des Materials	Ploidiestufen und Anzahl der Chloroplasten		
	Diploid	Triploid	Tetraploid
Keimblätter	13,70	19,73	24,71
Jungpflanzen	14,37	20,19	24,60
Heranwachsende Pflanzen	14,39	20,14	24,90
Schossende Pflanzen	15,76	20,49	25,20

Allopolyploidie

Allopolyploidie beruht auf einer Summation unterschiedlicher Genome. Am häufigsten sind Allotetraploide (= Amphidiploide). Weit mehr noch als im Tierreich, können bei Pflanzen Artbastarde produziert werden. Wie bereits dargelegt, haben die Pflanzenzüchter des 18. und 19. Jahrhunderts ausschließlich mit solchen Kombinationen gearbeitet. Wie wir heute wissen, sind sie auch in der Natur nicht selten. In der Regel sind solche Bastarde steril, weil sich während der Meiose keine Bivalente bilden können; die Chromosomen verbleiben als Univalente, die zufallsgemäß verteilt werden und daher nahezu ausnahmslos funktionslose Pollen und funktionslose Eizellen entstehen lassen. Bezeichnet man das Genom der einen Elternart mit AA, das zweite mit BB, wäre der Genotyp des Hybriden AB. In ganz seltenen Fällen werden während der Meiose alle Chromosomen geschlossen in einen der Tochterkerne ($\rightarrow$ AB) überführt. Eine Kombination zweier solcher Zellen (Pollen und Eizelle) führt zu Allotetraploidie (AABB), womit die Fertilität wiederhergestellt ist. Im Unterschied zu den Autotetraploiden werden bei den Allotetraploiden nicht Quadrivalente, sondern Divalente gebildet. Sie verhalten sich folglich wie normale Diploide.

Gleichzeitig ist aber eine neue Art entstanden, denn zwischen ihr und den beiden Elternarten wurde nunmehr eine Inkompatibilitätsschranke errichtet.

Die F_1 der Bastarde AABB × AA oder AABB × BB ist wiederum weitgehend steril, da in der Meiose neben Divalenten Monovalente entstehen.

Nicht alle durch Allopolyploidie entstandenen neuen Kombinationen haben eine echte Überlebenschance. Viele von ihnen fallen der natürlichen Selektion zum Opfer und erscheinen daher nirgendwo als neue Arten.

Durch Fusion von Protoplasten lassen sich auch Genome entfernt stehender Arten miteinander kombinieren. Hierbei treten neue Probleme auf. In Hybriden von Sojabohnen- und Gersten-, oder Sojabohnen- und Erbsen-Protoplasten, bleiben die Chromosomensätze getrennt; während der Mitose bilden sich getrennte Metaphaseplatten aus, das Fusionsprodukt geht daran zugrunde (K.N. Kao *et al.*, 1974).

Bildung neuer Arten unter natürlichen und unter Kulturbedingungen

Artentstehung durch Artkreuzung (und nachfolgende Genomverdopplung) soll an nur wenigen von sehr vielen bekannten Beispielen erläutert werden:

(1) *Phleum pratense,* das Wiesenlieschgras, ist eine häufige Art feuchter Wiesen; die Chromosomenzahl beträgt 2n = 42. J.W. Gregor und F.W. Sansone, 1930 und H. Nordenskiöld, 1937, gelang es, diese natürlich vorkommende Art unter Laborbedingungen neu zu erzeugen. Sie kreuzten *Phleum nodosum* (2n = 14) mit *Phleum alpinum* (2n = 28). Der Hybrid erwies sich nach Genomverdopplung als voll fertil und entsprach in allen Eigenschaften *Phleum pratense.* Unabhängig von diesem Experiment erzeugte Nordenskiöld (1949) *Phleum pratense* durch Autopolyploidisierung von *Phleum nodosum.* In dieser Art ist das Genom offensichtlich einfach, in *Phleum alpinum* doppelt, und in *Phleum pratense* dreifach enthalten. Was also zunächst als ein allotetraploider (=amphidiploider) Bastard *(Phleum nodosum × Phleum alpinum)* aussah, erwies sich durch das zweite Experiment als ein autopolyploider.

(2) Um 1870 trat auf Salzwiesen an der englischen Kanalküste eine neue Grasart auf: *Spartina townsendii* (s.a. Kap. 57). Sie war größer als die dort heimische *Spartina alternifolia.* An der nordamerikanischen Ostküste kommt *Spartina stricta* vor. Sie wurde nach Europa eingeschleppt und besiedelte *Spartina-alternifolia*-Standorte – und genau dort wurde auch die neue Art gefunden. Man vermutete nun, daß *Spartina townsendii* durch Bastardierung der beiden ursprünglichen Arten zustande gekommen ist. Die Indizien *Spartina townsendii:* 2n=126 Chromosomen, *Spartina alternifolia* 2n=70, *Spartina stricta* 2n =56 sprechen dafür (C.L. Huskins, 1931).

(3) Es wurde schon seit langem vermutet, daß die Kulturform des Tabaks *(Nicotiana tabacum)* mit 2n=48 Chromosomen ein amphidiploider Bastard aus *Nicotiana tomentosiformis* (2n=24) und *Nicotiana sylvestris* (2n=24) sei. Der Verdacht erhärtete sich nach Analyse der entsprechenden Kreuzungsexperimente, denn bei Kreuzungen mit

anderen Wildformen entstanden Kombinationen, die *Nicotiana tabacum* nur wenig ähnelten. Einen endgültigen Beweis erhielt man vor einigen Jahren, als man mit molekularbiologischen Methoden zeigen konnte, daß in Zellen von *Nicotiana tabacum* Gene aus Chloroplasten zum Zuge kommen, die genau denen aus *Nicotiana sylvestris* gleichen (s. Kap. 42) (Chen *et al.,* 1976). Damit war gleichzeitig gezeigt, daß der Bastardierung die Paarung

♀ *Nicotiana sylvestris* × ♂ *Nicotiana tomentosiformis* zugrunde lag.

(4) Im Jahre 1928 produzierte G.D. Karpetschenko (Abt. f. Genetik des Instituts für Angewandte Botanik, Detskoje Selo bei Leningrad) eine neue Art unter Laborbedingungen: *Raphanobrassica* (2n = 36) aus *Raphanus sativus* (2n = 18, Rettich) und *Brassica oleracea* (2n = 18, Gartenkohl). Der Bastard aus beiden Arten erwies sich zunächst als steril, und erst unter zahlreichen Ansätzen konnte ein fertiles Exemplar gefunden werden. Der Fertilität ging eine Chromosomenverdopplung voraus. Wir haben demnach die folgenden Kombinationen vor uns: 9+9 = 18 (steril) und 18×2 = 36 (fertil) (s. Abb. 12.5).

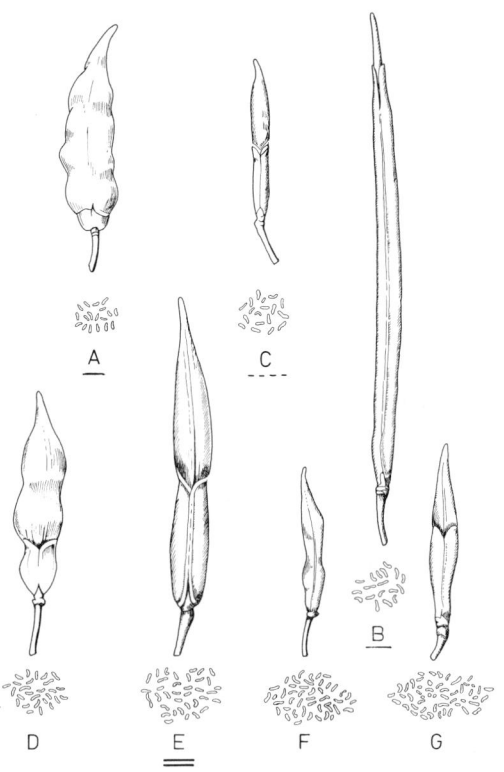

Abb. 12.5. Fruchtformen und Chromosomenbestände von *Raphanus sativus (A)* und *Brassica oleracea (B), Raphanobrassica (E)* und einigen anderen Allopolyploiden *(G, D).* (G.D. Karpechenko, 1928)

184

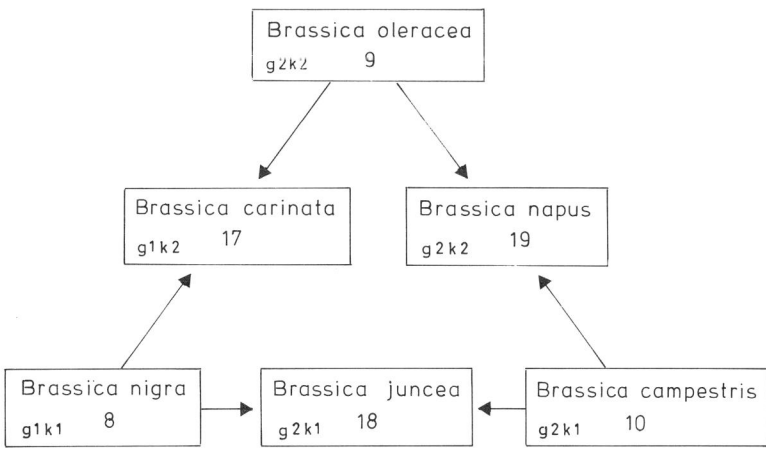

Abb. 12.6. „U-Schema" (benannt nach seinem chinesischen Entdecker mit dem Nachnamen U; Vorname: Nagahara); Entstehung von drei *Brassica*-Kulturarten aus drei Wildformen durch Artbastardierung und Allopolyploidisierung. (Nagahara U, 1935; O. Winge, 1917). Die Richtigkeit des Modells wurde kürzlich durch molekularbiologische Analysen bestätigt. Getestet wurde dabei einmal die Zusammensetzung eines Proteins (Ribulose-1,5-Bisphosphatcarboxylase (s. Kap. 42) (M.B. Robins und J.G. Vaugham, 1983), zum

anderen die Genstruktur (J.D. Palmer *et al*, 1983). Die Ribulose-1,5-Bisphosphatcarboxylase besteht aus großen (g) und kleinen (k) Untereinheiten. Die jeweiligen Genotypen sind in der Zeichnung durch 1 und 2 gekennzeichnet. *Brassica carinata* z.B. erhielt damit das Gen für die große Untereinheit von *Brassica nigra* und das für die kleine von *Brassica oleracea*. Da das Gen für die große Untereinheit in Plastiden lokalisiert ist, beweist der Fund zugleich, daß *Brassica nigra* der ♀ Elter der Kreuzung gewesen ist.

Artentstehungen durch Artkreuzungen haben sich in der Gattung *Brassica* auch unter natürlichen Bedingungen abgespielt. Die Analyse des Karyotyps mehrerer als verwandt angesehener Arten führte zu dem Schluß, daß je zwei von ihnen gemeinsame Genomanteile besitzen. Zusammenfassend ließen sich die Ergebnisse in einem Dreiecksschema zusammenstellen, das die Verwandtschaftsbeziehungen anschaulich widerspiegelt (s. Abb. 12.6 und 12.7).

(5) In den zwanziger Jahren stellte der japanische Pflanzenzüchter H. Kihara fest, daß das Genom des Kulturweizens *(Triticum aestivum)* aus mehreren Teilgenomen besteht und daß zumindest eines mit dem des Emmers *(Triticum dicoccum),* einer primitiven Kultursorte, übereinstimmte. In den vierziger Jahren wurde die Entstehungsgeschichte des Weizens von E.R. Sears und H. Kihara weitgehend geklärt. Es gibt eine Vielzahl verschiedener Kulturweizen, von denen einige diploid, andere tetraploid, und weitere wiederum, wie *Triticum aestivum,* hexaploid (n = 21) sind. Das Genom dieser Art besteht aus drei Teilen (A, B und D). A entspricht *Triticum monococcum* (n = 7), B konnte keiner Wildform sicher zugeschrieben werden. Kombinationen von A und B (n = 14) findet man in einer ganzen Anzahl von Kulturformen, z.B. in *Triticum dicoccoides, T. dicoccum, T. turgidum, T. persicum, T. polonicum* und *T. durum.* D stammt aus *T. tauschii (= Aegilops squarrosa)* (n = 7). Zwischen A und B bestehen gewisse Ähnlichkeiten, doch überwiegen die Unterschiede, denn in *Triticum aestivum* findet

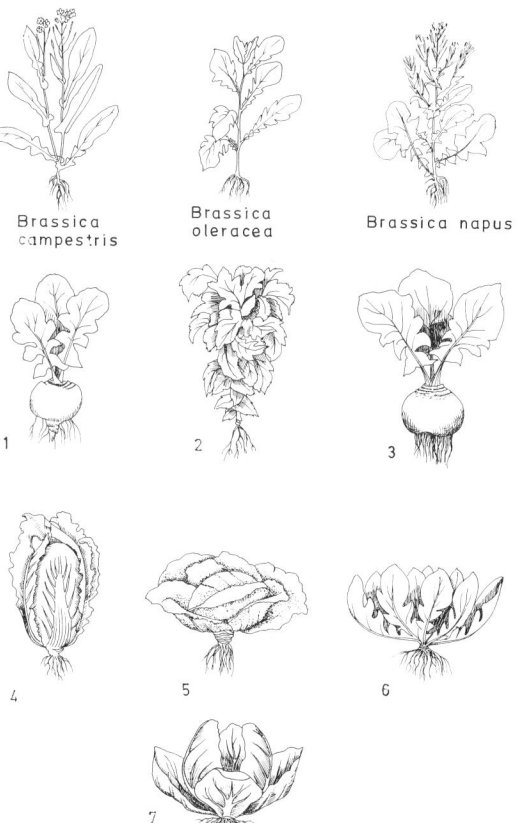

Abb. 12.7. Veranschaulichung der Vielfalt von Phänotypen von Kultursorten (1–7) des Kohls und seiner Verwandten. Die drei oben abgebildeten *Brassica*-Arten gelten als die Ausgangsformen dieser Kulturpflanzen. (H. Kihara, 1968)

185

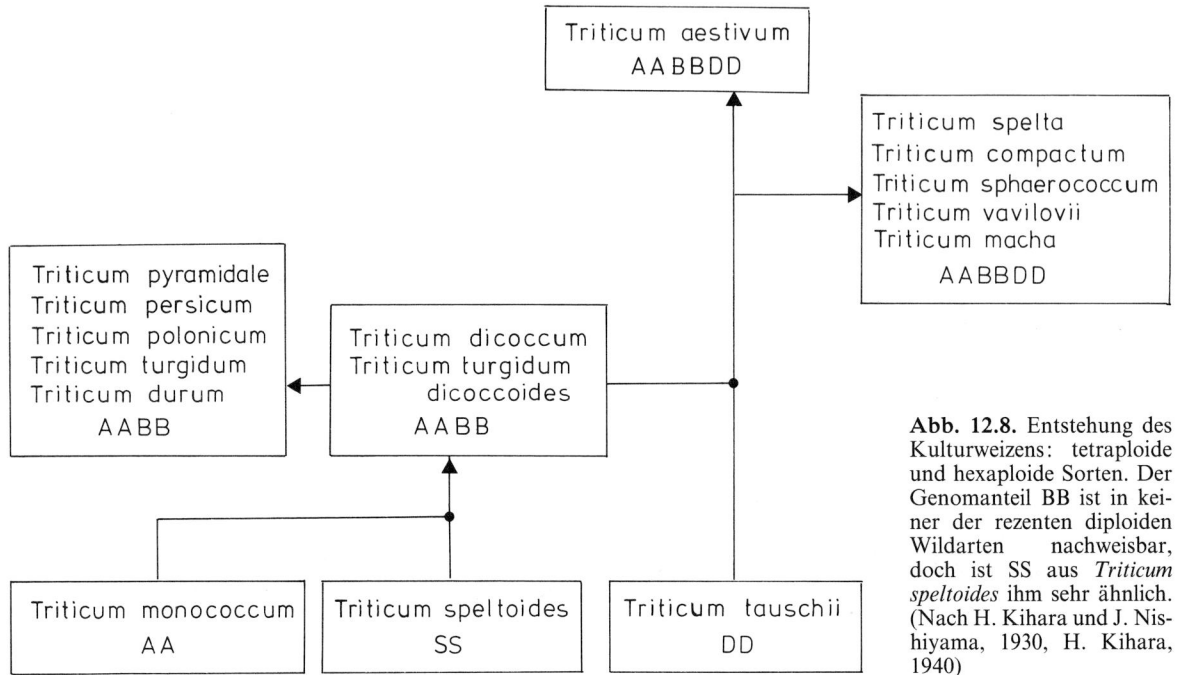

man ausschließlich Divalente, niemals Quadrivalente. Mit anderen Worten: A-Chromosomen paaren sich nur mit ihresgleichen, nie mit B, und für B (und D) gilt sinngemäß das gleiche.

In der Abbildung 12.8 sind die vermuteten Abstammungsbeziehungen wiedergegeben.

Diese Beispiele weisen auf die Bedeutung der Allopolyploidie für die Artbildung hin. Im Abschnitt „Evolution" (s. Kap. 36–39) werden wir uns mit weiteren Fällen befassen.

In den beiden folgenden Abbildungen (12.9 und 12.10) sind die Unterschiede zwischen Auto- und Allopolyploidie sowie die Möglichkeiten der Chromosomenzahlerhöhung durch Allopolyploidisierung (durch Artkreuzungen) wiedergegeben.

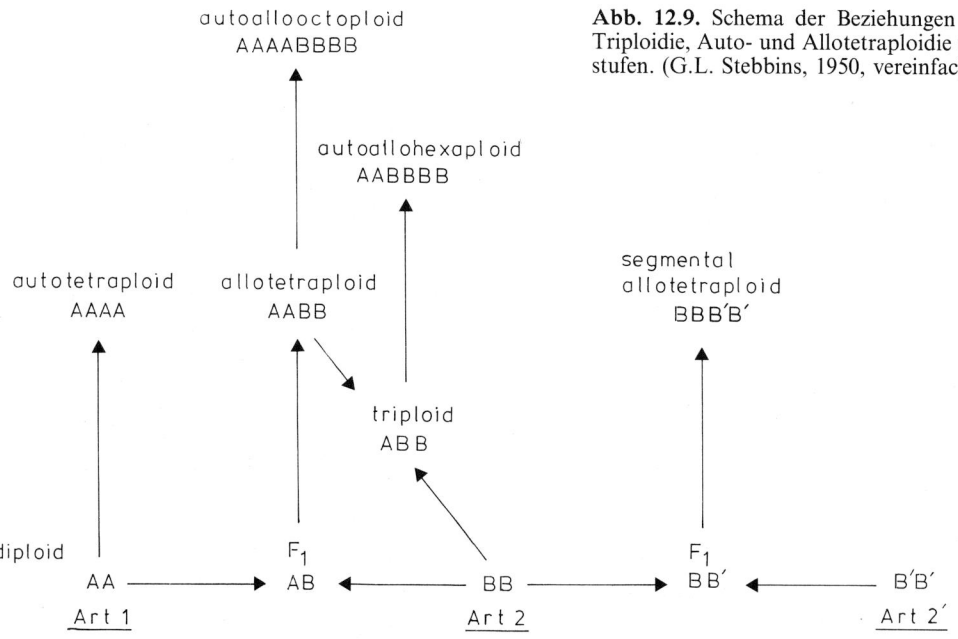

Abb. 12.9. Schema der Beziehungen zwischen Diploidie, Triploidie, Auto- und Allotetraploidie und anderen Ploidiestufen. (G.L. Stebbins, 1950, vereinfacht dargestellt)

186

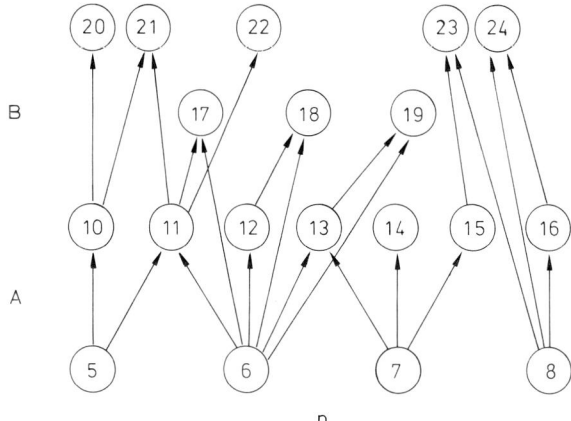

Abb. 12.10. Schema zur Erklärung der Entstehung hoher Chromosomenzahlen durch Polyploidisierung und Hybridisierung. Höhere Zahlen können auf unterschiedlichen Kombinationen niederer Zahlen beruhen. In die Skizze sind exemplarisch nur einige wenige Möglichkeiten eingezeichnet worden. (G.L. Stebbins, 1947)

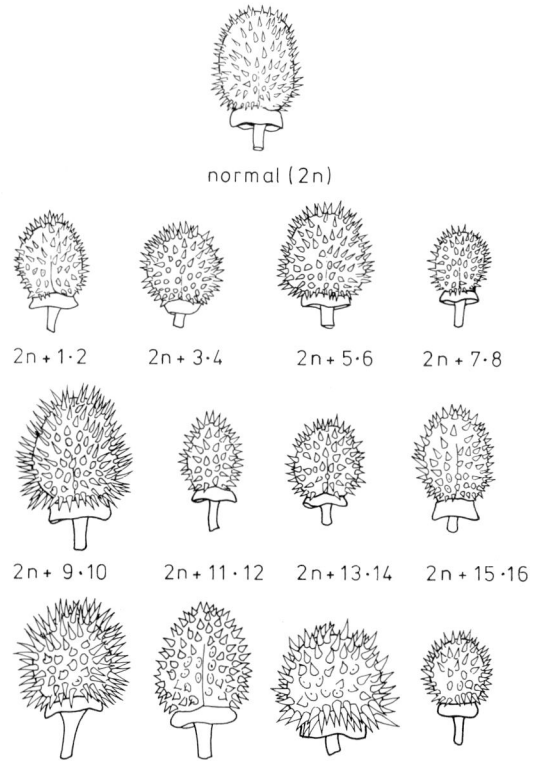

Abb. 12.11. Früchte von *Datura*-Pflanzen. Kontrolle (2n) und Mutanten, die sich durch je ein zusätzliches Chromosom auszeichnen (s.Abb. 12.12). (A.F. Blakeslee, aus A.G. Avery *et al.,* 1959)

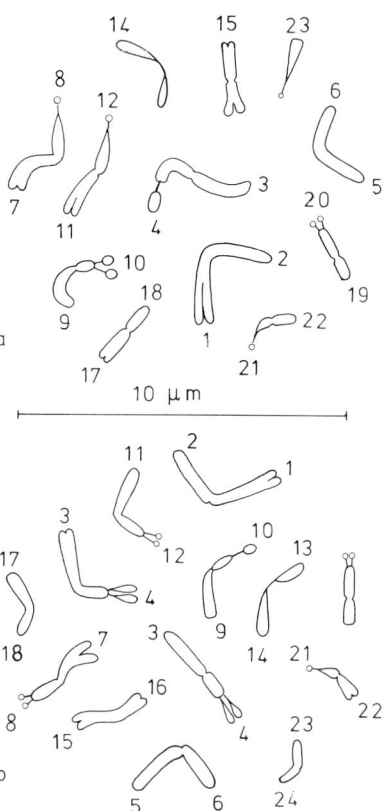

Abb. 12.12. *Datura*-Chromosomen. Die Bezeichnungen weisen darauf hin, daß sich wie bei *Oenothera* homologe Abschnitte auf je zwei Chromosomen verteilen. *a* haploider Satz; *b* aneuploider Satz; (Chromosom 3–4 doppelt). (A. G. Avery und A.F. Blakeslee, aus A.G. Avery *et al.,* 1959)

Aneuploidie

Chromosomensätze, die das Einfache oder Vielfache einer Grundzahl (n) enthalten (1n, 2n, 3n, ...xn) bezeichnet man als euploid, jene, die sich durch ein zusätzliches oder ein fehlendes Chromosom auszeichnen, als aneuploid, z.B. $2n+1$, $2n-1$, $3n+1$, $3n+2$, $3n-1$ usw.

Stets ist die Balance der Chromosomen untereinander gestört, und nahezu ausnahmslos macht sich Aneuploidie durch Wachstumsanomalien bemerkbar, sofern sie nicht von vornherein letal ist. Einzelne zusätzliche Chromosomen (Trisomien) rufen die geringsten Schäden hervor. Derartige Mutanten sind bei nahezu allen Kulturpflanzen gefunden und charakterisiert worden. Besonders eindrucksvoll sind die an *Datura stramonium* (Stechapfel) (n = 12) gefundenen Störungen. Jedes einzelne der 12 Chromosomen führt zu einer abartigen, aber für das jeweilige Chromosom typischen Veränderung der Fruchtform (s. Abb. 12.11 und 12.12, A.F. Blakeslee, 1921, 1934). Der Verlust einzelner Chromosomen wirkt sich gravierender aus.

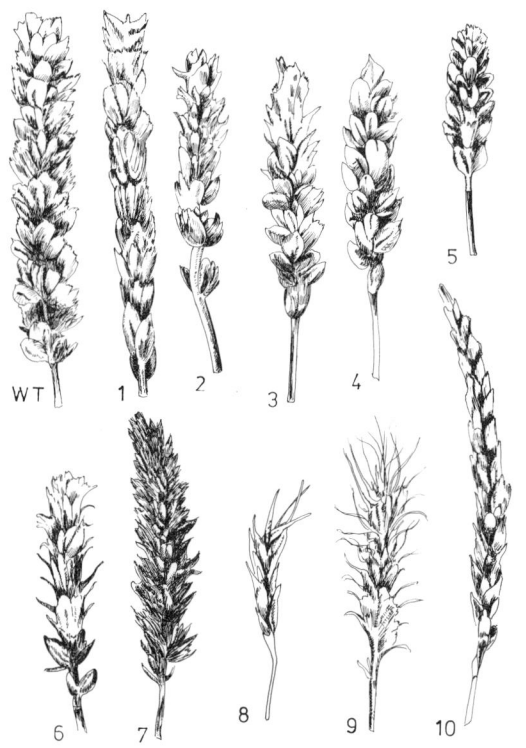

Abb. 12.13. *Triticum aestivum* (Weizen). Ährenform des Wildtyps (WT) und von einigen Mutanten, denen einzelne Chromosomenpaare fehlen (Nullisomen). Wegen der Hexaploidie wird das Fehlen eines Chromosomenpaares toleriert, der Effekt manifestiert sich jedoch in unterschiedlicher, meist weniger wüchsiger (reduzierter) Ährenform. (E. R. Sears, 1953)

Beim Mais sind zahlreiche solcher Formen beobachtet worden, doch erwiesen sie sich alle als steril. Fertile Formen fand man bei hochgradig polyploiden Arten wie dem hexaploiden Weizen *(Triticum aestivum)*. Durch Selbstung von Mutanten mit einem fehlenden Chromosom erhält man Formen, die sich durch den Verlust eines Chromosomenpaares auszeichnen (Nullisomen). Einige dadurch hervorgerufene Defekte des Phänotyps sind in der Abbildung 12.13 abgebildet.

Genzentren, Atavismus

Der russische Genetiker N.I. Vavilov (Institut für angewandte Genetik, Leningrad) fand auf seinen zahlreichen Forschungsreisen, daß bestimmte geographische Regionen durch eine außerordentliche Mannigfaltigkeit gerade solcher Arten ausgezeichnet sind, die als Wildformen unserer Kulturpflanzen anzusehen sind. Diese Regionen bezeichnete Vavilov als Genzentren (s. Abb. 12.14). Bei vielen nah verwandten Arten

fand er gleichartige Abänderungen (= Parallelmutationen, Regel der homologen Reihen). So kommen z.B. bei allen Getreiden (Roggen, Weizen, Hirse, Sago, Mais) sowohl gespelzte als auch nicht gespelzte Varietäten vor, dann solche mit brüchiger Ährenspindel neben anderen mit stabiler. Damit waren ideale Voraussetzungen gegeben, um für den Menschen günstige Kombinationen entstehen zu lassen, und die Aufgabe des Menschen bestand lediglich darin, die günstigsten Varianten zu selektieren und in Kultur zu nehmen.

„Brüchige Ährenspindel" der Gramineen gilt als ein primitives Merkmal, das bei Kulturpflanzen nur noch in Ausnahmefällen auftritt. Nach Kreuzung bestimmter Varietäten mit stabiler Ährenspindel treten in der Nachkommenschaft gelegentlich wieder Individuen mit brüchiger Ährenspindel auf. Derartige Rückschläge nennt man Atavismen (sing.: Atavismus).

Literatur

Avery, A.G., S. Satina, J. Rietsma: Blakeslee – The genus *Datura*. New York: Ronald Press, 1959

Baur, E.: Das Wesen der Erblichkeitsverhältnisse der „*varietates albomarginatae* hort" von *Pelargonium zonale*. Z. in d. Abst. u. Vererbungsl. *1*, 330–351 (1908/09)

Blakeslee, A.F., J. Belling, M.E. Farnham: Chromosomal doublication and Mendelian phenotype in *Datura* mutants. Science *52*, 388–390 (1920)

Blakeslee, A.F.: Variation in *Datura* due to changes in chromosome number. Amer. Naturalist *56*, 16–31 (1922)

Blakeslee, A.F., A. Avery: Methods of inducing doubling of chromosomes in plants. J. Hered. *28*, 393–411 (1937)

Butterfaß, T.: Endopolyploidie und Chloroplastenzahlen in verschiedenartigen Zellen trisomer Zuckerrüben. Planta (Ber.) *76*, 75–86 (1967)

Craiton, H.B., B. McClintock: A correlation of cytological and genetical crossing over in *Zea mays*. Proc. Natl. Acad. Sci. US. *17*, 492–497 (1931)

Eigsti, O.J., P. Dustin: Colchicine in Agriculture, Medicine, Biology and Chemistry. Ames: Iowa State College Press, 1955

Elliot, F.C.: Plant breeding and cytogenetics. New York: McGraw-Hill Book Comp., 1958

Erickson, L.R., N.A. Straus and W.D. Beversdorf: Restriction patterns reveal origins of chloroplast genomes in *Brassica* amphiploids. Theor. Appl. Genet. *65*, 201–206 (1983)

Feldman, M., E.R. Sears: The wild gene resources of wheat. Sci. American, Januar 1981, 98–109

Goodspeed, T.H.: Cytotaxonomy of *Nicotiana*. Bot. Review *11*, 533–592 (1954)

Gregor, J.W., F.W. Sansone: Experiments on the genetics of wild populations. II. *Phleum pratense* L and the hybrid *P. pratense* L. × *P. alpinum* L. J. Genet. *22*, 373–387 (1930)

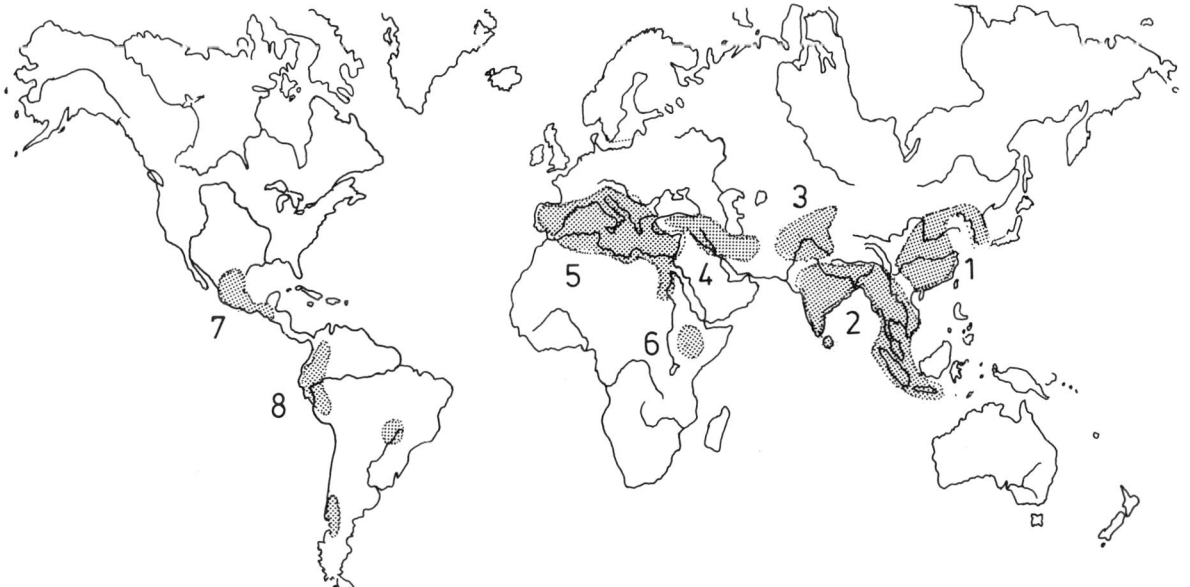

Abb. 12.14. Genzentren der wichtigsten Kulturpflanzen. *1* Gebirgiger Teil von China, Nepal und angrenzenden Gebieten: Gerste, Soja, *Phaseolus,* zahlreiche Cruciferen (u.a. *Brassica chinensis;* Rettich), Teestrauch, Gurken, *Prunus-, Pyrus-, Malus*-Arten. *2.* Vorder- und Hinterindien, Südostchina, Siam: verschiedene Tropenpflanzen, Reis, Zuckerrohr, *Hibiscus,* Jute, Baumwolle, verschiedene Leguminosen, Sesam. *3* Mittelasien (Tienschau bis Hindukusch, Nordwesthimalaya, Pandschab): *Triticum*-Arten, kleinsamige Formen der Erbse, Erbse *(Pisum sativum),* Linsen, *Vicia faba, Lathyrus sativus, Cicer* (Kichererbse), *Linum* (Lein), *Raphanus sativus* (Radieschen), Spinat, Küchenzwiebel, Knoblauch, Rübsen. *4* Vorderasien, Transkaukasien bis Zentralanatolien und Palästina: Einkorn, Hartweizen, Saatweizen, zweizeilige Gerste, hexaploider Kulturhafer, Luzerne, zahlreiche Obstbäume. *5* Randgebiete des Mittelmeeres: Emmer, Hartweizen, Spelzweizen, *Avena*-Arten, großkörnige Typen von *Hordeum vulgare* (Gerste), Erbse, Linsen, Bohnen, Kichererbse, Lupine *(Lupinus luteus),* *Trifolium*-Arten (Klee), Spargel, Rote Rübe, *Linum ustilagum* (großsamige Sorten), Raps, Kohlrübe, gelber Senf, Ölbaum, eine Anzahl von Gemüsearten (Petersilie, Rhabarber, Porree, Endivie, Cichorie, Schwarzwurzel, Pastinak, Sellerie u.a.). *6* Abessinien, Eritrea: tetraploider Weizen, bespelzte Gerste, Hafer, verschiedene Hirsearten, Flaschenkürbis, Kaffee, Dattelpalme. *7* Südmexiko, Mittelamerika: Mais, verschiedene Bohnenarten *(Phaseolus vulgaris, Phaseolus multiflorus),* Batate, Baumwolle, verschiedene Kürbisarten, Sisal, Tomate, Paprika, Bauerntabak *(Nicotiana rustica),* Kakaobaum. *8* Südamerika (Anden, Peru, Ekuador, Bolivien): Mais, Kartoffel, Tomate, Kürbis, Tabak, Baumwolle, Erdnuß, Ananas. (N.V. Vavilov, 1928, ergänzt F. Schwanitz, 1971)

Huskins, C.L.: The origin of *Spartina townsendii*. Genetica *12,* 531–538 (1931)

Kao, K.N., F. Constabel, M.R., Michayluk, O.L.: Gamborg, Plant protoplast fusion and growth of intergeneric hybrid cells. Planta *120,* 215–227 (1974)

Karpechenko, G.D.: Polyploid hybrids of *Raphanus sativus* × *Brassica oleraceae*. Z. Abst. u. Vererbl. *48,* 1–85 (1928)

Kihara, H., J. Nishiyama: Genomanalyse bei *Triticum* und *Aegilops*. Cytologia *1,* 270–282 (1930)

Kihara, H.: Verwandtschaft der *Aegilops*-Arten im Lichte der Genomanalyse. Ein Überblick. Der Züchter *12,* 49–62 (1940)

Kihara, H.: Interspecific relationship in *Triticum* and *Aegilops*. Report of the Kihara Inst. for Biol. Res. *15,* 1–12 (1963)

Kuckuck, H.: Beiträge zur Evolution und Systematik der Kulturweizen. Biol. Zbl. *101,* 349–363 (1982)

Melchers, G.: Haploid higher plants for plant breeding. Z. Pflanzenzücht. *67,* 19–32 (1972)

Mochizuki, A., N. Sueoko: Genetic studies on the number of plastids in stomata. I. Effects of autoploidy in sugar beets. Cytologia *20,* 358–366 (1955)

Nakai, Y.: D genome donors for *Aegilops cylindrica* (CCDD) and *Triticum aestivum* (AABBDD) deduced from esterase isozyme analysis. Theor. Appl. Genet. *60,* 11–16 (1981)

Nebel, B.B.: Cytological observations on colchicine. Biol. Bull. Marine Biol. Lab. (Woods Hole) *73,* 351–352 (1937)

Nordenskiöld, H.: Cytological studies in the genus *Phleum*. Acta agriculturae Suecanae *1,* 1–136 (1945)

Nordenskiöld, H.: Synthesis of *Phleum pratense* L. from *Phleum nodosum*. L. Hereditas *35,* 190–202 (1949)

Palmer, J.D., C.R. Shields, D.B. Cohen, T.J. Orton: Chloroplast DNA evolution and the origin of amphidiploid *Brassica* species. Theor. Appl. Genet. *65,* 181–189 (1983)

Ris, H., A.E. Mirsky: Quantitative cytochemical determination of desoxyribonucleic acid with Feulgen nuclear reaction. J. gen. Physiol. *33*, 125–146 (1949)

Robbins, M.P., J.G. Vaughan: Rubisco in the Brassicaceae. S. 191–204. In „Proteins and nucleic acids in plant systematics" (U. Jensen, D.E. Fairbrothers, eds.) Berlin–Heidelberg–New York: Springer, 1983

Schwanitz, F.: Entstehung der Kulturpflanzen als Modell für die Evolution. S. 175–300. In: „Die Evolution der Organismen" (G. Heberer, Herausg.) Band 2. Stuttgart: G. Fischer Verlag, 1971 (3. Aufl.)

Sears, E.R.: Nullisomic analysis in common wheat. Amer. Naturalist *37*, 245–252 (1953)

Siddiqui, K.A.: Extraction of AADD component of *Triticum aestivum* (AABBDD). Hereditas *68*, 151–158 (1971)

Siddiqui, K.A.: Extraction of ancestral constituents of natural polyploids. Hereditas *71*, 95–100 (1972)

Stebbins, G.L.: Variation and evolution in plants. New York: Columbia University Press, 1950

Stebbins, G.L.: Types of polyploids, their classification and significance. Adv. Genetics *1*, 403–429 (1947)

Swift, H.: Quantitative aspects of nuclear nucleoprotein. Int. Rev. Cytol. *2*, 1–76 (1953)

Tischler, G.: Die Chromosomenzahlen der Gefäßpflanzen Mitteleuropas. S'Gravenhage: Uitgeverij D.W. Junk, 1950

U.N.: Genome Analysis in *Brassica* with special reference to the experimental formation of *Brassica napus* and peculiar mode of fertilization. Japan. J. Bot.*7*, 389–452 (1935)

Vavilov, N.I.: Studies on the origin of cultivated plants. Bull. Appl. Bot. Plant Breed. (Leningrad) *16*, 1–294 (1926)

Vavilov, N.I.: Geographische Genzentren unserer Kulturpflanzen. Z. indukt. Abst. u, Vererbungsl., Suppl. *1*, 342–369 (1928) (Verh. des 5. Int. Kongresses f. Vererbungswiss., Berlin 1927; H. Nachtsheim, Herausg.)

Winge, O.: The chromosomes, their numbers and general importance. Compt. Rend. Trav. Lab. Carlsberg *13*, 131–275 (1917)

13. Populationen und reine Linien – Hardy-Weinberg-Gleichgewicht

Eine wichtige Voraussetzung, um zu reproduzierbaren Ergebnissen zu gelangen, ist der Einsatz von definiertem Ausgangsmaterial. Reine Linien stehen keineswegs immer von vornherein zur Verfügung.

Völlig unabhängig von den bisher besprochenen Ansätzen sind die Arbeiten des Dänen W. Johannsen, der die Variabilität bei der Prinzeßbohne (einer Sorte von *Phaseolus vulgaris*) analysierte. Bei dieser obligat selbstbestäubenden Sorte existieren zahlreiche reine Linien, die sich in bestimmten Merkmalen, so dem mittleren Samengewicht, voneinander unterscheiden. Diese Unterschiede sind genetisch fixiert, und somit ein Element des Genotyps. An jeder Pflanze werden jedoch aus vielerlei Gründen – wie der Stellung der Hülse an der Mutterpflanze und der hieraus resultierenden unterschiedlichen Versorgung der sich entwickelnden Samen mit Assimilaten und anderen Baustoffen – verschieden schwere Samen gebildet. Ihre Verteilung, die durch äußere Faktoren bedingt ist, repräsentiert ein Element des Erscheinungsbildes (oder Phänotyps), das durch ein Zusammenwirken von Erbanlagen und Umweltfaktoren zustande kommt.

Johannsen wählte innerhalb der phänotypischen Variation reiner Linien über mehrere Generationen hinweg jeweils die leichtesten und die schwersten Samen zur Nachzucht, ohne daß dadurch eine Änderung des mittleren Samengewichts eintrat. Eine Selektion innerhalb reiner Linien bleibt daher ohne Effekt (s. Abb. 13.1, Tabelle 1 und 2). Aufgrund dieser Befunde prägte Johannsen die schon genannten Begriffe Genotyp und Phänotyp.

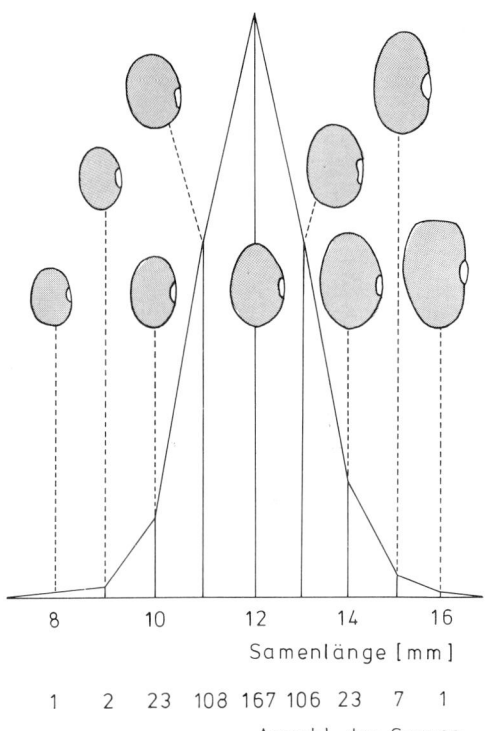

Abb. 13.1. Variation der Samengröße in einer reinlinigen Population von *Phaseolus multiflorus*. (H. de Vries, 1906)

Tabelle 1. Beziehung zwischen den Gewichten von Samen der Elterngeneration und denen der Tochtergeneration in einer Varietät brauner Bohnen.
Die Zahlen in der Tabelle geben die Anzahl der Bohnen der Tochtergeneration in den verschiedenen Gewichtsklassen wieder

Gewicht der Bohnen in der Elterngeneration Gewichtsklassen:	Gewicht der Bohnen in der Tochtergeneration									
	10	20	30	40	50	60	70	80	90	Mittel
20	–	1	15	90	63	11	–	–	–	43,8
30	–	15	95	322	310	91	2	–	–	44,5
40	5	17	175	776	956	282	24	3	–	46,2
50	–	4	57	305	521	196	51	4	–	48,9
60	–	1	23	130	230	168	46	11	–	51,9
70	–	–	5	53	175	180	64	15	2	56,0
Summe	5	38	370	1676	2255	928	187	33	2	47,92

(nach W. Johannsen, 1903, 1926)

191

Tabelle 2. Konstanz des mittleren Samengewichts in der Nachkommenschaft von zwei reinen Linien der Prinzeßbohne *(Phaseolus vulgaris)* Gewichtsangaben in Gramm

Jahr	*Linie 1*				*Linie 2*	
	Durchschnitts- gewichte von ausgewählten kleinen Samen	Mittel- gewichte der Nachkommen	Durchschnitts- gewichte von ausgewählten großen Samen	Durchschnitts- gewichte von ausgewählten kleinen Samen	Mittel- gewichte der Nachkommen	Durchschnitts- gewichte von ausgewählten großen Samen
1902	30 ⟶ 36 / 25		35 / 40 ⟶ 42	60 ⟶ 63 / 55		65 / 70 ⟶ 80
1903	25 ⟶ 31 / 31		41 / 42 ⟶ 43	55 ⟶ 75 / 50		71 / 80 ⟶ 87
1904	31 ⟶ 40 / 27		33 / 43 ⟶ 39	50 ⟶ 55 / 43		57 / 87 ⟶ 73
1905	27 ⟶ 38 / 30		39 / 39 ⟶ 46	43 ⟶ 64 / 46		64 / 73 ⟶ 84
1906	30 ⟶ 38 / 24		40 / 46 ⟶ 47	46 ⟶ 74 / 56		73 / 84 ⟶ 81
1907	24 ⟶ 37		37 / 47	56 ⟶ 69		68 / 81

(nach W. Johannsen, 1909, 1926)

Umweltbedingte Variation ist auch bei der Bewertung von Kreuzungsexperimenten zu berücksichtigen. Dazu wieder ein Beispiel: Bei der Untersuchung der Vererbung der Kolbenlänge des Mais hat E.M. East (1910) eine langkolbige Sorte mit einer kurzkolbigen gekreuzt. Die F_1 verhielt sich intermediär, doch nicht streng uniform. Die F_2-Generation zeigte eine weit größere Variationsbreite, da umweltbedingte Variation und Auftreten unterschiedlicher Genotypen zusammenfielen, die Auswirkungen einander daher überlagerten. Deshalb ist es auch unmöglich, die einzelnen Genotypen direkt zu identifizieren (s. Abb. 13.2).

Hardy-Weinberg-Gleichgewicht

Die Ableitung der Mendelschen Regeln geht jeweils von zwei Individuen (Eltern) und deren Nachkommenschaft aus. Erbgänge, wie sie bisher beschrieben wurden, können nur unter kontrollierten Bedingungen nachvollzogen werden. Spaltungszahlen wie 3:1 usw. wird man, von bestimmten Fällen abgesehen, in der Natur kaum finden, denn jede Art ist als eine Gruppe von Populationen anzusehen, in der bestimmte Genotypen in ganz bestimmten, aber nur schwer erfaßbaren Anteilen auftreten. Die Häufigkeit eines Allels kann unter Umständen sehr niedrig sein, und Genkombinationen, an denen es beteiligt ist, kommen daher zwangsläufig nur sehr selten vor.

In den Jahren 1908 und 1909 zeigten der Engländer G.H. Hardy und der Stuttgarter Stabsarzt W. Weinberg unabhängig voneinander, daß die Häufigkeit der Homozygoten und Heterozygoten über Generationen hinweg konstant bleibt, wenn
– die Population sehr groß ist,
– die Individuen sich uneingeschränkt paaren können (vorausgesetzt natürlich, sie gehören unterschiedlichen Geschlechtern an und leben zur gleichen Zeit am gleichen Ort),

– es keine Selektion bestimmter Allele gibt,
– keine Genwanderungen (Genmigrationen) vorkommen und
– keine Erbänderungen (Mutationen) auftreten.

Ihr mathematischer Ansatz ging als Hardy-Weinberg-Gleichgewicht in die Literatur ein.

Ableitung:

gegeben:	ein Allelpaar A und a
angenommen:	Die Häufigkeit von A sei $p=0{,}9$ $(=90\%)$, die von a sei $q=0{,}1$ $(=10\%)$
daraus folgt:	$p+q = 1$

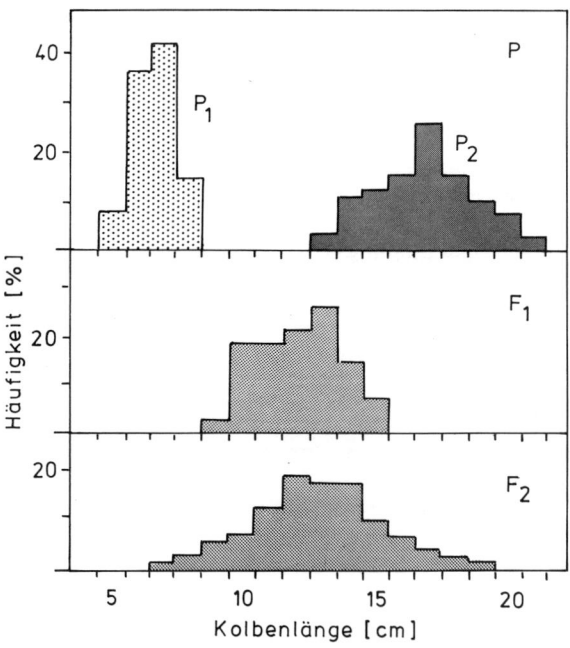

Abb. 13.2. Vererbung eines quantitativen Merkmals beim Mais. Es ist die Verteilung der Kolbenlängen für die Sorten *Tom Thumb* (P_1), *Black Mexican* (P_2) und für ihre F_1- und F_2-Nachkommenschaft wiedergegeben. (E.M. East, 1910)

In der Population können daher die Genotypen AA, Aa und aa vorkommen. Die gebildeten Gameten (Eizellen und Pollen) hätten demnach die Konstitution A oder a.

Wenn sie zufallsgemäß untereinander gekreuzt werden, müssen wir berücksichtigen, daß A-haltige Gameten mit der Häufigkeit p und a-haltige mit der Häufigkeit q in Erscheinung treten. In der nachfolgenden Generation erscheinen dann die Genotypen

$$AA = 0,9 \times 0,9 = 0,81$$
$$\left.\begin{array}{l} Aa = 0,9 \times 0,1 \\ aA = 0,1 \times 0,9 \end{array}\right\} = 0,18$$
$$aa = 0,1 \times 0,1 = 0,01$$

also: $AA = p^2$
$$Aa + aA = 2pq$$
$$aa = q^2$$

oder $p^2 + 2pq + q^2 = (p + q)^2 = konstant$

In Worte gefaßt: Genhäufigkeiten in Populationen stehen (unter genannten Voraussetzungen) in einem stabilen Gleichgewicht zueinander.

Die Zahl der Allele pro Gen in einer Population kann beliebig hoch sein. Das Genom eines Individuums ist daher nur eine zufällige Auswahl (Stichprobe) aus dem gesamten Genpool.

Nach dem Hardy-Weinberg-Gleichgewicht kann die Häufigkeit der Heterozygoten ermittelt werden. Beim Vorliegen von zwei Allelen kann sie niemals den Wert 0,5 übersteigen. Die Abbildung 13.3 gibt die quantitative Beziehung zwischen den Allelhäufigkeiten und den Genfrequenzen graphisch wieder. Ist die Häufigkeit des einen Allels hoch, verschiebt sich das Verhältnis der Genotypen stark in Richtung des entsprechenden homozygoten Genotyps. Weil die genannten Bedingungen in der Regel nicht realisiert sind, pflanzliche Populationen vielfach sehr klein sind und Selbstbefruchtung nicht selten ist (Populationen bestehen dann genetisch aus nur einem Individuum),

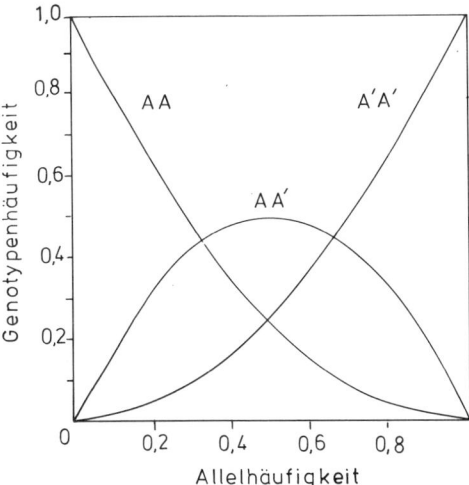

Abb. 13.3. Beziehung zwischen Allel- und Genhäufigkeiten für zwei Allele in einer Population im Hardy-Weinberg-Gleichgewicht. (D.S. Falcomer, 1960)

entfallen die Voraussetzungen für die Gültigkeit des Hardy-Weinberg-Gleichgewichts.

G. Mendel selbst hat sich 1866 in seiner klassischen Arbeit mit diesem Problem auseinandergesetzt und sich gefragt, wie die Spaltungszahlen in aufeinanderfolgenden Generationen aussehen, wenn die Nachkommen einer jeden Generation stets untereinander weitergekreuzt werden. Durch Extrapolation gelangte er zu folgender Aussage:

„... der Kürze wegen möge die Annahme gelten, daß jede Pflanze in jeder Generation nur vier Samen bildet:

				in Verhältniszahlen		
Genera-tion	A(A)	Aa	a(a)	A(A)	Aa	a(a)
1	1	2	1	1 :	2 :	1
2	6	4	6	3 :	2 :	3
3	28	8	28	7 :	2 :	7
4	120	16	120	15 :	2 :	15
5	496	32	496	31 :	2 :	31
n				$2^n - 1$:	2 :	$2^n - 1$

In der 10. Generation z.B. ist $2^n - 1 = 1023$. Es gibt somit unter je 2048 Pflanzen, welche aus dieser Generation hervorgehen, 1023 mit dem konstant dominierenden, 1023 mit dem rezessiven Merkmale, und nur zwei Hybriden".

Analyse und Auswertung quantitativer Daten

Mendel, seine Wiederentdecker, und die Genetiker unseres Jahrhunderts erhielten bei ihren Kreuzungsexperimenten niemals exakte Spaltungszahlen, sondern nur angenäherte.

Verhältniszahlen wie 3:1 oder 1:1 u.a. sind idealisierte Werte. Die Deutung des Mechanismus, auf dem sie beruhen, ist einleuchtend. Vom Standpunkt eines Mathematikers muß man sich aber Fragen stellen, an denen schließlich auch ein praktisch arbeitender Genetiker nicht vorbeikommt, so z.B.:

– Wie groß darf eine Abweichung von einem theoretisch erwarteten Ergebnis sein?
– Wie viele Versuchsobjekte müssen jeweils ausgezählt werden, um ein Ergebnis glaubwürdig zu machen?
– Kommt man unter Umständen mit einem geringeren Aufwand zum Ziel?

Antworten hierauf werden durch die Wahrscheinlichkeitslehre oder Statistik gegeben. Man kann daher niemals ein klares Ja oder Nein erwarten, sondern lediglich die Angabe, mit wieviel Prozent Wahrscheinlichkeit ein Ergebnis mit einer Annahme übereinstimmt oder ob zwischen zwei Meßreihen ein signifikanter Unterschied besteht. Als Hilfsmittel benötigt der Genetiker zum einen einige Formeln, in die er seine eigenen Werte einsetzen kann, zum anderen Standards (= Tabellenwerke), auf die er die errechneten Werte beziehen kann. Die entscheidende Voraussetzung für die Nutzung der mathematischen Ansätze liegt in der Wahl der richtigen Formel. Man muß sich im klaren darüber sein, ob die eigenen, experimentell ermittelten Werte den jeweiligen Bedingungen genü-

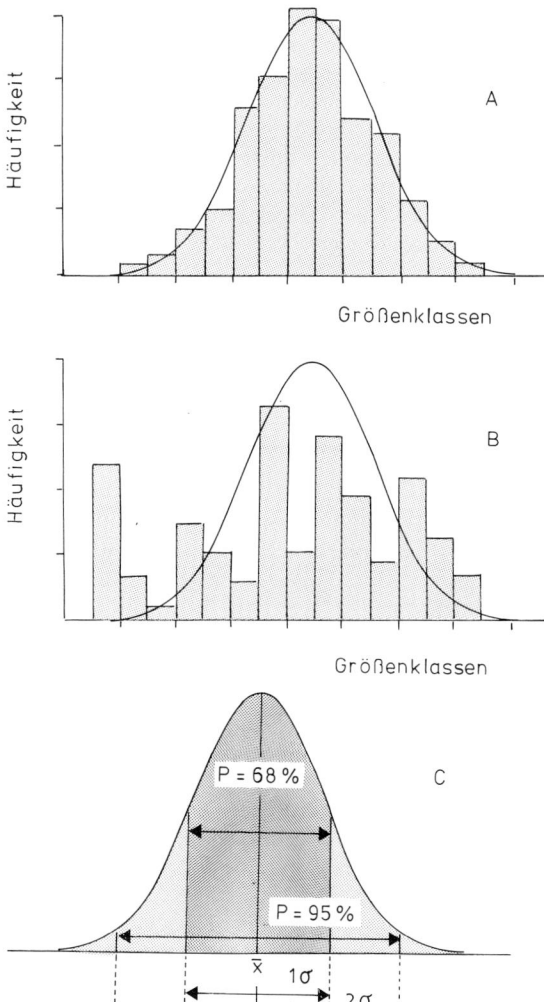

Abb. 13.4. Ein Histogramm. *A* Die Meßwerte entsprechen einer Gaußschen Normalverteilung (Kurve). *B* Die Meßwerte sind mit einer Gaußschen Normalverteilung nicht in Einklang zu bringen. *C* Parameter einer Normalverteilung: Der Wert P bezieht sich auf den Flächenanteil, der durch die Kurve und die Grundlinie zwischen den Werten + und $-1\,\sigma$, resp. + und $-2\,\sigma$ eingeschlossen wird.

gen. Sie müssen alle gleiche Dimensionen aufweisen, Absolutwerte dürfen nicht mit relativen Werten (Prozentzahlen) gemischt werden.

Einige einfache, statistische Berechnungen

Mittelwert. Der Mittelwert einer Meßreihe errechnet sich wie folgt:

$$\bar{x} = \frac{\sum x_i}{n}$$

wobei x_i die einzelnen Meßwerte, n die Zahl der Meßwerte repräsentiert.

194

Streuung, Varianz. Bei graphischer Darstellung von Meßwerten in einem Histogramm kann man erkennen, ob sie sich um einen Mittelwert gruppieren oder nicht (s. Abb. 13.4). Nur wenn Fall A vorliegt, ist es sinnvoll, sie wie folgt statistisch weiterzubearbeiten. Fall B beruht offensichtlich auf einer Summierung unterschiedlicher Verteilungen, deren Auswertung nach anderen Regeln erfolgen muß. Die Werte müssen zunächst standardisiert werden, Typ und Grad der Abweichung von einer Normalverteilung (siehe unten) müssen berücksichtigt werden.

Für Fall A gilt, daß sich die Verteilung mit zunehmender Zahl n einer Glockenkurve nähert. Diese Feststellung geht auf den Göttinger Mathematiker C.F. Gauß zurück, die Funktion wird daher nach ihm Gaußsche Normalverteilung genannt. Wie aus der Abbildung 13.4c ersichtlich ist, kann die Kurve durch die Lage ihres Maximums (entspricht dem Mittelwert $\bar{x}$) und ihre Wendepunkte beschrieben werden. Der Abstand zwischen $\bar{x}$ und einem der Wendepunkte wird Streuung oder Varianz genannt.

Eine Meßreihe ist stets eine mehr oder weniger große Stichprobe aus einer denkbaren Grundgesamtheit. Stichproben sind stets mit einem relativen Fehler belastet, dessen Größe von der Zahl der Meßwerte abhängt und der mit $1/\sqrt{n}$ angegeben werden kann.

Die Streuung einer Stichprobe (s = Wurzel aus der mittleren quadratischen Abweichung) kann nach der folgenden Formel ermittelt werden:

$$s = \sqrt{\frac{(x_i - \bar{x})^2}{n-1}}$$

Unter Berücksichtigung des mittleren Fehlers erhält man die Standardabweichung des Mittelwerts σ:

$$\sigma = \sqrt{\frac{(x_i - \bar{x})^2}{n(n-1)}}$$

Durch Integration der Gaußschen Normalverteilung ist die durch die Grundlinie und die Kurve im Bereich von $\pm 1\sigma$, 2σ, 3σ usw. begrenzte Fläche errechenbar. Daraus ergibt sich, daß 68,3 Prozent aller Werte einer Idealverteilung um $\pm 1\sigma$ um den Mittelwert streuen, 95,4 Prozent um $\pm 2\sigma$ und 99,7 Prozent um 3σ. Diese Angaben sind wichtig, denn sie dienen als Standards für die meisten statistischen Aussagen. Für einen Praktiker ist es daher entscheidend, seine eigenen Werte so aufzuarbeiten, daß sie zu einer solchen Idealverteilung in Beziehung gesetzt werden können.

Vergleich zweier Meßreihen (t-Test)

Eine immer wiederkehrende Frage lautet, ob zwei (oder mehr) Meßreihen voneinander verschiedene (signifikant verschiedene) Ergebnisse repräsentieren oder ob unterschiedliche Mittelwerte lediglich aufgrund der Zufallstreuung, also aufgrund von „Fehlern" unterschiedliche Werte annehmen. Zur Lösung des Problems müssen die Standardabweichungen beider Reihen miteinander verglichen werden. Das Ziel des Vergleichs liegt in der Überprüfung, wie weit ein Mittelwert $\bar{x}_A$ von $\bar{x}_B$ entfernt ist, und als Maß hierfür dient die Größe t.

Liegt $\bar{x}_B$ von $\bar{x}_A$ weiter als $\bar{x}_A \pm 3\sigma$ entfernt, spricht man von sehr gut gesichertem (signifikantem) Unterschied. Die Wahrscheinlichkeit der Übereinstimmung zwischen beiden liegt bei $< 0,3\%$; die Wahrscheinlichkeit, daß beide voneinander verschiedene Verteilungen repräsentieren, ist damit $> 99,7\%$. Beträgt der Abstand $> \bar{x}_A \pm 2\sigma$, aber $< \bar{x}_A \pm 3\sigma$, spricht man von gesichertem Unterschied. Die Wahrscheinlichkeit (P) der Übereinstimmung beträgt etwa $< 5\%$, die der Verschiedenheit damit $> 95\%$. Man spricht bei 3σ, resp. 2σ auch von einer einprozentigen, bzw. fünfprozentigen Signifikanzgrenze. In der Statistik hat es sich eingebürgert, anstelle von Prozent Bruchteile der Zahl 1 zu verwenden, demnach wären P: 0,01 bzw. 0,05.

Wie geht man praktisch vor?

Zum Vergleich zweier Meßreihen verwendet man zweckmäßigerweise den t-Test:

$$ t = \frac{\bar{x}_A - \bar{x}_B}{\sqrt{\dfrac{\sum_i (x_{Ai} - \bar{x}_A)^2 + \sum_i (x_{Bi} - \bar{x}_B)^2}{n_A + n_B - 2} \left(\dfrac{1}{n_A} + \dfrac{1}{n_B} \right)}} $$

Zu einem errechneten t läßt sich aus Tabellenwerken die Wahrscheinlichkeit P ablesen. Dadurch wird zweierlei deutlich:
(1) Je größer der Abstand zwischen zwei Mittelwerten ist, desto weniger Meßpunkte (n) sind zur Absicherung einer Aussage erforderlich.
(2) Bei (erwartetem) geringem Abstand muß die Zahl der Meßwerte drastisch erhöht werden, um signifikante Aussagen zu erhalten.

Test auf Übereinstimmung eines Ergebnisses mit einer Erwartung: χ^2-Test

In der Tabelle 1 auf der Seite 139 wurden die von G. Mendel erhaltenen Spaltungszahlen wiedergegeben. Er extrapolierte von diesen Ergebnissen jeweils auf ein 3:1-Verhältnis. Auf die Frage, ob das statthaft ist, gibt der χ^2-Test Antwort:

$$ \chi^2 = \frac{\sum d^2}{e} $$

d = Abweichung vom erwarteten Ergebnis, e = Erwartung. Je niedriger der χ^2-Wert ist, desto wahrscheinlicher ist es, daß nur der Zufall für eine Abweichung verantwortlich gemacht werden kann.

Im χ^2-Test können nur absolute Zahlen (also niemals Prozentzahlen) verrechnet werden.

Dieser Test ergibt für die von Mendel gefundenen Zahlenwerte eine außerordentlich hohe Übereinstimmung mit der Erwartung. (Auch die mathematisch errechneten Erwartungswerte können Tabellenwer-

ken entnommen werden.) Wie spätere Untersuchungen zeigten, kommt man mit wesentlich geringerem Zahlenmaterial zu ebenso signifikanten Werten wie G. Mendel. Die analytische Auswertung von Mendels Daten durch den χ^2-Test, hat den britischen Mathematiker und Genetiker R.A. Fisher 1936 zu der Frage veranlaßt, ob Mendels Werte nicht zu genau seien. Jeder Wert für sich genommen ist etwas besser, als man dies unter Zufallsbedingungen erwarten sollte (wobei die Übereinstimmung mit dem 3:1-Verhältnis stets gewahrt bleibt). Alle Werte zusammengefaßt, ergeben ein P von 0,99993. Mit anderen Worten: Nur in einem unter 14 300 Fällen erhielte man ein Ergebnis, welches so gut mit der Erwartung übereinstimmte wie Mendels Daten. Andererseits hat Fisher aus den von Mendel publizierten Zahlen die Anzahl der von ihm bearbeiteten Pflanzen in einem Zeitraum von fünf Jahren ermittelt, er kommt auf die Zahl 26 500. Bei der Größe des Klostergartens in Brünn und der Mendel zur Verfügung stehenden Zeit liegt die Bearbeitung eines derart umfangreichen Pflanzenmaterials durchaus im Rahmen des Möglichen.

Literatur

Crow, J.F, M. Kimura: An Introduction to population genetics theory. New York, London: Harper and Row Publishers, 1970

East, E.A.: A mendelian interpretation of variation that is apparently continous. Amer. Naturalist *44*, 65–82 (1910)

Falcomer, D.S.: Introduction to quantitative genetics. Edinburgh: Oliver and Boyd, 1960

Fisher, R.A.: The genetical theory of natural selection. New York: Dover Publ. Comp. Inc., 1958 (2. Aufl.)

Hardy, G.H.: Mendelian proportions in a mixed population. Science *28*, 49–50 (1908)

Hiorth, G.E.: Quantitative Genetik. Berlin-Göttingen-Heidelberg: Springer Verlag, 1963

Johannsen, W.: Elemente der exakten Erblichkeitslehre. Jena: G. Fischer Verlag, 1926 (3. Aufl.)

Jones, D.F.: The effects of inbreeding and crossbreeding upon development. Conn. Agr. Exp. Stat. Bull. *207*, 1–100 (1918)

Stern, C.: The Hardy-Weinberg Law. Science *97*, 137–138 (1943)

Weinberg, W.: Über Vererbungsgesetze beim Menschen. Z. Abst. u. Vererbl. *1*, 377–393 (1909) Z. Abst. u. Vererbl. *1*, 440–460 (1909)

de Vries, H.: Arten und Varietäten, ihre Entstehung durch Mutation. Berlin: Gebr. Bornträger 1906

Wright, S.: Systems of mating. Genetics *6*, 111–178 (1921)

Wright, S.: Coefficients of inbreeding and relationship. Amer. Naturalist *56*, 330–338 (1922)

Wright, S.: The distribution of gene frequencies in populations. Proc. Natl. Acad. Sci. US *23*, 307–320 (1937)

14. Das Ende einer Epoche – Ausblick auf neue Entwicklungen

Mitte der dreißiger Jahre waren die zu Beginn des Jahrhunderts gestellten Fragen weitgehend beantwortet, an der Chromosomentheorie bestand kein Zweifel mehr.

Dies bedeutet aber nicht, daß man sich nicht weiter mit den vorgestellten Methoden und Problemen befassen sollte, genau das Gegenteil ist der Fall. Die Züchtungsforschung benötigt die Produktion und Selektion neuer Formen. Gerade weil Kulturpflanzen nur unter bestimmten Umweltbedingungen und Anbauverfahren optimal gedeihen, ist es wichtig, Sorten zu züchten, die auch in anderen Teilen der Welt – vor allem in den Entwicklungsländern – kultiviert werden können. Hier ist die Zahl der offenen Probleme noch größer als die der gelösten.

Auch die Bearbeitung der angeschnittenen Probleme der Evolutionsforschung ist bei weitem nicht abgeschlossen. Man hat bislang vorwiegend mit Pflanzen gemäßigter und kalter Zonen gearbeitet. Doch wie sieht es mit den Pflanzen der Tropen aus?

Unabhängig von diesen Problemen stellten sich neue Fragen:
- Wie wirkt ein Gen?
- Was ist ein Gen?
- Was ist genetische Information, wie und wann wird sie verdoppelt?
- Wie wird genetische Information umgesetzt?
- Wie steuern Gene die Entwicklung eines Individuums?

Es hat nur wenige Jahrzehnte gedauert, um zu befriedigenden Antworten zu gelangen. Entscheidend waren neue Denkansätze, der Einsatz neuer Methoden sowie die Verflechtung der verschiedensten Teildisziplinen aus Biologie, Chemie und Physik. Eine wichtige Leitlinie bildete die in den vierziger Jahren entwickelte Informations- und Systemtheorie.

Man hatte schon frühzeitig erkannt, daß der Phänotyp das Ergebnis einer komplexen Serie von Reaktionen zwischen Genen, internen und externen Faktoren ist (s. Abb. 14.1).

Um aber Klarheit über etwa die Bildung eines roten Blütenfarbstoffs zu gewinnen, genügte es nicht mehr, Kreuzungen anzusetzen und die dabei auftretenden Phänotypen zu protokollieren. Vielmehr war es erforderlich, die Farbstoffe zu isolieren und chemisch zu analysieren.

Mitte der dreißiger Jahre fand auch in der Chemie, speziell in der Biochemie, ein Umbruch statt. Anstelle der alten klassischen Methoden setzten sich in steigendem Umfang physikalisch-chemische Verfahren durch. Genannt sei der Einsatz der Radioisotope, der Spektroskopie und der Chromatographie in all ihren Varianten. Gerade letztere erlaubte es, Substanzgemische in ihre Einzelkomponenten zu zerlegen und Verbindungen in Konzentrationen nachzuweisen, die weit unter der Nachweisgrenze konventioneller Methoden liegen.

M. Wheldale entdeckte 1907, daß die Blütenfarben von *Antirrhinum majus* durch zwei Gruppen im Zellsaft gelöster Farbstoffe bestimmt werden: den gelben oder gelblichen Flavonen und den roten oder rötlichen Anthocyanen. Er nahm an, daß einander ähnliche Verbindungen zu unterschiedlichen Farbtönungen und die Anwesenheit beider zu Mischfarben führen. Dabei ist die Anwesenheit nicht mit einer ja/nein-Entscheidung gleichzusetzen, denn unterschiedliche Konzentrationen der einzelnen Komponenten führen zu einer Fülle verschiedenster Phänotypen.

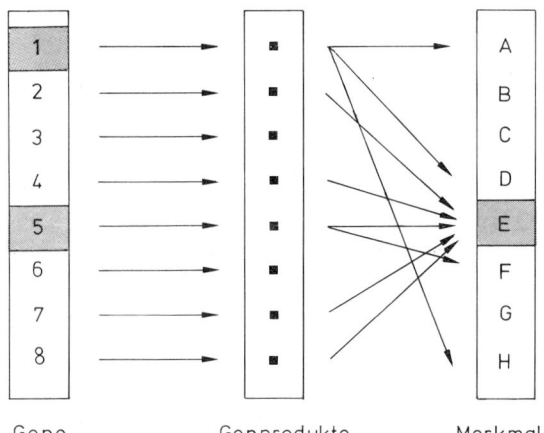

Gene   Genprodukte   Merkmale

Abb. 14.1. Veranschaulichung der Beziehungen zwischen Genen und Merkmalen (Genotyp und Phänotyp). Jedes Gen instruiert die Bildung eines Genprodukts (1 Gen → 1 Enzym-Hypothese, s. die beiden folgenden Abb.). Ein Genprodukt (z.B. „1") kann eine Vielzahl von Merkmalen („A", „E", „H") beeinflussen (pleiotroper Effekt); ein Merkmal wiederum (z.B. „E") kann das Ergebnis des Zusammenwirkens mehrerer Genprodukte sein.

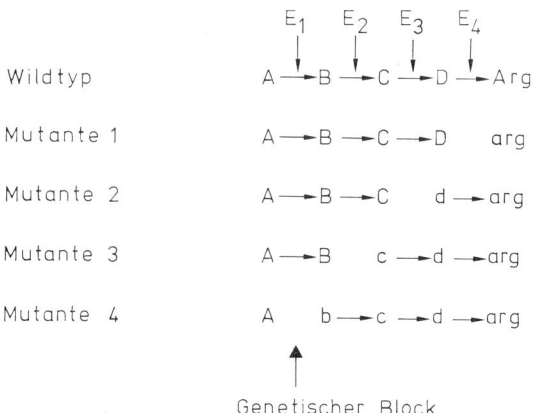

Abb. 14.2. Tryptophanbiosynthese bei *Neurospora crassa,* ein Beispiel für eine Mehrschrittbiosynthese. Jeder Syntheseschritt wird durch ein Enzym katalysiert. Zur Bildung eines jeden Enzyms wird ein entsprechendes Gen benötigt. (G.W. Beadle, A.L. Tatum, 1941)

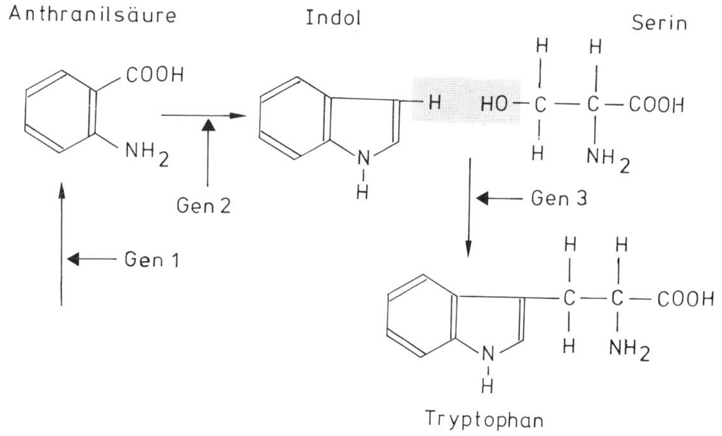

Die Aufklärung der chemischen Struktur erfolgte erst in den darauffolgenden Jahrzehnten, wobei sich abzeichnete, daß genetische Veränderungen und Veränderungen in der chemischen Struktur der Farbstoffmoleküle miteinander in Einklang standen. Einen wesentlichen Schritt weiter kam A. Kühn durch seine Untersuchungen der Synthese von Augenfarbstoffen der Mehlmotte *Ephestia kühniella.* Es sind Derivate (Abkömmlinge) der Aminosäure Tryptophan (s. Kap. 16); mehrere Gene steuern die Bildung des Farbstoffs. Doch der eigentliche Durchbruch und damit der Einstieg in die sogenannte Biochemische Genetik gelang den Amerikanern G.W. Beadle und A.L. Tatum (Stanford University, Palo Alto/San Francisco) durch ihre Untersuchungen an dem Schimmelpilz *Neurospora crassa.* Das Mycel dieses Pilzes kann auf einem einfachen, einige Salze und Vitamine enthaltenden Nähragar (= Minimalmedium) kultiviert werden. Durch Röntgenstrahlen produzierten sie eine Vielzahl von Mutanten, die auf Minimalmedium nicht wachsen, bei Zusatz eines Aminosäuregemisches (oder hydrolysierten Proteins [= Eiweißes]) zum Medium (= Vollmedium) aber zum Wachsen gebracht werden können. Diese Beobachtung erlaubte es Beadle und Tatum, das Nährstoffangebot gezielt zu variieren, um dem genetischen Defekt auf die Spur zu kommen. Zur Veranschaulichung des Prinzips ein Beispiel: Eine Gruppe von Mutanten benötigte als Zusatz zum Minimalmedium die Aminosäure Tryptophan. Es war schon seinerzeit (in den frühen vierziger Jahren) bekannt, daß sie im Stoffwechsel der Zellen aus Vorstufen entsteht, zu denen Anthranilsäure, Indol und Serin zählen. Die genetische Feinanalyse ergab, daß einige der Tryptophanmangelmutanten (tryptophanauxotrophe Mutanten) auch nach Zugabe von einem der Zwischenprodukte wuchsen (s. Abb. 14.2) Die Ergebnisse konnten in ein Schema gebracht werden, aus dem der Biosyntheseweg des Tryptophans ablesbar ist. Biochemiker sagen, daß jeder dieser Schritte durch ein Enzym bewerkstelligt wird (s. Kap. 18) und die genetischen Daten eine Beziehung zwischen Gen und Enzym herstellen (s. Abb. 14.3).

Dies wiederum heißt:

1 Gen → 1 Enzym (Protein)

Diese Aussage erwies sich als eine der nützlichsten Arbeitshypothesen der letzten Jahrzehnte. Wir werden immer wieder auf sie zurückgreifen und sehen, daß auch sie durch neue Erkenntnisse abgewandelt und eingeschränkt, im Kern jedoch nicht angetastet wurde.

Die großen Vorteile des Versuchsobjekts *Neurospora crassa* gegenüber allen vorhergegangenen (*Drosophila melanogaster* eingeschlossen) lag einmal darin, daß Mutanten durch gezielte Manipulation des Nährmediums am Leben erhalten werden konnten. Damit konnte die Natur des Defekts aufgeklärt werden. Zum

Abb. 14.3. 1 Gen → 1 Enzym-Hypothese. Eine Biosynthese (hier die der Aminosäure Arginin) verläuft über eine Anzahl von Zwischenstufen. Beim Wildtyp sind die benötigten Gene (hier 4) vorhanden, die Enzyme E_1–E_4 werden gebildet und damit auch das Syntheseprodukt Arginin (Arg). Bei den Mutanten 1–4 liegt jeweils ein genetischer Block vor, der die Unterbrechung der Synthesekette nach sich zieht. Es werden Zwischenprodukte (D, C, B oder A) in den Zellen angereichert. Die Zellen können nur dann weiterwachsen, wenn ihnen Arginin im Nährstoffangebot zur Verfügung steht (= auxotrophe Mutanten).

197

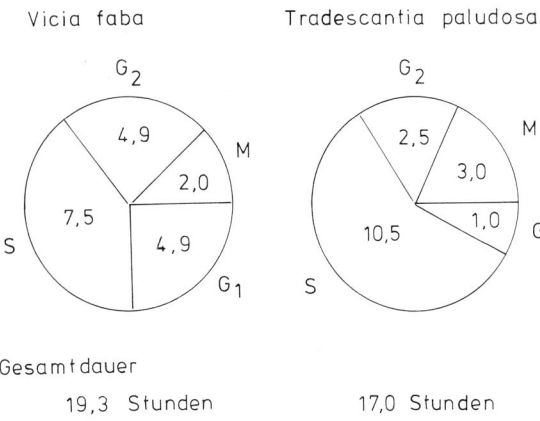

Vicia faba

G_2 4,9
M 2,0
G_1 4,9
S 7,5

Tradescantia paludosa

G_2 2,5
M 3,0
G_1 1,0
S 10,5

Gesamtdauer

19,3 Stunden   17,0 Stunden

Abb. 14.4. Der Zellzyklus in Wurzelmeristemzellen zweier Arten. M: Mitose, G_1 und G_2: Gap-Phase 1 und 2, S: Synthesephase. Während der S-Phase erfolgt die Replikation des genetischen Materials (DNS, s. Kap. 21). Ein Chromosomenäquivalent besteht in der G_1-Phase aus einem, in der G_2-Phase aus zwei Chromatiden. (Nach U. Goodenough: Genetics, 1978)

anderen betrachtete man relativ simple Genwirkungen, nämlich primär die Bildung einzelner Aminosäuren. Für einen unvoreingenommenen Betrachter (und dazu gehörten die Genetiker der ersten Hälfte unseres Jahrhunderts) schienen die Unterschiede in Blütenfarben einfacher analysierbar zu sein. Für einen Chemiker jedoch ist die Aufklärung von Aminosäuresynthesen naheliegender, weil sie chemisch einfacher als die Blütenfarbstoffe aufgebaut sind (s. Kap. 16 und Kap. 19).

Nachdem dieser Rahmen abgesteckt war, suchte man nach noch einfacheren Versuchsobjekten. Hier boten sich Bakterien und Viren an. Was folgte, fassen wir unter dem Begriff Molekulare Genetik zusammen. Die Zahl der Erkenntnisse über die Struktur und Wirkung der Gene nahm exponentiell zu. Die Mehr-

zahl der Genetiker der fünfziger, sechziger und siebziger Jahre befaßte sich mit Mikroorganismen, Pflanzen wurden zeitweilig kaum bearbeitet. Unser Wissen über die molekularen Grundlagen ihres Genoms beruhte anfangs auf Extrapolationen der an Mikroorganismen gefundenen Ergebnisse. Es blieb aber nicht lange bei Spekulationen, viele der Aussagen konnten – Fall für Fall – an pflanzlichen Objekten verifiziert werden.

Das entscheidende Ergebnis hierbei ist, daß die Grundzüge der Speicherung und Expression genetischer Information sowie die wichtigsten Stoffwechselwege bei Mikroorganismen, Tieren und Pflanzen gleich sind. Sie waren offensichtlich perfektioniert, bevor sich die Entwicklungslinien der genannten Organismengruppen trennten.

Was ist ein Gen, wodurch wird genetische Information übertragen?

Dieser Fragenkomplex wurde in zwei Abschnitten beantwortet. Wie schon erwähnt, demonstrierten O.T. Avery, C.M. MacLeod und M. McCarty (1943), daß Desoxyribonukleinsäure (DNS, DNA) in der Lage ist, Eigenschaften von einem intakten Pneumokokkenstamm auf einen defekten zu übertragen und den Defekt auf Dauer zu beheben. Keine andere Molekülklasse ist hierzu fähig.

Der zweite Teil der Antwort wurde von Physikern gegeben. Voraussetzung war die Entwicklung der Röntgenstrukturanalyse zur Aufklärung der räumlichen Anordnung von Atomen in einem Molekül. Das Ergebnis ist bekannt: 1953 wurde von J.D. Watson und F. Crick das nach ihnen benannte Modell der DNS vorgestellt (s. Kap. 17).

Hiervon ausgehend fragte man sich, wie und wann DNS in der Zelle verdoppelt wird. Auch hierauf zwei Antworten:

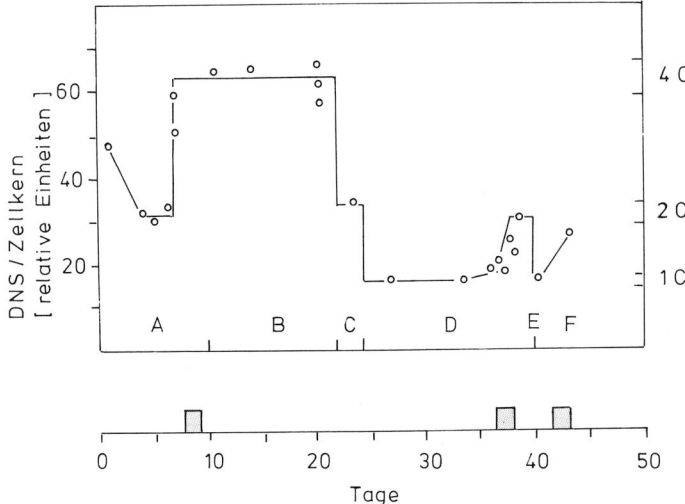

Abb. 14.5. Relative DNS-Mengen in Zellkernen während der Meiose und Mitose. Der DNS-Gehalt wurde durch Feulgenreaktion in Kernen aus Antheren von *Lilium longiflorum* bestimmt. Ein Einbau von ^{32}P (als $K_2H^{32}PO_4$ angeboten) wurde nur zu Zeiten der DNS-Replikation (Chromatidenverdopplung; S-Phase) eingebaut. (J.H. Taylor, R. D. McMaster, 1954)

198

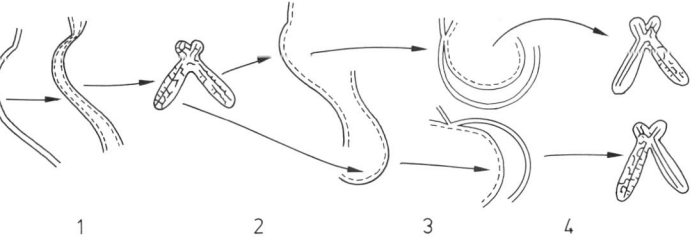

Abb. 14.6. Das Taylor-Experiment zum Nachweis der semikonservativen Chromatidenreplikation. *1* Replikation in Anwesenheit von ^{3}H-Thymidin (das markierte Chromatid ist punktiert dargestellt). *2* Metaphase im Anschluß an die Markierung. *3* Replikation in ^{3}H-Thymin-freiem Medium. *4* weitere Metaphase. (J.H. Taylor *et al.,* 1957)

(1) Jede teilungsfähige Zelle durchläuft einen Zellzyklus (s. Abb. 14.4), in dem der Interphasezustand in die G_1-, S- und G_2-Phase unterteilt werden kann. Während der S-Phase (Synthesephase) wird das genetische Material (die DNS) verdoppelt (s. Abb. 14.5). In der G_2-Phase liegt daher doppelt so viel DNS wie in der G_1-Phase vor. Der Nachweis erfolgte cytohistochemisch unter Verwendung eines DNS-spezifischen Farbstoffs (Feulgen-Reaktion) und anschließender photometrischer Bestimmung der Farbintensität, die mit der DNS-Menge direkt korreliert ist. In der G_2-Phase sind die Kerne größer als in den vorangegangenen Phasen, weil die Zahl der Chromatiden pro Chromosomenäquivalent von 1 auf 2 gestiegen ist. Die relative Länge der einzelnen Zellzyklusphasen ist zu ihrer Häufigkeit in einem wachsenden Gewebe direkt proportional.

Zellen, die ihre Teilungspotenz verloren haben oder in denen sie für längere Zeit unterbrochen ist, bleiben in einer G_1-ähnlichen Phase (der G_0-Phase) arretiert.

(2) Die Verdopplung der Chromatiden geschieht auf sogenannte semikonservative Weise, d.h., ein DNS-Doppelstrang wird in seine beiden Einzelstränge zerlegt. Jeder übernimmt die Aufgabe einer Matrize, und an jedem bildet sich ein neuer Strang. Als Ergebnis erhält man Hybridstränge. Den Beweis hierfür erbrachte J.H. Taylor (Columbia University, New York) auf autoradiographischem Wege, durch Verwendung ^{3}H-markierter Vorstufen der DNS. Er zeigte damit, daß die Radioaktivität gleichzeitig in beide Chromatiden eingebaut wird (s. Abb. 14.6). Sein Versuchsobjekt war *Vicia faba.* Heutzutage verwendet man statt der Radioisotope spezifische Farbstoffe und kann damit nicht nur eine DNS-Synthese, sondern auch Chromosomenstückaustausche abbilden (s. Abb. 11.4).

Die Bedeutung des Zellkerns: Die Grünalge *Acetabularia,* ein neues Versuchsobjekt

Acetabularia (s. Abb. 14.7 und 14.8) ist eine einzellige Grünalge. Für experimentelle Arbeiten zeichnet sie sich durch folgende Vorteile aus:
(1) Sie ist mehrere Zentimeter lang.

(2) Drei Abschnitte der äußeren Gestalt sind leicht voneinander zu unterscheiden: Hut, Stiel und Rhizoid (ein Gebilde, das die Funktion einer Wurzel haben kann).
(3) Der Kern liegt stets an einer bestimmten, leicht erkennbaren Region der Zelle, dem Rhizoid.
(4) Es gibt mehrere Arten, die sich u.a. durch die Gestalt ihres Hutes voneinander unterscheiden, z.B. *Acetabularia mediterranea* (Vorkommen im Mittelmeer) und *Acetabularia crenulata* (Vorkommen in der Karibischen See).
(5) Die Teilung des Zellkerns und die Bildung der Fortpflanzungszellen erfolgt erst, nachdem die Zelle ihre volle Größe erreicht hat.
(6) *Acetabularia* hat ein hohes Regenerationsvermögen.

Diese Vorteile wurden Anfang der dreißiger Jahre von J. Hämmerling (damals in Berlin, später in Wilhelmshaven) erkannt. Er untersuchte zunächst die Überlebenschancen der einzelnen Teile einer *Acetabularia*-Zelle und überprüfte die Frage, welche sich fort-

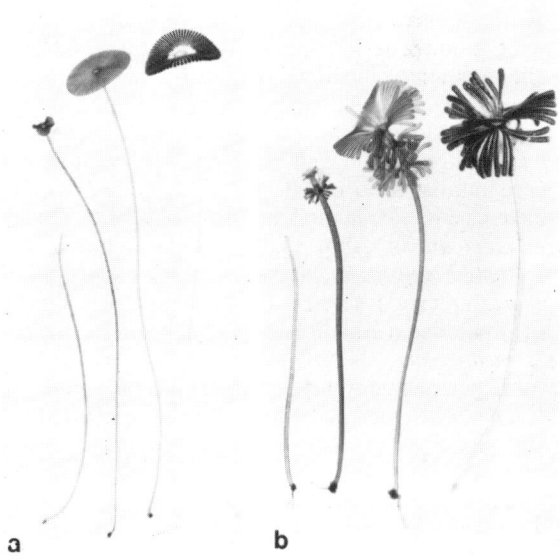

Abb. 14.7. *Acetabularia mediterranea (a)* und *Acetabularia crenulata (b);* Jeweils aufeinanderfolgende Entwicklungsstadien. Eine ausdifferenzierte Zelle ist aus Hut (Corona), Stiel und Rhizoid aufgebaut. Vergrößerung *a* = 1,55×, *b* = 2,17×. (S. Berger, 1986)

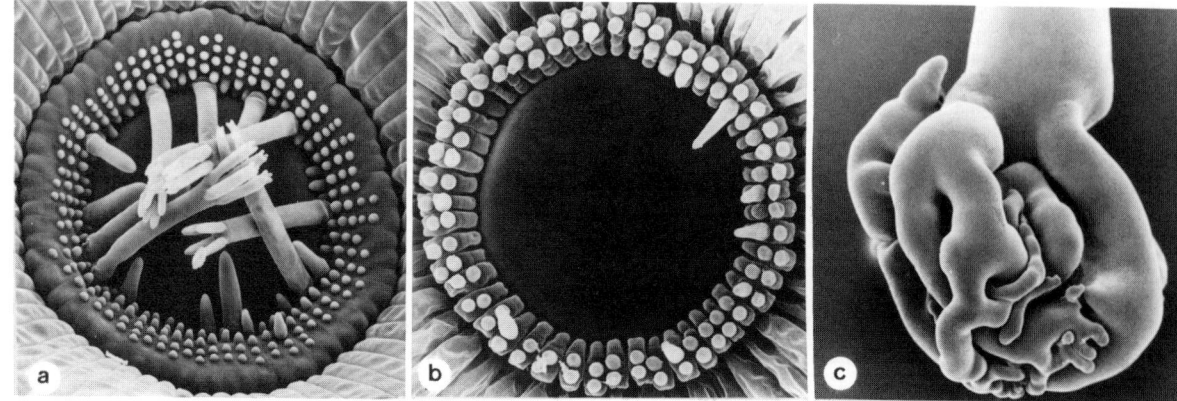

Abb. 14.8. Rasterelektronenmikroskopische Aufnahmen des Hutzentrums *(Corona superior, a, b)* und eines Rhizoids *(c). Acetabularia mediterranea (a, c), Acetabularia crenula-* *ta. (b).* Vergrößerung: $a = 134\times$, $b = 84\times$, $c = 56\times$. (S. Berger, 1986)

pflanzen können und welche nicht (s. Abb. 14.9). Er stellte dabei fest, daß nur das kernhaltige Stück dazu in der Lage war und daß die kernlosen Stücke zwar über Tage und Wochen am Leben gehalten werden konnten, nach diesem Zeitraum ihren Stoffwechsel aber irreversibel einstellten. Die Frage nach dem Regenerationsvermögen wurde durch folgenden Versuch geklärt:

Er nahm Zellen, die noch nicht voll ausgewachsen waren, und stellte fest, daß das obere Stück des Stiels einen Hut bilden konnte, das Mittelstück dazu nicht in der Lage war und das untere, kernhaltige Stück sich zu einer ganzen, fortpflanzungsfähigen Zelle regenerieren konnte. Isolierte er den Kern aus dem Rhizoid und implantierte ihn in das Mittelstück, so regenerierte diese ebenso gut, wie sonst nur das Rhizoid, zu einer vollständigen, fortpflanzungsfähigen Zelle.

Der folgende Versuch zeigt, welchen Einfluß der Kern auf die Hutform hat. *Acetabularia mediterranea* unterscheidet sich in diesem Merkmal von *Acetabularia crenulata* (s. Abb. 14.8). Auf das Rhizoid von *Acetabularia mediterranea* wurde der Stiel von *Acetabularia crenulata* gesetzt. Es entwickelte sich dabei eine Zelle, deren Hut die Morphologie von *Acetabularia mediterranea* besaß. In einem zweiten Versuch wurde genau umgekehrt verfahren: Das Rhizoid von *Acetabularia crenulata* wurde mit dem Mittelstück von *Acetabularia mediterranea* kombiniert; daraus entstand ein Hut der *Acetabularia crenulata*-Form.

Welchen Einfluß hat das Plasma auf den Kern?
Ein weiterer Versuch: Ein „alter Hut" von *Acetabularia mediterranea* wurde auf das Rhizoid einer jungen Pflanze der gleichen Art gesetzt, einer Zelle, die gerade erst begann, einen Stiel zu bilden. Es kam dabei umgehend zur Teilung des Kerns und zur Bildung der Gameten (s. Abb. 14.8).

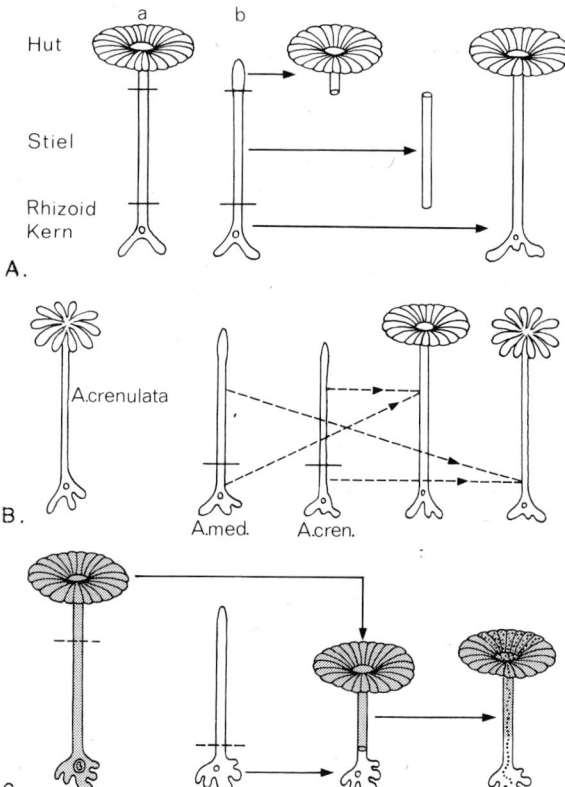

Abb. 14.9. *Acetabularia mediterranea* (a) Die morphologische Struktur der Zelle, (b) Regenerationsversuche (Einzelheiten siehe Text). *B* Der Einfluß des Zellkerns auf die Hutmorphologie von *Acetabularia* (Rekombinationsversuch zwischen *Acetabularia mediterranea* und *Acetabularia crenulata*). *C* Einfluß des Plasmas auf die Gametenbildung. (Nach J. Hämmerlung, 1953)

200

Aus den Versuchen können wir folgendes ableiten:
(1) Der Zellkern ist für die Fortpflanzung unentbehrlich.
(2) Der Zellkern bestimmt, welche Merkmale ausgebildet werden.
(3) Die Aktivität des Zellkerns kann durch das Plasma gesteuert werden. Es muß also Substanzen geben, die durch Diffusion vom Kern ins Plasma und andere, die aus dem Plasma in den Kern wandern.

**Wie wird die genetische Information umgesetzt?
Hilft die 1 Gen → 1 Enzym-Hypothese, die
Entwicklung eines Individuums zu erklären?
Wie werden externe Signale verrechnet?**

Fast alles, was nachfolgend besprochen wird, sind Teilantworten auf diese Fragen. Biochemisches, physikalisch-chemisches und molekularbiologisches Wissen bildet die Grundlage; daher ist es wenig sinnvoll, an dieser Stelle auf Einzelheiten einzugehen.

Um die Aussagen in einen richtigen Rahmen zu stellen, ist es nützlich, sich einige Gedanken über Informations- und Systemtheorie zu machen, zu wissen, was Steuerung und Regelung ist, welche Größen ein System bilden, wie sie miteinander vernetzt sein können und wie Störfaktoren verrechnet werden.

Der Wissenschaftszweig, der sich mit derartigen Fragen befaßt, ist die Kybernetik.

Literatur

Beadle, G.W., A.L. Tatum: Genetic control of biochemical reactions in *Neurospora*. Proc. Natl. Acad. Sci. US *27*, 499–506 (1941)

Hämmerling, J.: Nucleo-cytoplasmic relationships in the development of *Acetabularia*. Int. Rev. Cytology *2*, 475–498 (1953)

Hämmerling, J.: Nucleo-cytoplasmic interactions in *Acetabularia* and other cells. Ann. Rev. Plant Physiol. *14*, 65–92 (1963)

Taylor, J.M., R.D. McMaster: Autoradiographic and microphotometric studies of desoxyribose nucleic acid during microgametogenesis in *Lilium longiflorum*. Chromosoma *6*, 489–521 (1954)

Taylor, J.H., P.S. Woods, W. Hughes: The organization and duplication of chromosomes as revealed by autoradiographic studies using tritium-labeled thymidine. Proc. Natl. Acad. Sci. US *43*, 122–128 (1957)

Wheldale, M.: The inheritance of flower colour in *Antirrhinum majus*. Proc. Roy. Soc. (Lond.) Ser. B.*79*, 288–305 (1907)

15. Kybernetik: Systeme, Steuerung, Regelung, Information und Redundanz

Im Englischen gibt es den Begriff *control* (Kontrolle), wobei zwischen Regelung und Steuerung nicht unterschieden wird. Im Deutschen sind die beiden Begriffe klar definiert und gegeneinander abgesetzt. Steuerung verhält sich zu Regelung wie eine Gerade zu einem Kreis.

N. Wiener prägte 1948 den Begriff Kybernetik. Er bezeichnet damit die Wissenschaft von der Kontrolle und Information, ganz gleich ob es sich um lebende Organismen oder Maschinen handelt.

Regelphänomene sind in der Biologie weit verbreitet. Es gibt im Grunde genommen kein lebendes System (Zelle, Organismus, Ökosystem), das nicht geregelt ist. Alle daran beteiligten Größen stehen in direkter oder indirekter Beziehung zueinander und formen damit ein Netz gegenseitiger Abhängigkeiten.

Was ist ein System?

Unter einem System faßt man Funktionselemente (Funktionseinheiten, Funktionsglieder) sowie deren Wechselwirkungen untereinander zusammen. Die funktionellen Beziehungen der Systemelemente bedingen die besonderen Eigenschaften und Leistungen eines Systems, die Systemeigenschaften.

Zu ihrer Veranschaulichung können die einzelnen Systemelemente zu einem Blockschaltbild zusammengefaßt werden (s. Abb. 15.1). Blockschaltbilder sind instruktive Hilfsmittel, um sich eine Übersicht über die Art der Systemelemente und ihre Verknüpfungen untereinander zu verschaffen. Sie bilden die Grundlage für eine weitere systemanalytische Auswertung der Daten. Sie dienen der Inventur von Sachverhalten und sind ein Abbild eines Wirkungsgefüges. Es gibt eine Fülle von Strukturen und Prozessen in der Biologie, die sich derart darstellen lassen (s. z.B. Abb. 23.1, 24.5, 32.11 und 55.1).

Ein jedes System kann in eine Anzahl von Systemelementen untergliedert werden. Wichtig ist dabei die Unterscheidung von Systemelementen auf gleicher Hierarchieebene von solchen auf unter- bzw. übergeordneten Ebenen. Systeme auf untergeordneter Ebene sind Teilsysteme eines höherrangigen Systems. Lebende Systeme z.B. lassen sich in folgender Hierarchie anordnen: Zellen – Vielzellige Organismen – Lebensgemeinschaften – Ökosysteme.

Das System „Zelle", das hier auf rangniedrigster Stufe steht (Zellen sind die Grundeinheit aller Lebewesen), ist seinerseits aus nichtlebenden Molekülen aufgebaut. Aufgrund ihrer Komplexität und Größe unterscheidet man zwischen den kleinen Molekülen

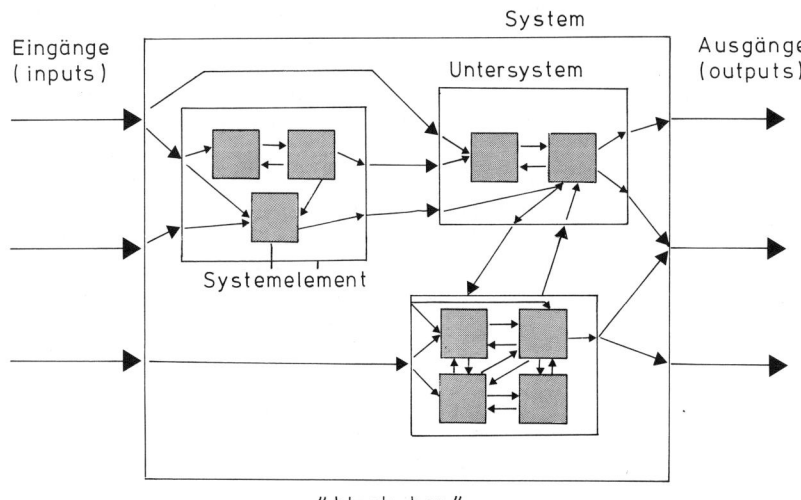

Abb. 15.1. Aufbauprinzip eines Systems aus Untersystemen, Systemelementen und Wechselwirkungen zwischen diesen. Ein undurchschaubares Systemelement kann als eine *black box* betrachtet werden.

202

und den Makromolekülen (s. Kap. 16 und 17). Makromoleküle können in der Zelle (oft unter Mitwirkung kleiner Moleküle) zu supramolekularen Komplexen vereint sein: den Ribosomen, Chromosomen, Membranen u.a. Auf nächst höherer Organisationsstufe stehen die Organellen: Mitochondrien, Chloroplasten.

Alle diese Komponenten einschließlich aller Wechselwirkungen, die sie untereinander eingehen, machen die Systemeigenschaften einer Zelle aus. Um das System „lebende Zelle" zu erklären, bedarf es daher neben einer vollständigen Liste aller Komponenten (Art und Anzahl) einer Liste aller Wechselwirkungen, mit anderen Worten aller Stoffwechselaktivitäten der Zelle (s. Kap. 19). Diese Forderungen übersteigen unsere Möglichkeiten, und wir müssen uns daher vorerst mit Teilantworten begnügen. Wie wir aber noch sehen werden, stehen uns mit der Systemtheorie Möglichkeiten zur Verfügung, auch unvollständige Datensätze als Basis für zuverlässige Aussagen zu nutzen.

Lebende Systeme sind unentwegt darauf angewiesen, Energie und Nährstoffe aus ihrer Umgebung aufzunehmen, Exkretionsprodukte abzugeben und in einer bestimmten Weise zu reagieren. Zellen sind daher ebenso wie alle anderen biologischen Systeme als offene Systeme zu klassifizieren, die sich durch Ein- und Ausgänge (bzw. Eingangs- und Ausgangssignale) und ein zwischengeschaltetes Übertragungselement (einen Wandler) auszeichnen. Sie befinden sich niemals in einem stationären, sondern stets in einem Fließgleichgewicht *(steady state)*.

Solange wir nichts darüber wissen, was sich in einem Übertragungselement (in unserem Falle wäre das die Zelle) tut, kann man es im Sinne der Systemtheorie als *Black box* betrachten. Durch die Beziehung zwischen Eingangs- und Ausgangssignal charakterisiert man einen Informationsfluß durch das System. Über den Eingang kann eine physikalische oder chemische Energie auf ein System einwirken und damit gewisse Änderungen in ihm hervorrufen, die über den Ausgang wiederum in Form physikalischer oder chemischer Energie auf andere Systeme oder Systemelemente einwirken können. Für eine kybernetische (systemanalytische) Betrachtungsweise ist jedoch weder die innere Struktur des Übertragungssystems (im Fall Zelle: die oben aufgeführten Forderungen) noch die Energieform wichtig.

Entscheidend ist allein der zeitliche Verlauf von Eingangs- und Ausgangssignal sowie der Zusammenhang, der zwischen beiden Signalen besteht.

Übertragungselemente bzw. -systeme arbeiten im einfachsten Fall linear; Eingangs- und Ausgangssignal sind damit einander proportional. Ihre Arbeitsweise kann aber auch wesentlich komplexer sein, wodurch das Ausgangssignal in seiner Form merklich verändert wird. Solche Formveränderungen lassen sich mathematisch erfassen und können durch Gleichungen beschrieben werden. Hierbei handelt es sich vornehmlich um Differential- und Integralgleichungen erster oder höherer Ordnung. Demzufolge kann das Ausgangssignal jede beliebige Form annehmen. Zu den Systemeigenschaften einer pflanzlichen Zelle gehört u.a. das Wachstum. Wir können es daher als einen Ausgang betrachten. Als Eingänge wären chemische und physikalische Größen (Nährstoffe, Licht, Temperatur u.a.) zu berücksichtigen. Da eine pflanzliche Zelle im Gewebeverband selbst aber auch nur ein Teilsystem ist, hängt ihre Reaktion auch vom Verhalten benachbarter Zellen ab. Wie wir schon im Kapitel 4 gesehen haben, kann Wachstum nicht durch eine konstante Größe charakterisiert werden, und es gibt auch keine mathematische Formulierung, die für alle Zellen in einem pflanzlichen Gewebe gleichermaßen gelten würde.

Ein ganz wichtiger Faktor der Beschreibung von Übertragungssystemen ist die Zeit. Ein Eingangssignal kann zeitlich verzögert zu einem Ausgangssignal führen. Übertragungssysteme können – sofern sie selbst komplex strukturiert sind – über ein Gedächtnis verfügen, in dem Eingangssignale additiv oder multiplikativ verrechnet werden.

Das System kann dann z.B. so reagieren, daß die Eingangssignale zuerst eine bestimmte Schwelle überschritten haben müssen, bevor es zu einem Ausgangssignal kommt. Jedes System verfügt aber nur über eine eingeschränkte Kapazität. Daraus folgt, daß das Eingangssignal nicht zu stark sein darf, ohne die Funktion des Systems reversibel oder irreversibel zu schädigen. Eine zu hohe Temperatur z.B. zerstört eine Zelle und damit alle ihre Systemeigenschaften.

Zum Verständnis des Systems „Zelle" gehört nicht allein ein Wissen über den qualitativen Ablauf der Wirkzusammenhänge, sondern es sind noch eine Reihe fester und variabler Größen mit zu berücksichtigen. Hierzu gehören u.a. chemische Reaktionszeiten, Zeiten für die Signalübertragung, Diffusions- und Permeabilitätskonstanten (s. Kap. 22), ferner bestimmte Verstärkerfaktoren, die den Zusammenhang zwischen Ursache und Wirkung quantitativ beschreiben, z.B. den Einfluß eines Katalysators (Enzyms) auf die Reaktionszeit. Die Messung solcher Größen innerhalb eines funktionierenden Systems ist außerordentlich schwierig, da diese Messungen nicht ohne Störung des Reaktionsablaufs erfolgen können. Doch gerade hier liegt die Stärke eines mathematischen Ansatzes. Durch ihn ist es möglich, auch interne Größen zu berücksichtigen. In Modellrechnungen lassen sich zahlreiche Parameter variieren, um auf diese Weise das Verhalten des Systems zu simulieren, seine Leistungsgrenzen abzustecken und gegebenenfalls Voraussagen über zukünftige Entwicklungen, beispielsweise über ein Fehlverhalten, zu treffen. Für den Funktionsablauf eines Systems kommt es nämlich nicht so sehr darauf an, welche Mechanismen eingesetzt werden, sondern vielmehr, welche Leistung hervorgebracht wird. Von dieser Prämisse ausgehend, ist es zweckmäßig, ein Modell zu konstruieren, um das Wesen eines komplexen Systems zu verstehen. Je mehr Eigenschaften (einschließlich der Grenz- und Fehlleistungen) zwei Systeme (Original und Modell) gemeinsam haben, desto ähnlicher sind sie sich auch hinsichtlich ihrer Elemente.

Obwohl solchen Betrachtungen von der Mathematik her kaum Grenzen gesetzt sind und viele mathematische Überlegungen im technischen Bereich realisierbar sind, ist es – wie die vorangegangenen Ausführungen zeigen sollten – außerordentlich schwierig, biologische Übertragungssysteme durch eine mathematische Formel zu beschreiben. Ein Mathematiker kann ein System entwickeln, das bestimmte Eigenschaften eines lebenden Systems aufweist (s. z.B. Kap. 30 und 55), es bleibt aber noch weit davon entfernt, *alle* Eigenschaften eines lebenden Systems zu zeigen.

Man unterscheidet zwischen deterministischen und probabilistischen (stochastischen) Systemen. Bei den deterministischen wirken die Elemente in vorsehbarer Weise aufeinander ein (Beispiel: technische Maschinen). Probabilistische Systeme sind nicht voll durchschaubar; somit ist ein Ereignis lediglich wahrscheinlich, doch nie exakt vorauszusagen. Lebende Systeme sind durchweg probabilistisch, denn wir kennen zum einen nicht alle ihre Systemelemente, und stets bestehen sie aus Teilsystemen unterschiedlicher Funktionsebenen.

Systemtheoretische Ansätze dienen vor allem dazu, dynamische Prozesse zu erklären und den Verlauf von Material-, Energie- und Informationsflüssen zu verfolgen. Sie sind, wie in Kap. 54 und 55 noch dargelegt werden wird, besonders nützlich, um ökologische Zusammenhänge zu verstehen. Pflanzen gelten in allen Ökosystemen als Primärproduzenten, denn nur sie sind dazu in der Lage, Sonnenenergie in nennenswertem Umfang in chemische Energie umzuwandeln. Konsumenten, vornehmlich Tiere, benötigen die von Pflanzen gewonnene chemische Energie zum eigenen Wachstum und Überleben. Energieflüsse dieser Art bilden entscheidende Größen zur Beschreibung von Ökosystemen.

Bei dieser Betrachtung wird ganz außer acht gelassen, wie die Pflanze die Energie umwandelt, welche Pflanzenarten besonders effizient sind und welchen Anteil eine bestimmte Pflanzenart am Energiefluß hat. Diese und noch viele weitere Probleme werden in die *Black box* „Pflanze" gesteckt, denn für den Konsumenten ist nur die Energiemenge von Interesse. Dieses Beispiel mag stellvertretend für eine systemtheoretische Arbeitsweise stehen. Man betrachtet dabei nicht alle Komponenten und Wechselwirkungen zugleich, sondern filtert nur eine bestimmte Fragestellung heraus, die mit gegebenen Mitteln lösbar ist.

Was ist Steuerung?

Die Definition nach den Richtlinien der Deutschen Industrienorm (DIN 19 226) lautet: „Steuerung ist ein Vorgang in einem System, bei dem ein oder mehrere Größen als Eingangsgrößen, andere Größen als Ausgangsgrößen aufgrund der dem System eigentümlichen Gesetzmäßigkeiten beeinflussen."

Steuerung beschreibt somit eine gerichtete Auslösung (Beeinflussung) eines Vorgangs und entspricht damit genau dem, was im vorangegangenen Abschnitt über die Eigenschaften eines Übertragungssystems ausgeführt wurde. Auch hier lassen sich zahlreiche Beispiele anführen:
(1) Die Ein Gen → ein Enzym-Hypothese entspricht einem gerichteten Steuervorgang (einem Algorithmus) (s. Abb. 14.3). Das Gen instruiert die Bildung eines Enzyms. Das Enzym katalysiert eine spezifische Reaktion, bei der aus einer Substanz A eine Substanz B entsteht.
(2) Durch Züchtung (Selektion) geeigneter Sorten kann der Ertrag von Kulturpflanzen gesteigert werden.
(3) Durch Wahl geeigneter externer Bedingungen können Leistungen von Pflanzen erhöht werden.
(4) Licht steuert die Entwicklung von Pflanzen.

Bei einer Steuerung wird etwas beabsichtigt. Dabei geht man davon aus, daß das System in bestimmter Weise funktioniert. Zu welchen Konsequenzen das schließlich führen kann, bleibt hier außer acht. Steuerung beschreibt daher immer nur Teilabschnitte lebender Systeme, sie reicht nicht, jene vollständig zu beschreiben, denn lebende Systeme gelten als geregelt, d.h. Konsequenzen aus Reaktionsabläufen werden sehr wohl erkannt, verrechnet und bilden Grundlagen späterer Entscheidungen.

Was ist Regelung?

„Regelung ist", nach DIN 19 226 „der Vorgang, bei dem eine Größe, die zu regelnde Größe, fortlaufend erfaßt, mit einer anderen Größe, der Führungsgröße, verglichen, und abhängig vom Ergebnis dieses Vergleichs im Sinne einer Angleichung an die Führungsgröße beeinflußt wird. Der sich dabei ergebende Wirkungsablauf findet in einem geschlossenen Kreis, dem Regelkreis statt."

Ein einfacher linear geschlossener Regelkreis besteht aus einer Reihe von Elementen, die in geeigneter Weise zusammengeschaltet sind (s. Abb. 15.2). Es

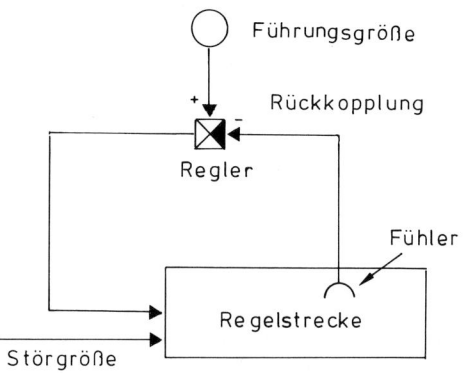

Abb. 15.2. Elemente eines Regelkreises

204

Abb. 15.3. Gegenüberstellung von Ist- und Sollwert

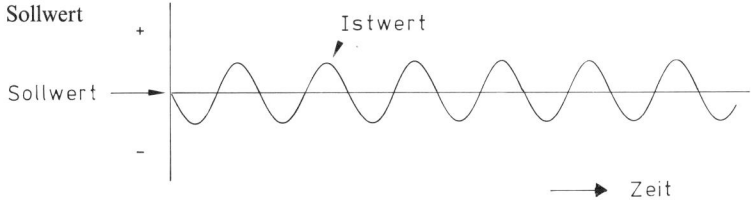

sind lineare Übertragungssysteme, die mathematische Operationen ausführen. Sie formen ein Netz gegenseitiger Abhängigkeiten. Ein Regelvorgang dient üblicherweise dazu, den Zustand eines Systems gegen den Einfluß unvorhergesehener Störungen zu stabilisieren. Dazu benötigt das System Informationen über seinen derzeitigen Zustand und Informationen über mögliche Gegenreaktionen. Die wichtigsten Elemente eines Regelkreises sind:

1. Fühler: Der Fühler oder Sensor, in biologischen Systemen oft auch Rezeptor genannt, ist eine Meß- bzw. Registriervorrichtung, die den augenblicklichen Wert (Istwert) der zu regelnden Größe mißt. Der Fühler meldet das, was er fühlt, nicht das, was er im Sinne des Regelsystems fühlen soll.

2. Regelgröße (Regelstrecke): Der Zustand oder Vorgang, der konstant gehalten werden soll, heißt Regelgröße, Regelstrecke oder Sollwert. Der Istwert stimmt nur selten mit dem Sollwert überein, in den meisten Fällen oszilliert er periodisch um ihn (s. Abb. 15.3). Die Frequenz der Schwingung hängt von der Reaktionsgeschwindigkeit des Systems ab, die Amplitude (Bandbreite) von der Leistungskapazität.

3. Störgröße: Auf ein System wirken Störgrößen ein, die mit verrechnet werden müssen. Die Störungen müssen korrigierbar sein (Änderung der Stellgröße

[Führungsgröße]). Übersteigen sie die Regelkapazität eines Systems, kommt es zu einer Regelkatastrophe, das System bricht zusammen.

4. Regler: Im Regler werden Istwert und Sollwert miteinander verglichen und abgeglichen. Der Istwert geht mit negativem Vorzeichen in den Abgleich ein, man spricht von negativer Rückkopplung. Eine positive Rückkopplung führt entweder zu Selbstverstärkereffekten oder zu einem Systemzusammenbruch.

Es gibt in der Biologie zahllose Beispiele, an denen ein Regelkreis erläutert und die Verrechnung von Störgrößen veranschaulicht werden kann.

Ein klassisches Beispiel: die sogenannte Endprodukthemmung, die zur Regulation von Stoffwechselwegen genutzt wird. Dabei inhibiert (hemmt) das Endprodukt einer Biosynthesekette seine eigene Synthese. Ist genügend Substanz gebildet worden, wird die Synthese vorübergehend unterbrochen (s. Abb. 18.14). Ein weiteres Beispiel wäre die Repression von Genen. Die meisten Gene in einer Zelle liegen die längste Zeit über in inaktivem Zustand vor. Lediglich während bestimmter Phasen des Zellzyklus – oder der Entwicklung des Organismus – werden sie aktiviert. Daran können sowohl externe Faktoren als auch Genprodukte anderer Gene beteiligt sein (s. Abb. 15.4).

Abb. 15.4. Abläufe in einer Zelle. Ein Modell zur Veranschaulichung der Hierarchie der einzelnen Systemelemente. Die Beziehungen zwischen den einzelnen Ebenen sind hier durch gerichtete Pfeile (Steuerung) wiedergegeben. Es sei vermerkt, daß es sich bei diesen Prozessen um kaskadenartig wirkende Verstärkungen (Amplifikationen) handelt. An einem Gen z.B. werden mehrere mRNS-Kopien (s. dazu Kap. 21) hergestellt, an jedem mRNS-Molekül werden eine Reihe von (gleichartigen) Polypeptidketten gebildet. Ein Enzymmolekül kann eine Vielzahl von Substratmolekülen umsetzen usw. Im dargestellten System ist eine Rückkopplungsschleife („Replikation": Verdopplung des genetischen Materials) eingebaut.

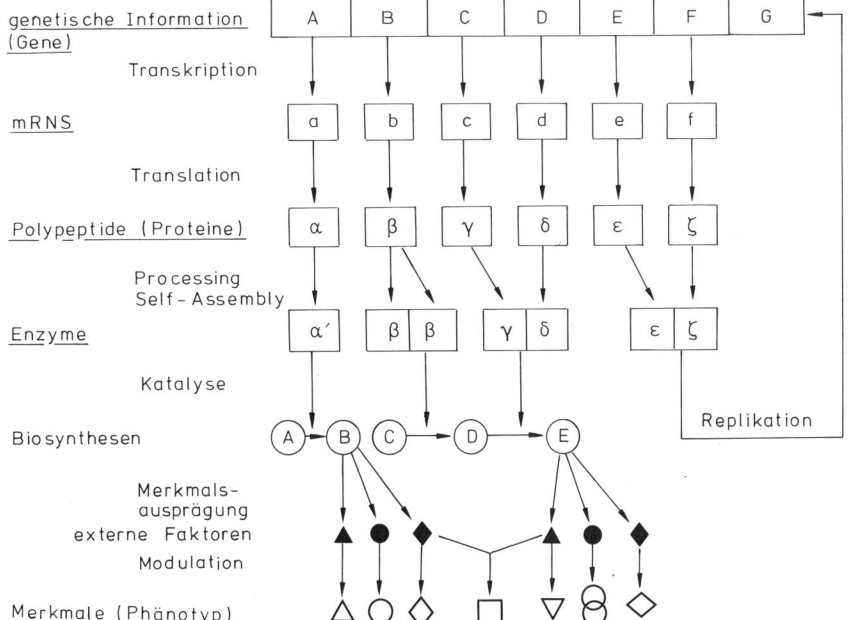

Störungen natürlicher Systeme haben in den letzten Jahren wiederholt zu brisanten politischen Auseinandersetzungen geführt. Dazu nur die Stichworte Verunreinigung der Flüsse, Saurer Regen (s. Kap. 55) und Verklappung von „Dünnsäure" in der Nordsee.

Das „Umkippen eines Gewässers" bedeutet praktisch, daß seine Aufnahmekapazität überschritten wurde, das System bricht in sich zusammen.

Ein stabiles System kann nur so lange bestehen, solange es aus der Umwelt genügend Energie gewinnen kann. Allein schon aus der Tatsache, daß Energie stets ein limitierender Faktor ist und daß ungebremstes Wachstum durch eine Exponentialfunktion zu beschreiben ist, ist ein Systemzusammenbruch vorprogrammiert, sofern nicht Maßnahmen getroffen werden, um ungebremstes Wachstum durch geregeltes, dem Angebot an Energie angepaßtes zu ersetzen. In der realen Umwelt hat daher nur ein geregeltes System eine Überlebenschance.

Kommunikation, Information

Man kann Regelvorgänge nicht im Detail verstehen, wenn nicht klar ist, was Information bedeutet. Die Verständigung zwischen Individuen (oder Funktionselementen) bezeichnet man als Kommunikation (Informationsweitergabe). Kommunikation beruht auf einer Übermittlung von Nachrichten, deren Bestandteile Zeichen sind. Jedes Zeichen ist ein Zeichen *für etwas* oder ein Zeichen *von etwas*. Eine Information ist eine Summe von Zeichen. Information als solche ist weder materiell noch energetisch verständlich.

Die Zuordnung einer Information zu einem bestimmten physikalischen Zustand heißt Codierung. Jedes Zeichen ist Träger einer Bedeutung, ist ein Teil eines Signals. Bei einem Alphabet sind die Buchstaben die Zeichen.

Code: In der Informationstheorie unterscheidet man zwischen Sprachen, die in historischen Zeiträumen gewachsen sind und sich verändern, und von Codes, die zu speziellen Zwecken entwickelt wurden. Rein formal ist aber auch die Sprache ein Code. Der bekannteste natürliche Code (im Sinne der Informationstheorie eine Sprache) ist der genetische Code (s. Kap. 21). Die genetische Information (gespeichert in der DNS; mit einem Zeichenvorrat von vier Nukleotiden) wird zur Bildung von Proteinen (Zeichenvorrat 20 Aminosäuren) genutzt.

Code und Signal: Zur Darstellung eines Codes werden Regeln benötigt. Nur „erlaubte" Zeichenzusammenstellungen, die vom Empfänger verstanden werden, bilden ein „Signal".

Die Bildung eines vielzelligen Organismus setzt eine Kommunikation der Zellen untereinander voraus. Im simpelsten Fall produziert eine Zelle eine Substanz (z.B. einen Wachstumsregulator, ein Phytohormon, (s. Kap. 31), die von der Zelle (dem Sender) ausgeschieden und von einer anderen Zelle (dem Empfänger) erkannt oder aufgenommen wird und diese zu

einer bestimmten Reaktion (z.B. verstärktem oder verzögertem Wachstum) induziert. Die Erkennung eines solchen Signals setzt im Empfänger die Existenz spezifischer, selektiver Rezeptoren voraus, die das Signalmolekül binden, Moleküle anderer Art aber nicht erkennen.

Übertragung einer Information (Nachricht): Der Weg zwischen Sender und Empfänger wird als Kanal bezeichnet, die Beziehungen zwischen Nachricht und Signal als Nachrichtenübertragung. Unterwegs können zahlreiche Fehler auftreten; Informationen können dabei verlorengehen oder verfälscht werden.

Quantitative Verrechnung von Informationen: Informationen werden in bit gemessen. Sind zwei Ereignisse P_1 und P_2 mit gleicher Wahrscheinlichkeit des Auftretens gegeben, so entspricht das genaue Wissen um das Auftreten eines dieser Ereignisse 1 bit. Bei gegebener Menge von Ereignissen A = (1, 2, 3, 4...8) mit gleicher Wahrscheinlichkeit des Auftretens bedeutet das Wissen, daß eines von diesen Ereignissen auftritt, 3 bit Information (s. Abb. 15.5). Anders ausgedrückt:

$$I = {}_2\log 8 = 3 \text{ bit}$$

log zur Basis 2 wird oft auch als ld *(logarithmus dualis)* bezeichnet, dann wäre

$$I = \text{ld } 8 = 3 \text{ bit.}$$

n bits bedeutet Auswahl aus n Alternativen. Eine nähere Betrachtung zeigt, daß es einen Zusammenhang zwischen einem Ereignis und der Wahrscheinlichkeit seines Auftretens gibt. Je größer die Wahrscheinlichkeit eines Ereignisses ist, desto geringer ist sein Informationswert. Die Information eines Ereignisses x_i ist der ld des Kehrwerts der Wahrscheinlichkeit seines Auftretens

$$I(x_i) = \text{ld } 1/p (x_i)$$

Der mittlere Informationsgehalt einer Menge von n Ereignissen x_i (i = 1,2,.....n) mit den Wahrscheinlichkeiten $p(x_i)$ ist der Erwartungswert (gewogener Mittelwert) der Information der einzelnen Ereignisse (H), definiert als

$$H = \sum_{i}^{n} p(x_i) \text{ ld } 1/p (x_i)$$

Als einen Informationsgewinn bezeichnet man die positive Differenz eines mittleren Informationsgehalts zu einem Zeitpunkt t_1 minus dem mittleren Informationsgehalt zum Zeitpunkt t_2.

Redundanz

Redundanz ist überschüssige Information. Sie hängt davon ab, wie wahrscheinlich eine Information oder ein Zeichen ist. Es besteht somit ein Zusammenhang zwischen der Information und ihrer Redundanz. Redundanz dient der Absicherung gegen Übertragungsfehler (Störungen).

Abb. 15.5. Codierung

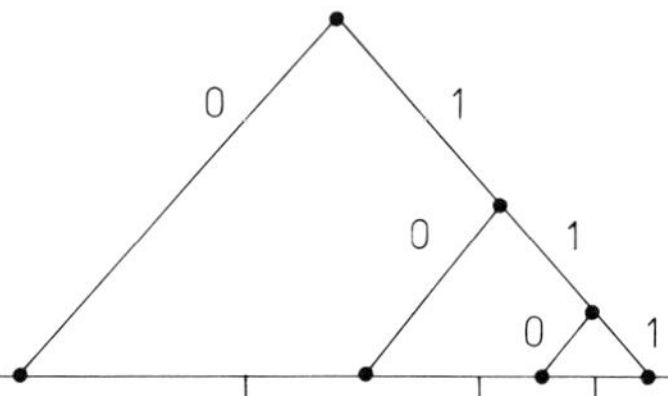

	Relative Häufigkeit	1/2	1/4	1/8	1/8
Code		0	10	110	111
Anzahl d. Binärsignale		1	2	3	3

Gerade aus der Genetik können zahlreiche Beispiele angeführt werden:
(1) Körperzellen höherer Organismen sind in der Regel diploid. Ein defektes Allel (a) kann durch gleichzeitige Anwesenheit des homologen (intakten) Partners (A) kompensiert werden.
(2) Mikroorganismen sind meist haploid. Fehler werden durch große Individuenzahlen wettgemacht. Eine derartige Vermehrungsstrategie (Generationsdauer in der Größenordnung Minuten) kommt für Vielzeller nicht in Frage. Sowohl deren lange Generationsdauer (Wochen, Monate, Jahre) als auch der hohe Energieeinsatz zum Aufbau und zur Aufrechterhaltung der Funktionen des Organismus, stehen einer solchen Strategie im Wege. Im Verlauf der Evolution haben sich daher Mechanismen entwickelt, genetische Information zu konservieren und Fehler bei ihrer Vervielfachung zu eliminieren.
(3) Redundanz auf der Ebene des genetischen Codes: Ein beträchtlicher Teil der Punktmutanten kommt überhaupt nicht zur Wirkung. Es gibt zahlreiche, energieverbrauchende Reparaturmechanismen, um Fehler beim Ablesen oder der Verdopplung genetischer Information zu kompensieren.
(4) Ein Zuviel an Redundanz ist aber auch nicht immer förderlich. Polyploidie ist bei gewissen Pflanzen häufig. Die Wahrscheinlichkeit, daß sich unter

ihnen eine neue Kombination durchsetzt, ist damit stark reduziert. Oder anders ausgedrückt, ihr Evolutionspotential ist im Vergleich zu den Diploiden relativ gering. Damit mag zusammenhängen, daß Polyploidie bei Tieren eine nur untergeordnete Rolle spielt.
(5) Redundanz finden wir auch bei der Ausbildung pflanzlicher Organe. In den meisten Fällen braucht eine Pflanze gar nicht so viele Blätter und eine derart hohe Produktionsrate an Assimilaten, um (mit Nährstoffen reichlich ausgestattete) Samen in ausreichender Zahl zu bilden.

Diese wenigen Beispiele sollen zeigen, wie vielfältig die Aspekte der Regulation sind. Bei allen physiologischen Vorgängen stellt sich daher immer wieder die Frage nach den Regulationsmechanismen. Die Kybernetik bietet ein Raster, in dem Beobachtungen und experimentell ermittelte Daten einen Platz finden. Mit steigender Zahl der Ergebnisse nimmt die Komplexität des Bildes zu. Wir – gemeint sind damit alle Naturwissenschaftler – werden daher immer nur Teilsysteme analysieren, auswerten und überblicken können.

Literatur

Röhler, R.: Biologische Kybernetik. Stuttgart: B. G. Teubner Verlag, 1973

207

16. Ionen und kleine Moleküle

„Es ist schon früher bemerkt worden, daß wir solange noch gar nichts im Leben der Pflanze erklärt haben, solange wir nicht die physikalischen oder chemischen Vorgänge nachgewiesen haben, auf denen dasselbe beruht; und gerade hierfür ist es nun unerläßlich notwendig, daß wir unsere Untersuchungen bei dem einfachsten Fall, der einzelnen Zelle beginnen. Daß wir bei der großen Komplikation der meisten chemisch-physikalischen Erscheinungen niemals ins Klare kommen werden, wenn wir die Sache von hinten anfangen, ist wohl von selbst klar."
(aus: M.J. Schleiden: Grundzüge der wissenschaftlichen Botanik, 1842)

Zum Verständnis biochemischer und molekularbiologischer Prozesse wie Stoffwechsel, Differenzie-

Matthias Schleiden (1804–1881); zunächst Rechtsanwalt, später Botaniker. Begründer der Zelltheorie. Verfasser der „Grundzüge der wissenschaftlichen Botanik" (1842), des maßgeblichen Botaniklehrbuchs in der Mitte des vergangenen Jahrhunderts. Er wies darin u.a. darauf hin, daß bei der Photosynthese H_2O und nucht CO_2 gespalten wird. Carl Zeiss (Jena) wurde von ihm angeregt, Mikroskope kommerziell zu produzieren.

rung, Wachstum und Vererbung ist die Kenntnis der daran beteiligten Moleküle unerläßlich. Sie sind nach einem überschaubaren Satz von Regeln aus Atomen aufgebaut. Nach den Gesetzen der Kombinatorik ist ihre Zahl beliebig groß, doch tatsächlich sind nur diejenigen bekannt, die in den letzten 100–150 Jahren in chemischen Forschungslaboratorien synthetisiert wurden oder deren Struktur ermittelt werden konnte.

Limitierend sind hierfür einmal der mögliche experimentelle Aufwand und zum anderen finanzielle Ressourcen. Nach ganz anderen Gesichtspunkten ermittelt sich die Zahl und Art chemischer Verbindungen in Pflanzenzellen, obwohl auch dort Effizienz und Ökonomie ausschlaggebend sind.

Zellspezifische Moleküle entstehen über eine Reihe von Zwischenprodukten aus einfachen Vorstufen; andere wiederum werden ab- und umgebaut. Die Summe aller biochemischen Prozesse bezeichnet man als Stoffwechsel. Im Verlauf der Evolution haben sich nur solche Reaktionswege entwickeln und erhalten können, die zu funktionellen, also für die Zelle und den Organismus tatsächlich benötigten Molekülen führten. Man unterscheidet im allgemeinen zwischen dem primären und dem sekundären Stoffwechsel. Unter dem primären, auch Grundstoffwechsel genannt, faßt man alle die Reaktionen und Produkte zusammen, die für die Zelle selbst essentiell sind. Wenn man von einigen für Pflanzen (und einige Mikroorganismen) spezifischen Leistungen (z.B. Photosynthese) absieht, sind die Reaktionen des Grundstoffwechsels bei allen Organismen (Pflanzen, Tiere, Mikroorganismen) nahezu identisch, was als Beweis dafür angesehen werden kann, daß ihre Evolution bereits vor der Diversifikation in die unterschiedlichen Zell- und Organismenarten abgeschlossen war.

Der sekundäre Stoffwechsel führt zu Molekülen, die weniger für das Überleben der Zelle selbst als vielmehr für das des ganzen Organismus benötigt werden. Gerade bei Pflanzen spielen solche Reaktionen eine besonders wichtige Rolle. Sie führen zu Produkten wie etwa den Blütenfarbstoffen, Duft- und Aromastoffen, Festigungselementen, toxischen Komponenten usw.

Vom Standpunkt der Chemie aus können die in Zellen vorhandenen Verbindungen drei Kategorien zugeordnet werden: den anorganischen Ionen (Nährsalzen), den kleinen organischen und den Makromolekülen.

Im folgenden werden die wichtigsten Vertreter in der genannten Reihenfolge vorgestellt. Bei der Aufzählung der organischen Moleküle werden auch chemisch einfach strukturierte Kohlenwasserstoffe besprochen, von denen sich die etwas komplexeren, in Zellen vorkommenden Derivate ableiten lassen.

Aus der großen Zahl der im Erdboden enthaltenen Mineralsalze nimmt die Pflanze selektiv nur einige wenige auf. Das sonst weit verbreitete Aluminium beispielsweise wird nicht verwertet, obgleich es von etlichen Pflanzenarten akkumuliert werden kann. Zum Verständnis der organischen Moleküle ist die Kenntnis der Struktur der gesättigten und ungesättigten aliphatischen Kohlenwasserstoffe und der sich von ihnen ableitenden Alkohole, Aldehyde, organischen Säuren und Ester unerläßlich. Ferner die Struktur der Zucker und ihrer Biosynthesevorstufen, sodann der aromatischen Kohlenwasserstoffe und Heterozyklen sowie der Aminosäuren und schließlich der Lipide.

Die Makromoleküle sind drei Stoffklassen, den Polysacchariden, den Proteinen und den Nukleinsäuren zuzuordnen. Es sind in der Regel lineare Polymere, die aus einer nur kleinen Zahl von Monomeren aufgebaut sind. Echte Verzweigungen kommen eigentlich nur bei Polysacchariden vor. Ein entscheidender Aspekt zur Erklärung der Funktion dieser Moleküle beruht auf der Ausbildung einer Vielzahl sogenannter schwacher Bindungen (Interaktionen, s. Kap. 18), durch die die linearen Moleküle in komplexen, dreidimensionalen Konformationen stabilisiert werden.

Nährsalze

Auf die Bedeutung von Salzen für die pflanzliche Ernährung haben bereits J. v. Liebig und Karl Sprengel (s. Kap. 1) hingewiesen. A. Fr. J. Wiegmann und A.L. Polstorff bestätigten 1842 deren Befunde. Offen blieb dabei noch die Frage nach der Art (Qualität) der Salze, denn aus der Zusammensetzung der Aschenbestandteile einer Pflanze läßt sich nicht ablesen, ob ein bestimmtes, in der Pflanze nachgewiesenes Element für ihr Überleben tatsächlich benötigt wird oder ob es lediglich als Ballaststoff aufgenommen worden ist. Das Problem wurde gelöst, als der Würzburger Pflanzenphysiologe J. Sachs (1832–1897) das Verfahren der Hydrokultur (Hydroponik) wiederentdeckt hatte. Es erlaubte, genau definierte Nährlösungen zusammenzustellen und die Wirkung eines jeden Kat- und Anions auf das Wachstum der Pflanze zu studieren. Schon die frühen Versuche von J. Woodward (1665–1728) aus London zeigten, daß Pflanzen in Flußwasser besser als in Regenwasser gediehen und daß das Wachstum gefördert wurde, nachdem das Wasser gelöste Substanzen aus dem Boden aufgenommen hatte.

Die erste brauchbare (synthetische) Nährlösung stellte J. Sachs in Zusammenarbeit mit dem Chemiker J.A. Stöckhardt her. Sie enthält auf 1000 ml Wasser 1 g KNO_3, 0,5 g $CaSO_4$, 0,4 g $MgSO_4 \times 7 H_2O$, 0,5 g $CaHPO_4$ und eine Spur $FeCl_3$.

Die Bedeutung des Eisens erkannte er durch Experimente mit eisenfreien Nährlösungen. Dazu führt er (1882) aus:

„...Nach einiger Zeit jedoch, wenn das dritte oder vierte Blatt unserer Versuchspflanzen sich entfaltet, zeigt sich eine Krankheit: die von jetzt ab zur Entfaltung kommenden neuen Blätter bleiben völlig weiß, erzeugen also kein Chlorophyll, und die mikroskopische Untersuchung zeigt, daß überhaupt keine Chlorophyllkörner in dem Protoplasma solch farbloser Blätter vorhanden sind. Das ist nun ein Beweis, daß unserem Nährstoffgemenge noch etwas gefehlt hat; aus den älteren Beobachtungen von Gris wissen wir nun, daß die Erkrankung unserer Pflanzen, die sogenannte Chlorose, von Eisenmangel herrührt. .... es genügt, in das Wasser, welches die Wurzeln aufnehmen, ein kleines Quantum eines löslichen Eisensalzes einzuführen, ... um die vorher völlig weißen Blätter ergrünen zu sehen. ... Diese Erfahrungen beweisen offenbar, daß zur Ausbildung des Chlorophylls Eisen nötig ist, aber nicht, ob das Eisen einen Bestandteil des grünen Farbstoffes selbst bildet."

Im Zusammenhang mit diesen Versuchen erkannte Sachs die Bedeutung der Wurzelhaare für die Aufnahme der gelösten Salze.

Etwa um die gleiche Zeit (1861) entwickelte J.A.L.W. Knop die nach ihm benannte und noch heute viel verwendete Nährlösung. Auf 1000 ml Wasser. 1 g $Ca(NO_3)_2$, 0,25 g $MgSO_4 \times 7 H_2O$, 0,25 g KH_2PO_4, 0,25 g KNO_3 und eine Spur $FeSO_4$. Die Versuche ergaben, daß die Kationen K^+, Ca^{2+}, Mg^{2+} und in geringen Mengen Fe^{2+} (oder Fe^{3+}) sowie die Anionen SO_4^{2-}, HPO_4^{2-} (oder $H_2PO_4^-$) und NO_3^- für das Wachstum und das Überleben der Pflanzen essentiell sind. Hinzu kommen Sauerstoff, Kohlendioxyd und Wasserstoff, die der Luft, respektive dem Wasser entnommen werden (Atmung, Photosynthese).

Das Fehlen eines dieser Elemente kann nicht durch Überschuß eines anderen (ihm chemisch nahestehenden) kompensiert werden. So kann z.B. Kalium weder durch Lithium, Natrium oder Rubidium ersetzt werden. Ebenso unbrauchbar sind etwa atmosphärischer Stickstoff, metallisches Kalium oder elementarer Schwefel. Erforderlich sind allein die jeweiligen Ionen.

Zum Problem der Stickstoffverwertung haben H. Hellriegel und Wilfarth (1886) auf der Naturforscherversammlung in Berlin Stellung genommen (zitiert aus Sachs 1887, nach einem Bericht in der Kölnischen Zeitung, 1886):

„Buchweizen, Raps, Senf, Zuckerrüben, Hafer und Kartoffeln entnehmen den Stickstoffbedarf gänzlich aus Salpetersäure-Verbindungen. Erhalten diese Pflanzen den Stickstoff in Form von Ammoniakdünger, so vermögen sie denselben nur in dem Maße zu verwerten, als das Ammoniak in Salpetersäure durch die Mikroorganismen des Bodens überführt wird. Dagegen sind Erbsen, Lupinen, Seradella, Wikken und Klee nicht auf den gebundenen Stickstoff im Boden angewiesen, sondern können denselben aus der Luft entnehmen; sie verarbeiten nicht den gebundenen, sondern den freien Stickstoff der Luft; diese Pflanzen können jedoch nur mit Hilfe von Bakterien, welche die sogenannten Knöllchen an den Wurzeln erzeugen, leben und nur mittels dieser den freien Stickstoff verarbeiten."

Bestimmte andere Ionen können von einigen Pflanzen aufgenommen werden, ohne verwertet zu werden. So nehmen z.B. Halophyten (Salzpflanzen) Na^+ nur deshalb auf, weil sie es besser als die übrigen Pflanzen ertragen können. An salzhaltigen Standorten haben sie sich damit eine ökologische Nische erschlossen. Silizium (SiO_2) findet man in der Asche von Trieben der Schachtelhalme und im Sproß von Gräsern, teilweise sogar in beachtlichen Mengen. Essentiell ist es allerdings nicht. Lediglich die Diatomeen und einige andere Algen benötigen es zum Aufbau ihrer Schalen. Einige marine Algen (vorwiegend Braunalgen) reichern Jod an, ohne daß etwas über dessen Bedeutung bekannt ist.

Die durchschnittlichen Anteile der einzelnen mineralischen Elemente am Trockengewicht von Pflanzen sind.

NO_3^-: 1–3%, K^+: 0,3–6%, Ca^{2+}: 0,1–3,5%, HPO_4^{2+}: 0,05–1%, Mg^{2+}: 0,05–0,7%, SO_4^{2-}: 0,05–1,5%.

Als in unserem Jahrhundert die Ansprüche an die Reinheit der Chemikalien stiegen, zeigte es sich, daß die Pflanzen außer den genannten Elementen für ihr Wachstum noch eine Reihe sogenannter Spurenelemente benötigen.

R.D. Hoagland (1884–1949) stellte eine von ihm als A-Z bezeichnete Lösung von Spurenelementen zusammen, von der 1 ml zu einer der Standardnährlösungen (z.B. der Knopschen Nährlösung) zuzugeben ist:

in 18 l Wasser gelöst: 0,5 g LiCl, 1 g $CuSO_4 \times H_2O$, 1 g $ZnSO_4$, 11 g H_3BO_3 1 g $Al_2(SO_4)_3$, 0,5 g $SnCl_2 \times 2\ H_2O$, 7 g $MnCl_2 \times 4\ H_2O$, 1 g $NiSO_4 \times 6\ H_2O$, 1 g $Co(NO_3)_2 \times 6\ H_2O$, 0,5 g KJ, 1 g TiO_2, 0,5 g KBr.

Nach heutiger Auffassung werden für die normale Ernährung der Pflanzen zumindest die Spurenelemente Bor, Kupfer, Mangan, Zink und Molybdän benötigt. Ob die anderen in der Hoaglandschen Lösung enthaltenen Komponenten wirklich – und vor allem für alle Pflanzenarten – erforderlich sind, sei dahingestellt. Es gibt durchaus Hinweise darauf, daß z.B. einige Algen Co^{2+} (zur Synthese von Vitamin B_{12}) benötigen.

Ein Mangel an bestimmten Elementen führt zu charakteristischen Symptomen. So bedingen Fe^{2+}, Mn^{2+} und Molybdänmangel bei vielen Pflanzen eine Aufhellung (Bleichsucht) der Blätter (= Chlorosen, bedingt durch Chlorophyllverlust). Zinkmangel verursacht Zwergwuchs von Blättern, Borsäuremangel macht sich bei Zucker- und Futterrüben durch die sogenannte Herzfäule bemerkbar, was auf eine Wirkung des Borats auf meristematische Gewebe schließen läßt.

Die Bedeutung der einzelnen mineralischen Bestandteile für den pflanzlichen Stoffwechsel ist der folgenden Tabelle zu entnehmen:

Tabelle 1. Bedeutung mineralischer Elemente für pflanzliche Zellen

Nitrat:	Aminosäuren, Proteine, Nukleotide, Chlorophyll, u.a.
Kalium:	Kofaktor vieler Enzyme, notwendig für Regulationsprozesse (z.B. Öffnen und Schließen der Spaltöffnungen) und für Synthesen, z.B. Proteinbiosynthese.
Calcium:	Regulatorfunktion, an der Struktur der Zellwand beteiligt; wirkt stabilisierend auf Membranen, steuert Bewegungsabläufe.
Phosphat:	energiereiche Bindungen (z.B. in ATP), Bestandteil von Nukleinsäuren, beteiligt an Phosphorylierungen, z.B. von Zuckern und Proteinen
Magnesium:	Bestandteil des Chlorophylls, Gegenion zum ATP, wichtig für Proteinbiosynthese
Schwefel:	Bestandteil einiger Aminosäuren und Proteine, Coenzym A
Eisen:	erforderlich für Chlorophyllsynthese, Bestandteil von Cytochromen und Ferredoxin
Chlorid:	an osmotischen Prozessen beteiligt
Kupfer:	Kofaktor einiger Enzyme
Mangan:	desgl.; an der Proteinbiosynthese beteiligt
Zink:	desgl.; (z.B. Carboxypeptidase, DNS-abhängige RNS-Polymerase)
Molybdän:	reguliert Stickstoffhaushalt
Borat:	beeinflußt Ca^{2+}-Nutzung

Eine Liste kleiner organischer Moleküle und ihrer wichtigsten chemischen Merkmale

Aliphatische Kohlenwasserstoffe

Der Kohlenstoff ist vierbindig, der einfachste Kohlenwasserstoff wäre demnach

$$\begin{array}{c} H \\ | \\ H - C - H \\ | \\ H \end{array}$$

Methan

Ferner hat der Kohlenstoff die Fähigkeit zur Kettenbildung. Folglich kommt man zu Verbindungen des Typs C_nH_{2n+2} (aliphatische Kohlenwasserstoffe). Die einfachsten Vertreter der linearen Reihe sind:

210

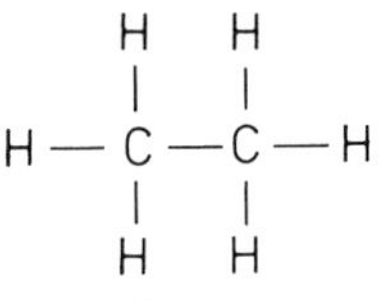

Äthan 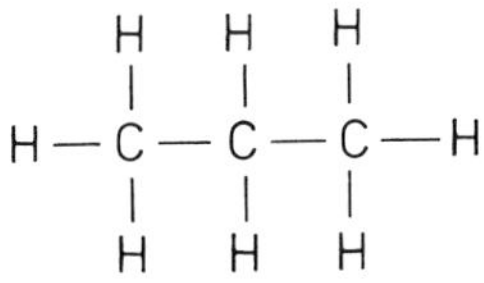 Propan

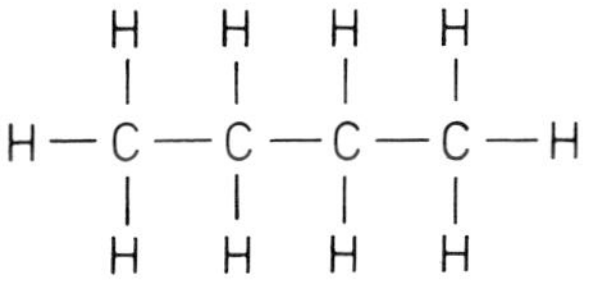

Butan

Es können Verzweigungen vorkommen, z.B.

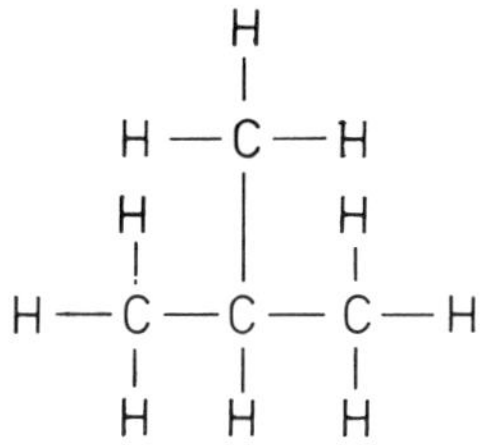

Abb. 16.1. Isobutan

Je mehr C-Atome ein Molekül enthält, desto mehr derartiger Variationen (= isomere Formen, Strukturisomeren) kommen vor. Sobald Mehrfachbindungen (Doppelbindungen, Dreifachbindungen) in einer Kohlenwasserstoffkette auftreten, spricht man von ungesättigten Verbindungen (im Gegensatz zu den eben besprochenen gesättigten Verbindungen).

Aliphatische Kohlenwasserstoffverbindungen mit Doppelbindungen:

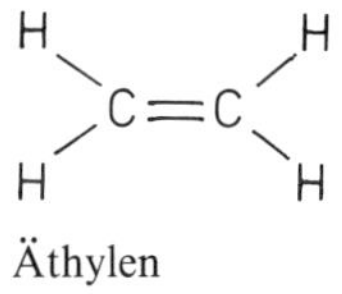

Äthylen 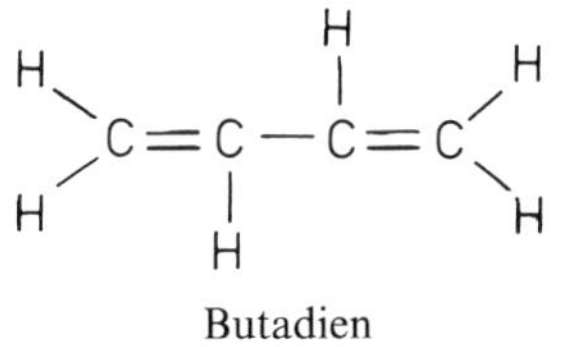 Butadien

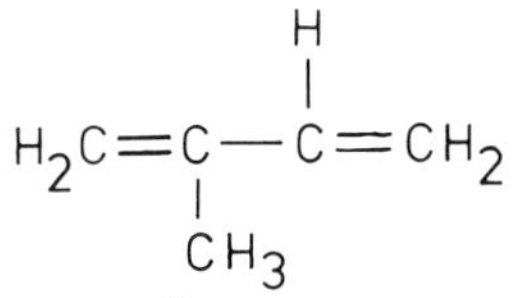

$$H_2C = C - C = CH_2$$
$$| CH_3$$

Abb. 16.2. Isopren

Letztere Verbindung enthält neben der Doppelbindung eine Verzweigung. Diese Substanz ist das Ausgangsprodukt der Carotinoidbiosynthese und zahlreicher sekundärer Pflanzenstoffe (s. Kap. 20)

Ein Kohlenwasserstoff mit Dreifachbindung ist das

$$HC \equiv CH \qquad \text{Acetylen (Äthin)}$$

Gesättigte aliphatische Kohlenwasserstoffe liegen auch in Ringform vor, die bekanntesten Verbindungen sind

Abb. 16.3.

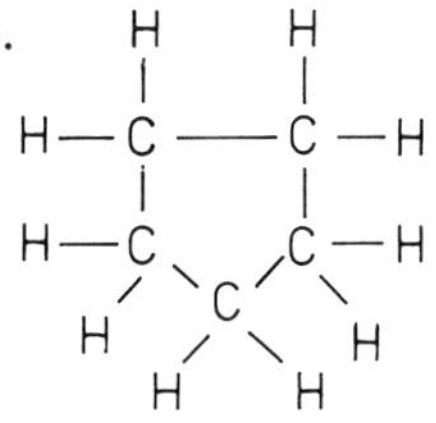

Cyclopentan 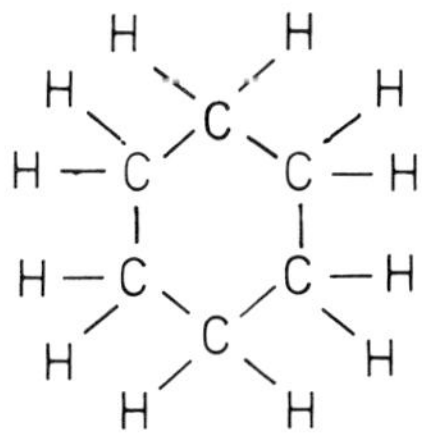 Cyclohexan

Alkohole

Alkohole sind aliphatische Kohlenwasserstoffverbindungen, bei denen einige oder mehrere Hydroxylgruppen (—OH) direkt am Kohlenstoff gebunden sind, z.B.

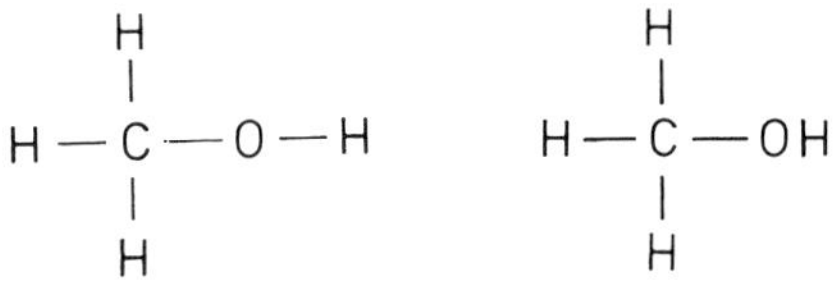

Methanol

$$CH_3 - CH_2 - OH$$

Äthanol

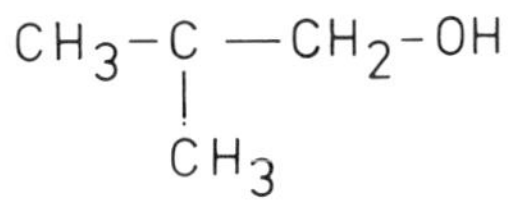

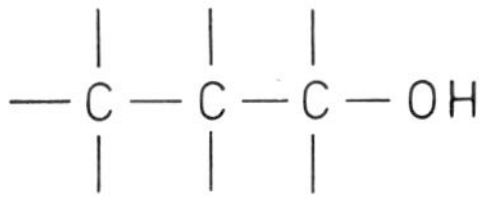

$$CH_3 - C - CH_2 - OH$$
$$| CH_3$$

Abb. 16.4. Isobutanol Propanol

Enthält das Molekül nur eine —OH-Gruppe, spricht man, von einwertigen Alkoholen, enthält sie zwei von zweiwertigen

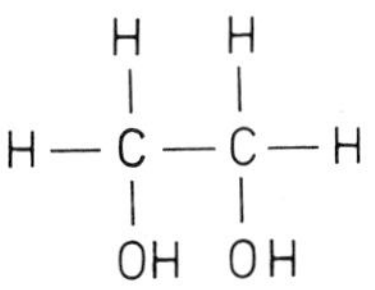

Glycol

drei von dreiwertigen

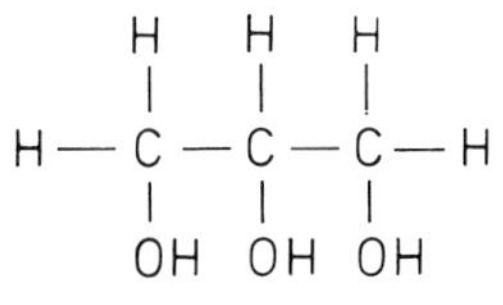

Glycerin

oder mehrere von mehrwertigen Alkoholen

211

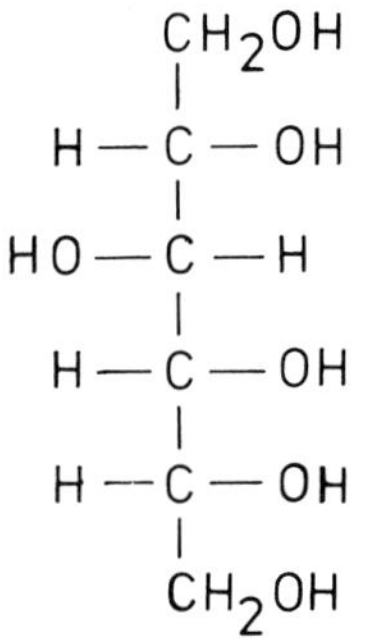

Abb. 16.5.

Sorbit (Sorbitol)

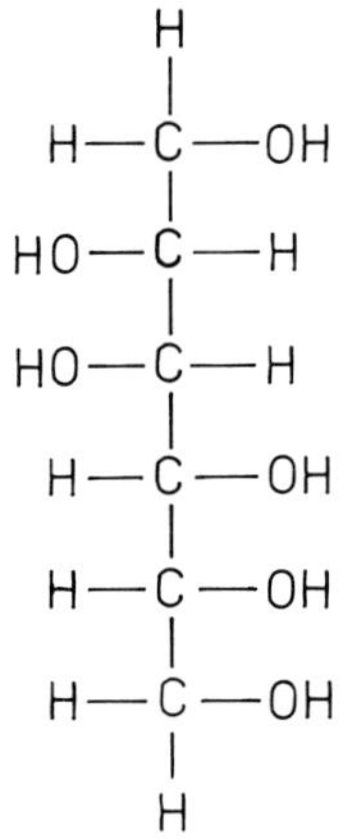

Mannit (Mannitol)

Wichtig ist noch die Einteilung in primäre, sekundäre und tertiäre Alkohole, die von der Zahl der H-Atome, die am gleichen C-Atom wie die —OH-Gruppe sitzen, abhängt:

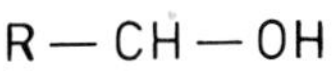

$R-CH-OH$ primär

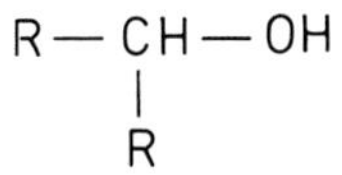

$R-CH-OH$ sekundär

$R-C-OH$ tertiär

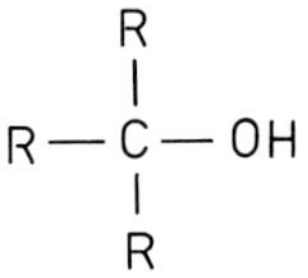

Abb. 16.6. R = Rest; ≠ H

Aldehyde und Ketone

Durch Entzug von H-Atomen (Dehydrierung) leiten sich aus den primären Alkoholen die Aldehyde

Abb. 16.7.

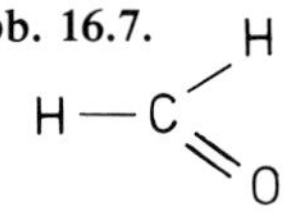

Formaldehyd

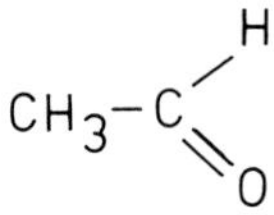

Acetaldehyd

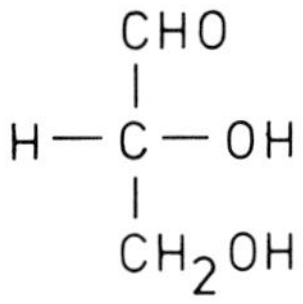

D (+)

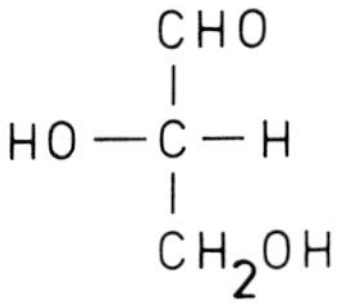

L (−)

Glycerinaldehyd: optische Isomere (D- und L-Form)

und aus den sekundären Alkoholen die Ketone ab

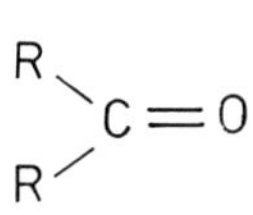

Keton

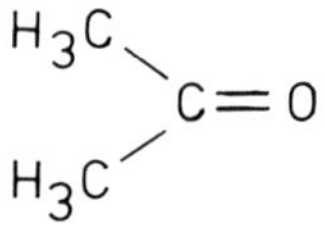

Aceton

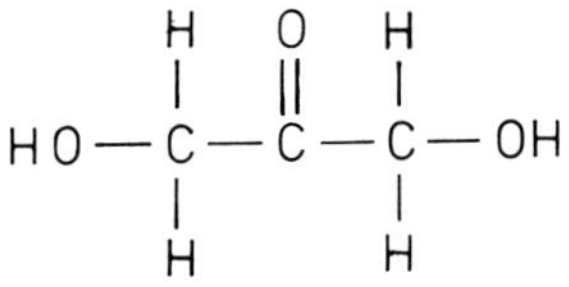

Abb. 16.8. Dihydroxyaceton

Organische Säuren

Eine organische Säure leitet sich von einer Aldehydgruppe durch Oxydation ab. Ihr wichtigstes Merkmal ist die Karboxylgruppe (—COOH).

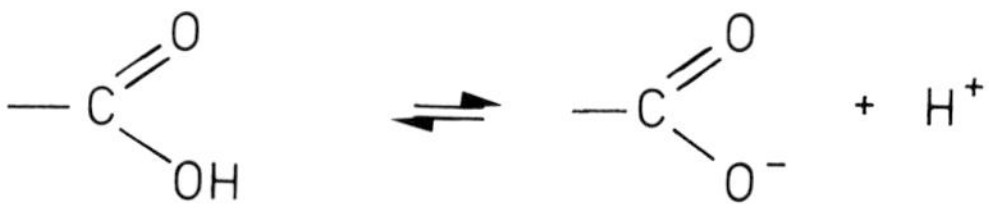

$-COOH \rightleftharpoons -COO^- + H^+$

Abb. 16.9. Die Karboxylgruppe ist dissoziierbar

Gerade in Pflanzenzellen findet man ein außerordentlich großes Sortiment organischer Säuren. Einige der wichtigsten sind in der Abbildung 16.10 (rechte Seite, oben) zusammengestellt.

Auch hier unterscheidet man zwischen Verbindungen, die eine oder mehrere —COOH-Gruppen tragen, Doppelbindungen aufweisen oder zusätzliche funktionelle Gruppen tragen (z.B. Aminosäuren).

Ester

Ester bilden sich unter Wasserabspaltung aus einem Alkohol und einer Säure. Die Spaltung einer Esterbindung wird Verseifung genannt.

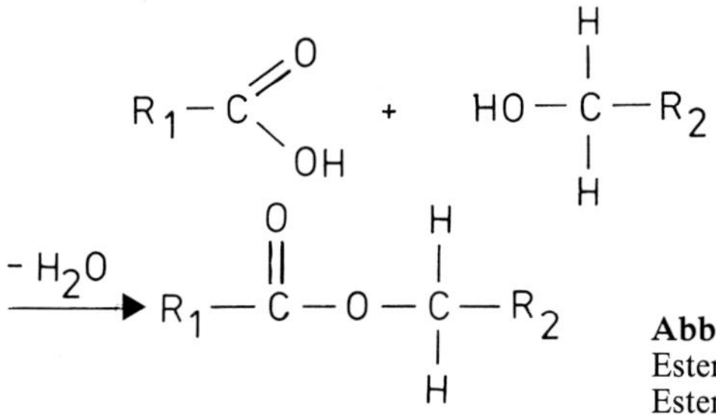

Abb. 16.11. Esterbildung, Esterbindung

212

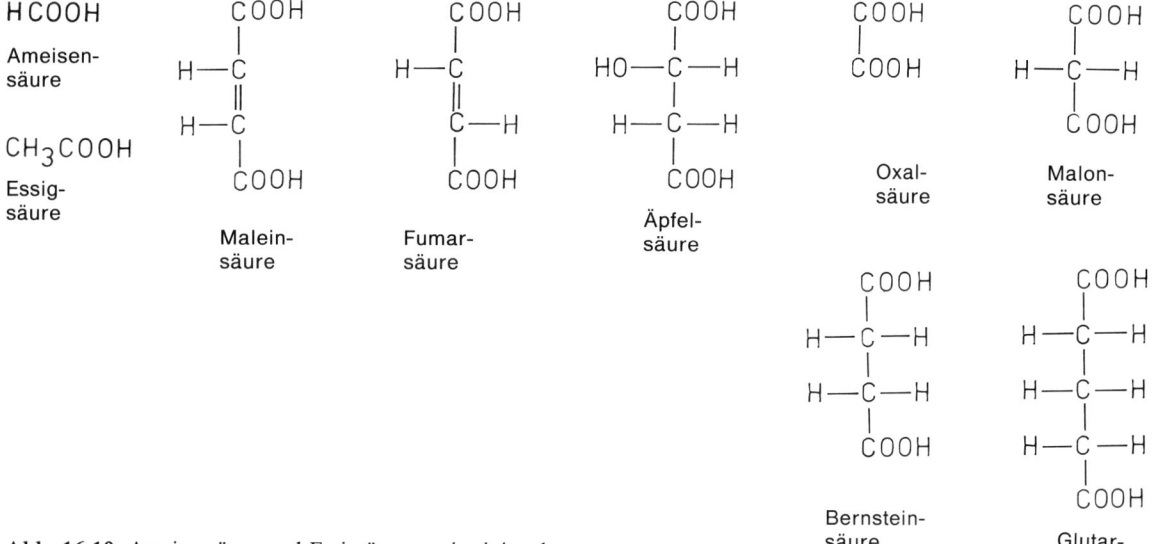

Abb. 16.10. Ameisensäure und Essigsäure sowie einige der in Pflanzen häufigen Dicarbonsäuren

Wichtig sind Veresterungen mit der Phosphorsäure, hier sind vor allem die Zuckerphosphate zu nennen (s. folgenden Absatz) sowie die zusammengesetzten Lipide, zu denen die Fette zu rechnen sind, welche einen Glycerin- und einen Fettsäureanteil enthalten. Zu den Estern gehören ferner viele der Duftstoffe der Pflanzen.

Zucker/Kohlenhydrate (Monosaccharide, Disaccharide), glykosidische Bindung

Zucker gehören in die Molekülklasse der Kohlenhydrate, denen die allgemeine Summenformel

$$C_n(H_{2n}O_n) = (C + H_2O)_n$$

zugrunde liegt. Rein formal sind es also Verbindungen, die aus Kohlenstoff und Wasser bestehen.

Man unterscheidet zwischen den Monosacchariden, den Einfachzuckern, und den Oligo- und Polysacchariden, bei denen mehrere oder viele Monosaccharideinheiten miteinander verknüpft sind und die lineare oder verzweigte Kettenmoleküle bilden.

Einfache Zucker sind – formal gesehen – Oxidationsprodukte mehrwertiger Alkohole, die entweder eine Aldehyd- oder eine Ketogruppe enthalten. Man trennt daher zwischen den Aldehydzuckern (Aldosen) und den Ketozuckern (Ketosen).

Je nach der Zahl der im Molekül vorhandenen C-Atome spricht man von Biosen, Triosen, Tetrosen, Pentosen, Hexosen usw. Die in der Natur vorkommenden Monosaccharide tragen (vom C-Atom, an dem die Aldehyd- oder Ketogruppe sitzt, abgesehen) an allen anderen C-Atomen nahezu ausnahmslos je eine Hydroxylgruppe. Es sind demnach Polyhydroxyaldehyde oder Polyhydroxyketone.

Für $n = 2$ wäre der einfachste Aldehydzucker der Glykolaldehyd. Die nächst höhere Aldose ist der Glycerinaldehyd, der als D- und als L-Form auftreten kann; und das erste Glied der Ketozucker ist das Dihydroxyaceton.

Ein C-Atom, das vier verschiedene Reste trägt, wie im Falle des Glycerinaldehyds (s.o.), gilt als ein asymmetrisches Kohlenstoffatom. Derart asymmetrisch substituierte Kohlenstoffatome sind optisch aktiv, d.h., sie zeichnen sich durch die Eigenschaft aus, die Ebene von polarisiertem Licht zu drehen. Der Winkel der Drehung ist substanzspezifisch. D-Glycerinaldehyd dreht die Ebene des Lichts nach rechts (+), L-Glycerinaldehyd nach links (−).

Die in der Natur vorkommenden komplexeren Zucker mit mehr als drei C-Atomen gehören meist der D-Reihe an (Ausnahmen: L-Fucose, L-Rhamnose, L-Sorbose u.a.), was aber nicht heißt, daß sie alle rechtsdrehend sind, da Zucker mit mehr als drei C-Atomen ja mehrere asymmetrische C-Atome enthalten. Die Zahl der Stereoisomeren ist 2^n (wobei n die Zahl asymmetrischer C-Atome ist). Zucker mit sechs C-Atomen besitzen demnach vier asymmetrische C-Atome. Es gibt also $2^4 =$ voneinander verschiedene Stereoisomere (mit unterschiedlichen chemischen Eigenschaften). Die Zuordnung von Aldosen zur D- und L-Reihe wird auf das Glycerinaldehyd zurückgeführt (s. Abb. 16.12).

Die entsprechende Reihe der Ketosen, vom Dihydroxyaceton ausgehend, ist in Abbildung 16.13 wiedergegeben.

Kohlenhydrate können auf verschiedene Weise geschrieben werden. Einmal, wie bisher, in linearer Form, dann aber auch in Ringform, was am Beispiel der D-Glucose erläutert werden soll. Der Ring ist ein Pyranosering (ein Sauerstoff-enthaltender Ring), von dem es zwei Formen gibt (α und β), die reversibel ineinander übergehen können.

213

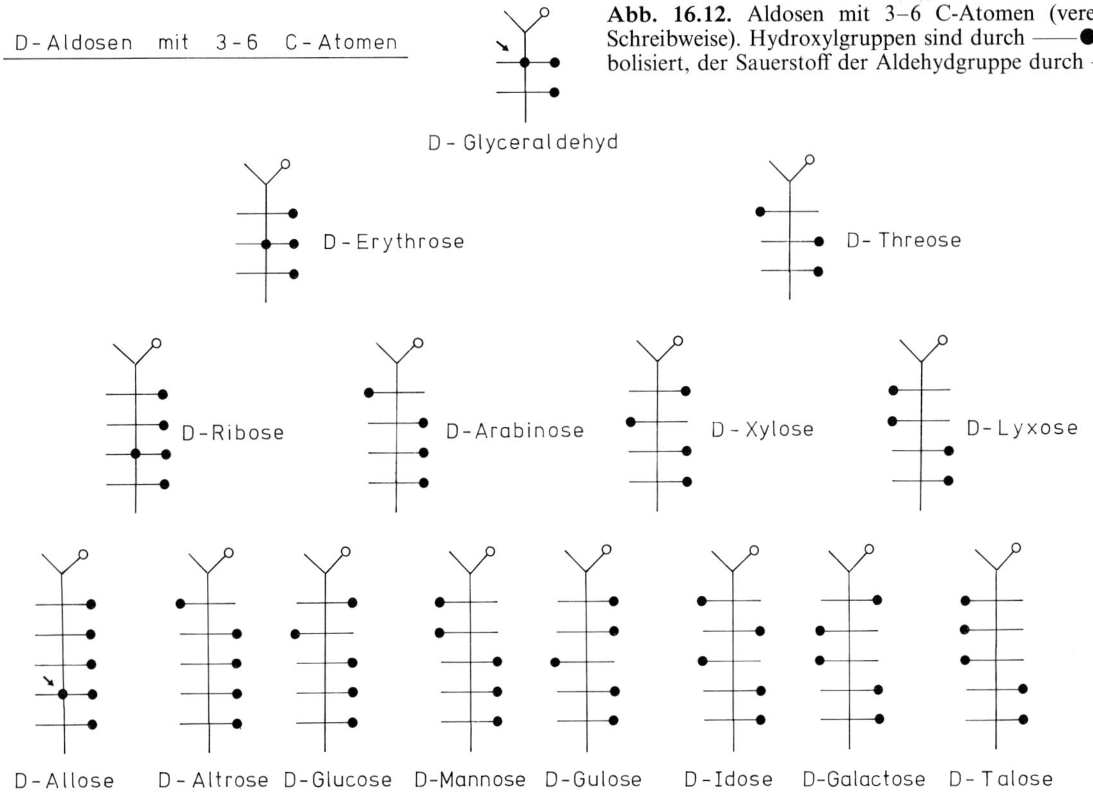

D-Aldosen mit 3-6 C-Atomen

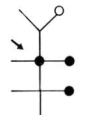

Abb. 16.12. Aldosen mit 3–6 C-Atomen (vereinfachte Schreibweise). Hydroxylgruppen sind durch ——● symbolisiert, der Sauerstoff der Aldehydgruppe durch ——○

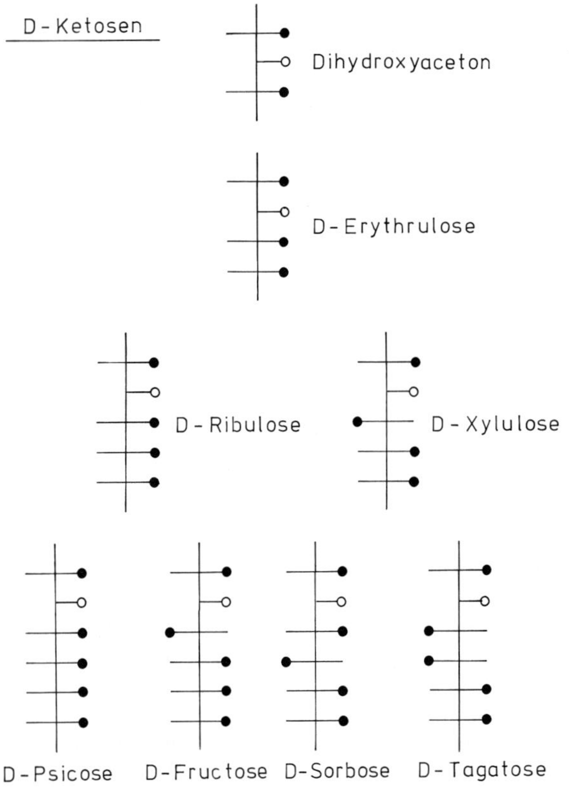

D-Glyceraldehyd

D-Erythrose

D-Threose

D-Ribose

D-Arabinose

D-Xylose

D-Lyxose

D-Allose   D-Altrose   D-Glucose   D-Mannose   D-Gulose   D-Idose   D-Galactose   D-Talose

D-Ketosen

Dihydroxyaceton

D-Erythrulose

D-Ribulose

D-Xylulose

Spiegelebene

D-Psicose   D-Fructose   D-Sorbose   D-Tagatose

α

β

Abb. 16.13. D-Ketosen mit 3–6 C-Atomen. Die Hydroxylgruppen sind durch ——● symbolisiert, die Ketogruppe durch ——○

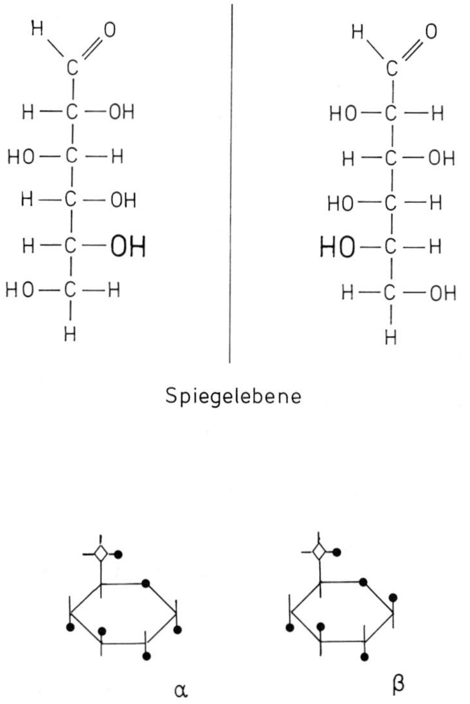

Abb. 16.14a. D-Glucose in linearer Form geschrieben: + und − Form; in zyklisierter Form geschrieben α und β (Haworthsche Projektionsformeln).

214

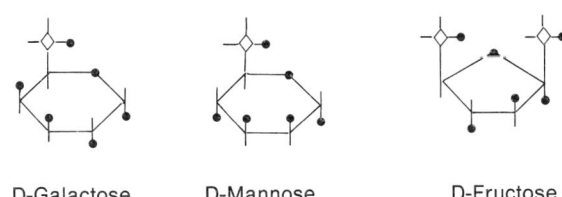

D-Galactose   D-Mannose   D-Fructose

Abb. 16.14b. Weitere Hexosen; geschrieben in ringförmiger Darstellung (Haworthsche Projektionsformeln)

Zur Kennzeichnung der C-Atome werden sie durchnumeriert (C_1 ..... C_6). α-D-Glucose unterscheidet sich somit von der β-D-Glucose durch die Stellung der —OH Gruppe am C_1 – Atom (α unterhalb der Ringebene, β oberhalb). Im Gegensatz zu den Ringen der aromatischen Kohlenwasserstoffverbindungen (siehe nachfolgenden Abschnitt) oder der Heterozyklen ist der Pyranosering nicht eben, so daß er genaugenommen wie folgt geschrieben werden muß

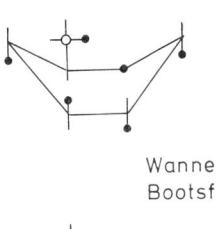

Wannen- oder
Bootsform

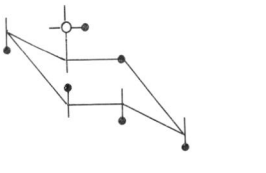

Sesselform

Abb. 16.15. Hexosen (hier α-D-Glucose) können in zwei zyklischen Konformationen vorliegen, die reversibel ineinander übergehen können. Die Sesselform ist der stabilere Zustand.

Abb. 16.16. Fructose-1,5-Diphosphat (FDP) (= Fructose-1,5-Bisphosphat); Erythrose-4-Phosphat; Sedoheptulose-1,7-Diphosphat (SDP)

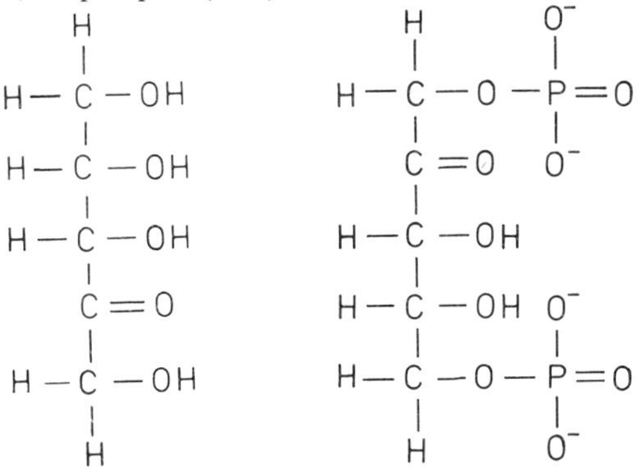

Beide dieser Konformationen kommen vor, wobei die Sesselform die thermodynamisch stabilere Form ist. Einige Derivate der Kohlenhydrate: phosphorylierte Zucker (s. Abb. 16.16), Vitamin C (Ascorbinsäure) (s. Abb. 16.17).

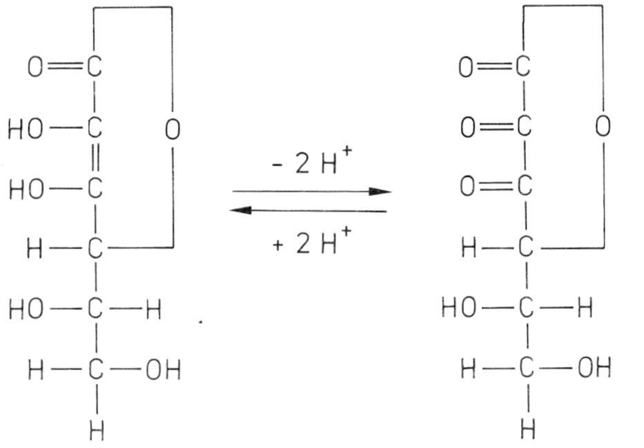

(reduziert)   (oxydiert)

Abb. 16.17. Ascorbinsäure

Disaccharide, glykosidische Bindungen

Monosaccharideinheiten kondensieren unter Wasserabspaltung über glykosidische Bindungen zu Disacchariden. Hier wird zwischen der α- und der β glykosidischen Verknüpfung unterschieden.

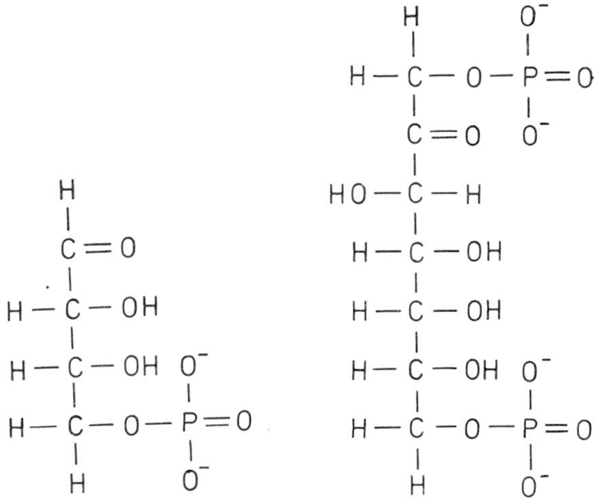

215

Einige wichtige Vertreter dieser Reihe sind:

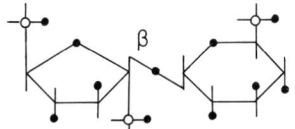

Rohrzucker (Saccharose)

bestehend aus einem α-glykosidisch verknüpften Glucosyl- und einem Fructosylrest, dann der

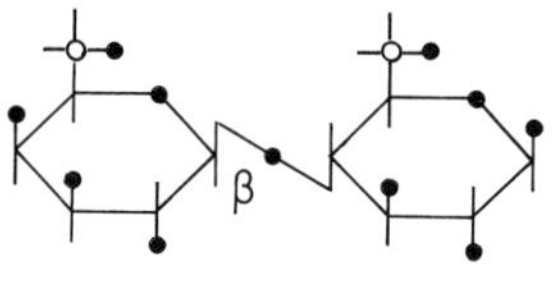

Milchzucker (Lactose)

bei dem ein Galactosyl- und ein Glucosylrest β-glykosidisch verbunden sind, der

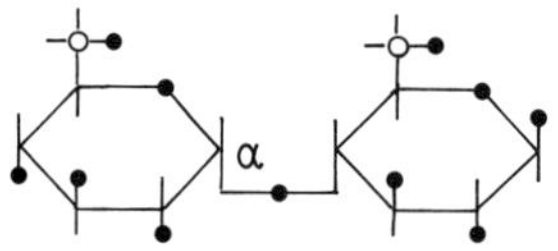

Malzzucker (Maltose)

mit α-glykosidischer Bindung zwischen zwei Glucosylresten und die

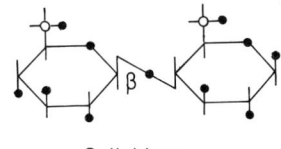

Cellobiose

Abb. 16.18.

bei der zwei Glucosylreste β-glykosidisch miteinander verbunden sind.

In allen diesen Fällen liegt die Bindung zwischen dem C_1-Atom des einen und dem C_4-Atom des anderen Zuckerrestes ($1 \to 4$ glykosidische Bindung).

An anderer Stelle (s. Kap. 17) bei der Besprechung der Polysaccharide werden wir auch $1 \to 2$, $1 \to 3$ und $1 \to 6$ glykosidische Bindungen kennenlernen.

Aromatische Kohlenwasserstoffe

In diese Gruppe gehören das Benzol und seine Abkömmlinge (Derivate), von denen sich einige in Pflanzen vorkommende Substanzen durch einen eigenartigen „aromatischen" Geruch auszeichnen. Das Benzolmolekül hat eine ringförmige Struktur, in der 6 C—H-Gruppen abwechselnd durch C—C-

Einfach- und C=C-Doppelbindungen miteinander verknüpft sind. Nach Kekulé wäre die Benzolformel demnach wie folgt zu schreiben

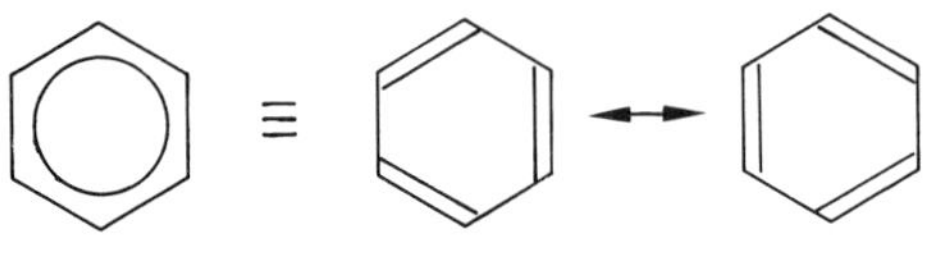

Abb. 16.19.

Nach der Elektronentheorie unterscheidet man in einem solchen Ringsystem zwischen zwei Bindungstypen, den σ-Bindungen und den π-Bindungen, die senkrecht aufeinander stehen und miteinander konjugiert sind, so daß man in einem solchen Ringsystem die Doppelbindungen nicht direkt lokalisieren kann (= mesomeres Systen). Es liegen damit sechs gleichartige „aromatische" Bindungen vor.

Phenole

Aromatische Kohlenwasserstoffe mit Hydroxylgruppen heißen Phenole. In alkalischer Lösung können sie dissoziieren und Phenolate bilden

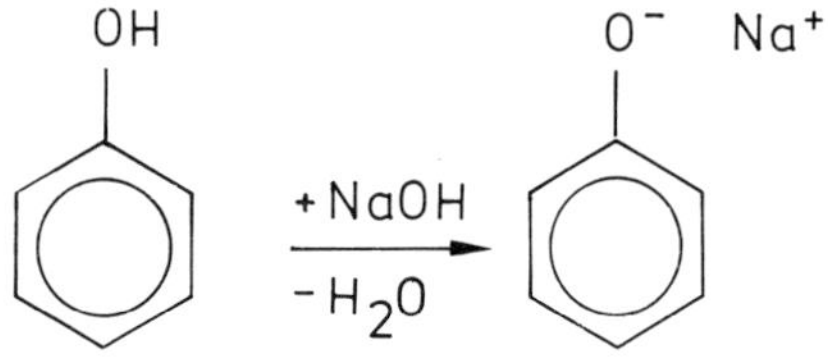

Abb. 16.20.

Heterozyklen

In dieser Gruppe werden solche Moleküle zusammengefaßt, die außer dem Kohlenstoff auch noch andere Elemente als Ringglieder enthalten. Letztere bezeichnet man als Heteroatome. Auch diese Verbindungen gehören zur Klasse der aromatischen Kohlenwasserstoffe, da auch ihre Ringsysteme durch konjugierte Doppelbindungen ausgezeichnet sind. Fünfer- und Sechser-Ringe sind am stabilsten und daher am häufigsten. Für uns von Interesse sind einmal die einfachen N-enthaltenden Ringe

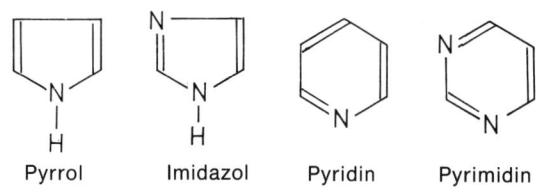

Pyrrol   Imidazol   Pyridin   Pyrimidin

Abb. 16.21.

und zum anderen die kondensierten Ringsysteme, bei denen mehrere Ringe, z.B. ein Fünfer- und ein Sechser-Ring miteinander kondensiert sind, wie beim

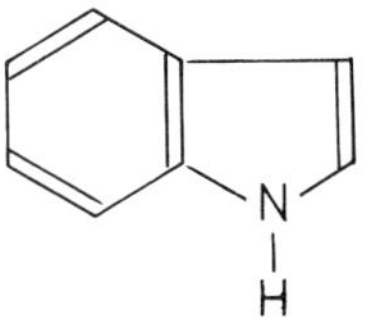

oder beim

Indol

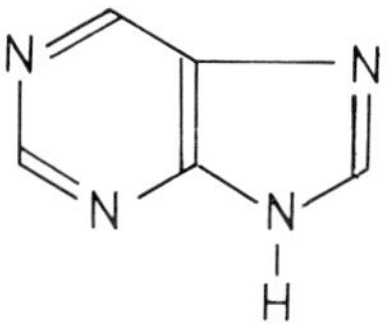

Purin

Zu den weiteren komplexen kondensierten Ringsystemen gehört das

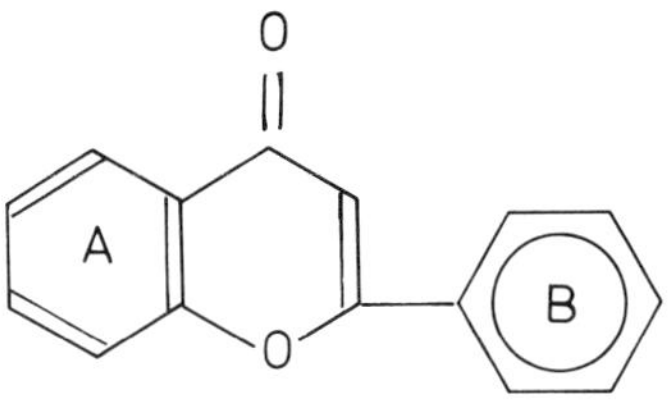

Flavon

das einen sauerstoffenthaltenden Ring besitzt und das

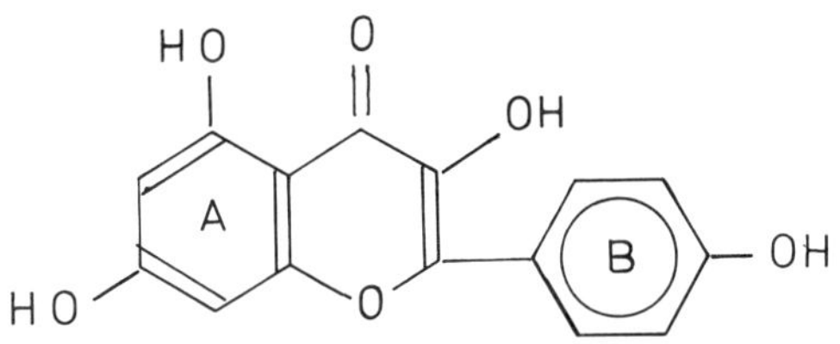

Flavonol

Abb. 16.22. Die beiden Ringsysteme im Flavon und Flavonol werden üblicherweise mit „A" und „B" gekennzeichnet.

ebenfalls mit Sauerstoff in einem der Ringe (beide sind Grundkörper rotvioletter Blütenfarbstoffe) sowie eine Verbindung aus drei kondensierten Ringen (einem Benzol-, Pyrazin- und einem Pyrimidinring), dem

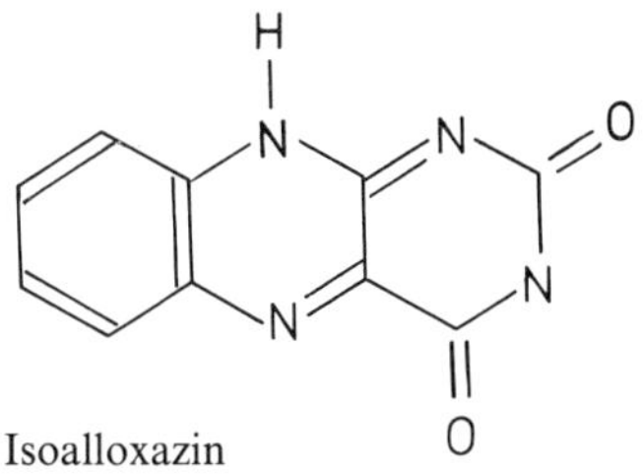

Abb. 16.23. Isoalloxazin

Diese Substanz ist ein Anteil von Riboflavin. Heterozyklen bilden in Kombination untereinander oder mit anderen molekularen Gruppen Einheiten, die in Zellen entscheidende Funktionen ausüben.

Pyrrolringe stellen die Grundeinheiten von Porphyrinringen,

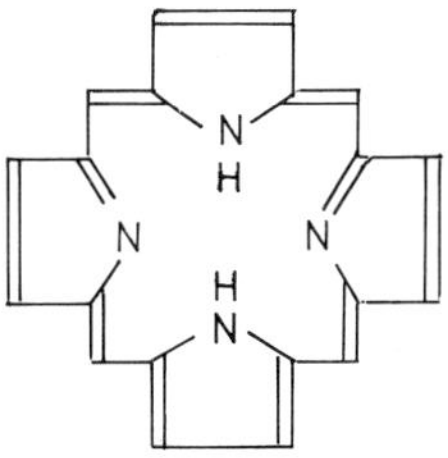

Porphyrin

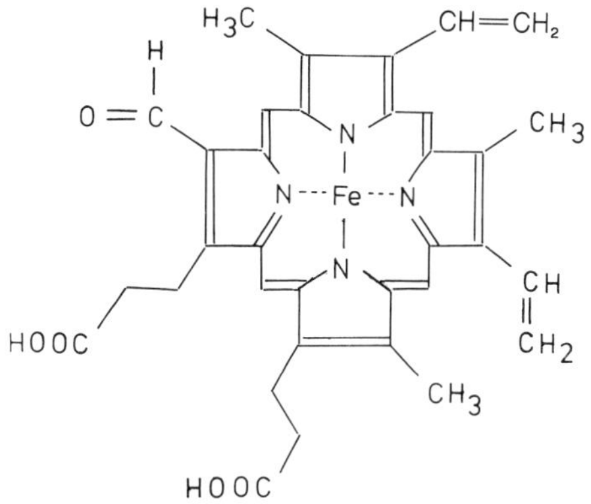

Abb. 16. 24 a u. b. Häm a

und die wiederum findet man z.B. im Chlorophyll und in den Hämgruppen der Cytochrome (s. Abb. 16.24b).

Purine und Pyrimidine, an Zucker (Ribose oder Desoxyribose) gebunden, bilden Nukleoside, die, verestert mit Phosphatresten, Nukleotide ergeben, welche ihrerseits als energiereiche Verbindungen (ADP, ATP u.a.), Kofaktoren (NAD, NADP) (s. Kap. 19) oder Bestandteile von Nukleinsäuren in Zellen eine herausragende Rolle spielen.

Aminosäuren

Aminosäuren tragen an einem C-Atom (dem C_α) außer einer Karboxylgruppe eine Aminogruppe, daneben ein H-Atom und einen Rest R

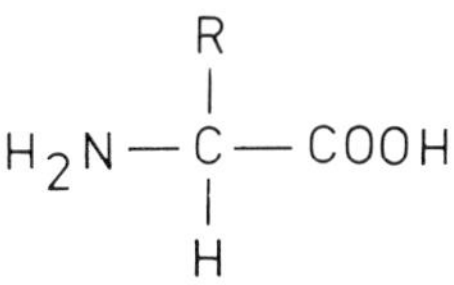

$$H_2N - \underset{\underset{H}{|}}{\overset{\overset{R}{|}}{C}} - COOH$$

Abb. 16.25. Aminosäure

Die Formel macht deutlich, daß es sich bei ihnen um optisch aktive Substanzen handelt. Die überwiegende Mehrzahl der in der Natur vorkommenden, und alle in Proteinen enthaltenen Aminosäuren gehö-

ren der L-Reihe an. Sowohl die Karboxyl-als auch die
Aminogruppe sind ionisierbar,

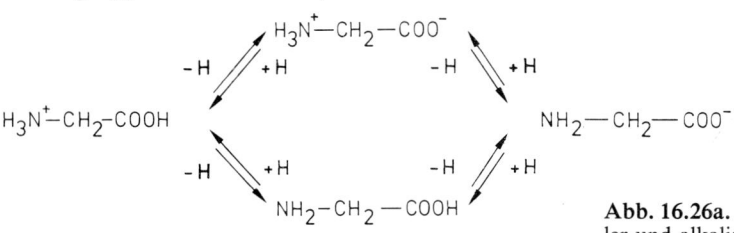

Abb. 16.26a. Glycin: Ionisationszustände in saurer, neutraler und alkalischer Lösung

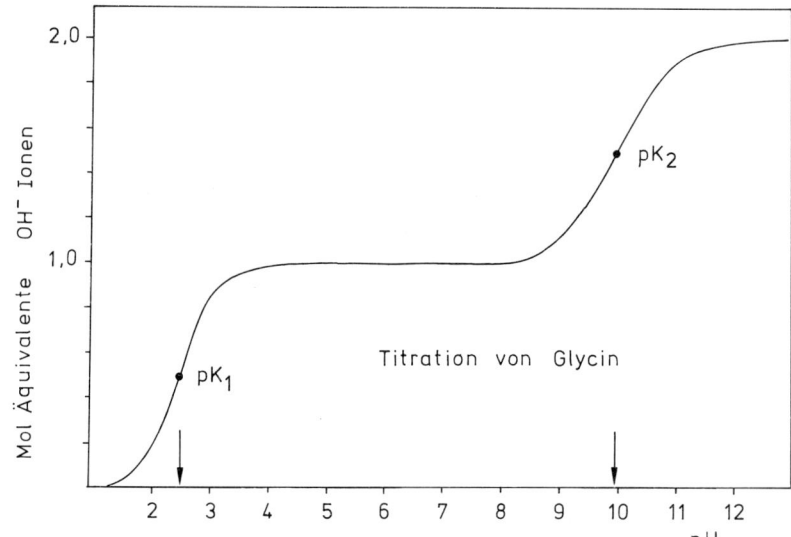

Abb. 16.26b. Titrationskurve des Glycins (mit zwei pK-Werten)

so daß man es mit Zwitterionen zu tun hat. Die einzelnen Aminosäuren unterscheiden sich durch den Rest R voneinander. In Proteine eingebaut findet man 20 verschiedene (s. Abb. 16.27). In freier Form, gerade auch bei Pflanzen kommen noch eine Reihe weiterer vor, von denen einige später an entsprechender Stelle vorgestellt werden.

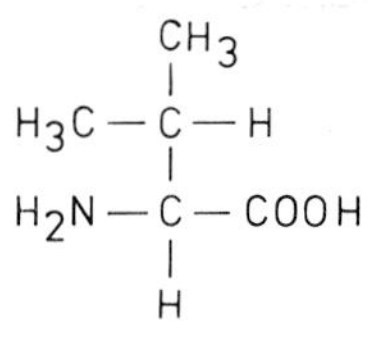

Valin (Val, V) 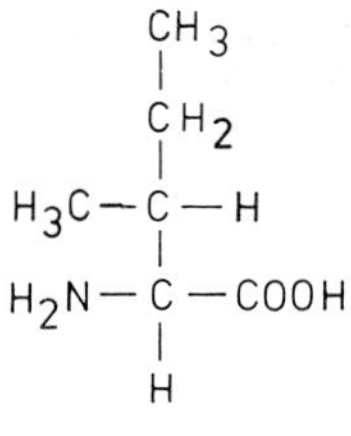   Isoleucin (Ile, I) 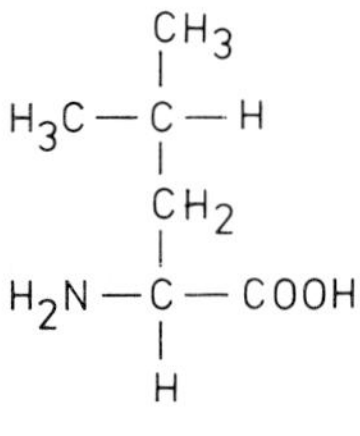   Leucin (Leu, L) 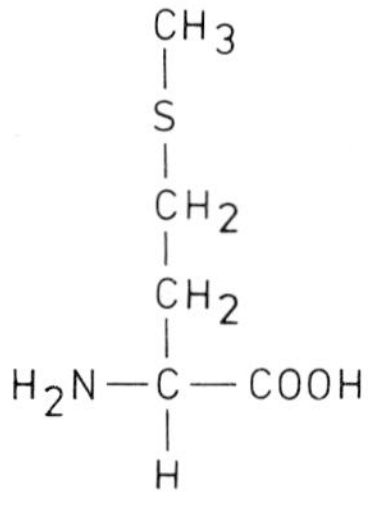   Methionin (Met, M)

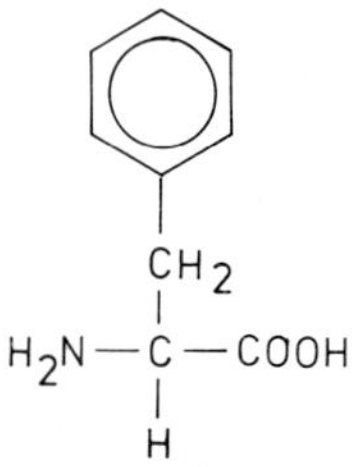

Phenylalanin (Phe, F) 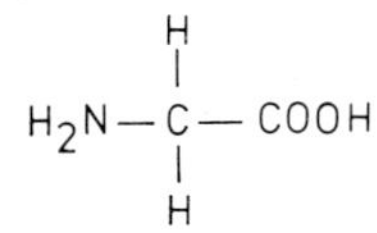   Glycin (Gly, G) 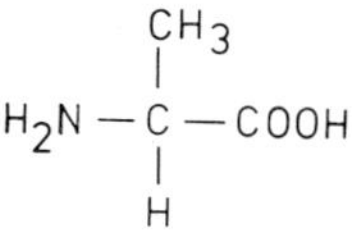   Alanin (Ala, A) 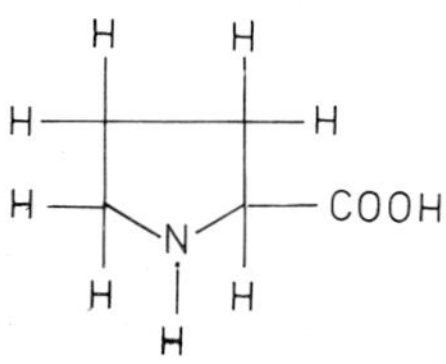   Prolin (Pro, P)

Abb. 16.27a. Hydrophobe (wasserabstoßende), nicht-polare Aminosäuren (Abkürzungen: Dreibuchstabenschreibweise, Einbuchstabenschreibweise)

218

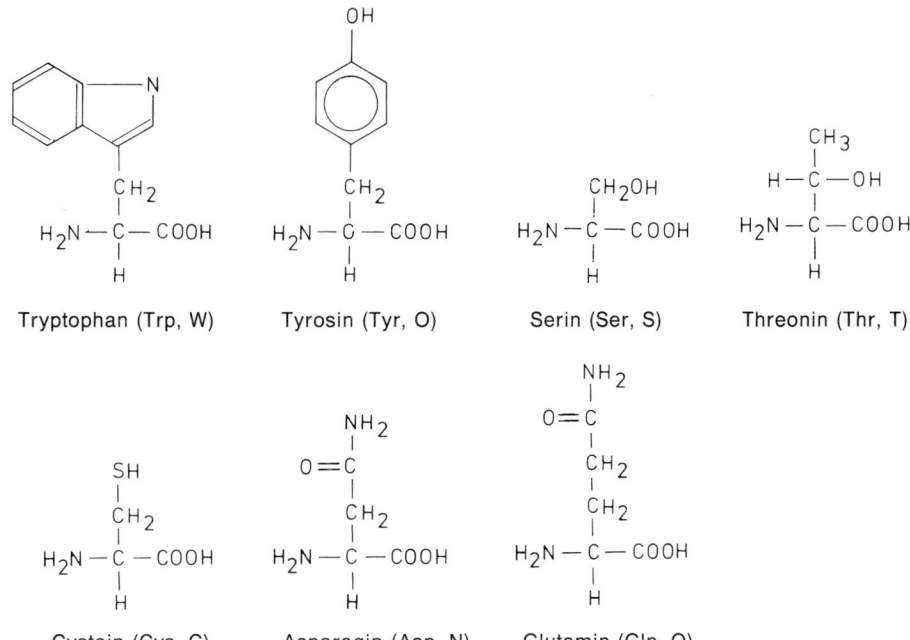

Tryptophan (Trp, W) Tyrosin (Tyr, O) Serin (Ser, S) Threonin (Thr, T)

Cystein (Cys, C) Asparagin (Asn, N) Glutamin (Gln, Q)

Abb. 16.27b. Polare, jedoch ungeladene Aminosäuren

basische Aminosäuren:

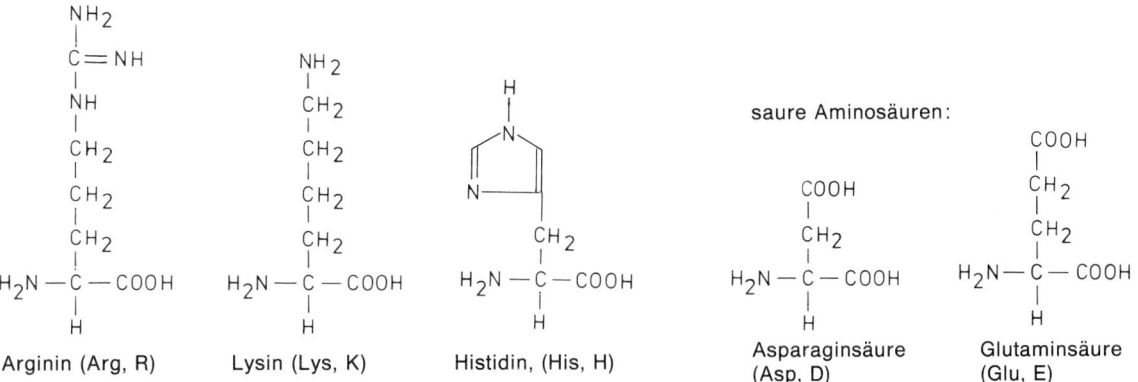

Arginin (Arg, R) Lysin (Lys, K) Histidin, (His, H) Asparaginsäure (Asp, D) Glutaminsäure (Glu, E)

saure Aminosäuren:

Abb. 16.27c. Polare, ionisierbare Aminosäuren

Die 20 Aminosäuren sind durch unterschiedliche Größe, Ladung, die Fähigkeit zur Bildung von Wasserstoffbrücken und unterschiedliche chemische Reaktivität gekennzeichnet. Bei einem Teil von ihnen besteht die Seitenkette (der Rest R) aus kurzen linearen oder verzweigten nichtpolaren aliphatischen Ketten, ferner gibt es drei Aminosäuren mit aromatischen oder heterozyklischen Resten. Zwei Aminosäuren enthalten eine Hydroxylgruppe, zwei weitere das Element Schwefel. Dann gibt es wiederum je zwei mit zusätzlichen Karboxyl-, bzw. Aminogruppen und ei-

ne mit einer Imidazolgruppe. Diese Gruppen sind ionisierbar, und schließlich gibt es noch zwei, bei denen die Karboxylgruppen amidiert sind, wodurch die Ionisierbarkeit aufgehoben wird.

In der Biochemie ist es üblich, Aminosäuren durch einen Dreibuchstabencode zu bezeichnen, z.B. Gly für Glycin. Seit dem Einsatz von Computern zur Katalogisierung und Bewertung proteinchemischer Daten ist man mehr und mehr zu einer Einbuchstaben-Schreibweise übergegangen. G. steht dabei für Glycin.

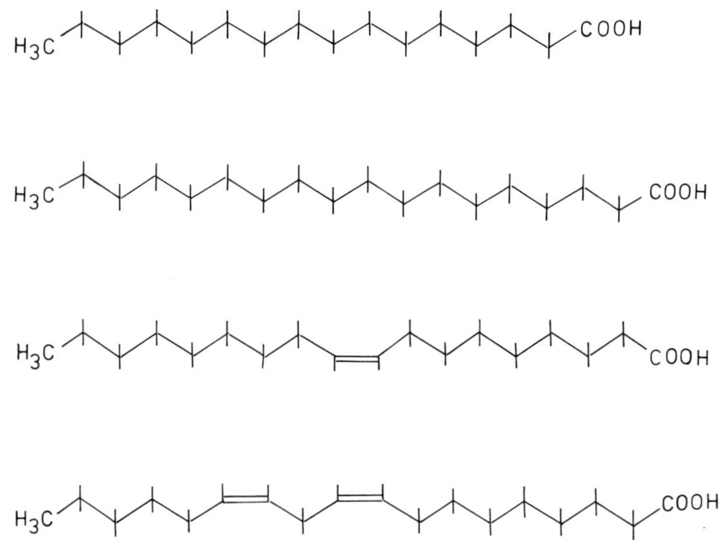

Abb. 16.28. Von oben nach unten: Palmitinsäure, Stearinsäure, Ölsäure, Linolsäure

Lipide

Lipide stellen eine heterogene Sammlung von Komponenten dar, die eigentlich nur eine Gemeinsamkeit haben: Sie sind in organischen Lösungsmitteln gut, dafür aber in Wasser kaum oder gar nicht löslich. Zu den Lipiden zählt man

– Fette und Öle
– Wachse
– Phospholipide
– Glykolipide und
– Steroide

Fette und Öle sind Komplexe aus (gesättigten oder/ und ungesättigten) Fettsäuren und Glycerin, die über Esterbindungen miteinander verknüpft sind. In Fettsäuremolekülen ist die Zahl der C-Atome stets gradzahlig (vorwiegend 16 und 18) (s. Abb. 16.28). Diese Werte hängen mit der Art der Biosynthese zusammen, durch die Ketten aus C_2-Einheiten zusammengesetzt werden. Unter den ungesättigten Fettsäuren kommen

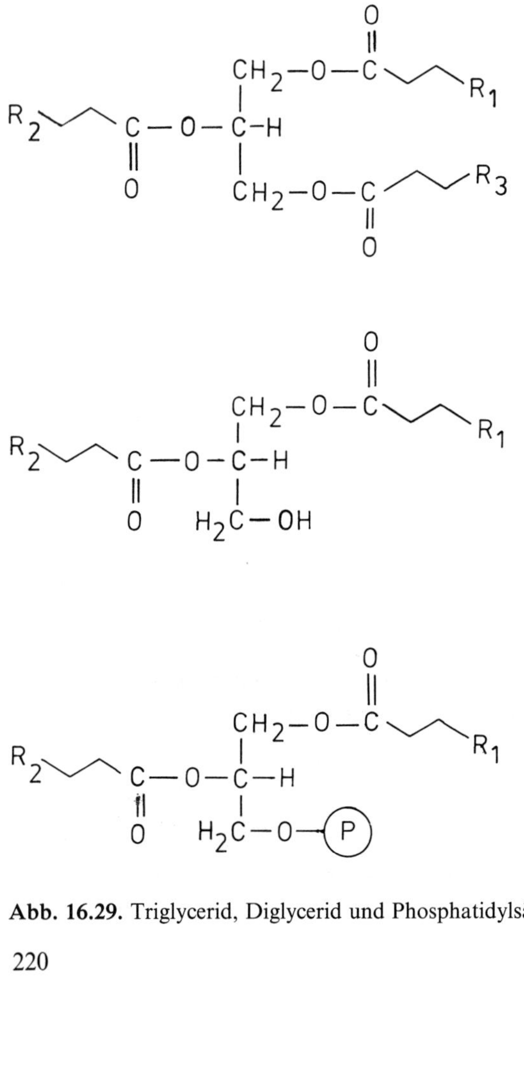

Abb. 16.29. Triglycerid, Diglycerid und Phosphatidylsäure

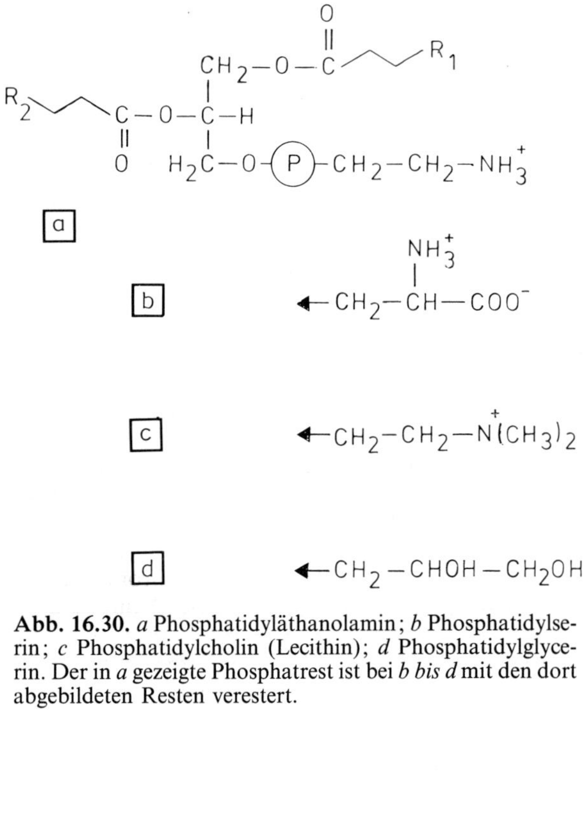

Abb. 16.30. *a* Phosphatidyläthanolamin; *b* Phosphatidylserin; *c* Phosphatidylcholin (Lecithin); *d* Phosphatidylglycerin. Der in *a* gezeigte Phosphatrest ist bei *b bis d* mit den dort abgebildeten Resten verestert.

Verbindungen mit ein, zwei und drei Doppelbindungen vor. Je nachdem, wie viele verschiedene Fettsäu-

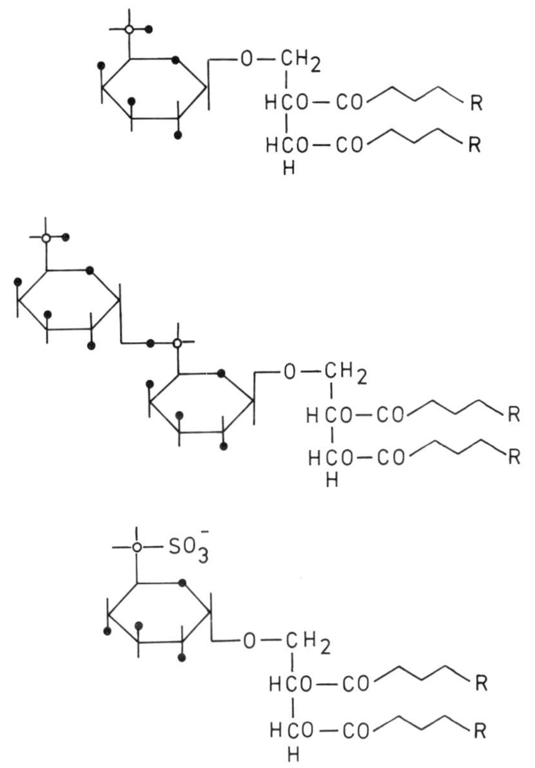

Abb. 16.31. Monogalactosyldiglycerid (MGDG); Digalactosyldiglycerid und Sulfatid

rereste an einem Glycerinrest hängen, unterscheidet man zwischen den Mono-, Di- und Triglyceriden (s. Abb. 16.29).

Triglyceride (auch Neutralfette genannt) machen den Hauptteil der Speicherstoffe (Fette) aus.

Lipide mit kurzen Fettsäureresten tragen in verschiedenen Früchten zum artspezifischen Aroma bei.

Wachse: In ihnen sind die Fettsäuren mit langkettigen Alkoholen verestert, die Fettsäuren bestehen aus recht langen Ketten (24–36 C-Atome enthaltend).

Phospholipide (s. Abb. 16.30) rechnet man zu den komplexen Lipiden. Es sind die wesentlichen Strukturelemente der Membranen (s. Kap. 22). Bei ihnen sind zwei Fettsäurereste mit Glycerin verestert. Je nach Molekülrest, der über Phosphat an die dritte Hydroxylgruppe des Glycerins gekoppelt ist, unterscheidet man zwischen den Phosphatiden, den Plasmalogenen und den Sphingolipiden.

Bei den Glykolipiden ist der Glycerinrest statt mit einem Phosphatrest mit einem Zuckerrest verknüpft. Es sind die charakteristischen Lipide der Plastidenmembranen (s. Abb. 16.31).

Eine ganz andere Molekülgruppe, die Steroide, werden ebenfalls zu den Lipiden gerechnet; mehr dazu s. Kapitel 20.

Literatur

Lehrbücher der anorganischen, organischen, und Biochemie. (s.a. Kap. 19)

221

17. Makromoleküle

Makromoleküle haben in der Zelle grundsätzlich andere Aufgaben als die bisher besprochenen kleinen Moleküle. Sie entstehen durch Polymerisation aus kleinen – monomeren – Einheiten.

Drei Makromolekülklassen haben in der Zelle eine besondere Bedeutung

– Polysaccharide,
– Polypeptide (Proteine) und
– Nukleinsäuren.

Für alle drei Klassen gilt, daß aufgrund der Bauprinzipien (Verknüpfungsmöglichkeiten der Monomeren, unterschiedliche Monomere, unterschiedliche Bindungstypen) beliebig viele unterschiedliche Kombinationen denkbar sind. Dennoch ist ihre Zahl in den Zellen überschaubar. Das liegt zum einen daran, daß die Monomeren nicht in beliebig großer Zahl zur Verfügung stehen und zum anderen, daß für jede Art einer Verknüpfung ein spezifisches Enzym benötigt wird. Zellen enthalten zwar genügend Enzyme, doch unterliegt auch ihre Zahl einem Selektionsdruck, der sie auf die unbedingt notwendige Menge begrenzt. Gerade am Beispiel der Polysaccharide kann demonstriert werden, daß nur ein sehr limitiertes Spektrum fertiger Produkte entsteht. Viele Polysaccharide sind aus nur einem Monomerentyp aufgebaut, was zu Einförmigkeit und Regelmäßigkeit der Molekülstruktur führt. Solche Moleküle eignen sich besonders gut zum Aufbau größerer geordneter Strukturen (z.B. der Zellwand, siehe Kapitel 26); andere Polysaccharide dienen als Speicherstoffe. Eine dritte Kategorie, bei der diverse Monomere miteinander verknüpft sind, findet man in der Matrix der Zellwand und an Zelloberflächen, wo sie die unterschiedlichen, spezifischen Oberflächeneigenschaften der Zellen bedingen.

Die Zahl möglicher Polypeptide hängt von der Zahl der Gene ab, die in einer Zelle aktiv sind, denn die Bildung einer Polypeptidkette wird durch die genetische Information codiert. Aufgrund der unterschiedlichen Reaktivität von Aminosäureresten in Proteinen entstehen spezifische dreidimensionale Strukturen, deren wichtigste Funktion die Katalyse bestimmter Reaktionen ist.

Nukleinsäuren schließlich sind als Träger genetischer Information bekannt. Für eine Informationsspeicherung und -vermehrung müssen zwei Bedingungen erfüllt sein. Einmal muß der Träger (das Polymer) aus unterschiedlichen Monomeren in determinierbarer Reihenfolge bestehen. Diese Bedingung erfüllen sowohl die Nukleinsäuren als auch die Proteine, nicht jedoch die Polysaccharide. Zum anderen muß das Molekül zur identischen Reduplikation (Replikation) befähigt sein, und diese Bedingung wird nur von den Nukleinsäuren erfüllt.

Polysaccharide

Polysaccharide stellen eine heterogene Gruppe unterschiedlich langer und unterschiedlich zusammengesetzter Polymere dar. Grundbausteine sind dabei jeweils Monosaccharidreste (Zuckerreste), die über glykosidische Bindungen untereinander verknüpft sind. Wie schon dargelegt (Kap 16), gibt es

– α- und β- glykosidische Bindungen.
– Die wiederum können zwischen einem C_1 (oder C_2) Atom des einen Zuckerrests und dem C_2, C_3, C_4, C_5 oder C_6 des zweiten liegen. Sind mehr als zwei Verknüpfungstypen in einem Molekül vereint, entstehen verzweigte Formen.
– Ein Polysaccharid kann aus einem Typ von Monomeren bestehen (Homopolymer), es können aber auch mehrere daran beteiligt sein (Heteropolymer).

Mit den hier aufgezeigten Varianten ließe sich eine beliebig große Zahl verschiedener Polysaccharide konstruieren. Dennoch ist ihre Zahl in der Natur im Vergleich zu den denkbaren Möglichkeiten gering, da, wie schon erwähnt, sich im Verlauf der Evolution nur bestimmte Kombinationen durchsetzen konnten.

Der häufigste in Polysacchariden gefundene Zucker ist die Glucose, die durch sie gebildeten Polymere heißen Glucane. Um das Konstruktionsprinzip der Polysaccharide zu verdeutlichen, werden im folgenden ausschließlich jene Polysaccharide vorgestellt, die aus Glucoseeinheiten (Glucosylresten) bestehen. Gerade in Pflanzen findet sich jedoch noch eine große Zahl weiterer Homo- und Heteropolymere. Viele von ihnen sind Bestandteile von Zellwänden. Einige sind weit verbreitet, andere auf einzelne Pflanzengruppen beschränkt (s. Kap. 26: Zellwand).

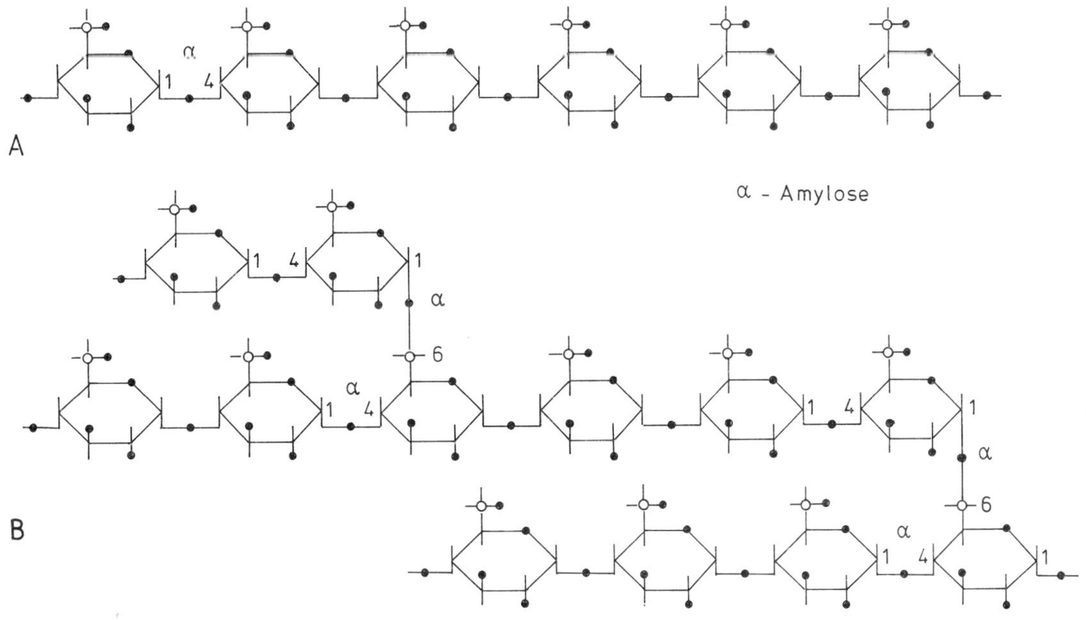

A

α - Amylose

B

Abb. 17.1. Stärke: α-Amylose und Amylopektin

Amylopektin

Glucane mit α-glykosidischer Bindung

Stärke: Hier sind $\alpha 1 \rightarrow 4(-\alpha\ 1,4)$-Bindungen vorherrschend, daneben kommen auch $1 \rightarrow 6$ Verknüpfungen vor (P. Karrer, 1921).

Nach Molekülgröße und Vorkommen von $1 \rightarrow 6$ Bindungen unterscheidet man zwischen Amylose und dem Amylopektin. Als Amylose bezeichnet man weitgehend unverzweigte (wasserlösliche) Moleküle (s. Abb. 17.1a), also solche, die fast nur $1 \rightarrow 4$ Bindungen enthalten. Amylose ist wie praktisch alle Polysaccharide polydispers, d.h. die Kettenlänge des Moleküls ist nicht genau definiert, die Zahl der Glucosylreste schwankt zwischen 200 und über 1000. Der Pyranosering liegt in der Regel in der Bootskonfiguration vor. Die $\alpha\ 1 \rightarrow 4$ Bindung bedingt eine helicale (schraubenförmige) Struktur der Polysaccharidkette (s. Abb. 17.2). Der Durchmesser des Innenraums der Schraube ist gerade so groß, daß er elementares Jod einlagern kann, wodurch ein blaugefärbter Einlagerungskomplex entsteht (Stärkenachweis). Amylopektin (s. Abb. 17.1b) ist durch Verzweigungen charakterisiert, 2000 bis 200 000 Glucosylreste bilden ein Molekül. $1 \rightarrow 6$ glykosidische Bindungen kommen an durchschnittlich jedem 20. Glucosylrest vor. Stärke liegt in Zellen in artspezifisch strukturierten, schichtförmig aufgebauten Stärkekörnern vor (s. Abb. 3.11).

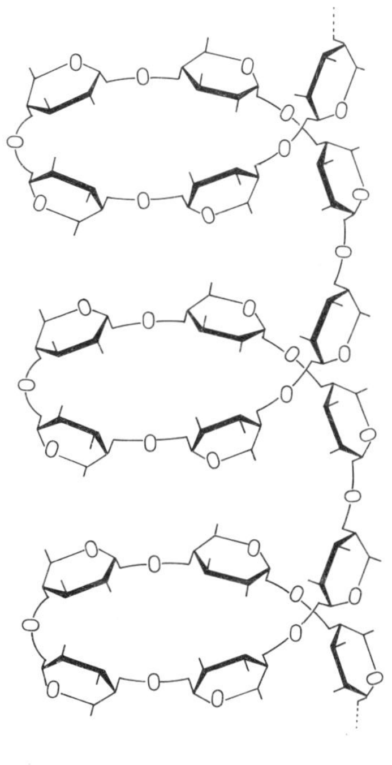

Glucane mit β-glykosidischer Bindung

Cellulose (s. Abb. 17.3): Verzweigungen kommen nicht vor, das Molekül ist linear. Zwischen benach-

Abb. 17.2. Helicale Anordnung von Glucoseresten in einem Stärkemolekül.

bart liegenden Molekülketten können Wasserstoffbrücken gebildet werden, was zu partiell kristallinen Mikrofibrillen (Micellen) führt (s. Abb. 26.2). Cellulose ist die wichtigste Strukturkomponente der Zellwände nahezu aller grünen Pflanzen.

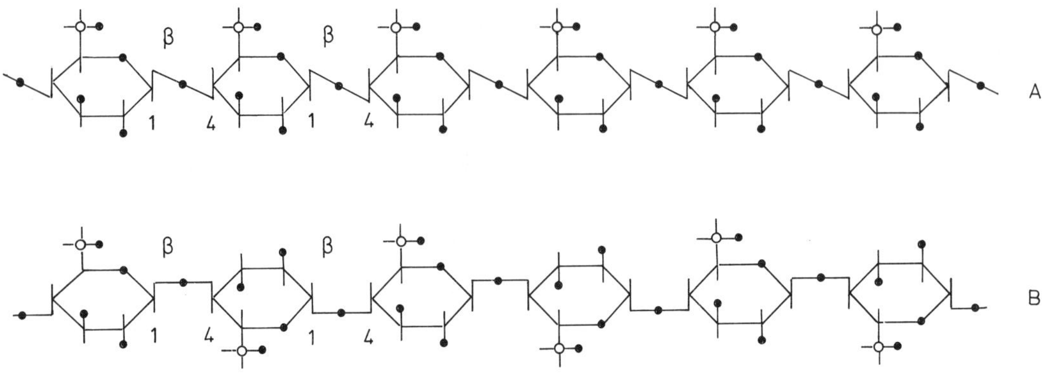

Abb. 17.3. Cellulose. *A* und *B* sind unterschiedliche Schreibweisen der gleichen Formel.

Kallose (s. Abb. 17.4): Die Glucoseeinheiten sind über 1 → 3 glykosidische Bindungen miteinander verknüpft. Auch dieser Bindungstyp führt zu einer helicalen Struktur des Polymers. In dieser Konformation wird Anilinblau gebunden; der dabei entstehende Komplex führt zu einer gelben Fluoreszenz. Neben der genannten Bindung kommen 1 → 4 und 1 → 6 Verknüpfungen vor.

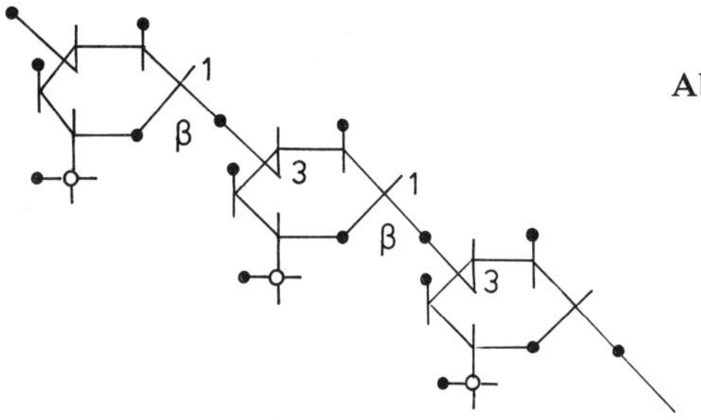

Abb. 17.4.

Chitin (s. Abb. 17.5): Das Chitin ist ein Polymer aus Derivaten der Glucose: N-Acetylglucosamin-Einheiten. Der Bindungstyp ist 1 → 4. Bei Pflanzen kommt es nur ausnahmsweise vor, so bei einigen Algen (s.Kap. 44); es ist eine der wesentlichen Strukturkomponenten der meisten Pilzzellwände.

Abb. 17.5.

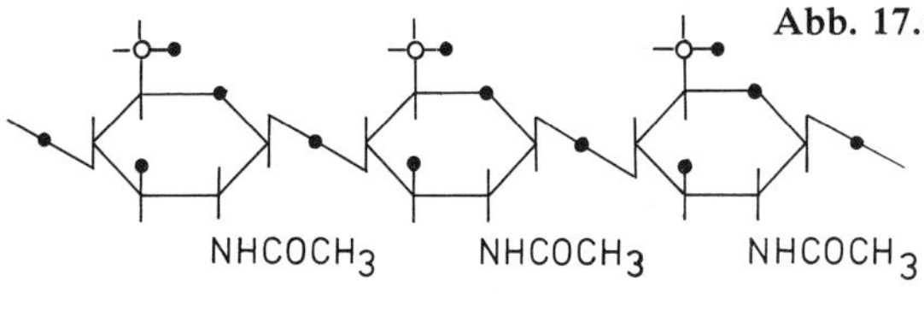

Peptide, Polypeptide (Proteine)

Peptide – vor allem die Polypeptide (= Proteine) – spielen in jeder Zelle eine herausragende Rolle. Sie erfüllen die Funktion biologischer Katalysatoren (= Enzyme), sind an der Regulation des Zellstoffwechsels und der Interaktion zwischen Zellen beteiligt und werden für den Aufbau spezifischer Strukturen benötigt. Es sind primär lineare Kettenmoleküle, die aus einer Aufeinanderfolge von Aminosäuren bestehen, wobei die Verknüpfungen ausschließlich über Peptidbindungen (s. Abb. 17.6) erfolgen.

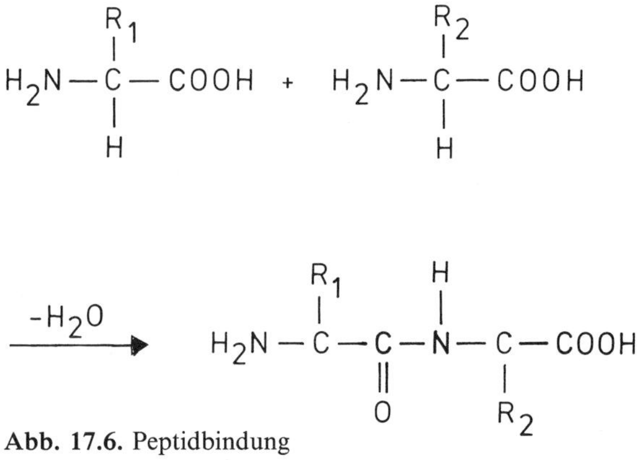

Abb. 17.6. Peptidbindung

Dieser Bindungstyp bedingt eine Polarität im Molekül; denn unabhängig von der Kettenlänge bleibt an einem der Enden eine freie Aminogruppe, am anderen eine freie Karboxylgruppe übrig (= N-terminales und C-terminales Ende). Aminosäuresequenzen werden vom N- zum C-terminalen Ende geschrieben, diese Richtung entspricht auch der Syntheserichtung. Die genaue Abfolge der Aminosäuren (Aminosäuresequenz, Primärstruktur des Proteins), determiniert durch die Sequenz von Nukleotiden in Nukleinsäuren, charakterisiert ein bestimmtes, spezifisch wirkendes Proteinmolekül. Seine Synthese ist ein aufwendiger, komplexer Vorgang (Proteinbiosynthese, s. Kap. 21), in dessen Verlauf die in den Nukleinsäuren gespeicherte genetische Information in die Aminosäuresequenz eines Proteins übersetzt (translatiert) wird. Bei kurzen Peptiden kann der Synthesemodus anders sein. In vielen Fällen werden die Aminosäuren enzy-

224

matisch zu kurzen Ketten verknüpft. Hierbei können auch die sogenannten seltenen Aminosäuren, das sind solche, die nicht dem Standardrepertoire der 20 angehören (s. Kap. 20), verwertet werden. Es gibt aber auch Fälle, bei denen aus einer bestimmten normal in ein Protein eingebauten Aminosäure durch nachträgliche enzymatische Veränderung eine modifizierte entsteht. Ein Beispiel hierfür ist die Umwandlung von Prolin zu Hydroxyprolin (s. Abb. 17.7).

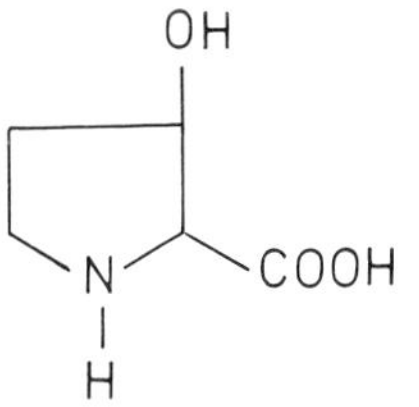

Abb. 17.7. Hydroxyprolin

Zur vorläufigen Charakterisierung eines gegebenen Proteins muß man wissen
- wie viele Aminosäuren die Polypeptidkette enthält (Die Zahlen liegen normalerweise in der Größenordnung von 100),
- um welche es sich dabei handelt, und in welcher Reihenfolge sie angeordnet sind.

So wichtig diese Daten auch sein mögen, ist mit ihnen allein wenig anzufangen; denn um die Funktion eines Proteinmoleküls zu verstehen, muß man wissen, wie sich die Polypeptidkette räumlich faltet. Die chemische Reaktivität der Seitenkettenreste bedingt eine genau vorgegebene spezifische dreidimensionale Struktur, die Tertiärstruktur. Während die Bildung der Primärstruktur ausschließlich auf der Ausbildung kovalenter Bindungen (Peptidbindungen) beruht, spielen diese bei der Ausbildung der Tertiärstruktur nur eine untergeordnete Rolle. Der einzige hierfür wichtige Bindungstyp ist die Disulfidbrücke, die zwischen den Seitenketten zweier Cysteinreste entstehen kann (s. Abb. 17.8).

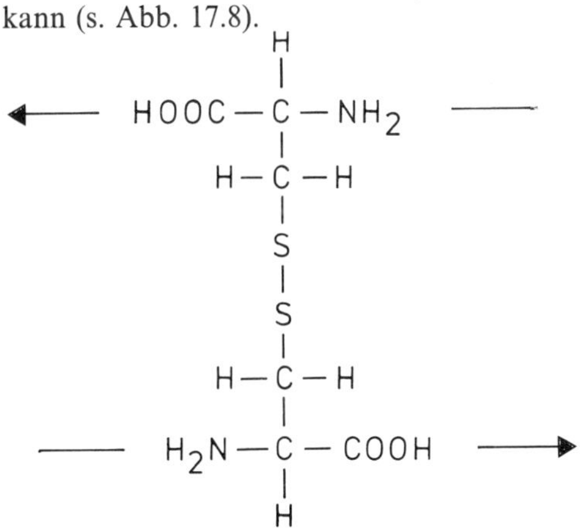

Abb. 17.8. Disulfidbrücke. Die Pfeile geben die Richtung der Polypeptidkette(n) wieder, die eine Disulfidbrücke enthält (enthalten). Disulfidbrücken können innerhalb einer Polypeptidkette ausgebildet werden, sie können aber auch zwischen zwei benachbart liegenden Polypeptidketten entstehen.

Alle übrigen gehören in die Kategorie der schwachen Wechselwirkungen (s. Kap. 18) und gehören folgenden Typen an:
- ionische Interaktionen
- Wasserstoffbrücken
- van der Waals'sche Interaktionen.

Durch Wasserstoffbrücken stabilisiert, können regelmäßige Faltungen (Sekundärstrukturen) der Polypeptidkette entstehen, dabei können
- die Wasserstoffbrücken zwischen nahe beieinander liegenden Aminosäureresten (in regelmäßigen Abständen) ausgebildet werden, so daß sich die Kette zu einer Schraube windet. Der bekannteste, stabilste und deshalb auch häufigste Schraubentyp ist die α-Helix (s. Abb. 17.9).

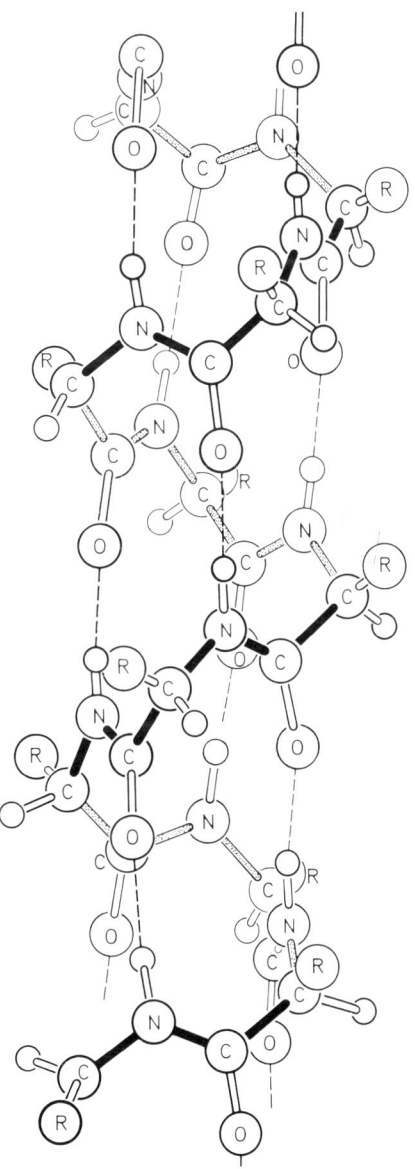

Abb. 17.9. α-Helix (L. Pauling, R.B. Corey, H.R. Branson, 1951)

225

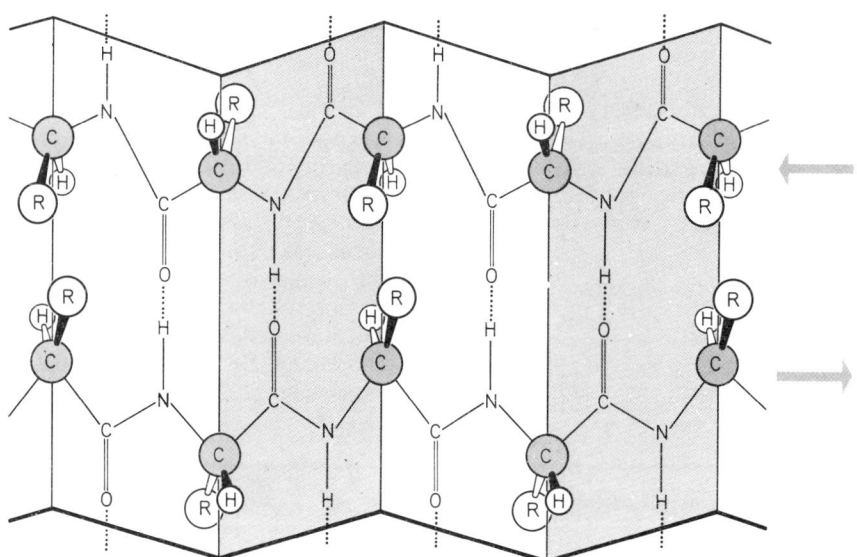

Abb. 17.10. β-Faltblattstrukur. Die beiden Polypeptidketten liegen (in dieser Darstellung) antiparallel. Es gibt aber auch eine β-Faltblattstruktur mit parallel laufenden Polypeptidketten. (L. Pauling, R.B. Corey, 1951)

– Wasserstoffbrücken können aber auch zwischen Polypeptidketten entstehen, welche parallel (oder antiparallel) ausgerichtet nebeneinander liegen. Auf diese Weise erhält man β-Faltblattstrukturen (s. Abb. 17.10).

Sekundärstrukturen können in Proteinen vorkommen, doch ist ihre Existenz nicht zwingend. In vielen Proteinen sind nur kleine Anteile der Polypeptidkette in solche Strukturen verwickelt.

Die Ausbildung einer Tertiärstruktur erfolgt immer, doch sind die Art, wie sie gebildet wird, und die Form des fertigen Moleküls nicht ohne weiteres vorhersagbar.

Es gibt auch nur eine Methode zur Aufklärung von Tertiärstrukturen, und das ist die Röntgenstrukturanalyse.

Andererseits ist die Kenntnis der genauen Faltung einer Polypeptidkette gerade für Biologen von eminenter Wichtigkeit. Denn nur wenn wir sie kennen, können wir eine Erklärung für die Wirkungsweise des betreffenden Moleküls geben. Nur dann läßt sich überhaupt sagen, warum ein Enzymmolekül diese und keine andere Reaktion katalysiert, warum seine Affinität zu einem Substrat höher ist als zu einem anderen, und warum ein bestimmter Hemmstoff (Inhibitor) wirksam ist und ob seine Wirkung vom Verhältnis Substrat zu Inhibitor abhängt oder nicht (kompetitive und nicht-kompetitive Hemmung).

Viele Proteine werden im Anschluß an ihre Biosynthese modifiziert, die Rohform wird in einen aktiven Zustand überführt, dabei werden entweder
– Stücke von einem der Enden abgespalten, oder
– es werden einzelne Aminosäuren verändert, z.B. Prolin in Hydroxyprolin, oder sie werden acetyliert oder phosphoryliert, schließlich können
– weitere Faktoren (Kofaktoren, Koenzyme) über schwache Wechselwirkungen oder kovalente Bindungen an die Polypeptidkette (Apoenzym) angela-

gert werden. Die eigentliche enzymatische Reaktion erfolgt dabei meist nicht am Protein selbst, sondern am Koenzym (s. Abb. 19.7): Koenzym + Apoenzym = Holoenzym.

Zahlreiche funktionelle Proteine bestehen aus Aggregaten mehrerer Polypeptidketten (oligomere Proteine). Dabei kann es sich um gleichartige, aber auch um verschiedene Ketten (Untereinheiten, U.E.) handeln. Diese Organisationsform wird als Quartärstruktur bezeichnet.

Proteine, die solche Quartärstrukturen aufweisen, können entweder mehrere enzymatische Funktionen ausüben, oder, was weit häufiger ist, ihre enzymatische Aktivität kann durch das Substratangebot oder durch andere Metaboliten gesteuert werden. Die Ursache für diesen Mechanismus ist darin zu suchen, daß die Tertiärstruktur der einzelnen Ketten nicht absolut starr ist, sondern aufgrund ihrer Flexibilität verformt werden kann, so daß die Information über die Bindung eines Substrat- oder Regulatormoleküls an eine der Untereinheiten über direkten molekularen Kontakt an die übrigen weitergegeben werden kann und damit deren Reaktivität modifiziert.

Obwohl beispielsweise in einer Bakterienzelle im Vergleich zu einer Pflanzen- oder Tierzelle nahezu die gleichen enzymatisch katalysierten Reaktionen ablaufen, sind die daran beteiligten – homologen – Enzyme einander zwar ähnlich, doch niemals gleich. Sie haben sich im Verlauf der organismischen Evolution ebenfalls verändert. Daher sind solche Unterschiede hilfreiche *Marker* bei der Rekonstruktion von Abstammungslinien (s. Kap. 43).

Einiges über pflanzliche Proteine

Die meisten Proteine sind Enzyme, die im Verlauf der Evolution schon sehr früh in Erscheinung traten; das

226

wiederum hat zur Folge, daß alle Zellen (Bakterien, tierische Zellen, Pflanzenzellen) das gleiche Repertoire an Enzymen besitzen. Alles, was wir unter dem Stichwort Primärstoffwechsel zusammenfassen (Glykolyse, Citratzyklus, Aminosäuresynthesen, Kohlenhydratsynthese, Lipidsynthese und Nukleotidsynthese, s. Kap. 19) wird durch einen Satz von Enzymen gesteuert, die sich in den einzelnen Zellen verschiedener Organismengruppen nur wenig voneinander unterscheiden. Wenn wir an dieser Stelle speziell pflanzliche Proteine behandeln wollen, müssen wir uns überlegen, wodurch sich Pflanzen von den übrigen Organismen unterscheiden und ob das Studium ihrer Proteine zur Erklärung dieser besonderen Eigenschaften hilfreich ist.

Zunächst einmal sind die meisten Pflanzen Vielzeller, und es bedarf spezieller Kontrollmechanismen, um die Zusammenarbeit der einzelnen Zellen untereinander zu koordinieren. Zellen müssen in der Lage sein, ganz gezielt bestimmte Stoffe aufzunehmen und andere auszuscheiden; vielfach geschieht das unter Energieverbrauch. Die dazu befähigten Enzyme sind Bestandteile zellulärer Membranen. Es sind die Transferasen (gelegentlich auch Pumpen [z.B. Na^+/K^+-Pumpe] genannt), die Ionen, Metaboliten u.a. durch eine Membran hindurchschleusen. Wie die Enzyme sind sie substratspezifisch. Sie setzen das Substrat jedoch nicht um, sondern setzen es auf der gegenüberliegenden Membranseite wieder frei. Der Transport erfolgt oft gegen einen Konzentrationsgradienten.

Andere Proteine wiederum erkennen bestimmte Signale (z.B. physikalische Faktoren, wie Licht bestimmter Wellenlänge oder chemische Komponenten, wie z.B. die Pflanzenhormone oder Bestandteile der Oberflächen anderer Zellen). Nach der Signalerkennung ändern sie ihre Konformation und geben diese „Information" gerichtet weiter. Man nennt diese Moleküle Rezeptoren und die Signale Effektoren (oder Elictoren). Rezeptoren können membrangebunden sein, sie können aber auch im Plasma oder in der Zellwand lokalisiert sein. Viele von ihnen, z.B. die Lichtrezeptoren, sind mit Kofaktoren assoziiert (Das klassische Beispiel dafür ist das Phytochrom, s. Kap. 30.). Zu ihren Aufgaben gehört die Umwandlung und Verstärkung (Amplifikation) des Signals. Zumindest bei tierischen Zellen wurde eine stufenweise Hintereinanderschaltung mehrerer Rezeptoren festgestellt. Die Folge davon ist eine kaskadenartige Vervielfachung der durch das auslösende Signal an die Zelle übermittelten Information. Üblicherweise bleibt ein Effektormolekül durch die Bindung an den Rezeptor unverändert. Es kann daher nacheinander an mehrere Rezeptormoleküle binden, es sei denn, es gibt übergeordnete Mechanismen, um überschüssige Effektormoleküle zu eliminieren (Beispiel: die Acetylcholinesterase im synaptischen Spalt zwischen Neuronen). Zu den bekanntesten pflanzlichen Rezeptormolekülen gehören die Lektine, das sind kohlenhydratbindende Proteine; mehr dazu im übernächsten Abschnitt. Obwohl Lektine nicht ausschließlich im Pflanzenreich

vorkommen, sind sie dort doch weit häufiger als im Tierreich. Sie können deshalb als ein Prototyp der Pflanzenproteine herausgestellt werden.

Eine andere Gruppe typisch pflanzlicher Proteine sind die Speicherproteine, die vornehmlich in Samen zu finden sind. Besonders reich an Speicherproteinen sind die Leguminosen. In den letzten Jahren sind sie in immer stärkerem Maße ins Zentrum des Interesses gerückt, weil sie für die menschliche Ernährung, insbesondere in Ländern der Dritten Welt, wichtig sind. Pflanzliche Proteine sind meist lysinarm, und es galt daher, nach Mutanten mit lysinreicherem Protein zu suchen. Gewisse Erfolge in dieser Richtung wurden beim Mais erzielt. Das zweite große Problem ist die Gesamtmenge an Protein und das Protein-/Kohlenhydratverhältnis. Auch hier bestehen Hoffnungen (z.T. unter Einsatz gentechnischer Verfahren), zukünftig wertvollere Kulturpflanzen züchten zu können.

Bevor wir näher auf Lektine und Speicherproteine eingehen, einige Bemerkungen über Isolation und Charakterisierung von Proteinen, dann einiges über Alloenzyme – Isoenzyme und zum Schluß noch ein Abschnitt über den Einsatz von Proteinen zur Analyse zellulärer Strukturen und als Hilfsmittel zur Lokalisation von Molekülen in der Zelle (Analyse der molekularen Architektur der Zelle).

Isolierung und Charakterisierung zellulärer Proteine

Die Schwierigkeit, ein bestimmtes Protein in reiner Form zu gewinnen, liegt in der Tatsache begründet, daß alle Proteine aus den gleichen Bausteinen bestehen und daß Gemeinsamkeiten zwischen ihnen oft größer als die Unterschiede sind.

Es gibt zumindest drei Verfahrensweisen zur Anreicherung, Isolierung und Charakterisierung spezifischer Proteine. Meist ist eine Kombination mehrerer aufeinanderfolgender Reinigungsschritte erforderlich.
– Ausfällung,
– chromatographische Auftrennung,
– Trennung im elektrischen Feld.
Der erste Schritt ist stets das Aufbrechen der Zellen. Da dabei Plasma und Vakuoleninhalt vermischt werden, sind besondere Schutzmaßnahmen erforderlich, um eine Denaturierung der Proteine zu verhindern.

Der pH-Wert muß durch Verwendung eines geeigneten Puffers konstant gehalten werden, und bestimmte Zusätze sind erforderlich, um freiwerdende toxische Substanzen oder unerwünschte Enzymaktivitäten zu neutralisieren.

Eine Fällung, z.B. durch eine konzentrierte Ammoniumsulfatlösung oder durch ein organisches Lösungsmittel (z.B. Aceton) ist oft der erste Reinigungs- und Konzentrierungsschritt. Das gefällte Material wird abzentrifugiert (manchmal ist eine hochtourige Zentrifuge – eine Ultrazentrifuge – hierfür erforderlich) und anschließend in einem geeigneten Lösungsmittel wieder aufgenommen. Was aber „geeignet" ist, hängt vom jeweiligen Protein und vom Ausgangsmaterial ab.

Angaben hierzu sind Praktikumsanleitungen und Laborhandbüchern zu entnehmen, sie sind auch im „Material und Methoden"-Teil einschlägiger wissenschaftlicher Publikationen enthalten.

Eine chromatographische Auftrennung (s. Abb. 17.11) erfolgt nach

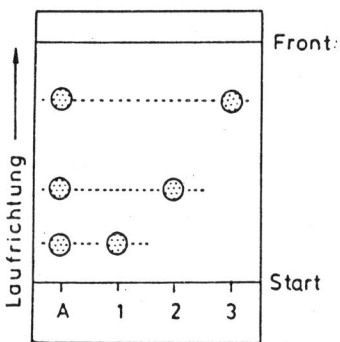

Abb. 17.11a. Schema zur Anfertigung eines eindimensionalen Papierchromatogramms. *A* Auftrennung eines Substanzgemisches; 1, 2 und 3. Referenzsubstanzen. Für eine optimale Trennung muß ein geeignetes Fließmittel gefunden werden, in dem sich das Trenngut vollständig löst. Die Trennung beruht auf unterschiedlich starker Verzögerung der Wandergeschwindigkeit der zu trennenden Moleküle durch das Trägermaterial (hier Papier).

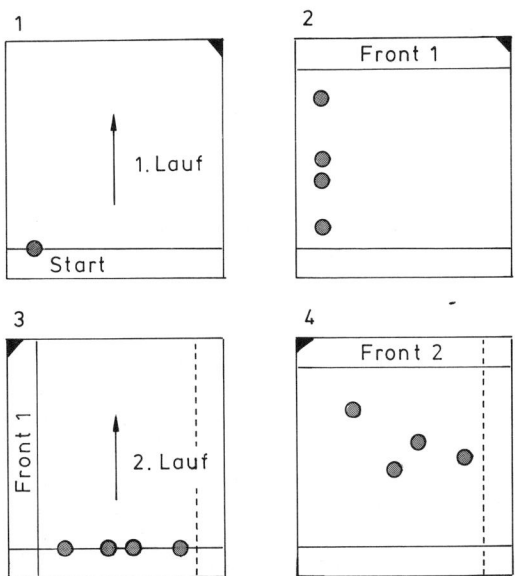

Abb. 17.11b. Schema zur Anfertigung eines zweidimensionalen Papierchromatogramms. Nach Abschluß des ersten Laufes wird das Papier (oder ein anderer Träger) getrocknet und dann um 90° gedreht. Die zweidimensionale Chromatographie nutzt das unterschiedliche Lösungsvermögen der zu trennenden Substanzen in zwei verschiedenen Fließmitteln (meist Lösungsmittelgemischen) aus.

- unterschiedlicher Teilchengröße (Molekularsiebeffekt),
- unterschiedlicher Ladung (unterschiedlicher Zahl ionisierter Gruppen im Molekül: $-NH_3^+$, $-COO^-$),

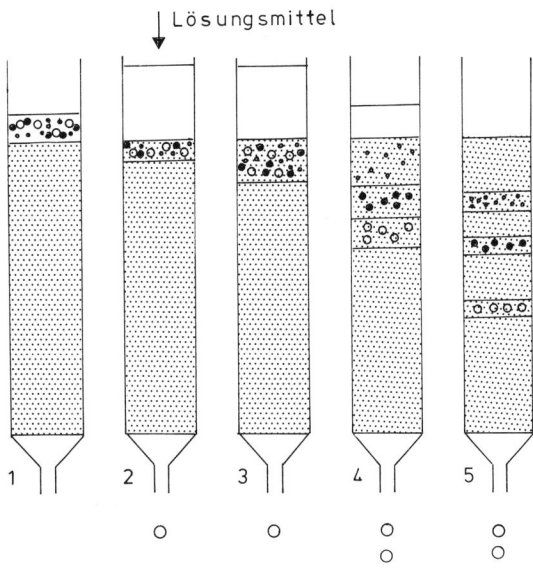

Abb. 17.12a. Säulenchromatographie. Auftrennung eines Molekülgemisches, bestehend aus drei Substanzen. Die Trennung beruht (wie bei der Papierchromatographie) auf unterschiedlicher Verzögerung (Retention) der Wandergeschwindigkeit durch die Packung des Säuleninhalts. Je nach Wahl des Trägermaterials wird zwischen Ionenaustauscherchromatographie, Molekülsiebchromatographie, Absorptionschromatographie u.a. unterschieden. Das durch eine Säule hindurchgewaschene Material heißt Eluat.

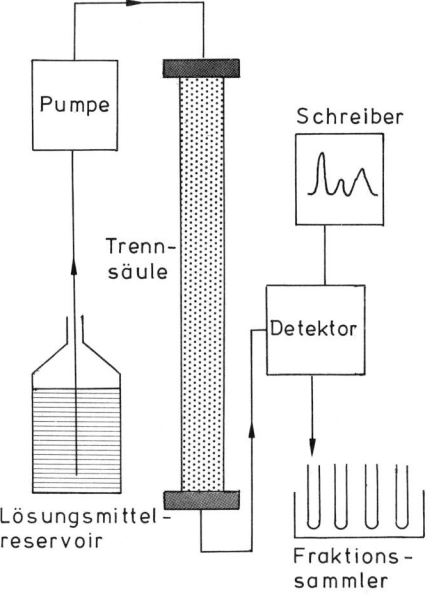

Abb. 17.12b. Zusätzlich erforderliche Einrichtungen für eine automatisierte säulenchromatographische Trennung von Substanzen (Schema eines Flußdiagramms).

Abb. 17.13. Prinzip der Gelelektrophorese. Einfluß von Ladung und Teilchengröße auf die elektrophoretische Beweglichkeit von Proteinen (oder anderen Makromolekülen, z.B. Nukleinsäuren). Aus Gründen der Übersichtlichkeit wurden nur Überschußladungen eingezeichnet.

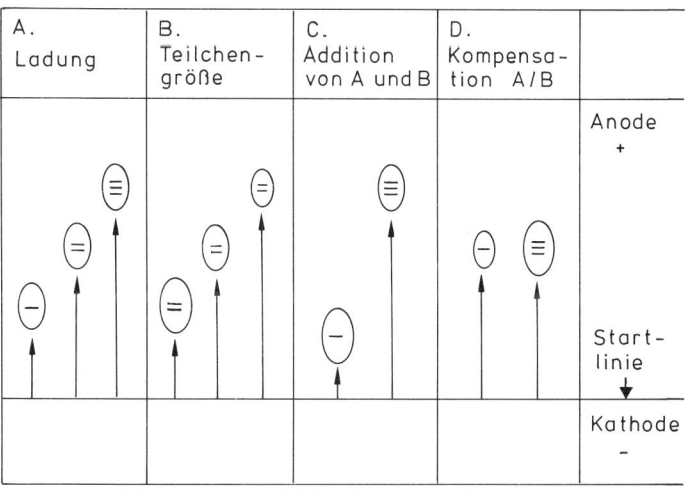

– oder unterschiedlicher Affinität zum absorbierenden Material.

Eine der am weitesten verbreiteten Methoden ist die Säulenchromatographie (s. Abb. 17.12).

Neben der Chromatographie spielt in allen analytisch arbeitenden Laboratorien die Elektrophorese eine wichtige Rolle (s. Abb. 17.13). Auch hier gibt es zahlreiche Varianten in der Ausführung. Am gebräuchlichsten sind Trennungen nach Ladung oder nach Molekülgröße. Letzteres ist jedoch insofern problematisch, weil das Protein hierbei denaturiert werden muß und Enzymaktivitäten anschließend nicht mehr meßbar sind. (Im Vorgriff auf das nächste Kapitel: Bei der Nukleotidsequenzierung von DNS spielt gerade diese Methode eine herausragende Rolle. Es ist z.B. möglich, ein Molekül aus 99 Nukleotiden von einem aus 98 oder 100 aufgrund ihrer Wandergeschwindigkeit im elektrischen Feld zu unterscheiden.) In der Regel erfolgt die Trennung des Trennguts (z.B. eines Proteingemisches) in einem Trägergel (hierfür ist Polyacrylamid sehr gut geeignet); man kann aber auch mit Papier arbeiten, oder mit einem Stärkegel.

Eine Modifikation der Gelelektrophorese ist die Isoelektrische Fokussierung. Hierbei wird außer dem elektrischen Feld ein pH-Gradient angelegt, der dafür sorgt, daß das wandernde Protein in der Nähe seines isoelektrischen Punkts (pK) zum Stehen kommt.

Der isoelektrische Punkt wiederum ist durch jenen pH-Wert gekennzeichnet, an dem die geringste Zahl ionisierter Gruppen im Molekül vorhanden ist. Im sauren Bereich liegen die Amino- und die Karboxylgruppen in Form von $-NH_3^+$, bzw. $-COOH$ vor, im alkalischen als $-NH_2$ und $-COO^-$, und am isoelektrischen Punkt finden wir $-NH_2$- und $-COOH$-Gruppen. Es hängt daher vor allem vom Verhältnis der basischen zu den sauren Aminosäuren im Protein ab, wo sein isoelektrischer Punkt liegt; die Löslichkeit des Proteins ist hier drastisch reduziert.

Um die Reinheit eines Proteins zu definieren, können verschiedene Kriterien herangezogen werden:
(1) Kristallisierbarkeit,
(2) Löslichkeitskinetik,
(3) einheitliches Verhalten (nur eine Bande) in der Elektrophorese,
(4) eindeutige Aussagen bei der Bestimmung der Aminosäuresequenz,
(5) einheitliche katalytische Aktivität (keine Nebenaktivitäten),
(6) Einheitlichkeit in chromatographischem Verhalten (bei verschiedenen Lösungsmittelsystemen).

Stets ist es erforderlich, mehrere voneinander unabhängige Reinheitskriterien anzugeben, denn keines ist für sich alleine ausreichend, um eine unangreifbare Aussage zu machen. Manche Proteine bilden Kristalle nur im Komplex mit andersartigen Substanzen; andere tragen auf einer Polypeptidkette zwei enzymatische Aktivitäten, oder die Aktivität ist an einen Komplex (eine Quartärstruktur) aus mehreren, z.T. verschiedenen Polypeptidketten gebunden. Eine weitere Gruppe schließlich ist, wie wir schon gesehen haben, auf Kofaktoren angewiesen. Viele der Membranproteine sind nur im Verbund mit Lipiden aktiv usw.

Reinheit einer Polypeptidkette und Enzymaktivität sind folglich zwei voneinander verschiedene Größen. Man muß sich daher oft schon vor Beginn eines Experiments entscheiden, was man durch eine Reinigung erreichen will und was man mit dem Produkt anstellen möchte. Parallelansätze, das Arbeiten nach verschiedenen Strategien, gehört zum Laboralltag.

Die Ansprüche sind stetig gestiegen. Heute genügt es oft nicht mehr, ein Protein aus einer Zelle zu isolieren. Vielmehr ist man daran interessiert, dieses aus einem bestimmten Kompartiment (Zellkern, Plastiden, Mitochondrien usw.) zu gewinnen bzw. es als Bestandteil eines bestimmten Kompartiments zu identifizieren.

229

Der Reinigung der Proteine ist damit eine Anreicherung des Kompartiments vorgeschaltet. Ein wichtiges Hilfsmittel ist dabei die Dichtegradientenzentrifugation in der Ultrazentrifuge.

Die Empfindlichkeit der Nachweismethoden kann durch gezielten Einsatz radioaktiv markierter Ausgangsverbindungen um Größenordnungen gesteigert werden.

Alloenzyme – Isoenzyme

Zur Erinnerung:
(1) eine Pflanzenzelle ist diploid. Für jedes Gen gibt es zwei Allele: A und a.
(2) Ein Gen determiniert die Bildung einer Polypeptidkette.

Liegt ein Gen in heterozygotem Zustand vor, erhalten wir folglich zwei voneinander verschiedene Polypeptidketten. Unter günstigen Bedingungen können sie gelelektrophoretisch voneinander getrennt werden. Sie können sich auch durch die Substratumsatzraten voneinander unterscheiden, das Genprodukt von a kann beispielsweise inaktiv sein, während das von A voll aktiv ist. Es gibt aber auch alle denkbaren Übergänge dazwischen. Es gibt ferner zahlreiche Beispiele, an denen gezeigt wurde, daß A unter gegebenen Umweltbedingungen vorteilhaft ist, a unter anderen; mehr dazu im Abschnitt Evolution. Polypeptide (Enzyme), die durch unterschiedliche Allele (des gleichen Genorts) codiert werden, nennt man Alloenzyme.

Nun zu den Isoenzymen. Durch Duplikationen des genetischen Materials kann ein Gen im haploiden Genom zwei- oder mehrfach vertreten sein. Es spielt dabei keine Rolle, ob die Genorte auf einem Chromosom liegen oder auf mehrere verteilt sind. Die Genprodukte (hier wieder Enzyme) der verschiedenen Genorte (Pseudoallele) sind die Isoenzyme.

Von einer ganzen Reihe von Enzymen sind Isoenzyme bekannt. Sie können sich durch ihre Umsatzraten und durch ihre Regulierbarkeit voneinander unterscheiden. Ihr Vorkommen ist entweder auf bestimmte Organe oder bestimmte Entwicklungsstadien beschränkt (s. Abb. 17.14). Das Vorkommen eines Isoenzyms schließt das eines zweiten (oder dritten usw.) nicht aus, oft findet man nur quantitative Verschiebungen im Verhältnis des einen zum anderen. In den verschiedenen Kompartimenten (Plastiden, Mitochondrien, Cytosol) sind in der Regel unterschiedliche Isoenzyme gefunden worden.

Gelelektrophoretisch kann *per se* nicht zwischen Allo- und Isoenzymen unterschieden werden. Zum Studium von Alloenzymen benötigt man verschiedene Individuen einer Art; es müssen stets gleichartige Zellen miteinander verglichen werden, und man muß so vorgehen, wie bei einer genetischen Analyse mendelnder Faktoren. Zum Nachweis von Isoenzymen genügt im Prinzip ein Individuum, da jedes Individuum einer Art organ- oder entwicklungsstadienspezifisch das gleiche Verteilungsmuster enthält.

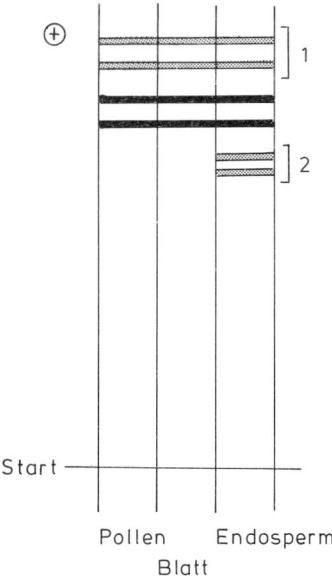

Abb. 17.14a. Iso- und Alloenzyme der Leucinaminopeptidase des Mais. Die Isoenzymverteilung ist organspezifisch. Die Alloenzyme (in der Abbildung durch Klammer gekennzeichnet) sind Produkte unterschiedlicher Allele. (J. L. Brewbaker, M. D. Upadhya, Y. Mäkinen, T. MacDonald, 1968)

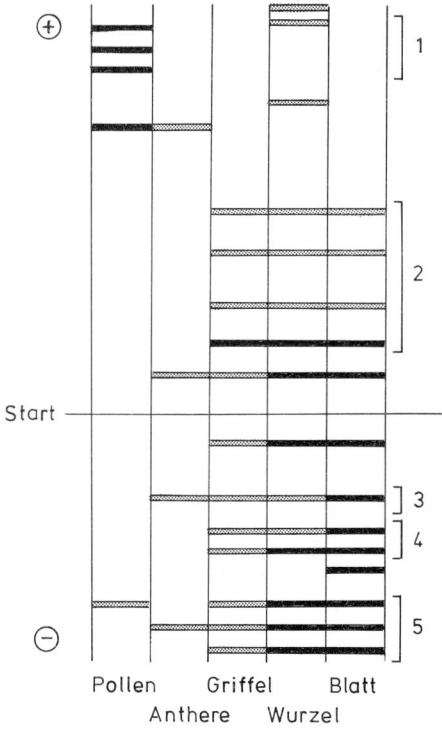

Abb. 17.14b. Polymorphismus der Peroxydase: Iso- und Alloenzyme beim Mais. Das Isoenzymmuster ist organspezifisch. Die Alloenzyme (in der Abbildung durch Klammern und Ziffern gekennzeichnet) sind Produkte unterschiedlicher Allele. (D.E. Hamill und J.L. Brewbaker, 1969)

230

Alloenzyme eignen sich als *Marker* für populationsgenetische Studien, Isoenzyme für entwicklungsphysiologische.

Lektine

Lektine sind zuckerbindende Proteine mit der Eigenschaft, Zellen zu agglutinieren und/oder Glykokonjugate (= Moleküle mit einem Kohlenhydratanteil (Polysaccharide, Glykoproteine, Glykolipide u.a.) zu präzipitieren.

Da sie ursprünglich nur aus Pflanzenextrakten isoliert worden sind und zur Agglutination von Blutzellen (Erythrozyten) eingesetzt wurden, sprach man zunächst von Phytohaemagglutininen. Später stellte es sich heraus, daß sie auch aus tierischen Organen (vornehmlich der Invertebraten) zu gewinnen sind und daß keineswegs alle an Erythrozyten binden.

W.C. Boyd und E. Slapeigh führten daher 1954 den Begriff Lektin (lat: *legere* = auswählen) ein. Lektine besitzen mindestens zwei Zuckerbindungsstellen, sonst wäre ihr Agglutinations-/Präzipitationsvermögen nicht erklärbar. In der Tat bestehen die meisten von ihnen aus zwei, vier oder mehr meist gleichartigen Untereinheiten. Ihre Spezifität wird durch jenes Mono- oder Oligosaccharid definiert, welches das Agglutinationsvermögen kompetitiv inhibiert. Eine Auswahl der bekanntesten Lektine ist der Tabelle 1 zu entnehmen.

Die Affinität eines Lektins zu Zellen oder Makromolekülen (Liganden) liegt um Größenordnungen über der zu einzelnen Zuckern. Daraus wurde geschlossen, daß es bei der Bindung der Liganden nicht nur auf die Kohlenhydratanteile ankommt, sondern daß zusätzliche, unspezifische Protein-Protein- Wechselwirkungen (schwache Bindungen) den Komplex stabilisieren. Man kennt beispielsweise eine Reihe von Lektinen (so z.B. RCA, PNA, SBA) mit einer Affinität zu β-D-Galactosylresten, doch findet man deutliche Unterschiede in ihrem Bindungsvermögen zu bestimmten Zellen oder Glykoproteinen. Einen großen Einfluß übt die sterische Lage der Kohlenhydrate an der Molekül- oder Zelloberfläche aus; sie müssen für das Lektin zugänglich sein. Wegen der strukturellen Komplexität der Liganden werden die lektinbindenden Moleküle üblicherweise als Lektinrezeptoren bezeichnet. Trotz gewisser Unsicherheiten bezüglich ihrer chemischen Charakterisierung werden Lektine in den letzten Jahrzehnten in steigendem Umfang in der medizinischen Grundlagenforschung eingesetzt. Sie eignen sich, um bestimmte Zelltypen oder Zellfragmente (z.B. Membrantypen) zu charakterisieren, Zellen in verschiedenen Entwicklungsstadien zu erkennen, normale von Tumorzellen zu unterscheiden, die verschiedenen Phasen des Zellzyklus zu markieren und verschiedene Zelltypen affinitätschromatographisch voneinander zu trennen.

Durch Konjugation an Fluoreszenzfarbstoffe erhielt man geeignete Sonden zur Lokalisation von Glykokonjugaten in Zellen oder an Zelloberflächen. Eine entsprechende Markierung der Lektine mit elektronendichten Substanzen (Ferredoxin, kolloidalem Gold u.a.) machte sie zu geeigneten Hilfsmitteln in der Elektronenmikroskopie. Bisher gibt es noch nicht sehr viele derartige Untersuchungen an Pflanzenzellen.

Tabelle 1. Biochemische Eigenschaften einiger wichtiger Lektine (Zusammenstellung nach J.C. Brown und R.C. Hunt, 1978)

Herkunft (Pflanzenart)	Lektin (Bezeichnung)	Molekulargewicht	Anzahl der U.E.	Glykoprotein	Spezifität
Arachis hypogaea (Erdnuß)	Peanut Agglutinin (PNA)	110 000	4	–	β-D-Galactose
Canavalia ensiformis (Schwertbohne)	Concanavalin A (ConA)	102 000	4	–	α-D-Glucose, α-D-Mannose
Dolichos biflorus	*D.b.* Agglutinin (DBA)	111 000	2 + 2	+	N-Acetyl-α-D-Galactosamin
Glycine max (Sojabohne)	Sojabohnenagglutinin (SBA)	110 000	4	+	N-Acetyl-α-D-Galactosamin β-D-Galactose
Lens culinaris (Linse)	*L.c.* Agglutinin A (LCA-A)	48 000	2	+	α-D-Glucose α-D-Mannose
Phaseolus vulgaris (Gartenbohne)	*Ph.-* Agglutinin-1 (PHA-1)	118 000	4	+	N-Acetyl-α-D-Galactosamin
Pisum sativum (Erbse)	Pealectin-1 (PSA)	49 000	2 + 2	+	α-D-Glucose α-D-Mannose
Ricinus communis (Ricinus)	*R.c.*-Agglutinin (RCA₁₂₀) (RCA₆₀)	120 000 60 000	2 + 2 1 + 1	+ +	} β-D-Galactose N-Acetyl-α-D-Galactosamin
Triticum vulgaris (Weizen)	Wheat Germ Agglutinin (WGA)	34 000	2		(N-Acetyl-β(1,4)-D-Glucosamin) > 2 Chitin, Chitotriose
Ulex europaeus (Stechginster)	*U.e.* Agglutinin (UEA)	170 000		+	α-L-Fucose

231

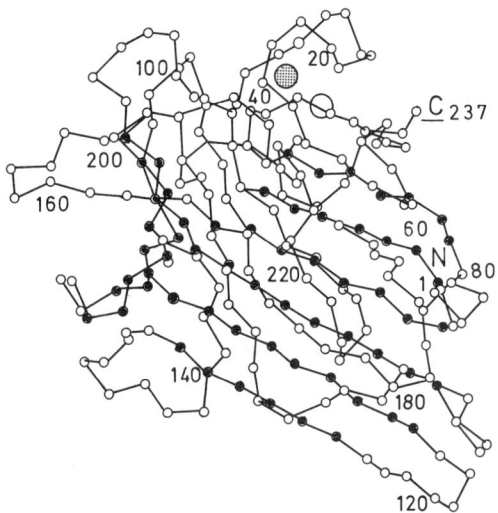

Abb. 17.15. Tertiärstruktur der Polypeptidkette des Concanavalin A (ConA). Man beachte den hohen Anteil an β-Faltblattstrukturen (Sekundärstrukturen). Die daran beteiligten Aminosäurereste sind durch schwarze Kreise gekennzeichnet. Die Kette enthält 237 Aminosäurereste. Das N- und das C-terminale Ende sind daher durch N_1 und C_{237} markiert. Die Position jedes zehnten Aminosäurerestes ist durch die jeweilige Positionsziffer hervorgehoben (großer dunkler Kreis: Ca^{2+}-Bindungsstelle, großer weißer Kreis: Mn^{2+}-Bindungsstelle).(J. W. Becker et al., 1975).

Obwohl einige der beschriebenen Eigenschaften auch auf Antikörper zutreffen, haben sie und die Lektine nicht viel gemeinsam:

– Die Antikörpersynthese ist induzierbar, die Lektinsynthese nicht.
– Antikörper können gegen jede beliebige Determinante gerichtet sein (s. Abb. 17.21), Lektine nur gegen ein begrenztes Sortiment an Zuckermolekülen.
– Die Antikörperproteinstrukturen sind alle nach dem gleichen Bauplan konstruiert (sie sind phylogenetisch untereinander verwandt). Lektine gehören unterschiedlichen Proteinfamilien an.

Eher könnte man sie daher mit Enzymen vergleichen, denen die katalytischen Eigenschaften fehlen.

Die Proteinstrukturen des ConA und des WGA sind bekannt. Die Polypeptidkette des ConA besteht aus 237 Aminosäureresten; die Tertiärstruktur zeichnet sich durch einen außergewöhnlich hohen β-Faltblattanteil aus (s. Abb. 17. 15), das aktive Molekül ist ein Tetramer (s. Abb. 17.16).

Das in Vicia faba vorkommende Favin weist einige überraschende Übereinstimmungen mit dem ConA auf. Es enthält zwei ungleich lange Polypeptidketten (α und β). Die α-Kette ist dem Abschnitt 70–119 der ConA-Polypeptidkette homolog, die β-Kette den Abschnitten 120–237, gefolgt von 1–69. Wir haben es also hier mit einer „zyklischen Permutation" von Po-

lypeptidabschnitten zu tun. Solange keine weiteren Daten vorliegen, läßt sich jedoch nicht entscheiden, ob die ConA-Sequenz die ältere ist und Favin durch Herausnahme des Mittelstücks und einen Platzwechsel der beiden Außenstücke entstand oder ob das ConA durch Fusion der zwei Polypeptidketten des Favins gebildet wurde.

Sicher ist jedenfalls, daß dieser Fall ein anschauliches Beispiel für die Anwendung der Gentechnik in der Natur ist (siehe hierzu auch den Vergleich Hämoglobin/Leghämoglobin im Kapitel 34).

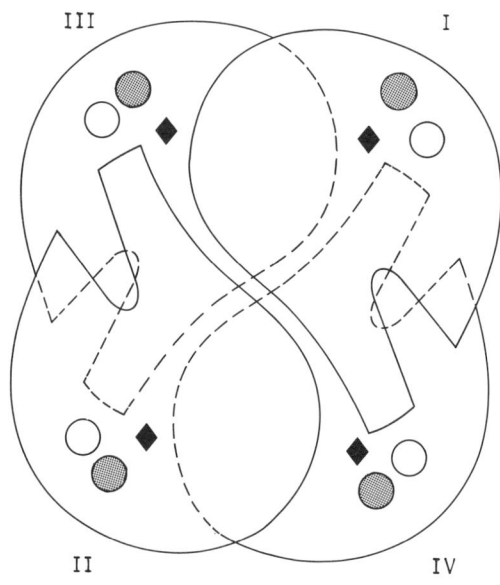

Abb. 17.16. ConA-Tetramer (Quartärstruktur des ConA). Die Umrisse entsprechen denen der gefalteten Polypeptidkette (s. Abb. 17.15). Dunkle Kreise: Ca^{2+}-Bindungsstellen, weiße Kreise: Mn^{2+}-Bindungsstellen. Rhomben: Zuckerbindungsstellen. (J.W. Becker et al., 1976)

Die Polypeptidkette des WGA enthält 164 Aminosäurereste, darunter zahlreiche disulfidbrückenbildende Cysteinreste (s. Abb. 17.17). Die Aminosäurekette faltet sich zu einer Tertiärstruktur, die aus vier Domänen (A,B,C,D) besteht (s. Abb. 17.18). Zwischen A, B und C, D ist, wie bei vielen Enzymen, eine Spalte

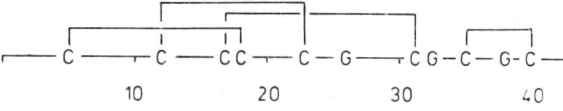

Abb. 17.17. Disulfidbrücken (ausgebildet zwischen je zwei Cysteinresten, in der Abbildung durch C gekennzeichnet) in der ersten Domäne der WGA-Struktur. G Glycinreste; die Ziffern kennzeichnen die Aminosäurepositionen entlang der Polypeptidkette. (C. Schubert-Wright, 1977)

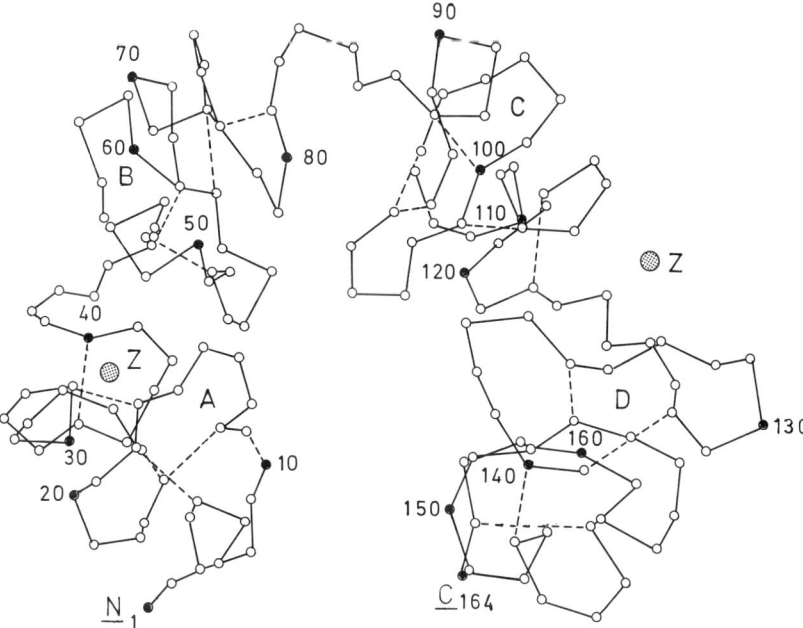

Abb. 17.18. Tertiärstruktur des Weizenkeimagglutinins (*wheat germ agglutinin;* WGA). Man beachte die Faltung der Polypeptidkette zu vier Domänen, das sind Faltungseinheiten (*A, B, C, D*). Das N-terminale Ende ist durch N_1, das C-terminale durch C_{164} gekennzeichnet (die Polypeptidkette enthält nämlich 164 Aminosäurereste). Die Positionen jeder zehnten Aminosäure sind durch schwarze Kreise und die jeweiligen Positionsziffern markiert; *Z* = Zuckerbindungsstelle. (C.S. Schubert-Wright, 1977)

vorhanden. Die Zuckerbindungsstellen liegen aber nicht dort, sondern an der Molekülaußenseite. Ist das vielleicht der Grund dafür, daß WGA nicht als Enzym wirkt? An der Außenseite herrschen nicht die „besonderen Bedingungen", durch die sich ein aktives Zentrum eines Enzyms auszeichnet.

Der Vergleich der Tertiärstrukturen von ConA und WGA macht deutlich, daß keine Gemeinsamkeiten vorhanden sind. Es ist eher so, daß die Domänen A, B, C und D des WGA sich untereinander sehr ähnlich sind. Man muß daher annehmen, daß das Gen für WGA durch zwei aufeinanderfolgende Duplikationen eines Urgens entstanden ist.

Aufgrund vorhandener serologischer Kreuzreaktionen ließ sich zeigen, daß verschiedene Gramineen Lektine enthalten, die mit dem WGA serologisch und damit wohl auch strukturell verwandt sind. Offenbar liegt hier eine Proteinfamilie vor. Die Lektine der Leguminosen sind durchweg Metalloproteine. Ob das auch auf eine phylogenetische Verwandtschaft hinweist, bleibt offen.

Welche Bedeutung haben die Lektine für die Pflanze? Es ist hinlänglich bekannt, daß Zuckerreste an Zelloberflächen vorhanden sind und daß einzelne Zelltypen, respektive deren Entwicklungsstadien, sich durch ihr Kohlenhydratmuster voneinander unterscheiden.

Es war daher naheliegend zu testen, ob Lektine an Erkennungsprozessen mitwirken. Die Beteiligung bestimmter Lektine ließ sich für folgende Fälle belegen:
– Zell-Zell-Erkennung, z.B. Paarungstypen bei Algen (*Chlamydomonas* u.a.); Pollen-Stigma-Interaktion (s. Kap. 27).
– Erkennung von Symbiosepartnern, z.B. bei der Bindung von *Rhizobium*-Arten an Wurzelhaaren

der spezifischen Wirtspflanzenarten (hier: Leguminosen) (s. Kap. 34).
– Erkennung von parasitären Pilzen und nachfolgende Induktion von Abwehrmechanismen der Pflanzen (s. Kap. 33).

Viele der Lektine sind intrazellulär lokalisiert, zum Teil kommen sie dort in beträchtlichen Mengen vor, doch welche Bedeutung ihnen zukommt, ist weitgehend unbekannt.

Sie reagieren mit Speicherproteinen, wobei die Affinität zum arteigenen Speicherprotein weit höher ist als zu einem artfremden. Hieraus wurde geschlossen (S.-K. M. Basha und R.M. Roberts, 1981), daß sie die Proteine komplexieren und sie so in eine kompakte, unlösliche Form überführen, in der sie in der Zelle besser lagerfähig sind als in gelöstem Zustand.

Viele Lektine sind toxisch und bieten der Pflanze möglicherweise einen Schutz vor Freßfeinden. Zum Beispiel wirkt das Lektin der Gartenbohne (*Phaseolus vulgaris*) auf den Käfer *Callosobruchus maculatus* letal. Das *Ricinus communis* Agglutinin (RCA) enthält eine für alle Tiere und den Menschen hochgiftige Komponente, das Ricin.

Im Experiment mit tierischen Zellen wurde gezeigt, daß einige Lektine in geringen Konzentrationen zellteilungsfördernd wirken (daher auch die Bezeichnung Mitogene). Inwieweit das für die Pflanzen von Bedeutung ist, bleibt zu klären.

Speicher- oder Reserveproteine

Speicherproteine (Reserveproteine) umfassen eine Gruppe von Proteinen, die vornehmlich während der Samenbildung produziert, in Samen gespeichert werden und den sich entwickelnden Embryonen während der Keimung als Stickstoffquelle dienen. Es ist für die Pflanze offensichtlich effektiver – anstelle von sekundären Pflanzenstoffen (s. Kap. 20) –, Proteine hierfür zu nutzen. Durchschnittlich beträgt der Proteinanteil von Getreidekörnern etwa 10–15 Prozent ihres Trockengewichts, bei Leguminosensamen liegt er bei 20–25 Prozent, während er in normalen Blättern lediglich den Wert von 3–5 Prozent erreicht.

Außer in Samen findet man Reserveproteine in Wurzel- und Sproßknollen, so in Kartoffelknollen.

Es gibt keine klare Definition für ein Speicherprotein, es ist ein operationaler Begriff, den man für Proteine benutzt, deren Anteil am Gesamtzellprotein über fünf Prozent liegt. Üblicherweise lassen sich darüber hinaus die folgenden Merkmale aufzählen:
(1) Die Proteine verfügen über keine enzymatischen Aktivitäten.
(2) Sie dienen keimenden Samen als Stickstoffquelle (s.o.).
(3) Sie liegen in der Zelle normalerweise in aggregierter Form in membranumgebenen Vesikeln (Proteinkörpern, Aleuronkörnern) vor.
(4) Sie bestehen vielfach aus einer Anzahl verschiedener Polypeptidketten.

Speicherproteine sind für die menschliche Ernährung bedeutungsvoll (pflanzliche Proteine), und deshalb sind vor allem in den letzten Jahren zahlreiche Arbeiten erschienen, die sich mit ihrer Struktur und Biosynthese befassen.

Darüber hinaus war und ist man bemüht, Mutanten zu gewinnen, deren Proteinanteil erhöht oder deren Gehalt an essentiellen Aminosäuren gesteigert ist.

Wie an anderer Stelle ausführlich dargestellt wird (s. Kap. 21 und 39), lassen sich unter Einsatz gentechnischer Verfahren Genstrukturen analysieren und Antworten z.B. auf die folgenden Fragen geben:
– Von wie vielen Genen wird ein Protein codiert oder
– welche Beziehung besteht zwischen fertigem Produkt und der Struktur des entsprechenden Gens (= des entsprechenden Abschnitts der DNS)?

Eine vereinfachte Regel besagt, daß Leguminosen vornehmlich zwei Speicherproteintypen, Legumin und Vicelin, enthalten. Die Legumine – ebenso wie die Viceline – der verschiedenen Leguminosenarten ähneln einander. Bei den Gramineen liegt ein dritter Typ vor: Prolamin, und je nach Herkunft unterscheidet man z.B. zwischen den Zeinen (aus *Zea mays*), den Hordeinen (aus *Hordeum vulgare*) u.a.

Im Gegensatz zu den Leguminen und den Vicelinen, die in Samen vornehmlich in den Kotyledonen lokalisiert sind, sind die Prolamine im Endosperm enthalten.

Legumin. Die ersten ausführlichen Untersuchungen pflanzlicher Reserveproteine wurden von T.B. Osborne (Connecticut Agricultural Experimental Station) gegen Ende des vorigen Jahrhunderts begonnen, ein Zwischenbericht erschien 1924 in seinem Werk „The vegetible proteins".

Osborne wies nach, daß die Samen von *Pisum sati-*

vum zwei Proteinfraktionen, Legumin und Vicelin, enthalten und ähnliche Proteine auch aus Samen anderer Leguminosen, wie *Phaseolus vulgaris* oder *Glycine max,* isolierbar sind.

Weiterführende Untersuchungen in späteren Jahren ergaben, daß Legumine in Samen zahlreicher Dikotyledonenfamilien vorkommen und eine dem Legumin ähnliche Verbindung auch von Monokotyledonen gebildet wird. Es sind meist Polymere mit Molekulargewichten von 300 000–400 000. Typischerweise bestehen sie aus zwei Arten von Untereinheiten, den sauren und den basischen Polypeptiden. Die Quartärstruktur ist aus je sechs sauren und sechs basischen Polypeptiden, die durch Disulfidbrücken miteinander verknüpft sind, zusammengesetzt. Hieran anschließend ließe sich fragen, wie es kommt, daß beide Polypeptide in der Pflanze stets in gleichen Mengen (äquimolaren Mengen) auftreten und wie diese Proteine in das Innere der Vesikel gelangen.

Man weiß durch das Studium anderer sekretorischer Proteine (aus tierischen Zellen), daß sie in Form einer Vorstufe gebildet werden. Die Polypeptidkette trägt an ihrem N-terminalen Ende eine Signalsequenz, bestehend aus ca. 20, meist hydrophoben Aminosäuren. Die zunächst noch ungefaltete Polypeptidkette wird während der Synthese durch die Membran „hindurchsynthetisiert". Nach dem Durchtritt wird die

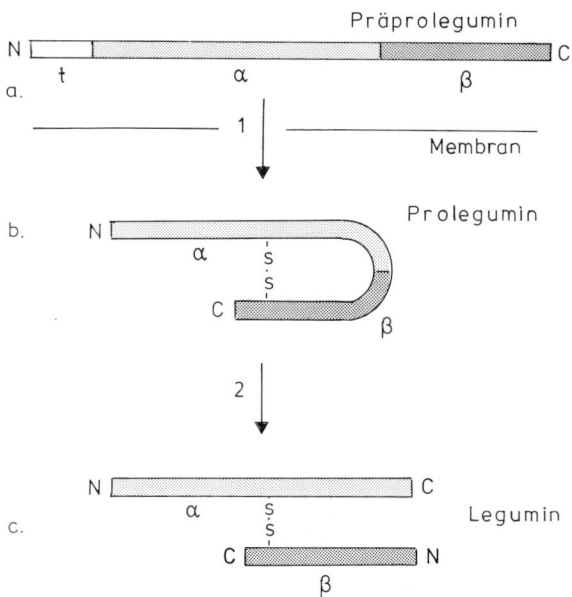

Abb. 17.19. Leguminsynthese: *Posttranslationsprocessing. a* Preprolegumin ist das vollständige primäre Translationsprodukt. Die N-terminale Transitsequenz (t) wird zum Durchschleusen durch eine Membran benötigt, anschließend wird sie abgespalten; *b* Eine Disulfidbrücke wird ausgebildet. Es entsteht somit das Prolegumin; *c* Die Polypeptidkette wird durch eine Endopeptidase in die beiden Leguminketten α und β zerlegt. Sie bleiben durch die Disulfidbrücke vereint. Ein fertiger Leguminmolekülkomplex enthält sechs derartige Einheiten. (K. Müntz *et al.* 1985, verändert 1988)

234

Signalsequenz proteolytisch, d.h. unter Mitwirkung eines proteinspaltenden Enzyms, entfernt.

Genau dieser Mechanismus trifft auch auf pflanzliche Legumine zu. Darüber hinaus erfolgt eine zusätzliche proteolytische Spaltung der gebildeten Polypeptidkette in zwei Teile, die durch eine Disulfidbrücke verbunden bleiben und die unsere bereits genannten sauren und basischen Untereinheiten sind. Das fertige Molekül ist demnach das Ergebnis einer schrittweisen Bearbeitung eines primären Genprodukts (s. Abb. 17.19). Eine ähnliche Situation ist schon lange vom Insulin her bekannt, auch dort sind die A- und die B-Kette Spaltprodukte einer zunächst zusammenhängenden Polypeptidkette.

Vicelin. Viceline sind Glykoproteine mit einem Anteil von 1–5% neutraler Zuckerreste. Auch sie bestehen aus mehreren Polypeptidketten, die zu einer Quartärstruktur vereint sind. Wie bei den Leguminen sind es Spaltprodukte eines primären Genprodukts.

Prolamine. Die Prolamine, Reservestoffe der Gramineen, sind durch einen hohen Prolin- und Glutaminanteil gekennzeichnet, daher der Name; sie sind alkohollöslich. Sie verfügen über eine Signalsequenz (s. Kap. 23), doch im Gegensatz zu den Leguminen und Vicelinen wird die Polypeptidkette nicht in Einzelteile zerlegt. Es sind Produkte einer Vielzahl von Genen, deren Zahl man auf 30–100 (im haploiden Genom) schätzt. Anders als die Gene der Leguminosenspeicherproteine enthalten sie keine Introns, d.h., die Gene bestehen aus je einem zusammenhängenden, ununterbrochen exprimierten DNS-Abschnitt (mehr dazu im Kapitel 21). Zu den bekanntesten Prolaminen zählen die Zeine, die Reserveproteine des Mais. Sie machen bis zu 50% des Endospermgesamtproteins aus.

Es sind Polypeptidketten mit Molekulargewichten von 10 000, 15 000, 19 000, 22 000 und 27 000.

Die Polypeptidkette der 22 000- und 19 000-Proteine bestehen aus mehreren (bis zu acht) hintereinandergeschalteten, einander ähnlichen Aminosäuresequenzabschnitten: A–B–C–D–E–A–B'–C–D–E–A' –B–C'–D–E–A–B–C–D'–E...

In jedem dieser Abschnitte (Domänen) ist die Polypeptidkette zu einer α-Helix gewunden. Die α-Helices sind durch nichthelicale Abschnitte miteinander verbunden. Die Tertiärstruktur des Moleküls ähnelt damit einer Gruppe parallel angeordneter Zylinder.

Die einander homologen Abschnitte sind Produkte von Genabschnitten, die durch mehrfache Duplikationen eines kurzen Urgens hervorgegangen sind und dann tandemartig zu einem Gen zusammengeschlossen wurden. Durch Analyse von Proteinen tierischer Zellen sind zahlreiche Fälle dieser Art beschrieben worden. Zein und WGA (siehe vorangegangenen Abschnitt) sind eindrucksvolle Beispiele dafür, daß dieser Mechanismus auch im Pflanzenreich realisiert ist. Zeine sind lysin- und tryptophanarm und daher für die menschliche Ernährung weniger wertvoll als Proteine mit einem höheren Anteil dieser essentiellen Aminosäuren.

Wie bereits vermerkt, sind beim Mais Mutanten mit erhöhtem Lysingehalt gezüchtet und auch in Kultur genommen worden (*opaque-2, opaque-7, floury-2* u.a.). In ihnen ist allerdings nicht die Zeinstruktur verändert, sondern der Zeinanteil am Gesamtprotein ist drastisch reduziert. Der relative Anteil anderer, lysinreicherer Speicherproteine steigt. Die Gesamtproteinmenge ist geringer als beim „normalen" Mais.

Proteine als analytische Hilfsmittel (Sonden) zur Lokalisation von Molekülen und zum Studium der molekularen Architektur der Zellen

Seit der zweiten Hälfte des vorigen Jahrhunderts werden in der Mikroskopie Farbstoffe zum Nachweis bestimmter Stoffklassen verwendet. In den dreißiger Jahren dieses Jahrhunderts kamen Fluoreszenzfarbstoffe hinzu, die – in wesentlich niedrigeren Konzentrationen einsetzbar – auch als „Vitalfarbstoffe" Verwendung fanden.

Farbstoffmoleküle sind meist klein, und ihr Nachteil ist daher eine nur begrenzte Spezifität. Es gibt u.a. proteinspezifische Farbstoffe, doch kaum einen, der für ein bestimmtes Enzym spezifisch wäre. Die selektive Bindung wurde bei einigen Toxinen (z.B. Pilzgiften) nachgewiesen. Das Phalloidin (Toxin des Weißen Knollenblätterpilzes) bindet an Aktin (s. Abb. 25.15). Durch Kopplung eines Fluoreszenzfarbstoffs an das Phalloidin läßt sich demnach Aktin in der Zelle lokalisieren.

Weit spezifischer sind die verschiedenen Makromoleküle und hier vor allem die Proteine:

Lektine. Im vorletzten Abschnitt haben wir die Lektine kennengelernt. Jedes kann mit einem Fluoreszenz*marker,* wie Fluoroisothiocyanat (FITC: grüne Fluoreszenz) oder Rhodamin (rote Fluoreszenz) versehen werden. Solche Präparate werden in der medizinischen Forschung in großem Stil eingesetzt und sind daher relativ preiswert im Handel erhältlich.

Sie eignen sich (wie wir an vielen Stellen in diesem Buch sehen werden) als Sonden zur Lokalisierung von Glykokonjugaten (= Lektinrezeptoren) an Zelloberflächen, an Membranoberflächen, in Kompartimenten u.a.

Makromoleküle haben den Nachteil, nicht ohne weiteres in Zellen eindringen zu können. Sie sind daher primär *Marker* extrazellulärer Oberflächenrezeptoren. Durch Cellulasebehandlung z.B. kann die Wand pflanzlicher Zellen abgebaut werden, es entstehen zellwandlose Protoplasten.

Je nach Herkunft binden sie ConA oder RCA, was darauf hinweist, daß Glucose- oder Mannosereste, respektive Galactosereste an der Oberfläche exponiert sind. Protoplastenpräparationen enthalten vielfach die unterschiedlichsten Zellfragmente, unter anderem auch freie Vakuolen. Die Vakuolenmembran, der Tonoplast, bindet keines der bekannten Lektine. Damit ist gezeigt, daß er chemisch anders aufgebaut ist als die Plasmamembran.

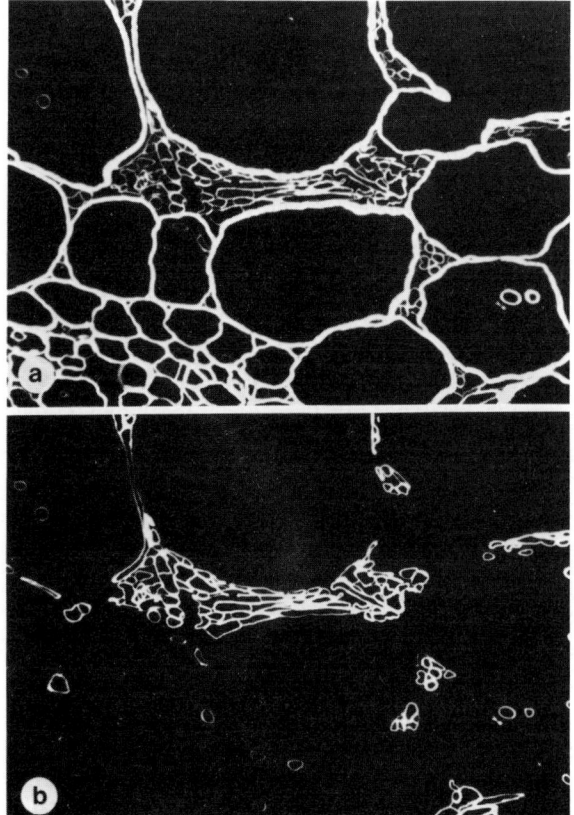

Abb. 17.20. Nachweis von Pilzmycel *(Puccinia graminis)* in einem Semidünnschnitt eines pflanzlichen Gewebes *(Adoxa moschatellina)*; *a* Fluorochromierung mit Calcofluor white. Die Zellwände der Wirtspflanze und des Pilzes sind markiert; *b* Selektive Anfärbung der Pilzzellwände durch FITC-WGA. (M. Meyberg, 1985)

Fluoreszenzmarkierte Lektine eignen sich unter anderem zur Kartierung von Lektinrezeptoren in oder an Zellwänden, zum Nachweis einer Polarität von Zellen, zum Nachweis unterschiedlicher Aktivitätszustände oder bestimmter Stadien des Zellzyklus; sie eignen sich zur Messung der Löslichkeitseigenschaften der Lektinrezeptoren. WGA ist ein Indikator für Pilzmycelien in infiziertem pflanzlichem Gewebe (s. Abb. 17.20).

Für elektronenmikroskopische Studien müssen die Lektine mit elektronendichten Markern (z.B. Ferritin oder kolloidalem Gold) gekoppelt werden. Mit diesen Komplexen lassen sich in entsprechend vorbereiteten Präparaten u.a. unterschiedliche Verteilungen an Membraninnen- und außenseiten erkennen.

Lektine haben natürlich auch Nachteile:
(1) Ihre Bindungsorte sind die sogenannten. Glykokonjugate. Es ist daher ohne Zusatzanalyse nicht möglich, zu entscheiden, ob z.B. ein ConA-Rezeptor ein Oligo- oder Polysaccharid, ein Glykoprotein oder ein Glykolipid ist.

(2) Lektine sind nur gegen ein sehr enges Spektrum an Zuckern gerichtet. Es gibt keine Lektine, um z.B. Arabinose- oder Xylosereste zu lokalisieren.

Antikörper. Antikörper sind eine recht homogene Gruppe von Proteinen, die im Serum von Vertebraten vorkommen und die den tierischen Organismus vor Fremdeinflüssen, beispielsweise vor Infektionen mit Bakterien und Viren oder vor eigenen Tumorzellen schützen sollen. In Pflanzen kommen keine Antikörper vor. Da wir sie aber zum Studium von Pflanzenzellen brauchen, hier zunächst ein kurzes Porträt:

Die Antikörperbildung ist induzierbar (Immunisierung). Das heißt, es wird ein Signal benötigt, das den tierischen Organismus zur Antikörperbildung stimuliert. Ein solches Signal muß stets makromolekular sein; es kann ein Bestandteil einer Zelloberfläche sein. Man bezeichnet solche Komponenten als Antigene.

Ein Antigen ist meist größer als die Bindungsstelle eines Antikörpers. Es kann daher mehrere (verschie-

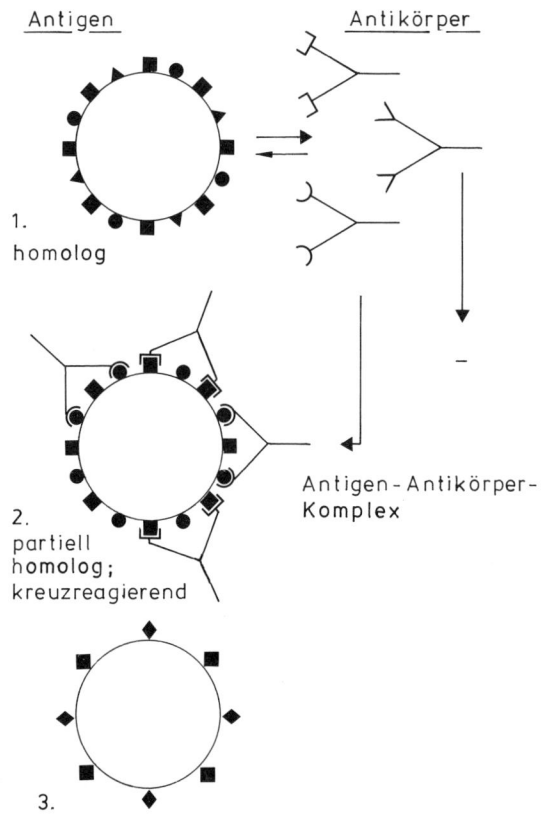

Abb. 17.21. Antigen-Antikörperreaktion. Antikörper stellen eine heterogene Molekülpopulation mit unterschiedlichen Spezifitäten dar. Eine Kreuzreaktion einer Antikörperpopulation (eines Antiserums) mit einem Fremdantigen erfolgt nur dann, wenn das homologe und das Fremdantigen zumindest partiell mit den gleichen Determinanten bestückt ist. Jedes Antikörpermolekül besitzt zwei gleiche Bindungsstellen für antigene Determinanten (in der Abbildung durch schwarze Symbole dargestellt).

236

dene) Antikörpermoleküle binden. Der antikörperbindende Bereich des Antigens ist eine antigene Determinante. Bei einer Immunisierung werden so viele verschiedene Antikörper gebildet, wie es antigene Determinanten gibt (s. Abb. 17.21). Die Antikörperpopulation ist daher stets heterogen oder, wie man heute sagt, polyklonal.

Um Antikörper mit einer bestimmten Spezifität zu erzeugen, immunisiert man üblicherweise Kaninchen. Zwei bis drei Wochen nach der Immunisierung kann ihnen Blut entnommen werden. Nach dem Abzentrifugieren der Blutzellen erhält man das sogenannte Antiserum mit den darin enthaltenen spezifischen Antikörpern.

Sie eignen sich nunmehr zum qualitativen und quantitativen Nachweis des eingesetzten Antigens sowie zum Nachweis von Substanzen, die diesem Antigen ähnlich sind. Man spricht dabei von serologischer Kreuzreaktion oder serologischer Verwandtschaft. So findet man in der Regel eine mehr oder weniger stark ausgeprägte serologische Verwandtschaft zwischen homologen Proteinen (Enzymen, Speicherproteinen, dem Cytochrom c usw.), die man aus mehr oder weniger nah verwandten Tier- oder Pflanzenarten gewonnen hat. Der serologische Verwandtschaftsgrad ist hier meist mit der Zahl der Aminosäureunterschiede zwischen den Proteinen korreliert (siehe dazu auch Kapitel 35).

Es gibt eine Anzahl zum Teil sehr empfindlicher serologischer Nachweisverfahren, z.B. den Radioimmuntest (radio immuno assay: RIA). Benötigt man einen Antikörper gegen ein kleines Molekül, z.B. gegen ein Phytohormon, so muß man es als erstes an einen makromolekularen Träger koppeln; dadurch nimmt es die Eigenschaft einer antigenen Determinante an, und unter den zahlreichen, gegen diesen Komplex gebildeten Antikörpern sind auch solche, die gegen das Pflanzenhormon gerichtet sind. Sie sind von den übrigen leicht abtrennbar, denn alle übrigen reagieren mit dem Träger allein und können daher durch Präzipitation aus dem Serum entfernt werden. Übrigbleiben dann nur noch die hormonspezifischen Antikörper.

Zur Lokalisation von Antigenen in Zellen geht man den schon für Lektine beschriebenen Weg. Es ist jedoch nicht üblich, den Antikörper direkt mit einem Fluoreszenzmarker zu versehen, denn es ist viel vorteilhafter, in einem anderen Tier (z.B. in Ziegen) Antikörper gegen Kaninchen-Antikörper zu erzeugen, diese dann in großen Mengen zu gewinnen und sie mit dem Fluoreszenzfarbstoff zu markieren. Man spricht hier von indirekter Immunfluoreszenz.

Warum dieser Umweg?

(1) Ziegen-anti-Kaninchen-Antikörper können gegen jeden beliebigen in Kaninchen erzeugten Antikörper verwendet werden.

(2) Von den spezifischen Kaninchen-Antikörpern stehen meist nur geringe Mengen zur Verfügung. Vielfach werden parallel eine Anzahl von Kaninchen mit unterschiedlichen Antigenen immuni-

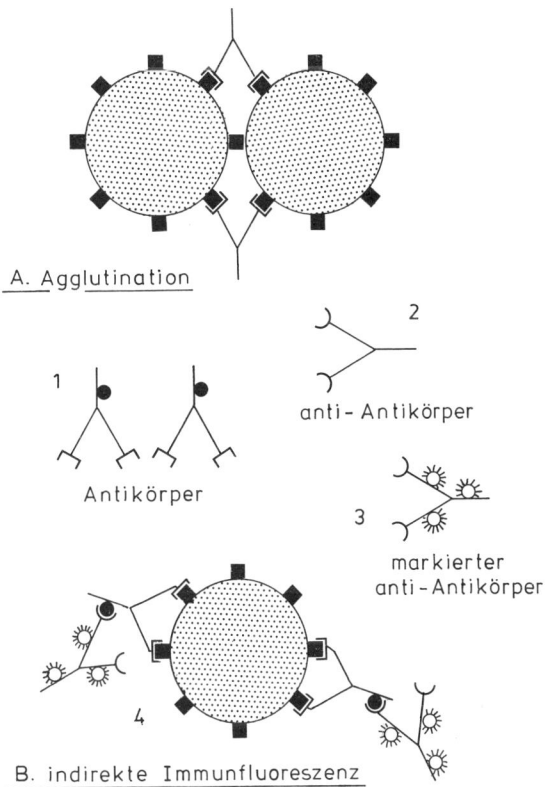

Abb. 17.22. A Agglutination von Zellen (oder anderen Strukturen, z.B. Organellen, Ribosomen u.a.) durch (divalente) Antikörper. B Indirekte Immunfluoreszenz. 1. Spezifische Antikörper gegen das primäre Antigen. Die Antikörper selbst tragen antigene Determinanten (durch schwarzen Kreis markiert). Normalerweise stellt man Antikörper dieser Art in Kaninchen her. 2. anti-Antikörper (hergestellt z.B. durch Immunisierung einer Ziege mit Kaninchenantikörpern). Diese anti-Antikörper (Ziege gegen Kaninchen) binden an antigene Determinanten des Kaninchenantikörpers. Wenn man sie vorher mit einem Fluoreszenzmarker versehen hat (3), erhält man am primären Antigen einen fluoreszierenden Komplex (4).

siert. Man müßte demnach jeden getrennt mit dem Fluoreszenzfarbstoff markieren.

(3) Man erhält eine Amplifikation, eine Verstärkung der Fluoreszenz, weil mehrere Ziegen-Antikörper von einem Kaninchen-Antikörpermolekül gebunden werden, (s. Abb. 17.22).

Für elektronenmikroskopische Untersuchungen verwendet man auch hier wieder elektronendichte Marker, mit denen die Ziegen-anti-Kaninchen-Antikörper versehen werden.

So umfangreich der Einsatz von Antikörpern in der medizinischen Forschung auch ist, so spärlich sind die Anwendungen bisher zum Studium von Pflanzenzellen. Einer der Gründe dafür ist die Zellwand, die von keinem Antikörper durchdrungen wird, zum anderen der Mangel an geeigneten Antigenen.

Dennoch gibt es vorzeigbare Ergebnisse. Das Phytochrom, ein Rezeptor für Licht, das zu den wichtigsten Kontrolleinheiten in Pflanzenzellen gehört, konnte in bestimmten Zellen lokalisiert werden; es konnte aber auch gezeigt werden, daß es in anderen fehlt (s. Abb. 30.11).

Zur Markierung von Zellinhalten müssen die Zellen entweder angeschnitten werden, oder es müssen Protoplasten erzeugt werden, deren Membran partiell durchlässig ist.

Zu den weiteren durch Immunfluoreszenz lokalisierten Antigenen gehören u.a. einige Enzyme wie die Phosphoenolpyruvatcarboxylase, die α-Amylase sowie einige der Speicherproteine und der Elemente des Cytoskeletts (s. Kap. 25).

Seit der Entdeckung durch C. Milstein und G. Köhler (Medical Research Council, Laboratory of Molecular Biology, Cambridge und Basel Institute of Immunology) im Jahre 1975, werden die sogenannten monoklonalen Antikörper als *Non plus ultra* gehandhabt. Es sind homogene Antikörperpopulationen, die in Zellkultur produziert werden und die ein sehr enges Spezifitätsspektrum aufweisen (nur gegen eine Determinante gerichtet). Zu ihrer Herstellung: Es muß vorab noch gesagt werden, daß Antikörper in kleinen Lymphozyten produziert werden. Eines der lymphozytenreichsten Gewebe ist die Milz. Man immunisiert nunmehr – wie gehabt – z.B. eine Maus und entfernt ihr nach einigen Tagen die Milz, zerkleinert sie und gewinnt somit eine Zellsuspension. Diese Zellen werden mit Myelomzellen der Maus (einer von vielen Tumorzellinien) fusioniert. Durch die Fusion entsteht eine Hybridzelle (ein Hybridom). Myelomzellen zeichnen sich durch uneingeschränktes Wachstum aus; diese Eigenschaft bleibt auch in den Hybridomzellen erhalten. Hinzu kommt deren Eigenart, Antikörper zu bilden und zu sezernieren. Es bedarf eines zwischengeschalteten Selektionsschrittes, um eine gewünschte Zellinie zu isolieren und sie dann in Kultur zu nehmen.

Der Nachteil des Verfahrens: Die Antikörper sind zwar hochspezifisch, aber die Zahl der Bindungsstellen (Antigene) in den Zellen ist entsprechend verringert. Es werden daher nur sehr wenige Antikörpermoleküle gebunden, oft liegt die Antigen-Antikörper-Reaktion an der Grenze der Nachweisbarkeit. Aber auch hier sind Wege vorgezeichnet, um zum Erfolg zu gelangen: Im Falle der indirekten Immunfluoreszenz bedient man sich TV-Kameras mit elektronischer Restlichtverstärkung.

Nachweis von Enzymaktivitäten. Lassen sich Enzyme oder Substrate in der Zelle auch ohne den Aufwand mit den Antikörpern lokalisieren?

Auch hier gibt es verschiedene Ansätze. Am gebräuchlichsten ist die Autoradiographie. Man benötigt ein radioaktiv markiertes Substrat, besser ein Substratanaloges, das zwar vom Enzym gebunden, von ihm aber nicht umgesetzt wird. Nach dem Auswaschen von nichtgebundenem Material kann durch Auftragen eines Spezialfilms auf die Zelle ein Autoradiogramm

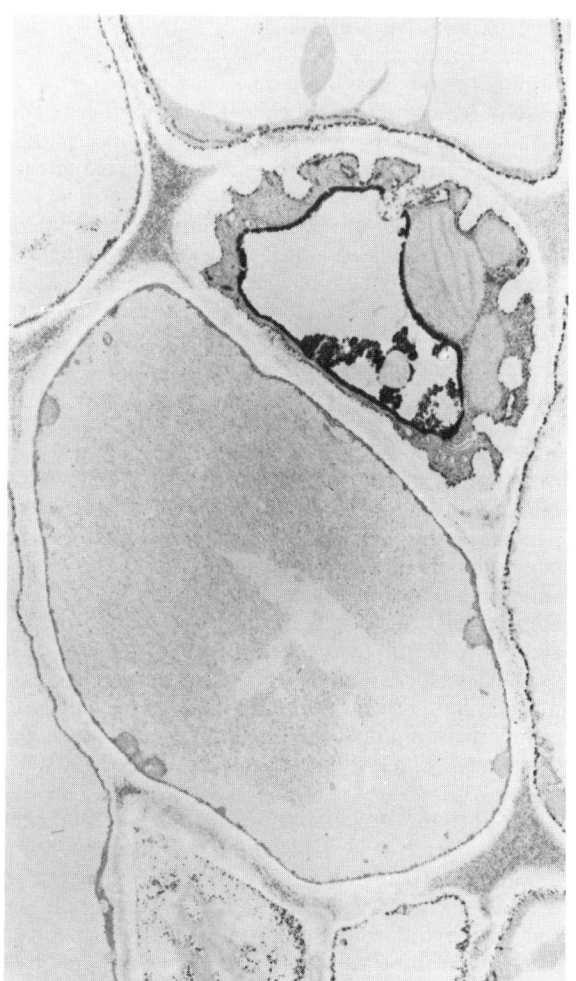

Abb. 17.23. Cytochemische Lokalisation von ATPase. Elektronenmikroskopische Aufnahme (Objekt *Pisum sativum*). Querschnitt durch Sieb- und Geleitzellen. Das Produkt der ATPase-Reaktion ist als elektronendichtes Material sichtbar. Wie aus der Abbildung hervorgeht, ist es nahezu ausschließlich am Tonoplasten und dem Plasmalemma der Geleitzelle konzentriert. In Siebzellen ist es nicht enthalten. Die Lokalisation des Produkts an Membranen weist darauf hin, daß das Enzym (hier die ATPase) ein membrangebundenes Protein ist. (B.J. Bentwood und J. Cronshaw, 1978)

hergestellt werden, aus dem die Position der Enzyme ersichtlich ist. Das Verfahren wird vornehmlich bei membrangebundenen Enzymen eingesetzt.

Eine andere Möglichkeit ist die Verwendung eines Substrates, das umgesetzt wird und als Produkt ein – möglichst unlösliches – farbiges Produkt ergibt; für die Elektronenmikroskopie verwendet man auch hier wieder elektronendichte *Marker* (s. Abb. 17.23).

Nukleinsäuren

Nukleinsäuren sind Polymere aus Nukleotiden, die über Phosphodiesterbindungen miteinander verknüpft sind (Polynukleotide). Je nach Zuckertyp in den Nukleotiden (Ribose oder Desoxyribose), unterscheidet man zwischen den beiden Nukleinäureklassen
- Ribonukleinsäure (RNS, RNA) und
- Desoxyribonukleinsäure (DNS, DNA).

Die DNS ist als Träger genetischer Information bekannt, RNS hat die Funktion eines Messengers (messenger RNS) und wirkt an der Proteinbiosynthese (transfer RNS, ribosomale RNS) mit. Wie bei den Proteinen erfolgt die Verknüpfung der Monomeren zu Polynukleotiden gerichtet, allerdings handelt es sich hierbei nicht um einen Kondensationsprozeß (formal: unter H_2O-Abspaltung), sondern um eine Polymerisation, bei der ein Pyrophosphatrest abgespalten wird (s. Kap. 21).

Zur Unterscheidung der Atome im Basen- und im Zuckeranteil, kennzeichnet man bei der Numerierung letztere mit einem (Strich). Man spricht daher von 1′, 2′… (1 Strich, 2 Strich…) Die Polynukleotidkette wächst (während der Synthese) vom 5′- (5 Strich) zum 3′- (3 Strich) Ende. So geschrieben ist die Reihenfolge der Nukleotide colinear zur Reihenfolge der Amino-

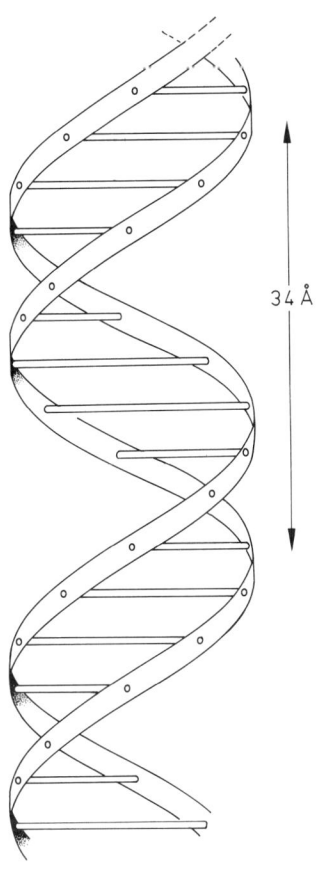

Abb. 17.25. Watson-Crick-Modell der DNS (DNS-Doppelstrang). Die beiden Bänder symbolisieren die Phosphat-Zucker-Ketten, die waagerechten Stäbe die Basenpaare, die durch Wasserstoffbrücken zusammengehalten werden. (J. D. Watson, F. H. C. Crick, 1953).

Uracil
Ketoform   Enolform

Thymin   Cytosin

Adenin   Guanin

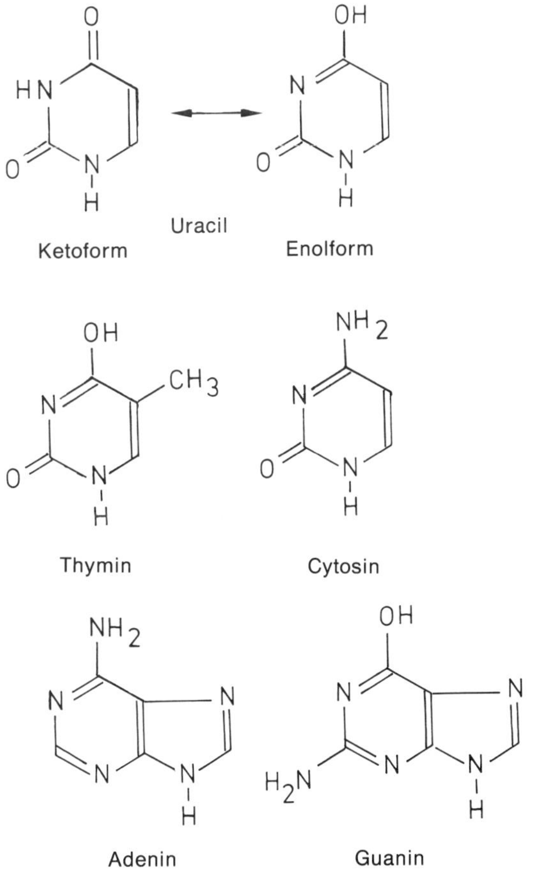

Abb. 17.24. Nukleotidbasen

säuren in einem Protein (vom N- zum C-terminalen Ende) (s. a. genetischer Code, Kap. 21).

RNS und DNS unterscheiden sich außer durch ihre Zuckeranteile z.T. auch durch ihre Basen. In der RNS kommen in der Regel die Purin- und Pyrimidinbasen (s. Abb. 17.24) vor. In der DNS steht anstelle des Uracils ein Thymin (T). Vor allem in RNS, aber gelegentlich auch in der DNS kommen sogenannte seltene, bzw. modifizierte Basen vor. Einige von ihnen sind Intermediärprodukte der normalen Purin-, bzw. Pyrimidinsynthese.

Die Reihenfolge der Nukleotide in einem Nukleinsäuremolekül mag auf den ersten Blick willkürlich erscheinen, doch wissen wir, daß in ihr genetische Information gespeichert wird. Aber: nicht jede Nukleotidsequenz ist informationstragend. Es gibt lange, meist sich wiederholende Abschnitte in der DNS (repetitive DNS), von der wir heute noch nicht genau wissen, welche Funktionen ihnen zukommen. Seit etwa 1975 sind Methoden zur Sequenzierung von Nukleotiden bekannt.

In der DNS findet man gleich viel A wie T und gleich viel G wie C. Das Verhältnis A + T/G + C ist für jede Art spezifisch.

Von diesen Befunden und von röntgenstrukturanalytischen Ergebnissen ausgehend, entwickelten J.D. Watson und F. Crick 1953 das nach ihnen benannte

239

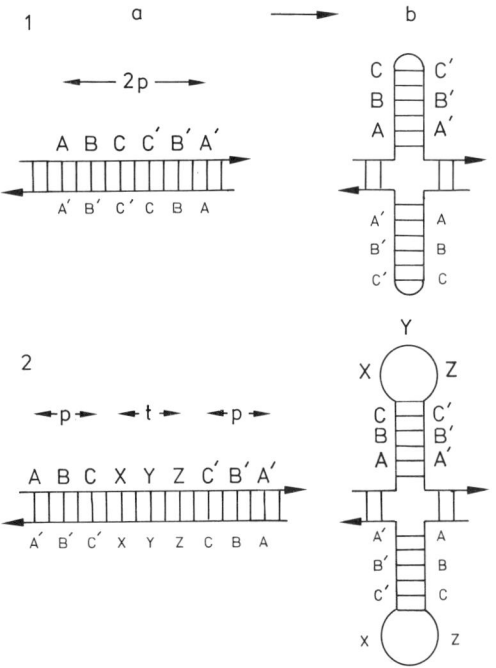

Abb. 17.26. Zwei Typen invertierter (spiegelbildlicher) Repetitionseinheiten. Jede besteht aus 2p-Nukleotiden, die durch Wasserstoffbrücken miteinander verknüpft sein müssen, um ein Palindrom (b) auszubilden. Bei *(1)* sind die Einheiten nicht durch nichtrepetitive Sequenzbereiche voneinander getrennt. Bei *2* ist das der Fall (X, Y, Z). Die Sequenz ist t Nukleotide lang. Man beachte, daß in beiden Fällen am Scheitel des Palindroms einige Basen ungepaart bleiben. (D.A. Hamer, C.A. Thomas, 1974)

Watson-Crick-Modell (s. Abb. 17.25). Sein hervorstechendstes Merkmal: Es erklärt den Mechanismus der Replikation (Reduplikation, Verdopplung) des genetischen Materials unter Ausnutzung eines jeden der beiden Stränge als Matrize.

Die weiteren Eigenschaften des Modells sind:
- Die beiden Polynukleotidketten sind um eine gemeinsame Achse antiparallel umeinander gewunden.
- Die Purin- und Pyrimidinbasen sind in das Innere der Helix gerichtet, die Phosphate und die Zuckerreste liegen außen. Die Ebenen der Basen stehen senkrecht zur Helixachse.
- Der Radius der Helix beträgt 10 Å, der Abstand zwischen benachbarten Basen 3,3 Å.
- Beide Ketten werden durch Wasserstoffbrücken, die jeweils zwischen einer Purin- und einer Pyrimidinbase ausgebildet werden, zusammengehalten. Einem Adenin steht dabei immer ein Thymin, einem Guanin ein Cytosin gegenüber. Zwischen Adenin und Thymin bilden sich zwei, zwischen Guanin und Cytosin drei Wasserstoffbrücken aus.
- Die spezifische Basenpaarung bedingt Komplementarität. Ist die Nukleotidsequenz in einem der Stränge bekannt, läßt sich die im komplementären direkt vorhersagen.

Der Mechanismus der Replikation wurde 1958 von M. Meselson und F.W. Stahl aufgeklärt, die eine von Watson und Crick gemachte Vorhersage experimentell bewiesen und damit sicherstellten, daß sich die DNS semikonservativ verdoppelt (s. Kap. 21).

Im Gegensatz zur DNS ist die RNS in der Regel einsträngig. Dennoch kommen auch bei ihr doppel-

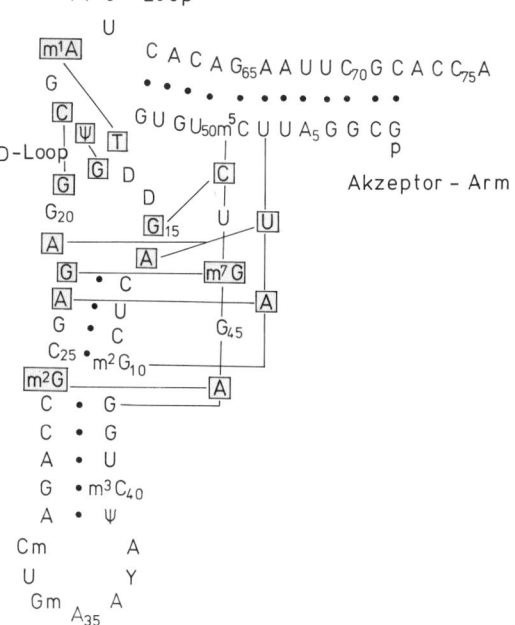

Abb. 17.27. Nukleotidsequenz der Hefe-tRNS^Phe. Die umrandeten Basen sind auch in anderen tRNS-Arten nachgewiesen worden. Wasserstoffbrücken, die zur Stabilisierung der Sekundärstruktur beitragen, sind durch Punkte, die zur Stabilität der Tertiärstruktur beitragen, durch Linien wie-

dergegeben. In der rechten Darstellung ist die „Kleeblatt-Konformation" gewählt. In der linken wird verdeutlicht, daß zwei der Arme in der Tertiärstruktur nahe beieinander liegen. (S.H. Kim *et al.* 1974)

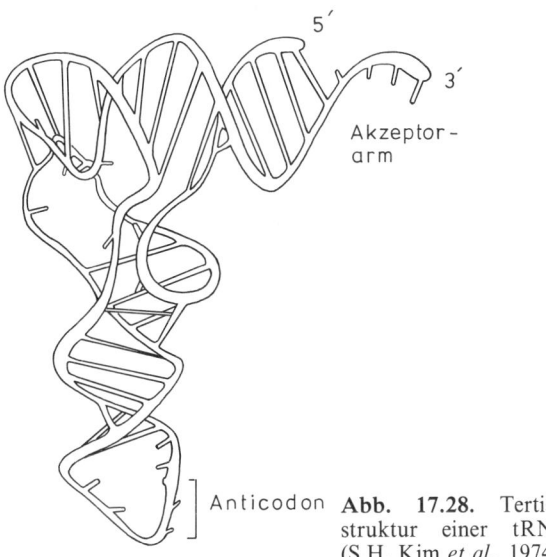

Anticodon **Abb. 17.28.** Tertiärstruktur einer tRNS. (S.H. Kim *et al.*, 1974).

strängige helicale Abschnitte vor, die darauf zurückzuführen sind, daß die Polynukleotidkette Sequenzen enthält, die sich in sich selbst zurückfalten können; sie sind spiegelsymmetrisch und bilden Haarnadelstrukturen (Palindrome) aus (s. Abb. 17.26). Bekannt ist die „Kleeblattkonformation" (s. Abb. 17.27) der transfer RNS (tRNS), einer Gruppe von ca. 80 Nukleotide langen Molekülen, die für die Proteinbiosynthese benötigt werden.

Sie nehmen dort Adaptorfunktionen wahr. Die RNS enthält eine Anzahl „seltener" und modifizierter Basen, deren Funktion darauf beruht, zusätzliche – außergewöhnliche – Wasserstoffbrücken auszubilden und somit eine spezifische Tertiärstruktur zu stabilisieren (s. Abb. 17.28).

Komplexe Formen der Sekundärstrukturen kommen bei der ribosomalen RNS vor. Deren Aufklärung lieferte in den vergangenen Jahren stichhaltige Argumente für Verwandtschaftsbeziehungen zwischen der ribosomalen RNS aus Chloroplasten höherer Pflanzen und der aus Blaualgen und stellt damit eine wichtige Stütze der Endosymbiontenhypothese (s. Kap. 42) dar.

Literatur

Ainsworth, C.C., M.D. Gale and S. Baird: The genetics of β-amylase isozymes in wheat. Theor. Appl. Genet. *66*, 39–49 (1983)

Arus, P., T.J. Orton: Inheritance and linkage relationships of isozyme loci in *Brassica oleracea*. J. Heredity *74*, 405–412 (1983)

Baldo, B.A., A.L. Reid, P.A. Boniface: Lectins as cytochemical probes of the developing wheat grain. IV. Demonstration of mucilage containing L-fucose associated with roots in ungerminated grain. Austr. J. Plant Physiol. *10*, 459–470 (1983)

Barondes, S.H.: Lectins: their multiple endogenous cellular functions. Ann. Rev. Biochem. *50*, 207–231 (1981)

Basha, S., M.M., R.M. Roberts: The glycoproteins of plant seeds. Plant Physiol. *67*, 936–939 (1981)

Becker, J.W., G.N. Reeke, J.W. Wang, B.A. Cunningham and G.M. Edelman: The covalent and three-dimensional structure of concanavalin A. J. Biol. Chem. *250*, 1513–1524 (1975)

Becker, J.W., G.N. Reeke, B.A. Cunningham, G.M. Edelman: New evidence on the location of the saccharide binding site of concanavalin A. Nature (Lon.) *259*, 406–409 (1976)

Bentwood, B.J., J. Cronshaw: Cytochemical localization of adenosine triphosphate in the phloem of *Pisum sativum*, and its relation to the function of transfer cells. Planta *140*, 111–120 (1979)

Boulter, D.: Proteins in legumes in: „Advances in legume systematics" Part 2 (Polhill, R.M., P.H. Raven [eds.]) S. 501–512 London: Royal Bot. Gardens Kew, 1981

Boulter, D., and P.J. Harvey: Accumulation, structure and utilisation of tuber storage proteins with particular reference to *Dioscorea rotundata*. Physiol. Veg. *23*, 61–74 (1985)

Boyd, W.C., and E. Slapeigh: Specific precipitating activity of plant agglutinins (lectins). Science *119*, 419 (1954)

Brewbaker, J.L., M.D. Upadhya, Y. Mäkinen and T. MacDonald: Isoenzyme polymorphism in flowering plants III: Gel electrophoretic methods and applications. Physiol. Plantarum *21*, 930–940 (1968)

Brown, A.H.D.: Isozymes, plant population genetic structure and genetic conservation. Theor. Appl. Genet. *52*, 145–157 (1978)

Brown, J.C., and R.C. Hunt: Lectins. Int. Rev. Cytol. *52*, 277–349 (1978)

Cunningham, B.A., J.J. Hemperley, H.P. Hopp, and G.M. Edelman: Favin versus Concanavalin A: Circularly permutated amino acid sequences. Proc. Natl. Acad. Sci. US *76*, 3218–3222 (1979)

Currier, H.B., and S. Strugger: Aniline blue and fluorescence microscopy of callose in bulb scales of *Allium cepa* L. Protoplasma *45*, 552–559 (1956)

Dazzo, F.B., M.R. Urbano, and W.J. Brill: Transient appearance of lectin receptors on *Rhizobium trifolii*. Current Microbiol. *2*, 15–20 (1979)

Dazzo, F.B., G.L. Truchet, and J.W. Kijne: Lectin involvement in root-hair tip adhesion as related to the *Rhizobium*-clover symbiosis. Physiol. Plant. *56*, 143–147 (1982)

Derbyshire, E., D.J. Wright, and D. Boulter: Legumin and vicilin, storage proteins of legume seeds. Phytochemistry *15*, 3–24 (1976)

Eschrich, W.: Kallose. Protoplasma *47*, 487–530 (1956)

Gottlieb, L.D.: Conservation and duplication of isozymes in plants. Science *216*, 373–379 (1982)

Hall, J.L.: A histochemical study of adenosine triphosphate and other nucleotide phosphates in young root tips. Planta (Ber.) *89*, 254–265 (1969)

Hamer, D.A., C.A. Thomas: Palindrom theory. J. Molec. Biol. *84*, 139–144 (1974)

Hamill, D.E., J.L. Brewbaker: Isoenzyme polymorphism in flowering plants. Physiologia Plant. *22*, 945–958 (1969)

Harpstead, D.D.: High-lysine corn. Sci. American, August 1971, S. 34–42

Hart, G.E.: Alcohol dehydrogenase isozymes of *Triticum:* Dissociation and recombination of subunits. Molec. Gen. Genetics *111*, 61–65 (1971)

Hvid, S. and G. Nielsen: Esterase isoenzyme variants in barley. Hereditas *87*, 155–162 (1977)

Jeffree, C.E., M.M. Yeoman and D.C. Kilkpatrick: Immunofluorescence studies on plant cells. Int. Rev. Cytology *80*, 231–265 (1982)

Karrer, P.: Der Aufbau der Stärke und des Glycogens. Naturwiss. *9*, 399–403 (1921)

Kim S.H., F.L. Suddath, G.J. Quigley, A. McPherson, J.L. Sussman, A.H.J. Wang, N.C. Seeman, A. Rich: Three-dimensional tertiary structure of yeast phenylalanine transfer RNA. Science *185*, 435–440 (1974)

Kline, J.W., I.A.M. van der Schaal, and G.E. de Vries: Pea lectins and the recognition of *Rhizobium leguminosarum*. Plant Science Letters *18*, 65–74 (1980)

Knox, R.B., J. Heslop-Harrison: Pollen-wall proteins: electronmicroscopic localization of acid phosphatase in the intine of *Crocus vernus*. J. Cell Sci. *8*, 727–733 (1971)

Larkins, B.A., K. Pedersen, M.D. Marks and D.R. Wilson: The zein proteins of maize endosperm. Trends in Biochem. Sciences *9*, 306–308 (1984)

Lis, H. and N. Sharon: The biochemistry of plant lectins (phytohemagglutinins). Annu. Rev. Biochem. *42*, 541–574 (1973)

Mäkinen, Y. and T. MacDonald: Isoenzyme polymorphism in flowering plants II. Pollen enzymes and isoenzymes. Physiol. Plantarum *21*, 477–486 (1968)

Mishkind, M.L., B.A. Palevitz and N.V. Raikhel: Localization of wheat germ agglutinin-like lectins in various species of the Gramineae. Science *220*, 1290–1292 (1983)

Müntz, K., H. Bäumlein, R. Bassüner, R. Manteufel, M. Püchel, P. Schmidt, U. Wobus: Regulation von Biosynthese und Akkumulation der Reserveproteine während der Entwicklung pflanzlicher Samen. Biochem. Physiol. Pflanzen *176*, 401–422 (1981)

Müntz, K., R. Bassüner, C. Lichtenfeld, G. Scholz and E. Weber: Proteolytic cleavage of storage proteins during embryogenesis and germination of legume seeds. Physiol. Veg. *23*, 75–94 (1985)

Newton, K.J. and D. Schwartz: Genetic basis of the major malate dehydrogenase isozymes in maize. Genetics *95*, 425–442 (1980)

Osborne, T.B.: The vegatible proteins. London: Longmans-Green, 1924 (2nd. ed.).

Pauling, L., R.B. Corey, H.R. Branson: The structure of proteins: Two hydrogen-bonded helical configurations of the polypeptide chain. Proc. Natl. Acad. Sci. US. *37*, 205–211 (1951)

Pauling, L., R.B. Corey: The pleated sheat, a new layer configuration of the polypeptide chain. Proc. Natl. Acad. Sci. US. *37*, 251–256 (1951)

Pernollet, J.-C.: Biosynthesis and accumulation of storage proteins in seeds. Physiol. Veg. *23*, 45–59 (1985)

Pratt, L.H. and R.A. Coleman: Immunocytochemial localization of phytochrome. Proc. Natl. Acad. Sci. US *68*, 2431–2435 (1971)

Ramshaw, J.A.M.: Structure of plant proteins in: Nucleic Acids and Proteins in Plants I (D. Boulter and B. Parthier, eds.), S. 229–290. Berlin–Heidelberg–New York: Springer Verlag, 1982 (Enzyclop. of Plant Physiology)

Sautter, C. and B. Hock: Fluorescence immunohistochemical localization of malate dehydrogenase isoenzymes in watermelon cotyledons. Plant Physiol. *70*, 1162–1168 (1982)

Scandalios, J.G.: Tissue-specific isozyme variation in maize. J. Hered. *55*, 281–285 (1964)

Schmidt, J.-C., P. Seliger und R. Schlegel: Isoenzyme als biochemische Markerfaktoren für Roggenchromosomen. Biochem. Physiol. Pflanzen *179*, 197–210 (1984)

Schwartz, D.: Genetic control of alcohol dehydrogenase. A competition model for regulation of gene action. Genetics *67*, 411–425 (1971)

Stinissen, H.M., W.J. Peumans and A.R. Carlier: Occurrence and immunological relationships of lectins in gramineous species. Planta *159*, 105–111 (1983)

Su, L.-C., S.G. Pueppke, H.P. Friedman: Lectins and the soybean-Rhizobium symbiosis. Biochim. Biophys. Acta *629*, 292–304 (1980)

Watson, J.D., F.H.C. Crick: Molecular structure of nucleic acids. Nature *171*, 737–738 (1953)

Weber, E. and D. Neumann: Protein bodies, storage organelles in plant seeds. Biochem. Physiol. Pflanzen *175*, 279–306 (1980)

v. Wettstein, D.,C. Poulsen and A.A. Holder: Ribulose-1,5-bisphosphate carboxylase as a nuclear and chloroplast marker. Theor. Appl. Genet. *53*, 193–197 (1978)

Wright, S.G.: The crystal structure of wheat germ agglutinin at 2.2 Å resolution. J. Mol. Biol. *111*, 439–457 (1977)

18. Physikalisch-chemische Voraussetzungen biochemischer Reaktionen. Enzymkatalyse

In jeder lebenden Zelle laufen ständig Tausende verschiedener chemischer Reaktionen ab. Aufgenommene Nährstoffe werden dabei in eine Vielzahl zelleigener Komponenten umgewandelt. So entstehen verschiedene Zucker, Aminosäuren und deren Vorstufen, organische Säuren, Nukleotide, Lipide u.a.

Die dazu führenden Reaktionen werden summarisch als Zellstoffwechsel bezeichnet. Bei jeder chemischen Reaktion wird entweder eine Bindung gelöst oder eine neue geknüpft. Solche Umsetzungen laufen in der Regel nur unter Energiezufuhr ab, und dadurch wird deutlich, daß Stoffwechsel und Energiehaushalt einer Zelle als voneinander abhängige Parameter zu betrachten sind. In jeder (chemischen) kovalenten Bindung eines Moleküls ist Energie festgelegt, die bei einer Spaltung freigesetzt wird und für andere Zwecke nutzbar ist. So kann sie z.B. zur Bildung einer neuen Bindung eingesetzt werden, sie kann aber auch in eine der anderen Energieformen (Bewegungs-, Wärme-,

Licht- oder Elektroenergie) überführt werden. Die Mehrzahl chemischer Bindungen und so ziemlich alle, mit denen wir es in der Zelle zu tun haben, sind unter physiologischen Bedingungen stabil, sie zerfallen also nicht von alleine. Zur Molekülspaltung muß daher Energie (Aktivierungsenergie) zugeführt werden. Im chemischen Labor bedient man sich dabei meist hoher Temperaturen, hoher Drücke oder bestimmter anorganischer oder organischer Katalysatoren.

Für Zellen kommt nur die dritte Alternative in Betracht. Biologische Katalysatoren sind ausnahmslos Proteine (Enzyme), deren Aktivität in vielen Fällen allerdings von der Anwesenheit anderer Moleküle abhängt. Die Wirkung der Enzyme ist außerordentlich selektiv, und es fallen praktisch keine unnötigen Nebenprodukte an. Man findet daher in Zellen normalerweise auch keine funktionslosen Moleküle. Durch Einsatz von Enzymen ist die Zelle in der Lage, aus zahlreichen, thermodynamisch möglichen Reak-

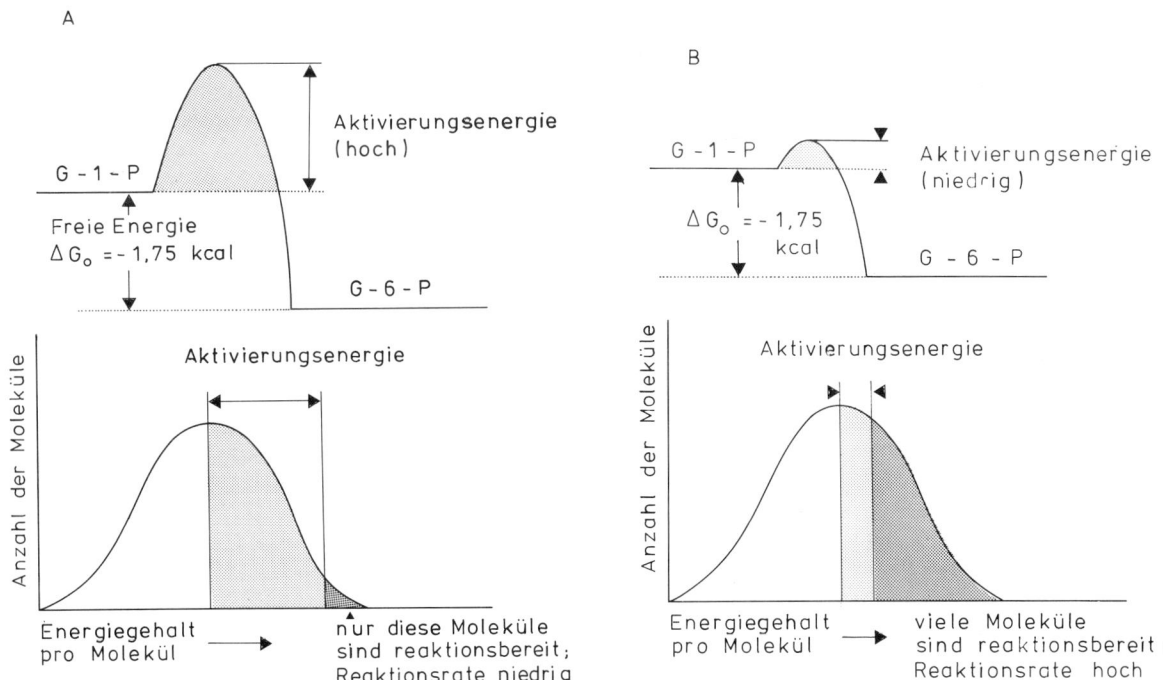

Abb. 18.1. Reaktionskinetiken; *A* nichtkatalysierte, *B* enzymkatalysierte Umsetzung.

tionen gleichzeitig und nebeneinander ablaufen lassen.

Der Chemiker R. Willstätter schrieb dazu schon 1912:

„Die unermeßliche Zahl chemischer Reaktionen in den lebenden Zellen wird durch die organischen Katalysatoren nach Richtung und Geschwindigkeit gelenkt. Leben ist das geregelte Zusammenwirken enzymatisch katalysierter Vorgänge."

Was leistet ein Enzym? Vorab eine allgemeine Antwort: Es setzt die Aktivierungsenergie einer Reaktion herab (s. Abb. 18.1).

Durch ein Enzym allein kann niemals eine Reaktion bewerkstelligt werden, bei der eine neue Bindung entsteht. Steht jedoch zusätzlich eine Energiequelle zur Verfügung, zeigt sich, daß Enzyme auch an Reaktionen dieser Art beteiligt sind. Zellen sind sogenannte offene Systeme, d.h., sie sind darauf angewiesen, ständig Energie und Nährstoffe aus der Umgebung aufzunehmen.

Im Verlauf der Evolution haben sich nur solche Formen durchgesetzt, die die zur Verfügung stehenden Rohstoffe effizient nutzen können.

Für Zellen gibt es grundsätzlich zwei Wege zur Energiegewinnung:
(1) Die Zelle nimmt Energie in Form von Licht auf und wandelt die Lichtenergie in chemische Energie um (Photosynthese). Die Fähigkeit dazu haben ausschließlich chlorophyllhaltige Pflanzen und einige Bakterien (s. Kap. 24).
(2) Die Zelle nimmt Energie aus der Umgebung in Form reduzierter, energiereicher Moleküle auf. Die beim stufenweisen Abbau (Gärung, Atmung) anfallende freie Energie wird in Form chemischer Bindungen gespeichert und steht nachfolgend für Aufbauprozesse zur Verfügung (oder sie wird in eine andere Energieform transformiert).

Zum Verständnis des Zellstoffwechsels und des Energiehaushalts müssen wir uns eingangs mit einigen grundlegenden Regeln der Thermodynamik befassen. Wir müssen das Wesen von Oxydation und Reduktion sowie die Eigenschaften verschiedener chemischer Bindungsklassen diskutieren, und schließlich die Mechanismen der enzymatischen Katalyse im Detail behandeln.

Einige Grundbegriffe der Thermodynamik

Die Thermodynamik (im einfachsten Sinn) beschreibt materielle Systeme, die einen genau definierten Raum ausfüllen und mit ihrer Umwelt kommunizieren.

Der erste Hauptsatz der Thermodynamik fordert, daß Energie weder entstehen noch verlorengehen kann. Mit anderen Worten: Die Gesamtenergiemenge (Summe der in einem System und in seiner Um-

welt enthaltenen Energie) bleibt konstant. Mathematisch:

$$\Delta E = E_B - E_A = Q - W$$

Dabei repräsentiert E_A die Energiemenge zu Beginn eines Vorgangs, E_B an seinem Ende; Q ist die Wärmeenergie und W die Arbeit, die jene leisten kann, und daraus wiederum folgt, daß Energieumwandlungen zulässig sind.

Die Formel besagt auch, daß Veränderungen des Energiegehalts in einem System (oder bei einer Reaktion) nur vom Ausgangs- und Endzustand abhängen, und daß alle Übergangs- und Zwischenstadien bei der Betrachtung außer acht gelassen werden können. Sie sagt daher nichts über die Art und die Qualität der Umsetzungen aus. Anders der zweite Hauptsatz der Thermodynamik: Hier wird die Größe S, die Entropie eingeführt, um den Zustand eines Systems zu beschreiben. Entropie ist dabei ein Maß für die Ungeordnetheit in einem System. Sie steigt, wenn die Unordnung im System zunimmt; S nimmt dabei positive Werte an. Der zweite Hauptsatz der Thermodynamik besagt, daß ein Prozeß nur dann spontan ablaufen kann, wenn die Gesamtentropie des Systems und seiner Umgebung zunehmen.

Dem widerspricht keineswegs, wenn die Entropie während eines Teilprozesses abnimmt. Das ist normal, sofern die Voraussetzung erfüllt ist, daß sie zumindest im gleichen Umfang in der Umgebung zunimmt.

Diese etwas abstrakte Formulierung ist vielleicht am eindrucksvollsten am Beispiel des Phänomens Leben, mit allen seinen Erscheinungen wie Wachstum, Vermehrung und Evolution der Organismen, zu erläutern. Jeder weiß, daß Zellen, Zellverbände und Organismen komplexe Strukturen sind und daß in ihnen weit diffizilere Prozesse ablaufen als in der unbelebten Natur. Jeder Organismus repräsentiert ein offenes System, d.h. er muß ständig Energie von außen aufnehmen, um den Ordnungsgrad und die Integrität seiner Strukturen aufrechtzuerhalten. Alle in ihm ablaufenden Vorgänge sind irreversibel. Die Organismen befinden sich daher stets in einem Fließzustand, nie in einem stabilen Gleichgewicht. Es ist darüber hinaus allgemein geläufig, daß der Hauptanteil dieser Energie über die Photosynthese bereitgestellt wird und daß diese wiederum von der Sonnenenergie abhängt. Die an der Sonnenoberfläche ständig ablaufenden Energieumwandlungen (Materie → Energie) bedingen ein hohes ΔS. Ein geringer Teil davon wird auf der Erde zum Aufbau und zur Erhaltung lebender Strukturen investiert, und nur um diesen verschwindend geringen Anteil verringert sich das ΔS der Sonne.

1878 führte J.W. Gibbs eine Gleichung in die Thermodynamik ein, durch die erster und zweiter Hauptsatz miteinander in Beziehung gesetzt wurden. Hierzu wurde der Begriff der freien Energie (ΔG) eingeführt. Er beschreibt diejenige Energieform, die Arbeit leisten kann und mit der u.a. auch die Zellen etwas anfangen können.

244

Gibbs' Formel lautet

$$\Delta G = \Delta H - T \Delta S$$

ΔG ist demnach das Maß für die Änderung der freien Energie eines Systems, in dem eine Reaktion bei konstantem Druck (P) und der absoluten Temperatur (T) abläuft. Unter ΔH wird die Änderung des Wärmeinhalts eines Systems verstanden, und ΔS ist wieder die bereits bekannte Entropieänderung. Diese kann wie folgt beschrieben werden:

$$\Delta H = \Delta E + P \Delta V$$

Da Volumenänderungen (ΔV) bei biochemischen Reaktionen vernachlässigt werden können, entspricht $\Delta H \cong \Delta E$, womit

$$\Delta G = \Delta E - T \Delta S$$

wäre. Das bedeutet also, daß ΔG sowohl von der Änderung des Energiegehalts in einem System (als Folge z.B. einer chemischen Reaktion) als auch von der Entropie abhängt.

Mit der Größe ΔG (Dimension: kcal/mol oder kJ/mol) läßt sich gut arbeiten, und folgende Aussagen sind ableitbar:

Das Vorzeichen von ΔG entscheidet darüber, ob eine Reaktion spontan ablaufen kann oder nicht. Nur Reaktionen mit negativem ΔG, also solche, in deren Verlauf ΔG abnimmt, sind thermodynamisch zulässig.

Es sind exergonische Prozesse, im Gegensatz zu den endergonischen, bei denen ΔG positiv ist und die nur dann ablaufen, wenn Energie aus anderen Quellen bereitgestellt wird. Das geht z.B. durch direkte Kopplung mit einer stark exergonischen Reaktion. Dabei ist entscheidend, daß die Summe der beiden ΔGs zu einem negativen Wert führen muß. Solche Kopplungsmechanismen sind der Schlüssel zum Verständnis vieler Biosynthesewege, bei denen durch Spaltung energiereicher Bindungen (z.B. ATP, s. Kap. 19) Energie in endergonische Prozesse eingeschleust wird.

Wenn $\Delta G = 0$ ist, befindet sich ein System im Gleichgewicht.

Ein negatives ΔG allein bedeutet jedoch nicht, daß die Reaktion von sich aus starten kann, denn zum Start wird über ein negatives ΔG hinaus noch Aktivierungsenergie benötigt. Durch einen Katalysator kann diese Energiemenge zwar vermindert werden, aber der Restbetrag muß auf alle Fälle aufgebracht werden.

Das ΔG beschreibt den Ausgangszustand (der Ausgangsprodukte), doch nicht die Art der Umwandlung. Es ist daher belanglos, ob eine Reaktion mit oder ohne Katalysator abläuft, ob in einem Schritt oder über Zwischenstufen. Dazu ein Beispiel: Bei der Verbrennung (Oxydation) von Glucose fällt ein ΔG von -686 kcal/mol ($= -2881$ kJ/mol) an, wobei es keine Rolle spielt, ob die Glucose in einer Einschrittreaktion verbrannt wird, oder wie in der Zelle, über eine Anzahl von Zwischenprodukten abgebaut und somit stufenweise oxydiert wird.

Änderungen der freien Energie in einer chemischen Reaktion und die Bedeutung der Gleichgewichtskonstanten

Eine allgemeine Reaktionsgleichung kann als

$$A + B \rightleftharpoons C + D$$

formuliert werden.

Dann ist

$$\Delta G = \Delta G^0 + RT \ln \frac{[C][D]}{[A][B]}$$

Dann wäre das ΔG^0 eine standardisierte und somit meßbare Größe der Änderung der freien Energie, wobei R die Gaskonstante ist und T die absolute Temperatur.

ΔG^0 läßt sich nunmehr ermitteln, wenn man die Konzentrationen der Reaktionspartner (in Mol) kennt. Nach Konvention werden die Reaktionsbedingungen auf den pH-Wert 7,0 bezogen. Im Gleichgewichtszustand ($\Delta G = 0$) wäre demnach

$$0 = \Delta G^0 + RT \ln \frac{[C][D]}{[A][B]}$$

oder umgeformt:

$$\Delta G^0 = - RT \ln \frac{[C][D]}{[A][B]}$$

In der Chemie wird die Gleichgewichtskonstante (k) als

$$k = \frac{[C][D]}{[A][B]}$$

definiert.

Dann ist

$$\Delta G^0 = - RT \ln k \quad \text{oder}$$
$$\Delta G^0 = - 2{,}303 \, RT \log k$$

ΔG^0 und k stehen folglich in einer einfachen Beziehung zueinander. Einer Gleichgewichtskonstanten von 10 z.B. entspräche die Änderung der freien Energie von

$$-1{,}36 \text{ kcal/mol} (= -5{,}71 \text{ kJ/mol}) \text{ (bei } 25°C)$$

Zwischen ΔG^0 und ΔG ist klar zu unterscheiden.

ΔG^0 ist eine Konstante für eine bestimmte Reaktion, die bei einer gegebenen Temperatur und einem bestimmten pH-Wert abläuft. ΔG ist variabel und hängt von den Konzentrationen der beteiligten Substrate und Produkte ab.

Selbst wenn unter Standardbedingungen ein positives ΔG^0 ermittelt wird, ist ein negatives ΔG durch Wahl geeigneter Ausgangskonzentrationen erreichbar.

In Zellen herrschen niemals Standardbedingungen, daher kann man aus den ΔG^0-Literaturwerten wenig über die Richtung einer Reaktion aussagen. Es ist auch sehr schwierig, realistische ΔG-Werte zu erhal-

245

ten, weil man die wirklichen Ausgangskonzentrationen und Konzentrationen der Endprodukte nicht kennt und weil jede beliebige biochemische Reaktion ein Glied in einem Netzwerk aus einer Vielzahl teils konkurrierender, teils einander zuarbeitender Reaktionen ist.

Oxydationen-Reduktionen; Redoxreaktionen

Redoxreaktionen gehören zu den wichtigsten enzymkatalysierten Reaktionen in der Zelle. Alle sind sie an Energieübertragungen in der einen oder der anderen Form beteiligt. Oxydation heißt Elektronenaufnahme, und Reduktion Elektronenabgabe.

Eine Substanz, die Elektronen aufnimmt, bezeichnet man als Oxydationsmittel, eine, die Elektronen abgibt, als Reduktionsmittel.

Beide zusammen ergeben ein Redoxpaar:

Elektronendonator $\rightleftharpoons e^- +$ Elektronenakzeptor.

Den Oxydations-Reduktions-Reaktionen läuft eine Veränderung der freien Energie parallel. Sie ist demnach ein Maß für die Tendenz von Substanzen, Elektronen abzugeben oder Elektronen aufzunehmen. Der Elektronenfluß ist meßbar und wird als Redoxpotential bezeichnet.

Die höchste Oxydationsstufe eines Elements findet man in der energieärmsten Verbindung, in der es enthalten sein kann. Um Redoxreaktionen einheitlich darzustellen, bedarf es eines gemeinsamen Standards, dessen Potential willkürlich auf 0 gesetzt wird und auf das man andere Potentiale beziehen kann. Man hat sich darauf geeinigt, die Wasserstoffelektrode als Bezugspunkt zu wählen (s. Abb. 18.2).

$$\tfrac{1}{2} H_2 \rightleftharpoons H^+ + e^-$$

Das Potential hat den Wert 0, wenn eine Lösung Wasserstoffionen und Wasserstoff bei einem Druck von 1 atü im Gleichgewicht enthält. Das Oxydations-Reduktionspotential (Redoxpotential) eines jeden beliebigen Redoxpaares kann nunmehr gemessen und in Beziehung zum Potential an der Wasserstoffelektrode gesetzt werden.

Die Dimension des Potentials ist Volt.

Beschrieben wird es durch die Nernstsche Gleichung

$$E = E_0 - \frac{RT}{nF} \ln \frac{[\text{reduzierte Substanz}]}{[\text{oxydierte Substanz}]}$$

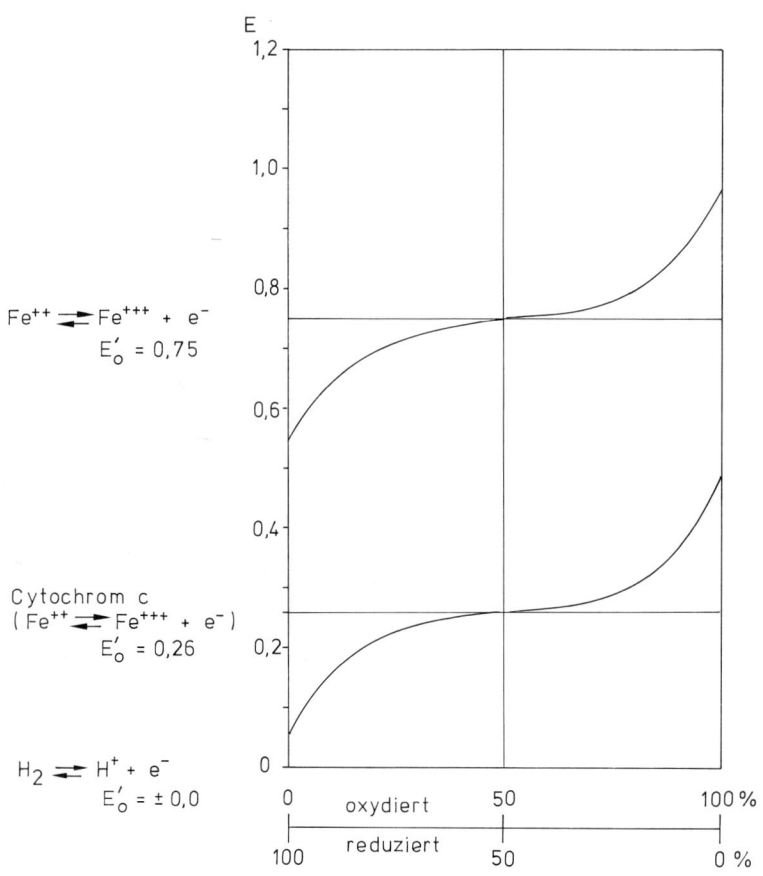

Abb. 18.2. Redoxpotentiale

246

dabei sind:

R: die Gaskonstante

T: die absolute Temperatur

F: die Faraday-Konstante (23 kcal/mol = 96,6 kJ/mol)

n: die Anzahl der Elektronen, die in der Reaktion übertragen werden

E: die beobachtete Potentialdifferenz, gemessen in Volt

E_0: das standardisierte Redoxpotential (auf die Wasserstoffelektrode bezogen).

Es gibt zwei Konventionen für die Bestimmung des Vorzeichens des Redoxpotentials:

(1) Man vergibt negative Vorzeichen an Systeme, die eine gegenüber der Wasserstoffelektrode erhöhte Tendenz zur Elektronenabgabe haben.

(2) Positive Vorzeichen für Systeme mit der Tendenz, Elektronen aufzunehmen.

Die Reaktionen werden in der Regel statt bei pH 0, wie ursprünglich festgelegt, bei pH 7,0 gemessen; die so erhaltenen Werte kennzeichnet man durch das Symbol E_0'.

E_0'-Werte können zur Berechnung von ΔG^0 herangezogen werden, denn die freie Energie ΔG^0 ist mit dem Redoxpotential direkt gekoppelt:

$$\Delta G^0 = -nFE_0'$$

Hierbei ist n die Zahl der übertragenen Elektronen.

Eigenschaften und Energiegehalt chemischer Bindungen

Die kovalente Bindung

Der wichtigste Bindungstyp in organischen Molekülen ist die kovalente Bindung. Sie ist durch ein gemeinsames Elektronenpaar zwischen zwei in einem Molekül benachbarten Atomen gekennzeichnet. Abhängig von den dabei beteiligten Partnern, können Einfach-, Doppel- und Dreifachbindungen ausgebildet werden ($H—H$, $O=O$, $N\equiv N$).

Das ΔG einer kovalenten Bindung liegt größenordnungsmäßig bei -50 bis -100 kcal/mol ($= -210$ bis -420 kJ/mol), d.h., in ihr ist ein ansehnlicher Energiebetrag gespeichert. Moleküle befinden sich in einem sogenannten energiearmen Zustand, denn die Energie wird zur Aufrechterhaltung der Bindungen festgelegt.

In Zellen sind am Lösen und Neuknüpfen kovalenter Bindungen Enzyme beteiligt.

Schwache Interaktionen (Nebenvalenzen)

Neben der eben genannten starken (chemischen) kovalenten Bindung sind die Moleküle zur Ausbildung einer Anzahl verschiedener Nebenvalenzen oder schwachen Interaktionen (Wechselwirkungen) befähigt. Oft wird auch der Begriff schwache Bindungen genannt. Das mag zu Mißverständnissen führen, weil man bei einem ΔG von -1 bis -7 kcal/mol ($= -4$ bis -30 kJ/mol) wohl kaum von einer Bindung reden darf. Diese Beträge liegen nämlich nur knapp über denen der thermischen Molekularbewegung ($-0,7$ kcal/mol; -3 kJ/mol). Unter physiologischen Bedingungen werden Nebenvalenzen kontinuierlich geschlossen und wieder gebrochen, wobei die Halbwertszeit meist nur den Bruchteil einer Sekunde ausmacht. Enzyme sind an diesen Prozessen in der Regel nicht beteiligt.

Unter allen Reaktionsbedingungen besteht die Tendenz, die jeweils stärkstmögliche Wechselwirkung einzugehen. Nebenvalenzen sind besonders deshalb so wichtig, weil sie sich additiv verhalten und in der Summe außerordentlich stabile Molekülkonformationen bedingen. So werden die Sekundär-, Tertiär- und Quartärstruktur von Proteinen, die Doppelhelix der DNS, die Membranstrukturen sowie komplexe intrazelluläre Einheiten, wie etwa die Ribosomen, durch solche Bindungen zusammengehalten. Eine entscheidende Rolle spielt dabei die Gestalt der beteiligten Reaktionspartner. Je komplementärer die Strukturen zueinander sind, je besser sie also zueinander passen, desto mehr schwache Wechselwirkungen können eingegangen werden, und um so stabiler ist die sich bildende Konformation (oder das sich bildende Aggregat).

Ionische Interaktionen (Bindungen). Dieser Interaktionstyp trägt vielleicht am ehesten zu Recht die Bezeichnung Bindung. Das ΔG liegt in der Größenordnung von -5 bis -7 kcal/mol (-20 bis -30 kJ/mol). Es handelt sich hierbei um elektrostatische Kräfte, die zwischen Ionen mit entgegengesetzten Ladungen (Kat- und Anionen, ionisierte Basen und dissoziierte Säuren) auftreten. In nichtwäßrigem Milieu können sie beträchtliche Stärke erreichen. Ihretwegen hat z.B. ein Na^+ Cl^--Kristall den doch sehr hohen Schmelzpunkt von $801°$ C.

Wasserstoffbrücken; Wasser als elektrostatisches Lösungsmittel. In einem Wassermolekül sind die Elektronen ungleichmäßig verteilt, da sie vom Sauerstoff stärker als vom Wasserstoff angezogen werden. Elektronegative Atome haben daher die Tendenz zu einer Polarität und verleihen dem Molekül ein gerichtetes Dipolmoment (s. Abb. 18.3). Das führt zu einem partiellen Ionencharakter (ungleiche Ladungsverteilung im Molekül), wodurch die negative Seite des Moleküls eine Affinität zur positiven Seite in benachbarten Molekülen gewinnt. Diese Art der Interaktion wird Wasserstoffbrücke genannt. Sie ist keineswegs auf Wasser beschränkt, sondern wird überall dort ausgebildet, wo sich ein kleines elektronegatives Atom (z.B. Sauerstoff, Stickstoff, Fluor) und ein Wasserstoffatom, das kovalent an ein anderes elektronegatives Atom gebunden ist, nahe kommen.

247

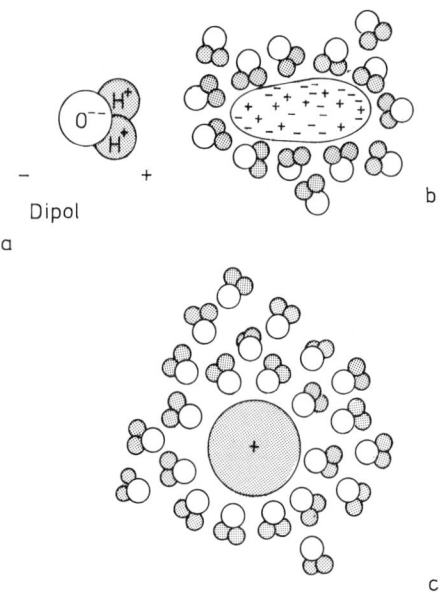

Dipol a

b

Hydrathülle c

Abb. 18.3. Dipoleigenschaften eines Wassermoleküls. Ausbildung von Hydrathüllen und Orientierung der Wassermoleküle in einer Hydrathülle in Abhängigkeit von der Ladungsverteilung im hydrierten Molekül.

Beispiele:

$$-O-H\cdots O=$$
$$=N-H\cdots O=C$$
$$-N^+-H\cdots O=$$

Bei Makromolekülen können sowohl inter- als auch intramolekulare Wasserstoffbrücken ausgebildet werden. Sie sind am stärksten, wenn die beteiligten Atome linear angeordnet sind. Sobald zwischen den beteiligten Gruppen Winkel liegen, nimmt die Stärke der Interaktionen drastisch ab. Die Länge einer Wasserstoffbrücke liegt je nach Typ der daran beteiligten Gruppen zwischen 2,7 und 3,1 Å.

Wasserstoffbrücken sind die Ursache des hohen Schmelz- und Siedepunkts des Wassers. Die Form des Moleküls und die Struktur der Nebenvalenzen bedin-

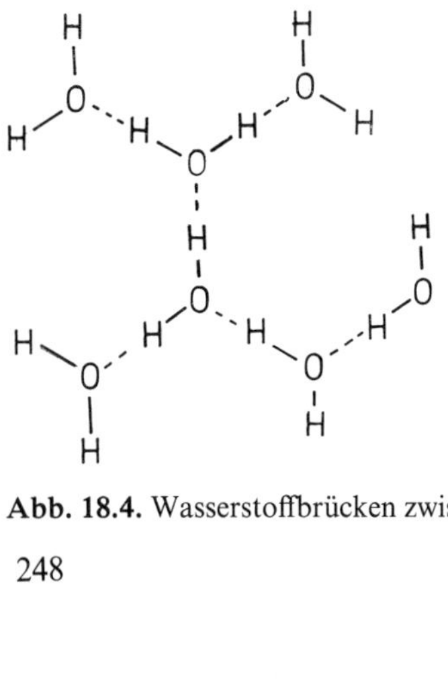

Abb. 18.4. Wasserstoffbrücken zwischen Wassermolekülen.

248

gen die Kristallform von Eis, und selbst in der flüssigen Phase liegt noch ein hoher Ordnungsgrad vor, wobei die Wassermoleküle eine Micellenstruktur annehmen (s. Abb. 18.4).

Der polare Charakter des Wassers spiegelt sich in einer hohen Dielektrizitätskonstante (80 bei Zimmertemperatur) wider. Das bedeutet, daß sich zwei elektrische Ladungen mit entgegengesetztem Vorzeichen im Wasser mit nur 1/80 der Kraft anziehen, die sie in Luft (oder im Vakuum) aufeinander ausüben, und daraus folgt, daß sich Ionen, z.B. die eines Na^+Cl^--Kristalls, in Wasser erheblich leichter aus der Kristallstruktur lösen als in Luft, weil die Kraft, die das Ion zur Kristalloberfläche zurückzieht, in Wasser nur 1/80 so stark wie in Luft ist. Es genügt somit (bei Zimmertemperatur) die thermisch bedingte Molekularbewegung, um die relativ schwachen Anziehungskräfte der Ionen im Kristall (ionische Bindung) zu überwinden und sie ins wäßrige Medium dissoziieren zu lassen. Wassermoleküle haben eine ausgeprägte Tendenz zu einer Hydrathüllenbildung. Damit schirmen sie ionische Ladungen weitgehend ab und neutralisieren sie partiell; sie orientieren sich im elektrostatischen Feld und werden damit immobilisiert.

Durch die in geringem Ausmaß auftretende Eigendissoziation entstehen Wasserstoffionen (Protonen): H^+, bzw. H_3O^+ und Hydroxylionen OH^-, bzw. $H_3O_2^-$, die ihrerseits mit Ionen gelöster Stoffe in Wechselwirkung stehen, d.h. ionische Bindungen eingehen.

Van der Waals'sche Interaktionen. Hierbei handelt es sich um unspezifische Anziehungen zwischen zwei Atomen, die nahe beieinander liegen. Die Wechselwirkungen sind von den Abständen der in Beziehung stehenden Atome (oder Atomgruppen bzw. Moleküle) abhängig. Bei zu geringen Abständen dominieren abstoßende Kräfte (Überlappung von Elektronenschalen). Die Energie in den van der Waals'schen Interaktionen ist nur geringfügig höher als die Energie der Molekularbewegung: $-0,7$ bis -1 kcal/mol ($= -3$ bis -4 kJ/mol). Daraus ist zu schließen, daß die van der Waals'schen Interaktionen unter physiologischen Bedingungen nur dann eine Rolle spielen, wenn möglichst viele Atome in einem Molekül an solchen Interaktionen beteiligt sind. Sie sind am stärksten, wenn, wie schon eingangs dargelegt, die beteiligten molekularen Strukturen einander komplementär sind (komplementäre Moleküloberflächen aufweisen). Van der Waals'sche Interaktionen verhalten sich additiv, deshalb spielen sie auch bei Makromolekülen eine weit größere Rolle als bei den kleinen. Die Bindung eines Substrats an ein Enzym wird zum großen Teil durch van der Waals'sche Interaktionen stabilisiert. Je höher sie ist, desto höher ist die Affinität eines Enzyms zum Substrat. Eine Energie von $2-3$ kcal/mol ($8-12$ kJ/mol) ist in der Zelle normalerweise ausreichend, um eine genügende Selektivität zu garantieren. Die Energie einer Wechselwirkung zwischen einem Enzym und dem Substrat darf aber auch nicht zu hoch sein, denn eine hohe Umsatzzahl am Enzym ist nur durch schnelles Binden und Wiederlösen des Substrats (respektive des gebildeten Produkts) vom Enzym gewährleistet.

Mechanismen enzymatischer Katalyse

Wir haben bereits eine Anzahl wesentlicher Enzymmerkmale angesprochen, die für das Verständnis der Enzymwirkung entscheidend sind.

Enzyme sind Proteine. Jedes Protein ist einmal durch seine Aminosäuresequenz (die Primärstruktur), und zum anderen durch eine Tertiärstruktur (dreidimensionale Faltung der Polypeptidkette) determiniert. Die Ursache für die Einzigartigkeit liegt in der Anordnung und der Art der Aminosäureseitenketten. Durch sie bedingt, wird eine Vielfalt von intramolekularen Nebenvalenzen ausgebildet, die ihrerseits die räumliche Struktur (Konformation) erst möglich machen und stabilisieren. Somit wird eine eindimensionale Information, gespeichert als Nukleotidsequenz im Genom (DNS), überschrieben in mRNS, und schließlich – übersetzt in eine Aminosäuresequenz – in eine dreidimensionale Struktur transformiert. Nur in dieser Form kann ein Protein (ein Enzym) katalytische Aktivität entfalten. Aus ihr heraus erklärt sich die Spezifität der Katalyse und die Selektivität für ein bestimmtes Substrat und gegebenenfalls für zusätzliche regulatorische Faktoren. Enzymmoleküle sind im Vergleich zu den meisten Substratmolekülen relativ groß. Ihre Oberfläche ist nicht einheitlich strukturiert, sondern verfügt über ein Muster von Eindellungen, Rillen, Taschen, Höhlungen usw. Der Bereich, der ein Substratmolekül bindet, wird als aktives Zentrum bezeichnet, und er ist vor allem durch eine dem Substrat komplementäre Form gekennzeichnet (s. Abb. 18.5). Hinzu kommt, daß im aktiven Zentrum ganz bestimmte Aminosäureseitenketten exponiert sind, die an der katalytischen Umsetzung des Substrats mitwirken.

Es gibt zahlreiche Enzyme, die auf Kofaktoren angewiesen sind. Bei ihnen läuft die Reaktion unter Beteiligung dieser zusätzlichen Faktoren ab. Mit anderen Worten: An der Moleküloberfläche wird zunächst der Kofaktor (z.B. NAD, FAD usw., s. Kap. 19) gebunden. In vielen Fällen ist sie so strukturiert, daß er in einer spezifisch geformten Tasche Platz findet. Je nach Molekültyp ist die Bindung entweder reversibel, wobei sie über schwache Interaktionen erfolgt, oder irreversibel durch kovalente Bindung. Die Gestalt des Holoenzyms (= Apoenzym [Protein] + Kofaktor [Koenzym]) bewirkt nunmehr die Selektivität. An der Katalyse sind Atome (bzw. ionisierte Gruppen des Koenzyms) beteiligt.

Die dargelegten Eigenschaften erklären bereits, weshalb an der Enzymoberfläche Reaktionen ablaufen können, die in freier Lösung nur unter erheblicher

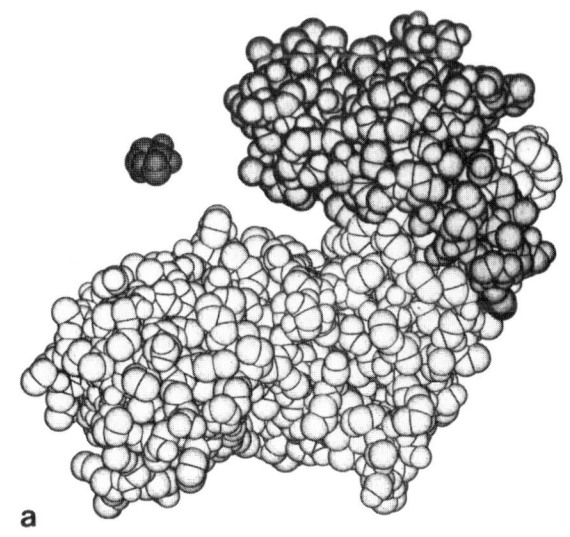

a

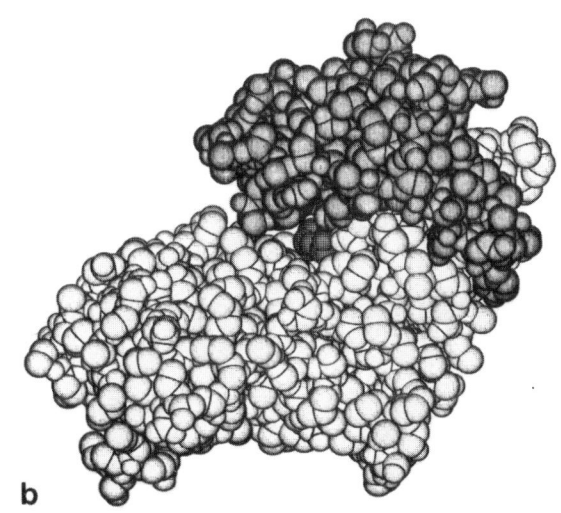

b

Abb. 18.5. Komplexbildung zwischen Enzym und Substrat. *a* Substrat (hier Glucose) als kleines Molekül links im Bild. Enzym (hier Hexokinase) rechts im Bild. Wie alle Kinasen katalysiert es eine Phosphorylierungsreaktion. Das Molekül besteht aus zwei Domänen, die im Bild als weißer und dunkler Flügel gekennzeichnet sind. Zwischen beiden wird eine Spalte ausgebildet, in die das Substrat genau hineinpaßt. *b* Nach Bindung des Substrats (in der Abbildung grob gerastert dargestellt) ändert sich die Konformation des Enzyms. Die beiden Flügel verschieben sich in ihrer relativen Lage zueinander, das Substrat wird dadurch vollständig umschlossen. Wasser wird aus der Spalte völlig verdrängt. Der Platz reicht nicht einmal für ein überflüssiges Wassermolekül. In der Darstellung ist ein Kalottenmodell (hier als Computerzeichnung) gezeigt, bei dem die Atome in ihrer vollen Größe wiedergegeben sind. Modelle dieser Art veranschaulichen, daß Makromoleküle (und auch kleine Moleküle) kompakt gebaute Gebilde sind. Sie sind aber ungeeignet, um den Verlauf der Polypeptidkette zu erkennen (s. dazu Abb. 17.15 und 17.18). (W.S. Bennett, T.A. Steitz, 1980)

249

Zufuhr an Aktivierungsenergie möglich sind. Die Reaktionspartner werden nämlich in einen reaktionsbereiten Zustand, erkennbar an räumlicher Nähe und richtiger Lage zueinander, versetzt. Nach der Kollisionstheorie ist die Wahrscheinlichkeit, daß sich zwei Moleküle in freier Lösung begegnen und daß eine Bindung zwischen ihnen entsteht, gering, kann aber durch Energiezufuhr (Druck, Temperatur) beträchtlich erhöht werden. Solange man es nur mit zwei oder wenigen Reaktionspartnern zu tun hat, wie bei einem Experiment im chemischen Labor, erreicht man auf die genannte Weise oft zufriedenstellende Ergebnisse, obwohl Nebenprodukte die Ausbeute an gewünschten Produkten mindern können. Doch die Menge an Nebenprodukten steigt ins Unermeßliche, wenn man mit einer so großen Zahl an Ausgangsmolekülen, wie sie in jeder Zelle vorliegen, beginnt – und genau diese Nachteile fallen bei enzymkatalysierten Reaktionen nicht an. Hinzu kommt, daß durch die Evolution supramolekularer, komplexer Strukturen, wie den Membranen (s. Kap. 22), räumlich und strukturell voneinander getrennte Reaktionsräume (Kompartimente) geschaffen wurden, in denen jeweils ein Satz von Reaktionen unabhängig von denen in anderen Kompartimenten ablaufen kann.

Bei einer enzymkatalysierten Reaktion wird als Zwischenprodukt ein Enzym-Substratkomplex (ES) gebildet, aus dem das unveränderte Enzym und ein Produkt hervorgehen:

$$E + S \underset{k_2}{\overset{k_1}{\rightleftharpoons}} ES$$

$$ES \underset{k_4}{\overset{k_3}{\rightleftharpoons}} E + P$$

Bei konstanter Enzymkonzentration nimmt die Umsatzgeschwindigkeit (v) eines Enzyms als Funktion der Substratkonzentration zu (s. Abb. 18.6) und erreicht schließlich asymptotisch einen Sättigungswert. Nur im unteren Teil der Kurve stehen v und [S] in einer linearen Beziehung zueinander.

Die Bildung des ES – Komplexes als Funktion der Zeit t wird durch die Gleichung

(1) $\quad \dfrac{d\,[ES]}{dt} = k_1([E] - [ES])[S]$

beschrieben. Im Gleichgewichtszustand der Reaktion (Fließgleichgewicht, *steady-state*) sind Bildung und Zerfall gleich groß:

(2) $\quad k_1([E] - [ES])[S] = k_2[ES] + k_3[ES]$

Durch Umformung erhält man

(3) $\quad \dfrac{([E] - [ES])[S]}{[ES]} = \dfrac{k_1 + k_3}{k_1} = k_M$

Die Größe k_M wird als Michaelis-Menten-Konstante bezeichnet und stellt einen wesentlichen Parameter zur Charakterisierung eines bestimmten Enzym-Substrat-Paares dar. Die obige Gleichung (4) können wir mathematisch weiter bearbeiten und erhalten durch Umformung die Konzentration des ES-Komplexes

(4) $\quad [ES] = \dfrac{[E][S]}{k_M + [S]}$

Da wir davon ausgegangen sind, daß die Anfangsgeschwindigkeit einer jeden Reaktion von [ES] abhängt, erhält man

(5) $\quad v = k_3[ES]$

Wird in (6) [ES] aus (5) eingesetzt, folgt

(6) $\quad v = k_3\,\dfrac{[E][S]}{k_M + [S]}$

Da die Enzymkonzentration [E] bei hoher Substratkonzentration limitierend ist, gilt

(7) $\quad v_{max} = k_3[E]$

Wird v in Beziehung zu v_{max} gesetzt, erhält man

(8) $\quad \dfrac{v}{v_{max}} = \dfrac{k_3\,\dfrac{[E][S]}{k_M + [S]}}{k_3[E]}$

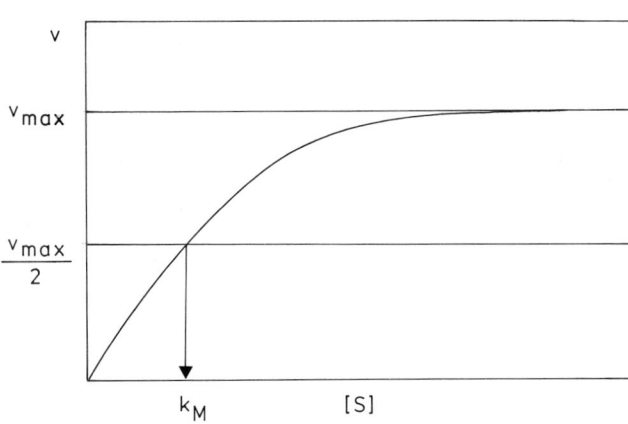

Abb. 18.6. Geschwindigkeit einer enzymatisch katalysierten Reaktion in Abhängigkeit von der Substratkonzentration.

250

nach v aufgelöst

(9) $\quad v = \dfrac{v_{max}[S]}{k_M+[S]}$

Diese Formulierung ist als Michaelis-Menten-Gleichung bekannt. Sie beschreibt die Beziehung zwischen enzymatischer Reaktionsrate und der Substratkonzentration, wenn v_{max} und k_M bekannt sind.

K_M kann man errechnen, wenn man v_{max} und $[S]$ kennt.

Betrachtet sei hier ein Spezialfall:

$v = \frac{1}{2}v_{max}$,

dann wäre

(10) $\quad \dfrac{v_{max}}{2} = \dfrac{v_{max}[S]}{k_M+[S]}$

dividiert durch v_{max} ergibt

(11) $\quad \dfrac{1}{2} = \dfrac{[S]}{k_M+[S]}$

oder umgeformt

(12) $\quad k_M+[S] = 2[S]$
$\qquad k_m = [S]$

Daraus wiederum ersehen wir, daß die Michaelis-Menten-Konstante k_M die Substratkonzentration angibt, bei der die Reaktionsgeschwindigkeit die Hälfte ihres Maximums erreicht hat. Die Dimension von k_M ist daher natürlich Mol. Je niedriger der k_M-Wert liegt, desto höher ist die Affinität eines Enzyms zu seinem Substrat.

Da der k_M-Wert aus einer asymptotisch verlaufenden Kurve nur ungenau ablesbar ist, ist es sinnvoll, die Michaelis-Menten-Gleichung umzuformulieren und in reziproker Schreibweise darzustellen:

(13) $\quad \dfrac{1}{v} = \dfrac{1}{v_{max}[S]/(k_M+[S])} = \dfrac{k_M+[S]}{v_{max}[S]}$

Dann ist

(14) $\quad \dfrac{1}{v} = \dfrac{k_M}{v_{max}[S]} = \dfrac{[S]}{v_{max}[S]}$

oder

(15) $\quad \dfrac{1}{v} = \dfrac{k_M}{v_{max}} \times \dfrac{1}{[S]}$

Diese Darstellung ist als Lineweaver-Burk-Gleichung bekannt. Ihr Vorteil ist die graphisch günstigere Darstellung der Werte. Bei doppelt reziproker Darstellung erhält man eine Gerade mit der Steigung k_M/v_{max}.

$1/k_M$ und $1/v_{max}$ sind die Schnittpunkte der Koordinaten (s. Abb. 18.7).

Damit wird deutlich, daß ein Enzym zwar die Umsatzgeschwindigkeit einer Reaktion steigert, doch keinen Einfluß auf das Gleichgewicht der Reaktion selbst

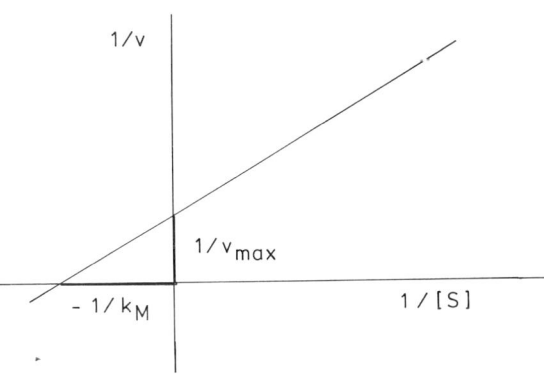

Abb. 18.7. Die Abhängigkeit der Geschwindigkeit einer enzymatisch katalysierten Reaktion von der Substratkonzentration. Doppelt reziproke Darstellung von v und [S] nach Lineweaver und Burk.

hat. Diese unterliegt bekanntlich den Konzentrationen, in denen die Reaktionspartner vorliegen (Massenwirkungsgesetz). Damit hat ein Enzym auch keine Wirkung auf das ΔG (die freie Energie).

Hemmung (Inhibition) von Enzymreaktionen

Es gibt eine Anzahl von Molekülen (Inhibitoren, I), die aufgrund ihrer Struktur einem Substratmolekül ähneln. Sie werden daher gleichermaßen am aktiven Zentrum gebunden, werden jedoch meist wegen ihrer chemischen Eigenarten nicht umgesetzt. Sie kompetieren (konkurrieren) um die Bindungsstelle mit den eigentlichen Substratmolekülen. Oftmals ist ihre Affinität zum Enzym sogar weit höher als die des Substrats, so daß jenem keine Chance mehr gegeben ist, mit dem Enzym zu reagieren. Die Enzymmoleküle werden durch die Inhibitorbindung damit weitgehend inaktiviert. Diese kompetitive Hemmung läßt sich aus der folgenden Reaktionskinetik ablesen (s. Abb. 18.8a und b). Aus ihr ist zu ersehen, daß der k_M-Wert zugenommen hat, denn es entsteht ja im wesentlichen der EI-Komplex anstele des ES-Komplexes. Die Wirkung des Inhibitors hängt damit direkt von seiner Konzentration und dem Verhältnis [Substrat]/[Inhibitor] ab.

Ein zweiter Typ von Inhibitor führt zu der nichtkompetitiven Hemmung. Er wird nicht am aktiven Zentrum, sondern an einer beliebigen anderen Stelle der Enzymoberfläche gebunden. Als Folge davon wird die Gestalt des Enzyms und damit auch der Substratbindungsstelle verformt, so daß das Substratmolekül nunmehr weniger gut paßt. Es wird deshalb auch weit weniger umgesetzt. Der k_M-Wert bleibt un-

251

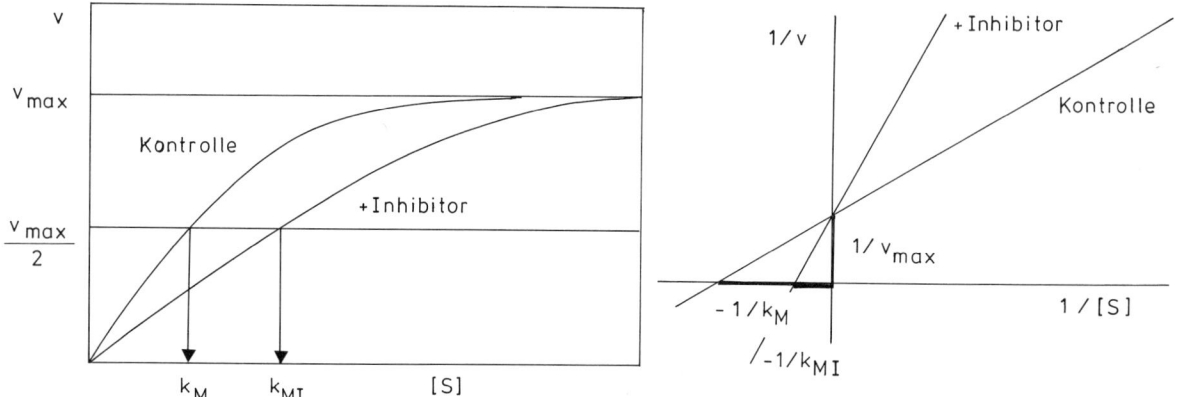

Abb. 18.8a. Reduktion der Umsatzgeschwindigkeit einer enzymkatalysierten Reaktion durch einen kompetitiven Hemmstoff (Inhibitor) (kompetitive Hemmung).

Abb. 18.8b. Kompetitive Hemmung in der Darstellung nach Lineweaver und Burk.

verändert, die Substratkonzentration hat auf die Inhibitorwirkung keinen Einfluß (s. Abb. 18.9a und b).

Es gibt Inhibitoren, deren Wirkung reversibel ist, d.h., nach dem Auswaschen ist der alte Zustand wiederhergestellt. Es gibt aber auch solche, deren Wirkung nicht wiedergutzumachen ist, da sie das Enzym in seiner Struktur irreversibel beeinträchtigten (denaturieren).

Eine Inaktivierung kann einerseits durch Moleküle (chemisch), andererseits aber auch durch physikalische Faktoren (Temperatur, kurzwellige Strahlung usw.) erreicht werden. Darin begründet liegt der Tatbestand, daß jedes Enzym ein Temperaturoptimum hat, denn Umsatzrate und Enzyminaktivierung sind einander entgegengesetzte temperaturabhängige Prozesse (s. Abb. 18.10).

Läßt man eine enzymatisch katalysierte Reaktion bei unterschiedlichen Temperaturen ablaufen, erhält

man eine Kurvenschar (s. Abb. 18.11) aus Kinetiken unterschiedlicher Form. Aus der Graphik ist abzulesen, daß die Durchbiegung der Zeitumsatzkurve um so deutlicher ausfällt, je höher die Temperatur ist. Das heißt, zu Beginn der Reaktion sind alle in Lösung befindlichen Enzymmoleküle noch voll aktiv und zeichnen sich durch gesteigerte Umsatzraten (im Vergleich zu Werten, die bei niederer Temperatur gemessen wurden) aus. Bei fortschreitender Zeit fallen mehr und mehr Moleküle durch Thermodenaturierung aus, was bedeutet, daß das Temperaturoptimum um so niedriger liegt, je länger die Reaktionsdauer ist. Bei einer recht hohen Temperatur (wie z.B. schon bei 37° C) kann ein Enzym in kurzer Zeit zwar viel leisten, muß jedoch ständig durch neu synthetisierte Enzymmoleküle ersetzt werden, um den Ansprüchen der Zelle (z.B. in einem tierischen Warmblüter oder in einer Pflanzenzelle, die direkter intensiver Sonnen-

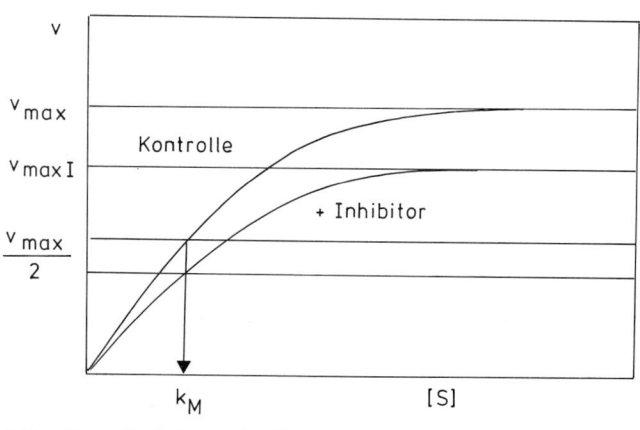

Abb. 18.9a. Reduktion der Umsatzrate einer enzymkatalysierten Reaktion durch einen nichtkompetitiven Hemmstoff (Inhibitor). Nichtkompetitive Hemmung: v_{max} wird reduziert, der k_M-Wert bleibt unverändert.

Abb. 18.9b. Nichtkompetitive Hemmung in der Darstellung nach Lineweaver und Burk.

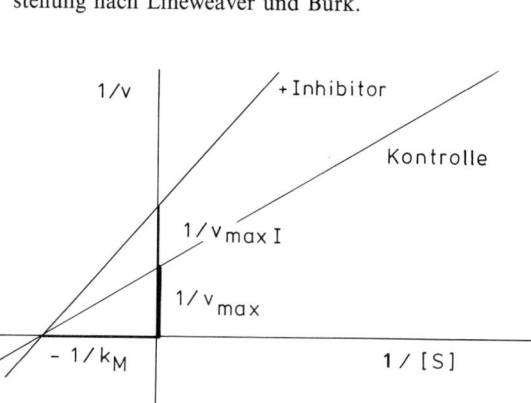

252

Abb. 18.10. Eine Optimumskurve *(C)* ist das Ergebnis fördernder *(A)* und hemmender *(B)* Einflüsse. Ein Temperaturanstieg führt zunächst zu einer Steigerung von Enzymaktivitäten; bei stärker steigender Temperatur beginnen Denaturierungserscheinungen (thermische Denaturierung) zu überwiegen. Optimumskurven sind nur selten symmetrisch gebaut. Ein beschleunigter Abfall von Aktivitäten ist üblich.

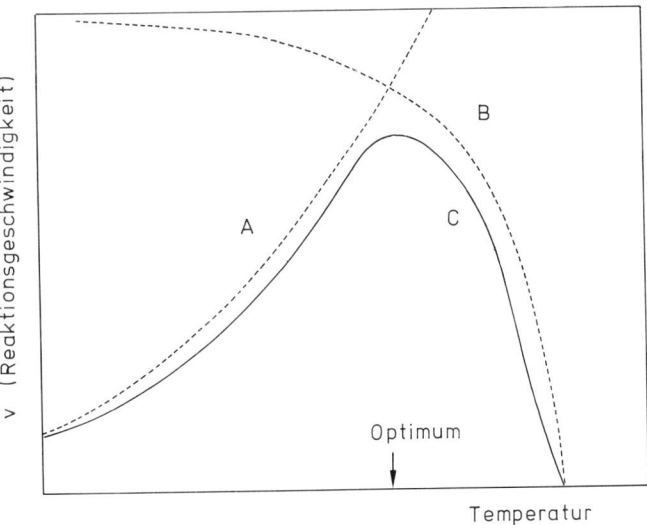

Abb. 18.11. Unterschiedliche Umsatzraten eines Enzyms bei verschiedenen Temperaturen. Mit steigender Temperatur steigt die Umsatzrate, gleichzeitig aber auch die thermische Inaktivierungsrate des Enzyms. Es gibt daher einen optimalen Temperaturbereich für eine Enzymaktivität (der Wert ist für jedes Enzym spezifisch).

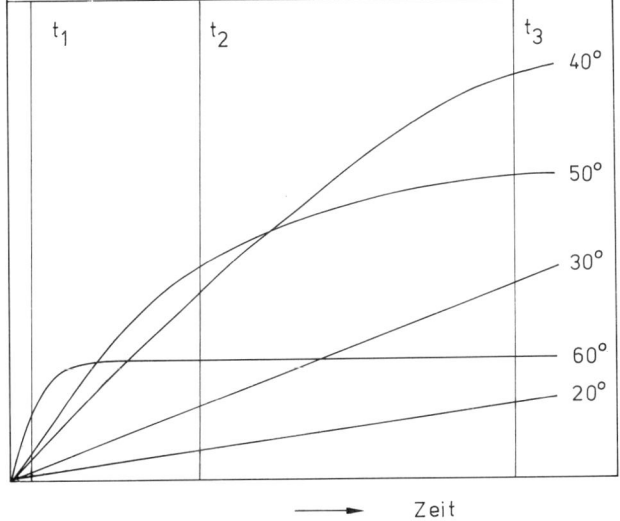

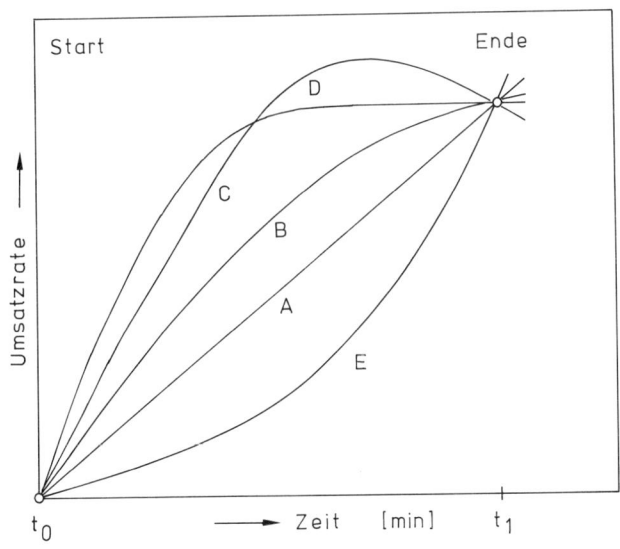

strahlung ausgesetzt ist) gerecht zu werden. Wie aus der Abbildung 18.12 hervorgeht, können aus Reaktionskinetiken eine ganze Anzahl von Parametern erschlossen werden, die für das Verständnis von Umsatzraten nützlich sind.

Regulation von Enzymaktivitäten; Allosterische Enzyme

Die in den beiden vorangegangenen Abschnitten abgeleiteten Enzymkinetiken gelten für einfach gebaute Enzyme. Also für solche, die aus einer Polypeptidkette bestehen, welche ihrerseits wiederum nur ein aktives Zentrum trägt. Die Beteiligung von Koenzymen können wir an dieser Stelle vernachlässigen. Die Inhibitionskinetiken machen deutlich, daß die Molekülkonformation eines Enzyms nicht starr ist, sondern eine begrenzte Flexibilität aufweist. Eine derartige reversible Verformung tritt ein, sobald ein Molekül an das Enzym gebunden wird. Dabei spielt es hier auch keine Rolle, wo es gebunden wird. Moleküle, die eine Formveränderung induzieren, bezeichnet man summarisch als Effektoren. Hierzu können auch Substrate gehören.

Viele Enzyme, die in verzweigten Biosyntheseketten eine zentrale Schalterposition einnehmen, können

Abb. 18.12. Unterschiedliche Reaktionskinetiken. Aus der Form der Kinetik lassen sich folgende Schlüsse ziehen: *A* linearer Verlauf = konstante Reaktionsgeschwindigkeit, *B, C* fortlaufende Reaktionsverzögerung: Dem Reaktionsablauf läuft ein Inaktivierungsprozeß entgegen, oder die Reaktion verlangsamt sich aufgrund einer Substraterschöpfung. *D* Störung der Reaktion durch entgegengesetzt verlaufende Umsetzung. *E* autokatalytischer Kurvenverlauf (positive Rückkopplung, s. folgenden Abschnitt).

253

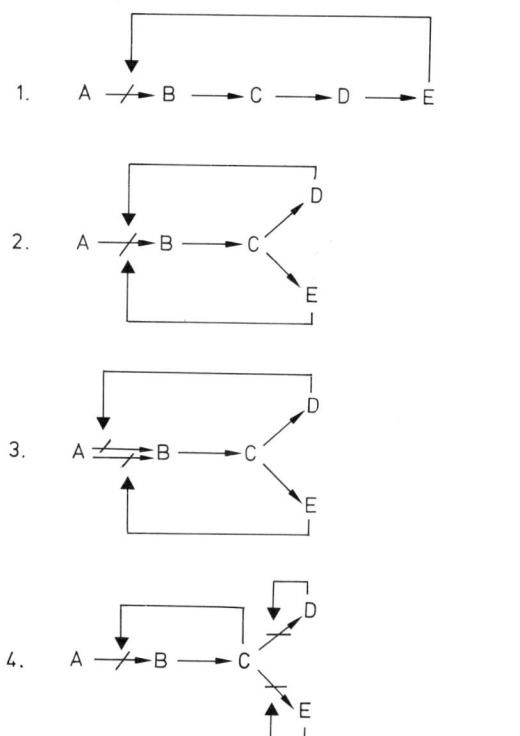

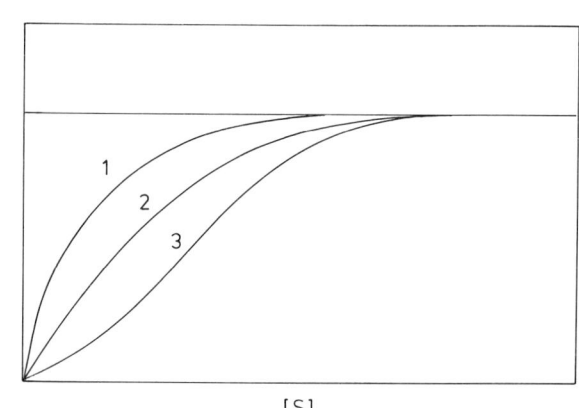

Abb. 18.15. Enzymkinetiken: *1* negative Kooperativität, *2* nicht kooperativ; *3* positive Kooperativität. Enzyme mit kooperativen Effekten bestehen stets aus mehreren Untereinheiten (allosterische Proteine).

Abb. 18.13. Regulation im Stoffwechsel, Rückkopplung aufgrund einer Endprodukthemmung. *1* einfache Endprodukthemmung. Das Endprodukt (E) hemmt den Schritt von A nach B. *2* kooperative Endprodukthemmung. Beide Endprodukte (D, E) inhibieren gemeinsam den ersten Schritt ihrer Synthese. *3* multivalente Endprodukthemmung. *4* Hemmung an Verzweigungen der Biosynthesekette (sequentielle Hemmung).

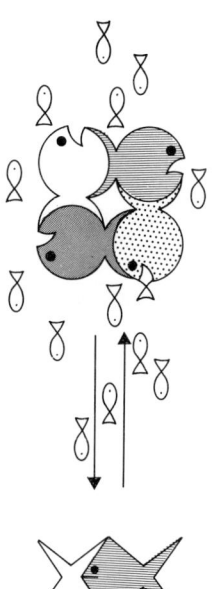

Abb. 18.14. „Allosterisches Modell" eines tetrameren Proteins. Der Übergang von einem Aktivitätszustand zum anderen (Übergang zwischen zwei alternativen Konformationen) wird durch das Substrat (hier die kleinen Fische) ausgelöst und erfolgt kooperativ. (M. Eigen und R. Winkler, 1975)

durch das Endprodukt des einen oder beider Reaktionswege vorübergehend stillgelegt werden; man spricht dabei von Endprodukthemmung. Sie beruht auf einem Regelkreis, der dafür sorgt, daß die Synthese eines Produkts eingestellt wird, sobald genügend von ihm vorhanden ist (s. Abb. 18.13).

Eine recht große Gruppe von Enzymen besteht aus mehreren Polypeptidketten. Dabei können sowohl gleichartige als auch zwei oder drei voneinander verschiedene Typen einen Komplex (eine Quartärstruktur) ausbilden. In einem solchen Enzymkomplex funktioniert eine Informationsweitergabe weit besser als zwischen freien Polypeptidketten.

Die Bindung eines Substratmoleküls an eine der (sagen wir einmal vier) Polypeptidketten verformt zunächst deren eigene Struktur. Doch diese Verformung wird dann unmittelbar auf die übrigen drei übertragen, so daß auch deren aktives Zentrum verändert wird (s. Abb. 18.14). Dabei stehen zwei Möglichkeiten offen: entweder es gewinnt eine erhöhte Reaktivität (positive Kooperativität) oder eine verminderte (negative Kooperativität, Desensibilisierung). Welche der Alternativen im Einzelfall zutrifft, kann aus der Umsatzkinetik abgelesen werden (s. Abb. 18.15).

Derart geregelte Enzyme aus mehreren Polypeptidketten sind allosterische Enzyme.

Bei einer positiven Kooperativität erhält man eine sigmoide Kurve, was soviel bedeutet, daß das erste Substratmolekül mit schwacher Affinität gebunden wird, während die nachfolgenden von den übrigen, mittlerweile in erhöhte Reaktionsbereitschaft versetzten Polypeptidketten gebunden werden. Der k_M-Wert ist hier also keine Konstante, sondern eine Funktion der Substratkonzentration.

Bei einer negativen Kooperativität entsteht ein Signal, die Affinität zum Substrat zu senken.

Die Regulierbarkeit der Enzyme spielt im Stoffwechsel eine nicht mindere Rolle als ihre katalytische

Aktivität. Durch sie wird entschieden, welcher von zwei alternativen Stoffwechselwegen in einer gegebenen Situation einzuschlagen ist. Die Reversibilität der Vorgänge garantiert, daß zu jedem Zeitpunkt eine neue Entscheidung getroffen werden kann und sich die Zelle auf Änderungen im Substrat- und Produktangebot ohne Zeitverzug einstellen kann. Unter dem Gesichtspunkt knapper Rohstoffe und permanenter Energiekrise betrachtet, erkennen wir, daß es sich hierbei um äußerst wirtschaftliche und effizient arbeitende Mechanismen handelt.

Die schnell wirkende reversible Regulierbarkeit beruht auf der Instabilität schwacher Interaktionen, denn alles, was gerade über Bindungen und durch sie ausgelöste Informationsübertragung gesagt wurde, beruht auf ihrem Schließen und Brechen.

Daneben gibt es eine Regulierbarkeit von Enzymen, die auf Veränderungen ihrer Struktur durch Einführen oder Lösen kovalenter Bindungen beruht. Solche Modifikationen sind durchweg irreversibel.

Dazu gehören Phosphorylierung und Acetylierung der Proteine sowie die Spaltung der Polypeptidkette, durch die ein Enzym aus einer inaktiven Vorstufe in eine aktive Form überführt wird. Eine Regulation wird aber auch über die Zahl der Enzymmoleküle pro Zelle erreicht.

Literatur

Lehrbücher der physikalischen und der Biochemie
Atkinson, D.E.: Regulation of enzyme function. Ann. Rev. Microbiol. *23*, 47–68 (1969)
Bennett, W.S., T.A. Steitz: Structure of a complex between yeast hexokinase A and glucose. J. Mol. Biol. *140*, 211–230 (1980)
Eigen, M., R. Winkler: Das Spiel. Naturgesetze steuern den Zufall. München, Zürich: R. Piper und Co., 1975

19. Der primäre Stoffwechsel, Grundstoffwechsel der Zelle

Wie schon angedeutet, sind die zu besprechenden Umsetzungen bei allen bekannten Zelltypen mehr oder weniger gleich. Wir haben es deshalb auch hier wieder nicht mit einem speziellen botanischen Thema, sondern mit einem der Allgemeinen Biologie zu tun.

Oft wird zwischen Abbauwegen und Aufbauwegen unterschieden, dem katabolischen und anabolischen Stoffwechsel (Katabolismus und Anabolismus).

Die Behandlung des Primärstoffwechsels (Grundstoffwechsels) erfolgt unter den folgenden fünf Gesichtspunkten:

(1) Um Biosyntheseleistungen zu vollbringen, muß Energie investiert und in geeigneter Form (als ΔG) bereitgestellt werden. Wie im letzten Kapitel abgeleitet, kann Energie durch Kopplung einer endergonischen Reaktion an eine exergonische übertragen werden. Eine Schlüsselrolle spielt hierbei die hydrolytische Spaltung von Adenosintriphosphat (ATP).

(2) Ein weiterer mit einer ganzen Reihe von Reaktionen gekoppelter Schritt ist die Aufnahme von Wasserstoff (Protonen und Elektronen: $H_2 \rightarrow 2\,H^+ + 2\,e^-$). Der wichtigste Protonen- und Elektronenakzeptor in der Zelle ist das Nicotinamidadenindinukleotid (NAD).

(3) Als bekanntestes Beispiel einer Substratdegradation ist der Abbau der Glucose (die Glykolyse) zu nennen. Sie mündet in den Citratzyklus (Tricarbonsäurezyklus, Krebs-Zyklus) ein, der im Zellstoffwechsel einerseits die Funktion eines Verteilers einnimmt (von dort zweigt eine Anzahl von Biosyntheseketten ab), andererseits aber auch dazu dient, Protonen in die Atmungskette einzuschleusen.

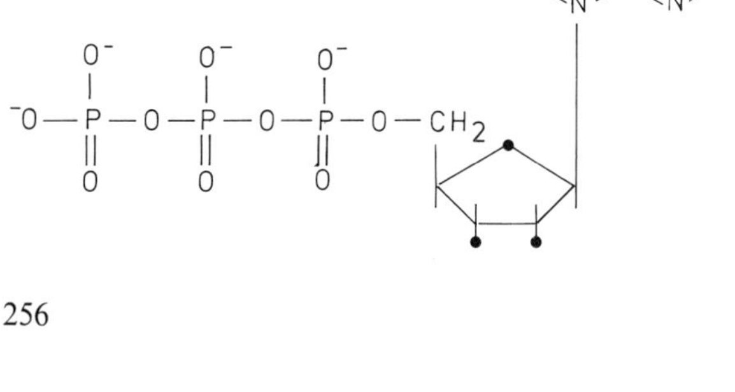

(4) Die Atmungskette stellt die Verbindung zwischen Molekülabbau und Energiegewinn her.

(5) Schließlich sind einige spezifische Biosynthesewege zu diskutieren. Für einige von ihnen kommen bei verschiedenen Organismengruppen Alternativen vor. Sie werden besprochen, sofern pflanzliche Zellen davon betroffen sind.

ATP und andere Nukleosidtriphosphate; Energiereiche Bindungen

ATP (s. Abb. 19.1) gilt als universeller Energiespeicher und als Energiequelle in Zellen aller Art. Es entsteht zu einem überwiegenden Teil bei der Oxydation energiereicher (reduzierter) Verbindungen als Ergebnis der Umsetzungen in der Atmungskette sowie bei der Photosynthese.

Gebraucht wird ATP als
– Energiespender für biochemische Synthesen,
– für Transportvorgänge (aktiver Transport) und
– für mechanische Arbeit, z.B. Bewegungsabläufe, wie Geißelbewegung, Plasmaströmung usw. (s. Abb. 19.2).

ATP liegt in der Regel als Mg^{2+}- oder Mn^{2+}-Salz vor, für die Hydrolyse ist Mg^{2+} erforderlich.

Wenn von ATP-Degradation gesprochen wird, meint man durchweg die Hydrolyse der terminalen Phosphatgruppe(n), die Reaktionen sind reversibel:

$$ATP + H_2O \Longleftrightarrow ADP + H_3PO_4 \quad (= P_i)$$

oder

$$ATP + H_2O \Longleftrightarrow AMP + Pyrophosphat \quad (= PP)$$

$$ADP + H_2O \Longleftrightarrow AMP + P_i$$

ADP und AMP sind die Abkürzungen für Adenosindiphosphat und Adenosinmonophosphat.

Die Phosphate sind untereinander anhydridisch verbunden, zwischen dem innersten Phosphatrest und dem Zuckerrest besteht eine Esterbindung. Die hydrolytische Spaltung ist pH-abhängig. Das ΔG^0 beträgt bei pH 7,0 (unter annähernd physiologischen Bedingungen) $-7,3\ kcal/mol$ $(-30,6\ kJ/mol)$; es

Abb. 19.1. Adenosintriphosphat (ATP)

256

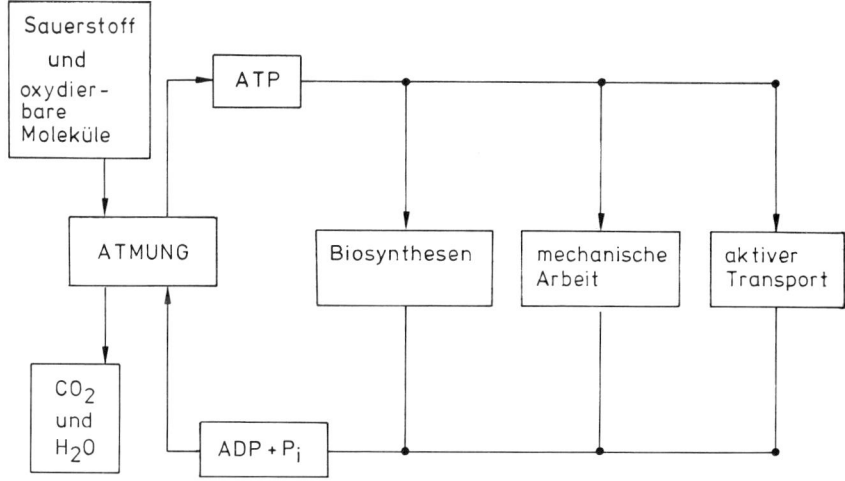

Abb. 19.2. Schlüsselrolle des ATP. Es wird in der Zelle für Biosynthesen, für mechanische Arbeit (Geißelbewegung, Mitose u.a.) sowie für aktiven Transport von Molekülen in die Zelle hinein oder aus der Zelle heraus benötigt.

nimmt mit steigendem pH-Wert zu und beträgt z.B. bei pH 9,0 − 10 kcal/mol (− 42 kJ/mol).

Da die ΔGs für die Abspaltung eines Pyrophosphatrests und eines Phosphatrests nahezu gleich sind, können ATP, ADP und AMP relativ leicht ineinander überführt werden

$$ATP + AMP \rightleftharpoons 2\ ADP$$

Wie aus der folgenden Abbildung 19.3 ersichtlich, ist das ΔG der ATP-Spaltung im Vergleich zur Hydrolyse anderer phosphorylierter Verbindungen keineswegs sehr hoch.

Von daher gesehen, ist der Begriff „energiereiche Bindung" irreführend, doch hat er sich in der biochemischen Literatur durchgesetzt, weil die Hydrolyse leicht erfolgt (natürlich unter Enzymmitwirkung)

und die Energie tatsächlich zur Verfügung steht. Die Ursache für die leichte Spaltbarkeit beruht auf einer starken Elektronenakkumulation an den terminalen Phosphatresten. Gleichartige (hier negative) Ladun-

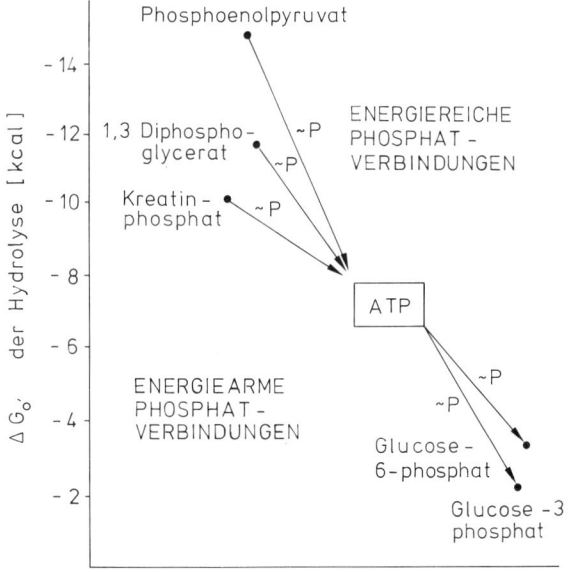

Abb. 19.3. Energiereiche und energiearme Phosphatverbindungen.

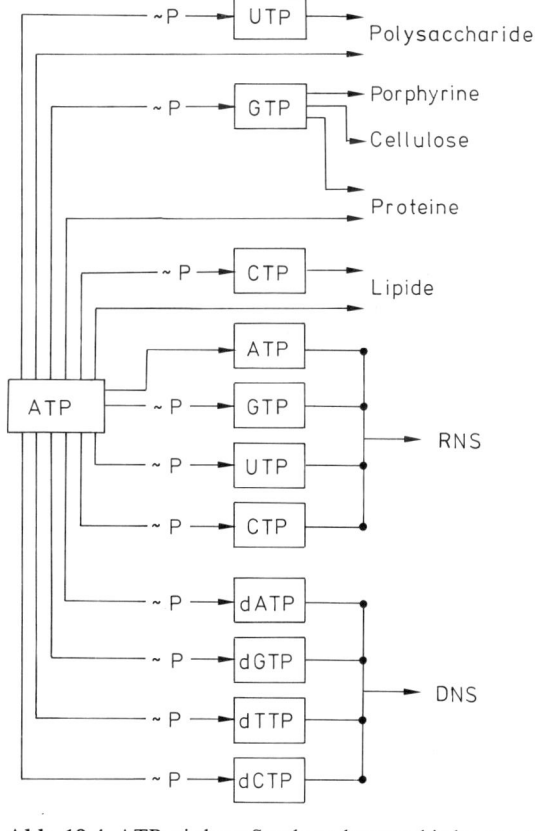

Abb. 19.4. ATP wird zur Synthese der verschiedensten Molekülklassen benötigt. Zur Synthese einiger der Molekülklassen werden andere Ribonukleotide zwischengeschaltet, für deren Synthese fast immer ATP erforderlich ist. Zusammen mit anderen Nukleotiden wird ATP in Nukleinsäuren (Polynukleotide) eingebaut (dATP usw. = Desoxy-ATP usw.).

257

gen führen bekanntlich zu elektrostatischen Abstoßungen, die durch Hydrolyse neutralisiert werden.

In vielen Fällen wird der von ATP abgespaltene terminale Phosphatrest nicht als freies anorganisches Phosphat in Lösung entlassen, sondern auf andere Moleküle übertragen, die dadurch phosphoryliert werden. Andererseits kann eine phosphorylierte Verbindung mit einem $\Delta G^0 > -8$ kcal/mol $(-34$ kJ/mol) seinen Phosphatrest auch auf ADP übertragen und es somit in ATP überführen.

Außer den Adenosinnukleotidphosphaten kommen die Uracil-, Cytosin- und Guaninphosphate vor:

UMP, UDP, UTP, CMP, CDP, CTP, GMP, GDP, GTP.

Die Triphosphatnukleoside der genannten Verbindungen, einschließlich des ATP, sind Bestandteile von RNS. Ins Polymer werden sie unter Pyrophosphat($=$ PP)-Abspaltung eingebaut.

Entsprechende Desoxyribose-Derivate werden zur DNS-Synthese benötigt, wobei allerdings anstelle von dUTP dTTP Verwendung findet. Die terminalen Phosphatgruppen aller Nukleosid-di- und triphosphate sind gleichermaßen energiereich. Auch die bei ihrer Spaltung freiwerdende Energie wird für Biosynthesen verwertet. Dabei stellte sich eine wichtige Arbeitsteilung heraus, die in der Abbildung 19.4 wiedergegeben ist. Demnach wird UTP zur Synthese von Polysacchariden, CTP zur Synthese von Lipiden und GTP zur Synthese von Proteinen u.a. benötigt.

Die Differenzen beruhen auf unterschiedlicher Selektivität der Enzyme, die jeden der Stoffwechselwege steuern.

Protonen- und Elektronenakzeptoren (Wasserstoffakzeptoren)

Der bekannteste und häufigste Wasserstoffakzeptor ist das Nicotinamidadenindinukleotid (NAD):

$$NAD^+ + 2\,e^- + 2\,H^+ \rightleftharpoons NADH + H^+$$

oder z.B.

$$NAD^+ + R-CHOH-R' \rightleftharpoons$$
$$NADH + H^+ + R-CO-R'$$

(Formelmäßig: siehe Abb. 19.5, Absorptionsspektrum s. Abb. 19.6.) Eines der Protonen wird vom NAD^+ direkt an den Nicotinamidring gebunden, das andere verbleibt in Lösung.

NAD^+ ist ein Koenzym (eine prosthetische Gruppe); es wirkt nie alleine, sondern ausschließlich nach Bindung an Protein. NAD^+-bindende Proteine (Enzyme) gehören in die Klasse der Dehydrogenasen. Alle katalysieren die gleiche chemische Reaktion (siehe oben), unterscheiden sich jedoch in bezug auf ihre Substratspezifität. So kennt man unter vielen anderen die Alkoholdehydrogenase, die Lactatdehydrogenase, Malatdehydrogenase, Glycerinaldehydphosphatdehydrogenase u.a.

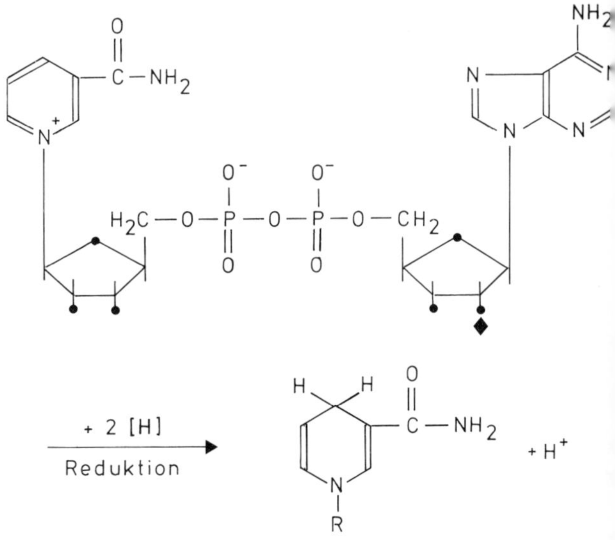

258

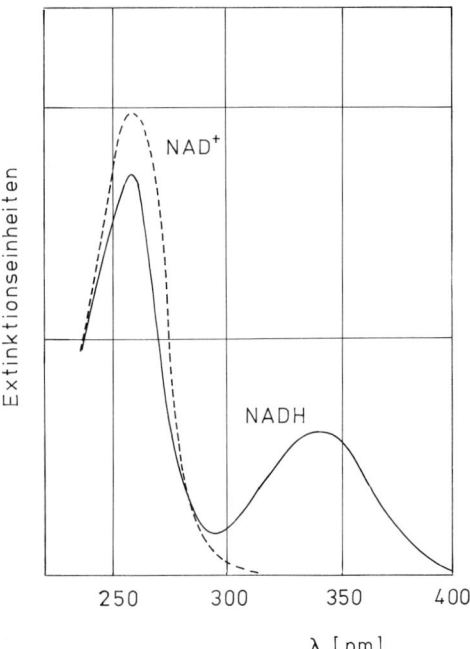

Abb. 19.5. Nicotinamidadenindinukleotid (NAD^+) und seine reduzierte Form, das $NADH + H^+$. Das NADP (Nicotinamidadenindinukleotidphosphat) trägt eine zusätzliche Phosphatgruppe am C_2 des eines Ribosylrests (in der Abbildung durch ◆ markiert).

Ein Derivat des NAD^+ ist das $NADP^+$ (Nicotinamidadenindinukleotidphosphat). Dieses Koenzym ist für uns besonders deshalb so wichtig, weil es in der Photosynthese das NAD^+ vertritt.

Beide werden von den jeweiligen Enzymen nur über

Abb. 19.6. Absorptionsspektren von NAD^+ und NADH. Eine Zunahme der Absorption bei $\lambda = 340$ nm wird als Maß für den Ablauf eines Reduktionsprozesses genommen ($=$ optischer Test nach O. Warburg).

Abb. 19.7. Schematische Darstellung des aktiven Zentrums der Lactatdehydrogenase (LDH). Das NAD$^+$ (NADH), in der Zeichnung durch dickere Linien hervorgehoben, liegt in einer hydrophoben Tasche in geknickter Konformation vor. Beim Einpassen des Koenzyms werden zunächst die Wechselwirkungen zwischen dem Adeninrest und hydrophoben Anteilen des Proteins ausgebildet, dann wird die Position von Arg 101 verändert, so daß es mit den Phosphaten in Wechselwirkung treten kann. Das Substrat wird vom Arg 171 gebunden. (J.J. Holbrook et al, 1975)

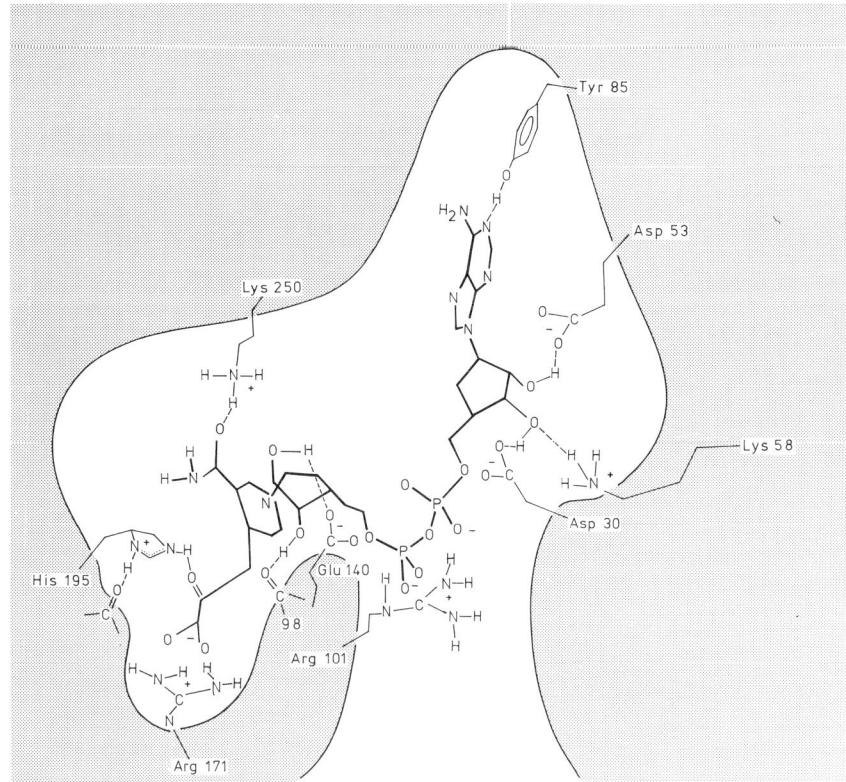

schwache Interaktionen gehalten. Beim Einpassen in eine Tasche an den Enzymoberflächen nehmen sie eine spezifische Konformation an (s. Abb. 19.7).

Das ΔG^0 der Reaktion

$$NADH + H^+ \longrightarrow NAD^+ + 2\,H^+ + 2\,e^-$$

beträgt 14,8 kcal/mol ($= 62\,kJ/mol$), der E'_0-Wert $-0,32$. Bei der Reaktionsumkehr müssen die Vorzeichen vertauscht werden.

Andere Wasserstoffüberträger: Hierzu gehören die Flavine, die Chinone, die Porphyrine (Häm-Gruppen) und einige metallionenenthaltende Proteine.

Flavine: Das häufigste Flavin ist das Flavinadenindinukleotid (FAD), auch Riboflavin oder Vitamin B$_2$ genannt. Der Begriff Vitamin dürfte in einem Bota-

niklehrbuch eigentlich nicht erscheinen, denn er stammt aus der Ernährungsphysiologie des Menschen und beschreibt eine Gruppe von Molekülen, zu deren Synthese der Mensch (und viele Tiere) nicht in der Lage ist und die er mit pflanzlicher Nahrung aufnehmen muß. Die meisten der Vitamine haben Koenzymcharakter. Da pflanzliche Zellen sie ganz normal synthetisieren, sollte man sie ganz einfach unter den Stoffklassen besprechen, denen sie aufgrund ihrer chemischen Struktur angehören. Der aktive Anteil des FAD ist ein Alloxazinring (s. Abb. 19.8). Im Gegensatz zum NAD$^+$ (oder NADP$^+$) werden hier beide Protonen und beide Elektronen vom Ringsystem gebunden. Hinzu kommt, daß das FAD kovalent an Protein gebunden wird. Das gilt auch für das ver-

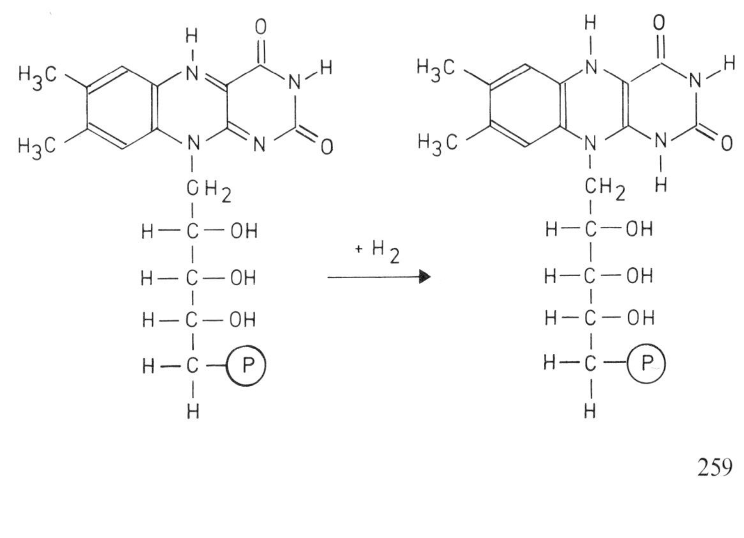

Abb. 19.8. Riboflavin (Vitamin B$_2$), oxydierte und reduzierte Form.

259

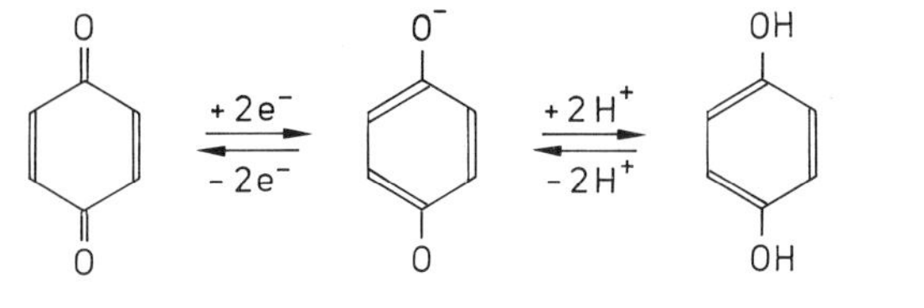

Chinon
(oxidiert)

Hydrochinon
(reduziert)

Abb. 19.9. Chinon

wandte Flavinmononukleotid (FMN). Nach Bindung dieser Kofaktoren nehmen die Proteine eine gelbe Farbe an, sie werden daher als Flavoproteine bezeichnet. Korrekterweise sei auch noch vermerkt, daß es sich bei diesen Verbindungen nicht, wie ihr Name sagt, um Nukleotide handelt. Der Alloxazinring hängt nämlich nicht an einem Zuckerrest (Ribose), sondern an einem Alkohol (Ribit, Ribitol). Flavine sind u.a. an Dehydrogenasereaktionen der Atmungskette beteiligt.

Chinone (s. Abb. 19.9): Sie wirken an Redoxreaktionen in Mitochondrien (Atmungskette) und Chloroplasten (Photosynthese) mit. Man unterscheidet zwischen den Ubichinonen und den Plastochinonen, die sich durch unterschiedliche Seitenkettenreste am Chinonring auszeichnen (s. Abb. 19.10). Ein Ubichinon nimmt als „Koenzym Q" eine Schlüsselstellung als primärer Elektronenakzeptor im Photosystem II der Photosynthese ein (s. Kap. 24).

Porphyrinringe/Hämgruppen: Viele Metalle liegen in mehr als einem stabilen Oxydationszustand vor. Das bekannteste und auch für Zellen wichtigste Beispiel ist das Eisen, das als dreiwertiges Ferriion (Fe^{3+}) und als zweiwertiges Ferroion (Fe^{2+}) vorkommt.

In der Hämgruppe (einem eisenhaltigen Porphyrinring) des Hämoglobins (und des Leghämoglobins, s. Kap. 34) kommt nur Fe^{2+} vor, das die Eigenschaft

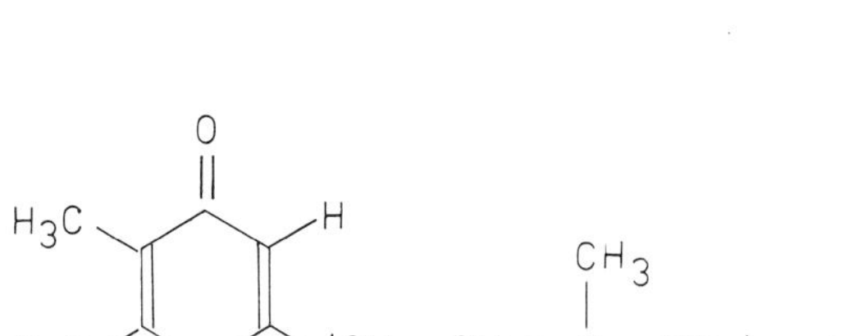

Abb. 19.10. Oben: Ubichinon (Koenzym Q); unten: Plastochinon.

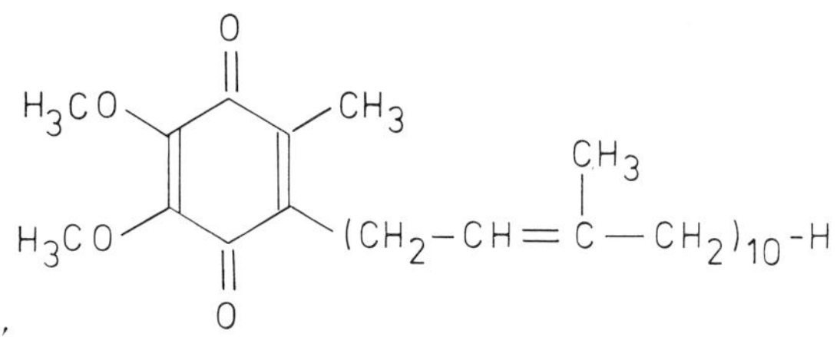

260

hat, Sauerstoff zu binden. In den Cytochromen kommt es zu Valenzwechseln. Cytochrome sind als Zwischenglieder sowohl bei der Atmungskette als auch bei der Photosynthese beteiligt; die einzelnen Typen unterscheiden sich in erster Linie durch ihren Proteinanteil voneinander.

Das bekannteste und an der Photosynthese mitwirkende metallionentragende Protein ohne Hämgruppe ist das Ferredoxin.

Glykolyse und Citratzyklus

Die Glykolyse repräsentiert einen bei aerob und bei anaerob lebenden Organismen weit verbreiteten Abbauweg der Glucose. Andere Zucker und Polysaccharide müssen zunächst in sie oder eines ihrer phosphorylierten Derivate überführt werden.

Im Verlauf der Degradation wird ATP gebildet (Substratkettenphosphorylierung). Rein formal kann Pyruvat (das Salz der Brenztraubensäure) als vorläufiges Endprodukt des Abbaus angesehen werden, denn hier trennen sich die Wege: Unter anaeroben Bedingungen wird es hydriert, wobei je nach Organismenart Lactat (z.B. in Milchsäurebakterien) oder Äthylalkohol (z.B. bei Hefe) entstehen. Führt die Glykolyse zu Endprodukten dieser Art, spricht man von Gärung. Unter aeroben Bedingungen wird es über ein Zwischenprodukt in den Citratzyklus eingeschleust, und über eine Elektronentransportkette (Atmungskette) wird ein ansehnlicher Energiebetrag in Form von ATP gewonnen. Die Ausgangssubstanz Glucose wird dabei vollständig zu H_2O und CO_2 oxidiert.

Im Jahre 1905 beobachteten A. Harden und W. Young, daß der Glucoseabbau zum Erliegen kommt, sofern nicht ausreichende Mengen an anorganischem Phosphat angeboten werden. Es wird letztlich dazu benötigt, Zucker zu phosphorylieren. Sie isolierten ein Hexosediphosphat, das später als Fructose-1,6-diphosphat identifiziert wurde, und zeigten, daß es sich dabei um ein Zwischenprodukt des Glucoseabbaus handelt.

Der Abbauweg wurde in den Jahren vor 1940 restlos aufgeklärt. Die Biochemiker G. Embden, O. Meyerhoff, C. Neuberg, J. Parnass, O. Warburg, G. und C. Cori hatten den Hauptanteil am Erfolg.

Die Glykolyse ist auch unter der Bezeichnung Embden-Meyerhoff-Parnass-Schema in die Literatur eingegangen. Die Reaktionsschritte sind in der Abbildung 19.11 zusammengefaßt. Aus dem Schema ist zu ersehen, daß die Reaktionskette mit einem irreversiblen Schritt, nämlich der Phosphorylierung der Glucose unter ATP-Verbrauch beginnt. Im zweiten – reversiblen – Schritt, wird das gebildete Glucose-6-Phosphat zu Fructose-6-Phosphat isomerisiert.

Unter Verbrauch eines zweiten ATP-Moleküls entsteht Fructose-1,6-diphosphat. Auch dieser Schritt ist nicht umkehrbar, denn das $\Delta G°$ des phosphorylierten Zuckers reicht auch hier nicht aus, um die Phosphat-

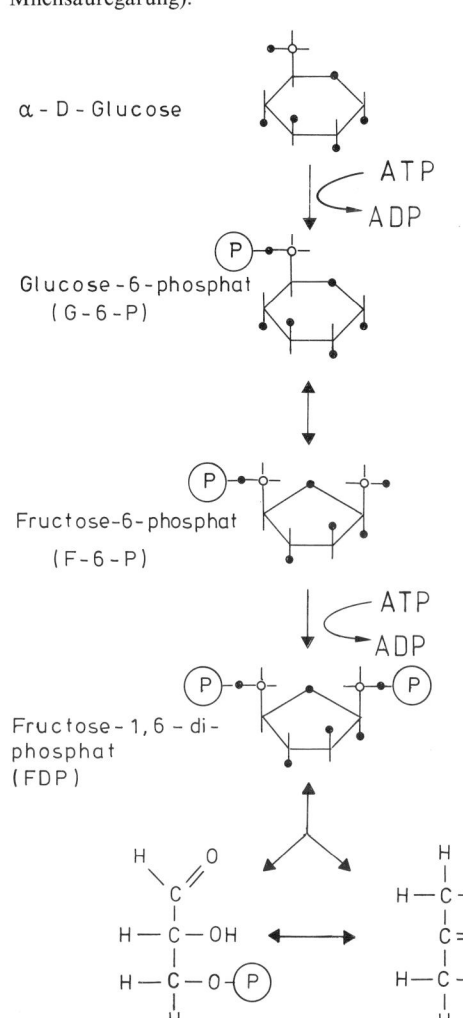

Abb. 19.11. Glykolyse. Sind Äthanol, respektive Lactat die Endprodukte des Abbaus, liegt eine Gärung vor (alkoholische Gärung, Milchsäuregärung).

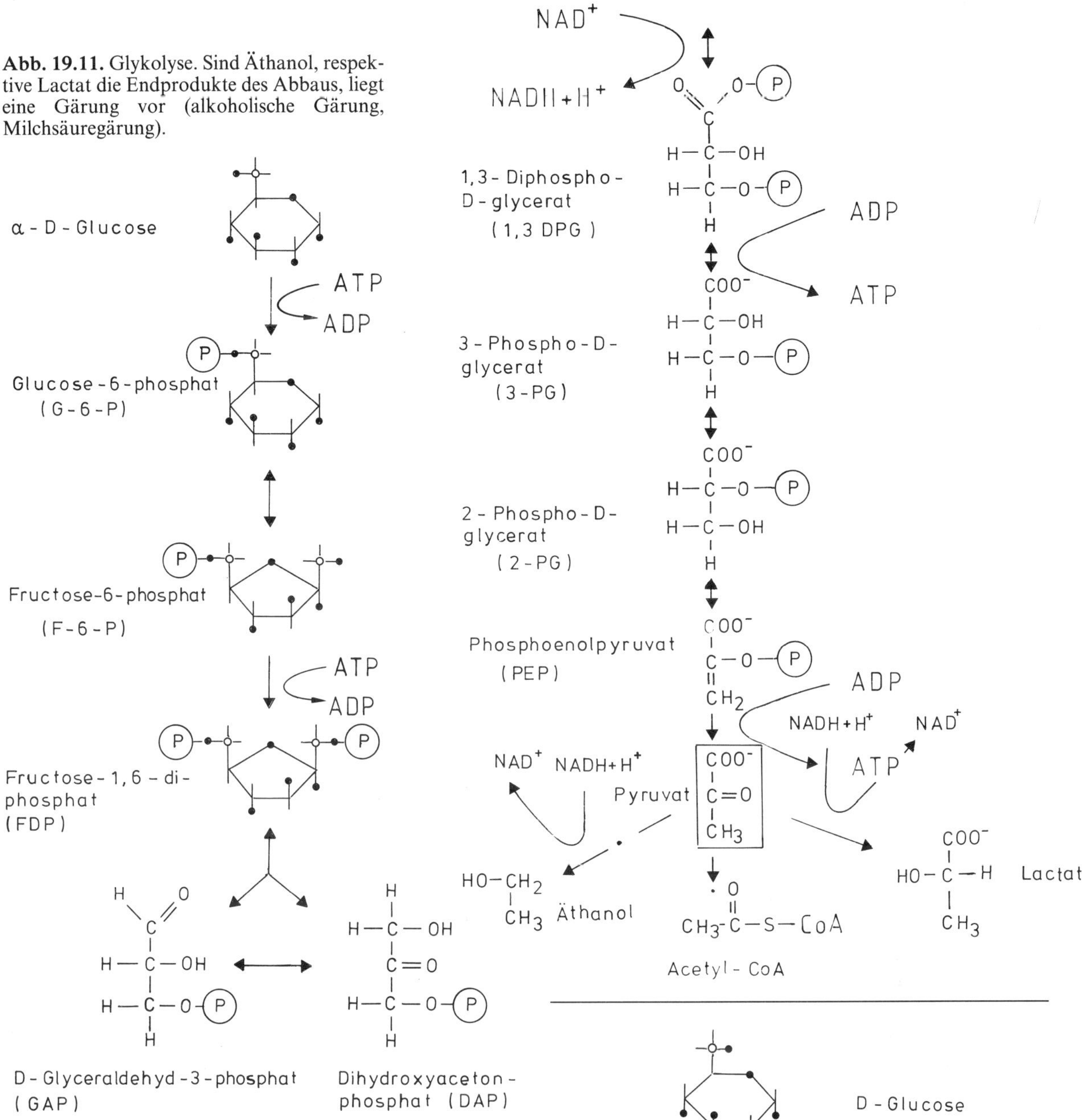

α - D - Glucose

ATP
ADP

Glucose - 6 - phosphat
(G - 6 - P)

Fructose - 6 - phosphat
(F - 6 - P)

ATP
ADP

Fructose - 1, 6 - di-
phosphat
(FDP)

D - Glyceraldehyd - 3 - phosphat
(GAP)

Dihydroxyaceton-
phosphat (DAP)

NAD^+

$NADII + H^+$

1,3 - Diphospho -
D - glycerat
(1,3 DPG)

ADP

ATP

3 - Phospho - D -
glycerat
(3 - PG)

2 - Phospho - D -
glycerat
(2 - PG)

Phosphoenolpyruvat
(PEP)

ADP

$NADH + H^+$ NAD^+

ATP

NAD^+ $NADH + H^+$

Pyruvat

$HO - CH_2$ / CH_3 Äthanol

$CH_3 - \overset{O}{\overset{\|}{C}} - S - CoA$

Acetyl - CoA

$HO - \overset{COO^-}{\underset{CH_3}{C}} - H$ Lactat

Fortsetzung rechte Spalte

gruppe auf ADP zurück zu übertragen. Es sind im Verlauf der gesamten Glykolyse die einzigen Reaktionen, die vektoriell (gerichtet) ablaufen. Schreibt man das Fructose-1,6-diphosphat (= Fructose-1,6-bisphosphat) in linearer Form, erkennt man, daß die beiden Phosphatgruppen terminal sitzen und dadurch die mittlere —C—C— Bindung so schwächen (Dipole in beide Richtungen), daß das Molekül Zerfallstendenzen zeigt (s. Abb. 19.12). Unter Mitwirkung

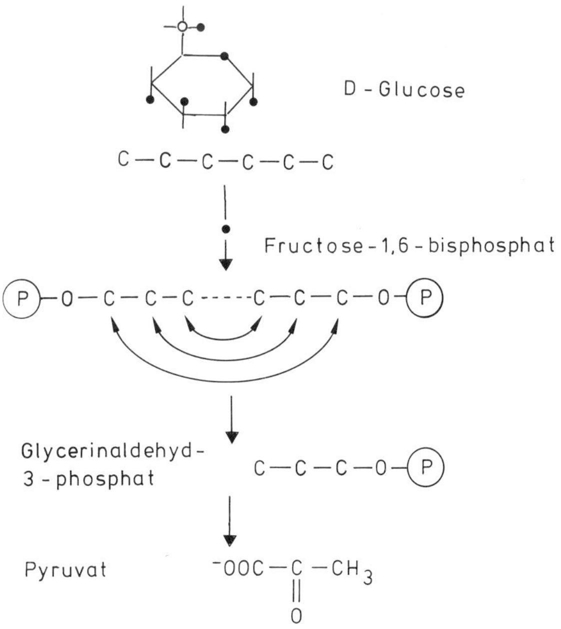

Abb. 19.12. Schwächung einer C-C-Bindung durch stark negative Reste an den Molekülenden (entgegengesetzte Dipole).

D - Glucose

C — C — C — C — C — C

Fructose - 1,6 - bisphosphat

(P) — O — C — C — C ---- C — C — C — O — (P)

Glycerinaldehyd-
3 - phosphat

C — C — C — O — (P)

Pyruvat

$^-OOC - \overset{\|}{\underset{O}{C}} - CH_3$

261

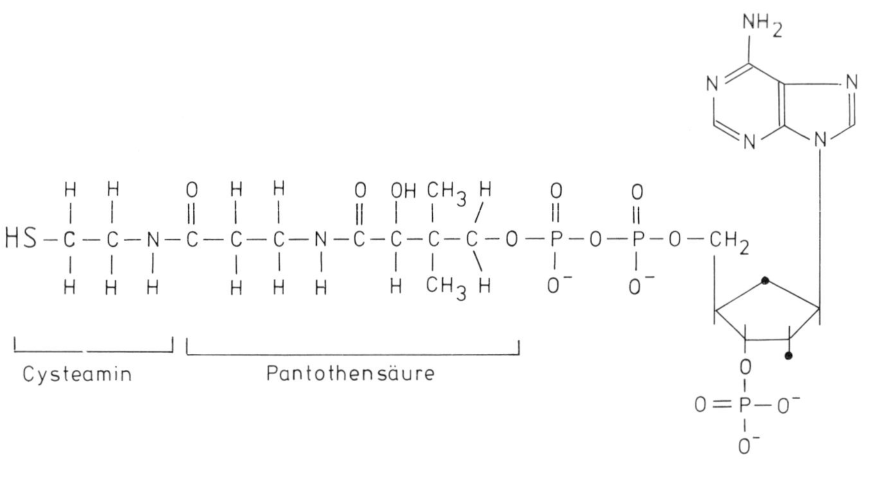

Abb. 19.13. Koenzym A (CoA)

Cysteamin   Pantothensäure

des Enzyms Aldolase entstehen als Spaltproduke D-Glycerinaldehyd-3-Phosphat (GAP) und Dihydroxy-acetonphosphat (DAP), die reversibel ineinander überführt werden können. Unter physiologischen Bedingungen liegt das Gleichgewicht weit auf der Seite des Dihydroxyacetonphosphats. Da Glycerinaldehyd-3-Phosphat durch nachfolgende Reaktionen kontinuierlich abgezogen wird, kann es aus dem Pool des Dihydroxyacetonphosphats ständig nachgeliefert werden.

Jetzt folgt der erste Oxidationsschritt, obwohl kein Sauerstoff im Spiel ist. Durch Dehydrierung freiwerdende Protonen und Elektronen werden von NAD^+ übernommen.

Die Aldehydgruppe des Glycerinaldehyd-3-Phosphats wird zu einer Karboxylsäureestergruppe des Phosphats, wozu freies anorganisches Phosphat benötigt wird.

Das entstehende 1,3-Diphosphat-D-Glycerat ist extrem labil und verliert leicht eine seiner Phosphatgruppen, die ihrerseits auf ADP übertragen wird. Damit ist unser Einsatz von vorhin wieder hereingeholt. Zwei Moleküle ATP wurden investiert, und zwei kommen wieder heraus.

Warum zwei? Aus dem ursprünglichen C_6-Körper (einem Molekül, das sechs C-Atome enthält) sind nach Spaltung des Fructose-1,6-bisphosphats zwei C_3-Körper entstanden, und das wiederum heißt, daß wir die Gewinn- und Verlustbetrachtungen von da ab verdoppeln müssen.

Die beiden folgenden Schritte sind vielleicht weniger interessant, wichtig hingegen ist wieder die Dephosphorylierung des Phosphoenolpyruvats unter ATP-Bildung zu Pyruvat. An dieser Stelle kann die Besprechung der Glykolyse unterbrochen werden. Wie schon eingangs erwähnt, können von hier ab unterschiedliche Abbauwege eingeschlagen werden; z.B. entsteht, unter Mitwirkung des Enzyms Lactatdehydrogenase und unter $NADH + H^+$-Verbrauch Lactat, in anaerob wachsenden Hefezellen unter Mitwirkung von Pyruvatdecarboxylase, von Alkoholdehydrogenase und wiederum von $NADP + H^+$, Äthanol. Der Nettogewinn bei diesen Prozessen (Gärungen) ist recht bescheiden, denn er beruht nur auf zwei bereits genannten ATP-Molekülen. Unter aeroben Bedingungen läuft die Reaktionskette vom Pyruvat zum Acetyl-CoA:

$$\text{Pyruvat} + NAD^+ + CoA \longrightarrow \text{Acetyl} = CoA +$$

$$CO_2 + NADH + H^+.$$

Hierbei handelt es sich um eine oxydative Decarboxylierung, weil CO_2 freigesetzt und das Pyruvat gleichzeitig dehydriert (oxydiert) wird.

Citratzyklus

Die Schlüsselrolle zum Einstieg in den Citratzyklus spielt das Acetyl-CoA. Koenzym A (CoA, s. Abb. 19.13) ist ebenfalls ein Kofaktor, also eine prosthetische Gruppe wie das NAD^+ und die anderen bisher besprochenen. Die terminale SH-Gruppe bildet das reaktive Zentrum, das eine C_2-Einheit (einen Acetylrest) binden und damit auf andere Molekülgruppen übertragen kann. Vom Acetyl-CoA (aktivierte Essigsäure) zweigt einmal die Fettsäuresynthese ab, zum anderen kann die aktivierte Essigsäure unter Abspaltung des Koenzyms an Oxalacetat gekoppelt werden; damit sind wir bereits im Citratzyklus (s. Abb. 19.14). Über eine Reihe von Zwischenprodukten führt er zur Regeneration des Oxalacetats. Damit ist die Benennung Zyklus gerechtfertigt.

Doch passiert etliches mehr:

(1) An zwei Stellen der Reaktionskette wird CO_2, eines der beiden Oxidationsprodukte der Glucose, abgespalten. Der in den Zyklus eingeschleuste C_2-Körper ist damit vollständig oxidiert.

(2) An vier Stellen werden je $2 H^+ + 2 e^-$ freigesetzt, an dreien werden sie auf NAD^+ übertragen, an einer (bei der Dehydrierung von Succinat zu Fumarat) auf FAD.

(3) Einige der Zwischenprodukte sind Ausgangsstoffe von Biosynthesewegen.

262

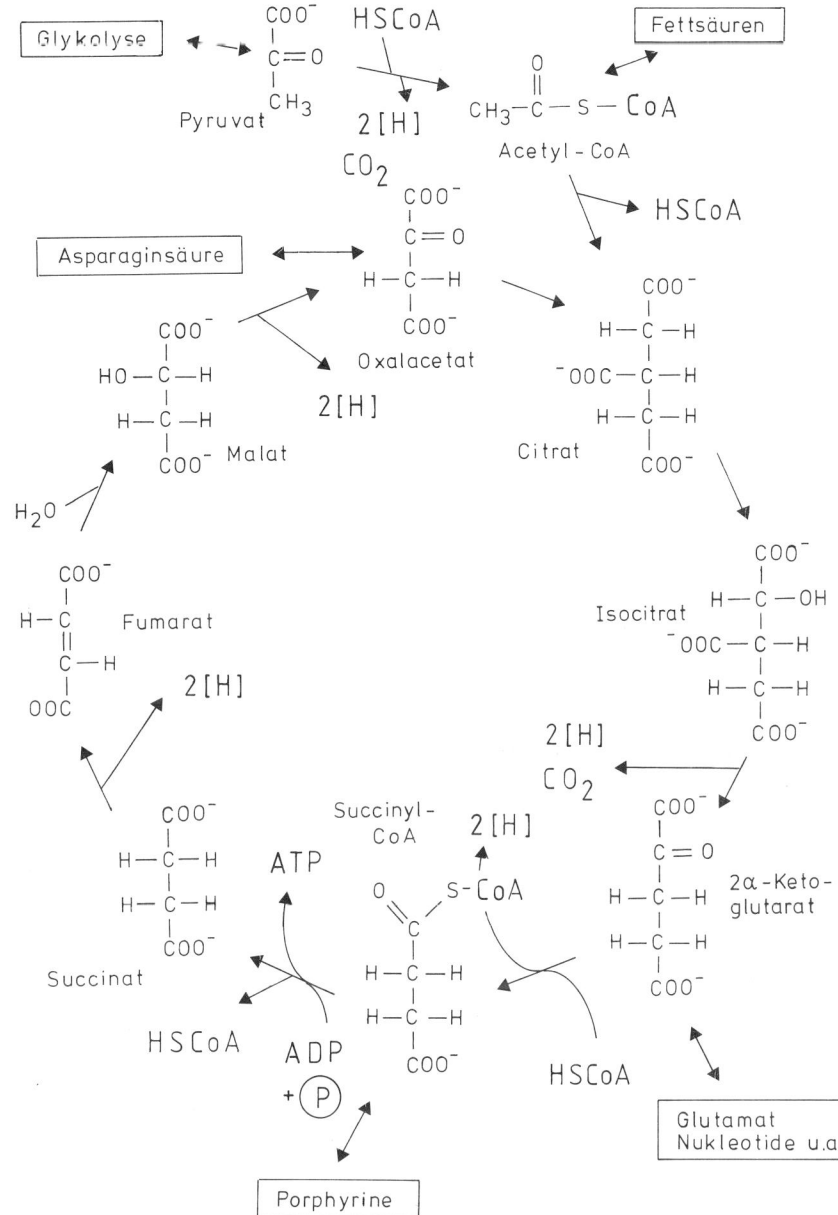

Abb. 19.14. Citratzyklus (= Tricarbonsäurezyklus, = Krebs-Zyklus)

(4) Es wird ein Molekül ATP (bei Tieren: GTP) gebildet. Seiner Entstehung geht die Bildung von Succinyl-CoA voraus. Diese Verbindung enthält eine energiereiche C∼S-CoA-Bindung (Thioesterbindung, ΔG°: − 8 kcal/mol = − 33,6 kJ/mol), deren Spaltung Energie für eine ATP (bzw. GTP)-Bildung bereit hält.

Atmungskette: Oxydative Phosphorylierung – eine Elektronentransportkette

Der Substanzverlust, der durch die Atmung nebenbei erzeugt wird, hat den Zweck, mechanische Kräfte zu entwikkeln, durch welche die Atome und Moleküle der übrigen Substanzen in diejenigen Bewegungen versetzt werden, aus denen Wachstum und die sonstigen Funktionen der lebenden Pflanze resultieren. Mit einem Wort: Die Atmung ist die Kraftquelle, aus der alle Lebenserscheinungen ihre Kräfte schöpfen, während die Assimilation in den chlorophyllhaltigen Organen die Stoffe liefert, die später zum Zweck des Lebens in Bewegung gesetzt werden.

(J. Sachs. 1882)

Alle Reaktionsschritte der Glykolyse und des Citratzyklus laufen im Cytosol der Zellen ab. Die Atmungskette ist räumlich von ihnen getrennt. Sie stellt einen membrangebundenen Vorgang dar, der an die innere mitochondriale Membran (Sacculusmembran) gebunden ist. Mitochondrien werden üblicherweise als die Kraftwerke der Zelle bezeichnet, weil in ihnen

263

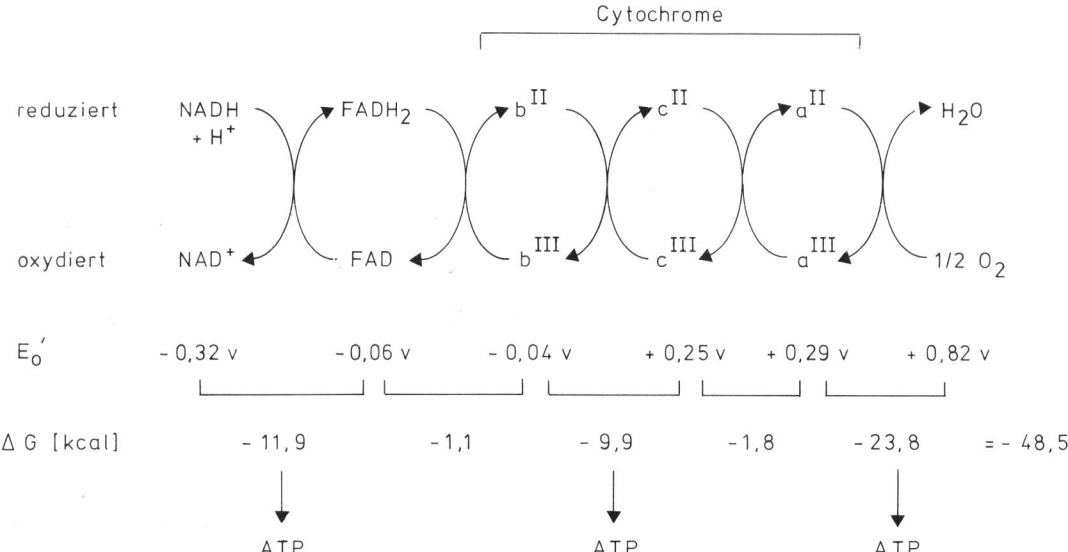

Abb. 19.15. Elektronentransport in der Atmungskette; Einzelheiten siehe Text.

unter Sauerstoffverbrauch ATP gebildet wird. Der Vorgang wird auch oxydative Phosphorylierung genannt. Er ähnelt in manchem der Photophosphorylierung während der Photosynthese (s. Kap. 24): Beide Prozesse funktionieren nur dann, wenn intakte Membranen vorhanden sind, die sich ihrerseits zu Vesikeln schließen und so ein Kompartiment der Zelle von einem anderen trennen.

Zusammenfassend kann die Atmungskette als der Prozeß charakterisiert werden, bei dem $NADH + H^+$ und $FADH_2$ unter Sauerstoffverbrauch oxydiert werden, Wasser entsteht und gleichzeitig ATP gebildet wird.

Bekanntlich ist eine Wasserbildung (Knallgasreaktion)

$$2 H_2 + O_2 \longrightarrow 2 H_2O$$

stark exergonisch. Die Atmungskette führt zwar im Endeffekt zum gleichen Ergebnis, nur läuft die Reaktion über eine Anzahl von Zwischenstufen (eine Elektronentransportkette), bei der die Energie sukzessive freigesetzt und in energiereiche Bindungen investiert wird.

Summarisch ist der Reaktionsablauf in der Abbildung 19.15 wiedergegeben.

(1) $NADH + H^+$ wird oxydiert, es entsteht NAD^+. Der Wasserstoff wird von einem weiteren Wasserstoffakzeptor, dem FAD übernommen.

(2) $FADH_2$ wird durch Cytochrome oxydiert. Wie schon früher ausgeführt, handelt es sich hierbei um Proteine (Cytochrom b, Cytochrom c, Cytochrom a u.a.), die als Kofaktoren Hämgruppen (Porphyrinringe) tragen. In ihrem Zentrum befindet sich ein Eisenion mit wechselnder Valenz:

$$Fe^{3+} \rightleftharpoons Fe^{2+}.$$

Während das FAD außer den Elektronen auch noch

die Protonen trägt, trifft das auf die Cytochrome nicht mehr zu, denn sie übertragen nur Elektronen. Die Protonen werden in Lösung entlassen.

In der Atmungskette wird das Fe^{3+} des Cytochroms b zunächst in Fe^{2+} überführt. In pflanzlichen Zellen sind mindestens drei verschiedene Cytochrom-b-Typen in Serie hintereinandergeschaltet. Die Rückführung in Fe^{3+} erfolgt durch Elektronenabgabe an das Cytochrom c, das die Elektronen in einem weiteren Schritt an Cytochrom a weiterreicht. Zwischen dem Flavoprotein und den Cytochromen kann ein Chinon/Hydrochinonsystem zwischengeschaltet sein.

(3) Das reduzierte Cytochrom a gibt die Elektronen an Sauerstoff ab (O^{2-}), der sich dann umgehend mit freien Protonen zu Wasser verbindet.

Bei der Besprechung der Redox-Reaktionen sahen wir, daß jedes Redoxpaar durch ein Redoxpotential (E'_0) charakterisiert und daß dieses wiederum der freien Energie der Reaktion (ΔG^0) proportional ist. Die für die Atmungskette ermittelten Werte sind der obigen Abbildung zu entnehmen. Man erkennt hier, daß bei drei Redoxpaaren die Potentialdifferenz ausreicht, um je ein ATP-Molekül zu formen. Folglich entspricht ein $NADH + H^+$-Äquivalent drei ATP-Molekülen, während ein $FADH_2$ lediglich zur Bildung von zwei ATPs führt.

Wie kann man sich das alles mechanistisch, molekularbiologisch vorstellen?

Dazu muß einmal erinnert werden, daß alle genannten Kofaktoren proteingebunden sind, daß diese Proteine entweder integrale Bestandteile der Membran oder eng mit ihr assoziiert sind. Es ist darüber hinaus wichtig, zu wissen, daß die Orientierung der Proteinmoleküle in der Membran stets gleich (vektoriell) ist und daß diese Membran protonenundurchlässig ist. Außer den genannten Proteinen wird noch

264

ein weiteres Enzym, eine ATP-Synthetase, benötigt. Wie sind nun ATP-Synthetaseaktivität und Elektronentransportkette miteinander gekoppelt? Es gab schon seit langem gute Hinweise darauf, daß dieses Enzym selbst die Funktion eines Kopplungsfaktors wahrnimmt.

1961 postulierte P. Mitchell, daß Protonen während des Ablaufs der Atmungskettenreaktionen gerichtet durch die Membran befördert werden. Damit baut sich ein pH-Gradient auf.

Der „Rücktransport" erfolgt über einen spezifischen Protonenkanal (s. Abb. 19.16). Mit diesem Rücktransport ist eine ATP-Bildung gekoppelt, bei der die potentielle Energie des Protonengradienten in die dritte Phosphatbindung des ATP einfließt.

Die Beschreibung der Atmungskette sollte nicht zu dem Schluß verleiten, daß jetzt tatsächlich ganz bestimmte Protonen und Elektronen von einem Träger zum nächsten weitergereicht werden, vielmehr handelt es sich um Nettobilanzen, die den Zustand und das Gleichgewicht der jeweiligen Akzeptoren beschreiben.

Abschließend können wir eine Gesamtenergiebilanz des Glucoseabbaus aufstellen: Die Oxydation ist mit einem Abfall der freien Energie verbunden (s. Abb. 19.17); bei der vollständigen Verbrennung von Glucose fallen 686 kcal/mol (= 2881 kJ/mol) an.

Wieviel von diesem Energiebetrag kann die Zelle für ihren eigenen Bedarf nutzen?
(1) Es werden pro Mol Glucose sechs Mol ATP gebildet (Substratkettenphosphorylierung). Die Zahl ergibt sich aus 3×2, da ja alle Schritte nach der

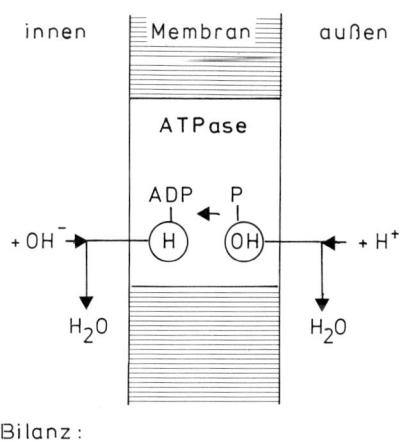

Abb. 19.16. Ein Modell des Mechanismus der Protonentranslokation durch die innere mitochondriale Membran. Man beachte, daß nicht Protonen wandern, sondern daß bei der ATP-Synthese auf der einen Membranseite (außen) OH^--Ionen, auf der entgegengesetzten (innen = Matrixseite) H^+-Ionen freigesetzt werden. Die Bilanz der Reaktion führt zu einer scheinbar gerichteten Protonenwanderung. Die ATPase verfügt über getrennte, aber benachbarte Bindungsorte für ADP und P_i.

Fructose-1,6-bisphosphatspaltung doppelt zu zählen sind. Von diesen sechs ATPs werden für den Start der Glykolyse zwei verbraucht, es verbleiben vier.

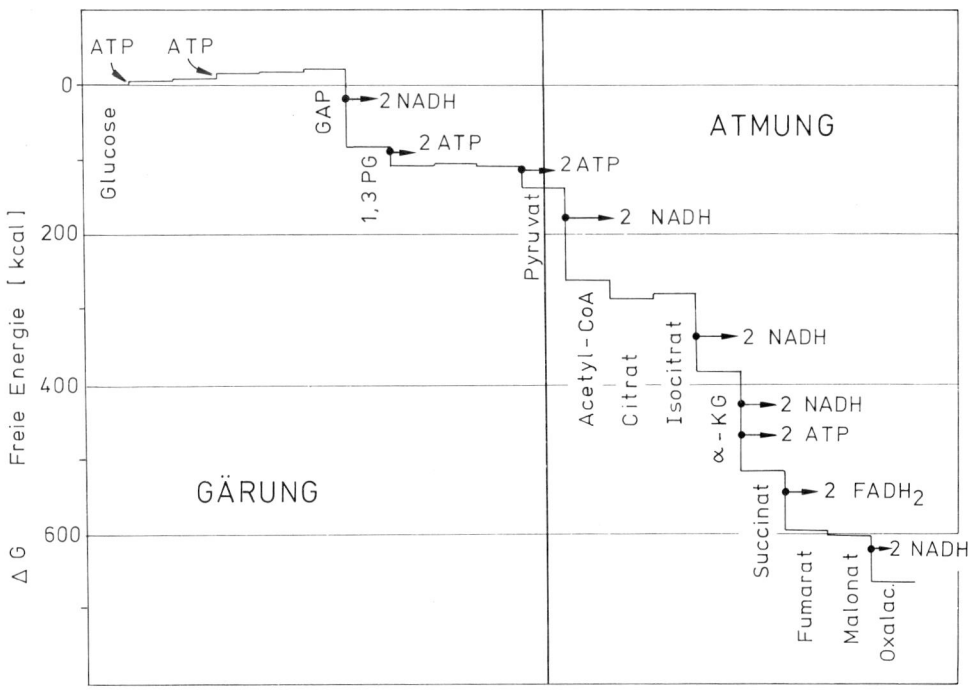

Abb. 19.17. Abfall der freien Energie (ΔG) während der Gärung und der Atmung. Abkürzungen: GAP = Glycerinaldehyd-3-Phosphat; 1,3 PG = 1,3-Diphosphoglycerat, αKG = α-Ketoglutarat. (Umrechnungsfaktoren: 200 kcal $\cong$ 840 kJ, 400 kcal $\hat{=}$ 1680 kJ, 600 kcal = 2520 kJ).

(2) Während der Glykolyse bis zur Stufe des Acetyl-CoA werden 2×2 NADH + H$^+$ gebildet.

Im Citratzyklus entstehen 3×2 NADH + H$^+$ und 1×2 FADH$_2$. Über die Atmungskette verrechnet, bedeutet das einen Gewinn von 34 ATP-Äquivalenten.

Das ergibt in der Summe 38 Mole ATP pro Mol Glucose. Da in jeder energiereichen Bindung des ATP $-7,3$ kcal/mol ($= -30,6$ kJ/mol) gespeichert sind, erhalten wir insgesamt 277 kcal/mol (1163 kJ/mol). Das wiederum entspricht, bezogen auf 686 kcal/mol, 40,6 Prozent der theoretisch möglichen Ausbeute.

Die restlichen 59,4 Prozent werden als Wärme freigesetzt.

Mit dem Ergebnis sollte man zufrieden sein, wenn man bedenkt, daß die Ausbeute technischer Maschinen (Dampfmaschine, Benzinmotor) bei oder unter 20 Prozent liegt.

Biosynthesen

Aminosäuren

Pflanzen sind in der Lage, alle 20 für den Aufbau von Proteinen benötigten Aminosäuren selbst zu synthetisieren. Darüber hinaus bilden sie eine Reihe weiterer, von denen wir einige im folgenden Kapitel behandeln werden.

Bei der Besprechung der Glykolyse und des Citratzyklus hatten wir es mit kohlenstoffhaltigen, doch stickstofffreien Molekülen zu tun gehabt. Von einigen der Intermediärprodukte (Zwischenprodukte) zweigen Syntheseketten der Aminosäuren ab (s. Abb. 19.18). Aufgrund chemischer Gemeinsamkeiten – und nur weniger Ausgangssubstanzen – können wir sie fünf Gruppen (Familien) zuordnen:

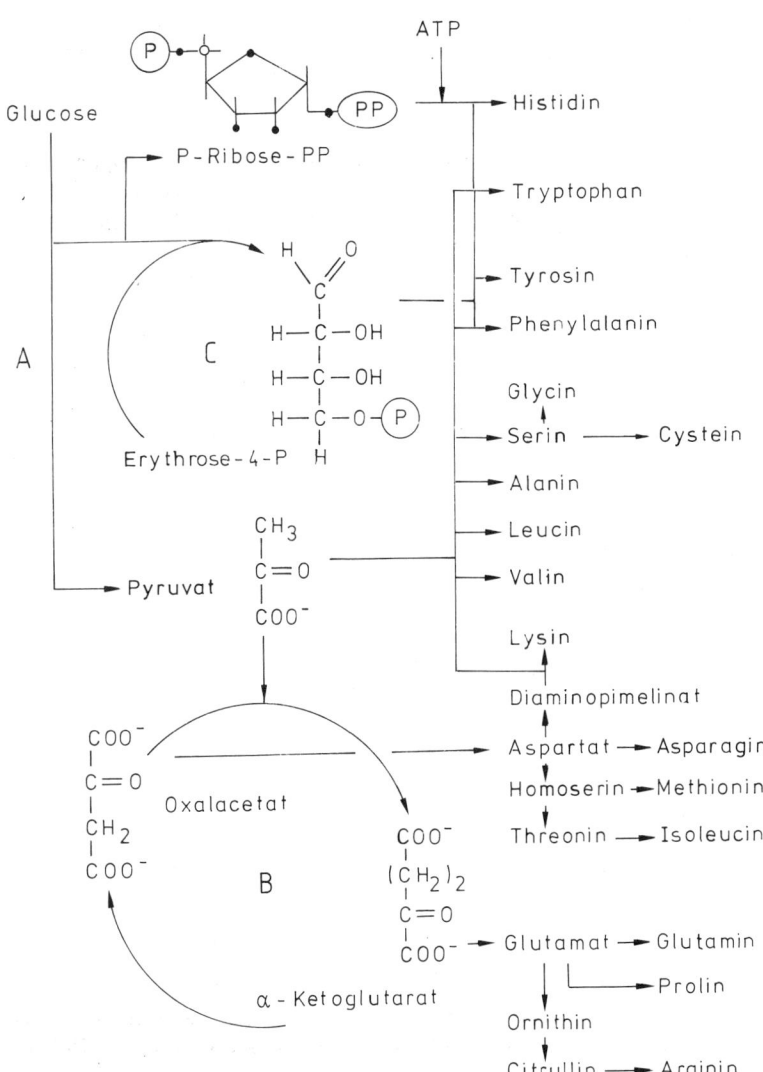

Abb. 19.18. Aminosäuresynthesen und Ausgangsprodukte. Die Glykolyse ist durch A, der Citratzyklus durch B und der Pentosephosphatzyklus durch C symbolisiert.

266

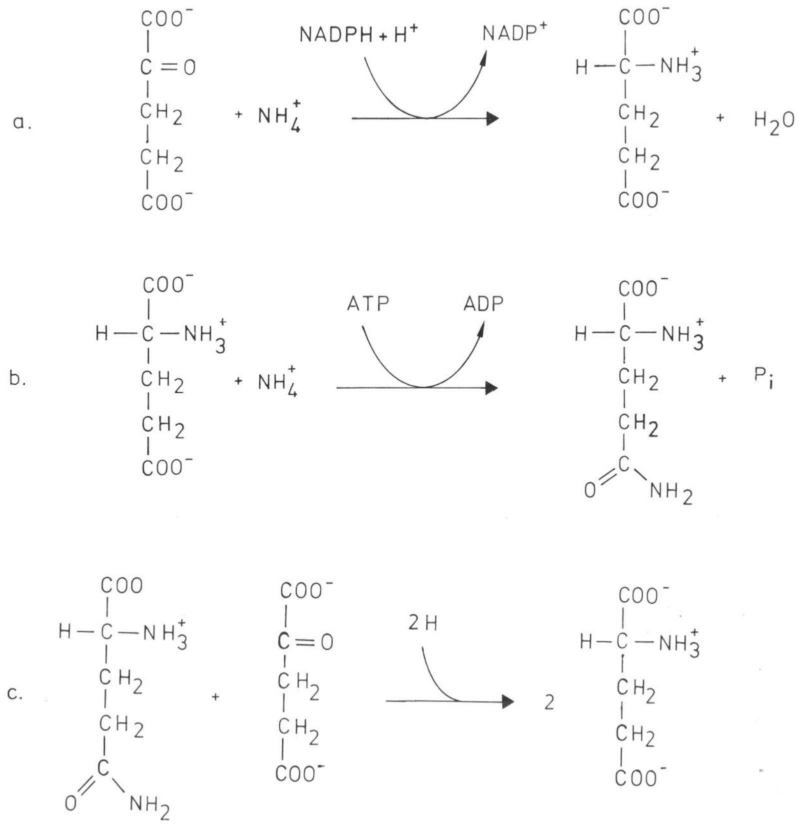

Abb. 19.19. Biosynthese von Glutamat und Glutamin, oben: *a* Glutamatdehydrogenasereaktion. Ausgangsprodukte sind α-Ketoglutarat und NH_4^+; Mitte: *b* Glutaminsynthetasereaktion. Ausgangsprodukte sind Glutamant und NH_4^+; unten: *c* Glutamatsynthetasereaktion (eine Transaminierung). Die Aminogruppe einer Aminosäure wird auf eine α-Ketosäure (hier α-Ketoglutarat) übertragen.

(1) Glutamatfamilie (ausgehend vom α-Ketoglutarat)
(2) Aspartatfamilie (ausgehend vom Oxalacetat)
(3) Alanin-Valin-Leucin-Gruppe (ausgehend vom Pyruvat)
(4) Serin-Glycin-Gruppe (ausgehend vom 3-Phosphoglycerat)
(5) Aromatische Aminosäuren (ausgehend vom Phosphoenolpyruvat und dem Erythrose-4-Phosphat).

Woher stammt nun der Stickstoff? Pflanzen nehmen ihn in Form von Nitrat, in geringem Umfang auch in Form des Ammoniumions (NH_4^+) auf. Einige wenige Arten, vorwiegend Leguminosen, leben in Symbiose mit stickstoffbindenden Bakterien, die zur Reduktion atmosphärischen Stickstoffs befähigt sind. Die übrigen Pflanzen begnügen sich mit einer Nitratreduktion.

Nitrat wird in einem ersten Schritt zu Nitrit reduziert. Die dafür benötigte reduzierende Substanz ist das $NADH + H^+$, das bei der Glykolyse anfällt. Damit wären Glykolyse und Nitratreduktion miteinander gekoppelt, was unter anderem auch mit dem Vorteil verbunden ist, daß regeneriertes NAD^+ für den Fortgang der Glykolyse anfällt.

In einem zweiten Schritt muß Nitrat zum Ammoniumion weiterreduziert werden. Als Elektronendonator wirkt dabei reduziertes Ferredoxin, das seinerseits im Photosyntheseprozeß gewonnen wird. Der hierfür benötigte Enzymkomplex ist die Nitritreduk-

tase, die in photosynthetisierenden Geweben in den Chloroplasten lokalisiert ist.

Die Reaktion läuft über eine Elektronentransportkette, an der sowohl NADP als auch FAD beteiligt sind. Wie die Schritte im einzelnen zusammenhängen, ist zum Teil noch ungeklärt. Freie Ammoniumionen sind für jede Zelle toxisch, sie müssen daher schnellstmöglich abgefangen werden. Der quantitativ wichtigste Weg dürfte bei grünen Pflanzen über die $NADP^+$-abhängige Glutamat-Dehydrogenase-Reaktion laufen (s. Abb. 19.19a). Damit wären wir bereits bei der ersten Aminosäure und hätten einen Einstieg zur Besprechung der Glutamatfamilie. Zuvor sollte noch eine zweite Alternative genannt werden: Das Glutamat selbst kann ein weiteres Ammoniumion binden und wird so in die Aminosäure Glutamin überführt (s. Abb. 19.19b). Auch diese Reaktion läuft in den Chloroplasten ab. Beide Reaktionen sind ATP-abhängig.

Zum Verständnis von Aminosäuresynthesen ist der Einfluß einer Gruppe von Enzymen, der Transaminasen, hervorzuheben. Diese sind in der Lage, eine Aminogruppe (vorwiegend) von Glutamin auf eine α-Ketosäure zu übertragen (s. Abb. 19. 19). Damit kommt ihnen gleichsam eine Verteilerrolle von Aminogruppen zu. Keimende Samen, denen funktionsfähige Chloroplasten fehlen und die daher keine Photosynthese betreiben, beziehen Aminogruppen ausschließlich aus dem Abbau vorhandener Reserveproteine

267

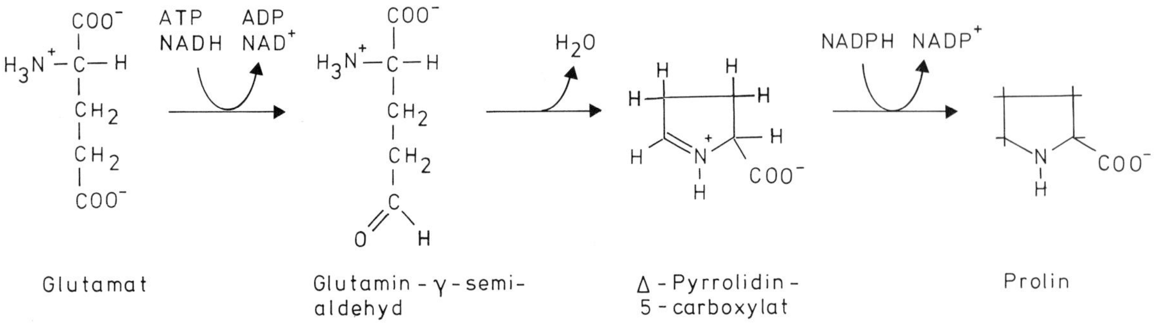

Abb. 19.20. Synthese des Prolins aus Glutamat

und schleusen sie auf dem eben skizzierten Weg in neu zu bildende Aminosäuren, Proteine sowie weitere stickstoffhaltige Verbindungen ein.

Die Glutamatfamilie. Hierzu gehören die Aminosäuren Glutaminsäure (Glutamat), Glutamin, Prolin und Arginin. Die Synthese der ersten beiden haben wir schon besprochen. Prolin entsteht durch Ringschluß – über zwei Zwischenstufen – unter Verbrauch von je einem ATP, $NADH + H^+$ und $NADPH + H^+$ (s. Abb. 19.20). Das weist darauf hin, wie energieaufwendig Biosynthesen sind. Im folgenden wird das nicht jedesmal explizit erwähnt, doch sollte man sich vergegenwärtigen, daß jede vergleichbare Biosynthesekette Energiebeträge dieser Größenordnung verbraucht.

Prolin enthält keine $-NH_2$-Gruppe, korrekterweise dürfte man es daher nicht als Aminosäure, sondern müßte es als Iminosäure bezeichnen (deren Merkmal: $>NH$). Eine Umwandlung von Prolin in Hydroxyprolin erfolgt nur an Prolinresten, die Bestandteil einer Polypeptidkette sind. Auffallend häufig ist Hydroxyprolin in einem Zellwandprotein, dem Extensin.

Arginin ist eine basische Aminosäure, d.h., sie trägt eine zweite, unter physiologischen Bedingungen ionisierte Aminogruppe. Ihre Biosynthese läuft über insgesamt acht Zwischenstufen. Ein wichtiges Zwischen-

produkt ist Ornithin, das in pflanzlichen Zellen auf zwei alternativen Wegen gebildet werden kann. Es dient als Akzeptor für Carbamylphosphat. Durch dessen Anlagerung, bei gleichzeitiger Phosphatabspaltung, wird die Molekülkette des Ornithins verlängert, und es entsteht Citrullin (s. Abb. 19.21). Beide Zwischenprodukte gehören in diejenige Kategorie von Aminosäuren, die zwar in Zellen häufig vorkommen, doch nicht in Proteine eingebaut werden. Unter Anlagerung von Aspartat wird das Molekül erneut vergrößert. Aus dem gebildeten Produkt wird dann ein Teil wieder herausgespalten (Fumarat), wobei Arginin entsteht.

Das Beispiel dieser Biosynthese macht mehreres deutlich:
– Die Biosynthese komplexer Produkte läuft über eine Vielzahl von Zwischenprodukten.
– Durch Zusammenlagerung zweier Moleküle wird die $-C-C-$ Kette verlängert. Es wird also nicht jede Bindung für jedes Produkt neu geknüpft.
– Aminosäuren werden außer zum Einbau in Proteine auch als Zwischenprodukte für die Synthese anderer Aminosäuren benötigt.
– Biosynthesewege sind untereinander vernetzt (s. Abb. 19.22)

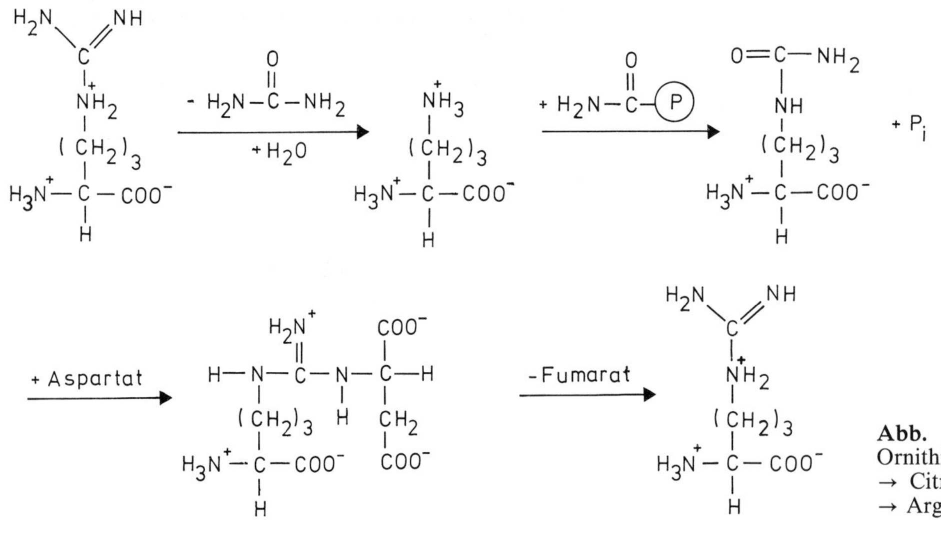

Abb. 19.21. Ornithinzyklus: Ornithin + Carbamylphosphat → Citrullin → Aminosuccinat → Arginin → Ornithin.

268

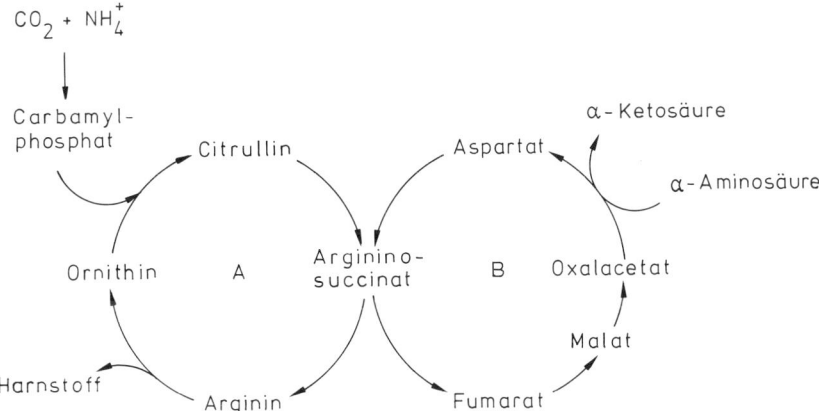

Abb. 19.22. Kopplung zwischen Ornithin- *(A)* und Aspartatzyklus *(B)* (Arginin- und Aspartatsynthese).

Die Aspartatfamilie. Zu dieser Gruppe rechnet man die Aminosäuren Asparaginsäure (Aspartat), Asparagin, Threonin, Isoleucin und Methionin.

Aspartat entsteht aus der Transaminasereaktion

Glutamat + Oxalacetat $\longrightarrow$ α-Ketoglutarat + Aspartat

und Asparagin durch Aufnahme einer weiteren Aminogruppe. Das kann einmal durch die Fixierung eines Ammoniumions geschehen (analog der Bildung von Glutamin), zum anderen aber auch durch eine Übernahme einer Aminogruppe vom Glutamin.

NH_4^+ + Aspartat + ATP $\longrightarrow$ Asparagin
+ ADP + P_i

Glutamin + Aspartat + ATP $\longrightarrow$ Glutamat
+ Asparagin + AMP + PP

Vom Aspartat führt ein Weg zum L-Homoserin, einem Zwischenprodukt (Intermediärprodukt), von dem aus sich die Wege zum Threonin und Isoleucin einerseits und zum Methionin andererseits trennen.

Die Reaktionskette zum Threonin führt wieder über mehrere Zwischenprodukte, wobei zwei ATP-Moleküle, ein $NADPH + H^+$ und ein $NADH + H^+$ verbraucht werden.

Es gäbe eine energetisch günstigere Lösung:

Acetaldehyd + Glycin $\longrightarrow$ Threonin

doch ist Acetaldehyd in aerob lebenden Zellen Mangelware (abgesehen davon, daß es ein starkes Zellgift ist).

Die Synthese des Isoleucins geht vom Threonin aus, für die des Methionins wird Schwefel benötigt. Dieser wird von Pflanzen als Sulfation aufgenommen und in einer Zweischrittreaktion in die reduzierte Form (formal H_2S) gebracht. Sulfid entsteht als Zwischenprodukt. Ein für die Reaktion benötigtes Enzym konnte aus Chloroplasten (von Spinat) isoliert werden. Wiederum wird das reduzierte Ferredoxin als Elekronendonator benötigt. Der reduzierte Schwefel erscheint letztlich als —SH-Gruppe im Cystein (assimilatorische Sulfatreduktion).

Von dort wird sie auf eine Vorstufe des Methionins übertragen. Andererseits gibt es aber auch einen Weg, bei dem Cystein aus Methionin wiedergewonnen werden kann. An der Methioninbildung ist ein C_1-Gruppen-Überträger, die Tetrahydrofolsäure (THF, s. Abb. 19.23), beteiligt. In diesem Fall überträgt sie eine —CH_3-Gruppe und koppelt sie an freies —SH. Ergebnis: —S—CH_3.

Lysinsynthese. Wie bei der Kopplung zwischen Arginin- und Asparaginsynthese, findet man auch eine Kopplung zwischen Produkten der Glutamat- und der Aspartatfamilie. Lysin kann auf zweierlei Weise entstehen. Die beiden Wege (s. Abb. 19.24) sind nach den charakteristischen Zwischenstufen benannt. Bei Grünalgen, Farnen und höheren Pflanzen wird der erste Weg beschritten, während bei einigen grünen Flagellaten (Euglenophyta) sowie bei Pilzen der zweite Weg eingeschlagen wird.

Alanin-Valin-Leucin-Gruppe Hier sind die Verhältnisse wieder übersichtlicher. Ausgangsprodukt ist das Pyruvat, dessen Aminoderivat das Alanin ist. Valin

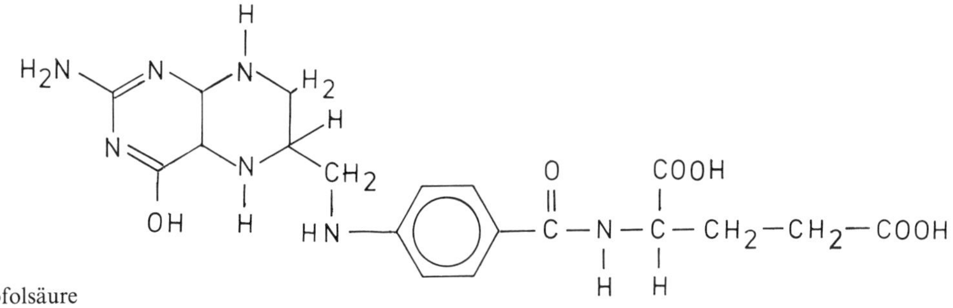

Abb. 19.23. Tetrahydrofolsäure

269

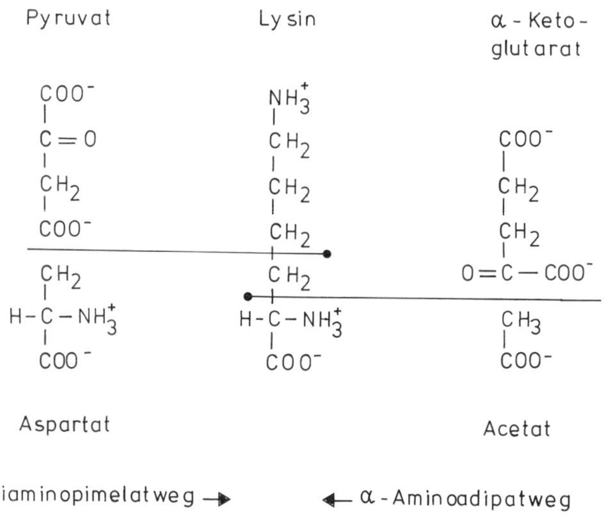

Abb. 19.24. Lysinsynthese auf zwei Wegen. Beim Diaminopimelatweg entsteht das Kohlenstoffgerüst des Lysins aus Pyruvat und Aspartat, beim α-Aminoadipatweg aus α-Ketoglutarat und Acetat.

und Leucin entstehen unabhängig voneinander durch Kettenverlängerung des Pyruvats, Umlagerung und anschließende Transaminierung.

Eine Zusatzbemerkung: Leucin und Isoleucin sind von ihrer chemischen Struktur und ihren Eigenschaften her nahe verwandt, ihre Synthesewege sind jedoch grundsätzlich voneinander verschieden.

Serin-Glycin-Cystein-Gruppe. Serin wird in einer Zweischrittreaktion aus 3-Phosphoglycerat gebildet. Der erste Schritt ist eine Oxydation, der zweite eine Transaminierung (s. Abb. 19.25). Alternativ dazu kann 3-Phosphoglycerat dephosphoryliert werden, wobei Hydroxypyruvat entsteht, das seinerseits nach Transaminierung ebenfalls zu Serin führt.

Vom Serin führt ein Weg zum Glycin, wobei die Seitenkette um den Anteil —CH_2OH verkürzt wird und die C_1-Einheit von der bereits genannten Tetrahydrofolsäure übernommen wird.

Ein weiterer Weg führt zum Cystein. Das macht deutlich, daß auch Cystein auf mindestens zwei Wegen (der andere war Abbau von Methionin) entstehen kann.

Aromatische Aminosäuren Außer dem Phosphoenolpyruvat wird Erythrose-4-Phosphat als Ausgangsprodukt benötigt. Über einige Zwischenstufen kommt es zu einer Ringbildung, wobei zunächst das Shikimat, und nachfolgend das Chorismat, als wichtige Zwischenprodukte zu nennen sind (s. Abb. 19.26). Letzteres ist Ausgangsprodukt für drei getrennte Wege, die zu den Endprodukten Phenylalanin, Tyrosin und Tryptophan führen können. Für die Synthese jeder dieser Aminosäuren sind verschiedene Wege möglich (s. z.B. Abb. 19.27). Bei der Tryptophansynthese greift eine aktive Form des Ribosephosphats (Phosphoribosylpyrophosphat) ein. Es spielt auch bei der Synthese des Histidins (die hier nicht besprochen wird) sowie der Purine und Pyrimidine eine Schlüsselrolle.

Ein Gen – ein Enzym – ein Reaktionsschritt

Die vorausgegangene Betrachtung der Aminosäuresynthesen sollte die Komplexität der Vorgänge, den Verzweigungsgrad und die Abhängigkeiten der einzelnen Komponenten voneinander veranschaulichen. An wenigen Beispielen wurde gezeigt, daß sich in der Evolution verschiedene alternative Wege entwickelt haben, von denen bei einer Gruppe von Organismen der eine, bei anderen der zweite (oder sogar dritte, vierte?) gewählt wird. Es bedurfte eines riesigen Aufwands, die einzelnen Schritte experimentell nachzuweisen und das Auftreten gegebener Zwischenprodukte sicherzustellen.

Das meiste von dem, was man heute über Aminosäurebiosynthesen weiß, beruht auf Untersuchungen an Mikroorganismen und tierischen Zellen. Es zeigte sich jedoch, daß eine Übertragung der Verhältnisse auf Pflanzenzellen im großen und ganzen zulässig ist, doch bleiben noch eine Reihe von Detailfragen offen.

Man sollte die Pflanzen hier nicht nur im Gegensatz zu Zellen von Mikroorganismen und Tieren sehen, sondern man muß damit rechnen, daß auch von Pflanzengruppe zu Pflanzengruppe Unterschiede auftreten können. Seit Anfang der vierziger Jahre, initiiert durch Beadles und Tatums genetische Analyse von *Neurospora crassa* (einem Schimmelpilz), ist klar, daß ein Gen die Bildung eines Enzyms determiniert

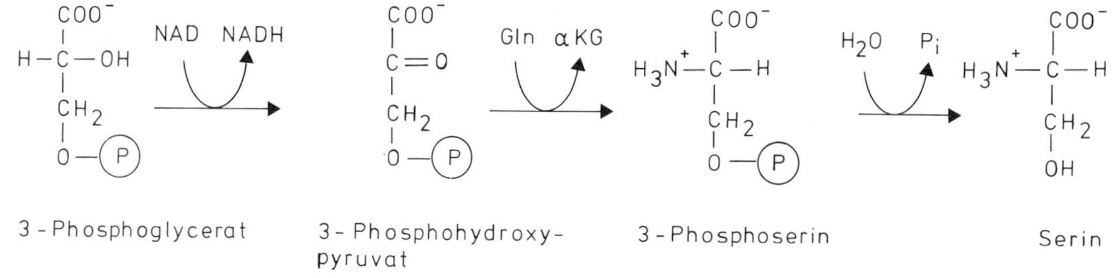

Abb. 19.25. Serinbiosynthese

270

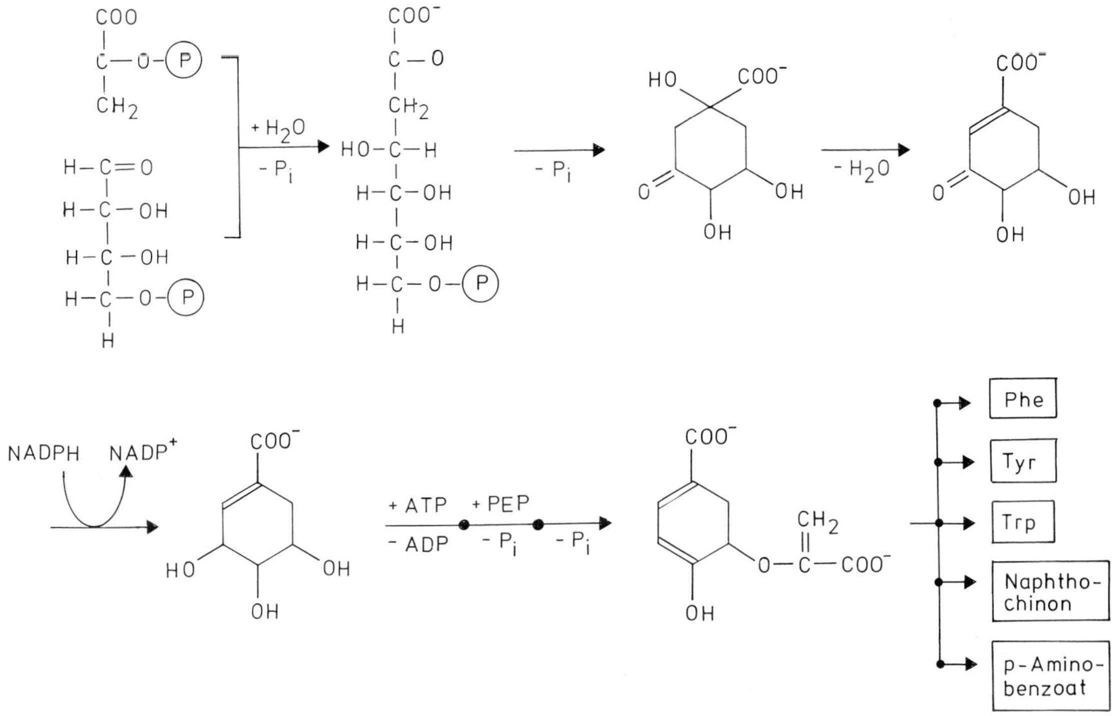

Abb. 19.26. Shikimatweg: 1. Erythrose-4-Phosphat + Phosphoenolpyruvat → 3-Desoxyarabinoheptulosenat-7-Phosphat; 2. Zyklisierung; 3. Wasserabspaltung → 5-Dehydroshikimat; 4. Reduktion → Shikimat; 5. mehrere Schritte → Chorismat; 6. Chorismat ist Ausgangsprodukt der Synthese aromatischer Aminosäuren und anderer Stoffwechselprodukte.

und daß dieses Enzym wiederum einen Reaktionsschritt im Stoffwechsel katalysiert (s. Kap. 14). Der Einsatz von Mutanten mit Stoffwechseldefekten erwies sich als ein außerordentlich wichtiges Hilfsmittel zur Aufklärung einzelner Stoffwechselwege und als sicherer Nachweis der Bedeutung einzelner Intermediärprodukte.

Nachdem der Verlauf der Stoffwechselwege bei Mikroorganismen bekannt war und Verfahren ausgearbeitet waren, haploide pflanzliche Zellen (Protoplasten) nach dem Methodenrepertoire der Mikrobiologen zu kultivieren, begab man sich auf die Suche nach Mutanten mit Defekten im Stoffwechsel. So war man vor allem auch daran interessiert, solche mit Defekten

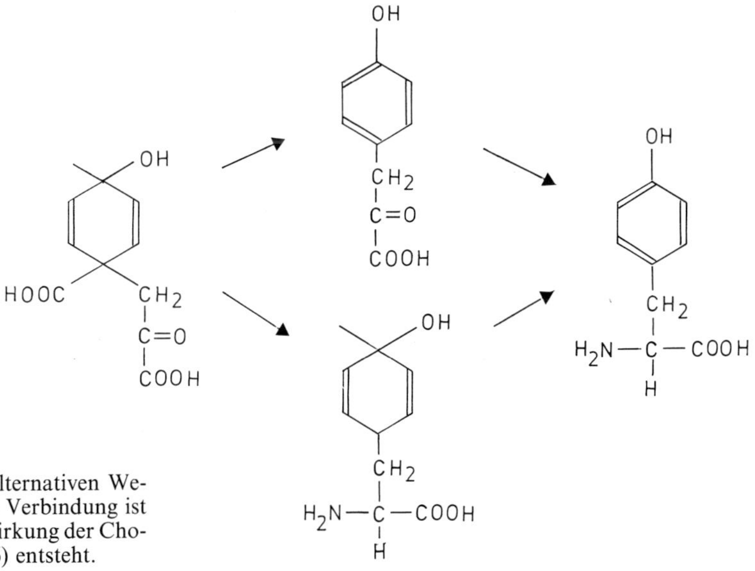

Abb. 19.27. Tyrosinbiosynthese auf zwei alternativen Wegen. Die hier als Ausgangssubstanz gezeigte Verbindung ist ein labiles Zwischenprodukt, das unter Mitwirkung der Chorismat-Mutase aus Chorismat (s.Abb. 19.26) entsteht.

271

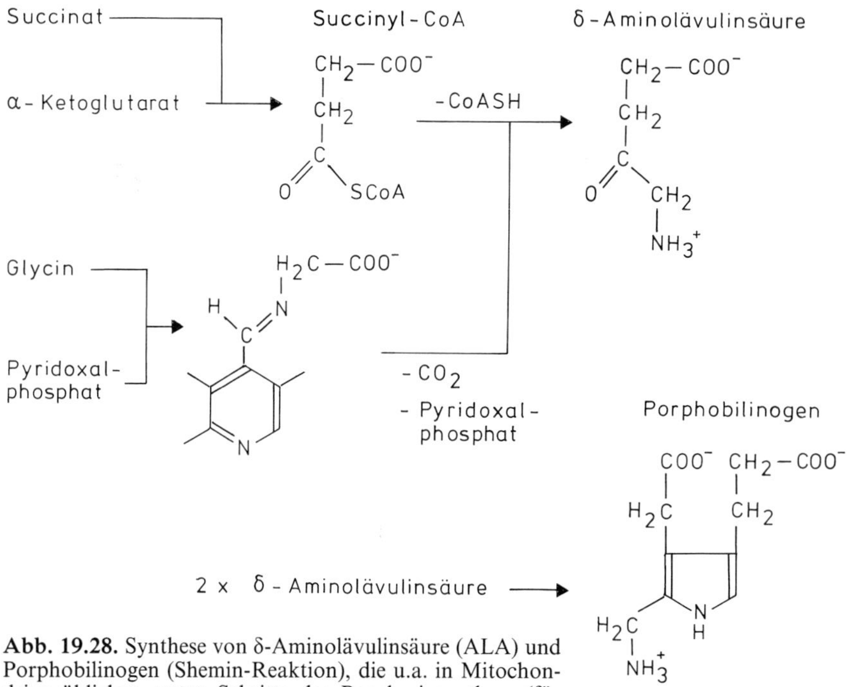

Abb. 19.28. Synthese von δ-Aminolävulinsäure (ALA) und Porphobilinogen (Shemin-Reaktion), die u.a. in Mitochondrien üblichen ersten Schritte der Porphyrinsynthese (für Cytochrome benötigt).

in der Synthese bestimmter Aminosäuren zu gewinnen (= aminosäureauxotrophe Mutanten).

Die Ausbeute an Ergebnissen war enttäuschend. Es wurde – nach Behandlung der Protoplasten mit Mutagenen – keineswegs die Menge an Mutanten gefunden, die man, auf Erfahrungen aus der Mikrobiologie und den Arbeiten an tierischen Zellen aufbauend, erwartet hatte. Der Grund hierfür liegt wohl darin, daß sich pflanzliche Zellen bei einem (genetischen) Defekt in einer der Biosyntheseketten auf Alternativwege (s.a. Polyploidie, Kap. 37–39) umstellen können und den Defekt damit praktisch umgehen; sicher sind solche Alternativen vom energetischen Standpunkt keineswegs gleichwertig, so daß der weniger günstige Weg nur dann eingeschlagen wird, wenn der effizientere ausfällt oder blockiert ist. Wie aufwendig Aminosäurebiosynthesen tatsächlich sind, erkennt man am eindrucksvollsten daran, daß viele Tiere (auch der Mensch) eine Anzahl von Aminosäuren gar nicht mehr bilden können. Die Fähigkeit dazu ging im Verlauf ihrer Evolution verloren. Tiere ernähren sich heterotroph und nehmen daher Aminosäuren (in Proteinen gebunden) mit der Nahrung auf. Normalerweise reicht das. Aminosäuren, die sie selbst nicht bilden können, werden als essentielle, die übrigen (einfacher strukturierten) als nicht essentielle eingestuft.

Pflanzen hingegen ernähren sich bekanntlich fast ausschließlich autotroph, d.h. sie bauen ihre organische Materie aus mineralischen Salzen, CO_2 und H_2O auf. Gerade deshalb haben Biosynthesewege des Primärstoffwechsels eine erhöhte Bedeutung, und daher scheint der Selektionsdruck, alternative Wege zu ent-

wickeln, größer gewesen zu sein als bei Organismen, denen die Endprodukte mit der Nahrung geboten werden. Das pflanzliche Genom enthält offensichtlich mehr genetische Information, als in einer gegebenen Situation tatsächlich exprimiert wird (mehr darüber, Kap. 39).

Regulation von Aminosäuresynthesen. Bei der Besprechung der Enzyme wurde auf die Bedeutung der Allosterie und der Endprodukthemmung hingewiesen. Im Aminosäurestoffwechsel gibt es zahlreiche Beispiele, bei denen diese Regelmechanismen zum Tragen kommen, bei denen also einzelne Wege reversibel stillgelegt werden, sobald in der Zelle genügend von dem benötigten Endprodukt gebildet worden ist.

Porphyrine

Porphyrine sind, chemisch gesehen, Tetrapyrrole, die in ihrem Zentrum Metallionen tragen können. So enthalten die Hämgruppen der Cytochrome und Globine Eisen und das Chlorophyll Magnesium. Die Beteiligung der ersten an Redoxreaktionen hatten wir bereits besprochen, die Würdigung der zentralen Rolle des Chlorophylls bei der Photosynthese folgt noch.

Ausgangsprodukte der Biosynthese von Tetrapyrrol können α-Ketoglutarat und Succinyl-CoA sein (s. Abb. 19.28). Das Kondensationsprodukt ist stets die δ-Aminolaevulinsäure, die unter Zyklisierung, Protonen- und Wasserabspaltung in Porphobilinogen übergeht. Vier solcher Einheiten bilden durch Zusammenlagerung das Porphyrinskelett (s. Abb. 19.29).

272

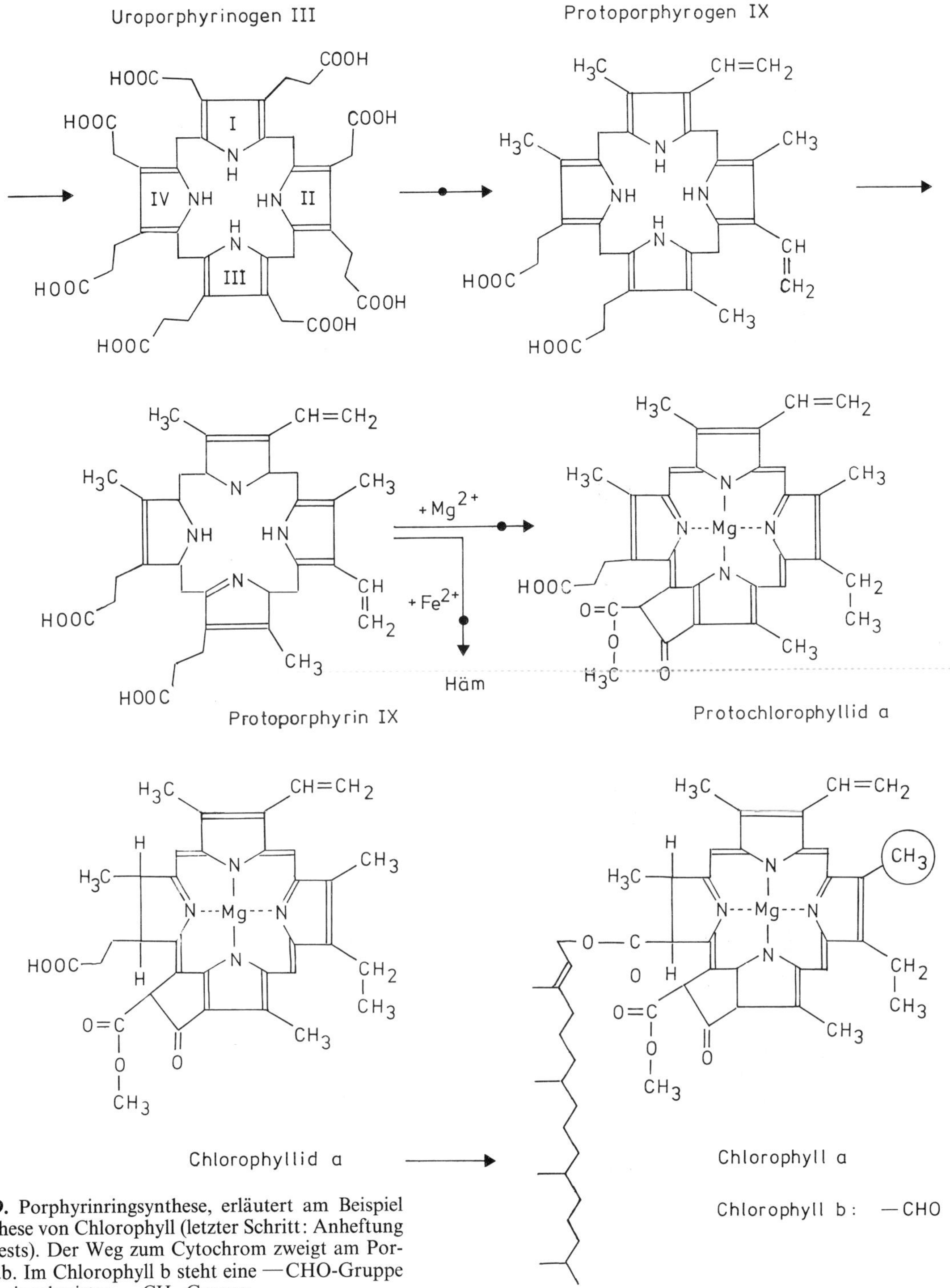

Abb. 19.29. Porphyrinringsynthese, erläutert am Beispiel der Biosynthese von Chlorophyll (letzter Schritt: Anheftung des Phytolrests). Der Weg zum Cytochrom zweigt am Porphyrin IX ab. Im Chlorophyll b steht eine —CHO-Gruppe anstelle der eingekreisten —CH_3-Gruppe.

Die Metallioneneinlagerung folgt anschließend, ebenso wie die Modifikation einzelner Seitenketten. So wird z.B. an einen der Porphyrinringe des Chlorophylls ein langkettiger Alkohol (Phytol) gebunden. In Chloroplasten beginnt die Synthese mit der Glutaminsäure (s. Abb. 19.30).

Biologische Bedeutung erhalten die Porphyrine als Kofaktoren nach Bindung an Proteine. Ihre Biosynthesen werden durch zahlreiche externe Faktoren gesteuert. Je nach Art, findet sie in unterschiedlichen Kompartimenten statt. Die für die Cytochrome benötigten Hämgruppen entstehen, entsprechend ihrem

273

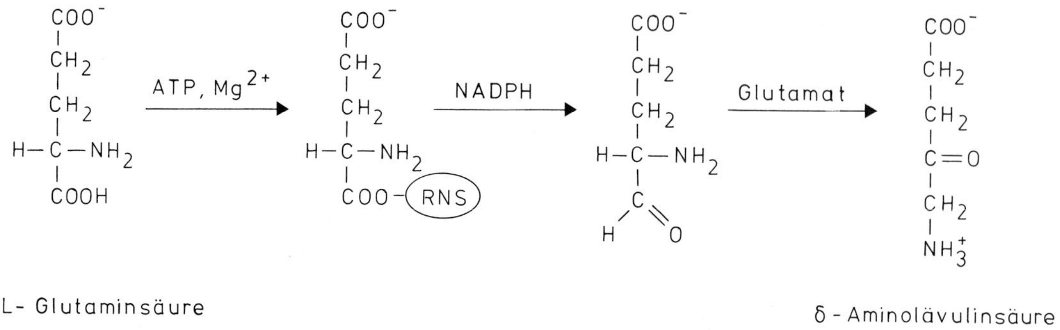

L- Glutaminsäure

δ - Aminolävulinsäure

Abb. 19.30. In Chloroplasten wird die δ-Aminolävulinsäure aus Glutaminsäure (Glutamat) gebildet. (D. v. Wettstein und R. P. Oliver, 1985)

späteren Wirkungsort, in den Mitochondrien oder in den Chloroplasten. Die Chlorophyllbiosynthese läuft in Chloroplasten ab, wobei die Überführung der Vorstufe Protochlorophyllid a in Chlorophyllid a (eine Addition von Wasserstoff an Ring IV) meist lichtabhängig ist und zudem nur dann erfolgt, wenn das erforderliche Trägerprotein in ausreichender Menge vorhanden ist.

Nukleotide

Ein Nukleotid besteht bekanntlich aus einer Base (einer heterozyklischen stickstoffhaltigen Komponente), einem Zucker (Ribose oder Desoxyribose) und einer oder mehreren Phosphatgruppen. Je nach Struktur der Base unterscheidet man zwischen den Purinen und den Pyrimidinen.

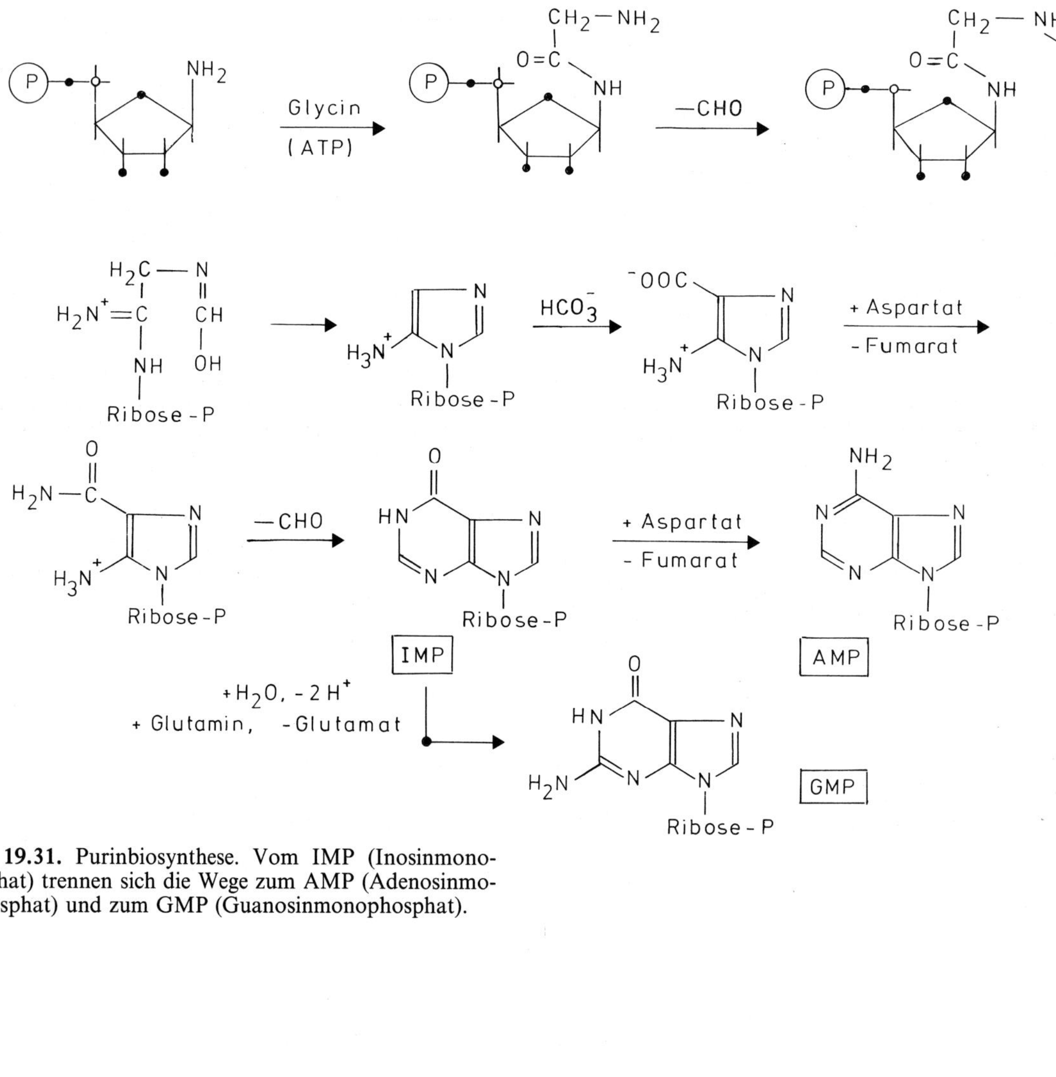

Abb. 19.31. Purinbiosynthese. Vom IMP (Inosinmonophosphat) trennen sich die Wege zum AMP (Adenosinmonophosphat) und zum GMP (Guanosinmonophosphat).

274

Abb. 19.32. Pyrimidinbiosynthese

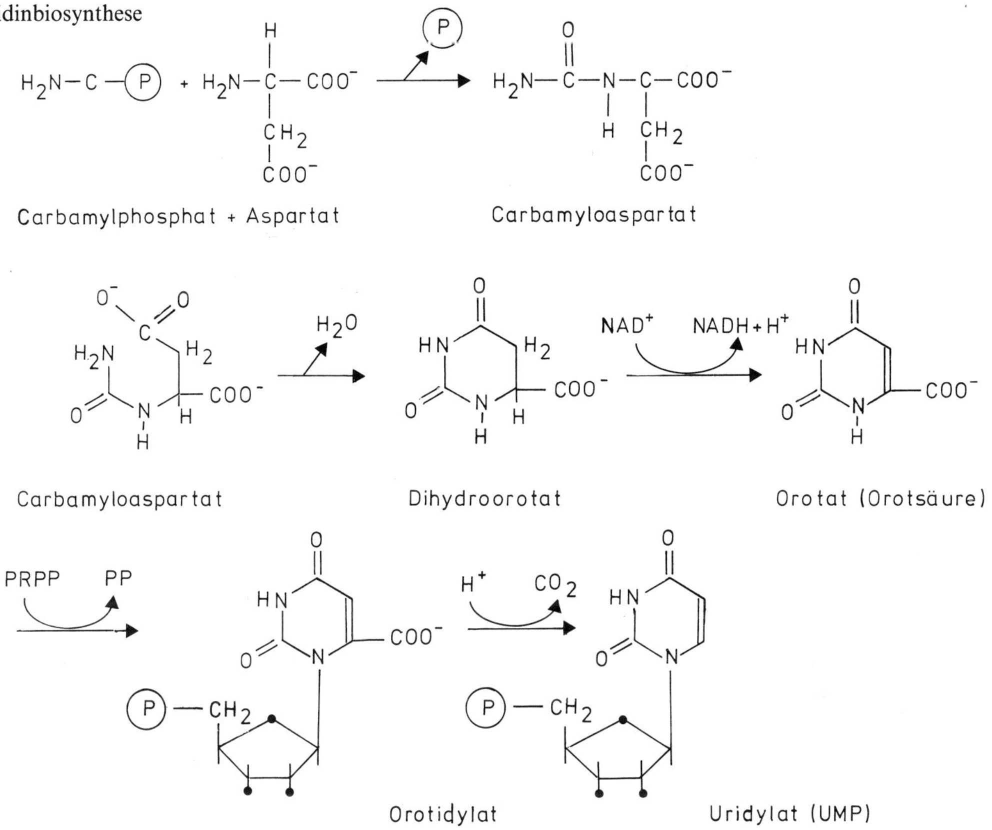

Carbamylphosphat + Aspartat → Carbamyloaspartat

Carbamyloaspartat → Dihydroorotat → Orotat (Orotsäure)

Orotidylat → Uridylat (UMP)

Für die Synthese eines Purinringsystems werden je ein Molekül Aspartat, CO_2, Glycin, Glutamin und zwei Formylgruppen (übertragen durch Tetrahydrofolsäure) benötigt. Zur Initiation der Synthese wird das schon erwähnte Phosphoribosylpyrophosphat gebraucht. Daran ist zu erkennen, daß schon die erste Synthesevorstufe der Base an den Zuckerrest und einen Phosphatrest gekoppelt ist, so daß wir uns später keine Gedanken mehr darüber zu machen brauchen, wie Base und Zucker miteinander verknüpft werden. Das erste Zwischenprodukt mit fertigem Ringsystem ist das Inosinmonophosphat, von dem aus die Synthese zum AMP einerseits und zum GMP andererseits abzweigt (s. Abb. 19.31). Wie aus der umfangreichen Liste der Ausgangsprodukte abzuleiten ist, muß der Syntheseweg sehr energieaufwendig sein. Das ist auch der Fall und der Grund dafür, daß fertige Purinreste in der Zelle normalerweise nicht abgebaut, sondern nach gegebenfalls einer Modifikation wiederverwendet werden.

Bei der Pyrimidinsynthese wird erst das Ringsystem fertiggestellt. Ausgangsstoffe sind Aspartat und Carbamylphosphat. Jenes ($NH_2-CO-PO_4^{2-}$) wird übrigens im Cytosol der Zelle aus der Aminogruppe des Glutamins, freiem Bicarbonat und der terminalen Phosphatgruppe von ATP gebildet:

Glutamin + 2 ATP + HCO_3^- ⟶ Carbamylphosphat + 2 ADP + P_i + Glutamat.

Die durch Zusammenlagerung mit Aspartat entstehende heterozyklische Verbindung ist die Orotsäure (Orotat), die nunmehr ebenfalls an Phosphoribosylpyrophosphat gebunden wird. Damit ist ein Nukleotid fertig. Durch Abspaltung von CO_2 (Entfernen einer Seitenkette des Rings, einer Karboxylgruppe) entsteht UMP, das seinerseits durch Amidierung in CMP überführt werden kann (s. Abb. 19.32 und Abb. 19.33).

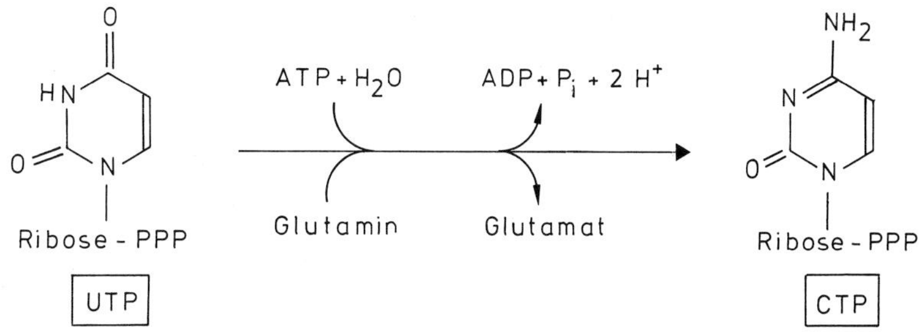

UTP → CTP

Abb. 19.33. Synthese von CTP aus UTP

275

Lipide

Wichtigstes Problem: Wie entstehen Fettsäuren?

Dreh- und Angelpunkt des Ganzen ist das Acetyl-CoA. Wir haben es als ein Verbindungsglied zwischen Glykolyse und Citratzyklus kennengelernt. In Chloroplasten scheint es noch einige weitere Möglichkeiten zu seiner Synthese zu geben, über dessen Mechanismus jedoch noch etliche Unklarheiten bestehen. Im Cytoplasma kann es auch unter ATP-Verbrauch aus Citrat gebildet werden (Umkehr des entsprechenden ersten Schrittes des Citratzyklus).

$$\text{Citrat} + \text{CoASH} + \text{ATP} \rightleftharpoons \text{Acetyl-CoA} + \text{ADP} + P_i + \text{Oxalacetat}.$$

Zum Start der Fettsäuresynthese wird Acetyl-CoA unter CO_2-Anlagerung in Malonyl-CoA überführt. Der dafür erforderliche Kofaktor ist proteingebundenes Biotin (s. Abb. 19.34). Der für unsere Zwecke benötigte Kofaktor-Proteinkomplex ist in grünen Pflanzen in den Thylakoidmembranen der Chloroplasten und in Samen (oder ethiolierten, chlorophyllfreien Formen) in den Proplastiden lokalisiert.

Um in der Fettsäuresynthese weiterzukommen, brauchen wir wieder beides: Acetyl-CoA und Malonyl-CoA. Beide Reste werden unter CoA-Abspaltung auf je ein Acyl-Trägerprotein (ACP) übertragen. In so aktiviertem Zustand kondensieren sie miteinander, wobei CO_2 und einer der ACP-Reste abgespalten werden. Anschließend folgt eine Reduktion, dann eine Dehydrierung, und schließlich wieder eine Reduktion. In beiden Reduktionsschritten werden die Elektronen vom $NADPH + H^+$ geliefert. Als Produkt entsteht Butyryl-ACP (s. Abb. 19.35).

Der Butyrylrest unterscheidet sich vom Acetylrest durch zwei zusätzliche CH_2-Gruppen. Das Butyryl-ACP wird nunmehr in einer zweiten Runde mit Malonyl-ACP gekoppelt, und die gesamte Reaktionskette wird erneut durchlaufen. Als Folge entsteht ein Fettsäurerest, der zwei CH_2-Gruppen mehr als der Butyrylrest enthält. Erneut kann Malonyl-ACP gebunden

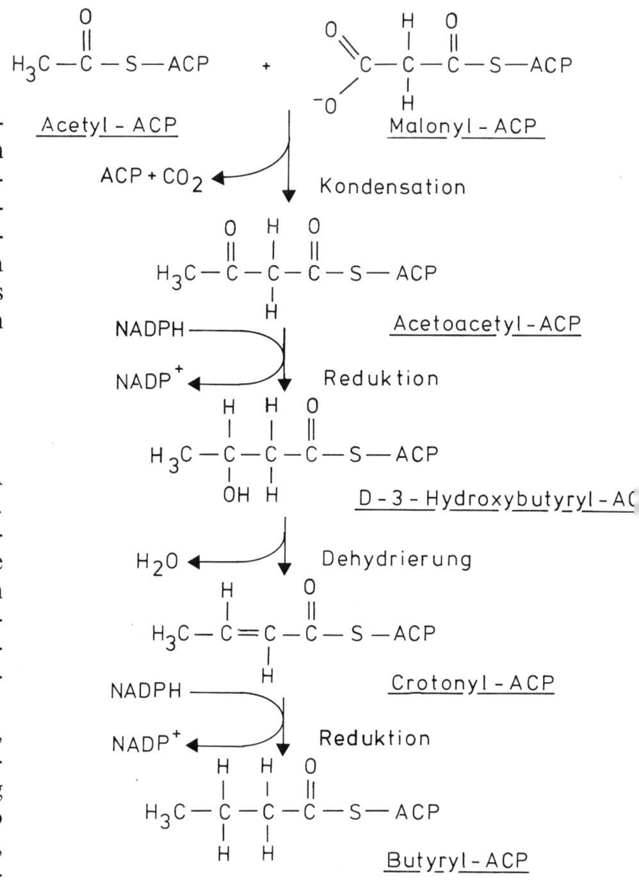

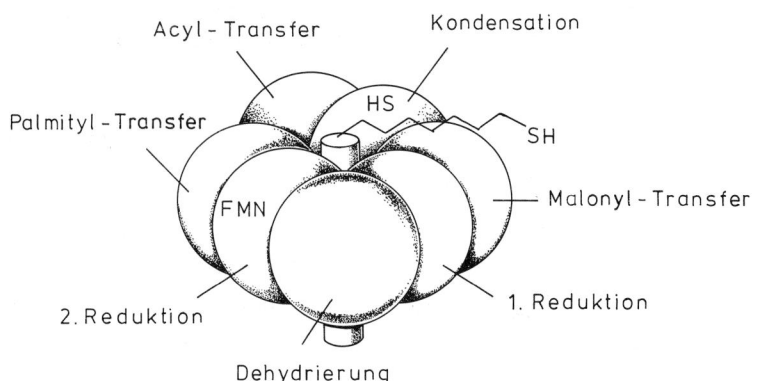

Abb. 19.35. Fettsäuresynthese (1. Runde)

werden, und wieder kommt es nach Durchlaufen der Reaktionskette zu einer Kettenverlängerung um eine C_2-Einheit. Das kann noch einige Male so gehen, wobei jedesmal zwei CH_2-Gruppen aufgenommen werden. Das erklärt, warum die Zahl der Kohlenstoffatome in Fettsäuren immer geradzahlig ist. Beliebig lang kann die Kette auf diese Weise auch nicht werden, bei C_{16} ist Schluß. Vorläufiges Endprodukt der Fettsäuresynthese ist demnach die Palmitinsäure. Für

Abb. 19.36. Schema eines Multienzymkomplexes: Fettsäuresynthetase. Bei Bakterien, wie hier abgebildet, besteht die Fettsäuresynthetase aus mehreren Untereinheiten (Polypeptidketten), bei Hefen besteht sie aus nur zwei Polypeptidketten, d.h., daß jede dieser Polypeptidketten mehrere aktive Zentren trägt. (Nach. P. Karlson, 1974)

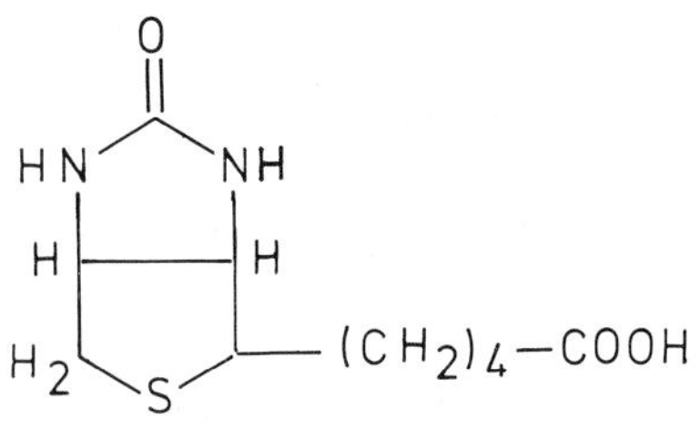

Abb. 19.34. Biotin

276

weitergehende Verlängerungen treten andere Mechanismen in Kraft.

Die hier skizzierten Umsetzungen spielen sich alle an einem Multienzymkomplex, der Fettsäuresynthetase, ab. Es handelt sich dabei um ein Enzym mit einer Anzahl aktiver Zentren. Bei der Hefe besteht es aus nur zwei Polypeptidketten, die ihrerseits von nur einem Gen codiert werden. Die Trennung in die beiden Ketten erfolgt während ihres Syntheseprozesses. Das ACP ist im Zentrum des Komplexes verankert und nimmt die Funktion eines Rades wahr (s. Abb. 19.36).

Dabei wird das an seinem äußeren Ende hängende Substrat (bzw. Produkt), zunächst also der Malonylrest, sukzessive an den einzelnen aktiven Zentren vorbeigedreht, so daß nach einem Umlauf die Kette, um eine C_2-Einheit verlängert, räumlich an der gleichen Stelle angelangt ist und das Ganze von neuem beginnen kann.

Der große Vorteil eines solchen Multienzymkomplexes liegt in der Vermeidung von Diffusionsverlusten und der zügigen Weiterleitung eines jeden Zwischenprodukts zum folgenden (benachbarten) aktiven Zentrum. Energiesparend ist das Verfahren auch.

Viele Fettsäuren enthalten Doppelbindungen (= ungesättigte Fettsäuren). Sie entstehen aus den gesättigten, und der Wasserstoff wird von NAD^+ übernommen. Die Bildung der Doppelbindung erfolgt streng stereospezifisch. Bei den meisten Umsetzungen kommt eine cis-Bindung zustande, doch gibt es auch Enzyme, die trans-Bindungen in das Molekül einführen können.

Neben dem beschriebenen klassischen Weg der Fettsäuresynthese sind bei verschiedenen Organismengruppen Wege nachgewiesen worden, die andere Zwischenprodukte oder kurzkettige ungesättigte Fettsäuren verarbeiten. So kann z.B. die Dodecatriensäure (12 C-Atome lang, drei Doppelbindungen) – um drei Acetyleinheiten verlängert – in die Linolensäure (18:3) überführt werden. Dieser Weg wurde in Mitochondrien und im Cytosol nachgewiesen, findet vermutlich aber auch in Chloroplasten statt. In den Glykolipiden verschiedener Pflanzenarten wurden ungleiche Mengen an 18:3- und 16:3-Fettsäuren festgestellt. Man unterscheidet daher die 18:3-Pflanzen, deren Fettsäurereste mit Dreifachbindung stets 18 C-Atome lang sind, von den 16:3-Pflanzen, die sowohl C_{16}-als auch C_{18}-Fettsäuren enthalten. Das Verhältnis 16:3/18:3 unterliegt einer breiten artspezifischen Schwankung (s. Abb. 19.37).

Fette entstehen aus den Fettsäuren durch Übertragung des Fettsäurerests auf Glycerin unter Abspaltung von ACP und Ausbildung einer neuen Esterbindung (die Bindung an ACP war ebenfalls eine). Die einzelnen Typen konnten aufgrund unterschiedlicher Synthesewege drei Klassen zugeordnet werden:

Die Klasse A wird durch die Glykolipide repräsentiert. Sie stellen den Hauptteil der Chloroplastenlipide. Lipide der Klasse B sind mit Nukleotidphosphatgekoppeltem Alkohol verknüpft. Sie machen den Hauptanteil der Lipide in Mitochondrien und cytoplasmatischen Membranen aus. Die Synthese erfolgt im Cytosol. Die Klasse C repräsentiert Nukleotiddiphosphatdiglyceride, die mit einem Alkohol verbunden sind. Hauptbildungsort dieser Gruppe ist eine Mikrosomenfraktion (aus dem Cytosol). Einige der Reaktionsschritte laufen vermutlich auch in Mitochondrien ab.

Dieser kurze Abriß weist auf die Bedeutung der

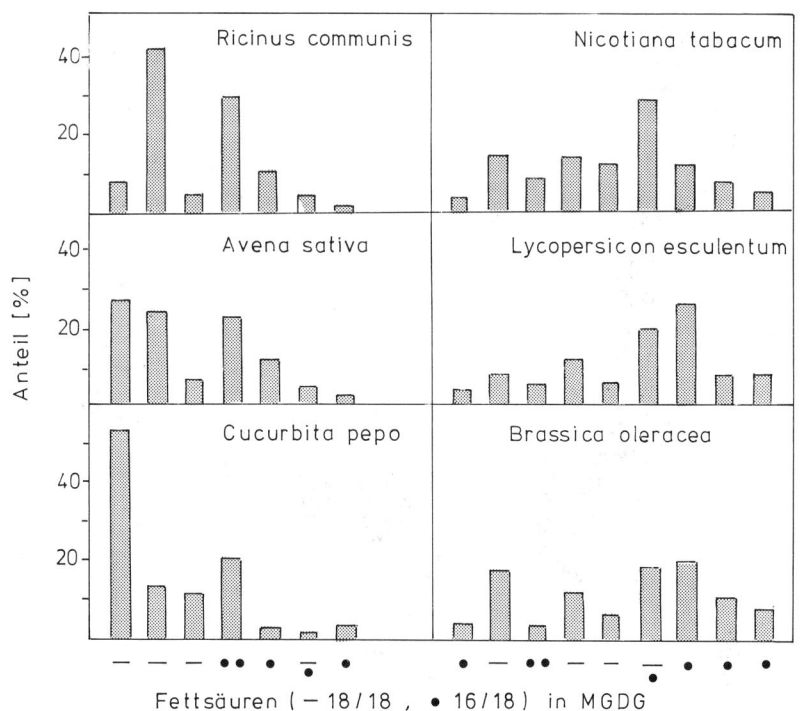

Abb. 19.37. Anteil von C_{16}- und C_{18}-Fettsäureresten in Monogalactosyldiglyceriden bei 18:3-Pflanzen (links) und 16:3-Pflanzen (rechts). Jedes Lipidmolekül enthält zwei Fettsäurereste. Mindestens einer davon ist eine C_{18}-Fettsäure (in der Abbildung durch ● gekennzeichnet). – bedeutet, daß beide Reste C_{18}-Fettsäuren sind. Die Bezeichnungen 18:3, respektive 16:3 weisen darauf hin, daß der überwiegende Teil der Fettsäurereste drei Doppelbindungen enthält. In den 18:3-Pflanzen kommen keine 16:3-Fettsäuren vor, in 16:3-Pflanzen kommen neben 16:3- auch 18:3-Fettsäuren vor. (J. P. Williams *et al.*, 1983)

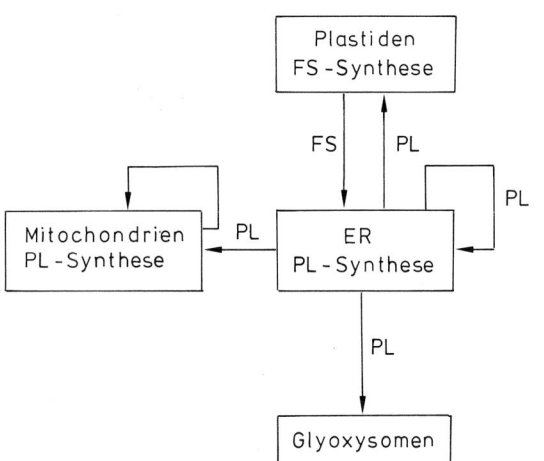

Abb. 19.38. Lipidfluß zwischen Membranen verschiedener Kompartimente (s. Kap. 23). In grünen Pflanzen werden Fettsäuren (FS) stets in den Plastiden synthetisiert. Phospholipide (PL) werden vornehmlich im endoplasmatischen Retikulum (ER) gebildet, eine gewisse Menge entsteht auch in den Mitochondrien (T.S. Moore, G.D. Troyer 1983)

Kompartimente als voneinander getrennte Reaktionsräume hin (s. Abb. 19.38).

Abbauwege: Die Abbauwege von Lipiden sind mindestens ebenso wichtig wie die Aufbauwege, denn viele Lipide sind Speicherstoffe. Sie dienen der Zelle als Energiespeicher und müssen bei Bedarf aktiviert werden. Der Abbau ist nicht die Umkehr der Synthese, obwohl beim Abbau in der Regel C_2-Einheiten (Acetylreste, die auf CoA übertragen werden) mit anfallen. Man spricht hier von β-Oxydation. Die beteiligten Enzyme gehören in die Gruppe der Lipasen. Anfallende Protonen und Elektronen werden vom FAD und NAD$^+$ übernommen. Citrat wirkt als Aktivator der Synthese und als Inhibitor des Abbaus. Es entsteht nur dann im Überschuß, wenn der Citratzyklus zu schnell anläuft (Acetyl-CoA-Überschuß). Ein zu zügiger Ablauf bedeutet aber auch, daß zu viel energiereiche Substanzen verbraucht und dabei in Energie überführt werden, die womöglich nicht sinnvoll verwertet werden kann. Ökonomischer ist es daher, den Reservestoffabbau zu stoppen und statt dessen Acetyl-CoA in Richtung Fettsäuresynthese zu schleusen.

Neben der β-Oxydation kommt z.B. in Samen und in Blättern auch eine α-Oxydation vor. Es entstehen dabei zunächst α-Hydroxyfettsäuren. In einem weiteren Schritt wird CO_2 abgetrennt. Es verbleibt eine um eine C_1-Einheit verkürzte Fettsäure.

Zusammenfassend (Synthese gegen Abbau):
– Die Synthese erfolgt im Cytosol, der Abbau in der mitochondrialen Matrix.
– Die Intermediärprodukte der Synthese sind kovalent an ACP gebunden, während die Abbauprodukte (Acetylreste) an CoA gekoppelt werden.

– Die enzymatischen Aktivitäten der Synthese sind zu einem Multienzymkomplex, der Fettsäuresynthetase, vereint. Die für den Abbau benötigten Enzyme hängen strukturell nicht miteinander zusammen.
– Die Fettsäurekette wächst bei jedem Umlauf um eine C_2-Einheit. Mit der Verlängerung ist eine CO_2-Freisetzung verbunden.
– Protonen- und Elektronendonator der Fettsäuresynthese ist das NADPH + H$^+$
– Die Fettsäuresynthese endet mit der Bildung von Palmitinsäure (C_{16}). Eine weitere Verlängerung der Kette und das Einbringen von Doppelbindungen erfolgt unter Beteiligung anderer Enzyme.

Andere Lipide

Die Synthese einer umfangreichen Gruppe pflanzlicher Lipide sowie Verbindungen mit Lipidcharakter geht vom Isopren aus. Zahlreiche der dabei gebildeten Produkte können nicht mehr dem Primärstoffwechsel zugeschrieben werden. Die Besprechung erfolgt daher im Kapitel Sekundärstoffwechsel der Pflanzen.

Umsetzungen von Kohlenhydraten

Der charakteristische Biosyntheseprozeß grüner Pflanzen ist die Biosynthese von Kohlenhydraten *via* Photosynthese. Wegen der Bedeutung und der Komplexität der dabei ablaufenden Prozesse werden sie in einem gesonderten Kapitel behandelt.

An dieser Stelle ist es nur wichtig zu wissen, daß dabei Glucose und andere (phosphorylierte) Zucker entstehen. Wie wir gesehen haben, wird Glucose keineswegs nur abgebaut, sondern ist Ausgangsprodukt z.B. von Biosynthesewegen vieler Polysaccharide, die einerseits als Strukturelemente der Pflanzenzelle (z.B. Cellulose als Wandkomponente), zum anderen als Speicherstoffe (z.B. Stärke) dienen. Darüber hinaus enthalten Pflanzenzellen ein weites Spektrum verschiedener, doch strukturell sehr ähnlicher Zucker. Eine wichtige Frage lautet nun: Wie werden sie ineinander überführt, und was sichert die Selektivität der einzelnen Reaktionsschritte?

Wenn nicht schon geschehen, müssen die Zucker, wie alle übrigen Ausgangssubstanzen von Biosyntheseprozessen, zunächst aktiviert werden. Dies geschieht hier entweder durch Übernahme von Phosphatgruppen oder durch Bindung des Zuckerrests an ein Nukleotid.

Fructose-6-Phosphat ist ein wichtiges Intermediärprodukt der Photosynthese und der Glykolyse. Es steht mit dem Glucose-6-Phosphat, und dieses wiederum mit dem Glucose-1-Phosphat, im Gleichgewicht.

Glucose-1-Phosphat und UTP ergibt UDP-Glucose. UDP-Glucose + Fructose-6-Phosphat polymerisieren unter UDP-Abspaltung zu Saccharosephosphat, welches unter Phosphatverlust in Saccharose

278

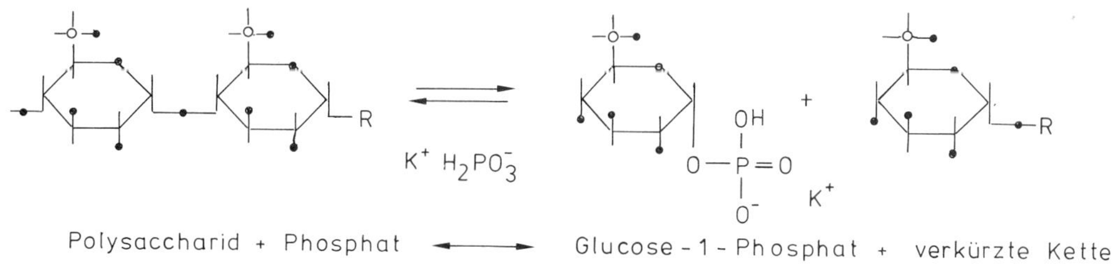

Polysaccharid + Phosphat ⟶ Glucose-1-Phosphat + verkürzte Kette

Abb. 19.39. Abbau von α-Amylose durch Phosphorylierung

(Rohrzucker, ein Disaccharid) überführt wird. Die Reaktion findet in Chloroplasten statt.

Der Weg zur Stärke führt über Glucose-1-Phosphat und dessen Kopplung an Adenosindiphosphat.

Glucose-1-Phosphat + ATP + H_2O ⟶ ADP-Glucose + 2 P_i

Demnach entscheidet die Bindung an ein Nukleosiddiphosphat, welcher Reaktionsweg eingeschlagen wird.

UDP-Glucose (nicht aber ADP-Glucose) kann auch in Glykolipide und Glykoproteine eingebaut werden.

Zur Stärkebildung werden zwei Enzyme benötigt, eines für den Start und die Kettenverlängerung (α 1→4 glykosidische Bindung) durch Monosaccharideinheiten, das zweite zum Einfügen der α 1→6 glykosidischen Bindungen sowie der Verknüpfung von Ketten untereinander (über α 1→4 glykosidische Bindungen).

Dieses Enzym koppelt nicht einzelne Glucosyleinheiten an vorhandene Ketten, sondern es werden gleich ganze Ketten übertragen. Man unterscheidet dabei zwischen intramolekularem und intermolekularem Transfer.

Für den Stärkeabbau werden in Pflanzenzellen mindestens vier Enzyme benötigt. Es gibt zwei alternative Wege:

(1) Hydrolytischer Abbau durch eine Amylase. Hierbei wird die Stärke in Disaccharideinheiten (Maltose) zerlegt. Ein Abbau in Nähe von Verzweigungspunkten ist nicht möglich. Es verbleibt daher ein Rest: das Grenzdextrin.

(2) Phosphorylytischer Abbau durch eine Phosphorylase. Hierzu ist anorganisches Phosphat unerläßlich. Das Endprodukt ist Glucose-1-Phosphat. Die Reaktion ist im Gegensatz zur Amylasereaktion reversibel (s. Abb. 19.39).

Umwandlung eines Zuckers in einen anderen durch Epimerisierung: Ein Beispiel hierfür ist die Umwandlung von Glucose in Galactose. Ausgangspunkt ist wieder ein an UDP gebundener Glucosylrest. NAD^+ wird benötigt, doch kommt es am Ende der Reaktion unverbraucht wieder heraus (s. Abb. 19.40a).

UDP-D-Glucose + NAD^+ ⟶ UDP-4-Keto-D-Glucose + NADH + H^+

UDP-4-Keto-D-Glucose + NADH + H^+ ⟶ UDP-D-Galactose + NAD^+

Bildung von C_5-Zuckern-Der oxydative Pentosephosphatzyklus: Der oxydative Pentosephosphatzyklus ist in vielem die Umkehr des reduktiven Pentosephosphatzyklus (= Calvin-Zyklus), den wir später im Detail im Zusammenhang mit der Photosynthese kennenlernen werden.

Im Gegensatz zum Calvin-Zyklus, der in den Chloroplasten abläuft, finden die Reaktionen des oxydativen Pentosephosphatzyklus im Cytosol statt; zudem sind die Reaktionen nicht auf Pflanzenzellen beschränkt.

Durch Oxydation von Glucose-6-Phosphat und CO_2-Abspaltung entsteht Ribose-5-Phosphat, wobei Elektronen vom $NADP^+$ übernommen werden.

Glucose-6-Phosphat + 2 $NADP^+$ + H_2O ⟶ Ribose-5-Phosphat + 2 NADPH + H^+ + CO_2.

Die Bedeutung von Ribose-5-Phosphat braucht eigentlich nicht extra erwähnt zu werden, denn es ist bekanntlich ein wesentlicher Bestandteil von ATP, CoA, NAD^+, FAD, RNS, DNS u.a.

Zu den weiteren Reaktionen gehören Umwandlungen zu C_3-, C_4-, anderen C_5- und C_6-, sowie einem C_7-Zucker. Dabei sind sowohl Transketolasen als auch Transaldolasen beteiligt (s. Abb. 19.40 b–d).

Einige der Reaktionen führen zu Intermediärprodukten, die auch im Verlauf der Glykolyse auftreten. Sie stellen damit Bindeglieder zwischen dem Pentosephosphatzyklus und der Glykolyse dar.

So entsteht z.B. aus zwei (phosphorylierten) Fünfer-Zuckern (Xylulose-5-Phosphat und Ribose-5-Phosphat) das Glycerinaldehyd-3-Phosphat und ein Siebener-Zuckerderivat, das Sedoheptulose-7-Phosphat. Dabei wird eine Ketogruppe von einem auf den anderen Zucker übertragen, während als Beiprodukt ein Intermediärprodukt der Glykolyse entsteht.

Andererseits können die beiden Produkte in einer Transaldolasereaktion zurückreagieren, wobei Erythrose-4-Phosphat und Fructose-6-Phosphat gebildet werden. Letzteres ist ein weiteres Zwischenprodukt der Glykolyse; ersteres wird, wie wir schon gesehen haben, für die Synthese der Aminosäuren Serin und Glycin benötigt.

Welcher der einzelnen Wege eingeschlagen wird, hängt zu einem überwiegenden Teil von den Konzentrationen an ATP, NAD^+, $NADP^+$ u.a. ab. Ihr Bedarf und Angebot entscheidet darüber, ob ein Intermediärprodukt im Pentosephosphatzyklus verbleibt oder über die Glykolyse abgebaut wird. Andererseits eröffnet sich durch die Kopplung beider Wege eine

279

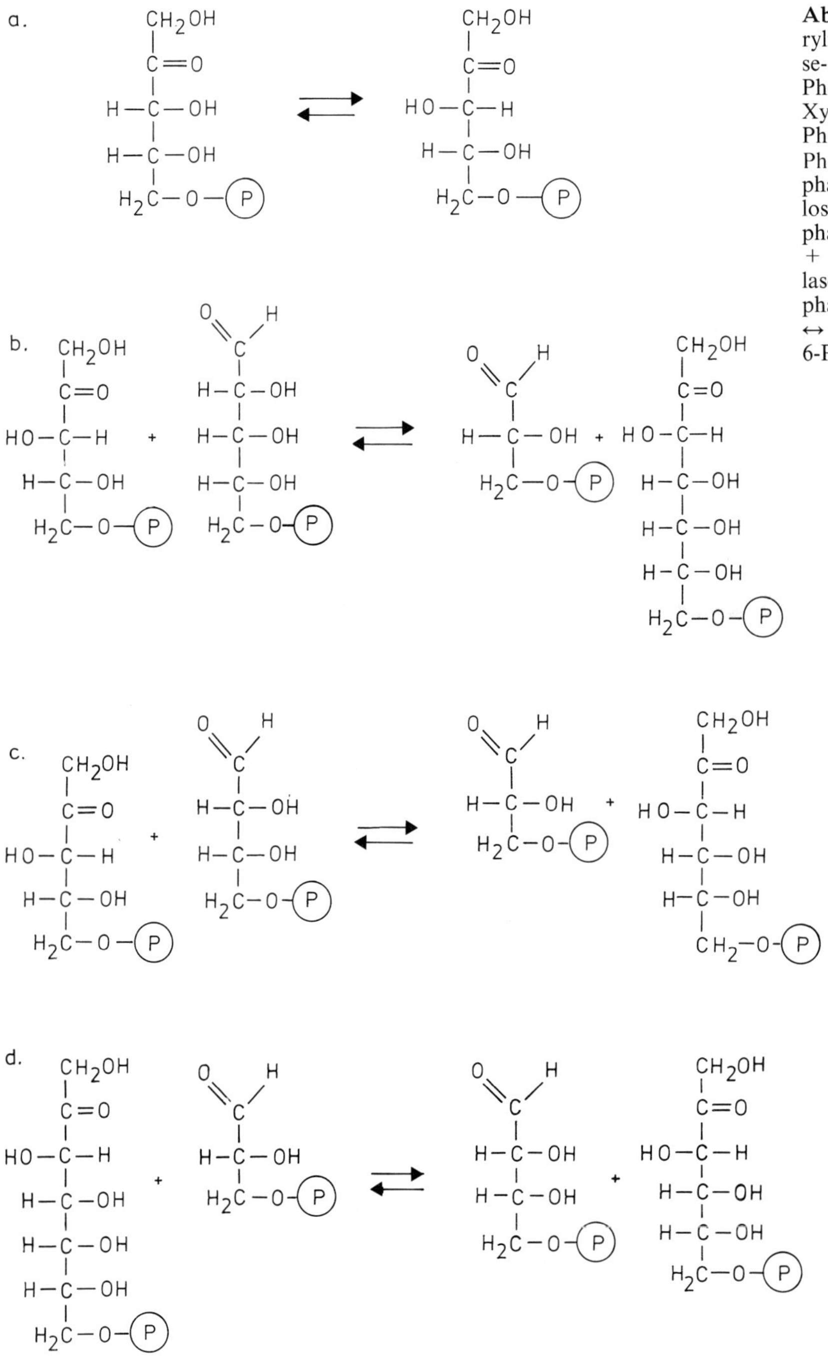

Abb. 19.40. Umwandlungen phosphorylierter Zucker. *a.* Epimerie: Ribulose-5-Phosphat ↔ Xylulose-5-Phosphat; *b.* Transketolasereaktion: Xylulose-5-Phosphat + Ribose-5-Phosphat ↔ Glycerinaldehyd-3-Phosphat + Sedoheptulose-7-Phosphat; *c.* Transketolasereaktion: Xylulose-5-Phosphat + Erythrose-4-Phosphat ↔ Glycerinaldehyd-3-Phosphat + Fructose-6-Phosphat; *d.* Transketolasereaktion; Seduheptulose-7-Phosphat + Glycerinaldehyd-3-Phosphat ↔ Erythrose-4-Phosphat + Fructose-6-Phosphat,

Möglichkeit zur Glucoserückgewinnung. Wir haben bei der Besprechung der Glykolyse gesehen, daß zwei der Schritte irreversibel sind, d.h. Glucose kann über eine Umkehr der Glykolyse nicht zurückgebildet werden, wohl aber, wenn ein Intermediärprodukt (Glycerinaldehyd-3-Phosphat) in den oxydativen Pentosephosphatzyklus eingespeist wird und das Gleichgewicht dort auf der Seite der Glucose-Resynthese liegt.

Literatur

Beale, S.I., P.A. Castelfranco: The biosynthesis of δ-aminolevulinic acid in higher plants. Plant Physiol. *53,* 294–303 (1974)

Chu, H., T.C. Tso: Fatty acid composition in tobacco. I. Green tobacco plants. Plant Physiol. *43,* 428–433 (1968)

280

Harwood, J.L. and P.K. Stumpf: Plant acyl lipids: evolutionary curiosities or functional constituents. Trends in Biochem. Sciences *1*, 253–256 (1976)

Hitchcock, E., B.W. Nichols: Plant lipid biochemistry. New York, London: Academic Press, 1971

Holbrook, J.J., A. Liljas, S.J. Teindel, M.G. Rossmann: Lactate Dehydrogenase in: „The Enzymes" (P. Boyer, ed.) Vol. *11*, 240 New York, London: Academic Press, 1975

Karlson, P.: Kurzes Lehrbuch der Biochemie. Stuttgart: G. Thieme Verlag, 1984 (12. Aufl.)

Kindl, H.: Biochemie der Pflanzen. Berlin–Heidelberg–New York: Springer Verlag, 1987 (2. Aufl.)

Lehninger, A.L. Biochemistry. New York: Worth Publ. Inc., 1975 (2. Aufl.)

Miflin, B.J., P.J. Lea: The pathway of nitrogen assimilation in plants. Phytochemistry *15*, 873–885 (1976)

Moore, T.S., G.D. Troyer: Phospholipids and metabolism. in: „Biosynthesis and function of plant lipids" (Thomson, W.W., B.J. Mudd, M. Gibbs, ed.) Rockeville, Md.: American Soc. of Plant Physiologists, 1983

Porra, R.J., H.U. Meisch: The biosynthesis of chlorophyll. Trends in Biochem. Sciences *9*, 99–104 (1984)

Stryer, L.: Biochemistry. San Francisco: W.H. Freeman and Comp., 1981 (2. Aufl.)

Stumpf, P.K.: Lipid metabolism. in: „Plant biochemistry" (J. Bonner, J.E. Varner eds.). New York, London: Academic Press, 1976 (3. Aufl.)

Stumpf, P.K., E.E. Conn (eds.): The biochemistry of plants (Vol. 1–8, wird fortgesetzt). New York, London: Academic Press, 1980 ff

Stumpf, P.K., T. Shimakata: Molecular structure and functions of plant fatty acid synthetase enzymes. in: „Biosynthesis and function of plant lipids" (Thomson, W.W., B.J. Mudd, M. Gibbs, ed.). Rockeville, Md.: American Soc. of Plant Physiologists, 1983

Thiele, O.W.: Lipide, Isoprenoide mit Steroiden. Stuttgart: G. Thieme Verlag, 1979

Thomson, W.W., B.J. Mudd, M. Gibbs (eds.): Biosynthesis and function of plant lipids. Rockeville, Md.: American Soc. of Plant Physiologists, 1983

Wiegand, H.: Glycolipids. Amsterdam: Elsevier, 1985

Williams, J.P., M.V. Khen, K. Mitchell: Galactolipid biosynthesis in leaves of 16:3 and 18:3 plants. S. 28–39 in: „Biosynthesis and function of plant lipids" [W.W. Thompson, B.J. Mudd, M. Gibbs (eds.)]. Rockeville, Md.: American Soc. of Plant Physiologists, 1983

20. Der Sekundärstoffwechsel der Pflanzen – Sekundäre Pflanzenprodukte (Pflanzenstoffe)

Pflanzliche Zellen enthalten weit mehr Stoffe, als im primären Stoffwechsel erzeugt werden. Terpene, Wachse, Alkaloide und Farbstoffe seien nur einige Stichworte, um anzudeuten, was hierunter zu verstehen ist. Auf eine Anregung von A. Kössel (1891) zurückgehend, unterscheidet man zwischen dem Primärstoffwechsel und dem Sekundärstoffwechsel. Unter Primärstoffwechsel werden jene Biosynthesewege zusammengefaßt, deren Produkte für das Überleben der Zellen notwendig sind; unter Sekundärstoffwechsel versteht man solche, die nur in ganz bestimmten, meist ausdifferenzierten Zellen vorkommen, deren Produkte für die Zelle selbst entbehrlich sind, die aber für den Organismus als Ganzes nützlich sein können (z.B. Blütenfarbstoffe, -duftstoffe, Festigungselemente). Dabei sind die Grenzen fließend, denn weder gibt es die typische Zelle, noch ist in vielen Fällen klar, weshalb eine bestimmte Substanz tatsächlich gebildet wird.

Gerade Pflanzenzellen produzieren ein weites Spektrum sekundärer Produkte. Viele von ihnen sind hochgradig toxisch, vielfach werden sie in spezifischen Vesikeln, oft auch in der Vakuole gespeichert. Zumindest in einigen Fällen gibt es gute Hinweise darauf, daß diese Art der Lagerung einerseits einem Entgiftungsprozeß gleichkommt, andererseits aber auch einen Speicher für z.B. stickstoffhaltige Moleküle darstellt. Im Gegensatz zu Tieren produzieren Pflanzen nämlich keine stickstoffhaltigen Exkrete. Einige der sekundären Stoffwechselprodukte können reversibel wieder abgebaut und in den Primärstoffwechsel eingeschleust werden, für andere wiederum trifft das nicht zu.

Obwohl die sekundären Pflanzenstoffe weit verbreitet sind, heißt es nicht, daß jede Pflanze jedes Produkt bilden kann. Manche Komponenten sind auf einzelne Arten, andere wiederum auf Gruppen nah verwandter Arten beschränkt. In nahezu allen Fällen findet man sie nur in bestimmten pflanzlichen Organen, oft auch nur in einem bestimmten Zelltyp (und innerhalb der Zellen nur in einem bestimmten Kompartiment), und meist werden sie nur während einer zeitlich begrenzten Entwicklungsphase gebildet.

Es gibt gute Gründe dafür, das Vorkommen bestimmter sekundärer Pflanzenstoffe (besser noch: Gruppen chemisch ähnlicher Stoffe) als taxonomisches Merkmal zu verwenden (s. Kap. 44). Doch was

wohl für alle morphologischen Merkmale gilt, trifft auch hier zu: Das Vorhandensein einer chemischen Substanz ist für die Pflanze adaptiv, wenngleich es für uns nicht immer so eindeutig in Erscheinung tritt, wie wir am Beispiel der Blütenfarbstoffe, des Lignins (einem mechanischen Festigungselement in Zellwänden) oder des Cutins (wasserabstoßender Abschluß eines Gewebes gegenüber der Außenwelt) sehen können.

Vielen sekundären Pflanzenstoffen kommt eine Signalfunktion zu. Hierher gehören die pflanzlichen Hormone, mit denen wir uns ihrer großen Bedeutung wegen an anderer Stelle (s. Kap. 31) ausführlich befassen werden. Sie beeinflussen die Aktivitäten anderer Zellen, steuern deren Stoffwechselaktivitäten und koordinieren die Entwicklungsabläufe in der ganzen Pflanze. Andere Substanzen, so die eben genannten Blütenfarbstoffe, dienen der Kommunikation zwischen Pflanzen und ihren Bestäubern, und wiederum andere schützen die Pflanzen vor Tierfraß und Infektionen. So bilden manche Pflanzenarten nach einer Pilzinfektion spezifische Phytoalexine, die eine Verbreitung des Pilzmycels im Pflanzengewebe unterbinden (s. Kap. 33). Eine Anzahl von Substanzen wird ausgeschieden und beeinflußt die Existenz anderer Arten. Gerade bei Algen, aber auch bei Pilzen, wird die Kommunikation der Zellen untereinander durch extrazelluläre Substanzen gefördert, bzw. aufrechterhalten. Die Konsistenz der Stoffe reicht von gasförmig bis gallertähnlich. Niedermolekulare Exkretionsprodukte weisen hohe Diffusionsverluste auf, zeichnen sich aber durch einen großen Aktionsradius aus. Viele solcher Substanzen wirken antibiotisch, verhindern damit also das Auftreten konkurrierender Arten in der Umgebung des Produzenten und sichern ihm eine ökologische Nische.

Die gegenseitige Beeinflussung von Pflanzen durch stoffliche Ausscheidungen wird Allelopathie genannt. Sie kommt nicht nur bei Algen, sondern ebenso oft auch bei höheren Pflanzen vor.

Allelopathisch wirkende Substanzen können Keimung, Wachstum und Entwicklung anderer Pflanzen beeinträchtigen, selten ist ihr Einfluß stimulierend. Gegen die insektizide Wirkung mancher sekundärer Pflanzenstoffe haben die Insekten (und andere Tiere) ihrerseits Abwehrstrategien entwickelt. Im Verlauf ihrer Evolution entstanden zunächst Entgiftungsmechanismen, später kam sogar eine Abhängigkeit von

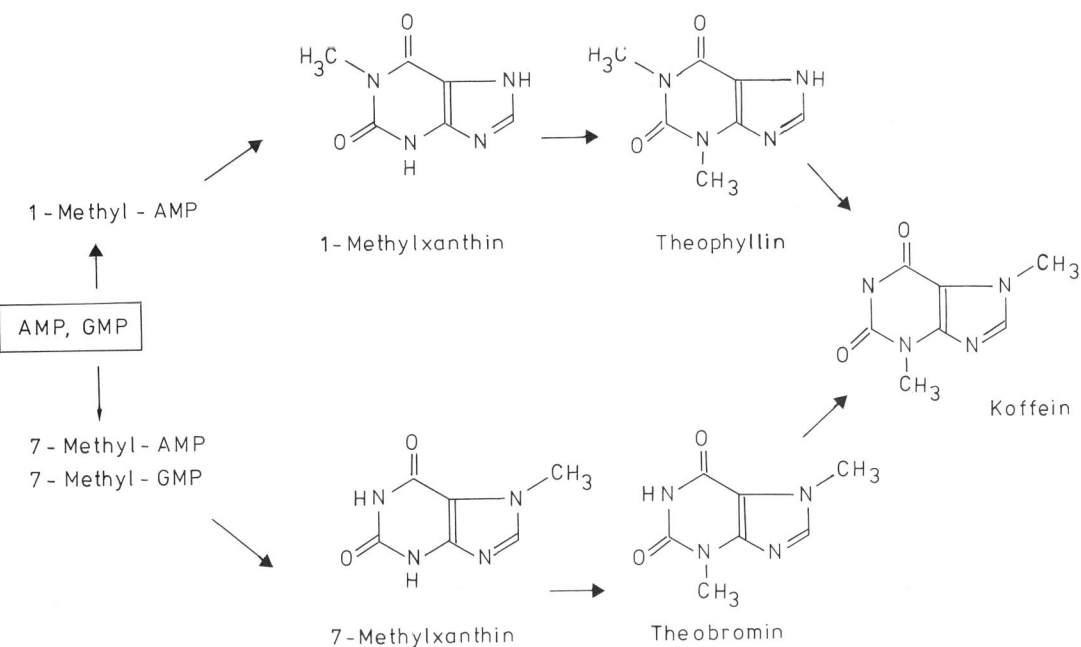

Abb. 20.1. Biosynthese von Koffein auf zwei alternativen Wegen: über Theophyllin oder über Theobromin.

bestimmten Pflanzenprodukten hinzu. So benötigen manche Arten für ihren Steroidstoffwechsel Ausgangssubstanzen aus der Pflanze, die dieser ursprünglich als Schutz dienten. Im tierischen Organismus werden diese meist leicht modifiziert und dadurch in ihrer Struktur vereinfacht.

Viele Pflanzenstoffe nehmen seit Jahrhunderten eine herausragende Rolle in der Heilkunde ein. Ihr pharmakologischer – und damit auch wirtschaftlicher Wert – haben auch heute nichts an Bedeutung eingebüßt. Sie werden entweder direkt oder nach chemischer Modifikation verwendet. Es darf dabei nicht unerwähnt bleiben, daß einige als Psychopharmaka wirken und das Morphin und das Meskalin den „harten Drogen" zuzurechnen sind.

Bestimmte sekundäre Pflanzenstoffe findet man nicht nur bei phylogenetisch nahestehenden Arten (oder Familien), sondern oft auch bei solchen, zwischen denen keine unmittelbaren Verwandtschaftsverhältnisse bestehen. Schon J. Sachs wies (1882) in seinen Vorlesungen über Pflanzenphysiologie darauf hin, daß Milchröhren bei einer Anzahl von Arten auftreten, obwohl zwischen ihnen kein phylogenetischer Zusammenhang erkennbar ist. Er konstatierte aber auch, daß sich die Milchröhren in ihrem morphologischen Bau und ihrer Entstehungsgeschichte voneinander unterscheiden. Heute wissen wir von einer Reihe von Stoffwechselprodukten, die bei nicht verwandten Taxa scheinbar parallel entstanden sind, daß sie auf unterschiedliche Biosynthesewege zurückzuführen sind (s. Abb. 20.1 und 20.2).

Es gibt eine Anzahl von Mutanten, die aufgrund eines Blocks im Stoffwechsel nicht in der Lage sind,

bestimmte Produkte zu bilden. Ein klassisches Beispiel hierfür sind weißblühende Sorten von Arten mit ansonsten farbigen, oft roten Blüten. Vielleicht liegt ein Merkmal einiger Synthesewege des Sekundärstoffwechsels tatsächlich darin, daß genetische Defekte zulässig sind und der Träger unter natürlichen Bedingungen dennoch eine hohe Überlebenschance haben kann.

Die chemische Struktur sekundärer Pflanzenstoffe ist durchweg komplexer als die der primären. Das ist verständlich, denn viele, doch bei weitem nicht alle, leiten sich von Aminosäuren oder Nukleotiden ab. Die große Zahl der in Pflanzen nachgewiesenen Verbindungen gehört nur relativ wenigen Stoffklassen an. Nur geringe chemische Modifikationen, wie Methylierungen, Hydroxylierungen, Einlagerung von Metallionen u.a. führen zu einem weiten Spektrum funktionell unterschiedlicher Substanzen. Die wichtigsten Stoffklassen sind:
– Alkaloide
– Isoprenoide (Terpene)
– gummiähnliche Polymere (Polyterpene)
– phenolische Substanzen
– Tannine
– Pflanzenamide
– Glykoside
Oft sind die Verbindungen glykosyliert (sie tragen bestimmte Zuckerreste), ihre Wasserlöslichkeit nimmt damit zu. Der zuckerfreie Anteil einer solchen Substanz wird Aglykon genannt.

Große Fortschritte in der chemischen Analyse sekundärer Pflanzenstoffe sind vor allem in den letzten 20 bis 30 Jahren zu verzeichnen gewesen. Der Einsatz

283

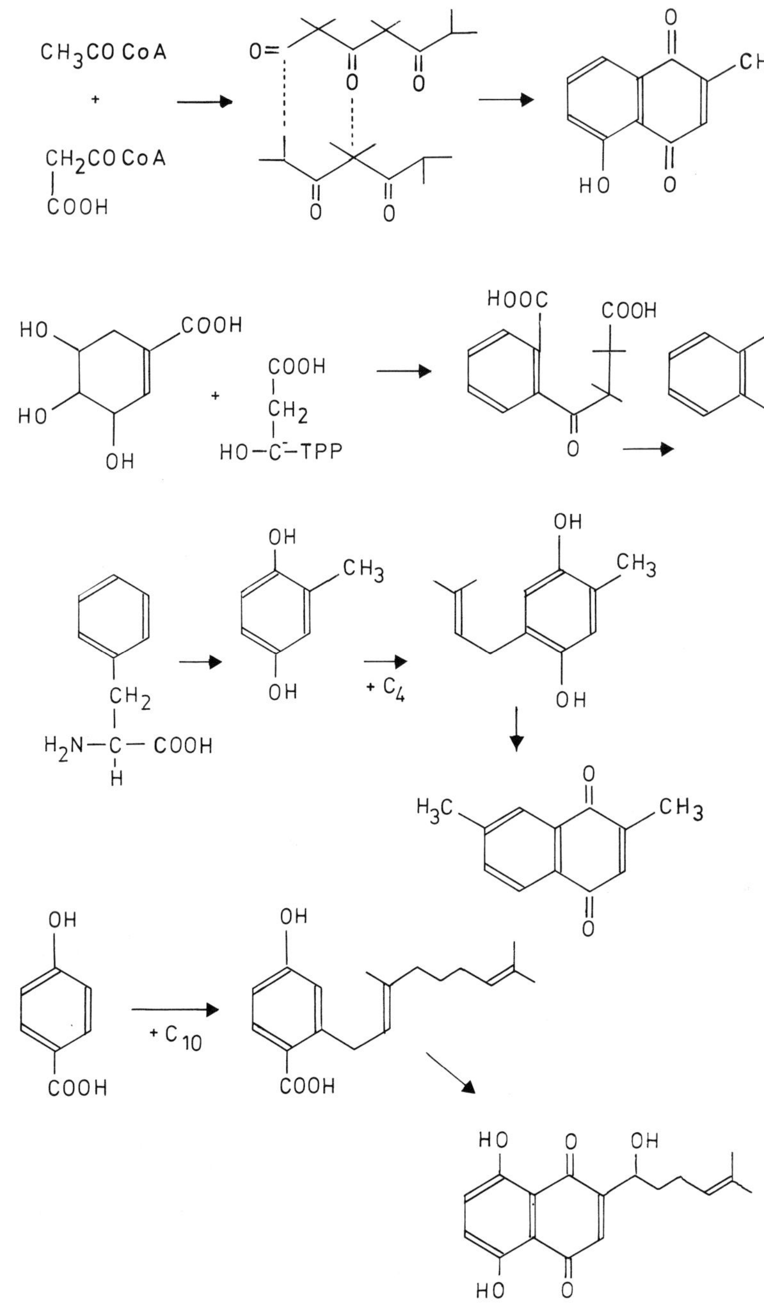

Abb. 20.2. Einander ähnliche Produkte (hier Naphthochinonderivate) können von völlig verschiedenen Ausgangssubstanzen abgeleitet sein und über unterschiedliche Zwischenprodukte entstehen. *a* Acetat-Malonatweg. Synthese von Plumbagin (bei *Plumbago,* Plumbaginaceae); *2* Shikimatweg. Synthese von Juglon (bei *Juglans,* Juglandaceae); *3* Homogentisinsäureweg. Synthese von Chimaphyllin *(Chimaphila,* Pyrolaceae*); 4* Hydroxybenzoatweg. Synthese von Alkannin (bei *Plagiobothrys,* Boraginaceae). (J.B. Harborne, 1977)

moderner analytischer Verfahren, wie Chromatographie (mit allen ihren Varianten), Elektrophorese, Isotopentechniken und Enzymolgie erlaubten es, die genauen Strukturformeln und die wichtigsten Biosynthesewege aufzuklären.

Zu den weitgehend noch offenen Fragen gehören Themenkreise wie: In welchen Kompartimenten wird ein bestimmtes Produkt gebildet? Finden alle Schritte des Biosyntheseweges dort statt, oder nur der letzte bzw. die letzten? Sind Synthese und Lagerung auf unterschiedliche Kompartimente verteilt? Wie ist organspezifisches Vorkommen erklärbar? Wie ist die Biosynthese geregelt?

Sind die Biosynthesewege verzweigt, führen sie zu mehreren, verwandten Produkten, gibt es eine Endprodukthemmung? Warum läuft bei einer Art der eine, bei einer verwandten ein abweichender Weg ab?

Wodurch wird die Synthese und die Aktivität der notwendigen Enzyme gesteuert? Sind es monomere Proteine oder Multienzymkomplexe, liegen sie frei in Lösung oder membrangebunden vor? Wie werden sie in der Zelle transportiert, wie werden sie gegebenenfalls ausgeschieden?

284

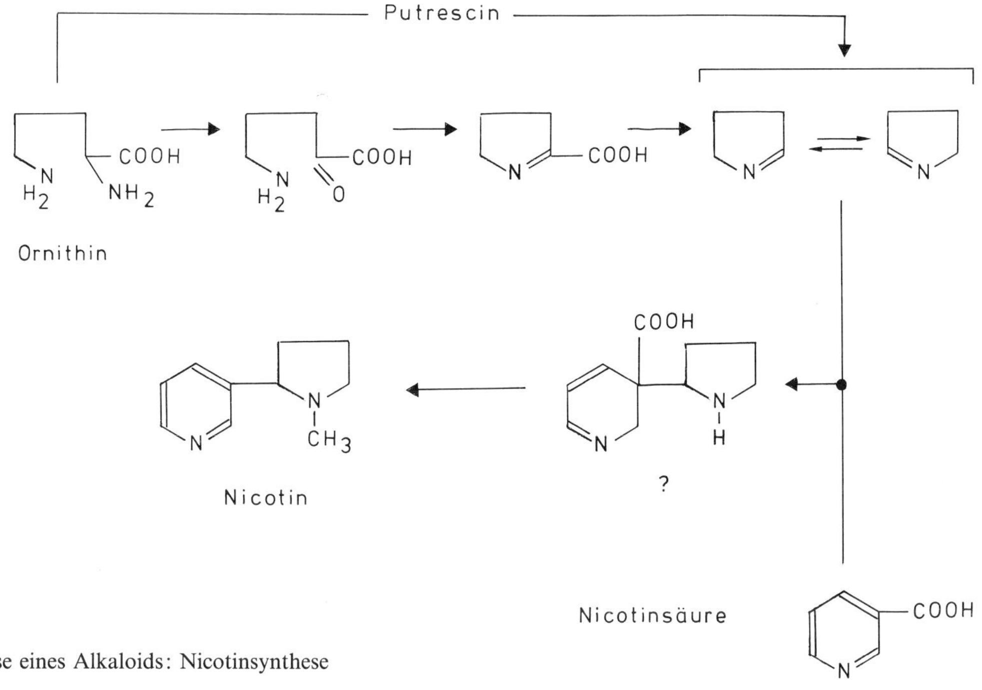

Abb. 20.3. Synthese eines Alkaloids: Nicotinsynthese

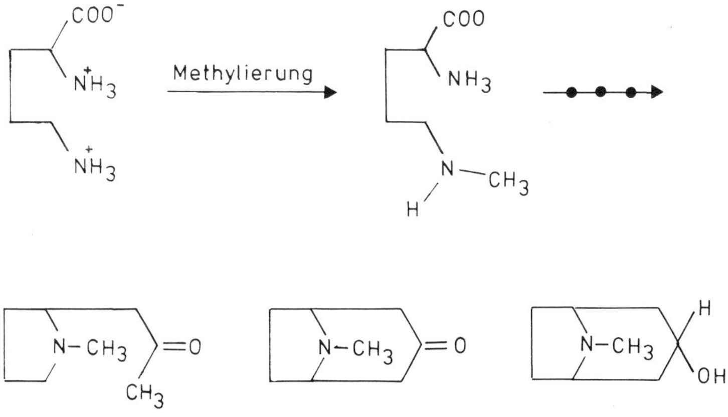

Abb. 20.4. Tropanbiosynthese. Ornithin als Ausgangssubstanz, Methylornithin als erstes Zwischenprodukt. *1* Hygrin, *2* Tropanon, *3* Tropin

Alkaloide

Alkaloide sind eine Gruppe stickstoffhaltiger Basen. Den meisten kann Drogencharakter zugeprochen werden. Nur wenige von ihnen (z.B. das Koffein) leiten sich von Purinen bzw. Pyrimidinen ab, die Mehrzahl läßt sich auf Aminosäuren zurückführen.
Ornithinderivate: Das Ornithin ist die Vorstufe von Pyrrolidinringen, die in Alkaloiden des Tabaks (Nicotin, Nornicotin) und anderer Solanaceen (Hyoscyamin, verschiedene Tropine, Cocain u.a.) auftreten.

Der Biosyntheseweg des Nicotins ist in Abb. 20.3 wiedergegeben. Es ist Ausgangsprodukt zahlreicher weiterer Tabakalkaloide. Die Tropanbiosynthese (s. Abb. 20.4) führt zunächst zu Zwischenprodukten, von denen sich z.B. das Cocain (s. Abb. 20.5) und das

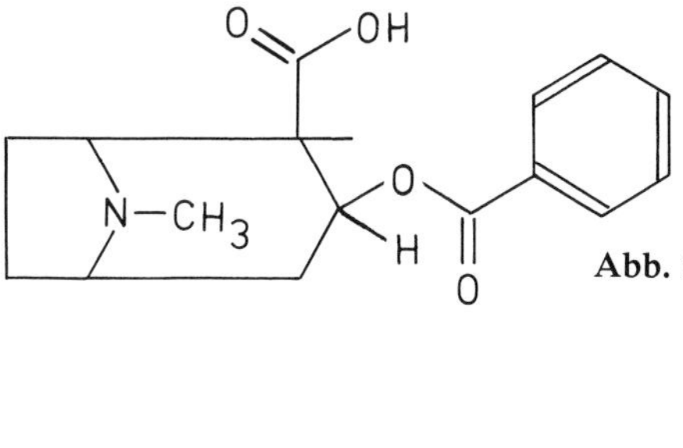

Abb. 20.5. Cocain

285

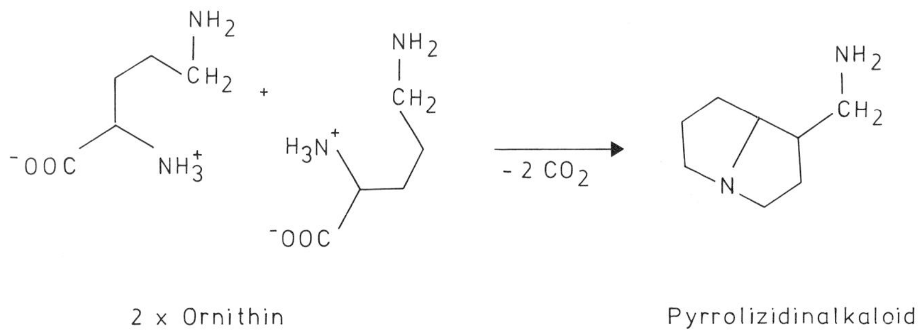

Abb. 20.6. Biosynthese des Grundgerüsts der Pyrrolizidinalkaloide.

2 x Ornithin

Pyrrolizidinalkaloid

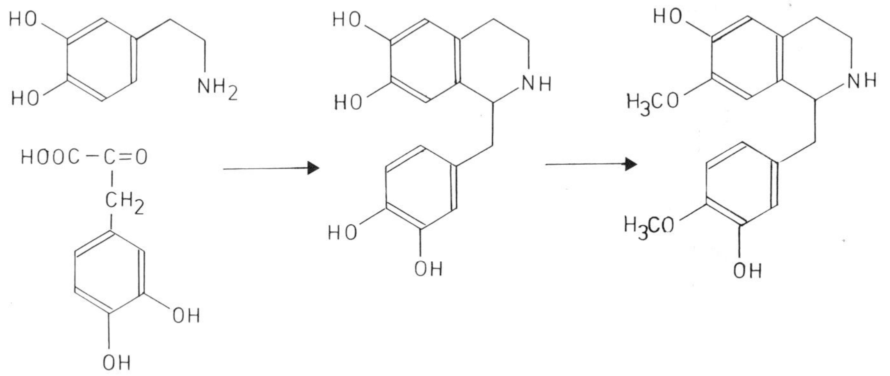

Abb. 20.7. Synthese von Ephedraalkaloiden, beginnend mit zwei Mol Tyrosin.

Hyoscyamin ableiten. Pyrrolizidinalkaloide sind eine weitere Klasse (s. Abb. 20.6).

Lysinderivate: Lysin ist die Vorstufe des Piperidinrings, der das Skelett mehrerer Alkaloide bildet. Hierzu gehören die Bitterstoffe der Lupine, das Lupinin und das Lupanin.

In diese Gruppe gehört auch das Lycopodin, eine Substanz, die aus Bärlapp *(Lycopodium)* gewonnen werden kann. Erwähnt sei sie hier nur, um zu zeigen, wie wenig verwandt die Pflanzen sind, aus denen einander ähnliche Substanzen gewonnen werden können.

Derivate des Phenylalanins: Die wichtigsten:

- *Ephedra*-Alkaloide: Ephedrin, Pseudoephedrin (s. Abb. 20.7),
- Mikroorganismenalkaloide: Cytochalasin B und D
- *Taxus*-Alkaloide: Taxin
- *Lunaria*-Alkaloide: Lunarin und Lunaridin
- Alkaloide der Lythraceae

Darüber hinaus wird eine Anzahl aromatischer, Karboxylgruppen enthaltender Verbindungen in andere Alkaloide inkorporiert, z.B. in das Atropin (Alkaloid aus *Atropa belladonna*).

Das Cytochalasin (s. Abb. 20.8) ist vor allem deshalb von Interesse, weil es sich in den letzten Jahren in steigendem Maße als nützliches Hilfsmittel in der Zellbiologie bewährt hat. Es hemmt die Wirkung von Mikrofilamenten und ist daher ein geeigneter Inhibi-

tor von Bewegungsprozessen, an denen Aktin beteiligt ist.

Derivate des Tyrosins: Tyrosin ist Ausgangsprodukt einer großen Alkaloidfamilie. Von ihm leitet sich zunächst das Dopamin ab, von dem Synthesewege zum Berberin (s. Abb. 20. 9a), Papaverin (s. Abb. 20. 9b) und zum Morphin (s. Abb. 20.10) führen. Die gezeigten Formeln stellen Prototypen dar, von denen

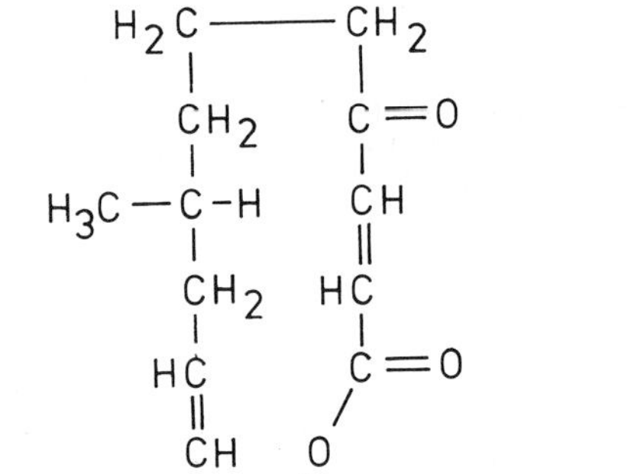

Abb. 20.8. Cytochalasin B

286

sich eine Anzahl ähnlicher Verbindungen (z.B. die Opiumalkaloide, Codein u.a.) ableiten lassen. Das Colchicin (Alkaloid der Herbstzeitlosen: *Colchicum autumnale* und der verwandten Art *C. byzanthinum*) gehört ebenfalls hierher (s. Abb. 20.11). Es ist das bekannteste und am häufigsten verwendete Mitosegift; es verhindert die Aggregation von Tubulindimeren zu Mikrotubuli (s. Kap. 25).

Indol-Alkaloide (Abkömmlinge von Tryptophan, u.a.): Gerade die Analyse dieser Gruppe ist in den letzten Jahren gut vorangekommen. Neben chromatographischen Verfahren sind dabei vor allem die Massenspektroskopie und die Kernresonanzspektroskopie (NMR) zum Zuge gekommen. Man hat bis heute etwa 1200 verschiedene Verbindungen isoliert, die allein vom Tryptophan ableitbar sind. Das entspricht etwa 25 Prozent der bekannten Alkaloide. Allgemein bekannt sind nur wenige, obwohl viele pharmakologisch aktiv sind und in der Medizin häufig eingesetzt werden.

Zu den Tryptophan-Derivaten gehören das d-Tubocurarin (s. Abb. 20.12), eine der aktiven Komponenten des Curare, des Pfeilgiftes der Indianer Süd-

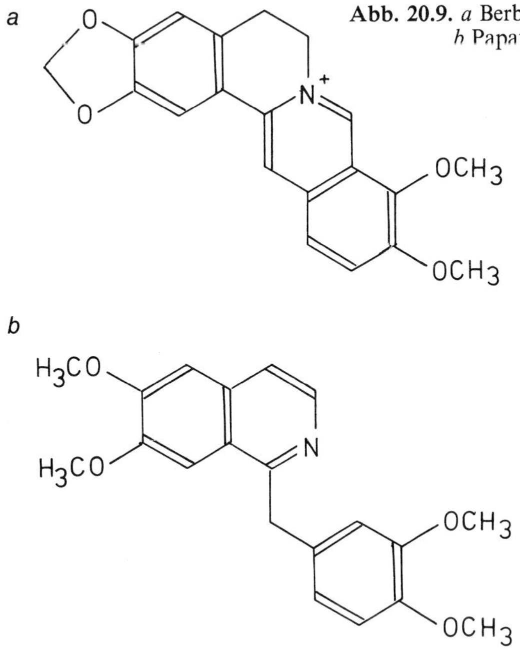

Abb. 20.9. *a* Berberin, *b* Papaverin

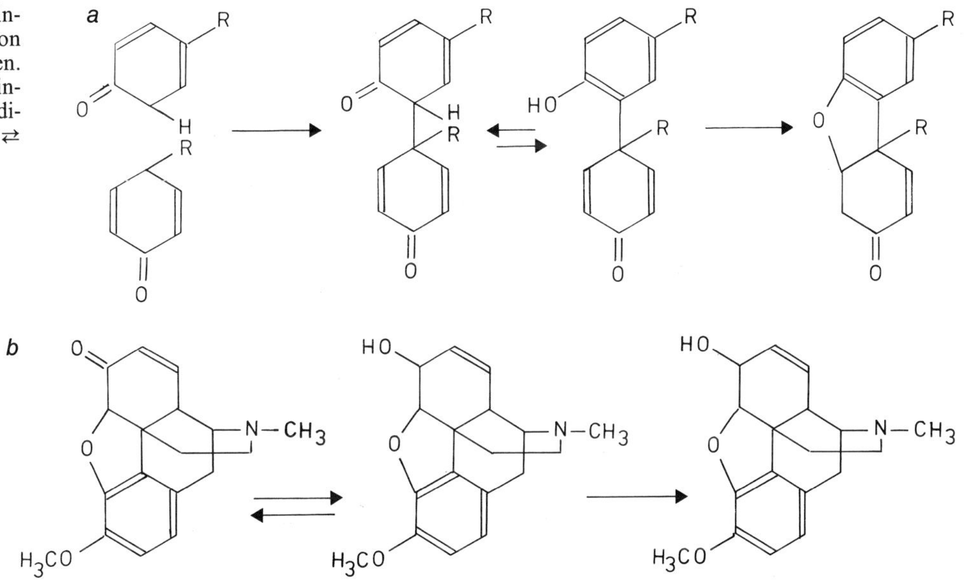

Abb. 20.10. *a* Morphinsynthese. Kondensation von zwei Tyrosinringen. Bildung der Morphingrundstruktur; *b* Modifikationen: Codeinon ⇄ Codein → Morphin

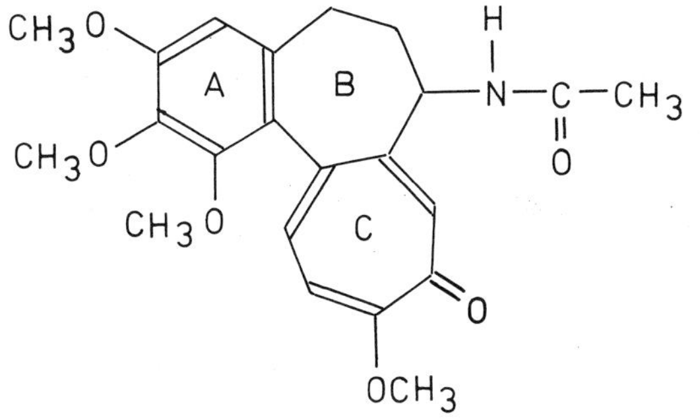

Abb. 20.11. Colchicin

amerikas, sowie die *Vinca-, Rauwolfia-* und *Catharanthus*-Alkaloide, und eine Reihe bekannter Pilzgifte.

Isopren-Abkömmlinge: Die sich vom Isopren ableitenden sekundären Pflanzenstoffe werden im folgenden Abschnitt besprochen. Genannt seien hier nur einige Derivate, die aufgrund ihres Stickstoffgehalts den Alkaloiden zuzuordnen sind. Im Gegensatz zu den Aminosäurederivaten, die den Stickstoff von Anfang an enthalten, wird er hier erst zu einem sehr späten Zeitpunkt der Biosynthese eingebaut.

In diese Gruppe gehören das Gentianin (s. Abb. 20.13a) sowie weitere toxische Verbindungen, z.B. das

287

Abb. 20.12. d-Tubocurarin. Einer der Wirkstoffe des Pfeilgifts der südamerikanischen Indianer (Curare). Es gibt eine Anzahl von Verbindungen unterschiedlicher Struktur mit Curarewirkung. Sie haben aber alle eines gemeinsam: Sie verfügen über zwei ionisierte Stickstoffatome in einem Abstand von 10–14 Å voneinander.

Abb. 20.13a. Gentianin

Abb. 20.13b. Aconitin

Abb. 20.13c. Strychnin

Aconitin, das aus *Aconitum* und *Delphinium* gewonnen wird (s. Abb. 20.13.b).

Eine wichtige Untergruppe bilden die *Solanum*-Alkaloide, die in nahezu allen Organen verschiedener

Abb. 20.14a. Arecolin

Abb. 20.14b. Lobelin, ein Pyridinalkaloid

Abb. 20.14c. Protopin

Abb. 20.14d und e. Oben: Reserpin; unten: Serpentin. Beide Verbindungen gehören in die Klasse der Indolalkaloide (dazu gehört auch das Vinblastin).

Abb. 20.14f. Piperin, ein Piperidinalkaloid

288

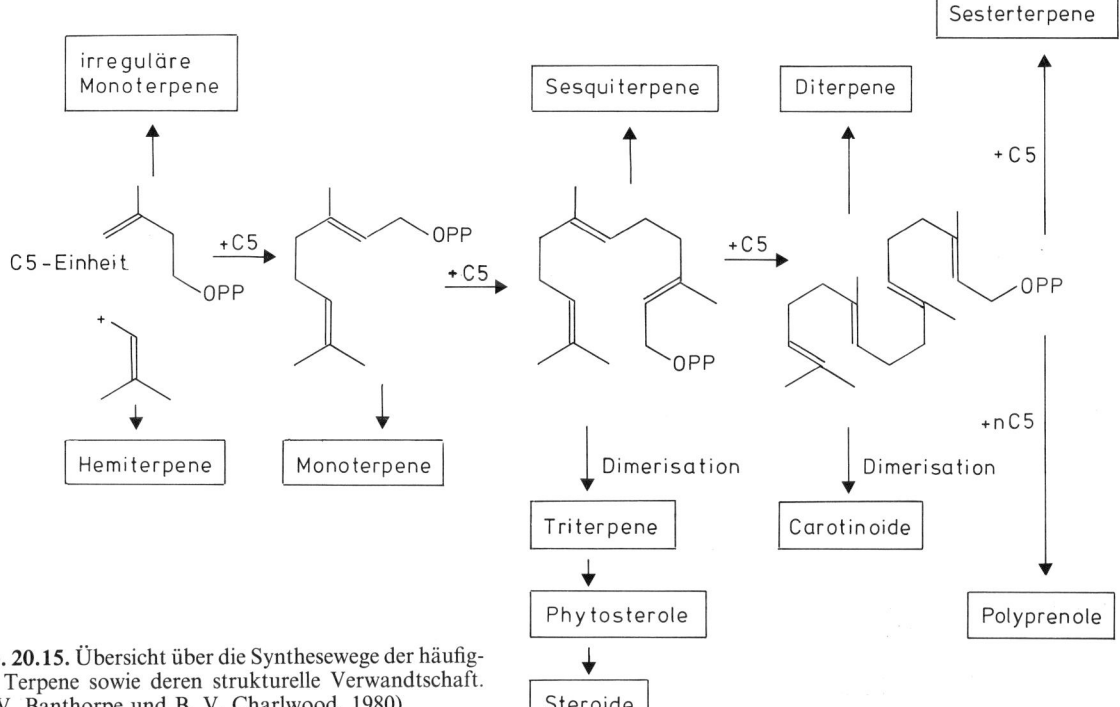

Abb. 20.15. Übersicht über die Synthesewege der häufigsten Terpene sowie deren strukturelle Verwandtschaft. (D. V. Banthorpe und B. V. Charlwood, 1980)

Solanum- (Kartoffel u.a.) und *Lycopersicon-*Arten (Tomate) anzutreffen sind, doch auch bei ganz anderen Taxa (Lilien und Asclepiadaceen) vorkommen. Einige weitere, für bestimmte Pflanzengruppen typische Alkaloide sind in der Abbildung 20.14 zusammengestellt.

Isoprenoide/Terpene

Polymere Isoprenderivate repräsentieren eine große Familie strukturell und funktionell scheinbar nur wenig zusammenhängender Substanzen: Steroide, Carotin, Gibberellinsäure u.a. gehören hierher.

Es sind aus den unterschiedlichsten Pflanzengruppen insgesamt einige Tausend verschiedene Molekültypen isoliert und charakterisiert worden. Trotz unterschiedlicher Strukturen laufen die Biosynthesen über nur einige wenige Wege (s. Abb. 20.15).

Ausgangsstoff ist die Mevalonsäure, die nach Phosphorylierung in ein phosphoryliertes Isopren überführt wird, das seinerseits polymersiert. Im Verlauf der Polymerisation werden Zahl und Lage von Doppelbindungen festgelegt. Alle grünen Pflanzen sind in der Lage, auf dem skizzierten Mevalonatweg lineare Isoprenoide zu bilden.

Während Terpene mit mehr als fünf Isopreneinheiten nahezu universell verbreitet sind, sind viele der einfachen Terpene auf bestimmte Pflanzengruppen beschränkt. Sesquiterpene z.B. sind bei Moosen häufig, kommen aber auch bei höheren Pflanzen vor. So

findet man sie zwar bei den Magnoliales, doch nicht bei den Ranunculales. Wie dieses Beispiel zeigt, hat sich das Vorkommen bestimmter sekundärer Pflanzenstoffe als brauchbares taxonomisches Merkmal bewährt. Entsprechendes gilt für die Monoterpene [iridoide Verbindungen, Iridane (s. Abb. 20.16)], mehr dazu in der Sektion Systematik. Zu den Diterpenen gehören die Gibberelline (eine Phytohormonklasse).

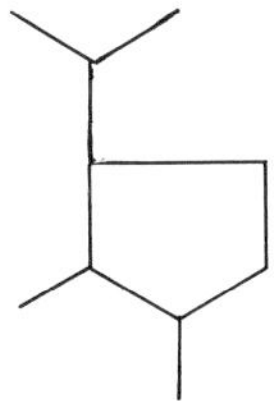

Abb. 20.16. Iridanskelett (Grundeinheit der Monoterpene)

Steroide (Abb. 20.17): Es handelt sind hierbei um Triterpene oder Triterpenoide. Unter Triterpenen versteht man in der Regel eine Gruppe von Molekülen, die 30 C-Atome enthalten und durch Polymerisa-

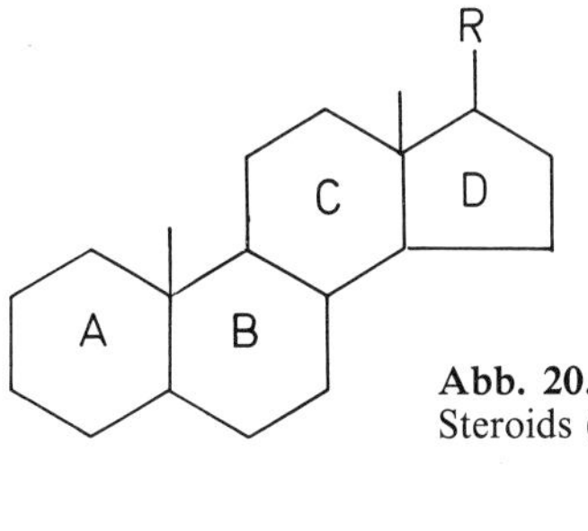

Abb. 20.17. Grundstruktur eines Steroids (Steranskelett)

289

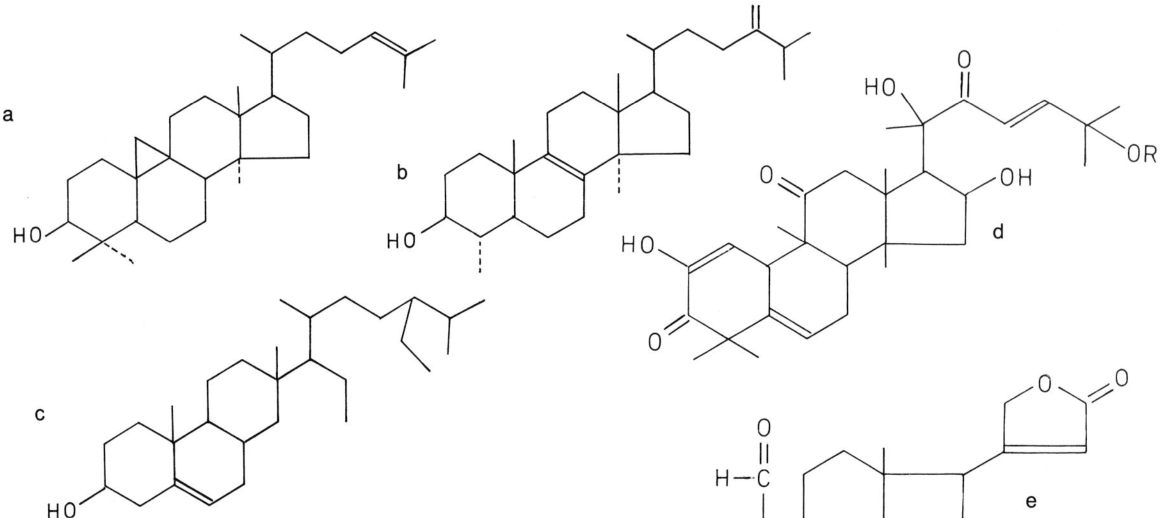

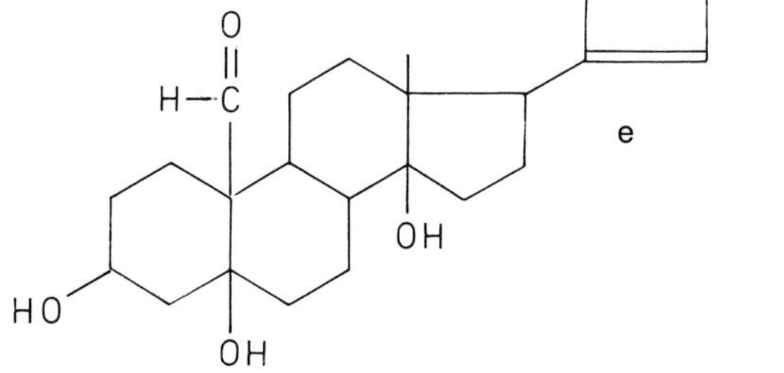

Abb. 20.18. Steroide: Cycloartenol *(a)*, Obtusifoliol *(b)*, Sitosterol *(c)*, Cucurbitacin (Grundgerüst) *(d)*, Digitalis-Glucosid (Strophanthidin) *(e)*.

tion aus sechs Isopren-Einheiten entstanden sind. Die Definition sollte jedoch nicht zu strikt ausgelegt werden, da sich eine Anzahl von Derivaten mit mehr, meist jedoch weniger C-Atomen ableiten läßt. Steroidmoleküle bestehen aus vier Ringsystemen, die mit A, B, C und D gekennzeichnet werden und ihrerseits eine Anzahl von Resten R tragen. Dabei ist es wichtig, ob je zwei von ihnen in cis (d.h. auf der gleichen Seite des Ringsystems) oder in trans (d.h. auf entgegengesetzten Seiten des Ringsystems) stehen.

Steroide wurden sowohl bei Gymnospermen als auch bei Angiospermen nachgewiesen. Einige typische Vertreter sind in der Abbildung 20.18 wiedergegeben.

Carotinoide: Sie sind im Tier- und Pflanzenreich weit verbreitet, doch sind sie stets pflanzlichen Ursprungs. Es sind durchweg Tetraterpene, also C_{40}-Einheiten, die aus acht Isoprenresten zusammengesetzt sind. Wie aus der Abbildung 20.19 hervorgeht, besitzen die Moleküle ein Symmetriezentrum. Sie lassen sich formal

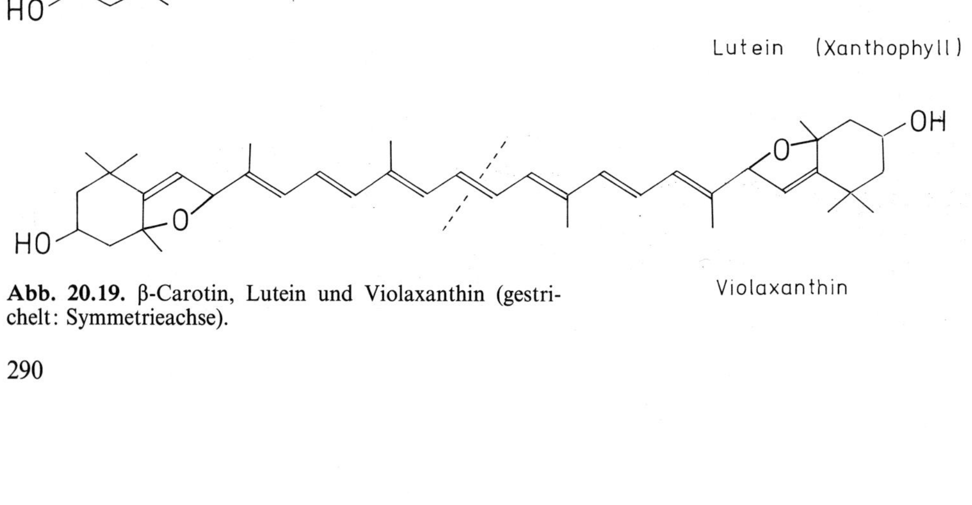

Carotin

Lutein (Xanthophyll)

Violaxanthin

Abb. 20.19. β-Carotin, Lutein und Violaxanthin (gestrichelt: Symmetrieachse).

290

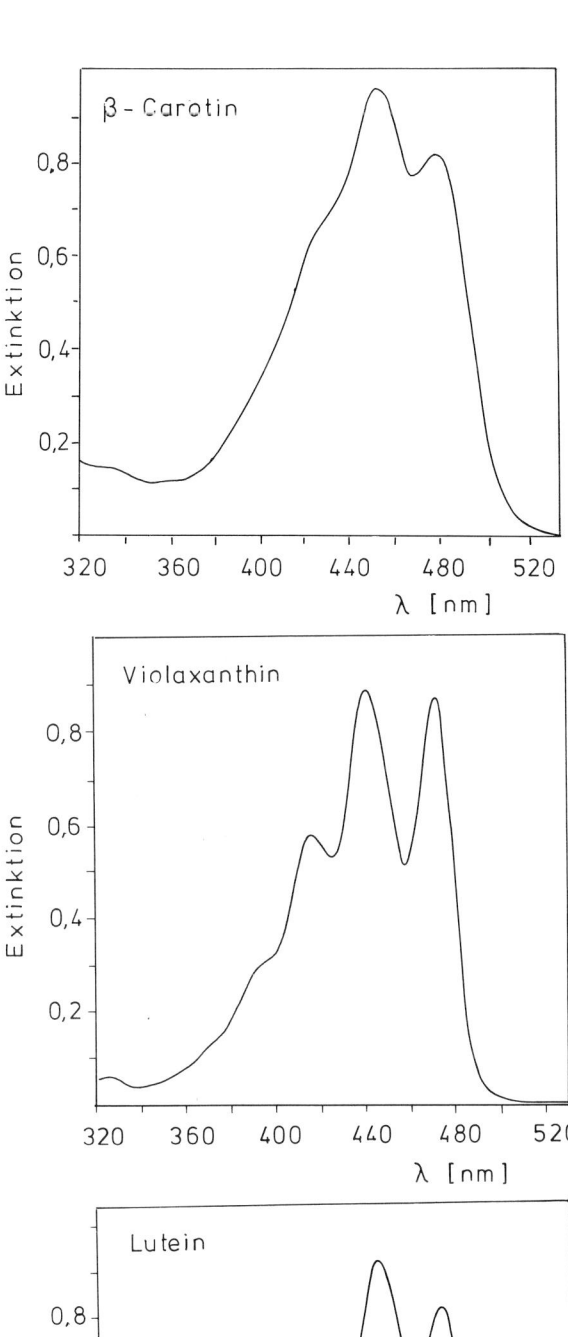

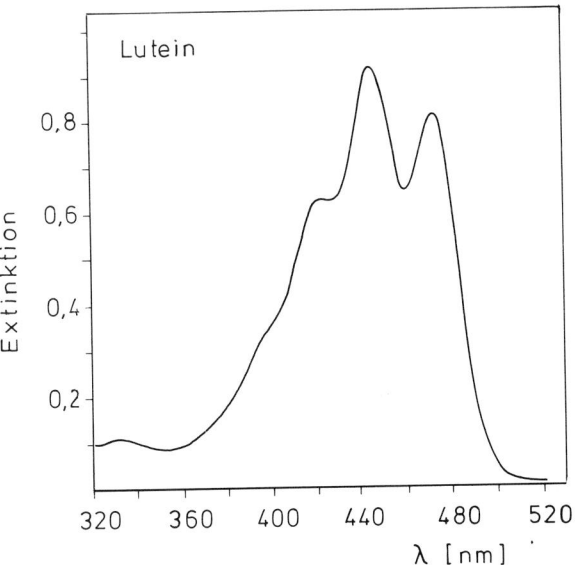

Abb. 20.20. Absorptionsspektrum des β-Carotins *(a)*, des Violaxanthins *(b)* und des Luteins *(c)*.

von einer nichtzyklischen $C_{40}H_{56}$-Verbindung durch Hydrierung, Dehydrierung, Zyklisierung, Verschiebung von Doppelbindungen und/oder Methylgruppen, Kettenverlängerung oder Kettenverkürzung, sowie durch Einbau von Sauerstoff herleiten.

Man unterscheidet bei den Carotinoiden (Oberbegriff der Gruppe) zwischen den
– Carotinen (reine Kohlenwasserstoffe ohne zusätzliche Gruppen) und den
– Xanthophyllen (sauerstoffenthaltende Carotinoiden).

Vertreter beider Gruppen sind in den Pigmentsystemen (Lichtfallen) der Chloroplasten enthalten und wirken am Prozeß der primären Lichtabsorption und Photonenkanalisation der Photosynthese mit. Darüber hinaus nehmen sie die Funktion von Lichtrezeptoren bei einer Reihe weiterer lichtinduzierter Prozesse in der Pflanze wahr. Repräsentative Absorptionsspektren sind in der Abbildung 20.20 dargestellt. Die gelbe Farbe vieler Blüten geht auf carotinoidhaltige, meist chlorophyllfreie Chromoplasten zurück. Auch in vielen Früchten sind Carotinoide häufig, so beruht die rote Farbe der reifen Tomaten und der Paprika auf Anwesenheit des Lycopins. Es ist ein kettenförmiges, lineares Molekül, das 13 Doppelbindungen enthält, von denen 11 konjugiert sind. Bei vielen Carotinen (und Xanthophyllen) schließen sich die Polymeren an den Enden – unter Verlust der terminalen Doppelbindung(en) – zu Ringen.

Geschicht das nur an einem der Enden, entsteht das γ-Carotin, erfolgt es an beiden, erhält man je nach Art des Ringschlusses das α- oder das β-Carotin. Das β-Carotin ist u.a. der Farbstoff der Möhrenwurzeln *(Daucus carota)*. Es liegt in der Zelle zu einem großen Teil kristallin vor. Eines seiner wichtigsten Derivate ist das Vitamin A (eine Vorstufe des Sehpurpurs).

Xanthophylle leiten sich von den Carotinen ab, so das weitverbreitete Xanthophyll der Blätter grüner Pflanzen, das Lutein sowie das Violaxanthin (vom α-Carotin abgeleitet) und der gelbe Farbstoff der Maiskörner, das Zeaxanthin (ein β-Carotinderivat). Ein weiteres Xanthophyll wäre das Fucoxanthin, der bräunliche Farbstoff der Braunalgen und Diatomeen. Zu den Xanthophyllabbauprodukten zählt der Farbstoff des Safrans, das Crocetin.

Gummiähnliche Polymere/Polyisoprene

Die erste Überlieferung über die Verwendung von Gummi führt ins 11. Jahrhundert zurück. Seit dieser Zeit nämlich verwenden die Indianer Mittelamerikas Gummibälle für ihre Ballspiele. Chemisch ist Gummi als ein Kohlenwasserstoff anzusehen, bei dem in cis-Verknüpfung 1,4-Polyisoprenreste $(C_5H_8)_n$ (s. Abb.

291

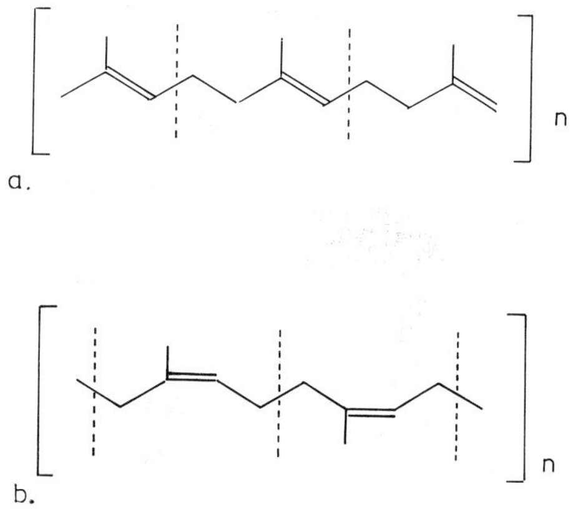

Abb. 20.21. *a* Kautschuk; *b* Guttapercha

20.21a) zu hochmolekularen Ketten vereint sind. Hauptproduzent ist *Hevea brasiliensis*.

In Guttapercha liegen trans-1,4-Polyisopren-Verknüpfungen vor. Das Molekulargewicht liegt weit unter dem des Gummis (s. Abb. 20.21b). Hauptproduzent ist *Palaquium gutta*.

Eine ähnliche Form (Balata) wird aus *Mimosops balata* gewonnen.

Chicle (aus *Achras sapota*) schließlich ist ein Polymer, in dem beide Verknüpfungstypen (etwa im Verhältnis 1:2) vorkommen. Es dient u. a. als Grundsubstanz von Kaugummi.

Insgesamt sind über 1800 Polyisoprenverbindungen in Pflanzen identifiziert worden; ihre Konzentrationen in den Zellen sind meist jedoch gering, die Molekulargewichte sind relativ niedrig.

Polyisoprene liegen in bestimmten Pflanzenzellen in Form kleiner Latexpartikel vor, die elektronenmikroskopisch als klar definierte, artspezifisch gebaute, cytoplasmatische Einschlüsse erkennbar sind.

Phenolische Substanzen

Wie in allen bisher besprochenen Gruppen vereint auch diese eine große Zahl heterogen strukturierter Moleküle. Ihr gemeinsames Merkmal: Sie enthalten mindestens ein hydroxylsubstituiertes aromatisches Ringsystem.

Die meisten gehören zu den Flavonoiden. Eine der Verbindungen, das Lignin (Grundsubstanz des Holzes, s. Kap. 26) ist mengenmäßig vorherrschend.

Die folgende Tabelle 1 gibt einen Überblick über die wichtigsten Verbindungsklassen.

Ausgangskomponente der Biosynthese der meisten phenolischen Substanzen ist die Shikimisäure (das Shikimat).

Phenole reagieren wegen der Dissoziierbarkeit ihrer —OH-Gruppe sauer. Es sind recht reaktive Substanzen, und sofern keine sterische Hemmung durch zusätzliche Seitenketten vorhanden ist, bilden sie Wasserstoffbrücken aus. So findet man bei vielen Flavonoiden intramolekulare Verknüpfungen.

Eine zweite wichtige Eigenschaft ist ihre Fähigkeit, mit Metallen Chelatkomplexe einzugehen, und schließlich ist zu vermerken, daß sie leicht oxydierbar sind und dabei Polymere (dunkel gefärbte Aggregate) ausbilden (s. Abb. 20.22). Das Dunkelwerden angeschnittener oder absterbender Pflanzenteile geht hierauf zurück.

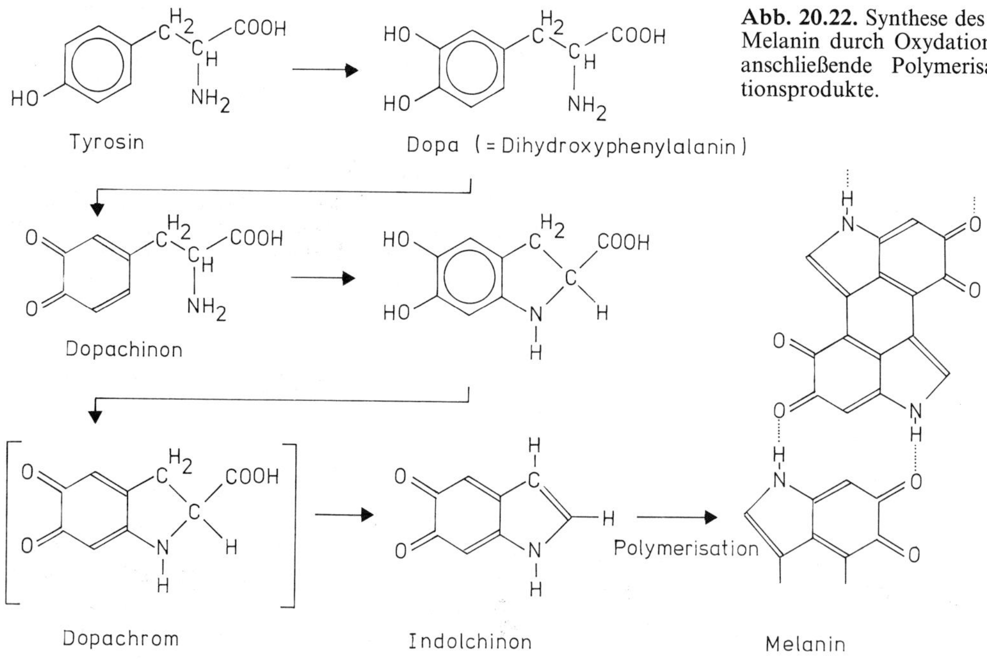

Abb. 20.22. Synthese des dunklen Farbstoffs Melanin durch Oxydation des Tyrosins und anschließende Polymerisation der Oxydationsprodukte.

292

Tabelle 1. Die wichtigsten Klassen phenolischer Substanzen in Pflanzen

Anzahl der C-Atome	Grundstruktur des Skeletts	Klasse
6	C_6	Einfache Phenole, Benzochinon
7	$C_6—C_1$	Carboxylsäurederivate des Phenylcarbons
8	$C_6—C_2$	Acetophenone, Phenylessigsäure
9	$C_6—C_3$	Hydroxyzimtsäure, Polypropen, Cumarin, Isocumarin
10	$C_6—C_4$	Naphthochinon
13	$C_6—C_1—C_6$	Xanthon
14	$C_6—C_2—C_6$	Stilben, Anthrachinon
15	$C_6—C_3—C_6$	Flavonoid, Isoflavonoid
18	$(C_6—C_3)_2$	Lignan, Neolignan
30	$(C_6—C_3—C_6)_2$	Biflavonoid
n	$(C_6—C_3)_n$	Lignin
	$(C_6)_n$	Catecholmelanin
	$(C_6—C_3—C_6)_n$	Flavolan (kondensierte Tannine)

(nach J.B. Harborne, 1980)

Unter dem Gesichtspunkt der Regulation des Pflanzenwachstums kann ihnen in der Regel eine hemmende Wirkung zugeschrieben werden.

Zu den niedermolekularen Phenylpropanolderivaten gehören eine Anzahl von Duftstoffen, wie die Cumarine (s. Abb. 20.23a), die Zimtsäure, Sinapinsäure, die Coniferylalkohole u.a. Diese Substanzen und ihre Derivate sind zugleich Intermediärprodukte der Ligninsynthese (s. Kap. 26).

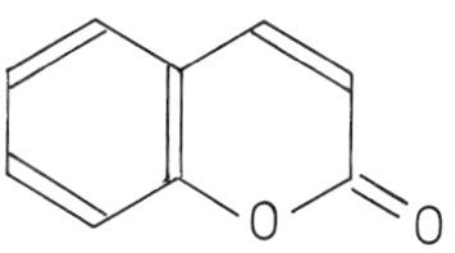

Abb. 20.23a. Cumarin

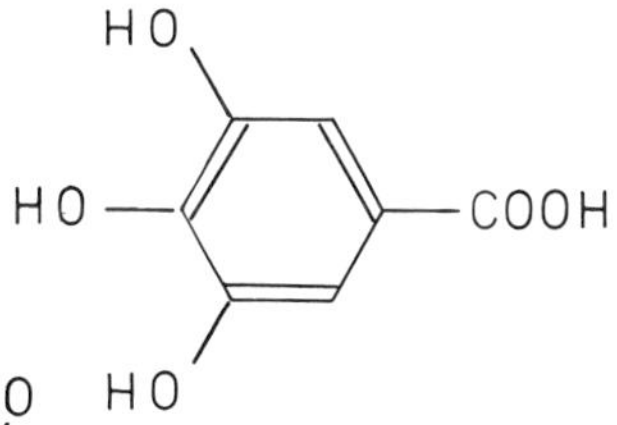

Abb. 20.23b. Gallussäure

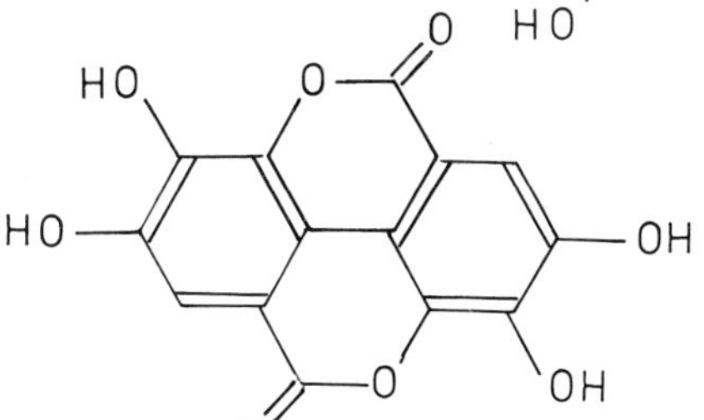

Abb. 20.23c. Ellagsäure

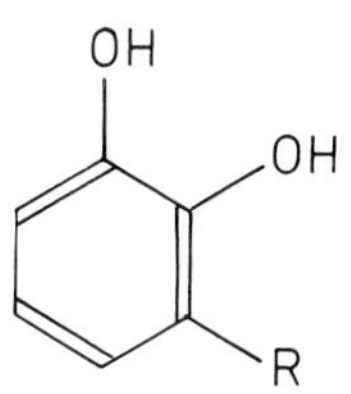

Abb. 20.23d. Urischiol

Flavonoide: Nach einer Schätzung aus dem Jahre 1975 sind über 2000 verschiedene Flavonoide beschrieben worden. Einige wichtige Vertreter und deren biologische Bedeutung sind in Tabelle 2 genannt.

Auch ihre Struktur ist auf eine Grundsubstanz, das C_{15}-Skelett des Flavons (s. Abb 20.24) zurückführbar. Die Unterscheidung in die 12 in der Tabelle genannten Klassen beruht auf unterschiedlichem Oxydationsgrad des zentralen Pyranrings. Sie unterscheiden sich aber auch grundlegend in ihren biologischen Eigenschaften voneinander. Während manche Klassen (z.B. die Flavonone) farblos sind, sind die Vertreter anderer Klassen (z.B. der Anthocyane) stets gefärbt und sind als Blütenfarbstoffe oder Farbstoffe anderer Pflanzenteile (z.B. von manchen Blättern) bekannt geworden. Die Anthocyanverbindungen sind meist rot oder gelb, die Farbe ist stark pH – abhängig; eine Blaufärbung kann durch Komplexierung (Chelatbildung) mit gewissen Metallionen (z.B. Fe^{3+} oder Al^{3+}) erreicht werden.

Die große Variabilität der Flavonoide beruht zu einem nicht unerheblichen Umfang auf dem Hydroxylierungs- und/oder Methylierungsmuster der drei Ringsysteme. Verwandtschaften von Flavonoidstrukturen korrelieren vielfach mit phylogenetischen Verwandtschaften der Pflanzenarten, in denen sie auftreten. Sie haben sich daher als Merkmale bewährt, die geeignet sind – unabhängig vom Vergleich morphologischer Kriterien – Verwandtschaftsbeziehungen bei höheren Pflanzen zu studieren (mehr darüber im Kapitel 43).

Tabelle 2. Die wichtigsten Klassen der Flavonoide und deren biologische Bedeutung

Klasse	Anzahl bekannter Strukturen	Biologische Bedeutung (soweit bekannt)
Anthocyanin(e)	250	rote und blaue Pigmente
Chalcone	60	gelbe Pigmente
Aurone	20	gelbe Pigmente
Flavone	350 ⎱	cremefarbene Pigmente in
Flavonole	350 ⎰	Blüten, Fraßschutz (?) in Blättern
Dihydrochalcone	10	einige schmecken bitter
Proanthocyanidine	50	
Catechine	20 ⎱	adstringierende Substanzen
	20 ⎰	einige haben Eigenschaften, die den Tanninen vergleichbar sind
Biflavonoide	65	?
Isoflavonoide	150	Oestrogenwirkung, toxisch für Pilze

(nach J.B. Harborne, 1980)

Eine weitere Gruppe phenolischer Substanzen sind die Chinone, von denen wir bereits einige als Kofaktoren (s. Kap. 19) kennengelernt haben. Eigentlich gehören sie daher gar nicht zu den Produkten des Sekundärstoffwechsels, sondern müßten dem Primärstoffwechsel zugeordnet werden. Phenolische Sub-

293

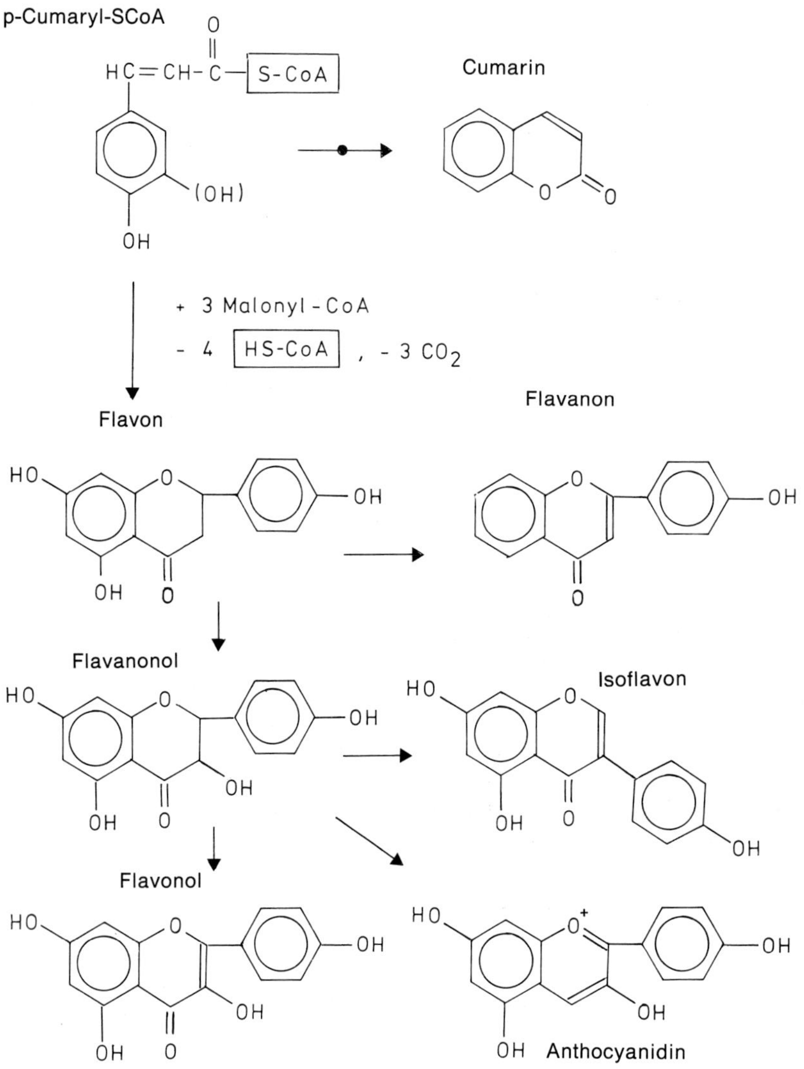

Abb. 20.24. Flavonoide

stanzen findet man, wie schon angedeutet, in pflanzlichen Geweben nur selten in freier Form. Meist sind sie an andersartige Molekülreste gekoppelt, besonders oft an Glucosylreste, aber auch an Sulfat- oder Acetylreste. Eine der Ursachen hierfür mag darin zu suchen sein, daß sie in freier Form toxisch sind und durch die Kopplung – zumindest zum Teil – entgiftet werden.

Viele niedermolekulare Komponenten, z.B. das Thymol, werden wegen ihrer Toxizität im klinischen Bereich als Antiseptika eingesetzt.

Durch unterschiedliche Bindungsarten zwischen

Flavonoiden (z.B. den Anthocyanen) und einem Glucosylrest entstehen verschiedenartige Derivate, die ihrerseits ebenfalls die Mannigfaltigkeit von Blütenfarben (und Farbschattierungen) vergrößern. Der Glykosylierung von Flavonoiden in Blättern kommt sicherlich eine andere, doch ökologisch nicht minder wichtige Bedeutung zu. Man hat sie in Verbindung mit Fraßschutz vor Insekten und anderen Tieren gebracht.

Unter den Gesichtspunkten biologischer Funktionen können phenolische Substanzen wie folgt gruppiert werden (s. Tabelle 3):

Tabelle 3. Ökologische Bedeutung einiger phenolischer Substanzen in Pflanzen

Funktion	Stoffklasse	Beispiel(e) und Pflanzenart, an (in) der die Wirkung untersucht wurde
Blütenfarbstoffe	Anthocyanin	Cyanidin 3,5-Diglucosid in *Rosa*
	Chalcon	Coreopsin in *Coreopsis tinctoria*
	Auron	Aureusin in *Antirrhinum majus*
	Gelbe Flavonole	Gossypetin 7-Glucosid in *Gossypium*
	Flavon	Apigenin 7-Glucosid in *Bellis perennis*
Fruchtfarbstoffe	Anthocyanin	Petunidinglucosid in *Atropa belladonna*
	Isoflavon	Osajin in *Maclura pomifera*
	Chalcon	Okanin in *Kyllingia brevifolia*
Allelopathische Agentien	Chinon	Juglon in *Juglans regia*
	Phenol	Hydrochinon in *Arctostaphylos*
	Phenolcarbonsäure	Sialinsäure in *Quercus falcata*
	Hydrozimtsäure	Ferulasäure in *Adenostoma*
Fraßschutz	Chinon	Juglon in *Carya ovata*
	Tannin	Gallotannin in *Quercus robur*
	Flavonol	Quercitin-Glykoside in *Gossypium*
Fungizid	Isoflavon	Luteon in *Lupinus*
	Phenolcarbonsäure	Protokatechusäure in *Allium*
	Dihydrochalon	Phloridzin in *Malus pumila*
Phytoalexine	Stilben	Resveratrol in *Arachis hypogaea*
	Phenanthren	Orchinol in *Orchis militaris*
	Isoflavan	Vestitol in *Lotus corniculatus*
	Pterocarpan	Pisatin in *Pisum sativum*
	Phenylpropanoid	Coniferylalkohol in *Linum usitatissimum*
	Furocumarin	Psoralen in *Petroselinum crispum*

(nach J.B. Harborne, 1980)

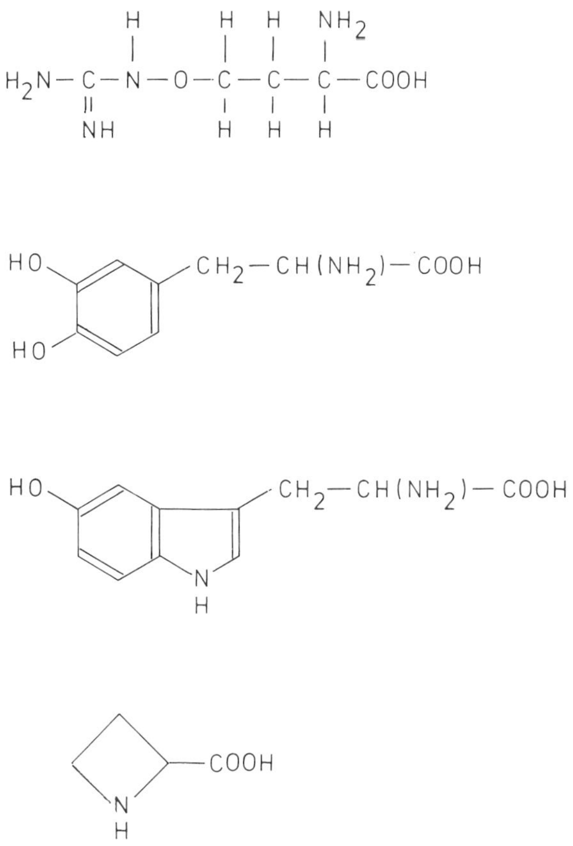

Seltene Aminosäuren

Der Begriff seltene Aminosäuren ist in gewisser Hinsicht irreführend. Er umfaßt alle diejenigen, die nicht in Proteine eingebaut werden. Einige von ihnen, wie das Ornithin und das Citrullin, haben wir bereits als häufig vorkommende Intermediärprodukte des Primärstoffwechsels kennengelernt (s. Kap. 19). Man kennt etwa 220 verschiedene Strukturen, von denen die meisten in Pflanzenzellen in freier Form vorliegen, doch gelegentlich findet man auch Glutamat-, Oxalat- oder Acetylderivate (s. Abb. 20.25).

Bei einigen Pilzen können sie zu kleinen, gelegentlich zyklischen Polypeptiden verknüpft sein, wie etwa im Phalloidin und den Amanitinen, den toxischen Wirkstoffen des Knollenblätterpilzes.

Abb. 20.25. Einige der „seltenen" (nicht in Proteinen vorkommenden) Aminosäuren: Canavanin, 3,4-Dihydroxyphenylalanin, 5-Hydroxytryptophan und Acetidin-2-Carboxylsäure.

Von nahezu jeder der bekannten 20 Aminosäuren sind Derivate beschrieben und aus einzelnen Pflanzen isoliert worden. Eine bestimmte seltene Aminosäure kommt in der Regel nur bei einer oder bei nur wenigen Pflanzenarten vor.

Von den 220 verschiedenen Molekültypen soll an dieser Stelle nur die Synthese von zwei Derivaten des Arginins, nämlich des Octopins und des Nopalins herausgestellt werden (s. Abb. 20.26). Bekannt wurden sie, nachdem festgestellt wurde, daß ein Plasmid aus *Agrobacterium tumefaciens,* dem Erreger eines Pflanzentumors (*Crown gall,* Kap. 34), die genetische Information zur Induktion ihrer Synthese trägt.

Pflanzliche Amine: Es sind Derivate des Ammoniaks:

primäre Amine NH_2R
sekundäre Amine: $NHRR'$
tertiäre Amine: $NRR'R''$
quaternäre Amine: $N^+RR'R''R'''(OH^-)$

In den verschiedensten pflanzlichen Zellen findet man ein weites Spektrum solcher Substanzen. Sie entstehen meist durch Dekarboxylierung von Aminosäu-

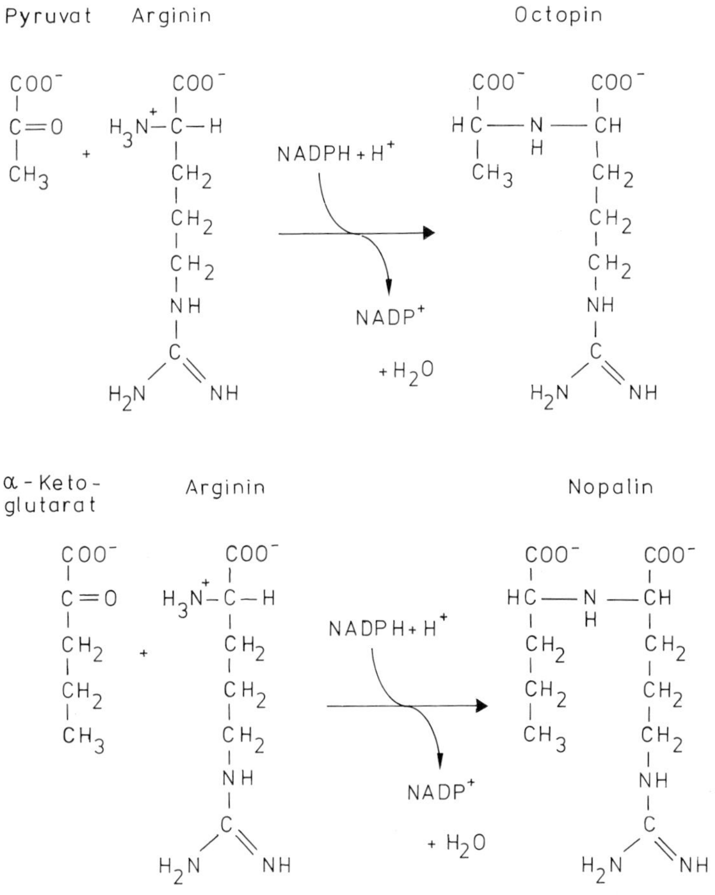

Abb. 20.26. Synthese von Octopin und Nopalin.

ren oder durch Aldehydtransaminierung. Die Abgrenzung zu den Alkaloiden ist manchmal etwas an den Haaren herbeigezogen. Einige, so das Meskalin, werden meist den Alkaloiden zugeordnet, obwohl sie nach chemischen Kriterien Amine sind (s. Abb. 20.27).

Aliphatische Amine werden oft während der Anthese (= Blütenentfaltung) oder der Fruchtkörperbildung bestimmter Pilze (u.a. der Stinkmorchel) produziert. Sie wirken als Lockstoffe für Insekten. Ein gutes Beispiel hierfür ist die Bildung aliphatisch-aromatischer Amine der Araceae (Aronstab u.a.).

Zu den Di- und Polyaminen gehören das Putrescin ($NH_2(CH_2)_4NH_2$) einerseits, sowie Spermidin ($NH_2(CH_2)_3NH(CH_2)_4NH_2$) und das Spermin ($NH_2(CH_2)_3NH(CH_2)_4NH(CH_2)_3NH_2$) andererseits. Sie kommen in fast allen eukaryotischen Zellen vor und stehen mit der DNS-Doppelhelix in Wechselwirkung. Zu den Tryptaminen (Abkömmlingen des

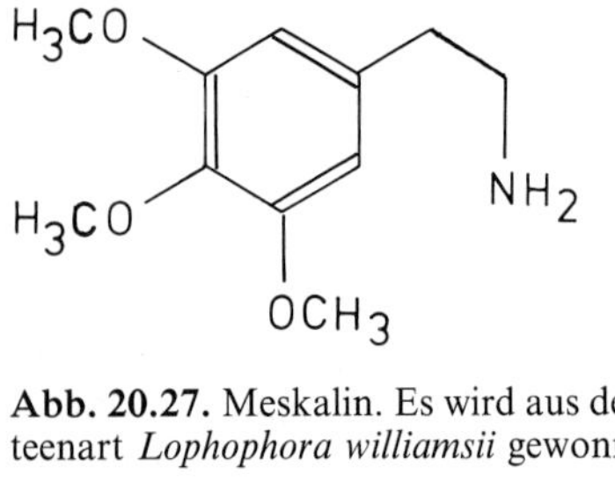

Abb. 20.27. Meskalin. Es wird aus der mexikanischen Kakteenart *Lophophora williamsii* gewonnen.

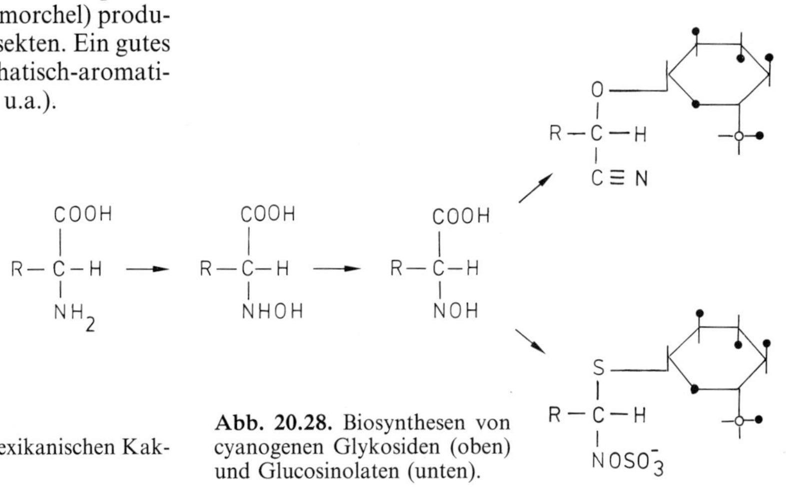

Abb. 20.28. Biosynthesen von cyanogenen Glykosiden (oben) und Glucosinolaten (unten).

296

Tryptophans) zählt das Phytohormon Indol-3-Essigsäure (IES) (s. Kap. 31).

Glykoside

Cyanogene Glykoside: Einige wenige Pflanzenarten sind befähigt, Cyanide zu bilden, die ihrerseits bekanntlich schwere Zellgifte sind (kompetitive Hemmung am Fe^{3+} der Hämgruppen). Zur Entgiftung werden sie in Zellen glykosyliert, d.h. durch β-glykosidische Bindung an Zuckerreste (meist Glucose) gekoppelt (s. Abb. 20.28).

Glucosinolate: Anionen, die nur in Zellen einer begrenzten Zahl von Dikotyledonenfamilien auftreten. Reich und in jeder der untersuchten Arten vertreten sind sie in der Ordnung Capparales (bekannteste Familie: Brassicaceae). Zu den bekanntesten Vertretern

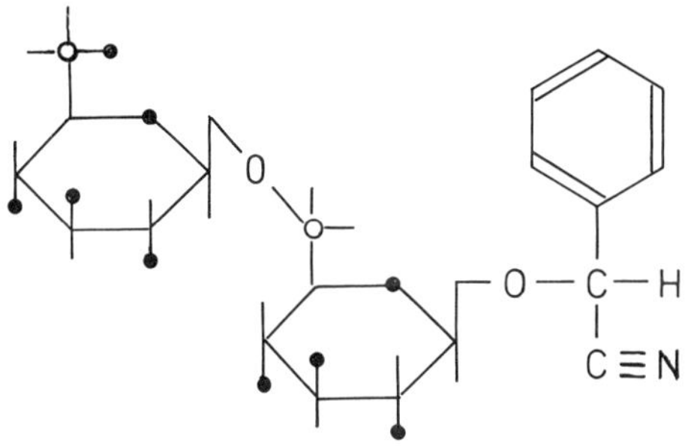

Abb. 20.29a. Amygdalin

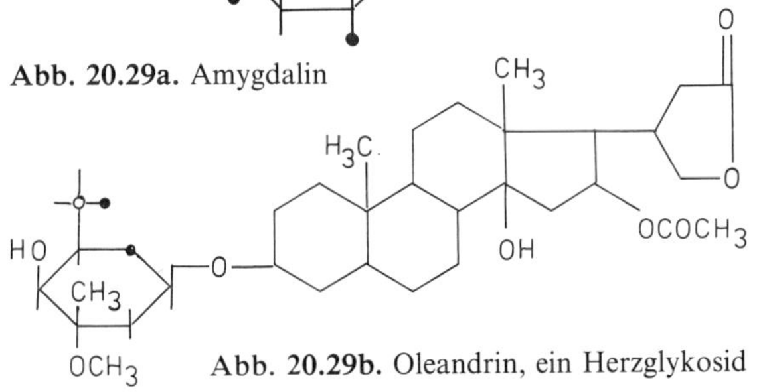

Abb. 20.29b. Oleandrin, ein Herzglykosid

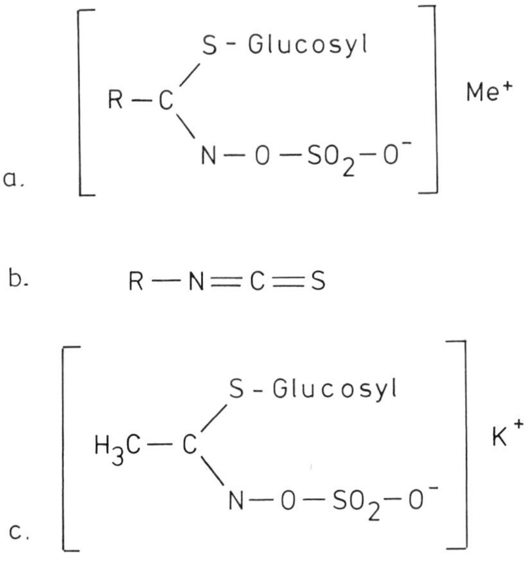

Abb. 20.30. *a* Senfölglucosid; *b* Senföl; *c* Glucocapparin: in allen Familien der Capparales häufig.

gehören die Wirkstoffe des Meerrettichs, des Radieschens und des Senfs.

Glucosinolate, wie die Erucasäure, sind unangenehme Begleitstoffe im Rapsöl. Es lag daher nahe, nach erucasäurearmen bzw. sogar erucasäurefreien Mutanten zu suchen. Sorten mit geringem Anteil konnten ausgelesen und in Kultur genommen werden.

Literatur

Atsatt, P.R., D.J. O'Dowd: Plant defense guilds. Science *193*, 24–29 (1976)

Bell, E.A., B.V. Charlwood (eds): Secondary plant products (Encyclop. Plant Physiology, Vol. 8). Berlin–Heidelberg–New York: Springer Verlag, 1980

Banthrope, D.V., B.V. Charlwood: The terpenoids. in: „Secondary plant products" (E.A. Bell and B.V. Charlwood ed.) (Encyclop. Plant. Physiol. Vol. 8). Berlin–Heidelberg–New York: Springer Verlag, 1980

Bowers, W.S., T. Ohta, J.S. Cleere, P.A. Marsella: Discovery of insect anti-juvenile hormones in plants. Science *193*, 542–547 (1986)

Harborne, J.B., T.J. Marby, H. Marby: The flavonoids. London: Chapman and Hall, 1975

Harborne, J.B.: Introduction to ecological biochemistry. London, New York: Academic Press, 1977

Karrer, W.: Konstitution und Vorkommen der organischen Pflanzenstoffe. Basel, Stuttgart: Birkhäuser Verlag, 1976 (2. Aufl.)

Kindl, H.: Aromatische Aminosäuren im Stoffwechsel höherer Pflanzen. Naturwissenschaften *58*, 554–563 (1971)

Kindl, H.: Biochemie der Pflanzen. Berlin–Heidelberg–New York: Springer Verlag, 1987 (2. Aufl.)

Luckner, M.: Secondary metabolism in microorganisms, plants, and animals. Berlin–Heidelberg–New York–Tokyo: Springer Verlag, 1984 (2. Aufl.)

Marby, T.J.: Betalains, S. 513–533 in: „Secondary plant products" (E.A. Bell, B.V. Charlwood, eds.) Berlin–Heidelberg–New York: Springer Verlag 1980 (Encyclop. Plant Physiol., Vol. 8)

Mothes, K.: Chemische Muster und Entwicklung in der Pflanzenwelt. Naturwissenschaften *52*, 571–585 (1965)

Pant, P., R.P. Rastogi: The triterpenoids, Phytochemistry *18*, 1095–1108 (1979)

Schlee, D.: Ökologische Biochemie. Berlin, Heidelberg, New York: Springer Verlag 1986

Seigler, D.S.: Isolation and characterization of naturally occurring cyanogenic compounds. Phytochemistry *14*, 9–29 (1975)

Stahl, E.: Pflanzen und Schnecken, biologische Studie über die Schutzmittel der Pflanzen gegen Schneckenfraß. Jenaische Z. Naturwiss. *15*, 557–684 (1888)

Swain, I. (ed.): Comparative phytochemistry. New York, London: Academic Press, 1966

21. Genetische Information: Genetischer Code, Transkription, Translation (Proteinbiosynthese) und Replikation

Transkription, Translation und Replikation sind zentrale Themen der molekularen Biologie. Nahezu alle grundlegenden Aussagen hierüber beruhen auf Untersuchungen am Darmbakterium *Escherichia coli* und seinen Parasiten, den Bakteriophagen (= Bakterienviren); hinzu kommen Ergebnisse, die an anderen Viren, so dem Tabakmosaikvirus (TMV) gewonnen wurden.

Es taucht immer wieder die Frage auf, ob Viren Lebewesen sind. Sie sind es nicht, sie sind auch keine Vorstufen von Lebewesen. Ihnen fehlt ein Stoffwechsel, und für ihre Vermehrung sind sie auf die Maschinerie lebender Zellen angewiesen. Aber sie besitzen eigene genetische Information (gespeichert in DNS oder RNS); und wenn man Auskünfte über genetische Information, ihre Speicherung, Vermehrung und Expression erhalten möchte, sind Viren die Versuchsobjekte der Wahl.

Erst in einer zweiten Forschungsphase (vornehmlich in den siebziger Jahren und in die Gegenwart hineinreichend) befaßte man sich mit dem Studium der genannten Prozesse in eukaryotischen Zellen, wobei auch das Studium pflanzlicher Zellen nicht zu kurz kam.

Zusammenfassend ist vorwegzuschicken, daß die bei Prokaryoten und Viren nachgewiesenen Mechanismen prinzipell auch für Eukaryoten gelten. Unterschiede liegen in den Details:

- Bei Eukaryoten findet man bei vielen (nicht allen) Genen ein *gene-splicing,* d.h., die genetische Information liegt in der DNS nicht in einem zusammenhängenden Stück vor, sondern ist auf mehrere Abschnitte verteilt.
- Die Länge der Transkriptionseinheiten ist sehr heterogen. Im Anschluß an die Transkription findet bei den Eukaryoten ein erheblicher Umbau der Transkripte statt.
- Die Regulationsmechanismen der Transkription und der Translation sind anders. Die beteiligten Enzyme und andere strukturelle Komponenten unterscheiden sich in Zahl, Größe und Spezifität.
- In eukaryotischen Zellen finden Transkription und Translation in der Regel in getrennten Kompartimenten (Kern, Cytosol) statt.

- Ferner findet man in eukaryotischen Zellen, neben dem Kern als Ort der Speicherung genetischer Information, zusätzliche Information (auch DNS) in den Mitochondrien, bei Pflanzen darüber hinaus auch in den Plastiden.

Genetischer Code

Es besteht ein direkter Zusammenhang zwischen den Nukleotidsequenzen in der Desoxyribonukleinsäure (DNS) und den Aminosäuresequenzen in Proteinen (Polypeptiden).

Die Aminosäuresequenz eines Proteins wird demnach durch eine Nukleotidsequenz codiert, oder andersherum ausgedrückt: eine Nukleotidsequenz trägt Information, die die Bildung einer Aminosäuresequenz determiniert (instruiert). Die Beziehung zwischen der Abfolge von Nukleotiden und von Aminosäuren wird als genetischer Code bezeichnet.

Nukleotidsequenzen in der DNS sind Abfolgen von vier verschiedenen Nukleotiden (mit den Basen A,T,C,G), Aminosäuresequenzen in Proteinen sind Abfolgen von 20 verschiedenen Aminosäuren. Man kann sich nun die Frage vorlegen: Wie sieht ein Codewort (ein Codon) aus, das eine Aminosäure codiert, wie viele Nukleotide enthält es?

Ein Nukleotid ist offensichtlich zu wenig, denn damit ließen sich nur vier Aminosäuren eindeutig determinieren. Auch Nukleotidpaare (AA, AT, AG... usw.) geben uns nicht genügend Codeworte. Es sind $4^2 = 16$, aber mindestens 20 brauchen wir. Wie sieht es bei einem Triplett aus? AAA, AAT, AAG... $4^3 = 64$ Möglichkeiten stehen rechnerisch zur Verfügung. Das reicht, scheint aber gleichzeitig auch zu viel zu sein. Noch unübersichtlicher wäre die Situation, wenn man Quadrupletts in Erwägung ziehen würde: $4^4 = 256$ Möglichkeiten.

Genetische Experimente und physikalisch-chemische Messungen gaben letztlich den Ausschlag für die Annahme eines Triplettcodes. Damit ist gleichzeitig vorweggenommen, daß alle Codeworte gleich lang sind.

Doch wie ist der Code organisiert? Werden alle 64 Codons benötigt? Ist er überlappend, oder nicht?

298

Drei Alternativen wären dabei denkbar:
(1) stark überlappend
(2) schwach überlappend
(3) nicht überlappend

Die Antwort ließ sich durch eine einfache Überlegung entscheiden. Bei einem überlappenden Code hätte eine Aminosäure in einem Protein einen Einfluß auf die Auswahl der nachfolgenden. Hinter einer, die z.B. durch AAA codiert wird, dürfte bei einem stark überlappenden Code nur eine stehen, die durch AAx codiert würde. Insgesamt gäbe es dafür nur vier Möglichkeiten. Bei einer schwachen Überlappung könnte hinter einer Aminosäure auch wieder nur eine begrenzte Zahl anderer stehen (16 von 20), hinter einer durch AAA codierten, nur solche, die durch Axy codiert würden.

Schon 1957 lagen genügend experimentell ermittelte Aminosäuresequenzen vor, um Nachbarschaftshäufigkeiten auszuwerten. S. Brenner (Cambridge/England) tat das und kam zu dem Schluß, daß jeglicher überlappende Code ausgeschlossen ist, denn in Proteinen wurde keine Aminosäure durch die in der Sequenz vor ihr stehende beeinflußt.

Ein analoges Beispiel hierzu liefert unsere Sprache. In Worten kann, von einer Ausnahme abgesehen (einem q folgt stets ein u), jeder Buchstabe hinter jedem anderen stehen.

Ein weiteres Problem wäre: Wodurch wird das Startzeichen zum Lesen des Codes gegeben (s. Abb. 21.1)? Schließlich: Welche Ansätze gab es zur Lösung des genetischen Codes?

Einen Code kann man immer nur dann lösen, wenn der Gegner Fehler macht und wenn man merkt, welches System diesen Fehlern zugrunde liegt. Von Fehlern dieser Art ist auch der genetische Code nicht frei. Wir kennen sie als Mutationen. Sie machen sich im simpelsten Fall dadurch bemerkbar, daß in einer Aminosäuresequenz anstelle einer bestimmten Aminosäure eine andere steht.

Wenn das Konzept des genetischen Codes richtig ist, müßte demnach in der entsprechenden Nukleotidsequenz ein Nukleotid durch ein anderes ersetzt worden sein.

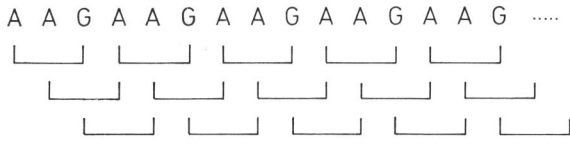

Abb. 21.1. Genetischer Code: unterschiedliche Leseraster (→ unterschiedliche genetische Information).

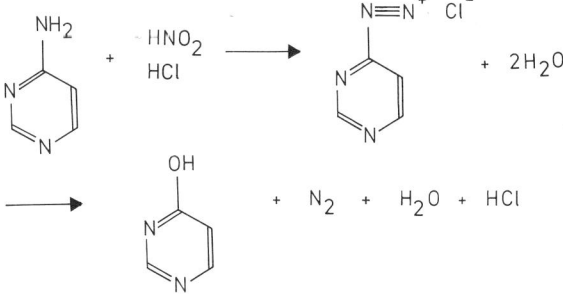

Abb. 21.2. Desaminierung einer Nukleotidbase durch Nitritionen. Die Reaktion spielt sich nur bei niedrigem pH-Wert ab.

Man kennt mutationsauslösende Substanzen (Mutagene), die ganz bestimmte, gerichtete Substitutionen von Basen in Nukleinsäuren hervorrufen. Hierzu gehören Nitritionen (Salpetrige Säure), die durch eine Desaminierungsreaktion (s. Abb. 21.2) eine Umwandlung von C nach U oder von A nach G nach sich ziehen. Für biologische Versuche ist dabei die Menge der Umwandlungen wichtig. Die Einwirkung Salpetriger Säure auf DNS (oder RNS) darf nicht zu lange dauern und ihre Konzentration darf nicht zu hoch sein, denn es darf nur ein geringer Prozentsatz der in den Nukleinsäuren enthaltenen C- und A-Reste verändert werden. Der mutationsauslösende Prozeß ist natürlich ein statistischer Vorgang. Wir wissen zwar, daß C oder A betroffen sind, aber wir wissen niemals im voraus, an welcher Position ein C und/oder A verändert wird. In vielen Fällen wird durch eine solche Modifikation (Basensubstitution) eine lebensnotwendige Information beeinflußt. Es gilt daher die Regel, daß jedes Mutagen stark inaktivierend wirkt und daß man unter den wenigen Überlebenden eine hohe Anzahl von Mutanten erwarten darf.

Spiegeln sich solche durch ein Mutagen induzierte Basensubstitutionen in Veränderungen von Aminosäuren (Aminosäureaustauschen) in Proteinen wider?

Dazu brauchen wir ein geeignetes Versuchsobjekt. Hierzu bot sich ein Pflanzenvirus, das Tabakmosaikvirus (TMV) an. Man kannte seit 1959 die Aminosäuresequenz seines Hüllproteins. Es besteht aus einer Abfolge von 158 Aminosäuren (Sequenzanalyse: G. Schramm und Mitarbeiter in Tübingen, A. Tsugita und H. Fraenkel-Conrat in Berkeley; s. Abb. 35.6). H.G. Wittmann in Tübingen, und A. Tsugita und H. Fraenkel-Conrat in Berkeley, stellten eine große Zahl nitritinduzierter Mutanten her, isolierten einzelne und bestimmten die Aminosäuresequenzen ihrer Hüllproteine. Dabei stellte sich heraus, daß einzelne Aminosäuren im Vergleich zum Ausgangsstamm (dem Wildtyp) verändert waren. Die Ergebnisse ließen sich wie folgt zusammenfassen:

299

(1) Sie bilden einen weiteren Beleg dafür, daß der Code nicht überlappend ist, denn sonst hätten in den Mutanten nach Veränderung eines Nukleotids zwei (drei) benachbarte Aminosäuren verändert sein müssen. Solche Fälle wurden nie gefunden.

(2) Es ließ sich eine Richtung der Austausche feststellen. Die neu hinzugekommenen Aminosäuren werden durch U- oder G-reichere Codons (Tripletts) codiert als die ursprünglichen.

(3) Die verschiedenen Austausche ließen sich in einer bestimmten Weise anordnen, aus der hervorging, daß es für einzelne Aminosäuren mehrere Codons geben muß. Damit hätten wir eine partielle Antwort auf die Frage, was mit den $64 - 20 = 44$ „überflüssigen" Codons geschieht. Auch sie werden benötigt. Man spricht daher von einem „degenerierten Code" und meint damit, daß es für einige Aminosäuren mehrere Codeworte gibt (Degeneration: hier Redundanz).

Wie läßt sich nun aber entscheiden, wo ein G und wo ein U einzusetzen ist? Dazu müssen wir einen ganz anderen Ansatz betrachten, der schließlich zur Aufklärung des genetischen Codes führte.

Man hatte gelernt, Nukleinsäuren aus freien Nukleotiden zu synthetisieren. A. Kornberg (Stanford University) isolierte ein Enzym (eine DNS-Polymerase), das an einem DNS-Einzelstrang den komplementären Strang bilden konnte. Der DNS-Einzelstrang dient hierbei als Matrize. S. Ochoa (Rockefeller University, New York) isolierte ein anderes Enzym (eine RNS-Polymerase), das aus Ribonukleotiden RNS synthetisierte, dafür aber keine Matrize benötigte. Die angebotenen Triphosphatnukleotide wurden wahllos zu Polynukleotidketten polymerisiert. Bei einem Angebot von nur UTP oder nur CTP wurden homogene Sequenzen UUUUU... (= PolyU) bzw. CCCC... (= PolyC) gebildet. Bei einem gleichzeitigen Angebot von zwei Nukleotiden (z.B. UTP und CTP) entstanden Polymere, die U und C in einer Zufallsverteilung enthielten.

Was kann man mit solchen synthetischen Polynukleotiden anfangen? Zunächst wenig, doch sehr viel, wenn man über ein System verfügt, mit dem die in ihnen gespeicherte Information gelesen werden kann.

M. Nirenberg und H. Matthaei (1961, am National Institute of Health, Bethesda) entwickelten ein zellfreies *(in vitro)* System, das zu einer Proteinbiosynthese befähigt war.

Dazu werden benötigt: RNS, Ribosomen, ein löslicher Überstand aus einem Bakterienextrakt (von *Escherichia coli*), Aminosäuren sowie ATP, CTP, GTP u.a.

Wesentlich sind im Augenblick zwei Aspekte:

(1) Unter *in vitro*-Bedingungen war eine Proteinsynthese nachweisbar. Der Test hierzu war zunächst sehr einfach: Man setzte einzelne radioaktiv markierte Aminosäuren zu und prüfte, ob sich die Radioaktivität nach einer kurzen Inkubationszeit durch Trichloressigsäure (TCA) ausfällen ließ.

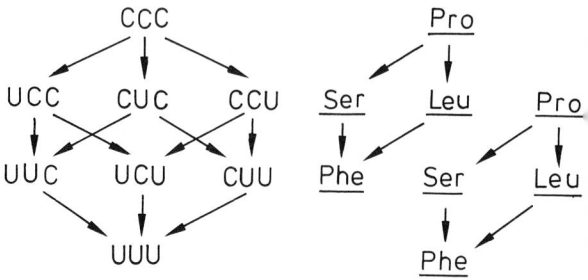

Abb. 21.3. Ansätze zur Entschlüsselung des genetischen Codes. Die Darstellung enthält Austausche, die beim TMV nach Nitritbehandlung erzielt wurden (rechtes Diagramm). Links sind diejenigen Veränderungen in der RNS wiedergegeben, die durch Nitritbehandlung möglich sind, wenn am Ende UUU = Phe herauskommen soll, weiteres siehe Text. (H. G. Wittmann, 1962, 1966)

Man weiß, daß freie Aminosäuren durch TCA-Zugabe nicht fällbar sind, während Proteine ausfallen.

(2) Durch gezielte Zugabe einer bestimmten genetischen Information, z.B. durch PolyU (UUUUU...), ließ sich ausschließlich die Aminosäure Phe in eine TCA-fällbare Form überführen. Damit war das erste Codewort enträtselt: UUU = Phe.

Wir können jetzt zu den Befunden an Mutanten des Tabakmosaikvirus zurückkehren und erkennen, daß Leu und Ser durch C-reichere Codons (UUU, UCU oder CUU) codiert werden und daß der C-Gehalt der Codons von Pro, Ser und Leu noch höher sein muß (CCU, CUC, UCC oder CCC). Durch Vergleich mit weiteren Ergebnissen, die im zellfreien System ermittelt wurden, konnte auch die genaue Reihenfolge der Nukleotidbasen in jedem Codon festgelegt werden (s. Abb. 21.3). Eine abschließende Antwort auf noch ausstehende Fragen und die vollständige Aufklärung des genetischen Codes gelang, nachdem man in dem eben skizzierten zellfreien System genau definierte, in ihrer Basenzusammensetzung und -sequenz determinierte (synthetische) Polynukleotide testen konnte. 1963 wurden die Arbeiten erfolgreich abgeschlossen

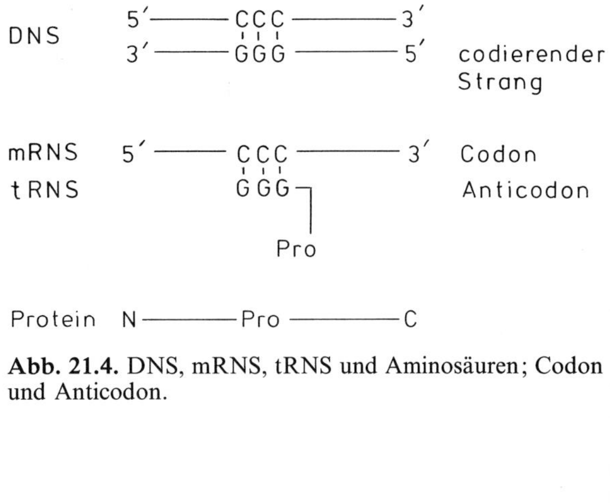

Abb. 21.4. DNS, mRNS, tRNS und Aminosäuren; Codon und Anticodon.

300

(s. Tabelle 1). Aus den Angaben lassen sich eine Anzahl von Schlußfolgerungen ziehen:

Tabelle 1. Genetischer Code. Die Tabelle gibt die Zuordnung aller 64 Codons zu den entsprechenden Aminosäuren wieder. Die Ziffern 1, 2 und 3 beziehen sich auf die Position des Nukleotids im Codon: z.B. 1 = A, 2 = C, 3 = A: ACA = Thr.
Drei der Codons „amber", „ochre" und „opal" stellen Signale für Kettenabbruch dar. Ein weiteres, AUG, das normalerweise für Met codiert, kann auch Kettenanfang bedeuten (s. Abb. 21.5).

1 \ 2	U	C	A	G	3
U	Phe	Ser	Tyr	Cys	U
	Phe	Ser	Tyr	Cys	C
	Leu	Ser	*ochre*	*opal*	A
	Leu	Ser	*amber*	Trp	G
C	Leu	Pro	His	Arg	U
	Leu	Pro	His	Arg	C
	Leu	Pro	Gln	Arg	A
	Leu	Pro	Gln	Arg	G
A	Ile	Thr	Asn	Ser	U
	Ile	Thr	Asn	Ser	C
	Ile	Thr	Lys	Arg	A
	Met*	Thr	Lys	Arg	G
G	Val	Ala	Asp	Gly	U
	Val	Ala	Asp	Gly	C
	Val	Ala	Glu	Gly	A
	Val	Ala	Glu	Gly	G

(1) Alle 64 Codons werden genutzt. 61 können bestimmten Aminosäuren zugeordnet werden, drei dienen als Stoppsignal, eines (AUG) alternativ als Aminosäurecodon oder Startsignal.

(2) Die Zahl der Codons für die einzelnen Aminosäuren ist unterschiedlich, für einige, wie Met und Trp, gibt es nur ein, für viele zwei oder vier, und für einige (Ser, Arg) sogar sechs Codons. Es besteht eine Korrelation zwischen Häufigkeit von Codons und Häufigkeit der entsprechenden Aminosäuren in Proteinen. Eine Ausnahme bildet dabei lediglich die Aminosäure Arg, für die es sechs Codeworte gibt, die aber in bezug dazu in Proteinen unterrepräsentiert ist.

(3) Die Codons sind den Aminosäuren nicht wahllos zugeordnet. Die beiden ersten Nukleotide eines Codons haben einen höheren Informationswert als das dritte, z.B. stehen GUU, GUC, GUA und GUG alle für Val.

Beim Betrachten der Tabelle erkennt man auch, daß „links" die hydrophoben Aminosäuren gehäuft sind, und „rechts unten" die hydrophilen. Mit anderen Worten: UC-reiche Codons (Tripletts) codieren für hydrophobe, AG-reiche für hydrophile Aminosäuren. Der genetische Code ist demnach als extrem konservativ einzustufen. Viele (nahezu 30%) der Basensubstitutionen ändern nichts an den Codierungseigenschaften, z.B.

UUU→UUC : Phe→Phe

Selbst wenn eine Basensubstitution einen Aminosäureaustausch hervorruft, bleibt der chemische Charakter des Seitenkettenrests in den meisten Fällen gewahrt (konservative Austausche):

UUU→UUG:	Phe →Leu
CUC →AUC:	Leu →Ile
AAA →AGA:	Lys$^+$ →Arg$^+$
AAA →GAA:	Lys$^+$ →Asp$^-$

Natürlich gibt es Ausnahmen (radikale Austausche) wie z.B.:

GAG→GUG	Glu$^-$ →Val
GAA→GUA	Glu$^-$ →Val

Die letzte Kategorie führt in der Regel zu funktionslosen oder nur mangelhaft funktionierenden Proteinen. Da sie der Selektion unterworfen sind, haben derartige Mutanten unter natürlichen Bedingungen keine oder nur eine reduzierte Überlebenschance.

Im Verlauf der Evolution hat sich also ein genetischer Code herausgebildet, der Stabilität gewährt und der so gestaltet ist, daß eine Anzahl von Änderungen im Protein gar nicht in Erscheinung tritt. Auch die Zahl der Codons für einzelne Aminosäuren ist nicht dem Zufall überlassen. Es wurde zwar schon gesagt, daß häufig in Proteinen auftretende Aminosäuren durch mehr Codons repräsentiert sind als die seltereren. Die Frage ist nur, was ist Ursache und was ist Wirkung? Ohne eine klare Antwort darauf geben zu können, läßt sich zumindest eine weitere Korrelation anführen: Am wenigsten Codons gibt es für die Aminosäuren, deren Biosynthese aufwendiger ist als die der anderen, d.h., daß für deren Synthese mehr Energie investiert werden muß als für die einfacheren (und damit häufigeren). Als Ausnahme bleibt auch hier wieder das Arginin zu nennen.

Die Befunde am Tabakmosaikvirus, im Vergleich zu denen, die an Mikroorganismen und später an eukaryotischen Zellen ermittelt wurden, machen deutlich, daß der genetische Code universell ist, d.h., die in der Tabelle aufgelistete Zuordnung von Codons und Aminosäuren ist für alle Organismen (Mikroorganismen, Tiere, Pflanzen) gleich.

Eine Ausnahme wurde schließlich doch noch gefunden: In tierischen Mitochondrien gespeicherte Information wird aufgrund eines andersartigen Lesemechanismus in einigen Fällen anders genutzt:

AUU: statt Ile: Met
AUA: statt Ile: Met
UGA: statt stop: Trp
AGA: statt Arg: stop
AGG: statt Arg: stop

Auch in pflanzlichen Mitochondrien wurden Abweichungen festgestellt. Offenbar gibt es dort sogar artspezifische Unterschiede. Bei *Oenothera* steht UGA (als TGA in der DNS identifiziert) für Termination und CGG für Trp (W. Schuster, A. Brennicke, 1985).

Wir müssen uns jetzt natürlich fragen, wie die genetische Information übersetzt wird, wie also der Informationsfluß aussieht?

Normalerweise handelt es sich dabei um einen Zweistufenprozeß:

(1) Die in der DNS gespeicherte Information wird in RNS überschrieben (= Transkription). Die Überschreibung erfolgt nicht in einem Stück; es werden jeweils nur Teilinformationen bearbeitet.

(2) Die nunmehr in RNS enthaltene (Teil)-Information wird in einem komplexen Vorgang, an dem eine Vielzahl von Komponenten mitwirken, in Protein übersetzt (= Translation, Proteinbiosynthese).

Transkription

Unter Transkription versteht man jenen Vorgang, bei dem einer der beiden DNS-Stränge als Matrize zur Bildung von RNS verwendet wird. Die Information wird demnach von DNS auf RNS überschrieben, wobei jedoch zu vermerken ist, daß die in der RNS und die im Matrizenstrang der DNS enthaltenen Basensequenzen einander komplementär sind (s. Abb. 21.4). Bei der Transkription werden immer nur Teilinformationen abgerufen. Lediglich bei einigen kleinen Viren, deren Genom größenordnungsmäßig drei Gene trägt, kann die Transkription *en bloc* erfolgen.

Katalysiert wird die Transkription durch DNS-abhängige RNS–Polymerasen. Die Enzyme aus Prokaryoten unterscheiden sich in entscheidenden Merkmalen von denen aus Eukaryoten.

Aufgrund unterschiedlicher Funktion kann man die Transkriptionsprodukte (Transkripte) drei Klassen zuordnen:
– mRNS (messenger RNS)
– tRNS (transfer RNS)
– rRNS (ribosomale RNS)
Bei Eukaryoten entsteht – anstelle der mRNS – zunächst im Zellkern eine weniger klar definierte Klasse, die
– hnRNS (heterogene RNS),
deren überwiegender Teil unmittelbar nach der Synthese wieder abgebaut wird. Ein nur geringer, durch Teilab- und -umbau verbleibender Anteil wird über einen komplexen, aber hochspezifischen Prozeß *(Processing)* zu mRNS verarbeitet. RNS nimmt in der Zelle viele Funktionen wahr. Seit einigen Jahren sind Verfahren zur Bestimmung von Nukleotidsequenzen in Anwendung, und viele RNS-Sorten wurden analysiert.

Aus bekannten Sequenzen ist ablesbar
– wie ein RNS-Molekül gefaltet ist (d.h. welche Sekundärstruktur es einnimmt),
– welche Bereiche mit Proteinen oder anderen Nukleinsäuren in Wechselwirkung stehen,
– welche Beziehung zwischen einem Gen (einem Abschnitt in der DNS) und einem Transkriptionsprodukt besteht. Aus dem Vergleich folgt, welche Veränderungen die RNS durchgemacht hat, damit aus einer Vorstufe ein fertiges (gereiftes und funktionsfähiges) Produkt wird,
– wie hoch der Homologiegrad der RNS aus verschiedenen Organismen ist. Solche Angaben können zur Klärung von Verwandtschaftsbeziehungen

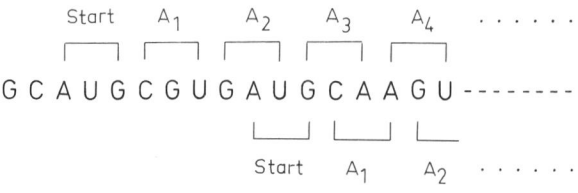

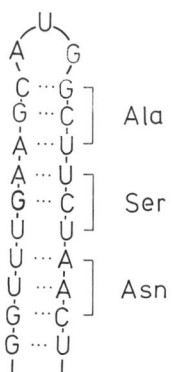

Abb. 21.5. AUG ist ein Startcodon, doch in welchem Raster wird gelesen? Bei dem Bakteriophagen (Q β) wird AUG nur dann als Startcodon erkannt, wenn das mRNS-Molekül sich in sich selbst zurückfalten kann, d.h., eine Palindromstruktur ausbilden kann, bei der das AUG sterisch exponiert ist. – Auf die Sekundärstruktur kommt es demnach an. Bei Eukaryoten-mRNS wurde dieser Mechanismus nicht nachgewiesen. Das in der Sequenz erste AUG wirkt als Startcodon.

der betreffenden Organismen herangezogen werden.

mRNS (messenger RNS, Boten RNS)

mRNS trägt genetische Information, d.h., die Instruktion zur Synthese einer (bei Prokaryoten oft auch mehrerer) Polypeptidketten.

Fertige mRNS der Eukaryoten enthält zwischen 400 und 4000 Nukleotidbasen. Anfang und Ende tragen zusätzliche, nicht durch den Transkriptionsprozeß erworbene Sequenzen. Am 5′-Ende findet man bei vielen, doch lange nicht bei allen im Cytosol vorliegenden mRNS-Molekülen eine „Kappe" *(capping),* ein spezifisches Oligonukleotid, in dem die Basen in einer in Nukleinsäuren sonst nicht üblichen Verknüpfung untereinander verbunden sind; am 3′-Ende kommt bei 30–40 Prozent aller aus dem Cytosol isolierten mRNS-Moleküle eine Poly-A-Sequenz vor (Länge bis zu 200 Nukleotiden). Nur ein Teil der fertigen (reifen) mRNS wird translatiert. Am Anfang (am 5′-Ende), der Kappe folgend, steht eine nicht codierende Sequenz (*Leader*sequenz; Länge: größenordnungsmäßig 10–200 Nukleotide).

Die codierende Sequenz beginnt mit dem Initiatorcodon AUG (s. Abb. 21.5) und endet mit einem der drei Terminatorcodons (UAG, UAA oder UGA). Ihm folgt eine weitere, nicht codierende Sequenz, deren Länge bis zu 600 Nukleotide betragen kann. Es sind bisher erst relativ wenige pflanzliche Nukleinsäureabschnitte (Gene, nicht codierende Bereiche) sequenziert worden. Bekannt ist u.a. die Nukleotidabfolge im Gen für die kleine Untereinheit der Ribulose-1,5-Bisphosphatcarboxylase (s. Kap. 43). Die Länge beträgt 668 Nukleotide, davon machen 440 die codierende Sequenz aus.

tRNS (transfer-RNS, Adaptor-RNS)

tRNS stellt eine Klasse relativ kleiner Moleküle dar. Sie enthalten 70–90 Nukleotidbasen. Viele von ihnen sind modifiziert und gehören damit in die Kategorie der seltenen Basen. Die Modifikation erfolgt im Anschluß an die Transkription unter Mitwirkung spezifischer Enzyme. tRNS-Moleküle falten sich in sich selbst auf und bilden damit eine charakteristisch aussehende Sekundärstruktur (Kleeblattstruktur, s. Abb. 17.27) aus. Eine weitere Faltung führt zu einer definierten Tertiärstruktur. An ihrer Stabilisierung sind die seltenen Basen beteiligt. Zwei Funktionen sind der tRNS zuzuschreiben:

- erstens die Erkennung eines Codons in der mRNS durch Basenpaarung (Codon-Anticodon, s. Abb. 21.4),
- zweitens die Erkennung der „dazugehörigen" Aminosäure. Das geschieht unter Mitwirkung einer Gruppe von Enzymen, den Aminoacyl-tRNS-Synthetasen (auch Aminosäure-aktivierende Enzyme genannt).

Wie viele verschiedene tRNS-Moleküle gibt es in einer Zelle? Die theoretische Mindestzahl wäre 20, das würde der Anzahl verschiedener, in Proteine eingebauter Aminosäuren entsprechen. Der Maximalwert wäre 61 (= .64 – 3), denn für die drei Stoppcodons gibt es keine tRNS. Die tatsächliche Zahl liegt etwa in der Mitte. Für eine Anzahl von Aminosäuren sind mehrere verschiedene tRNS-Arten nachgewiesen worden, doch kann eine tRNS oftmals mehrere Codons erkennen, wenn sie sich lediglich in der dritten Position voneinander unterscheiden *(wobble)*.

Es kommt dann zu inkorrekten, thermodynamisch dennoch ausreichend stabilen Paarungen. Es genügt also, wenn an der dritten Position zwischen einem Purin und einem Pyrimidin unterschieden wird (siehe hierzu auch die Tabelle der Codeworte).

In Zellen grüner Pflanzen kommt eine weitere Komplikation hinzu: Sowohl Kern als auch Chloroplasten und Mitochondrien enthalten genetische Information, und in jedem der Kompartimente findet eine von den anderen weitgehend unabhängige Genexpression (Transkription, Translation) und Replikation statt. Lediglich über Kontrollmechanismen werden die Prozesse in den einzelnen Kompartimenten aufeinander abgestimmt. Sowohl die Mitochondrien als auch die Chloroplasten verfügen über einen eigenständigen Satz an tRNS, und die dafür erforderliche genetische Information liegt in der DNS der Mitochondrien bzw. Chloroplasten.

rRNS (ribosomale RNS)

Die ribosomale RNS ist eine Strukturkomponente der Ribosomen. Sowohl die kleine als auch die große Untereinheit enthalten je ein, respektive zwei (drei) unterschiedlich große rRNS-Moleküle. Die Größe wird meist durch den S-Wert (die Sedimentationskon-

Tabelle 2. Geschätzte Größen ribosomaler RNS aus Pflanzen (T.A. Dyer, 1982)

Herkunft der ribosomalen RNS		Sedimentationskonstante	Größe (Molekulargewicht)	Anzahl der Nukleotide
Cytosol-Ribosomen				
große	Untereinheit	25 S	$1,3 \times 10^6$ •	3580^+
		5,8 S	$5,07 \times 10^4$	157
		5 S	$3,84 \times 10^4$	120
kleine	Untereinheit	18 S	$0,7 \times 10^6$	1926^+
Chloroplasten-Ribosomen				
große	Untereinheit	23 S	$1,05 \times 10^6$ •	2890^+
		5 S	$3,94 \times 10^4$	122
		4,5 S	$2,1–3,3 \times 10^4$	65–103
kleine	Untereinheit	16 S	$0,56 \times 10^6$ •	1541^+
Mitochondrien-Ribosomen				
große	Untereinheit	24 S	$1,12–1,26 \times 10^6$ •	$3082–3470^+$
		5 S	$3,88 \times 10^4$	120
kleine	Untereinheit	18,5 S	$0,69–0,78 \times 10^6$ •	$1800–2146^+$

• Werte geschätzt aufgrund der Wandergeschwindigkeit im elektrischen Feld. Als Bezugswerte wurden hochmolekulare RNS-Fraktionen aus *Escherichia coli* mit Molekulargewichten von 1,1 und $0,56 \times 10^6$ gewählt.

$^+$ Errechnet aus den Molekulargewichten und in Bezug gesetzt zur 16 S rRNS aus *Escherichia coli*, enthaltend 1541 Nukleotide.

stante) angegeben. Wiederum findet man auch bei dieser RNS-Klasse unterschiedliche Sätze im Cytosol, den Chloroplasten und den Mitochondrien (s. Tabelle 2). rRNS-Moleküle in Ribosomen des Cytosols sind beträchtlich größer als die entsprechenden in den Chloroplasten-Ribosomen. Letztere sind in der Größe mit rRNS aus Prokaryoten vergleichbar. Die Nukleotidsequenzen einer Anzahl von rRNS-Typen unterschiedlicher Herkunft sind bekannt, und die Ergebnisse lassen sich zu Verwandtschaftsstudien heranziehen. So bilden gerade diese Daten eine der sichersten Stützen der Endosymbiontenhypothese. Hilfreich ist die Tatsache, daß rRNS, wie die tRNS, Sekundärstrukturen ausbildet, die jedoch wesentlich komplizierter aussehen. Es besteht eine weitgehende Übereinstimmung solcher Strukturen der rRNS aus Chloroplasten und aus Blaualgen.

Die genetische Information zur Instruktion der rRNS (in Chloroplasten) wird in einem Stück transkribiert. Durch nachfolgendes *Processing* wird das Transkript in 23 S, 5 S, 4,5 S und 16 S rRNS zerlegt.

Vergleichbare Mechanismen liegen auch der Synthese anderer RNS-Arten (auch in anderen Kompartimenten) zugrunde.

hnRNS (heterogene RNS); *Processing* von RNS

Weit mehr als bei Prokaryoten-RNS, unterliegt die der Eukaryoten im Anschluß an die Transkription einem umfangreichen *Processing*. Zwei der Veränderungen wurden bereits besprochen:
– *Capping* und Polyadenylierung von mRNS
– Bildung seltener Basen in tRNS.
Hinzu kommt, daß die primären Transkripte durchweg länger als die fertigen Produkte sind. Auch hierfür wurde schon ein Beispiel angeführt:

Eine Anzahl von Genen besteht aus mehreren Segmenten. Die translatierbaren, codierenden Abschnitte bezeichnet man als Exons (Abschnitte, die *exprimiert* werden), die dazwischenliegenden als Introns. Das primäre Transkriptionsprodukt enthält beides: Exons, die durch Introns voneinander getrennt sind.

Vor einer Translation müssen letztere herausgeschnitten werden. Es gibt eine Anzahl spezifischer Ribonukleasen, und zumindest einem Teil von ihnen fällt die Aufgabe zu, primäre Transkripte (hnRNS) in die funktionelle Form (z.B. mRNS, aber auch tRNS, rRNS) zu überführen. Der überwiegende Teil der im Kern gebildeten hnRNS erreicht nie das Cytosol, sondern wird unmittelbar im Anschluß an die Synthese wieder degradiert. Es gibt zwar noch keine schlüssige Erklärung für diese hohe Umsatzrate, doch wird als eine mögliche Erklärung hierfür die Annahme genannt, daß Ribonukleosidtriphosphate in großer Menge auf Abruf bereitgehalten werden müssen. In hoher Konzentration würden sie jedoch einen beträchtlichen osmotischen Druck hervorrufen. Durch Polymerisation könnte dieser auf physiologische Werte gesenkt werden.

Im Cytoplasma liegt mRNS nie in freier Form vor, sondern ist stets an spezifische Proteine gebunden und formt so einen Ribonukleoproteinkomplex (RNP).

Die DNS im Zellkern ist in der Regel hochgradig kondensiert. Daher ist es nicht ohne weiteres möglich, diese Transkriptionseinheiten im Elektronenmikroskop abzubilden. Es gibt jedoch eine Gruppe von Zellen mit Lampenbürstenchromosomen, bei denen die DNS im Kern aufgelockert ist. Von einer chromosomalen Zentralachse ausgehend, sind eine Vielzahl von Schlaufen „ausgefahren". Lampenbürstenchro-

mosomen findet man z.B. in den Oozyten von Amphibien, doch auch in Zellen der Grünalge *Acetabularia mediterranea*. An der freiliegenden DNS können Transkriptionseinheiten nachgewiesen werden. Durch Auswertung elektronenmikroskopischer Bilder sind folgende Schlüsse zu ziehen (s. Abb. 21.6 und 21.7):

(1) Transkriptionseinheiten können unterschiedlich lang sein; es gibt aber auch gleichartige, die tandemartig hintereinandergeschaltet sind.
(2) Es kommen Transkriptionseinheiten mit entgegengesetzten Polaritäten vor. Das beruht darauf, daß einmal der eine, im anderen Fall der andere DNS-Strang genutzt wird. Entscheidend ist allein die Lage des Promotors, also jener Nukleotidabfolge, die für die Bindung der DNS-abhängigen RNS-Polymerase benötigt wird und die den Startpunkt der Transkription bildet.
(3) Zwischen den Transkriptionseinheiten liegen unterschiedlich lange, nicht transkribierte *Spacer* (Lücken, Abstandshalter).
(4) Die Länge der Transkripte erscheint wesentlich kürzer als die der Matrize. Die Ursache hierfür ist darin zu suchen, daß die sich bildende RNS unmittelbar nach der Synthese Sekundärstrukturen (Palindrome = Haarnadelstrukturen) ausbildet und/ oder mit Proteinen Komplexe eingeht, so daß sich die scheinbare Moleküllänge (Konturlänge) drastisch verkürzt.
(5) Es gibt Gene mit hoher, und solche mit geringer Transkriptionsrate.

DNS-abhängige RNS-Polymerasen

Polymerasen sind zunächst einmal, allgemein gesagt, Enzyme, die für die Bildung von Polynukleotiden benötigt werden. Die meisten von ihnen sind DNS-abhängig, d.h. sie benötigen eine Matrize.

DNS-abhängige RNS-Polymerasen erkennen auf der DNS Abschnitte (Promotoren), werden dort gebunden und leiten an den Stellen einen Transkriptionsvorgang ein. Er endet, sobald die Polymerase eine Terminationssequenz erreicht (und dort von der DNS abfällt). Repressoren sind Proteine, die (in aktivem Zustand) fest an DNS binden, und damit die Transkription in dem Bereich unterdrücken.

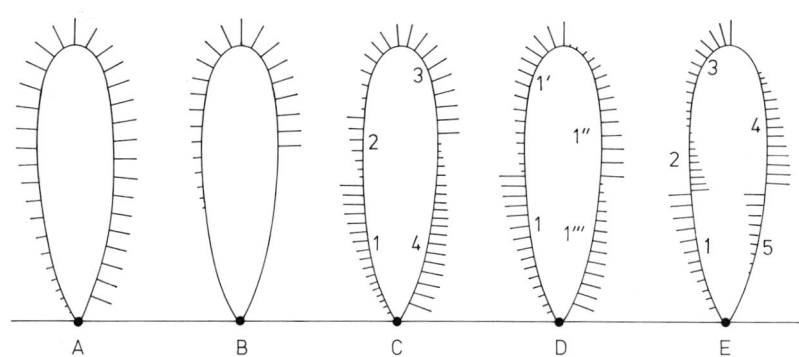

Abb. 21.6. Verschiedene Alternativen für die Anordnung und Länge von Transkriptionseinheiten innerhalb individueller Schlaufen von Lampenbürstenchromosomen. Die Ziffern 1–1''' stehen für gleichartige (repetitive) Einheiten, 1–5 für singuläre Einheiten unterschiedlicher Länge. (U. Scheer *et al.*, 1976)

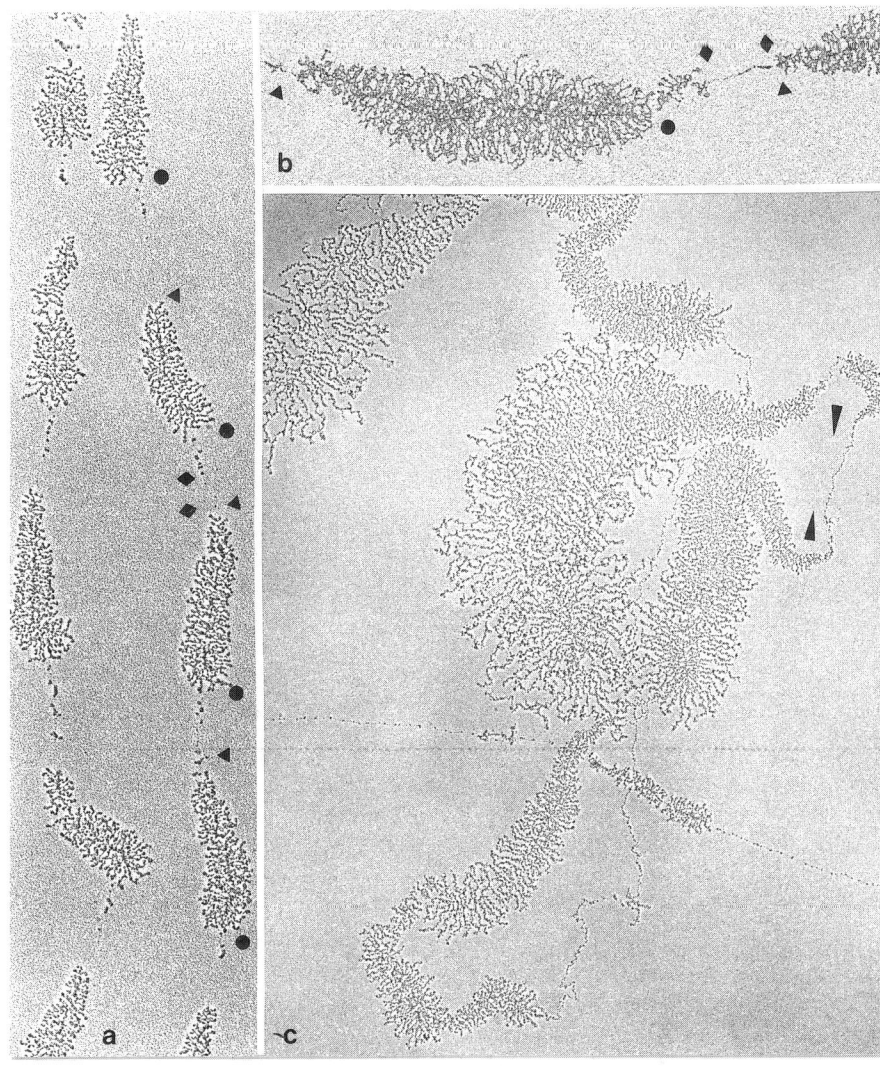

Abb. 21.7. Elektronenmikroskopische Aufnahmen des Transkriptionsmusters in den Nukleoli und im Zellkern von *Acetabularia mediterranea*. Die DNS- und RNS-Moleküle wurden nach einem speziellen Verfahren – der Miller-Technik – gespreitet. *a, b* rRNS-Cistren (rRNS-Gene) in den Nukleoli. Diese Gene sind repetitiv und stets gleich orientiert. Sie sind durch nicht-transkribierte Abschnitte (z.B. ◆ --- ◆) voneinander getrennt. An jedem Gen arbeiten gleichzeitig zahlreiche Polymerasen nach einem Fließbandprinzip. Die halbfertiggestellten Transkripte erscheinen daher im Bild als „Tannenbäume" oder „Miller-Bäumchen". Nahe dem Start (▲) der Transkription sind die „Äste" am kürzesten (es ist ja erst wenig transkribiert), kurz vor Fertigstellung (●) sind sie am längsten. Der transkribierte Abschnitt ist deutlich länger als das abgelöste Transkriptionsprodukt. Das beruht einmal auf einer Komplexierung der RNS mit Proteinen, zum andern auf ihrer Verknäuelungstendenz; die Konturlänge (Abstand zwischen Anfang und Ende) wird dadurch verkürzt. Vergrößerung *a* = 11 333 ×, *b* = 17 999 ×). *c* Transkription einiger Gene im Kern. Sie sind unterschiedlich lang, sie liegen nicht als Tandem vor, und sie sind nicht immer gleich orientiert (▶ ◀). Die nicht-transkribierten Abschnitte sind ebenfalls unterschiedlich lang; Vergrößerung 9333 ×. (S. Berger, H.-G. Schweiger, 1975; S. Berger. D.M. Zellmer, K. Kloppstech, G. Richter, W.L. Dillard, H.-G. Schweiger, 1978)

Die o.g. Polymerasen der Pro- und Eukaryoten unterscheiden sich grundsätzlich voneinander.

Kern-DNS wird durch drei verschiedene RNS-Polymerasen transkribiert. Die wichtigsten Eigenschaften dieser Enzyme sind der Tabelle 3 zu entnehmen.

Tabelle 3. Eigenschaften der kerncodierten und im Kern aktiven DNS-abhängigen RNS Polymerasen

Eigenschaft	Polymerase		
	I	II	III
Transkriptions-produkt	Vorstufen der rRNS	Vorstufen der mRNS	5 S r NS Vorstufen der tRNS
Lokalisierung im Kern	Nukleolus	Nukleoplasma	Nukleoplasma

(nach R. Wollgiehn, 1982)

Alle bestehen aus mehreren Untereinheiten (Polypeptidketten). In vielen Fällen sind zumindest die Molekulargewichte bekannt.

Allein diese Werte weisen auf eine beträchtliche Variabilität hin. Sie machen deutlich, daß sich diese Proteine im Verlauf der Evolution nicht unwesentlich verändert haben. Von Klasse zu Klasse (Polymerase I, II, III) sind kaum Gemeinsamkeiten auszumachen.

Unabhängig von diesen drei Enzymen kommt in Chloroplasten ein weiterer Typ vor. Dieses Enzym hat gewisse verwandtschaftliche Beziehungen zum entsprechenden Prokaryotenenzym. Es sei aber erwähnt, daß es durch ein im Kern lokalisiertes Gen codiert wird.

In Analogie hierzu darf man wohl annehmen, daß es auch ein entsprechendes Enzym in den Mitochondrien gibt.

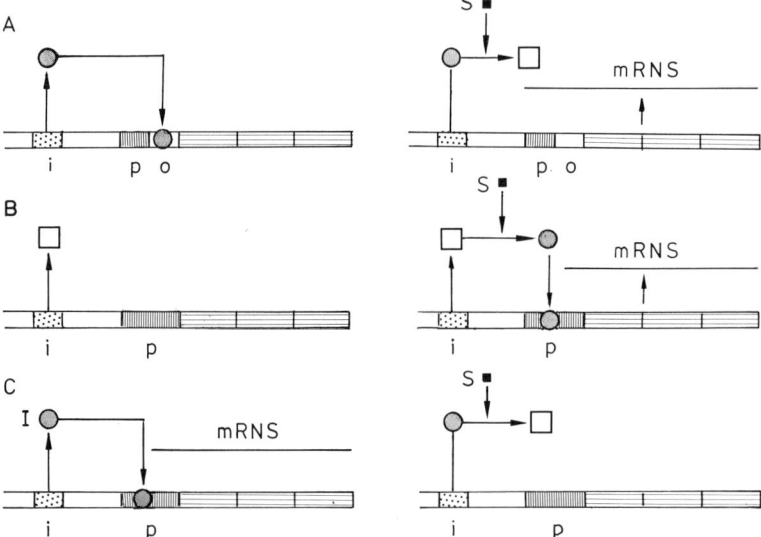

Abb. 21.8. Drei unterschiedliche Kontrollmechanismen der Genregulation. Man unterscheidet zwischen Regulatorgenen (grobes Punktraster) und Strukturgenen (Linienraster). Einer Gruppe von Strukturgenen (einem Operon) ist ein Promotor (p: Startstelle der DNS-abhängigen RNS-Polymerase) und ein Operator (o: Bindungsstelle eines Regulatormoleküls [Induktor oder Repressor]) vorgeschaltet. *A* Substratinduzierte Kontrolle der Transkription. Der vom Regulatorgen codierte Repressor bindet an o und verhindert damit die Transkription der Strukturgene. Er ist durch ein Substrat inaktivierbar, damit wird die Transkription der Strukturgene freigegeben. Die durch die Strukturgene codierten Enzyme sind am Abbau des genannten Substrats beteiligt (Jacob-Monod-Modell). *B* Vom Regulatorgen wird ein inaktiver Induktor codiert. Die Transkriptionsrate der Strukturgene ist gering. Durch ein Substrat wird der Induktor aktiviert, er bindet an den Promotor und fördert damit die Aktivität der DNS-abhängigen RNS-Polymerase, die Transkriptionsrate steigt. *C* Vom Regulatorgen wird ein aktiver Induktor codiert, die Transkriptionsrate der Strukturgene ist hoch. Durch Bindung eines Substratmoleküls wird der Induktor inaktiviert.

Pflanzenzellen wurden daraufhin zwar noch nicht untersucht, doch wurde in Mitochondrien der Hefe und der tierischer Zellen ein solches Enzym nachgewiesen.

Transkriptionseinheiten; Induktion und Regulation der Transkription

Untersuchungen an *Escherichia coli* haben ergeben, daß eine Transkriptionseinheit (ein Operon) außer der Matrize für die Transkripte eine Anzahl von Signalen enthält. Es gibt auf der DNS Start- und Stoppsignale, die den Anfang und das Ende einer Transkriptionseinheit (eines Operons) markieren. Es gibt darüber hinaus Bindungsstellen für Proteine, die die Transkription bestimmter Abschnitte fördern, hemmen, oder sogar blockieren (s. Abb. 21.8).

Die Signalwirkung beruht in der Regel auf einer Wechselwirkung zwischen dem Protein (je nach Funktion: Aktivator oder Repressor) und einer definierten Nukleotidsequenz. Manche der Proteine können alternativ in einem aktiven oder inaktiven Zustand vorliegen. Der Übergang kann durch Metaboliten oder extern zugeführte Nährstoffe (z.B. bestimmte Zucker) hervorgerufen werden. Vergleichbare Regelmechanismen werden auch für Eukaryoten postuliert,

doch konnte bislang noch kein Mechanismus im Detail ausgearbeitet werden, wie wir ihn für einige bakterielle Operons kennen. Einige weitere Einzelheiten werden wir an anderen Stellen, so bei der Besprechung der Differenzierung (s. Kap. 28), der Photomorphogenese (s. Kap. 30) und der Hormonwirkungen (s. Kap. 31) kennenlernen.

Chromatin und repetitive Nukleotidsequenzen

Die DNS ist im Zellkern mit Histonen komplexiert und formt damit das sogenannte Chromatin. In den meisten eukarytischen Zellen kommen fünf verschiedene Histone vor: H1, H2a, H2b, H3, H4. Ein Aggregat aus je zwei Molekülen H2a, H2b, H3 und H4 bilden ein Nukleosom, eine scheibenförmige Struktur, um die DNS herumgewickelt ist. Auf je ca. 200 Basenpaare entfällt ein Nukleosom, 140 der Basenpaare sind in 1¾ Windungen um den Histonkomplex gewunden, die übrigen 60 sind frei und verbinden Nukleosomen untereinander (s. Abb. 21.9). Das H1 gehört nicht dem Nukleosomenkomplex an, sondern dient dazu, das Chromatin noch weiter zu kondensieren.

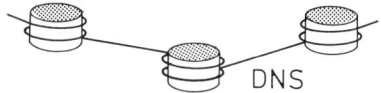

Nukleosom

DNS

Abb. 21.9. Nukleosomenstruktur

Bis vor wenigen Jahren war die Meinung verbreitet, die Histone würden an der selektiven Transkription der einzelnen DNS-Abschnitte (Gene oder Gruppen von Genen) mitwirken. Das hat sich jedoch nicht bewahrheitet; diese Aufgabe wird von einer Gruppe saurer Kernproteine (Nicht-Histon-Proteine) übernommen. Das ist ein Sammelbegriff für eine Anzahl von Regulatorproteinen, die lediglich in bezug zu den stark basischen Histonen „sauer" sind, sich ansonsten durch eine Aminosäurezusammensetzung auszeichnen, die im üblichen Rahmen liegt. Über diese Proteingruppe ist noch nicht allzu viel bekannt.

Es gibt Anhaltspunkte dafür, daß bestimmte Proteinfraktionen an bestimmte DNS-Abschnitte binden; es gibt ferner experimentelle Beweise dafür, daß sie durch Hormone, Metaboliten u.a. aktiviert werden können, und es gibt schließlich Hinweise darauf, daß auch über das Phytochromsystem Signale an die DNS weitergegeben werden, die selektiv die Transkription bestimmter Abschnitte fördern.

Zu den sauren Kernproteinen zählen auch die Polymerasen, die die Replikation und Transkription katalysieren, sowie Proteine, die mit der RNS RNP-Komplexe (Ribonukleoproteinkomplexe) bilden.

Der Grad der Kondensation der DNS im Kern ist variabel. Stark kondensierte DNS wird als Heterochromatin, weniger stark kondensierte als Euchromatin bezeichnet. Heterochromatin ist durch bestimmte Kernfarbstoffe intensiver anfärbbar als das Euchromatin. An anderer Stelle (s. Kap. 11) wurde eine cytologische Definition der beiden Begriffe gegeben, und es wurde deutlich gemacht, daß sie zwar nützlich und brauchbar ist, aber keine klaren Entweder-oder-Zustände beschreibt. Kondensation und Dekondensation der DNS sind, zum Teil wenigstens, reversible Prozesse. Jeder DNS-Abschnitt, der repliziert oder transkribiert wird, muß zumindest während dieser Zeiträume dekondensiert sein, wohingegen die DNS während der Zellteilung in den Chromosomen (Mitose, Meiose) den höchsten Kondensationsgrad erreicht.

Wie schon erwähnt, besteht eukaryotische DNS aus repetitiven (r) und nichtrepetitiven, singulären (s) Abschnitten, die in drei verschiedenen Organisationsmustern auftreten.
(1) Die repetitiven Abschnitte (Sequenzen) sind an einer oder an wenigen Stellen im Genom konzentriert. Sie bilden Folgen wie

$$r_1r_1r_1\ldots r_2r_2r_2r_2\ldots r_3r_3r_3\ldots \ldots r_nr_nr_n$$

Die Zahl der verschiedenen Repetitionseinheiten (r_n) und die Zahl der Wiederholungen liegt in Größenordnungen von weit über 1000. In der englischen Literatur spricht man von *Clustern.*
(2) Die repetitiven Sequenzen können in Gruppen mit singulären wechseln *(interspersed pattern)*

$$r_1r_1r_1\ldots r_2r_2\ldots s_1\ldots r_3r_3r_3\ldots s_2s_3s_4r_4r_4\ldots r_n$$

(3) In bestimmten Teilen der DNS findet man Abschnitte wie die unter (2) beschriebenen, in anderen vorwiegend solche, die nur singuläre Sequenzen enthalten oder in denen singuläre Sequenzen von wenigen repetitiven unterbrochen sind:

$$s_1s_2s_3\ldots s_n \quad \text{oder}$$
$$s_1r_1s_2\ r_1s_3\ldots s_{11}r_2s_{12}r_2\ldots s_n$$

Translation (Proteinbiosynthese)

Unter Translation versteht man die Übersetzung einer Basensequenz in eine Aminosäuresequenz. Die wichtigsten Komponenten der Proteinbiosynthese haben wir bereits kennengelernt: mRNS, tRNS, Aminosäuren, ATP, GTP, Mg^{2+}, Aminoacyl-tRNS-Synthetasen und „Faktoren" (s.u.). Ferner braucht man Ribosomen.

Es gibt keine strukturelle Verwandtschaft zwischen Codon und der dazugehörigen Aminosäure, und man benötigt daher einen Adaptor (die tRNS), der die Aminosäure bindet und das zugehörige Codon erkennt. Aus der in den Abbildungen 17.27 und 17.28 vorgestellten Struktur der tRNS ist folgendes ablesbar:
(1) Das Anticodon liegt stets an der gleichen Stelle, am Ende einer der Schleifen.
(2) Die Basen des Anticodons sind „frei", d.h. nicht mit anderen Basen innerhalb des tRNS-Moleküls gepaart. (Sie sind nicht an der Stabilisierung seiner Sekundär- und Tertiärstruktur beteiligt.)
(3) Die Aminosäure hängt am entgegengesetzten Ende des tRNS-Moleküls an einem der freien Enden (dem 3'-Ende).
(4) tRNS bildet klar determinierte Tertiärstrukturen aus. Die Moleküle nehmen damit eine kompakte Form an.

Die genannten Eigenschaften bilden die Voraussetzungen für die Adaptorfunktion. Wegen der kompakten Form können an einem mRNS-Molekül nebeneinander mehrere tRNS-Moleküle gebunden werden, so daß Codon für Codon lückenlos besetzt wird. Aus Stabilitätsgründen können derartige Assoziationen in freier Lösung jedoch nicht existieren. Zur Ausbildung einer Peptidbindung zwischen zwei Aminosäuren müssen sie in räumliche Nähe zueinander gebracht werden.

Da ein oder mehrere Enzyme alleine dazu nicht in der Lage sind, wird die Oberfläche einer großen supramolekularen Struktur benötigt. Diese Aufgabe erfüllen die Ribosomen.

307

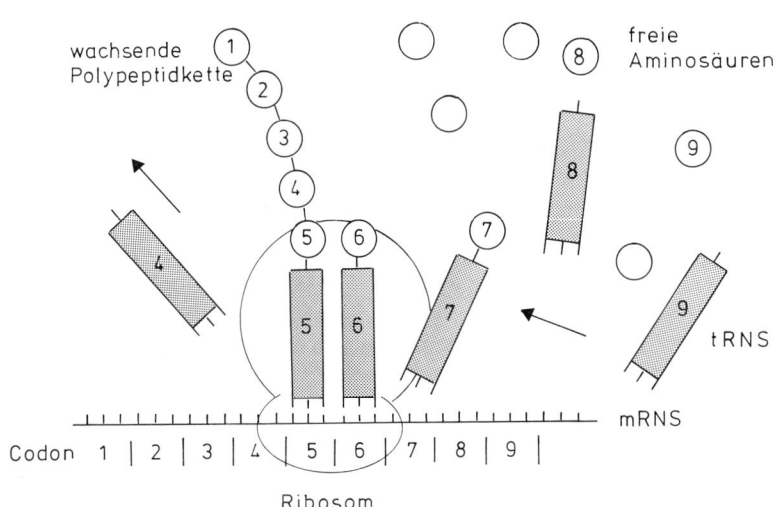

Abb. 21.10. Die wichtigsten Komponenten und Schritte der Translation.

Labels in figure: wachsende Polypeptidkette, freie Aminosäuren, tRNS, mRNS, Codon 1 | 2 | 3 | 4 | 5 | 6 | 7 | 8 | 9 |, Ribosom

Ribosomen

Ribosomen bestehen stets aus zwei Untereinheiten, einer großen und einer kleinen. Jede von ihnen enthält rRNS (1–3 Moleküle) und eine Anzahl verschiedener Proteine. Ribosomen aus *Escherichia coli* sind am ausführlichsten untersucht worden. Ribosomen aus dem Cytosol von Eukaryotenzellen sind größer als die Prokaryotenribosomen. Zusätzlich kennt man die Ribosomen der Chloroplasten und der Mitochondrien, die ihrerseits den Prokaryotenribosomen ähneln.

Proteinbiosynthese

Die Knüpfung der Polypeptidkette erfolgt selbstverständlich katalytisch. Ebenso wichtig sind die bereits genannten „Faktoren". Es sind Proteine, die für die Initiation (Start der Bildung der Polypeptidkette), die Elongation (Verlängerung der sich bildenden Polypeptidkette) und die Termination (*release,* dem Abbruch des Polymerisationsprozesses) benötigt werden. An jedem dieser Schritte sind ein bis drei spezifische Faktoren beteiligt. Die Faktoren aus eukaryotischen Zellen unterscheiden sich in Struktur und Funktion grundsätzlich von denen aus prokaryotischen.

Die Proteinbiosynthese ist verhältnismäßig energieaufwendig. Als energiereiche Verbindung wird neben dem ATP GTP benötigt. Ein großer Teil der Energie wird auf Kontrollmechanismen *(proofreading)* verwandt. Noch vor Abschluß der Synthese beginnt sich die halb fertiggestellte Polypeptidkette zu falten, eine Sekundär- und Tertiärstruktur anzunehmen und somit in den thermodynamisch günstigsten (energieärmsten) Zustand überzugehen.

Im Anschluß an die Proteinbiosynthese wird die Kette vielfach modifiziert. Es werden Teile entfernt, einige Aminosäuren verändert, Kohlenhydrate oder Lipide an bestimmte Stellen angeheftet, oder es erfolgt eine Aktivierung durch Acetylierung, Methylierung oder Phosphorylierung.

Eine Anzahl der synthetisierten Proteine verbleibt im Cytosol, andere werden durch Membranen hindurch aus der Zelle exportiert oder in Mitochondrien oder Chloroplasten importiert (mehr darüber im Kapitel 23).

Zusammengefaßt bezeichnet man alle diese Veränderungen als Posttranslationsmodifikationen oder Modulation. Einen Überblick über die wichtigsten Schritte der Transkription und Translation gibt die Abbildung 21.10.

Für die Bindung einer mRNS an ein Ribosom ist eine spezifische Nukleotidsequenz, die der codierenden Sequenz vorgeschaltet ist, erforderlich.

Wegen der bei Eukaryoten und Prokaryoten unterschiedlichen Erkennungssignale, „Faktoren" und weiterer Kontrollmechanismen kann eine Prokaryoten-mRNS nicht an Eukaryotenribosomen translatiert werden, ebensowenig ist die umgekehrte Version realisierbar. Daher konnte in dem zu Beginn des Kapitels beschriebenen Nirenberg-Matthaei-System auch keine Eukaryoten-RNS exprimiert werden. Eine Expression gelang erst, als man ein entsprechendes System aus Bestandteilen von Weizenkeimlingen entwickelt hatte.

Dieses Beispiel macht deutlich, wie spezifisch Translationsmechanismen sind. Vergleichbar ist die Situation bei der Transkription.

Alles (einschließlich der Posttranslationsmodifikation) zusammengefaßt, bezeichnet man als Genexpression. Die zahlreichen, dafür erforderlichen Schritte und der hohe Energieaufwand sind ein Zeichen dafür, wie wichtig diese Prozesse für den Grundstoffwechsel der Zellen sind. In *Escherichia coli* werden 88 Prozent des gesamten Energieumsatzes der Zelle für die Proteinbiosynthese benötigt. Der Aufwand ist zu rechtfertigen, weil die fertigen Produkte (Proteine: Enzyme, Regulatoren) Schlüsselfunktionen im Stoffwechsel der Zelle wahrnehmen, von deren Funktion der reibungslose Ablauf der einzelnen Stoffwechselwege abhängt.

Dennoch ist die Fehlerquote um Größenordnungen

308

höher als bei der Replikation (s. folgenden Abschnitt). Bei der Transkription entstehen pro Gen eine Vielzahl von mRNS- und Proteinkopien. Jede Zelle kann überleben, wenn einige davon fehlerhaft sind. Bei der Replikation hingegen wird nur ein einziges Molekül DNS verdoppelt. Jede Tochterzelle erhält bei der nachfolgenden Teilung eine Kopie davon. Jeder Fehler, der dabei unterläuft, ist irreversibel und tritt als Informationsveränderung (Mutation) in allen Nachkommen jener Zellinie in Erscheinung, die eine fehlerhafte Kopie erworben hat.

Die vielen Schritte der Genexpression lassen Kontrollen auf verschiedenen Ebenen zu. Das Phänomen der Differenzierung ist ein Ausdruck differentieller Genexpression.

Es sind also die auf der DNS und von ihr auf die (m)RNS übertragenen Signale (Nukleotidsequenzen, Sekundärstrukturen), die bestimmen, ob ein Gen stärker als ein anderes exprimiert wird und daß im Verlauf der Entwicklung erst ein Satz von Genen zum Zuge kommt und später ein anderer. Umschaltungen können abrupt erfolgen, sie können aber auch fließend sein.

So hängt beispielsweise die Bindung einer mRNS an ein Ribosom von seiner Erkennungssequenz ab. Doch nicht alle Arten von mRNS enthalten die gleiche Sequenz. Folglich werden diejenigen bevorzugt an Ribosomen gebunden, deren Erkennungssequenzen die höchste Affinität zu ihnen besitzen.

Bei geringer Affinität ist die Wahrscheinlichkeit, daß mRNS an Ribosomen gebunden wird, niedrig, und als Folge davon werden nur wenige Proteinmoleküle gebildet. Aber wohlgemerkt, das ist nur eine von vielen Möglichkeiten, die Zahl der Proteinmoleküle pro Zelle zu determinieren. Eine weitere Kontrollebene ist z.B. die Affinität der mRNS zu den Initiationsfaktoren, und eine dritte wäre die Lebensdauer (Halbwertszeit) der betreffenden mRNS.

Wie die Transkription, so läuft auch die Translation nach einem Fließbandprinzip ab. Sobald ein Teil der mRNS von einem Ribosom freigegeben worden ist, wird er von einem weiteren Ribosom gebunden, so daß die Synthese einer zweiten Polypeptidkettenkopie bereits initiiert werden kann, lange bevor die erste fertiggestellt ist. Das läßt sich fortsetzen, so daß simultan an einer mRNS eine Anzahl von Polypeptidketten gebildet werden können. Es wirken dabei zahlreiche Ribosomen mit. Man nennt derartige Komplexe Polysomen.

Abb. 21.11. Modell der Replikation der DNS. Jedes Tochtermolekül der ersten Generation (nach Übertragung in „leichtes" Medium) enthält einen der Elternstränge (schwarz) und einen neu gebildeten „leichten" Strang (weiß). Bei dem folgenden Replikationsschritt wird die Markierung nur auf die Hälfte der Tochtermoleküle (zweite Generation) weitergegeben. (M. Meselson, F.W. Stahl, 1958)

Replikation

Replikation bedeutet DNS-Verdopplung. Rein formal haben wir den Vorgang bereits bei der Besprechung des DNS-Moleküls und bei der Besprechung des Zellzyklus behandelt.

Es entsteht demnach an jedem der beiden Stränge einer DNS-Doppelhelix ein neuer Strang, so daß am Ende zwei gleichwertige Stränge vorliegen. Während des Zellzyklus läuft dieser Vorgang in der S-Phase ab. Bei einer anschließenden Zellteilung erhält jede der Tochterzellen einen der Stränge (ein Chromatid). Jeder Doppelstrang enthält einen elterlichen und einen neu synthetisierten Strang (= semikonservative Replikation [s. Abb. 21.11 und 21.12]).

Wie schon angedeutet, muß die Replikation mit höchster Präzision ablaufen, denn Fehler sind in der Regel im nachhinein nicht wiedergutzumachen. Es sind daher auch hier eine Anzahl von Kontrollmechanismen vorhanden, die noch während des Verlaufs der Replikation fehlerhafte Abschnitte (z.B. thermodynamisch ungünstige Basenpaarungen) entfernen und durch korrekt nachsynthetisierte ersetzen.

Die Syntheserichtung aller Polymerasen (hier DNS-abhängige DNS-Polymerasen, abgek.: DNS-Polymerasen) ist stets $5' \rightarrow 3'$ (s. Abb. 21.13).

In eukaryotischen Zellen (einschließlich der Pflanzen) kommen drei voneinander verschiedene DNS-Polymerasen vor: α, β, γ. Sie unterscheiden sich in

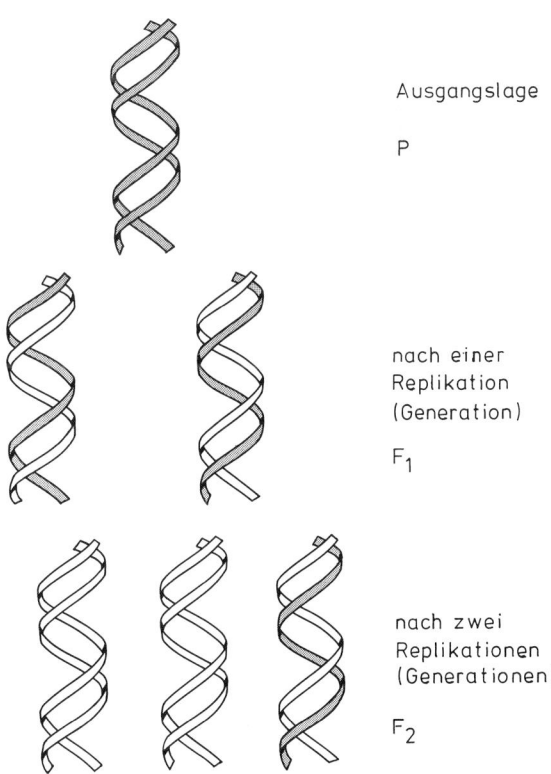

Ausgangslage

P

nach einer Replikation (Generation)

F_1

nach zwei Replikationen (Generationen)

F_2

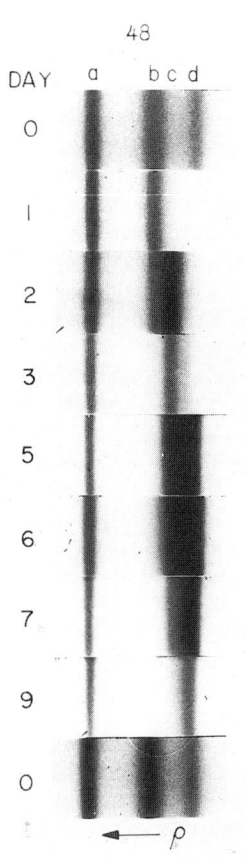

Abb. 21.12. Nachweis der semikonservativen Replikation der DNS (s. Abb. 21.11) bei höheren Pflanzen *(Nicotiana tabacum)*. Verhalten der DNS im Caesiumchloridgradienten (Dichtegradienten-Zentrifugation; Zentrum des Rotors rechts im Bild). *a* Referenzsubstanz: DNS hoher Dichte aus *Micrococcus lysodeiktikus)*; *b* „dichte", ^{15}N-markierte DNS (aus *Nicotiana tabacum)*; *c* hybride DNS, bestehend aus einem dichten (^{15}N) und einem leichten (^{14}N) Strang; *d* „leichte", unmarkierte ^{14}N-enthaltende DNS. Zum Versuch selbst: Zellkulturen von *Nicotiana tabacum* wurden einige Tage in Anwesenheit von ^{15}N (in Form von Nitrat) kultiviert. Anschließend wurde das isotopenmarkierte Medium ausgewaschen und durch nichtmarkiertes ersetzt. Die Generationsdauer der Zellen beträgt zwei Tage. Einen Tag nach dem Auswaschen wurde aus der Kultur nur markierte („dichte") DNS isoliert. Am zweiten Tag wurde neben „dichter" zunehmend Hybrid-DNS nachgewiesen, am dritten Tag war nur noch Hybrid-DNS vorhanden. Vom fünften Tag an nahm der Anteil leichter DNS stetig zu, am neunten Tag war schließlich nur noch leichte DNS nachweisbar. (P. Filner, 1965)

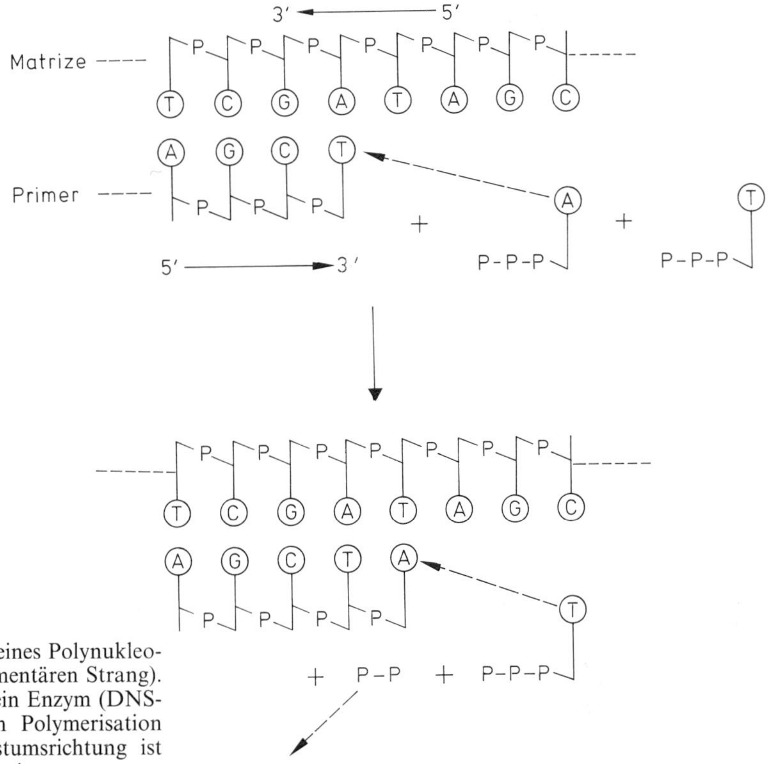

Abb. 21.13. DNS-Replikation. Synthese eines Polynukleotidstrangs an einer Matrize (dem komplementären Strang). Benötigt werden Nukleosidtriphosphate, ein Enzym (DNS-Polymerase) und ein *Primer,* der durch Polymerisation schrittweise verlängert wird. Die Wachstumsrichtung ist stets $5 \to 3$. Die Polarität im Matrizenstrang ist genau umgekehrt.

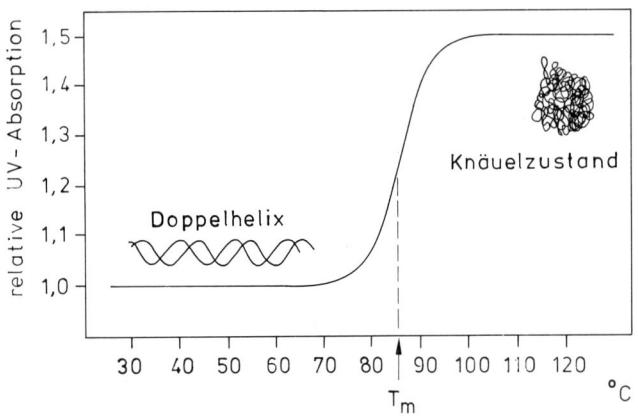

Abb. 21.14. Thermische Denaturierung (Schmelzen) von DNS. Der Übergang von einer Konformation (Doppelstrang) in eine andere (Einzelstrang) geht mit einer Absorptionszunahme einher. Der T_m-Wert entspricht derjenigen Temperatur, bei der die Hälfte der Moleküle in der einen, die andere in der anderen Konformation vorliegt.

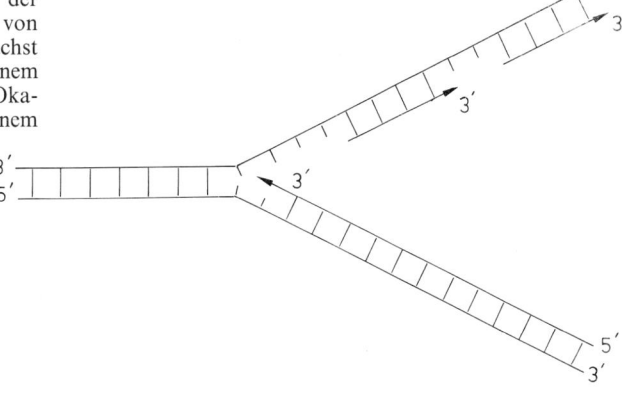

Abb. 21.15. Replikationsgabel der DNS. Die Auftrennung des Doppelstrangs (Schmelzen) und die Stabilisierung der dabei entstehenden Einzelstränge erfolgt durch Bindung von Entwindungsproteinen an die DNS. Ein neuer Strang wächst ausschließlich in $5' \rightarrow 3'$ Richtung. Die Synthese an einem der Stränge erfolgt daher stets in kurzen Abschnitten (Okazaki-Stücken), die anschließend durch eine Ligase zu einem kontinuierlichen Strang verschlossen werden.

ihren Molekulargewichten voneinander. Der α- und der γ-Polymerase werden Funktionen bei der Replikation zugeschrieben, der β-Polymerase eine Funktion als Reparaturenzym. Für die Replikation der DNS in Chloroplasten und Mitochondrien steht je eine weitere Polymerase zur Verfügung.

Um zwei Doppelstränge zu erhalten, müssen als erstes die Wasserstoffbrücken zwischen den beiden Elternsträngen gelöst werden (Schmelzen der DNS, s. Abb. 21.14). Wir haben zwar bei der Besprechung von Wechselwirkungen gesehen, daß zu ihrer Lösung keine Enzyme benötigt werden, doch eine so hochgeordnete Struktur wie die Watson-Crick-Doppelhelix wird nicht nur durch eine hohe Zahl von Wasserstoffbrükken stabilisiert, sondern auch durch Wechselwirkungen zwischen den flächig übereinander liegenden Basenpaaren (= Stapelungsenergie, *stacking energy*). In der Summe sind die Kräfte so stark, daß sie unter physiologischen Bedingungen der thermischen Bewegung widerstehen, sich daher nicht von alleine lösen. Zur Trennung eines Doppelstrangs müssen deshalb auch hier wieder Proteine ins Spiel gebracht werden. Man nennt sie Entwindungsproteine *(unwinding proteins)*. In Bakterienzellen findet man sie in großer Menge, doch auch in Hefezellen und in tierischen Zellen wurden sie nachgewiesen. Der Nachweis für Pflanzen steht zwar aus, doch spricht viel dafür, daß sie auch dort vorkommen. Die DNS-Polymerasen initiieren keineswegs an jeder beliebigen Stelle eine Neusynthese. Die Enzyme können von sich aus gar nicht einmal starten, denn zu ihren Eigenschaften zählt, daß sie lediglich bestehende Polynukleotidketten verlängern.

Es scheint daher eine DNS-abhängige RNS-Polymerase mit im Spiel zu sein (bei Bakterien nachgewiesen, bei Pflanzen vermutet), die zunächst ein kurzes Stück RNS (einen *Primer,* Starter) bildet, das dann als DNS verlängert wird. Die am Start eingebauten Ribonukleotide werden in einem nachfolgenden Schritt durch ein Reparaturenzym wieder entfernt und durch Desoxyribonukleotide ersetzt.

Der Startpunkt einer Replikation auf der DNS wird als Replikationsorigin *(origin)* bezeichnet. Während, rein formal, die Replikation von einem der beiden Stränge leicht erklärbar ist, stößt die des dazugehörigen Komplementärstrangs auf Schwierigkeiten. Da das Enzym ja nur in einer Richtung arbeitet, müßte jener von „rückwärts" her aufgebaut werden, und die Synthese würde zu kleinen Stücken führen (s. Abb. 21.15). Das ist in der Tat auch der Fall. Nach ihrem Entdecker werden sie als Okazaki-Stücke bezeichnet. In Pflanzenzellen sind sie größenordnungsmäßig 200 Nukleotide lang. In einem zweiten Schritt werden sie durch eine Ligase zu einem einheitlich durchgehenden Strang verknüpft. Es gibt bekanntlich gute Gründe für die Annahme, daß ein Chromatid aus nur einem ununterbrochenen DNS-Molekül besteht. Die Länge liegt in der Größenordnung von mm bis cm. Betrachtet man die Synthesegeschwindigkeit der DNS-Polymerase, erkennt man sofort, daß die Replikation niemals in einem so kurzen Zeitraum abgeschlossen werden kann, wie er in der S-Phase zur Verfügung steht (maximal 10–20 Stunden). Als weitere Schwierigkeit kommt hinzu, daß sich eine DNS-Doppelhelix ohne ständige Drehung um die eigene Achse nicht in Einzelstränge zerlegen läßt.

Beide Schwierigkeiten werden in der Zelle umgangen:
(1) Die Replikation beginnt gleichzeitig an zahlreichen Stellen (s. Abb. 21.16 und 21.17).
(2) Um dem Drehmoment entgegenzuwirken, wird der zu replizierende Strang in regelmäßigen Zeitabständen gespalten und nach Entwicklung (Freisetzung von Torsionsenergie) wieder repariert.

In der Regel sind Replikation und Zellzyklus miteinander gekoppelt, doch bedingt eine Replikation nicht zwangsläufig eine Zellteilung. In Pflanzenzellen sind Endopolyploidisierungen häufig, d.h., die DNS vermehrt sich, die Chromosomenzahl verdoppelt (vervielfacht) sich, doch die Teilung unterbleibt. Die Chromosomen können in einem Kern verbleiben, der dann polyploid wird, oder es kann eine Mitose ablaufen, so daß sie sich auf zwei Kerne verteilen. Zellen mit mehreren Zellkernen bezeichnet man als polyenergid.

Neben der Polyploidisierung kommt Polytänisie-

311

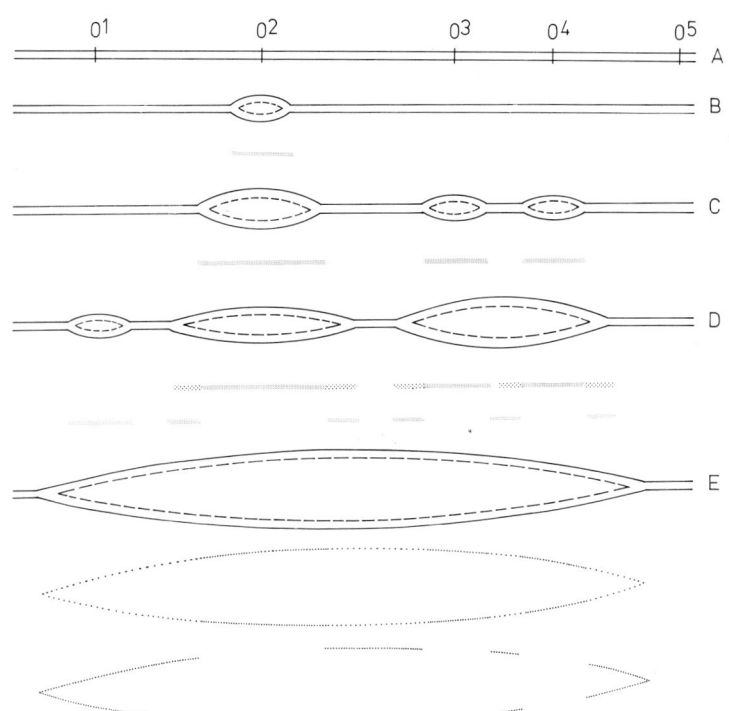

Abb. 21.16. In Tandem angeordnete Replikationseinheiten in eukaryotischer DNS. *A* zeigt den Doppelstrang mit der Position der Startpunkte. *B bis E* sind Zwischenstadien der Replikation. Unter den Darstellungen des Doppelstrangs sind Bereiche eingezeichnet, die den markierten Abschnitten in einem Autoradiogramm entsprechen. (J.A. Huberman, A.D. Riggs, 1968)

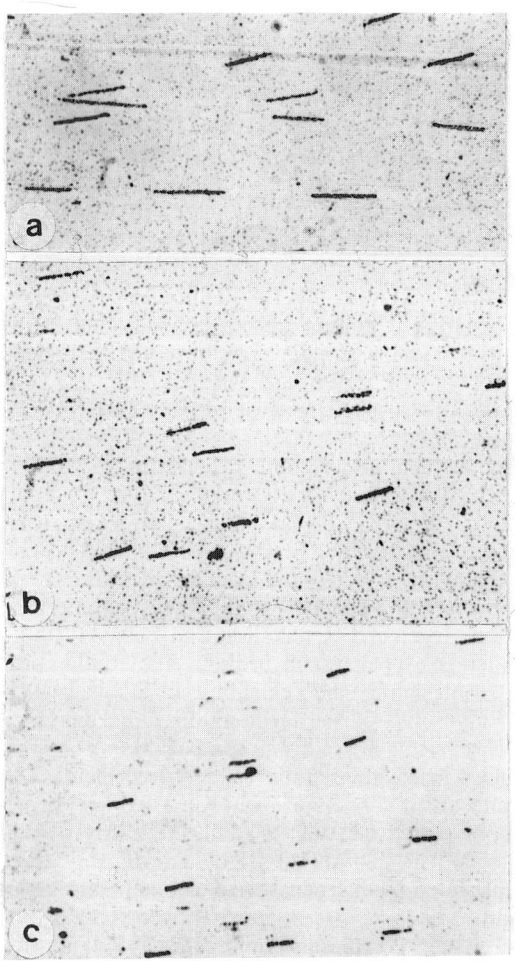

rung vor. Dabei wird die Chromatidenzahl pro Chromosom vervielfacht. Das Paradebeispiel dafür bilden die Riesenchromosomen.

Die bisherigen Aussagen gingen stillschweigend von der Annahme aus, ein DNS-Molekül werde gleichmäßig in seiner vollen Länge repliziert. Auch diese Verallgemeinerung gilt nicht uneingeschränkt.

Bei einer Anzahl von Pflanzen-(und Tier-)Arten wird bei einer Polyploidisierung (und Polytänisierung) lediglich das Euchromatin (d.h. nicht repetitive Abschnitte *und* ein Teil repetitiver) repliziert. Werden nur Teile eines DNS-Moleküls vervielfacht, spricht man von Amplifikation. Die eben genannten Fälle sind in Pflanzen keine Besonderheiten, sondern sind weit verbreitet.

Zusammenfassend sind aufgrund experimentell ermittelter Daten folgende Schlüsse zulässig:

Abb. 21.17. Autoradiographischer Nachweis der DNS-Replikation bei drei *Vicia*-Arten. Nur die neu synthetisierten DNS-Stränge sind markiert (mit ^{3}H-Fluordesoxyuridin), denn die Synthese erfolgte in Anwesenheit markierter Nukleotide. Auf den Bildern sind eine Anzahl von Replikationseinheiten erkennbar. Paare von neu synthetisierten Strängen weisen auf die Replikation der einander komplementären Elternstränge hin (zur Erklärung s. Abb. 21.16) Die Behandlungszeit aller drei Proben war gleich. Die unterschiedliche Länge der Replikationseinheiten spiegelt artspezifisch unterschiedliche Replikationsgeschwindigkeiten wider *(a Vicia faba, b Vicia hirsuta, c Vicia sativa)*. (J. P. Gaddipati und S.K. Sen, 1978)

312

Abb. 21.18. Bruch-Fusionszyklus. Die dominanten Allele *A, B, C* liegen auf einem Chromosomenarm mit einer Bruchstelle an seinem Ende. In der S-Phase fusionieren die Enden der beiden homologen Chromatiden. Es entsteht ein dizentrisches Chromosom (bestehend aus nur einem Chromatid). Während der folgenden Ana- und Telophase kommt es erneut zum Bruch. Die beiden Tochterzellen erhalten ungleich lange Chromosomen mit Bruchstellen an ihren Enden. Der Zyklus tritt in eine neue Phase ein. (B. McClintock, 1941)

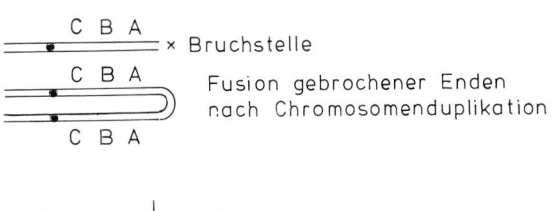

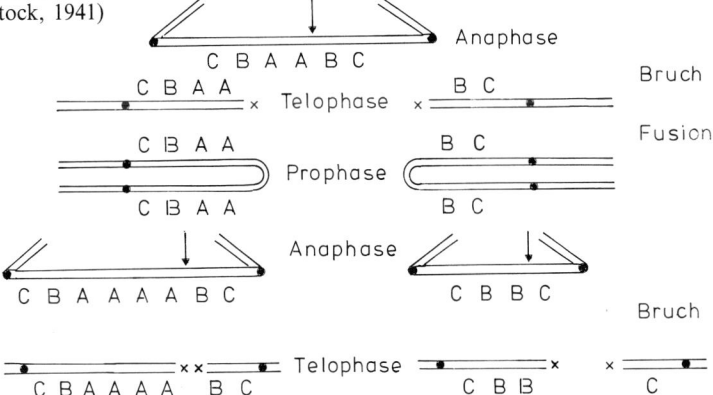

– Die meisten differenzierten Zellen nahezu aller Angiospermen (und grüner Pflanzen aus anderen systematischen Gruppen) enthalten mehr DNS, als einem diploiden Genom entspricht. (Die DNS der Chloroplasten und Mitochondrien bleibt bei dieser Aussage unberücksichtigt.)

– Die selektive Vervielfachung von DNS beruht entweder auf Vervielfachung eines großen (doch unvollständigen) Anteils des Genoms oder auf gesteigerter Amplifikation eines nur kleinen Anteils.

– Es sammeln sich Hinweise darauf, daß eine derartige selektive Replikation für die Zelldifferenzierung, die Funktion der Zelle und die Morphogenese (Organ- und Gewebebildung) erforderlich ist. Als Folge davon ist eine derart modifizierte Zelle nicht mehr omnipotent.

– Die Polyploidisierung (sowohl die vollständige als auch die partielle) muß im Zusammenhang mit der Evolution von DNS, und damit der Evolution der Arten gesehen werden. Mehr dazu im Kapitel 37.

Bruch–Fusions–Brücken; Kontrollelemente; instabile (variable) Gene

Seit Beginn des Jahrhunderts ist bekannt, daß es bei Pflanzen instabile oder variable Genloci gibt; man konnte sich jedoch zunächst nicht die dort drastisch gesteigerte Mutabilität und die erhöhte Rückmutationsrate erklären. Den entscheidenden Durchbruch erzielte B. McClintock durch ihre 1947 und 1951 veröffentlichten Untersuchungen an Maischromosomen. Die Grundlagen hierzu lieferten ihre früheren Beobachtungen und Analysen (1938) von Bruch–Fu-

sions–Brücken, deren Auftreten mit Umstrukturierungen in anderen Chromosomen korreliert werden konnte.

Brücken treten in der Anaphase immer dann in Erscheinung, wenn zwei Chromosomen an ihren Enden miteinander fusionieren und dadurch ein Fusionsprodukt mit zwei Centromeren entsteht. Werden die beiden nunmehr in entgegengesetzte Richtungen gezogen, kommt es zwangsläufig zu einem Chromosomenbruch (s. Abb. 21.18). In der folgenden S-Phase des Interphasekerns wird ein Chromatid mit dem Bruch am Ende ebenso wie die übrigen repliziert, wodurch es zu einer erneuten Fusion der homologen Chromatiden kommt. In der anschließenden Mitose erscheint, statt eines Chromosoms aus zwei Chromatiden und einem Centromer, eines mit nur einem Chromatid, aber zwei Centromeren. Die Folge davon ist ein erneuter Bruch in der Anaphase, und von da ab geht der Zyklus in eine neue Runde.

B. McClintock erkannte, daß die Bruchstelle nicht an beliebiger Stelle entlang der Chromosomenachse lag, sondern auf bestimmte Bereiche beschränkt war, die sie mit Ds *(dissociation)* bezeichnete. Offensichtlich handelt es sich dabei um Abschnitte (wie später gezeigt wurde, DNS-Stücke), die zur Entstehung von Translokationen, Deletionen, Inversionen, zur Bildung von Ringchromosomen u.a. beitragen.

Der primäre Bruch verursacht in den Mitosezyklen der folgenden Generationen, während der Entwicklung zu verschiedenen Zeiten und an verschiedenen Stellen, gleichartige Brüche.

Der Abschnitt Ds, ein Mutatorgen, verhält sich so wie ein multiples Allel (besser Pseudoallel), das an verschiedenen Genorten lokalisiert sein kann und keineswegs immer die gleiche Struktur hat.

Bemerkenswerterweise kann dieser Mutator sich

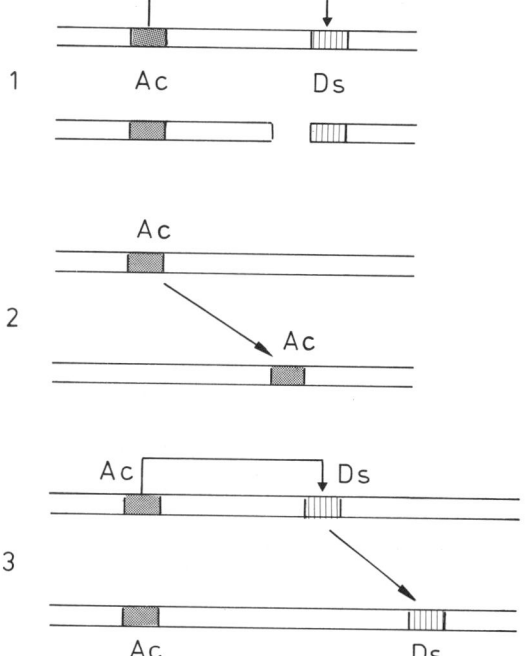

Abb. 21.19. Wirkungsweise von Ac- und Ds-Elementen. *1* Eine Translokation von Ac führt zu einem Chromosomenbruch an einer präformierten Stelle (Ds-Position); *2* Ein Ac-Element ändert seine Lage; *3* Ein Ac-Element verursacht die Translokation eines Ds-Elements. (Nach N. Fedoroff, 1984).

inmitten anderer Gene ansiedeln und sie so außer Funktion setzen (inaktivieren). Demnach ist er ein Kontrollelement, das seinen Ort im Chromosom wechselt, das springt oder wandert und überall dort, wo es hinkommt, Mutationen hervorruft (synonyme Bezeichnungen: springende Gene, *jumping genes*).

Bald zeigte sich, daß es noch einen Satz weiterer Elemente geben mußte: Ac *(activation)* und daß ein Chromosomenbruch oder eine Translokation von Ds der Mithilfe von Ac bedarf (s. Abb. 21.19). Ac kann ebenfalls als ein multiples Allel angesehen werden; es kann an den verschiedensten Stellen in allen Chromosomen auftreten. Um seine Wirkung genauer zu analysieren, konzentrierte sich B. McClintock auf das Studium von Genen, die das Farbmuster der Maiskörner determinieren.

Eines der wichtigsten ist der C-Locus, der in dominantem Zustand eine dunkelrote Färbung von Aleuronschicht und Perikarp (Samenschale) des Maiskorns hervorruft. Springt ein Ds-Element in das Gen hinein, unterbleibt die Farbstoffsynthese, es entstehen farblose (gelbliche) Körner.

Eine Ac-Aktivität in ihnen ruft ein Muster dunkelroter Bereiche auf hellem Grund hervor. Die Erklärung hierfür liegt in einer Wiederherstellung des alten Zustands, weil durch das Ac-Element das Ds aus dem C-Locus wieder entfernt wird. Dieser Vorgang spielt sich während der Maiskornentwicklung in einigen der

Zellen ab, aus denen sich die Aleuronschicht und das Perikarp entwickeln, und nur in den Klonen, die aus den veränderten Zellen durch Teilung entstehen, ist die Rückmutation sichtbar (s. Abb. 21.20).

Heute sind eine Reihe von Genloci bekannt, die durch das Ds-Ac-System oder andere Kontrollelemente beeinflußt werden (s. Abb. 21.21). Die Entdeckung des Spm-Systems *(supressor-mutator)* und die Aufklärung seiner Funktion ergab, daß die Kontrollelemente nicht allein ja/nein-Entscheidungen treffen, sie also nicht nur Schalterfunktionen ausüben, sondern daß sie auch den Grad der Genexpression modulieren. B. McClintocks genetische Analysen blieben jahrelang unverstanden. Erst als Ende der sechziger Jahre in bakterieller DNS Insertionselemente und Transposons gefunden und charakterisiert worden sind, zeichnete sich eine Analogie zwischen ihnen und den Kontrollelementen ab. Die vorliegenden genetischen Daten paßten widerspruchslos zu molekularbiologischen Modellvorstellungen (P. Nevers und H. Saedler, 1977, H.-P. Döring und P. Starlinger, 1984).

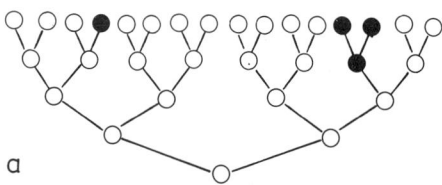

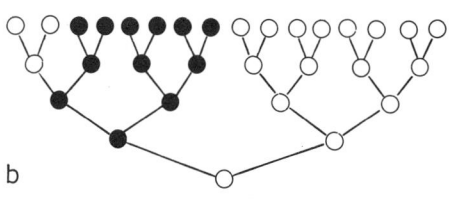

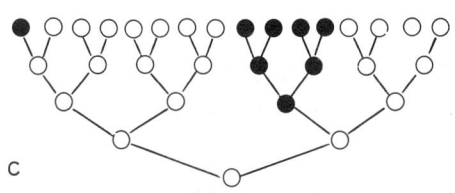

Abb. 21.20. Somatische Mutationen: Klongröße und Musterbildung. Die statistische Verteilung von Farbmustern an den Oberflächen von Maiskörnern oder Blütenblättern beruht auf Veränderung der genetischen Information in einigen Zellen im Verlauf der Ontogenese. Je eher die Mutation in der Zellteilungsfolge erfolgt (schwarz im Schema), desto größer ist im ausgebildeten Gewebe der Zellklon, in dem sie sich manifestiert; *a bis c* sind einige der dabei möglichen Verteilungen.

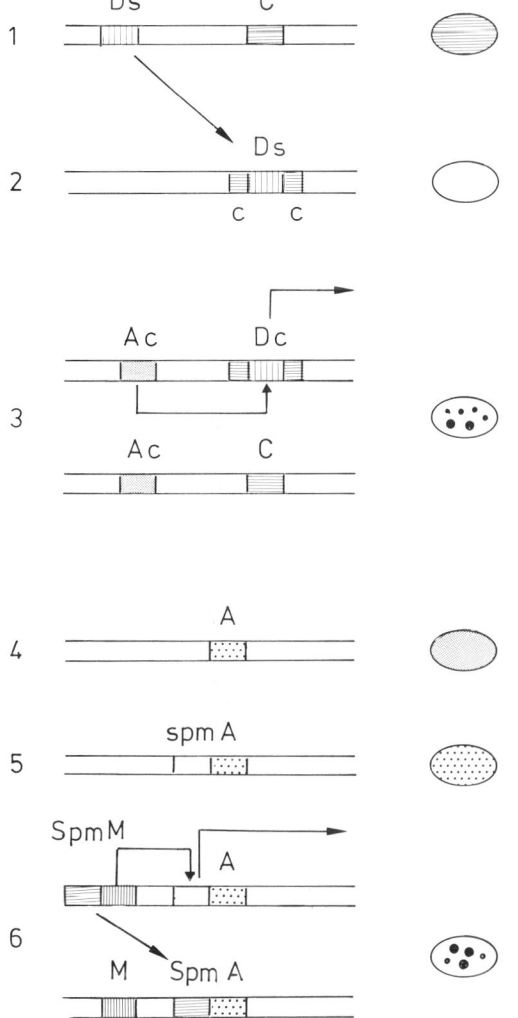

Anfang 1986 stellten P. Nevers, N.S. Shepherd und H. Saedler eine Liste der in der Literatur beschriebe nen „labilen Pflanzengene" auf. Aus ihr geht hervor, daß solche Gene bei über 30 Arten analysiert worden sind. Viele dieser Mutanten, mit Namen wie *variegata, mutabilis, marmorata, maculata* oder *variabilis,* sind wegen der unregelmäßigen Scheckungen ihrer Blüten oder Blätter als Sorten (Zierpflanzen) im Handel.

Kontrollelemente als Transposons

Ein Transposon ist ein Stück DNS, das von zwei gegenläufig orientierten Insertionselementen (IS-Elementen) flankiert wird (s. Abb. 21.22). Die IS-Elemente beeinflussen die Expression benachbarter Gene, können Deletionen induzieren und haben darüber hinaus die Eigenart, sich in das Bakteriengenom ein- und wieder auszubauen. Durch diesen Ein- und Ausbau können die auf einem Transposon liegenden, von IS-Elementen flankierten Gene mit übertragen (transponiert) werden. Ein Ein- und Ausbau erfolgt aber nur dann, wenn die Zelle die dafür benötigten Enzyme bereitstellt. Dies wiederum heißt, daß für sämtliche Strukturveränderungen der DNS und der Chromosomen (Deletionen, Duplikationen, Inversionen, Insertionen usw.) zwei Komponenten erforderlich sind, nämlich einmal die Enzyme, zum anderen bestimmte Erkennungssequenzen in der DNS: die

Abb. 21.21. Pigmentierungsmuster der Samenschale von Maiskörnern. An der Pigmentierung sind die Produkte der Genloci C und A beteiligt. *(a)* Auswirkungen eines Ds-Elements auf den C-Locus. *1* pigmentierte Samenschale; *2* Ein Ds-Element wird in das C-Gen integriert. Jenes wird dadurch inaktiviert. Folge: farblose Samenschale; *3* Startbedingungen wie bei *(2)*, doch im Verlauf der Ontogenese wird Ds in einigen Zellen durch Ac-Mitwirkung wieder entfernt in jenen Zellen ist C reaktiviert. Die aus jenen Zellen entstehenden Zellklone sind pigmentiert. Die Samenschale sieht daher gesprenkelt aus. *(b)* Das Spm-System (Suppressor-Mutator), sein Einfluß auf die Expressivität von A. *4* auch das A-Gen wird zur Farbstoffbildung benötigt; *5* Ein vorgeschaltetes defektes Spm-Element senkt die Transkriptionsrate, die Samenschale ist daher nur schwach pigmentiert; *6* Der vordere Teil (Suppressor) eines intakten Spm-Elements wird dem A-Gen vorgeschaltet, eine Farbstoffbildung unterbleibt. Ein Hinzufügen des hinteren Teils (Mutator) inaktiviert den Suppressor, die A-Genaktivität wird restauriert, Farbstoff wird gebildet (mosaikartige Verteilung, Erklärung wie bei *3*). (Nach N. Fedoroff, 1984)

In Anerkennung ihrer Pionierleistung wurde 1983 der Nobelpreis für Medizin und Physiologie an Frau Barbara McClintock verliehen.

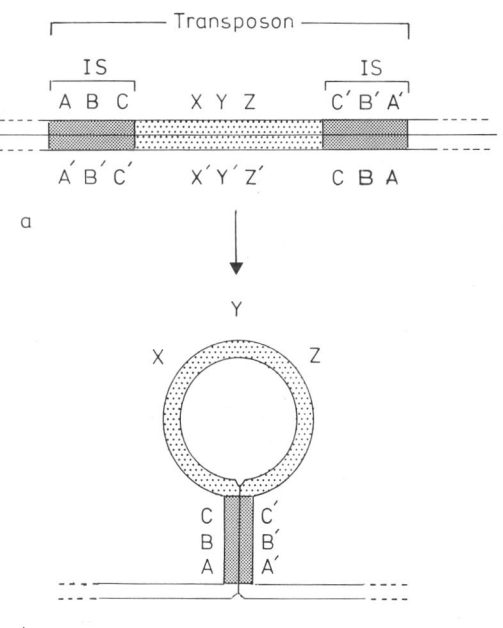

Abb. 21.22. Aufbau eines Transposons (Schema); *a* im DNS-Doppelstrang; *b* nach Denaturierung des Doppelstrangs (man beachte: nur einer der Stränge (der obere aus *a*) ist gezeichnet). Die invers orientierten IS-Elemente (Insertionselemente) an den Transposonenden bilden einen doppelsträngigen Abschnitt.

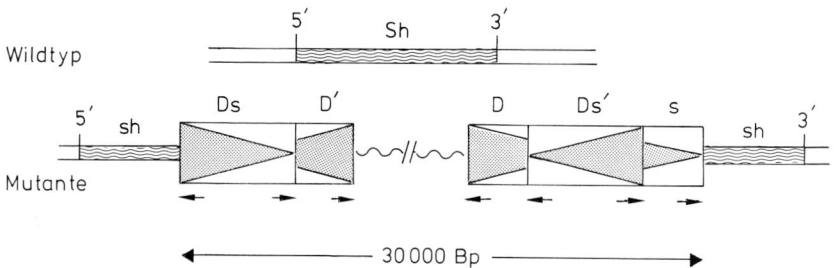

Abb. 21.23. Insertion im *Shrunken*-Genlocus des Mais. Das Gen codiert (in intaktem Zustand) die Sucrosesynthetase (eines der wichtigsten Proteine im Endosperm). In einer Mutante ist es durch Insertion eines ca. 30 000 Basenpaare langen Abschnitts inaktiviert. Dieser Abschnitt ist von Ds-Elementen in unterschiedlicher Orientierung flankiert. Da die Enden des gesamten Abschnitts einander komplementäre Sequenzen tragen (← →), können sich diese unter Mitwirkung eines Enzyms (Transponase) untereinander paaren, eine Transposonstruktur (s. Abb. 21.22) ausbilden, und aus dem Sucrosesynthetasegen wieder ausgeschnitten werden. Das Ausschneiden kann aber auch an anderer Stelle erfolgen, sofern einander komplementäre Sequenzen vorhanden sind (← → oder → ←). Das Modell veranschaulicht, daß der Abschnitt zwischen den Ds-Elementen für das Ausschneiden (und das spätere Einsetzen an anderer Stelle) belanglos ist. Ein vollständiges Gen beispielsweise kann übertragen werden, wenn es an beiden Enden Ds-Elemente trägt. (P. Starlinger, 1985)

Transposons. Das heißt aber auch, daß diese Prozesse zwar an vielen Orten entlang des DNS-Fadens auftreten können, aber nicht an jeder beliebigen Stelle *(site-specific recombination)*. Am Erkennungsprozeß sind komplementäre Nukleotidsequenzen beteiligt, die an verschiedenen Stellen im Genom verstreut sind, und der Austausch der genetischen Information erfolgt über einen Rekombinationsprozeß. Doch im Gegensatz zu den Vorgängen während der Meiose, bei der sich die homologen Chromosomen entlang ihrer ganzen Länge paaren, kommt es hier nur zu einer Paarung relativ kurzer Abschnitte. Man spricht daher (vielleicht nicht ganz korrekt) von illegitimem Crossing-over.

Der Analogiebeweis zwischen den McClintock-schen Kontrollelementen und den bakteriellen Transposons wurde durch deren molekularbiologische Analyse (Isolierung, Klonierung der DNS-Abschnitte in Bakterien und anschließende Sequenzierung) erbracht.

Die Mais-Transposons treten oft in Paaren auf, wobei eines der Elemente autonom ist, d.h., alle ihm eigenen Funktionen selbst ausüben kann, während das andere passiv ist und nur bei Anwesenheit des aktiven Elements aktiviert oder mobilisiert werden kann (wie für das Ac-Ds-Paar bereits besprochen).

Ähnliche Verhältnisse findet man bei *Drosophila*. Dort zeigte sich, daß sich das aktive Element vom passiven lediglich durch eine interne Deletion unterschied. Es lag daher nahe, auch die Ds- und Ac-Nukleotidsequenzen auf einen derartigen Unterschied hin zu untersuchen. N. Federoff (Carnegie Institution of Washington) zeigte durch Hybridisierungsversuche mit isolierter Ds- und Ac-DNS, daß sich erstere tatsächlich durch das Fehlen eines internen, ca. 200 Basenpaare langen Abschnitts von der zweiten unterscheidet. Das analysierte Ac-Element bestand aus 4300 Basenpaaren, das entsprechende Ds-Element

aus 4100. Ein anderes der untersuchten Ds-Elemente (Allele) enthielt nur 1700 Basenpaare.

Es sind mittlerweile eine ganze Reihe unterschiedlich langer Ds-Elemente isoliert und zum Teil auch sequenziert worden. Das kürzeste (Ds 1) ist nur 405 Basenpaare lang (von J.C. Osterman und D. Schwartz isoliert, 1981). Aus Mutanten mit defektem Sucrosesynthetasegen [dem Sh- *(shrunken-)*Locus] isolierten P. Starlinger und Mitarbeiter (Genetisches Institut der Universität zu Köln) eine über 30 000 Basenpaare lange Insertion, die an beiden Enden von Ds-Elementen flankiert ist (s. Abb. 21.23).

Bemerkenswert ist dabei der Befund, daß jedes der Enden zwei vollständige, respektive ein vollständiges und ein unvollständiges Ds-Element in entgegengesetzter Orientierung tragen. Die Nukleotidsequenzen an den Enden von Ds-Elementen (in der Abbildung durch Pfeile gekennzeichnet) sind stets T–A–G–G–G–A–T–G–A–A. In Ac-Elementen kann das terminale (unterstrichene) T durch ein C ersetzt sein. Zwei der in Köln sequenzierten Ac-Elemente sind 4563 Basenpaare lang.

Wie bereits dargelegt, sind Kontrollelemente keineswegs auf Mais beschränkt. H. Saedler und Mitarbeiter (Max-Planck-Institut für Züchtungsforschung, Köln) analysieren deren molekulare Struktur bei *Antirrhinum majus,* andere untersuchen die der Petunien. Die Erkenntnis, daß es im Pflanzenreich Kontrollelemente gibt, die sich wie Transposons verhalten, bietet eine glaubwürdige (und eines Tages auch von Fall zu Fall überprüfbare) Erklärung für eine Fülle von bislang wenig beachteten oder unerklärten Phänomenen. Eine Musterbildung, z.B. eine unregelmäßige Farbverteilung in Blüten, oder eine ungleiche Verteilung von chlorophyllhaltigen und chlorophyllfreien Bereichen in Blättern, sind der sichtbare Ausdruck sprunghafter Veränderungen von Genaktivitäten im Verlauf

316

der Ontogenese. Diese Veränderungen folgen aber nicht einem starren, reproduzierbaren Entwicklungsprogramm, wie z.B. bei den Sektorial- oder Periklinalchimären, sondern treten zufallsgemäß (statistisch) auf. Mit der Annahme, daß hier Kontrollelemente oder Kontrollelementsysteme (einschließlich der für die Übertragung notwendigen Enzyme) am Werk sind, können wir die Erscheinungen widerspruchslos deuten. Neben ihrer Bedeutung für die Ausprägung von Merkmalen im Verlauf der Ontogenese spielen sie vermutlich auch eine entscheidende Rolle bei der Beschleunigung von Evolutionsprozessen. Wie wir später noch sehen werden, unterscheiden sich die Genome verwandter Arten oft durch den Ploidiegrad, durch Chromosomenumstrukturierungen, Reduktion oder Vervielfachung von Heterochromatin, oder durch Aktivitätsverlust einzelner Gene.

Daraus ist zu schließen, daß die Evolution vielzelliger, eukaryotischer Organismen weniger auf der Akkumulation von Punktmutanten als vielmehr auf Umstrukturierung vorhandener genetischer Information beruht. Das Wissen über die Kontrollelemente/Transposons lehrt uns, wie diese Veränderungen auf molekularer Ebene vor sich gehen (können).

Literatur

Berger, S., H.-G. Schweiger: Ribosomal DNA in different members of a family of green algae (Chlorophyta, Dasycladiaceae): an electron microscopic study. Planta (Berl.) *127*, 49–62 (1975)

Berger, S., D. M. Zellmer, K. Kloppstech, G. Richter, W. L. Dillard, H.-G. Schweiger: Alternating polarity in rRNA genes. Cell Biol. Internat. Reports *2*, 41–50 (1978)

Bonas, U., H. Sommer, B. J. Harrison and H. Saedler: The transposable element Tam1 of *Antirrhinum majus* is 17 kb long. Mol. gen. Genet. *194*, 138–143 (1984)

Campbell, A.: Some general questions about movable elements and their implications. Cold Spring Harbor Symp. Quant. Biol. *45*, 1–9 (1980)

Döring, H.-P., M. Geiser and P. Starlinger: Transposable element Ds at the shrunken locus in *Zea mays.* Mol. gen. Genet. *184*, 377–380 (1981)

Döring, H.-P., P. Starlinger: Barbara McClintocks controlling-elements: Now at the DNA level. Cell *39*, 263–259 (1984)

Döring, H.-P., E. Tillmann and P. Starlinger: DNA sequence of the maize transposable element *Dissociation.* Nature (Lond.) *307*, 127–130 (1984)

Dooner, H. K.: Regulation of the enzyme UFGT by the controlling element Ds in bz-m4, an unstable mutant in maize. Cold Spring Harbor Symp. Quant. Biol. *45*, 457–462 (1980)

Dyer, T. A.: RNA-sequences. in: „Nucleic acids and proteins in plants II" [P. Parthier, D. Boulter (eds.)], S. 171–191. Berlin–Heidelberg–New York: Springer Verlag, 1982 (Encyclop. Plant Physiol. 14b).

Fedoroff, N. Y.: Controlling elements in maize. S. 1–63 in: „Mobile genetic elements" (J.A. Shapiro, ed.) New York, London: Academic Press, 1983

Fedoroff, N.: Transposable genetic elements in maize. Sci. American, Juni 1984, S. 65–74

Filner, P.: Semi-conservative replication of DNA in a higher plant cell. Exptl. Cell Res. *39*, 33–39 (1965)

Fincham, J. R. S. and G.R.K. Sastry: Controlling elements in maize. Ann. Rev. Genetics *8*, 15–50 (1974)

Howard, E. A. and E. S. Dennis: Transposable elements in maize – the acivator-dissociation (Ac-Ds) system. Austr. J. Biol. Sci. *37*, 307–314 (1984)

Hubermann, J. A., A. D. Riggs: On the mechanism of DNA replication in mammalian chromosomes. J. Mol. Biol. *32*, 327–341 (1968)

Kornberg, R.: Structure of chromatin. Ann. Rev. Biochem. *46*, 931–954 (1977)

Martin, C., R. Carpender, H. Sommer, H. Saedler, E.S. Coen: Molecular analysis of instability in flower pigmentation of *Antirrhinum majus,* following isolation of the pallida locus by transposon tagging. The EMBO J. *4*, 1625–1630 (1985)

McClintock, B.: Spontaneous alterations in chromosome size and form in *Zea mays.* Cold Spring Harbor Symp. Quant. Biol. *9*, 72–81 (1941)

McClintock, B.: Chromosome organization and gene expression. Cold Spring Harbor Symp. Quant. Biol. *16*, 13–47 (1951)

McClintock, B.: The significance of responses of the genome to challange. Science *226*, 792–801 (1984)

McIntosh, L., C. Poulson, L. Bogorad: Chloroplast gene sequence for the large subunit of ribulose bisphosphatcarboxylase of maize. Nature *288*, 556–560 (1980)

Meselson, M., F. W. Stahl: The replication of DNA in *Escherichia coli.* Proc. Natl. Acad. Sci. US. *44*, 671–682 (1958)

Müller-Neumann, M., J. I. Yoder and P. Starlinger: The DNA sequence of the transposable element Ac of *Zea mays* L. Mol. gen. Genet. *198*, 19–24 (1984)

Nagl, W.: Zellkern und Zellzyklen. Stuttgart: E. Ulmer Verlag, 1976

Nevers, P. and Saedler, H.: Transposable genetic elements as agents of gene instability and chromosomal rearrangements. Nature (Lond.) *268*, 109–115 (1977)

Nevers, P., N. S. Shepherd, H. Saedler: Plant transposable elements. Adv. Bot. Res. *12*, 103–203 (1986)

Osterman, J. C. and D. Schwartz: Analysis of a controlling element mutation at the Adh locus of maize. Genetics *99*, 267–273 (1981)

Peterson, P. A.: The origin of an unstable locus in maize. Genetics *59*, 391–398 (1968)

Peterson, P. A.: Basis for the diversity of states of controlling elements in maize. Molec. gen. Genet. *149*, 5–21 (1976)

Peterson, P. A.: Instability among the components of a regulatory element transposon in maize. Cold Spring Harbor Symp. Quant. Biol. *45*, 447–455 (1980)

Pohlmann, R. F., N. V. Fedoroff, J. Messing: The nucleotide sequence of maize controlling element Activator. Cell *37*, 635–643 (1984)

Saedler, H. and P. Nevers: Transposition in plants: a molecular model. EMBO J. *4*, 585–590 (1985)

Salamini, F.: Controlling elements at the opaque-2 locus of maize: Their involvement in the origin of spontaneous mutation. Cold Spring Harbor Symp. Quant. Biol. *45*, 467–476 (1980)

Sastry, G. R. K., K. M. Aslam and V. Jeffries: The role of controlling elements in the instability of flower color in *Antirrhinum majus* and *Impatiens balsamina*. Cold Spring Harbor Symp. Quant. Biol. *45*, 477–486 (1980)

Scheer, U., W. W. Franke, M. F. Trendelenburg, H. Spring: Classification of loops of lampbrush chromosomes according to the arrangement of the transcriptional complexes. J. Cell Sci. *22*, 503–519 (1976)

Schuster, W., A. Brennicke: TGA-termination codon in the apocytochrome b gene from *Oenothera* mitochondria. Current Genetics *9*, 157–163 (1985)

Schwartz, D.: Analysis of the Ac transposable element dosage effect in maize. Molec. gen. Genet. *196*, 81–84 (1984)

Schwarz–Sommer, Z., A. Gierl, H. Cuypers, P. A. Peterson and H. Saedler: Plant transposable elements generate the DNA sequence diversity needed in evolution. EMBO J. *4*, 591–597 (1985)

v. Sengbusch, P.: Molekular- und Zellbiologie. Berlin–Heidelberg–New York: Springer Verlag, 1979

Shepherd, N. S., Z. Schwarz–Sommer, J. Blumberg vel Spalve, M. Gupta, U. Wienand and H. Saedler: Similarity of the Cinl repetitive family of *Zea mays* to eukaryotic transposable elements. Nature (Lond.) *307*, 185–187 (1984)

Starlinger, P.: Transposable elements in plants. Hoppe Seylers Z. Biol. Chem. *366*, 931–937 (1985)

Taylor, J. H.: Units of DNA replication in chromosomes of eukaryotes. Int. Rev. Cytology *37*, 1–20 (1974)

Wittmann, H. G., B. Wittmann-Liebold: Protein chemical studies of two RNA viruses and their mutants. Cold Spring Harbor Symp. Quant. Biol. *31*, 163–172 (1966)

Wollgiehn, P.: RNA polymerases and regulation of transcription. in: „Nucleic acids and proteins in plants II" [P. Parthier, D. Boulter (eds.)], S. 125–170. Berlin–Heidelberg–New York: Springer Verlag, 1982 (Encyclop. Plant Physiol. 14b)

318

22. Membranen. Diffusion, Permeabilität, Osmose, Turgor, passiver und aktiver Transport

Jede Zelle ist von einer Membran umgeben, und die meisten Zellen verfügen über umfangreiche intrazelluläre Membransysteme. Membranen grenzen das Zellinnere von der Umgebung ab, sie lassen Wasser, bestimmte Ionen und Substrate in die Zelle hinein, sind für den Energiehaushalt der Zelle unentbehrlich und sondern Stoffe (Sekretions- und Exkretionsprodukte) ab. Sie bieten der Zelle Schutz und dienen der Abgrenzung des inneren Milieus von der Umwelt. Ohne Membranen würden Zellinhalte zerfließen, informationstragende Moleküle würden durch Diffusion verlorengehen, Stoffwechselwege einem thermischen Gleichgewicht zustreben, und das bedeutet bekanntlich den Tod eines lebenden Systems.

Intrazelluläre Membranen trennen Kompartimente voneinander. Einige umschließen Vakuolen, andere Mitochondrien, Chloroplasten und den Zellkern. Kompartimente stellen ihrerseits klar voneinander getrennte Reaktionsräume dar. Alle biologischen Membranen besitzen in Organisation und Zusammensetzung eine Reihe von Gemeinsamkeiten:

(1) Ihre Dicke beträgt durchschnittlich 70 Å.
(2) Sie bestehen vornehmlich aus Lipiden und Proteinen.

(3) Sie stellen eine Permeabilitätsschranke dar, und sie sind selektiv in bezug auf Substanzen, die hindurchgelassen werden.
(4) Membranfragmente schließen sich stets zu Vesikeln.

Phospholipide stellen die in Membranen vorherrschende Molekülklasse dar. Sie sind amphipathisch, d.h., das Molekül besteht aus zwei Teilen, einem hydrophilen (polaren) Kopf (Phosphatgruppe und daran hängendem Rest R) und einem hydrophoben (lipophilen) Schwanz (Fettsäureanteil).

Aufgrund dieser Struktur haben die Moleküle die Tendenz, sich zu ordnen und monomolekulare Schichten auszubilden, deren Ordnungsgrad von den Längen der Fettsäurereste und der Zahl der Doppelbindungen abhängt (s. Abb. 22.1). Die Holländer E. Gorter und F. Grendel erkannten 1925, daß zwei derartige Schichten, in entgegengesetzter Orientierung aufeinanderliegend, ein gutes Modell für eine Membran abgeben würden.

Die hydrophoben Anteile wären nach innen gerichtet, die hydrophilen nach außen. 1935 griffen H. Davson und J.F. Danielli die Idee auf und postulierten, daß die Proteine dieser Doppellipidschicht

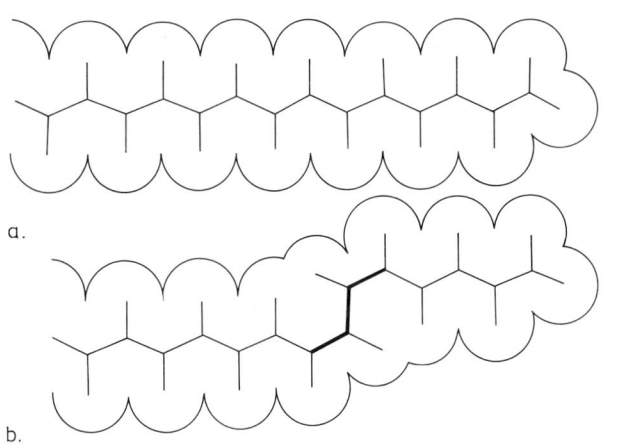

Abb. 22.1. Ausschnitt aus einer Fettsäurekette. Die äußeren Umrisse repräsentieren die Atomdurchmesser. Doppelbindungen bewirken einen Knick in der Kette. *a* nur Einfachbindungen; *b* mit zwei Doppelbindungen.

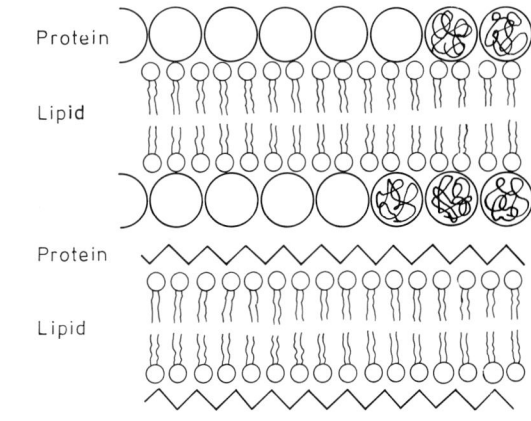

Abb. 22.2. Membranmodell nach Davson und Danielli. Das Modell sieht vor, daß die Lipide eine Doppelschicht ausbilden und daß die Proteine dem Lipidfilm aufgelagert sind. Die Modelle *1* und *2* sind Varianten, in denen unterschiedliche Konformationen der Proteine angenommen werden.

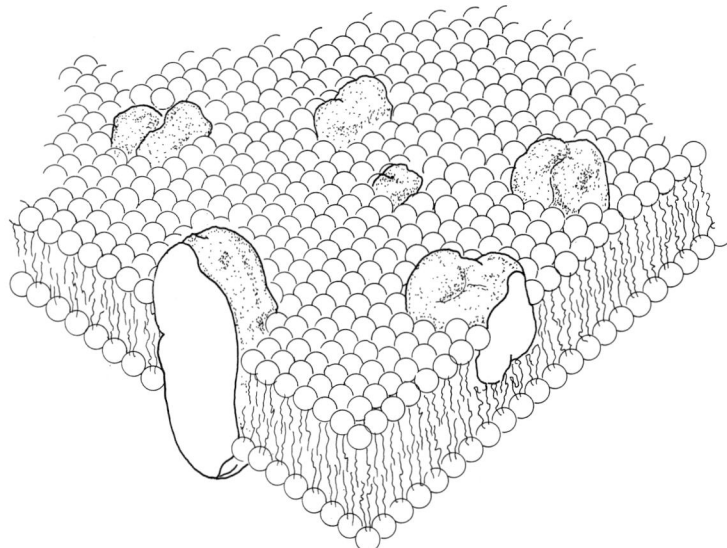

Abb. 22.3. *Fluid mosaic model* der Membranstruktur. Die Proteinmoleküle sitzen in, nicht auf dem Lipidfilm. Manche ragen durch die Lipiddoppelschicht hindurch. Ihre hydrophoben Bereiche stehen in Kontakt mit den hydrophoben Schwänzen der Lipidmoleküle. Die polaren Gruppen ragen nach außen. (S.J. Singer und G.L. Nicolson 1972)

(einem bimolekularen Film) aufgelagert seien und dabei mit den hydrophilen Köpfen der Phospholipide in Wechselwirkung treten sollten. Das Modell ging als Davson–Danielli-Modell in die Literatur ein und hatte 37 Jahre Bestand. Es erklärte zwar ganz richtig die Organisation der Lipidmoleküle, doch konnte es die zahlreichen Eigenschaften der Membranproteine nicht widerspruchsfrei deuten (s. Abb. 22.2).

1972 wurde es durch das *Fluid mosaic model* von J.S. Singer und G. Nicolson (University of California, San Diego) abgelöst (s. Abb. 22.3). Dieses Modell beschreibt die Membran als ein flüssiges Mosaik; es sieht vor, daß die Lipide ein visköses zweidimensionales Lösungsmittel bilden, in das Proteine mehr oder weniger tief eingelassen und in dem sie verankert

(integriert) sind (s. Abb. 22.4). Proteine dieser Kategorie bezeichnet man als integrale Membranproteine. Manche von ihnen reichen von der einen zur anderen Membranseite, viele sind zu Aggregaten vereint, und es ist daher leicht vorstellbar, wie sich Kanäle oder Poren durch die Membran hindurch bilden können. Das Modell macht aber auch die Vorhersage, daß sich die Moleküle in der Membranebene (lateral) frei bewegen können. Dem scheint zwar die Beobachtung zu widersprechen, daß bestimmte Proteine in der Membran oft nicht statistisch verteilt sind und daß eine Membran wie ein Mosaik aus Bereichen mit unterschiedlicher Funktion zusammengesetzt ist. Dennoch stehen auch diese Erscheinungen mit dem Modell im Einklang, wenn man davon ausgeht, daß Protein-

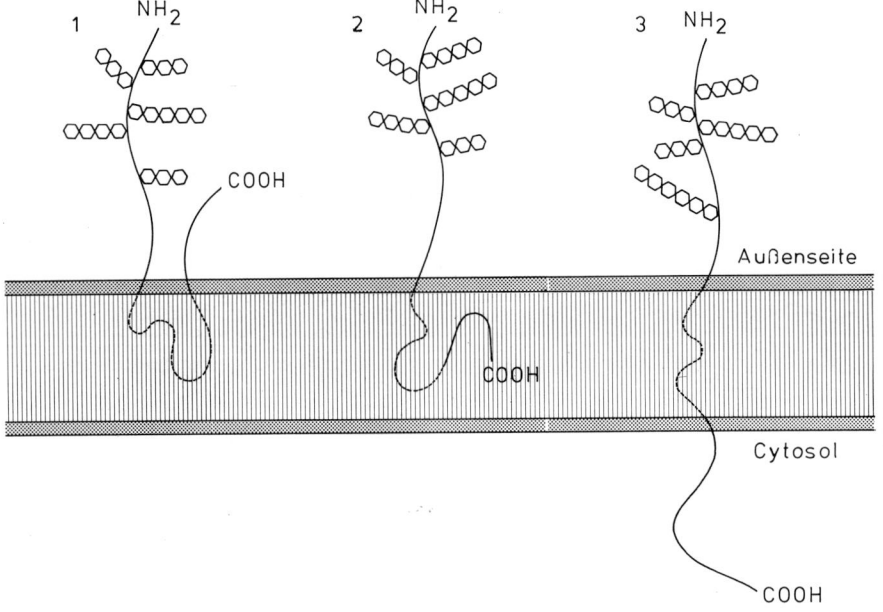

Abb. 22.4. Unterschiedliche Möglichkeiten der Verankerung integrierter Membranproteine in der Membran. Das N-terminale Ende befindet sich stets an der dem Cytosol abgewandten Seite. Vielfach tragen die Proteine am N-terminalen Ende Kohlenhydratreste. Typische Membranproteine können daher der Klasse der Glykoproteine zugeordnet werden (es gibt jedoch auch Ausnahmen). Das C-terminale Ende kann, wie die Abbildung zeigt, ebenfalls außen *(1)* in der Lipidschicht *(2)* oder an der Cytosolseite (dem Syntheseort des Proteins *(3)*) lokalisiert sein.

320

Proteininteraktionen vorhanden sind, die die freie Beweglichkeit der einzelnen Moleküle beeinträchtigen. Zudem ist bekannt, daß es außer den integralen Membranproteinen assoziierte (periphere) Proteine gibt, die der Membran aufgelagert oder ihr unterlagert sein können, die auch selbst untereinander in Wechselwirkung stehen. Die spezifische Form bestimmter Zellen, z.B. der Erythrozyten (roten Blutkörperchen), wird durch ein solches Proteinskelett determiniert, über das die Membran gespannt ist.

Die einzelnen Membrantypen einer Zelle unterscheiden sich aufgrund unterschiedlicher Zusammensetzung:

(1) Unterschiedliche Phospholipide (und andere Lipide, z.B. Cholesterol) in den beiden Schichten des Lipidfilms. Hierdurch wird eine Asymmetrie hervorgerufen. Die Unterschiede können qualitativer und auch quantitativer Natur sein (s. Tabelle 1).

(2) Unterschiedliche Lipidzusammensetzung in Membranen unterschiedlicher Herkunft (Tabelle 2).

(3) Unterschiedliche Proteine bedingen unterschiedliche Funktionen von Membranen. Manche Enzymaktivitäten können als *Marker* für bestimmte Membrantypen herangezogen werden. Wichtig ist auch die Orientierung bestimmter Proteine in der Membran.

Membranen üben zahlreiche Funktionen aus. Die eingangs aufgezählten Kriterien können weiter aufgeschlüsselt werden:

(1) Permeabilität (Durchlässigkeit) für einen Molekültyp und Impermeabilität (Undurchlässigkeit) für einen anderen gehörten zu den ersten Eigenschaften, die auf das Vorhandensein von Membranen schließen ließen. Alle biologischen Membranen sind selektiv permeabel.

(2) Membranen trennen Reaktionsräume, die sich aufgrund ihrer chemischen Zusammensetzung, des pH-Werts und des elektrischen Potentials voneinander unterscheiden können. Es kann daher sowohl ein pH- als auch ein elektrischer Gradient durch eine Membran hindurch gemessen werden (s. Abb. 22.5 und 22.6).

(3) Manche Ionen oder kleine Moleküle (Substrate) können unter Energieverbrauch durch Membranen hindurch befördert werden. Man spricht hierbei von einem aktiven Transport, im Gegensatz zu einem passiven, der in Richtung eines Konzentrationsgradienten erfolgt.

(4) Aufgrund unterschiedlicher Zusammensetzung nehmen die einzelnen Membrantypen grundsätzlich voneinander verschiedene Funktionen wahr. Hochgradig spezialisierte Membranen, wie die

Tabelle 1. Phospholipide in Plastiden- und Mitochondrienmembranen (prozentualer Anteil am Trockengewicht)

Membran	MGDG	DGDG	TGDG	TTGDG	SL	PC	PG	PI	PE	DPG
Mitochondrien										
äußere	0	0	0	0	0	68	2	5	24	0
innere	0	0	0	0	0	29	1	2	50	17
Chloroplasten										
Hülle	20	30	4	1	6	20	8	1	+	0
Thylakoid	51	26	–	–	7	3	9	1	0	0

(R. Douce, J. Joyard 1981)

Abkürzungen: MGDG: Monogalactosyldiglycerid, DGDG: Digalactosyldiglycerid, TGDG: Trigalactosyldiglycerid, TTGDG: Tetragalactosyldiglycerid, SL: Sulfolipid, PC: Phosphatidylcholin, PG: Phosphatidylglycerin, PI: Phosphatidylinositol, PE: Phosphatidyläthanolamin, DPG: Diphosphatidylglycerin (Cardiolipin)

Tabelle 2. Fettsäuren in Lipiden unterschiedlicher Herkunft (prozentualer Anteil am Trockengewicht)

Pflanzenart/Sorte Gewebe	Fettsäuren (C-Zahl und Zahl der Doppelbindungen)						
	16 : 0	18 : 0	18 : 1	18 : 2	18 : 3	20 : 1	22 : 1
*Carthamus tinctorius**							
(Compositae)							
Sorte US-10							
Samen (reif)	6	2	13	79	0	0	0
Kotyledonen	9	1	5	47	38	0	0
Primärblätter	20	+	4	26	50	0	0
Sorte UC-1							
Samen (reif)	6	7	75	12	0	0	0
Kotyledonen	11	+	10	24	55	0	0
Primärblätter	19	+	3	27	51	0	0
*Simmondsia sinensis**							
(Buxaceae)							
Samen (reif)	+	+	6	+	0	35	7
Primärblätter	25	+	18	7	46	0	0

(P. K. Stumpf 1981)

* Beide Arten werden wegen des hohen Ölgehalts ihrer Samen wirtschaftlich genutzt.

Thylakoidmembranen der Chloroplasten und die innere Membran der Mitochondrien, sind an Energieumwandlungen beteiligt.

Um passiven Transport zu verstehen, müssen wir uns mit den Themen Diffusion, Permeabilität und Osmose auseinandersetzen. Zum Verständnis des aktiven Transports gehört die Kenntnis der Struktur und Funktion integraler Proteine und der elektrochemischen Eigenschaften der Membran und zum Verständnis von Energieumwandlungen (Energietransformationen) die Kenntnis aller in der betreffenden Membran enthaltenen Moleküle.

Unabhängig hiervon stehen die Betrachtung der einzelnen Kompartimente und die Fragen: Welche Reaktionen finden in ihnen statt, welche Bedeutung kommt der räumlichen Trennung einzelner Biosyntheseketten zu, und wie sieht der Stoff- und Energieaustausch zwischen den einzelnen Kompartimenten aus? Wie wird Information ausgetauscht? Wie werden unterschiedliche Ionen- und Metabolitkonzentrationen aufrechterhalten? Wie gelangen große Moleküle (z.B. Proteine) durch Membranen hindurch, und schließlich, wie werden Membranen gebildet; können sie ineinander übergehen, wie würde dann ein Membranfluß aussehen und welchen Einfluß übt er auf den Molekültransport innerhalb der Zellen, von Zelle zu Zelle und zwischen Zellen und ihrer Umwelt aus?

Passiver Transport: Diffusion, Permeabilität, Ionentransport und Membranpotential, Osmose

Diffusion

Atome, Ionen und Moleküle sind in ständiger Bewegung. Sie stoßen dabei untereinander zusammen und werden dadurch aus ihrer Bahn geworfen. In einem idealen Gas führen die einzelnen Partikel ungehinderte, d.h. voneinander unabhängige Bewegungen aus. Die Partikelverteilung bleibt dabei unbeeinflußt, es gibt daher keine vorherrschende oder bevorzugte Bewegungsrichtung. Die Geschwindigkeit ist temperaturabhängig, mit steigender Temperatur zunehmend. Man spricht daher von thermischer Bewegung (T). In Flüssigkeiten sind die Bewegungen eingeschränkt, doch unterliegt die Bewegung in einer echten Lösung den gleichen Kriterien wie in einem idealen Gas. Für viele Zwecke kann auch das Plasma einer Zelle wie

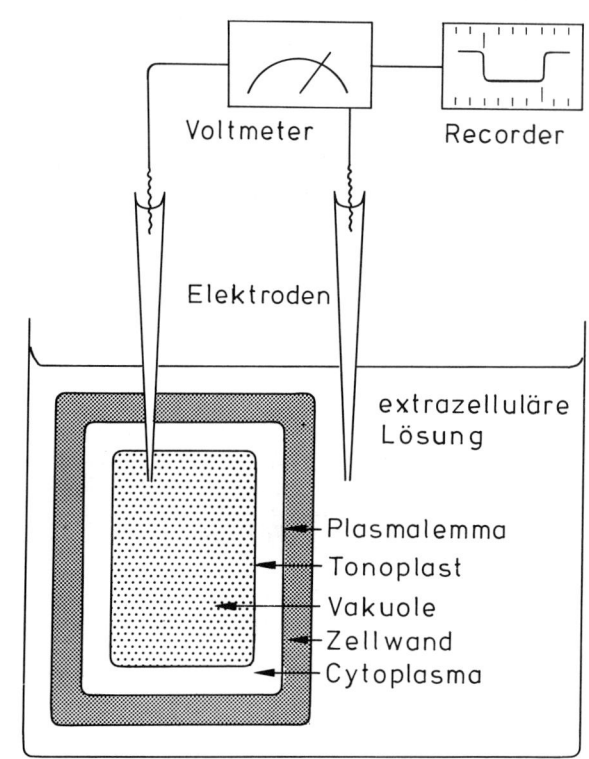

Abb. 22.5. Schema einer Vorrichtung zur Messung von Membranpotentialen. (Nach U. Lüttge und N. Higinbotham, 1979)

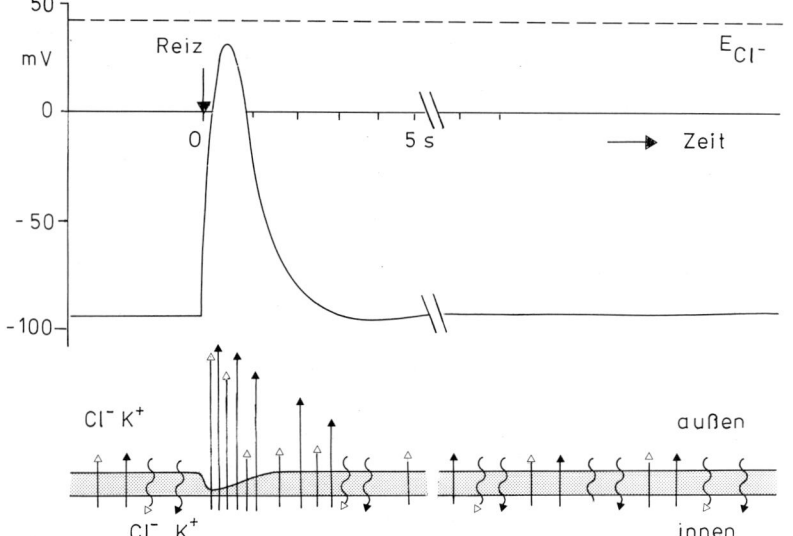

Abb. 22.6. Änderung des Membranpotentials: Auslösung eines Aktionspotentials, beruhend auf einem massiven Ionenausfluß (gerade Pfeile). Die Ionenrückflüsse sind durch geschlängelte Pfeile dargestellt. Der Ionenaustritt aus der Zelle ist ein passiver, die Aufnahme hingegen ein aktiver Vorgang, d.h., er verläuft unter Energieverbrauch. (W. Haupt, 1977)

322

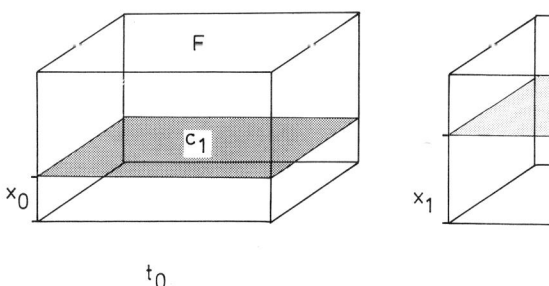

Abb. 22.7. Konzentrationsänderungen in bestimmten Querschnittsflächen eines Gefäßes aufgrund von Diffusion als Funktion der Zeit (Einzelheiten siehe Text).

eine solche Lösung beschrieben werden. Die Beschreibung läßt sich jedoch nicht auf alle Situationen ausdehnen (siehe Problem Kompartimentierung, s. Kap. 23).

Wird eine konzentrierte Lösung einer beliebigen Substanz (z.B. eines Zuckers) mit Wasser überschichtet, bildet sich zunächst eine klare Trennfläche zwischen den beiden Flüssigkeiten aus. Da wir davon ausgegangen sind, daß gelöste Partikel (hier Zuckermoleküle) sich rein statistisch bewegen, werden zunächst einzelne, als $f(t)$ ständig mehr die Trennfläche durchdringen. Einige von ihnen, doch nicht alle, werden wieder zurückkehren, so daß eine Nettobewegung (ein Nettofluß) von Teilchen in Richtung von Regionen, die ursprünglich frei von ihnen waren, entsteht.

Eine Bewegung von hoher zu niedriger Konzentration bezeichnet man als Diffusion. Erst nach gleichmäßiger Verteilung aller Partikel in einem System ist keine Nettobewegung mehr nachweisbar; der Konzentrationsausgleich ist erreicht, das System hat ein Gleichgewicht erreicht.

Wie läßt sich dieser Vorgang quantitativ beschreiben? Die Menge der Partikel, die eine bestimmte Entfernung durch Diffusion zurücklegen, hängt von der Querschnittsfläche des zu betrachtenden Gefäßes (F) und einer Stoffkonstanten (D) ab (s. Abb. 22.7). Damit läßt sich nun ein Nettofluß als Funktion der Zeit wie folgt beschreiben:

$$f(t) = DF \frac{c_1 - c_2}{x_1 - x_0}$$

wobei c_1 und c_2 die Konzentrationen in den betrachteten Querschnittsflächen, und $x_1 - x_0$ der Abstand zwischen ihnen ist.

Da die Konzentration mit wachsender Entfernung abnimmt, hat der Konzentrationsgradient einen negativen Wert. Schreibt man die obige Formel für beliebig kleine Zeiträume, müssen die Werte als Differentiale angegeben werden, und man kommt zu

$$\frac{dm}{dt} = DF \frac{dc}{dx} [cm^2 \ sec^{-1}]$$

(= Ficksches Diffusionsgesetz).

Die Dimensionen der eingesetzten Größen sind:

m: [Mol], F: [cm²], c: [Mol/cm³], x: [cm].

Die Anzahl von Molen, die eine bestimmte Fläche

pro Sekunde durchwandert, wird als Nettoflux (Φ) bezeichnet.

Formelmäßig geschrieben:

$$\Phi = -D \frac{dc}{dx} [Mol \ cm^{-2} \ sec^{-1}] \quad oder$$

$$\Phi = -D \frac{c_1 - c_2}{x_1 - x_0}$$

nach D aufgelöst:

$$D = \frac{-\Phi}{\dfrac{c_1 - c_2}{x_1 - x_0}}$$

Die Größe $(c_1 - c_2)/(x_1 - x_0)$ wird als Konzentrationsgradient (oder Konzentrationsgefälle) bezeichnet, D ist die Diffusionskonstante, die als die Menge einer Substanz (in Mol), welche pro Zeiteinheit (sec) durch eine Flächeneinheit (cm²) bei einem Konzentrationsgradienten von 1 (Mol/cm) diffundiert, definiert ist.

Die Diffusion erfolgt über kurze Entfernungen sehr schnell, ist aber für große Entfernungen extrem langsam. Die Entfernung geht ja im Quadrat in die Gleichung ein und ist proportional der zur Verfügung stehenden Fläche. Diffusion ist wichtig, wenn wir Molekülbewegungen innerhalb von Zellen oder zwischen benachbarten Zellen betrachten. Sie verliert jedoch an Bedeutung, wenn wir ganze Gewebe untersuchen, und ist völlig bedeutungslos, wenn wir z.B. an den Transport von Assimilaten aus Blättern in die Wurzeln denken.

Permeabilität

Unter Permeabilität versteht man die Diffusion von Partikeln durch Membranen (Grenzflächen) hindurch. Dabei ist es zunächst belanglos, ob wir natürliche oder künstliche Membranen (z.B. Plastikfolien) betrachten. Um eine quantitative Aussage zu erhalten, nehmen wir in grober Näherung an, die Membran sei eine Lösungsmittelschicht der Dicke d (s. Abb. 22.8). Unter dieser Annahme ist der Durchfluß durch eine Membran der Diffusionskonstanten direkt proportional. Sie ist durchweg niedriger als im Wasser. Der Nettoflux durch die Membran kann demnach als

323

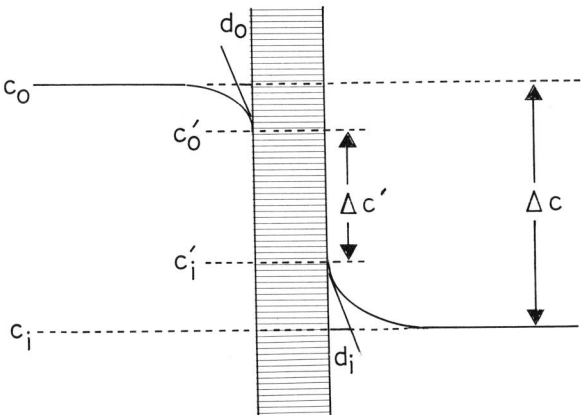

Abb. 22.8. Konzentrationsprofil an einer Membran. c_0 Konzentration außen, c_i Konzentration innen. c'_0 Konzentration an der Membranaußenseite, c'_i Konzentration an der Membraninnenseite. Δc Konzentrationsgefälle außen/innen $\Delta c'$ Konzentrationsgefälle in der Membran. (Nach J. Dainty, 1963)

$$\Phi = -D - \frac{c_1 - c_2}{d} = -\frac{D}{d}(c_1 - c_2)$$

beschrieben werden, wobei der Ausdruck D/d die Permeabilitätskonstante ist und die Dimension [cm/sec] hat.

Biologische Membranen sind nicht für alle Substanzen gleich gut durchlässig. Sie sind selektiv permeabel, d.h. die Membranen sind für eine Substanz A permeabel, für eine Substanz B impermeabel. Strenggenommen sind sie nur für Wasser und einige Gase wie O_2, N_2, CO_2 u.a. durchlässig, denn nur diese können eine Membranbarriere durch freie Diffusion überwinden. Wie oben abgeleitet, folgt diese ausschließlich den Gesetzen der Thermodynamik. Moleküle zeichnen sich durch spezifische Eigenschaften wie Molekülgröße, Ionisierbarkeit oder Löslichkeit in einer Membran aus. Solche lipophilen (fettlöslichen) Moleküle können sie daher eher passieren als die hydrophilen.

Membranen enthalten in ihrer Lipiddoppelschicht noch eine Reihe weiterer integraler Komponenten, von denen für uns hier die Proteine am wichtigsten sind. Durch eine spezifische Anordnung von Membrankomponenten können Poren oder Kanäle entstehen, durch die bestimmte Ionen und Moleküle selektiv durch die Membran diffundieren können. Ihre Durchlässigkeit hängt damit zum einen vom Porendurchmesser ab, zum anderen aber auch von seinem Ladungszustand. Kleine Anionen wie das Cl^- können durch positiv geladene Poren leicht passieren, Kationen werden zurückgehalten. Bei negativ geladenen Poren liegen die Verhältnisse umgekehrt. Man spricht hier von eingeschränkter Diffusion. Etliche kleine Moleküle, wie Zucker und Aminosäuren werden unter bestimmten Voraussetzungen scheinbar be-

vorzugt durch eine Membran hindurchgeschleust. Die Permeationskinetik folgt aber nicht der obigen Formel, vielmehr ähnelt sie einer Enzym-Substrat-Umsatzkinetik. Hier haben wir es mit einer erleichterten (oder geförderten) Diffusion zu tun.

Die Durchlässigkeit ist selektiv und von der Anwesenheit spezifischer membrangebundener Träger- oder *Carrier*moleküle (s. Abb. 22.9) mit einer Affinität zu einer begrenzten Gruppe chemisch verwandter Substanzen abhängig. Es sind demnach nicht die Substanzen (Substrate) selbst, die die Membran passieren, sondern ein Substrat-*Carrier*-Komplex. Zusammenfassend kann erleichterte Diffusion durch folgende Kriterien beschrieben werden:

1. Die Membran enthält spezifische Träger- oder *Carrier*moleküle. Man spricht daher auch von trägervermitteltem Transport.
2. Die *Carrier* (meist Proteine, aber auch bestimmte Antibiotika wie das Valinomycin) binden das zu transportierende Substrat, z.B. einen Zucker oder eine Aminosäure. Im Gegensatz zu Enzymen wird es nicht umgesetzt, sondern durch die Membran transloziert.
3. Mehrere Substrate können um den gleichen *Carrier* konkurrieren. Ihre Bindungseigenschaften zu ihm können unterschiedlich sein; folglich sind auch die Transportkinetiken substratspezifisch.
4. Der beladene *Carrier* kreuzt die Membran mit einer anderen Geschwindigkeit als der unbeladene.
5. Die treibende Kraft der erleichterten Diffusion ist wie bei einfacher Diffusion allein der Konzentrationsgradient der zu transportierenden Substanz.
6. Die maximale Transportgeschwindigkeit hängt von der Anzahl der in der Membran vorhandenen *Carrier*moleküle ab.

Ionentransport und Membranpotential

Auch Ionen können Membranen passieren. Ihre Diffusionseigenschaften führen zur Ausbildung eines elektrischen Gefälles, das jedoch ohne Energieaufwand nicht aufrechterhalten werden kann. Folglich

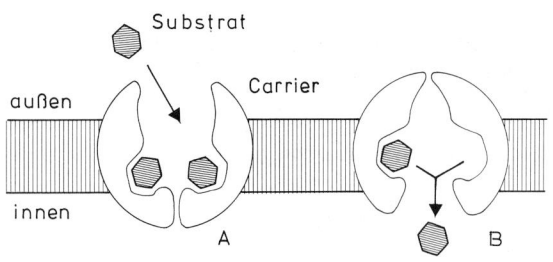

Abb. 22.9. Beteiligung eines *Carrier*proteins am aktiven Transport bestimmter Moleküle durch die Membran. Der Transportvorgang ist spezifisch und energieaufwendig. Während des Transports macht das Protein eine Konformationsänderung durch (ping-pong-Mechanismus).

324

müssen Kat- und Anionen (M^+ und A^-) stets zusammen diffundieren. Das bedeutet, daß der Flux (Durchfluß) von Kationen nicht allein von der Kationenkonzentration $[M^+]$, sondern auch von der Anionenkonzentration $[A^-]$ abhängt. Der Einstrom (Influx) von $[M^+]$ in die Zelle – oder ein anderes Kompartiment – wäre demnach nach dem Fickschen Diffusionsgesetz wie folgt zu schreiben:

$$Influx_M = P_M[M^+]_e[A^-]_e$$

wobei P_M der Permeabilitätskoeffizient ist und $[M^+]_e$ bzw. $[A^-]_e$ die extrazellulären Ionenkonzentrationen sind. Der Efflux (das Ausströmen aus der Zelle) ist dann:

$$Efflux_M = P_M[M^+]_i[A^-]_i$$

$[M^+]_i$ und $[A^-]_i$ sind die Ionenkonzentrationen im Zellinneren. In einer Gleichgewichtslage (gleiche Ionenverteilung außen und innen und daher Ladungsneutralität) sind

$$[M^+]_i [A^-]_i = [M^+]_e[A^-]_e$$

oder

$$g = \frac{[M^+]_e}{[M^+]_i} = \frac{[A^-]_e}{[A^-]_e}$$

g steht hier für das sog. Donnan-Gleichgewicht. Sind nur frei diffundierende Ionen vorhanden, ist $g = 1$. In der Zelle findet man jedoch stets einen hohen Anteil fixierter Ionen, beispielsweise in den meist negativ geladenen Proteinen (Pr^-). Um elektrische Neutralität zu erreichen, müssen nunmehr

$$[M^+]_e = [A^-]_e$$

der Bedingung

$$[M^+]_i = [A^-]_i + [Pr^-]$$

entsprechen. Damit ist

$$[M^+]_i > [A^-]_i$$

und das Donnan-Gleichgewicht liegt merklich unter 1. Die frei diffundierbare Ionenkonzentration ist folglich innen stets größer als außen; die Ionenverteilung auf beiden Seiten der Membran ist ungleich. Es besteht daher ein Transmembranpotential (Membranpotential) E_D, das durch die Nernstsche Gleichung beschrieben werden kann:

$$E_D = \frac{RT}{FZ} \ln \frac{[M^+]_e}{[M^+]_i} = \frac{RT}{FZ} \ln \frac{[A^-]_i}{[A^-]_e}$$

Hier sind R = Gaskonstante, T = absolute Temperatur, F = Faraday-Konstante, Z = Anzahl der Ladungen des betreffenden Ions. Durch Umwandlung der Gleichung und Einsatz der entsprechenden Zahlenwerte (s. Kap. 18) erhält man

$$E_D[mV] = 62 \log \frac{[M^+]_e}{[M^+]_i}$$

Der Nettoflux durch eine Membran ist die Differenz zwischen Influx und Efflux. Bei einem vorhandenen Membranpotential wird eine Diffusion von Ionen von der Konzentrationsdifferenz und dem Membranpotential beeinflußt. Für den Influx ist die extrazelluläre Konzentration maßgebend. Das dazugehörige Potential ist der Potentialunterschied zwischen extrazellulärem Raum und der Membran: E_e. Die treibende Kraft ist das elektrochemische Potential B_e, somit ist

$$B_e = C_e e^{\frac{ZFE_e}{RT}}$$

(C_e = extrazelluläre Ionenkonzentrationen). Das Verhältnis von Efflux zu Influx ist dann wie folgt zu schreiben:

$$\frac{Efflux}{Influx} = \frac{B_i}{B_e} = \frac{C_i}{C_e} e^{\frac{ZFE_D}{RT}}$$

E_D ist die Differenz zwischen E_i und E_e. Diese Beziehung wird Using-Flux-Verhältnis genannt. Man kann sie zu Testzwecken heranziehen, um festzustellen, ob eine gemessene Potentialdifferenz mit einer errechneten übereinstimmt. Bei Werten Efflux/Influx $> B_i/B_e$ muß man davon ausgehen, daß für den Nettoflux zusätzliche Energie investiert worden ist, um die gemessene Potentialdifferenz zu erreichen. Damit steht ein Test zur Verfügung, um zwischen passivem und aktivem Transport unterscheiden zu können.

Osmose

Biologische Membranen sind in der Regel durchlässig für Wasser und Gase, wie O_2, N_2, CO_2 u.a., semipermeabel für einige Ionen, Zucker und andere kleine Moleküle und, von Ausnahmen abgesehen, undurchlässig für große Moleküle. Rein formal hängt die Durchlässigkeit einer Membran von ihrer Porengröße ab (s. Abb. 22.10).

Unter Osmose versteht man den Nettofluß von Wasser durch eine Membran hindurch. Zur Veranschaulichung soll folgende Modellvorstellung dienen: Zu einem Ausgangszeitpunkt t_0 befindet sich in zwei gleich großen Volumina (v_1 und v_2) eine gelöste Substanz, und zwar einmal in der Konzentration c_1, zum anderen in der Konzentration c_2. Wir nehmen nun an, c_1 sei doppelt so hoch wie c_2 und die beiden Volumina seien durch eine bewegliche Membran voneinander getrennt, die Wasser, jedoch nicht die darin gelöste Substanz hindurchläßt.

Zu einem Zeitpunkt t_1 würde man unter den angenommenen Bedingungen eine Bewegung der Membran feststellen können. Es würde sich ein Gleichgewicht einstellen, wobei sich die Konzentration von c_1 an c_2 angleichen würde, weil ja das Wasser beliebig

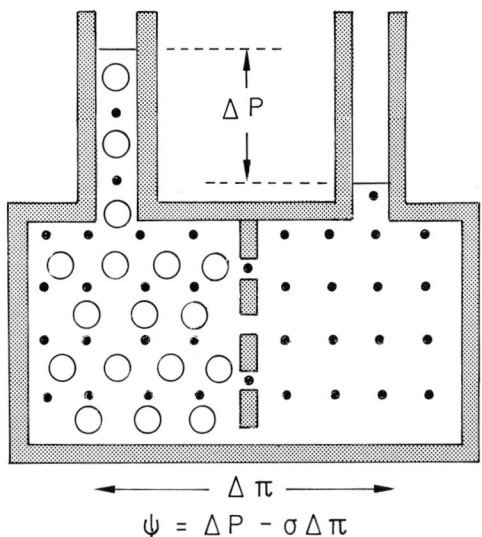

$$\psi = \Delta P - \sigma \Delta \pi$$

Abb. 22.10. Modell eines osmotischen Systems. Zwei Kompartimente sind durch eine semipermeable Membran getrennt. Die Porengröße ist ausreichend, um kleinen Partikeln (Molekülen, Ionen) einen ungehinderten Durchlaß zu gewähren; sie verhindert die Passage der großen. Es baut sich daher im linken Kompartiment ein höherer osmotischer Druck auf, da sich jedes Partikel mit einer Hydrathülle umgibt. Da jenes Kompartiment mehr „wasserbindende" Partikel enthält, dehnt sich das Volumen aus. Im obigen Modell ist der osmotische Druck (ΔP) manometrisch meßbar.

durch die Membran hindurch diffundieren kann. Das Volumen von c_1 wäre dann doppelt so groß wie das von c_2. Die konzentrierte Lösung hat demnach an Volumen gewonnen.

Die Osmose bewirkt somit einen Nettofluß von Wasser aus einer Lösung mit „hohem Wasserpotential" in eine Lösung mit „niedrigem Wasserpotential". Das Wasserpotential (ψ) beschreibt demnach den Wasserfluß aus Lösungen geringer Konzentration in Lösungen hoher Konzentration. Wasser strömt nur von Orten mit hohen zu Orten mit niedrigem ψ, entlang eines abfallenden ψ-Gradienten. Der Prozeß ist exergonisch, ist also nicht auf eine Energiezufuhr angewiesen. Unter Energieaufwand kann Wasser auch in umgekehrter Richtung befördert werden, d.h. von Orten mit niedrigem ψ zu jenen mit höherem ψ. Diese Bewegung ist folglich endergonisch.

Durch Osmose wird ein hydrostatischer Druck auf eine Membran ausgeübt (osmotischer Druck, osmotisches Potential, π, Dimension: atm., Bar). Der Druck wiederum ist, wie wir an unserem Modellbeispiel gesehen haben, von den Konzentrationen der gelösten Substanzen abhängig. Man spricht daher auch vom Potential gelöster Substanzen. Der osmotische Druck dient dem Abbau des Wasserpotentials. Ein wichtiger Punkt: Der osmotische Druck hängt ausschließlich von der Zahl (nicht der Art) gelöster Teilchen ab, also von der Molarität.

An anderer Stelle haben wir gesehen, daß kleine Moleküle (z.B. Monosaccharide) zu Makromolekülen (hier Polysacchariden, z.B. Stärke) polymerisieren.

In einem Modellbeispiel ergeben sich aus:

$$1 \text{ M } C_6H_{12}O_6 \longrightarrow 1/1000 \text{ M } (C_6H_{10}O_5)_{1000} + 1000 \text{ H}_2O.$$

Das Polymer bewirkt also einen um den Faktor 1000 reduzierten osmotischen Wert. Andererseits ist der osmotische Druck ionisierbarer Moleküle höher als der nichtionisierbarer, wenn beide in gleicher Molarität vorliegen, weil nämlich allein die Teilchenzahl ausschlaggebend ist.

Drei neue Begriffe:

isotonisch: Der osmotische Druck auf beiden Seiten der Membran ist gleich.

hypotonisch: Die Konzentration einer gelösten Substanz (z.B. in der Zelle) ist niedriger als in der Vergleichslösung (z.B. der Umgebung der Zelle).

hypertonisch: Die Konzentration einer gelösten Substanz ist höher als in der Vergleichslösung.

Wasser wandert so lange aus einer hypotonischen in eine hypertonische Lösung ein, bis beide isotonisch sind.

Osmose und biologische Membranen; Turgor

Jede Zelle hat stets mit osmotischen Erscheinungen zu kämpfen. Zellwandlose Zellen in wäßriger Lösung sind in der Regel hypertonisch, d.h., es erfolgt in sie ein kontinuierlicher Wassereinstrom, der seinerseits einen Druck von innen auf die Membran ausübt. Bei einigen Ciliaten (z.B. *Paramecium*) und Flagellaten (z.B. *Euglena*) wird es ständig unter Energieaufwand wieder herausgepumpt (pulsierende Vakuolen). Rote Blutkörperchen (Erythrozyten) kommen normalerweise in einer isotonischen Umgebung (Blutplasma) vor. Verdünnt man Blut mit Wasser, platzen die Zellen, da die Membran dem osmotischen Druck des Zellinneren nicht standhält. Man kann das Platzen unterbinden, wenn man das Blut mit einer isotonischen Lösung (0,9prozentige NaCl-Lösung = physiologische Kochsalzlösung) verdünnt.

Bei Pflanzenzellen ist die Situation nur deshalb anders, weil sie in der Regel von einer elastisch dehnbaren Zellwand umgeben sind. Bringt man sie in eine hypotonische Lösung, können sie nur so lange Wasser aufnehmen, bis ein Ausgleich des Wasserpotentials innen und außen erreicht ist; innen steht das Wasser trotz höherer Konzentration der osmotisch wirksamen Substanzen (Osmolytica) unter einem zusätzlichen hydrostatischen Druck, dem Turgor. Das ermöglicht den Pflanzenzellen, in ihren Vakuolen Ionen, Zucker, organische Säuren, Aminosäuren u.a. in beträchtlichen Konzentrationen zu speichern. Durch Wasseraufnahme baut sich intrazellulär ein entspre-

326

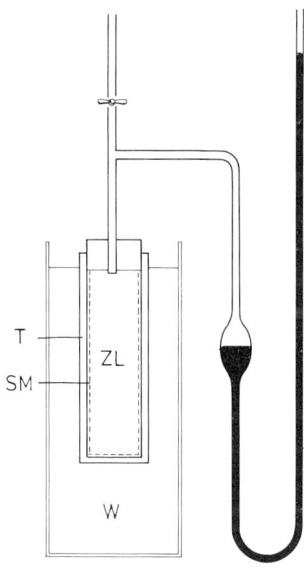

Abb. 22.11. Modell einer Pfefferschen Zelle (Osmometer). In einem Tonzylinder *(T)*, der durch Ferrocyankupfer *(SM)* semipermeabel gemacht wurde, wird eine Zuckerlösung *(ZL)* gefüllt. Oben führt durch einen Gummistopfen ein mit der Lösung gefülltes Steigrohr, das mit einem Quecksilbermanometer verbunden ist. Taucht man den Apparat in Wasser *(W)*, so wird die Quecksilbersäule gehoben, da nunmehr Wasser in den Tonzylinder einströmt, ohne daß Zukkermoleküle austreten können. (Nach W. Pfeffer, 1881)

chend hoher hydrostatischer Druck auf. Der auf die Wand ausgeübte Druck (Turgor) spielt eine entscheidende Rolle zum Erhalt der Stabilität und Steifheit pflanzlicher Gewebe. Jede Zelle übt dabei Druck auf die benachbarten aus. In der Summe baut sich daher eine beträchtliche Gewebespannung auf.

Pflanzen, die Wasser verlieren, werden schlaff, weil der Turgor nachläßt und die Stabilität der Gewebe nicht mehr gewährleistet. Solange die Zellen leben, kann er durch Wasserzufuhr wieder eingestellt werden. Diese Erscheinung ist aus der Praxis geläufig: Nach Bewässerung können sich schlaffe Pflanzen wieder erholen.

Osmose und Turgor wurden bereits gegen Ende des letzten Jahrhunderts von W. Pfeffer ausgiebig untersucht. Er konstruierte ein Modell (ein Osmometer, Pfeffersche Zelle, s. Abb. 22.11), mit dessen Hilfe sich der osmotische Druck quantitativ bestimmen läßt.

Die Beziehung zwischen Turgor und Osmose faßte er zu einer Gleichung für die osmotische Zustandsgröße der Zelle zusammen. Sie lautet

$$S_Z = O_Z - W$$

(hierbei sind: S_Z = „Saugkraft" der Zelle, O_Z = Osmotischer Wert und W = Wanddruck)

Bringt man pflanzliche Zellen in eine hypertonische Lösung (z.B. eine fünfprozentige KNO_3-Lösung) wird dem Protoplasten Wasser entzogen, er schrumpft. Diese Erscheinung wird als Plasmolyse

bezeichnet. Eine Deplasmolysierung (Deplasmolyse) erfolgt, sobald die Zellen wieder in eine hypotonische Lösung überführt werden; auch hier zeigt sich wieder, daß der Vorgang reversibel ist.

Seit Ende der sechziger Jahre kann man bei einer Reihe von Pflanzenarten durch Behandlung von Mesophyllgewebe (z.T. auch von anderen Geweben) mit Pektinase und Cellulase den Gewebeverband und die Zellwand auflösen. Man gewinnt zellwandlose Protoplasten, die nur in isotonischen Medien (z.B. einer 0,6–0,7molaren Mannitollösung gehalten werden können.

Aktiver Transport

Aktiver Transport beruht auf einem Zusammenwirken der molekularen Mechanismen eines *carrier*vermittelten Transports (erleichterte Diffusion) und einer energieabhängigen Reaktion, welche die zu transportierenden Partikel gegen ihr elektrochemisches Potential bewegen kann. Durch aktiven Transport können selbst große Moleküle durch eine Membran hindurchgeschleust werden. Um die Mechanismen im Detail zu verstehen, muß man sich einmal mit der Struktur der beteiligten *Carrier*moleküle befassen, zum anderen aber auch mit den Problemen der Energetik, vor allem mit der Frage, woher die Energie für den Transmembrantransport stammt und in welcher Form sie genutzt wird. In diesem Zusammenhang werden wir auf das bereits besprochene elektrische Gefälle zwischen Innen und Außen zurückkommen.

Aktiver Transport kann nur an in sich geschlossenen intakten Membranen erfolgen. Derartige Membranen können die verschiedensten Kompartimente umschließen, so z.B. die ganze Zelle, Vesikel, die Vakuole, die Matrix der Mitochondrien, den Thylakoidinnenraum der Chloroplasten usw. Durch aktiven Transport wird eine intrazelluläre Konzentrierung von Ionen und Metaboliten erreicht, und das Fließgleichgewicht des Stoffwechsels wird trotz großer Schwankungen in der Zusammensetzung des Außenmilieus weitgehend konstant gehalten. Ionen, insbesondere K^+, Ca^{2+}, Mg^{2+} und PO_4^{3-} spielen eine wichtige Rolle in der Stoffwechselregulation.

Der aktive Transport trägt auch zur Erhaltung der osmotischen Verhältnisse zwischen Zellinhalt und seiner Umgebung bei. Die Transportrichtung wird über eine Kopplung an einen Gradienten – meist an einen Elektronengradienten – thermodynamisch bestimmt. Bei entsprechend gewählten Substratkonzentrationen kann die Richtung auch umgekehrt werden.

Als Folge der Atmungskette (s. Kap. 19) und der Photosynthese (s. Kap. 24) werden Protonen aus der Mitochondrienmatrix, respektive den Thylakoiden der Chloroplasten ausgeschleust. Dieser Protoneneflux ist zugleich mit einer Translokation elektrischer Ladung verbunden. Neben einem chemischen Gradienten von H^+-Ionen bildet sich demnach ein elektri-

327

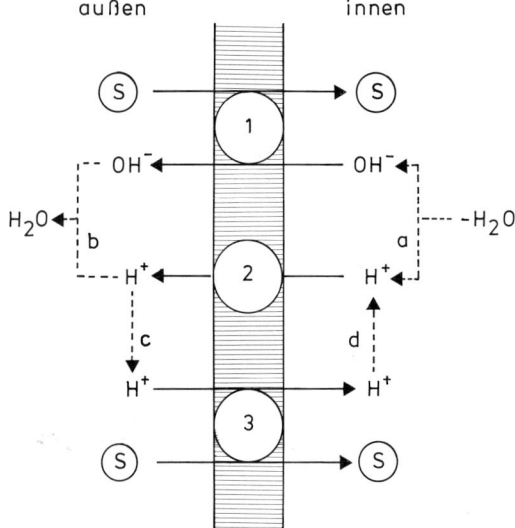

außen innen

Abb. 22.12. Chemiosmotische Kopplung des Transports von Molekülen durch eine Membran nach dem Prinzip des Antiports (oben) und des Symports (unten) (Protonen und Transportgut werden in entgegengesetzte Richtungen, respektive beide in gleiche Richtung befördert). Die Energie wird durch den elektrochemischen Potentialgradienten, beruhend auf einem H^+-Pumpenmechanismus, bereitgestellt. (C.L. Slayman, D. Gradmann 1975)

sches Potential aus. Daher besteht eine starke Tendenz der Protonen (H^+-Ionen) ins Kompartimentinnere zurückzukehren (protonentreibende Kraft; *proton motive force*). Diese, von P. Mitchell (1966, 1974) gemachten Beobachtungen (s.a. Kap. 19 und 24) weisen auf die Schlüsselstellung der Protonentranslokation hin. Die beim Rückstrom anfallende Energie wird zur ATP-Bildung verwandt; das dazu benötigte Enzym ist eine membrangebundene ATP-Synthetase. Je nachdem, ob die Reaktion in Mitochondrien oder Chloroplasten abläuft, spricht man von Atmungskettenphosphorylierung oder Photophosphorylierung. Der Protonenrückfluß kann aber auch unter zwei weiteren Bedingungen erfolgen:

1. Durch einen Antiport, bei dem ein H^+-Ion durch ein anderes Kation ausgetauscht wird, das somit aktiv aus der Zelle – oder einem Kompartiment – ausgeschleust wird.

2. Durch einen Symport, d.h. einem Einschleusen des Protons in eine Zelle oder ein Kompartiment bei gleichzeitigem Einschleusen eines Anions oder eines Substratmoleküls. Hierdurch können Anionen oder (kleine) Moleküle von der Zelle aufgenommen und in ihr akkumuliert werden.

Mit anderen Worten: ein elektochemischer Gradient wird als Energiequelle für den aktiven Transport von Molekülen und Ionen durch die Membran nutzbar gemacht. Neben dieser Energiequelle kann auch eine ATP-Spaltung für Transportvorgänge herangezogen werden.

Das entspricht einer Umkehr des vorhin geschilderten Prozesses. Die ATP-Synthetase arbeitet in anderer Richtung, Protonen (oder andere Kationen, z.B. K^+) werden aktiv ausgeschleust (Protonenpumpe; Ionenpumpe), und als Folge dieses Effekts bauen sich ein pH-Gradient und zugleich ein Membranpotential auf, die über einen Anti- oder Symport die Translokation anderer Moleküle (oder Ionen) nach sich ziehen (s. Abb. 22.12 und 22.13). Wie eingangs vermerkt,

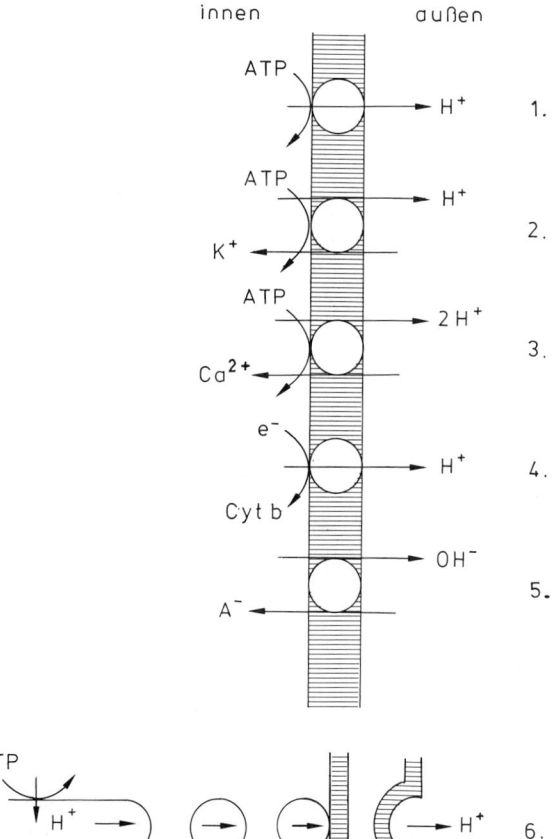

Abb. 22.13. Protonenpumpen. *1.* elektrogene Pumpe, *2.* elektronenneutrale Pumpe. Ein Proton wird ladungsneutral mit K^+ als Gegenion exportiert. *3.* wie (2), doch mit Ca^{2+} als Gegenion, *4.* elektrogener Protonentransport über Redoxkette, *5.* elektroneutraler Anion/OH^--Antiport. *6.* Beladung von ER-Vesikeln mit Protonen und anschließende Öffnung an der Plasmamembran. An den ER-Vesikeln können die unter 1–5 aufgezeigten Möglichkeiten realisiert sein (R. E. Cleland 1982). Neben den hier vorgestellten Protonenpumpen, bei denen die Energie vornehmlich durch eine ATP-Spaltung bereitgestellt wird, beschrieben M. Böttger und Mitarbeiter (Institut für Allgemeine Botanik, Hamburg) für wachsende Gewebe einen ATP-unabhängigen Mechanismus der Protonendislokation, die mit einer NADH-Oxydation einhergeht und ihre Energie vermutlich daraus bezieht.

328

haben wir es beim aktiven Transport mit zwei prinzipiell voneinander verschiedenen, jedoch gekoppelten Prozessen zu tun:

1. *Carrier*funktion eines membrangebundenen Proteins. Die Transportrichtung hängt allein vom Substratgradienten ab und dient dem Ausgleich von Substratkonzentrationen.

2. Energieabhängiger Abschnitt, der zu einer Asymmetrie des Transports führt, so daß das transportierte Gut gegen ein (elektro-)chemisches Gefälle auf der einen Seite der Membran akkumuliert wird.

Die dadurch bewirkte asymmetrische Arbeitsweise des *Carriers* beruht auf einer energiefordernden Konformationsänderung des Moleküls (z.B. durch Phosphorylierung des *Carriers*). Die beiden Konformationszustände (phosphoryliert und nicht-phosphoryliert) zeichnen sich durch unterschiedliche Affinitäten zu ihren Substraten aus. Die Geschwindigkeitskonstanten der Permeation können dabei um Größenordnungen verschieden sein. Eine Reihe toxischer Substanzen, so z.B. Ammoniumionen oder Dinitrophenyl (DNP) gelten als Entkoppler. Sie zerstören den Protonengradienten, so daß nunmehr keine Energie für aktive Transportprozesse zur Verfügung steht.

Die für einen aktiven Transport benötigten membrangebundenen Proteine bestehen ausnahmslos aus oligomeren Komplexen, d.h. aus mehreren Proteinuntereinheiten. Man nennt sie oftmals auch Pumpen. Eine reversible ATP-Synthetase (zur ATP-Spaltung befähigt), die ihre Energie aus der elektrischen Potentialdifferenz zwischen Innen und Außen bezieht, gehört zu den wichtigsten Komponenten des Gesamtkomplexes. Die Transportkinetiken der Pumpen sind – ähnlich denen bei der erleichterten Diffusion – mit Enzymkinetiken vergleichbar.

Die Proteinkomplexe arbeiten also ähnlich wie Enzyme, sie werden daher auch oft als Permeasen klassifiziert. Besonders ausgiebig wurden solche Proteine aus

Membranen tierischer Zellen (z.B. der Erythrozyten) und auch aus denen der Mikroorganismen untersucht. Oft weiß man, aus wie vielen (verschiedenen) Polypeptidketten ein Komplex zusammengesetzt ist, man kennt die Molekulargewichte, kennt die Reaktionskinetiken, d.h., man kann angeben, wie viele Ionen oder Moleküle pro Zeiteinheit befördert werden. Man weiß, daß viele Pumpen nur dann richtig arbeiten, wenn sie sich in der richtigen Umgebung befinden. Mit anderen Worten, wenn die Pumpen von den richtigen Phospholipiden umgeben sind. Es ist schließlich auch bekannt, daß sie stets in einer bestimmten (stets gleichen) Orientierung in der Membran integriert sind, denn der Transport erfolgt stets gerichtet.

Doch in keinem einzigen Fall kennt man die Tertiär- bzw. die Quartärstruktur des Komplexes, und nur die alleine würden es plausibel machen, warum gerade dieses und nicht ein anderes (ähnliches) Molekül (Ion) durch die Membran hindurchgelassen wird.

Die bekanntesten und am besten untersuchten Ionenpumpen sind die Na^+/K^+-Pumpe und die Ca^{2+}-Pumpe. Die Na^+/K^+-Pumpe wurde aus Membranen der unterschiedlichsten Zelltypen isoliert. Der Wirkungsmechanismus ist der Abbildung 22.14 zu entnehmen. Es ist allgemein geläufig, daß Zellen präferentiell K^+-und nur wenige Na^+-Ionen enthalten. Diese Aussage gilt auch für Pflanzen an salzhaltigen (Na^+-haltigen) Standorten (halophile Pflanzen). Gerade in Zellen jener Pflanzen wurde eine besonders hohe Aktivität eines Na^+/K^+-Austausches nachgewiesen. Die Zellen investieren demnach eine beträchtliche Energiemenge, um auch an extremen Standorten eine möglichst niedrige Na^+-Konzentration im Cytosol aufrechtzuerhalten. Ein Teil des Na^+ wird in die Vakuole gepumpt, wo es einerseits nicht stört, andererseits aber zur Aufrechterhaltung des osmotischen Drucks beiträgt. Eine Anzahl pflanzlicher Sekundärstoffwechselprodukte, z.B. die Glykoside Oubain

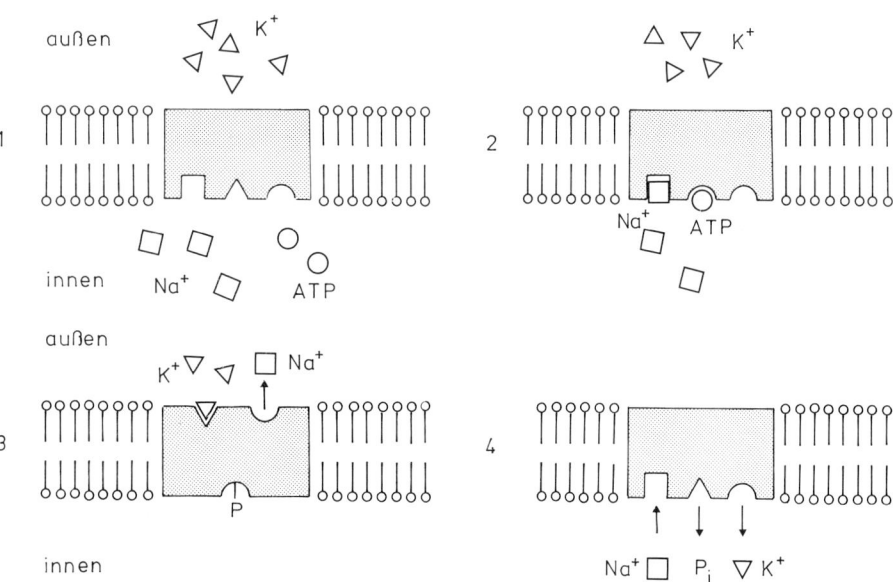

Abb. 22.14. Modell des Wirkungsmechanismus der Na^+/K^+-Pumpe. *a* an der Innenseite der Membran werden Na^+ und ATP erkannt und gebunden. *(2)* Die Bindung *(3)* von K^+ an der Außenseite führt zu einer Dephosphorylierung, die den ATPase-Komplex (die Pumpe ist hier als ein solcher zu verstehen) in seine Ausgangskonformation zurückbringt. Dabei wird gleichzeitig K^+ an der Membraninnenseite freigesetzt *(4)*. (Nach W.R. Lieb, W.D. Stein 1974)

329

(Strophanthin) und Digitonin inhibieren gezielt die Na^+/K^+-Pumpe.

Nicht minder wichtig ist die Ca^{2+}-Pumpe (s. Kap. 31), die vor allem auch an intrazellulären Membranen und Membranen der Organellen zur Wirkung kommt. Die Ca^{2+}-Konzentrationen in den einzelnen Kompartimenten unterscheiden sich um Größenordnungen. Andererseits ist Ca^{2+} dafür bekannt, in die Regulation von Stoffwechselwegen einzugreifen. Die Ca^{2+}-Pumpe hat demnach einen direkten Einfluß auf Durchsatzraten in vielen Biosynthesewegen.

Unser Wissen über die genaue Verteilung von Ionen in den einzelnen Kompartimenten ist noch sehr lückenhaft. Das gilt für pflanzliche Zellen noch weit mehr als für tierische.

Ein großer Vorteil der Mikroorganismen liegt u.a. darin, daß man Mutanten mit Defekten im Transportsystem isolieren und den Defekten den Ausfall oder die Veränderung ganz bestimmter Untereinheiten des Proteinkomplexes zuschreiben konnte.

Man hat (in Mikroorganismen) zwei prinzipiell voneinander verschiedene Zuckertransportmechanismen nachweisen können:

(1) Aktiver Zuckertransport *via* indirekter Kopplung an einen Energiespender. Das Substrat wird dabei unverändert durch die Membran geschleust. Das Trägermolekül *(Carrier)* ändert seine Affinität zum Substrat während dessen Translokation durch die Membran. An der Membranaußenseite ist sie hoch, innen niedrig. In vielen Zelltypen ist der Metabolit-(Substrat-) Transport an eine funktionsfähige $Na+/Ka^+$-Pumpe gekoppelt.

(2) Aktiver Zuckertransport durch Modifikation des Substrats. Das Substrat wird während des Transports chemisch modifiziert. Beispiele hierfür sind die Phosphorylierung von Zuckern und die Glykosylierung von Adenin. Man bezeichnet diesen Vorgang als vektorielle Phosphorylierung. Der Transport wird also durch eine chemische Reaktion initiiert, wobei das Substrat in die Zelle „hineinphosphoryliert" wird.

Literatur

Bader, H., H.W. Heldt, W. Karger, D.W. Lübbers: Bioenergetik. München, Berlin, Wien: Urban & Schwarzenberg, 1972

Böttger, M.: Proton translocation systems at the plasmalemma and its possible regulation by auxin. Acta Horticulture *179,* 83–93 (1986)

Böttger, M., H. Lüthen: Possible linkage between NADH-oxidation and proton secretion in *Zea mays* L. roots. J. exp. Bot. *37,* 666–675 (1986)

Cleland, R.E.: Auxin-induced H^+-efflux. S. 23–31 in: „Plant growth substances" (P.F. Wareing ed.). New York, London: Academic Press, 1982

Hall, J.L., A.L. Moore: Isolation of membranes and organelles from plant cells. New York, London: Academic Press, 1983

Höfer, M.: Transport durch biologische Membranen. Das Konzept der Trägerkatalyse. Weinheim, New York: Verlag Chemie 1977

Leigh, R.A.: Methods, progress and potential for the use of isolated vacuoles in studies of solute transport in higher plant cells. Physiol. Plant. *57,* 390–396 (1983)

Lieb, W. R., W. D. Stein: Simultaneity, occlusion and the sodium pump. Nature (Lond.) *252,* 730–732 (1974)

Lüttge, U.: Stofftransport der Pflanzen. Berlin – Heidelberg – New York: Springer Verlag, 1973

Lüttge, U., N. Higinbotham: Transport in plants. New York – Heidelberg – Berlin: Springer Verlag, 1979

Nishizawa, N., and S. Mori: Invagination of plasmalemma: Its role in the absorption of macromolecules in rice roots. Plant and Cell Physiol.: *18,* 767–782 (1977)

Pfeffer, W.: Pflanzenphysiologie. Leipzig: Verlag von W. Engelmann, 1881

Semenza, G., E. Carafoli (eds.) Biochemistry of membrane transport. Berlin-Heidelberg-New York: Springer Verlag, 1977

v. Sengbusch, P.: Molekular- und Zellbiologie. Berlin-Heidelberg-New York: Springer Verlag, 1979

Singer, S. J., G. L. Nicolson: The fluid mosaic model of the structure of cell membranes. Science *175,* 720–731 (1972)

Slayman, C. L.:, D. Gradmann: Electrogenic proton transport in the plasma membrane of *Neurospora.* Biophysical J. *15,* 968–971 (1975)

Sze, H.: H^+-translocating ATPases of the plasma membrane and tonoplast of plant cells. Physiol. Plant. *61,* 683–691 (1984)

Tanner, W.: Proton sugar cotransport in lower and higher plants. Ber. Deutsch. Bot. Ges. *93,* 167–176 (1980)

Tzagoloff, A. (ed.): Membrane biogenesis: Mitochondria, chloroplasts and bacteria. New York, London: Plenum Press, 1975

23. Unterschiedliche Membrantypen – Kompartimente und deren Bedeutung

In Pflanzenzellen kommen eine Anzahl unterschiedlicher Membrantypen vor:
- Plasmalemma (Plasmamembran)
- Tonoplast
- Kernmembran
- Membranen des Endoplasmatischen Retikulums
- Membranen des Golgi-Apparats (Dictyosomen)
- Membranen der Chloroplasten
- Membranen der Mitochondrien
- Membranen der Peroxysomen, Glyoxysomen und weiterer Vesikel.

Zur Trennung der einzelnen Kompartimente und Membrantypen bedient man sich heutzutage vor allem der Dichtegradientenzentrifugation. Hinzu kommt der Einsatz spezifischer *Marker* (z.B. Antikörper), mit deren Hilfe man entscheiden kann, ob ein bestimmter Molekülanteil (Antigen) an der Außenseite oder der Innenseite der Membran lokalisiert ist. Durch Kopplung fluoreszierender oder elektronendichter *Marker* läßt sich die Bindung der Antikörper mikroskopisch oder elektronenmikroskopisch abbilden, und Wanderungen der Antigene lassen sich verfolgen. Neben den Antikörpern spielen Lektine als Sonden zum Nachweis exponierter Zucker in Glykokonjugaten eine herausragende Rolle. Es sind kohlenhydratbindende Proteine meist pflanzlicher Herkunft (s. Kap. 17), mit der Eigenschaft, ganz bestimmte Zuckerreste zu erkennen.

Die meisten Erkenntnisse über die strukturellen Unterschiede zwischen verschiedenen Membrantypen wurden an Membranen aus tierischen Zellen gewonnen. Erst in den letzten Jahren setzte in zunehmendem Maße eine Erforschung der Verhältnisse bei pflanzlichen Zellen ein. Einer der Gründe für die Verzögerung lag einmal darin, daß die Erforschung tierischer (vor allem auch menschlicher) Zellen im Rahmen medizinischer Forschung, speziell der Krebsforschung, mit gewaltigen Geldmitteln gefördert wurde, zum anderen aber auch darin, daß sich die pflanzliche Zellwand bei nahezu allen biochemischen und molekularbiologischen Untersuchungen als störend erwiesen hat. Erst nachdem es gelang, Protoplasten herzustellen, stand ein System zur Verfügung, um auch pflanzliche Membranen detailliert untersuchen zu können.

Zwischen den einzelnen Kompartimenten einer Zelle findet ein Informations-, Material- und Energieaustausch statt. Die Hauptflüsse sind in einem Diagramm (s. Abb 23.1) dargestellt. Sie dienen als Leitfaden für die nachfolgende Besprechung der einzelnen Kompartimente und deren Membranen.

Plasmalemma (Plasmamembran)

Das Plasmalemma umschließt das Plasma einer jeden Zelle, es bildet die Grenzschicht zur extrazellulären Umgebung. Die Membran ist relativ dick (bis zu 100 Å). Neben den Lipiden enthält sie einen hohen Proteinanteil sowie einen hohen Anteil an Oligosacchariden, die meist an Proteine, aber auch an Lipide gekoppelt sind. Der überwiegende Teil, wenn nicht sogar alle Kohlenhydrate, ist an der Membranaußenseite exponiert, was schon allein auf einen asymmetrischen Bau der Membran hinweist. Elektronenmikroskopisch (in Aufsicht) erscheinen Außen- und Innenseite nach Gefrierätzung als hochgradig granulär. Jede Erhebung aus der Membranebene entspricht einem Proteinmolekülkomplex. In der Membran von *Chlorella* wurden Partikel von 80 Å Durchmesser nachgewiesen, die statistisch über die Membran verteilt sind. Es gibt Anhaltspunkte dafür, daß sie für die Synthese der Cellulosemikrofibrillen der Zellwand benötigt werden. Oftmals ist der Membran außen eine strukturlos erscheinende Schicht aufgelagert, die mit der Membran zusammen einen Komplex bildet. Wasser und Gase können die Membran ungehindert passieren, für hydrophobe Substanzen ist sie weitgehend semipermeabel, d.h., sie können relativ leicht in sie eindringen und sie durchdringen. Für hydrophile ist sie, vom aktiven Transport abgesehen, weitgehend impermeabel.

Tonoplast und Vakuolen

Ein wichtiges Merkmal ausdifferenzierter parenchymatischer Pflanzenzellen ist die ausgedehnte, zentral gelegene Vakuole, die bei weitem den größten Teil des Zellvolumens einnimmt und für den Turgor verantwortlich ist. In vielen anderen Zelltypen, vor allem in meristematischen Geweben, kommen mehrere, meist kleine Vakuolen vor. Vakuolen sind von einem bestimmten Membrantyp, dem Tonoplasten, umgeben. Sowohl auf der Innen- als auch auf der Außenseite

331

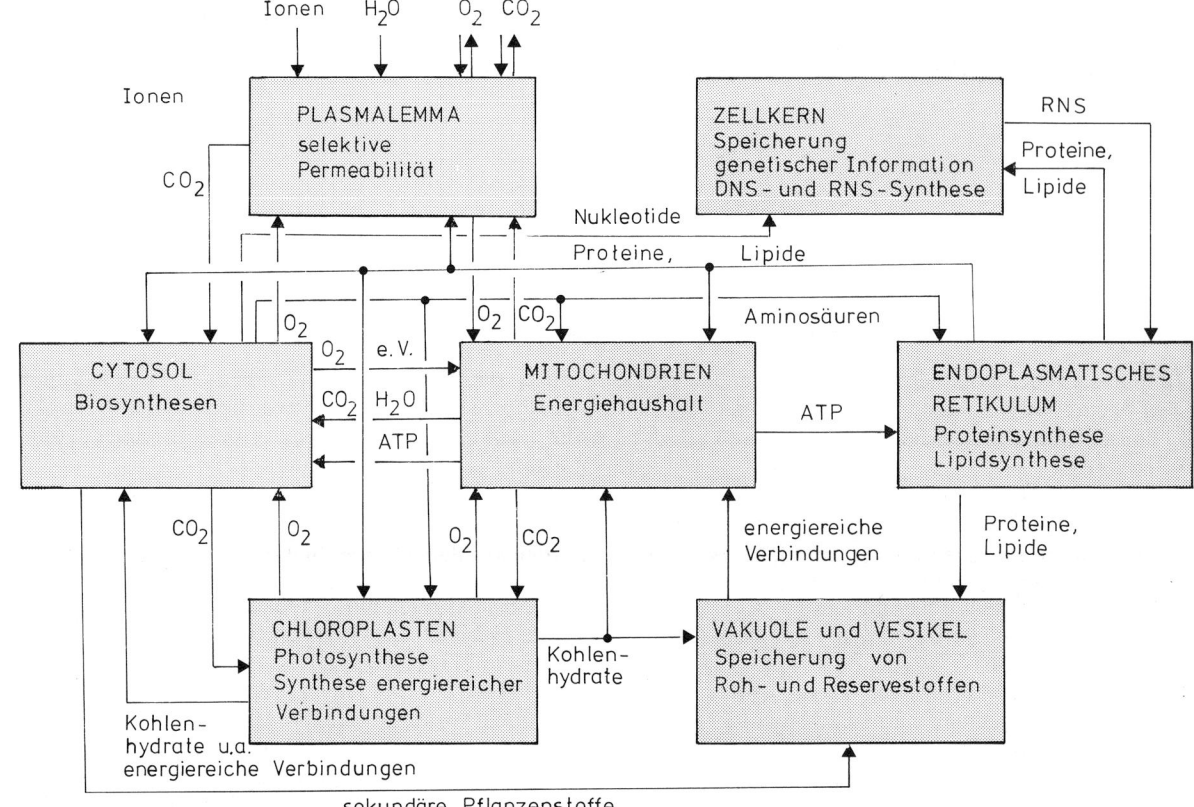

Abb. 23.1. Kompartimentierung der Zelle. Der Zellstoffwechsel spielt sich in einzelnen Kompartimenten ab, die Reaktionseinheiten sind durch Membranen voneinander getrennt. Sie sind für niedermolekulare Moleküle meist durchlässig; vielfach sind am Austausch spezifische aktive Transportprozesse beteiligt. Makromoleküle können Membranen in der Regel nicht passieren. Zwischen den einzelnen Kompartimenten gibt es einen regen Material- und Informationsaustausch.

(konkave und konvexe Oberfläche) sind Partikel in der Größenordnung von 85 Å Durchmesser erkennbar. Vakuolen unterscheidet man aufgrund unterschiedlicher Größe, der Zahl pro Zelle und ihrer Inhaltsstoffe, dazu gehören – außer dem Wasser – anorganische Ionen, organische Säuren, Zucker, Aminosäuren, Lipide, Oligosaccharide, gummiähnliche Substanzen, Tannine, Anthocyane, Flavone u.a.

Proteinhaltige Vesikel differenzieren sich in Samen vieler Gras- und Leguminosenarten zu charakteristisch geformten Strukturen, den Aleuronkörnern. Sphärosomen sind ölhaltige, von einer Lipidschicht umgebene Partikel. Da eine Lipidschicht – formal gesehen – nur eine Membranhälfte repräsentiert, darf man die Sphärosomen eigentlich gar nicht zu den Vesikeln rechnen.

Im allgemeinen geht man davon aus, daß Vakuolen vorübergehende Speicher von Reservestoffen oder Endlager von Abfallprodukten der Pflanzenzelle sind. Doch nutzlos sind die dort gelagerten Substanzen keineswegs. Einerseits halten sie einen hohen osmotischen Druck der Zelle aufrecht, zum anderen stellen sie einen Stickstoffspeicher dar, zu dem die Pflanzen-

zelle jederzeit Zugang hat. Die Speicherung von Farbstoffen (z.B. in den Petalen der Blüten) bestimmt die Blütenfarbe und dient als Erkennungssignal für Insekten.

Bei einigen Arten, z.B. *Hevea brasiliensis* oder bei den Papaveraceen, kommen in milchsaftführenden Zellen statt einer großen, zahlreiche kleine Vakuolen vor. Vakuolen enthalten meist eine Anzahl abbauender Enzyme (Hydrolasen: Proteasen, Exopeptidasen, Nukleasen und andere Esterasen). Damit kann ihnen, zumindest bei einigen der daraufhin untersuchten Pflanzenarten, eine Lysosomenfunktion zugeschrieben werden; sie wirken an Umsätzen *(turnover)* zellulärer Proteine mit und bestimmen deren Rate. In den Vakuolen ist der pH-Wert in der Regel sehr niedrig, in Zellen der Zitrone (Frucht) beträgt er z.B. nur 2,5. Das beruht im wesentlichen auf dem hohen Anteil organischer Säuren, die ihrerseits Intermediärprodukte des Citratzyklus sind und vorübergehend (?) aus dem Stoffwechsel abgezogen werden, denn bei deren hoher Produktionsrate, bedingt durch Abbau von Kohlenhydraten zum Zweck des Energiegewinns, würde ohne Absonderung in die Vakuole der pH-

Wert des Cytosols zu stark sinken. Die Folge wäre die Denaturierung (Inaktivierung) zahlreicher Enzyme. Einige der organischen Säuren in der Vakuole erreichen so hohe Konzentrationen, daß sie auskristallisieren; in Gegenwart geeigneter Kationen (z.B. Ca^{2+}) erfolgt die Kristallisation besonders effizient (z.B. Bildung von Calciumoxalat). Bei einigen Arten der Crassulaceen werden Anionen organischer Säuren, z. B. Malationen, nachts akkumuliert und dienen als CO_2-Speicher. Tagsüber erfolgt eine Dekarboxylierung; CO_2 wird abgegeben und *via* Photosynthese (Calvin-Zyklus) wieder fixiert (CAM, s. Kap. 24).

Eine weitere Stoffklasse, die in Vakuolen zum raschen Zugriff gespeichert wird, sind die Aminosäuren. Auch deren hohe Konzentration im Cytosol würde den pH-Wert stark erniedrigen. Andererseits werden sie benötigt, sobald die Syntheserate bestimmter Enzyme, das Wachstum und die Vermehrung der Zellen aufgrund äußerer Faktoren sprunghaft ansteigen. Aleuronkörner enthalten als proteinreiche Vakuolen artspezifische Speicherstoffe, so z.B. das Vicellin in den Kotyledonen von *Vicia faba*.

In Sojabohnen kann der Anteil der Speicherproteine bis zu 70 Prozent des Gesamtzellproteins ausmachen. In Vakuolen, z.B. den Endospermzellen von *Ricinus communis*, liegen die Proteine in kristalliner Form vor.

Eine Frage zum Schluß: Wie gelangen Proteine aus dem Cytosol in die Vakuolen, wie passieren sie die Membran? Die Antwort darauf erfolgt im Abschnitt „Endoplasmatisches Retikulum".

Kernmembran (Kernhülle)

Der Zellkern ist von einer aus zwei Membranen bestehenden Hülle umgeben. Man unterscheidet zwischen der inneren und der äußeren Membran. Im Bereich der Kernporen bilden diese ein Kontinuum (s. Abb. 7.4 und 7.11). Darüber hinaus besteht ein fließender Übergang zwischen der äußeren ans Cytosol grenzenden Membran der Kernhülle und dem Endoplasmatischen Retikulum (E.R.). Sie trägt (wie das E.R.) stellenweise Ribosomen. Die Kernporen sind von einem Porenkomplex aus fibrillärem Material ausgefüllt, der seinerseits selektiv am Stoffaustausch zwischen Zellkern und Cytosol beteiligt ist. Die Zahl der Poren pro Flächeneinheit ist, zumindest bei einigen der daraufhin untersuchten Arten, von der Aktivität des Kerns abhängig, sie spiegelt die Rate des nukleo-cytoplasmatischen Austausches wider.

Im Kern ist genetische Information gespeichert. Er enthält den bei weitem größten Teil der DNS (des Genoms) der Zelle. In ihm findet die Replikation, die Transkription, das *Processing* der RNS und das *Assembly* (Zusammenlagerung von rRNS und Proteinen) der Ribosomen statt. Die benötigten Enzyme werden aus dem Cytosol in den Kern importiert. Der Import ist streng selektiv, die meisten der im Cytosol vorkommenden Proteine bleiben ausgeschlossen. An der Auswahl wirkt der Porenkomplex mit. Aus dem Kern ausgeschleust werden vornehmlich RNS und Ribosomen.

Endoplasmatisches Retikulum

Das Endoplasmatische Retikulum (E.R.) is ein umfangreiches intrazelluläres Membransystem (s. Abb. 7.2), das in direktem Kontakt zur Kernhülle steht. Die dem Cytosol zugewandte Seite der Membran trägt häufig Ribosomen (rauhes E.R.). An Membranen gebundene Ribosomen sind befähigt, Polypeptidketten für den Export oder zur Speicherung zu synthetisieren. Induziert durch die Bindung des Ribosoms an die Membran, öffnet sich temporär eine Membranpo-

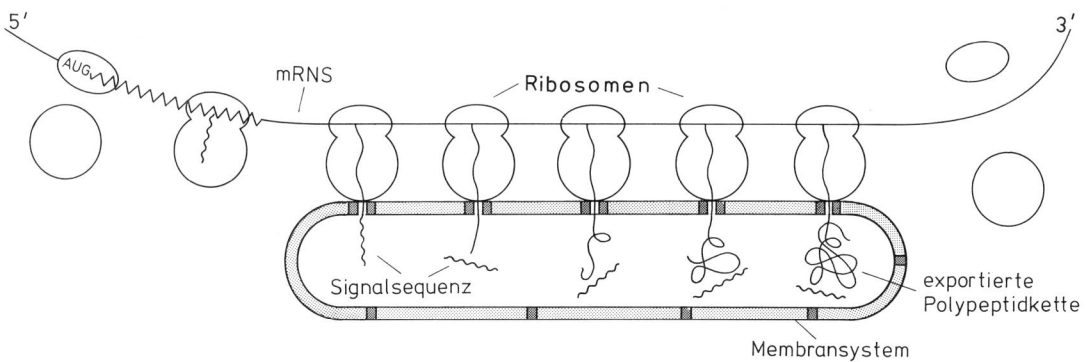

Abb. 23.2. Proteine werden durch Membranen „hindurchsynthetisiert". Das Modell veranschaulicht, wie Proteine während der Synthese durch die Membran hindurchgeschleust werden. Die Membranporen öffnen sich nur nach Bindung eines Ribosoms. Das N-terminale Ende der wachsenden Polypeptidkette trägt eine Signal- oder Transitsequenz und tritt daher stets als erstes durch die Membran hindurch. Nach dem Durchtritt wird die Signalsequenz (in der Regel) durch Proteasen abgebaut. Es gibt für die unterschiedlichen Membrantypen unterschiedliche Transitsequenzen. (G. Blobel und B. Dobberstein, 1975)

re, durch die eine sich bildende noch ungefaltete Polypeptidkette durch die Membran hindurch synthetisiert wird (s. Abb. 23.2). Die Tertiärstruktur bildet sich erst nach dem Eintritt in die E.R.-Zisterne. Voraussetzung für das Einschleusen in die Zisterne ist jedoch das Vorhandensein einer Signalsequenz am N-terminalen Ende. Man kennt Proteine, bei denen sie anschließend (in der Zisterne) durch spezifische Peptidasen abgebaut wird; es gibt aber auch exportierte Proteine, bei denen sie erhalten bleibt und einen integralen Bestandteil ihrer Struktur ausmacht.

Die Signalsequenz ist membrantypspezifisch. Proteine, die durch unterschiedliche Membrantypen durchgeschleust werden, verfügen über ein Sortiment unterschiedlicher Signalsequenzen.

Neben dem rauhen E.R. findet man in den Zellen oft auch das glatte E.R., an dem keine Proteine synthetisiert werden, das in der Zelle andere Aufgaben wahrnimmt, u.a. die Synthese bestimmter lipophiler Substanzen. Das Endoplasmatische Retikulum ist vom Golgi-Apparat (s. folgenden Abschnitt) zu unterscheiden. Beide zusammen bilden das Endomembransystem.

Membranfluß (Membrantransport); Golgi-Apparat, Dictyosomen, Golgi-Vesikel

Der Golgi-Apparat ist die Summe aller Dictyosomen und der Golgi-Vesikel einer Zelle. Die Dictyosomen sind in charakteristischer Weise gestapelte Zisternen, die an den Rändern oft verzweigt oder gelappt sind, Tubuli (röhrenförmige Auswüchse) und peripher bläschenförmige Abkömmlinge tragen, die Golgi-Vesikel abschnüren. Die Dictyosomen pflanzlicher Zellen sind an der Zellwandsynthese, an Sekretionsprozessen von Makromolekülen und am Membranfluß beteiligt. Unter Membranfluß im engeren Sinne versteht man den Transfer einer Membran von einem Kompartiment des intrazellulären Membransystems zu einem anderen. Da man einen Membranfluß in der Zelle in der Regel nicht direkt verfolgen kann, ist man auf die Auswertung von Serien elektronenmikroskopischer Aufnahmen angewiesen. Sie stellen Momentaufnahmen der Situation in der Zelle dar. Zur Rekonstruktion eines Membranflusses müssen umfangreiche Bildserien von Zellen, in denen der Membranfluß durch geeignete Inhibitoren blockiert ist, im Vergleich mit unbehandelten Kontrollen ausgewertet werden. Solche Analysen sind in großem Stil an einer Reihe tierischer Zellen durchgeführt worden. Sie führten zu dem Schluß, daß Golgi-Membranen aus dem (rauhen) Endoplasmatischen Retikulum entstehen können. Die Daten aus pflanzlichen Zellen sind bislang lückenhaft, doch zeichnet sich schon jetzt ab, daß es zumindest quantitative Unterschiede in den Raten des Vesikeltransports zwischen dem Endoplasmatischen Retikulum und den Dictyosomen gibt. Darüber hinaus gibt es quantitative Unterschiede in Zelltypen verschiedener Herkunft.

In elektronenmikroskopischen Aufnahmen von Zellen höherer Pflanzen erkennt man, daß der Golgi-Apparat, im Gegensatz zur Situation in tierischen Zellen, räumlich weniger eng mit dem Endoplasmatischen Retikulum assoziiert ist. Tierische Zellen sezernieren viel Protein, pflanzliche Zellen hingegen vorwiegend Kohlenhydrate. Doch auch diese Aussage ist mit Vorsicht zu behandeln, denn sie ist mehr von quantitativem als qualitativem Wert.

Bei einem Membrantransport und der Umwandlung eines Membrantyps in einen anderen sind mindestens drei Schritte zu betrachten:

(1) Die laterale Bewegung (Bewegung in der Membranebene) von Lipid- und Proteinmolekülen. Bildlich gesprochen könnte man sagen, daß bestimmte Moleküle in der Membranebene selektiv beiseite geschoben werden.

(2) Die Fusion zweier Membranen und, sich daraus ableitend,

(3) die Abschnürung membranumgebener Vesikel.

Abschnürung und Fusion sowie Veränderungen auf molekularer Ebene (Membrantransformation) erklären das Zustandekommen anderer Membransysteme. Golgi-Vesikel können mit der Plasmamembran fusionieren und dabei ihren Inhalt in das umgebende Medium entleeren (Exocytose). Ebenso gibt es eine Prozeßumkehr (*recycling* von Membranen): Das Plasmalemma stülpt sich lokal ins Zellinnere hinein und schnürt Vesikel ab (Endocytose). Hierdurch gelangen extrazelluläre Substanzen ins Zellinnere, und je nachdem, ob sie flüssig oder fest sind, spricht man von Pinozytose oder Phagozytose.

Zum Verständnis des Exports von Makromolekülen (Proteinen und Poly-/Oligosacchariden) sind folgende Befunde entscheidend:

(1) Der Eintritt von Polypeptiden (und damit auch von Enzymen) in die E.R.-Zisterne erfolgt während der Synthese an Ribosomen des Endoplasmatischen Retikulums. Sie gelangen damit in dessen Lumen. Polysaccharide (Oligosaccharide) entstehen durch enzymatischen Aufbau aus UDP-Monosacchariden. Pumpmechanismen (aktiver Transport, s. Kap. 22) erklären, wie die Monomeren ins Lumen des E.R. oder in Golgi-Zisternen gelangen. Durch die dort lokalisierten Glucosyl-Transferasen werden sie zu Polymeren verknüpft, oder es entstehen Oligosaccharide, die an Proteine oder Lipide gekoppelt werden (Glykokonjugate).

(2) Durch Abschnürung von Vesikeln des Endomembransystems *via* Golgi-Apparat werden Makromoleküle aus der Zelle ausgeschleust (s.o.).

Wenngleich auch hier wieder die meisten Aussagen durch Ergebnisse an tierischen Zellen gesichert wurden, ist es wahrscheinlich, daß die Prozesse in der Pflanzenzelle auf gleiche oder doch zumindest sehr ähnliche Weise erfolgen, wobei natürlich auch hier wieder prinzipiell unterschiedliche Synthese- und Umschlagraten in Betracht zu ziehen sind.

Ein Teil der durch die Membran hindurch synthetisierten Proteine (Enzyme) bleibt in der Membran verankert. Das bedeutet, daß enzymatische Umsetzungen auch noch in den Golgi-Vesikeln und, nach ihrer Fusion mit dem Plasmalemma, an dessen Außenseite erfolgen können. Das ist sehr wichtig, denn dieser Prozeß veranschaulicht, wie die Pflanzenzelle extrazellulär komplexe Polysaccharidsynthesen bewerkstelligen kann, so wie sie bei der Zellwandbildung und der Produktion von Gallerten (Schleimen) benötigt werden.

Neben der Synthese von Polysacchariden sowie der Veränderung und der Sortierung von Glykoproteinen in den Dictyosomen fällt ihnen die Aufgabe des intrazellulären Transports zu. Er erfolgt gerichtet und aktiv und ist damit energieverbrauchend. Sowohl Mikrotubuli als auch Mikrofilamente scheinen dabei mitzuwirken.

Für die Fusion der Golgi-Vesikel mit der Plasmamembran werden Ca^{2+}-Ionen benötigt. Nach Abfangen dieser Anionen durch einen geeigneten Komplexbildner unterbleibt die Fusion.

Die Membranstapel des Golgi-Apparats (Dictyosomen) weisen eine deutliche Polarität auf, die durch eine Reihe von Parametern gemessen werden kann. Etliches weist darauf hin, daß es einen Fluß von Zisternen durch den Golgi-Apparat gibt, so daß man von einem Reifungsprozeß der Membranen und Vesikelinhalte sprechen kann.

Chloroplasten (Plastiden)

Chloroplasten sind die typischen Organellen grüner Pflanzen. In ihnen läuft die Photosynthese ab (siehe anschließendes Kapitel), doch findet man daneben eine Reihe weiterer synthetischer Leistungen.

Chloroplasten (und andere Plastiden, z.B Leukoplasten, Amyloplasten, Chromoplasten) entstehen durch Teilung auseinander, oder aus Proplastiden, zu denen Plastiden bei der Geschlechtszellbildung degenerieren, und aus denen sie unter Lichteinwirkung wieder gebildet werden können.

In unbelichteten Plastiden formen die inneren Membranen einen gitterförmig strukturierten Prolamellarkörper aus, der bei Belichtung in das Thylakoidsystem übergeht. Bei einzelligen Algen (Euglena, Chlamydomonas) sowie bei höheren Pflanzen, z.B. der Gerste (Hordeum vulgare), sind eine Vielzahl von Mutanten beschrieben worden, bei denen die Synthese der Chloroplasten an verschiedenen Stellen blokkiert ist. Durch das Studium solcher Mutanten gelang es, die einzelnen Schritte zu verfolgen, und die Teilabschnitte der Synthese in die richtige Reihenfolge zu bringen (s. Abb. 23.3 und Abb. 23.4). In grünen Geweben stehen die Teilungsrate der Chloroplasten und die Mitoserate in enger Beziehung zueinander.

Im Gegensatz zu den bisher besprochenen Membranen und Kompartimenten sind Chloroplasten aus vielen Pflanzenarten leicht zu isolieren; in der Regel durch Dichtegradientenzentrifugation oder – wie früher – differentielle Zentrifugation. Daher wissen wir

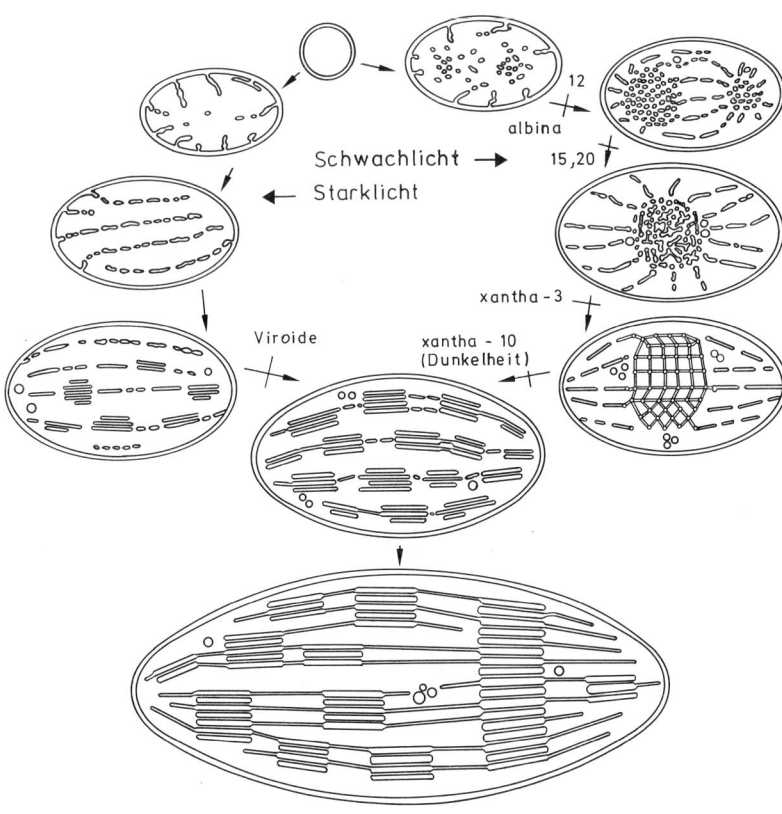

Abb. 23.3. Entwicklung von Chloroplasten der Gerste unter Schwachlicht- und unter Starklichtbedingungen. Bei einer Reihe von Mutanten sind einzelne Schritte blockiert. Die Entwicklung bleibt auf einem Zwischenstadium (s.a. Abb. 23.5) stehen. (D. v. Wettstein, 1959)

335

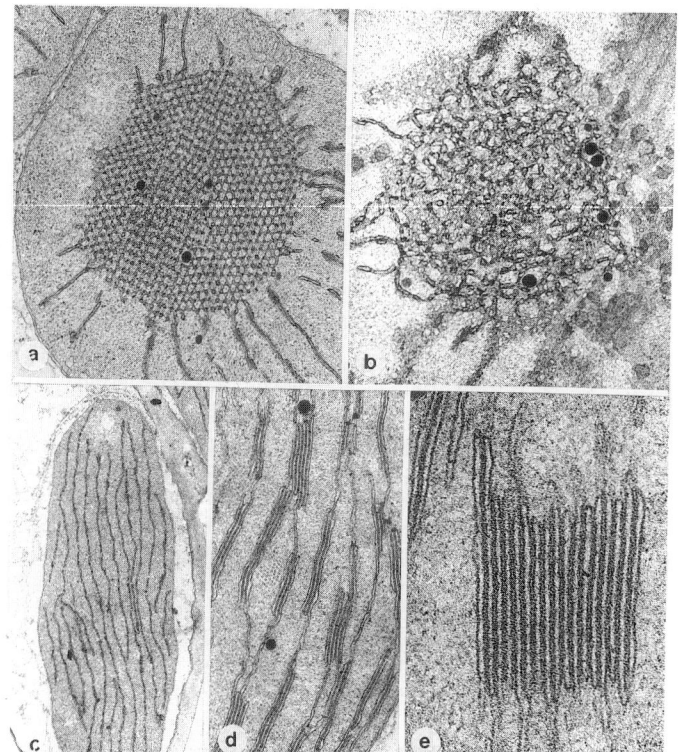
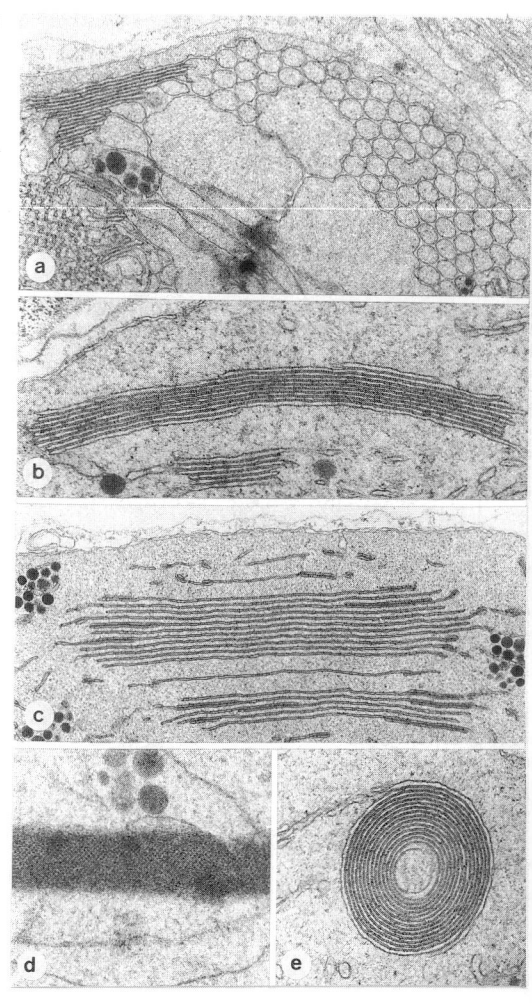

Abb. 23.4. *A* Entwicklung von Etioplasten in sieben Tage alten im Dunkeln gezogenen Gerstenkeimlingen nach Belichtung mit weißem Licht. *(a)* Prolammelarkörper im Etioplasten (22 500 ×); *(b)* Röhrentransformation: Prolamellarkörper nach einer Minute Belichtung (28 500 ×); *(c)* Dispersion des Prolamellarkörpers in primäre Lamellenschichten. Eine Minute Belichtung nach 15 Minuten Dunkelheit (10 000 ×); *(d)* Granabildung: nach 24 Stunden kontinuierlicher Belichtung (26 500 ×); *(e)* Granum eines ausdifferenzierten Chloroplasten (75 000 ×). *B* Organisation der Plastidenmembranen in fünf verschiedenen Mutanten mit Defekten in Genen des Zellkerns der Gerste; Membranen aus Plastiden von Dunkelkeimlingen, die mehrere Stunden belichtet wurden: *(a)* xantha-a[63]: Unkontrollierte Synthese von Chloroplast-spezifischen Lipiden führt zur Bildung von Membranen in Bienenwabenkonfiguration zusammen mit den Prolammelarkörpern und Grana (21 500 ×); *(b)* xantha-d[31]: Thylakoide aggregieren zu Riesengrana (42 000 ×); *(c)* xantha-f[60]: Mutante mit Blockierung der Chlorophyll-synthese zwischen Protoporphyrin IX und Mg-Protoporphyrin stapelt die Thylakoide nicht in Grana (18 500 ×); *(d)* tigrina-o[34]: Mutante defekt in der Regulierung der Chlorophyll- und Carotinsynthesen. Die Akkumulation von einem höher gesättigten Carotin, dem Lycopin, in den Plastiden dieser Mutante bedingt die Bildung der abnorm strukturierten Grana (50 000 ×); *(e)* xantha-b[18]: Mutante mit sphäroidem Granum (33 000 ×). (K.W. Henningsen, J.E. Boynton, O.F. Nielsen und D. von Wettstein, 1985)

auch über deren Membranen und die Reaktionen im Kompartiment gut Bescheid.

Es gibt drei grundsätzlich voneinander verschiedene Membrantypen (s. Abb 23.5):

– Die äußere Membran. Sie ähnelt in ihrer Zusammensetzung anderen cytoplasmatischen Membranen.

– Die innere Membran, und schließlich

– die Thylakoidmembranen (Photosynthesemembranen).

Die äußere und die innere Membran faßt man im allgemeinen als Chloroplastenhülle zusammen. Thylakoidmembranen entstehen durch Einstülpungen und anschließende Abschnürungen der inneren Membran. Die Thylakoidmembranen wiederum trennt man in die Grana- und die Stromalamellen (gestapelte und nichtgestapelte Bereiche, s. Abb. 23.6). Mehr über die Beteiligung der einzelnen Membranabschnitte an den Reaktionen der Photosynthese im folgenden Kapitel.

In Zellen der Gefäßbündelscheide der sogenannten C_4-Pflanzen (Zuckerrohr, Mais u.a., s. Kap. 5) findet man unvollständige Chloroplasten (s. Abb. 23.7) mit nur Teilaktivitäten des Photosyntheseprozesses (PS I,

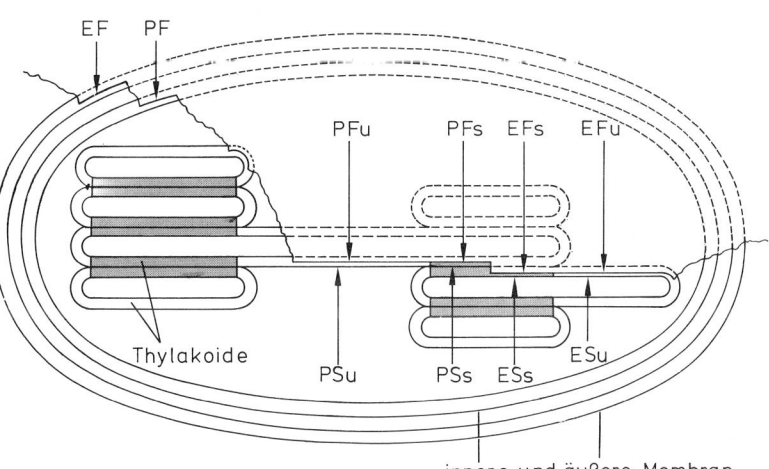

Abb. 23.5. Diagramm zur Charakterisierung der Membranoberflächen und -seiten nach Gefrierätzbehandlung. Die Bezeichnungen beruhen auf einer von Branton *et al.* vorgeschlagenen Nomenklatur. P: dem Protoplasma (Cytosol, Stroma) zugekehrte Membranoberfläche; E: dem exoplasmatischen Lumen zugekehrte Membranflächen; F: membraninterne Fraktur; S: Oberfläche *(surface)* der Membranen; s: *stacked*, Membrananteile in gestapelten Membranen; u: *unstacked*, Membrananteile in nichtgestapelten Membranen. (L.A. Staehelin, 1976)

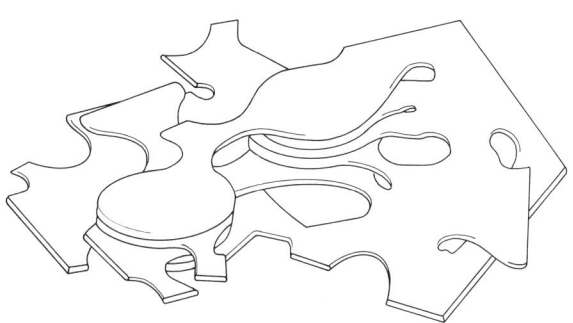

Abb. 23.6. Modell der Granabildung durch lokales Membranwachstum, Ausstülpung von Membranteilen und lokale Überschichtung. (W. Wehrmeyer, 1964)

s. dazu Abb. 24.16 und 17). Stroma- und Granabereiche können reversibel ineinander überführt werden. Das Fehlen einer Aktivität in Stromathylakoiden bedeutet jedoch nicht, daß die benötigten Enzyme fehlen. Es konnte nämlich gezeigt werden, daß sie auch dort vorhanden, doch nicht zu funktionellen Einheiten (oligomeren Komplexen) vereint sind. Die Aktivitäten werden also durch das Aggregationsverhalten der Untereinheiten und kooperative Wechselwirkung zwischen übereinander liegenden Membranen gesteuert.

Die chemische Zusammensetzung und die Eigenschaften der Chloroplastenmembranen wurden seit 1973 vorwiegend im Laboratorium von R. Douce analysiert. Sie enthalten ein Enzymsystem, das Galactosyleinheiten von Uridindiphosphatgalactose auf

Abb. 23.7. Elektronenmikroskopische Aufnahmen von Chloroplasten aus *Zea mays. a* vollständiger Chloroplast aus Mesophyllzellen (23 000 ×); *b* agranulärer (granafreier) Chloroplast aus Zellen der Gefäßbündelscheide (30 000 ×). Einzelheiten hierzu siehe Kapitel 24: C_4-Pflanzen. *c* wie *b*, aber mit eingelagerten Stärkekörnern (21 500 ×). (R. Bassi, 1985)

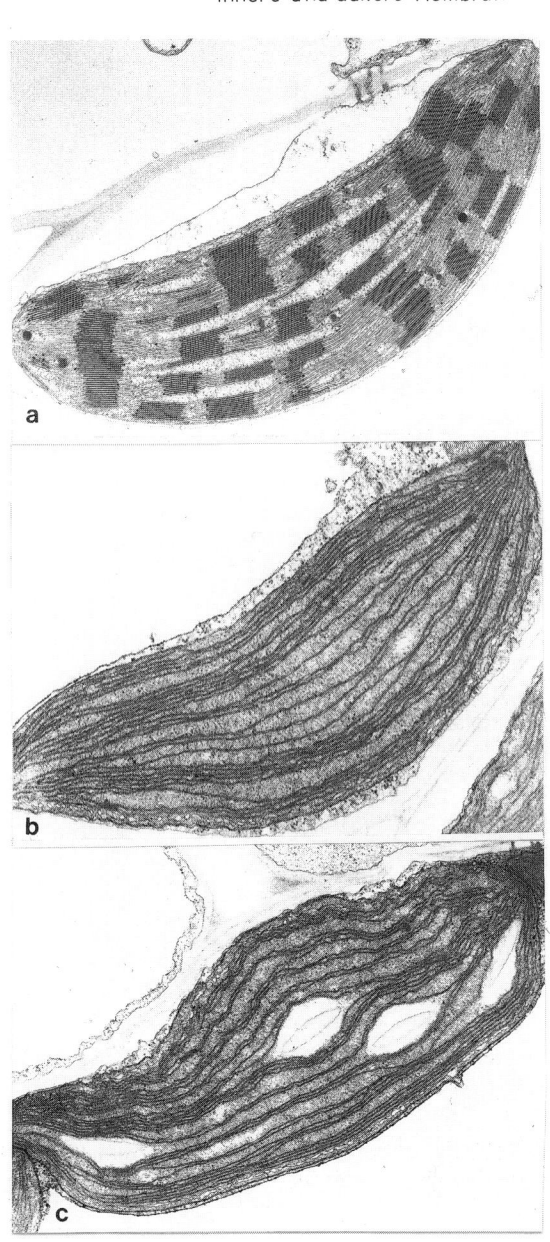

337

Diglyceride übertragen kann. Die dabei entstehenden Monogalactosyldiglyceride und Digalactosyldiglyceride (s. Abb. 16.31) werden in Chloroplastenmembranen eingebaut, sind deren typisches Kennzeichen. Die beiden äußeren Membranen enthalten darüber hinaus das Xanthophyll Violaxanthin, das ihnen eine schwach gelbliche Färbung verleiht. Stark belichtete Chloroplastenhüllen erscheinen mehr orange, was auf eine Umwandlung von Violaxanthin in Zeaxanthin zurückzuführen ist.

Chloroplasten enthalten genetische Information. Ihre Bedeutung als Erbträger geht auf frühe Arbeiten von E. Baur (1909) und C. Correns (1909) zurück (s. Kap. 10). Die molekulargenetische Phase der Forschung setzte 1962 mit dem definitiven Nachweis von DNS in Chloroplasten ein (H. Ris und W. Plaut, University of Wisconsin, Madison). Das DNS-Molekül (ctDNS) ist zirkulär (s. Abb. 23.8). Obwohl es die Information zur Bildung einer Reihe von Chloroplastenproteinen trägt, reicht die Information bei weitem nicht aus, um alle in Chloroplasten nachgewiesenen Proteine codieren zu können:

Zur Instruktion der DNS- und Proteinbiosynthese in Chloroplasten allein würde man 100 Gene benötigen (DNS-Polymerasen, RNS-Polymerasen, rRNS,

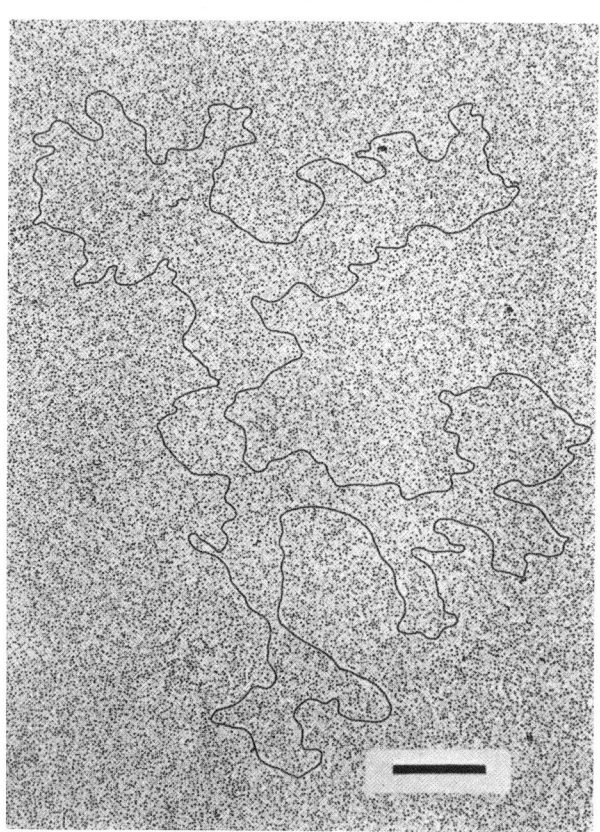

Abb. 23.8. Elektronenmikroskopische Aufnahme eines ringförmigen DNS-Moleküls aus Chloroplasten (ctDNS) der Sojabohne; Balken: 1μm. (N.M. Chu, K.K. Tewari, 1982)

ribosomale Proteine, tRNS, Aminoacyl-tRNS-Synthetasen, lösliche Faktoren). Hinzu kämen etwa 40 Enzyme, die für die Chlorophyll- und Carotinoidsynthese gebraucht werden sowie weitere 40 für die übrigen Aktivitäten der Photosynthese. Für diese Gene würde die Chloroplasten-DNS rein rechnerisch vielleicht gerade ausreichen. Bei nahezu allen höheren Pflanzen (soweit untersucht) enthält sie rund 150 000 Basenpaare. Doch ist die Liste der in Chloroplasten nachgewiesenen Aktivitäten damit immer noch nicht erschöpft. Es werden weiterhin benötigt:

– Enzyme für Lipidsynthesen und Aminosäuresynthesen,
– Enzyme für den Kohlenhydratstoffwechsel, und schließlich
– Enzyme für die Synthese einer Reihe sekundärer Pflanzenstoffe.

Das allein macht deutlich, daß eine Anzahl von Enzymen aus dem Cytosol in die Chloroplasten importiert werden müssen, und das sind gar nicht so wenige. Es besteht ein diffiziles Gleichgewicht zwischen chloroplastencodierten und kerncodierten Funktionen (s. Abb. 23.9). Die Chloroplasten-DNS wird repliziert, die dafür benötigten Enzyme sind kerncodiert, sie werden im Cytosol gebildet und anschließend in die Chloroplasten überführt. Die Chloroplastenribosomen enthalten rRNS, die chloroplastencodiert ist, und Proteine, von denen einige chloroplastencodiert, andere wiederum kerncodiert sind. Die Entscheidung darüber, ob ein Protein im Cytosol oder in den Chloroplasten gebildet wird, läßt sich durch Einsatz spezifischer Inhibitoren (Antibiotika) fällen. Streptomycin und Chloramphenicol hemmen die Proteinbiosynthese an Chloroplastenribosomen (und Ribosomen der Prokaryonten). Cycloheximid hat auf sie keinen Einfluß, hemmt dafür aber die Proteinbiosynthese an Ribosomen des Cytosols. Unter Einsatz dieser Hemmstoffe konnte die Herkunft und der Syntheseort einer Reihe von Proteinen ermittelt werden.

Ein weiterer wichtiger Zugang zur Klärung dieser Frage erfolgte über den Einsatz von Mutanten (z.B. von *Euglena gracilis* und *Chlamydomonas reinhardii*). Durch genetische Analyse kann entschieden werden, ob ein Defekt dem Chloroplasten- oder dem Kerngenom zuzuschreiben ist, und durch eine biochemische Analyse (Auftrennung der Proteine durch Gelelektrophorese und/oder isoelektrische Fokussierung) kann er auf Veränderung eines bestimmten Proteins zurückgeführt werden.

Ein dritter Zugang wäre schließlich die Analyse der Proteinbiosynthese in isolierten Chloroplasten und in Proteinbiosynthesesystemen, die aus Chloroplastenbestandteilen aufgebaut werden können.

Ein wichtiger Aspekt ist der Befund, daß die oligomeren Proteine der Photosynthesemembran aus Untereinheiten bestehen, die zum Teil chloroplastencodiert, zum Teil kerncodiert sind. Es sind also gute Beispiele zur Untersuchung der Wechselwirkung zwischen den beiden Genomen.

Ungeklärt bleibt dabei die Frage, wie sich eine

338

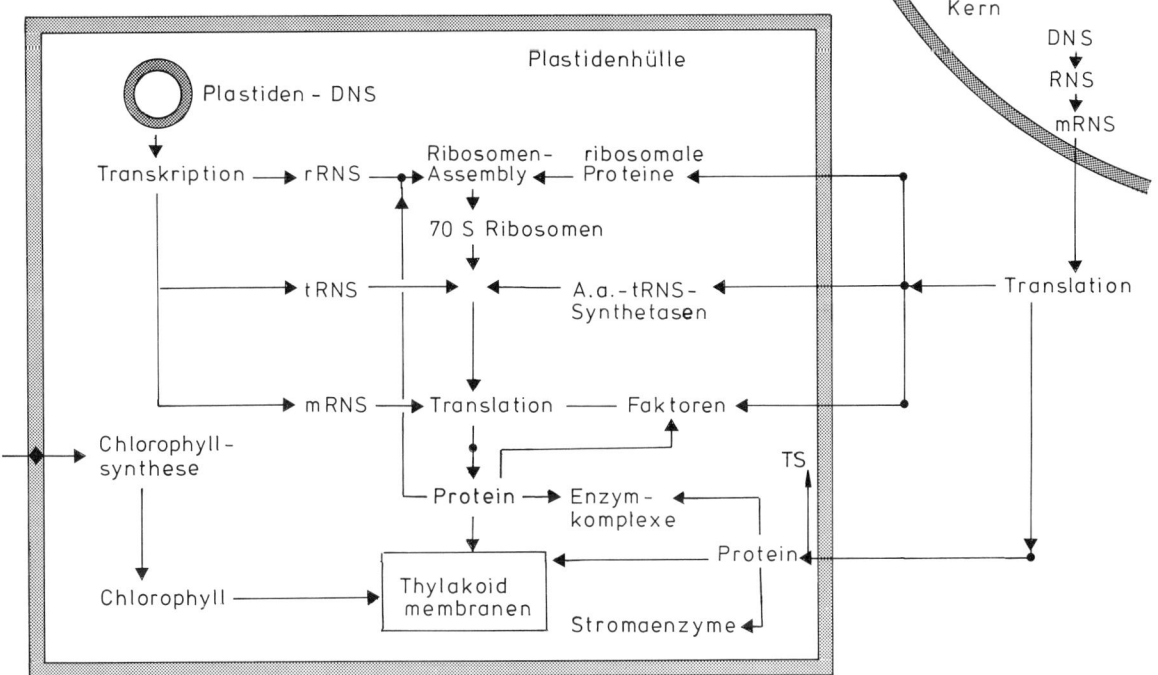

Abb. 23.9. Modell der Wechselwirkungen zwischen plastiden- und kerncodierten Transkriptions- und Translationsprodukten. TS = Transfersequenz, ein N-terminaler Abschnitt der Polypeptidkette, der für das Durchschleusen des Proteinmoleküls durch die Membran benötigt wird und der anschließend proteolytisch abgetrennt wird (W. Bottomley, H.J. Bohnert, 1982).

solche Kooperation im Verlauf der Evolution herausgebildet hat. Gehen wir von der Endosymbiontenhypothese (s. Kap. 42) und einigen vergleichbaren Befunden der Molekularbiologie („wandernde", „springende" Gene, s. Kap. 21) aus, ist es durchaus plausibel anzunehmen, daß ursprünglich die gesamte benötigte genetische Information in der Chloroplasten-DNS lokalisiert war, daß dann aber Teile aus den Chloroplasten in den Kern einwanderten und dort seither als Kerngene repliziert und exprimiert werden. Zur Illustration der folgende Befund: Bei der Erbse *(Pisum sativum)* werden die γ- und die δ- Untereinheit der ATPase im Cytosol synthetisiert, während die α-, β- und ε-Untereinheiten in Chloroplasten gebildet werden (P.-Y. Bothyette und A.T. Jagendorf, 1978). In Spinatchloroplasten hingegen wird neben den drei letztgenannten Untereinheiten auch die γ-Untereinheit in den Chloroplasten gebildet (N. Nelson, H. Nelson und G.G. Schatz, 1980).

Wie sehen die Transportmechanismen durch die Chloroplastenhülle aus? Ein im Cytosol gebildetes Protein muß mindestens zwei Membranen (äußere und innere Plastidenmembran) überwinden. Einige wenige, kerncodierte, dann aber an der Thylakoidinnenseite aktive Proteine (z.B. das Plastocyanin), müssen sogar drei Membranen passieren (S. Smeekens *et al.*, 1985). An der äußeren Chloroplastenmembran findet man, zumindest bei höheren Pflanzen, keine Ribosomen. Der Mechanismus der Proteinsynthese

durch die Membran hindurch kann also nicht zutreffen. Es muß folglich einen Transport bereits fertiger Proteine geben. B. Dobberstein, G. Blobel und N.-H. Chua (Rockefeller University, 1977) fanden, daß die im Cytosol gefertigten, für den Transport in die Chloroplasten bestimmten Proteine um etliches größer als die späteren funktionellen Formen in Chloroplasten sind.

Den zusätzlichen Abschnitt belegte man mit dem Begriff Transfersequenz. Sie muß offensichtlich Rezeptoren auf der Außenseite der Chloroplasten erkennen, und es muß spezifische *Carrier* geben, die die Proteine binden und durch die Membranen translocieren. Ferner wird eine Endoprotease benötigt, die die Proteinvorstufen (die Transportform) in die aktive Form bringt. Ein solches Enzym konnte aus Chloroplasten von *Chlamydomonas reinhardii* isoliert werden.

Eine Vorbehandlung von Chloroplasten mit einer Protease unterbindet jegliche Proteinaufnahme, d.h., die benötigten Rezeptoren für die Transfersequenzen und die *Carrier* wurden außer Kraft gesetzt, und ohne sie kann kein Protein eingeschleust werden.

Der beschriebene Mechanismus erklärt aber noch nicht, wie die innere Chloroplastenmembran überwunden wird. Doch das erwies sich als einfacher, als man sich ursprünglich vorgestellt hatte. R. Douce und Mitarbeiter fanden (1973), daß die Abstände der beiden Membranen der Chloroplastenhülle nicht konstant seinen, daß beide Membranen schwingen, daß eine oszillierende Bewegung entsteht, so daß sie sich in regelmäßigen Zeitabständen punktuell berühren und kurzfristig und reversibel fusionieren. An solchen Stellen hätte ein Protein nur eine Membran zu durchdringen.

Viele der anstehenden Probleme sind in den letzten Jahren mit Hilfe der Gentechnik angegangen worden. Dabei wurde u.a. auch gefunden, daß es eine sogenannte *promiscuous DNA* gibt. Man versteht darunter DNS-Abschnitte, die sowohl in Chloroplasten, Mitochondrien als auch im Kern vorkommen. Ferner wurde gezeigt, daß die DNS aus Mais-Mitochondrien das Gen der Ribulose-1,5-Bisphosphat-Carboxylase enthält (D.M. Lonsdale *et al.,* 1983) und daß es Homologien zwischen ribosomaler und messenger-RNS aus Chloroplasten, Mitochondrien (und *Escherichia coli*) gibt (H. J. Bohnert *et al.,* 1980). Solche Befunde weisen auf einen Austausch genetischer Information zwischen den einzelnen Kompartimenten der Zelle hin.

Die Nukleotidsequenz von Chloroplasten-DNS (ctDNS) ist bekannt. Das bisher Vorgetragene sind Ergebnisse, die bis zum Zeitpunkt der vollständigen Sequenzierung der Chloroplasten-DNS zweier Pflanzenarten bekannt waren. Im Sommer 1986 wurden die Nukleotidsequenzen der Chloroplasten-DNS von *Marchantia polymorpha* (einem Lebermoos) und *Nicotiana tabacum* veröffentlicht. Zwei japanische Arbeitsgruppen (K. Ohyama und 12 Mitarbeiter, Kyoto University, und K. Shinozaki und 22 Mitarbeiter, Nagoya University) vollbrachten das Werk. Die *Marchantia*-ctDNS enthält 121 024 Basenpaare, die Tabak-ctDNS 155 844. Trotz des nicht zu übersehenden Größenunterschiedes enthalten die Moleküle nahezu den gleichen Satz an Genen – in nahezu unveränderter Anordnung. Allein dieser Befund weist zwingend darauf hin, daß die beiden Chloroplastengenome auf einen gemeinsamen Vorfahren zurückzuführen sind. Das *Marchantia*-Chloroplastengenom trägt vermutlich 128 Gene, davon 4 rRNS-Gene, 32 tRNS-Gene und 55 sogenannte offene Leseraster *(open reading frames, ORF).* Offene Leseraster sind Nukleotidsequenzen, die mit einem Startcodon beginnen, einem Stoppcodon enden und von keinerlei derartigen Signalen unterbrochen sind. Vieles spricht dafür, daß solche Abschnitte Strukturgene für Proteine sind. Da man bei einer gegebenen Nukleotidsequenz auch die zugehörige Aminosäuresequenz aufschreiben kann, ließen sich etliche Proteingene identifizieren. So wurde z.B. ein Nukleotidabschnitt gefunden, der die Information für eine NADH-Dehydrogenase-Untereinheit enthält, die man bislang nur in menschlichen Mitochondrien nachgewiesen hatte; auch das ein Hinweis auf *promiscuous-DNS.*

Die Chloroplasten-DNS ähnelt in ihrer Struktur einer Prokaryoten-DNS. So werden u.a. hintereinanderliegende Gene *en bloc* transkribiert (Konzept eines Operons, s. Kap. 21). Ferner gibt es in einigen Fällen überlappende Gene, d.h., Nukleotidsequenzen, die zugleich Bestandteil zweier Gene sind. In einfacher Darstellung: Die Sequenz für Gen 1 sei

A–B–C–D–E–F und für Gen 2   E–F–G–H–I...

Etwa 20 Gene enthalten Introns unterschiedlicher Länge; das wäre eine Eigenschaft der Eukaryoten-DNS.

Die Chloroplasten-DNS des Tabaks enthält das Gen für ein bestimmtes ribosomales Protein (S 16, d.h., Protein Nr. 16 der kleinen *(small)* ribosomalen Untereinheit); dieses Gen fehlt der Lebermoos-ctDNS. Dafür enthält diese das Gen für ein anderes ribosomales Protein [L 21; also Protein Nr. 21 der großen *(large)* Untereinheit], welches wiederum der ctDNS aus Lebermoos fehlt.

Mitochondrien

Erst in den letzten Jahren begann man, sich auch für die pflanzlichen Mitochondrien zu interessieren, doch stehen uns aufgrund der Analyse von Mitochondrien aus anderen Quellen, z.B. Pilzen *(Saccharomyces cerevisiae, Neurospora crassa),* Ciliaten und Vertebraten genügend Daten zur Verfügung, um uns ein recht geschlossenes Bild von ihnen machen zu können. Mit den Chloroplasten haben die Mitochondrien eine Reihe von Gemeinsamkeiten:
- sie enthalten genetische Information (mtDNS).
- sie enthalten eine eigene Proteinsynthesemaschinerie (eigene Ribosomen, tRNS, u.a),
- sie besitzen neben einer äußeren eine innere Membran, an der Energieumwandlungen stattfinden.

Nach der Endosymbiontenhypothese (s. Kap. 42) sind beide Organelltypen aus Prokaryoten hervorgegangen, die eine Symbiose mit primitiven eukaryotischen Zellen eingegangen sind.

Alle im vorangegangenen Abschnitt aufgeworfenen Fragen stellen sich auch hier. Nur ein geringer Teil der in Mitochondrien benötigten Proteine wird dort selbst synthetisiert, die meisten stammen aus dem Cytosol. Das Mitochondriengenom des Menschen ist sequenziert worden, das mtDNS-Molekül enthält 16 569 Basenpaare (S. Anderson *et al.,* 1981). Auf höhere Pflanzen lassen sich jedoch viele der an Vertebraten- und Hefe-mtDNS gewonnenen Erkenntnisse nicht ausdehnen. Die mtDNS höherer Pflanzen ist extrem komplex. Die Molekulargewichte schwanken zwischen 200 000 und 2 400 000. In einer Pflanze findet man zudem ein weites Spektrum verschiedener Moleküle. Neben großen linearen Molekülen kommen unterschiedlich große zirkuläre vor. Viele der Moleküle sind unvollständig, und Rekombinationsereignisse scheinen häufig zu sein. Im Kapitel 21 wurde darauf hingewiesen, daß der genetische Code in Mitochondrien anders als sonst gelesen wird.

Besondere Aufmerksamkeit wurde in den letzten Jahren dem Phänomen der cytoplasmatisch vererbten Pollensterilität (CMS: *cytoplasmic male sterility)* ge-

340

schenkt, da eine solche – im übrigen bei höheren Pflanzen verbreitete – Hemmung der Pollenentwicklung zur Herstellung von Hybridsaatgut genutzt wird. Beim Mais kennt man mindestens drei CMS-Linien: C, T und S. Nur Pflanzen mit dem Cytoplasma des Typs N *(=normal)* produzieren fertilen Pollen. Es zeigte sich, daß die mtDNS des C-Plasmas sich gegenüber der von N durch zahlreiche Umstrukturierungen auszeichnet. Es entstehen auf diese Weise hybride Gene, z.B. ein Gen, das aus einem Anteil eines ATPase-Gens und einem des Cytochrom-Oxydase-Gens besteht. Die mtDNS der T-Linie ist noch wesentlich komplexer; gegenüber der von N zeichnet sie sich durch einen extrem hohen Umstrukturierungsgrad aus. In den Mitochondrien der S-Linie wurden zwei lineare Plasmide (s. Kap. 34) gefunden. Plasmide sind zusätzliche kleine DNS-Moleküle, die für Bakterien typisch sind und die sich in den letzten Jahren als unentbehrliche Hilfsmittel der Gentechnik bewährt haben. Ihr Nachweis in eukaryotischen Zellen gelang bei Pilzen (auch dort sind sie vornehmlich, aber nicht ausschließlich, in Mitochondrien lokalisiert) und in höheren Pflanzen (das hier zitierte Beispiel ist kein Einzelfall). Es sieht so aus, als würden die in den Mitochondrien der CMS-Linien gebildeten Hybridproteine in die innere Mitochondrienmembran eingelagert und deren Funktion beeinträchtigen.

Unbeantwortet ist die Frage, warum sich diese Störung nur in einem bestimmten Abschnitt der pflanzlichen Entwicklung – nämlich bei der Pollenbildung – bemerkbar macht.

Eine Reihe bestimmter Enzymaktivitäten findet sich simultan sowohl im Cytosol als auch in den Mitochondrien (und ggf. auch in den Chloroplasten). Die dafür benötigten Enzyme haben die gleiche Spezifität, unterscheiden sich aber in ihrer Struktur (Aminosäurezusammensetzung). Damit ist sichergestellt, daß einer der Typen in das eine Organell, der andere in das zweite transportiert werden, während der dritte

im Cytosol verbleibt. Enzyme mit gleicher Aktivität und Spezifität, doch anderer Struktur und damit auch anderer Reaktionskinetik, bezeichnet man als Isoenzyme. Wenngleich man von den meisten solcher Isoenzyme die genauen proteinchemischen Daten nicht kennt, weiß man doch, daß sie proteinchemisch verschieden sind, denn sie verhalten sich unterschiedlich in der Gelelektrophorese und/oder der isoelektrischen Fokussierung.

Auch Mitochondrien entstehen durch Teilung auseinander. Während in tierischen Zellen ausschließlich die Wechselwirkung zwischen Kerngenom und Mitochondriengenom zu betrachten ist, sind wir in Zellen grüner Pflanzen mit einem Dreiecksverhältnis von Kerngenom – Chloroplastengenom – Mitochondriengenom konfrontiert.

Vor allem die innere mitochondriale Membran ist selbst für niedermolekulare Metaboliten nur selektiv passierbar. In ihr enthaltene *Carrier* bedingen die Selektivität (s. a. Abb. 23.10 und 23.11) und steuern die Durchflußrate.

Die wichtigste Leistung der Mitochondrien ist und bleibt aber die Atmungskettenphosphorylierung. Die Atmungskette wurde bereits in Kap. 19 vorgestellt (s. Abb. 19.15 und Abb 19. 16). Sie besteht aus zwei funktionellen Abschnitten, einmal der Elektronentransportkette und zum anderen der ATP-Bildung, also der eigentlichen Phosphorylierungsreaktion. Die ATP-Bildung wird durch eine ATP-Synthetase katalysiert, die ein Bestandteil der inneren Mitochondrienmembran ist. Wie schon in Kap. 22 dargelegt wurde und wie bei der Besprechung der Photophosphorylierung (s. Kap. 24) erneut betont werden wird, kann dieses Enzym nur dann arbeiten, wenn die Membran intakt, d.h. absolut protonenundurchlässig ist und zwei Kompartimente voneinander trennt, so daß sich ein Protonengradient über die Membran hinweg aufbauen kann. Dieser Gradient ist die treibende Kraft, die zur Phosphorylierungsreaktion benötigt wird.

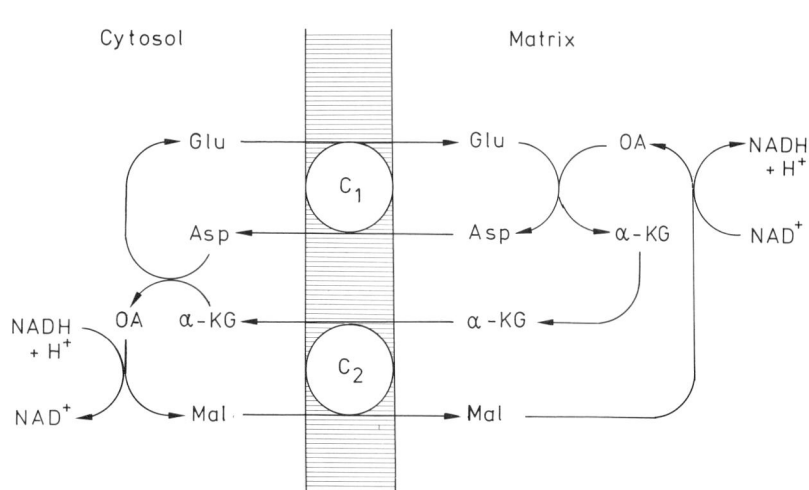

Abb. 23.10. Der Malat-Aspartat-Zyklus *(Shuttle)* (H.W. Heldt, 1976) ist an mitochondrialen Membranen aus tierischen Geweben entdeckt worden. Da pflanzliche Mitochondrien in den siebziger Jahren noch wenig bearbeitet waren, nahm man zunächst an, daß er auch für deren Membranen gelten würde. Neuere Untersuchungen zeigten jedoch, daß es an Membranen pflanzlicher Mitochondrien anstelle dessen einen Malat-Oxalacetat-*Shuttle* gibt. Das Malat wird aus den Mitochondrien ausgeschleust und im Cytosol unter NAD-Verbrauch zu Oxalacetat oxidiert. Dieses wird in die Mitochondrien zurücktransportiert und dort unter NADH +H⁺ – Verbrauch zu Malat reduziert. Da NAD und NADH Membranen nicht passieren können, besorgen solche *Shuttle*-Mechanismen den Transport von Redoxäquivalenten zwischen den Kompartimenten. (H. W. Heldt und U. I. Flügge, 1986)

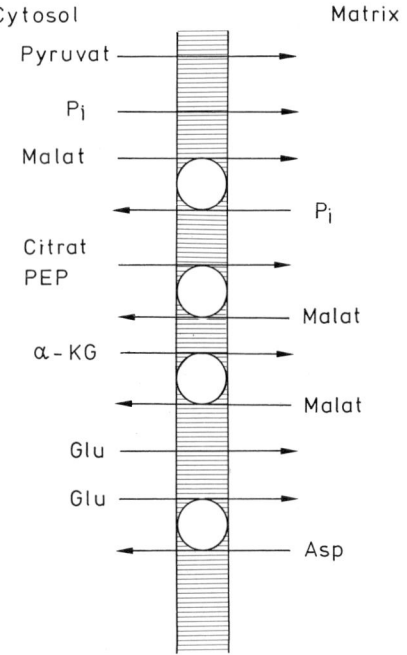

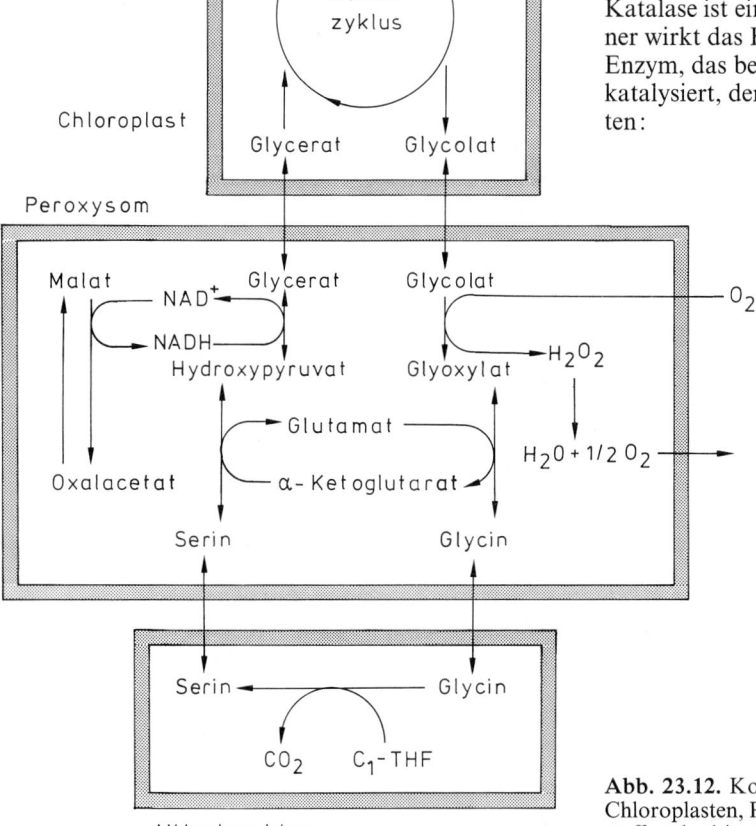

Abb. 23.11. Austausch von Metaboliten an der inneren Mitochondrienmembran unter Mitwirkung spezifischer *Carrier*. (H.W. Heldt, 1976).

Peroxysomen und Glyoxysomen

In pflanzlichen Zellen kommen neben den bekannten und gerade besprochenen Kompartimenten eine Vielzahl sogenannter Mikrokörper *(Microbodies)* vor; sie haben Durchmesser von größenordnungsmäßig 0,3–1,2 µm.

Man unterscheidet zwischen den Peroxysomen und den Glyoxysomen.

In den Peroxysomen findet eine Photorespiration (Lichtatmung) statt (s. Abb. 23.12), Glyoxysomen sind für eine Mobilisierung von Reservestoffen (Fetten) verantwortlich, und sowohl Peroxysomen als auch Glyoxysomen enthalten kristalline Inhaltsstoffe.

In der Zelle sind die beiden Organellentypen nicht statistisch verteilt; Peroxysomen findet man in Nachbarschaft von Chloroplasten und Mitochondrien, Glyoxysomen in Mitochondriennähe.

Die Photorespiration ist ein Prozeß, der zumindest in Teilen der CO_2-Fixierung der Photosynthese gegenläufig ist. Bei Belichtung und unter O_2-Aufnahme wird CO_2 aus 3-P-Glycerat herausgespalten. Als ein Zwischenprodukt der Reaktionskette entsteht das schwere Zellgift H_2O_2, das unmittelbar nach seiner Entstehung durch das Enzym Katalase zerlegt wird. Katalase ist ein *Marker*enzym für Peroxysomen. Ferner wirkt das Fraction-1-Protein mit, also das gleiche Enzym, das bei der Photosynthese die CO_2-Fixierung katalysiert, denn es verfügt über zwei Enzymaktivitäten:

Abb. 23.12. Kopplung zwischen Stoffwechselaktivitäten in Chloroplasten, Peroxysomen und Mitochondrien; Glycolatstoffwechsel in den Peroxysomen. (N.E. Tolbert, 1971).

342

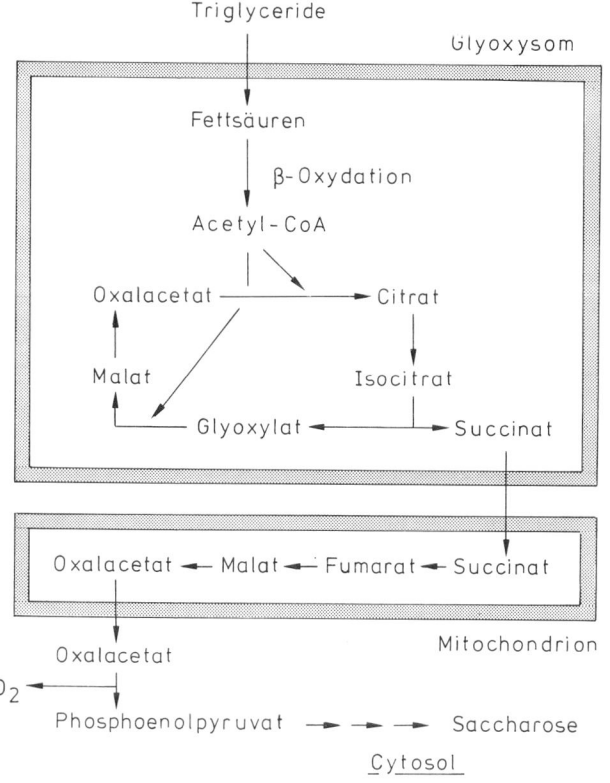

Abb. 23.13. Glyoxysomenstoffwechsel: β-Oxydation der Fettsäuren.

– Ribulosebisphosphat-Carboxylase (Photosynthese)
– Ribulosebisphosphat-Oxygenase (Photorespiration)

Beide Aktivitäten sind in der Zelle räumlich voneinander getrennt. Die erste läuft im Kompartiment Chloroplast, die zweite im Kompartiment Peroxysom ab. Die Lichtabhängigkeit der Photorespiration ist eigentlich nur indirekt, denn das Licht wird nur dazu benötigt, um *via* Photosynthese 3-P-Glycerat zu bilden (Ausgangssubstanz der Photorespiration). Da es im Stoffwechsel nur ein kurzlebiges Zwischenprodukt ist, muß es ständig nachgeliefert werden.

Wozu nun das Ganze? Eine Antwort lautet: Das Hauptendprodukt der Photorespiration ist die Aminosäure Glycin, und diese wiederum ist Ausgangsprodukt der Aminosäure Serin.

Eine ganz andere Frage ist aber, wie das Fraction-1-Protein in die Peroxysomen gelangt. Es ist nämlich ein oligomeres Protein aus großen und kleinen Untereinheiten, von denen die kleine kerncodiert ist, die große chloroplastencodiert.

In Glyoxysomen läuft der Glyoxylatzyklus (s. Abb. 23.13) ab, der seinerseits eng mit dem Fettsäureabbau gekoppelt ist. Glyoxysomen nehmen bei der Keimung der Pflanzen eine Schlüsselrolle ein: Sie regeln und katalysieren den Abbau von Reservefett, und kanalisieren die Abbauprodukte in Richtung Neusynthese zahlreicher Kohlenstoffverbindungen (vorwiegend Kohlenhydrate). So wird gerade während der aktiven Wachstumsphase besonders viel Kohlenhydrat zur Synthese neuer Zellwände benötigt. Die Aktivitäten in Peroxysomen und Glyoxysomen machen deutlich, wie wichtig Kompartimentierung für die Regulation von Stoffwechselwegen in der Zelle ist, daß gegenläufige Prozesse auf verschiedene Kompartimente verteilt sind, wie sie miteinander kooperieren und wie andererseits die Membranen als selektive Filter den Metabolitdurchsatz regulieren.

Literatur

Anderson, S., A.T. Bankier, B.G. Barrell, M.H.L. de Bruijh, A.R. Coulson, J. Droulin, I.C. Eperson, D.P. Nierlich, B.A. Roe, F. Sanger, P.H. Schreier, A.J.H. Smith, R. Staden and I.G. Young: Sequence and organization of the human mitochondrial genome. Nature (Lond.) *290*, 457–465 (1981)

Apel, K., K.R. Miller, L. Bogorad and G.J. Miller: Chloroplast membranes of the green alga *Acetabularia mediterranea*. II. Topography of the chloroplast membrane. J. Cell Biol. *71*, 876–893 (1976)

Blobel, G.B. Dobberstein: Transfer of proteins across membranes. J. Cell Biol. *67*, 835–851 (1975)

Bohnert, H.J., H.J., Gordon, E.J. Crouse: Homologies among ribosomal RNA and messenger RNA genes in chloroplasts, mitochondria and *E. coli*. Molec. Gen. Genet. *179*, 539–545 (1980)

Borst, P., L.A. Grivell and G.S.P. Groot: Organelle DNA Trends in Biochem. Sciences *9*, 128–130 (1984)

Bouthyette, P.-Y., A.T. Jagendorf: The site of synthesis of pea chloroplast coupling factor 1. Plant and Cell Physiol. *19*, 1169–1174 (1978)

Bottomley, W., H.J. Bohnert: The biosynthesis of chloroplast proteins. p. 531–596 in: „Nucleic acids and proteins in plants II" (B. Parthier, D. Boulter, eds) Berlin–Heidelberg–New York: Springer Verlag, 1982 (Encyclop. Plant Physiol. 14 b)

Butterfaß, T.: Patterns of chloroplast reproduction. Wien, New York: Springer Verlag, 1979 (Cell Biol. Monographs 6.)

Chu, N.M., K.K. Tewari: Arrangement of the ribosomal RNA genes in chloroplast DNA of Leguminosae. Molec. Gen. Genet. *186*, 23–32 (1982)

Chua, N.-H. and G.W. Schmidt: Transport of proteins into mitochondria and chloroplasts. J. Cell Biol. *81*, 461–483 (1979)

Dobberstein, B., Blobel, G., Chua, N.-H.: *In vitro* synthesis and processing of a putative precursor for the small subunit of ribulose-1,5-bisphosphate carboxylase of *Chlamydomonas reinhardii*. Proc. Natl. Acad. Sci. US *74*, 1082–1085 (1977)

Douce, R., J. Joyard: Structure and function of the plastid envelope. Adv. Bot. Res. *7*, 3–116 (1979)

Douce, R.: Mitochondria in higher plants. New York, London: Academic Press, 1985

Gibbs, M. (ed.): Structure and function of chloroplasts. Berlin—Heidelberg—New York: Springer Verlag, 1971

Heldt, H.W.: Transport of metabolites between cytoplasm and the mitochondrial matrix. S. 235–254 in: „Transport in plants III" (C.R. Stocking, U. Heber eds.) Berlin—Heidelberg—New York: Springer Verlag, 1976 (Encyclop. Plant Physiol. 3)

Heldt, H.W., U.I. Flügge: Intrazellulärer Transport in grünen Pflanzenzellen. Naturwissenschaften 73, 1–7 (1986)

Hermann, R.G., P. Westhoff, J. Alt, P. Winter, J. Tittgen, C. Bisanz, B.B. Sears, N. Nelson, E. Hurt, G. Hauska, A. Viebrock and W. Sebald: Identification and characterization of genes for polypeptides of the thylakoid membrane. in: „Structure and function of plant genomes" (O. Ciferri and L. Dure, eds.) S. 143–153 New York, London: Plenum Publ. Corp., 1983

Huang, A.H.C., and H. Beevers: Localization of enzymes within microbodies. J. Cell Biol. 58, 379–389 (1973)

Huang, A.H.C., R.N. Trelease, T.S. Moore: Plant peroxisomes. New York, London: Academic Press, 1983

Koller, B., H. Delius: Intervening sequences in chloroplast genomes. Cell 36, 613–622 (1984)

Kolodner, R., K.K. Tewari: Inverted repeats in chloroplast DNA from higher plants. Proc. Natl. Acad. Sci. US 76, 41–45 (1979)

Levings, C.S.: The plant mitochondrial genome and its mutants. Cell 32, 659–661 (1983)

Lonsdale, D.M., T.P. Hodge, C.J. Howe, D.B. Stern: Maize mitochondrial DNA contains a sequence homologous to the ribulose-1,5-bisphosphate carboxylase large subunit gene of chloroplast DNA. Cell 34, 1007–1014 (1983)

Lord, J.M. and L.M. Roberts: Formation of glyoxysomes. Intern. Rev. Cytology, Suppl. 15, 115–156 (1983)

Matile, P.: Zellkompartimentierung am Beispiel der pflanzlichen Vakuole. Naturwissenschaften 66, 343–346 (1979)

Matile, P.: Das toxische Kompartiment der Pflanzenzelle. Naturwissenschaften 71, 18–24 (1984)

Mollenhauer, H.H. and D.J. Morré: A possible role for intercisternal elements in the formation of secretory vesicles in plant golgi apparatus. J. Cell Sci. 19, 231–237 (1975)

Moore, A.L. and P.R. Rich: The bioenergetics of plant mitochondria. Trends in Biochem. Sciences 5, 284–288 (1980)

Mühlethaler, K., H. Moor, J.W. Szarkowski: The ultrastructure of the chloroplast lamellae. Planta (Berl.) 67, 305–323 (1965)

Nelson, N., H. Nelson, G.G. Schatz: Biosynthesis and assembly of the proton-translocating adenosine triphosphate complex from chloroplasts. Proc. Natl. Acad. Sci. US 77, 1361–1364 (1980)

Ohyama, K., H. Fukuzawa, T. Kohchi, H. Shirai, T. Sano, S. Sano, K. Umesono, Y. Shiki, M. Takeuchi, Z. Chang, S.-i. Aota, H. Inokuchi, H. Ozeki: Chloroplast gene organization deduced from complete sequence of liverwort Marchantia polymorpha chloroplast DNA. Nature 322, 572–574 (1986)

Philipp, E.-I., W.W. Franke, T.W. Keenan, J. Stadler and E.-D. Jarasch: Characterization of nuclear membranes and endoplasmic reticulum isolated from plant tissue. J. Cell Biol. 68, 11–29 (1976)

Pring, D.R., D.M. Lonsdale: Molecular biology of higher plant mitochondrial DNA. Int. Rev. Cytol. 97, 1–46 (1985)

Ris, H., Plaut, W.: The ultrastructure of DNA containing areae in the chloroplasts of Chlamydomonas. J. Cell Biol. 13, 383–391 (1962)

Roberts, K., D.H. Northcote: Structure of the nuclear pore in higher plants. Nature 228, 385–386 (1970)

Robinson, D.G. and U. Kristen: Membrane flow via the golgi apparatus of higher plant cells. Intern. Rev. Cytology 77, 89–127 (1982)

Rochaix, J.D.: Organization, function and expression of the chloroplast DNA of Chlamydomonas reinhardii. Experientia 37, 323–332 (1981)

Rothman, J.E. The compartmental organization of the golgi apparatus. Sci. American, September 1985, S. 84–95

Schmidt, R.J., C.B. Richardson, N.W. Gillham and J.E. Boynton: Sites of synthesis of chloroplast ribosomal proteins in Chlamydomonas. J. Cell Biol. 96, 1451–1463 (1983)

Schmidt, R.J., A.M. Myers, N.W. Gillham and J.E. Boynton: Chloroplast ribosomal proteins of Chlamydomonas synthesized in the cytoplasm are made as precursors. J. Cell Biol. 98, 2011–2018 (1984)

Shinozaki, K., M. Ohme, M. Tanaka, T. Wakasugi, N. Hayashida, T. Matsubayashi, N. Zaita, J. Chunwongse, J. Obokata, K. Yamaguchi-Shinozaki, C. Ohto, K. Torazawa, B.Y. Meng, M. Sugita, H. Deno, T. Kamogashira, K. Yamada, J. Kusuda, F. Takaiwa, A. Kato, N. Tohdoh, H. Shimada, M. Sugiura: The complete nucleotide sequence of the tobacco chloroplast genome: its gene organization and expression. EMBO J. 5, 2043–2049 (1986)

Singh, S., S.G. Wildman: Chloroplast DNA codes for the ribulose diphosphate carboxylase catalytic site on fraction-1-proteins of Nicotiana species. Molec. gen. Genet, 124, 187–196 (1973)

Smeekens, S., M. de Groot, J. van Binsbergen, P. Weisbeck: Sequence of the precursor of the chloroplast thylakoid lumen protein plastocyanin. Nature 317, 456–458 (1985)

Somerville, C.R., W.L. Ogren: Genetic modification of photorespiration. Trends in Biochem. Sciences 7, 171–174 (1982)

Staehelin, L.A.: Reversible particle movements associated with unstacking and restacking of chloroplast membranes in vitro. J. Cell Biol. *71*, 136–158 (1976)

Stumpf, P.K.: Plants, fatty acids, compartments. Trends in Biochem. Sciences *6*, 173–176 (1981)

Tolbert, N.E.: Microbodies. Peroxisomes and Glyoxisomes. Ann. Rev. Plant Physiol. *22*, 45–74 (1971)

Wehrmeyer, W.: Zur Klärung der strukturellen Variabilität der Chloroplastengrana des Spinats in Profil und Aufsicht. Planta (Berl.) *62*, 272–293 (1964)

v. Wettstein, D.: The effect of genetic factors on the submicroscopic structures of the chloroplast. J. Ultrastruct. Res. *3*, 235 236 (1959)

v. Wettstein, D.: Nuclear and cytoplasmic factors in development of chloroplast structure and function. Canad. J. Bot *39*, 1537–1561 (1961)

Whatley, J.M.: Plastids – Past, present, and future. Intern. Rev. Cytology, Suppl. *14*, 329–373 (1983)

Zelitch, I.: Plant productivity and the control of photorespiration. Proc. Natl. Acad. Sci. US. *70*, 579–584 (1973)

24. Photosynthese

Auf J. B. van Helmont (1577–1644) geht die Beobachtung zurück, daß eine Weide, die fünf Jahre in einem Gefäß gestanden und gehörig gegossen wurde, über einen halben Zentner an Gewicht zunahm, obwohl die Erde im Topf nur zwei Unzen abgenommen hatte. Der britische Naturforscher S. Hales (1677–1761, s. Abb. 1.2e) bemerkte, daß Luft und Licht für die Ernährung der grünen Pflanzen erforderlich seien. Doch erst nachdem man erkannt hatte, daß die Luft aus verschiedenen Gasarten zusammengesetzt ist, begann man, sich mit ihrer Bedeutung für die Pflanzenernährung zu befassen. J. Priestley (1733–1804), einer der Entdecker des Sauerstoffs, fand 1771, daß grüne Pflanzen Sauerstoff abgeben und damit die Luft verbessern. Der Genfer Priester J. Senebier (1742–1809) bemerkte, daß die Regeneration der Luft auf dem Verbrauch von „fixer Luft" (Kohlensäure) beruht. Bestätigt und erweitert wurden diese Befunde durch Arbeiten (ab 1779) des holländischen Arztes J. Ingenhousz (auch Ingen-Housz geschrieben; 1730–1799, s. Abb. 1.2f), der sowohl die Bedeutung des Lichts für die Kohlensäureaufnahme erkannte als auch feststellte, daß der gesamte in Pflanzen enthaltene Kohlenstoff atmosphärischen Ursprungs ist. Neben der lichtabhängigen Kohlensäu-

reaufnahme fand er, daß Pflanzen im Schatten und in der Nacht (in kleinen Mengen) Sauerstoff aufnehmen und dabei Kohlensäure produzieren. Th. des Saussure (1767–1845) aus Genf stellte 1804 fest, daß die Gewichtszunahme von Pflanzen nicht allein auf der Kohlenstoffaufnahme und der Aufnahme von Mineralien beruhen konnte, und folgerte daraus, daß die Zunahme durch Bindung der Bestandteile des Wassers zu erklären sei.

1894 baute T.W. Engelmann (1843–1909) aus einem modifizierten Mikroskopkondensor eine Vorrichtung, mit der er Teile photosyntheseaktiver Zellen (der Grünalge *Spirogyra*) durch einen feinen Lichtstrahl beleuchtete, um somit zu klären, welche Komponenten der Zelle als Lichtrezeptoren wirken. Um eine Sauerstoffproduktion zu messen, tauchte er den *Spirogyra*-Faden in eine bakterienhaltige Suspension. Wurden Teile des Chloroplasten illuminiert, konzentrierten sich die Bakterien in der belichteten (und somit sauerstoffreichen) Zone. Bei Belichtung anderer (farbloser) Bereiche der Zelle blieb die Anlockung der Bakterien aus (s. Abb. 24.1).

In einer vorangegangenen Arbeit (1882) zerlegte er weißes Licht durch ein Prisma in die Spektralfarben und beleuchtete mit diesem Spektrum einen Faden der Grünalge *Cladophora* (im Gegensatz zu *Spirogyra* füllt ihr Chloroplast jede Zelle gleichmäßig aus). Dabei sah er, daß sich die Bakterien vorwiegend an solchen Abschnitten der Zelloberflächen sammelten, die blauem oder rotem Licht ausgesetzt waren. Damit wurde ein erstes Aktionsspektrum (Wirkungsspektrum) der Photosynthese gewonnen (Abb. 24.2). In groben Zügen ähnelt es den Absorptionsspektren von Chlorophyll a und b (s. Abb. 24.3).

Der Nachweis, daß Chlorophyll an der Photosynthese beteiligt ist, wurde von dem Würzburger Pflanzenphysiologen J. Sachs (1832–1897) erbracht. Er zeigte ferner, daß in Chloroplasten – als Folge photosynthetischer Aktivitäten – Stärke gebildet wird.

Diese Befunde standen im Einklang mit dem ersten Hauptsatz der Thermodynamik (Satz von der Erhaltung der Energie), dessen Entdecker J.R. Mayer bereits 1842 postulierte, daß Pflanzen Energie in Form von Licht aufnehmen und sie in eine andere Energieform – in chemische Energie – transformieren. Auf diesen Befunden aufbauend, wurde die bekannte Reaktionsgleichung

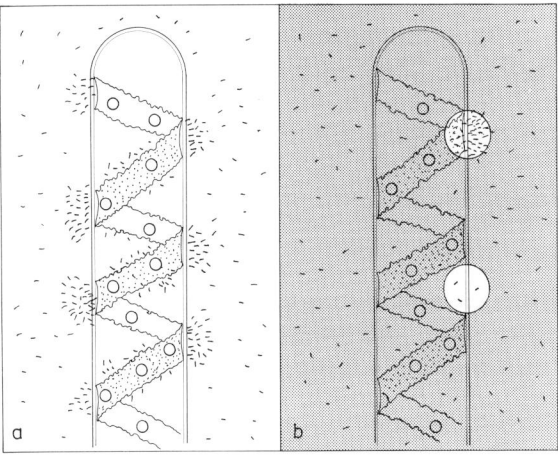

Abb. 24.1. Nachweis der Produktion von Sauerstoff nach Belichtung an Chloroplasten von *Spirogyra*. (T.W. Engelmann, 1884).

346

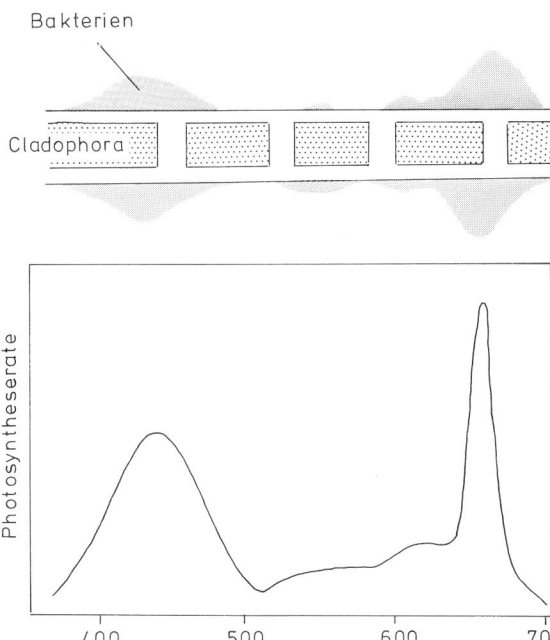

Abb. 24.2. Demonstration der Lichtwellenabhängigkeit der Photosynthese; Einzelheiten siehe Text. (T.W. Engelmann, 1882).

$$6\,CO_2 + 6\,H_2O \xrightarrow[\text{Chlorophyll}]{\text{Licht}} C_6H_{12}O_6 + 6\,O_2$$

formuliert.

J. v. Liebig nahm an, der Sauerstoff ginge aus der CO_2-Spaltung hervor. Diese Vorstellung wurde von den bekannten Pflanzenphysiologen des ausgehenden 19. und des beginnenden 20. Jahrhunderts (Sachs, Pfeffer, Jost u.a.) kritiklos übernommen, obwohl M.J. Schleiden schon 1842 erkannte, daß

(1) bei der Photosynthese Traubenzucker gebildet wird (damit war er der Realität näher als nach ihm Sachs), und daß

(2) vermutlich das Wasser gespalten wird. Er schreibt dazu:

„Nun weiß man aber, daß CO_2 eine der allerfestesten Verbindungen ist, deren Zersetzung in der Chemie auf keinem Wege gelingt, dagegen ist bekannt, daß H_2O eine gar leicht zersetzbare Verbindung ist. ... und so erscheint es wahrscheinlich, daß sich mit 12 CO_2 die 24 H_2 von 24 H_2O verbinden."
(aus: Grundzüge der wissenschaftlichen Botanik)

(Anmerkung: Schleidens Reaktionsgleichung enthält alle Reaktionspartner in Zahlen, die doppelt so hoch sind, wie in den heute üblichen Darstellungen. Für Traubenzucker nennt er die Zusammensetzung $C_{12}H_{24}O_{12}$.)

Pflanzenphysiologen merkten schon bald, daß die oben dargestellte Reaktionsgleichung eine grobe Vereinfachung ist und daß die Photosynthese aus einer Reihe von Teilabläufen bestehen muß.

F.F. Blackman und G.L.C. Mathaei (1905, Universität Cambridge/England) gehörten zu den ersten, die diesen Fragenkreis systematisch angingen. Sie kultivierten Pflanzen unter unterschiedlichen, aber kontrollierten CO_2-Konzentrationen, unterschiedlichen Lichtintensitäten und unterschiedlichen Temperaturen und registrierten die Auswirkungen dieser externen Parameter auf die Photosyntheserate. Dabei ergaben sich zwei entscheidende Aspekte (s. Abb. 24.4). Unter Starklichtbedingungen (bei ausreichender Lichtmenge) und limitierenden CO_2-Konzentrationen war die Photosyntheserate temperaturabhängig. Das verdeutlichte, daß die CO_2-Verwertung (Fixierung) auf normalen temperaturabhängigen biochemischen Reaktionen beruht. Bei CO_2-Überschuß und nicht ausreichender Lichtmenge wurde keine Temperaturabhängigkeit gefunden. Das wiederum weist dar-

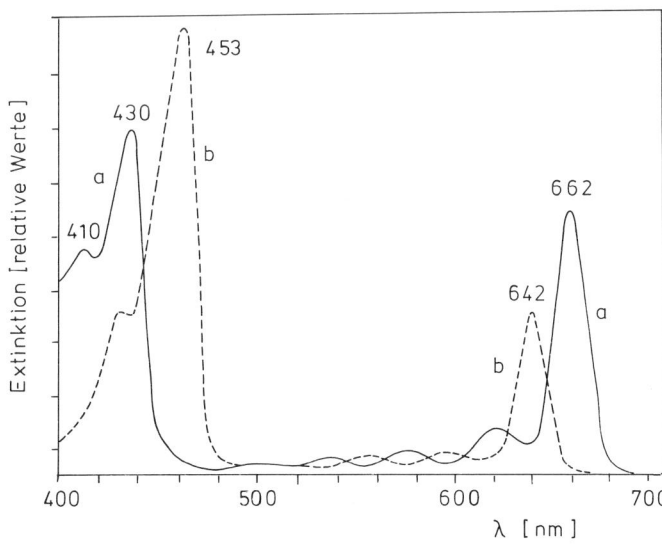

Abb. 24.3. Absorptionsspektren von Chlorophyll a und b.

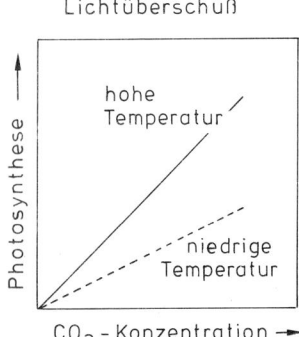 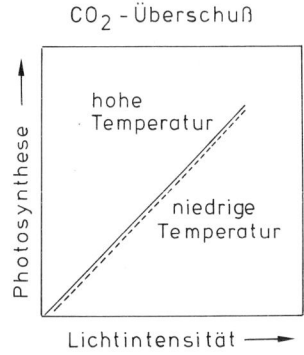

Lichtüberschuß — CO₂ - Überschuß

Abb. 24.4. **Abb. 24.4.** Das Blackman-Mathei-Experiment (1905). Bei hoher Lichtintensität ist die Photosyntheserate von der Temperatur und der CO_2-Konzentration abhängig. Bei CO_2-Überschuß sind die Reaktionen temperaturunabhängig.

auf hin, daß die lichtinduzierten Reaktionen temperaturunabhängig sind. Diese Aussage gilt ganz allgemein für photochemische Reaktionen.

O. Warburg (Kaiser-Wilhelm-Institut [später Max-Planck-Institut] für Zellphysiologie in Berlin-Dahlem) führte 1925 Blackmans Ergebnisse auf die Existenz von zwei Reaktionsklassen, die Licht- und die Dunkelreaktionen, zurück.

In den dreißiger Jahren analysierte C.B. van Niel (Stanford University) die Photosynthese einer Reihe von Purpurbakterien, die dafür außer dem CO_2 Schwefelwasserstoff (H_2S) benötigen. Als Reaktionsgleichung konnte van Niel

$$6CO_2 + 12H_2S \xrightarrow{\text{Licht}} C_{16}H_{12}O_6 + 12S + 6H_2O$$

ermitteln.

Hiervon extrapolierend, stellte er eine generelle Gleichung für alle Photosyntheseprozesse auf:

$$CO_2 + 2H_2X \longrightarrow (CH_2O) + H_2O + 2X$$

Demnach wäre eine Photosynthese eine Redoxreaktion mit H_2X als Elektronendonator (der oxydierbaren Substanz). Im Falle grüner Pflanzen wäre es das H_2O, und das wiederum heißt, daß nicht das CO_2, sondern das H_2O gespalten wird.

Ein erster experimenteller Beweis dafür, daß der Sauerstoff bei der Photosynthese grüner Pflanzen tatsächlich aus der Spaltung des Wassers stammt, erfolgte 1937 durch den britischen Physiologen R. Hill. Er stellte fest, daß isolierte Chloroplasten in Anwesenheit zugesetzter (unnatürlicher) reduzierender Verbindungen (z.B. Eisenoxalat, Ferricyanid, Benzochinon) nach Belichtung Sauerstoff freisetzen. Die Reaktion ging als Hill-Reaktion in die Literatur ein:

$$2H_2O + 2A \xrightarrow[\text{Chloroplasten}]{\text{Licht } (h\nu)} 2AH_2 + O_2$$

(A = Elektronenakzeptor) Wenn A = Fe^{3+}, erhält man

$$2H_2O + 4Fe^{3+} \xrightarrow[\text{Chloroplasten}]{\text{Licht } (h\nu)} 4Fe^{2+} + O_2 + 4H^+$$

Der Ablauf ist mit einer photolytischen Wasserspaltung verbunden, die der Reduktion des Fe^{3+} vorangeht

$$4H_2O \xrightarrow[\text{Chloroplasten}]{\text{Licht } (h\nu)} 4H^+ + 4OH^-$$

Hierdurch wurde deutlich, daß
– Sauerstoff auch in CO_2-Abwesenheit freigesetzt werden kann,
– der gebildete Sauerstoff aus der Wasserspaltung stammt,
– und daß schließlich in isolierten Chloroplasten – zumindest Teilschritte – der Photosynthese ablaufen können.

Die Aussage, daß der bei der Photosynthese produzierte Sauerstoff ausschließlich aus der Spaltung des Wassers stamme, wurde – nach Einführung der Isotopentechniken in die Biochemie – 1941 von S. M. Ruben, M. Randall, M. Kamen und J. L. Hyde bekräftigt, als sie zeigen konnten, daß eine Suspension von *Chlorella*-Zellen nach Belichtung aus $H_2{}^{18}O$ $^{18}O_2$ freisetzt. Unmittelbar danach bestätigten S. M. Ruben und Mitarbeiter O. Warburgs Postulat, daß die Fixierung des Kohlendioxyds zwar energieverbrauchend, aber lichtunabhängig ist. E. Racker (Cornell University, Ithaca, N.Y.) ergänzte die Aussage und fand, daß die Lichtenergie durch Zugabe energiereicher Verbindungen ersetzt werden kann.

Die Dunkelreaktionen der Photosynthese, Fixierung von CO_2 (CO_2-Assimilation), Calvin-Zyklus

Die Verwendung von Isotopen erlaubte es M. Calvin und seinen Mitarbeitern (University of California, Berkeley), im relativ kurzen Zeitraum von 1946–1953 die Reaktionsschritte des Einbaus von CO_2 in Kohlenhydrate vollständig aufzuklären. Der rasche Erfolg beruhte auf dem Einsatz empfindlicher Methoden (zweidimensionale Papierchromatographie, Autoradiographie), einem geeigneten Versuchsobjekt, und dem zügigen Fortschritt auf dem Gebiet der Enzym-

348

biochemie. Die einzellige Grünalge *Chlorella pyrenoidosa* (1919 von O. Warburg in die Photosyntheseforschung eingeführt) wurde in belichteten Kulturen durch einen gleichmäßigen $^{12}CO_2$-enthaltenden Luftstrom begast.

Zu einem bestimmten Zeitpunkt (t = 0) wurde der Luft kurzfristig $^{14}CO_2$ beigemengt. Dabei ging man davon aus, daß auch das markierte CO_2 sukzessive in Intermediärprodukte der Kohlenhydratsynthese eingebaut würde. In einer Serie von Experimenten wurde der Reaktionsansatz nach bestimmten Zeiten (3 sec., 5 sec. usw.) unterbrochen, indem ein Teil der Zellen durch Zugabe von kochendem Alkohol abgetötet wurde und die gebildeten (^{14}C-markierten) Zwischenprodukte papierchromatographisch aufgetrennt und identifiziert wurden.

Die Reaktionen im einzelnen:

(1) Die erste, drei Sekunden nach Reaktionsbeginn bereits radioaktiv markierte stabile Verbindung war das 3-Phosphoglycerat (3–PG), eine Substanz, die wir bereits als Intermediärprodukt der Glykolyse kennengelernt haben. ^{14}C erschien dabei in der Karboxylgruppe. Man nahm zunächst

an, das Akzeptormolekül für CO_2 müsse ein C_2-Körper (eine C_2-Einheit) sein. Doch nach vergeblicher Suche konnte schließlich Ribulosediphosphat (RuDP), ein C_5-Körper als CO_2-Akzeptor identifiziert werden ($C_5 + C_1 \rightarrow 2\,C_3$).

Nach längeren Reaktionszeiten (5 sec., 10 sec. usw.) verteilte sich die Radioaktivität auf eine Reihe weiterer Komponenten. Calvin und Benson ermittelten die Reihenfolge des Einbaus und stellten die Ergebnisse zu einem Reaktionsablauf zusammen. Hierbei ergaben sich zwei Gesichtspunkte:
- einmal die Resynthese von Ribulosediphosphat, und
- zum anderen die Bildung des Assimilats (des Nettosyntheseprodukts der CO_2-Assimilation).

Der Reaktionsweg zur Bildung von Ribulosediphosphat läßt sich durch einen Zyklus beschreiben (Calvin-Zyklus oder reduktiver Pentosephosphatzyklus, siehe Abb. 24.5), während der zweite Vorgang ein linearer Prozeß ist und darauf beruht, daß ein Zwischenprodukt des Zyklus aus ihm abgezogen wird.

(2) Das 3-Phosphoglycerat wird unter ATP- und

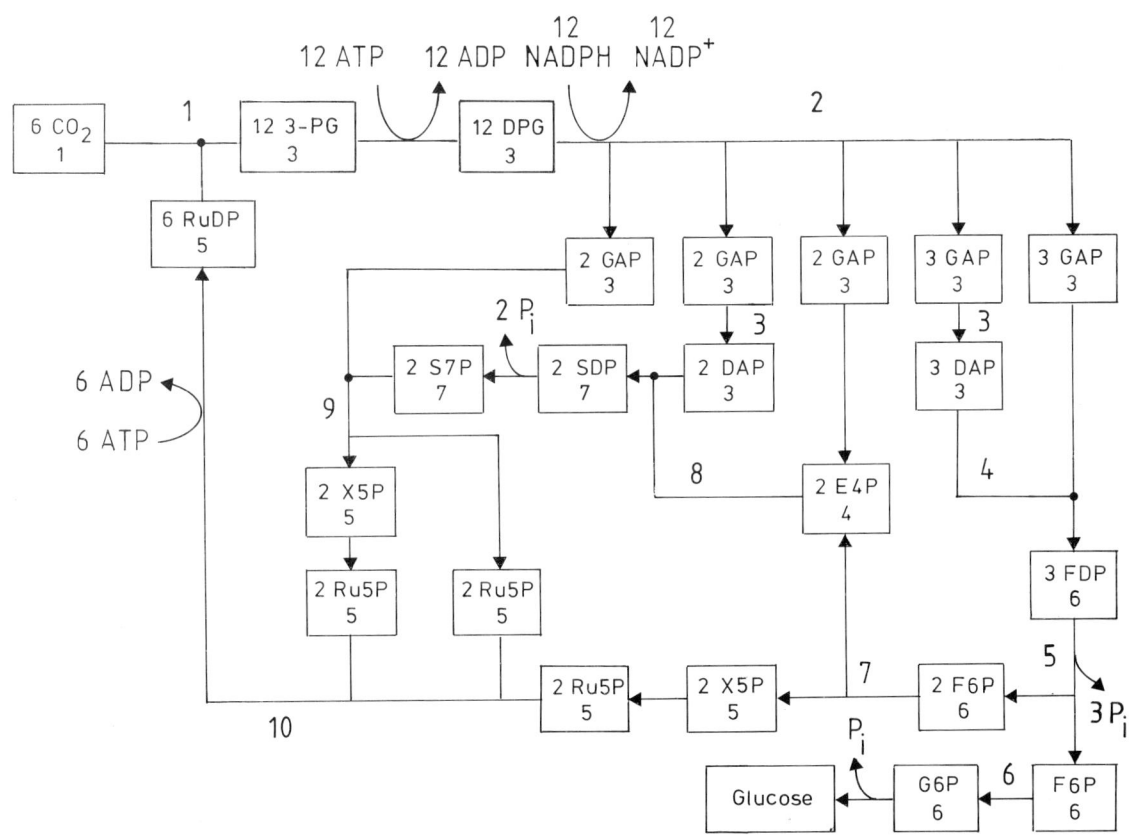

Abb. 24.5. Schematische Darstellung des Calvin-Zyklus. Die Reaktionsschritte – im Text behandelt – sind durch Ziffern gekennzeichnet, die Intermediärprodukte durch die üblichen Abkürzungen (siehe Text). Zur Produktion eines Glukosemoleküls werden sechs CO_2 und sechs Rezeptormoleküle benötigt, folglich muß der Zyklus sechsmal durchlaufen werden. Aus Gründen der Vereinfachung sind im Schema alle sechs Durchläufe zu einem zusammengefaßt worden. Die Ziffern unter den Intermediärprodukten stehen für die Anzahl der Kohlenstoffatome im jeweiligen C-Körper (GAP z.B. wäre demnach ein C_3-Körper, desgleichen 3-PG, DGP und DAP).

$NADPH_2$-Verbrauch zu Glycerinaldehyd-3-Phosphat (GAP) reduziert, die Karboxylgruppe geht in eine Aldehydgruppe über. Auch dieser Schritt ist – in umgekehrter Richtung – von der Glykolyse her bekannt (s. Kap. 19), wobei allerdings hervorzuheben ist, daß bei der Photosynthese, anstelle von NAD, NADP benötigt wird. Heute weiß man, daß dieser Schritt (und auch die übrigen) in den beiden genannten Reaktionsketten durch unterschiedliche Enzyme katalysiert wird und daß die Enzyme der Photosynthese mit $NADP \rightleftharpoons NADPH_2$ als Kofaktor arbeiten.

Um ein Molekül Glycerinaldehyd-3-Phosphat (einen C_3-Körper) auf photosynthetischem Wege zu produzieren, muß der Calvin-Zyklus dreimal durchlaufen werden, denn bei jedem Durchlauf wird ja nur ein Molekül CO_2 fixiert.

(3) Wie bei der Glykolyse entsteht aus einem Teil des Glycerinaldehyd-3-Phosphats durch Epimerisierung Dihydroxyacetonphosphat (DAP).

(4) Durch Zusammenlagerung von je einem Molekül Glycerinaldehyd-3-Phosphat und Dihydroxyacetonphosphat wird Fructose-1,6-Diphosphat (F-1,6-P) gebildet.

(5) Jenes geht unter P_i-Abspaltung in Fructose-6-Phosphat (F-6-P) über. Für dessen Verbleib gibt es zwei Alternativen:

(6) Aus einem der F-6-P-Moleküle (zur Stöchiometrie sei auf die Angaben in der Abbildung 24.5 verwiesen) entsteht Glucose-6-Phosphat (G-6-P), das aus dem Calvin-Zyklus ausgeschleust wird und als Nettogewinn der Photosynthese zu verbuchen ist.

(7) Das übrige F-6-P zerfällt in eine C_5-Einheit (Xylulose-5-Phosphat; X-5-P) und eine C_1-Einheit, die zusammen mit GAP eine C_4-Einheit (Erythrose-4-Phosphat; E-4-P) ergibt.

(8) Das E-4-P wird an ein Molekül Dihydroxyacetonphosphat (DAP) gekoppelt. Es entsteht Sedoheptulose-1,7-diphosphat (SDP), ein C_7-Körper.

(9) Nach Abspaltung eines der beiden Phosphatreste reagiert Seduheptulose-7-Phosphat (S-7-P) mit Glycerinaldehydphosphat. Aus der Reaktion gehen zwei C_5-Körper hervor (Ribulose-5-Phosphat und Xylulose-5-Phosphat; Ru-5-P und X-5-P).

(10) Das Ribulose-5-Phosphat wird zu Ribulose-1,5-Diphosphat phosphoryliert und steht damit für eine neue Runde des Calvin-Zyklus zur Verfügung.

Zusammenfassend läßt sich die Bilanz der Dunkelreaktionen wie folgt schreiben:

$6\ RuDP + 6\ CO_2 \longrightarrow 12\ 3\text{-}PG$

$12\ 3\text{-}PG + 12\ NADPH_2 + 12\ ATP \longrightarrow 12\ GAP + 12\ ADP + 12\ P_i + 12\ NADP$

$12\ GAP \longrightarrow 1$ Glucose (Nettosyntheseprodukt der CO_2-Assimilation) $+ 10\ GAP$

$10\ GAP + 6\ ATP \longrightarrow 6\ RuDP$

$NADPH_2$ und ATP stammen, wie wir noch sehen werden, aus den Lichtreaktionen der Photosynthese, in denen die Lichtenergie in chemische Energie umgesetzt wird.

Wenn ein Reaktionsablauf, wie der hier skizzierte Calvin-Zyklus, aufgeklärt und für eine Art *(Chlorella pyrenoidosa)* als gültig erwiesen worden ist, muß man sich fragen, ob er für alle grünen Pflanzen gilt oder ob bei anderen Arten andersartige Abläufe vorkommen. Zunächst einmal konnte gezeigt werden, daß er in der Tat nicht auf *Chlorella* beschränkt, sondern bei grünen Pflanzen weit verbreitet ist. Zudem konnte gezeigt werden, daß selbst isolierte Chloroplasten (z.B. aus Spinat) noch voll aktiv sind, d.h., daß in ihnen alle Reaktionen des Calvin-Zyklus ablaufen können.

C_3, C_4 und CAM. Regulation der Photosyntheseaktivität

C_4

Es gibt eine Anzahl von Pflanzenarten, die sich bei hoher Lichtintensität gegenüber den übrigen durch eine erhöhte und weit effizientere Nettophotosyntheseleistung auszeichnen als die übrigen. Paradebeispiele hierfür sind etliche Gramineenarten wärmerer Gegenden, wie z.B. Mais und Zuckerrohr.

Anfang der sechziger Jahre stellte H. Kortschak (Hawaiian Sugar Planter's Association) fest, daß das erste Produkt der Photosynthese beim Zuckerrohr nicht die C_3-Verbindung 3-Phosphoglycerat, sondern eine Verbindung aus vier C-Atomen ist. Die australischen Pflanzenphysiologen M.D. Hatch und C.R. Slack bestätigten den Befund und identifizierten die Verbindung als Oxalacetat *(oxal acetic acid:* OAA), das durch Anlagerung eines CO_2-Moleküls an Phosphoenolpyruvat (PEP) entsteht. Pflanzenarten, bei denen dieser Weg beschritten wird, nennt man C_4-Pflanzen (respektive CAM-Pflanzen, siehe folgenden Abschnitt), im Gegensatz zu den C_3-Pflanzen, bei denen das aufgenommene CO_2 direkt in den Calvin-Zyklus eingebracht wird. Das Oxalacetat wird in der Mehrzahl der Fälle in Malat überführt, aus dem CO_2 enzymatisch wieder abgespalten wird.

Dieses CO_2 wird nunmehr dem Ribulose-1,5-Diphosphat zugeführt und *via* Calvin-Zyklus fixiert (s. Abb. 24.6). Anstelle von Malat tritt bei einigen Arten Aspartat als Zwischenprodukt auf:

Oxalacetat + L-Glutamat $\rightleftharpoons$ Aspartat + α-Ketoglutarat.

Die reversible Bindung des CO_2 dient ganz offensichtlich der Akkumulation und Speicherung von CO_2. Da der Prozeß energieverbrauchend ist, kann man von einer CO_2-Pumpe sprechen.

350

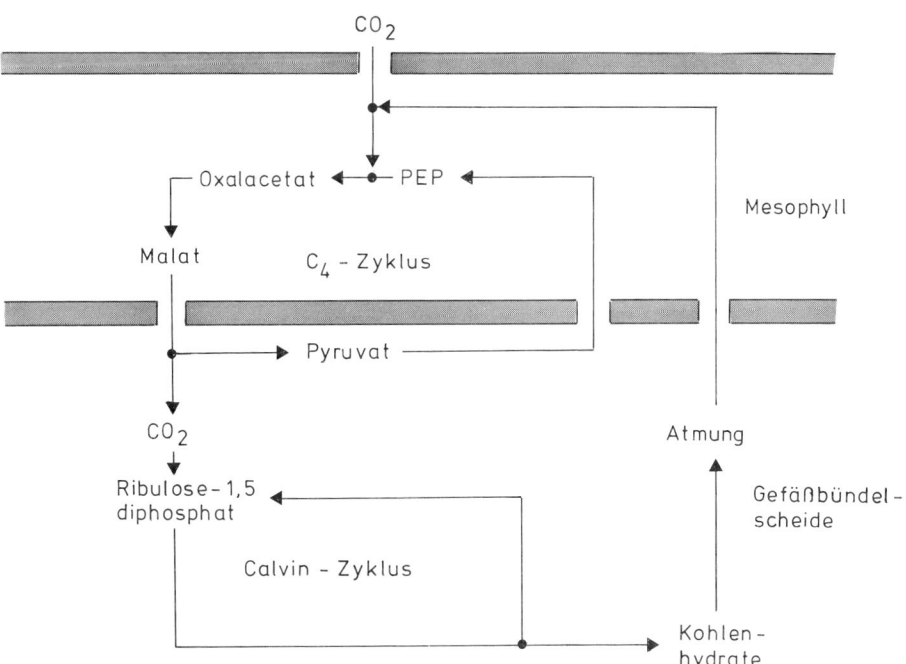

Abb. 24.6. Photosynthese in C_4-Pflanzen. In Mesophyllzellen wird CO_2 an Phosphoenolpyruvat (PEP) gebunden. Es entsteht Oxalacetat und daraus Malat. Dieses wird an die Zellen der Gefäßbündelscheide („Kranz"-Zellen) abgegeben, CO_2 wird abgespalten und dem Calvin-Zyklus zugeführt. Das Pyruvat wandert in die Mesophyllzellen zurück (aktiver Transport unter Energieverbrauch) und wird unter zusätzlichem ATP-Verbrauch zu PEP phosphoryliert.

Die Blätter der C_4-Pflanzen (mit sog. „Kranz"-Zellen) unterscheiden sich anatomisch grundsätzlich von denen der C_3-Pflanzen. In C_3-Pflanzen sind die Chloroplasten einheitlich strukturiert, in C_4-Pflanzen kommen zwei Chloroplastentypen vor. Die Mesophyllzellen enthalten normal ausgebildete Chloroplasten, während die Zellen der Gefäßbündelscheide granalose und damit nur partiell funktionsfähige Chloroplasten enthalten (s. Abb. 23.7). Die Beeinträchtigung bezieht sich jedoch nur auf die Lichtreaktionen der Photosynthese. Der Calvin-Zyklus ist hiervon nicht betroffen. Die primäre CO_2-Bindung (Hatch-Slack-Reaktion) erfolgt in den Mesophyllzellen, der Einbau in Kohlenhydrate (Calvin-Zyklus) in den Zellen der Gefäßbündelscheide. Die beiden Teilabschnitte der Photosynthese sind damit räumlich voneinander getrennt.

CAM

CAM ist die Abkürzung für Crassulacean-Acid-Metabolism. Die Benennung weist darauf hin, daß dieser Stoffwechselweg vornehmlich bei den Crassulaceae (und anderen Sukkulenten) auftritt. Die chemische Reaktion der CO_2-Anreicherung gleicht der in C_4-Pflanzen, doch sind hier die beiden Teilabläufe nicht räumlich, sondern zeitlich voneinander getrennt. CAM-Pflanzen kommen vornehmlich in Trockengebieten vor. Ein Öffnen der Stomata zur CO_2-Gewinnung ist dort stets mit einem besonders hohen Wasserverlust verbunden. Um ihn bei starker Sonneneinstrahlung einzudämmen bzw. fast ganz zu unterbinden (die kutikuläre Transpiration bleibt er-

halten), hat sich ein Regelmechanismus entwickelt, der eine nächtliche CO_2-Aufnahme ermöglicht. Das vorfixierte CO_2 wird als Malat (und Isocitrat) in Vakuolen gespeichert und tagsüber für die Photosynthese genutzt.

Regulation: Unter welchen Voraussetzungen sind C_3, C_4 CAM von Vorteil?

Das Enzym, das die primäre CO_2-Fixierung der C_4- und CAM-Pflanzen katalysiert, ist die Phosphoenolpyruvatcarboxylase (PEPC), deren Affinität zum CO_2 weit höher ist als die entsprechende Affinität der RuDP-Carboxylase, dem ersten Enzym des Calvin-Zyklus. C_4-Pflanzen werden somit in die Lage versetzt, auch noch Spuren von CO_2 zu nutzen. PEPC kommt in geringer Menge (ca. $2-3\%$) auch in C_3-Pflanzen vor, und auch dort fällt ihr eine Schlüsselrolle bei der Regulation des Stoffwechsels zu.

Unter anderem sorgt sie in wachsenden Wurzeln (z.B. von Maiskeimlingen) für die Bereitstellung von $NADPH + H^+$, das zur Lipidsynthese benötigt wird. Dabei laufen die folgenden Reaktionen ab:
(1) Phosphoenolpyruvat $+ HCO_3^- \rightarrow$ Oxalacetat $+ P_i$
(2) Oxalacetat $\rightarrow$ Malat. Während dieses Schritts wird $NADH + H^+$ zu NAD^+ oxidiert.
(3) Malat $\rightarrow$ Pyruvat $+ CO_2$. Hierbei erfolgt die Reduktion von $NADPH^+$ zu $NADPH + H^+$.

In den Wurzelknöllchen der Leguminosen erfolgt eine Stickstoff-Fixierung (s. Kap. 34). Zum Einbau des durch bakterielle Aktivität erzeugten Ammoniaks müssen Kohlenstoffskelette in ausreichender Menge bereitgestellt werden.

351

Ferner dient die PEPC zur Produktion von Intermediärprodukten des Citratzyklus (Oxalacetat und/oder Malat), um ggf. Engpässe zu überwinden.

PEPC-Aktivitäten unterliegen der Kontrolle durch externe Faktoren, wobei die Tageslänge eine der ausschlaggebenden Größen ist. In einigen untersuchten Fällen sind in unterschiedlichen Geweben verschiedene Isoenzyme nachgewiesen worden, deren Produktion durch unterschiedliche Auslöser kontrolliert wird.

In C_3-Pflanzen kann bei hoher Strahlungsintensität bis zu 20 Prozent des im Calvin-Zyklus fixierten Kohlenstoffs durch Photorespiration (s. Kap. 23) wieder verlorengehen. Bei hoher Lichtintensität ist die Photorespiration etwa 1,5 – 3,5mal so hoch, wie die normale Dunkelatmung. In C_4-Pflanzen ist die Photorespiration drastisch reduziert, vielleicht ist sie überhaupt nicht mehr nachweisbar. Mit anderen Worten: Die Nettophotosyntheserate (und damit die Nettoproduktion an Biomasse) der C_4-Pflanzen liegt bei hohen Lichtintensitäten weit höher als die der C_3-Pflanzen. Das Temperaturoptimum der Photosynthese liegt unter dem der (Dunkel-)atmung. Folglich spielen Verluste durch Atmung bei höheren Temperaturen eine größere Rolle als bei niedrigen. Wo Lichtmangel ein limitierender Faktor ist und die Temperaturen niedrig liegen (in gemäßigten Klimazonen), sind C_3-Pflanzen im Vorteil, C_4-Pflanzen treten kaum auf (eine der Ausnahmen ist *Spartina townsendii*). C_4-Pflanzen (es sind fast immer Kräuter oder Sträucher) sind im offenen Gelände wärmerer Klimazonen erfolgreicher (s. Abb. 24.7). Es sei vermerkt, daß im Hatch-Slack-Zyklus pro fixiertem CO_2-Molekül zwei ATP-Moleküle verbraucht werden.

C_4-Pflanzen gehören zahlreichen, phylogenetisch nicht zusammenhängenden Familien der Mono- und Dikotyledonen an. Darüber hinaus fand man C_4-Aktivitäten u.a. auch bei der Blaualge *Anacystis nidulans* sowie bei einigen Dinoflagellaten.

Da bei den höheren Pflanzen mit der Alternative C_3 oder C_4 beträchtliche anatomische Veränderungen der Blätter verbunden sind, muß man davon ausgehen, daß das genetische Potential zur Realisierung beider Wege im Pflanzenreich verbreitet ist und daß in Abhängigkeit von ökologischen Ansprüchen bei einer Art der eine, bei einer verwandten der andere Weg eingeschlagen wird.

Ein vielstudiertes Beispiel stellt die Gattung *Atriplex* dar, bei der beide Wege verwirklicht sind. In der Abbildung 24.8 ist ein phylogenetisches Schema wiedergegeben, das aufgrund von Hybridisationsexperimenten der nichtrepetitiven Anteile der DNS erstellt wurde. Demnach gehören C_3-Arten einer Verwandtschaftsgruppe, C_4-Arten einer anderen an. In Einzelfällen lassen sich Bastarde zwischen C_3- und C_4-Arten herstellen.

Bei mehreren Pflanzenarten aus den Gattungen *Zea, Mollugo, Moricandia, Flaveria* u.a. werden in einer Pflanze beide Wege beschritten.

In jungen Blättern erfolgt die Photosynthese meist auf dem C_3-, in älteren auf dem C_4-Weg. Der Betrag des C_4-Anteils wird durch Standortfaktoren reguliert. **CAM: Vor- und Nachteile.** CAM wurde bei über

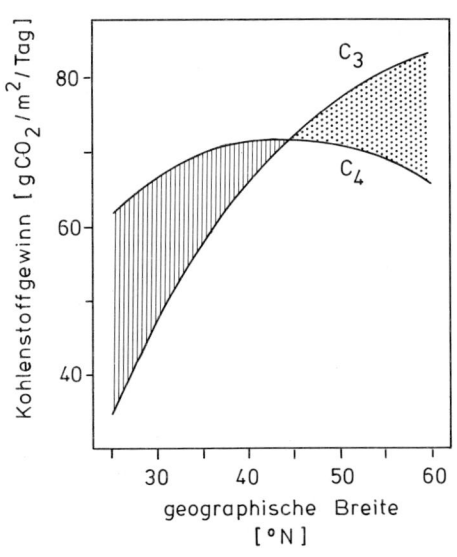

Abb. 24.7. Kohlenstoffgewinn bei C_4- und C_3-Pflanzen offener Graslandschaften in verschiedenen geographischen Breiten. In der gemäßigten Zone ist die geringe Lichtintensität für eine Benachteiligung von C_4-Pflanzen ausschlaggebend, C_3-Pflanzen sind im Vorteil, weil die Photorespirationsrate niedrig ist und keine Energie für die Vorfixierung von CO_2 eingesetzt zu werden braucht. (J.R. Ehrlicher, 1978).

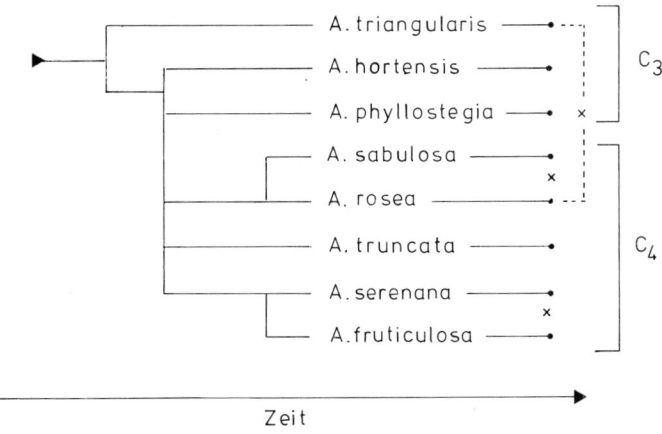

Abb. 24.8. Phylogenetisches Schema einiger *Atriplex*-Arten mit C_3 und C_4-Photosynthese. Der hier wiedergegebene Verwandtschaftsgrad beruht auf Hybridisationskinetiken der nicht repetitiven DNS (s. Kap. 39). Die Daten zeigen, daß die C_3- und die C_4-Arten zu Verwandtschaftsgruppen zusammengefaßt werden können. Nah verwandte Arten lassen sich miteinander kreuzen (×), ebenso eine der C_3- mit einer der C_4-Arten. Diese Bastardierung ist kein isolierter Einzelfall, sie gelang auch zwischen anderen C_3- und C_4-*Atriplex*-Arten, die im Schema nicht enthalten sind, weil deren Verwandtschaftsgrad nicht durch DNS-Analysen ermittelt worden ist. (H.S. Belford *et al.*, 1981)

Abb. 24.9. Unterschiedliches CAM-Verhalten bei Arten aus der Gattung *Aeonium*. Die dargestellten Werte sind unter Laborbedingungen gewonnen worden. *A Aeonium haworthii:* Beispiel für eine starke CAM-Pflanze. Die Temperaturbeeinflussung der nächtlichen CO_2-Anreicherung (gerasterte Fläche: positive Bilanz) ist gering. *B Aeonium tabulaeforme:* Schwaches CAM-Verhalten. Die nächtliche CO_2-Anreicherung ist temperaturabhängig. *C Aeonium goochiae:* Eine nahezu typische C_3-Pflanze. Nur bei Temperaturen um 30° C ist ein schwaches CAM-Verhalten nachweisbar. (Linienraster: negative CO_2-Bilanz). Ohne Raster dargestellte positive CO_2-Bilanzen beruhen auf Photosyntheseaktivität. CAM-Pflanzen zeichnen sich durch ein steiles Photosyntheseaktivitätsmaximum zu Tagesbeginn aus. (R. Lösch, 1985)

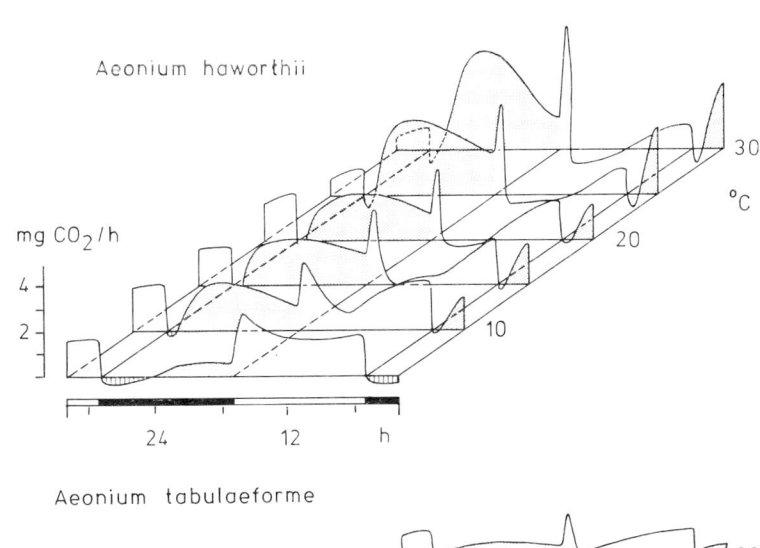

Aeonium haworthii

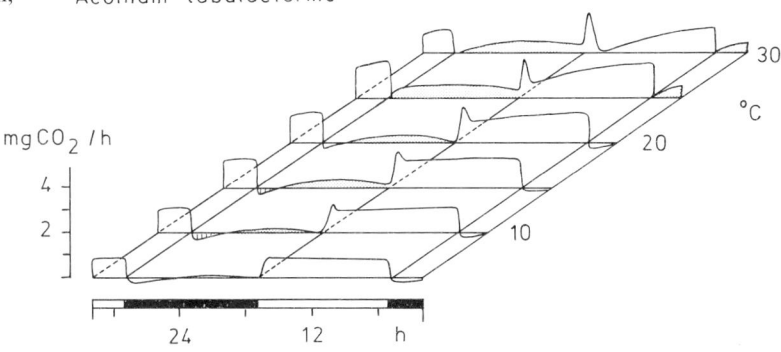

Aeonium tabulaeforme

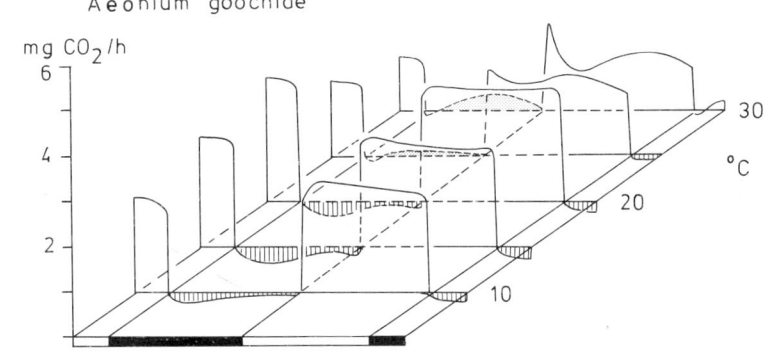

Aeonium goochiae

1000 Angiospermen aus 17 verschiedenen Familien nachgewiesen. In der Regel ist er mit Sukkulenz der Pflanzen verknüpft, aber nicht alle Crassulaceae z.B. zeigen CAM, und Sukkulenz ist nicht die Vorbedingung für CAM. Die Bromeliacee *Tillandsia usneoides* ist nicht sukkulent, zeichnet sich aber durch CAM aus.

Mesembryanthemum crystallinum (eine Blattsukkulente) kann den C_3-Weg einschlagen, schaltet aber bei Wachstum auf salzhaltigen Böden auf CAM um. Experimentell kann die Umschaltung durch Erhöhung der NaCl-Gehalts des Nährmediums erreicht werden (K. Winter und D.J. von Willert, Universität Bayreuth, 1972). Während der Vorteil der C_4 Pflanzen bei hohen Lichtintensitäten zum Tragen kommt, regulie-

ren bei CAM-Pflanzen vornehmlich Temperatur, Luftfeuchtigkeit und Salinität den Grad des CAM-Einflusses. Man kennt starke und schwache CAM-Pflanzen (s. Abb. 24.9). Bei den schwachen tritt CAM nur bei bestimmten Differenzen von Tag- und Nachttemperaturen in Erscheinung. CAM-Pflanzen, die viel Malat und wegen des dadurch bedingten osmotischen Wertes auch viel Wasser gespeichert haben, sind in der Regel weniger frostresistent als C_3-Pflanzen. Sie sind wegen des hohen Säuregehalts aber auch weniger hitzeresistent. Für Arten in ariden (trockenen) Gegenden ist es daher notwendig, tagsüber den Malatpool abzubauen (R. Lösch und H. Kappen, Universität Kiel, 1985). Im allgemeinen schließen der C_4-Weg und CAM einander aus.

Als Ausnahme wird die sukkulente C_4-Dikotyledone *Portulaca oleracea* genannt, die an natürlichen Standorten den jeweils optimalen Weg einschlagen kann.

Die Lichtreaktionen der Photosynthese

Wie im historischen Überblick dargelegt, wird für die Photosynthese Licht benötigt, und wie schon die Ergebnisse von Engelmann und Sachs zeigten, wird es primär von Chlorophyll absorbiert. An anderer Stelle haben wir gesehen, daß es bei Pflanzen zwei Typen von Chlorophyll (a und b) gibt und daß sich jedes durch ein charakteristisches Absorptionsspektrum auszeichnet.

Das Aktionsspektrum der Photosynthese (s. Abb. 24.2 und Abb. 24.10) ähnelt den Absorptionsspektren, ist mit diesen jedoch nicht identisch. Das bedeutet, daß es neben den Chlorophyllen weitere Photorezeptoren (akzessorische Pigmente) geben muß.

Nachdem wir im vorangegangenen Abschnitt den Verbleib des CO_2 verfolgt haben, wäre jetzt die Frage zu klären: Welche Reaktionen induziert das Licht und wie wird Lichtenergie in chemische Energie umgesetzt? Mit anderen Worten: Wie werden ATP und $NADPH_2$ erzeugt?

Die Dunkelreaktionen hatten Calvin und Mitarbeiter an intakten, aktiven Zellen studiert. Zur Klärung der Lichtreaktionen genügte dieser Ansatz nicht. Die Ergebnisse führten zu kontroversen Aussagen, und es mußten daher zunächst Verfahren entwickelt und verfeinert werden, um Zellfraktionen (isolierte Chloroplasten) in aktivem Zustand zu gewinnen.

Nachdem der Gebrauch solcher Fraktionen zur Routine wurde, konnten 1951 drei Arbeitsgruppen gleichzeitig und unabhängig voneinander zeigen, daß isolierte Chloroplasten bei Belichtung NADP zu $NADPH_2$ reduzieren können [W. Vishniac und S. Ochoa (Rockefeller Institute, New York), L.J. Tolmach (University of Chicago) und D.I. Arnon (University of California, Berkeley)].

Kurz danach (1954) fanden Arnon und Mitarbeiter, daß auch die Produktion von ATP lichtabhängig ist und daß sowohl ATP als auch $NADPH_2$ gleichzeitig gebildet werden können. Beide Verbindungen entstehen aus Vorstufen, die schon vor Beginn der Photosynthese in den Chloroplasten enthalten waren, da jene während des Experiments von jeglicher Zufuhr externer Metaboliten abgeschnitten wurden. Licht (Photonen, hv) war demnach die einzige gebotene Energiequelle. Es stellte sich heraus, daß für die ATP-Bildung Sauerstoff weder benötigt noch dabei freigesetzt wurde, so daß die Gleichung

$$\text{n ADP} + \text{n P}_i \xrightarrow{\ hv\ } \text{n ATP}$$

formuliert werden konnte.

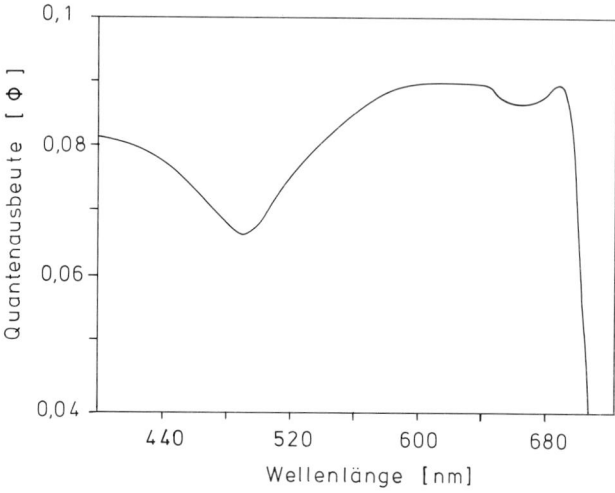

Abb. 24.10. Aktionsspektrum der Photosynthese (Quantenausbeute der Sauerstoffentwicklung als Funktion der Wellenlänge) bei der Grünalge *Chlorella pyrenoidosa*. Man beachte den drastischen „Rotabfall". (R. Emerson und C. Lewis, 1943)

Man bezeichnet diesen Vorgang als Photophosphorylierung. Die gleiche Erscheinung wurde auch bei photosynthetisierenden Bakterien und bei Blaualgen nachgewiesen und konnte daher als ein allgemeines Phänomen von Photosyntheseprozessen angesprochen werden.

Nachdem sichergestellt war, daß ATP gebildet wird, mußte man sich fragen, wie es geschieht. Es schien unwahrscheinlich, daß das Licht die ATP-Bildung direkt bewirkt, doch mußte seine Wirkung der ATP-Bildung vorangehen, so daß man das Konzept eines lichtinduzierten Elektronenflusses entwickelte. Die Hypothese eines Elektronenflusses sieht vor, daß ein Chlorophyllmolekül ein Lichtquant (Photon) absorbiert, dadurch in einen angeregten Zustand übergeht, d.h. daß ein Elektron auf ein höheres Energieniveau gebracht wird.

Dieses energiereiche Elektron wird dann auf ein benachbartes Elektronenakzeptormolekül übertragen, das seinerseits über ein starkes elektronegatives Redoxpotential verfügt. Die Überführung des Elektrons vom angeregten Chlorophyllmolekül auf den (ersten) Akzeptor beendet bereits die photochemische Phase der Photosynthese. Ihr entscheidender Aspekt liegt in der Tatsache begründet, daß ein Photonenfluß in einen Elektronenfluß transformiert wird.

Sobald eine stark elektronennegative (reduzierende) Substanz gebildet worden ist, kann ein Elektronenfluß auf weitere Elektronenakzeptoren (mit weniger negativen Redoxpotentialen) erfolgen, wobei chemische Energie frei wird, die nunmehr zur Photophosphorylierung genutzt werden kann. Es gab bereits in den fünfziger Jahren sichere Hinweise darauf, daß die Chloroplasten-Cytochrome an dieser Elektronentransportkette beteiligt sind. Man konnte auch zeigen, daß das Elektron am Ende des Prozesses wieder zum Chlorophyll zurückkehrt, so daß dessen ursprünglicher Zustand wiederhergestellt wurde, somit die Bedingung einer Katalyse erfüllt war. Dieser Vorgang ist als zyklische Phosphorylierung bekannt geworden (Arnon 1959. s. Abb. 24.11 a).

Ein solcher zyklischer Elektronenfluß, der durch Licht angetrieben wird und chemische Energie freisetzt, die zur Bildung einer energiereichen Bindung in ATP genutzt wird, ist einzigartig und zeichnet photosynthetisierende Zellen aus.

Jetzt fehlt noch eine Erklärung zur Photoreduktion von NADP in Chloroplasten. Wiederum waren es Arnon und Mitarbeiter, die 1957 einen zweiten Typ einer Photophosphorylierung entdeckten und damit einen direkten experimentellen Beweis für die Kopplung zwischen der Photoreduktion des NADP und der Synthese von ATP erbrachten. Im Gegensatz zur zyklischen Photophosphorylierung ist die ATP-Bildung hier stöchiometrisch mit einem lichtbetriebenen Transfer von Elektronen aus Wasser auf NADP und einer Sauerstoffproduktion gekoppelt. Die ATP-Bildung im Gesamtsystem steigerte die Reduktionsrate von NADP, dies wiederum wies darauf hin, daß dieser Prozeß und die zyklische Photophosphorylierung eng miteinander verbunden sind. Da Elektronen vom Chlorophyll irreversibel auf NADP übertragen wurden, benötigte man Ersatz, und diese Elektronen entstammen der Spaltung des Wassers.

Man spricht daher hier, da gleichzeitig ATP gebildet wird, von nichtzyklischer Photophosphorylierung (s. Abb. 24.11b). Eine Schlüsselrolle spielt dabei das Ferredoxin (ein hämfreies Eisen-Schwefel-Protein). Sein Reduktionspotential ist weit negativer als das von NADP, so daß ein Elektronenfluß von ihm auf NADP nahelag.

Die Reduktion des NADP erwies sich als eine Dreischrittreaktion
(1) eine photochemische Reduktion des Ferredoxins, der zwei „Dunkel"-Schritte folgten.
(2) Reoxydierung von Ferredoxin durch eine Ferredoxin-NADP-Reduktase (ein Flavoprotein).
(3) eine Reoxydierung der Ferredoxin-NADP-Reduktase durch NADP.

Das, was also ursprünglich als eine Photoreduktion des NADP angesehen wurde, ist demnach eine Elektronentransportkette, die über Ferredoxin und eine Flavinkomponente zu NADP läuft.

Die herausragende Stellung des Ferredoxins wurde noch weiter gefestigt, als man feststellte, daß bei der Reaktion in stöchiometrischen Mengen O_2 und ATP entstanden, so daß man die nichtzyklische Photophosphorylierung wie folgt darstellen konnte:

$$4 \text{ Ferredoxin}_{oxyd.} + 2 \text{ ADP} + 2 \text{ P}_i + 2 \text{ H}_2\text{O} \xrightarrow{hv}$$

$$4 \text{ Ferredoxin}_{red.} + 2 \text{ ATP} + \text{O}_2 + 4 \text{ H}^+.$$

Nach diesen Befunden stellte sich die Frage, wie diese Reaktion mit der eingangs besprochenen zyklischen Photophosphorylierung zusammenhängt.

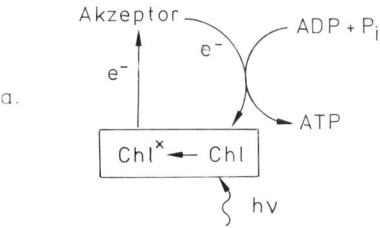

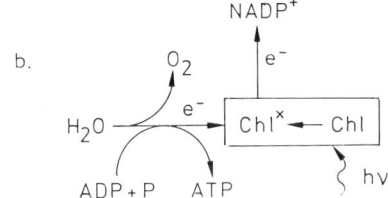

Abb. 24.11. Konzept der zyklischen Photophosphorylierung (D.I. Arnon, 1971); unten das ursprüngliche Konzept der nichtzyklischen Photophosphorylierung. (D.I. Arnon, 1971)

Durch eine Serie von Experimenten, bei denen spezifische Inhibitoren eingesetzt wurden, wurde sichergestellt, daß das Ferredoxin auch dort ein Glied in der Reaktionskette ist.

Soweit zunächst die chemischen Daten. Um sie zu deuten, mußte man Genaueres über die primäre Wirkung des eingestrahlten Lichts und über die Bedeutung des Chlorophylls wissen. Auch diese Probleme haben eine lange Vorgeschichte.

Zwei Photosysteme

1932 haben R. Emerson und U. Arnold von der University of Illinois in Urbana Chlorella-Zellen einer Abfolge von extrem kurzen Lichtblitzen ausgesetzt. Das Experiment sollte klären, wie viele Chlorophyllmoleküle benötigt werden, um ein Lichtquant (Photon) zur Produktion eines O_2-Moleküls zu nutzen. Das Ergebnis lautete: Es werden mehrere hundert Chlorophyllmoleküle gebraucht, und das wiederum besagt, daß sie nicht alle gleichwertig sind.

Der überwiegende Teil wirkt als Lichtfalle (oder Antenne), die dafür sorgt, daß ein Photon zu einem Reaktionszentrum kanalisiert (transferiert) wird, in dem schließlich an einem besonders exponierten Chlorophyllmolekül Lichtenergie in chemische Energie umgewandelt wird. H. Gaffron nannte diesen Komplex aus hunderten von Chlorophyllmolekülen, an dem auch andere Pigmente (Carotine, Carotinoide, Xanthophylle u.a.) und Proteine beteiligt sind, eine photosynthetische Einheit.

Ganz offensichtlich führt diese Aggregation von Pigmenten zu einer besonders effizienten Ausnutzung

355

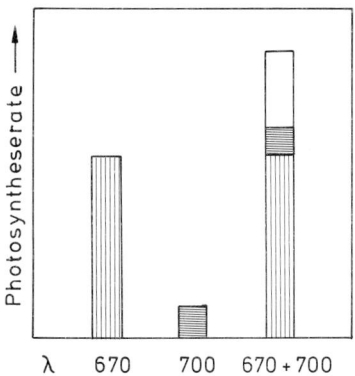

Abb. 24.12. „Emerson-Effekt"; Photosyntheserate nach Bestrahlung mit Licht der Wellenlänge λ = 670 nm *(a)* bzw. λ = 700 nm *(b)* sowie erhöhte Photosyntheserate (Emerson-Effekt) nach gleichzeitiger Bestrahlung mit Licht beider Wellenlängen.

des eingestrahlten Lichts. Dennoch geht ein nicht unbeträchtlicher Teil der eingestrahlten Energie verloren. Er erreicht nicht das Reaktionszentrum und wird in Form von Wärme oder Licht (rote Eigenfluoreszenz des Chlorophylls) wieder abgestrahlt.

Betrachtet man das Aktionsspektrum der Photosynthese (s. Abb. 24.10), fällt auf, daß die Effizienz von Licht der Wellenlängen λ > 680 nm stark abfällt, obwohl Chlorophyll a in dem Bereich noch eine merkliche Absorption aufweist.

R. Emerson (1957) fand, daß Licht der Wellenlänge von λ = 700 (710) nm bei gleichzeitiger Einwirkung von Licht der Wellenlänge λ = 680 (oder darunter) die Photosyntheserate drastisch steigert. Bei unabhängiger oder aufeinanderfolgender Applikation der beiden Lichtqualitäten unterbleibt der Steigerungseffekt (Emerson-Effekt, s. Abb. 24.12). Hieraus schloß er, daß es zwei photochemische Ereignisse geben müsse, die zwar mit unterschiedlichen Pigmentsystemen (Lichtrezeptoren) arbeiten, aber miteinander kooperieren. Wir nennen sie heute (einem Vorschlag von L.N.M. Duysens folgend):

– Photosystem I (PS I). Es benötigt Licht längerer Wellenlängen (λ > 700 nm).
– Photosystem II (PS II). Es arbeitet mit Licht kürzerer Wellenlängen (λ < 680 nm und darunter).

Das Verhältnis Chlorophyll a zu b im PS I ist höher als im PS II.

Zu klären bleibt, wie die beiden Systeme miteinander kooperieren und wie sie mit der besprochenen ATP- und NADPH₂-Bildung zusammenhängen.

Arnon und Mitarbeiter wiesen nach, daß sie in Serie geschaltet sind und daß beide benötigt werden, um alle Effekte, die man als photosynthesespezifisch erkannt hatte, zu erklären. Nur bei einigen photosynthetisierenden Bakterien, bei deren Photosynthese kein O_2 produziert wird, fehlt das Photosystem II. Schon dieser Befund legt die Annahme nahe, daß die

Wasserspaltung an das Photosystem II gekoppelt ist und daß das Photosystem I in der Evolution vor dem Photosystem II entstanden ist (s.a. Kap. 42).

Das Reaktionszentrum eines jeden Photosystems wird durch je ein Molekül Chlorophyll a repräsentiert (P 700 für PS I und P 680 für PS II; die Abkürzung P bedeutet hier Pigment).

Die Absorption eines Photons durch P 680 (im Grundzustand mit positivem Redoxpotential: +0,8V) überführt es in seinen angeregten Zustand (Redoxpotential: 0,0 V) und bewirkt die Bildung einer stark oxydierenden Komponente (Z^+) und einer schwach reduzierenden (Q^-). Z^+ entzieht dem Wasser Elektronen, wobei O_2 und Protonen frei werden:

$$4\,Z^+ + 2\,H_2O \longrightarrow 4\,Z + 4\,H^+ + O_2$$

Die reduzierende Komponente (ein membrangebundenes Plastochinon) schleust das Elektron in eine Elektronentransportkette ein, in deren Verlauf es an Energie verliert, von der ein Teil zur ATP-Bildung genutzt wird.

Das Elektron kehrt nicht zu seinem Ausgangspunkt (dem Chlorophyllmolekül P 680) zurück, sondern wird auf ein Chlorophyllmolekül des Photosystems I (P 700) übertragen, wodurch beide Systeme miteinander gekoppelt werden.

Unter Absorption eines weiteren Photons wird jenes (P 700, Redoxpotential im Grundzustand: +0,4 – +0,5 V) angeregt. Es überträgt ein Elektron auf membrangebundenes Ferredoxin (P 430), von dem aus es auf gelöstes Ferredoxin weitergeleitet wird. Die folgenden Schritte sind uns bekannt.

Stöchiometrisch betrachtet ist die obige Darstellung noch nicht vollständig, denn Ferredoxin überträgt jeweils nur ein Elektron, während zur NADPH₂-Bildung zwei Elektronen benötigt werden. Richtig muß es demnach heißen:

$$2\,\text{Ferredoxin}_{red.} + 2\,H^+ + NADP^+ \longrightarrow 2\,\text{Ferredoxin}_{oxyd.} + NADPH_2$$

Wir könnten nunmehr zusammenfassend sagen, daß die Lichtenergie für einen Elektronenfluß von H_2O auf NADPH₂ bei gleichzeitiger ATP-Bildung eingesetzt wird. (Weitere Einzelheiten siehe Abb. 24.13: Z-Schema.)

Bei der Behandlung dieser Elektronentransportketten wurde die eingangs besprochene zyklische Photophosphorylierung ausgeklammert. In der Tat erwies sie sich als eine Art Parallelschaltung, die immer dann zum Tragen kommt, wenn ausreichend NADPH₂ vorhanden ist, zusätzlich jedoch ATP benötigt wird. An der zyklischen Photophosphorylierung ist nur das Photosystem I beteiligt.

Die Photosynthesemembran

Bei der bisherigen Besprechung der Photosynthese haben wir uns auf die Behandlung biochemischer Reaktionen beschränkt. Bei der Darstellung der Gly-

356

Abb. 24.13. Z-Schema der Photosynthese. Zusammenschluß der Photosysteme I und II. Beide Systeme sind über eine Elektronentransportkette zwischen Q und P 700 miteinander verbunden. Der Reaktionsweg einer zyklischen Photophosphorylierung ist gestrichelt dargestellt (weitere Einzelheiten siehe Text).

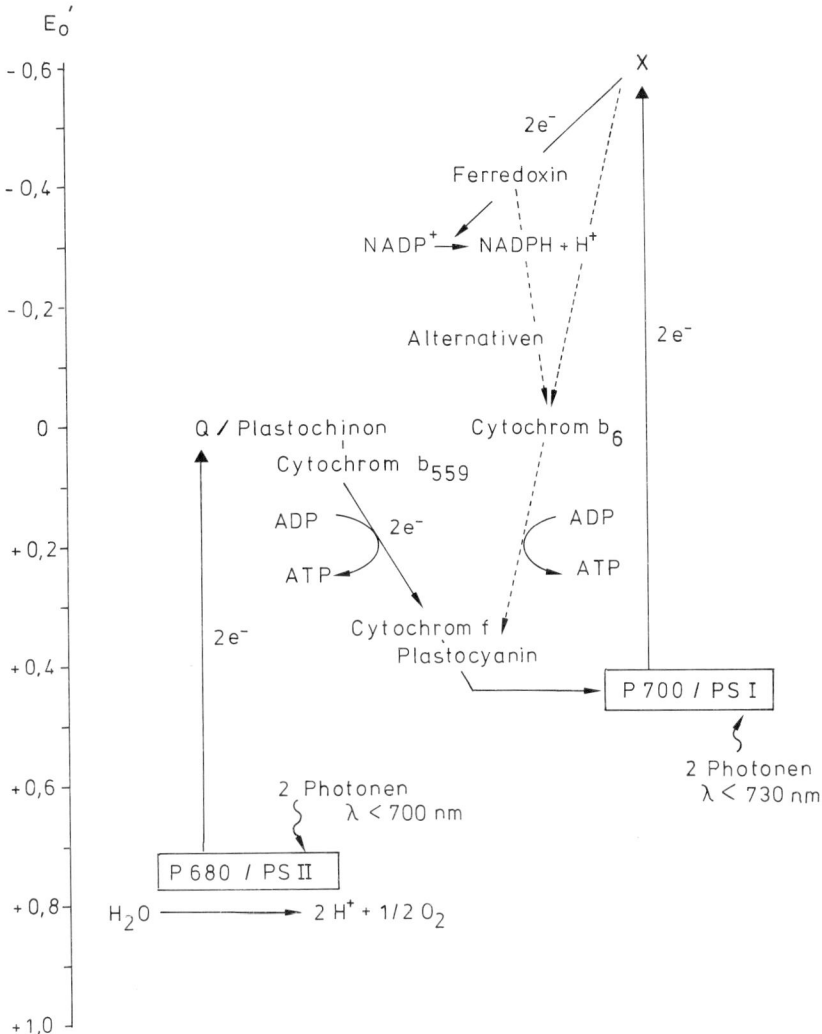

kolyse und anderer Biosynthesewege wurde die Bedeutung der einzelnen Enzyme herausgestellt. So sind z.B. schon seit geraumer Zeit alle Enzyme, die für den Ablauf der Glykolyse benötigt werden, isoliert und gereinigt worden, und jeder der Teilschritte kann unter Laborbedingungen *in vitro* nachvollzogen werden. Natürlich bemühte man sich auch, den kompletten Satz an Komponenten zu gewinnen, die zur Photosynthese beitragen, um daraus das Gesamtsystem zu rekonstruieren. Diese Ansätze schlugen jedoch fehl, weil sie, wie wir heute wissen, von falschen Voraussetzungen ausgingen.

Eine Reihe von Problemen blieb bislang ausgespart. So wurden zwar die Begriffe „Photosystem I" und „Photosystem II" genannt, und es wurden auch die Pigmente aufgezählt, die jedes der beiden Photosysteme charakterisieren, offen blieb jedoch u.a.:
- Wie sieht die Organisation der Photosysteme aus?
- Wie sind die Pigmente angeordnet?
- Wieso reagiert eines der Chlorophyllmoleküle anders als die übrigen?

- Warum stimmen Aktions- und Absorptionsspektren nicht ganz überein?
- Warum reagiert Chlorophyll a als P 680 anders als P 700?
- Wie sind die Elektronentransportketten mit der ATP-Bildung gekoppelt?
- Wie sind die Photosysteme I und II miteinander verknüpft?
- Welche strukturellen Voraussetzungen müssen realisiert sein, damit sie miteinander kooperieren?

Es stand nie in Frage, daß jeder der biochemischen Reaktionsschritte durch je ein spezifisches Enzym katalysiert wird, doch dauerte es erstaunlich lange, bevor man erkannte, daß das Chlorophyll und die anderen Pigmente proteingebunden sein müssen und nur als Protein-Chlorophyll (bzw. Protein-Pigment)-Komplexe aktiv sein können. Die chromatographisch aufgetrennten – und somit isolierten – Pigmente sind für sich alleine genommen für die Photosynthese wertlos. Die Pigment-Protein-Komplexe, die (meisten) Proteine der Elektronentransportketten sowie der

357

Katalysator der ATP-Synthese, sind integrale Bestandteile der Photosynthesemembran(en) (= Thylakoidmembranen bei Algen und höheren grünen Pflanzen, Cytoplasmamembranen bei photosynthetisierenden Bakterien und bei Blaualgen). Die Positionen in der Membran (z.B. innen oder außen), und die relative Anordnung der Proteine zueinander sind die wichtigsten Voraussetzungen für Energieumwandlungen.

Das gilt nicht nur für die Reaktionen der Photosynthese, sondern auch für die der Atmungskette und für die an (in) der Purpurmembran von *Halobacterium halobium* (einem Archaebacterium, an dessen Membran Lichtenergie – ohne einen Elektronenfluß – zur ATP-Bildung genutzt wird) lokalisierten Enzyme.

Die Ansprüche für eine Energieumwandlung sind noch höher: Benötigt werden völlig intakte, protonenundurchlässige Membranen, die ihrerseits Kompartimente umschließen, so daß ein elektrochemischer Gradient zwischen innen und außen aufrechterhalten werden kann. Einer ATP-Bildung liegt eine gerichtete Protonendislokation zugrunde, der eine pH-Änderung in einem der Kompartimente und eine Änderung des Membranpotentials parallel laufen.

Proteine der Photosynthesemembran

Das Studium der Proteine, die für die Photosynthese essentiell sind, setzte erst sehr spät ein. Die Ursache dafür liegt darin, daß es sich durchweg um membrangebundene Proteine handelt, deren Isolierung und Charakterisierung mit den klassischen Methoden der Proteinanalyse kaum oder gar nicht gelang.

Erst nach Entwicklung empfindlicher Verfahren, wie der Gelelektrophorese und dem kontrollierten Einsatz von Detergentien (z.B. Natriumdodecylsulfat: SDS), wurde es möglich, die Proteine aufzutrennen und zumindest als Banden in einem Gel zu identifizieren. Ein Beiprodukt dieses Analyseverfahrens ist die Bestimmung der Molekulargewichte der jeweiligen Polypeptidketten.

Ein zweiter, hiervon unabhängiger Ansatz war und ist die Verwendung spezifischer Sonden (z.B. fluoreszenzmarkierter Antikörper), mit deren Hilfe es möglich ist, zu entscheiden, ob ein bestimmtes Protein (oder ein Teil einer Polypeptidkette) an der Innen- oder der Außenseite einer Membran exponiert ist. Der Einsatz von Antikörpern gegen bestimmte Proteine erlaubt es auch, das betreffende Protein aus einem

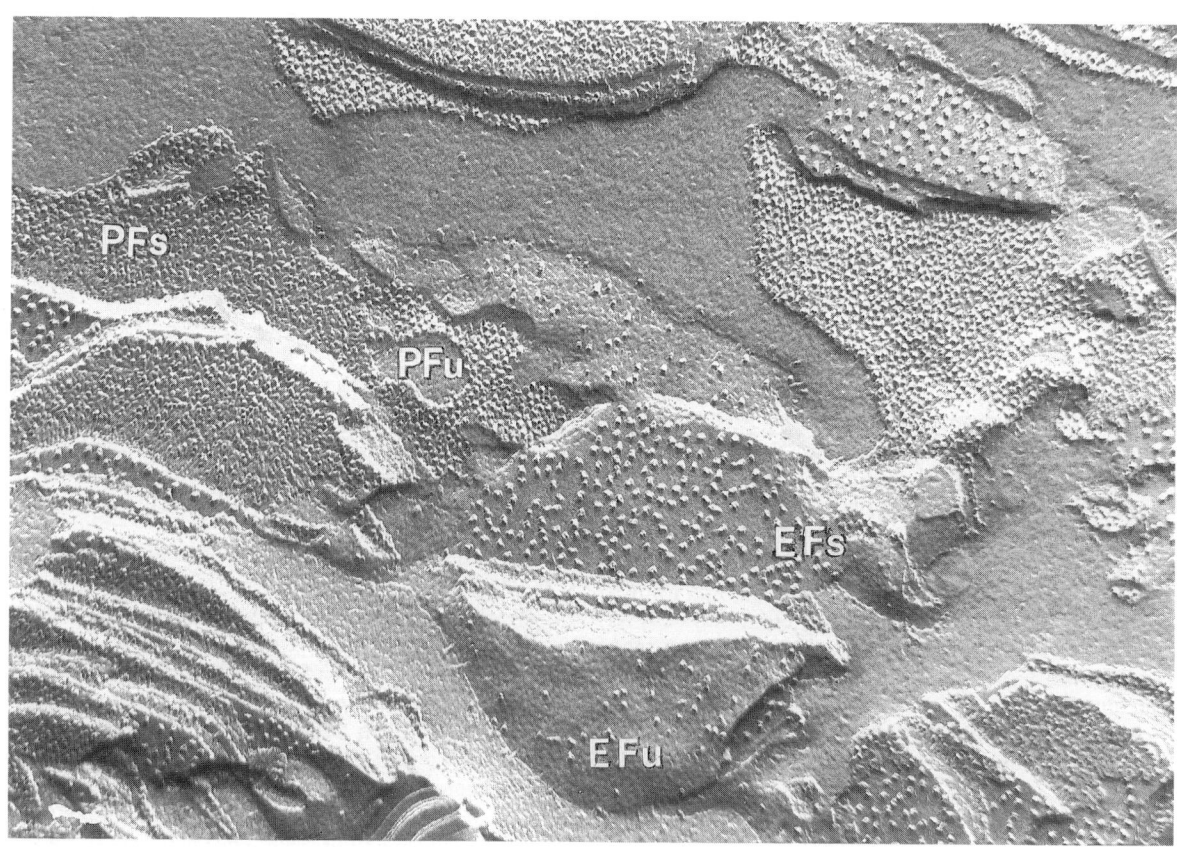

Abb. 24.14. Durch Gefrierätztechnik hergestelltes Präparat von Thylakoidmembranen aus Chloroplasten des Spinats. Die flachen, zum Teil im Umriß runden Membranen von zwei Granastapeln (links und rechts) scheinen durch tubulär geformte Membranen des Stromabereichs verbunden zu sein. Die Bezeichnungen für die Membrananteile und Membranseiten sind in der Abbildung 23.5 erklärt. (Aufn.: L.A. Staehelin, 1976)

Proteingemisch selektiv auszufällen, weil nur dieses den hochspezifischen Antigen-Antikörper-Komplex ausbilden kann.

Durch vernetzende Agentien ist es möglich, Nachbarschaftsbeziehungen aufzuklären. Und durch Einsatz spezifischer Inhibitoren kann ihr Wirkungsort lokalisiert werden. So wird z.B. DCMU (3-(3′,4′-Dichlorphenyl)-1,1-Dimethylharnstoff) (Urea = Harnstoff) seit Jahren dafür verwendet, das Photosystem II zu hemmen. Da es keinen Einfluß auf das Photosystem I hat, haben Arnon und Mitarbeiter es seinerzeit als wichtiges Hilfsmittel genutzt, um die Elektronentransportkette, die vom Photosystem I ausging, getrennt von der zu studieren, die vom Photosystem II induziert wurde.

Inzwischen weiß man, daß das DCMU nicht am Chlorophyll selbst, sondern an einem Protein – dem Plastochinon bindenden Protein – angreift.

Ein dritter Ansatz zur Charakterisierung der Photosynthesemembran ist die Analyse bestimmter Mutanten. Die einzellige Alge *Chlamydomonas reinhardii* bot sich als Versuchsobjekt an. Man kennt eine ganze Anzahl von Mutanten mit Photosynthesedefekten, die sich vier Klassen zuordnen lassen:

(1) Mutanten mit einem Defekt im Photosystem I
(2) Mutanten mit einem Defekt im Photosystem II
(3) Mutanten mit einem Defekt in der Photophosphorylierung
(4) Mutanten mit einem Defekt in der Lichtfalle (Antenne), dem Lichtsammlerkomplex

Auffallenderweise sind nahezu alle Mutanten nicht nur durch den Verlust oder die Veränderung einer bestimmten Polypeptidkette gekennzeichnet, sondern gleich durch den Ausfall eines ganzen Komplexes (z.B. des PS I). Die Mutationen führen demnach zu pleiotropen Effekten. Mit anderen Worten: Bei Veränderung (oder dem Fehlen) einer Polypeptidkette funktioniert die Zusammenlagerung (das *Assembly*) der übrigen Polypeptidketten zu funktionalen Einheiten nicht mehr. Diese Beobachtung macht deutlich, wie eng die Wechselwirkung zwischen den einzelnen Polypeptidketten und wie wichtig diese für ihre Kooperation untereinander ist.

Ein weiteres, aber nicht minder wichtiges Verfahren ist die Elektronenmikroskopie, meist genutzt in Kombination mit der Gefrierätztechnik (s. Abb. 24.14). Die Sequenzierung von Membranproteinen bleibt nach wie vor schwierig. Doch über den Umweg der Nukleotidsequenzierung der entsprechenden Gene konnten in den letzten Jahren die Aminosäuresequenzen der meisten der an der Photosynthese beteiligten Proteine ermittelt werden. Das bemerkenswerteste Ergebnis ist der Befund, daß diese Proteine (wie übrigens auch Proteine aus tierischen oder bakteriellen Membranen) einen hohen Anteil an α-Helix besitzen. Die Länge der Helices entspricht der Dicke der Membran. Die einzelnen Helices sind durch Sequenzabschnitte aus polaren und/oder nichthydrophoben Aminosäuren untereinander verbunden.

Chlorophyllbindende Proteine

Aus Photosynthesemembranen mehrerer Arten unterschiedlicher systematischer Gruppen (Angiospermen, Gymnospermen, Algen) sind verschiedene chlorophyllbindende Proteine isoliert und charakterisiert worden. Die bekanntesten, im Laboratorium von J.P. Thornber an der University of California in Los Angeles bearbeiteten Proteine sind das P 700-Chlorophyll-a-Protein 1 und das Lichtsammler-Chlorophyll-a/b-Protein 2. Beides sind stark hydrophobe integrale Membranproteine. Beide binden Chlorophyll a, doch nur letzteres darüber hinaus auch Chlorophyll b. Das P 700-Chlorophyll-a-Protein 1 enthält das Reaktionszentrum (P 700) für das Photosystem I, d.h., eines der Chlorophyllmoleküle ist in einer spezifischen Konfiguration gebunden und befindet sich in einer Umgebung (bedingt durch eine spezifische Aminosäurezusammensetzung und Faltung der Polypeptidkette), durch die es sich von allen übrigen auch an dieses Protein gebundenen Chlorophyllmolekülen unterscheidet. Diese strukturelle Besonderheit bildet die Voraussetzung für die lichtbetriebene Anregung und damit die Induktion eines Elektronenflusses.

Das Molekulargewicht der Polypeptidkette beträgt 110 000; insgesamt kann sie 14 Chlorophyllmoleküle binden.

Das Lichtsammlerprotein (Lichtsammler-Chlorophyll-a/b-Protein 2) ist ebenfalls häufig und weit verbreitet. Es ist vorwiegend mit dem Photosystem II assoziiert, doch wurden auch Wirkungen auf das Photosystem I beobachtet. Chlorophyll a und b werden in äquimolaren Mengen neben Lutein und β-Carotin gebunden. Das Chlorophyll-Carotinoid-Verhältnis beträgt auf molarer Basis 3 – 7 : 1.

Zu den Aufgaben des Proteins gehört die Lichtfallenfunktion (Antennenfunktion), also die Weiterleitung von Photonen ans Reaktionszentrum (hier P 680). Jenes scheint mit einem Polypeptid des Molekulargewichts 41 000 verknüpft zu sein: Chlorophyll-a-Protein 3. Chloroplasten in den Zellen der Gefäßbündelscheide des Mais (und anderer C_4-Pflanzen) enthalten nur wenig oder überhaupt kein Lichtsammlerprotein.

Der Kopplungsfaktor, eine ATP-Synthetase

Zur Synthese von ATP benötigt man eine ATP-Synthetase als Katalysator. Da ATP-Bildung nicht nur ein Ergebnis der Photosynthese ist, sondern auch bei der Atmungskette anfällt, lag der Gedanke nahe, daß die ATP-Bildung in beiden Fällen auf gleichartigen Mechanismen beruht.

E. Racker von der Cornell University isolierte – nach einschlägigen Erfahrungen mit der mitochondrialen ATP-Synthetase – aus Thylakoidmembranen ein Enzym, das dem aus Mitochondrien weitgehend ähnelte. Elektronenmikroskopisch war es als ein gestielter Knopf zu charakterisieren. Der Knopf erhielt die

359

Bezeichnung CF_1 und der Stiel CF_0 (F_1, resp. F_0 bei dem Enzym aus Mitochondrien). CF_0 (bzw. F_0) dient der Verankerung in der Membran. Während der F_1–F_0-Komplex bei den Mitochondrien in der inneren Membran lokalisiert ist und die Köpfe in die mitochondriale Matrix hineinragen, sitzen die entsprechenden Molekülteile von CF_1–CF_0 an der Außenseite der Thylakoidmembranen. In beiden Fällen besteht die ATP-Synthetase aus mehreren unterschiedlichen Polypeptidketten; wir haben es also wieder mit einem Enzymkomplex zu tun. Die Phosphorylierung (von ADP) gelingt nur, wenn die ATP-Synthetase Bestandteil intakter, protonen-undurchlässiger Membranen ist. Wichtig ist dabei auch, daß die Membran zwei Kompartimente (Vesikelinneres und Umgebung) voneinander trennt.

P. Mitchells chemiosmotische Hypothese, Modell der Photosynthesemembran

Der ATP-Synthetase wurde schon seit langem die Funktion eines Kopplungsfaktors zugeschrieben, d.h., die Fähigkeit, die Energie, die bei einem Elektronenfluß frei wird, für die Bildung von ATP zu nutzen. Wie geschieht das?

Man hätte annehmen können, daß die Elektronentransportkette der Ausbildung energiereicher Zwischenprodukte dient und diese wiederum als Energiespeicher für die ATP-Produktion herhalten. Zwei Argumente sprechen dagegen:
(1) Es sind bisher noch keine solchen Substanzen gefunden worden.
(2) Die Photophosphorylierung (bzw. die oxydative Phosphorylierung bei der Atmungskette) ist nur an intakten Thylakoidmembranen (bzw. inneren mitochondrialen Membranen) möglich.

Man hat auch daran gedacht, daß die ATP-Synthetase Konformationsänderungen durchmacht und somit selbst in einen aktivierten (angeregten) Zustand übergeht. In einem solchen Fall müßte die Energie – vorübergehend – in Form schwacher Wechselwirkungen (Bindungen) gespeichert werden, doch auch hierfür fanden sich keine experimentellen Beweise.

1961 postulierte P. Mitchell (Glynn Research Laboratories in England), daß die beim Elektronentransport anfallende Energie in einem Protonengradienten (durch die Membran hindurch) gespeichert wird.

Die Energie wäre damit nicht in Form chemischer Bindungen, sondern in Form elektrochemischer Gradienten konserviert. Es gibt eine Anzahl guter Argumente für die Richtigkeit dieser Hypothese. Einen sehr schönen Beweis erbrachte A.T. Jagendorf (1966, Cornell University, Ithaca N.Y.): Er nahm isolierte Thylakoide und inkubierte sie so lange in einem pH4-Puffer, bis sich auf beiden Seiten der Membran der gleiche pH-Wert (4) eingestellt hatte. Nachdem das Gleichgewicht hergestellt war, überführte er die Thylakoide schlagartig in ein Medium mit dem pH-Wert 8, das außerdem ADP und P_i enthielt. Unmittelbar nach der Überführung kam es unter ATP-Bildung zu einem pH-Ausgleich zwischen außen und innen. Damit war gezeigt, daß ein Protonenfluß (eine Protonendislokation) durch die Membran hindurch zur ATP-Bildung genutzt wird.

Dieser Mechanismus funktioniert nur dann, wenn
(1) die Membranen unversehrt sind und
(2) alle biochemischen Prozesse vektoriell ablaufen.
Alle Enzyme müssen gleichgerichtet arbeiten, so daß Protonen nur in einer Richtung befördert werden.

Wie kann ein solcher Protonentransport eine ATP-Bildung induzieren?

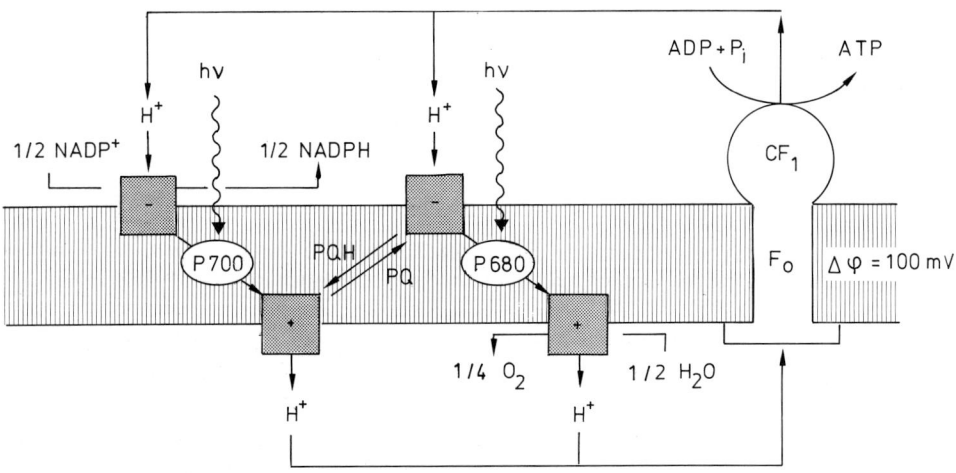

Abb. 24.15. Schematische und vereinfachte Darstellung der Elektronentransportkette und des Photonenflusses in Thylakoidmembranen. Die asymmetrische Verteilung der Einzelkomponenten verursacht den vektoriellen Ablauf der Reaktionen. (H. Witt, 1978)

360

Den Begriff Protonentransport darf man nicht zu wörtlich nehmen, obwohl man der ATP-Synthetase auch die Funktion eines Protonenkanals zusprechen kann. Um die Vorgänge besser zu verstehen, ist es nützlich, sich die Formalitäten der ATP-Bildung näher anzusehen. ADP und Phosphat (P_i) werden als Ausgangsprodukte benötigt. Man weiß, daß beide an getrennten, aber benachbarten Bindungsstellen am Enzymkomplex angelagert werden (s. Abb. 19.16). Um zu ATP(ADP-P) zu gelangen, müssen ein H^+ vom ADP und ein OH^- vom Phosphat entfernt werden (formal: Abspaltung von H_2O). Jedoch beide Ionen entfernen sich in entgegengesetzte Richtungen und verbinden sich, sobald sie den Komplex verlassen haben, mit den jeweiligen Gegenionen zu H_2O. Als Bilanz (Nettoprotonentransport) erhalten wir aber,

wie aus der Abbildung 19.16 ersichtlich, eine gerichtete Protonenwanderung. Dabei wandert aber nicht etwa ein Proton *via* ATP-Synthetase-Komplex durch die Membran hindurch, sondern es wird auf der einen Seite ein neu gebildetes (abgespaltenes) Proton abgegeben, während auf der Gegenseite ein anderes Proton (durch OH^-) eingefangen und neutralisiert wird.

Unabhängig von diesen Betrachtungen konnten Gräber und Witt (Max-Vollmer-Institut, Technische Universität Berlin) 1976 zeigen, daß es eine direkte Kopplung zwischen einem Protonengradienten und den Elektronentransportketten der Photosysteme I und II gibt. In der Abbildung 24.13 wurden die Reaktionen zusammenfassend in einem „Z-Schema" wiedergegeben. Nunmehr zeigte sich, daß dieses „Z" kein hypothetisches Schema ist, sondern daß die beteilig-

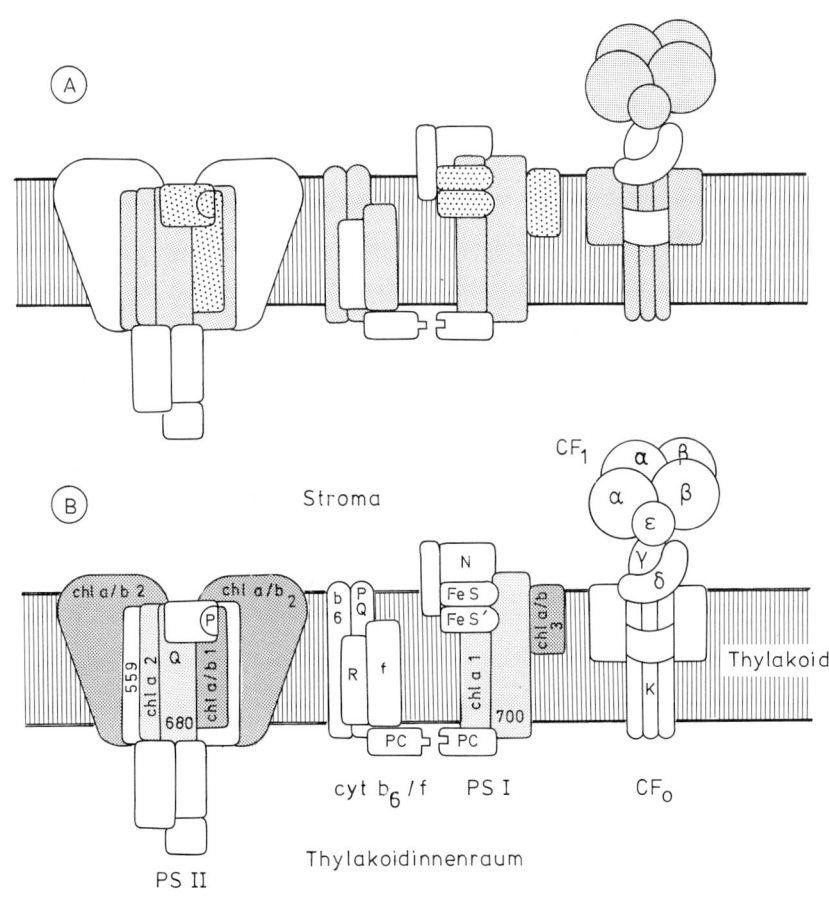

Abb. 24.16. Aufbau der Thylakoidmembran. Ein Modell der vier Komplexe (PS II: Photosystem II, cyt b_6/f: Teil der Elektronentransportkette zwischen den Komplexen PS II und I, PS I: Photosystem 1, CF_1: ATP-Synthetase, CF_0: Protonenkanal). Die Topologie einiger der Polypeptiduntereinheiten ist gekennzeichnet (in *B*). Nichtmarkierte Polypeptide werden in der Literatur nur durch ihre Molekulargewichte charakterisiert: chl a/b: Chlorophyll a/b-bindendes Protein, chl a: Chlorophyll a bindendes Protein 559: Cytochrom 559, b6: Cytochrom B_6, f: Cytochrom f. 700: Reak-

tionszentrum des PS I, 680: Reaktionszentrum des PS II, PQ: Plastochinon, PC: Plastocyanin, FeS: ein Eisen-Schwefel-haltiges Protein, R: Rieske-Protein, N: NADP-bindendes Protein. Die Untereinheiten von CF_1 werden durch griechische Buchstaben gekennzeichnet. K: Protonenkanal. Teilabbildung *A*: kerncodierte Proteine gerastert dargestellt, plastidencodierte weiß. Teilabbildung *B*: Chlorophyllbindende Proteine gerastert. (D. von Wettstein und R.P. Oliver, 1985)

361

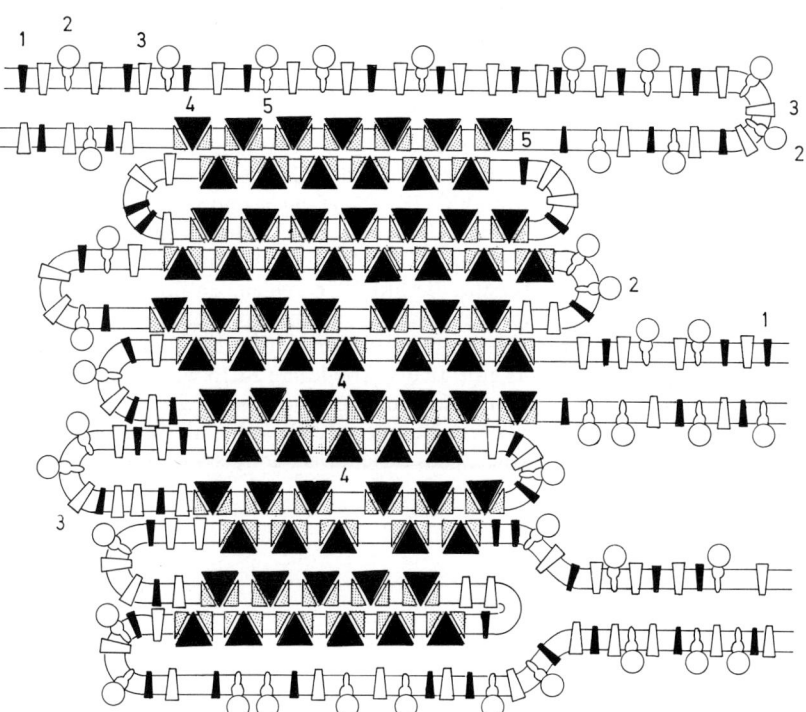

Abb. 24.17. Modell der Anordnung der vier Proteinkomplexe der Photosynthesemembran in gestapelten und nichtgestapelten Abschnitten. *1* Cytochrom b_6/f-Komplex; *2* ATPase (CF_1); *3* Photosystem I; *4* Photosystem II; *5* Protonenkanal (Teil des ATP-Synthetase-Komplexes). (D. von Wettstein und R.P. Oliver, 1985)

ten Komponenten in dieser Anordnung in der Photosynthesemembran organisiert sind, d.h., wir haben eine strukturelle Basis für die in den vorangegangenen Abschnitten beschriebenen biochemischen Vorgänge (s. Abb. 24.15).

Unter Zusammenfassung aller vorliegenden Ergebnisse konnten D. von Wettstein und R.P. Oliver (Carlsberg Laboratorium, Kopenhagen, 1985) ein Modell erstellen, aus dem die Topologie der einzelnen Proteinkomplexe hervorgeht. Insgesamt enthält die Photosynthesemembran vier Komplexe (s. Abb. 24.16). Jeder von ihnen enthält Untereinheiten, die im Kern, andere, die in den Plastiden codiert werden. Mehrere der Proteine binden Chlorophyll a, eines Chlorophyll a und b.

Der PS-II-Komplex ist vorwiegend in den gestapelten Thylakoidmembranen lokalisiert, PS I und der ATP-Synthetase-Komplex (CF_1—CF_0) in den nichtgestapelten (s. Abb. 24.17).

Eine Anmerkung zum Schluß: Die Reaktionen des Calvin-Zyklus werden durch lösliche, im Stroma lokalisierte Enzyme katalysiert.

Literatur

Arnon, D.I.: The chloroplast as a complete photosynthetic unit. Science *122*, 9–16 (1955)

Arnon, D.I.: The light reactions of photosynthesis. Proc. Nat. Acad. Sci. US. *68*, 2883–2892 (1971)

Arnon, D.I.: The discovery of photosynthetic phosphorylation. Trends in Biochem. Sci. *9*, 258–262 (1984)

Bassham, J.A., A.A. Benson, L.D. Kay, A.Z. Harris, A.T. Wilson and M. Calvin: The path of carbon in photosynthesis. XXI: The cyclic regeneration of carbon dioxide acceptor. J. Am. Chem. Soc. *76*, 1760–1770 (1954)

Bassham, J.A.: Photosynthetic carbon metabolism. Proc. Nat. Acad. Sci. US. *68*, 2877–2882 (1971)

Bassham, J.A.: Increasing crop production through more controlled photosynthesis. Science *197*, 630–638 (1977)

Belford, H.S., W.F. Thompson, D.B. Stein: DNA hybridization techniques for the study of plant evolution. S. 1–18. In: „Phytochemistry and angiosperm phylogeny" (D.A. Young, D.S. Seigler eds.) New York: Praeger Scientific, 1981

Björkman, O., and J. Berry: High-efficiency photosynthesis. Scientific American, Oktober 1973, S. 80–93

Cogdell, R.J.: Photosynthetic reaction centers. Ann. Rev. Plant Physiol. *34*, 21–45 (1983)

Duysens, L.N.M, J. Amesz and B.M. Kamp: Two photochemical systems in photosynthesis. Nature *190*, 510–511 (1961)

Edwards, G., D.A. Walker: C_3, C_4: Mechanisms, and cellular and environmental regulation of photosynthesis. Oxford, London: Blackwell Scientific Publ., 1983

Ehrlicher, J.R.: Implications of quantum yield differences on the distribution of C_3 and C_4 grasses. Oecologia (Berl.) *31*, 255–267 (1978)

Emerson, R., and W. Arnold: A separation of the reactions of photosynthesis by means of intermittent light. J. Gen. Physiol. *15*, 391–420 (1932)

Gaffron, H.: A tentative picture of the relation between photosynthesis and oxidation reactions in green plants. Cold Spring Harbor Symp. Quant. Biol. *7*, 377–384 (1939)

Govindjee (ed.): Photosynthesis (Vol. 1 and 2) New York, London: Academic Press, 1982

Haehnel, W.: Photosynthetic electron transport in higher plants., Ann. Rev. Plant Physiol. *35*, 639–693 (1984)

Hatch, M.D. and Slack, C.R.: Photosynthesis by sugarcane leaves., Biochem. J. *101*, 103–111 (1966)

Hatch, M.D., C.B. Osmond and R.O. Slatyer (Eds.): Photosynthesis and Photorespiration. New York: Wiley-Interscience, 1971

Hill, R.: Oxygen evolved by isolated chloroplasts. Nature *139*, 881–882 (1937)

Hill, R. and F. Bendall: Function of the two cytochrome components in chloroplasts: A working hypothesis. Nature *186*, 136–137 (1960)

Kappen, L., R. Lösch: Diurnal patterns of heat tolerance in relation to CAM. Z. Pflanzenphysiol. *114*, 87–96 (1984)

Kluge, M., O.L. Lange, M.v. Eichmann, R. Schmid: Diurnaler Säurerhythmus bei *Tillandsia usneoides*: Untersuchungen über den Weg des Kohlenstoffs sowie die Abhängigkeit des CO_2-Gaswechsels von Lichtintensität, Temperatur und Wassergehalt der Pflanze., Planta (Berl.), *112*, 357–372 (1973)

Kluge, M.: The role of phosphoenolpyruvate carboxylase in C_4-photosynthesis and crassulacean acid metabolism. Physiol. Veg. *21*, 817–825 (1983)

Kluge, M. and J.P. Ting: Crassulacean acid metabolism: Analysis of an ecological adaptation. Ecological Studies 1, Berlin–Heidelberg–New York: Springer-Verlag, 1978

Koch, K.E., and R.A. Kennedy: Crassulacean acid metabolism in the succulent C_4 dicot, *Portulaca oleracea* L. under natural environmental conditions. Plant Physiol. *69*, 757–761 (1982)

Kühlbrandt, W.: Three-dimensional structure of the light harvesting chlorophyll a/b-protein-complex. Nature *307*, 478–480 (1984)

Larcher, W.: Ökologie der Pflanzen., Stuttgart: UTB Ulmer (232), 3. Aufl., 1980

Lösch, R.: Species-specific responses to temperature in acid metabolism and gas exchange performance of Macronesian Sempervivoideae. In: „Being alive on land. Tasks for vegetation science;" (M.S. Margaris *et al*. eds.) *13*, 117–126. The Hague: Dr. W. Junk, 1984

Miller, K.R., G.L. Miller and K.R. McIntyre: The lightharvesting chlorophyll-protein complex of photosystem II. J. Cell Biol. *71*, 624–638 (1976)

Miller, K.R.: The photosynthetic membrane. Scientific American, Oktober 1979, S. 100–111

Mullet, J.E., A.R. Grossman and N.H. Chua: Synthesis and assembly of the polypeptide subunits of photosystem I. Cold Spring Harb. Symp. Quant. Biol.: *46*, 979–984 (1981)

Myers, J.: Conceptual developments in photosynthesis, 1924–1974. Plant Physiol. *54*, 420–426 (1974)

Rabinowitch, E.B., Govindjee: Photosynthesis. New York: J. Wiley and Sons Inc., 1969

Ting, I.P., M. Gibbs (eds.): Crassulacean acid metabolism. Rockeville, Md.: American Soc. of Plant Physiologists, 1982

Thornber, J.P.: Chlorophyll-proteins: Light harvesting and reaction center compounds of plants. Annu. Rev. Plant Physiol. *26*, 127–158 (1975)

Trebst, A., M. Avron, Eds.: Photosynthesis I. In: Encyclop. of Plant Physiol., Vol. 5. Berlin–Heidelberg–New York: Springer, 1977

v. Wettstein, D., R.P. Oliver: Zur Molekularbiologie der Photosynthese. Ber. Deutsch. Bot. Ges. *98*, 261–287 (1985)

Winter, K., U. Lüttge: C_3-Photosynthese und Crassulaceen-Säurestoffwechsel bei *Mesembryanthemum crystallinum* L. Ber. Deutsch. Bot. Ges. *92*, 117–132 (1979)

Winter, K., und D.J. von Willert: NaCl-induzierter Crassulaceen-Säurestoffwechsel bei *Mesembryanthemum crystallinum*. Z. Pflanzenphysiol. *67*, 166–170 (1972)

Witt, H.: Zur Biophysik der Photosynthesemembran. Naturw. Rundschau *31*, 102–103 (1978)

25. Intrazelluläre Bewegungen; Cytoskelette

Schon im vorigen Jahrhundert wußte man, daß in Zellen Bewegungen ablaufen. Man unterschied zwischen ungerichteter Bewegung (verursacht durch Brownsche Molekularbewegung) und gerichteter. Je nachdem, was sich bewegt, sprach man – und spricht man heute noch – z.B. von Plasmaströmung, Chloroplastenbewegung, saltatorischer Bewegung, Chromosomenverteilung während der Mitose und Meiose oder von freien Ortsbewegungen.

Hierzu zunächst nur die Stichworte amöboide Bewegung und Geißelbewegung. Viele der Bewegungsabläufe erfolgen als Reaktion auf einen externen Reiz (Licht, Wärme, Berührung usw.). Bei den gerichteten intrazellulären Bewegungen von Partikeln im Plasma sieht es meist so aus, als würde die Bewegung auf genau festgelegten Bahnen oder Schienen erfolgen.

Scheinbar unabhängig von den hier skizzierten Erscheinungen stellt sich die Frage nach der Struktur und der Form der Zellen. Zwar wird immer wieder gesagt, die Form der Pflanzenzelle sei durch die Zellwand vorgegeben, doch befriedigt diese Auskunft

kaum noch. Betrachten wir dazu das Plasmolyseexperiment im Kapitel 4: Es ist unschwer erkennbar, daß die Protoplastenform nach Ca^{2+}-Ionenzugabe deutlich strukturiert ist (s. Abb. 4.3), Hechtsche Fäden treten auf, und die Vakuole ist oft von Plasmasträngen durchsetzt. Würden nur die Gesetze der Hydrodynamik gelten, müßten der Protoplast und alle Vakuolen kugelig gestaltet sein. Die Membraneigenschaften allein genügen nicht, die tatsächlich auftretenden, abweichenden Formen zu erklären.

Wo liegen nun aber die Gemeinsamkeiten von Form und Bewegung?

Die Antwort hierauf wurde in den letzten etwa zehn Jahren durch Untersuchungen an tierischen Zellen (bei denen die angeschnittenen Probleme noch klarer in Erscheinung treten) gegeben. Die wesentlichen Aussagen ließen sich in der Folgezeit auch an pflanzlichen Zellen verifizieren. Das wichtigste Ergebnis: Alle eukaryotischen Zellen verfügen über ein Cytoskelett. In tierischen Zellen wird bis zu einem Drittel des Gesamtproteins der Zelle hierfür aufgewandt.

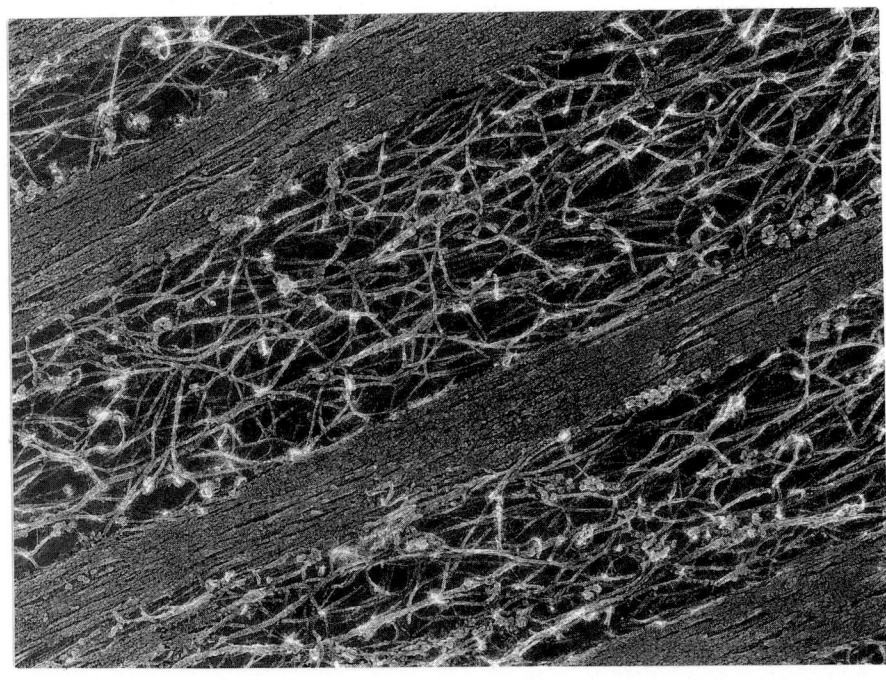

Abb. 25.1. Mikrofilamente (MF) und Mikrotubuli (MT) in einer Muskelzelle. Die Anordnung weist auf eine Zusammenarbeit zwischen beiden Systemen hin; (29 250 ×). (K. Isobe, 1984)

364

Der Ausdruck Cytoskelett ist eigentlich unglücklich gewählt, da dieses keinem starren Bauplan unterliegt, in dem jedem Knochen ein Stammplatz zukommt. Vielmehr ist es eine Multifunktionsstruktur, die nach C. de Duve (1984) besser durch die (in der wissenschaftlichen Literatur nicht etablierten!) Bezeichnungen *Cytobones* und *Cytomuscles* zu beschreiben ist; denn zu seinen wesentlichen Merkmalen gehört die Eigenschaft des ständigen Auf-, Ab- und Umbaus.

Es determiniert nicht nur die Form der Zellen und Formveränderungen, sondern bewirkt auch sämtliche intrazellulären Bewegungsabläufe, einschließlich der Bewegung der Zellen selbst. Es besteht aus zumindest drei voneinander unabhängigen Systemen, dem Mikrofilament- und dem Mikrotubulisystem (s. Abb. 25.1) sowie dem System der Intermediären Filamente.

Genannt seien auch das P-Protein, eine Besonderheit mancher Pflanzenzellen (vornehmlich der Siebzellen), und das Clathrin, ein Protein, das die *Coated vesicles* umgibt, die bei der Endozytose entstehen und deren Membrananteile dem Plasmalemma oder intrazellulären Membranen entnommen sind.

Mikrofilamente und Mikrotubuli haben etliches gemeinsam. Es sind Polymere aus globulären Proteinen (dem Aktin, respektive dem Tubulin). Das Polymerisationsvermögen ist reversibel, Polymerisation und Depolymerisation stehen in einem Gleichgewicht zueinander. Nichtaggregiertes, monomeres Aktin wird G-Aktin (globuläres Aktin), zu Mikrofilamenten polymerisiertes, F-Aktin (fibrilläres Aktin) genannt.

Tubulin ist ein Proteindimer, bestehend aus zwei einander ähnlichen Untereinheiten (α und β). Zwischen Aktin und Tubulin sind auf Proteinebene keinerlei Homologien nachgewiesen worden. Beide Cytoskelettsysteme sind mit zahlreichen weiteren Proteinen assoziiert, die einerseits den Bewegungsablauf gewährleisten und an der dafür erforderlichen Energieumsetzung (ATP-Spaltung) beteiligt sind, und andererseits an der Regulation der Bewegung mitwirken. Wichtig wäre in diesem Zusammenhang die Frage nach dem Erkennen des auslösenden Signals (z.B. bei lichtinduzierter Bewegung) und seiner Umsetzung in die tatsächliche Bewegung.

Mit dem Erkennen werden wir uns im Kapitel 30 befassen, zur Signalweiterleitung gibt es derzeit noch nichts Lehrbuchreifes.

Mikrofilamente

Das Mikrofilamentsystem (Aktin-Myosin-System) wurde zunächst als das für Muskelkontraktionen ausschlaggebende Prinzip erkannt. H.E. Huxley (Medical Research Council, Laboratory of Molecular Biology, Cambridge/Engl.) konnte den molekularen Aufbau einer Muskelzelle zu Beginn der sechziger Jahre durch Auswertung elektronenmikroskopischer Aufnahmen aufklären und den Kontraktionsmechanismus als ein

teleskopartiges Aneinandervorbeischieben von parallel zueinander angeordneten Filamenten deuten. Dem Myosin fällt dabei die Aufgabe einer ATPase zu, die erst dann zur Wirkung kommt, wenn Aktin und Myosin Kontakt miteinander aufgenommen haben.

Später konnte gezeigt werden, daß Aktin eines der häufigsten Proteine in allen tierischen Zellen ist. Der Nachweis kann auf drei verschiedenen Wegen erfolgen:

(1) *Bindung von Myosin:* Ein Myosinmolekül besteht aus zwei Teilen, einem Kopf, in dem die Polypeptidkette zu einer spezifischen Tertiärstruktur gefaltet ist, und einem Schwanz, in dem es als lange ununterbrochene α-Helix vorliegt. Die Köpfe können durch eine Trypsinbehandlung abgetrennt und in reiner Form gewonnen werden. Sie verlieren dadurch nicht die Fähigkeit, sich an Aktinfilamente anzulagern. In elektronenmikroskopischen Bildern *(negative staining)* erkennt man den Aktin/Myosinkopf-Komplex durch sein charakteristisches, pfeilspitzenförmiges Aussehen. Da die Pfeile entlang eines Aktinpolymers stets in eine Richtung weisen, ist anzunehmen, daß in ihm eine Polarität enthalten ist.

Der Nachteil der Methode: Man benötigt mehr oder weniger vorgereinigte Aktinfilamente, zumindest jedoch Zelltrümmer.

(2) *Indirekte Immunfluoreszenz:* Dieses Verfahren wurde 1974 von E. Lazarides und K. Weber (seinerzeit Harvard University, Cambridge/Mass.) erarbeitet, es erwies sich als eine der erfolgreichsten Methoden der modernen Zellbiologic. Aktin ist ein relativ konservatives Protein, d.h., daß eine Antikörperpopulation, die gegen tierisches Aktin gerichtet ist, mit dem Aktin fast aller Tiergruppen und mit dem der Schleimpilze reagiert.

Gegenüber dem unter (1) vorgestellten Verfahren hat dieses den Vorteil, das vollständige Mikrofilamentsystem einer Zelle abzubilden, sowie Veränderungen im Verlauf des Zellzyklus oder der Entwicklung des Organismus zu erfassen. Voraussetzung ist natürlich, daß es gelingt, die Antikörper in die Zellen einzuführen. Das Standardverfahren sieht vor, die Zellen mit Glutaraldehyd zu fixieren und die Membran anschließend aufzulösen oder zumindest soweit durchlässig zu machen, daß Moleküle der Größe von Antikörpern eindringen können. Eine weitere Möglichkeit wäre die Mikroinjektion der markierten Antikörper in lebende Zellen. Die Zellwand setzt der Anwendung bei Pflanzen Grenzen. Protoplasten bieten einen möglichen Ausweg aus diesem Dilemma.

(3) *Markierung von Mikrofilamenten durch fluoreszenzmarkiertes Phalloidin (Phallotoxin), dem Gift des Weißen Knollenblätterpilzes (Amanita phalloides).* Es hat eine hohe Affinität zum F-Aktin aus Leber- und Muskelzellen, mit dem es feste Komplexe eingeht. Desgleichen bindet es an pflanzliches Aktin, so daß nunmehr eine Sonde zur Verfügung steht, die den Engpaß an verfügbaren Anti-

körpern gegen pflanzliches Aktin mildert, ohne daß Spezifitätseinbußen in Kauf genommen werden müssen.

Wie schon erwähnt, ist F-Aktin in tierischen Zellen mit einer Anzahl von Proteinen assoziiert: Myosin, Troponin (A, B, C), Tropomyosin, α-Aktinin u.a. Es gibt bisher nur wenige Angaben über deren Vorkommen in Pflanzenzellen. Myosin, oder eine myosinähnliche Verbindung, scheint, zumindest dort wo man gesucht hat, vorhanden zu sein *(Nitella, Lycopersicon)*. Seine Identität wurde jedoch nur durch einen Indizienbeweis erbracht: Die vermeintlichen Verbindungen spalten nämlich nach Bindung an Aktin ATP.

Es gibt eine Anzahl von Inhibitoren der Mikrofilamente. Einer der bekanntesten ist das Cytochalasin B (ein Pilzgift), das die Polymerisation des Aktins unterbindet und das deshalb in der Zellbiologie oft zur Unterscheidung von Mikrofilament- und Mikrotubulisystem herangezogen wird.

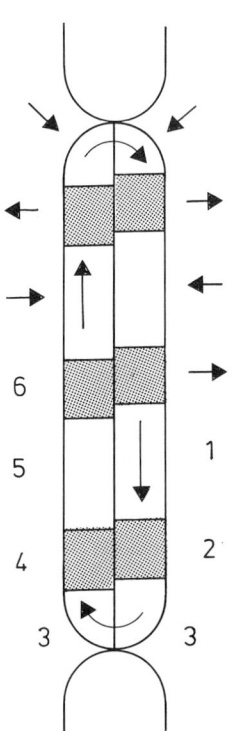

Abb. 25.3. Schematische Darstellung einer physiologischen Multipolarität in einer Internodialzelle von *Nitella*. Die Pfeile in der Zelle geben die Richtung der Plasmabewegung an. Die gerasterten Flächen sind Zonen, in denen an der Zelloberfläche Ca^{2+}-Ionen abgesondert werden, in den hellen Bereichen erfolgt eine Ca^{2+}-Aufnahme. (Nach K. Arens und R. Jarosch, 1939)

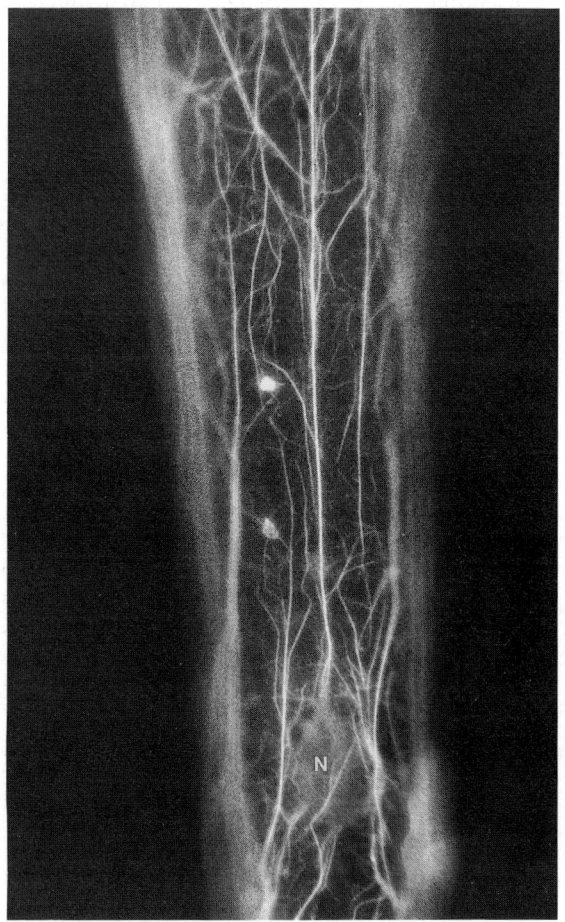

Abb. 25.2. F-Aktin (markiert durch Rhodamin-Phalloidin) in Plasmasträngen (s.a. Abb. 29.2) eines epidermalen Haares von *Lycopersicon esculentum*. Das F-Aktin ist zu Mikrofilamenten gebündelt; N = Nukleus. (M.V. Parthasarathy, T.D. Perdue, A. Witztum, J. Alvernaz, 1985)

Es gilt als sicher, daß Mikrofilamente an der Protoplasmaströmung in den Internodialzellen der Armleuchteralgen *Chara* und *Nitella*, an der Chloroplastendrehung von *Mougeotia*, der Chloroplastenbewegung von *Vallisneria*, vielleicht auch beim Auswachsen von Pollenschläuchen und der Kernwanderung von *Acetabularia* beteiligt sind. Doch gerade am letzten Beispiel zeigte sich, daß auch Mikrotubuli an dieser Bewegung mitwirken und daß beide Systeme eng miteinander kooperieren (H. U. Koop und O. Kiermeyer, Universität Salzburg, 1980).

Kürzlich haben M. V. Parthasarathy und Mitarbeiter (Cornell University, Ithaca, N.Y., 1985) Mikrofilamente durch Phalloidin-Markierung bei einer ganzen Reihe verschiedener Pflanzentypen identifiziert und damit gezeigt, daß sie auch in Pflanzen weit verbreitet sind und in den Zellen selbst klar strukturierte Cytoskelette ausbilden (s. Abb. 25.2). Sie bilden in der Tat das Grundgerüst der Plasmastränge, wirken an der plasmatischen Bewegung mit, stehen mit den Plastiden in direktem Kontakt und sind in Pollenschläuchen reichlich vorhanden. Der Zellkern wird von einem geschlossenen Netzwerk aus Mikrofilamenten umgeben *(nuclear basket)* (s. auch Abb. 7.20, 7.21, 7.23).

In Schleimpilzen und deren Plasmodien wirkt Aktin an der amöboiden Bewegung mit und ist für die intensive pulsierende Bewegung des Plasmas verantwortlich. Amöboide Bewegung ist im Pflanzenreich selten, eventuell kann man das Auswachsen von Pollenschläuchen mit einer solchen vergleichen; bemerkenswert wäre es, denn das würde bedeuten, daß

Aktin am Befruchtungsvorgang höherer Pflanzen beteiligt ist (bei niederen Pflanzen wirken begeißelte Spermien mit, und an deren Bewegung Mikrotubuli).

Chara und *Nitella*. Die riesigen, mehrere Zentimeter langen, ca. einen Millimeter dicken Internodialzellen sind seit ihrer Entdeckung beliebte Versuchsobjekte der Bewegungsphysiologen, denn in ihnen ist das Plasma (mit Ausnahme der Plastiden) in ständiger, rotierender Bewegung. Die Plastiden wiederum sind stationär in einem regelmäßigen Muster wandständig (cortical) ausgerichtet.

In den dreißiger Jahren wies K. Arens (Universität von Rio de Janeiro) eine „physiologische Multipolarität" der Zellen nach (s. Abb. 25.3). Er sah, daß in bestimmten regelmäßigen Abständen entlang der Zellwand Ca^{2+}-Ionen abgeschieden werden, die sich an der Außenseite als Kalkinkrustierungen ablagern können. Nach allem, was man durch das Studium tierischer Zellen, speziell der Muskelzellen weiß, sind Ca^{2+}-Ionen essentielle Regulatoren der Aktin-Myosin-Interaktion und damit auch der Zell- respektive Muskelbewegung. Es bleibt zu fragen, ob sie in *Nitella* oder *Chara* in gleicher Weise wirken.

R. Jarosch (Mikrobiologische Station der Stadt Linz in Österreich) wies 1958 im Preßsaft aus *Chara*zellen Proteinfibrillen nach (sichtbar im Dunkelfeldmikroskop) und erkannte, daß sie sich ihrerseits zu Ringen schließen, die rotierende Bewegungen ausüben.

Vielfach sind sie mit anderen Plasmapartikeln besetzt. Jarosch hielt sie daher für die, wie er sagte, Impulsträger der Plasmabewegung, denn er konnte auch zeigen, daß sich die Bewegung impulsartig wie eine Welle entlang des Rings ausbreitete. Jahre später (1972) sah E. Kamitsubo (Osaka University), daß sich – nach Zentrifugation – auch innerhalb von Zellen Ringe bilden. Auch diese zeichnen sich durch eine autonome rotierende Bewegung aus. Die Beobachtungen weisen darauf hin, daß saltatorische Bewegungen von Zellorganellen (Mitochondrien, Microbodies usw.) ebenfalls darauf beruhen können, daß die Organellen an rotierende fibrilläre Systeme gebunden sind.

Die Verbesserung mikroskopischer Techniken erlaubte es, die Lage von Proteinfibrillen in *Chara*- und *Nitella*zellen zu bestimmen. Besonders eindrucksvoll sind die Ergebnisse der phasenkontrast-, interferenzkontrast- und rasterelektronen-mikroskopischen Untersuchungen (s. Abb. 25.4).

Aus den Abbildungen ist ersichtlich, daß sie in Reihen von drei bis vier parallel liegenden Filamenten an der Grenzschicht von stationärem Ektoplasma (mit Plastiden) und dem beweglichen Endoplasma liegen. Mitte der siebziger Jahre wurde schließlich gezeigt, daß sie tatsächlich aktinhaltig sind (R. E. Williamson, 1974, B. A. Palevitz, J.F. Ash, P. K. Hepler, 1974, B. A. Palevitz und P. K. Hepler, 1975) und daß alle parallelliegenden Mikrofilamente gleich orientiert sind. Ein Nachweis durch Markierung mit monoklonalen Antikörpern ergänzt die Aussagen (s. Abb. 25.5).

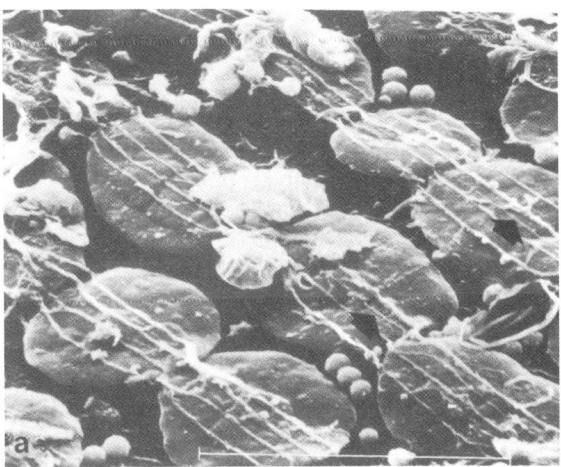

Abb. 25.4. Rasterelektronenmikroskopische Aufnahme von cortical gelegenen Plastiden mit darübergespannten Aktinfilamentbündeln bei *Chara*. Die kleinen sphärischen Partikel sind vermutlich Mitochondrien. (Y.M. Kearsey und N.K. Wessels, 1976)

Die Strömungsgeschwindigkeit des Endoplasmas ist ATP-abhängig. Auch das entspricht dem, was wir von Muskelzellen her wissen.

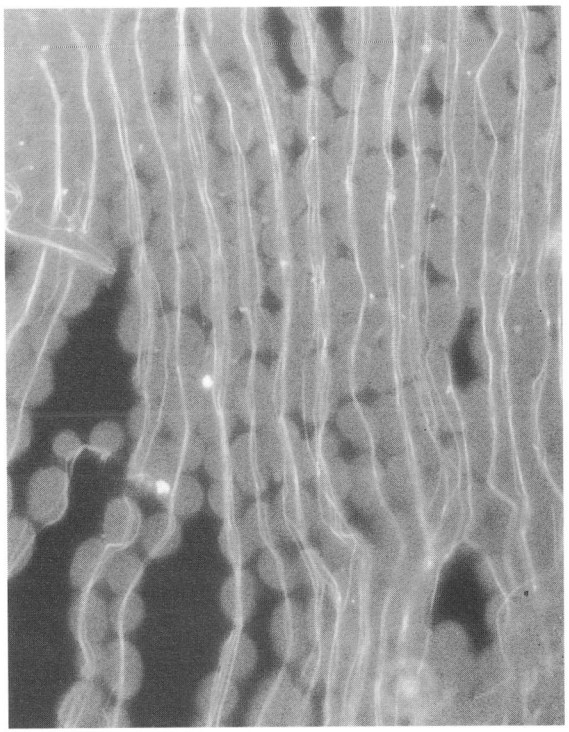

Abb. 25.5. Nachweis von Aktinfilamenten durch indirekte Immunfluoreszenz in Strängen des cortikalen Plasmas von *Chara*. Die Chloroplasten erscheinen im Bild aufgrund ihrer roten Eigenfluoreszenz grau. (R. Williamson, 1984)

367

Mikrotubuli

Mikrotubuli kommen in allen eukaryotischen Zellen vor. Sie sind an einer Vielzahl von Bewegungsabläufen beteiligt, z.B.:
- der Geißel- und Cilienbewegung,
- der Bewegung der Chromosomen während der Mitose und der Meiose und
- dem Transport von Granula und Vesikeln in den Zellen.

Sie können zu komplexen, regelmäßigen Strukturen vereint sein. Alle Geißeln und Cilien der Eukaryoten zeichnen sich durch den sogenannten 9 + 2-Aufbau aus (s. Abb. 25.6). In Pflanzenzellen liegen die Mikrotubuli im Interphasestadium dicht unterhalb des Plasmalemmas (corticale Lage), und ihre Orientierung ist mit der der Cellulosefibrillen in der Zellwand eng korreliert. 1963 war ein entscheidendes Jahr in der Erforschung ihrer Struktur, D.B. Slautterback sowie M.C. Ledbetter und K. R. Porter (Rockefeller University, New York) setzten erstmals Glutaraldehyd zur Fixierung elektronenmikroskopischer Präparate ein und erreichten damit eine Stabilisierung der Mikrotubulistruktur sowie eine leichtere Darstellbarkeit. Im elektronenmikroskopischen Bild erscheinen sie als charakteristisch gebaute Röhren mit einem äußeren Durchmesser von 240 Å und einem inneren von 140 Å, folglich beträgt die Wandstärke 50 Å. Mikrotubuli bestehen, wie schon beschrieben, aus Tubulin, das in helicaler Anordnung polymerisiert. Zur Ausbildung einer Drehung werden 13 Tubulindimere benötigt. In Geißeln unterscheidet man zwischen einer vollständigen A- und einer unvollständigen B-Röhre, welche sich durch die Art der lateralen Bindungen zwischen den Tubulindimeren (in A: α–β, β–α in B: α–α, β–β) unterscheiden (s. Abb. 25.7).

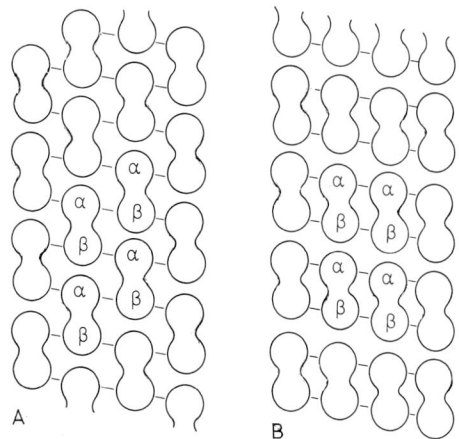

Abb. 25.7. Mikrotubuli sind Röhren aus polymerisiertem Tubulin. Tubulin ist ein Proteindimeres, es besteht aus den beiden Untereinheiten α und β. In der Abbildung sind die Röhren (oder Zylinder) aufgeschnitten dargestellt, so daß die Oberflächenstruktur in Aufsicht erscheint. *A* und *B* unterscheiden sich durch die Art der Kontakte zwischen den Tubulindimeren. (R.E. Stephens, K.T. Edds, 1976)

Wie mit den Mikrofilamenten, so sind auch mit den Mikrotubuli zahlreiche Proteine assoziiert. Das bekannteste ist das Dynein (eine ATPase), das zur Energieumsetzung in Bewegung benötigt wird. Ferner gibt es eine ganze Gruppe von Proteinen mit dem Sammelnamen MAPs *(microtubule associated proteins)*; die meisten von ihnen nehmen offenbar regulatorische Funktionen wahr.

Im Cytoplasma der Zellen liegt in der Regel ein Gleichgewicht zwischen polymerisiertem und depolymerisiertem Tubulin vor, in den Geißeln findet man

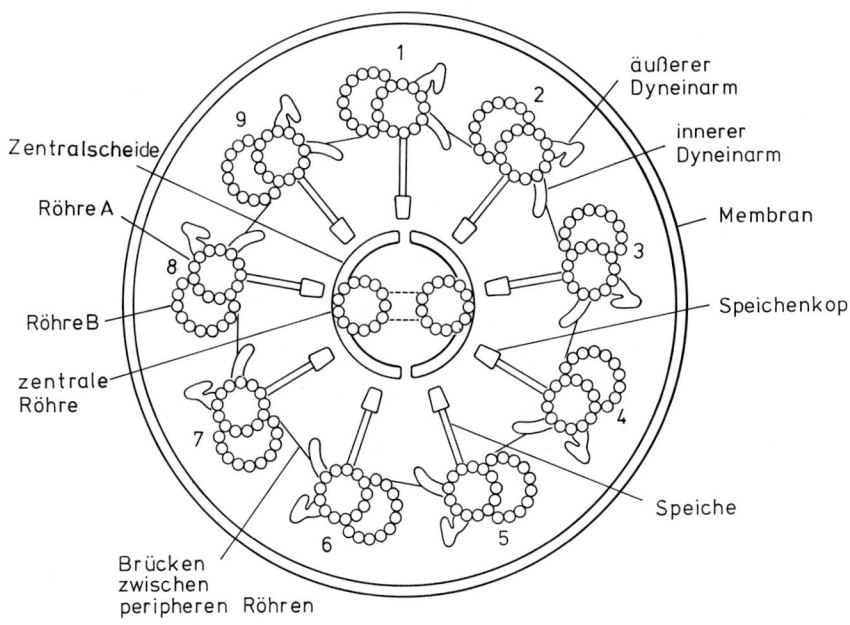

Abb. 25.6. Schematische Darstellung eines Querschnitts durch eine Geißel oder Cilie. An der Peripherie liegen neun Mikrotubulidoublets. Jedes besteht aus einer A- und einer B-Röhre. Im Zentrum liegen zwei einfache Mikrotubuliröhren (nur A). Das Dynein ist stets an der A-Röhre verankert. Mit seinen Spitzen nimmt es Kontakt zur B-Röhre des benachbarten Mikrotubulidoubletts (N + 1) auf. (H. Mohri, 1976)

368

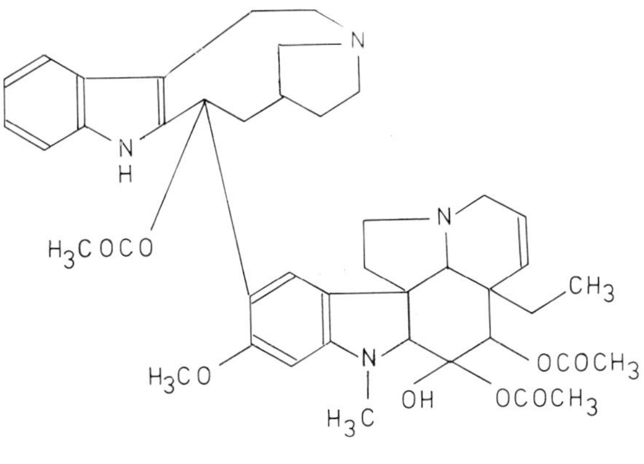

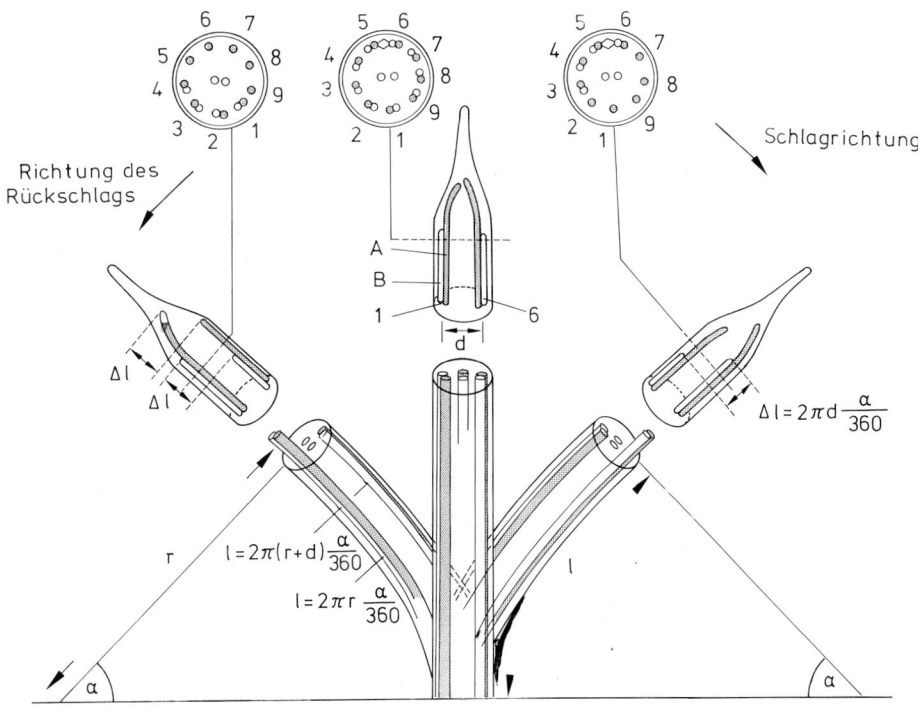

Abb. 25.8. Vinblastin, das Alkaloid des Immergrüns *(Vinca rosea)*.

es nur in polymerisierter Form. Colchicin (das Alkaloid der Herbstzeitlosen *Colchicum autumnale,* s. Abb. 20.10), niedrige Temperatur, und ein Überschuß an Ca^{2+}-Ionen fördern eine Depolymerisation. Das Alkaloid des Immergrüns *(Vinca rosea),* das Vinblastin (s. Abb. 25.8), fällt Tubulin aus.

Es sieht so aus, als würde eine jede Zelle über Kontrollmechanismen verfügen, die die Initiation der Mikrotubulibildung, deren Polymerisation und Depolymerisation, sowie ihre Orientierung in der Zelle regeln. Im Gegensatz zu den Mikrofilamenten gibt es genügend Untersuchungen über ihre Bedeutung in Pflanzenzellen. Antikörper, die gegen tierisches Tubulin gerichtet sind, reagieren auch mit pflanzlichem.

Die hohe serologische Verwandtschaft weist darauf hin, daß sie sich im Verlauf der Eukaryotenevolution nur wenig verändert haben und daß ihre Bedeutung für die Zelle bereits frühzeitig festgeschrieben wurde. Der Einfachheit halber soll zunächst ihre Mitwirkung an der Geißel-(und Cilien-)Bewegung, anschließend ihre Bedeutung für Veränderungen im Verlauf des Zellzyklus besprochen werden.

Geißel- und Cilienbewegungen

Geißel- und Cilienbewegungen der Eukaryoten (!) sind genaugenommen intrazelluläre Bewegungen; denn obwohl eine Geißel scheinbar als Fortsatz aus einer Zelle herausragt, bleibt sie von der Plasmamembran umschlossen. Alle Dyneinmoleküle entlang der gesamten Mikrotubulilänge müssen kontinuierlich mit ausreichenden ATP-Mengen versorgt werden, das Ionenmilieu und der pH-Wert in ihrer Umgebung müssen stimmen.

Den Bewegungsmechanismus beschrieb P. Satir (1968, 1976, seinerzeit University of California, Berkeley) als einen *sliding filament mechanism,* bei dem sich die peripheren Tubulindoublets aneinander vorbeischieben, wobei das Dynein, das stets an der A-Röhre verankert ist, mit seinen Spitzen Kontakte zur B-Röhre des benachbarten Doublets schließt. Wie das Schema in Abbildung 25.9 zeigt, ließ sich der Beweis hierfür durch Auswertung im Bereich der Mikrotubuli-Enden erbringen. Der Mechanismus erklärt das Vor- und Zurückschlagen der Geißel, nicht jedoch die zahlreichen Varianten der Geißelbewegungen, die

Abb. 25.9. *Sliding-filament*-Hypothese zur Erklärung der Bewegung von Geißeln und Cilien. Die Hypothese sieht vor, daß sich die peripheren Mikrotubuli-Paare aneinander vorbeischieben. Röhre A ist dunkel, Röhre B hell dargestellt. A ist länger als B. Bei einem Querschnitt dicht unterhalb der Spitze erkennt man bei nichtgekrümmter Geißel neun Doppelringe (im Bild: mittlerer Querschnitt). Nach Krümmung ändert sich das Bild. In Bereichen der Geißel, die den größten Krümmungsradius aufweisen, erkennt man nur einer der Ringe (A). Die Auswertung zahlreicher Bilder führte unter Anwendung einfacher Trigonometrie zum Beweis der *Sliding-filament*-Hypothese. (P. Satir, 1968)

369

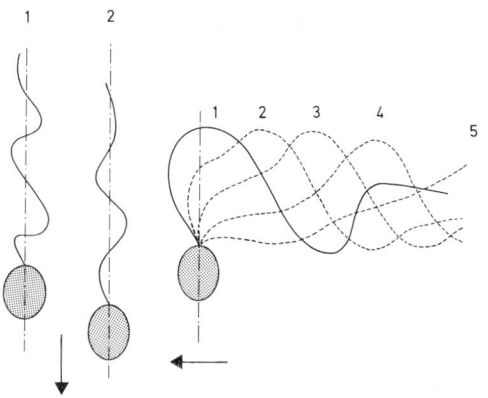

Abb. 25.10. Wellenschlag der Geißel bei einem farblosen Flagellaten *(Monas)*. *a* und *b*: aufeinanderfolgende Phasen bei Geradeausbewegung; c verschiedene Phasen bei Seitwärtsbewegung. Die Pfeile zeigen die Bewegungsrichtung der Zelle. (B.M. Krijksmann, 1925)

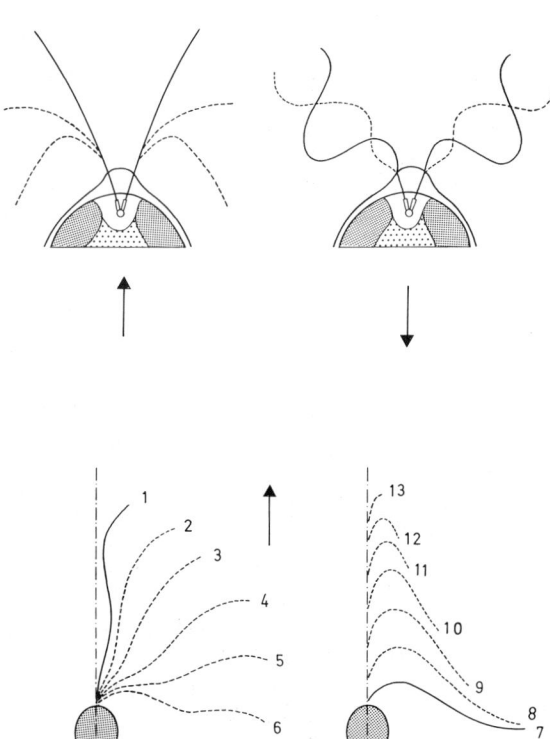

Abb. 25.11. *a* Vorderende des Flagellaten *Chlamydomonas*. Links normale Bewegungsweise der beiden Geißeln, der Ruderschlag führt zur Vorwärtsbewegung. Rechts: Rückwärtsbewegung durch Wellenschlag. (W. Haupt, 1977) *b* Ruderschlag der Geißel eines farblosen Flagellaten *(Monas)* in verschiedenen Phasen. *a* aktiver Schlag (energieverbrauchend), *b* inaktiver Rückschlag. Der Pfeil zeigt die Bewegungsrichtung der Zelle. (B.M. Krijksmann, 1925)

370

– meist an Einzellern – festgestellt wurden. Es gibt nämlich Zug- und Schubgeißeln sowie Flimmergeißeln. Es gibt solche, die um eine imaginäre Achse rotieren, und es gibt flexible Geißeln, bei denen sich die Bewegung wellenförmig entlang ihrer Achse ausbreitet (s. Abb. 25.10). Viele Zellen können vom Vorwärts- in den Rückwärtsgang schalten oder mehr oder weniger starke Kurskorrekturen vornehmen (s. Abb. 25.11).

Cilien unterscheiden sich nur durch ihre Zahl pro Zelle von Geißeln, meist sind sie zudem recht kurz, und oft ist der gesamte Zellkörper von ihnen umgeben. Bei Pflanzen sind sie nur selten anzutreffen, ein immer wieder zitiertes Beispiel sind die Zoosporen von *Vaucheria sessilis*.

In der Gruppe der Algen (mit Ausnahme der Rotalgen) sind geißeltragende Stadien verbreitet. Ebenso findet man sie bei den Spermatozoiden (♂ Gameten) der Moose und Farne. Im Verlauf der frühen Evolution der Samenpflanzen sind geißeltragende Stadien mehr und mehr zurückgedrängt worden. Zu den wenigen heute noch vorkommenden Ausnahmen gehören die Spermatozoiden von *Ginkgo biloba* und der Cycadeen.

Oft wird die Bewegung durch externe Signale gesteuert. Viele Einzeller (Algen, Protisten) bewegen sich auf bestimmte Reizquellen zu (Taxien): Licht (phototaktisches Verhalten), bestimmte Chemikalien (chemotaktisches Verhalten). Meist folgt die Bewegung einem Konzentrations- oder Intensitätsgradienten. Wird eine Reizschwelle überschritten (z. B. zu hohe Lichtintensität) setzt eine Umkehrreaktion ein. In den letzten Jahrzehnten wurde viel über die Signalerkennung gearbeitet. So wissen wir z. B., daß die Carotinoide im Augenfleck mancher Algen (z.B. *Euglena*) blaulichtempfindlich sind, die Chloroplastenbewegung der Alge *Mougeotia* unter Kontrolle des Phytochromsystems steht (s. Kap. 30) und ♂ Gameten (der Algen) auf artspezifische Sexuallockstoffe (s. Kap. 44) reagieren. Wie die Umsetzung des wahrgenommenen Signals und die Koordination gleich- oder entgegengesetzt gerichteter Signale in eine gerichtete Bewegung aussieht, ist jedoch nicht einmal in Ansätzen bekannt *(black box)*.

An der Basis vieler Geißeln sind oft komplex strukturierte Basalkörper mit Geißelwurzeln vorhanden. M. Melkonian (Botanisches Institut der Universität Köln) hat sie bei einer Anzahl von Algengruppen analysiert und gruppenspezifische Muster festgestellt. Er wertet diese Strukturen und deren Abänderungen als Merkmale, die wesentlich zum Verständnis der verwandtschaftlichen Beziehungen der einzelnen Algengruppen untereinander beitragen können.

Cytoplasmatische Mikrotubuli

Man weiß seit langem, daß Mikrotubuli den Hauptanteil der mitotischen Kernspindel ausmachen und daß sie die Chromosomenbewegung verursachen. Unklar blieb lange Zeit die Frage nach ihrem Verbleib während der Interphase. Die bereits erwähnte Glutaraldehydfixierung erlaubte es, eine Vielzahl elektronenmikroskopischer Präparate durchzumustern. Immer wieder zeigte es sich dabei, daß die Mikrotubuli vornehmlich an der Plasmaperipherie zu finden sind. In vielen Fällen fand man, daß ihre Anordnung mit der Anlagerung von Cellulosemikrofibrillen bei der sich bildenden Primärwand einhergeht (J. D. Pickett-Heaps und D. H. Northcote, 1966). Damit lag die Annahme nahe, daß ihre Orientierung die Ausrichtung der Mikrofibrillen in der Wand determiniert. Obwohl es eine Menge von Einwänden hiergegen gab, scheint sich die Annahme wohl doch zu bewahrheiten. Es konnte aber auch sichergestellt werden, daß die Existenz der Mikrotubuli nicht Ursache und Voraussetzung einer Zellwandbildung sind, denn in colchicinbehandelten Zellen wird eine Wand gebildet; die Mikrofibrillen sind dann jedoch nicht geordnet, sondern werden in statistischer Anordnung angelagert. Man vermutete zunächst, daß die Mikrotubuli lediglich am Transport von Material beteiligt sind, welches für die Cellulosesynthese benötigt wird. Ebensogut ist

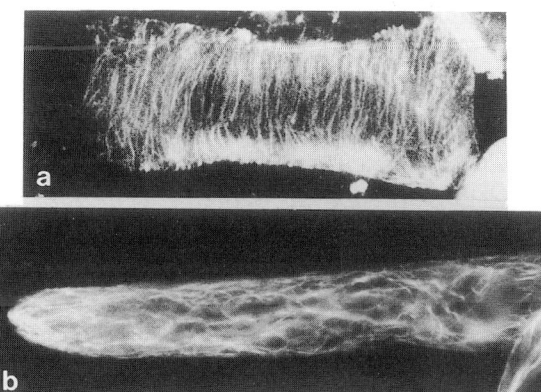

Abb. 25.12. Corticale (in Randbereichen der Zelle liegende) Mikrotubuli in gestreckten Pflanzenzellen. Die Mikrotubuli wurden durch indirekte Immunfluoreszenz markiert. Das Orientierungsmuster der Mikrotubuli ist mit der Anordnung der Cellulosefibrillen in der Zellwand korreliert. *a* Mikrotubuli in einer Zelle aus meristematischem *Allium*-Gewebe. (Aufn.: L. Clayton ind C.W. Lloyd, 1985) *b* Mikrotubuli in einer apikalen Zelle des Protonemas von *Physcomitrella patens*. (J.H. Doonan, D.J. Cove und C.W. Lloyd, 1985)

Abb. 25.13. Mitwirkung von Mikrotubuli bei der Entwicklung von Verstärkungselementen in einer Gefäßzelle (Tracheide) aus einer Suspensionszellkultur von *Zinnia elegans. a* Verteilung von Mikrotubuli (Nachweis durch indirekte Immunfluoreszenz); *b* Nachweis der Verstärkerelemente durch Calcofluor white-Färbung (spezifisch für Cellulose); *c* Zelle im Phasenkontrastmikroskop; *d* Polarisationsmikroskopischer Nachweis der Parallelorientierung der Cellulosefibrillen. Die Mikrotubuli-Verteilung entspricht genau der Orientierung der Cellulosefibrillen in den verstärkten Wandstrukturen; Balken: 10 μm. (M. Falconer und R.W. Seagull, 1985)

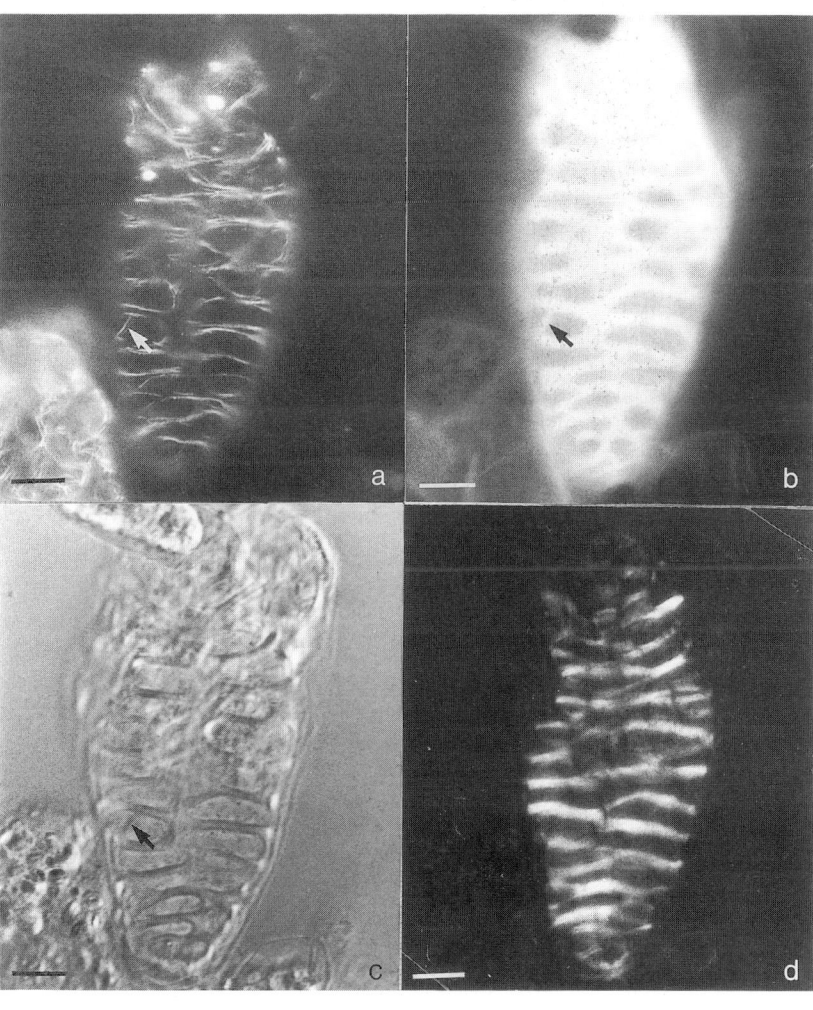

vorstellbar, daß sie die Cellulosesynthetasemoleküle in der Plasmamembran ausrichten, so daß als Folge davon das spezifische Cellulosefibrillen-Muster entsteht (B. A. Palevitz und P. K. Hepler, 1976). Beobachtungen an einigen Algen und an Wurzelhaaren weisen deutlich auf einen solchen Zusammenhang hin. Mikrotubuli können im Plasma untereinander, mit dem Plasmalemma und/oder der Kernhülle in Verbindung stehen.

In Plasmaschläuchen wirken Mikrotubuli an der Verschiebung von sekretorischen Vesikeln, Organellen und anderen zellulären Partikeln mit. Besonders eindrucksvoll ist ein enges Netzwerk, das den wandernden generativen Kern umgibt. Die Spitze des Pollenschlauchs (Apex) enthält keine Mikrotubuli, statt dessen findet man dort Mikrofilamente in erhöhter Zahl.

Eine Voraussetzung der Teilung isolierter Protoplasten ist die Ausbildung einer Zellwand. Ihrer Bildung geht die Umorganisation des peripheren Mikrotubulisystems voraus, wobei die Anordnung der Mikrotubuli (s. Abb. 25.12) die Form der sich bildenden Zelle determiniert.

Während die bisher beschriebenen Eigenschaften allgemeiner Natur sind, fallen den Mikrotubuli in spezialisierten Zellen zusätzliche Aufgaben zu. So wirken sie an der Steuerung der Organisation von Zellwandverdickungen und bei der Lignineinlagerung in Sekundärwände mit.

Nach Colchicinbehandlung erscheinen nicht die sonst üblichen sekundären Verstärkungsleisten, sondern es bildet sich, analog der Erscheinung bei der Primärwandbildung, ein ungeordnetes Muster an Verstärkungselementen (P. K. Hepler und E. H. Newcomb, 1964, J. Cronshaw, 1967). In Zellkulturen konnten M. M. Falconer und R. W. Seagull (1985) die Bildung von Tracheiden analysieren. Fluoreszenzmikroskopische Untersuchungen zeigten deutlich, daß Mikrotubuli überall dort lokalisiert sind, wo es zur

Ausbildung von tracheidalen Wandverstärkungen kommt. Das Muster dieser Wandverstärkungen stimmte mit dem Muster der Mikrotubulianordnung überein (s. Abb. 25.13).

Ungleiche Wanddicken und eine Formveränderung der Zelle, so wie wir sie z. B. bei der Bildung von Stomatazellen vorfinden, beruhen womöglich auch auf ungleicher Verteilung intrazellulärer Mikrotubuli während der Morphogenese. Sie sind an den Seiten mit verdickten Wänden (den periklinen Wänden) häufiger als an jenen mit dünnen (den antiklinen Wänden).

Die Menge an Mikrotubuli ist mit einer Anhäufung von Dictyosomen korreliert, so daß es so aussieht, als würden sie tatsächlich für die Ausrichtung des Materialtransports und die Verteilung des Zellwandmaterials in der Zelle benötigt (B. A. Palevitz und P. K. Hepler, 1976, B. Galatis, 1980). In manchen Algen (z. B. *Hydrodictyon, Pediastrum, Staurastrum*) beeinflussen sie die Zellform und die Koloniebildung (H. J. Marchant und J. Pickett-Heaps, 1974, H. J. Marchant, 1979) und bei *Micrasterias* die postmitotische Kernwanderung (O. Kiermeyer, 1972). Hier haben sie keinen Einfluß auf die Formbildung der Zellen. Bei dem zellwandlosen Flagellaten *Ochromonas* hingegen ist die Anordnung der Mikrotubuli für die Ausbildung der spezifischen Zellform verantwortlich; bei *Euglena* ist eine entsprechende Anordnung in der Pellikula erkennbar (s. Abb. 25.14). Dort wirken sie an den ständigen Formveränderungen der Zellen („metabolische Bewegung") mit. Wie schon erwähnt, wirken Mikrotubuli, wie auch die vorher besprochenen Mikrofilamente an der intrazellulären Plasmabewegung und somit auch an der Bewegung der Organellen und anderer Partikel mit. Damit stellt sich die Frage, welches der beiden Systeme für bestimmte Bewegungsabläufe primär verantwortlich sei. Die Antwort darauf ist artspezifisch. Bei siphonalen Grünalgen fand D. Menzel (Universität Heidelberg, 1987), daß die

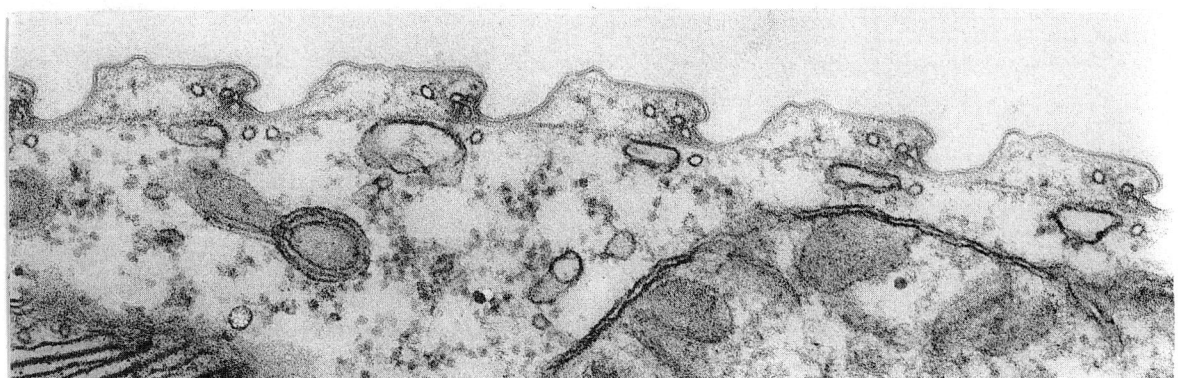

Abb. 25.14. Pellikula von *Euglena gracilis*. Die Pellikula setzt sich aus der außen liegenden – gefalteten – Membran, ihr unterlagerten Mikrotubuli (im Bild quergeschnitten und daher als Ringe erkennbar) und einer Anzahl von noch nicht charakterisierten Filamentsystemen zusammen. Unterhalb dieser Transversalfilamente liegt tubuläres Endoplasmatisches Retikulum, das mit den Mikotubuli in Verbindung steht; 79 500 ×. (H. Quader, 1983, unveröff.)

372

Bewegung der Organellen in der Gattung *Caulerpa* durch Mikrotubuli erfolgt, bei *Acetabularia* durch Mikrofilamente und daß bei *Bryopsis* beide Systeme gleichermaßen benötigt werden.

Die Kernspindel

Was geschieht, wenn in einer Pflanzenzelle die Vorbereitungen zur Mitose (oder Meiose) einsetzen? Ein besonders auffälliges Merkmal vieler solcher Zellen ist die Ausbildung eines Präprophasebandes, das den Kern umgibt und in der Ebene des später zu bildenden Phragmoplasten liegt. Es entsteht durch Verlagerung nahezu des gesamten Tubulins der Zelle in diese Region, d.h., das tubuläre Cytoskelett des Interphasestadiums wird abgebaut, ein neues wird errichtet (P.K. Hepler und D.H. Northcote, 1967). Es gibt Zellen, z.B. die vielstudierten Endospermzellen von *Haemanthus katherinae,* denen das Band fehlt. Ob es erforderlich ist, um den Zellkern in die richtige (zentrale) Position zu bringen, oder ob beide Prozesse unabhängig voneinander ablaufen, war eine lange umstrittene Frage. Obwohl noch nichts endgültig entschieden ist, tendiert man heutzutage zu der Annahme, daß beide Ereignisse voneinander unabhängig seien. Es ist aber auch denkbar, daß die Lage des Bandes die Orientierung der Teilungsspindel determiniert. Mit dem Einsetzen der Prophase beginnt die Errichtung der Kernspindel. Es besteht allgemein Konsens darüber, daß sie aus Mikrotubuli besteht, doch weit schwerer ist die Frage zu beantworten, wie sie die Chromosomenbewegung bewirken. Zunächst: Es gibt zwei Organisationstypen, zu denen sich Mikrotubuli zusammenschließen: Mikrotubuli, die von den Polen ausgehend bis weit über die Äquatorialebene hinausreichen, nennt man polare Mikrotubuli. Sie überlappen einander, so daß es so aussieht, als ob sie von Pol zu Pol reichten. Andere Mikrotubuli setzen an den Kinetochoren (= Centromeren) der Chromosomen an und reichen bis in die Nähe der Pole oder sind mit den polaren Mikrotubuli assoziiert. Man nennt sie chromosomale oder Kinetochor-Mikrotubuli.

Erstere entstehen durch ein an den Polen beginnendes Wachstum, letztere beginnen mit dem Wachstum (der Initiation des Polymerisationsprozesses) an den Centromeren (Kinetochoren).

In tierischen Zellen sind an den Polen Centriolen erkennbar. In ihrer Nähe liegen die Kondensationspunkte, von denen die Mikrotubuli ausgehen. Den meisten – vor allem den höheren – Pflanzen fehlen sie. Bei einigen Algen kommen sie vor, bei den Characeen treten sie in der Meiose, nicht jedoch in der Mitose in Erscheinung. Sie sind demnach, zumindest bei Pflanzen, für die Bildung der polaren Mikrotubuli entbehrlich. Was an ihrer Stelle steht, ist hingegen nicht bekannt.

Nach einem von A.S. Bajer (Department of Biology, University of Oregon) unterbreiteten Vorschlag, beruht die Bewegung der Chromosomen auf einem Mechanismus, den er als Zipper-Hypothese bezeichnet. Wie aus zahlreichen cytologischen Befunden hervorgeht, können nur kinetochorenhaltige Chromosomen bewegt werden. Das heißt, daß es eine spezifische Bindungsstelle für Mikrotubuli am Chromosom gibt (sie kann bei Chromosomen mit „diffusem" Centromer die gesamte Chromosomenoberfläche einschließen). Die Wanderung zu den Polen beruht auf einer Interaktion zwischen den polaren und den Kinetochor-Mikrotubuli. Aller Voraussicht nach werden die Chromosomen gezogen, nicht gestoßen.

Die Bewegung beruht sicher nicht auf einem einfachen Gleitmechanismus. Die Chromosomenbewegung in der Anaphase kommt vielmehr durch Verkürzung der Kinetochor-Mikrotubuli am Kinetochorpol, bei gleichzeitiger Verlängerung der polaren Mikrotubuli zustande.

Offen bleibt die Frage nach der Energieübertragung. Während der Telophase löst sich die Kernspindel auf, die Mikrotubuli sammeln sich im Bereich des Phragmoplasten, von wo aus die Organisation des Interphase-Cytoskeletts *de novo* beginnt. Wie aus der Abbildung 25.15 hervorgeht, liegen die Mikrotubuli in der Phragmoplastenebene in engster Nachbarschaft zu den Mikrofilamenten. Wichtig wäre daher die Frage nach der Kooperation bzw. der Arbeitsteilung zwischen beiden Systemen, doch auch hierzu gibt es noch nichts zu sagen.

P-Proteine

P-Proteine (Phloem-Proteine) sind typische Inhaltsstoffe des Phloems. Es sind Proteine, die in Siebröhren vorkommen und zu Fibrillen, Röhren, membranähnlichen und oder parakristallinen Strukturen, Lamellen, Flocken und anderem aggregieren. Sie sind aus dem Exsudat von Siebröhren isoliert worden. Ein bevorzugtes Versuchsobjekt ist der Kürbis *(Cucurbita),* da der Siebröhreninhalt hier unter einem erheblichen Druck steht und beim Anschneiden leicht ausfließt. (R. Kollmann, seinerzeit Botanisches Institut der Universität Bonn, 1960; H.-D. Behnke und I. Dörr, gleiches Institut, 1967; J. Cronshaw und K. Esau, University of California, Santa Barbara, 1967.) P-Proteine binden kein Myosin, sie sind nicht kontraktil, Vinblastin und Colchicin haben keinen Einfluß auf sie. Die Molekulargewichte wurden zu 15 000, 28 000, 59 000, 116 000 und 220 000 ermittelt, alle zeigen ein hohes Aggregationsvermögen. Die Proteine sind stark basisch und unterscheiden sich auch je nach Herkunft. Selbst bei nah verwandten Arten, z.B. *Cucumis melis* und *Cucumis sativus,* sind Unterschiede nachgewiesen worden.

Welche Funktionen ihnen zukommen, ist weitgehend unbekannt. Es ist auch fragwürdig, ob man sie überhaupt in die Nähe der Cytoskelettsysteme stellen darf; denn eine Beteiligung an Transportvorgängen oder einer Determination bestimmter zellulärer

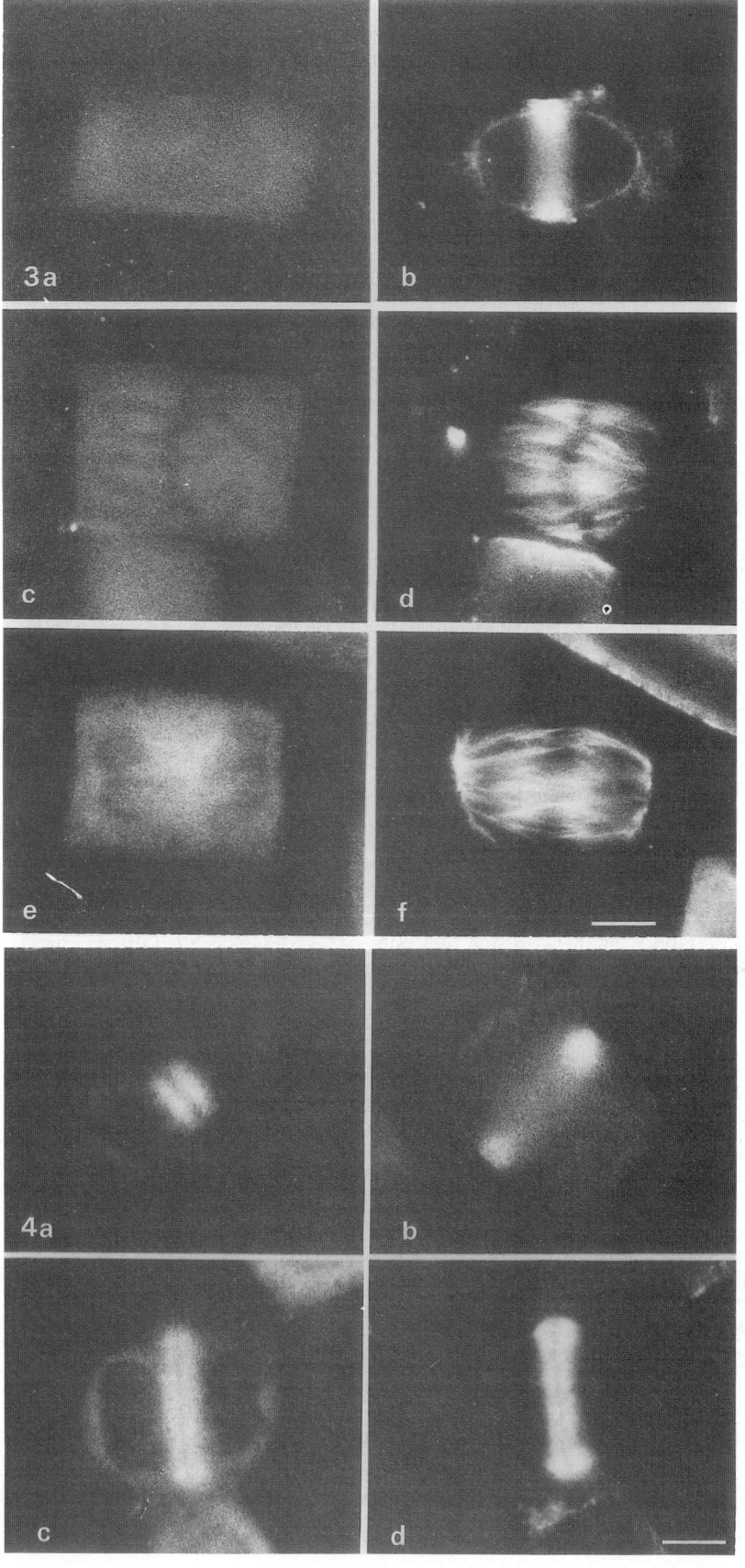

Abb. 25.15a und b. Mikrotubuli in pflanzlichen Zellen: Mitosen im Wurzelmeristem von *Allium. a, c* und *e* Färbung mit Rhodamin-Phalloidin (spezifisch für Aktin); *b, d* und *f* Markierung der Mikrotubuli durch indirekte Immunfluoreszenz (*b* Präprophaseband, *d* und *f* Mikrotubuli als Komponenten der Kernspindel), Balken: 10 µm. Telophasestadien: Färbung mit Rhodamin-Phalloidin. *a* frühes, und *b* spätes Stadium der Phragmoplastenbildung. *c* und *d* gleiches Verteilungsmuster von Aktin *(c)* und von Mikrotubuli (durch indirekte Immunfluoreszenz nachgewiesen, in *d*) in ein und derselben Zelle. (L. Clayton und C.W. Lloyd, 1985)

Strukturen wurde nicht festgestellt. Es ist demnach allein das Polymerisations-, respektive Aggregationsvermögen, das es vielleicht rechtfertigt, sie an dieser Stelle vorzustellen (s.a. Kap. 28).

Clathrin und *Coated vesicles*

Clathrin ist ein außergewöhnlich strukturiertes Protein. Es ist ein Trimer, dessen Untereinheiten in Form eines Dreibeins (s. Abb. 25.16) angeordnet sind. Die außergewöhnliche Form erlaubt es ihm, zu einem zweidimensionalen Netzwerk zu polymerisieren, das aus einer Anzahl von Hexagons besteht. Genaugenommen formt das Aggregat keine ebene, sondern eine gekrümmte Fläche, mit einer konvexen und einer konkaven Seite. Es sei dahingestellt, ob die Krümmungstendenz eine intra- oder eine intermolekulare Ursache hat. Wichtig ist allein die Tatsache, daß sich solche Netze mit ihrer konkaven Seite an Membranen, z.B. an die Innenseite des Plasmalemmas, anlagern und durch Zuwachs zunächst eine Schüsselgestalt formen, wodurch die Membran (von außen gesehen) eingedellt erscheint. Durch weiteren Zuwachs nimmt der Clathrinkomplex die Form einer Kugel an, die wie ein Käfig den Membranbereich umschließt. Sein Kontakt zum übrigen Plasmalemma nimmt dabei stetig ab, schließlich wird er abgeschnürt und verschließt sich zu einem von Clathrin ummantelten Vesikel: einem *Coated vesicle* (s. Abb. 25.17).

Coated vesicles sind bei einer Vielzahl pflanzlicher und tierischer Zellen nachgewiesen worden (E.H. Newcomb, 1980). Durch sie geraten extrazelluläre Substanzen ins Zellinnere (Endocytose; je nachdem, ob die Substanzen partikulär oder flüssig sind, unterscheidet man zwischen Phagocytose und Pinocytose). Dort können *Coated vesicles* mit anderen Vesikeln, z.B. den Lysosomen, fusionieren. Ihr Inhalt wird

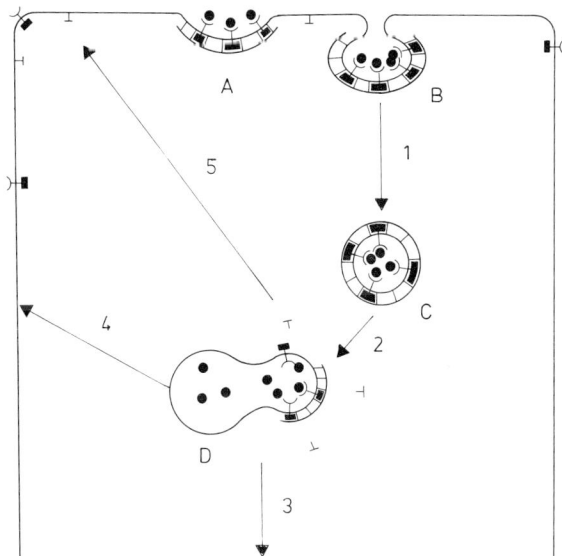

Abb. 25.17. Modell des Mitwirkens von *Coated vesicles* an Phagozytoseprozessen sowie *Recycling* der *Coated vesicles*. Aufgenommene Moleküle (oder Partikel) können verdaut, in Speichervakuolen eingeschlossen oder ins Cytosol freigesetzt werden. *1* Abschnürung eines *Coated vesicle*; *2* Fusion mit einem intrazellulären Vesikel; *3* Weiterverarbeitung des Inhalts; *4* Fusion des Vesikels mit dem Plasmalemma *(Recycling)*; *5* Insertion von Clathrin ins Plasmalemma, die Voraussetzung zur Neubildung von *Coated vesicles*. (B. Pearse, 1980)

dann durch lysosomale Enzyme verdaut; die Chlathrinhülle dissoziiert und steht für eine neue Runde zur Verfügung.

Bildet sich ein Clathrinnetz an einer Endomembran und fusioniert das dabei gebildete *Coated vesicle* anschließend mit dem Plasmalemma, wird sein Inhalt aus der Zelle exportiert: Exocytose. Allerdings erfolgt Exocytose meist nicht durch *Coated vesicles*, sondern vorwiegend durch Vesikel ohne Clathrinüberzug.

Am intrazellulären Transport der *Coated vesicles* scheinen Mikrotubuli beteiligt zu sein. Es gibt eine Anzahl elektronenmikroskopischer Hinweise dafür, daß sie in direktem Kontakt mit ihnen selbst oder mit Protofilamenten (das sind eindimensionale Ketten aus Tubulindimeren) stehen (M.E. Doohan, B.A. Palevitz, Universität von Georgia, Athens, 1980).

Literatur

Arens, K.: Physiologische Multipolarität der Zelle von *Nitella* während der Photosynthese. Protoplasma *33*, 295–300 (1939)

Bajer, A.S., J. Molè-Bajer: Architecture and function of the mitotic spindle. In: Advances in cell and molecular biology (DuPraw, E.J., ed.) Vol. *1*, 213–266, New York, London, Academic Press, 1971

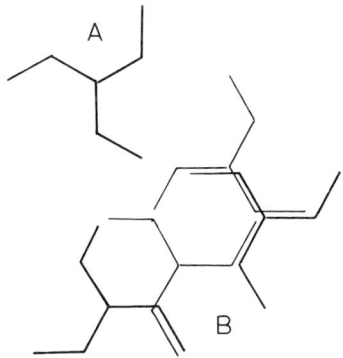

Abb. 25.16. Clathrinstruktur. *A* ein einzelner Molekülkomplex, *B* Aggregation der Clathrinmoleküle an der Oberfläche eines *Coated vesicle*. Die Sechsecke sind elektronenmikroskopisch leicht auszumachen. (R.A. Crowther, B.M.F. Pearse, 1981)

Bajer, A.S., J. Molè-Bajer: Spindle dynamics and chromosome movement. Int. Rev. Cytol., Suppl. *3*, 1–271 (1972)

Behnke, H.-D., I. Dörr: Zur Herkunft und Struktur der Plasmafilamente in Assimilatleitbahnen. Planta (Berl.) *74*, 18–44 (1967)

Brown, D.L., B.G. Bouck: Microtubule biogenesis and cell shape in *Ochromonas*. J. Cell Biol. *56*, 360–378 (1973)

Clayton, L., C.W. Lloyd: Actin organization during the cell cycle in meristematic plant cells. Exptl. Cell Res. *156*, 231–238 (1985)

Condeelis, J.S.: The identification of F-actin in the pollen tube and protoplast of *Amaryllis belladonna*. Exptl. Cell Res. *88*, 435–439 (1974)

Cronshaw, J., and K. Esau: Tubular and fibrillar components of mature and differentiating sieve elements. J. Cell Biol. *34*, 801–815 (1967)

Crowther, R.A., B.M.F. Pearse: Assembly and packing of clathrin into coats. J. Cell Biol. *91*, 790–797 (1981)

Dawson, P.I., J.S. Hulme, C.W. Lloyd: Monoclonal antibody to intermediate filament antigen cross-reacts with higher plant cells. J. Cell Biol. *100*, 1793–1798 (1985)

Doohan, M.E., and B.A. Palevitz: Microtubules and coated vesicles in guard-cell protoplasts of *Allium cepa* L. Planta (Berl.) *149*, 389–401 (1980)

Dustin, P.: Microtubules. Berlin–Heidelberg–New York: Springer Verlag, 1984 (2. Aufl.)

Falconer, M.M., and R.W. Seagull: Immunofluorescent and calcofluor white staining of developing tracheary elements in *Zinnia elegans* L. suspension cultures. Protoplasma *125*, 190–198 (1985)

Forer, A., and W.T. Jackson: Actin in the higher plant *Haemanthus katherinae* Baker. Cytobiologie *10*, 217–226 (1975)

Franke, W.W., E. Seib, M. Osborn, K. Weber, W. Herth, H. Falk: Tubulin-containing structures in the anastral mitotic apparatus of endosperm cells of the plant *Leucojum aestivum* as revealed by immunofluorescence microscopy. Cytobiologie *15*, 24–48 (1977)

Galatis, B.: Microtubules and guard-cell morphogenesis in *Zea mays* L. J. Cell Sci. *45*, 211–244 (1980)

Gunning, B.E.S., A.R. Hardham: Microtubules. Ann. Rev. Plant Physiol. *33*, 651–698 (1982)

Haupt, W.: Bewegungsphysiologie der Pflanzen. Stuttgart: G. Thieme Verlag, 1977

Hepler, P.K., E.H. Newcomb: Microtubules and fibrils in the cytoplasm of *Coleus* cells undergoing secondary wall deposition. J. Cell Biol. *20*, 529–533 (1964)

Hepler, P.K., and B.A. Palevitz: Microtubules and microfilaments. Ann. Rev. Plant Physiol. *25*, 309–362 (1974)

Jarosch, R.: Die Protoplasmafibrillen der Characeen. Protoplasma *50*, 93–108 (1959)

Jensen, C. and A. Bajer: Spindle dynamics and arrangement of microtubules. Chromosoma *44*, 73–89 (1973)

Kamitsubo, E.: Motile protoplasmic fibrils in cells of the Characeae. Protoplasma *74*, 53–70 (1972)

Kersey, Y.M. and N.K. Wessells: Localization of actin filaments in internodial cells of characean algae. J. Cell Biol. *68*, 264–275 (1976)

Kiermayer, O.: Hemmung der Kern- und Chloroplastenmigration von *Micrasterias* durch Colchizin. Naturwissenschaften *55*, 299–300 (1968)

Klein, K., G. Wagner and M.R. Blatt: Heavy-meromyosin-decoration of microfilaments from *Mougeotia* protoplasts. Planta *150*, 354–356 (1980)

Kleinig, H., Dörr, I., Weber, C., Kollmann, R.: Filamentous proteins from plant sieve tubes. Nature New Biol. *229*, 152–153 (1971)

Kollmann, R.: Untersuchungen über das Protoplasma der Siebröhrchen von *Passiflora coerulea*. Planta (Berl.) *55*, 67–107 (1960)

Kollmann, R.: Fine structural and biochemical characterization of phloem proteins. Can. J. Bot. *58*, 802–806 (1980)

Koop, H.-U., and O. Kiermayer: Protoplasmic streaming in the giant unicellular green alga *Acetabularia mediterranea*. Protoplasma *102*, 295–306 (1980)

Krijksmann, B.J.: Beiträge zum Problem der Geißelbewegung. Arch. Protistenk. *52*, 478–489 (1925)

Lazarides, E., and K. Weber: Actin antibody: The specific visulization of actin filaments in non-muscle cells. Proc. Natl. Acad. Sci. US. *71*, 2268–2272 (1974)

Ledbetter, M.C., and K.R. Porter: A „microtubule" in plant cell fine structure. J. Cell Biol. *19*, 239–250 (1963)

Lloyd, C.W., A.R. Slabas, A.J. Powell, G. MacDonald, R.A. Badley: Cytoplasmic microtubules of higher plant cells visualised with anti-tubulin antibodies. Nature (Lond.) *279*, 239–241 (1979)

Lloyd, C.W., A.R. Slabas, A.J. Powell, S.B. Lowe: Microtubules, protoplasts and plant cell shape. Planta *147*, 500–506 (1980)

Lloyd, C.W.: The cytoskeleton in plant growth and development. New York, London: Academic Press, 1982

Lloyd, C.W.: Toward a dynamic helical model for the influence of microtubules on wall patterns in plants. Int. Rev. Cytology *86*, 1–51 (1984)

Lloyd, C.W., L. Clayton, P.J. Dawson, J.H. Doonan, J.S. Hulme, I.N. Roberts, B. Wells: The cytoskeleton underlying side walls and cross walls in plants: molecules and macromolecular assemblies. J. Cell Sci., Suppl. *2*, 143–155 (1985)

Marchant, H.J., and J. Pickett-Heaps: The effect of colchicine on colony formation in the algae *Hydrodictyon, Pediastrum* and *Sorastrum*. Planta (Berl.) *116*, 291–300 (1974)

Marchant, H.J.: Microtubular determination of cell shape during colony formation by the alga *Pediastrum*. Protoplasma *98*, 1–14 (1979)

Mohri, H.: The function of tubulin in motile systems. Biochem. Biophys. Acta *456*, 85–127 (1976)

Newcomb, E.H.: Plant microtubules. Ann. Rev. Plant Physiol. *20*, 253–288 (1969)

Newcomb, E.H.: Coated vesicles: Their occurence in different plant cell types. In: Coated Vesicles, p 55–68 (G.D. Ockleford, A. White, eds.) Cambridge: University Press, 1980

Palevitz, B.A., J.F. Ash, P.K. Hepler: Actin in the green alga, *Nitella*. Proc. Natl. Acad. Sci. US. *71*, 363–366 (1974)

Palevitz, B.A., and P.K. Hepler: Identification of actin *in situ* at the ectoplasm-endoplasm interface of *Nitella*. J. Cell Biol. *65*, 29–38 (1975)

Palevitz, B.A., and P.K. Hepler: Cellulose microfibril orientation and cell shaping in developing guard cells of *Allium:* The role of microtubules and ion accumulation. Planta (Berl.) *132*, 71–93 (1976)

Parthasarathy, M.V., T.D. Perdue, A. Witztum, J. Alvernaz: Actin network as a normal component of the cytoskeleton in many vascular plant cells. Amer. J. Bot. *72*, 1318–1323 (1985)

Parthasarathy, M.V.: F-actin architecture in coleoptile epidermal cells. Europ. J. Cell Biol. *39*, 1–12 (1985)

Pearse, B.: Coated vesicles. Trends in Biochem. Sciences *5*, 131–134 (1980)

Pearse, B., R.E. Crowther: Structure and assembly of coated vesicles. Ann. Rev. Biophys. Chem. *16*, 49–68 (1987)

Perdue, T.D., M.V. Parthasarathy: *In situ* localization of F-actin in pollen tubes. Europ. J. Cell Biol.: *39*, 13–20 (1985)

Pickett-Heaps, J.D., and D.H. Northcote: The relationship of cellular organelles in the formation and development of the plant cell wall. J. exptl. Bot. *17*, 20–26 (1966)

Powell, A.J., C.W. Lloyd, A.R. Slabas and D.J. Cove: Demonstration of the microtubular cytoskeleton of the moss, *Physcomitrella patens*, using antibodies against mammalian brain tubulin. Plant Science Letters *18*, 401–404 (1980)

Satir, P.: Studies on cilia: Further studies on the cilium tip and a „sliding filament" model of ciliary motility. J. Cell Biol. *39*, 77–94 (1968)

Stephens, R.E., Edds, K.T.: Microtubules: Structure, chemistry and function. Physiol. Rev. *56*, 709–777 (1976)

Tiwari, S.C., S.M. Wick, R.E. Williamson and B.E.S. Gunning: Cytoskeleton and integration of cellular function in cells of higher plants. J. Cell Biol. *99*, 63s–69s (1984)

van der Valk, P., P.J. Rennie, J.A. Connolly and L.C. Fowke: Distribution of cortical microtubules in tobacco protoplasts. An immunofluorescence microscopic and ultrastructural study. Protoplasma *105*, 27–43 (1980)

Weber, C., W.W. Franke and J. Kartenbeck: Structure and biochemistry of phloem-proteins isolated from *Cucurbita maxima*. Exptl. Cell Res. *87*, 79–106 (1974)

Weber, K., Pollak, R., Bibring, T.: Antibody against tubulin: The specific visualization of cytoplasmic microtubules in tissue culture cells. Proc. Natl. Acad. Sci. US. *72*, 459–463 (1975)

Wick, S.M., R.W. Seagull, M. Osborn, K. Weber, B.E.S. Gunning: Immunofluorescence microscopy of organized microtubule arrays in structurally stabilized meristematic plant cells. J. Cell. Biol. *89*, 685–690 (1981)

Williamson, R.E.: Actin in the alga, *Chara corallina*. Nature (Lond.) *248*, 801–802 (1974)

Williamson, R.E.: Actin in motile and other processes in plant cells. Can. J. Bot. *58*, 766–772 (1980)

Williamson, R.E., U.A. Hurtley, J.L. Perkin: Regeneration of actin bundles in *Chara*. Polarized growth and orientation by endoplasmic flow. Europ. J. Cell Biol. *34*, 221–228 (1984)

Williamson, R.E., J.L. Perkin, D.W. McCurdy, S. Craig, U.A. Hurley: Production and use of monoclonal antibodies to study the cytoskeleton and other components of the cortical cytoplasm of *Chara*. Europ. J. Cell Biol. *41*, 1–8 (1986)

Witzrum, A., M.V. Parathasarathy: Role of actin in chloroplast clustering and banding in leaves of *Egeria, Elodea*, and *Hydrilla*. Europ. J. Cell Biol *39*, 21–26 (1985)

Yamaguchi, Y., and R. Nagai: Motile apparatus in *Vallisneria* leaf cells. I. Organization of microfilaments J. Cell Sci. *48*, 193–205 (1981)

26. Die Zellwand

Pflanzenzellen sind in der Regel von einer mehr oder weniger starren, cellulosehaltigen Wand umgeben. Lediglich einige wenige Algen, sowie manche Eizellen und gelegentlich auch die Zellen des Endosperms, sind zellwandlos. Bei einigen Algengruppen findet man anstelle der Cellulose andere Gerüstsubstanzen.

Die Zellwand nimmt eine Reihe von Funktionen wahr: Sie verleiht der Zelle Stabilität, sie determiniert ihre Form, beeinflußt ihre Entwicklung, schützt sie vor Pathogenen (Viren, Bakterien, Pilzen u.a.) und wirkt dem osmotischen Druck entgegen. In sich streckenden Zellen ist sie noch plastisch dehnbar, bei ausdifferenzierten Zellen geht diese Eigenschaft verloren. Man unterscheidet daher zwischen der Primär- und der Sekundärwand.

Erstere wird während der Zellteilung angelegt. Normalerweise entsteht sie zwischen zwei Tochterzellen während der frühen Telophase (s. Abb. 26.1). Die Vorstufe einer neuen Zellwand ist die Zellplatte, ein lamellenähnliches Gebilde in der ursprünglichen Äquatorialebene des Mitoseapparates. Aus elektronenmikroskopischen Untersuchungen geht hervor, daß sie durch Fusion zahlreicher Vesikel entsteht. Die Platte wächst zentrifugal bis zum Erreichen der longitudinalen Seitenwände der Mutterzelle aus. An ihren beiden Seiten kommt es zur Anlagerung elektronendichten Materials. Die sich dabei bildende Struktur nennt man Phragmoplast. Er ist die unmittelbare Vorstufe einer Primärwand.

Die noch elastisch dehnbare Sekundärwand entsteht sukzessive durch Auf- und Einlagerungen von Cellulosefibrillen und anderer Komponenten, sobald die Zelle ihr Wachstum eingestellt hat. Im Prinzip ist die Struktur von Zellwänden mit der von Stahlbeton vergleichbar. Die Gerüstsubstanz, hier Cellulose, dort

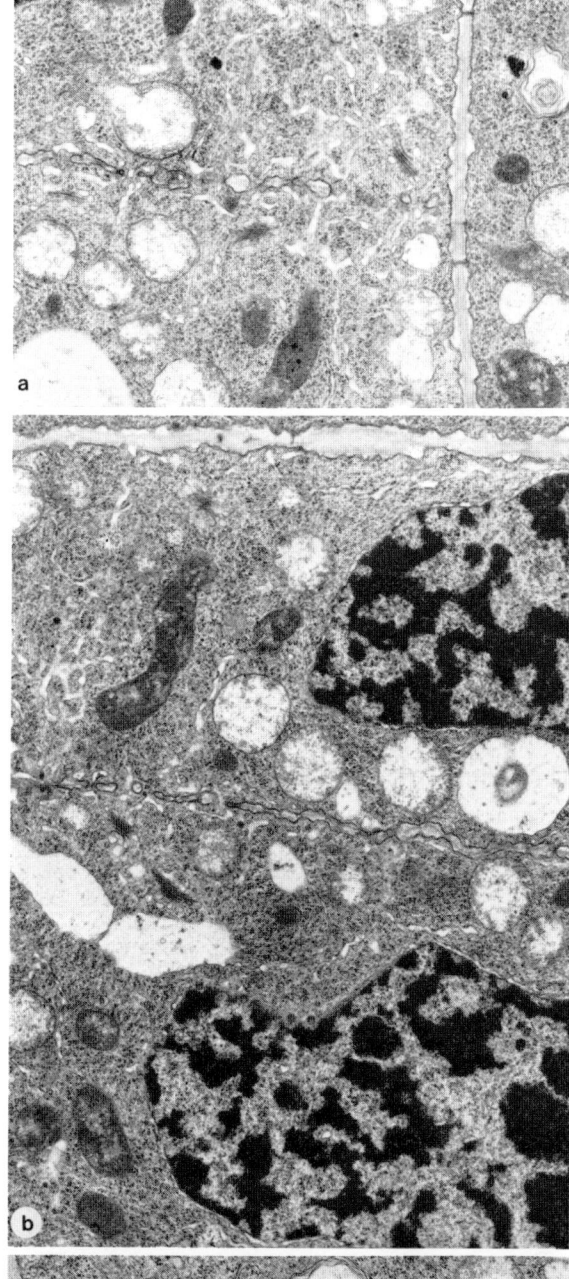

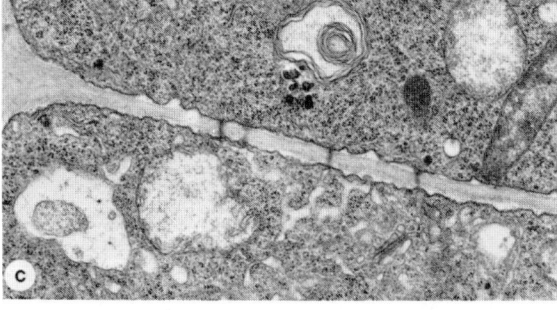

Abb. 26.1. Zellwandbildung in Zellen der Wurzelspitze der Zwiebel *(Allium cepa)*. *a* Vesikelansammlung und -ausrichtung in der Äquatorialplatte während der Telophase (12 700). *b* Diese Abbildung zeigt eine Zelle in der Telophase. Die beiden Kerne sind bereits in das Interphasestadium (G_1-Phase) eingetreten. Man erkennt deutlich die Vesikelansammlung und die zum Teil bereits erfolgte Verschmelzung. In den beiden Tochterzellen sind neben den Kernen zahlreiche Mitochondrien und ein gut entwickeltes Endoplasmatisches Retikulum zu sehen ($\times$ 12 700); *c* Die bereits fertiggestellte Zellwand zwischen den Tochterzellen ist von Plasmodesmen durchsetzt, die dem Stoffaustausch zwischen den benachbarten Zellen dienen; $\times$ 16 250. (D.G. Robinson, 1986)

Eisen, ist in eine amorphe Grundsubstanz (Matrix) eingebettet.

Während die Primärwandstruktur bei nahezu allen Zelltypen und Arten gleich ist, findet man im Bau der Sekundärwand deutliche zelltypspezifische und artspezifische Unterschiede.

Zum Verständnis von Zellwandeigenschaften muß man sich mit ihrer chemischen Zusammensetzung und ihrer physikalischen Struktur befassen. Dazu gehören:
- die Organisationsform der Cellulose,
- die Bedeutung und Struktur weiterer Polysaccharide (Matrixpolysaccharide),
- die Bedeutung und Struktur von Polymeren anderer Stoffklassen (z.B. Lignin und Glykoproteine),
- die Kenntnis der Begleitstoffe: niedermolekulare Oligo- und Polysaccharide, Enzyme, Lipide.

Zusätzlich stellen sich Fragen nach der Biosynthese und deren Regulation (z.B. durch das Phytohormon Auxin) sowie nach den Eigenschaften von Fraktionen, die von der Zellwand abgegeben oder durch sie hindurch sezerniert werden. Hierher gehört die Bildung von Auflagerungen (Kutikula u.a.), die Ausscheidung von Gallerten und die Expression von Rezeptormolekülen, die der artspezifischen Zell-Zell-Erkennung dienen und die auch bei einer Wirt-Parasit-Interaktion eine Rolle spielen.

Cellulose

Cellulosemoleküle (s. Abb. 17.3) lagern sich zu regelmäßig strukturierten Mikrofibrillen zusammen. Der Polymerisationsgrad der Cellulose liegt bei 6000 Glu-

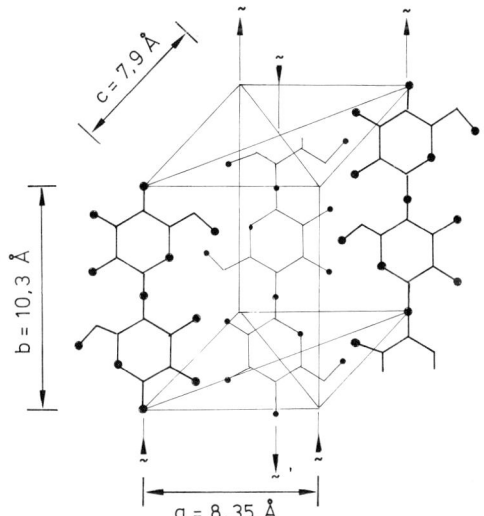

Abb. 26.2. Antiparallele Anordnung von Cellulosemolekülen in einem Kristallgitter. Wiedergegeben sind die Dimensionen einer Einheitszelle, der stets wiederkehrenden Einheit des Kristalls. (K.H. Meyer und L. Misch, 1937)

coseeinheiten in der Primär- und bei 13–16 000 in der Sekundärwand. In einer Mikrofibrille mit einem Durchmesser von 20–30 nm sind größenordnungsmäßig 2000 Moleküle vereint. Kristalline Bereiche wechseln mit nichtkristallinen ab. In den kristallinen bildet die Cellulose – bedingt durch die Ausbildung der höchstmöglichen Zahl an Wasserstoffbrücken – dreidimensionale Gitter aus (s. Abb. 26.2). In den übrigen

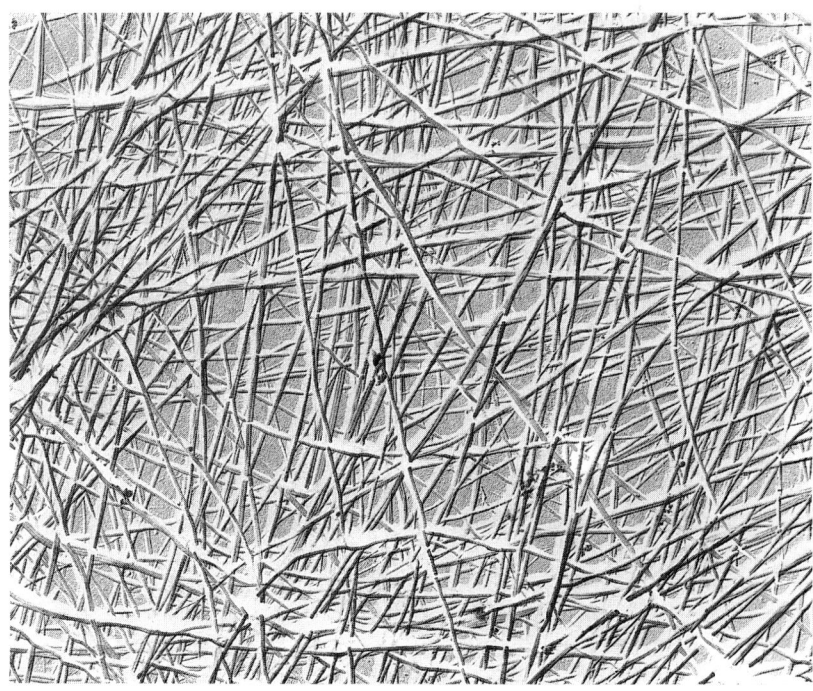

Abb. 26.3. Cellulose-Mikrofibrillen (Streutextur) in isolierten Wänden der Grünalge *Oocystis solitaria*. Elektronenmikroskopische Aufnahme eines schrägbedampften Präparats. × 16 000. (D.G. Robinson, 1986)

Abb. 26.4. Caulonema-Spitzenzelle von *Funaria* (s. Kap. 46): Plasmamembran in Gefrierbruch mit Proteinmolekülen, die teilweise zu „Rosetten" angeordnet sind (Pfeil). Diese Aggregate sind vermutlich Teile des Cellulose-Synthetase-Komplexes; × 202 500. (E. Schnepf, 1986)

Bereichen wird dieser hohe Ordnungsgrad nicht erreicht, man bezeichnet jene als parakristallin. Kristalle haben somit die Eigenschaft, Licht zu polarisieren. Durch Betrachtung von Cellulose zwischen gekreuzten Polarisatoren kann man die vorherrschende Orientierung der Mikrofibrillen bestimmen. In der Primärwand liegen sie in allen nur denkbaren Orientierungen vor (Streutextur, s. Abb. 26.3). Im Verlauf der Sekundärwandbildung werden sie schichtförmig (als Lamellen) abgelagert, wobei sie in jeder Schicht parallel zueinander angeordnet sind (Paralleltextur); die Orientierung wechselt von Schicht zu Schicht. Vielfach, vor allem bei besonders festen Zellwänden (z.B. denen von Baumwollhaaren), sind die Mikrofibrillen um die Zellachse herum schraubig angelegt, wobei sich auch die Drehwinkel von Schicht zu Schicht ändern (Schraubentextur).

Obwohl Cellulose das bei weitem häufigste Makromolekül ist – jährlich werden in der Natur ca. 10^{11} Tonnen synthetisiert und zum überwiegenden Teil wieder abgebaut –, weiß man erstaunlich wenig über seine Biosynthese. Das Enzym (oder der Enzymkomplex?) Cellulosesynthetase ist nach wie vor eine hypothetische Größe.

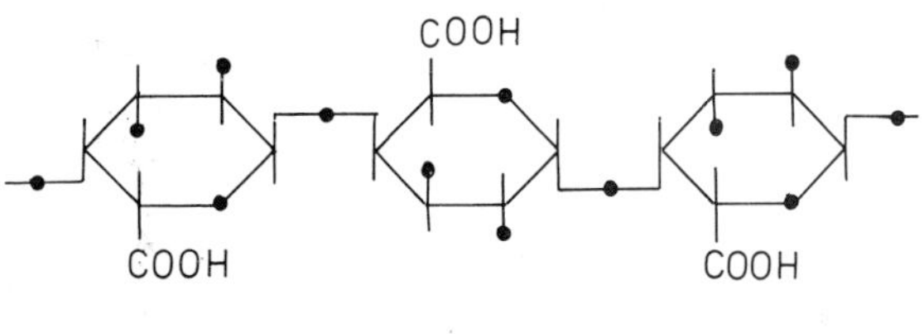

Seit einigen Jahren werden – nach Verbesserung der Präparationstechnik (Gefrierätzverfahren) – an der Plasmalemmaaußenseite gerichtet angeordnete Partikel (bzw. Partikelkomplexe) gesehen, von denen man annimmt, daß sie an der Cellulosesynthese beteiligt sind. Bei verschiedenen Algen (*Micrasterias, Spirogyra* und auch bei Zellen höherer Pflanzen) bilden die Komplexe hexagonale Rosetten aus (R.M. Brown, D. Montezinos, 1976; O. Kiermayer und U.B. Sleyr, 1979; W. Herth, 1983; s. Abb. 26.4).

Wie an anderer Stelle dargelegt (s. Kap. 25), besteht eine auffallende Übereinstimmung zwischen der Orientierung cortical gelegener Mikrotubuli und der benachbart (getrennt durch die Plasmamembran) liegenden Mikrofibrillen. Trotz bestehender Einwände sieht es so aus, als würden die Mikrotubuli an der Orientierung der Cellulosesynthetase mitwirken (Ausrichtung der elektronenmikroskopisch sichtbaren Komplexe) und somit – indirekt – Einfluß auf die Orientierung der Mikrofibrillen nehmen, denn Experimente mit Mikrotubuli-zerstörenden Agentien beeinflussen das Orientierungsmuster sich bildender Mikrofibrillen.

Matrixpolysaccharide: Weitere Polysaccharide in der Primärwand; Glykoproteine

Neben der Cellulose kommen, sowohl in der Primär- als auch in der Sekundärwand, Heteropolymere vor, die man traditionsgemäß zwei Polysaccharidklassen zuordnet: den Pektinen und den Hemicellulosen.

Pektine (s. Abb. 26.5) sind im wesentlichen Polygalacturonsäuren, mit wechselnden Anteilen von D-Galactosyl-, L-Arabinosyl- oder L-Rhamnosylresten.

Abb. 26.5. Pektinat (Pektinsäure): α-1,4-Galacturonsäure

380

Sie sind in der Mittellamelle, der Schicht zwischen benachbarten Zellen, vorherrschend. Hemicellulosen sind kurzkettige, und daher teilweise lösliche Polymere, die aus Xylosyl-, Glucosyl-, Galactosyl-, Arabinosyl- oder Mannosylresten aufgebaut sind. Je nach dominierendem Zucker spricht man von Xylanen, Galactanen oder z.B. von Arabinogalactanen, wenn die beiden Zucker im Polymer etwa gleich häufig sind. Die Grenzen zwischen den beiden Klassen sind fließend. Die Analyse der Zusammensetzung und Struktur der Matrixpolysaccharide (und anderer Bestandteile) führte in den letzten Jahren zu einer Reihe neuer Befunde. Das beruhte einmal auf der Wahl geeigneter Versuchsobjekte, zum anderen auf dem Einsatz empfindlicher analytischer Verfahren.

Als besonders günstig erwies sich das Arbeiten mit Zellkulturen des Ahorns *(Acer platanoides)*, denn unter bestimmten Kulturbedingungen bilden die Zellen nur Primärwände aus.

Darüber hinaus sezernieren sie Polysaccharide ins Medium, die in ihrer Zusammensetzung denen der Wand gleichen. Kürzlich zeigte es sich, daß bestimmten, aus der Wand freigesetzten Oligosacchariden spezifische regulatorische Funktionen zukommen. Sie beeinflussen das Wachstum und die Differenzierung anderer Zellen und Gewebe und sind an Abwehrreaktionen gegenüber Pilzen und anderen Mikroorganismen beteiligt. Solche Oligosaccharide werden nunmehr Oligosaccharine genannt (mehr dazu, s. Kap. 31).

Als Analyseverfahren boten sich die Gaschromatographie und die Analyse enzymatisch partiell abgebauter Polymere an, später kam die Massenspektroskopie hinzu.

Die Arbeiten wurden (werden) im wesentlichen im Labor von P. Albersheim an der University of Colorado, Boulder, seit kurzem am Complex Carbohydrate Research Center, Athens, Georgia, durchgeführt.

Nach Hydrolyse der Polysaccharide und Äthylierung der dabei freiwerdenden Monomere ließen sich

Tabelle 1. Bestandteile der Polymere in der primären Zellwand von Ahornzellen aus Zellkulturen

Bestandteil	Gewichts %	Molarer prozentualer Anteil, bezogen auf Gesamtkohlenhydrat
Rhamnose	3,1	3,9
Fucose	1,3	1,7
Arabinose	21,0	28,2
Xylose	7,6	10,2
Mannose	0,3	0,3
Galactose	12,8	14,5
Glucose (Nicht-Cellulose)	3,7	4,2
Glucose (aus Cellulose)	23,0	24,0
Galacturonsäure	13,4	13,2
Protein (gesamt)	10,0	
Hydroxyprolin	2,0	

P. Albersheim, 1976

Tabelle 2. Polymerenzusammensetzung der primären Zellwand von Ahornzellen aus Zellkultur

Wandbestandteil	Prozentualer Anteil
Arabinogalactan	20
Cellulose	23
Protein	10
Rhamnogalacturonan	16
Tetraarabinosid (an Hydroxyprolin gebunden)	1
Xyloglucan	21
	99

P. Albersheim, 1976

diese gaschromatographisch auftrennen und identifizieren (s. Tabelle 1). Für die Aufklärung der Bindungstypen wurden spezifisch degradierende Enzyme eingesetzt. Die Untersuchungen führten zu dem Ergebnis, daß die Primärwand außer Cellulose Arabinogalactan, Rhamnogalacturonan, Xyloglucan und ein hydroxyprolinreiches Protein enthält. Die quantitative Zusammensetzung der Wand ergibt sich damit wie folgt (s. Tabelle 2).

Wie sieht die Struktur der Heteropolysaccharide aus? Für das Rhamnogalacturonan schlugen K.W. Talmage et al. (1976) eine Struktur vor, nach der das Molekül zickzackförmig gebaut ist, weil die Rhamnosylreste über $1 \rightarrow 2$ glykosidische Verknüpfungen in lineare α $1 \rightarrow 4$ verknüpfte Galacturonanketten eingeschoben sind. Über ihre C_4-Atome tragen die Rhamnosylreste meist zusätzlich (Arabino)galactanketten, so daß sie Y-förmige Verzweigungspunkte repräsentieren.

Das Arabinogalactan setzt sich aus Einheiten zusammen, die im Schnitt aus sechs Galactosyl- und sieben Arabinosylresten bestehen und kurze Seitenketten tragen können. Diese Ketten sind fast ausnahmslos kovalent an das gerade besprochene Rhamnogalacturonan und an Xyloglucan gebunden, womit ihnen eine Brückenfunktion zufällt.

Xyloglucan gehört zu den Komponenten, die in großen Mengen ins Nährmedium abgegeben werden, wobei man zwischen drei Fraktionen unterscheidet:
– freiem Xyloglucan,
– Xyloglucan, gebunden an Rhamnogalacturonan, und
– Xyloglucan, gebunden an Arabinogalactan.

Xyloglucane enthalten, neben den Zuckern Xylose und Glucose, auch Galactose und Fucose. Die Heteropolymere können unterschiedlich zusammengesetzt sein.

Neben den Polysacchariden der Hemicellulosefraktion spielen hydroxyprolinreiche Glykoproteine (Extensine) eine entscheidende Rolle beim Aufbau der Wand (D.T.A. Lamport und D.H. Northcote, University of Cambridge, 1960). Sie sind im Pflanzenreich ubiquitär. Man isolierte sie aus der Wand von *Chlamydomonas* ebenso wie aus denen zahlreicher höherer

381

Pflanzen. Die Hydroxyprolinreste sind meist glykosyliert (fast immer mit L-Arabinose verknüpft). Bei niederen Pflanzen sind 26 bis 67 Prozent aller Hydroxyprolinreste besetzt, bei den Gymnospermen 79 bis 86 Prozent, und bei den Angiospermen findet man einen gravierenden Unterschied zwischen den Monokotyledonen (25 – 34%) und den Dikotyledonen (87 – 97%).

Welche biologische Bedeutung diesem Unterschied zukommt, ist ungewiß. Etliche der Serinreste des Proteins tragen Galactosylreste. Extensine sind essentielle integrale Bestandteile des makromolekularen Komplexes Zellwand. Offenbar beeinflussen sie die Dehnungseigenschaften; Wasserstoffbrücken zwischen den Molekülen der einzelnen Klassen stabilisieren den Komplex.

Sekundärwände

Wie schon erwähnt, sind Sekundärwände durch den Verlust der Verformbarkeit (Plastizität) gekennzeichnet. Durch progressive Auflagerung (Deposition) immer neuer Lamellen gewinnen sie an Dicke, gleichzeitig nimmt der Querschnitt des Zellumens ab. Sie sind meist weniger hydriert als die Primärwände und enthalten im Vergleich zu jenen einen geringeren Anteil an Pektinen und Hemicellulose (s. Abb. 26.6 – 7). In der Regel sind andersartige Komponenten ein- und aufgelagert, die ihrerseits Merkmale bestimmter Zellgruppen oder Gewebe sein können. Die wohl bekannteste eingelagerte Substanz ist das Lignin (1839 von A. Payen als säureunlösliche Fraktion der Zellwände entdeckt). Es ist der Grundbaustein der Xylem- und Festigungselemente (Holz), bestehend aus polymerisierten Phenylpropaneinheiten. Die drei wichtigsten Ausgangsstoffe sind der Cumarylalkohol (mit einer OH-Gruppe in 4-Stellung am Phenylring (s. Abb. 26.8 und 26.9), dann vor allem der Coniferylalkohol (OH-Gruppe in Stellung 4, OCH_3 in Stellung 3) und der Sinapylalkohol (OH-Gruppe in Stellung 4, OCH_3-Gruppen in Stellungen 3 und 5).

Die Lignine der einzelnen Pflanzengruppen unterscheiden sich einmal durch unterschiedliche prozentuale Anteile der genannten Ausgangsverbindungen, zum anderen durch die Art der Bindungen zwischen ihnen. Alle Bindungen, die zur Ausbildung eines dreidimensionalen molekularen Netzwerks führen, sind kovalent. Mit anderen Worten: Ein simples Lösen und Wiederverknüpfen, so wie wir es gerade (siehe vorangegangenen Abschnitt) am Beispiel des Cellulose (Hemicellulose)-Komplexes kennengelernt haben, kommt hier nicht vor. Als Folge davon bilden Lignine ein Netzwerk, das allen Anforderungen nach Stabilität (Biege- und Druckfestigkeit) gerecht wird. Das hat den Nachteil, daß die Verknüpfungen irreversibel sind, eine Dehnung der Wand – und ein Wachstum der Zelle – sind ausgeschlossen, stark lignifizierte Zellen sterben früher oder später ab. Nur die Gefäßpflanzen enthalten Lignine. Ihr Auftreten (erdgeschichtlich

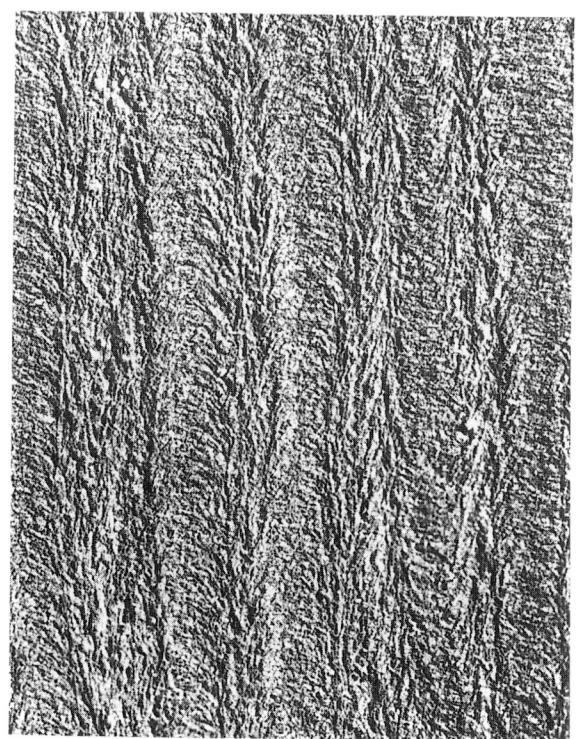

Abb. 26.6. Elektronenmikroskopische Aufnahme eines Querschnitts durch die Zellwand einer Kollenchymzelle von *Rumex conglomeratus,* in der die Orientierung der Mikrofibrillen in übereinanderliegenden Lamellen erkennbar ist (gekreuzte Lage der Lamellen). Die Zellachse stimmt mit der Längsachse des Bildes überein. Bedampfungspräparat, × 66 000. (S.C. Chafe 1970)

im frühen Devon) war zweifelsohne eine der wichtigsten Voraussetzungen der Evolution großer, aufrecht wachsender Landpflanzen. Das Lignin der Pteridophyten und Gymnospermen besteht vornehmlich aus Polymeren des Coniferylalkohols, bei den Dikotyledonen besteht es etwa zur Hälfte aus Coniferyl- und Sinapylalkohol. Cumarylalkohol kommt in den Ligninen aller Pflanzengruppen nur in Spuren vor.

In Moosen sind keine Lignine gefunden worden, statt dessen wurden dort diverse Polyphenole und Poly-p-Hydroxyphenole nachgewiesen.

Andere Festigungselemente bei höheren Pflanzen: Mannane sind die Strukturelemente vieler Samen. Sporopollenin, ein Polymerisationsprodukt des Carotins, ist in der Wand von Pollenkörnern enthalten. Außerdem ist es, wie wir später auch noch sehen werden, Bestandteil der Wand mancher Algen.

Viele Sekundärwände enthalten als Ein- bzw. Anlagerungen ein weites Spektrum stark hydrophober Verbindungen, z.B. Suberin, die Grundkomponente von Kork. Derartige Verbindungen können zum einen integrale Bestandteile der Wand selbst sein (s. Abb. 26. 10), sie können aber auch als feste Aus-

382

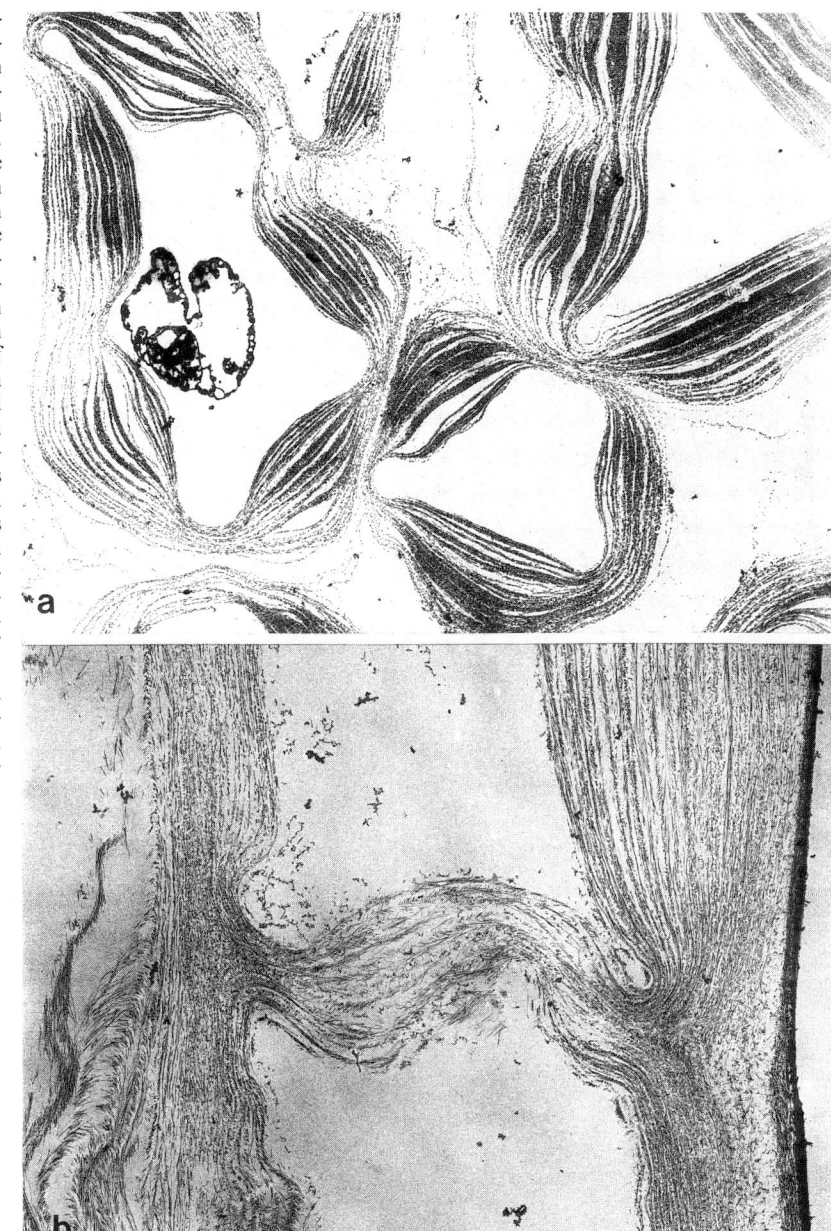

Abb. 26.7. *a* Elektronenmikroskopische Aufnahme eines Querschnitts durch Kollenchymzellen aus *Cucurbita*-Blättern nach Entfernen von Nichtcelluloseanteilen und Fixierung mit Permanganat. Die Mittellamelle wird durch diese Behandlung aufgelöst, die Zellen weichen auseinander. Die einzelnen Lamellen laufen wie Ringe um die Zelle herum. In „dünnen" Wandabschnitten liegen sie näher beieinander, in verdickten Abschnitten sind die Abstände zwischen ihnen größer. Die Verdickung beruht auf Einlagerung anderer Substanzen (Hemicellulosen u.a.). Die Anzahl der Lamellen bleibt konstant; $\times 2610$. *b* Elektronenmikroskopische Aufnahme eines Querschnitts durch benachbarte Epidermiszellen aus *Cucurbita*-Blättern. Die aus Cellulose bestehenden Lamellen der antiklinen Wand gehen kontinuierlich in die der periklinen Wände über. Übereinanderliegende Lamellen sind alternierend um 90° zueinander orientiert (s.a. Abb. 26.6). In bestimmten Bereichen (Pfeil) ist eine Orientierung senkrecht zur Bildebene vorherrschend; Ku: Kutikula. $\times 8700$. (B.P. Deshpande, 1976)

scheidungsprodukte der Wand aufgelagert sein (Kutikula, Wachsablagerungen usw., s. Abb. 5,3; 5,4).

Neben den Strukturelementen der Wand sind die in ihr enthaltenen nichtstrukturbildenden Komponenten zu nennen. Hierzu gehören eine Vielzahl niedermolekularer Verbindungen (Farbstoffe, Alkohole, Terpene, Gerbstoff (s. Abb. 26. 11), usw.), dann Oligosaccharide (und Polysaccharide) verschiedener Konfiguration sowie Proteine (in der Regel sind es Glykoproteine). Erwähnt seien hier jene, die an Erkennungsprozessen mitwirken, z.B. die Inkompatibilitätsfaktoren an Narbenoberflächen, dann eine Anzahl kohlenhydratbindender Lektine. Bemerkenswert sind zwei aus den Wänden von Solanaceenarten *(Solanum tuberosum* und *Datura stramonium)* gewonnene Lektine mit einem hohen Hydroxyprolinanteil, denn dieser weist auf eine mögliche phylogenetische Verwandtschaft dieser Lektine zum Extensin hin.

Zellwände, z.B. die mancher Samen, verschleimen. Der Vorgang beruht auf partiellem enzymatischem Abbau der Strukturpolymere. Schleime haben in der Regel gelartige Konsistenz, sind aber in sich oft molekulare Mosaiken mit ausgeprägter molekularer Architektur. So fanden z.B. E. Schnepf und G. Deichgräber (Zellenlehre, Universität Heidelberg), daß die Schleime in den Epidermiszellen der Samen von *Ruellia* (Acanthaceae) aus langen Fibrillen und einer amorphen Matrix bestehen. Da diese Fibrillen durch Calcofluor white und Anilinblau fluorchromierbar sind, lag der Schluß nahe, daß sie β 1 → 4 und/oder

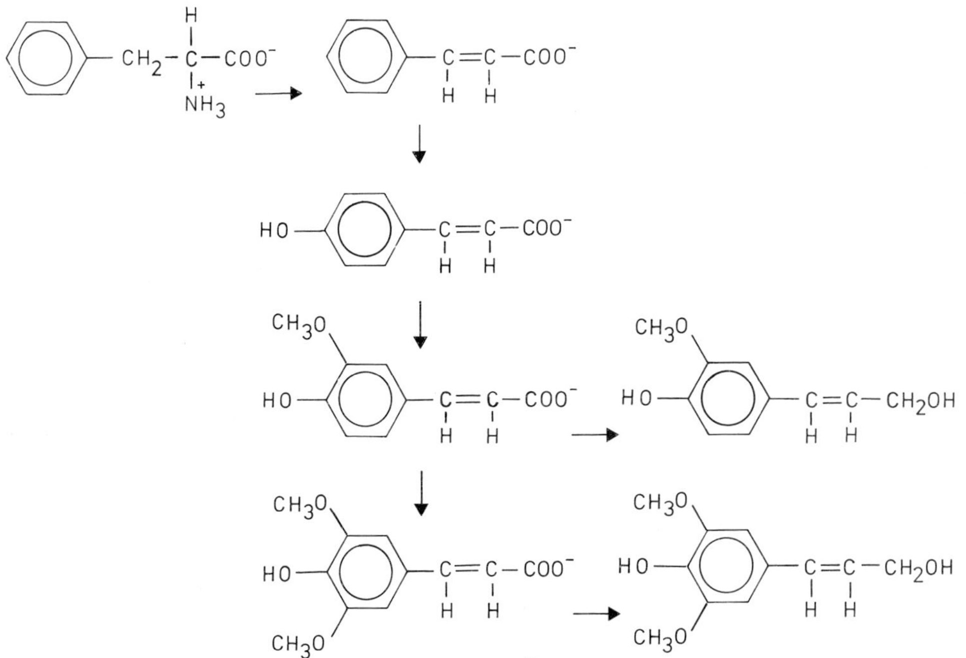

Abb. 26.8. Synthese der Monomeren des Lignins. Phenylalanin ⟶ Zimtsäure ⟶ p-Cumarsäure ⟶ Ferulasäure (⟶Coniferylalkohol) ⟶ Sinapinsäure (⟶ Sinapylalkohol).

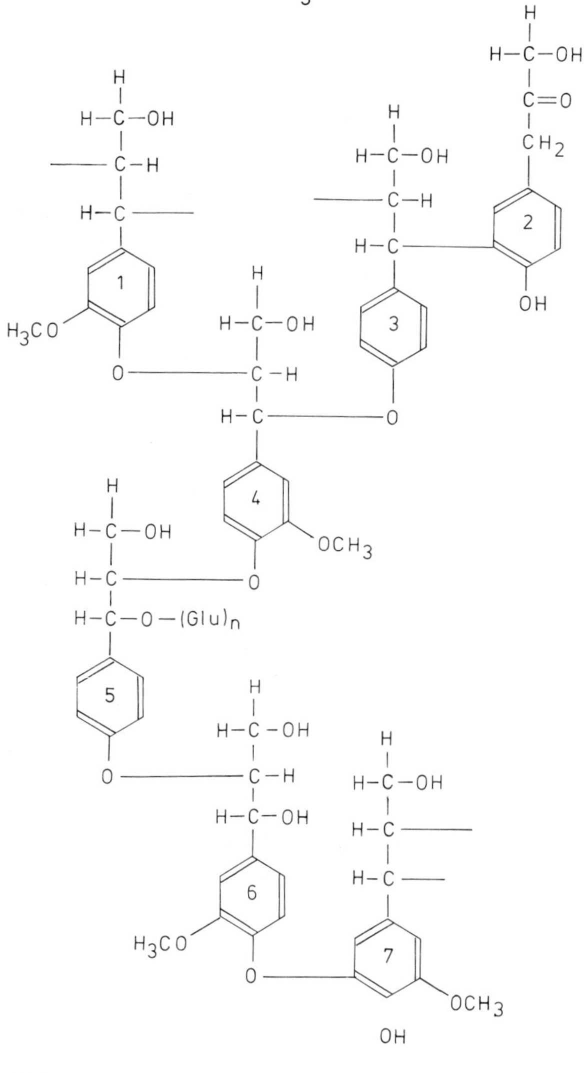

Abb. 26.9. Lignin der Fichte; es besteht vornehmlich aus Coniferylalkoholresten, zu einem geringeren Teil aus Cumarylalkoholresten. Dargestellt ist ein kleiner Ausschnitt aus dem dreidimensionalen Netzwerk dieses Polymers. (Nach K. Freudenberg und A.C. Neish, 1968)

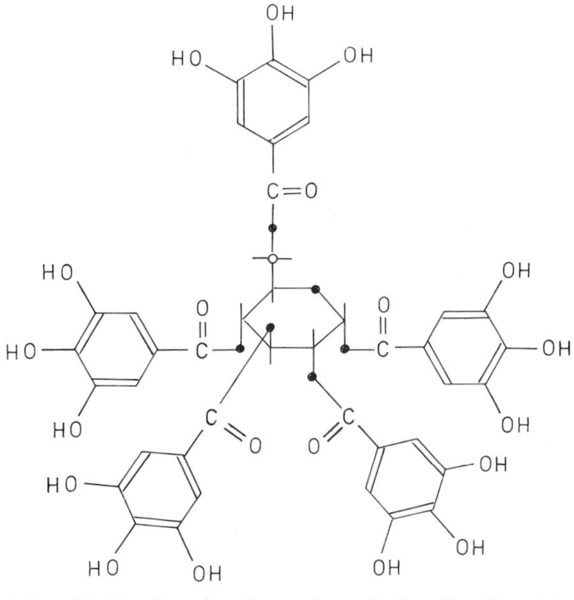

Abb. 26.11. Grundstruktur eines Gerbstoffs (Tannin). Gerbstoffe bestehen vornehmlich aus Gallussäureresten, die ihrerseits glykosidisch an Glucose gebunden sind.

384

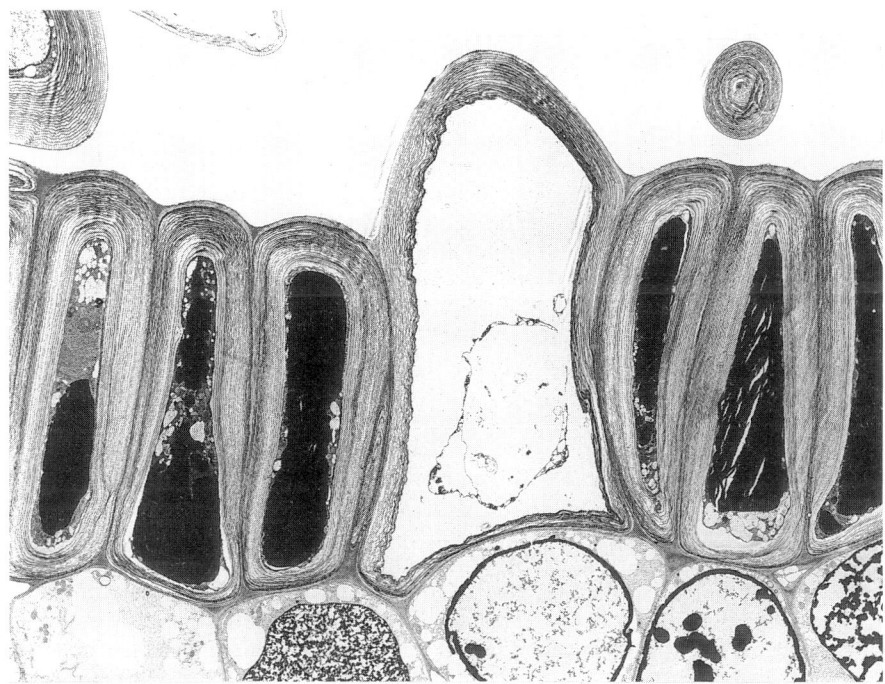

Abb. 26.10. *Gossypium hirsutum,* var. green lint (Baumwolle). Struktur der Sekundärwand. Elektronenmikroskopische Aufnahme eines Querschnitts durch die Samenschale. Die regelmäßige Anordnung (in konzentrischen Ringen) von Mikrofibrillen und dazwischen gelagertem Suberin (das wegen seiner spezifischen Osmiumbindung im Bild dunkel erscheint) in den Epidermiszellen (e) und in einer Faserzelle (f), die einem Samenhaar („Baumwolle") entspricht. Die hier gewählte Sorte produziert sehr kurze, wirtschaftlich nicht verwertbare Baumwollfasern. (U. Ryser, 1983)

β 1→3 Glucane (Cellulose und/oder Kallose) enthalten. Die Orientierung dieser Fibrillen wird durch entsprechend orientierte Mikrotubuli in den sie bildenden Zellen determiniert.

Zellwände der Algen

Algen sind die am einfachsten organisierten Pflanzen. Viele von ihnen sind einzellig, einige noch ohne Zellwand, andere mit Zellwänden, die sich in ihrer Zusammensetzung und Struktur deutlich von denen höherer Pflanzen abheben. Bei ihnen können wir die Evolution der Zellwand zurückverfolgen. Primitive Zellwände erfüllen nicht die für höhere Pflanzen geltenden Ansprüche.

Eine Struktur wie die Zellwand ist im Verlauf der Evolution der Organismen zweifelsfrei mehrfach entstanden. Alle Archaebakterien, Eubakterien, und mit ihnen die Blaualgen (Cyanophyta oder Cyanobacteria) besitzen komplex gebaute Wände, deren Biosynthese energetisch recht aufwendig ist.

Weder was die Zusammensetzung noch was den Biosynthesemodus angeht, haben sie irgendwelche Gemeinsamkeiten mit pflanzlichen Zellwänden.

Obwohl die Abstammung der Pflanzen aus frühen eukaryotischen Zellen im Detail ungeklärt ist, besteht Konsens darüber, daß die primitiven Algen Flagellaten sind und den übrigen, nicht grünen Flagellaten nahestehen. Viele, doch nicht alle Arten auf dieser Organisationsstufe, zu denen als typische grüne Vertreter die Euglenophyta gehören, sind zellwandlos.

Von der Umwelt sind sie jedoch nicht nur durch eine einfache Membran getrennt, sondern durch eine bereits recht komplex organisierte Pellikula. Sie besteht im wesentlichen aus Glykoproteinen, die in regelmäßigen Mustern in der Art eines zweidimensionalen Kristalls organisiert sind. In regelmäßigen Intervallen ist die Zelloberfläche von helical angeordneten Rippen und dazwischenliegenden Furchen umwunden (s. Abb. 25.14).

Echte Zellwände findet man bei den meist einzelligen Algen, so auch bei den Volvocales. Die am eingehendsten untersuchte Art ist *Chlamydomonas reinhardii* (s. Kap. 44). In ihrer Wand fehlen langkettige fibrilläre Kohlenhydrate. Glykoproteine machen die Hauptmasse aus, wobei bereits hier ein dem Extensin ähnliches hydroxyprolinreiches Protein auftritt. Zu den nachgewiesenen Zuckerresten gehören Arabinosyl-, Galactosyl- und Mannosylreste. Elektronenmikroskopisch scheint die Wand aus sieben Schichten aufgebaut zu sein (s. Abb. 44.16). Die mittlere enthält ein ausgedehntes gitterförmiges Raster aus polygonalen Platten, die vornehmlich aus dem genannten Glykoprotein bestehen, während die darüber- bzw. darunterliegenden Ansätze faserförmiger Strukturen zeigen. Die äußerste variiert in ihrer Mächtigkeit, denn sie ist aus Komponenten aufgebaut, die die Zelle der Umgebung entnimmt.

Damit wird bereits eine wesentliche Aufgabe der Zellwand einfacher, einzelliger Arten deutlich: Sie ist Mittler zwischen Zelle und Umwelt, dient also nicht nur ihrem Schutz, sondern zugleich auch der Kommunikation mit gleichartigen und andersartigen Zellen. Sie muß für Metaboliten und Regulatormoleküle durchlässig sein und/oder Rezeptormoleküle tragen, mit deren Hilfe eine Zelle Kontakt zu einer anderen

385

aufnehmen kann. Aus der Vielfalt dieser Aufgaben (und Spezifitäten) ergibt sich die Evolution einer Vielfalt unterschiedlich strukturierter Zellwände.

In pflanzlichen Vielzellern ist die Kommunikation entlang der gesamten Zelloberfläche weitgehend eingeschränkt. Nachbarschaftsbeziehungen der Zellen entwickeln sich im Verlauf der Entwicklung von Geweben. Festigkeit ist ein entscheidendes Kriterium. Stoffaustausch zwischen Zellen erfolgt über spezifische Öffnungen in der Wand (Tüpfel, Plasmodesmen, s. Kap. 4). Die ursprünglich von einer Einheit geleisteten Funktionen sind somit auf zwei funktionelle Strukturen aufgeteilt.

Strukturkomponenten von Algenzellwänden: Molekülklassen und deren Konformationen

Die wesentlichen Strukturelemente aller pflanzlichen Zellen sind Polysaccharide, deren unterschiedliche chemische Zusammensetzung grundsätzlich verschiedene physikalische Eigenschaften nach sich zieht. Es gibt keine pflanzliche Zellwand, die nur aus einer Molekülklasse besteht. Die Wechselwirkungen zwischen den verschiedenen Molekülen führt zu Merkmalen, durch die sich Zellwände bestimmter Klassen voneinander unterscheiden.

Cellulose ist schon bei vielen Algenklassen das Hauptstrukturelement der Wand. Die Fibrillenstruktur hingegen zeigt noch beträchtliche Variationen. Es gibt sichere röntgenstrukturanalytische Beweise dafür, daß sie auch in Algenzellwänden – zumindest über weite Strecken – kristallin ist. Unterschiede in der Art der Beugungsreflexe (ein Maß für periodische Abstände im molekularen Bereich), die von Art zu Art beträchtlich schwanken (besonders groß bei den *Rhodophyta* [Rotalgen]), weisen darauf hin, daß die Cellulose in vielen mehr oder weniger gleichförmigen kristallinen Formen zusammengelagert sein kann.

Bei einigen Klassen der Algen gibt es lediglich Streutexturen, bei anderen (vor allem bei vielen Arten der Chlorophyta) liegt ein höherer Organisationsgrad (Schichten parallel gelagerter Mikrofibrillen) vor.

Solche Schichten wechseln jedoch in der Regel mit Schichten amorphen Materials ab. Bei den meisten Algen entfällt die klare Unterscheidung von Primär- und Sekundärwand, und wo sie existiert, beruht deren Existenz auf einem andersartigen Bildungsmodus als bei den höheren grünen Pflanzen.

Mannane: Bei einer Reihe mariner Grünalgen *(Codium, Dasycladus, Acetabularia* u.a.*)*, und in der Wand einiger Rotalgen *(Porphyra, Bangia)*, bilden Mannane die Hauptstrukturelemente. Auch sie sind linear, und die Mannosylreste sind β $1\rightarrow4$ glykosidisch miteinander verknüpft. Wasserstoffbrücken können gebildet werden; sie sind (wie bei der Cellulose) auch die Ursache für die partiell kristalline Organisation in Mikrofibrillen. Bei *Codium* sind sie fest mit dem Protein assoziiert.

Xylane: Polymere, in denen β-D-Xylosylreste über

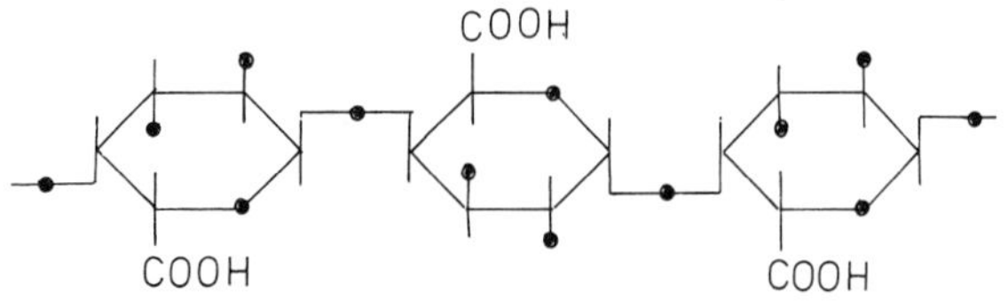

Abb. 26.12. Alginsäure

$1\rightarrow3$ und $1\rightarrow4$ glykosidische Bindungen verknüpft sind. Sie sind als Strukturelemente in einigen Rot- und Grünalgen nachgewiesen worden. Im Gegensatz zu den bisher besprochenen Polymeren haben wir es hier – zum Teil wenigstens – mit verzweigten Strukturen zu tun; dennoch findet man bei Arten, deren Wand Xylane enthält, einen schichtigen Aufbau und eine Orientierung von Mikrofilamenten. In ihnen sind lineare Polymere vorherrschend.

Alginsäure: Alginsäure und ihre Salze, die Alginate, sind wichtige Bestandteile der Wände von Phaeophyta (Braunalgen). Sie sind in vielerlei Hinsicht einzigartig. Sie bestehen ausschließlich aus Uronsäuren: β-D-Mannuronsäure und β-L-Glucuronsäure in wechselnden Verhältnissen, und in geringeren Mengen auch aus β-D-Glucuronsäure (s. Abb. 26.12).

Homopolymere kommen neben Heteropolymeren vor, zum Teil findet man artspezifische Unterschiede, was wiederum ein Hinweis darauf ist, daß die einzelnen Arten mit einem unterschiedlichen Sortiment an Enzymen ausgestattet sind.

Die Alginate der Braunalgen kommen sowohl in als auch außerhalb der Zellwand (in der Interzellularsubstanz) vor. Ihr Anteil an der Zellwand kann bis zu 40 Prozent der Trockenmasse ausmachen. Sie haben eine hohe Affinität zu divalenten Kationen (Ca^{2+}, Sr^{2+}, Ba^{2+}, Mg^{2+}) und die Eigenschaft, zu gelieren. Die Hauptmenge der aus Braunalgen isolierbaren Mg^{2+}-Ionen entstammt der Alginsäurefraktion.

Sulfonierte Polysaccharide: Polysaccharide, deren Monomere mit Sulfonsäureresten verestert und darüber hinaus zum Teil methyliert sind, wurden bei nahezu allen marinen Algen nachgewiesen. Sie kommen zum Teil in der Zellwand selbst, teilweise in der Interzellularsubstanz vor.

Sulfonierte Galactane sind für viele Rotalgen ty-

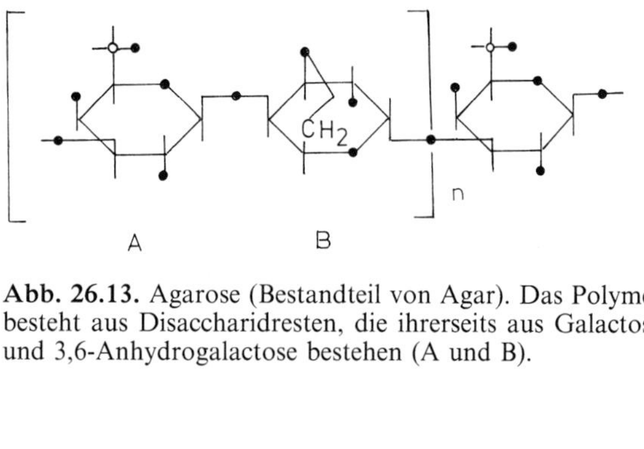

Abb. 26.13. Agarose (Bestandteil von Agar). Das Polymer besteht aus Disaccharidresten, die ihrerseits aus Galactose und 3,6-Anhydrogalactose bestehen (A und B).

386

pisch, herkunftsgemäß werden sie als Agarose, Carrageenan, Porphyran, Furcelleran und Funoran bezeichnet. Sowohl L- als auch D-Galactose, verknüpft durch β 1→3 oder α 1→4 glykosidische Bindungen, bilden das Grundmuster der Agarose und des Porphyrans (dort: alternierend L- und D-Galactosylreste), während Carrageenan und Furcelleran ausschließlich die D-Form enthalten. Wie bei den Alginaten, ist Gallertbildung eine der wichtigsten physikalischen Eigenschaften dieser Molekülfamilie.

Agar, dessen Grundeinheit Agarose ist, wird vornehmlich aus den Rotalgengattungen *Gelidium* und *Gracillaria* gewonnen (s. Abb. 26.13).

Weitere Zellwandbestandteile. Eine Reihe von Algen enthalten mineralische Zellwandkomponenten. So ist das **Silizium** ($SiO_2 \times n\,H_2O$) als wesentlicher Bestandteil der Diatomeenschalen bekannt, doch tritt es auch in Zellwänden anderer Algengruppen auf, so ist z.B. der Chrysophyt *Synura* von siliziumhaltigen Schuppen umgeben, bei einigen Braunalgen und bei der Grünalge *Hydrodictyon* ist es ein Bestandteil der Wand. Diatomeen nehmen Silizium als H_4SiO_4 auf. Der Vorgang ist sauerstoff- und temperaturabhängig, energieverbrauchend und auf die Anwesenheit divalenten Schwefels angewiesen.

Calcium: Calciumeinlagerungen in Zellwände sind verschiedentlich beschrieben worden. Besonders häufig scheinen sie bei Arten tropischer, mariner Gewässer zu sein. Einige der Arten sind an Riffbildungen beteiligt. Calcium wird durchweg als Calciumcarbonat abgelagert, von dem (mindestens) zwei unterschiedliche kristalline Formen vorkommen: Calcit (wird gebildet in Wänden einiger Gruppen der Rotalgen und Charophyceen) und Argonit (gebildet durch einige Grünalgen (*Acetabularia* u.a.), Braun- und Rotalgen). Gemische beider Formen in einer Art kommen nicht vor.

Sporopollenin ist ein Isoprenderivat. Es ist Bestandteil von Pollenzellwänden (s. Kap. 21), doch darüber hinaus wurde es in Wänden einiger Grünalgen (*Chlorella, Scenedesmus* u.a.) nachgewiesen.

Literatur

Albersheim, P.: The walls of growing plant cells. Sci. American, April 1975, S. 80–95

Albersheim, P.: The primary cell wall. in: „Plant Biochemistry," Bonner, J., Varner, J. E. (eds.). New York, London: Academic Press, 3rd. ed., 1976, pp. 225–274

Ashford, D., A. Neuberger: 4-hydroxyl-L-proline in plant glycoproteins. Trends in Biochem. Sci., *5*, 245–248 (1980)

Atkinson, A.W., B.E.S. Gunning, P.L.C. John: Sporopollenin in the cell wall of *Chlorella* and other algae: Ultrastructure, chemistry, and incorporation of ^{14}C-acetate, studied in synchronous cultures. Planta (Ber.), *107*, 1–32 (1972)

Bauer, W.D., K.W. Talmadge, K. Keegstra, P. Albersheim: The structure of plant cell walls. II. The hemicellulose of the walls of suspension-culture sycamore cells. Plant Physiol. *51*, 174–187 (1973)

Brown, R.M., D. Montezinos: Cellulose microfibrils: Visualization of biosynthetic and orienting complexes in association with the plasma membrane. Proc. Natl. Acad. Sci. US. *73*, 143–147 (1976)

Brown, R.M.: Cellulose microfibril assembly and orientation. J. Cell Sci., Suppl. *2*, 13–32 (1985)

Catt, J.W., G.J. Hills, K. Roberts: A structural glycoprotein, containing hydroxyproline, isolated from the cell wall of *Chlamydomonas reinhardii*. Planta (Ber.), *131*, 165–171 (1976)

Chafe, S.C.: The fine structure of the collenchyma cell wall. Planta (Berl.). *90*, 12–21 (1970)

Darvill, J.E., M. McNeil, A.G. Darvill, P. Albersheim: Structure of plant cell walls: XI. Glucuronoarabinoxylan, a second hemicellulose in the primary cell walls of suspension-cultured sycamore cells. Plant Physiol. *66*, 1135–1139 (1980)

Delmer, D.P., G. Cooper, D. Alexander, J. Cooper, T. Hayashi, C. Nitsche, M. Thelen: New approaches to the study of cellulose biosynthesis. J. Cell Sci., Supp. *2*, 23–50 (1985)

Deshpande, B.P.: Observations on the fine structure of plant cell walls. Ann. Bot. *40*, 433–437 (1976) Ann. Bot. *40*, 439–442 (1976)

Frey-Wyssling, A.: Die pflanzliche Zellwand. Berlin-Göttingen–Heidelberg: Springer Verlag, 3. Aufl., 1959

Frey-Wyssling, A., J.F. López-Sáez, and K. Mühlethaler: Formation and development of the cell plate. J. Ultrastructure Res. *10*, 422–432 (1964)

Freudenberg, K., and A.C. Neish: Constitution and biosynthesis of lignin., Berlin–Heidelberg–New York: Springer Verlag, 1968

Fry, S. C.: Cross-linking of matrix polymers in the growing cell walls of angiosperms. Ann. Rev. Plant Physiol. *37*, 165–185 (1986)

Grisebach, H.: Biochemistry of Lignification. Naturwissenschaften *64*, 619–625 (1977)

Gross, G.G.: The biochemistry of lignification. Adv. Botanical Res. *8*, 26–63 (1980)

Herth, W.: Arrays of plasma-membrane „rosettes" involved in cellulose microfibril formation of *Spirogyra*. Planta (Berl.), *159*, 347–356 (1983)

Karr, A.L.: Cell Wall Biogenesis., in „Plant Biochemistry", Bonner, J., J.E. Varner (eds). New York, London: Academic Press, 3rd. ed., 1976, pp. 405–426

Keegstra, K., K.W. Talmadge, W.D. Bauer, P. Albersheim: The structure of plant cell walls: III. A model of the walls of suspension-cultured sycamore cells based on the interconnections of the macromolecular components. Plant Physiol. *51*, 188–196 (1973)

Kiermayer, O., U.B. Sleytr: Hexagonally ordered „rosettes" of particles in the plasma membrane of *Micrasterias denticulata* Bréb. and their significance for microfibril formation and orientation. Protoplasma *101*, 133–138 (1979)

Kolattukudy, P.E.: Biochemistry and function of cutin and suberin. Can. J. Bot. *62*, 2918–2933 (1984)

Kristen, U.: The cell wall. Progress in Botany *47*, 1–18 (1985)

Lamport, D.T.A., D.H. Northcote: Hydroxyproline in primary cell walls of higher plants. Nature (Lond.), *188*, 665–666 (1960)

Lamport, D.T.A.: Structure, biosynthesis and significance of cell wall glycoproteins. Recent Adv. Phytochem. *11*, 79–115 (1977)

Mackie, W., R.D. Preston: Cell wall and intercellular polysaccharides., in: „Algal Physiology and Biochemistry", Steward, W.D.P. (ed.), Oxford: Blackwell, 1974

Miege, N.M.: Protein types and distribution, S. 291–345 in: „Nucleic acids and proteins in plants I" (D. Boulter, B. Parthier eds.) Berlin–Heidelberg–New York: Springer Verlag, 1982

Miller, D.H., I. Mellman, D.T.A. Lamport, M. Miller: (Encyclop. Plant Physiol. 14a) The chemical composition of the cell wall of *Chlamydomonas chlamydogama* and the concept of a plant cell wall protein J. Cell Biol. *63*, 420–429 (1974)

Mueller, S.C. and R.M. Brown: The control of cellulose microfibril deposition in the cell wall of higher plants. Planta (Berl.), *154*, 501–515 (1982)

Mueller, S.C.: Cellulose microfibril assembly and orientation in higher plant cells with particular reference to seedlings of *Zea mays*. S. 87–104 in: „Cellulose and other natural polymer systems" (R. M. Brown, ed.) New York, London: Plenum Press, 1982

Parker, B.C.: The structure and chemical composition of cell walls of three chlorophycean Algae. Phycologia *4*, 63–74 (1964)

Percival, E.: The polysaccharides of green, red and brown seaweed: Their basic structures, Biosynthesis and function. Br. Phycol. J. *14*, 103–117 (1979)

Preston, R.D.: The physical biology of plant cell walls. London: Chapman and Hall, 1974

Roberts, K., M. Gurney-Smith, G.J. Hills: Structure, composition, and morphogenesis of the cell wall of *Chlamydomonas reinhardii*. I. Ultrastructure and preliminary chemical analysis. J. Ultrastruct. Res. *40*, 599–613 (1972)

Roberts, K.: Crystalline glycoprotein cell walls of algae: their structure, composition, and assembly. Phil. Trans. Roy. Soc. Lond *B 268*, 129–146 (1974)

Roberts, K., C. Grief, G. J. Hills, P.J. Shaw: Cell wall glycoproteins: Structure and function. J. Cell Sci., Supp. *2*, 105–127 (1985)

Robinson, D.G., H. Quader (eds.): Cell Walls '81. Stuttgart: Wiss. Verlagsges., 1981

Roland, J.C. and B. Vian: The wall of the growing plant cell: Its three-dimensional organization. Int. Rev. Cytology, *61*, 129–166 (1979)

Ryser, U., H. Meier, P.I. Holloway: Identification and localization of suberin in the cell walls of green cotton fibers (*Gossypium hirsutum* L., var. green lint). Protoplasma *117*, 196–205 (1983)

Schnepf, E. and G. Deichgräber: Structure and formation of fibrillar mucilages in seed epidermis cells. II. *Ruellia* (Acanthaceae). Protoplasma *114*, 222–234 (1983)

Takeda, H., T. Hirokawa: Studies on the cell wall of *Chlorella*. I. Quantitative changes in cell wall polysaccharides during the cell cycle of *Chlorella ellipsoidea*. Plant and Cell Physiol. *19*, 591–598 (1978)

Talmadge, K.W., K. Keegstra, W.D. Bauer, P. Albersheim: The structure of plant cell walls. I. The macromolecular components of the walls of suspension-cultured sycamore cells with a detailed analysis of the pectic polysaccharides. Plant Physiol., *51*, 158–173 (1973)

Valent, B.S., P. Albersheim: The structure of plant cell walls. V. On the binding of gyloglucan to cellulose fibers. Plant Physiol. *54*, 105–108 (1974)

27. Zell-Zell-Interaktionen

Zur Aufrechterhaltung einer Vielzellerorganisation oder zum Austausch genetischer Information zwischen Einzellern sind zahlreiche Interaktionen zwischen den beteiligten Zellen erforderlich. Man unterscheidet dabei einmal zwischen Nachbarschaftsbeziehungen und zum anderen zwischen Fernwirkungen.

Julius Sachs (1832–1897); Begründer der experimentellen Pflanzenphysiologie. Erfinder und Konstrukteur zahlreicher Vorrichtungen zum Studium und zur quantitativen Auswertung pflanzenphysiologischer Prozesse. Verfasser mehrerer Standardwerke, u.a. „Lehrbuch der Botanik" (l. bis 4. Auflage: 1868, 1870, 1873, 1874), „Vorlesungen über Pflanzenphysiologie" (1882, 1887), „Geschichte der Botanik" (1875). Die in seinen Werken enthaltenen Zeichnungen sind auch heute noch fester Bestandteil botanischer Lehrbücher. Nach Prag, Tharandt (bei Dresden), Bonn, kurzzeitig auch Freiburg, wurde Würzburg seine bedeutendste Wirkungsstätte. (Universitätsbibliothek Würzburg)

Zur Ausübung eines Einflusses muß eine Zelle ein Signal aussenden, und die beeinflußte Zelle muß es erkennen können, muß also über einen Empfänger verfügen. Für Signal und Empfänger sind auch die Begriffe Effektor oder Eliktor (Auslöser) und Rezeptor gebräuchlich.

Die von pflanzlichen Zellen erzeugten Signale sind entweder bestimmte Moleküle oder physikalische Kräfte, z.B. Druck, den eine Zelle auf die benachbarte ausübt und der diese an ihrer weiteren Entwicklung hemmt.

Die Moleküle können den unterschiedlichsten Klassen angehören. Es können Ionen oder einfache Metaboliten sein, mit denen eine Zelle eine weitere versorgt. Es können kleine spezifische Effektoren sein wie die Phytohormone, mit deren Wirkung wir uns im Detail später befassen werden, und schließlich können es membran- oder zellwandgebundene Makromoleküle sein, die am Zusammenhalt und der Steuerung der Interaktionen benachbarter Zellen beteiligt sind.

Im Gegensatz zu Tieren verfügen Pflanzen über kein effizientes Verteilungssystem für Makromoleküle (und Zellen). Es sind daher, anders als dort, auch keine makromolekularen Effektoren mit Fernwirkungsaktivität bekannt. Daß die Leitbahnen der Pflanzen dennoch einer Verteilung von makromolekularen Komplexen dienen können, beweist die Ausbreitung von Viren in pflanzlichen Geweben (s. Kap. 35).

Pflanzliche Zellen sind im Gewebe ortsgebunden. Ihre Position erklärt sich aus ihrer ontogenetischen Entstehung heraus. Die Bedeutung der Positionsinformation in diesem Zusammenhang haben wir bereits behandelt (s. Kap. 4). Es gibt im Pflanzenreich nur wenige Situationen, in denen Zellen durch aktive oder passive Bewegung in Kontakt mit anderen geraten und – durch den Kontakt bedingt – spezifische Reaktionen in beiden hervorrufen.

In erster Linie sind hier natürlich die sexuellen Vorgänge sowie die beim Parasitismus auftretenden Wechselwirkungen zwischen Wirt und Parasit (s. Abb. 27. 1) zu nennen.

Sexualität ist ein hochspezifischer Prozeß, denn nur gleichartige Genome können miteinander kooperieren und zu einer funktionstüchtigen Zygote verschmelzen. Im Verlauf der Evolution sind daher in allen Organismenreichen Sicherheitsvorkehrungen

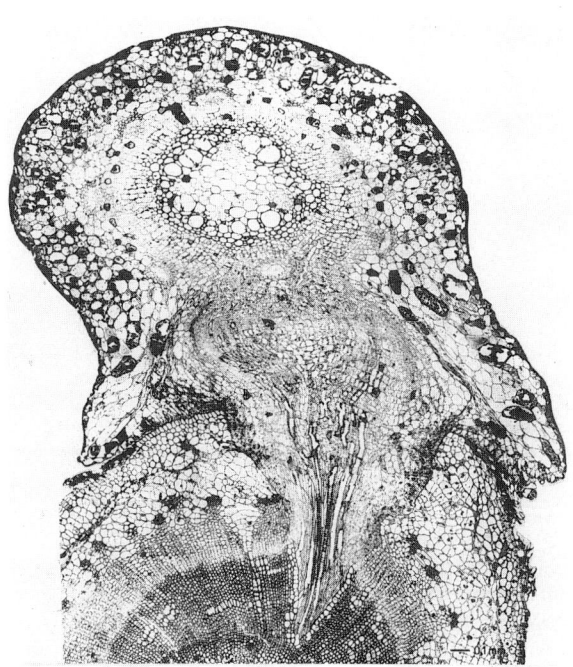

Abb. 27.1. Parasitismus. Der Parasit *(Cassytha ciliolata,* eine Windenart aus der Familie der Lauraceae) senkt ein Haustorium in das Blattstielgewebe der Wirtspflanze *(Hibiscus rosa-sinensis)* ein und stellt so den Kontakt zwischen eigenem Leitgewebe und dem Leitgewebe der Wirtspflanze her (lichtmikroskopische Aufnahme; Haustorium im Längsschnitt, alles übrige im Querschnitt; × 24). (U. Hoffmann, R. Kollmann, 1980)

entwickelt worden, die einer Vereinigung nichtkompatibler Genome entgegenwirken sowie eine Vereinigung kompatibler (gleichartiger) Genome fördern.

Dabei sind mehrere aufeinanderfolgende Schritte zu vollziehen.

(1) Anlockung: Bei ein- und mehrzelligen Algen u.a. produziert die ♀ Eizelle einen niedermolekularen Effektor (ein Gamon), der ins umgebende Medium abgeschieden wird, von den arteigenen ♂ Gameten erkannt wird, und der sie veranlaßt, sich entlang des Diffusionsgradienten in Richtung höchster Konzentration zu bewegen. Der Nachteil des Verfahrens liegt in der geringen Reichweite und der Materialvergeudung. Es funktioniert nur dann, wenn ♂ und ♀ Gameten in großer Menge vorhanden sind. Die Trefferquote bleibt dennoch gering.

(2) Erkennung und Adhäsion: Nach dem Zusammentreffen zweier Zellen muß geprüft werden, ob sie zueinander passen. Nur zwischen kompatiblen Zellen wird nach der Erkennung ein dauerhafter Kontakt erstellt. Hieran sind vornehmlich membran- oder zellwandgebundene Makromoleküle beteiligt. So ist es beispielsweise ein hydroxyprolinreiches Glykoprotein an der Geißeloberfläche

von *Chlamydomonas* (s. Kap. 44), das eine Agglutination der Zellen an ihren Geißeln bewirkt.

Bei den Blütenpflanzen ist die Pollen-Stigma-Interaktion (siehe folgenden Abschnitt) zu nennen. Auch hier ist die Mitwirkung von Glykoproteinen entscheidend. Wie wir noch an anderen Beispielen sehen werden und wie man dies auch von Erkennungs- und Adhäsionsreaktionen zwischen tierischen Zellen weiß, spielt diese Molekülklasse eine herausragende Rolle bei der Ausbildung intrazellulärer Kontakte aller Art. Die Spezifität wird dabei sowohl durch die Proteinstruktur als auch durch das Muster der angehefteten Zuckerreste gewährleistet. Lektine oder lektinähnliche Moleküle sind an einer Bindung zwischen Kohlenhydratanteil und Protein, oder – als Brücken – zwischen gleichartigen Kohlenhydratresten auf benachbarten Zellen beteiligt.

Spezifische Wechselwirkungen dieser Art treten auch bei den Interaktionen zwischen Pflanzen und ihren Symbionten oder Parasiten in Erscheinung. Einzelheiten über die wechselseitigen Beziehungen zwischen Bakterien und Pflanzen, Pilzen und Pflanzen sowie zwischen Viren und Pflanzen werden in den Kapiteln 33 bis 35 vorgestellt. In allen bisher darauf untersuchten Fällen konnte die Bedeutung der Zellwand mit den in ihr lokalisierten Effektor- und Rezeptormolekülen unter Beweis gestellt werden.

(3) Eindringen einer Fremdzelle ins Gewebe: Dieser Schritt ist am anschaulichsten am Befruchtungsvorgang der Angiospermen (Bedecktsamer) zu erläutern. Ein Pollenkorn keimt auf der Narbenoberfläche aus; der dabei entstehende Pollenschlauch dringt in das Narben- und Griffelgewebe ein und bahnt sich seinen Weg zur Eizelle. Die Reaktion erfolgt durch eine enzymatisch katalysierte Aufweichung der Zell-Zell-Kontakte im Gewebe. Die benötigten Enzyme werden sowohl vom Pollen als auch von der Narbe, respektive dem Griffelgewebe gestellt. Nur bei arteigenem Pollen funktioniert die Abstimmung der Aktivitäten so reibungslos, daß der Pollenschlauch seinen durch die Anatomie des Griffels vorgezeichneten Weg findet.

Das Durchwachsen eines Gewebes durch ein anderes wird uns auch bei der Besprechung von Wirt-Parasit (Symbiont)-Beziehungen begegnen.

(4) Verschmelzen zweier Zellen. Solange pflanzliche Zellen von einer Wand umgeben sind, kann keine Zelle in eine andere eindringen und mit ihr verschmelzen. Eine Verschmelzung erfolgt nur, wenn die Wand von vornherein fehlt oder wenn sie lokal perforiert werden kann (s. Kap. 48). Es ist dann die sequentiell aufeinander abgestimmte Wirkung mehrerer Enzyme erforderlich, um die Vereinigung zweier Zellen zu bewerkstelligen. Es folgt eine Umstrukturierung der Cytoskelette, wodurch eine Umverteilung intrazellulärer Bestandteile bewirkt wird.

Pollen-Stigma-Interaktionen

Die Sexualität der Pflanzen wurde 1694 von dem Tübinger Medizinprofessor und Direktor des Botanischen Gartens R. J. Camerarius entdeckt. Er erkannte die Bedeutung des auf die Narbe des Stempels (Pistills) gelangten Pollens, konnte aber nicht klären, welche Vorgänge dadurch ausgelöst werden. Er schreibt:

„... es wäre doch sehr zu wünschen zur Lösung dieser schwierigen Frage, daß wir von denen, die durch ihre optischen Instrumente mehr als Luchsaugen haben, erführen, was die Körnchen der Staubbeutel enthalten, wieweit sie in den weiblichen Apparat eindringen."

Ende des 18. Jahrhunderts wurde die Fragestellung wieder aufgegriffen. Freiherr W. F. von Gleichen, genannt Rußworm, untersuchte mittels selbst gebauter Lupen und Mikroskope die Pistille einer Anzahl von Arten. Wegen ihrer Größe konzentrierte er sich auf die Tulpenblüte. Doch außer vielen blumigen Worten ist seinem 1790 veröffentlichten Werk wenig Beständiges zu entnehmen. Wesentlich präziser sind die Beobachtungen von Hedwig (1793), und später auch die von G.D. Amici. Durch sie wissen wir, daß der Pollen einen Schlauch ausbildet, der das Griffelgewebe (Transfusions- oder Leitungsgewebe) durchwächst.

Der Befruchtungsvorgang wurde von W. Hofmeister analysiert, die Auflösung der Pollenschlauchspitze von E. Strasburger beobachtet.

Um die Wechselwirkungen zwischen Pollen und der Narbenoberfläche zu verstehen, müssen wir uns zunächst mit den Oberflächeneigenschaften beider Gebilde auseinandersetzen.

Pollen

Die Pollenkörner der verschiedenen Pflanzenarten unterscheiden sich strukturell vornehmlich durch die Beschaffenheit ihrer Wände (Sporoderm). Einzelheiten des Aufbaus lassen sich nur unter dem Mikroskop oder dem Elektronenmikroskop erkennen, Bilder der Oberfläche können mit Hilfe des Rasterelektronenmikroskops gewonnen werden (Methode, s. Kap. 3). Es gibt mehrere Gründe, weshalb man sich mit der Pollenstruktur näher befassen sollte:

– erstens entscheiden Oberflächeneigenschaften darüber, ob der „richtige" (= arteigene) Pollen auf einer „richtigen" Narbe auskeimt.
– zweitens muß der durch Wind verbreitete Pollen so beschaffen sein, daß er weite Entfernungen überbrücken kann. Pollen windbestäubter Arten sind meist mit seitlich angeordneten Luftsäcken ausgestattet.
– drittens muß Pollen, der durch Insekten (oder andere Bestäuber) verbreitet wird, transportfähig sein. Mit anderen Worten: Die Pollenkörner müssen sowohl aneinander als auch am Körper der Insekten haften.

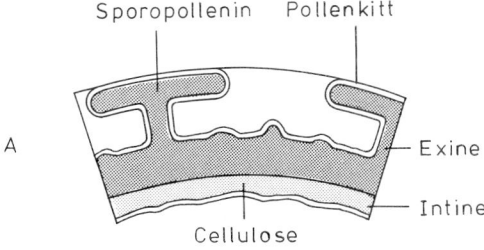

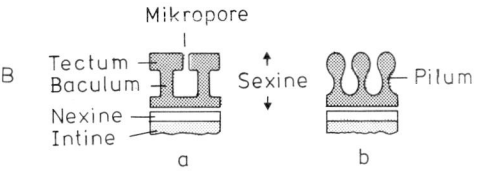

Abb. 27.2. Strukturierung der Pollenwand. *A* Intine (innere Schicht), Exine (äußere Schicht). *B* Die Exine wiederum ist in Nexine und Sexine untergliedert. Kavernen der Sexine sind mit Pollenkitt ausgefüllt. Die Exine besteht vornehmlich aus Sporopollenin, die Intine aus Cellulose. Je nach Strukturierung werden die Strukturelemente der Sexine Tectum, Baculum oder Pilum genannt. (Nach P. Zandonella *et al.*, 1981)

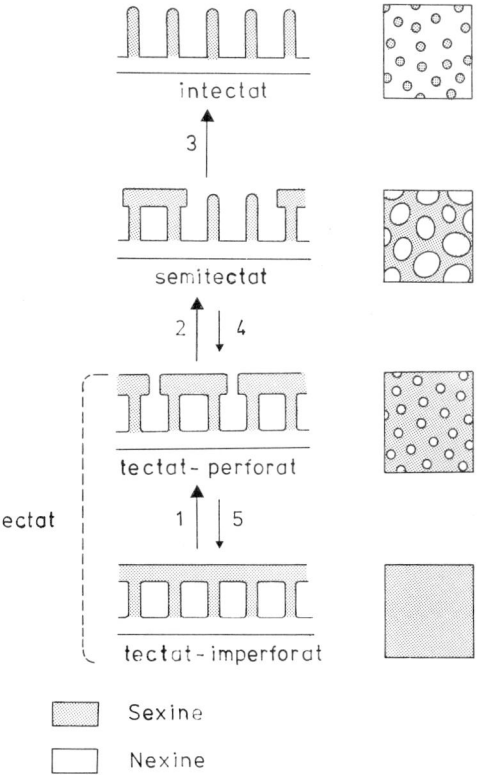

Abb. 27.3. Evolutionäre Trends (durch Pfeile und Ziffern zur Kennzeichnung der Schrittreihenfolge markiert), die bei der Analyse von Exine-Strukturen der Angiospermen erkennbar sind. Links im Bild Exine im Querschnitt, rechts in Aufsicht. In der Pollenwand ist der Exine eine weitere (cellulosehaltige) Schicht (Intine) unterlagert (J.W. Walker, J.A. Doyle, 1975)

391

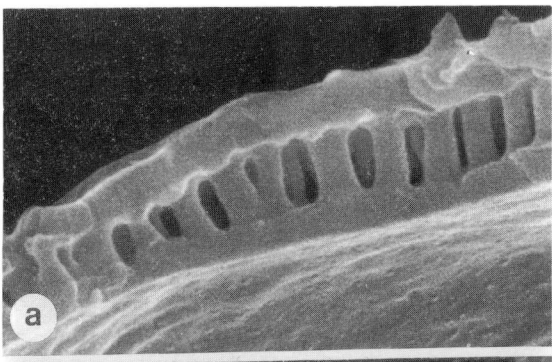

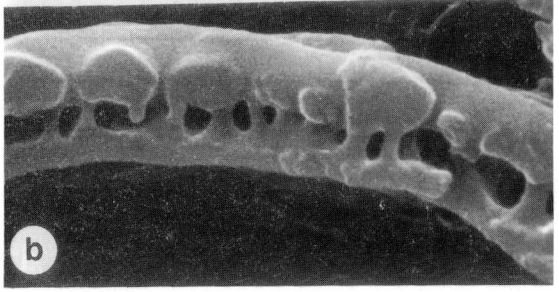

Abb. 27.6. Rasterelektronenmikroskopische Aufnahmen von Angiospermenpollen. *a* monocolpater Typ *(Convallaria majalis)* (verbreitetster Typ der Monokotyledonen); *b, c* tricolpater Typ (*b* Äquatorialansicht, *c* Polansicht); *(Aspazoma amplectens,* Aizoaceae) (verbreitetster Typ der Dikotyledonen); *d* monoporater Typ *(Poa annua)* (typischer Gramineenpollen); *e* triporater Typ *(Corylus avellana)*; *f* polyporater Typ *(Silene clandestina)*; *g* bis *j* Verschiedene Formen der Exinestruktur: g typischer Asteraceenpollen mit stacheliger (echinater) Oberfläche *(Bellis perennis)*, h wie g: Seitenansicht – tricolpat; *i·Taraxacum officinale*; *j* monocolpater Typ mit deutlicher Exineskulptur: *Lilium* (netzförmige Skulptur = retikulat); *k* Pollentetrade. Der bei der Tetradenbildung (Meiose) zentral zu liegen kommende Pol wird proximal, der außen liegende distal genannt. Der proximale und der distale Pol sind oft unterschiedlich gebaut, die Unterschiede sind ein weiteres wichtiges Bestimmungsmerkmal *(Rhododendron)*. *l* Pollenpolyade. Die Produkte mehrerer Pollenmutterzellen bleiben beieinander und bilden einen Verbund, der als Ganzes übertragen wird *(Acacia)*. (H.D. Ihlenfeldt, V. Bittrich, M. Struck, 1986)

Abb. 27.4. Rasterelektronenmikroskopische Aufnahmen von Querschnitten durch die Pollenwand von *Sphalmanthus trichotomus* (Aizoaceae). *a* Schnitt durch eine Tectumrippe: breite zylindrische Columellae, die basal in die *foot-layer* übergehen; *b* Schnitt durch die Perforationsebene zur Demonstration der extrem engen Aperturen an der Oberfläche der Exine. (V. Bittrich, 1986)

– viertens hat sich gezeigt, daß die äußeren Schichten (Exine) aus widerstandsfähigem Material (Sporopollenin) bestehen, und Pollen deshalb, besser als andere Pflanzenteile, fossil erhalten sein kann. Typische Angiospermenpollen sind der einzige Hinweis darauf, daß diese Pflanzengruppe bereits in der Unteren Kreide (eventuell bereits im Jura?) existiert haben muß.

Pollenanalysen eignen sich auch zur Aufklärung der Florengeschichte der jüngeren Vergangenheit. Dadurch lassen sich beispielsweise Sukzessionen (Aufeinanderfolgen) bestimmter (typischer) Vertreter im Verlauf einer Moorbildung erfassen und datieren.

Die Gestalt des Angiospermenpollens ist variabler als die des Gymnospermenpollens. Das Sporoderm (die Wand des Pollenkorns) besteht in der Regel aus zwei übereinanderliegenden Schichtkomplexen: der wenig widerstandsfähigen inneren Intine und der sporopolleninhaltigen äußeren Exine. Diese wiederum unterteilt man in Nexine und Sexine.

Die Sexine ist vielfach untergliedert, sie ist aus stäbchen-, keulen-, kegel-, warzen- oder netzförmigen Gebilden (Columellae, Baccula) zusammengesetzt, die in ihrer Spitzenregion ganz oder zum Teil untereinander verbunden sein können und somit ein Tectum ausbilden. Zwischen den Columellae wird vielfach öliger oder proteinreicher Pollenkitt gelagert. Die Pollen mit einem Tectum nennt man tectat, jene, denen es fehlt,

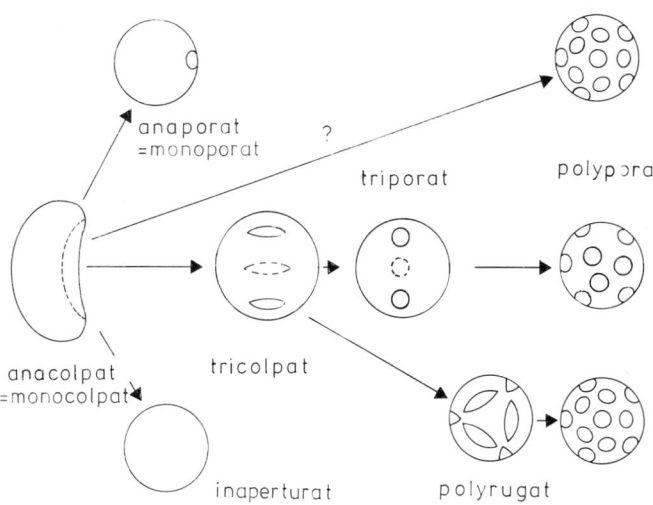

Abb. 27.5. Progressionsreihe von Pollengrundtypen der Angiospermen. Colpi sind spaltenförmige Aperturen; Poren runde Aperturen. (A. Takhtajan, 1959)

392

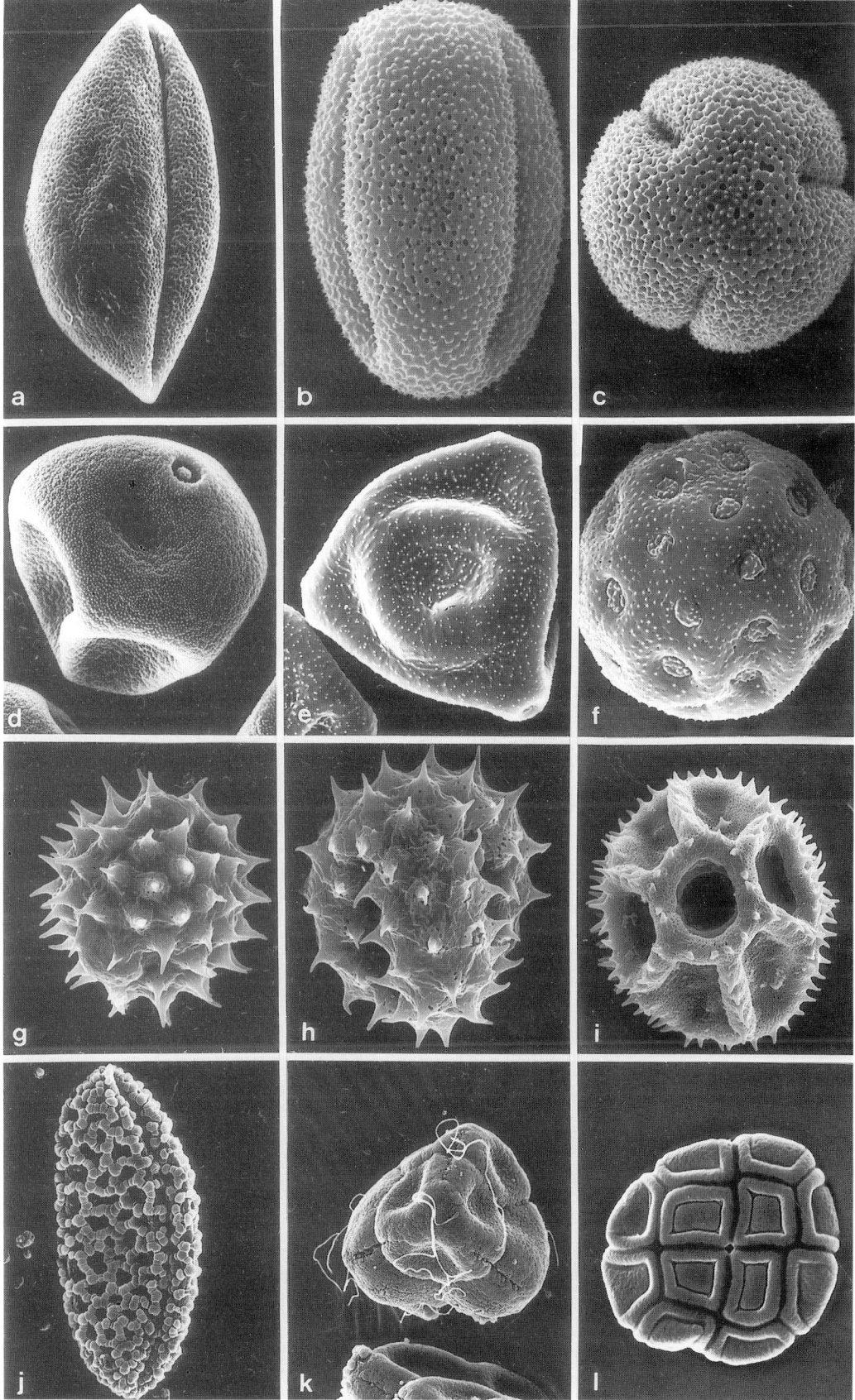

heißen intectat. Die Columellae entspringen der obersten Schicht der Nexine, die man als *foot-layer* bezeichnet (s. Abb. 27.2, 27.3 und 27.4).

In der Regel ist die Exine an bestimmten Stellen durch Öffnungen oder Aperturen durchbrochen, durch die der bei der Pollenkeimung entstehende Pollenschlauch auswächst. Die Lage und Zahl dieser Aperturen sind wesentliche Bestimmungsmerkmale der Pollen. Bei nur einer Apertur ist der Pollen uniaperculat, bei zwei Aperturen spricht man von diaperculatem Pollen, bei drei Öffnungen von triaperculatem usw. Pollenkörner mit rückgebildeten Aperturen nennt man atreme Pollen. Pollenkörner ohne Aperturen, oder lediglich angedeuteten Keimstellen (Leptomata), sind inapertat (s. Abb. 27.5). Wie durch zahlreiche Untersuchungen belegt (s. Abb. 27.6), ist die Pollenoberfläche reichlich skulptiert. Das Muster kann als ein Bestimmungsmerkmal herangezogen werden. Die Antheren sind der Entstehungsort der Pollenkörner (s. Abb. 27.7). Die Pollenmutterzellen durchlaufen die Meiose, und aus jeder der dabei entstehenden haploiden Zellen (Gonen) kann sich ein Pollenkorn entwickeln. Es ist dem Gametophyten der Algen und Pteridophyten (s. Kap. 44–48) homolog. Pollenkörner sind zwei- bis dreikernig, seltener mehrkernig, d.h., der Kern der Gonen durchläuft während der Pollenreifung eine Mitose. Die dabei entstehenden Tochterkerne differenzieren sich zum generativen und vegetativen Kern. Dreikernige Pollen entstehen durch eine weitere Teilung des generativen Kerns.

Während der Reifung lösen sich die Pollenkörner voneinander und vom umgebenden (diploiden) Gewebe der Anthere. Sie verbleiben zunächst jedoch noch in einem Behältnis, dessen Wandung von einer Schicht hochspezialisierter Zellen ausgekleidet ist:

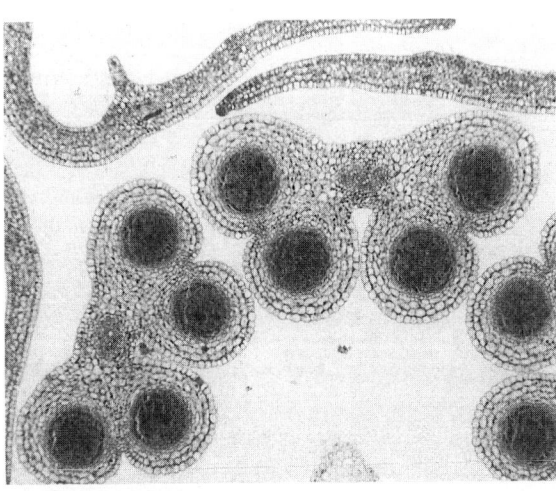

Abb. 27.7. Querschnitt durch noch nicht voll entwickelte Antheren von *Cleone spinosa*. Jede Anthere besteht aus zwei über ein Konnektiv verbundene Theken. Jede Theka enthält zwei Pollensäcke (im Bild dunkel), in denen die Pollenbildung erfolgt.

dem Tapetum. In vielen Fällen sind es sekretorische Zellen, die sich im Verlauf der Pollenreifung sukzessive auflösen. Die durch Abscheidung und Auflösung freiwerdenden Substanzen (Carotinoide, Lipide, Lipoproteine u.a.) werden in die Kavernen der Exine eingelagert und der Oberfläche aufgelagert. K. Knoll nannte dieses klebrige Material 1930 Pollenkitt. Es dient dem Zusammenhalt der Pollenkörner beim Transport durch Insekten und zur Anheftung an den Insektenkörper.

Hinzu kommt, daß zumindest Teile des Pollenkitts an der Interaktion zwischen Pollen und der Narbenoberfläche mitwirken.

Neben dem Pollenkitt sind an der Oberfläche Moleküle (Proteine u.a.) exponiert, die durch die Pollen selbst produziert wurden. Das Pollengenom ist haploid, das Genom der Tapetumzellen diploid. Das Oberflächenmuster der Pollen setzt sich daher zum einen aus Produkten des haploiden Gametophyten, zum anderen aus denen des diploiden Sporophyten (Anthere = Mikrosporophyll) zusammen.

Die Narbenoberfläche ist in der Regel mit zahlreichen Papillen versehen. Das Gewebe ist stets diploid, und vielfach ist es von mehr oder weniger ausgeprägten Schleimschichten bedeckt. Man spricht dann von feuchten Narben. Dem stehen die trockenen Narben gegenüber, bei denen die Zellen von einer zusammenhängenden Kutinschicht umgeben sind. Eine Kutinschicht ist auch bei den feuchten Narben vorhanden, doch ist sie dort oft durchbrochen oder partiell aufgelöst. Sowohl an der Pollen- als auch an der Narbenoberfläche sind eine Reihe von Enzymen lokalisiert worden.

Selbstinkompatibilität (SI)

Eines der Ergebnisse der im ausgehenden 18. und im 19. Jahrhundert zahlreich durchgeführten Bastardierungen ist die Beobachtung der Selbstinkompatibilität vieler Pflanzenarten, d.h., daß der Pollen einer Pflanze auf der Narbe des gleichen Individuums nicht auskeimt. Fremder Pollen (der gleichen Art) ist keimfähig.

Die ausgedehnten Versuchsserien von C. Darwin (s. Kap. 36) führten zu dem Schluß, daß hierdurch eine Fremdbefruchtung gesichert ist und daß Selbstkompatibilität eine Voraussetzung zur Entstehung monözischer Pflanzen (das sind solche mit beiden Geschlechtern auf einem Individuum) gewesen sein muß. Selbstinkompatibilität ist ein Schutz vor Inzucht und der durch sie bedingten Homozygotie. Sie wirkt in der sogenannten progamen Entwicklungsphase – also noch vor der Befruchtung –, die Eizelle wird nicht beeinträchtigt; die Chance, von einem passenden ♂ Gameten befruchtet zu werden, bleibt voll erhalten (s. Abb. 27.8 und Abb. 10.2).

Nach der Wiederentdeckung der Mendelschen Regeln und ihrer Etablierung, erschloß sich die Möglichkeit, nach genetischen Grundlagen der Selbstinkom-

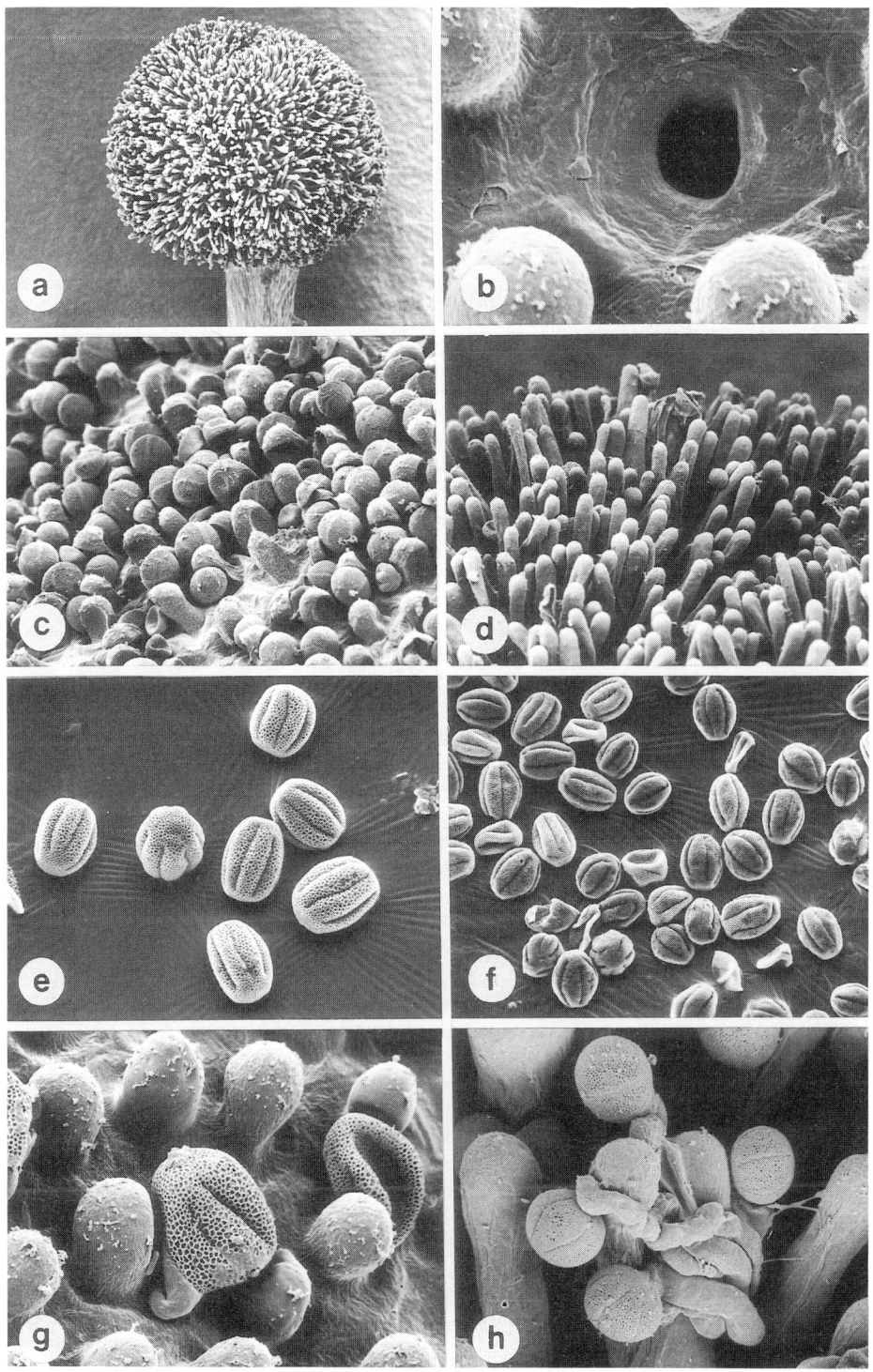

Abb. 27.8. Heterostylie bei Primeln *(Primula veris;* raster-elektronenmikroskopische Aufnahmen, s.a. Abb. 10.2). *a* Narbe (Überblick) der langgriffligen Form; *b* Pore an der Narbenoberfläche (zwischen Papillen), die ein eingedrungener Pollenschlauch hinterlassen hat. Die leere Pollenhülle ist bereits abgefallen. *c, d* Narbenoberflächen; *c* mit kurzen Papillen (kurzgrifflige Form); *d* mit langen Papillen (langgrifflige Form); *e, f* Pollen; *e* große Pollen (kurzgrifflige Form); *f* kleine Pollen (langgrifflige Form). *g* Eindringen des Pollenschlauchs in das Narbengewebe auf kürzestem Wege (bei einer kompatiblen Kombination: Pollen der langgriffligen Form und Narbe der kurzgriffligen). *h* Abstoßungsreaktion. Die Pollenschläuche treiben aus, es gelingt ihnen aber nicht, ins Narbengewebe einzudringen. Sie werden abgestoßen. Sie winden sich desorientiert auf der Narbenoberfläche; schließlich trocknen sie aus und sterben ab (H.-D. Ihlenfeldt, 1986)

Tabelle 1. Nachkommenschaft aus Kreuzungen verschiedener Allelkombinationen, die Selbststerilität beeinflussen

Genotyp der Eltern		Funktionsfähiger Pollen	Nachkommenschaft	
♀	♂			
S_1S_2 (Selbstung)		$-$	$-$	
$S_1S_2 \times S_1S_3$		S_3	S_1S_3	S_2S_3
$S_1S_2 \times S_2S_3$		S_3	S_1S_3	S_2S_3
$S_1S_3 \times S_1S_2$		S_2	S_1S_2	S_2S_3
$S_1S_3 \times S_2S_3$		S_2	S_1S_2	S_2S_3
$S_2S_3 \times S_1S_2$		S_1	S_1S_3	S_1S_2
$S_2S_3 \times S_1S_2$		S_1	S_1S_2	S_1S_3

(E.M. East, A.J. Mangelsdorf 1925)

patibilität zu suchen. Erste Arbeiten hierzu wurden von C. Correns (1913) durchgeführt. Den eigentlichen Durchbruch brachten aber E.M. Easts und A.J. Mangeldorfs Untersuchungen an *Nicotiana* (1925).

Aus den in der Tabelle 1 zusammengestellten Ergebnissen geht hervor, daß die Selbstinkompatibilität durch ein Gen (SI) hervorgerufen wird, das in zahlreichen Allelen vorliegen kann: SI_1, SI_2, SI_3, SI_4...SI_n.

Inkompatibilität tritt immer dann auf, wenn beide Kreuzungspartner gleiche Allele besitzen. Da der Pollen haploid ist (siehe oben), wird an seiner Oberfläche nur ein Allel exprimiert, vorausgesetzt, wir vernachlässigen die vom Tapetum aufgenommenen Komponenten. An der Stigmaoberfläche werden stets zwei Allele exprimiert.

Anders ausgedrückt: Eine kompatible (legitime) Befruchtung kommt nur dann zustande, wenn das Allel des Pollens mit solchen Allelen zusammentrifft, die ihm unähnlich sind.

Der hier geschilderte Fall wird der gametophytischen Selbstinkompatibilität (GSI) zugeordnet. Ihr steht die sporophytische Selbstinkompatibilität (SSI) gegenüber, bei der die vom Tapetum gebildeten und von der Pollenexine übernommenen Komponenten für die Abstoßung des Pollens an der Narbe verantwortlich sind.

Nur selten ist bei GSI die Situation formal so einfach zu erklären wie bei der SI von *Nicotiana* (und etlichen anderen Solanaceen). A. Lundquist (1956), und unabhängig von ihm D.L. Hayman (1956), fand bei Gramineen einen zweiten Selbstinkompatibilitätslocus (Z). Hier wird der Pollen nur dann abgestoßen, wenn gleiche Allele der beiden Loci in beiden Kreuzungspartnern enthalten sind. Derartige bifaktorielle Systeme wurden später in zahlreichen Angiospermenfamilien (Monokotyledonen und Dikotyledonen) gefunden. Schließlich fanden A. Lundquist und Mitarbeiter auch Pflanzenarten mit drei oder noch mehr Inkompatibilitätsloci (*Ranunculus acris* 3, *Beta vulgaris* 4), und auch hier können an jedem Locus zahlreiche Allele vorliegen.

Das alles erschwert eine genetische Analyse, da man nicht alle Glieder der Kombinationsmatrix individuell identifizieren kann. Völlig unübersichtlich

wird die Situation, wenn wir es von vornherein mit Polyploidie zu tun haben. Die von Lundquist vorgeschlagenen Modelle sind daher auch kürzlich in Frage gestellt worden (D.L. Mulcahy, G. Bergamini Mulcahy, 1983).

Durch die Wahrscheinlichkeitsrechnung kann aber eine simple, doch weittragende Vorhersage gemacht werden: Die Häufigkeit, bei der Selbstinkompatibilität zum Tragen kommt, nimmt mit steigender Zahl der Genloci rapide ab.

Dazu der folgende rechnerische Ansatz:

N sei die Anzahl der inkompatiblen Pollen-Stigma-Interaktionen innerhalb einer Population, und

n sei die Anzahl gametophytischer Allele in allen segregierten Loci (Genloci im haploiden Chromosomensatz).

Dann gilt für:

1 Genlocus 2 Genloci 3 Genloci

$$N = \frac{2}{n} \qquad N = \frac{4}{n(n+3)} \qquad N = \frac{8(n^3-1)}{N^3(n+1)^3-8}$$

Beispiele:

n = 2: N = 1   N = 0,4   N = 0,269
n = 4: N = 0,5 N = 0,142 N = 0,06

Mehr-Gen-Systeme sind schwächere Selbstinkompatibilitätssysteme als Ein-Gen-Systeme.

Im Verlauf der Angiospermenevolution lief der Trend offensichtlich zunächst in Richtung Monözie. Die dazu parallel laufende Vervollkommnung des SI-Systems bewirkte ihre Überlegenheit gegenüber der Diözie.

Nachdem diese etabliert war und Polyploidisierungen sich durchsetzten, verlor das SI-System durch Zunahme an Komplexität ständig an Wert. Polyploide Arten können darauf verzichten; sie können zur Selbstbestäubung und Inzucht zurückkehren, die ihnen an gestörten Standorten (s. Kap. 38) einen nur schwer einholbaren Startvorsprung bieten.

Brewbakers Korrelationen. J.L. Brewbaker (University of Hawaii) entdeckte 1957 einige bemerkenswerte Korrelationen zwischen SI-System und Pollenmerkmalen

– Gametophytische Selbstinkompatibilität kommt fast immer bei zweikernigen Pollenkörnern vor. Die Narbe ist bei den entsprechenden Arten meist feucht.

– Sporophytische Selbstinkompatibilität findet man bei dreikernigem Pollen. Dieser keimt unter *in-vitro*-Bedingungen nur sehr schlecht; die Lebenserwartung ist kurz. Die zugehörigen Narben gelten als trocken.

Brewbaker sah aber auch, daß diese Korrelationen nicht uneingeschränkt gelten und von einigen bemerkenswerten Fällen durchbrochen werden: So gelten sie z.B. nicht für die heteromorphe Selbstinkompatibilität. Das dazu gehörige *Primula*-Beispiel wurde bereits besprochen (s. Kap. 10).

396

Ferner haben sie keine Gültigkeit bei Gräsern. Diese zeichnen sich nämlich durch gametophytische Selbstinkompatibilität und dreikernige Pollen aus. Die Stigmen sind trocken, im Gegensatz zu denen der anderen Pflanzenfamilien aber stark behaart.

Molekulare Grundlagen der Selbstinkompatibilität und der Adhäsion des Pollens an die Narbenoberfläche

Glykoproteine sind wiederholt an Pollen- und Narbenoberflächen identifiziert worden.

Bei *Galanthus nivalis* wird die Adhäsion der Pollen durch Zugabe von ConA drastisch reduziert, was wiederum ein Hinweis darauf ist, daß Lektin-Lektinrezeptor-Interaktionen an der Stabilisierung der Bindung zwischen den Zellen maßgeblich beteiligt sind.

Viel schwieriger ist der Mechanismus des SI-Systems zu deuten, denn im Gegensatz zu vielen anderen Systemen, wie der eben erwähnten Lektin-Lektinrezeptorreaktion, der Antigen-Antikörper-Reaktion oder der Enzym-Substrat-Wechselwirkung, haben wir es hier nicht mit einem Schlüssel-Schloß-Analogon zu tun, sondern mit einer Reaktion zwischen gleichartigen Komponenten.

Den Beweis dafür erbrachte H.F. Linskens (Botanisches Institut der Universität Nijmwegen, 1960), indem er Antikörper gegen SI-Antigene aus Pollen der Petunie erzeugte und zeigte, daß die gleichen antigenen Determinanten auch an der nichtkompatiblen Narbenoberfläche exponiert sind. Weitere Belege hierfür wurden von R.B. Knox und Mitarbeitern erarbeitet.

Die Proteine an der Narbenoberfläche unterliegen einem starken *turn over*. Nach Bindung eines Pollenkorns wird eine große Menge neuen Materials gebildet.

Die Identität von Molekülen auf den Oberflächen der Reaktionspartner allein genügt nicht, um eine Unverträglichkeit zu erklären. Offensichtlich ist die Erkennungsreaktion nur ein Auslöser der eigentlichen Abwehrreaktion des Narbengewebes. Die Abstoßungsreaktion selbst kann direkt an der Narbenoberfläche erfolgen, sie kann aber auch erst im Transfusionsgewebe wirksam werden. In der Regel ist sie mit einer Überproduktion von Kallose durch das Narben- oder Griffelgewebe verbunden.

Ein zusammenfassendes Bild der aufeinanderfolgenden Prozesse auf Gramineennarben und die Konsequenzen bei Ausfall von einem der Schritte sind der Tabelle 2 zu entnehmen.

Tabelle 2. Aktivitäten des Pollenschlauchs während des Durchwachsens des Griffels (bei Gräsern), und Vergleich des Pollenschlauchverhaltens in kompatiblen und nichtkompatiblen Situationen. Im Fall der Selbstinkompatibilität (SI) erfolgt die Abstoßung an der Narbenoberfläche oder unmittelbar nach Eindringen des Schlauchs ins Narbengewebe. Inkongruenz kann sich auch zu einem späteren Zeitpunkt manifestieren (nach J. Heslop-Harrison, 1982)

Sequenz der Pollenschlauchaktivitäten	kompatibles Verhalten	Selbstinkompatibilität	Inkongruenz
Kontakt zwischen Stigmaoberfläche und Pollen. Hydrierung des Pollenkorns (Wasseraufnahme) ↓	Die Keimung ist vom Feuchtigkeitsgehalt der Umgebung bzw. des Wassergehalts des Stigmagewebes abhängig.	Ort der Abstoßung bei starken SI-Systemen	— Abstoßung aufgrund der SI-Reaktion
Keimung, nachfolgend Eindringen des Pollenschlauchs in die Interzellularen des Stigmagewebes. ↓	Die Architektur des Gewebes bestimmt die Richtung des Pollenschlauchwachstums.	Ort der Abstoßung bei schwachen SI-Systemen	
Durchdringen des Transfusionsgewebes im Griffel (Stylodium) ↓	Die Wachstumsrichtung wird durch die Anordnung der Zellen im Transfusionsgewebe bestimmt		verzögertes Pollenschlauchwachstum; oft Aufblähung der Spitze und nachfolgendes Aufplatzen.
Eindringen in den Gametophyten (Ovar) ↓	Durchdringen der Kutikula der inneren Ovarwand. Die Wachstumsrichtung wird durch die Epidermiszellen des Embryosacks bestimmt, vermutlich auch chemotaktisch		Verlust der Orientierung, ungerichtetes Wachstum, Verfehlen der Mikropyle.
Durchwachsen der Mikropyle. Fusion der Gameten, Kernverschmelzungen.	Die Mikropyle nimmt nur einen Pollenschlauch auf, der den Nucellus durchdringt und in den Embryosack eindringt		

Inkongruenz. Das Überwinden der Selbstinkompatibilität allein reicht nicht, um einen Pollenschlauch in das Narben- und Griffelgewebe vortreiben zu können. An der Pollenschlauchoberfläche müssen zahlreiche Enzyme zur Auflösung des Transfusionsgewebes aktiviert werden, der orientierte Wachstumsprozeß muß in jedem Stadium auf das Einhalten der Richtung überprüft werden. Es bedarf einer koordinierten Reaktionsfolge zwischen Pollenschlauch und Griffelgewebe. Gerade bei Fremdpollen ist diese Koordination nicht gewährleistet; die Folge davon ist eine Abwehrreaktion, die als Inkongruenz bezeichnet wird. Die Barrieren beruhen meist auf dem Fehlen eines oder mehrerer Glieder in einer Kette von Ereignissen beim Zusammentreffen der beiden Zellarten (s. Abb. 27.7). Bei Gymnospermen ist Selbstinkompatibilität nicht nachgewiesen worden, vermutlich weil sie keinen Griffel haben, Inkongruenz kommt dagegen vor.

Experimentelle Umgehung der progamen Befruchtungsbarrieren

Es gibt zwei Möglichkeiten:
(1) Die Narbe wird entfernt, der Pollen wird direkt auf das Transfusionsgewebe des Griffels gebracht. Hierdurch wird das SI-System ausgeschaltet (M. Kroh, 1955).
(2) Man fusioniert Protoplasten der inkompatiblen Pflanzen miteinander und versucht, das Fusionsprodukt zur Regeneration zu bringen; das funktioniert z.B. nicht bei den meisten Monokotyledonen. Man benötigt für das skizzierte Experiment allerdings Protoplasten aus haploiden Pflanzen, und die sind auch nicht so leicht zu gewinnen (s. Kap. 29).

Literatur

Bateman, A.J.: Self-incompatibility systems in angiosperms. I. Theory. Heredity 6, 285–310 (1952)

Blackmore, S. and H.G. Dickinson: A simple technique for sectioning pollen grains. Pollen et Spores 23, 281–287 (1981)

Brewbaker, J.L.: Pollen cytology and incompatibility systems in plants. J. Heredity 48, 217–277 (1957)

Clarke, A.E., S. Harrison, R.B. Knox, J. Raff, P. Smith and J.J. Marchalonis: Common antigens and male-female recognition in plants. Nature 265, 161–162 (1977)

Clarke, A.E., P. Gleeson, S. Harrison and R.B. Knox: Pollen-stigma interactions: Identification and characterization of surface components with recognition potential. Proc. Natl. Acad. Sci. US. 76, 3358–3362 (1979)

Correns, C.: Selbststerilität und Individualstoffe. Biol. Zentralbl. 33, 389–423 (1913)

Crompton, C.W.: Pollen grains and biosystematics. Can. J. Bot. 60, 294–300 (1982)

Doyle, J.A., M. van Campo and B. Lugardon: Observations on exine structure of *Eucommiidites* and lower cretaceous angiosperm Pollen. Pollen et Spores 17, 429–486 (1975)

East, E.M., A.J. Mangelsdorf: A new interpretation of the hereditary behaviour of self-sterile plants. Proc. Natl. Acad. Sci. US. 20, 225–230 (1925)

v. Gleichen, W.F. Freiherr, genannt Rußworm: Mikroskopische Untersuchungen und Beobachtungen der geheimen Zeugungstheile der Pflanzen und ihren Blüten. Nürnberg: Verlag der Raspischen Buchhandlung, 1790

Hayman, D.L.: The genetical control of incompatibility in *Phalaris coeruleus* Desf. Austr. J. Biol. Sci. 9, 321–333 (1956)

Heslop-Harrison, J.: Tapetal origin of pollen coat substances in *Lilium*. New Phytologist 67, 779–786 (1968)

Heslop-Harrison, J. (ed.): Pollen: development and physiology. London: Butterworth and Comp. (Publ.) Ltd., 1971

Heslop-Harrison, J.: Incompatibility and the pollen-stigma interaction. Ann. Rev. Plant Physiol. 26, 403–425 (1975)

Heslop-Harrison, J.: Pollen-stigma interaction in grasses: a brief review. New Zealand J. Bot. 17, 537–546 (1979)

Heslop-Harrison, J.: Pollen walls as adaptive systems. Ann. Missouri Bot. Gard. 66, 813–829 (1979)

Heslop-Harrison, J.: Pollen-stigma interaction and cross-incompatibility in the grasses. Science 215, 1358–1364 (1982)

Hesse, M.: Zur Frage der Anheftung des Pollens an blütenbesuchende Insekten mittels Pollenkitt und Viscinfäden. Pl. Syst. Evol. 133, 135–148 (1980)

Knoll, K.: Über Pollenkitt und Bestäubungsart. Z. Bot. 23, 609–675 (1930)

Knox, R.B. and J. Heslop-Harrison: Pollen-wall proteins: Localization and enzymic activity. J. Cell Sci. 6, 1–27 (1970)

Knox, R.B., A. Clarke, S. Harrison, P. Smith and J.J. Marchalonis: Cell recognition in plants: Determinants of the stigma surface and their pollen interactions. Proc. Natl. Acad. Sci. US. 73, 2788–2792 (1976)

Knox, R.B.: Pollen-pistill interactions. p. 508–608 in: „Cellular Interactions" (H.F. Linskens, J. Heslop-Harrison eds.) Berlin–Heidelberg–New York: Springer Verlag, 1984 (Encyclop. Plant Physiol., Vol. 17)

Kroh, M.: Genetische und entwicklungsphysiologische Untersuchungen über die Selbststerilität von *Raphanus raphanistrum*. Z. ind. Abst. Vererbl. 87, 365–384 (1956)

Lewis, D.: Genetic control of specificity and activity of the S-antigen in plants. Proc. R. Soc. London, Ser B, 151, 468–477 (1960)

Linskens, H.F., K.L. Esser: Über die spezifische Anfärbung der Pollenschläuche im Griffel und die

Zahl der Kallosepfropfen nach Selbstbefruchtung und Fremdbefruchtung. Naturwissenschaften *44*, 1–2 (1957)

Linskens, H.F.: Zur Frage der Entstehung der Abwehrkörper bei der Inkompatibilitätsreaktion von *Petunia*. III. Mitt: Serologische Teste mit Leitgewebs- und Pollen-Extrakten. Z. Bot. *48*, 126–135 (1960)

Linskens, H.F. (ed.): Fertilization in higher plants. Amsterdam–New York: North-Holland/American Elsevier, 1974

Linskens, H.F.: Befruchtungs-Barrieren bei höheren Pflanzen. Naturwiss. Rundsch. *33*, 11–20 (1980)

Lundquist, A.: Self-incompatibility in rye. I. Genetic control in the diploid. Hereditas *42*, 293–348 (1956)

Lundquist, A., U. Østerbye, K. Larsen and I.B. Linde-Laursen: Complex self-incompatibility systems in *Ranunculus acris* L. and *Beta vulgaris* L. Hereditas *74*, 161–168 (1973)

Mulcahy, D.L. and G. Bergamini Mulcahy: Gametophytic self- incompatibility reexamined. Science *230*, 1247–1251 (1983)

de Nettancourt, D.: Incompatibility in angiosperms. Berlin–Heidelberg–New York: Springer-Verlag, 1977

de Nettancourt, D.: Incompatibility p. 624–639 in: „Cellular interactions" (H.F. Linskens, J. Heslop-Harrison eds.) Berlin–Heidelberg–New York: Springer Verlag, 1984 (Encyclop. Plant Physiol., Vol. 17)

Nilsson, S., J. Praglowski, L. Nilsson: Atlas of airborne pollen grains and spores in Northern Europe. Stockholm: Natur och Kultur, 1977

Nowicke, J.W. and J.J. Skvarla: Pollen morphology: The potential influence in higher order systematics. Annales Missouri Bot. Garden *66*, 633–700 (1979)

Pandey, K.K.: Evolution of incompatibility systems in plants: Origin of „independent" and „complementary" control of incompatibility in angiosperms. New Phytol. *84*, 381–400 (1980)

Roberts, I.N., A.D. Stead, J.D. Ockendon, H.G. Dickinson: A glycoprotein associated with the acquisition of the self-incompatibility system by maturing stigmas. Planta (Ber.) *146*, 179–183 (1979)

Roberts, K., A.W.B. Johnston, C.W. Lloyd, P. Shaw, H.W. Woolhouse (eds.): The cell surface in plant growth and development. (Proc. on the 6th John Innes Symp.). J. Cell Sci., 1985, Suppl. 2 (Cambridge: The Comp. of Biologists, Ltd.)

Skvarla, J.J. and J.W. Nowicke: Ultrastructure of pollen exine in Centrospermous families. Plant Syst. Evol. *126*, 55–78 (1976)

Walker, J.W., and J.A. Doyle: The bases of angiosperm phylogeny: Palynology. Annales Missouri Bot. Garden *62*, 664–723 (1975)

Watson, L., R.B. Knox, E.H. Creaser: ConA differentiates among grass pollens by binding specifically to wall glycoproteins and carbohydrates. Nature *249*, 574–576 (1974)

Whitehouse, H.L.K.: Multiple-allelomorph incompatibility of pollen and style in the evolution of the angiosperms. Annales Bot., N.S. *14*, 199–216 (1950)

Zavada, M.S.: Comparative morphology of Monocot pollen and evolutionary trends of apertures and wall structures. The Bot. Review *49*, 331–379 (1983)

28. Wachstum und Differenzierung; Musterbildung; Transportwege

Die pflanzliche Entwicklung wird, weit mehr noch als die tierische, durch externe (exogene) Signale oder Faktoren gesteuert. Ein Same keimt beispielsweise erst, wenn die äußeren Bedingungen günstig sind. Es muß genügend Feuchtigkeit und Wärme vorhanden sein, die Tageslänge muß einen kritischen Wert überschritten haben. Bei vielen Arten aus Klimazonen mit saisonbedingten Temperaturunterschieden sind die Samen erst nach Durchlaufen einer Kälteperiode keimungsbereit.

Alles weist darauf hin, daß sie einen Inhibitor enthalten, der in der kalten Jahreszeit sukzessive abgebaut wird (Vernalisation) und damit den Weg zur Keimung freigibt. Bei einigen Arten kann er durch lange Trockenheit und Wärme erneut produziert werden. Die Samen durchlaufen damit rhythmisch Perioden der Keimungsbereitschaft und Keimungsruhe, wodurch Pflanzen bei gleicher Tageslänge einen Frühjahrs- von einem Herbsttag unterscheiden können (s. Abb. 28.1).

Der wichtigste wachstumsregulierende Faktor ist das Licht. Die Pflanzen diskriminieren zwischen verschiedenen Wellenlängen des Lichts und unterschiedlich langen Hell-Dunkel-Perioden. Mehr darüber im Kapitel 30.

Das Ausmaß des Pflanzenwachstums ist ebenfalls umweltabhängig. Bei gleicher genetischer Konstitu-

tion ist ein gut versorgtes Individuum einem unterversorgten in allen meßbaren physiologischen und morphologischen Merkmalen überlegen.

Die Adaptation an bestimmte Umweltparameter gehört mit zu den am meisten studierten Phänomenen in der Botanik. Stets hat die Pflanze auf einen ganzen Faktorenkomplex zu reagieren, wobei sich die Einzelfaktoren additiv oder multiplikativ auf ihr Wachstum auswirken. Hierzu wird in allen folgenden Kapiteln etwas zu sagen sein. Die Entwicklung eines Vielzellers setzt eine Spezialisierung der am Aufbau beteiligten Zellen, eine optimale Versorgung und einen ausreichenden Informationsfluß zwischen ihnen voraus.

Das Informationssystem der Pflanzen ist dem der Tiere weit unterlegen. Es gibt kein so effektiv wirkendes Molekül- und Zellverteilungssystem, wie zum Beispiel die Blutbahnen, und es gibt kein Nervensystem.

Es gibt aber pflanzliche Hormone und spezialisierte Zellen, die auf deren Konzentrationsänderungen reagieren (s. Kap. 31). Tiere zeichnen sich durch ein allometrisches Wachstum aus, was soviel bedeutet, daß es während der Wachstumsphase in allen Geweben sich teilende Zellen gibt und daß die Größenzunahme auf einem proportionalen Wachstum sämtlicher Teile beruht.

Die tierische Entwicklung verläuft nach einem determinierten, zeitlich festgelegten Programm, wäh-

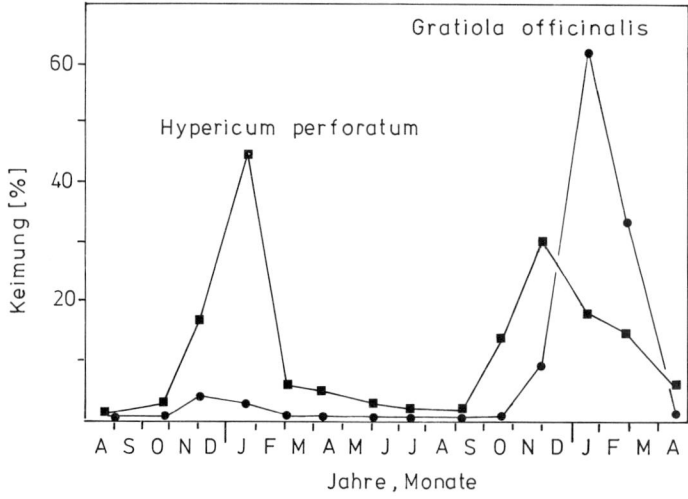

Abb. 28.1. Jahresperiodische Schwankungen der Keimfähigkeit bei Samen von *Hypericum perforatum* und *Gratiola officinalis* (Bilsenkraut, Solanaceae und Gnadenkraut, Scrophulariaceae). Die Samen sind trocken und unter konstanten Bedingungen aufbewahrt worden. Der Prozentsatz der gekeimten Samen wurde bei *Hypericum* jeweils nach sieben, bei *Gratiola* nach 14 Tage langem Aufenthalt der Samen im Keimbett bestimmt. (E. Bünning, 1953)

400

rend die pflanzliche Entwicklung beliebig oft unterbrochen werden kann; die Entwicklungsgeschwindigkeit ist variabel.

Pflanzen zeichnen sich durch ein Spitzenwachstum aus. Es teilen sich nur die in Meristemen liegenden Zellen an der Peripherie des Vegetationskörpers (Ausnahmen siehe Kapitel 4). Alle übrigen befinden sich in einem Ruhestadium. Wie wir aber schon beschrieben haben, bleibt deren Teilungsfähigkeit meist erhalten und kann bei Bedarf zusätzlich reaktiviert werden (Totipotenz der Pflanzenzellen).

Daß es während des Wachstums und der Größenzunahme dennoch zu einem Abgleich der Aktivitäten der einzelnen Vegetationspunkte kommt (Apikaldominanz), belegt allein die Tatsache, daß auch Pflanzen eine artspezifische Gestalt annehmen. Es sind eine Anzahl von Regeln erkannt worden, nach denen die Wachstums- und Differenzierungsprozesse ablaufen. Die wohl wichtigsten Faktoren sind die Ausbildung einer Polarität sowie das Vorhandensein von Gradienten aktivierender und inhibierender Substanzen in Geweben. Durch die oben-unten-Polarität wird die Pflanzenachse festgelegt. Gradienten morphogenetischer (gestaltbildender) Substanzen bestimmen die Ausbildung ganz spezifischer Muster, wie die wechsel- oder gegenständige Stellung von Seitentrieben oder Blättern, die gleichmäßige Verteilung von Schließzellen oder Haaren auf Blattoberflächen oder den Zeitpunkt der Blütenbildung.

Polarität und Gradienten

Polarität ist eine bei Zellen aller Organismen übliche Erscheinung. Sie beruht im einfachsten Fall auf ungleicher Verteilung plasmatischer Komponenten in den Zellen. Bereits das Verlagern des Zellkerns in Richtung eines Zellpols trägt maßgeblich dazu bei, daß sich die Zelle inäqual teilt und zwei ungleich große Tochterzellen entstehen. Die Ausbildung spezieller Organellen, z.B. einer Geißel, determiniert eindeutig einen vorderen (anterioren) und hinteren (posterioren) Pol.

Wie wir später noch an verschiedenen Beispielen aus der Gruppe der Algen sehen werden (s. Kap. 44), spiegelt sich in der Polarität vielfach die Entstehungsgeschichte der einzelnen Zellen wider. Die gleiche Erscheinung begegnete uns auch bei vielzelligen Pflanzen. Das Thema wurde im Zusammenhang mit der Ausbildung einer Positionsinformation erörtert (s. Kap. 4). Die Polarität kann auch durch äußere Faktoren, beispielsweise Licht, induziert werden. Nachdem sie aber erst einmal etabliert wurde, bleibt sie im Regelfall irreversibel erhalten.

Um eine Polarität über mehrere Zellen hinweg aufrechtzuerhalten, bedarf es eines Informationsaustausches zwischen ihnen. Benachbarte Zellen sind durch Plasmodesmen untereinander verbunden.

Das mehrere oder sogar alle Zellen eines Vielzellers umfassende Plasmakontinuum ist der Symplast. Substanzen, die auf diesem Wege (über die Plasmodesmen) von Zelle zu Zelle geleitet werden, unterliegen demnach einem symplastischen Transport. Für wasserlösliche niedermolekulare Substanzen bietet sich darüber hinaus ein extraplasmatischer (apoplastischer) Transport an, wobei davon ausgegangen werden kann, daß die Zellwand (fast immer) ein so weitmaschiges Gebilde ist, das einem Durchfluß von Wasser mit darin gelösten Substanzen keinen Widerstand entgegensetzt.

Ein symplastischer und apoplastischer Transport funktioniert jedoch nur über kurze Entfernungen (wenige Zellen), da die Diffusion der geschwindigkeitsbestimmende Schritt ist (s. Kap. 22).

Zur Ausbildung eines über mehrere Zellen reichenden Gradienten bedarf es einer stets aktiven lokalen Produktionsstätte (Quelle) gradientenbildender Substanzen (Induktoren) und eines Abflusses am entgegengesetzten Ende der Zellreihe, durch den die Konzentration des Induktors dort niedrig gehalten wird. Solche Konzepte stehen für die Wirkung der Pflanzenhormone zur Diskussion. Sie kranken aber an der Tatsache, daß solche Gradienten extrem labil sind. Es gibt viele Möglichkeiten, die Induktorkonzentration in einzelnen Zellen zu beeinflussen. Es ist aber für eine Zelle nicht feststellbar, ob ein geringer Induktorspiegel auf geringer Produktion an der Quelle oder auf Verlusten unterwegs beruht.

Die Existenz von Gradienten in Geweben aus Zellen unterschiedlicher Entwicklungsstadien wurde 1984 durch W. Wernicke und L. Milkovits (Australian National University, Canberra) nachgewiesen. Dazu wurden Abschnitte aus noch wachsenden Blättern des Weizens entnommen, daraus Kalluskulturen angelegt und in Anwesenheit des Wuchsstoffs 2,4-D (s. Kap. 31) kultiviert. Das wichtigste Ergebnis des Experiments war die Aussage, daß die der Vegetationszone am nächsten liegenden Zellen, und die Zellen der Vegetationszone selbst, die höchste Empfindlichkeit gegenüber 2,4-D zeigten, d.h., sie waren in der Lage, zu Sprossen und Wurzeln zu regenerieren.

Die meisten Kulturen aus nichtmeristematischen Blattsegmenten konnten nicht zur Sproßbildung induziert werden, behielten jedoch die Fähigkeit zur Wurzelbildung. Mit zunehmender Nähe zur Vegetationszone stieg die Wahrscheinlichkeit, daß sich die Zellen der Kalli wieder zu Sproß und Wurzel entwickelten.

Die Steilheit des Gradienten ist genetisch fixiert und variiert bei sechs der untersuchten Weizenproben (teils Arten, teils deren Sorten). Die Empfindlichkeitsabnahme hat zweierlei zur Folge: Einmal ist es eine Teilerklärung für die Schwierigkeit, aus Protoplasten- und Kalluskulturen der Monokotyledonen ganze Pflanzen zu regenerieren; zum anderen macht der Versuch die selektive Herbizidwirkung des 2,4-D auf Dikotyledonen verständlich. Offensichtlich behalten diese im Verlauf ihrer Entwicklung die Empfindlichkeit gegenüber diesem Wuchsstoff/Herbizid, ihre Gewebe gehen daher zu einem ungeregelten Wachstum über, an dem die Pflanze zugrunde geht.

Musterbildung

A. Gierer und H. Meinhardt (Max-Planck-Institut für Virusforschung, Tübingen) haben sich seit Mitte der sechziger Jahre mit biochemischen und mathematischen Grundlagen befaßt, die einer Musterbildung zugrunde liegen.

Sie bearbeiteten ursprünglich die Frage nach der Induktion der Kopfbildung beim Süßwasserpolypen *(Hydra)*. Es war schon lange bekannt, daß Kopfbildung (und Sprossung) nur in einem Mindestabstand von einem bestehenden Kopf erfolgt. Eine solche Beobachtung steht nicht isoliert da. Vielmehr gilt die allgemeine Regel, daß in Nachbarschaft einer Anlage (z.B. eines Organs) keine zweite gleichartige Anlage entstehen kann, da es so etwas wie eine laterale Inhibition gibt, die mathematisch am einfachsten durch das Zusammenwirken eines Aktivators und eines Inhibitors zu erklären ist. Dabei fällt dem Aktivator eine doppelte Funktion zu: einmal seine eigene Aktivität (oder Synthese) zu steigern (=positive Rückkopplung), zum anderen die Aktivität (oder Synthese) eines Inhibitors zu forcieren. Der Inhibitor hat nur die Aufgabe, die Aktivität des Aktivators zu unterdrükken (s. Abb. 28.2); zudem sollte er sich in einem Gewebe schneller als der Aktivator ausbreiten können (s. Abb. 28.3). Dafür ist eine höhere Diffusionskonstante erforderlich, und diese wiederum ist mit der Molekülgröße korreliert. Je kleiner ein Molekül ist, desto beweglicher ist es; in der Regel ist ein kleines Molekül aber weniger spezifisch als ein großes.

Das beschriebene Modell stellt einen Regelkreis dar. Es zeichnet sich daher durch eine höhere Stabilität (Selbstverstärkereffekt) als ein einfacher Steuervorgang aus, so wie er anfangs für die Gradientenbildung beschrieben wurde.

Ein Beispiel für Steuerung ist die phototrope Krümmung einer Avenakoleoptile (ausführlich im Kapitel 31 beschrieben).

Bei einseitiger Belichtung der Koleoptilspitze krümmt sich die Koleoptile auf die Lichtquelle zu, weil sich im Gewebe ein Auxingradient ausbildet. Nach Wegfall des Signals bricht er in sich zusammen,

das Koleoptilwachstum geht in anderer Richtung weiter.

Eine laterale Inhibition ist sowohl im Tier- als auch im Pflanzenreich weit verbreitet, sie dient unter Zugrundelegung des obengenannten Modells einer Signalverstärkung (Amplifikation). Zonen hoher Aktivität stehen daher in regelmäßigem Wechsel mit indifferenten Zonen.

Das Verhalten von Aktivator und Inhibitor kann durch zwei nichtlineare, partielle Differentialgleichungen beschrieben werden

1. $\dfrac{\delta a}{\delta t} = \varrho_0 \varrho + c\varrho \dfrac{a^2}{h} - \mu a + D_a \dfrac{\delta^2 a}{\delta x^2}$

2. $\dfrac{\delta h}{\delta t} = c\varrho a^2 - Dh + D_h \dfrac{\delta^2 h}{\delta x^2}$,

wobei a = Konzentration des Aktivators, h = Konzentration des Inhibitors ist. Beides sind Funktionen der räumlichen (oder zeitlichen) Position. a^2 steht für die Doppelfunktion des Aktivators, $1/h$ für die des Inhibitors, und μ für Degradationsfaktoren (Rate des enzymatischen Abbaus von Aktivator bzw. Inhibitor).

D_a = Diffusionskonstante des Aktivators,
D_h = Diffusionskonstante des Inhibitors.
ϱ = Häufigkeit der Zellen, in denen Aktivator bzw. Inhibitor produziert wird.
ϱ_0 = *Background*-Aktivator-Produktion.

Die aufgestellten Differentialgleichungen sind lösbar. Bei Einsatz „angemessener" Werte erhält man, je nach Wahl der Parameter und der Ausgangssituation, unterschiedliche Lösungen. Veränderungen als Funktion der Zeit lassen sich mit Computerhilfe durch Iterationen simulieren. Die Lösungen der Gleichungen repräsentieren Strukturmodelle, die die Entwicklung von Mustern in Raum und Zeit widerspiegeln.

Es können Kriterien angegeben werden, die für die Ausbildung stabiler Muster erforderlich sind, außerdem solche, die instabile (statistische) Verteilungen hervorrufen.

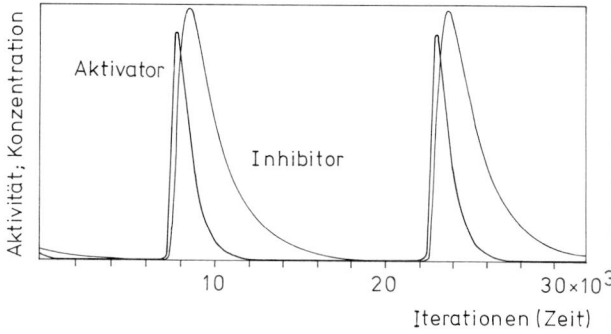

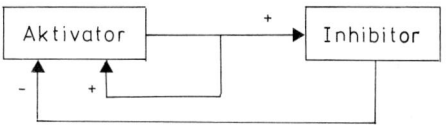

Abb. 28.2. Modell eines Oscillators. Der Aktivator aktiviert seine eigene Synthese (oder Aktivität) und induziert die Bildung von Inhibitor. Der Inhibitor hemmt die Aktivatoraktivitäten.

Abb. 28.3. Oszillierende Verteilung von Aktivator und Inhibitor. In jeder Periode erhält man auf kurze Abstände eine Aktivierung, auf lange (bis zum Beginn der neuen Periode) eine Hemmung. (H. Meinhardt und A. Gierer, 1974)

402

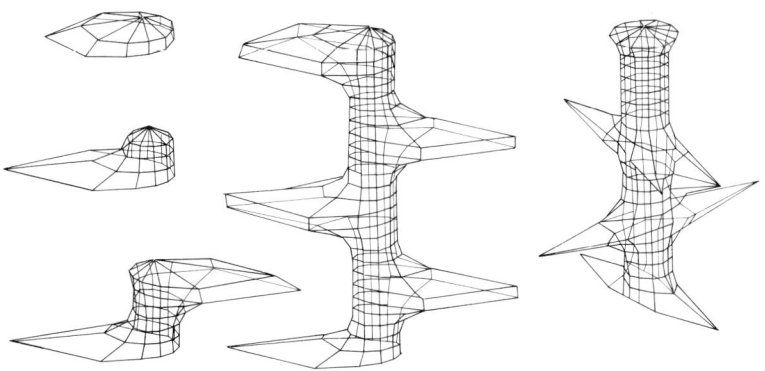

Abb. 28.4. Anlage von Aktivatormaxima (hier Blattanlagen) in einem wachsenden Pflanzensproß. Wachstum wird durch Verdopplung der Zellen am oberen Ende des Zylinders simuliert. Die Lage des ersten Maximums ist zufällig. Sie bestimmt jedoch die Lage der nachfolgenden Maxima. Diese können in bestimmten Winkeln (60°, 90°, 120° usw.) und Abständen (wechselständige Blätter) oder im Winkel von 180° (gegenständig) angelegt sein. (H. Meinhardt 1974)

So läßt sich u.a. die Bildung von Blattanlagen während des Sproßwachstums der Pflanze simulieren (s. Abb. 28.4) oder die Verteilung in einem zweidimensionalen Feld, wie wir sie bei Pflanzen u.a. bei der Verteilung von Schließzellen oder Haaren auf Blattoberflächen finden. Die statistische (stochastische) Verteilung beruht auf einer lokalen Instabilität des Aktivator-/Inhibitor-Gleichgewichtszustands (s. Abb. 28.5).

Wozu das Ganze? Solche Modelle geben wertvolle Hinweise bei der Suche nach morphogenetischen (gestaltbildenden) Induktoren. Mit Computermodellen kann man so lange spielen, bis das gewünschte Ziel erreicht ist und das Modell die in der Natur auftretenden Strukturen bestmöglich widerspiegelt. Die Berechnungen müssen von der Größe der Organanlage, der Zahl und Größe der Zellen u.a. ausgehen. Wenn diese Werte zur Verfügung stehen, können die Diffusionskonstanten von Aktivator und Inhibitor rechnerisch ermittelt werden. Wenn man diese kennt, hat

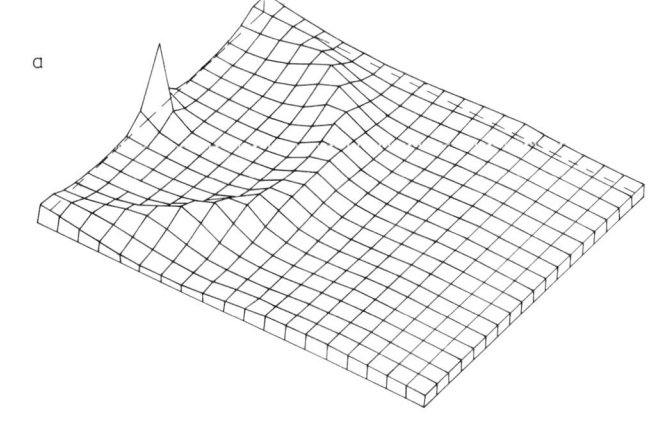

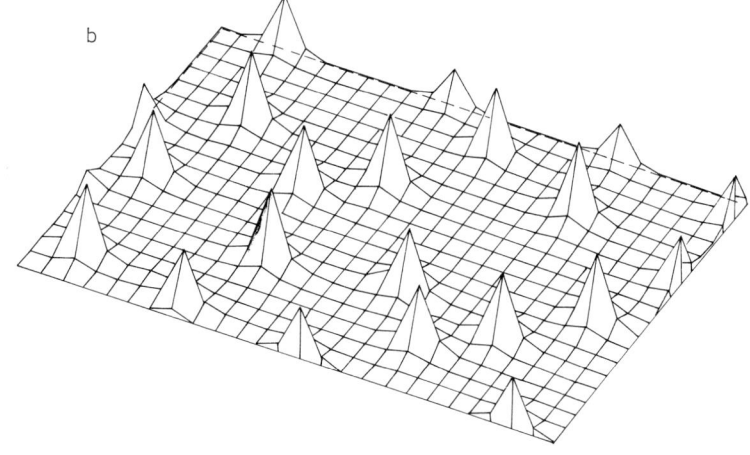

Abb. 28.5. Aktivitätsmaxima in einem zweidimensionalen Feld (z.B. Blattoberfläche). *a* das System wird durch einen Überschuß an Aktivator an einer Stelle des Feldes in Gang gesetzt. In einer Entfernung, die größer als die Reichweite des Inhibitors ist, erscheint eine ringförmige Zone mit hoher Aktivatorkonzentration. Die Struktur ist jedoch instabil und zerfällt anschließend in eine Reihe von einzelnen Aktivatormaxima. *b* Aktivatormaxima entwickeln sich in bestimmten Abständen voneinander. Die Verteilung ist zufällig, man erhält sie in einem nichtwachsenden Feld mit geringen statistischen Fluktuationen der Aktivatorkonzentration in der Anfangsphase. (H. Meinhardt 1974)

man bereits einen Anhaltspunkt über ihre Molekulargewichte und kann sie dann bei der biochemischen Suche nach den Substanzen berücksichtigen.

Eine weitere Komplikation: Blätter sind von einem Blattadernetz durchzogen. In der Regel zweigen von einer Hauptader in bestimmten Winkeln Nebenadern ab, die wiederum Ausgangspunkte weiterer Verzweigungen sind. Wie entstehen solche Netzwerke, und wie kommt es, daß trotz deutlich erkennbarer artspezifischer Unterschiede bestimmte Grundmuster eingehalten werden?

H. Meinhardt (1976) schlug als Erklärung einen relativ einfachen Mechanismus vor, der auf einer Extrapolation der gerade besprochenen Theorie der Musterbildung beruht. Benötigt wird dazu eine lokale hohe Konzentration an Aktivator (A); dazu ein Inhibitor (I), von dem angenommen wird, daß er sich an den Rändern wachsender Gewebe (im Meristem) konzentriert und damit einen Auflaufeffekt hervorruft. Der Aktivator dient als Signal für eine Zelldifferenzierung. Die differenzierte Zelle nimmt neue Eigenschaften an, u.a. wird ihr die Eigenschaft zugeschrieben, die Produktion des Aktivators zu unterdrücken und das Signal, das zu seiner Bildung benötigt wurde, abzustoßen. Die Aktivatorbildung erfolgt darauf in der Nachbarzelle, die sich dadurch ebenfalls differenziert. Die beiden Zellen nehmen Kontakt untereinander auf, sie initiieren damit die Bildung einer Linie. Durch die abstoßende Wirkung auf die Aktivatorproduktion wird sein Bildungszentrum vor einer sich kontinuierlich verlängernden Linie vorweggeschoben.

Um nun auch noch zu einem Netz zu gelangen, sind Verzweigungen und Rückverknüpfungen erforderlich. Dazu wird eine dritte Komponente S mit einer Kontrollfunktion benötigt, die überall im Gewebe enthalten ist, durch die sich bildende Linie aber zerstört wird, so daß um jede differenzierte Zelle ein Konzentrationsabfall von S eintritt. Unter der weiteren Annahme, daß die Aktivatorproduktion durch S stimuliert wird, wandert das Aktivitätsmaximum in Zonen mit hoher S-Konzentration. Linien bilden sich deshalb vornehmlich in der Mitte eines Gewebes, wo-

hingegen Randbereiche gemieden werden. Nachdem sich eine Linie um einen bestimmten Betrag verlängert hat, reicht die von der Spitze ausgehende Hemmwirkung (S-Zerstörung) nicht mehr aus, um schwache, entlang der fertiggestellten Linie entstehende Aktivitätsminima zu unterdrücken. Sie treten in Bereichen hoher lokaler S-Konzentrationen auf und induzieren damit eine Abzweigung. Bei einer genügend großen Distanz kann eine zweite Abzweigung begonnen werden usw. (s. Abb. 28.6).

Die Ausbildung von Linien ist durch das Bestreben, Abstand vom Rand zu halten, gekennzeichnet. Das sich bildende Netz zeichnet sich durch eine hohe Stabilität aus. Entfernt man z.B. alle differenzierten Zellen einer Hälfte, so regeneriert es sich. Das Regenerat ähnelt dem ursprünglichen Muster, ohne ihm direkt zu gleichen. Die meisten der Verzweigungen enden blind, Rückverknüpfungen sind in der Natur und im Modell selten. Sie kommen gelegentlich aber doch vor und lassen sich durch ein Zusammenspiel der beiden Hemmfaktoren (S-Verarmung, I-Anreicherung) erklären.

S-Verarmung an einer existierenden Linie ist der schwächere Faktor, eine wachsende und eine existierende Linie stoßen sich daher weit weniger ab als zwei aufeinander zu wachsende Linien.

Was geschieht, wenn man bei der Modellbildung auf den Faktor S verzichtet? Ein solches Modell würde gabelförmige (dichotome) Verzweigungen hervorbringen, Rückverknüpfungen könnten sich nicht bilden. Die Folge davon wären mechanisch instabile Strukturen. Dichotome Verzweigungen sind evolutionär älter als komplexe Netzwerke. Man findet sie u.a. bei den Pteridophyten und Gymnospermen, während komplexe Netzwerke für Angiospermen typisch sind.

Wachstum und Differenzierung

Wachstums- und Differenzierungsprozesse werden zusammenfassend Entwicklung genannt. Es sind Ei-

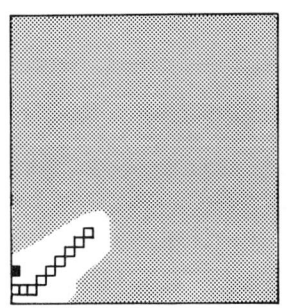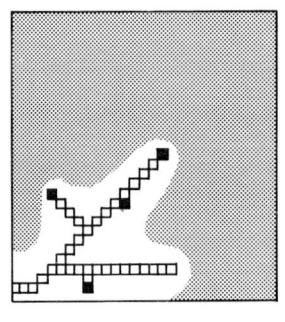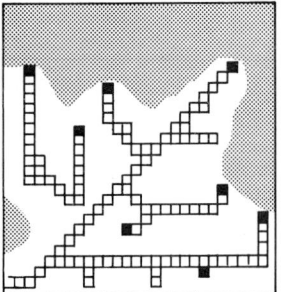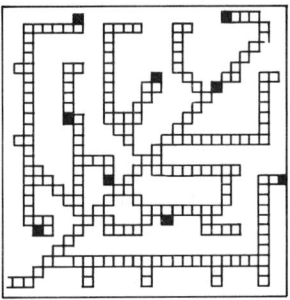

Abb. 28.6. Bildung netzähnlicher Strukturen aus differenzierten Zellen (□). ■ symbolisieren aktivierte Zellen, der Raster einen Bereich mit hoher S-Konzentration. Da der Aktivatorpeak von den Rändern des Feldes abgestoßen wird, startet die Linie als Diagonale. Seitenzweige tendieren dazu, in 90°-Winkeln abzuzweigen. Weitere Einzelheiten siehe Text. (H. Meinhardt, 1976)

genarten aller vielzelligen (und mancher einzelliger) Organismen. Bei Pflanzen setzt eine Differenzierung der Zellen unmittelbar nach der Etablierung der Polarität ein. Sie beruht auf einer ungleichen Nutzung genetischer Information in den differenzierten (spezialisierten) Zellen. Die Genaktivierung – gerade bei Pflanzen – unterliegt der Kontrolle endogener und exogener Faktoren, was bedeutet, daß Kontrollgene und Umweltfaktoren gleichermaßen die Expression zahlreicher Strukturgene beeinflussen. Selten geht es dabei um Alles-oder-Nichts-Reaktionen, meist geht es um Steigerung oder Verminderung der Transkriptionsaktivitäten. Bei einem Wechsel in Richtung auf eine bestimmte Spezialisierung wird nicht das gesamte alte Programm stillgelegt und durch ein neues ersetzt, sondern es geht darum, das Verhältnis der gebildeten Enzyme, anderer Strukturproteine und RNS zueinander zu verändern (s. Abb. 28.7).

Wenn gesagt wird, ein oder mehrere Phytohormone steuern die Entwicklung bestimmter Prozesse, müßte man eigentlich ergänzend darauf hinweisen, daß zunächst die Enzyme produziert oder aktiviert werden müssen, die für eine Hormonsynthese benötigt werden; gleichzeitig müssen jene Gene exprimiert werden, deren Produkte für die Empfindlichkeit einer Zelle gegenüber einem Hormon zuständig sind.

Nicht minder wichtig ist eine Regulation auf Translationsebene sowie auf der Ebene der fertigen oder nahezu fertigen Proteine.

Die Aktivierung kann beispielsweise durch verändertes Ionenmilieu, durch Bindung von Kofaktoren, Phosphorylierung oder durch proteolytische Abspaltung eines terminalen Peptids erfolgen.

Die Aktivierung eines vorhandenen Enzyms ist an einer linearen Reaktionskinetik (als Funktion der Zeit) erkennbar. Ein Beispiel dafür ist die Aktivierung der Amylopektinase zum Zeitpunkt der Samenkeimung. Die Initiation einer de-novo-Synthese erkennt man an einer sigmoiden Reaktionskinetik (s. Abb. 28.8). Die Verzögerung in der Anlaufphase (lag-Phase) entspricht der Zeitspanne, die zur Enzymbildung benötigt wird. Ein Beispiel für diesen Fall wäre die α-Amylase, deren Synthese durch die Samenkeimung induziert wird.

Das Ergebnis aufeinanderfolgender Differenzierungsschritte während der pflanzlichen Entwicklung (Ontogenese) ist in der Abbildung 28.9 vereinfachend skizziert. Die Entwicklung beginnt mit einer Untergliederung des Embryos in Organanlagen, aus denen Organe entstehen, in denen die Zellen (zu Geweben zusammengefaßt) sich weiter spezialisieren.

Die Entwicklung einer höheren Pflanze kann in drei Phasen untergliedert werden:
– Juvenile Phase, beginnend mit der Samenkeimung.
– Wachstums- und Reifephase. Sie umfaßt das vegetative Wachstum, einschließlich der Ausbildung der Organe und Gewebe, und reicht bis zur Entfaltung der Reproduktionsorgane.
– Reproduktive Phase und Seneszenz.
Die Samenkeimung kann, wie eingangs vermerkt,

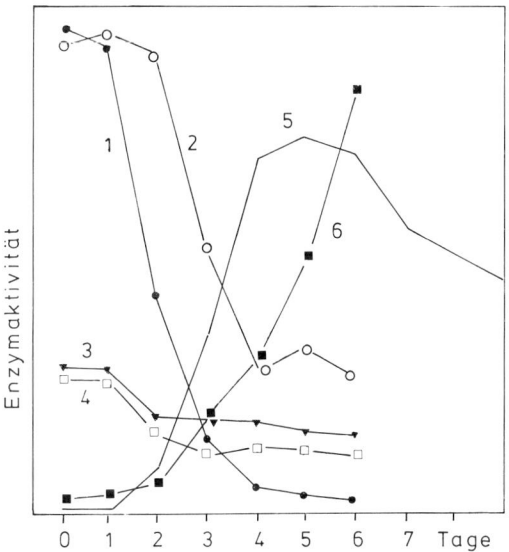

Abb. 28.7. Aktivitätsänderungen von Enzymen der Purinwiederverwertung in den Koleoptilen der Lupine unmittelbar nach der Keimung; 1. Adenosinkinase, 2–4: Phosphoribosyltransferasen (2: Adenin, 3: Hypoxanthin, 4: Guanin). 5. Adenosinnukleosidase, 6. Nukleosidphosphotransferase. (C. Wasternack, 1982)

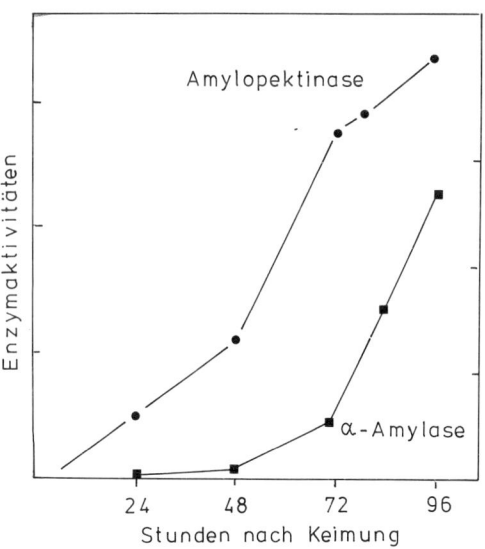

Abb. 28.8. Nach der Keimung (Pisum sativum) steigt die Aktivität einiger Enzyme (z.B. die der Amylopektinase) rasch an. Die Aktivitätszunahme wird nicht durch Transkriptionshemmstoffe (z.B. Chloramphenicol) beeinflußt. Folglich muß das fertige Enzym oder dessen mRNS bei der Keimung bereits vorhanden sein. Andere Enzyme, z.B. die α-Amylase erscheinen erst viel später. Ihr Erscheinen kann durch Chloramphenicolzugabe unterbunden werden, ihre Synthese setzt also erst im Anschluß an die Keimung ein. (Y. Schain, A.M. Mayer 1968)

405

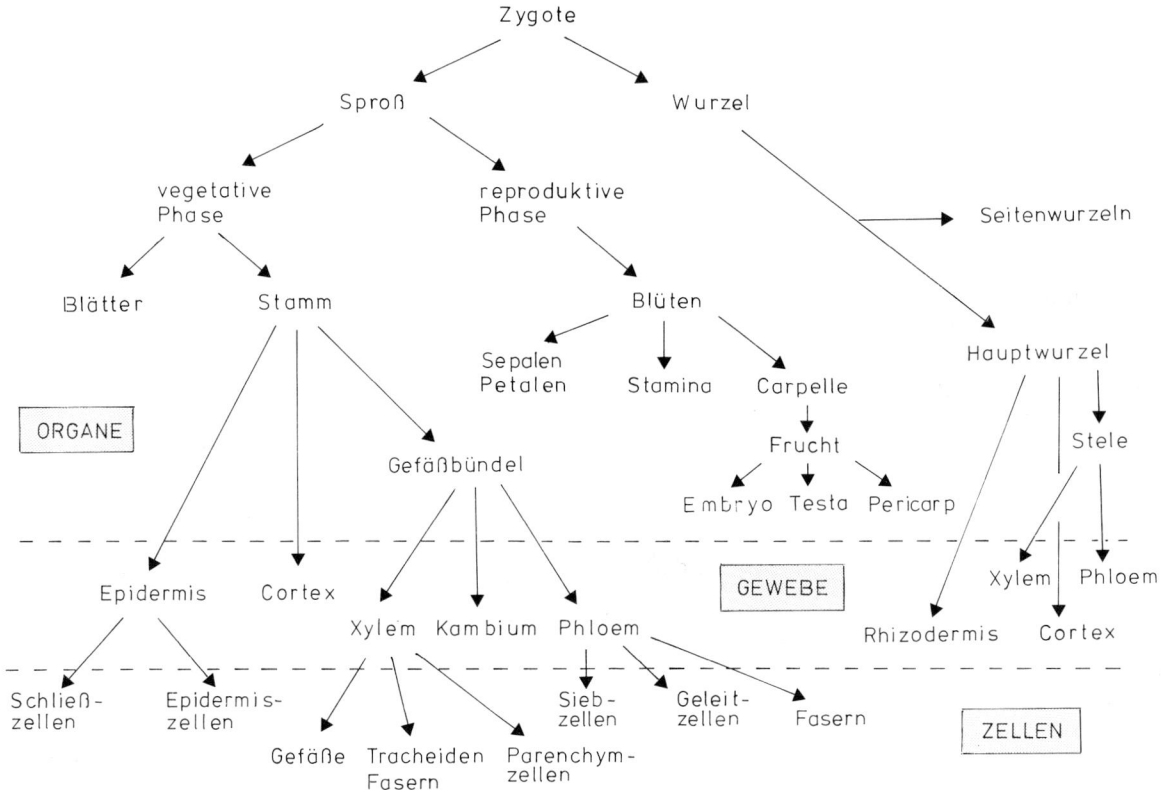

Abb. 28.9. Differenzierungsebenen, die im Verlauf der Ontogenese einer Blütenpflanze erkennbar sind. (P.F. Wareing, I.D.J. Phillips 1978)

durch mehrere externe Signale induziert werden, wenn im Samen selbst eine Keimungsbereitschaft vorhanden ist. Die Keimung setzt daher zum günstigsten Zeitpunkt einer Vegetationsperiode ein; die Samenruhe (Dormanz) wird durchbrochen.

In Regionen mit saisonbedingten Temperaturschwankungen sowie sich periodisch ändernden Tageslängen sind die Kontrollmechanismen einfach und zuverlässig (s. Photoperiodismus, Kap. 30), während in Wüsten, mit ihren nur spärlichen, sporadisch auftretenden Niederschlägen, andere Strategien verfolgt werden müssen. Es gibt Arten, die die Aufeinanderfolge von Niederschlägen addieren und deren Samen erst nach Überschreiten einer bestimmten Schwelle von Regentagen keimen. Die Schwellen sind individuell unterschiedlich, so daß nicht gleich nach den ersten Regenfällen alle Samen keimen. Die früh keimenden wahren ihre Chance, indem sie jeden Regentag für ihre Entwicklung nutzen, die mit höherer Schwelle warten auf ggf. bessere Zeiten.

In ruhenden Samen erfolgt keine DNS-Replikation, die Proteinbiosynthese bewegt sich auf einem gerade noch nachweisbaren Niveau. Nach der Keimung, die mit einer durch Wasseraufnahme bedingten Volumenzunahme der Zellen verknüpft ist, setzen zahlreiche Stoffwechselaktivitäten ein. Die Nukleinsäure- und Proteinbiosynthese nehmen sprunghaft zu,

der Aktivitätsspiegel der dafür benötigten Enzyme ändert sich dramatisch.

Nach Belichtung der Sproßachsenanlage setzt eine Chlorophyllsynthese ein; die Umwandlung der Proplastiden in Plastiden erfolgt, die Photosynthese kann beginnen.

Während der Wachstumsphase erreichen die Stoffwechselleistungen ihre Optima. Die Folge ist eine rasche Zunahme an Biomasse. Wachstum ist daher stets mit einer irreversiblen Gewichtszunahme verbunden, durch die die Zellen an Zahl und Volumen zunehmen. Der Sekundärstoffwechsel setzt in der Regel dann ein, wenn der Primärstoffwechsel (vor allem die Photosynthese) auf vollen Touren läuft und genügend Assimilate zur Weiterverarbeitung akkumuliert sind.

Sämtliche regulierten Wachstums- und Stoffwechselaktivitäten durchlaufen eine exponentielle Phase der Aktivitätszunahme, der eine Sättigungsphase folgt, in der es kaum Zuwachs gibt, bis das Wachstum als Funktion der Zeit asymptotisch zum Stillstand kommt. Die Leistungsreduktion ist an zahlreichen Parametern ablesbar. Am auffallendsten ist vielleicht die Reduktion der Blattgröße. An jedem Sproß sind die untersten, zuerst gebildeten Blätter bekanntlich am größten, die an der Spitze stehenden (jüngsten) am kleinsten.

Der Übergang zur reproduktiven Phase wird an anderer Stelle im Zusammenhang mit dem Problem Blühhormon (s. Kap. 30) diskutiert.

Die Blütenbildung kann ihrerseits in drei Abschnitte untergliedert werden:
1. Induktion
2. Initiation eines Blütenmeristems
3. Anthese, d.h., Entfaltung der Blüte

Der zeitliche Verlauf der Bildung einzelner Blütenorgane (Staubblätter, Fruchtblätter) ist bei den einzelnen Arten (der Angiospermen) unterschiedlich geregelt.

Bei der Mehrzahl der Arten reifen Staub- und Fruchtblätter gleichzeitig. Bei einigen Arten reifen die männlichen Blütenorgane zuerst (protandrische Blüten), bei anderen die weiblichen (protogyne Blüten). Bei einigen Arten, wie dem Kürbis *(Cucurbita pepo)*, erscheinen zuerst männliche Blüten, dann zwittrige, schließlich weibliche, und ganz zum Schluß parthenokarpe, in denen sich auf ungeschlechtlichem Wege Samen bilden.

Mit der Blütenbildung setzt auch die seneszente Phase ein, in der Assimilate mobilisiert und für die Samenbildung eingesetzt werden. Darüber hinaus werden sie in überdauernde Organe (sofern vorhanden) kanalisiert.

Die vegetativen Organe stellen ihre Stoffwechselaktivitäten sukzessive ein und beginnen (sofern sie nicht mehrjährig sind) zu welken; absterbende Teile der Pflanze werden abgestoßen. Die bisher beschriebenen Schritte gelten in erster Linie für einjährige Pflanzen. Eingeschränkt gelten sie auch für mehrjährige, doch beschreiben sie nicht alle dort zu beobachtenden Abläufe. Bei einer mehrjährigen Pflanze, z.B. einem Baum, ist zwischen den überdauernden Teilen, deren Anteil durch jährlichen Zuwachs zunimmt, und den nur eine Vegetationsperiode lebenden zu unterscheiden. Die Bildung vegetativer Sprosse und Blüten an der Peripherie des Vegetationskörpers unterliegt den gleichen Gesetzmäßigkeiten wie bei den annuellen.

Anstelle der Samen wären hier die Knospen zu nennen, denn auch sie repräsentieren einen Ruhezustand, der ebenfalls durch ein Zusammenspiel von exogenen und endogenen Faktoren gebrochen werden muß.

Langstreckentransport von Ionen, Assimilaten und Effektoren

Wie schon beschrieben (s. Kap. 6), ist der Vegetationskörper aller höheren Pflanzen von einem Leitbündelsystem durchzogen. Es untergliedert sich in Xylem und Phloem, und im allgemeinen gilt die Aussage, daß die Wasser- und Ionenversorgung über das Xylem erfolgt. Der Transport ist 'acropetal, d.h., zur Sproßspitze hin gerichtet. Das Phloem dient dem Assimilattransport sowie dem Transport anderer Sub-

stanzen. Er kann basipetal, d.h. in Richtung Wurzel, oder bidirektional (acro- und basipetal) erfolgen.

Xylemtransport

Das Xylem einer lebenden Pflanze ist als ein zusammenhängendes, wasserhaltiges apoplastisches System kommunizierender Röhren zu betrachten, in denen das Wasser durch Kohäsionskräfte (J. Böhm [1831–1893], Hochschule f. Bodenkultur, Wien) zusammengehalten wird.

Der gerichtete Wassertransport wird durch mindestens zwei Kräfte verursacht:

(1) Evaporation an pflanzlichen Oberflächen. Aufgrund der Temperaturdifferenz zwischen Pflanze und umgebender Atmosphäre verdampft Wasser, und baut damit einen Unterdruck im Gewebe auf, der durch Wassernachschub aus der Wurzel ausgeglichen wird. Die Transportgeschwindigkeit hängt vom Wasserpotential und der Energiezufuhr (z.B. durch Sonneneinstrahlung) aus der Umgebung der Pflanze ab.

Das Wasserpotential beruht auf der Differenz im Wassergehalt zwischen Atmosphäre (gering) und Boden (hoch).

(2) Wurzeldruck. Darunter ist das folgende zu verstehen: Die Wasseraufnahme erfolgt durch Zellen der Wurzeloberfläche, das aufgenommene Wasser breitet sich im Rindengewebe der Wurzel apoplastisch (in Zellwänden) und symplastisch aus. In die Seitenwände von Endodermiszellen, die den Zentralzylinder umgeben, ist eine wasserundurchlässige Substanz eingelagert (Casparischer Streifen s. Abb. 28.10), die einer weiteren apoplastischen

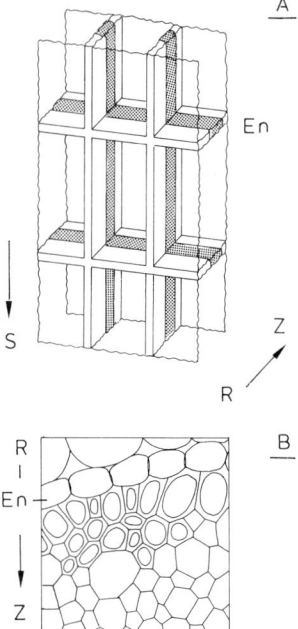

Abb. 28.10. *A* Dreidimensionales Schema von Zellen der Wurzelendodermis (Längsschnitt). Der Casparische Streifen ist durch dunkles Raster hervorgehoben. (En: Endodermis, S: Richtung Wurzelspitze, R: Rinde, Z: Zentralzylinder). *B* Querschnitt durch einen Teil der Wurzel mit Endodermis und Zentralzylinder. (U. Lüttge, N. Higinbotham, 1979)

Ausbreitung im Wege steht. Es sieht so aus, als würde das Plasmalemma dieser Zellen selektiv wirkende Ionenpumpen enthalten, durch die bestimmte Ionen im Plasma (symplastisch) angereichert werden.

Damit würde sich ein osmotisches Potential aufbauen, und der durch zusätzlich aufgenommenes Wasser entstehende Druck kann sich in Richtung Zentralzylinder entladen, wodurch Wasser und Ionen in das Xylem gedrückt werden.

Phloem: Beladung und Transport

Es ist erwiesen, daß im Phloem Assimilate, Phytohormone, Aminosäuren, Herbizide, Viren u.a. transportiert werden. Assimilate werden u.a. zu den Speicherorganen der Wurzel, der Früchte und der Samen befördert. Für Phytohormone wurde ein acropetaler und ein basipetaler Transport nachgewiesen. Für manche Viren wurde gezeigt, daß sie sich über die gesamte Pflanze ausbreiten (s. Abb. 35.4).

Im Phloem wurden Transportgeschwindigkeiten von 30–150 cm/Stunde gemessen, was bedeutet, daß eine 0,5 mm lange Siebzelle bei einer durchschnittlichen Durchflußgeschwindigkeit von 90 cm/Stunde alle zwei Sekunden neu beladen wird.

Der Einsatz von radioaktiv markierten Substanzen und das Verfahren der Autoradiographie erlaubten es, den Stofftransport (Translokation) in pflanzlichen Geweben zu verfolgen. Während der Xylemtransport durch externe Energiezufuhr (Wärme, Wasserpotential) relativ leicht erklärbar ist, ist die Frage nach der treibenden Kraft im Phloem weniger offensichtlich. Das Problem ist in zwei Teile zu untergliedern:
(1) Phloembeladung
(2) Phloemtransport
Die Phloembeladung, also das Beschicken der Siebzellen in den Blättern mit Transportgut, ist selektiv und energieabhängig (ATP-Verbrauch); es sind offensichtlich membrangebundene Pumpen am Werk. Saccharose reichert sich im Phloem schneller an als andere Zucker, bei einigen Pflanzenarten werden bestimmte Aminosäuren ins Phloem gepumpt. Hinzu kommen einige Ionen (Stickstoff, Phosphor, Kalium [jedoch nicht Calcium, Eisen und Bor]), ferner Herbizide (2,4,5 T, 2,4 D.) sowie Phytohormone.

Durch den aktiven Transport bedingt, baut sich in den Siebröhren ein osmotischer Druck auf, der etwa doppelt so hoch wie in den Zellen der Umgebung (Zellen der Gefäßbündelscheide) ist. Für die große Differenz sind in erster Linie die Zucker verantwortlich.

E. Münch (Forstbotanisches Institut, Universität München, 1926) postulierte, daß der sich hier aufbauende Druck die treibende Kraft der Strömung im Phloem ist. Für die Mobilität wäre demnach nicht der Inhalt, sondern die Effizienz der Beladung entscheidend. Nach Münchs Annahme (Druckstrom-Hypothese) müßte sich der Phloeminhalt passiv bewegen,

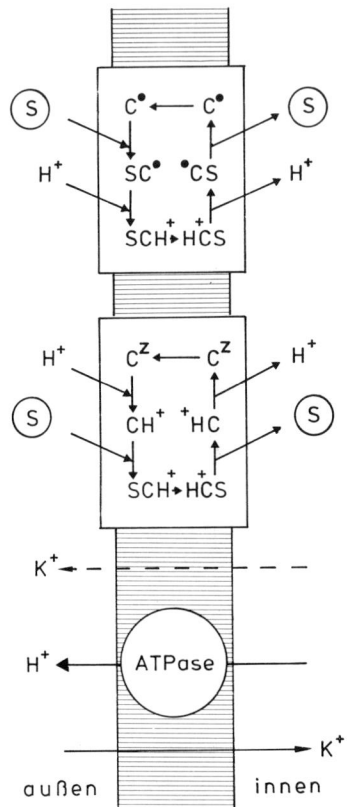

Abb. 28.11. Modellvorstellung über die Phloembeladung. Transportvorgänge an der Membran der Siebröhrenzellen. S: Saccharose, C: *Carrier* (verschiedene Zustandsformen durch Symbole (o, +) gekennzeichnet. Zusammen mit dem Zucker werden K^+-Ionen translociert. (R.T. Giaquinta, 1983)

eine Energiezufuhr unterwegs wäre demnach nicht erforderlich. Die Energie resultiert aus dem Druckunterschied, und es baut sich daher ein Gradient zwischen Beladungs- und Entladungsort auf. Wie am Beispiel morphogenetischer Gradienten beschrieben, würde es sich dabei jedoch um ein sehr labiles System handeln. Zudem könnte der Transport nur in eine Richtung erfolgen. Dem steht die Feststellung entgegen, daß es in der Tat einen bidirektionalen Transport gibt (W. Eschrich, Forstbotanisches Institut Göttingen, 1970) und daß das Transportgut unterschiedlich schnell verteilt wird. Substanzen aus jungen Blättern werden meist basipetal, die aus älteren Blättern oft acropetal befördert. Im Stengel überschneiden sich die Wege. Allein hierdurch würde es zu einem Druckausgleich kommen, wodurch der Transport zum Erliegen käme.

Zur Lösung des Dilemmas schlugen D.C. Spanner und R.L. Jones (Bedford College, London, 1970) eine elektroosmotische Hypothese vor. Sie baut auf folgenden Voraussetzungen auf:
(1) Siebelemente enthalten membrangebundene ATPasen. Diese könnten als K^+-Pumpen dienen (s. Abb. 28.11).

408

Abb. 28.12. P-Protein-Filamente *(P)* in Poren einer Siebplatte *(S)*; *ER* Endoplasmatisches Retikulum *(Aristolochia brasiensis)*; (×40 200). (H.-D. Behnke, 1971)

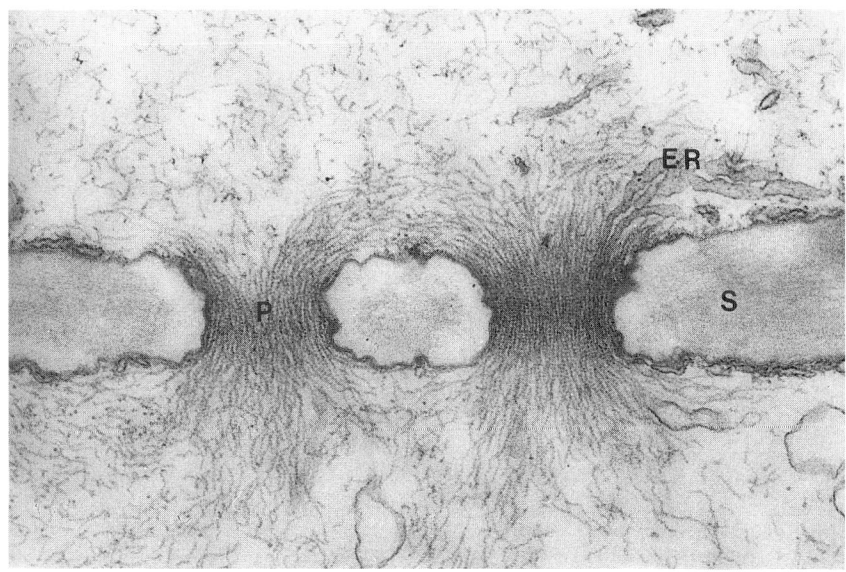

(2) Siebelemente enthalten hohe Konzentrationen an ATP. Darüber hinaus enthalten sie Mengen an fibrillärem P-Protein; wie elektronenmikroskopische Aufnahmen von Siebröhren belegen, ist es vornehmlich mit den Siebplatten assoziiert (s. Abb. 28.12)

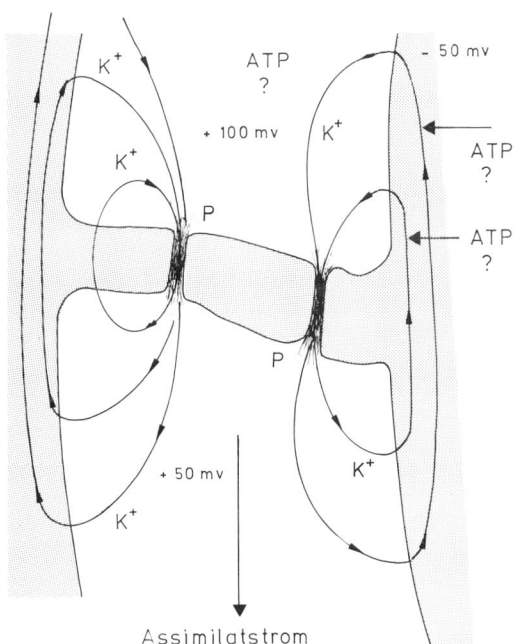

Abb. 28.13. Modellvorstellung über den Phloemtransport der Assimilate durch Elektroosmose. Vorgänge an einer Siebplatte. Durch das aktive Einschleusen von K^+-Ionen in die Siebzellen und deren erschwerten Durchtritt durch die Siebplatten baut sich ein elektrochemisches Potential auf. Einzelheiten hierzu im Text. (D.C. Spanner und R.L. Jones, 1970)

Spanner und Jones nehmen nunmehr an, daß das ATP benötigt wird, um oberhalb (alternativ: unterhalb) der Siebplatten K^+-Ionen im Siebröhrenlumen anzureichern. Sie nehmen ferner an, daß das P-Protein und kohlenhydrathaltige Schleime (Kallose?) den Porendurchmesser der Siebplatten verengen. Der Durchtritt von hydrierten K^+-Ionen mit Durchmessern von $3-10$ nm wäre dadurch behindert, während Zuckermoleküle mit Durchmessern von 0,9 nm ungehindert passieren können. Durch das K^+-Ungleichgewicht an den beiden Seiten der Siebplatte entwickelt sich eine elektroosmotische Kraft, die die Zuckertranslokation fördert. Die Barriere ist für K^+-Ionen jedoch nicht absolut undurchlässig, so daß auch ein langsamer Strom von K^+-Ionen zustande kommt. Nach dem Durchtritt durch eine Siebplatte diffundieren sie passiv in den Apoplasten, sie werden von den umgebenden Zellen aktiv wieder aufgenommen. Es würde demnach so aussehen, als seien die Begleitzellen daran beteiligt und als sei die K^+-Umwälzung eine ihrer Aufgaben (s. Abb. 28.13). Das hier vorgestellte Modell findet keineswegs allgemeinen Zuspruch. Das Hauptgegenargument beruht auf der Feststellung, daß es bei Angiospermen auch eine Anzahl P-Protein-freier Siebzellenporen gibt.

Literatur

Behnke, H. D.: The contents of the sieve-plate pores in *Aristolochia*. J. Ultrastruct. Res. *36,* 493–498 (1971)

Bonner, J.: The molecular biology of development. New York, London: Academic Press, 1965

Bünning, E.: Entwicklungs- und Bewegungsphysiologie der Pflanze. Berlin–Göttingen–Heidelberg: Springer Verlag, 1953 (3. Aufl.)

Bünning, E.: Polarität und inäquale Teilung des

pflanzlichen Protoplasten. (Protoplasmatologia 8) Wien: Springer Verlag, 1957

Eschrich, W.: Bidirektionale Translokation in Siebröhren. Planta *73*, 37–49 (1967)

Eschrich, W.: Phloembeladung und verwandte Prozesse. Ber Deutsch. Bot. Ges. *93*, 1–12 (1980) (und nachfolgende Aufsätze im gleichen Heft)

Gates, D. M.: Transpiration and leaf temperature. Ann. Rev. Plant Physiol. *19*, 211–238 (1968)

Giaquinta, R.T.: Phloem-loading of sucrose. Ann. Rev. Plant Physiol. *34*, 347–387 (1983)

Haupt, W.: Induktion der Polarität bei der Spore von *Equisetum*. Planta *49*, 61–90 (1957)

Ho, L.C. and D.A. Baker: Regulation of loading and unloading in long distance transport systems. Physiol. Plant. *56*, 225–230 (1982)

Hock, B.: Developmental physiology. Progr. Bot (Fortschr. d. Bot.) *46*, 140–171 (1984)

Leopold, A.C., P.E. Kriedemann: Plant growth and development. New York: McGraw-Hill Book Comp., 1975 (2. Aufl.)

Lüttge, U., N. Higinbotham: Transport in plants. Berlin–Heidelberg–New York: Springer Verlag, 1979

Meinhardt, H.: The formation of morphogenetic gradients and fields. Ber. Deutsch. Bot Ges. *87*, 101–108 (1974)

Meinhardt, H.: Morphogenesis of lines and nets. Diferentiation *6*, 117–123 (1976)

Meinhardt, H.: Eine Theorie der Steuerung der räumlichen Zelldifferenzierung. Biol. in unserer Zeit *9*, 33–39 (1979)

Renner, O.: Theoretisches und Experimentelles zur Kohäsionstheorie der Wasserbewegung. Jahrb. Wiss. Bot. *56*, 617–667 (1915)

Salisbury, F.B., C.W. Ross: Plant physiology Belmont, Cal.: Wadsworth Publ. Comp. Inc., 1978 (2. Aufl.)

Shain, Y., A.M. Mayer: Activation of enzymes during germination. Physiol. Plant. *21*, 765–766 (1968)

Spanner, D.C., R.L. Jones: The sieve tube wall and its relation to translocation. Planta *92*, 64–72 (1970)

Steward, F.C., M.O. Mapes, K. Mears: Growth and organized development in cultured cells. Am. J. Bot. *45*, 705–708 (1958)

Vince-Prue, D.: Photoperiodism in plants. London, New York: Mc Graw-Hill Book Comp., 1975

Wanner, H., R. Bachofen: Transport und Verteilung von markierten Assimilaten. Planta *57*, 531–542 (1961)

Wareing, P.F., I.D.J. Phillips: The control of growth and differentiation in plants. Oxford: Pergamon Press, 1978 (2. Aufl.)

Wasternack, C.: Metabolism of pyrimidines and purines. in: "Nucleic acids and proteins in plants II" (B. Parthier, D. Boulter eds.) Berlin–Heidelberg–New York: Springer Verlag, 1982 (Encyclop. Plant Physiol., Vol. 14b)

Wernicke, W., L. Milkovits: Developmental gradients in wheat leaves. – Response of leaf segments in different genotypes cultured *in vitro*. J. Plant Physiol. *115*, 49–58 (1984)

Zimmermann, M.H.: Long distance transport. Plant Physiol. *54*, 472–479 (1974)

29. Protoplasten und Gewebekulturen als Modelle zum Studium der pflanzlichen Entwicklung

1902 postulierte G. Haberlandt (Universität Graz), daß Pflanzenzellen totipotent seien. Ein Beweis dafür, nämlich die Regeneration einer differenzierten pflanzlichen Zelle zu einer vollständigen Pflanze, wurde aber erst in jüngster Zeit erbracht. Erfolge in der Erforschung der Eigenschaften pflanzlicher Zellen sind von der Entwicklung ausbaufähiger Methoden zur Kultur von Geweben, einzelnen Zellen und Protoplasten abhängig. Die im folgenden kurz skizzierten Arbeiten haben wesentlich dazu beigetragen.

Meristem- und Kalluskulturen

1934 gelang es P.R.White (Rockefeller Inst., Princeton, N.J.), Wurzelspitzen und Meristeme der Tomate *(Lycopersicon esculentum)* submers zu kultivieren. Das Medium enthielt anorganische Salze, Glucose und Hefeextrakt. Letzterer wurde später durch drei Vitamine der B-Gruppe (Thiamin, Pyridoxin und Nicotinsäure) ersetzt.

Etwa zur gleichen Zeit fand R.J. Gautheret (Faculté des Sciences de Paris), daß das Kambium der Weide *(Salix)* sowie anderer verholzter Pflanzen zu einem Kallus (einem nicht normal differenzierten Wundgewebe) auswuchs. Ein Kallus ist eine unregelmäßig strukturierte Gewebemasse. Er besteht aus Zellen mit unterschiedlichen Teilungs- und Wachstumsraten. Einige Bereiche bleiben meristematisch, andere verhärten. Diese Verhärtung führt über kurz oder lang zum Absterben des betreffenden Gewebeanteils.

1939 legte P.A.C. Nobécourt (Paris) die erste permanente Kalluskultur an, die er aus Wurzelexplantaten der Möhre *(Daucus carota)* gewann. Durch sukzessive Übertragungen (Transplantationen) auf frischen Nähragar kann die Kultur unbegrenzt gehalten werden. Die Übertragungen erfolgten in Abständen von drei bis acht Wochen.

Kalluskulturen sind keine Zellkulturen, denn es werden ganze Gewebeverbände kultiviert. Obwohl viele der Zellen ihre Teilungsfähigkeit behalten, heißt dies nicht, daß das für alle zutrifft. Eine der Ursachen hierfür liegt in einer Aneuploidisierung der Kerne und dadurch bedingte ungünstige Chromosomenkonstellationen.

1941 führte J. van Overbeek (Rijksuninversiteit Utrecht) die Kokosnußmilch als eine neue Komponente des Nährmediums für Kalluskulturen ein. Kokosnußmilch ist flüssiges Endosperm. Sie dient in der Natur dem Embryo als Nahrung und Wachstumsstimulans. Die aktiven Komponenten regen, wie die Ergebnisse mit Kalluskulturen ergaben, auch Zellen anderer Herkunft zu Wachstum und Teilungen an.

1954 entwickelte F. Skoog (University of Wisconsin, Madison) ein Verfahren zur Bildung und Kultur von Wundtumorgeweben aus isolierten Stengelstücken des Tabaks *(Nicotiana tabacum)*. Der dabei entstehende Kallus wächst bei Zusatz von Hefeextrakt, Kokosnußmilch oder alten DNS-Präparationen. Frisch aufgearbeitete DNS ist wirkungslos, wird aber durch Autoklavieren aktiviert. Hieraus wurde geschlossen, daß eines ihrer Abbauprodukte für das Wachstum und die Teilungsfähigkeit der Zellen benötigt wird. Die Substanz wurde charakterisiert, Kinetin genannt und als ein Phytohormon klassifiziert (s. Kap. 31).

Die von F. Skoog entwickelten Verfahren erwiesen sich als ideal, das Regenerationsvermögen von Kalluskulturen zu studieren (s. Abb. 29.1). Kallus-, bzw. Gewebekulturen können sowohl bei Belichtung als auch bei Dunkelheit gehalten werden. Bei Belichtung werden in den Zellen an der Oberfläche Plastiden, Chlorophyll und Karotinoide gebildet. Kalluskulturen sind für vielerlei Zwecke der Grundlagen- und der angewandten Forschung von Nutzen. Zu nennen wären dabei u.a.:

– Produktion von sekundären Pflanzenstoffen und Enzymen in Gewebekulturen.

– Sie können zur Synthese von Ausgangsprodukten herangezogen werden, welche durch nachfolgende chemische Modifikation ein gewünschtes Produkt ergeben.

– Sie können als Ausgangsmaterial für die vegetative Vermehrung von Pflanzen genutzt werden.

– Sie können als Stamm-Material für Hochleistungssorten dienen (Erhaltungszucht).

– Durch Rückgriff auf Gewebekulturen können virus- oder pilzfreie sowie resistente Zellinien erhalten und konserviert werden.

411

Abb. 29.1. Regeneration von Pflanzen aus Kalluskulturen. *a* Aus einem Kallus von *Hyoscyamus muticus* herauswachsende Wurzel. Deutlich erkennbar sind die lateral angelegten Wurzelhaare. Oben im Bild ein typischer, ausgewachsener Kallus. *b* Bestimmte Zellen des Kallus haben sich zu einer Sproß-, andere zu einer Wurzelanlage differenziert, so daß sich sowohl ein Sproß als auch Wurzeln bilden konnten. *c* Sproßdifferenzierung. Ausbildung von Primärblättern (Ausgangsmaterial ist Kallus von *Hyoscyamus muticus*). *d* Kultur von *Teosinte diploperennis* (eine dem Mais verwandte Art). Pflänzchen in einem Plastikkulturgefäß auf Nähragar. (H. Lörz, 1980)

Einzelzellen in Kultur

Einzelzellkulturen wurden erstmals von W.H. Muir, A.C. Hildebrandt und A.J. Riker (University of Wisconsin, Madison, 1954) angelegt. Man erhielt sie durch Schütteln von submers gezogenen Kalluskulturen. In einem modifizierten Verfahren werden die Kulturen statt durch Schütteln mit filtrierter Luft in Bewegung gehalten. Die dabei entstehenden Turbulenzen fördern die Abtrennung einzelner Zellen aus den Kalli.

L. Bergmann (Botanisches Institut der Universität zu Köln, 1960) trennte aus den Kulturen einzelne Zellen durch Filtration ab und plattierte die Suspension auf Agarplatten aus. Er klonierte somit die Zellen und stellte den Anschluß der Pflanzenphysiologie an mikrobiologische Techniken und Fragestellungen her.

Als störend erwies sich jedoch nach wie vor die Zellwand, die bei allen biochemischen Analysen und Versuchen, Makromoleküle, Viren, Organellen u.a. in die Zellen einzuschleusen, als eine Barriere wirkt. Plattierte Einzelzellen regenerieren zu differenzierten

412

Geweben. Die Regeneration suspendierter Einzelzellen mißlingt mcist, weil sich wegen der Turbulenz in der Zellsuspension keine stabile oben/unten-Polarität ausbilden kann.

Suspensionskulturen von Ahornzellen sind als Quelle von Primärwandmaterial für analytische Zwecke herangezogen worden (s. Kap. 26).

Der Vergleich zwischen Einzelzellkultur von Pflanzen und Mikroorganismen, und die Hoffnung, die man einst auf sie gesetzt hatte, wird durch einen gravierenden Unterschied zwischen diesen beiden Zelltypen getrübt. Das Volumen der Pflanzenzellen ist nämlich etwa 200 000mal so groß wie das der Mikroorganismen, und die sich daraus ergebenden Probleme hat man experimentell bei weitem noch nicht im Griff. Zu beachten ist dabei der relativ langsame Stoffwechsel und die in Tagen – und nicht Minuten – bemessene Teilungsrate.

Protoplasten

Zu Beginn der sechziger Jahre setzte E.C. Cocking (University of Nottingham) eine Enzympräparation zum Abbau der Zellwand ein und gewann damit einzelne Protoplasten aus den Wurzelspitzen der Tomate. Doch erst 1968 wurde von I. Takebe et al. (Institute for Plant Virus Research, Aobacho, Chiba/Japan) eine zum Standardverfahren gewordene Methode zur Gewinnung großer Mengen aktiver Protoplasten aus Mesophyllzellen von Nicotiana tabacum entwickelt.

Wegen der Einfachheit der Anwendung fand sie schnell weite Verbreitung, und innerhalb kurzer Zeit gelang es einer Reihe von Labors, Protoplasten aus einer Vielzahl von Geweben verschiedener Pflanzenarten zu gewinnen. Zur Protoplastenpräparation wurde zunächst ein Zweistufenprozeß erarbeitet, bei dem
(1) die Mittellamelle durch Pektinasen aufgelöst wird, und dann
(2) die Zellwand durch Cellulase verdaut wird.

Bei den Enzymen handelt es sich in der Regel nicht um reine Präparate, sondern um Rohextrakte aus bestimmten Bakterien und Pilzen.

Anstelle des Zweistufenverfahrens verkürzt man den Prozeß vielfach auf einen Arbeitsgang, indem man beide Enzyme gleichzeitig verabreicht. Wegen des hohen osmotischen Drucks im Protoplasteninneren müssen isotonische Medien verwandt werden. Üblicherweise setzt man ihnen die Zuckeralkohole Mannitol und/oder Sorbitol zu. Ansonsten enthält ein Protoplastenmedium eine Vielzahl anorganischer Salze und einige Vitamine. Protoplasten können darin über Tage am Leben gehalten werden und behalten dabei ihre Teilungsfähigkeit. Sie können auf Agarplatten kultiviert werden, wo sie zu kleinen sichtbaren Kolonien (Kalli) heranwachsen, womit wir wieder bei der „Mikrobiologie" mit ihren vielen Möglichkeiten sind.

Zu den markanten Eigenschaften aktiver Protoplasten gehört die rasche Regeneration einer Zellwand, die einer Protoplastenteilung stets vorangeht. Es sieht ganz so aus, als sei Wandbildung eine ursächliche Voraussetzung für die Zellteilung und die Ausbildung einer Polarität.

Bei der Protoplastenherstellung ging diese ebenso verloren wie die Positionsinformation. Beide müssen bei einer Regeneration zu einer Pflanze neu erworben werden.

Protoplasten eignen sich zur Herstellung von „Vakuoplasten" (also reinen Vakuolen) und Subprotoplasten, die lediglich aus Zellkern und einem Plasmasaum bestehen. Die einzelnen Fraktionen sind durch Dichtegradientenzentrifugation voneinander zu trennen.

Wozu sind Protoplasten zu gebrauchen?
(1) Protoplasten können zu vollständigen Pflanzen regeneriert werden.
(2) Protoplasten gleicher oder unterschiedlicher Herkunft können miteinander fusioniert werden. Aus dem Fusionsprodukt kann ggf. eine Pflanze regeneriert werden (somatische Bastardierung).
(3) Makromoleküle (Nukleinsäuren und Proteine), Viren, Zellbestandteile (Chromosomen, Chloroplasten usw.) können von den Protoplasten durch Phagozytose aufgenommen werden.
(4) Protoplasten eignen sich zum Studium der molekularen Architektur von Pflanzenzellen.

Regeneration

1970 haben I. Takebe, G. Labib und G. Melchers (Max-Planck-Institut für Biologie, Tübingen) aus Protoplasten des Tabaks eine vollständige Pflanze regeneriert.

Y.Y. Gleba (Akademie der Wissenschaften der Ukrainischen SSR, Kiew) entwickelte ein Verfahren zur Kultur isolierter Protoplasten in Mikrotropfen. Eine Anzahl derart klonierter Protoplasten konnte zur Entwicklung kompletter Pflanzen gebracht werden.

Es gibt mittlerweile eine Reihe dikotyler Angiospermen, aus deren Protoplasten vollständige fertile Pflanzen regeneriert wurden. Die geringsten Schwierigkeiten bereiten die Solanaceen. Protoplasten aus Leguminosen und Monokotyledonen konnten nur ausnahmsweise zur Regeneration ganzer Pflanzen gebracht werden (s. Tabelle 1). Für eine Regeneration ist ein Zusatz von Phytohormonen zum Medium erforderlich. Es sieht so aus, als würden den Zellen der Monokotyledonen die notwendigen Rezeptoren fehlen. Das mag auch der Grund dafür sein, daß hormonähnliche Herbizide Dikotyledonen schädigen, das Monokotyledonenwachstum (Getreide) aber nicht beeinträchtigen (siehe vorausgegangenes Kapitel).

Andererseits ist das fehlende Regenerationsvermögen der Protoplasten wirtschaftlich wichtiger Kulturpflanzen ein großes Handicap, die mit dieser Methode

Tabelle 1 Bisher beschriebene Regenerationen von Protoplasten aus Monokotyledonen (Getreidearten)

---

(1) Kallusentwicklung aus Protoplastensuspensionen:
   Hordeum vulgare
   Oryza sativa
   Panicum maximum
   Panicum miliaceum
   Pennisetum americanum
   Pennisetum purpureum
   Sorghum bicolor
   Triticale
   Triticum monococcum
   Zea mays
(2) Sproßdifferenzierung in Kalluskulturen:
   Oryza sativa
   Panicum maximum
   Panicum miliaceum
   Pennisetum americanum
   Pennisetum purpureum
(2) Regeneration zu vollständigen Pflanzen:
   Oryza sativa

H. Lörz, 1985

gewonnenen Erfahrungen in die landwirtschaftliche Praxis umzusetzen.

Protoplastenfusion – Welche Rolle spielen Artgrenzen?

Eine Aggregation zweier oder mehrerer Protoplasten genügt nicht, um eine Fusion einzuleiten. Protoplastenoberflächen sind stark negativ geladen. Im Gegensatz zu tierischen Zellen beruht die Oberflächenladung nicht auf Sialinsäureresten, sondern sie wird durch Phosphatgruppen bedingt. Intakte Protoplasten stoßen einander deshalb in Suspension ab. Zur Neutralisation der Oberflächenladung eignen sich Mono- und Polykationen. Sehr wirkungsvoll sind Ca^{2+}-Ionen oder Polyäthylenglycol, wodurch die Protoplasten vernetzt und zur Fusion gebracht wer-

Abb. 29.3. Von Protoplasten- zu Kalluskulturen. Versuchsobjekt: *Hyoscyamus muticus* (Bilsenkraut). *a* Fusionsexperiment zwischen Protoplasten unterschiedlicher Herkunft. Die eine der beiden Protoplastenpräparationen ist durch einen anthocyanhaltigen Vakuoleninhalt gekennzeichnet und daher leicht von der anderen unterscheidbar. Die Wahl solcher *Marker* erleichtert die Suche nach wünschenswerten (hier heterologen) Fusionsprodukten. Neben diesen treten nämlich, wie im Bild deutlich zu sehen, auch zwischen gleichartigen Protoplasten Fusionen auf, gelegentlich fusionieren auch drei oder mehr Potoplasten miteinander. *b* Vor Beginn der Teilung eines Protoplasten bildet sich stets eine Zellwand aus, die durch Calcofluor-white-Fluorochromierung im Fluoreszenzmikroskop nachweisbar ist. Die durch Teilung entstehenden Tochterzellen bleiben beieinander und bilden einen Zellverband aus, der zu einem Kallus heranwächst. *c* Ein sich bildender Kallus. Die Zellwände sind auch hier durch Calcofluor white sichtbar gemacht worden. *d* Makroaufnahme eines Kallus. *e* Protoplastenkultur und Ausbildung von Kalli erfolgt auf (meist) agarhaltigen Nährmedien in Plastikpetrischalen, die mit plastisch dehnbarer Folie (Parafilm) abgedichtet sind, um einen Wasserverlust im Verlauf der Tage, Wochen dauernden Kultur auf ein Minimum zu reduzieren. Das Bild zeigt sechs Ansätze. Die Zahl und die Größe der Kalli ist von Ansatz zu Ansatz verschieden. Sie hängt vom Ausgangsmaterial, dem gewählten Nährmedium und den übrigen Versuchsbedinungen (z.B. Temperatur) ab. (H. Lörz, 1980)

den können. Eine alternative Lösung ist das Anlegen eines elektrischen Feldes (s. Abb. 29.2 und 29.3).

Bei einer sexuellen Bastardierung fusionieren haploide Zellen, die aus einer vorangegangenen Meiose entstanden sind. Bei der Fusion somatischer diploider Zellen müßte man ein tetraploides Fusionsprodukt erwarten, sofern auch die Zellkerne fusionieren. Wenn das der Fall ist, spricht man von einem Synkaryon; bleiben die Kerne getrennt, von einem Heterokaryon.

Um Verhältnisse zu schaffen, die mit denen einer sexuellen Kreuzung vergleichbar sind, benötigt man haploides Ausgangsmaterial. Zu diesem Zweck ent-

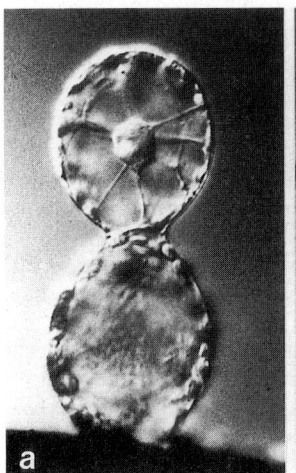 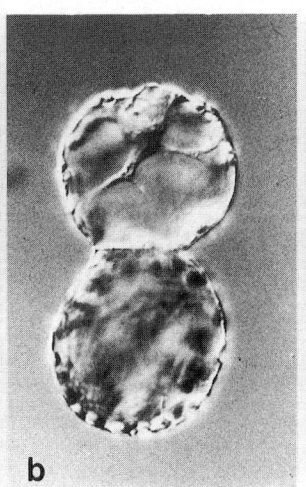 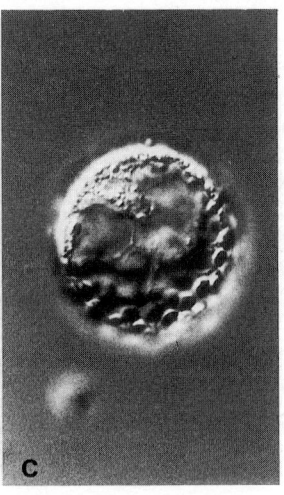

Abb. 29.2. Fusion von Protoplasten im elektrischen Feld (Elektrofusion). (H.-U. Koop, H.-G. Schweiger, 1985)

414

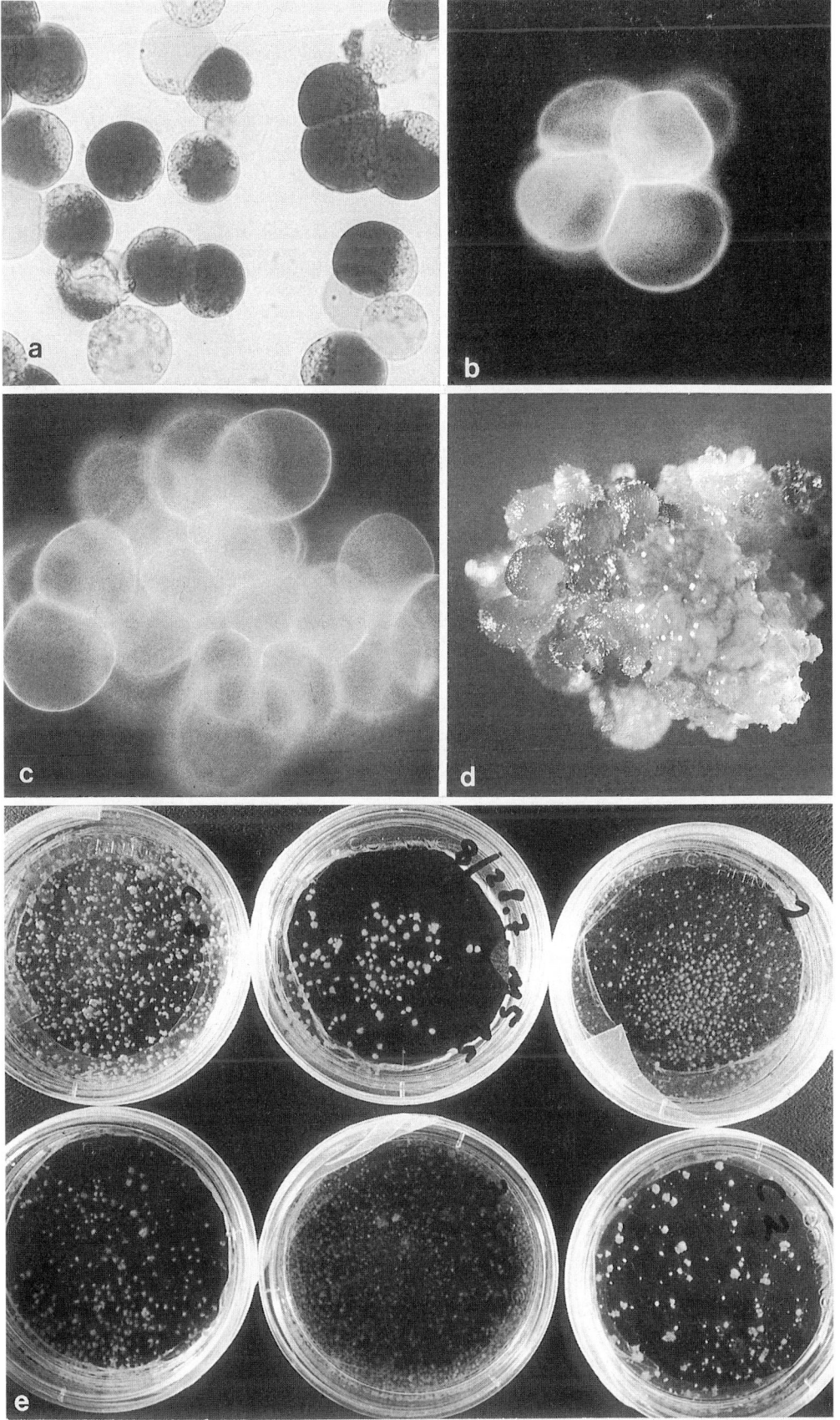

wickelten S. Guha und S.C. Maheshwari (Botanisches Institut der Universität Delhi, 1966) ein Medium zur Kultur der Antheren von *Datura innoxia*. Aus den Staubbeuteln wuchsen Keimlingen ähnliche Pflänzchen (Embryoide) heran. Dadurch, daß sie nicht die diploide Chromosomenzahl des normalen Pflanzengewebes, sondern nur die haploide hatten, erwiesen sich diese sich nicht zu Pollenkörnern entwickelnden Abkömmlinge einer Meiose als „Pflanzen aus Gonen". Gonen ist die Bezeichnung für die (haploiden) Produkte einer Meiose (unabhängig vom Geschlecht). Es ist mittlerweile gelungen, auf diesem Wege aus einer ganzen Reihe verschiedener Pflanzenarten (Di- und Monokotyledonen) haploide Pflanzen zu erzeugen und sie als Ausgangsmaterial zur Protoplastenherstellung zu nutzen.

Um haploide Pflanzen durch Samen fortpflanzen zu können, müssen sie diploid gemacht werden. Das ist aber, seit 1937 das Colchicin für diese Aufgabe entdeckt wurde, nicht schwer. Man kann sich fragen, worin der Vorteil dieses Verfahrens liegt, und die Antwort lautet: Die so produzierten diploiden Pflanzen sind in allen ihren Genen homozygot.

Haploide *Nicotiana*-Arten (*N. tabacum, N. sylvestris* u.a.) sind zunächst für intra-, später auch für interspezifische Fusionen ihrer Protoplasten herangezogen worden. Die durch Regeneration von Fusionsprodukten erzeugten Pflanzen unterscheiden sich nicht von solchen, die auf sexuellem Wege erzeugt wurden. Zur Selektion von Fusionsprodukten eignen sich Elternstämme mit sich gegenseitig komplementierenden Chlorophylldefekten; Fusionsprodukte sind dann an ihrer grünen Färbung erkennbar (G. Melchers und G. Labib, Tübingen 1974).

Interspezifische Fusionen sind relativ leicht herstellbar. Es gelingt sogar, pflanzliche Protoplasten und tierische Zellen (Fibroblasten) zu fusionieren, und die Fusionsprodukte einige Stunden am Leben zu erhalten. Es geht bei solchen Versuchen natürlich nicht um Regenerationsversuche, sondern um Fragen der Kooperation der Membranen untereinander oder der Exprimierbarkeit einzelner Gene einer Pflanzenzelle im Tierzellplasma – oder umgekehrt.

Von wenigen Ausnahmen abgesehen, können interspezifische Fusionsprodukte nur dann regeneriert werden, wenn auch Kreuzungen auf sexuellem Weg erfolgreich sind.

Interspezifische Heterokarien, vor allem bei weniger nah verwandten Arten, bilden keine Synkarien aus, die Kernteilungen sind asynchron, Chromosomen gehen verloren, das System gerät aus dem Gleichgewicht. Dennoch gibt es bereits einige Erfolge interspezifischer somatischer Hybridisierung. G. Melchers gelang es 1978, Tomaten- und Kartoffelprotoplasten miteinander zu fusionieren und das Fusionsprodukt zur Regeneration ganzer Pflanzen zu bringen. Die Pflanzen blühten, fertile Samen wurden aber nicht gebildet.

O. Schieder (Max-Planck-Institut für Züchtungsforschung, Köln) war mit Fusionsprodukten zwischen *Datura innoxia* und *Datura stramonium* auch in diesem Punkt erfolgreich. Die aus der Fusion hervorgegangenen Pflanzen sind voll fertil, und daher als neue Art zu betrachten: *Datura straubii*. *Datura*-Arten werden zur Gewinnung der medizinisch wichtigen Alkaloide Hyoscyamin und Scopalamin verwendet. *Datura straubii* ist wüchsiger als die beiden Ausgangsarten, ihr Gehalt an Alkaloiden liegt um 20–25 Prozent über dem der Eltern.

Aufnahme von Fremdmolekülen, Viren und Organellen

Protoplasten können durch Phagozytose Fremdmoleküle und Organellen aufnehmen. Damit gelang unter anderem der Beweis, daß eine Zelle durch mehr als nur ein Viruspartikel infizierbar ist und daß sich unterschiedliche Virusstämme in einer Zelle vermehren können (s. Kap. 35). Ferner gelang eine Transformation von Protoplasten mit Ti-DNS aus *Agrobacterium tumefaciens,* wodurch sich ein Weg eröffnet hat, das System für gentechnische Zwecke und Untersuchungen einzusetzen (s. Kap. 34).

Die Aufnahme von Plastiden erlaubt die Analyse der Kooperation zwischen Kern- und Plastidengenom. Die Aufnahme einzelner artfremder Gene kann genutzt werden, um einen genetischen Defekt im Protoplastengenom zu beheben.

Somit ließ sich in einer Nitratreduktase-defizienten Mutante von *Nicotiana tabacum,* nach Fusion mit inaktivierten Protoplasten aus *Physalis* und *Datura,* eine Nitratreduktaseaktivität übertragen. Die Transformation erwies sich als stabil (R.P. Gupta, M. Gupta, O. Schieder, 1982).

Durch Anwendung moderner analytischer Verfahren (Gelelektrophorese, Nachweis von Enzymaktivitäten im Gel, Isoenzyme usw.) läßt sich der Erfolg von Fusionsexperimenten belegen. Eine wichtige *Marker*rolle spielt die Ribulose-1,5-Bisphosphatcarboxylase, da sie aus kerncodierten und plastidencodierten Untereinheiten besteht (s. Kap. 43) und weil die Analyse dieses Proteins zugleich Auskünfte über Aktivitäten von Plastiden und Kern der Elternarten im Fusionsprodukt gibt.

Nachdem die Protoplastentechniken etabliert waren, war man daran interessiert, Mutationen zu induzieren und die Mutanten zu isolieren; besonderes Interesse galt den auxotrophen Stämmen, also solchen, die auf die Zufuhr bestimmter Stoffe angewiesen sind. Es gibt einige wenige Erfolge in dieser Richtung, doch die Zahl der Mißerfolge ist größer. Ein Grund dafür liegt vermutlich in der Tatsache, daß ein großer Teil der Angiospermengenome allopolyploid ist (s. Kap. 37) und daß die genetische Information selbst in Haploiden mehrfach vorliegt, so daß der Defekt in einem Satz durch ein intaktes Gen in einem der anderen kompensiert wird. Hinzu kommt, daß Pflanzen oft auf unterschiedlichen Stoffwechselwegen zum gleichen Produkt gelangen. Ein möglicher Ausweg hieraus wäre die Nutzung von „monohaploiden" Ausgangsformen (1× anstelle von 1n). Im Falle von Kulturpflanzen heißt das, daß man sich zunächst auf die Suche nach ihren Ausgangsformen begeben muß.

Studium der molekularen Architektur pflanzlicher Zellen

Beispiele hierfür sind bereits mehrfach zitiert worden (s. Kap. 25). Da bei der Protoplastenbildung aus nativen Zellen die ursprüngliche Zellform verlorengeht, haben S.M. Wick et al. (Australian National University, Canberra, 1981) Protoplasten aus vorfixierten Zellen hergestellt. Zwar leben sie nicht mehr, haben aber ihre Form behalten, und durch Einsatz der indirekten Immunfluoreszenz läßt sich ein Bild der Verteilung von Strukturelementen in der Zelle gewinnen.

Durch Verwendung von Lektinen ließ sich zeigen, daß die Protoplastenoberflächen verschiedener Arten unterschiedliche Kohlenhydratmuster tragen und daß sich die Lektinbindungseigenschaften des Plasmalemmas grundsätzlich von den intrazellulären Membranen und dem Tonoplasten unterscheiden.

Literatur

Binding, H., R. Nehls: Somatic cell hybridization of Vicia faba + Petunia hybrida. Molec. gen. Genet. 164, 137–143 (1978)

Bowles, D.J., H. Lis and N. Sharon: Distribution of lectins in membranes of soybean and peanut plants. Planta 145, 193–198 (1979)

Chaleff, R.S.: Isolation of agronomically useful mutants from plant cell cultures. Science 219, 676–682 (1983)

Cocking, E.C.: Method for the isolation of plant protoplasts and vacuoles. Nature 187, 927–929 (1960)

Davey, M.R., A. Kumar: Higher plant protoplasts. Retrospect and prospect. Int. Rev. Cytology, Suppl. 16, 219–299 (1983)

Duditis, D., O. Fejer, G. Hadlaczky, C. Koncz, G.B. Lazar, G. Horvath: Intergeneric gene transfer mediated by plant protoplast fusion. Molec. Gen. Genet. 179, 283–288 (1980)

Earle, E.D., Y. Demarly (eds.): Variability in plants regenerated from tissue culture. New York: Praeger Publ. 1982

Fowke, L.C., O.L. Gamborg: Applications of protoplasts to the study of plant cells. Int. Rev. Cytology 68, 9–51 (1980)

Gleba, Y.Y.: Microdroplet culture. Naturwiss. 65, 158–159 (1978)

Gleba, Y.Y., F. Hoffmann: „Arabidobrassica": Plant-genome engineering by protoplast fusion. Naturwiss. 66, 547–554 (1979)

Gruber, P.J., K. Glimelius, T. Ericksson, S.E. Frederick: Interactions of galactose-binding lectins with plant protoplasts. Protoplasma 121, 34–41 (1984)

Guha, S., S.C. Maheshwari: Cell division and differentiation of embryos in the pollen grains of Datura in vitro. Nature (Lond.) 212, 97–98 (1966)

Gupta, P.P., M. Gupta and O. Schieder: Correction of nitrate reductase defect in auxotrophic plant cells through protoplast-mediated intergeneric gene transfers. Molec. gen. Genet. 188, 378–383 (1982)

Haberlandt, G.: Culturversuche mit isolierten Pflanzenzellen. Sitzungsber. Kais. Akad. Wiss. – Math. Naturw. Klasse, Wien Bd. CXI, 69–92 (1902)

Jones, C.W., I.A. Mastrangelo, H.H. Smith, H.Z. Liu, R.A. Meck: Interkingdom fusion between human (HeLa) cells and tobacco hybrid (GGLL) protoplasts. Science 193, 401–403 (1976)

Kao, K.N., F. Constabel, M.R. Michayluk, O.L. Gamborg: Plant protoplast fusion and growth of intergeneric hybrid cells. Planta 120, 215–227 (1974)

Koop, H.U., H.G. Schweiger: Regeneration of plants after electrofusion of selected pairs of protoplasts. Europ. J. Cell Biol. 39, 46–49 (1985)

Lamport, D.T.A.: Cell suspension cultures of higher plants: Isolation and growth energetics. Exptl. Cell Res. 33, 195–206 (1964)

Maliga, P.: Protoplasts in mutant selection and characterization. Int. Rev. Cytology, Suppl. 16, 161–167 (1983)

Melchers, G. and G. Labib: Somatic hybridization of plants by fusion of protoplasts. Molec. gen. Genet. 135, 277–294 (1974)

Melchers, G., M.D. Sacristàn and A.A. Holder: Somatic hybrid plants of potato and tomato regenerated from fused protoplasts. Carlsberg Res. Commun. 43, 203–218 (1978)

Muir, W.H., A.C. Hildebrandt, A.J. Riker: Plant tissue cultures produced from single isolated cells. Science 119, 877–878 (1954)

Murashige, T., F. Skoog: A revised medium for rapid growth and bioassays with tobacco tissue cultures. Physiolog. Plantarum 15, 473–497 (1962)

Nagata, T. and I. Takebe: Cell wall regeneration and cell division in isolated tobacco mesophyll protoplasts. Planta (Berl.) 92, 301–308 (1970)

Negrutiu, I., M. Jacobs and M. Caboche: Advances in somatic cell genetics of higher plants. The protoplast approach in basic studies on mutagenesis and isolation of biochemical mutants. Theor. Appl. Genet. 67, 289–304 (1984)

Nitsch, J.P., C. Nitsch: Haploid plants from pollen grain. Science 163, 85–87 (1969)

Nobécourt, P.A.C.: Physiologie végé – Sur les facturs de oroissance nécessaires aux culture de tissues de carotte. Compt. rend. 215, 376–378 (1942)

Potrykus, I., C.T. Harms, H. Lörz: Callus formation from cell culture protoplasts of corn (Zea mays L.) Theor. Appl. Genet. 54, 209–214 (1979)

Raghavan, V.: Embryo culture. Int. Rev. Cytology, Suppl. 11B, 209–240 (1980)

Reinert, J., H. Binding (eds.): Differentiation of protoplasts and of transformed plant cells. Berlin–Heidelberg–New York–Tokyo: Springer Verlag, 1986

Schieder, O.: Somatic hybrids of *Datura innoxia* Mill. + *Datura discolor* Bernh. and *Datura innoxia* Mill. + *Datura stramonium* L. var *tatula* L. Molec. gen. Genet. *162*, 113–119 (1978)

Schieder, O. und G. Krumbiegel: Höhere Erträge bei Arzneipflanzen durch künstliche Zellfusion. Umschau *79*, 545–546 (1979)

Schieder, O. and I.K. Vasil: Protoplast fusion and somatic hybridization. Int. Rev. Cytology, Suppl. *11B*, 21–46 (1980)

Shepard, J.F., D. Bidney, T. Barsby, R. Kemble: Genetic transfer in plants through interspecific protoplast fusion. Science *219*, 683–688 (1983)

Steward, F.C., S.M. Caplin: A tissue culture from potato tubers. The synergistic action of 2.4 D and coconut milk. Science *113*, 518–520 (1951)

Steward, F.C., S.M. Caplin, F.K. Millar: Investigations of growth and metabolism of plant cells. Annal. Bot. *16*, 58–77 (1952)

Steward, F.C., P.V. Ammirato, M.O. Mapes: Growth and development of totipotent cells. Annal. Bot. *34*, 761–787 (1970)

Takebe, I., Y. Otsuki and S. Aoki: Isolation of tobacco mesophyll cells in intact and active state. Plant and Cell Physiol. *9*, 115–124 (1968)

Takebe, I., G. Labib and G. Melchers: Regeneration of whole plants from isolated mesophyll protoplasts of tobacco. Naturwiss. *58*, 318–320 (1971)

Thomas, E. and M.R. Davey: From single cells to plants. London and Winchester: Wykeham Publ. (London) Ltd., 1975

Thorpe, T.A. (ed.): Frontiers of plant tissue culture 1978. Calgary, Canad.: Univ. of Calgary Bookstore, 1978

Vasil, I.K. and V. Vasil: Isolation and culture of protoplasts. Int. Rev. Cytology, Suppl. *118*, 1–19 (1980)

Wenzel, G. and E. Thomas: Observations on the growth in culture of anthers of *Secale cereale*. Z. Pflanzenzüchtg. *72*, 89–94 (1974)

White, P.R.: Potentially unlimited growth of excised tomato root tips in a liquid medium. Plant Physiol. *9*, 585–600 (1934)

Zenk, M.H.: Pflanzliche Zellkulturen in der Arzneimittelforschung. Naturwiss. *69*, 534–536 (1982)

Zimmermann, U. and P. Scheurich: Fusion of *Avena sativa* mesophyll cell protoplasts by electrical breakdown. Biochim. Biophys. Acta *641*, 160–165 (1981)

30. Licht – Phototaxis, Photomorphogenese, Photoperiodismus

Keine physikalische Größe steuert und fördert die Entwicklung von Pflanzen in so starkem Maße wie das Licht. Licht ist elektromagnetische Strahlung, die aufgrund ihrer Qualität (unterschiedliche Wellenlängen) und Intensität charakterisiert werden kann. Pflanzen messen beide Parameter und reagieren dementsprechend. Es gibt eine Vielzahl lichtinduzierter, lichtwellenabhängiger Reaktionen, und es gibt in den Pflanzen folglich auch eine Reihe unterschiedlicher Lichtrezeptoren (Photorezeptoren, Sensorpigmente). Die Bedeutung und der Mechanismus der Photosynthese wurden bereits beschrieben, die Absorptionsspektren des Chlorophylls und der akzessorischen Pigmente wurden vorgestellt und dem Wirkungsspektrum (Aktionsspektrum) der Photosynthese gegenübergestellt (s. Abb. 24.2 und Abb. 24.3). Bei der Photosynthese geht es um Energiegewinn: Umwandlung eines Photonenflusses in einen Elektronenfluß. Bei den nachfolgend zu beschreibenden Erscheinungen steht die Steuerung energieverbrauchender Prozesse im Vordergrund des Interesses: Die Phototaxis z.B. ist eine lichtinduzierte freie Ortsbewegung ein- oder wenigzelliger Organismen. Meist erfolgt sie in Richtung einer Lichtquelle (positive Phototaxis); eine Bewegung in die entgegengesetzte Richtung ist die negative Phototaxis.

Unter Phototropismus (s. a. Kap. 32) versteht man ein zur Lichtquelle hin gerichtetes Wachstum, das für vielzellige Pflanzen typisch ist. Viele Modellversuche hierzu wurden allerdings an einer chlorophyllfreien nichtpflanzlichen Einzelzelle, dem Sporangienträger des Pilzes *Phycomyces* durchgeführt.

Die Photomorphogenese ist die lichtinduzierte Steuerung von Wachstum und Differenzierung der Pflanzen, wobei dem Licht (einer bestimmten Wellenlänge) Signalwirkung zukommt, durch die in der Zelle eine Information entsteht, welche zur selektiven Aktivierung bestimmter Gene genutzt wird.

Unter Photoperiodismus versteht man die Eigenschaft der Pflanzen, die Länge von Lichtperioden zu messen. Bestimmte Arten (Kurztagspflanzen) blühen nicht mehr, sobald die Tageslänge einen kritischen Wert überschritten hat, andere hingegen (Langtagspflanzen) blühen erst dann, wenn ein solcher Wert erreicht ist (s. Abb. 30.1). Die meisten Arten der mitteleuropäischen Flora sind tagneutral, d.h., die Tageslänge hat keinen Einfluß auf ihre Blütenbildung.

Ein weiteres Thema, unter dem zahlreiche Erscheinungen zusammengefaßt werden, ist die endogene Rhythmik (s. Kap. 32). Sie ist *a priori* lichtunabhängig, die Phasenlage kann aber durch Licht festgelegt werden.

Schließlich noch eine Bemerkung über Blütenfarben: Da Insekten und andere Bestäuber reflektiertes Licht (Farben) wahrnehmen, war es für Pflanzen von Vorteil, sich mit unterschiedlichen Signalen auszustatten (s. Abb. 30.2).

Aus dem Wirkungsspektrum einer lichtinduzierten Reaktion können Rückschlüsse über die Chemie des zugehörigen Photorezeptors gezogen werden. Es hat

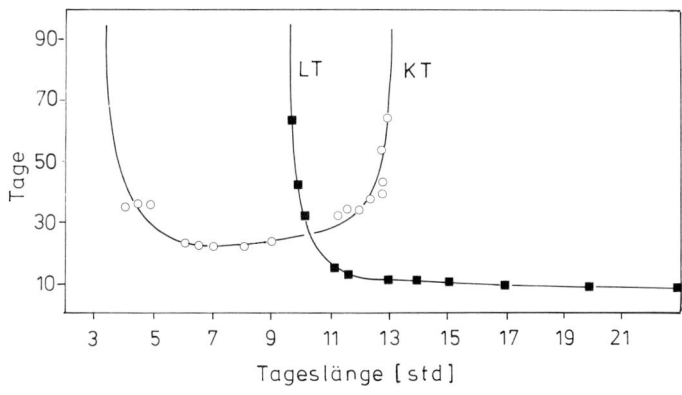

Abb. 30.1. Photoperiodische Reaktion bei einer Kurztagpflanze (KT) *(Chrysanthemum)* und einer Langtagpflanze (LT) *(Hyoscyamus niger)*. Reaktionen: a. Zeit bis zum Erscheinen der Blütenknospen (bei KT) und b. Zeit bis zum Schoßen (bei LT). (G. Melchers und A. Lang, 1948)

a

b

Abb. 30.2. Die Farbenvielfalt der Blüten dient der Anlockung von Bestäubern (Insekten, Vögeln...). Jede Farbe wirkt als ein spezifisches Signal. Die spektrale Empfindlichkeit des Insektenauges (speziell des Bienenauges) unterscheidet sich von der des menschlichen Auges. Bienen nehmen ultraviolettes Licht wahr, sie erkennen langwelliges Licht des (für den Menschen) sichtbaren Bereichs (Rotbereich) nicht. Die Blüten vieler Pflanzenarten zeichnen sich durch sogenannte UV-Male aus, die von Bienen, aber nicht vom Menschen erkannt werden. Durch spezielle optische Tricks lassen sich auch solche Muster abbilden. *a* Blütenköpfchen einer nordamerikanischen Composite: *Rudbeckia bicolor* (auch in europäischen Gärten angebaut: „Sonnenhut"; gelegentlich verwildert). Auf konventionelle Art photographiert: mit normalem Filmmaterial und Standardobjektiv. *b* gleiches Objekt mit einer Quarzoptik und einem Sperrfilter (Rubinfilter), der sichtbares Licht zurückhält, aufgenommen. Verwendet wurde zudem ein ultraviolett-empfindlicher Film. Dadurch wird die Ultraviolett-Zeichnung des Blütenköpfchens sichtbar. (W. Barthlott, 1986)

eventuell auch mit der Membran, assoziiert zu sein. Wir werden uns daher auch in diesem Kapitel mit dem Problem der Position und Orientierung von Rezeptormolekülen auseinanderzusetzen haben.

Die Mehrzahl der photomorphogenetischen Prozesse von Landpflanzen wird durch hellrotes Licht und einen Wechsel zwischen hellrotem ($\lambda = 660$ nm) und dunkelrotem ($\lambda = 730$ nm) gesteuert. Der zugehörige Rezeptor ist das Phytochrom, ein Protein-Chromophor-Komplex, der in (mindestens) zwei Zustandsformen vorliegen kann, die durch Belichtung reversibel von einem in den anderen überführt werden können.

lange Diskussionen darüber gegeben, ob zur Absorption von blauem Licht die Carotinoide oder die Flavine wichtiger seien. Vieles weist darauf hin (s. Abb. 30.3), daß sie in ihrer Bedeutung oft gleichwertig sind und in vielen Fällen miteinander kooperieren. Wie am Beispiel der Photosynthese gezeigt, scheint auch hier der niedermolekulare Chromophor mit Proteinen,

Phototaxis

Die Phototaxis ist eine bei Algen und pigmentierten Prokaryoten verbreitete Erscheinung.

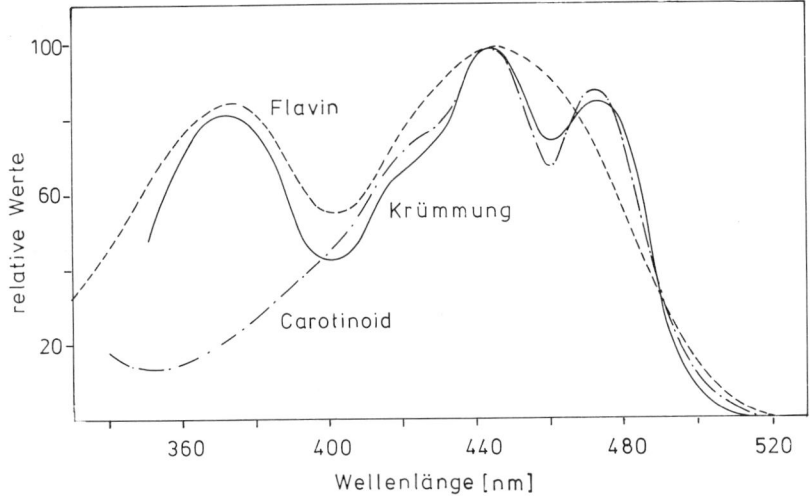

Abb. 30.3. Gegenüberstellung des Wirkungsspektrums der phototropen Krümmung einer *Avena*koleoptile und den Absorptionsspektren von Carotinoiden und Flavin. (H. Mohr, P. Schopfer 1978, nach W. Shropshire und R.B. Withrow, 1959)

420

Einige von ihnen, so z.B. *Euglena gracilis,* tragen nahe der Geißelbasis, am vorderen Zellpol (anterior), einen markanten, carotinoidhaltigen Augenfleck (Stigma), so daß der Verdacht nahelag, man habe es hier mit dem Photorezeptor zu tun.

Zwei Argumente sprechen jedoch dagegen: T.W. Engelmann bemerkte bereits 1882, daß die Zellen auch dann noch auf Licht reagieren, wenn die Geißelbasis selbst, nicht aber der Augenfleck belichtet wird. Zweitens gibt es Mutanten, denen er fehlt und die sich dennoch phototaktisch verhalten. Daraus ist zu schließen, daß der Rezeptor anderweitig lokalisiert sein muß, und dafür bot sich der Parabasalkörper, eine Anschwellung an der Geißelbasis an. Dem Augenfleck fällt demnach die Funktion eines Sonnenschirms zu, der den Parabasalkörper beschattet. Da die Zellen während der Bewegung permanent um die eigene Achse rotieren, ändert sich der Beschattungsgrad periodisch. Die Zellen reagieren folglich auf einen Intensitätswechsel und sind somit in der Lage, die Lichtrichtung wahrzunehmen und ihre Bewegung dahingehend auszurichten.

Die phototaktische Reaktion wird vornehmlich durch kurzwelliges Licht induziert. Aus dem Wirkungsspektrum kann jedoch nicht unmittelbar auf das Absorptionsspektrum des Photorezeptors geschlossen werden, da ein Teil des eingestrahlten Lichts durch den Augenfleck selektiv herausgefiltert wird (moduliert wird). In vielen anderen Fällen muß das Licht zunächst Plastiden mit ihren kompletten Pigmentgarnituren durchstrahlen. Das gilt u.a. für *Volvox*-Arten, bei denen eine Kolonie aus einer großen Zahl von Einzelzellen besteht, die zu einer koordinierten Bewegung befähigt sind. Gerade hier zeichnet sich der Chloroplast durch eine spezifische schüsselförmige Gestalt und eine posteriore Lage in der Zelle aus. Als Folge davon erreicht von hinten nur gefiltertes Licht den Probasalkörper; die Lichteinfallsrichtung kann daher für jede Einzelzelle getrennt bestimmt werden.

Die entscheidende Frage lautet nunmehr: Wie wird ein Lichtsignal in einen Bewegungsablauf umgesetzt? Zweifelsohne wird dafür Energie benötigt, und die wiederum kann durch die Photosynthese bereitgestellt werden. Das Antriebsaggregat (Motor) ist die Geißel (sofern vorhanden; bei manchen Algen kommen Gleit- oder Kriechbewegungen vor). Die Verrechnungseinheit zwischen eintreffendem Signal und der Energiebereitstellung *(Processor, Effektor)* muß man sich z. Z. noch als eine *black box* vorstellen. 1973 stellte B. Diehn (University of Toledo) das in der Abbildung 30.4 wiedergegebene Flußdiagramm auf, das aus der geringstmöglichen Zahl an Systemelementen besteht, die benötigt werden, um die bei *Euglena gracilis* beobachteten lichtinduzierten Bewegungen und Bewegungsänderungen zu erfassen. Die Brauchbarkeit des Modells als Arbeitshypothese konnte durch Eingabe physiologisch meßbarer Größen und der Strahlungsenergie in ein mathematisches Modell überprüft werden. In der Tat ließ sich dadurch ein

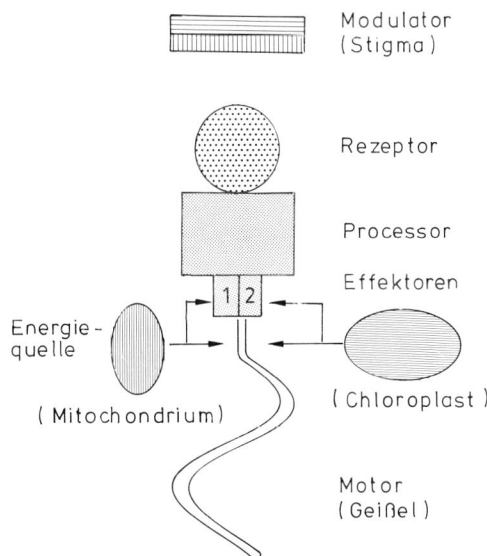

Abb. 30.4. *Euglena:* Schematische Darstellung der Systemkomponenten, die zur Lichtwahrnehmung und zur Umsetzung des Reizes in eine Geißelbewegung benötigt werden. (B. Diehn, 1973)

Bewegungsablauf simulieren, der mit der phototaktischen Reaktion von *Euglena* weitgehend übereinstimmt.

Photomorphogenese, Phytochrom

Seit Beginn der experimentellen Pflanzenphysiologie befaßte man sich mit dem Einfluß von Licht auf die Entwicklung der Pflanzen. Hervorzuheben sind die von J. Sachs entwickelten Versuchseinrichtungen (s. Abb. 30.5) und die späteren Arbeiten von W. Pfeffer und G. Bonnier.

Im Dunkeln kultivierte Keimlinge (Dikotyledonen) zeichnen sich in der Regel durch intensives Streckungswachstum aus. Die Internodien rücken unverhältnismäßig weit auseinander, Blattanlagen werden gebildet, doch eine Ausdifferenzierung zu Blattspreiten unterbleibt. Die Sprosse sind gelblich, da fast kein Chlorophyll entsteht (s. Abb. 30.6).

Vorsicht Ausnahmen: *Tradescantia albiflora,* dann einige Gymnospermen, und viele niedere Pflanzen bilden auch bei Dunkelheit Chlorophyll.

Die durch Lichtmangel gestörte Entwicklung wird Etiolement genannt, die Pflanzen sind etioliert.

Ein Überangebot an Licht, z.B. eine starke UV-Strahlung im Hochgebirge, führt zu drastisch reduziertem Streckungswachstum der Internodien, zu einer Verkleinerung der assimilierenden Oberfläche, vielfach zu starker Anthocyanbildung und meist zu intensiver gefärbten Blüten.

Die hier skizzierten, bereits im vorigen Jahrhundert

421

Abb. 30.5. Kürbispflanze, deren Hauptsproß zuerst in den dunklen Raum, später aus diesem oben wieder herausgewachsen ist. (J. Sachs, 1887)

bekannten Befunde wurden in den letzten Jahrzehnten durch Aussagen aus gezielten Experimenten ergänzt und gestützt. Hierbei ging es zunächst einmal um die Frage, welche der Differenzierungs- und Wachstumsleistungen lichtabhängig sind, wie das Wirkungsspektrum aussieht und welche Lichtmengen benötigt werden.

H. Mohr und Mitarbeiter (Institut für Biologie, Universität Freiburg) haben durch Untersuchungen an *Sinapis-alba*-Keimlingen eine Vielzahl lichtinduzierter Reaktionen analysiert (s. Tabelle 1).

Im Gegensatz zu vielen niederen (vorwiegend aquatischen) Pflanzen, bei denen lichtinduzierte Reaktionen meist, aber nicht ausschließlich, durch kurzwellige Strahlung (Blaulicht) ausgelöst werden, ist bei der Photomorphogenese der höheren Landpflanzen in der Regel eine langwelligere Strahlung ausschlaggebend. Hierauf aufbauend, entwickelten H.A. Borthwick, S.B. Hendricks und Mitarbeiter (Plant Industry Station, US Department of Agriculture, Beltsville, Md.)

im Zeitabschnitt zwischen 1946 und 1959 das Konzept des Hellrot/Dunkelrot-, bzw. Phytochromsystems.

Wie schon angedeutet, ist das Phytochrom ein Chromoprotein, dessen Zustand durch Licht beeinflußt wird. Es wird vorwiegend bei Dunkelheit gebildet und liegt zunächst als P_R vor (P ist die Abkürzung für Phytochrom, R steht für *red*). Nach Bestrahlung mit $\lambda = 660$ nm Licht (hellrot, *red*) geht es in P_{FR} über ($FR = far\ red$; auf deutsch könnte man auch schreiben: P_{HR} (hellrot), resp. P_{DR} (dunkelrot); oder unter Verwendung der Wellenlängen P_{660}, resp. P_{730}).

P_{FR} wird durch $\lambda = 730$ nm Licht (dunkelrot) in P_R rücküberführt. P_R ist die biologisch inaktive, P_{FR} die biologisch aktive Form (s. Abb. 30.7). Die Absorptionsspektren der beiden Formen sind in der Abbildung 30.8 wiedergegeben.

Die chromophore Gruppe ist ein lineares Tetrapyrrol, dessen Konformation sich in der P_R-Form deutlich von der in P_{FR} unterscheidet (s. Abb. 30.9).

422

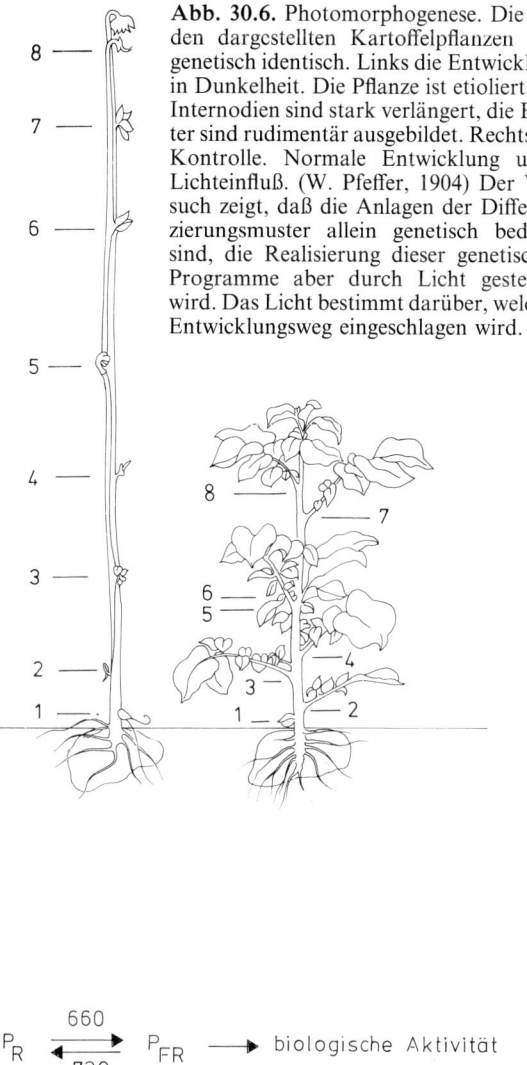

Abb. 30.6. Photomorphogenese. Die beiden dargestellten Kartoffelpflanzen sind genetisch identisch. Links die Entwicklung in Dunkelheit. Die Pflanze ist etioliert, die Internodien sind stark verlängert, die Blätter sind rudimentär ausgebildet. Rechts die Kontrolle. Normale Entwicklung unter Lichteinfluß. (W. Pfeffer, 1904) Der Versuch zeigt, daß die Anlagen der Differenzierungsmuster allein genetisch bedingt sind, die Realisierung dieser genetischen Programme aber durch Licht gesteuert wird. Das Licht bestimmt darüber, welcher Entwicklungsweg eingeschlagen wird.

1. P_R

2.

3. P_{FR}

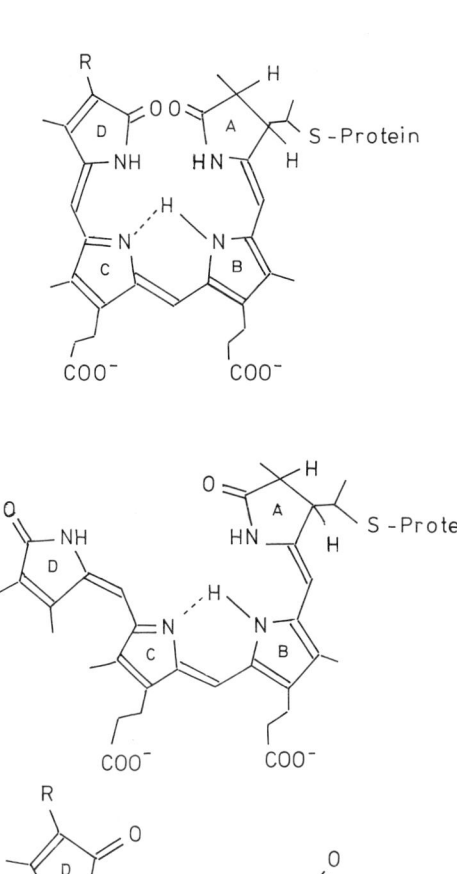

Abb. 30.9. Chromophore Gruppe des Phytochroms. Unterschiedliche Konformationen von P_R und P_{FR}. (W. Rüdiger *et al.*, 1983)

$$P_R \underset{730}{\overset{660}{\rightleftarrows}} P_{FR} \longrightarrow \text{biologische Aktivität}$$

Abb. 30.7. Phytochromsystem: Übergang von P_R zu P_{FR}.

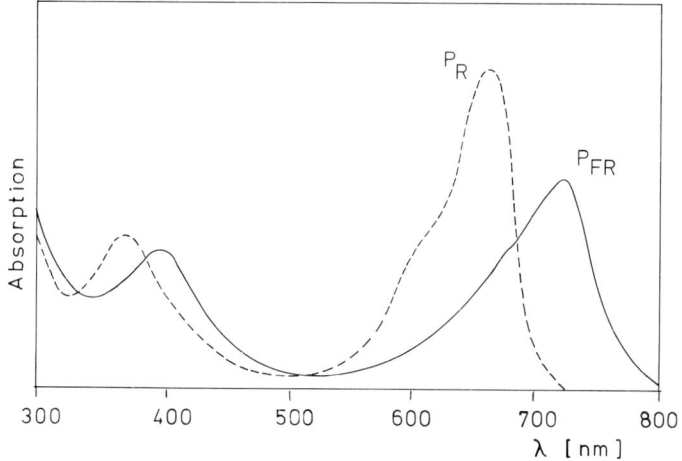

Abb. 30.8. Absorptionsspektrum des Phytochroms: P_R und P_{FR}. (K.M. Hartmann, 1966)

Tabelle 1. Einige durch Licht bewirkte Reaktionen des Senfkeimlings *(Sinapis alba)*. Alle diese Photomorphosen können auf die Bildung von P_{FR} zurückgeführt werden (aus H. Mohr und P. Schopfer, 1978)

Hemmung des Hypokotyl-Längenwachstums
Hemmung der Translokation aus den Kotyledonen
Flächenwachstum der Kotyledonen
Entfaltung der Lamina der Kotyledonen
Haarbildung am Hypokotyl
Öffnung des Hypokotyl-Hakens
Entwicklung der Primärblätter
Bildung von Folgeblatt-Primordien
Steigerung der negativ geotropen Reaktionsfähigkeit des Hypokotyls
Bildung von Xylemelementen
Differenzierung der Stomata in der Epidermis der Kotyledonen
Bildung von Superetioplasten im Mesophyll der Kotyledonen
Änderungen der Intensität der Zellatmung
Synthese von Anthocyan in Kotyledonen und Hypokotyl
Steigerung der Ascorbinsäuresynthese
Steigerung der Carotinoidsynthese
Steigerung der Kapazität der Chlorophyllsynthese
Steigerung der RNS-Synthese in den Kotyledonen
Steigerung der Proteinsynthese in den Kotyledonen
Intensivierung des Abbaus der Speicherfette
Intensivierung des Abbaus der Speicherproteine
Steigerung der Äthylensynthese
Beschleunigung des *Shibata-shifts* in den Kotyledonen
Determination der Kapazität der Photophosphorylierung in den Kotyledonen
Modulation der Enzymsynthese in den Kotyledonen

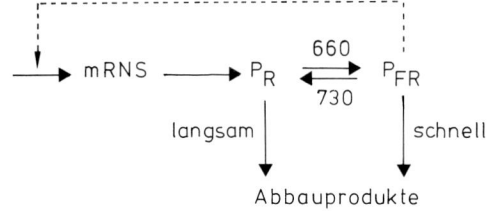

Abb. 30.10. Gleichgewichtslage und Regulationsvermögen des Phytochromsystems. (P.H. Quail, 1984)

Eine ähnliche Gruppe mit vergleichbaren Konformationsänderungen liegt im Bilirubin der Rotalgen vor, dort steht lediglich anstelle der Vinylgruppe am Ring D eine Äthylgruppe.

Das Protein ist ein Tetramer, es besteht aus gleichen Untereinheiten, deren Molekulargewichte je nach Pflanzenart zwischen 120 000 und 127 000 liegen; folglich ist es ein allosterisches Protein (s. Abb. 18.5).

Nach allem, was wir aus der Proteinstrukturforschung wissen, wirkt eine Strukturänderung im Chromophor wie ein Hebel und zieht eine Konformationsänderung des Proteins nach sich; der allosterische Effekt bedingt eine weitere Amplifikation (Signalverstärkung). Dadurch ändern sich natürlich auch die Bindungseigenschaften des Phytochroms zu anderen Molekülen, so daß eine Kaskade in Gang kommen kann, an deren Ende die meßbaren physiologischen Phänomene stehen. Ob das Phytochrom direkt als Effektor fungiert oder ob weitere Moleküle zwischengeschaltet sind, bleibt zu klären. Vielleicht ist das auch von Fall zu Fall verschieden.

Für eine Reihe von Genprodukten ließ sich zeigen, daß das Phytochrom auf Transkriptionsebene (mRNS) kontrollierend in das Geschehen eingreift. Das gilt u.a. für die kerncodierte kleine Untereinheit der Ribulose-1,5-Bisphosphatcarboxylase und das Chlorophyll a/b-bindende Protein. Darüber hinaus wurde gezeigt, daß es in Form einer Rückkopplungsschleife die Expression seines eigenen Gens reguliert.

P_R wird bei Dunkelheit im Cytoplasma gebildet und dort so lange akkumuliert, bis ein bestimmter Spiegel erreicht ist. Es stellt sich ein Gleichgewicht zwischen Synthese und (langsamem) Abbau ein.

Die Überführung in P_{FR} nach Bestrahlung mit hellrotem Licht ist ein rasch ablaufender Prozeß. P_{FR} ist außerordentlich instabil, der Phytochromspiegel in der Zelle sinkt daher nach Belichtung auf ein bis drei Prozent des ursprünglichen Werts, der vermutlich ein neues Gleichgewicht zwischen P_R-Synthese und P_{FR}-Abbau repräsentiert. Nach Verdunklung steigt die Phytochrommenge erneut aufgrund einer *de novo*-Synthese von P_R. Die P_{FR}-Eliminierung beruht also nicht allein auf einer Proteininaktivierung, sondern auf einer zusätzlichen Inaktivierung translatierbarer mRNS. Die negative Rückkopplung wird nach Verdunklung aufgehoben, da der P_{FR}-Spiegel auf nahezu Null absinkt; gleichzeitig steigt die mRNS-Menge wieder an ([s. Abb. 30.10]; P.H. Quail und Mitarbeiter, University of Wisconsin, Madison).

Weitere Einzelheiten über den Wirkungsmechanismus erhofft man sich durch den Einsatz gentechnischer Verfahren (die mRNS wurde bereits in cDNS überschrieben und kloniert, Teile von ihr wurden sequenziert) sowie monoklonaler Antikörper gegen bestimmte Domänen des Proteins. Auch solche Antikörper existieren bereits.

Nachdem gezeigt war, daß das Phytochrom in die Transkriptionskontrolle eingreift, stellte sich die Frage, ob es auf DNS-Ebene spezifische Erkennungsregionen gibt, die eine lichtabhängige Transkription des entsprechenden DNS-Abschnitts bewirken. G. Morelli *et al.* (Rockefeller University, New York, 1985) zeigten – wiederum unter Einsatz gentechnischer Verfahren –, daß ein 33 Basenpaare langes Stück, welches die TATA-Box (Teil des Promotors) einschließt und das dem Gen für die kleine Untereinheit der Ribulose-1,5-Bisphosphatcarboxylase vorgeschaltet ist, für die lichtinduzierte Steuerung der Genexpression essentiell ist.

Lokalisation des Phytochroms in Zellen

Durch indirekte Immunfluoreszenz ließ sich Phytochrom im Plasma der Zellen, im Zellkern und den Plastiden lokalisieren. Es ist nicht in allen Zellen in

424

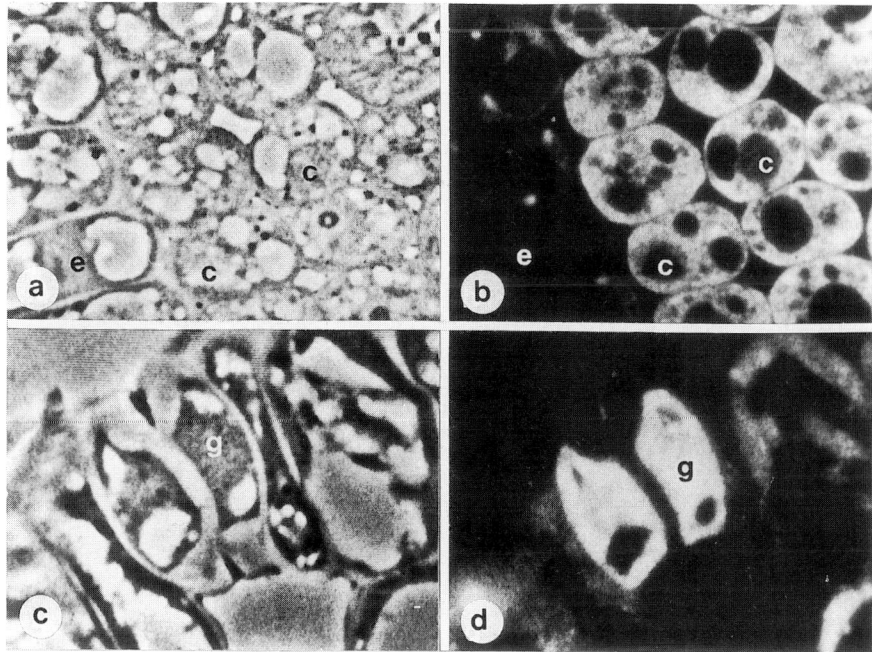

Abb. 30.11. *A* Phasenkontrastaufnahme (links) und Verteilung (rechts) von Phytochrom (nachgewiesen durch indirekte Immunfluoreszenz mit Hilfe von monoklonalen Antikörpern gegen Phytochrom) im Epikotylgewebe von *Pisum sativum*. Das Phytochrom ist im Plasma der corticalen *(c)* Zellen enthalten, die normalen epidermalen *(e)* Zellen sind phytochromfrei. Die verwendeten Keimlinge wurden in Dunkelheit kultiviert. *B* Lokalisation von Phytochrom in Schließzellen des Epikotyls. Links: Phasenkontrastaufnahme, rechts: Phytochromnachweis; Balken: 10 µm. (M.J. Saunders, M.-M. Cordonnier, B.A. Palevitz, L.H. Pratt, 1983)

gleicher Menge enthalten. Wie aus der Abbildung 30.11 ersichtlich, findet man es z.B. in der Epidermis ausschließlich in den Schließzellen.

Das Phytochrom ist an der Induktion der Chloroplastendrehung der fädigen Grünalge *Mougeotia* beteiligt. Man unterscheidet zwischen der Schwachlicht- und der Starklichtstellung des plattenförmigen Chloroplasten (Flächenstellung, Kantenstellung, s. Abb. 30.12). Wir haben es hier mit einer intrazellulären Bewegung zu tun, denn die Lichtperzeption erfolgt in jeder Zelle getrennt. Es gibt demnach zumindest auf dieser Ebene keinen Informationsaustausch zwischen benachbarten Zellen. Selbst innerhalb einer Zelle ist die Bewegung der einzelnen Chloroplastenabschnitte autonom. Nachweisbar ist der Effekt durch eine partielle Bestrahlung einer Zelle. W. Haupt (Botanisches Institut der Universität Erlangen, 1970) benutzte Mikrostrahlen polarisierten Lichts, mit denen eine Zelle Punkt für Punkt abgetastet werden konnte. Dadurch ließ sich beweisen, daß das den Lichtreiz rezipierende Phytochrom an der Peripherie der Zelle (aller Voraussicht nach im Plasmalemma) liegt und dort in einer

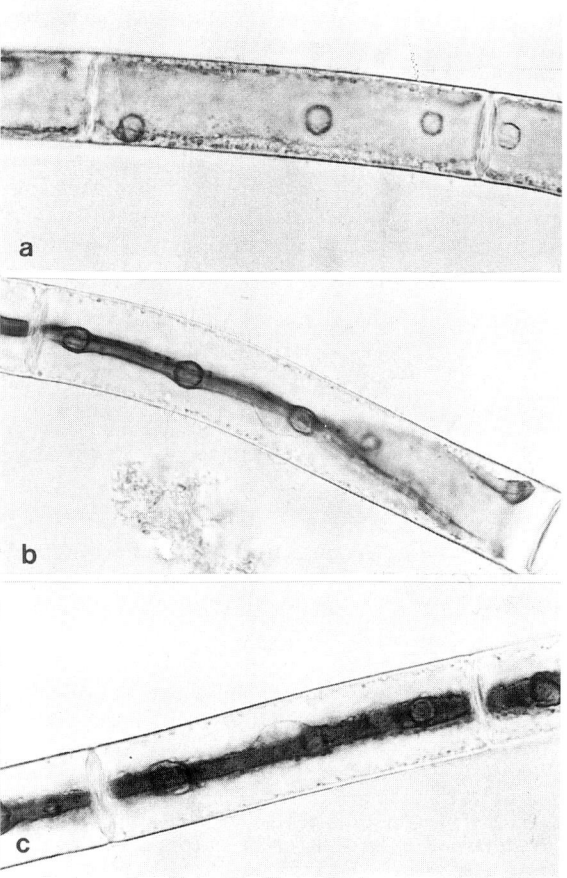

Abb. 30.12. *Mougeotia* mit plattenförmigem Chloroplasten. *a* Flächenstellung (bei schwacher Lichtintensität); *b* Bei zunehmender Lichtintensität dreht sich der Chloroplast von der Flächenstellung in die Kantenstellung. Die Abbildung veranschaulicht, daß der Chloroplast keine starre Platte ist, die sich als Ganzes dreht. Links im Bild ist die Drehung bereits vollendet, rechts noch nicht begonnen; *c* Kantenstellung (bei starker Lichtintensität). (W. Haupt)

425

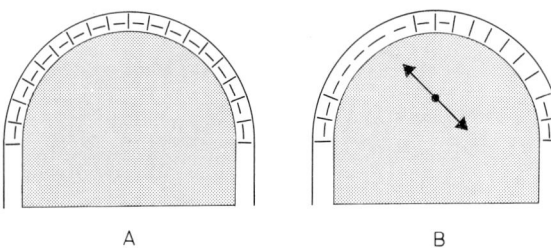

Abb. 30.13. Dichroitische (ausgerichtete) Phytochrommoleküle (als Striche symbolisiert); P_R ist dabei als parallel zur Oberfläche, P_{FR} als senkrecht zu ihr stehend zu denken. *A* räumlich homogene Verteilung an der Zelloberfläche. Je zur Hälfte sind P_R und P_{FR} (alternierend) vorhanden. *B* Belichtung mit polarisiertem hellrotem Licht (durch Doppelpfeil gekennzeichnet) führt zu lokalen Unterschieden in der P_{FR}-Konzentration. (W. Haupt, 1977)

bestimmten Weise orientiert ist (s. Abb. 30.13). Der Chloroplast reagiert auf eine Bildung (Anreicherung) von P_{FR}. Bei dessen Bildung aus P_R drehen sich die Photorezeptoren um 90°. P_R ist parallel zur Zelloberfläche orientiert, P_{FR} senkrecht dazu. Der Chloroplast dreht sich daher stets von Orten höchster P_{FR}-Konzentration weg (s. Abb. 30.14). Bliebe zu fragen, wodurch die Drehung selbst bewirkt wird. Es sieht so aus, als sei das Aktin daran beteiligt; doch wie das Lichtsignal in Bewegungsenergie umgesetzt wird und wie die Aktinfilamente an Chloroplasten ansetzen, bleibt nach wie vor offen.

Eine orientierte Ausrichtung von Phytochrommolekülen an der Zellperipherie ist nicht auf *Mougeotia* beschränkt. Eine ähnliche Erscheinung liegt der phototropen Reaktion von Farnchloronemen zugrunde.

Andererseits ist Phytochrom – vor allem bei Algen – nicht das dominierende Sensorpigment. Blaulicht hat einen stärkeren Einfluß; mit steigender Wassertiefe nimmt der Anteil kurzwelligen Lichts bekanntlich

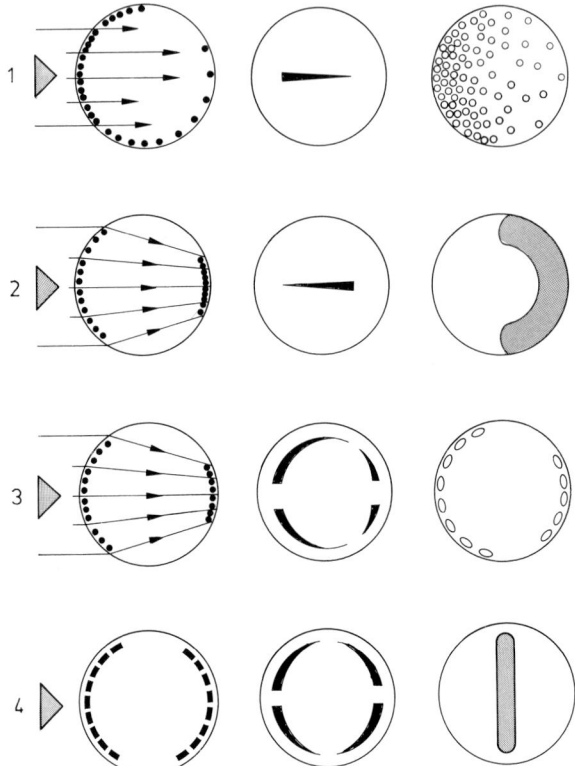

Abb. 30.15. Chloroplastenbewegung. Vier verschiedene Prinzipien zur Erkennung der Lichtrichtung (Lichtrichtungsperzeption). Links: Zellquerschnitt mit oberflächennahe angeordneten Photorezeptormolekülen (Punkte oder Striche), deren Dichte ein Maß für die relative Absorptionsstärke darstellt; Mitte: Daraus resultierender Absorptionsgradient (hell → dunkel), rechts: Orientierung der Chloroplasten in diesem Gradienten. Von oben nach unten: Beschattungsprinzip *(Equisetum*spore), Sammellinsenprinzip *(Hormidium)*, Prinzip des toten Raumes *(Vaucheria)*, Prinzip der dichroitischen Orientierung *(Mougeotia)*. (W. Haupt, 1977)

zu. Das auf langwelliges Licht adaptierte Phytochromsystem hätte keinerlei Vorteile.

Für die Lichtperzeption bei der Chloroplastenbewegung verschiedener Algen und anderer Organismen, sind vier physikalisch unterschiedliche Konzepte erkannt worden (s. Abb. 30.15).

Hochintensitätsreaktionen (HIR), Signalamplifikation; Cryptochrom

Es gibt eine Reihe physiologischer Prozesse, beispielsweise die Anthocyanbildung, die erst bei länger andauernder Bestrahlung aktiviert oder auf maximale Leistung gebracht werden. Das Wirkungsspektrum umfaßt einen weiten Lichtwellenbereich; mehr als man aufgrund der Absorptionsspektren des Phytochroms erwarten dürfte. Offensichtlich wird mehr als nur ein Sensorpigment aktiviert.

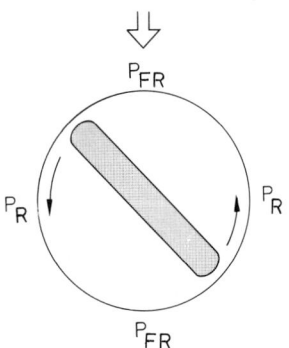

Abb. 30.14. Schematischer Querschnitt durch eine *Mougeotia*zelle, in der das Phytochrom durch Belichtung von oben lokal (räumlich unterschiedliche Verteilung) in P_{FR} umgewandelt wurde. Der Chloroplast orientiert sich im P_{FR}-Gradienten. (W. Haupt, 1970)

K.M. Hartmann (Institut für Biologie, Universität Freiburg) zeigte bereits 1966, daß das Wachstum von Salatkeimlingen durch getrennt gegebenes Licht der Wellenlängen $\lambda = 658$ nm und $\lambda = 768$ nm unwirksam ist, während eine simultane Bestrahlung mit Licht dieser beiden Wellenlängen zu einer Wachstumszunahme führt. Alles weist darauf hin, daß auch diese Reaktionen allein über Phytochrom laufen. Man benötigt nur die Zusatzannahme, daß es außer P_R und P_{FR} weitere Formen: $P_R X$, $P_{FR} X$, $P_R X'$, $P_{FR} X'$ und $P_{FR'} X$ gibt, die reversibel (direkt oder indirekt) ineinander übergehen und in der Zelle in einem Gleichgewicht zueinander stehen.

Demnach sieht es so aus, als gäbe es einen Energietransfer zwischen den Sensorpigmenten (oder deren unterschiedlichen Aktivitätszuständen), wodurch die Empfindlichkeit gegenüber Licht stark moduliert werden kann. Das Signal erfährt dadurch eine Verstärkung (Amplifikation). Das Wirkungsspektrum der Anthocyanbiosynthese weist auf die Existenz weiterer Pigmente hin. Viel spricht für zusätzliche Photorezeptoren für den Blau- und UV-Anteil des Spektrums. Solche sind in der Tat nachgewiesen worden (Cryptochrom [Blaulichtrezeptor] und der UV-B-Photorezeptor), und es konnte gezeigt werden, daß beide modulierend auf das Phytochromsystem einwirken. Für die Pflanze wäre es von Vorteil, weil sie damit exakt und unmittelbar auf die an natürlichen Standorten herrschenden Lichtbedingungen reagieren könnte. Bei Algen stimuliert Blaulicht die Carotinoidsynthese, die Chlorophyllsynthese und den Glucoseabbau; bei einigen marinen Arten wird auch die Thylakoidbildung beeinflußt. Bei *Acetabularia* wirkt es als Zeitgeber der endogenen Rhythmik.

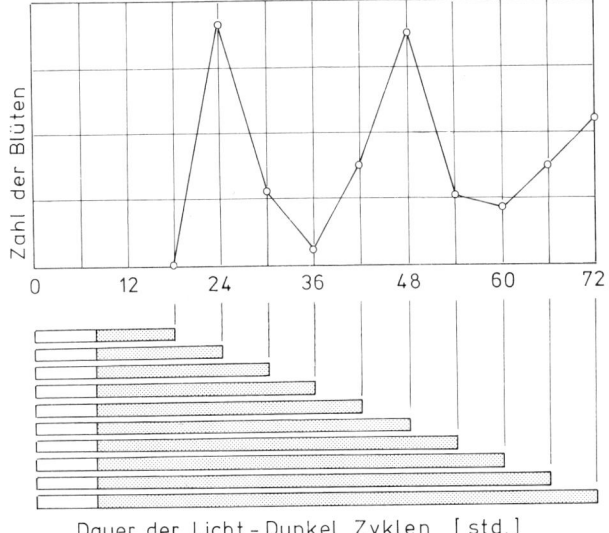

Abb. 30.16. Blütenbildung bei der Sojabohne, die in Zyklen von 10 Stunden Licht und 8–62 Stunden Dunkelheit gehalten wurde. (K.C. Hamner, 1960)

Photoperiodismus und Blühinduktion

Die Photoperiodismusforschung begann vor über 60 Jahren, als festgestellt wurde, daß es Kurztag- und Langtagpflanzen (KTP und LTP) gibt. Nachdem botanische Institute mit Einrichtungen (Klimakammern) zur Kultur von Pflanzen nach einem vorgegebenen Temperatur- und Lichtprogramm ausgestattet waren, setzte die analytische Phase der Aufklärung des Phänomens ein. Dabei zeigte sich, daß nicht die Tageslänge (Lichtphase), sondern vielmehr die Dunkelphase für die Zeitmessung und eine Blühinduktion entscheidend ist. Eine minimale Lichtphase wird allein schon zur Produktion ausreichender Assimilatmengen benötigt. Ferner zeigte sich, daß die Dunkelphase sowohl einen fördernden als auch einen hemmenden Einfluß auf die Blütenbildung ausüben kann und daß beide Effekte durch permanentes Schwachlicht aufgehoben werden können.

M.W. Parker, S.B. Hendricks, H.A. Borthwick und N.J. Scully nahmen 1945 das Wirkungsspektrum der photoperiodischen Reaktion auf und wiesen bereits damals auf die Bedeutung von Rotlicht hin. Wie später gezeigt wurde, steht auch der Photoperiodismus unter der Kontrolle des Phytochromsystems.

K.C. Hamner (University of California, Los Angeles (UCLA)) fand eine Abhängigkeit der Blütenbildung der Kurztagspflanze *Biloxi Soja* (Sojabohne) vom Verhältnis Dunkelperiode zu Lichtperiode. Optimal sind nach achtstündiger Lichtperiode Dunkelphasen von 24 Stunden oder einem Vielfachen davon (s. Abb. 30.16). Einer Dunkelphase braucht nicht unmittelbar eine Lichtphase zu folgen. Es genügt bereits eine kurzzeitige Unterbrechung durch „Störlicht". Die KTP *Kalanchoe blossfeldiana* blüht nicht, wenn das Störlicht zur falschen Zeit geboten wird (s. Abb. 30.17).

Mit dem Beginn einer Lichtperiode setzt eine physiologische Aktivität ein, die photophile Phase beginnt. Nach etwa 9–12 Stunden wirkt jede weitere Lichtzufuhr auf die pflanzliche Entwicklung hemmend. Die Pflanze tritt in ihre skotophile (dunkelheitsliebende) Phase ein. Die nächste photophile Phase beginnt – unabhängig von den tatsächlichen Gegebenheiten eines Nacht-Tag-Wechsels – bereits nach wenigen Stunden (an natürlichen Standorten lange vor Tagesanbruch). Dabei genügt ein reduziertes Lichtprogramm, in dem die Pflanze nur alle 72 Stunden für wenige Stunden Licht erhält, um den Wechsel von skotophiler und photophiler Phase zu synchronisieren. Vermerkt sei, daß die endogene Rhythmik (s. Kap. 32) maßgeblich zur Aufrechterhaltung eines ca. 24stündigen Rhythmus (circadiane Rhythmik) beiträgt. Der Photoperiodismus entscheidet im wesentlichen über die relativen Anteile der beiden genannten Phasen während eines 24-Stunden-Zeitabschnitts.

In der Abbildung 30.18 sind die bei Belichtung und

427

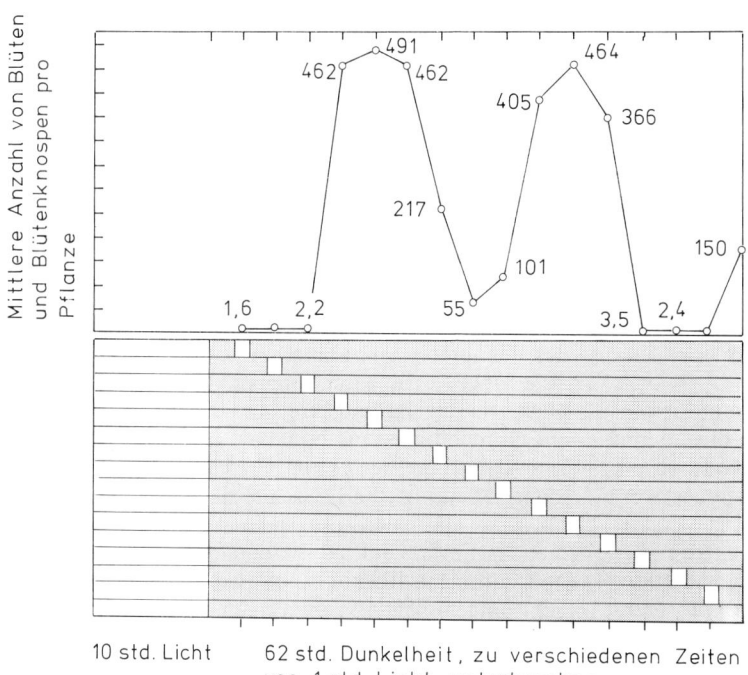

Mittlere Anzahl von Blüten und Blütenknospen pro Pflanze

10 std. Licht   62 std. Dunkelheit, zu verschiedenen Zeiten von 1 std. Licht unterbrochen

Dunkelheit ablaufenden Prozesse in einer KTP modellhaft wiedergegeben. Das Modell besagt, daß der Vorrat an P_{FR} am Ende einer photophilen Phase durch forcierten Abbau und mangelnden Nachschub erschöpft ist, so daß die Pflanze gar kein Licht mehr wahrnehmen kann. Da Wachstum und Differenzierung aber darauf angewiesen sind, stagnieren ihre physiologischen Aktivitäten. Sie braucht die Dunkelphase, um den Pool an P_R aufzufüllen. Andererseits steigt jener auch nicht ins Unermeßliche, sondern wird bei langandauernder Dunkelheit wieder abgebaut, so daß die skotophile Phase periodisch immer wiederkehren muß.

Die Zeitmessung ist an die circadiane Rhythmik, nicht an das Phytochromsystem gekoppelt; einen Photoperiodismus gibt es auch bei Tieren, ein Phytochromsystem besitzen sie jedoch nicht, weshalb sie Zeit nach einer anderen Methode messen müssen.

Zusammenfassend lassen sich die Unterschiede zwischen KTP und LTP unter Berücksichtigung der Phytochromwirkung auf folgenden Nenner bringen (nach H. Mohr und P. Schopfer, 1978):

LTP: Kurztag + ausreichend P_{FR} (in der Mitte der skotophilen Phase)
$\longrightarrow$ Blühhormonbildung.

KTP: Kurztag + ausreichend P_{FR} (in der Mitte der skotophilen Phase)
$\longrightarrow$ keine Blühhormonbildung.

Der qualitative Unterschied in der Reaktion auf das gleiche Signal ist genetisch festgelegt.

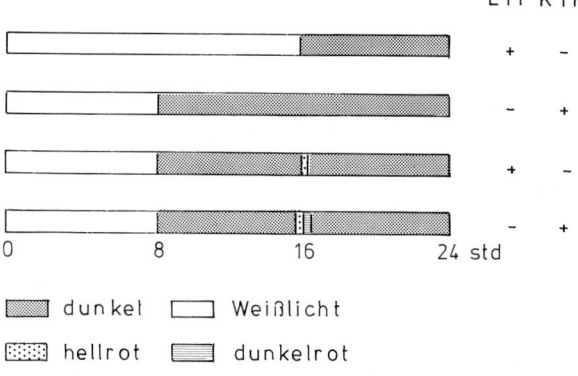

LTP KTP

+ −

− +

+ −

− +

0   8   16   24 std

▨ dunkel   ☐ Weißlicht
▨ hellrot   ▤ dunkelrot

Abb. 30.18. Störlichtwirkung. Blütenbildung ist durch ein + angezeigt; keine Blütenbildung − *1* Langtag, 16 Stunden Licht, 8 Stunden Dunkelheit täglich – Langtagpflanze blüht, Kurztagpflanze vegetativ. *2* Kurztag, 8 Stunden Licht, 16 Stunden Dunkelheit, LTP vegetativ, KTP blüht. *3* Die lange Dunkelphase des Kurztags unterbrochen, mit hellrotem Licht, LTP blüht, KTP vegetativ. *4* Wie (3), jedoch unmittelbar nach der Hellrotapplikation mit Dunkelrot belichtet. Die Hellrotwirkung wird aufgehoben, LTP bleibt vegetativ, KTP blüht. (A. Lang, 1984)

Blühhormon oder Florigen

Es gibt in der ganzen Botanik keine Substanz, nach der so lange ergebnislos gefahndet wurde wie nach dem Blühhormon oder Florigen. Zumindest den Namen hat sie erhalten, und ihre Existenz ist durch Pfropfversuche ebenfalls gesichert. Für die Kontrolle der Blütenbildung ist das in Blättern lokalisierte Phytochrom erforderlich. In den Blättern erfolgt auch die Konditionierung, d.h., hier entsteht das Signal zur Blühinduktion oder zu einer Unterdrückung der Blütenbildung. Die Mehrzahl der mittlerweile klassisch gewordenen Pfropfversuche wurde an *Nicotiana*-Arten durchgeführt.

Nicotiana sylvestris ist eine LTP, *Nicotiana tabacum,* var. Maryland Mammoth (M.M.) eine KTP, die meisten der übrigen *Nicotiana-tabacum*-Sorten reagieren tagneutral.

Wird z.B. *Nicotiana sylvestris* unter Kurztagbedingungen kultiviert, unterbleibt die Blütenbildung, wird auf die Pflanze (den Empfänger) ein Blatt (Spender) von *Nicotiana tabacum,* M.M., die unter Kurztagbedingung aufwuchs, gepfropft, wird *Nicotiana sylvestris* zum Blühen stimuliert.

Das bedeutet, daß im *Nicotiana-tabacum*-M.M.-Blatt eine Substanz gebildet wurde, die nach der Pfropfung auf die Pfropfunterlage (den Empfänger) übertragen wurde und dort Blütenbildung hervorrief. Damit war der Beweis für die stoffliche Natur des Florigens erbracht. Es läßt sich auch das umgekehrte Experiment ansetzen: Ein *Nicotiana-tabacum*-M.M.-Empfänger blüht unter Langtagbedingungen unter dem Einfluß eines *Nicotiana-sylvestris*-Spenders. Vergleichbare Ergebnisse lassen sich durch Pfropfungen zwischen *Nicotiana tabacum* M.M. und einer Art aus der Gattung *Hyoscyamus* (einer LTP) erzielen, ähnliche Versuche sind auch mit anderen Arten aus mehreren Familien durchgeführt worden. Die Ergebnisse passen in ein konfliktfreies Schema.

Zusammenfassend lassen sich daher die folgenden Schlußfolgerungen ziehen (A. Lang, MSU-DOE Plant Research Laboratory, East Lansing, 1984):

(1) In den Blättern von Pflanzen entsteht eine hormonartige Substanz (Florigen), oder vielleicht ein Komplex von Substanzen, die zu den Sproßmeristemen geleitet wird und diese zum Übergang von vegetativem Wachstum zur Blütenbildung veranlaßt.

(2) Florigen ist nicht artspezifisch. Es läßt sich zwischen Individuen einer Art, zwischen Individuen einer Gattung, und Individuen aus verschiedenen Gattungen übertragen.
Die Grenze der Übertragbarkeit wird offenbar nur durch die Pfropfverträglichkeit gesetzt. Wichtig scheint eine gute Verbindung der Phloeme beider Partner zu sein. (Bei Monokotyledonen sind Pfropfungen sehr schwierig zu bewerkstelligen, eine Florigenübertragung durch Pfropfung gelang noch nicht; es gibt aber andere Verfahren, durch die gezeigt wurde, daß es auch dort benötigt wird.)

(3) Florigen ist nicht spezifisch im physiologischen Sinn. Es läßt sich zwischen Langtag-, Kurztag- und tagneutralen Pflanzen in beliebiger Richtung „austauschen". Mit großer Wahrscheinlichkeit ist es bei allen Pflanzen identisch.

Der Hauptunterschied zwischen Kurztag- und Langtagpflanzen liegt darin, daß die Florigenproduktion nur unter einem bestimmten (induktiven) Lichtprogramm erfolgt, welches in den beiden Fällen unterschiedlich ist.

Neben der induzierenden Wirkung scheint es bei einigen LTP eine ebenfalls übertragbare Substanz zu geben, die unter Kurztagbedingungen gebildet wird, eine Blütenbildung unterdrückt und daher Antiflori-

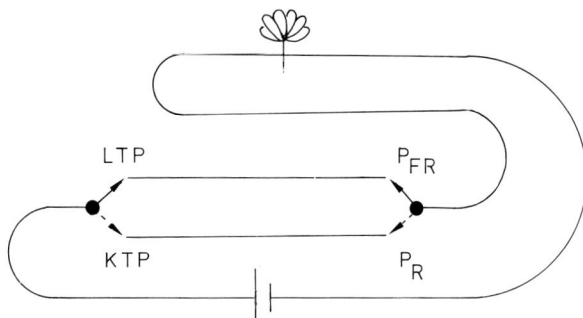

Abb. 30.19. Gegensätzliches Verhalten von Lang- und Kurztagpflanzen gegenüber der Tageslänge. Modell in Analogie zu einem Stromkreis mit zwei Leitungen und zwei Schaltern. Links der genetisch bedingte Schalter, rechts der Phytochromschalter: für Blütenbildung muß er bei einer LTP auf P_{FR}, bei einer KTP auf P_R stehen. (A. Lang, 1984)

gen genannt wird. Die Reaktion ist schwach und nicht in allen Kombinationen nachweisbar.

Florigen und Antiflorigen scheinen Antagonisten zu sein. Die Blütenbildung hängt dabei im wesentlichen vom Verhältnis der beiden Substanzen zueinander ab.

Wie kann man sich das Zusammenwirken von Florigen und Phytochrom erklären? A. Lang versucht es durch eine Analogie mit dem Modell eines Stromkreises mit alternativer Parallelschaltung (s. Abb. 30.19). Demnach muß für Blütenbildung der „Phytochromschalter" bei einer LTP auf P_{FR}, bei einer KTP auf P_R stehen. In dieser einfachen Form kann das Schema die Produktion und Nichtproduktion von Florigen erklären. Für tagneutrale Pflanzen wäre anzunehmen, daß beide Leitungen funktionell sind.

Literatur

Adamson, H.Y., R.G. Hiller and M. Vesk: Chloroplast development and the synthesis of chlorophyll a and b and chlorophyll protein complexes I and II in the dark in *Tradescantia albiflora* (Kunth). Planta (Berl.) *150,* 269–274 (1980)

Blaauw, A.H.: Die Perzeption des Lichts. Rec. Trav. Bot. Neerl. *5,* 209–272 (1909)

Blaauw, A.H.: Licht und Wachstum. Zeitschr. Bot *7,* 465–532 (1915)

Bünning, E.: Common features of photoperiodism in plants and animals. Photochem. and Photobiol. *9,* 219–228 (1969)

Colbert, J.T., H. Hershey and P.H. Quail: Autoregulatory control of translatable phytochrome mRNA levels. Proc. Natl. Acad. Sci. US. *80,* 2248–2252 (1983)

Cordonnier, M.-M., C. Smith, H. Greppin and L.H. Pratt: Production and purification of monoclonal antibodies to *Pisum* and *Avena* phytochrome. Planta (Ber.) *158,* 369–376 (1983)

Diehn, B.: Phototaxis and sensory transduction in *Euglena.* Science *181,* 1009–1015 (1973)

Drumm, H. and H. Mohr: The mode of interactions between blue (UV) light photoreceptor and phytochrome in anthocyan formation of the *Sorghum* seedlings. Photochem. and Phytobiol. *27*, 241–248 (1978)

Galston, A.W.: Plant photobiology in the last half-century. Plant Physiol. *54*, 427–436 (1974)

Gressel, J.: Blue light photoreception. Photochem. and Photobiol. *30*, 749–754 (1979)

Hamner, K.C.: Photoperiodism and circadian rhythms. Cold Spring Harbor Symp. Quant. Biol. *25*, 269–277 (1960)

Hartmann, K.M.: A general hypothesis to interpret high energy phenomena of photomorphogenesis on the basis of phytochrome. Photochem. and Photobiol. *5*, 349–366 (1966)

Haupt, W., G. Mörtel and I. Winkelnkemper: Demonstration of different dichroic orientation of phytochrome P_R and P_{FR}. Planta (Berl.) *88*, 183–186 (1969)

Haupt, W.: Localization of phytochrome in the cell. Physiol. Vég. *8*, 551–563 (1970)

Haupt, W.: Über den Dichroismus von Phytochrom 660 und von Phytochrom 730 bei *Mougeotia*. Z. Pflanzenphysiol. *62*, 287–298 (1970)

Haupt, W.: Bewegungsphysiologie der Pflanzen. Stuttgart: G. Thieme Verlag, 1977

Hendricks, S.B., H.A. Borthwick: Photocontrol of plant development by the simultaneous excitation of two interconvertible pigments. Proc. Natl. Acad. Sci. US. *45*, 344–349 (1959)

Hendricks, S.B., H.A. Borthwick: The function of phytochrome in the regulation of plant growth. Proc. Natl. Acad. Sci. US. *58*, 2125–2130 (1967)

Hershey, H.P., J.T. Colbert, J.L. Lissemore, R.F. Barker, P.H. Quail: Molecular cloning of cDNA for *Avena* phytochrome. Proc. Natl. Acad. Sci. US. *81*, 2332–2336 (1984)

Lang, A., G. Melchers: Die photoperiodische Reaktion von *Hyoscyamus niger*. Planta *33*, 653–702 (1943)

Lang, A.: Die photoperiodische Regulation von Förderung und Hemmung der Blütenbildung. Ber. Deutsch. Bot. Ges. *97*, 293–314 (1984)

Leong, T.-Y., W.R. Briggs: Partial purification and characterization of a blue light sensitive cytochrome-flavin complex from corn membranes. Carnegie Inst. Washington Yearb. *79*, 131–134 (1980)

Mancinelli, A.L.: Light-dependent anthocyanin synthesis: A model system for the study of plant photomorphogenesis. Bot. Review *51*, 107–157 (1985)

Melchers, G.: Die Wirkung von Genen, tiefen Temperaturen und des blühenden Pfropfpartners auf die Blühreife von *Hyoscyamus niger* L. Biol. Zbl. *57*, 568–614 (1937)

Melchers, G. und A. Lang: Weitere Untersuchungen zur Frage der Blühhormone. Biol. Zbl. *61*, 16–39 (1941)

Melchers, G. und A. Lang: Die Physiologie der Blütenbildung. Biol. Zbl. *67*, 105–174 (1948)

Mitrakos, K., W. Shropshire (eds.): Phytochrome. New York, London: Academic Press, 1977

Mohr, H.: Lectures on photomorphogenesis. Berlin–Heidelberg–New York: Springer Verlag, 1972

Mohr, H., Schopfer, P.: Lehrbuch der Pflanzenphysiologie. Berlin–Heidelberg–New York: Springer Verlag, 1978 (3. Aufl.)

Mohr, H., W. Shropshire: An introduction to photomorphogenesis for the general reader. in: „Photomorphogenesis" (W. Shropshire, H. Mohr, eds.) S. 24–38. (Encyclop. Plant Physiology 16) Berlin–Heidelberg–New York: Springer Verlag, 1983

Morelli, G., F. Nagy, R.T. Fraley, S.G. Rogers and N.-H. Chua: A short conserved sequence is involved in the lightinducibility of a gene encoding ribulose 1,5-bisphosphate carboxylase small subunit of pea. Nature *315*, 200–204 (1985)

Quail, P.H.: Phytochrome: a regulatory photoreceptor that controls the expression of its own gene. Trends in Biochem. Sciences 9, 450–453 (1984)

Parker, M.W., S.B. Hendricks, H.A. Borthwick, N.J. Scully: Action spectra for photoperiodic control of floral initiation in short-day plants. Bot. Gaz. *108*, 1–26 (1946)

Pfeffer, W.: Pflanzenphysiologie. Leipzig: Verlag von W. Engelmann, 1904 (2. Aufl)

Rüdiger, W., F. Thümmler, E. Cmiel and S. Schneider: Chromophore structure of the physiologically active form (P_{fr}) of phytochrome. Proc. Natl. Acad. Sci. US. *80*, 6244–6248 (1983)

Saunders, M.-J., M.M. Cordonnier, B.A. Palevitz, L.H. Pratt: Immunofluorescence visulization of phytochrome in *Pisum sativum* L. epicotyls using monoclonal antibodies. Planta *159*, 545–553 (1983)

Schopfer, P., H. Oelze-Karow: Nachweis einer Schwellenwertregulation durch Phytochrom bei der Photomodulation des Hypokotylstreckungswachstums von Senfkeimlingen *(Sinapis alba)*. Planta *100*, 167–180 (1971)

Senger, H. (ed.): The blue light syndrome. Berlin–Heidelberg–New York: Springer Verlag, 1980

Senger, H.: The effect of blue light on plants and microorganisms. Photochem. and Photobiol. *35*, 911–920 (1982)

Shropshire, W. and H. Mohr (eds.): Photomorphogenesis (Encyclop. Plant Physiology 16) Berlin–Heidelberg–New York: Springer Verlag, 1983

Silverthorne, J. and E.M. Tobin: Demonstration of transcriptional regulation of specific genes by phytochrome action. Proc. Natl. Acad. Sci. US. *81*, 1112–1116 (1984)

Smith, H. (ed.): Light and plant development. London, Boston: Butterworth, 1976

Takimoto, A. and H. Saji: A role of phytochrome in photoperiodic induction: two-phytochrome-pool theory. Physiol. Plant. *61*, 675–682 (1984)

Vierstra, R.D. and P.H. Quail: Native phytochrome: inhibition of proteolysis yields a homogeneous monomer of 124 kilodaltons from *Avena*. Proc. Natl. Acad. Sci. US. *79*, 5272–5276 (1982)

31. Phytohormone (Pflanzenhormone) und andere Wachstumsregulatoren

Zur Begriffsklärung: Das Hormonkonzept im Tierreich

Hormone sind Botenstoffe. Sie werden von Zellen gebildet, sezerniert, und sie steuern die Aktivität anderer Zellen an entfernten Orten im Organismus. Die Hormonforschung befaßte sich zunächst ausgiebig mit tierischen Hormonen, deren Bedeutung für die Regulation des Stoffwechsels, für die Integration unterschiedlichster Funktionen im Organismus, und für die Kontrolle des Wachstums schnell erkannt wurde. Die Aktivitäten des Hormonsystems wiederum stehen unter der Kontrolle des Zentralnervensystems, das sämtliche Funktionen im Organismus koordiniert.

Die raschen Fortschritte und die Anwendung der Erkenntnisse in der medizinischen Forschung erlaubten es, einige Definitionen und Konzepte zu formulieren, um den Begriff Hormon besser fassen zu können.

Im klassischen Sinne sind Hormone Substanzen, die in bestimmten Geweben (Drüsen) gebildet werden, von dort in die Blutbahn gelangen und dadurch zu den Wirkorten (Zielorganen, Erfolgsorganen) transportiert werden. Sie werden dort erkannt und leiten eine spezifische Reaktion ein. Man bezeichnet sie daher auch als Effektoren.

Hormoninduzierte Reaktionen sind zwei Kategorien zuzuordnen:
(1) Reversible Reaktionen von Stoffwechselaktivitäten; Einstellung des Zellstoffwechsels auf den jeweiligen Bedarf des Organismus. Typisches Beispiel: Insulin steuert (senkt) den Blutzuckerspiegel auf einen gegebenen Sollwert.
(2) Irreversible Steuerung von Wachstums- und Differenzierungsvorgängen. Dazu zwei Beispiele: (a) Nicht ausreichende Mengen an Wachstumshormon führen zu Zwergwuchs. (b) Das Hormon Haematopoietin induziert die terminalen Schritte der Erythrozytendifferenzierung.

Hormone gehören verschiedenen Stoffklassen an; zu unterscheiden wäre vor allem zwischen den Peptid- und den Steroidhormonen. Die spezifische Wirkung auf Zellen der Erfolgsorgane beruht ausschließlich auf der Tatsache, daß nur sie über die notwendigen spezifischen Hormonrezeptoren verfügen. Das sind in der Regel Proteine, die ihre Konformation und Aktivität nach Hormonbindung ändern, somit ein Signal zur Steuerung des Zellstoffwechsels geben. Die rezeptorhaltigen Zellen allein sind demnach Signalempfänger.

Vielfach sind die Hormonrezeptoren an Zelloberflächen exponiert. Der gebundene Effektor dringt daher nicht in die Zelle ein, vielmehr stimuliert seine Bindung an den Rezeptor die Synthese eines intrazellulären *Second messengers,* z.B. von zyklischem AMP (cAMP), das seinerseits Stoffwechselaktivitäten steigert oder reduziert. Ein entscheidender Vorteil dieses Konzepts liegt in einer Verstärkerfunktion (Bildung einer Kaskade). Wohl alle Peptidhormone wirken auf diese Weise. Einige Steroidhormone, z.B. das Östrogen, hingegen dringen in die Zellen ein, werden von einem intrazellulären Rezeptor erkannt, in den Zellkern transportiert und steuern dort selektiv die Expression einer Gruppe von Genen.

Je intensiver man sich mit Hormonen befaßte, desto mehr unterschiedliche Typen wurden erkannt und desto mehr kam das ursprüngliche Dogma der Trennung zwischen Syntheseort und Erfolgsorgan ins Wanken. Es gilt nach wie vor für eine ganze Reihe (recht bekannter) Hormone, doch lange nicht für alle. Neurohormone z.B. werden von Neuronen produziert und wirken auf Neuronen. Chalone sind Effektoren mit zellteilungshemmender Funktion. Sie werden beispielsweise von Epithelzellen produziert und steuern die Teilungsrate jener Zellen.

Hormone in Pflanzen

Mit den dargelegten Konzepten kommt man bei Pflanzen in Schwierigkeiten. Einmal, weil es im pflanzlichen Organismus kein so effizientes Stoff- und Informationstransportsystem wie den Blutkreislauf gibt, zum anderen, weil kein Hormon isoliert werden konnte, das allen genannten Kriterien gerecht wird, und drittens, weil es in Pflanzen kein zentrales Kontrollorgan gibt, das, wie das Zentralnervensystem der Tiere, sämtliche physiologischen Aktivitäten integriert und koordiniert.

Dennoch gibt es auch bei Pflanzen ein geregeltes Wachstum, klar determinierte Differenzierungsschritte, unterschiedliche Stoffumsatzraten in Zellen und – zumindest in Grenzen – eine Kommunikation der

Zellen untereinander. Zwar stört dabei die Zellwand, doch ist sie in regelmäßigen Abständen durchbrochen, so daß ein Materialaustausch zwischen benachbarten Zellen gewährleistet ist.

Die Suche nach geeigneten Regulatormolekülen blieb nicht ohne Erfolg. Man kennt heute Effektoren, die mindestens fünf Molekülklassen zugeordnet werden können:

Auxine,
Cytokinine,
Gibberelline,
Abscisinsäure und
Äthylen.

Wenngleich gewisse klassische Definitionen nicht zutreffen, spricht man von pflanzlichen Hormonen oder Phytohormonen. Wer vorsichtiger sein möchte, kann auch von Wachstumsregulatoren sprechen. Wie dem auch sei, die Stoffe und eine Reihe ihrer Eigenschaften sind bekannt, und wir wissen, daß ohne sie kein geregeltes pflanzliches Wachstum stattfinden kann.

Phytohormone sind ausnahmslos kleine Moleküle. Ihre Ausbreitung im Gewebe erfolgt von Zelle zu Zelle (z.B. beim Auxin), über Leitbündel (z.B. bei Cytokininen) oder über den interzellulären Gasraum (Interzellularen) (z.B. Äthylen).

Eine Anzahl von Befunden weist darauf hin, daß Phytohormone in Zellen eindringen und intrazellulär Vorgänge regulieren, doch weiß man so ziemlich gar nichts über ihre intrazelluläre Verteilung oder über den Transport von einem Kompartiment ins andere. Es bleibt auch offen, ob sie (wie manche sekundären Pflanzenstoffe) in dem einen oder dem anderen Kompartiment gespeichert werden und ob sie durch Freisetzung verfügbar und damit biologisch aktiv werden können.

Das Konzept des *Second messengers* schien für Pflanzenzellen nicht zu gelten; cAMP (cyclisches AMP) wurde zwar nachgewiesen, doch von wenigen Ausnahmen abgesehen (s. Kap. 46) weiß man nur wenig über seine Funktion. Um so deutlicher zeichnet es sich aber ab, daß Calciumionen (Ca^{2+}) dort diese Aufgabe wahrnehmen.

Es gilt die Regel, daß alle bekannten Phytohormone ein sehr breites und komplexes Wirkungsspektrum zeigen. Einige der Wirkungen treten im Experiment unmittelbar nach einer Hormonapplikation ein, andere erst Stunden später. Aus Befunden dieser Art hat man versucht, Rückschlüsse auf den Wirkungsmechanismus zu ziehen. Bei schnell wirkenden Reaktionen nimmt man an, daß Aktivitäten vorhandener Enzyme oder Membraneigenschaften verändert werden. Bei Wirkungen, die erst Stunden später sichtbar werden, liegt der Schluß nahe, daß die Genexpression (Transkription, Translation) betroffen ist. Doch in keinem Fall wurde eine lückenlose Beweiskette für die Wirkung eines Hormons auf molekularer Ebene erbracht.

Oft sieht es so aus, als würden Differenzierungsprozesse weniger durch eine einzelne Substanz als vielmehr durch ein komplex ausbalanciertes Gleichgewicht gleichzeitig anwesender Regulatormoleküle und externer Faktoren (Licht bestimmter Wellenlänge, Temperatur, Nährstoffangebot usw.) gesteuert. In einigen Fällen liegen Hinweise darauf vor, daß Hormone als Mittler zwischen einem externen Signal und einer physiologischen Aktivität (Antwort der Zelle) zwischengeschaltet sind. Phytohormone wirken teils synergistisch (gleichgerichtet), teils antagonistisch (einander entgegengesetzt).

Die Zahl unterschiedlicher Phytohormone ist im Vergleich zur Zahl der bei Tieren nachgewiesenen Hormone relativ niedrig. Andererseits weiß man, daß vor allem die makromolekularen Hormone tierischen Ursprungs nur über ein sehr eingeschränktes Wirkungsspektrum verfügen. Die Ursache hierfür ist in der Selektivität und der zell- und gewebespezifischen Verbreitung der zugehörigen Rezeptoren zu suchen, während die Rezeptoren für Phytohormone offensichtlich weit verbreitet sind und sich in den einzelnen Zelltypen oder Entwicklungsstadien vornehmlich durch ihre (insgesamt niedrigen) Affinitäten zum Hormon voneinander unterscheiden.

In der Phytohormonforschung hat man sich vornehmlich mit den Hormonen selbst, ihrer Synthese, ihrer Verteilung in Geweben, ihrer Verlagerung und ihren physiologischen Wirkungen befaßt. Den Rezeptoren hingegen wurde bislang wenig Beachtung geschenkt. Das führte allerdings dazu, daß manche der Beobachtungen konzeptionell nicht zu deuten waren, nicht unwidersprochen sind, nur für bestimmte Pflanzenarten gelten und nicht auf andere übertragbar sind.

Erst kürzlich (1982, 1983) wies A.J. Trewavas (Department of Botany, University of Edinburgh) erneut darauf hin, daß das Studium der Phytohormone allein nur wenig aussagekräftig ist, nur die eine Seite einer Münze beschreibt. Er räumt der Empfindlichkeit der Zellen gegenüber den Hormonen (und anderen Faktoren) eine weit höhere Bedeutung ein. Empfindlichkeit ist dabei als das Vorhandensein oder die Erreichbarkeit der einschlägigen Rezeptoren zu verstehen.

Etliche der Ungereimtheiten in der Literatur ließen sich eher verstehen, wenn man die Empfindlichkeitsschwellen der Zellen besser kennen würde als die Hormonkonzentrationen in den Zellen. Beides ist schwer zu messen, denn es gibt immer noch keinen biologischen Test, um die Wirkung eines zugeführten Hormons quantitativ zu erfassen oder den Schwellenwert zu bestimmen. In mehreren Fällen war, lange Zeit nachdem eine hormoninduzierte Aktivität ihr Maximum überschritten hatte, noch ein Anstieg der Hormonkonzentration zu verzeichnen, ohne daß sich die Zunahme physiologisch ausgewirkt hätte.

Viele der Dosis-Effekt-Funktionen (einige davon sind in Abbildungen auf den folgenden Seiten wiedergegeben) wurden mit Hormonkonzentrationen erzielt, die sich über vier bis fünf Größenordnungen erstreckten. Die in Zellen gemessenen Konzentrationsänderungen überschreiten aber nur selten das zwei- bis 10fache der stets vorhandenen Menge.

Über Hormonkonzentrationen ließe sich keine Stabilität der pflanzlichen Entwicklung aufrechterhalten. Die Transportgeschwindigkeit im Leitbündelsystem ist von der Transpiration abhängig (Wasserangebot, Temperatur, artspezifische Unterschiede). Es ist ein gesteuerter Prozeß, nicht ein geregelter wie der Transport *via* Blutkreislauf der Tiere (Rückkopplung!)

Die Hormonkonzentration in Leitbündelsystemen ist daher vom Angebot verschiedener Faktoren abhängig, ohne daß die Werte konstant gehalten werden können.

Trotz dieser Einschränkungen in der Aussagekraft der Ergebnisse ist das in den letzten Jahrzehnten angesammelte Wissen über Phytohormone ein wichtiger Schritt auf dem Weg zum Verständnis der pflanzlichen Entwicklung und ihrer Regulation. Chemisch sind die Phytohormone den sekundären Pflanzenstoffen zuzuordnen. Außer den fertigen Hormonen findet man in den Zellen Intermediär- und Abbauprodukte. Obwohl jene biologisch inaktiv zu sein scheinen, bleibt die Frage, ob sie nicht den Grad der Hormonwirkung modulieren können. Ebenso unklar ist, inwieweit andere Substanzen, denen man bislang keine hormonspezifische Funktion zuschreiben konnte, wachstumsfördernd oder wachstumshemmend wirken. Mit dem Einsatz hochempfindlicher Trenn- und Nachweisverfahren, wie der Gaschromatographie, der HPLC *(high pressure liquid chromatography)*, der Massenspektroskopie, dem Flammenionisationsdetektor, der Autoradiographie und dem Radioimmuntest trat die Hormonforschung in eine neue analytische Phase ein. Nahezu alle Untersuchungen sind an Angiospermen durchgeführt worden, und obwohl das eine oder das andere Hormon auch bei niederen Pflanzen (Moosen, Algen u.a.) nachgewiesen wurde, wissen wir nahezu nichts über hormonelle Wirkungen in z.B. primitiven ein- oder wenigzelligen Arten. Man sollte sich deshalb davor hüten, die an Angiospermen belegten Aussagen kritiklos auf niedere Pflanzen zu übertragen. Daraus folgt, daß wir auch nichts über die Evolution des Hormonsystems aussagen können. Wie wir nachfolgend noch sehen werden, wirken Hormone an Differenzierungsprozessen vielzelliger Gewebe mit. Bedeutet das, daß sie erst nach Entwicklung vielzelliger Pflanzen zur Wirkung kommen konnten, oder war es genau umgekehrt: waren ihr Vorhandensein und das Vorhandensein der entsprechenden Signalerkennungsvorrichtungen eine Voraussetzung zur Entstehung der Vielzelligkeit und von unterschiedlich differenzierten Geweben in Pflanzen? Substanzen, die den Phytohormonen ähneln, teilweise sogar mit ihnen identisch sind, wurden auch in Mikroorganismen und in Pilzen gefunden. Demnach scheint das genetische Potential zu ihrer Bildung sehr alt zu sein, doch das allein sagt noch nichts über die Wirkung dieser Substanzen.

Den Hormonen ähnliche Wirkungen zeigen zahlreiche synthetisch hergestellte Wachstumsregulatoren. Diese spielen in der modernen Landwirtschaft und im Gartenbau als Unkrautvertilgungsmittel oder Wachs-

tumsstimulus eine entscheidende wirtschaftliche, wegen ihrer Gefährlichkeit und der Toxizität der im industriellen Herstellungsprozeß anfallenden Nebenprodukte (z.B. Dioxin) eine brisante politische Rolle.

Auxine

Koleoptilen von Gräsern (z.B. die des Hafers, die *Avena*-Koleoptile) sind beliebte Versuchsobjekte der Pflanzenphysiologie. Bei Belichtung einer wachsenden Koleoptile von der Seite, wächst diese in Richtung des einfallenden Lichts weiter. Dieser Vorgang ist bei Pflanzen verbreitet und als Phototropismus bekannt (siehe folgendes Kapitel). In seinem Werk über „Das Bewegungsvermögen der Pflanzen" sprach C. Darwin 1880 der Koleoptilspitze eine entscheidende Rolle bei der Erkennung des Lichtreizes zu und beobachtete, daß die eigentliche Krümmung in einer Zone unterhalb der Spitze erfolgte. Folglich schloß er, daß es eine „Reizleitung" im Gewebe geben müsse. Pflanzenanatomische Untersuchungen ergaben, daß das Wachstum zum Licht auf einem Streckungswachstum von Zellen auf der dem Licht abgewandten Seite beruht. Wird die Koleoptilspitze entfernt, unterbleibt die phototrope Reaktion. Durch Wiederaufsetzen der abgeschnittenen Spitze kann sie jedoch erneut induziert werden. Der Versuch weist auf die Existenz einer Substanz hin, die polar (von oben nach unten: basalwärts, basipetal) wandert und das Streckungswachstum verursacht.

Der dänische Botaniker P. Boysen-Jensen unterbrach den vermeintlichen Stofftransport durch Einsetzen eines Glimmerplättchens an der lichtabgewandten Seite und trennte damit die Koleoptilspitze und das darunterliegende Gewebe (1913). Das Ergebnis: Die phototrope Reaktion unterblieb. Folglich gibt es keinen Transport eines Effektors „um die Ecke herum". In Kontrollversuchen, in denen das Glimmerplättchen an der belichteten Stelle oder senkrecht zur Achse eingesetzt wurde, blieb die Reaktion erhalten.

Ende der zwanziger Jahre wurde die stoffliche Natur des Effektors durch den holländischen Pflanzenphysiologen F. Went endgültig sichergestellt. Er ging davon aus, daß eine wandernde Substanz auch in einen Gelatineblock einwandern müsse, und setzte daher abgeschnittene Koleoptilspitzen mit der Schnittstelle auf kleine Gelatineblöcke. Einige Zeit danach entfernte er die Spitzen und setzte die Blöcke, von denen er annahm, daß sie den Effektor aufgenommen hatten, auf dekapitierte Koleoptilen (s. Abb. 31.1). Über die Durchführung des entscheidenden Experiments schreibt er:

„When I removed the tip after an hour and placed the gelatine cube on one side of the seedling, nothing happened at first. But in the course of the night, the stump started to curve away from the gelatine block. It had acquired the capacity of the stem tip to grow! At 3 : 00 A.M. on April 17, 1926" (zitiert aus F.B. Salisbury, C.W. Ross: Plant Physiology. Belmont/Cal: Wadsworth Publ. Comp. 1978, 2. Aufl.)

433

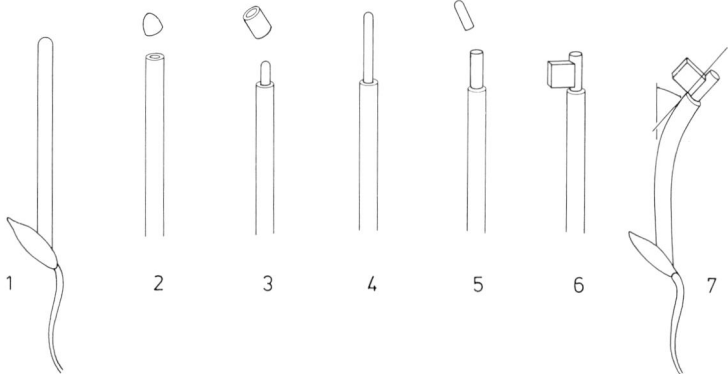

Abb. 31.1. *Avena*-Koleoptiltest. *1* Etiolierte Koleoptile; *2* Entfernen der Spitze (1 mm); *3* Zweite Dekapitation (2–4 mm); *4* Abziehen des Primärblattes; *5* Abschneiden der Spitze; *6* Aufsetzen eines Gelatineblocks; *7* Messung des Krümmungswinkels nach ca. 90 Minuten.

Went nannte den Effektor Auxin (oder Wuchsstoff). Chemisch erwies er sich als Indol-3-Essigsäure (IES, s. Abb. 31.2a), und wie die Formel vermuten läßt, ist er ein Tryptophanderivat. In Zellen liegt er in Konzentrationen von 10^{-8}–10^{-6} Mol/l vor. IES und ähnliche Verbindungen (Auxin ist ein Sammelname) sind, wie wir heute wissen, in grünen Pflanzen (und in Pilzen) weitverbreitet. So wurden in unreifen Erbsensamen (und Samen anderer Pflanzen) z.B. Methyl-4-Chloroindol-3-Acetat, 4-Chloroindol-3-Acetat und Indolacetylaspartat nachgewiesen (s. 31.2 b, c). Oft sind Auxine glykosyliert oder an Proteine gebunden.

Die Raten von Auf- und Abbau sowie die Modifizierbarkeit von IES determinieren die Konzentration der physiologisch aktiven Form in der Zelle.

In den letzten Jahren sind eine Anzahl von IES-Analogen synthetisiert und auf ihre Hormonwirksamkeit hin überprüft worden, wobei sich herausstellte, daß eine hormonell wirksame Substanz drei Strukturmerkmale aufweisen muß:

(1) Im Molekül muß ein Ringsystem mit mindestens einer Doppelbindung vorliegen.
(2) Der Doppelbindung benachbart, muß eine Seitenkette vorhanden sein.
(3) Es wird eine Karboxylgruppe benötigt, die durch ein oder zwei C-Atome vom Ringsystem getrennt ist.

Diese Bedingungen führten zu einigen Anhaltspunkten über die Struktur der Bindungsstelle(n). Demnach muß es am Rezeptormolekül zwei voneinander getrennte Kontaktstellen geben.

Die Ausbreitung von Auxin in pflanzlichen Geweben erfolgt nach einigen klar erkennbaren Regeln, die darauf schließen lassen, daß ein aktiver Transport vorliegt. Das heißt, daß es, außer dem oder den Rezeptoren, IES-spezifische *Carrier* geben muß. Mindestens sechs Gründe sprechen dafür:

(1) Der Transport erfolgt stets gerichtet, er ist polarisiert.
(2) Die Transportgeschwindigkeit ist höher, als man aufgrund einfacher Diffusion erwarten würde.
(3) Der Transport kann gegen ein Konzentrationsgefälle erfolgen.
(4) Der Transport ist energieabhängig, Abwesenheit von Sauerstoff reduziert ihn drastisch.
(5) Das Transportsystem ist substratspezifisch. Es transportiert bestimmte Auxinmoleküle, wie z.B. IES und die Naphthylessigsäure, schneller als z.B. 2,4 Dichlorphenoxyessigsäure.
(6) Das Transportsystem kann durch spezifische Inhibitoren blockiert werden.

Welche biologische Bedeutung kommt den Auxinen (IES und vergleichbaren Substanzen) zu?

Wie aus der Abbildung 31.3 ersichtlich ist, fördern sie in niederer Konzentration das Streckungswachstum von Koleoptilen, der Sproßachsen und der Wurzel. In hohen Konzentrationen werden Wurzel- und Sproßwachstum gehemmt. Der Grund hierfür liegt in einer Produktionsförderung von Äthylen, einem gasförmigen Kohlenwasserstoff, der ebenfalls als Phytohormon erkannt worden ist; eine seiner Eigenschaften

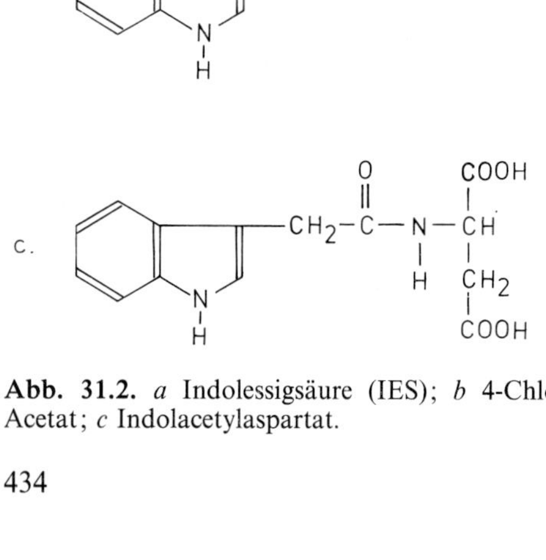

Abb. 31.2. *a* Indolessigsäure (IES); *b* 4-Chloroindol-3-Acetat; *c* Indolacetylaspartat.

434

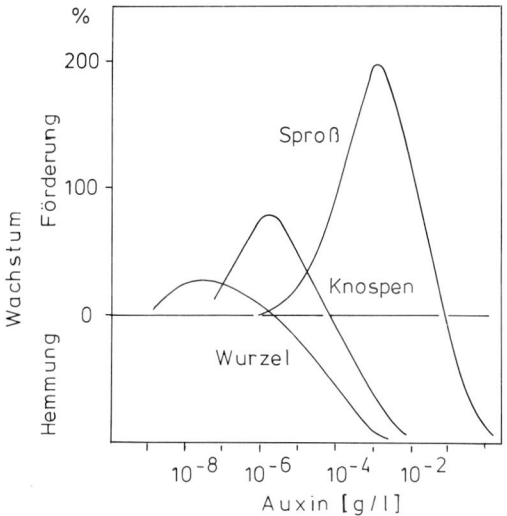

Abb. 31.3. Auxinwirkungen in Abhängigkeit von der Konzentration. (L.J. Audus, 1959)

ist die Hemmung von Streckungswachstum. Auxine wirken an der Differenzierung von Leitbündeln mit, sie kontrollieren den Blattfall (Abscission), induzieren β-1,4-Gluconasen in Erbsenwurzeln und fördern das Aufbrechen von Baumknospen sowie das rasche Wachstum junger Triebe. Sie steigern die Zellteilungsrate im Kambium und stimulieren damit das sekundäre Dickenwachstum; weiter bewirken sie das Auswachsen eines Ovars zu einer Frucht und sind für die

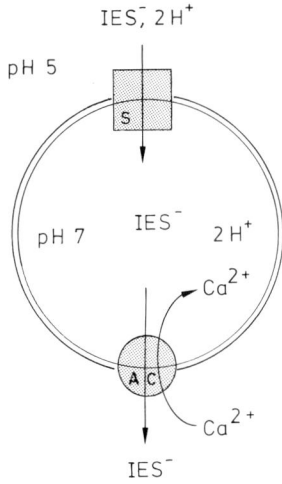

Abb. 31.4. Ein hypothetisches Modell eines Plasmamembranvesikels. S: spezifischer Auxin-H$^+$-*Carrier* (Symport), AC: spezifischer Auxin-Anionen-*Carrier* (aktiver Antiport-*Carrier*). Die treibende Kraft für den IES-Fluß durch die Membran ist ein H$^+$-Gradient. Der AC-*Carrier* ist durch spezifische Inhibitoren hemmbar, diese haben keinen Einfluß auf S. (R. Hertel *et al.*, 1983)

Ausprägung und Aufrechterhaltung einer Apikaldominanz verantwortlich.

Sie fördern die Plasmaströmung, steigern die Plastizität der Zellwand und verursachen einen Protoneneffflux aus der Zelle.

Diese Liste an Aktivitäten ist bei weitem nicht vollständig, soll aber andeuten, wie vielseitig Auxinwirkungen sind.

Zum Schluß noch die Frage nach einem möglichen Wirkungsmechanismus: Wie eingangs angedeutet, lassen die aufgeführten Beispiele physiologischer Effekte darauf schließen, daß die Auxine auf mehrere verschiedene Primärprozesse in der Zelle einwirken.

Es gibt experimentelle Belege dafür, daß sie
(1) die Transkriptionsrate steigern
(2) die Aktivität bestimmter Enzyme steuern, und
(3) Einfluß auf Ionenpumpen in der Membran haben.

Zur Klärung des Einflusses auf Membranen sind Modellstudien mit isolierten Membranvesikeln (z.B. mit isolierten Vakuolen) durchgeführt worden. An Plasmamembranvesikeln wurde nachgewiesen, daß es eine pH- und elektropotentialabhängige Akkumulation von Auxin gibt. Der Auxintransport durch die Membran ist gerichtet. Auxin bindet spezifisch an Tonoplasten, und es beeinflußt *(in vitro)* die Freisetzung von Ca^{2+}-Ionen aus Vakuolen (s. Abb. 31.4).

Cytokinine

Seit langem war man bemüht, pflanzliche Gewebe auf künstlichem Nährmedium zu kultivieren. Die ersten Ansätze hierzu gehen auf den österreichischen Pflanzenanatomen G. Haberlandt (1854–1945, Professor in Graz, später in Berlin) zurück. Große Probleme bereitete anfangs die Zusammensetzung eines geeigneten Nährmediums; erst als der holländische Pflanzenphysiologe J. v. Overbeek 1941 entdeckte, daß ein Zusatz von Kokosnußmilch zum Medium das Wachstum von Pflanzenembryonen und Gewebekulturen drastisch steigerte, wurde der eigentliche Durchbruch erzielt. Kokosnußmilch ist ein Produkt des Endosperms, die auch unter natürlichen Bedingungen wachstumsfördernd auf den sich entwickelnden Kokosnußembryo wirkt.

Damit war natürlich sofort die Frage aufgeworfen, worauf die Wachstumsförderung beruhe und welche Komponenten dafür verantwortlich zu machen seien.

Im Gegensatz zu einer Auxinwirkung wird nicht das Streckungs-, sondern das Teilungswachstum von Geweben gefördert. 1955 fanden C.O. Miller und F. Skoog von der University of Wisconsin in Madison, daß gealterte oder autoklavierte DNS-Präparate ebenso wirksam sind, frische DNS-Präparate hingegen nichts bewirken. Als wirksame Komponente wurde das Adeninderivat 6-Furfurylaminopurin (= Kinetin, s. Abb. 31.5) identifiziert. Kinetin ist physiologisch außerordentlich aktiv, obwohl gerade diese Substanz aus keiner Pflanzenzelle isoliert werden konnte. Statt dessen fand man ein weites Spektrum ihm ähnli-

435

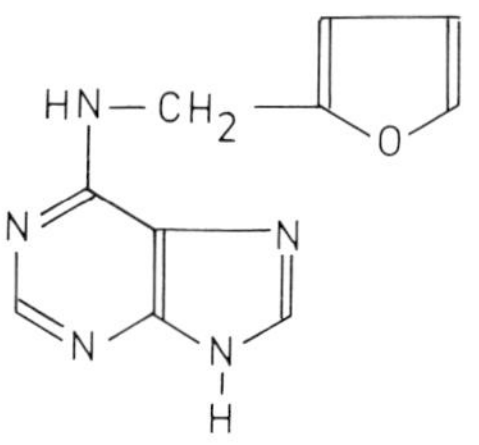

Abb. 31.5. Kinetin: 6-(2-Furfuryl)-7-Aminopurin.

cher Verbindungen (s. Abb. 31.6). Die erste aus einer natürlichen Quelle (unreifen Maiskörnern) isolierte Komponente war das Zeatin (D.S. Letham *et al.*, 1964).

Die Formeln dieser Verbindungen machen es wahrscheinlich, daß Cytokinine (= Sammelname für Verbindungen dieses Typs) in den Nukleinsäurestoffwechsel eingreifen. Doch sollte man diese Vermutung nicht unkritisch hinnehmen. Aus tierischen Zellen ist nämlich das cAMP als *Second messenger* bekannt. Obwohl es sich vom ATP herleitet und selbst den Nukleotiden zuzurechnen ist, hat es in tierischen Zellen (und Mikroorganismen) wenig mit der Regulation des Nukleinsäurestoffwechsels zu tun. Vielmehr sind zahlreiche Proteine identifiziert worden, mit denen es in Wechselwirkung tritt. Deren Konformationen und Aktivitäten werden nach cAMP-Bindung drastisch verändert.

Zurück zu den Cytokininen. Es sind in verschiedenen Laboratorien mittlerweile Hunderte verschiedener Cytokininderivate synthetisiert worden. Viele von ihnen sind ebenso wirksam wie das Kinetin. Für bio-

$$R = -CH_2-CH=C \begin{array}{c} CH_3 \\ \\ CH_2OH \end{array} \quad \begin{array}{c} trans- \\ Zeatin \end{array}$$

$$R = -CH_2-CH=C \begin{array}{c} CH_2OH \\ \\ CH_3 \end{array} \quad \begin{array}{c} cis- \\ Zeatin \end{array}$$

$$R = -CH_2-CH_2-CH \begin{array}{c} CH_2OH \\ \\ CH_3 \end{array} \quad \begin{array}{c} Dihydro- \\ zeatin \end{array}$$

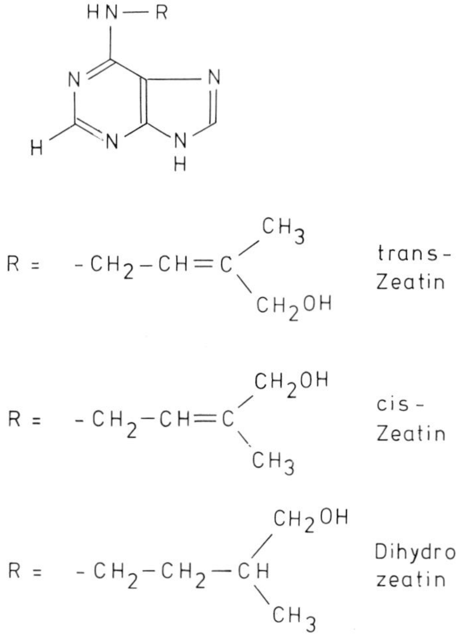

Abb. 31.6. Einige Cytokinine

logische Wirksamkeit ist die Substitution des N-Atoms 6 (im 6er-Ring) erforderlich. Jeder Austausch eines Ringatoms durch ein anderes führt zu einem Aktivitätsverlust. Eine Alkylgruppe als Substituent am N^6 hat die höchste Wirkung bei Kettenlängen von 5 C-Atomen. Eine Doppelbindung und/oder eine Hydroxylgruppe steigern die Aktivität um ein Mehrfaches. Es sieht also ganz so aus, als würden alle Modifikationen, die zu mehr planaren Strukturen führen, die Aktivität erhöhen. Damit wäre u.a. auch erklärt, weshalb der Furfurylring im Kinetin so außergewöhnlich wirkungsvoll ist. Zu den natürlich vorkommenden, sehr aktiven Cytokininen gehört das IPA (Isopentenyladenin) aus Gewebekulturen des Tabaks. In den Zellen entsteht es durch Anknüpfung der Seitenkette an einen in tRNS (tRNS$_{Ser}$ und tRNS$_{Tyr}$) inkorporierten Adeninrest.

Wie die Auxine können Cytokinine glykosyliert oder an Aminosäuren oder Proteine geknüpft sein, und damit – zumindest vorübergehend – in einen inaktiven Zustand überführt werden.

Physiologische Aktivitäten. Gewebekulturen, z.B. von Tabak oder Ahorn *(Acer pseudoplatanus)*, können nur nach Cytokininzugabe gedeihen.

Cytokinine steigern neben der DNS-Replikationsrate die allgemeine RNS- und die Proteinsyntheserate, verlangsamen Alterungserscheinungen (Seneszenz) und stimulieren die Dunkelkeimung lichtbedürftiger Samen.

Daneben wurde eine Reihe selektiver Wirkungen beobachtet wie:

– Induktion von Isocitrat-Lyase und Protease-Aktivität in abgetrennten Kürbis-Kotyledonen
– Aufhebung des Thiamin-Bedarfs wachsender Kalluskulturen des Tabaks durch Induktion einer Thiaminsynthese.
– Förderung der Auxinsynthese in Tabakgewebekulturen.
– Steigerung der Aktivität der Carboxydismutase und NADP-Glycerinaldehydphosphatdehydrogenase in etiolierten Reiskeimlingen.
– Förderung von Knospenentwicklung sowie der Keimung einiger Samen und Förderung der Akkumulation von Nitratreduktase in einigen Embryonen.

Cytokinine werden in der Regel in der Wurzel, in jungen Früchten und in Samen gebildet. Über das Xylem wandern sie in Sproßorgane ein. Bei unterbrochenem Nachschub, z.B. in abgeschnittenen Sprossen, altern diese schneller als wurzeltragende Sprosse. Durch Kinetinzusatz kann dem Alterungsprozeß Einhalt geboten werden. Bildung von Adventivwurzeln – und damit erneute Versorgung mit Cytokininen – stellt den alten Zustand wieder her.

Das Zusammenwirken von IES und Kinetin und die relativen Verhältnisse zueinander entscheiden darüber, ob sich z.B. ein Tabakkallusgewebe zu Wurzeln und/oder zu Sprossen differenziert. Offensichtlich stehen einer undifferenzierten Zelle zwei Wege zur Weiterentwicklung offen: Entweder sie vergrößert sich, teilt sich, vergrößert sich usw., oder sie wächst (ohne Teilung) in die Länge (Zellstreckung). Eine sich häufig teilende Zelle bleibt weitgehend undifferenziert, während gestreckte Zellen eine Tendenz zur Differenzierung und damit zu einer Spezialisierung erwerben. Wir wissen, daß IES alleine die Zellstreckung fördert, während Kinetin alleine nichts bewirkt. Beide zusammen fördern schnelle Zellteilungen.

Bei einem Verhältnis IES/Kinetin von 3 mg/0,2 mg/l wächst ein Kallusgewebe (es finden Zellteilungen statt); wird der Kinetinwert auf 0,02 mg/l gesenkt, eine Wurzelbildung induziert und das Verhältnis zugunsten des Kinetins verschoben (0,03 mg/1,0 mg/l), entwickeln sich Sprosse.

Das IES/Kinetin-Verhältnis reguliert u.a. auch das Lignin-Pektin-Verhältnis in Zellkulturen des Tabaks. Bei hohen Kinetin- und niedrigen IES-Mengen ist der Ligninanteil im Verhältnis zum Pektinanteil hoch, bei umgekehrten Verhältnissen erhält man dementsprechend reziproke Werte.

Die Wechselwirkung zwischen IES und Auxin ist Ca^{2+}-abhängig. Durch Zusatz von Ca^{2+}-Ionen wird das Wachstumsmuster von Zellstreckung zu Zellteilung verschoben. Hohe Ca^{2+}-Konzentrationen unterbinden die Streckung der Zellwand; es werden keine neuen Strukturelemente mehr eingelagert.

Wie schon am Beispiel der Auxine dargelegt, gibt es auch für Cytokinine keinen einzigartigen Wirkungsmechanismus. Die Vielfalt der hormonell induzierten Erscheinungen weist auf die Existenz unterschiedlicher Rezeptoren hin.

Gibberelline

1926 untersuchte der Japaner E. Kurosawa eine Reiskrankheit, die in Japan unter der Bezeichnung „verrückte Reiskeimlinge" bekannt war. Die Pflanzen wachsen extrem schnell, sehen spindelförmig und bleich aus und knicken wegen mangelnder Standfestigkeit leicht ab. Als Ursache für das abnorme Wachstum konnte Kurosawa eine Substanz ausmachen, die von einem auf den Pflanzen parasitierenden Pilz *(Fusarium moniliforme = Gibberella fujikuroi)* ausgeschieden wird. Sie erhielt die Bezeichnung Gibberellin (GA).

Mitte der dreißiger Jahre wurde sie von japanischen Wissenschaftlern aus Tokio (Yabuta und Sumiki) isoliert und kristallisiert, geriet dann jedoch weitgehend in Vergessenheit.

1956 wurde durch C.A. West und B.O. Phinney ein Gibberellin aus *Phaseolus vulgaris* und anderen Pflanzen isoliert, womit gezeigt war, daß diese Stoffklasse im Pflanzenreich weit verbreitet ist. Heute kennt man über 50 verschiedene Gibberelline (GA_1, GA_2...GA_3, GA_4...GA_{50}), die sich chemisch z.T. nur wenig, in ihrer biologischen Aktivität jedoch sehr deutlich voneinander unterscheiden (s. Abb. 31.7).

Etwa 30 Prozent der bekannten Gibberelline sind

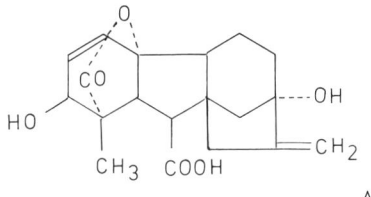

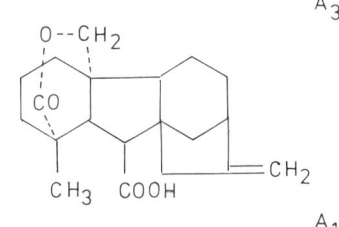

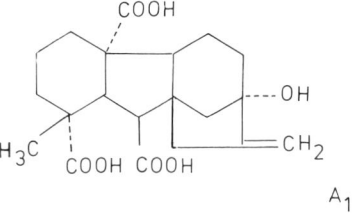

Abb. 31.7. Einige der häufigsten (bekanntesten) Gibberelline. Die oberste Formel zeigt die Grundstruktur mit Numerierung der C-Atome.

biologisch aktiv. Vermutlich enthalten alle höheren Pflanzen mindestens ein, in der Regel wohl mehrere aktive und inaktive Formen in unterschiedlichen Konzentrationen in den einzelnen Geweben.

Gibberelline sind Diterpene, sie enthalten vier Isopreneinheiten, die zu einem Viererringsystem verbunden sind. Man unterscheidet zwischen Gibberellinen mit 19 und solchen mit 20 C-Atomen. Das 20. C-Atom ist nicht Bestandteil eines der vier Ringe, sondern Teil einer Seitenkette (CH_3 in GA_{12}, CH_2OH in GA_{15}, CHO in GA_{19} oder COOH in GA_{28}). An dieser Aufzählung und den Beispielen in der Abbildung 31.7 wird deutlich, in welcher Hinsicht sich die einzelnen Molekülstrukturen voneinander unterscheiden.

Reich an Gibberellinen sind junge, wachsende meristematische Achsengewebe, apikale Wurzelzellen, junge Früchte sowie unreife und keimende Samen. In Sonnenblumen ist der Gibberellingehalt in den jungen Blättern und in den oberen Internodien am höchsten; er sinkt in Richtung der basalwärts sitzenden Blätter und der basalen Internodien stetig ab.

Der Gibberellingehalt ist mit der Wachstumsgeschwindigkeit eines Gewebes korreliert. Außer im Sproßteil, wurden auch in Wurzelspitzen recht hohe Gibberellinkonzentrationen nachgewiesen. Einerseits lag der Gedanke nahe, daß sie dortselbst gebildet werden, andererseits gibt es Hinweise darauf, daß dort lediglich eine Umwandlung stattfindet, d.h., daß ein Gibberellin vom Sproß in die Wurzel verfrachtet wird und dort in ein anderes umgesetzt wird. Das dabei entstehende Produkt wird *via* Xylem in den Sproß zurückbefördert. Sowohl in Xylem- als auch in Phloem-Exsudaten sind Gibberelline nachgewiesen worden, woraus ersichtlich ist, wie der Verteilungsmechanismus für Hormone dieser Klasse in der Pflanze funktioniert. Darüber hinaus gibt es sichere Hinweise darauf, daß es in den Geweben selbst einen Transport von Zelle zu Zelle gibt (symplastischer Transport).

Wirkungsweise. Besonders eindrucksvoll kann die Wirkung eines Gibberellins (GA$_3$) auf Mutanten von *Phaseolus vulgaris* demonstriert werden, die sich aufgrund eines genetischen Defekts durch Zwergwuchs auszeichnen. Nach Gibberellinbehandlung entstehen Pflanzen, die genauso groß wie die Kontrollpflanzen (ohne den genetischen Defekt) sind (Phinney, 1956). Das Ergebnis legt den Verdacht nahe, daß Zwergwuchs auf einem Defekt in der Biosynthese des betreffenden Gibberellins beruht. Vergleichbare Ergebnisse sind an Zwergmutanten anderer Kulturpflanzen erzielt worden. Durch die Gibberellinwirkung wird vornehmlich das Streckungs- und nicht das Teilungswachstum gefördert. Gibberelline stimulieren Pollenkeimung und das Auswachsen von Pollenschläuchen. Sie induzieren die Entwicklung parthenokarper Früchte, z.B. bei Äpfeln, Kürbissen und Auberginen. Durch gleichzeitige Applikation von Gibberellin und Auxin können bei einigen Arten Früchte erzeugt werden, die doppelt so groß wie die normalen sind.

Blütenbildung wird bei einer Anzahl von Pflanzenarten durch externe Faktoren, vor allem durch Licht (Kurztag- und Langtagpflanzen) oder niedrige Temperaturen (Vernalisation) gesteuert.

Wenn bestimmte Langtagpflanzen oder Pflanzen, die einer Vernalisation bedürfen *(Hyoscyamus, Daucus, Crepis, Silene)* unter Kurztagbedingungen und/oder ohne Kältereiz gehalten werden, unterbleibt die Blütenbildung; doch nach Zusatz von GA$_3$ blühen sie auch ohne die sonst nötigen externen Signale.

Dennoch besagt diese Aussage noch nicht, daß die Gibberelline an der Blütenbildung selbst beteiligt sind, vielmehr geht bei den genannten Arten der Blütenbildung eine Verlängerung der Sproßachse voraus,

und es sieht ganz so aus, als würden die Gibberelline vornehmlich diesen Entwicklungsschritt fördern. Bei den meisten anderen Langtagpflanzen (deren Sproßachse sich unmittelbar vor der Blütenbildung nicht streckt) sowie bei Kurztagpflanzen sind Gibberelline in bezug auf Blütenbildung bezeichnenderweise wirkungslos. Gibberelline (so auch wieder das am besten untersuchte GA$_3$) kontrollieren die Bildung und Sekretion von Hydrolasen in Getreidekörnern (z.B. denen der Gerste): Die Mobilisierung von Reservestoffen des Endosperms während der Keimung versorgt den Embryo mit Nährstoffen. Hieran wirken eine Reihe von Hydrolasen, so die α-Amylase, eine Protease und eine Ribonuklease mit. Sie werden während früher Keimungsstadien des Embryos in embryonalen Zellen gebildet, von dort sezerniert und von den Zellen des Endosperms und des Aleurongewebes aufgenommen.

Der Wirkungsmechanismus der Reaktion wurde im Labor von J.E. Varner an der Washington University in St. Louis zu Beginn der siebziger Jahre weitgehend aufgeklärt. Nach GA$_3$-Einwirkung steigt die Konzentration an aktiver α-Amylase. Der Aktivitätsanstieg beruht auf Neusynthese. Wegen der leichten Testbarkeit erwies sich die α-Amylase als geeigneter Marker für eine hormonkontrollierte Enzymbildung in diesem System.

Die Bildung wird durch Transkriptionsinhibitoren (z.B. Aktinomycin D) unterbunden. Simultan mit der Enzymsynthese ist eine deutliche Vergrößerung des Endoplasmatischen Retikulums und der Bildung von Polysomen erkennbar. Damit verbunden ist ein ge-

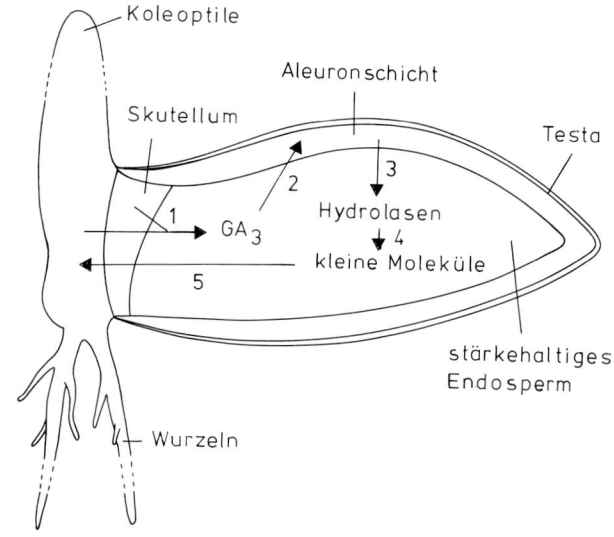

Abb. 31.8. Schematische Darstellung von Vorgängen, die GA$_3$ in keimenden Gerstenkörnern induziert. GA$_3$ wird in den Koleoptilen und im Skutellum gebildet. Das Hormon gelangt in die Aleuronschicht. Dort bewirkt es die Synthese und Sekretion hydrolytischer Enzyme. Diese katalysieren den Abbau der Speichermoleküle im Endosperm. Dabei entstehen niedermolekulare Substanzen, die dem Keimling als Nahrung dienen. (R.L. Jones, J.E. Armstrong, 1971)

438

steigerter Einbau von Phospholipiden in die neu gebildeten Membranen sowie die Synthese der für die Membranbildung benötigten Enzyme (s. Abb. 31.8).

Die Befunde weisen darauf hin, daß GA_3 zunächst die Ausbildung einer Proteinsynthesemaschinerie fördert, an der in einem zweiten Schritt die Synthesen der genannten Hydrolasen stattfinden. Auch hier greift GA_3 selektiv ein, denn es wurde nach GA_3-Applikation eine forcierte Bildung von mRNS mit der Instruktion zur Bildung von α-Amylase nachgewiesen.

Allerdings muß auch mit allem Nachdruck darauf hingewiesen werden, daß die an Gerstenkeimlingen beobachteten Aktivitäten nur bei wenigen anderen Arten reproduzierbar waren, obwohl die auch anderwärts vorkommenden Differenzierungsschritte nach dem gleichen Schema wie bei der Gerste ablaufen. Es ist daher auch die Frage aufgeworfen worden, ob die GA_3-Konzentrationsänderungen nicht lediglich Begleiterscheinungen des normalen Differenzierungsprozesses sind (P. Halmer, 1985).

Abscisinsäure (abscistic acid: ABA)

Während der fünfziger Jahre befaßte man sich eingehend mit dem Blatt- und Fruchtabfall (Abscission) und der Knospenruhe. Die Bemühungen führten zur Entdeckung eines Hormons, das die Bezeichnung Abscisinsäure erhielt.

Es zeigte sich auch bei dieser Substanz, daß sie im Pflanzenreich weit verbreitet ist. Als geeignete Quelle erwiesen sich Baumwollfrüchte, aus denen ausreichende Mengen zur Aufklärung der chemischen Struktur isoliert wurden (F.F. Addincott und Mitarbeiter 1961, 1963, 1969, B.W. Milborrow, 1967 s. Abb. 31.9a).

Die Abscisinsäure (ABA) ist mit einer Substanz identisch, die in verholzten mehrjährigen Pflanzen Knospenruhe bewirkt und daher zunächst als Dormin beschrieben wurde. In Ahorn- und Birkenknospen führt ein Wechsel von Langtag- zu Kurztagbedingungen zu einem merklichen Anstieg der Dormin- (=ABA)-Aktivität, mit der Folge, daß das Knospenwachstum zur Ruhe kommt.

ABA enthaltende Extrakte aus Ahorn- und Birkenblättern, die unter Kurztagbedingungen aufwuchsen, hemmen das Blattwachstum und induzieren selbst in sich schnell entwickelnden Trieben die Ausbildung ruhender Knospen.

Nachdem die Formel von ABA bekannt war, begann man mit der Herstellung einer Anzahl von Derivaten, von denen jedoch keines die Wirkung von ABA erreichte.

In manchen pflanzlichen Geweben (vornehmlich in jungen Trieben) kommt eine verwandte Form, das Xanthoxin (s. Abb. 31.9b) vor. Ob es ein Zwischenprodukt der ABA-Biosynthese oder ein eigenständiges Produkt ist, sei dahingestellt.

Das Formelbild weist darauf hin, daß es sich bei der ABA (und dem Xanthoxin) um Terpenderivate han-

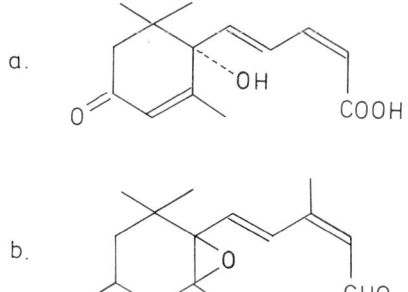

Abb. 31.9. *a* Abscisinsäure (ABA); *b* Xanthoxin

delt. Die Verifizierung dieser Annahme geschah durch den Nachweis des Einbaus radioaktiv markierter Mevalonsäure in ABA, womit jedoch noch nichts über die Intermediärprodukte gesagt ist. Zwei Alternativen der Biosynthese sind zur Diskussion gestellt worden:
(1) ABA ist ein Abbauprodukt von Xanthophyll (vor allem des Violaxanthins).
(2) ABA wird auf einem getrennten Weg aus einer C-15-Vorstufe gebildet und ist damit vom Carotinoid-/Xanthophyll-Stoffwechsel unabhängig.

Die erstere Vorstellung erschien anfangs plausibler, weil die Xanthophylle und das ABA strukturell weitgehend übereinstimmen. Unter *in vitro*-Bedingungen erfolgt eine Umwandlung jedoch nur bei starker Belichtung mit extrem schlechter Ausbeute. Diese, und ergänzende *in vivo*-Beobachtungen stellen die erste Annahme daher wieder in Frage.

Biologische Wirkungen. Wie schon dargelegt, sind Wachstumshemmung und Aufrechterhaltung der Knospenruhe die auffälligsten Wirkungen von ABA. Doch ist die ABA-Aktivität alleine nicht ausreichend, um Knospenruhe langfristig zu gewährleisten. Nach dem Austreiben sinkt die ABA-Konzentration in den Knospen drastisch ab, wobei ungeklärt ist, ob der Abfall auf fehlendem Nachschub oder forcierter Abbaurate beruht. Umgekehrt steigt der ABA-Spiegel parallel zur Samen- und Fruchtbildung.

ABA ist ein effizienter Inhibitor der Samenkeimung, und in ruhenden Samen liegt er in hoher Konzentration vor. Wie bei austreibenden Knospen sinkt der Gehalt auch beim Auskeimen von Samen. Das weist darauf hin, daß der Keimungsprozeß durch ein Gleichgewicht zwischen Auxin(en), Gibberellin(en) und Cytokinin auf der einen Seite und ABA auf der anderen gesteuert wird. Weitgehend unklar ist die Funktion der ABA bei der Abscission (dem Abfall) von Blättern und Früchten. Obwohl in beiden Fällen ähnliche Mechanismen am Werk zu sein scheinen, wirkt ABA kaum auf die Abscission der Blätter, wohingegen ein deutlicher Effekt auf den Fruchtfall nachweisbar ist. Darüber hinaus konnte der Abscisinsäure ein regulierender Einfluß auf den Wasserhaushalt zugesprochen werden.

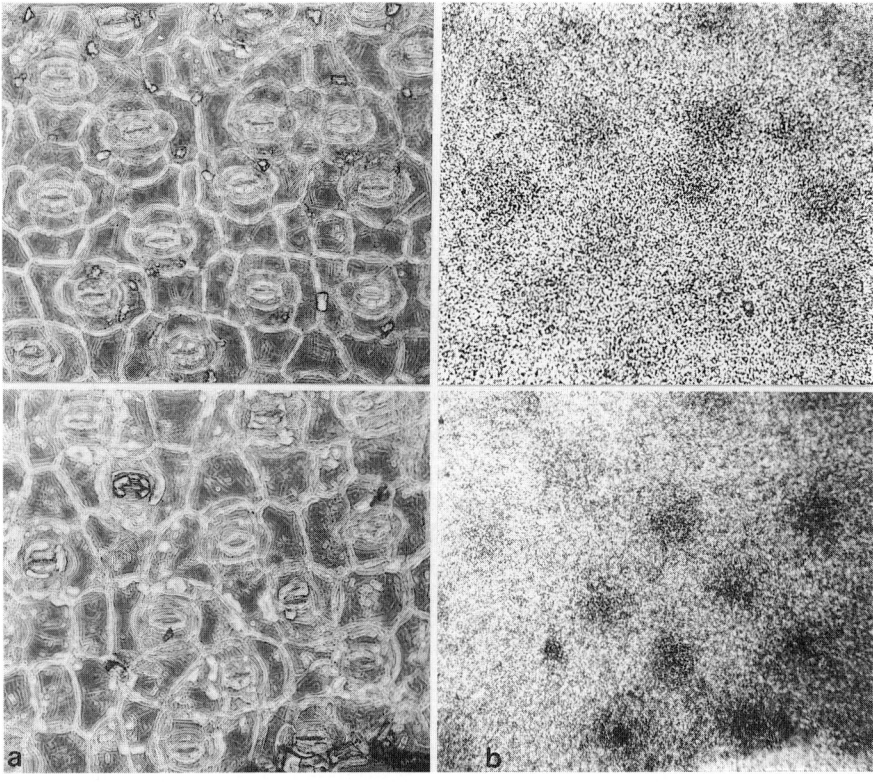

Abb. 30.10. Mikroautoradiographischer Nachweis von ^{3}H-Abscisinsäure (ABA) in Epidermiszellen von *Commelina communis. a* Phasenkontrastaufnahmen; *b* Autoradiographie der gleichen Bildausschnitte, aus denen zu ersehen ist, daß die Abscisinsäure bevorzugt in die Schließzellen eingelagert wird. Das abgebildete Präparat ist kältedenaturiert, vitale Epidermen (oben) zeigen das gleiche Verhalten. (K. Dörffling, D. Tietz, 1985)

In abgeschnittenen Blattspreiten des Weizens steigt die ABA-Konzentration innerhalb von vier Stunden auf das 40fache, sobald die Wasserversorgung unterbrochen ist und der Turgor in den Zellen nachläßt. Vergleichbare Werte werden auch für andere Pflanzenarten angegeben, wobei die Effekte auch bei bewurzelten Sprossen nachgewiesen wurden. Ein Wasserverlust von 5–10 Prozent (des Frischgewichts) genügt zur Erhöhung des ABA-Spiegels. Der Anstieg beruht, wie B.W. Milborrow zeigen konnte, auf Neusynthese und nicht auf Freisetzung aus einer inaktiven Form.

Die ABA-Konzentration verbleibt selbst dann noch auf hohem Niveau, wenn sich die Situation für die Pflanze leicht bessert oder wesentlich verschlechtert. Sie bewirkt Schließung der Stomata (Schließzellen) und verhindert dadurch weiteren Wasserverlust (s. Abb. 31.10). Obwohl sich noch nicht viel über den Wirkungsmechanismus sagen läßt, scheint gesichert zu sein, daß ABA die K^+-Ionen-Aufnahme der Schließzellen unterbindet. K^+-Ionen ihrerseits sind für die Öffnungsmechanismen der Schließzellen essentiell (K. Raschke, 1975, s.a. Kap. 32).

In einigen Geweben hebt ABA die Wirkung wachstumsfördernder Hormone (Auxin, Gibberelline, Cytokinin) auf. So unterbleibt z.B. nach ABA-Applikation die Synthese der Hydroxylasen in keimenden Gerstenkörnern.

Zusammenfassend läßt sich die Bedeutung der ABA-Wirkung vielleicht dahingehend interpretieren, daß es sich um einen Effektor handelt, der die Fähigkeit besitzt, bestimmte Teile des pflanzlichen Stoffwechsels vorübergehend stillzulegen.

Da aber ABA ebenso leicht aus dem Gewebe zu entfernen ist, bleibt die Wirkung reversibel.

Als Beispiel für diese Vorstellung mag die Hemmung der Samenbildung in Beeren (z.B. in Tomaten) herangezogen werden. Obwohl sich die Samen in feuchter Umgebung befinden (im Tomatenmark), unterbleibt die Keimung. Isoliert man sie und bringt sie in ein normales feuchtes Milieu, keimen sie unverzüglich aus. Ein Versagen einer Keimungshemmung von Samen in einer Frucht führt in der Regel zu Viviparie.

Äthylen

Äthylen ($H_2C = CH_2$) ist ein gasförmiger Effektor. Er paßt zwar nicht in die üblichen Hormonkonzepte, doch weist er eine Reihe von Eigenschaften auf, die mit denen anderer Hormone durchaus vergleichbar sind. Der Transport erfolgt in der Regel über den Gasraum der pflanzlichen Gewebe (Interzellularen) sowie – in gelöster Form – von Zelle zu Zelle oder über das Leitbündelsystem. Im Gegensatz zu allen übrigen Hormonen ist Äthylen gleichzeitig ein Pheromon, worunter man (meist gasförmige) Substanzen mit einer Wirkung auf andere Individuen versteht. Als typische Pheromone bezeichnet man üblicherweise die Sexuallockstoffe der Insekten.

Schon in der ersten Hälfte unseres Jahrhunderts beobachtete man, daß Äthylen die Abscission von Früchten sowie die Fruchtreife fördert, und seit 1934 weiß man, daß es auch von den Pflanzen selbst produziert wird. Vermutlich bildet ein jedes Pflanzengewebe während eines seiner Entwicklungsstadien Äthylen oder nimmt es auf und reagiert entsprechend.

Die Aufnahme scheint unproblematisch zu sein, denn Äthylen kann ohne Schwierigkeiten durch Membranen hindurch diffundieren.

Äthylen entsteht in höheren Pflanzen bei Lichteinwirkung unter Mitwirkung von Flavinadeninmononukleotid (FMN) aus der Aminosäure L-Methionin. Sauerstoff wird nicht nur für seine Biosynthese, sondern auch für seine Wirkung benötigt. In verschiedenen Geweben wurde eine Stimulation der Äthylenbildung durch Auxin nachgewiesen. So ist die Äthylenbildungsrate in den einzelnen Teilen eines Erbsensprosses der Menge an vorhandenem Auxin direkt proportional. In einseitig belichteten Sprossen an der unbelichteten Flanke (im subapikalen Bereich) entsteht mehr Äthylen als an der belichteten.

Die Konzentration an Äthylen, und damit verbunden seine Wirkung, hängt von der Syntheserate und dem Transport einerseits, von Abbauprozessen, Entgiftungsreaktionen und der Diffusionskonstanten andererseits ab. Es genügt jedoch im Prinzip bereits einer der genannten Faktoren, um den Äthylenspiegel einzustellen.

Die Reaktion eines Gewebes auf Äthylen ist meist proportional zum log seiner Konzentration und meist auch reversibel. Irreversible Prozesse werden jedoch überall dort eingeleitet, wo autokatalytische Effekte am Werk sind. So wird in reifenden Früchten nicht nur der Reifungsprozeß beschleunigt, sondern gleichzeitig auch die Äthylensynthese gefördert. Die rasche Ausbreitung des Effektors sorgt für eine Synchronisation des Reifungsprozesses.

Es gehört zu den Erfahrungen der Obstverwertung (und Lagerung), daß es nicht sinnvoll ist, reifende Früchte (z.B. Äpfel) neben spätreifen zu lagern, da sich in geschlossenen Räumen die Pheromonwirkung auswirkt; reifende Früchte setzen nämlich Äthylen frei und stimulieren die spätreifen zu einer frühen Reife. Auf einem Äthyleneinfluß beruht u.a. auch die Förderung folgender physiologischer Prozesse:
– Reifung von Früchten. Zu Beginn der Reifeperiode steigt die Äthylenkonzentration. Die Aktivität etlicher für den Reifeprozeß benötigter Enzyme nimmt zu. Stärke und organische Säuren, in einzelnen Fällen (z.B. der Avocadofrucht) auch Öle werden zu Zuckern metabolisiert. Pektine (der Mittellamelle) werden abgebaut, das Zellgefüge disintegriert. Die Früchte werden weich. Chlorophyll wird abgebaut, Pigmente werden umgebaut. Die typische Farbe der Fruchtschale entsteht. Die Umsetzungen sind mit einem hohen Sauerstoffverbrauch verbunden. In den Zellen ist eine intensive Zellatmung nachweisbar.
– In keimenden Samen ist die Äthylenkonzentration

während der Wachstumsphase am höchsten Auch hier wird die Steigerung des Stoffumsatzes gefördert.
– Seneszenz und Abscission von Blättern und Früchten: In Trenngeweben ist der Äthylengehalt besonders hoch.
– Blütenbildung: Im Gegensatz zu allen andern Pflanzengruppen wird die Blütenbildung bei den Bromeliaceen durch Äthylen gefördert. Ansonsten ist eher eine Hemmung der Blütenbildung zu beobachten. In ausdifferenzierten Blüten wird der Alterungsprozeß beschleunigt.
– Weitere Wirkungen: Förderung der Ausbreitung von Blattspreiten und der Abwärtskrümmung von Blättern. Förderung eines horizontalen Wuchses der Sproßachse.

Kohlendioxyd (CO_2) kompensiert Äthylenwirkungen. Aufgrund der Reaktionskinetiken nimmt man an, daß beide Gase um die gleiche Bindungsstelle am Rezeptor (an den Rezeptoren?) konkurrieren.

Scheinbar entgegengesetzt zum bisher Beschriebenen sind die folgenden Beobachtungen: In der Entwicklungsphysiologie stellte sich imer wieder die Frage, weshalb sich bei semiaquatischen Pflanzen untergetauchte Teile anders entwickeln als die über der Wasseroberfläche wachsenden. H. Kende (Michigan State University, 1987) wählte Reis *(Oryza sativa)* als sein Versuchsobjekt, da gerade diese Kulturpflanze in vielen Anbaugebieten in tiefem Wasser wächst (Tiefwassersorten). Bei submersem Wachstum (bis zu 25 cm pro Tag) sind Teilungs- und Streckenwachstum jeweils um den Faktor 3 gegenüber der Kontrolle erhöht. Hier ist es der geringe Sauerstoffpartialdruck im Wasser, der eine erhöhte Äthylensynthese hervorruft. In den Internodien (aber nicht in Blättern!) wird das Schlüsselenzym ihrer Synthese, die 1-Aminocyclopropan-l-Carboxylat-(ACC)-Synthetase aktiviert. Die hohe Äthylenkonzentration ihrerseits bewirkt eine Zunahme der Gibberellinmenge (GA_3), die wiederum für das erhöhte Streckungswachstum erforderlich ist. Äthylen wirkt somit als ein Zwischenglied in der Wirkkette, und manches läßt darauf schließen, daß es vornehmlich die Empfindlichkeit des Internodialgewebes gegenüber Gibberellin steigert.

Andere Wachstumsregulatoren

Oligosaccharine

Oligosaccharine sind natürlich vorkommende Kohlenhydrate mit regulatorischer Funktion. Sie wurden erst in den letzten Jahren in der Arbeitsgruppe von P. Albersheim (Complex Carbohydrate Research Center, Athens, Georgia) entdeckt, und je mehr man sich mit ihnen befaßte, um so mehr Funktionen ließen sich ihnen zuschreiben. Sie beeinflussen Wachstum und Differenzierung von Zellen und sind an Abwehr-

441

mechanismen gegenüber Pilzen und Bakterien beteiligt. Es sind in der Regel niedermolekulare Abbauprodukte der Zellwand, deren Menge bei Mono- und Dikotyledonen bis zu 2% des gesamten Zellwandmaterials ausmacht. Oligosaccharine sind in struktureller Hinsicht außergewöhnlich vielfältig. Nach einer groben Abschätzung werden über 100 Enzyme zu ihrer Bildung benötigt. Neben den in der Hemicellulosefraktion (s. Kap. 26) häufigen Zuckern wie Galactose, Rhamnose, Xylose und Arabinose treten zahlreiche neue Zucker mit sieben oder acht C-Atomen und mit z.T. unüblichen Substitutionen (zusätzlichen COOH-Gruppen) auf. Die Zuckerreste in den Poly- bzw. Oligosacchariden der Pflanzenzellwand enthalten keine Stickstoffderivate, während etwa die Hälfte aller extrazellulär vorkommenden Zucker bei Tieren solche Reste tragen (meist sind die Zucker dort amidiert).

Insgesamt wurden in Oligosaccharinen 65 verschiedene Monosaccharide, die in über 20 verschiedenen Bindungstypen untereinander verknüpft sind, identifiziert. Ein solch umfangreiches Spektrum an Verbindungen kannte man bisher nur von Proteinen (und Nukleinsäuren), und es sieht nunmehr so aus, als würde ihnen bei Pflanzen eine ähnlich große Bedeutung zukommen wie den Peptidhormonen im tierischen Organismus.

Die Freisetzung von Oligosaccharinen kann durch Auxin stimuliert werden, doch auch Pilzinfektionen oder Beschädigungen von Pflanzenzellen wirken stimulierend. Nach Pilzinfektion freigesetzte Oligosaccharine induzieren die Bildung eines Antibiotikums, womit sich die Pflanze vor der weiteren Ausbreitung des Pilzmycels schützt. Sie können aber auch benachbarte Zellen zum Absterben bringen. Damit wird den Pilzen (oder anderen Mikroorganismen und Viren) die Voraussetzung zur Ausbreitung im Pflanzengewebe genommen (Hypersensitivität; s. Kap. 33). Die Wirkung ist nicht artspezifisch. Aus Ahornzellen gewonnene Oligosaccharine wirken auch auf Maiszellen, und umgekehrt wirken Oligosaccharine aus Maiszellen auf solche aus Ahorn. In Gewebekulturen induziert die Zugabe bestimmter Oligosaccharine die Morphogenese (Sproß- und Wurzelgewebe). Ein Nonasaccharid hemmt auxininduziertes Streckungswachstum, ihm kommt damit eine Regulatorfunktion der Auxinwirkung *(feedback modulator)* zu.

Ein *Second messenger:* Calciumionen (Ca^{2+})

Wie kaum ein anderes Ion wird Ca^{2+} für die Regulation zellulärer Prozesse (Polaritätsausbildung, Sekretion, Wachstum, Teilung und Genexpressivität) benötigt. Seine Konzentration im Cytosol ist im Vergleich zu der im umgebenden Medium (einschließlich der Zellwand) sowie der in Mitochondrien, Vakuolen und dem Endoplasmatischen Retikulum außergewöhnlich niedrig, und schon das spricht dafür, daß die Zellen viel Energie (ATP) investieren, um überschüssiges Calcium aus der Zelle auszuschleusen. Eine Ca^{2+}-

Aufnahme wird durch zahlreiche Faktoren, so u.a. durch die Phytohormone Auxin, Cytokinin und Gibberellin, durch das Phytochrom und durch die Schwerkraft stimuliert. Alles das weist auf die Rolle des Calciums als *Second messenger* in der Zelle hin. Es ist damit ein Glied in einer Kausalkette, in der zahlreiche Signale unabhängig voneinander wahrgenommen und verrechnet werden (hier: erkennbar durch die Ca^{2+}-Aufnahme). Als Folge einer erhöhten Ca^{2+}-Konzentration in der Zelle können wiederum eine Reihe unterschiedlicher Prozesse initiiert werden. So sind z.B. Wachstumsprozesse und Knospenbildung mit einem intrazellulären Anstieg der Ca^{2+}-Konzentration korreliert. Bei einer Hemmung der Ca^{2+}-Aufnahme unterbleibt eine Knospenbildung. Der gleiche Effekt kann auch durch einen Cytokinin- oder Auxinmangel hervorgerufen werden.

In Pollenschläuchen ist ein Gradient an membrangebundenem Ca^{2+} von der Spitze zur Basis nachgewiesen worden. Er wird durch einen kontinuierlichen Einstrom von Ca^{2+} am Plasmaschlauchpol aufrechterhalten. Das Ca^{2+} steuert ein polares Wachstum, einen Vesikeltransport entlang von Aktinfilamenten sowie Membranfusionen, z.B. zwischen Vesikelmembranen und dem Plasmalemma (H.D. Reiss, Universität Heidelberg, 1987). Intrazelluläres Calcium ist in der Regel an ein Protein, das Calmodulin, gebunden. Der Komplex Ca^{2+}-Calmodulin zusammen mit einer weiteren Komponente (dem RE, *response element*, ebenfalls einem Protein) wirkt als eine Proteinkinase, die die Phosphorylierung zahlreicher Proteine katalysiert, welche ihrerseits voneinander unabhängige, aber z.T. nebeneinander existierende Entwicklungs-, Differenzierungs- und Bewegungsabläufe in der Zelle steuern.

Aus Knospen der Erbse isolierte A.J. Trewavas (University of Edinburgh, 1987) eine membrangebundene Ca^{2+}-abhängige Proteinkinase. Dieses Enzym kann sich selbst phosphorylieren (Autophosphorylierung) und damit inaktivieren. Das Enzym wirkt als Schalter, der je nach Aktivitätszustand auch andere Proteine phosphoryliert und somit zelluläre Abläufe aktiviert oder – in inaktivem Zustand – bestimmte Vorgänge unterbindet.

Synthetische Wachstumsregulatoren und -inhibitoren

Die Regulation der Entwicklung tierischer Zellen erfolgt zu einem überwiegenden Teil durch makromolekulare Effektoren (Peptidhormone u.a.). Die Herstellung synthetischer Produkte ist über einige Anfänge noch nicht herausgekommen. Durch Forcierung gentechnischer Verfahren zeichnen sich jedoch Wege ab, Peptidhormone (so das Somatostatin, das Wachstumshormon, Insulin u.a.) in größeren Mengen zu gewinnen. Anders sieht die Situation bei Phytohormonen aus. Wie die vorangegangenen Darstellungen und die abgebildeten Formeln zeigen, sind die chemischen Strukturen der Wirkstoffe relativ einfach, und deren Synthese oder die Synthese von Analogsubstanzen bereitet Chemikern keine unüberwindlichen Schwierigkeiten.

Die Biosynthese von Phytohormonen ist in vielerlei Hinsicht von Interesse. Einmal interessieren die Wirkungen eines Hormons, seine Reaktionskinetik (Dosis-Effekt Kurve), die Auf- und Abbauwege in der Pflanzenzelle sowie artspezifische und entwicklungsstadienspezifische Unterschiede, zum anderen ist der Einsatz von Phytohormonen oder deren Analoga ein wirtschaftlicher Faktor, der durch die folgenden Schlagworte angerissen werden kann:
- Herbizide,
- Erntehilfen und
- Synchronisation von Reifevorgängen und deren zeitlicher Steuerung.

Zur Lösung der anstehenden Probleme verwendet man entweder synthetische Verbindungen, die die Wirkung von Phytohormonen simulieren, oder Inhibitoren ihrer Biosynthese, um dadurch einen Hormonmangel in den Zellen hervorzurufen.

Herbizide werden in der Land- und Forstwirtschaft verwendet, um unerwünschten Pflanzenwuchs – wie das Auftreten der als ertragsmindernd empfundenen „Unkräuter" – in einem Getreidefeld zu unterbinden.

Derivate des Auxins, wie 2,4-Dichlorphenoxyessigsäure (2,4-D) oder 2,4,5-Trichlorphenoxyessigsäure (2,4,5-T) s. Abb. 31.11) erwiesen sich als selektive Herbizide gegenüber den Dikotyledonen. Obwohl das Wissen über deren Selektivität und die Wirkungsmechanismen mehr noch als mangelhaft sind, gehören diese Substanzen zu den mit am häufigsten eingesetzten Unkrautvernichtungsmitteln mit präferentieller Wirkung auf Dikotyledonen (s. dazu Kap. 28).

2,4-D steigert die DNS-, RNS- und Proteinsynthese und bewirkt damit eine Störung eines ausbalancierten, geregelten Wachstums. Die Pflanze wächst sich

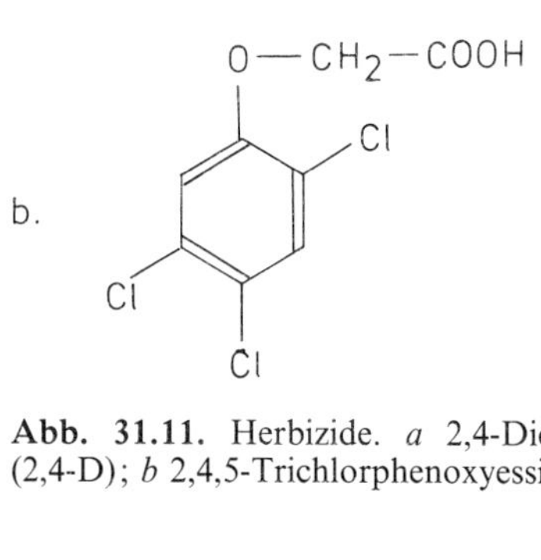

Abb. 31.11. Herbizide. *a* 2,4-Dichlorphenoxyessigsäure (2,4-D); *b* 2,4,5-Trichlorphenoxyessigsäure (2,4,5-T)

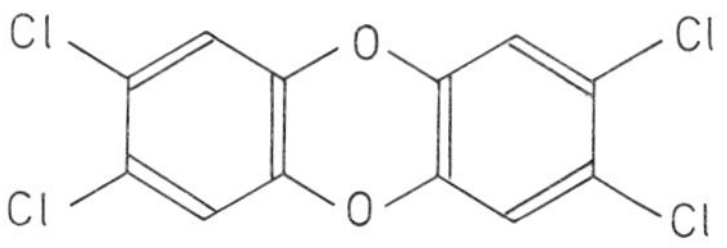

Abb. 31.12. Dioxin; 2,3,7,8 Tetrachloridbenzoparadioxin (TCDD)

damit praktisch zu Tode. Phänotypisch ist das abnorme Wachstum an deformierten Sprossen, Verbänderungen, einem Chlorophyllabbau (Ausbleichen), dem Absterben der Wurzeln u.a. erkennbar.

2,4,5-T hat sich als besonders toxisch für mehrjährige verholzte Pflanzen erwiesen und wird daher vorwiegend in der Forstwirtschaft eingesetzt. Ganz allgemein kann man sagen, daß es weniger leicht abbaubar ist als das 2,4-D. (Auxin ist sehr leicht abbaubar und ist deshalb als Herbizid unbrauchbar.)

Obwohl es keine eindeutigen Indikationen für die Schädigung von Menschen und Tieren durch 2,4-D oder 2,4,5-T gibt, ist die hohe Toxizität des bei der industriellen Fertigung von 2,4,5-T anfallenden Nebenprodukts Tetrachlordibenzo-paradioxin (TCDD), kurz Dioxin genannt, unumstritten (s. Abb. 31.12).

Wenngleich gesetzliche Vorschriften sicherstellen sollen, daß in den Handel gebrachtes 2,4,5-T dioxinfrei ist, ist damit über die Kontrolle des Herstellungsprozesses wenig gesagt. Unglücksfälle, wie in Seveso (Oberitalien, 1976), oder ungeklärtes Verschwinden von Abfallprodukten in Mitteleuropa (1983) machen die Problematik deutlich.

2,4,5-T wurde im Vietnamkrieg als Entlaubungsmittel im großen Stil eingesetzt und führte zu zahlreichen Zwischenfällen. Es gibt stichhaltige Argumente dafür, daß die zum Einsatz gekommenen Proben nicht den Reinheitskriterien entsprachen, die für Europa, USA und andere Industrienationen gelten.

Gibberellin (GA$_3$) ist das einzige Phytohormon, das im Gartenbau unverändert zum Einsatz kommt. Man setzt es beim Anbau samenloser Rebsorten in kalifornischen Weinbaugebieten ein, um die Beerengröße auf das zwei- bis dreifache zu steigern. Bei samenhaltigen Beeren ist kein derart nachhaltiger Erfolg erzielbar.

Bei einigen Sorten von Citrusfrüchten nutzt man die Gibberellinwirkung zur Verbesserung des Fruchtansatzes sowie zur Verzögerung des Reifeprozesses der Früchte (zwecks längerer Lagerung).

In der Praxis kommen Verbindungen zum Einsatz, die nach dem Besprühen von Lagerobst Äthylen freisetzen. Am bekanntesten ist die Chloräthylphosphonsäure, die unter den Bezeichnungen Ethrel, Ethephon oder CEPA im Handel ist. Man verwendet sie
- Zur Beschleunigung der Reife von Tomaten. Gleichzeitig wird dabei eine Synchronisation der Reife erreicht.
- Zur Erleichterung der Kirschenernte (auch hier Beschleunigung der Reife, Synchronisation, leichtere

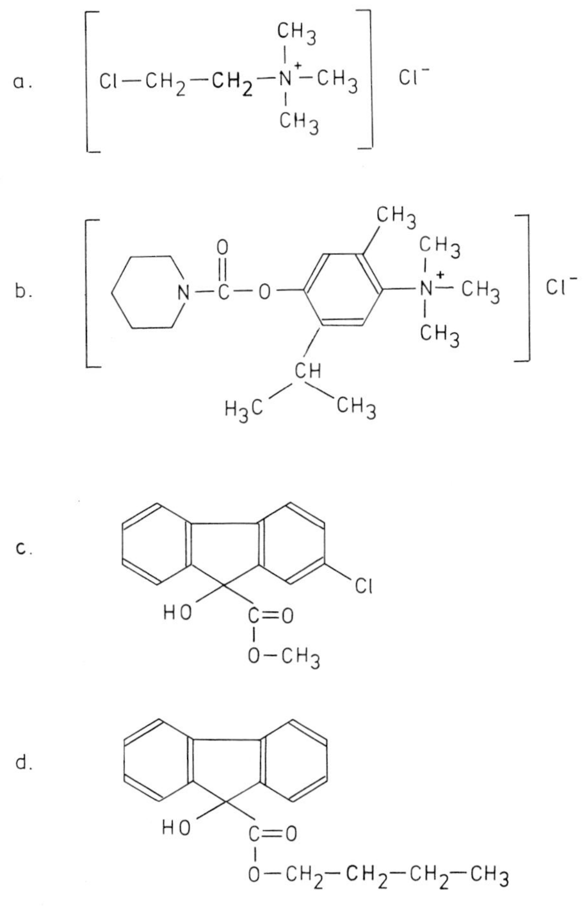

Abb. 31.13. Synthetische Wachstumsregulatoren. *a* Chlorocholinchlorid (CCC); *b* AMO 1618; *c* und *d* Morphactine (IT 3456 und IT 3233).

Pflückbarkeit durch beschleunigte Ausbildung von Trenngewebe).
– Zur Stimulation des Latexflusses bei *Hevea* (erhöhter Ausfluß pro Schnittstelle in der Rinde).

Eine Anzahl von Substanzen, wie z.B. das Chlorcholinchlorid (CCC) (s. Abb. 31.13a), hemmt selbst in niedrigen Konzentrationen das Streckungswachstum. Besprühen von Getreidekeimlingen mit CCC führt zu Halmverdickung und -verkürzung und somit zu einer erhöhten Standfestigkeit.

Man nimmt an, daß es den Gibberellinen (z.B. dem GA_3) entgegenwirkt, da man eine selektive Hemmung ihrer Biosynthese nachweisen konnte. In die gleiche Kategorie von Hemmstoffen gehört ein quaternäres Ammoniumsalz, das AMO 1618 (s.Abb. 31.13b). Es wird im Zierpflanzenanbau eingesetzt und verursacht buschiges Aussehen und gedrungenen Wuchs der behandelten Pflanzen.

Eine weitere, gleichfalls im Zierpflanzenanbau verwendete Gruppe von Wachstumsregulatoren sind die Morphactine (s. Abb. 31.13c und d), die außer der Hemmung von Längenwachstum die Apikaldomi-

nanz aufheben und damit die Wuchsform der Pflanzen drastisch verändern, da nunmehr zahlreiche Nebentriebe auswachsen und der Pflanze ein buschiges Aussehen verleihen. Ferner werden u.a. der Geo- und Phototropismus (s. Kap. 32) sowie die Ausbildung von Frucht- und Staubblättern beeinflußt. Morphactine stören die Mitoseaktivität in meristematischen Geweben und verändern so die Orientierung der Teilungsspindeln. Damit wird die sonst strikt eingehaltene, für Pflanzen typische Polarität beeinträchtigt. Bedingt wird diese Störung durch eine weitgehende (morphactininduzierte) Unterbindung des Auxintransports. In der Regel sind Morphactinwirkungen irreversibel.

Literatur

Adams, D.O. and S.F. Yang: Ethylene, the gaseous plant hormone: mechanism and regulation of biosynthesis. Trends in Biochem. Sciences *6*, 161–164 (1981)

Addicott, F.F., J.L. Lyon: Physiology of abscisic acid and related substances. Ann. Rev. Plant Physiol. *20*, 139–164 (1969)

Albersheim, P., A.G. Darvill: Oligosaccharins. Sci, American, September 1985, 44–50

Audus, L.J.: Plant growth substances. London: Leonard Hill (Books) Ltd., 1959

Batt, S., M.A. Venis: Separation and localization of two classes of auxin binding sites in corn coleoptile membranes. Planta (Berl.) *130*, 15–21 (1976)

Beevers, L.: Senescence. in: „Plant Biochemistry" (J. Bonner, J.E. Varner eds.), S. 771–794. New York, London: Academic Press, 1976 (3. Aufl.)

Crispeels, M.J., J.E. Varner: Hormonal control of enzyme synthesis. Plant Physiol. *42*, 1008–1016 (1967)

Cross, J.W. and W.R. Briggs: Solubilized auxinbinding protein. Planta (Ber.) *146*, 263–270 (1979)

Dörffling, K.: Das Hormonsystem der Pflanzen. Stuttgart: G. Thieme Verlag, 1983

Dörffling, K., D. Tietz: Abscisic acid in leaf epidermis of *Commelina communis* L.: Distribution and correlation with stomatal closure. J. Plant Physiol. *117*, 297–305 (1985)

Guern, J., C. Peaud-Lenoel (eds.): Metabolism and molecular activities of cytokinins. Berlin–Heidelberg–New York: Springer Verlag, 1981

Hager, A., H. Menzel und A. Krauss: Versuche und Hypothese zur Primärwirkung des Auxins beim Streckungswachstum. Planta (Ber.) *100*, 47–75 (1971)

Halmer, P.: The mobilization of storage carbohydrates in germinated seeds. Physiol. Vég. *23*, 107–125 (1985)

Hertel, R., K. Thomson, V.E.A. Russo: In vitro auxin binding to particulate cell fractions from corn coleoptiles. Planta (Berl.) *107*, 325–340 (1972)

Hertel, R., T.L. Lomax and W.R. Briggs: Auxin

transport in membrane vesicles from *Cucurbita pepo* L. Planta (Berl.) *157,* 193–201 (1983)

Jacobs, W.P.: Plant hormones and plant development. Cambridge: University Press, 1979

Jones, R.L., J.E. Armstrong: Evidence for osmotic regulation of hydrolytic enzyme production in germinating barley seeds. Plant Physiol. *48,* 4137–4142 (1971)

Kurosawa, E.: Experimental studies on the secretion of *Fusarium heterosporum* on rice plants. Trans. Nat. Hist. Soc. Formosa *16,* 213–227 (1926)

Letham, D.S.: Zeatin, a factor inducing cell division isolated from *Zea mays.* Life Sci. *8,* 569–573 (1963)

Letham, D.S., J.S. Shannon, I.R. McDonald: The structure of zeatin, a factor inducing cell division. Proc. Chem. Soc. (Lond.) 1964, 230–231

Matile, T.: The lytic compartment of plant cells. Wien–New York: Springer Verlag, 1975 (Cell biology monographs 1)

Milborrow, B.W.: The identification of (+) abscisin ([+]dormin) in plants and measurement of its concentrations. Planta *76,* 93–113 (1967)

Miller, C.O., F. Skoog, M.V. v. Saltza, F.M. Strong: Kinetin, a cell division factor from desoxyribonucleic acid. J. Amer. Chem. Soc. *77,* 1392 (1955)

Moore, T.C.: Biochemistry and physiology of plant hormones. New York–Heidelberg–Berlin: Springer Verlag, 1979

Nickell, L.G.: Plant growth regulators. Agricultural uses. Berlin–Heidelberg–New York: Springer Verlag, 1982

Pharis, R.P., D.M. Reid (eds.): Hormone Regulation of Plant Development (III). Berlin–Heidelberg–New York–Tokyo: Springer Verlag, 1985 (Encyclop. Plant Physiol. 11)

Phinney, B.O.: Growth response of single-gene dwarf mutants in maize to gibberellic acid. Proc. Natl. Acad. Sci. US. *42,* 185–189 (1956)

Raschke, K, R.D. Firn and M. Pierce: Stomatal closure in response to xanthoxin and abscisic acid. Planta (Berl.) *125,* 149–160 (1975)

Raschke, K.: Simultaneous requirement of carbon dioxide and abscisic acid for stomatal closing in *Xanthium strumarium* L. Planta (Ber.) *125,* 243–259 (1975)

Thimann, K.V.: Hormone action in the whole life of plants. Amherst, Mass.: University of Massachussetts Press, 1977

Thimann, K.V.: Senescence. Bot. Mag. Tokyo Special Issue *1,* 19–43 (1978)

Trewavas, A.J.: Growth substance sensitivity: The limiting factor in plant development. Physiol. Plant. *55,* 60–72 (1982)

Trewavas, A.J., R.E. Cleland: Is plant development regulated by changes in the concentration of growth substances or by changes in the sensitivity to growth substances? Trends in Biochem. Sciences *8,* 354–357 (1983)

Varner, J.E. and D. T.-H. Ho: Hormones. in „Plant Biochemistry" (J. Bonner, J.E. Varner, eds), S. 713–770, New York, London Academic Press, 1976 (3. Aufl.)

Venis, M.A.: Receptors for plant hormones. Adv. Bot. Res. *5,* 53–88 (1977)

Wareing, P.F.: The control of bud dormancy in seed plants. Soc. Exp. Biol. Symp. *23,* 241–262 (1969)

Weiler, E.W.: Plant hormone immunoassay. Physiol. Plantarum *54,* 230–234 (1982)

West, C.A., B.O. Phinney: Properties of gibberellin – like factors from extracts of higher plants. Plant Physiol. *31,* Suppl. XX (Abstract) (1956)

Yabuta, T.: Biochemistry of the „bakanae" fungus of rice. Agric. Hort (Tokyo) *10,* 17–22 (1935)

32. Wachstumsbewegungen – Turgorbewegungen; circadiane Rhythmik

Im Unterschied zu tierischen Organismen, sind alle mehrzelligen und viele einzellige Pflanzen ortsgebunden. Dennoch wird in der botanischen Literatur seit dem Altertum von pflanzlichen Bewegungen gesprochen. Das Sichhinwenden zur Sonne wurde als ein Argument für die Existenz einer pflanzlichen Seele (s. Kap. 1) herangezogen. Theophrast beschreibt eingehend das Öffnen und Schließen von Blüten, das Heben und Senken von Blättern zu gewissen Tageszeiten und unter dem Einfluß des Tag-Nacht-Wechsels. Ein besonders eindrucksvolles Beispiel ist das Abknicken der Fiederblätter der „Sinnpflanzen". Vermutlich lag Theophrasts Beobachtungen die ägyptische *Mimosa asperata* zugrunde.

Erst im 17. Jahrhundert begann man sich dafür zu interessieren, wie die Bewegungen zu erklären seien. Der Engländer J. Ray charakterisierte 1686 die Pflanzen in seiner *„Historia plantarum"* als empfindungslose Geschöpfe und führte die wahrgenommenen Bewegungen auf rein physikalische Mechanismen, wie Wasseraufnahme oder Wasserverlust zurück.

R. Hooke nahm an, das Absenken der Fiederblätter der Mimose nach Berührung beruhe auf einem nach unten gerichteten Wasserfluß, der durch Druck des Reizes verursacht wird.

Er postulierte, daß es an der Basis des Fiederblattstielchens Kugelgelenke geben müsse, die über Wasseraufnahme und Wasserverlust bewegt werden. Wie wir später noch sehen werden, kam er mit der Erklärung dem tatsächlichen Mechanismus bereits recht nahe.

In den Botaniklehrbüchern der ersten Hälfte des 19. Jahrhunderts wurde den Bewegungen ein nur geringer Platz eingeräumt. A. de Candolle (1834/38) unterschied zwischen

– der Richtung der Pflanzen und ihrer Teile: Senkrechte Richtung der Wurzeln und Stengel, Streben der Stengel und Zweige zum Licht, und
– den eigentlichen Bewegungen der Pflanzen, wobei er zwischen den regelmäßigen (Schlafbewegungen der Blätter, Öffnen und Schließen einiger Blüten, Bewegung der Sexualorgane u.a.) und den zufälligen oder unregelmäßigen Bewegungen (Beispiel: Mimose) differenziert. Obwohl der Begriff „Schlaf" benutzt wurde, schrieb er:

„Die Ähnlichkeit mit dem Schlaf der Tiere ist nur scheinbar, denn die Stellung, die die Blätter annehmen, ist

eine ganz bestimmte, und die Starrheit ihrer Blattstiele läßt sich nicht mit der Erschlaffung und Biegsamkeit, die unsere Glieder während des Schlafs zeigen, vergleichen."

Den zufälligen Bewegungen rechnete er auch das in der späteren botanischen Literatur vielzitierte Beispiel der *Desmodium gyrans (Hedysarum gyrans)* zu. Deren Blätter bestehen aus drei Blättchen (Fieder), von denen die zwei seitlichen in beständiger, ruckweiser Bewegung sind. Das eine steigt, während sich das andere senkt; der Bogen, den ein jedes durchläuft, beträgt ungefähr 50°. Die Bewegungen gehen ohne eine sichtbare Ursache vor sich.

In der zweiten Hälfte des 19. Jahrhunderts wurden Bewegungsabläufe und ihre Ursachen systematisch analysiert. Die wichtigsten Beiträge lieferten C. Darwin, J. Sachs und W. Pfeffer.

Sachs unterschied in seinen „Vorlesungen über Pflanzenphysiologie" (2. Aufl., 1887) zwischen den
– amöboiden Bewegungen,
– den Bewegungen des Protoplasmas (Circulation des Plasmas, der Chloroplasten und anderer Inhaltsstoffe),
– den Schlafbewegungen der Laub- und Blumenblätter,
– der Reizbarkeit von Mimosen und anderen Fällen (Turgeszenz und Volumenänderung bei der Reizung).
– dem Winden der Ranken und Schlingpflanzen und
– dem Geo- und Heliotropismus.

Bewegungen, welcher Art auch immer, sind energieverbrauchend. Dazu J. Sachs:

„Die chemischen Vorgänge und molekularen Bewegungen, aus denen das Leben der Pflanzen ebenso wie das der Tiere besteht, vollziehen sich nur so lange, als der freie Sauerstoff der Atmosphäre in sie eindringen kann. Wird ihnen die Zufuhr dieses Gases abgeschnitten, so werden die das Wachstum bewirkenden inneren Bewegungen sistiert, die Strömungen des Protoplasmas, im welchem wir den direktesten Ausdruck des Lebens finden, hören auf, die periodischen Bewegungen von Laubblättern und Blütenteilen stehen still, die durch Erschütterung reizbaren Organe verlieren ihre Empfindlichkeit."

Heute sind verschiedene Klassifikationen geläufig, nach denen pflanzliche Bewegungen eingeteilt werden. Man unterscheidet einmal zwischen den autonomen (endogenen) und den induzierten Bewegungen. Erstere laufen auch ohne erkennbaren äußeren Anlaß ab, letztere sind als Reizbewegungen einzustufen, und

446

diese wiederum teilt man in Tropismen, Nastien und Taxien ein, wobei man in jeder Gruppe zwischen positiven und negativen Reaktionen differenzieren muß. Zudem unterscheidet man Bewegungen aufgrund der Reizursachen.

- Tropismen sind Richtungsbewegungen, bei denen ein klarer Zusammenhang zwischen der Bewegungsrichtung und der Richtung des steuernden Außenfaktors (Signals) erkennbar ist. Die klassischen Beispiele sind der Phototropismus und der Geotropismus.
- Nastien sind Bewegungen, deren Richtung von der Richtung des steuernden Signals unabhängig sind. Beispiel: Seismonastie der Mimose. Das Zusammenklappen der Blattfieder und der Blätter erfolgt nicht in Richtung des Berührungsreizes.
- Taxien beruhen auf freien Ortsbewegungen, die entweder auf eine Reizquelle zu oder von einer Reizquelle weg gerichtet sind.

Zum Verständnis der Bewegungen muß man klar zwischen der Ursache der Bewegung, der Informationsweitergabe und dem eigentlichen Bewegungsablauf trennen.

An anderer Stelle (s. Kap. 25) haben wir uns bereits ausgiebig mit intrazellulären Bewegungen und freien Ortsbewegungen (und damit auch mit den Taxien) befaßt. Die molekularen Mechanismen der Bewegungsabläufe sind zwar bei weitem noch nicht vollständig erfaßt. Doch ist man auf dem besten Wege zur Klärung, und einige Modellvorstellungen, die man aufgrund der Analyse tierischer Zellen entwickelt hat, erwiesen sich als brauchbare Arbeitshypothesen. Stets sind kontraktile Elemente (Mikrotubuli und/oder Mikrofilamente) mit im Spiel.

Im Gegensatz zu den intrazellulären Bewegungen, beruhen die nachfolgend zu behandelnden Bewegungen von Pflanzen oder ihrer Teile vorwiegend auf lokalem Wachstum und auf Änderungen des Turgors, d.h., des osmotischen Drucks in den an der Bewegung beteiligten Zellen. Daneben sind Quellungs- und Kohäsionsbewegungen zu nennen, die sich durch die physikalisch-chemischen und strukturellen Eigenschaften der Zellwände erklären lassen.

Man unterscheidet zwar rein formal aufgrund einiger gut gewählter Beispiele zwischen den irreversiblen Wachstumsbewegungen und den in vielen Fällen reversiblen Turgorbewegungen; allerdings sind beide Prozesse, wie wir noch sehen werden, in der Regel – vor allem in vielzelligen Pflanzenteilen – auf die gleichen Ursachen zurückzuführen. Ebenso sind Bewegungs- und Entwicklungsphysiologie der Pflanzen eng miteinander verflochten, und die beiden Begriffe sind oft nichts anderes als zwei Ansichten des gleichen Problems.

Wachstum kann als eine irreversible Volumenzunahme beschrieben werden; wie schon früher dargelegt, unterscheidet man zwischen einem Teilungs- und einem Streckungswachstum. An dieser Stelle können wir uns ausschließlich auf letzteres konzentrieren. Teilungsfähige Zellen enthalten in der Regel keine oder nur kleine Vakuolen, in streckungsfähigen erreicht die Vakuole ihre volle Größe und damit die Kapazität zur maximalen Wasseraufnahme.

Die Zellwände streckungsfähiger Zellen enthalten neben einer elastischen (= reversibel dehnbaren) eine plastische (= irreversibel dehnbare) Komponente. Plastizität wiederum beruht auf der Eigenschaft, neues Wandmaterial in eine gedehnte Zellwand einzulagern, somit den Zustand zu stabilisieren. Eine Folge davon ist die Vergrößerung der Zellwandoberfläche und damit auch des Zellvolumens.

Wände ausdifferenzierter Zellen können sich noch elastisch dehnen, aber kein oder nur bedingt Wandmaterial inkorporieren. Nach Wegfall eines intrazellulären osmotischen Drucks kehren sie daher in ihre Ausgangslage zurück. Die Qualität der Zellwände bestimmt also primär, ob eine Turgorzunahme der Zelle zu einem irreversiblen Zellwachstum oder zu einer reversiblen, temporären Größenzunahme führt. Beide Phänomene rufen im Gewebeverband der Pflanze lokale Deformationen hervor, die eine Hebelwirkung auf benachbarte Teile (Gewebe) ausüben. Dadurch verändert sich ihre Position im Raum, und diese Änderungen nehmen wir als Bewegungen zur Kenntnis.

Zeigen gegenüberliegende Seiten eines Organs, vorübergehend oder über einen längeren Zeitraum hinweg, unterschiedliche Wachstumsraten, ändert sich zwangsläufig die Wachstumsrichtung; das Organ krümmt sich, und man spricht von einer Wachstumsbewegung.

Paradoxerweise ist dieser Ausdruck in der Zoologie weniger geläufig, obwohl es gerade in der tierischen Keimesentwicklung (im Gegensatz zur pflanzlichen) echte Verlagerungen von Zellen (ohne nennenswerte Volumenänderungen) gibt. Man denke dabei nur an die Bildung der Gastrula (Gastrulation) oder die Abschnürung des Neuralrohrs (Neurulation).

Wie eingangs dargelegt, wird zwischen Tropismen und Nastien unterschieden. Der Phototropismus und der Geotropismus z.B. kommen in typischer Ausprägung in radiärsymmetrisch gebauten Organen (Sproßachse, Achse der Hauptwurzel) zur Wirkung, Nastien in der Regel in dorsiventral gebauten. Der dorsiventrale Bau eines Organs ist der Ausdruck einer asymmetrischen Anordnung einzelner Gewebetypen (Beispiel Blatt), woraus folgt, daß die einzelnen Gewebe eine unterschiedliche Ausdehnungskapazität haben und daß damit bei ungleichem Wachstum der beiden Flanken (oben/unten) eine Bewegungsrichtung vorprogrammiert ist, die von der Reizrichtung unabhängig ist. Das heißt natürlich auch, daß eine Bewegung auf einen Reiz hin in erster Linie aus dem anatomischen Bau eines Organs und damit seinen mechanischen Eigenschaften ableitbar ist.

Die meisten Turgorbewegungen unterscheiden sich von den typischen Wachstumsbewegungen durch ihre Reversibilität. Bei der Wasseraufnahme der Zellen und der sich daraus ergebenden Turgorerhöhung wird ein Druck auf die Wand ausgeübt, und die Zelle vergrößert sich in bestimmten Grenzen, weil die Wand einen gewissen Grad an Elastizität aufweist. Wie an anderer Stelle abgeleitet (s. Kap. 4), wirkt der osmotische Druck der Nachbarzellen der Ausdehnung einer Einzelzelle entgegen. Nimmt der Druck in benachbarten Zellen in gleicher Weise zu, baut sich in der Summe eine beträchtliche Gewebespannung auf, die ihrerseits eine Deformation des Zellverbands nach sich ziehen kann. Die Verformung wird nunmehr zum Auslöser der räumlichen Verlagerung ganzer Pflanzenteile. Gelegentlich sind die an der Bewegung beteiligten Zellen von unterschiedlich dicken Zellwandseiten umgeben, so daß sich der Druck gerichtet ausbreitet. Die Bewegung der Schließzellen in der Epidermis ist das Paradebeispiel hierfür.

Turgorbewegungen sind jedoch nur dann reversibel, wenn der osmotische Druck in den Zellen des Bewegungsgewebes nach einer gewissen Zeit auch wieder absinken kann. Solche Änderungen finden wir in einigen Blattstielgelenken, die ein tagesperiodisches Heben und Senken von Blättern nach sich ziehen.

Es gibt aber auch andere Fälle (Gewebe), in denen sich ein osmotischer Druck aufbaut, der Spannungen verursacht, welche durch physiologische Vorgänge nicht wieder rückgängig gemacht werden. Nach Überschreiten eines kritischen Maximalwerts wird der Druckausgleich durch Reißen des Gewebes (oft an Sollbruchstellen) erreicht. Hierdurch erklären sich Schleuder- und Explosionsbewegungen, die bei einigen Früchten zu beobachten sind und deren biologischer Wert in der Samenverbreitung zu suchen ist.

Reizaufnahme (= Reizperzeption), intra- und interzelluläre Weiterleitung und Reizumsetzung

Bewegungen sind entweder autonom oder werden durch ein identifizierbares externes Signal induziert. Zu dessen Erkennung muß es geeignete Rezeptoren in den Zellen geben. Wie bereits besprochen, ist Licht einer der wichtigsten Faktoren im Leben einer grünen Pflanze. Es gibt eine Anzahl von Lichtrezeptoren, die sich nicht nur in ihrer Verteilung auf bestimmte Zelltypen und ihrer Position in der Zelle, sondern vor allem in ihrer spektralen Empfindlichkeit voneinander unterscheiden. Anders ausgedrückt: Bei induzierten Bewegungen instruiert das Genom der Zelle die Bildung eines Rezeptors, der nach Empfang eines Signals aktiviert wird und in der Zelle eine Anzahl von Aktivitäten auslöst, an deren Ende schließlich die Umsetzung des Signals in eine bestimmte Bewegung steht.

Bei den autonomen (endogenen) Bewegungen entfällt das externe Signal. Ein oder mehrere Genprodukte setzen Stoffwechselaktivitäten in Gang, die die beobachtbare Bewegung zur Folge haben.

Das Genom kann aber auch auf sehr komplexe Weise über ein Differenzierungsprogramm in die Entwicklung eines Organs, und damit in seine Bewegungskapazität, eingreifen.

Eine Koordination der Abläufe oder eine Festlegung des Zeitpunkts einer Krümmung können über Wachstumsregulatoren (letztlich weitere Genprodukte) gesteuert werden.

Alles, was eben unter dem Stichwort Stoffwechselaktivität angedeutet wurde, kann im kybernetischen Sinne als eine *black box* aufgefaßt werden, über deren Inhalt wir kaum Vorstellungen haben. Es fehlen uns damit ganz entscheidende Glieder in der Kausalkette zum Verständnis induzierter (und autonomer) Bewegungen.

Die Tatsache aber, daß es sich bei den meisten von ihnen um Turgorbewegungen handelt, bietet uns einen Ansatzpunkt zur Klärung eines Teilproblems der Reaktionskette: Rein vom Phänomen her kann Zunahme des Turgors durch Wasseraufnahme (eine Erhöhung des Wasserpotentials) beschrieben werden. Voraussetzung dafür ist eine vorherige Akkumulation osmotisch wirksamer Substanzen in der Zelle (im Cytosol, doch viel wahrscheinlicher in der Vakuole). Hierfür kommen einerseits anorganische Ionen (K^+, Cl^-), andererseits Intermediärprodukte des Stoffwechsels (z.B. Malat) in Frage. Die Akkumulation beruht auf aktivem und damit energieverbrauchendem Transport der Moleküle (Ionen) durch Membranen (Plasmalemma [?], Tonoplast) hindurch, und dazu werden spezifische (selektive) membrangebundene Pumpen (= *Carrier*, = Transferasen) benötigt.

Eine Zunahme des osmotischen Drucks der Zelle bedeutet daher in jedem Falle eine Steigerung der Aktivität der beteiligten Transferasen.

Somit reduziert sich unser Problemkreis auf den Streckenabschnitt Reiz (Signal) → Aktivierung der Transferasen.

Erschwerend kommt jedoch hinzu, daß externe Reize oft von Zellen eines Gewebeabschnitts wahrgenommen werden, die Bewegungsreaktion selbst in anderen Zellen erfolgt. Es muß daher eine interzelluläre Signalweiterleitung geben. Dazu ein Beispiel: C. Darwin zeigte, daß die Spitzen wachsender Koleoptilen Lichtreize wahrnehmen und daß der Reiz zu subapikal gelegenen Abschnitten weitergeleitet wird und sie zu einer Krümmung in Richtung des einfallenden Lichts veranlaßt (s. Phototropismus). Inzwischen wissen wir ja, daß dafür eine Auxinsynthese, ein Auxintransport und die Ausbildung eines Auxingradienten verantwortlich sind.

Wir wissen aber nicht, wie die Wahrnehmung des Lichtreizes die Auxinbildung stimuliert, wie der Transport erfolgt und was das Auxin in den Zielzellen veranlaßt, ein Streckungswachstum zu induzieren. Zur Lösung des letzten Teilschritts gibt es zumindest einige Anhaltspunkte.

Im folgenden werden eine Anzahl bestimmter pflanzlicher Bewegungsformen und ihre Ursachen an einigen ausgewählten Beispielen erläutert, um die vorab genannten Prinzipien zu illustrieren.

448

Phototropismus

Der Phototropismus ist eine durch einen Lichtreiz hervorgerufene Wachstumsbewegung. Wachstum auf eine Lichtquelle zu wird als positiver, von der Lichtquelle weg als negativer Phototropismus bezeichnet. Sproßspitzen sind meistens positiv, Wurzelspitzen in der Regel negativ phototrop.

Ursprünglich, auch noch bei J. Sachs, wurde der Phototropismus Heliotropismus genannt, weil die Pflanze der Sonne zustrebt, doch erschien ein Namenswechsel sinnvoll, als klar wurde, daß Pflanzen auch auf künstliche Lichtquellen reagieren (W. Pfeffer).

Vorweg sei noch ein anderes Problem gestreift: Reagiert die Pflanze auf Licht, oder wächst sie der Luft zu? Dazu ein Zitat von A. de Candolle (1834/38):

„Gewöhnlich sagen die Gärtner und Landwirte, daß die Pflanzen sich nach der freien Luft hinziehen, allein Tessier hat die Unrichtigkeit dieser Erklärung durch einen einfachen Versuch nachgewiesen: Er brachte lebende Pflanzen in einen Keller mit zwei Öffnungen, von der einen Seite gab ein Glasfenster Licht und keine Luft, von der anderen führte ein Luftloch, das in einen geräumigen dunklen Wagenschauer mündete, Luft, aber kein Licht zu. Alle Pflanzen richteten sich zum Glasfenster."

A. de Candolle bemerkte bereits 1809, daß das Streben zum Licht auf ungleichem Wachstum gegenüberliegender Seiten eines Organs beruht. Die belichtete Seite wächst langsamer als die unbelichtete.

J. Sachs entdeckte die Bedeutung der Lichtqualität (Wellenlängenabhängigkeit) für die Auslösung der phototropen Reaktion. Blaues, violettes und ultraviolettes Licht zusammen wirken ebenso stark wie Weißlicht. Auch nach Wegfall des UV-Anteils bleibt die Wirkung erhalten. Rotes, gelbes oder grünes Licht ist bei den meisten Pflanzen wirkungslos (s.a. Abb. 30.2). Bei einigen Farnprothallien hingegen verursacht gerade rotes Licht eine phototrope Reaktion.

Zwischen der Lichtmenge und der phototropen Reaktion besteht ein meßbarer Zusammenhang, der unter den Stichworten Reizmengengesetz, Produktenregel oder Reziprozitätsgesetz in die Literatur eingegangen ist (Fröschel und Blaauw 1908, Blaauw 1909).

Das Reizmengengesetz besagt, daß das Produkt aus Zeit und Intensität, und damit die Energiemenge des eingestrahlten Lichts, das Maß für die Reizstärke sei.

Demnach ist es belanglos, ob ein Lichtreiz niederer Intensität über einen längeren Zeitraum hinweg oder ein Reiz hoher Intensität kurzzeitig geboten wird. Wie wir heute aber auch wissen, gilt das Reizmengengesetz nur in sehr engen Grenzen, denn einmal muß eine Mindestlichtmenge vorhanden sein, um die Reaktion überhaupt auszulösen (Schwellenwert), zum anderen hat es sich gezeigt, daß Steigerung der Lichtenergie keineswegs nur zu einer Erhöhung der phototropen Reaktion führt, sondern im Gegenteil, die positive Reaktion auch unterdrücken kann. Bei fortgesetzter Steigerung hingegen erfolgt erneut eine positive Reaktion, die ein neues Maximum durchläuft, um wieder abzufallen und dann wieder zu steigen (= 1., 2. und 3. positive phototrope Krümmung, s. Abb. 32.1).

Das Reizmengengesetz gilt nur in den in der Abbildung gekennzeichneten Abschnitten.

Positiver und negativer Phototropismus im gleichen Gewebe sind nicht auf die *Avena*-Koleoptilen beschränkt. So wird er z.B. auch unter natürlichen Lichtbedingungen bei Keimlingen der tropischen Araceenart *Monstera gigantea* beobachtet. Bei geringen Lichtmengen (geringem Photonenfluß) reagieren sie positiv, bei zu hohen negativ phototrop. Unterschiede zu *Avena* liegen primär in den Reizschwellen, bei denen eine Reaktion in die entgegengesetzte umschlägt.

Phototrope Reaktionen sind für wachsende Gewebe charakteristisch. In ausgewachsenen, ausdifferenzierten Pflanzenteilen sind sie weit schwerer nachweisbar. Das liegt einmal am Verlust der Plastizität der meisten Zellen, zum anderen an der Ausbildung weitgehend starrer Festigungselemente, die jeder Deformation eines Gewebes einen mechanischen Widerstand entgegensetzen. Gerade in der Sproßachse liegen sie meist peripher und verleihen ihr eine besonders hohe Stabilität.

Wie aus dem Dargelegten ersichtlich, haben wir für jeden der drei Reaktionsabschnitte Reizperzeption, Reizweiterleitung, Mechanismus der Krümmungsreaktion, experimentelle Daten, doch bleibt nach wie vor unverstanden, wie diese Glieder miteinander verknüpft sind. Wir wissen nicht, wie der Lichtrezeptor

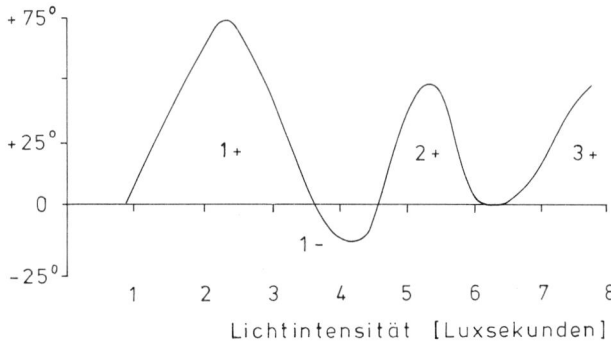

Abb. 32.1. Dosis-Effekt-Kurve des Phototropismus etiolierter *Avena* Koleoptilen (schematisierte Darstellung). Die Lichtdosis (Weißlicht) wird in Luxsekunden angegeben; auf der Ordinate ist die positive bzw. negative Krümmung aufgetragen. Die Reaktionsbereiche der 1., 2. und 3. positiven sowie der negativen Krümmung sind an der Kurve vermerkt. (H. Mohr, P. Schopfer 1978, nach H.G. duBuy und E. Nuernbergk, 1934)

449

(nach Stimulation durch Licht) die Synthese eines informationstragenden Moleküls (des Phytohormons Auxin) beeinflußt; wir wissen nicht, wodurch die Entscheidung positive oder negative phototrope Reaktion fällt, und wir wissen nur in Ansätzen, wie das Auxin im Bereich der Wachstumszone die Streckung der Zellwand fördern könnte.

In den meisten Botaniklehrbüchern wird als weiteres Beispiel die phototrope Krümmung des Sporangienträgers von *Phycomyces* genannt. In der Tat kennt man den Mechanismus (vor allem der Lichtperzeption) besser als z.B. bei der *Avena*-Koleoptile. Es entfällt das Problem der intrazellulären Informationsübertragung. Es stellt sich aber die Frage, wie innerhalb einer Zelle gegenüberliegende Zellwände ungleich schnell wachsen können. Mit Turgoränderungen ist uns hier nicht gedient.

Geotropismus

Vom Zeitpunkt der Keimung an zeigen Wurzeln das Bestreben, abwärts, Sprosse das Bestreben aufwärts, zu wachsen (anisotropes Wachstum). Ein keimendes Samenkorn kann mehrfach umgedreht werden, doch stets wird sich die Wurzel nach unten (abwärts) krümmen. Wir haben es daher auch hier wieder mit einem echten Tropismus, einer Bewegung auf einen auslösenden Reiz hin zu tun.

Daher nun die Frage: Was ist der steuernde Reiz?

„Es ist nicht die Feuchtigkeit des Bodens, die die Richtung der Wurzel bedingt, denn wenn man eine junge Pflanze in eine mit Erde gefüllte Röhre setzt, deren oberer Teil feucht und der untere trocken ist, so steigt dennoch die Wurzel abwärts und der Stengel aufwärts. Setzt man die Pflanze in eine Röhre mit Wasser und erleuchtet den unteren Teil der Röhre, während der obere verdunkelt wird, so ändert sich die Richtung des Wurzelwachstums nicht, ein Beweis, daß sie auch nicht vom Licht abhängt."

(A. de Candolle 1834/38)

1806 stellte der britische Physiologe A. Knight durch einen entscheidenden Versuch klar, daß die Richtung des Wurzelwachstums von der Schwerkraft (Gravitation der Erde) gesteuert wird: Er befestigte Keimlinge auf einem senkrecht stehenden Rad, welches er durch ein kleines Mühlrad von einem rasch fließenden Bach um seine horizontale Achse drehen ließ. Durch die Drehung kam die Zentrifugalkraft zur Wirkung. Den gleichen Effekt erzielte er, als er die Keimlinge auf einem sich horizontal drehenden Rad befestigte. Bei schneller Rotation des horizontal gestellten Rades wuchsen alle Wurzeln nach außen (in Richtung der Zentrifugalkraft), bei langsamer Drehung nahmen sie vom Rand an etwa eine Stellung von 45° ein (Resultante im Kräfteparallelogramm: Zentrifugalkraft gegen Gravitation).

Knight meinte zunächst, die Wurzelspitze würde durch ihre eigene Schwere die Wurzel nach unten ziehen, doch konnte diese Annahme schon frühzeitig

widerlegt werden, weil die Abwärtsbewegung auch dann auftrat, als das Gewicht der Wurzelspitze durch ein Gegengewicht kompensiert wurde (Johnson, 1828).

A.B. Franck führte 1868 den Begriff Geotropismus ein, setzte ihn gegen den Phototropismus ab, und unterschied drei Formen:
- positiver Geotropismus (wie eben beschrieben),
- negativer Geotropismus und
- transversaler Geotropismus.

Positiver und negativer Geotropismus zusammen werden als Ortho-Geotropismus bezeichnet. Er bedingt die senkrechte (orthotrope) Orientierung der Pflanzenachse. Das Sproßwachstum ist in erster Linie als negativ geotrop zu bezeichnen, denn Sprosse wachsen auch bei völliger Dunkelheit aufwärts. Der Phototropismus ist daher als ein sekundärer, dem negativen Geotropismus meist gleichgerichteter Reiz zu verstehen. Unter transversalem Geotropismus versteht man Wachstumsrichtungen, die senkrecht zur Pflanzenachse stehen. Die Richtung vieler Seitentriebe, Nebenwurzeln, Blätter u.a. wird hierdurch beschrieben; unter plagiotrop faßt man all jene Richtungen zusammen, die von der Orientierung der Sproßachse abweichen; orthotrope Organe (Sproßachse, Hauptwurzel) sind in der Regel radiärsymmetrisch gebaut, plagiotrope (Blätter, Nebenwurzeln u.a.) dorsiventral.

J. Sachs baute die von Knight begonnenen Experimente aus und ergänzte sie durch die Erfindung des Klinostaten (1879, s. Abb. 32.2), mit dessen Hilfe er die Krümmung zum Stehen bringen konnte (Kompensation der Gravitation durch die Zentrifugalkraft).

Durch Kennzeichnung der einzelnen Wurzelabschnitte mit Tuschestrichen zeigte er, daß sich auch bei der Wurzel nicht die Spitze selbst, sondern ein darüberliegender Abschnitt (eine Wachstumszone) verlängert (s. Abb. 32.3 und 37.4). Pflanzenanatomische Untersuchungen belegten, daß die einseitige Verlängerung auf einem Streckungswachstum der Zellen beruht.

Jetzt blieben noch die Fragen zu beantworten, wie der Reiz wahrgenommen und wie er weitergeleitet wird.

1892 postulierte F. Noll (1858–1908, Prof. in Bonn, später in Halle), daß es in Zellen der Wurzelspitze mikroskopisch kleine, bewegliche Teile geben müsse, die einen Druck auf das Plasma der jeweiligen Unterseite der Zelle ausüben. Der Druckreiz müßte dann vom Plasma in eine Dehnung der Zellwand und in stärkeres Wachstum umgesetzt werden.

Eine Bestätigung fand die Annahme (Statolithentheorie) durch die Pflanzenanatomen B. Nemec in Prag und den Österreicher G. Haberlandt, die in den Zentralzellen der Kalyptra die beweglichen und wirklich der Schwerkraft folgenden Partikel sahen und sie als Amyloplasten (Stärkekörner) identifizierten (s. Abb. 4.21).

In einem Punkt bleibt die Nollsche Annahme angreif-

Abb. 32.2. Klinostat nach J. Sachs: *A* Das Uhrwerk *(a)* mit Gewicht und Pendel, welches die Achse *b-b* in langsame Drehung versetzt; an dieser Achse ist bei *c* eine Halterung befestigt, auf welchem ein Pilz *(Phycomyces)* wächst. Der mittlere Teil der Achse ist mit einem Glaskasten *(d)* umgeben, dieser steht auf einer mit Wasser gefüllten Schale, um die Luft in der Umgebung der Pflanze feucht zu halten. *B* Auf der durch ein Drehwerk in beständiger Rotation gehaltenen Achse *(a)* ist die kreisende Scheibe *r-r* befestigt, welche die ebenfalls kreisrunde Korkplatte *(k)* trägt; auf dieser sind mittels je zweier Stecknadeln die Keimpflanzen *A* und *B* befestigt: *st* deren Keimsproßachse, *h* die Hauptwurzel; die Nebenwurzeln sind infolge der raschen Rotation sämtlich auswärts gekrümmt; *g-g* eine Glasglocke; *x* die Rotationsachse. (J. Sachs, 1887)

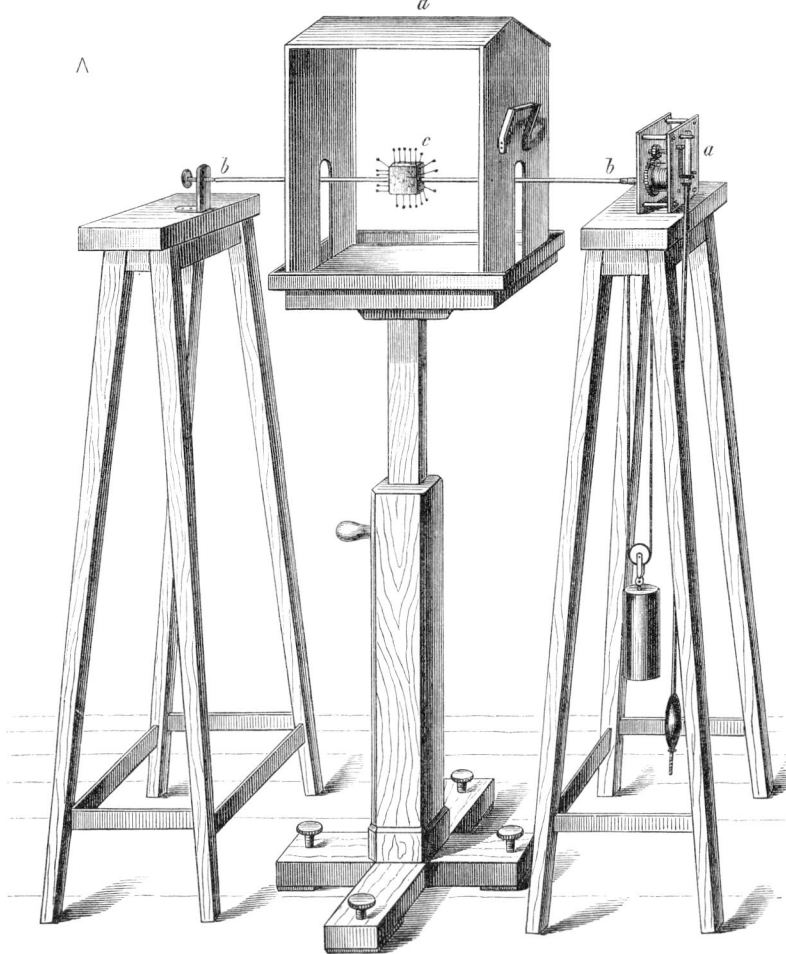

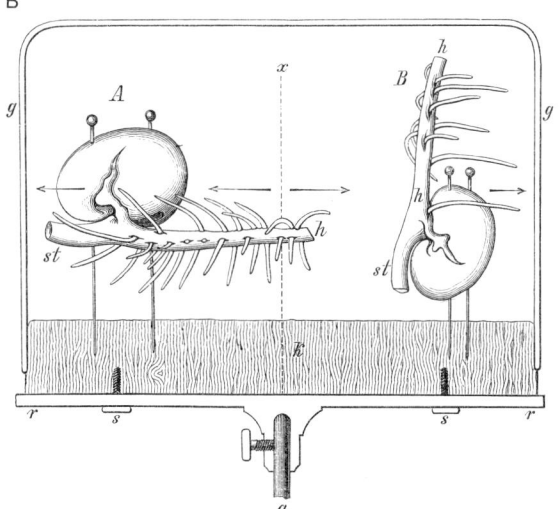

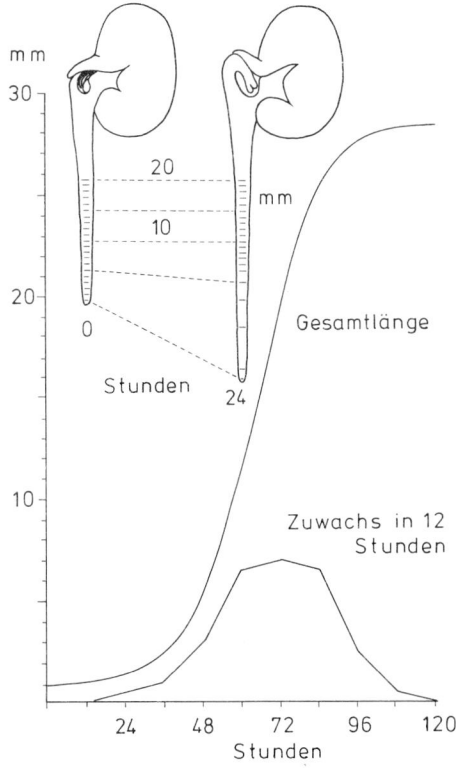

Abb. 32.3. Wachstum der Keimwurzel der Bohne. Wachstumszonen der mit Tuschestrichen in ein Millimeter Abstand versehenen Wurzel in 24 Stunden. (J. Sachs, 1887, modifiziert und ergänzt (Meßwerte) nach W. Detmer, 1909)

451

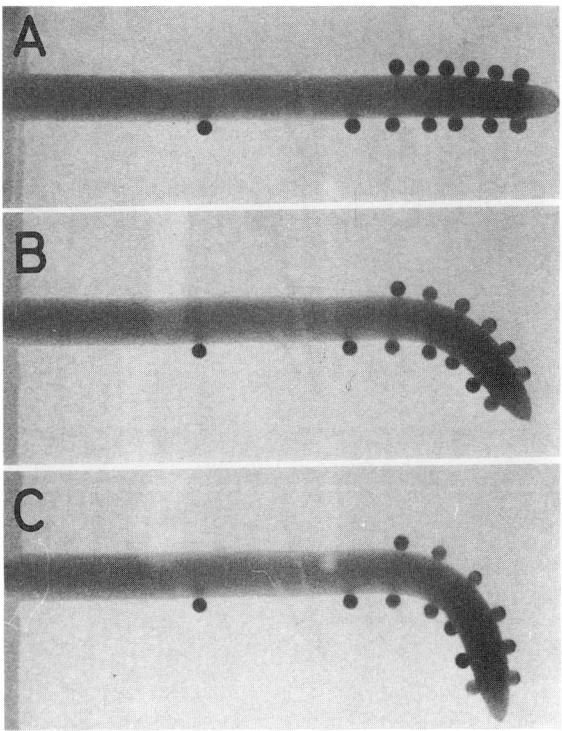

Abb. 32.4. Nachweis ungleich starken Wachstums der beiden Flanken einer waagerecht eingespannten Maiswurzel aufgrund des Geotropismus. In gleichen Abständen wurden Sephadex-Kugeln (Kunststoffkugeln) auf die Oberfläche der Wurzelspitze aufgebracht *(A)*. Im Verlauf der geotropen Krümmung *(B, C)* vergrößerten sich die Abstände an der Seite mit dem größten Krümmungsradius (Streckungswachstum). Die Sephadex-Kugeln waren mit einem pH-Indikator getränkt. Damit konnte gezeigt werden, daß das Streckungswachstum mit einem erhöhten Protonenefflux einhergeht. (J.-M. Versel, P.-E. Pilet, 1986)

bar, denn durch eine Verlagerung von Statolithen kommt es ja nicht zu einer Zellwanddehnung in den stärkehaltigen Zellen, sondern zu einer Streckung von Zellen im Bereich der Wachstumszone. Daraus ergibt sich zwangsläufig die Frage nach der Reizweiterleitung. Eine definitive Antwort steht aus, doch wieder ist Auxin mit im Spiel, wenngleich das Verteilungsmuster keineswegs mit dem beim Phototropismus beobachteten identisch ist.

Für seine Mitwirkung sprechen die folgenden Feststellungen:

(1) Von der Spitze zur Basis nimmt die Verlagerungsfähigkeit der Amyloplasten und ebenso der Einfluß der Schwerkraft auf den Auxintransport ab. Durch Anwendung starker Fliehkräfte können auch im basalen Bereich Amyloplastenverlagerung und zugleich Auxinquerverschiebungen festgestellt werden.

(2) Mutanten mit kleineren Amyloplasten zeigen eine geringere Verlagerungsrate derselben im Schwerefeld, geringere Einflüsse der Schwerkraft auf den

Auxintransport und geringere geotrope Krümmung. Letztere bedeutet nicht eine geringere Krümmungsfähigkeit der Mutante schlechthin, denn bei der phototropen Reaktion wird kein Unterschied zwischen Mutante und Wildstamm beobachtet.

Bei der Besprechung des Phototropismus wurde das Verhalten der *Phycomyces*-Sporangien erwähnt. Ein in gewisser Hinsicht vergleichbares Beispiel ist für den Geotropismus bekannt, nämlich die Reaktion der einzelligen Rhizoide der Armleuchteralge *(Chara)*.

Sie sind transparent, gegenüber Licht indifferent, und Verschiebungen von Inhaltsstoffen sind mikroskopisch leicht zu verfolgen. Besonders auffallend ist die Existenz stark lichtbrechender Zelleinschlüsse (Glanzkörper) im Bereich der Rhizoidspitze, deren Verlagerung mit einer geotropen Krümmung korrelierbar ist (J. Buder, 1961). Auf dieser Beobachtung aufbauend, haben A. Sievers und Mitarbeiter (Botanisches Institut der Universität Bonn) versucht, durch mikroskopische, elektronenmikroskopische und biochemische Analysen einen unmittelbaren Zusammenhang zwischen der Verlagerung der Glanzkörper und der geotropen Krümmung zu erstellen. Durch Versuche, in denen Mikrofilamentaktivitäten durch Cytochalasin B ausgeschaltet wurden, wurde gezeigt, daß die Statolithenverlagerung ein aktiv gesteuerter Prozeß ist, an dem die Mikrofilamente beteiligt sind. Die elektronenmikroskopischen Aufnahmen ergaben, daß Golgi-Vesikel am Zellwandwachstum mitwirken und daß sie beim Einsetzen der Krümmungsreaktion in diejenigen Zellbereiche verlagert werden, in denen Zellstreckung stattfindet.

Zusammenfassend konnten die folgenden Schlüsse gezogen werden:

- Die Statolithen hemmen das Zellwandwachstum in denjenigen Zellabschnitten, in denen sie nahe dem Plasma liegen (also genau umgekehrt, wie es Noll postuliert hatte).
- An Stellen, auf die Statolithen zuerst sedimentieren, kommt es zu einer leichten Eindellung.
- Golgi-Vesikel sammeln sich an der gegenüberliegenden Flanke (Seite). Sie sind an der dort einsetzenden Zellwandsynthese, die zur Krümmung führt, beteiligt. Durch Belastung der Wurzelspitze mit Harzkügelchen läßt sich die Wachstumsrate der einzelnen Abschnitte genau verfolgen.
- Wenn Statolithen in einem vertikal wachsenden Rhizoid verlagert werden, wird das gleichmäßige longitudinale Wachstum inhibiert.

So eindrucksvoll die Befunde an *Chara* auch sind, so wenig erklären sie die Kausalkette in mehrzelligen Wurzeln; denn dort finden Reizperzeption und geotrope Reaktion in unterschiedlichen Zellen statt, die darüber hinaus auch noch durch andere, nicht reaktive Zellen voneinander getrennt sind. Die Ergebnisse belegen jedoch eine andere Tatsache: Sie zeigen nämlich, daß die *black box* zwischen Reizperzeption und Reaktion aus unterschiedlichen Systemelementen aufgebaut sein kann.

452

Seismonastie

Das Zusammenklappen der Fiederblättchen und Blätter einiger Pflanzenarten (vor allem aus der Gruppe der Leguminosen und der Gattung *Oxalis*) nach Berührung oder Erschütterung, gehört seit dem Altertum zu den faszinierendsten Erscheinungen in der Botanik. Man bezeichnet solche Pflanzen als sensitiv.

Vergleichbare Reaktionen findet man auch beim Zusammenklappen der Blatthälften der Venusfliegenfalle *(Dionaea muscipula)*, den Tentakelbewegungen der zur gleichen Familie gehörenden *Drosera*-Arten sowie bei den Staubfäden der *Centaurea*- und *Berberis*-Arten und der Bewegung der Narbenhälften von *Mimulus*.

Schon früh suchte man nach Erklärungen für diese Erscheinungen. Wie auch bei allen anderen bisher besprochenen Fällen, müssen wir die Bewegung einerseits und die Reizwahrnehmung, -weiterleitung und -umsetzung andererseits getrennt betrachten.

Es lag nahe, die Bewegung der Mimosenblätter mit den tagesperiodischen Bewegungen mancher Blätter zu vergleichen, allein schon deshalb, weil sie bei den Leguminosen besonders eindrucksvoll zu beobachten sind.

R.H.J. Dutrochet (1776–1847, Mediziner und Privatgelehrter in der Touraine und in Paris) vermutete (1837), daß das Heben und Senken der Blätter durch einen Antagonismus der oberen und unteren Gelenkhälften hervorgerufen wird. Direkte Messungen durch den Physiologen E.W. von Brücke (1848) ergaben, daß der Turgor in den Blattgelenken zunimmt, wenn Blätter die Schlafstellung einnehmen, wobei die Zunahme auf die Gelenkoberseite beschränkt bleibt.

Damit war gesichert, daß es sich tatsächlich um Turgorbewegungen handelt. Durch die ergänzenden Untersuchungen von J. Sachs (1859) und W. Pfeffer (1873) wurde die Aussage erhärtet.

Pflanzenanatomische Untersuchungen ergaben, daß die Biegefestigkeit im Gelenkbereich reduziert ist, weil die sonst im Stengel und in Blattstielen peripher liegenden Leitbündel (= Festigungsgewebe) zu einem zentral gelegenen Strang vereint sind, der von großzelligen Rindenparenchymzellen umgeben ist. Sie sind dazu prädestiniert, ihren Turgor durch reversible Wasseraufnahme zu ändern. Die hohe Elastizität ihrer Wände bietet eine weitere Voraussetzung für Formveränderungen (Deformationen).

Die Zellen der Gelenkoberseite sind in der Lage, ihren Turgor weit über das in Zellen normale Maß zu steigern; die Zellen der Unterseite haben die Eigenschaft, überdurchschnittlich leicht Wasser zu verlieren, und sind daher besonders stark deformierbar.

Ein geregelter Bewegungsablauf setzt ein gut aufeinander abgestimmtes Zusammenspiel der beiden antagonistischen Gelenkhälften voraus. Daß das tatsächlich der Fall ist, haben bereits die von v. Brücke angestellten Messungen ergeben.

Die Situation im Gelenkbereich zwischen den bei-

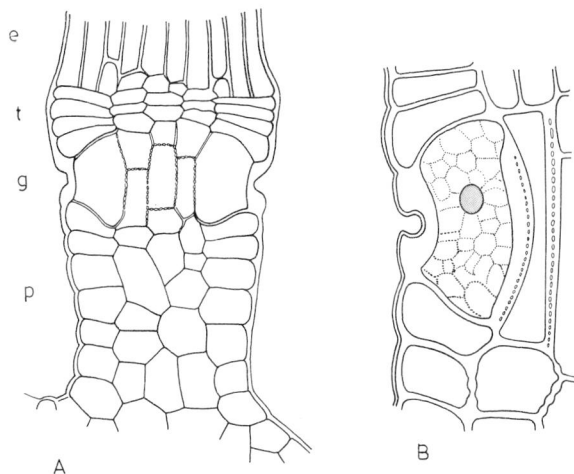

Abb. 32.5. *Dionaea muscipula. A* Längsschnitt durch den unteren Teil einer Fühlborste (*e* gestreckte Endzellen der Borste, *t* tafelförmige Zellen über dem Gelenk, *g* reizerkennendes (perzipierendes) Gelenk, *p* Parenchymzellen); *B* eine Sinneszelle der Fühlborste mit ihrem Protoplasten. (G. Haberlandt, 1906)

den Blatthälften von *Dionaea muscipula* sieht ähnlich aus. Jede der Blatthälften trägt auf ihrer Oberseite je drei Sinnesborsten, und nur über sie erfolgt die Reizung. Die Betrachtung ihres anatomischen Baus (s. Abb. 32.5) legt die Annahme nahe, daß hier eine Hebelwirkung vorliegt, denn auch an der Basis der Borsten liegt eine Gruppe großer deformierbarer Zellen.

Worauf beruht die Reizung, wie erfolgt die Reizweiterleitung?

Daß wir es mit nastischen Bewegungen zu tun haben, geht aus der Anatomie der Bewegungsgewebe hervor (dorsiventraler Bau). Wegen der Reaktion auf Erschütterung spricht man von Seismonastie. Reaktionen, die auf einen Berührungsreiz hin erfolgen, werden im allgemeinen als Thigmonastien bezeichnet.

Die Seismonastie ist zweifelsohne nur als ein Grenz- oder Spezialfall der Thigmonastie zu betrachten, der sich durch eine besonders hohe Geschwindigkeit der Reizumsetzung auszeichnet.

Bei der Erschütterung oder Berührung einzelner Fiederblättchen der Mimose klappen sie paarweise zusammen. Die Reaktion beginnt an der Berührungsstelle und breitet sich von dort aus sukzessive über das gesamte Fiederblatt aus, überträgt sich dann auf das nächstliegende Gelenk, von dort aus auf das nächste usw.

Dabei lassen sich zwei wichtige Feststellungen machen:
(1) Die Reaktion verläuft nach einer Alles-oder-Nichts-Regel.
(2) Sie ist reversibel. Nach 15 bis 30 Minuten kehren die Blätter in ihre Ausgangsstellung zurück.

453

Es gibt also auf jeden Fall eine Erregungsleitung im Blatt, und damit stellt sich für uns die Frage nach ihrem Mechanismus. Reaktionen dieser Art kennt man von tierischen Nervenzellen (Neuronen) und weiß, daß die Erregungsfortleitung entlang des Axons einer Nervenzelle auf elektrochemischem Wege erfolgt. Mit anderen Worten: die Membran wird lokal depolarisiert, und die Depolarisierung überträgt sich mit hoher Geschwindigkeit auf benachbarte Bereiche. Der Aufbau des Axons gewährleistet eine gerichtete Ausbreitung. Spielen solche Membrandepolarisierungen auch bei der Mimose (und bei reizbaren Organen anderer Arten: *Dionaea, Drosera, Berberis* usw.) eine Rolle?

Es gibt gesicherte Anhaltspunkte dafür, daß das tatsächlich der Fall ist, obwohl es experimentell außerordentlich schwierig ist, Änderungen des Membranpotentials pflanzlicher Zellen zu bestimmen. Aus Messungen an Zellen anderer Arten, vor allem der Riesenzellen der Alge *Nitella,* aber auch von Zellen des Bewegungsgewebes der Mimose, lassen sich folgende Aussagen machen:

Die Zellen enthalten im Verhältnis zur Umgebung mehr Kat- als Anionen, also mehr positiv als negativ geladene Ionen. Daher besteht über die Membran hinweg ein meßbares Membranpotential. Unter sonst unveränderten Bedingungen liegt es konstant bei ca. -80 bis -90 mV und wird als Ruhepotential bezeichnet (s. Abb. 22.6). Eine Reizung der Zelle (wie auch immer) führt zu einem vorübergehenden lokalen Zusammenbruch des Potentials, der auf kurzfristiger Ionendurchlässigkeit der Membran beruht. Das Ausströmen von Kationen bewirkt einen vorübergehenden Anstieg des Potentials (Aktionspotential), das unmittelbar nach dem Durchlaufen seines Maximums wieder zum alten Zustand zurückkehrt, weil die Zelle unter Energieaufwand die abgegebenen Ionen selektiv wieder aufnimmt. Der Zeitraum bis zum Erreichen des Ruhepotentialwerts ist die Refraktärzeit. Während dieser Zeitspanne ist jener Membranbereich nicht reizbar.

Eine Depolarisation kann sich leicht und vor allem sehr schnell (im msec-Bereich) auf die übrigen Membranabschnitte der Zelle ausbreiten und damit die Gesamtmembran der Zelle erfassen. Wenn das Aktionspotential einer Zelle ausreichend hoch ist, kann es Nachbarzellen erregen. Voraussetzung ist allein das Überspringen der Reizschwellen jener Zellen. Das erklärt einmal eine Reizweiterleitung von Zelle zu Zelle, und zum anderen die Alles-oder-Nichts-Regel.

Zellen im Bewegungsgewebe einer Mimose lassen sich außer auf mechanischem Wege auch durch einen elektrischen Stromstoß reizen, ein Hinweis darauf, daß eine elektrische Reizleitung existiert.

Zusätzlich konnte die Freisetzung einer Substanz aus gereizten Zellen nachgewiesen werden, die durch den Transpirationsstrom verbreitet wird, auf diese Weise ebenfalls die Gelenke erreicht und sie zu einer Reaktion veranlaßt.

Elektrische und chemische Reizung oder Erregungsleitung unterscheiden sich in ihren Geschwindigkeiten voneinander. Je nach Organ beträgt sie 0,7–26 cm/sec für die elektrische, und 0,15–2 cm/sec für die chemische Reizleitung. Beide Arten ergänzen einander. Die chemische Reizleitung ist überall dort von Vorteil, wo elektrische Widerstände auftreten, z.B. an Gelenken und in toten Zellbereichen.

Rankenbewegungen

Die oberirdischen Sprosse der meisten Arten sind in der Regel ausreichend stabil, um sich aufrecht halten zu können. Einige Arten hingegen besitzen Sproßachsen, die unter der Last der von ihnen getragenen Organe abknicken würden. Sie können daher nur dann aufrecht wachsen, wenn sie sich um senkrecht oder nahezu senkrecht stehende Stützen winden (Schlingpflanzen). Daneben gibt es Arten, die speziell ausgebildete Organe (Ranken) besitzen, die sich sowohl um senkrecht als auch um waagerecht orientierte Stützen winden können. Ferner gibt es Arten mit spezialisierten Haftorganen (Haftscheiben), mit deren Hilfe sie sich an Unterlagen unterschiedlicher Orientierung ansaugen (s. Abb. 32.6). Schließlich kennt man eine weitere Gruppe, die Haken ausbildet, mit denen sie an Stützen unterschiedlichster Art hängenbleibt (Beispiel: Brombeere *Rubus fruticosus*).

Abweichend vom alltäglichen Sprachgebrauch, der häufig lange Sprosse – wie etwa die des Efeus – als Ranken bezeichnet, versteht man in der Botanik unter diesem Ausdruck dünne, lange, fadenförmige Organe, die sich, wenn sie ausdifferenziert sind, durch einen sehr hohen Grad an Reizbarkeit für Berührung und Reibung an festen Körpern auszeichnen.

Durch diese Eigenschaft sind sie prädestiniert, einen dünnen Stab, den Stengel oder Halm einer anderen Pflanze, die Zweige eines holzigen Strauches usw., fest zu umwickeln. Zu den charakteristischen Rankenpflanzen zählt man die Cucurbitaceen, (z.B. *Bryonia dioica*), die Passiflorae, *Vitis vinifera* und deren Verwandte, viele Leguminosen (*Pisum sativum,* viele *Vicia*-Arten) usw.

Die Ranken der einzelnen Arten oder Pflanzengruppen gehen aus unterschiedlichen Anlagen hervor, so daß sie nicht homologisiert werden können. Es sind abgewandelte Sprosse (z.B. bei *Vitis*), abgewandelte Blätter *(Pisum),* Blattfieder *(Vicia, Lathyrus),* Blattstiele *(Clematis)* oder Teile sproßbürtiger Wurzeln *(Vanilla).*

Bei *Vitis vinifera* und *Bryonia dioica* beispielsweise sind es Seitensprosse, die in der Regel einem Blatt gegenüberstehend angelegt werden (s. Abb. 32.7).

Ranken sind meist dorsiventral gebaut, und schon C. Darwin wies darauf hin, daß es Rankentypen gibt, deren Spitze allseitig reiz- und krümmungsfähig ist, andere die nur an der Ventralseite (der morphologischen Unterseite) reizbar sind und die sich nur in diese Richtung krümmen, und schließlich wurden auch sol-

Abb. 32.6. Das obere kletternde Sproßende des Wilden Weins *(Ampelopsis hederacea)*. *b* eine Ranke, die sich in gewohnter Weise um einen Nagel gewunden hat; *a, c* Ranken, die sich mit den polsterförmigen Auswüchsen oder Halteren an der Mauer befestigt haben; *d* eine Ranke im Zustand der Nutation (Rotations- oder Suchbewegung), mit ihren Spitzen auf der Mauer herumtastend, noch ohne Halter; *e* junge Ranken. (J. Sachs, 1887)

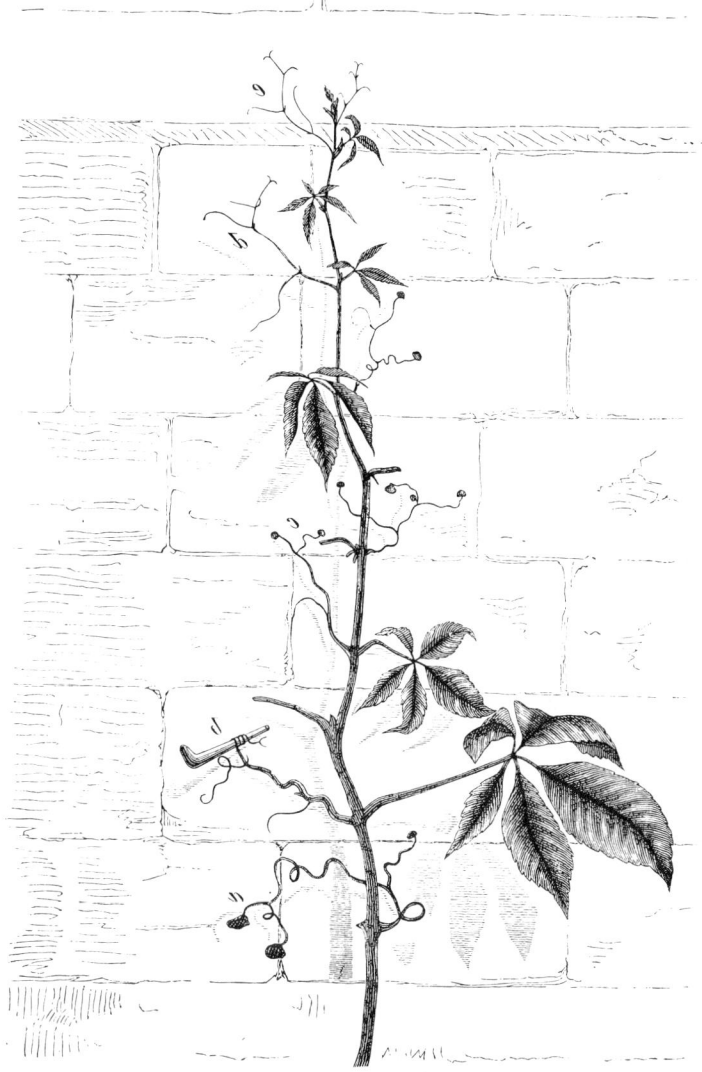

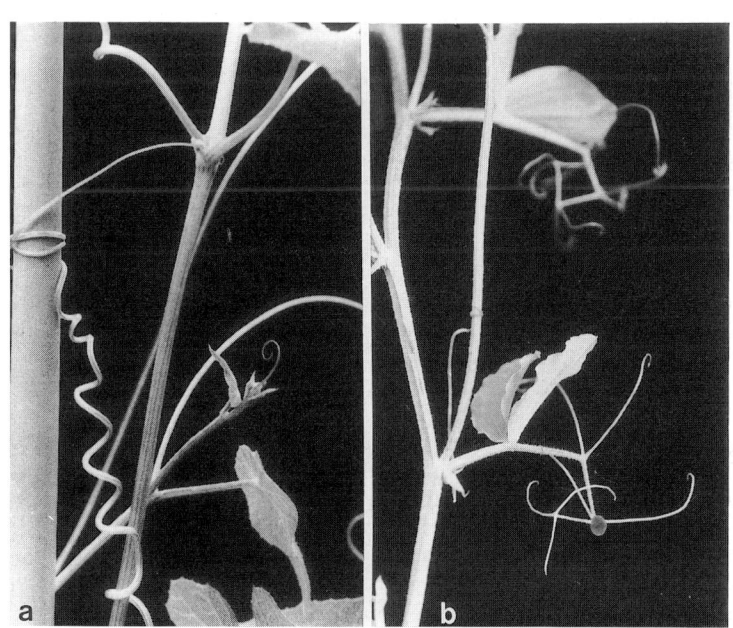

Abb. 32.7. Ranken. *a Bryonia alba* (Weiße Zaunrübe): Die Ranke entspricht einem Seitensproß (umgewandeltes Blatt) und steht einem Blatt gegenüber; Ranke mit Wendepunkt. *b Lathyrus odoratus* (Platterbse): Die Ranken sind den äußeren Blattfiedern homolog.

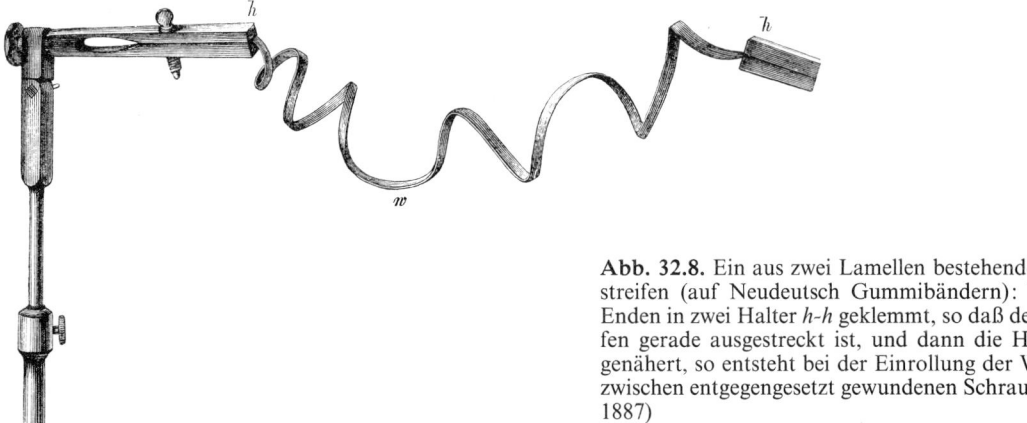

Abb. 32.8. Ein aus zwei Lamellen bestehender Kautschukstreifen (auf Neudeutsch Gummibändern): Werden beide Enden in zwei Halter *h-h* geklemmt, so daß der Doppelstreifen gerade ausgestreckt ist, und dann die Halter einander genähert, so entsteht bei der Einrollung der Wendepunkt *w* zwischen entgegengesetzt gewundenen Schrauben. (J. Sachs, 1887)

che gefunden, die sich zwar nur zur Ventralseite hin krümmen, aber allseitig reizbar sind.

Zum Verständnis von Rankenbewegungen muß man zwischen zwei aufeinanderfolgenden Phasen unterscheiden. Die erste, obligatorische Phase ist den autonomen Bewegungen zuzuordnen, die zweite gehört zu den induzierten und setzt, wenn überhaupt, erst dann ein, wenn die Rankenspitze eine Stütze gefunden hat.

In frühen Wachstumsstadien sind Ranken meist eingerollt, und erst nachdem sie sich gestreckt haben, nehmen sie die charakteristischen Rankenmerkmale an. Die Spitze beginnt mit einer autonomen kreisenden Suchbewegung, die C. Darwin als Circumnutation bezeichnet hat. Die Bewegung beruht auf gesteigertem Wachstum der morphologischen Oberseite (Dorsalseite). Das allein würde jedoch zu einer Einrollbewegung (Bildung einer Spirale) führen. Daß es nicht so ist, beruht darauf, daß sich die Wachstumszone (= die Dorsalseite) mit der Verlängerung der Ranke in Form einer Schraubenlinie um die Längsachse windet. Die Circumnutation kann mehrere Tage lang andauern, wobei sich die Ranke kontinuierlich verlängert. Nach Erreichen der vollen Länge und erfolgloser Suche wird die Bewegung eingestellt, die Reizbarkeit erlischt, und je nach Art folgen weitere Veränderungen, die entweder zur Verkümmerung, zum Absterben und zum Abfall oder zum Einrollen der Ranke führen.

Wird jedoch während der Suche eine Stütze gefunden, setzt eine gerichtete Krümmungsbewegung ein.

Eine Krümmung erfolgt nur dann, wenn nebeneinanderliegende Abschnitte in zeitlich aufeinanderfolgender Sequenz gereizt werden und die Reizung eine Zeitlang anhält. Erweist sich eine Stütze aufgrund der eben genannten Bedingungen als geeignet, wird eine Schlinge gebildet. Bei dünnen Stützen kann sie sich in bestimmten Grenzen nachfolgend verengen. Das freie Ende der Ranke setzt die Krümmungsbewegung fort und legt sich in immer neuen Windungen um die Stütze, bis ihr auch das äußerste freie Ende fest anliegt. Je näher die zuerst berührte Stelle zur Ranken

basis hin liegt, desto zahlreicher sind die Windungen. Die zwischen der Rankenbasis und ihrem Befestigungspunkt an der Stütze liegende Rankenstrecke kann sich nicht um die Stütze winden, obgleich sich der Krümmungsreiz auch auf diesen Streckenabschnitt der Ranke fortsetzt, was zur Folge hat, daß er sich in Form einer Schraube mit oft sehr zahlreichen Windungen einrollt. Die Schraubenwindungen bilden Wendepunkte (Umkehrpunkte) aus, zwischen denen jeweils die gleiche Anzahl gleichgerichteter Windungen liegt (s. Abb. 32.8).

C. Darwin erkannte, daß ihr Erscheinen keine spezifische Eigenschaft der Ranken oder des Reizes, sondern eine mechanische Notwendigkeit ist. Beginnt nämlich ein Körper, der an beiden Seiten fixiert ist, sich an einem der Enden um seine eigene Achse zu drehen, entstehen bei der Einrollung Torsionskräfte, die nur durch Umkehr der Drehrichtung (oder durch Reißen: siehe hierzu Entwindung der DNS bei der Replikation, s. Kap. 21) ausgeglichen werden können.

Wie kommt die Reizung einer Ranke zustande?

W. Pfeffer entdeckte in den Zellwänden der reizbaren Zellen von Kürbisranken Aussparungen der Wand, die er Fühltüpfel nannte. G. Haberlandt wies sie in Ranken vieler anderer Arten nach.

Durch diese Wandunterbrechungen kann das Plasma (die Plasmamembran) lokalen Kontakt mit der Umwelt aufnehmen. Es ist daher naheliegend anzunehmen, daß es einen direkten Zusammenhang zwischen dieser Erscheinung und der Reizerkennung gibt. Wie der Reiz jedoch wahrgenommen, wie er weitergeleitet und schließlich in eine Wachstumsreaktion umgesetzt wird, gehört auch heute noch zu den weitgehend ungeklärten Problemen. Es gilt experimentell als gesichert, daß der Turgor in den ventral liegenden Zellen sinkt, in den dorsal liegenden steigt und damit die Streckungsreaktion der noch dehnungsfähigen Wand einleitet. Um die genannten Erscheinungen auf einen Nenner zu bringen, muß man

456

wohl davon ausgehen, daß sich die Permeabilitäten der Membranen (= die Aktivitäten der erforderlichen Permeasen) in den beteiligten Zellen ändern, damit einen Ionenfluß induzieren. Es sieht ganz so aus, als seien diese Prozesse ATP-verbrauchend; nicht verwunderlich, denn wir haben es ja mit aktiven Transportfunktionen zu tun. Abschließend sei noch vermerkt, daß sich die Ranken nach dem Berühren einer Stütze morphologisch und physiologisch verändern. Die Gewebe verfestigen sich, und der Kontakt wird stabilisiert. Das alles deutet darauf hin, daß der Reiz als Signal zur Induktion neuartiger Stoffwechselaktivitäten verstanden wird und daß nach der Stimulation Gene aktiviert werden, die andernfalls im inaktiven Zustand verbleiben würden.

Mechanismus und Regulation von Spaltöffnungsbewegungen

Spaltöffnungen (Stomata, s. Abb. 5.5–5.7) sind funktionelle Einheiten der Epidermis, die dem Gasaustausch zwischen den Interzellularen des pflanzlichen Gewebes und der Außenwelt dienen. Besonders häufig – und von charakteristischer Gestalt – findet man sie bei der überwiegenden Zahl der Arten in der Epidermis der Blattunterseite. Ihre Entstehungsgeschichte variiert bei den einzelnen Pflanzengruppen, doch sind stets inäquale Teilungen mit im Spiel.

Zu einer Funktionseinheit gehören sowohl die eigentlichen, fast immer chloroplastenhaltigen Schließzellen und die benachbarten chloroplastenfreien Nebenzellen.

Es ist allgemein bekannt, daß Spaltöffnungen in feuchter Umgebung geöffnet, in trockener geschlossen sind. J. Hedwig erkannte im 18. Jahrhundert als erster, daß ihnen die Aufgabe von „Ausdünstungsöffnungen" zufällt. Heute sagen wir dazu, sie seien an der Transpiration beteiligt.

Es lag daher auf der Hand, den Mechanismus der Schließbewegung auf Turgoränderungen zurückzuführen und sie als Turgorbewegungen einzustufen. Die pflanzenanatomische Untersuchung der Stomata (vor allem die Betrachtung der Querschnitte) verifizierte diese Annahme.

Bei vielen Arten sind die Außen- und Innenwand im Vergleich zu den Seitenwänden stark verdickt. Sie setzen daher jeglicher Deformation einen merklichen Widerstand entgegen.

Die Wand zwischen Schließ- und Nebenzelle und die den Spalt formende Wand sind relativ dünn und daher leicht dehnbar.

Diese Asymmetrie im Zellbau und der Wandstärken erklärt die gerichtete, durch Turgor bedingte Bewegung. Die Mechanik der Schließzellen ist damit verständlich.

Probleme ergaben sich jedoch bei der Aufklärung der Auslösung und der Regulation dieses Vorgangs: Wasser erwies sich zwar als bedeutender, doch nicht alleiniger Kontrollfaktor der Schließzellbewegung.

Als nicht minder wichtige Regelgrößen haben sich
– die CO_2-Konzentration,
– Licht,
– K^+-Ionen und
– Abscisinsäure (ABA) erwiesen.

Wasser

Schließzellen können Wasser nach drei Richtungen abgeben: (1) nach außen, (2) in die benachbarte Nebenzelle und (3) in die Atmungshöhle (einen Teil des Interzellularsystems des Blattgewebes, der unter den Schließzellen liegt).

Bei geöffneten Spalten stellt sich ein Gleichgewicht zwischen den Wasserdampfkonzentrationen der Atmosphäre und der Atemhöhle ein. Solange der Wassernachschub sichergestellt ist, bleiben die Spalten offen. Da es in der Regel ein starkes Wasserpotentialgefälle zwischen feuchtem Boden und meist trockener Atmosphäre gibt, bilden Pflanzen ein zwischengeschaltetes Verteilerelement. Sie ihrerseits profitieren von dem Konzentrationsgefälle (für sie ein Energiegewinn), wobei die Schließbewegungen der Stomata einen entscheidenden regulierenden Einfluß ausüben. Bei zu hohem Wasserverlust bzw. nicht ausreichendem Nachschub schließen sie sich. Bei Spaltenöffnung ist der osmotische Druck in den Schließzellen weit höher als in den Nebenzellen. Bei geschlossenen Spalten verschiebt sich das Verhältnis zugunsten der Nebenzellen.

Licht und CO_2

Bei den meisten Pflanzenarten sind die Spaltöffnungen bei Dunkelheit geschlossen. Licht fördert das Öffnen. Das Aktionsspektrum ähnelt dem der Photosynthese. Blaulicht ist besonders wirksam.

In CAM-Pflanzen, z.B. den Crassulaceen (s. Kap. 24), sind die Spaltöffnungen nachts offen. Sie sind nämlich darauf angewiesen, nachts CO_2 zu akkumulieren, in Form von Malat oder Aspartat zu speichern, um es dann tagsüber in den Calvin-Zyklus einzuschleusen. Offene Spaltöffnungen am Tage würden bekanntlich an Standorten, die von CAM-Pflanzen besiedelt werden, zu intolerablen Transpirationsverlusten führen.

Eine niedrige CO_2-Konzentration (in der Atemhöhle) führt zu einer Spaltenöffnung, eine hohe zu Spaltenverschluß. Bei Dunkelheit entsteht in pflanzlichen Geweben durch Atmung reichlich CO_2, so daß die Spalten geschlossen bleiben. Mit dem ersten Tageslicht kann die Photosynthese unverzüglich einsetzen, weil ausreichend CO_2 akkumuliert worden ist. Da die Schließzellen im Unterschied zu den Nebenzellen Chloroplasten enthalten, findet in ihnen auch eine

457

Photosynthese statt, und diese Aktivität wiederum steht im Zusammenhang mit dem Anstieg des osmotischen Werts und damit der Öffnung der Spalte.

Soweit die Beobachtungen und Messungen. Worauf beruhen nun aber die Erhöhung und Erniedrigung des osmotischen Werts? Es gibt gute Hinweise darauf, daß das Licht in erster Linie über die Erniedrigung der inter- und intrazellulären CO_2-Konzentration wirkt.

Durch die Photosynthese in den Mesophyllzellen wird CO_2 schneller verbraucht, als es nachgeliefert werden kann. Dadurch entsteht ein interzelluläres Defizit in Spaltöffnungsnähe. Die Photosyntheseaktivität in den Schließzellen selbst sorgt für den Abfall des intrazellulären CO_2-Spiegels und eine gleichzeitige Steigerung der Wasseraufnahme aus den Nachbarzellen (Nebenzellen).

Es hat sich gezeigt, daß der Wasseraufnahme eine K^+-Aufnahme vorangeht. K^+-Ionen werden durch aktiven Transport (eine K^+-Pumpe) aus den Nebenzellen in die Vakuolen der Schließzellen verlagert. Parallel dazu erfolgt eine Akkumulation von Anionen (Cl^-, Malat) in den Vakuolen.

Im Gegenzug werden Protonen (H^+) an die Nebenzellen abgegeben. Quantitativ sind die Ionenflüsse ausreichend, um eine für die Schließbewegung erforderliche Turgorzunahme zu erklären, doch ist damit immer noch nichts über den primären Auslöser gesagt.

Folgende Fragen wären zu beantworten:
- Wodurch kommt die Steigerung der Aktivität der K^+-Pumpe zustande?
- Ist der Protonenfluß eine Ursache oder die Folge des K^+-Ionentransports?

Wie wichtig die K^+-Pumpe für die Schließzellenbewegung tatsächlich ist, geht aus der Wirkung eines Pilzgifts, des Welketoxins Fusicoccin (aus *Fusicoccum amygdali*), hervor. Dieses Toxin aktiviert die K^+-Pumpe. Bei Fusicoccineinwirkung auf Spaltöffnungen bleiben diese offen, der Wasserverlust kann höher als der Nachschub sein, das Wasserdefizit führt zum Welken.

Der biologische Vorteil für den Pilz liegt im Vorfinden offener Spaltöffnungen, denn das sind, außer Wundstellen, die einzigen Orte, durch die seine Hyphen in das Blattgewebe eindringen können. Sofern die Fusicoccinwirkung dabei lokal eingeschränkt bleibt (es genügt im Prinzip eine Spaltöffnung für eine Pilzhyphe), wird der Gesamtwasserhaushalt zunächst kaum oder gar nicht beeinflußt.

Abscisinsäure (ABA)

Bei Wasserdefizit produziert die Pflanze in verstärktem Maße Abscisinsäure, die aktiv zu den Schließzellen transportiert und in ihnen gespeichert wird (s. Abb. 31.10). Sie wiederum hemmt die K^+-Ionenpumpe, verhindert damit den Aufbau eines osmotischen Drucks und bewirkt Spaltenverschluß.

Zusammenfassend können wir feststellen, daß das Öffnen und Schließen über zwei voneinander unabhängige Regelkreise (den H_2O- und den CO_2-Regelkreis) gesteuert wird (s. Abb. 32.9).

Die Regulation über das Wasserpotential ist der wirkungsvollere Mechanismus. Dabei wird einmal die Wassermenge in unmittelbarer Nachbarschaft der

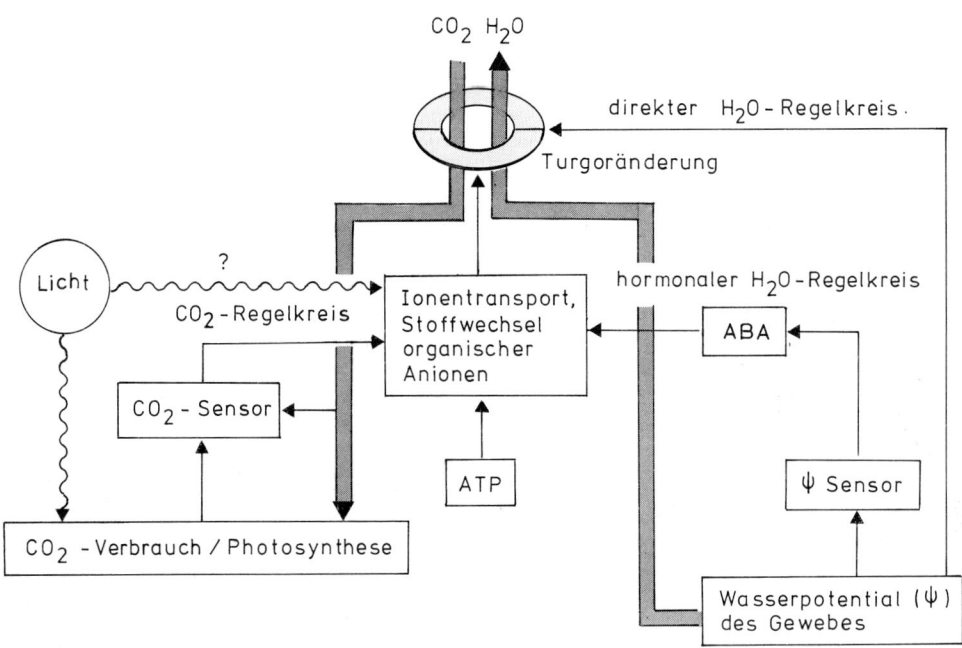

Abb. 32.9. Regelkreise zur Kontrolle der Spaltöffnungsbewegungen. Die Schließzellen sind oben schematisch dargestellt. Dünne Pfeile stellen einen Informationsfluß dar; ABA: Abscisinsäure. (Nach K. Raschke, 1975)

458

Schließzellen verrechnet, und zum anderen, über die ABA–Wirkung, das Wasserpotential in entfernt gelegenen Gewebeabschnitten. Bei geschlossenen Spaltöffnungen können H_2O- und CO_2-Regelkreis miteinander konkurrieren, denn in photosyntheseaktiven Geweben ist CO_2 in der Regel ein limitierender Faktor. Bei gleichzeitigem Wassermangel bleiben die Spaltöffnungen dennoch geschlossen, die Photosyntheserate sinkt auf niedriges Niveau, kommt aber nicht ganz zum Erliegen, da CO_2 durch Atmungsprozesse innerhalb der Pflanze in nicht unbeträchtlicher Menge immer wieder neu gebildet wird.

Irreversible Turgorbewegungen – Quellbewegungen, Kohäsionsbewegungen

In diesem Abschnitt werden Bewegungen zusammengefaßt, die in erster Linie der Samen- und Sporenausbreitung dienen und die deshalb – aber nicht ausschließlich – bei Früchten, Samen und Sporenkapseln zu beobachten sind.

Dabei haben wir zwischen irreversiblen Turgorerscheinungen lebender Zellen und Quellbewegungen (Volumenänderungen der Zellwand) zu unterscheiden. Letztere können auch bei toten Zellen beobachtet werden.

Irreversible Turgorbewegungen entstehen überall dort, wo sich ein osmotischer Druck aufbaut, der durch physiologische Vorgänge nicht wieder rückgängig zu machen ist. Nach Überschreiten eines Schwellenwertes kann er daher das Reißen von Geweben und dadurch bedingte explosionsartige Bewegungen hervorrufen.

Zwei eindrucksvolle Beispiele dafür:
(1) Die Schleuderbewegungen der Früchte aller Arten der Gattung *Impatiens* („Rühr mich nicht an") und
(2) die Spritzbewegung der im Mittelmeerraum verbreiteten Spritzgurke *Ecballium elaterium*.

Zum ersten Beispiel: Durch anatomische Untersuchungen wurde gezeigt, daß es präformierte Bruchstellen gibt, die die Bewegungsrichtung festlegen. Die Samen werden im oberen Teil der Frucht an der Innenseite der Fruchtwand gebildet. Im unteren Teil beginnen die außen liegenden Zellschichten sich auszudehnen, werden daran aber durch ein innen liegendes Widerstandsgewebe gehindert. Die äußeren Zellschichten bezeichnet man als Schwellgewebe. Nach Erreichen des maximalen Turgordrucks (9–14 Bar) reißen die Längsverbindungen zwischen den Fruchtblättern, die nunmehr freien Fruchtblätter rollen sich schlagartig ein und schleudern die an ihnen sitzenden Samen unter Ausnutzung einer Hebelwirkung fort. Die durch das Reißen des Gewebes freiwerdende Energie (Gewebespannung) wird also zur Verbreitung der Samen genutzt.

Vergleichbare Erscheinungen findet man bei den Staubblättern einiger Arten (z.B. bei *Pellionia daveauana*). In einer frühen Phase der Entwicklung der Filamente wächst die Unterseite schneller als die Oberseite. Die dabei entstehende Zugspannung kann durch verstärktes Wachstum der Oberseite in einer zweiten Entwicklungsphase nicht mehr gelöst werden, da die Antheren an ihrer Basis miteinander verklebt sind. Sobald sich der Verband löst, schnellen die Filamente explosionsartig nach außen.

Zum zweiten Beispiel: Die Früchte der Spritzgurken sind von einer mehrschichtigen elastischen Fruchtwand umgeben (s. Abb. 32.10), die dem starken Innendruck des Fruchtinhalts standhält. Im Inneren der Frucht sind die Samen, zwischen großzellige Parenchymzellen verteilt, eingelagert. Während der Fruchtreife steigt der osmotische Druck in diesen Zellen von 8,5 auf 14 Bar. An der Fruchtansatzstelle liegt ein weniger widerstandsfähiges Trenngewebe. Sobald der Druck einen kritischen Wert überschreitet, wird die Frucht abgesprengt, die Parenchymzellen platzen, durch den dabei freiwerdenden Druck werden die Samen durch die Öffnung in einem ballistisch günstigen Winkel (40–60°) mit hoher Geschwindigkeit herausgeschleudert, wobei sie leicht Entfernungen von mehr als 10 Metern überwinden.

Zusammenfassend lassen sich die Bedingungen für das Zustandekommen von derartigen Explosionsbewegungen sowie die Aufeinanderfolge der Abläufe wie folgt umreißen:
(1) Benötigt wird ein unter überdurchschnittlich hoher Spannung stehendes deformierbares Bewegungsgewebe.
(2) Ein Widerstandsgewebe muß den Ausgleich der elastischen Spannung anfangs verhindern.

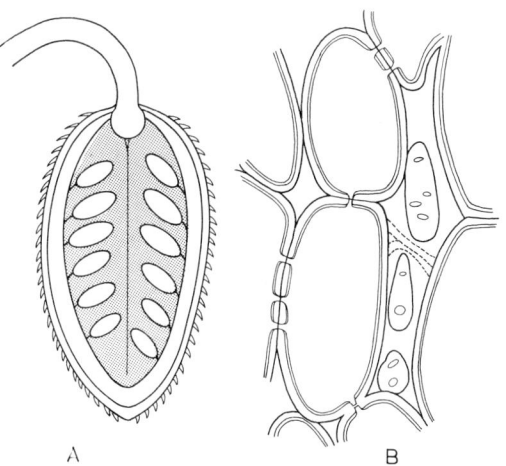

Abb. 32.10. Frucht der Spritzgurke *(Ecballium elaterium)*, einer mediterranen Cucurbitacee. *A* Frucht im Längsschnitt, Schwellgewebe gerastert dargestellt. *B* Zellen des Schwellgewebes im Querschnitt. (*A:* F. Overbeck, 1926; *B:* H. v. Guttenberg, 1950, 1956)

459

(3) Es muß schließlich die Möglichkeit geben, den Widerstand zu beseitigen (Reißen des Gewebes an Sollbruchstellen)
(4) Die Gewebeteile, Organe, oder Einheiten, die bei der Explosion losgelöst und verteilt werden sollen, müssen spezifisch (optimal) angeordnet sein.

Quellbewegungen

Die pflanzliche Zellwand ist aus mehreren übereinanderliegenden Celluloseschichten aufgebaut (Texturierung, s. Kap. 26), wobei die Orientierung der Cellulosefibrillen sich von Schicht zu Schicht ändert, hier nur angedeutet durch die Begriffe Quertextur, Längstextur, Schraubentextur.

Außer Cellulose enthält die Wand weitere Strukturelemente (fibrilläre Makromoleküle), deren Anteil von Schicht zu Schicht unterschiedlich sein kann. Wie alle hydrophilen Makromoleküle können sie Wasser anlagern, vergrößern damit ihr Volumen (Hydratation, Quellung). Aufgrund von Unterschieden in der Quellbarkeit (Kapazität, Wasser zu binden bzw. anzulagern), können die beteiligten Molekülklassen in die folgende Reihenfolge gebracht werden:

Pektin > Hemicellulose > Cellulose > Lignin.

Wenn nun aber Schichten unterschiedlicher Quellbarkeit eng miteinander verzahnt sind, verlängern oder verkürzen sie sich in unterschiedlichem Maße, woraus Spannungen resultieren, die eine Krümmung der Zellen und damit auch der Gewebe nach sich ziehen.

Wohlgemerkt: Wichtig ist hierbei allein der Hydratationszustand der Zellwand bzw. einzelner Zellwandschichten, wobei die Feuchtigkeitsmenge der Atmosphäre genügt, um unter Spannung stehende Zellen (oder Gewebe) zu verformen und ggf. zum Reißen zu bringen. Das Zellplasma ist, sofern überhaupt noch vorhanden, unbeteiligt.

Das Öffnen und Schließen mancher Samenkapseln, die Bewegung spezialisierter Ausbreitungsvorrichtungen einiger Samen, die Peristombewegungen der Laubmoose und Torsionen der Fruchtblätter vieler Leguminosen, sind Ausdruck geänderter Hydratationszustände (= hygroskopische Bewegungen).

Auch alles, was in der Holzverarbeitung unter dem Satz „Das Holz arbeitet" verstanden wird, beruht auf lokal ungleichmäßigen Änderungen des Hydratationszustandes, die Spannungen erzeugen und das Holz zum Reißen bringen können.

Asymmetrischer Bau der Zellwand und die Oberflächenspannung des Wassers verursachen noch eine weitere Art der Bewegung, die sogenannte Kohäsionsbewegung. Das klassische und deshalb in nahezu allen Botaniklehrbüchern zitierte Beispiel ist der Öffnungsmechanismus von Farnsporangien.

Die Zellen der (einschichtigen) Wand sind dünn. Eine Ausnahme bilden nur die des Anulus, der das Sporangium meridian wie ein fast geschlossener Reifen umgibt. An der Vorderseite des Sporangiums bleibt ein präformierter Bereich (Stomium) ausgespart.

Die Innenwände und die Radialwände zwischen benachbarten Anuluszellen sind verdickt, alle Außenwände sind dünn und elastisch. Während der Reifung des Sporangiums verlieren die Zellen Wasser, und durch Kohäsion des verbleibenden Rests, bei gleichzeitiger Adhäsion an die Wände, wird die dünne Außenwand nach innen gezogen. Daraus ergibt sich eine Wandspannung, die sich auch auf die Radialwände überträgt und damit bewirkt, daß sie sich einander nähern. Da das gleichzeitig in allen Anuluszellen geschieht, entsteht eine Gewebespannung, die zum Reißen des Sporangiums im präformierten Abschnitt führt, und so die Herausschleuderung der Sporen bewirkt (s. Abb. 32.11). Durch nachfolgenden Lufteintritt in die Anuluszellen wird die Kohäsionskraft des Wassers überwunden, die Zellen und damit der ganze Anulus nehmen wieder ihre Ausgangsstellung

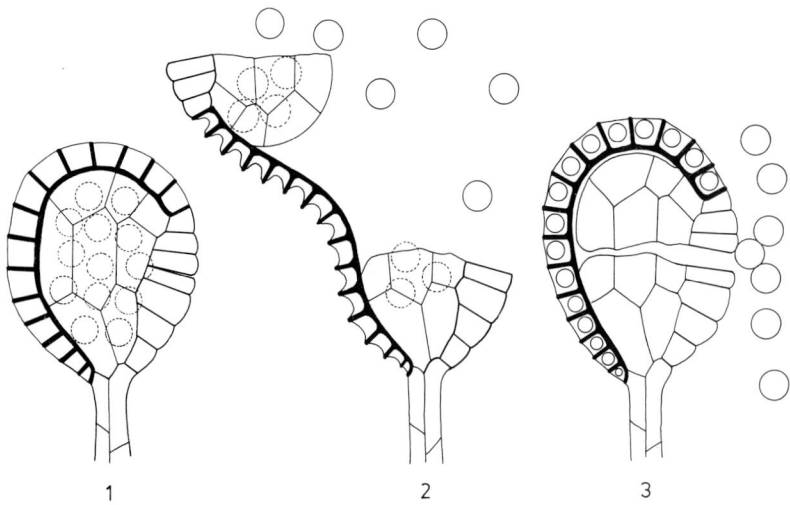

Abb. 32.11. Kohäsionsmechanismus des Farnsporangiums *(Dryopteris)*. *1* noch geschlossenes Sporangium; *2* Aufreißen desselben und Freisetzung von Sporen; *3* Wiederzusammenschnellen. (G. Haberlandt, 1924)

460

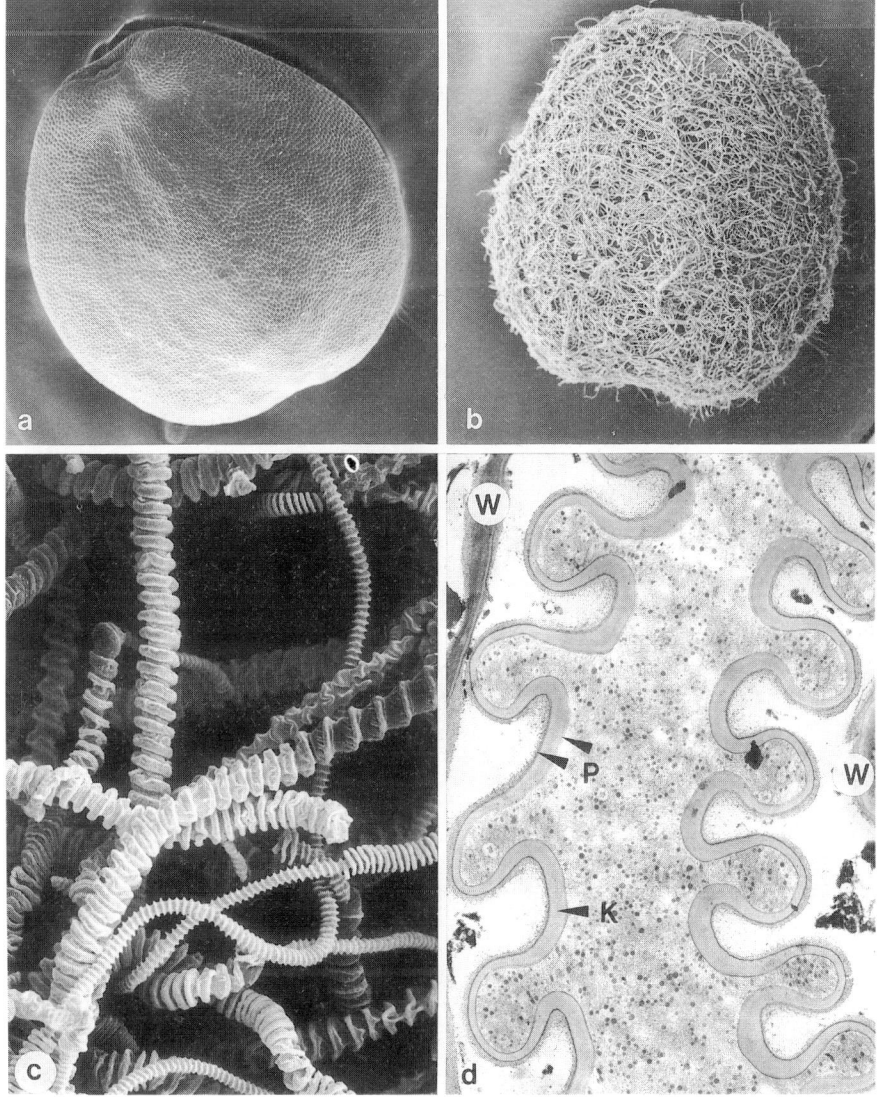

Abb. 32.12. Epidermale Behaarung der Samen von *Cuphea procumbens* (Lythraceae). *a* Rasterelektronenmikroskopische Aufnahme des trockenen Samens (Balken: 1 µm). *b* Samen in angefeuchtetem (hydriertem Zustand), die Samenhaare verlängern sich, quellen und bilden durch Vernetzung untereinander einen Mantel aus. *c* Hydrierte Samenhaare im Rasterelektronenmikroskop bei stärkerer Vergrößerung (Balken 20 µm). *d* Elektronenmikroskopische Aufnahme eines Längsschnitts durch ein trockenes Samenhaar. Es enthält einen zentral gelegenen, von einer Protein *(P)*- und Kohlenhydrat *(K)*-Schicht umgebenen Körper, dessen Wandung („innere Wand" IW) an der Spitze des Haares übergangslos mit der äußeren Zellwand (W) des Haares verbunden ist. Nach Wasseraufnahme stülpt sich die ziehharmonikaartig gefaltete „innere Wand" aus, wodurch die Länge des Haares zunimmt. Die kohlenhydratreiche Innenseite gelangt somit an die Haaroberfläche, die Kohlenhydrate verschleimen. (J.M. Stubbs, A.R. Slabus, 1982)

ein. Ein Austausch der Luft durch Wasser kann den gesamten Vorgang erneut in Bewegung setzen.

In der Abbildung 32.12 ist der Hydrierungsprozeß von Samenhaaren einer Lythracee dargestellt. Die elektronenmikroskopische und rasterelektronenmikroskopische Analyse ergab, daß es sich bei der Hydrierung um einen Ausstülpungsprozeß handelt, durch den ein feuchtes Haar gegenüber einem trockenen an Länge gewinnt (s. a. Abb. 48.19).

Tagesperiodische Bewegungen, physiologische Uhr, circadiane Rhythmik

Seit dem Altertum weiß man, daß physiologische Aktivitäten dem Tagesrhythmus folgen. Die Beobachtungen und Erfahrungen beschränkten sich nicht allein auf Menschen und Tiere, sondern schlossen Aktivitäten von Pflanzen (Heben und Senken von Blättern, Öffnen und Schließen von Blüten) mit ein.

Seit dem 18. Jahrhundert wurde die Erscheinung experimentell untersucht. Der Pariser Astronom De-Mairan erkannte 1729, daß sich die Bewegungen der Pflanzen auch bei ununterbrochener Dunkelheit (Dauerdunkel) fortsetzen, und 30 Jahre später fand der Hamburger J.G. Zinn, daß sich die Blätter der Bohne *(Phaseolus coccineus)* auch ohne einen Licht-Dunkel-Stimulus heben und senken und daß die Bewegungen weitgehend temperaturunabhängig sind.

C. v. Linné beobachtete, daß das Öffnen und Schließen der Blüten artspezifisch zu bestimmten Tageszeiten erfolgt (Blumenuhr, dargestellt 1755 im *Horologium flore confirmandum*); einige Beispiele in der Abbildung 32.13. J. Sachs (1857, 1863) machte deutlich, daß die Rhythmik durch zwei Komponenten beeinflußt wird, einmal eine erbliche, die festlegt, daß

461

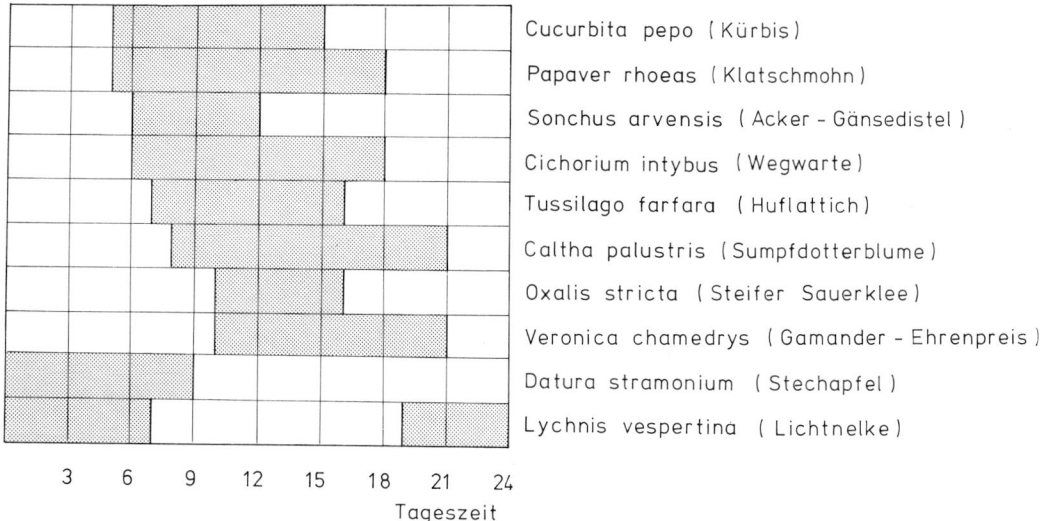

Cucurbita pepo (Kürbis)

Papaver rhoeas (Klatschmohn)

Sonchus arvensis (Acker - Gänsedistel)

Cichorium intybus (Wegwarte)

Tussilago farfara (Huflattich)

Caltha palustris (Sumpfdotterblume)

Oxalis stricta (Steifer Sauerklee)

Veronica chamedrys (Gamander - Ehrenpreis)

Datura stramonium (Stechapfel)

Lychnis vespertina (Lichtnelke)

3 6 9 12 15 18 21 24

Tageszeit

Abb. 32.13. Aktivitätsperioden (Öffnungszeiten von Blüten) bei einer Reihe einheimischer Blütenpflanzen. (E. Bünning, 1953)

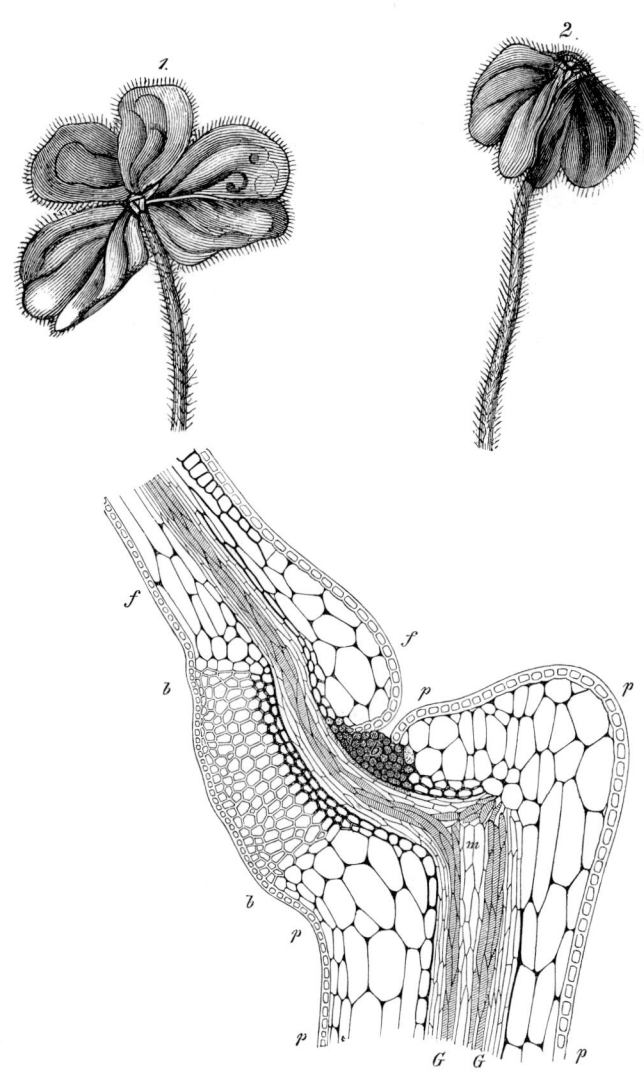

die eigentliche Bewegung rhythmisch abläuft, und zum anderen eine steuernde, die die Phasenlage (den Beginn eines Heben-Senken-Zyklus) festlegt.

Seine pflanzenanatomischen Untersuchungen der Blattstielbasis von *Oxalis carnea* gaben Aufschluß über die Struktur des Gelenks (s. Abb. 32.14) und bildeten die Grundlage, um das Heben und Senken der Blätter als eine Turgorbewegung zu charakterisieren. Im Gegensatz hierzu sind die Bewegungen der Blütenblätter Wachstumsbewegungen.

Die Bedeutung der Autonomie der Rhythmik wurde zu Beginn unseres Jahrhunderts durch R. Semon, und später auch durch W. Pfeffer (ab 1907) erkannt.

Den endgültigen Beweis erbrachten E. Bünning und K. Stern (seinerzeit, 1930, am Botanischen Institut der Universität Jena), indem sie die Reaktionen von *Phaseolus multiflorus* und anderen Arten unter thermokonstanten Laborbedingungen nach einem vorgegebenen Lichtprogramm (Hell-Dunkel-Wechsel) analysierten. Durch diesen experimentellen Ansatz wurde sichergestellt, daß es sich um autonome Bewegungen, also um eine endogene Rhythmik handelt, die durch den Außenfaktor Licht gesteuert werden kann. Bei Wegfall der Steuerung weicht die Periodenlänge signifikant (art- und individuenspezifisch) von 24 Stunden ab, so daß man von einer circadianen Rhythmik sprechen muß (s. Abb. 32.15).

Innerhalb der Art *Phaseolus coccineus* wurden Pflanzen mit einem Zyklus von 23 und andere mit einem von 26 Stunden identifiziert. Bünning fand, daß die Periodenlänge über mehrere Jahre und Generatio-

Abb. 32.14. *A* Blatt des Sauerklees *(Oxalis carnea) 1.* in der Tagesstellung, *2.* in der Nachtstellung. *B* Längsschnitt durch das Bewegungsorgan *b-b* eines Blättchens von *Oxalis carnea.* (J. Sachs, 1887)

462

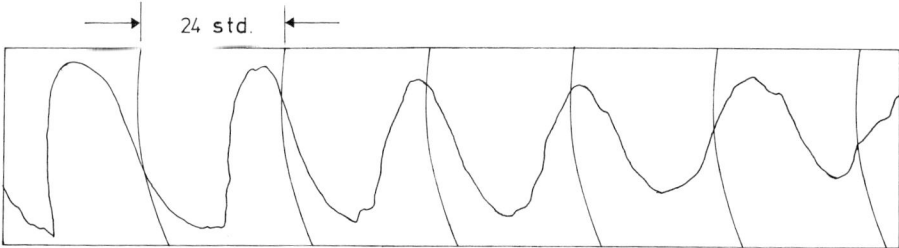

Abb. 32.15. *Phaseolus coccineus.* Typischer Verlauf tagesperiodischer Blattbewegungen unter Dauerlichtbedingungen (schwache Lichtintensität). Innerhalb von sechs Tagen erfolgt gegenüber dem normalen Tag eine Phasenverschiebung um ungefähr 17 Stunden; die Periodenlänge beträgt also etwa 27 Stunden. (Kreisbögen in 24-Stunden-Abständen). (E. Bünning und M. Tazawa, 1957)

nen hinweg konstant blieb. Dazu wurden die einzelnen Pflanzen fortlaufend geselbstet und deren Nachkommenschaften analysiert. In einer parallel angesetzten Versuchsserie wurden 23-Std.-Pflanzen mit 26-Std.-Pflanzen gekreuzt.

Die Periodenlänge bei den Nachkommen in der F_1 bildete das Mittel zwischen beiden Elternstämmen. In späteren Generationen kamen die Periodenlängen der Eltern wieder zum Vorschein (s. Abb. 32.16).

In neuerer Zeit werden Untersuchungen zur endogenen Rhythmik in zunehmendem Maße an einzelligen Organismen durchgeführt. Als Maß der Rhythmik werden nicht Bewegungen, sondern Stoffwechselaktivitäten (z.B. O_2-Produktion, bedingt durch die Photosynthese) herangezogen. So konnte V.G. Bruce 1972 durch Kreuzung zweier *Chlamydomonas*-Stämme (einer mit einer 24-Std.-, der andere mit einer 26-Std.-Periode) belegen, daß die Phasenlänge durch die Aktivität eines einzigen Gens verursacht werden kann.

Durch Isolation und Einsatz weiterer *Chlamydomonas*-Stämme wurde eine additive Wirkung periodenverlängernder Gene nachgewiesen (Bruce, 1974): Wenn eine Mutante die Periode um n, eine andere um m Stunden verlängert, zeigt die durch Kreuzung erhaltene Doppelmutante eine Verlängerung um $n+m$.

Wie an diesem Beispiel gezeigt, kommt eine endogene Rhythmik nicht nur in Bewegungen, sondern auch im Wechsel von Stoffwechselraten und anderen Aktivitäten zum Ausdruck. Da der Tag-Nacht-Rhythmus zu den wenigen konstanten Parametern unserer Umwelt gehört, war es zwingend, daß sich im Verlauf der Evolution der Tiere und Pflanzen Mechanismen entwickeln mußten, um Zeit zu messen und auf den Tag-Nacht-Wechsel zweckentsprechend zu reagieren. Auffallenderweise sind diese Erscheinungen niemals bei Bakterien beobachtet worden. Das ist verständlich, denn ihre Generationsdauer beträgt unter günstigen Bedingungen, je nach Art, Minuten oder Stunden; die Tagesperiode tritt im Lebenszyklus einer Bakterienzelle gar nicht in Erscheinung.

Zu den periodischen Prozessen (der Pflanzen) gehören u.a. auch die Entleerung der Sporangien bei manchen Algen (und Pilzen) und Aktivitäten, die sich auf der Transkriptions- und Translationsebene sowie der Regulation des Stoffwechsels manifestieren.

Normalerweise laufen die verschiedensten circadianen Vorgänge in der Zelle immer in fester Phasenbe-

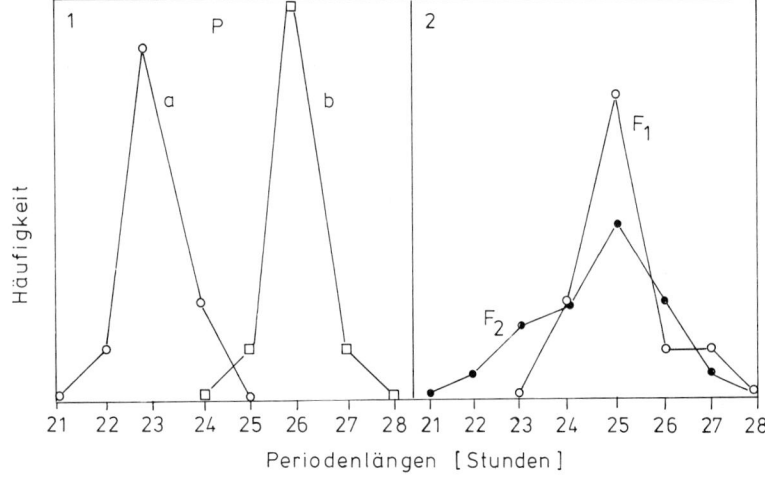

Abb. 32.16. *Phaseolus coccineus.* Durchschnittliche Periodenlänge im Dauerdunkel (DD), ermittelt aus den tagesperiodischen Blattbewegungen. Links: *a* Pflanzen aus Samen der Mutterpflanze a; *b* Pflanzen aus Samen der Mutterpflanze b (P = Parentalgeneration). Rechts: die F_1 und F_2-Generation der Kreuzung a × b. (E. Bünning, 1932)

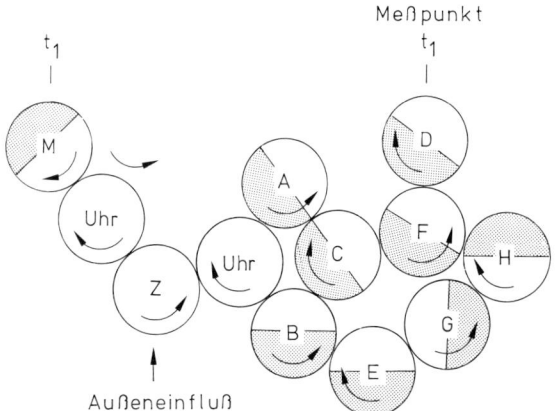

Abb. 32.17. Zusammengeschaltete Regelkreise (Aktivitätsperiode gerastert dargestellt). (F.A. Brown, 1960)

ziehung zueinander ab. Wird die Phasenlage einer Reaktion im Experiment durch äußere Faktoren verschoben, ändert sich die Phasenlage aller mit ihr in Beziehung stehenden Reaktionen um den gleichen Zeitabschnitt. Der Effekt kann auch durch Mutation hervorgerufen werden, da dabei sich ebenfalls alle an einem betreffenden Objekt untersuchten circadianen Funktionen in gleichartiger Weise ändern. Rein formal können wir uns das an einem einfachen Modell veranschaulichen (s. Abb. 32.17). Es beruht auf einer Zusammenschaltung mehrerer Regelkreise (A, B, C, D…), die in der Abbildung durch Kreise, oder besser gesagt, durch gleich große Räder symbolisiert sind, und zeigt, daß die Phasen der einzelnen Regelkreise gegeneinander versetzt sind, somit beliebige Werte annehmen können.

Nunmehr stellt sich für uns die Frage: Wie messen die Organismen die Zeit und wie werden die einzelnen Aktivitäten synchronisiert?

Es gibt gut begründete Hinweise darauf, daß Zeitmessungen mit Hilfe von Schwingungen eines „Oszillators", und nicht etwa nach dem Sanduhrprinzip erfolgen.

Damit liegt die Analogie zu einer Taschenuhr auf der Hand. Bei ihr wird die Energie einer Feder auf eine Unruhe (einen Oszillator mit einer Schwingungsdauer im Sekundenbereich) und von dort über einen ungleichen Übersetzungsmechanismus (verschieden große Rädchen) auf den großen und gleichzeitig auf den kleinen Zeiger übertragen, steuert dadurch synchron eine 1-Std.- und eine 12-Std.-Periode.

Alle komplizierten funktionellen Strukturen, ganz gleich, ob Organismen oder technische Geräte, sind als geregelte Systeme zu verstehen, in denen eine Vielzahl von Regelkreisen miteinander vernetzt sind. Aus der Theorie eines Regelkreises (s. Kap. 15) heraus ergibt sich, daß der Istwert (= der zu einem bestimmten Zeitpunkt tatsächlich gemessene Wert) stets um den Sollwert oszilliert.

Daraus folgt zwangsläufig, daß in jedem Organismus *a priori* Schwingungen mit den verschiedensten Frequenzen, also mit Perioden von Bruchteilen einer

Sekunde, von mehreren Sekunden, Minuten, Stunden usw. auftreten. Zur Anpassung an seine Umwelt selektiert der Organismus offenbar aus den verfügbaren Regelkreisen (Reaktionen) diejenigen mit der optimalen Frequenz. Zur Ergänzung sei vermerkt, daß man außer einer Tagesrhythmik eine Jahresrhythmik (s. hierzu u.a. Photoperiodismus, Kap. 30) und z.B. bei einigen Meeresalgen (und -tieren) eine tidenabhängige Rhythmik kennt (s. Kap. 44).

Bei der Besprechung des Primärstoffwechsels haben wir bereits eine Anzahl von Regelmechanismen kennengelernt. Zu den rasch ansprechenden gehört die sogenannte Endprodukthemmung, durch die die Konzentrationen bestimmter Metaboliten gesteuert werden. Die Periodenlänge liegt in der Größenordnung von Sekunden/Minuten.

Im Gegensatz hierzu wird die Regulation über die Genexpression in Zeiträumen von Stunden bewerkstelligt.

So nützlich die vorliegenden Ergebnisse und Modelle zum prinzipiellen Verständnis biologischer Uhren auch sein mögen, so wenig haben sie zur Aufklärung des tatsächlichen Mechanismus der circadianen Rhythmik beigetragen. An der Regulation des Stoffwechsels sind bekanntlich Enzyme beteiligt, und deren Aktivität ist streng temperaturabhängig. Es gilt die Faustregel, daß sich die Aktivität bei einer Temperaturerhöhung um 10° C im physiologischen Temperaturbereich verdoppelt. Man sagt daher, der Q_{10}-Wert sei 2. Für tagesperiodische Aktivitäten gilt jedoch über einen weiten Temperaturbereich hinweg ein Q_{10} von 1, und das wiederum heißt, daß die rhythmischen Erscheinungen weitgehend temperaturunabhängig sind und deshalb nicht durch wechselnde Enzymaktivitäten erklärt werden können. Es ist bisher auch von keinem Enzym erwiesen, daß es zum „Uhrwerk" gehört. Daher muß mit der Möglichkeit gerechnet werden, daß alle gefundenen Enzymrhythmen nur periphere, d.h., von der Uhr gesteuerte Rhythmen zum Ausdruck bringen.

Ein abrupter Temperaturwechsel (Unterkühlung) bringt jedoch, wenn er zum richtigen Zeitpunkt erfolgt, die Rhythmik aus dem Gleichgewicht. Die Analyse der einzelnen Phasen auf ihr Verhalten gegenüber Temperaturerniedrigung ergab, daß sie in einigen Abschnitten des Zyklus keine oder kaum eine Wirkung zeigte, in anderen dagegen eine starke Verzögerung hervorrief, d.h. also, daß die Uhr in den verschiedenen Phasen unterschiedlich stark auf äußere Reize reagiert.

In gewisser Hinsicht vergleichbare Ergebnisse erhält man durch Applikation kurzer Lichtblitze (Störlicht: 1–2 min. pro Tag). Auch dabei hängt es davon ab, in welcher Phase die Pflanzen den Lichtreiz erhalten. Empfindliche Phasen werden als photophil, unempfindliche als skotophil (photophob) bezeichnet.

Bislang haben wir die Lichtqualität außer acht gelassen. Über weite Spektralbereiche bleibt die Wirkung gleich, eine Ausnahme bildet der Rotlichtbereich (s. Tabelle 1)

Tabelle 1. Circadiane Rhythmik einer *Phaseolus coccineus* Pflanze (E. Bünning, 1977)

Lichtqualität (nm)	Periodenlänge (Std.)
Dauerdunkel	26,5
340–450	26,5
450–610	26,5
610–690	28,0
690–850	24,3
über 850	26,5

Wie an anderer Stelle dargelegt (s. Kap. 30), gehört das Phytochromsystem zu den wichtigsten Lichtrezeptoren der Pflanzen. Es wird durch dunkelrotes Licht inaktiviert, durch hellrotes aktiviert. Das Verhältnis beider Lichtqualitäten zueinander determiniert die Menge an aktivem Phytochrom. J. Sachs hatte schon im letzten Jahrhundert postuliert, daß nicht das Licht an sich, sondern Änderungen der Lichtintensität als auslösender Reiz (Zeitgeber) der circadianen Rhythmik anzusehen seien. Bekanntlich läuft der Änderung der Intensität des Tageslichts (morgens und abends) eine Änderung der spektralen Zusammensetzung parallel. Tagesrestlicht enthält nämlich im Vergleich zum Tageslicht einen relativ hohen Dunkelrotanteil.

Dunkelrotlicht verkürzt nicht nur die Periodenlängen (s. Abb. 32.18), sondern führt zu einem schnellen Abklingen der Rhythmik.

Wenn nun ein Faktor gleichzeitig kurze Perioden verursacht und die Rhythmik rasch ausklingen läßt, liegt der Schluß nahe, daß er einen Schwingungsabschnitt vorzeitig abbrechen läßt. Daraus resultiert, daß der gegenläufige Schwingungsabschnitt zwangsläufig kürzer ist. Aufeinanderfolgende Wiederholungen führen daher zu einer Dämpfung, und schließlich zu einem Ausklingen der Schwingung.

Ein weiteres Problem wäre die Frage nach dem Ort der Lichtperzeption. Wie bei anderen lichtinduzierten Reaktionen wird auch hier bei höheren Pflanzen zwischen Zellen, die den Reiz empfangen, und solchen, die die rhythmische Aktivität ausüben, unterschieden. Für mehrere Arten ließ sich nachweisen, daß die Lichtabsorption primär in den Epidermiszellen der Laubblätter erfolgt. Oft enthalten sie speziell geformte Zellen mit Linsenwirkung (Ozellen), die auf Lichtabsorption spezialisiert sind (s. Abb. 32.19). Ebenso mag das Fehlen von Chlorophyll in der Epidermis der Blattoberseite vorteilhaft sein, denn es wird als Konkurrent der Lichtabsorption ausgeschaltet, womit ein Ansprechen auf geringe Lichtmengen (Größenordnung 1 Lux) erreicht wird.

Das erwähnte Phytochromsystem ist sicherlich nicht der alleinige Lichtrezeptor. Bei vielen Pflanzen ist Blaulicht stärker, teilweise sogar ausschließlich wirksam. Derartige Unterschiede verdeutlichen, daß die absorbierenden Pigmente nicht Bestandteile der Uhr, wohl aber an sie gekoppelt sind.

Abschließend: Was kann man über den Oszillator selbst aussagen? Es bereitet kaum Schwierigkeiten, den Zellkern der einzelligen Riesenalge *Acetabularia* zu entfernen. Kernlose Stücke bleiben über Wochen am Leben und zeigen deutliche tagesperiodische Rhythmen (z.B. in ihrer Photosyntheseaktivität). Daraus folgt, daß der Kern zur Aufrechterhaltung der Rhythmik nicht benötigt wird. Implantiert man jedoch kernfreien Fragmenten einen Kern aus einer Zelle, die auf inverse Rhythmik programmiert war, übernimmt das Fragment die Phasenlage des Kerns.

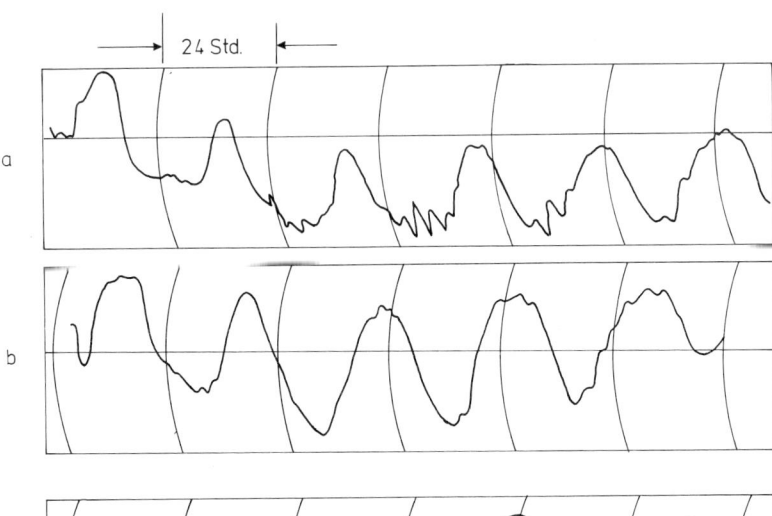

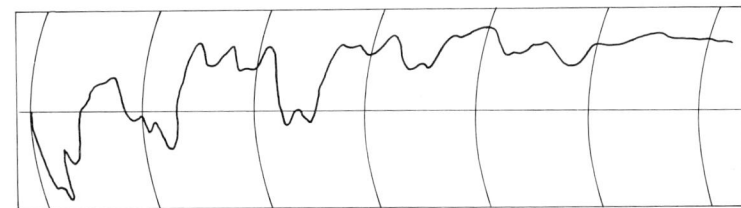

Abb. 32.18. *Phaseolus coccineus.* Tagesperiodische Bewegungen der Blätter. *a* Kontrolle im Dauerdunkel; *b* im Dauerhellrot (deutlich verlängerte Perioden erkennbar); *c* im Dauerdunkelrot (Unterdrückung der regelmäßigen Bewegungen); Kreisbögen in 24-Stunden-Abständen. (L. Lörcher, 1958)

465

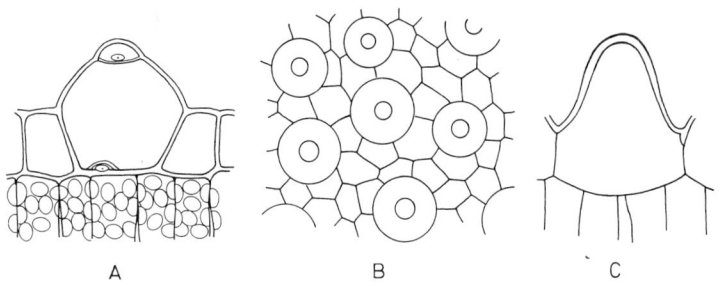

A   B   C

Abb. 32.19. Zu Ozellen umgeformte Epidermiszellen. *A Fittonia verschaffeltii* (eine tropische Acanthacee) (Querschnitt durch die Epidermis); *B* Aufsicht; *C Anthurium leuconeurum:* papillöse Epidermiszelle. (G. Haberlandt, 1924).

Damit können ihm zweifelsohne Zeitgeberfunktionen zugeschrieben werden.

Nun lassen sich mit dem *Acetabularia*-System noch eine Reihe weiterer Experimente anstellen. Aus der Molekularbiologie weiß man, daß es eine Anzahl spezifischer Inhibitoren für die einzelnen Teilschritte der Genexpression gibt. So ließ sich zeigen, daß die Applikation von Chloramphenicol und Rifampicin die Rhythmik nicht beeinflußt, während die von Puromycin oder Cycloheximid schwere Störungen der Uhr verursacht. Rifampicin hemmt die Transkription (inhibiert die DNS- abhängige RNS-Polymerase), Chloramphenicol hemmt die Translation an Ribosomen der Prokaryoten sowie der Ribosomen in Chloroplasten und Mitochondrien, und Cycloheximid schließlich hemmt spezifisch die Proteinbiosynthese an cytoplasmatischen Ribosomen, Puromycin unterbindet jede Art der Proteinsynthese.

Aus den genannten Inhibitionsexperimenten folgt, daß die circadiane Rhythmik nicht durch die Transkription und nicht durch die Translation in Chloroplasten oder Mitochondrien, wohl aber durch die an cytoplasmatischen Ribosomen beeinflußt wird. Weitere Experimente führten zu der Annahme, daß die Synthese eines membrangebundenen Proteins, das seinerseits seine Eigensynthese blockiert, an der Initiation der Rhythmik mitwirkt und als ein Kandidat für den Oszillator in Frage kommt (H.G. Schweiger, 1982).

Auch hier bedarf es noch zahlreicher Versuche, um die Annahme abzusichern, ihre Gültigkeit für andere Systeme zu verifizieren.

Literatur

Brown, F.A.: Response to pervasive geophysical factors and the biological clock problem. Cold Spring Harbor Symp. Quant Biol. *25*, 57–71 (1960)

Bruce, V.G., N.C. Bruce: Diploids of clock mutants of *Chlamydomonas reinhardii*. Genetics *89*, 225–233 (1978)

Buder, J.: Der Geotropismus der Characeenrhizoide. Ber. Deutsch. Bot. Ges. *74*, (14)–(23) (1961)

Bünning, E., K. Stern: Über die tagesperiodischen Bewegungen der Primärblätter von *Phaseolus multiflorus*. Ber. Deutsch. Bot. Ges. *48*, 227–252 (1930)

Bünning, E.: Über die Erblichkeit der Tagesperiodizität bei den *Phaseolus*-Blättern. J. wiss. Bot. *77*, 282–320 (1932)

Bünning, E. und M. Tazawa: Über den Temperatureinfluß auf die endogene Tagesrhythmik bei *Phaseolus*. Planta *50*, 107–121 (1957)

Bünning, E.: Die Physiologische Uhr. Berlin–Heidelberg–New York: Springer Verlag, 1977 (3. Aufl.)

duBuy, H.G., E. Nuernbergk: Phototropismus und Wachstum der Pflanzen. Erg. Biol. *10*, 207–322 (1934)

Detmer, W.: Das kleine physiologische Praktikum. Jena: G. Fischer, 1909 (3. Aufl.)

Haberlandt, G.: Sinnesorgane im Pflanzenreich. Leipzig: Verlag von W. Engelmann, 1906

Haberlandt, G.: Physiologische Pflanzenanatomie. Leipzig: W. Engelmann, 1924 (6. Aufl.)

Haupt, W.: Bewegungsphysiologie der Pflanzen. Stuttgart: G. Thieme Verlag, 1977

Hejnowicz, Z., A. Sievers: Regulation of the position of statoliths in *Chara* rhizoids. Protoplasma *108*, 117–137 (1981)

Leopold, C.A.: Auxins and plant growth. Berkeley, Los Angeles: Univ. Calif. Press, 1955

Lörcher, L.: Die Wirkung verschiedener Lichtqualitäten auf die endogene Tagesrhythmik von *Phaseolus*. Z. Bot. *46*, 209–242 (1958)

Outlaw, W.H.: Current concepts on the role of potassium in stomatal movements. Physiol. Plant. *59*, 302–311 (1983)

Overbeck, F.: Turgeszenz-Schleuderbewegungen zur Verbreitung von Samen und Früchten. Naturwissenschaften *14*, 969–976 (1926)

Raschke, K.: Stomatal action. Ann. Rev. Plant Physiol. *26*, 309–340 (1975)

Sachs, J.: Vorlesungen über Pflanzenphysiologie. Leipzig: Verlag von Wilhelm Engelmann, 1887

Schweiger, H.G.: Interrelationship between chloroplasts and the nucleo-cytosol compartment in *Acetabularia*. in: „Nucleic acids and proteins in plants II" (P. Parthier, D. Boulter [eds.]), S. 645–662, Berlin–Heidelberg–New York: Springer Verlag, 1982 (Enzyclop. Plant Physiol. 14b).

Sievers, A., K. Schröter: Versuch einer Kausalanalyse der geotropischen Reaktionskette im *Chara*-Rhizoid. Planta (Berl.) *96*, 339–353 (1971)

Stubbs, J.M., A.R. Slabas: Ultrastructural and biochemical characterization of the epidermal hairs of the seeds of *Cuphea procumbens*. Planta *155*, 392–399 (1982)

Versel, J. M., P. E. Pilet: Distribution of growth and proton efflux in gravireactive roots of maize (*Zea mays* L.). Planta *167*, 26–29 (1986)

33. Wechselwirkungen zwischen Pflanzen und Pilzen; Evolution parasitischer und symbiotischer Beziehungen zwischen ihnen

Was sind Pilze (Fungi)?

Die Mehrzahl der Pilze sind keine Pflanzen. Es sind Organismen, die zu einem eigenständigen Organismenreich zusammenzufassen sind (s. Abb. 41.7), das, ebenso wie das der Pflanzen (Plantae) und das der Tiere (Animalia), aus dem der eukaryotischen, einzelligen Protisten (Protista) hervorgegangen ist.

Es gibt zwischen Pflanzen und fast allen Pilzgruppen keine homologisierbaren Strukturen, wenn man von jenen absieht, die auf Protistenebene bereits konserviert worden sind:

Anton de Bary (1831–1888); Dr. med.; bedeutendster Pflanzenanatom in der zweiten Hälfte des 19. Jahrhunderts. Er entwickelte Methoden zur Isolation und Kultur von Pilzen und Algen und schuf damit die Voraussetzung, um die Wechselwirkungen zwischen Pilzen und Wirtspflanzen zu studieren und den vollständigen Lebenszyklus von Pilzen zu erfassen. (Ber. Deutsch. Bot. Ges. *6*, 1 (1888))

– Existenz von Zellkernen, Komplexierung der DNS mit Histonen.
– Vorhandensein von Aktin und Tubulin (und damit amöboider Bewegung von Zellen und Geißelbewegung).

Analogien (Konvergenzen, Parallelentwicklungen, s. Kap. 43) hingegen sind vorhanden und werden fälschlicherweise oft als Argumente für eine Verwandtschaft zwischen Pflanzen und Pilzen herangezogen.

Drei der „Gemeinsamkeiten" werden immer wieder vorgetragen:

(1) Zellen der Pflanzen und Pilze sind von einer Zellwand umgeben, tierische Zellen sind zellwandlos. Soweit ist das richtig, doch Zellwände gibt es auch bei Prokaryoten (Bakterien, Blaualgen), andererseits sind die Wände der drei genannten Organismengruppen (Reiche) molekular unterschiedlich (sie enthalten unterschiedliche Molekülklassen), und ihr Biosynthesemodus und die Art des Zellwachstums sind verschieden. Sie sind demnach nicht homologisierbar.

(2) Bei Pflanzen und Pilzen kommt ein Generationswechsel vor, der der Pilze ähnelt dem mancher Rotalgen. Auch das stimmt, aber Generationswechsel findet man auch im Tierreich (z.B. bei Coelentheraten). Außerdem weiß man mittlerweile, daß sich die Erscheinung „Generationswechsel" selbst im Pflanzenreich im Verlauf dessen Evolution mehrfach und unabhängig voneinander entwickelt hat.

(3) Pflanzen und Pilze sind sessil, Tiere (meist) beweglich. Beruft man sich auf Aristoteles, müßte man unter dieser Voraussetzung auch die Korallen und Seeanemonen den Pflanzen zurechnen.

Gravierender sind die Unterschiede zwischen den beiden Reichen. Dabei wäre in erster Linie die unterschiedliche Ernährungsweise zu nennen. Pflanzen können Lichtenergie nutzen. Sie sind autotroph, d.h., ihre Existenz und ihr Wachstum sind (in der Regel) von den Aktivitäten anderer Lebewesen unabhängig. Pilze sind stets heterotroph; sie sind auf das Vorhandensein organischen Materials angewiesen. Verwerter von totem organischem Material (abgestorbene Zellen, reduzierte, energiereiche Kohlen- und Stickstoffverbindungen) nennt man Saprophyten, jene, die lebende Zellen angreifen, Parasiten. (Vermerkt sei, daß

467

es Saprophyten und Parasiten auch in anderen Organismenreichen gibt.)

Oomyceten, ein *missing link* oder eine Klasse, die gar nicht zu den Pilzen zu rechnen ist? Die Oomyceten besitzen im Gegensatz zu allen übrigen Pilzen Zellwände aus Cellulose, ihre Zoosporen sind heterokont begeißelt (s. Kap. 44), und ihr Thallus ähnelt dem mancher siphonalen Algen (z.B. *Vaucheria,* s. Kap. 44). Sind sie mit diesen verwandt? Haben sie ihre Chloroplasten verloren und sind sekundär zu saprophytischer Lebensweise übergegangen? Manche Beobachtungen mögen diese Annahme stützen, doch das letzte Wort über ihre systematische Stellung ist noch nicht gesprochen.

Pflanzen und Pilze in gleichen Lebensräumen

Primitive Pflanzen (vornehmlich Algen) und Blaualgen sowie primitive Pilze sind nach allem, was wir heute wissen, in aquatischen Lebensräumen entstanden. Abgestorbene Algen (und Prokaryoten) sowie von jenen abgesonderte energiereiche Verbindungen (Aminosäuren, Proteine, Kohlenhydrate) bilden (früher und auch jetzt) die Grundlage für pilzliches Wachstum. Lebende, physiologisch aktive Algen sind vielfach von voluminösen Gallerten umgeben, in denen Nährstoffe angereichert sind und die deshalb auch bevorzugte Aufenthaltsorte heterotroph lebender Zellen sind.

Die räumliche Nähe zweier Organismen fördert die Entstehung von Mechanismen gegenseitiger Beeinflussung. Zerstörung der Algen, und damit Zugang zum Zellinhalt, wäre als Parasitismus einzustufen, die Produktion von Antibiotika oder anderer wachstumshemmender Substanzen durch die Algen als Abwehrmechanismus.

Ein Nebeneinander von Algen und Pilzen im aquatischen Milieu ist offensichtlich nur für die Pilze von Vorteil.

Die Situation ändert sich jedoch bei Besiedlung terrestrischer Lebensräume. Pilze sind in den oberen Bodenschichten (A- und B-Horizonte, s. Abb. 56.5) verbreitet. Die Besiedlung von Böden mag ursprünglich so ausgesehen haben, daß sich durch das Absterben von Organismen in Gewässern am Boden ein Sediment ansammelte, in dem sich Pilze und Bakterien ansiedelten. Durch Trockenfallen des Gewässers oder Verlandung gelangten diese nährstoffreichen Schichten an die Erdoberfläche und wurden somit zum Lebensraum der ersten „terrestrischen" Pilze. Algen hatten dort zunächst nur eine begrenzte Überlebenschance, da sie auf Wasser und Licht gleichermaßen angewiesen sind. Licht erreicht sie nur in der obersten, nur wenige Millimeter dicken Schicht, doch gerade dort ist die Gefahr der Austrocknung am größten.

Um sich an Land zu behaupten, wurden zwei getrennte Evolutionsstrategien verfolgt:
(1) Evolution von Schutzmechanismen gegen Austrocknung, Vielzelligkeit, Bildung von Festigungselementen, Wachstum in den Luftraum hinein usw. (mit einem Satz: Es kam zur Evolution von Gefäßpflanzen, weiteres dazu im Kapitel 42).
(2) Assoziation zwischen einzelligen Algen und Pilzen. Diese Strategie (eine Symbiose) führte zur Entstehung und Evolution der Flechten (Lichenes, s. folgenden Abschnitt).

Gefäßpflanzen bestehen in der Regel aus einem oberirdischen Sproß und einer unterirdischen Wurzel. Diese wiederum steht im Erdreich – zum Teil wenigstens – in Nährstoffkonkurrenz mit Pilzmycelien (dem aus Hyphen bestehenden Geflecht). Dennoch gibt es für beide je eine ökologische Nische, denn Pflanzenwurzeln absorbieren primär Wasser und darin gelöste mineralische Salze, Pilzmycelien vornehmlich Wasser mit darin gelösten organischen Verbindungen sowie Mineralien. Ein Zusammenschluß und damit eine Kooperation zwischen Pflanzenwurzeln und Pilzmycelien (Mykorrhiza) kann daher zur optimalen Nutzung von Nährstoffressourcen führen.

Mykorrhiza gilt in der Biologie als klassisches Lehrbuchbeispiel einer Symbiose, also eines Zusammenlebens zum gegenseitigen Vorteil der beiden Symbiosepartner.

Oberirdische Sprosse können nur in Ausnahmefällen direkt von der Anwesenheit von Pilzen profitieren. In der Regel ist eine Pilz/Pflanze-Beziehung hier daher ein Parasitismus.

Flechten (Lichenes)

Flechten sind eine Organismengruppe, die man ebensowenig wie die Pilze zum Pflanzenreich rechnen darf, das gilt um so mehr, wenn Blaualgen (*Anabaena, Nostoc* u.a.) als „grüne" Symbiosepartner (Phycobionten) beteiligt sind (in der Mehrzahl der Fälle sind die Phycobionten Chlorophyceen, Xanthophyceen und einige andere Algengruppen). Es ist müßig, darüber zu streiten, wohin sie zu stellen sind. Wichtig ist, daß durch den Zusammenschluß von Algen und bestimmten Pilzen (meist aus der Klasse der Askomyceten, seltener aus denen der Basidiomyceten und Zygomyceten) erfolgreiche, neuartige Formen entstanden sind. Es gilt der klassische Satz aus der Systemtheorie: Ein System ist weit mehr als die Summe seiner Teile.

Flechten (ca. 16 000 rezente Arten) müssen daher als eigenständige Organismengruppe ebenso eingehend bearbeitet und analysiert werden wie jede andere Organismengruppe auch, und wie überall, so gibt es auch in der Flechtenforschung (Lichenologie) eine eigene Nomenklatur, um die nur hier auftretenden Strukturen und Vermehrungsmechanismen der einzelnen Arten zu charakterisieren und ihren Lebenszyklus zu verfolgen. Es würde den Rahmen dieses Buches sprengen, auf diesen Bereich näher einzugehen.

Zum Verständnis der Wechselwirkung Pflanze-Pilz

468

(hier Phycobiont und Mycobiont genannt) sind die folgenden drei Problemkreise von Interesse.
(1) Können die Symbiosepartner unabhängig voneinander auskommen?
(2) Wodurch tragen die Partner zum Gelingen der Symbiose bei?
(3) In welchen Lebensräumen sind Flechten gegenüber anderen Organismen im Vorteil?

Zu 1. Können die Symbiosepartner unabhängig voneinander auskommen?

Die Phycobionten sind durchweg auch ohne ihren Symbiosepartner lebensfähig. Blaualgen ändern im Verband mit dem Mycobionten ihr Erscheinungsbild nur wenig. Symbiotische Grünalgen (meist sind es, wie schon gesagt, Chlorophyceen, und darunter wiederum meist Arten aus der Gattung *Trebouxia*) können ebenfalls ohne den Pilz existieren. Es mag vielleicht auffallen, daß die Gattung *Trebouxia* als Phycobiont verbreitet, als freilebende Alge aber in der Natur relativ selten ist. Solange die Symbiose anhält, werden keine Zoosporen und Gameten gebildet. Wie Isolierungsversuche ergaben, geht die Fähigkeit dazu keineswegs verloren; vielmehr bilden diese Algen, wie die freilebenden Formen, umgehend wieder die genannten Vermehrungsstadien. Eine Reihe von Algenarten, die freilebend vielzellig sind, sind im Verband mit dem Pilz einzellig.

Im Gegensatz zu den Algen ist das algenfreie Pilzmycel echter Flechten in der Natur in der Regel nicht lebensfähig. Es mag einige Ausnahmen geben, doch können die Mycelien in den Fällen keine Fruchtkörper bilden. Unter Laborbedingungen (bei ausreichender Nährstoffversorgung, z.B. mit Zusatz von Algenextrakt) kann Pilzmycel auf Agar auswachsen, doch nie wird ein flechtenspezifischer Thallus ausgebildet, auch die Fruchtkörperbildung unterbleibt.

Zu 2. Wodurch tragen die Partner zum Gelingen der Symbiose bei?

Da der Phycobiont photosyntheseaktiv ist, zeichnen sich Flechten durch eine autotrophe Lebensweise aus. Als freie Alge sezerniert *Trebouxia* etwa 8 Prozent der durch Photosynthese gebildeten Kohlenhydrate, aus Flechten isolierte *Trebouxia*-Zellen sezernieren bis zu 40 Prozent. Bei den Substanzen handelt es sich meist um einfache Zucker (Glucose u.a.) sowie Zuckeralkohole, wie Ribit, Erythrit, Sorbit u.a. Die erhöhte Sekretionsrate beruht auf einer Induktion durch den Pilz und einer dadurch bedingten Veränderung (Reduktion der Permeabilität) der Plasmamembran und der Wandstruktur. Stickstoffbindende Blaualgen (z.B. *Nostoc*) versorgen ihren Symbiosepartner zusätzlich mit reduzierten Stickstoffverbindungen.

Das Engagement der Pilze ist offensichtlich höher. Der Kontakt zu den Algen ist bei den einzelnen

Flechtenarten unterschiedlich stark ausgeprägt und spiegelt deren Evolutionshöhe wider. Es können zahlreiche Übergänge zwischen vorübergehender Assozia-

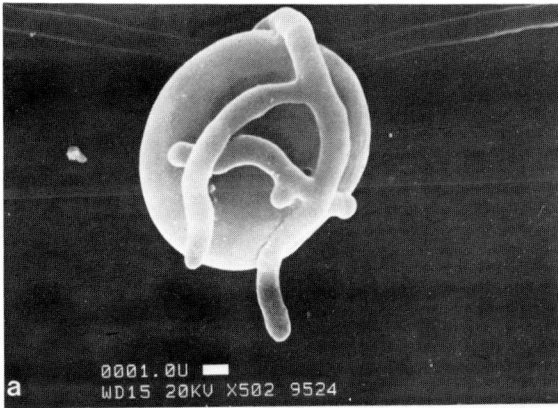
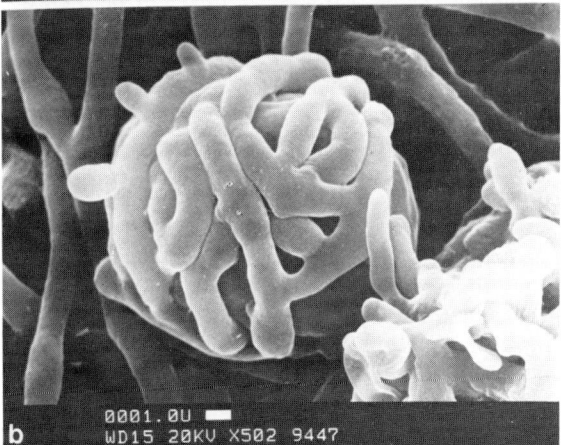
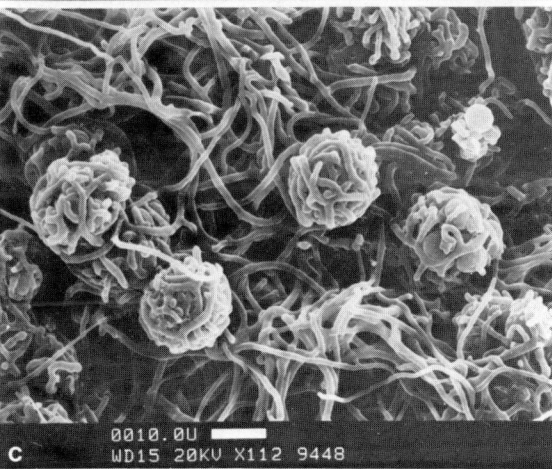

Abb. 33.1. Kontakte zwischen Algen und Pilzen in der Flechte *Cladonia cristatella*. Die Ausbildung der Pilz-Alge-Interaktionen wurde experimentell durch Resyntheseversuche untersucht: *a* Beginnender Einschluß des Phycobionten *(Trebouxia erici)* durch den Mycobionten; *b* Der Phycobiont ist von einem Hyphenmantel bereits voll umschlossen. Haustorien dringen in ihn ein (im Bild oben). An einer Hyphe sind Ansätze dreier neuer Verzweigungen sichtbar; *c* Entwicklung von Flechtensquamuli (Lagern) aus Algen, die von einem Hyphennetzwerk umsponnen sind; Balken: *a, b* 1 µm, *c* 10 µm. (V. Ahmadjian, J.B. Jacobs, 1981)

469

tion zwischen Pilz und Alge und dauerhaften Verbänden (den eigentlichen Flechten) nachgewiesen werden.

Die Wechselwirkung kann mit zunehmender Komplexität wie folgt klassifiziert werden:

(a) Pilzhyphen und Algen liegen ohne direkten physischen Kontakt nebeneinander. Die Lage der Algen hat keinen Einfluß auf die Orientierung der Pilzhyphen.

(b) Einzelne Algen oder Algengruppen werden von Pilzhyphen locker umsponnen.

(c) Einzelne Algen oder Zellgruppen sind von einem dicht anliegenden Pilzmycel umsponnen.

(d) Die Hyphen differenzieren sich und bilden spezifisch geformte Umklammerungshyphen aus (s. Abb. 33.1), von denen Einzelzellen oder Zellgruppen fest umschlossen sind.

(e) Algen und Pilze bilden feste Kontakte untereinander aus. Dabei kann es – vor allem bei den als primitiv eingestuften Flechten – zur Haustorienbildung kommen.

Haustorien sind Ausstülpungen der Hyphe, durch die der Pilz durch die Pflanzenzellwand (hier der Alge) hindurch in deren Zellumen eindringt. Der Zellinhalt bleibt jedoch vom Plasmalemma umschlossen. Vielfach werden die Kontaktstellen zwischen Plasmalemma und Haustorium verändert, wodurch eine überproportional starke Ausbreitung des Haustoriums unterbunden wird.

Flechtenthalli sind artspezifisch konstruiert. Aufgrund ihrer Morphologie unterscheidet man Blatt-, Strauch-, Krusten- und Gallertflechten (s. Abb. 33.2).

In mikroskopischen Präparaten – vornehmlich der höher entwickelten Formen – ist eine Zonierung erkennbar. Die Oberfläche wird durch eine (vielfach) verkrustete, oft pigmentierte, algenfreie Rinde gebildet. Darunter folgt eine Zone, in der Algen vorherrschend sind, und darunter wieder (im Zentrum des Thallus) ein Mark aus lockerem Mycel.

Die Vorteile dieser Architektur sind leicht einsehbar: Die verkrustete Rinde schützt den Thallus weitgehend vor Wasserverlust, ist aber gleichzeitig ein Organ, das jederzeit schnell Wasser aufnehmen kann. Die Pigmente und die Lage der Algen sichern, daß jene keiner zu hohen, aber dennoch ausreichenden Lichtintensität ausgesetzt sind.

Flechten können große Wassermengen aufnehmen. Ihr Frischgewicht beträgt dann oft ein Vielfaches des Trockengewichts. Andererseits sind sie gegenüber Austrocknung relativ resistent, sie können daher längere Trockenperioden unbeschadet überstehen.

Zu 3. In welchen Lebensräumen sind Flechten gegenüber anderen Organismen im Vorteil?

Wie in den Eingangsbemerkungen angedeutet, gehören Flechten meist zu den anspruchslosesten Organismen. Viele Arten sind Pioniere. Sie besiedeln u.a. Orte, die anderen Organismen keine Lebensgrundlagen bieten. Man findet sie am Nordrand der Tundren

(bis 86° N) ebenso wie in der Antarktis (bis 80° S), im Hochgebirge (bis knapp unter 5000 m Höhe), in Wüsten und Halbwüsten und in den Tropen (sowie in den gemäßigten Klimazonen). Flechten gedeihen auch auf felsigem Untergrund, wozu Pflanzen und Pilze bekanntlich nicht in der Lage sind. Für Pilzwachstum fehlt das organische Substrat, für vielzellige Pflanzen ist an den extremen Standorten die Vegetationsdauer zu kurz, und für Algen ist die Gefahr der Austrocknung zu hoch.

Die skizzierten Widrigkeiten erinnern an jene Situation, die an der Erdoberfläche geherrscht haben muß, bevor sie von Gefäßpflanzen (und ihren Vorgängern) bedeckt wurde.

Die Vielseitigkeit der Flechten zeigt sich aber auch daran, daß sie trotz der sich ausbreitenden Pflanzendecke in weiten Teilen der Erde weiterexistieren und sich den neuen Bedingungen gut anpassen konnten. Flechten sind oft als Epiphyten auf Pflanzen (an Baumrinden, auf Blättern) zu finden. Nur selten leben sie parasitisch.

Sie können Ionen selektiv aufnehmen und speichern. So wurde z.B. bei Arten auf Baumrinden gezeigt, daß sie einen höheren Anteil an SiO_2, P_2O_5, MgO, Fe_2O_3 und Al_2O_3 enthalten, als in der Baumrinde selbst vorhanden ist. Nicht selten wurde eine Akkumulation von Schwermetallionen nachgewiesen.

Andererseits sind Flechten gegenüber Luftverunreinigungen extrem empfindlich. Selbst geringe Mengen an SO_2 inhibieren das Wachstum. Das Verschwinden von Flechten in Städten und stadtnahen Wäldern war schon lange vor Beginn der Diskussion um den Sauren Regen (s. Kap. 55) ein sicherer Indikator für ansteigende SO_2-Konzentrationen in der Atmosphäre.

Mykorrhiza

„Es betrifft die Tatsache, daß gewisse Baumarten… ganz regelmäßig sich im Boden nicht selbständig er-

Abb. 33.2. Krusten-, Laub- und Strauch- und Bartflechten. *a Lecidea lapicida*, wie die beiden folgenden eine häufige Krustenflechte, ist in kühlfeuchten Gebieten weltweit verbreitet. *b Rhizocarpon superficiale*: Eine auffällige gelbe Färbung entsteht durch Einlagerung von Rhizocarpsäurekristallen in die Rindenschicht. *c Lecidea armeniaca. d Icmadophila ericetorum*: Diese auf morschem Holz wachsende Krustenflechte reckt ihre Fruchtkörper auf Stielen empor. *e Lobaria amplissima* erreicht Lagerdurchmesser von über 80 cm, meist auf glattrindigen Buchen zu finden (Laubflechte). *f Anaptychia ciliaris* besitzt ebenso wie *e* und *h* eine Ober- und eine Unterrinde und zählt zu den Laubflechten. *g Thamnolia vermicularis*. Die aus wurmförmigen Lagern bestehende Strauchflechte ist hohl. *h Xanthoparmelia distincta*, eine gesteinsbewohnende Laubflechte. *i* Dieses Exemplar der schwer bestimmbaren Bartflechten-Gattung *Usnea* zeigt die typischen Fruchtkörper der Gattung. *j* Die Bartflechte *Letharia vulpina* enthält die giftige Vulpinsäure. *k* Die Strauchflechte *Cladonia stellaris* wird im Modellbau und zur Herstellung von Kränzen verwendet. (*leg.* et *det.* T. Feuerer, 1985)

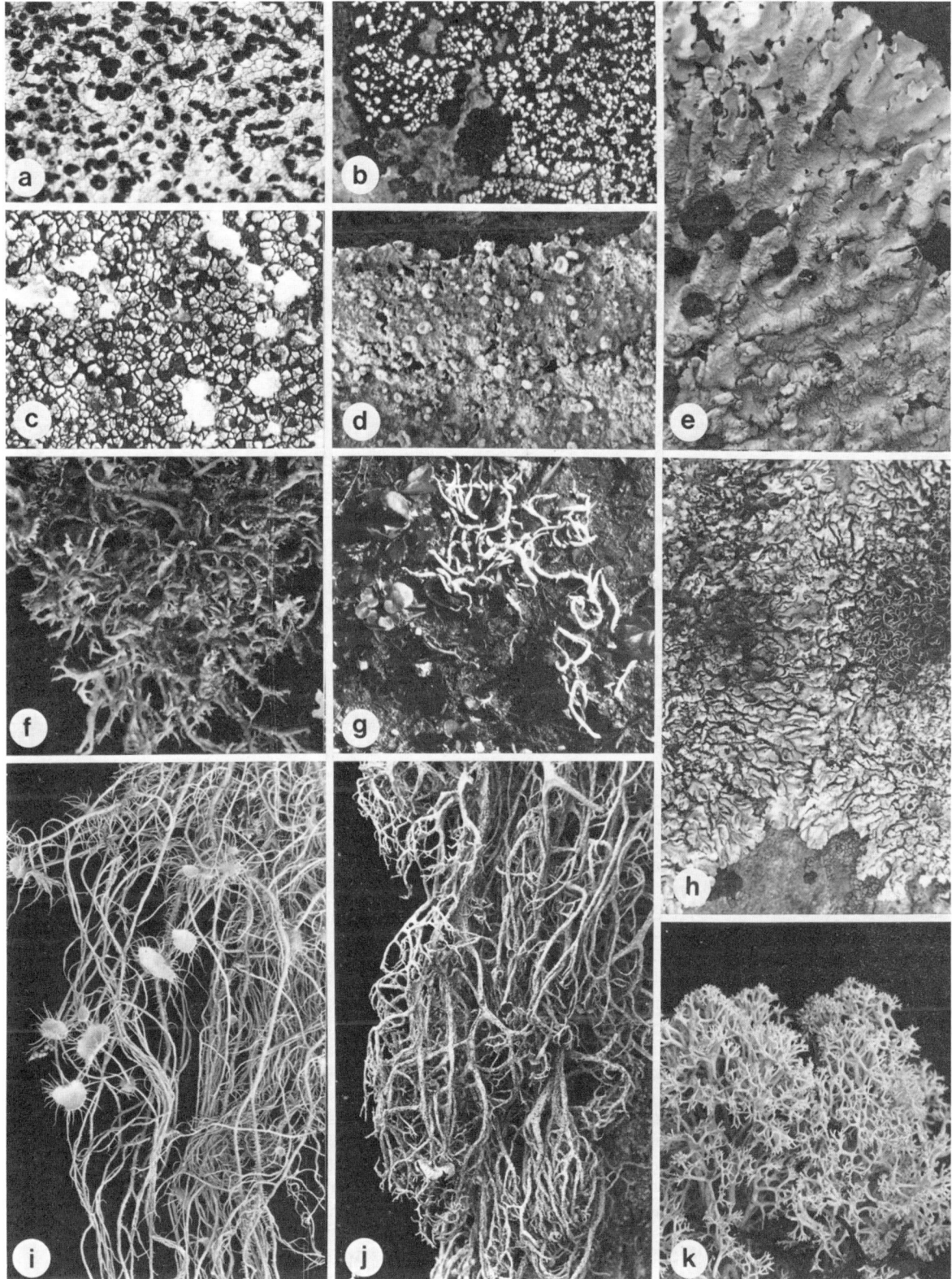

nähren, sondern überall in ihrem gesamten Wurzelsystem mit einem Pilzmycelium in Symbiose stehen,
welches ihnen Ammendienste leistet und die ganze
Ernährung des Baumes aus dem Boden übernimmt...

Dieser Pilzmantel hüllt die Wurzel vollständig ein,
auch den Vegetationspunkt derselben lückenlos über-
ziehend, er wächst mit der Wurzel an der Spitze weiter
und verhält sich in jeder Beziehung wie ein zur Wurzel

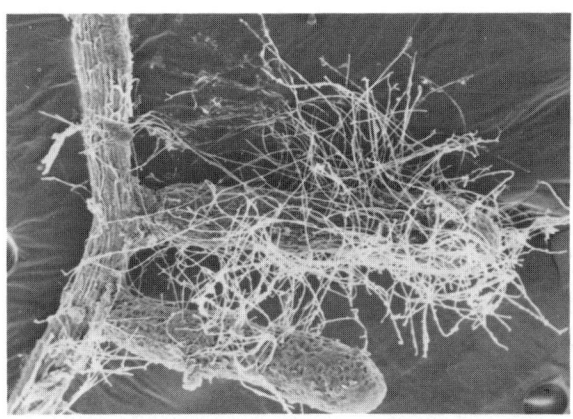

Abb. 33.3. Ektomykorrhiza. Rasterelektronenmikroskopische Aufnahme einer mit Mykorrhizapilzhyphen assoziierten Wurzel von *Dryas octopetala*. Mycobiont: *Hebeloma alpinum* (Agaricales); × 70. (J.C. Debaud, R. Pepin, G. Bruchet, 1981)

gehörendes, mit dieser organisch verbundenes peripheres Gewebe. Der ganze Körper ist also weder Baumwurzel noch Pilz allein, sondern ähnlich wie ein Thallus der Flechten eine Vereinigung zweier verschiedener Wesen zu einem einheitlichen morphologischen Organ, welches vielleicht passend als Pilzwurzel, Mykorrhiza bezeichnet werden kann... Dieser (der Mantel) liegt der Wurzelspitze nicht bloß innig auf, sondern von ihm aus dringen Pilzfädchen auch zwischen den Epidermiszellen in die Wurzel selbst ein... (doch) nie wurden die Fäden bis zur Endodermis verfolgt... Sie treten nie in das Lumen der Zellen ein." *B. Frank, 1885*

100 Jahre Mykorrhizaforschung förderten zutage, daß nahezu 80 Prozent aller Landpflanzen Mykorrhiza-Assoziationen ausbilden können. Man unterscheidet zwischen zwei grundsätzlich voneinander verschiedenen Typen:
(1) ektotrophe Mykorrhiza (kurz Ektomykorrhiza) (s. Abb. 33.3)
(2) endotrophe Mykorrhiza (oder Endomykorrhiza) (s. Abb. 33.4). Zu den Endomykorrhizen gehört auch die sogenannte Vesikular-arbuskuläre Mykorrhiza (kurz VA-Mykorrhiza), die sich als der am weitesten verbreitete Typ herausgestellt hat (s. Abb. 33.5)

Unter Ektomykorrhiza versteht man genau das, was durch das Franksche Zitat wiedergegeben wurde. Der Pilz formt eine Hülle (einen Mantel) um die Wurzelspitzen. Die Pilzhyphen dringen zwar in das Rindengewebe der Wurzel ein, nicht jedoch in die Zellen.

Bei der Endomykorrhiza werden Haustorien ausgebildet. Ein Teil des Pilzmycels breitet sich in und zwischen den Rindenzellen aus, ein anderer erstreckt sich in das Erdreich hinein. Ein zusammenhängender Mycelmantel wird in der Regel nicht gebildet. Die VA-Mykorrhiza zeichnet sich durch spezifisch ge-

formte Haustorien aus. Im Zellumen bilden sich Vesikel oder büschelförmig verzweigte Gebilde (Arbuskeln).

Die Hyphen der VA-Mykorrhizapilze sind septenlos, d.h., sie besitzen keine Zellquerwände. Sie gehören ausnahmslos (?) zur Pilzklasse der Zygomyceten. Die Pilze der Ektomykorrhiza und der Nicht-VA-Endomykorrhiza sind vorwiegend Basidiomyceten, seltener Askomyceten (die Hyphen dieser Pilze enthalten Septen); als Ektomykorrhizapilze sind gelegentlich auch Zygomyceten nachgewiesen worden.

Ektomykorrhiza

Ektomykorrhiza findet man bei einer Reihe von Baum- und Straucharten, vornehmlich aus den Familien
Pinaceae, Cupressaceae, Fagaceae, Betulaceae, Salicaceae, Dipterocarpaceae, Myrtaceae und *Caesalpinaceae*.

Die Mehrzahl der Mykorrhizabäume kommt in den borealen (kalten) und gemäßigten Klimazonen oder an nährstoffarmen Standorten der Tropen vor. Wie schon Frank richtig erkannte, dient der Pilz dem Baum, indem er ihn mit in Wasser gelösten Mineralien versorgt. Darüber hinaus zeigte sich, daß der Pilzmantel auch einen Schutz vor parasitischen Erdpilzen (Hallimasch, Wurzelfäule, *Phytophthora* u.a.) bietet. Der Schutz beruht in einigen Fällen auf einer von der Pflanze erworbenen, durch den Pilz induzierten Resistenz, die an der Produktion von Abwehrstoffen (phenolischen Verbindungen) erkennbar ist. Mykorrhizapilze sondern oftmals Pflanzenhormone aus, die das Wurzelwachstum beeinflussen. Das Wurzelsystem und Pilzmycel sind zusammen für die Ausbildung einer Rhizosphäre verantwortlich, in der sich die Lebensbedingungen von denen in der Umgebung unterscheiden; so ist die Rhizosphäre fast immer bakterienreicher als die übrigen Bodenregionen.

Den Mykorrhizapilzen stellt die Pflanze Kohlenhydrate (meist Glucose), Wachstumsstimulatoren (flüchtige Terpene) und Vitamine (Thiamin oder dessen Vorstufen, Pyrimidin oder Thiazol, Biotin, Pantothenat, Nicotinsäure u.a.) zur Verfügung. Viele der Pilze sind vitaminheterotroph, so daß sie auf eine Versorgung durch die Pflanzen angewiesen sind. Das Bedarfspektrum ist jedoch von Art zu Art unterschiedlich. Viele Mykorrhizapilze können isoliert und in Kultur genommen werden, doch nur selten werden unter diesen Bedingungen Fruchtkörper gebildet.

Die eine Fruchtkörperbildung stimulierenden Faktoren sind in den meisten Fällen bislang nicht bestimmt worden. In der Regel sind Mykorrhizapilze gegenüber Überwachsung durch andere (saprophytische) Pilze extrem empfindlich. Zu den Mykorrhizabildnern gehören bekannte Basidiomyceten (wie Steinpilz, Knollenblätterpilz, Täubling, Kartoffelbovist u.a.) sowie Askomyceten (z.B. die Trüffeln). Weltweit sind etwa 5000 ektomykorrhizabildende Arten identifiziert worden.

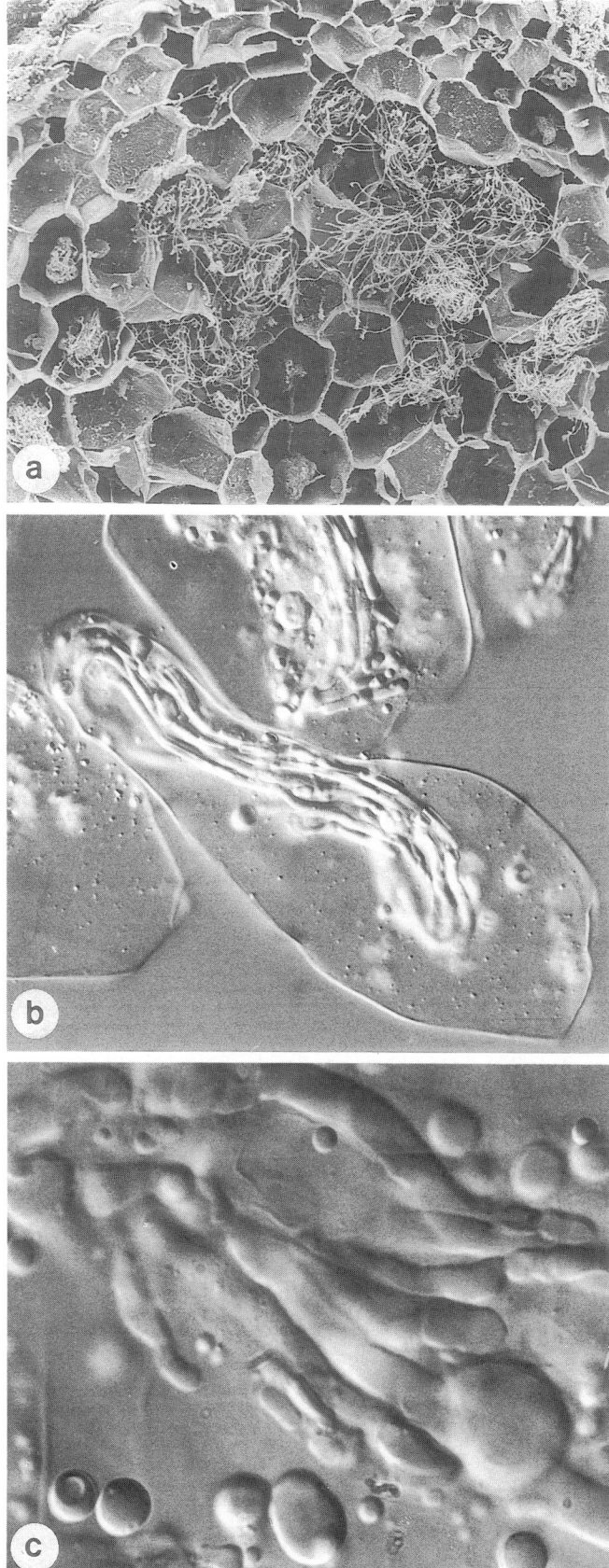

Abb. 33.4. Endotrophe Mykorrhiza zwischen dem Gametophyten von *Psilotum nudum* (einem „Urfarn") und einem nicht identifizierten Pilz. Rasterelektronenmikroskopische Aufnahme des befallenen Rindengewebes von *Psilotum* ($\times$ 141). Die Hyphen durchdringen die Wände der Wirtszellen, sie verknäulen (k) oder verklumpen (v) in den Zellen. *b* Interferenzkontrastaufnahme des Gametophyten mit darin enthaltenen schraubig umeinandergewundenen Hyphen ($\times$ 458); *c* Interferenzkontrastaufnahme des Endophyten (= des Pilzes) mit terminalem Vesikel ($\times$ 1 593). (R.L. Peterson, M.J. Howarth, D.P. Whittier, 1981)

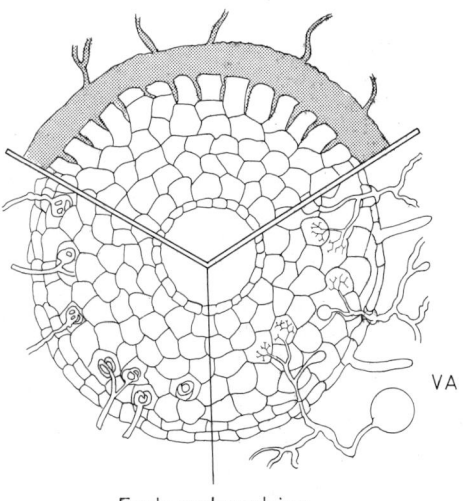

Ektomykorrhiza

Endomykorrhiza

VA

Abb. 33.5. Die drei Haupttypen der Mykorrhiza: Ektomykorrhiza, Endomykorrhiza und eine Variante der Endomykorrhiza (vesikular-arbuskuläre (VA-)-Mykorrhiza) (gerastert: Pilzmantel; Fortsätze des Pilzmantels ins Rindengewebe der Wurzel: Hartigsches Netz). (Nach B. Hock und A. Bartunek, 1984)

In bezug auf den Baumwirt sind sie im allgemeinen wenig wählerisch. Junge Bäume sind öfter mit anderen Pilzen assoziiert als ältere. Etliche Pilzarten, wie beispielsweise der Fliegenpilz, wurden in Assoziation mit einer Anzahl von Baumarten gefunden; nur wenige, z.B. den Lärchenröhrling, findet man ausschließlich in Lärchenwäldern.

Ein zusammenhängendes Mycel verbindet vielfach die Wurzelsysteme benachbarter Bäume der gleichen oder verschiedener Arten (s.a. folgenden Abschnitt). Die Ektomykorrhiza ist für eine Samenkeimung und für die frühen Entwicklungsstadien der Baumkeimlinge entbehrlich. Unter natürlichen Bedingungen wurde bei nahezu allen wenige Monate alten Keimlingen Pilzassoziationen gefunden. Unter kontrollierten Bedingungen ließ sich im Experiment belegen, daß Keimlinge in steriler Erde wesentlich schlechter gediehen als jene mit Mykorrhizapilzen (s. Tabelle 1).

Morphologisch unterscheiden sich die infizierten Wurzeln von nicht infizierten. Die Rindenzellen bilden keine Sekundärwände aus, Wurzelhaare und Wurzelhauben fehlen, die Endodermis ist meist zusätzlich durch Tannine imprägniert, die ein weiteres Vordringen der Pilze verhindern. Das Hyphennetz im Rindengewebe wird Hartigsches Netz genannt.

Im Gegensatz zu den saprophytisch oder parasitisch lebenden Pilzen sezernieren die meisten Mykorrhizapilze keine Phenoloxydasen (für Ligninabbau erforderlich) und keine Cellulasen (für Celluloseabbau erforderlich). Das gilt allerdings nur, solange ihnen ausreichende Glucosemengen angeboten wer-

Tabelle 1. Keimlingwachstum von *Pinus virginiana* mit und ohne Mykorrhizapilzen (Zahlenwerte in mg)

	Mykorrhizakeimlinge	Kontrollen (pilzfrei)
Frischgewicht	1230	592
Trockengewicht (T)	323	152
N (% i.T.)	1,72	1,88
N/Keimling	5,75	2,87
P (% i.T.)	0,185	0,097
P/Keimling	0,60	0,15
K (% i.T.)	0,66	0,62
K/Keimling	2,17	0,96

(nach A.L. McComb, 1938)

den. Sobald die Zufuhr stockt, wird Cellulase synthetisiert, und der bis dahin symbiotisch lebende Pilz geht zu parasitischer Lebensweise über. Andererseits ist für zwei Mykorrhizapilzarten erwiesen, daß sie ständig große Mengen an Cellulase, Xylanase, Amylase und Proteinase (jedoch keine Pektinase) produzieren, ohne daß die Symbiose darunter leidet.

Mykorrhizapilze bevorzugen leicht saure Böden; pH-Werte zwischen 4,0 und 5,0 sind optimal. Oberhalb von pH 7 können sie nicht existieren. In Ca^{2+}-reichen Böden (z.B. in Kalkbuchenwäldern) sind Mykorrhizen extrem selten, bzw. nur rudimentär ausgebildet. Dieser Befund ist im Zusammenhang mit den Hilfsmaßnahmen gegen die Schäden von Saurem Regen (s. Kap. 56) nennenswert, denn durch die Kalkung von Waldböden wird der pH-Wert lokal drastisch erhöht, was wiederum zu erheblichen Schäden der Mykorrhizapilze und sekundär zu weiterer Schädigung der Waldbäume führen kann.

Zu den beiderseitigen Vorteilen der Mykorrhiza gehören die bereits genannte effizientere Nutzung des Nährstoffangebots. Da sich das Pilzmycel gegenüber dem Wurzelsystem durch eine um ein Vielfaches größere Oberfläche auszeichnet, kann ein größeres Bodenvolumen erschlossen werden. Zum Aufbau eines ebenso komplexen Wurzelsystems (ohne Pilzmycel) müßte die Pflanze weit mehr Energie investieren, als ihr durch Abgabe von Kohlenhydraten an den Pilz verlorengeht. Kohlenhydrate wiederum sind für diesen essentiell, denn Pilze decken ihren Stickstoffbedarf vornehmlich durch Aufnahme reduzierter Stickstoffverbindungen (Ammonium-, Aminogruppen), für deren Fixierung Akzeptormoleküle benötigt werden (Kohlenstoffskelette, s. Abb. 34.4). Ein Mangel an Kohlenhydraten hemmt die Ausprägung einer Mykorrhiza, ein Mangel an Stickstoff oder Phosphor fördert sie.

Pilze sezernieren Protonen und säuern damit den Boden an. Im Gegenzug (durch Aufbau eines elektrochemischen Potentials) nehmen sie größere Mengen an Phosphat auf und akkumulieren es intrazellulär als Polyphosphat. Ein beträchtlicher Teil davon kommt der Pflanze zugute. Wie die Daten in Tabelle 1 veranschaulichen, sind bei Mykorrhizakeimlingen – im

474

Vergleich zu den Kontrollen – vor allem die Phosphatwerte, weniger die Stickstoff- und Kaliumwerte erhöht.

Wie wichtig die Anwesenheit der „richtigen" Mykorrhizapilze für ein Baumwachstum ist, ergibt sich u.a. aus der Beobachtung, daß Grasland (Prärie), das weitgehend frei von diesen Arten ist, nur schwer aufzuforsten ist. Zahlreiche Versuche sind gescheitert. Erst nach Inokulation der Bäume (in Baumschulen) gelangen die Aufforstungsmaßnahmen.

Endomykorrhiza

Die Abgrenzung von Ekto- und Endomykorrhiza ist keineswegs so scharf und eindeutig, wie man es vielleicht nach den eingangs präsentierten Definitionen annehmen würde. Es gibt zahlreiche fließende Übergänge, und vielfach geht eine Ektomykorrhiza in eine Endomykorrhiza über. Für solche Fälle wurde der Begriff Ekto-Endomykorrhiza geprägt. Wie schon erwähnt, ist die VA-Mykorrhiza der bei weitem häufigste Typ. Bevor Einzelheiten über sie beschrieben werden, müssen zwei andere Erscheinungsformen, nämlich die Mykorrhiza der Ericales und die der Orchideen erwähnt werden.

Ericales, vor allem Arten aus der Familie der Ericaceen, sind in der Natur stets mit Pilzen assoziiert, sie gelten daher als obligat mycotroph. Das heißt aber nicht, daß man Ericaceen nicht pilzlos kultivieren könnte. Unter Kulturbedingungen, auf rein anorganischem Substrat, wachsen Calluna, Vaccinium, Azaleen u.a. ebenso gut wie in der Natur zusammen mit Pilzen. Setzt man dem Nährmedium jedoch organisches Material (z.B. Pepton oder Hefeextrakt) zu, ist das Wachstum stark gehemmt. Offensichtlich sezernieren die Wurzeln Substanzen, die in Reaktion mit dem organischen Material Toxine produzieren. In Anwesenheit von Pilzen werden jene wieder inaktiviert.

Mit anderen Worten: das Wachstum ist auf nährstoffreichen Böden mit Mykorrhizapilzen optimal. Aber gerade die Ericaceen sind in der Natur fast nur auf sauren, extrem nährstoffarmen Böden zu finden. Der Vorteil der obligaten Assoziation mit Pilzen erlaubt es ihnen, auch diese Böden effizient auszubeuten. Der Pilzbefall erfolgt bei einer Reihe von Arten kurz oberhalb des Vegetationspunkts. Bei Calluna jedoch wird durch den Pilz der primäre Vegetationspunkt der Wurzel zerstört, und als Folge davon werden sekundäre Vegetationszonen aktiviert, was wiederum zu einer Steigerung der Anzahl an Verzweigungen im Wurzelsystem führt, und damit zu einer besseren Durchdringung des Bodens.

In der Forstwirtschaft hat es sich als problematisch erwiesen, Calluna-Flächen aufzuforsten. Ein Grund dafür ist das Fehlen jener Mykorrhizapilze, auf die Waldbäume angewiesen sind. Das Fehlen beruht auf einer Produktion von Hemmstoffen der mit Calluna vergesellschafteten Mykorrhizapilze. Experimentell

ließ sich zeigen, daß Extrakte aus Calluna-Humus das Mycelwachstum vieler Pilze hemmen. Nur einige wenige Arten, wie Boletus scaber und Amanita muscaria, sind hiergegen resistent. Beide Pilzarten werden überall dort als Mykorrhizapilze gefunden, wo Birken in Calluna-Flächen eindringen.

Eine der Ericaceen-Mykorrhiza ähnliche Erscheinung findet man beim Fichtenspargel (Monotropa), einer chlorophyllfreien, saprophytisch lebenden Pflanze sowie bei verschiedenen Arten der (grünen) Pyrolaceen. Monotropa gilt als Wurzelparasit, der auf verschiedenen Laub- und Nadelbäumen gedeihen kann. Seine Wurzel ist von einem dichten Pilzmycel umhüllt, dessen Ausläufer sowohl das umgebende Erdreich als auch die Wurzeln der Wirtsbäume durchdringen und damit einen direkten Kontakt zwischen Wirt und Parasit herstellen.

Daß durch solche Brücken tatsächlich Assimilate fließen, belegten R. Francis und D.J. Read (1984) experimentell am Beispiel einer VA-Mykorrhiza.

Sie pflanzten radioaktiv markierte Keimlinge von Plantago lanceolata zusammen mit nichtmarkierten von Festuca ovina in ein Kulturgefäß, in einem weiteren Experiment wurde Plantago mit einem Pilz inokuliert. Die Wurzelsysteme beider Arten sind morphologisch leicht voneinander unterscheidbar. Im pilzhaltigen Kulturgefäß breitete sich die Radioaktivität nach kurzer Kulturdauer sowohl im Pilz als auch in Festuca ovina aus. In der pilzfreien Kultur blieben die Festuca ovina-Wurzeln trotz direktem physischem Kontakt mit den markierten Plantago-Wurzeln unmarkiert (s. Abb. 33.6).

Wie die Ericaceen sind auch die Orchidaceen obligat mycotroph, doch liegen die Ursachen dafür hier woanders (H. Burgeff, 1909, 1936). Orchideensamen sind extrem klein (0,3–14 μm), in der Regel sind keine Kotyledonen vorhanden; ein Same kann zwar keimen, sich aber nicht über ein Wenigzellstadium hinweg entwickeln. Nur in Assoziation mit Pilzen, die hier das Nährsubstrat stellen, ist eine Weiterentwicklung möglich. Orchideen sind daher, zumindest in ihrer ersten Lebensphase, Saprophyten. Viele von ihnen (jene mit grünen Blättern) gehen in einem späteren Entwicklungsstadium zu autotropher Ernährung über. Von diesem Zeitpunkt an ist der Pilz überflüssig.

Der Mykorrhizapilz dringt (meist durch den Suspensor) in das Gewebe des jungen Keimes ein und breitet sich von dort in die entstehenden Wurzeln aus. Sproß und Wurzelknollen (soweit vorhanden) sind in der Regel pilzfrei.

Die endotroph lebenden Pilze gehen im Verlauf der pflanzlichen Entwicklung meist zugrunde, die Pilzreste werden von den Orchideen resorbiert. Unterbleibt diese wirtsspezifische Aktion (oft bereits in recht frühen Entwicklungsstadien), breitet sich der Pilz aus und wird parasitisch. Bei zahlreichen Orchideenarten kann sich daher nur ein geringer Prozentsatz der Keimlinge fortentwickeln. Die Hemmung des Pilzwachstums beruht auf der Synthese eines Antagonisten, der zunächst als Orchinol bezeichnet wurde, den

475

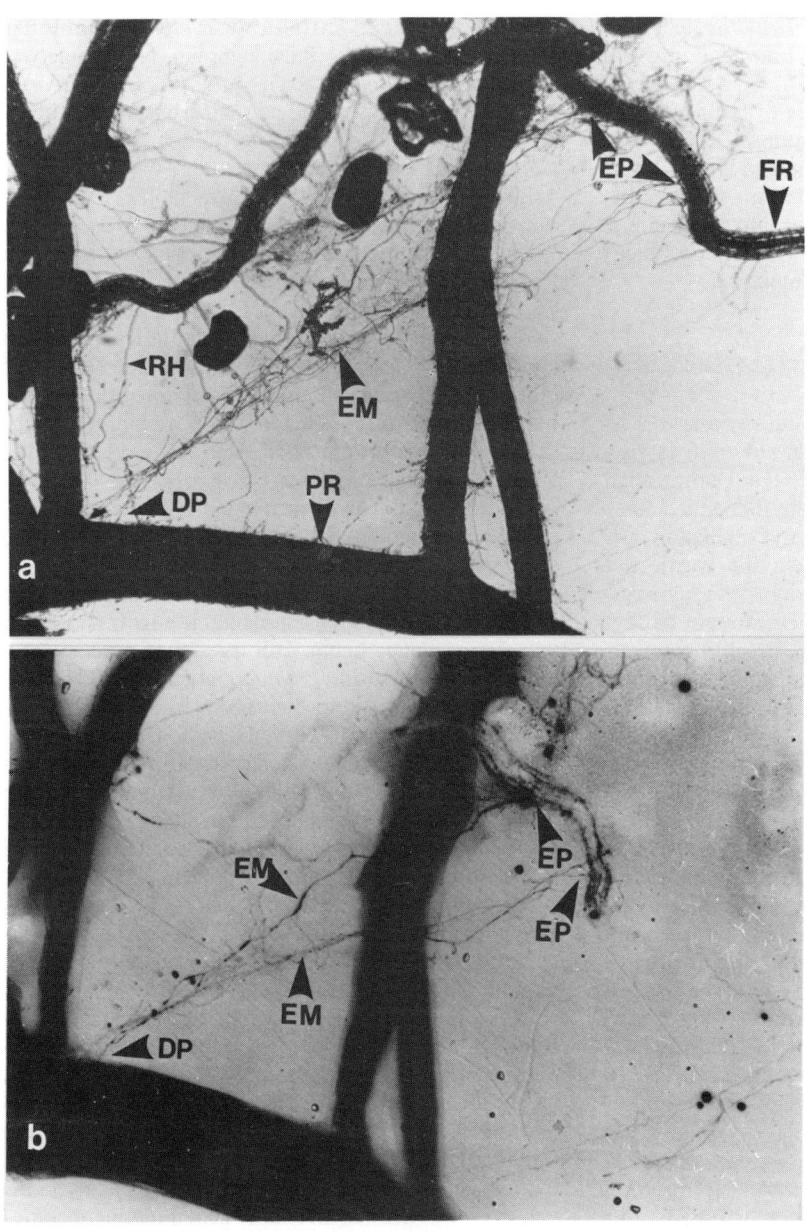

Abb. 33.6. Stoffaustausch zwischen Wurzeln von *Plantago major* (PR) und *Festuca ovina* (FR) *via* vesikular-arbusculärer Mykorrhiza. *a* *Festuca*-Wurzeln besitzen zahlreiche Wurzelhaare (RH), diese stehen mit dem Pilzmycel in engem Kontakt (EM). *b* gleicher Bildausschnitt: Autoradiographie. Die *Plantago*-Wurzeln sind deutlich markiert. Daneben ist eine Markierung des Mycels (EM) erkennbar, durch das sie das Wurzelsystem von *Festuca* (EP) erreicht. Weitere Einzelheiten zur Methode siehe Text. (R. Francis und D.L. Read, 1984)

E. Gäumann und H. Kern (1959) als Dehydroxyphenanthrin charakterisierten. Dieses Fungizid wirkt auf zahlreiche Mykorrhiza- und Erdpilze. Seine Synthese wird nur bei Pilzanwesenheit induziert.

Vesikular-arbuskuläre Mykorrhiza

Die VA-Mykorrhiza ist die verbreitetste und in den letzten Jahren am intensivsten studierte Mykorrhizaform. Es gibt keine Pflanzenfamilie, bei der sie nicht gefunden wurde; lediglich bei den Juncaceae, Cyperaceae, Caryophyllaceae und Brassicaceae ist sie selten. Bei Pflanzen feuchter Standorte ist sie weniger stark ausgeprägt als bei jenen trockener. Allerdings sind Pflanzen der Salzwiesen oft stark verpilzt. Die Pilze durchsetzen das Rindengewebe der Wurzel, doch nie Meristeme oder Leitgewebe sowie chlorophyllhaltige oder andersartig spezialisierte Gewebe.

Ein wesentliches Merkmal der bereits besprochenen Ektomykorrhiza ist die hohe Artenzahl der Pilze. Für die VA-Mykorrhiza gilt das Gegenteil; weltweit sind nur etwa 30 morphologisch voneinander unterscheidbare Formen (Arten?) identifiziert worden. Die Mehrzahl von ihnen wird zur Gattung *Glomus* gerechnet.

D.W. Malloch, K.A. Pirozynski und P.H. Raven wiesen 1980 darauf hin, daß die VA-Mykorrhiza vornehmlich in artenreichen Pflanzengesellschaften vorkommt, Ektomykorrhiza hingegen in artenarmen. Die Zahl der Pflanzenarten verhält sich damit umgekehrt proportional zur Zahl der symbiotischen Pilze. Die Ektomykorrhiza trat vermutlich erst in der Mittleren Kreide auf, sie ist als eine progressivere Form der Symbiose einzustufen, die es den Baumarten ermöglichte, in gemäßigten und kalten Klimazonen oder auf armen Böden zu bestehen. Die VA-Mykorrhiza ist die primitivere Form der Symbiose. Es gibt sie, seitdem es vielzellige Landpflanzen gibt. Durch Fossilfunde aus dem Devon wurden Assoziationen zwischen Pilz und *Rhynia* sowie *Asteroxylon* nachgewiesen. Auch die heute existierenden primitivsten Gefäßpflanzen *(Psilotum* und *Tmesipteris)* zeichnen sich durch VA-Mykorrhiza aus (s. Abb. 33.4). Da jene bei Holzpflanzen weiter verbreitet als bei Kräutern ist, lag der Gedanke nahe, daß sich große Bäume ohne sie überhaupt nicht haben entwickeln können. Wie schon dargelegt, gilt auch hier, daß das Mycelsystem die resorbierende Oberfläche im Boden um ein Vielfaches erhöht. Durch Isotopenversuche konnte gezeigt werden, daß ^{32}P sich im Boden in einem gegebenen Zeitraum durch Diffusion um ca. 7 mm ausbreitet. In pilzdurchsetzten Böden beträgt die Ausbreitung im gleichen Zeitraum 7,5 cm.

Einer der größten Vorteile auch der VA-Mykorrhiza liegt in der Zusatzversorgung der Pflanzen mit Phosphat. Die Aussage ist durch zahlreiche Experimente abgesichert. Dabei konnte aber auch gezeigt werden, daß extrem hohe Phosphatgehalte (1g $Ca(H_2PO_4)_2$ pro kg Erde) die Ausbildung des Mycelsystems hemmen.

Pflanzenarten (Kräuter) mit gut ausgeprägtem Wurzelhaarsystem gehen nur an phosphatarmen Standorten eine Symbiose mit Pilzen ein. Bei Wassermangel ist die Photosyntheserate (CO_2-Fixierung) von Pflanze-Pilz-Assoziationen deutlich höher als die von pilzfreien Exemplaren der gleichen Pflanzenart. In bezug auf die von der Pflanze bereitgestellten Kohlenhydrate sind die VA-Mycorrhizapilze wenig wählerisch. Sie sind befähigt, ein weites Spektrum an Mono-, Di- oder Polysacchariden zu verwerten.

Wechselwirkungen zwischen Pflanzen und parasitären Pilzen

Die Evolution der Pilze hängt weitgehend von der Weiterentwicklung und Ausbreitung grüner Pflanzen ab. Die Mehrzahl der Pilzarten lebt saprophytisch, einige wenige parasitisch. Diese sind, zumindest in bestimmten Phasen ihres Lebenszyklus, auf ein Wirkstoffangebot (z.B. ein Angebot an Vitaminen) angewiesen, wie es in dieser Form nur von lebenden Zellen bereitgestellt werden kann.

Es ist auffallend, daß Pflanzenkrankheiten in der Natur relativ selten sind. Die Ursachen dafür sind wirkungsvolle Abwehrmechanismen, die einer Aus-

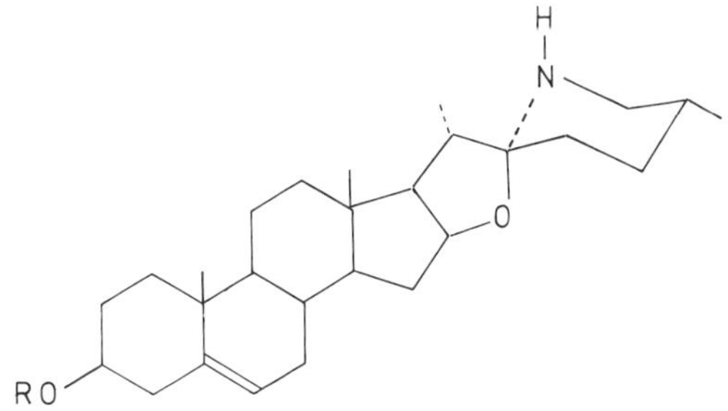

Abb. 33.7. Phytoalexine der Kartoffel. R = H: Solasodin; R = Rhamnose-Glucose-Galactose: Solasonin.

breitung parasitärer Pilze entgegenstehen. Dabei wäre in erster Linie die feste Zellwand, einschließlich aller Ein- und Auflagerungen (z.B. Kutikula), zu nennen, die ein Eindringen von Pilzen, Bakterien, Viren u.a. ins Gewebe und in die Zellumina verhindert. Zum anderen sei auf das weite Spektrum an sekundären Pflanzenstoffen verwiesen, von denen viele fungizid und/oder bakterizid sind. Oft werden derartige Substanzen erst nach einer Induktion, d.h., erst nach einer Infektion produziert (z.B. die Phytoalexine, Abb. 33.7).

Ferner ist bemerkenswert, daß pflanzliche Parasiten (das gilt gleichermaßen für Pilze, Bakterien und Viren) streng wirtsspezifisch sind. Einige von ihnen sind auf einen Wirtswechsel angewiesen, durch den sich das eine Entwicklungsstadium des Parasiten in einem, das darauffolgende in einem anderen (mit dem ersten phylogenetisch nicht nah verwandten) abspielt. Wegen der hohen Wirtspezifität können Parasiten in Monokulturen (Landwirtschaft) weit mehr Schäden anrichten als in artenreichen Pflanzengesellschaften. Der jährliche Verlust an Nahrungsmitteln entspricht einer Menge, die zur Versorgung von 300 Millionen Menschen ausreichen würde.

Parasitäre Pilze verfügen über mindestens drei Strategien, um an pflanzliche Inhaltsstoffe zu gelangen:
(a) Sie produzieren zellwandabbauende Enzyme.
(b) Sie produzieren Toxine, die die Aktivität von Wirtszellen herabsetzten, ggf. sogar vollständig inhibierten.
(c) Sie produzieren pflanzeneigene Substanzen, z.B. Hormone, und greifen damit in das hormonelle Gleichgewicht in der Pflanzenzelle ein, was Störungen im Wachstums- und Differenzierungsprozeß der Zellen und Gewebe zur Folge hat. Ein Beispiel: *Gibberellina fujikugori* sondert Gibberelline ab, die das Wachstum der Wirtspflanzen (hier Reis) beeinflussen. Die seinerzeit (s.Kap. 31) durchgeführten Untersuchungen führten zur Entdeckung der Phytohormonklasse der Gibberelline.

Es gibt eine sehr umfangreiche Literatur über parasitäre Pilze. Viele der Arbeiten sind aus wirtschaftlichen Erwägungen heraus entstanden. Die Mehrzahl befaßt sich mit der Klassifikation der Pilze, ihren Lebenszyklen, den Krankheitssymptomen der Pflanzen und deren Diagnostik, dem Wirtsspektrum, und der Suche nach Resistenzfaktoren der Wirte.

Hingegen ist der molekulare Wirkungsmechanismus der Reaktion von Pflanzen nach Pilzinfektion bislang nur an wenigen Beispielen geklärt worden. Wegen der Vielfalt der Möglichkeiten können diese Fälle nur bedingt verallgemeinert werden.

Die Resistenz der Wirte beruht – außer auf den eingangs skizzierten allgemeinen (unspezifischen) Abwehrmechanismen – auf Bildung spezifischer (gegen bestimmte Pilze gerichteter), genetisch determinierter Produkte. Genetische Analysen ergaben, daß die Resistenz einmal auf dem Vorhandensein dominanter Allele der entsprechenden Gene beruht und daß es zum anderen unabhängig voneinander vererbbare Resistenzgene gibt.

Einige Bemerkungen zur Klassifikation parasitärer Pilze

Man unterscheidet zwischen zwei Formen des Parasitismus:

– Nekrotropher Parasitismus: Die Infektion führt zur Gewebezerstörung und damit zum Tod der Pflanze. Die Pilze sind meist nur fakultativ parasitär; sie können sich ebenso gut saprophytisch in totem oder absterbendem Pflanzenmaterial vermehren.
– Biotropher Parasitismus: Hier leben Parasit und Wirt, zumindest über längere Zeiträume hinweg, zusammen. Der Parasit entnimmt dem Wirt Nähr- und Wuchsstoffe, tötet ihn jedoch nicht ab. Die meisten biotrophen Pilze sind obligate Parasiten. Eine saprophytische Phase können sie nur bedingt überstehen; vor allem die Fruchtkörperbildung ist an das Vorhandensein des Wirts gebunden. Nur in Ausnahmefällen gelang es, einzelne (vegetative) Stadien dieser Pilze in zellfreien Nährmedien zu kultivieren.

Parasitäre Pilze findet man in allen Pilzklassen, Wirte in allen systematischen Gruppen der Pflanzen (und der Blaualgen). Das Reich der Pilze gliedert sich in die Myxomycota oder Schleimpilze und die Eumycota, die eigentlichen Pilze.

Einer der wirtschaftlich wichtigsten Vertreter der parasitären Myxomycota ist *Plasmodiophora brassica,* der Erreger der Kohlhernie, einer Krankheit, deren Symptome sich im Wurzelbereich zahlreicher Cruciferen-Arten manifestieren.

Das veränderte Differenzierungsmuster des infizierten Wirtsgewebes beruht u.a. auf einer Zunahme des Auxingehalts um das 50–100 fache, einer Cytokininzunahme um das 10–100 fache und (als Folge davon?) einer Erhöhung des Ploidiegrads in den Kernen jener Gewebezellen (I.C. Tommerup und D.S. Ingram, 1971).

Spongospora subterraneae der Erreger des Pulverschorfs der Kartoffel, kann als Vektor für das Kartoffel-mop-top-Virus dienen.

Eumycota. *Peronospora* (Falscher Mehltau): In diese Gattung gehören eine Reihe von Arten, die erhebliche Schäden in der Landwirtschaft verursachen. Eine von ihnen ruft eine Knollenfäule der Kartoffel hervor, eine andere den „Blauschimmel" auf Tabakblättern, und eine dritte ist als „Falscher Mehltau" als Parasit im Weinbau bekannt. *Peronospora*-Arten sind meist – nicht immer – obligate Parasiten; fast alle sind (soweit untersucht) Thiamin-heterotroph (sie benötigen zum Wachstum eine externe Quelle für das Vitamin Thiamin).

Phytophthora-Arten sind auf Solanaceen als Wirtspflanzen angewiesen. *Phytophthora infestans* ist der Erreger der Kraut- und Knollenfäule der Kartoffel. Eine frühe Zerstörung des Laubs, und die dadurch bedingte Reduktion der Photosyntheserate, führt zu gravierenden Ernteeinbußen.

Das Wirtsspektrum ist, im Gegensatz zu dem mancher anderer *Phytophthora*-Arten extrem eng (Kartoffel, Tomate und wenige andere). Der Pilz war Mitte des vorigen Jahrhunderts (1845/47) die Ursache einer großen Hungerkatastrophe in Irland; die Folge davon war eine starke Auswanderungswelle in die USA.

Askomyceten. Zu den Askomyceten gehören zahlreiche Arten, die Kräuselkrankheiten von Blättern verschiedener Wirte hervorrufen, u.a. *Taphrina institae* (Wirt: Pflaumen u.a.), *T. betulina* (Birke), *T. cerasi* (Kirsche), *T. deformans* (Pfirsich). Die meisten dieser Arten bilden Haustorien aus (Ausnahme *T. deformans*), also Auswüchse in das Innere des Zellumens hinein. Die wichtigste Voraussetzung einer Haustorienbildung ist eine lokale Perforierung der pflanzlichen Zellwand. Nach dem Eindringen in das Zellumen erweitert sich das Haustorium zu einem blasenförmigen Gebilde, das Plasmalemma der Wirtszelle wird nicht durchdrungen. Haustorien wachsen deshalb auch nicht in das Plasma der Wirtszellen ein. Wie elektronenmikroskopische Untersuchungen an verschiedenen Haustorientypen ergaben, ändert sich jedoch das Plasmalemma strukturell, es legt sich in Falten, eine Menge elektronendichten Materials wird in die Membran eingelagert. Diese Beobachtungen deuten auf eine aktive Abwehrreaktion der Zellen hin.

Eine Kräuselung der Blätter beruht auf verstärktem, aber ungleichmäßigem Wachstum einzelner Blattzonen. Verschiedene Untersuchungen weisen darauf hin, daß der Gehalt an IES und Cytokininen in den Blättern erhöht ist.

Zu den *Taphrina*-Arten gehören auch jene, die die sogenannten Hexenbesen auf zahlreichen Wirtsbäumen hervorrufen. Diese Erscheinung geht auf eine Erhöhung der Zahl der Vegetationspunkte zurück, wodurch ein irreguläres büschelförmiges Verzweigungsmuster der befallenen Äste sichtbar wird.

Die Ordnung Erysiphonales enthält die Familien *Perisporiaceae* (Dunkler Mehltau) und *Erysiphaceae* (Echter oder Weißer Mehltau). Den Schwarzen Mehltau (kenntlich an dunkel gefärbten Sporen) findet man vornehmlich auf Blättern in feuchten, tropischen Wäldern. Der Echte Mehltau ist ein Sammelname für

478

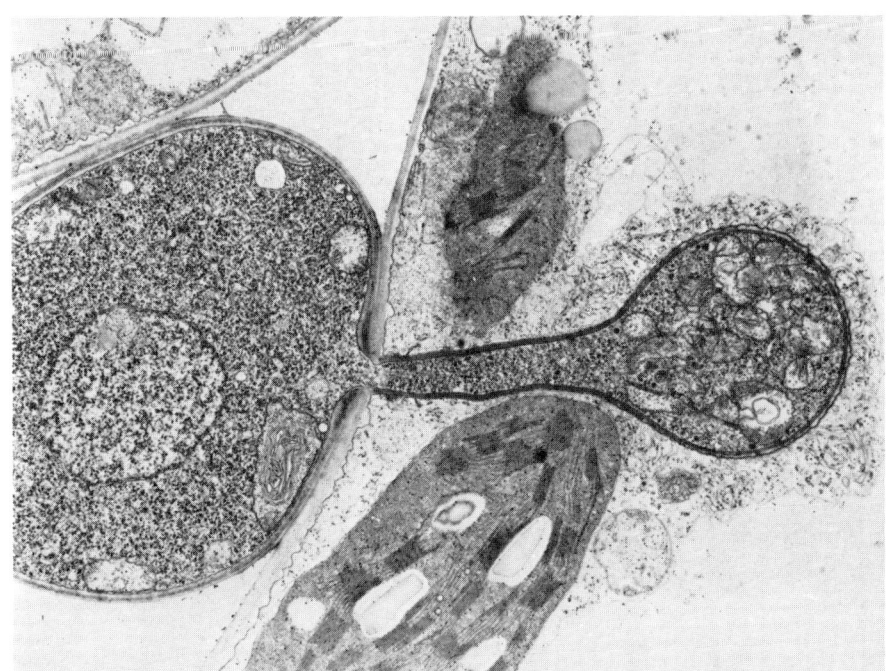

Abb. 33.8. Ein in eine Wirtszelle (hier Weizen; rechts im Bild) eingelassenes Haustorium von *Puccinia graminis*. Man beachte, daß sich das Plasmalemma der Wirtszelle um das Haustorium herumlegt. Um das Haustorium ist viel elektronendichtes Material abgelagert. In der Wirtszelle sind angeschnittene Chloroplasten mit Stärkeeinschlüssen zu erkennen, in der angeschnittenen Pilzhyphe einer der Zellkerne und Mitochondrien. (D.E. Harder, 1978)

eine Vielzahl von Erysiphaceen-Arten, die auf zahlreichen Angiospermen parasitieren:

Erysiphe graminis (Mehltau auf Gräsern), *E. communis* (auf Kürbis), *E. polygoni* (auf Erbsen, Klee u.a. Leguminosen). Das Pilzmycel breitet sich in der Regel auf der Blattoberseite (oder der Unterseite) aus, lediglich in die Epidermiszellen werden vereinzelt Haustorien eingesenkt.

Von *Erysiphe graminis* sind zahlreiche Unterarten (Rassen, Varietäten?) auf Getreidearten spezialisiert, einzelne beispielsweise wachsen auf Weizen, aber nicht auf Gerste; für andere gilt genau das Umgekehrte.

Ceratocystis ulmi und verwandte Arten sind Verursacher des Ulmensterbens. 1927 wurde die Krankheit in England festgestellt, zwischen 1930 und 1940 waren dort etwa 10 Prozent aller Ulmen befallen. Im trockenen Sommer 1947 breitete sie sich epidemisch auch über Deutschland aus.

Botrytis cinerea (Grauschimmel) ist ein wenig spezialisierter Parasit; er befällt bei feuchter Witterung Salatblätter ebenso wie eine Vielzahl saftiger Früchte (Tomaten, Erdbeeren usw.).

Basidiomyceten. Die Basidiomyceten enthalten zwei wichtige Ordnungen parasitärer Pilze: Ustilaginales (Brandpilze) und Uredinales (Rostpilze).

Zur Ordnung Agaricales gehören vornehmlich die bereits besprochenen Mykorrhizapilze, nur wenige Arten leben parasitisch (z.B. der Hallimasch).

Die Ustilaginales sind mit über 1000 Arten Parasiten auf Wirten aus über 75 Angiospermenfamilien.

Sie produzieren dunkle, pulverartige Spuren auf Blättern, Sprossen, Blüten und Früchten, die aus einer Aneinanderreihung ihrer Fruchtkörper bestehen.

Meist werden keine Haustorien ausgebildet. In den Interzellularräumen der Wirtspflanzen breitet sich ein umfangreiches Mycelsystem aus. Die Uredinales (ca. 4000 Arten in 100 Gattungen) zeichnen sich durch eine rötlich-braune Färbung (Rost!) ihrer Sporen aus. Sie bilden Haustorien, und sie befallen eine Vielzahl von Angiospermen, Gymnospermen und Pteridophyten (s. Abb. 33.8).

Puccinia graminis ist das klassische Beispiel für einen Pilz mit Wirtswechsel. Haploides (monokaryotisches) Mycel wächst auf *Berberis* (Berberitze), dikaryotisches auf verschiedenen Gräsern. Die Art zeichnet sich durch einen komplexen Generationswechsel aus, in dessen Verlauf bis zu fünf verschiedene Sporenformen entstehen. Steht *Berberis* nicht zur Verfügung, kann sich *Puccinia graminis* in der dikaryotischen Phase unbegrenzt auf Gräsern halten. Die Voraussetzung dafür sind jedoch milde Winter, denn die Überwinterungsform (Uredosporen) kann lange, kalte Winter nicht ertragen. Andererseits können Pilzsporen durch Wind über Tausende von Kilometern verbreitet werden, so daß eine lokale Ausrottung der Berberitze keinerlei dauerhaften Schutz vor *Puccinia* bietet.

Auch diese Art besteht aus einer Reihe von Unterarten, von denen eine auf Weizen, eine andere auf Hafer, eine dritte auf Roggen usw. spezialisiert ist. *Puccinia graminis* gehört zu den wenigen parasitären Pilzen, die zellfrei auf Agar (mit Zusatz von Hefeextrakt) gehalten werden können.

Fungi imperfecti. Dies ist ein Sammelbegriff für Pilzarten, die keine Fruchtkörper ausbilden und von denen die Systematiker auch nicht so recht wissen, wo sie eigentlich hingehören und ob man sie tatsächlich

479

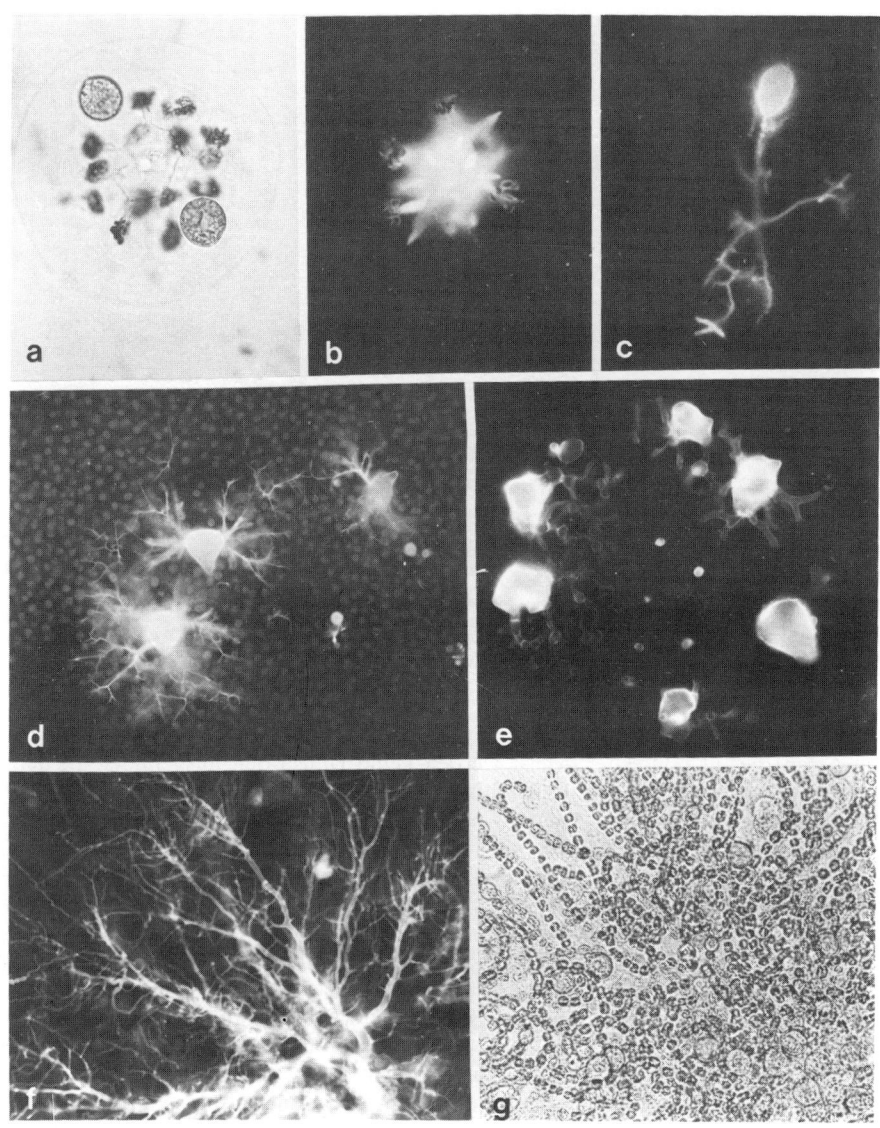

Abb. 33.9. Chytridien: Pilzparasiten der eukaryotischen Algen und der Blaualgen. *a, b Endocoenobium eudorinae* in einem Coenobium von *Eudorina elegans; a* Im Coenobium (s. Kap. 44) sind nur noch zwei Algenzellen erhalten. Der Pilz ist kaum sichtbar (lichtmikroskopische Aufnahme); *b* gleicher Bildausschnitt im Fluoreszenzmikroskop nach Färbung mit Calcofluor white. Nur der Pilz ist gefärbt. Es wird deutlich, daß die beiden intakten Algenzellen nicht durch die Rhizoide des Pilzes erfaßt sind, alle übrigen (zerstörten) Zellen stehen in direktem Kontakt mit dem Pilz. *c, d Chytridium microcystides* auf *Microcystis aeruginosa* (Calcofluor white Fluorochromierung). Der Pilz formt an den Rhizoidenden Klauen, mit denen er eine Blaualgenzelle umschließt *(c); d* Starker Pilzbefall auf einer Blaualgenkolonie. Die Zellen sind als graue Punkte aufgrund ihrer Chlorophylleigenfluoreszenz identifizierbar. *e* Eine nicht bestimmte Pilzart im Inneren eines *Pediastrum duplex* Coenobiums. *f, g Blastocladiella anabaenae* auf *Anabaena flos-aquae; f* Durch Calcofluor white-Fluorochromierung sichtbar gemachtes Rhizoidsystem des Pilzes; *g* lichtmikroskopische Aufnahme: degenerierende Blaualgenfilamente. (U. Müller und P. v. Sengbusch, 1983)

als eine einheitliche Gruppe einstufen darf (es spricht mehr dagegen als dafür).

Doch hierher gehören einige Arten, die in den letzten Jahren als Versuchsobjekte zum Studium der molekularen Vorgänge bei der Infektion von Pflanzen benutzt wurden. Wir werden uns daher im übernächsten Abschnitt ausführlich mit ihnen auseinandersetzen müssen.

Parasitäre Wasserpilze. Da parasitäre Wasserpilze wirtschaftlich unbedeutend sind, sind sie relativ unbekannt. Es gibt nur wenige Wissenschaftler, die sich mit ihnen intensiv auseinandergesetzt haben.

Über 200 filamentöse marine Pilze wurden beschrieben, von denen etwa ein Viertel bis ein Drittel auf Algen parasitiert. Die Mehrzahl der Pilze gehört zu den Askomyceten. Als Wirte kommen Braun-, Rot- und Grünalgen sowie Diatomeen in Betracht. Die Bildung eines Haustoriums wurde von E. Schnepf und G. Drebes an *Lagenisma coscinodisca*, einem Dia-

tomeenparasiten, elektronenmikroskopisch dokumentiert.

Die Parasiten der Süßwasseralgen gehören vornehmlich zu den Chytridien, die 1856 von A. Braun (Berlin) entdeckt wurden, und die er wie folgt beschreibt:

„Das ganze Pflänzchen besteht aus einer einfachen blasenartigen Zelle, welche oft mit einer wurzelartigen Verlängerung in die Zellen des Nährorganismus eindringt."

Chytridien bilden keine Hyphen aus, statt dessen wird ein (nichtzelluläres), teilweise recht umfangreiches Rhizoidsystem gebildet, mit dem die Wirtszellen erfaßt, z.T. auch umschlossen werden (s. Abb. 33.9).

Für nahezu jede der bekannten Algenarten konnte ein für sie spezifischer Parasit gefunden werden. Der Pilzbefall sollte nicht unterschätzt werden; in vielen Fällen konnte gegen Ende einer „Wasserblüte" (dem massenhaften Auftreten einer Algenart) eine Infek-

480

tion nahezu aller verbliebenen Zellkolonien festgestellt werden.

Chytridien befallen sowohl Blaualgen (Cyanophyta) als auch Volvocales und Chlorococcales. Da sich die drei genannten Algengruppen u.a. durch die chemische Zusammensetzung ihrer Zellwände voneinander unterscheiden, müssen die entsprechenden Parasiten über die verschiedensten wandabbauenden Enzymsysteme verfügen. Die Zerstörung einer Zelle erfolgt nur nach einem Zell-Zell-Kontakt. Das heißt, daß der Pilz kein lytisches Agens ins umgebende Medium sezerniert, um somit ggf. sämtliche Zellen einer von Gallerte umgebenen Kolonie zu zerstören.

Jahrelange, populationsdynamische Untersuchungen (in Seen des südenglischen Lake Districts) an Diatomeen- und Cyanophyceenparasiten ergaben, daß Pilzbefall zu Beginn eines Populationswachstums die Individuenzahl drastisch reduzieren kann sowie den nachfolgenden Niedergang der Population nachhaltig beschleunigt.

Die Reduktion der Individuenzahl einer Algenart wird aber in der Regel durch einen Anstieg der Populationsgröße einer anderen Art kompensiert (H.M. Canter; Freshwater Biological Association, Ambleside). Derartige quantitative Analysen – und eine größere Beachtung der Konsequenzen des Pilzbefalls – sind mögliche Erklärungen für den von Algologen häufig ermittelten Sachverhalt, daß eine Algenart in einem Jahr dominierend ist, im darauffolgenden gar nicht oder nur wenig in Erscheinung tritt.

Der Befall der Algenkolonien durch Chytridien ist jedoch keineswegs stets der alleinige Grund für den Zerfall einer Wasserblüte; andere Gründe, z.B. witterungsbedingte Änderungen, sind oft ausschlaggebend, vor allem dann, wenn sich der Pilzbefall in Grenzen hält und nur wenige Zellen einer Kolonie (z.B. bei der Blaualge *Microcystis aeruginosa*) zerstört werden.

Molekularbiologische und genetische Untersuchungen von Pilz-Pflanze-Interaktionen; Toxinwirkungen, Phytoalexine, Hypersensitivität und Resistenz

Worauf beruht die hochgradige Spezifität der Wirt-Parasit-Beziehungen?

Um diese Frage zu beantworten, ist es zweckmäßig, sie in eine Reihe von Detailfragen zu untergliedern und jeden Teilaspekt getrennt zu behandeln:
– Wie gelangt ein Pilz ins pflanzliche Gewebe?
– Wie überwindet er das Hindernis Zellwand?
– Welchen Einfluß haben Toxine auf die Plasmamembran?
– Wie reagieren Pflanzenzellen auf die Aktivitäten der Pilze?

Eindringen der Pilze in pflanzliches Gewebe

Im einfachsten Fall dringen auskeimende Sporen oder Pilzhyphen durch Wundstellen der Abschlußgewebe oder deren Auflagen (es genügt meist schon eine eingerissene Kutikula), oder durch offene Stomata in pflanzliche Gewebe ein. Einige Spezialisten, z.B. *Fusicoccum amygdali* (wie die meisten der nachfolgend erwähnten Beispiele ein *Fungus imperfectus*), sezernieren ein Terpenoid (Fusicoccin), das den K^+-Influx in Stomatazellen erhöht und damit eine permanente Stomataöffnung induziert. Die Folge ist ein starker Wasserverlust der Pflanze, an dem sie letztlich zugrunde geht. Fusicoccin wird daher als ein Welketoxin bezeichnet.

Die Toxine (hier zyklische Peptide) von *Helminthosporium maydis,* dem Erreger einer Maiskrankheit (befällt vornehmlich Mais des Genotyps *Texas male sterility cytoplasm*), der 1970 in den USA eine der schlimmsten pilzverursachten Epidemien hervorgerufen hat, reagieren genau umgekehrt: Sie hemmen die lichtinduzierte K^+-Aufnahme durch die Stomata. Damit werden die Transpiration und folglich auch die Photosyntheseaktivitäten herabgesetzt (C.J. Arntzen *et al.,* 1973).

Zellwanddegradierende Enzyme

Die Methoden zur Klärung dieses Problems wurden in der Arbeitsgruppe von P. Albersheim (Complex Carbohydrate Research Center, Athens, Georgia) erarbeitet. Ihr Versuchssystem bestand aus einem Pilz (meist *Colletotrichum lindemuthianum*) und der Wirtspflanze *Phaseolus vulgaris*. Die ebenfalls in dem Labor erzielten Ergebnisse auf dem Gebiet der Chemie pflanzlicher Zellwände (s. Kap. 26) waren eine günstige Voraussetzung zur Bearbeitung der hier anstehenden Fragen.

Untersucht wurden die vom Pilz ausgeschiedenen zellwandabbauenden Enzyme; als Substrat dienten isolierte Wände aus Zellen des Hypokotyls der Wirtspflanze. Gefunden wurden Polygalacturonasen und mit ihnen verwandte Enzyme, so vor allem α-Galactosidase, β-Galactosidase, β-Xylosidase und α-Arabinosidase.

Diese Enzyme waren in der Lage, Wände aus fünf Tage alten Hypokotylstücken restlos zu verdauen, während die aus 18 Tage alten Hypokotylstücken dem enzymatichen Angriff weitgehend standhielten. Es waren bereits Sekundärwände vorhanden, für deren Abbau andere Enzyme erforderlich sind.

Es mag auffallen, daß die hier aufgeführten Enzyme ausschließlich die Pektin- und Hemicellulosefraktion der Wand, nicht aber das Cellulosegerüst angreifen. Die durch enzymatischen Teilabbau entstehenden Fragmente werden Oligosaccharine genannt. Wie es sich später zeigte, spielen auch sie bei der Pilzabwehr eine wichtige Rolle (s. Kap. 31).

481

Die Grundstruktur der Zellen bleibt demnach erhalten, sie wird – wie wir bereits im vorletzten Abschnitt sahen, nur lokal perforiert, die Zelle bleibt am Leben. Etliche der saprophytisch lebenden Pilze produzieren hingegen große Mengen an Cellulasen und decken durch den Celluloseabbau den eigenen Kohlenstoffbedarf.

Die Synthese der α-Galactosidase durch *Colletrotrichum* ist induzierbar. Sie erfolgt nur in Anwesenheit von Wänden aus nichtresistenten Wirten. Die Induzierbarkeit weist darauf hin, daß ein von der Wirtszelle erzeugtes Signal benötigt wird.

Andererseits ließ sich auch zeigen, daß die Zellwände spezifische Inhibitoren der α-Galactosidase enthalten. Der aus *Phaseolus vulgaris* isolierte Inhibitor inaktiviert das Enzym aus *Colletrotrichum* vierzigmal effektiver als das entsprechende Enzym aus *Fusarium oxysporum* (einem Parasiten der Tomate). Es beeinflußt nicht das Enzym aus *Sclerotium rolfsii*. Der Inhibitor ist ein Glykoprotein mit Lektineigenschaften, d.h., mit einer Affinität zu bestimmten Zuckerresten. Das wiederum heißt, daß die pilzlichen Polygalactosidasen ebenfalls Glykoproteine sind und daß deren Glykosylierungsmuster offensichtlich für die Spezifität der Wirt-Parasit-Interaktionen entscheidend ist.

Eine Anzahl mittlerweile getesteter Pilzarten unterscheidet sich im Enzymmuster quantitativ und qualitativ von *Colletrotrichum*. *Fusarium oxysporum* z.B. bildet nach Infektion von Tomaten als erstes polygalacturonsäuredegradierende Enzyme. *Rhizoctonia solani* produziert in zwei aufeinanderfolgenden Phasen zunächst die o.g. Enzyme, später werden Phenoloxydasen gebildet, die es dem Pilz ermöglichen, Sekundärwände anzugreifen.

Phytophthora infestans sezerniert zwei Polygalacturonasen, vier Galactanasen und zwei Pektinesterasen (die jeweiligen Enzyme unterscheiden sich durch Substratspezifität und Umsatzraten). Die Polygalacturonasen setzen aus Kartoffelzellwänden weniger als 6 Prozent der Kohlenhydrate frei, die Galactanasen 23 Prozent (M.C. Jarvis *et al.*, 1981).

Wirkungsmechanismus eines Toxins

G. Strobel und Mitarbeiter (Montana State University, Bozeman) befaßten sich mit *Helminthosporium sacchari*, dem Erreger der Augenfleckkrankheit des Zuckerrohrs. Strobel stellte sich dabei weniger die Frage, warum eine Pflanze gegenüber einem Pilz resistent ist (das ist nämlich die Regel), sondern warum sie empfänglich ist.

Pilzbefallene Zuckerrohrblätter enthalten das Pilzmycel in kleinen, augenförmigen Infektionsherden, von denen aus sich mehrere zentimeterlange, rotbraun gefärbte Streifen parallel zur Blattachse ausbreiten. Da sie mycelfrei sind, lag es nahe, nach einem kleinen, diffusiblen Toxinmolekül zu suchen. Eine solche Substanz konnte aus infizierten Blättern isoliert und

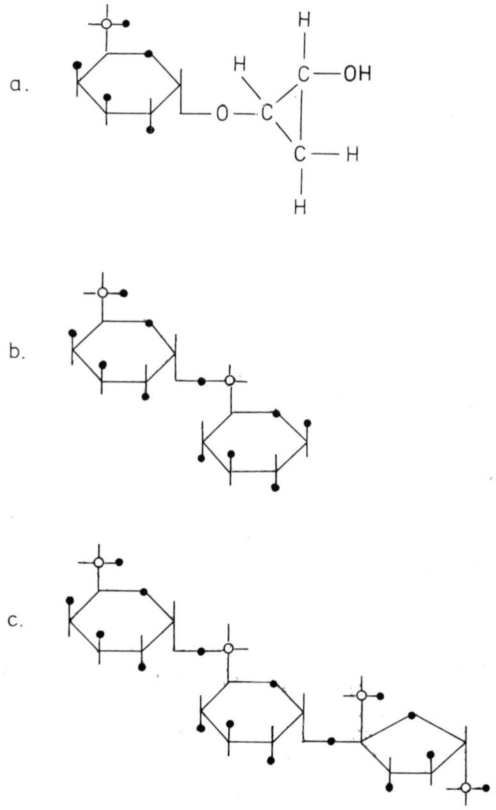

Abb. 33.10. *a* Helminthosporosid; *b* Mellibiose; *c* Raffinose

durch Kernspinresonanzanalyse und Massenspektroskopie als 2-Hydroxycyclopropyl-α-D-Galactopyranosid (Helminthosporosid) identifiziert werden (s. Abb. 33.10a). Sie kommt in gesunden Blättern nicht vor. Besprüht man Zuckerrohrblätter mit einer Lösung dieses Toxins, erscheinen die pilzspezifischen Symptome. Hierdurch angeregt, entwickelte G.W. Steiner (Hawaiian Sugar Planters Association) ein Schnellverfahren zur Selektion resistenter Zuckerrohrkeimlinge. Das Verfahren wird im Rahmen von Züchtungsprogrammen auf Hawaii routinemäßig eingesetzt.

Das Helminthosporosid ähnelt α-Galactosiden, so dem Disaccharid Mellibiose und dem Trisaccharid Raffinose (s. Abb. 33.10b, c).

Beide Zucker kommen in pflanzlichen Geweben vor, und es ist bekannt, daß sie von Pflanzenzellen aktiv aufgenommen werden können. Es zeigte sich, daß das Toxin an der Außenseite der Plasmamembran die gleichen Bindungsstellen wie diese Zucker besetzt, doch im Gegensatz zu ihnen nicht ins Zellinnere transportiert wird. Da die Zellen auf die α-Galactoside nicht angewiesen sind, konnte die Toxinbindung allein nicht die Ursache der Toxizität sein. Das α-galactosidbindende Protein ist ein Tetramer, bestehend aus vier gleichen Polypeptidketten des Molekulargewichts von je 12000 (≙ ca. 110 Aminosäuren). Es kommt

482

auch in resistenten Zuckerrohrstämmen vor, doch bindet es dort weder die Zucker noch das Toxin. Nach milder Behandlung mit Detergentien ist es in den aktiven Zustand überführbar. Aminosäureanalysen ergaben, daß je nach Stamm ein bis vier der 110 Aminosäurereste verändert waren und daß dadurch die Molekülkonformation so verändert war, daß die Affinität zum Substrat verlorenging. In der Plasmamembran steht dieses Protein offenbar in Nachbarschaft zu einer K^+/Mg^{2+}-ATPase, denn durch Toxinbindung wird deren Aktivität (allosterischer Effekt) erhöht. Die K^+-Aufnahme steigt. Die Folgen sind erhöhte Wasseraufnahme, erhöhter osmotischer Druck, Schädigung der Membran und schließlich Lyse der Zelle.

Reaktionen der Pflanzenzellen auf Aktivitäten der Pilze

Wie schon erwähnt, produzieren Pflanzenzellen ein weites Spektrum an sekundären Pflanzenstoffen, von denen viele ein Pilzwachstum unterbinden.

Zusätzlich produzieren sie (alle?), als Reaktion auf eine Infektion, spezifische Phytoalexine (K.O. Müller und H. Börger, 1941). Das sind lipophile Substanzen, die von ihrer chemischen Struktur her den sekundären Pflanzenstoffen zuzuordnen sind. Die Phytoalexine der Solanaceen und Malvaceen sind meist Sesquiterpene, die der Leguminosen Isoflavonoide oder Polyacetylene, und die der Orchideen Dihydrophenanthrene. Manche Pflanzenarten, z.B. die Kartoffel, produzieren gleichzeitig mehrere, einander ähnliche Verbindungen.

Über ihren Wirkungsmechanismus ist recht wenig bekannt. Manches deutet darauf hin, daß sie die Membraneigenschaften der Pilzzellen verändern; einige scheinen die oxydative Phosphorylierung zu blokkieren, und von einigen anderen wiederum weiß man, daß sie DNS-Moleküle vernetzen können. Phytoalexine bieten keinen absoluten Schutz vor Pilzinfektionen. Sie richten sich vornehmlich gegen „nichtpathogene" Arten. Viele Parasiten sind in der Lage, sich vor ihnen zu schützen oder eigene Abwehrmechanismen aufzubauen.

Wodurch wird die Phytoalexinbildung induziert? In Zellkulturen der Sojabohne konnten P. Albersheim und Mitarbeiter Anfang der siebziger Jahre durch extern angebotene Poly- und Oligosaccharide eine Phytoalexinbildung hervorrufen. Als besonders wirkungsvoll erwies sich ein β-1,3-Glucan mit seitlichen Verzweigungen (β-3,6) und einem Molekulargewicht in der Größenordnung von 10000.

Solche Polysaccharide sind neben dem Chitin die Hauptstrukturkomponenten der Wand vieler Pilze (Asko- und Basidiomyceten). Das heißt nunmehr, daß ein Bestandteil der Pilzzellwand die Abwehrreaktion der Pflanze aktiviert. Bei langsamem Pilzwachstum können sich Phytoalexine anreichern und für den Pilz toxische Konzentrationen erreichen. Zeichnet er

sich jedoch durch schnelles Wachstum aus, kann er sich ausbreiten (und die Pflanze schädigen), bevor die Phytoalexinabwehrreaktion zum Tragen kommt. Auslösende, spezifische Substanzen werden als „Elicitoren" (lat.: *elegere* = auslesen, auswählen) bezeichnet. Da es sich hier um Polysaccharide handelt, muß die Pflanze in ihrer Zellwand entsprechende Erkennungsmoleküle enthalten. Es sind *per definitionem* Lektine, und es sieht demnach so aus, als würde das Erkennen von Parasiten eine ihrer wichtigsten Funktionen sein. Das Lektin aus Weizenkeimlingen (WGA, s. Kap. 17) hat eine hohe Affinität zu Chitin, und auch von ihm ist bekannt, daß es eine Ausbreitung von Pilzhyphen unterbindet.

Es fehlt aber noch ein Glied in der Ursache-Wirkung-Kausalkette. Man weiß noch nicht, wie das Signal (Bindung eines Polysaccharids an der Zellwandaußenseite) an deren Innenseite, und von dort durchs Plasmalemma hindurch, ins Zellinnere geleitet wird.

Hypersensitivität. Auf Induktion durch Pilze, Viren (s. Kap. 35) und andere Erreger, oder nach mechanischer Schädigung, können viele Pflanzenarten bzw. „resistente" Stämme, mit einer Hypersensitivitäts- oder Überempfindlichkeitsreaktion antworten.

Sie ist durch das Absterben eines lokal begrenzten Gewebeabschnitts gekennzeichnet. Dadurch wird der Parasit von der Nährstoffzufuhr abgeschnitten, die Ausbreitungsmöglichkeit wird ihm genommen, und vielfach werden Wirkstoffe (phenolische Verbindungen) freigesetzt, die ebenfalls zu seinem Tod führen. Die toten, oft bräunlich gefärbten Bereiche der Pflanze nennt man Nekrosen.

Hypersensitivität ist keine als allgemein zu bezeichnende Reaktion, vielmehr ließ sich zeigen, daß nur bestimmte Pflanzenarten auf bestimmte Parasiten so reagieren. Genetische Analysen ergaben, daß sowohl im Wirt als auch im Parasiten dominante Allele einzelner „Resistenzgene" vorhanden sein müssen. Man spricht daher von einer Gen-zu-Gen-Wechselwirkung.

Die resistenzvermittelnden Gene werden mit R bezeichnet, die Gene im Parasiten, die Avirulenz bewir-

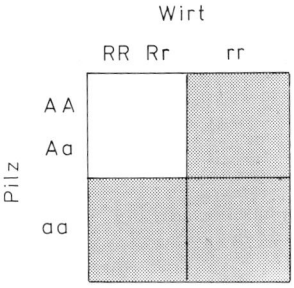

Abb. 33.11. Die Bedeutung des Genoms von Wirt und Parasit für den Infektionsprozeß. Gerastert gezeichnete Felder kennzeichnen Kompatibilität, das weiße Inkompatibilität. (J.A. Callow, 1977)

ken, d.h., keine Krankheitssymptome hervorrufen, mit A. Die Kombination R – A entspricht damit einem Stopp-Signal. Wirt und Parasit sind unter- und miteinander inkompatibel (s. Abb. 33.11). Diese auf den ersten Blick einfache Beziehung zeigt, daß die Erkennung einer genetischen Analyse zugänglich ist und daß die Wahrscheinlichkeit, durch züchterische Arbeit zu resistenten Formen von (allen?) Kulturpflanzen zu gelangen, recht hoch ist. Einschränkend sei jedoch betont, daß es erstens eine ganze Anzahl voneinander unabhängiger R-Loci gibt und daß auch im Pilz durch Mutation neue Formen entstehen, die sich auf bislang resistenten oder durch Neuzüchtung resistent gemachten Pflanzen ausbreiten können.

Literatur

Ahmadjian, V., J.B. Jacobs: Relationship between fungus and alga in the lichen *Cladonia cristatella* Tuck. Nature *289*, 169–172 (1981)

Albersheim, P., A.J. Anderson: Proteins from plant cell walls inhibit polygalacturonases secreted by plant pathogens. Proc. Natl. Acad. Sci. US *68*. 1815–1819 (1971)

Albersheim, P., B.S. Valent: Host-pathogen interactions. VII. Plant pathogens secrete proteins which inhibit enzymes of the host capable of attacking the pathogen. Plant Physiol. *53*, 684–687 (1974)

Albersheim, P., A.J. Anderson-Prouty: Carbohydrates, proteins, cell surfaces, and the biochemistry of pathogenesis. Ann. Rev. Plant Physiol. *26*, 31–52 (1975)

Albersheim, P., B.S. Valent: Host-pathogen Interactions in Plants. Plants, when exposed to oligosaccharides of fungal origin, defend themselves by accumulating antibiotics. J. Cell Biol. *78*, 627–642 (1978)

Albersheim, P., A.G. Darvill: Oligosaccharins. Sci. American, Sept. 1985, S. 44–50

Arntzen, C.J., M.F. Haugh and S. Bobrick: Induction of stomatal closure by *Helminthosporium maydis* pathotoxin. Plant Physiol. *52*, 569–574 (1973)

Björkman, E.: Über die Bedingungen der Mykorrhizabildung bei Kiefer und Fichte. Symb. Bot. Upsaliens. *6*, 1–191 (1942)

Björkman, E.: Über die Natur der Mykorrhizabildung unter besonderer Berücksichtigung der Waldbäume und die Anwendung in der forstlichen Praxis. Forstwiss. Zbl. *75*, 257–512 (1956)

Björkman, E.: *Monotropa hypopitys* L., an epiparasite on tree roots. Physiol. Plantarum *13*, 308–329 (1960)

Braun, A.: Über *Chytridium*, eine Gattung einzelliger Schmarotzergewächse auf Algen und Infusorien. Abh. Königl. Akad. d. Wiss. zu Berlin (Berlin): 21–83 (1856)

Burgeff, H.: Die Wurzelpilze der Orchideen, ihre Kultur und ihr Leben in der Pflanze. Jena: G. Fischer, 1909

Burgeff, H.: Samenkeimung der Orchideen und Entwicklung ihrer Keimpflanzen. Jena: G. Fischer, 1936

Callow, J.A.: Recognition, resistance and the role of plant lectins in host-parasite interactions. Adv. Bot. Res. *4*, 1–49 (1977)

Canter, H.M., J.W.G. Lund: Studies on plancton parasites. I. Fluctuations in the numbers of *Asterionella formosa* Hass. in relation to fungal epidemics. New Phytologist *47*, 238–261 (1948)

Coffey, M.D., B.A. Palevitz and P.J. Allen: The fine structure of two rust fungi: *Puccinia helianthi* and *Melampsora lini*. Can. J. Bot. *50*, 231–240 (1972)

Darvill, A.G., P. Albersheim: Phytoalexins and their elictors. Ann. Rev. Plant Physiol. *35*, 243–275 (1983)

Day, P.R.: Genetics of host-parasite interactions. San Francisco: Freeman Publ. Comp., 1974

Debaud, J.C., R. Pepin, G. Bruchet: Etude des ectomycorhizes de *Dryas octopetala*. Obtention de synthèses mycorhiziennes et de carpophores d'*Heleboma alpinum* et *H. marginatulum*. Cand. J. Bot. *59*, 1014–1020 (1981)

Dickinson, C.H. and J.A. Lucas: Plant pathology and plant pathogens. New York: Halsted Press, J. Wiley and Sons Inc. 1977

Esquerré-Tugayé D.T.A. Lamport: Cell surfaces in plant-microorganism interactions. I. A structural investigation of cell wall hydroxyproline-rich glycoproteins which accumulate in fungus-infected plants. Plant Physiol. *64*, 314–319 (1979)

Francis, R. and D.J. Read: Direct transfer of carbon between plants connected by vesicular arbuscular mycorrhizal mycelium. Nature *307*, 53–56 (1984)

Frank, B.: Über die auf Wurzelsymbiosen beruhende Ernährung gewisser Bäume durch unterirdische Pilze. Ber. Dtsch. Bot. Ges. *3*, 128–145 (1885)

Freisleben, R.: Über experimentelle Mykorrhiza-Bildung bei den Ericaceen. Ber. Dtsch. Bot. Ges. *51*, 351–356 (1933)

Gäumann, E., H. Kern: Über die Isolierung und chemischen Nachweis des Orchinols. Phytopathol. Z. *35*, 347–356 (1959)

Gross, D.: Phytoalexine der Kartoffel. Biochem. Physiol. Pflanzen *174*, 327–344 (1979)

Harley, J.L.: The Biology of Mycorrhiza. London: Leonard Hill, 2nd ed., 1972

Henssen, A. und H.M. Jahns: Lichenes. Eine Einführung in die Flechtenkunde. Stuttgart: G. Thieme Verlag, 1974

Hock, B., A. Bartunek: Ektomykorrhiza. Naturwiss. Rundschau *37*, 437–444 (1984)

Jarvis, M.C., D.R. Threlfall and J. Friend: Potato cell wall polysaccharides: Degradation with enzymes from *Phytophthora infestans*. J. exptl. Botany *32*, 1309–1319 (1981)

Kohlmeyer, J. and V. Demoulin: Parasitic and symbiotic fungi on marine algae. Botanica Marina *24*, 9–18 (1981)

Malloch, D.W., K.A. Pirozynsky and P.H. Raven:

Ecological and evolutionary significance of mycorrhizal symbioses in vascular plants. Proc. Natl. Acad. Sci. US. *77*, 2123–2118 (1980)

Marks, G.C., T.T. Kozlowski (eds.): Ectomycorrhizae. New York, London: Academic Press, 1973

McComb, A.L.: The relation between mycorrhizae and the development and nutrient absorption of pine seedlings in a prairie nurserey. J. Forestry *36*, 1148–1154 (1938)

Melin, E.: Experimentelle Untersuchungen über die Konstitution und Ökologie der Mykorrhizen von *Pinus sylvestris* und *Picea abies*. Mycologische Untersuch. *2*, 73–321 (1923)

Müller, K.O. und Börger, H.: Experimentelle Untersuchungen über die *Phytophthora*-Resistenz der Kartoffel. Arb. Biolog. Anstalt (Reichsanst.) Berlin *23*, 189–231 (1941)

Müller, U. and P. v. Sengbusch: Visualization of aquatic fungi (Chytridiales) parasitizing on algae by means of induced fluorescence. Arch. Hydrobiol. *97*, 471–485 (1983)

Peterson, R.L., M.L. Howarth, D.P. Whittier: Interactions between a fungal endophyte and gametophyte cells in *Psilotum nudum*. Canad. J. Bot. *59*, 711–720 (1981)

Pirozynski, K.A.: Interactions between fungi and plants through the ages. Can. J. Bot. *59*, 1824–1827 (1981)

Read, D.J. and D.P. Stribley: Effect of mycorrhizal infection on nitrogen and phosphorus nutrition of Ericaceous plants. Nature New Biol. *244*, 81–82 (1973)

Read, D.J.: The biology of mycorrhiza in the Ericales. Can. J. Bot. *61*, 985–1004 (1983)

Seaward, M.R.D. (ed): Lichen Ecology. London, New York: Academic Press, 1977

Sparrow, F.K.: Aquatic phycomycetes. Ann Arbor: The University of Michigan, Press, 2nd revised edition, 1960

Sprecher, E., I. Urbasch: Wechselwirkungen zwischen Pflanzen und pathogenen Pilzen. Naturw. Rundschau *37*, 401–407 (1984)

Stahl, M.: Die Mykorrhiza der Lebermoose mit besonderer Berücksichtigung der thallösen Formen. Planta (Berl.) *37*, 103–148 (1949)

Strobel, G.: Biochemical basis of the resistance of sugarcane to eyespot disease. Proc. Natl. Acad. Sci. US. *70*, 1693–1696 (1973)

Strobel, G. and W.M. Hess: Evidence for the presence of the toxin-binding protein on the plasma membrane of sugarcane cells. Proc. Natl. Acad. Sci. US. *71*, 1413–1417 (1974)

Strobel, G.: The toxin-binding protein of sugarcane, its role in the plant and in disease development. Proc. Natl. Acad. Sci. US. *71*, 4232–4236 (1974)

Strobel, G.: A mechanism of disease resistance in plants. Sci. American, Januar 1975, S. 81–88

Tinker, P.B.: Effects of vesicular-arbuscular mycorrhizas on plant nutrition and plant growth. Physiol. Vég. *16*, 743–751 (1978)

Tommerup, I.C., and D.S. Ingram: The life cycle of *Plasmodiophora brassicae* Woron in *Brassica* tissue cultures and in intact roots. New Phytologist *70*, 327–332 (1971)

Webster, J.: Pilze, eine Einführung. Berlin-Heidelberg-New York: Springer Verlag, 1983

West, C.A.: Fungal elictors of the phytoalexin response in higher plants. Naturwissenschaften *68*, 447–457 (1981)

34. Wechselwirkungen zwischen Pflanzen und Bakterien – Gentechnik

Crown-gall-Tumoren, *Agrobacterium tumefaciens*

Tumorbildung in pflanzlichen Geweben kann durch Bakterien, Viren (s. Kap. 35) oder genetische Faktoren hervorgerufen werden. Vielfach entstehen Tumoren nach Bastardierung zwischen verwandten Arten, z.B. aus den Gattungen *Brassica, Bryophyllum, Lilium, Lycopersicon* und *Nicotiana.* Am besten charakterisiert sind solche aus der Kreuzung *Nicotiana glauca × Nicotiana langsdorfii.*

Offensichtlich ist ihr Auftreten der Ausdruck mangelnder Kooperativität der beiden elterlichen Genome. Im folgenden werden wir uns aber ausschließlich mit den *Crown-gall*-Tumoren (Wurzelhalsgallen) auseinandersetzen, die durch ein Plasmid (zur Erklärung siehe folgenden Abschnitt) induziert werden, das durch das *Agrobacterium tumefaciens* übertragen wird (J. Schell und Mitarbeiter, Universität Gent/Belgien, 1974, und Max-Planck-Institut für Züchtungsforschung, Köln–Vogelsang).

Die transformierten Zellen (Tumorzellen) und die sich daraus entwickelnden Kalli sind weniger anspruchsvoll als normal differenzierte Zellen. So kommen sie u.a. ohne eine externe Auxinzufuhr aus, sie sind somit auxinautotroph. Auxinautotrophie tritt gelegentlich auch bei normal differenzierten Zellen auf, wodurch die sogenannten „habituierten" Zellen entstehen.

Durch *Agrobacterium tumefaciens* hervorgerufene *Crown-gall*-Tumoren sind bei über 100 Gattungen der Dikotyledonen nachgewiesen worden. Obwohl auch manche Monokotyledonen infizierbar sind, unterbleibt dort die Tumorbildung.

Eine zweite Bakterienart, *Agrobacterium rhizogenes,* induziert bei einer Anzahl von Arten Wurzeltumoren, und auch hier ist ein Plasmid mit im Spiel (Ri-Plasmid).

Es gibt zwei Typen von *Crown-gall*-Tumoren, einmal die sogenannten Teratome, das sind solche Tumoren, aus denen ständig entweder sproß- oder blattähnliche Gebilde oder wurzelförmige Anhänge herauswachsen, und zum anderen Tumoren, bei denen keine auffälligen Differenzierungen erkennbar sind.

Welcher Tumortyp entsteht, hängt allein vom Plasmidtyp (Ti-Plasmid, Tumorinduzierendes Plasmid)

ab. Das Plasmid wird nach der Infektion durch das Bakterium in die Pflanzenzelle eingeschleust und in ihr Genom inkorporiert. Es ist relativ groß, und es gibt von ihm eine Reihe verschiedener Typen mit Molekulargewichten zwischen 100 und 170 Millionen.

Der Durchschnittswert liegt bei 112 Millionen, die Durchschnittslänge bei 54 μm. Nur ein kleiner Abschnitt davon – die T-DNS – ist für die tumorinduzierende Wirkung verantwortlich. Auf dem Plasmid lokalisierte Gene sind sowohl im Bakterium als auch in der Pflanzenzelle exprimierbar, und das heißt, daß es gleichermaßen über Pro- und Eukaryotenpromotoren verfügt. Damit ist auch die Möglichkeit eröffnet, es als Vektor zum Einschleusen von Fremdgenen in das pflanzliche Genom zu verwenden, und in der Tat erwies es sich als ideales Hilfsmittel für gentechnische Versuche an Pflanzen. Die Lebensdauer der Bakterien in Pflanzenzellen ist nur recht kurz, der neoplastische Zustand (Tumorzustand) ist stabil und bleibt auch in bakterienfreien Zellen erhalten, wodurch gezeigt wurde, daß die Bakterien selbst nur als Transportvehikel zum Einbringen des Plasmids in die Pflanzenzellen benötigt werden. Die derart transformierten (zu Tumorzellen gewordenen) Zellen akkumulieren „seltene" Aminosäurederivate: Octopin oder Nopalin, beides sind Abkömmlinge des Arginins (s. Abb. 20.26).

Die zu ihrer Synthese und zum Abbau benötigten Enzyme sind plasmidcodiert. Es gibt aber nur Octopin- oder nur Nopalin-metabolisierende Plasmide. Der Aufbau dieser Aminosäurederivate erfolgt in den Pflanzenzellen, der Abbau in den Bakterien. Es sieht daher so aus, als hätten sich die Bakterien damit in der Pflanzenzelle eine sichere Nahrungsquelle erschlossen.

In den letzten Jahren sind die Ti-Plasmide eingehend studiert worden, wobei zwei Arbeitsstrategien verfolgt wurden:

(1) Man bearbeitet die Struktur der Plasmide und charakterisiert die auf ihnen liegenden Gene. Besonderes Interesse erweckt die T-Region (T-DNS), denn hier liegen die Gene, die für die Tumorbildung essentiell sind.

(2) Man ist bemüht, das Ti-Plasmid so zu verändern, daß es als Vehikel für andere Gene verwendet werden kann, die man in eine Pflanzenzelle einführen möchte. Dabei kommt es darauf an, Abschnitte zu entfernen, die für gentechnisches Arbeiten

486

überflüssig erscheinen. Die Kombination von Ti-Plasmidfragmenten mit Teilen anderer bakterieller Plasmide erlaubte es, das Wirtsspektrum zu erweitern. So haben z.B. R.A. Schilperoort und Mitarbeiter (Universität Leiden) das Ti-Plasmid in *Rhizobium*-Arten inkorporiert. Das sind die stickstoffbindenden Knöllchenbakterien der Leguminosen (siehe folgenden Abschnitt). Sie verfügen über einen eigenen Mechanismus, in Pflanzenzellen einzudringen. Einige der Arten (nicht alle!) erwerben nach der Plasmidaufnahme die Fähigkeit zur Tumorinduktion. Die Gattungen *Agrobacterium* und *Rhizobium* gelten als nahe verwandt, beide sind gramnegative Bodenbakterien.

Worauf beruht die eigentliche tumorinduzierende Wirkung der Ti-Plasmide?

Die T-DNS enthält, außer den zum Octopin- oder Nopalin Auf- und Abbau erforderlichen Genen, Abschnitte, die
(1) das Wachstum und die Differenzierung der Pflanzen kontrollieren, und die
(2) den Stoffwechsel der Pflanze unmittelbar beeinflussen.

Die Plasmid-DNS wird in Pflanzenzellen durch die RNS-Polymerase II transkribiert.

Neoplastische, plasmidtransformierte Zellen sind hormonautotroph. Es lag daher nahe, nach Genen zu suchen, deren Produkte das Hormonsystem der Pflanze stören. Unter Einsatz gentechnischer Methoden wurde gezeigt, daß die T-DNS aus allen getesteten Ti-Plasmidtypen sechs konservativ strukturierte Transkriptionseinheiten enthält. Es gibt allerdings Mutanten, denen die eine oder andere Einheit fehlt. Wie eingangs erwähnt, sind viele der Tumoren (so auch die hier untersuchten) Teratome, d.h., ihre Zellen können sich alternativ zu Sprossen, zu Wurzeln oder zu beiden differenzieren.

Die Genprodukte 1 und 2 verhindern eine Sproßdifferenzierung, sie induzieren Wurzelbildung. Einen ähnlichen Effekt beobachtet man in Kalluskulturen normaler (auxinabhängiger) Zellen nach einer Auxinzugabe zum Medium.

Das Genprodukt 4 verhindert eine Wurzelbildung und stimuliert statt dessen eine Sproßbildung. Analog dazu ist die Wirkung von Cytokininen auf normale Zellen. Das Gen 4 allein ist zur Tumorbildung ausreichend, es ist also nicht auf die Aktivitäten der anderen angewiesen. Zusammenfassend läßt sich sagen, daß die Gene 1,2 und 4 zusammen das Auxin-/Cytokiningleichgewicht in transformierten Zellen verschieben und die Zellen dadurch in einen weitgehend undifferenzierten (neoplastischen) Zustand überführen.

Die entsprechenden Genabschnitte konnten auf geeignete, in *Escherichia coli* exprimierbare Plasmide übertragen und dort zur Expression gebracht werden. Das Genprodukt von Gen 2 erwies sich als eine Amidohydrolase, die die Reaktion.

Indol-3-Acetamid (IAM) ——— › Indol-3-Essigsäure (IES)

katalysiert. Es ist das gleiche Enzym, das in Pflanzen den terminalen Schritt der Auxinbiosynthese bewirkt.

Das Produkt des Gens 4 wird für die Cytokininsynthese benötigt. Die eingangs erwähnten Mutanten, bei denen die Tumoren nur Wurzeln oder nur Sprosse bilden, zeichnen sich durch das Fehlen des jeweils benötigten Hormons aus. (G. Schröder, S. Waffenschmidt, E.W. Weiler und J. Schröder, Max-Planck-Institut für Züchtungsforschung, Köln, und Institut für Biologie, Universität Freiburg, 1984; I. Buchmann, F.-J. Marner, G. Schröder, S. Waffenschmidt, J. Schröder, 1985).

Gentechnik

Die Gentechnik ist ein heißumstrittenes Teilgebiet der angewandten Molekularbiologie. Das Prinzip des Vorgehens ist denkbar einfach (s. Abb. 34. 1):
(1) Ausgangspunkt ist die Feststellung, daß Bakterien Plasmide enthalten können. Das sind kleine, zirkuläre DNS-Moleküle, die in einer Bakterienzelle zusätzlich zum eigentlichen „Bakterienchromosom", einem ebenfalls zirkulären, jedoch weit größeren DNS-Molekül, vorkommen. Der Anteil der Plasmid-DNS an der Gesamt-DNS des Bakteriums liegt in der Größenordnung von wenigen Prozenten.
(2) Bakterien enthalten eine Anzahl hochspezifischer Endonukleasen (Restriktionsendonukleasen, Restriktionsenzyme), die DNS an ganz bestimmten Nukleotidsequenzen spalten. Eine Reihe von Restriktionsenzymen ist isoliert worden, ihr Wirkungsspektrum ist bekannt; viele von ihnen können käuflich erworben werden.
(3) „Fremd-DNS" kann ebenfalls durch Restriktionsenzyme in Abschnitte gewünschter Länge und gewünschter Spezifität zerlegt werden.
(4) DNS-Sequenzen (Nukleotidsequenzen, Fragmente) sind aufgrund unterschiedlicher Molekulargewichte leicht voneinander trennbar. Die Methode der Wahl ist die Gelelektrophorese.
(5) DNS-Fragmente können durch verknüpfende Enzyme (Ligasen) zu Hybridmolekülen vereint und zirkularisiert werden. Mit anderen Worten: Jeder beliebige DNS-Abschnitt kann in ein bakterielles Plasmid inkorporiert werden.
(6) Das Bakterienplasmid (einschließlich der inkorporierten „Fremd-DNS") kann von Bakterien aufgenommen und vermehrt werden (Transformation), vorausgesetzt, man verwendet ein „geeignetes" Plasmid. Was aber „geeignet" ist, hängt von der Fragestellung ab. Es steht heute ein weites Spektrum „hochgezüchteter" Plasmide zur Verfügung, die zum Teil nur bestimmten Zwecken dienen und

487

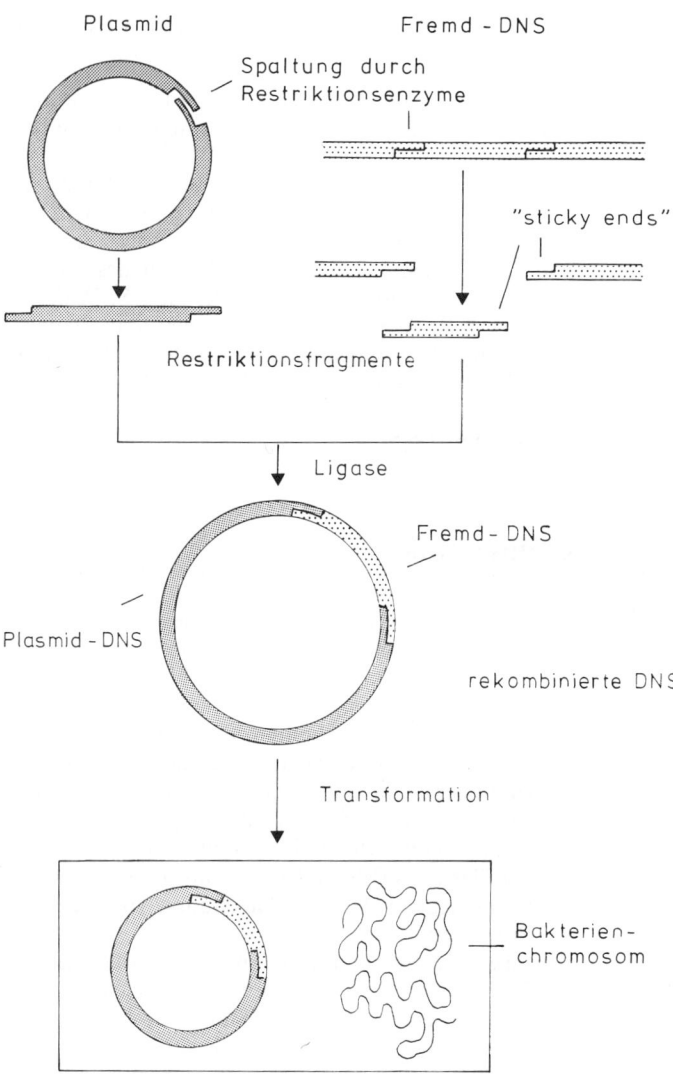

Abb. 34.1. Methode zur Produktion rekombinierter DNS.

Plasmid

Fremd - DNS

Spaltung durch
Restriktionsenzyme

"sticky ends"

Restriktionsfragmente

Ligase

Fremd - DNS

Plasmid - DNS

rekombinierte DNS

Transformation

Bakterien-
chromosom

Wirtszelle

die nur in ganz bestimmten Bakterienstämmen überleben.

Bis zu diesem Punkt sind die wesentlichen, meist im technischen Bereich liegenden Probleme weitgehend gelöst. Die eigentlichen Probleme beginnen bei der Genexpression, da hierzu spezifische Signale auf Transkriptionsebene (Promotoren) und für die Translation erforderlich sind. Die von prokaryotischen Zellen erkannten Signale unterscheiden sich grundsätzlich von denen, die in eukaryotischen Zellen benötigt werden. Es ist daher nicht ohne weiteres möglich, ein bakterielles Plasmid in eine Eukaryotenzelle zu überführen und es dort zu exprimieren. Die große Ausnahme ist das Ti-Plasmid. Die dem Octopin- oder Nopalin-Synthetasegen vorgeschalteten Signale werden von der Eukaryotenzelle verstanden. Es ist daher sinnvoll, eine „Fremd-DNS" im richtigen Raster hinter diese Erkennungsregion zu koppeln.

In der Praxis ist Klonierung von Genen ein Mehr-

schrittprozeß, durch den die gewünschte DNS-Hybrid-Kombination zusammengestellt wird. Es werden dazu auch nur jene Teile des Ti-Plasmids verwendet, die für die Übertragung in die Pflanze, und für den Einbau in ihr Genom, unbedingt erforderlich sind. Es ist wichtig, daß sich aus dem Tumor eine vollständige Pflanze regeneriert, die das eingebaute Fremdgen enthält, es also nicht im Verlauf des Differenzierungsprozesses verliert. Das nächste große Hindernis ist die Meiose. Doch auch dies ist überwunden worden.

Als Testgene wurden von verschiedenen Arbeitsgruppen Gene für Antibiotikaresistenzen verwendet, so z.B. das Kanamycin-Resistenz bewirkende Gen. In der Tat ließ sich zeigen, daß es, in Pflanzenzellen eingeschleust, dort voll aktiv sein kann, d.h., die Pflanzenzellen erwerben die Resistenz gegen Kanamycin. Unbehandelte Zellen sind kanamycinsensitiv.

Andere Arbeitsgruppen verwenden Temperaturschockgene als Marker. Das sind solche, deren Transkription erst bei erhöhter Temperatur einsetzt. Transkripte solcher Gene aus Sojabohnen werden auch nach deren Übertragung auf Zellen des Hypokotyls der Sonnenblume transkribiert (F. Schöffl und G. Baumann, 1985). Die Transkriptionsrate von Genen unterliegt nicht nur der Effizienz der ihnen vorgeschalteten Promotoren, sondern wird in mindestens ebenso starkem Maße von zellulären Faktoren gesteuert, deren Konzentrationen entwicklungsstadien- und/oder gewebespezifisch sind. So haben P. Eckes, S. Rosahl, J. Schell und L. Willmitzer (1986) die organspezifische Expressionsrate einiger Gene aus Kartoffelpflanzen analysieren können. Sie zeigten dabei zum einen, daß eines der Gene auch auf Tabak übertragbar ist, zum anderen daß seine Expression durch Licht induziert wird. Bei der Suche nach geeigneten Promotoren stieß man auch auf das Cauliflower-Mosaikvirus (s. Kap. 35). Es wurde als ein zum Ti-Plasmid alternativer Vektor in Erwägung gezogen. Obwohl sich das Genom dieses Virus in das der Wirtszelle einbaut, scheint der Einbau nicht stabil genug zu sein, um zu reproduzierbaren Ergebnissen eines Gentransfers zu kommen. Die auf der Cauliflower-Mosaikvirus-DNS befindlichen Promotoren erwiesen sich (nach Übertragung auf ein Ti-Plasmid) hingegen als geeignet, nachgeschaltete Genabschnitte zu aktivieren (M.B. Bevan, S.E. Mason, P. Goelet, 1985).

Mit dem Transfer und der Expression vieler der bisher genutzten Gene war man bislang erfolglos. Das ADH-Gen aus Hefe z.B. wird in Pflanzenzellen weder transkribiert noch translatiert.

Aufschlußreich ist der Versuch, das Phaseolingen (das Gen des Phaseolin, ein Legumin der Bohne) in das Genom der Sonnenblume zu integrieren. Zwar ließ sich ohne Schwierigkeiten zeigen, daß dieser DNS-Abschnitt in entsprechend transformierten Tumorzellen transkribiert wird, doch gelang es zunächst nicht, Translationsprodukte nachzuweisen. Schließlich zeigten D.J. Hall und Mitarbeiter (University of Wisconsin, Madison, 1983, die Publikation hat 11 Autoren), daß in den Tumorzellen Polypeptide enthalten sind, die durch Antikörper gegen Phaseolin erkannt werden. Demnach sieht es so aus, als würde das Protein tatsächlich gebildet, unmittelbar nach seiner Bildung jedoch wieder abgebaut, was zu Problemen seiner Anreicherung und Identifikation führt. Andererseits wissen wir, daß solche Speicherproteine in membrangebundenen Vesikeln und nicht im Plasma selbst gelagert werden. Um einen gentechnischen Erfolg vorzuweisen, müßte man zunächst auch dieses Problem in den Griff bekommen. (Zwischen Promotor und Strukturgen muß ein Abschnitt für eine Transitsequenz zwischengeschoben werden.)

Über einen besonders spektakulären Fall einer Genübertragung wurde 1986 berichtet. Einer amerikanischen Arbeitsgruppe (D.W. Ow u.a.) gelang es, das Luciferasegen aus Leuchtkäfern *(Photinus pyralis)* auf Tabakpflanzen zu übertragen (mit dem *Agrobacterium*plasmid als Vektor und einem Cauliflower-Mosaikvirus-Promotor). Nach Zugabe von Luciferin (s. Abb. 44.45) zum Nährmedium trat eine kräftige, gewebespezifische Lumineszenz auf. Besonders deutlich leuchteten die Leitgewebe im Sproß und in der Wurzel.

Außer dem Einbringen fremder genetischer Information durch Transformation mit *Agrobacterium tumefaciens,* erwiesen sich die bereits besprochenen Fusionen zwischen Protoplasten unterschiedlicher Herkunft als geeignete Methode, verschiedene Genome zusammenzuführen oder DNS in eine Zelle einzuschleusen (I. Potrykus *et al.,* 1985; H. Lörz *et al.,* 1985).

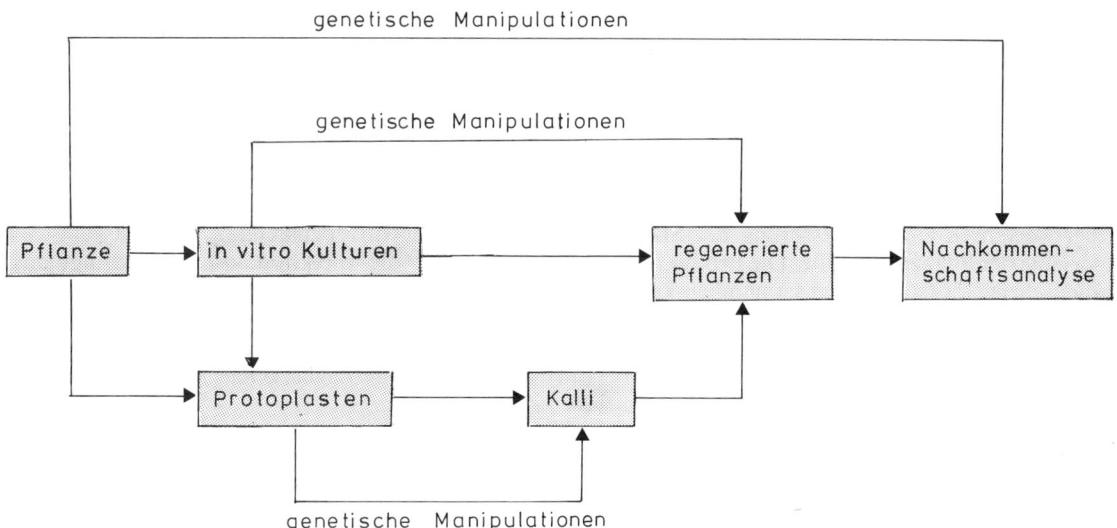

Abb. 34.2. Experimentelle Möglichkeiten beim Arbeiten mit pflanzlichen Kulturen. Unter *in-vitro*-Kultur können Kalluskulturen, Suspensionskulturen, Embryokulturen, Antherenkulturen u.a. verstanden werden. Genetische Manipulation im klassischen Sinne bedeutet z.B. Mutagenese, Polyploidisierung u.a., heutzutage kommen gentechnische Verfahren hinzu. Unter Nachkommenschaftsanalyse versteht man die Selektion der gewünschten Genotypen. (H. Lörz, 1986)

Unabhängig davon zeigte sich aber auch, daß bestimmte Pflanzenzellen (z.B. Eizellen und auskeimende Pollen) durchaus in der Lage sind, extern angebotene DNS direkt aufzunehmen. Es genügt daher oftmals, eine DNS-Lösung in eine sich bildende Infloreszenz (z.B. bei Getreidearten) zu injizieren oder auskeimende Pollen in einer DNS-Lösung zu inkubieren, um zu erreichen, daß sie von den Pflanzenzellen aufgenommen, ins Zellgenom integriert und in der Zelle exprimiert wird.

Es hängt von der jeweiligen Fragestellung ab, ob man mit ganzen Pflanzen, in vitro-Kulturen oder Protoplasten arbeiten möchte (s. Abb. 34.2). Die genetischen Manipulationen des Versuchsmaterials können in verschiedenen Lebensstadien und unter unterschiedlichen Kulturbedingungen erfolgen.

Stickstoff-Fixierung

Einige Bakterien und Blaualgen reduzieren atmosphärischen Stickstoff (N_2) zu NH_3, und einige dieser Arten wiederum leben in Symbiose oder Assoziation mit grünen Pflanzen. Am bekanntesten sind die Knöllchenbakterien (Rhizobien) der Leguminosen. Sie sind wirtsspezifisch. Rhizobium japonicum lebt in Symbiose mit der Sojabohne, Rhizobium trifolii mit Klee und Rhizobium meliloti mit Luzerne; Anabaena azollae (eine Blaualge) kooperiert mit dem Wasserfarn Azolla, und Nostoc muscorum (ebenfalls eine Blaualge) mit der Tropenpflanze Gunnera macrophylla. In der Leguminosengattung Pisum gibt es Arten, die ständig in Symbiose mit Knöllchenbakterien leben, andere, die funktionslose Knöllchen bilden, und schließlich solche, die keine Knöllchen bilden und daher zu keiner Symbiose befähigt sind.

Zu den stickstoffreduzierenden (stickstoffbindenden, stickstofffixierenden) Arten gehören eine Anzahl freilebender Bodenbakterien z.B. solche aus den Gattungen Azotobacter (aerob lebend), Closterium (strikt anaerob), Klebsiella (fakultativ aerob) und Rhodospirillum (anaerob, mit Photosynthese).

Im letzten Jahrzehnt ist viel über Stickstofffixierung gearbeitet worden, weil man sich durch Einsatz gentechnischer Verfahren eine Verbesserung der Stickstoffversorgung der Pflanzen erhoffte. Die Produktion von synthetischem Stickstoffdünger ist nämlich kostspielig und außerordentlich energieaufwendig. Doch auch die Bakterien schaffen es nicht, energiesparend NH_3 zu bilden. Die $N\equiv N$-Dreifachbindung gehört bekanntlich zu den stärksten kovalenten Bindungen in biologisch wichtigen Molekülen. Für die Umsetzung von 1 Mol N_2 zu 2 Mol NH_3 werden 25 Mol ATP benötigt, oder anders ausgedrückt, pro Gramm fixiertem Stickstoff werden – unter günstigsten Voraussetzungen – ca. 10 g Glucose verbraucht. Besonders aufwendig ist die Reaktion in Azotobacter, denn dort werden sogar ca. 100 g Glucose benötigt.

Trotz dieser Handicaps sind die genetischen

Grundlagen der Stickstofffixierung weitgehend geklärt. Das bevorzugte Versuchsobjekt war und ist Klebsiella pneumoniae, ein Enterobakterium aus der Verwandtschaft von Escherichia coli und den Salmonellen. Eine Schlüsselstellung kommt dem Nitrogenasekomplex (s. Abb. 34.3) zu. Die Codierung und die Regulation dieses Proteins erfolgt durch einen DNS-Abschnitt (nif-Region), der bei Klebsiella 16 (–17?) Gene umfaßt. Die nif-Gene gehören sieben Operons (Transkriptionseinheiten) an. Von einem der Gene abgesehen, liegen alle auf einem (dem „codierenden") DNS-Strang, das eine liegt auf dem dazu komplementären.

Bei Azotobacter sind die Gene über das Gesamtgenom verstreut. Die nif-Region aus Klebsiella ist isoliert und auf Plasmide überführt worden. In damit transformierten Escherichia coli-Zellen wird sie exprimiert.

Einer Übertragung der nif-Region ins Genom grüner Pflanzen stehen einige prinzipielle Schwierigkeiten im Wege:
1. müßte man die Gene an Eukaryotenpromotoren koppeln, um eine Genexpression zu erwirken,
2. müßten sauerstofffreie Kompartimente oder Zonen geschaffen werden, denn die Nitrogenase ist extrem sauerstoffempfindlich,
3. müßten die Elektronentransportketten der Pflanzenzellen mit denen der Nitrogenase abgeglichen werden, und
4. schließlich, müßten ausreichende Mengen an ATP bereitgestellt werden.

Es geht also gar nicht so sehr darum, die Gene auf gentechnischem Wege ins Pflanzengenom einzuschleusen, als vielmehr darum, ihre Expression und die Aktivität der Genprodukte in den Griff zu bekommen. Zu diesem Problemkreis liegen bislang keinerlei praktikable Lösungsvorschläge vor.

Man ist daher eher darum bemüht, die Effizienz von Bodenbakterien zu steigern oder die Bedingungen im Rhizosphärenbereich der Pflanzen zu optimieren.

Soweit Bakteriologie; welchen Beitrag leisten nun aber die Pflanzenarten, die zu einer Symbiose mit stickstoffbindenden Bakterien prädestiniert sind?

Dazu die folgenden Teilprobleme:
(1) Wie kommt die Interaktion zwischen Bakterium und Pflanzenwurzel zustande?
(2) Wie erfolgt die Infektion, d.h., wie dringt das Bakterium in die Pflanzenzellen ein?
(3) Welche pflanzlichen Gene werden nach der Infektion aktiviert?
(4) Welche Veränderungen gehen im Bakterium vor sich?
(5) Wie wird das von den Bakterien produzierte NH_3 verwertet?

Zu 1. Erkennungsprozesse

Es ist bekannt, daß an den meisten Zelloberflächen Kohlenhydrate (Oligosaccharide) exponiert sind; es

Abb. 34.3. Stickstoffixierung. Bedeutung des Fe-Mo-Komplexes der Nitrogenase. (B. Quebedcaux, 1979)

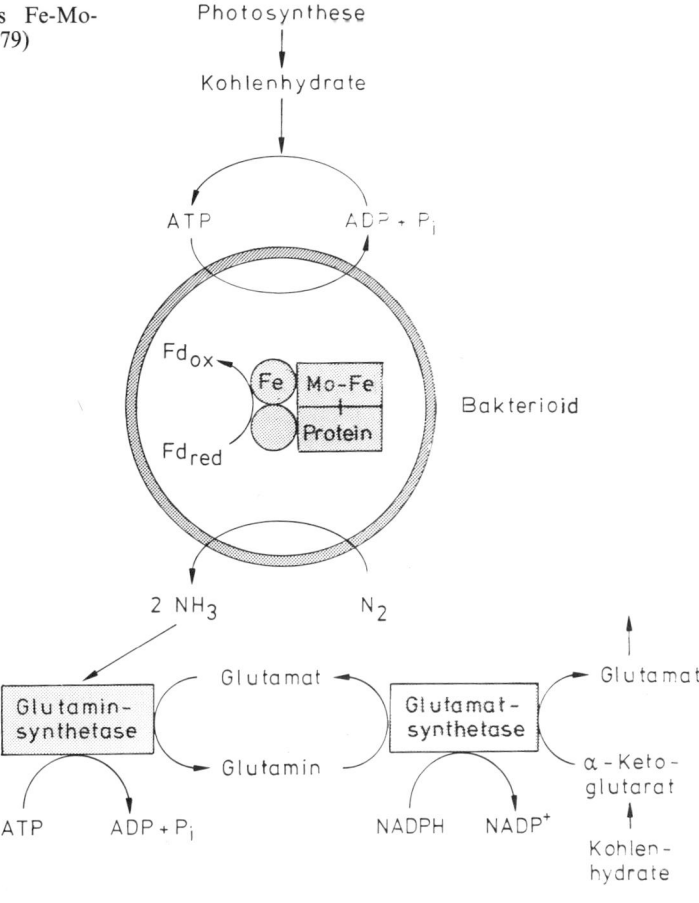

lag daher nahe, zu untersuchen, ob das Kohlenhydratmuster an den bakteriellen Oberflächen und an den Oberflächen von Wurzelhaaren an einer Interaktion beteiligt sind. Man weiß zudem, daß Pflanzen kohlenhydratbindende Proteine (Lektine, s. Kap. 17) produzieren, die hier als verbindende Elemente (Kuppler) mitwirken könnten. Die skizzierte Modellvorstellung konnte durch gezielte Experimente verifiziert werden. F.B. Dazzo und D.H. Hubbell (Michigan State University) wiesen 1975 nach, daß *Trifolium repens* (Weißklee) ein bestimmtes Lektin (Trifolin) mit einer Affinität zu 2-Desoxyglucose sezerniert und daß dieser Zucker sowohl an der Oberfläche von *Rhizobium trifolii* als auch an der von Wurzelhaaren von *Trifolium*-Arten vorkommt. Es gibt *Rhizobium-trifolii*-Mutanten, denen er fehlt. Sie sind nicht in der Lage, Klee zu infizieren und eine Knöllchenbildung zu induzieren.

Rhizobium japonicum zeichnet sich durch exponierte Galactosereste aus. Das Lektin der Wirtspflanze, das Sojabohnenagglutinin (SBA), ist galactosespezifisch.

Zu 2. Infektion

Nachdem das Bakterium erkannt und gebunden ist, muß es in die Wurzelhaarzelle eindringen. Doch wie das geschieht, ist weitgehend unklar. Morphologisch erkennt man eine Verkrümmung und Deformation der infizierten Zellen.

Zu 3. Induktion pflanzlicher Genaktivitäten

Die Infektion durch *Rhizobium* induziert Knöllchenbildung. Die Synthese von zwei pflanzlichen Proteinen ist dabei bemerkenswert: Nodulin und Leghämoglobin.

Das Nodulin bewirkt Vergrößerung und Vervielfachung der Rindenzellen. Der Ploidiegrad der Kerne nimmt zu. Wie die Kausalkette im einzelnen aussieht, ist allerdings weniger gut bekannt. Es ist deshalb auch nicht entschieden, ob die Vergrößerung der Zellen die Folge der Polyploidie ist oder ob sie auf direktem Nodulineinfluß beruht.

Das Wurzelknöllchengewebe ist blutrot gefärbt. Es enthält Leghämoglobin. Jenes ist den Hämoglobinen tierischer Zellen homolog. Die Aminosäuresequenzen sind ähnlich, die Tertiärstrukturen sind weitgehend identisch. Diese Feststellungen führten zu der Annahme, daß es Globingene schon gab, bevor sich die Stammeslinien der Pflanzen und Tiere trennten. Es müßten daher sehr alte Gene sein, und man fragte sich, weshalb sie im Pflanzenreich nur sporadisch exprimiert sind.

Die DNS-Analyse ergab, daß das Leghämoglobingen vier Exons enthält, Hämoglobingene nur drei (M. Go, 1981). Das wiederum weist darauf hin, daß die Teilabschnitte üblicherweise wohl getrennt vorliegen und als solche nicht exprimierbar sind. Nur wenn sie – durch Translokation – zu einer Transkriptionseinheit zusammengeschlossen werden, erfolgt eine Hämoglobin-, respektive Leghämoglobinbildung. Dieses Ereignis trat im Pflanzenreich bei den Leguminosen, und wie kürzlich bekannt wurde (C.A. Appleby et al., 1983), auch bei einer den Ulmen nahestehenden Art (Parasponia rigida) aus dem Malaiischen Archipel auf. Hier jedoch sind, wie bei den Hämoglobinen der Tiere, nur drei Exons vorhanden. Inzwischen wurden Hämoglobine in rund einem Dutzend verschiedener, nicht-verwandter Pflanzenfamilien nachgewiesen.

Während die Proteinkomponente des Leghämoglobins durch das pflanzliche Genom codiert wird, erfolgt die Bildung des Porhyrinrings im Bakterioid (s. Punkt 4). An dessen Synthese sind folglich bakterielle Gene beteiligt, und deren Aktivität muß mit der der pflanzlichen Globingene synchronisiert sein. Das zentrale Eisenion wiederum wird von den Pflanzenzellen beigesteuert. Die Bakterioiden haben einen hohen Bedarf daran, sowie an Mo-Ionen, denn beide zusammen sind für die Aktivität der Nitrogenase essentiell. Dieses Enzym ist sauerstoffempfindlich.

Leghämoglobin bindet Sauerstoff und kann daher sauerstoffarme Räume im Wurzelbereich der Pflanzen schaffen, in denen sich dann die Nitrogenaseaktivität der Bakterien entfalten kann.

Zu 4. Was geschieht mit den Bakterien?

Auch die Bakterien verändern sich. Sie werden zu Bakterioiden, denen die äußere Membran fehlt. Die Zellen verzweigen sich; mit zunehmendem Alter steigt der Verzweigungsgrad.

Zu 5. Wo bleibt das NH_3?

Durch die Aktivität der Nitrogenase entsteht NH_3, ein schweres Zellgift, das von den Bakterien an die Pflanzenzellen abgegeben wird. Es gibt nunmehr mindestens drei Wege, um es unschädlich zu machen und es gleichzeitig in gebundener Form (Aminosäuren) zu nutzen (s. Abb. 34.4a).

Die dabei beteiligten pflanzlichen Enzyme sind die Glutamatdehydrogenase, die Glutaminsynthetase und die Glutamatsynthetase (s. Abb. 34.4b). In allen drei Fällen müssen von der Pflanzenseite her genügende Mengen an Kohlenstoffskeletten (Akzeptoren) bereitgestellt werden.

Stickstoffbindung durch Bakterien im Wurzelbereich von Pflanzen

So wichtig die gerade besprochenen Beiträge der symbiotisch lebenden Bakterien für die Stickstoffversorgung der Pflanzen auch sind, so gering ist ihr Anteil am Gesamtstickstoffhaushalt in der Natur. Die Menge angebauter Leguminosen beträgt weniger als 10 Prozent der Menge aller Kulturpflanzen; den Hauptanteil machen die Getreidearten aus. Bei einigen Arten, z.B. beim Zuckerrohr und beim Reis, ist eine Häufung stickstoffbindender Bakterien im wurzelnahen Bereich (Rhizosphäre) nachgewiesen worden (s. Tabelle 1). Zu den bedeutendsten Sekretionsprodukten vieler Pflanzenwurzeln gehören Kohlenhydrate (bis zu 20 Prozent der durch Photosynthese gewonnenen Menge); diese können von den Bakterien als Energiequelle und als Akzeptoren für NH_3 verwendet

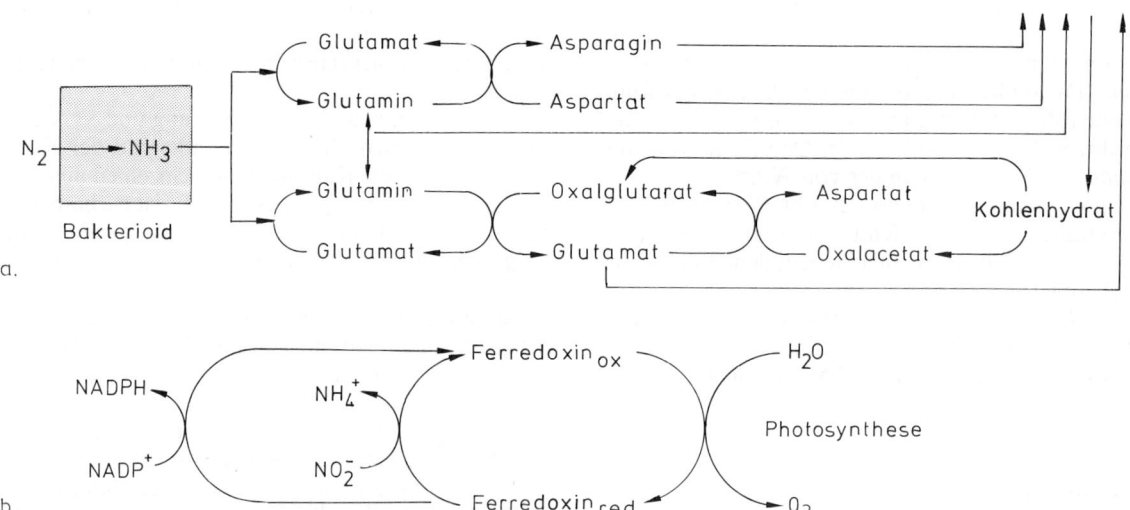

Abb. 34.4. a Übernahme des reduzierten (fixierten) Stickstoffs durch die Pflanze. b Zyklischer Verbrauch und Wiedergewinnung von Glutamat im Verlauf der Ammoniakassimilation. (B.J. Miflin, P.L. Lea, 1976)

492

Tabelle 1. Assoziationen stickstoffbindender Bakterien mit tropischen Gramineen

Bakterium	„Wirtspflanzen"
Azotobacter paspali	Bahiagras *(Paspalum notatum):* einige tetraploide Sorten
Beijerinckia	Zuckerrohr, Reis
Azospirillum lipoferum	C_4-Pflanzen: Mais, *Sorghum,* Elefantengras *(Pennisetum purpureum)* Pangolagras *(Digitaria decumbens)* u.a.
Azospirillum brasiliense	C_3-Pflanzen; u.a. Reis. Weizen, Hafer, Roggen, Gerste und Zuckerrohr (eine C_4-Pflanze)
Achromobacter-ähnliche Arten	Reis
Bacillus spec.	bestimmte Weizensorten

(aus: G. Trolldenier, 1984)

werden. In einigen Fällen, z.B. bei *Spartina alternifolia,* einigen Reissorten u.a., dringen die Bakterien in die Interzellularen des Wurzelgewebes ein. Besonders gut funktioniert die Kooperation mit C_4-Pflanzen, doch auch einige C_3-Pflanzen beherbergen Bakterien.

Azospirillum brasiliense, das fast nur mit C_3-Pflanzen assoziiert ist, ist auf die Versorgung mit organischen Säuren, vornehmlich Malat, angewiesen.

In der Tabelle 2 sind einige Angaben über den Stickstoffgewinn beim Anbau von Gramineen wiedergegeben. Eines geht klar daraus hervor: die höchsten Gewinne werden in den Tropen erzielt.

Stickstoffbindung durch Blaualgen

Die Wechselwirkungen in *Anabaena-Azolla*-Symbiosen unterscheiden sich von den Leguminosen-Rhizobien-Interaktionen.

Über die Erkennungsreaktion ist nur wenig bekannt. *Anabaena* dringt an der Spitze wachsender Sprosse in das Gewebe des Farns ein. Die Stickstoffi-

xierung erfolgt in differenzierten (spezialisierten) Zellen, den Heterozysten, die im Wechsel mit vegetativen, photosyntheseaktiven Zellen entlang eines Algenfilaments auftreten. Größenordnungsmäßig ist etwa jede zehnte Zelle ein Heterozyst.

Im Falle der *Anabaena-Azolla*-Interaktion sind eindringende *Anabaena*-Zellen klein, Heterozysten fehlen. Erst nachdem sie das Farngewebe kolonisiert und sich in intrazellulären Kavernen eingenistet haben, setzen Heterozystenbildung und damit Stickstofffixierung ein (H.D. Hill, 1977). *Azolla* ist in den Reisfeldern Ostasiens verbreitet, wo ein beachtlicher Teil des von ihm gebundenen Stickstoffs den Reispflanzen zugute kommt.

Bei symbiontischen und bei freilebenden Anabaenen (und anderen Blaualgen) stellt sich die Frage nach dem Schutz vor Sauerstoff. Einerseits gibt es intrazelluläre Stoffwechselprozesse, die überschüssigen Sauerstoff abfangen, andererseits ist aber auch beobachtet worden, daß Heterozysten oft von Bakterien umgeben sind. Aktive Heterozysten sind, im Gegensatz zu den vegetativen Zellen, von einem Polysaccharidmantel umgeben, und der wiederum scheint den Bakterien als Nahrung zu dienen; sie verbrauchen durch ihren eigenen Stoffwechsel Sauerstoff und schaffen damit um die Heterozysten herum sauerstoffarme Mikrozonen.

Literatur

Appleby, C.A., J.D. Tjepkema, M.J. Trinick: Hemoglobin in a nonleguminous plant, *Parasponia:* possible genetic origin and function of nitrogen fixation. Science *220,* 951–953 (1983)

Bevan, M., D.–M. Chilton: T-DNA of the *Agrobacterium* Ti and Ri plasmids. Ann. Rev. Genet. *16,* 357–384 (1982)

Bevan, M.W., S.E. Mason, P. Goelet: Expression of tobacco mosaic virus coat protein by a cauliflower mosaic virus promotor in plants transformed by *Agrobacterium.* EMBO Journ. *4,* 1921–1926 (1985)

Bhuvaneswari, T.V., S.G. Pueppke and W.D. Bauer:

Tabelle 2. Stickstoffgewinne nach Bilanzuntersuchungen beim Anbau von Gramineen

Land	Pflanze	Versuchsart	N-Gewinn (kg/ha/Jahr)
Gemäßigte Zone			
England	Weizen	Feldversuch	34
USA/Pennsylvania	Grünland	Feldversuch	45
Subtropen			
USA/Georgia	Zoziagras *(Zozia matrella)*	Laborversuch	73,5
Australien	Weidelgras *(Lolium rigidum)*	Feldversuch	61,7
Tropen			
Nigeria	Stargras *(Cynodum plectostachtrys)*	Feldversuch	89,7
Nigeria	Tombagras *(Eleusine caracana)*	Laborversuch	68–219
Philippinen	Reis	Laborversuch	16

(aus: G. Trolldenier, 1984)

493

Role of lectins in plant-microorganism interactions. Binding of soybean lectin to *Rhizobia*. Plant Physiol. *60*, 486–491 (1977)

Bohlool, B.B., Schmidt, E.L.: Lectins: a possible basis for specificity in *Rhizobium*-legume root nodule symbiosis. Science *185*, 269–271 (1974)

Bomhoff, G., P.M. Klapwijk, H.C.M. Kester, R.A. Schilperoort, J.P. Hernalsteens, J. Schell: Octopine and nopaline synthesis and breakdown genetically controlled by a plasmid of *Agrobacterium tumefaciens*. Molec. gen. Genet. *145*, 177–181 (1976)

Buchmann, I., F.–J. Marner, G. Schröder, S. Waffenschmidt, J. Schröder: Tumor genes in plants: T-DNA encoded cytokinin biosynthesis. EMBO Journ. *4*, 853–859 (1985)

Chilton, M.–D., M.H. Drummond, D.J. Merlo, D. Sciaci, A.L. Montagu, M.P. Gordon, E.W. Nester: Stable incorporation of plasmid DNA into higher plant cells: the molecular basis of tumorogenesis. Cell *11*, 263–271 (1977)

Chilton, M.–D.: A vector for introducing new genes into plants. Sci. American, Juni 1983, S. 36–45

Dazzo, F.B. and D.H. Hubbell: Cross-reactive antigens and lectin as determinants of symbiotic specificity in the *Rhizobium*-clover association. Appl. Microbiol. *30*, 1017–1033 (1975)

Dazzo, F.B. and G.L. Truchet: Interactions of lectins and their saccharide receptors in the *Rhizobium*-legume symbiosis. J. Membrane Biol. *73*, 1–16 (1983)

Dilworth, M. and A. Glenn: How does a legume nodule work? Trends in Biochem. Sciences *9*, 519–523 (1984)

Eckes, P., S. Rosahl, J. Schell, L. Willmitzer: Isolation and characterization of a light-indubicible, organ-specific gene from potato and analysis of its expression after tagging and transfer into tobacco and potato shoots. Mol. gen. Genet. *205*, 14–22 (1986)

Fraley, R.T., S.G. Rogers, R.B. Horsch, P.R. Sanders, J.S. Flick, S.P. Adams, M.L. Bittner, L.A. Brand, C.L. Fink, J.S. Fry, G.R. Galluppi, S.B. Goldberg, N.L. Hoffmann and S.W. Woo: Expression of bacterial genes in plants. Proc. Natl. Acad. Sci. US *80*, 4803–4807 (1983)

Go, M.: Correlation of DNA exonic regions with protein structural units of hemoglobin. Nature (Lond.) *291*, 90–92 (1981)

Gowers, F., T. Gloudemans, M. Moerman, A. v. Kammen, T. Bisseling: Expression of plant genes during the development of pea root nodules. EMBO Journ. *4*, 861–867 (1985)

Gresshoff, P.M., S. Newton, S.S. Mohapawa, K.F. Scott, S. Howitt, G.D. Price, G.L. Bender, J. Shine and B.G. Rolfe: Symbiotic nitrogen fixation involving *Rhizobium* and the non-legume *Parasponia*, in „Advances in nitrogen fixation research" (C. Veeger and W. Newton eds.) The Hague: Nijhoff Publ.

Gustafson, J.P. (Ed.): Gene manipulation in plant improvement. New York, London: Plenum Press, 1984

Hernalsteens, J.–P., F. van Vliet, M. de Beuckeleer, A. Depicker, G. Engler, M. Lemmers, M. Holsters, M. van Montagu and J. Schell: The *Agrobacterium tumefaciens* Ti plasmid as a host vector system for introducing foreign DNA in plant cells. Nature (Lond.) *287*, 654–656 (1980)

Hernalsteens, J.–P., L. Thia-Toong, J. Schell, M. van Montagu: An *Agrobacterium*-transformed cell culture from the monocot *Asparagus officinalis*. EMBO Journ. *3*, 3039–3041 (1984)

Hill, D.J.: The role of *Anabaena* in the *Azolla*-*Anabaena* symbiosis. New Phytol. *78*, 611–616 (1977)

Hohn, B., E.S. Dennis (Eds.): Genetic flux in plants. Wien–New York: Springer Verlag, 1985

Inzé, D., A. Follin, M. van Lijsebettens, C. Simoens, C. Genetello, M. van Montagu and J. Schell: Genetic analysis of the individual T-DNA genes of *Agrobacterium tumefaciens*; further evidence that two genes are involved in indole-3-acetic acid synthesis. Mol. gen. Genet. *194*, 265–274 (1984)

Kahl, G., Schell, J.S. (eds.): Molecular biology of plant tumors. New York–London: Academic Press, 1982

van Larebeke, N., G. Engler, M. Holsters, S. van den Elsacker, I. Zaenen, R.A. Schilperoort, J. Schell: Large plasmid in *Agrobacterium tumefaciens* essential for crown gall-inducing ability. Nature (Lond.) *252*, 169–170 (1974)

Lörz, H., B. Baker, J. Schell: Gene transfer to cereal cells mediated by protoplast fusion. Molec. gen. Genet. *199*, 178–182 (1985)

Lörz, H., B. Junker, J. Schell, A. de la Peña: Gene transfer in cereals. in: D. Somers (ed.): „Plant tissue and cell culture" New York: A.R. Liss Inc., 1986

Ménagé, A., and Morel, G.: Sur la présence d'octopine dans les tissus de crown-gall. C.R. Hebd. Seances Acad. Sci. *259*, 4795–4796 (1964)

Miflin, P.J., and P.J. Lea: The path of ammonia assimilation in the plant kingdom. Trends in Biochem. Sciences *1*, 103–106 (1976)

Murai, N., D.S. Sutton, M.G. Murray, J.L. Slightom, D.J. Merlo, N.A. Reichert, C. Sengupta-Gopalan, C.A. Stock, R.F. Barker, J.D. Kemp, T.C. Hall: Phaseolin gene from bean is expressed after transfer to sunflower via tumor-inducing plasmid vectors. Science *222*, 476–481 (1983)

Newcomb, W.: Nodule morphogenesis and differentiation. Intern. Rev. Cytology, Suppl. *13*, 247-297 (1981)

Ow, D.W., K.V. Wood, M. DeLuca, J.R. deWet, D.R. Helinski, S.H. Howell: Transient and stable expression of the firefly luciferase gene in plant cells and transgenic plants. Science *234*, 856–859 (1986)

Pearl, H.W.: Specific associations of the bluegreen algae *Anabaena* and *Aphanizomenon* with bacteria in freshwater blooms. J. Phycol. *12*, 431–435 (1976)

Pearl, H.W. and P.E. Kellar: Significance of bacterial *Anabaena* (Cyanophyccae) associations with respect to N_2 fixation in freshwater. J. Phycol. *14*, 254–260 (1978)

Postgate, J.R.: The fundamentals of nitrogen fixation. Cambridge: University Press, 1982

Potrykus, I., M.W. Saul, J. Petruska, J. Paszkowski, R.D. Shillito: Direct gene transfer to cells of a graminaceous monocot. Molec. gen. Genet. *199*, 183–188 (1985)

Quebedeaux, B.: Symbiotic N_2 fixation and its relationship to photosynthetic carbon fixation in higher plants. p. 472–480 in: „Photosynthesis II" (M. Gibbs, E. Latzko, eds.) Berlin-Heidelberg–New York: Springer Verlag, 1979 (Encyclop. Plant Physiol. Vol 6).

Reisert, P.S.: Plant cell surface structure and recognition phenomena with reference to symbioses. Int. Rev. Cytology, Suppl. *12*, 71–112 (1981)

Roberts, G.P., W.J. Brill: Genetics and regulation of nitrogen fixation. Ann. Rev. Microbiol. *35*, 207–235 (1981)

Sacristán, M.D. and G. Melchers: Regeneration of plants from „habituated" and „*Agrobacterium*-transformed" single-cell clones of tobacco. Molec. gen. Genet. *152*, 111–117 (1977)

Schilperoort, R.A. and G.J. Wullems: Protoplast transformation by Ti plasmide – Whole plants and progeny. Intern. Rev. Cytology, Suppl. *16*, 189–189 (1983)

Schöffl, F., G. Baumann: Thermo-induced transcripts of a soybean heat shock gene after transfer into sunflower using a Ti plasmid vector. EMBO Journ. *4*, 1129–1134 (1985)

Schröder, G., S. Waffenschmidt, E.W. Weiler and J. Schröder: The T-region of Ti-plasmids codes for an enzyme synthesizing indole-3- acetic acid. Eur. J. Biochem. *138*, 387–391 (1984)

Silvester, W.B. and P.J. McNamara: The infection process and ultrastructure of the *Gunnera-Nostoc* symbiosis. New Phytol. *77*, 135–141 (1976)

Stacey, G., A.S. Paau and W.J. Brill: Host-recognition in the *Rhizobium*-soybean symbiosis. Plant Physiol. *66*, 609–614 (1980)

Trolldenier, G.: Die assoziative Stickstoffbindung im Wurzelbereich – Ergebnisse und Erwartungen. Forum Mikrobiologie *7*, 154–161 (1984)

Ursic, D., J.L. Slightom and J.D. Kemp: *Agrobacterium tumefaciens* T-DNA integrates into multiple sites of the sunflower crown gall genome. Mol. gen. Genet. *190*, 494–503 (1983)

Verma, D.P.S. and S. Long: The molecular biology of *Rhizobium*-legume symbiosis. Intern. Rev. Cytology, Suppl. *14*, 211–245 (1983)

White, F.F., G. Ghidossi, M.P. Gordon and E.W. Nester: Tumor induction by *Agrobacterium rhizogenes* involves the transfer of plasmid DNA to the plant genome. Proc. Natl. Acad. Sci. US *79*, 3193–3197 (1982)

Zambryski, P., M. Holsters, K. Kruger, A. Depicker, J. Schell, M. van Montagu, H.M. Goodman: Tumor DNA structure in plant cells transformed by *A. tumefaciens*. Science *209*, 1385–1391 (1980)

35. Phytopathogene Viren (Pflanzenviren) und Viroide

Viren sind Krankheitserreger mit extrem engem Wirtsbereich. Ihre phylogenetische Herkunft ist ungewiß, doch schon immer wurde darüber spekuliert, daß es sich um „vagabundierende Gene" handele, die sich aus dem Wirtsorganismusgenom oder dem Genom einer verwandten Art ausgegliedert hätten. In den letzten Jahren wurde auch die Alternative in Erwägung gezogen, daß es Nebenprodukte des RNS-Processing sind. Alle Annahmen bleiben jedoch im Bereich der Hypothesen, solange keine beweiskräftigen Belege für die eine oder die andere Alternative vorgelegt werden können.

Viruspartikel (Virions) sind in der Regel Einheiten aus Nukleinsäure und Protein (Hüllprotein, Capsid), Viroide sind proteinlos. Von wenigen Ausnahmen abgesehen, sind Viren nicht von einer Membran umgeben: wo dies der Fall ist, ist die Membran der Wirtszelle entnommen. Viren verfügen über keinen Energiestoffwechsel, sie sind zu keinen synthetischen Leistungen befähigt und sind daher auch nicht in der Lage, sich selbst zu replizieren. Je nach Art der Wirtszellen wird zwischen Pflanzenviren, die sich nahezu ausschließlich in pflanzlichen Zellen vermehren, Bakterienviren (Bakteriophagen), die auf lebende Bakterienzellen angewiesen sind, und animalischen Viren (Tierviren) unterschieden.

Der Begriff Spezifität muß noch viel enger gefaßt werden, denn es gibt kein Pflanzenvirus schlechthin, sondern „Arten", wie z.B. das Tabakmosaikvirus (TMV), das in Nicotiana-Arten, manchen anderen Solanaceen und einigen wenigen Arten aus anderen Pflanzenfamilien vermehrbar ist. Meist ist die Bezeichnung für eine Virusart dem (englischen) Namen der Hauptwirtspflanze entlehnt.

Obwohl die Bezeichnung „Art" vielleicht nicht ganz dem entspricht, was man sich in der biologischen Systematik unter dem Artbegriff vorstellt (s. Kap. 43), ist es durchaus angebracht und üblich, ihn auf Viren auszudehnen, denn alle Viren (und Viroide) besitzen ein eigenständiges Genom, dessen Informationsgehalt artspezifisch ist und dessen Kontinuität über Generationen hinweg durch Replikation in den Wirtszellen gewährleistet ist. Die genetische Information der Viren ist entweder in einsträngiger RNS (bei den meisten Pflanzenviren), in doppelsträngiger RNS (Wundtumorvirus), einsträngiger DNS (Gemini-Viren) oder doppelsträngiger DNS (Cauliflower-Mosaik-Virus:

CaMV); enthalten. Aufgrund der Form der Viruspartikel unterscheidet man zwischen stäbchenförmigen und icosaedrischen Viren, deren Capsid nahezu kugelig (sphärisch) erscheint. Pflanzenviren verfügen über keinerlei spezifische Mechanismen, um in eine Wirtszelle einzudringen. Die Zellwände und die Kutikula sind schwer zu überwindende Hindernisse. Sie sind daher auf Verletzungen oder auf eine Übertragung (Transmission) durch Invertebraten (Insekten, Nematoden u.a.) angewiesen. In einigen Fällen dienen die tierischen Überträger (Vektoren) als Zwischenwirte. Das wiederum heißt, daß sich einige Pflanzenviren auch in tierischen Geweben vermehren können.

Viruserkrankungen der Pflanzen sind relativ selten. Nur in Ausnahmefällen sind die Infektionen so stark, daß die Pflanze daran zugrunde geht. In Monokulturen ist die Ausbreitung naturgemäß begünstigt, und Ertragsminderungen in der Landwirtschaft (z.B. durch Kartoffel-X-, oder Kartoffel-Y-Virus) können merklich zu Buche schlagen.

Von vielen Viren sind zahlreiche Stämme (Wildstämme) isoliert worden, die sich beträchtlich voneinander unterscheiden. Zu den Unterschieden gehören der Wirtsbereich und das Ausmaß der Virulenz (= Schwere der Krankheitssymptome). Darüber hinaus sind Viroide (virusähnliche Einheiten) bekannt geworden. Bei ihnen handelt es sich um kleine zirkuläre RNS-Moleküle, die selbst keine Proteine codieren, die aber wegen ihrer Ähnlichkeit mit bestimmten Erkennungsregionen primärer Transkriptionsprodukte der Zellen in das Transkriptionsgeschehen eingreifen. Offensichtlich unterbinden sie das korrekte Ausschneiden der Introns. Vermehrt werden sie vermutlich durch Mitwirkung der zellulären DNS-abhängigen RNS-Polymerase II. Sie sind vornehmlich in wärmeren Gegenden verbreitet; sie richten als Erreger von Kartoffelkrankheiten oder der Cadang-Cadang-Krankheit der Palmen beträchtlichen wirtschaftlichen Schaden an.

Obwohl ein Virus, wie z.B. das TMV, die Wirtspflanze nicht gravierend beeinträchtigt (s. Abb. 35.1), ist die Viruskonzentration in den Zellen beträchtlich. Oft enthalten sie voluminöse Viruskristalle. Es war daher auch das erste Virus, das in großen Mengen und in reiner Form gewonnen werden konnte (W.M. Stanley, 1935, seinerzeit Princeton University).

Pflanzen sind Virusinfektionen nicht schutzlos aus-

Abb. 35.1. Durch das Tabakmosaikvirus (TMV) hervorgerufene Sekundärsymptome auf Tabakblättern (*Nicotiana tabacum,* var. Samsun). Alle drei gezeigten Exemplare sind gleich alt. *a* gesunde Pflanze (nicht infiziert; Kontrolle); *b* mit dem normalen Wildstamm (TMV-*vulgare*) infizierte Pflanze, ca. drei Wochen nach der Infektion. Auf den Blättern ist ein hellgrün-dunkelgrün-Mosaik zu erkennen. Die Blätter sind leicht deformiert, die Pflanze ist im Wuchs gehemmt (im Vergleich zu *a*). *c* Mit einem „Gelbstamm" des TMV infizierte Pflanze. Das Mosaik ist stärker ausgeprägt. Viele Bereiche des Blattes enthalten kein Chlorophyll. Die Blattcarotinoide lassen diese Zonen (im Bild hell) gelb erscheinen; starke Wachstumsdepression. (G. Melchers)

gesetzt. Nur wenige Virusarten sind in der Lage, in meristematisches Gewebe einzudringen oder eine Aufeinanderfolge von Pflanzengenerationen zu infizieren (vertikale Transmission). Ein wirkungsvoller Abwehrmechanismus ist die Hypersensitivität, die wir bereits im Zusammenhang mit Pilzinfektionen kennengelernt haben. Sie beruht auf dem Absterben von Zellen in unmittelbarer Nachbarschaft des primären Infektionsherds, wodurch ein Vordringen des Virus ins übrige Gewebe unterbunden wird (s. Abb. 35.2).

Die genetischen Grundlagen der Hypersensitivität sind bei *Nicotiana tabacum* analysiert worden. Es gibt ein Gen, dessen Genprodukt Hypersensitivität gegen alle TMV-Stämme gewährleistet; es gibt ein anderes,

das sich nur gegenüber manchen TMV-Stämmen manifestiert.

Das Symptom, das ein Virus am Infektionsherd hervorruft, wird Primärsymptom genannt; Symptome, die es durch Ausbreitung (Sekundärinfektion) in der ganzen Pflanze hinterläßt, heißen Sekundärsymptome.

Virusinfektionen sind meist an mosaikartig verteilten hellgrün-dunkelgrün-Mustern der Blätter erkennbar. Oft breitet sich eine Infektion – von den Blattadern ausgehend – über das ganze Blatt aus. Blätter, die während ihrer Entwicklung infiziert wurden, sind vielfach deformiert oder eingerollt.

Aufgehellte Blattbereiche, oft kreisförmig um den

Abb. 35.2. Nekrosen (primäre Infektionsherde) auf TMV-infizierten Tabakblättern (*Nicotiana tabacum* var. Xanthi). Die Nekrotisierung ist eine Reaktion der Pflanze auf die Virusinfektion. Bei Infektionen mit dem Viruswildtyp sind alle Nekrosen auf einem Blatt etwa gleich groß *(a)*. Nach Behandlung des Virus mit einem Mutagen entstehen zahlreiche Mutanten, deren Ausbreitungsvermögen im Gewebe drastisch reduziert ist. Die Nekrosen sind daher unterschiedlich groß, aber durchweg kleiner als die des Wildtyps *(b)*. (H.G. Wittmann, 1962)

498

Infektionsherd ausgebildet, nennt man Chlorosen, abgestorbene Bereiche Nekrosen. Die Aufhellung beruht auf Chlorophyllabbau, als dessen Folge eine verringerte Photosyntheseleistung des Blattes zu verzeichnen ist. Starke Infektionen erkennt man an lokal vollständigem Chlorophyllverlust; die Bereiche sehen daher gelb aus, weil die Carotinoide erhalten bleiben. Manche TMV-Stämme z.B. sind an solchen Symptomen erkennbar (Gelbstämme). Sie sind in der Natur sehr selten, weil eine derart starke Schädigung der Wirtspflanze auch ihre Replikations- und Ausbreitungschancen verringert. Einige Viren vermehren sich in Pflanzen symptomlos, man spricht dann von latenter Infektion.

Das Wundtumorvirus ruft die Bildung von Tumoren hervor. Das Krankheitsbild ist bei den meisten Viren gleichermaßen wirts- und virusspezifisch und stellt damit ein wichtiges diagnostisches Merkmal dar (Beispiele s. Abb. 35.3).

In einem 1934 durchgeführten Experiment zeigte G. Samuel, daß sich das TMV entlang der Leitbahnen der Pflanze ausbreitet, sich dabei sowohl des Auf- als auch des Abtransports bedient. Voll ausdifferenzierte Blätter und Wurzeln werden ebenso infiziert wie sich gerade entwickelnde Blätter (s. Abb. 35.4).

Wegen der bereits erwähnten großen Mengen extrahierbaren Materials, sind Pflanzenviren (vor allem das TMV) seit Jahrzehnten bevorzugte Objekte der Grundlagenforschung. Das TMV war das erste elektronenmikroskopisch abgebildete biologische Objekt (Kausche, G., Pfankuch, E., Ruska, A.; Berlin 1939). Es gelang der Nachweis, daß isolierte TMV-RNS allein infektiös ist. Damit war zugleich der Beweis erbracht, daß RNS Träger genetischer Information sein kann (A. Gierer und G. Schramm; Tübingen 1956). Es war auch das erste Objekt, an dem demonstriert wurde, daß eine chemische Veränderung der

Abb. 35.3. Symptome nach Virusinfektionen. *a, b Cucumber mosaic virus* (Gurkenmosaikvirus); *a* Symptom auf *Viola tricolor* (Stiefmütterchen)-Blüten. Links Kontrolle (nicht infiziert), rechts infizierte Pflanzenteile. Reduktion der Blattspreitengröße und Sprenkelung der Blüte. *b* Symptom auf einer Zucchini-Frucht *(Cucumber pepo, var. Melopepo, cv „Zucchini")*, Deformation der Frucht. *c Orchid fleck virus* (ein kleines Rhabdovirus) auf *Chenopodium quinoa*. *Chenopodium*-Arten können mit zahlreichen Virusarten infiziert werden. Als Symptome erscheinen Aufhellungen (Chlorosen) auf Blättern. Wie bei den Nekrosen (s. Abb. 35.2) kann man aus der Chlorosenzahl die Anzahl der Infektionsherde ermitteln. *d* Tabakmosaikvirus (Stamm *vulgare*) auf einem Blatt von *Nicotiana tabacum, var. Samsum*. Typisches hellgrün-dunkelgrün-Mosaik (s.a. Abb. 35.1b). *e Turnip yellow mosaic virus* auf *Nicotiana benthamiana*. Starkes Krankheitssymptom. Blattspreiten werden nicht oder nur ansatzweise gebildet. *f Potato-X-virus* (Kartoffel-X-Virus) auf *Solanum tuberosum*, Sorte „Eva". Links gesundes Blatt, rechts infiziertes mit deutlicher Deformation der Blattspreite. *g Tobacco rattle virus* auf *Solanum tuberosum*. Ausgeprägte Schorfbildung auf Kartoffelknollen. *h Beet necrotic yellow vein virus* auf *Beta vulgaris* (Zuckerrübe). Verstärkte Ausbildung von Seitenwurzeln (Rhizomanie). (H.-L. Paul, 1986)

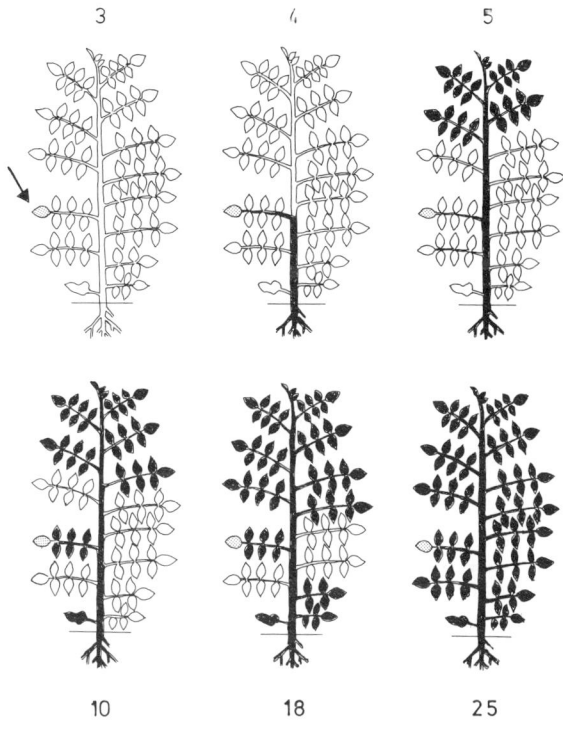

Abb. 35.4. Ausbreitung des Tabakmosaikvirus in einer jungen Tomatenpflanze durch Sekundärinfektion (Ausbreitung über das Leitgewebe der Pflanze). Das ursprünglich infizierte Blatt ist durch einen Pfeil gekennzeichnet (= Primärinfektion). Die Ziffern geben die Tage nach der Infektion an. Schwarz: infizierte Blätter. (G. Samuel, 1934)

RNS (Desaminierung von Adenin oder Cytosin nach Nitritbehandlung, s. Kap. 21) mutagen ist (K.W. Mundry und A. Gierer, 1958) und daß sich derart erzeugte Mutationen im Hüllprotein manifestieren können (A. Tsugita und H. Fraenkel-Conrat, Berkeley 1960; H.G. Wittmann, Tübingen 1960).

Die Analyse einer großen Zahl chemisch induzierter Mutanten (durch die Arbeitsgruppen in Tübingen und Berkeley) brachte mit die ersten Ansätze zur Entschlüsselung des genetischen Codes. Die Ergebnisse Wittmanns gaben Klarheit darüber, daß der genetische Code nicht überlappend und universell (d.h. gleichermaßen für Bakterien, Pflanzen und Tiere gültig) ist. Am Beispiel des Tabakmosaikvirus konnte ferner demonstriert werden, daß die gentragende RNS nicht zugleich als mRNS fungiert; vielmehr wird diese als eine getrennte Fraktion in der Zelle synthetisiert (T.R. Hunter *et al.*, Cambridge 1976).

Die Arbeitsgruppe um A. Klug (Medical Research Council, Laboratory of Molecular Biology, Cambridge) befaßt sich seit über zwei Jahrzehnten mit der Frage nach dem *Assembly* (der Zusammenlagerung) der Proteinuntereinheiten zu kompletten Viruspartikeln und der Integration der RNS in die sich bildende Helix aus Proteinuntereinheiten (s. Abb. 35.5). Die

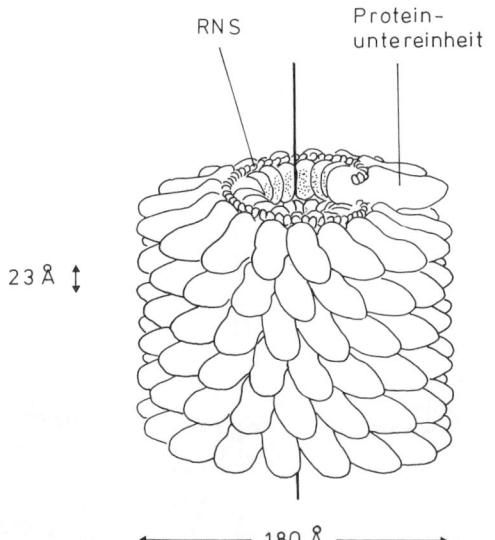

RNS

Protein-untereinheit

23 Å ↕

←——— 180 Å ———→

Abb. 35.5. Aufbau eines TMV-Partikels aus helical angeordneten Proteinuntereinheiten und RNS. Die RNS hat ein Molekulargewicht von $2,1 \times 10^6$. Die Proteinhülle besteht aus 2 130 identischen Polypeptidketten mit einem Molekulargewicht von je 17 500. Eine Polypeptidkette enthält 158 Aminosäuren. Es war eines der ersten Proteine überhaupt, deren Sequenz bestimmt worden ist (s. Abb. 35.6.; G. Schramm und Mitarbeiter in Tübingen, 1959, und A. Tsugita und H. Fraenkel-Conrat in Berkeley, 1960). Das Molekulargewicht eines Viruspartikels (Virions) ist 40×10^6. (D.L.D. Caspar, 1963)

Fortentwicklung der Röntgenstrukturanalyse und die schnellere Auswertung der Meßdaten durch Einsatz einer neuen Computergeneration erlaubte die Aufklärung der Proteintertiärstruktur. Durch konsequente Weiterentwicklung der hier erarbeiteten Versuchsansätze konnten S. Harrison und Mitarbeiter (Harvard University) zu Beginn der achtziger Jahre eine Anzahl sphärischer Viren analysieren und deren Tertiär- und Quartärstrukturen aufklären. Die Auflösungsgrenze (2,8–2,9 Å) ist ausreichend, um einzelne Aminosäurereste lokalisieren zu können. Eine wesentliche Erkenntnis ist der Nachweis der sogenannten semi-äquivalenten Aggregation. Das Hüllprotein dieser Viren kann sich zu unterschiedlichen Formen, die sich durch die Zahl der Symmetrieachsen und Nachbarschaftbeziehungen voneinander unterscheiden, zusammenlagern.

Die Zusammenlagerung dieser Aggregate erklärt den Aufbau so komplexer Strukturen wie die einer Hohlkugel. Die Untersuchungen haben zugleich Modellcharakter, denn komplexe Strukturen dieser Art sind in Zellen nicht selten. Ein Beispiel: Die korkenzieherartig gebaute Geißel der Prokaryoten ist ein Aggregat aus Molekülen eines einheitlichen Typs (Flagellin).

Warum haben sich die Molekularbiologen trotz der eben skizzierten – und doch wohl eindrucksvollen – Vorteile der Pflanzenviren, jahrzehntelang mit Bakteriophagen (Phagen) befaßt?

Auch hierauf gibt es plausible Antworten:
(1) Der Vermehrungsmechanismus der Phagen ist leichter faßbar. Ihre Wirtszellen, die Bakterien (am besten untersucht ist *Escherichia coli*) sind leichter kultivierbar, die Generationszeiten sind kurz. Ein vollständiger Vermehrungszyklus der Phagen ist in ca. 15 Minuten abgeschlossen. Das System Phage/Bakterium ist weniger komplex als das Virus/Pflanzen-System. Die einzelnen Parameter sind daher leichter meßbar. Der Infektionsvorgang ist ein Eintrefferprozeß, im Falle der Pflanzenviren ist es oft ein Vieltrefferprozeß. (Multitrefferprozeß).
(2) Bakterien- und Bakteriophagengenetiker waren in erster Linie an der (doppelsträngigen) DNS der Phagen interessiert (es gibt auch RNS-haltige und Einstrang-DNS-haltige Phagen).
    In DNS-Doppelstrang gespeicherte Information kann rekombiniert werden, die Anordnung der Gene ist bestimmbar. Es gibt keine Rekombinationsereignisse bei RNS, und es ist daher sehr schwierig, etwas über die Genomorganisation der Pflanzenviren auszusagen. Mit den modernen Methoden der Gentechnik eröffneten sich inzwischen auch hier Wege, um ans Ziel zu gelangen.
    Als Nachteil der Phagen sei die meist komplexe Struktur ihrer Capside genannt. Die Hülle ist oft aus mehr als 20 voneinander verschiedenen Proteinen zusammengefügt.
(3) Das Studium der Bakterien und ihren Bakteriophagen brachte zahlreiche Erkenntnisse über den Infektionsverlauf und die Biosynthese dieser Viren. Aus Untersuchungen dieser Art lernte man, zu welchen Leistungen eine Zelle befähigt ist. So wurde u.a. Ende der fünfziger Jahre die mRNS in einem phageninfizierten Bakterium entdeckt. Anschließend erkannte man, daß sie ein essentielles Zwischenprodukt einer jeden Proteinbiosynthese ist.

Durch das Studium phytopathogener Viren erhofft man sich – auf den Untersuchungen an Bakterien aufbauend – Angaben über die Möglichkeiten und die Expression des pflanzlichen Genoms sowie über Abwehrmechanismen einer Pflanze gegenüber eingebrachter Fremd-RNS oder -DNS.

Besonderheiten einiger phytopathogener Viren, gesehen durch die Brille der Grundlagenforschung

1. Einstrang-RNS-Viren

Das TMV, der Prototyp eines stäbchenformigen Virions. 1892 fand der Russe D. Iwanowski, daß sich die Mosaikkrankheit von Tabakpflanzen durch einen bakterienfreien Preßsaft aus kranken Tabakblättern

500

auf gesunde übertragen läßt (horizontale Transmisson). Sechs Jahre später (1898) wurde der Befund durch den Holländer M. W. Beijerinck bestätigt. Er filtrierte den Extrakt aus kranken Pflanzen durch bakteriendichte Porzellanfilter und fand, daß dadurch keine Infektionseinbuße zu verzeichnen war. Wie schon erwähnt, wurde das Virus 1935 isoliert und kristallisiert. 1937 wiesen F.C. Bawden und N.W. Pirie (Rothamsted Experimental Station, England) nach, daß die Präparate Phosphat enthalten.

Es gibt eine Anzahl von TMV-Wildstämmen, die sich u.a. durch ihr Wirtsspektrum und die Primärstrukturen des Hüllproteins voneinander unterscheiden. Der klassische, sich am besten auf Tabak vermehrende Stamm heißt *vulgare*. Ein Stamm aus Tomaten, der sich aber ebenso gut auf Tabak vermehren läßt, wurde *dahlemense* genannt (G. Melchers, seinerzeit Kaiser-Wilhelm Institut für Biologie, Berlin-Dahlem). Ein dritter Stamm – aus Wegerich gewonnen – ist als Holmes Ribgrass (HRG) in die Literatur eingegangen (F.O. Holmes, 1934).

Die einzelnen Stämme sind auf Tabakpflanzen durch ihre unterschiedlichen Symptome klar voneinander zu unterscheiden.

Durch den Vergleich von Aminosäuresequenzen der Hüllproteine von vier Wildstämmen wird deutlich, daß ein bestimmter Bereich stets unverändert bleibt. Es war daher zu vermuten, daß es sich um jenen Abschnitt des Proteins handelt, der in direktem Kontakt zur RNS steht. Nach Aufklärung der Tertiärstruktur bestätigte sich diese Annahme.

Wie bereits gesagt, konnte durch Behandlung mit einem Mutagen eine Anzahl von Mutanten erzeugt

werden, deren Protein sich in einer oder zwei der 158 Aminosäuren vom Wildstamm unterschied (s. Abb. 35.6). Die Existenz eines so großen Sortiments von Proteinen, die sich nur wenig voneinander unterscheiden, war der Ausgangspunkt zur Klärung einer Reihe weiterer Probleme:

(1) Genügt die Veränderung einer von 158 Aminosäuren, um den Austausch serologisch nachzuweisen?

(2) Sind die Austausche statistisch über die gesamte Länge der Polypeptidkette verteilt, oder gibt es bevorzugt variable Abschnitte?

(3) Wie wird die Stabilität der Polypeptidkette nach Austausch einzelner Aminosäuren verändert?

(4) Beeinflußt eine Veränderung des Hüllproteins die Krankheitssymptome einer Tabakpflanze?

Zu 1. Es gibt eine Kreuzreaktion aller Mutanten mit einem Antiserum, das gegen den Wildstamm gerichtet ist; der Grad der Kreuzreaktion kann jedoch von Fall zu Fall verschieden sein. Es gibt Mutanten mit Austauschen, die serologisch nicht vom Wildstamm zu unterscheiden sind. Es gibt andere, bei denen der Unterschied deutlich zutage tritt.

Ein Austausch von Pro → Leu in Position 20 ist serologisch nicht nachweisbar, der gleiche Austausch in der Position 156 macht sich aber deutlich bemerkbar. Die Befunde dieser Versuchsserie ließen den Schluß zu, daß nur solche Aminosäureaustausche zu serologisch erkennbaren Unterschieden führen, die direkt an der Partikeloberfläche lokalisiert sind oder die indirekt die Konformation der Partikeloberfläche verändern. Die röntgenstrukturanalytische Aufklärung der Tertiärstruktur brachte eine Bestätigung der 1965 aufgestellten Annahme (s. Abb. 35.7).

Abb. 35.6. Aminosäuresequenz des Hüllproteins des Tabakmosaikvirus *(vulgare)* (erste Zeile). Unter einzelnen der Aminosäurereste sind andere Aminosäurereste eingetragen. Man findet derartige Austausche – jeden für sich – bei einer Anzahl analysierter Mutanten (s. dazu Kap. 21). Unterstrichene Aminosäureaustausche lassen sich durch ein gegen den Wildtyp gerichtetes Antiserum nachweisen; Näheres hierzu im Text. (H.G. Wittmann 1962, P.v. Sengbusch 1983)

```
                                          10                                        20
ac Ser Tyr Ser  Ile Thr Thr Pro Ser Gln Phe Val Phe Leu Ser Ser Ala Trp Ala Asp Pro
                                                                              Leu

                                          30                                        40
   Ile Glu Leu  Ile Asn Leu Cys Thr Asn Ala Leu Gly Asn Gln Phe Gln Thr Gln Gln Ala
   Val              Ser                       Ser

                                          50                                        60
   Arg Thr Val Val Gln Arg Gln Phe Ser Gln Val Trp Lys Pro Ser Pro Gln Val Thr Val
                   Gly                                                         Ile

                                          70                                        80
   Arg Phe Pro Asp Ser Asp Phe Lys Val Tyr Arg Tyr Asn Ala Val Leu Asp Pro Leu Val
            Ser  Gly Gly

                                          90                                       100
   Thr Ala Leu Leu Gly Ala Phe Asp Thr Arg Asn Arg  Ile  Ile Glu Val Glu Asn Gln Ala
   Ala                                                         Gly         Arg

                                         110                                       120
   Asn Pro Thr Thr Ala Glu Thr Leu Asp Ala Thr Arg Arg Val Asp Asp Ala Thr Val Ala
                       Met

                                         130                                       140
   Ile Arg Ser Ala  Ile Asn Asn Leu  Ile Val Glu Leu  Ile Arg Gly Thr Gly Ser Tyr Asn
              Ser          Thr                              Ile     Phe     Ser
                          Val

                                         150                              158
   Arg Ser Ser Phe Glu Ser Ser Ser Gly Leu Val Trp Thr Ser Gly Pro Ala Thr
                           Phe                           Leu      —
```

501

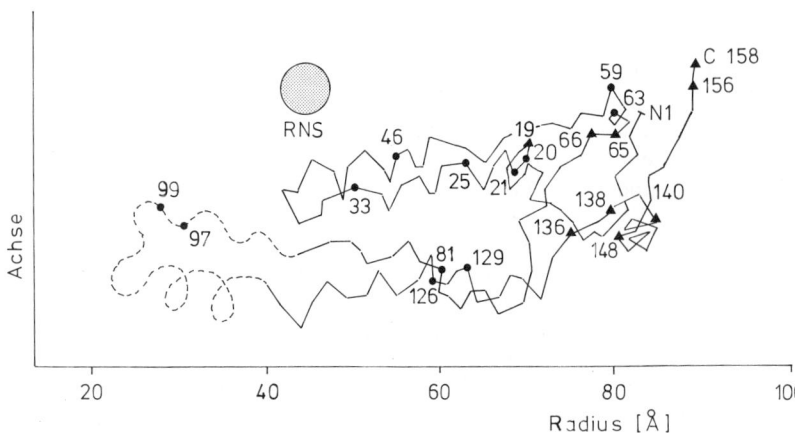

Abb. 35.7. Tertiärstruktur des Hüllproteins des Tabakmosaikvirus (A.C. Bloomer *et al.*, 1978). Eingetragen sind ferner die in der Abbildung 35.6 aufgelisteten Positionen der Aminosäureaustausche. Die durch Dreiecke markierten Veränderungen sind serologisch nachweisbar, denn sie verändern die Oberflächeneigenschaften des Viruspartikels (Veränderung der antigenen Strukturen). Die durch Kreise markierten Austausche sind serologisch nicht faßbar. (P.v. Sengbusch, 1965, 1983)

Zu 2. Die durch Mutagene erzeugten Veränderungen in der Polypeptidkette sind nicht zufallsgemäß über die Gesamtlänge verteilt, sondern sie konzentrieren sich in bestimmten Abschnitten. Es sieht demnach so aus, als ob Austausche in anderen Bereichen die Tertiärstruktur so stark verändern würden, daß keine stabile Quartärstruktur mehr ausgebildet werden kann, die RNS damit vor RNasen der Pflanzen nicht hinreichend geschützt wäre, und daß solche Mutanten folglich nicht lebensfähig wären. Unter besonderen experimentellen Bedingungen sind Mutanten mit defektem und andersartig aggregierendem Hüllprotein entdeckt worden.

Zu 3. Das Protein des Wildstamms aggregiert auch bei erhöhter Temperatur zu Viruspartikeln. Das Virus ist daher auch bei höherer Temperatur (um 30 °C) vermehrbar. Das Protein vieler Mutanten ist temperatursensitiv, d.h., bei erhöhter Temperatur wird keine regelmäßig gebaute Quartärstruktur ausgebildet, die Viren sind nur bei Normaltemperatur (bis etwa 20 °C) vermehrbar. Sie sind konditional letal (H. Jockusch; Tübingen, 1964).

Zu 4. Hierzu lassen sich z.Z. allenfalls einige bemerkenswerte Korrelationen anführen. So ist z.B. das Hüllprotein fast aller starken „Gelbstämme" positiver geladen als das entsprechende Wildstammprotein. Folgende Austausche führen zur Gelbstammbildung: $Asp^- \to Ala$, $Asp^- \to Asn$, $Asn \to Lys^+$.

Es bleibt abzuwarten, welcher Stellenwert diesen Austauschen in der Kausalkette Virusinfektion → Symptom tatsächlich zukommt, oder ob es nur Begleiterscheinungen sind.

Zur Einleitung einer Replikation in der Zelle muß die RNS von der Proteinhülle befreit werden. Die RNS (+ Strang) dient als Matrize zur Produktion eines komplementären − Strangs. Als Intermediärprodukt erscheint ein RNS-Doppelstrang. Der − Strang ist die Matrize zur Produktion zahlreicher neuer + Stränge (T. Nilsson-Tillgren; Institut für Genetik, Kopenhagen, 1970, 1974). Die Replikation spielt sich im Cytoplasma ab. Die Affinität der Replikase zum − Strang ist um Größenordnungen höher als zum + Strang, so daß viele + , aber nur wenige − Stränge gebildet werden.

Wie bereits angedeutet, werden Teile des + Strangs als mRNS genutzt; es werden dabei Proteine gebildet, die für die RNS-Replikation benötigt werden. Das Hüllprotein ist nicht dabei. Es zeigte sich, daß der − Strang nicht allein als Matrize zur + Strang-Bildung dient, sondern ebenso als Matrize zur Bildung eines kurzen Messengers für das Hüllprotein.

Ein ähnliches Prinzip wurde beim Turnip-Yellow-Mosaikvirus (TYMV) gefunden; beim Tomato-Black-Ring-Virus (TBRV) und beim Cowpea-Virus (CPV) hingegen wird die Gesamtinformation des RNS-Strangs *en bloc* abgelesen. Das Transkriptionsprodukt wird anschließend proteolytisch in kleinere Polypeptide zerlegt.

Mittlerweile sind die Nukleotidsequenzen – zumindest partiell – bei einer Anzahl von Virusarten ermittelt worden. Dabei zeigte es sich, daß sich Teile der RNS-Moleküle zu einer Sekundärstruktur falten können, die einer tRNS gleicht. Hinzu kommt, daß diese RNS in der Lage ist – jeweils artspezifisch – bestimmte Aminosäuren zu binden. Ob diese Erscheinung aber etwas mit dem Krankheitsbild der Pflanzen oder mit dem Replikationsprozeß der Viren zu tun hat, bleibt zu klären.

Interferenz: Es gilt die Regel, daß eine durch ein Virus infizierte Pflanzenzelle von keinem zweiten, ihm ähnlichen infiziert werden kann. Bei Doppelinfektionen erhält man auf Blättern daher ein Muster aus scharf gegeneinander abgesetzten Feldern, die entweder das eine oder das andere Virus enthalten. Daß zwei einander ähnliche Viren (Virusstämme des TMV) sich dennoch in einer Zelle gemeinsam vermehren können, zeigte I. Takebe durch Doppelinfektion von Protoplasten aus Mesophyllzellen des Tabaks. Durch Verwendung spezifischer Antikörper (indirekte Immunfluoreszenz, s. Kap. 17) konnte er zeigen, daß beide Virusantigene in einer Zelle enthalten sind.

Eine Doppelinfektion ist nur dann erfolgreich, wenn die Zelle gleichzeitig mit beiden Stämmen infiziert wird und wenn keiner der beiden Stämme dem anderen gegenüber Startvorteile erhält.

Sphärische (icosaedrische) Viren. In vielen sphärischen Viren ist eine zentral gelegene, dicht gepackte Nukleinsäure von einem Proteinmantel umgeben. Die

502

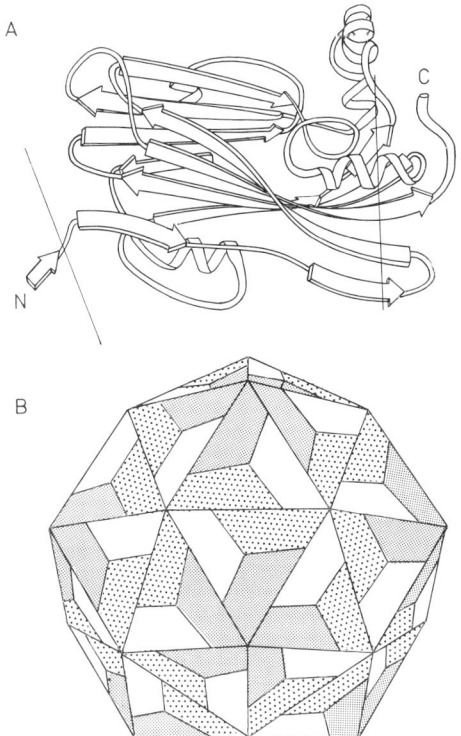

Die Polypeptidkette des TBSV enthält 386 Aminosäurereste, die Tertiärstruktur ist etwas eigentümlich. Vier Domänen sind voneinander unterscheidbar (s. Abb. 35.9). Der innere Teil (R) ist stets positiv geladen, er reicht ins Hohlkugelinnere hinein, ein Verbindungsstück verknüpft ihn mit der Domäne S, die das eigentliche Strukturelement der Hülle (shell, daher S) bildet, und die vierte schließlich, ragt als Fortsatz (projection, P) aus der Hülle heraus und verleiht dem Virion ein stachelartiges Aussehen seiner Oberfläche. Trotz der im Vergleich zum SBMV komplexeren Struktur des Proteins bleibt das Grundmuster des Assembly erhalten. Auch hier besteht die Struktur aus drei Untereinheiten, und 60 dieser Elemente bilden ein Capsid.

RNS-Viren mit geteiltem Genom. Eine Anzahl von RNS-Pflanzenviren enthält pro Virion mehr als nur ein RNS-Molekül (die Erscheinung ist auch bei Tierviren verbreitet; typisches Beispiel: Influenzavirus), oder das Genom ist auf verschiedene Viruspartikel verteilt. Ein Beispiel für Fall 1 ist das Cucumber-Mosaikvirus (CMV). Es enthält fünf RNS-Moleküle,

Abb. 35.8. Organisation der Proteinhülle des Southern bean mosaic virus (SBMV). Im oberen Teil des Bildes *(A)* ist die Tertiärstruktur der Polypeptidkette des Hüllproteins wiedergegeben, darunter *(B)* die Zusammensetzung eines Capsids (der Hülle des Virions) durch *Assembly* der Polypeptidketten, wobei die Zusammenlagerung auf drei verschiedene Arten erfolgt. Es gibt daher mehrere gleichwertige Nachbarschaftsbeziehungen zwischen den Polypeptidketten. (S.C. Harrison, 1984)

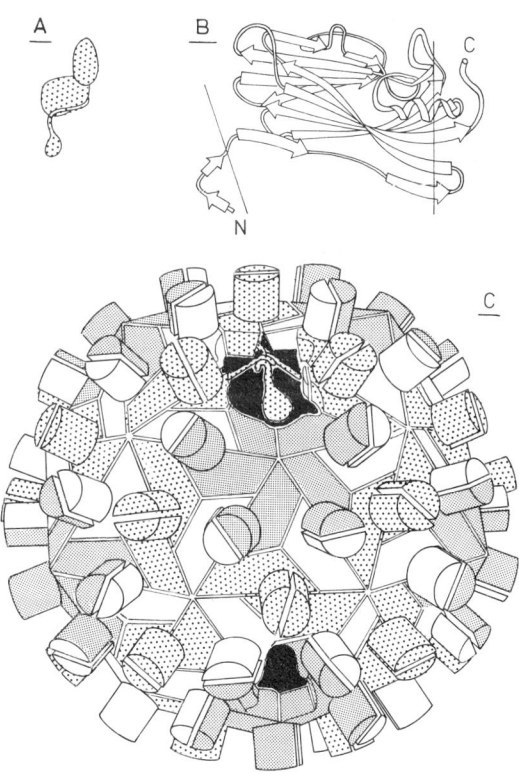

Hohlkugel (das Capsid) ist ein Polyeder, d.h., ein vielseitiger Körper. Die Zahl der Seitenflächen ist artspezifisch. Sie bilden morphologische Einheiten, die meist aus mehreren, oft gleichartigen Polypeptidketten zusammengesetzt sind. Die Kristallstrukturen von vier verschiedenen RNS-haltigen Pflanzenviren sind bekannt:

Tomato Bushy Stunt Virus (TBSV)
Southern Bean Mosaikvirus (SBMV)
Satellit des Tabaknekrose Virus (STNV)
Turnip Crincle Virus (TCV)

Alle haben eine Icosaederstruktur. Sie bestehen aus 60 (= 5 × 12) identischen Kopien gleichartiger Baumuster, die in identischer Weise zu einer Hohlkugel zusammengelagert sind.

Ein einfaches Beispiel für diese Architektur ist das SBMV (s. Abb. 35.8). In der Abbildung ist zum einen die Faltung der Polypeptidkette dargestellt (sie besteht aus 260 Aminosäureresten), zum anderen die Anordnung von je drei Polypeptidketten zu einem der 60 Bauelemente. Wie abgebildet, sind zwischen benachbarten Untereinheiten mehrere gleichwertige Bindungstypen realisiert.

Abb. 35.9. Organisation des Tomato bushy stunt virus (TBSV). Im oberen Teil der Abbildung sind die Umrisse einer gefalteten Polypeptidkette wiedergegeben. *(A)* Erkennbar ist der Aufbau aus mehreren Domänen. daneben *(B)* die Tertiärstruktur des Proteins. Auffallend der hohe Anteil an β-Faltblättern. Unter *(C)* Zusammensetzung eines Capsids (s.a. Abb. 35.8 und Text). Die „Stechapfelform" der Oberfläche beruht auf dem Domänenaufbau der Polypeptidkette. (S.C. Harrison, 1984)

von denen vier für die Replikation des Virus erforderlich sind, dem fünften wird eine Helferfunktion zugeschrieben. Es trägt exprimierbare Gene. In einem *in vitro*-System sind zwei Polypeptide identifiziert worden, die einen offensichtlichen Einfluß auf die Schwere des Krankheitsbildes der Pflanze nach der Infektion durch das Virus haben. Das Ausmaß ist wirtsabhängig. In Tabakpflanzen werden große Mengen dieser Satelliten-RNS (CARNA 5) gebildet. Die Menge an CMV ist reduziert, die Krankheitssymptome der Pflanze sind abgeschwächt. Im Gegensatz dazu führt die CARNA 5 nach Infektion von Tomaten mit CMV zu der letalen Tomaten-Nekrosis-Erkrankung. Aus Material einer Epidemie in Frankreich wurden große Mengen an CARNA 5 isoliert (J.M. Kaper, US. Department of Agriculture, Beltsville, Maryland, 1977).

Fall 2: Unvollständige Viren / Satelliten-Viren: Vielfach entstehen bei einer Virusvermehrung unvollständige Partikel. TMV-Präparate sind meist voll von Partikeln variabler Länge, die allesamt nicht infektiös sind. Vielfach enthalten sie anstelle der TMV-RNS – oder Bruchstücken von ihr – zelluläre RNS. Wegen des oft hohen Anteils nichtinfektiöser Partikel ist es sehr schwierig, die Infektionsrate *(plating efficiency)* des Virus zu bestimmen.

Das Genom des Alfalfa-Mosaikvirus (AMV; Luzerne-Mosaikvirus) besteht aus drei RNS-Molekülen, von denen jedes in einem anderen Capsid enthalten ist (B, M, T_b-Partikel). Zusammen sind die drei Partikel infektiös; die aus ihnen isolierten RNS-Moleküle allein sind es nicht, doch nach Zugabe des Hüllproteins gewinnen sie ihre Infektiosität zurück. Offensichtlich wird es zur Einleitung des Infektionsprozesses benötigt.

Bei Satelliten-Viren ist die Infektiosität eines Partikels von der Anwesenheit eines Helfervirus abhängig. Ein typisches Beispiel sind das Tabak-Nekrosisvirus (TNV) und sein Satellit (STNV). Die Vermehrung von TNV ist nicht auf die Anwesenheit von STNV angewiesen. TNV allein produziert in Tabakpflanzen große Läsionen. Bei Zugabe von STNV erscheinen nur kleine, denn offensichtlich inhibiert das STNV die Ausbreitung von TNV (B. Kassanis, 1962).

2. Viren mit doppelsträngiger RNS; Wundtumorviren

Das Genom der Wundtumorviren (WTV) besteht aus 12 doppelsträngigen RNS-Segmenten, die allein nicht infektiös sind. Die Wundtumorviren der Pflanzen und Tiere (Reoviren) sind miteinander verwandt und zeichnen sich durch eine Anzahl gemeinsamer Aktivitäten aus. Sie enthalten z.B. das Enzym Transkriptase, das Einstrang-RNS transkribiert, somit mRNS produziert (die mRNS ist zum transkribierten Strang folglich komplementär). Jedes der 12 Segmente ist transkribierbar, und man nimmt an, daß jedes für die Codierung eines Proteins benötigt wird. Die Replikation erfolgt im Cytoplasma. Für den Infektionsprozeß

sind Insekten (z.B. Blattläuse) erforderlich, die die Aufgabe eines Vektors und eines Zwischenwirts wahrnehmen. Das Virus vermehrt sich demnach in ihrem Gewebe.

Man kennt über 50 Pflanzenarten, in denen sich Wundtumorviren ausbreiten können. Zu den Symptomen gehören kleine Tumoren am Stamm, und größere und zahlreichere an Wurzeln. Die WTV-induzierten Tumoren sind bei Leguminosen deutlich von den durch Rhizobien hervorgerufenen Knöllchen unterscheidbar. Bei manchen Pflanzenarten, z.B. bei der Lobelie, können aus ansonsten normalen Organen weitere Organe auswachsen, z.B. kann ein Blatt an der Unterseite eines anderen entspringen.

3. Pflanzenviren mit zirkulärer Einstrang-DNS; Gemini-Viren

Die Partikel der Gemini-Viren sind quasi-isometrisch. Üblicherweise kommen sie als Paare vor, daher der Name Gemini. Jedes der Partikel hat einen Durchmesser von nur 15–20 nm. Es sind damit mit die kleinsten Virusteilchen, die ohne Mitwirkung eines Helfervirus vermehrungsfähig sind. Die DNS ist ringförmig, das Molekulargewicht beträgt $0,7–0,8 \times 10^6$ ($\hat{=}$ 2500 Basenpaare). Für einige Gemini-Viren ist erwiesen, für andere wird dies vermutet, daß das Genom aus zwei nahezu gleich großen, in ihrer Sequenz aber unterschiedlichen DNS-Molekülen besteht. Bei einigen Arten sind die Nukleotidsequenzen bekannt.

Isolierte zirkuläre DNS allein ist infektiös. In infizierten Wirtszellen ist die Hauptmenge viraler DNS im Zellkern enthalten. Man nimmt daher an, daß sie dortselbst auch repliziert wird. Da aus infizierten Zellen auch doppelsträngige DNS isoliert wurde, sieht es so aus, als würde es auch hier, analog zur Situation beim TMV, doppelsträngige Intermediärprodukte geben (replikative Form: RF). Da Gemini-Viren auch Monokotyledonen befallen und ihre DNS in den Zellkern einwandert, sind sie auch für Gentechniker wichtig, da es nach wie vor ein großes Interesse an Vektoren für Monokotyledonen gibt. In die Gruppe der Gemini-Viren gehören das Bean-Golden-Mosaikvirus (BGMV), das Cassava-Latend-Virus (CLV), das Tomato-Golden-Mosaic-Virus (TGMV), das Maize-Streak-Virus (MSV) und das Abutilon-Mosaikvirus.

An ihrer Ausbreitung in der Natur sind meist Insekten (Weiße Fliegen, Heuschrecken u.a.) beteiligt. In der Landwirtschaft können sie beträchtlichen Schaden anrichten.

4. Pflanzenviren mit doppelsträngiger DNS

Der Prototyp eines Pflanzenvirus mit doppelsträngiger DNS ist das Cauliflower-Mosaikvirus (CaMV). In den letzten Jahren sind auch diese Viren im Zusammenhang mit der Gentechnik genannt worden. Man ist bemüht, sie zu Vektoren auszubauen, um, ähnlich wie mit dem Plasmid aus *Agrobacterium tumefaciens*, Fremd-DNS in Pflanzenzellen einzubringen.

CaMV-DNS wird normalerweise aber nicht stabil in das Genom der Wirtszellen inkorporiert (R.J. Shepherd, R.J. Wakeman, 1971). CaMV ist ein Sammelname für eine Gruppe eng verwandter Virusarten, die in der Regel durch Blattläuse übertragen werden. Jede Art hat ein enges Wirtsspektrum, die Überlappungen sind gering. Das Virion ist sphärisch, mit einem Durchmesser von ca. 50 nm. Das Capsid besteht aller Voraussicht nach aus 420 identischen Untereinheiten, deren Molekulargewicht 42 000 beträgt. Das DNS-Molekül enthält ca. 8000 Basenpaare (bei einer Art ist es sequenziert worden: 8024 Basenpaare).

Durch Neutronendiffraktionsstudien ließ sich zeigen, daß die DNS sandwichartig zwischen die Proteinuntereinheiten eingebettet ist. Das Zentrum des Partikels ist protein- und nukleinsäurefrei. Das ringförmige DNS-Molekül ist in einem der Stränge an drei Stellen unterbrochen. Durch Behandlung mit S_1-Endonuklease (einer DNase, die EinstrangDNS abbaut) erhält man daher drei in ihren Längen definierte Fragmente. Weitere Analysen ergaben, daß der Ring keine in sich geschlossene, einheitliche Struktur ist, sondern durch Zusammenschluß von drei Molekülen zustande kommt, die an den Enden durch einander komplementäre Sequenzabschnitte zusammengehalten werden.

Symptome erscheinen zwei bis drei Wochen nach der Infektion und sind an mosaikartigen Läsionen auf infizierten Blättern erkennbar. Das Virus breitet sich systemisch aus, auch die Sekundärsymptome zeichnen sich durch ein den Primärsymptomen ähnliches

Krankheitsbild aus. Die während ihrer Entwicklung infizierten Blätter sind an Deformationen ihrer Blattspreiten erkennbar.

Viroide, die kleinsten infektiösen Einheiten

Viroide sind infektiöse Einheiten, die eine Reihe von Pflanzenkrankheiten hervorrufen. Es sind zirkuläre RNS-Moleküle mit Molekulargewichten zwischen 107 000 und 127 000. Die Nukleotidsequenz des PSTV wurde 1978 von H.J. Gross *et al.* aufgeklärt (s. Abb. 35.10). Das Molekül besteht aus 359 Ribonukleotiden, es zeichnet sich durch zahlreiche intramolekulare Basenpaare aus, die der Struktur Stabilität verleihen und die in einer aufeinanderfolgenden Abfolge helicaler Bereiche organisiert und durch Schlaufen voneinander getrennt sind. Es entsteht somit ein hantelförmiges Gebilde mit einem Achsenverhältnis von 1 : 20. Inzwischen sind einige weitere Viroide sequenziert worden. Sie alle ähneln der eben beschriebenen PSTV-Struktur. Die Kettenlängen betragen ~240–380 Nukleotide, in allen Fällen wird eine hantelförmige Struktur gebildet. Von besonderem Interesse ist die Tatsache, daß ein zentraler Teil des Moleküls strukturell konserviert und für die Pathogenität der Viroide verantwortlich ist. PSTV-Mutanten mit Änderungen in diesem Bereich sind weniger pathogen als der Wildtyp (M. Schnölzer *et al.*, 1985).

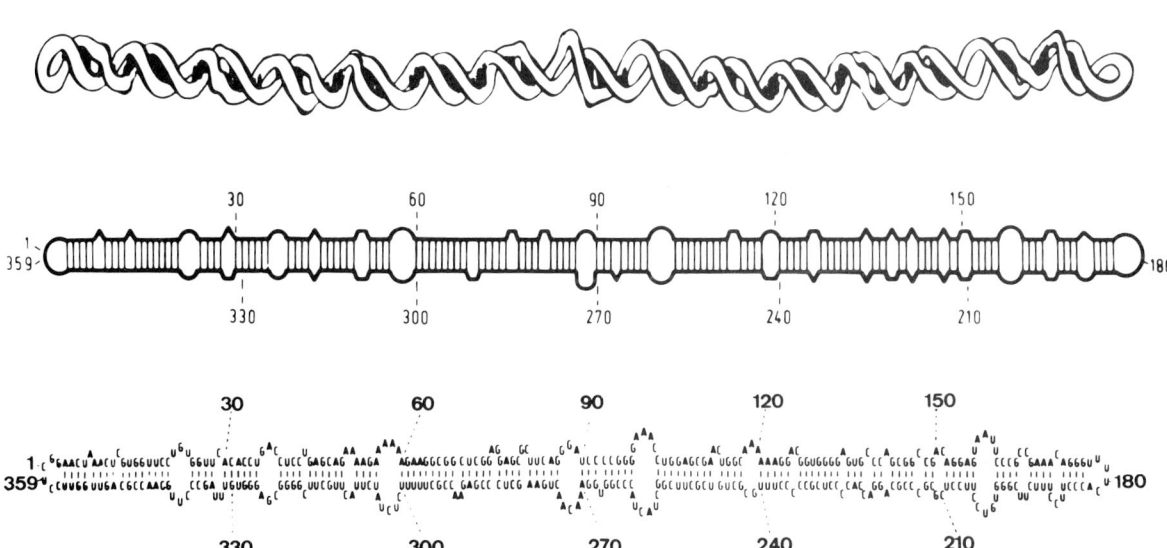

Abb. 35.10. Das Genom (eine zirkuläre, einsträngige RNS) eines Viroids: PSTV (Potato spindle tuber viroid, Erreger der Spindelknollensucht der Kartoffel). Oben: Das Molekül ist in sich verdrillt, wodurch eine Stabilität gewährleistet ist. Die Helixanteile entsprechen jedoch nicht einer Watson-Crick-Helix (die Konformation ist anders). Mitte: Darstellung der Wasserstoffbrücken zwischen einzelnen Basen; helicale und nicht-helicale Bereiche. Unten: Nukleotidsequenz. Die Nukleotidsequenz wurde von H.J. Gross, H. Domdey, C. Lossow, P. Jank, M. Raba, H. Alberty und H.J. Sänger, München, Gießen 1978 aufgeklärt. (H.J. Sänger, 1982)

505

Viroide vermehren sich noch bei relativ hohen Temperaturen (ca 35 °C), was wahrscheinlich als eine Adaptation an die Besonderheiten der Wirtspflanzen anzusehen ist, denn bisher sind sie ausschließlich aus Pflanzen tropischer, subtropischer und kontinentaler Klimate isoliert worden. In den Zellen sind die Viroide in der Chromatinfraktion des Kerns lokalisiert. Die DNS-abhängigen RNS-Polymerasen II und I nutzen Viroide als Matrize und produzieren zunächst –Stränge, die ihrerseits als Matrizen zur +Strang-Synthese dienen (E. Spiesmacher et al., 1985).

Literatur

Abad-Zapatero, C., S.S. Abdel-Meguid, J.E. Johnson, A.G.W. Leslie, I. Rayment, M.G. Rossmann, D. Suck and T. Tsukihara: Structure of southern bean mosaic virus at 2.8 Å resolution. Nature (Lond.) 286, 33–39 (1980)

Anderer, F.A., H. Uhlig, E. Weber and G. Schramm: Primary structure of the protein of tobacco mosaic virus. Nature (Lond.) 186, 922–925 (1960)

Aoki, S. and I. Takebe: Replication of tobacco mosaic virus RNA in tobacco mesophyll protoplasts inoculated in vitro. Virology 65, 343–354 (1975)

Bawden, F.C., N.W. Pirie: The isolation and some properties of liquid crystalline substances from solaneous plants infected with three strains of tobacco mosaic virus. Proc. R. Soc. London, Ser. B 123, 274–320 (1937)

Beijerinck, M.V.: Over een contagium vivum fluidum als oorzaak van de vlekziekte der tabaksbladen. Versl. Gewone Vergad. Wis. Natuurk. Afd. K. Akad. Wet. Amsterdam 7, 229–235 (1898)

Black, L.M.: Wound tumor disease. in: „Molecular biology of plant tumors" (G. Kahl, J.S. Schell [eds.]), S. 69–105 New York–London: Academic Press, 1982

Bloomer, A.C., J.N. Champness, G. Bricogne, R. Staden and A. Klug: Protein disk of tobacco mosaik virus at 2,8 Å resolution showing the interactions within and between subunits. Nature (Lond.) 276, 362–368 (1978)

Caspar, D.L.D.: Assembly and stability of the tobacco mosaic virus particle. Adv. Protein Chem. 18, 37–121 (1963)

Diener T.O., and Hadidi, A.: Viroids. Compr. Virol. 11, 285–337 (1977)

Diener, T.O.: Viroids. Trends in Biochem. Sciences 9, 133–136 (1984)

Franck, A., H. Guilley, G. Jonard, K. Richards, I. Hirth: Nucleotide sequence of cauliflower mosaic virus DNA. Cell 21, 285–294 (1980)

Gierer, A., and G. Schramm: Infectivity of ribonucleic acid from tobacco mosaic virus. Nature (Lond.) 177, 702–703 (1956)

Gibbs, A.J., B.D. Harrison: Plant virology. The principles. New York: Halsted Press, J. Wiley and Sons, Inc., 1979

Goodman, R.M.: Single-stranded DNA genome in a whitefly-transmitted plant virus. Virology 83, 171–179 (1977)

Gross, H.J., H. Domdey, C. Lossow, P. Jank, M. Raba, H. Alberty, and H.L. Sänger: Nucleotide sequence and secondary structure of potato spindle tuber viroid. Nature (Lond.) 273, 203–208 (1978)

Gross, H.J., G. Krupp, H. Domdey, M. Raba, P. Jank, C. Lossow, H. Alberty, K. Ramm and H.L. Sänger: Nucleotide sequence and secondary structure of citrus exocortis and chrysanthemum stunt viroid. Eur. J. Biochem. 121, 249–257 (1982)

Haber, S., M. Ikegami, N.B. Bajet, R.M. Goodman: Evidence for a divided genome in golden bean mosaic virus: a gemini-virus. Nature (Lond.) 289, 324–326 (1981)

Harrison, B.D., H. Barker, K.R. Bock, E.J. Guthrie, G. Meredith, M. Atkinson: Plant viruses with circular single-stranded DNA. Nature (Lond.) 270, 760–762 (1977)

Harrison, S.C., A.J. Olson, C.E. Schutt, F.K. Winkler, G. Bricogne: Tomato bushy stunt virus at 2,9 Å resolution. Nature 276, 368–373 (1978)

Harrison, S.C.: Multiple modes of subunit association in the structures of simple spherical viruses. Trends in Biochem. Sciences 9, 345–351 (1984)

Haseloff, J., N.A. Mohamed and R.H. Symons: Viroid RNAs of cadang-cadang disease of coconuts. Nature (Lond.) 299, 316–321 (1982)

Hoffmann, G.M., F. Nienhaus, F. Schönbeck, H.C. Weltzien, H. Wilbert: Lehrbuch der Phytomedizin. Hamburg, Berlin: P. Parey Verlag, 1985 (2. Aufl.)

Holmes, F.O.: A masked strain of tobacco mosaic virus. Phytopathology 24, 845–873 (1934)

Holmes, K.C.: Protein-RNA interactions during the assembly of tobacco mosaic virus. Trends in Biochem. Sciences 5, 4–7 (1980)

Howarth, A.J., and R.M. Goodman: Plant viruses with genomes of single stranded DNA. Trends in Biochem. Sciences 7, 180–182 (1982)

Hunter, T.R., T. Hunt, J. Knowland and D. Zimmern: Messenger RNA for the coat protein of tobacco mosaic virus. Nature (Lond.) 260, 759–764 (1976)

Iwanowski, D.: Über die Mosaikkrankheit der Tabakpflanze. Bull. Acad. Imp. Sci. St. Petersburg (New Ser.) 3, 65–70 (1892)

Jockusch, H.: In vivo and in vitro – Verhalten temperatursensitiver Mutanten des Tabakmosaikvirus. Z. Vererbungsl. 95, 379–382 (1964)

Joshi, S., R.L. Joshi, A.-L. Haenni and F. Chapeville: tRNA-like structures in genomic RNAs of plant viruses. Trends in Biochem. Sciences 8, 402–404 (1983)

Kaper, J.M. and M.E. Tousignant: Cucumber mosaic virus-associated RNA 5. Virology 80, 186–195 (1977)

Kassanis, B.: Properties and behaviour of a virus-depending for its multiplication on another. J. Gen. Microbiol. 27, 477–488 (1962)

506

Kausche, G.A. Pfankuch, E. und A. Ruska: Die Sichtbarmachung von pflanzlichem Virus im Übermikroskop. Naturwissenschaften 27, 292–299 (1939)

Matthews, R.E.F.: Plant virology. New York–London: Academic Press, 1981 (2. Aufl.)

Mundry, K.W. und A. Gierer: Die Erzeugung von Mutationen des Tabakmosaikvirus durch chemische Behandlung seiner Nukleinsäure in vitro. Z. Vererbungsl. 89, 614–630 (1958)

Melchers, G.: Die biologische Untersuchung des „Tomatenvirus Dahlem 1940". Biol. Zentralbl. 60, 527–537 (1940)

Mullineaux, M., J. Donson, B.A.M. Morris-Krsinich, M.J. Boulton, J.W. Davies: The nucleotide sequence of maize streak virus DNA. EMBO J. 3, 3063–3068 (1984)

Nilson-Tillgren, T.: Studies on the biosynthesis of TMV. Molec. gen. Genet. 109, 246–256 (1970)

Nilsson-Tillgren, T., M.C. Kielland-Brandt and B. Bekke: Studies on the biosynthesis of tobacco mosaic virus. Molec. gen. Genet. 128, 157–169 (1974)

Olson, A.J., G. Bricogne and S.C. Harrison: Structure of tomato bushy stunt virus IV. J. Mol. Biol. 171, 61–93 (1983)

Owens, R.A., and J.M. Kaper: Cucumber mosaic virus-associated RNA 5. Virology 80, 196–203 (1977)

Panopoulos, N.J. (ed.): Genetic engineering in the plant sciences. New York: Praeger Scientific, 1981

Rackwitz, H.-R., W. Rohde und H.L. Sänger: DNA-dependent RNA polymerase II of plant origin transcribes viroid RNA into full-length copies. Nature 291, 297–301 (1981)

Riesner, D., K. Henco, U. Rokohl, G. Klotz, A.K. Kleinschmidt, H. Domedey, P. Jank, H.J. Gross and H.L. Sänger: Structure and structure formation of viroids. J. Mol. Biol. 133, 85–115 (1979)

Sänger, H.L.: Structure and possible function of viroids. Annales New York Acad Sci. 354, 251–278 (1980)

Sänger, H.L.: Biology, structure, function and possible origin of viroids. in: „Nucleic acids and proteins in plants II" (B. Parthier, D. Boulter eds.) p. 368–454 Berlin–Heidelberg–New York: Springer Verlag, 1982 (Enzyclop. Plant Physiol. Vol. 14b).

Samuel, G.: The movement of tobacco mosaic virus within the plant. Ann. Appl. Biol. 21, 90–111 (1934)

Schnölzer, M., B. Haas, K. Ramm, H. Hofmann, H. L. Sänger: Correlation between structure and

pathogenicity of potato spindle tuber viroid (PSTV). EMBO J. 4, 2181–2190 (1985)

v. Sengbusch, P.: Aminosäureaustausche und Tertiärstruktur eines Proteins: Vergleich von Mutanten des Tabakmosaikvirus mit serologischen und physikochemischen Methoden. Z. Vererbungsl. 96, 364–386 (1965)

v. Sengbusch, P.: Protein characters and their systematic value. in „Proteins and nucleic acids in plant systematics" (U. Jensen and D.E. Fairbrothers, eds.) S. 105–118 Berlin–Heidelberg–New York: Springer Verlag 1983

Shepherd, R.J., G.E. Bruening and R.J. Wakeman: Double-stranded DNA from cauliflower mosaic virus. Virology 41, 339–347 (1970)

Shepherd, R.J.: DNA viruses of higher plants. Adv. Virus Res. 20, 305–339 (1976)

Shepherd, R.J.: DNA plant viruses. Ann. Rev. Plant Physiol. 30, 405–423 (1979)

Smith, K.M.: Plant viruses. London: Chapman and Hall, 1977 (6. Aufl.)

Spiesmacher, E., H.-P. Mühlbach, M. Tabler, H.L. Sänger: Synthesis of (+) and (−) RNA molecules of potato spindle tuber viroid (PSTV) in isolated nuclei and its impairment by transcription inhibitors. Biosc. Reports 5, 251–261 (1985)

Stanley, W.M.: Isolation of a crystalline protein possessing the properties of tobacco mosaic virus. Science 81, 644–645 (1935)

Takebe, I.: Protoplasts in plant virus research. Intern. Rev. Cytology, Suppl. 16, 89–111 (1983)

Tsugita, A. and H. Fraenkel-Conrat: The amino acid composition and C-terminal sequence of a chemically evoked mutant of tobacco mosaic virus. Proc. Natl. Acad. Sci. US. 46, 636–642 (1960)

Tsugita, A., G.T. Gish, J. Young, H. Frankel-Conrat, C.A. Knight and W.M. Stanley: The complete amino acid sequence of the protein of tobacco mosaic virus. Proc. Natl. Acad. Sci. US. 46, 1463–1469 (1960)

Wittmann, H.G.: Comparison of the tryptic peptides of chemically induced and spontaneous mutants of tobacco mosaic virus. Virology 12, 609–612 (1960)

Wittmann, H.G.: Proteinuntersuchungen an Mutanten des Tabakmosaikvirus als Beitrag zum Problem des genetischen Codes. Z. Vererbungsl. 93, 491–530 (1962)

Zimmern, D.: Do viroids and RNA viruses derive from a system that exchanges genetic information between eukaryotic cells? Trends in Biochem. Sciences 7, 205–207 (1982)

36. Evolution: Überblick und offene Probleme; C. Darwin und seine Selektionstheorie

Überblick und offene Probleme

Evolution ist der Vorgang, der zur Entstehung der Organismenvielfalt geführt hat. Es gilt heute als unbestritten, daß sich jede Art aus primitiveren Vorfahren entwickelt hat, komplexe Systeme aus einfachen hervorgegangen sind und sich die Anpassung (Adaptation) von Organismen zunehmend verbessert hat. Wie an anderer Stelle (s. Kap. 8) dargelegt, hat die Menschheit in ihrer Kulturgeschichte schon sehr früh erkannt, daß es eine Vererbung von Eigenschaften

Charles Darwin (1809–1882); der neben G. Mendel bedeutendste Biologe des 19. Jahrhunderts. Das Bild zeigt ihn im Alter von 51 Jahren (1860), ein Jahr nach Veröffentlichung seines epochalen Werkes „On the origin of species by means of natural selection or the preservation of favoured races in the struggle of life". (Down House (Down/Kent) und The Royal College of Surgeons, London)

gibt; ein Zusammenhang zwischen Vererbung und Evolution hingegen wurde erst sehr spät gesehen. Bis ins letzte Jahrhundert hinein hielt sich die Meinung, die Vielfalt der Arten habe es schon immer gegeben und Artmerkmale seien konstante Eigenschaften.

Mit der Zeit sammelten sich jedoch Beweise dafür, daß es im Verlauf der Erdgeschichte Veränderungen gegeben hat und daß auch die Entstehung der Lebewesen als ein historischer Prozeß zu verstehen sei. Damit war aber noch nichts über die Mechanismen und Ursachen solcher Umwandlungen gesagt. Wie im folgenden Abschnitt dargelegt wird, hat es verschiedene Erklärungsversuche gegeben. Die von Charles Darwin schließlich ausgearbeitete Selektionstheorie gab eine Deutung, die heute–nach Jahrzehnte dauernden, kontrovers geführten Diskussionen – als gesichert gelten kann und als eine der wichtigsten Grundlagen der Allgemeinen Biologie angesehen werden muß.

In Kürze gesagt, beruht sie auf folgenden Erkenntnissen (Begründungen im folgenden Abschnitt):
(1) Arten sind nicht unabänderlich. Sie entstanden in einer ununterbrochenen Generationenfolge vom Zeitpunkt der Entstehung des Lebens bis hin zu den heute existierenden (rezenten) Arten.
(2) Individuen einer Art sind untereinander nicht gleich. Innerhalb einer jeden Art läßt sich für jedes Merkmal eine beträchtliche Variation feststellen.
(3) Jedes Individuum ist einer natürlichen Selektion (einem Selektionsdruck) unterworfen. Nur die der Umwelt am besten angepaßten haben eine Chance, zu überleben und sich fortzupflanzen.

Durch die Feststellungen (2) und (3) wird deutlich, daß das Individuum, nicht die Art, die Grundeinheit der Selektion ist. Der vielbenutzte Begriff „Arterhaltung" ist deshalb eigentlich fehl am Platze. In eingeschränkter Bedeutung mag er nach wie vor angebracht sein, denn trotz vorhandener Variation gibt es zwischen den Individuen einer Art in der Regel weit mehr Gemeinsamkeiten als Unterschiede, und wenn der Selektionsdruck auf die gemeinsam vorhandenen Eigenschaften wirkt, sind alle Individuen (der betreffenden Art) gleichermaßen betroffen.

Darwin wußte nichts von Vererbungsgesetzen, nahm aber eine Vererbung von Merkmalen als gegeben an. Erst nach der Wiederentdeckung der Mendelschen Regeln, nach Erarbeitung populationsgenetischer Gesetzmäßigkeiten sowie der Chromosomentheorie konnten Änderungen von Erbinformationen und Evolutionsprozesse auf einen gemeinsamen Nenner gebracht werden.

Änderung und Umstrukturierung genetischer Information (Mutationen im weitesten Sinne und Rekombination) einerseits und Selektion andererseits werden als gleich wichtige und gleichwertige Ursachen einer Evolution genannt. Mutationen sind ungerichtete Ereignisse, während man in der Selektion einen orientierenden Faktor zu erkennen glaubt. Gerichtete Tendenzen (Trends, Evolutionsstrategien) sind in der Tat erkennbar, wenn man die Evolution als Summe kleiner aufeinanderfolgender Schritte betrachtet und den Versuch unternimmt, das Evolutionsgeschehen zu rekonstruieren. Die Selektion ist jedoch kein auf die Zukunft ausgerichteter Prozeß. Sie wirkt vielmehr zu jedem gegebenen Zeitpunkt, und ihr fällt alles das zum Opfer, was keinen momentanen Anpassungswert hat. Strukturen und Funktionen, die sich in der Zukunft als wertvoll erweisen könnten, haben daher keinen Selektionsvorteil.

Evolution führt zu einer Akkumulation wertvoller, d.h. effektiv genutzter genetischer Information, was sich in zunehmender Komplexität vorteilhafter Strukturen und verbessertem Fortpflanzungserfolg (= Erhöhung der Fitneß) manifestiert. Solche Tendenzen bewertet man als Fortschritt. Der wiederum beruht stets auf Veränderungen. Doch nicht jede Veränderung ist mit Fortschritt gleichzusetzen; Trends in Richtung Verschlechterung werden als Regressionen bezeichnet. Evolution ist ein opportunistisches Prinzip; nur ein verschwindend geringer Prozentsatz an Änderungen führt zu Fortschritten; die meisten reduzieren die Fitneß. Wenn eine Änderung so gravierend ist, daß sich das betreffende Individuum nicht fortpflanzen kann, geht die Mutation irreversibel verloren; wird der Fortpflanzungserfolg jedoch nur geringfügig reduziert, kann sich eine solche Mutation im Genpool (s. Kap. 40) einer Art ausbreiten, kann dadurch über einen Zeitraum vieler Generationen hinweg schließlich zum Aussterben der betreffenden Art führen. Der Anteil ausgestorbener Arten wird von E. Mayr (1975) mit 99,999 Prozent beziffert.

Was nun aber im einzelnen vorteilhaft ist, hängt von der jeweiligen Situation ab. Immer muß die Bewertung auf einen Standard bezogen werden. Besser oder vorteilhafter bedeutet effizienter, häufiger oder komplexer als das, was vorher da war. Weil es nunmehr ein sehr großes Spektrum unterschiedlichster Umweltfaktoren gibt, bestehen auch viele voneinander verschiedene Evolutionstrends; eine Folge davon ist die Diversifikation der Organismen. Die Lebewesen haben im Zuge der Evolution alle auf der Erdoberfläche verfügbaren Lebensräume besetzt, zu denen man auch solche zählt, die erst im Verlauf der Evolution der Organismen entstanden sind (vgl. hierzu Symbiose, Parasitismus usw., s. Kap. 33–35, biotische Faktoren, Kap. 56–58).

Zu den fortschrittlichen Entwicklungen rechnet man Eigenart der Organismen, immer subtilere Informationen über ihre Außenwelt zu gewinnen, zu speichern und zu verarbeiten, um auf diese Weise wahrscheinliche und/oder regelmäßig wiederkehrende künftige Situationen (z.B. den jahreszeitlich bedingten Klimawechsel) besser bewältigen zu können. Aus dieser Überlegung heraus könnte man ableiten, die Organismen hätten im Verlauf der Evolution eine steigende Unabhängigkeit von ihrer Umwelt erworben. Doch kann diese Aussage irreführend sein, denn strenggenommen gilt sie nur für die Stammeslinie des Menschen, weil nur der Mensch seine Umwelt (weitgehend) unter Kontrolle bringen und zu seinem Nutzen abändern und weil nur er Informationen über künftige Ereignisse sammeln und sein Handeln individuell und gezielt darauf einrichten kann.

Pflanzen können nur sehr wenige Umweltparameter wahrnehmen (z.B. Licht, Schwerkraft, Feuchtigkeit, Pilzinfektionen usw.) und ihnen nur durch stereotype Reaktionen begegnen (z.B. durch differenzielles Wachstum, oder bei Einzellern, durch aktive Bewegung auf eine Licht- oder andere Reizquelle zu).

Der Gewinn an Unabhängigkeit von einem Faktor wird in der Regel durch Abhängigkeit von einem neuen erkauft. Als ein Beispiel hierfür könnte man den Wechsel von Wind- zu Insektenbestäubung anführen. Der Wechsel kann aber dennoch als Fortschritt bezeichnet werden, weil er einmal zu einem erhöhten Fortpflanzungserfolg führt (die Verlustrate des Pollens wird reduziert) und zum anderen den Pflanzen die Möglichkeit eröffnet, neue windarme Lebensräume zu erschließen und Populationen aus u.U. weit voneinander entfernt wachsenden Individuen zu bilden.

Die Evolutionsforschung befaßt sich schon seit langem nicht mehr mit der Frage, ob eine Evolution stattfand, sondern vielmehr damit, wie sie im Detail verlaufen ist. Evolutionsforschung ist weitgehend auf Indizienbeweise (z.B. auf Fossilien) angewiesen. Man wird daher niemals mit absoluter Sicherheit sagen können, welche Ereignisse zu welchem Zeitpunkt stattfanden. Man kann aber, unter Berücksichtigung aller vorhandenen Beweise, versuchen, den wahrscheinlichsten Weg nachzuvollziehen und die Reihenfolge der Ereignisse zu ermitteln. Evolutionsforschung ist eine integrierende Wissenschaft. Um Kausalzusammenhänge aufzuklären, müssen die Wechselwirkung der Organismen untereinander und ihre Anpassung an die unbelebte Umwelt ebenso in Erwägung gezogen werden wie die Organisation und Expression ihres Genoms. Zu den interessantesten Problemen gehören z.B. die Fragen:
- Wozu gibt es Arten?
- Wie sind Arten entstanden?
- Auf welchen Mechanismen beruhen Isolationsbarrieren zwischen den einzelnen Arten?
- Welche Eigenschaften befähigen ein Individuum (eine Art), in einer konstanten und/oder in einer sich ändernden Umwelt zu bestehen und den Fortpflanzungserfolg zu sichern?
- Wie kommt es, daß einzelne Organismengruppen

509

(Taxa) erfolgreicher (individuen- und artenreicher) als andere sind und daß die Evolution einiger Gruppen schneller als die anderer erfolgt?
– Welche Rolle spielen Polyploidie und Chromosomenmutationen?
– Welche weiteren Möglichkeiten bestehen, das Genom zu ändern?
– Welche Bedeutung kommt dabei der repetitiven DNS zu?
– Wie groß ist der Anteil wertvoller (tatsächlich genutzter) genetischer Information am Gesamtgenom eines Individuums?

Wie schon dargelegt, ist die Evolutionsforschung bei der Rekonstruktion von Vergangenem auf Indizien angewiesen. Andererseits können wir aber davon ausgehen, daß schon immer die gleichen physikalisch-chemischen Gesetze gegolten haben. Wenn wir zudem die Phase der Entstehung lebender Systeme zunächst ausklammern (mehr dazu s. Kap. 41), können wir uns darauf berufen, daß eine Vererbung nach Regeln ablief, die durch das Studium rezenter Organismen aufgeklärt werden konnten, und daß die Verschiedenartigkeit von Umwelteinflüssen nicht größer war, als wir sie heute auf der Erdoberfläche beobachten können.

Dafür, daß die Evolution ein fortwährender Prozeß ist, gibt es zahlreiche Beispiele, an denen einzelne Teilabläufe auch heutzutage durch Beobachtungen erkannt und/oder durch Experimente nachvollzogen werden können.

Der zügige Fortschritt auf dem Gebiet der Genetik beruhte zu einem nicht unerheblichen Teil auf Wahl geeigneter Versuchsobjekte. In diesem Zusammenhang wurden in Kapitel 11 Argumente für die Wahl der Fruchtfliege *Drosophila melanogaster* als Studienobjekt genannt. Mittlerweile hat es sich gezeigt, daß *Drosophila* auch ein ideales Objekt der Evolutionsforschung ist, denn
– es gibt zahlreiche *Drosophila*-Arten (dazu kommen zahlreiche Arten nahverwandter Gattungen),
– *Drosophila*-Arten kommen in der Natur in großen Individuenzahlen vor,
– *Drosophila*-Arten kommen weltweit in den verschiedensten Biotopen vor,
– bei allen Arten sind Änderungen der Chromosomenmuster (sie alle haben Riesenchromosomen) leicht feststellbar,
– es gibt biochemische Schnellverfahren (Elektrophorese), um Allotypen und bestimmte Enzymaktivitäten (und damit den Zustand der entsprechenden Gene) simultan an einer Vielzahl von Individuen zu erfassen,
– die Wirkung bestimmter Selektionsfaktoren kann unter Laboratoriumsbedingungen simuliert und quantitativ ausgewertet werden.

Wie wir aber auch noch sehen werden, können nicht alle Strategien, die sich bei einer Gruppe von Organismen als erfolgreich herausgestellt haben, auf andere übertragen werden. So ist z.B. Polyploidisierung eine der wesentlichen Ursachen der Artbildung vieler Angiospermen, bei *Drosophila* und auch sonst

im Tierreich spielt sie keine oder allenfalls eine untergeordnete Rolle.

Die Evolutionsforschung befaßt sich mit der Entstehung der Vielfalt an Formen und Arten, nicht jedoch mit ihrer Klassifizierung und der Erstellung praktikabler Klassifikationssysteme. Ersteres fällt der Systematik, letzteres der Taxonomie zu. In der Taxonomie ist man bestrebt, Organismen nach einem natürlichen System zu ordnen, in dem die Abstammungs- und Verwandtschaftsverhältnisse der einzelnen Taxa möglichst wirklichkeitsgetreu wiedergegeben werden. Deshalb ist die Evolutionsforschung eine wesentliche Stütze für taxonomische Entscheidungen.

Charles Darwin. Ein Wendepunkt – davor und danach

Charles Darwin ist neben Gregor Mendel der wohl bekannteste Biologe des vergangenen Jahrhunderts. 1859 erschien sein bedeutendstes Werk *„On the origin of species by means of natural selection or the preservation of favoured races in the struggle of life".*

Es stellt einen Wendepunkt in der Geschichte der Evolutionsforschung, doch nicht ihren Anfang dar. Vorstellungen über eine Evolution und über eine Veränderung der Flora und Fauna im Verlauf der Zeit gab es ansatzweise (und wenig beachtet) in der Antike (Empedokles, Aristoteles), doch eine schlüssige Beweisführung fehlte.

R. Hooke (geb. 1635 auf der Insel Wight, gest. 1703), den wir als einen der ersten Mikroskopiker kennengelernt haben und der den Begriff Zelle geprägt hat, beschrieb zahlreiche fossile Formen aus dem englischen Jura und fand, daß sich die Formen einer geologischen Schicht von denen einer anderen unterschieden. Er vermied jedoch den Schluß, daß eine Evolution stattgefunden habe, sondern nahm an, die Fossilien seien Relikte von Organismen, die durch Sintfluten vernichtet worden seien. Diese Vorstellung wurde zu Beginn des 19. Jahrhunderts von dem französischen Naturforscher G. Cuvier (1769–1832) aufgegriffen und zu der Kataklysmen- oder Katastrophentheorie ausgebaut. Sie besagt, daß Fossilien Reste aufeinanderfolgender Serien von Floren (und Faunen) seien, die nacheinander durch Katastrophen zugrunde gegangen sind.

Er begründete seine Annahme durch die Existenz einer Schichtung im Gestein, bei der die einzelnen Schichten übergangslos aufeinanderfolgen. Obwohl er feststellte, daß tiefer liegende Schichten primitivere Formen als darüberliegende enthielten, wertete er diesen Tatbestand nicht weiter aus.

Ein entscheidender Durchbruch gelang dem Pariser Zoologen G.L. Buffon (1707–1788), der bereits 1766 in seinem Werk „Über die gemeinsame Abstammung von Vorfahren" darauf hinwies, daß man nicht nur Esel und Pferd, sondern auch Menschen und Affen

510

einer natürlichen Familie zurechnen müsse. Buffon erörterte eine Anzahl von Evolutionsproblemen, an die vor ihm niemand gedacht hatte. Er kam zwar oft zu falschen Schlüssen, doch war er es, der diese Themen in das Repertoire der wissenschaftlichen Fragestellungen aufnahm. Er vertrat die Ansicht, die Mehrheit der Variationen sei nichtgenetischer Natur und durch die Umwelt verursacht. Dieser Gedanke wurde von einem seiner Schüler, Jean Baptiste de Lamarck (1744–1829), aufgegriffen und 1809 in dessen „Philosophie Zoologique" weiterverfolgt:

„Da sich jede Art in vollkommener Harmonie mit ihrer Umgebung befinden muß und da sich diese Umgebung unaufhörlich ändert, muß eine Art, wenn sie in harmonischer Ausgewogenheit mit ihrer Umgebung bleiben will, ebenfalls einen ständigen Wandel durchmachen. Täte sie das nicht, liefe sie Gefahr, auszusterben."

Lamarck entdeckte damit den Zeitfaktor in der Evolution der Organismen. Bevor er sich mit Evolutionsproblemen befaßte, bearbeitete er botanische Themen; er verfaßte eine vierbändige Flora von Frankreich. Später konzentrierte er sich auf Invertebraten. Seine vorgeschlagene Großgliederung ist auch heute noch gültig, 1801 prägte er den Begriff Biologie.

In der „Philosophie Zoologique" ging er davon aus, daß der Begriff „Art" zwar praktikabel und sinnvoll sei, daß Arten aber gelegentlich ohne scharfe Grenzen ineinander übergehen können. Daraus folgerte er, daß es in der Natur nur Einzelwesen gäbe, die sich nach Zahl und Ausbildung ihrer Organe im wesentlichen in eine einzige Stufenordnung einordnen lassen, was besonders dann deutlich wird, wenn man von den komplizierteren Formen zu den einfachen herabsteigt.

Für eine „Artbildung" bei Pflanzen griff er das folgende Beispiel heraus:

„Solange Ranunculus aquatilis im Wasser untergetaucht wächst, sind alle Blätter in feine Segmente zerteilt, sobald aber ein Stengel die Wasseroberfläche erreicht, werden große runde nur einfach gelappte Blätter ausgebildet. Gelingt es einigen Ausläufern derselben Pflanze auf feuchtem Boden zu wachsen, ohne ins Wasser einzutauchen, dann werden ihre Stengel kurz, keines der Blätter ist mehr stark zerteilt, und wir erhalten Ranunculus hederaceus, das von den Botanikern als eigene Art anerkannt wird."

Eine Artumwandlung, wie er sie sich vorstellte, kommt in der Natur jedoch nicht vor. Ein einfaches Experiment, die Kultur von Ranunculus aquatilis auf feuchtem Boden, hätte ihn vor dem obengenannten Fehlschluß bewahrt. Trotz erheblicher Mängel, vieler unbewiesener Behauptungen (s.o.) und nur angesprochener Probleme (ohne Lösungsvorschlag), kann Lamarcks Arbeit als erste konsequent durchdachte Theorie einer Abstammung angesehen werden.

In der ersten Hälfte des 19. Jahrhunderts zeichnete es sich immer klarer ab, daß die Organisationsformen der Pflanzen und Tiere sowie ihr Verhalten und Vorkommen von Umweltfaktoren geprägt wird. Man erkannte auch, daß die Struktur der Erdoberfläche einem stetigen Wandel unterworfen ist. Der britische Geologe Charles Lyell (1797–1875) unternahm den

ersten heute noch weitgehend gültigen Versuch, die Entstehungsgeschichte der Erde zu deuten. Er führte alle Bewegungen der Erdoberfläche ausschließlich auf physikalische Ursachen zurück. So erklärte er das Zustandekommen von Schichten durch zeitlich aufeinanderfolgende Ablagerungen, und die Gesteinsbildung durch Druck und Faltungen. Er hielt es für unwissenschaftlich, anzunehmen, daß in der Vergangenheit andere Kräfte geherrscht hätten als in der Gegenwart. Allerdings hielt er die biologischen Arten ursprünglich für unabänderlich, ließ die Ansicht aber unter dem Eindruck der Darwinschen Beobachtungen und Gedanken fallen. Darwin wurde nachhaltig von Lyells Vorstellungen beeinflußt.

Ebenso wichtig waren für Darwin die Vorstellungen des britischen Ökonomen Thomas Robert Malthus (1766–1834), der in einer 1798 erschienenen Schrift „An essay on the principle of population" auf das Problem einer Bevölkerungsexplosion hinwies, weil die menschliche Bevölkerung in geometrischer Reihe (exponentiell), die Nahrungsmittelproduktion in arithmetischer Reihe (linear) wachse. Er sah voraus, daß die Erde, da sie eine nur beschränkte Aufnahmekapazität hat, in absehbarer Zeit überbevölkert sein würde und daß nur ein Teil der Menschheit überleben könne, wenn keine geeigneten Kontrollmechanismen getroffen würden. Malthus hatte deutlich erkannt, daß es wegen der Knappheit der Ressourcen einen „Kampf ums Dasein" gibt.

Mehrere Naturforscher des vergangenen Jahrhunderts gelangten durch das Studium von Einzelfällen zu ähnlichen Erkenntnissen, schafften es jedoch nicht, ihre Beobachtungen zu einer umfassenden, vereinheitlichenden Theorie zusammenzustellen.

W.C. Wells wird von Darwin als der Entdecker des Prinzips der natürlichen Zuchtwahl zitiert; 1818 schrieb jener u.a.:

„...Unter den zufälligen Varietäten von Menschen, die unter den wenigen zerstreuten Einwohnern der mittleren Gegenden von Afrika auftreten, werden einige besser als andere imstande sein, den Krankheiten des Landes zu widerstehen. In Folge hiervon wird sich diese Rasse vermehren, während die anderen abnehmen werden, und zwar nicht bloß, weil sie unfähig sind, die Erkrankungen zu überstehen, sondern weil sie nicht imstande sind, mit ihren kräftigen Nachbarn zu konkurrieren."

Beispiele aus der Botanik:
Rafinesque äußerte in seiner „New Flora of North America" (1836):

„... alle Arten mögen einmal bloße Varietäten gewesen sein, und viele Varietäten werden dadurch allmählich zu Arten, daß sie konstante und eigentümliche Merkmale erhalten."

C. Naudins Ansicht war (1852), daß Arten in analoger Weise von der Natur, wie Varietäten durch die Kultur gebildet worden seien; den letzteren Vorgang schreibt er dem Wahlvermögen des Menschen zu. Doch über die Art und Weise, wie die Wahl in der Natur vor sich geht, macht er sich keine Gedanken.

1853 postulierte Schaaffhausen in einem Aufsatz in

511

den „Verhandlungen des Naturwissenschaftlichen Vereins der Preußischen Rheinlande", daß das Auseinanderweichen der Arten durch Zerstörung der Zwischenstufen zu erklären sei.

„... Lebende Pflanzen und Tiere sind daher von den untergegangenen nicht als neue Schöpfungen geschieden, sondern vielmehr als deren Nachkommen infolge ununterbrochener Fortpflanzung zu betrachten."

Der wohl bedeutendste der vielen Vorläufer Darwins war der Wiener Botaniker F. Unger (1800–1870, einer der Lehrer von Gregor Mendel [s. Kap. 8] und A. Kerner von Marilaun [s. Kap. 37]).

In seiner 1852 verfaßten Schrift „Versuch einer Geschichte der Pflanzenwelt" schreibt er:

„In dieser Meeresvegetation aus Thallophyten, namentlich aus Algen bestehend, wäre demnach der wahre Keim sämmtlicher in der Zeit nach und nach hervorgetretener Pflanzenformen zu suchen. Es unterliegt keinem Zweifel, daß der auf dem Erfahrungswege bis hierher verfolgte Ursprung der Pflanzenwelt theoretisch noch weiter verfolgt werden kann, und daß man zuletzt wohl gar auf eine Urpflanze, ja noch mehr auf eine Zelle gelangt, die allem vegetabilischen Sein zum Grunde liegt."

Er fährt fort:

„... es gäbe in den Beziehungen der Arten untereinander bei weitem zu viele Regelmäßigkeiten, als daß man annehmen könne, der Ursprung neuer Arten könne durch äußere Einflüsse bedingt sein... Aus diesem geht aber klar hervor, daß der Entstehungsgrund aller dieser Verschiedenheiten des einen Pflanzenlebens durchaus kein äußerer sein kann, sondern nur ein innerer sein muß... Mit einem Worte, jede entstehende neue Pflanzenart... muß aus der anderen hervorgehen."

1858 erhielt C. Darwin von A.R. Wallace (1823–1913) eine Mitteilung, in der er ihn über seine Theorie der Artbildung informierte. Wallace hatte die Verbreitung von Tierarten untersucht und kam zu dem Schluß, daß es eine Selektion und eine Evolution gegeben haben müsse. Auch er wurde durch die Vorstellungen von Malthus zu diesem Gedanken angeregt.

Wallace wurde durch Einflüsse seines Lehrers H.W. Bates (1825–1893) geprägt, dessen Mimikrytheorie er weiter ausbaute. Die 1858 verfaßte Schrift „On the tendency of varieties to depart indefinitely from the original type" erschien in den „Transactions of the Linnean Society"(Herausgeber: Lyell); ihr folgte im gleichen Heft eine Notiz Darwins, in der er auf sein im folgenden Jahr erscheinendes Hauptwerk hinwies.

Charles Darwin, geb. 1809 in Shrewsbury nahe Birmingham, gest. 1882 in Down (Grafschaft Kent).

Ohne zu einem Abschluß zu gelangen, studierte Darwin Medizin an der Universität Edinburgh und anschließend Theologie an der Universität Cambridge. Einen weit größeren Einfluß als das Studium hatten auf ihn einmal das Werk seines Großvaters Erasmus Darwin „Zoonomie oder die Gesetze des organischen Lebens" (1794/96), in dem in Ansätzen einige Vorstellungen über eine Evolution der Organis-

men entwickelt wurden, und zum anderen die Freundschaft mit dem Cambridger Botaniker J.S. Henslow. In den Jahren 1831–1836 nahm Darwin als Naturforscher an einer Weltreise auf dem Forschungsschiff „Beagle" teil. Die Reise wurde zu einem Schlüsselerlebnis für ihn, die gewonnenen Einsichten wurden Ausgangspunkt aller seiner späteren Arbeiten. Während dieser Zeit wurden die ersten Beobachtungen gesammelt, auf die er seine Selektionstheorie stützte. Die Ergebnisse der Reise faßte er 1839 in einem vorläufigen Bericht zusammen, dem 1860 die ausführliche Fassung „A naturalist's voyage" (deutsche Übersetzung „Reise eines Naturforschers um die Welt" 1875) folgte. Wenige Jahre nach seiner Rückkehr nach England zog er sich auf seinen Landsitz Down House in der Grafschaft Kent südlich von London zurück, wo alle seine grundlegenden Werke entstanden.

Einer Phase (vorwiegend in den vierziger Jahren), in denen er sich mit geologischen Problemen befaßte, folgte die Zeit, in der er an der Ausarbeitung der Selektionstheorie arbeitete.

1859 erschien sein bereits genanntes Hauptwerk, und 1869 (in zwei Bänden) *The variation of animals and plants under domestication.*

Um 1860 beginnend folgte eine Periode, in der er sich nahezu ausschließlich mit botanischen Problemen befaßte. Viele seiner Aussagen untermauerte er durch gezielt angesetzte Experimente (s. übernächsten Abschnitt). Die Ergebnisse und die sich daraus ergebenden Folgerungen sind in einer Anzahl von Publikationen niedergelegt, deren Aufzählung allein sein breites Interessen- und Forschungsgebiet verrät:

1862: *The various contrivances by which orchids are fertilized by insects.*
1867: *On the movements and habits of climbing plants.*
1875: *Insectivorous plants.*
1876: *The effects of cross- and self-fertilization in the vegetable kingdom.*
1877: *The different forms of flowers on plants of the same species.*
1880: *The power of movement in plants.*
1881: *The formation of vegetable mould, through the action of worms, with observations on their habits.*

Alle Arbeiten Darwins wurden bereits kurz nach Erscheinen von J.V. Carus ins Deutsche übersetzt.

Eine Zusammenfassung von Darwins Arbeiten über die Selektionstheorie

Entstehung der Arten (1859). Unter dem Eindruck von Malthus' Ideen schreibt Darwin zu Beginn seines in 14 Kapitel untergliederten Hauptwerks:

„In der Natur treten irgendwelche unbedeutenden Abänderungen in allen Teilen auf, und ich glaube, es läßt sich zeigen, daß veränderte Existenzbedingungen die hauptsächlichen Ursachen davon sind, daß das Kind nicht genau seinen Eltern gleicht... Die natürliche Zuchtwahl wählt die

Besten aus. Wäre das nicht der Fall, könnte die Erde innerhalb weniger Jahrhunderte nicht mehr die Nachkommenschaft eines einzigen Paares fassen. Nur einige wenige Individuen können leben bleiben, um ihre Art fortzupflanzen."

An den Anfang seiner Beweiskette stellt er seine an Kulturpflanzen und Haustieren gemachten Beobachtungen. Er weist darauf hin, wie plastisch sich eine Art verhält und welche Möglichkeiten dem Menschen offenstehen, je nach Bedarf die eine oder andere Linie zu selektieren und weiterzukultivieren. Als Beispiel hierfür nennt er den Weizen und zeigt, daß auch heute noch neue Varietäten auftreten, obwohl der Weizen zu den ältesten Kulturpflanzen der Menschheit gehört.

Wie wenig zielstrebig die Zuchtwahl ist, und wie viele kleine Änderungen akkumuliert werden müssen, um eine optimale Form zu erhalten, geht aus folgender Schilderung hervor:

„Aber die Gärtner der klassischen Zeit, welche die beste Birne, die sie erhalten konnten, kultivierten, hatten keine Idee davon, was für eine herrliche Frucht wir einst essen würden; und doch verdanken wir dieses treffliche Obst in einem gewissen Grade wenigstens dem Umstande, daß schon sie begonnen haben, die besten Varietäten, die sie nur irgend finden konnten, auszuwählen und zu erhalten."

Als merkwürdige Eigentümlichkeit domestizierter Rassen vermerkt er, daß die Anpassung nicht zugunsten des eigenen Vorteils (der Pflanzen oder der Tiere), sondern zugunsten des Nutzens und der Liebhaberei des Menschen sei.

Obwohl Darwin nichts von moderner Vererbungslehre wußte, folgerte er aus verschiedenen Beobachtungen, daß es eine Vererbung geben müsse. Dazu folgende Argumentation:

„Seltene Veränderungen treten nicht immer in allen aufeinanderfolgenden Generationen auf, sondern nur gelegentlich. Wenn nun aber ein Merkmal bei einem Individuum zum Vorschein kommt (an einem unter mehreren Millionen!!) und dann in seiner Nachkommenschaft wieder erscheint, ist man schon durch die Wahrscheinlichkeitstheorie genötigt, diese Wiederkehr durch Vererbung zu erklären."

Er setzte sich mit der Frage, was Varietäten und was Arten seien, auseinander, fand keine klare Definition, wies aber darauf hin, daß Varietäten meist untereinander gekreuzt werden können, während er kein Beispiel für einen vollkommen fruchtbaren Bastard zwischen zwei verschiedenen Arten nennen konnte. Er verwendet den Ausdruck „gute Arten", wenn die Abgrenzung zwischen ihnen klar erkennbar ist.

Vielfach sind Arten polymorph; als Beispiele nennt er solche aus den Gattungen *Rubus, Rosa* und *Hieracium*.

Er erkannte den Zusammenhang zwischen der Artenzahl einer Gattung und der Individuenzahl innerhalb einer Art:

„Arten der größten Gattungen in jedem Lande variieren häufiger als die Arten der kleinen Genera......Die am besten gedeihenden oder herrschenden Species der größten Gattungen in jeder Klasse sind, welche im Durchschnitt genommen, die größte Zahl von Varietäten liefern. Varietäten wiederum

haben die Neigung, in neue Arten verwandelt zu werden. Dadurch neigen auch die großen Gattungen zur Vergrößerung und in der ganzen Natur streben die Lebensformen, welche jetzt herrschend sind, durch Hinterlassung vieler abgeänderter und herrschender Abkömmlinge dazu, noch beherrschender zu werden."

Unter „Kampf ums Dasein", oder wie H. Spencer formulierte: *„survival of the fittest"*, wird nicht nur das Überleben des Individuums verstanden, sondern mehr noch der Erfolg in bezug auf das Hinterlassen von Nachkommenschaft.

Arten, deren Nahrungsvorräte großen Schwankungen unterworfen sind, produzieren eine besonders große Anzahl von Eiern und Samen. Ihre Entwicklungszeit ist relativ kurz, so daß die Vermehrung der Individuen innerhalb kurzer Zeit sichergestellt ist. Dennoch geht ein großer Teil der Nachkommenschaft – vornehmlich im ersten Lebensabschnitt – zugrunde.

Tiere und Pflanzen, die in der Lage sind, ihre Nachkommenschaft zu schützen, kommen mit einer nur geringen Zahl von Nachkommen aus (vgl. hierzu: r- und K-Strategie, s. Kap. 40).

„Kampf ums Dasein" bedeutet aber auch Anpassung an andere. Zum Beispiel wird eine *Lobelia*-Art (in England) niemals von Insekten besucht, damit auch nicht bestäubt, und eine Vermehrung durch Samen unterbleibt daher. Darwin konnte durch eine künstliche Befruchtung einen hohen Samenansatz erzielen.

Von diesem Befund ausgehend, hebt er die Bedeutung der Insekten für die Befruchtung der Pflanzen hervor und zeigt Mechanismen auf, wie Pflanzen und Insekten aneinander angepaßt sind. So bestimmt z.B. die Länge und Krümmung des Rüssels eines Insekts, welche Pflanzen es besuchen kann. Er kommt zu dem Schluß, daß es die Fülle an Blütenfarben und -formen ohne Insekten (in ihrer Funktion als Bestäuber) nicht geben würde; windbestäubte Pflanzen haben keine auffallenden Blüten.

Als einen weiteren wesentlichen Faktor im „Kampf ums Dasein" nennt Darwin die geschlechtliche Zuchtwahl:

„Im Kampf der Individuen (meist ♂) um das andere Geschlecht ist das Resultat nicht der Tod, sondern spärliche oder ganz ausfallende Nachkommenschaft."

Es folgt das Problem „Seltenerwerden und Aussterben". Dazu hier zunächst nur die Bemerkung:

„Wie die Geologie lehrt, ist Seltenerwerden die Vorstufe des Aussterbens."

Trotz der zahlreichen, die Selektionstheorie stützenden Belege, blieben Bedenken bestehen. Die meisten beziehen sich auf die Evolution der Tiere und können daher hier außer acht gelassen werden, es bleibt aber u.a. die Frage, weshalb es zwischen Arten so wenige Übergangsformen gibt, obwohl jede Art aus einer anderen durch unmerklich kleine Abstufungen entstanden sein soll. Die Erwiderung:

„Wenn wir jede Species als Abkömmling irgend einer unbekannten Form betrachten, so werden Urstamm und

513

Übergangsform gewöhnlich schon durch den Bildungs- und Vervollkommnungsprozeß der neuen Formen selbst zum Aussterben gebracht worden sein."

Zur Frage, wieso Kreuzung von Varietäten fertile Bastarde, Kreuzungen von Arten meist unfertile Nachkommen ergeben, äußert sich Darwin wie folgt:

„Die Unfruchtbarkeit der Bastarde hängt augenscheinlich davon ab, daß ihre ganze Organisation durch Verschmelzen zweier Arten in eine gestört wird." (Siehe dazu Kap. 38.)

Zu den Belegen des Evolutionsprozesses gehört die Erfassung und Auswertung von Fossilien.

Darwin wies darauf hin, daß die paläontologischen Sammlungen (übrigens heute auch noch) ärmlich bestückt seien und daß man niemals erwarten dürfe, alle postulierten Zwischenformen zu entdecken. Dennoch lassen sich aus geologischen Zeugnissen wichtige Schlüsse ziehen, u.a. die Aussagen, daß
- neue Arten sukzessive auftreten,
- die Änderungsgeschwindigkeit von Merkmalen bei verschiedenen Arten unterschiedlich ist,
- Arten aussterben, und daß einmal untergegangene Arten niemals wieder erscheinen, denn die Reihe der Generationen ist abgebrochen,
- die Lebensformen auf der ganzen Erdoberfläche sich nahezu gleichzeitig verändern, und
- es eine Verwandtschaft zwischen ausgestorbenen Arten untereinander und mit lebenden (= rezenten) Arten gibt.

Das Aussterben alter Formen wird als eine fast unvermeidliche Folge des Entstehens neuer gesehen. Das Aussterben ganzer Artengruppen ist oftmals ein langsamer Prozeß, weil einzelne Arten noch eine Zeitlang in geschützten oder abgeschlossenen Standorten kümmerlich weiterexistieren können. Die Bewohner der Erde aus einer jeden der aufeinanderfolgenden Perioden ihrer Geschichte haben ihre Vorgänger im „Kampf ums Dasein" besiegt und stehen insofern auf einer höheren Vervollkommnungsstufe als jene; ihr Körperbau ist im allgemeinen spezialisierter.

In den abschließenden Kapiteln beschreibt Darwin geographische Eigenarten als wichtige Selektionsfaktoren, wobei er die Besonderheiten der Tier- und Pflanzenwelt auf kleinen ozeanischen Inseln hervorhebt. Wie wichtig Anpassung und Ausprägung bestimmter Formen sind, weist er an Konvergenzen nach: So haben z.B. Mäuse und die mit ihnen nicht verwandten Beutelmäuse Australiens eine nahezu gleiche Gestalt.

Als ein weiteres Beispiel hebt er die Mimikry hervor, bei der bestimmte Arten die Form und Färbung anderer annehmen, um sich so vor Feinden zu schützen. Zu seinen Schlußbemerkungen gehört der – in ein Botaniklehrbuch zwar nicht ganz passende – für seine Theorie und ihre Auswirkungen um so wichtigere Abschnitt:

„In einer fernen Zukunft sehe ich die Felder für noch weit wichtigere Untersuchungen sich öffnen. Die Psychologie wird sich mit Sicherheit auf den von Herbert Spencer bereits wohlbegründeten Satz stützen, daß notwendig jedes Vermö-gen und jede Fähigkeit des Geistes nur stufenweise erworben werden kann. Licht wird auf den Ursprung der Menschheit und ihre Geschichte fallen."

„Die Befruchtung der Orchideen" und „Die Wirkungen der Kreuz- und Selbstbefruchtung im Pflanzenreich" (1862 und 1876). Diese beiden botanischen Werke bringen eine Fülle ergänzender Beweise für die Selektionstheorie. Darwin befaßt sich dabei vor allem mit den Vorteilen und Mechanismen geschlechtlicher Fortpflanzung. In der Vielfalt der Orchideenblüten sieht er eine Anpassung an Bestäuber (hier Insekten). Wie bei keiner anderen Pflanzenfamilie haben sich Unterschiede im Blütenbau eindrucksvoll herausgebildet und vervollkommnet, während der vegetative Bereich der Pflanzen weitgehend gleich geblieben ist. Die Blüten sind so eingerichtet, daß sie eine Fremdbefruchtung gestatten, begünstigen, oder sogar notwendigerweise fordern. Trotz der hochgradigen Spezialisierung ist die Bestäubung keineswegs in allen Fällen gesichert. Er zitiert Beschreibungen von H. Müller über Arten aus dem Süden Brasiliens, die trotz hohen Blütenansatzes nicht von Insekten besucht wurden, folglich auch keine Samen produzierten. Eine in England vorkommende *Ophrys*-Art ist trotz auffallender Blüten ausschließlich autogam (selbstbefruchtend). Erscheinungen dieser Art deutete Darwin als Degeneration.

Sein Werk über Kreuz- und Selbstbefruchtung ist in wesentlichen Teilen das Ergebnisprotokoll umfangreicher Versuchsserien. Er würdigt eingangs die Arbeit von C.K. Sprengel „Das entdeckte Geheimnis der Natur im Bau und in der Befruchtung der Blumen" (1793), die ursprünglich wenig beachtet, ihrer Zeit weit voraus war und in der erstmalig auf die Bedeutung der Insekten für die Bestäubung der Blüten hingewiesen wurde.

Unter kontrollierten Versuchsbedingungen verglich Darwin den Erfolg von Selbst- und Fremdbefruchtung. Unter Selbstbefruchtung (Selbstung, Autogamie) versteht man die Befruchtung einer Pflanze mit Pollen des gleichen Individuums, unter Kreuzbefruchtung (wir sagen heute Fremdbefruchtung oder Allogamie) eine Befruchtung mit Pollen eines anderen Individuums (üblicherweise der gleichen Art).

Der Erfolg einer Befruchtung ist am Samenansatz (Zahl gebildeter reifer Samen) und an verschiedenen Merkmalen der Nachkommen (z.B. Größe, Gewicht usw.) meßbar. Durch Auswertung der an mehr als 50 Pflanzenarten gewonnenen Daten kam Darwin zu dem Schluß, daß Fremdbefruchtung in den allermeisten Fällen vorteilhafter sei.

Bei mehreren Arten (*Mimulus luteus, Ipomoea purpurea, Dianthus caryophyllus, Petunia violacea* u.a.) waren nach Selbstung Blütenfarbe und -form nahezu gleichförmig, während nach Fremdbefruchtung eine Fülle von Varianten zutage trat.

Bei vielen Arten führt Selbstbefruchtung zu einer erheblichen Reduktion der Fruchtbarkeit, z.B. auf nur 15 Prozent bei *Eschscholzia californica* (Kalifornischer Mohn); bei etlichen anderen Arten bleibt sie unverändert (z.B. bei *Lobelia fulgens* oder *Gesneria pendulina*). Einige wenige Arten sind nahezu ausschließlich Selbstbefruchter, andere wiederum sind selbstinkompatibel (= obligate Fremdbefruchter). Hierzu gehören *Verbascum phoeniceum* und *Verbascum nigrum,* während bei den nah verwandten Arten *Verbascum thapsus* und *Verbascum lychnitis* beide Möglichkeiten der Befruchtung zum Erfolg führen. Derartige Unterschiede kommen auch in den Gattungen *Papaver* und *Corydalis* vor.

Reseda odorata zeichnet sich durch eine intraspezifische individuelle Variabilität in bezug auf dieses Merkmal aus. Einige Exemplare lassen sich selbsten, andere nicht. Zusammenfassend schreibt Darwin über seine Ergebnisse:

„Der bedeutenste Schluß, zu dem ich gelangt bin, ist der, daß der bloße Akt der Kreuzung an und für sich nicht gut tut. Das Gute hängt davon ab, daß die Individuen, welche gekreuzt werden, unbedeutend in ihrer Konstitution voneinander verschieden sind und zwar in Folge davon, daß ihre Vorfahren mehrere Generationen hindurch unbedeutend verschiedenen Bedingungen oder dem, was wir in unserer Unwissenheit „spontane Abänderung" nennen, ausgesetzt gewesen sind."

Schließlich befaßt Darwin sich mit der Frage, weshalb Pflanzen (im Gegensatz zu den meisten Tieren) oft hermaphrodit ($\varnothing$) sind (= zwittrige Blüten haben, bisexuell sind: Staubblätter (δ) und Fruchtblätter (φ) in einer Blüte haben).

Die Antwort:

„...warum die Nachkommen von Pflanzen, welche ursprünglich diözisch (Anm.: zweihäusig, getrenntgeschlechtlich, φ Blüten (mit Fruchtblättern) und δ Blüten (mit Staubblättern) auf getrennten Exemplaren) waren und welche den Vorteil daraus zogen, daß sie sich immer mit einem anderen Individuum kreuzten, in hermaphrodite Formen umgewandelt worden sind, kann durch die Gefahr, nicht befruchtet zu werden, und infolgedessen keine Nachkommen zu hinterlassen, erklärt werden."

Die Nachteile der Selbstbefruchtung werden daher in Kauf genommen, vor allem auch deshalb, weil Pflanzen (im Gegensatz zu den meisten Tieren) an ihren Standort gebunden sind und nicht aktiv auf Partnersuche gehen können.

Getrenntgeschlechtliche Blüten kommen bei Bäumen häufiger als bei Kräutern vor, denn bei der langen Lebensdauer der Bäume können sie geringe oder fehlende Fruchtentwicklung in einzelnen Jahren eher ausgleichen als kurzlebige Kräuter. Wir werden später (Kap. 38) noch sehen, daß die Evolution und Ausbreitung einjähriger (annueller) Kräuter deshalb so erfolgreich ist, weil sie sich der verschiedenen Fortpflanzungsarten (Selbstbefruchtung, Fremdbefruchtung, vegetative Fortpflanzung) gleichermaßen effizient bedient.

Auswirkungen Darwinscher Arbeiten: Anerkennung, Fortführung und Ablehnung

Im Gegensatz zur Mendelschen Arbeit (s. Kap. 8) wurden Darwins Werke unmittelbar nach Erscheinen gelesen, kritisiert und auch akzeptiert. Obwohl es schien, als sei 1859 die Zeit reif, die Beweise und Gedanken zu einer Selektionstheorie der Evolution zusammenzufassen, waren es zunächst nur wenige, die Darwins Ansichten teilten und die Selektionstheorie durch eigene Beobachtungen und Experimente stützten. Zu den Gegnern gehörte der Abteilungsleiter der naturwissenschaftlichen Sammlungen des Britischen Museums, R. Owen, der sich durchaus auch mit Problemen der Abstammung befaßte; von ihm stammen die auch heute noch geläufigen Begriffe Homologie und Analogie (s. a. Kap. 43).

Zu Darwins Befürwortern zählten in England der Geologe C. Lyell, der Direktor des Londoner Botanischen Gartens (Kew Garden) J.D. Hooker sowie der Zoologe und Anthropologe T.H. Huxley. In Deutschland wurden seine Vorstellungen durch den Jenaer Zoologen E. Haeckel (1834–1919) verbreitet und fortentwickelt. M. Schleiden nahm wesentliche Aspekte der Darwinschen Lehre in die 4. Auflage seiner „Grundzüge der wissenschaftlichen Botanik" (1860) auf. Die Abstammungslehre wurde im „Lehrbuch der Botanik" von J. Sachs (1. Auflage 1870) behandelt, dem Selektionsgedanken konnte der Autor jedoch nicht folgen.

Darwin hat in keinem seiner Werke (wohl aber in seinen Tagebüchern und Manuskripten) versucht, einen Stammbaum der Organismen zu erstellen. Unter Verknüpfung der Selektionstheorie mit den Hofmeisterschen Ergebnissen (Generationswechsel, s. Kap. 1 und Kap. 44–48) veröffentlichte E. Haeckel 1866 einen ersten Stammbaum der Pflanzen (s. Abb. 36.1).

Darwins Vorstellungen über die Evolution dürfen, wie E. Mayr (1982, 1984) vermerkte, nicht zu einer einzigen Theorie zusammengefaßt werden. Vielmehr besteht sein Werk über die Entstehung der Arten aus einem Komplex von fünf, primär voneinander unabhängigen Theorien:
- Evolution an sich
- gemeinsame Abstammung
- allmähliche Evolution (Gradualismus)
- Artbildung als Populationsphänomen
- natürliche Auslese

Bereits die Feststellung, daß es eine Evolution geben müsse, entsprach nicht den Mitte des vorigen Jahrhunderts in England vertretenen Anschauungen (trotz der bereits bekannten Arbeiten der Franzosen Buffon, Lamarck und Cuvier).

Wie gerade erwähnt, wurden manche – aber nicht alle – der Darwinschen Vorstellungen von den Biologen der zweiten Hälfte des 19. und den ersten Jahrzehnten des 20. Jahrhunderts übernommen. Noch 1901, 1903 stellte der holländische Genetiker H. de Vries (einer der drei Wiederentdecker der Mendelschen Regeln, s. Kap. 8) eine Mutationstheorie der Evolution auf, die auf drei Postulaten beruht:
(1) Die kontinuierliche, individuelle Variation ist nicht relevant, soweit es die Evolution betrifft.
(2) Die natürliche Auslese ist unbedeutend.
(3) Jeglicher evolutionärer Wandel ist plötzlichen

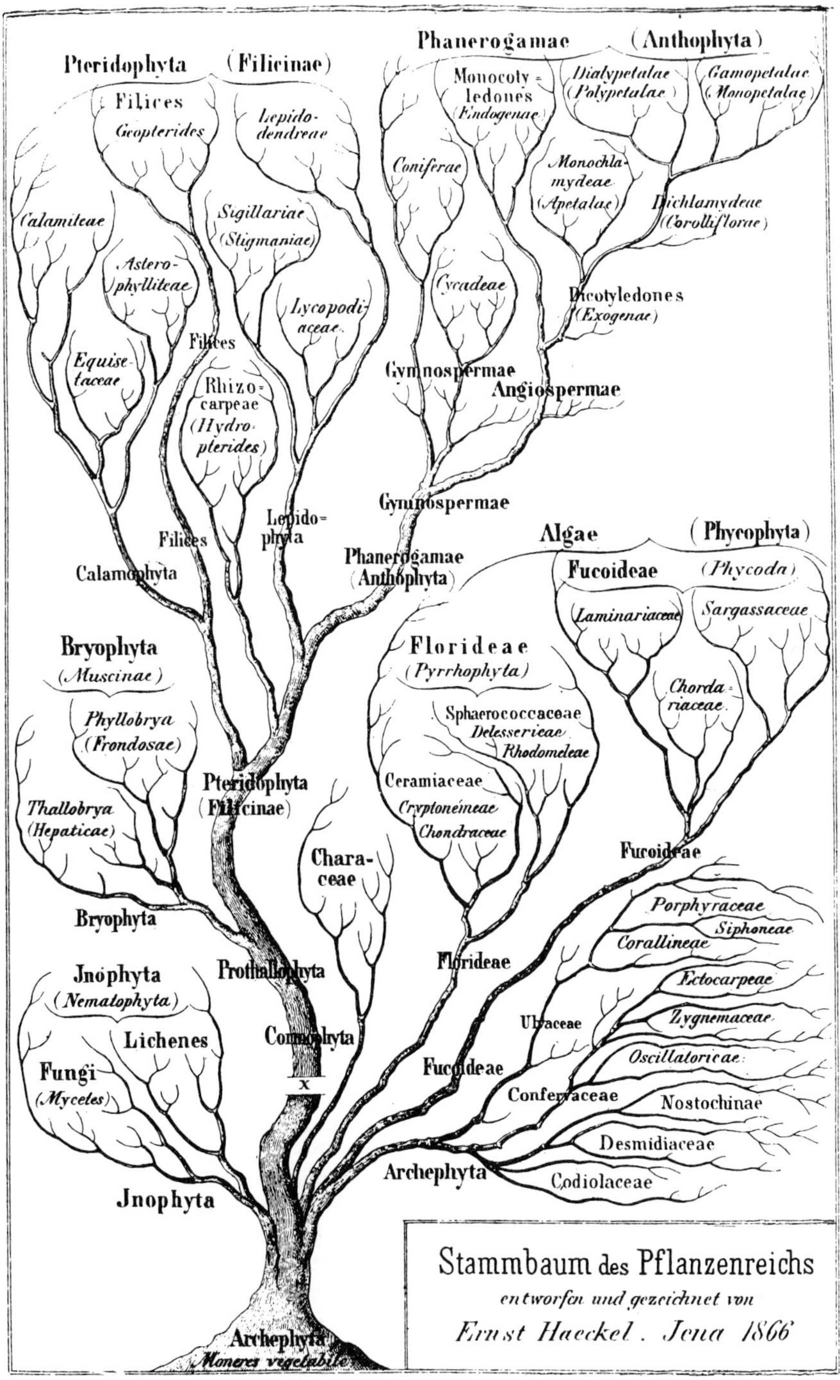

Abb. 36.1. Stammbaum des Pflanzenreichs (E. Haeckel, 1866)

großen Mutationen zuzuschreiben. Arten haben Perioden, in denen sie veränderlich (mutabel) sind und andere, in denen sie dies nicht sind (immutabel).

Unter Genetikern in der ersten Hälfte unseres Jahrhunderts kursierte der Begriff Großmutation. In der frühen Phase der molekularbiologischen Periode konnte man damit wenig anfangen. Nachdem wir jedoch wissen, daß es springende Gene gibt und daß der Regulierbarkeit von Genen oder Gruppen von Genen eine größere Bedeutung zukommt als der Abänderung einzelner Gene (Punktmutationen), wird der Begriff, in neuem Licht gesehen, wieder zur Diskussion gestellt.

Literatur

Darwin, C.: Reise eines Naturforschers um die Welt (dt. Ausgabe), Stuttgart: E. Schweizerbart'sche Verlagsbuchhandlung, 1875 (Nachdruck 1962)

Darwin, C.: Über die Entstehung der Arten durch natürliche Zuchtwahl. (dt. Ausgabe). Stuttgart: E. Schweizerbart'sche Verlagsbuchhandlung, 1860 (Nachdruck: Reclam 3071–3080, 1976)

Darwin, C.: Die verschiedenen Einrichtungen, durch welche Orchideen von Insekten befruchtet werden (dt. Ausgabe), Stuttgart: E. Schweizerbart'sche Verlagsbuchhandlung, 1899 2. Aufl.

Darwin, C.: Die Wirkungen der Kreuz- und Selbst-Befruchtung im Pflanzenreich. (dt. Ausgabe) Stuttgart: E. Schweizerbart'sche Verlagsbuchhandlung, 1899, 2. Aufl.

Haeckel, E.: Generelle Morphologie der Organismen (2 Bände). Berlin: G. Reimer, 1866

Heberer, G. (Herausg.): Die Evolution der Organismen (3 Bände) Stuttgart: G. Fischer Verlag, 1967–1974 (3. Aufl.).

Malthus, T.R.: „An essay on the principle of population" and „A summary view of the principle of population" (A. Flew ed.,) Harmondsworth, Middlesex: Penguin books Ltd., 1970. (Originalausgaben 1798 und 1830).

Mayr, E.: Artbegriff und Evolution. (dt. Ausgabe). Hamburg: P. Parey, 1967

Mayr. E.: Evolution und die Vielfalt des Lebens. Berlin–Heidelberg–New York: Springer Verlag, 1979

Mayr, E.: Die Entwicklung der biologischen Gedankenwelt. Berlin–Heidelberg–New York: Springer Verlag, 1984

37. The modern synthesis

Obgleich C. Darwin 1859 die entscheidenden Ansätze für eine Erklärung der Artenvielfalt geliefert hatte, wußte er nur wenig über die eigentlichen Mechanismen, die einer Artbildung zugrunde liegen. Er nahm zwar eine Vererbung von Merkmalen als gesichert an, wußte aber nicht, worauf sie beruht. Er benutzte den Begriff Selektion, konnte ihn aber quantitativ nicht fassen. Er wußte nur wenig über die Effizienz von Evolutionsprozessen und die Geschwindigkeit, mit der sie ablaufen. Er konnte das Aussterben nicht konkurrenzfähiger Arten und die Auslese nützlicher Anpassungen deuten, nicht aber die Entstehung neuer Arten oder die Ausbildung neuer Anpassungen.

Mit dem Aufkommen der Genetik in der ersten Hälfte unseres Jahrhunderts wurden die von ihm angeschnittenen Fragen einer neuen Betrachtungsweise unterzogen. Erste umfassende Überblicke über die Verknüpfung von Vererbungslehre und Evolutionsforschung gaben T. Dobszhansky (1937) und J. Huxley (1942) in ihren Werken *Genetics and the origin of species,* respektive *Evolution: The modern synthesis.*

Wie jeder Wissenschaftszweig, durchlief auch die Evolutionsforschung mehrere Phasen, und die Erkenntnisse hingen von der Geschwindigkeit des Fortschritts auf anderen Gebieten ab.

(1) Noch in der zweiten Hälfte des letzten Jahrhunderts befaßte man sich mit der innerartlichen Variabilität und den Einflüssen der Umwelt auf die Ausprägung bestimmter Merkmale (des Phänotyps).

(2) Später (im 20. Jahrhundert) kam die Frage hinzu, wie groß die Variabilität des Genotyps innerhalb einer Art sei.

(3) Im Anschluß an Strasburgers Entdeckung der Chromosomenkonstanz der Arten fragte man sich, ob aus dem Karyotyp Rückschlüsse auf die systematische Stellung der betreffenden Art gezogen werden können.

(4) Nachdem die Entstehung der Kulturpflanzen durch Polyploidisierung und Artbastardierung von Wildformen geklärt war und auch in einigen anderen Fällen (s. Kap. 12) Artneubildung durch Artbastardierung nachgewiesen war, untersuchte man, wie weit diese Erscheinung in der Natur verbreitet ist und welche generelle Bedeutung ihr für die Artentstehung im Pflanzenreich zukommt. Dabei zeigte es sich, daß Artentstehung und die Stabilisierung neuer Arten nicht auf eine Ursach allein zurückgeführt werden können. Es müsser eine Anzahl von Faktoren zusammentreffen, damit einer neuen Genkombination der Status einer neuen Art zugesprochen werden kann. In diesem Zusammenhang muß man sich im klaren darüber sein, was man unter einer Art verstehen will und wie der Artbegriff zu definieren ist.

(5) Molekularbiologische Ansätze erlauben es, Probleme zu klären, die zu Zeiten der klassischen Genetik und Cytologie ausgespart blieben. Die Bandierungstechnik (s. Abb. 11.8 und Kap. 39) zur Sichtbarmachung von Chromosomensegmenten, die quantitative Bestimmung von DNS und die Berechnung des Verhältnisses von codierender zu nicht-codierender DNS seien als Beispiele genannt. In der Tat haben Untersuchungen auf dieser Ebene bestimmte Evolutionstrends offengelegt, die mit den traditionellen Methoden nicht erkannt werden konnten.

Unabhängig von Fragen dieser Art bemühte man sich, Evolutionsprozesse modellmäßig zu erfassen und sie einer mathematischen Analyse zugänglich zu machen. Ansätze hierzu ergaben sich aus der Populationsgenetik. Zu einem frühen Standardwerk wurde R.A. Fishers *The genetical theory of natural selection* (1930/1958).

Ebenso wichtig wie das Problem der Artbildung ist das der Entstehung des Lebens und der Entwicklung ständig steigender Komplexität und Leistung, dem also, was man in der Evolutionsforschung als Fortschritt bezeichnet.

Diese Betrachtung leitet zu Themen über, mit denen man sich in der Systematik befaßt.

Intraspezifische Variationsmuster

Darwins Selektionshypothese und die Erkenntnis, daß die Individuen einer Art nicht das Abbild eines Typus sind, sondern Populationen repräsentieren, regte zahlreiche Zoologen und Botaniker dazu an, die Variabilität innerhalb einer Art und den Einfluß von Umweltfaktoren auf die Ausprägung einzelner Merkmale zu untersuchen.

Der französische Botaniker G. Bonnier (1853–1901) versetzte Pflanzen aus Tälern ins Hochgebirge und fand, daß 80 von 200 Arten den Witterungsbedingungen in der Höhe nicht gewachsen wa-

Abb. 37.1. *Taraxacum dens leonis* (= *T. officinalis*): Löwenzahn. Beispiel für Modifikation: Wuchsform im Flachland (P) und im Gebirge (M). In der Darstellung M′ ist die Pflanze vergrößert wiedergegeben. (G.M. Bonnier, 1895)

ren. Die Überlebenden zeichneten sich durch Zwergwuchs und Abnormitäten aus. Mit *Taraxacum officinale* führte er ein klassisch gewordenes Experiment durch, dessen Ergebnis (s. Abb. 37.1) fester Bestandteil aller Biologieschulbücher wurde und das immer wieder als Musterbeispiel für Modifikation (nicht erbliche Veränderung des Phänotyps, s. Kap. 10) zitiert wird.

Systematische Verpflanzungsversuche wurden in den siebziger und achtziger Jahren des vorigen Jahrhunderts von A. Kerner v. Marilaun (1831–1898) durchgeführt. Er kultivierte eine Anzahl von Arten im Botanischen Garten Wien und gleichzeitig in einem alpinen Versuchsgarten in 2195 m Höhe auf dem Blaser (oberhalb von Trins im Gschnitztal/Tirol). Viele der in Wien regelmäßig keimenden einjährigen Pflanzen (z.B. *Gilia tricolor, Hyoscyamus albus, Trifolium incarnatum*) gingen im Hochgebirge wegen der noch im Juni auftretenden Nachtfröste zugrunde, andere Arten wiederum wurden durch die Fröste im Wachstum gehemmt, kamen aber schließlich (Ende August, Anfang September) doch noch zur Blüte (*Lepidium sativum, Centaurea cyanus, Iberis amara, Satu-

reja hortensis, Senecio vulgaris, Viola arvensis*). Die Zahl der Blüten war geringer, und die Blüten waren kleiner als bei den Kontrollen in der Ebene. Ein Teil der einjährigen Pflanzen blühte nicht oder brachte kaum reife Samen hervor, statt dessen wurden die Pflanzen mehrjährig (*Poa annua, Senecio nebrodensis, Senecio vulgaris, Ajuga chamaepitys, Viola tricolor, Cardamine hirsuta, Medicago lupulina* u.a.). Von den über 300 ausdauernden, am Blaser ausgepflanzten Arten gelangten nur 32 zur Blüte. In allen Fällen war der Vegetationskörper der Pflanzen stark gestaucht, der Stengel war kurz und der Durchmesser von Blättern und Blüten klein, Blütenstände hatten nur wenige Blüten, die Blüten nur wenige Staubblätter. Doch waren die Blüten der meisten im Gebirge gezogenen Arten – bewirkt durch die intensive kurzwellige Strahlung – intensiver gefärbt als die der Kontrollen im Botanischen Garten Wien.

Die durch Kultur im Hochgebirge entstandenen Veränderungen blieben in der Nachkommenschaft nur dann erhalten, wenn man sie dort beließ; die Pflanzen nahmen wieder ihr ursprüngliches Erscheinungsbild an, sobald man sie wieder ins Tiefland zurückbrachte.

Zusammenfassend schreibt A. Kerner v. Marilaun:

„Die durch den Wechsel des Bodens und Klimas bewirkten Veränderungen der Gestalt und Farbe erhalten sich demnach nicht in der Nachkommenschaft. Die Merkmale, welche als Ausdruck dieser Veränderungen in Erscheinung treten, sind nicht beständig."

Phänotypische Variabilität – Genetische Variabilität: Ökologische Rassen.

Kerners Versuche machten deutlich, daß die Außenwelt einen Anstoß zur Ausbildung bestimmter Phänotypen gibt. Es gibt daher innerhalb einer Art unterschiedliche Phänotypen mit gleichem Genotyp.

Um das Problem der Artneubildung anzugehen, benötigt man jedoch unterschiedliche Genotypen und Methoden, deren Variabilität zu erfassen.

Entscheidendes ist bereits in Darwins Werken ausgesprochen. Seine Analyse der Kulturpflanzenentstehung z.B. belegt, daß innerhalb einer Art voneinander verschiedene, stabile Varietäten (Sorten) vorkommen.

Den Beweis der Existenz solcher Varietäten bei wild wachsenden Arten in Anpassung an ihre Umwelt und die Selektion bestimmter Genotypen (ökologischer Rassen) durch Standortfaktoren wurde zwischen 1920 und 1930 von dem schwedischen Botaniker G. Turesson (1892–1970) erbracht. Er fand, daß bei einer Anzahl von Arten unterschiedliche Standorte von verschiedenen Genotypen besiedelt waren.

Hierzu ein Beispiel: An der Westküste Schwedens wies er zwei ökologische Rassen von *Hieracium umbellatum* nach (1922). Die erste fand sich an Felsküsten. Die Pflanzen waren buschig gebaut, die Blätter waren breit, die Infloreszenzen ausladend. Die zweite besiedelte Sanddünen. Die Pflanzen waren im Wuchs kümmerlich, die Blätter schmal und die Infloreszenzen klein.

Entlang der Küste sind beide Rassen, ebenso wie

519

das Vorkommen von Felsküste und Dünen, alternierend anzutreffen.

Unter konstanten Versuchsfeldbedingungen behielten die Pflanzen ihr standortspezifisches Aussehen. Wurden jedoch Exemplare von einem Standort (Lebensraum) in einen anderen verpflanzt, nahmen sie die standortspezifische (lebensraumspezifische) Gestalt an. Diese Versuche besagen, daß in den einzelnen Lebensräumen unterschiedliche Genotypen selektiert werden, daß aber das Genom der Pflanzen darüber hinaus plastisch genug ist, um durch Modifikation Phänotypen hervorzubringen, die an die jeweiligen Bedingungen optimal angepaßt sind.

Weitere Belege für das Vorkommen und die Stabilität ökologischer Rassen wurden in den dreißiger und vierziger Jahren durch J. Clausen, D.D. Keck und W.M. Hiesey (University of California, Berkeley) zusammengetragen. Die perennierende Schafgarbenart *Achillea lanulosa* (der *Achillea millefolium*-Gruppe zugehörig) ist im Westen der USA weit verbreitet. Legt man einen Schnitt durch das Sierra-Nevada-Gebirge, fällt auf, daß sich die Pflanzen an den einzelnen Standorten in ihrer Wuchsform (Höhe der Pflanzen, Textur der Blätter, Zahl der Blütenkörbchen, Anzahl der Einzelblüten) signifikant voneinander unterscheiden. Es besteht eine enge Korrelation zwischen Merkmalsausprägung und Standortbedingungen. Daraus wiederum ist zu schließen, daß jede Merkmalsausprägung einen hohen adaptiven Wert hat.

Achillea lanulosa ist vegetativ vermehrbar. Clausen und Mitarbeiter haben Teile von Pflanzen der verschiedenen Standorte gesammelt und sie in einer Anzahl von Parallelanzuchten unter kontrollierten Klimakammerbedingungen vermehrt. Die Versuche ergaben, daß die einzelnen ökologischen Rassen (Genotypen) unter jenen Bedingungen am besten gediehen, die denen des natürlichen Standorts am nächsten kamen. Das heißt, daß die Art *Achillea lanulosa* (wie auch alle anderen untersuchten Arten) aus einer Vielzahl von Genotypen besteht, von denen jeder den Lebensraum besiedelt, an den er optimal angepaßt ist.

Die Zusammenfassung der Beobachtungen und Experimente (s. Abb. 37.2) zeigt, daß bei weit verbreiteten Arten die ökologischen Anpassungen der Populationen in Abhängigkeit von den Umweltfaktoren in den einzelnen Teilen des Areals der Art kontinuierlich variieren. Eine solche kontinuierliche geographisch gerichtete („klinale") Variation ist vom Zustand zahl-

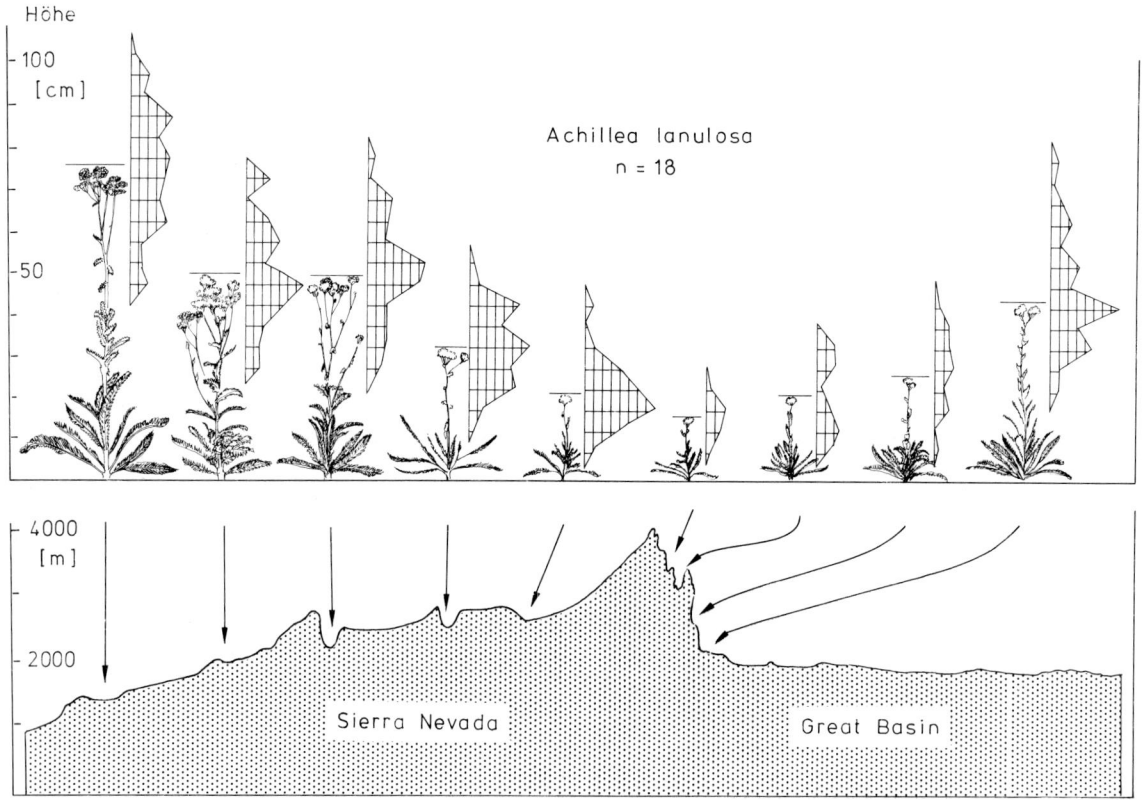

Abb. 37.2. Genetisch bedingte Variabilität innerhalb der Art *Achillea lanulosa*. Selektion bestimmter Genotypen durch Standortbedingungen. Im oberen Teil der Abbildung ist das unterschiedliche Aussehen von *Achillea lanulosa*-Populationen (einschließlich der Streuung der Höhe der Pflanzen) gezeigt, die unter gleichen Standardbedingungen (in Klimakammern) gezogen wurden. Im unteren Teil der Abbildung ist die geographische Herkunft (der jeweils natürliche Standort) der einzelnen Populationen eingezeichnet. (J. Clausen, D.D. Keck, W.M. Hiesey, 1948)

520

reicher Gene abhängig. Für *Potentilla glandulosa* ließ sich abschätzen, daß die umweltabhängigen physiologischen und morphologischen Unterschiede unter der Kontrolle von weit über 100 Genen stehen (J. Clausen, 1951).

Neben Standortfaktoren spielt die Jahreszeit bei der Selektion optimal angepaßter Rassen eine entscheidende Rolle. Die in Kalifornien verbreitete Composite *Madia elegans* blüht im Frühjahr (März bis Mai) und im Herbst (ab August). Die Frühjahrsblüher entwickeln sich sehr rasch im Anschluß an die Winterregen. Die Sprosse bleiben relativ klein. Die Herbstblüher zeichnen sich durch umfangreiches Wurzelwerk (trockener Boden!), die Ausbildung einer dichten Blattrosette und relativ große Sprosse aus. Diese Merkmale bleiben auch dann erhalten, wenn die Pflanzen (und deren Nachkommenschaft) unter standardisierten Versuchsbedingungen in Kultur genommen werden.

Ökologische Variation läßt sich auch in der Ausstattung der Pflanzen mit sekundären Stoffwechselprodukten erkennen. Das Vorkommen bestimmter Glykoside in *Trifolium repens* in Europa ist streng mit der 0 °C-Januar-Isotherme korreliert (s. Abb. 37.3).

Ähnliche Unterschiede treten bei anderen Leguminosen-Arten auf. Glykoside (Cyanid-Derivate) dienen dem Schutz vor dem Gefressenwerden (u.a. durch Schnecken). Am Beispiel von *Lotus corniculatus* zeigte sich, daß die temperaturabhängige Verbreitung glykosidhaltiger Rassen mit der Verbreitung und Kälteempfindlichkeit bestimmter Schnecken zusammenhängt.

Ob die Verbreitung der Freßfeinde die tatsächliche Ursache für die Verbreitung der Glykosidgene bei den Leguminosen ist, bleibt offen. Eine Korrelation allein ist nicht ausreichend, um einen Kausalzusammenhang zu belegen.

Wie an anderer Stelle bereits vermerkt (s. Kap. 12), ist Polymorphismus (Vielgestaltigkeit) ein charakteristisches Merkmal von Kulturpflanzen. In den USA (und im übrigen Verbreitungsgebiet) wird eine Anzahl unterschiedlich produktiver *Hordeum vulgare* (Gersten-)-Sorten angebaut. 1938 berichteten H.V. Harlan und L. Martini über Ergebnisse einer mehrjährigen Studie, in der sie 1 : 1 : 1 : ... Mischungen verschiede-

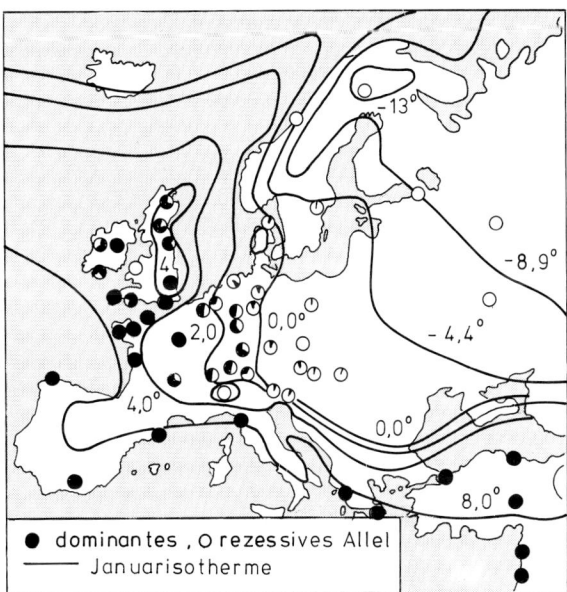

● dominantes , ○ rezessives Allel
—— Januarisotherme

Abb. 37.3. Verbreitung und Häufigkeit von Glykosidgenen in Wildpopulationen von *Trifolium repens* in Europa und Nahost. (H. Daday, 1954)

ner Sorten an mehreren Standorten in den USA unter sonst gleichen Bedingungen über mehrere Generationen hinweg kultivierten. Geerntetes Saatgut diente teils zur Wiederaussaat im folgenden Jahr teils zur Auswertung. Der relative Anteil einer jeden Sorte wurde an Stichproben von jeweils 500 Körnern bestimmt. Die Sorten waren von Anfang an so gewählt, daß man die Sortenzugehörigkeit an der Morphologie oder Farbe der Samen leicht erkennen konnte. Da *Hordeum vulgare* zudem ein obligater Selbstbefruchter ist, unterblieb eine mögliche Verfälschung der Ergebnisse durch Hybridenbildung.

Die Ergebnisse einer typischen Auszählung sind in Tabelle 1 festgehalten. Aus ihr geht hervor, daß Vorteile einzelner Sorten standortspezifisch sind und daß die übrigen Sorten in einem Verdrängungswettbewerb in wenigen Jahren weitgehend eliminiert werden. Es sind demnach nicht nur physikalische Umweltpara-

Tabelle 1. Überlebenschance einzelner *Hordeum vulgare* – Sorten in Mischpopulationen an verschiedenen Standorten (nach J.R. Harlan und L. Martini, 1938; zusammengestellt von G.L. Stebbins, 1950).

| Sortenbezeichnung | Standort und Versuchsdauer | | | | | |
	Arlington (Virginia) 4 Jahre	Ithaca (New York) 12 Jahre	St. Paul (Minnesota) 10 Jahre	Moccasin (Montana) 12 Jahre	Moro (Oregon) 12 Jahre	Davis (Kalifornien) 4 Jahre
Coast (C) und Trebi (T)*	446 T	57 T	83 T	87	6	362 C
Hannchen	4	34	305	19	4	34
White Smyrna	4	0	4	241	489	65
Manchuria	1	363	2	21	0	0
Gatami	13	9	15	58	0	1
Meloy	4	0	0	4	0	27

* Die beiden Sorten Coast und Trebi wurden zusammen ausgewertet, da ihre Körner nur schwer voneinander zu unterscheiden sind. Der Hinweis „T", bzw. „C" weist auf das Vorherrschen der einen bzw. der anderen Sorte hin. Diese Entscheidung konnte erst nach Aussaat der isolierten Körner getroffen werden.

meter, die über den Erfolg und die Dominanz einer Sorte (Rasse, Varietät) entscheiden, innerartliche Konkurrenz ist ebenso wichtig.

Karyotypen: Chromosomenzahl, Chromosomenform und verwandtschaftliche Beziehungen

An Modellbeispielen gewonnene Ergebnisse demonstrieren, daß bestimmte Veränderungen des Phänotyps auf Umstrukturierung einzelner Chromosomen (z.B. beim Mais und bei *Drosophila*, s. Kap. 11), auf einer Polyploidisierung (z.B. bei Kulturpflanzen, s. Kap. 12) oder auf Aneuploidie (z.B. bei *Datura* und beim Weizen, s. Kap. 12) beruhen können.

Karyotypveränderungen sind somit ein sichtbarer Ausdruck der Neuorganisation von Genomen. Es lag daher nahe, einen möglichst umfassenden Überblick über die Karyotypen vieler Arten zu gewinnen, um zu prüfen, ob es Gesetzmäßigkeiten oder Tendenzen gibt, die mit der systematischen Stellung von Arten oder übergeordneten Taxa (s. Kap. 43) korrelierbar sind. Durch die Analyse von Karyotypen, bei gleichzeitiger Untersuchung der (geographischen) Verbreitung und der ökologischen Ansprüche nah verwandter Arten, ist man einen entscheidenden Schritt auf dem Wege zur Aufklärung phylogenetischer Zusammenhänge weitergekommen. Von einer endgültigen Lösung ist man jedoch noch weit entfernt, denn die Existenz gewisser – nachgewiesener – Evolutionsstrategien besagt noch nicht, daß diese allein ausschlaggebend sind.

Anfang der sechziger Jahre kannte man die Chromosomenzahlen von über 17 000 Angiospermen. V. Grant hat die ihm seinerzeit (1963) vorliegenden Werte zu einem Histogramm (s. Abb. 37.4) zusammengestellt, aus dem ihre Häufigkeitsverteilung bei den Mono- und Dikotyledonen ablesbar ist.

Die niedrigste Zahl (n = 2) findet man bei der

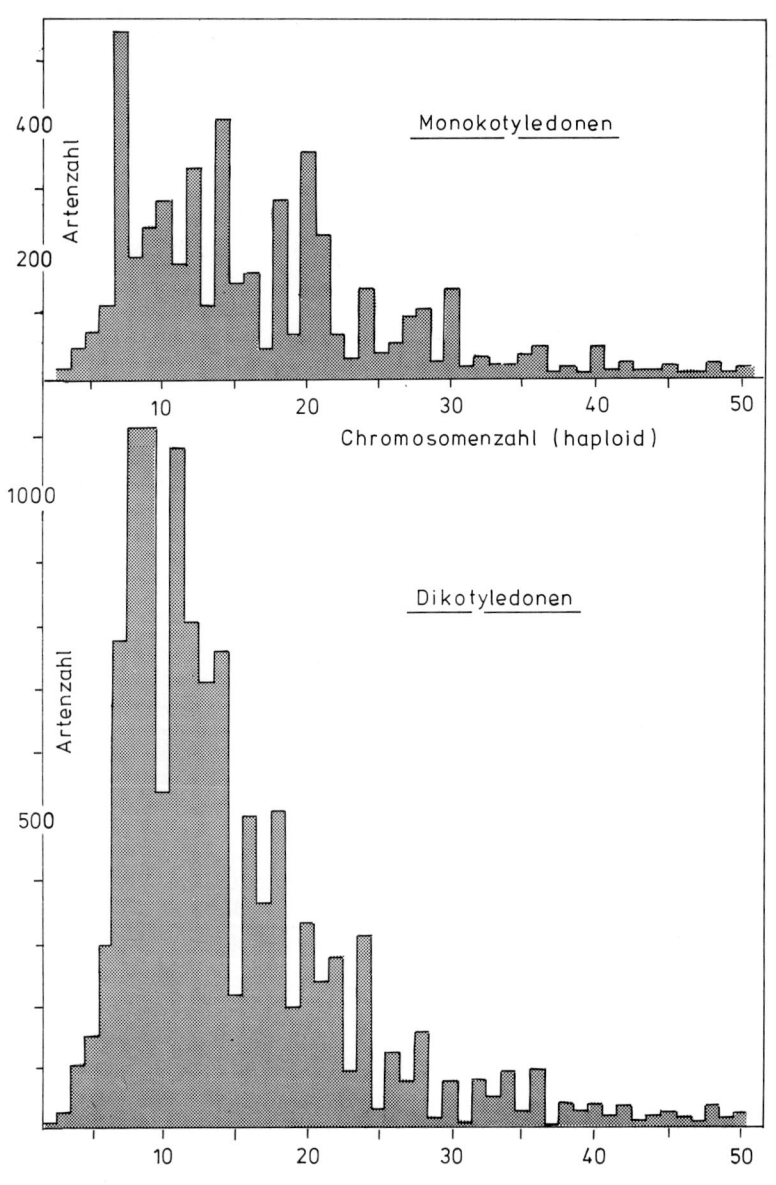

Abb. 37.4. Häufigkeitsverteilung der haploiden Chromosomenzahlen bei etwa 17 000 Blütenpflanzen. Die Werte schwanken zwischen n = 2 und n = 250. (V. Grant, 1963)

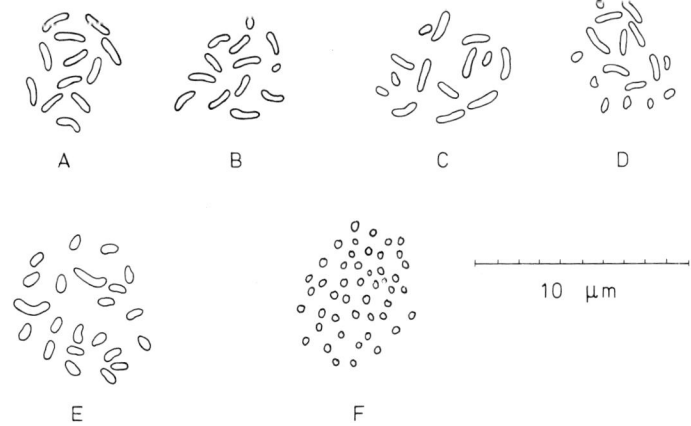

Abb. 37.5. Steigende Chromosomenzahlen bei abnehmender Größe in diploiden Populationen der *Luzula campestris*-Gruppe. Ersatz von A-Chromosomen durch B-Chromosomen (vermutlich aufgrund von Fragmentierung; s. a. Abb. 37.10). *A* 12 A-Chromosomen; *B* 11 A-, 2 B-Chromosomen; *C* 10 A-, 4 B-Chromosomen; *D* 8 A-, 8 B-Chromosomen, *E Luzula orestra;* 2 A-, 20 B-Chromosomen; *F Luzula sudetica,* 48 B (C)-Chromosomen. (F. Ehrendorfer, 1964, nach E. Nordenskiöld, 1956)

Composite *Haplopappus gracilis,* einen recht hoher Wert (n = ca. 250) bei einer *Kalanchoe*-Art. Hohe Werte sind auch für Farne typisch. Steigende Chromosomenzahlen sind in der Regel mit Abnahme der Chromosomengröße verbunden (s. Abb. 37.5). Der

Tabelle 2. Artpaare, die sich in bezug auf ihre Morphologie und ökologische Preferenzen voneinander unterscheiden, aber gleiche Chromosomenzahlen enthalten

Art, Anspruch (Vorkommen)	Art, Anspruch (Vorkommen)	Chromosomenzahl (n)
Geum urbanum trockene Standorte	*Geum rivale* feuchte Standorte	21
Primula vulgaris Schatten	*Primula veris* Sonne	11
Silene maritima Küste	*Silene vulgaris* Binnenland	12
Silene alba	*Silene dioica*	12
Quercus robur schwere Böden	*Quercus petraea* leichte Böden	12
Epilobium hirsutum	*Epilobium parviflora*	18
Viola odorata	*Viola hirta*	10

(D.H. Valentine, 1951)

Tabelle 3. Unterschiedliche Chromosomengröße bei Arten mit gleicher Chromosomenzahl

Familie	Art	Haploider Chromosomensatz (n)	Durchschnittliche Chromosomenlänge (in μm)
Ranunculaceae	*Isopyrum fumarioides*	7	1,3
	Anemone hepatica	7	7
Oxalidaceae	*Oxalis cuneata*	6	1,5
	Oxalis dispar	6	15,1
Leguminosae	*Lotus tenuis*	6	1,8
	Vicia faba	6	14,8
Compositae (Tribus: Cichoriae)	*Agoseris heterophylla*	9	2,4
	Chaetadelpha wheeleri	9	6,4

(G.L. Stebbins, 1971)

Vergleich der Karyotypen verwandter Arten läßt auffallende, doch keineswegs allgemeingültige Verteilungsmuster erkennen. Bemerkenswert sind dabei:
- das inter- und intraspezifische Auftreten von Zahlen, die das Ein- oder Vielfache einer Basiszahl (x) darstellen (2x, 3x, 4x, ... nx). Wegen der besonderen Bedeutung dieser Ploidiereihen für die Frage der Artneubildung werden wir uns mit ihnen in einem gesonderten (folgenden) Abschnitt befassen.
- gleiche Chromosomenzahlen bei vielen nah verwandten Arten (s. Tabelle 2 und 3), gelegentlich auch bei allen Arten einer Gattung (*Pinus*, n = 12;

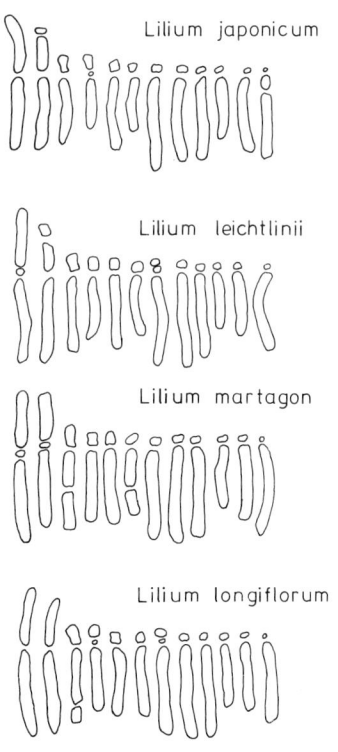

Abb. 37.6. Unterschiedliche Chromosomenformen (bei nahezu gleicher Chromosomengröße) bei vier *Lilium*-Arten mit n = 12 Chromosomen. (R.N. Stewart, 1947)

523

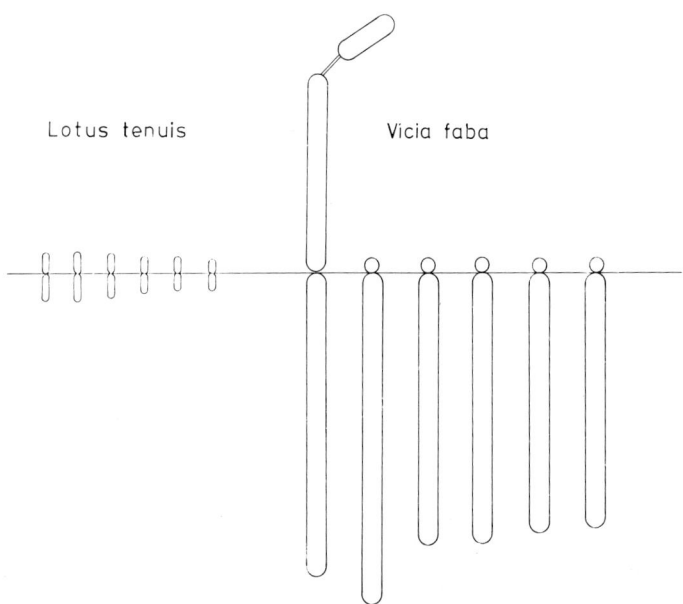

Abb. 37.7. Unterschiedliche Chromosomengröße (= unterschiedliche DNS-Mengen) bei zwei Arten aus der Familie der Leguminosen. (G.L. Stebbins, 1971)

Lotus tenuis   Vicia faba

M.C. Ferguson, 1904) oder Familie (Thymelaeaceae, n = 9; E. Strasburger, 1910). Gleiche Chromosomenzahl bedeutet keineswegs Identität der vergleichbaren Chromosomen. Beispiele für unterschiedliche Form bei annähernd gleichen Größen findet man u.a. bei mehreren Arten der Gattung *Lilium* (s. Abb. 37.6). Oft zeichnen sich verwandte Arten durch unterschiedlich große Chromosomen aus (s. Abb. 37.7).

– Homologien zwischen einzelnen Chromosomen oder Chromosomenabschnitten bei verwandten Arten. Ein Beispiel: Die Unterschiede in den Karyotypen der beiden *Narcissus*-Arten *N. bulbocodium* und *N. cantabricus,* einem sympatrischen Artenpaar aus dem südwestlichen Mittelmeerraum, sind

am einfachsten durch zwei Inversionen und drei Translokationen zu deuten (s. Abb. 37.8).

– Unterschiedliche Chromosomenzahlen und -größen bei verwandten Arten, die auf Verkleinerung der Chromosomen (DNS-Verlust), Chromosomenverlust und Translokationen zurückgeführt werden können.

Beispiel: nordamerikanische Arten der Gattung *Crepis* (s. Abb. 37.9). Eine genaue Analyse ihrer Karyotypen ergab, daß einzelne Abschnitte untereinander homologisierbar sind, und die Abänderung der Chromosomenmuster, vor allem die Abnahme der Chromosomengröße, mit zunehmender Spezialisierung der Arten einhergeht. Als primitive (= am wenigsten spezialisierte) Arten gelten die

$A_b A_c$ $B_b B_c$ $C_b C_c$ $D_b D_c$ $E_b E_c$ $F_b F_c$ $G_b G_c$

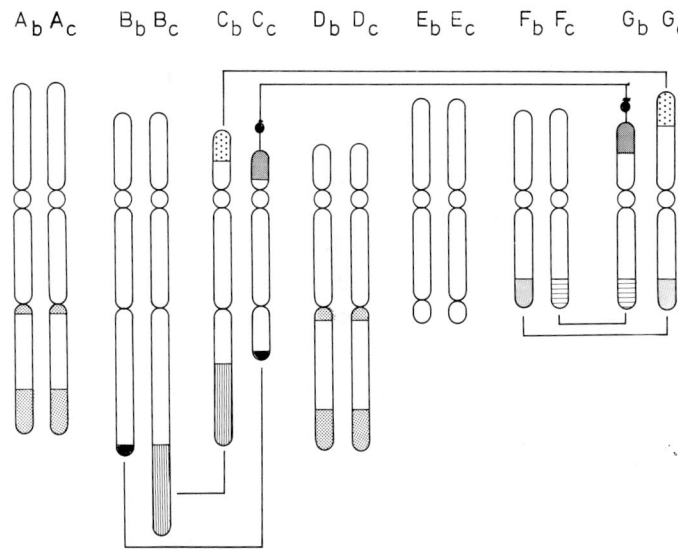

Abb. 37.8. Karyotypen und vermutliche Chromosomenstruktur der Arten *Narcissus bulbocodium* ($A_b - G_b$) und *Narcissus cantabricus* ($A_c - G_c$) nach dem Meioseverhalten der F_1-Hybriden. Die strukturelle Differenzierung beruht wahrscheinlich auf zwei Inversionen und drei reziproken Translokationen. (A. Fernandes, 1959)

524

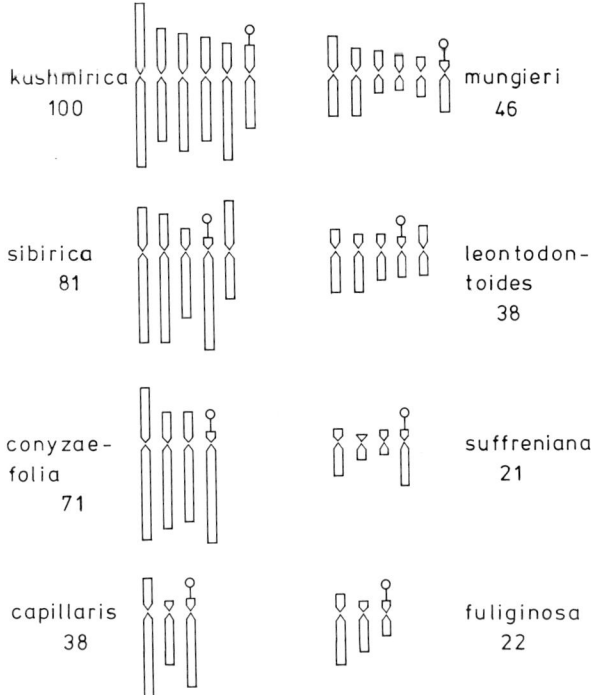

kushmirica
100

mungieri
46

sibirica
81

leontodon-
toides
38

conyzae-
folia
71

suffreniana
21

capillaris
38

fuliginosa
22

Abb. 37.9. Karyotypen verschiedener *Crepis*-Arten. Im Verlauf der Evolution wurden Chromosomenzahl und -größe reduziert. (E.B. Babcock, 1947)

mit n = 6 Chromosomen. Sie sind perennierend (= mehrjährig, ausdauernd). Bei Arten mit n = 5 und n = 4 nimmt der Grad der Spezialisierung zu. Neben perennierenden kommen annuelle (= einjährige) Formen vor, bei Arten mit n = 3 Chromosomen sind annuelle vorherrschend.

Auch für die Regel der Chromosomenkonstanz der Arten konnten Abweichungen festgestellt werden:

- Wie angedeutet, gibt es intraspezifische Rassen, die sich aufgrund ihres Ploidiegrads voneinander unterscheiden.
- In einigen Familien wird die Bestimmung der Chromosomenzahl durch die Anwesenheit sogenannter B-Chromosomen (die in variabler Menge auftreten können) erschwert. Sie sind insbesondere bei den Gramineen, Liliaceen und den Compositen anzutreffen, sind meist heterochromatisch und ohne Einfluß auf den Phänotyp. Zwar sind sie in der Regel kleiner als die essentiellen, sogenannten A-Chromosomen, doch ein ungeübter Cytologe wird die Zugehörigkeit eines Chromosoms nicht immer eindeutig identifizieren (s. Abb. 37.10).
- Arten einiger Gattungen *(Carex, Luzula, Scirpus, Eleocharis)* sowie einzelne Arten, wie z.B. *Poa alpina*, zeichnen sich durch variable Chromosomenzahlen aus. Bei einer *Carex*-Art schwanken die Werte zwischen n = 6 und n = 66, ohne daß sich die Varianz im Phänotyp bemerkbar machen würde. Eine der dieser Variabilität zugrunde liegenden Ur-

sachen ist das Vorhandensein diffuser (polycentrischer) oder multipler Centromere. Einerseits scheinen die Genome dieser Arten sehr gut balanciert zu sein, so daß die Abwesenheit einzelner Chromosomen durch die verbleibenden kompensiert werden kann, andererseits sind die Chromosomen in Zellen, in denen sie zahlreich sind, kleiner als in solchen, die nur wenige enthalten.

- Umweltparameter können zur Selektion variabler Chromosomenmuster (lokaler Rassen) beitragen. I. Fukuda und R.B. Chanell (1975) analysierten die Karyotypen verschiedener Populationen der Weißen Wachsblume *(Trillium ovatum* s. a. Abb. 53.2) im Westen Nordamerikas. In der Küstenregion mit ihrem ausgeglichenen Klima und der ausgedehnten Nadelwaldzone sind keine oder allenfalls minimale Unterschiede im Karyotyp zwischen den einzelnen, meist zusammenhängenden Populationen erkennbar. Im Gegensatz dazu variieren die Karyotypen in den isolierten, relativ kleinen Populationen der Rocky-Mountains-Region Idahos und Montanas von Ort zu Ort (s. Abb. 37.11). Diese Region ist klimatisch und geologisch vielgestaltig. Die Besiedlung durch *Trillium* erfolgte im Anschluß an die letzte Eiszeit. Mit der Variation der Chromosomenmuster geht eine morphologische Variation der isolierten Populationen einher.

Für die Verteilung der Chromosomengrößen lassen sich folgende Trends ausmachen (nach Stebbins, 1971):

(1) Gymnospermen (Cycadales, *Ginkgo,* Coniferales)

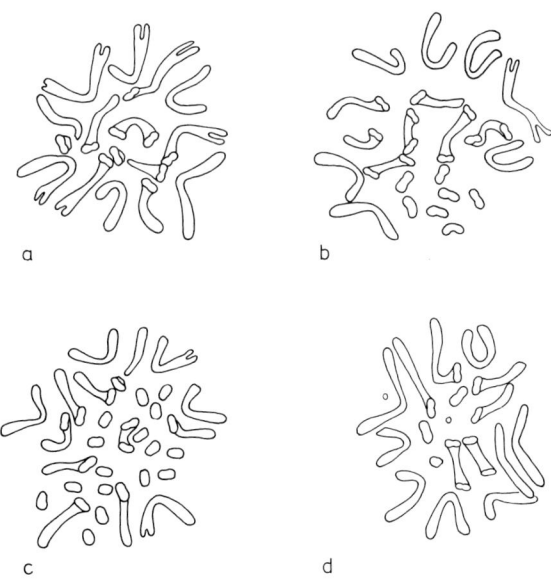

a b

c d

Abb. 37.10. Metaphaseplatten aus Wurzelspitzen verschiedener *Festuca pratensis*-Pflanzen. B-Chromosomen (klein) können fehlen *(a)* oder vorhanden sein *(b* 7 B, *c* 14 B). *d* B-Chromosomen können ungleich groß sein. Das Vorhandensein der B-Chromosomen beeinflußt nicht den Phänotyp. (N.O. Bosemark, 1954)

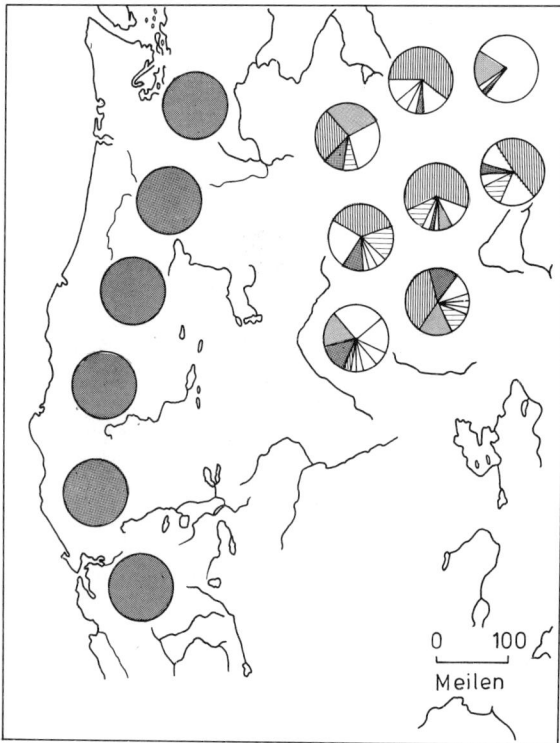

Abb. 37.11. Verbreitung und Anteil unterschiedlicher Chromosomenrassen von *Trillium ovatum* im Westen der USA. Populationen in Küstennähe zeichnen sich durch eine Homogenität der Chromosomenmuster aus. Im Binnenland sind die einzelnen Chromosomentypen in unterschiedlichen Anteilen vorhanden. Im Bild sind unterschiedlich große Sektoren zu sehen; weitere Einzelheiten siehe Text. (I. Fukuda, R.B. Chanell, 1975)

haben im Durchschnitt größere Chromosomen als die meisten übrigen Pflanzen. Sie werden jedoch von einigen Angiospermengattungen und -familien (*Paeonia, Lilium, Trillium, Tradescantia,* Krameriaceae, Loranthaceae) übertroffen.

(2) Holzige Angiospermen haben ausnahmslos kleine, meist schwer voneinander unterscheidbare Chromosomen. Oft sind zwischen benachbarten Arten und Gattungen kaum Unterschiede erkennbar.

(3) Unter den krautigen Angiospermen kommen zwischen verwandten Arten und Gattungen beträchtliche Unterschiede in der Chromosomengröße vor. Die Gestalt der Chromosomen gibt jedoch weder einen Hinweis auf die phylogenetische Stellung der Familie, noch lassen sich Vorhersagen über die Chromosomengröße einzelner Arten machen.

(4) Unter den sporenbildenden Gefäßpflanzen haben Gattungen, respektive Familien mit Heterosporen (*Selaginella, Isoetes,* Marsileaceae, Salviniaceae) kleinere Chromosomen als Gruppen mit Homosporen.

Signifikant unterschiedliche Chromosomengrößen können auf zumindest zwei, z.T. einander ergänzende Ursachen zurückgeführt werden:

(1) Arten mit größeren Chromosomen verfügen im Vergleich zu denen mit kleinen (bei gleicher Zahl) über mehr aktive Gene.

(2) Arten mit großen Chromosomen verfügen über große Mengen nicht-codierender DNS (repetitive DNS, Heterochromatin, s. Kap. 21).

Mit den beiden Alternativen werden wir uns im Kapitel 39 befassen.

Außer der Auswertung der Chromosomenzahlen bei den einzelnen Arten kann die Variabilität dieser Werte in einzelnen Pflanzengruppen erfaßt werden. So variieren die Chromosomenzahlen bei den krautigen Angiospermen um den Faktor 100, bei den holzigen Angiospermen um den Faktor 14, bei den Coniferen nur um den Faktor 2, bei den Cycadeen ist keine Variabilität vorhanden. Mit der Zunahme der Chromosomenvariabilität geht eine Variabilität morphologischer Merkmale einher. Wie wir im folgenden Kapitel noch sehen werden, verfügen die krautigen Angiospermen über ein weites Repertoire an Fortpflanzungsstrategien. Ihre Populationsgrößen sind meist kleiner als die der verholzten Arten, günstige Genotypen können rasch fixiert werden, die Evolutionsgeschwindigkeit wird dadurch gesteigert (D.A. Levin, A.C. Wilson, 1976).

Polyploidie

Polyploidisierung erwies sich als ein entscheidender, wenngleich nicht ausschließlicher Faktor der Artbildung bei Angiospermen (und Pteridospermen). Es ist daher wichtig, die damit zusammenhängenden Erscheinungen im Detail zu behandeln. Vielfach unterscheiden sich nah verwandte Artpaare aufgrund des Ploidiegrades voneinander, so z.B. die Artpaare *Nasturtium officinalis* (n = 16) und *Nasturtium microphyllum* (n = 32) oder *Cardamine hirsutum* (n = 8) und *Cardamine flexuosa* (n = 16). Bei einer dritten *Cardamine*-Art *(C. pratensis)* wurden neben n = 8, Populationen mit 12, 14, 15, 16, 19, 20, 21–28, 30, 32, 37, 42, 44, 45 und ca. 48 Chromosomen identifiziert.

Durch einen Vergleich der Chromosomenzahlen von Artpaaren läßt sich zwar feststellen, ob eine Art doppelt so viele Chromosomen wie die andere hat, so daß man die eine als diploid, die andere als tetraploid einstufen kann, doch läßt sich auf diese Weise nur selten die eigentliche Basiszahl (x) bestimmen. In der Regel muß man möglichst viele Arten einer Gattung (oder verwandter Gattungen) analysieren, um den kleinsten gemeinsamen Nenner, x nämlich, zu ermitteln.

Für überwiegend krautige Angiospermenfamilien werden Basiszahlen von 6–9 angegeben, für holzige Familien einschließlich der Gymnospermen 11 und darüber.

Manchmal, doch nicht immer, ist der Ploidiegrad mit morphologischen Merkmalen, geographischer Verbreitung oder ökologischen Ansprüchen korreliert.

526

Dazu einige Beispiele:
- Arten (Unterarten) der *Galium pumilus*-Gruppe sind in Süd- und Mitteleuropa verbreitet. Zwischen Di- und Octoploidie sind verschiedene weitere Ploidiegrade nachgewiesen worden. Die diploide Art *Galium austriacum* kommt als ein glaziales Relikt in einigen geographisch voneinander isolierten Arealen der Alpen vor. Die zugehörigen polyploiden Formen (Arten, Unterarten) sind weit verbreitet. Die Populationen gehen kontinuierlich ineinander über.

  Bei *Galium anisophyllum* kommt jeder gradzahlige Ploidiegrad zwischen zwei und zehn vor. Auch hier repräsentieren die diploiden Formen glaziale Relikte, die mosaikartig in europäischen Gebirgen zu finden sind. Die postglazial entstandenen Octoploiden sind gleichmäßig und weit verbreitet. Die Verbreitung der Tetraploiden nimmt eine Mittelstellung ein. Sie sind zwar auch weit verbreitet, die Verbreitungsgebiete der einzelnen Populationen sind aber klar voneinander getrennt (F. Ehrendorfer, Botanisches Institut der Universität Wien, 1949, 1964).
- *Biscutella laevigata* (Brillenschötchen, Familie: Brassicaceae). Die Verteilung diploider und tetraploider Rassen (Populationen) in Mitteleuropa ist mit der Ausdehnung der letzten Vereisung (im Pliozän) korrelierbar. Diploide Rassen findet man in den nicht vereisten Urstromtälern, die tetraploiden besiedelten (nach Rückgang des Eises) den alpinen Bereich und dehnten sich von dort nach Südeuropa aus (I. Manton, 1934, 1937; s. Abb. 37.12).
- *Asplenium trichomanes* (Brauner Streifenfarn). Morphologisch sind diploide und tetraploide Populationen nicht voneinander unterscheidbar, diploide bevorzugen saure, tetraploide alkalische Böden.
- *Ranunculus ficaria*. In Europa sind 2x-, 4x-, 5x- und 6x-Rassen (Populationen) nachgewiesen worden. Die einzelnen Rassen sind an kleinen, aber signifikanten morphologischen Unterschieden erkennbar. An jedem Standort, an dem neben den diploiden tetraploide Rassen auftreten, unterscheiden sich letztere jeweils in einem anderen Satz von Merkmalen von ersteren. Mit anderen Worten: Es gibt keine eindeutige Richtung, durch die sich die Tetraploiden von den Diploiden abheben. Statt dessen läßt sich sagen, daß die Heraufsetzung des Ploidiegrades der Pflanze eine erhöhte Flexibilität in der Expression ihres Genoms verleiht, um auf unterschiedliche Biotopeinflüsse mit jeweils anderen Strategien zu reagieren.

Diese Beispiele belegen, daß unterschiedliche Ploidiegrade nicht nur bei verwandten Arten, sondern auch innerhalb einer Art auftreten und daß sich Ploidierassen oft, aber nicht immer, durch ihre ökologischen Ansprüche oder ihre geographische Verbreitung voneinander unterscheiden. Polyploide Rassen können sich meist dort nicht durchsetzen, wo die diploiden verbreitet sind; sie gewinnen jedoch bei der Besiedlung neuer (gestörter) Lebensräume oft einen

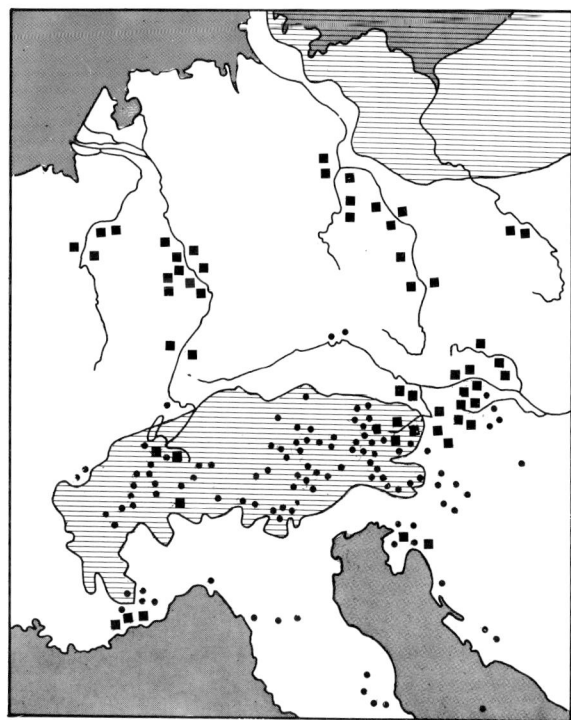

Abb. 37.12. Verteilung von diploiden (■) und tetraploiden (●) Rassen von *Biscutella laevigata* (Brillenschötchen) in Mitteleuropa. Linienraster: Gebiete der letzten Vereisung (I. Manton, 1937)

Vorteil (adaptive Radiation). Polyploidisierung und eine derartige Ausbreitung können daher ein erster Schritt zur Artneubildung sein.

Wie im Abschnitt Genetik (s. Kap. 12) dargelegt, haben Polyploide (vor allem Autopolyploide) oft Meiosestörungen. Daher ist gerade bei ihnen der Anteil perennierender, langlebiger Arten, sowie von Arten, die sich vegetativ fortpflanzen können (Apomixis, s. Kap. 38), besonders hoch. 30 bis 75 Prozent aller Angiospermen (und der überwiegende Teil der Farne) sind als polyploid einzustufen (G.L. Stebbins, 1938, 1940, 1947, 1950; G. Tischler, 1950), wohingegen die Polyploidie bei Gymnospermen selten ist.

Mitte der vierziger Jahre wiesen A. und D. Löve in mehreren Publikationen darauf hin, daß die Zahl polyploider Arten mit zunehmender geographischer Breite (von Schleswig-Holstein über Skandinavien nach Spitzbergen) anstieg. Dem wurde entgegengehalten (Å. Gustafson, 1948), daß bei dieser Aussage in jeder Klimazone andere Pflanzenfamilien berücksichtigt wurden. So nimmt beispielsweise der Anteil der Gramineen, Cyperaceen und Rosaceen in Richtung Norden zu, und gerade in diesen Familien findet man überall einen hohen Anteil an Polyploiden. Es gibt nur einige wenige Arten, deren diploide Rassen in wärmeren Zonen, die polyploiden in kälteren auftreten. 1932 fand O. Hagerup, daß Polyploidie durch experimentell ausgelösten Kälteschock induzierbar

Tabelle 4. Häufigkeit polyploider Arten in verschiedenen geographischen Breiten in Eurasien und in der Arktis (nach Löve und Löve, 1957, Hanelt 1966, zusammengestellt von V. Grant 1971)

Land	geographische Breite (°N)	Anteil polyploider Arten (%)
Sizilien	36–38	37
Rumänien	44–47	46,8
Tschechoslowakei (Par-dubice)	50	52,3
Mitteleuropa	46–55	50,2
Schleswig-Holstein	54–55	54,5
Dänemark	54–58	53,5
England	50–61	52,8
SW-Grönland	60–62	74
Faröer	62	71
Island	63–66	71,2
Schweden	55–69	56,9
Finnland	60–70	57,3
Norwegen	58–71	57,6
NW-Alaska	68	59,3
Devon-Island	75	76
Spitzbergen	77–81	74
Franz-Joseph-Land	80–82	75
Peary-Land	82–84	85,9

ist. Ob diese Beobachtung eine Zunahme der Polyploidie in kälteren Zonen erklären kann, oder ob polyploide Arten, wie immer sie auch entstanden sein mögen, und welcher Familie sie auch immer angehören, an extreme Bedingungen besser angepaßt sind als z.B. Familien, in denen Polyploidie selten ist, bleibt offen. Eine Ausnahme scheinen manche Gymnospermen in der Nadelwaldzone (!) zu machen, die dort zwar mengenmäßig dominant (individuenreich), aber trotz weiter Verbreitung nur mit wenigen Arten vertreten sind. Ergänzende Studien von A. und D. Löve und anderen Wissenschaftlern erhärteten ihre früheren Feststellungen (s. Tabelle 4). Im Einklang damit steht die Zunahme polyploider Arten mit zunehmender Höhe in Gebirgen (A.W. Johnson, J.G. Packer 1965).

Was ist eine Art? Isolationsmechanismen, Entstehung neuer Arten durch Hybridisierung und andere Mechanismen, Adaptive Radiation, Verwandtschaftskreise.

Wenn man über die Entstehung neuer Arten sprechen möchte, muß man sich natürlich Gedanken darüber machen, was der Begriff Art tatsächlich meint. Nicht jeder benutzt die gleichen Definitionen.

In der Taxonomie arbeitet man meist mit dem phänischen Artbegriff. Das heißt, man bildet Gruppen von Individuen, die untereinander in allen wesentlichen Merkmalen übereinstimmen, ein einheitliches Areal besiedeln, und durch klare Diskontinuitäten von ihren Nachbararten unterschieden sind. Trotz immer wiederkehrender Schwierigkeiten hat sich dieses Verfahren bewährt und bildet die Grundlage der Systematik der Pflanzen (und anderer Organismen) sowie der Bestandsaufnahme und Katalogisierung der Arten.

Unter dem Einfluß der Genetik wurde versucht, die Art als eine Fortpflanzungsgemeinschaft zu definieren, der solche Individuen angehören, die sich tatsächlich oder potentiell miteinander fortpflanzen. Vielfach besteht sie aus einer Anzahl von Populationen, die räumlich voneinander getrennt sein können. Eine Population aus uneingeschränkt untereinander fortpflanzungsfähigen Individuen nennt man eine panmiktische Population. Die Summe aller Gene (genauer gesagt Allele), die in einer panmiktischen Population durch Genaustausch (Panmixie) ständig neu kombiniert werden, bezeichnet man als Genpool.

Einzelne Arten sind in der Regel diskontinuierlich voneinander getrennt. Zwischen ihnen besteht eine Fortpflanzungsisolation; es gibt Barrieren, die einem interspezifischen (zwischenartlichen) Genaustausch entgegenstehen.

Diesen fällt eine große Bedeutung für die Stabilisierung der Arten zu, sie reduzieren die Wahrscheinlichkeit der Vereinigung von Genomen verwandter Arten, denn normalerweise kooperieren solche Genome nicht reibungslos miteinander; der Fortpflanzungserfolg ist damit drastisch reduziert.

Der eben dargestellte populationsgenetische Ansatz der Artdefinition erwies sich für die Evolutionsforschung als brauchbar, obwohl auch gegen ihn gravierende Einwände erhoben werden können:

(1) Viele Einzeller (und manche Mehrzeller) vermehren sich vornehmlich asexuell durch Teilung. Sexuelle Fortpflanzung kommt bei ihnen nur selten oder gar nicht vor (bzw. wurde nie nachgewiesen). Dennoch spricht man ganz selbstverständlich von Arten. Viele niedere und höhere Pflanzen vermehren sich vegetativ. Durch die vegetative Vermehrung erzeugte Nachkommenschaft bezeichnet man als einen Klon. Genetisch sind alle Individuen (wenn man von Mutanten einmal absieht) untereinander gleich.

(2) Gerade bei höheren Pflanzen gibt es innerhalb einer Art Fortpflanzungsbarrieren, die auf verschiedenen Mechanismen, z.B. Autogamie, Sterilitätsfaktoren, unterschiedlichem Ploidiegrad, oder mechanischen Barrieren wie Heterostylie beruhen können. Oft sind ökologische, lokale oder cytologische Rassen auf diese Art und Weise voneinander getrennt (s. folgendes Kap.).

(3) Wie das Beispiel der Allopolyploidie lehrt, ist es auch nicht richtig, daß es zwischen verwandten Arten keinerlei Kreuzbarkeit und keine fertilen Nachkommen geben kann. Solche Fälle sind zwar nicht sehr häufig, sie kommen aber vor und spielen, vor allem bei Angiospermen, eine entscheidende Rolle bei der Artbildung und der Eroberung neuer Lebensräume.

(4) Interspezifische Fortpflanzungsbarrieren funktionieren nur unter bestimmten Bedingungen. Sie können unter andersartigen Lebensbedingungen zusammenbrechen. Als Folge davon können neue, in der neuen Umgebung vorteilhafte Genkombinationen zustande kommen.

528

Die vorgetragenen Argumente sprechen dafür, daß die Einheit „Art" als eine dynamische Größe zu betrachten ist und daß es trotz nachweisbarer Diskontinuität keine absolut sicheren Abgrenzungen zwischen verwandten Arten gibt.

Literatur

Battaglia, E.: Cytogenetics of B-chromosomes. Caryologia *17*, 245–299 (1964)

Babcock, E.B.: Systematics, cytogenetics, and evolution of *Crepis*. Bot. Rev. *8*, 138–190 (1942)

Babcock, E.B.: The genus *Crepis*. Univ. Calif. Publ. Bot. *21, 22;* Berkeley: Univ. Press, 1947

Bonnier, G.M.: Recherches sur l'anatomie expérimentale des végétaux. Corbeil: E. d. Crété. Imprimerie Typographique, 1895

Bosemark, N.O.: On accessory chromosomes in *Festuca pratensis*. Hereditas *40*, 346–376 (1954)

Briggs, D., S.M. Walters: Plant variation and evolution. London, Cambridge: Cambridge University Press 1984 (2. Aufl.)

Clausen, J.: Cytological evidence for the hybrid origin of *Penstemon neotericus* Keck. Hereditas *18*, 65–76 (1933)

Clausen, J., D.D. Keck, W.M. Hiesey: Experimental studies on the nature of species. II. Plant evolution through amphiploidy and autoploidy with examples from the Machinae. Carnegie Inst. Washington, Publ. No. *564*, 174 pp (1945)

Clausen, J., D.D. Keck, W.M. Hiesey: Experimental studies on the nature of species. III. Environmental responses of climatic races of *Achillea*. Carnegie Inst. Washington, Publ. No. *581* (1948)

Daday, H.: Gene frequencies in wild populations of *Trifolium repens*. I. Distribution by latitude. Heredity *8*, 61–78 (1954)

Ehrendorfer, F.: Zur Phylogenie der Gattung *Galium*. I. Polyploidie und geographisch-ökologische Einheiten in der Gruppe des *Galium pumilum* Murray im österreichischen Alpenraum. Österr. Bot. Zeitschr. *96*, 109–138 (1949)

Ehrendorfer, F.: Zur Phylogenie der Gattung *Galium*. II. Rassengliederung, Variabilitätszentren und geographische Merkmalsprozession als Ausdruck der raum-zeitlichen Entfaltung des Formenkreises *Galium incanum* S.S., Österr. Bot. Zeitschr. *98*, 427–490 (1951)

Ehrendorfer, F.: Cytologie, Taxonomie und Evolution bei Samenpflanzen. Vistas in Botany, *4*, 99–186 (1964)

Fernandes, A.: On the origin of *Narcissus cantabricus* D.C. Bot. Soc. Brot. *33*, 46–60 (1959)

Fukuda, I., R.B. Chanell: Distribution and evolutionary significance of chromosome variation in *Trillium ovatum*. Evolution *29*, 257–266 (1975)

Grant, V.: The origin of adaptation. New York, London: Columbia University Press, 1963

Grant, V.: Plant speciation. New York, London: Columbia University Press, 1971

Grant, V.: Organismic evolution. San Francisco: W.H. Freeman and Comp., 1977

Hagerup, O.: Über Polyploidie in Beziehung zu Klima, Ökologie und Phylogenie. Hereditas *16*, 19–40 (1932)

Harlan, H.V., L. Martini: The effect of natural selection on a mixture of barley varieties. J. Agr. Res. *57*, 189–199 (1938)

Hoffman, L.R.: Cytological studies of *Oedogonium*. Amer. J. Bot. *54*, 271–281 (1967)

Huxley, J.S.: Evolution, the modern synthesis. London: G. Allen and Unwin, 1942

Johnson, A.W., Packer, J.G.: Polyploidy and environment in arctic Alasca. Science *148*, 237–239 (1965)

Jones, K.: Cytotaxonomic studies in *Holcus*. New Phytol. *57*, 191–210 (1958)

Jones, K.: Aspects of chromosome evolution in higher plants. Adv. Bot. Res. *6*, 120–194 (1978)

Jones, R.N.: B-chromosome systems in flowering plant and animal species. Int. Rev. Cytol. *40*, 1–100 (1975)

Kerner v. Marilaun, A.: Pflanzenleben (2 Bände) Wien-Leipzig: Bibliograph. Inst., 1888–1891

Levin, D.A. and A.C. Wilson: Rates of evolution in seed plants: Net increase in diversity of chromosome numbers and species numbers through time. Proc. Natl. Acad. Sci. US. *73*, 2086–2090 (1976)

Lewis, H.: Catastrophic selection as a factor in speciation. Evolution *16*, 257–271 (1962)

Löve, A. and D. Löve: The significance of differences in the distribution of diploids and polyploids. Hereditas *29*, 145–163 (1943)

Löve, A. and D. Löve: The geobotanical significance of polyploidy. Portugal. Acta Biologica, Suppl. Vol. 273–352 (1949)

Manton, I.: The problem of *Biscutella laevigata* L. The evidence from meiosis. Ann. Bot. N.S. *1*, 439–462 (1937)

Marchant, C.J.: Evolution in *Spartina* (Gramineae). II. Chromosomes, basic relationships and the problem of *S. x townsendii* agg. J. Linn. Soc. (Bot.) *60*, 381–383 (1968)

Nordenskiöld, H.: Cytotaxonomical studies in the genus *Luzula*. Hereditas *42*, 7–73 (1956)

Nordenskiöld, H.: Hybridization experiments in the genus *Luzula*. IV. Studies with taxa of the *campestris-multiflora* complex from the northern and southern hemispheres. Herditas *68*, 47–60 (1971).

Stebbins, G.L.: Variation and evolution in plants. New York: Columbia University Press, 1950

Stebbins, G.L.: Chromosomal evolution in higher plants. London: E. Arnold (Publ.), 1971

Stebbins, G.L.: Flowering plants. Evolution above the species level. Cambridge/Mass.: The Belkamp Press of Harvard University Press, 1974

Stebbins, G.L.: Chromosomes and evolution in the

genus *Bromus* (Gramineae). Bot. Jahrb. Syst. *102*, 359–379 (1981)

Stebbins, G.L.: Mosaic evolution: an integrating principle for the modern synthesis. Experientia *39*, 823–834 (1983)

Stebbins, G.L.: Polyploidy and the distribution of the arctic-alpine flora: new evidence and a new approach. Botanica Helvetica *94*, 1–13 (1984)

Stewart, R.N.: The morphology of somatic chromosomes in *Lilium*. Amer. J. Bot. *34*, 9–26 (1947)

Tischler, G.: Die Bedeutung der Polyploidie für die Verbreitung der Angiospermen. Bot. Jahrb. *67*, 1–36 (1935)

Tischler, G.: Das Problem der Basis-Chromosomen-zahlen bei den Angiospermen-Gattungen und -Familien. Cytologia *19*, 1–10 (1954)

Turesson, G.: The genotypical response of the plant species to the habitat. Hereditas *3*, 211–350 (1922)

deWet, J.M.J.: Polyploidy and evolution in plants. Taxon *20*, 29–35 (1971)

38. Fortpflanzungsisolation und Fortpflanzungsmechanismen

Vorab einige Definitionen:

Sympatrie: Sympatrisch sind phylogenetisch nah verwandte Arten mit gleichem Verbreitungsgebiet (Areal) oder solche, deren Areale sich überlappen.

Allopatrie: Allopatrisch sind phylogenetisch nah verwandte Arten mit unterschiedlichen Verbreitungsgebieten (Arealen).

Vikarismus: Vikariierend sind phylogenetisch nah verwandte Arten, die einander in verschiedenen Arealen ökologisch vertreten.

Man unterscheidet zwischen präzygotischen und postzygotischen Barrieren, die zur Fortpflanzungsisolation beitragen. Erstere verhindern Befruchtung und Zygotenbildung, letztere sind die Ursache dafür, daß aus einer Zygote nur schwache oder sterile Hybriden hervorgehen. Es gibt präzygotische Barrieren, die auf dem Vorhandensein externer Faktoren beruhen, und andere, die durch das eigene Genom (endogene Faktoren) gesteuert werden. Die postzygotischen stehen wohl ausnahmslos unter genetischer Kontrolle.

Zu den präzygotischen Fortpflanzungsbarrieren rechnet man

(1) geographische (räumliche) Isolation.

(2) Biotopisolation. Die Organismen besiedeln zwar den gleichen Lebensraum, haben aber unterschiedliche Biotopansprüche.

(3) Jahres- oder tageszeitliche Isolation. Die Öffnungszeiten der Blüten sind saisonal oder tageszeitlich gestaffelt.

(4) Ethologische Isolation: Die Arten werden z.B. von verschiedenen Bestäubern besucht.

(5) Mechanische Isolation. Eine Fremdbefruchtung oder eine Befruchtung mit Pollen einer anderen Art wird durch Unterschiede im Bau der Blüten eingeschränkt oder verhindert.

(6) Isolation durch Sterilitätsbarrieren (s.a. Kap. 27).

Präzygotische Isolationsbarrieren

Geographische Isolation

Hier ließen sich zahlreiche Fälle aufführen. Am eindrucksvollsten zeigt sich die geographische Isolation beim Vergleich der Floren verschiedener Kontinente (gleicher Klimazonen), z.B. zwischen Nordamerika und Europa. Wie Verfrachtungsversuche und Einführung einer Art in ein ihr fremdes Florengebiet gezeigt haben, ist diese Fortpflanzungsbarriere oft recht schwach und bricht leicht zusammen. Daher kommen Bastardierungen mit dort heimischen Arten vor, sofern sie nicht durch gleichzeitig vorhandene andersartige Barrieren verhindert werden. Als Beispiel kann der im Kapitel 57 beschriebene *Spartina townsendii*-Fall angeführt werden.

Der Zusammenbruch einer Fortpflanzungsbarriere kann, wie das folgende Modellexperiment zeigt, sogar zum Aussterben einer Art führen. Die beiden Nachtkerzengewächse *Clarkia biloba* und *Clarkia lingulata* kommen in Kalifornien nie am gleichen Standort vor. Zwischen ihnen werden keine stabilen Bastarde gebildet. H. Lewis (University of California, Los Angeles, 1962), der sich mit der Entstehung dieser Gattung intensiv befaßte, zeigte, daß die beiden Arten in Mischkultur auf einem Versuchsfeld von ihren Bestäubern nicht unterschieden werden können. Neben intraspezifischen Nachkommen findet man daher in der nachfolgenden Generation zahlreiche sterile Hybriden. Die Fitneß einer jeden Art wird daher primär durch die Zahl ihrer Blüten bestimmt. In einer Experimentalpopulation, die anfangs zu zwei Dritteln *Clarkia biloba* und einem Drittel *Clarkia lingulata*-Pflanzen enthielt, verschwand letztere innerhalb von vier Generationen, obwohl die Wachstumsbedingungen für beide gleich gut waren und beide artspezifisch optimal Blüten ansetzten.

Das Aussterben einer Art (oder Rasse) findet man nicht nur bei Pflanzen mit Insektenbestäubung; das *Hordeum vulgare*-Experiment (s. Kap. 37) sei in diesem Zusammenhang in Erinnerung gerufen.

Biotopisolation

Wie die geographische Isolation ist auch die Biotopisolation kein absolut sicheres Mittel, um Bastardierungen zwischen verwandten (sympatrischen) Arten zu verhindern. A. Kerner v. Marilaun zeigte bereits im vergangenen Jahrhundert, daß an den Nahtstellen der Lebensräume (zweier) vikariierender Arten oft Bastardschwärme auftreten. Selten sind diese Bastarde stabil, und noch seltener kommt es auf diese Weise zur Bildung neuer Arten. Als Beispiel könnte man die von ihm beschriebenen Primelbastarde herausstellen. *Primula auricula* ist gelbblühend und kommt in den Alpen auf Kalk vor, *Primula hirsuta* und einige ähnliche Arten haben zweifarbige (gelb/rotviolette) Blüten und

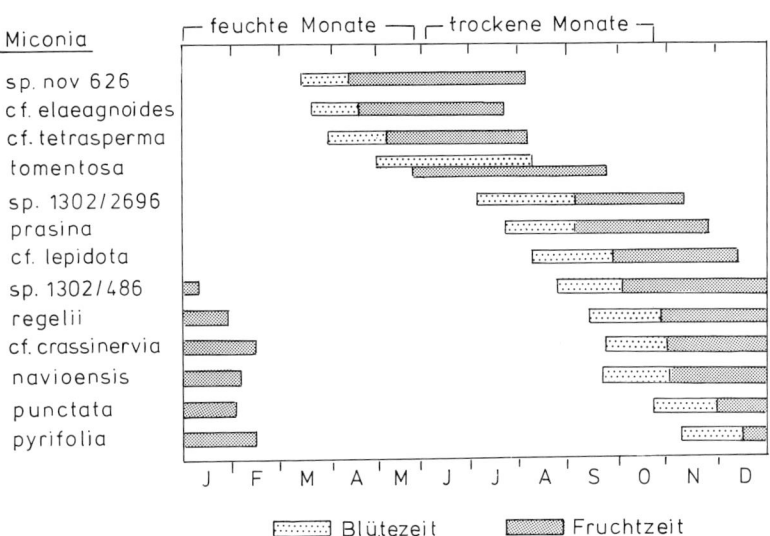

Abb. 38.1. Blüte- und Fruchtzeiten von *Miconia*-Arten (Melastomataceae) im Primärwald. Erfaßt wurden 117 Bäume auf einem insgesamt 25 Hektar großen Untersuchungsgebiet bei Manaus. (S. Renner, 1984)

sind auf Urgestein (Silikat, Granit) verbreitet. Wo beide Gesteinsarten aufeinanderstoßen, findet man (meist instabile) Bastarde. Aus einer derartigen Kreuzung ist die *Primula pubescens,* die Ausgangsform der Gartenaurikel hervorgegangen.

Jahres- oder tageszeitliche Isolation

In den Tropen treten Jahreszeiten kaum in Erscheinung. Als Beispiel für eine zeitliche Isolation können sympatrische *Miconia*-Arten (Familie Melastomataceae) aus dem Primärwald des Amazonasgebiets bei Manáus genannt werden. Diese Arten werden alle von den gleichen Bestäubern (z.B. Bienen der Gattung *Melipona* und Halictiden) besucht (S. Renner, 1984).

Ihre zeitlich gestaffelten Blütezeiten (s. Abb. 38.1) schalten eine interspezifische Befruchtung weitgehend aus. Gleichzeitig wird die Konkurrenz um Bestäuber und Fruchtverbreiter vermindert.

Tageszeitlich unterschiedliche Blütenöffnungszeiten: *Oenothera breviceps* und *Oenothera clavaeformis* kommen in den Wüsten des westlichen Nordamerikas nebeneinander vor. Sie blühen zur gleichen Jahreszeit und werden von den gleichen Bestäubern (solitäre Bienen, vornehmlich *Andrena*) besucht. Die Blüten der *Oenothera breviceps* öffnen sich vor Sonnenaufgang und werden von frühmorgendlich fliegenden Individuen bestäubt. *Oenothera clavaeformis* blüht erst am späten Nachmittag und wird daher nur von solchen Bienen besucht, die zu dieser Tageszeit aktiv sind. Der Pollenaustausch zwischen den beiden Arten ist damit weitgehend unterbunden. Hybride treten nur selten auf (P. Raven, 1962). Auch bei Windblütern, z.B. Arten aus der Gramineengattung *Agrostis,* wurde eine artspezifische, tageszeitlich unterschiedliche Ausschüttung des Pollens festgestellt (W.R. Philipson, 1937).

Ethologische Isolation, Mechanische Isolation

Beide Mechanismen wirken oft zusammen, denn einerseits muß der Einfluß der Bestäuber auf die Aus-

bildung und Selektion von Arten beachtet werden, andererseits aber auch der Blütenbau, der nur bestimmten Bestäubern einen Zugang zu Pollen und Nektar und dabei den Narbenkontakt gestattet. *Aquilegia formosa* (eine nordamerikanische Akelei-Art) hat einfache, nickende, gelb und rot gefärbte Blüten mit einem kurzen, 1–2 cm langen Sporn. Die Blüten enthalten am Grunde Nektar und werden von Kolibris, deren Schnabel etwas länger als der Sporn ist, bestäubt. *Aquilegia chrysantha, Aquilegia longissima* und *Aquilegia pubescens* zeichnen sich durch blaßgelbe, aufrecht sitzende Blüten mit langen Spornen aus (s. Abb. 38.2). Die Bestäubung erfolgt üblicherweise durch Schmetterlinge aus der Gruppe der Schwärmer (Sphingidae). Wie die Angaben in Tabelle 1 veranschaulichen, stimmen die Spornlänge und die Rüssellänge der Schmetterlinge auffallend gut miteinander überein. Kolibris haben keine Chance, an den Nektar von *Aquilegia chrysantha* und *Aquilegia longissima* heranzukommen, und sie versuchen es auch gar nicht. Bei *Aquilegia pubescens* haben sie gelegentlich Erfolg. Die drei zuletzt genannten Arten können experimentell ohne Schwierigkeiten untereinander gekreuzt werden. Die Hybriden erzeugen fertile Nachkommen. In der Natur wird die Abgrenzung einmal durch geographisch unterschiedliche Verbreitung und darüber hinaus durch unterschiedliche Bestäuber gesichert.

Aquilegia pubescens und *Aquilegia formosa* hingegen haben überlappende Verbreitungsgebiete. Da Kolibris als gemeinsame Bestäuber agieren können, kommt es zur Bastardbildung und damit auch zu einem Genaustausch (V. Grant, Rancho Santa Ana Botanical Garden, Clairemont/Cal., 1952). Durch Hybridisierung kann ein ansonsten wirkungsvoller Isolationsmechanismus außer Funktion gesetzt werden und damit zur Fitneßreduktion der Arten führen.

Dazu wieder ein Beispiel: Blüten von *Gilia modocensis* und *Gilia malior* (Familie Compositae) sind auf Selbstbestäubung (Autogamie) adaptiert. Normaler-

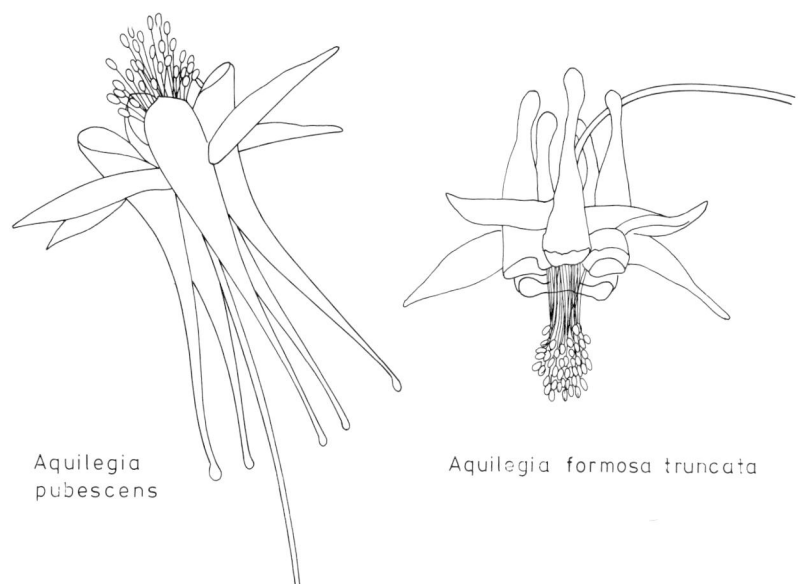

Abb. 38.2. Blüten von zwei *Aquilegia*-Arten. Adaptiver Komplex, Anpassung an die jeweiligen Bestäuber. Rechts eine rotblühende Art mit nikkenden Blüten und mittlerer Spornlänge: Anpassung an die Bestäubung durch Kolibris. Links eine weißblühende Art, Blüte aufrecht mit extrem langen Spornen; Anpassung an Bestäubung durch Nachtschmetterlinge mit langen Rüsseln. (V. Grant, 1952)

Aquilegia pubescens

Aquilegia formosa truncata

weise werden sie von Insekten nicht besucht. Die Form und die Längen der Griffel und der Antheren sind so aufeinander abgestimmt, daß die Antheren die Narbe „automatisch" berühren und Pollen auf ihr deponieren, sobald sich die Blüte öffnet. In den Hybriden der F_2 bis F_4 tauchen die unterschiedlichsten Rekombinationstypen auf, bei denen die obengenannte Abstimmung aufgehoben ist. Die Berührung der Narbe durch die Antheren unterbleibt. Der Ausfall der Selbstbestäubung und das Fernbleiben von Insekten führt zu einer Sterilität der Hybriden, obwohl funktionsfähiger Pollen und funktionsfähige Eizellen produziert werden (G.L. Stebbins, University of California, Davis, 1950).

Wie wichtig Fortpflanzungsisolation ist, und wie fatal sich der Ausfall einer der Fortpflanzungsbarrieren auswirken kann, läßt sich aus der Tatsache ableiten, daß vielfach mehrere, voneinander unabhängige Barrieren (als Parallelschaltung) ausgebildet sind. Als Beispiel kann erneut ein Artpaar (*a* und *b*) aus der Gattung *Gilia* genannt werden:

(a) Gilia capitata chamissonis
(b) Gilia millefoliata

Beide sympatrischen Arten sind ökologisch voneinander isoliert, *(a)* kommt in Sanddünen, *(b)* auf Wiesen vor. Es besteht eine saisonale Isolierung, hervorgerufen durch unterschiedliche Blühperioden, *(b)*

blüht früher als *(a)*; schließlich besteht eine ethologische und mechanische Isolierung: *(a)* hat große Blüten und wird von Bienen bestäubt, *(b)* hat kleine Blüten und ist Selbstbefruchter.

Sterilitätsbarrieren

Bei den bislang genannten Isolationsmechanismen sieht es so aus, als würden sie weitgehend durch externe Einflüsse aufrechterhalten. Das ist nur zum Teil richtig, denn es sind genetische Faktoren, die darüber entscheiden, ob eine Pflanzenart auf Kalk oder auf Urgestein gedeiht oder ob sich Blüten morgens oder abends öffnen. Das Genom der Pflanzen bestimmt auch, wie die Blüte aussieht und ob sie damit für Bestäuber attraktiv und zugänglich ist. Das Verhalten und Vorkommen der Bestäuber wiederum ist das, was wir (in diesem Beispiel) unter „externen Einflüssen" verstehen.

Sterilitätsbarrieren beruhen nahezu ausschließlich auf endogenen (genetisch determinierten) Faktoren.

Pollen z.B. kann auf eine falsche (artfremde oder intraspezifisch inkompatible) Narbe geraten. Er treibt dann keinen Pollenschlauch aus, oder ein gebildeter Pollenschlauch degeneriert oder kann nicht bis zur Eizelle vordringen. In all diesen Fällen spricht man von Polleninkompatibilität oder Pollensterilität (letztere ist auch gegeben, wenn der Pollen selbst inaktiv

Tabelle 1. *Aquilegia*-Arten: Verbreitung, Länge der Blütensporne und Rüssellänge der Bestäuber

Art	Verbreitung	Spornlänge (cm)	Wichtigste Bestäuberarten	Rüssellänge (cm)
Aquilegia pubescens	Sierra Nevada	3–4	*Celerio lineata*	3–4,5
Aquilegia chrysantha	Arizona	4–7	*Celerio lineata*	3–4,5
			Phlegethontius sexta	8,5–10
Aquilegia longissima	Texas, Mexiko	9–13	*Phlegethontius sexta*	8,5–10
			Phlegethontius quinquemaculatus	10–12

(V. Grant, 1952, 1963)

533

ist). Polleninkompatibilität ist u.a. aber auch mit dafür verantwortlich, daß manche Arten obligate Fremdbefruchter sind (s. Kap. 27).

Postzygotische Isolationsbarrieren

Auch hier sind mehrere Möglichkeiten denkbar, die in aufeinanderfolgenden Entwicklungsstadien oder Generationen zum Zuge kommen.
(1) Hybridensterblichkeit, Hybridenschwäche. Eine Hybridensterblichkeit oder -schwäche kann z.B. auf Disharmonien zwischen Kerngenom und Plastidengenom oder zwischen zwei Kerngenomen beruhen.
Eine Embryonalentwicklung kann aber auch unterbleiben, obwohl die Genome von Pollen und Eizelle (zunächst!) kompatibel erscheinen, sich das Endosperm aber nicht ausbildet und die Zygote somit von einer Nährstoffzufuhr abgeschnitten wird.
(2) Entwicklungssterilität der Hybriden. Die Pflanzen entwickeln sich normal, bilden Blüten aus, doch bricht die Meiose vor ihrer Vollendung zusammen. Es entstehen entweder sterile Pollen- und/oder sterile Eizellen.
(3) Segregationssterilität der Hybriden. Die Hybriden sind steril, weil sich ganze Chromosomen, Chromosomensegmente oder Genkomplexe ungleichmäßig auf die Gameten verteilen.
(4) Sterilität oder Schwäche der F_2. Die F_1-Hybriden sind normal, kräftig und fertil, aber die F_2 enthält viele schwache oder sterile Individuen.

Verwandtschaftskreise, Artbastarde, Adaptive Radiation

Die Chromosomenanalyse zahlreicher Arten und Gattungen weist ebenso wie die vergleichende Auswertung morphologischer Merkmale auf verwandtschaftliche (phylogenetische) Beziehungen zwischen einzelnen Arten hin. Vielfach sind Genome verwandter Arten so ähnlich (einander weitgehend homolog), daß diploide Primärbastarde entstehen, welche durchaus fortpflanzungsfähig sind:

ABC × A′B′C′ ⟶ A′BC, AB′C, ABC′, A′B′C′
AB′C′, A′BC′

Es gibt, wie schon erwähnt, zahlreiche weitere Fälle, bei denen Artneubildung auf Addition der Genome beider Elternarten (Alloploidisierung) zurückgeführt werden kann.
Andererseits haben gerade die im vergangenen Jahrhundert duchgeführten Experimente von Kölreuter, Gärtner, Naudin u.a. (s. Kap. 8) gezeigt, daß man durch Kreuzung zweier Arten nicht ohne weiteres zu neuen stabilen Arten gelangt. Rückkreuzung der Bastarde mit einer oder beiden Elternarten sind oft möglich. Als Folge davon können Genomteile von einer Art in das Genom der anderen überführt werden, deren Genpool bereichern und somit die intraspezifische genetische Variabilität erhöhen. Eine solche zwischenartliche Genwanderung nennt man Introgression. Biologische Arten sind an Standortfaktoren in der Regel gut angepaßt, und nur in den seltensten Fällen ist ihnen ein Bastard hierin überlegen. Meist macht sich Hybridenschwäche und nicht zu unterschätzende Fertilitätsreduktion bemerkbar, so daß die Bastarde den ursprünglichen Arten gegenüber ins Hintertreffen geraten.
Vorteile können allerdings bei der Besiedlung neuer, oft „gestörter" Lebensräume entstehen. Dazu einige Beispiele:
(1) Die beiden Arten *Geum rivale* und *Geum urbanum* sind in Europa sympatrisch. Die in feuchten Wäldern, in Hecken und vom Menschen geschaffenen Biotopen vorkommende *Geum urbanum* ist gelbblühend, die Blüten stehen aufrecht, der Kelch ist zurückgeschlagen, *Geum rivale* hingegen kommt in Au- und Bruchwäldern sowie auf humösen Wiesen vor. Ihre Blüten sind nickend, die Blütenkronblätter außen rötlich, der Kelch ist anliegend. *Geum rivale* blüht drei bis vier Wochen früher als *Geum urbanum*. *Geum rivale* ist eine typische Bienenpflanze, *Geum urbanum* mit ihren „offenen", aufrechten Blüten ist weniger spezialisiert; Selbstbestäubung kommt vor. Kommen beide Arten an gleichen Standorten vor, sind Basatardschwärme nicht selten (s. Abb. 38.3). Die einzelnen F_1-Bastarde zeigen ein kontinuierliches Spektrum an Übergängen zwischen den beiden Elternarten. Die Mehrzahl der Bastarde ist fertil, in der F_2 spaltet sich eine Vielzahl von Kombinationen heraus. Nach diesen Beobachtungen, die auch unter experimentellen Bedingungen reproduzierbar sind (E. Marsden-Jones, 1930), müßte man die beiden Arten eigentlich einer Art zurechnen. *Geum rivale* ist vermutlich einst – geographisch isoliert – in Südosteuropa entstanden. *Geum urbanum* als weniger spezialisierte Art hat sich in von Menschen geschaffenen Lebensräumen durchgesetzt. Aufgrund ihrer ökologischen Präferenzen bleiben die Elternpopulationen weitgehend stabil, und die Bastarde haben ihnen gegenüber keinen Selektionsvorteil, um sich durchzusetzen.
(2) Adaptive Radiation: Anpassung an neue Bedingungen. *Salvia apiana* und *Salvia mellifera* gelten in Südkalifornien als sympatrische Arten mit unterschiedlichen ökologischen Ansprüchen. Die Blüten sind auf Bestäubung durch unterschiedliche Insekten eingerichtet. *Salvia apiana* wird vornehmlich von großen Holzbienen *(Xylocopa)* besucht, *Salvia mellifera* von kleinen bis mittelgroßen Bienen *(Osmia, Apis* usw.) (K.A. und V. Grant, 1964). Darüber hinaus wurde eine saisonale Isolation festgestellt. Selten kommt es an natürlichen Standorten zu Hybridisierung; häufig je-

Abb. 38.3. Bastardierung zwischen zwei Nelkenwurzarten *(Geum)*. *a Geum urbanum; c Geum rivale; b* ein Bastard zwischen den beiden Arten *a* und *c*.

doch in neuartigen, durch den Menschen geschaffenen Arealen (C. Epling, 1947).
Bereits 1935 wies K.M. Wiegand darauf hin, daß Isolationsbarrieren an natürlichen Standorten funktionieren, in von Menschen geschaffener Umgebung aber zusammenbrechen. Als Beispiel für einen neuen Lebensraum führte er die Bahndämme an. Über weite Entfernungen hinweg verkehrende Züge erwiesen sich als wirkungsvolles Mittel zur Ausbreitung von Pflanzensamen oder anderen Pflanzenteilen. An den neuen Standorten fanden sie Bedingungen, an die sie ggf. nicht adaptiert waren. Ein Ausweg ergab sich durch Hybridisierung mit endemischen, doch verwandten (allopatrischen) Arten.

(3) Anpassung an neue Bestäuber und Lebensräume, Veränderung der Blütenmorphologie. In Kalifornien kommen drei Arten der Gattung *Penstemon* (Bartfaden, Familie Scrophulariaceae) vor, die

sich in Form, Größe und Farbe ihrer Blüten voneinander unterscheiden (s. Abb. 38.4).
Penstemon grinnellii ist in Gebirgskiefernwäldern verbreitet. Die blauen Blütenkronen sind zweilippig und weit geöffnet. *Penstemon centrathifolius* (Roter Hornist) hat röhrenförmige rote Blüten. Ihr Verbreitungsgebiet erstreckt sich auf die Trockenhänge Südkaliforniens. Die dritte Art *(Penstemon spectabilis)* findet man in einem relativ neuen, durch Klimaänderung beeinflußten Biotop: auf gestrüppbedeckten Abhängen (Ersatz für vorher dort vorhandene Wälder). Die Blüten sind blau bis schwach violett, sie nehmen in der Form eine Mittelstellung zwischen den beiden erstgenannten ein.
Die drei Arten werden normalerweise von folgenden Bestäubern besucht:
– *Penstemon grinnellii* von großen Holzbienen *(Xylocopa),*
– *Penstemon centrathifolius* von Kolibris, und

Abb. 38.4. Vier Arten aus der Gattung *Penstemon* aus Kalifornien mit ihren Bestäubern. Die Arten *A (Penstemon grinellii)* und *B (Penstemon centhrantifolius)* sind geographisch voneinander isoliert. Die beiden übrigen entstanden durch Bastardierung und darauffolgende Isolation sowie Stabilisierung durch die selektive Wirkung von bestimmten Bestäubern. (G.L. Stebbins, 1977)

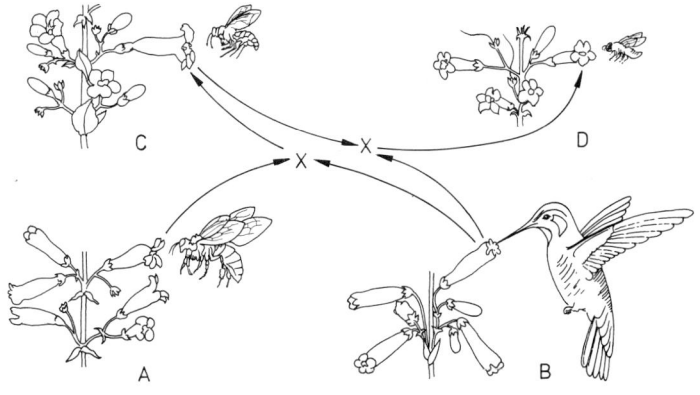

535

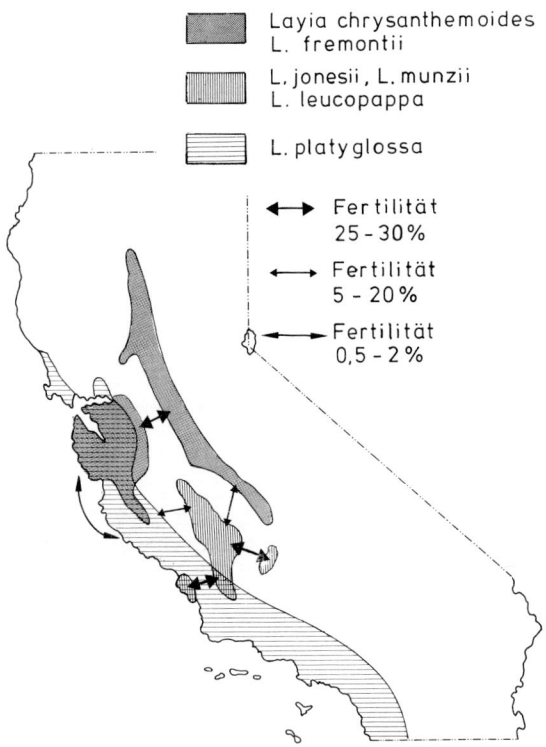

Layia chrysanthemoides
L. fremontii

L. jonesii, L. munzii
L. leucopappa

L. platyglossa

$\longleftrightarrow$ Fertilität 25 - 30 %

$\longleftarrow$ Fertilität 5 - 20 %

$\longleftarrow$ Fertilität 0,5 - 2 %

Abb. 38.5. Beziehung zwischen Verbreitung und Fruchtbarkeit bei Arten aus der Gattung *Layia* (Compositae); weiteres hierzu im Text. (G.L. Stebbins, 1977 nach J. Clausen, 1951)

– *Penstemon spectabilis* von Wespen und mittelgroßen Bienen.

Aus diesen Befunden konnte die Entstehung der letztgenannten Art wie folgt rekonstuiert werden: Natürliche Bastarde zwischen den beiden ersten Arten (welche immer wieder auftreten) hatten auch in der Vergangenheit zunächst keinen Selektionsvorteil, da die vorhandenen Lebensräume durch die Elternarten belegt waren. Erst nach dem Auftreten buschbestandener Hänge fanden sie eine geeignete ökologische Nische. Wespen und mittelgroße Bienen, die in diesem Lebensraum vorkamen, übernahmen die Bestäuberrolle. Dadurch wurden Blüten bevorzugt, deren Nektar jenen zugänglich war. Es wurden damit solche Genkombinationen selektiert und stabilisiert, die einerseits die Pflanze an eine trockene Umgebung (im Vergleich zu den Wäldern), zum anderen an eine Bestäubung durch Wespen (anstatt durch Kolibris) anpaßten.

(4) Unterschiedlicher Verwandtschaftsgrad zwischen Arten, und die Fähigkeit, Hybride untereinander auszubilden: Die Verträglichkeit der Genome verwandter, teils allopatrischer, teils sympatrischer Arten aus der Compositengattung *Layia* wurde in den vierziger Jahren von J. Clausen (University of California, Berkeley) analysiert. Die Verbreitung

der untersuchten Arten ist der Abbildung 38.5 zu entnehmen.

Sie können aufgrund der geographischen Verbreitung drei Gruppen zugeordnet werden. In die erste Gruppe gehören zwei Arten *(Layia chrysanthemoides* und *Layia fremantii)*, von denen die eine im Bereich der San Francisco Bay, die andere östlich davon am Fuße der Sierra Nevada vorkommt. Zur zweiten Gruppe gehören drei Arten *(Layia jonesii, Layia munzii* und *Layia leucopappa)*, die etwas über 300 km südlich der obengenannten Verbreitungsgebiete zu finden sind. Die dritte Gruppe enthält nur eine, in Südkalifornien beheimatete Art *(Layia platyglossa)*. Ihr Verbreitungsgebiet erstreckt sich aber so weit nach Norden, daß sie sowohl mit den Arten der ersten als auch denen der zweiten Gruppe sympatrisch wird. In jedem Fall besiedelt sie aber andere Biotope als die zuerst genannten Arten.

J. Clausen *et al.* haben unter kontrollierten Bedingungen alle denkbaren Hybridkombinationen hergestellt und die Eigenschaften, vor allem die Fertilität der Nachkommenschaft ermittelt. Alle Arten sind untereinander kreuzbar; die Hybriden zeichnen sich durch üppiges Wachstum aus. Sowohl innerhalb der Gruppe 1 als auch innerhalb der Gruppe 2 beträgt die Fertilität der Hybriden, bezogen auf die Fertilität der jeweiligen Elternarten, 25 bis 30 Prozent. Offensichtlich sind die Isolationsbarrieren zwischen ihnen (noch) nicht genügend gefestigt, so daß man die in Frage kommenden Arten an der Grenze zwischen Art und Unterart (Varietät, Rasse) ansiedeln könnte. Die Fertilität der Hybriden zwischen Arten aus Gruppe 1 und 2 liegt bei nur 5 bis 20 Prozent, d.h., die Gruppen sind untereinander weniger nah verwandt als die Arten innerhalb einer jeden Gruppe. Die isolierte Art aus Gruppe 3 schließlich bildet mit allen übrigen nahezu ausnahmslos sterile Hybriden (0,5–2 Prozent Fertilität). Überall dort, wo sie mit einer der anderen Arten sympatrisch ist, unterbleibt daher nahezu jeglicher Genaustausch.

(5) Morphologische Variabilität und Chromosomenvariation sind nicht immer miteinander korreliert: *Clarkia speciosa* kommt in Südkalifornien in zahlreichen Varietäten vor, die sich sowohl im Blütenbau als auch z.B. in ihren vegetativen Organen voneinander unterscheiden.

Das Verbreitungsgebiet der Unterart *Clarkia speciosa nitens* liegt im Norden, das von *Clarkia speciosa polyantha* schließt sich ihm südlich an (H. und M.E. Lewis, 1955). In einem geographisch kleinen Abschnitt sind beide Arten sympatrisch; Bastardierungen kommen vor. Unabhängig von der Klassifizierung nach morphologischen Kriterien, wurden die Karyotypen der verschiedensten *Clarkia speciosa*-Populationen untersucht. Alle haben n = 9 Chromosomen. Dennoch lassen sich zwei chromosomale Rassen ausmachen, die durch sieben Translokationen voneinander unterschie-

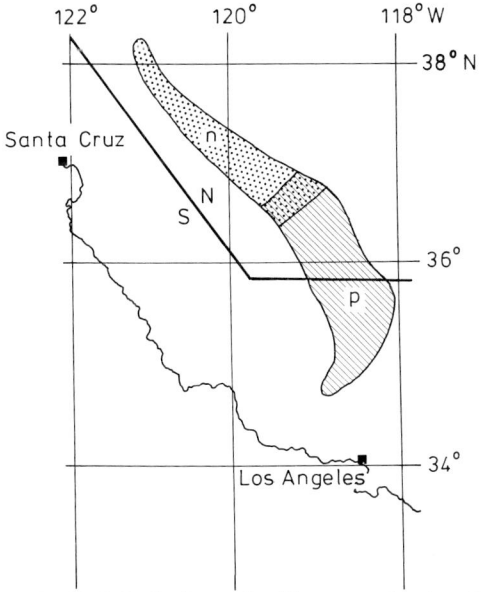

Abb. 38.6. Verbreitung der ökogeographischen Rassen *nitens (n)* und *polyantha (p)* der Art *Clarkia speciosa.* Chromosomenrassen dieser Art sind durch die Trennlinie Nord/Süd (N/S) getrennt. Ökogeographische und Chromosomenrassen sind nicht identisch. (W. Bloom, H. Lewis, 1972)

den werden können. Während der Meiose der Hybriden entsteht daher ein Ring aus 16 Chromosomen und ein Chromosomenbivalent. Die Situation ähnelt dem, was wir bei *Oenothera* kennengelernt haben (s. Kap. 12, Anm.: *Clarkia* gehört auch in die Familie der Nachtkerzengewächse: Onagraceae). Die Verbreitungsgebiete der beiden Chromosomenrassen sind in der Abbildung 38.6 dargestellt. Die Grenze verläuft quer durch das Verbreitungsgebiet von *Clarkia speciosa polyantha,* ohne daß sich der Unterschied in irgendeinem ihrer morphologischen Merkmale auswirken würde. Chromosomenvariation und morphologische Variabilität (hier *Clarkia speciosa polyantha* gegen *Clarkia speciosa nitens*) erwiesen sich demnach als zwei voneinander unabhängige Größen (W. Bloom und H. Lewis, University of California, Los Angeles, 1972).

Alle vorgestellten Beispiele machen deutlich, daß Artbastarde nur dann den Status einer neuen Art gewinnen können, wenn gleichzeitig oder nacheinander mehrere, voneinander unabhängige Umstände eintreten, die die neuen Genotypen stabilisieren und von den Ursprungsarten isolieren. Einen ganz entscheidenden Einfluß scheinen dabei einmal die Umstrukturierung des Genoms, z.B. durch Translokationen, Inversionen, Mutationen usw., zum anderen die Eroberung einer freien ökologischen Nische zu haben.

Wie unsicher einzelne Fortpflanzungsbarrieren sind, und wie flexibel pflanzliche Genome sein können, belegt die Tatsache, daß viele nah verwandte Arten zu Verwandtschaftskreisen zusammengefaßt werden können, innerhalb derer ein Genaustausch möglich ist, wenn die in der Natur wirksamen Barrieren aufgehoben oder gelockert werden. Als ein Maß für die verwandtschaftliche Nähe zwischen zwei Arten (oder Populationen) kann der prozentuale Anteil fer-

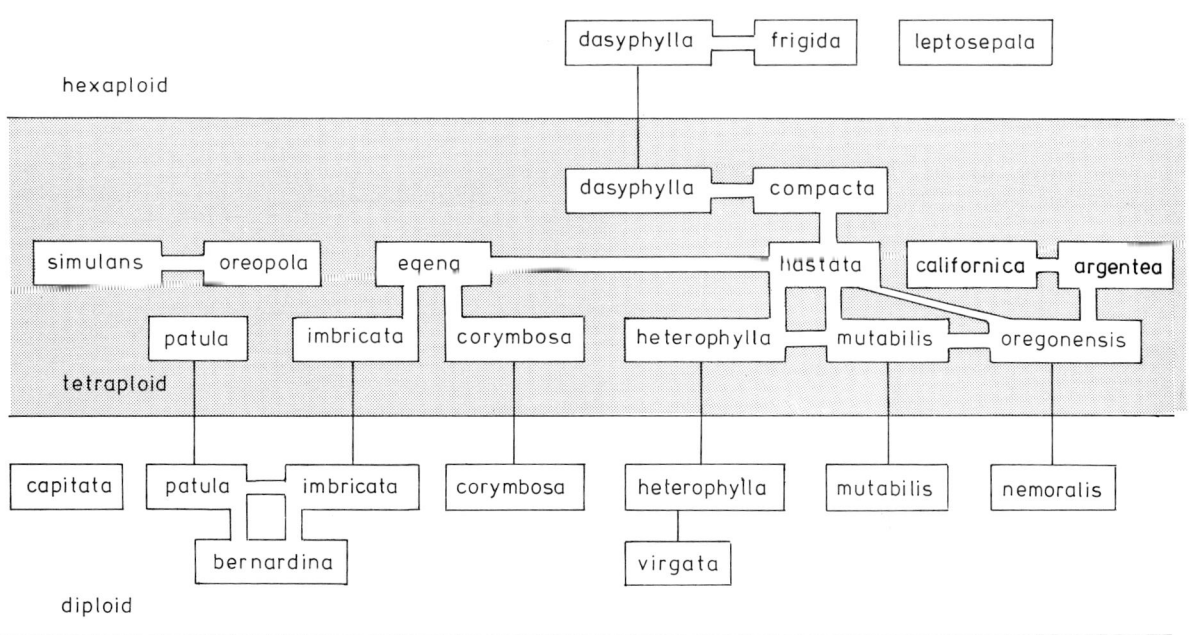

Abb. 38.7. Ploidiestufen bei Rassen und Arten des *Phacelia magellanica*-Komplexes. Brücken zwischen Arten (Rassen) weisen auf volle Fertilität zwischen ihnen hin. (L.R. Hekkard, 1960)

537

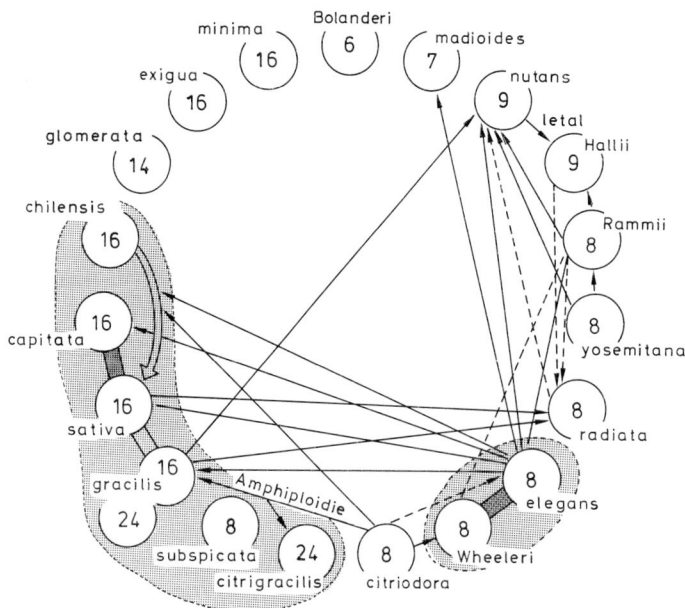

Abb. 38.8. Verwandtschaftskreis von *Madia*-Arten (n = haploide Chromosomenzahl). ▬▬▬ Hybriden voll fertil; ══════ Hybriden partiell fertil; ────→ Hybriden steril; ‑ ‑ ‑ → keine Kreuzung möglich (J. Clausen, 1951)

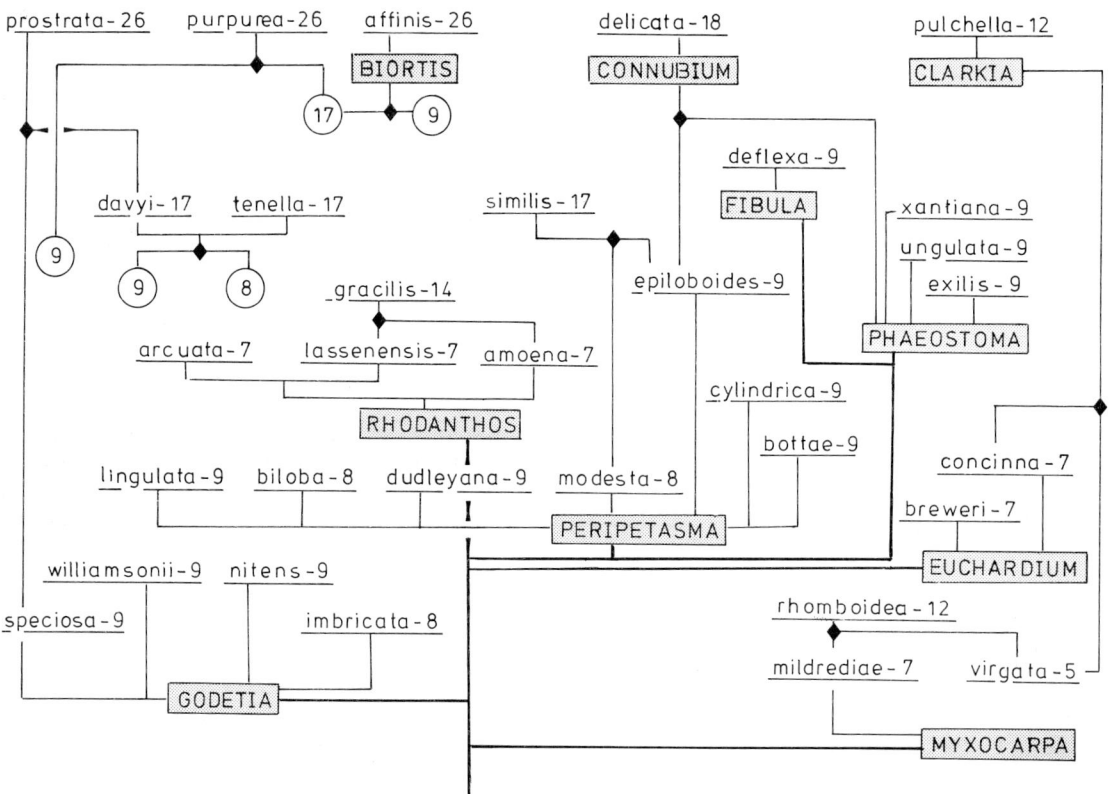

Abb. 38.9. Phylogenetische Beziehungen zwischen Arten aus dem Komplex der Gattung *Clarkia*. Untergattungen sind im Diagramm in gerasterten Feldern wiedergegeben. Die Ziffern stellen die haploiden Chromosomenzahlen der Arten dar. Die Abbildung zeigt, daß ein phylogenetischer Stammbaum von Arten einer Gattung nicht als ein Divergenzschema (mit ausschließlich dichotomen Verzweigungen) dargestellt werden kann, sondern als ein Netzwerk mit zahlreichen Konvergenzen, beruhend auf Bastardierungen. (H. und M. Lewis, 1955, L.D. Gottlieb 1983 nach H. Lewis, 1980)

538

tiler Hybriden angesehen werden. Dazu wieder einige Beispiele:

(1) Die *Phacelia magellanica*-Gruppe (Verbreitungsgebiet: Nordamerika; Familie: Hydrophyllaceae, den Solanaceae verwandt). Dieser Gruppe gehören Arten mehrerer Ploidiestufen an. Von einzelnen Arten kommen diploide, tetraploide und hexaploide Rassen vor. Auf der Stufe der Tetraploiden stehen eine Anzahl von Arten, die untereinander relativ leicht hybridisierbar sind. Es gibt demnach einen wirkungsvolleren Genaustausch zwischen ihnen als zwischen den Ploidierassen der jeweils gleichen Art (s. Abb. 38.7) (R.L. Heckard, University of California, 1960).

(2) Die Gattung *Madia* (Verbreitungsgebiet: Nordamerika, Familie: Compositae). Hierzu haben J. Clausen und Mitarbeiter umfangreiche Kreuzungsstudien durchgeführt. Die Ergebnisse sind in der Abbildung 38.8 zusammengefaßt. Sie verdeutlichen den unterschiedlichen Verwandtschaftsgrad zwischen den einzelnen Arten und zeigen, was man unter einem „Artkomplex" versteht, in dem es fließende Übergänge im Grad der Hybridisierbarkeit gibt.

(3) Die Gattung *Clarkia*. Die Ergebnisse der Untersuchungen von H. und M. Lewis (1955) eignen sich, die phylogenetischen Zusammenhänge zwischen den Arten dieser Gattung darzustellen und die Arten zu einem „Stammbaum" anzuordnen. Strenggenommen handelt es sich hierbei nicht um einen „Baum", denn neben Verzweigungen (Divergenzen) findet man einen hohen Anteil an Konvergenzen (zusammenlaufende Entwicklungen, auf Artbastardierung beruhend). Derartige Verwachsungen (Anastomosen) kommen im Bauplan eines (gesunden!) Baumes normalerweise nicht vor (s. Abb. 38.9).

Ein ähnliches Schema hat F. Ehrendorfer für die Entstehung der Gattungen aus der Familie der Dipsacaceae erstellt.

Fortpflanzungsarten (Rekombinationssysteme)

Folgende Fortpflanzungsarten sind bei Pflanzen nachgewiesen worden:
1. Sexuelle Fortpflanzung
   a) Fremdbefruchtung (Allogamie oder Xenogamie, *outbreeding*)
   b) Selbstbefruchtung, Inzucht (Autogamie, *inbreeding*)
2. Vegetative, asexuelle Fortpflanzung (Apomixis).
   a) Vegetative Vermehrung
   b) Agamospermie (asexuelle Bildung von Samen; sporadisch, fakultativ, obligat).

Jeder der Mechanismen hat sich in gegebener Situation als adaptiv erwiesen.

Allogamie

Allogamie (Fremdbefruchtung, *outbreeding*) ist der übliche, vor allem auch der bekannteste Modus sexueller Fortpflanzung. Er sichert den Fortbestand genetischer Variabilität, und damit die Entstehung neuer Allelkombinationen innerhalb einer Art. Allogamie ist nicht auf Blütenpflanzen beschränkt. Der Begriff Fremdbestäubung umfaßt daher nur einen Teil allogamer Prozesse, nämlich Befruchtung unter Mitwirkung von Pollen. Fremdbefruchtung ist auch bei Kryptogamen verbreitet. Anstelle des Pollens treten dort ♂ (oder +)-Gameten (bewegliche Zoosporen u.a.).

Im Verlauf der Evolution der Pflanzen sind Mechanismen entstanden, die Fremdbefruchtung fördern, und Selbstbefruchtung ganz oder nahezu ausschließen.

Am wichtigsten ist die Diözie (Zweihäusigkeit): ♂ und ♀ (+ und −): Gameten werden getrennt von verschiedenen Individuen gebildet. Viele Kryptogamen und Blütenpflanzen sind monözisch (einhäusig). Bei ihnen werden ♂ und ♀ Gameten an verschiedenen Stellen oder zu verschiedenen Zeiten auf ein und demselben Individuum gebildet. Als typische Beispiele können Farnprothallien und windbestäubte Bäume genannt werden. Die ursprünglichen Angiospermen besaßen zwittrige (zweigeschlechtige) Blüten mit Staub- und Fruchtblättern (Androeceum und Gynoeceum), sie zeichneten sich durch Selbstinkompatibilität aus. Dieser Status ist auch heute noch weit verbreitet.

Progressivere Formen der Angiospermen zeichnen sich durch Monözie oder Diözie aus. Die Allogamie wurde dadurch weiter gefördert oder sogar erzwungen. In einigen Gattungen, z.B. *Bryonia* (Zaunrübe), kommen sowohl diözische als auch monözische Arten vor. Letztere können durch Mutation Diözie erwerben. Diese gilt dann als ein sekundäres (abgeleitetes) Merkmal.

Bei vielen Angiospermenfamilien sind die Blüten so gebaut, daß eine zufällige Übertragung von eigenem Pollen auf die Narbe weitgehend oder ganz unterbunden wird. Der Blütenbau ist dabei oft so diffizil, daß erst beim Mitwirken von Bestäubern (Insekten, Vögeln usw.) sichergestellt ist, daß diese den Pollen beim Anflug auf eine neue Blüte auf deren Narbe übertragen.

In Blüten mancher Arten werden Androeceum und Gynoeceum nacheinander reif: Dichogamie (im Gegensatz zu Homogamie, wo Androeceum und Gynoeceum gleichzeitig reifen). Protandrische (= proterandrische) Blüten (s. Abb. 38.10) sind solche, bei denen zuerst das Androeceum, proterogyne solche, bei denen zuerst das Gynoeceum reif ist.

In einigen Gattungen, z.B. *Tulipa* und *Hyacinthus*, sind tetraploide Arten überwiegend selbstkompatibel, diploide selbstinkompatibel. Bei einigen annuellen Arten, wie *Clarkia purpurea*, kommen interfertile (untereinander kreuzbare) Rassen vor, von denen eine

Abb. 38.10. Protandrische Blüten (oben männliches, unten weibliches Stadium) von *Deherainia smaragdina,* einer mexikanischen Art aus der Familie der Theophrastaceen.

allogam ist und durch Bienen bestäubt wird, eine andere selbstbestäubend ist (H. und M. Lewis, 1955).

Außer den bereits erwähnten Bäumen sind vor allem die perennierenden Kräuter allogam.

Autogamie

Autogamie (Selbstbestäubung, Selbstbefruchtung) ist bei Blütenpflanzen recht weit verbreitet. Wie bereits Darwin feststellte (s. Kap. 36), hebt sie viele Vorteile sexueller Fortpflanzung auf, reduziert die Variabilität der Genkombinationen, und fördert die Bildung von Homozygoten (Inzucht). Eine Art zerfällt damit in eine Vielzahl genetisch voneinander verschiedener Linien, aus denen sich isolierte Teilpopulationen entwickeln.

Oft lassen sie sich morphologisch leicht voneinander unterscheiden, und rein formal müßte man sie als eigenständige Arten führen. Es gibt durchaus Fälle, an denen man zeigen kann, daß Autogamie ein erster wichtiger Schritt zu einer Artneubildung gewesen ist.

Autogamie ist jedoch nur sehr selten (bei Angiospermen womöglich nie) der einzige, Allogamie ausschließende Fortpflanzungsmechanismus (das wäre: obligate Autogamie im strengen Sinne). Hin und wieder stößt man nämlich bei allen Arten, die als obligat autogam eingestuft werden, auf einen geringen Anteil Fremdbefruchtung, durch die ein, wenn auch beschränkter, Genaustausch (ein Genfluß) zwischen den Populationen aufrechterhalten wird und der die Einheit der betreffenden Art gewährleistet. So wird z.B. für *Thlaspi alpestre* ein Allogamieanteil von etwa fünf Prozent angegeben.

Wo Autogamie üblich, Allogamie aber nicht selten ist, spricht man von fakultativer Autogamie. Sie ist bei Polyploiden und bei Erstbesiedlern neuer Biotope (Ruderalpflanzen, unter denen sich meist auch ein hoher Anteil polyploider Arten findet) besonders häufig. Gerade bei erfolgreichen Erstbesiedlern (z.B. *Chenopodium album, Avena fatua, Stellaria media, Oxalis corniculata, Lactuca serriola, Hordeum murinum, Rumex crispus, Raphanus sativus, Plantago lanceolata, Capsella bursa-pastoris* u.a.) ist die innerartliche Variabilität an einem neuen Standort sehr gering. Sie ist hingegen beträchtlich, wenn man die Pflanzen unterschiedlicher neuer Standorte miteinander vergleicht. Die Pflanzen konnten sich ausbreiten, weil sie (durch Samen oder andere Pflanzenteile verbreitet) zuerst da waren. Vielfach werden Erstbesiedler in nachfolgenden Vegetationsperioden durch andere, konkurrenzfähigere Arten ersetzt (Sukzession). Autogame Arten sind oft annuell. Sie haben meist kleine unscheinbare, damit für Bestäuber unattraktive Blüten. Bei geringer Individuenzahl (pro Flächeneinheit) ist Autogamie nützlich, denn Sicherung des Fortpflanzungserfolgs ist wichtiger (fitneßfördernd) als die Produktion neuer Genotypen. Zugleich ist sie aber gerade bei den Polyploiden vorteilhaft, denn deren Genetik (Segregationsverhalten einzelner Allele) ist wesentlich komplexer als die der Diploiden. Ein bestimmtes Gen kann in einem Diplonten in den Zuständen (Allelen) AA, Aa und aa vorliegen. Bei Tetraploiden sieht die Situation wie folgt aus: AAAA, AAAa, AAaa, Aaaa und aaaa, und gerade in solchen Situationen ist sexuell (durch Allogamie) nur selten eine günstigere Konstellation zu erreichen als durch Inzucht oder vegetative Fortpflanzung.

Vegetative Vermehrung

Hierzu an dieser Stelle nur einige kurze Bemerkungen. Die Zellteilung ist die primitivste Vermehrungsweise von Organismen. Sie ist bei Prokaryoten, Protisten und einzelligen Algen vorherrschend.

Pflanzen besitzen ein hohes Regenerationsvermögen, das ihnen eine vegetative Vermehrung erlaubt. Sproßteile sind meist in der Lage, neu Wurzeln zu schlagen und sich an einem neuen Standort zu etablieren. Wie an anderer Stelle dargelegt (s. Kap. 37), blühen Blütenpflanzen unter gewissen Bedingungen

Abb. 38.11. *Bryophyllum calycinum;* Blätter mit darauf entstehenden bewurzelten Brutknospen

nicht, behalten aber über Jahre die Fähigkeit, sich zu vermehren.

Es ist bekannt, daß viele Arten spezielle, der Fortpflanzung dienende Ausläufer bilden (z.B. Erdbeere; viele auf Sand (Dünen) wachsende Arten), andere wiederum bilden spezifisch geformte Brutkörper oder Brutknospen. Als Beispiele hierfür seien nur die Kartoffelknolle und die Brutknospen von *Bryophyllum calycinum* (s. Abb. 38.11) genannt.

Zur vegetativen Vermehrung zählt auch die Erscheinung der Viviparie, die u.a. bei verschiedenen Gräsern aus den Gattungen *Poa, Festuca* und *Deschampsia* zu beobachten ist.

Agamospermie

Agamospermie und vegetative Vermehrung werden unter dem Begriff Apomixis zusammengefaßt. Unter Agamospermie versteht man Samenbildung auf ungeschlechtlichem Wege. Drei Möglichkeiten bieten sich dafür an:

(1) Diplosporie. Unter Umgehung der Meiose entwickelt sich die (diploide) Embryosackmutterzelle direkt zum Embryo (Parthenogenese).

(2) Apomixie. Der Embryo entsteht aus somatischen Zellen aus der Umgebung der Embryosackmutterzelle.

In beiden Fällen wird der Gametophyt gebildet, lediglich die Reduktionsteilung unterbleibt oder bleibt folgenlos. Man spricht daher auch von gametophytischer Apomixis.

(3) Adventive Embryonie. Der Gametophyt wird nicht gebildet. Der Embryo entsteht direkt aus Zellen des diploiden Sporophyten, so z.B. aus Zellen des Integuments.

Agamospermie (Apomixis) ist bei Angiospermen (und Pteridophyten) weit verbreitet, bei Gymnospermen wurde sie nicht festgestellt. Auffallend häufig ist sie bei manchen Gattungen der Gramineen *(Poa)*, Rosaceen *(Rubus, Sorbus)*, Compositen *(Achillea, Crepis, Hieracium, Taraxacum)* und Rutaceen *(Citrus)*.

Wegen des Auftretens der Apomixis bei *Hieracium*, ist es G. Mendel seinerzeit nicht gelungen (s. Kap. 8.), die bei *Pisum sativum* gefundenen Gesetzmäßigkeiten auch auf Arten dieser Gattung zu übertragen. Gattungen, in denen Apomixis vorkommt, gelten taxonomisch als schwierig, weil die Arten nicht klar voneinander unterschieden werden können, da sie selbst oft aus einzelnen Klonen bestehen.

Erschwert wird die Situation auch noch durch die Tatsache, daß Apomixis obligat, fakultativ oder sporadisch sein kann, wodurch die Komplexität der Variationsmuster noch weiter ansteigt.

Weitgehend obligat ist Apomixis vermutlich bei den meisten der genannten Compositen; fakultativ, d.h. mit einem Nebeneinander von apomiktisch und sexuell erzeugten Samen, ist sie bei den Rosaceen und Gramineen. Aus der Blütenform einer Pflanze ist nicht zu ersehen, ob Apomixis vorliegt.

Die Mehrzahl der Apomikten sind polyploide Hybride, obwohl Polyploidie *per se* nicht apomixiefördernd ist und auch Hybridisierung allein keine Apomixis nach sich zieht.

Bekanntlich kommen bei Hybriden häufig Meioseschwierigkeiten vor, die meist zu gravierenden Fertilitätseinbußen führen. Der Selektionsvorteil der Apomixis in solcher Situation ist offensichtlich. Sie sichert die Existenz der Hybriden und bietet gleichzeitig einen Ausweg aus dem Sterilitätsproblem. Hybriden und Apomixis findet man oft an gestörten Standorten. Doch im Gegensatz zur inzucht- und damit homozygotiefördernden Autogamie, stabilisiert Apomixis den *status quo;* der Genotyp eines Individuums bleibt in der Nachkommenschaft unverändert erhalten. Besonders erfolgreiche Pioniere bedienen sich genetischer Systeme, die einen Kompromiß zwischen hoher Rekombinationsrate und der Stabilisierung adaptiver Typen darstellen. Fakultative Apomixis und Hybridenbildung erwiesen sich dabei als eine optimale Kombination.

Literatur

Baker, H.G., G.L. Stebbins (eds.): The genetics of colonizing species. New York, London: Academic Press, 1965

Bloom, W., H. Lewis: Interchanges and interpopulation gene exchange in *Clarkia speciosa*. in: „Chro-

541

mosomes today" (Darlington, C.D., K.R. Lewis eds.) Vol. *3*, 268–284 New York: Hafner Publ. Comp., 1972.

Clausen, J.: Stages in the evolution of plant species. Ithaca, N.Y.: Cornell University Press, 1951

Ehrendorfer, F.: Neue Beiträge zur Karyosystematik und Evolution der Gattung *Knautia* (Dipsacaceae) in den Balkanländern. Bot. Jahrb. System. *102*, 225–238 (1981)

Epling, C.: Natural hybridization of *Salvia apiana* and *S. mellifera*. Evolution *1*, 69–78 (1947)

Gottlieb, L.D. and N.F. Weeden: Gene duplication and phylogeny of *Clarkia*. Evolution *33*, 1024–1039 (1979)

Gottlieb, L.D.: Isozyme number and phylogeny. in „Proteins and nucleic acids in plant systematics" (Jensen U. and D.E. Faibrothers, eds). pp. 209–221 Berlin–Heidelberg–New York: Springer Verlag, 1983

Grant, V.: Isolation and hybridization between *Aquilegia formosa* and *A. pubescens*. Aliso 2, 341–360 (1952)

Grant K.A. and V. Grant: Mechanical isolation of *Salvia apiana* and *S. mellifera* (Labiatae). Evolution *18*, 196–212 (1964)

Gustafsson, Å: Apomixis in higher plants. Lunds Universitets Årsskrift *42–43*, 1–370 (1946–1947)

Hagerup, O.: Über Polyploidie in Beziehung zu Klima, Ökologie und Phylogenie. Hereditas *16*, 19–40 (1932)

Hauber, D.P. and W.L. Bloom: Stability of a chromosomal hybrid zone in the *Clarkia nitens* and *Clarkia speciosa* ssp. *polyantha* complex (Onagraceae). Amer J. Bot. *70*, 1454–1459 (1983)

Heckard, L.R.: Taxonomic studies in the *Phacelia magellanica* polyploid complex with special reference to the California members. Univ. Calif. Publ. Bot. *32*, 1–126 (1960)

Irving, R.S., H.S. Brenholts and D.D. Irving: Artifici-

al hybridization in *Hedeoma* (Labiatae). Systematic Botany *4*, 1–15 (1979)

Kaur, A., C.O. Ha, K. Jong, V.E. Sands, H.T. Chan, E. Soepadmo, P.S. Ashton: Apomixis may be widespread among trees of the climax rain forest. Nature (Lond.) *271*, 440–442 (1978)

Kerner, A.: Können aus Bastarden Arten werden? Österr. Bot. Zeitschr. *21*, 34–41 (1871)

Levin, D.A.: The origin of isolation mechanisms in flowering plants. Evolutionary Biology *11*, 185–292 (1978)

Lewis, H.: The mechanism of evolution in the genus *Clarkia*. Evolution 7, 1–20 (1953)

Lewis, H. and M. Lewis: The genus *Clarkia*. Univ. Calif. Publ. Bot. *20*, 241–392 (1955)

Marsden-Jones, E.: The genetics of *Geum intermedium* and its back crosses. J. Genetics *23*, 377–395 (1930)

Philipson, W.R.: A revision of the British species of the genus *Agrostis* Linn. J. Linnean Soc. (Lond.) *51*, 73–151 (1937)

Raven, P.: Interspecific hybridization as an evolutionary stimulus in *Oenothera*. Proc. Linnean Soc. London *173*, 92–98 (1962)

Renner, S.: Phänologie, Blütenbiologie und Rekombinationssysteme einiger zentralamazonischer Melastomataceen. Dissertation, Hamburg, 1984

Stebbins, G.L.: Types of polyploids, their classification and significance. Adv. Genetics *1*, 403–429 (1947)

Stebbins, G.L.: Processes of organic evolution. Englewood Cliffs, N.J.: Prentice Hall, Inc. 3rd. edition, 1977 dt. Übers: Evolutionsprozesse, Stuttgart: G. Fischer, 1980

Valentine, D.H. (ed.): Taxonomy, phytogeography and evolution. New York, London: Academic Press, 1972

Wiegand, K.M.: A taxonomist's experience with hybrids in the wild. Science *81*, 161–166 (1935)

39. Änderungen auf molekularer Ebene und ihre Auswirkungen auf die Evolution der Pflanzen

Karyotypanalysen haben Entscheidendes zum Verständnis von Evolutionsprozessen beigetragen. Die Ergebnisse zahlreicher Untersuchungen ließen jedoch viele Fragen offen und warfen neue auf.

So zeigte sich z.B., daß das Produkt aus Chromosomenzahl x Chromosomengröße keineswegs an zunehmende Leistung des genetischen Materials geknüpft ist.

Bei vielen polyploiden Arten sind die Chromosomen weit kleiner als bei der vergleichbaren diploiden Art; dies weist auf einen Verlust von genetischem Material im Verlauf des Polyploidisierungsprozesses hin.

Durch die Fortschritte in der Molekularbiologie wurden neue Wege eröffnet, Genome zu charakterisieren, ihre Abänderungen zu erfassen und ggf. deren Ursachen zu ermitteln. Die drei folgenden Verfahren erwiesen sich als besonders vielversprechend:

(1) Cytophotometrische Bestimmung des DNS-Gehalts von Zellkernen.

(2) Bandierungstechniken: Durch spezielle Anfärbeverfahren lassen sich
 – die strukturelle Untergliederung der Chromosomen,
 – die Verteilung von Eu- und Heterochromatin, sowie
 – die Unterschiede zwischen homologen Chromosomen verwandter Arten (oder Rassen einer Art) sichtbar machen.

Besonders eindrucksvoll ist die Identifikation von Translokationen und Inversionen.

(3) Durch Fraktionierung und Analyse isolierter DNS kann der Anteil repetitiver Sequenzen und deren Verteilung im Genom erkannt werden. Dadurch gewinnt man einen Zugang zu der Frage nach der Höhe des Anteils tatsächlich transkribierter DNS, und damit läßt sich die Zahl aktiver Gene ermitteln. Die Bedeutung der Genomvergrößerung und -reduzierung für den Verlauf der Evolution sowie für Spezialisierungen kann abgeschätzt werden.

In den letzten Jahren zeichnete sich immer deutlicher ab, daß die DNS kein statisches, unveränderliches Molekül ist, sondern eines, das in ständigem Umbau begriffen ist.

Einen maßgeblichen Anteil daran haben springende (wandernde) oder mobile genetische Elemente (mobile Gene, *controlling elements,* s. Kap. 21), und alles spricht dafür, daß deren Existenz eine Voraussetzung für das Zustandekommen von Translokationen, Inversionen und anderen chromosomalen Veränderungen ist.

Die Häufigkeit ihres Auftretens scheint einen wesentlichen Einfluß auf die Evolutionsgeschwindigkeit der Organismen zu haben und entscheidet mit darüber, welche Taxa erfolgreicher als andere sind.

Mobile genetische Elemente wurden zunächst beim Mais, dann auch bei *Drosophila,* schließlich überall dort gefunden, wo man nach ihnen suchte.

Die vorliegenden Befunde sind derzeit aber noch nicht ausreichend, um die eigentlichen anstehenden Probleme der Evolutionsforschung zu klären. Doch allein der Nachweis solcher Elemente und ihrer Aktivitäten macht deutlich, daß wir es hier mit einem leistungsfähigeren variationsverstärkenden Faktor zu tun haben, nicht mit einfachen Mutationen, die uns von der klassischen Genetik her geläufig sind.

Cytophotometrische Bestimmung von DNS in Zellkernen

Wir haben uns mit Ergebnissen cytophotometrischer (= mikrodensitometrischer) DNS-Bestimmungen bereits im Zusammenhang mit der Verdopplung der DNS-Menge während der S-Phase befaßt.

Für vergleichend quantitative Messungen der Zellkern-DNS-Menge müssen folgende Maßnahmen beachtet werden (extranukleäre DNS bleibt bei diesen Betrachtungen unberücksichtigt):

– DNS in Kernen muß spezifisch angefärbt werden. Hierzu hat sich die Feulgen-Reaktion bewährt. Sie beruht auf der Bindung von farblosem Leucofuchsin (basischem Fuchsin, das durch schweflige Säure entfärbt wurde) an Aldehydgruppen, wodurch ein roter Farbstoffkomplex entsteht. Die benötigten Aldehydgruppen entstehen durch hydrolytische Vorbehandlung der DNS. Um zu brauchbaren Ergebnissen zu gelangen, sind standardisierte Versuchsbedingungen (z.B. Temperaturkontrolle, Konzentration der Reaktionspartner, Hydrolysedauer, Dauer der Einwirkung des Reagenz) strikt einzuhalten.

– Die Färbungen ergeben trotz größter experimenteller Sorgfalt niemals absolute, reproduzierbare Werte. Die Fehlerrate ist sehr hoch. Die Ergebnisse einer jeden Meßreihe müssen daher auf einen jedes-

543

mal mitlaufenden Standard (eine interne Kontrolle) bezogen werden. Üblicherweise verwendet man dafür diploide Kerne aus Wurzelspitzen von *Allium cepa*, die 33,5 pg DNS enthalten (1 pg = 1 Pikogramm = 10^{-12} g). 1 pg DNS entspricht ca. $9,13 \times 10^8$ Basenpaaren (der Molekülabschnitt DNS hat ein Molekulargewicht von $0,65 \times 10^{12}$).
– Man muß bei der Wahl der Kerne (Zellen) sehr kritisch sein, denn bekanntermaßen kommt es einerseits während der Ontogenese und Gewebespezialisierung oft zu Polyploidisierungen, zum anderen verdoppelt sich die DNS-Menge während jeder S-Phase eines Zellzyklus. Es hat sich daher bewährt, Kerne im Telophasestadium aus meristematischen Geweben zu analysieren.
– Die ermittelte DNS-Menge kann auf das haploide oder das diploide Genom (n, bzw. 2n, aber nicht × !) bezogen werden. Die Werte werden als C-, bzw. 2C-Werte bezeichnet (4C-Werte erhält man durch Analyse von Prophasekernen diploider Zellen).

Die Messung der gefärbten Kerne erfolgt in einem Cytophotometer, einer Einrichtung, die aus einem Mikroskop, einem Photometer und einem Integrator besteht. Der Cytophotometrie an Empfindlichkeit überlegen ist die Cytofluorometrie, bei der die Kerne fluorochromiert werden. Als spezifische Fluorochrome eignen sich u.a. DAPI (= 4′,6-Diamidino-2-Phenylindol) oder Hoechst 33 258 (= 2-(2-(4-Hydroxyphenyl-) 6-Benzimidazolyl)- 6-(1-Methyl, 4-Piperazyl) Benzimidazol)), denen wir bei der Besprechung der Chromosomenbandierung wiederbegegnen werden (s.a. Abb. 4.5).

Wenn die experimentellen Bedingungen richtig gewählt und standardisiert sind, ist die durch Komplexbildung zwischen DNS und Fluorochrom induzierte Fluoreszenz der DNS-Menge direkt proportional. Bislang liegen erst vereinzelte DNS-Bestimmungen an Pflanzen vor, die nach dieser Methode gewonnen wurden.

Die 2C-Werte einer Anzahl von Gymnospermen und Angiospermen sind der Tabelle 1 zu entnehmen. Bei den Angiospermen schwanken die Werte um mehr als drei Größenordnungen, aber nur um das 15fache bei den Gymnospermen (diese Aussage beruht auf zusätzlichen, in der Tabelle nicht aufgeführten Daten).

Innerhalb bestimmter Angiospermenfamilien können sich die Extreme wie 1 : 10 bis 1 : 50 verhalten, wobei Polyploidie dafür nur zum Teil die Ursache ist.

Es gibt bisher nur relativ wenige Messungen an Algen, Moosen und Farnen. Dennoch steht schon jetzt fest, daß deren Durchschnittswerte nicht unter denen der evolutionär höherstehenden Angiospermen stehen. Vergleicht man jedoch die Vertreter mit den geringsten DNS-Mengen jeder Klasse (Abteilung) miteinander, fällt eine deutliche Zunahme der DNS-Mengen mit steigender Organisationshöhe ins Auge (s. Abb. 39.1).

Wie die Werte in Tabelle 1 zeigen, gibt es innerhalb vieler Gattungen, trotz großer Ähnlichkeiten der Arten untereinander, gravierende Unterschiede im DNS-Gehalt ihrer Genome. Diese Erscheinung konnte man sich ursprünglich nicht erklären und nannte sie „C-Wert Paradox". Heute wissen wir, daß der überwiegende Teil der DNS aller Eukaryoten nicht-codierend ist und daß dieser Anteil von Art zu Art wechseln kann, ohne daß die Zahl aktiver Gene davon betroffen zu sein braucht. Wir kommen in den beiden nächsten Abschnitten hierauf zurück.

Die DNS-Mengen sind auch nicht unmittelbar mit dem Ploidiegrad korreliert. Die Werte von Arten mit

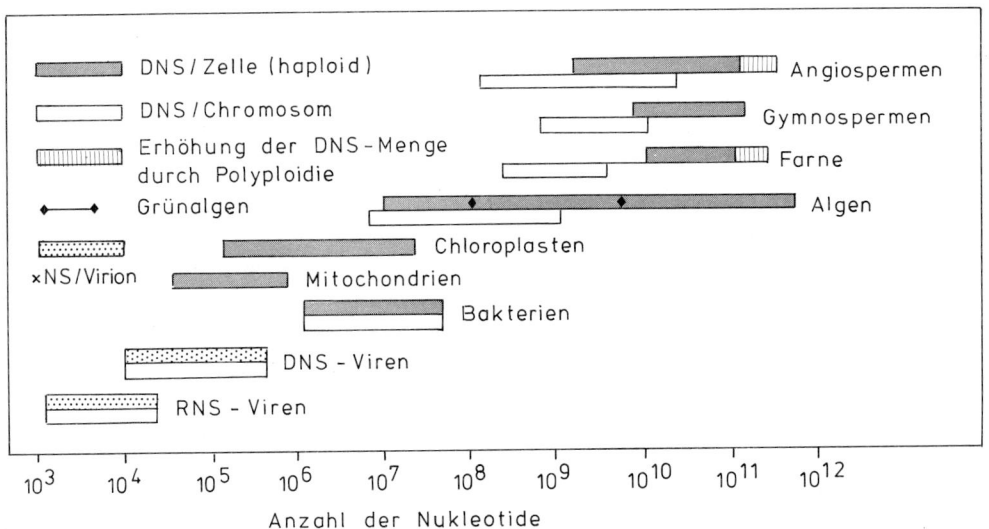

Abb. 39.1. DNS-Mengen pro Zelle, respektive Organell; bei einigen Viren RNS-Mengen. Mit zunehmender Evolutionshöhe ist eine Zunahme an DNS zu verzeichnen. (A.H. Sparrow, H.J. Price, A.G. Underbrink, 1972)

544

Tabelle 1. DNS-Gehalt (2C) der Kerne einer Reihe von Pflanzen (nach A.H. Sparrow et al. 1972; M.D. Bennett 1972; aus W. Nagl, 1976)

Art	pg DNS
Gymnospermen	
Picea abies	100,0
Pinus sylvestris	93,8
Thuja occidentalis	39,1
Angiospermen	
Fritillaria davisii	197,0
Fritillaria paludiflora	128,2
Lilium longiflorum (4×)	134,0
Lilium henryi	100,0
Tradescantia virginiana	116,0
Allium globosum (4×)	75,8
– zebdanense (5×)	61,6
– karataviense	45,4
– margaritaceum (4×)	43,8
– angulosum (4×)	41,2
– triquetrum	36,3
– hirsutum	35,9
– cepa	33,5 Bezugsstandard
– neapolitanum	31,2
– fistulosum	26,3
– galanthum	24,4
– roseum	20,4
– fuscum	18,4
– darwasicum	17,7
– schoenoprasum	16,9
– odoratissimum	15,6
– sibiricum	15,2
Scilla sibirica	73,0
Triticum aestivum	36,3
Vicia faba	23,9–44,0
Lathyrus hirsutus	20,1
Ranunculus ficaria	19,6
Secale cereale	17,7–18,9
Anemone sylvestris	16,0
Rhoeo discolor	15,9
Zea mays	6,6–15,4
Nicotiana tabacum	13,0
Hordeum vulgare	12,8
Lolium temulentum	12,8
Lolium perenne	9,9
Helianthus annuus	9,8 (16,0)
Pisum sativum	9,1 (14,8)
Rumex longifolius (6×)	7,9
Poa annua	7,0
Mercurialis perenne	5,9
Crepis capillaris	4,2 (2,5)
Lycopersicon esculentum	3,9
Haplopappus gracilis	3,6
Antirrhinum majus	3,6
Rumex sanguineus	3,1
Beta vulgaris	2,7
Cucurbita pepo	2,6
Capsella bursa-pastoris	1,7
Linum usitatissimum	1,4
Arabidopsis thaliana	0,5

mehreren Ploidierassen verhalten sich deshalb nicht wie ganzzahlige Vielfache einer Grundmenge zueinander. Vielmehr ist die DNS-Zunahme als Funktion des Ploidiegrads eher durch eine e-Funktion (eine Sättigungskurve) zu beschreiben.

Einige auffallende, mit der Evolution der Pflanzen zusammenhängende Korrelationen sind dennoch offensichtlich. Spezialisierungen der Arten aus Angiospermengattungen sind entweder mit einer Abnahme der DNS-Menge verknüpft, wie z.B. bei verschiedenen *Scilla*-Arten (s. Abb. 39.2), oder man findet beides: bei einigen Arten Abnahme, bei anderen Arten mehr DNS als bei den Ausgangsarten (Beispiel: *Microseris*-Arten, s. Abb. 39.3).

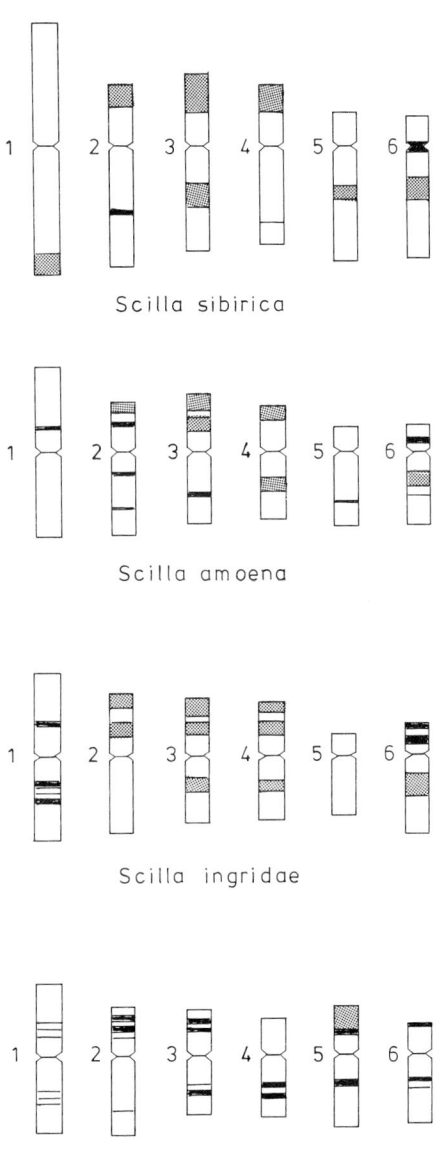

Abb. 39.2. Bandenmuster in vier *Scilla*-Arten. Zu beachten ist die partielle Übereinstimmung des Bandenmusters (dunkel: Heterochromatin) bei den vier Arten. Die DNS-Mengen (1 C) betragen (von oben nach unten) 32,3 pg, 23,7 pg, 23,9 pg und 21,6 pg. *Scilla sibirica* zeichnet sich nicht nur durch den höchsten DNS-Gehalt, sondern auch durch den höchsten Heterochromatinanteil aus. (F. Ehrendorfer, 1983, nach J. Greilhuber, 1982)

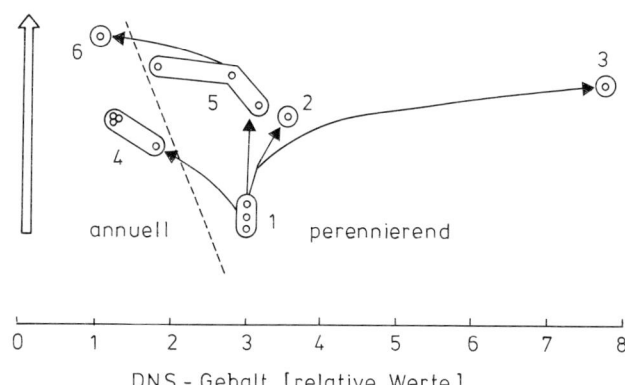

spezialisiert

annuell   perennierend

0   1   2   3   4   5   6   7   8
DNS - Gehalt [relative Werte]

Abb. 39.3. Microseridinae: Änderungen im DNS-Gehalt im Verlauf der adaptiven Radiation (Spezialisierung). *1* und *2* perennierende Arten: *Microseris;* *3* *Phalacroseris;* *4* eine annuelle *Microseris;* *5* eine perennierende *Agoseris;* *6* eine annuelle *Agoseris.* (H.J. Price und K. Bachmann, 1975)

Die Werte der Gymnospermen sind meist höher als die holziger Angiospermen. Die höchsten Werte überhaupt wurden bei *Pinus*-Arten und bei Cycadeen gefunden. Eine intraspezifische Variation wurde u.a. von J.P. Miksche (1968, 1971) für *Picea glauca* und *Picea stichensis* bestätigt. Im Norden Nordamerikas verbreitete Populationen enthalten eineinhalbmal so viel DNS wie jene in südlichen Verbreitungsgebieten.

Aufgrund der Analysen von 271 krautigen Angiospermenarten stellte M.D. Bennett (1972) folgende Regeln auf:
(a) Annuelle Arten haben im Schnitt signifikant weniger DNS als perennierende Arten. Die Beziehung gilt sowohl für Mono- als auch für Dikotyledonen.
(b) Die Variation der DNS-Menge ist unter diploiden annuellen Arten sehr gering; sie ist groß bei perennierenden (viele von ihnen sind polyploid).
(c) Annuelle Arten mit ephemeren Blüten (solchen, die nur einen Tag blühen) haben im Durchschnitt weniger DNS als annuelle mit nicht-ephemeren Blüten.
(d) Unter den Monokotyledonen ist der DNS-Gehalt obligat perennierender Arten signifikant höher als bei fakultativ perennierenden. Zwischen fakultativ perennierenden und annuellen Arten besteht kein signifikanter Unterschied.

Aus diesen Korrelationen ist der Schluß zu ziehen, daß die DNS-Menge der Pflanzen mit ihrer Entwicklungsdauer zusammenhängt.

Annuelle Arten entwickeln sich in der Regel sehr schnell, die Mitosezyklen folgen rasch aufeinander, die Meiosedauer ist kurz. Diese Bedingungen sind nur mit wenig DNS pro Kern (Zelle) erfüllbar.

Arten mit viel DNS sind daher in Gebieten mit einer kurzen Vegetationsdauer „notgedrungen" perennierend. Umgekehrt beruht perennierende Lebensweise nicht unbedingt auf großer DNS-Menge, denn es gibt durchaus perennierende Arten mit nur sehr wenig DNS.

J.P. Grime und Mitarbeiter (University of Sheffield, 1985) wiesen darauf hin, daß die DNS-Menge und der Informationsgehalt des Genoms voneinander

verschiedene Größen sind und daß die DNS-Mengen mit dem Zeitpunkt des Sproß- und Blattwachstums korreliert sind. Frühjahrsblüher auf nordenglischen Wiesen zeichnen sich alle durch einen hohen DNS-Gehalt aus, sie sind durch ein extensives Blattwachstum gekennzeichnet. Dieses beruht primär auf einem Streckungswachstum bereits vorhandener Gewebeanlagen. Diese Arten erlangen damit einen ökologischen Vorteil in noch kalten Jahreszeiten. Arten mit geringen DNS-Mengen unterliegen einem anderen *Timing:* Ihr Wachstum durch Zellteilungen erfolgt zu späterer, günstigerer Jahreszeit, das Streckungswachstum spielt bei ihnen nicht die dominierende Rolle wie bei den Frühjahrsblühern.

Chromosomenbandierungen

In den letzten beiden Jahrzehnten sind spezielle Färbeverfahren (Bandierungstechniken) zur Markierung bestimmter Chromosomenabschnitte (Bänder) entwickelt worden. Je nach Vorbehandlung der Chromosomen und den verwendeten Farbstoffen (bzw. Fluorochromen) unterscheidet man zwischen Q-, C-, G-, R-Bandierung usw. Am gebräuchlichsten sind:
– Q-Bandierung (Q-Banden).

Q-Banden erhält man nach Fluorochromierung der Chromosomen mit Quinacrin (= Atebrin). Sie sind an einer Gelbfluoreszenz unterschiedlicher Intensität erkennbar. Gefärbt wird vorwiegend das Heterochromatin. Quinacrin bindet sowohl an AT- als auch an GC-reiche DNS-Abschnitte, doch lediglich der AT-Quinacin-Komplex fluoresziert. Da AT-reiche Abschnitte im Heterochromatin reichlicher als im Euchromatin vertreten sind, wird ersteres preferentiell markiert. Die unterschiedliche Intensität einzelner Banden spiegelt den unterschiedlichen AT-Gehalt wider.

Andere Fluorochrome, wie DAPI oder Hoechst 33 258, führen ebenfalls zu charakteristischen, reproduzierbaren Mustern; jedes der Fluorochrome induziert ein ihm spezifisches. Mit anderen Worten: Die Bindungseigenschaften und Spezifitäten der Fluorochrome beruhen nicht ausschließlich auf ihrer Affinität zu AT-reichen Abschnitten. Vielmehr

beeinflußt deren Verteilung und deren Assoziation mit anderen Molekülen (z.B. Histonen) die Bindungseigenschaften der Fluorochrome.
– C-Bandierung (C-Banden).
Der Name geht auf die englischen Begriffe *centromeric* oder *constitutive* Heterochromatin zurück. Die Präparate werden durch alkalische Denaturierung vorbehandelt, wodurch die DNS weitgehend depurinisiert wird. Nach dem Auswaschen von Proteinen, Purinen und anderen denaturierten Molekülen wird die verbliebene DNS wieder renaturiert und dann mit Giemsa-Lösung (aus Methylenazur, Methylenviolett, Methylenblau und Eosin bestehend) gefärbt. Heterochromatin färbt sich intensiv, die übrigen Chromosomenabschnitte absorbieren nur wenig Farbstoff.
Die C-Bandierung erwies sich gerade zur Charakterisierung pflanzlicher Chromosomen als vorteilhaft.
– G-Bandierung (G-Banden).
Ein Verfahren, das für tierische Zellen brauchbar, für pflanzliche unbrauchbar ist. Ähnlich der C-Bandierung, doch ohne Vorbehandlung. Pflanzliche Chromosomen werden einheitlich durchgefärbt.
– R-Bandierung (R-Banden).
(= *reverse Banding*). Hier werden GC-reiche Abschnitte, die für Euchromatin charakteristisch sind, markiert.
– Hy-Bandierung (Hy-Banden).
Diese Methode wurde speziell für pflanzliche Zellen entwickelt. Jene werden mit heißer HCl (= *hydrochloric acid*) vorbehandelt und dann mit Carminessigsäure gefärbt. Das Muster der Hy-Banden unterscheidet sich von dem der C-Banden. Offensichtlich beeinflußt hier die Bindung von Protein an DNS, und dessen mehr oder weniger vollständige Extraktion, das Bindungsvermögen von Carminessigsäure.
Durch Abwandlung, Wahl weiterer Farbstoffe und Fluorochrome (z.B. durch Doppelmarkierung mit Chromomycin A_3 und DAPI) kann das Auflösungsvermögen der Bandierungstechniken gesteigert werden.
Viele der Ansätze eignen sich unmodifiziert für tierische Chromosomen, führen aber bei pflanzlichen zu beträchtlichen Schwierigkeiten, was die Einsatzmöglichkeiten erheblich einschränkt. Die Ursachen hierfür sind meist ungeklärt. Das durch Bandierungstechniken erzeugte Muster erreicht bei pflanzlichen Chromosomen niemals den Auflösungsstandard, der bei tierischen Chromosomen üblich ist.
Auffallend ist die Konstanz der Verteilungsmuster von konstitutivem Heterochromatin und übrigem Chromatin bei vielen Arten mit intraspezifisch variablen Karyotypen. Intraspezifische Unterschiede im Bindungsmuster wurden in *Trillium*-Populationen (s.a. Abb. 37.11; I. Fukuda und V. Grant, 1980) und bei polymorphen *Scilla*-Arten (J. Greilhuber und F. Speta, Botanisches Institut der Universität Wien,

1977) beschrieben. Bei *Scilla* sind die Unterschiede minimal, Gemeinsamkeiten überwiegen. D. Schweizer und F. Ehrendorfer (ebenfalls Botanisches Institut der Universität Wien) konnten die Karyotypen von sechs Arten der Compositengattung *Anacyclus* nach C-Bandierung leicht auseinanderhalten, obwohl sie sich strukturell sehr ähneln und bei konventioneller Färbung nur schwer zu identifizieren sind.
Die Analyse der Gattung *Scilla* gab Aufschlüsse über die Veränderung der Chromosomenstruktur während adaptiver Radiation.
Oft – doch nicht immer – ist die DNS-Zunahme dabei auf Heterochromatinzunahme, also auf Zunahme nicht-codierender Abschnitte zurückzuführen. In anderen Fällen wurde eine Abnahme der Gesamt-DNS-Menge beobachtet, obwohl der Anteil an C-Banden zunahm. Artneubildungen sind vielfach von einer Umstrukturierung des Heterochromatinanteils begleitet.
Auf Maischromosomen (s. Abb. 11.7) sind eine Anzahl von Anschwellungen (Knöpfen) erkennbar. Diese können an 23 verschiedenen Positionen lokalisiert sein. Ihre Zahl schwankt zwischen 0 und 18 und ist sortenspezifisch. Die Chromosomen der im Nordem Nordamerikas angebauten Sorten haben keine oder nur sehr wenige Knöpfe, die der im Süden und im Mittelamerika kultivierten Sorten hingegen sind besonders knopfreich. Die Knöpfe enthalten Heterochromatin und sind daher als C-Banden indentifizierbar. Das Süd-Nord-Gefälle belegt erneut, daß auch die Menge nichtcodierender DNS einem starken Selektionsdruck unterliegt. Wegen der im Norden kürzeren Vegetationsperiode sind Sorten mit wenig DNS im Vorteil. Auf die DNS-Menge bezogen betragen die Unterschiede bis zu 37%. Diese Beobachtungen sind zugleich ein Indiz dafür, daß das genetische Material selbst innerhalb einer Art starken Umstrukturierungen unterworfen ist (H.J. Price, Texas A & M University, College Station, 1987).
Bandierungstechniken sind zu wertvollen, aber nicht immer einfach beherrschbaren Hilfsmitteln geworden. Es gibt nur wenige Arbeitsgruppen, die verstehen, sie effizient zu nutzen. Es gibt daher bisher auch noch nicht genügend Ergebnisse, um weitreichende (verallgemeinernde) Schlüsse über die Evolution dieser Muster und ihre Bedeutung für die Evolution der Pflanzen zu ziehen. Die Mehrzahl der Untersuchungen wurde an Monokotyledonen (Liliaceen und Gramineen) durchgeführt. Nur wenige Dikotyledonen besitzen große Chromosomen, an denen nach Bandierung Einzelheiten erkennbar wären.

Repetitive DNS, singuläre DNS, – aktive Gene

Ende der sechziger Jahre zeichnete sich ab, daß Eukaryotengenome im Gegensatz zu Prokaryotengenomen einen hohen Anteil nicht-codierender, meist repetitiver Nukleotidsequenzen (repetitive DNS) enthalten.
Einen ersten Hinweis hierauf ergaben Renaturierungskinetiken isolierter, „geschmolzener" DNS. Un-

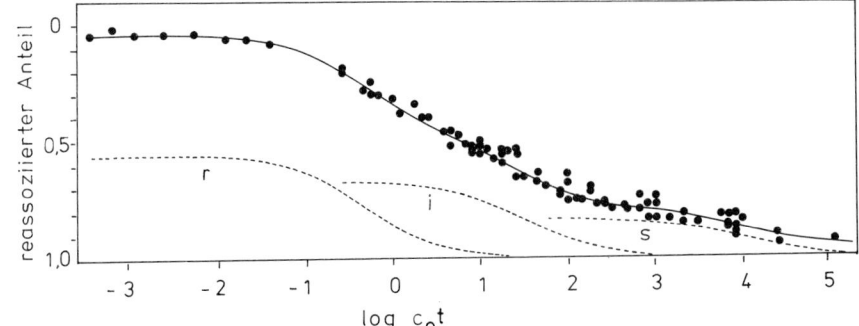

Abb. 39.4. Renaturierungskinetik der DNS aus *Pisum sativum*. Die im Experiment eingesetzten Fragmente sind etwa 300 Basenpaare lang. Die gestrichelt dargestellten Kurven geben die rechnerisch ermittelten Anteile der hochrepetitiven (r), mittelrepetitiven (i) und singulären (s) Sequenzen wieder. (M.G. Murray *et al.*, 1978)

ter Schmelzen der DNS versteht man das Lösen der Wasserstoffbrücken durch Erhitzen und den sich daraus ergebenden Zerfall eines Doppelstrangs in die beiden einander komplementären Einzelstränge (s. Abb. 21.14). Bei nachfolgender Abkühlung des Reaktionsgemisches vereinigen sich (reassoziieren) die Einzelstränge. Der alte Zustand (DNS-Doppelstrang) wird wieder hergestellt, die DNS ist renaturiert.

Die Reassoziationsgeschwindigkeit hängt von der Menge einander komplementärer Einzelstränge und damit von der Komplexität des DNS-Gemisches (= Genoms) ab (s. Abb. 39.4).

Würde es zwischen Nukleotidsequenzen eines großen Eukaryotengenoms (mit einem Umfang von angenommen 10^{12} Basenpaaren) keinerlei Gemeinsamkeiten geben, wäre die Wahrscheinlichkeit, daß ein DNS-Einzelstrangfragment (mit einer angenommenen Länge von 1 000 Nukleotiden) seinen komplementären Partner findet, $1 : 0{,}5 \times 10^{-9}$. Es würde daher Wochen oder Monate dauern, bevor sich zufällig aufgrund thermischer Bewegung einzelne „richtige" Partner finden und damit Doppelstränge ausbilden würden.

Die Realität sieht anders aus. Ein beträchtlicher Teil solcher DNS-Einzelstrangfragmente renaturiert in kürzester Zeit, ein weiterer nach deutlich längerer, aber immerhin noch relativ kurzer Zeit, und nur eine dritte Fraktion renaturiert sehr langsam. Bei den verschiedenen Pflanzen- (und Tier-)arten ist das Verhältnis dieser drei Fraktionen zueinander unterschiedlich.

Die drei DNS-Fraktionen heißen hochrepetitive, mittelrepetitive und singuläre Nukleotidsequenzen (s. Kap. 21). Im allgemeinen Sprachgebrauch haben sich auch die Ausdrücke hochrepetitive, mittelrepetitive und singuläre DNS eingebürgert. Der Anteil repetitiver DNS kann bei einigen Arten weit über 90 Prozent der Gesamt-DNS ausmachen.

Über den Informationsgehalt und die Funktion der DNS ist durch diese Analysen zunächst noch nichts gesagt.

Selbstverständlich war man schon immer bemüht, die biologische Bedeutung der einzelnen Fraktionen zu klären. Dabei zeigte sich, daß codierende Abschnitte (Gene) in der Regel singulär sind. Das heißt aber nicht, daß die gesamte singuläre DNS mit aktiven Genen gleichzusetzen sei.

Von einigen wenigen Genen, z.B. den Histongenen oder den Genen für rRNS und tRNS, weiß man, daß sie in zahlreichen Kopien vorliegen. Autoradiographisch ließ sich zeigen, daß gleichartige Gene meist hintereinandergeschaltet sind und daß solche Ansammlungen *(cluster)* auf mehreren Chromosomen lokalisiert sein können.

Der überwiegende Teil der hochrepetitiven DNS ist nichtcodierend und bildet die Hauptmenge des (konstitutiven) Heterochromatins.

Die mittelrepetitiven (und schwach repetitiven) Sequenzen sind in regelmäßigen Abständen über das Gesamtgenom verstreut (*interspersed pattern*).

Ihnen fällt offensichtlich eine wichtige Rolle bei der Regulation der Genexpression und für die Rekombinationshäufigkeit zu.

Nach diesen Vorbetrachtungen ist es wichtig, sich einen Überblick über die Anteile der einzelnen Fraktionen bei möglichst vielen Arten zu verschaffen, um einen Einblick in die Organisation des Pflanzengenoms zu gewinnen und abzuschätzen, wie das Verhältnis codierender zu nicht-codierender DNS ist. Wie vermerkt, genügt es dabei nicht allein, das Verhältnis singulärer zu repetitiver DNS zu ermitteln. Vielmehr ist es erforderlich, alle Transkriptionsprodukte (RNS) zu erfassen, um deren Komplexität zu errechnen und in Beziehung zur Komplexität der DNS zu setzen. Zu dem letzten Teilproblem liegen für pflanzliche Genome erst sehr wenige Angaben vor. W. Wenzel und V. Hemleben (Institut für Biologie, Universität Tübingen) haben 1982 bis dahin veröffentlichte Angaben über Angiospermengenome gesammelt und tabellarisch zusammengestellt. Ein Auszug daraus ist in Tabelle 2 wiedergegeben. Ein erstes wichtiges, den zusammengefaßten Daten zu entnehmendes Ergebnis ist die Feststellung, daß sich das Verhältnis singuläre/repetitive DNS (S/R) bei Monokotyledonen signifikant von dem bei Dikotyledonen unterscheidet.

Ferner zeichneten sich die beiden folgenden Beziehungen ab:
(a) Kleine, nahezu konstante Genomgröße (bezogen auf 1 C) bei gleichzeitiger starker Variation des Verhältnisses S/R. Diese Korrelation gilt für fast alle Dikotyledonen.

548

Tabelle 2. Genomgröße und Verhältnis singulärer zu repetitiver DNS (S/R Verhältnis) bei einer repräsentativen Auswahl von Angiospermenarten. (Für einzelne Familien wurden z.T. nur die Arten mit dem höchsten und dem niedrigsten S/R-Verhältnis wiedergegeben).

Familie	Art	Genomgröße (Basenpaare $\times 10^9$, bezogen auf 1C)	S/R-Verhältnis
Dicotyledonae			
Magnoliaceae	*Liriodendron tulipifera*	0,730	1,105
	Magnolia soulangiana	5,48	1,532
Lauraceae	*Cinnamomum camphora*	0,548	1,681
Lardizabalaceae	*Decaisnea fargesii*	2,28	1,062
Ranunculaceae	*Anemone coronaria*	9,08	0,887
	Anemone blanda	14,60	0,754
Fabaceae	*Vigna radiata*	0,47	0,429
	Glycine max	1,29	0,639
	Vicia sativa	2,46	0,250
	Pisum sativum	4,80	0,333
	Lathyrus articulatus	7,70	0,786
Brassicaceae	*Brassica pekinensis*	0,461	0,887
	Capsella bursa-pastoris	0,775	1,117
	Matthiola incana	1,37	0,449
	Raphanus sativus	1,41	4,56
Tropaeolaceae	*Tropaeolum majus*	3,33	0,22
Malvaceae	*Gossypium hirsutum*	0,73	2,13
Chenopodiaceae	*Spinacia oleracea*	0,265	0,818
Caryophyllaceae	*Stellaria media*	1,14	0,449
Chenopodiaceae	*Beta vulgaris*	1,23	0,587
Solanaceae	*Nicotiana tabacum*	1,5	0,818
Asteraceae	*Senecio vulgaris*	1,59	0,351
	Crepis conycifolia	0,502	0,770
	Taraxacum officinale	0,593	1,381
	Anacyclus depressus	5,66	0,124
Monocotyledonae			
Liliaceae	7 *Allium*-Arten	15,3	0,5385
	Tulipa kaufmanniana	28,5	0,3699
	Hyacinthus orientalis	44,8	0,333
Poaceae	*Poa trivialis*	3,15	0,2195
	Zea mays	5,02	0,281
	Secale cereale	8,62	0,4246
	Triticum aestivum	16,52	0,2048
	Avena sativa	19,60	0,2048

(W. Wenzel und V. Hemleben, 1981)

(b) Große, variable Genome mit niedrigem S/R-Verhältnis. Dieses findet man bei Monokotyledonen und bei einigen wenigen Dikotyledonen (z.B. den Ranunculaceen).

Das heißt, daß Taxa der Gruppe (a) sich vorwiegend durch selektive Unter- oder Überreplikation von singulärer *und/oder* repetitiver DNS verändern, wobei die Gesamtgenomgröße weitgehend unverändert bleibt.

In Gruppe (b) hingegen werden singuläre und repetitive Sequenzen gleichzeitig reduziert (oder vervielfacht). Die Folge davon ist eine variable Genomgröße. Pflanzen dieser Gruppe sind offenbar prädestiniert, neue Gene (mutierte Allele) zu akkumulieren, z.B. Teile des Genoms selektiv zu vervielfachen (= zu amplifizieren), um dann solche Gene beizubehalten, die adaptiven Wert besitzen.

Monokotyledonen besitzen oft sehr große Chromosomen; diese haben eine geringere Neigung zur Polyploidisierung als kleine. Polyploidie erreicht daher, wenn man von Ausnahmen, wie z.B. den Gramineen

und Cyperaceen absieht, dort bei weitem nicht das Ausmaß, das bei den Dikotyledonen in Erscheinung tritt. Deren Genom ist, wie wir gesehen haben, relativ klein. Vergrößerungen durch Polyploidisierung und damit Rekombination zwischen verschiedenen, aber verwandten Genomen ist üblich.

Die Variation des Verhältnisses S/R wirkt sich in der Expression des Genoms aus, was wiederum an einer Vergrößerung der Phänotypvariation erkennbar ist.

Diese Strategie erwies sich als erfolgreicher als die der meisten Monokotyledonen, deren Formenvielfalt weit geringer als die der Dikotyledonen ist; ihre Fähigkeit zur adaptiven Radiation, d.h. zur Besiedlung neuer Lebensräume, ist eingeschränkt.

Insgesant scheinen große Mengen an hochrepetitiver DNS dem Rekombinationsvermögen und damit dem Umbau von Genomen entgegenzustehen.

Eine Parallele hierzu findet man im Tierreich. Anuren (Frösche) haben große Genome (viel repetitive DNS) und sehen alle nahezu gleich aus. Mammalia

Tabelle 3. Zusammenfassung von Angaben über das Genom von 5 *Microseris*-Arten

Art	Genomgröße (pg)				Anzahl der Gene (Cistrons) für	
	Gesamt (1C)	hoch-repetitiv	DNS mittel-repetitiv	singulär (oder schwach repetitiv)	rRNS (ge-samt)	5S rRNS
Microseris bigelovii	1,5	0,20	0,61	0,73	1970	
Microseris douglasii	1,4	0,29	0,34	0,76	3000	9 000
Microseris elegans	1,4				1100	
Microseris laciniata	3,4	0,68	1,16	1,56	3200	13 700
Microseris lindleyi	2,0	0,39	0,70	0,90	1500	10 000

(K. Bachmann, 1979)

haben sehr kleine Genome, von Art zu Art variierende Chromosomenzahlen, und zeichnen sich durch eine Vielfalt von Formen und Leistungen aus. Man denke dabei nur an die Unterschiede zwischen Fledermaus, Wal und Mensch. Das bisher Gesagte und ergänzende Experimente, Beobachtungen und Überlegungen führten zu dem Schluß, daß mittelrepetitive DNS am Rekombinationsvermögen der DNS mitwirkt. Aber: DNS alleine kann sich nicht umbauen. Benötigt werden dafür Enzyme sowie bestimmte Nukleotidsequenzen, die von jenen selektiv erkannt werden. Erkannte DNS-Abschnitte können dann entfernt und ggf. an anderer (ebenfalls spezifischer) Stelle inseriert (wieder eingebaut) werden. Cytologisch sind derartige Umbauten an den besprochenen Chromosomenmutationen (s. Kap. 12 und vorangegangenen Abschnitt Bandierungstechnik) erkennbar, auf DNS-Ebene kann sich der Umbau in einer Veränderung des S/R-Verhältnisses auswirken. Die molekularen Ursachen liegen damit, wie gerade angedeutet, in der Eigenschaft bestimmter DNS-Abschnitte (unter Mitwirkung einschlägiger Enzyme), zu „wandern" oder zu „springen". Damit wären wir bei den bereits genannten mobilen oder springenden (wandernden) genetischen Elementen. Bevor wir die Einzelheiten der skizzierten Mechanismen aber im Detail verstehen werden, werden wohl noch einige Jahre vergehen.

Bei verschiedenen Angiospermengattungen geht Spezialisierung mit der Reduktion der Genomgröße einher. Ein gutes Beispiel hierfür ist die Compositengattung *Microseris*. Spezialisierung ist nicht allein mit Abnahme der Größe, Übergang von perennierender zu annueller Lebensweise, und Wechsel von Allogamie zu Autogamie verknüpft, sondern bedingt zugleich auch eine Reduktion der Variabilität eines jeden morphologischen Merkmals.

Im Verlauf des Spezialisierungsprozesses ist bei *Microseris*-Arten DNS aller drei Fraktionen verlorengegangen (s. Tabelle 3). Am Beispiel der rRNS-Gene wurde gezeigt, daß auch die Zahl aktiver Gene im Verlauf der Spezialisierung rückläufig ist.

Literatur

Appels, R., C. Driscoll and W.J. Peacock: Heterochromatin and highly repeated DNA sequences in rye *(Secale cereale)*.Chromosoma *70*, 67–89 (1978)

Bachmann, K., K.L. Chambers and H.J. Price: Genome size and phenotypic evolution in *Microseris* (Asteraceae, Cichoriacae). Pl. Syst. Evol., Suppl. *2*, 41–66 (1979)

Bennett, M.D.: Nuclear DNA content and minimum generation time in herbaceous plants. Proc. Roy. Soc. (Lond.) *B 181*, 109–135 (1972)

Edwards, K.J.R.: Control of gene activity in plants: a genetical view. Plant, Cell and Environment *2*, 5–13 (1979)

Ehrendorfer, F.: Quantitative and qualitative differentiation of nuclear DNA in relation to plant systematics and evolution. in: „Proteins and nucleic acids in plant systematics" (U. Jensen, D.E. Fairbrothers, eds.) S. 3–35 Berlin–Heidelberg–New York: Springer Verlag, 1983

Flamm, W.G.: Highly repetitive sequences of DNA in chromosomes. Int. Rev. Cytology *32*, 1–51 (1972)

Flavell, R.B., M. O'Dell and J. Hutchinson: Nucleotide sequence organization in plant chromosomes and evidence for sequence translocation during evolution. Cold Spring Harbor Symp. Quant. Biol. *45*, 501–508 (1980)

Fukuda, I., W.F. Grant: Chromosome variation and evolution in *Trillium grandiflorum*. Canad. J. Genet. Cytol. *22*, 81–91 (1980)

Greilhuber, J.: Nuclear DNA and heterochromatin contents in the *Scilla hohenackeri* Group, *S. persica*, and *Puschkinia scilloides* (Liliaceae). Plant Syst. Evol. *128*, 243–257 (1977)

Greilhuber, J. and F. Speta: Quantitative analyses of C-banded karyotypes, and systematics in the cultivated species of the *Scilla siberica* group (Liliaceae). Pl. Syst. Evol. *129*, 63–109 (1978)

Greilhuber, J.: Evolutionary changes of DNA and

heterochromatin amounts in the *Scilla bifolia* group (Liliaceae). Plant Syst Evol., Suppl. *2,* 263–280 (1979)

Greilhuber, J., B. Deumling, F. Speta: Evolutionary aspects of chromosome banding, heterochromatin, satellite DNA, and genome size in *Scilla* (Liliaceae). Ber. Deutsch. Bot. Ges. *94,* 249–266 (1982)

Grime, J.P. J.M.L. Shacklock, S.R. Band: Nuclear DNA contents, shoot phenology and species co-existence in a limestone grassland community. New Phytol. *100,* 435–445 (1985)

Loidl, J.: Some features of heterochromatin in wild *Allium* species. Pl. Syst. Evol. *143,* 117–131 (1983)

Marks, G.E.: Feulgen banding of heterochromatin in plant chromosomes. J. Cell Sci. *62,* 171–176 (1983)

Miksche, J.P.: Quantitative study of intraspecific variation of DNA per cell in *Picea glauca* and *Picea banksiana.* Canad. J. Genet.: *10,* 590–600 (1968)

Miksche, J.P.: Intraspecific variation of DNA per cell between *Picea sitchensis* (Bong.) Carr. provenances. Chromosma *32,* 343–352 (1971)

Murray, M.G., R.E. Cuellar, W.F. Thompson: DNA-sequence organization in the pea genome. Biochemistry *17,* 5781–5790 (1978)

Nagl, W., M. Jeanjour, H. Kling, S. Kühner, I. Michels, T. Müller and B. Stein: Genome and chromatin organization in higher plants. Biol. Zbl. *102,* 129–148 (1983)

Nze-Ekekang, L., M. Patillon, A. Schäfer and A. Kovoor: Repetitive DNA of higher plants. J. Exptl. Bot. *25,* 320–329 (1974)

Price, H.J. and K. Bachmann: DNA content and evolution in the Microseridinae. Amer. J. Bot. *62,* 262–267 (1975)

Price, H.J.: Evolution of DNA content in higher plants. Bot. Review *42,* 27–52 (1976)

Price, H.J., K. Bachmann, K.L. Chambers and J. Riggs: Detection of intraspecific variation in the nuclear DNA content in *Microseris douglasii.* Bot Gazette *141,* 195–198 (1980)

Raina, S.N. and R.K.J. Narayan: Changes in DNA composition in the evolution of *Vicia* species. Theor. Appl. Genet. *68,* 187–192 (1984)

Rothfels, K., E. Sexsmith, M. Heimburger, M.O. Krause: Chromosome size and DNA content of species of *Anemonae* and related genera (Ranunculaceae). Chromosoma *20,* 54–74 (1966)

Schäffner, K.–H. and W. Nagl.: Differential DNA replication involved in transition from juvenile to adult phase in *Hedera helix* (Araliaceae). Plant Syst. Evol., Suppl. *2,* 105–110 (1979)

Schweizer, D.: An improved Giemsa C-banding procedure for plant chromosomes. Experientia *30,* 570–571 (1974)

Schweizer, D.: Reverse fluorescent chromosome banding with chromomycin and DAPI. Chromosoma *58,* 307–324 (1976)

Schweizer, D.: DAPI fluorescence of plant chromosomes prestained with actinomycin D. Exp. Cell Res. *102,* 408–413 (1976)

Singh, R.J. and G. Röbbelen: Identification by Giemsa technique of the translocations separating cultivated rye from three wild species of *Secale.* Chromosoma *59,* 217–225 (1977)

Sparrow, A.H., H.J. Price, A.G. Underbrink: A survey of DNA-content per cell and per chromosome of prokaryotic and eukaryotic organisms: Some evolutionary considerations. Brookhaven Symp. Biol. *23,* 451–494 (1972)

Stack, S.M. and D.E. Comings: The chromosomes and DNA of *Allium cepa.* Chromosoma *70,* 161–181 (1979)

Wenzel, W. and V. Hemleben: A comparative study of genomes in Angiosperms. Pl. Syst. Evol. *139,* 209–227 (1982)

40. Selektion und Fitneß. Definitionen und theoretische Grundlagen

Durch die in den vorangegangenen Kapiteln behandelten Beispiele konnten Evolutionsprozesse veranschaulicht werden. Die Ergebnisse vieler Experimente lassen sich durch die Aussage deuten, daß bestimmte Eigenschaften den Individuen einen echten Selektionsvorteil gegenüber jenen bieten, denen diese Eigenschaften fehlen. Die oft rasche Ausbreitung neuer Genotypen weist darauf hin, daß sie sich ihren Vorgängern gegenüber durch eine erhöhte Fitneß auszeichnen. Wie hängen Fitneß und Selektion zusammen, wie werden diese Begriffe definiert und welche mathematischen Ansätze sind erforderlich, um eine Selektion zu quantifizieren und Modelle zu erstellen, die geeignet sind, Vorhersagen über den Erfolg bestimmter Strategien zu treffen?

Wie an anderer Stelle vermerkt, befaßte sich der britische Mathematiker und Genetiker R.A. Fisher (1890–1968) seit den zwanziger Jahren mit Fragen dieser Art und entwickelte das dafür nötige mathematische Rüstzeug. Weitere entscheidende Anstöße gab der Amerikaner S. Wright (1889–1988).

Evolution kann als ein Wandel der genetischen Zusammensetzung von Populationen betrachtet werden. Um Selektion und Fitneß zu verstehen, bedarf es daher zweier voneinander unabhängiger Betrachtungen:
(1) Man muß sich mit Reproduktionsraten und Wachstumsfunktionen auseinandersetzen.
(2) Man muß populationsgenetische Ansätze (Hardy-Weinberg-Gleichgewicht, s. Kap. 13) als Basis für weiterführende Berechnungen heranziehen.

Eine Theorie der natürlichen Selektion muß die Vermehrungsrate, die Sterblichkeit, die Populationsgröße, die Kapazität des Lebensraums und die Gesetze der Genetik berücksichtigen. Nur so lassen sich experimentell ermittelte Werte in eine rechnerisch handhabbare Form bringen, mit deren Hilfe man die Änderungen (Verbesserungen) einer Art in bezug zu ihrer Umwelt erfassen kann.

Wachstum, Reproduktionsrate

Beginnen wir mit einer Population von N_t Individuen, die zum Zeitpunkt t sehr individuenreich ist. Während eines endlichen Zeitabschnitts Δt ändert sich die Individuenzahl durch Neuzugänge (b) und Abgänge (d)

(= Geburten- und Sterblichkeitsrate). Dann ist

$$\Delta N_t = (b-d)N_t t,$$

wobei die Differenz zwischen b und d als Zuwachsrate definiert ist, die wiederum von der
- Zahl der Nachkommen/Generation,
- der Anzahl der Generationen/Zeiteinheit
- und der Überlebenschance unter gegebenen Umweltbedingungen abhängt.

Vereinfacht lautet die obige Gleichung dann

$$\Delta N_t = rN_t t,$$

wenn $\Delta t \to 0$ geht, gilt

$$\frac{\Delta N_t}{dt} = rN_t.$$

In integrierter Form geschrieben kommt man zu

$$rt = \ln N_t - \ln N_0,$$

wobei N_0 die Individuenausgangszahl und N_t die Anzahl am Ende des Zeitabschnitts dt ist.

Umgeformt lautet diese Gleichung

$$n_t = N_0 e^{rt} \quad \text{oder}$$

$$\ln N_t = \ln N_0 + rt,$$

und damit wären wir bei der allgemeinen Wachstumsfunktion, die in ihrer unmodifizierten Form allerdings nur unter idealisierten Bedingungen gilt, z.B. während der logarithmischen Wachstumsphase einer Bakterienkultur oder einer Kultur einzelliger Algen (s. Abb. 40.1).

Der Teilausdruck e^r kann mit w gleichgesetzt werden, wobei w die Fitneß (Wrightsche Fitneß) der Individuen symbolisiert.

Wird z.B. der Fitneßwert eines Individuums mit 1, der eines anderen mit 2 angegeben, heißt das, daß das zweite doppelt so viele Nachkommen wie das erste erzeugt. Nach r aufgelöst, lautet die obige Beziehung

$$r = \ln w.$$

Die Wachstumsrate ist also gleich dem *log naturalis* des Fitneßwerts, und der wiederum ist vom Selektionskoeffizienten (s) abhängig

$$w = 1 - s.$$

552

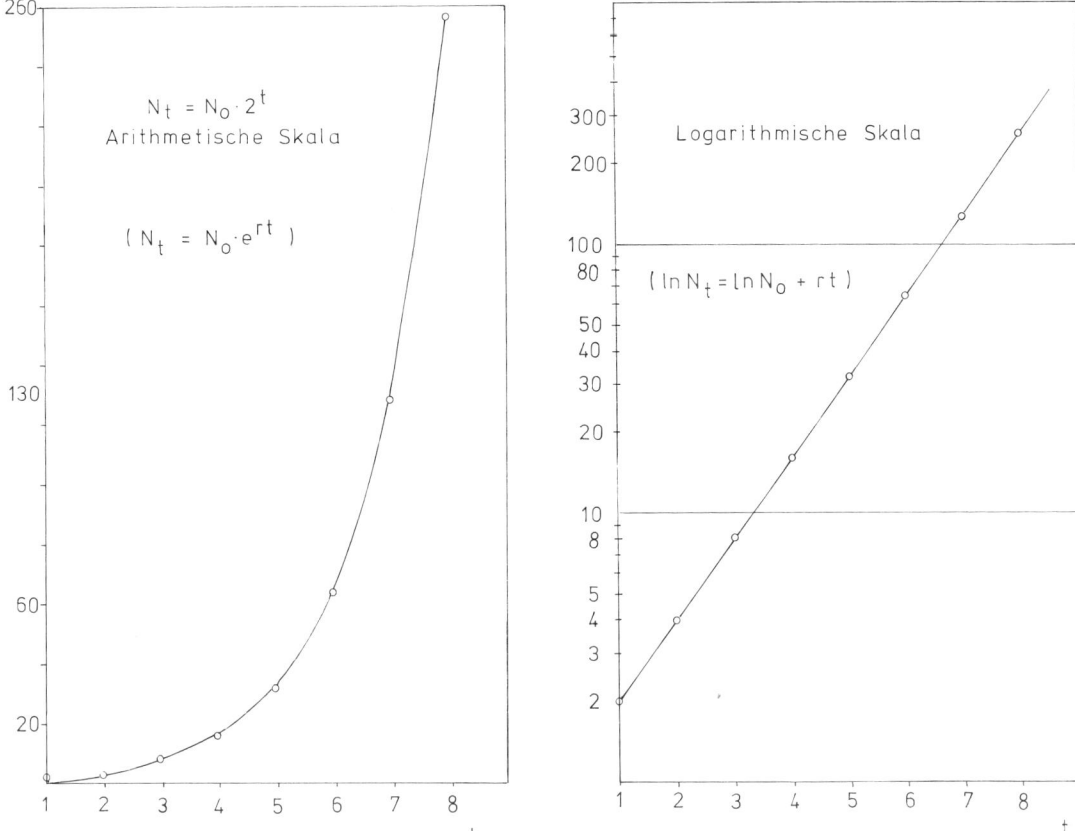

Abb. 40.1. Wachstumskinetik in arithmetischer und in logarithmischer Darstellung.

Regulation der Populationsgröße, Kapazität des Lebensraums, dichteabhängiges Wachstum, r- und K-Strategien

Eine Population kann niemals ins Unendliche wachsen, da keine unbegrenzten Mengen an Nahrung, Energie und Lebensraum zur Verfügung stehen. Jeder Lebensraum hat eine Kapazität (K), die im einfachsten Fall als eine Konstante betrachtet werden kann; K steht damit für die maximal mögliche Individuenzahl in dem betreffenden Lebensraum.

Solange die Zahl N im Verhältnis zu K klein ist, kann eine Population uneingeschränkt wachsen. Sobald sich N dem Wert von K nähert, sinkt die Zuwachsrate ab, bis N und K ein Gleichgewicht erreicht haben. Mathematisch kann eine solche Wachstumsfunktion (= dichteabhängiges Wachstum) wie folgt beschrieben werden:

$$\frac{dN}{dt} = \frac{rN(K-N)}{K}$$

oder

$$\frac{dN}{N} + \frac{dN}{K-N} = r\, dt$$

In der Abbildung 40.2 ist eine derartige Kinetik graphisch wiedergegeben. Die Wachstumsrate (Zuwachsrate) als Funktion der Wachstumskurve ist deren erste Ableitung nach der Zeit, woraus zu ersehen ist, daß r ein Maximum durchläuft.

Durch Integration gelangt man zu

$$t = \frac{1}{r} \ln \frac{N_t(K-N_0)}{(K-N_t)N_0}.$$

Zur Veranschaulichung ein Beispiel: Unter der Annahme eines Populationszuwachses von 1 Prozent pro Jahr (r = 0,01) und einer Kapazität des Lebensraums für K = 5 000 Individuen, beträgt die Zeit für den Anstieg einer Population von $N_0 = 1\,000$ auf $N_t = 2\,000$ Individuen:

$$t = \frac{1}{0,01} \ln \frac{2\,000 \times 4\,000}{3\,000 \times 1\,000} = 98 \text{ Jahre.}$$

Unter Vernachlässigung der Kapazitätsgrenze beträgt

$$t = \frac{1}{r} \ln \frac{N_t}{N_0}.$$

Damit würde man mit den Zahlen aus unserem Beispiel auf eine Verdopplungszeit von 69 Jahren kommen.

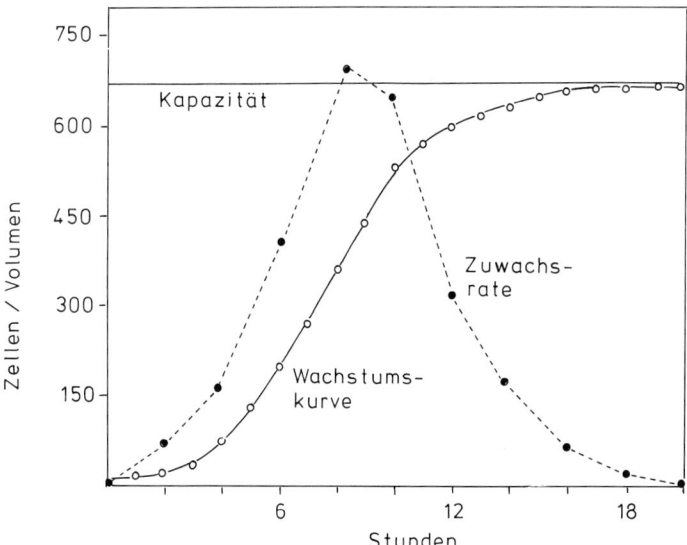

Abb. 40.2. Geregeltes Wachstum: Wachstumskurve, Zuwachsrate und Kapazitätsgrenze.

Im Verlauf der organismischen Evolution haben sich zwei fitneßsteigernde Strategien entwickelt: die r- und K-Strategie (= r- und K-Selektion).

Die r-Strategie ist (ohne Berücksichtigung von K) durch eine hohe Vermehrungsrate gekennzeichnet. Sie tritt vor allem bei Arten in Erscheinung, die darauf spezialisiert sind, neue Lebensräume mit variablen Bedingungen zu besiedeln, oder bei solchen, deren Populationsgrößen starken Schwankungen unterworfen sind. Die K-Strategie hingegen beschreibt eine geregelte, dichteabhängige Vermehrung (unter Berücksichtigung der Kapazitätsgrenze des Lebensraums K). Sie kommt bei Arten in stabilen Lebensräumen vor, in denen eine hohe Vermehrungsrate ohne Vorteil wäre, und gilt als evolutionär progressiver als die r-Strategie. In der Natur findet man meist alle denkbaren Übergänge zwischen beiden Extremen. Man kann daher sagen, daß sich eine Art vornehmlich der einen Strategie bedient, obwohl Anteile der anderen nicht zu übersehen sind. Manchmal bedingen äußere Umstände, z.B. unvorhergesehene Änderungen der Lebensbedingungen, einen Wechsel von einer Strategie zur anderen.

Konkurrenz

Mathematisch kann Konkurrenz zwischen zwei Populationen (Arten) wie folgt ausgedrückt werden:

$$\frac{dN_1}{dt} = r_1 N_1 \frac{K_1 - N_1 - \alpha N_2}{K_1}$$

und

$$\frac{dN_2}{dt} = r_2 N_2 \frac{K_2 - N_2 - \beta N_1}{K_2}$$

N_1 und N_2 sind die Individuenzahlen der Populationen (Arten) 1 und 2, α ist der Konkurrenzkoeffizient (hemmender Effekt) der Population 2 auf 1, β der hemmende Effekt von 1 auf 2.

Wenn

$$\alpha > \frac{K_1}{K_2} \quad \text{und} \quad \beta > \frac{K_2}{K_1}$$

ist, wird nur eine der Arten überleben können, wobei die Ausgangsbedingungen entscheiden, um welche es sich dabei handelt.

Wenn jedoch

$$\alpha > \frac{K_1}{K_2} \quad \text{und} \quad \beta < \frac{K_2}{K_1},$$

wird die Art 1 aus der Mischpopulation eliminiert. Für die Eliminierung von 2 gilt entsprechend

$$\alpha < \frac{K_1}{K_2} \quad \text{und} \quad \beta > \frac{K_2}{K_1}.$$

Lediglich unter der Voraussetzung

$$\alpha, \beta < \frac{K_1}{K_2} \quad \text{und} \quad \alpha, \beta < \frac{K_2}{K_1}$$

ist eine Koexistenz gegeben. Beide Arten stehen dann zueinander im Gleichgewicht.

Beispiele für Verdrängung wurden bereits besprochen, s. Kap. 38.

Ein Beispiel für Koexistenz: Die beiden Kleearten *Trifolium fragiferum* und *Trifolium repens* können in Mischkultur wachsen (s. Abb. 40.3). Das Nebeneinander zweier Arten mit gleichen Ansprüchen führt jedoch zur Reduktion ihrer Leistungen. In unserem Fall ist der Blattindex (Verhältnis Blattoberfläche/bedeckte Bodenfläche) für beide Arten in Mischkultur geringer als in Reinkultur (weiteres zu diesem Beispiel, s. Kap. 56).

554

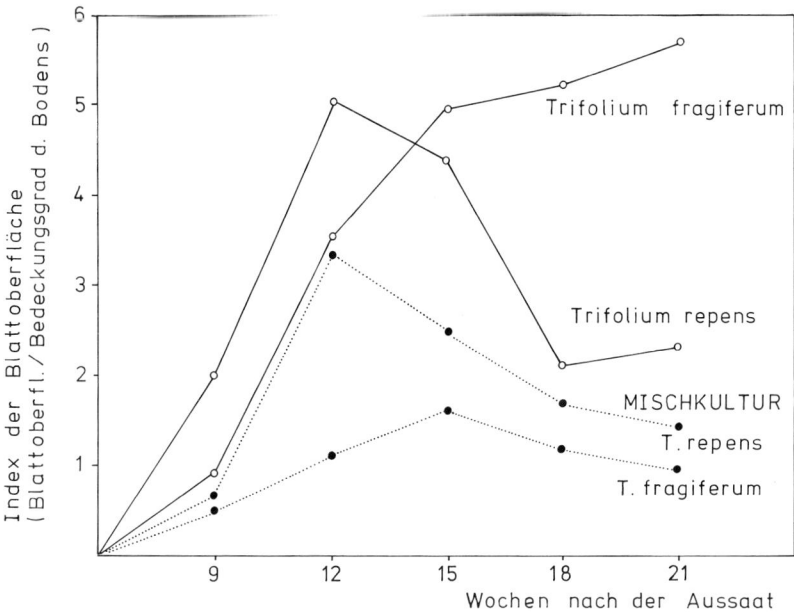

Abb. 40.3. Koexistenz: Zwei Kleearten in Reinkultur und in Mischkultur. (J.L. Harper und J.N. Clatworthy, 1963)

Mutation, Genfluß und Rekombination; Drift und Selektion

Wie groß ist die Wahrscheinlichkeit, daß sich eine Mutation in einer Population sich sexuell fortpflanzender Organismen durchsetzt? Unter Vernachlässigung der Selektion konnte R.A. Fisher zunächst zeigen, daß eine einmal aufgetretene Mutation, symbolisiert durch den Genotyp Aa in einer Population von Individuen des Genotyps AA, kaum eine Chance hat, sich durchzusetzen. Um das Allel a auf die Nachkommenschaft zu übertragen, muß sich das Aa-Individuum mit einem der AA-Individuen paaren. Die Wahrscheinlichkeit des Verlusts des Allels a gibt Fisher mit e^{-1} pro Generation an. Die Verlustrate (Eliminierungsrate) ist folglich durch eine Poissonverteilung zu beschreiben:

e^{-1} ist 0,368.

Demnach wäre die Wahrscheinlichkeit für das Vorhandensein von a nach einer Generation

$1 - 0,368 = 0,632$

und nach einer weiteren Generation

$e^{-(1-0,368)} = 0,531.$

Verallgemeinernd heißt das, daß das Allel in 90 Prozent aller Fälle spätestens nach 15 Generationen verschwunden ist. Ein zufälliger Verlust oder Erwerb eines nichtadaptiven Allels in einer Population wird als (genetische) Drift bezeichnet. Anstatt durch Mutation kann ein solches Allel durch Genwanderung (Migration) von Individuen fremder Populationen in eine Population eingebracht worden sein. Der Genaustausch zwischen Populationen wird Genfluß genannt.

Mutationen trifft man in natürlichen Populationen sehr häufig an. Man schätzt, daß sie mit einer Häufig-

keit von 10^{-5} bis 10^{-6} je Genort und Generation auftreten, wobei die Wahrscheinlichkeit des Auftretens von Genort zu Genort ganz beträchtlich schwanken kann.

Bei durchschnittlicher Mutationsrate wäre die Austauschwahrscheinlichkeit eines Allels durch ein anderes, ihm gleichwertiges, außerordentlich gering. Eine

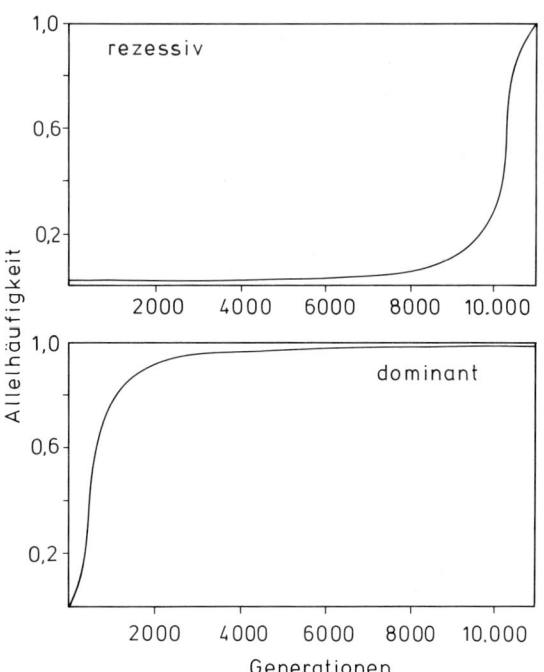

Abb. 40.4. Durchsetzungsvermögen eines rezessiven und eines dominanten Allels unter der Voraussetzung, daß es einen Selektionsvorteil von 1 in 1 000 (s = 0,001) hat. (O.T. Solbrig, 1970)

555

Verringerung von z.B. p = 0,5 auf p = 0,1 (= Verringerung des Anteils von 50 auf 10 Prozent), würde 160 000 Generationen in Anspruch nehmen. Das zeigt, daß die Entstehung der Formenvielfalt, so wie sie sich uns in der Natur darstellt, nicht auf Akkumulation neutraler Mutationen beruhen kann.

Die Situation ändert sich drastisch, wenn man einen Selektionsvorteil veranschlagt.

Ein vorteilhaftes dominantes Allel kann sich in einer Population sehr schnell ausbreiten, rezessive Allele haben trotz Selektionsvorteil ein nur geringes Durchsetzungsvermögen (s. Abb. 40.4).

Dabei spielt die Populationsgröße eine entscheidende Rolle, denn je kleiner eine Population ist, desto schneller kann sich eine günstige Mutation etablieren. Alle neuen Arten sind aus kleinen Ausgangspopulationen hervorgegangen, die E. Mayr (1942) Gründerpopulationen genannt hat. Inzucht fördert die Etablierung von Mutationen. Aber: durch Inzucht und in Gründerpopulationen werden nicht nur fördernde Mutationen angereichert, sondern ebenso auch nachteilige, und die Folge davon ist eine hohe Aussterbequote inzuchttreibender Populationen sowie von „Gründerpopulationen".

Die Abbildung 40.5 illustriert die Vorteile sexueller Rekombination. Das vorgestellte Modell beruht auf der Annahme, daß Allele an drei Genorten (A, B, C)

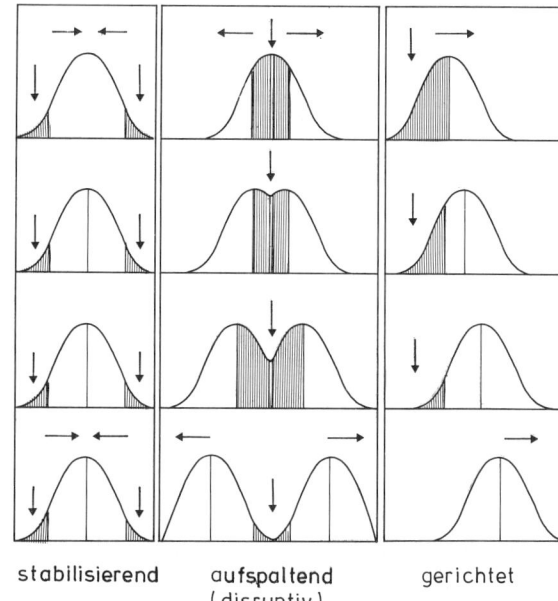

stabilisierend   aufspaltend   gerichtet
                  (disruptiv)

Abb. 40.6. Drei Arten der Selektion 1. stabilisierende Selektion. Die Umweltfaktoren favorisieren Individuen, die dem Populationsdurchschnitt entsprechen. In Verlauf der Zeit nimmt die Variabilität innerhalb der Population ab. 2. aufspaltende (disruptive) Selektion. Der Selektionsdruck richtet sich gegen den Populationsdurchschnitt. Die Extreme gewinnen an Vorteil. Die Population spaltet sich in zwei Teilpopulationen. 3. gerichtete Selektion. Der Selektionsdruck richtet sich nur gegen Individuen an der einen Seite der Verteilung. Die Kurve verschiebt sich daher. Dieser Typ ist in natürlichen Populationen der bei weitem häufigste (O.T. Solbrig 1970, O.T. Solbrig, D.J. Solbrig, 1979)

adaptiv sind und gleichzeitig auftreten. Nur bei sexueller Fortpflanzung kommen sie in kurzer Zeit, durch Rekombination vereint, gemeinsam zur Wirkung. Bei asexueller Fortpflanzung kann eine Addition von A und B erst dann erfolgen, wenn die Mutation zu B in einer Population A-tragender Individuen erneut auftritt (H.J. Muller, 1932).

Jede natürliche Population besteht aus einer Vielzahl von Genotypen (reinen Linien im Sinne Johannsens, s. Kap. 13). Das heißt, daß die Selektion keineswegs auf alle Individuen gleichermaßen wirkt. Die Folge davon ist eine Veränderung der Populationsstruktur nach erfolgter Selektion. Rein formal lassen sich dabei mehrere Möglichkeiten voneinander unterscheiden, die, wie die Abbildung 40.6 zeigt, zu unterschiedlichen Ergebnissen führen. Am einschneidendsten ist dabei die sogenannte disruptive Selektion, denn durch sie werden die Durchschnittsgenotypen (damit also die Mehrheit der Individuen einer Population) benachteiligt. Bewirkt wird dadurch eine Bevorzugung der extremen Genotypen, und die Bildung einer zweigipfligen Verteilung kann, wenn verschiedene andere Faktoren hinzukommen, zum Ersatz der ursprünglichen Population (Art) durch Entstehung von zwei neuen (Arten) führen.

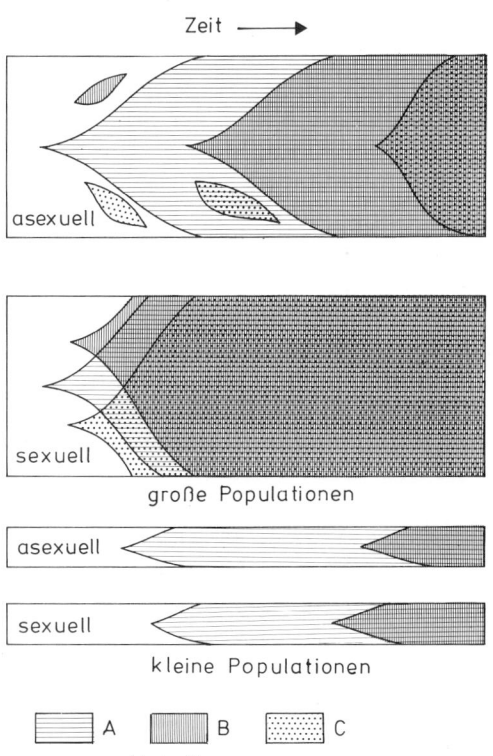

Zeit ⟶

asexuell

sexuell

große Populationen

asexuell

sexuell

kleine Populationen

A   B   C

Mutationen

Abb. 40.5. Durchsetzungsvermögen von drei Mutationen in großen und kleinen Populationen bei asexueller und sexueller Fortpflanzung. (J.F. Crow, M. Kimura, 1970)

556

Polymorphismus, *genetic load*

Die Zahl der Allele für ein Gen kann in einer Population (in einem Genpool) beliebig hoch sein. Wie die Ableitung in Tabelle 1 zeigt, kommt man bereits mit wenigen Allelen und wenigen Genorten aus, um zu einer unüberschaubaren Vielfalt an Genotypen zu gelangen. Diese Betrachtung unterscheidet nicht zwischen dominanten und rezessiven, vorteilhaften und nachteiligen Allelen. In jeder Population findet man neben Allelen mit hohem adaptivem Wert solche, deren Fitneßwert gering ist. Allele mit ungünstigen Eigenschaften werden in diploiden Organismen unterdrückt, wenn zumindest eines der Allele die erforderliche Leistung erbringt. Im Zusammenhang mit der Besprechung der Heterosis (s. Kap. 10) wurde dazu bereits Stellung bezogen. Individuen, die an möglichst vielen Genorten heterozygot sind, sind am leistungsstärksten. Umgekehrt ist daher die Frage berechtigt, warum überhaupt so viele nachteilige Allele mitgeschleppt werden und wie groß ihr Anteil am Genpool einer Population sein darf? Diesen Betrag bezeichnet man als *genetic load*. Zweifelsfrei bieten diese Allele dem Träger zunächst keinen unmittelbaren Vorteil. Sie stellen jedoch ein genetisches Reservoir dar, das unter veränderten Lebensbedingungen (oder in anderer genetischer Konstellation) zum Vorteil gereichen kann. Wieviel *genetic load* eine Population ertragen kann, ist schwer abzuschätzen. Es sieht aber so aus, als sei der Wert bei Pflanzen höher als bei Tieren, und bei Polyploiden höher als bei Diploiden.

Gerade der hohe Anteil der Polyploidie bei Pflanzen stellt einem Puffer dar, der die allermeisten nachteiligen Mutationen (Allele) absorbiert.

Die Fitneß eines Individuums wird nur selten durch ein Gen (oder ein Allel) allein bestimmt. In der Regel unterliegt sie der Kontrolle zahlreicher, teils gekoppelter, teils nicht gekoppelter Gene. Man spricht daher von einer *inclusive fitness*. Der Beitrag einzelner Allele ist deshalb stets vor dem Hintergrund der Gesamtzusammensetzung des Genoms zu sehen. Wenn nunmehr aber eines der Merkmale beeinträchtigt erscheint, heißt das nicht von vornherein, daß alle Aktivitäten des entsprechenden Gens in Mitleidenschaft gezogen sind.

Populationsgenetischer Ansatz unter Berücksichtigung von Selektion und Fitneß

Das Hardy-Weinberg-Gleichgewicht in seiner einfachen Formulierung bewertet alle Allele gleich.

Das entspricht nicht der Realität, weshalb überlegt werden muß, wie die Regel abzuwandeln ist, um die Größe Fitneß (w) mit zu verrechnen. Fitneß, und proportional dazu der Selektionskoeffizient, wird durch relative Werte charakterisiert. Man kann sie nur retrospektiv ermitteln, d.h., man muß erst den Fortpflanzungserfolg eines Individuums kennen, bevor man etwas über seine Fitneß aussagen kann.

Die Gesamtfitneß ($\bar{w}$) einer Population setzt sich aus der Fitneß und der Häufigkeit der einzelnen Genotypen zusammen. Betrachtet man nur zwei Allele mit den Häufigkeiten p und q an einem Genort, kann man A den Fitneßwert w_1, und a den Wert w_2 zuschreiben. Dann wäre

$$\bar{w} = p^2 w_{11} + 2pq w_{12} + q^2 w_{22}.$$

Die Häufigkeit von p nach einer Generation sei p_1. Ohne Selektion würde sich an der Allelhäufigkeit nichts ändern.

$$\Delta p = p_1 - p = 0.$$

Für Δq gilt entsprechendes.

Berücksichtigt man jedoch die Fitneßwerte, errechnet sich p_1 wie folgt:

$$p_1 = \frac{p^2 w_{11} + pq w_{12}}{p^2 w_{11} + 2pq w_{12} + q^2 w_{22}} = \frac{p^2 w_{11} + pq w_{12}}{\bar{w}}.$$

Für die Änderung der Gesamtfitneß der Population ($\Delta w = \bar{w}_1 - \bar{w}$) nach einer Generation ergibt sich demnach:

$$\Delta w = (p_1{}^2 w_{11} + 2 p_1 q_1 w_{12} + q_1{}^2 w_{22}) - \bar{w}$$

$$= w_{11}(p_1^2 - p^2) + 2 w_{12}(p_1 q_1 - pq) + w_{22}(q_{12} - q).$$

Tabelle 1. Anzahl der Genotypen, die durch Rekombination von nichtgekoppelten Genen mit je mehreren Allelen zustande kommen

Anzahl der Allele pro Gen.	Anzahl nichtgekoppelter Gene				
	2	3	4	5	n
2	9	27	81	243	3^n
3	36	216	1 296	7 776	.
4	100	1 000	10 000	100 000	.
5	225	3 375	50 625	759 375	.
6	441	9 261	194 481	4 084 101	.
7	784	21 952	614 656	17 210 368	.
8	1296	46 656	1 679 616	60 466 176	.
9	2025	91 125	4 100 625	184 528 125	.
10	3025	166 375	9 150 625	503 284 375	.
x	$\left[\dfrac{x(x+1)}{2}\right]^2$	$\left[\dfrac{x(x+1)}{2}\right]^3$	$\left[\dfrac{x(x+1)}{2}\right]^4$	$\left[\dfrac{x(x+1)}{2}\right]^5$	$\left[\dfrac{x(x+1)}{2}\right]^n$

557

Diese Formeln eignen sich für Extrapolationen, um das Schicksal einzelner Allele in aufeinanderfolgenden Generationen zu bestimmen. Graphisch lassen sich die Ergebnisse als Exponentialfunktionen darstellen, aus denen ablesbar ist, wie lange sich ein nachteiliges Allel in einer Population halten oder wie schnell sich ein günstigeres durchsetzen kann.

Um Formeln, wie die obengenannten sinnvoll zu nutzen oder zweckentsprechend zu erweitern, benötigt man genaue Angaben über die Populationsstruktur. In den allermeisten Fällen scheitern theoretische Erwägungen schon am Mangel an ausreichendem Zahlenmaterial. Zum anderen sind die mathematischen Ansätze, auch wenn sie einem Biologen kompliziert erscheinen mögen, viel zu simpel, um Vorgänge in natürlichen Populationen vollständig zu erfassen. Mathematische Ansätze sind aber geeignet, um Teilaspekte der Evolutionsforschung zu klären, um abschätzen zu können, wie groß die Wahrscheinlichkeit für das Eintreffen eines bestimmten Ereignisses ist und welche Voraussetzungen erfüllt sein mußten, damit es überhaupt zu einer Evolution und zu einer Entstehung komplexer biologischer Systeme kommen konnte.

Literatur

Crow, J.F., M. Kimura: An introduction to population genetics theory. New York: Harper and Row, 1970

Fisher, R.A.: The genetical theory of natural selection New York: Dover Publ. Inc., 2nd edition, 1958 (1st edition: Oxford: Clarendon Press, 1930)

Haldane, J.B.S.: A mathematical theory of natural and artificial selection. Proc. Cambridge Phil. Soc. *23,* 19–41, 158–163, 363–372, 607–615, 838–844 (1924)

Harper, J.L.: Population biology of plants. New York, London: Academic Press, 1977

Harper, J.L. and J.N. Clatworthy: The comparative biology of closely related species. Analysis of the growth of *Trifolium repens* and *Trifolium fragiferum* in pure and mixed populations. J. Exptl. Biol. *14,* 172–190 (1963)

Mayr, E.: Systematics and the origin of species. New York: Columbia University Press, 1942

Mayr, E.: The unity of the genotype. Biol. Zentralbl. *94,* 377–388 (1975)

Muller, H.J.: Some genetic aspects of sex. Amer. Naturalist *68,* 118–138 (1932)

Solbrig, O.T.: Principles and methods of plant biosystematics. New York: The Macmillan Comp., 1970

Solbrig, O.T., D.J. Solbrig: Introduction to population biology and evolution. London: Addison-Wesley Publ. Comp., 1979

Wright, S.: Evolution in Mendelian populations. Genetics *16,* 97–159 (1931)

Wright, S.: Modes of selection. Amer. Naturalist *90,* 5–24 (1956)

Wright, S.: Genetic and organismic selection. Evolution *34,* 825–843 (1980)

41. Wie ist Leben entstanden? Wie entstanden Makromoleküle, Stoffwechselwege und schließlich Zellen?

Definitive Antworten auf die gestellten Fragen kann niemand geben, denn niemand war dabei, als sich die ersten lebenden Systeme organisierten und die Fähigkeit zur Vermehrung erwarben; als Zellen entstanden, und sich bestimmte Zellen zu Vorläufern pflanzlicher Zellen entwickelten. Wir können aber diese Fragen in eine Vielzahl von Einzelfragen untergliedern, auf die wir durch gezielte Experimente und die Untersuchung von Eigenschaften rezenter Organismen Antworten geben können.

Unter bestimmten Bedingungen kann man nämlich aufgrund physikochemischer Gesetzmäßigkeiten mit hoher Wahrscheinlichkeit das Eintreffen von Folgeerscheinungen vorhersagen.

Bevor man sich über die Evolution komplexer Systeme (z.B. der Zellen) Gedanken macht, muß man sich mit der Evolution der sie aufbauenden Teilsysteme befassen. Dabei kann als bekannt gelten, daß Makromoleküle Leistungen vollbringen, zu denen kleine Moleküle nicht befähigt sind. Das wiederum impliziert die Frage, wie Makromoleküle im Verlauf der Erdgeschichte entstanden sind und was zu einer Akkumulation wertvoller Eigenschaften geführt hat.

Alter der Erde, Bedingungen auf der Erdoberfläche

Physiker und Geologen geben das Alter der Erde mit etwa 4,5–5 Milliarden Jahren an. Alles, was wir unter Evolution der Organismen verstehen, muß sich innerhalb dieses Zeitraums abgespielt haben, es sei denn, man nimmt an, Vorstufen lebender Systeme seien anderswo entstanden und aus dem Weltall auf die Erde gelangt. Über diese Annahme ist viel spekuliert worden; es gibt aber nicht einen einzigen beweiskräftigen Hinweis darauf, daß ein solches Ereignis tatsächlich stattfand. Es ist daher naheliegender, sich zu überlegen, ob Leben auf der Erde entstanden sein kann.

Während des Präkambriums (Zeitskala und andere Formationen und Erdzeitalter siehe Tabelle 1) war die Erde – nach Abkühlung und Bildung einer festen Erdkruste – von einer reduzierenden Atmosphäre umgeben, die im wesentlichen Ammoniak (NH_3), Methan (CH_4), Wasserstoff (H_2), Wasserdampf (H_2O),

später vermutlich auch Kohlendioxyd (CO_2) und Kohlenmonoxyd (CO) sowie Stickstoff (N_2) enthielt. In Spuren kamen sicherlich verschiedene weitere Gase, wie Schwefelwasserstoff (H_2S) und Stickoxyde vor. Man nimmt an, daß der ursprünglich sehr hohe H_2-Anteil sich schon sehr früh durch Verflüchtigung ins Weltall reduziert hat.

Die UV-Einstrahlung muß sehr hoch gewesen sein, da es noch keine Ozonschicht gegeben hat. Mit weiterer Abkühlung setzte eine Kondensation von Wasserdampf, und damit die Ausbildung erster Gewässer ein. Man kann sich nun fragen, ob unter diesen Bedin-

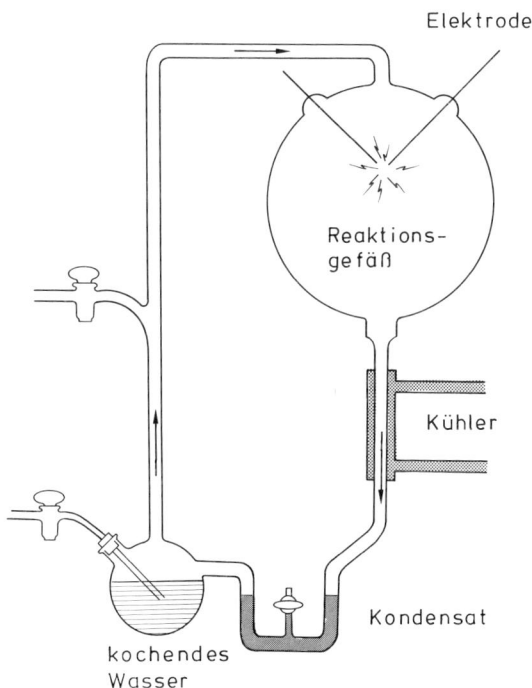

Abb. 41.1. Aufbau der „Miller"-Apparatur zur Simulation der Entstehung einfacher organischer Moleküle. Die Apparatur wird von einem Gasgemisch aus Methan, H_2, Ammoniak u.a. durchströmt. Ständiges Erwärmen an einem Ende des Systems und elektrische Entladungen am entgegengesetzten, sorgen für die Energiezufuhr und eine ausreichende Durchflußrate. Das gekühlte Reaktionsgemisch kondensiert. Teile des Kondensats können zu analytischen Zwecken entnommen werden. (S.L. Miller, 1955)

559

Tabelle 1. Erdzeitalter

Zeitalter	Formation	Abteilung	Beginn vor Millionen Jahren
Erdneuzeit (Känozoikum)	Quartär	Holozän (Alluvium) Pleistozän (Diluvium)	25
	Tertiär	Pliozän Miozän Oligozän Eozän Paläozän	70
Erdmittelalter (Mesozoikum)	Kreide	Oberkreide Unterkreide	135
	Jura	Malm (weißer Jura) Dogger (brauner Jura) Lias (schwarzer Jura)	180
	Trias	Keuper Muschelkalk Buntsandstein	220
Erdaltertum (Paläozoikum)	Perm	Zechstein Rotliegendes	270
	Karbon	Oberkarbon Unterkarbon	350
	Devon	Oberdevon Mitteldevon Unterdevon	400
	Silur	Gotlandium Ordovizium	440 500
	Kambrium	Oberkambrium Mittelkambrium Unterkambrium	600
Erdfrühzeit (Proterozoikum)	Präkambrium	Jungalgonkium Altalgonkium Archaikum	ca. 1100 ca. 1800 > 3000
Erdurzeit (Azoikum)			

gungen kleine organische Moleküle, wie Alkohole, organische Säuren usw., entstanden sein können.

Die Frage ist experimentell überprüfbar. Experimente hierzu (Simulationsexperimente) wurden in den fünfziger Jahren im Laboratorium von H.C. Urey (seinerzeit University of Chicago) durchgeführt. Eine der Versuchsanordnungen, die Ureys Mitarbeiter S.L. Miller konstruierte, ist in der Abbildung 41.1 wiedergegeben. Es handelt sich um ein geschlossenes Reaktionssystem, das mit den genannten Gasen in unterschiedlichen Mischungsverhältnissen und Konzentrationen gefüllt werden konnte und dem Energie entweder durch Erwärmung, elektrische Entladungen, hohen Druck oder Bestrahlung mit ultraviolettem Licht zugeführt wurde. Nach Reaktionszeiten von jeweils einigen Tagen oder Wochen konnte Miller eine Vielzahl organischer Moleküle nachweisen. Formaldehyd, Cyanid, Carbodiimid, organische Säuren, Aminosäuren und viele andere gehörten dazu. Je nach Wahl der Versuchsbedingungen entstand ein Spektrum anderer Verbindungen. Die Ausbeute in einem der vielen Ansätze ist in Tabelle 2 wiedergegeben.

Ein Teil der aufgeführten Produkte ist selbst hoch reaktiv. So konnte L.E. Orgel (The Salk Institute of Biological Studies, La Jolla/San Diego) zeigen, daß Cyanide unter abiotischen Bedingungen nach UV-

Bestrahlung zu Purinen, wie Adenin und Guanin, kondensieren können. Darüber hinaus zeigte sich, daß sich Aminogruppen in Kohlenwasserstoffverbin-

Tabelle 2. Ausbeute an Kohlenstoffverbindungen. Ausgangsgemisch: $CH_4 + NH_3 + H_2O + H_2$; $5,9 \times 10^{-2}$ Mol C als CH_4

Ameisensäure	233×10^{-5} Mol
Glycin	63×10^{-5} Mol
Glykolsäure	56×10^{-5} Mol
α-Alanin	34×10^{-5} Mol
Milchsäure	31×10^{-5} Mol
Essigsäure	15×10^{-5} Mol
β-Alanin	15×10^{-5} Mol
Propionsäure	13×10^{-5} Mol
Iminodiacetat	$5,5 \times 10^{-5}$ Mol
N-Methylglycin (= Sarcosin)	5×10^{-5} Mol
α-Aminobuttersäure	5×10^{-5} Mol
α-Hydroxybuttersäure	5×10^{-5} Mol
Bernsteinsäure	4×10^{-5} Mol
Harnstoff	2×10^{-5} Mol
N-Methyl-Harnstoff	$1,5 \times 10^{-5}$ Mol
N-Methyl-Alanin	1×10^{-5} Mol
Glutaminsäure	$0,6 \times 10^{-5}$ Mol
Asparaginsäure	$0,4 \times 10^{-5}$ Mol

(S.L. Miller, 1974)

560

dungen (z.B. organische Säuren) einführen lassen, was zur Bildung zahlreicher weiterer Aminosäuren führt.

Zucker, und zwar sowohl Pentosen als auch Hexosen, entstehen durch UV-Bestrahlung von Formaldehyd; langkettige Kohlenwasserstoffe aus Methan, wobei elektrische Entladungen oder ionisierende Strahlung als Energiequellen dienen. Unter gleichen Bedingungen kann CO_2 angelagert werden, wodurch langkettige Fettsäuren zustande kommen.

Diese und ähnliche Simulationsversuche verdeutlichen, daß unter abiotischen Bedingungen im Prinzip alle kleinen Moleküle entstehen können, die wir als Bestandteile von Zellen oder als Ausgangsstoffe von Biosynthesewegen benötigen. Damit stellt sich die Folgefrage:

Können unter abiotischen Bedingungen auch Makromoleküle entstehen?

Von besonderem Interesse ist dabei die Frage, ob Proteine und Nukleinsäuren entstehen können.

Proteine

S.W. Fox (University of Miami) hat sich seit den sechziger Jahren mit der Bildung von Proteinen aus Aminosäuren befaßt. Seine Untersuchungen ergaben, daß Proteine und/oder proteinähnliche Polymere (Proteinoide) bei einer Erhitzung eines Aminosäuregemisches auf 150–200 °C entstehen. Die Inkubationszeit beträgt mehrere Tage. Unter Zusatz von Polyphosphat steigt die Ausbeute, die Polymerisation erfolgt bereits bei 70 °C. Damit stellt sich für uns sofort die Frage nach den Leistungen dieser Polymere, und darauf gibt es zwei, für alles Weitere entscheidende Antworten:

(1) Proteinoide entfalten katalytische Aktivitäten (siehe Tabelle 3). Die Aufzählung ergibt, daß zwar noch nicht alle Eigenschaften moderner Enzyme

Tabelle 3. Katalische (enzymähnliche) Eigenschaften von Proteinoiden. Zusammenstellung der Ergebnisse verschiedener Autoren (1962–1971)

Reaktion und Substrat	Besonderheiten
Hydrolyse	
p-Nitrophenylacetat	Die Aktivität der Proteinoide ist größer als die Aktivität einer gleichen Menge freien Histidins.
	Die Reaktion wird durch organische Phosphatverbindungen gehemmt; die Reaktion ist reversibel.
	Proteinoide tragen ein aktives Zentrum, dieses ist inaktivierbar.
ATP	Hydrolyse nur in Anwesenheit eines Zn-Salzes
Dekarboxylierung	
Glucuronsäure	Produkte: Glucose und CO_2
Pyruvat	Produkte: Acetat und CO_2 (Michelis-Menten-Kinetik: s. Kap. 18)
Oxalacetat	schnelle Reaktion in Anwesenheit basischer Proteinoide
Aminierung	
α-Ketoglutarsäure	Katalyse erfordert Cu^{2+}-Ionen (bei gleichzeitiger Proteinoidanwesenheit).
Desaminierung	
Glutaminsäure	wie vorangegangene Reaktion
Oxydo-Reduktion	
H_2O_2 (Katalase-Reaktion)	erfordert die Anwesenheit von Hämin.
	Bei Proteinoidzusatz wird die Häminaktivität reduziert.
H_2O_2 oder anderer Wasserstoffdonor	Häminaktivität wird durch lysinreiche Hämoproteinoide auf das 50fache gesteigert.

(Auszug aus S.W. Fox, 1973)

erreicht werden, vor allem nicht deren Reaktionsgeschwindigkeit, macht aber deutlich, daß die Voraussetzungen für eine Vervollkommnung durch eine Evolution gegeben sind. Aus der Kinetik einer Reaktion (s. Abb. 41.2) ist ablesbar, daß Proteinoide bereits kooperatives Verhalten (allosterisches Verhalten, s. Kap. 18) zeigen.

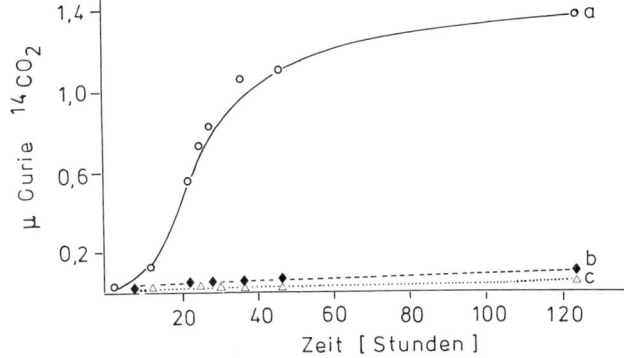

Abb. 41.2. Die katalytische Aktivität eines Proteinoids. Gemessen wurde die Dekarboxylierung von Brenztraubensäure (Pyruvat) in Anwesenheit eines Proteinoids (a), eines Gemisches aus freien Aminosäuren (b) und ohne irgendwelchen Zusatz (c). (S.W. Fox und K. Dose, 1972)

561

(2) Proteinoide sind strukturbildend. Sie haben die Tendenz zur Aggregation (Quartärstrukturbildung). In wäßriger Lösung entstehen hohlkugelförmige Gebilde (Mikrosphären), deren Bildung wiederum ein wichtiger Schritt in Richtung Zellentstehung ist. Vorsichtig gesagt, könnte man Mikrosphären als Vorstufen von Protozellen (Vorstufen der Organisationsform Zelle) ansehen. Eine wichtige Eigenschaft haben sie mit den Zellen gemeinsam: Sie bilden eine Hülle, durch die ein Reaktionsvolumen von der Umwelt abgetrennt wird.

Self-assembly (Selbstorganisation) ist demnach eine inhärente Eigenschaft der Materie. Sie beruht u.a. auf der Tendenz hydrophober Molekülanteile, unter Wasserausschluß die maximal mögliche Zahl schwacher Wechselwirkungen auszubilden. Bei der Analyse der Proteinoidzusammensetzung wurde deutlich, daß die Polymerisation nicht allein den Zufallsgesetzen unterworfen ist. Die Aminosäurezusammensetzung unterscheidet sich nämlich ganz erheblich von der des Aminosäureausgangsgemisches. Mit anderen Worten: Die Wahrscheinlichkeit des Einbaus einer Aminosäure in ein Polymer ist nicht für alle gleich groß,

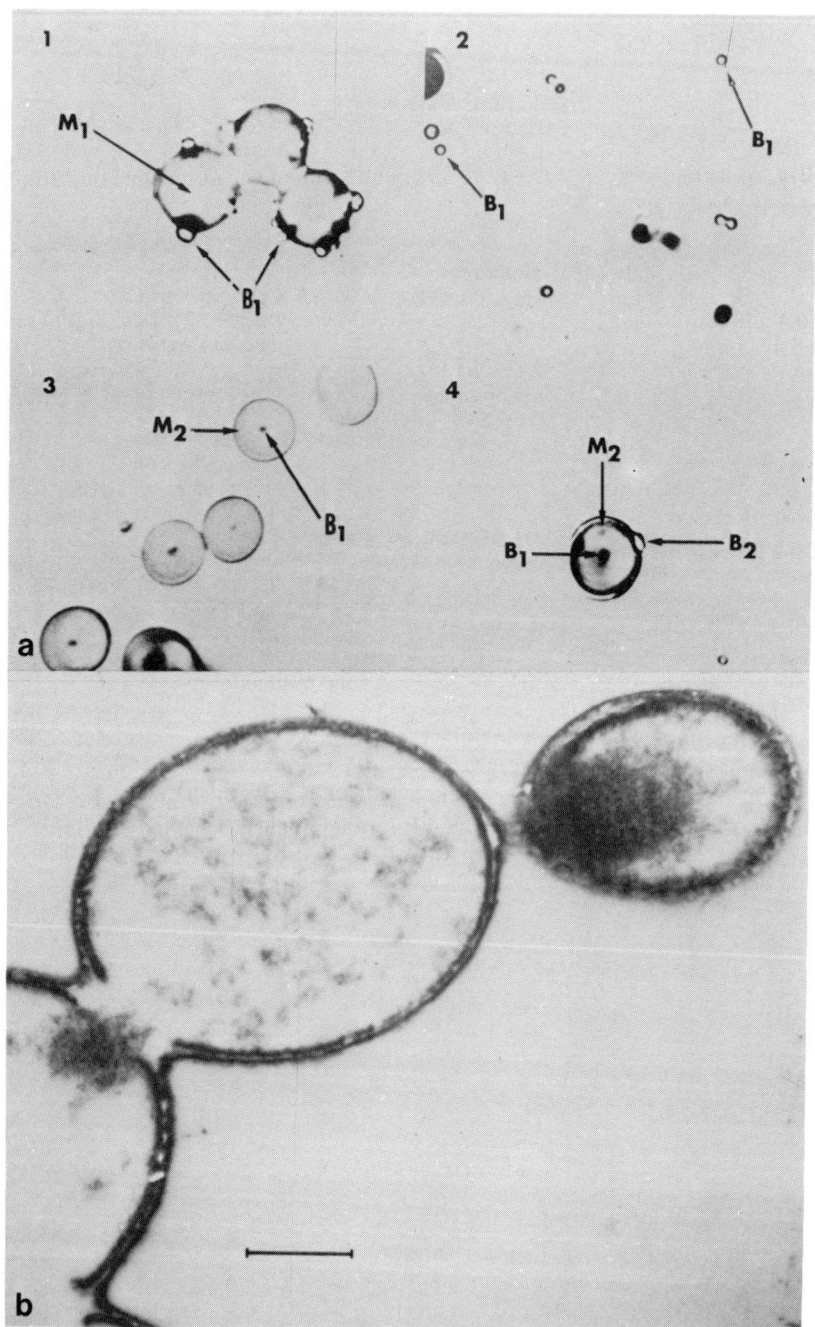

Abb. 41.3. *a* Lichtmikroskopische Aufnahmen von Proteinoid-Mikrosphären. Sobald eine Mikrosphäre (M_1) eine bestimmte Größe erreicht hat (1), bildet sie Knospen (B_1), die sich abgliedern (2). Jede von ihnen ist Ausgangspunkt der Bildung einer neuen Mikrosphärengeneration (M_2) (3), die sich ihrerseits wieder durch Knospung reproduziert (4). *b* Elektronenmikroskopische Aufnahme eines Querschnitts durch eine knospende Mikrosphäre. Man beachte die Doppelschicht (durch *Self-assembly* aus Proteinoiden aufgebaut) der „Mikrosphärenmembran". Die Dimensionen dieser Doppelschicht stimmen nicht mit denen einer Phospholipid-Doppelschicht in zellulären Membranen überein. (S.W. Fox, 1973)

562

vielmehr werden bestimmte Aminosäuren (z.B. die Asparaginsäure) bevorzugt. Die physikalisch-chemischen Eigenschaften der Monomeren sowie die Startsequenz eines sich bildenden Polymers bestimmen, welche weiteren Aminosäuren in die wachsenden Polypeptidketten inkorporiert werden. Angestrebt wird dabei die Ausbildung und Stabilisierung eines Zustands niedriger Energie der durch zwei Kriterien bedingt wird:

(1) Selektion gleichartiger Verknüpfungen zwischen den Monomeren. Die Verknüpfung durch Peptidbindungen ist thermodynamisch günstiger als die durch ein Nebeneinander verschiedener Verknüpfungstypen,

(2) die Ausbildung der maximal möglichen Zahl schwacher Wechselwirkungen (s.o.).

Vom physikalisch-chemischen Standpunkt aus sind solche Preferenzen keineswegs ungewöhnlich, denn auch bei einer Kristallbildung lagern sich gleichartige oder aufgrund ihrer Struktur oder Ladung zueinander passende (komplementäre) Moleküle (oder Ionen) unter Ausschluß anderer zusammen.

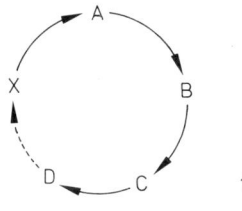

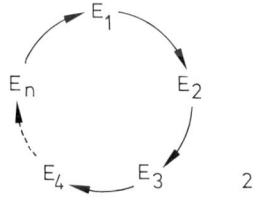

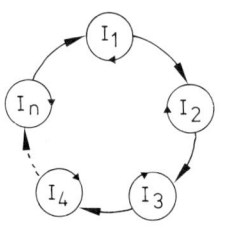

Abb. 41.4. Hierarchie zyklischer Reaktionsnetzwerke (chemische Transformation → katalytische Aktivität). *1* Katalysatoren (Enzyme, E) katalysieren aufeinanderfolgende Reaktionen (Beispiel Citratzyklus). *2* Autokatalyse (selbstreplizierende Einheit). Ein Enzym katalysiert die Bildung eines zweiten Enzyms, das die Bildung eines dritten usw. E_n schließlich katalysiert die Bildung von E_1. Der Kreis wird damit geschlossen. *3* Katalytischer Hyperzyklus. Ein autokatalytischer Prozeß instruiert den Ablauf eines darauffolgenden. Der Gesamtablauf ist in sich wieder autokatalytisch. (M. Eigen und P. Schuster, 1977)

Mikrosphären können durch Einlagerung zusätzlicher Proteinoidmoleküle an Größe gewinnen, überschreiten dabei aber nur selten einen Durchmesser von ~ 15μm. Nach Erreichen dieses Werts teilen sie sich oder schnüren Knospen ab (s. Abb. 41.3).

Kleine Mikrosphären können miteinander verschmelzen (fusionieren). In wäßriger Lösung sind sie sehr stabil, die Stabilität sinkt jedoch beträchtlich; die Verformbarkeit steigt, sobald Lipidmoleküle in die Proteinoidschicht eingelagert werden. Diese wiederum können, wie wir schon gesehen haben, auch in der abiotischen Umwelt der Erdoberfläche vorgekommen sein.

Elektronenmikroskopische Untersuchungen von Mikrosphärenquerschnitten ergaben, daß die Proteinoide in Form einer membranähnlichen Doppelschicht organisiert (angeordnet) sind, wobei deren Dimensionen jedoch nicht mit denen der heutigen Einheitsmembran (s. Kap. 22) übereinstimmen.

Zusammenfassend können wir nunmehr konstatieren, daß sich aus Proteinoiden (und Proteinen) unter Mitwirkung anderer Moleküle wie Ionen, Lipiden u.a. zellähnliche Formen bilden konnten, in deren Innerem und/oder an deren Oberfläche eine Anzahl biochemischer Umsetzungen katalysiert wurden. Darüber hinaus erwarb die membranähnliche Außenschicht eine Selektivität in bezug auf Durchlässigkeit (selektive Permeabilität) bestimmter Moleküle bei Ausschluß anderer. Durch Fusion von Mikrosphären unterschiedlicher Zusammensetzung und Funktion können Fusionsprodukte entstanden sein, die die Leistungen der beiden Ausgangsformen in sich vereinigten. Gleichzeitig zeigte sich dadurch aber, daß das Auftreten, die Stabilität und die Leistungen der Mikrosphären einer Selektion unterworfen sind.

Stellen die vorgestellten Strukturen ein lebendes System dar? Die Antwort darauf ist ein klares Nein, obwohl sie über eine Vielzahl von Eigenschaften verfügen, die für lebende Zellen typisch sind:

Katalyse, Kooperativität (allosterisches Verhalten), Bildung von Quartärstrukturen *(self-assembly)*, zellähnliches Aussehen, Anordnung von Molekülen zu membranähnlichen Schichten, Teilungskompetenz, Fusionskompetenz, selektive Permeabilität, Selektion.

Es fehlt aber die Fähigkeit zur identischen Reduplikation, sich fortzuentwickeln. Das wiederum beruht auf der Unfähigkeit der Proteine, Informationen zu speichern und weiterzugeben. Man könnte sich nunmehr einen Zusammenschluß mehrerer katalytischer Aktivitäten vorstellen, der zur Autokatalyse einer jeden der daran beteiligten Komponenten führt (s. Abb. 41.4 [1]).

Die Reaktionspartner wären dann Glieder (Elemente) eines Kreisprozesses (eines Zyklus), der sich als Ganzes replizieren könnte. Das Replikationsvermögen wäre also eine Systemeigenschaft, weil keines der Glieder alleine hierzu in der Lage ist. Die Konsequenz wäre aber auch, daß das System keinerlei Änderungen (Fehler, Mutationen) zulassen würde, da durch Mutation eines seiner Elemente der darauffolgende Katalyseschritt beeinträchtigt wäre und alle nachfolgenden Schritte unterbleiben würden. Der Zyklus würde in sich zusammenbrechen (er würde aussterben). Andererseits hätte auch die Mutante praktisch keine Chance, sich zu manifestieren, denn sie müßte geeignet sein, einen völlig neuartigen Zyklus zu initiieren; die Erfolgswahrscheinlichkeit hierzu ist beliebig gering. Wir hätten es hier auch nicht mit einer Evolution, sondern mit einer Revolution zu tun, bei der die gesamte bis zu dem Zeitpunkt angesammelte Information (also die Reihenfolge A → B → C → … X → A) mit einem Schlag wertlos würde und durch etwas radikal Neues abgelöst werden müßte. M. Eigen (Max-Planck-Institut für Biophysikalische Chemie, Göttingen) hat 1971 das Zustandekommen solcher Zyklen – und deren Änderungswahrscheinlichkeiten – modellmäßig durchgerechnet und kam durch Simulation am Computer zu dem Ergebnis, daß sowohl das Alter als auch die Größe des Weltalls (nicht allein der Erde!) nicht ausreichen würden, um eine erfolgreiche Strategie auf dieser Ebene zum Zuge kommen zu lassen.

Wie kommt man aus diesem Dilemma heraus? Ist eine Entstehung des Lebens auf Nukleinsäurebasis möglich?

Nukleinsäuren

Nukleinsäuren können genetische Information tragen; sie haben Matrizenfunktionen, können sich daher identisch reduplizieren, und Nukleotide können unter abiotischen Verhältnissen zu Polynukleotiden polymerisiert werden.

Umfangreiche Versuchsserien im Laboratorium von L.E. Orgel ergaben, daß unter Carbodiimidzusatz Phosphodiesterbindungen zwischen Nukleotiden ausgebildet werden, wobei neben den in rezenten Nukleinsäuren enthaltenen $3' \rightarrow 5'$-Bindungen auch $2' \rightarrow 5'$- und $5' \rightarrow 5'$-Bindungen zustande kommen. Aufgrund der bekannten Komplementarität zwischen Purin- und Pyrimidinbasen besteht die Tendenz zur Bildung von Basenpaaren, die entweder zwischen zwei Einzelsträngen oder zwischen Abschnitten innerhalb eines Stranges beobachtet werden können. In wäßriger Lösung verknäulen sich Nukleinsäure-Einzel- und Doppelstränge statistisch; definierte Tertiärstrukturen werden nicht ausgebildet; t-RNS scheint da eine Ausnahme zu sein, die jedoch auf Modifikation einzelner Basen (unter enzymatischer Mitwirkung) zurückzuführen ist.

Im Vergleich zu Einzelsträngen können Doppelstränge thermodynamischer Denaturierung (= Denaturierung, bedingt durch temperaturabhängige Molekularbewegungen) besser widerstehen. Unter Stabilitätskriterien haben sie daher einen Selektionsvorteil. Je länger ein Polynukleotidstrang ist, desto stabiler ist er. Das beruht zum einen auf der Zahl von Wasserstoffbrücken zwischen gegenüberstehenden Basen

(zwei bei A$=$U (T)-Paaren, drei bei G$\equiv$C-Paaren), zum anderen auf der sogenannten Stapelenergie *(stacking energy)* zwischen benachbarten Basenpaaren.

Die Fähigkeit zur Wasserstoffbrückenbildung ist nicht allein auf die o.g. Basenpaare beschränkt, denn je zwei Wasserstoffbrücken werden z.B. auch zwischen U$=$U-, T$=$T-, C$=$C-, A$=$A-, G$=$G- und G$=$T-Paaren gebildet.

Man kann sich daher fragen, warum in allen heute bekannten Nukleinsäuren nur die zuerst genannten Basenpaare vorkommen und weshalb die Nukleotide ausschließlich über $3' \rightarrow 5'$-Phosphodiesterbindungen verknüpft sind.

Die Antwort: Polymere, bei denen stets ein Purin einem Pyrimidin gegenübersteht und bei denen die Monomeren durch stets den gleichen Bindungstyp miteinander verbunden sind, bilden regelmäßige Strukturen (einheitliche äußere Abmessung der Doppelhelix) aus. Regelmäßigkeit, und die sich daraus ergebende Komplementarität wiederum sind Ursachen einer hohen Stabilität.

DNS liegt im Gegensatz zur RNS meist als Watson-Crick-Doppelstrang vor. Es gibt zwar auch RNS-Doppelstränge und RNS, die abschnittsweise als Doppelstrang vorliegt, doch deren molekulare Konfigurationen sind anders. Im Unterschied zum Watson-Crick-Modell stehen die Basenpaare nicht senkrecht zur Achse.

Die Folge ist eine meßbar geringere Stabilität gegenüber thermischer Denaturierung, und wohl deshalb hat sich DNS gegenüber RNS als Träger genetischer Information der Organismen durchgesetzt. Ein erneuter Hinweis darauf, daß Selektion nicht ein biologisches Phänomen ist, sondern als eine grundlegende Eigenart der Materie anzusehen ist.

Weshalb konnten Nukleinsäuren zu Trägern genetischer Information werden?

Ein wichtiges Argument ist die Fähigkeit zur Selbstreplikation (Selbstreduplikation) aufgrund von Matrizeneigenschaften sowie ein Vorrat mehrerer Zeichen (A,T,C,G), die – formal betrachtet – in beliebiger Reihenfolge aneinandergereiht sein können, wodurch theoretisch unendlich viele Informationseinheiten zusammengesetzt werden können.

Polynukleotiddoppelstränge, die nur aus C und G bestehen, sind stabiler als solche, die zusätzlich A und T enthalten, aber ihr Informationsgehalt wäre drastisch reduziert.

Eine Abfolge von Zeichen *per se* kann noch nicht als Information bezeichnet werden, denn zu einer Information wird nur das, was „verstanden" wird. Die Matrizeneigenschaften bilden deshalb eine Voraussetzung, um aus einer Zeichenabfolge eine Information (zur Bildung identischer, bzw. komplementärer Polynukleotidstränge) werden zu lassen.

Nukleinsäuren sind folglich selbstinstruierende Informationsträger.

Bei der Replikation können durch Einbau „falscher" Basen Fehler entstehen. Ist ein solcher Fehler erst einmal eingetreten, läßt er sich nicht mehr beheben. Er wird daher in allen nachfolgenden Replikationsrunden mitgeschleppt, damit auf alle nachfolgenden Molekülgenerationen übertragen. Die Zeichenabfolge wäre dadurch verfälscht, und mit Ansammlung weiterer Fehler kann sie vollständig verlorengehen und sukzessive durch eine andere Abfolge ersetzt werden.

Erhalten bliebe nach wie vor die Eigenschaft der Selbstverdopplung. Kann ein solches System eine Evolution durchmachen? Kann Leben auf Nukleinsäurebasis allein entstanden sein? Wie im vorangegangenen Abschnitt lautet auch hier die Antwort: Nein!

Wegen der Fehlerquote bei der Replikation fehlt den Nukleinsäuren ein Kontrollmechanismus zum Erhalt und zur Sicherung der in der Nukleotidabfolge enthaltenen Information.

Es fehlt daher auch die Möglichkeit, wertvolle Information zu erhalten sowie wertvolle von wertloser zu unterscheiden. Dieser Satz impliziert, daß der Information (über das Phänomen der Selbstreplikation hinaus) ein Wert zuzuschreiben ist. Daher lautet unsere nächste Frage: Worin besteht der Zusammenhang zwischen wertvoller (genetischer) Information und dem, was wir unter einem lebenden System verstehen?

Welche Voraussetzungen müssen für eine Entstehung lebender Systeme gegeben sein?

Hyperzyklen

Sinnvollerweise müßte man die Frage auf die Entstehung und Evolution tatsächlich auf der Erde entstandener Organismen und ihrer Vorstufen beschränken; ob sich auf anderen Planeten unter anderen Voraussetzungen ebenfalls lebende Systeme entwickelt haben, müssen wir hier völlig außer Betracht lassen. Die Voraussetzungen, um ein System als lebend zu bezeichnen, sind:
– Selbstreproduktion,
– das Vorhandensein eines Stoffwechsels und
– Mutagenität (also eines Evolutionspotentials).

Jede Eigenart für sich kann bereits der einen oder der anderen besprochenen Molekülklasse zugeschrieben werden, doch keines der Moleküle allein erfüllt alle Bedingungen gleichermaßen.

Es kann als bekannt vorausgesetzt werden, daß alle Zellen sowohl Nukleinsäuren als auch Proteine enthalten, und es ist ferner bekannt, daß zwischen Vertretern beider Klassen enge Beziehungen bestehen. Damit kommen wir unserem Problem, „Was ist Leben?", schon einen entscheidenden Schritt näher. Leben kann als eine Systemeigenschaft aufgefaßt werden, an dem Vertreter verschiedener Molekülklassen als Systemelemente beteiligt sind.

Wie weit kommt man dabei mit Proteinen und Nukleinsäuren? Die genetische Information dient zur Bildung von Polypeptidketten (Proteinen). Der Wert der in Nukleinsäuren enthaltenen Information liegt darin, die Synthese bestimmter Proteine sicherzustellen.

Besonders wertvoll sind primär solche, die ihrerseits an der Replikation der Nukleinsäuren mitwirken und somit eine weitgehend fehlerfreie Weitergabe von Information bewerkstelligen. Damit ist eine wichtige Voraussetzung für eine Fortentwicklung (eine Evolution) erreicht, denn eine Evolution ist nur dann vorstellbar, wenn ein einmal erreichter Informationsstand erhalten und weiter ausgebaut werden kann.

Die genannten Abhängigkeiten lassen sich in Form eines Hyperzyklus darstellen (s. Abb. 41.4 und 41.5). Dabei handelt es sich um einen Zusammenschluß nicht linearer Gleichungen, oder anders gesagt, um Reaktionen zweiter Ordnung. Ein Hyperzyklus unterscheidet sich in ganz wesentlichen Merkmalen von einem Kreisprozeß. Strenggenommen beschreibt er eine Reaktionskette, die eigentlich in Form einer Schraube darzustellen wäre, denn er symbolisiert einerseits eine Wachstumsfunktion, andererseits aber auch einen Regelkreis (mit Rückkopplung).

Beide Eigenschaften hängen ursächlich miteinander zusammen; eine Rückkopplung ist die wohl wichtigste Voraussetzung von Selbstverstärkereffekten. Klei-

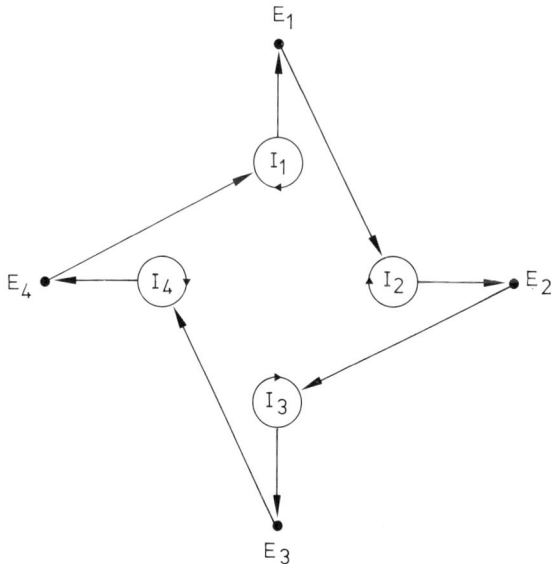

Abb. 41.5. Modell eines Hyperzyklus zweiter Ordnung. Der Informationsträger I_i instruiert zweierlei: Einmal seine eigene Replikation, zum anderen die Produktion von E_i; E_i wiederum katalysiert die Reproduktion eines nachgeschalteten Informationsträgers (I_{i+1}). Der Ablauf der Reaktionskette ist gerichtet. (M. Eigen und P. Schuster, 1977)

565

ne Ursachen können daher große Wirkungen auslösen, und damit sind wir einen wesentlichen Schritt auf dem Weg vom Einfachen zum Komplexen vorangekommen.

Warum muß sich ein solches System überhaupt vermehren können? An anderer Stelle (s. Kap. 15) wurde schon klargestellt, daß alle lebenden Systeme als offene Systeme zu charakterisieren sind, welche nur weit von einem stabilen Gleichgewicht existieren können und daher auf ständige Energiezufuhr angewiesen sind. Denn große Moleküle und molekulare Komplexe haben die Tendenz, zu zerfallen und somit den Zustand höchster Entropie anzustreben (2. Hauptsatz der Thermodynamik). Moleküle, und damit natürlich auch informationstragende Moleküle, haben demnach nur eine beschränkte Lebensdauer, und es bedarf einer ständigen Neusynthese, um eine Information zu erhalten. Aufbaurate und Zerfallsrate sind keine konstanten Größen, sie unterliegen mehr oder weniger starken Fluktuationen. Ein System hat deshalb nur dann eine Überlebenschance, wenn die Aufbau(Synthese-)-Rate wesentlich über der (maximalen) Amplitude des Zerfalls liegt.

In einem Hyperzyklus instruiert ein Nukleinsäuremolekül die Synthese mehrerer (vieler) gleichartiger Proteinmoleküle, welche wiederum an der Synthese neuer Nukleinsäuremoleküle mitwirken. Die Menge an synthetisiertem Material steigt somit exponentiell an (Kaskadenwirkung). Rein theoretisch könnte ein Hyperzyklus beliebig oft durchlaufen werden, wenn genügend Ausgangsmaterial und ausreichend nutzbare Energie vorhanden wären, doch beides war schon immer knapp.

Mutationen und Evolution eines Stoffwechsels

Da Hyperzyklen autokatalytische Prozesse beschreiben, können durch sie organisiertes Material und Information akkumuliert werden. Mangel an Ausgangsmaterial (Nukleotide, Aminosäuren u.a.) einerseits, und Energie andererseits, führt zwangsläufig zur Selektion besonders effizienter (schnell und mit der minimal erforderlichen Anzahl von Zwischenstufen arbeitender) Hyperzyklen. Entscheidend ist das, was wir unter Fitneß verstehen (s. Kap. 40); die Evolution von Eigenschaften nämlich, die den maximalen Fortpflanzungserfolg garantieren.

Es ist schwer nachzuvollziehen, wie oft sich im Verlauf der frühen Phase der Evolution von Organismen Hyperzyklen oder Ansätze von Hyperzyklen entwickelt haben; durchgesetzt hat sich letztlich nur einer, mit all den Eigenschaften, wie wir sie in allen rezenten Zellen finden, und die hier nur durch die Stichworte Replikation, Transkription und Translation (einschließlich des genetischen Codes und der Ribosomen) ins Gedächtnis zurückgerufen werden sollen.

Obwohl die Fehlerrate der Informationsweitergabe durch die Mitwirkung der Proteine ganz erheblich

verringert wird, wird sie nicht vollständig unterdrückt.

Als Folge davon können sich auch im Hyperzyklus Mutationen ansammeln, denn solange die Vermehrungsrate (Aufbaurate) weit höher als die Zerfallsrate ist, ist das Mitschleppen fehlerhafter Information ohne signifikanten Nachteil. Sie können aber unmittelbar in Vorteile umschlagen, sobald eine Information zustande kommt, die die Fitneß des Hyperzyklus erhöht und seine Überlebenschance steigert. Überlegen wäre z.B. ein Hyperzyklus, der Informationen zur Synthese von Proteinen enthalten würde, welche ihrerseits die Bildung benötigter Aminosäuren aus ihren Vorstufen katalysieren könnten. Wir wissen heute, daß Aminosäuren, Nukleotide, und andere für den Erhalt der Zellen notwendige Moleküle, im Stoffwechsel durch eine Mehrschrittsynthese

$$A \rightarrow B \rightarrow C \rightarrow D \rightarrow E$$

(E sei ganz allgemein das Endprodukt, A das Ausgangsprodukt)

entstehen. Die Zwischenprodukte dienen ausschließlich der Weiterverarbeitung. Ihr Vorhandensein ist daher nur dann von Vorteil, wenn eine Weiterverarbeitung möglich ist. Folglich müssen sich Biosynthesewege im Verlauf der Evolution „von hinten her" aufgebaut haben; die einzelnen Schritte müßten daher in folgender Reihenfolge an Wert gewonnen haben:

(1) $D \rightarrow E$
(2) $C \rightarrow D \rightarrow E$
(3) $B \rightarrow C \rightarrow D \rightarrow E$
(4) $A \rightarrow B \rightarrow C \rightarrow D \rightarrow E$.

Der Schritt $A \rightarrow B$ ist, für sich alleine genommen, zunächst wertlos, denn für die Funktionsfähigkeit des Hyperzyklus wird E und nicht B benötigt; B gewinnt erst durch Umwandlung in E an Bedeutung.

Nun ein weiterer, ganz entscheidender Punkt: Die Akkumulation wertvoller Information setzt die Existenz nahezu geschlossener Reaktionsräume voraus, denn in Lösung, z.B. in einem freien Gewässer, würden die Reaktionspartner durch Diffusion verlorengehen. Jede rezente Zelle ist von einer semipermeablen Membran umgeben, die zur Hauptsache aus Lipiden und Proteinen besteht. Derart komplexe Organisationseinheiten hat es sicher nicht von Anfang an gegeben. Als Prototypen für Reaktionsgefäße in einer abiotischen Umwelt kämen daher am ehesten Gesteinsspalten (z.B. an Tonoberflächen) oder Mikrosphären in Betracht. Leben ist ein Optimierungsprozeß. Der Gewinn nützlicher Information durch (Punkt-)Mutationen und Selektion innerhalb einer Evolutionseinheit, ist ein langwieriger, auf Dauer wenig erfolgversprechender Weg. Wesentlich effizienter ist der Zusammenschluß von Einheiten, von denen die eine einen Satz an Leistungen erbringen kann, die andere einen hierzu komplementären.

Die Eigenart der Mikrosphären, zu fusionieren, mag als ein Hinweis darauf zu verstehen sein, daß solche Vereinigungen in der Tat zustande kommen konnten.

566

Sicherlich waren die Interaktionen zwischen Reaktionseinheiten („Protozellen"; räumlich voneinander isolierten Hyperzyklen) ebenso vielfältig wie diejenigen zwischen rezenten Zellen. Die Interaktionspotenz steigt mit der Expression und der Entwicklung von Signalen an der äußeren Oberfläche der „Protozellen". Ihr Vorhandensein bedingt Selektivität und erlaubt eine Unterscheidung von gleichartig (oder einander komplementär) und fremd.

In welcher Reihenfolge einzelne Ereignisse auftraten, ist kaum nachvollziehbar. Doch je mehr man über die Struktur von Proteinen weiß, um so plausibler erscheint die Rekonstruktion der Evolution von Stoffwechselwegen. Im einfachsten Fall ist ein Stoffwechselweg (Biosyntheseweg) eine lineare Abfolge mehrerer durch Proteine (Enzyme) katalysierter Reaktionen. Im Stoffwechsel rezenter Zellen sind Verzweigungen solcher Reaktionsketten häufig; eine Substanz X z.B. kann alternativ (nach Bedarf!) zu Y oder zu Z weiterverarbeitet werden.

Enzyme bestehen in der Regel entweder aus einer oder aus mehreren Polypeptidketten (Untereinheiten); Proteine, die aus mehreren bestehen (die eine Quartärstruktur ausbilden), sind regulierbar. Das Verhalten der Untereinheiten ist kooperativ (allosterisch). Solche Proteine sind gegenüber jenen, die aus nur einer Polypeptidkette bestehen, an Leistung überlegen. Viel spricht dafür, daß sich der Zuwachs an Leistung durch Zusammenschluß von Untereinheiten erst im Anschluß an die Perfektionierung der katalytischen Aktivität entwickelt hat.

Regulierbare Enzyme stehen oft am Anfang einer Biosynthesekette oder unmittelbar hinter Verzweigungspunkten. Daraus folgt, daß es einerseits zwar vorteilhaft ist, einen bestimmten Biosyntheseweg auszubilden, daß es darüber hinaus aber besser ist, ihn nur bei Bedarf zu nutzen.

Viele Enzyme arbeiten unter Mitwirkung spezifischer Koenzyme, und es ist auffallend, daß viele von ihnen in die Klasse der Nukleotide gehören oder Nukleotide als Teile enthalten.

Demnach sieht es ganz so aus, als seien Komplexe aus Protein und Koenzym Überreste oder Parallelentwicklungen einer Wechselwirkung zwischen Proteinen und Nukleinsäuren.

In den letzten Jahren wurde deutlich, daß manche RNS-Moleküle allein bereits katalytische Aktivitäten ausüben können. Solche Aktivitäten wurden beim Ausschneiden von Introns festgestellt. Es gibt Fälle, in denen ein RNS-Molekül zwei andere miteinander verknüpfen kann. Basenpaarungen spielen dabei eine entscheidende Rolle in der Substraterkennung, wodurch das Evolutionspotential weitgehend eingeschränkt ist. In einer frühen Evolutionsphase mögen die katalytischen Aktivitäten der RNS eine größere Bedeutung gehabt haben als heute.

In rezenten Zellen können insgesamt mehrere Tausend verschiedene Enzymaktivitäten nachgewiesen werden. Es ist ganz unwahrscheinlich, daß sie alle unabhängig voneinander entstanden sind. Viel wahrscheinlicher ist, daß bestimmte Enzyme aus Änderungen bereits vorhandener hervorgegangen sind. Unter diesem Aspekt müßte man den Verwandtschaftsgrad der Enzyme untereinander ebenso ermitteln können wie etwa den Verwandtschaftsgrad der Organismen.

Die Ergebnisse müßten sich zu einem Stammbaum zusammenstellen lassen. Die bisher vorliegenden proteinchemischen Daten sowie die Aufklärungen von Tertiärstrukturen weisen unmißverständlich darauf hin, daß das tatsächlich zutrifft und daß auch Enzyme (und andere Proteine) zu Familien zusammengefaßt werden können, deren Mitglieder sich in vielen Einzelheiten ähneln oder sogar gleichen, so daß sie als Produkte einer Diversifikation eines einst gemeinsamen Urgens anzusprechen sind.

Ein anschauliches Beispiel bietet die Globinfamilie, zu der die tierischen Hämoglobine und Myoglobine und das in Pflanzen (Leguminosen) nachgewiesene Leghämoglobin gehören. Leghämoglobin zeichnet sich wie die Hämoglobine durch die Fähigkeit zur reversiblen Sauerstoffbindung aus. In Zellen von Leguminosenwurzeln ist es an der Schaffung sauerstofffreier – oder sauerstoffarmer Kompartimente beteiligt, wodurch den dort in Symbiose lebenden Knöllchenbakterien (Rhizobien) die Möglichkeit zur Stickstoffixierung gegeben wird (s. Kap. 34).

Die Tatsache, daß strukturell ähnliche und funktionell fast gleiche Globine in tierischen und in pflanzlichen Zellen vorkommen, weist darauf hin, daß die Gene für die rezenten Proteine entweder Nachfahren eines sehr alten Urgens sind oder aber daß bestimmte codierende Sequenzen (Exons) stets von neuem kombiniert werden, so daß dadurch gleichartige (analoge) Produkte entstehen, sobald ein entsprechender Selektionsdruck vorhanden ist (s. a. Kap. 34).

Ein weiteres Beispiel hierzu: Viele Dehydrogenasen (s. Kap. 19) arbeiten mit NAD als Koenzym. Der NAD-bindende Abschnitt (Bereich) des Proteinmoleküls (Apoenzyms) ist bei allen diesen Dehydrogenasen gleich. Die einzelnen Vertreter der Enzymfamilie unterscheiden sich aufgrund ihrer Substratspezifität (z.B. Alkoholdehydrogenase, Lactatdehydrogenase, Malatdehydrogenase usw.).

Die Spezifität erwarben sie im Verlauf der Evolution durch Kopplung des NAD-bindenden Abschnitts an solche Abschnitte, die für die Substratspezifität verantwortlich zu machen sind (s. Abb. 41. 6).

Kopplung bedeutet primär, daß Nukleotidabfolgen neu miteinander kombiniert worden sind. Als Folge davon erscheinen Proteine, die aus mehreren funktionellen Teilen (Domänen) bestehen.

Anders gesagt: Die Evolution der Proteine war nicht allein auf die Akkumulation von Punktmutationen (Austausch einzelner Basen in der Nukleinsäure) beschränkt, sondern verlief nach einem Baukastenprinzip, nach dem ganze Informationseinheiten (Teile von Genen) neu kombiniert wurden. Seit etwa 10 Jahren weiß man, daß viele, wenn nicht die meisten Gene der Eukaryoten (und der Archaebakterien, s. Kap. 42) aus Stücken bestehen, die im Genom durch

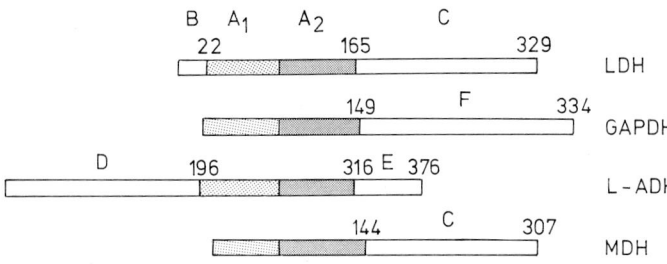

Abb. 41.6. Position der NAD$^+$-bindenden Domäne innerhalb von Polypeptidketten verschiedener Dehydrogenasen. Die unterschiedlichen substratbindenden Domänen sind mit B,C,D... bezeichnet. Die Domänen (C) von LHD (Lactatdehydrogenase) und MDH (Malatdehydrogenase) sind gleich strukturiert. Die nukleotidbindende Domäne selbst besteht ihrerseits aus zwei gleichartigen Abschnitten (A$_1$, A$_2$), die sich während der Evolution aus einem gemeinsamen Vorfahren entwickelt haben. ADH: Alkoholdehydrogenase, GAPDH: Glycerinaldehydphosphatdehydrogenase. (W. Eventoff, M.G. Rossmann, 1976)

nicht-codierende Abschnitte voneinander getrennt sind. Dieses Organisationsschema des genetischen Materials hat sich offensichtlich unter dem Selektionsdruck gehalten, möglichst schnell und vor allem verlustarm neue Proteine entstehen zu lassen.

Molekularbiologische Untersuchungen der letzten Jahre gaben Aufschluß über Mechanismen solcher Rekombinationen. Viele der Prozesse laufen nach Prinzipien ab, wie sie seit einiger Zeit in den Laboratorien als „Gentechnik" nachvollzogen werden können.

Die hier an zwei Beispielen dargestellte Evolution der Proteine hat zu einer Diversifikation ihrer Leistungen geführt. Zugleich gewinnen wir hierdurch einen Zugang, um die Evolution der Stoffwechselwege zu verstehen. Wir werden diese Argumentation im folgenden Abschnitt noch einmal aufgreifen, da uns damit ein Weg gezeigt wird, die Entwicklung energieumwandelnder Mechanismen (Photosynthese und Atmungskette) zu analysieren.

Unabhängig von diesen Betrachtungen lassen sich Strukturen (z.B. Aminosäuresequenzen) homologer Proteine (also solcher mit gleicher Funktion) aus verschiedenen Organismen untereinander vergleichen, um den Verwandtschaftsgrad der Organismen besser verstehen zu können (s. Kap. 44).

Dieser Ansatz beruht auf der Annahme, daß mit der Evolution der Organismen eine Evolution der sie aufbauenden Proteine einherging. Da Proteine primäre Genprodukte sind, nahm man ursprünglich an, sie seien weniger als andere Merkmale einer Selektion unterworfen und das Studium der Proteine würde direkte Aussagen über die Evolution der ihnen zugrunde liegenden Gene zulassen. Heute weiß man, daß auch Proteine einem Selektionsdruck unterliegen. Nur, die Evolutionsgeschwindigkeit der Proteine unterscheidet sich merklich von der Evolutionsgeschwindigkeit der Organismen, aus denen sie isoliert worden sind. Das beruht darauf, daß in der Umwelt der Organismen andere Selektionskriterien gelten als in der Umwelt der Proteine. Deren Umwelt ist der Zellinhalt, und dessen Zusammensetzung ist weitgehend konstant. Sie hängt vornehmlich von den Eigen-

schaften des Genoms der Zelle ab. Es können daher nur solche Zellen überleben, deren Proteine sich in das Netzwerk des Stoffwechsels einfügen. Es ist demnach auch nicht von Vorteil, wenn sich ein Enzym mit einer wesentlich höheren Aktivität entwickelt. Dadurch würde das Substratangebot in eine bestimmte Richtung kanalisiert, es würde als Ausgangsmaterial anderer Stoffwechselwege fehlen; die Zelle als Ganzes würde in Mitleidenschaft gezogen werden und der Selektion zum Opfer fallen. Die Selektion wirkt folglich nicht auf einzelne Genprodukte, sondern auf die Gesamtheit des Genoms der Zelle.

Die Evolutionsgeschwindigkeit besonders „wichtiger" Proteine ist extrem niedrig. Das klassische Beispiel hierfür ist das Histon IV (s. Kap. 21), dessen Aminosäuresequenz beim Rind und bei der Erbse nahezu gleich sind. Andere, weniger „wichtige" Proteine, wie Speicherproteine, unterliegen einem geringeren Selektionsdruck in Richtung Strukturerhaltung, so daß Unterschiede in ihren Aminosäurezusammensetzungen bereits beim Vergleich nahverwandter Arten nachweisbar sind.

Von Art zu Art verschiedene Aminosäurezusammensetzungen findet man auch bei der Ribulose-1,5-Bisphosphatcarboxylase, dem Enzym, das den ersten Schritt der CO_2-Fixierung bei der Photosynthese katalysiert (mehr dazu s. Kap. 42).

Zusammenfassend können wir sagen, daß durch das Studium der Struktur und der Eigenschaften von Proteinen die zunehmende Komplexität zellulärer Funktionen verständlich wird.

Literatur

Boulter, D.: Plant protein sequence data revisited. in "Proteins and Nucleic Acids in Plant Systematics" (U. Jensen and D.E. Fairbrothers, eds) Berlin–Heidelberg–New York: Springer Verlag, 1983

Dayhoff, M.O.: Atlas of protein sequence and structure. Washington DC: National Biomedical Research Foundation, 1972; Supplement 1: 1973, Supplement 2: 1976, Supplement 3: 1978

Eigen, M.: Selforganization of matter and the evolution of biological macromolecules. Naturwissenschaften *58*, 465–523 (1971)

Eigen, M., Schuster, P.: The hypercycle. Naturwissenschaften *64*, 541–565 (1977)

Eigen, M., R. Winkler: Das Spiel. Naturgesetze steuern den Zufall. München–Zürich: R. Piper u. Co., 1975

Eigen, M.: Stufen zum Leben. Müchen–Zürich: Piper 1987

Eventoff, W., M.G. Rossmann: The structure of dehydrogenases. Trends in Biochem. Sciences *1*, 227–230 (1976)

Fox, S.W.: A theory of macromolecular and cellular origins. Nature (Lond.) *205*, 328–340 (1965)

Fox, S.W. and K. Dose: Molecular evolution and the origin of life. San Francisco: W. H. Freeman and Comp., 1972

Fox, S.W.: Molecular evolution to the first cells. in: "Chemistry in Evolution and Systematics" (T. Swain, ed.), pp 641–669. London: Butterworth, 1973

Fox, S.W.: Origin of the cell: Experiments and premises. Naturwissenschaften *60*, 359–368 (1973)

Fox, S.W.: Metabolic microspheres. Origins and evolution. Naturwissenschaften *67*, 378–383 (1980)

Hecht, M.K., W.C. Steere, B. Wallace (eds.): Evolutionary Biology Vol. 11. New York, London: Plenum Press, 1978

Kaplan, R.W.: Der Ursprung des Lebens. Stuttgart: G. Thieme Verlag, 1978 (2. Aufl.)

Küppers, B.–O.: Molecular theory of evolution. Berlin–Heidelberg–New York: Springer Verlag, 1983

Miller, S.L.: A production of amino acids under possible primitive earth conditions. Science *117*, 528–529 (1953)

Miller, S.L.: Production of some organic compounds under possible primitive earth conditions. J. Amer. Chem. Soc. *77*, 2351–2361 (1955)

Miller, S.L. and H.C. Urey: Organic compound synthesis on the primitive earth. Science *130*, 245–251 (1959)

Miller, S.L. and L.E. Orgel: The origins of life on the earth. Englewood Cliffs N.J.: Prentice-Hall, 1974

Oparin, A.J.: Die Entstehung des Lebens auf der Erde (dt. Übers. der 2. Aufl. aus d. Russ.) Berlin–Leipzig: Volk und Wissen Verlag, 1949

Orgel, L.E.: Evolution of the genetic apparatus. J. Mol. Biol. *38*, 381–393 (1969)

Orgel, L.E.: The origin of life. Molecules and natural selection. London: Chapman and Hall, 1973

v. Sengbusch, P.: Protein characters and their systematic value. in "Proteins and Nucleic Acids in Plant Systematics" (U. Jensen and D.E. Fairbrothers, eds.) Berlin–Heidelberg–New York: Springer-Verlag, 1973

Sulston, J., R. Lohmann, L.E. Orgel, H.T. Miles: Nonenzymatic synthesis of oligoadenylates on a polyuridylic acid template. Proc. Natl. Acad. Sci. US. *59*, 726–733 (1968)

42. Evolution energieumwandelnder Prozesse: Photosynthese, Atmungskette; Prokaryoten–Eukaryoten; Diversifikation

Energieumwandelnde biologische Prozesse sind stets membrangebunden. Dadurch unterscheiden sie sich grundsätzlich von einfachen enzymkatalysierten Reaktionen, die in Lösung ablaufen können. Energiegewinn konnte es also erst geben, nachdem die funktionelle Struktur membranumgebener Vesikel (Zellen oder zumindest Zellvorstufen) vorhanden war. Im Verlauf der Photosynthese und der Atmungskette entstehen Protonengradienten; die Membran wird durch sie polarisiert, und die im Gradienten gespeicherte Energie wird zur Bildung einer energiereichen chemischen Bindung, einer Phosphorylierung ($ADP + P_i \rightarrow ATP$) verwendet. In Form der energiereichen Bindung kann die Zelle die Energie für andere Prozesse nutzen.

Modellversuche ergaben, daß eine Photophosphorylierung (d.h. eine Phosphorylierung unter Ausnutzung von Lichtenergie) unter abiotischen Bedingungen mit geringer Ausbeute auch in Abwesenheit von Membranen, aber in Anwesenheit von Molekülen ablaufen kann, die es schon sehr früh nach Bildung der Erdkruste gegeben haben konnte (s. Simulationsexperimente von S.L. Miller, siehe vorangegangenes Kapitel):

$$\text{Hämin} + \text{Imidazol} + P_i + ADP \xrightarrow{\textit{Belichtung}} ATP$$

(W.S. Brinigar, D.B. Knaff, J.H. Wang, 1967).

Primitive Prokaryoten können ihren Energiebedarf durch Elektronenentzug aus anorganischem Material decken (Chemolitho-Autotrophie, s. Tabelle 1), weiter fortentwickelte durch Vergärung organischen Materials (Heterotrophie, s. Tabelle 2).

Ein einfacher Fall einer Umwandlung von Lichtenergie in chemische Energie wurde bei einem Archaebacterium *(Halobacterium halobium)* analysiert. An dessen „Photosynthese" ist nur ein einziges Protein beteiligt; es fehlt eine Elektronentransportkette, die für die fortentwickelten energiegewinnenden Mechanismen typisch ist. Die Energieausbeute ist bei *Halobacterium* außerordentlich niedrig.

Eine Photosynthese in dem Sinne wie sie uns heute bei allen grünen Pflanzen, bei Blaualgen und photosynthetisierenden Bakterien (s. Tabelle 3) begegnet, beruht auf der Ausnutzung von Lichtenergie (ursprünglich mit hohem UV-Anteil), d.h., einer Umsetzung eines Photonenflusses in einen Elektronenfluß (s. Kap. 24), und der Ausbildung von Elektronentransportketten.

Photoautotrophe Organismen enthalten meist Chlorophyll a (oder ein ihm verwandtes Derivat wie das Bakterienchlorophyll a). Im Gegensatz zu den Häminen enthält der Porphyrinanteil der Chlorophylle Mg^{2+} anstelle von Fe^{2+}/Fe^{3+} als Zentralatom. Vermutlich erfolgte der Wechsel zu Mg^{2+}, weil der dadurch entstandene Komplex die vorhandene Licht-

Tabelle 1. Chemolithoautotrophe Bakterien

Gruppe	Typisches Beispiel (Art)	Metabolismus (Typ)	Elektronendonor	Elektronenakzeptor	Kohlenstoffquelle	Produkt
Wasserstoffoxydierende Bakterien	*Alcaligenes eutrophus*	H_2-Oxydation	H_2	O_2	CO_2	H_2
Kohlenstoffmonoxyd-oxydierende Bakterien	*Pseudomonas carboxydovorans*	CO-Oxydation	CO	O_2	CO_2	CO_2
Ammoniumoxydierende Bakterien	*Nitrosomonas europaea*	NH_4^+-Oxydation	NH_4^+	O_2	CO_2	NO_2^-
Nitritoxydierende Bakterien	*Nitrobacter winogradskyi*	NO_2^--Oxydation	NO_2^-	O_2	CO_2	NO_3^-
Schwefeloxydierende Bakterien	*Thiobacillus thiooxidans*	Schwefeloxydation	$S, S_2O_3^{2-}$	O_2	CO_2	SO_4^{2-}
Eisenoxydierende Bakterien	*Thiobacillus ferrooxidans*	Eisenoxydation	Fe^{2+}	O_2	CO_2	Fe^{3+}
Methanogene Bakterien	*Methanobacterium thermoautotrophicum*	Methanbildung	H_2	CO_2	CO_2	CH_4
Acetogene Bakterien	*Acetobacterium woodii*	Essigsäurebildung	H_2	CO_2	CO_2	CH_3COOH

(H.G. Schlegel und H.W. Jannasch, 1981

570

Tabelle 2. Heterotrophe, unter anaeroben Bedingungen lebende Bakterien.

Gärungstyp (Fermentationstyp) (bezeichnet Bakteriengruppe)	Typisches Beispiel (Art)	Substrat	Fermentationsprodukte (Endprodukte des Gärungsprozesses)
Alkoholische Gärung	*Zymomonas mobilis*	Glucose	Äthanol, CO_2
Milchsäuregärung	*Lactobacillus casei*	Glucose	Lactat
	Leuconostoc mesenteroides	Glucose	Lactat, Äthanol, CO_2
	Bifidobacterium bifidum	Glucose	Acetat, Lactat
Butyratgärung	*Clostridium butyricum*	Glucose	Butyrat, Acetat $+ H_2 + CO_2$
	Clostridium acetobutyricum	Glucose	Butyrat, Butanol, Aceton, 2-Propionat
	Clostridium kluyveri	Äthanol + Acetat	Butyrat, Capronat, H_2
Homoacetatgärung	*Clostridium aceticum*	Fructose	Acetat
Propionat- und Succinat-Gärung	*Propionibacterium pentosaceum*	Zucker, Lactat	Propionat, Succinat
	Veillonella alcalescens	Lactat	Propionat, Acetat, H_2, CO_2
	Bacteroides ruminicola	Zucker	Propionat
Säure- und Butandiol-Gärungen	*Escherichia coli*	Glucose	Lactat, Äthanol, Acetat, Formiat, $H_2 + CO_2$, Succinat.
	Enterobacter aerogenes	Glucose	2,3-Butandiol, Äthanol, Formiat, $H_2 + CO_2$
Fermentation stickstoffhaltiger Verbindungen	*Clostridium tetranomorphum*	Glutamat	Butyrat, Acetat, CO_2, -NH_3
	Clostridium sticklandii	Lysin	Butyrat, Acetat, NH_3
	Clostridium oroticum	Orotsäure	Acetat, CO_2, NH_3

(H.G. Schlegel und H.W. Jannasch, 1981)

menge und Lichtqualität, emittiert von der Sonne (s. Abb 55.4), besser nutzen konnte.

Unterschiedlich sind die Membranproteine, an die Chlorophyll a gebunden ist sowie die Zusammensetzung der übrigen „akzessorischen" Pigmente.

Die Uratmosphäre war bekanntlich reduzierend. Als Elektronendonatoren kamen daher Substanzen wie H_2, H_2S und andere Schwefelverbindungen in Betracht (s. Tabelle 1).

Die Nutzung von H_2O als Protonen- und Elektronendonatoren findet man erstmals bei den Blaualgen (Cyanophyceae, Cyanobacteria). Als Folge ihrer Photosyntheseaktivität geriet freier Sauerstoff in die Atmosphäre, dessen Konzentration sich von ursprünglich nahe Null auf den heutigen Wert von ca. 20 Prozent einpendelte (s. Abb. 42.1). Damit änderten

sich die Selektionsbedingungen für die Organismen grundlegend. Diejenigen gewannen die Überhand, die sich vor dem Sauerstoff schützen und ihn schließlich auch nutzen konnten. Die Zunahme der Sauerstoffmenge führte zur Ausbildung einer Ozonschicht in der Stratosphäre, und damit zur Verschiebung der spektralen Zusammensetzung des die Erdoberfläche erreichenden Lichts. Kurzwelliges Licht (UV) wurde weitgehend weggefiltert. Für die Organismen ergab sich damit die Notwendigkeit, in steigendem Maße Licht des sichtbaren Bereichs zu nutzen, und in Folge dieser Ereignisse änderte sich die Pigmentzusammensetzung der Photosysteme.

Zum weiteren Verständnis der Entwicklung energiegewinnender Prozesse muß die Evolution der Elektronentransportketten betrachtet werden. Zu den Ge-

Tabelle 3. Photoautotrophe Bakterien

Gruppe	Typisches Beispiel (Art)	Wachstum unter anaeroben Bedingungen (belichtet)	aeroben Bedingungen (unbelichtet)	Elektronendonatoren für Photosynthese
Nichtschwefel-Purpurbakterien	*Rhodospirillum rubrum*	+	(+)	H_2, organische Substanz, (S^{2-})
Purpurschwefelbakterien	*Chromatium okenii*	+	−	S^{2-}, S^o $S_2O_3^{2-}$, H_2
Grüne Schwefelbakterien	*Chlorobium limicola*	+	+	S^{2-}, S^o $S_2O_3^{2-}$, H_2
Chloroflexus-Gruppe	*Chloroflexus aurantiacus*	+	+	organische Substanz

(H.G. Schlegel und H.W. Jannasch, 1981)

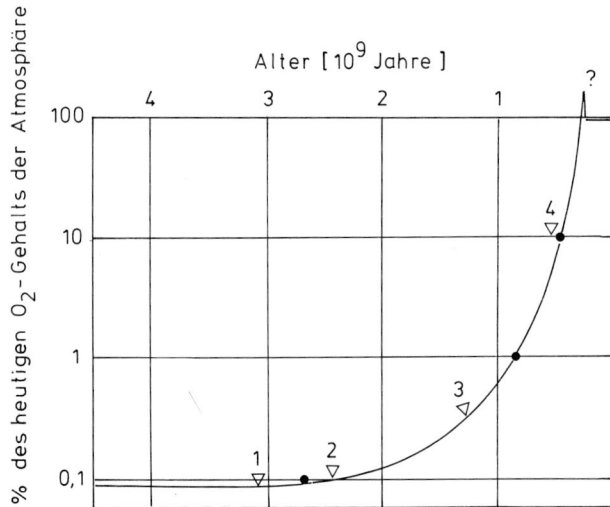

Abb. 42.1. Zunahme des Sauerstoffgehalts der Atmosphäre im Laufe der Erdgeschichte. (U. Lehmann, G. Hillmer, 1980)

meinsamkeiten von Photosynthese und Atmungskette gehört die Beteiligung gleichartiger Proteine: Ferredoxin, Cytochrom c, Cytochrom b u.a.

In der Abbildung 42.2 ist die Evolution des Cytochroms c dargestellt. Auch die Cytochrome b_6 (aus Plastiden) und b (aus Mitochondrien) sind aufgrund topologischer Verwandtschaft miteinander homologisierbar. Das Cytochrom b_6 entspricht in der Abfolge

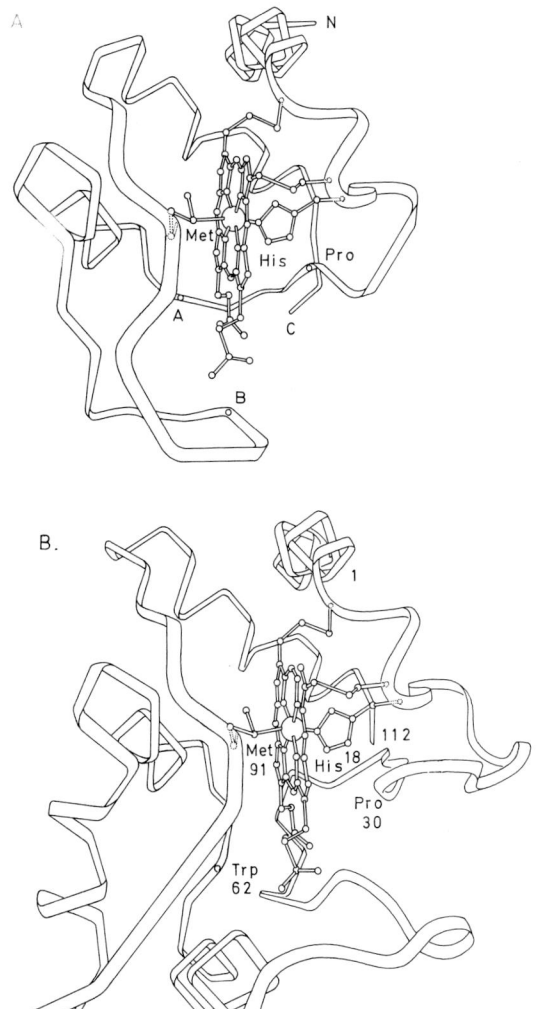

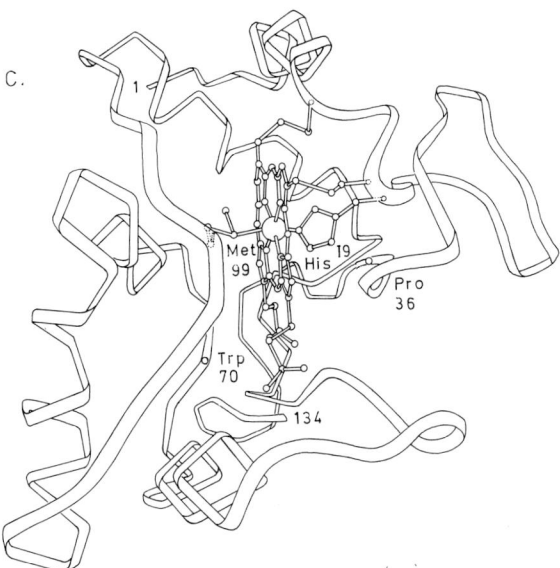

Abb. 42.2. Topologische Verwandtschaft zwischen Cytochromen aus Organismen verschiedener Organisationshöhe. *A* prokaryotisches Cytochrom c (Modell auf der Grundlage der Untersuchungen an Cytochromen aus den Bakteriengattungen *Pseudomonas* und *Chlorobium*). *B* Cytochrom c_2 aus der Elektronentransportkette der Photosynthese von *Rhodospirillum rubrum*. *C* Cytochrom c aus der Atmungskette (Thunfisch). (F.R. Salemme, 1977)

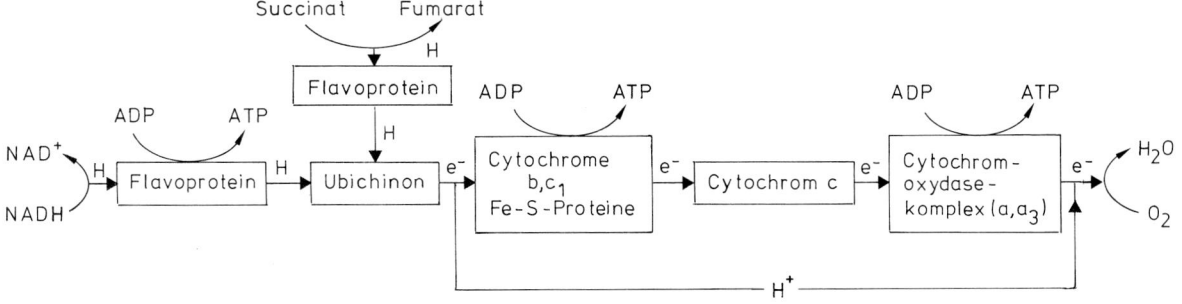

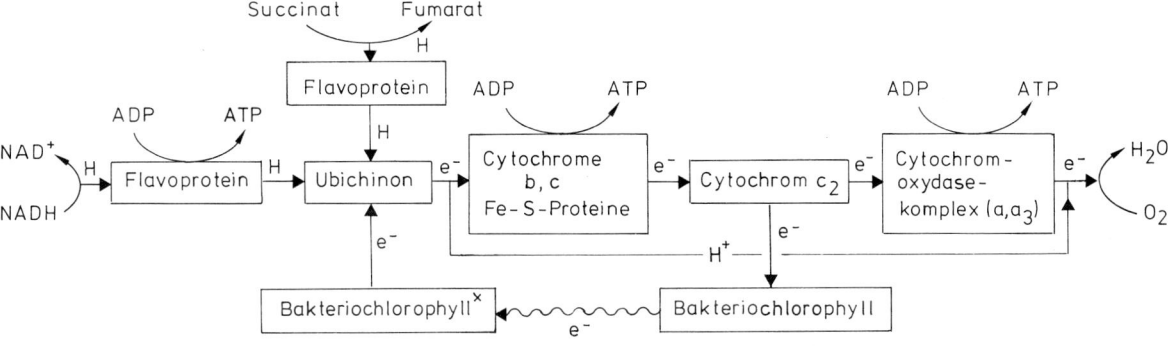

Abb. 42.3. Elektronentransport in der Atmungskette eukaryotischer Mitochondrien (oben) und in der Photosynthese-Atmungskette von Rhodospirillen (unten). Beide Ketten arbeiten auf ähnliche Weise mit nahezu gleichen Komponenten. (R.E. Dickerson, 1980)

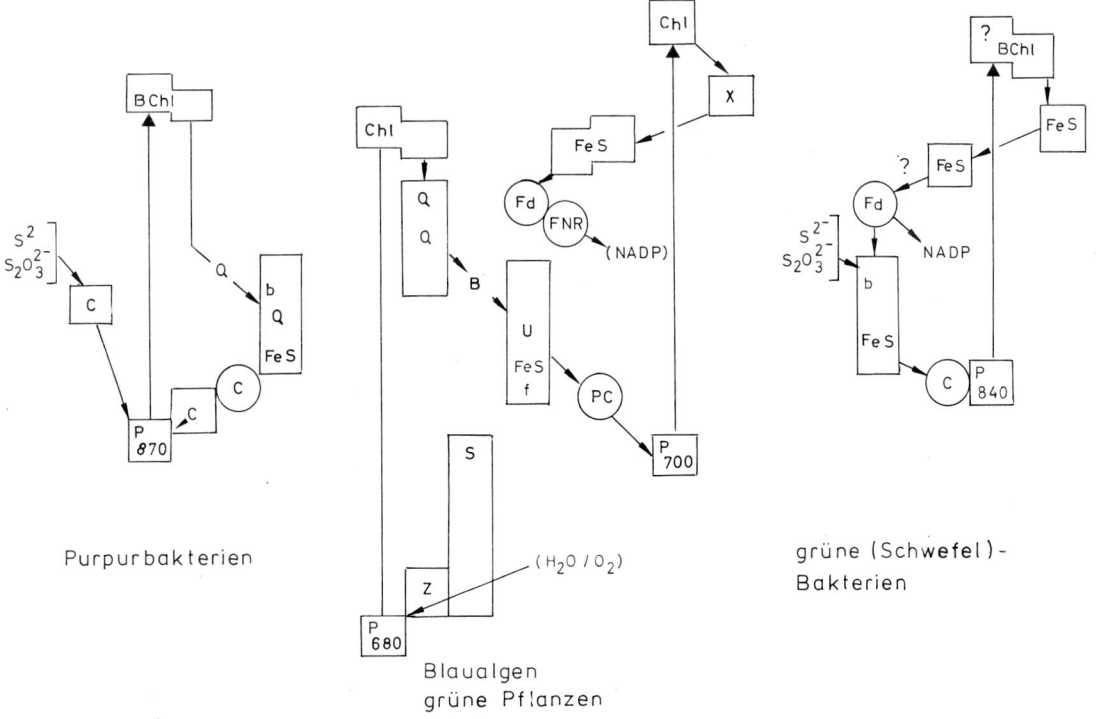

Abb. 42.4. Photosynthetische Elektronentransportkette bei Purpurbakterien (Schwefel- und Nichtschwefelbakterien), grünen Schwefelbakterien sowie Blaualgen und grünen Pflanzen. Das System der Purpurbakterien ähnelt dem Photosystem II der Pflanzen, obwohl es ihm an Effizienz unterlegen ist (geringeres Redoxpotential). Das System der grünen Schwefelbakterien ist mit dem Photosystem 1 homologisierbar. In Rechtecken dargestellte Komplexe sind membrangebunden, in Kreisen dargestellte sind lösliche Proteine. (C.A. Wraight, 1982)

von hydrophoben und hydrophilen Aminosäuresequenzabschnitten einer entsprechenden Sequenz in der N-terminalen Hälfte des Cytochroms b. (W.R. Widger, W.A. Cramer, R.G. Herrmann, A. Trebst: Purdue University, Universität Düsseldorf und Universität Bochum, 1984). Die Homologisierbarkeit der entsprechenden Cytochrome ist ein weiterer stichhaltiger Beweis dafür, daß Photosynthese und Atmungskette auf ein gleiches Reaktionsmuster zurückgeführt werden können.

Zu einem ähnlichen Schluß gelangt man durch Vergleiche der Topologie der am Elektronentransport beteiligten Komplexe (s. Abb. 42.3). Die Atmungskette ist demnach eine Variante der Photosynthese; sie vervollkommnete sich parallel zur Zunahme an freiem Sauerstoff.

Die Photosysteme I und II entstanden ursprünglich unabhängig voneinander (es sei zunächst noch dahingestellt, ob auch sie untereinander homologisierbar sind); durch Zusammenschluß entstand ein System (Z-Schema der Photosynthese), das Lichtenergie wesentlich effizienter nutzen konnte als jedes der Teilsysteme für sich allein (s. Abb. 42.4).

Prokaryoten – Eukaryoten

Prokaryoten

Prokaryoten sind Organismen ohne Zellkern. Zu ihnen gehören die Bakterien und die Blaualgen (Cyanophyta, wegen ihrer Ähnlichkeit mit Bakterien auch Cyanobacteria genannt). Prokaryoten hatte man zeitweilig zu einem einheitlichen Organismenreich zusammengefaßt. Inzwischen gibt es aber unumstößliche Beweise dafür, daß sie in zumindest zwei Reiche zerfallen, deren Zellen sich im Bau und Stoffwechsel grundsätzlich voneinander unterscheiden:
– Archaebakterien
– Eubakterien (einschließlich der Blaualgen).
Und doch gibt es auch Gemeinsamkeiten: Dazu gehören vor allem Strukturen, die zum Erhalt, der Expression und für die Weitergabe genetischer Information benötigt werden (siehe Hyperzyklen, vorangegangenes Kapitel).

So enthalten Ribosomen der Zellen aus beiden Reichen, neben einer Anzahl von Proteinen, ribosomale RNS (rRNS) und tRNS. Die Ribosomenstruktur und beide RNS-Sorten gehören zu den konservativsten, in allen Zellen nachgewiesenen supramolekularen Komplexen respektive Molekülen. Es gibt einen hohen Selektionsdruck, bewährte Strukturen unverändert beizubehalten. Dennoch kam es selbst hier im Verlauf der Zeit zu Modifikationen. Wegen der Allgegenwärtigkeit der RNS und der Ribosomen eignen sie sich als *Marker*, um die Verwandtschaftsbeziehungen der Organismenreiche untereinander zu klären. Aus labortechnischen Gründen ist es sinnvoll, sich auf die Analyse der RNS zu beschränken; und um Verwandtschaftsgrade und phylogenetische Zusammenhänge

aufzuklären, ist es nicht unbedingt erforderlich, die Basensequenzen festzustellen, Näherungsverfahren geben ebenso schlüssige Daten.

Eine Sequenzanalyse (die wegen des relativ hohen Aufwands an nur wenigen Arten durchgeführt werden kann) kann natürlich zusätzliche Informationen liefern. Wenn man die Sequenz einer Polynukleotidkette kennt, läßt sich rechnerisch (durch Optimierung) die Sekundärstruktur ermitteln. Dabei zeigt sich, daß diese als ein noch weit konservativerer *Marker* angesehen werden kann als die Existenz bestimmter Basen an bestimmten Positionen. Sekundärstrukturen bleiben selbst dann erhalten, wenn es im Verlauf der Zeit zu erheblichen Veränderungen der Nukleotidabfolge gekommen ist und Homologien durch einfachen Vergleich zweier Sequenzen nicht mehr nachweisbar sind. Zur Ausbildung von Basenpaaren muß also nicht unbedingt an einer bestimmten Stelle ein A einem U gegenüberstehen; der Wechsel zu $G \equiv C$ ändert an der Situation nur wenig. Innerhalb einer Abfolge von Basenpaaren können durchaus auch „falsche" Basenpaare zustande kommen, denn zwischen C und A oder anderen Kombinationen werden ebenfalls Wasserstoffbrücken ausgebildet, die zur Stabilität der Sekundärstruktur beitragen. Diese Argumentation scheint dem zu widersprechen, was bei der Behandlung der Evolution genetischer Information abgeleitet wurde. Der Widerspruch ist jedoch nur scheinbar, weil rRNS „nur" eine Strukturkomponente (ein primäres Genprodukt) ist. Die Basenabfolge enthält keine genetische Information.

Wie konservativ eine Sekundärstruktur sein kann, ergibt ein Vergleich der rRNS aus Chloroplasten grüner Pflanzen mit der aus Blaualgen: beide Strukturen weisen einen extrem hohen Homologiegrad auf. Wie wir anschließend noch sehen werden, gehören diese Daten zu den sichersten Stützen der Endosymbiontenhypothese.

Andererseits zeigt die Analyse der rRNS, daß es gewaltige Unterschiede zwischen Archaebakterien und Eubakterien gibt und daß die Variabilität der rRNS innerhalb der Archaebakterien weit größer als innerhalb der Eubakterien ist. Unter Zusammenfassung aller an rRNS gewonnenen Ergebnisse ist zu schließen, daß sich im Verlauf der Diversifikation der Organismen schon sehr früh drei voneinander getrennte Evolutionslinien herausgebildet haben, von denen eine zu den Archaebakterien, die andere zu den Eubakterien und die dritte zu den Eukaryoten geführt hat.

Als hypothetische Urformen nimmt man die Existenz von primitiven Zellen (Progenoten oder Protozellen) als gemeinsame Vorfahren an. Von wenigen Ausnahmen (*Mycoplasma, Thermoplasma* u.a.) abgesehen, sind prokaryotische Zellen von einer Zellwand umgeben. Innerhalb der Gruppe der Archaebakterien besteht eine große Variabilität in bezug auf die chemische Zusammensetzung und Struktur der Wand. Im Gegensatz dazu findet man bei Eubakterien eine weitgehende Gleichförmigkeit; die Wände bestehen aus einer oder mehreren Mureinschichten, was sich durch ein einfaches Färbeverfahren (Gramfärbung) leicht feststellen läßt. Aufgrund dieser Reaktion unterscheidet man zwischen grampositiven und gramnegativen (Eu)-Bakterien. Diese Einteilung hat sich als ein zuverlässiges taxonomisches Merkmal herausgestellt.

Die genetische Information der Prokaryoten ist in der Regel in einem ringförmigen DNS-Molekül gespeichert. Bei Archaebakterien kommt *gene-splicing* vor, d.h., die Information zur Bildung einer Polypeptidkette ist auf mehrere Stücke (Exons) verteilt, die durch nicht-codierende Abschnitte (Introns) voneinander getrennt sind.

Diese Organisationsform ist bei Eubakterien (bisher?) nicht nachgewiesen worden. Bei gut bearbeiteten Arten, z.B. *Escherichia coli* kommt *gene splicing* mit Sicherheit nicht vor, woraus zu schließen ist, daß das Genom dieser Bakterien im Verlauf der Evolution optimiert worden ist und aller Ballast abgeworfen wurde.

Neben dem einen DNS-Molekül (oft auch Bakterienchromosom genannt) kommen zusätzliche, viel kleinere DNS-Moleküle (Plasmide) vor. Auch sie tragen genetische Information, vor allem solche, die nicht ständig benötigt wird, sich bei Bedarf aber als lebensnotwendig erweisen kann (z.B. Antibiotikaresistenz).

(Manche) Plasmide können in das Bakterienchromosom integriert werden. Teile daraus können umgekehrt herausgeschnitten und von Plasmiden übernommen werden. *Via* Plasmid kann genetische Information von einer Zelle auf eine andere übertragen werden, wobei Artgrenzen keine unüberwindlichen Hindernisse sind. Trotzdem bleibt die Konstanz des Genoms der einzelnen Arten weitgehend gewahrt, weil in Zellen eindringende Fremd-DNS meist als solche erkannt und abgebaut wird. Bakterien verfügen über ein umfangreiches Sortiment an Restriktionsendonukleasen, die u.a. diesem Zweck dienen. Das Bakteriengenom ist weitgehend haploid, auf Plasmiden gespeicherte Information muß jedoch als polyploid eingestuft werden, weil Zellen in der Regel mehrere gleichartige Kopien eines bestimmten Plasmidtyps enthalten.

Neben dem Austausch genetischer Information durch Plasmide kommen andere Mechanismen vor, d.h., die Zelle ist durchaus in der Lage, wertvolle Information durch DNS-Aufnahme zu erwerben.

Die Vorgänge, die dazu führen, faßt man allgemein unter dem Begriff Parasexualität zusammen. Im Unterschied zur Sexualität eukaryotischer Zellen, bei der die genetische Information beider Partner gleichwertig ist und beide Anteile gleichermaßen für die Ausbildung der Nachkommenschaft genutzt werden, wird bei der Parasexualität (in günstigsten Fällen) lediglich die Information eines der Partner auf Kosten des anderen verbessert.

Alle Prokaryoten haben 70 S Ribosomen; die Proteinbiosynthese an ihnen wird durch Chloramphenicol gehemmt.

Bakterienzellen sind in der Regel sehr klein. Man hat errechnet, daß das Volumen nicht ausreichen würde, um alle Genprodukte zu fassen, die durch das Genom der betreffenden Zelle codiert werden können. Aus Mangel an morphologischer Variation werden Bakterien aufgrund ihrer Stoffwechselleistungen klassifiziert. Die Angaben in den Tabellen 1, 2 und 3 können als Hinweis auf die Mannigfaltigkeit dieser Leistungen verstanden werden.

Darüber hinaus kann jede Zelle ihre Stoffwechselaktivitäten nach Bedarf regeln. Bestimmte Enzyme (vor allem solche, die am Kohlenhydratstoffwechsel beteiligt sind) werden nur bei Bedarf gebildet. Dann nämlich, wenn ausreichende Mengen des betreffenden Substrats im Medium enthalten sind; ansonsten ist die Synthese dieser Enzyme reprimiert. Damit werden Energie, Platz und Material gespart. Die dafür erforderlichen Regelmechanismen sind außerordentlich vielgestaltig; beteiligt sind daran vor allem das Substrat selbst, ein für das Substrat spezifisches Regulatorprotein, und ein Abschnitt auf der DNS, der von dem Regulatorprotein erkannt wird. Der Komplex Regulatorprotein-DNS verhindert die Transkription des darauffolgenden Gens (oder der darauffolgenden Gene) und damit die Bildung des Enzyms (oder der Enzyme), die für die Umsetzung des betreffenden Substrats benötigt werden.

Diese Mechanismen weisen darauf hin, daß es auf der Ebene der Prokaryoten Vorgänge gibt, die man als Differenzierung bezeichnen muß.

Viele Arten können unter ungünstigen Außenbedingungen Zysten (Dauerzellen) bilden, in denen der Stoffwechsel zeitweilig ruht und die bei Verbesserung der äußeren Umstände sich wieder zu teilungsfähigen Zellen regenerieren können.

Bakterien sind meist Einzeller; Zellen vieler Arten können aber zu regelmäßig strukturierten Aggregaten (Kolonien) vereint sein. Hierzu gehören vielzellige Fäden (Filamente, Trichome), polar gebaute Trichome, schraubig gewundene oder zu Bündeln angeordnete. Kugelförmig strukturierte Bakterien (Kokken) sind in regelmäßigen Mustern (Viererpackungen) organisiert. Vielfach sind solche Kolonien von voluminösen Gallerthüllen umgeben.

Unterschiedlich strukturierte Zellen in einem Verband (z.B. bei Myxobakterien und bei den Actinomyceten) weisen auf Arbeitsteilung hin. Manche der Aggregate ergeben ein Erscheinungsbild, das man von Pilzmycelien her kennt.

Blaualgen. Blaualgen sind zu einer Photosynthese befähigt, die bis in viele Details mit der bei grünen Pflanzen vorkommenden übereinstimmt. Die energieumwandelnden Prozesse finden an der äußeren Zellmembran (dem Plasmalemma) statt. Intrazelluläre Membransysteme (z.B. Umgrenzungen von Gasvakuolen) kommen, wie bei den übrigen Bakterien, zwar vor, sind jedoch nicht so dominierend wie bei eukaryotischen Zellen. Die Zellwand besteht aus Murein. Die Einzelzellen sind bei den meisten Arten zu größeren, oft von voluminösen Gallerten umgebenen Kolo-

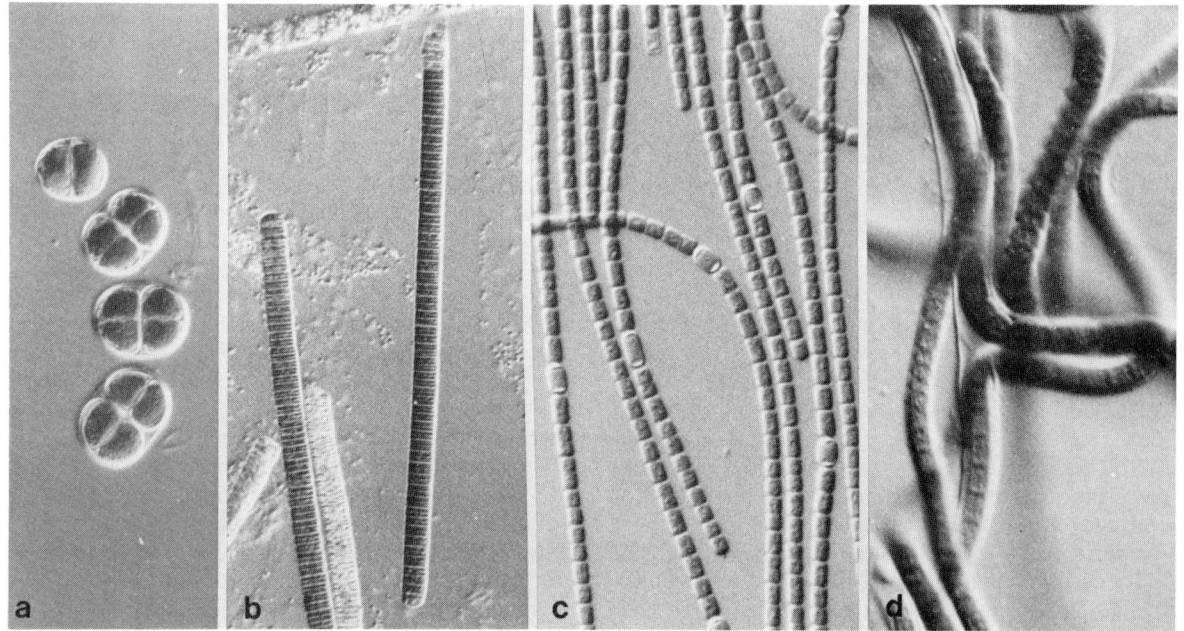

Abb. 42.5a. Cyanophyta (Blaualgen). *a Chroococcus turgidus.* Zusammenhalt der Zellen durch eine Gallerte. *b Oscillatoria sancta,* eine fadenbildende (= trichombildende) Art (alle Arten der Gattung *Oscillatoria* sind trichombildend). Im Präparat sind neben lebenden auch einige tote Zellfäden enthalten. *c Anabaena ambigua,* fadenbildend mit Heterozysten *d Calothrix desertica;* eine Scheinverzweigung in der Bildmitte. Zwei Trichome treten aus einer Gallertscheide aus.

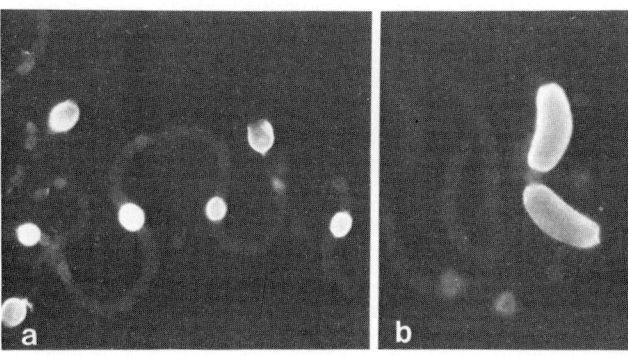

Abb. 42.5b. *Anabaena flos-aquae. a* Die Heterozysten reagieren spezifisch mit FITC-ConA (s. Kap. 17), die photosyntheseaktiven Zellen sind ConA-negativ. Außer den Heterozysten sind im Bild die Loricas (s. Abb. 44.30) zweier Choanoflagellaten markiert, die die *Anabaena*-Zellen als „Aufwuchs" bevölkern. *b* Akineten sind Dauerstadien (Zysten). Sie sind durch FITC-RCA anfärbbar und treten bei dieser Art am Ende einer „Algenblüte" auf. Sie entstehen paarweise links und rechts einer Heterozyste. (U. Müller und P. v. Sengbusch, 1983)

nien zusammengeschlossen. Als photoautotrophe Organismen tragen sie nicht unerheblich zur Produktion von Biomasse bei. Ihre Dominanz in vielen Gewässern streicht ihre ökologische Bedeutung besonders hervor (s. Kap. 58); vielfach sind sie Verursacher einer „Wasserblüte".

Zu den Ausscheidungsprodukten der Zellen gehören, neben den bereits genannten Gallerten unterschiedlicher Konsistenz, zum Teil deutlich strukturierte, oft geschichtet aufgebaute Scheiden (oder Kapseln), von denen die Zellfäden (Trichome) umgeben sein können. Die Ausbildung gemeinsamer Scheiden um mehr als zwei Trichome führt zu dem, was unter dem Begriff Scheinverzweigung (s. Abb. 42.5) verstanden wird.

Darüber hinaus sezernieren viele Blaualgen ein ganzes Spektrum niedermolekularer Metaboliten, wie Aminosäuren, Zucker u.a., sowie zahlreiche toxische Substanzen.

Trichome vieler Arten enthalten (zumindest) zwei funktionell voneinander verschiedene Zelltypen: einmal die (blau-)grün aussehenden photoautotrophen Zellen, zum anderen die meist etwas voluminöseren farblosen Heterozysten.

Je nach Art kommen sie terminal oder in regelmäßigem Wechsel mit den photoautotrophen Zellen vor (s. Abb. 42.5).

Heterozysten sind Orte der Stickstoffixierung. Wie bei den stickstoffixierenden Bakterien (s. Kap. 34) ist dieser Vorgang extrem sauerstoffempfindlich und energieaufwendig; ein wesentlicher Grund, weshalb sich innerhalb eines Trichoms eine Arbeitsteilung (räumliche Trennung unterschiedlicher funktioneller Einheiten) herausgebildet hat. Andererseits muß nunmehr aber auch ein Materialtransport von Zelle zu Zelle erfolgen, denn sonst könnte man

(1) das regelmäßige Muster (Heterozysten erscheinen stets in etwa den gleichen Abständen voneinander) und

(2) die Versorgung der Heterozysten mit Energie (gewonnen durch Photosynthese)

nicht erklären. Durch elektronenmikroskopische Untersuchungen ließen sich Zell-Zell-Kontakte (dünne Querwände mit Tüpfeln) ausmachen.

Blaualgen leben vielfach in Assoziation (in Symbiose?) mit Bakterien. In einigen Fällen sind bestimmte (biochemisch als solche identifizierbare) Bakterien mit Heterozysten vergesellschaftet. Man hat vermutet, daß sie, weil sie ja sauerstoffverbrauchend sind, in nächster Umgebung einer Heterozyste sauerstoffarme Räume schaffen und damit die Stickstoffixierungsrate erhöhen.

Viele Blaualgenarten bilden Dauerstadien (Akineten oder Sporen) aus.

Eine Bewegung durch Geißeln wurde bei keiner Art gefunden, die für Blaualgen typische Bewegungsweise ist ein Gleiten (Mechanismus?), durch das Zellfäden in Schwingung geraten können; daher auch die Benennung einer weitverbreiteten Gattung: *Oscillatoria*. Etwa 2000 rezente Blaualgenarten sind beschrieben worden. Die meisten leben aquatisch; Süßwasserformen sind vorherrschend, marine seltener. Einige wenige Gattungen (z.B. *Nostoc*) kommen auf feuchten Böden vor, andere in trockenen Biotopen. Einige Arten leben in Symbiose mit Pilzen (= Flechten; Blaualgen wurden u.a. in den Flechtengattungen *Peltigera*, *Collema* und *Leptogium* gefunden) oder grünen Pflanzen. So lebt eine *Anabaena*-Art in Symbiose mit dem Wasserfarn *Azolla* (die Blaualge versorgt ihn mit stickstoffhaltigen Verbindungen). *Nostoc*-Arten wurden in Thalli verschiedener Lebermoose, in Wurzelzellen einiger Cycadeen-Arten, und in Rhizomen von *Gunnera* nachgewiesen.

Eukaryoten

Eukaryotische Zellen sind im Vergleich zu prokaryotischen groß, das Oberflächen/Volumen-Verhältnis ist ungünstiger.

Sie zeichnen sich darüber hinaus durch umfangreiche intrazelluläre Membransysteme aus; die äußere Membran (das Plasmalemma) ist sehr flexibel, sie kann sich äußeren Unebenheiten anpassen, kann Ausstülpungen ausbilden, und Vesikel können nach innen und nach außen abgegeben werden. Von wenigen Ausnahmen abgesehen, sind eukaryotische Zellen Aerobier. Es gibt zwingende Gründe für die Annahme, daß das nicht immer schon so gewesen ist und daß primitive eukaryotische Zellen anfangs anaerob lebten.

Der Größenzuwachs setzt im Vergleich zu den Prokaryoten eine Erhöhung des Stoffumsatzes voraus. Eukaryotische Zellen mußten sich in nahrungsreichen Biotopen entwickelt haben. Diese Annahme scheint gerechtfertigt, denn durch Photosyntheseaktivitäten der Blaualgen entstanden nicht nur große Mengen freien Sauerstoffs, sondern in stöchiometrischen Mengen auch fixierter Kohlenstoff, und damit eine Akkumulation von Biomasse in vorher nicht dagewesenem Ausmaß. Primitive eukaryotische Zellen haben vermutlich davon profitiert. Heterotrophe Zellen nutzten das Nahrungsangebot und gewannen an Größe.

Was unterscheidet sie noch von Prokaryoten?

(1) Die Zellen der Eukaryoten enthalten bestimmte strukturbildende und für Bewegungen verantwortliche Molekülkomplexe: Aktin und Myosin und die dazugehörigen Regulatormoleküle einerseits, Tubulin andererseits.

(2) Die genetische Information ist auf mehrere DNS-Moleküle (Chromosomenäquivalente) aufgeteilt und in einer durch eine Membran abgeschlossenen Einheit, dem Zellkern, gespeichert.

(3) Unter Mitwirkung des Tubulins entwickelte sich ein Verteilungsmechanismus für Chromosomen (-äquivalente), die Mitose.

(4) Mit der Fähigkeit, organisches Material aufzunehmen, gewannen große, zellwandlose (!) eukaryotische Zellen auch die Eigenschaft, kleinere Zellen aufzunehmen (Phagozytose) und zu verwerten.

(5) Ein Spezialfall von (4): Nutzung kleiner Zellen kann zu einer symbiotischen Lebensweise mit ihnen (Endosymbiose) führen.

Nach der heute weitgehend akzeptierten Endosymbiontenhypothese haben primitive amöboide eukaryotische Zellen aerob lebende Bakterien (mit Atmungskette) als Symbionten aufgenommen. Die beiden Partner wurden zu einer Einheit, die die Fähigkeit erwarb, das mit der Zeit wieder knapper werdende Nahrungsangebot erheblich besser zu nutzen. Diese nunmehr aerob lebenden Eukaryoten behielten die heterotrophe Ernährungsweise bei.

(6) Einige wenige dieser Zellen gingen eine Symbiose mit Blaualgen oder blaualgenähnlichen Prokaryoten ein und wurden so zu Vorläufern pflanzlicher Zellen, die sich durch photoautotrophe Ernährungsweise auszeichnen.

(7) Eukaryotische Zellen erwarben die Fähigkeit zur Differenzierung und Arbeitsteilung und zum Aufbau vielzelliger Organismen. Sie lassen sich vier Reichen zuordnen: (1) Protisten (meist einzellige Arten), (2) Pflanzen (Plantae), (3) Pilze (Fungi), (4) Tiere (Animalia) (phylogenetischer Zusammenhang s. Abb. 42.6).

Es besteht kein Zweifel darüber, daß sich Pflanzen, Pilze und Tiere aus Vorstufen entwickelt haben, die den Protisten zuzurechnen sind.

Wie sind die unter (1) – (7) genannten Leistungen zustande gekommen? Wie sah deren Evolution aus?

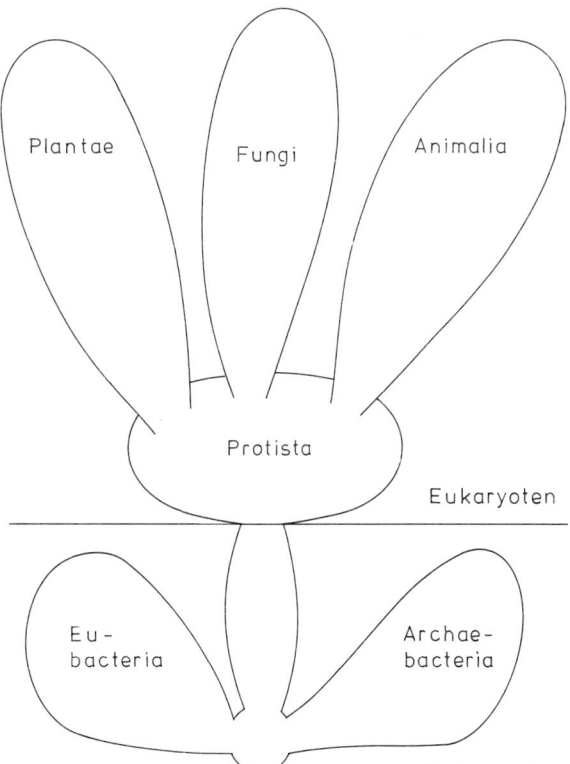

Abb. 42.6. Organismenreiche. R.H. Whittaker schlug 1969 eine Fünf-Reiche-Einteilung vor. Nach neueren Befunden sind die Prokaryoten in zwei Reiche zu untergliedern. Der Ursprung der beiden Prokaryotenreiche und der vier Eukaryotenreiche ist unklar. O. Kandler nennt die Ausgangsformen Progenoten.

Zu 1: Aktin, Myosin und Tubulin kommen weder bei Eu- noch bei Archaebakterien vor. Die drei genannten Proteine können nicht auf einen gemeinsamen Vorfahr zurückgeführt werden, denn die Unterschiede zwischen ihnen sind weit größer als irgendwelche Gemeinsamkeiten.

Aktin ist eines der häufigsten Proteine tierischer Zellen sowie der Zellen vieler Protisten (z.B. der Amöben), Schleimpilze und Pflanzen.

Aktin ist Bestandteil kontraktiler Elemente (Mikrofilamente). Es ist mit Sicherheit an amöboider Bewegung beteiligt, und damit kommt ihm vermutlich auch eine entscheidende Rolle bei der Phagozytose zu. Da auch jene Zellen (Amöben) auf ein externes Nahrungsangebot angewiesen waren, versetzte sie das Bewegungsvermögen in die Lage, auf Nahrungssuche zu gehen.

Tubulin ist ein Protein, das wie Aktin zu kontraktilen Elementen (den Mikrotubuli) aggregieren kann. Für zwei Bewegungsabläufe ist es unentbehrlich:

(1) Bewegung von Chromosomen während der Mitose. Die Kernspindel besteht vornehmlich aus Mikrotubuli,

(2) Geißel- und Cilienbewegung. Die Geißeln (und Cilien) aller eukaryotischen Zellen sind nach einem Einheitsschema ("9 + 2", s. Abb. 27.7) organisiert. Es handelt sich (im Gegensatz zu Geißeln der Bakterien) um intrazelluläre Strukturen. Die Mikrotubulibündel sind, wie der übrige Zellinhalt, von einer ununterbrochenen Membran (Plasmalemma) umgeben. Geißelbewegung erfolgt nur bei Energiezufuhr (ATP) (s. a. Kap. 25).

Zu 2. Die Bildung eines von einer Doppelmembran (Hülle) umgebenen Zellkerns muß bereits sehr früh erfolgt sein, denn kernlose Eukaryotenzellen sind nicht bekannt. Die DNS fast aller Eukaryoten (Ausnahme z.B. Dinoflagellaten, s. Kap. 44) ist stets mit basischen Proteinen (Histonen), assoziiert (s. Kap. 21). Die Assoziation hat einen hohen adaptiven Wert, was darin zum Ausdruck kommt, daß sich vier von fünf Histonen (vor allem das Histon IV) während des Zeitraums der Diversifikation von Pflanzen und Tieren kaum verändert hat. Manche Ciliaten (z.B. *Tetrahymena*) enthalten ein Histon IV, das sich in 22 Prozent seiner Aminosäurereste von dem der Tiere und Pflanzen unterscheidet. Daraus kann der Schluß gezogen werden, daß die Wechselwirkung zwischen Histonen und DNS auf der Evolutionsstufe der Protisten noch nicht optimiert ist.

Zu 3. Die Existenz eines Zellkerns ist nicht mit der Existenz einer Mitose gleichzusetzen. Bei vielen Protisten (und Pilzen, z.B. Hefe) sind keine Chromosomen erkennbar.

Während der Kern- und Zellteilung tritt ein unübersichtlich erscheinendes Gewirr an Fäden auf. Wegen des Vorkommens von Kopplungsgruppen scheint das genetische Material auf verschiedene strukturelle Einheiten aufgeteilt zu sein.

Eine ähnliche Situation liegt bei einigen chloroplastenhaltigen Flagellaten (z.B. *Euglena*) vor.

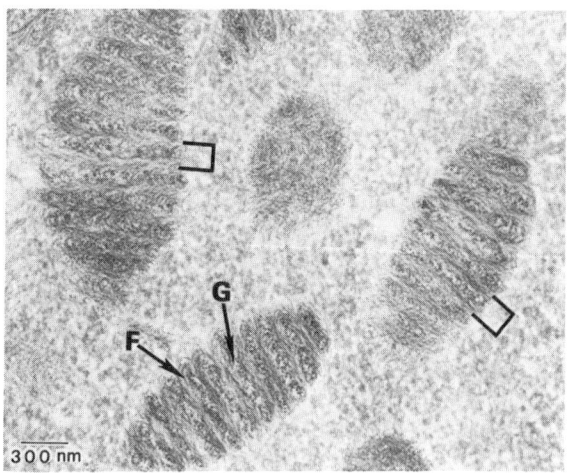

Abb. 42.7. In Kernen der Dinoflagellaten sind permanent kondensierte Chromosomen enthalten. Sie sind gebändert. Die Banden bestehen aus einer Abfolge von Fibrillen *(F)* und Granula *(G)*. Jedes Band (Klammer) ist 110 ± 10 nm breit. (D.L. Spector *et al.*, 1981)

Bei etlichen Dinoflagellaten kommen während der Kern- und Zellteilung innerhalb des Kerns mehrere Ansammlungen fibrillär aussehender Gebilde vor, die man vielleicht funktionell, nicht jedoch strukturell als Chromosomen bezeichnen könnte (s. Abb. 42.7).

Ein Spindelapparat wird nicht ausgebildet. Die Trennung genetischen Materials erfolgt innerhalb der Kernmembran. Bei anderen Dinoflagellaten wiederum findet man Ansätze zur Organisation eines Spindelapparats außerhalb des Zellkerns. Die Spindelfasern kommen jedoch nicht mit der DNS in Kontakt, da auch hier die Kernmembran zwischen den beiden Molekülaggregaten erhalten bleibt. Bei einer dritten Gruppe erkennt man im elektronenmikroskopischen Bild deutlich abgegrenzte Bereiche in der Membran, die als spezifische Adaptoren zwischen DNS und Mikrotubuli einzustufen sind. Vielleicht sind dies Vorstufen der späteren Spindelansatzstelle (dem Centromer), doch steht ein eindeutiger Homologiebeweis noch aus (D.F. Kubai 1975).

Für die Mitose gilt, was schon früher für andere wertvolle Strukturen gesagt wurde: Nachdem der Mechanismus sich erst einmal entwickelt und vervollkommnet hat, blieb er erhalten und wurde später nie abgeändert. Man kennt eine ganze Anzahl von Protisten, bei denen diese Entscheidung bereits gefallen ist. Auffallend ist, daß gerade Protisten eine große Zahl von Chromosomen (mehrere 100) besitzen, während sich die genetische Information von Vielzellern auf nur wenige Chromosomen (meist weit unter 50) konzentriert. Es ist offenbar einfacher, eine kleine Zahl von Einheiten gleichmäßig und fehlerfrei auf die Tochterzellen zu verteilen als sehr große Zahlen.

Zu 4–6. Endosymbiontenhypothese. Die Endosymbiontenhypothese gewann in den letzten Jahren immer mehr an Wahrscheinlichkeit, denn je mehr man sich mit den Einzelheiten der Mitochondrien und Chloroplasten einerseits und ihren potentiellen Vorläufern andererseits befaßte, um so größer wurde die Zahl an Übereinstimmungen, und um so unwahrscheinlicher wurde, daß die Organellen *de novo* parallel zu den Prokaryoten entstanden sind.

Die Argumentation scheint zwar auf den ersten Blick nicht in allen Punkten zwingend zu sein, doch je mehr man sich mit der Frage befaßt, wie genetische Information in Zellen organisiert ist und verändert werden kann, um so leichter fällt es, scheinbare Widersprüche aus dem Wege zu räumen.

Was spricht dafür, daß Mitochondrien aus Bakterien hervorgegangen sind?

Mitochondrien sind semiautonom arbeitende Organellen. Sie enthalten DNS und eine Proteinsynthesemaschinerie. Ihre Ribosomen gehören zum Typ 70 S, die Proteinbiosynthese ist durch Chloramphenicol hemmbar. Im Gegensatz dazu findet man im Cytosol (der eukaryotischen Wirtszellen) nur Ribosomen des Typs 80 S. Die Proteinsynthese dort ist durch Cycloheximid, aber nicht durch Chloramphenicol hemmbar.

Die DNS ist zirkulär (wie bei Bakterien; einschrän-

kend sei aber vermerkt, daß fast alle DNS Moleküle dieser Größenordnung unabhängig von ihrer Herkunft zirkulär sind). Sie ist nicht mit Histonen assoziiert. Ihr Informationsgehalt ist wesentlich geringer als der irgendeiner Bakterienart. Es wird argumentiert: die übrige Information verlor für den Symbionten an Wert und ging daher im Verlauf der Vervollkommnung der Symbiose verloren. Es gibt mittlerweile aber auch Hinweise (und die Notwendigkeit?) für die Inkorporation eines Teils der ursprünglichen mitochondrialen DNS in das Kerngenom.

Mitochondrien haben keine Zellwand. In ihrer inneren Membran enthalten sie bestimmte Lipide, die sonst nur noch bei Bakterien zu finden sind. Man vermutet, daß die äußere Mitochondrienmembran von der Wirtszelle beigesteuert wird und daß sie einer Phagozytosemembran homolog ist. In ihrer Lipidzusammensetzung unterscheidet sie sich nicht von den übrigen Membranen der Wirtszelle.

Die für die Atmungskette benötigten Enzyme sind in der Plasmamembran von Bakterien und der inneren Membran der Mitochondrien in gleichartiger Weise angeordnet. Die notwendigen Proteine sind einander homolog. Die größte Übereinstimmung besteht zwischen der Atmungskette der Mitochondrien und der der Rhodospirillen (s. Abb. 42.3).

Es gibt nur sehr wenige rezente mitochondrienfreie Eukaryotenzellen. Zu ihnen gehört die Amöbe *Pelomyxa palustris*. Sie wiederum lebt in Symbiose mit aerob lebenden, von einer Zellwand umgebenen Bakterien. Diese Beobachtung ist ein wichtiger Hinweis auf das Zustandekommen von Endosymbiosen unter natürlichen Bedingungen.

So wie man die Mitochondrien auf ursprünglich endosymbiotisch lebende Bakterien zurückführen kann, lassen sich die Chloroplasten (Plastiden) mit blaualgenähnlichen Prokaryoten homologisieren. Plastidenhaltige Organismen können durchweg als Pflanzen charakterisiert werden. Als zweifelhaft mag man vielleicht die Stellung von *Euglena,* einer chloroplastenhaltigen Flagellatengruppe (Euglenophyta) ansehen, denn im Gegensatz zu den echten Pflanzen gibt es plastidenfreie Mutanten von sonst plastidenhaltigen Arten, und es gibt Arten, denen die Plastiden ganz fehlen. Welche Ähnlichkeiten bestehen zwischen Chloroplasten (und den von ihnen abgeleiteten übrigen Plastiden) und den Blaualgen, bzw. ihren Vorfahren (oder ihnen nahestehenden Formen)?

(1) Es besteht ein hoher Homologiegrad zwischen rRNS aus Chloroplasten und aus rezenten Blaualgen, der in der Ausbildung nahezu identischer Sekundärstrukturen zum Ausdruck kommt. Aber: In der Chloroplasten-DNS wurden Introns nachgewiesen, in der Blaualgen-DNS (noch?) nicht.

(2) Chloroplasten und Blaualgen enthalten die Photosysteme I und II. Es besteht weitgehende Übereinstimmung in bezug auf die einzelnen Reaktionsschritte. Aber: Die Chloroplasten der grünen Pflanzen ent-

579

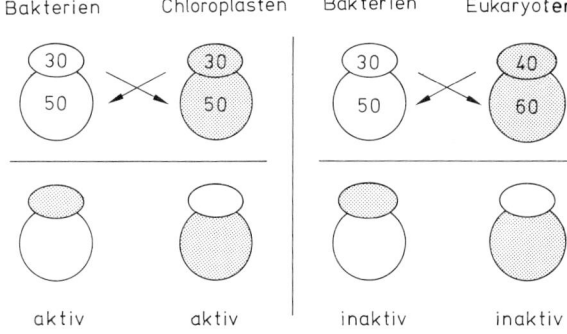

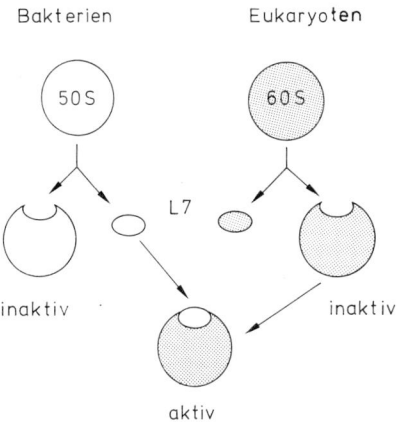

Abb. 42.8. Schematische Darstellung von Rekonstitutionsexperimenten der kleinen und der großen ribosomalen Untereinheiten verschiedener Herkunft. Nachweis von Verwandtschaftsbeziehungen und der Kooperation untereinander. (H.G. Wittmann, 1976)

halten die Chlorophylle a und b, doch Chlorophyll b fehlt den rezenten Blaualgen. Diese wiederum verfügen über Chlorophyll a und Phycobiline (Phycocyanin, Phycoerythrin). Eine solche Kombination kommt auch in den Plastiden der Rotalgen vor. 1976 entdeckte R.A. Lewin eine in Zellen eines Schwammes endosymbiotisch lebende, blaualgenähnliche Art *(Prochloron)*, die die Chlorophylle a und b besitzt und deren Thylakoide sich in einer Form stapeln, die für Chloroplasten typisch ist. Daher wurde die Vermutung geäußert, *Prochloron*-ähnliche Blaualgen kämen als Vorfahren der Chloroplasten eher in Betracht als die übrigen rezenten Arten. Da *Prochloron* aber in vielen anderen Merkmalen zu spezialisiert ist, mußte diese Möglichkeit jedoch zunächst als unwahrscheinlich verworfen werden. 1986 beschrieb eine holländische Arbeitsgruppe (T. Burger-Wiersma und Mitarbeiter) eine weitere *Prochloron*-Art, die sie 1984 aus einem flachen, eutrophen See (Loosdrechtsee) isolierte, in dem sie in Massen auftrat. Die Zellen sind langgestreckt, die Pig-

mentzusammensetzung ähnelt der der Chloroplasten grüner Pflanzen.

Wegen der großen Unterschiede im Pigmentmuster und der Ultrastruktur der Chloroplasten von Rotalgen, Braunalgen (und Diatomeen) sowie der grünen Pflanzen, sieht es so aus, als sei die Initiation der Endosymbiose nicht auf ein einziges Ereignis zurückzuführen, sondern auf einen getrennten Erwerb von Plastiden in den genannten Pflanzengruppen. Das Pflanzenreich ist demnach polyphyletischen Ursprungs. Die Endosymbionten gehörten vermutlich verschiedenen Blaualgengruppen an (s.a. Punkt 4). Es liegen bisher noch nicht genügend Daten vor, um sich ein Bild der phylogenetischen Beziehungen und der Evolution der Pigmentzusammensetzung von Blaualgen zu machen.

(3) Die kleine und die große ribosomale Untereinheit aus Chloroplasten und Bakterien komplementieren einander (s. Abb. 42.8). Durch Rekonstitutionsexperimente wurde gezeigt, daß einzelne ribosomale Proteine der Chloroplasten durch die homologen Proteine aus Bakterien ersetzt werden können.

(4) Die DNS der Chloroplasten enthält ebenso wie die der Mitochondrien nur relativ wenig genetische Information. Viele der in Chloroplasten nachgewiesenen (und dort benötigten) Proteine sind kerncodiert. Der Vergleich der ATP-Synthetase aus Mitochondrien verschiedener Herkunft mit der aus Chloroplasten zeigt, daß das Enzym beider Organellen viele Ähnlichkeiten aufweist. Es besteht aus mehreren Untereinheiten (Polypeptidketten); die dafür benötigten Gene sind teils im Kern, teils in den Organellen selbst lokalisiert. Die in der Abbildung 42.9 wiedergegebenen Ergebnisse veranschaulichen, daß nicht immer der gleiche Satz an Genen im Kern respektive in den Organel-

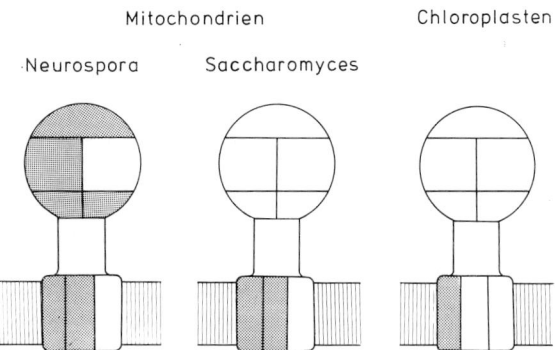

Abb. 42.9. Zur Bildung der ATP-Synthetase sind kern- und organellencodierte Gene erforderlich. Die Abbildung zeigt, daß die Untereinheiten von ATP-Synthetasen unterschiedlicher Herkunft durch unterschiedlich lokalisierte Gene codiert werden (dunkel: organellencodiert, hell: kerncodiert). Der Befund belegt, daß es im Verlauf der Evolution einen Genaustausch zwischen den einzelnen Kompartimenten gegeben hat.

len lokalisiert ist. Die ATP-Synthetase in Bakterien und in Blaualgen ähnelt der aus Organellen und besteht aus der gleichen Zahl an Untereinheiten. Dieser Befund weist darauf hin, daß das Enzym prokaryotischen Ursprungs ist und daß im Verlauf der Evolution Gene aus den Endosymbionten oder den daraus abgeleiteten Organellen in den Kern der Wirtszelle eingewandert sind, in das dortige Genom inkorporiert wurden. Die vorgetragenen Ergebnisse weisen zudem darauf hin, daß die Wanderungen einzelner Gene als voneinander unabhängige Ereignisse zu betrachten sind.

(5) Bei einigen Algen (und Flagellaten) sind sogenannte Cyanellen identifizert worden. Dabei handelt es sich um Einschlüsse, die eine Art Zwischenstellung zwischen Blaualgen und Chloroplasten einnehmen. So enthalten z.B. die Cyanellen des Flagellaten *Cyanophora paradoxa* (wie Chloroplasten) nur etwa 5–10 Prozent der DNS des Blaualgengenoms. Sie sind von einer mureinhaltigen Wand umgeben, und in intrazellulären Vesikeln lokalisiert. Die Gene für die große *und* die kleine

Untereinheit der Ribulose-1,5 Bisphosphatcarboxylase liegen auf dem Cyanellengenom. In grünen Pflanzen ist die kleine Untereinheit kerncodiert, die große plastidencodiert (s. folgenden Abschnitt). Cyanellen und Wirtszellen sind aufeinander angewiesen, sie sind nicht getrennt kultivierbar.

Die Integration zwischen ihnen ist demnach bereits weit fortgeschritten, jedoch noch nicht so perfektioniert wie die zwischen den Chloroplasten und ihren Wirtszellen.

Bei einigen coccalen (runden, einzelligen) Algen (z.B. *Glaucosphaera vacuolaria*) kommen ganz oder fast wandlose Cyanellen vor (s. Abb. 42.10). Einige marine choroplastenhaltige Bacillariophyceen (Diatomeen) können fakultativ in Symbiose mit der fädigen Blaualge *Richelia* leben. Der Symbiont wird ins Plasma der Wirtszelle integriert.

Gerade das zuletzt genannte Beispiel einer unvollkommenen (und reversiblen) Integration ist ein guter Beleg dafür, daß Endosymbiosen immer wieder auftreten können. Die übrigen Beispiele

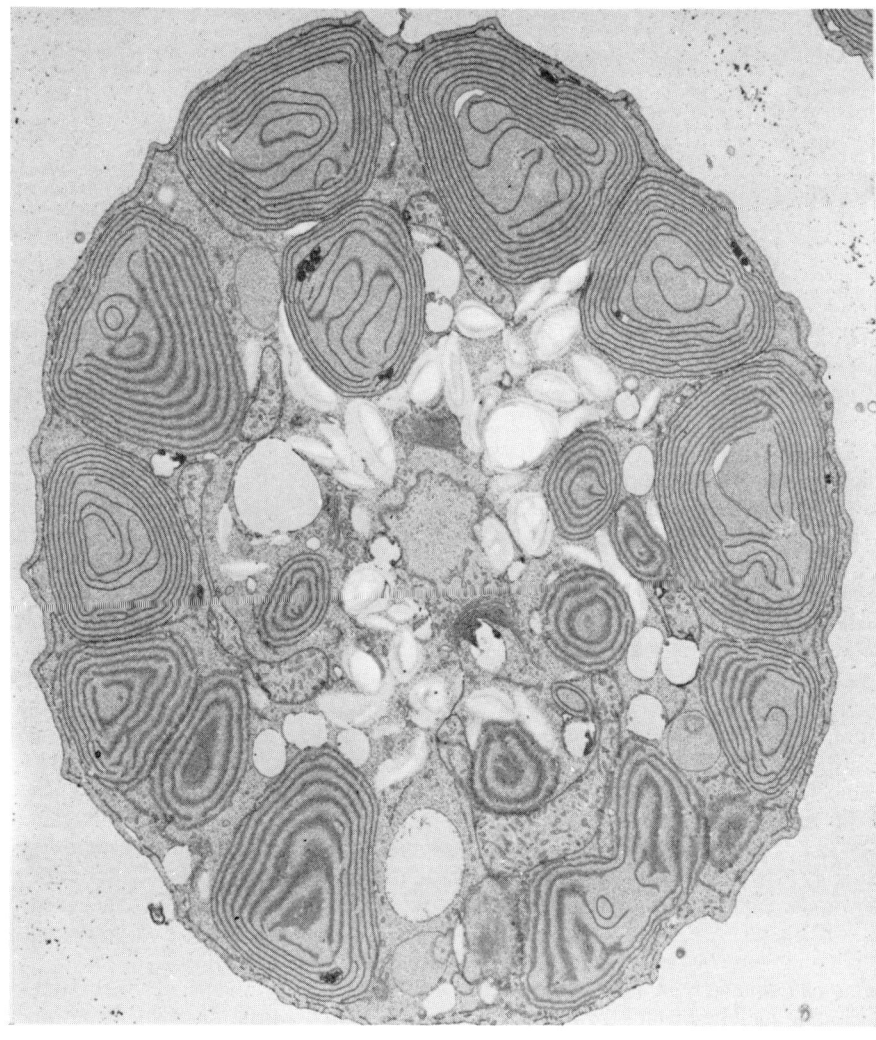

Abb. 42.10. *Glaucosphaera vacuolata*. Elektronenmikroskopische Abbildung eines Querschnitts durch eine Zelle. Die systematische Stellung von *Glaucosphaera vacuolata* bleibt umstritten. Viele Autoren halten die hier sichtbaren „Chloroplasten" für Cyanellen. Die Autoren des Bildes tendieren dazu, sie als echte Chloroplasten anzusehen und die Art den Rotalgen zuzuordnen. (D.A. McCracken, M.J. Nadakavukaren, J.R. Cain, 1980, Photo: M.J.N., Illinois State University)

belegen, daß einzelne Schritte, die zur Umwandlung eines Prokaryoten in ein Organell führten, getrennt und unabhängig voneinander erfolgten. Cyanellen sind daher gute Modelle, um den Integrationsprozeß im Detail zu analysieren.

Die unter (4) und bei der Behandlung der Mitochondrien vorgebrachten Argumente weisen darauf hin, daß sich eine diffizil regulierte Integration der Endosymbionten entwickelt hat, die letztlich dazu führte, daß sowohl Mitochondrien als auch Chloroplasten für ihre Wirtszellen unentbehrlich wurden. Es gibt nämlich – außer in den schon genannten Einzelfällen – keine organellenfreien Eukaryotenzellen.

Wie wirkt sich die Kooperation zwischen den einzelnen Kompartimenten der Zelle (Plastiden, Mitochondrien, Cytosol, Kern) aus?

Viel Aufmerksamkeit wurde dem Studium jener Proteine entgegengebracht, die – wie die ATP-Synthetase – aus mehreren Untereinheiten bestehen und für deren Entstehung ein Zusammenwirken verschiedener Genome erforderlich ist (s. Kap. 23).

Die **Ribulose-1,5-Bisphosphatcarboxylase** (Rubisco, Fraction-1-Protein) ist das mengenmäßig häufigste Protein, das es überhaupt gibt. Es besteht aus großen und kleinen Untereinheiten (s. Abb. 42.11), die in Eukaryoten kerncodiert (kleine U.E.) bzw. chloroplastencodiert (große U.E.) sind. Das Protein kommt auch in Blaualgen vor, wo die Gene in einem Genom vereint sind. Auch bei einer Cyanelle (*Cyanophora paradoxa,* s. vorangegangenen Abschnitt) sind beide Gene im Cyanellengenom lokalisiert.

Eine intraspezifische Variabilität der großen und der kleinen Untereinheit ist durch isoelektrische Fokussierung (einer Variante elektrophoretischer Trennung, s. Kap. 17) nachweisbar. Die Analyse der Variabilität dieses Proteins in der Gattung *Nicotiana* eröffnete eine neue Möglichkeit, stammesgeschichtliche Zusammenhänge zwischen einzelnen Arten abzuleiten (s. Abb. 42.12 und Abb. 42.13).

Die große Untereinheit variiert weniger stark als die kleine. Das wiederum mag vielleicht auf die hochgradige Polyploidie des Plastidengenoms zurückzuführen sein. In jeder Zelle findet man nämlich viele Plastiden, und innerhalb eines jeden mehrere (gleichwertige) DNS-Moleküle. Die Wahrscheinlichkeit, daß sich unter diesen Bedingungen eine Mutante durchsetzt, ist weit geringer als im diploiden Kerngenom.

Auch für die kleine Untereinheit werden meist mehr als zwei Banden im Gel gefunden (was zu erwarten ist, wenn das Gen in zwei verschiedenen Allelen vorliegt). Die Ursache hierfür sind Isoenzyme, also Produkte verschiedener Gene, die durch Genduplikation oder (Allo-)polyploidie entstanden sind (s. Kap. 12 und 37). Letzteres ist für viele *Nicotiana*-Arten typisch. *Nicotiana rustica* (n = 24) ist aus einer Kreuzung von *Nicotiana undulata* (n = 12) × *Nicotiana paniculata* (n = 12), und *Nicotiana arentsii* (n = 24) aus einer Kreuzung von *Nicotiana wigandioides* (n = 12) × *Nicotiana undulata* (n = 12) hervorgegangen. Die Bastarde enthalten die Genprodukte [hier: kleine Untereinheit

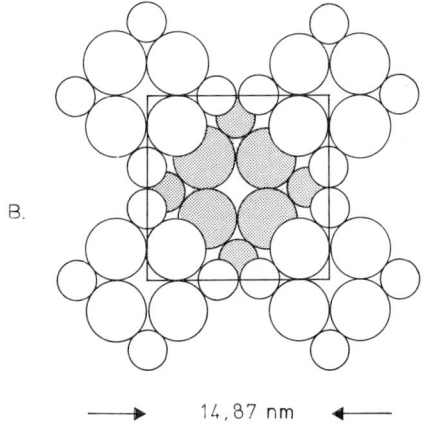

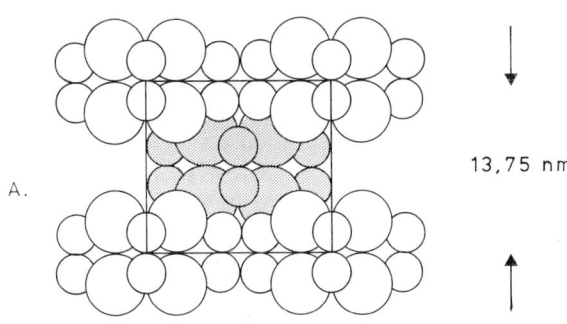

Abb. 42.11. Anordnung von Ribulose-1,5-Bisphosphat-Carboxylase (Rubisco)-Molekülen im Kristallgitter. Die wiedergegebenen Dimensionen entsprechen einer „Einheitszelle", d.h., einer sich wiederholenden Einheit im Kristall. Jeder Molekülkomplex besteht aus acht großen und acht kleinen Untereinheiten. *A* Seitenansicht, *B* Aufsicht. (T.S. Baker *et al., 1977*)

(Polypeptidkette) von Rubisco] der beiden Elternarten; beide werden gleich stark exprimiert. Die große Untereinheit wird durch das Chloroplastengenom codiert, folglich findet sich im Bastard nur der Genotyp des ♀ Elters (Kreuzungspartners).

Mit der hier skizzierten Methode gelang übrigens auch der Nachweis, daß die Art *Nicotiana tabacum* (n = 24) ein amphidiploider (= allotetraploider) Bastard aus ♀ *Nicotiana sylvestris* und ♂ *Nicotiana tomentosiformis* ist. *Nicotiana tabacum* enthält nämlich den gleichen Typ großer Untereinheiten wie *Nicotiana sylvestris,* und die wieder können nur durch das mütterliche Plasma in die neue Art (den Bastard) *Nicotiana tabacum* eingeführt worden sein.

Der interspezifischen Variation von Rubisco kann eine intraspezifische überlagert sein. *Nicotiana suaveolens* z.B. ist phänotypisch hochgradig polymorph. Die große Untereinheit ist in allen Populationen gleich, die kleine variiert. Durch Kreuzungsexperimente wurde gezeigt, daß es sich um Alloenzyme handelt.

Wegen der verbreiteten Allopolyploidie in der Gattung *Nicotiana* (und anderen) darf das in der Abbil-

Abb. 42.12. Diagrammatische Darstellung der Anzahl und Position der großen und kleinen Untereinheiten des F-1-P des Tabaks nach Auftrennung durch isoelektrische Fokussierung. Lateinische Namen sind Bezeichnungen (Epitheta) von *Nicotiana*-Arten. Deutlich zu erkennen ist, daß das Muster der großen U.E. bei allen australischen Arten und einigen Arten der westlichen Hemisphäre gleich ist. Die übrigen Arten fallen in drei weitere Gruppen A, B und C. Die Variabilität innerhalb der kleinen U.E. ist weit höher als die der großen. (K. Chen, S. Johal, S.G. Wildman, 1976)

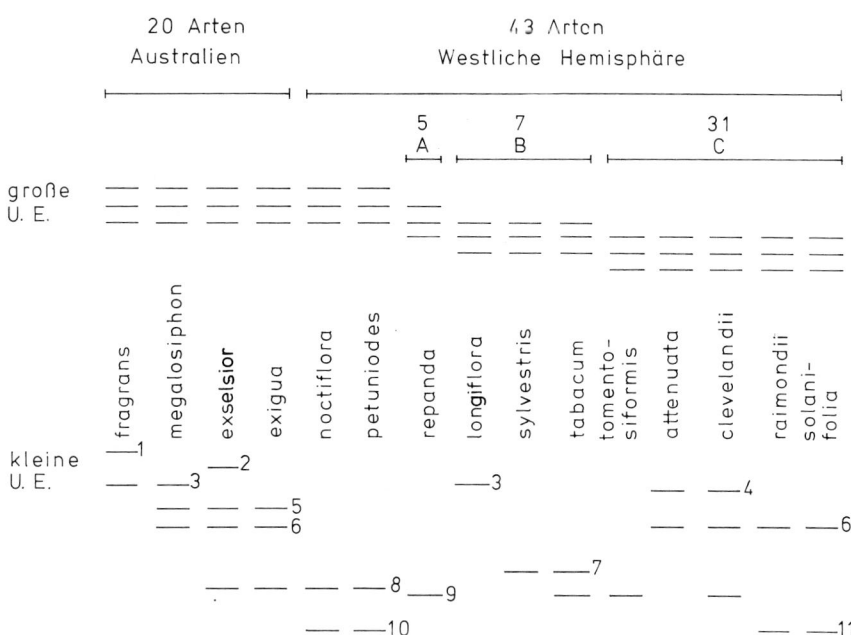

dung 42.13 dargestellte Dendrogramm nicht kritiklos mit einem Stammbaum der Gattung *Nicotiana* verwechselt werden.

Um Aussagen über phylogenetische Zusammenhänge abzusichern, müssen morphologische, karyologische und proteinchemische Daten miteinander in Einklang gebracht werden.

Beispiele, bei denen das schon gelang, sind die Gattungen *Brassica* (s. Abb. 12.6), *Triticum* und *Solanum*. Der in der Abbildung 38.8 abgebildete Stammbaum

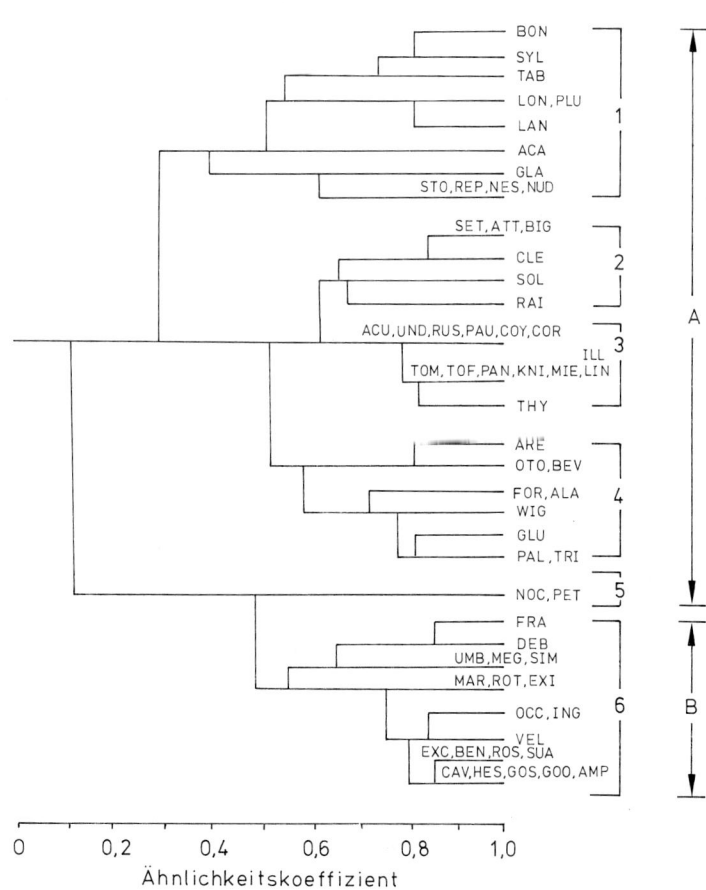

Abb. 42.13. Computerauswertung der „Verwandtschaftsbeziehungen" und „Abstammungsverhältnisse" von 63 *Nicotiana*-Arten. (Artbezeichnungen durch Dreibuchstabenkombinationen abgekürzt, s. Abb. 42.12). Die Folgerungen beruhen ausschließlich auf Auswertungen der Unterschiede in großen und kleinen U.E. des F-1-P. (K. Chen, S. Johal, S.G. Wildman, 1976)

der Gattung *Clarkia* ist eine revidierte Version eines Vorschlags aus dem Jahre 1955, der allein auf karyologischen Daten beruhte; die Korrektur erfolgte nach Einarbeitung einer proteinchemischen Analyse der Iso- und Alloenzyme der Phosphoglucoseisomerase (PGI).

Die Evolution von Arten und von Proteinen folgt unterschiedlichen Mustern

In europäischen Populationen von drei Arten der Gattung *Capsella* (Hirtentäschelkraut) sind gelelektrophoretisch 22 verschiedene Formen (Banden: Isoenzyme, Alloenzyme, s. Kap. 17) der Glutamat-Oxalacetat-Transaminase (GOT) identifiziert worden, 17 davon bei *Capsella bursa-pastoris,* 17 bei *Capsella grandiflora* und 19 bei *Capsella rubella.*

Die Häufigkeit von 6 der 22 Banden liegt in allen untersuchten Populationen (von Griechenland bis Skandinavien) stets unter einem Prozent, und die von 6 anderen über 10 Prozent. In den einzelnen Populationen kommen Kombinationen verschiedener Formen vor. Jedes Muster repräsentiert einen bestimmten Genotyp. Insgesamt wurden 214 verschiedene Genotypen festgestellt. Einige von ihnen kommen in allen drei Arten vor, andere wiederum sind für je eine charakteristisch. So treten z.B. 80 der 214 nur bei *Capsella bursa-pastoris* auf. Geographische Unterschiede in der Verteilung bestimmter GOT-Banden konnten verschiedentlich nachgewiesen werden (H. Hurka, Universität Osnabrück, 1983).

Analysen dieser Art zeigen, daß eine Variation von Genotypen nicht unbedingt mit Artgrenzen zusammenfällt. Die intraspezifische Variation ist ebenso groß wie die interspezifische.

Diese Befunde sind in gewisser Hinsicht mit der in Kapitel 38 (Abb. 38.5) beschriebenen Situation bei *Clarkia speciosa* vergleichbar, bei der eine Verbreitungsgrenze zweier Unterarten nicht mit der ihrer Karyotypen übereinstimmte.

Spezialisierung

Wie schon dargelegt, spricht alles dafür, daß primitive eukaryotische Zellen amöboid gewesen sind (s. Abb. 42.14) und andere Zellen phagozytieren konnten. Nur in seltenen Fällen kam es zu den bereits besprochenen Endosymbiosen oder zu einer Vereinigung zweier Zellen, wodurch die Wahrscheinlichkeit eines Genaustausches (einer Sexualität) erhöht wurde. Es kann als bekannt vorausgesetzt werden, daß ein Genaustausch oder eine Rekombination von Teilen zweier Genome nur dann aussichtsreich ist, wenn die beiden Partner

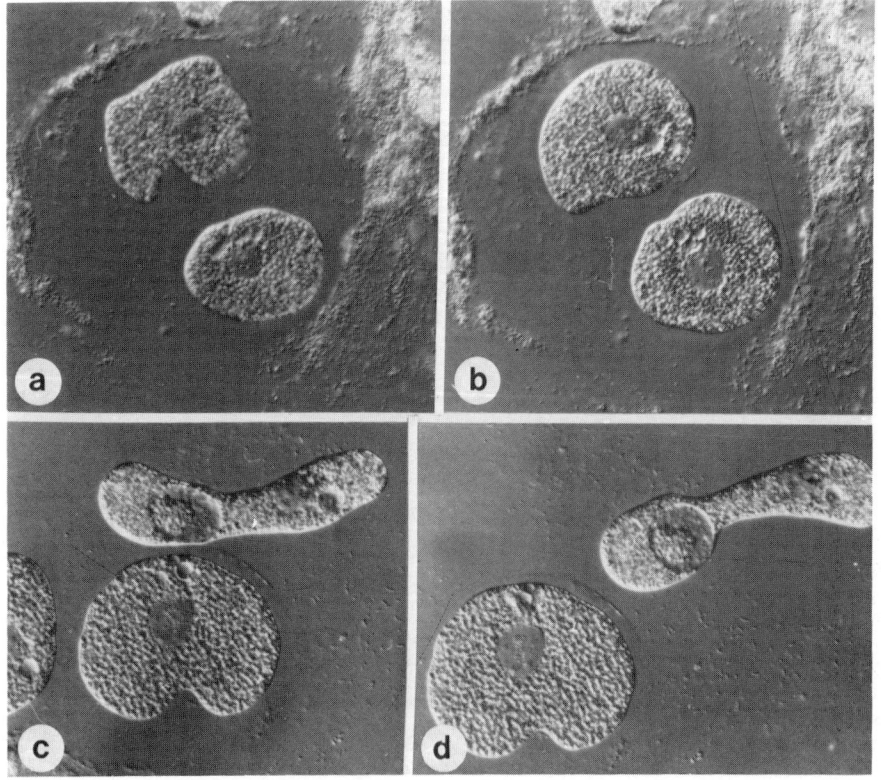

Abb. 42.14. Amöboide Bewegung. *Vacuolaria virescens* (Raphidophyta) gehört einer primitiven Algengruppe aus dem Verwandtschaftskreis der Diatomeen und Braunalgen (in Kapitel 44 nicht besprochen) an. Die Zellen sind von voluminösen Gallerten umgeben, an deren Außenseite sich Bakterien sammeln *(a,b)*. In *a* und *b* sind Tochterzellen zu sehen, die noch von einer gemeinsamen Gallerte umgeben sind. Die Aufnahmen entstanden im Abstand von etwa einer Minute *c,d*. Die Zellen können die Gallerte verlassen, ihre Form stark verändern und sich amöboid fortbewegen. Zwischen den in *c* und *d* abgebildeten Stadien liegt eine Zeitspanne von 10 Sekunden.

nahezu oder vollkommen gleichartig sind (s. Artkonzept, Kap. 37 und 43). Sehr wahrscheinlich hat es bereits unter den primitiven eukaryotischen Zellen eine große genetische Variabilität gegeben, was u.a. dazu führen mußte, daß viele untereinander inkompatible (unverträgliche) Genome entstanden. Die Aufnahme einer Zelle durch eine andere führte daher meist zur Lyse der gefressenen.

Daraus ergab sich die Notwendigkeit, Schutzmechanismen zu entwickeln. Dies wiederum mag ein entscheidender Grund dafür gewesen sein, daß sich voneinander unabhängige Strategien herausgebildet haben, die zu grundlegend verschiedenen Zellformen führten:
(1) Schnell bewegliche Zellen; Flucht durch Eigenbewegung
(2) Größenzunahme und Schutz durch Ausbildung einer festen Zellwand
(3) Besiedlung von Lebensräumen, in denen sich amöboide Zellen nicht halten können.

Zu 1. Die erstgenannte Strategie führte zur Evolution der Flagellaten (und der Ciliaten). Flagellaten sind im Vergleich zu den meisten Amöben relativ klein. Bewegung ist ein energieverbrauchender Prozeß, und kleine Zellen sind deshalb großen gegenüber im Vorteil. Die Bewegung erfolgt durch meist ein bis zwei Geißeln. Bei Ciliaten ist meist die gesamte Zelloberfläche von kurzen Wimpern, die in ihrer Struktur und Funktion den Geißeln ähneln, umgeben.

Die Zellen sind rund, gestreckt oder spindelförmig. Die Zellform ist – in Grenzen – veränderbar, doch ist der Grad der Veränderbarkeit weit geringer als bei den Amöben.

Die Lage der Geißel(n) markiert eine Polarität der Zelle. Oft entspringt die Geißel dem vorderen Zellpol (anterior), das gegenüberliegende Ende wird als hinterer Zellpol (posterior) bezeichnet. Viele Arten scheiden im Bereich der Geißelansatzstelle kohlenhydrathaltiges, gallertähnliches Material aus, das durch spezifische fluoreszenzmarkierte Lektine identifiziert werden kann und damit einen weiteren Marker einer Polarität abgibt.

Manche Flagellaten scheiden am hinteren Ende Gerüstsubstanzen (z.B. Cellulose oder Chitin) aus und bauen damit ein spezifisch strukturiertes Gehäuse (eine Lorica) auf, das an festen Unterlagen fixiert werden kann. Diese Flagellaten nehmen daher sekundär eine sessile (sitzende) Lebensweise an (siehe dazu Punkt 3).

Euglena und Arten aus anderen systematischen Gruppen reagieren phototaktisch; sie verfügen über einen Lichtrezeptor und einen Mechanismus, der es den Zellen erlaubt, sich in Richtung auf eine Lichtquelle zu orientieren. Der Aufenthalt in lichtreichen Lebensräumen fördert die Photosyntheserate und damit Energieumsatz und Teilungsrate.

Zu 2. Eine Reihe primitiver, teilweise aber auch hochentwickelter rezenter Algen zeichnet sich durch eine extreme Größenzunahme einzelner Zellen aus (*Aceta-*

bularia, Caulerpa, Vaucheria, u.a.), z.T. sind sie vielkernig (s. Abb. 4.5).

Die Stabilität der Form wird durch die Ausbildung einer Zellwand gewährleistet. Die Gerüstsubstanz der Zellwände der meisten grünen Pflanzen ist die Cellulose; bei einigen primitiven, meist ein- oder wenigzelligen Arten, sowie den nicht-grünen Algen (z.B. Rot- und Braunalgen) sind andere Polysaccharide vorhanden (s. Kap. 26); bei einfachen, flagellatenähnlichen Formen (*Chlamydomonas, Volvox* u.a.) ist die Wand mehrschichtig und besteht vorwiegend aus Proteinen mit einem hohen Kohlenhydratanteil; z.T. sind die Gerüstmoleküle fibrillär organisiert (s. Abb. 44.10).

Gegenüber den starren Mureinzellwänden der Prokaryoten bieten Zellwände aus Cellulose (und anderen Polysacchariden) den Vorteil der Elastizität. Die linearen Polymere werden nämlich „nur" durch schwache Wechselwirkungen (meist Wasserstoffbrükken) zusammengehalten, welche leicht gelöst und ebenso leicht immer wieder neu geknüpft werden können. Dieser Mechanismus ist eine wichtige Voraussetzung des für pflanzliche Zellen charakteristischen Streckungswachstums (s. Kap. 26).

Im Murein hingegen werden die Monomeren ausschließlich durch starke kovalente Bindungen zusammengehalten. Die Wand einer Zelle besteht daher aus nur einem einzigen, in sich geschlossenen Molekül (einem Mureinsacculus), und das Bindungsmuster kann daher nur enzymatisch verändert werden. Die Synthese neuer Wandanteile erfolgt unmittelbar im Anschluß an eine Zellteilung. Eine spätere Zellvergrößerung ist in der Regel ausgeschlossen.

Die Ausbildung einer Wand bei primitiven Eukaryoten dient einerseits dem Schutz der Zellen vor dem Gefressenwerden durch Amöben, andererseits wirkt sie dem osmotischen Druck des Zellinhalts entgegen. Zellwandlose Einzeller müssen das ins Zellinnere einströmende Wasser unter Energieaufwand ständig wieder herauspumpen. Die Ausbildung einer Wand ist zwar auch sehr energieaufwendig, über die gesamte Lebensdauer einer Zelle hinweg gesehen aber vermutlich ökonomischer als das permanente Wasserpumpen (pulsierende Vakuolen).

Zu. 3. Ein charakteristisches Merkmal pflanzlicher (und vieler tierischer) Zellen ist die Polarität. Wir haben eben gerade gesehen, daß sie auch für Flagellaten typisch ist.

Offensichtlich ist Polarität von Zellen ein wichtiger Ausgangspunkt für Spezialisierung und Differenzierung. Polarität erkennt man nicht nur an einer gestreckten Form der Zellen. Cytologische, vor allem elektronenmikroskopische Untersuchungen ergaben, daß zahlreiche Zellbestandteile asymmetrisch verteilt sind. Der intrazelluläre Verteilungsgradient bedingt unterschiedliche physiologische Aktivitäten in den einzelnen Abschnitten der Zelle.

Eine Polarität ist durch verschiedene biochemische Methoden sichtbar zu machen. Eine der Möglichkeiten besteht im Nachweis der Sekretion (Ausschei-

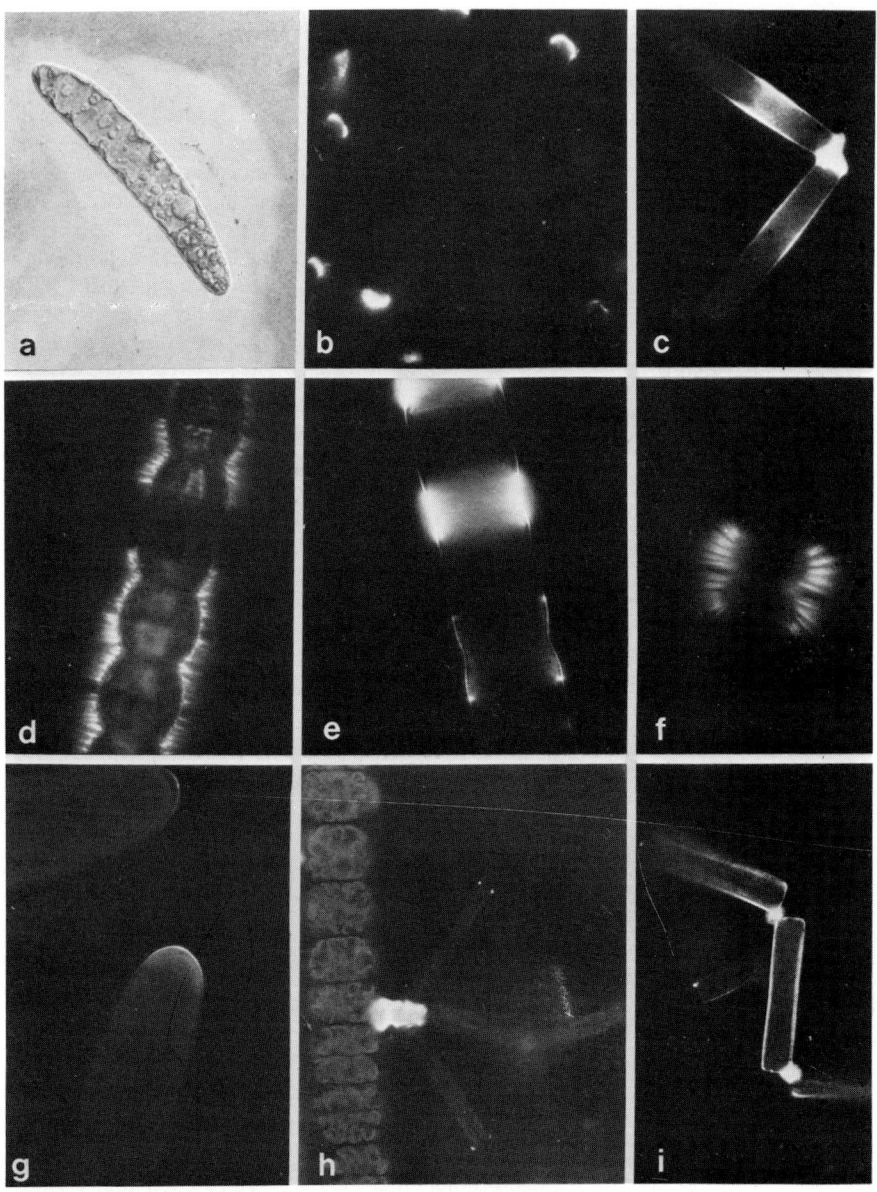

Abb. 42.15. Von verschiedenen Algenarten ausgeschiedene Gallerten. *a Spirotaenia condensata.* Tuschepräparat (d.h. zur Algensuspension wurde verdünnte Tusche zugesetzt, die im Bild als grauer Hintergrund sichtbar ist.) Da die Tuschepartikel in die Gallerte nicht eindringen können, erscheint diese als weiße Zone um die jeweiligen Zellen herum. *b,c Roya obtusa.* Bestimmte Gallertfraktionen lassen sich durch FITC-markierte Lektine sichtbar machen (s. Kap. 17). RCA markiert eine Gallertfraktion, die an den beiden Polen der Zelle abgeschieden wird *(b)*; ConA markiert nur jenen Zellpol, der aus der letzten Teilung hervorgegangen ist. ConA-positives Material wird schon während der Zellteilung in Form eines Äquatorialbandes an der Zellaußenseite abgelagert. *d,e,f Hyalotheca dissiliens* (eine fadenbildende Desmidiacee). Mit unterschiedlichen Lektinen erhält man unterschiedliche Verteilungsmuster, die darauf hinweisen, daß die Gallerte molekular unterschiedlich zusammengesetzt ist. *g Spirotaenia condensata* (vgl. auch *a*). Die Pole sind durch ConA-positives Material (ConA-Rezeptoren) gekennzeichnet. *h,i* Diatomeen. Bei den Diatomeen dient die Gallerte (durch FITC-ConA markiert) zur Anheftung an eine Unterlage (*h*, hier ein Faden der Grünalge *Ulothrix spec.*) oder zur Kettenbildung *(i)*.

dung) bestimmter Glykokonjugate (kohlenhydrathaltiger Komponenten, z.B. Polysaccharide, Glykoproteine, Glykolipide usw.) und deren Lokalisation an Zelloberflächen durch fluoreszenzmarkierte Lektine.

Wie die Abbildung 42.15 zeigt, werden bestimmte Substanzen ausschließlich an beiden oder nur an einem der Pole abgesondert. Diese Ausscheidungsprodukte (Gallerten) sind geeignet, Zellen an einem festen Untergrund zu verankern. In vielen anderen Fällen dienen sie dazu, Einzelzellen zu Kolonien zusammenzuhalten.

Eine Verankerung an einem festen Untergrund ist eine der möglichen Bedingungen, um in Fließgewässern überleben zu können. Amöben können sich in solchen Biotopen nicht halten. Festsitzende (sessile) Zellen haben damit eine ökologische Nische erobert,

in der sie – zunächst einmal – vor Freßfeinden geschützt waren.

Vielzellige Pflanzen, Arbeitsteilung

Vielzelligkeit und Polarität sind in der Regel unmittelbar miteinander verknüpft. Ungerichtetes Teilungswachstum ist im Pflanzenreich selten. Vielzeller entstehen im einfachsten Fall dadurch, daß Tochterzellen, die aus einer Mutterzelle durch Zellteilung hervorgegangen sind, beieinander bleiben. Man spricht von einer Zellkolonie, wenn die einzelnen Zellen sich differenzieren (d.h. spezialisieren). Die Differenzierung ist morphologisch sichtbar, wenn sich die einzel-

586

nen Zellen durch Merkmale, wie Größe, Pigmentzusammensetzung usw. voneinander unterscheiden. Vielfach beruhen die Unterschiede jedoch ausschließlich auf diffizilen biochemischen Merkmalen, die nur unter Laboratoriumsbedingungen oder aufgrund unterschiedlichen Verhaltens erkennbar sind. Eine Differenzierung von Zellen innerhalb einer Kolonie (und eines Vielzellers) setzt eine Kommunikation der Zellen untereinander voraus. So kann eine Zelle beispielsweise eine bestimmte Substanz ausscheiden, die von einer Nachbarzelle als Signal erkannt wird und die diese anregt, ihre physiologischen Aktivitäten zu verändern.

Zellwandanteile, die zwischen benachbarten Zellen liegen, verlieren den Kontakt zur Umwelt und sind prädestiniert, neuartige Funktionen (z.B. dauerhafte Zell-Zell-Kontakte) auszubilden.

Die meisten primitiven vielzelligen Pflanzen sind fadenförmig. Je nach Art erfolgt die Verlängerung eines Fadens (Filaments) durch Teilung der terminal sitzenden Zelle oder durch Teilungen jeder beliebigen Zelle innerhalb des Fadens (interkalare Teilungen). Dabei ist die Kernspindel, und damit die Lage der Metaphaseplatte, gleich orientiert (Kernspindel parallel, Metaphaseplatte senkrecht zur Filamentachse). Der größte Anteil der Zellwand einer jeden Zelle bleibt in Kontakt mit der Außenwelt, und nur die Stirnflächen dienen dem Kontakt der Zellen untereinander.

Die Ausbildung von annähernd kugelförmigen Zellhaufen kommt bei nur relativ wenigen Arten vor (*Pandorina, Eudorina, Gonium* etc.). Selten enthalten solche Aggregate mehr als 16 Zellen. Der Grund hierfür ist darin zu suchen, daß Zellen durch die Organisationsform „Zellhaufen" in unterschiedlich zu bewertende (= nicht äquivalente) Positionen geraten. Mit der Zunahme der Zellzahl werden die einzelnen Zellen mehr und mehr von der Umwelt (und damit von der Versorgung mit Rohstoffen) abgeschnitten. Solange kein effizientes Versorgungssystem besteht [und das hat sich erst bei höheren Pflanzen (Landpflanzen) entwickelt], haben kompakte vielzellige Kolonien kaum Vor-, eher gravierende Nachteile. Zwischen Zellfaden und kompakter Kolonie steht die Ausbildung verzweigter Fäden und flächiger Strukturen. Beide können auf wechselnde Orientierung der Teilungsspindeln zurückgeführt werden.

Ein Sonderfall ist die Bildung von Hohlkugeln, so wie wir sie besonders eindrucksvoll bei den Volvocales beobachten können (s. Abb. 3.9). Obwohl die Zellen innerhalb der Kolonie eine weitgehende Autonomie behalten, findet ein Informationsaustausch zwischen ihnen statt. Die Bewegung in Richtung des einfallenden Lichts ist synchronisiert, die Kolonie reagiert stets als Ganzes.

Zell-Zell-Interaktionen

Kooperation zwischen Zellen, die nicht aus einer Mutterzelle hervorgegangen sind, setzt ein gegenseitiges Erkennen voraus. Das wiederum heißt, daß ein System Effektor-Signalempfänger entstanden sein muß.

Effektoren können, wie schon erwähnt, lösliche, ins Medium abgegebene, gradientenbildende, chemotaxisauslösende Substanzen sein, es können aber auch Moleküle sein, die an der Zelloberfläche (Membran oder Zellwand) fest verankert sind (s. Abb. 42.16). Signalempfänger (Rezeptoren) sind in der Regel Bestandteile der Zelloberfläche. Nach Erkennung (Bindung) des Effektors wird eine Information ans Zellinnere vermittelt und dort in eine physiologische Reak-

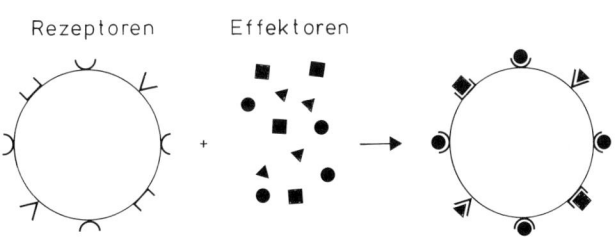

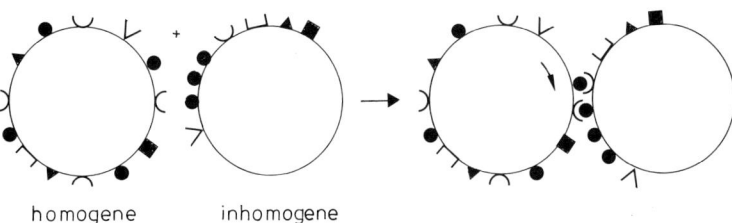

Abb. 42.16. Oben zellgebundene Rezeptoren und lösliche Effektoren, unten zellgebundene Rezeptoren und Effektoren.

587

tion umgesetzt. Spezifische Zell-Zell-Interaktionen sind auch die Voraussetzung einer sexuellen Vereinigung zweier Zellen (s. Kap. 27). Ins Medium abgesonderte Sexuallockstoffe bezeichnet man ganz allgemein als Gamone. Bei einigen Arten ist deren chemische Natur ermittelt worden, und einige der Verbindungen sind in der Abbildung 44.38 dargestellt.

Bei der Besprechung der Algen werden wir sehen, daß die Form der Sexualzellen (Gameten) für die einzelnen systematischen Gruppen typisch ist und daß sich ♀ und ♂ Geschlechtszellen strukturell meist deutlich voneinander unterscheiden (Anisogamie). Lediglich bei Flagellaten, flagellatenähnlichen Formen und einigen Algen sehen die Zellen beider Geschlechter gleich aus (Isogamie), doch unterscheiden sie sich vielfach aufgrund ihrer biochemischen Ausstattung. Man spricht deshalb von + und − Zellen (bzw. + und −Stämmen). Paarungen kommen nur zwischen Individuen aus einem + Stamm mit denen aus einem − Stamm zustande. Zellen, die nicht über die richtigen Signale verfügen, werden als fremd betrachtet. Bei vielen Arten wird die Paarungsfähigkeit (Produktion von Gamonen und den entsprechenden Rezeptoren) durch externe Faktoren (z.B. Nitratmangel) ausgelöst. Je ungünstiger die Lebensbedingungen sind, desto höher ist die Paarungsbereitschaft.

Sexualität

Erkennung und Vereinigung zweier Zellen (Individuen) sind zwar Voraussetzung einer sexuellen Vereinigung, sie sind aber nicht ausreichend, um eine Kooperation und eine Neukombination zweier Genome zu erklären.

Verschmelzung zweier gleichartiger Kerne führt rein formal zu einer Verdopplung genetischer Infor-

mation. Nachfolgende Verschmelzungen würden schließlich (über mehrere Zellgenerationen hinweg) zu einer exponentiellen Zunahme genetischer Information der Zellen führen.

Bekanntlich ist das nicht der Fall, denn durch die Meiose wird die durch Verschmelzung verdoppelte Informationsmenge wieder auf die Hälfte reduziert.

Daraus folgt, daß Sexualität (Zygotenbildung) und Meiose unmittelbar miteinander verknüpfte Vorgänge sein müssen.

Man kann dabei zwischen drei Phasen steigender Höherentwicklung unterscheiden:

(1) Zygotenbildung mit unmittelbar darauffolgender Meiose (s. Abb. 42.17). Der Vorteil gegenüber vegetativer Vermehrung ist in einer Neukombination genetischer Information in den Produkten der Meiose (Gonen) zu sehen, die gegenüber der der Eltern vorteilhafter sein kann.

(2) Es vergeht ein bestimmter Zeitabschnitt zwischen Zygotenbildung und Meiose. Der Lebenszyklus der Art zerfällt in zwei Phasen, eine diploide und eine haploide. Man spricht auch von Kernphasenwechsel oder Generationswechsel. Während der diploiden Phase können die Genome beider Eltern einander ergänzen. Die Anwesenheit eines funktionsfähigen Allels genügt, um die volle Leistung des entsprechenden Gens zu erbringen. Die Vervollkommnung der Diploidie erforderte die Evolution einer diffizilen Regulierbarkeit der Genexpression.

(3) Die diploide Phase überwiegt, haploid sind nur noch die hochgradig spezialisierten Geschlechtszellen (s. Abb. 42.18).

Zwischen (1), (2) und (3) gibt es graduelle Übergänge. Der Modus des Generationswechsels ist ein wichtiges taxonomisches Merkmal der systematischen Gruppen von Kryptogamen und Phanerogamen.

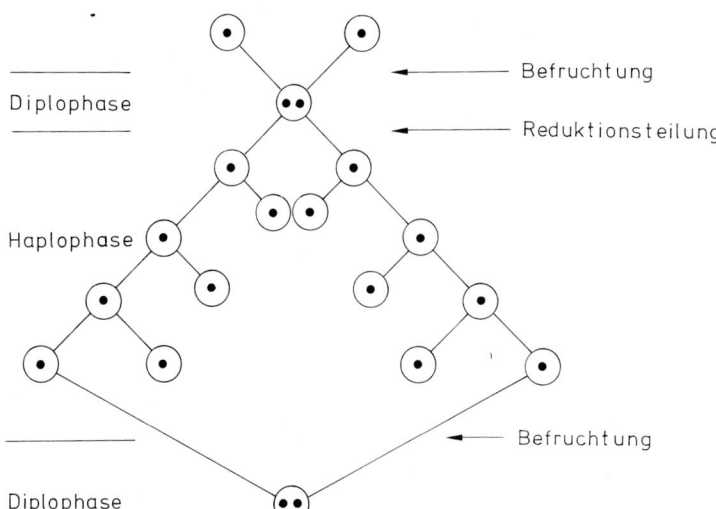

Abb. 42.17. Generationswechsel: Die Haplophase ist vorherrschend. Die Reduktionsteilung findet unmittelbar nach der Zygotenbildung statt.

588

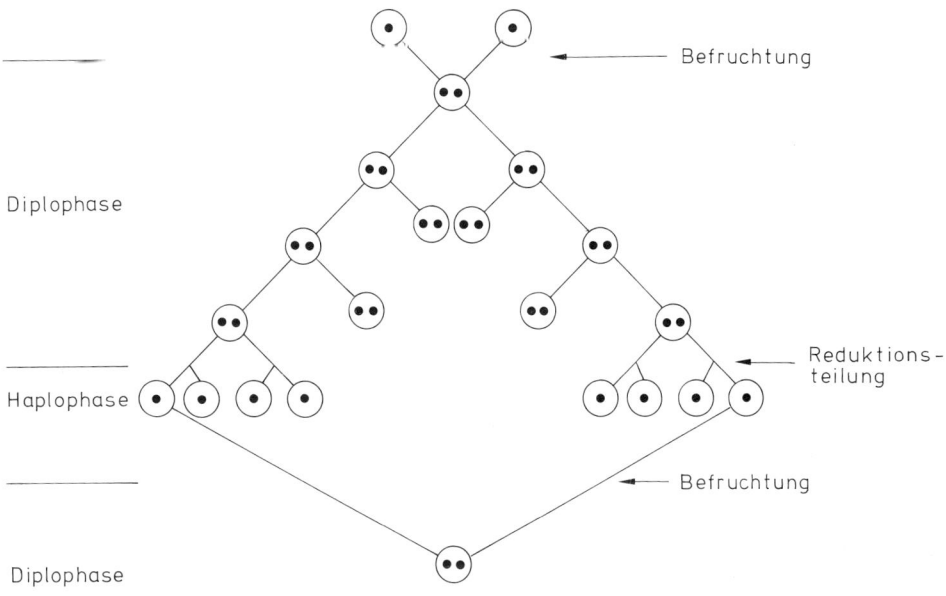

Abb. 42.18. Generationswechsel: Die Diplophase ist vorherrschend. Unmittelbar nach der Reduktionsteilung findet die Zygotenbildung statt.

Diplophase

Haplophase

Diplophase

Befruchtung

Reduktionsteilung

Befruchtung

Isogamie–Heterogamie–Oogamie; Isosporie–Heterosporie

Bei den meisten einzelligen Flagellaten sind beide Gameten (♀, ♂ oder +, −) meist gleich groß: Isogamie.

Bei primitiven Mehrzellern ist eine Tendenz zur Produktion ungleich großer Geschlechtszellen (beweglichen Gameten) festzustellen. Die ♀ Gameten sind größer als die ♂: Heterogamie oder Anisogamie.

Die Progressionsreihe setzt sich in Richtung Oogamie fort: der ♀ Gamet (Eizelle, Oogonium) ist geißellos. Der Kern ist von einem voluminösen, viel Nährstoffe enthaltenden Plasma umgeben. Der ♂ Gamet ist klein, beweglich, die Zelle enthält nur wenig Plasma (ausreichend zur Energieversorgung für die Bewegung). Es werden stets wesentlich mehr ♂ als ♀ Gameten produziert (s. Abb. 42.19).

Mit der Ausbildung der Oogamie geht die Entstehung und Fortentwicklung von Gametophyten einher, in deren Schutz sich die Gameten entwickeln. Während die ♂ Gameten den Gametophyten nach ihrer Reifung verlassen, entwickelt sich die Eizelle

nach der Befruchtung im Schutz des Gametophyten weiter zum Embryo.

Die Progressionsreihe von Isogamie zu Oogamie ist im Verlauf der Evolution mehrfach „erfunden" worden. Man findet sie im Pflanzenreich, im Tierreich und bei den Pilzen.

Ein (haploider) Gametophyt entwickelt sich aus einer durch Reduktionsteilung entstandenen haploiden Zelle (Spore). Bei Algen und den meisten Pteridophyten werden stets gleichartige Sporen erzeugt: Homosporie (s. Abb. 45.1). Bei den höher entwickelten Gruppen der Pteridophyten entstehen ungleich große Sporen: Heterosporie (s. Abb. 45.1), aus denen männliche bzw. weibliche Gametophyten hervorgehen. Die heterosporen Farne gelten als die Vorläufer der Samenpflanzen.

Diversifikation, Komplexität

Zu den bekanntesten Pflanzengruppen zählen in aufsteigender Reihe die Algen, die Farne und farnähnlichen Pflanzen sowie die Samenpflanzen mit den beiden Untergruppen Gymnospermen und Angiospermen.

Mit steigender Evolutionshöhe nimmt die Komplexität der Strukturen, der Funktionen und der Leistungen zu. Parallel dazu laufen auf jeder Komplexitätsstufe Diversifikations- und Spezialisierungsprozesse ab. Je mehr genetisch determinierte Struktur- und Funktionselemente vorhanden sind, desto größer ist die Zahl potentieller Kombinationen. Das ist mit ein Grund dafür, daß die Artenzahl auf jeder Komplexitätsstufe höher ist als in der vorangegangenen (s. Abb. 42.20).

Der Begriff Komplexitätsstufe (oder Organisationsebene) darf nicht den Eindruck erwecken, die Evo-

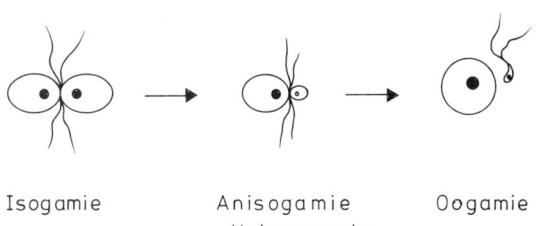

Isogamie   Anisogamie   Oogamie
                  =Heterogamie

Abb. 42.19. Isogamie, Anisogamie (Heterogamie), Oogamie.

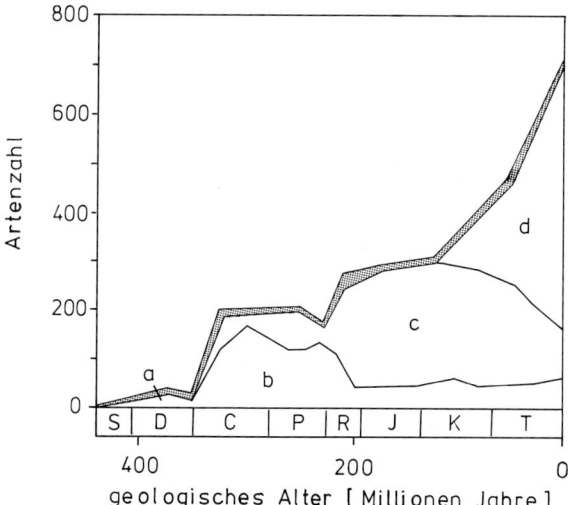

Abb. 42.20. Zunahme der Artenzahl der Landgefäßpflanzen im Verlauf geologischer Zeiträume (aufeinanderfolgender Vegetationsperioden). Die Zunahme erfolgt in vier klar gegeneinander abgesetzten Phasen. Die Gründe für das Ende einer Phase sind vermutlich Trockenperioden (Klimaänderungen). Eine erneute Zunahme der Artenzahl geht auf das Erscheinen evolutionär höherstehender Pflanzengruppen zurück, die in der jeweiligen Vegetationsperiode Dominanz erlangten. *a* primitive Trachaeophyten; *b* Pteridophyten; *c* Gymnospermen; *d* Angiospermen. Abkürzungen für die Erdzeitalter: S: Silur, D: Devon, C: Karbon, P: Perm, R: Trias, J: Jura, K: Kreide, T: Tertiär. (K.J. Niklas *et al.*, 1983)

lution sei hier sprunghaft verlaufen. Progressionen, z.B. der Übergang von aquatischer zu terrestrischer Lebensweise, beruhen auf einer Neuentwicklung und Optimierung zahlreicher Eigenschaften. Im Verlauf des Optimierungsprozesses hat es viele Übergangsformen gegeben. Doch die sind, wie schon Darwin bemerkte, ausgestorben, weil sie durch bessere ersetzt worden sind. Als Betrachter rezenter Arten sehen wir daher nur die vorteilhaften Produkte zahlreicher, mehr oder weniger unabhängig voneinander verlaufender Entwicklungen. Diese kleine Stichprobe an Arten, die heute leben, läßt sich zu Gruppen (*adaptive peaks*, G.L. Stebbins, 1950) ordnen, die sich in ihrer Komplexität voneinander unterscheiden können oder auf der gleichen (oder nahezu gleichen) Komplexitätsstufe stehen und sich lediglich durch unterschiedliche Merkmalskombinationen auszeichnen.

Literatur

Akazawa, T.: Ribulose-1,5-bisphosphate carboxylase. in: „Photosynthesis II" [M. Gibbs, E. Latzko (eds.)] S. 208–229 Berlin–Heidelberg–New York: Springer Verlag, 1979 (Encyclop. Plant. Physiol. 6)

Akazawa, T., T. Takebe and H. Kobayashi: Molecular evolution of ribulose-1,5-bisphosphate carboxylase/oxygenase (RuBisCO). Trends in Biochem. Sciences 9, 380–383 (1984)

Baker, T.S., S. Won Suh, D. Eisenberg: Structure of ribulose-1,5-bisphosphate carboxylase. Proc. Natl. Acad. Sci. US. 74, 1037–1041 (1977)

Barghoorn, E.S. and W.J. Schopf: Microorganisms three billion years old from the precambrium of South Africa. Science 152, 758–763 (1966)

Boulter, D.: The evolution of plant proteins with special references to higher plant cytochrome c. Curr. Adv. in Plant Sci. 8, 1–16 (1974)

Brinigar, W.S., D.B. Knaff, J.H. Wang: Model reactions for coupling oxidation to phosphorylation. Biochemistry 6, 36–42 (1967)

Broda, E.: The evolution of the bioenergetic process. Oxford: Pergamon Press, 1975

Burger-Wiersma, T., M. Veenhuis, H.J. Korthals, C.C.M. van de Wiel, L.R. Mur: A new prokaryote containing chlorophylls a and b. Nature 320, 262–264 (1986)

Calvin, M.: Molecular palaeontology. Perspect. Biol. Med. 13, 45–62 (1969)

Chen, K., S. Johal, S.G. Wildman.: Role of chloroplast and nuclear DNA genes during evolution of fraction-1-protein. in: "Genetics and biogenesis of chloroplasts and mitochondria" [T. Bücher et al, (eds.)]. Amsterdam: Elsevier/North-Holland, 1976

Cramer, W.A., W.R. Widger, R.G. Herrmann, A. Trebst: Topography and function of thylakoid membrane proteins. Trends in Biochem. Sciences 10, 125–129 (1985)

Dickerson, R.E., R. Timkovich and R.J. Almassy: The cytochrome fold and the evolution of bacterial energy mechanism. J. Mol. Biol. 100, 473–491 (1976)

Dickerson, R.E.: Cytochrome c and the evolution of energy metabolism. Sci. American, März 1980, S. 98–110

Dickerson, R.E.: The cytochrome c: An exercise in scientific serpendipity. in: "The evolution of protein structure and function" (D.S. Sigman and M. A.B. Brazier eds.). New York, London: Academic Press, 1980

Fogg, G.E.: Extracellular products of algae in freshwater. Arch. Hydrobiol., Beih. Erg. Limnol. 5, 1–25 (1971)

Jaynes, J.M. and L.P. Vernon: The cyanelle of Cyanophora paradoxa: almost a cyanobacterial chloroplast. Trends in Biochem. Sciences. 7, 22–24 (1972)

John, P. and F.R. Whatley: Paracoccus denitrificans and the evolutionary origin of the mitochondrion. Nature (Lond.) 254, 495–498 (1975)

Kandler, O.: Cell wall structures and their phylogenetic implications. Zbl. Bakt. Hyg., I. Abt. Orig. C 3, 149–160 (1982)

Kies, L.: Einzeller mit blaugrünen Endosymbionten (Cyanellen) als Objekte der Symbioseforschung und Modellorganismen für die Evolution der Chloroplasten. Biol. Rdsch. 22, 145–157 (1984)

Kössel, H., E. Edwards, E. Fritsche, W. Koch and Zs. Schwarz: Phylogenetic significance of nuclcotide sequence analysis. in "Proteins and nucleic acids in plant systematics" (U. Jensen and D.E. Fairbrothers, eds.), pp. 36–57. Berlin–Heidelberg–New York: Springer Verlag, 1983

Kubai, D.F. and H. Ris: Division of the dinoflagellate *Gyrodinium cohnii* SC. A new type of nuclear reproduction. J. Cell Biol. *40*, 508–528 (1969)

Kubai, D.F.: The evolution of the mitotic spindle. Int. Rev. Cytol. *43*, 167–227 (1975)

Küntzel, H., H.G. Köchel: Evolution of rRNA and origin of mitochondria. Nature *293*, 751–755 (1981)

DeLange, R.J., R.J. Fambrough, D.M., Smith, E.L., J. Bonner: Calf and pea histone IV. J. Biol. Chem. *244*, 319–334, 5661–5679 (1969)

Lehmann, U. und G. Hillmer: Wirbellose Tiere der Vorzeit. Leitfaden der systematischen Paläontologie. Stuttgart: F. Enke Verlag, 1980

Lewin, R.A.: *Prochloron,* type genus of the Prochlorophyta. Phycologia *16*, 217 (1977)

Lewin, R.A.: The Prochlorophytes. in: "The Prokaryotes" [P.M. Starr *et al.* (eds.)], Vol 1, S. 257–266. Berlin–Heidelberg–New York: Springer Verlag, 1981

Margulis, L.: Origin of eukaryotic cells. New Haven: Yale University Press, 1970

Margulis, L.: Symbiosis in cell evolution. San Francisco: W.H. Freeman and Comp., 1980

McCracken, D.A., M.J. Nadakavukaren, J.R. Cain: A biochemical and ultrastructural evaluation of the taxonomic position of *Glaucosphaera vacuolata* Korsh. New Phytol. *86*, 39–44 (1980)

McLaughlin, P.J., M.O. Dayhoff: Eukaryotes versus prokaryotes: An estimate of evolutionary distance. Science *168*, 1469–1471 (1970)

Olson, J.M.: The evolution of photosynthesis. Science *168*, 438–446 (1970)

Olson, J.M.: Precambrian evolution of photosynthetic and respiratory organisms. in: "Evolutionary Biology" *11*, 1–37 (M.K. Hecht, W.C. Steere, B.Wallace eds.) New York, London: Plenum Press, 1978

Salemme, F.R.: Structure and function of cytochrome c. Ann. Rev Biochem. *46*, 299–329 (1977)

Schenk, H.E.A., W. Schwemmler: Endocytobiology II. Berlin, New York: W. de Gruyter, 1983

Schopf, J.W., and D.Z. Oehler: How old are the eukaryotes? Science *193*, 47–49 (1976)

Schlegel, H.G. and H.W. Jannasch: Prokaryotes and their habitats. in: "The Prokaryotes" (M.R. Starr, H. Stolp, H.G. Trüper, A.Balows, H.G. Schlegel eds.) Vol *1*, pp 43–82 Berlin–Heidelberg–New York: Springer Verlag 1981

Schwartz, R.M. and M.O. Dayhoff: Origins of prokaryotes, eukaryotes, mitochondria, and chloroplasts. Science *199*, 395–403 (1978)

Schwemmler, W., H.E.A. Schenk (eds.): Endocytobiology. Berlin, New York: W. de Gruyter, 1980

Scogin, R.: Amino acid sequence studies and plant phylogeny. in: "Phytochemistry and angiosperm phylogeny" [D.A. Young, D.S. Seigler (eds.)]. New York: Praeger Publ., 1981

Stebbins, G.L.: Adaptive shifts and evolutionary novelty: a compositionist approach. in: "Studies in the philosophy of biology" (F.J. Ayala, and T. Dobzhansky, eds.) pp. 285–306 Berkeley and Los Angeles: University of California Press, 1974

Takebe, T., T. Akazawa: Molecular evolution of ribulose-1,5-bisphosphate carboxylase. Plant and Cell Physiol. *16*, 1049–1060 (1975)

van Valen, L.M. and V.C. Maiorana: The archaebacteria and eukaryotic origins. Nature (Lond.) *287*, 248–250 (1980)

Whittaker, R.H.: New concepts of kingdoms of organisms. Science *163*, 150–160 (1969)

Widger, W.R., W.A. Cramer, R. Herrmann, A. Trebst: Sequence homology and structural similarity between cytochrome b of mitochondrial complex III and the chloroplast b_6-f complex. Position of the cytochrome b hemes in the membrane. Proc. Natl. Acad. Sci. US. *81*, 674–678 (1984)

Wittmann, H.G.: Structure, function, and evolution of ribosomes. Eur. J. Biochem. *61*, 1–13 (1976)

Woese, C.R.: Archaebacteria. Scientific American, Juni 1981, S. 94–106

Wraight, D.A.: Current attitudes in photosynthesis research. in: "Photosynthesis", Vol. 1, p. 17–61 (Govindjee ed.) New York, London: Academic Press, 1982

Youvan, D.C., B.L. Marrs: Molecular genetics and the light reactions of photosynthesis. Cell *39*, 1–3 (1984)

591

43. Systematik und Taxonomie: Methoden und Regeln zur Klassifikation von Pflanzen

Carl von Linné (1707–1778); Begründer der Artdiagnostik und der binären Nomenklatur, die bis heute für alle Organismenreiche ihre Gültigkeit bewahrt hat. Von sich selbst durchaus überzeugt, charakterisiert er sich in einer Autobiographie: „Keiner hat mit mehr Eifer seinen Beruf ausgeübt und mehr Hörer an unserer Hochschule gehabt. Kein Naturwissenschaftler hat mehr Beobachtungen in der Natur angestellt. Keiner hat einen solideren Einblick in alle drei Reiche der Natur zugleich gehabt. Keiner war ein größerer Botaniker oder Zoologe. Keiner hat mehr Werke geschrieben, besser, ordentlicher, aus eigener Erfahrung. Keiner so völlig eine ganze Wissenschaft reformiert und eine neue Epoche eingeleitet. Keiner hat eine so über alle Welt ausgedehnte Korrespondenz gehabt. Keiner hat so viele Schüler in so viele Teile der Welt ausgeschickt. Keiner wurde mehr namhaft in aller Welt. Keiner war Mitglied von mehr wissenschaftlichen Gesellschaften…" Das Bild zeigt ihn im Alter von 30 Jahren in Lappentracht. Auf diesem, wie auf allen übrigen Gemälden hält er seine Wappenblume, die er nach sich selbst *Linnea borrealis* nannte, in der Hand. (Universitätsbibliothek Uppsala)

"A plant's name is the key to its literature – in other words, the key to what we know about it." (C.G.G.J. van Steenis, 1957)

Es ist wohl ein Bestreben des Menschen, in jede Vielfalt eine Ordnung hineinzubringen, denn man kann nur das versuchen zu verstehen, was man übersehen kann. Bereits in den frühesten menschlichen Kulturen hat man sich mit der Formenvielfalt der belebten und unbelebten Natur auseinandergesetzt, und man begann mit der Benennung von Objekten und Organismen. Die Begriffsbildung war von Anfang an ein Hauptanliegen und gleichzeitig Streitpunkt einer jeden Klassifizierung.

Zu den unvergänglichen Leistungen von Platon und Aristoteles gehört die Erkenntnis, daß Objekte (und Organismen) bestimmten Kategorien unterschiedlicher Hierarchie zuzuordnen sind. Sie unterscheiden zwischen Ober- und Unterbegriffen. Gleichaussehende Individuen gehören einer Art an, einander ähnliche Arten einer übergeordneten Kategorie. Zum Beispiel gehören die Olivenbäume zu den Bäumen. Die wiederum gehören – zusammen mit den Kräutern – zu den Pflanzen. Pflanzen und Tiere schließlich sind Lebewesen. In der Hierarchie der Kategorien stellen die Lebewesen die höchste Kategorie, Pflanzen, Bäume und Olivenbäume in absteigender Reihe untergeordnete Kategorien dar.

Eine Klassifikation kann nur selten – oder nur mit Einschränkungen – als ein für allemal abgeschlossen gelten, denn mit dem Fortschritt der Wissenschaft und dem Einsatz immer diffizilerer Methoden steigt zwar unser Wissen über die Vielgestaltigkeit der Organismen, stellt uns aber immer wieder vor neue Probleme der Einordnung dieser Erkenntnisse.

Aristoteles, C. v. Linné, C. Darwin z.B. hatten keine Vorstellung davon, daß man heutzutage cytologische Erkenntnisse oder biochemische Daten verwenden würde, um tieferen Einblick in das Wesen einer Art zu gewinnen.

Nach E. Mayr (1975) wird die Theorie und Praxis der Klassifikation der Organismen als Taxonomie, und die Wissenschaft von der Vielgestaltigkeit und dem Vergleich der Organismen als Systematik bezeichnet. Das Wesen der Systematik besteht (lt. Denkschrift der Deutschen Forschungsgemeinschaft: Biologische Systematik, 1982):

„...primär in der Erfassung und Ordnung der Formenmannigfaltigkeit der belebten Natur. Sie schafft die Voraussetzung für die Identifikation von Organismen und ermöglicht den Zugang zu der über sie vorhandenen Information. Damit liefert sie für die Ökologie und andere experimentell arbeitende biologische Disziplinen die Grundlage für den Vergleich und die Reproduzierbarkeit von Ergebnissen.

...(Sie) befaßt sich weiterführend mit der Klärung der Verwandtschaftsbeziehungen und der Begründung der höheren Einheiten, sowie darüber hinaus mit der Frage nach den Ursachen der Diversität der Organismen. Eine solche Systematik strebt nicht länger im aristotelischen Sinne die Klassifikation als erstes Ziel an. Vielmehr hat sie – ausgehend von der Vielgestaltigkeit der Organismen – zugleich die Aufgabe, den Ablauf der Phylogenese zu rekonstruieren."

Ein kritischer Aspekt, der immer wieder Anlaß zu Kontroversen bietet, ist die unterschiedliche Gewichtung bzw. Bewertung morphologischer, cytologischer und biochemischer Daten. Mehr dazu in den folgenden Abschnitten.

Ein weiteres Problem ist die Tatsache, daß Namen und Begriffe im Verlauf der Jahrhunderte ihre Bedeutung gewechselt haben; Übersetzungen in Nationalsprachen führten zu weiterer Konfusion. Es ist das Verdienst von C. v. Linné, eine einheitliche binäre Nomenklatur und eine Artdiagnostik (in lateinischer Sprache) entwickelt und an ca. 20 000 selbst oder von seinen Mitarbeitern weltweit gesammelten Pflanzen erprobt zu haben.

Weil er das von ihm bearbeitete Material in einem Herbarium hinterlegte (heute im Besitz der Linnean Society in London) und andere ebenfalls noch verfügbare Herbarbelege nutzte, wissen wir genau, an welche Exemplare seine Namen gebunden sind. Auf diesem Vorgehen aufbauend, entwickelte sich die sogenannte Typenmethode. Sie beschreibt eine ganz bestimmte Arbeitsweise der Systematiker, die allein der Pflanzenbenennung dient. Pflanzennamen sind demnach an ganz bestimmte, in Herbarien deponierte Exemplare (Typen) gebunden. Bei diesem Verfahren handelt es sich um einen nomenklatorischen Trick, denn es ist in der Regel nicht möglich, die volle Breite der Variabilität innerhalb einer Art zu erfassen; zudem gibt es nur eine verschwindend geringe Zahl von Arten, deren genetische Daten bekannt sind.

Die Typenmethode darf nicht mit dem typologischen Artbegriff, der davon ausgeht, daß alle Individuen einer Art einer bestimmten Norm entsprechen, verwechselt werden. Dieser Ansatz spielt in der modernen Systematik keine Rolle mehr. Vielmehr besteht Konsens darüber (s.a. Kap. 38), daß man eine Art als eine Fortpflanzungsgemeinschaft ansehen kann, die sich diskontinuierlich von einer verwandten Art abhebt. Die Zusammenfassung von Arten zu übergeordneten hierarchischen Gruppen (Taxa) ist meist weit schwerer zu begründen.

Jede Benennung von Organismen muß bestimmten Regeln folgen. Es gibt mittlerweile einen internationalen Code der botanischen Nomenklatur, der dem Rechnung trägt. Er drückt Konventionen aus, auf die sich Wissenschaftler geeinigt haben.

Die Taxonomie der Pflanzen orientiert sich an anderen Kriterien als die der Tiere oder der Mikroorganismen. So spielen z.B. Stoffwechselwege und -produkte in der Systematik der Bakterien eine entscheidende Rolle, während biochemische Analysedaten zur Artbeschreibung von Pflanzen wenig beigetragen haben. Biochemische Daten erwiesen sich dort aber als geeignet, übergeordnete Taxa zu charakterisieren oder die Populationsstrukturen (Anteil von Heterozygotie und Polymorphismus) einzelner Arten zu klären.

Die Verwendung moderner elektronenmikroskopischer Techniken, z.B. der Rasterelektronenmikroskopie, erlaubte es, etwas mehr Klarheit im Bereich einzelliger, kleiner Organismen, z.B. der Diatomeen (Bacillariophyceen) zu gewinnen, deren Arten sich vornehmlich durch die Skulptur ihrer Oberfläche, die Zellform und -größe unterscheiden.

Da gerade die Feinheiten der Oberflächenstruktur an der Auflösungsgrenze des Lichtmikroskops liegen, oft nur schwer und nur nach viel Übung erkennbar sind, erwies sich das Rasterelektronenmikroskop als große Hilfe.

Gerade bei einzelligen, sich asexuell (oder nur ausnahmsweise sich sexuell) vermehrenden Organismen bestehen noch große Unklarheiten über die Artzugehörigkeit (einzelner Individuen oder Populationen) und die intraspezifische Variation. Wir werden uns im folgenden zunächst fragen müssen,
- nach welchen Gesichtspunkten Pflanzen klassifiziert werden,
- wie viele Arten es gibt, und welchen übergeordneten Gruppen sie zugeordnet sind,
- welche strukturellen und fortpflanzungsbiologischen Merkmale sich z.B. für systematische Zwecke eignen,
- welche Bedeutung die Analyse sekundärer Pflanzenstoffe hat, und
- welchen Beitrag die Analyse von Proteinen und Nukleinsäuren zur Systematik leistet.

Wir müssen uns aber auch im klaren darüber sein, daß der einzelne Bearbeiter einer Pflanzengruppe bei der großen Formen- und Artenvielfalt weder die Zeit noch Geld, und meist auch nicht die Vorkenntnisse und die technischen Voraussetzungen besitzt, jede Art nach jedem nur denkbaren Kriterium hin zu untersuchen. Es ist daher notwendig, sich auf eine praktikable Zahl von Merkmalen zu beschränken, um Arten eindeutig voneinander zu unterscheiden. Die Diagnostik muß so schnell wie möglich und so sorgfältig wie nötig erfolgen. Sie hängt darüber hinaus vom eigentlichen Ziel der Untersuchung ab, denn es ist ein Unterschied, ob man eine Art inventarisieren (klassifizieren) will oder ob man deren phylogenetische Stellung ermitteln möchte. Ist man an letzterem interessiert, braucht man alle verfügbaren Daten.

Klassifikation der Pflanzen, – Hierarchie der Gruppen und Kategorien

Das Prinzip der hierarchischen Klassifikation von

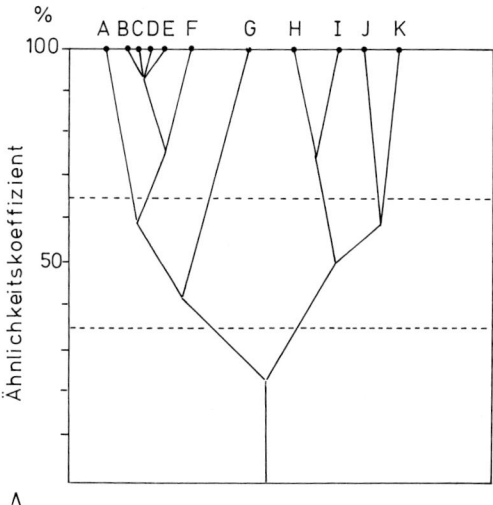

Abb. 43.1. Hierarchie taxonomischer Gruppen

(Labels: Familie, Gattung, Art; Gattung, Sektion, Gattung, Gattung, Gattung (monotypisch))

Pflanzen (und anderen Organismen) ist der Abbildung 43.1 zu entnehmen.

Die Zugehörigkeit der einzelnen Einheiten richtet sich nach abgestuften Ähnlichkeiten. Dadurch entsteht ein System unterschiedlicher Hierarchieebenen. Je umfassender eine Gruppe ist, desto geringer sind die Gemeinsamkeiten zwischen ihren Mitgliedern. Andererseits ist das Vorhandensein klar definierter Abgrenzungen zwischen ihnen das wichtigste Kriterium zur Untergliederung der Gruppe. Überall dort, wo fließende Übergänge vorhanden sind, wäre eine Grenzziehung willkürlich.

Trägt man den Prozentsatz der Ähnlichkeiten gegen die Zahl der Einheiten auf, erhält man ein Dendrogramm (s. Abb. 43.2), aus dem die Hierarchie der Kategorien (Gruppen) ablesbar ist. Die Unterscheidung zwischen Arten und übergeordneten Gruppen kann durch eine Folge von Ja/Nein-Entscheidungen herbeigeführt werden. Ein Dendrogramm ist im einfachsten Fall dichotom aufgebaut. Nach einem Schlüssel dieser Art, erstmals von J.B. de Lamarck vorgeschlagen, arbeiten die meisten Bestimmungsbücher. Trotz gelegentlicher Einwände und mancher zweifelhafter Fälle hat sich dieses Prinzip bewährt.

In der Abbildung 43.1 sind bereits Benennungen der Gruppen aufgenommen worden, die in der biologischen Systematik üblich sind. Eine vollständige Li-

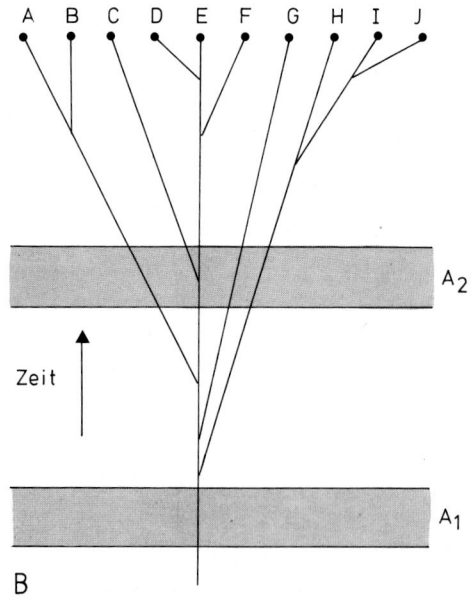

Abb. 43.2. *A* Verwandte Arten können sich durch einen unterschiedlichen Grad an Ähnlichkeit (Ähnlichkeitskoeffizient) auszeichnen. B,C,D und E gleichen sich in 95 Prozent aller (erfaßten!) Merkmale, H und I in nur 75 Prozent. Die horizontalen Linien repräsentieren Arten („Buchstaben"); diese können zu Gruppen (unterschiedlichen taxonomischen Rangs) zusammengefaßt werden. Jede Gruppe von Arten oberhalb einer Linie entspricht einem Taxon. *B* Monophyletischer und polyphyletischer Ursprung. Oftmals ist die Entscheidung darüber eine Frage des betrachteten Zeitabschnitts. Geht man bis zum Zeitpunkt A_1 zurück, sind alle der dargestellten Arten als monophyletisch zu klassifizieren. Zum Zeitpunkt A_2 sind z.B. A und B einerseits, H,I,J andererseits als polyphyletisch einzustufen.

594

Tabelle 1. Klassifikation von Pflanzen. Bezeichnungen und Hierarchie von Kategorien und Taxa

deutsche	Kategorie lateinische Bezeichnung	Endung	Taxon (Beispiele)
Reich	*regio*	…ae	Plantae
Abteilung*	*divisio*	…phyta	Spermatophyta
			Unterabteilung: Angiospermae oder Magnoliophytinae ** ***
Klasse	*classis*	…phyceae (Algen)	
		…atae oder …opsida (Gefäßpflanzen)	Monokotyledonae (= Liliopsida)
Unterklasse	*subclassis*	…phycidae (Algen)	
		…ideae (Gefäßpflanzen	Commelinidae
Ordnung	*ordo*	…ales	Poales
Familie	*familia*	…aceae	Poaceae
Gattung	*genus*	–	*Poa*
Art	*species*	–	*Poa annua* L.

* In der zoologischen Systematik spricht man von Stämmen.

** Traditionelle (konventionelle) Bezeichnungen werden beibehalten. Untergruppierungen *(sub.)* wie *subclassis, subordo, subfamilia, subgenera* und *subspecies* (ssp.) sind üblich. In vielen Gattungen werden Sektionen *(sectiones)* und in vielen Familien Triben *(tribus)* unterschieden.

*** Die hier vorgestellte Rangeinstufung der Angiospermae und Monokotyledonae ist nicht unumstritten A. Cronquist, A. Takthajan und W. Zimmermann (1966) schlugen eine andere Bewertung vor; näheres siehe Text und Kapitel 48.

ste ist der Tabelle 1 zu entnehmen. Taxonomische (systematische) Gruppen, gleich welcher Kategorie, nennt man Taxa (sing. Taxon).

Die wissenschaftlichen Namen aller taxonomischen Gruppen werden gewöhnlich der lateinischen oder griechischen Sprache entnommen. Entstammen sie anderen Sprachen, müssen sie wie lateinische Namen behandelt werden (*Fuchsia*, z.B., ist die Latinisierung des Namens Fuchs, s. Kap. 1).

Artnamen bestehen aus zwei Elementen (binäre Nomenklatur), dem Gattungsnamen und dem nachfolgenden Epithet, durch das der Artname festgelegt wird. Dem Namen folgt der Name des Erstbeschreibers (Autors). Die Namen bekannter Systematiker der vergangenen Jahrhunderte werden oft abgekürzt, L. steht für Linné. Benennungen aus der Zeit vor Linné werden nicht berücksichtigt.

Unterarten werden durch einen dritten, ebenfalls lateinischen Namen gekennzeichnet, der den Artnamen ergänzt.

Zum Beispiel *Poa trivials* L. *subsp. trivialis* und *Poa trivials subsp. sylvicola* (Guss.) H. Lindb. fil. Die „typische" Subspecies trägt keinen Autorennamen. Die hier als Beispiel gewählte Unterart *sylvicola* trägt in Klammern den Namen Guss (= Gussome), und ohne Klammer H. Lindb. fil. (= H. Lindberg filius). Ein in Klammern genannter Autor hat eine bestimmte Unterart (Art oder Gattung) als erster beschrieben, sie aber in eine andere Rangstufe der gleichen oder einer anderen Art (oder Gattung) gestellt. Der nicht in Klammern stehende Autor hat die hier präsentierte Rangstufe festgelegt. Familiennamen ergeben sich aus dem Namen der für die Familie typischen Gattung. Daher gilt z.B. für die Gräser der Name Poaceae. Für einige wenige Familien bleiben zusätzlich traditionelle Namen gültig, so können die Gräser auch heute noch als Gramineae bezeichnet werden. Ferner sind noch die folgenden Ausnahmen zulässig: *Palmae, Cruciferae, Leguminosae, Guttiferae, Umbelliferae, Labiatae*

und *Compositae*. Ordnungsnamen leiten sich vom Namen der für die Ordnung typischen Familie ab, die Endung lautet …ales (z.B. Poales). Die Namen der Klassen und Unterklassen werden in ähnlicher Weise gebildet. Ihre Endungen sollten sein: Bei den Algen: …phyceae (Klassen) und …phycidae (Unterklasen). Bei den Kormophyta (Gefäßpflanzen): …atae oder …opsida (Klassen) und …idae (Unterklassen). Auch hier, vor allem bei den Blütenpflanzen, dürfen konventionelle Namen wie Angiospermae, Dikotyledonae u.a. weiter verwendet werden.

Sinnvoll ist die Rangzuordnung immer nur im Vergleich mit den entsprechenden Rangstufen „gleichwertiger" Nachbartaxa. Da es hier keine verbindlichen Richtlinien gibt, findet man in der Literatur vielfach unterschiedliche Zuordnungen. Die Angiospermen werden traditionellerweise als Unterabteilung geführt. A Cronquist, A. Takhtajan und W. Zimmermann (s. Kap. 48) erheben sie in den Rang einer Abteilung. Eine Klassifikation von Pflanzen nach einem hierarchischen System ist dazu geeignet, einzelne Arten und Merkmalsgruppen mit der EDV zu bearbeiten. Es sind Verfahren entwickelt worden, die unter der Bezeichnung Numerische Taxonomie bekanntgeworden sind.

In je mehr Merkmalen Arten (oder andere Taxa) übereinstimmen, desto näher sollten sie untereinander verwandt sein. Je mehr Arten man miteinander vergleichen möchte, um so mehr Merkmale (Merkmalsausprägungen) muß man dabei heranziehen. Numerische Taxonomie ist ein interessanter Ansatz, zu dem bereits Ende des vorigen Jahrhunderts erste Vorstellungen entwickelt wurden. In der ersten Hälfte dieses Jahrhunderts wurden sie erfolgreich und in umfangreichem Maße von A.H. Sturtevant an *Drosophila*-Arten erprobt. Ein Versuch, sie zur Klassifikation von Pflanzen anzuwenden, wurde in den fünfziger Jahren unternommen (R.R. Sokol P.H.A. Sneath, 1962). Er hat sich nicht durchsetzen können. Schwachpunkte liegen in der Tatsache, daß nicht alle Merkmale das gleiche Gewicht haben, daß weiter jedes Merkmal einen adaptiven Wert hat, die Selektion je nach Ort und Zeit unterschiedlich wirkt und dadurch eine Variation der Merkmale zutage tritt, die nur schwer in eine Computersprache zu übersetzen ist. Vor allem aber auch, weil erwiesen ist, daß die Zahl unterschiedlicher Merkmale für eine Artabgrenzung belanglos ist.

Klassifikationen beruhen immer auf einer Bewertung von Merkmalen. Diese sagen aber *a priori* nichts über ihren adaptiven Wert oder über phylogenetische Zusammenhänge aus. So hat z.B. Theophrast die Blütenpflanzen in Holzpflanzen und Kräuter unterteilt, und Linné schlug vor, sie nach der Zahl der Staubblätter zu gruppieren. Beide Einteilungen gelten als künstlich. Seit Anfang des vergangenen Jahrhunderts ist man bemüht, sie durch ein natürliches System zu ersetzen, aber erst seit Darwin kam das Bestreben hinzu, hierin die phylogenetische Verwandtschaft der Arten und anderer Taxa zum Ausdruck zu bringen. Das Ziel solcher Überlegungen wäre die Erstellung eines Stammbaums der Pflanzen. Einen ersten Versuch hierzu unternahm E. Haeckel (s. Abb. 36.1). Eine vollständige Darstellung müßte die genaue Position einer jeden Art wiedergeben. Das ginge aber nur, wenn man die gemeinsamen Vorfahren rezenter und fossiler Arten kennte und wüßte, wie sie sich weiterentwickelt haben. Im einfachsten Fall wäre ein Stammbaum durch ein Schema aufeinanderfolgender dichotomer Verzweigungen darzustellen. Stammbäume dieser Art mit z.T. hoher Präzision kennen wir von einigen Stämmen des Tierreichs, bei Pflanzen ist man jedoch über einige mosaikartige Ansätze nicht hinausgekommen.

Es gibt zwar unangreifbare Beweise für die Entstehung der wichtigsten Abteilungen, Klassen und Unterklassen, oder für die der Arten in einigen Gattungen, doch sind wir von einem vollständigen Bild weit entfernt. Hierfür gibt es mehrere Gründe:

(1) Es gibt wenige fossile Pflanzenreste, die für die Rekonstruktion der Abstammung einzelner Taxa brauchbar wären. Es gibt Versteinerungen, aus denen man Dünnschliffe herstellen kann, die guten mikroskopischen Präparaten in nichts nachstehen. Mit Dokumenten dieser Art sowie durch Auswertung von Abdrücken pflanzlicher Oberflächenstrukturen, konnte z.B. die Entwicklung der ersten Landpflanzen nachvollzogen werden (mehr dazu s. Kap. 45). Doch fossile Urkunden eignen sich – von wenigen Ausnahmen abgesehen – kaum, um die Entstehung von Arten aus gemeinsamen Vorfahren erkennen zu können.

(2) Die Ergebnisse der Evolutionsforschung zeigen, daß die Evolution von Pflanzen, vor allem die der Angiospermen, nicht nur auf divergierende, sondern auch auf konvergierende Entwicklungen zurückzuführen ist.

(3) Das biologische Artkonzept veranschaulicht, daß sich eine Art unterschiedlich weiterentwickeln kann. Durch adaptive Radiation können Teilpo-

pulationen verschiedenartige neue Lebensräume erschließen, und jede von ihnen kann sich zu einer neuen Art entwickeln. Aus einer Art können demnach nicht nur zwei, sondern *n* neue Arten hervorgehen, deren verwandtschaftliche Abstände zur Ausgangsart gleich sein können. Artbildung erfolgt auf diese Weise nur selten gleichzeitig, denn die Erschließung neuer Lebensräume erfolgt meist nacheinander.

Wir haben aber nur selten die Möglichkeit, den zeitlichen Ablauf zu ermitteln oder zu rekonstruieren. Eine Pflanze produziert oft Hunderte oder mehr Samen, deren Genotypen sich stark voneinander unterscheiden können.

Wenn die Umweltbedingungen es zulassen (oder fordern), können gleichzeitig verschiedene Genotypen selektiert werden, die sich ggf. zu neuen Arten weiterentwickeln können. Sie alle entstammen nur einem Individuum (einer Art). Selbst wenn dieser Extremfall als zu theoretisch abgetan werden sollte, bleibt er ein gutes Beispiel, um die Fragwürdigkeit eines Systems mit nur dichotomen Verzweigungen zu veranschaulichen.

Die vorgetragenen Schwierigkeiten stehen der Rekonstruktion der Abstammungsverhältnisse einzelner Arten (Gattungen, Familien, usw.) entgegen.

R. Dahlgren (Botanisches Museum, Universität Kopenhagen) schlug daher (1975, 1977) vor, statt eines Längsschnitts durch einen „Stammbaum" einen Querschnitt durch seine Krone zu legen (s. Abb. 43.3), aus dem die verwandtschaftlichen Beziehungen rezenter Arten zueinander ablesbar sind. Hier werden die phylogenetischen Zusammenhänge durch die gegenseitige Anordnung der Gruppen symbolisiert.

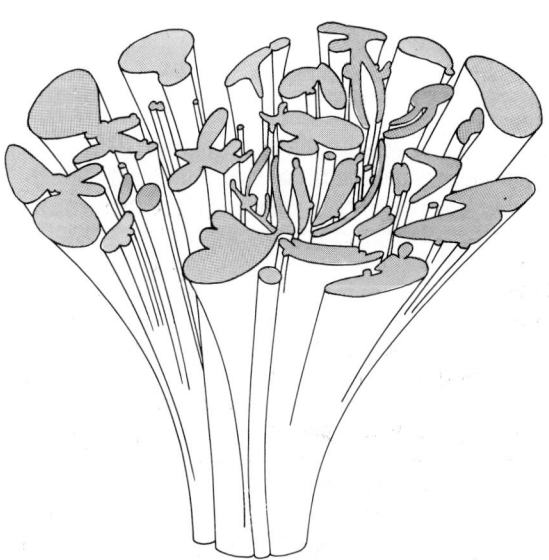

Abb. 43.3. Schema eines „imaginären" Stammbaums der Angiospermen. Der Begriff „Strauch" wäre passender. Der derzeitige Zustand ist durch einen Querschnitt (im Bild dunkel) wiedergegeben. (R. Dahlgren, 1980)

596

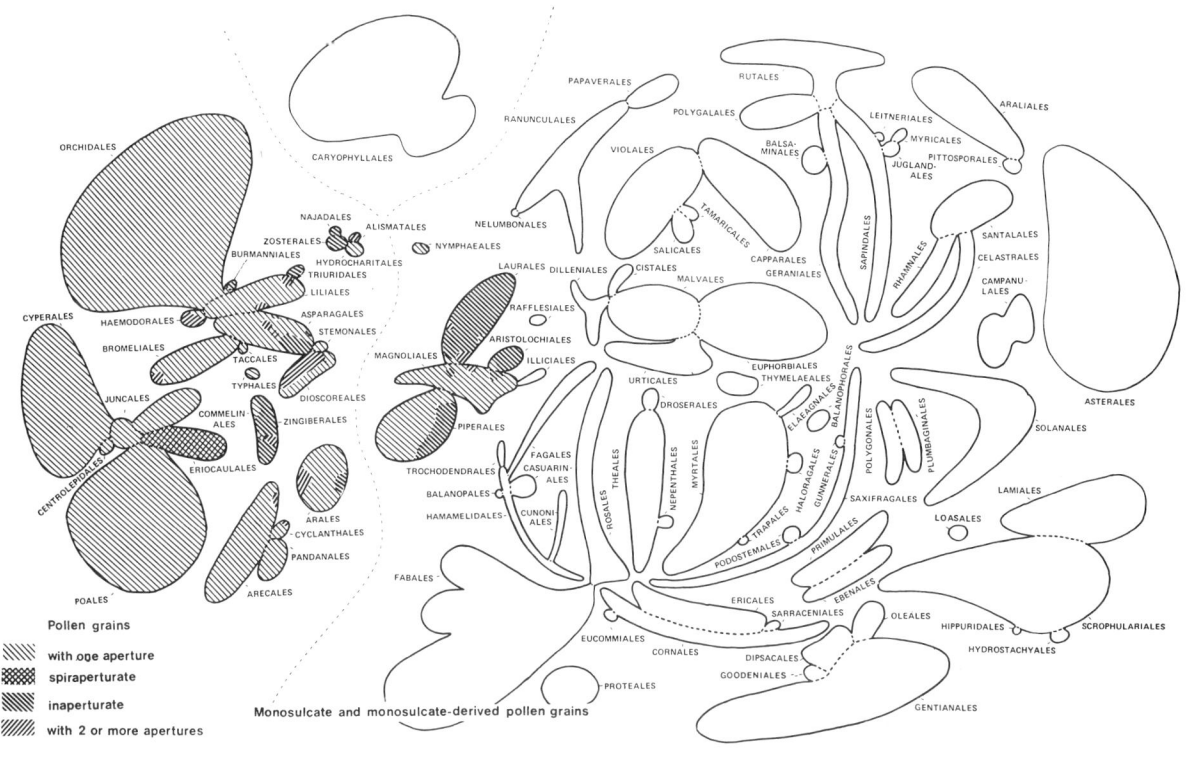

Pollen grains

with one aperture
spiraperturate
inaperturate
with 2 or more apertures

Monosulcate and monosulcate-derived pollen grains

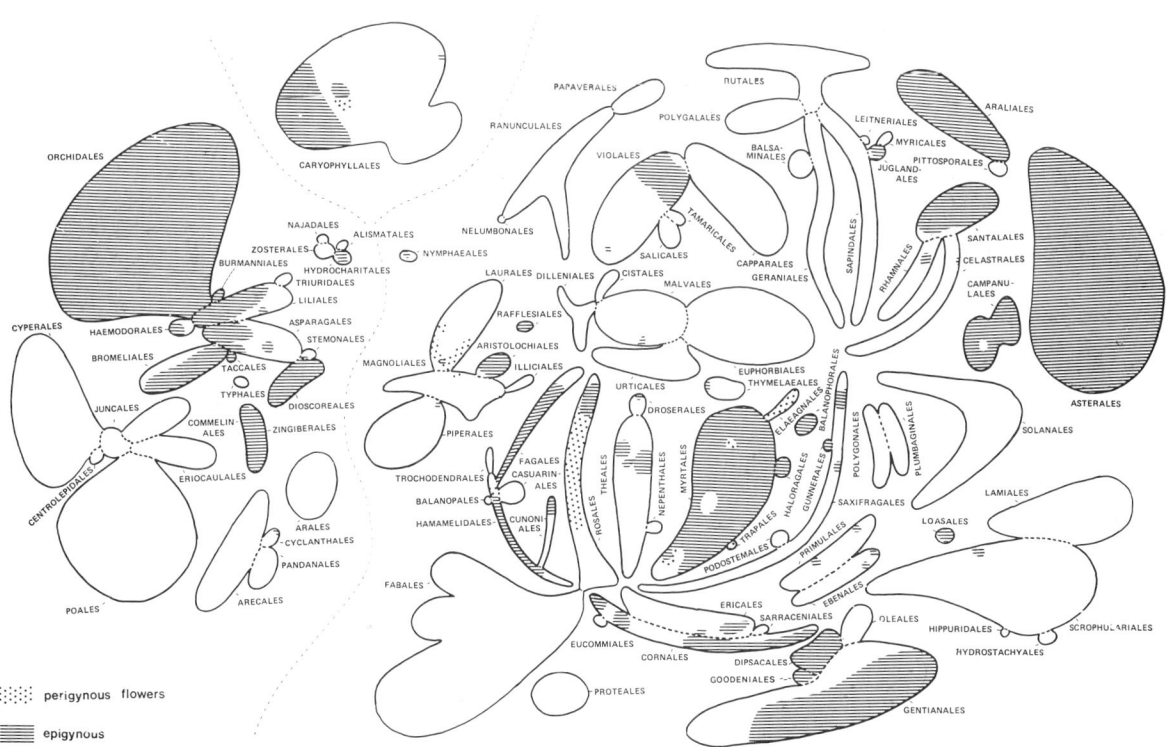

perigynous flowers
epigynous

Abb. 43.4. R. Dahlgrens System (1977) der Angiospermen (Querschnitt durch den „Stammbaum"). *A* verwandtschaftliche Beziehungen aufgrund pollenmorphologischer Merkmale. *B* Verteilung perigyner (mittelständiger Fruchtknoten) und epigyner (unterständiger Fruchtknoten) Blüten. Ent-

sprechend lassen sich Verteilungsmuster aller beliebigen Merkmale darstellen. Das vorliegende Diagramm versucht, die phylogenetischen Beziehungen zwischen den einzelnen Angiospermenordnungen so gut wie möglich darzustellen.

597

Beispiele hierfür sind der Abbildung 43.4 zu entnehmen. Sie spiegeln nicht nur den unterschiedlichen Umfang einzelner Taxa wider, sondern zeigen zugleich, wie komplex die Beziehungen der Gruppen zueinander sind und welche Affinitäten zwischen ihnen bestehen.

Wie viele Pflanzenarten gibt es, und welchen höheren Taxa sind sie zuzuordnen?

Auskunft auf diese Frage geben die Angaben in Tabelle 2. Die Zahlen sind vermutlich zu niedrig gegriffen. Ständig werden neue Arten entdeckt und beschrieben. Das gilt besonders für Angiospermen der Tropen und anderer wenig bearbeiteter Regionen. Es gilt aber auch für niedere Pflanzen, wie z.B. die einzelligen oder wenigzelligen Algen, über deren Verbreitung wir nur lückenhafte Kenntnisse haben. Wie bereits erwähnt, wissen wir meist noch zu wenig über die intraspezifische Variation, um mit Sicherheit sagen zu können, ob zwei Formen derselben oder zwei verschiedenen Arten zuzusprechen sind. Nicht selten werden daher bei der Neubearbeitung einzelner Gruppen Namen in Synonyme gesetzt. so sind z.B in den letzen Jahrzehnten in verschiedenen Instituten Algen (und andere niedere Pflanzen) in Kultur genommen worden. Oft zeigte sich dabei, daß sie in Kultur scheinbar abartige Form annahmen. Solche Befunde sind aber nichts anderes als die Reaktion auf eine neuartige Umwelt. An keinem natürlichen Standort sind die Lebensbedingungen das ganze Jahr über konstant, ist die Versorgung mit Nährstoffen gesichert, unterliegt der Licht-Dunkel-Wechsel einem ständig unveränderten Rhythmus. Durch Änderungen der Kulturbedingungen, oder nach Wechselwirkung mit anderen Arten (Parasiten oder Symbionten), wurde wiederholt eine Steigerung der Variationsbreite festgestellt. Es traten dabei Formen auf, die man als neue Arten beschrieben hätte, hätte man sie aus der Natur isoliert. Bereits diese Bemerkung reicht aus, um sagen zu können, daß man die exakte Artenzahl wohl nie wird ermitteln können.

Tabelle 2. Artenzahlen rezenter Pflanzen

Taxon	bisher beschrieben
Gesamtzahl (einschl. Cyanophyta)	ca. 325 000 (425 000)
Cyanophyta	2 000
Chlorophyta	11 000
Chrysophyta (incl. Bacillariophyceae)	13 000
restliche Algengruppen	8 600
Bryophyta	26 000
Pteridophyta	12 000
Gymnospermae	800
Angiospermae	250 000 vermutlich: 350 000

(nach: Biologische Systematik. Denkschrift der Deutschen Forschungsgemeinschaft, 1982)

Seltene Arten, die z.B. im vergangenen Jahrhundert beschrieben und heute nicht mehr auffindbar sind, können durchaus auch ohne menschliches Dazutun verschwunden oder in neuen Arten aufgegangen sein. Andererseits wirkt sich die Veränderung der Umwelt durch den Menschen negativ aus. Der Raubbau an der Landschaft, die Verunreinigung der Gewässer in allen Teilen der Erde, führt zu einer rapiden Verarmung an Arten. Hiervon sind besonders die artenreichen Gebiete in den feuchten Tropen betroffen. Seltene, vom Aussterben bedrohte Arten werden (z.B. in Mitteleuropa) in „roten Listen" geführt. Der Umfang dieser Listen nimmt von Jahr zu Jahr zu. So sind z.B. von den 2352 auf dem Gebiet der Bundesrepublik Deutschland festgestellten Arten von Farn- und Blütenpflanzen 56 nicht mehr auffindbar, 180 sind „akut gefährdet", 170 „stark gefährdet" und 237 „gefährdet". Darüber hinaus sind weitere 280 allein aufgrund ihrer Seltenheit in ihrem Fortbestand in Gefahr. Somit sind insgesamt 39% aller einheimischen Arten in ihrer Existenz in der Bundesrepublik bedroht (H. Sukopp, 1974).

Bewertung morphologischer, anatomischer und cytologischer Merkmale

Die Bedeutung cytologischer Merkmale zur Klärung systematischer Probleme wurde im Rahmen des Kapitels Evolutionsforschung diskutiert (s. Kap. 37–39), die der anatomischen Merkmale im Zusammenhang mit der Beschreibung der Angiospermenholzentwicklung (s. Kap. 6).

In der Systematik ist es üblich, morphologische Merkmale als Grundlage einer jeden Klassifikation heranzuziehen. Damit stellen sich folgende Fragen: Was ist ein Merkmal? Wie ist es zu beschreiben? Wie lassen sich Unterschiede zwischen Merkmalspaaren ausdrücken?

Es gibt „gute" und „schlechte" Merkmale. Unter „guten" versteht man solche, die sich stabil verhalten, eine geringe Variabilität aufweisen und sich von anderen diskontinuierlich unterscheiden. Ihre Ausprägung ist vornehmlich genetisch determiniert und wird durch Umweltfaktoren nur wenig beeinflußt.

„Schlechte" Merkmale zeichnen sich durch Instabilität und/oder eine hohe Variabilität aus. Auch ihre Ausprägung wird durch das Genom gesteuert, Umwelteinflüsse und/oder genetischer Polymorphismus üben einen stark modifizierten Einfluß aus.

Selbst bei „guten" Merkmalen steht man oft vor der Schwierigkeit, einen Sachverhalt eindeutig wiederzugeben. So sind z.B. Blätter vieler Ranunculaceen- und Umbelliferen-Arten (und die vieler anderer Familien) gelappt und gefiedert. Doch das, was man mit den gleichen Worten belegt, sieht in den genannten Familien ganz anders aus.

Welche Merkmale sind taxonomisch brauchbar? Auch auf diese Frage gibt es keine klare Antwort. Zunächst, in den einzelnen Pflanzengruppen (Abtei-

598

lungen), berücksichtigt man unterschiedliche Merkmale. Die wichtigste Unterscheidung ist die zwischen primitiven (ursprünglichen) und abgeleiteten Merkmalen. In der Systematik der Algen werden Abteilungen u.a. nach chemischen Kriterien abgegrenzt (s. Kap. 44). Man sollte sich aber im klaren sein, daß dabei Produkte des Primärstoffwechsels betrachtet werden. Anders bei der sogenannten Chemotaxonomie der Angiospermen, bei der die Evolution des Sekundärstoffwechsels berücksichtigt wird.

Die Taxonomie der Algen ist trotz vieler Bemühungen über die Anfänge eines intergrierenden, phylogenetischen Konzepts nicht hinausgekommen. In der Klassifikation werden die einzelnen Abteilungen (und innerhalb der Abteilungen die Klassen, Ordnungen und Familien) meist beziehungslos nebeneinandergestellt. Die Situation beginnt sich erst langsam durch den Einsatz neuer Methoden, z.B. der Elektronenmikroskopie, zu bessern; cytologische Daten sind spärlich. Man kennt eine Fülle „guter" Merkmale, durch die sich einzelne Arten oder Gattungen charakterisieren lassen: Kappenzellen bei *Oedogonium,* spiralig gewundener Chloroplast bei *Spirogyra* usw. Ohne Zweifel handelt es sich dabei um Spezialisierungserscheinungen (angeleitete Merkmale, einseitige Vervollkommnungen), deren adaptiven Wert wir meist aber nicht kennen. Im Evolutionsgeschehen repräsentieren diese Entwicklungen Sackgassen.

Primitive (ursprüngliche) oder unspezialisierte Merkmale einerseits, fortentwickelte (progressive), abgeleitete oder spezialisierte andererseits

Primitiv und fortentwickelt sind relative Bewertungen. Sie sind wertlos, solange man sie nicht auf einen bestimmten Standard bezieht. Für jedes Taxon, für jede phylogenetische Verwandtschaftsgruppe und Abstammungslinie, sind die Bewertungen neu festzulegen. Als primitiv gilt dabei das, was ursprünglich (bei den Vorfahren) ausgeprägt war, fortentwickelt ist jenes, was deren Nachkommen erwarben.

Selbst wenn man sich bei einem bestimmten Merkmalspaar darüber im klaren ist, was primitiv und was abgeleitet ist, kann es je nach Situation entweder zur Unterscheidung zweier Arten, zweier Gattungen oder zweier Familien herangezogen werden. Dazu nur ein Beispiel: Holzpflanzen (primitiv) – Kräuter (abgeleitet). Das Merkmalspaar ist geeignet, die beiden Arten *Mimulus longiflorus* und *Mimulus clevelandii,* die beiden Gattungen *Zanthorhiza* und *Coptis* (Ranunculaceen) und die beiden Familien Myrsinaceae und Primulaceae voneinander zu unterscheiden. Wie schon im vorigen Kapitel abgeleitet, erfolgt die Evolution auf den unterschiedlichen Organisationsebenen mit unterschiedlicher Geschwindigkeit. So wird z.B. die Gattung *Delphinium* zu den insgesamt gesehen primitiven Ranunculaceae gestellt. Wie bei den übrigen Gattungen dieser Familie sind die vegetativen Merkmale primitiv ausgebildet, es bestehen cytologische Gemeinsamkeiten. Die *Delphinium*-Blüte hingegen ist hochgradig spezialisiert: Zygomorph mit nektarenthaltendem Sporn, so wie wir es sonst bei hochentwickelten Familien (Scrophulariaceae, Labiatae) antreffen. Gerade bei primitiven Familien findet man oft, daß einzelne Merkmale wesentlich höher entwickelt sind als die übrigen. Bei hochentwickelten Familien, so z.B. bei den gerade genannten, findet man kaum noch ursprüngliche Merkmale.

Die Merkmale am Vegetationskörper der Angiospermen können in vier Komplexe untergliedert werden, die sich unterschiedlich schnell fortentwickeln:
– unterirdische Teile,
– oberirdischer Sproß (vegetative Merkmale),
– Blüten,
– Früchte.
Merkmale in jeder dieser Gruppen sind adaptiv; sie unterliegen aber unterschiedlichen Selektionskriterien.

Wegen der damit zusammenhängenden unterschiedlichen Evolutionsgeschwindigkeiten einzelner Komponenten ist es oft sehr schwierig zu entscheiden, welches von zwei Taxa das fortschrittlichere ist.

Um überhaupt zu sicheren Aussagen zu kommen, müssen möglichst viele Merkmale gleichzeitig bewertet werden. Wenn man das tut, läßt sich die bereits aufgestellte Behauptung, die Ranunculaceae seien primitiv, die Labiatae und Scrophulariaceae abgeleitet, belegen.

Weitere Schwierigkeiten: Die Evolutionsrate einzelner Merkmale variiert in den einzelnen Stammeslinien. Ein wenig spezialisiertes Taxon kann wesentlich jünger als ein spezialisiertes sein, weil letzteres sich schneller als das erste verändert.

Homologie und Analogie; Parallelismus und Konvergenz

Von Homologie spricht man immer dann, wenn zwei oder mehr Strukturen von einer gemeinsamen Struktur eines Vorfahren ableitbar sind. Unter Analogie versteht man die Ausbildung gleichartiger Merkmale aufgrund eines gleichartigen Selektionsdrucks. Eines der bekanntesten Beispiele hierfür stammt aus dem Tierreich: Schwarz-gelb ist eine Warnfarbe. Schwarzgelb gemusterte Arten kommen unter den Insekten (z.B. Wespen) und unter den Wirbeltieren (z.B. Feuersalamander) vor. Doch weder die Anlage der Muster noch die chemische Zusammensetzung der Farbstoffe haben irgend etwas Gemeinsames. Ein Beispiel aus dem Pflanzenreich zeigt die Abbildung 43.5.

Außer durch die Begriffe Homologie – Analogie versucht man, einige Erscheinungen durch Parallelismus und Konvergenz (= Parallelentwicklung und konvergente Entwicklung) zu deuten.

Unter Parallelismus versteht man das unabhängige Auftreten ähnlicher Erscheinungen (Änderungen) in Gruppen, die sich auf gemeinsame Vorfahren und

599

Abb. 43.5a. Ein Beispiel für Analogie. Die Dornen der Kakteen (a, hier *Pyrrhocactus spec.*) sind verdornte und gestauchte Kurztriebe. Sie treten in Fünfergruppen auf. Die Dornen von Euphorbiaceen (b, hier *Euphorbia arashmontana*) sind umgewandelte Nebenblätter (Nebenblattdornen; sie sind also den Nebenblättern anderer Pflanzen homolog). Sie kommen paarweise vor.

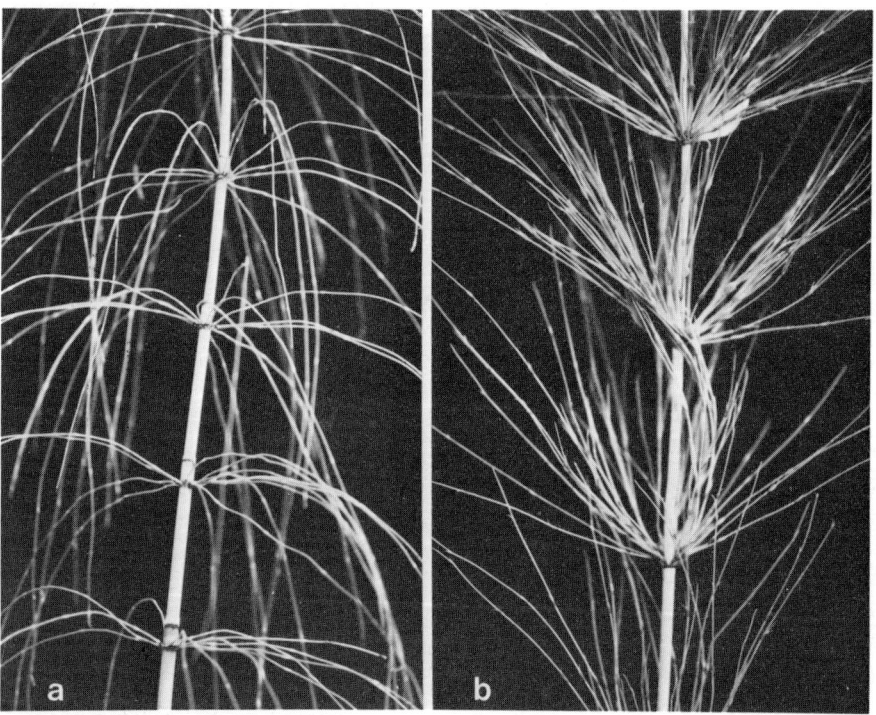

Abb. 43.5b. Ein Beispiel für Konvergenz. Unter Konvergenz wird das Zusammenkommen vieler analoger Merkmale verstanden, die die Gesamtgestalt verändern. Gewisse Schachtelhalme (a, hier *Equisetum giganteum*) ähneln der südafrikanischen Restionaceenart *Elegia verticillata (b)* (Die Restionaceae sind mit den Gräsern verwandt). Als ein weiteres Beispiel für Konvergenz könnte man auch die unter Abbildung 43.5a vorgestellten Kakteen und Euphorbien nennen, wenn man nicht allein die Dornen betrachten würde, sondern auch die Stammsukkulenz und den Gesamthabitus der Pflanzen in die Betrachtung mit einbeziehen würde.

damit auf eine gemeinsame genetische Basis zurückführen lassen.

Unter Konvergenz wird die zunehmende Ähnlichkeit (von Organen oder Organismen) zweier phylogenetisch unabhängiger Linien bei gleichem Selektionsdruck verstanden. Mit zunehmender Artenzahl steigt die Wahrscheinlichkeit des Auftretens von Konvergenzen (s. Abb. 43.6).

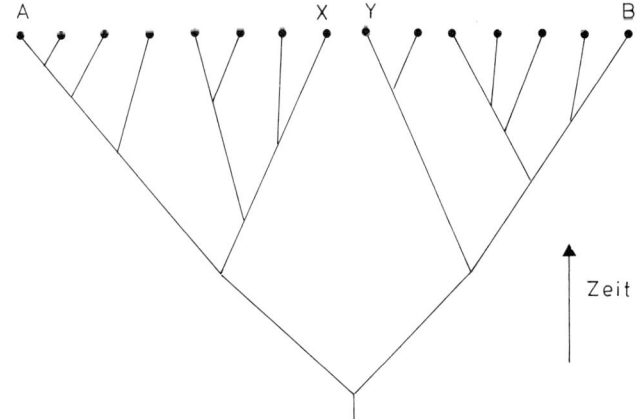

Abb. 43.6. Spezialisierung kann zu Konvergenz führen (ebenso zu Divergenz) In der Horizontalen ist die morphologische Divergenz (Unähnlichkeit) dargestellt. Die Zeitachse spiegelt die phylogenetische Verwandtschaft wider. Obwohl X und Y phylogenetisch einander weniger nahestehen als zu A und zu B, zeichnen sie sich durch große morphologische Ähnlichkeit aus.

Chemotaxonomie: Welche Rolle spielen Verbreitung und Vorkommen sekundärer Pflanzenstoffe zur Klärung taxonomischer Probleme?

Sekundäre Pflanzenstoffe leiten sich von Endprodukten des Primärstoffwechsels ab, die durch z.T. hoch spezialisierte Biosynthesewege zu den Produkten des Sekundärstoffwechsels umgewandelt werden (s. Kap. 20). Die Komplexität eines Moleküls hängt von der Zahl der Stufen im Biosyntheseprozeß ab. In kaum einer Organismengruppe sind derartige Reaktionen so vielgestalt, und folglich auch deren Endprodukte so vielfältig, wie bei den Pflanzen.

Oft wurde behauptet, die Produkte des Sekundärstoffwechsels seien Ballast, den die Pflanzenzelle (meist in der Vakuole) speichern muß, weil sie über keine Ausscheidungsorgane für diese Substanzen verfügt. Dieses Argument ist wenig überzeugend, denn ihre Produktion ist extrem energieaufwendig. In vielen Stoffklassen ist ein *turn over* nachweisbar, und wie schon dargestellt, (s. Kap. 43) besteht kein Zweifel darüber, daß viele der sekundären Pflanzenstoffe tatsächlich einen echten Selektionsvorteil haben. Sekundäre Stoffwechselprodukte sind in Pflanzen in unterschiedlichen Konzentrationen enthalten. Bei deren Analyse konzentriert man sich meist auf solche Substanzen, die in den betreffenden Pflanzen reichlich vorhanden sind, leicht nachweisbar sind und über deren Biosynthese – zumindest weitgehend – Klarheit herrscht.

In dieser Aussage liegt bereits eine Schwäche des Verfahrens. Man betrachtet nämlich nicht alle Substanzen, sondern nur das, was sich als praktikabel erweist (= eine Stichprobe). In den letzten Jahrzehnten sind Methoden entwickelt worden, um Substanzen billig, reproduzierbar, schnell und gleichzeitig bei einer Vielzahl von Proben zu bestimmen. Es werden nur geringe Ausgangsmengen benötigt. In Einzelfällen lassen sich Substanzen auch noch in Herbarmaterial nachweisen.

Eine herausragende Bedeutung kommt dabei den chromatographischen Verfahren (Papierchromatographie, Dünnschichtchromatographie) zur Diagnose kleiner Moleküle zu, der Gelelektrophorese zum Studium der Makromoleküle (s. folgenden Abschnitt).

Wegen des großen experimentellen Aufwands werden die Säulenchromatographie und die Gaschromatographie (letztere zur Identifikation gasförmiger Komponenten) für systematische Untersuchungen wenig genutzt.

Ein Vorteil der Chromatographie besteht darin, ein Substanzgemisch in einem Arbeitsgang auftrennen und die einzelnen Komponenten gleichzeitig identifizieren zu können. Dabei lassen sich nicht nur gefärbte Substanzen (oder solche, die UV absorbieren) erkennen, sondern auch jene, die durch einfache chemische Reaktionen direkt auf dem Träger (Papier, Silikatschicht usw.) anfärbbar sind.

Die Nützlichkeit der Chromatographie sei an einem Beispiel erläutert: In Farnen kommen verschiedene Flavonoide vor. Die Art *Asplenium kentuckiense* wurde als ein allopolyploider Bastard beschrieben. Wie Karyotypanalysen zeigten, enthält sein Genom die Genome der drei Arten *Asplenium rhizophyllum*, *Asplenium montanum* und *Asplenium platyneuron*. Die Flavonoide der Ausgangsarten unterscheiden sich voneinander, sind chromatographisch identifizierbar. Mehrere von ihnen ergeben ein Muster (einen *fingerprint*), das für die jeweilige Art, aus der das Gemisch gewonnen wurde, charakteristisch ist. Wie die Abbildung 43.7 zeigt, setzt sich das Flavonoidmuster in dem Bastard aus den Mustern der drei Ausgangsarten zusammen. Die biochemische Analyse steht damit in voller Übereinstimmung mit den cytologischen (karyologischen) Befunden.

Eine veränderte Position im Chromatogramm bedeutet Bildung eines Produkts, das der Referenzprobe ähnelt, ihr aber nicht gleicht.

Zum Beispiel weiß man, daß Flavonoide in der 8-Position (s. Abb. 43.8) oder der 6-Position eine -OH-Gruppe tragen können und sich daher chromatographisch voneinander unterscheiden. Vergleichende systematische Untersuchungen ergaben, daß bei

601

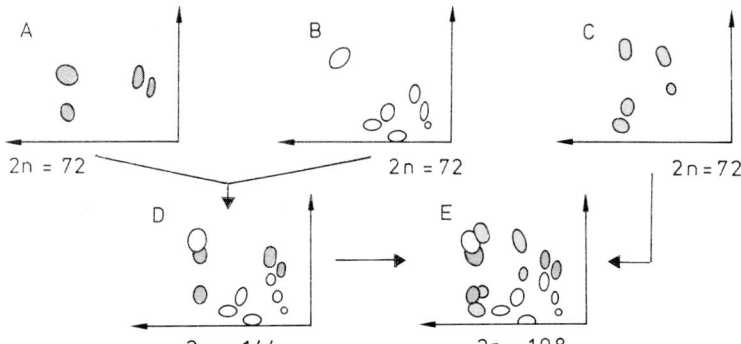

den Dikotyledonen zunächst die Tendenz zur Bildung von Flavonoiden mit der -OH-Gruppe in 8-Position entwickelt wurde, daß der Biosyntheseweg sich bei den entwickelten Taxa dann änderte, so daß wir dort vorwiegend Flavonoide mit der Gruppe in 6-Position finden.

Quantitative Unterschiede beruhen auf unterschiedlicher Effizienz der jeweiligen Biosynthesewege. Es wird nicht das Vorhandensein oder Fehlen von Genen getestet, sondern deren unterschiedliche Regulierbarkeit, oder eine unterschiedliche Regulation auf der Ebene der fertigen Protein(Enzym)-Moleküle.

Auch die Verteilung der Stoffe in der Pflanze variiert. Das Vorkommen vieler Substanzen ist organspezifisch. Man denke dabei nur an blüten- oder fruchtspezifische Stoffe; andere wiederum findet man in einzelnen Organen oder Entwicklungsstufen in unterschiedlicher Konzentration (z.B. Unterschiede zwischen oberen und unteren, jungen und alten Blättern).

Oft findet man in einer Population Individuen, die einen bestimmten Stoff bilden, andere, denen er fehlt.

Wir haben es hier also wieder mit einem typischen polymorphen Merkmal zu tun. Neben diskontinuierlichen Unterschieden kommen auch graduelle vor, die auf Multigenwirkung oder eine komplexe Wechselwirkung zwischen Genom und Umwelteinflüssen hinweisen. (Die Chlorophyllsynthese z.B. erfolgt bei den meisten höheren Pflanzen nur nach Belichtung; doch wie Ausnahmen belegen, geht es im Prinzip auch ohne.)

Ferner gibt es populationsspezifische Muster, die mit geographischer Verbreitung oder ökologischen Ansprüchen zusammenfallen, wobei man es mit Merkmalen lokaler Populationen zu tun haben kann.

Schließlich wäre noch ein letzter Einwand vorzutragen, der gegen die Auswertung sekundärer Pflanzenstoffe als Merkmal sprechen könnte. Wie im Kapitel 20 dargelegt (s.a. Abb. 20.1), werden in verschiedenen, meist nicht verwandten Arten (oder anderer Taxa) etliche Substanzen auf verschiedene Weise synthetisiert, obwohl am Ende gleiche oder nahezu gleiche Produkte entstehen.

Abb. 43.8. Evolution gelber Flavonole in einer Unterfamilie (Anthemidae) der Compositen. Es wird zwischen den Ringsystemen *A* und *B* unterschieden. Die Atome im Ring *A* werden durch einfache Ziffern gekennzeichnet, die in *B* tragen einen Strich (z.B. 3′). *1* Wechsel der -OH Gruppe von 8- zu 6-Stellung (in Ring *A*); *2* Methylierung in 6-Stellung; *3* Methylierung in 3′-Stellung (in Ring *B*). (V.H. Heywood *et al.*, 1977)

602

Es gilt die Regel, daß die Wahrscheinlichkeit, mit der eine Substanz auf unterschiedlichen Wegen gebildet wird, mit zunehmender Komplexität ihrer chemischen Struktur abnimmt. Das gilt somit nicht für Substanzen, deren Biosynthese (vom Endprodukt des Primärstoffwechsels ab) nur einen Schritt erfordert. So findet man z.B. Nicotin in der Gattung *Nicotiana* und in Schachtelhalmen *(Equisetum)*. Coffein tritt in vielen, z.T. nicht verwandten Angiospermenfamilien auf.

Es gibt eine ganze Reihe von Substanzen, die für bestimmte Pflanzengruppen typisch sind. Daher wurde der Vorschlag gemacht, sie für die Großgliederung der Gymno- und Angiospermengruppen mit heranzuziehen.

So enthalten z.B. die meisten Coniferen der nördlichen Hemisphäre Terpene; Alkaloide sind bei den Ranunculaceen verbreitet, Tannine bei Fagaceen usw. Einige Substanzen sind weit verbreitet, fehlen aber in einzelnen Taxa; beispielsweise fehlt die Ellagsäure bei den meisten Gattungen einer Unterfamilie der Rosaceen. Andere Substanzen sind für nur eine Familie, Gattung oder Art charakteristisch. So findet man die Aminosäure Canavanin nur bei den Leguminosen und das Monosaccharid Acofriose nur in *Acokanthera friesiorum* (Familie Apocynaceae).

In einigen Familien, z.B. den Euphorbiaceae, den Apocynaceae und den Asclepiadaceae, kommen komplex strukturierte, latexhaltige „flüssige Gewebe" vor. Ein ähnliches System kennzeichnet eine Tribus der Compositae: die Cichoriae; den anderen Triben fehlt es, statt dessen findet man dort oft aromatische Harze.

Auffallend ist die alternative Ausprägung der Blütenfarbstoffe: Anthocyane einerseits, Betalaine (Betacyanin, Betaxanthin) andererseits. Letztere sind auf die meisten Familien einer Gruppe mit der alten Bezeichnung Centrospermae beschränkt.

Wie die Listen in Tabelle 3 zeigen, müßte man nach diesem Merkmal die Cactaceae den Centrospermae zuordnen, die Molluginaceae und die Caryophyllaceae aber ausschließen. Hier führen morphologische

Daten und Biochemie der Blütenfarbstoffe also zu unterschiedlicher Bewertung. Durch elektronenmikroskopische Untersuchungen zeigten H.-D. Behnke und B.L. Turner (1971), daß sich die beiden zuletzt genannten Familien auch durch strukturelle Unterschiede ihrer Siebröhrenplastiden (s. Abb. 49.6) von den übrigen Centrospermae unterscheiden. Dieser Befund stützt die durch Blütenfarbstoffanalyse gewonnene Klassifikation. Demnach hat man die Centrospermae (= Unterklasse Caryophyllidae) in die Ordnungen Caryophyllales und Chenopodiales aufgeteilt (s. Kap. 49).

Die Analyse sekundärer Pflanzenstoffe eignet sich auch, um die geographische Ausbreitung von Pflanzenarten und den Diversifikationprozeß nachzuvollziehen.

In der im tropischen Südamerika verbreiteten Lauraceengattung *Aniba* kommen artspezifisch alternativ entweder Neolignane oder Pyrone vor. Beide Stoffklassen werden über den Shikimatweg gebildet; im zweiten Teil der Biosynthesekette trennen sich die Wege, und nur einer kann eingeschlagen werden. Die Verbreitungsgebiete der einzelnen Arten weisen darauf hin, daß Arten mit gleichen Endprodukten allopatrisch oder vikariierend sind. Sympatrisch sind nur solche *Aniba*-Arten, die sich in bezug auf die obengenannten Stoffe unterscheiden.

In Gentianaceen kommen Xanthone vor. Das Xanthonringsystem ist bei europäischen Arten einfach gebaut, in nordamerikanischen ist der Ring A modifiziert, in asiatischen der Ring B. Dies wiederum legt die Annahme nahe, daß die Gentianaceen in Europa ihren Ursprung hatten und sich von dort aus unabhängig in Richtung Asien und Nordamerika ausgebreitet haben (O.R. Gottlieb und K. Kubitzki, 1983).

Im Verlauf der Evolution nimmt in der Regel die Komplexität auf verschiedenen Ebenen zu.

Nachdem ein Maximum erreicht ist, kommt es oft wieder zum Abbau, bzw. zu einer Vereinfachung oder Verkürzung von Reaktionswegen. So war die Bildung von Holz eine Voraussetzung zur Evolution großer

Tabelle 3. Drei Möglichkeiten der Klassifizierung der Centrospermae und ihrer Verwandten. (Einteilung nach Siebzellenplastiden: H.-D. Behnke und B.L. Turner, 1971, nach P.M. Smith, 1976)

konventionelle Einteilung	Einteilung aufgrund der Anwesenheit von Betalainen	Einteilung aufgrund der Siebzellenplastidenstruktur
Centrospermae	**Centrospermae**	**Caryophyllidae**
Molluginaceae	Aizoaceae*	Caryophyllales
Caryophyllaceae	Portulaceae*	Caryophyllaceae
Aizoaceae*	Phytolaccaceae*	Molluginaceae
Portulacaceae*	Chenopodiaceae*	Chenopodiales
Phytolaccaceae*	Amaranthaceae*	Phytolaccaceae*
Chenopodiaceae*	Didiereaceae*	Nyctaginaceae*
Amaranthaceae*	Nyctaginaceae*	Cactaceae*
Didiereaceae*	Basellaceae*	Aizoaceae*
Nyctaginaceae*	Cactaceae*	Portulacaceae*
Basellaceae*	**ausgeschlossen werden:**	Basellaceae*
Cactales	Molluginaceae	Chenopodiaceae*
Cactaceae*	Caryophyllaceae	Amaranthaceae*

Familien, die durch * markiert sind, enthalten Betalaine.

Landpflanzen. Bäume findet man unter den Pteridophyten, dann sogar ausschließlich in der Gruppe der Gymnospermen, und schließlich in vielen, vor allem primitiven Angiospermenfamilien. Im Verlauf der Diversifikation der Angiospermen trat sekundäres Dickenwachstum mehr und mehr in den Hintergrund. Kräuter gewannen in vielen Biotopen die Überhand, und vielfach eroberten sie Standorte, die für Bäume verschlossen waren. Mit zunehmender Vervollkommnung dieser Entwicklung ging die Verkürzung der Biosynthesewege bestimmter sekundärer Pflanzenstoffe einher (s. Abb. 43.9). Die Ausgangsstoffe für das nur noch in geringer Menge benötigte Lignin konnten zur Produktion neuer Substanzen eingesetzt werden. Einerseits sparte die Pflanze damit Energie

ein, ein ganz wesentlicher Punkt, um von perennierender zu annueller Lebensweise überzugehen, andererseits erweiterte sich das Spektrum der sekundären Pflanzenstoffe. Viele dieser Stoffe sind toxisch, sie sind als Abwehrstoffe gegen Insekten, andere Invertebraten und Vertebraten herausgezüchtet worden (E. Stahl, 1888). Die Vielfalt der Stoffe ermöglicht eine Entstehung zahlreicher Abwehrstrategien, das wiederum ist vorteilhaft, denn gegen eine einzige Abwehrstrategie könnten die Tiere ihrerseits leicht Mechanismen entwickeln, um sie außer Kraft zu setzen.

Wie die vorstehenden Beispiele zeigten, ist die Chemotaxonomie ein geeignetes Hilfsmittel zur Klärung vieler Einzelfragen. Man kann aber nicht sagen, sie sei dem konventionellen Vorgehen (Vergleich und Aus-

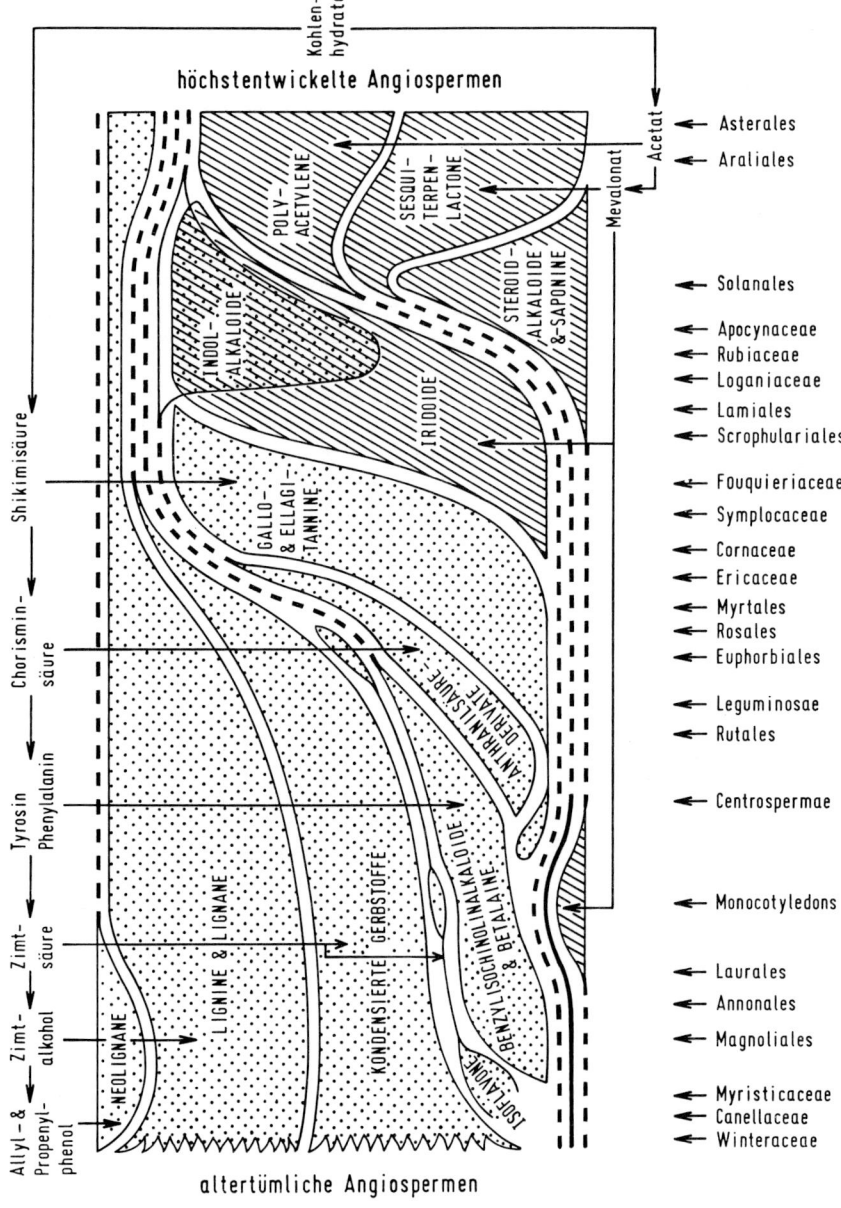

Abb. 43.9. Verkürzung von Biosynthesewegen im Verlauf der Angiospermenevolution. Verteilung einiger biogenetischer Gruppen von sekundären Pflanzenstoffen mit allelochemischer Wirkung bei den Angiospermen. Das Schema zeigt, daß Derivate des Shikimat-Weges (punktiert, die biogenetische Folge der Vorstufen) zunehmend von solchen des Mevalonat- und Acetat-Weges (schraffiert, Vorstufen unten) ersetzt werden (Entstehung krautiger Formen!). Die Beteiligung von Acetat bei kondensierten Gerbstoffen und Isoflavonen ist nicht berücksichtigt. Die angegebenen Familien und Ordnungen sind Beispiele für die jeweiligen Konstellationen von Pflanzenstoffen. Ein lineares Abstammungsverhältnis zwischen ihnen wird nicht angenommen. (K. Kubitzki, O.R. Gottlieb, 1984)

wertung morphologischer Merkmale) überlegen und in der Lage, alle offenen Probleme zu klären.

Zu welchen Ergebnissen führte das vergleichende Studium von Nukleotidsequenzen? Eignen sich Vergleiche proteinchemischer Daten, um die Phylogenie der Arten objektiver zu erfassen als durch Vergleiche morphologischer Merkmale?

Die erste Frage ist am einfachsten zu beantworten. Das vergleichende Studium bestimmter Nukleinsäurerefraktionen (rRNS) führte
- zur Einteilung der Prokaryoten in Eu- und Archaebakterien,
- zum Nachweis von Homologien zwischen der rRNS aus Chloroplasten und Cyanophyceen (s. Kap. 42). Dies erwies sich als sicherste Stütze der Endosymbiontenhypothese,
- zur Eingrenzung des Zeitpunkts der Abzweigung einzelner Stammeslinien im Pflanzenreich (H. Hori et al., 1985).

Die Bestimmung der Nukleotidsequenzen einzelner Gene steckt noch in den Anfängen. Die vorliegenden Daten sind bei weitem nicht ausreichend, um sie als Entscheidungshilfe für systematische Fragen nutzen zu können.

Anders sieht es bei den Proteinen aus. Nachdem F. Sanger (MRC Laboratory of Molecular Biology, Cambridge/Engl.) Mitte der fünfziger Jahre Methoden zur Sequenzierung ausgearbeitet hatte, glaubte man, sie für das Studium phylogenetischer Zusammenhänge nutzen zu können. Ausgangspunkt dieser Überlegung war die Feststellung, daß Proteine primäre Genprodukte seien. Mit anderen Worten: Es seien unveränderte Translationsprodukte. Wenn man von den inzwischen bekannten Einschränkungen (*Processing* von RNS, Posttranslationsmodifikation usw.) absieht, kann man diese Aussage als Arbeitshypothese stehen lassen.

Morphologische Merkmale unterliegen bekanntlich der Selektion. Sie können durch vielerlei Einflüsse abgeändert werden und bringen Systematiker dadurch in Schwierigkeiten, weil sie nicht mehr die Stammesgeschichte allein widerspiegeln. Erschwert wird die Situation zudem noch durch Analogie und Konvergenz.

Durch das Studium von Proteinen hoffte man, diese Probleme umgehen zu können. Man glaubte, von einer nicht-darwinistischen Evolution ausgehen zu können, d.h., einer Anreicherung von Mutationen (hier Veränderungen einzelner Aminosäuren in der Polypeptidkette) als Funktion der Zeit. Man sprach daher auch von einer *molecular clock* oder den „Uhren der Evolution".

Es gibt einige Proteine (z.B. das Cytochrom c, welches einen Schritt in der Atmungskette katalysiert), die relativ leicht aus Zellen der verschiedensten Organismen isolierbar sind. Die Funktion des Cytochroms c ist in allen Organismen die gleiche. Die Aminosäurezusammensetzung seiner Polypeptidkette variiert. Je höher der Verwandtschaftsgrad zwischen zwei Taxa ist, desto größer sind die Gemeinsamkeiten (s. Abb. 43.10). Die Polypeptidkette besteht bei allen Tieren aus 104, bei allen untersuchten höheren Pflanzen aus 112 Aminosäureresten. Wählt man Cytochrom-c-

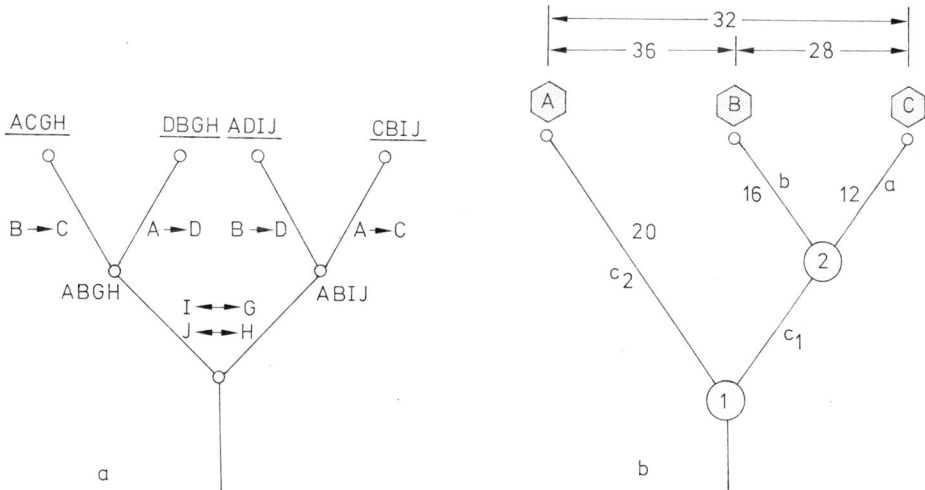

Abb. 43.10. Aufstellung von Stammbäumen aufgrund von Vergleichen verschiedener Aminosäuresequenzen des gleichen Proteins bei verschiedenen Arten. *a* Zuordnung von Sequenzen aufgrund der geringstmöglichen Zahl von Aminosäureveränderungen. Man kann auf diese Weise zurückextrapolieren und die wahrscheinlichsten gemeinsamen Sequenzen ermitteln. *b* Aussagen aufgrund der Zahl der Austausche. Hieraus läßt sich der Grad der Verwandtschaft von Arten ablesen. Wenn zwischen den Arten A und C 32 Austausche liegen, zwischen A und B 36 und zwischen B und C 28, so läßt sich extrapolieren, wie viele davon auf die einzelnen Linien entfallen, nachdem sich die beiden Arten jeweils getrennt voneinander entwickelt haben. (Nach M.O. Dayhoff, 1972)

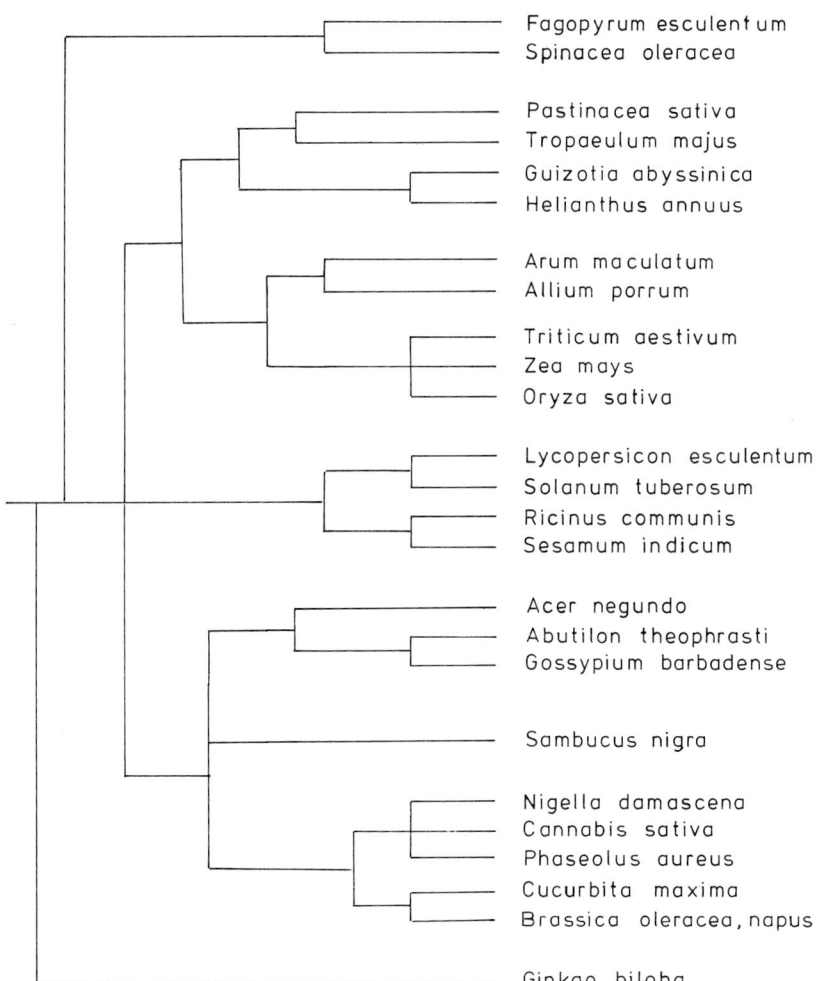

Fagopyrum esculentum
Spinacea oleracea

Pastinacea sativa
Tropaeulum majus
Guizotia abyssinica
Helianthus annuus

Arum maculatum
Allium porrum

Triticum aestivum
Zea mays
Oryza sativa

Lycopersicon esculentum
Solanum tuberosum
Ricinus communis
Sesamum indicum

Acer negundo
Abutilon theophrasti
Gossypium barbadense

Sambucus nigra

Nigella damascena
Cannabis sativa
Phaseolus aureus
Cucurbita maxima
Brassica oleracea, napus

Ginkgo biloba

Abb. 43.11. Darstellung phylogenetischer Beziehungen, die aufgrund von Ähnlichkeiten der Primärstrukturen des Cytochrom c ermittelt wurden. (D. Boulter *et al.,* 1973, J.A.M. Ramshaw, 1982)

Daten von Arten aus verschiedenen Organismenreichen oder Stämmen, zeigt sich, daß die obengenannte Annahme zutreffend ist.

1972 lagen genügend Analysen über das pflanzliche Cytochrom c vor, um einen ersten Versuch zur Rekonstruktion phylogenetischer Zusammenhänge zu wagen (D. Boulter, University of Durham). Bereits dabei zeigte sich, daß diese Daten nicht mit den Verwandtschaftsbeziehungen zwischen Pflanzengruppen übereinstimmten, die man aufgrund traditioneller Methoden erzielt hatte.

Statt in Form eines Baumes, mußten die Cytochrom-c-Daten in Form eines „Strauchs" dargestellt werden (s. Abb. 43.11).

Boulter und Mitarbeiter versuchten die Kontroverse zu lösen, indem sie anstelle des Cytochroms c andere – bei Pflanzen weitverbreitete – Proteine analysierten, z.B. Phycocyanin und einige Ferredoxine. Aber auch hier zeigte sich, daß proteinchemische und allgemein akzeptierte morphologische Daten nicht in Einklang zu bringen waren. Die jeweils homologen Proteine aus nah verwandten Arten, z.B. Cytochrom c aus *Brassica oleracea* und *Brassica napus,* oder Plastocyanin aus zwei *Heracleum*-Arten, oder Ferredoxi-

ne aus mehreren *Equisetum*-Arten, erwiesen sich als gleich oder fast gleich. Hier werden Verwandtschaftsverhältnisse also so widergespiegelt, wie man es erwarten würde. Auch beim Vergleich von verwandten Gattungen schneiden proteinchemische Vergleiche ganz gut ab. So ähnelt z.B. das Ferredoxin von *Triticum* dem von *Aegilops,* und das Plastocyanin von *Solanum tuberosum* dem von *Lycopersicon esculentum.*

Doch auf Familienebene treten meist Diskrepanzen auf. Zwar sind die Ähnlichkeiten innerhalb der Familien so wie erwartet, aber die Beziehungen der Familien zueinander bleiben vielfach unerklärbar.

Woran liegt das? Offensichtlich gibt es auf Proteinebene einen hohen Grad an Polymorphismus. Wie schon des öfteren erwähnt, sind Genduplikationen und Polyploidisierungen im Verlauf der Angiospermenentwicklung häufig anzutreffen. Welches Allel und welches der Gene im einzelnen dabei zum Zuge kommt, ist offen.

Schon das erschwert die Interpretation proteinchemischer Daten.

Ein zweiter, entscheidender Punkt: Es wurde nach und nach deutlich, daß Proteine in ihrer Zusammensetzung ebenso wie alle übrigen Strukturen und Funktionen einer Selektion unterworfen sind. Nur, der Selektionsdruck, der auf ein Protein ausgeübt wird, unterscheidet sich von dem, dem die Individuen ausgesetzt sind (s. Kap. 41 und 42). Die Folge ist eine unterschiedliche Evolutionsgeschwindigkeit der einzelnen Proteine einerseits, der Organismen andererseits. Das beste Beispiel hierfür muß wieder dem Tierreich entnommen werden: Die Variation der Albumine (Blutplasmaproteine) zwischen Froscharten ist gleich groß wie zwischen Säugerarten. Trotz gleichbleibender Änderungsrate der Albumine erfolgte die Evolution körperlicher Merkmale bei den Säugern sehr rasch, bei den Fröschen tat sich dagegen fast nichts.

Diese Einwände machen deutlich, daß man durch die Analyse von Proteinen zwar etwas über Gene bzw. Allele lernen kann, daß aber einzelne exprimierte Gene nur wenig über das Genom und dessen Organisation und Expression aussagen. Zum Verständnis der Evolution und Entwicklung von Organismen ist dies aber auch mit entscheidend.

Näherungsverfahren: Gelelektrophorese, Isoelektrische Fokussierung. Sequenzanalysen von Proteinen sind außerordentlich zeitraubend und kostspielig. Das allein rechtfertigt die Ausarbeitung von Nähe-

rungsverfahren, mit deren Hilfe man die Identität oder Unterschiede zwischen beliebig vielen Proben erfassen kann. Zwei Verfahren haben sich als besonders günstig erwiesen: die Gelelektrophorese (einschließlich einer Variante: der Isoelektrischen Fokussierung s.a. Kap. 17 und 43) und die Serologie. Je nach experimentellem Ansatz lassen sich gelelektrophoretisch das Molekulargewicht, die Anzahl der Ladungen und/oder die Aktivität bestimmter Enzyme bestimmen.

Dadurch ergeben sich Lösungsansätze zu der vorhin aufgeworfenen Problematik: Wie unterscheidet man Proteine als Produkte verschiedener Gene oder Allele?

Die Ergebnisse derartiger Untersuchungen wurden bereits mehrfach ausführlich diskutiert.

Man kann mit Hilfe dieser Technik Allo- und Isoenzymmuster analysieren. Das Studium der Isoenzyme hat maßgeblich zum Fortschritt der Entwicklungsphysiologie beigetragen, das Studium der Alloenzyme zum Fortschritt der Evolutionsforschung und zur Analyse von Populationsstrukturen und Verwandtschaftsverhältnissen. Eine herausragende Rolle spielen dabei die Untersuchungen an der Ribulose-1,5-Bisphosphatcarboxylase (s. Kap. 42).

Serologische Untersuchungsmethoden. Während

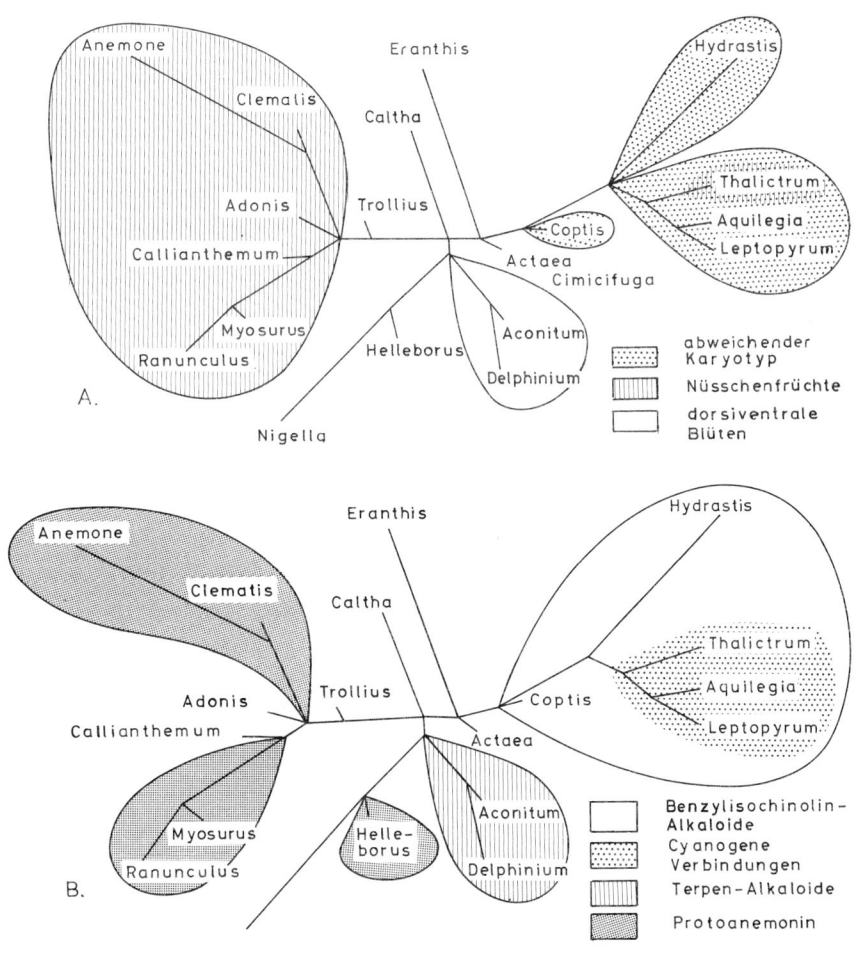

Abb. 43.12. Die Verteilung wichtiger nichtchemischer *(A)* und chemischer *(B)* Merkmale bei den Ranunculaceen auf der Grundlage eines serologisch festgestellten Ähnlichkeitssystems. (Nach D. Frohne und U. Jensen, 1979, 1985)

607

man durch elektrophoretische Analyse vornehmlich Ladungsunterschiede in Proteinen erfaßt, lassen sich mit serologischen Verfahren unterschiedliche Oberflächenstrukturen von Proteinen nachweisen. Ein Antikörper gegen Protein A wird mit einem Protein B nur dann reagieren (eine Kreuzreaktion zeigen), wenn beide gemeinsame antigene Determinanten an ihren Oberflächen exponiert haben (s. Kap. 17). Je größer die Gemeinsamkeiten, desto deutlicher fällt die Kreuzreaktion aus.

In einer Polypeptidkette mit über 100 Aminosäureresten genügt bereits ein veränderter Aminosäurerest, um einen serologischen Unterschied sichtbar werden zu lassen (s. Abb. 35.7). In kleinen monomeren Proteinen beeinflußt praktisch jede Aminosäureveränderung (Mutation) die Oberfläche und wird daher serologisch erkannt. In großen multimeren Proteinen ist das nicht immer der Fall.

Der Grad serologischer Verwandtschaft ist von verschiedenen Autoren zum Studium phylogenetischer Zusammenhänge von Taxa unterschiedlicher Kategorien herangezogen worden. Als Proteine eignen sich vorzugsweise die aus Samen isolierten Speicherprotei-

ne sowie eine Anzahl von Enzymen. Auch die so gewonnenen Ergebnisse zeigen, wie wichtig es ist, Merkmale zu studieren, die sich von den übrigen Merkmalssätzen unterscheiden. Verwandtschaft zwischen Arten, Gattungen und Familien ist nachweisbar, die Daten können zu Dendrogrammen zusammengefaßt werden. Vielfach, doch nicht immer, stimmen serologische Verwandtschaft und morphologisch nachgewiesene Verwandtschaft miteinander überein; gelegentlich gaben die serologischen Befunde den Ausschlag, fragliche Verhältnisse zu klären (s. Abb. 43.12).

Gliederung des Pflanzenreichs

Es hat nie an Bemühungen gefehlt, eine Gliederung des Pflanzenreichs zu etablieren. In der Tat gibt es einige klar umrissene Gruppen wie die Algen, Farne, Moose und die Blütenpflanzen. Letztere lassen sich ebenso klar in Gymnospermae und Angiospermae (Nackt- und Bedecktsamer) untergliedern.

Wie lassen sich die genannten Gruppen aber einander zuordnen? Es gibt die Untergliederung in Krypto-

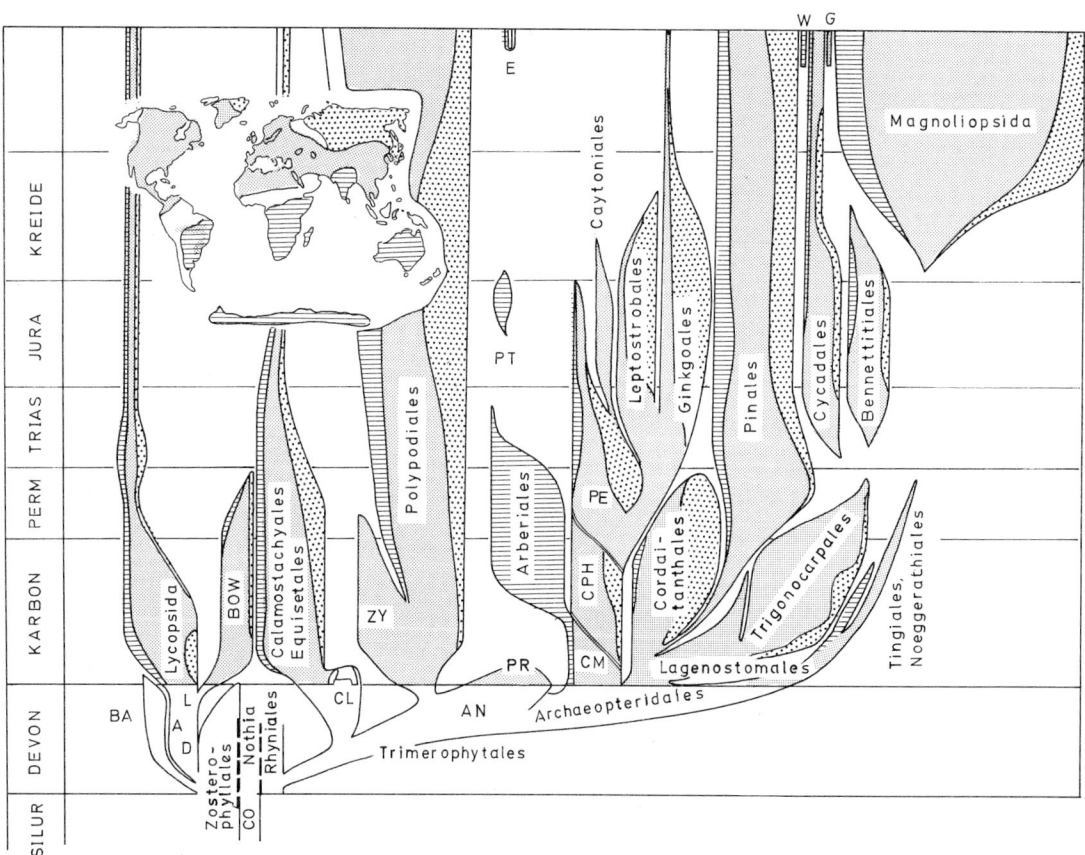

Abb. 43.13. Modellvorstellung über die Phylogenie der Gefäßpflanzen sowie geographische Verbreitung der wichtigsten Stammeslinien. Die Karte (Einsatz) zeigt die Vegetationszonen im Spätpaläozoikum (Karbon, Perm). Abkürzungen, soweit Bezeichnungen, die in der Abbildung nicht ausgeschrieben sind: CO: Cooksonia BA: Barinophytales

D: Drepanophycus, A: Asteroxylon, L: Leclercgia, BOW: Bowmanitales CL: Cladoxylales, ZY: Zygopteridales AN: Aneurophytales PR: Protopityales CM: Calamopityales, CPH: Callistophytales, PE: Peltaspermales PI: Pentoxales, E: Ephedrales, W: Welwitschiales, G: Gnetales. (S.V. Meyen 1984)

gamen (blütenlose Pflanzen) und Phanerogamen (Blütenpflanzen), das ist problemlos. Daneben gibt es eine Untergliederung aufgrund der Architektur des Vegetationskörpers: Thallophyten und Kormophyten. Die Gruppe der Thallophyten umfaßt – keine Frage – die Algen, dann aber auch die Pilze und Flechten und… die Lebermoose? Zu den Kormophyten, deren Vegetationskörper in Sproß und Wurzel (oder Rhizoid) differenziert ist, rechnet man die Farne (Pteridophyta), die Laubmoose (Musci) und die Blüten- oder Samenpflanzen (Phanerogamen oder Spermatophyta).

Was ist eine Abteilung, was ist eine Klasse? Die Gruppe der Algen – im systematischen Sinne – gibt es gar nicht, denn einige große Algengruppen (Klassen? Abteilungen?) wie Rotalgen (Rhodophyta), Grünalgen (Chlorophyta), oder Braunalgen (Phaeophyta) sind polyphyletischen Ursprungs, die Blaualgen (Cyanophyta oder Cyanobacteria) gehören sowieso zu den Prokaryoten. Die Farne und farnähnlichen Pflanzen (Pteridophyta) hingegen sind eine relativ homogene Gruppe, die man als Abteilung einstufen dürfte.

Über die Moose ist das letzte Wort noch nicht gesprochen. Ob man die beiden bekannten Untergruppen Laub- und Lebermoose (neben zwei bis drei anderen Gruppen) als gleichwertige Taxa nebeneinander stehen lassen darf, wird die Zukunft erweisen.

Angiospermae und Gymnospermae wurden zu Beginn des Jahrhunderts als Klassen geführt, derzeit wird darüber diskutiert, ob sie als Unterabteilungen oder sogar Abteilungen einzustufen sind. Die Gymnospermen sind bestimmt kein einheitliches (= monophyletisches) Taxon, sie enthalten mindestens zwei Gruppen; die Angiospermen hingegen sind es. Der Kompromiß: Unterabteilung für die beiden Gymnospermengruppen (Coniferophytina und Cycadinophytina) und die entsprechende Bezeichnung für die Angiospermen (Magniliophytina), scheint im Augenblick wohl die beste Lösung zu sein. Die übergeordnete Abteilung wäre dann Spermatophyta (Samenpflanzen).

Es ist schon oft versucht worden, die Phylogenie der einzelnen Taxa der Landpflanzen in einem phylogenetischen Schema unterzubringen. 1984 stellte S. Meyen das in der Abbildung 43.13 wiedergegebene Modell vor. Die Kritik ließ aber nicht lange auf sich warten. Die Paläobotaniker C.B. Beck und C.N. Miller setzen sich 1985 mit diesem Vorschlag auseinander. Beide kamen unabhängig zu dem Schluß, daß das vorliegende Beweismaterial auch in anderer Weise bewertet werden kann und daß alternative phylogenetische Schemata denkbar sind, die aber weder besser noch schlechter als das hier dargestellte sind.

Literatur

Beck, C.B.: Gymnosperms – A commentary on the views of S.V. Meyen. Bot. Review *51*, 273–294 (1985)

Behnke, H.–D., B.L. Turner: On specific sieve-tube plastids in Caryophyllaceae. Taxon *20*, 731–737 (1971)

Bosbach, K. and H. Hurka: Biosystematic studies on *Capsella bursa-pastoris* (Brassicaceae): Enzyme polymorphism in natural populations. Plant Syst. Evol. *137*, 73–94 (1981)

Briggs, D., M. Walters: Die Abstammung der Pflanzen. München: Kindlers Univ. Bibl., 1969

Chen, K., J.C. Gray, S.G. Wildman: Fraction 1 protein and the origin of polyploid wheats. Science *190*, 1304–1306 (1975)

Chen, K., S. Johal and S.G. Wildman: Role of chloroplast and nuclear genes during evolution of fraction 1 protein. In: Genetics and Biogenesis of Chloroplasts and Mitochondria (Th. Bücher *et al.* eds.), S. 3–11. Amsterdam: Elsevier/North-Holland Press, 1976

Cronquist, A.: The taxonomic significance of the structure of plant proteins: A classical taxonomist's view. Brittonia *28*, 1–27 (1976)

Dahlgren, R.: A commentary on the diagramatic presentation of the angiosperms in relation to the distribution of character states. Plant Syst. Evol. Suppl. *1*, 253–283 (1977)

Dahlgren, R.M.T.: A revised system of classification of the angiosperms. Bot. J. Linnean Society *80*, 91–124 (1980)

Davis, P.H., V.H. Heywood: Principles of angiosperm taxonomy. Edinburgh and London: Oliver and Boyd, 1963

Dayhoff, M.O.: Atlas of protein sequence and structure. Washington: Nat. Biomed. Res. Foundation 1972 (5. Aufl.)

Fairbrothers, D.E.: Evidence from nucleic acid and protein chemistry, in particular serology, in angiosperm classification. Nord. J. Bot. *3*, 35–41 (1983)

Frodin, B.G.: Guide to standard floras of the world. Cambridge, London: Cambridge University Press, 1984

Frohne, D. und U. Jensen: Phytoserologie als Methode der vergleichenden Verwandtschaftsforschung – einst und jetzt. Taxon *33*, 581–585 (1984)

Frohne, D., U. Jensen: Systematik des Pflanzenreichs. Stuttgart: G. Fischer Verlag, 1985 (3. Aufl.)

Gatenby, A.A. and E.C. Cocking: Fraction 1 protein and the origin of the European potato. Plant Science Letters *12*, 177–181 (1978)

Gibbs, R.D.: Chemotaxonomy of flowering plants (Vol. 1–4). Montreal and London: McGill–Queen's Univ. Press, 1974

Gottlieb, L.D.: Electrophoretic evidence and plant systematics. Ann. Missouri Bot. Gard. *64*, 161–180 (1977)

Gottlieb, O.R.: Micromolecular evolution, Systematics and ecology. Berlin–Heidelberg–New York: Springer Verlag, 1982

Gottlieb, O.R., K. Kubitzki: Ecogeographical phytochemistry. A novel approach to the study of plant evolution and dispersion. Naturwissenschaften *70*, 119–126 (1983)

Gray, J.C., S.D. Kung, S.G. Wildman, S.J. Sheen: Origin of *Nicotiana tabacum* L. detected by polypeptide composition of fraction 1 protein. Nature (Lond.) *252*, 226–227 (1974)

Harborne, J.B.: Introduction to ecological biochemistry. New York, London: Academic Press, 1977

Heywood, V.H.: Taxonomie der Pflanzen (dt. Übers.). Stuttgart: G. Fischer Verlag, 1971

Heywood, V.H. (ed.): Taxonomy and ecology. New York, London: Academic Press, 1973

Heywood, V.H., J.B. Harborne, B.L. Turner (eds.): The biology and chemistry of Compositae (Vol. 1 and 2). New York, London: Academic Press, 1977

Hegnauer, R.: Chemotaxonomie der Pflanzen (Band 1–6). Basel, Stuttgart: Birkhäuser Verlag, 1962–1973

Hegnauer, R.: Pflanzenstoffe und Pflanzensystematik. Naturwissenschaften *58*, 585–596 (1971)

Hori, H., B.-K. Lim, S. Osawa: Evolution of green plants as deduced from 5 S rRNA sequences. Proc. Natl. Acad. Sci. US. *82*, 820–823 (1985)

Hurka, H.: Enzyme profiles in the genus *Capsella*. in: „Proteins and Nucleic acids in Plant systematics" (U. Jensen and D.E. Fairbrothers eds.). S. 222–237. Berlin–Heidelberg–New York: Springer Verlag, 1983

International Code of Botanical Nomenclature (Adapted by the 12th International Botanical Congress, Leningrad 1975). Utrecht: Bohn, Scheltema and Holkema, 1978

International Code of Botanical Nomenclature 1983. adopted by the 13th Int. Bot. Congr. Sydney, August 1981. Den Hague/Boston: Dr. W. Junk Publ., 1983

Jensen, U. and D.E. Fairbrothers (eds.): Proteins and nucleic acids in plant systematics. Berlin–Heidelberg–New York: Springer Verlag, 1983

Jones, S.B., A. E. Luchsinger: Plant Systematics. New York: McGraw-Hill Book Comp., 1986 (2. Aufl.)

Kubitzki, K.: Chemosystematische Betrachtungen zur Großgliederung der Dicotylen. Taxon *18*, 360–368 (1969)

Kubitzki, K. (ed.): Flowering, evolution and classification of higher categories. Plant Syst. Evol., Suppl 1 (1977)

Kubitzki, K. and O.R. Gottlieb: Micromolecular patterns and the evolution and major classification of angiosperms. Taxon *33*, 375–391 (1984)

Kung, S.D.: Tobacco fraction 1 protein: A unique genetic marker. Science *191*, 429–434 (1976)

Levin, D.A.: The nature of plant species. Science *204*, 381–384 (1979)

Mansfeld, R.: Die Technik der wissenschaftlichen Pflanzenbenennung. Berlin: Akademie Verlag, 1949

Meyen, S.V.: Basic features of gymnosperm systematics and phylogeny as evidenced by the fossil record. Bot. Review *50*, 1–111 (1984)

Miller, C.N.: A critical review on S.V. Meyen's „Basic features of gymnosperm systematics and phylogeny as evidenced by the fossil record". Bot. Review *51*, 295–318 (1985)

Provasoli, L., I.J. Pinter: Bacteria-induced polymorphism in an axenic laboratory strain of *Ulva lactuca* (Chlorophyceae). J. Phycol. *16*, 196–201 (1980)

Ramshaw, J.A.M.: Structure of plant proteins. In: „Nucleic acids and proteins in plants I" (D. Boulter, B. Parthier eds.). S. 229–290. Berlin–Heidelberg–New York: Springer Verlag, 1982 (Encyclop. Plant Physiol. 14 a)

Raven, P.H.: Plant systematics. Ann. Missouri Bot. Gard.: *61*, 166–178 (1974)

D.M. Smith, D.A. Levin: A chromatographic study of reticulate evolution in the appalachian *Asplenium* complex. Am. J. Bot. *50*, 952–958 (1963)

Smith, P.H.: The chemotaxonomy of plants. Bristol: Edward Arnold, 1976

Sneath, P.H.A.: Numerical taxonomy. San Francisco: W.H. Freeman and Comp., 1973

Stace, C.A.: Plant taxonomy and biosystematics. London: Edward Arnold, 1980

Stebbins, G.L.: Comments on the search for a „perfect system". Taxon *18*, 357–359 (1969)

Stöcklein, L., W. Ludwig, K.H. Schleifer, E. Stackebrandt: Comparative oligonucleotide cataloguing of 18 S ribosomal RNA in phylogenetic studies of eukaryotes. S 58–62. In: „Proteins and nucleic acids in plant systematics" (U. Jensen, D.E. Fairbrothers eds.). Berlin–Heidelberg–New York: Springer Verlag, 1983

Street, M.E. (ed.): Essays in plant taxonomy. New York, London: Academic Press, 1968

Sukopp, H.: „Rote Liste" der in der Bundesrepublik Deutschland gefährdeten Arten von Farn- und Blütenpflanzen. Zeitschr. Umweltschutz u. Landespflege *49*, 315–322 (1974)

Swain, T. (ed.): Chemistry in evolution and systematics. London: Butterworth, 1973

Valentine, D.H. (ed.): Taxonomy, phytogeography and evolution. New York, London: Academic Press, 1972

44. Algen

Algen sind kein Taxon im Sinne biologischer Systematik. Die Bezeichnung entstammt der Umgangssprache und hat eine lange Tradition. Sie umfaßt eine Reihe in sich weitgehend einheitlicher, untereinander aber sehr verschiedener Gruppen. Ihnen rechnet man üblicherweise auch die Cyanophyta (Blaualgen) zu, obwohl inzwischen klar ist, daß sie nicht zu den Pflanzen, sondern zu den Prokaryoten gehören.

Die eukaryotischen Algen repräsentieren die erste erfolgreiche, auch heute noch weit verbreitete Pflanzengruppe. Sie sind fast ausnahmslos an aquatische Lebensweise adaptiert. Zusammen mit den Cyano-

phyta sind sie die vorherrschenden Primärproduzenten in allen aquatischen Lebensräumen, und von ihrer Aktivität hängt die Existenz aller übrigen im Wasser lebenden Organismen ab. Sie gehören aber auch zu den Hauptsauerstofflieferanten an der Erdoberfläche, so daß letztlich auch unsere Existenz von ihrer Anwesenheit abhängt.

Die einzelnen Algengruppen (Abteilungen) unterscheidet man vornehmlich nach der Zusammensetzung ihrer Photosynthesepigmente und -produkte (s. Tabelle 1, Abb. 44.1).

Es besteht keine einhellige Meinung darüber, in

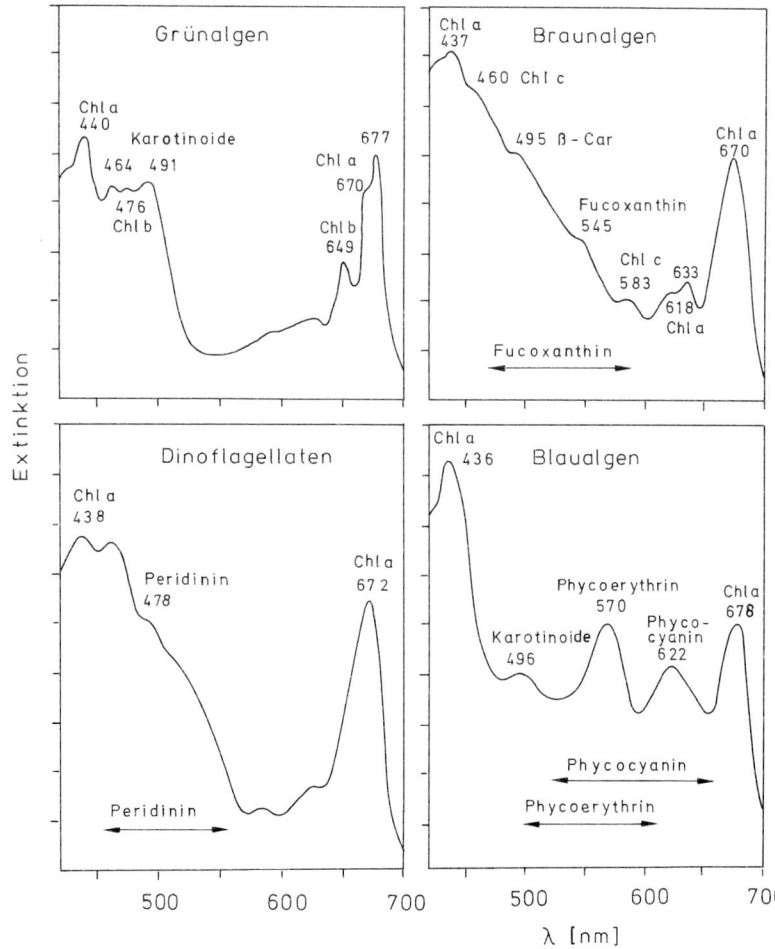

Abb. 44.1. Pigmentzusammensetzung bei verschiedenen Algengruppen. Aus den Absorptionsspektren sind die Anteile der einzelnen Pigmente ablesbar (im unteren Teil der Bilder markiert). Das Grünalgenabsorptionsspektrum ähnelt dem der Landpflanzen. Die übrigen Gruppen können Licht im Bereich von 500–600 nm effizienter absorbieren und können daher das Lichtangebot im Wasser besser nutzen. (A.N. Glazer 1980)

611

welcher Reihenfolge die Abteilungen anzuordnen sind. Von verschiedenen Autoren werden Gruppen, die hier als Abteilungen vorgestellt werden, als Klassen behandelt.

Die unterschiedlichen Photosynthesepigmente in den Plastiden der einzelnen Abteilungen sind ein stichhaltiges Indiz für polyphyletischen Ursprung der Pflanzen (s. Kap. 42).

Mit anderen Worten: Bestimmte Abteilungen, wie z.B. die Rhodophyta (Rotalgen), die Chrysophyta und Phaeophyta (Braunalgen). sowie die Chlorophyta (Grünalgen) und Euglenophyta erwarben ihre Plastiden unabhängig voneinander. Sie können daher nicht auf einen gemeinsamen Vorfahr zurückgeführt werden. Die Gemeinsamkeiten beschränken sich allenfalls auf einen gleichartigen Mechanismus des Erwerbs von Endosymbionten. Unterschiedlich waren dabei einerseits die plastidenfreien eukaryotischen Wirtszellen, andererseits aber auch die Symbiosepartner (= unterschiedliche Gruppen seinerzeit lebender photosynthetisierender Prokaryoten). Noch problematischer war die Entstehung der Pyrrhophyta (Dinoflagellaten). Deren Plastiden scheinen den Chrysophyten (einer Abteilung eukaryotischer Algen) homolog zu sein. Anders gesagt: Plastidenfreie Flagellaten haben eukaryotische Algen als Symbionten aufgenommen. Korrekterweise müßte man die Dinoflagellaten daher den Protisten zuordnen; allein schon deshalb, weil viele Arten (z.B. *Noctiluca miliaris)* plastidenfrei sind, und die übrigen, wie gerade dargelegt, in Symbiose mit Pflanzen leben. Das tun nämlich andere Protisten auch (z.B. *Paramaecium bursaria)*. Dennoch werden die Dinoflagellaten hier mit aufgeführt und beschrieben, weil sie nach den Diatomeen die zweitwichtigste Gruppe des marinen Phytoplanktons sind.

Ähnlich zweifelhaft ist ferner die Stellung der Cryptomonaden (Cryptophyta). Sie sind zwar wenig auffällig, im Süßwasser zeitweilig aber vorherrschend. Ihre Plastiden ähneln denen der Rotalgen. Wie sie sie erworben haben, bleibt unklar, und das letzte Wort über ihre systematische Zugehörigkeit ist noch nicht gesprochen.

Abgesehen von etlichen Arten der Euglenophyta, gibt es keine plastidenfreien (echten) Pflanzen. Diese Aussage hat dogmatischen Charakter, d.h., daß das Kerngenom und das Plastidengenom (sowie das mitochondriale Genom) so gut aufeinander eingespielt sind, daß keines ohne das andere auskommt. Die Wechselwirkung ist wichtiger als z.B. der Photosyntheseprozeß, denn nicht-photosynthetisierende, chlorophyllfreie, jedoch plastidenhaltige Pflanzen (Arten und Mutanten) kommen in allen systematischen Gruppen vor, wenngleich sie in der Natur nicht gerade häufig sind.

Die meisten Algen leben im Plankton (planktische Lebensweise) oder im Benthos (festsitzende Lebensweise). Planktische Algen (und Blaualgen) erreichen oft hohe Zellzahlen. Das verleiht den Gewässern eine grüne Farbe, so daß man von einer Wasserblüte

spricht. Wenige Arten, vor allem einzellige Chlorococcales und Xanthophyceen, leben in Symbiose mit Pilzen (Flechten), mit *Paramaecium (Paramaecium bursaria), Hydra,* stockbildenden Korallen, einigen Mollusken und Schwämmen.

Die Zellwände der Braun- und Rotalgen z.B. enthalten nur wenig oder überhaupt keine Cellulose. Ihre Wände bestehen aus anderen Polysacchariden. Deren Stabilität genügt den Ansprüchen aquatischer Lebensweise; die Zugfestigkeit ist recht hoch. Andererseits sinken die Algen ohne den Auftrieb des Wassers in sich zusammen. Es gibt keinerlei Anzeichen für eine Evolution terrestrischer Formen, obwohl es einen starken Selektionsdruck in diese Richtung geben sollte, denn viele Arten kommen in der Gezeitenzone oder in anderen zeitweilig trockenfallenden Lebensräumen vor.

Rhodophyta besitzen im Gegensatz zu den anderen Abteilungen geißellose Gameten. Das mag entweder als eine Regression (Rückentwicklung) oder als ein weiterer Hinweis auf polyphyletischen Ursprung der Pflanzen gewertet werden. Das Fehlen der Geißeln ist vorteilhaft, denn Rhodophyta besiedeln vornehmlich die Litoralzone (den küstennahen Bereich) der Meere, in dem das Wasser permanent in Bewegung ist. Jeder Gamet hätte es schwer, sich durch Eigenbewegung gegen solche Strömungen zu behaupten.

Cellulosehaltige Wände, und eine Pigmentzusammensetzung, wie wir sie von höheren Pflanzen her kennen, kommen lediglich bei den Chlorophyta vor. Das sind ausreichende Gründe für die Annahme, daß die strukturell komplexeren Landpflanzen und die rezenten Chlorophyta auf gemeinsame Vorfahren zurückzuführen sind.

Die Algen rechnet man zu den Thallophyten. Der Vegetationskörper vielzelliger Arten bildet nämlich einen Thallus, in dem zwar deutliche Differenzierungen zu erkennen sind, der aber nicht die für die Kormophyten (Gefäßpflanzen) typischen Grundorgane (Sproß, Wurzel oder Rhizoid) enthält.

Algen aus den verschiedensten Abteilungen sind in steigendem Maße zu Objekten der Grundlagenforschung geworden. Eine Reihe von Arten wurde in Kultur genommen, von einigen hat man spezifische, gut charakterisierte Mutanten isoliert. Doch trotz zahlreicher Bemühungen ist von nur relativ wenigen Arten der vollständige Lebenszyklus aufgeklärt worden.

Manche Arten eignen sich als Testobjekte für bestimmte Forschungsvorhaben:
- Physiologische Untersuchungen, z.B. Analyse von Photosyntheseleistungen (in Anpassung an spezielle Umweltbedingungen), Studium des Photoperiodismus und der physiologischen Uhr, Studium von Stoffaufnahme und -abgabe, Toleranz gegenüber Schadstoffbelastungen, u.a.
- Analyse der Ultrastruktur; Algen unterscheiden sich vielfach im Bau, der Zahl und Anordnung der Organellen und anderer zellulärer Komponenten (z.B. Anordnung von Mikrotubuli) von Zellen hö-

Tabelle 1. Photosynthesepigmente, Resevestoffe und Zellwandbestandteile der wichtigsten Algengruppen (Abteilungen).

Abteilung Klasse	Chlorophylle u.a. Pigmente (excl. Carotinoide)	Carotinoide	Reservestoffe*	Zellwandbestandteile*
Cyanophyta** (Blaualgen)	a Pycocyanin Phycoerythrin	β-Carotin, Xanthophylle	stärkeähnliche Polysaccharide	Murein, Lipopolysaccharide
Rhodophyta (Rotalgen)	a, (d) Phycocyanin Phycoerythrin	β-Carotin, Lutein	stärkeähnliche Polysaccharide	Cellulose, Kalk, Xylomannane, sulfonierte Polysaccharide (Galactane)
Euglenophyta	a, b	β-Carotin, Xanthophylle	Öle Paramylon	fehlen
Chlorophyta (Grünalgen)	a, b	α, β, γ-Carotin, Lutein, Neoxanthin, Violaxanthin, Zeaxanthin	Stärke	Protein/Polysaccharide, Cellulose, Xylane, Mannane
Chrysophyta Chrysophyceae	a, (c)	α, β, ε-Carotin, Fucoxanthin u.a. Xanthophylle	Laminaran, Öl	Cellulose, Kieselsäure, Mucopolysaccharide – oder Wand fehlend
Bacillariophyceae (Diatomeen)	a, c	β-Carotin, Diadinoxanthin, Diatoxanthin, Fucoxanthin	Laminaran, Mannitol	Kieselsäure
Xantophyceae (Goldgrüne Algen)	a, c	β-Carotin, Diadinoxanthin, Diatoxanthin, Heteroxanthin	Laminaran	Cellulose (bei wenigen Arten), Kieselsäure
Phaeophyta (Braunalgen)	a, c	β-Carotin, Fucoxanthin, Violaxanthin	Laminaran	Cellulose, Kieselsäure, Alginate, methylierte Mucopolysaccharide
Pyrrhophyta (Dinoflagellaten)	a, c	β-Carotin, einige Xanthophylle	Stärke, Öl	entweder fehlend, oder Mucopolysaccharide oder Cellulose
Cryptophyta (Cryptomonaden)	a, c Phycocyanin Phycoerythrin	α(β, ε)-Carotin, Alloxanthin u.a. Xanthophylle	Stärke	fehlt

* Als Nebenproduke nachgewiesene Komponenten sind nicht mit aufgeführt.
** Cyanophyta wurden mit aufgeführt, weil sie nach der Endosymbiontenhypothese Vorstufen der farbstoffhaltigen Plastiden sind.

herer Pflanzen. Vielfach werden Strukturen ausgebildet (z.B. der Phycoplast), die höheren Pflanzen (Landpflanzen) fehlen.

– Ökologische Untersuchungen; Analyse der Produktion von Biomasse und Sauerstoff. Viele Algen sondern energiereiche Verbindungen (Kohlenhydrate, Peptide u.a.) ins Medium ab, die anderen Organismen als Nahrung dienen. Andere Arten wiederum sondern toxische Substanzen ab, um die Ausbreitung konkurrierender Arten in ihrem Lebensraum gezielt zu unterbinden und sich dadurch eine ökologische Nische zu schaffen.

– Eutrophierung von Gewässern (s. Kap. 55) führt primär zu einer verstärkten Wasserblüte. Durch anschließendes Absterben von Algen und den dadurch ausgelösten bakteriellen Abbau wird mehr Sauerstoff verbraucht, als ursprünglich gebildet wurde.

Diese Beispiele sollen auf den Stellenwert von Algen in aquatischen Ökosystemen hinweisen (mehr dazu s. Kap. 58). Schließlich spielen Algen wirtschaftlich eine bedeutende Rolle. In Südostasien (Japan und China) dienen viele Arten der menschlichen Ernährung, und einige von ihnen *(Porphyra* in Japan, *Laminaria* in China) werden in großen marinen Farmen kultiviert.

Insgesamt werden pro Jahr etwa drei Millionen Tonnen mariner Makroalgen (Tange) geerntet. Davon entfallen zwei Millionen auf Braunalgen, 600 000 auf nichtverkalkte, und 300 000 Tonnen auf verkalkte Rotalgen.

1979 wurden in China 1,3 Millionen Tonnen (Frischgewicht) der Braunalge *Laminaria japonica* geerntet, etwa die Hälfte davon kam aus natürlichen Beständen, die andere aus kultivierten. Die größte chinesische Algenfarm liegt bei Haidai im Norden des Landes. Neben einer Nutzung als Nahrungsmittel, werden Bestandteile der Algen auch anderweitig genutzt:

– Agar (ein Produkt südostasiatischer Rotalgen, vornehmlich aus der Gattung *Gelidium*): z.B. als Nährboden für Mikroorganismen.

– Alginsäure (aus Braunalgen): Zusatz zu feuerfesten Textilien, Zusatz zu Nahrungsmitteln.

– Kieselgur (fossile Diatomeenschalen): Verpackungsmaterial, Dynamit ist ein Produkt aus Kieselgur und Nitroglycerin.

Doch der Versuch, *Chlorella* in Mitteleuropa in großem Stil zu kultivieren und als Nahrungsmittel oder Viehfutter zu verwenden, muß wohl als gescheitert angesehen werden.

Rhodophyta (Rotalgen)

Der Abteilung Rhodophyta gehört nur eine Klasse – Rhodophyceae – an.

Die wichtigsten Gruppenmerkmale sind der Tabelle 1 zu entnehmen. Die Rotfärbung der Thalli wird durch Phycoerythrin hervorgerufen, und das gleichfalls vorhandene Phycocyanin bewirkt einen ins Bläuliche gehenden Farbton. In der Pigmentzusammensetzung

613

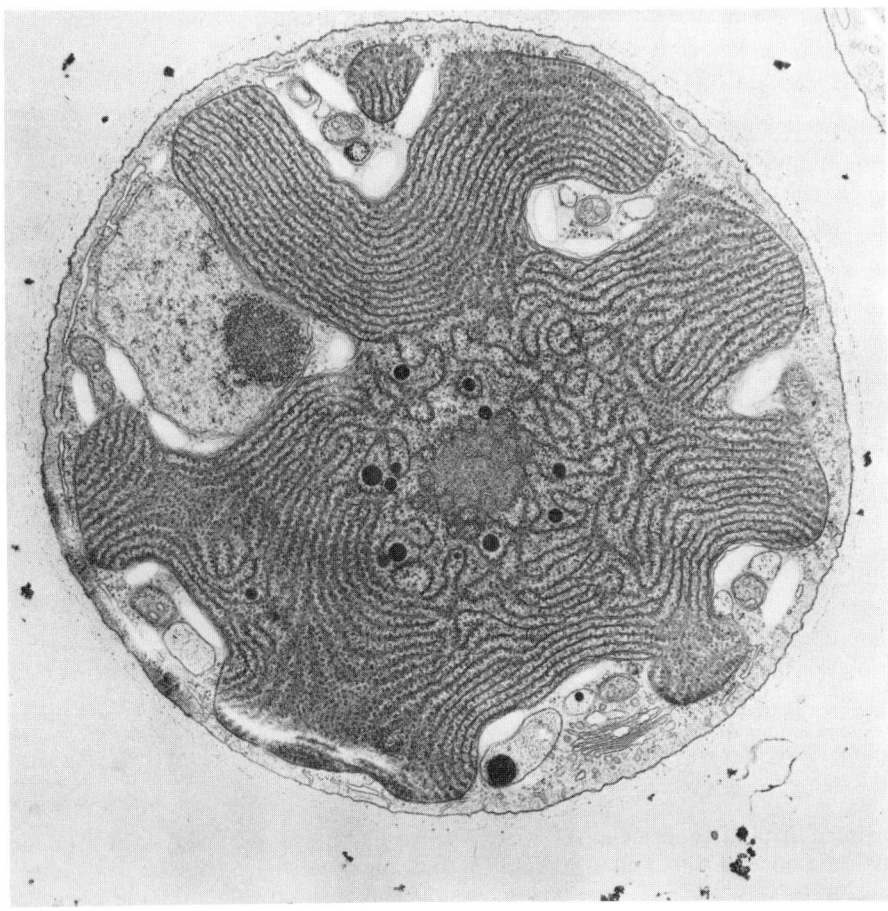

Abb. 44.2. Querschnitt durch eine einzellige Rotalge *(Porphyridium purpureum)*, in der der sternförmige Chloroplast (C) und der exzentrisch gelegene Zellkern (K) nahezu das gesamte Zellvolumen einnehmen; elektronenmikroskopische Aufnahme, × 14 300. (K.L. Schornstein, J. Scott 1982)

der Plastiden (= Chloroplasten) sowie der Anordnung der Thylakoide gibt es mehr Gemeinsamkeiten zu den rezenten Cyanophyta als zu den Plastiden der übrigen Pflanzen. Diese Korrelation weist darauf hin, daß die Rotalgenplastiden anderen Ursprungs als die übrigen Plastiden sind.

Die Thylakoide sind nicht gestapelt, sondern parallel angeordnet. Die Pigmente Phycoerythrin und Phycocyanin sind in besonderen Aggregaten (Phycobilisomen) gespeichert, die auf den Thylakoiden liegen (s. Abb. 44.2).

Begeißelte Zellen wurden nie nachgewiesen. Die meisten der etwa 4000 bis 4500 Arten sind marin, nur etwa 50 bis 100 kommen im Süßwasser vor. In der Regel sind Rotalgen benthisch. Sie wachsen meist auf festen Unterlagen (Felsen, Muschelschalen u.a.), man findet sie daher nur selten an Sandstränden. Die Anheftung an die Unterlage geschieht durch differenzierte, rhizoidbildende Zellen.

Das Verbreitungsgebiet umfaßt die Litoralzone aller Weltmeere, in den Tropen sind sie häufiger als in den gemäßigten Zonen, doch kommen sie auch in kalten Gewässern vor und vertreten dort die Braunalgen.

Rotalgen wurden noch in Tiefen von 100 bis 150

Metern gefunden. Ihre scheinbar eigenartige Pigmentzusammensetzung ist an die Lichtverhältnisse in tiefem Wasser (kurzwellige Strahlung) adaptiert.

Eine Anzahl von Arten ist an der Entstehung von Korallenriffen beteiligt. Sie überführen lösliche Ca^{2+}-Ionen in unlöslichen Kalk. Ihre Photosyntheseprodukte dienen den Korallen als Nahrung.

Fossile, kalkabsondernde Algen gab es bereits im Präkambrium; marine Rotalgen sind seit dem Mesozoikum bekannt.

Üblicherweise unterteilt man die Rhodophyceae in zwei Unterklassen
– die Bangiophycidae, und
– die Florideophycidae.

Die Bangiophycidae sind in bezug auf Thallusbau und Fortpflanzungsart die primitivere Gruppe.

Bangiophycidae

Es gibt einzellige und vielzellige Arten mit fädigem oder blattförmigem Thallus. Zu den bekanntesten Gattungen zählen *Bangia* und *Porphyra*.

Die Zellen enthalten nur einen sternförmigen Chloroplasten; interkalare Zellteilungen sind vorherr-

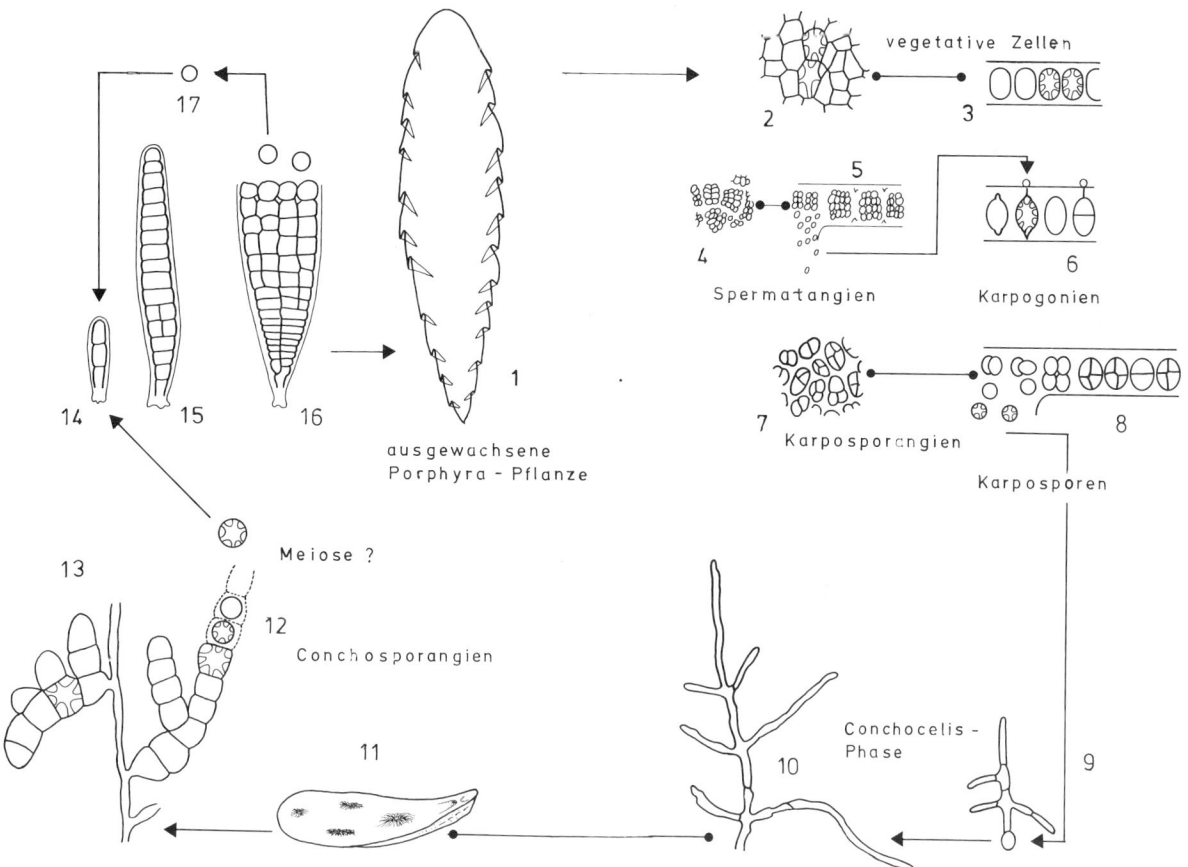

Abb. 44.3. Lebenszyklus mit Generationswechsel von *Porphyra tenera*. Einzelheiten im Text. (C. d. v. Hoek, 1978, 1984 nach M. Kurogi, 1959)

schend. Die Vermehrung erfolgt meist asexuell, bei einigen Arten wurde eine sexuelle Fortpflanzung (mit Generationswechsel) beschrieben.

Besonderheiten sollen am Beispiel von *Porphyra tenera* dargestellt werden (s. Abb. 44.3): Ihr Thallus ist blattförmig, die Kerne haploid. In ihm können sich die ♂ und ♀ Gametangien (Spermatangien und Karpogonien (= Oogonien)) entwickeln.

Spermatangien entstehen in normalen vegetativen Zellen, deren Inhalt durch mehrere aufeinanderfolgende Teilungen in eine Vielzahl von Spermatien aufgeteilt wird. Die Freisetzung einzelner Spermatien erfolgt nach Auflösung der Wand der Ausgangszelle. Karpogonien entstehen durch eine äußerlich kaum wahrnehmbare Differenzierung vegetativer Zellen. Freigesetzte Spermatien, die mit den Karpogonien in Kontakt kommen, können in jene eindringen und mit ihnen zu einer Zygote, einem Karpogon, verschmelzen. Dieses teilt sich mehrere Male hintereinander, wodurch ein Karposporogonium entsteht, aus dem (diploide) Karposporen freigesetzt werden. Die Karposporen wachsen zu einem fädigen Gebilde aus (*Conchocelis*-Phase). Da es sich morphologisch ganz erheblich vom *Porphyra*-Thallus unterscheidet, wurde es ursprünglich als eigene Art *(Conchocelis)* beschrie-

ben. Während der *Conchocelis*-Phase findet die Reduktionsteilung statt (wann genau?).

Dabei entsteht ein Conchosporangium, aus dem haploide Conchosporen freigesetzt werden. Aus ihnen entwickelt sich wieder ein *Porphyra*-Thallus; der Kreis ist geschlossen. Spermatangien und Karpogonien werden nur unter Kurztagbedingungen (maximal 10 Stunden Licht pro Tag) und bei niederer Temperatur gebildet. Während des Sommers vermehrt sich *Porphyra* daher rein vegetativ. Die *Conchocelis*-Phase dient der Überwinterung. *Bangia*-Arten verhalten sich in diesem Punkt ganz anders. Deren *Conchocelis*-Phase ist haploid; die Meiose erfolgt offensichtlich im Anschluß an das Auskeimen der Karposporen. Der *Porphyra*-Thallus und die *Conchocelis*-Phase unterscheiden sich nicht nur morphologisch voneinander. Die Zellwände des *Porphyra*-Thallus sind cellulosefrei, sie enthalten vorwiegend Xylane. Die Zellwand der *Conchocelis*-Phase hingegen enthält Cellulose (L.S. Mukai *et. al.*, 1981).

Die Zellwände beider Stadien enthalten Proteine, doch diese Proteine enthalten kein Hydroxyprolin. Auch das ist bemerkenswert, denn ein hydroxyprolinreiches Wandprotein gehört zu den charakteristischen Merkmalen der Zellwände grüner Pflanzen (von

615

Chlamydomonas bis *Acer pseudoplatanus* (Ahorn), s. Kap. 26).

Zellen innerhalb des Thallus sind untereinander durch Plasmodesmen verbunden. Bei den Florideophycidae sind jene mit charakteristisch gebauten Tüpfeln versehen. Den Bangiophycidae fehlen sie meist. Eine Ausnahme bilden wieder die Zellen der *Conchocelis*-Phase.

Florideophycidae

Florideophycidae sind in jeder Hinsicht höher entwickelt als die Bangiophycidae. Bei vielen Arten sind vor allem die älteren Zellen mehrkernig. Davon ausgenommen sind stets die Geschlechtszellen und ihre Vorstufen sowie die apikal sitzenden teilungsfähigen Zellen. Die Zellwände aller Stadien enthalten Cellulose. Die Chloroplasten sind meist wandständig und dabei platten- oder bandförmig. Nur Zellen weniger Arten enthalten einen zentral gelegenen sternförmigen Chloroplasten.

Das Thalluswachstum erfolgt in der Regel apikal. Das Grundmuster des Thallus besteht aus Fäden. Periklinale Teilungen der apikal sitzenden Scheitelzelle führen zu Verzweigungen, und man unterscheidet in der Regel zwischen Haupt- und Kurztrieben. Zu den Ausnahmen zählen die dichotomen Verzweigungen, wie man sie z.B. bei *Chondrus crispus* findet. Zellen der Kurztriebe sind oft kleiner als die der Haupttriebe, ihre Teilungsfähigkeit ist eingeschränkt. Die hauptachsenbildenden Fäden sind vielfach kabelartig zusammengefaßt und in dicke wandähnliche Gallerten eingebettet. Je nach der Art der Anordnung

unterscheidet man zwischen dem einachsigen (uniaxialen) oder Zentralfadentyp, und dem vielachsigen (multiaxialen) Springbrunnentyp.

Beim Zentralfadentyp können Hauptachse und Kurztriebe klar voneinander unterschieden werden, beim Springbrunnentyp besteht der Thallus außer aus Haupttrieben auch aus den zugehörigen Kurztrieben, wodurch voluminöse gewebeähnliche Gebilde entstehen (s. Abb 44.4).

Zellen einer Struktureinheit sind durch tüpfelhaltige Plasmodesmen untereinander verbunden. Die Form der Tüpfel erwies sich als ein wichtiges Merkmal zur Artunterscheidung innerhalb der Florideophyceae. Sexuelle Fortpflanzung ist weit verbreitet.

Durch Vereinigung eines Spermatiums mit einem Karpogonium (= Trichogyne) entsteht eine Zygote, die sich zu einem diploiden Karposporophyten (= Goniokarp) entwickelt. Die darauf gebildeten diploiden Karposporen wachsen zu einem Tetrasporangium aus, in dem die Meiose stattfindet. Als Produkt erscheinen vier haploide Tetrasporen, aus denen sich die ♂ oder ♀ Gamatophyten entwickeln.

Wir haben es bei Rotalgen (übrigens auch bei denen aus der Unterklasse Bangiophycidae) mit einem dreiphasigen Generationswechsel zu tun (s. Abb. 44.5).
– Es gibt einen haploiden Gametophyten,
– einen sich darauf entwickelnden Karposporophyten, und
– einen diploiden Tetrasporophyten.

Gametophyt und Tetrasporophyt sind bei den meisten Arten gleich gestaltet (isomorph).

Auch die Spermatangien und die Karpogonien sind bei vielen Arten isomorph, so z.B. bei *Polysiphonia*-Arten, *Chondrus crispus* u.a. Bei einigen Gattungen

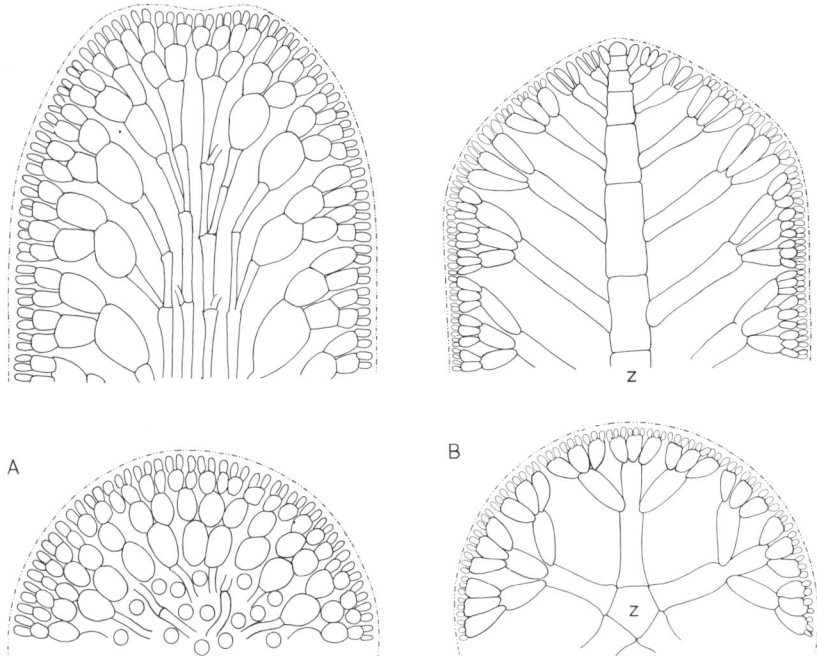

Abb. 44.4. Aufbau des Thallus der Rotalgen (Längs- und Querschnitte); *A* Springbrunnentyp, *B* Zentralfadentyp. (Nach F. Oltmanns, 1922)

616

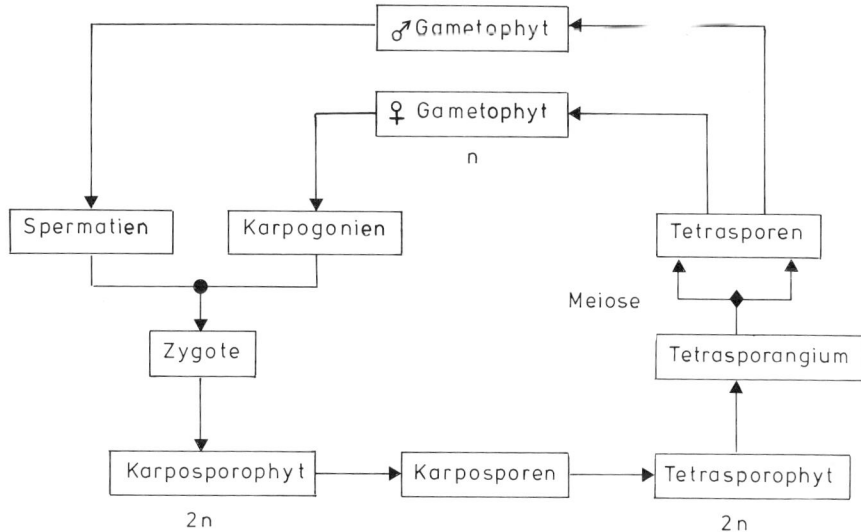

Abb. 44.5. Generationswechsel der Rotalgen. Typischer dreiphasiger Lebenszyklus, so wie er bei den meisten Florideophyceen anzutreffen ist: Gametophyt(en) – Karposporophyt – Tetrasporophyt.

(*Nemalion, Gloisphonia, Gigartina*) kommen hingegen heteromorphe Gameten vor (Heterogamie [= Anisogamie]: ♀ Gameten sind größer als ♂ Gameten, s. Abb. 42.19).

Euglenophyta

Wichtige Merkmale der Gattung *Euglena* wurden bereits erwähnt (s. Kap. 42).

Die Abteilung enthält nur eine Klasse (Euglenophyceae) mit ca. 800 einzelligen, sich asexuell vermehrenden Arten. Die meisten kommen im Süßwasser vor, einige im Brackwasser, im Meer oder im Boden. Im Süßwasser, vor allem in eutrophen Gewässern, sind sie oft vorherrschend. Ihr häufiges Auftreten kann eine Wasserblüte verursachen.

Zwischen den Euglenophyta und den Chlorophyta (Grünalgen) besteht eine Reihe von Gemeinsamkeiten; mit den übrigen Flagellaten, mit Ausnahme der Trypanosomen, haben sie nur wenig Gemeinsames.

Euglenophyta enthalten in ihren Chloroplasten, sofern sie überhaupt welche haben, Chlorophyll a und b und einige Carotinoide, vorwiegend das β-Carotin. Diese Pigmentzusammensetzung ähnelt der aller grünen Pflanzen.

Die Chloroplasten sind von einer Dreifachmembran umgeben, was ein Hinweis darauf sein könnte, daß sie diese durch Endosymbiose mit eukaryotischen grünen Algen gewonnen haben.

In der Abbildung 44.6 a und b ist eine Rekonstruktion der dreidimensionalen Struktur der Plastiden und Mitochondrien, so wie sie durch Auswertung von elektronenmikroskopischen Serienschnitten gewonnen wurde, wiedergegeben.

Unter Dauerdunkelbedingungen verlieren die Chloroplasten von *Euglena* ihre typische Struktur. Es bleiben farblose Proplastiden erhalten, die sich bei Belichtung in voll funktionsfähige Chloroplasten differenzieren.

Ein Ausbleichen grüner Zellen kann auch durch Zugabe bestimmter Antibiotika, z.B. Streptomycin, hervorgerufen werden (E. Kronestedt und B. Walles, 1975). Proplastiden bleiben erhalten und ergrünen wieder nach dem Auswaschen des Inhibitors. Durch Kultur bei erhöhter Temperatur (32–35 °C) zeigten E.G. Pringsheim und O. Pringsheim (1952), daß die Teilungsrate der Chloroplasten abnimmt, so daß sie nach einigen Zellteilungsfolgen herausverdünnt werden. Derart gebleichte Zellen können nicht wieder ergrünen.

Zellwände fehlen, die verstärkte Membran (s. Abb. 25.14) wird als Pellikula bezeichnet. Arten der Gattung *Trachelomonas* sind von einer pektinhaltigen Hülle (einer Lorica) umgeben, in die vielfach Eisen- und/oder Manganionen eingelagert sind.

Arten einiger Gattungen können unter ungünstigen Lebensbedingungen in ein geißelloses Palmellastadium übergehen, in dem die Zellen von einer dicken Gallerthülle umgeben sind.

Durch das Fehlen der Wand kann sich die Form der meist spindelförmigen Zellen verändern. Man spricht dabei von euglenoider oder metabolischer Bewegung (s. Abb. 44.28). Die Gestalt von Arten mit dicker Pellikula ist weniger variabel als die von Arten mit dünner. Eine Lorica, wenn vorhanden, verhindert die Formveränderung.

Die Eigenschaft Phagozygotie ist vermutlich ganz verlorengegangen. Es gibt einige Hinweise darauf, daß *Euglena*-Zellen Bakterien enthalten. Es bleibt aber abzuwarten, wie jene dort hineingerieten und welche Bedeutung ihnen zukommt. Experimentelle Untersuchungen dieses Phänomens stehen aus. Normalerweise besitzen Euglenophyta zwei oder mehr Geißeln, die am Grunde einer flaschenförmigen Einstülpung (Ampulle oder Reservoir) am vorderen (anterioren) Zellpol entspringen. Bei einigen Gattungen (*z.B. Eugle-*

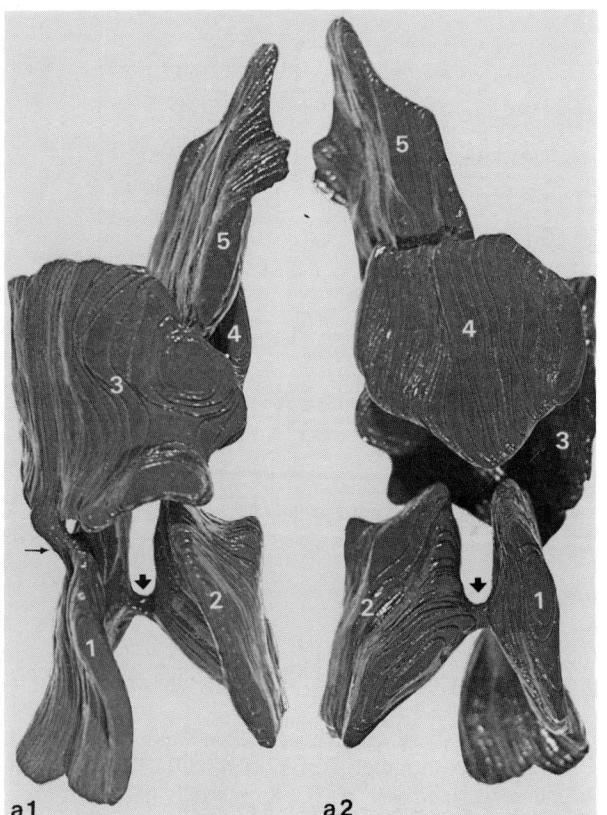

a1 a2

Abb. 44.6a. Dreidimensionale Rekonstruktion des aus fünf Lappen (1–5) bestehenden Chloroplasten aus *Euglena gracilis*. Die Pfeile weisen auf die Verbindungsstellen zwischen den Lappen hin; Balken 1 µm (M. Pellegrini, 1980)

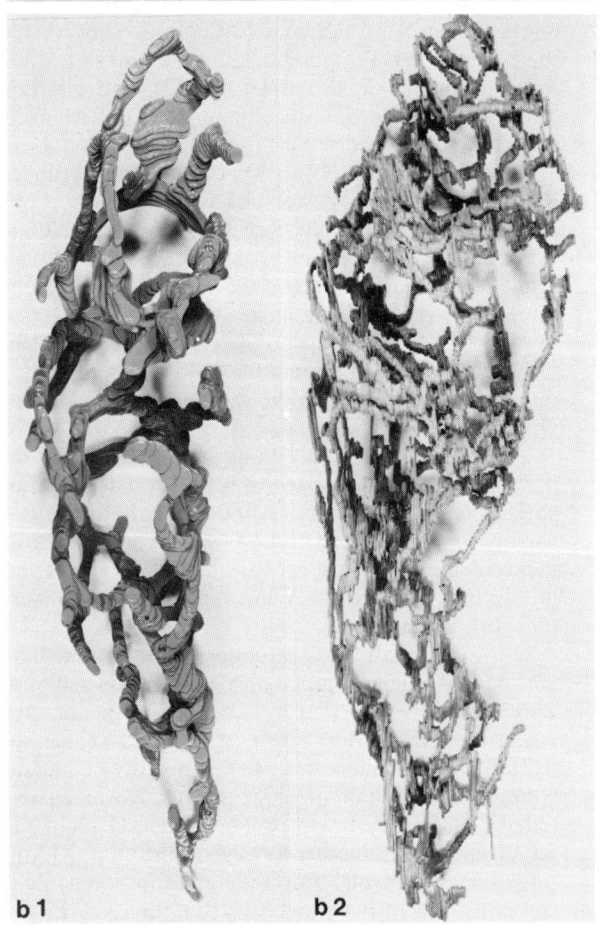

b1 b2

Abb. 44.6b. Dreidimensionale Rekonstruktion des netzförmig strukturierten Mitochondriums aus *Euglena gracilis*. Mit zunehmendem Alter der Zelle nimmt die Komplexität des Netzwerks zu; Balken 5 µm. (M. Pellegrini, 1980)

618

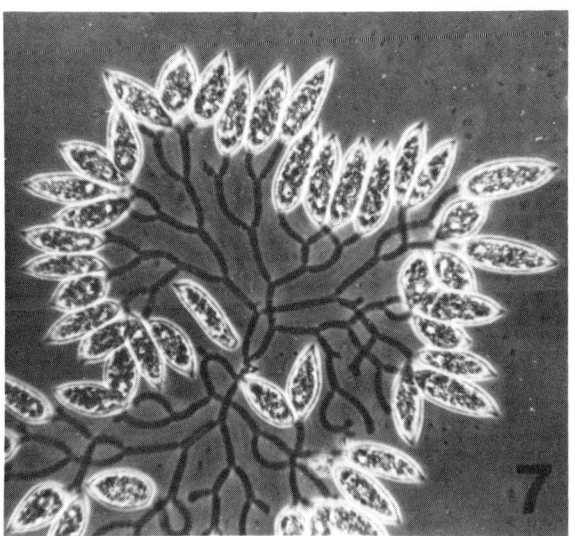

Abb. 44.7. *Colacium mucronatum.* Die Zellen bleiben durch am hinteren (posterioren) Zellpol ausgeschiedene Gallertfäden in einem Verband beieinander. Alle Zellen des Verbandes sind durch sukzessive Teilungen aus einer Ausgangszelle hervorgegangen. Man beachte daher die dichotome Verzweigung des Gallertnetzwerks. (J.R. Rosowski, R.L. Willey, 1975)

na) ist eine der Geißeln rudimentär ausgebildet, sie ragt nicht aus dem Reservoir heraus. Die Geißeln des „9 + 2"-Typs sind komplex gebaut, ihre Oberfläche ist mit haarförmigen Fortsätzen besetzt. Die Zellen enthalten eine pulsierende Vakuole; am vorderen Zellende liegt im Plasma (nicht in den Plastiden) ein carotinoid- und flavinhaltiger Augenfleck.

Bei geringer Lichtintensität reagieren sie positiv phototaktisch, bei hoher negativ phototaktisch (T.W. Engelmann, 1882). Die bekanntesten Gattungen der Euglenophyta sind:

Euglena mit über 150 Arten. Man unterscheidet sie aufgrund der Zellgröße, der Struktur der Pellikula (Art der Streifung), der Art und Form der Chloroplasten und der strukturierten Reservestoffe (Pyrenoide).

Der Gattung *Astasia* gehören nur farblose Arten an; Arten der Gattung *Entrephia* sind sichtbar zweigeißlig (beide überragen das Reservoir).

Der Gattung *Colacium* gehören sessile Arten an, die durch einen Gallertstab, der am hinteren (posterioren) Zellpol abgeschieden wird, an feste Unterlagen (Protisten, z.B. *Vorticella,* Rotatorien oder Copepoden) geheftet sind. Oft sind sie zu kolonieartigen Aggregaten vereint (s. Abb. 44.7).

Chlorophyta (Grünalgen)

Manche Grünalgen scheinen den übrigen grünen Pflanzen näher zu stehen als den anderen Abteilungen der Algen. Beide Gruppen besitzen die gleichen Photosynthesepigmente (Chlorophyll a und b), den gleichen Satz an Carotinoiden (α-, β- und γ-Carotin, Lutein, Zeaxanthin, Violaxanthin u.a.), den gleichen Reservestoff (Stärke) und die gleiche Gerüstsubstanz der Zellwand: Cellulose. Es lag daher nahe, die Chlorophyta mit allen zur Verfügung stehenden analytischen Methoden zu untersuchen, um Näheres über den phylogenetischen Ursprung der Landpflanzen zu erfahren. Viele der bisherigen Bemühungen schlugen fehl, doch in den letzten Jahren bahnt sich aufgrund ultrastruktureller Untersuchungen ein Fortschritt auch auf diesem Gebiet an. Bei der Zellteilung bildet sich bei allen Landpflanzen während der Telophase ein Phragmoplast aus (s. Kap. 26). Mikrotubuli organisieren sich dabei senkrecht zur Teilungsebene. Es gibt etliche Grünalgen, bei denen das ebenso der Fall ist. Die Mehrzahl der Chlorophyta hingegen bildet einen Phycoplasten aus. Dabei richten sich die Mikrotubuli parallel zur Teilungsebene aus (s. Abb. 44.8).

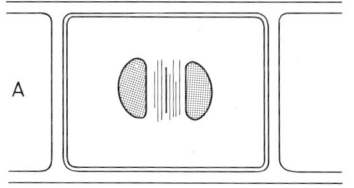

Phycoplast

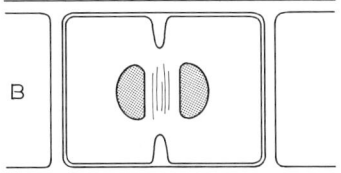

Phragmoplast

Abb. 44.8. Phycoplast und Phragmoplast bei verschiedenen Grünalgen. *A Fritschiella; B Chlamydomonas; C Coleochaete; D Klebsormidium.* Beim Phycoplasten sind die Mikrotubuli parallel, beim Phragmoplasten senkrecht zur Teilungsebene angeordnet. (Nach P.H. Raven, R.F. Evert, H. Curtis, 1981, nach G.L. Floyd)

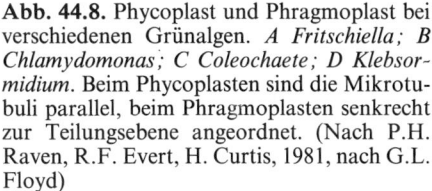

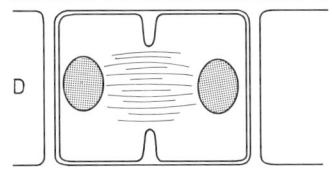

Abb. 44.9. Algenteppich auf einem eutrophen Gewässer (Art: *Enteromorpha pilifera*)

Während der Mitose (höherer Organismen) löst sich die Kernmembran auf, Chromosomen werden sichtbar. Bei einer Anzahl von Grünalgen (und vielen Protisten) bleibt die Membran auch während der Zellteilung erhalten.

Unter Berücksichtigung dieser Kriterien lassen sich die Chlorophyta drei Klassen zuordnen:
- Chlorophyceae (mit Phycoplast)
- Ulvophyceae (Phragmoplast, die Kernmembran bleibt während der Teilung erhalten)
- Charophyceae (mit Phragmoplast; während der Zellteilung (Kernteilung) werden Chromosomen sichtbar)

Die genannten Klassen sind in sich zum Teil sehr heterogene Gruppierungen. Es gibt daher noch zahlreiche Unstimmigkeiten bezüglich der Zuordnung einzelner Gattungen zu höheren Taxa oder der Beziehungen dieser Taxa (Ordnungen, Klassen) zueinander. Einige der Ordnungen (der Chlorophyceae), z.B. die Volvocales und die Chlorococcales können als natürliche Zusammenschlüsse angesehen werden, für andere, beispielsweise für die alte Ordnung der Ulotrichales, trifft das nicht zu. Zwischen den Volvocales und den Chlorococcales läßt sich eine phylogenetische Beziehung ableiten. Wohin viele der anderen Taxa zu stellen sind, bleibt oft unklar. Einer der Gründe für diese Misere liegt im Fehlen geeigneter Fossilien. Man hat immer wieder versucht, aufgrund von Ähnlichkeiten bestimmter Merkmale, Verwandtschaften abzuleiten. Doch oft stehen die Ergebnisse im Widerspruch zu Klassifikationssystemen, die aufgrund anderer Merkmalskombinationen erstellt wurden. Vermutlich gilt hier das gleiche, was für die Angiospermen gesagt wurde: Das Genom enthält mehr genetische Information, als für die Existenz der Individuen (Arten) benötigt wird. Durch Umstrukturierung können daher in den verschiedensten phylogenetisch nicht zusammenhängenden Gruppen gleichartige Merkmale in Erscheinung treten. Für die Wahrscheinlichkeit dieser Annahme gibt es verschiedene Hinweise (s. Kap. 43).

Die Mehrzahl der Chlorophyta ist stets oder zeitweise begeißelt (zu den Ausnahmen gehören u.a. die Zygnematales). Es sind zwei oder mehr gleich lange Geißeln vorhanden. Begeißelte Formen (Arten oder Zoosporen) bewegen sich phototaktisch, viele Arten besitzen einen Augenfleck, der in der Regel in einem Chloroplasten lokalisiert ist.

Augenflecken kommen auch bei nicht-begeißelten Arten, so z.B. bei *Spirotaenia condensata* vor. Wie schon an anderer Stelle dargelegt, besitzen die Grünalgen meist viele und unterschiedlich strukturierte Chloroplasten (s. Abb. 4.9).

Grünalgen sind weit verbreitet. Die meisten Arten findet man im Süßwasser, andere im Salz- und/oder Brackwasser, im Boden, an Baumstämmen oder als Symbionten von Protozoen *(Paramaecium bursaria)*, Coelenteraten *(Hydra)* und Pilzen (→ Flechten: Lichenes). Die Mehrzahl der nichtaquatischen Arten ist einzellig.

Nur wenige Arten erreichen so hohe Individuenzahlen wie die Cyanophyta, Euglenophyta oder Bacillariophyceae. Sie sind daher auch nur selten an Wasserblüten beteiligt. Einige fädige Arten (z.B. *Spirogyra-, Mougeotia- Enteromorpha-* und *Cladophora-*Arten) bilden, wo sie in Massen auftreten, sogenannte Watten aus, die aus einer Vielzahl ineinander verflochtener Fäden bestehen. Solche, meist an Oberflächen schwimmende Aggregate sind ein Kennzeichen stark eutropher Gewässer (s. Abb. 44.9).

In einigen Gruppen der Grünalgen kommen spezifische, bizarr aussehende Zellformen vor. Sie treten vor allem bei Einzellern auf und sind bei den Desmidiaceen, einer Zygnematales-Familie (s. Abb 44.17), besonders auffällig. Viele planktisch lebende Arten sind mit Schwebefortsätzen versehen. Die meisten Arten sind von mehr oder weniger voluminösen Gallerten unterschiedlicher chemischer Zusammensetzung und Konsistenz umgeben, die dem Zusammenhalt der Individuen (s. 42.14), der Anheftung an die Unterlage, dem Stoffaustausch und der Bewegung dienen können. Für viele Bakterien bilden sie einen bevorzugten Lebensraum. Zellen der Chlorophyta sind in der Regel einkernig und haploid, selten sind sie mehrkernig (s. Abb. 4.5). Die bei sexueller Fortpflanzung in Erscheinung tretenden Gameten sind meist isogam; Anisogamie als abgeleitete Erscheinung kommt vor, ebenso Oogamie (letztere bei primitiven und bei spezialisierten Gattungen: *Chlamydomonas, Volvox, Oedogonium* u.a.).

Chlorophyceae

Es besteht keine einhellige Meinung über die Anzahl der Ordnungen. In der folgenden Darstellung sind die wichtigsten, und damit die am eindeutigsten eingegrenzten, wiedergegeben:
– Volvocales (einschließlich Tetrasporales)
– Chlorococcales
– Chaetophorales
– Oedogoniales.

Volvocales. Die Volvocales enthalten einzellige und koloniebildende Arten. In der Regel sind die Zellen begeißelt. Einige Arten können jedoch unter bestimmten Voraussetzungen zeitweilig in ein unbegeißeltes „Palmella"-Stadium übergehen. Die Zellen der Volvocales sind meist von einer mehrschichtigen, protein-

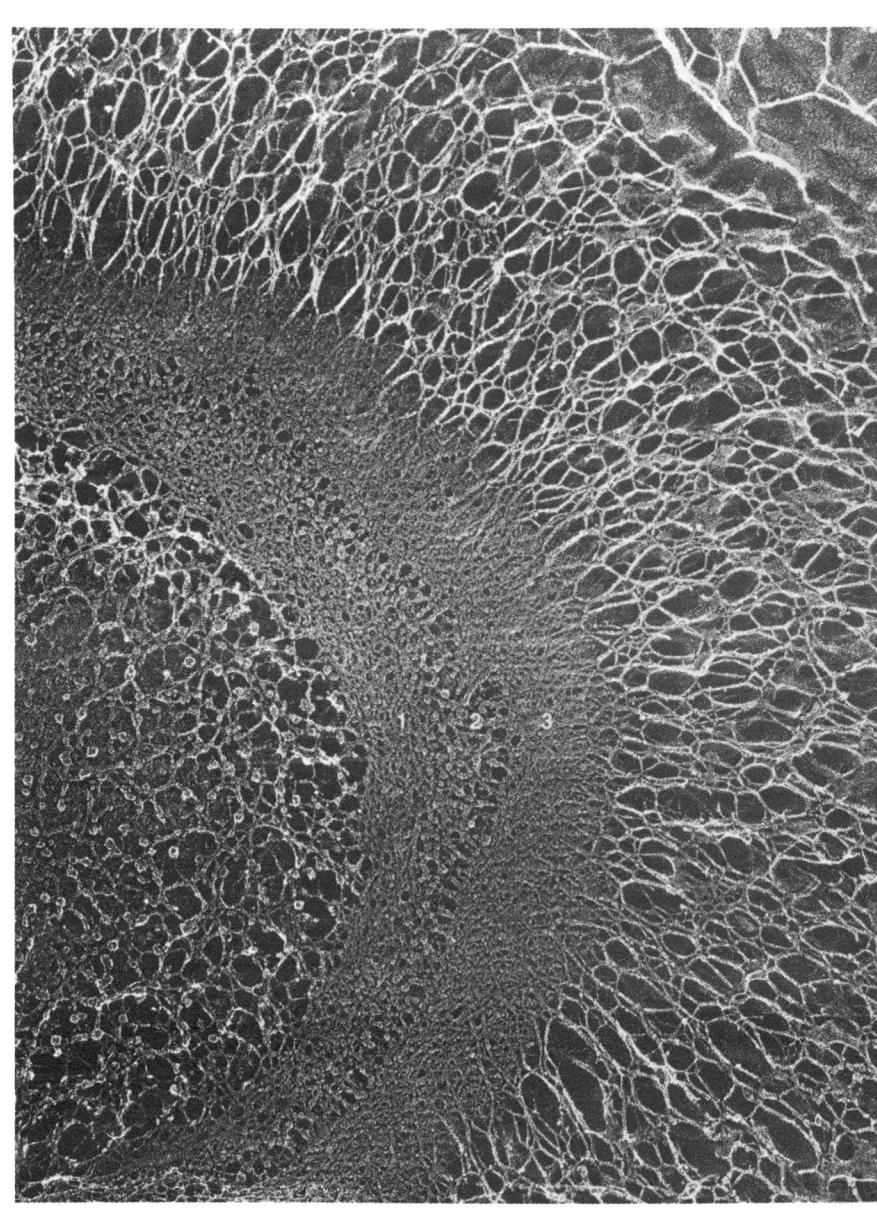

Abb. 44.10. Elektronenmikroskopische Aufnahme der geschichtet gebauten Zellwand eines Gameten von *Chlamydomonas reinhardii*. Das Präparat wurde nach einem von J.E. Heuser erarbeiteten Tiefgefrierverfahren hergestellt; × 71 000 (B.C. Monk, W.S. Adair, R.A. Cohen, U.W. Goodenough 1983, Photo: J.E. Heuser)

und kohlenhydrathaltigen Wand (s. Abb. 44.10) umgeben. Bei einigen Arten wird eine Lorica ausgebildet.

Die Lage und Form des Chloroplasten ist artspezifisch. Auffallend sind der becherförmige Chloroplast von *Chlamydomonas,* oder der zentral gelegene, mit Fortsätzen versehene, von *Stephanosphaera.* Unter den Volvocales treten oft Formen mit erhöhtem Carotinoidgehalt auf: *Chlamydomonas nivalis* verursacht Rotfärbung von Schnee („Blut"), *Haematococcus pluvials* einen roten Überzug auf Regenpfützen. In Kultur kann Rotfärbung verschiedener Arten durch Stickstoffmangel hervorgerufen werden.

Die stets einzelligen Arten aus der Gattung *Chlamydomonas* gehören zu den vielgenutzten Objekten pflanzlicher Grundlagenforschung.

Besondere Beachtung fanden die Kompatibilitätstypen (= Paarungstypen) der ansonsten isogamen Arten (+ und − Stämme). Zu den Molekülen, die an der Spezifität der Paarungsreaktion (Verkleben [= Agglutination] der Geißeln zweier paarungsbereiter Gameten) beteiligt sind, gehören Glykokonjugate mit α-glykosidisch gebundenen Mannoseresten (L. Wiese und W. Wiese, 1975).

Arten der Gattung *Carteria* besitzen im Gegensatz zu denen von *Chlamydomonas* vier anstelle von zwei Geißeln. Bei der vegetativen Vermehrung vieler Volvocales, z.B. *Chlorogonium,* entstehen innerhalb der Mutterzellwand durch zwei aufeinanderfolgende Mitosen vier Tochterzellen, die nach dem Platzen der alten Zellwand („Muttermembran") freigesetzt werden.

Eine Vermehrung auf diese Art kommt auch in anderen Ordnungen, z.B. bei sämtlichen Chlorococcales, vor.

Koloniebildende Gattungen. Die Kolonien von Volvocales sind meist Coenobien, d.h., sie enthalten (artspezifisch) stets eine bestimmte Zahl von Zellen. Diese wird bei der Coenobienbildung determiniert und kann, anders als bei einer Koloniebildung, im nachhinein nicht wieder abgeändert werden. Alle Zellen sind stets die direkten Nachkommen einer Mutterzelle.

In diese Gruppe gehören viele klassische Objekte des Botanikstudiums: *Gonium, Pandorina, Eudorina, Volvox, Stephanosphaera* u.a.

Die Gattung *Gonium* ist am einfachsten gebaut. *Gonium sacculiferum* besteht aus vier chlamydomonas-ähnlichen Zellen, die von einer gemeinsamen Gallerte umgeben sind. Die Coenobien von *Gonium pectorale* enthalten meist 16 Zellen, die anderer Arten 8, 16 oder 32.

Pandorina ist das bekannteste Beispiel für Coenobienbildung. Eine Kolonie enthält auch hier wieder meist 16 (−32) Zellen; aus jeder geht wieder eine Kolonie aus 16 (−32) Zellen hervor usw. Der Gattungsname entstammt der griechischen Mythologie. Die Götterbotin Pandora verbreitete Unheil, und jedem Unheil folgte neues Unheil (s. Abb. 44.11).

Eine ähnliche Organisation finden wir bei *Eudorina.* Beide Gattungen unterscheiden sich aufgrund der Anordnung und der Zahl der Zellen im Coenobium.

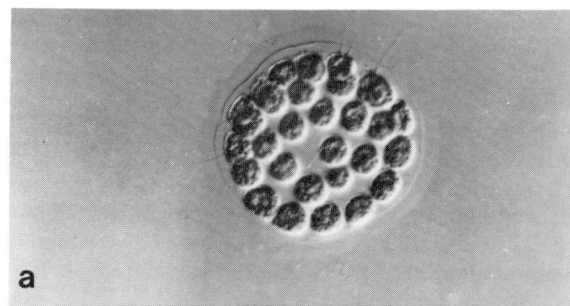
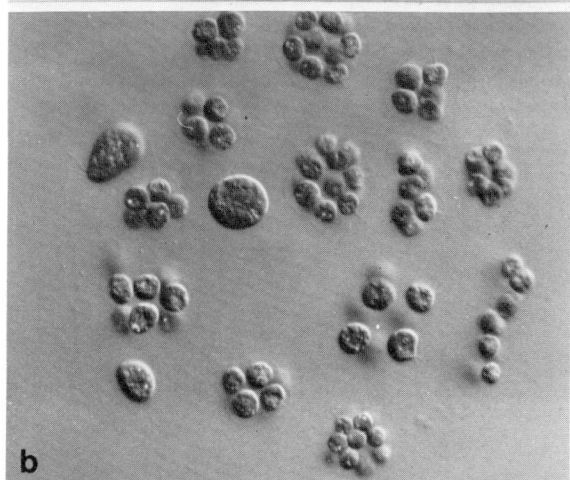
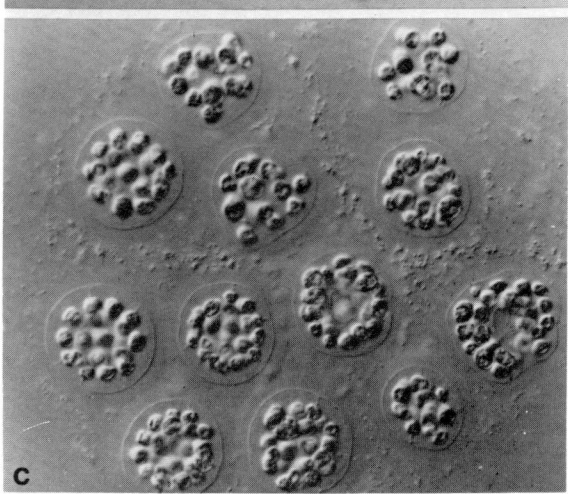

Abb. 44.11. *Pandorina morum. a* Coenobium. *b* Teilung des Coenobiums. Aus jeder Zelle entsteht ein neues Coenobium (hier frühes Teilungsstadium). Einige Zellen haben sich noch gar nicht geteilt, andere haben bereits ein 16-Zell-Stadium erreicht; *c* spätes Teilungsstadium. Die Zellteilungen sind abgeschlossen. Die Coenobien haben aber noch nicht die volle Größe erreicht. Jedes ist von einer Gallerte umgeben. Ein lockerer Zusammenhalt durch die Reste der Gallerte des Muttercoenobiums ist noch vorhanden (Alle Aufnahmen – im Interferenzkontrast – bei gleicher Vergrößerung).

Pandorina-Zellen bilden einen kompakten Haufen, *Eudorina*-Zellen sind in Form einer Hohlkugel angeordnet.

Volvox bildet riesige Kolonien, in denen 1000 bis

622

50 000 Zellen hohlkugelförmig vereint sein können (s. Abb. 3.9)

Der Koloniedurchmesser beträgt bis zu zwei Millimeter. A. van Leeuwenhoek sah sie zum ersten Male im Januar 1700.

Volvox-Kolonien weisen eine deutliche Differenzierung und Arbeitsteilung auf. Neben vielen vegetativen kommen einige reproduktive Zellen vor. Sie alle reagieren phototaktisch, ihre Bewegungen sind synchronisiert. Es gibt eine bevorzugte Bewegungsrichtung der Kolonie. Die Zellen in der vorderen Hälfte (d.h. in Bewegungsrichtung) sind größer als die in der hinteren. Zwischen den Zellen findet ein Informationsaustausch statt. Der sichtbare Ausdruck hiervon ist ein symmetrisch gebautes Netzwerk aus Plasmabrükken, durch die die Zellen untereinander in Verbindung stehen.

Man könnte daher durchaus von einem echten Vielzeller sprechen. Doch die Art, wie er entstanden ist, ist kein Modell zum Verständnis der Evolution der übrigen Vielzeller. Deren Entstehung verlief bekanntlich anders: einfacher und effizienter.

Zur Fortpflanzung gelangen reproduktive Zellen ins Kolonieinnere, wo aus ihnen durch zahlreiche aufeinanderfolgende Teilungen Tochterkolonien entstehen. Die Geißeln der Tochterkoloniezellen sind anfangs ins Kolonieinnere gerichtet. Durch einen „Inversions"-Prozeß erlangen sie die richtige Orientierung (s. Abb. 44.12 und 44.13). Die Freisetzung der Tochterkolonien vollzieht sich nach dem Reißen der schützenden Hülle der Mutterkolonie. Der Modus der sexuellen Fortpflanzung ist die Oogamie.

Einige Bemerkungen über Tetrasporales: Manche Autoren erheben dieses Taxon zu einer eigenständigen Ordnung, andere schlagen sie den Volvocales zu. Ein Kennzeichen vieler Arten ist die Anordnung der Zellen zu Vierergruppen innerhalb einer gemeinsamen Hülle. Tetrasporales repräsentieren sicherlich keine natürliche Gruppe, denn sie sind vornehmlich ein Sammelbecken von Arten auf einer bestimmten Organisationshöhe.

Chlorococcales. Die Chlorococcales umfassen einzellige und koloniebildende, meist planktisch lebende Arten. Es gibt viele Parallelen zu den Volvocales, so z.B. die Coenobienbildung, andererseits bestehen aber gravierende Unterschiede in bezug auf die Zellteilung. Bei den Chlorococcales findet man nämlich fast nie eine Zweiteilung, vielmehr werden innerhalb einer Zelle vier, acht, gelegentlich auch 16 neue Tochterzellen gebildet, die nach dem Reißen der alten Zellwand („Muttermembran") ins Medium entlassen werden.

Je nach Art oder Situation sind diese Tochterzellen entweder begeißelt (Zoosporen, die erst nach der Freisetzung und beträchtlicher Größenzunahme eine Wand ausbilden: Stadium der Encystierung) oder sie sind von vornherein geißellos und von einer Wand umgeben (Autosporen). Die Wandbildung erfolgt im Anschluß an die Kernteilungen.

Die Zellwand der Chlorococcales besteht meist aus einem Cellulosegerüst, in das vielfach andere Molekü-

le eingelagert sind. Bei vielen Arten ist sie mehrschichtig, so besteht z.B. eine der Schichten der *Chlorella*- und *Scenedesmus*-Wand aus Sporopollenin. Oft sind den Wänden strukturbildende Substanzen aufgelagert.

Sexuelle Fortpflanzung ist selten und wenn, dann sind die Gameten isogam. In vielen Gattungen, z.B. *Chlorella,* wurde nie eine Gametenbildung gesehen.

Der bekannteste Vertreter der Chlorococcales ist *Chlorella*. Arten dieser Gattung sind Standardobjekte der Photosyntheseforschung. Sie sind im Süß- und Salzwasser sowie im Boden weit verbreitet. Die Zellen enthalten ein einziges, auffallend komplex strukturiertes Mitochondrium.

Zu den Verwandten von *Chlorella* gehört *Prototheca* mit ihren stets farblosen Plastiden.

Chlorococcum ähnelt *Chlorella* morphologisch, bildet aber anstelle von Autosporen bewegliche Zoosporen aus. Die meisten Arten dieser Gattung vermehren sich ausschließlich asexuell, bei einer auf den Philippinen isolierten Art *(Chlorococcum echinozygotum)* wurde Isogamie nachgewiesen. Arten der Gattung *Trebouxia* leben oft in Symbiose mit Pilzen (Flechten. s. Kap. 33).

Weitere weit verbreitete Gattungen sind *Oocystis* und *Eremosphaera*. Die Zellen vieler planktisch lebender Arten (Gattungen) sind mit Schwebefortsätzen versehen (s. Abb. 44.14).

*Koloniebildende Arten.*Die meisten Chlorococcales-Kolonien können als Coenobien betrachtet werden. Typische Beispiele dafür finden wir in den Gattungen *Scenedesmus, Ankistrodesmus* und *Pediastrum. Scenedesmus-* Coenobien bestehen meist aus vier, seltener aus acht (oder 16) in Reihe nebeneinander angeordne-

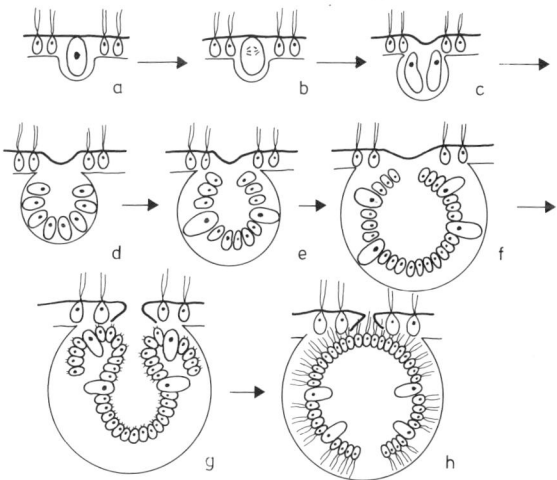

Abb. 44.12. In den Kolonien vieler *Volvox*-Arten kann zwischen kleinen vegetativen und großen generativen Zellen unterschieden werden. Aus den großen entwickeln sich Tochterzellkolonien im Inneren einer Kolonie (s. Abb. 3.9). Im Verlauf der Entwicklung einer Tochterkolonie erfolgt eine „Inversion"; siehe auch Abbildung 44.13. (J.D. Pickett-Heaps, 1975)

623

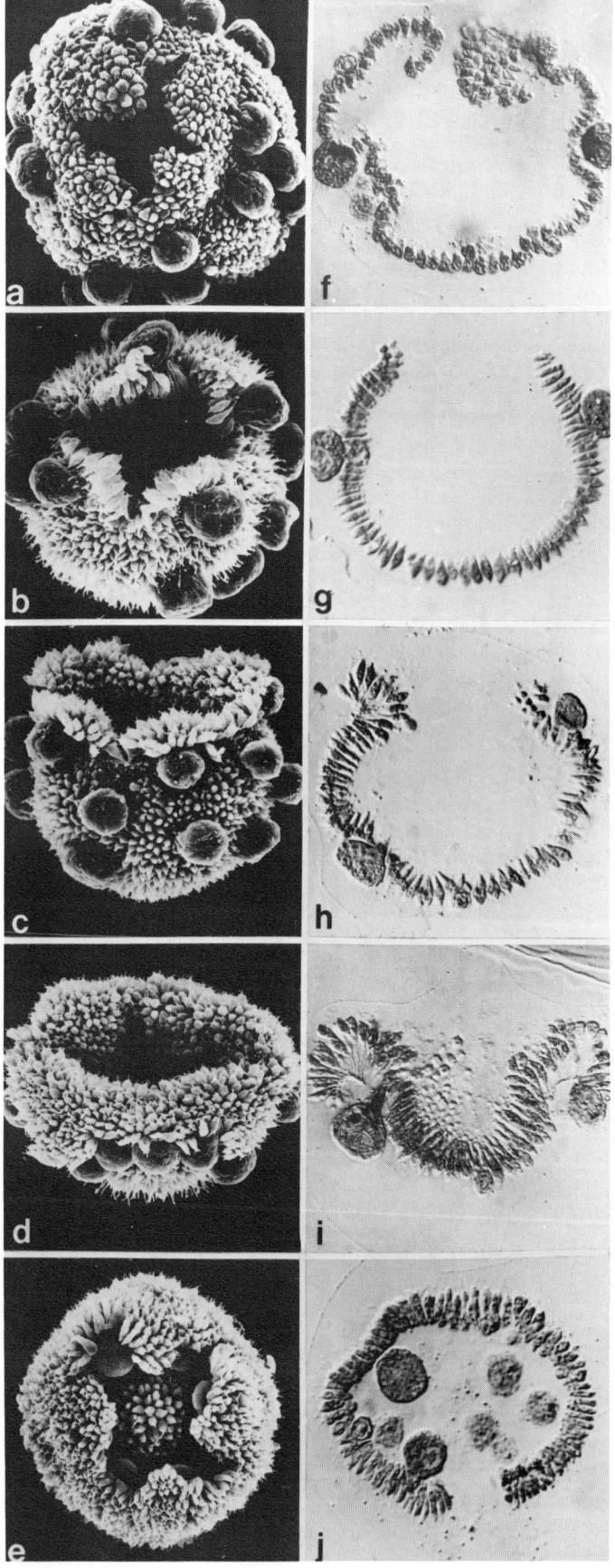

Abb. 44.13. *Volvox carteri:* Inversion der Tochterkoloniezellen im Verlauf der Embryonalentwicklung. Linke Spalte: Rasterelektronenmikroskopische Aufnahmen des Inversions- oder Umstülpungsprozesses. Rechte Spalte: Interferenzkontrastmikroskopische Aufnahmen von Querschnitten durch aufeinanderfolgende Stadien während der Inversion. Die generativen Zellen, aus denen die folgende Tochterzellkoloniegeneration entsteht, sind bei dieser *Volvox*-Art wesentlich größer als die übrigen (die vegetativen Zellen) und daher leicht erkennbar. Eine Kolonie besteht aus ca. 2 000 zweigeißligen vegetativen und ca. 16 unbegeißelten generativen Zellen. Der Inversionsprozeß beruht auf einer synchronen Änderung der Zellmorphologie der beteiligten Zellen. Die Formveränderung wiederum beruht auf einer Umstrukturierung der Cytoskelette in den Zellen, vornehmlich des Mikrotubulisystems; siehe Kapitel 25. (D.L. Kirk *et al.* 1982)

624

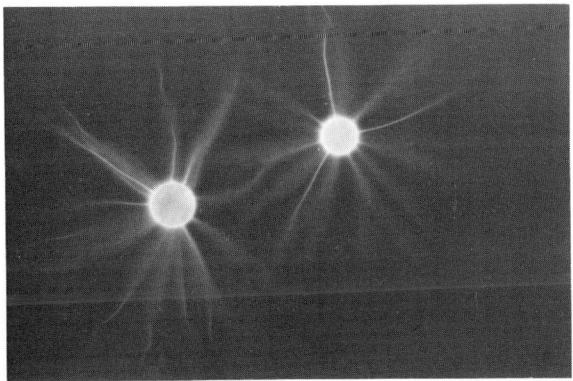

Abb. 44.14. *Golenkinia brevispicula.* Die Zellwand und die Schwebefortsätze wurden durch Fluorchromierung mit Calcofluor white sichtbar gemacht; × 308. (E. Schnepf)

ter Zellen. Die außen liegenden tragen Schwebefortsätze. Isogamie wurde bei *Scenedesmus obliquus* nachgewiesen.

Bei *Ankistrodesmus* sind die an den Enden spitz auslaufenden Zellen in Viererverbänden organisiert.

Pediastrum bildet zweidimensionale Coenobien, die je nach Art oder Kulturbedingung aus 8, 16, 32 oder 64 symmetrisch angeordneten Zellen bestehen. Während der Vermehrungsphase entsteht (wie bei *Pandorina*) aus jeder Zelle eine neue Kolonie.

Bei sexueller Fortpflanzung werden wandlose Gameten gebildet, die, nach der Paarung, Zygotenbildung und Reduktionsteilung, durch mehrfach aufeinanderfolgende Teilungen zu einer neuen Kolonie heranwachsen.

Fossil wurde *Pediastrum* im Perm und in der Trias nachgewiesen. Zu den auffallendsten Chlorococcales gehört das Wassernetz *Hydrodictyon*. Es besteht aus gestreckten Zellen, die an ihren Enden untereinander verbunden sind und ein polygonales, in sich geschlossenes Netzwerk ausbilden, das einen Durchmesser bis zu etwa einem Meter erreichen kann. Solche Wassernetze, in stehenden oder langsam fließenden Gewässern vorkommend, waren schon den alten Chinesen bekannt, so daß man wohl sagen kann, *Hydrodictyon* sei die erste beschriebene Alge. Die Zellen enthalten einen netzartigen (retikulären), wandständigen Chloroplasten. Junge Zellen sind einkernig, ältere meist vielkernig. Im Normalfall werden die in einer Zelle gebildeten Zoosporen nicht freigesetzt, vielmehr verbinden sie sich untereinander (unter Verlust ihrer Geißeln und Ausbildung einer Wand), so daß bereits innerhalb einer Zelle ein neues Netz angelegt wird.

Während der sexuellen Fortpflanzung (Isogamie, s. Abb. 12.19) wird ein polyedrisches, zunächst einkerniges, später vielkerniges Zwischenstadium gebildet.

Chaetophorales. In diese, womöglich nicht natürliche Ordnung werden Arten mit fädigem, z.T. verzweigtem Thallus gestellt. Ursprünglich wurden alle so aussehenden Arten zu einer umfassenden Ordnung

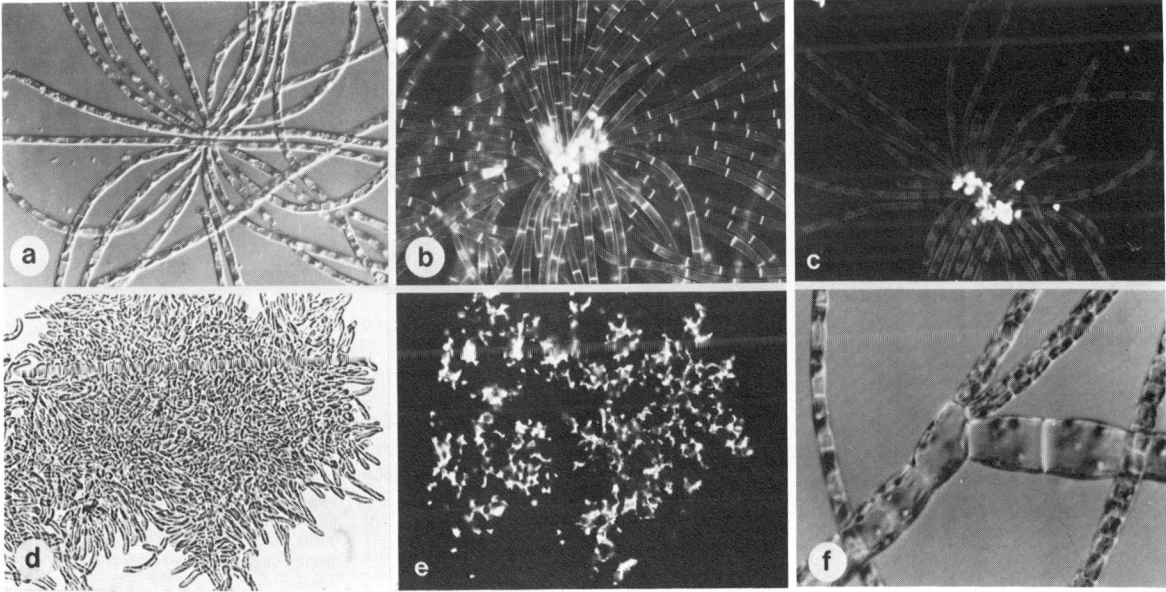

Abb. 44.15. Einige fädige Grünalgen. *a bis c Uronema confervicola. a* im Interferenzkontrast, *b* nach Fluorochromierung mit Calcofluor white. Außer den Zellwänden ist eine im Zentrum des Zellfadenaggregats vorhandene Gallerte gefärbt; *c* nach Markierung mit FITC-ConA. Nur die zentral gelegene Gallerte ist markiert. Die Chlorophylleigenfluoreszenz der Zellen erscheint im Bild grau. *d,e Microthamnion spec. d* Aufnahme im Hellfeld, *e* gleicher Bildausschnitt nach Markierung mit FITC-ConA (wie bei *Uronema* ist nur die im Zentrum von Fadenaggregaten gelegene Gallerte markiert). *f Draparnaldia plumosa* im Interferenzkontrast. Der Thallus ist heterotrich, er besteht aus dicken und dünnen Filamenten.

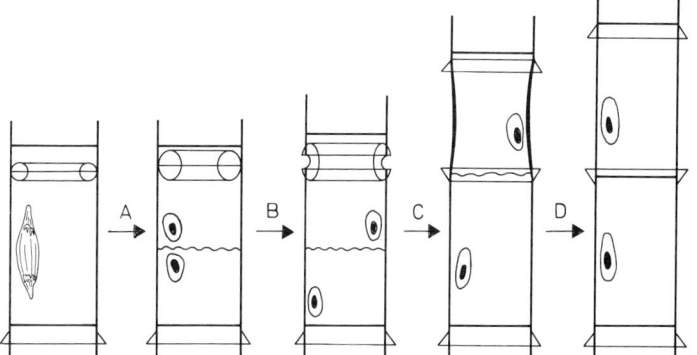

Abb. 44.16. Zellteilung und Kappenbildung bei *Oedogonium*. Details siehe Text. (J.D. Pickett-Heaps 1975)

(Ulotrichales) zusammengefaßt. Die Ausgliederung der Ulotrichales (im engeren Sinne) erfolgte aufgrund der bereits genannten unterschiedlichen Zell- und Kernteilungsmechanismen. Wir werden den Ulotrichales daher bei den Ulvophyceae wieder begegnen.

Einige Beispiele für Chaetophorales: *Uronema, Stigeoclonium, Chaetophora, Microthamnion, Aphanochaete, Draparnaldia, Fritschiella, Stigeolonium* (s. Abb. 44.15). Die Zoosporen tragen am Geißelpol eine Gallerte, die eine Polarität der Zelle markiert. Bei der Bildung von Zellaggregaten (nach Geißelabwurf) ist dieser Pol stets in Richtung des Zentrums orientiert. Die Verlängerung der Zellfäden erfolgt bei den meisten der Arten durch Teilung der terminal (= distal) sitzenden Zellen.

Draparnaldia plumosa verfügt über morphologisch voneinander verschiedene Haupt- und Nebentriebe (= dicke und dünne Filamente). Die Zellen der Ne-

bentriebe sind an ihren Oberflächen mit einem kohlenhydrathaltigen Belag versehen, der vermutlich Bakterien als Nahrungsquelle dient. Dünne Filamente sind, im Gegensatz zu den dicken, stets von ihnen umlagert.

Fritschiella ist eine Bodenalge, kommt aber auch in aquatischem Milieu vor. Je nach Habitat ändert sie ihre Wuchsform. Bodenbewohnende Arten bilden lange Fäden aus, von denen in den Luftraum hineinragende Nebentriebe abzweigen.

Oedogoniales. Oedogoniales sind im Süßwasser lebende, meist festsitzende Vielzeller. Ihr Thallus ist fädig und unverzweigt. Hauptvertreter ist die Gattung *Oedogonium*. Deren Zellen enthalten einen netzförmig strukturierten, wandständigen Chloroplasten, sie sind einkernig. Asexuell pflanzen sie sich durch Zoosporen, sexuell durch Oogamie fort. Das Besondere an *Oedogonium* ist der außergewöhnliche Teilungsmodus

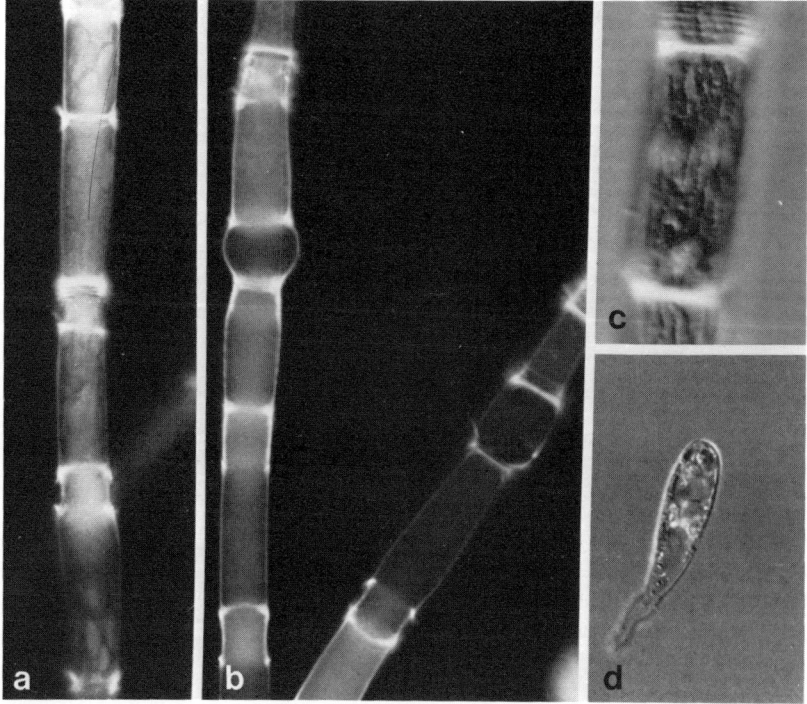

Abb. 44.17. *Oedogonium cardiacum. a,b* Fluoreszenzmikroskopische Aufnahmen nach Fluorochromierung der Zellwand mit Calcofluor white. Die schirmförmigen Ränder der Kappenzellen sind besonders intensiv gefärbt. Die zu einer Kugel verdickte Zelle ist der Bildungsort von Zoosporen. *c,d* Interferenzkontrastaufnahmen (*c* Zelle mit Kappe, *d* auskeimende Zoospore).

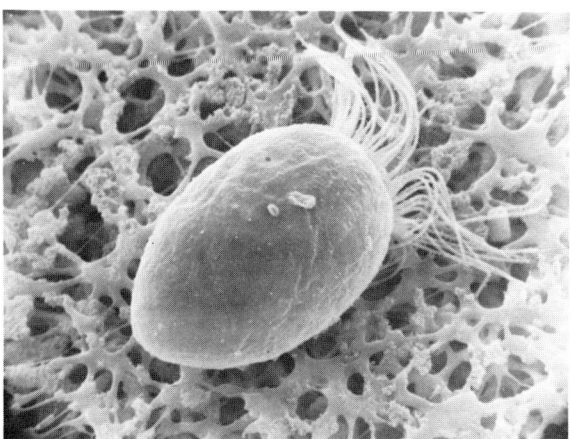

Abb. 44.18. *Oedogonium cardiacum.* Rasterelektronenmikroskopische Aufnahme einer Zoospore mit Geißelkranz am vorderen Zellpol. (J.D. Pickett-Heaps, 1975)

der Zellen. Kernteilung und Zellteilung sind zeitlich synchronisiert, räumlich aber voneinander getrennt. Die Kernteilung findet, wie bei den meisten Pflanzenzellen üblich, nahe der Zellmitte statt. Während der Telophase wird zwischen den beiden Tochterkernen ein Septum, das ist eine Vorstufe der späteren Querwand, angelegt.

Während die Mitose vor sich geht, bildet sich nahe dem apikalen Pol, von der Längswand ausgehend, eine wulstförmige Einstülpung. Diese Struktur besteht aus amorphem (= cellulosefreiem) Wandmaterial.

Im Anschluß an die Mitose und die Fertigstellung des Wulsts werden der obere Tochterkern und das Septum apikalwärts verlagert. Nach Abschluß der Wanderung (= Umlagerung und Neusynthese von Membransystemen) reißt die Längswand an einer präformierten Stelle ringförmig auf, und zwar dort, wo die Wulstbildung induziert wurde. Durch das Reißen der Wand wird der Wulst gestreckt und übernimmt die Funktion der neuen Längswand. An seinem unteren Ende verwächst er mit dem Septum. Durch Einlagerung von weiterem Zellwandmaterial (Cellulose) differenzieren sich Septum und Wulst zu fertigen Quer- und Längswänden der neuen Tochterzelle. Die an der Sollbruchstelle verbleibenden Reste der Mutterzellwand bilden eine schirmförmige Kappe aus, die das typische Merkmal dieses Zellteilungsmodus, und damit auch der Gattung *Oedogonium* ist (s. Abb. 44.16, 44.17, 44.18).

Ulvophyceae

Die Ulvophyceen sind primär marine Organismen. Zoosporen sind, wenn vorhanden, symmetrisch gebaut. Sie besitzen zwei, vier oder mehr Geißeln. Ein Klassenmerkmal ist der deutlich ausgeprägte Genera-

tionswechsel mit haploiden Gametophyten und diploiden Sporophyten. Dauersporen werden nur ausnahmsweise gebildet.

Den Ulvophyceae gehören die vier folgenden Ordnungen an:
- Cladophorales
- Ulotrichales
- Caulerpales (= Siphonales)
- Dasycladiales

Cladophorales. Dieser Ordnung gehören vielzellige Arten mit fädigem und (meist) verzweigtem Thallus an. Das auffallende Merkmal ist die Vielkernigkeit der Zellen, denn Kern- und Zellteilung sind hier nicht synchronisiert (s. Abb. 4.5). Die Fäden verlängern sich durch Spitzenwachstum, also durch Teilung apikal gelegener Scheitelzellen. Die Zellwand ist proteinreich, und als Gerüstkomponente enthält sie eine modifizierte Form der Cellulose (Cellulose I).

Die Mikrofibrillen in übereinanderliegenden Schichten sind jeweils um 90° gegeneinander versetzt, wodurch eine mikroskopisch gut sichtbare Zonierung zustande kommt.

Die Chloroplasten sind untereinander zu einem peripher gelegenen Netz verbunden. Haploide und diploide Phase sind, soweit vorhanden, isomorph, selten heteromorph.

Die bekannteste Gattung ist *Cladophora*. Im marinen Bereich ist *Chladophora vagabunda* vorherrschend, im Süßwasser *Chladophora glomerata*. Letztere vermehrt sich ausschließlich vegetativ.

Ulotrichales. Zu den Ulotrichales gehören mehrzellige Arten, deren Thallus aus unverzweigten oder verzweigten Fäden besteht oder blattförmig (flächig) ist. Fast alle Arten leben benthisch. Sie sind durch nichtteilungsfähige Rhizoidzellen an Unterlagen verankert.

In einigen, doch nicht in allen Stammeslinien ist eine Progression von Isogamie zu Oogamie erkennbar (J.D. Pickett-Heaps, University of Colorado, Boulter, 1975). Namengebend ist die Gattung *Ulothrix*, von der die Art *Ulothrix zonata* am bekanntesten und häufigsten (im Süßwasser) ist. Ihr Thallus besteht aus unverzweigten Fäden (= + und − Gametophyt). Ihr Wachstum ist interkalar, und bei asexueller Fortpflanzung werden viergeißlige Zoosporen gebildet. Isogameten sind zweigeißlig. Sie entstehen nur unter Langtagbedingungen. Die Zygote hingegen keimt nur unter Kurztagbedingungen. Nach erfolgter Meiose zerfällt sie in vier bis acht Zoosporen, aus denen zur Hälfte + und zur Hälfte − Gametophyten herauswachsen.

Die marine Art *Ulothrix acrorhiza* vermehrt sich ausschließlich asexuell.

Ulva lactuca (Meersalat) und andere *Ulva*-Arten zeichnen sich durch einen flächigen, aus zwei Zellschichten bestehenden Thallus aus (s. Abb. 44.19).

Sporophyten- und Gametophytengeneration sind isomorph, die Gametophyten getrenntgeschlechtlich.

Bei *Enteromorpha* ist der Thallus schlauchförmig. Formal gesehen, ist die Form durch Verwachsung der

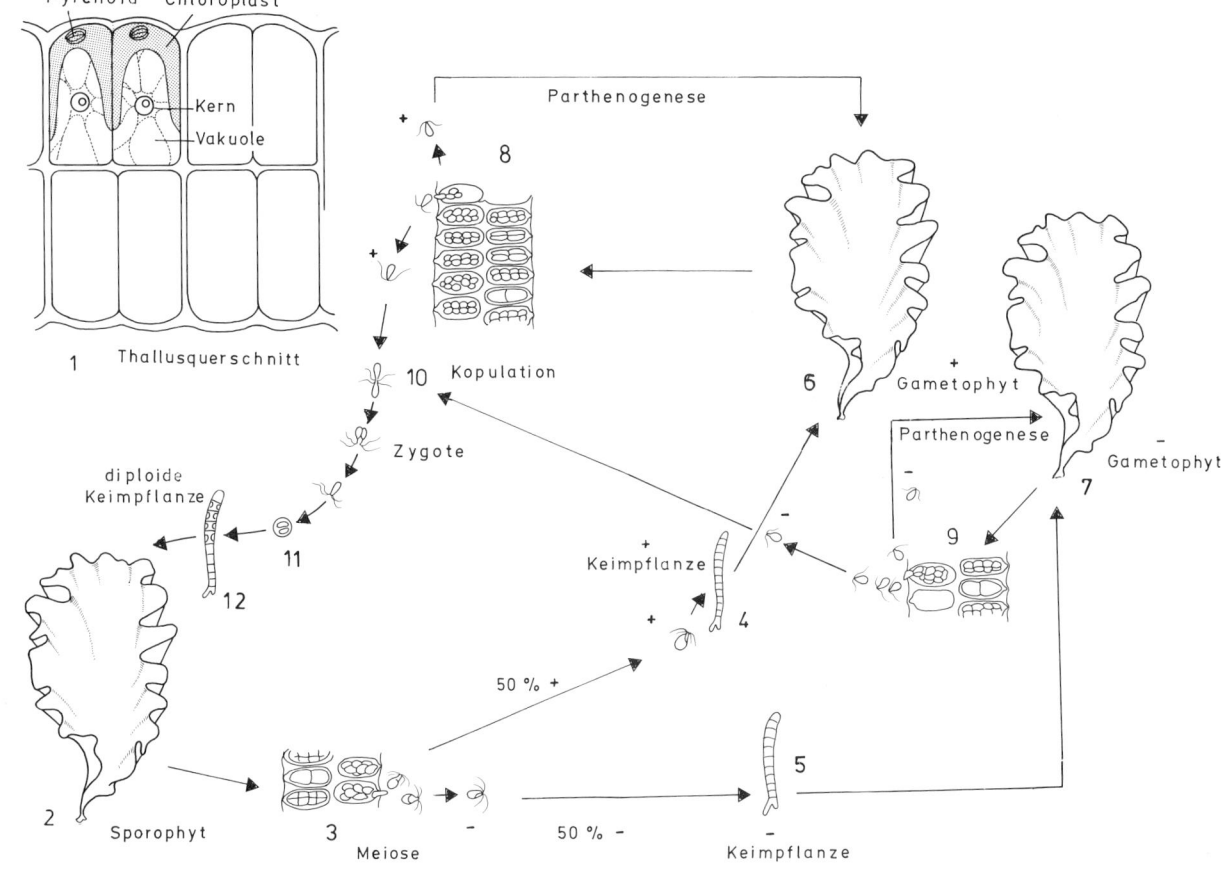

Abb. 44.19. Lebenszyklus mit Generationswechsel von *Ulva lactuca* (Meersalat). In der Gametophytengeneration kommt Parthenogenese vor. (Nach C. v.d. Hock, 1978, 1984)

Ränder eines „Blattes" zu erklären. Die Arten kommen in Süß-, Brack- und Salzwasser vor.

Caulerpales (= Siphonales). Hierher gehören durchweg einzellige Arten mit charakteristisch gestaltetem (siphonalem), vielfach verzweigtem, vielkernigem Thallus.

Von wenigen Arten abgesehen *(Bryopsis-, Derbesia-* und *Codium*-Arten), sind sie ausschließlich in tropischen und subtropischen Zonen anzutreffen. Manche Arten zeichnen sich durch nur hier vorkommende Xanthophylle aus: Siphonein und Siphonoxanthin.

Bei *Bryopsis* ist der Thallus regelmäßig einfach oder vielfach gefiedert; er kann bei den meisten Arten bis zu 10 Zentimeter groß werden, bei einer vor der japanischen Küste vorkommenden Art *(Bryopsis maximum)* erreichte er eine Größe von 40 Zentimetern.

Bei der zweihäusigen Art *Bryopsis plumosa* sind männliche und weibliche Gametophyten getrennt; die männlichen Gameten sind kleiner als die weiblichen (Heterogamie, Anisogamie). Die Zygote wächst zu einem (einzelligen) verzweigten Faden heran. Es besteht noch Unklarheit über die Art und den Zeitpunkt der Reduktionsteilung. Als ein Zwischenstadium erscheint nämlich ein „Riesenkern", der in eine Vielzahl kleiner Kerne zerfällt (meiotisch?, mitotisch?). Der Gametophyt entwickelt sich entweder direkt aus dem Sporophyten oder es wird ein Zoosporangienstadium zwischengeschaltet. Die nah verwandte Art *Bryopsis hypnoides* ist einhäusig.

In der Gametophytenzellwand kommen Cellulose und Xylan vor, die Wand des Sporophyten besteht vornehmlich aus Mannan.

Derbesia marina ist durch einen schlauchförmigen Thallus gekennzeichnet. Gelegentlich sind ältere Thallusabschnitte durch Querwände abgegliedert; die Gameten sind wieder unterschiedlich groß (Heterogamie). Wie bei *Bryopsis* unterscheiden sich die Thalli beider Phasen in ihrer Zellwandzusammensetzung.

Im Gegensatz zu *Bryopsis* ist hier die Sporophytenphase vorherrschend; die Gametophyten sind rudimentär ausgebildet. Nur bei *Derbesia neglecta* sind sie auffallender.

Bei *Caulerpa* sitzen an langen Ausläufern einerseits Rhizoidbündel, andererseits entspringen von dort blattartige Teile. Bei einigen Arten kann das ganze Gebilde mehrere Dezimeter groß sein. Die Festigkeit der Struktur wird durch eingezogene Querbalken aus

628

Wandmaterial erhöht, deren Gerüstsubstanz β-1,4-Xylan ist, welchem β-1,3-Glucan assoziiert ist.

Der vielfach verzweigte Thallus bei *Codium* besteht aus einem Geflecht ineinandergewundener Schläuche, die – nach außen gerichtet – keulenförmige Ausstülpungen tragen. Die Wand besteht aus einem β-1,4-Mannangerüst, das in Arabinogalactan eingelagert ist.

Dasycladiales. Dasycladiales stehen den Caulerpales sehr nahe. Für die Verwandtschaft spricht der siphonale Bau der Thalli, die chemische Zusammensetzung der Zellwände, vor allem aber die Unterschiede zwischen Sporophyten- und Gametophytenwand. Im Gegensatz zu den Caulerpales sind die Zellen radiärsymmetrisch gebaut. Die Vermehrung erfolgt durch Cysten, aus denen Isogameten entlassen werden.

Zu den Dasycladiales gehört *Acetabularia,* ein Standardobjekt biologischer Grundlagenforschung (s. Kap. 14). Diese Gattung ist mit mehreren Arten an den Meeresküsten wärmerer Zonen vertreten. *Acetabularia mediterranea* ist im Mittelmeer häufig, *Acetabularia crenulata* in der Karibik. Der Thallus ist an natürlichen Standorten meist verkalkt. Im Labor hingegen werden Kulturbedingungen gewählt, die eine Verkalkung unterbinden.

Eine Zelle ist in die drei Abschnitte Rhizoid, Stiel und Hut untergliedert (s. Abb. 14.7 und 14.8). Der Zellkern (Primärkern) liegt im Rhizoid. Er enthält u.a. Lampenbürstenchromosomen (H. Spring *et al.,* 1975) und ist vermutlich polyploid.

Vor Beginn der Cysten- und Gametenbildung wandert er unter meiotischer und mitotischer Aufteilung in 10–15 000 Sekundärkerne durch den Stiel in Richtung Hut. Die unterwegs entstandenen Produkte verteilen sich auf dessen Septen.

Charophyceae

Charyophyceae im traditionellen Sinne sind die Armleuchteralgen mit *Chara* und *Nitella* als repräsentativen Vertretern. Die Zell- und Kernteilung ähnelt der der höheren Pflanzen; die äußere Gestalt dieser Algen weist auch in diese Richtung. Dennoch weiß man schon seit langem, daß die Armleuchteralgen nicht als Vorfahren der Landpflanzen in Betracht kommen, weil sie in zu vielen anderen Merkmalen als zu spezialisiert betrachtet werden können.

Eine zweite Algengruppe, die Konjugaten (Zygnematales), wurde zwar nie als Vorläufer der Landpflanzen diskutiert. Ihr Kernteilungsmechanismus gleicht aber dem dieser Pflanzen und dem der Armleuchteralgen, so daß ein Zusammenschluß mit ihnen in einer Klasse gerechtfertigt erscheint.

Am interessantesten ist jedoch die Gattung *Coleochaete* (Ordnung: Coleochaetales), die früher stets zu den Ulotrichales gestellt wurde, sich aber durch einen Kern- und Zellteilungsmechanismus auszeichnet, der dem der Landpflanzen gleicht.

Hinzu kommt, daß in den Peroxysomen von *Coleochaete* das Enzym Glycolatoxydase nachgewiesen wurde, das ebenfalls für höhere Pflanzen typisch ist. Schließlich sind auch noch in geologischen Formationen, in denen die ersten Landpflanzen gefunden wurden, *Coleochaete*-ähnliche Fossilien nachgewiesen worden (L.E. Graham, 1984).

Die nächsten Jahre werden sicher weitere Belege zutage fördern, die darüber entscheiden, ob *Coleochaete*-ähnliche Formen den Vorstufen von Landpflanzen nahekommen oder ob andere Kandidaten hierfür gesucht werden müssen.

Zygnematales. Zygnematales, auch Konjugaten genannt, sind durch eine Variante ihres Fortpflanzungsverhaltens, die Konjugation, gekennzeichnet. Nie werden begeißelte Gameten gebildet. Die Protoplasten der Konjugationspartner nehmen vorübergehend amöboide Gestalt an. Die aus der Gametenverschmelzung (Fusion) hervorgehende Zygote umgibt sich mit einer dicken Wand und ist in der Regel als ein Dauerstadium (Zystenstadium) anzusehen. Nach langer Reifezeit, oft im Jahreszyklus, werden haploide Zellen entlassen, aus denen sich, je nach Art, einzellige oder fädige Gametophyten entwickeln.

Die Zygnematales unterteilt man üblicherweise in drei Familien: Zygnemataceae, Mesotaeniaceae und Desmidiaceae.

Den Zygnemataceae gehören die im Süßwasser verbreiteten fädigen *Spirogyra-, Mougeotia-* und *Zygnema*-Arten an. Die Gattungen unterscheiden sich durch die Struktur ihrer Chloroplasten. *Spirogyra* enthält einen schraubig gewundenen, bei *Mougeotia* ist er plattenförmig und um seine Längsachse drehbar. Unter Starklichtbedingungen orientiert er sich mit der Kantenseite zur Lichtquelle, unter Schwachlichtbedingungen mit der Breitseite (s. Kap. 25).

Zygnema-Arten besitzen sternförmige Chloroplasten (s. Abb. 4.9). Zur Einleitung der Konjugation werden zwischen Zellen benachbart liegender Fäden Brücken ausgebildet, durch die der Protoplast der Zelle des einen Fadens in den benachbarten überwechselt.

Die Mesotaeniaceae sind einzellig. Die Zellen sind von einer einheitlichen, in sich geschlossenen Zellwand umgeben. Die asexuelle Fortpflanzung erfolgt durch Querteilung der meist länglichen Zellen.

Vor der Konjugation formt jede der an der Paarung beteiligten Zellen Ausstülpungen (Papillen) aus, die zu einer gemeinsamen brückenähnlichen Verbindung verschmelzen, innerhalb derer die Protoplasten fusionieren und eine Zygote bilden. Die bekanntesten Gattungen sind *Mesotaenium, Spirotaenia, Cylindrocystis, Netrium.*

Die Desmidiaceen unterscheiden sich von den beiden übrigen Familien primär durch den Mechanismus ihrer asexuellen Fortpflanzung und die dadurch bedingten Eigenarten in der Architektur der Zellwand. Die Zellen bestehen aus zwei Halbzellen, von denen eine jünger als die andere ist. Zwischen ihnen liegt eine

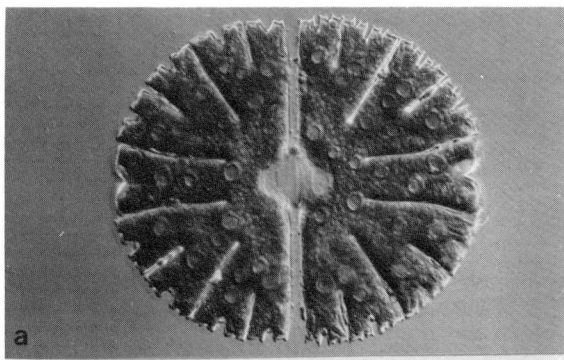
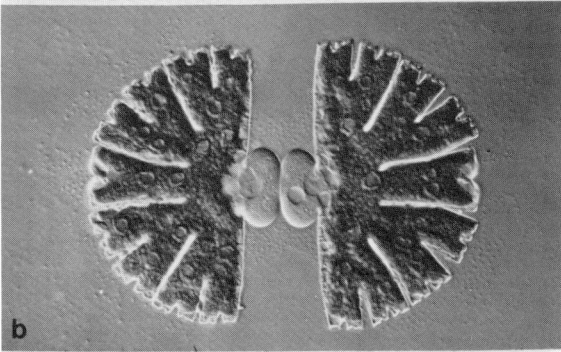
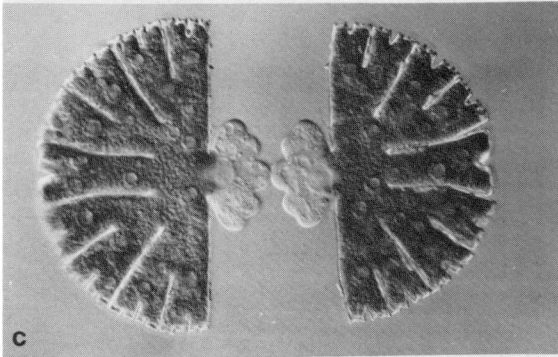
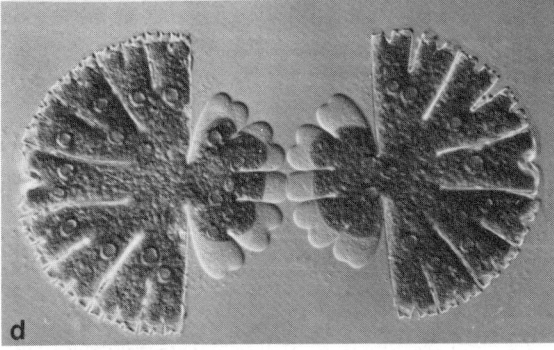

Abb. 44.20. *Micrasterias thomasiana* (Desmidiaceae). Aufeinanderfolgende Zellteilungsstadien (Interferenzkontrastaufnahmen). *a* Beginnende Teilung. Ausbildung eines Septums (einer Scheidewand) zwischen den beiden Halbzellen. *b* Blasenstadium (erstes Stadium der sich bildenden Tochterzellen). *c* Eines der Lappenstadien (hier Fünflappenstadium; ihm geht ein Dreilappenstadium voraus). *d* Weitere Aufgliederung der Lappen und Einwanderung der Chloroplasten in die Tochterzellen. An der Peripherie der Chloroplasten in den ausdifferenzierten Halbzellen sind Pyrenoide erkennbar. (R. Duden 1985)

630

mehr oder weniger tiefe Einschnürung, der Isthmus. Die Wand ist nicht durchgehend, vielmehr besteht sie aus zwei einander überlappenden Halbschalen.

Bei der Teilung legt jede Halbzelle im Isthmusbereich eine neue Tochterzelle an. Als Folge ihres Wachstums rücken die beiden Halbzellen auseinander und trennen sich, nachdem die Tochterzellen nahezu ihre volle Größe erreicht haben. Die Entwicklungsstadien sind bei einer Reihe von Arten studiert und durch eindrucksvolle Bildserien dokumentiert worden (s. Abb. 44.20).

Wachsende Tochterzellen sind von einer Primärwand umgeben, die im Verlauf des weiteren Wachstums durch eine darunter angelegte Sekundärwand abgelöst wird. Nach deren Fertigstellung wird die Primärwand entweder abgestoßen (wie z.B. bei *Cosmarium*, s. Abb. 44.21), oder sie löst sich sukzessive auf (z.B. bei *Cosmocladium saxonicum*). Bei der zuletzt genannten Art sind an den Oberflächen von Primär- und Sekundärwand unterschiedliche Glykokonjugate exponiert (s. Abb. 44.22).

Neben speziellen Bewegungsgallerten sind verschiedentlich Konjugationsgallerten (Kopulationsgallerten) nachgewiesen worden, die sich während der Papillenbildung, d.h. während früher Stadien des Konjugationsprozesses bilden.

Die Wände der Desmidiaceen sind vielfach durch Auflagen verstärkt, mit Ornamenten versehen, und von regelmäßig angeordneten Poren durchbrochen. Diese enthalten spezifisch geformte Gallertpfropfen (Porenkomplexe), die sich z.B. elektronenmikroskopisch oder durch Einsatz fluoreszenzmarkierter Lektine identifizieren lassen (s. Abb. 44.21 und 22).

Von Ausnahmen abgesehen *(Staurastrum* u.a.), gehören die Arten dieser Familie nicht zu den häufigen, wegen ihrer symmetrischen Zellformen aber zu den auffälligsten Algen. Sie bevorzugen Biotope mit niedrigem pH-Wert (pH 4–5) (s. Abb. 44.23).

Arten der Gattungen *Micrasterias, Cosmarium, Staurastrum* sind einzellig, die der Gattungen *Hyalotheca* und *Triploceros* vielzellig. Die Zellen sind dabei zu Fäden zusammengeschlossen. Teilungen erfolgen auf die gleiche Weise wie bei den einzelligen Arten. Wir haben es daher mit einem interkalaren Wachstum zu tun.

Charales. Sie besitzen einen hoch organisierten, sproßähnlich gebauten Thallus, doch die Art und Weise seiner Entstehung unterscheidet sich von allem, was wir von Landpflanzen her kennen. Er ist in Knoten (Nodien) und Internodien untergliedert. An den Nodien sitzen in quirliger Anordnung Kurztriebe („Blätter"), deren Zellen nur begrenzt teilungsfähig sind. Daneben, in den „Blattachseln", können unbegrenzt teilungsfähige Seitentriebe abzweigen. Die „Sprosse" (Thalli) können bis zu etwa einem Meter lang werden. *Chara*-Arten kommen auf sandigen Böden am Grunde klarer stehender Gewässer vor. Durch Rhizoide (Studienobjekte der Geotropismusforschung, s. Kap. 32) sind sie im Boden verankert. *Chara* bevorzugt alkalisches Milieu, man findet sie

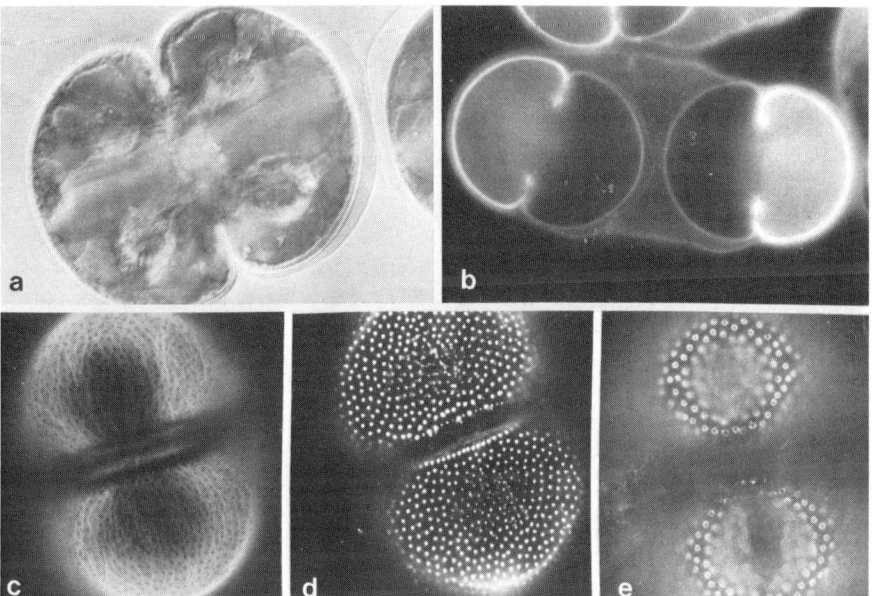

Abb. 44.21. *Cosmarium pachydermum* (Desmidiaceae). Primär- und Sekundärwände; Porenkomplexe. *a* Zellen (bestehend aus zwei Halbzellen) im Interferenzkontrast. Die Primärwand der jüngeren Halbzelle (rechts) wird abgestoßen, bleibt aber als Struktur noch sichtbar. *b* Eine gerade geteilte Zelle. Das Präparat wurde mit Calcofluor white gefärbt. Die älteren Halbzellen sind intensiver als die jüngeren gefärbt. *c* Calcofluor-white-Färbung. Einstellung der Bildebene auf die Zelloberfläche zur Demonstration des Verteilungsmusters der Poren (nicht gefärbt). *d* Porenkomplexe, markiert mit FITC-ConA. *e* Porenkomplexe, markiert mit FITC-RCA. Nur die Randbereiche der Porenkomplexe sind markiert. Der Vergleich mit dem in *d* gezeigten Muster belegt, daß die Porenkomplexe am Rand molekular anders als im Zentrum strukturiert sind.

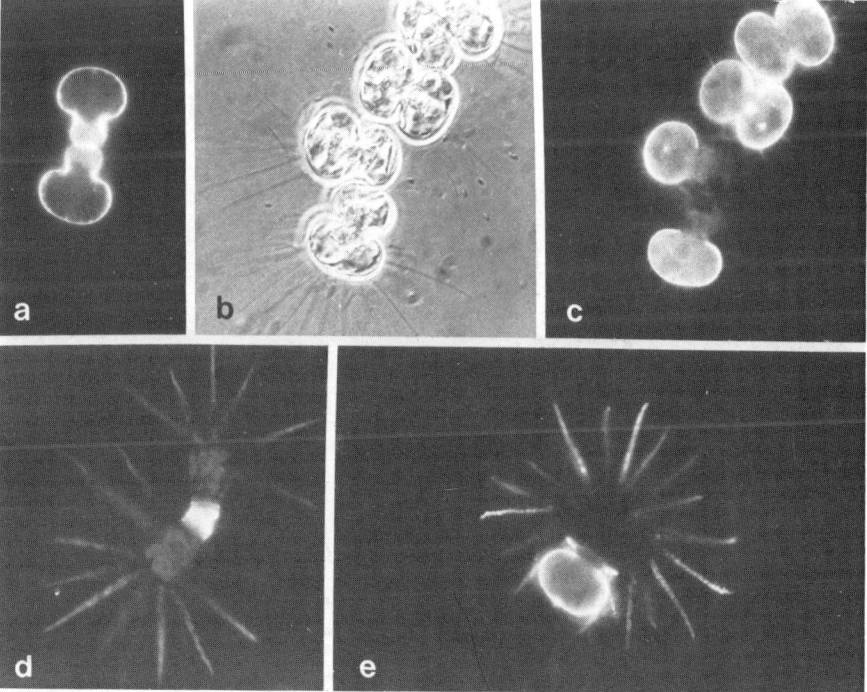

Abb. 44.22. *Cosmocladium saxonicum* (Desmidiaceae). Primär- und Sekundärwände. *a* Zellen in Teilung. Die Anlagen von Tochterzellen sind in der Mitte (zwischen den Halbzellen) erkennbar (angefärbt mit Calcofluor white). *b* Zellen (bestehend aus jeweils zwei Halb- oder Semizellen) im Phasenkontrast. Die Zellen sind von spikeartig aussehenden Gallertstäbchen umgeben. *c* gleicher Bildausschnitt wie in *b* nach Markierung mit FITC-ConA, das Sekundärwände (dieser Art) spezifisch markiert. In den beiden unteren Zellen ist je eine Halbzelle unmarkiert, d.h., sie sind erst kürzlich entstanden und sind noch von einer Primärwand umgeben, die kein FITC-ConA bindet. *d,e* Markierung der Primärwand durch Antikörper gegen Monogalactosylreste (indirekte Immunfluoreszenz, s. Kap. 17). Die Antikörper reagieren auch mit den spikeartigen Gallertstäbchen. (B. Surek und P. v. Sengbusch, 1981)

631

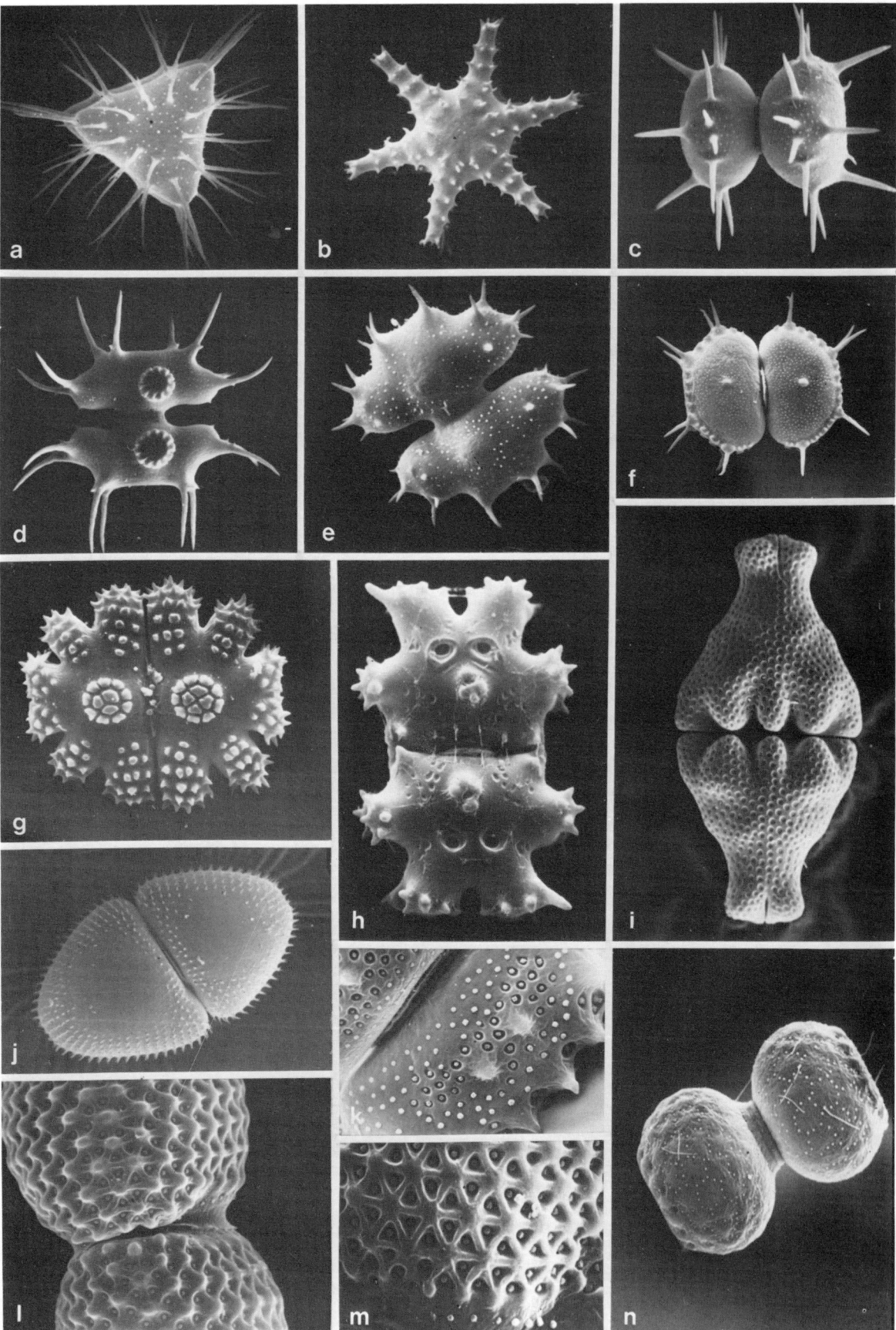

Abb. 44.23. Rasterelektronenmikropische Aufnahmen einiger Desmidiaceen. a *Staurastrum setigerum* (in Aufsicht); *b Staurastrum asterias; c Staurastrum setigerum* var. *argentinensis* (Seitenansicht); *d Xanthidium calcorato-aculeatum; e Xanthidium cristatum; f Xanthidium sansibarense; g Euastrum spinulosum; h Euastrum evolutum; i Euastrum quadriceps; j Cosmarium denticulatum; k Cosmarium paraguayense; l,m Cosmarium decoratum* (Details der Oberflächenskulptierung); *n Cosmarium securiforme.*(A. Couté, G. Tell 1981)

aber auch im Brackwasser; sie ist jedoch phosphatempfindlich und kommt deshalb in eutrophen Gewässern kaum mehr vor, ein Grund, weshalb sie in unseren Breiten sehr selten geworden ist.

Das Wachstum der „Sprosse" erfolgt durch Teilungen apikal sitzender Scheitelzellen; die Differenzierung in die einzelnen Abschnitte beruht auf einer strikten Zellteilungsfolge (s. Abb. 44.24, 44.25). Die von Zellteilung zu Zellteilung wechselnde Orientierung der Kernspindel führt zur Ausbildung regelmäßiger Muster. „Sprosse" und Rhizoide sind in erheblichem Maße regenerationsfähig.

Die Zellen der Charophyceen können sehr groß sein. Die Länge der Internodien entspricht der Länge einzelner Zellen. Bei den *Chara*-Arten sind sie von kürzeren, parallel angeordneten Rindenzellen umgeben. Bei der Gattung *Nitella* fehlen diese. Junge Zellen sind einkernig (haploid), ältere mehrkernig. Das Zellplasma ist zweiphasig. Die äußere, chloroplastenhaltige Phase ist stationär, die innere in ständiger Bewegung. *Chara*- und *Nitella*-Arten sind daher als Versuchsobjekte zum Studium intrazellulärer Bewegungen herangezogen worden (s. Kap. 25).

Nitella eignet sich darüber hinaus als Modell für elektrophysiologische Untersuchungen pflanzlicher Zellen. Die Zellen sind groß genug, um eine Glaselektrode in sie einzuführen und das Membranpotential abzuleiten.

Außer dem charakteristischen Bau der vegetativen

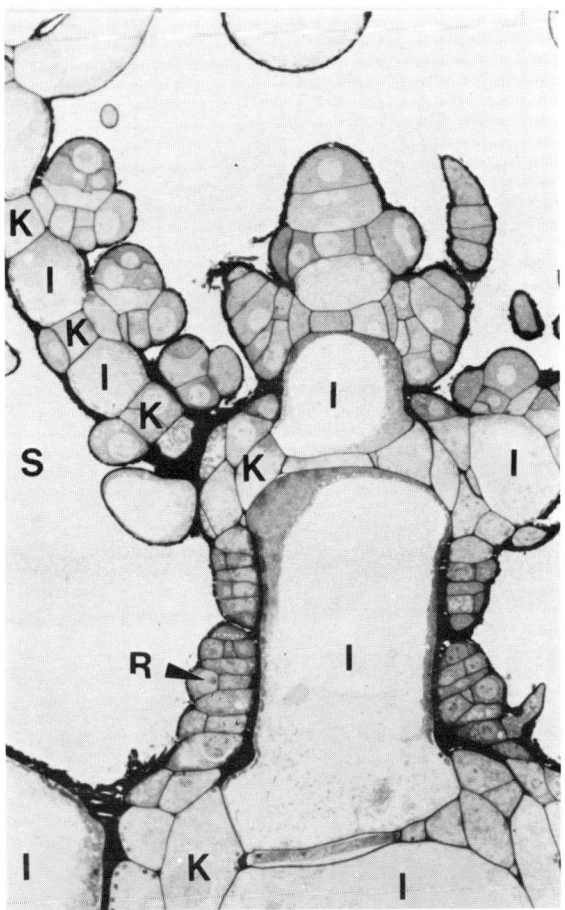

Abb. 44.24. *Chara spec.* Elektronenmikroskopische Aufnahme durch das Apikalmeristem einer ♀ Pflanze. Voluminöse Internodialzellen (I) sind von kleinen Rindenzellen (R; corticale Zelle) umgeben. Seitenzweige (S) entspringen stets an Knoten (K). An den drei Knoten des einen Seitenzweiges (links im Bild) bilden sich oogoniale Komplexe (J.D. Pickett-Heaps 1975)

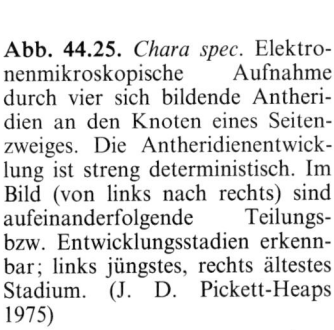

Abb. 44.25. *Chara spec.* Elektronenmikroskopische Aufnahme durch vier sich bildende Antheridien an den Knoten eines Seitenzweiges. Die Antheridienentwicklung ist streng deterministisch. Im Bild (von links nach rechts) sind aufeinanderfolgende Teilungs- bzw. Entwicklungsstadien erkennbar; links jüngstes, rechts ältestes Stadium. (J. D. Pickett-Heaps 1975)

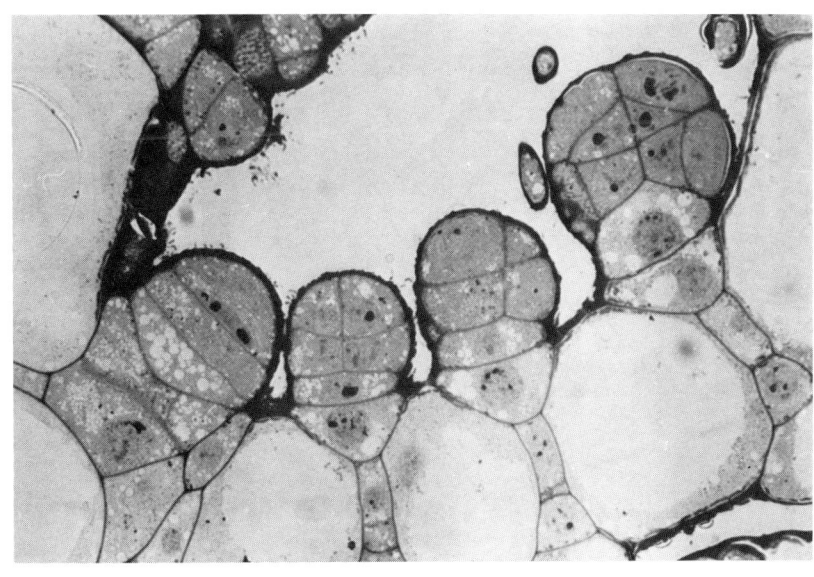

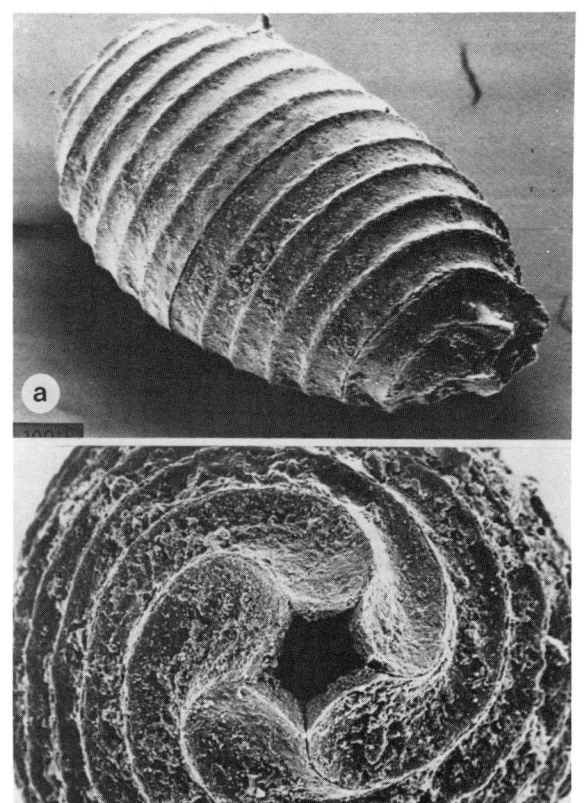

Teile zeichnen sich Charophyceen durch komplex gebaute Fortpflanzungsorgane aus. Es gibt monözische und diözische *Chara*-Arten. Fortpflanzungsart ist die Oogamie. Die Eizellen, ebenso wie die sogenannten spermatogenen Fäden, aus denen sich die männlichen Gameten entwickeln, sind von spezialisierten, sterilen Zellen umgeben.

Charophyceenthalli sind oft verkalkt und daher auch fossilienbildend (s. Abb. 44.26). Die Struktur der Oogonienhülle erwies sich dabei als wichtiges Erkennungszeichen. Versteinerte Formen kommen seit dem Devon vor.

Chrysophyta

Zu den Chrysophyta werden Algen gerechnet, die sich durch eine Reihe elektronenmikroskopisch erkennbarer Gemeinsamkeiten auszeichnen. Ein wesentliches Kennzeichen ist die Anordnung der Thylakoide in Dreierstapeln.

In der Regel sind zwei unterschiedlich lange Geißeln vorhanden, von denen die längere, nach vorn gerichtete, mit steifen Flimmerhaaren (Mastigonemen) besetzt ist (s. Abb. 44.27).

Zur Pigmentausstattung gehören die Chlorophylle a und c und, mengenmäßig überwiegend, Carotinoide, welche die grüne Chlorophyllfarbe überdecken. Auffallend ist das Fucoxanthin, das den Plastiden vieler Arten eine goldbraune Farbe verleiht. Der wichtigste Reservestoff ist das Laminaran (ein β-1,3-Glucan); doch fast ebenso wichtig sind die in Vakuolen gespeicherten Öle. Chrysophyta sind meist einzellig, gelegentlich koloniebildend; wenige Arten bilden fadenförmige Thalli aus.

Abb. 44.26. *Chara*-Oogonium. Mineralisiertes Material aus dem Miozän von Spanien. Deutlich ist der Aufbau der Oogonien mit den verdrehten Hüllzellen erkennbar. *a* Rasterelektronenmikroskopische Aufnahme des „intakten" Oogoniums, *b* Querschnitt. (W. Barthlott, unveröff.)

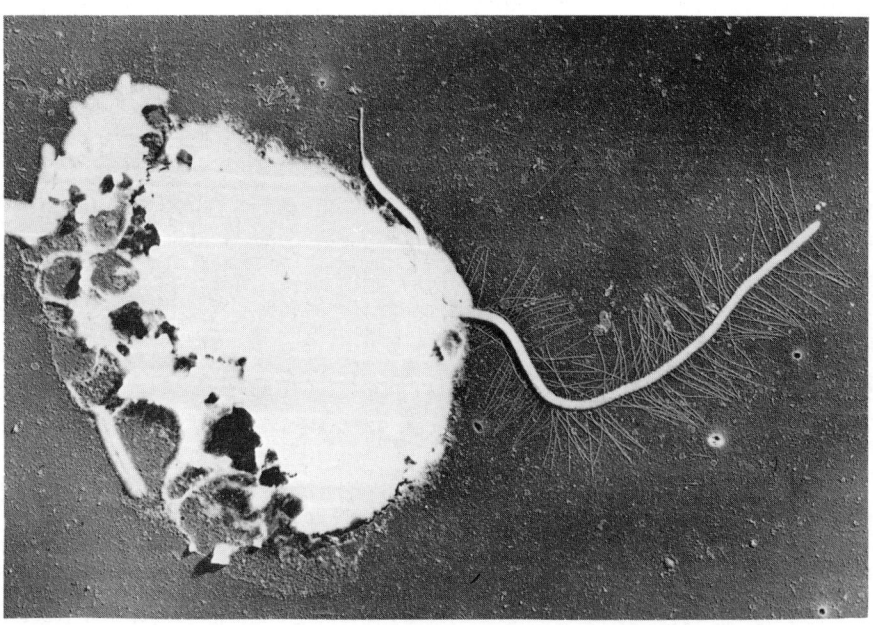

Abb. 44.27. Zoospore von *Bumilleria sicula* (Xanthophyceae) mit zwei unterschiedlich gestalteten Geißeln (heterokont begeißelt), eine der Geißeln ist bewimpert. Die Zellstruktur wurde durch die Vorbehandlung des Präparats (Bedampfung) zerstört und ist daher nur als rudimentärer Schatten abgebildet; × 4 920. (A. Massalski, G.F. Leedale 1969)

634

Manche Autoren vereinen die Abteilung der Chrysophyta mit der der Phaeophyta zu der gemeinsamen Gruppe der Heterokontophyta. Argumente dagegen werden später zur Diskussion gestellt. Stellt man die Phaeophyta zunächst zurück, verbleiben drei große Klassen:
- Chrysophyceae
- Bacillariophyceae
- Xanthophyceae

Die Unterschiede zwischen ihnen sind beträchtlich, jede stellt eine in sich geschlossene Gruppe dar.

Chrysophyceae (Goldbraune Algen)

Die Chrysophyceae repräsentieren eine Flagellatenklasse mit etwa 1000 bis 1500 Arten. Man nahm zunächst an, sie seien im Süßwasser häufiger als im Seewasser. Diese Meinung könnte sich ändern, nachdem festgestellt wurde, daß sie einen wesentlichen Anteil am sogenannten Nanoplankton haben. Darunter versteht man planktich lebende Organismen mit Zelldurchmessern in einer Größenordnung von 5 bis 20 μm.

Die gängigen Planktonnetze haben Maschenweiten von 40 bis 70 μm, so daß Nanoplankter bei den meisten (älteren) Planktonuntersuchungen nicht mit erfaßt wurden.

Viele Chrysophyceen enthalten Chloroplasten und sind photoautotroph. Manche der Arten bleiben jedoch auf eine Vitaminzufuhr (Thiamin, Biotin *(Ochromonas danica)* (s. Abb. 44.28) oder Vitamin B_{12} *(Poteriochromonas stipitata)*) angewiesen. Der überwiegende Teil von ihnen ernährt sich heterotroph, Phagozytose kommt vor.

Üblicherweise vermehren sich die Chrysophyceen asexuell, bei einigen (z.B. bei *Dinobryon*) wurde Anisogamie nachgewiesen.

Echte Zellwände sind nicht vorhanden, statt dessen sind die Zellen einiger Gattungen, z.B. *Synura,* von einem aus silikathaltigen Plättchen bestehenden Panzer umgeben, dessen Synthese elektronenmikroskopisch gut untersucht worden ist. Die Bildung der Plättchen wird im Endoplasmatischen Retikulum initiiert, die fertigen Produkte werden über das intrazelluläre Membransystem an die Zelloberfläche befördert und dort in regelmäßigen Mustern abgelagert (E. Schnepf und G. Deichgräber; Zellenlehre, Universität Heidelberg; s.a. Abb. 44.29).

Andere Chrysophyceen synthetisieren charakteristisch geformte Loricas, welche die Zellen ganz oder teilweise umhüllen (s. Abb. 44.30). Die Gerüstsubstanz der Lorica von *Poteriochromonas stipitata* ist Chitin (E. Schnepf, W. Herth; Zellenlehre, Universität Heidelberg). Die Lorica von *Dinobryon* ist das Gemeinschaftswerk mehrerer Zellen.

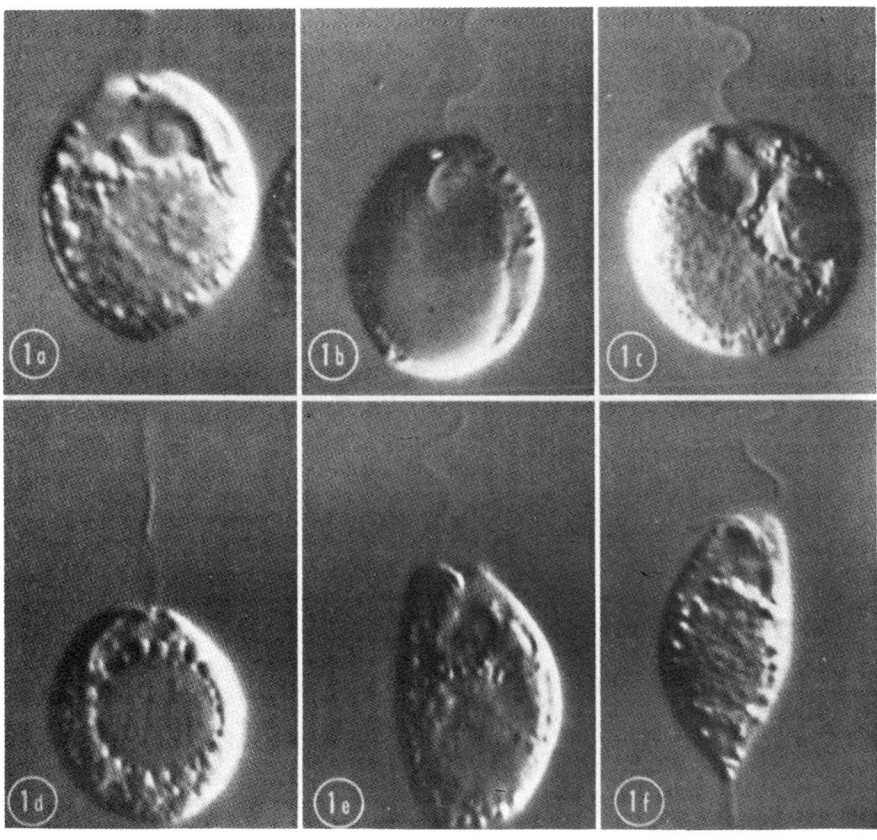

Abb. 44.28. Veränderung der Zellform von *Ochromonas.* Blitzlichtaufnahmen schwimmender Zellen im Interferenzkontrast. (D.L. Brown und G.B. Bouck, 1973)

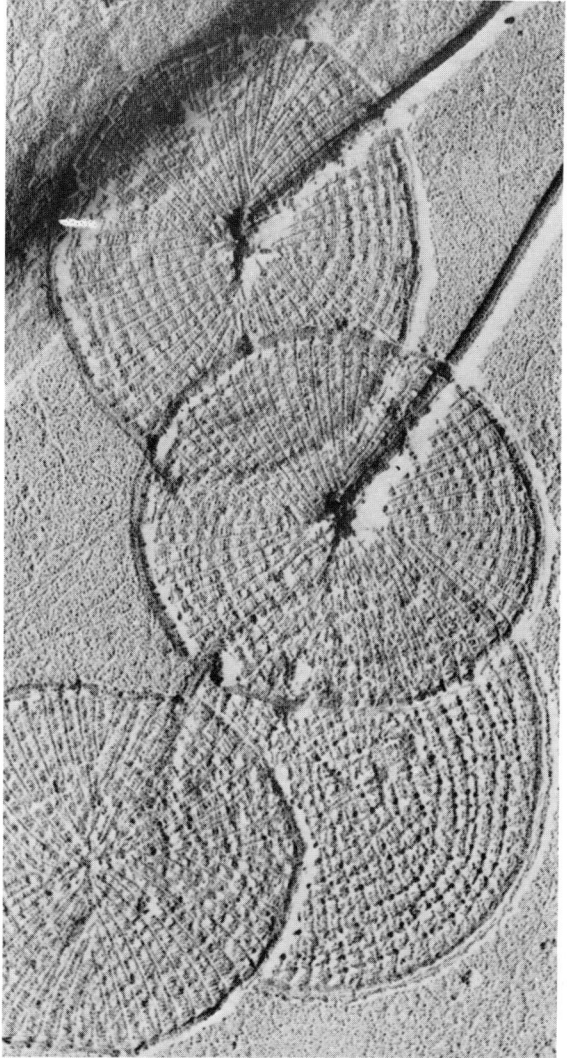

Abb. 44.29. Silikatschuppen (Periplastschuppen) von *Chrysochromulina tenuispina;* × 23 600. (I. Manton, 1978)

Die Silikoflagellaten zeichnen sich durch ein intrazelluläres Silikatskelett aus.

Zur Klassifikation: Zu den wichtigen, aber nicht unumstrittenen Kriterien gehört das Vorhandensein und die Zahl der Geißeln. Innerhalb einer jeden der so charakterisierten Gruppen ist entscheidend, ob die Zellen einzeln, zu Kolonien vereint, oder thallusbildend sind und wie die Zellen selbst gestaltet sind.

Bacillariophyceae (Diatomeen)

Die Diatomeen umfassen 6 bis 10 000 rezente, meist einzellige Arten. Die Zellen sind diploid. Bei einigen wenigen Arten sind sie zu langen Filamenten vereint (s. Abb. 44.31).

Die Angaben über die Zahl fossiler Arten schwanken zwischen 40 000 und 100 000. Das auffallende Merkmal dieses Taxons ist eine silikathaltige, dauerhafte Schale (Frustel). Ihretwegen sind sie als Fossilien gut erhalten (Kieselgur). Ein Kubikzentimeter Kieselgur enthält etwa $4{,}6 \times 10^6$ Schalen. In Ablagerungen erreichen Kieselgurschichten Mächtigkeiten von mehreren 100 Metern.

Die Systematik der Diatomeen beruht ausschließlich auf der Auswertung von Unterschieden in der Architektur der Schalen (Größe, Symmetrie, Skulptierung u.a.). Doch wie schon im Abschnitt „Bewertung morphologisher Merkmale…" (s. Kap. 43) dargelegt, ist das ein höchst unbefriedigendes Unterfangen. In kaum einer anderen Organismengruppe ist der Streit, ob zwei Formen einer Art oder zwei Arten zuzuordnen sind, so groß wie hier.

Die meisten Artbeschreibungen beziehen sich auf kleine, nicht repräsentative Stichproben. Nur selten weiß man Genaueres über die Variabilität der einzelnen Schalenparameter, und erst bei einigen wenigen Arten hat man zeigen können, daß Temperatur, pH-Wert, Salinität sowie Phosphat- und Silikatgehalt des Mediums die Form der Schalen merklich beeinflussen.

Durch lichtmikroskopische Beobachtung (wie bisher üblich) sind Strukturdetails nur schwer erkennbar. Deshalb hat der Einsatz der Rasterelektronenmikroskopie die Diagnostik der Diatomeen entscheidend verbessert (s. Abb. 44.32, 44.33).

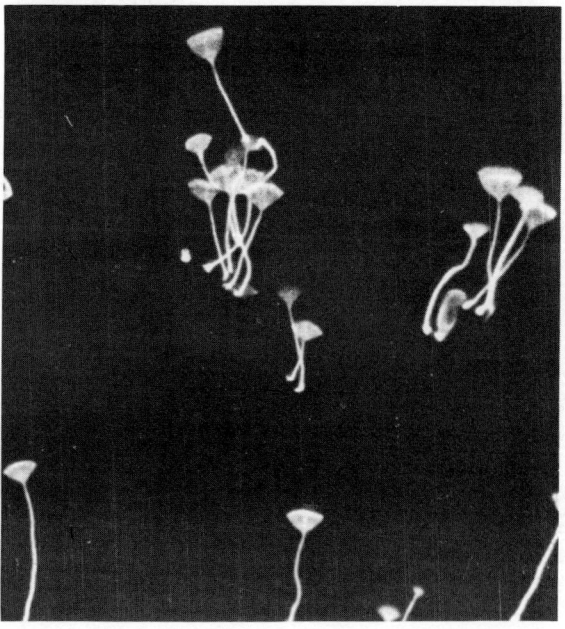

Abb. 44.30. Die Lorica von *Poterioochromonas stipitata,* fluorochromiert mit Calcofluor white. Der Flagellat selbst ist im Bild nicht zu sehen. Die Lorica besteht aus einem Kelch, der den hinteren Teil des Flagellaten umhüllt, einem Stiel und einer Verdickung an dessen Basis, die der Anheftung an eine Unterlage dient. Das Gerüst der Lorica besteht aus Chitin.

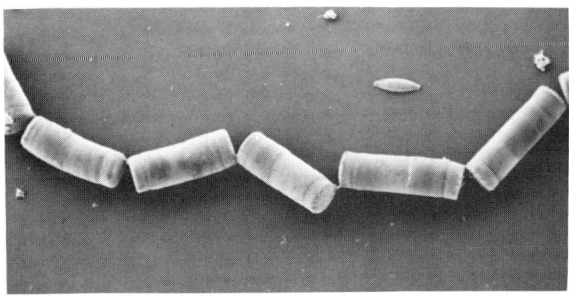

Abb. 44.31. *Ceratulus laevis,* eine kettenbildende Diatomee. Im rasterelektronenmikroskopischen Bild ist die Gürtelansicht der Zellen erkennbar. (A. Ehrlich, R.M. Crawford und F.E. Round, 1982)

Nur wenige Arten konnten in Kultur genommen werden, und nur sehr selten sind die einzelnen Stadien des Lebenszyklus voll erfaßt.

Bau der Schale (Frustel). Diatomeenschalen nennt man Frusteln. Sie bestehen aus zwei unterschiedlich großen Teilen, die schachtelförmig oder wie Deckel und Boden einer Petrischale aufeinandergesetzt erscheinen (s. Abb. 44.34).

Der Deckel (die größere, obere Hälfte) wird als Epitheka, der Boden (die kleinere, untere Hälfte) als Hypotheka bezeichnet. Die in Aufsicht erkennbaren Flächen nennt man Valven. In Seitenansicht sieht man den Gürtel (das Gürtelband) und spricht daher auch von Gürtelansicht.

Abb. 44.33. Rasterelektronenmikroskopische Aufnahmen der Schale einer marinen zentrischen Diatomee: *Paralia sulcata. a* Gürtelansicht; *b* Oberflächenskulpturen der Seitenflächen bei stärkerer Vergrößerung; *c* Kontaktzone zwischen zwei Valven. Man beachte die Ineinanderverzahnung; Balken 1 µm. (R.M. Crawford 1979)

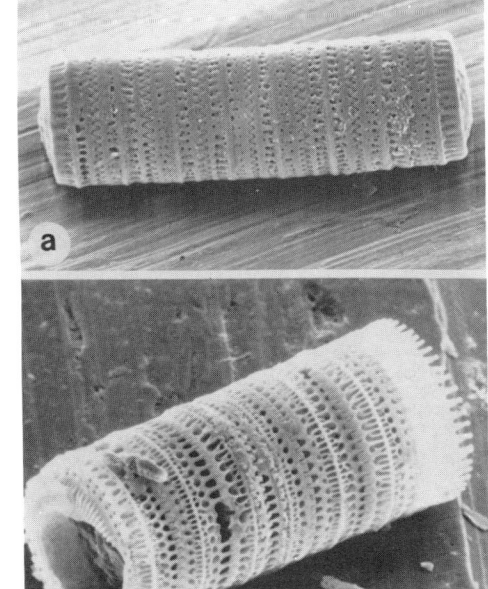

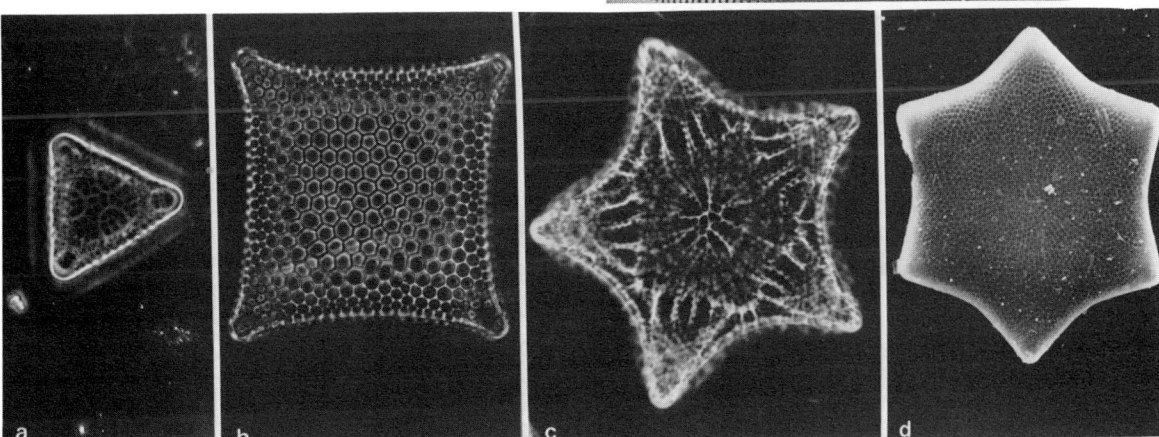

Abb. 44.32. Rasterelektronenmikroskopische Aufnahmen zentrischer, mariner Diatomeen (aus Küstengewässern vor Puerto Rico). *a Trigonium reticulatum; b Triceratium favus,* *var. quadrata; c Triceratium pentacrinus; d Trigonium formosum, var. hexagonale.* Balken: 10 µm. (J.N. Navarro, 1981)

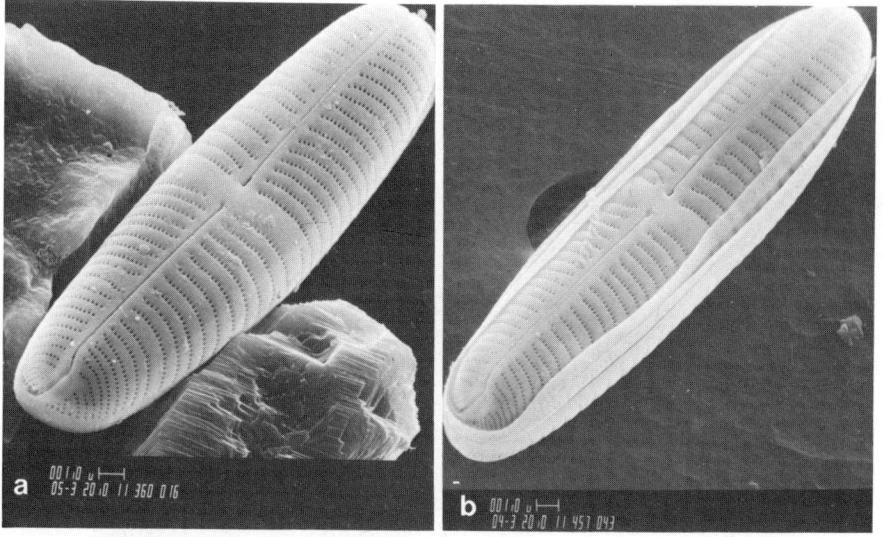

Abb. 44.34. Rasterelektronenmikroskopische Aufnahme einer pennaten Diatomee *(Navicula subfossilis)*: *a* Schalenaufbau (Valvenaufbau) mit Epitheka; *b* Hypotheka und Gürtelband (an der Seite erkennbar). In beiden Teilabbildungen ist die Raphe deutlich erkennbar. (S. Lichti-Federovich, 1980)

Bei jeder Zellteilung wird die Hypotheka ersetzt. Bleiben nach der Teilung beide Hälften erhalten, entstehen in der einen Nachkommenschaftslinie ständig kleiner werdende Zellen. Die Reduktion der Größe kann je nach Art 30 bis 50 Prozent betragen (s. Abb. 44.35).

Viele Arten bilden unter ungünstigen Lebensbedingungen Dauerstadien (Zysten, Ruhestadien) mit verstärkter Wand aus.

Die Bacillariophyceae können in zwei klar voneinander getrennte Ordnungen untergliedert werden, die sich in der Symmetrie der Schale und in ihrem Fortpflanzungsverhalten voneinander unterscheiden. Die Pennales zeichnen sich durch bilaterale Symmetrie und geißellose Isogameten aus, die Centrales durch Radiärsymmetrie. Ihre ♂ Gameten sind vielfach begeißelt, die weiblichen unbegeißelt (Oogamie).

Die Zellwand der Diatomeen besteht primär aus pektinartigen Polysacchariden und Proteinen; Cellulose wurde nicht nachgewiesen. $SiO_2 \times n\ H_2O$ ist ihr in Form dünner Doppelschichten aufgelagert. Das Silikat ist amorph, die Schalen sind artspezifisch

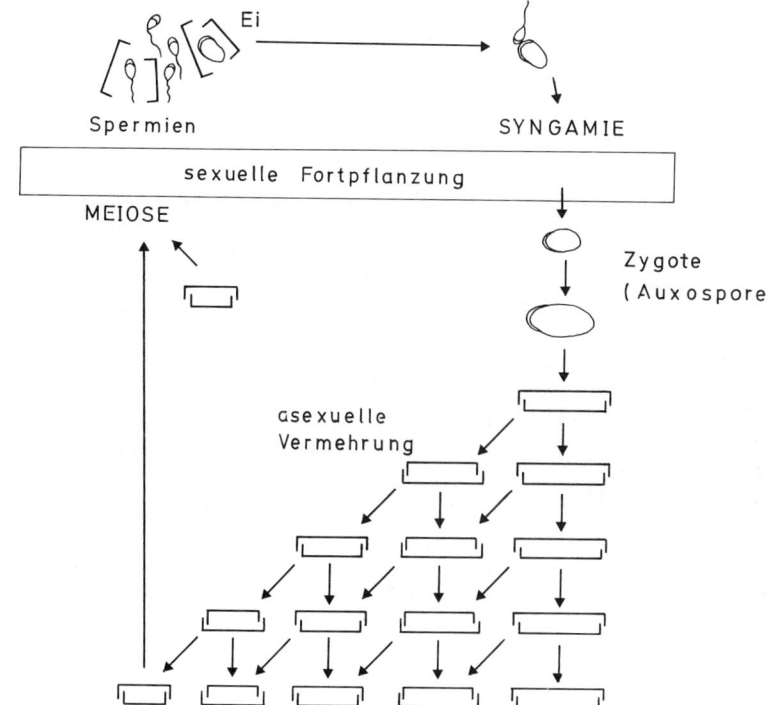

Abb. 44.35. Asexuelle und sexuelle Fortpflanzung bei Diatomeen. Die Schalengröße nimmt bei asexueller Vermehrung in einer der Tochterzellinien sukzessive ab. Nach Erreichen einer minimalen Größe (ca. 30 Prozent der maximalen Größe) durchlaufen die Zellen eine Meiose. Etwa die Hälfte solcher Zellen (Gametophyten) produziert Spermien, die andere Eier (Oogonien). Nach dem Verschmelzen der Gameten entsteht eine Auxospore (eine Zygote), die sich zu einer mit einer silikathaltigen Schale versehenen Zelle differenziert. Der Kreis ist damit geschlossen. (Nach P.H. Raven, R.F. Evert, H. Curtis, 1981)

638

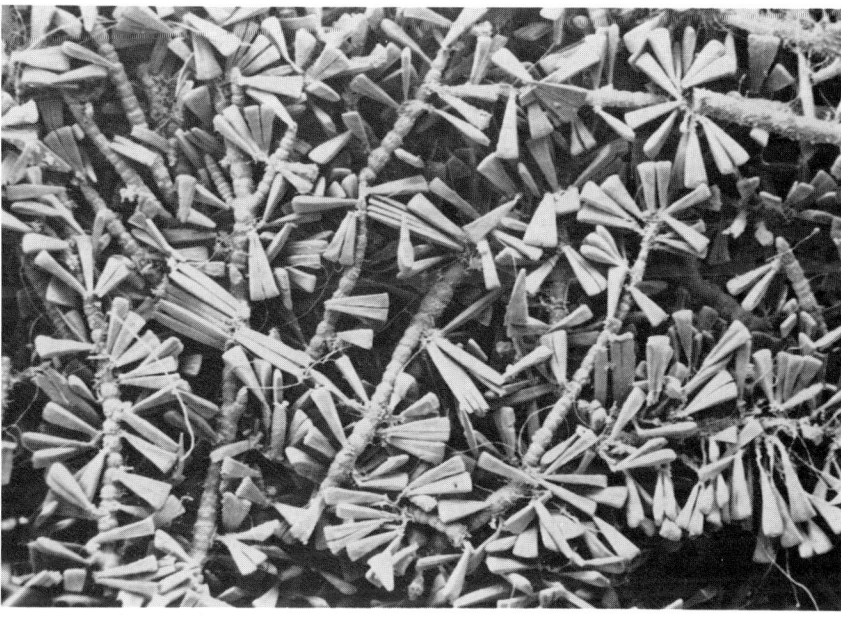

Abb. 44.36. Diatomeen als Epiphyten („Aufwuchs") auf ei ner benthischen Braunalge *(Pilayella littoralis)* in der westlichen Ostsee. Die Mehrzahl der Diatomeen gehört in die Gattung *Licmophora,* einige wenige zur Art *Synedra tabulata;* Balken 100 µm. (W.E. Booth, 1981)

durch regelmäßig angeordnete Poren oder Rillen durchbrochen, so daß ein Kontakt zwischen Zellinhalt und Umgebung gewahrt bleibt; an anderen Stellen sind sie durch Vorsprünge, Auswüchse, Wülste usw. verstärkt.

Bei vielen Arten sind deutlich erkennbare Schwebefortsätze ausgebildet (in Fossilien oft nicht erhalten). Bei einigen Arten (Gattungen), so z.B. bei *Thalassiosira fluviatilis* und mehreren *Cyclotella*-Arten, bestehen sie aus Chitin.

Der Auftrieb wird auch durch niedriges spezifisches Gewicht der Zellen – viele enthalten große Vakuolen und Öl als Reservestoff – erhöht. Diatomeen scheiden oft Gallerten aus, die in sich homogen erscheinen, molekular aber sehr heterogen strukturiert sein können. Bei Pennales werden kohlenhydrathaltige Gallerten oft nur an den Polen abgesondert. Sie dienen u.a. dem Zusammenhalt von Zellen, und je nach Art entstehen sternförmige, fächerförmige oder kettenförmige (zick-zackförmige) Aggregate.

Die Gallerten dienen aber auch der Anheftung (Adhäsion) der Zellen an lebende oder tote Unterlagen (s. Abb. 42.15).

Die Valven vieler Pennales sind durch unterschiedlich gebaute, z.T. unterbrochene Kanäle (Raphen) durchbrochen. Raphenhaltige Zellen bewegen sich gleitend. Welcher molekulare Mechanismus dem zugrunde liegt, ist unklar. Fest steht, daß die Geschwindigkeit mit bis zu 20 µm/sec. sehr hoch ist und daß bei der Bewegung eine Bewegungsgallerte ausgeschieden wird, die eine Schleimspur hinterläßt.

Vorkommen und ökologische Bedeutung. Die meisten Centrales-Arten leben planktisch. Pennales sind planktisch oder benthisch. Auf sie gehen die braunen Überzüge (Fucoxanthin) vieler grüner Wasserpflanzen (epiphytische Lebensweise) und die Braunfärbung des Watts zurück (s. Abb. 44.36). Die Centrales bilden die Hauptmasse des Phytoplanktons der Ozeane. Auffallend ist die hohe Produktion in kalten Gewässern: in der Antarktis, in Aufquellgebieten vor der Küste Südwestafrikas und an den Westküsten Südamerikas und Kaliforniens.

Man hat die Primärproduktion (s. Kap. 54) auf 200–400 g Biomasse/m²/Jahr errechnet. Zum Vergleich: auf Getreide- oder Kartoffelfeldern liegen die Werte bei 500–1000 g Biomasse/m²/Jahr.

Im Verlauf des Jahres (Jahreszyklus) erscheint die Hauptmasse an Diatomeen in der gemäßigten Klimazone (z.B. in Nord- und Mitteleuropa) unmittelbar im Anschluß an das Schmelzen des Eises. Zu dieser Zeit (Februar/Anfang März) sind die Gewässer nährstoffreich (reich an Phosphaten, Nitraten, Sulfaten u.a.); mit zunehmender Tageslänge verbessern sich die Voraussetzungen zur Photosynthese. Die Diatomeen haben unter diesen Bedingungen eine ökologische Nische erobert. Ein zweites, meist deutlich niedrigeres Maximum erreicht die Populationsdichte gegen Ende des Sommers (August bis Oktober).

J.C. Gallagher zeigte 1980, daß sich Frühjahrs- und Herbstpopulation der Art *Skeletonema constatum* (Centrales) in der Narragansett-Bay (Rhode Island, Ostküste USA) morphologisch zwar gleichen, genetisch sich aber voneinander unterscheiden.

Er isolierte mehrere hundert Zellen aus beiden Populationen und kultivierte die sich durch Teilung daraus bildenden Nachkommenschaftsklone unter Laborbedingungen getrennt weiter. Als Maß für die genetische Variabilität analysierte er das Alloenzymmuster fünf verschiedener Enzyme in jedem der Klone. In jeder Population fand sich eine beachtliche Variabilität, keiner der Klone war, für sich alleine genommen, für die eine oder die andere Population repräsentativ, aber im Durchschnitt ergaben sich signifikante Häufigkeitsunterschiede der Alloenzyme zwischen beiden Populationen. Es sieht demnach so aus, als sei der Genfluß zwischen beiden unterbrochen oder zumindest stark eingeschränkt.

Fortpflanzung. Normalerweise vermehren sich die Diatomeen asexuell. Nach Erreichen einer Minimalgröße kann es – nach erfolgter Meiose – zur Gametenbildung kommen. Das Verschmelzen zweier Gameten führt zu einer, hier Auxospore genannten Zygote. Die Auxosporen nehmen an Größe zu und verlassen die Schale, innerhalb derer sie entstanden sind. Sie sind nach der Freisetzung zunächst zellwandlos, doch folgt eine Wandbildung unmittelbar im Anschluß an das Schlüpfen. Die fertigen Zellen werden Erstlingszellen genannt.

Centrales und Pennales zeichnen sich durch folgende Besonderheiten aus: Viele (nicht alle) Arten der Centrales bilden begeißelte ♂ Gameten. Im Unterschied zu den sonst üblichen Eukaryotengeißeln („9 + 2") fehlen hier die beiden zentral gelegenen Mikrotubuli. ♀ Gameten sind geißellos und in der Regel größer als die männlichen.

Bei Pennales sind nie begeißelte Stadien gesehen worden. Nach Annäherung zweier paarungsbereiter (kleiner) Zellen bilden sie eine gemeinsame Gallerthülle (Kopulationsgallerte) aus. Anschließend durchlaufen beide Zellen die Meiose; die Wand wird dann partiell (einseitig) aufgelöst, und die wandlosen Gameten können mit denen der anderen Zelle fusionieren. Neben dieser, als Allogamie (Fremdbefruchtung) zu bezeichnenden Alternative, findet man auch Autogamie, die auf dem Verschmelzen zweier Gameten aus der gleichen Zelle beruht sowie Apomixis, bei der der Prozeß der Gametenbildung eingeleitet wird, die Meiose jedoch unterbleibt.

Systematische Untergliederung der beiden Ordnungen. *Pennales:* Die Untergliederung in Unterordnungen erfolgt aufgrund der An- oder Abwesenheit und der Ausgestaltung der Raphe.

Biraphidinae: Raphe auf beiden Valven.
Monoraphidinae: Raphe nur auf einer Valve.
Raphidioidineae: Raphe nur rudimentär ausgebildet, z.B. nur an den beiden Polen der Zelle.
Araphidinae: ohne Raphe.

Centrales: Die Einteilung in Unterordnungen beruht auf der Form der Zellen in Aufsicht (Valvenansicht).

Coscinodiscineae: Valven rund (flach oder konvex), meist ohne auffallende Fortsätze. Der Durchmesser der Frusteln ist größer als die Höhe.
Rhizosoleniineae: Frusteln langgestreckt, zylindrisch.
Biddulphiineae: Valven bipolar oder multipolar gebaut, an den Ecken Fortsätze oder Verdickungen.

Xanthophyceae (Goldgrüne Algen)

Die Xanthophyceae (= Tribophyceae) ähneln den Chrysophyceae, Fucoxanthin fehlt jedoch, Chlorophyll c kommt bei einigen Arten vor. Sie ähneln aber auch den Chlorophyta, es fehlt ihnen jedoch das Chlorophyll b und die Stärke als Reservestoff.

Die Artenzahl beträgt etwa 400. Keine Art ist wirklich häufig, keine ist an Wasserblüten beteiligt. Die meisten leben im Süßwasser oder im feuchten Boden, einige wenige im Brack- und im Seewasser.

Sie vermehren sich asexuell und sexuell (durch Oogamie). Neben einzelligen Arten gibt es Arten, deren Thallus aus mehrzelligen unverzweigten oder verzweigten Fäden besteht (z.B. *Tribonema*) oder siphonal organisiert ist. Unter siphonal versteht man die Ausbildung querwandloser, schlauchartiger, teils verzweigter, teils mit Rhizoiden versehener, vielkerniger Thalli. Typische Beispiele hierfür sind *Vaucheria* und *Botrydium*.

Die meisten Arten sind – zumindest in bestimmten Lebensphasen – begeißelt. Neben zweigeißligen kommen vielgeißlige Arten (oder Stadien) vor. Die vegetative Vermehrung siphonaler und vielzelliger Arten erfolgt durch Ausbildung begeißelter, zellwandloser Sporen (Zoosporen).

Einige der einzelligen Arten sind stets zellwandlos, in anderen Fällen sind die Zellen zeitweilig oder ständig amöboid. Die Untergliederung der Xanthophyceae erfolgt aufgrund der Organisationshöhe ihrer Thalli. Die wichtigsten Ordnungen und ihre vegetativen Merkmale sind:

Heterochloridales:
    zweigeißlige, zellwandlose Einzeller;
    einige Arten leben zeitweilig amöboid.
Rhizochloridales:
    Arten mit vorwiegend amöboider Lebensweise.
Heterogloeales:
    coccale Formen (= rund, unbeweglich), einzeln oder zu Kolonien zusammengeschlossen, einige in eine Gallerthülle eingebettet.
    Verbreitung durch Zoosporen.
Tribonematales:
    Thalli aus unverzweigten oder verzweigten Filamenten, zweigeißlige Zoosporen.
Vaucheriales:
    vielkernige, siphonale Thalli.
    Bei der vegetativen Vermehrung von *Vaucheria* entstehen vielgeißlige Schwärmer, die, nachdem sich der terminale Abschnitt durch eine Querwand abgegliedert hat, an den Schlauchenden freigesetzt werden. Die Schwärmer von *Vaucheria* sind nicht mit Spermatozoiden zu verwechseln. Jene entstehen bei sexueller Fortpflanzung, sie sind viel kleiner als die Schwärmer und zweigeißlig.

Phaeophyta (Braunalgen)

Die Abteilung Phaeophyta enthält nur eine Klasse, die Phaeophyceae (= Fucophyceae), die in 11 Ordnungen untergliedert wird.

Es gibt etwa 1500 bis 2000 Arten, die 250 Gattungen zugeordnet werden. Braunalgen sind stets vielgeißlig und kommen fast nur im marinen Bereich vor. Wie die Rotalgen bevorzugen sie die Litoral- und die Sublitoralzone. In klaren tropischen Gewässern wurden sie noch in Tiefen von 200 Metern nachgewiesen. Ihr Hauptverbreitungsgebiet sind die Meeresküsten gemäßigter Zonen. Braunalgen können eine beträchtliche Größe erreichen (*Macrocystis* und *Nereocystis* bis etwa 100 m Länge); die großen Formen werden als Tange bezeichnet. Durch spezielle Haftorgane sind sie in der Regel an feste Unterlagen (Fels, Muschelschalen usw.) fixiert (benthische Lebensweise). Wenige Arten (z.B. *Sargassum*) kommen im freien Oberflächenwasser wärmerer Meere (Sargassosee) treibend (pelagisch) vor.

Auf zellulärer Ebene gibt es eine Menge von Gemeinsamkeiten mit den Chrysophyceae, den Bacillariophyceae und den Xanthophyceae:
- ähnliche oder fast gleiche Pigmentzusammensetzung (Chlorophyll a und c, Fucoxanthin [außer bei Xanthophyceen]),
- nahezu identische Feinstruktur der Plastiden,
- ungleich lange (heterokonte) Geißeln, von denen eine mit steifen Haaren (Mastigonemen) besetzt ist (letztere kommen bei den Bacillariophyceen nicht vor).
- Augenflecken sind, wenn vorhanden, in Plastiden eingeschlossen.
- Ähnlichkeiten im Bau und in der Bildung des Golgi-Apparats,
- Reservepolysaccharide werden in Pyrenoiden gebildet.

Aufgrund dieser Merkmale sind die genannten Gruppen verschiedentlich einer gemeinsamen Abteilung (Heterokontophyta) zugewiesen worden. Die aufgeführten Gemeinsamkeiten sind stichhaltige Beweise für einen monophyletischen Ursprung.

Es ist daher auch unbestritten, daß sich alle (auch die Braunalgen) von einzelligen Arten ableiten, die sich durch die obengenannten Merkmale ausgezeichnet haben müßten.

Die gemeinsame Herkunft rechtfertigt jedoch nicht den Zusammenschluß von Taxa zu einer Abteilung.

Gerade während der Evolution des vielzelligen Braunalgenthallus traten Eigenarten in Erscheinung, die auf der Organisationsstufe Zelle noch nicht vorkamen. Keine der Besonderheiten der Architektur des Braunalgenthallus kommt bei einem der anderen hier genannten Taxa vor. Vergleichbare Baupläne findet man allenfalls bei den ihnen phylogenetisch weniger nahestehenden Rot- und Grünalgen.

An anderer Stelle (s. Kap. 45 und 47) werden wir die weitgehenden Übereinstimmungen im Bau und in der Art der Fortpflanzung der Pteridophyten und der Spermatophyten herausarbeiten. Niemand zweifelt daran, daß sich letztere von fossilen Pteridophyten (Vorfahren der Samenfarne) ableiten. Trotzdem besteht eine einhellige Meinung darüber, die beiden Gruppen als eigenständige Abteilungen zu behandeln.

Die Ordnungen der Phaeophyta können aufgrund zunehmender Komplexität im Thallusbau und Vervollkommnung des Fortpflanzungsverhaltens charakterisiert werden. Primitive und die von ihnen abgeleiteten Merkmale sind in der Tabelle 2 zusammengestellt.

Als ursprüngliche Ordnung gelten die Ectocarpales. Unter Beachtung der in der Tabelle genannten Kriterien läßt sich zeigen, daß im Verlauf der Braunalgenevolution drei voneinander unabhängige Wege beschritten wurden:
- Beibehaltung des fädigen Thallus, aber Entwicklung morphologischer Unterschiede zwischen Sporophyt, männlichem und weiblichem Gametophyten: Chordariales, Desmerestiales, Sporochnales.
- Entwicklung komplexer Thalli mit erkennbarer Gewebedifferenzierung, männliche und weibliche Gametophyten unterschiedlich gebaut: Scytosiphonales, Dictyosiphonales, Cutleriales, Laminariales.
- Entwicklung komplexer Thalli mit erkennbarer Gewebedifferenzierung. Beibehaltung gleichaussehender männlicher und weiblicher Gametophyten: Fucales, Dictyotales, Sphacelariales.

Besonderheiten der Entwicklungstendenzen sollen an den vier folgenden Beispielen illustriert werden (für Beibehaltung des fädigen Thallus, Unterschiede zwischen männlichem und weiblichem Gametophyten wird kein Beispiel gebracht).

Tabelle 2. Primitive und abgeleitete Merkmale der Phaeophyta

Merkmal	Primitiv	Abgeleitet
Wachstum	diffus, durch interkalare Teilungen	durch interkalare Meristeme, durch Scheitelzellen, durch Randmeristeme
Bau des Thallus	verzweigte Zellfäden	verzweigte Zellfäden, die zu pseudomeristematischen Geweben vereint sind; echte parenchymatische Gewebe.
Art der sexuellen Fortpflanzung	Isogamie	Anisogamie (= Heterogamie); Oogamie
Karyologische Verhältnisse	Diplohaplonten (diploide und haploide Phase etwa gleich lang)	Diplonten (diploide Phase vorherrschend)
Morphologie der Gametophyten und Sporophyten	isomorph	heteromorph

(nach: C. v. d. Hoek, 1978, 1984)

641

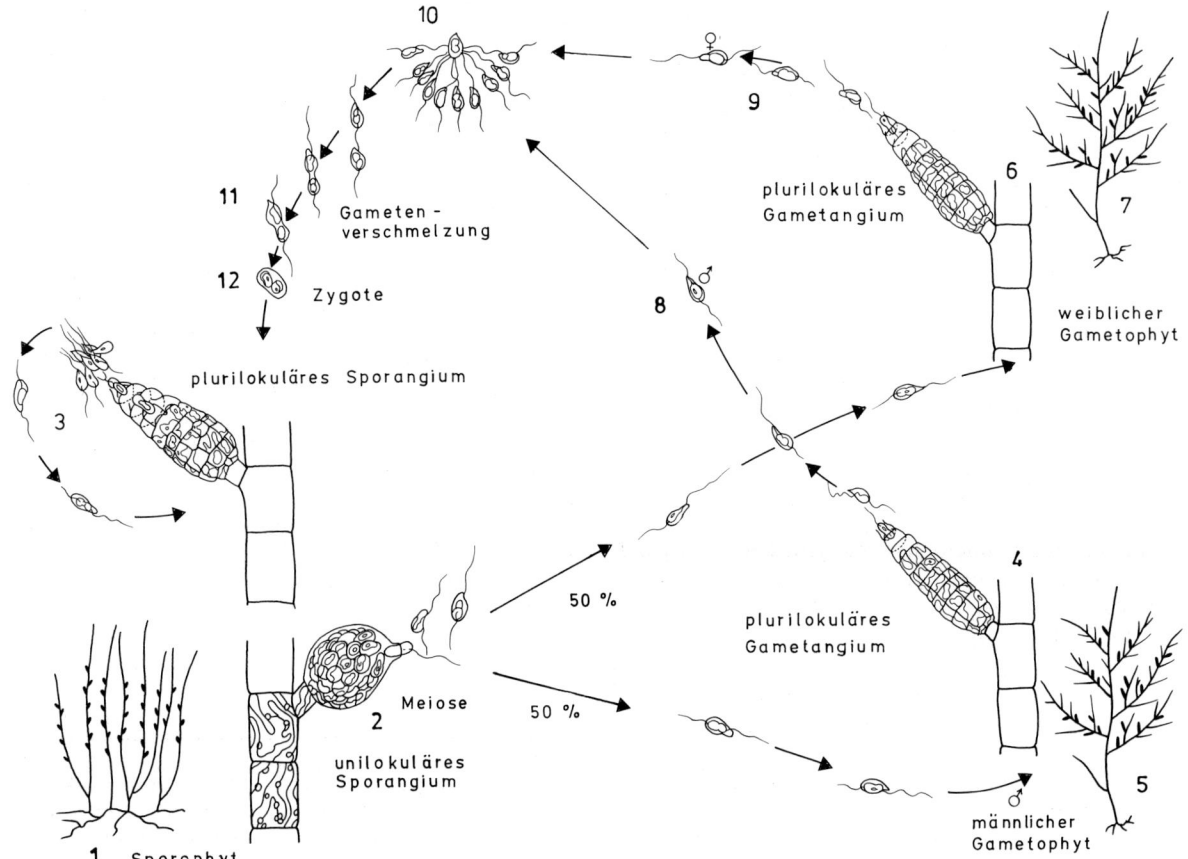

Abb. 44.37. Lebenszyklus mit Generationswechsel von *Ectocarpus siliculosus*. (Nach C. v.d. Hoek, 1978, 1984, nach D. Müller 1967)

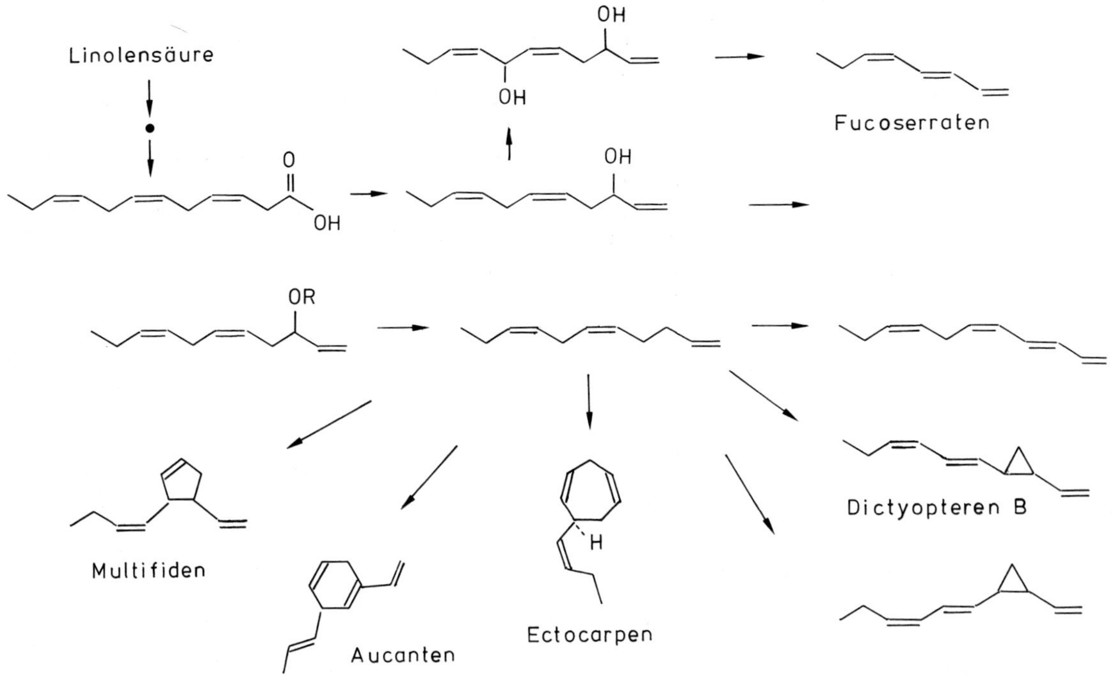

Abb. 44.38. Sexuallockstoffe der Braunalgen: Biosynthese und strukturelle Verwandtschaft der Verbindungen, die aus verschiedenen Arten gewonnen wurden und deren Wirkung artspezifisch ist. (L. Jaenicke, 1977)

642

(1) Bau und Fortpflanzung von *Ectocarpus siliculosus*. Einzelheiten wurden von D. Müller (Universität Konstanz) an Material aus Neapel erarbeitet (s. Abb. 44.37). Der wenige Zentimeter große Thallus besteht aus verzweigten Fäden. Diese verlängern sich durch interkalare Teilungen (also kein Spitzenwachstum!). Die Sporophyten (2n) ähneln den Gametophyten (1n), die allerdings meist etwas stärker verzweigt sind. An den Enden kurzer Seitentriebe werden Sporangien angelegt. Dabei lassen sich vielkammrige von einkammrigen unterscheiden. In den vielkammrigen entstehen diploide Zoosporen, aus denen sich wieder ein Sporophyt entwickeln kann (ungeschlechtliche Fortpflanzung). In einkammrigen erfolgt eine Meiose; im Anschluß daran eine Reihe weiterer mitotischer Teilungen, schließlich werden zahlreiche haploide Gameten freigesetzt. Aus je etwa der Hälfte entwickelt sich ein weiblicher bzw. ein männlicher Gametophyt. Es sieht demnach ganz so aus, als sei die Geschlechtsbestimmung genetisch determiniert. In den vielkammrigen Gametangien der (zweihäusigen) Gametophyten entstehen die beweglichen ♂ bzw. ♀ Gameten. Die ♂ Gameten finden die weiblichen aufgrund chemotaktischer Anlockung, denn jene sondern ein Gamon (einen Sexuallockstoff) ab. Seine chemische Struktur, sowie die der Gamone weiterer *Ectocarpus*-Arten und anderer Braunalgen ist bekannt. Sie alle gehören einer Molekülklasse an, unterscheiden sich aber deutlich von Art zu Art (L. Jaenicke, Institut für Biochemie, Universität zu Köln, 1977; s. Abb. 44.38). Aus der Zygote entwickelt sich wieder ein diploider Sporophyt. Die Chromosomenzahl von *Ectocarpus siliculosus* liegt bei 2n = 50.

(2) *Dictyota dichotoma* (Gabeltang). Über diese Art und die Entstehung ihres dichotom verzweigten

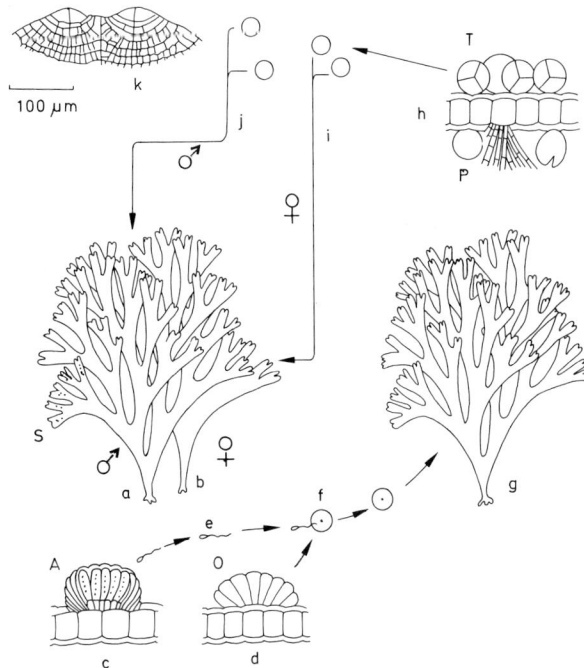

Abb. 44.39. *Dictyota dichotoma*. Lebenszyklus; *a* und *b* ♂ und ♀ Gametophyt; *c* Querschnitt durch den Gametophyten mit ♂ Sorus (*A* Antheridium) *d* Querschnitt durch den Gametophyten mit ♀ Sorus (*O* Oogonium) *e* und *f* Spermien und Eizelle; *g* Sporophyt (2n); *h* Querschnitt durch den Sporophyten mit Tetrasporangien *(T)* und Phaeophyceenhaaren *(P)*; *i,j* Tetrasporen; *k* Scheitelzellen. (Nach C. v.d. Hoek 1978, 1984)

Thallus haben wir bereits gesprochen (s. Kap. 4). Er ist ein klassisches Objekt botanischer Anfängerpraktika. Im Gegensatz zu *Ectocarpus* erfolgt Wachstum durch Teilungen einer apikal sitzenden Scheitelzelle. *Dictyota dichotoma* ist an südeuro-

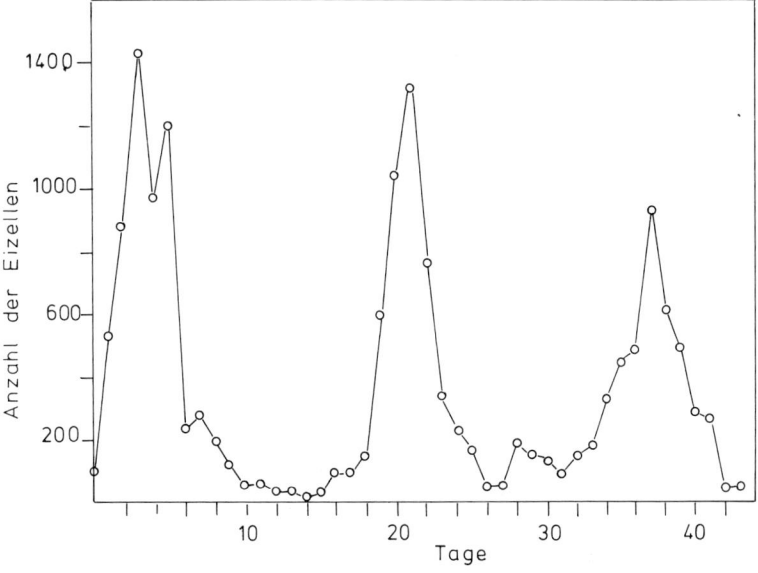

Abb. 44.40. *Dictyota dichotoma*. Entleerung von Eiern aus den Oogonien unter Laborbedingungen (Lichtdauer 14 Stunden Licht, 10 Stunden Dunkelheit). Ordinate: Anzahl der an den betreffenden Tagen gezählten freigesetzten Eizellen. (E. Bünning und D. Müller, 1962)

päischen Küsten – sofern Felsen vorhanden ist – häufig. Früher fand man sie auch regelmäßig im Helgoländer Felswatt, heute nur noch sporadisch. Ein Grund dafür ist vermutlich eine Temperaturabsenkung um wenige Grade, die in den letzten Jahrzehnten registriert worden ist. Für *Dictyota* lag Helgoland schon früher an der Nordgrenze ihrer Verbreitung.

Die Gametophyten entstehen aus haploiden Tetrasporen, die in Tetrasporangien auf den Sporophyten gebildet werden. Die Tetrasporangien treten in Gruppen auf (Sori). In jeder von ihnen entstehen durch Meiose vier haploide geißellose Tetrasporen, von denen sich je zwei zu männlichen bzw. weiblichen Gametophyten entwickeln. Wir haben es also wieder mit einer genetisch determinierten Geschlechtsbestimmung zu tun.

Auf dem ♂ Gametophyten entwickeln sich Antheridien, auf dem weiblichen Archegonien (hier: Oogonien). Antheridien und Archegonien sind ebenfalls in Gruppen (Sori) zusammengefaßt. In den Antheridien entstehen begeißelte Gameten (Spermatidien), in den Oogonien geißellose, wandlose Eizellen (s. Abb. 44.39). Die Eizellenfreisetzung folgt einer lunaren Rhythmik (s. Abb. 44.40). Die Sori werden während der Nipptide angelegt, und die Gameten werden an Tagen nach der folgenden Springtide frei.

(3) *Laminariales*: Zu den Laminariales gehören die größten Tange. Im Bereich des Kontinentalschelfs bilden sie ausgedehnte Wälder (oder Wiesen). Solche Wiesen kommen u.a. im Felswatt vor Helgoland vor. Vor der nordamerikanischen Pazifikküste bestehen die Wälder aus riesigen Exemplaren der Gattung *Nereocystis;* in der südlichen Hemisphäre wird sie durch *Macrocystis* vertreten. In der Antarktis ist die Gattung *Lessonia* mit einem Thallus von palmähnlichem Habitus vorherrschend.

Der „typische" Laminarienthallus (Sporophyt!) ist dreiteilig und besteht aus
– einem meist krallenförmig gebauten, vielfach verzweigten Haftorgan (Haftkrallen, Rhizoide),
– einem oft viele Meter langen seilartigen Stiel, und
– einem flächigen, oft unterteilten Thalluslappen.
Bei vielen Arten sind voluminöse, innen hohle Schwimmkugeln ausgebildet, die z.B. bei *Nereocystis* Durchmesser von 15 bis 20 Zentimetern erreichen.

Die auch an europäischen Küsten verbreiteten *Laminaria*-Arten sind meist mehrjährig, wenige (z.B. *Laminaria ephemera)* sind einjährig. Während der Überwinterung perennierender Arten bleibt vielfach nur der Stiel erhalten, der Thalluslappen wird im Frühjahr regeneriert. An ihren oberen Enden sind Thalluslappen unregelmäßig zerfranst. Teilungsfähiges Gewebe ist stets an der Basis lokalisiert. Dadurch wird neues Gewebe nachgeschoben; die an den Enden sitzenden,

durch Wellengang abgenutzten Zellen werden somit kontinuierlich ersetzt.

Die Form der Thalluslappen ist ein artspezifisches Merkmal. Experimentell – d.h. durch Verpflanzungsversuche – ließ sich jedoch zeigen, daß sie durch Umweltfaktoren (Strömung, Wassertiefe, Licht, Temperatur) in weiten Grenzen modifizierbar ist. *Laminaria digitatum* z.B. bildet in strömendem Wasser schmale Thalluslappen aus; nach Übertragung an geschützte Standorte entstehen breite, dicke Thalli, wobei die Dickenzunahme auf der Ausbildung zusätzlicher Zellschichten beruht. Die morphologisch erkennbare Differenzierung spiegelt die auf Zellebene erkennbare Differenzierung in Gewebe wider. Wie bei den Fucales (s. folgenden Abschnitt) können corticale und medullare Gewebe voneinander unterschieden werden. Die Photosynthese erfolgt zum überwiegenden Teil im corticalen Bereich. Die wichtigsten Reservestoffe sind das Laminaran (ein β-1,3-Glucan), der Alkohol Mannitol und Öle. Der Transport dieser und anderer Substanzen (z.B. Aminosäuren) erfolgt in spezialisierten leitbündelähnlichen Geweben, die aus Bündeln langgestreckter, an den Enden siebartig durchbrochener Zellen bestehen. Damit ähneln sie sowohl in der Form als auch in der Funktion dem Phloem der Kormophyten (sie haben sogar Kallosepfropfen in den Siebzellen). Die Transportgeschwindigkeit im Stiel konnte durch Einsatz ^{14}C-markierter Verbindungen bestimmt werden. Bei *Macrocystis* beträgt sie 70 cm/Stunde, bei *Laminaria* mit ihren weniger gut entwickelten „Leitbündeln" 5 cm/Stunde.

Die sexuelle Fortpflanzung der Laminariales unterscheidet sich grundsätzlich von der der gleich zu besprechenden Fucales. Der Laminarienthallus ist – wie erwähnt – ein Sporophyt, auf dem sich die Sporangien entwickeln können.

Bei den Laminarien unserer Breiten geschieht das ausschließlich zu Beginn des Winters. In den Sporangien erfolgt die Meiose, es werden bewegliche Zoosporen gebildet, die sich, wie bei *Ectocarpus,* zur Hälfte zu männlichen, zur Hälfte zu weiblichen Gametophyten entwickeln. Diese bestehen aus mikroskopisch kleinen verzweigten Zellfäden. Ihr Wachstum und die Ausbildung reifer Gameten wird durch die Temperatur gesteuert. Bei hoher Temperatur erfolgt rasches Wachstum (zahlreiche Zellteilungen), doch die Reifung der Gameten unterbleibt, bei niederer Temperatur (4–10 °C) kommt es rasch zur Bildung reifer Gameten: Spermatozoiden und Eizellen.

Als zweiter steuernder Faktor wirkt das Licht. Bei *Laminaria saccharina* unterbleibt die Gametenbildung in dunklen Wintermonaten und wird erst nach Überschreiten einer kritischen Tageslänge induziert (K. Lüning und M.J. Dring, Biologische Anstalt Helgoland, 1972).

(4) *Fucales*. Die Fucales sind eine sehr große Ordnung, mit zahlreichen, morphologisch deutlich

voneinander unterscheidbaren Arten. Die Thalli der Gattung *Fucus* sind bandförmig gebaut und vielfach verzweigt. Die Bänder sind durch verdickte Zentralstränge verstärkt. Viele Arten besitzen Schwimmblasen; sessile Arten verfügen über eine Haftscheibe. Bei Arten anderer Gattungen (z.B. *Sargassum*) ist der Thallus noch weiter untergliedert, er ähnelt dem Kormus mancher Landpflanzen. Er besteht aus einem verzweigten, blattähnliche Thallusanteile tragenden Stiel. Das Wachstum der Fucales erfolgt durch Teilungen einer Scheitelzelle, die in einer Grube an den Enden wachsender Thallusabschnitte liegt. Im Gegensatz zur Scheitelzelle von *Dictyota* kann sie Zellen nach verschiedenen Richtungen hin abgeben. Diese bleiben zunächst teilungsfähig (meristematisch), so daß hier durchaus Verhältnisse vorliegen, wie wir sie von den Vegetationspunkten höherer Pflanzen her kennen.

Je nach Richtung, in die die Zellen abgesondert werden, differenzieren sie sich zu gewebebildenden Rinden- und Markzellen (Cortex und Medulla). Die sichtbare morphologische Thallusdifferenzie-

rung findet in den Eigenarten des apikalen Meristems eine Erklärung.

Zu den in der gemäßigten Zone der nördlichen Hemisphäre häufigsten Arten zählen *Fucus vesiculosus* (Blasentang) und *Fucus serratus* (Sägetang; erkennbar an gesägten Thallusrändern). Sie sind die auffallendsten Tange der deutschen Nord- und Ostseeküste.

Arten der Gattung *Sargassum* (*Sargassum natans*, *Sargassum fluitans* und ca. 150 weitere) leben, wie schon vermerkt, pelagisch. Sie vermehren sich ausschließlich vegetativ. Im Gegensatz zu *Fucus* findet man bei den meisten der übrigen Gattungen keine Sporophyten. Die getrenntgeschlechtlichen Gametophyten sind diploid; die Meiose erfolgt in terminal angelegten Rezeptakeln. Das sind Ansammlungen von Konzeptakeln, die ihrerseits Antheridien, respektive Archegonien (hier wieder: Oogonien) enthalten (s. Abb. 44.41).

Die Befruchtung der Eizellen erfolgt außerhalb der Gametophyten, die Freisetzung der Gameten unterliegt wieder einer lunaren Rhythmik, die Anlockung der Spermatien geschieht chemotaktisch.

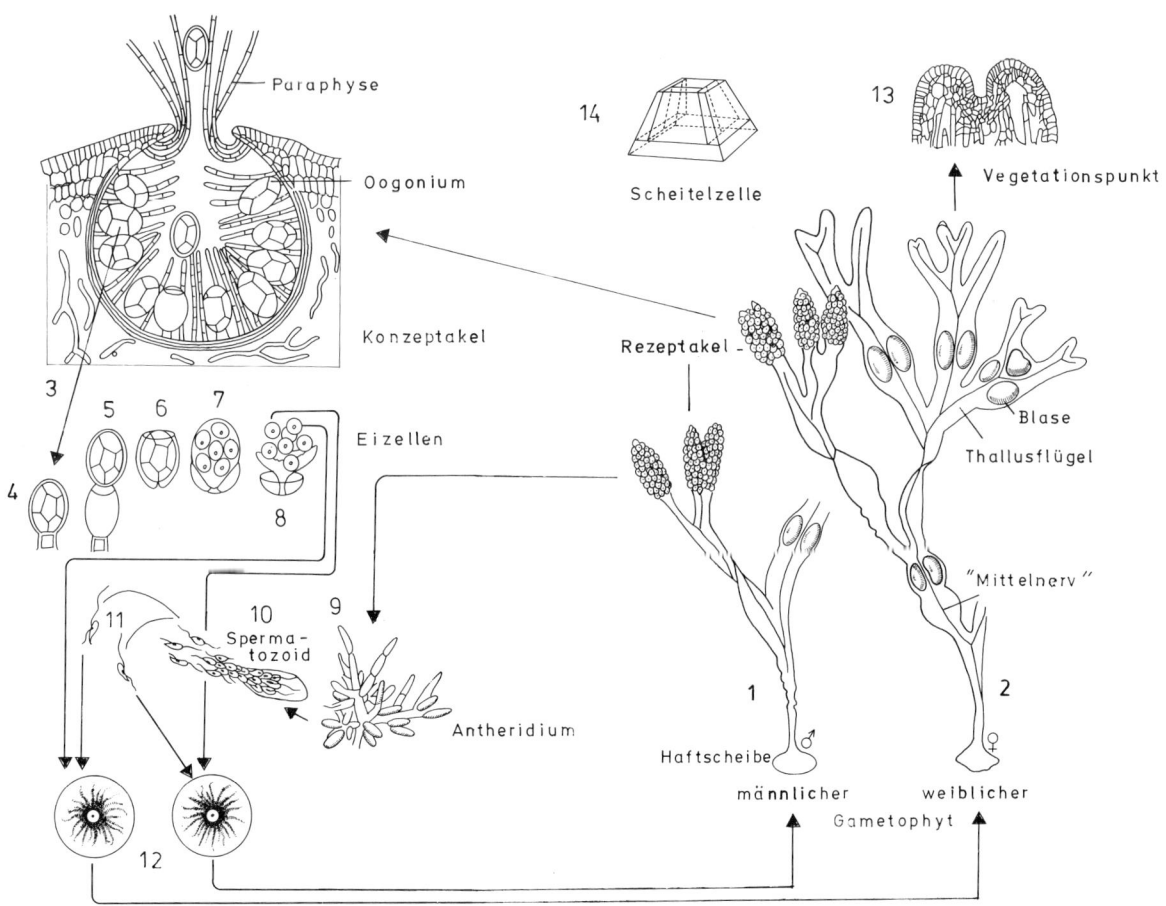

Abb. 44.41. Lebenszyklus mit Generationswechsel von *Fucus vesiculosus* (Blasentang). Bereits bei den Laminariales ist die haploide gametophytische Phase stark reduziert. Bei den Fucales sind nur noch die Gameten haploid. (Nach C. v.d. Hoek, 1978, 1984)

Die eine Hälfte der Zygoten entwickelt sich zu männlichen, die andere zu weiblichen Gametophyten.

Fucus vesiculosus und *Fucus serratus* sind ein sympatrisches Artenpaar. Bei *Fucus vesiculosus* erfolgt die Gametenbildung im wesentlichen im Frühjahr und im Sommer, bei *Fucus serratus* im Herbst und Winter; somit bleiben sie saisonal voneinander isoliert (M. Knight und M. Parker, 1950).

Die vier vorgestellten Fälle sollten die Vielgestaltigkeit der Thallusmorphologie und der Fortpflanzungsverhältnisse der Phaeophyta unterstreichen. Dadurch sollte deutlich werden, daß im Verlauf der Evolution der einzelnen Entwicklungslinien unterschiedliche Strategien verfolgt wurden und daß es daher nicht möglich ist, einen für alle Arten gemeinsamen Bauplan anzugeben. Die Thalli der Fucales und der Laminariales sind stets diploid, doch sind die Ursachen der Diploidie verschieden. Die beschriebenen Beispiele sind als Modelle anzusehen, zwischen denen es zahlreiche Übergänge gibt.

Pyrrhophyta (Dinoflagellaten)

Den Pyrrhophyta gehört nur die Klasse der Dinophyceae mit weit über 1000 Arten an, von denen viele parasitisch leben (z.B. auf Diatomeen, Metazoen, Crustaceen). Dinoflagellaten sind einzellig und wandlos. Arten vieler Gattungen verfügen jedoch über einen teilweise bizarr strukturierten Panzer (Theka), der aus mehreren cellulosehaltigen, porösen, polyedrisch gebauten Platten, welche die Zellen in artspezifischer

Anordnung umgeben, zusammengesetzt ist. Oft sind Schwebefortsätze ausgebildet (s. Abb. 44.42, 44.43). Im Gegensatz zu einer Zellwand liegen die Platten nicht extrazellulär, vielmehr werden sie in intrazellulären Vesikeln gebildet und innerhalb einer äußeren Membran gelagert. Zwischen dem Cytoplasma und den Platten liegt eine weitere Membran.

Dinoflagellaten vermehren sich in der Regel asexuell. Bei der Teilung in zwei Tochterzellen ergänzt jede von ihnen die fehlende Panzerhälfte (so bei *Ceratium*-Arten), oder beide bilden einen neuen Panzer (z.B. *Peridinium*).

Die Kerne der meisten Arten sind haploid, doch sind in der Gattung *Noctiluca* diploide Stadien vorherrschend. In Interphasestadien sind in den Kernen gebändert aussehende Chromosomen vorhanden (s. Abb. 42.7). Die für Eukaryoten typischen Histone und die Nukleosomenstruktur fehlen, ebenso fehlen die Centromeren und, während der Kernteilung, meist auch die Spindel.

Die Zellen besitzen in der Regel zwei Geißeln, die senkrecht zueinander angeordnet sind. Eine dient – als Schubgeißel – der Vorwärtsbewegung, die zweite bewirkt eine ständige Rotation der Zelle um die eigene Achse. Diese Geißel liegt bei bepanzerten Arten in einer Querfurche (Gürtelfurche) der Theka (s. Abb. 44.44).

Neben plastidenhaltigen, photoautotrophen Arten, gibt es zahlreiche heterotroph lebende. Photoautotrophe können nicht uneingeschränkt als Primärproduzenten bezeichnet werden, denn viele von ihnen sind vitaminauxotroph, d.h., sie benötigen für ihr Wachstum eine Vitaminzufuhr (meist Vitamin B_{12}).

Anders als bei den übrigen Pflanzen sind die Plasti-

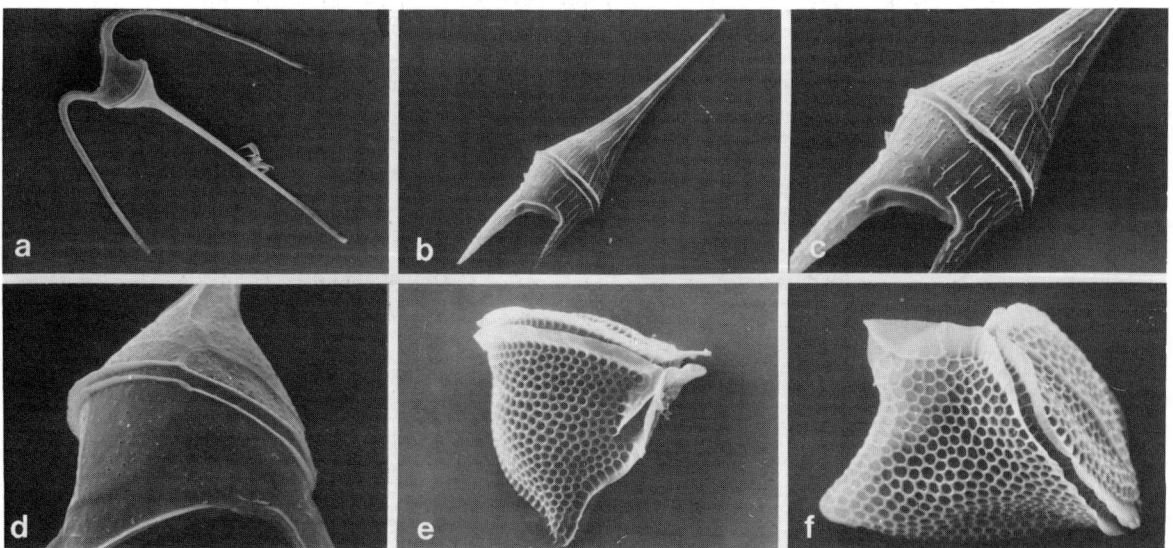

Abb. 44.42. Rasterelektronenmikroskopische Aufnahmen einiger Dinoflagellaten: *a,d Ceratium massiliense* (*d.* vergrößerter Ausschnitt); *b,c Ceratium furca* (*c* vergrößerter Ausschnitt); *e,f Dinophysis nitra* (*f* vergrößerter Ausschnitt). (A. Couté und A. Iltis, 1985)

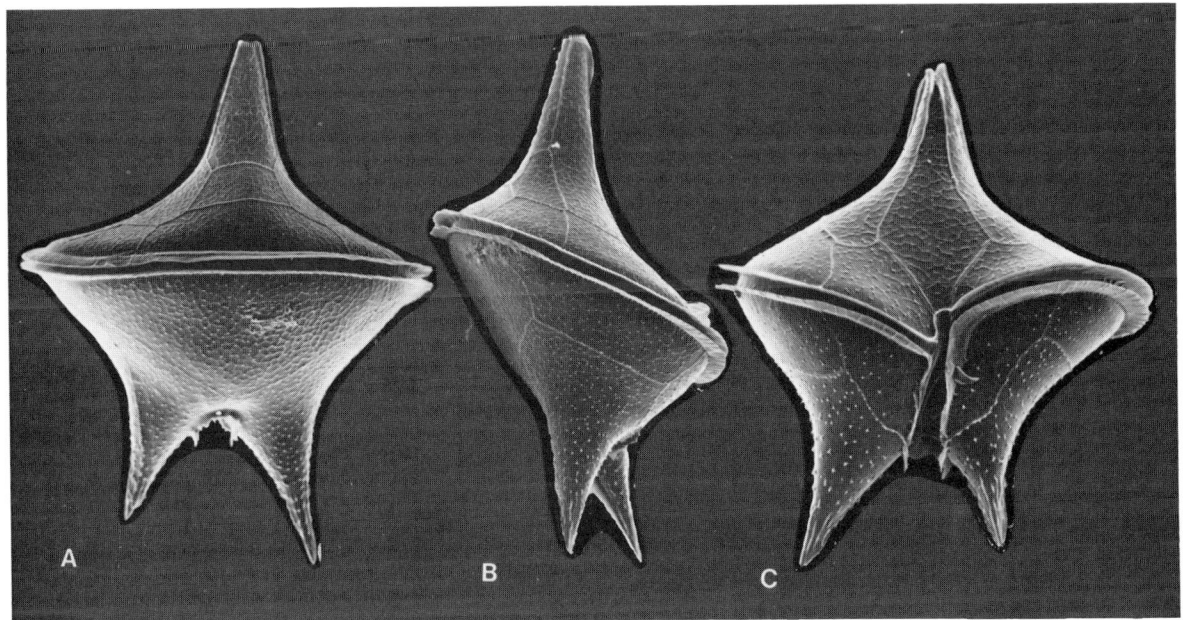

Abb. 44.43. *Protoperidinium depressum. A* Dorsalansicht, *B* Seitenansicht, *C* Ventralansicht. Die Dimensionen der Zellachsen liegen zwischen 170 und 135 µm. (H. Gocht und H. Netzel, 1985)

den mancher Pyrrhophyta (soweit untersucht!) nicht von prokaryotischen, sondern von eukaryotischen Algen (Chrysophyceen) ableitbar. In einigen Arten, z.B. *Peridinium balticum,* sind Eukaryoteneigenschaften der „Plastiden" (Plastiden in den „Plastiden", Mitochondrien, Zellkern u.a.) erhalten geblieben (R.N. Tomas und E.R. Cox, Texas A & M University, College Station, 1973, S.P. Gibbs 1981), bei anderen sind sie sukzessive verlorengegangen. Als letzter Hinweis auf die Chrysophyceenherkunft wird die Anwesenheit von Fucoxanthin gewertet.

Augenflecken sind vielfach vorhanden, und je nach Art (oder Gattung) sind sie im Plasma oder in den Plastiden lokalisiert. Oft sind sie komplex struktu-

riert. Der Zellkörper vieler Arten ist von einem vom Plasmalemma ausgehenden röhrenförmigen Membransystem durchdrungen. Man nimmt an, daß es an der Osmoregulation beteiligt ist, pulsierende Vakuolen wurden nicht gefunden.

Dinoflagellaten kommen im Salz- und im Süßwasser vor. Im Meer sind sie nach den Diatomeen die zweitwichtigste Gruppe des Phytoplanktons. In warmen Gewässern ist die Artenvielfalt bei geringer Individuenzahl hoch, in kalten überwiegen wenige Arten mit hoher Individuenzahl.

In regelmäßigen Intervallen kommt es zu Massenentwicklungen bestimmter Arten. Gefürchtet ist die sogenannte rote Tide *(red tide),* bei der sich das Was-

Abb. 44.44. Rasterelektronenmikroskopische Aufnahme der Transversalgeißel in der Querfurche des Panzers eines Dinoflagellaten *(Gymnodinium sanguineum);* Balken: 10 µm. (G. Gaines, F.J.R. Taylor, 1985)

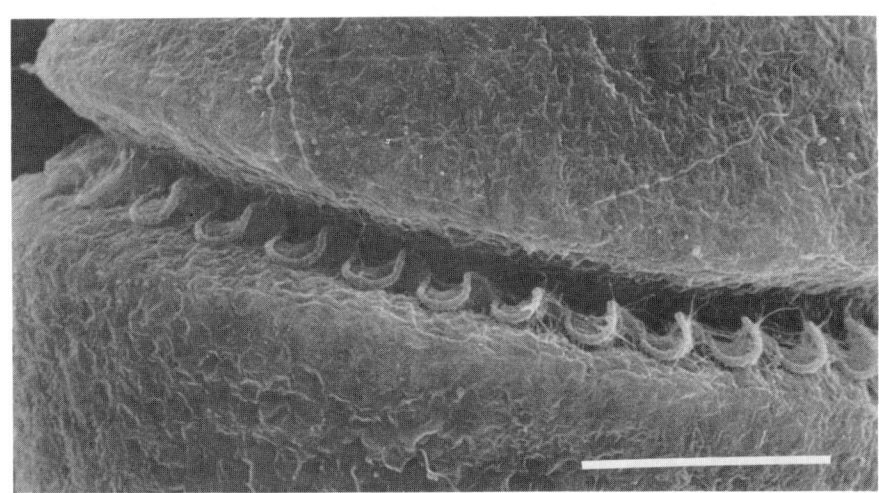

647

ser wegen der großen Menge gebildeten Carotins rot bzw. orange färbt. Diese Erscheinung wurde an vielen Küsten, z.B. an der Küste Floridas, im Golf von Mexiko, gelegentlich auch in der Nordsee beobachtet. Während dieser Phase (Dauer jeweils ca. 14 Tage) scheiden die Dinoflagellaten toxische Substanzen ab, die je nach Verursacher auf viele oder bestimmte Gruppen anderer Organismen tödlich wirken. Die Art *Gymnodinium breve* scheidet ein Toxin ab, das auf Fische toxisch wirkt, auf Invertebraten jedoch nicht. Verschiedene *Gonyaulax*-Arten produzieren ein Toxin, das vorwiegend Invertebraten abtötet.

Die Art *Gonyaulax catenella* produziert die bislang am besten untersuchte Substanz: Saxitoxin. Es ist ein Alkaloid, das dem Strychnin und den *Aconitum*-Alkaloiden ähnelt und als Neurotoxin wirkt. Zwar ist es in der von *Gonyaulax catenella* abgegebenen Konzentration für größere Meeresbewohner nicht gefährlich, aber es wird in der Nahrungskette (Zooplankton – Muscheln/Würmer – Fische) angereichert und überschreitet damit die kritische Grenze der Toxizität. Die Wirkung ist, z.B. bei Fischen und Seevögeln, an Lähmungen, denen der Tod durch Ersticken folgt, erkennbar.

1971 wurde an der niederländischen Küste eine durch *Prorocentrum micans* ausgelöste rote Tide festgestellt. Die Wirkung machte sich beim Menschen nach Verzehr von Miesmuscheln durch Magen- und Darmerkrankungen bemerkbar.

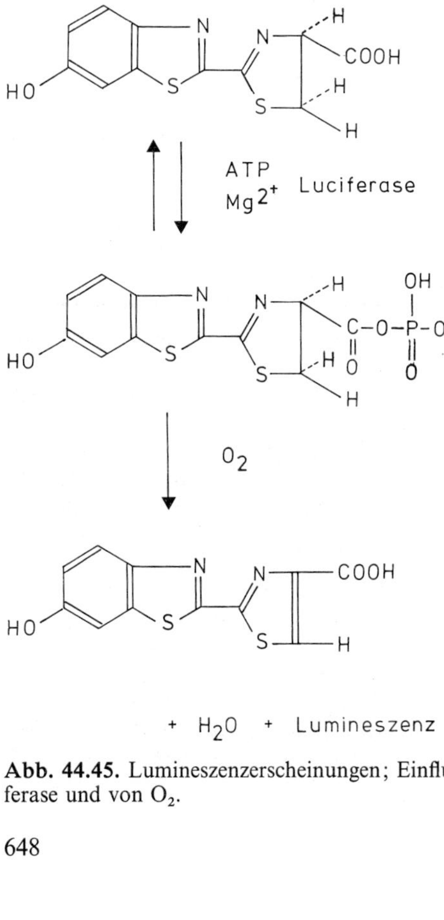

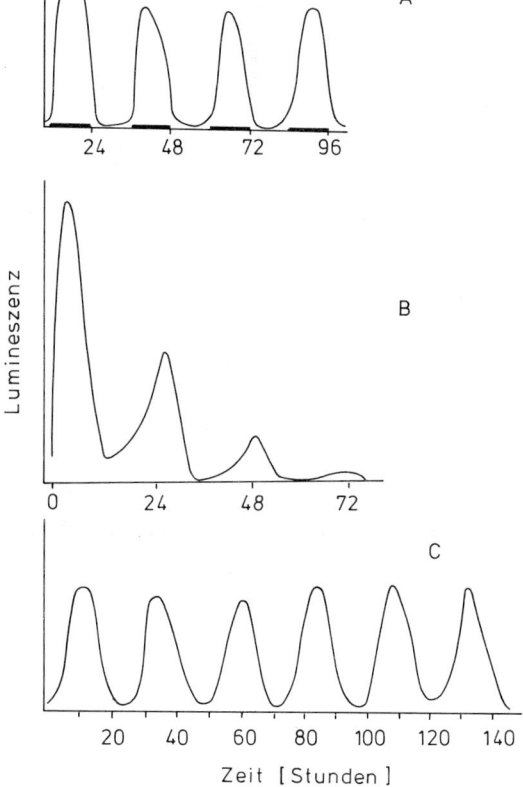

Abb. 44.46. Rhythmische Erscheinungen in *Gonyaulax polyedra*. *A* Zyklische Lumineszenzaktivitäten im Tag-Nacht-Wechsel; *B* Rhythmische Erscheinungen unter Starklichtbedingungen (Dauerstarklicht); *C* Rhythmische Erscheinungen unter Dauerschwachlichtbedingungen. (B.M. Sweeney und J.W. Hastings 1957, B.M.Sweeney 1963)

Eine Reihe von Dinoflagellaten *(Noctiluca miliaris* und andere *Noctiluca*-Arten, *Gonyaulax polyedra,* u.a.) zeichnen sich durch die Fähigkeit zur Biolumineszenz aus, die auf einer Spaltung von Luciferin durch Luciferase beruht (s. Abb. 44.45).

Die Reaktion ist sauerstoffabhängig und ATP-verbrauchend. Man unterscheidet zwischen zwei Lumineszenz-Erscheinungen:

(1) Induzierte Lumineszenz. Sie wird beispielsweise durch kräftiges Schütteln der Zellen, in der Natur durch Wellenschlag, hervorgerufen. Die Zellen reagieren auf die Störung durch Lichtblitze von ca. 0,1 sec Dauer. Die Aktivität (der Luciferase) unterliegt einer endogenen Tagesrhythmik (B.M. Sweeney und J.W. Hastings, 1957, B.M. Sweeney, 1963, s. Abb. 44.46).

(2) Spontane Lumineszenz. Hierbei handelt es sich um eine stetige Lichtemission mit tagesperiodisch schwankender Intensität.

Viele Dinoflagellaten leben in Symbiose mit Protozoen (Radiolarien, Heliozoen, Foraminiferen), Coelenteraten (Quallen, Seeanemonen, Korallen) oder Mollusken, und je nach Färbung, die sie dem Wirtsorganismus verleihen, wird zwischen den Zoochlorellen

Abb. 44.45. Lumineszenzerscheinungen; Einfluß der Luciferase und von O_2.

648

und Zooxanthellen unterschieden. In den Zooxanthellen, wie auch in den meisten freilebenden Dinoflagellaten, ist die Farbe des Chlorophylls a und die des in geringeren Mengen vorliegenden Chlorophylls c durch verschiedene gelbe und braune Xanthophylle (und Fucoxanthin) überdeckt.

Zooxanthellen sind obligate Symbionten riffbildender Korallen. Wegen ihrer Lichtansprüche ist die Verbreitung der Korallen auf oberflächennahe Wasserschichten (maximal 90 m) beschränkt. Es ist erwiesen, daß die Zooxanthellen bis zu 60 Prozent des durch Photosynthese fixierten Kohlenstoffs an die Wirtszellen abführen. Korallen können zwar ohne sie überleben, sind dann aber nicht mehr in der Lage, Kalk abzusondern.

Literatur

Baden, D.G.: Marine food-borne dinoflagellate toxins. Intern. Rev. Cytology 82, 99–150 (1983)

Bjørnland, T., M. Aguilar-Martinez: Carotenoids in red algae. Phytochemistry 15, 291–296 (1976)

Bold, H.C., M.J. Wynne: Introduction to the algal structure and reproduction. Englewood Cliffs, N.J.: Prentice-Hall Inc., 1978

Booth, W.E.: A method for removal of some epiphytic diatoms. Botanica Marina 24, 603–609 (1981)

Bourrelly, P.: Les algues d' eau douce: I. Les algues vertes; II. Les algues jaunes et brunes; III Les algues bleues et rouges (3 Bände). Paris: Boubée et Cie, 1966–1970

Bünning, E., D. Müller: Wie messen Organismen lunare Zyklen? Z. Naturf. 16b, 391–395 (1961)

Cooper, J.B., W.S. Adair, R.P. Mecham, J.E. Heuser, and U.W. Goodenough: Chlamydomonas agglutinin is a hydroxyprolinerich glycoprotein. Proc. Natl. Acad. Sci. US 80, 5898–5901 (1983)

Couté, A., G. Tell: Ultrastructure de la paroi cellulaire des Desmidiacèes au microscope èlectronique à balayage. Nova Hedwigia/Beiheft 68, 1–238 (1981)

Couté, A., A. Iltis: Etude au microscopie èlectronique à balayage de quelques algues (Dinophycèes et Diatomphycèes) de la lagune Ebriè (Côte d 'Ivoire). Nova Hedwigia 41, 69–88 (1985)

Crawford, R.M.: Taxonomy and frustular structure of the marine centric diatom Paralia sulcata. J. Phycol. 15, 200–210 (1979)

Esser, K.: Kryptogamen Berlin–Heidelberg-New York: Springer Verlag, 1985 (2. Aufl.)

Ettl, H.: Grundriß der allgemeinen Algologie. Stuttgart: G. Fischer Verlag, 1980

Flügel, E. (ed.): Fossil algae. Berlin–Heidelberg–New York: Springer Verlag, 1977

Fott, B.: Algenkunde. Stuttgart: G. Fischer Verlag, 1971

Fritsch, F.E.: The structure and reproduction of the algae (2 Vol.) Cambridge: University Press, 1952, 1965

Gallagher, J.C.: Population genetics of Skeletonema costatum (Bacillariophyceae) in Narragansett Bay. J. Phycol. 16, 464–474 (1980)

Gibbs, S.P.: The chloroplasts of some algal groups may have evolved from endosymbiotic eukaryotic algae. Ann. N. Y. Acad. Sci. 361, 193–208 (1981)

Glazer, A.N.: Structure and evolution of photosynthetic accessory pigment systems with special reference to phycobiliproteins. in: „The evolution of protein structure and function" (D.S. Sigman, M.A.B. Brazier eds.). New York, London: Academic Press, 1980)

Godward, M.B.E. (ed.): The chromosomes of the algae. London: Edward Arnold (Publ.), Ltd, 1966

Goodenough, U.W., W.S. Adair, P. Collin-Osbody, J.E. Heuser: Structure of the Chlamydomonas agglutinin and related flagellar surface proteins in vitro and in situ. J. Cell Biol. 101, 924–941 (1985)

Graham, L.E.: Coleochaete and the origin of land plants. Amer. J. Bot 71, 603–608 (1984)

Green, K., G.I. Viamontes and D.L. Kirk: Mechanism of formation, ultrastructure, and function of the cytoplasmic bridge system during morphogenesis in Volvox. J. Cell Biol. 91, 756–769 (1981)

Green, K., D.L. Kirk: Cleavage patterns, cell lineages, and development of a cytoplasmic bridge system in Volvox embryos. J. Cell Biol. 91, 743–755 (1981)

Herth, W., A. Kuppel and W.W. Franke: Cellulose in Acetabularia cyst walls. J. Ultrastruct. Res. 50, 289–292 (1975)

Herth, W., and W. Barthlott: The site of β-chitin formation in centric diatoms. J. Ultrastruct. Res. 68, 6–15 (1979)

van den Hoek, C.: Algen: Einführung in die Phycologie. Stuttgart: G. Thieme Verlag 1978, 1984 (2. Aufl.)

Jaenicke, L.: Sex hormones of brown algae. Naturwissenschaften 64, 69–75 (1977)

Jaenicke, L.: Volvox biochemistry comes of age. Trends in Biochem. Sciences 7, 61–64 (1982)

Kirk, D.L., G.I. Viamontes, K.L. Green, J.L. Bryant: Integrated morphogenetic behavoir of cell sheets: Volvox as a model. S. 247–274 in. „Developmental order: Its origin and regulation" New York: A.R. Liss, Inc. 1982

Knight, M., Parker, M.: A biological study of Fucus vesiculosus L. and Fucus serratus L. J. Mar. Biol. Ass. UK. 29, 439–514 (1950)

Kremer, B.P., G.O. Kirst: Photosynthese, Assimilatmuster und Taxonomie der Algen. Naturwiss. Rundsch. 36, 481–488 (1983)

Kronestedt, E., B. Walles: On the presence of plastids and the eyespot apparatus in a porphyromycin-bleached strain of Euglena gracilis. Protoplasma 84, 75–82 (1975)

Kurogi, M.: Influences of light on the growth and maturation of Conchocelis-Thallus of Porphyra. Bull. Tohoku Reg. Fish Res. Lab. 15, 33–42 (1959)

Kylin, H.: Die Gattungen der Rhodophyceen. Lund: CWK Gleerups Förlag, 1956

Lewin, R.A.: Physiology and biochemistry of algae. New York, London: Academic Press, 1962

Levring, T., H.A. Hoppe, O.J. Schmid: Marine algae. Hamburg: Cram, de Gruyter und Co., 1969

Lüning, K., M.J. Dring: Reproduction induced by blue light in gametophytes of *Laminaria saccharina*. Planta *104*, 252–256 (1972)

Lüning, K.: Critical levels of light and temperature regulating the gametogenesis of three *Laminaria* species (Phaeophyceae). J. Phycol. *16*, 1–15 (1980)

Manton, I.: *Chrysochromulina tenuispina* sp. nov. from Arctic Canada. Br. Phycol. J. *13*, 227–234 (1978)

Massalski, A., G.F. Leedale: Cytology and ultrastructure of the Xanthophyceae. 1. Comparative morphology of the zoospores of *Bumilleria sicula* Borzi and *Tribonema vulgare* Parcher. Brit. Phycol. J. *4*, 159–180 (1969)

Melkonian, M.: Structural and evolutionary aspects of the flagellar apparatus in green algae and land plants. Taxon *31*, 255–265 (1982)

Mende, T.J. and D.G. Baden: Red tides – ecological headaches and research tools. Trends in Biochem. Sciences *3*, 209–211 (1978)

Monk, B.C., W.S. Adair, R.A. Cohen, U.W. Goodenough: Topography of *Chlamydomonas*: Fine structure and polypeptide components of the gametic flagellar membrane surface and the cell wall. Planta (Berl.) *158*, 517–533 (1983)

Müller, D.: Generationswechsel, Kernphasenwechsel und Sexualität der Braunalge *Ectocarpus siliculosus* in Kulturversuchen. Planta *75*, 39–54 (1967)

Mukai, L.S., J.S. Craigie, R.G. Brown: Chemical composition and structure of the cell walls of the conchocelis and thallus phases of *Porphyra tenera* (Rhodophyceae). J. Phycol. *17*, 192–198 (1981)

Parker, B.C.: Significance of cell wall chemistry to phylogeny in the algae. Ann. N.Y. Acad. Sci. *175*, 417–428 (1970)

Pellegrini, M.: Three-dimensional reconstruction of organelles in *Euglena gracilis* Z. J. Cell Sci. *43*, 137–166 (1980)

Pickett-Heaps, J.D.: Green algae. Sunderland, Mass.: Sinauer Associates, Inc. Publ., 1975

Pringsheim, E. G., O. Pringsheim: Experimental elimination of the chromatophores and eyespot in *Euglena gracilis*. New Phytol. *51*, 65–76 (1952)

Rosowski, J.R., B.C. Parker (eds.): Selected papers in phycology. Vol. I: Lincoln, Nebraska: Dept. of Botany, Univ. Nebraska, 1971 Vol II: Lawrence, Kansas: Phycolog. Soc. of America, 1982

Rosowski, J.R., R.L. Willey: *Colacium libellae* sp. nov. (Euglenophyceae), a photosynthetic inhabitant of the larval damselfly rectum. J. Phycol. *11*, 310–315 (1975)

Round, F.E.: The biology of algae. London: Edward Arnold, 1973 (2nd ed.) (dt. Übers.: Biologie der Algen, Stuttgart: G. Thieme Verlag, 1975, 2. Aufl.)

Round, F.E.: The ecology of algae. Cambridge: University Press, 1981

Schornstein, K.L., J. Scott: Ultrastructure of cell division in the unicellular red alga *Porphyridium purpureum*. Canad. J. Bot. *60*, 85–97 (1982)

Spector, D.L., A.C. Vasconcelos, R.E. Triemer: DNA duplication and chromosome structure in the dinoflagellates. Protoplasma *105*, 185–194 (1981)

Spector, D.L.: Dinoflagellates. New York, London: Academic Press, 1984

Sweeney, B.M., J.W. Hastings: Characteristics of the diurnal rhythms of luminescence in *Gonyaulax polyedra*. J. Cell. Comp. Physiol. *49*, 115–128 (1957)

Sweeney, B.M.: Biological clocks in plants. Annu. Rev. Plant Physiol. *14*, 411–440 (1963)

Tippit, D.H., H. Smith, J.D. Pickett-Heaps: Cell form mutants in *Micrasterias*. Protoplasma *113*, 234–236 (1982)

Tomas, R.N., E.R. Cox: Observations on the symbiosis of *Peridinium balticum* and its intracellular algae. J. Phycol. *9*, 304–323 (1973)

Wiese, L., W. Wiese: On sexual agglutination and mating type substances in isogamos dioecious *Chlamydomonas*. Dev. Biol. *43*, 264–276 (1975)

45. Pteridophyta (Farnähnliche Pflanzen und Farne)

Entstehung landbewohnender (terrestrischer) Pflanzen

Algen waren und sind die dominierenden Wasserpflanzen. Von einigen ein- oder wenigzelligen Arten abgesehen, gelang es ihnen aber nicht, terrestrische Biotope zu erobern.

Niemand weiß, wie die ältesten mehrzelligen Landpflanzen tatsächlich ausgesehen haben und welche der grünen Algen als ihre Vorfahren anzusehen sind. Mit Sicherheit gehören die ersten vielzelligen Landpflanzen in die Entwicklungslinie der Pteridophyta im weitesten Sinne. Diese Pteridophyten repräsentieren die erste erfolg- und artenreiche Abteilung terrestrisch lebender Pflanzen. Der Übergang vom Wasser- zum Landleben war mit dem Erwerb zahlreicher neuer Eigenschaften verbunden. Durch das Studium rezenter und fossiler Pteridophyten ließ sich zeigen, daß die einzelnen Schritte aufeinander folgten und erfolgreiche Trends wiederholt in phylogenetisch nicht verwandten Gruppen auftraten.

Solche Parallelentwicklungen sind uns bereits bei der Beschreibung der Algen begegnet:
- die mehrfache, voneinander unabhängige Aufnahme von Endosymbionten,
- die Entwicklung vom Ein- zum Vielzeller und
- die Entwicklung von Isogamie zu Anisogamie oder zu Oogamie.

Was sich bewährte, wurde konserviert und nicht weiter geändert. So sind alle Pteridophyta (und die sich von ihnen ableitenden Spermatophyta sowie die Moose) vielzellig, sie enthalten grüne Plastiden, außerdem findet man bei ihnen ausschließlich Oogamie.

Was ist an ihnen neu?
- Neu ist der Aufbau des Vegetationskörpers aus hochdifferenzierten Geweben und Organen. Die diploide Phase (Sporophyt) überwiegt, die haploide tritt sowohl in ihrer zeitlichen Ausdehnung als auch in der Größe des Gametophyten (hier Prothallium genannt) stark zurück.
- Neu ist damit auch die Ausbildung von Festigungs- und Leitgeweben und einer hydrophoben äußeren Schutzschicht.
- Neu ist die Art der Verankerung im Boden. Die ältesten Formen verfüg(t)en über Rhizoide, Wurzeln entstanden erst wesentlich später.

- Neu ist die Vermehrung durch Sporen, wobei im einfachsten Fall Homosporie vorliegt; voneinander unabhängig, entstand mehrfach Heterosporie (eine progressive Entwicklung. s. Abb. 45.1).

Unter Heterosporie versteht man, wie aus der Abbildung hervorgeht, die Ausbildung unterschiedlich großer Sporen: Mikrosporen und Megasporen. Homospore Arten, wie wir sie u.a. auch bei den Moosen finden, sind in der Regel monözisch; der Inzuchtgrad kann hoch sein, die Evolutionsgeschwindigkeit langsam. Der Grund hierfür liegt in der Wasserabhängigkeit der ♂ Gameten der Pteridophyta (und der Bryophyta), das für ihre Fortbewegung benötigt wird, und die deshalb außerhalb aquatischer Lebensräume keine großen Entfernungen überbrücken können. Heterosporie ist durchweg mit Heterozygotie gekoppelt, denn männliche und weibliche Gameten entstehen auf unterschiedlichen Individuen (Gametangien, hier Prothallien genannt); dies wiederum heißt, daß Fremdbefruchtung obligat ist und die Variabilität der Genotypen und damit auch die Evolutionsgeschwindigkeit gesteigert werden.

Mikrosporen, aus denen sich ein (männliches) antheridientragendes Prothallium entwickelt, enthalten meist nur wenig Reservestoffe; das Prothallium bleibt daher stets sehr klein. Bei gleichbleibendem Energieeinsatz lassen sich somit aber mehr ♂ Sporen als ♀ Sporen (Megasporen) produzieren. Die Sporenausbreitung erfolgt durch den Wind. ♂ Prothallien und die auf ihnen in Antheridien produzierten Spermatozoiden (♂ Gameten) können nur dann erfolgreich sein, wenn sie sich auf oder neben einem ♀ Prothallium entwickeln. Mit der Zunahme ihrer Zahl steigt die Wahrscheinlichkeit, daß ein derartiges Ereignis eintritt. Durch diesen Mechanismus ist zwar Fremdbefruchtung gewährleistet, trotzdem bleibt noch die Abhängigkeit vom Wasser, denn die Spermatozoiden müssen das letzte Stück des Weges (vom Antheridium zum Archegonium) schwimmend zurücklegen.

Wir werden bei der Behandlung der Spermatophyta (Samenpflanzen) sehen, daß die Heterosporie ein entscheidender Schritt in Richtung Samenbildung war. Der dadurch erreichte Status sichert dem Träger Dominanz über den vorangegangenen Zustand, und Dominanz wiederum erkennt man an einer verbesserten Fähigkeit zur Erschließung und Okkupation neuer Lebensräume.

651

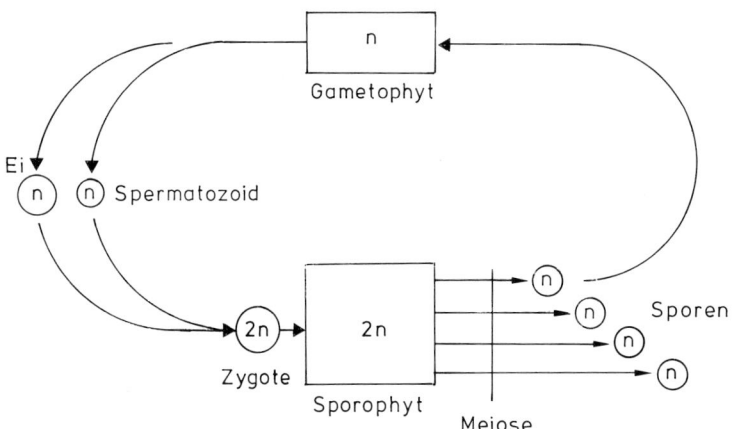

Abb. 45.1a. Generationswechsel homosporer Pteridophyten

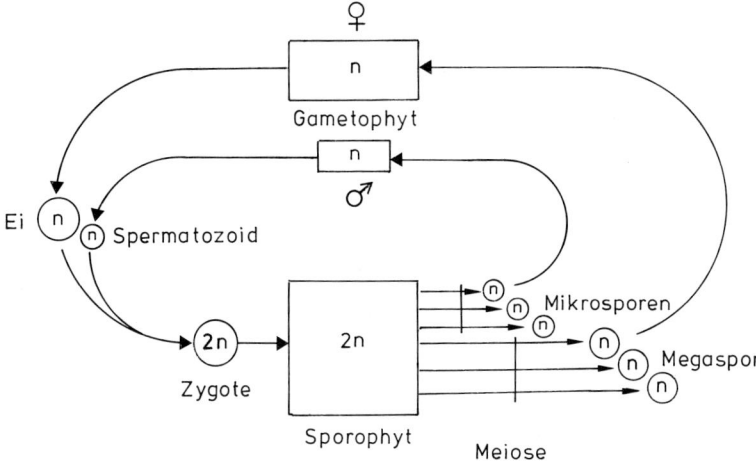

Abb. 45.1b. Generationswechsel heterosporer Pteridophyten. (K.R. Sporne, 1975)

Der Vegetationskörper der Pteridophyten ist ein Kormus. Zusammen mit den Spermatophyta rechnet man sie daher zu den Kormophyten (Gefäßpflanzen). Die strukturelle Komplexität ist eine wesentliche Voraussetzung zur Ausbildung großer, aufrecht wachsender Pflanzen. Zur Erreichung dieses Ziels gingen die Pteridophyten unterschiedliche Wege. Wir wissen, daß die Festigkeit der rezenten Spermatophytenbäume auf Verholzung beruht (sekundäres Dickenwachstum, s. Kap. 6). Die Stabilität der Bäume aus der Steinkohlenzeit beruht entweder auf Ausbildung besonders fester Rindengewebe (z.B. bei *Lepidodendron*- und *Sigillaria*-Arten) oder auf Verholzung (z.B. bei *Calamites*).

Bei rezenten Baumfarnen beruht sie auf Einbeziehung von Blattspuren (s. Kap. 6) in das Gewebe des Stamms sowie durch Bildung zusätzlicher Adventivwurzeln (s. Kap. 2).

Bei den Pteridophyta findet man Leitgewebe mit Phloem und Xylem, sekundäres Dickenwachstum, Mesophyllgewebe in Blättern mit Palisaden- und Schwammparenchym sowie eine Epidermis mit Spaltöffnungen. Doch nur bei wenigen Arten sind diese Strukturen so vollständig und vollkommen ausgeprägt wie bei den Spermatophyta. In Anpassung an die unterschiedlichsten terrestrischen Lebensräume sind eine Vielzahl von Varianten ausprobiert und ausgebildet worden. Da die Bedingungen terrestrischer Lebensweise generell variabler als die im Wasser sind, bestand bei Landpflanzen von vornherein ein größerer Selektionsdruck in Richtung Diversifikation (Abwandlung, Spezialisierung) als bei den wasserbewohnenden Gruppen.

Die Fossilgeschichte der Pteridophyten beginnt am Ende des Silurs und erreicht einen Höhepunkt im Devon und Karbon. Das Studium fossiler Formen gab wichtige Aufschlüsse über Entstehung und Ausbreitung der Pteridophytenklassen. Entscheidend für das Verständnis der Vervollkommnung des Vegetationskörpers war einmal die Analyse der Evolution der Leitgewebe (Stelärtheorie, s. Kap. 6), zum anderen das Studium der Differenzierung in Sproß und Blätter.

W. Zimmermann (Universität Tübingen) hat 1930 die Möglichkeiten der Formveränderung zu seiner Telomtheorie zusammengefaßt, durch die er die Entstehung morphologischer Einheiten (oder Elemente) des Kormus der Pteridophyten (Entstehung von Blättern, Sporangienständen usw.) deuten wollte.

Als Telome definierte er Abschnitte (Einheiten) des Kormophytensprosses, die allenfalls im Inneren (d.h. auf anatomischer Ebene) differenziert sind. So kann ein solcher Abschnitt neben dem vegetativen Gewebe (Parenchym, Leitgewebe usw.) auch sporenbildende Gewebe enthalten bzw. produzieren (Sporangien). Ein Telom beginnt (basal) an den Abzweigungen anderer Telome, und es endet apikal entweder an der Spitze des Sprosses oder an einer erneuten Verzweigung, *per definitionem* ist es daher selbst nie verzweigt.

Solche Abschnitte können nach einem einfachen Baukastenprinzip zusammengesetzt und in ihrer gegenseitigen Orientierung zueinander abgewandelt werden. Die dazu nötigen Schritte nannte Zimmermann Elementarprozesse (s. Abb. 45.2).

Die von ihm entwickelte Theorie erscheint auf den ersten Blick plausibel, denn sie ordnet tatsächlich beobachtete Stadien in ein logisch richtiges Schema ein. Sie krankt aber daran, daß sie lediglich die Verhältnisse bei ausgewachsenen Pflanzen berücksichtigt und nichts über die ontogenetische Entstehung der einzelnen Umwandlungen aussagt. Auch kann sie nicht als allgemeingültig für alle Pteridophytenklassen angesehen werden, denn bei den Lycopsida z.B. liefen Entwicklungen ab, die nicht in das Bild der Telomtheorie passen.

Obwohl vieles noch offen ist, können wir einzelne der Ereignisse ontogenetisch durchaus erklären: Für Übergipflung kann man heute auch Apikaldominanz sagen, und diese wieder geht auf einen Informationsaustausch zwischen Zellen über größere Entfernungen zurück (Phytohormone, s. Kap. 31).

Die auf Verwachsung zurückgeführte Blattbildung beruht auf lateralem Wachstum, und dieses wiederum auf einem regelmäßigen Wechsel der Lage der Teilungsspindel in Zellen des Vegetationspunkts (Positionsinformation, s. Kap. 3).

Einkrümmung schließlich ist eine Erscheinung, die durch Geotropismus (oder andere Tropismen) ausge-

löst werden kann, und die setzt die Existenz spezialisierter Zellen (z.B. mit Statolithen, s. Kap. 32) voraus. Alles in allem: Ein entscheidender Faktor in der Evolution der Kormophyten ist die Evolution bzw. Fortentwicklung leistungsstarker Informationssysteme innerhalb der Pflanze, ohne die eine Differenzierung und die Realisierung von spezifischen Bauplänen nicht denkbar wäre.

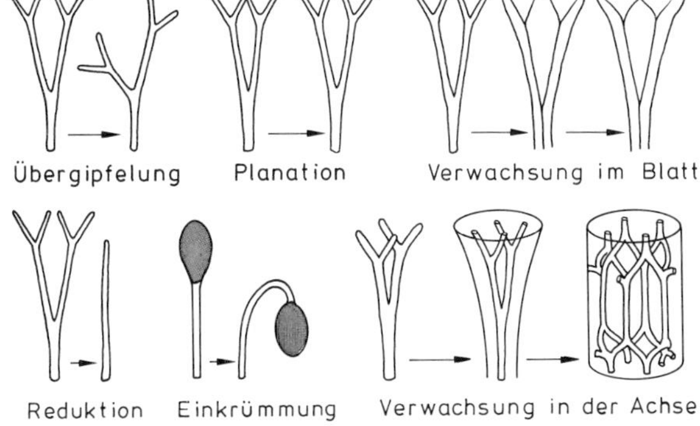

Die Abteilung Pteridophyta kann in acht Klassen unterteilt werden:
– Rhyniatae (= Rhyniopsida)$^+$
– Zosterophyllatae (= Zosterophyllopsida)$^+$
– Trimerophytatae (= Trimerophytopsida)$^+$
– Lycopodiatae (= Lycopsida; Bärlappgewächse)
– Equisetatae (= Sphenopsida; Schachtelhalme)
– Psilotatae (= Psilotopsida)
– Filicatae (= Pteropsida; Farne).

Die drei erstgenannten, mit $^+$ gekennzeichneten Klassen sind vollständig ausgestorben, und auch unter den übrigen kennt man zahlreiche Ordnungen, Familien oder Gattungen nur durch Fossilien.

Ursprünglich wurden die drei ersten Klassen unter der Einheit Psilophytopsida (Urfarne) zusammengefaßt. Je mehr Funde jedoch ausgewertet werden konnten, desto deutlicher zeichnete es sich ab, daß diese Gruppe in sich derart heterogen ist, daß die alte Zusammenfassung fallengelassen werden mußte. Die obenstehende Gliederung geht auf einen Vorschlag von H.P. Banks (Cornell University, 1968, 1975) zurück, der die drei neuen Gruppen sogar in den Rang von Unterabteilungen erhob.

Im Gegensatz zu den anderen Abteilungen des Pflanzenreichs sind die fossilen Urkunden der Pteridophyta außerordentlich gut. Zwei Gründe mögen dafür ausschlaggebend sein: zum einen besiedelten die Pteridophyten vorwiegend Feuchtgebiete, und zum anderen gab es (trotz der vorhin erwähnten variablen Lebensbedingungen) anfangs noch relativ wenige Arten; die Individuenzahlen waren hingegen recht hoch.

Die Filicatae dominierten in jüngeren Formationen (Oberes Karbon, Rotliegendes, Zechstein). Während dieser Zeit kam es zu einer starken Diversifikation morphologischer (vegetativer) Merkmale, wodurch sich die Zuordnung von Fragmenten zu Arten zunehmend problematischer gestaltete.

Rhyniatae

Den Rhyniatae gehört nur die Ordnung Rhyniales mit nur einer Familie (Rhyniaceae) an. Die bekanntesten Gattungen sind *Rhynia* und *Horneophyton*. Es sind die ältesten bekannt gewordenen Landpflanzen. Die Sprosse werden als Gametophyten gedeutet. Sie waren blattlos und gelegentlich dichotom verzweigt. Die horizontal angelegten Rhizome waren mit Rhizoiden versehen. Die gleich großen Sporen (Homosporie) lagen als Tetraden vor. Diese Anordnung wird als ein

Übergipfelung   Planation   Verwachsung im Blatt

Reduktion   Einkrümmung   Verwachsung in der Achse

Abb. 45.2. Telomtheorie. Die einzelnen Elementarprozesse. (W. Zimmermann, 1959, 1965)

653

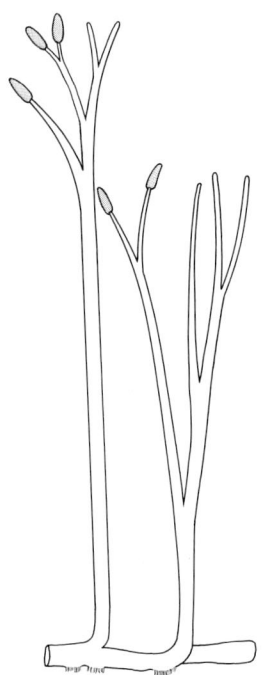
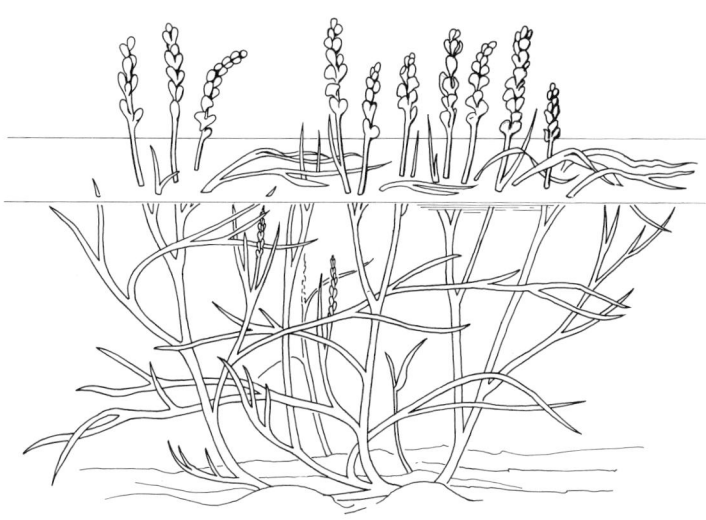

Abb. 45.4. Rekonstruktion von *Zosterophyllum rhenanum* aus dem Unteren Devon. (R. Kräusel und H. Weyland, 1935)

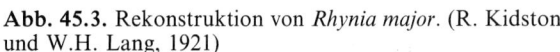

Abb. 45.3. Rekonstruktion von *Rhynia major*. (R. Kidston und W.H. Lang, 1921)

Indiz dafür genommen, daß sie die Produkte einer Meiose sind. Reste der Art *Rhynia major* (s. Abb. 45.3) wurden 1917 von R. Kidston und H.W. Lang in den Formationen des Oberen Silurs und Unteren Devons nahe der schottischen Ortschaft Rhynie entdeckt. Die Pflanze ist bis zu 50 Zentimeter hoch gewesen, der Telomdurchmesser betrug etwa sechs Millimeter. Der Sproß war verzweigt, die einander entsprechenden Gabeläste waren gleich lang. Die Rhyniaceen waren, wie wir aufgrund vieler Funde wissen, weltweit verbreitet. Man fand sie in Europa ebenso wie in Australien.

Bei Arten der Gattung *Horneophyton* trat eine deutliche Übergipfelung in Erscheinung. Zudem fanden R. Kidston und H.W. Lang, daß die Telome oft – aber nicht immer – mit Pilzhyphen versetzt waren. Wegen ihres gelegentlichen Fehlens scheidet eine obligate Symbiose aus; vermutlich lebten sie saprophytisch und befielen die Pflanzen nach dem Absterben.

Zosterophyllatae

Auch hier wieder nur eine Ordnung und eine Familie: Zosterophyllales bzw. Zosterophyllaceae. Die Sporangien saßen an kurzen Seitentrieben, die an den Telomenden zu ährenähnlichen Gebilden zusammengefaßt waren (s. Abb. 45.4).

Man nimmt an, daß die Sprosse von *Zosterophyllum* teils submers wuchsen, teils (mit den Sporangien) über die Wasseroberfläche hinausragten. Begründet wird die Annahme durch die abgeplattete Form der Telome. Die Sprosse waren blattlos, das Verzweigungsmuster dichotom.

Da sich die Anordnung der Leitbündel (die Stelärstruktur) sowie die Anordnung der Sporangien stark von der der Rhyniatae unterscheidet, nimmt H.P. Banks an, daß die beiden Gruppen unabhängig voneinander entstanden (oder von einem noch unbekannten gemeinsamen Vorfahr abstammen). Die Zosterophyllatae haben Ähnlichkeiten mit den Lycopodiatae und sind möglicherweise als deren Vorgänger anzusehen. Es mag den Anschein haben, als hätten sich bereits in der frühen Phase der Gefäßpflanzenevolution zwei Entwicklungslinien herausgebildet, von denen eine *via* Zosterophyllatae zu den Lycopodiatae, die andere über die Rhyniatae zu den übrigen Gefäßpflanzen führte.

Trimerophytatae

Die Trimerophytatae sind in vielerlei Hinsicht spezialisierter als die Rhyniatae. Die Sproßachsen waren verzweigt, es kann zwischen Haupt- und Nebensprossen (die ihrerseits ebenfalls verzweigt waren) unterschieden werden. Die Verzweigungen folgten entweder einem dichotomen Muster, oder an einem Verzweigungspunkt entsprangen drei Äste. Die Sporangien saßen an den Nebensprossen (= lateral). Eine der ursprünglichsten Trimerophytatae ist die 1859 von J.W. Dawson in Kanada entdeckte „Art" *Psilophyton princeps* (s. Ab. 45.5). Die Gattung *Psilophyton* war mit zahlreichen Arten ebenfalls weit verbreitet. Die Nachuntersuchung des von Dawson bearbeiteten Materials ergab, daß es zumindest drei voneinander verschiedene Arten, zum Teil sogar unterschiedlicher

654

Abb. 45.5. Rekonstruktion von *Psilophyton princeps*. (J.W. Dawson, 1859, 1888)

Gattungen enthielt. Ein Teil des Materials wurde neu bewertet und der neuen Gattung *Dawsonites* zugeordnet.

Arten aus der Familie der Trimerophytaceae wird eine Schlüsselstellung zugesprochen. Man vermutet nämlich, daß sich von ihnen die echten Farne (Filicatae) und die Progymnospermae ableiten. Letztere gelten als mögliche Vorfahren der Samenpflanzen. Die im Devon verbreiteten Trimerophytaceae (z.B. *Trimerophyton robusticus*) trugen an den Enden der Nebenäste Gruppen länglich geformter Sporangien. Das Leitbündelsystem nahm in den Telomen relativ mehr Platz in Anspruch als bei den Rhyniatae. Das erklärt u.a., weshalb die Trimerophytaceae erheblich größer als jene werden konnten.

Lycopodiatae (= Lycopsida; Bärlappgewächse)

Die Sporophyten sind wurzellos, der Stamm trägt in schraubiger Anordnung kleine Blättchen (Mikrophylle). Die Sporangien sind dickwandig. Primitive Ordnungen zeichnen sich durch Homosporie, fortschrittlichere durch Heterosporie aus; ♂ Gameten sind zwei- oder vielgeißlig.

Den Lycopodiatae gehören folgende Ordnungen, Familien und ausgewählte Gattungen an:

Protolepidodendrales[+]
    Drepanophycaceae: *Baragwanathia*
    Protolepidodendraceae
Lycopodiales
    Lycopodiaceae: *Lycopodium, Phylloglossum*
Lepidodendrales[+]
    Lepidodendraceae: *Lepidodendron*
    Bothrodendraceae
    Sigillariaceae: *Sigillaria*
    Pleuromeiaceae: *Pleuromeia*
Isoetales
    Isoetaceae: *Isoetes*
Selaginellales
    Selaginellaceae: *Selaginella*

Die ersten beiden Ordnungen enthalten nur homospore Arten, die drei letzten nur heterospore. Die mit + versehenen sind nur als Fossilien bekannt.

Protolepidodendrales

Die in Formationen des Unteren Devon in Australien gefundene *Baragwanathia* gilt als die älteste Lycopsida. Der Vegetationskörper bestand aus fleischigen, dichotom verzweigten Ästen (∅ 1–6,5 cm), die dicht mit Blättern (1 mm breit, bis 4 cm lang) besetzt waren. Sporangien lagen auf Blättern. Derartige sporangientragende Blätter, auch Sporophylle genannt, sind für die Pteridophyta charakteristisch.

Die übrigen Vertreter der Protolepidodendrales waren bis zu 30 Zentimeter hohe Pflanzen, die im Unteren und Mittleren Devon verbreitet waren.

Lycopodiales (Bärlappe)

Es gibt etwa 200 rezente *Lycopodium*-Arten, von denen die meisten in den Tropen vorkommen, einige aber auch in arktischen und alpinen Zonen verbreitet sind. Die Gattung *Phylloglossum* ist nur mit einer Art *(Phylloglossum drumundii)* in Neuseeland, Tasmanien und Südostaustralien vertreten. Die Vegetationsperiode ist auf die Wintermonate beschränkt, denn im Sommer ist es in ihrem Verbreitungsgebiet zu trocken. Die Sporangien entwickeln sich daher bereits auf den embryonalen Sporophyten.

Lycopodium-Arten unterscheiden sich außer in ihrer Lebensweise (einige leben terrestrisch, andere epiphytisch) durch den Habitus und die Anordnung der Sporophylle.

Die beiden extremen Formen werden durch die Arten *Lycopodium selago* und *Lycopodium clavatum* repräsentiert.

Lycopodium selago besitzt vornehmlich aufrecht wachsende Triebe, es gibt keine auffälligen Sporangienstände. Die Sporangien sind in regelmäßigen Abständen auf den Blättern angelegt. Fertile Blätter wechseln sich daher entlang der Achse mit sterilen ab.

Lycopodium clavatum besitzt eine dem Boden anliegende (horizontal wachsende) Achse, von der in bestimmten Abständen aufrecht wachsende Triebe abzweigen (anisotome Dichotomie). An ihren Enden tragen sie auffallend gebaute ährenförmige Sporangienstände (Sporophylle).

Bei epiphytisch lebenden Arten, z.B. *Lycopodium volubile,* sind die Sporangienstände hängend. Alle *Lycopodium*-Arten sind auf Mykorrhiza-Pilze angewiesen, ohne die eine Prothallienentwicklung ausgeschlossen ist. Die Prothallien tropischer, epiphytisch lebender Arten sind meist grün, die der in den gemäßigten und der arktischen Zone lebenden Arten wachsen teils unterirdisch, teils oberirdisch, und nur die dem Licht ausgesetzten Teile ergrünen.

Die Chromosomenzahl von *Phylloglossum* liegt bei $n = 255$, bei *Lycopodium selago* wurde $n = 130$ gezählt, und bei *Lycopodium clavatum* und *Lycopodium annotinum* $n = 34$. Man vermutet, daß die hohe Chromosomenzahl in dieser Gruppe als primitives Merkmal zu werten sei und nicht auf sekundärer Polyploidisierung beruht.

Lepidodendrales

Die Lepidodendrales (zusammen mit den Calamites aus der Klasse Equisetatae) kann man als die erste erfolgreiche Gruppe der Landpflanzen bezeichnen. Während ihrer Blütezeit im Unteren bis Oberen Karbon (Steinkohlenwälder) war sie mit über 200 Arten vertreten. Viele von ihnen waren echte, über 40 Meter hohe Bäume mit verholztem Stamm, die ein deutliches sekundäres Dickenwachstum zeigten.

Man unterscheidet die einzelnen Arten, von denen eine Fülle gut erhaltener Fossilien vorhanden ist, aufgrund ihres Habitus. So zeichnet sich z.B. *Lepidodendron obovatum,* eine als relativ primitiv geltende Art, durch regelmäßige Verzweigungen in ihrer Krone aus.

Analysen der Leitbündelanordnung lassen verläßli-

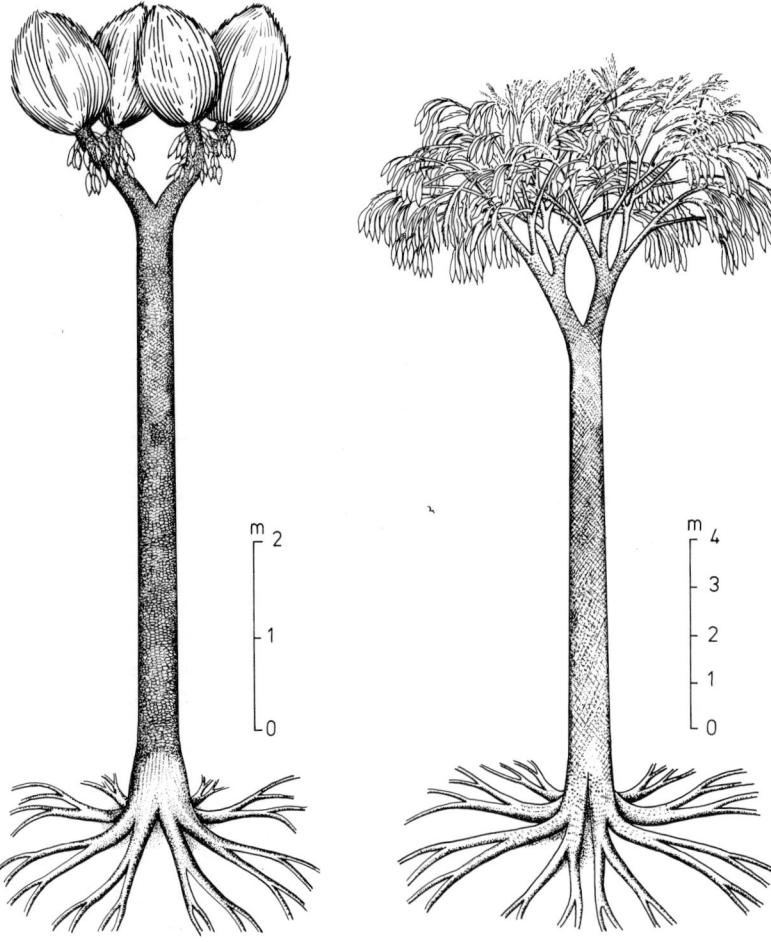

Abb. 45.6. Rekonstruktion von *Sigillaria* und *Lepidodendron* (Siegelbaum und Schuppenbaum). Beide gehörten zu den charakteristischen Pflanzen des Karbons. Siegelförmige und schuppenförmige Abdrücke ihrer Stammoberflächen werden relativ häufig in Kohlelagern gefunden. (Nach H. Hirmer, 1927)

656

Abb. 45.7. Pflanzen des Karbons. Stammabdrücke *a* und *b* Zwei Siegelbaumarten (*a Sigillaria spec., b Sigillaria schlotheimiana*); *c* Schuppenbaum *(Lepidodendron spec.)* d *Calamites.* Während die Siegel- und Schuppenbäume den Lepi-

dendrales angehören, steht *Calamites* (s. Abb. 45.11) den Schachtelhalmen nahe. (Geologisch-Paläontologisches Museum, Universität Hamburg)

che Aussagen über Artzugehörigkeit und Evolutionshöhe zu. Man muß dazu aber wissen, daß es in der Holzanatomie nicht nur Unterschiede von Art zu Art, sondern auch zwischen Individuen der gleichen Art an verschiedenen Standorten und sogar innerhalb eines Individuums gibt.

Im Gegensatz zu den rezenten Bäumen der Spermatophyta diente das Holz in erster Linie der Wasserführung, während die Rinde als stabilisierendes Element ausgebaut wurde. Demnach ist auch das Korkkambium aktiver; es ist außerdem umfangreicher angelegt als das interfaszikuläre Kambium.

Die Lepidodendrales besaßen keine echten Wurzeln, statt dessen waren sie mit Stigmarien ausgerüstet. Das sind waagerecht wachsende, dichotom verzweigte Sprosse. Sie bildeten, da sie in alle Richtungen wuchsen, tellerförmige Stützen aus, auf denen der Baum ruhte. Die Stabilität von Wurzeln ist damit bei weitem nicht erreicht, wenngleich von ihnen wurzelähnliche Auswüchse ausgingen, durch die eine zusätzliche Verankerung im Boden gewährleistet war. Die Blätter saßen an den Stämmen in charakteristischer Anordnung. An ihrer Basis trugen sie eine sogenannte Ligula, die vermutlich als wasseraufnehmendes Organ fungierte. Eine Ligula kommt bei allen heterosporen Lycopodiatae vor.

Durch Abfall hinterließen die Blätter artspezifisch geformte Narben, die den Arten der Gattung *Lepidodendron* den Namen Schuppenbaum, denen der Gattung *Sigillaria* den Namen Siegelbaum einbrachten (s. Abb. 45.6 und 45.7).

Die Sporophylle saßen an den Enden von Seitenzweigen und waren meist zu ährenähnlichen Verbänden vereint. Hier wäre auch der Name Zapfen und der Vergleich mit den Zapfen der rezenten Nadelbäume angebracht. Durch lange Sporophylle waren die Sporangien geschützt. Es kam ausschließlich Heterosporie vor. Megasporangien wurden an der Basis, Mikrosporangien an der Spitze (am Apex) eines Sporangienstandes angelegt. Diese Anordnung ist genau umge-

kehrt wie bei zapfentragenden rezenten Gymnospermen und Angiospermen. Die Gattung *Sigillaria* zeichnet sich durch einen geringeren Verzweigungsgrad ihres Stammes aus. Die Blätter waren grasartig und wurden bis zu einem Meter lang. Die Sporophylle saßen an langen Seitenzweigen.

Pleuromeia-Arten waren in der Trias verbreitet. Im

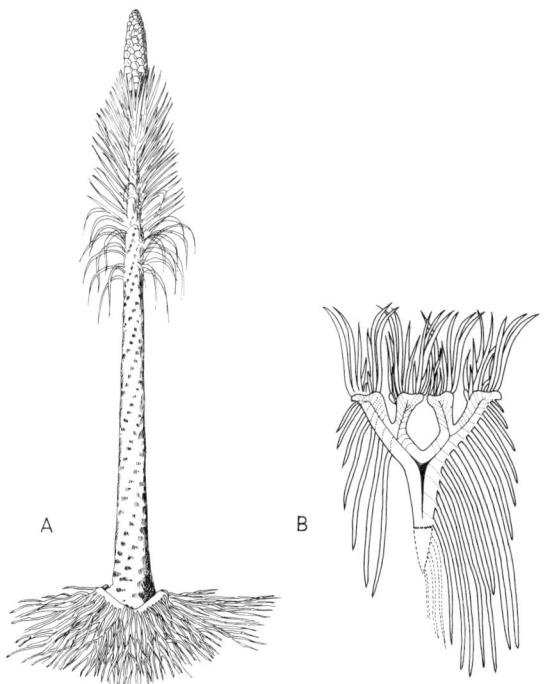

Abb. 45.8. *A* Rekonstruktion von *Pleuromeia sternbergii* (H. Hirmer 1933). *B* Stilisierter Querschnitt durch die rezente Art *Isoetes andicola.* Sie wurde 1959 von W. Rauh und H. Falk in einem Teich in den peruanischen Hochanden entdeckt und zunächst als *Stylites gemmiflora* beschrieben. Später wurde sie in die Gattung *Isoetes* eingegliedert.

Vergleich zu den eben besprochenen Arten aus dem Devon waren sie sehr klein. Sie erreichten eine Höhe von maximal einem Meter. Ein auffallendes Merkmal war die Diözie. Terminal wurde ein einzelner Zapfen mit Megasporen oder Mikrosporen angelegt. Zum anderen lag an der Stammbasis ein knollenartiges Gebilde, von dem Wurzeln ausgingen (s. Abb. 45.8).

Eine ähnliche Struktur wird uns gleich anschließend bei den Isoetales begegnen.

Isoetales

Die Isoetales sind eine rezente, weltweit verbreitete Gruppe mit nur einer Gattung: *Isoetes*.

Viele Arten leben submers, andere auf feuchtem Boden. Das charakteristische Merkmal ist eine knollenförmige Verdickung an der Sproßbasis, mit einer Art sekundärem Dickenwachstum. Die daraus entspringenden Blätter sind rosettenförmig angeordnet; alle sind zumindest potentiell Sporophylle, die äußeren tragen Megasporen, die inneren Mikrosporen. Diese werden bereits innerhalb der festen Sporenwand angelegt. Das Blattgewebe submers lebender Arten ist von zahlreichen untereinander verbundenen Lufträumen (Lakunen) durchsetzt. Die in Mitteleuropa am Grunde stehender Gewässer einst verbreitete Art *Isoetes lacustris* geht aufgrund der zunehmenden Gewässerverunreinigungen stetig zurück. Sie gilt daher bei uns als vom Aussterben bedroht.

Selaginellales

Man kennt etwa 700 rezente Arten, von denen die meisten in den Tropen und Subtropen verbreitet sind. Wenige Arten sind auch in Europa beheimatet, so z.B. *Selaginella helvetica* in den Alpen und *Selaginella selaginoides* in Mittelgebirgen; *Selaginella lepidophylla* kommt in Wüstenbereichen vor. Tropische Arten findet man oft in feuchten, schlecht belichteten Biotopen, z.B. am Boden der Regenwälder (und in den Tropenhäusern der Botanischen Gärten, s. Abb. 45.9). Einige Arten sind polsterbildend, andere bilden mehrere Meter lange, aufrecht wachsende Sprosse aus, die auf andere Pflanzen als Stützen angewiesen sind. Sekundäres Dickenwachstum fehlt, Heterosporie ist dafür ein charakteristisches Merkmal aller Arten. Dabei können – je nach Art – Mikrosporangien und Megasporangien getrennt oder in ein- und demselben Sporangienstand angelegt sein.

Auffallend ist die Sporenbildung, denn in Megasporangien kommt nur eine von vielen Sporenmutterzellen zur vollen Entwicklung, und nur diese durchläuft die Meiose. Prothallien entwickeln sich wie bei den Isoetales bereits innerhalb der Sporenwand.

Die verwandtschaftlichen Beziehungen zwischen den einzelnen Ordnungen der Lycopodiatae sind nicht in allen Fällen widerspruchslos gelöst. Zwar ist man sich darüber einig, daß die homosporen Ordnungen

Abb. 45.9. *Selaginella spec. (a* und *b). Selaginella*-Arten sind sehr schwer zu bestimmen. Im oberen Bild sind vom Sproß ausgehende Rhizoide erkennbar.

primitiver als die heterosporen sind, wie sie aber untereinander zusammenhängen, bleibt unklar.

Zwischen Selaginellen und Isoetes sind nur wenige Gemeinsamkeiten auszumachen, wenn man einmal von der Zahl der Geißeln männlicher Gameten und Embryobildung (Prothalliumbildung) innerhalb der Sporenwand absieht. Mit den Lepidodendrales haben die Selaginellales auch nur wenig gemeinsam (abgesehen von Heterosporie und Ligula).

658

Equisetatae (= Sphenopsida; Schachtelhalme)

Die Schachtelhalme besitzen einen bewurzelten Sporophyten. Die Blätter (Mikrophylle) sind in Quirlen angeordnet, der Sproß (mit gerillter Oberfläche) besteht aus alternierend aufeinanderfolgenden Knoten (Nodien) und dazwischenliegenden Internodien. Einige Arten zeichnen (besser gesagt: zeichneten) sich durch sekundäres Dickenwachstum aus. Homosporie ist die Regel, Heterosporie ist selten. Die Sporangien sind an den Sporophyllen hängend angeordnet, die ♂ Gameten sind vielgeißlig. Vier Ordnungen können genannt werden, drei davon (mit + gekennzeichnet) sind ausgestorben:

Hyeniales[+]
Sphenophyllales[+]
Calamitales[+]
    Asterocalamitaceae: *Asterocalamites*
    Calamitaceae: *Protocalamites,*
                           Calamites
Equisetales
    Equisetaceae: *Equisetum*

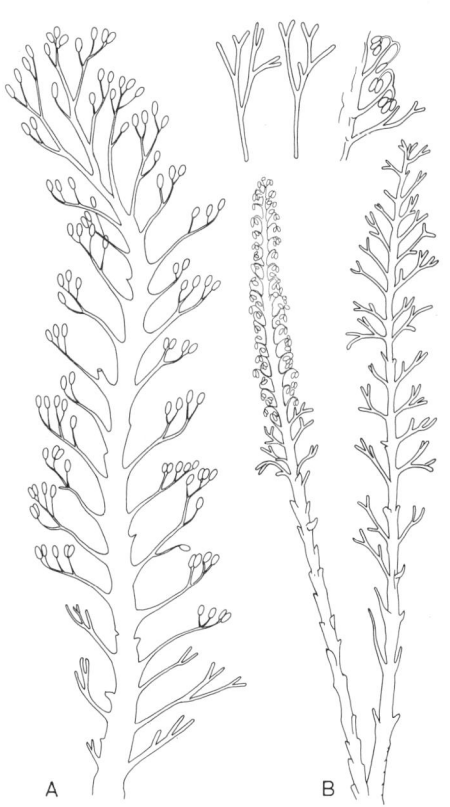

Abb. 45.10. Rekonstruktionen von *A Protohyenia janovii* aus dem Unterdevon (Südwestsibirien) (A.R. Ananiev 1959); *B Hyenia elegans* aus dem Mitteldevon (Elberfeld), im oberen Teil des Bildes zwei Blätter und Sporophylle. (R. Kräusel und H. Weyland, 1926)

Schachtelhalmähnliche Pflanzen gibt es mit Sicherheit seit dem Mittleren Devon. Aus dieser Periode stammt die Art *Hyenia elegans* (beschrieben von S. Leclercq, 1940). Die Sprosse waren bis zu 30 Zentimeter hoch, einige waren steril, andere trugen quirlförmig angeordnete sporangientragende Sporophylle (s. Abb. 45.10a).

Eine Gattung *Protohyenia* kam im Unteren Devon vor. Sie wurde 1957 von A.R. Ananiev in Sibirien gefunden. Die Pflanzen besaßen eine aufrechte Achse, die einem waagerecht wachsenden Rhizom entsprang (s. Abb. 45.10b). Darüber, ob diese Pflanzen tatsächlich den Equisetatae zuzuordnen sind, gehen die Meinungen auseinander.

Sphenophyllales

Diese waren mit vielen Arten im Oberen Devon bis zur Unteren Trias verbreitet. Wegen fehlender Festigungsgewebe knickten die Sprosse der Pflanzen älterer Formationen sehr leicht ab. Im Verlauf der Evolution dieser Gruppe nahmen sekundäres Dickenwachstum und Holzbildung zu. Das Holz war von auffallenden Markstrahlen durchsetzt. Die Blätter waren z.T. zerteilt, gefächert oder keilförmig und wurden durch ein dichotom verzweigtes Gefäßbündel versorgt.

Calamitales

Die Calamitales waren, zusammen mit den schon beschriebenen Lepidodendrales, im Oberdevon und im Karbon vorherrschend.

Im Vergleich zu den Calamitaceae sind die Asterocalamitaceae als die ursprünglichere Familie anzusehen. Ihr Holz war recht einfach strukturiert, die Blätter waren bis zu 20 Zentimeter lang und mehrfach unterteilt (s. Abb. 45.11).

Die Arten der Gattung *Calamites* waren bis zu 30 Meter hohe Bäume, deren Stamm innen hohl war. Im Gegensatz zu den Lepidodendrales wurde die Festigkeit durch das Holz (Bauprinzip: Röhrenbäume) und weniger durch die Rinde gewährleistet. Neben homosporen kamen heterospore Arten vor. Obwohl phylogenetisch nicht eng miteinander verwandt, lassen sich im Verlauf der Evolution von *Lepidodendron* und *Calamites* progressive (und schließlich auch regressive) Parallelentwicklungen feststellen:

– Der Anteil an Primärholz ging zugunsten von mehr Sekundärholz zurück.
– Es kam zu einer Zusammenfassung der Sporangien zu zapfenähnlichen Verbänden, in denen die Sporangien durch umhüllende Sporophylle geschützt waren.
– Beide Gruppen sind etwa zur gleichen Zeit ausgestorben. Die vermutliche Ursache: Am Ende der Steinkohlenperiode (im Perm) trat eine weltweite Trockenheit ein.

659

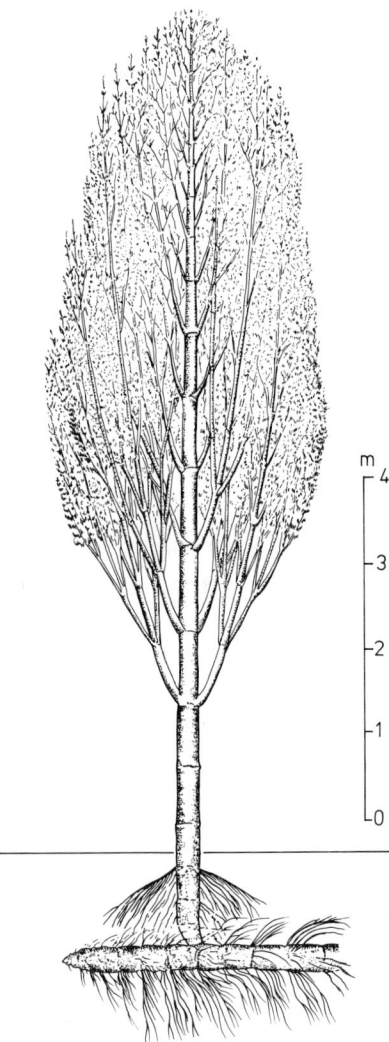

Abb. 45.11. *Calamites* (Rekonstruktion). (Nach H. Hirmer, 1927)

Equisetales

Den Equisetales gehört *Equisetum* als einzige rezente Gattung an; ausgestorben sind die übrigen Gattungen.

Es gibt weltweit (mit Ausnahme von Australien und Neuseeland) nur 25 krautige, perennierende *Equisetum*-Arten (Schachtelhalme). Einige, z.B. die an feuchten Stellen unserer Laubwälder nicht seltene Art *Equisetum hiemale,* sind immergrün.

Bei anderen Arten sterben die oberirdischen Teile am Ende einer jeden Vegetationsperiode ab, die unterirdischen überdauern. Die Sporangienträger sind, von einer Ausnahme abgesehen, terminal lokalisiert. Die (sehr kleinen) Sporophylle enthalten kein Chlorophyll. Die Photosynthese ist auf vegetative Blätter und Sproßanteile beschränkt, die allerdings die Hauptmasse des Vegetationskörpers ausmachen. Bei einigen Arten, z.B. *Equisetum arvense,* werden sporan-

gientragende Sprosse (chlorophyllfrei) und vegetative Sprosse nacheinander gebildet. Bei den meisten übrigen Arten sind Sporangienträger und vegetativer Teil in einem Sproß vereint. Vielfach sind die Sprosse durch Silikateinlagerungen verhärtet (z.B. bei *Equisetum hiemale,* auch Zinnkraut genannt, weil man es früher wegen der Silikate zum Scheuern von Zinngeschirr nutzte).

Die Sporen der meisten Arten tragen vier hygroskopisch reagierende Schraubenbänder (Hapteren), die der Ausbreitung dienen. Die rhizoidtragenden Prothallien sind langlebig, auf ihnen werden zunächst Archegonien und erst später Antheridien angelegt. Das garantiert Fremdbefruchtung trotz Monözie.

Psilotatae (= Psilotopsida)

Die Psilotatae (mit der Ordnung Psilotales) sind unter den rezenten Pflanzen mit zwei Familien und je einer Gattung vertreten:

Abb. 45.12. *Psilotum nudum. a* Habitus einer mehrjährigen Pflanze. *b* Fruchtende Triebe mit dichotom erscheinender Verzweigung. Die perfekt aussehende „Dichotomie" ist eine Pseudodichotomie, denn sie beruht nicht auf einer einfachen antiklinen Teilung der Scheitelzelle. Vielmehr entstehen am Vegetationspunkt eine Reihe zunächst gleichwertiger Knospen. Von diesen entwickeln sich jedoch nur zwei weiter.

- Psilotaceae: *Psilotum*
- Tmesipteridaceae: *Tmesipteris*.

Die Sporophyten sind wurzellos, sie bestehen aus oberirdischen, „dichotom" verzweigten Sprossen und ebenfalls „dichotom" verzweigten Rhizomen. Leitbündel sind in einer Protostele angeordnet, die Sporangien dickwandig und auf kurzen Seitentrieben lokalisiert, die Sporen sind homospor. Die $\male$ Gameten (Zoosporen) sind vielgeißlig. Der Gattung *Psilotum* gehören nur die beiden Arten *Psilotum nudum* (s. Abb. 45.12) und *Psilotum flaccidum* an. Ersteres wurde in Spanien, Südasien, Australien und Neuseeland gefunden, letztere kommt auf Jamaika, in Mexiko und auf einigen pazifischen Inseln vor. Sie wächst oft epiphytisch und bildet dabei farblose Rhizome aus, die mit zahlreichen, der Absorption von Wasser und Nährsalzen dienenden Rhizoidhaaren besetzt sind. In der Regel leben die Pflanzen in Symbiose mit Pilzen (Mykorrhiza, s. Kap. 33).

Die beiden bekannten *Tmesipteris*-Arten findet man einmal auf Neuseeland, in Australien und Tasmanien *(Tmesipteris tannensis)*, zum anderen auf Neukaledonien *(Tmesipteris vieillardii)*. Während die erste Art nahezu ausschließlich epiphytisch lebt, kommt die zweite vorwiegend terrestrisch vor, kann aber auch epiphytisch sein.

Im Gegensatz zu den *Psilotum*-Arten sind die Telome hier von blattähnlichen Schuppen umgeben. Diese können bis zu zwei Zentimeter lang werden, enthalten eine unverzweigte Blattader und sind bilateral symmetrisch gebaut, also nicht dorsiventral wie üblicherweise Blätter.

Psilotum und *Tmesipteris* sind monözisch, Antheridien und Archegonien werden folglich auf nur einem (unauffälligen) Prothallium angelegt. *Psilotum flaccidum* besitzt n = 52–54 Chromosomen, die in Australien und Neuseeland vorkommenden Rassen von *Psilotum nudum* haben n = 100–105, eine auf Ceylon gefundene Rasse n = 52 Chromosomen. Bei den *Tmesipteris*-Arten liegt die Zahl n bei größer als 200,

eine Rasse mit n = 102–105 wurde auch beschrieben. Diese Werte machen deutlich, daß hier Ploidieserien vorliegen.

Ob die Psilotaceae, wie allgemein angenommen, tatsächlich primitiv, oder sekundär stark reduzierte Entwicklungslinien höherer Farne sind, ist noch nicht ausdiskutiert. D.W. Bierhorst (University of Massachussetts, 1971) favorisiert die zweite Annahme.

Filicatae (= Pteropsida; Farne)

Der Sporophyt der Farne besitzt meist echte Wurzeln, die Blätter sind schraubig angeordnet. Im Gegensatz zu den blattartigen Gebilden (Mikrophyllen) der bisher vorgestellten Klassen handelt es sich hier um auffallend komplex gebaute, von vornherein mit Blattspuren ausgestattete Megaphylle (s. Abb. 45.13). Bei den höher entwickelten Filicatae kennt man sie unter dem Namen Wedel. Sie sind oft mehrfach unterteilt, die Teilblättchen nennt man Fieder. Außer bei der Ordnung der Ophioglossales werden die Blätter in den Knospen in eingerolltem Zustand angelegt. Sie entrollen sich während ihrer weiteren Entwicklung, die Leitbündelorganisation ist vielgestaltig.

Wenige rezente und viele ausgestorbene Arten sind bzw. waren zu sekundärem Dickenwachstum befähigt. Homosporie ist vorherrschend, Heterosporie tritt bei zwei Ordnungen auf. Die Sporangienstände sitzen an Blatträndern oder, was häufiger und für diese Klasse typisch ist, auf den Blattunterseiten. Sie sind bei den progressiven Taxa zu spezifisch gebauten Verbänden (Sori) zusammengefaßt (s. Abb. 45.14, 45.15, 45.16, 45.17) Männliche Gameten sind vielgeißlig.

Es kommen etwa 9000 Arten vor, von denen die meisten der Ordnung Filicales (echte Farne) angehören. Filicatae zeichnen sich durch ein weites Spektrum an Formen aus; sie kommen in unterschiedlichsten Lebensräumen vor. Obwohl einzelne Arten extrem

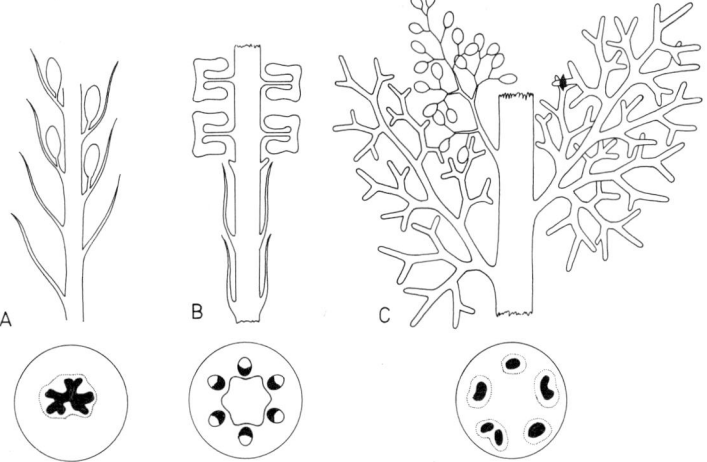

Abb. 45.13. Die drei Haupttypen der Pteridophytensprosse, jeweils Schema der Typen eines fertilen Sprosses und darunter eines Sproßachsenquerschnitts. *A* und *B* tragen Mikrophylle, *C* Megaphylle. *A* Lycopsida, *B* Sphenopsida, *C* Pteropsida. Leitbündel im Querschnitt: schwarz = Xylem, weiß = Phloem. Die zentral gelegene, verzweigte Stele der Lycopsida heißt Plectostele. (W. Zimmermann, 1959)

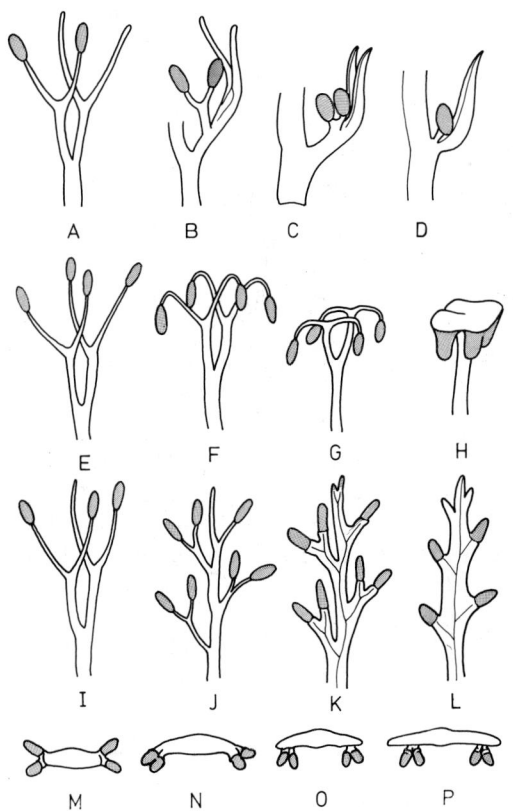

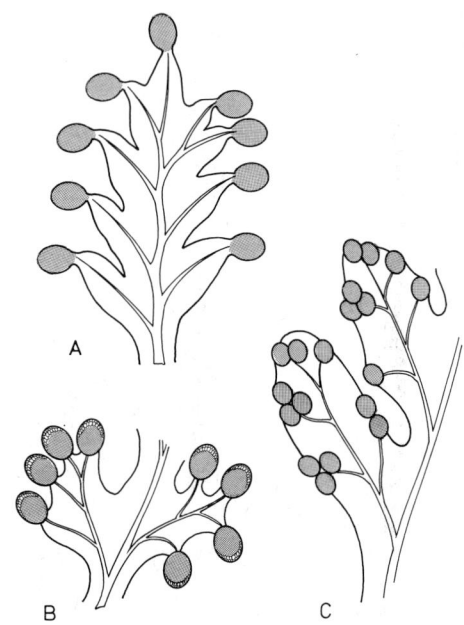

Abb. 45.15. Unterschiedliche Evolutionshöhe: Lage der Sporangien bei einigen Farnen aus dem Karbon. *A Acrangiophyllum pendulata* (Fundort Alabama); *B Boweria schatzlarensis* (Fundort Yorkshire); *C Reanaultia gracilis* (Fundort Lancashire). (A. S.H. Mamay, 1955; B.C. R. Kidston, 1923, aus H.N. Andrews, 1961).

Abb. 45.14. Modellvorstellung über Entwicklungsstadien des Sporophylls bei den Lycopodiales (*A* bis *D*), den Sphaenophyllales *(E* bis *H)* und den Farnen *(I* bis *P)*. (W. Zimmermann, 1959)

trockene und sonnige Standorte besiedeln, leben die meisten Arten in den Tropen in feuchter, schattiger Umgebung, nicht wenige (etwa 2500 Arten) leben epiphytisch. Die Untergliederung der Filicatae in Taxa niederer Kategorie ist stark umstritten. Die im folgenden wiedergegebene Einteilung folgt einer von K.R. Sporne (1962, 1970) vorgeschlagenen Klassifizierung. Danach gibt es vier Unterklassen, die sich in eine Anzahl von Ordnungen untergliedern (Die mit + markierten Taxa sind ausgestorben):

Primofilicidae [+]
   Cladoxylales [+]
   Coenopteridales [+]
Eusporangiatidae
   Marattiales
   Ophioglossales
Osmundidae
   Osmundales
Leptosporangidae
   Filicales
   Marsileales
   Salviniales

Von ihnen können nur einige ausgewählte Vertreter vorgestellt werden:

Primofilicidae

Pflanzen dieser Unterklasse tauchten im Mittleren Devon auf, und hielten sich bis zum Ende des Paläozoikums. Wie der Name sagt, meint man, sie seien die Vorfahren moderner Farne.

Die Cladoxylales repräsentieren die primitivere der beiden Ordnungen. Ihre Stellung war lange Zeit umstritten, denn in vielen Merkmalen ähnelten die zuerst gefundenen Fossilien den Trimerophytatae. Ursprünglich wurde ihnen auch die Gattung *Pseudosporochnus* zugeordnet. Spätere Funde einer weiteren Art *(Pseudosporochnus nodosum)* verdeutlichten jedoch

Abb. 45.16. Unterschiedliche Form und Anordnung der Sori auf der Unterseite von Pteridophytensporophyllen. *a Polypodium musifolium:* Sori in Tüpfelreihen. *b Polypodium aureum.* Sori zu durchgehenden Streifen angeordnet. *c Cyrtomium falcatum:* Sori in Tüpfeln in statistischer Verteilung. *Platycerium alcicorna:* Sori nur in den Spitzenbereichen der Wedel. Die einheitliche Färbung dieser Bereiche beruht auf einem starken Besatz mit braunen Haaren. *e Asplenium nidus:* Sori in streifenförmiger Anordnung. *f Pteris cretica:* randständige Sori *g Adiantum spec.:* Sori randständig, in Gruppen. *h Elaphoglossum crinitum:* Sori flächenständig, diffus über die Unterseite des Sporophylls verteilt. *i Anemia phyllitites:* Gliederung des Wedels in fertilen und sterilen Abschnitt (Sporophyll und Trophophyll).

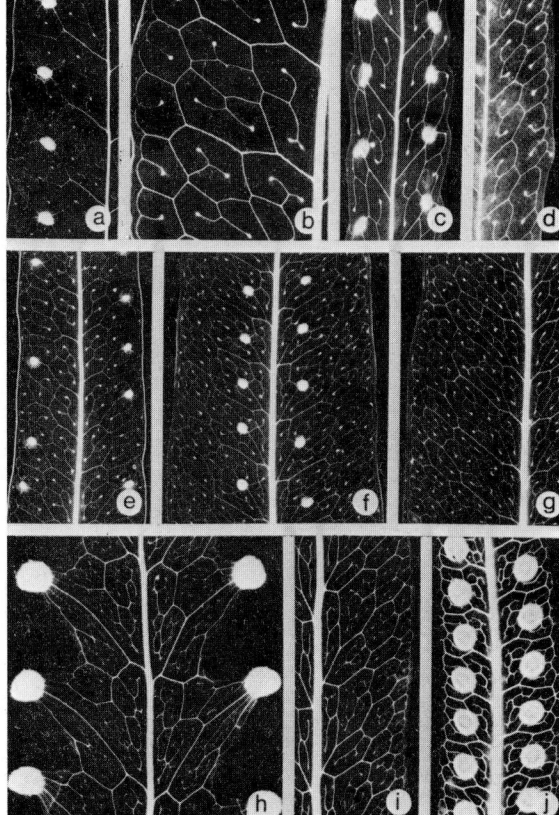

Abb. 45.17. Blattadermuster in Farnwedeln. Verschiedene *Microsorium-* (a bis g) und *Lecanopteris*-Arten (h bis i). a, c, f, h, j: fertile, b, d, e, g, i: sterile Wedel. (W.L.A. Hetterscheid, E. Hennipman, 1984)

den komplexeren Bau der Leitbündel; die Sprosse waren in einen Stamm (2 m hoch, 8 cm dick) und daran sitzende Blätter untergliedert, so daß eine Übertragung zu den Primofilicidae gerechtfertigt erschien (S. Leclercq und H.B. Banks, 1962). Anzeichen für sekundäres Dickenwachstum wurden nirgends gefunden (s. Abb. 45. 18).

Ein bemerkenswertes Merkmal aller Vertreter dieser Unterklasse ist der hohe Verzweigungsgrad und das Erscheinen lanzettlicher, mit einer Blattspur versehener Blätter, die z.B. bei den *Cladoxylon* – Arten entweder hirschgeweihartig verzweigt oder zu Büscheln vereint waren (s. Abb. 45.19).

Die Coenopteridales hatten mit den rezenten Leptosporangidae vieles gemeinsam. Einige Arten hatten einen kriechenden Stamm, andere einen aufrechten, wenige lebten epiphytisch. Blatt und Stiel sind oft schwer auseinanderzuhalten.

Im Gegensatz zu den weiter entwickelten Unterklassen fehlten den Primofilicidae noch die flächig ausgebildeten, von Netzadern durchsetzten Blattspreiten (Fieder). Diese sollen nach der Telomtheorie in einem Zweischrittprozeß entstanden sein.

(1) Planation: d.h. dichotome Verzweigungen müssen in eine Ebene verlegt werden und nicht alternierend im Raum angeordnet sein.
(2) Es muß zu einer Verwachsung der planar ausgerichteten Telome kommen. Die Telomäste wären dann den Blattadern homolog.

Da bei den Primofilicidae Schritt 1 nicht vollzogen ist, konnte 2 nicht folgen.

Eusporangiatidae

Systematische Gliederung:
Marattiales
    Asterothecaceae $^+$:   *Asterotheca* $^+$
    Angiopteridaceae :   *Angiopteris*
    Marattiaceae   :   *Marattia*
    Danaeaceae   :   *Danaea*
    Christensiaceae :   *Christensia*
Ophioglossales
    Ophioglossaceae :   *Ophioglossum, Botrychium, Helminthostachys*

Zu dieser Unterklasse gehören die primitiveren der heute lebenden Farne. Von den Leptosporangidae unterscheidet sie ein besonderer Mechanismus der Sporangienbildung. Während sich das Sporangium der Leptosporangidae aus der äußeren Tochterzelle einer periklinal geteilten Initialzelle entwickelt, bildet es sich bei den Eusporangiatae aus der inneren.

Marattiales. Die Marattiales besitzen flächig gebaute, mit Adern durchsetzte Blätter; die Adern gehen von einer zentral angelegten Mittelrippe ab. Die Wedel können bis zu drei Meter lang werden; die dickwandigen Sporangien sind vielfach bereits zu Sori zusammengefaßt. Bei der fossilen *Asterotheca* lagen sie in zwei Reihen an den Rändern der Blätter. Im Habitus ähnelte diese, bis zu 15 Meter hoch werdende Pflanze den heutigen Baumfarnen.

Marattiales sind rezent mit etwa 200 Arten vertreten, die sechs bis sieben in den Tropen vorkommenden Gattungen zugeordnet werden. *Angiopteris* (100 Arten) kommt von Polynesien bis Madagaskar vor, *Danaea* (32 Arten) in der Neotropis; *Marattia* (6 Arten) ist pantropisch. *Christensia* (eine Art) ist im malayischen Archipel beheimatet. Die meisten Arten bilden bis zu einem Meter hohe Stämme aus, deren Umfang ebenfalls einen Meter betragen kann. Das Stammwachstum wird durch ein umfangreiches Meristem besorgt, da es keine spezialisierten Initialzellen gibt. Die Anatomie der Leitbündel ist komplexer als die irgendeiner der übrigen rezenten Farngruppen. Das Holz ist von gallerthaltigen Gängen und tanninführenden Zellen durchsetzt, ein Sklerenchym fehlt.

Keine der rezenten Arten erreicht die Größe der fossilen. Reduktion der Höhe ist hier offensichtlich als eine progressive Entwicklung aufzufassen.

Die Sori der rezenten Arten liegen auf den Blattunterseiten. Bei *Christensia* sind sie rund, bei den übrigen Gattungen länglich. Jedes Sporangium setzt $1000 - 7000$ Sporen frei. Die mehrere Jahre alt wer-

Abb. 45.18. Morphologie und Anatomie des Verzweigungssystems von *Archaeopteris* (Archaeopteridales = Progymnospermae, s. S. 608 und 676) aus dem Oberdevon. *a Archaeopteris spec.* (Überblick); *b* bis *d* Beispiele von Achsenfragmenten mit Abdrücken von Leitbündeln und Blattspuren sowie von Details des Verzweigungsmusters. Durch diese Abbildungen soll auf die Schwierigkeiten von Rekonstruktionen (und Zuordnungen) hingewiesen werden, *e* Stammquerschnitt (Dünnschliff) mit Querschnitt durch Blattspuren. (Protoxylem). (C.B. Beck, 1971)

denden Prothallien leben stets in Symbiose mit Mykorrhizapilzen. In Größe und Aussehen ähneln sie den Lebermoosen.

Ophioglossales. Zu dieser Gruppe gehören die drei aufgeführten Gattungen. Zusammen umfassen sie etwa 80 Arten. Die auch in Mitteleuropa beheimatete *Botrychium lunaria* (Mondraute) sowie die ebenfalls hier vertretene *Ophioglossum vulgare* (Natternzunge) zeichnen sich durch einen kurzen aufrechten Stamm mit vegetativem und sporangientragendem Blatt aus.

Das vegetative Blatt von *Botrychium* ist gefiedert, das von *Ophioglossum* besteht aus einer ungeteilten,

von einem Adernetz versorgten Blattspreite. Zwischen den einzelnen Ästen sind zahlreiche Anastomosen ausgebildet. An den Wurzeln werden keine Wurzelhaare gebildet, die Pflanzen leben daher obligat in Symbiose mit Mykorrhizapilzen. *Botrychium*-Arten gehören zu den wenigen rezenten Farnen mit sekundärem Dickenwachstum, Sklerenchym wird auch hier nicht gebildet. Pro Sporangium werden 1000 *(Botrychium)*, bzw. 15 000 *(Ophioglossum)* Sporen freigesetzt.

Trotz ähnlichen Aussehens der beiden beschriebenen Gattungen schwanken die Chromosomenzahlen

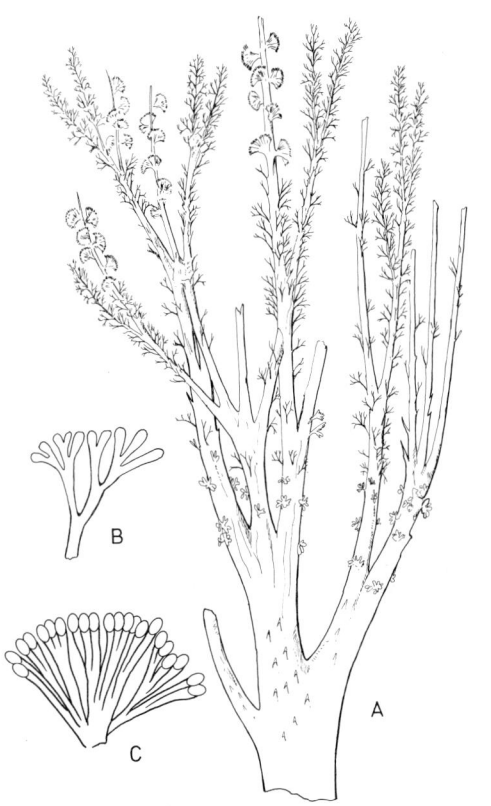

Abb. 45.19. *Cladoxylon scoparium,* aus dem Mittleren Devon. *A* Habitus (rekonstruiert); *B* Blättchen; *C* Sporangiengruppe. (R. Kräusel und H. Weyland, 1926)

zwischen n = 45 *(Botrychium)* und n = 630 + 10 Fragmente (?) bei *Ophioglossum reticulatum.*

Osmundidae. Osmundales, Osmundaceae. Typische Art: *Osmunda regalis* (Königsfarn). Die Osmundidae nehmen eine Zwischenstellung zwischen den Eusporangiatidae und den Leptosporangidae ein.

Oft werden sie daher auch als eine Ordnung der zuletzt genannten Unterklasse behandelt. Trotz der Gemeinsamkeiten sind die wenigen rezenten Arten eher als lebende Fossilien und Nachfahren einer bis ins Perm zurückreichenden, seinerzeit weit verbreiteten Gruppe zu betrachten, über deren phylogenetische Stellung in bezug zu den beiden gerade genannten Unterklassen Unklarheit besteht. Der Grund dafür ist eine eigentümliche steläre Organisation der Leitbündel.

Nur die oberen Teile der Wedel sind sporangientragend. Die Sporangien sind nicht zu Sori zusammengefaßt, ebenso fehlt den Sporangien ein Anulus (s. Kap. 32); das ist eine in einem Halbkreis angeordnete Gruppe von Zellen mit verstärkten Innen- und Seitenwänden, die nach ihrem Absterben ein durch Kohäsion bedingtes Aufreißen der Sporenkapsel verursachen.

Leptosporangidae

Filicales. Die Filicales stellen die größte Pteridophytengruppe dar. Ihr gehört die Mehrzahl der 9000 Arten an, die sich zu ca. 300 Gattungen zusammenfassen lassen.

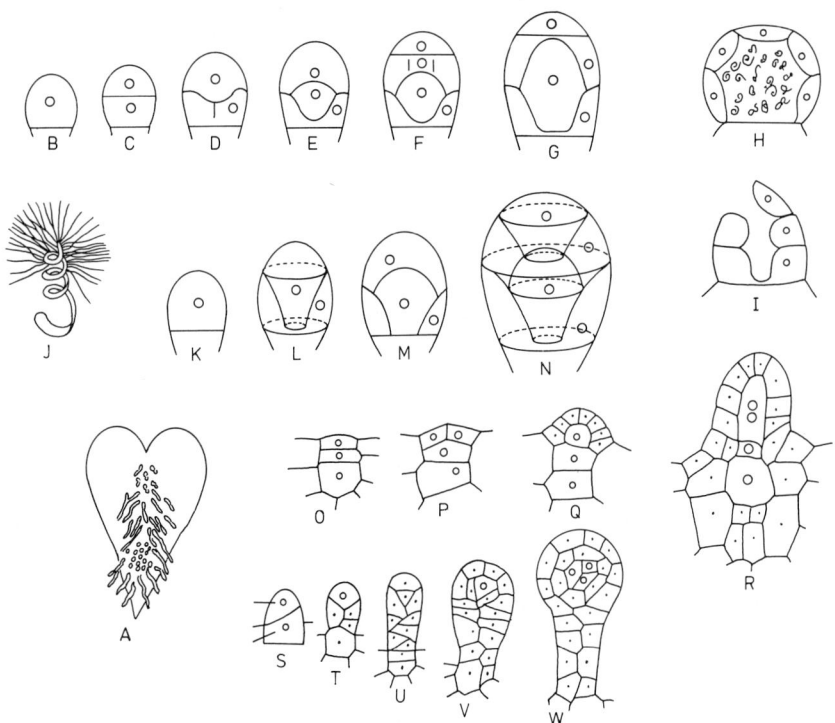

Abb. 45.20. Entwicklung der Gametangien und Sporangien bei Farnen (Leptosporangiatae): A. ein typischer Gametophyt; B–H Entwicklungsstadien der Antheridienbildung; K–N: desgl. räumliche Darstellung; I. geöffnetes Antheridium. J. Spermatozoid von *Pteridium:* O–R: Entwicklungsstadien eines Archaegoniums; S–W: Entwicklung eines Sporangiums von *Polypodium.* (K. R. Sporne, 1975)

Man findet ein weites Spektrum an Formen, Größen und Lebensansprüchen. Neben winzigen annuellen Arten kommen 30 Meter hohe Bäume vor. Die Variabilität morphologischer Merkmale spiegelt eine Variabilität auf anatomischer Ebene wider. Fast alle Arten durchlaufen eine gleichartige Phase der Embryonalentwicklung. Das Schicksal der durch die ersten beiden Teilungen der Zygote erzeugten Tochterzellen ist streng determiniert.

Ebenso charakteristisch ist die stets gleiche Art der Antheridien- und Archegonienbildung (s. Abb. 45.20). Vergleichende morphologische und anatomische Studien an zahlreichen Arten (F.O. Bower, University of Glasgow, 1923, 1926, 1928, R.E. Holttum, Royal Botanical Garden, Kew, 1949) zeigten, welche Merkmale der einzelnen Organe als primitiv, und welche als abgeleitet einzustufen sind. Als primitiv gelten die folgenden:

Rhizome: dünn, kriechend, dichotom verzweigt, protostelisch, behaart. Wedel entspringen in zwei Reihen auf der Rhizomoberseite.

Wedel: groß, vielfach verzweigt, dichotom geteilt, mit uneingeschränktem Wachstum, Blattspreite (Fieder) nur durch eine einzelne Blattspur versorgt, Fieder schmal, Blattaderenden offen, d.h. ohne Anastomosen.

Sori: mit wenigen Sporangien, an Blättern randständig, an Enden von Blattadern.

Sporangien: relativ groß, auf gestauchten Stielen, ohne spezialisierten Anulus, Freisetzung einer großen Zahl von Sporen.

Gametophyt: relativ groß, thallös, mit dicker Mittelrippe, entwickelt sich langsam.

Antheridien: groß, enthalten Hunderte von Gameten.

Archegonien: mit relativ langem Hals.

Zu den progressiven Entwicklungen gehört:
– Die Blätter sind mit Schuppen statt mit Haaren besetzt.
– Aufrechter Wuchs des Stammes.
– Blätter (Wedel) zu einer Krone am Stammende vereint.
– Mit steigender Größe nimmt die Komplexität der Leitbündelarchitektur zu. Blattlücken (s. Kap. 6) überlappen einander; Entwicklung in Richtung einer ringförmigen Anordnung der Gefäßbündel.
– Reduktion der Stammlänge; Reduktion der Größe der Blattwedel. Bildung einer einfachen, breiten Blattspreite mit glattem Rand und anastomisierenden Blattadern.
– Die Blattspreite wird durch zahlreiche Blattspuren versorgt.
– Ausbildung einer präformierten Zone an der Blattbasis, an der Blätter (Wedel) abgeworfen werden können. Dadurch Anpassung an unterschiedliche Jahreszeiten und das Leben außerhalb der Tropen.

Ausgewählte Familien, Gattungen und Arten:

Schizaeaceae: Vier rezente Gattungen mit 160 Arten, zwei ausgestorbene Gattungen. Die meisten Arten sind in den Tropen und Subtropen verbreitet. Die Sporangien sind nicht zu Sori zusammengefaßt. Der

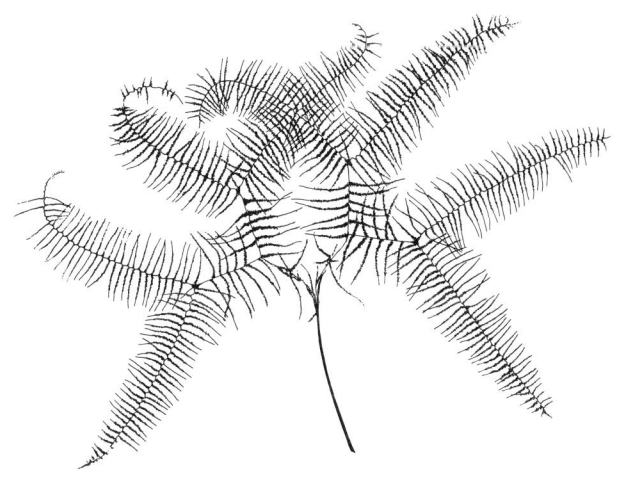

Abb. 45.21. Wedel von *Gleichenia circinata* (ein rezenter neuseeländischer Farn) mit pseudo-dichotomem Aufbau. (K. Mägdefrau, 1968)

einfach gebaute Prothallus kann mit Mykorrhizapilzen assoziiert sein.

Gleicheniaceae: Bemerkenswerte Organisation der Wedel mit winzigen Fiedern (s. Abb. 45.21).

Hymenophyllaceae: Zart gebaute Wedel. Blattspreiten oft nur eine Zellschicht dick. Vorkommen nur an feuchten, dunklen Standorten, z.B. auf Felsen in der Spritzwasserzone von Wasserfällen. Gefäße enthalten nur Xylem, das auf eine Reihe tracheidaler Zellen reduziert sein kann. Typische Vertreter sind *Trichomanes* und *Hymenophyllum.*

Matoniaceae: Diese Familie war in der Trias verbreitet, heute ist sie mit nur zwei Gattungen vertreten: *Phanerosorus* (auf Neu-Guinea) und *Matonia* (auf Borneo und Neu-Guinea). Bemerkenswert ist der eigentümliche Verzweigungstyp der Wedel, beruhend auf in Serie geschalteten, stets gleich ausgerichteten dichotomen Verzweigungen, wobei der eine Verzweigungsast stets kürzer als der andere ist (s. Abb. 45. 22).

Das Wachstum der Wedel von *Phanosorus* ist unbegrenzt. Entlang der Achse liegen in den Sproßachseln „schlafende" Knospen.

Cyatheaceae: Zu dieser Familie gehören die meisten der rezenten Baumfarne: *Alsophila* (300 Arten), *Hemithelia* (100 Arten), *Cyathea* (300 Arten). Ein großer Teil des bis zu 30 Meter hoch werdenden Stamms besteht aus Adventivwurzeln und parallel laufenden Blattspuren. Verbreitung: Australien, Tasmanien, Neuseeland u.a.

Alle folgenden Gruppen wurden von F.O. Bower ursprünglich zu den Polypodiaceen zusammengefaßt. Ihnen gehören die hochentwickelten (viele der uns bekannten Arten) an. Holttum (1949) untergliederte die Gruppe in die Familien Dennstaedtiaceae, Adiantaceae und Polypodiaceae.

Beide Klassifikationsversuche sind umstritten. Es

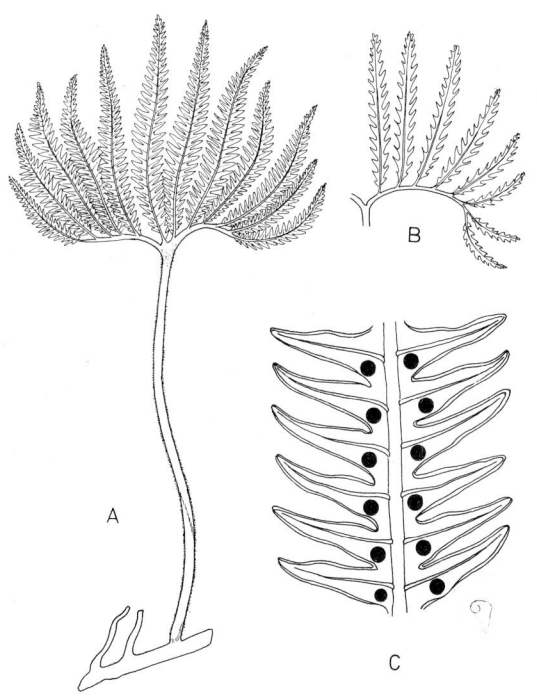

Abb. 45.22. *Matonia pectinata.* A Sporophyt; B Teil eines Wedels; *C* fertiler Wedel, Ausschnitt der Unterseite (G.M. Smith: Cryptogamic Botany. Vol. II. Bryophytes and Pteridophytes, 2nd ed. New York: McGraw-Hill 1955, fig. 207.)

fehlen den Farnen nämlich morphologische Merkmale, durch die übergeordnete Taxa diskontinuierlich und widerspruchslos voneinander getrennt werden können. Im folgenden sind daher (ohne eine Familienzugehörigkeit zu nennen) einige der bekanntesten Arten genannt:

Pteridium aquilinum (Adlerfarn). Der Adlerfarn gehört zu den häufigsten, z.B. an Waldrändern und auf Waldlichtungen (Kahlschlägen) verbreiteten Arten. Unter gewissen Bedingungen ist er sogar gegenüber den Phanerogamen dominierend. Ein Grund dafür mag sein gut ausgebildetes, tiefgehendes Rhizom sein, ein anderer seine ausladenden Wedel, mit denen er Konkurrenz durch Lichtentzug ausschalten kann. Die Leitbündel enthalten Tracheen, und sie sind von einer Endodermis umschlossen.

Matteuccia struthiopteris (Straußfarn), *Blechnum spicant* (Rippenfarn): Vegetative und sporangientragende Wedel sind voneinander unabhängig. *Asplenium ruta-muraria* (Mauerraute), *Asplenium trichomanes* und *Asplenium viride*. Die drei zuletzt genannten Arten bilden wenige Zentimeter große Thalli aus. Vorkommen: an feuchten Standorten, *Asplenium ruta-muraria* in Gesteinsspalten und Mauerritzen.

Phyllitis scolopendrium (Hirschzunge) ist ein Farn mit ungeteilten Wedeln. Sori auf der Blattrückseite sind länglich; *Athyrium filix-femina* (Frauenfarn).

Dryopteris filix-mas (Wurmfarn): Einer der bekanntesten und häufigsten Farne in mitteleuropäischen Wäldern. Die Blätter sind doppelt gefiedert.

Die in den Tropen verbreiteten, epiphytisch lebenden *Platycerium-* Arten sind dimorph, d.h., sie besitzen zwei Typen von Wedeln. Einmal solche, die der Baumrinde direkt anliegen (Nestblätter) und einen Trichter bilden, in dem sich Wasser und organisches Material sammelt, und zum anderen aus ausladenden, grünen, bei vielen Arten hirschgeweihartigen, fertilen Wedeln.

Marsileales und Salviniales (Wasserfarne). Die Marsileales und Salviniales sind zwei voneinander verschiedene Ordnungen, deren Vertreter sich in der Lebensweise und im Bau ihrer Vegetationskörper deutlich voneinander unterscheiden.

Zu den Gemeinsamkeiten gehören (sekundär) an aquatische Lebensräume angepaßte Merkmale und die Heterosporie.

Marsileales. Familien und Gattungen:
Pilulariaceae: *Pilularia*
Marsileaceae: *Marsilea, Regnellidium*

Alle Arten zeichnen sich durch kriechende Rhizome aus, von denen in regelmäßigen Abständen aufrechte Sprosse abzweigen. Jene von *Pilularia globulifera* (Pillenfarn) sind unbeblättert, jene vieler *Marsilea* – Arten tragen an den Enden kleeblattähnliche Blätter.

Das Leitsystem ist stark reduziert. Die Sporangien für die Mikro- und Megasporen werden in dickwandigen Behältern (Sporokarpien, „Pillen") angelegt. Die Spermatozoiden tragen mehrere korkzieherartig geformte Geißeln. Die ersten Teilungen der Zygote folgen einem streng deterministischen Muster.

Salviniales (Schwimmfarne). Familien und Gattungen:
Salviniaceae: *Salvinia*
Azollaceae: *Azolla*

Die Blätter (Wedel) liegen der Wasseroberfläche an oder erheben sich leicht über sie; die ins Wasser eintauchenden Wurzeln sind mit zahlreichen Wurzelhaaren besetzt. Auch hier entstehen die Sporangien in speziellen Behältern.

Azolla filiculoides lebt in Symbiose mit der stickstoff-fixierenden Blaualge *Anabaena azollae.* Beide Symbiosepartner kommen u.a. in Reisfeldern Südostasiens vor, wo ihnen eine nicht unerhebliche wirtschaftliche Bedeutung zukommt, denn ihre Aktivitäten dienen der Stickstoffversorgung der Reispflanzen.

Salvinia natans (Schwimmfarn) gehört in Mitteleuropa zu den vom Aussterben bedrohten Arten.

Literatur

Andrews, H.N.: Ancient plants and the world they lived in. Ithaca, N.Y.: Comstock Publ. Co. 1947
Andrews, H.N.: Studies in paleobotany. New York, London: J. Wiley and Sons, Inc., 1961
Banks, H.P.: Reclassification of Psilophyta. Taxon *24,* 401–413 (1975)

Beck, C.B.: On the anatomy and morphology of the lateral branch systems of *Archaeopteris*. Amer. J. Bot. *58*, 758–784 (1971)

Bierhorst, O.W.: Morphology of vascular plants. New York: The Macmillan Comp., 1971

Gothan, W., H. Weyland: Lehrbuch der Paläobotanik. Berlin: Akademie Verlag, 1964 (2. Aufl.)

Hetterscheid, V.L.A., E. Hennipman: Venation patterns, soral characteristics, and shape of the fronds of the microsorioid Polypodiaceae. Bot. Jahrb. Syst. *105*, 11–47 (1984)

Hirmer, H.: Handbuch der Paläobotanik. Band I.: Thallophyta, Bryophyta, Pteridophyta. München, Berlin: R. Oldenbourg, 1927

Hirmer, M.: Rekonstruktion von *Pleuromeia sternbergii* Corda, nebst Bemerkungen zur Morphologie der Lycopodiales. Palaeontographica *78 B,* 47–56 (1933)

Kidston, R., W.H. Lang: On old red sandstone plants showing structure from the Rhynie Chert. Bed. Aberdeenshire. (Part IV) Transact. Roy. Soc. Edinburgh *52,* 831–854 (1921)

Kräusel, R., H. Weyland: Beiträge zur Kenntnis der Devonflora. Ann. d. Senckenberg. naturf. Ges. *40,* 113–155 (1926)

R. Kräusel, H. Weyland: Neue Pflanzenfunde im rheinischen Unterdevon. Palaeontographica *80 B,* 171–190 (1935)

Mägdefrau, K.: Paläobiologie der Pflanzen. Stuttgart: G. Fischer Verlag, 1968 (4. Aufl.).

Mamay, S.H.: *Acrangiophyllum,* a new genus of Pennsylvanian Pteropsida based on fertile foliage. Amer. J. Bot. *42,* 177–183 (1955)

Niklas, K.J. (ed.): Paleobotany, paleoecology and evolution. New York: Praeger Scientific, 1981

Rauh, W., H. Falk: *Stylites* E. Amstutz, eine neue Isoetacee aus den Hochanden Perus. Sitzungsber. Heidelberger Akad. Wiss. 1959, S. 1–83

Smith, G.M.: Cryptogamic botany. Vol. II: Bryophytes and Pteridophytes. New York, London: McGraw-Hill Book Comp., Inc., 1955 (2. Aufl.).

Sporne, K.R.: The morphology of pteridophytes. London: Hutchinson of London, 1975 (4. Aufl.).

Stewart, W.N.: Paleobotany and the evolution of plants. Cambridge, London: Cambridge University Press, 1983

Taylor, T.N.: Paleobotany. New York: McGraw-Hill Book Comp., 1981

Zimmermann, W.: Die Phylogenie der Pflanzen. Stuttgart: G. Fischer Verlag, 1959 (2. Aufl.).

Zimmermann, W.: Die Telomtheorie Stuttgart: G. Fischer Verlag, 1965

Zimmermann, W.: Geschichte der Pflanzen. Stuttgart: G. Fischer Verlag, 1969

46. Bryophyta (Moose)

Moose sind landbewohnende, relativ unauffällige Pflanzen. Die einzelnen Exemplare sind in der Regel zu ausgedehnten Polstern oder Rasen zusammengeschlossen. Theophrast und Dioscorides haben sie in ihren (erhaltenen) Werken überhaupt nicht zur Kenntnis genommen. Die erste umfangreiche Bearbeitung – „Historia muscorum" (1941) – stammt von dem deutschen, in Oxford arbeitenden Botaniker J. Dillen (lat.: Dillenius). Er beschrieb die blatt- und kapseltragenden Teile und charakterisierte eine Reihe von Gattungen: Bryum, Fontinalis, Hypnum, Mnium, Polytrichum und Sphagnum.

P.A. Micheli aus Florenz entdeckte 1729 auf Moosen Archegonien und Antheridien, konnte ihre Funktion aber nicht zweifelsfrei klären. J. Hedwig beobachtete 1776 die Freisetzung von Spermien aus den Antheridien und deutete sie daher richtig als die männlichen Geschlechtsorgane.

Die Klarstellung der Fortpflanzungsverhältnisse und die Homologisierung des Generationswechsels mit dem der anderen Pflanzengruppen erfolgte 1851 durch W. Hofmeister.

Moose sind komplexer als Algen, aber einfacher als die rezenten Pteridophyta gebaut. Daher lag es zunächst nahe, ihnen eine Zwischenstellung zwischen den beiden genannten Gruppen einzuräumen, sie als primitivste Landpflanzen einzustufen. Je mehr man sich aber mit ihnen befaßte, um so deutlicher wurde, daß dies nicht zutreffen konnte und daß die rezenten Moose hochgradig spezialisierte Nachfahren unbekannter, wenig spezialisierter Vorfahren sind.

Wie der Münchener Botaniker K. v. Goebel 1930 feststellte, war die Spezialisierung vielfach mit einer Reduktion von Leistungen (einer Regression) verbunden.

Als Moose identifizierbare Fossilien gibt es erst seit dem Devon, also erst seit 350 Millionen Jahren, während die ersten Gefäßpflanzen schon im Silur, also vor 400 Millionen Jahren auftraten. In den letzten Jahren wurden zunehmend Fossilien aus dieser Periode gefunden, die mit Sicherheit nicht als Pteridophytenvorfahren angesprochen werden können. Es mag Hinweise darauf geben, daß sich aus diesem Formenkreis Moose oder Moosverwandte abgeleitet haben. Das Formenspektrum dieser Fossilien ist recht mannigfaltig, manche erinnern an einfache Thalli, es gibt Indizien dafür, daß sie eine Kutikula besessen haben. Es

sind demnach Landpflanzen gewesen, denn eine Kutikula dürfte bei aquatisch lebenden Algen nicht vorgekommen sein.

Moose durchlaufen einen heterophasischen und gleichzeitig heteromorphen Generationswechsel, d.h., es gibt einen Wechsel zwischen haploider und diploider Phase, und der Gametophyt unterscheidet sich strukturell vom Sporophyten.

Die haploide Phase überwiegt, der diploide Sporophyt wird stets auf dem haploiden Gametophyten ausgebildet und von ihm mit Nahrung versorgt.

Trotz auffallender Anpassungen der Moose an terrestrische Lebensweise, hierzu gehört u.a. die Verbreitung von Sporen durch den Wind, bleibt der Befruchtungsvorgang wasserabhängig, weil die ♂ Gameten sich ausschließlich schwimmend fortbewegen. Ein Wassertropfen oder ein Wasserfilm auf der Gametophytenoberfläche sind ausreichend. Es gibt zweihäusige Moosarten, doch bei den meisten liegen männliche und weibliche Geschlechtsorgane auf dem Gametophyten in nächster Nachbarschaft. Diese Arten sind folglich als monözisch (einhäusig) einzustufen. Der skizzierte Befruchtungsvorgang läßt praktisch nur eine zur Inzucht führende Selbstbefruchtung zu. Unter Laborbedingungen kann Fremdbefruchtung induziert werden. Genetisch bedingte Inkompati-

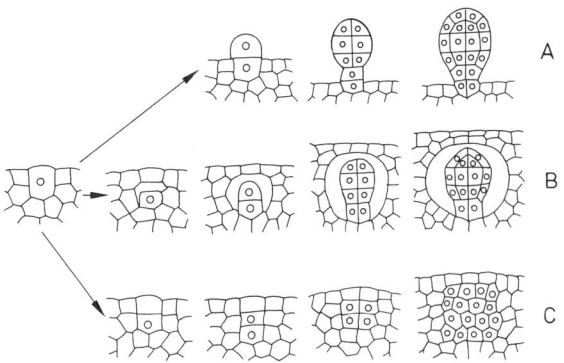

Abb. 46.1. Antheridienbildung bei (A) den Hepaticae (Lebermoosen), (B) den Anthoceropsida (Hornmoosen) und (C) den Pteridophyten. Homologisierbare Stadien sind übereinander abgebildet. (G.M. Smith: Cryptogamic Botany. Vol. II. Bryophytes and Pteridophytes, 2nd ed. New York: McGraw-Hill 1955, fig. 84.)

670

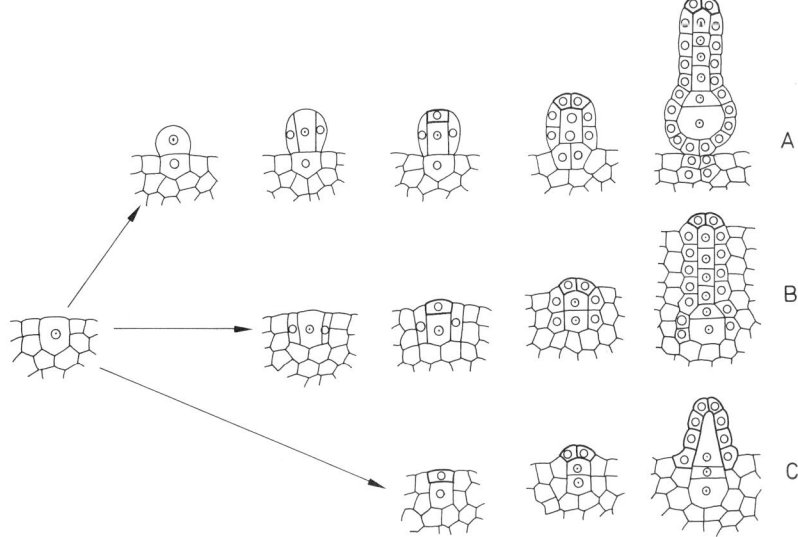

Abb. 46.2. Archegonienentwicklung bei *(A)* den Hepaticae (Lebermoosen), *(B)* den Anthoceropsida (Hornmoosen) und *(C)* den Pteridophyten. Homologisierbare Stadien sind übereinander abgebildet. (G.M. Smith: Cryptogamic Botany. Vol. II. Bryophytes and Pteridophytes, 2nd ed. New York: McGraw-Hill 1955, fig. 83.)

bilitätsschranken sind demnach nicht vorhanden. Der hohe Inzuchtgrad vieler Arten manifestiert sich in einer sehr geringen innerartlichen morphologischen Variabilität. Der Generationswechsel wird als ein charakteristisches Merkmal der Moose angesehen; bei vielen Arten ist er in dieser Form auch regelmäßig nachweisbar. Die Mehrzahl der Arten vermehrt sich jedoch ausschließlich vegetativ. Die vegetative Vermehrung ist eindeutig als eine sekundäre Erscheinung zu betrachten. Der Wegfall der Sexualität bietet hier offenbar nur Vorteile, denn erstens können so auch trockene Standorte besiedelt werden, und zweitens nützt Sexualität allein wenig, wenn damit keine Neukombination genetischer Information verbunden ist.

Den Moosen gehören zwei bekannte und eine weniger bekannte Klasse an:
- Hepaticae (Lebermoose)
- Anthoceropsida (Hornmoose)
- Musci (Laubmoose)

Viele Autoren stellen die Anthoceropsida zu den Hepaticae. Die Bildung von Antheridien und Archegonien in zwei der oben genannten Klassen, sowie die Homologisierung der einzelnen Entwicklungsschritte mit denen bei den Pteridophyten (s. vor. Kap.) ist den Abbildungen 46.1 und 46.2 zu entnehmen.

Hepaticae

Der Vegetationskörper vieler Lebermoose ist ein lappig strukturierter Thallus, der der Unterlage flächig anliegt und sich nur selten von ihr abhebt. Er ist differenziert und gegenüber der Umgebung durch spezialisierte Zellen abgeschirmt, die außen von einer dünnen Kutikula bedeckt sind. In regelmäßigen Abständen sind Atemöffnungen vorhanden, die sich im Gegensatz zu den Spaltöffnungen nicht schließen. An die Unterlage sind die Thalli durch Rhizoide fixiert.

Typische Vertreter sind:

Marchantia polymorpha: Die Art ist zweihäusig; männliche und weibliche Gameten (Antheridien und Archegonien) entstehen auf getrennten Pflanzen.

Arten aus der Gattung *Riccia* sind, wie *Marchantia,* meist landbewohnend, *Riccia fluitans* ist zu aquatischer Lebensweise zurückgekehrt.

Beide Gattungen gehören in die Ordnung Marchantiales, gehören aber unterschiedlichen Familien an: Marchantiaceae und Ricciaceae.

Sphaerocarpus michelii: ein Versuchsobjekt der klassischen Genetik, Ordnung: Sphaerocarpales. Ebenfalls in diese Ordnung gehört eine sekundär aquatisch gewordene Gattung: *Riella* (s.a. Abb. 46.3).

Neben den thallösen Lebermoosen kommen Formen mit blattartigen, z.T. untergliederten, aufrecht

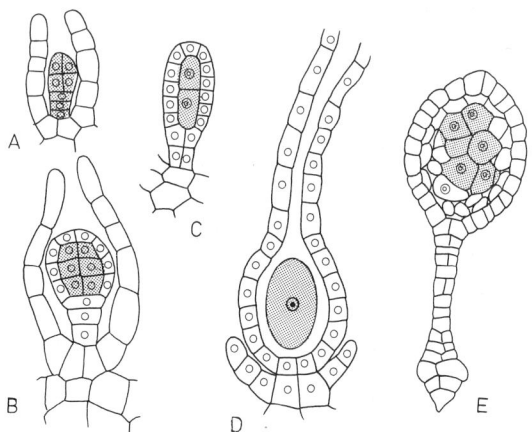

Abb. 46.3. *Riella affinis:* *A* und *B* junge Antheridien, *C* junges, *D* ausdifferenziertes Archaegonium; *E* Sporophyt zum Zeitpunkt beginnender Differenzierung in sporenbildende Zellen (gerastert dargestellt) und Nährgewebe (hell). (G.M. Smith: Cryptogamic Botany. Vol. II. Bryophytes and Pteridophytes, 2nd ed. New York: McGraw-Hill 1955, fig. 12.)

671

wachsenden Thalli vor. Der Anteil derart strukturierter Arten beträgt etwa 66 Prozent der ca. 6000 bekannten Lebermoosarten. Eine repräsentative Ordnung dieser Gruppe ist Jungermaniales.

Anthoceropsida

Die wichtigsten Vertreter dieser Klasse sind Arten aus der Gattung *Anthoceros*. Protonemata werden nicht gebildet. Die Zellen der Gametophyten enthalten, wie die vieler Algen, nur einen pyrenoidhaltigen Chloroplasten. Im Sporophyten sind oft zwei Chloroplasten in jeder Zelle vorhanden. Der Thallus ist von zahlreichen gallerthaltigen Cavernen durchsetzt. Die Gallerte bietet den mit ihnen symbiontisch lebenden, stickstoffixierenden *Nostoc*-Arten (Cyanophyta, s. Kap. 34) einen geeigneten Lebensraum.

Im Gegensatz zu den Lebermoosen ist der Thallus der Anthoceropsida mit Spaltöffnungen versehen.

Musci

Der aufrecht wachsende Vegetationskörper des Gametophyten ist oft deutlich untergliedert, er besteht aus unterschiedlich differenzierten Geweben, z.T. ist er reichlich verzweigt.

Man kann deutlich zwischen dem oberirdischen Stamm mit den daran schraubig angeordneten Blättern (meist mit Mittelrippe) einerseits und den unterirdischen Rhizoiden andererseits unterscheiden. Die morphologischen Einheiten sind jedoch nicht mit Stamm und Blättern der übrigen Pflanzen homologisierbar, dem Stamm fehlt nämlich das in Phloem und Xylem differenzierte Leitgewebe, den Blättern das Mesophyll. Leitfunktionen (für H_2O, Ionen und Assimilate) werden dennoch bereits erfüllt; sie werden von charakteristisch gebauten, langgestreckten Zellen wahrgenommen, die, oft zu Bündeln vereint, im Zentrum des Stammes liegen (s. Abb. 46.4). Ihre Zellwände und die Wände vieler anderer Zellen sind verstärkt. Sie enthalten jedoch nie Lignin oder ligninähnliche Substanzen. Spaltöffnungen kommen an den Sporophyten einiger Arten vor.

Die Entwicklung von Antheridien und Archegonien ist, soweit untersucht, temperaturabhängig. Bei *Polytrichum aloides* entstehen sie bei 21 °C, doch nicht bei 10 °C, obwohl der Gametophyt bei niederer Temperatur besser als bei hoher gedeiht. Bei *Funaria hygrometrica* wird die Bildung der Fortpflanzungsorgane durch niedere Temperaturen induziert.

Wie schon erwähnt, wird für den Befruchtungsvorgang Wasser benötigt. Die Entfernung, die die mit zwei Geißeln versehenen schraubig gebauten ♀ Gameten durch Eigenbewegung zurücklegen können, liegt im Zentimeterbereich. Durch passive Bewegung, z.B. durch die Oberflächenspannung des Wassers können

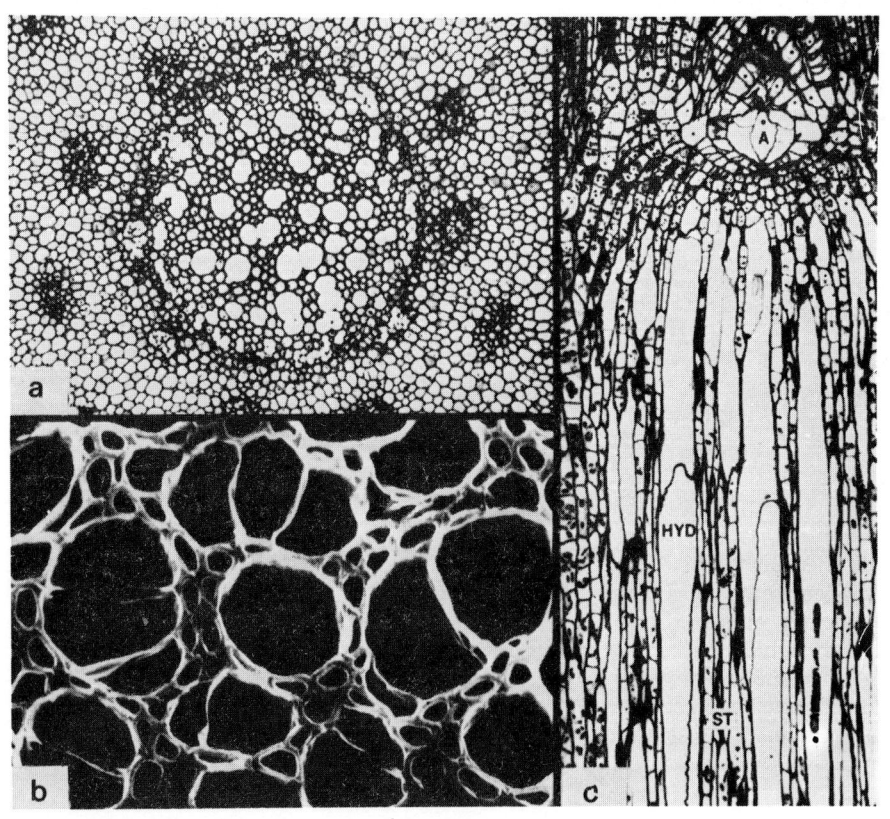

Abb. 46.4. Leitungsbahnen im Stamm eines Laubmooses (*Dawsonia superba*, var. *superba*; Polytrichales). *a* Querschnitt durch den Stamm mit zentral gelegenem Leitbündelstrang und peripher gelegenen Blattspuren. *b* Ausschnittsvergrößerung (Querschnitt durch Leitungsbahn) HYD: Hydroiden (großlumige, wasserleitende Zellen) und ST: Steriden (Verstärkerelemente). *c* Längsschnitt durch den Vegetationspunkt und den darunterliegenden Stammabschnitt, A: Apikalzellen; darunter die sich daraus differenzierenden Zellen der Leitungsbahnen. (C. Hebant, 1977)

672

größere Entfernungen überwunden werden. Nicht zu vernachlässigen ist die Mitwirkung von Insekten und anderen kleinen Tieren bei der Gametenverbreitung.

Das Oogonium (Archaegonium) ist wie bei den Hepaticae flaschenförmig. Die Eizelle liegt in einer bauchigen Erweiterung am Flaschenboden. Der Flaschenhals ist von Halskanalzellen erfüllt, die sich bei der Reifung der Eizelle auflösen.

Der junge Embryo entwickelt sich direkt aus der befruchteten Eizelle und wächst zum Sporophyten heran. Dessen auffallendstes Merkmal ist die terminal sitzende Sporenkapsel. Sie enthält photosynthetisierendes Gewebe, sterile, in späten Stadien tote Zellen, aus denen die Kapselwand besteht, und zentral gelegene Zellen, die die Meiose durchlaufen und deren Produkte sich zu Sporen differenzieren.

Die Freisetzung der von einer dicken Wand umgebenen Sporen erfolgt bei den meisten Arten durch Absprengung des Kapseldeckels (Operkulum). Vielfach entwickelt sich innerhalb der Kapsel ein hoher atmosphärischer Druck, der nach explosionsartigem Reißen der Kapselwand die Verteilung der Sporen ermöglicht. Bei einigen Arten, vor allem auch bei Lebermoosen, kommen Elateren vor, die sich hygroskopisch verformen und dadurch Schleuderbewegungen verursachen (s. Kap. 32). Die Kapselränder sind vielfach von einem Zahnkranz (Peristom) umgeben, der, wie die anderen morphologischen Eigenarten des Sporophyten, ein wichtiges Bestimmungsmerkmal der Laubmoose ist. Daraus ergibt sich jedoch die Schwierigkeit, Moose in vegetativem Zustand zu bestimmen.

Aus einer keimenden Spore entwickelt sich zunächst ein verzweigt fadenförmiges Protonema. Es enthält zwei Fadentypen:
– Chloronema: mit vielen Chloroplasten und senkrecht zur Achse angelegten Querwänden.
– Caulonema: mit wenigen Chloroplasten und schräg zur Achse angelegten Querwänden (s. Abb. 46.5).
Zellen des Caulonemas differenzieren sich weiter, aus ihnen entwickelt sich schließlich der Gametophyt.

Die Ursachen, die bei der Art *Physcomitrella patens* die einzelnen Differenzierungsschritte einleiten, sind bekannt (nach D.J. Cove *et. al.*, 1979):
(1) Sporen keimen nur bei Belichtung. Es entsteht ein primäres Chloronema.
(2) Die Caulonemabildung ist auxinabhängig.
(3a) Bei hoher Lichtintensität und Abwesenheit von Auxin und Cytokinin entwickelt sich aus dem Caulonema ein sekundäres Chloronema.
Durch Applikation von cyklischem AMP (cAMP) wird die Bildung des sekundären Chloronemas gefördert; cAMP ist ein bekanntes intrazelluläres Regulatormolekül tierischer und prokaryotischer Zellen sowie ein extrazelluläres bei einigen Schleimpilzen. Bei (höheren?) Pflanzen scheint es als Regulator keine Rolle zu spielen, sein Vorkommen ist aber auch dort erwiesen.
(3b) Bei geringer Lichtintensität und gleichzeitiger Anwesenheit von Auxin und Cytokinin bilden sich Knospen.

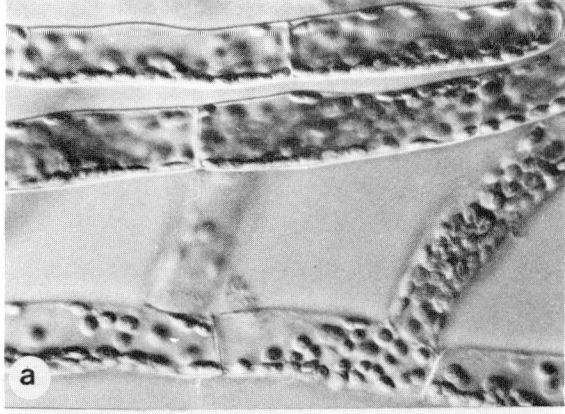
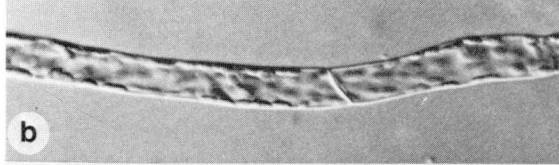
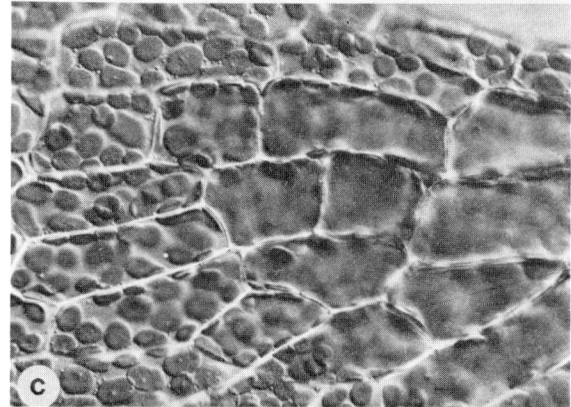

Abb. 46.5. *Physcomitrella patens. a* Chloronema; *b* Caulonema; *c* junges Blättchen mit Chloroplasten, teils in Aufsicht (scheibenförmig, in Zellen links im Bild), teils in Seitenansicht (linsenförmig; in Zellen rechts im Bild).

(4) Die Weiterentwicklung zum Gametophyten kann durch hohe Konzentration von entweder Auxin oder Cytokinin unterbunden werden.

Moose haben ein hohes Regenerationsvermögen. In einem klassischen Experiment zeigte F. v. Wettstein (Pflanzenphysiologisches Institut der Universität Göttingen) in den dreißiger Jahren, daß ein Stück Sporophytengewebe zu einem diploiden Protonema heranwachsen kann. Auf ihm entwickelt sich ein diploider Gametophyt und darauf wiederum ein tetraploider Sporophyt.

Das Verfahren eignet sich somit zur Produktion polyploider Mutanten. Andererseits konnte M. Bopp (Botanisches Institut der Universität Heidelberg) 1968 das Protonema von *Pottia intermedia* und *Splachnum ovatum* zur Differenzierung zu haploiden Sporophyten anregen. Haploide Sporophyten entste-

673

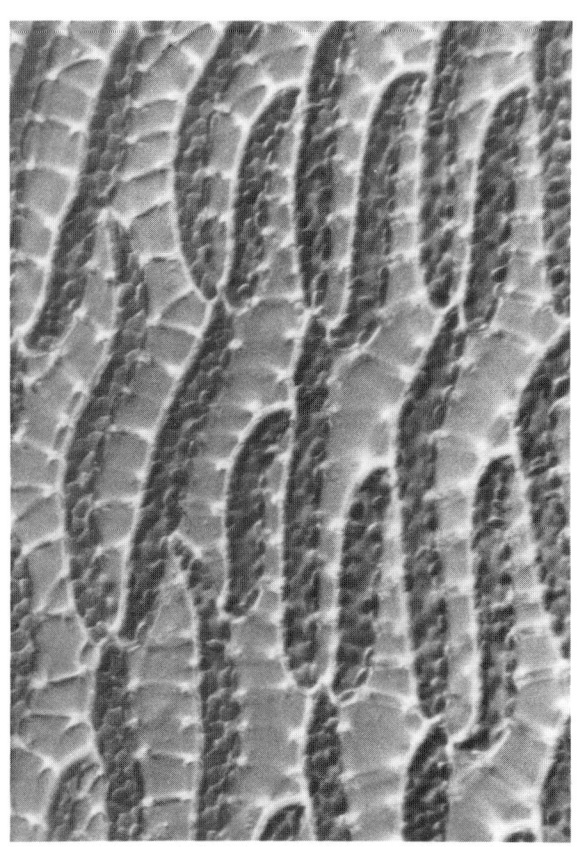

Abb. 46.6. *Sphagnum spec.* (Torfmoos). Teil eines Blättchens mit chloroplastenhaltigen Zellen und wasserspeichernden Hyalinzellen. E. Zepf (Tübingen, 1952) zeigte, daß die beiden Zelltypen durch inäquale Teilungen aus meristematischen Zellen hervorgehen und daß eine regelmäßige Teilungsfolge das einheitliche Verteilungsmuster bedingt (s.a. Abb. 46.7).

hen bei vielen Arten auch apogam, d.h., aus unbefruchteten Eizellen.

Viele Moosarten weisen Anpassungen an ungewöhnliche Umweltbedingungen auf. Arten arider Biotope können in ausgetrockneten Dauerstadien überleben. Beim Befeuchten absorbieren sie große Mengen an Wasser und nehmen anschließend ihre physiologischen Funktionen wieder auf.

Wenige Arten leben ganz oder zeitweilig submers. Vor der japanischen Küste wurde eine im Salzwasser vorkommende Art, nämlich *Dicranella siliquosa,* gefunden.

An europäischen Küsten kommen Moose vor, die eine bis zu 24 Stunden dauernde Überflutung überstehen: *Grimmia maritima, Pottia heimii, Tortella flavovirens,* u.a. Das größte Moos ist die australische Art *Dawsonia superba* mit einem Vegetationkörper, der 70 Zentimeter hoch werden kann.

Im allgemeinen kann man sagen, daß Arten mit stark verzweigten Stämmen vorwiegend rasenbildend

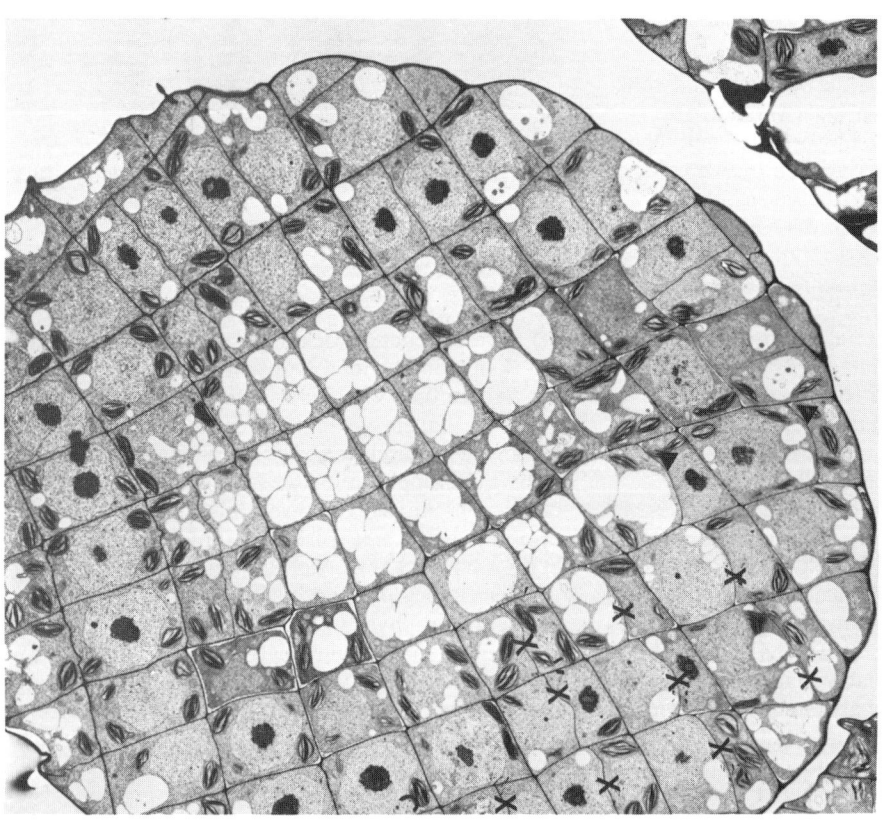

Abb. 46.7. *Sphagnum*-Blättchen. Flächenschnitt; elektronenmikroskopische Aufnahme bei schwacher Vergrößerung (×2 030). Der Differenzierung in wasserspeichernde Zellen und chloroplastenhaltige (s. Abb. 46.6) gehen inäquale Zellteilungen (im Bild in der unteren rechten Ecke durch x markiert) voraus. (E. Schnepf, 1986)

674

sind, während viele (nicht alle!) der unverzweigten Arten Polster bilden. Die meisten Arten wachsen auf dem Boden, nicht wenige leben epiphytisch.

Zu den auffallendsten Arten gehören die Torfmoose (Gattung *Sphagnum* mit ca. 300 Arten). Ausgewachsene Exemplare besitzen keine Rhizoide, die Stämme wachsen terminal stets weiter, im unteren Teil sterben sie ab und bilden im Laufe von Jahrtausenden meterdicke Torfablagerungen.

Sphagnum-Gewebe besteht aus großen, wasserspeichernden Zellen mit dazwischenliegenden Reihen kleinerer chloroplastenhaltiger Zellen (s. Abb. 46.6). Die beiden Zelltypen entstehen durch eine inäquale Teilung einer Ausgangszelle (s. Abb. 46.7). Die Blätter besitzen keine Mittelrippe, oft sind die Zellen rot pigmentiert. *Sphagnum* kommt vorwiegend auf sauren Böden vor. Es entzieht dem Boden selektiv Protonen und Anionen, so daß man im Inneren einer Torfschicht pH-Werte von etwa 4 mißt, während der pH-Wert der Umgebung bei etwa 6 liegt. Die selektive Ionenaufnahme macht man sich im Gartenbau zunutze, indem man der Gartenerde Torf beimischt. Alle *Sphagnum*-Arten haben n = 19 ± 2 Chromosomen.

In einigen Gattungen (und Arten) der Laubmoose wurden Ploidierassen gefunden.

In der Gattung *Mnium* sind die haploiden Formen diözisch, die diploiden monözisch.

Einige ausgewählte Vertreter der Laubmoose: Die *Sphagnum*-Arten (Torfmoose) wurden bereits beschrieben, sie gehören der Ordnung Sphagnales an.

Funaria hygrometrica und *Splachnum* gehören zur Ordnung Funaciales. Sie zeichnen sich durch besonders große Blattzellen aus.

Mnium, Bryum und *Rhodobryum* sind Eubryales. Ihre Sporangien zeichnen sich durch ein hochgradig spezialisiertes Peristom aus. Die Peristomzähne sind in zwei konzentrischen Kreisen angeordnet.

Bei den Polytrichales sind die Peristomzähne aus hufeisenförmigen Zellen aufgebaut. Der Stamm enthält ein hochentwickeltes Leitsystem.

Auf den Blattoberseiten sind Assimilationslamellen vorhanden. Die bekanntesten Vertreter dieser Ordnung sind die auf Waldböden verbreiteten *Polytrichum*-Arten.

Literatur

Bhatla, S.C., and R.N. Chopra: Biological significance of cyclic adenosine 3′,5′-monophosphate in mosses. Physiol. Plant. *57*, 383-389 (1983)

Brown, E.G. and R.P. Newton: Cyclic AMP and higher plants. Phytochemistry *20*, 2453-2463 (1981)

Cove, D.J., N.W. Ashton, D.R. Featherstone, T.L. Whang: The use of mutant strains on the study of hormone action and metabolism in the moss *Physcomitrella patens,* in: „The plant genome". Proc. 4th Symp. John Innes Inst. Norwich: John Innes Institute, 1979.

Dyer, A.F., Duckett, J.D.: The experimental biology of bryophytes. New York, London: Academic Press, 1984

Frahm, J.-P., W. Frey: Moosflora Stuttgart: UTB Ulmer, 1983

Handa, A.K., M.M. Johri: Cell differentiation by 3′,5′-cyclic AMP in a lower plant. Nature *259*, 480-482 (1976)

Hebant, C.: The conducting tissues of bryophytes. Vaduz: J. Cramer, 1977

Schnepf, E.: Morphogenesis in moss protonemata, S. 321-344, in „The Cytoskeleton". New York, London: Academic Press, 1982

Smith, G.M.: Cryptogamic botany. Vol II: Bryophytes and Pteridophytes. New York, London: McGraw-Hill Book Comp., Inc., 1955

Watson, V.E.: The structure and life of bryophytes. London: Hutchinson Univ. Library, 1974

Zepf, E.: Über die Differenzierung des *Sphagnum*blattes. Z. Bot. *40*, 87–118 (1952)

47. Gymnospermae

Die Gymnospermen wurden erstmals von Theophrast erwähnt. Er faßte darunter alle Pflanzen zusammen, deren Samen ungeschützt sind. Es sind primitive Samenpflanzen, jedoch repräsentieren die Gymnospermae kein phylogenetisch einheitliches Taxon. Die rezenten Arten können zwei großen Unterabteilungen, den Coniferophytina und den Cycadophytina zugeordnet werden.

Es ist viel darüber debattiert worden, ob sie diphyletischen Ursprungs sind oder doch auf gemeinsame Vorfahren zurückgeführt werden können.

Heute stellt sich die Sache so dar, daß beide als

Abb. 47.1. Rekonstruktion eines Teils von Stamm und Verzweigungssystem von *Triloboxylon ashlandicum,* einer Aneurophytontyp-Progymnospermae. (S.E. Scheckler, 1975)

Nachfahren einer Pteridophytengruppe, den Progymnospermae anzusehen sind. Aber: die Progymnospermae sind in sich ein heterogenes (polyphyletisches) Taxon, und es sieht so aus, als würden sich die Coniferophytina und Cycadophytina von unterschiedlichen Formen ableiten.

Progymnospermae (= Archaeopteridales)

Die Progymnospermae traten im Devon in Erscheinung. Sie sind echte Pteridophyten, denn sie vermehren sich durch Sporen. Homosporie schien vorherrschend zu sein, wenngleich bei einigen Formen Heterosporie gefunden wurde. Es gibt Hinweise darauf, daß sich von ihnen nicht nur die Spermatophyta, sondern auch die echten Farne (Pteropsida) ableiten.

Sie selbst entstammen vermutlich den Trimerophytatae, von denen sie sich durch ein komplexeres Leitungssystem und sekundäres Dickenwachstum unterscheiden.

Die primitiveren Formen rechnet man dem *Aneurophyton*-Typ zu, der durch ein dreidimensionales Verzweigungsmuster der Sprosse (s. Abb. 47.1) und mit Markstrahlen durchsetztes, poröses Holz gekennzeichnet ist. Der abgeleitete *Archaeopteris*-Typ besaß meist gefiederte Wedel und poröses oder kompakt strukturiertes Holz; progressive Vertreter waren heterospor. Die Holzanatomie war der entscheidende Anlaß zu der Annahme, daß die Gymnospermen von den Progymnospermen abstammen, wobei die Coniferophytinae vermutlich aus Formen mit festem Holz und weniger deutlich ausgeprägten Blättern, und die Cycadophytinae aus wedeltragenden Formen mit durch Parenchym aufgelockertem Holz hervorgegangen sind.

Gymnospermenmerkmale

Aus der eben vorgetragenen Argumentation wird deutlich, daß die Verholzung von Haupt- und Nebentrieben der Vervollkommnung der Fortpflanzungsorgane vorausging.

Alle rezenten und fossilen Gymnospermen (und Angiospermen) sind blüten- und samenbildend.

Unreifer Pollen ist den Mikrosporen, die frühen

676

Stadien der Samenanlage den Megasporen der Pteridophyten homolog.

In späten Entwicklungsstadien sind der nunmehr reife Pollen dem ♂ Gametangium (= Gametophyten), der Embryosack (ein Teil der Samenanlage) dem ♀ Gametangium homolog.

Die Homologie ließ sich an Hand zahlreicher fossiler Belege lückenlos dokumentieren. Zur Veranschaulichung sei zunächst die Entwicklung der Samenanlage und des Pollens an einem Modellbeispiel erläutert, aus dem die Homologisierung einzelner Teile und deren Benennungen hervorgehen:

(1) Reife Megasporen (der Pteridophyta) werden von der Mutterpflanze abgestoßen und entwickeln sich an einem neuen, geeigneten Standort zu ♀ Gametangien.

Die Samenanlage (der Spermatophyta), den Megasporangien homolog, bleibt mit der Mutterpflanze verbunden. Der Samen entwickelt sich im Schutz eines speziellen Organs, dem Integument. Es entstand durch Verwachsung ursprünglich sporangientragender, dann steril gewordener Sproßabschnitte (Telome) (s. Abb. 47.2).

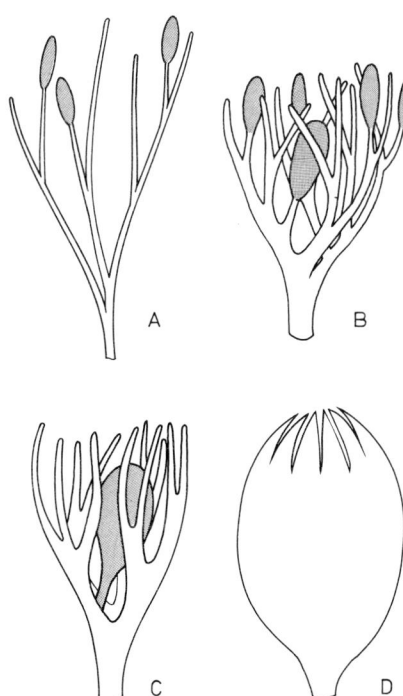

Abb. 47.2. Sukzessiv aufeinanderfolgende Schritte, die zum Einschluß eines Sporangiums durch Nucellus und Integument führten, so wie es bei den Samen der Pteridospermen in Erscheinung tritt. *A* terminal sitzende Sporangien *(Rhynia)*. *B* Übergipflung eines Sporangiums durch fertile und sterile Telome *(Hedeia corymbosa)*. *C* ein hypothetisches Stadium. Ein vergrößertes Sporangium, das von einem Telomnetzwerk eingeschlossen wird. *D* Samen mit Sporangium (Nucellus), von verwachsenen Telomen (= Integument) umgeben. (Nach Walton, 1940, aus H.N. Andrews, 1961)

(2) Ein Megasporangium besteht zu Beginn seiner Entwicklung aus der Sporangienwand und einer oder mehreren Megasporenmutterzellen. Sie durchlaufen die Meiose, und die je vier dabei produzierten Tochterzellen differenzieren sich üblicherweise direkt oder nach ein bis wenigen weiteren mitotischen Teilungen zu Megasporen.

Bei den Gymnospermen (und Angiospermen) entspricht das Megasporangium dem Nucellus. Er umschließt eine Embryosackmutterzelle (≙ Megasporenmutterzelle).

(3) Die Embryosackmutterzelle entwickelt sich zum Embryosack, der das ♀ Gametangium darstellt.

Seine Entwicklung läuft wie folgt ab: Die Embryosackmutterzelle teilt sich meiotisch, und in der Regel entwickelt sich nur eine der vier haploiden Tochterzellen weiter. Die drei übrigen gehen bei den Gymnospermen im Verlauf der Zeit zugrunde. Der Zellkern der zur weiteren Entwicklung determinierten Zelle durchläuft eine Vielzahl von Kernteilungen.

Es entsteht dadurch ein Synzytium (ein vielkerniges Gebilde). Im Anschluß an die Kernteilungen werden Zellwände eingezogen. Die Zellwandbildung geht von der Peripherie des Synzytiums aus.

(4) Im sich entwickelnden Embryosack differenzieren sich einige der am apikalen Pol gelegenen Zellen zu Archegonien, die aus einer zentral gelegenen Eizelle und einem sie umgebenden Kranz kleiner Zellen bestehen. Letztere entsprechen den Halswandzellen der Pteridophyten-Archegonien.

(5) Während sich die Archegonien bilden, setzt das Integument sein Wachstum so lange fort, bis es die Samenanlage fast vollständig umschlossen hat. Die apikal verbleibende kanalförmige Öffnung wird Mikropyle genannt.

Zwischen dem Integument und dem Nucellus bildet sich eine mehr oder weniger große Pollenkammer, deren Ausdehnung artspezifisch ist; ihre Bildung ist, z.T. wenigstens, auf einen Zerfall apikal liegender Zellen des Nucellus und der Halswandzellen zurückzuführen. Dadurch geraten Eizellen an die Pollenkammeroberfläche. Diese Exposition ist ein charakteristisches Merkmal der Gymnospermen (s. Abb. 47.3).

(6) Wie erwähnt, entspricht ein unreifes Pollenkorn einer Mikrospore. Pollen wird in Pollensäcken erzeugt, welche ihrerseits den Mikrosporangien der Pteridophyten entsprechen.

Reife Pollenkörner sind mehrzellig. Sie sind stets von einer dicken mehrschichtigen Hülle umgeben, deren Struktur und Zusammensetzung als artdiagnostisches Merkmal verwendbar ist (s. Kap. 27 und 43: Pollenanalyse). Durch Wind verbreitete Pollenkörner besitzen meist einen oder mehrere Luftsäcke.

Aus den zentral gelegenen Zellen entwickelt sich ein Antheridium und darin ein ♂ Gamet. Nur bei den Cycadophytinae und *Ginkgo* kommen begeißelte Gameten vor, bei allen übrigen Gymosper-

677

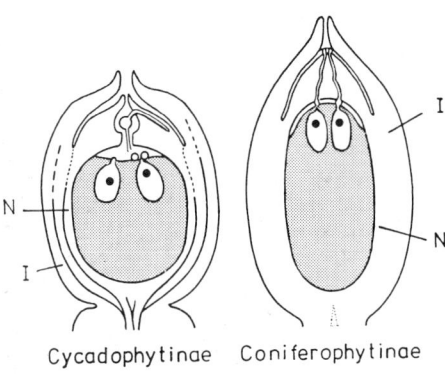

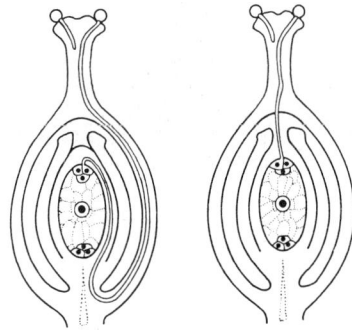

Angiospermae

Abb. 47.3. Die wichtigsten Typen der Samenanlagen bei Phanerogamen (Gymnospermen und Angiospermen); *N* Nucellus, *I* Integument. (W. Zimmermann, 1959)

men und bei den Angiospermen sind sie unbegeißelt.

(7) Die erste Voraussetzung für einen Befruchtungsvorgang ist das Eindringen von Pollen durch die Mikropyle in die Pollenkammer, die zweite, das Auswachsen eines Pollenschlauchs, in den (bei den Coniferophytina) der ♂ Gametenkern einwandert und der mit der Eizelle Kontakt aufnimmt. Nach der Fusion der beiden Zellen kommen ♂ und ♀ Kern zusammen und verschmelzen zu einer Zygote. Bei den Cycadophytina dient der Pollenschlauch ausschließlich der Ernährung des ♂ Gametophyten.

(8) Durch den Befruchtungsvorgang ist der erste Teil des Samenbildungsprozesses abgeschlossen. Es folgen die einleitenden Schritte einer Embryonalentwicklung, und schließlich die Freisetzung des reifen Samen.

Systematischer Überblick

Die Coniferophytinae und die Cycadophytinae unterscheiden sich in der Struktur des Holzes, der Blattform und der Samensymmetrie. Das Holz der Coniferophytinae ist fest, denn es ist von nur wenigen dünnen, parenchymatischen Markstrahlen durchsetzt;

hingegen ist das der Cycadophytinae sehr porös, weil es durch sehr breite parenchymatische Markstrahlen aufgelockert ist.

Coniferophytinenholz wird wirtschaftlich genutzt (Kiefer, Fichte usw.), Cycadophytinenholz hat keinen wirtschaftlichen Nutzen.

Die Blätter (Nadeln) der Coniferophytinae können, von einer Ausnahme abgesehen (Ginkgoales), als Mikrophylle klassifiziert werden, denn sie werden durch nur eine oder zwei parallel liegende Blattnerven versorgt.

Cycadophytinenblätter sind, wie Farnwedel, Megaphylle. Die Blattspreiten enthalten ein umfangreiches, durch Anastomosen untereinander verknüpftes Adersystem.

Coniferophytinensamen sind bilateral gebaut, Cycadophytinensamen in der Regel radiärsymmetrisch.

Die Untergliederung in Ordnungen sieht wie folgt aus:

Coniferophytinae:	*Cycadophytinae:*
Cordaitales$^+$	Pteridospermales$^+$
Coniferales	Bennettitales$^+$
Taxales	Pentoxylales$^+$
Ginkgoales	Cycadales
	Gnetales

Die Organisation der Vegetationskörper großer, komplex strukturierter Pflanzen ist aus fossilen Fragmenten oft nur sehr schwer zu rekonstruieren, da die meisten entweder nur Teile des Stamms, Teile der Blätter, der Reproduktionsorgane oder Samen enthalten. Anhand eines Blattfragments ohne Samenanlage oder ohne Sporangium kann man daher nicht einmal entscheiden, ob es von einem Farn oder von einem Samenfarn stammt.

Viele der Schlußfolgerungen und Rekonstruktionsversuche beruhen daher auf statistischen Auswertungen, bei denen die Häufigkeit, mit der bestimmte Teile verschiedener Organe in der gleichen Formation auftreten, als Entscheidungshilfe dient.

Coniferophytinae

Cordaitales

Die Cordaitales können als Vorläufer rezenter Nadelbäume betrachtet werden. Sie traten im Karbon und Perm etwa zur gleichen Zeit wie die später zu behandelnden Pteridospermae (Samenfarne) auf. Es waren hohe Bäume mit schlankem Stamm und einer stark verzweigten Krone. Entscheidend zum Zustandekommen einer solchen Form war die Entwicklung von festem Sekundärholz. Es war offensichtlich bereits so vervollkommnet, wie wir es von rezenten Coniferen (z.B. *Araucaria*) her kennen. An den Zweigen saßen ungeteilte, bis zu einem Meter lange, mit Parallelnerven versehene, grasartige Blätter. Die Fortpflanzungsorgane waren in getrenntgeschlechtlichen Zapfen vereint, wobei deren Hauptachse alternierend fertile Anlagen und sterile Schuppen (Hochblätter) trug.

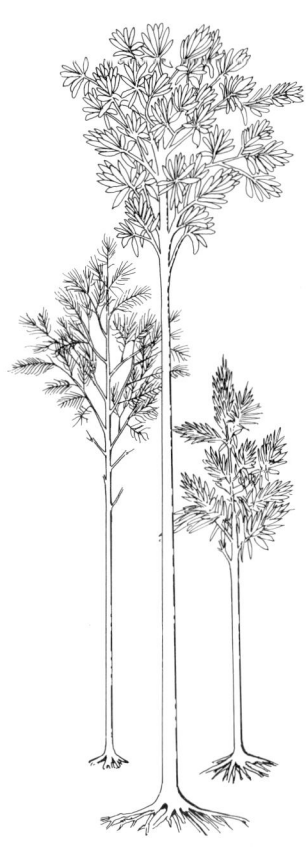

Abb. 47.4. *Cordaites.* Rekonstruktion von Bäumen drei verschiedener Arten. Die Bäume waren ca. 10 bis 30 Meter hoch. (C. Grand' Eury, 1877)

Die fossilen Funde lassen darauf schließen, daß es mindestens drei verschiedene Familien gegeben haben muß: Eristophytaceae, Cordaitaceae und Poroxylaceae.

Die Cordaitaceae standen den rezenten Nadelbäumen am nächsten. Im Oberen Karbon bildeten sie riesige Wälder, in denen die Bäume mindestens 30 Meter hoch gewesen sein müssen (s. Abb. 47.4).

Die Blätter wurden von zwei Blattspuren versorgt und ähnelten damit einer Organisation, wie man sie auch bei einer rezenten Art (*Ginkgo biloba*) antrifft. (s. Abb. 47.9).

An dieser Stelle mag die Frage erlaubt sein, weshalb die Cordaitales nie im Zusammenhang mit den Steinkohlenwäldern des Karbons genannt werden. Eine Ursache hierfür mag darin liegen, daß die Cordaitales (im Gegensatz zu den Pteridophyta) prädestiniert waren, trockene, z.T. auch gebirgige Biotope zu besiedeln, sich dort auszubreiten und dominierend zu werden. Vielleicht waren sie aber auch besser als ihre Vorgänger in der Lage, kühles Klima zu ertragen. Derartige Umweltbedingungen sind für Kohle- und Fossilbildung extrem ungünstig, was sich in der Tatsache widerspiegelt, daß die fossilen Urkunden dieser Pflanzengruppe (und der meisten späteren) rar sind.

Die Poroxylaceae ähnelten in ihren vegetativen Merkmalen den Cycadophytinae, wobei der geringe Anteil an Sekundärholz hervorzuheben ist. Die Struktur und Anlage der Fortpflanzungsorgane entsprach denen der übrigen Cordaitales.

Coniferales

Die Coniferales – Nadelbäume – waren und sind eine erfolgreiche Gruppe. Sie bedecken etwa 8 Prozent der Erdoberfläche, sind aber fast ausschließlich in der nördlichen Hemisphäre zu Hause. Es gibt ca. 600 Arten, von denen jede ein klar umrissenes Verbreitungsgebiet hat. Im Norden Europas, Asiens und Nordamerikas bilden sie eine ausgedehnte Nadelwaldzone, eine der markantesten Vegetationszonen der Erde (s. Kap. 58). In Gebirgen bilden sie vielfach die Baumgrenze.

Die systematische Gliederung der einzelnen Gruppen und ihre Fossilgeschichte wurden in den Jahren von etwa 1930 bis 1960 durch den schwedischen Paläobotaniker R. Florin geklärt. Coniferales traten erstmals im Oberen Karbon auf, eine starke Ausbreitung ist seit dem Jura festzustellen.

Es sind verzweigte Holzpflanzen, deren Stamm Lang- und Kurztriebe trägt. Das Sekundärholz ist fest, von nur wenigen Markstrahlen durchsetzt. In den Blättern, der Rinde und manchmal auch im Holz sind ausgedehnte Harzkanäle angelegt. Die in der Regel nadel- oder schuppenförmigen, gelegentlich auch breiten Blätter sind spiralig oder gegenständig angeordnet, Quirle sind selten.

Die Fortpflanzungsorgane sind meist in eingeschlechtigen Zapfen zusammengefaßt. ♀ Zapfen bestehen aus fertilen und sterilen Anlagen (Samenanlagen und Hochblättern, wie bei den Cordaitales), die in regelmäßiger schraubiger Abfolge an einer Zentralachse angeordnet sind. In einigen Familien sind die Samenanlagen einzeln (solitär). Die Integumente entwickeln sich meist zu einer harten (steinigen) Samenschale. Bei Arten mit solitärer Samenanlage sind jene meistens von einer zusätzlichen fleischigen, meist gefärbten Hülle umschlossen. Die so entstandenen beerenartigen Samen werden von Tieren (Vögeln) verbreitet, die die fleischige Hülle fressen. Interessanterweise sind die vogelverbreiteten Coniferen überwiegend zweihäusig, wie es auch für viele vogelverbreitete Angiospermen zutrifft. ♂ Zapfen enthalten zahlreiche schuppenförmig gebaute Mikrosporophylle (s. Abb. 47.5). Die Coniferales untergliedert man in die neun folgenden Familien, von denen die drei zuerst genannten fossil bekannt sind. Von den zahlreichen Gattungen werden nur die bekanntesten aufgeführt:

- Lebachiaceae $^+$ *Walchia*
- Voltziaceae $^+$
- Palissyaceae $^+$
- Pinaceae   *Abies* (Tanne), *Picea* (Fichte), *Larix* (Lärche), *Cedrus* (Zeder), *Pinus* (Kiefer), *Tsuga, Pseudotsuga*

Abb. 47.5. Coniferen; einige Beispiele für Wuchs- und Fruchtformen. *a Cupressus sempervirens* (Zypresse). Diese in Nordpersien, Kleinasien und den Inseln des östlichen Mittelmeeres beheimatete Art ist heute im gesamten mediterranen Bereich verbreitet. Es ist eine Kulturpflanze, die in mehreren Sorten (auch außerhalb des Mittelmeerraumes) angepflanzt wird. *b Pinus pinea.* Im Strandgebiet des westlichen Mittelmeeres verbreitet. *c Pinus cembra* (Zirbe). Diese alpine Art gehört einer Untergattung von *Pinus* an, die sich durch fünfnadelige Kurztriebe, im Gegensatz zu zweinadeligen (z.B. *Pinus sylvestris* oder *Pinus ponderosa*) auszeichnet. *d Metasequoia glyptostroboides.* Diese Gattung wurde zuerst in fossilem Zustand beschrieben. 1944 wurde eine rezente Art in China entdeckt. *e Pinus ponderosa.* Männlicher Blütenstand mit auswachsendem Langtrieb, der mit Kurztrieben besetzt ist. *f Cedrus atlantica glauca.* Starker Fruchtansatz. Bei subletalem Zustand (Emissionsschäden) ist oft ein exzessiver Fruchtansatz zu finden. *g Juniperus communis* (Wacholder). Im Gegensatz zu den bisherigen Fällen sind hier beerenartige Samen (Beerenzapfen) vorhanden.

– Taxodiaceae	*Sequoia, Sequoiadendron, Metasequoia*
– Cupressaceae	*Cupressus* (Zypresse), *Thuja* (Lebensbaum), *Juniperus* (Wacholder).
– Podocarpaceae	
– Cephalotaxaceae	
– Araucariaceae	*Agathis, Araucaria*

Die Lebachiaceae waren bereits vorhanden, bevor die Cordaitales ihre Hauptblütezeit erlebten. Ihr Vorkommen war auf die Nordhalbkugel der Alten und Neuen Welt beschränkt.

Das Verzweigungsmuster des Stammes war sehr regelmäßig, und damit anders als bei den Cordaitales. Man vermutet, daß sie ähnlich wie die modernen Araucarien ausgesehen haben (s. Abb. 47.6). Das Integument entstand durch Fusion zweier Teile – das gilt übrigens auch für das der übrigen Coniferophytina – und wird als Grund dafür genannt, daß ihre Samen bilateral gebaut (abgeflacht) sind. Die Lebachiaceae sind im Oberen Karbon ausgestorben und wurden durch die Voltziaceae ersetzt. Nach R. Florin nehmen diese eine Schlüsselstellung ein, denn an ihnen sind zahlreiche Merkmale der Reproduktionsorgane bereits so ausgebildet, wie wir sie von rezenten Coniferen her kennen.

Die modernen Arten, Gattungen und Familien unterscheidet man anhand ihrer morphologischen Merkmale, so z.B.:
- Anordnung bestimmter Teile: Blätter, Kurztriebe, Megasporentragende (embryosacktragende) Schuppen.
- spiralige oder gegenständige Anordnung genannter Teile,
- Struktur der Zapfen, sofern vorhanden,
- Anzahl der Pollensäcke in Mikrosporophyllen,
- Anzahl der Embryosackanlagen pro embryosacktragender Schuppe.

Zu den primitiven Merkmalen der Coniferen gehören:

(1) gut ausgebildete ♀ Zapfen,
(2) Hochblätter (sterile Schuppen) und embryosacktragende Schuppen (fertile Schuppen) sind nicht miteinander verwachsen,
(3) Pollen mit Luftsäcken,
(4) zahlreiche männliche Gametophyten,
(5) apikales Meristem mit Scheitelzelle, aber
(6) ohne Gliederung in Tunika und Corpus,
(7) lange Synzytienphase im Anschluß an die Zygotenbildung,
(8) hohe Chromosomenzahl,
(9) einheitliches Holz ist primitiver als heterogen strukturiertes.

Keine der Familien ist in allen Merkmalen primitiv, doch besitzen die Podocarpaceae die höchste Zahl primitiver Merkmale; die Pinaceae, Cephalotaxaceae und Araucariaceae nehmen eine Mittelstellung ein, und die Taxodiaceae und Cupressaceae wären demnach als am höchsten entwickelt einzustufen.

Bei den Pinaceae, Taxodiaceae, Cupressaceae und Podocarpaceae fehlt eine Untergliederung in Tunika und Corpus; bei den Araucariaceae, die man wegen ihres urtümlichen Aussehens und der Struktur des Holzes für ursprünglich halten würde, ist sie vorhanden.

Abb. 47.6. *Araucaria auracana* (der gesamte Sproß ist mit Schuppenblättern besetzt).

681

Abb. 47.7. *Sequoia dendron giganteum* (im Sequoia National Park am Westabhang der Sierra Nevada (Kalifornien). Diese großen rezenten Bäume waren voreiszeitlich weit verbreitet.

Das Phloem (aller Gymnospermen) enthält im Gegensatz zu dem der Angiospermen keine Geleitzellen; die Siebregion liegt in den Radiärwänden.

Nadelbäume sind meist immergrün. Die schuppenförmigen Blätter der *Araucaria* können bis zu 15 Jahre alt werden. Blattfall findet man nur in den Gattungen *Larix, Pseudolarix, Taxodium* und *Metasequoia*, breite Blätter kommen bei *Agathis* und bei den Podocarpaceae vor.

Zu den Coniferales gehören die höchsten und die ältesten der bekannten Bäume: *Sequoia sempervirens* 112 Meter hoch, *Pinus aristata* > 4 000 Jahre alt (s. Kap. 6). Doch auch die übrigen Arten sind vielfach wesentlich höher als die Laubbäume (gemäßigter Zonen) und überragen sie daher in Mischwäldern.

Die Artenzahl ist im Vergleich zu der Individuenzahl recht gering. Das mag einmal am Fortpflanzungsmodus liegen (obligate Allogamie, kaum vegetative Fortpflanzung), zum anderen scheint es nur selten Gelegenheiten zur Etablierung isolierter Gründerpopulationen zu geben. Da es aber auch einige sehr alte endemische Arten gibt, müssen die genetischen Voraussetzungen zur Artneubildung durchaus vorhanden gewesen sein (und noch vorhanden sein). Die Evolutionsgeschwindigkeit ist jedoch gering, denn die Entstehung jeder der rezenten Familien kann bis ins Mesozoikum zurückverfolgt werden.

Das Holz vieler Arten wird wirtschaflich genutzt, insgesamt decken die Coniferen über 85 Prozent des Weltholzbedarfs. Manche Arten, vor allem die Fichte (*Picea excelsior*) werden wegen ihres Holzes, ihres relativ schnellen Wachstums und als Weihnachtsbaum in Mitteleuropa in Monokulturen gehalten. Die dadurch bedingten ökologischen Nachteile sind bekannt:

– Krankheiten können sich in Monokulturen schnell ausbreiten,
– andere Arten haben kaum eine Chance, sich in einem Fichtenwald zu halten – Einöde ist die Folge;
– wegen der Flachwurzligkeit und ihrer Holzstruktur (s. Kap. 6) sind die Bestände gegenüber Sturmeinwirkungen extrem anfällig.

Flachwurzligkeit andererseits ist in Gebirgen und in der subarktischen Zone, in der tiefe Bodenschichten permanent gefroren sind (Dauerfrost), von Vorteil.

Pinaceae. Die Pinaceae sind die artenreichste, auf die nördliche Hemisphäre beschränkte Familie. Die bekanntesten Gattungen wurden bereits vorgestellt.

Taxodiaceae. Ihnen gehören die höchsten heute existierenden Bäume an. Sie sind als Relikte zu betrachten, die wenigen rezenten Arten sind Endemiten, d.h. sie sind nur in kleinen, streng umgrenzten Arealen verbreitet.

Metasequoia glypterostroboides wurde erst 1944 in China entdeckt. Im Pliozän war die Art in Asien, Nordamerika, Grönland und der Arktis weit verbreitet.

Sequoia sempervirens (Californian Redwood) kommt an Kaliforniens Küste vor, *Sequoiadendron giganteum* (Big Tree, Mammutbaum) am Westabhang der Sierra Nevada (s. Abb. 47.7). Wegen ihrer Besonderheiten werden diese Arten in Europa und Nordamerika häufig in Gärten gehalten. Exemplare, die z.B. in Deutschland im vergangenen Jahrhundert gepflanzt wurden, erreichen heute bereits stattliche Höhen.

Cupressaceae (Zypressen). Diese Familie enthält 148 Arten, die 12 Gattungen angehören und sowohl auf der Nord- als auch auf der Südhalbkugel vorkommen.

682

Abb. 47.8. *a Taxus baccata* (Eibe; Same von roter Fruchthülle (Arillus) umgeben; *b Torreya nucifera*. Die Farbe der
Fruchthülle ist grün. *Torreya*-Arten stammen aus Nordamerika.

Bei *Thuja, Juniperus* u.a. gibt es keine ♀ Zapfen. Die
♀ Fortpflanzungsorgane sind als einzeln stehende Beeren ausgebildet (s. Abb. 47.5). Die Chromosomenzahl
ist bei allen Arten n = 11.

Podocarpaceae. Diese Familie ist in Europa wenig
bekannt. Ihr Verbreitungsgebiet reicht von Japan bis
Neuseeland. *Podocarpus* ist mit 110 Arten die artenreichste Coniferengattung. Die Bäume können bis zu
60 Meter hoch werden. *Podocarpus ustus* wächst parasitisch auf Wurzeln von *Dacrydium taxoides* (auch
einer Art aus dieser Familie). Die Blätter sind entweder fiederförmig – und ähneln denen der Farne, – oder
sie sind blattförmig.

Die Chromosomenzahlen sind variabel: *Dacrydium*-Arten besitzen n = 9–15, *Podocarpus*-Arten
n = 10–19.

Araucariaceae. Die Araucariaceae sind eine alte,
seit der Trias bestehende Familie, die einst auf der
Nord- und der Südhalbkugel verbreitet war, heute
jedoch mit zwei Gattungen auf die Südhemisphäre
beschränkt ist. Die bekanntesten Arten sind *Araucaria araucana* und *Araucaria heterophylla*. Lehr-
buchmäßig ist die streng plagiotrope Ausrichtung
der Seitentriebe. Auch Stecklinge behalten die einmal eingeschlagene Orientierung bei. In einem ♂
Zapfen können bis zu 10 Millionen Pollenkörner
produziert werden.

Taxales

Die Taxaceen sind immergrüne Büsche oder Bäume
mit kleinen, linearen, schraubig angeordneten Blättern und sehr festem parenchymfreiem Holz. Die Tracheiden sind durch zusätzliche schraubige Verdickungen verstärkt. Die Mikrosporangien sind zu Zapfen

vereint, die Megasporangien stehen einzeln. Bei
Taxus baccata (der einheimischen Eibe) sind die
Integumente außer an der Spitze mit dem Nucellus
verwachsen und bilden eine feste Samenschale, die
von einer rot gefärbten, fleischigen, becherförmigen Hülle umgeben ist. Die Früchte der nordamerikanischen Gattung *Torreya* besitzen eiförmige
Samen, die von einer dünnen holzigen Schale und
einem fleischigen dicken Mantel umgeben sind (s.
Abb. 47.8).

Ginkgoales

Ginkgoales sind Bäume mit verzweigter Krone, festem Holz und ledrigen, fächerförmig gestalteten, tief
eingeschnittenen Blättern (s. Abb. 47.9). Die Aderung
ist streng dichotom. Die zu Gruppen von zwei bis
zehn zusammengefaßten Embryosackanlagen sitzen
terminal auf verzweigten oder unverzweigten Achsen.
Die (eßbaren) Samen sind groß und von einer fleischigen Außenschicht und einer festen (steinigen) mittleren Schicht umgeben.

♂ Fortpflanzungsorgane sind achselständig, die mi-
krosporangientragende Achse ist stets unverzweigt.

Charakteristisch ist die Bildung begeißelter Spermien, die mit denen der Cycadeen auffallend übereinstimmen.

Die einzige lebende Art, *Ginkgo biloba,* ist in Süd-
china beheimatet, seit Jahrhunderten aber über ganz
Ostasien verbreitet. Vielfach fand sie als Kuriosität
Eingang in europäische Gärten. Sie ist diözisch, die
Geschlechtsbestimmung ist genotypisch, und es ist zur
Ausbildung von Geschlechtschromosomen (X, Y) ge-
kommen.

683

Abb. 47.9. *Ginkgo biloba. a* Das hier abgebildete Exemplar aus dem Botanischen Garten Todaifuzoku-Tokyo ist von historischem Interesse: *The spermatozoid of Ginkgo biloba was first discovered in seeds of this female tree by Sakugaro Hirase, who was a teaching assistent in the Botanical Institute, Imperial University, and was studying the fertilization and embryo development in Ginkgo. This finding is believed one of the most important contributions from the early days of Japanese botany* (Gedenktafel am Fuße des Baumes). S. Hirase entdeckte die Spermatozoiden am 9. Sept. 1896, er berichtete darüber am 26. Sept. des gleichen Jahres vor der Tokyo Botanical Society. (Literatur hierzu: Y. Ogura: Phytomorphology *17,* 109–114 (1967)). *b* Blätter und Früchte vom gleichen Baum.

684

Cycadophytinae

Pteridospermales (Caytoniales; Samenfarne)

Die Pteridospermales traten im Oberen Devon in Erscheinung, erlebten ihre Blütezeit im Karbon und Perm und hielten sich bis gegen Ende des Jura.

Beim Vergleich ihrer Samen mit denen der Cordaitales sind im Detail Unterschiede erkennbar. Die Entstehung von Samen ist vermutlich nicht auf ein einmaliges Ereignis zurückzuführen, was im Grunde auch nicht verwunderlich ist, denn Parallelentwicklungen sind wir ja schon des öfteren begegnet (s. Kap. 43.4). So ist z.B. ja auch die Heterosporie mehrfach entstanden.

Groß war jedoch der Selektionsvorteil (Unabhängigkeit vom Wasser beim Befruchtungsvorgang und die Möglichkeit der Überdauerung kalter/trockener Jahreszeiten mit Samen), und damit der Druck, die Entwicklung weiterzuführen und zu vervollkommnen.

Zu den markantesten fossilen Resten gehören die Mikrosporen, die man durchaus mit den Pollen der übrigen Gymnospermen und Angiospermen homologisieren darf. Sie sind von einer äußeren Hülle, der Exine, umgeben, deren Strukturmerkmale auch noch bei rezenten Arten nachweisbar sind (s. Abb. 47.10). Die fossilen Mikrosporen erwiesen sich als wertvolle Dokumente zur Rekonstruktion der Pollenevolution.

Trotz der Unsicherheiten bei der Bewertung mancher Einzelfunde läßt sich über die Pteridospermales folgendes Bild machen: Schlanker Stamm aus porösem Holz, mit einem nur geringen Anteil an Sekundärholz. Das Holz bestand vornehmlich aus Tracheiden, bei denen die Radiärwände durch Reihen von Tüpfeln durchbrochen waren. Die Wedel waren groß, stark unterteilt und ähnelten denen der Farne. Die Samen wurden an den Wedelrändern oder den Rändern speziell abgewandelter Wedel gebildet. Die Samenanlagen waren nicht zu Zapfen vereint.

Das Taxon gliedert sich in sieben Familien, von denen folgende am besten charakterisiert sind:
- Lyginopteridaceae
- Medullosaceae
- Glossopteridaceae
- Caytoniaceae

Lyginopteridaceae. Die stark verzweigten Stämme hatten Durchmesser von ca. vier Zentimetern; sie waren nicht stabil genug, um ausladende Wedel zu tragen. Bei den höher entwickelten Formen war das Integument mit dem Nucellus weitgehend verwach-

Abb. 47.10. Fossile Mikrosporen der Samenfarne mit Oberflächenmerkmalen, die auch an Oberflächen von Pollen rezenter Blütenpflanzen (und Mikrosporen nichtblühender Pflanzen) zu finden sind. *a* bis *c* Mikrosporen mit triradiater Apertur. Dieses Muster entsteht durch Ausbildung einer tetraedrischen Tetrade (als Endprodukt der Meiose). Solche Strukturen findet man bei einzelnen rezenten Pteridophyta sowie bei sämtlichen Bryophyta. *d* bis *f* luftsacktragende Formen; heute nur noch bei den Pinaceae; *f* Querschnitt durch luftsacktragende Mikrosporen. *g* monocolpate (= unisulkate) Mikrospore. Dieser Typ ist bei den rezenten Cycadophytina verbreitet (rasterelektronenmikroskopische Aufnahme). *h* Mikrospore mit reduzierten Luftsäcken. Heute nur noch bei *Dacrydium* (Podocarpaceae) (rasterelektronenmikroskopische Aufnahme). *i* Mikrospore mit alveolater (honigwabenartiger) Exine (rasterelektronenmikroskopische Aufnahme). Angiospermentypische Merkmale von Pollenoberflächen (s. Abb. 27.4 und 27.6) findet man erst seit dem Ende der Unterkreide. (T.N. Taylor, 1981)

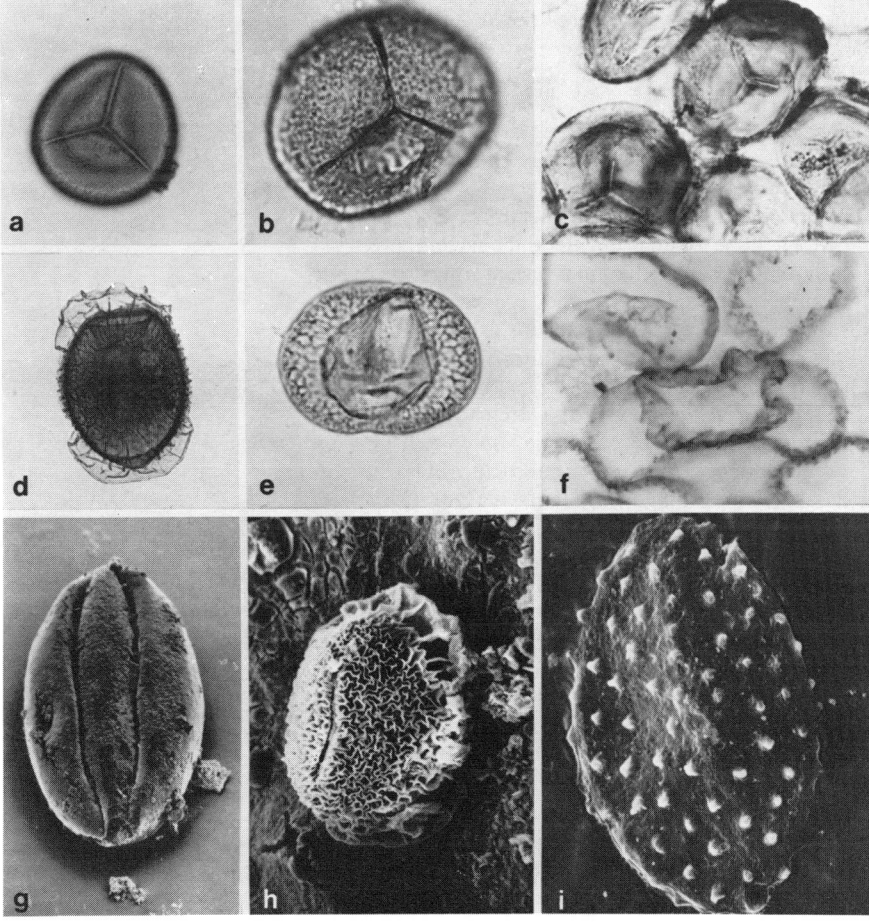

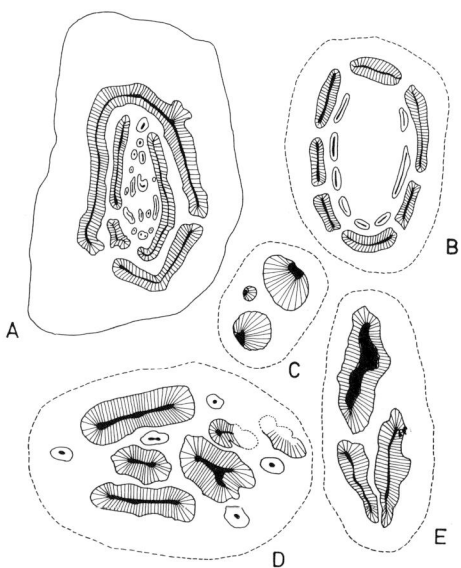

Abb. 47.11. Stammquerschnitte durch fossile *Medullosa*-Arten. Das Holz ist von vielen Markstrahlen durchsetzt, die Leitbündelorganisation ist bei den einzelnen Arten verschieden (unterschiedliche Stelenanordnung); schwarz: Phloem, gestrichelt: Xylem. (H.N. Andrews, 1961)

sen, bei den primitiveren waren beide Teile frei (lediglich an ihrer Basis miteinander verwachsen). Ein typisches Merkmal war die Cupula, die je nach Ansicht dem äußeren Integument oder den Karpellen der Angiospermen homolog ist.

Medullosaceae. Medullosaceae traten im Oberen Karbon und im Perm auf. Im Gegensatz zu den Lyginopteridaceae handelte es sich bei ihnen um große, bis 40 Meter hohe Bäume mit deutlich erkennbarem sekundärem Dickenwachstum. Der Stamm enthielt eine Polystele, die in teilungsfähiges (parenchymatisches) Grundgewebe eingebettet war, das während des Dickenwachstums an Menge zunahm und dadurch die ausgedehnten Markstrahlen produzierte (s. Abb. 47.11). Außergewöhnlich groß waren auch die samen- und pollentragenden Organe. Die Samen selbst hatten Durchmesser von mehreren Zentimetern. Das Integument der Samenanlage war mehrschichtig. Die innere Schicht war mit dem Nucellus verwachsen, die äußere entsprach einer Hülle, der Cupula.

Glossopteridaceae. Bis ins Karbon hinein ähnelte die Flora der nördlichen der der südlichen Hemisphäre. Im Oberen Karbon und im Perm traten markante Änderungen in Erscheinung. Australien, Südafrika, Südamerika und die indische Halbinsel waren zu einer Landmasse vereinigt: Gondwanaland.

Eine Art Leitfossil der Gondwanaland-Flora sind die zungenförmig aussehenden Blätter von *Glossopteris,* die einige Zentimeter bis einige Dezimeter lang waren und Netzadern besaßen.

Caytoniaceae. Die Caytoniaceae traten in der Oberen Trias, im Jura und in der Unteren Kreide auf.

Bemerkenswert ist einmal die Form der Blätter, zum anderen die Eigenart, Blätter abzuwerfen, und vor allem die Tatsache, daß die Samenanlagen in eingerollten Blattfiedern eingeschlossen waren (ähnliche Verhältnisse finden wir bei den Angiospermen).

Bennettitales Die Bennettitales stimmen in vielen Merkmalen mit den Angiospermen überein. Einige Arten besaßen zwittrige (hermaphrodite), von einem Perianth umgebene Blüten, die offensichtlich von Insekten bestäubt wurden.

Die Samenanlagen waren gestielt und in schraubiger Anordnung um eine zylindrisch oder konisch geformte Blütenachse – ein Receptaculum – gruppiert. Die Samen enthielten zwei Kotyledonen, worin sie mit denen einer Unterklasse der Angiospermen, den Dikotyledonen, übereinstimmten.

Der Stamm und die Blätter waren vielfach verzweigt. Bei einigen Arten waren die Blätter parallelnervig, bei anderen (höherentwickelten) netznervig. Die Bennettitales unterteilt man in drei Familien, von denen die erste, Williamsoniaceae (s. Abb. 47.12), getrenntgeschlechtige Blüten besaß, während die beiden anderen, Wielandiellaceae und Cycadeoideaceae, zwittrige, den Angiospermen ähnliche Blüten besitzen konnten, daneben kamen aber auch Arten mit getrenntgeschlechtligen Blüten vor.

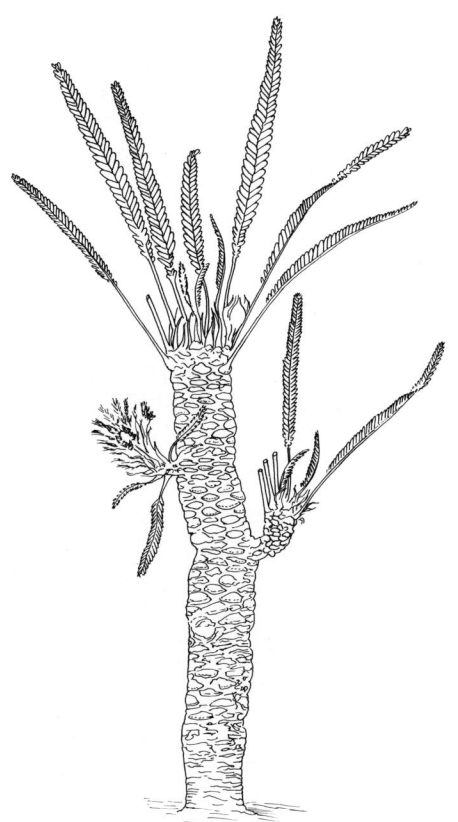

Abb. 47.12. Rekonstruktion von *Williamsonia sewardiana;* Fundort ist Rajmahal Hills, Indien. (B. Sahni, 1932)

Im Habitus ähnelten manche Cycadeoideaceen den rezenten *Cycas*-Arten, zeichneten sich denen gegenüber jedoch durch ihre spezialisierten Blüten aus.

Die Bennettitales waren im Mesozoikum weit verbreitet und vermutlich auch sehr artenreich. Ihr Aussterben erfolgte während einer Zeit, in der die Angiospermen dominierend zu werden begannen. Ob deren Erscheinen die Ursache des Aussterbens ist, den Aussterbeprozeß beschleunigt hat oder ob ganz andere Ursachen im Spiel sind, bleibt der Spekulation überlassen.

Es kann z.B. sein, daß die blütenbesuchende und -bestäubende Insektenfauna der Bennettitales auf die Angiospermen übergegangen ist und damit das Aussterben beschleunigt hat.

Die Bennettitales sind mit Sicherheit nicht die Vorläufer der Angiospermen, denn sie unterscheiden sich von ihnen durch einige gravierende abgeleitete Merkmale.

So entstanden z.B. die Stomata (Spaltöffnungen) der Bennettitales mit Schließ- und Nebenzellen aus einer einzigen Initialzelle, bei den Angiospermen (und u.a. bei den Cycadales) entstehen aus einer Initialzelle lediglich die Schließzellen; Nebenzellen bilden sich aus benachbarten Epidermiszellen.

Ein weiterer Unterschied: gestielte Samenanlagen kommen bei den Angiospermen nicht vor; außer bei den Bennettitales findet man sie sonst nur noch bei den Gnetales.

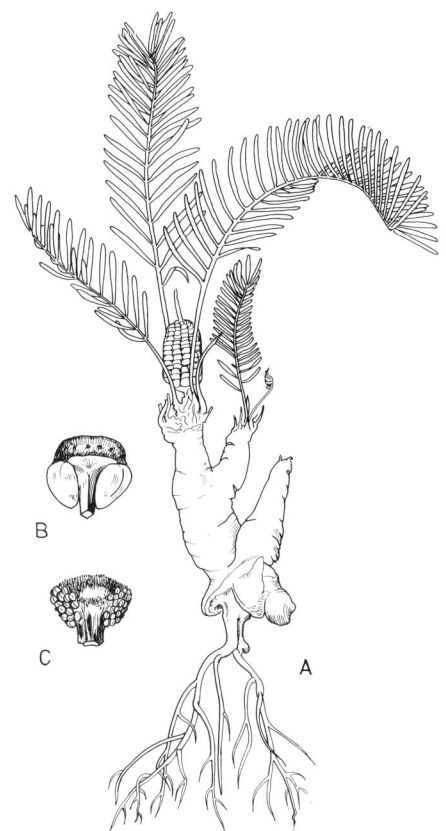

Abb. 47.13. Rekonstruktion von *Zamia floridana (A)*. *B* Megasporophyll mit zwei Samen. *C* Mikrosporophyll (von der Unterseite betrachtet) mit zahlreichen Sporangien. (H.N. Andrews, 1947)

Cycadales

Cycadales sind seit der Trias verbreitete Holzpflanzen, von denen sich 65 Arten (aus neun Gattungen) bis heute gehalten haben. Man kann sie als lebende Fossilien charakterisieren, denn die Geschichte einzelner Vertreter läßt sich 200 Millionen Jahre zurückverfolgen. Man findet sie heute nur noch im tropischen Amerika, in Südafrika und Ostasien/Australien. In jedem dieser Gebiete ist eine Art (Gattung) vorherrschend. *Cycas*-Arten z.B. sind von Japan bis Queensland (Australien) verbreitet, kommen aber auch in Indien und Madagaskar vor. Den Cycadales gehören zwei Familien an, die Nilssoniaceae⁺ und die Cycadaceae. Der bekannteste Vertreter der ausgestorbenen Nilssoniaceae ist die von dem schwedischen Paläontologen R. Florin (1933) beschriebene Art *Palmaeocycas integer,* deren Blätter, ähnlich den Bananenblättern, ungeteilt, etwa einen Meter lang und zwanzig Zentimeter breit waren. An der Spitze eines gedrungenen Stammes bildeten sie eine büschelförmige Krone aus, in deren Mitte die ♀ und ♂ Fortpflanzungsorgane angelegt wurden.

Die Blätter der rezenten Cycadeen sind meist einfach oder doppelt gefiedert, sie ähneln daher Palmwedeln. Die größten Wedel (*Cycas circinalis*) erreichen Längen von drei Metern, die kleinsten (*Zamia pyg-*

maea) wurden nur fünf Zentimeter lang (s.a. Abb. 47.13). Die Blätter aller rezenten Arten, auch von denjenigen, die in dichten Wäldern wachsen, sind extrem derb und von einer dicken Kutikula umgeben; Spaltöffnungen sind eingesenkt. Blätter der *Cycas*- und *Stangeria*-Arten werden von nur einer Blattader durchzogen, in denen der anderen Gattungen sind jene vielfach dichotom verzweigt.

Die Stämme der meisten Cycadeen sind kurz und gedrungen. Das sekundäre Dickenwachstum ist nicht übermäßig ausgeprägt, die mechanische Festigkeit wird durch perennierende Blattansatzstücke (Blattspuren) gewährleistet. Zu den höchsten rezenten Arten gehören *Dioon spinulosum* und *Microcycas calocona,* die 10–15 Meter hoch werden können, sowie *Macrozamia hopei,* die eine Höhe von 18 Metern erreicht.

Spitzenwachstum ist die Regel, meist sind umfangreiche apikale Meristeme vorhanden, eine Tunika wird nicht gebildet.

Cycadeen sind meist diözisch. Bei einer *Cycas*-Art wurden Geschlechtschromosomen (X, Y) festgestellt. Die Fortpflanzungsorgane sind fast immer zu dichten,

687

Abb. 47.14. Cycadeen: *a Cycas circinalis;* Megasporophyll mit Samenanlagen. *b,c Encephalartos horridus;* Blütenstand (= Blütenzapfen). Pollensackgruppen an den Unterseiten der schuppenartigen Mikrosporophylle.

teilweise sehr großen Zapfen vereint. Eine Ausnahme hiervon bilden die einzeln stehenden Samenanlagen von *Cycas* (s. Abb. 47.14).

Samen vieler Arten (vor allem der *Dioon*-Arten) sind eßbar. In den Pollenkörnern der Cycadales werden begeißelte Schwärmer (Schwärmer mit Geißelkranz) gebildet. In den Pollenschläuchen herrscht ein außergewöhnlich hoher osmotischer Druck. Nach dem Heranwachsen der männlichen Gametophyten platzen die Pollenschläuche, die freigesetzten Schwärmer können sich in der austretenden Flüssigkeit bewegen und erreichen so die Eizelle.

Cycadales leben oft in Symbiose mit *Anabaena,* die sie in den Wurzeln in Zellen der Rinde beherbergen.

Es ist schwer zu sagen, welche der rezenten Arten als primitiv und welche als abgeleitet zu gelten haben. Bezieht man sich auf die Megasporophylle würde man *Cycas* als primitiv einstufen. Betrachtet man hingegen die vegetativen Merkmale, fällt *Stangeria* als primitiv auf, denn Habitus und Entwicklung erinnern stark an die Verhältnisse bei Farnen.

Gnetales

Die Gnetales sind eine Gruppe in unsicherer Stellung. Manche Autoren erheben sie sogar zu einer eigenständigen Klasse: Gnetopsida.

Gnetales sind rezente Pflanzen; und weil Fossilien (von Pollen abgesehen) fehlen, wissen wir so wenig Sicheres über ihre Abstammung. Mehr noch als die Bennettitales zeichnen sie sich durch Angiospermenmerkmale aus, doch als deren Vorläufer kommen auch sie nicht in Frage. Es sind Holzpflanzen (Bäume, Sträucher, Lianen) oder solch merkwürdige Gebilde, wie sie uns bei *Welwitschia* begegnen, deren Stamm sich nahezu vollständig unterirdisch entwickelt.

Die Blätter sind gegenständig oder in Quirlen angelegt; sie sind breit, elliptisch oder schuppenförmig. Das Sekundärholz enthält stets Gefäße. Die Blüten sind eingeschlechtig, die Pflanzen meist diözisch, einige *Gnetum*-Arten sind monözisch. Die Blüten sind zu Infloreszenzen (Strobili) zusammengefaßt. ♂ Blüten sind vielfach von einem Perianth umhüllt; der Nucellus der ♀ Blüten ist von zwei bis drei Hüllen umgeben. Die Samen enthalten zwei Kotyledonen. Den Gnetales gehören drei Familien mit je einer Gattung an:
- Ephedraceae: *Ephedra*
- Gnetaceae: *Gnetum*
- Welwitschiaceae: *Welwitschia*

Ephedraceae. Das Sekundärholz von *Ephedra* besteht zu einem überwiegenden Teil aus Gefäßen. Deren Endplatten sind jedoch nicht, wie bei primitiven Angiospermen, leiterförmig durchbrochen, sondern enthalten neben einfachen Durchbrüchen vielfach voll ausgebildete Hoftüpfel. Die Blüten sind zu Infloreszenzen zusammengefaßt. Ein Perianth (ein zusätzliches Integument?) umgibt die ♂ Blüten.

Den Ephedraceen gehören etwa 40 Arten an, meist sind es Sträucher, selten Klettersträucher, nie Bäume. Sie sind in den Trockengebieten Nord- und Südamerikas sowie des Mittelmeerraums und Asiens verbreitet. *Ephedra*-Arten sind diözisch; manchmal sind die Blüten zwittrig. Einige Autoren bezeichnen solche Formen als Monstrositäten (abartige Formen). Wie dem auch sei, allein die Tatsache, daß sie auftreten, spricht dafür, daß das Genom von *Ephedra* die genetische Information zur Ausbildung von Zwitterblüten enthält (s. Abb. 47.15)

Gnetaceae. Es gibt etwa 40 *Gnetum*-Arten. Die meisten sind Lianen, einige sind Bäumchen, andere Sträucher. Sie kommen nur in den Tropen vor: im tropischen Amerika, in Westafrika, Indien und Südostasien bis Fidschi.

688

Abb. 47.15. *a Gnetum gnemoides;* *a1* und *a2:* Blütenstände; *b Ephedra spec.*

Gnetum gnemon wird in Malaysia kultiviert, gegessen werden die stärkereichen Samen. *Gnetum* besitzt echte Blätter, die nicht von Angiospermenblättern zu unterscheiden sind (s. Abb. 47.15); die Lamina ist breit, eine Netzaderung vorhanden.

Der Nucellus der Samenanlage ist von drei Hüllen umgeben, und man kann nun darüber streiten, ob alle drei als Integumente zu bezeichnen sind, oder die beiden inneren als Integumente, das äußere als Perianth.

Welwitschiaceae. *Welwitschia mirabilis* ist eine der außergewöhnlichsten Erscheinungen im ganzen Pflanzenreich (s. Abb. 47.16).

Sie kommt nur in einem kleinen Küstenabschnitt in Südafrika vor. Der Vegetationskörper besteht aus einem meist unterirdischen Stamm, zwei Keimblät-

689

Abb. 47.16. *Welwitschia mirabilis. a* Habitus (männliche Pflanze); *b* männlicher, *c* weiblicher Blütenstand. (H.-D. Ihlenfeld *(b,c)*)

tern und zwei gegenständigen bandförmigen Blättern, die an der Basis meristematisch sind, und daher kontinuierlich neues Blattmaterial nach außen schieben. Ältere Blätter sind gespalten und an den Enden ausgefranst, sie werden daher nur selten länger als einen Meter. Die Pflanzen können 2 000 Jahre alt werden.

Die Blüten sind auf parallel zur Blattbasis angelegten Leisten angeordnet.

Dieser kurze Abriß über die Gnetales soll ihre Vielgestaltigkeit unterstreichen. Es bleibt fraglich, ob man die drei Familien tatsächlich in einer Ordnung zusammenfassen darf, aber es gibt z.Z. keinen besseren Vorschlag.

Literatur

Andrews, H. N.: Studies in Palaeobotany. New York, London: J. Wiley and Sons, Inc., 1961

Dallimore, W., B. Jackson: A handbook of coniferae and ginkgoaceae. (Revised: S. C. Harrison.) London: Edward Arnold Publ. Ltd., 1966

Florin, R.: Untersuchungen zur Stammesgeschichte der Coniferales und Cordaitales. Stockholm: Almqvist und Wiksell, 1931

Grand' Eury, C.: Flore carbonifère du Dèp. de la Loire et du Centre de la France. Mém. Sar. étr. Acad. Sci. 24, Paris, 1877

Gottlieb, O.R. and K. Kubitzki: Chemosystematics of the Gnetatae and the chemical evolution of seed plants. Planta Medica 5, 380–385 (1984)

Niklas, K.J., B.H. Tiffney, A.H. Knoll: Patterns in vascular land plant diversification. Nature (Lond.) 303, 614–616 (1983)

Ogura, Y.: History of discovery of spermatozoids in Ginkgo biloba and Cycas revoluta. Phytomorphology 17, 109–114 (1967)

Roy, S.K.: Fossil wood of Taxaceae from the McMurray formation (Lover Createous) of Alberta, Canada. Canad. J. Bot. 50, 349–352 (1972)

Sahni, B.: A petrified Williamsonia from the Rajmahal Hills, India. Mem. Geol. Surv. India, Pallout Indica N.S. 20, 1–19 (1932)

Scheckler, S.E.: A fertile axis of Triloboxylon ashlandicum, a progymnosperm from the Upper Devonian of New York. Amer. J. Bot. 62, 923–934 (1975)

Sporne, K.R.: The morphology of gymnosperms. London: Hutchinson of London, 1965

Taylor, T.N.: Pollen and pollen organ evolution in early seed plants, pp. 1–25 (Vol. 2), in: „Paleobotany, paleoecology and evolution" (K.J. Niklas, ed.). New York: Praeger Scientific, 1981

48. Angiospermae: Magnoliophytina (Überblick)

Abb. 48.1. Angiospermen aus dem Tertiär (Abteilung: Eozän). Blätter nordamerikanischer Rubiaceen. *a* Blattadermuster einer rezenten Rubiaceae: *Condaminea corymbosa*. Das Muster ähnelt dem von *(b)*, gleicht ihm jedoch nicht vollständig. *b, c Paleorubiaceophyllum eocenicum*. Blattausschnitt *(P. e.)* zur Veranschaulichung des Blattadermusters. *d* Ein weiterer Beweis für die Rubiaceenzugehörigkeit der fossilen Blattreste ist das Vorhandensein von Nebenblättern (Stipeln), die denen der rezenten Rubiaceen stark ähneln (J.L. Roth, D.L. Dilcher, 1979).

Die Angiospermen (Bedecktsamer) sind das bekannteste und bestuntersuchte Taxon des Pflanzenreichs. Der sicherste Beleg für einen monophyletischen Ursprung dieser Gruppe ist der einheitliche Bau des Embryosacks und, damit zusammenhängend, ein spezieller Befruchtungsmodus, die doppelte Befruchtung (mehr dazu im folgenden Abschnitt). Den Angiospermen gehören zwei unterschiedlich große, aber relativ klar voneinander abgegrenzte Klassen an: die Dikotyledonen oder Magnoliopsida und die Monokotyledonen oder Liliopsida.

Die ersten fossilen Funde stammen vom Ende der Unteren Kreide, sie sind also etwa 130 Millionen Jahre alt. Bedauerlicherweise sind, außer Blattresten (s. Abb. 48.1), Stengel- und Holzresten sowie Pollen, nur wenige Fossilien erhalten. Das gilt insbesondere für Blüten, denn die Evolution dieser Pflanzengruppe versteht sich im wesentlichen als die Evolution der Blüte und der gegenseitigen Anpassung von Blüten und ihren Bestäubern (meist Insekten). Pollen sind den Mikrosporen der heterosporen Farne (vor allem der Samenfarne) homolog, deren Oberflächenskulptur bereits zahlreiche pollentypische Merkmale aufweist.

Die wichtigsten Angiospermenmerkmale wurden bereits in mehreren vorangegangenen Kapiteln behandelt. Als Zusammenfassung kann die folgende Liste dienen (nach O. Rohweder und P. K. Endress, 1983):

(1) Neben holzigen kommen krautige Arten vor.
(2) Das Leitgewebe ist stärker differenziert als bei den Gymnospermen und Pteridospermen. Neben Tracheiden kommen (meist) auch Tracheen vor (s. Kap. 6). Deren Seitenwände sind mit leiterförmigen Tüpfeln oder kleinen (nicht großen!) Hoftüpfeln besetzt. Die Siebröhren sind mit Geleitzellen assoziiert.
(3) Die Laubblätter sind stärker differenziert als die der Gymnospermen. Sie sind in Blattspreite, Stiel und Blattgrund mit oder ohne Nebenblätter unterteilt (s. Kap. 2). Die Nervatur ist nicht dichotom, sondern fiedernervig oder parallelnervig.
(4) Der Vegetationspunkt ist in Tunika und Corpus untergliedert (s. Kap. 3). Die Tunika ist meist mehrschichtig.
(5) Starke Differenzierung der Blüten im Zusammenhang mit der Pollenübertragung durch Bestäuber. Die Blüten sind meist zwittrig und oft nektarsezernierend. Die Blütenhülle besteht aus einem Kelch als Hüllorgan sowie einer Krone als „Schauapparat" (optische Attraktion für Bestäuber). Die Samenanlagen sind von Fruchtblättern (Karpellen) eingeschlossen, sie sind damit vor Freßfeinden, zu denen auch viele Bestäuber zu zählen sind, geschützt (die ursprünglichen Bestäuber waren vermutlich Käfer, die sich von Blütenteilen ernährten). Die Gesamtheit der Karpelle wird als Gynoeceum bezeichnet. Es kann aus einem oder mehreren Karpellen bestehen, diese können frei oder verwachsen sein.

Ein Karpell wiederum ist in Fruchtknoten, in Griffel und Narbe untergliedert. Der Fruchtknoten enthält die Samenanlage, die Narbe ist ein Organ zum Auffangen des Pollens, sie ermöglicht ihm zudem die Keimung. Der Griffel enthält ein Pollenleitgewebe, durch das die Pollenschläuche (gekeimte Pollenkörner) die in den Samenanlagen eingeschlossenen Eizellen erreichen.
(6) Die Staubblätter (Stamina) gliedern sich in Filament und Anthere, eine Anthere wiederum enthält zwei durch ein Konnektiv verbundene Theken. Jede Theka enthält zwei Pollensäcke (s. Abb. 27.7). Die Exine der Pollenkörner ist tectat-columellat. Die Samenanlagen sind bei den ursprünglicheren Formen mit zwei Integumenten versehen.
(7) Die Gametophyten sind noch stärker reduziert als bei den Gymnospermen. Der Mikrogametophyt ist nur dreizellig. Der Megagametophyt (Embryosack) ist meist siebenzellig (achtkernig). Es gibt keine Archegonien.
(8) Meist ist der Embryo von Anfang an zellulär (nicht nukleär).
(9) Es gibt ein sekundäres Endosperm, das im Zusammenhang mit einer doppelten Befruchtung entsteht; meist ist es triploid.

Es besteht weitgehend Klarheit darüber, wie eine Art abzugrenzen ist; es ist meist auch nicht schwierig, sie einer Gattung und Familie zuzuordnen. Problematischer ist die Einordnung in Taxa höheren Ranges.

Bereits im letzten Jahrhundert schlug A. Engler aufgrund von Unterschieden im Blütenbau die folgende Einteilung der Dikotyledonen in Untergruppen vor:

– Monochlamydeae oder Apetalae (Perianth fehlt oder ist einfach oder unscheinbar).
– Dialypetalae (Perianth vorhanden, klar in Kelch und Krone gegliedert, die Kronblätter sind stets frei, nie verwachsen).
– Sympetalae (Perianth ebenfalls in Kelch und Krone gegliedert, aber Krone verwachsenblättrig).

Jeder dieser Untergruppen wurde eine Reihe von Ordnungen zugewiesen, die sich weitgehend mit denen decken, die auch heute noch geläufig sind und in den folgenden Kapiteln behandelt werden. 1966 haben A. Cronquist (New York), A. Takhtajan (Leningrad) und W. Zimmermann (Tübingen) eine Neugliederung der Angiospermen vorgeschlagen. Die Angiospermen wurden *Magnoliophyta* genannt, demnach würden sie eine Abteilung repräsentieren. Heutzutage ist man wieder davon abgekommen und stuft sie damit als eine Unterabteilung (*Magnoliophytina*) der Samenpflanzen (*Spermatophyta*) ein.

Ihr gehören die beiden Klassen Dikotyledonen (= *Magnoliopsida*) und Monokotyledonen (*Liliopsida*) an. Die Dikotyledonen wiederum lassen sich in sechs Unterklassen (s. Abb. 48.2), die Monokotyledonen in fünf Unterklassen unterteilen. Ein entscheidendes Kriterium zur Untergliederung der Dikotyledonen ist der Bau des Androeceums; mit anderen Worten: die Zahl und Anordnung der Stamina in der

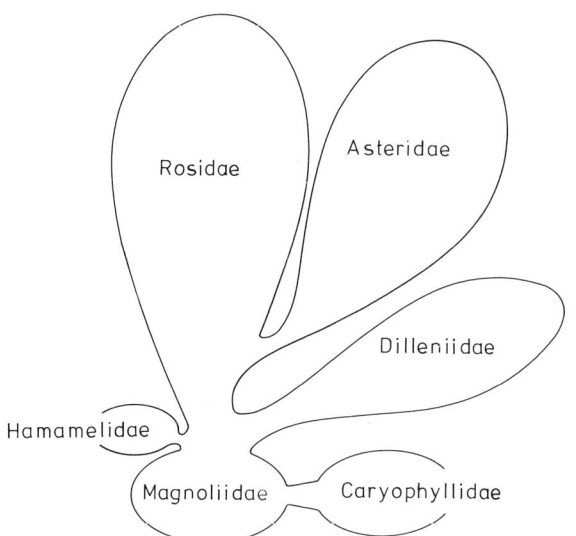

Abb. 48.2. Mögliche phylogenetische Zusammenhänge zwischen den Unterklassen der Dikotyledonen. Die Größe der Flächen ist in etwa der Artenzahl der einzelnen Gruppen proportional (A. Cronquist 1981). Ein alternativer Vorschlag wird in der Abbildung 48.8 unterbreitet.

Abb. 48.3. Dilleniidae: *Hypericum patulum*, ein Johanniskraut aus dem Himalaya. Nur bei wenigen Arten ist die Anordnung von Staubblättern zu Gruppen in ausgewachsenen Blüten so deutlich erkennbar wie an diesem Beispiel.

Blüte. Bei den Magnoliidae sind sie vielfach spiralig (schraubig) angeordnet, bei den Dilleniidae und den Rosidae stehen sie (meist) in Gruppen oder einem oder zwei Wirteln. Doch nur selten ist die Gruppenanordnung in fertigen Blüten so deutlich erkennbar, wie in der Abbildung 48.3 dargestellt. Man ist daher

darauf angewiesen, die Entwicklung der Staminaanlagen im Verlauf der Ontogenese zu verfolgen. Nur dann wird verständlich, daß bei manchen Dilleniidae und Rosidae zunächst nur wenige Stamenanlagen gebildet werden und daß im Verlauf der weiteren Entwicklung eine Spaltung der primären Anlagen eintritt.

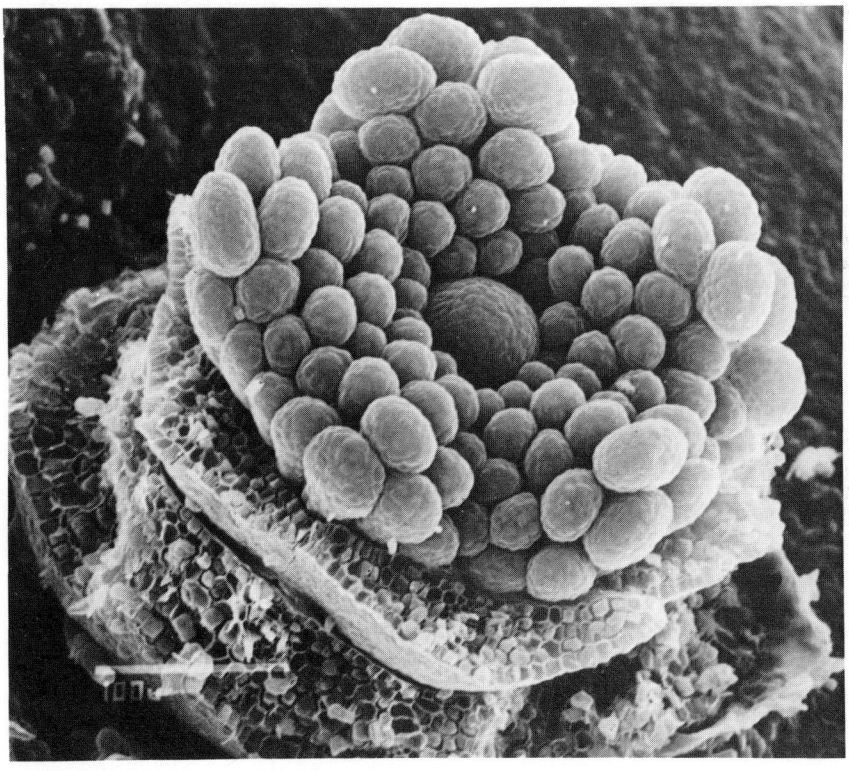

Abb. 48.4. *Lysiloma vogelianum* (Mimosaceae, Rosidae); Zentripetale Staubgefäßentwicklung auf fünf Primäranlagen; Blütenhülle abpräpariert. (V. Gemmeke und P. Leins; Heidelberg)

694

Diese zusätzlichen Anlagen erscheinen bei den Dilleniidae an der Außenseite der primären Anlagen. Man spricht deshalb von einer zentrifugalen Entwicklungsrichtung der Stamina.

Bei den Rosidae liegen die Verhältnisse genau umgekehrt. Hier entstehen neue Anlagen an der Innenseite der zuerst angelegten (s. Abb. 48.5 und 48.4), daher die Bezeichnung zentripetale Entstehung. Die zentrifugale und die zentripetale Anordnung sind vermutlich Parallelentwicklungen, die schraubige eine ursprüngliche (s. Abb. 48.6 und 48.7).

Das in den folgenden Kapiteln beschriebene System basiert auf der Gliederung von A. Cronquist (1981: „An integrated system of classification of flowering plants"). Wie jede andere, so ist auch diese nicht unumstritten.

Es hat schon immer sogenannte problematische Taxa (Arten, Familien) gegeben, die in kein Taxon höheren Ranges paßten. R. Dahlgren teilt die Angiospermen daher in eine Vielzahl von Gruppen (etwa in der Kategorie zwischen Ordnung und Unterklasse) ein. F. Ehrendorfer (1983) und D. Frohne und U. Jensen (1985) untergliedern die Asteridae („im weiteren Sinne", senso lato [s. l.]) in neue Gruppen: Asteridae („im engeren Sinne": senso stricto [s. str.]) und Lamiidae. Die Lamiidae entsprechen weitgehend der Englerschen Ordnung der Tubiflorae, und die Asteridae (s. str.) der der Synandrae. Zu den Cornidae fassen Frohne und Jensen einige Ordnungen zusammen, die im Cronquistschen System auf die Rosidae, Dilleniidae und die Asteridae verteilt sind (mehr dazu im Kapitel 52).

Nach dem in der Abbildung 48.8 wiedergegebenen Schema (in dem auch die Unterklassen der Monokotyledonen wiedergegeben sind) erfolgte die Aufspaltung in die einzelnen Zweige des „Strauchs" bereits zu einem sehr frühen Zeitpunkt der Angiospermenevolution. Aber gerade über die damals existierenden frü-

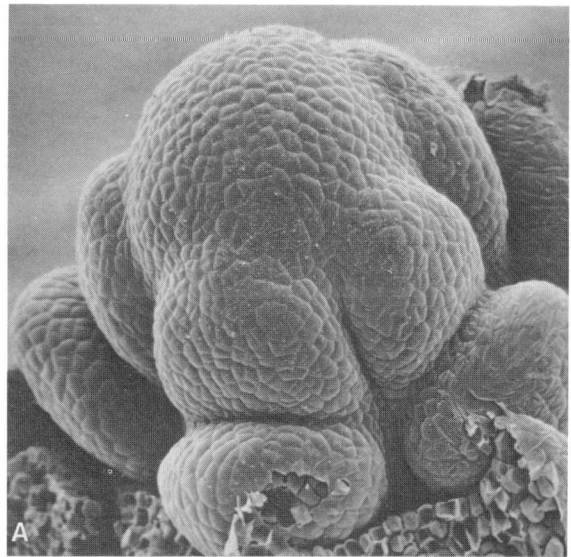

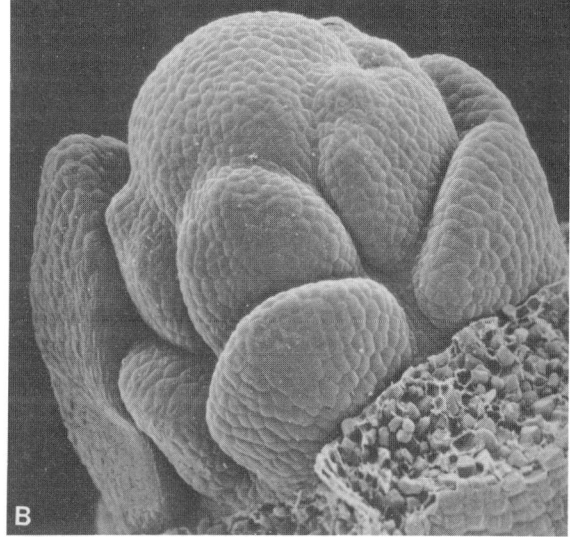

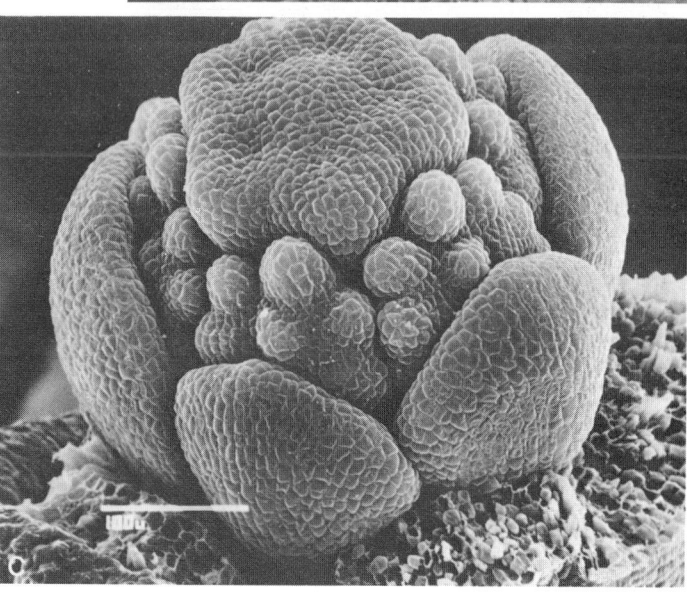

Abb. 48.5. Rasterelektronenmikroskopische Aufnahmen der Androeceumentwicklung bei *Hypericum hookerianum* (Hypericaceae; Rosidae): *A* Fünf über den Kronblattanlagen befindliche Primärhöcker (Anlagen) des Androeceums. *B* Beginn der Aufgliederung an der Spitze der androcoealen Primäranlagen in Einzelstamenprimordien. *C* Beispiel für eine fortschreitende Aufgliederung der Primäranlagen des Androeceums. (P. Leins; Heidelberg)

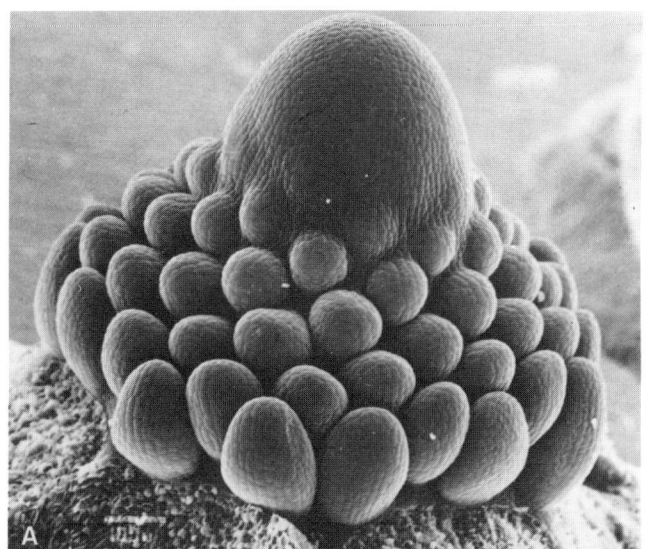

Abb. 48.6. Rasterelektonenmikroskopische Aufnahmen von Staminaanlagen in drei Unterklassen der Angiospermen. *A Magnolia denudata* (Magnoliaceae, Magnoliidae); spiralige Androeceenalanlage (Blütenhülle abpräpariert) (Aufn.: C. Erbar und P. Leins; Heidelberg). *B Hemerocallis fulva* (Liliaceae; Liliidae) Anlage von Blütenhüllen und Androeceum; äußerer Blütenhüllkreis abpräpariert (Aufn.: P. Leins und K. Boecker; Heidelberg). *C Cobaea scandens* (Polemoniaceae, Asteridae); Kron- und Staubgefäßanlagen wirtelig mit Alternanz, Kelch abpräpariert (P. Leins und K. Boecker; Heidelberg).

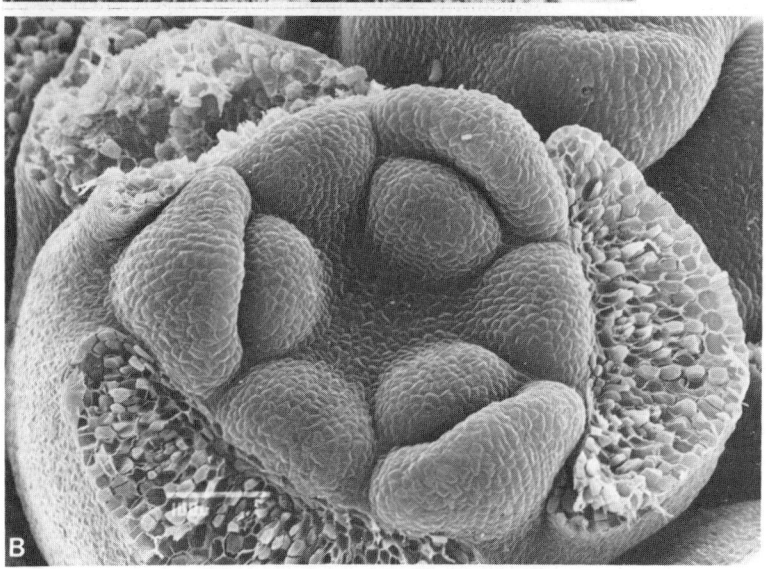

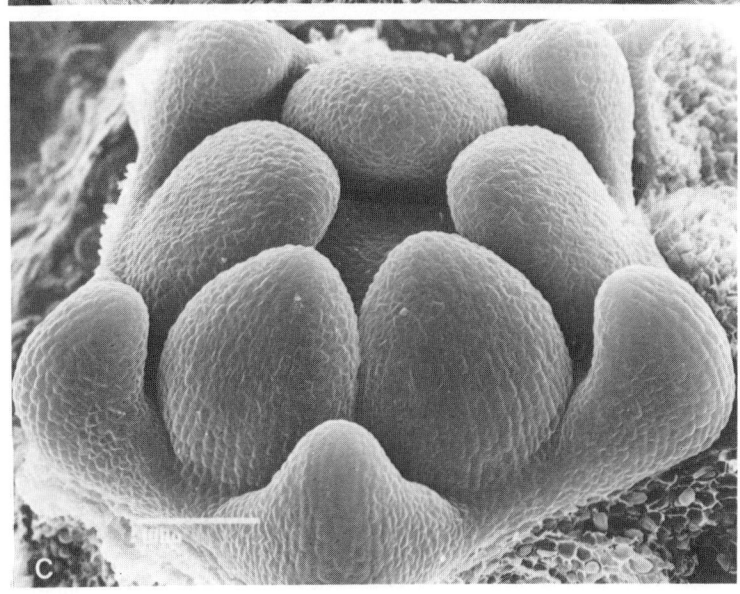

696

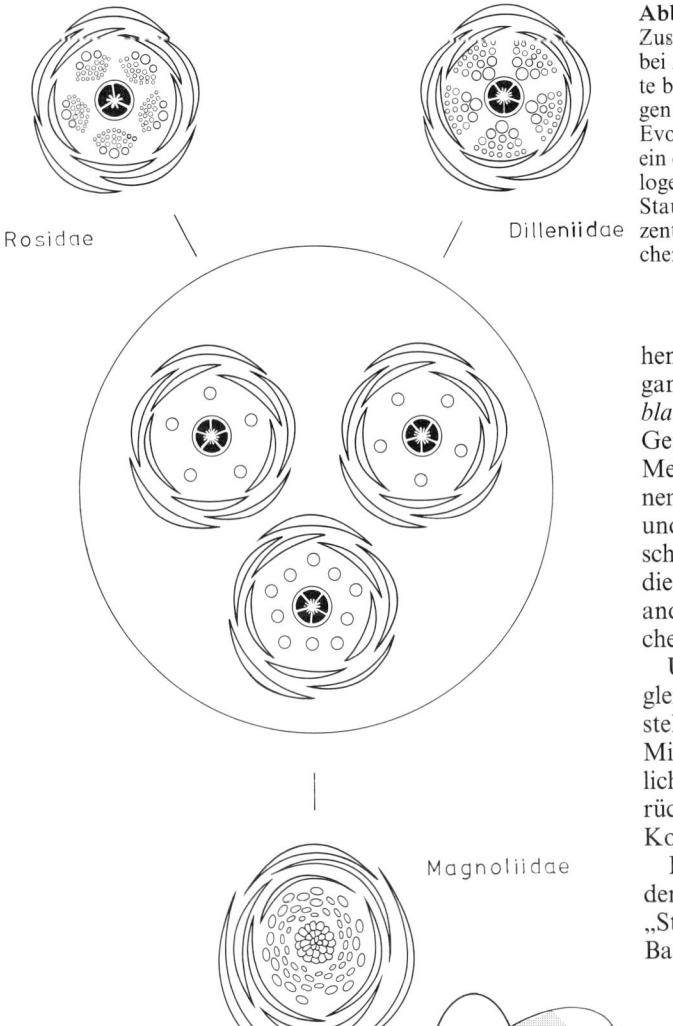

Rosidae

Dilleniidae

Magnoliidae

Abb. 48.7. Modellvorstellung über die phylogenetischen Zusammenhänge zwischen unterschiedlichen Androeceen bei Angiospermen. Bei ursprünglichen Dikotyledonen (heute bei den Magnoliidae erkennbar), sind die Staubblattanlagen schraubig angeordnet (s. Abb. 48.6). Im Verlauf der Evolution verringerte sich ihre Zahl, pro Blüte blieben nur ein oder zwei Staubblattkreise erhalten (Bildmitte). Die phylogenetischen Beziehungen zwischen Blüten mit wenigen Staubblättern und denen mit zentripetaler (Rosidae) und zentrifugaler (Dilleniidae) Anordnung sind weniger gut gesichert. (P. Leins, 1971, nach A.W. Eichler, 1875, 1878)

hen Angiospermen wissen wir nur sehr wenig. Die ganze Basis der Angiospermen kann daher mit einer *black box* verglichen werden. Vom Standpunkt eines Genetikers aus bedeutet das, daß die Gene für die Mehrzahl der Angiospermenmerkmale bereits zu einem sehr frühen Zeitpunkt vorhanden sein mußten und daß sich in den einzelnen Zweigen lediglich unterschiedliche Genkombinationen angereichert haben, die – vermutlich durch Chromosomenumbauten und andere Genomumstrukturierungen – in unterschiedlicher Weise neu kombiniert worden sind.

Unser Wissen über die Angiospermenevolution gleicht somit einer Situation, vor der ein Schachspieler steht – wenn ihm eine Figurenkonstellation in der Mitte einer Partie gezeigt wird –, der die Regeln natürlich genau kennt, der aber nicht in der Lage ist, zurückzuextrapolieren und anzugeben, wie die gegebene Konstellation zustande gekommen ist.

Das obengenannte Schema suggeriert, daß es neben den dargestellten „dicken Zweigen" auch einen „Stockausschlag" geben muß, also „dünne", von der Basis ausgehende Zweige, die die gar nicht oder nur

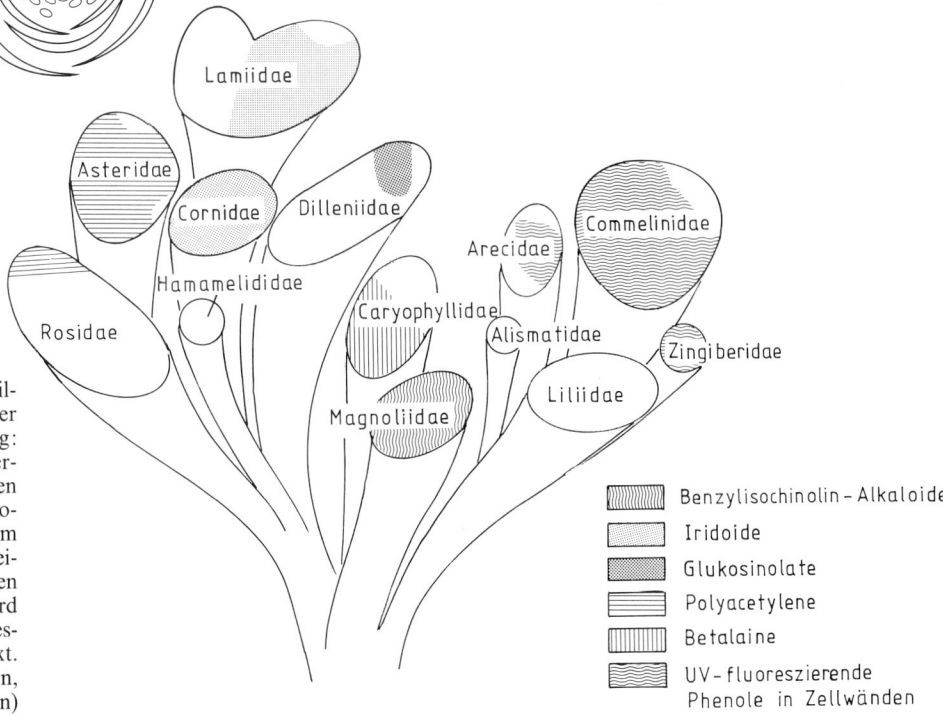

Lamiidae

Asteridae

Cornidae

Dilleniidae

Arecidae

Commelinidae

Hamamelididae

Caryophyllidae

Alismatidae

Zingiberidae

Rosidae

Magnoliidae

Liliidae

Benzylisochinolin-Alkaloide

Iridoide

Glukosinolate

Polyacetylene

Betalaine

UV-fluoreszierende Phenole in Zellwänden

Abb. 48.8. Ein zu Abbildung 48.2 alternativer Klassifikationsvorschlag: Die Dikotyledonen werden in acht Unterklassen gegliedert, die Monokotyledonen (rechts im Bild) in fünf. Der Verteilung von sekundären Pflanzenstoffen wird großer Wert beigemessen; weiteres siehe Text. (D. Frohne, U. Jensen, 1985, nach R. Dahlgren)

697

schwer einzuordnenden Familien, Gattungen oder Arten repräsentieren würden.

Primitive und abgeleitete Merkmale

Bei dem Versuch, die Evolution zu rekonstruieren, muß eine Bewertung der Merkmale erfolgen. Grundlage dafür ist die Unterscheidung zwischen primitiven und abgeleiteten Merkmalen. Hier zeichnen sich u.a. die folgenden Trends ab (auf Ergebnissen und Interpretationen zahlreicher Forscher seit deCandolle beruhend, zusammengefaßt von J. Hutchinson, Royal Botanical Garden, Kew [London]):

(1) In manchen Gruppen sind Bäume und Sträucher primitiver als Kräuter. Ausnahme: Verholzung kann auch sekundär entstehen.

(2) Bäume und Sträucher sind ursprünglicher als Kletterpflanzen.

(3) Perennierende Krautpflanzen sind ursprünglicher als zweijährige; einjährige leiten sich von perennierenden oder von zweijährigen ab.

(4) Aquatisch lebende Blütenpflanzen sind jünger als verwandte terrestrische Arten.

(5) Pflanzen mit kollateralen, in einem Zylinder angeordneten Leitbündeln sind primitiver als jene mit verstreut angeordneten (s. Kap. 6)

(6) Spiralige Anordnung der Blätter am Stengel ist primitiver als gegenständige Anordnung oder Ausbildung von Quirlen.

(7) Zwittrige Blüten sind ursprünglicher als eingeschlechtige. Der diözische Zustand ist bei den Angiospermen (!) progressiver als der monözische (s. Kap. 38).

(8) Einzelblüten sind ursprünglicher als Blütenstände (Infloreszenzen). Die am höchsten entwickelten Blütenstände sind das Dichasium und das Köpfchen.

(9) Spiralige Anordnung von Blütenteilen ist ursprünglicher als die Anordnung in Quirlen.

(10) Blüten mit vielen Teilen sind ursprünglicher als jene mit wenigen Teilen.

(11) Blüten mit Petalen (Blütenblättern) sind ursprünglicher als apetale (blütenblattlose) Blüten. Letztere sind das Ergebnis einer Reduktion (Aber: Bei den Ranunculaceen kommen vermutlich ursprüngliche und abgeleitete apetale Blüten vor.)

(12) Blüten mit freien Petalen sind primitiver als solche mit verwachsenen.

(13) Radiärsymmetrische Blüten sind primitiver als bilateral gebaute. Zygomorphe Blüten enthalten meist versteckten Nektar; bei radiärsymmetrischen ist er, wenn vorhanden, offen zugänglich.

(14) Mittel- und Oberständigkeit des Fruchtknotens ist primitiver als Unterständigkeit.

(15) Freie Karpelle (Apokarpie) sind ursprünglicher als verwachsene (Synkarpie).

(16) Polykarpie stellt den ursprünglichen Zustand dar, Oligokarpie den abgeleiteten.

(17) Samen mit Endosperm und kleinen Embryonen sind primitiver als solche mit großen Embryonen und wenig oder fehlendem Endosperm.

(18) Getrennte Staubblätter stellen den ursprünglichen, verwachsene einen abgeleiteten Zustand dar.

(19) Sammelfrüchte (Fruchtaggregate, die das Produkt mehrerer Blüten sind) sind jüngeren Ursprungs als Einzelfrüchte. Kapseln sind ursprünglicher als Steinfrüchte oder Beeren.

Diese Liste ließe sich noch um etliche weitere Trends verlängern, z.B.:

(20) Sukkulenz ist eine Spezialisierung.

(21) Epiphytische, saprophytische und parasitische Lebensweise und damit verbundene Leistungsreduktionen sind abgeleitet.

(22) Heteromorphie vegetativer Teile ist von Monomorphie abgeleitet. Beispiele: gefiederte Wasserblätter und flächige Schwimmblätter bei *Ranunculus aquatilis;* zeitliche Trennung von vegetativen und reproduktiven Sprossen bei *Colchicum autumnale* (Herbstzeitlose).

Die meisten der genannten Entwicklungen lassen sich auf drei Ursachen zurückführen:
– Reduktion der Zahl von Funktionseinheiten
– Fusion (Verwachsung einzelner Teile)
– Änderung der Symmetrie

Alle drei Phänomene beruhen auf Änderungen der relativen Wachstumsraten einzelner Anlagen während der Ontogenese (Allometrie). Eine Reduktion der Zahl (z.B. der Früchte) führt in der Regel zur Vergrößerung und damit besserer Versorgung der wenigen gebildeten. Damit verbessern sich deren Überlebenschancen (Startbedingungen). Das kann auf zweierlei Weise geschehen: Erstens, das Fruchtfleisch dient Tieren als Nahrung, die Samen werden von ihnen verbreitet. Zweitens, reservestoffreiche Samen ermöglichen ein viel rascheres Wachstum der aus ihnen gebildeten Keimpflanzen als schlecht ausgestattete Samen.

Progression (Fortschritt) ist demnach keineswegs immer mit Zunahme struktureller Komplexität verbunden. Es gibt viele weitere Fälle, an denen sich demonstrieren läßt, daß Optimierung auf einer Vereinfachung vorhandener Strukturen ohne Leistungsverlust (oft aber mit Leistungsgewinn) beruht. Zu solchen regressiven Entwicklungen wird die Neotenie gerechnet. Damit meint man das Beibehalten juveniler Merkmale bei der Adultform.

Die Entwicklung spät angelegter Organe wird gehemmt oder unterbleibt ganz, die Reproduktionsphase wird früher erreicht. Neotenie begegnet man in großem Umfang bei den Angiospermen. Bei ihnen ist vielfach eine Tendenz in Richtung phänotypischer Vereinfachungen erkennbar, ohne daß sich dabei die Genomgröße verkleinert. Der Selektionsvorteil liegt in der Abschaltung (nicht im Verlust!) großer Teile genetischer Information. Das Genom wird nur bei Bedarf genutzt, die Möglichkeit zu einer Diversifikation bleibt erhalten. Es steht bereit, um auf Veränderungen von Umweltbedingungen umgehend zu reagieren.

Gametenentwicklung und frühe Embryonalstadien; Samenbildung

Die Gametophyten der Angiospermen sind denen der Gymnospermen und Pteridophyten homolog. Zur Vermeidung von Terminologieschwierigkeiten daher zunächst einige Begriffspaare, durch die homologe Strukturen gekennzeichnet sind:

Gymnospermen/Angiospermen	heterospore Farne
Staubblatt	Mikrosporophyll
Pollensack	Mikrosporangium
Pollen	Mikrospore
Samenschuppe/Fruchtblatt	Megasporophyll
Nucellus	Megasporangium
Embryosackzelle	Megaspore

Von Ausnahmen abgesehen (z.B. *Oenothera*), enthält der Embryosack der Angiospermen am Ende seiner Reifung acht Kerne. P. Maheshwari (1904–1966, Botanisches Institut der Universität Delhi) führte 1950 den Befund als stärkstes Argument für einen monophyletischen Ursprung der Angiospermen (Monokotyledonen und Dikotyledonen) ins Feld. Die Gametophytengeneration ist hier noch stärker reduziert als bei den Gymnospermen. Wie an anderer Stelle dargelegt (s. Kap. 27), bedarf es des Auswachsens eines Pollenschlauchs auf einer Narbenoberfläche und des Durchwachsens des Narben- und Griffelgewebes, um dem ♂ Gameten die Chance zu geben, die ♀ Eizelle zu erreichen.

Bei vielen Angiospermen sind die Mikro- und Megasporophylle (Staub- und Fruchtblätter) in einer Blüte (einem Sporophyllstand) vereint.

Pollenbildung

Eine Anthere enthält in der Regel vier Mikrosporangien, je zwei in einer Theka. Ein Mikrosporangium ist von einer mehrschichtigen Hülle umgeben:

– Epidermis
– Faserschicht oder Endothecium
  (Zum Zeitpunkt der Pollenfreisetzung öffnet sich diese Schicht durch einen Kohäsionsmechanismus.)
– Tapetum. Es enthält oft mehrkernige Zellen und versorgt die sich bildenden Mikrosporen mit Reserve- und Wandbaustoffen sowie mit Erkennungsmolekülen (Sporophytische Selbstinkompatibilität, s. Kap. 27; Pollenkitt).

Das so umschlossene sporogene Gewebe enthält eine größere Zahl an Sporenmutterzellen (= Pollenmutterzellen), in denen die Meiose abläuft. Alle vier aus einer Mutterzelle hervorgehenden Zellen sind gleichwertig. Anfangs liegen sie in Tetraden beieinander, doch im Verlauf ihrer weiteren Entwicklung löst sich der Verband meist auf. Die Entwicklung zu reifen Pollenkörnern kann je nach Art Stunden, Tage oder Wochen dauern. Während dieser Zeit vergrößern sich die Zellen und durchlaufen eine Mitose. Die Zellteilung ist inäqual, und es entstehen eine kleine generative und eine große vegetative Zelle. Reifer Pollen ist daher stets mindestens zweikernig. In vielen Familien teilt sich die generative Zelle erneut, so daß am Ende ein dreikerniger Pollen erscheint. Den intrazellulären Vorgängen parallel läuft der Aufbau der Pollenwand.

Nach dessen Abschluß ist der Pollen reif und kann freigesetzt werden. Der befruchtungsreife Gametophyt wird aber erst nach dem Kontakt mit einer kompatiblen Narbe gebildet.

Der aus dem Pollen auswachsende Pollenschlauch gehört nämlich mit dazu. Während des Pollenschlauchwachstums teilt sich die generative Zelle erneut (soweit sie sich nicht schon vorher geteilt hat); es stehen somit zwei Spermakerne zur Verfügung, die beide für die Befruchtung benötigt werden. Der Kern der vegetativen Zelle wird nicht benötigt, er degeneriert (s. Abb. 48.9).

Die im Pollen enthaltenen Zellen sind durch Membranen voneinander getrennt, cellulosehaltige Wände werden nicht gebildet. Unter bestimmten experimentellen Bedingungen und/oder außergewöhnlichen Situationen in der Natur (?) können Mikrosporen zu

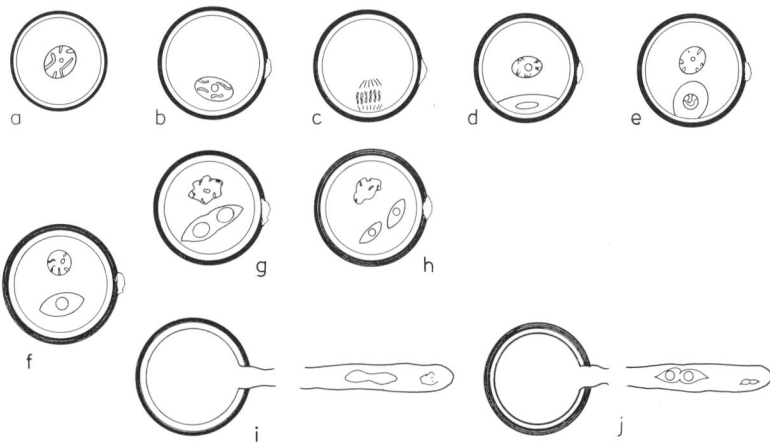

Abb. 48.9. Gametenbildung im männlichen Gametophyten: Kern- und Zellteilungen im Pollenkorn: *a* bis *h*; Auswachsen des Pollenschlauchs: *i,j*. (P. Maheshwari, 1949)

699

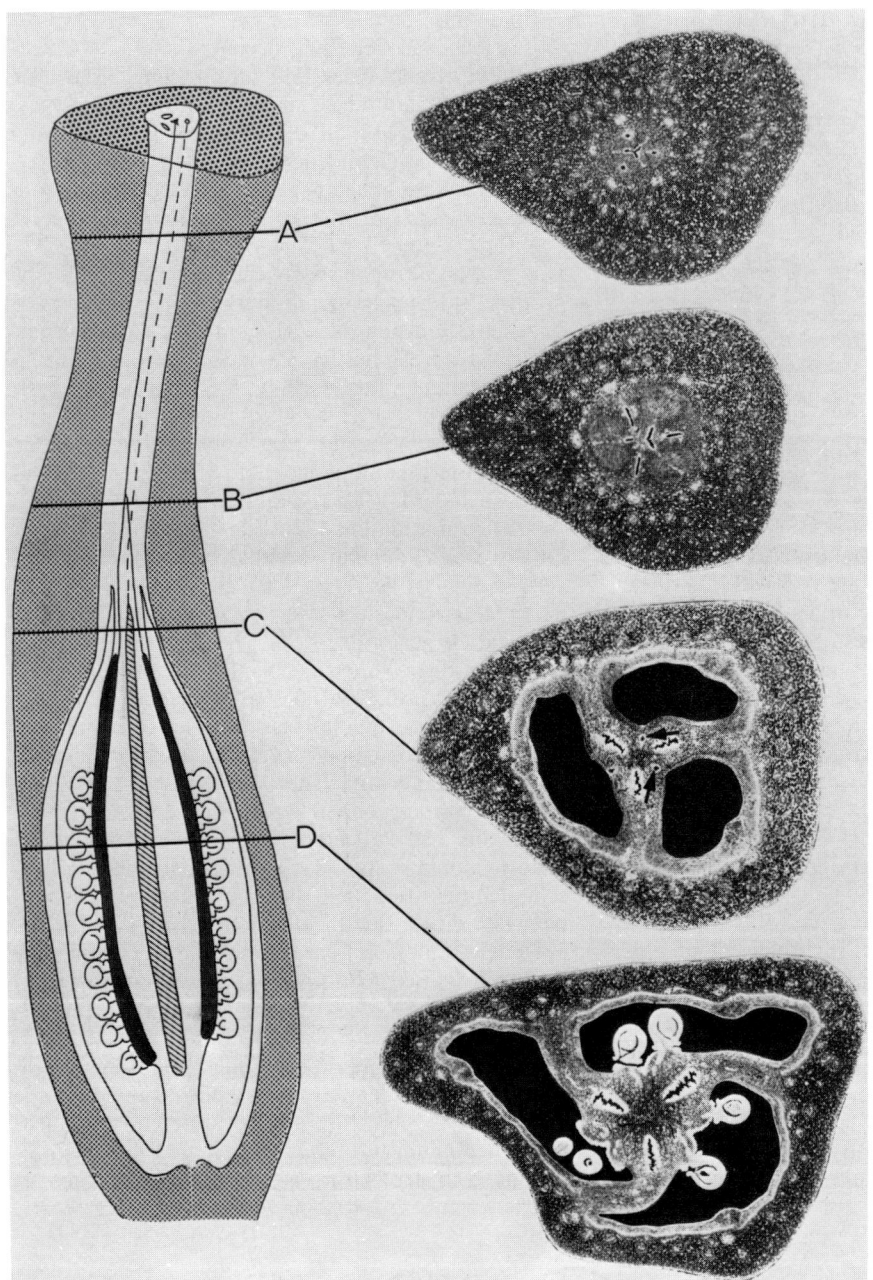

Abb. 48.10. Griffel und Fruchtknoten von *Strelitzia reginae*. Längsschnitt (links) im Schema, Querschnitte in verschiedenen Höhen (rechts lichtmikroskopische Aufnahmen). Man beachte (in *A* und *B*) das zentral gelegene Transfusionsgewebe, durch das sich der Pollenschlauch seinen Weg bahnen muß. *C* Die Zellen des Transfusionsgewebes weichen auseinander, es entstehen drei armartig aussehende Hohlräume (Pfeile). *D* Placenta mit zentralwinkelständig angelegten Eianlagen. (E. Kronestedt, B. Walles, 1986)

uneingeschränkter Teilung angeregt werden, so daß aus ihnen komplette haploide (demnach sterile) Pflanzen herangezogen werden können (s. Kap. 29).

Bildung der Eizelle

Das Megasporangium (Nucellus) ist von zwei (in abgeleiteten Fällen von nur einem) Integumenten umhüllt, die eine Öffnung (Mikropyle) freilassen. Der Nucellus ist durch den Funiculus mit der Placenta verbunden. Oftmals befinden sich auf einer Placentaleiste innerhalb des Fruchtknotens mehrere Samenanlagen (s. Abb. 48.10). Die Entwicklung des Gameten

beginnt in einer subepidermal gelegenen, vergrößerten Zelle, der Sporenmutter- oder Embryosackmutterzelle (EMZ). Sie liegt in dem der Mikropyle nahen Pol des Sporangiums. Es folgt die Meiose. Beim überwiegenden Teil aller Angiospermen degenerieren drei der vier meiotischen Zellen (bevorzugt diejenigen, die der Mikropyle am nächsten sind). Die eine übriggebliebene Zelle ist nunmehr die Megaspore oder Embryosackzelle. Im Schutze des Megasporangiums (Nucellus) entwickelt sich aus ihr der Megagametophyt (♀ Gametophyt, Embryosack). In der Regel durchläuft die Megaspore drei aufeinanderfolgende Teilungen, so daß am Ende acht Kerne herauskommen. Je drei davon sammeln sich an den beiden Polen. Da sie

700

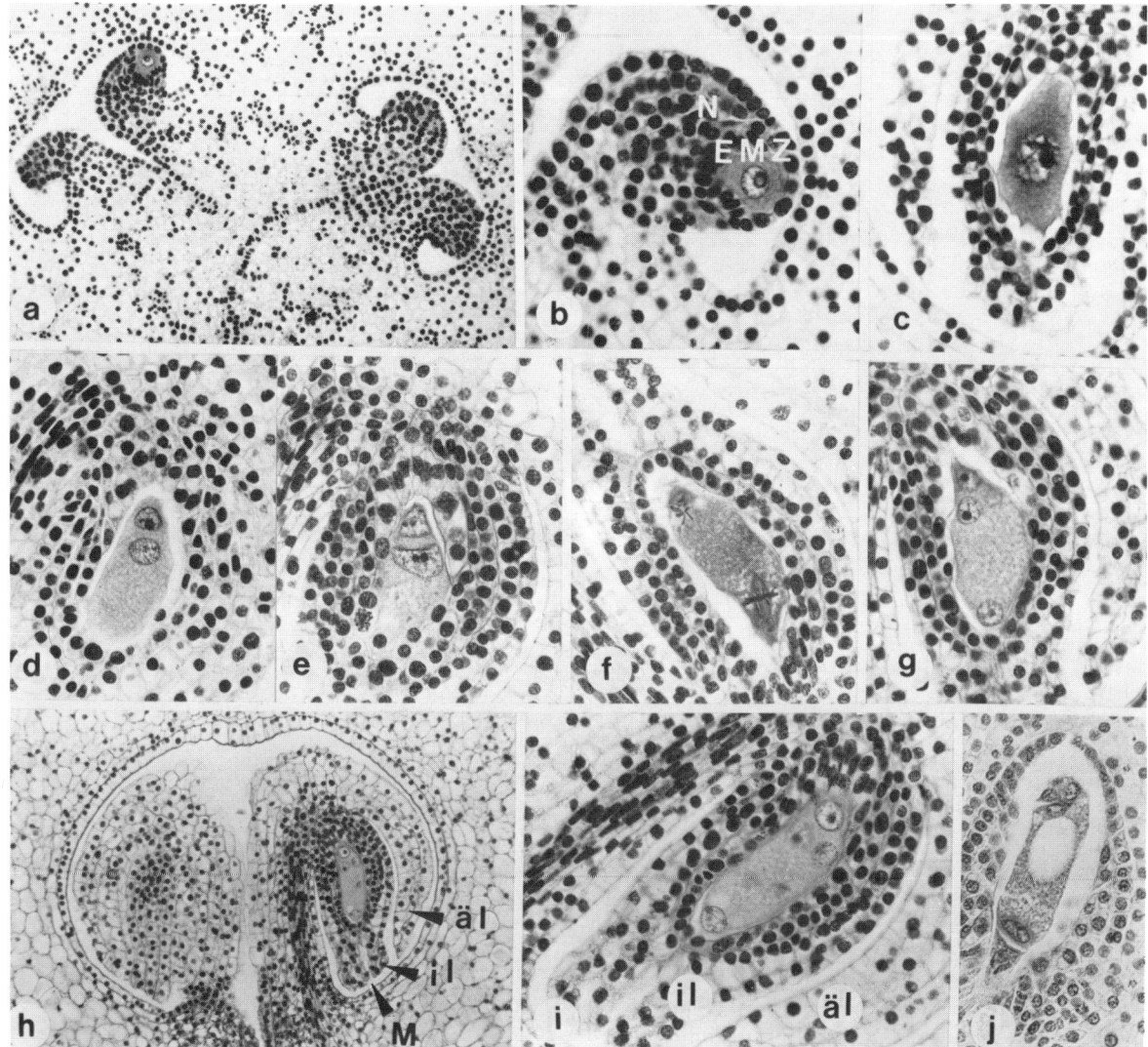

Abb. 48.11. Embryosackentwicklung bei *Lilium candidum.* *a* Samenanlage: zentralwinkelständige Placentation. Die beiden Samenanlagen (oben Mitte) gehören zu einem Fruchtblatt, die seitlich liegenden gehören zu je einem der beiden anderen Fruchtblätter. *b,c* Embryosackmutterzelle (*EMZ;* Megasporenmutterzelle) Das umgebende Gewebe ist der Nucellus *(N).* *d,e* Zweizellstadium nach der 1. Teilung der EMZ. *f* 2. Teilung. Mitose (Metaphase) unten im Bild. *g* Vierkernstadium. *h* Überblick über die Samenanlage im Vierzellstadium. Die Mikropyle *(M)* inneres und äußeres Integument *(iI, äI)* bilden sich aus. *i* Achtkernstadium mit Eizellkern (am Mikropylenpol), Antipoden am entgegengesetzten. *j* Reifer Embryosack mit Eizelle, Synergiden und Antipoden.

durch Membranen, eventuell auch Andeutungen einer Wand voneinander getrennt sind, muß man hier von Zellen reden. Die beiden im Zentrum des Embryosacks verbleibenden Kerne sind wandlos. Sie verschmelzen und bilden dadurch den diploiden sekundären Embryosackkern.

Die drei am mikropylenabgewandten Pol liegenden Zellen sind die Antipoden, die im Verlauf der Zeit absterben. Die drei anderen — am Mikropylenpol — sind zum einen die große Eizelle und zum anderen die beiden kleineren Synergiden.

Das vorgestellte Schema (s.a. Abb. 48.11) ist nicht bei allen Angiospermen in der Form realisiert. Es gibt eine Variabilität in bezug auf die Orientierung der Zellen zueinander oder nichtsynchronisierte Zellteilungen. Bei den Oenotheren fehlen die Antipoden, bei anderen Arten kann die Zahl bis auf zehn ansteigen. Aufgrund der Abarten unterscheidet man zwischen vier Grundtypen der Embryosackbildung (s. Abb. 48.12):

(1) Monosporer Typ: Er entspricht dem gerade besprochenen „Normaltyp". Der Megasporophyt entsteht aus einer Megaspore.

(2) Bisporer Typ: Er kommt selten vor (Beispiel *Al-*

701

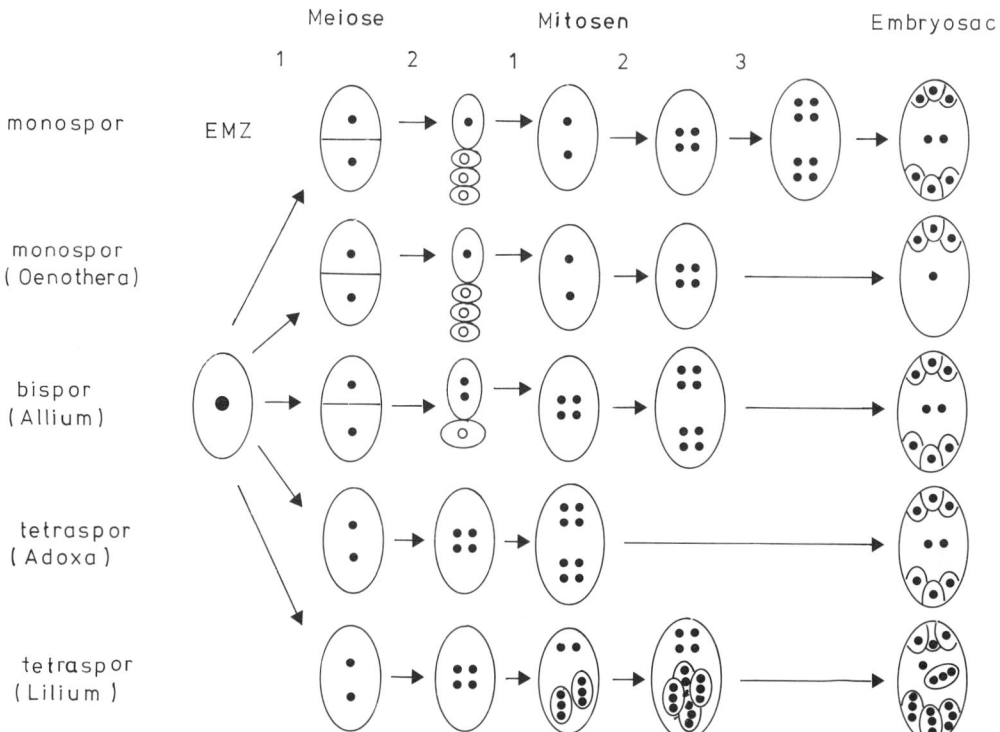

Abb. 48.12. Verschiedene Typen der Embryosackbildung bei Angiospermen; Einzelheiten siehe Text. (P. Maheshwari: An Introduction to the Embryology of Angiosperms. New York: McGraw-Hill 1950.)

lium). Nach der ersten meiotischen Teilung der EMZ stirbt nur eine Zelle ab. Der Zellkern der zweiten teilt sich (zweite meiotische Teilung), das Ergebnis ist eine zweikernige Zelle. Dem folgen zwei weitere Teilungen, so daß wir auch hier wieder am Ende zu einem achtkernigen Embryosack gelangen.

(14) Tetrasporer Typ: Den gibt es in zahlreichen Varianten mit vielen Übergängen. Alle vier meiotischen Zellen bleiben erhalten und sind am Aufbau des Embryosacks beteiligt (Beispiel: Liliaceeen). Bei einer der Varianten verschmelzen drei der vier Kerne zu einem triploiden Kern, aus dem sich durch Teilungen die Antipoden bilden. Die Synergiden und die Eizelle bleiben haploid. Die Polkerne können tetraploid sein.

(15) wie (3), aber ohne Kernverschmelzungen (Beispiel: *Adoxa*).

Doppelte Befruchtung: ein Angiospermenmerkmal

Zum Zeitpunkt des Eindringens des Pollenschlauchs in den Embryosack löst sich eine der Synergiden auf, offensichtlich kommt ihr eine Wegbereiterfunktion zu. Es folgt die Auflösung der Pollenschlauchspitze, so daß die beiden Spermakerne in den Embryosack

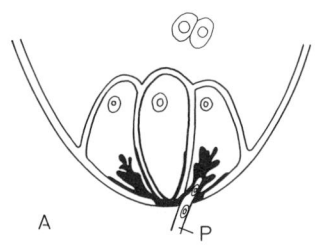
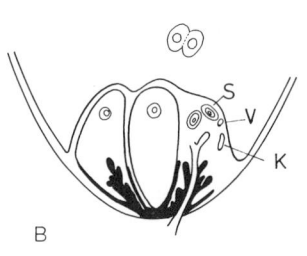
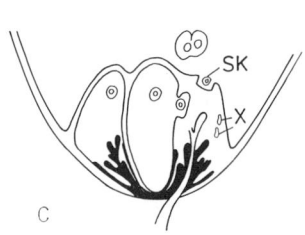

Abb. 48.13. Befruchtungsvorgang bei der Baumwolle *(Gossypium)*. *A* Eindringen des Pollenschlauchs (P) in eine Synergide. Die Zellen des Embryosacks sind nur durch die Membranen, nicht durch Zellwände voneinander getrennt. *B* Freisetzung der Zellen aus dem Pollenschlauch (S: Spermazellen; V: vegetativer Pollenschlauchkern; K: Kern der Synergide). *C* Verschmelzen der Spermazellen mit einer Ei-, resp. Zentralzelle (SK: Spermakerne, X: zerfallende Kerne der Synergiden). (R. Bergfeld, 1977, nach W.A. Jensen, 1973)

702

übertreten können. Einer vereint sich mit dem Eizellkern, es entsteht die diploide Zygote. Der zweite Spermakern vereint sich mit dem diploiden (oder tetraploiden) Polkern. Aus dem tri- oder pentaploiden Fusionsprodukt (gelegentlich gibt es auch andere Ploidiegrade) entwickelt sich das Endosperm (Abb. 48.13).

Endosperm; frühe Embryonalstadien; Samenbildung

Das Endosperm ist ein Nährgewebe für den sich entwickelnden Embryo (s. Abb. 48.14). Mit zunehmender Entwicklungshöhe der Angiospermen nimmt sein Anteil ab. Die Nähr- und Speicherfunktion übernehmen in zunehmendem Maße die Kotyledonen (Teile des Embryos). Man unterscheidet zwischen nukleärem und zellulärem Endosperm. Beim nukleären werden zwischen die Kerne keine Membranen und Wände eingezogen.

Die Zahl der Kerne schwankt zwischen vier bei

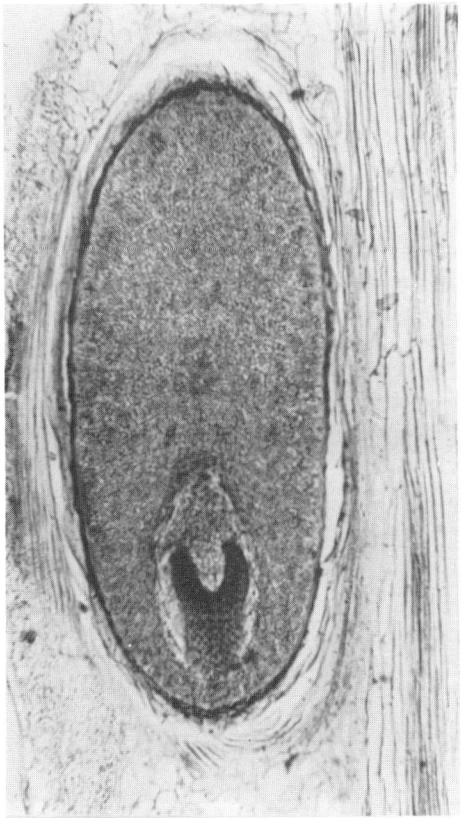

Abb. 48.14. Embryo im Samen von *Myosurus minimus* (Mäuseschwänzchen, Ranunculaceae). Das im Vergleich zum Embryo (mit zwei deutlich ausgebildeten Keimblättern, einem Merkmal der Dikotyledonen) voluminöse Endosperm (E) weist auf einen evolutionär primitiven Status des Samens hin. Das Präparat ist mit einem Kernfarbstoff gefärbt. Die Intensität der Färbung ist zur Zellgröße umgekehrt proportional. Die kleinsten Zellen sind in den Kotyledonen des Embryos zu finden.

Coffea und 2 000 bei *Malva palmata*. Zelluläres Endosperm findet man bei vielen Arten. Selten sind die Zellen wandlos. Ein Beispiel ist *Heamanthus katherinae*, ein ideales Objekt für Mitosestudien (s. Abb. 9.1). Bei *Adoxa* sind die Zellen in einem regelmäßigen Muster angeordnet, das eine synchrone Zellteilungsfolge widerspiegelt. Meist sind die Teilungen asynchron, Endopolyploidisierung und Aneuploidie sind häufig. Bei *Thesium alpinum* treten Riesenchromosomen in Erscheinung, bei *Trillium grandiflorum* sind auffallend viele Chromosomenbrüche nachgewiesen worden.

Die Entwicklung des Embryos hingegen verläuft nach einer zumindest am Anfang strikten Zellteilungsfolge.

Die befruchtete Eizelle ist von vornherein länglich gebaut, die lange Achse liegt parallel zur langen Achse des Embryosacks. Die erste sichtbare Folge der Befruchtung ist eine Volumenzunahme der Zygote, und bereits jetzt läßt sich eine deutliche Polarität in der Verteilung des Plasmas ausmachen. Am der Mikropyle zugewandten Pol (von nun ab basaler Pol genannt) bildet sich durch Akkumulation osmotisch wirksamer Substanz eine Vakuole. Am apikalen Pol konzentriert sich das Plasma; es findet eine Proteinbiosynthese statt. Der Zellkern verschiebt sich in Richtung dieses Pols, so daß schon die erste Teilung inäqual verläuft. Aus der apikalen Zelle entsteht der Embryo, aus der basalen der Suspensor, dem vornehmlich eine Versorgungsfunktion zukommt; außerdem dient er der Anheftung des Embryos an das umgebende Gewebe. Abweichungen vom Bauplan kommen vor. Bei den Piperaceen z.B. ist kein Suspensor vorhanden. Alle aus der Zygote hervorgehenden Zellen sind am Aufbau des Embryos beteiligt.

Durch mehrere aufeinanderfolgende Teilungen der apikalen Zelle entsteht ein Verband, in dem jede Zelle durch ihre Lage bereits determiniert ist. Außer der Polarität hat sich damit eine Positionsinformation etabliert. Das Muster ist bei den einzelnen Angiospermenfamilien unterschiedlich. Beispiele sind in den Abbildungen 48.15 und 48.16 wiedergegeben. Am Ende dieser Phase steht fest,
(1) aus welchen Zellen die Kotyledonen entstehen,
(2) welche Zellen den Vegetationspunkt bilden,
(3) aus welchen sich Hypokotyl, Wurzeln und Zentralzylinder des Sprosses ableiten und
(4) welche die Initialen der Wurzelrinde und die Wurzelhaube bilden.

Vielfach heißt es in der Literatur, der Embryo sei aus vier Etagen aufgebaut.

Mit zunehmender Zahl der Zellteilungen nimmt der Synchronisationsgrad ab. Die höchste Zuwachsrate haben anfangs die kotyledonenbildenden Zellen.

Der vorläufige Abschluß dieser Entwicklung (Samenbildung, s. Abb. 48.17) wird durch die Ausbildung der Samenschale (Testa) aus dem einen oder beiden Integumenten bestimmt. Die Integumentzellen verhärten durch Ein- und Auflagerungen. Vielfach bilden sich an Samenschalenoberflächen artspezifische Leisten- und Rillenmuster aus, nicht selten ver-

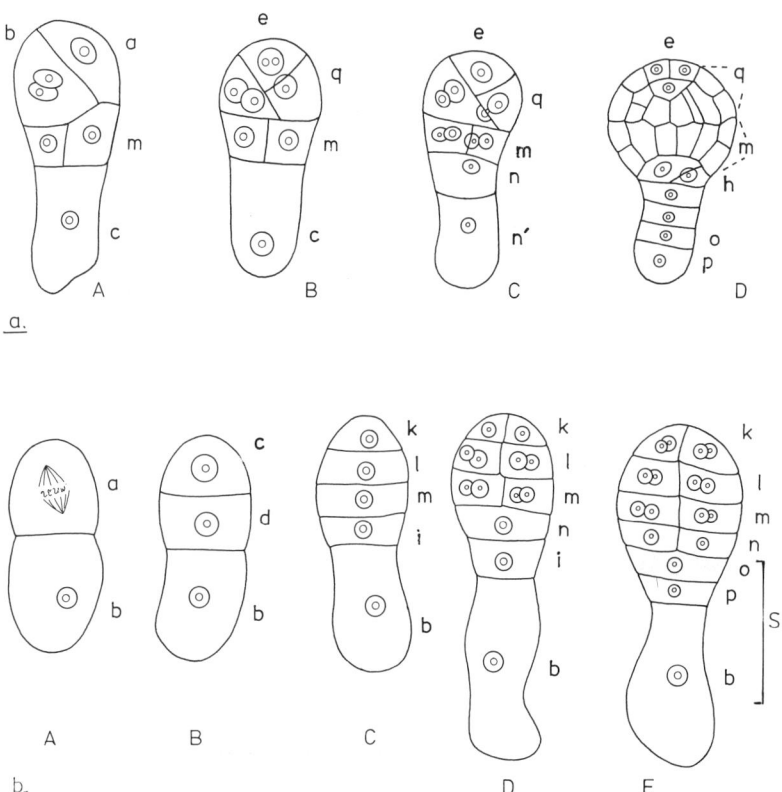

Abb. 48.15. *a* Embryonalentwicklung (Asteraceen-Typ; hier bei *Geum urbanum*). *A* bis *D* aufeinanderfolgende Stadien. Die Zellteilungsfolge ist durch kleine Buchstaben gekennzeichnet, *a* teilt sich mit einer schiefen Wand, dabei entstehen *e* und *q*. Auf der schiefen Wand wird eine antikline Wand aufgesetzt (in *B* sichtbar), so daß eine dreieckige Zelle, nämlich *e* (Epiphyse) herausgeschnitten wird. (R. Souèges, 1923) *b* Embryonalentwicklung (Caryophyllaceen-Typ; hier *Sagina procumbens*). *A* bis *E* aufeinanderfolgende Stadien. Die Zellteilungsfolge ist durch kleine Buchstaben gekennzeichnet; S: Suspensor. (R. Souèges, 1924)

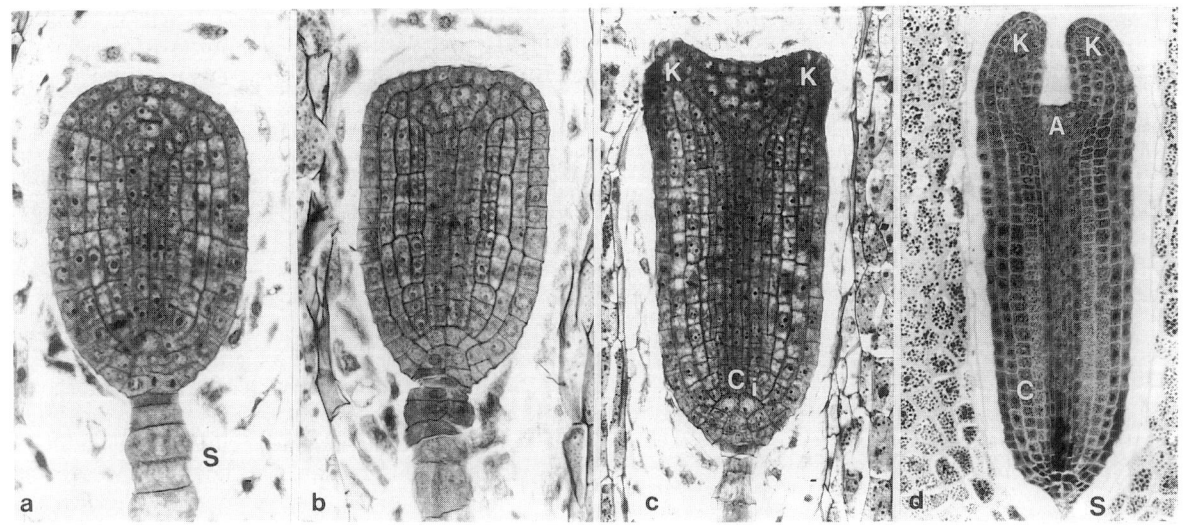

Abb. 48.16. Entwicklungsstadien der späten Embryogenese (*Dowingia pulchella*, eine im Westen Nordamerikas vorkommende Campanulaceenart). *a* Längsschnitt durch den Embryo zum Zeitpunkt der Längsachsenverlängerung (Länge des Embryos 120 µm); *b* unmittelbar vor der Ausbildung der Kotyledonenanlagen (Länge nunmehr 140 µm). *c* Initiation der Kotyledonen (Embryolänge 190 µm); *d* nahezu fertig ausgebildeter Embryo (390 µm lang). Die Zellen sind mit Reservestoffen angereichert, der Suspensor *(S)* beginnt zu degenerieren. *C* Rindenzellen (corticale Zellen), C_i Initialzelle der Rindenzellschicht; *K* Kotyledonen, *A* Apex (Sproßspitzenanlage). (D.R. Kaplan, 1969)

704

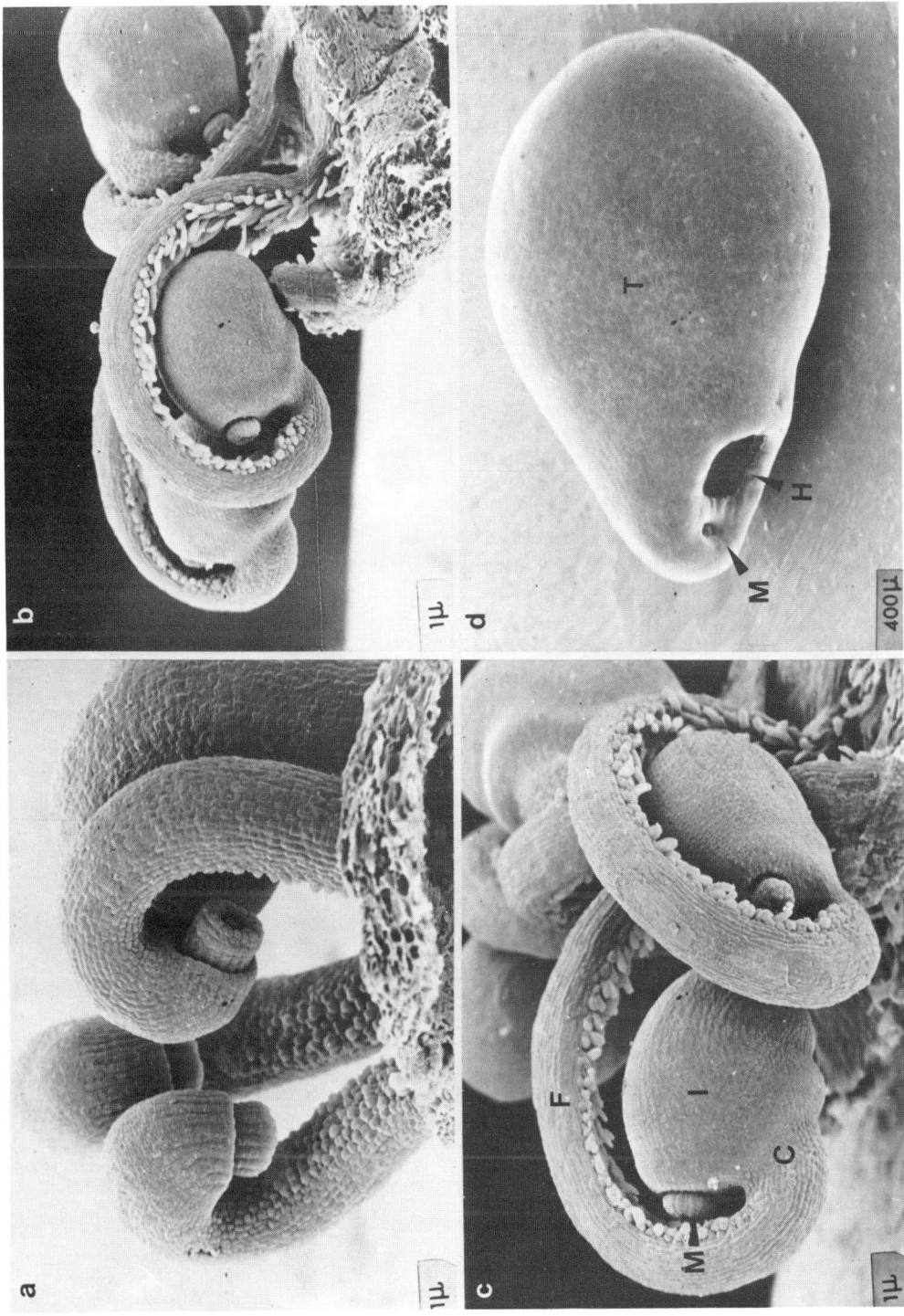

Abb. 48.17. Samenanlagen: Entstehung bei einer Kakteenart *(Epiphyllum phyllanthus)*. Rasterelektronenmikroskopische Aufnahmen. *a* Junge, sich ausdifferenzierende Samenanlagen aus dem aufpräparierten Fruchtknoten einer Knospe. Deutlich erkennbar sind die beiden sich übereinanderschiebenden Integumente. *b* Ausdifferenzierte, befruchtungsfähige Samenanlagen. *c* wie *b*, stärkere Vergrößerung, präpariert aus dem Fruchtknoten einer geöffneten Blüte. Deutlich zu erkennen sind: Funiculus *(F)*, Mikropyle *(M)*, Chalaza *(C)*, die Samenanlage, umhüllt vom Integument *(I)*.

An der Chalaza bricht der Funiculus ab. Diese Aufnahme entspricht der in *d*, so daß die Zusammenhänge zwischen beiden Strukturen aufgezeigt werden können. *d* Ausdifferenzierter Samen einer anderen Kakteenart *(Ferocactus spec.)*. Deutlich erkennbar sind die nun zur harten Samenschale (Testa *T*) verhärteten Integumente sowie die noch vorhandene Mikropyle *(M)* und die Abbruchstelle des Funiculus, das Hilum *(H)*. Auch hier sind die Zusammenhänge zwischen dem reifen Samen und seiner Anlage (vgl. *d* mit *c*) gut erkennbar. (W. Barthlott, 1979 unveröff.)

705

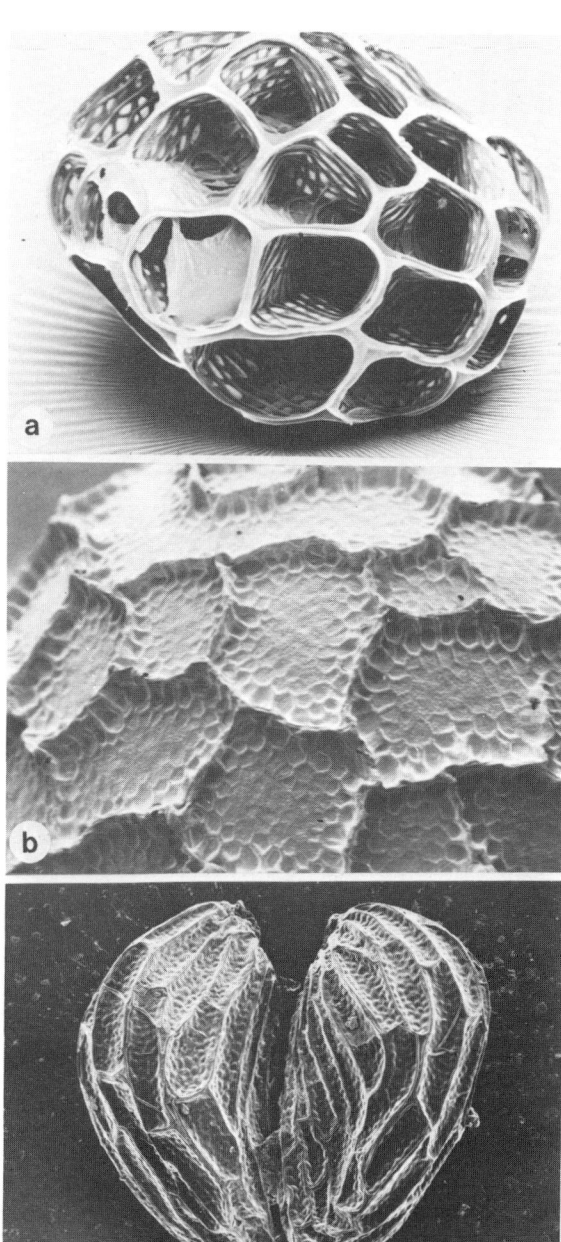

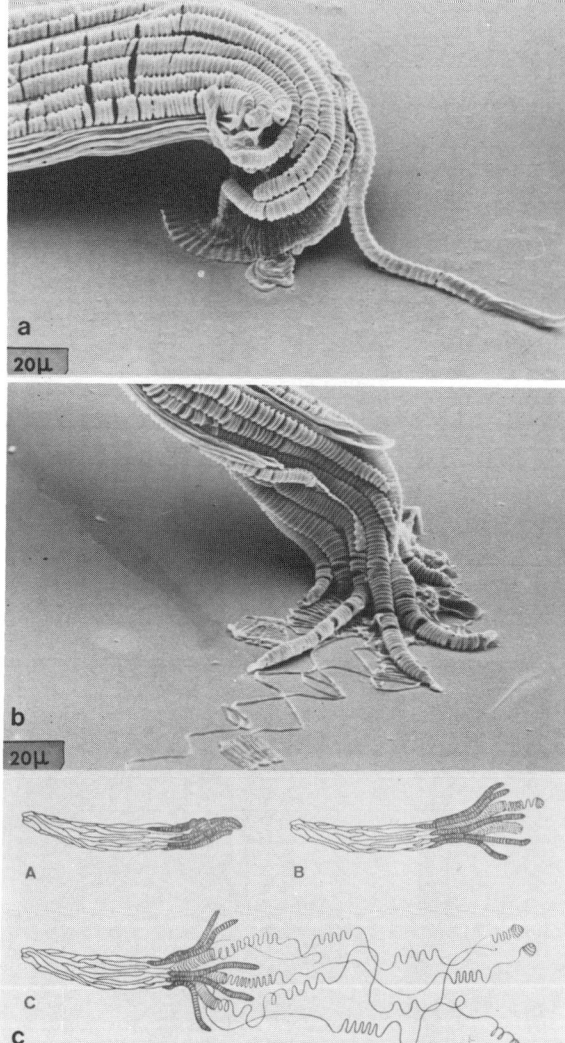

Abb. 48.18. Rasterelektronenmikroskopische Aufnahmen von Oberflächen windverbreiteter Samen. a Staubförmiger Flugsamen einer Sommerwurz-Art *(Aeginetia indica)*. Große Oberfläche bei minimalem Gewicht. b Samenoberfläche eines Mohngewächses *(Eschscholzia californica,* Kalifornischer Mohn). c Zwei nebeneinanderliegende Samen *(Siphanthera cordifolia,* Melastomataceae). In *b* und *c* ist ein für viele Samen typisches suprazelluläres Faltungsmuster erkennbar. (W. Barthlott, 1981, 1984 (a,b), S. Renner, 1986 unveröff. (c))

schleimt die Oberfläche, ist mit Stacheln versehen oder mit Haaren oder anderen Emergenzen besetzt.

Die spezifischen Oberflächenstrukturen dienen der Verbreitung (s. Abb. 48.18) oder der Anheftung an eine für die Keimung günstige Unterlage (s. Abb. 48.19 sowie Abb. 32.12)

Abb. 48.19. Hochspezialisierter, komplexer Anheftungsmechanismus des Samens der Orchidee *Chiloschista lunifera. Chiloschista* ist ein Epiphyt, der in den höchsten Baumkronen der Regenwälder des tropischen Asiens lebt. Die winzigen „Staubsamen" sind windverbreitet, die dargestellte komplizierte Struktur dient dazu, den Samen zur Keimung an den dünnen Baumzweigen zu verankern. *a* und *b* Rasterelektronenmikroskopische Aufnahmen aufeinanderfolgender Stadien des Anheftungsprozesses. *c* Schematische Darstellung zur Interpretation der sich bei der Anheftung abspielenden Quellungsprozesse: *A* Reifer, keimungsfähiger, 0,6 Millimeter langer Samen. *B* Der gleiche Samen etwa 10 Sekunden nach Benetzung mit Wasser (= *a*). Bestimmte Zellen („E-Zellen") haben sich abgespreizt. Die alternierend zwischen diesen „E-Zellen" liegenden breiteren „F-Zellen" beginnen zu quellen und sich aus dem Zellverband zu lösen. *C* Derselbe Samen wie in (A) und (B) (= *b*) etwa 15 Minuten in Wasser gequollen. Die „E-Zellen" haben sich noch weiter abgespreizt und geringfügig verlängert. Die „F-Zellen" sind weiter aufgequollen, und ihre feinen helikalen Wandverdickungen sind unter teilweiser Auflösung der zwischen der Helix liegenden Wandbereiche bis zu 4 Millimeter langen, fadenförmigen Anhängen des Samens ausgezogen. Dieser Mechanismus wurde bei keiner der anderen 1 100 hierauf untersuchten Orchideenarten gefunden. (W. Barthlott, B. Ziegler, 1980)

706

Literatur

Barthlott, W., B. Ziegler: Über ausziehbare helicale Zellwandverdickungen als Haft-Apparat der Samenschalen von *Chiloschista lunifera* (Orchidaceae). Ber. Deutsch. Bot. Ges.: *93*, 391–403 (1980)

Bawa, K.S., and J.H. Beach: Evolution of sexual systems in flowering plants. Ann. Missouri Bot. Gard. *68*, 254–274 (1981)

Behnke, H.-D.: The basis of angiosperm phylogeny: Ultrastructure. Ann. Missouri Bot. Gard. *62*, 647–663 (1975)

Bergfeld, R.: Sexualität bei Pflanzen. Stuttgart: E. Ulmer, 1977

Corner, E.J.H.: Angiosperm classification and phylogeny: a criticism. Bot. J. Linnean Soc. *82*, 81–87 (1981)

Cronquist, A., Takhtajan, A., Zimmermann, W.: On the higher taxa of embryobionta. Taxon *15* 129–134 (1966)

Cronquist, A.: An integrated system of classification of flowering plants. New York: Columbia, 1981

Dahlgren, R.M.T.: A revised system of classification of the angiosperms. Bot. J. Linnean Soc. *80*, 91–124 (1980)

Dahlgren, R.M.T.: Angiosperm classification and phylogeny: a rectifying comment. Bot. J. Linnean Soc. *82*, 89–92 (1981)

Dahlgren, R.: General aspects of angiosperm evolution and macrosystematics. Nord. J. Bot. *3*, 119–149 (1983)

Dickison, W.C.: The basis of angiosperm phylogeny: vegetative anatomy. Ann. Missouri Bot. Gard. *62*, 590–620 (1975)

Ehrendorfer, F., F. Krendl, E. Habeler, W. Sauer: Chromosome numbers and evolution in primitive angiosperms. Taxon *17*, 337–468 (1968)

Ehrendorfer, F. (Herausg.): Liste der Gefäßpflanzen Mitteleuropas. Stuttgart: G. Fischer, 1973

Ehrendorfer, F., R. Dahlgren (eds.): New evidence of relationships and modern systems of classifications of the angiosperms. Nord. J. Bot. *3*, 1–155 (1983)

Fairbrothers, D.E., T.J. Mabry, R.L. Scogin and B.L. Turner: The basis of angiosperm phylogeny: Chemotaxonomy. Ann. Missouri Bot. Gard. *62*, 765–800 (1975)

Hamann, U. und G. Wagenitz: Bibliographie zur Flora von Mitteleuropa. Berlin, Hamburg: Paul Parey Verlag, 1977 (2. Aufl.)

Hegi, G.: Illustrierte Flora von Mitteleuropa. (12 Bände) 1. Aufl. 1906–1931, 2. Aufl. seit 1935, 3. Aufl. seit 1966 (noch unvollständig). Hamburg, Berlin: Paul Parey Verlag (ältere Aufl. München: Lehmann)

Heywood, V.H.: Flowering plants of the world. Oxford, London, Melbourne: Oxford University Press, 1978

Hughes, N.F.: Cretaceous plant taxonomy and angiosperm ancestors: sources of difficulty. Bot. J. Linnean Soc. *88*, 55–61 (1984)

Hutchinson, J.: The families of flowering plants. (2 Vol.) Oxford: At the Clarendon Press, 1979 (3. Aufl.)

Jeffrey, C.: The origin and differentiation of the archegoniate land plants. Botaniska Notiser *115*, 446–454 (1962)

Jensen, W.A.: Fertilization in flowering plants. Bioscience *23*, 21–27 (1973)

Johri, B.M.: Embryology of angiosperms. Berlin–Heidelberg–New York–Tokyo: Springer Verlag, 1984

Kaplan, D.R.: Seed development in *Downingia*. Phytomorphology, *19*, 253–278 (1969)

Krassilow, V.A.: The origin of angiosperms. Bot. Review *43*, 143–176 (1977)

Kerner von Marilaun, A. und A. Hansen: Pflanzenleben (3 Bände). Leipzig und Wien: Bibliographisches Institut, 1913 (3. Aufl.)

Kronestedt, E., B. Walles: Anatomy of the *Strelitzia reginae* flower (Strelitziaceae). Nord. J. Bot. *6*, 307–320 (1986)

Leins, P.: Das Androeceum der Dikotylen. Ber. Deutsch. Bot. Ges. *84*, 191–193 (1971)

Leins, P.: Der Übergang vom zentrifugalen komplexen zum einfachen Androeceum. Ber. Deutsch. Bot. Ges. *92*, 717–719 (1979)

Maheshwari, P.: The male gametophyte of angiosperms. Bot. Rev. *15*, 1–75 (1949)

Maheshwari, P.: An introduction to the embryology of angiosperms. New York: McGraw–Hill Book Comp., 1950

Müller, J.: Fossil pollen records of extant angiosperms. Bot. Review *47*, 1–142 (1981)

Poppendieck, H.H.: Evolution and classification of seed plants. Fortschr. Bot. *45*, 242–297 (1983)

Raven, P.H.: The bases of angiosperm phylogeny: cytology. Ann. Missouri Bot. Gard. *62*, 724–764 (1975)

Rohweder, O., P.K. Endress: Samenpflanzen. Stuttgart–New York: G. Thieme Verlag, 1983

Roth, J.L., D.L. Dilcher: Investigations of angiosperms from the eocene of North America: Stipulate leaves of the Rubiaceae including a probable polyploid population. Amer. J. Bot. *66*, 1194–1207 (1979)

Rutishauser, A.: Embryologie und Fortpflanzungsbiologie der Angiospermen. Wien, New York: Springer Verlag, 1969

Souèges, R.: Développement de l'embryon chez le *Geum urbanum* L. Bull. Soc. Bot. France *70*, 645–660 (1923)

Souèges, P.: Développement d l'embryon chez le *Sagina procumbens* L. Bull. Soc. Bot. France *71*, 590–614 (1924)

Sporne, K.R.: A re-investigation of character correlations among dicotyledons. New Phytol. *85*, 419–449 (1980)

Stebbins, G.L.: Mosaic evolution, mosaic selection and angiosperm phylogeny. Bot. J. Linnean Soc. *88*, 149–164 (1984)

Takhtajan, A.: Die Evolution der Angiospermen (dt. Übers.) Jena: VEB G. Fischer Verlag, 1959

Takhtajan, A.: Flowering plants. Origin and dispersal. Edinburgh: Oliver and Boyd, 1969. dt. Übers.: Evolution und Ausbreitung der Blütenpflanzen. Stuttgart: G. Fischer Verlag, 1973

Takhtajan, A.: Outline of the classification of flowering plants (Magnoliophyta) Bot. Review *46*, 225–359 (1980)

Thorne, R.F.: A phylogenetic classification of the angiospermae. Evol. Biol. *9*, 35–106 (1976)

Tutin, T.G., V.H. Heywood, N.A. Burgess, D.M. Moore, D.H. Valentine, S.M. Walters, D.A. Webb (eds.) Flora Europaea, Vol 1–5 London, Cambridge: Cambridge University Press, 1964–1980

Wagenitz, G.: Blütenreduktion als ein zentrales Problem der Angiospermen-Systematik. Bot. Jahrb. Syst. *96*, 448–470 (1975)

Wettstein, R.: Handbuch der Systematischen Botanik. Leipzig und Wien: Franz Deuticke, 1924 (3. Aufl.)

49. Magnoliidae, Hamamelididae, Caryophyllidae

Magnoliidae

Die Magnoliidae gelten als primitivste Gruppe der (dikotyledonen) Angiospermen. Neben Holzpflanzen kommen krautige vor. Die Blüten sind meist radiärsymmetrisch gebaut, Ausnahmen sind selten. Der Fruchtknoten ist meist oberständig, gelegentlich aber auch mittel- und unterständig. Die Sepalen und Petalen sind meist frei und oft nicht klar voneinander zu unterscheiden. Gemeinsamkeiten findet man auch auf der Ebene sekundärer Pflanzenstoffe. Viele Arten enthalten nämlich Benzylisochinolinalkaloide oder verwandte Substanzen, wie die Aporphine. Diese Substanzen kommen bei den übrigen Angiospermen nur sporadisch vor.

Den Magnoliidae gehören acht Ordnungen mit 39 Familien und etwa 12 000 Arten an. Drei der Ordnungen (Magnoliales, Laurales und Ranunculales) umfassen etwa zwei Drittel aller Arten. Die wahrscheinlichsten verwandtschaftlichen Beziehungen zwischen den Ordnungen sind der Abbildung 49.1 zu entnehmen.

Magnoliales

Die Magnoliales repräsentieren die primitivste Ordnung. Man nimmt an, daß sie in vielem den gemeinsamen Vorfahren der Angiospermen ähneln. Die Blüten sind zwittrig und bei vielen Arten (vor allem bei denen

aus der Familie Magnoliaceae) groß und auffallend (s. Abb. 49.2).

Die einzelnen Organe sind in deutlich schraubiger Anordnung angelegt, die Blütenachse ist relativ lang und zapfenförmig. Alle Blütenorgane werden in großer Zahl gebildet.

Der Pollen ist monocolpat mit distaler Apertur, selten inaperturat. Die Samen enthalten kleine, in ein voluminöses Endosperm eingebettete Embryonen. Die

Abb. 49.2. Magnolienblüte, ein Beispiel für eine spirozyklische Blüte. Die Wirtelstellung beginnt in der Blütenhülle, die Antheren und das Gynoeceum sind noch spiralig (schraubig) angeordnet. *a* Aufsicht. Die Blütenblattkrone besteht aus zwei dreiwirteligen Kreisen; jeder enthält drei Blütenblätter (Trimerie). *b* Seitenansicht (vordere Blütenblätter entfernt). Im unteren Teil des Zapfens Antheren, darüber das Gynoeceum (s.a. Abb. 48.6 A).

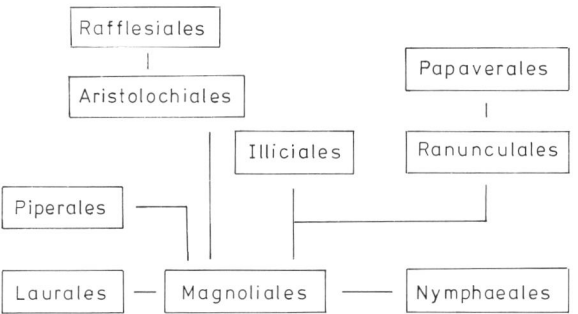

Abb. 49.1. Magnoliidae. Ein mögliches phylogenetisches Schema zur Darstellung der Beziehungen zwischen den einzelnen Ordnungen. (A. Cronquist, 1981)

709

Blätter sind derb, meist einfach, nicht geteilt und haben üblicherweise einen glatten Rand. Die Magnoliaceae sind im Südosten Nordamerikas, in Mittel- und Südamerika sowie in Ostasien beheimatet. Arten einiger Gattungen (*Magnolia, Liriodendron*) werden in Mitteleuropa kultiviert.

Die in Süd- und Mittelamerika sowie Australien vertretenen Winteraceae besitzen tracheenloses (gefäßloses) Holz (s. Kap. 6). Die Annonaceae sind eine große, in den Tropen der Alten und Neuen Welt verbreitete, etwa 2 000 Arten umfassende Familie. Die meisten Arten sind Bäume oder Sträucher, einige sind Lianen.

Den Myristicaceae gehört der Muskatnußbaum (*Myristica fragrans*) als bekannteste Art an; etwa 125 weitere Arten (tropische Bäume) kommen in der Neuen und der Alten Welt vor. Die Pflanzen sind in der Regel diözisch; die zu zymösen oder razemösen Infloreszenzen zusammengefaßten Blüten sind klein und unscheinbar; die Sepalen sind teilweise miteinander verwachsen.

Laurales

Die Laurales stehen den Magnoliales sehr nahe, und in vielen Punkten ist die Abtrennung von ihnen problematisch. Die Blüten sind meist perigyn oder epigyn (d.h. mit mittel- oder unterständigem Fruchtknoten). Der Pollen ist meist inaperturat oder biaperturat. Vielfach sind die Staubblätter, wie bei den übrigen Angiospermen, strukturiert, doch bei einigen Arten sehen sie primitiv aus und ähneln schmalen Blättern. Die Embryosackanlagen stehen fast immer einzeln. Dort, wo zwei beieinander liegen, entwickelt sich nur eine weiter. In der Regel sind die Blüten wesentlich kleiner als die der Magnoliales, sie sind zu blütenreichen zymösen oder razemösen Infloreszenzen vereint. Die Samen enthalten meist einen großen Embryo. Endosperm ist kaum oder gar nicht vorhanden.

Die Blätter stehen wechsel- oder gegenständig und sind, wie bei den Magnoliales, meist ungeteilt und glattrandig.

Parenchymatische Gewebe sind mit Zellen durchsetzt, die ätherische Öle (Monoterpene und/oder Sesquiterpene) enthalten. Den acht Familien dieser Ordnung gehören etwa 2 500 Arten an, davon allein 2 000 Arten der in den Tropen und Subtropen weit verbreiteten Familie der Lauraceen. Die Blüten sind regelmäßig gebaut und entweder zwittrig oder unisexuell; die Pflanzen sind dabei monözisch oder diözisch. Die Blütenorgane sind nie spiralig, sondern durchweg in Dreier- (oder Zweier-) Wirteln angeordnet. Kelch und Blütenkrone sind oft nur schwer auseinanderzuhalten. Bekannte Arten sind *Laurus nobilis* (Lorbeerbaum), u.a. im Mittelmeer weit verbreitet. Zweige des Lorbeerbaums dienten im Altertum als Siegertrophäen (Lorbeerkranz); weiter *Cinnamomum camphora* (Kampferbaum), *Cinnamomum zeylaniceum* u.a. Arten (Zimtbaum), *Persea americana* (Avocado).

Der Nutzen dieser und verwandter Arten beruht vorwiegend auf dem hohen Gehalt aromatischer Substanzen in den Blättern und/oder der Rinde (Zimt).

Piperales (Pfeffergewächse)

Den Piperales gehören vornehmlich krautige oder sekundär verholzte Arten (Halbsträucher, Sträucher, Epiphyten) an. Die Blüten sind klein und unscheinbar, ein Perianth fehlt oder ist nur rudimentär entwickelt. Die Blütenstände sind razemös; die Blätter sind einfach gebaut und meist mit Drüsen besetzt, die ätherische Öle absondern. Die Anordnung der Leitbündel im Stamm ähnelt der der Monokotyledonen (zerstreute Anordnung).

Die Piperales kommen in den Tropen und Subtropen vor. Es gibt drei Familien. Die überwiegende Zahl der 2 000 Arten gehört zu den Piperaceae, bei denen wiederum die Gattung *Piper* dominierend ist. Manche Botaniker rechnen fast alle Arten der Familie dieser Gattung zu.

Die Samen von *Piper nigrum* sind als schwarzer Pfeffer bekannt. Ihr Nährgewebe wird vor allem vom Nucellusgewebe gebildet. Ein solches Nährgewebe wird Perisperm genannt.

Die Blätter von *Piper betle* werden zusammen mit einem Extrakt aus der Betelnuß in Indien, Indonesien und Ostafrika als Rauschmittel konsumiert.

Aristolochiales

Auch die Aristolochiales scheinen direkte Abkömmlinge der Magnoliales zu sein. In den Blüten, die aus dreizähligen Wirteln aufgebaut sind, ist die Krone meist reduziert. Aus dem Kelch geht häufig eine auffällige, vielfach stark zygomorphe Blütenstruktur hervor (Kesselfallenblume). Die Samen enthalten Endosperm. Die Blätter sind einfach, nicht selten sind sie dreilappig.

Die Aristolochiales stellen eine in sich einheitliche Ordnung dar. Der einzigen Familie, Aristolochiaceae, gehören etwa 600 Arten an und die meisten davon der Gattung *Aristolochia,* die zweitwichtigste ist *Asarum.* Das Hauptverbreitungsgebiet sind wieder die Tropen, einzelne Arten kommen auch in gemäßigten Zonen vor. *Aristolochia clematitis* (Osterluzei) und *Asarum europaeum* (Haselwurz) gehören zur einheimischen Flora.

Rafflesiales

Die Rafflesiales sind vollendete Parasiten. Im Extremfall besteht die Pflanze aus einer dem Wirt aufsitzenden Blüte. Die Blätter sind, sofern vorhanden, schuppenförmig und stets chlorophyllfrei; die Blüten können sehr komplex gebaut sein. Es gibt sehr kleine und sehr große Blüten. Die der auf Sumatra vorkommen-

710

den *Rafflesia arnoldii* ist mit einem Durchmesser von mehr als einem Meter die größte Angiospermenblüte überhaupt.

Die Blüten sind radiärsymmetrisch, der Fruchtknoten liegt ober- bis mittelständig. Sie bilden sich entweder unmittelbar aus dem Samen oder erst, nachdem ein rhizoidähnliches Wurzelwerk in die Wirtspflanze eingedrungen ist. Die Blütenorgane sind dickfleischig, stinkend und schwarz-rot gefärbt. Die Bestäubung erfolgt durch Fliegen (Sapromyophilie). Der Pollen ist vielfach monocolpat, ein Hinweis auf die Magnoliales-Verwandtschaft. Die Früchte sind fleischig, die Samenzahl ist hoch, der Embryo ist von Endosperm, manchmal auch von Perisperm (aus Nucellusgewebe hervorgehendes Nährgewebe) umgeben. Während die Rafflesiaceae mit 50 Arten pantropisch verbreitet sind, zeichnet sich die Familie der Mitrastomonaceae mit nur zwei Arten durch disjunkte Verbreitungsgebiete aus (Südostasien einerseits, Zentralamerika andererseits). Dieses Verbreitungsmuster ist ein Hinweis auf ein hohes phylogenetisches Alter dieser Familie.

Illiciales

Die Illiciales sind eine kleine, etwa 90 Arten umfassende Ordnung, die den Magnoliales sehr nahe steht und eine schraubige Anordnung der Blütenorgane besitzt. Eine Neuerung sind die tricolpaten Pollenkörner. Damit nehmen die Illiciales eine Brückenstellung ein, denn von ihnen lassen sich gerade deshalb die großen Ordnungen Ranunculales und Papaverales ableiten.

Die Illiciales sind kleine Bäume oder Sträucher. Ihr Hauptverbreitungsgebiet sind die Tropen.

Nymphaeales

Die Nymphaeales sind hoch spezialisierte, an das Leben in ruhigen Gewässern adaptierte Wasserpflanzen. Abgesehen von arktischen Gebieten kommen sie weltweit vor. Sie besitzen in der Regel keine Gefäße. Dabei ist unklar, ob ihr Fehlen als ursprüngliches oder als abgeleitetes Merkmal zu werten ist. Die Leitbündel sind im Stamm entweder zerstreut, in ein oder zwei Kreisen angeordnet oder in einem Zentralstrang (bei Ceratophyllaceae) zusammengefaßt. Es gibt kein sekundäres Dickenwachstum; die Pflanzen bilden zwei Keimblätter aus.

Die Blätter der meisten Arten sind langgestielt und als einfache, ganzrandige Schwimmblätter ausgebildet. Stomata liegen auf der Oberseite. Die größten Blätter – mit an den Rändern aufgewölbtem Blattrand – hat die im Amazonasbecken beheimatete *Victoria amazonica* (früher *Victoria regia* genannt, s. Abb. 49.3). Bei Arten aus der Familie Ceratophyllaceae (die ausschließlich submers leben) sind die Blätter fiederförmig und stehen quirlig. Die Ceratophyllaceen sind stärker als die übrigen Familien spezialisiert; sie sind sehr empfindlich gegenüber Austrocknung und sind fast immer wurzellos. Ansätze zur Wurzelbildung findet man allenfalls während ihrer Embryonalstadien. Die Blüten sind stark vereinfacht und auf Unterwasserbestäubung adaptiert. Die meisten der insgesamt 65 Nymphaeales-Arten gehören zur Familie Nymphaeaceae (Seerosengewächse). Die einzeln stehenden Blüten sind meist sehr groß und auffällig.

Die Weiße Seerose (*Nymphaea alba*) haben wir bereits als ein Beispiel für den stufenlosen Übergang von den Stamina zu den Petalen kennengelernt (s. Kap. 2).

Abb. 49.3. *Victoria amazonica* (früher *Victoria regia* genannt): Schwimmblätter und Blütenknospen im Weißwasser des Amazonas, Manaus/Brasilien. (S. Renner, 1982)

711

Alle Blütenorgane liegen in schraubiger Anordnung vor. Die Einzelteile sind meist zahlreich. Pollenkörner sind in der Regel monocolpat. Wie bei den Piperales ist das Nährgewebe kein Endosperm, sondern ein Perisperm. Chemisch sind die Nymphaeales durch den Besitz von Ellagitanninen von allen anderen Magnoliidae deutlich unterschieden.

Ranunculales

Die Ranunculales sind krautig oder holzig; die holzigen sind Sträucher, Bäume oder Lianen. Neben annuellen Arten kommen viele perennierende vor. Die meisten Arten leben terrestrisch, einige wenige sind an aquatische Lebensweise adaptiert. Die Verbreitung reicht von der Arktis bis in die Tropen. Die Blüten sind meist groß, stehen einzeln oder sind zu zymösen, selten andersartigen Infloreszenzen zusammengefaßt. In der Regel sind sie entomophil (insektenbestäubt), gelegentlich aber auch ornithophil (vogelbestäubt) oder mehr oder weniger anemophil (windbestäubt, z.B. *Thalictrum,* Wiesenraute). Üblicherweise sind die Blüten radiärsymmetrisch und zwittrig, selten eingeschlechtig. Die meist freien Sepalen und Petalen sind klar voneinander zu unterscheiden. Zygomorphe Blüten sind selten (Beispiele: *Aconitum* (Eisenhut), *Delphinium* (Rittersporn)).

Die Stamina sind schraubig angeordnet, doch oft ist die Ganghöhe der Schraube derart gering, daß es den Anschein hat, sie seien in einem oder mehreren Kreisen angeordnet. Filament und Anthere sind – von Ausnahmen abgesehen – deutlich voneinander zu unterscheiden. Oft enthalten die Blüten Nektarien. Der Pollen ist fast immer tricolpat; es gibt aber auch Arten mit multiaperturatem oder biaperturatem Pollen.

Der Fruchtknoten ist oberständig, meist ist er apokarp (s. Kap. 2) oder monomer. Es gibt die unterschiedlichsten Fruchtformen: Bälge sind typisch für Arten der Gattung *Ranunculus,* Achänen kommen bei *Pulsatilla* vor, Beeren bei den Berberidaceae.

Meist enthält ein Samen einen kleinen Embryo (s. Abb. 48.14) und ausgedehntes Endosperm, gelegentlich ist die Situation aber auch genau entgegengesetzt. Normalerweise werden zwei Kotyledonen ausgebildet, manchmal ist eines jedoch reduziert und nur als Kotyledonenanlage identifizierbar. Die netzadrigen Blätter stehen meist wechselständig, sie sind entweder einfach gebaut, tief eingeschnitten oder zusammengesetzt.

Viele Ranunculales enthalten Isochinolin, Aporphin und andere sekundäre Pflanzenstoffe zum Schutz vor Tierfraß. Bemerkenswert ist das Fehlen von Protopin (einem Isochinolinalkaloid), in dem wir im folgenden ein diagnostisches Merkmal der Papaverales erkennen werden.

Den Ranunculales gehören neun Familien mit 3 200 Arten an. Über die Hälfte gehört zu den Ranunculaceae (Hahnenfußgewächsen), die nächst größere Familie sind die Berberidaceae (Sauerdorngewächse,

650 Arten). Die Nelumbonaceae, zu denen *Nelumbo nucifera* (Lotusblume) gehört, wurden früher meist zu den Nymphaeales gerechnet. Da sie aber Gefäße (Tracheen) und tricolpaten Pollen besitzen, zudem Ähnlichkeiten im Blütenbau mit den Berberidaceae aufweisen, stellt man sie heute zu den Ranunculales. Ihre Ähnlichkeiten mit den Nymphaeales beruhen vermutlich auf Konvergenz, da sie gleichartige (aquatische) Lebensräume besiedeln.

Ranunculaceae. Die Waldrebe (*Clematis*) ist eine Kletterpflanze. Ihr Holz ist, wie das der Berberidaceae, von breiten Markstrahlen durchsetzt, was darauf hinweisen könnte, daß sich diese Holzpflanzen sekundär aus krautigen entwickelt haben.

Die meisten der übrigen Ranunculaceen sind krautig. Zu den bekanntesten Gattungen und Arten in Gärten und in der heimischen Flora zählen: *Aconitum* (Eisenhut), *Anemone nemorosa* u.a. Anemonenarten, *Aquilegia* (Akelei), *Caltha palustris* (Sumpfdotterblume), *Delphinium* (Rittersporn), *Eranthis hyemalis* (Winterling), *Helleborus niger* (Nieswurz), dann eine Vielzahl von *Ranunculus* – Arten; *Ranunculus glacialis* ist die in europäischen Gebirgen am höchsten steigende Blütenpflanze (2 300–4 000 m); *Pulsatilla vernalis* (Küchenschelle), *Trollius europaeus* (Trollblume).

Auffallend sind unter diesen die zahlreichen Frühblüher. Ein Versuch, die Gattungen aufgrund morphologischer und serologischer Merkmale in einem phylogenetischen System unterzubringen, ist in der Abbildung 43.11 wiedergegeben.

Berberidaceae. Die Berberidaceae sind ausdauernde Kräuter, Sträucher oder Bäume, von denen einige immergrün sind. Die Blätter sind derb mit glatter Oberseite und meist gesägt. Das Hauptverbreitungsgebiet ist die gemäßigte Zone der nördlichen Hemisphäre; einige verholzte Arten kommen in den Anden Südamerikas vor. Die bekannteste einheimische (in Süddeutschland verbreitete) Art ist *Berberis vulgaris;* viele Arten werden in Gärten gehalten.

Papaverales

Die etwa 600 Papaverales-Arten stehen den Ranunculales recht nahe, unterscheiden sich von ihnen aber, wie schon erwähnt, durch die Produktion und Speicherung von Protopinen (s. Abb. 20.14), zu denen das morphinhaltige Opium gehört (s.a. Abb. 20.9). Die Hauptverbreitungsgebiete der Papaverales sind die gemäßigte und subtropische Zone der nördlichen Hemisphäre und Ostafrika. Papaverales sind Kräuter, selten weichholzige Sträucher.

Man untergliedert die Ordnung in zwei Familien, von denen sich die Papaveraceae durch radiärsymmetrische (gelegentlich leicht asymmetrische), große und auffallende Blüten auszeichnen. Der Fruchtknoten liegt meist ober-, selten mittelständig; die Blüten der Fumariaceae sind zygomorph.

Die Zahl der Sepalen beträgt (in beiden Familien) zwei, gelegentlich drei, selten vier. Bei den Papavera-

712

ceen umschließen sie die übrigen Blütenorgane vor der Anthese vollständig, bei den Fumariaceae nur zum Teil.

Die Zahl der Petalen ist in der Regel doppelt so hoch wie die der Sepalen: vier, sechs, manchmal acht bis zwölf, oder gar sechzehn. Es gibt vier oder mehr Staubblätter, der Pollen ist tri- oder multiaperturat. Das Gynoeceum ist stets coenokarp und wird gewöhnlich aus zwei Karpellen gebildet; lediglich bei einigen Arten aus der Gattung *Papaver* sind es mehr.

Die typische Fruchtform ist die Kapsel. Poren oder Spalten an ihrem oberen Rand dienen der Freisetzung der Samen. Zusammen mit den Ranunculales – und den meisten übrigen Magnoliidae – verfügen Papaverales über ein weites Spektrum sekundärer Pflanzenstoffe. Als Besonderheit sind die schon erwähnten Protopine (Opium, Morphin) zu nennen.

Opium wird aus getrocknetem Milchsaft von *Papaver somniferum* (Schlafmohn) gewonnen, dessen Hauptverbreitungsgebiet der Orient ist. Da diese Mohnart zudem Öllieferant ist, wurde sie früher auch in Europa kultiviert.

Alle Papaveraceae sind latexhaltig. Der Milchsaft ist entweder weiß, wie bei den meisten *Papaver*-Arten, oder gelborange, wie z.B. bei *Chelidonium majus,* dem Schöllkraut. Die Fumariaceae hingegen sind latexfrei.

Außer den bereits genannten sind die folgenden Gattungen/Arten erwähnenswert: *Papaver rhoeas* (Klatschmohn; die in der heimischen Flora häufigste Art der Papaveraceen); *Eschscholzia* (Kalifornischer Mohn, die Wappenblume Kaliforniens; Besonderheit: mittelständiger Fruchtknoten); *Corydalis* (Lerchensporn) und *Fumaria officinalis* (Erdrauch).

Hamamelididae

Die Hamamelididae (= Hamamelidae) sind typischerweise Holzpflanzen mit stark reduzierten, windbestäubten (anemophilen) Blüten, welche meist zu kätzchenförmigen Blütenständen zusammengefaßt sind.

In vielen ihrer Merkmale sind sie fortschrittlicher als die Magnoliidae. Ihre Evolutionsstrategie ähnelt der der Coniferales (s. Kap. 47). Durch diese Strategie gelang es ihnen, sich in Zonen mit gemäßigtem Klima auszubreiten. Das geschah vielleicht noch, bevor eine Koevolution zwischen Blüten und Insekten (vornehmlich Bienen) einsetzte, welche sich schließlich bei anderen Angiospermen bewährte und jenen (Rosidae, Dilleniidae…) die Chance einräumte, die Hamamelididae zurückzudrängen.

Daß wir es hier mit einer sehr alten Pflanzengruppe zu tun haben, geht u.a. auch aus der Tatsache hervor, daß sie nur 3 400 Arten enthält, aber dennoch in 11 Ordnungen untergliedert werden muß. Zwei Drittel aller rezenten Arten gehören nur einer Ordnung, den Urticales an, ein weiteres Viertel den Fagales, und auf die übrigen neun Ordnungen entfallen lediglich 300 Arten. Sie sind taxonomisch isoliert und repräsentieren vermutlich Relikte alter ausgestorbener Taxa.

Das Holz der Hamamelididae enthält, von dem der Trochodendrales einmal abgesehen, stets Gefäße mit scalariformen (leiterförmigen) oder einfachen Perforationen. Von daher ähnelt es dem der meisten Magnoliidae, weist aber dennoch deutliche Merkmale einer Weiterentwicklung (Progression) auf. Die für die Magnoliidae typischen Alkaloide fehlen den Hamamelididae; gelegentlich kommen andere vor, daneben kondensierte Gerbstoffe, und vielfach auch Ellagi- und Gallotannine (s. Abb. 20.23).

Die anemophilen (selten sekundär entomophilen) Blüten sind in der Regel eingeschlechtig und meist apetal. Wo dennoch ein Perianth vorhanden ist, ist es andeutungsweise ausgebildet; die große Ausnahme bilden jedoch die Hamamelidales, die als die ursprünglichste Ordnung dieser Gruppe angesehen werden. Sie haben schuppenförmige Sepalen. Es sind meist zwei Stamina vorhanden, die deutlich in Filament und Anthere differenziert sind. Oft ist das Konnektiv verlängert; blattförmige Stamina wie bei den Magnoliidae kommen nicht vor. Das Gynoeceum besteht aus einem oder wenigen Karpellen. Die typische Fruchtform ist die Nuß, und es werden in der Regel

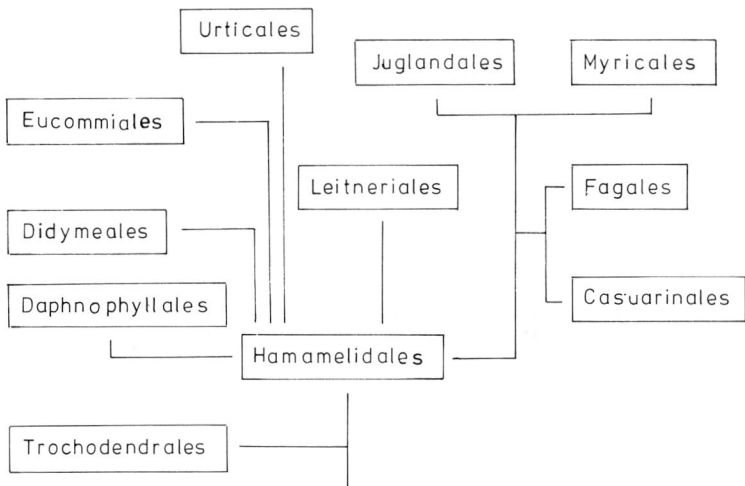

Abb. 49.4. Hamamelididae. Ein mögliches phylogenetisches Schema zur Darstellung der Beziehungen zwischen den einzelnen Ordnungen. (A. Cronquist, 1981)

713

nur relativ wenige Samen (pro Blütenstand!) gebildet. Die Blätter sind meist einfach; zusammengesetzt sind sie nur selten.

Ein Schema der möglichen phylogenetischen Zusammenhänge zwischen den einzelnen Ordnungen ist der Abbildung 49.4 zu entnehmen.

Trochodendrales

Das Holz einer der drei Familien dieser Ordnung ist gefäßlos. Von daher müßte man sie zu den Magnoliidae stellen. Doch weisen Blütenmorphologie, Struktur des Pollens und der Samenoberfläche auch auf eine Verwandtschaft mit den Hamamelidales hin. Das heutige Verbreitungsgebiet ist Ostasien. Es handelt sich hier um eine erlöschende Ordnung, die früher reicher entfaltet und weiter verbreitet war und heute nur noch durch stark reliktäre Formen vertreten ist.

Hamamelidales

Hamamelidales sind Sträucher oder Bäume mit wechselständigen, selten gegenständigen, oft gelappten

Abb. 49.5. *Hamamelis mollis* (Weichhaarige Zaubernuß). Ein frühblühender Strauch. Die Aufnahme wurde Ende Februar (1986) gemacht.

Blättern. Die Blüten sind meist anemophil, doch findet man in der Gattung *Hamamelis* auffallend großblütige, von Insekten bestäubte Arten. Mehrere Arten aus der Gattung *Hamamelis* werden in Mitteleuropa und Nordamerika als sehr früh (Januar bis März bis April) blühende Zierpflanzen (kleine Bäume) angepflanzt (s. Abb. 49.5). Wegen der allenfalls gegen Ende der Blühperiode möglichen Bestäubung ist der Fruchtansatz spärlich. Im Gartenbau werden die Pflanzen vegetativ vermehrt. Von den fünf Familien der Hamamelidales sind außer den Hamamelidaceae die Platanaceae zu nennen, zu denen die als Straßen- und Alleebäume beliebten Platanen gehören.

Die kultivierten Sorten sind meist Hybride. *Platanus hybridus* ist aus *Platanus occidentalis* und *Platanus orientalis* hervorgegangen. Die Karpelle der Platanen sind recht archaisch, denn ihre Ränder sind nur unvollständig verwachsen. Alle Blütenorgane sind von Sternhaaren besetzt. Die eingeschlechtigen Blüten sind zu Köpfchen vereint. Die Pflanzen sind monözisch. In vielerlei Hinsicht ähneln die Platanaceae den Hamamelidaceae, doch ist keine der Familien von der anderen ableitbar. Die Hamamelidaceae fallen durch ihre diskontinuierliche geographische Verbreitung auf. Sie sind im Südosten Nordamerikas, Mexiko, Kleinasien und Ostasien beheimatet. Auch dieses Verbreitungsmuster weist auf ein hohes Alter und eine einst weite Verbreitung dieser Familie hin, von der heute nur noch einige Restbestände verblieben sind. Neben monözischen gibt es diözische Arten. Der Kelch besteht aus vier bis fünf verwachsenen Sepalen, die Krone aus vier bis fünf freien Petalen.

Urticales

Bäume, Sträucher, verholzte und krautige Kletterpflanzen. Sie enthalten kondensierte Gerbstoffe, doch meist keine Ellagsäure. Die Blätter sind wechsel-, selten gegenständig, meist einfach, aber mitunter tief eingeschnitten. Die kleinen, unscheinbaren Blüten sind anemophil oder entomophil, sie sind meist unisexuell (Ausnahme Ulmaceae), wobei die ♂ Blüten nie zu Kätzchen vereint sind. Die Sepalen sind in ein bis zwei Kreisen angeordnet. Ihre Zahl entspricht der der Stamina, welche den Sepalen stets direkt gegenüberstehen.

♀ Blüten sind ohne Hüllorgane. Petalen kommen grundsätzlich nicht vor. Die Blüten sind immer zu teilweise sehr komplex strukturierten Infloreszenzen vereint. Die Früchte (Nüsse, Steinfrüchte, Sammelfrüchte) sehen sehr unterschiedlich aus. Der Ordnung gehören 2 200 Arten an. Sie untergliedert sich in sechs Familien, davon diejenigen mit den höchsten Artenzahlen: Moraceae (1 000 Arten), Urticaceae (700 Arten), Cecropiaceae (300 Arten; Charakterarten des tropischen Sekundärwaldes; durch silbrigglänzendes Laub auffallend), Ulmaceae (150 Arten).

Zu nennen wäre noch eine Familie, die nur drei Arten enthält: Cannabaceae.

Die Moraceae stehen den Urticaceae sehr nahe, die

714

Ulmaceae stehen etwas weiter weg, dafür ist ihre Affinität zu den übrigen Familien um so höher.

Ulmaceae. Den Ulmaceae gehört die in der heimischen Flora mit drei Arten vertretene Gattung *Ulmus* (Ulme, Rüster) an. Ihre Blätter sind typischerweise asymmetrisch gebaut, die Blüten sitzen in büschelartigen Ständen; und im Gegensatz zu denen der meisten übrigen Urticales sind sie zwittrig. Die Nußfrüchte sind breitgeflügelt. Zum Thema „Ulmensterben", siehe Kapitel 33.

Cannabaceae. Von den drei Cannabaceen-Arten sind zwei gut bekannt: Einmal, *Humulus lupulus* (Hopfen), eine mehrjährige, diözische Kletterpflanze, die in Au- und Bruchwäldern zu Hause ist, vor allem in Süddeutschland aber auch in großen Plantagen kultiviert wird. Ihre zapfenförmigen Fruchtstände sind von großen, harz- und bitterstoffhaltigen Deckblättern umgeben, die ein essentielles Ausgangsprodukt der Bierherstellung sind. Die zweite Art ist *Cannabis sativa* (Hanf). Auch sie ist diözisch und wurde früher in großem Umfang angebaut, weil ihre Baststränge der beste Rohstoff zur Herstellung fester Seile waren. Der Hanfanbau mußte aus zwei Gründen eingestellt werden:
(1) Kunststoff-Fasern erwiesen sich als den Hanffasern überlegen.
(2) Hanfblätter (vor allem die der Unterart *Cannabis sativa* ssp. *indica*), enthalten das Rauschgift Tetrahydrocannabinol (THC), das unter den Namen Haschisch oder Marihuana wohlbekannt ist.

Moraceae. Bäume, Sträucher, Lianen und selten Kräuter. Das Parenchym der Stämme und Blätter ist von Latexgängen durchsetzt. Die Blüten sind in der Regel anemophil, doch gerade *Ficus*-Arten sind vielfach entomophil. Die sehr kleinen, eingeschlechtigen Blüten sind zu achselständigen Infloreszenzen vereint; die Pflanzen sind monözisch oder diözisch. Die Blütenstandachse (Rezeptakel) ist oft verlängert und verdickt. Während der Fruchtreife schwillt sie an und entwickelt sich zur Achse von Sammelfrüchten (Maulbeeren, Feigen u.a.).

Die Familie ist in den Tropen und Subtropen verbreitet. Ihr gehören 40 Gattungen an, von denen *Ficus* die arten- und individuenreichste ist (500 Arten). Bekannte *Ficus*-Arten sind der im Mittelmeerraum verbreitete, seit biblischen Zeiten genutzte Feigenbaum (*Ficus carica*) (Holz, Feigenblätter, Sammelfrucht), dann *Ficus benjamini* und *Ficus sycamorus,* die als Zimmerpflanzen bekannt geworden sind, sowie der in Südostasien verbreitete *Ficus benghalensis* (Würgefeige). Seine Embryonen keimen in großer Zahl auf den Ästen der Mutterpflanze aus, bilden lange, ständig dicker werdende Luftwurzeln aus, die die ursprüngliche Pflanze nach und nach abwürgen.

Artocarpus communis ist der Brotbaum. Blätter von *Morus alba* und verwandten Maulbeerbaumarten dienen Seidenraupen als Nahrung; sie sind deshalb eine notwendige Voraussetzung für deren Zucht.

Urticaceae. Zu den Urticaceen gehören die krautigen Nesseln, deren Blätter von Brennhaaren besetzt sind (s. Kap. 5). Die Blüten sind eingeschlechtig. Einige Arten sind diözisch (z.B. *Urtica dioica,* die uns allen bekannte Große Brennnessel), andere monözisch, z.B. *Urtica urens* (Kleine Brennnessel). Aus *Boehmeria nivea,* einer asiatischen Art, werden Ramie-Fasern (s. Kap. 6) gewonnen.

Juglandales

Zu den Junglandales gehört der Walnußbaum *Juglans regia.* Wie an anderer Stelle (s. Kap. 2) bereits vermerkt, sind seine Früchte als Steinfrüchte und nicht als Nüsse zu werten, denn das, was uns im Handel als „Nuß" angeboten wird, ist nur der innere Teil der eigentlichen Frucht.

Der Fruchtknoten besteht aus zwei miteinander verwachsenen Karpellen. In ihm entwickelt sich nur ein Embryo, der mit großen, ölhaltigen Kotyledonen ausgestattet ist (der eßbare Teil der „Nuß"); ein Endosperm fehlt. Die beiden Schalenhälften der Walnuß entsprechen aber nicht den Karpellen.

Die ♂ Blüten von *Juglans* sind zu hängenden Kätzchen zusammengefaßt, die direkt aus verholzten, vorjährigen Trieben herauswachsen; die ♀ Blüten werden auf diesjährigen Trieben angelegt. Viele Juglandales haben unpaarig gefiederte, aromatisch duftende Blätter. Die Blattform ist für die übrigen Hamamelididae untypisch und wird von einigen Botanikern (R.E. Thorne, 1968, 1976) als Argument gegen ihre Zugehörigkeit zu dieser Gruppe herangezogen.

Dem läßt sich entgegnen, daß rezenter und fossiler Juglandales-Pollen Ähnlichkeiten mit dem anderer Hamamelididae hat (z.B. mit dem der Betulaceae, Ordnung Fagales). Zudem fanden F. Peterson und D. Fairbrothers (1978, 1979), daß es eine serologische Verwandtschaft zwischen Proteinen der Juglandales und denen vieler anderer Hamamelididae gibt; dagegen aber keine Gemeinsamkeiten zu *Rhus* und *Toxicodendron,* zwei Gattungen aus der Familie der Anacardiaceae festzustellen sind. In deren Nähe müßte man die Juglandales stellen, wenn man der Blattmorphologie einen hohen Stellenwert einräumen möchte.

Myricales

Einzige Familie sind die Myricaceae. Sie besitzen aromatisch duftende, mit Harzdrüsen besetzte, immergrüne Blätter. Die Pflanzen enthalten Tri- und Sesquiterpene sowie kondensierte und hydrolysierbare Gerbstoffe. Die Wurzeln sind oft mit Knöllchen besetzt, die stickstoffixierende Bakterien beherbergen.

Myrica gale, der Gagelstrauch, ein auf Heiden und Mooren vorkommender, etwa einen Meter hoch werdender Strauch repräsentiert die Familie in der heimischen Flora.

Fagales

Der Ordnung Fagales gehören drei Familien an: Balanopaceae, Fagaceae und Betulaceae.

Während die in den Tropen Australiens und benachbarter Inseln vorkommenden Balanopaceae wegen ihrer Besonderheiten im Blattadersystem etwas abseits stehen, bestehen zwischen den Fagaceae und den Betulaceae zahlreiche Übereinstimmungen. Von Südafrika und den Tropen abgesehen, kommen diese Familien weltweit vor. In der nördlichen Hemisphäre liegt das Hauptverbreitungsgebiet. Die Fagaceen sind mit Buchen und Eichen die dominierenden Arten der sommergrünen Laubwälder, der in der nördlichen gemäßigten Zone vorherrschenden Vegetationszone. Viele Arten sind zudem für bestimmte Pflanzengesellschaften namengebend: z.B. Stieleichen – Birkenwald: *Querco roboris-Betuletum,* Buchen-Eichen-Wald: *Fago-Quercetum* (mehr dazu im Kapitel 57). Das Vorkommen von *Nothofagus* („Südbuche") an der Südspitze Südamerikas, in Neuseeland, Australien, außerdem in Neu-Kaledonien und Neu-Guinea, ist ein Beispiel für eine Gondwana-Verbreitung.

Von Ausnahmen abgesehen, sind die Fagales Holzpflanzen mit schraubig oder zweizeilig angeordneten, meist ungeteilten Blättern. Viele der in den Subtropen verbreiteten Arten sind immergrün.

Die Fagales werden vielseitig genutzt. Buchen, Eichen, Erlen, Birken u.a. sind waldbildend, und die Werte eines sommergrünen Laubwalds (und anderer Wälder) können an dieser Stelle mit wenigen Worten

gar nicht gewürdigt werden. Die Bedeutung einzelner Bäume ist in die Kulturgeschichte der Menschheit eingegangen (Gerichtseichen u.a.).

Die Fagales liefern wertvolles, von nur wenigen Markstrahlen durchzogenes Hartholz, das vielfältig genutzt wird. Die Rinde von *Quercus suber* (Korkeiche) dient seit dem Altertum zur Korkgewinnung. Trotz weiter Verbreitung im Mittelmeerraum, ist dort kaum ein Baum mit ungeschälter Rinde anzutreffen (s. Abb. 49.6).

Die Früchte der Edelkastanie (*Castanea sativa*) sind eßbar und gelten vor allem im Süden Europas als Delikatesse. Die der Buchen und Eichen (Bucheckern, Eicheln) dienten in Notzeiten der menschlichen Ernährung. Die Blüten der meisten Arten sind eingeschlechtig; bei *Nothofagus* stehen männliche und weibliche Blüten auf verschiedenen Individuen.

Die typische Fruchtform ist die Nuß, deren Samenschale (das Perikarp) meist ledrig und fest ist. Die Kotyledonen sind öl- und proteinreich. Die Fagaceae zeichnen sich durch besonders große Samen mit geringem Ausbreitungspotential aus; außerdem altern sie sehr schnell und verlieren noch innerhalb eines Jahres ihre Keimfähigkeit. Die Samen (Nüsse) der Betulaceae sind wesentlich kleiner und geflügelt.

Die Fagaceen-Samen sind von einer Hülle, genannt Cupula, umgeben; über deren Entstehung ist viel spekuliert worden. Etwas klarer wurde die Situation, als 1961 die Gattung *Trigonobalanus* entdeckt und beschrieben wurde. Ihre Cupula ist dreilappig, und es sieht so aus, als sei sie aus Fortsätzen des Blütenstiels hervorgegangen, die zu unterschiedlich geformten Hüllen verwachsen sind. Die Hüllen wiederum umgeben je nach Art ein oder mehrere Früchte, sie sind darüber hinaus von unterschiedlich gestalteten Schuppen oder mit dornenförmigen Fortsätzen besetzt, von denen man annimmt, daß sie den Seitenorganen des Stiels (z.B. den Dornen) homolog sind.

Die gerade erwähnte Cupula darf nicht mit der der Pteridospermen verwechselt werden. Die Bezeichnung bezieht sich allein auf die becherförmige Gestalt der Hülle. Eine Homologie zwischen den beiden Strukturen besteht nicht.

Verbreitete Arten/Gattungen:

Fagaceae:
Fagus sylvatica (Rotbuche)
Quercus pubescens (Flaumeiche)
Quercus robur (Stieleiche)
Castanea sativa (Edelkastanie)

Betulaceae:
Carpinus betulus (Hainbuche)
Corylus avellana (Hasel)
Betula ... (Birke)
Alnus glutinosa (Erle)

Casuarinales

Die Casuarinales, allein durch die Gattung *Casuarina* vertreten, sind typische Elemente der Strandvegeta-

Abb. 49.6. *Quercus suber* (Korkeiche): geschälte Rinde.

716

tion des pazifischen Gebietes. Die Blätter sind nadel- und/oder schuppenförmig und meist in Quirlen ange- ordnet. Die Blüten sind weitgehend reduziert, die ♂ Blüten enthalten z.B. nur ein Staubblatt und ein rudi- mentär gestaltetes Perianth. Ansonsten ähneln die Blütenorgane denen der Hamamelidales.

Am Bau der vegetativen und reproduktiven Organe ist die Anpassung an trockene, heiße, vielleicht auch nährstoffarme Habitate (Standorte) erkennbar.

Caryophyllidae

Die Gruppe der Caryophyllidae enthält vorwiegend krautige, oft sukkulente Pflanzen; die wenigen ver- holzten zeichnen sich durch eine stark abgeleitete Holzarchitektur und Abwandlungen in der Art des sekundären Dickenwachstums aus; sie sind mit Si- cherheit sekundär zum holzigen Wuchs übergegan- gen. Die für die Magnoloiidae typischen Benzylisochi- nolinderivate fehlen. In vielen Familien werden (Tri- terpen-) Saponine akkumuliert; oft enthalten die Zel- len Calciumoxalat, das kristallin in Form von Drusen oder Nadeln (Raphiden) gespeichert wird. Die Blüten sind fast immer radiärsymmetrisch, die Petalen sind meist frei (Ausnahme Plumbaginales) oder fehlen. Entomophilie herrscht vor, doch kommt auch Ane- mophilie vor. Ein auffallendes Merkmal ist die basale oder frei-zentrale Placentation (s. Abb. 2.15). Die Samenanlagen/Samen liegen in der Fruchtknotenmit- te, daher auch die alte Bezeichnung Centrospermae für eine der Caryophylliden-Ordnungen (Caryophyl- lales). Diese Anordnung legt die Vermutung nahe, daß die Vorfahren der Caryophyllidae einen gefächer- ten, coenokarpen Fruchtknoten besaßen und daß die Seitenwände im Verlauf der Evolution verlorengegan- gen sind (A. Takhtajan, 1966). Eine ähnliche Ent- wicklung ist bei den Primulaceen zu beobachten.

Über die Herkunft der Caryophyllidae ist mangels fossiler Belege nur wenig Sicheres bekannt. Man kann aber davon ausgehen, daß die Vorfahren Kräuter mit oberständigem Fruchtknoten und freien Karpellen gewesen sind. Damit ist die Zahl möglicher verwand- ter Pflanzengruppen stark eingeschränkt, und von den rezenten kämen nur die Ranunculales in Betracht. Ein zusätzliches Argument hierfür mag die Ähnlichkeit im Bau des Pollens sein.

Von den 11 000 Arten gehören über 90 Prozent zur Ordnung Caryophyllales, die übrigen verteilen sich auf die Polygonales und Plumbaginales.

Caryophyllales

Die Caryophyllales zeichnen sich durch einen beson- deren Typ von Siebröhrenplastiden aus (P (III) Plasti- den, s. Abb. 49.7).

In den Blüten von 10 der 12 Familien sind anstelle von Anthocyan Betalaine (= Betacyanine und/oder Betaxanthine, s. Abb. 49.8) enthalten. Dies sind In- dolderivate, die man sonst nirgends im Pflanzenreich findet. Sukkulenz (Blatt- und Stammsukkulenz) ist weit verbreitet. Die Photosynthese verläuft nach dem CAM-, dem C_4- oder C_3-Schema. In manchen Gat- tungen (Atriplex) kommen sowohl C_4- als auch C_3- Arten vor (vgl. Kap. 5 und 24).

Sukkulenz und CAM sind Anpassungen an extrem trockene, heiße Standorte, Sukkulenz allein an salz- haltige, und der C_4-Weg an warme (heiße), doch nicht unbedingt trockene Standorte. Die Siebröhrenplasti- den kennzeichnen die Caryophyllales als eine mono- phyletische Gruppe. Über das Vorkommen der Beta- laine ist viel spekuliert worden. Die beste Erklärung ist, daß es sich um eine sekundäre Erwerbung handelt, nachdem die Vorfahren der heutigen Betalain-Fami- lien in ariden, insektenarmen Gebieten zur Windbe- stäubung übergegangen waren und die Fähigkeit zur Synthese von Anthocyanen eingebüßt hatten. Später,

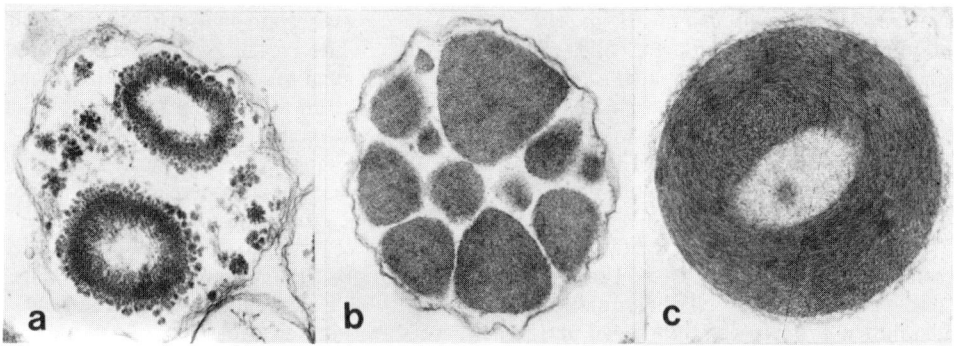

Abb. 49.7. Siebelement (= Siebzellen)-Plastiden bei Blüten- pflanzen. *a* S-Typ mit verschieden großen Stärkekörnern (typisch für die Mehrzahl der Dikotyledonen; *Asperu- la*);*b* P(II)-Typ der Monokotyledonen mit keilförmigen Pro- teinkristallen *(Cordyline)*; *c* P(III)-Typ der Caryophyllales (= Centrospermae) mit ringförmig angeordneten Proteinfi- lamenten *(Alternanthera)*. (H.-D. Behnke, 1981)

717

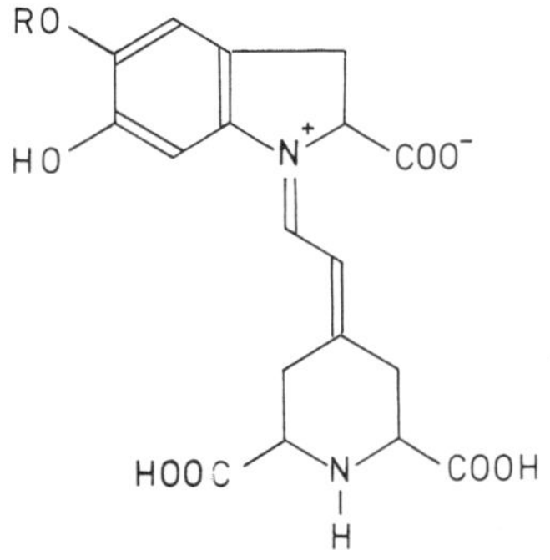

Abb. 49.8. Obere Reihe: Betalaine, darunter Anthocyane. Die links dargestellten Verbindungen sind rote Blütenfarbstoffe (Absorptionsmaxima bei 537, respektive 534 nm), die rechts dargestellten gelbe; Absorptionsmaxima 477 nm. (T.J. Mabry, 1980)

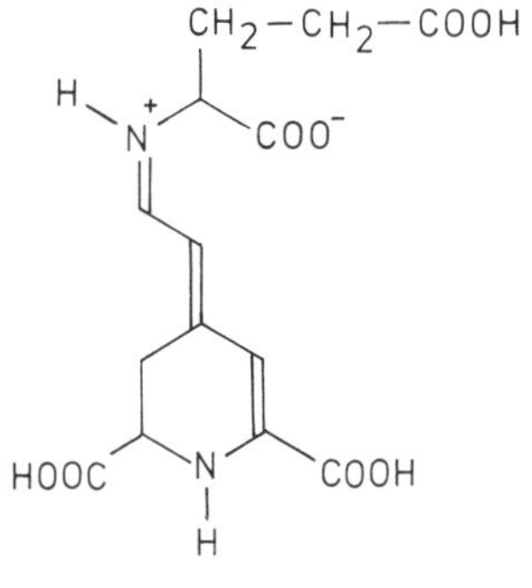

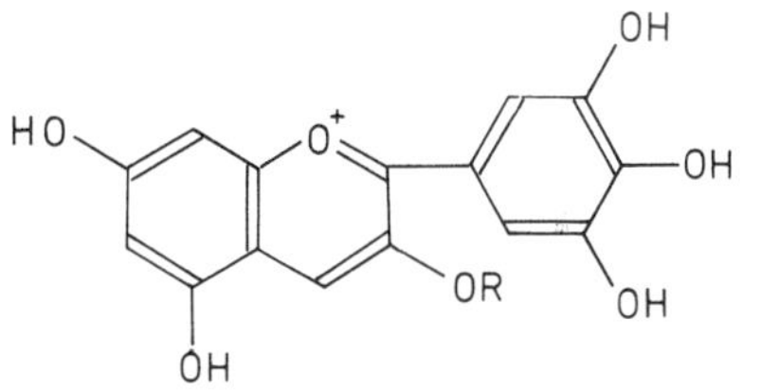

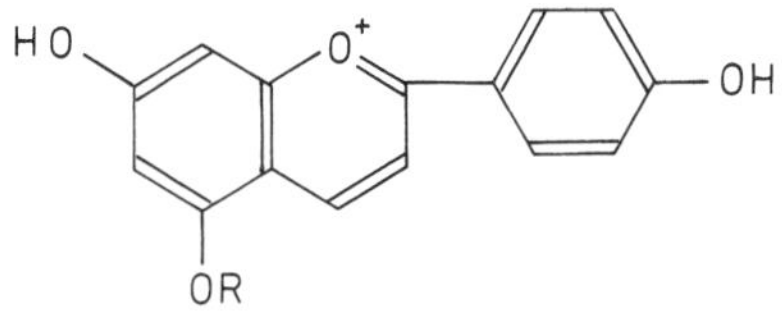

mit der Besiedlung humider Gebiete, ergab sich ein Wechsel des Bestäubungsmodus zurück zur Entomophilie, und in diesem Zusammenhang entstanden viele auffällig gefärbte Schauapparate.

Die Blüten sind in der Regel zwittrig, doch bei einigen Arten kommen Geschlechtertrennung, Monözie oder Diözie vor (z.B. bei *Melandrium (= Silene) dioicum, Melandrium album,* s. Kap. 10).

Der Fruchtknoten ist meist ober-, selten mittel- oder unterständig. Die Sepalen sind frei oder verwachsen. Das Gynoeceum besteht aus einem oder aus mehreren Karpellen. Verschieden gestaltete Kapseln, Nüsse und Beeren sind die vorherrschenden Fruchtformen. Wie bei den Piperales und den Nymphaeales ist das Nährgewebe ein Perisperm.

Keine der 12 Familien ist wirklich dominierend, der Erfolg der Caryophyllales ist im Besetzen verschiedenartigster ökologischer Nischen zu suchen. Sie kommen in den Tropen, den Subtropen und in der gemäßigten Zone beider Hemisphären vor. Sie besiedeln feuchte, extrem trockene oder salzhaltige Standorte; viele der Arten gelten als Pioniere bei der Erstbesiedlung neuer Lebensräume. Durch diese Leistungen

sind sie allen bisher besprochenen Taxa weit überlegen.

Zwei Drittel aller Arten gehören den drei Familien Aizoaceae, Cactaceae und Caryophyllaceae an. Die Phytolaccaceae können aufgrund einer Häufung primitiver Merkmale als Basisgruppe der Caryophyllales angesehen werden (s. Abb. 49.9); die Achatocarpaceae sind von ihnen nur schwer unterscheidbar, stehen ihnen folglich phylogenetisch recht nahe. Die Nyctaginaceae zeichnen sich durch ein monomeres Gynoeceum aus, sie sind daher von den übrigen – mit synkarpem Gynoeceum – getrennt. Eine große Zahl an Gemeinsamkeiten erkennt man zwischen den Aizoaceae, den Didiereaceae und Cactaceae.

Aufgrund anderer Merkmale sind die Amaranthaceae und die Chenopodiaceae, die Portulaceae und die Basellaceae als verwandte Paare zu werten. In einen basalen Seitenast, der abzweigt, bevor Betalaine entstanden, müssen die Caryophyllaceae – und mit ihnen die Molluginaceae – gestellt werden; beide enthalten nämlich Anthocyane anstelle von Betalainen, und die Caryophyllaceae ähneln in einigen Merkmalen den Polygonales.

718

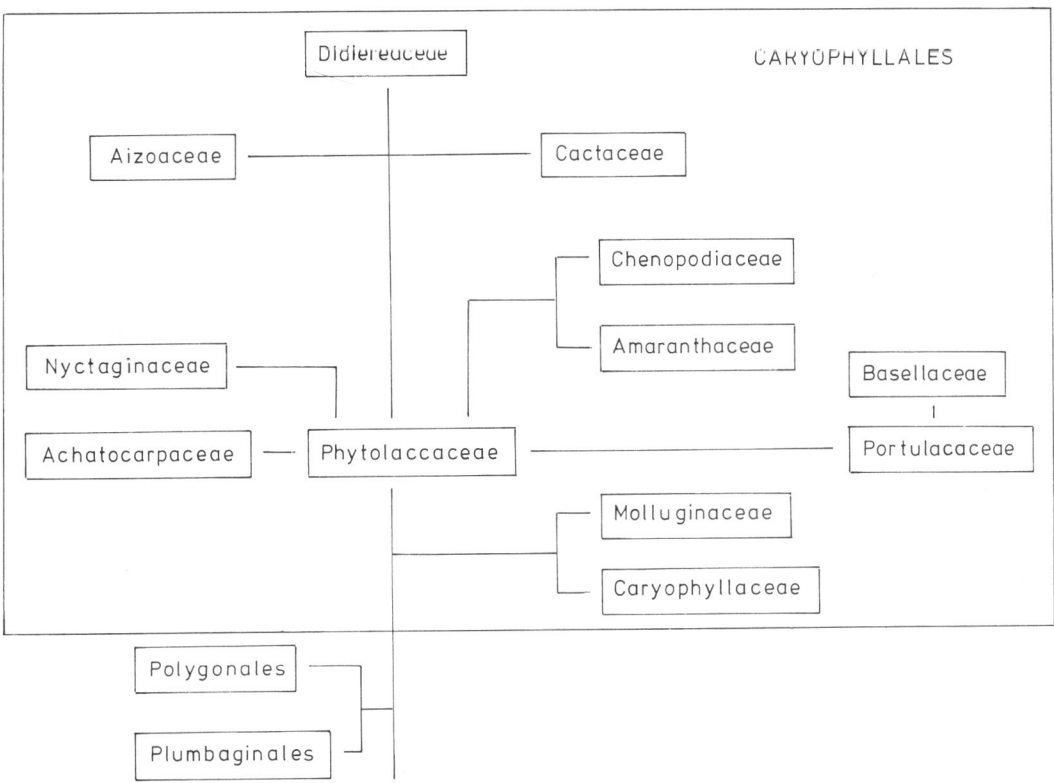

Abb. 49.9. Caryophyllales. Ein Schema zur Darstellung der Beziehungen zwischen den einzelnen Familien. (A. Cronquist, 1981).

Phytolaccaceae. In diese primitive Familie gehören neben Kräutern, Kletterpflanzen, Sträucher und wenige Bäume. Die Leitbündel der arboreszenten Formen sind zu konzentrischen Ringen vereint, in denen sich Xylem- und Phloemschichten abwechseln. 125 Arten sind in den Tropen und Subtropen der Neuen Welt, in Südafrika und Südasien verbreitet.

Nyctaginaceae. Die Nyctaginaceen sind hauptsächlich tropische und subtropische Kräuter, Sträucher und Bäume. Das sekundäre Dickenwachstum erfolgt nach dem Phytolaccaceen-Schema. Bei einigen Gattungen sind die Blüten zwittrig, bei anderen eingeschlechtig.

Die Petalen sind zu einer Blütenröhre verwachsen, die Zahl der Zipfel variiert zwischen drei und acht.

Zwei Gattungen sind hervorzuheben:

Bougainvillea (18 Arten) mit leuchtend dunkelrot/violettgefärbten Hochblättern, ist einer der auffallendsten Ziersträucher in mediterranen Gärten. Ursprünglich in Südamerika endemisch, sind Bougainvilleen heute durch Kultur weit verbreitet worden. *Bougainvillea glabra, Bougainvillea spectabilis,* und Bastarde zwischen ihnen, sind die wichtigsten Kulturformen.

Mirabilis jalapa (Wunderblume) wurde von C. Correns als Versuchsobjekt in die Genetik eingeführt. Der intermediäre Erbgang des Merkmals Blütenfarbe ist fester Bestandteil von Lehrbüchern (s. Abb. 8.1). Das Öffnen der Blüten folgt einer endogenen Tagesrhythmik; die Öffnungszeit liegt am späten Nachmittag, im Englischen wird die Wunderblume daher *„four o'clock flower"* genannt. Auch die Gattung *Mirabilis* stammt aus dem tropischen Amerika.

Aizoaceae. Die Aizoaceae (Mittagsblumengewächse) sind xeromorph. Sie sind durch Blattsukkulenz gekennzeichnet und dadurch an aride, heiße Standorte angepaßt. Die Photosynthese verläuft fast immer nach dem CAM-Schema, seltener nach einem der beiden übrigen Wege. Das Hauptverbreitungsgebiet sind die Wüsten Südafrikas, außerdem kommen sie in Nordafrika, an der Westküste Kaliforniens und Südamerikas sowie in Australien vor.

Die meist gegenständigen Blätter sind einfach gebaut und oft mit Zähnen versehen. Bei Arten der Gattung *Lithops* ist der vegetative Teil der Pflanze auf zwei Blätter reduziert, die in Trockenzeiten aneinandergepreßt sind, so eine Kugel bilden, und der Pflanze damit das Aussehen eines Steines verleihen („Lebende Steine").

Arten anderer Gattungen (*Mitrophyllum, Monilaria*) zeichnen sich durch Heterophyllie aus. Die Blattform ist von der Jahreszeit (Luftfeuchtigkeit) abhängig.

a

b

d

c

Abb. 49.10. Kakteen. *a* Saguaro im Saguaro-National Park, Tucson/Arizona *(Carnegiea gigantea)*; *b Opuntia spec.* in der Anza-Borego/Südkalifornien); *c Opuntia cf. bigelowii* (in der Anza-Borego/Südkalifornien); *d Stenocereus marginatus* (als Schutzzaun angepflanzt, Mitla-Oaxaca/Mexiko).

Die Epidermis der Blätter und Stämme der meisten Arten enthalten Blasenzellen (s. Abb. 5.1). Der Gehalt der Pflanzen an Oxalaten ist sehr hoch.

Einige (*Titanopsis*) scheiden an den Blättern Quarzkristalle aus. Die meist auffallenden Blüten stehen einzeln oder in kleinen zymösen Infloreszenzen. Die (drei) bis fünf bis (acht) Sepalen sind meist sukkulent, die von Staminodien ableitbaren Petalen sind linear und oft in großer Zahl vorhanden. Ihre Anordnung täuscht die Form eines Compositenköpfchens vor. Die Zahl der Stamina beträgt primär eins bis zehn, doch ist bei vielen Arten eine sekundäre Zunahme festzustellen. Die Blüten enthalten Nektarien, der Pollen ist meist tricolpat, oft ist die Form stark abgewandelt.

Weil sich die Blüten der Aizoaceae nur bei intensiver Sonneneinstrahlung öffnen, nennt man sie auch Mittagsblumengewächse. Wegen der dekorativen Blüten und der flächendeckenden Wuchsform einiger der Arten werden diese in wärmeren Gebieten als Rasenersatz gepflanzt, u.a. schmücken sie fast alle Autobahnböschungen in Los Angeles und anderen kalifornischen Städten.

Den Aizoaceae gehören etwa 2 500 Arten an, von denen man ursprünglich rund 2 000 der Gattung *Mesembryanthemum* zuordnete. Nach heutiger Sicht ist dieses sehr heterogene Taxon in eine Vielzahl (ca. 100) eigenständige Gattungen zu unterteilen.

Didiereaceae. Die Didiereaceen sind kakteenähnliche, beblätterte, nur auf Madagaskar vorkommende sukkulente Dornensträucher. Man stellte sie ursprünglich zu den dort verbreiteten sukkulenten Euphorbien, doch die Anwesenheit von Betalainen und P-Plastiden weist auf eine Verwandtschaft mit den übrigen Charyophyllales hin.

Cactaceae. Die Kakteen sind in Nord- und Südamerika beheimatete Stammsukkulente (s. Abb. 49.10), die in ihren ökologischen Ansprüchen den Aizoaceen gleichen. Die Photosynthese verläuft nach dem CAM-Schema.

Manche Arten, z.B. *Opuntia ficus-indica* (Feigenkaktus), wurden wegen der Eßbarkeit ihrer Früchte und als Wirtspflanzen der Cochenille-Laus (Farbstofflieferant, der im vergangenen Jahrhundert zum Färben von Militäruniformen gebraucht wurde) in verschiedenen Teilen der Erde, vor allem im Mittelmeerraum, Afrika und Australien angebaut und sind vielfach verwildert. Kakteenstämme sind meist blattlos, dafür aber mit zahlreichen Dornen besetzt (Schutz vor Tierfraß). Dornenlos sind die in den Tropen epiphytisch lebenden Gattungen *Rhipsalis* und *Schlumbergera*. Das Leitgefäßsystem ist zu netzartig strukturierten Hohlzylindern verbunden; echte Gefäße fehlen.

Einige Arten, z.B. *Carnegiea gigantea* (Kandelaberkaktus, Saguaro), bilden bis zu 15 Meter hohe, verzweigte „Bäume" aus. Die Verzweigungen werden in Abständen von etwa 75 Jahren angelegt. Die meist einzeln stehenden, radiären Kakteenblüten enthalten zahlreiche Blütenhüllelemente und Stamina sowie einen drei- bis vielteiligen Fruchtknoten.

Oft enthalten die Blüten Nektarien. Die Blütenfarben decken das Spektrum von gelb über orange nach rot ab; daneben kommen weiß blühende Arten vor. Bienen, Schmetterlinge, Kolibris und Fledermäuse sind ihre Bestäuber. Kakteen sind in der Regel Flachwurzler (s. Abb. 57.11), wodurch sie das wenige, nach sporadischen Regenfällen in den Boden eindringende Wasser optimal nutzen.

Niemand kennt ihre genaue Artenzahl; sie dürfte bei etwa 2 000 liegen. Ebenso unsicher ist die Zahl der Gattungen. Man ist gerade dabei, einen Konsensus zu erzielen, und der liegt bei etwa 60 Gattungen.

Wegen der Fülle der Kakteenformen und der Auffälligkeit ihrer Blüten haben die Kakteen viele Liebhaber gefunden, die regionale und nationale Vereinigungen gegründet haben (Deutsche Kakteengesellschaft). Regelmäßig erscheinende Zeitschriften (mit Kulturanleitungen und Beschreibung neuer Formen), Tagungen und Ausstellungen gehören zu deren Aktivitäten.

Chenopodiaceae. Die Chenopodiaceae (Gänsefußgewächse) sind meist Kräuter mit einfachen, zuweilen fleischigen (sukkulenten) Blättern. Holzarten zeichnen sich durch ein sekundäres Dickenwachstum nach dem Phytolaccaceen-Muster aus. Die Photosynthese läuft nach dem C_4-oder dem C_3-Schema ab. Die Blüten sind stets klein und unscheinbar, zwittrig oder eingeschlechtig und zu knäuligen, trugdoldigen oder zymösen Blütenständen vereint. Die Blütenhülle ist meist grün, gelegentlich rötlich. Nach dem Abblühen verhärtet sie, umhüllt die Frucht und wird mit ihr zusammen verbreitet. Die Chenopodiaceen sind in gemäßigten und subtropischen Zonen verbreitet. Sie bevorzugen aride oder semiaride Areale, viele der Arten sind halophil.

Typisch hierfür ist der blattlose Queller (*Salicornia europaea*), eine Pionierart der Gezeitenzone europäischer Meeresküsten, so der Nordsee. Der Queller spielt bei der Landgewinnung eine entscheidende Rolle, denn sein verzweigter Sproß (s. Abb. 56.9) sorgt für Wasserberuhigung und fördert damit die Sedimentation; das tiefgehende Wurzelwerk schützt die Sedimente vor Erosion. Er ist gegenüber zeitweiliger Überflutung resistent. Eine weitere Charakterpflanze der Küsten ist *Salsola kali*, das Salzkraut.

Chenopodium (Gänsefuß-) und *Atriplex*-(Melden)-Arten sind auf Schutt, an Wegrändern und als Ruderalpflanzen verbreitet.

Spinacia (Spinat) und *Beta vulgaris* (Runkelrübe), in vielen Varietäten (Mangold, Zuckerrübe, Rote Rübe), sind bekannte Kulturpflanzen.

Amaranthaceae. Meist Kräuter; *Amaranthus*-(Fuchsschwanz-)Arten sind beliebte Gartenpflanzen mit kleinen, in meist zusammengesetzten, ähren- oder traubenähnlichen Blütenständen vereinten Blüten. Amaranthaceen kommen mit Ausnahme der arktischen Regionen weltweit vor. Die Samen einiger Arten sind eßbar, jene werden daher – in Mittel- und Südamerika – angebaut.

721

Caryophyllaceae. Die Caryophyllaceen sind Kosmopoliten. Das Zentrum der Diversifikation, und damit vermutlich der Ort ihrer Entstehung, liegt im europäischen Mittelmeerraum. Auf der nördlichen Hemisphäre sind sie arten- und individuenreicher als auf der südlichen. Arten der Gattung *Stellaria* (z.B. *Stellaria media,* die Vogelmiere) oder *Cerastium* sind Pionierarten. Sie gelten als „Unkräuter", weil sie vegetationslose Ruderalflächen (gestörte Biotope) zügiger als viele andere besiedeln. Wie schon erwähnt, sind viele dieser Arten autogam.

Caryophyllaceen sind fast ausnahmslos Kräuter oder Stauden. Die Blätter sind fast immer gegenständig, und gegenüberstehende Blätter sind an der Basis oft miteinander verwachsen. Der Stengel ist an den Knoten verdickt. Die Blüten stehen meist in Dichasien, sie sind in der Regel zwittrig und radiärsymmetrisch gebaut, oft ist die Blütenhülle doppelt. Die Zahl der Sepalen und Petalen beträgt meist fünf, seltener vier. Vielfach sind die Petalen tief eingeschnitten, so daß der Eindruck erweckt wird, ihre Zahl läge bei zehn (s. Abb. 2.13). Die Zahl der Stamina ist in der Regel doppelt so hoch wie die der Petalen, doch oft, z.B. in der Gattung *Silene,* ist sie sekundär reduziert. Der Fruchtknoten ist fast immer oberständig, und die Früchte sind als vielsamige Kapseln oder einsamige Nüsse ausgebildet.

Die Caryophyllaceae enthalten keine Betalaine, sondern Anthocyane, und es ist daher ein Streit darüber entstanden, ob man sie überhaupt den Caryophyllales zurechnen darf oder sie als gesondertes Taxon zu behandeln hat. Inzwischen hat sich die Ansicht der Mehrheit der Systematiker durchgesetzt, sie – vor allem aufgrund des Blütenbaus, der vorhandenen P-Plastiden, der Pollenmerkmale und der Leitbündelarchitektur – bei den Caryophyllales zu belassen.

Der Familie gehören etwa 2 000 Arten an, die man aufgrund des Blütenbaus drei Unterfamilien zuordnen kann. Die Alsinoideae besitzen freie Kelchblätter, bei den Sileneoiden sind sie zu einem röhrenförmigen Kelch verwachsen; die Paronychioideae zeichnen sich vielfach durch das Fehlen von Petalen aus. Zu den Alsinoideae gehören die Gattungen *Stellaria* (Miere), *Arenaria* (Sandkraut), *Cerastium* (Hornkraut) u.a., zu den Sileneoiden *Silene* (Leimkraut) und *Dianthus* (Nelke). *Dianthus*-Arten sind in vielen Varianten als Garten- und Schnittblumen bekannt.

Polygonales

Die Polygonales – oder Knöterichgewächse – bestehen aus nur einer Familie, den Polygonaceae. Es sind meist ein- oder mehrjährige Kräuter, deren Stengel, wie der der Caryophyllacee, an den Knoten verdickt ist; die Blätter hingegen stehen fast immer wechselständig; die Nebenblätter sind oft zu einer stengelumfassenden Röhre, einer Ochrea verwachsen. Unter den tropischen Arten kommen Sträucher, Lianen und Bäume mit anomalem sekundärem Dickenwachstum vor. Die Blüten sind meist klein, zwittrig oder eingeschlechtig. Die Blütenhüllblätter bleiben oft mit der Frucht verbunden und fallen mit ihr zusammen ab.

Der Fruchtknoten ist oberständig, die Frucht eine Nuß oder eine Achäne. Die Samen sind endospermhaltig. Markante Gattungen/Arten:

Rumex (Ampfer)

Rumex acetosella (Sauerampfer): Blätter als Salat verwendbar.

Rumex crispus (Krauser Ampfer) und verwandte Arten, oft Bastarde zwischen ihnen, sind auf Ruderalflächen dominierend.

Polygonum (Knöterich)

Fagopyrum sagittatum (Buchweizen), eine alte Kulturpflanze, aus deren Samen Mehl gewonnen werden kann.

Rheum polygonum (Rhabarber). Die eßbaren Blattstiele der Kultursorten enthalten große Mengen an Calciumoxalat (in Drusen) sowie Anthraglykoside.

Plumbaginales

Auch diese Ordnung enthält nur eine Familie, die Plumbaginaceae. Die Pflanzen sind meist mehrjährige Stauden oder kleine Sträucher, gelegentlich Lianen. Sekundäres Dickenwachstum erfolgt, wenn vorhanden, nach dem Phytolaccaceen-Schema.

Die Blätter sind ganzrandig, sie stehen entweder wechselständig oder in grundständigen Rosetten. Die radiärsymmetrischen, fünfzähligen und zwittrigen Blüten sind zu Rispen oder Köpfchen vereint. Zu den Arten der heimischen Flora gehören die an den Küsten der Nord- und Ostsee häufigen *Limonium* (= *Statice*) *vulgare* und *Armeria maritima* (Grasnelke). Andere *Armeria*-Arten kommen im Binnenland vor. Weltweit sind ca. vier- bis fünfhundert Plumbaginaceae beschrieben worden. Ihr Verbreitungszentrum liegt in den Steppen und Halbwüsten West- und Zentralasiens; viele Arten sind Xero- oder Halophyten.

Literatur

Siehe Literaturverzeichnis zu Kapitel 48

50. Dilleniidae

Die Merkmale der Dilleniidae können weder als besonders ursprünglich noch als besonders abgeleitet gelten. Die Entwicklungshöhe und die Vielgestaltigkeit der Merkmale ähnelt in vielem dem, was uns bei der anschließend zu beschreibenden Gruppe der Rosidae wiederbegegnen wird.

Als das herausragende Dilleniiden-Merkmal wird die zentrifugale Anlage der Staubblätter (Stamina) bei sekundär polyandrischen Arten (= Arten mit zahlreichen Staubblättern) genannt.

Was versteht man darunter? Die hohe Zahl der Staubblätter ist hier, wie im Kapitel 49 dargelegt, sekundär entstanden. Sie sind nicht, wie bei den Magnoliidae, schraubig, sondern in klar voneinander getrennten Gruppen angeordnet. Die Anlage der Stamina erfolgt nicht direkt und kontinuierlich von der Basis zur Spitze (Apex) der Blütenachse, sondern auf dem Umweg über Anlagen, aus denen später Gruppen von Stamina hervorgehen. Auf diesen erfolgt die Ausgliederung der Stamenanlagen (s. Abb. 48.8), vom Mittelpunkt der Blüte aus gesehen in Richtung Peripherie (zentrifugal). Das Ergebnis sieht man an voll ausgebildeten Blüten, in denen vielfach eine sektorielle Anordnung der Staubblätter in Erscheinung tritt.

Von den rund 25 000 Dilleniidae-Arten gehören etwa drei Viertel zu fünf der insgesamt 13 Ordnungen (= 78 Familien):

Violales (5 000 Arten)
Capparales (4 000 Arten)
Ericales (4 000 Arten)
Theales (3 500 Arten)
Malvales (3 000–3 500 Arten)

Eine weitere bekannte und große Ordnung sind die Primulales mit 1 900 Arten.

Die Ordnung Dilleniales mit primitiven Merkmalen, wie vor allem dem Gynoeceum, steht auf niedrigem Evolutionsniveau.

Die Theales (= Guttiferales) werden als Zentralgruppe der Dilleniidae angesehen, von der sich die übrigen Ordnungen ableiten (s. Abb. 50.1).

Die Malvales, Violales und Capparales bilden eine natürliche Verwandtschaftsgruppe. Die Salicales las-

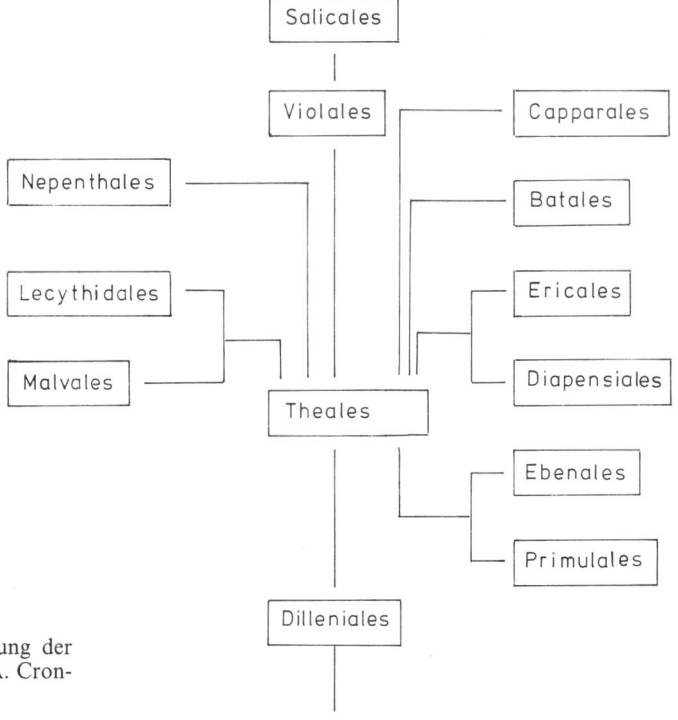

Abb. 50.1. Dilleniidae. Ein Schema zur Darstellung der Beziehungen zwischen den einzelnen Ordnungen. (A. Cronquist, 1981)

sen sich durch Reduktion der Blütenorgane von den Violales ableiten. Die vier Ordnungen Ericales, Diapensiales, Ebenales und Primulales gehören ebenfalls einer Verwandtschaftsgruppe an, die sich aber von anderen Theales ableitet als die zuerst genannten Ordnungen.

Die Blätter der Dilleniidae sind einfach gebaut, selten unterteilt, und noch seltener zusammengesetzt. Die Blüten sind meist polypetal, selten apetal. Etwa ein Drittel aller Arten besitzt sympetale Blüten. Wegen der schon besprochenen sekundären Vermehrung der Stamina ist ihre Zahl weit höher als die der übrigen Blütenorgane. Der Pollen ist meist tricolporat, das Gynoeceum ist in der Regel synkarp; lediglich bei den Dilleniales ist es apokarp. Die Placentation ist unterschiedlich. Bei etwa einem Drittel der Arten ist sie parietal, selten (bei Primulales) frei-zentral oder basal, vielfach zentralwinkelständig (axil). Die Samen sind endospermhaltig (nicht perispermhaltig wie die der Caryophyllales).

Als sekundäre Pflanzenstoffe wurden vor allem kondensierte und hydrolysierbare Gerbstoffe sowie Senföl (bei Capparales und einigen Violales) nachgewiesen. Iridoide Verbindungen und Alkaloide sind selten.

Dilleniales

In den Anfangsgliedern dieser Ordnung kommen noch viele altertümliche Merkmale vor, doch schließt die Ordnung nicht direkt an die Magnoliidae an. Die wichtigsten Merkmale wurden bereits genannt; als bekannteste Vertreter sind die *Paeonia*-Arten (Pfingstrosen) zu nennen. *Paeonia officinalis* ist in Südeuropa (u.a. in den Südalpen) beheimatet, *Paeonia lactiflora* in Sibirien, und *Paeonia lutea* in China. Die Gartenformen sind meist Bastarde zwischen diesen und anderen Arten.

Theales

Obwohl dieser Ordnung 3 500 Arten (18 Familien) angehören, sind uns nur wenige von ihnen bekannt. Ihre Blüten sind radiärsymmetrisch und meist groß und auffallend. Die Stamina sind in der Regel zu Gruppen vereint und stellen dadurch ein anschauliches Beispiel für zentrifugale Anordnung dar.

Das Gynoeceum ist synkarp, wodurch sich die Theales von den Dilleniales (mit apokarpem Gynoeceum) abheben. Die meisten Familien sind in den Tropen verbreitet, einige mit Schwerpunkt in Brasilien, andere in Malaysia.

Zu nennen wären auf jeden Fall:
- Die Familie Theaceae mit der Gattung *Camellia*. Aus den koffein- und gerbstoffreichen Blattspitzen von *Camellia* (= *Thea*) *sinensis* wird der Schwarze Tee hergestellt. Wie das Epithet des Namens sagt, stammt der Teestrauch aus China. Hauptanbauge-

biete sind heute Indien, China, Sri Lanka und Japan.
Camellia japonica wurde seit Jahrhunderten wegen ihrer auffallenden Blüten in China und Japan kultiviert und gewann von dort Eingang in europäische Gärten.
- Die Familie Clusiaceae (= Hypericaceae, = Guttiferae). Hierher gehören die in der heimischen Flora verbreiteten Johanniskräuter (*Hypericum*-Arten).

Malvales

Im Gegensatz zu den Theales ist diese Ordnung in sich relativ homogen. Fraglich ist nur, welchem anderen Taxon sie phylogenetisch am nächsten steht. Vermutlich ist es unter den Vorfahren der Theales zu suchen.

Vier der fünf Familien enthalten überwiegend holzige Arten (Sträucher, Bäume), eine, die Malvaceae, vorwiegend krautige.

Die stets radiärsymmetrischen Blüten sind meist groß und einzeln stehend. Lediglich bei den Elaeocarpaceae und den Tiliaceae sind sie weniger auffallend und zu mehr oder weniger großen Infloreszenzen vereint. Bei der Gattung *Tilia* ist der Infloreszenzstiel mit einem flügelartig gestalteten Hochblatt (Vorblatt) verwachsen, das nach der Fruchtreife als Flugorgan des Fruchtstands dient.

Die Grundzahl der Blütenorgane ist fünf. Bei den Malvaceen ist ein zweiter Sepalenkreis vorhanden. Man vermutet, daß er aus Stipeln (der primären Sepalen) oder anderen Seitenorganen des Sprosses hervorgegangen ist. Häufig sind die Sepalen am Grunde verwachsen. Ein charakteristisches Merkmal der Malvales ist die Verwachsung der basalen Staminateile (= des unteren Teils der Filamente) zu einer Röhre, die meist mit dem stark verlängerten Griffel verwachsen ist, so daß es so aussieht, als würden die Staubblätter am Griffel sitzen (s. Abb. 50.2).

Man nannte die Malvaceen daher früher auch Columniferae (= Säulentragende). Primär sind zwei Staubblattkreise vorhanden, doch ist der äußere fast immer degeneriert. Statt dessen ist die Zahl der Stamina durch die subklassenspezifische zentrifugale Vermehrung erhöht.

Typisch ist die hohe Zahl an Nektarien, die je nach Familie auf den Sepalen und/oder den Petalen oder dem Androgynoeceum angelegt sind. Viele Malven- und Linden-(= *Tilia*-)Arten sind daher gute Honigquellen.

Die Früchte sind meist Kapseln oder Beeren. Die Samen einiger Arten sind dicht behaart.

Den Malvales gehören fünf, teilweise schon genannte Familien an. Zu jeder gehören mindestens eine, meist aber mehrere Arten tropischer Nutzpflanzen, deren Produkte auch uns geläufig sind. Viele Arten dienen als Schmuckpflanzen. Die Familien und deren ungefähre Artenzahlen:

Eleocarpaceae (400 Arten)

Abb. 50.2. *Hibiscus rosa-sinensis* (Malvaceae). *a* normale Blüte mit Staub- und Fruchtblättern an der Spitze einer „Säule", die aus zusammengewachsenen basalen Teilen der Filamente besteht. *b* Umwandlung von Staubblättern (Stamina) in Blütenblätter, die nunmehr ebenfalls in Form eines zweiten Blütenblattkreises der „Säule" entspringen.

Tiliaceae (450 Arten)
Sterculiaceae (1 000 Arten)
Bombacaceae (200 Arten)
Malvaceae (1 500 Arten)

Tiliaceae. Die Tiliaceen sind vornehmlich in den Tropen Südamerikas, Afrikas und Südostasiens verbreitet, es sind Bäume. Einige wenige Arten kommen auch in den gemäßigten Zonen vor. Für die heimische Flora sind die Winter- und Sommerlinde (*Tilia cordata* und *Tilia platyphyllos*) typisch, die in lichten Laubwäldern vorkommen.

Bei der Bestäubung der *Tilia*-Arten ist auffallend, daß neben der Entomophilie die Anemophilie eine gleich große Rolle spielt.

Das Holz der Linden ist relativ weich und gut zu verarbeiten; es wird daher oft für Schnitzarbeiten genutzt. Die artenreichste Tiliaceen-Gattung ist *Grewia*, mit dem Verbreitungsschwerpunkt in Afrika, Asien und Australien.

Seit einigen Jahren erfreut sich bei uns die Zimmerlinde (*Sparmannia africana*) aus Südafrika als Topfpflanze steigender Beliebtheit.

Zu den wenigen krautigen Arten gehört *Corchorus capsularis*, aus deren Phloemfasern Jute gewonnen wird. Das Hauptanbaugebiet ist das Ganges-Brahmaputra-Delta (Bangladesh). In Afrika wird die Art *Corchorus olitorius* angebaut.

Sterculiaceae. Die Sterculiaceen sind tropische Bäume. Die bekanntesten Nutzpflanzen sind einmal der aus Mittel- und Südamerika stammende Kakaobaum (*Theobroma cacao*), dessen fett- und theobrominhaltige Samen das Ausgangsprodukt des Kakaos und der Kakaobutter sind; zum anderen die afrikanischen *Cola*-Arten *Cola nitida* und *Cola acuminata*.

Ein auffallendes Merkmal des Kakaobaums ist die Kauliflorie (s. Abb. 50.3): Blüte und Frucht werden direkt am Stamm angelegt. Die Blüten werden durch Fliegen (Micro-Diptera) sowie nicht- oder nur wenig fliegende Insekten bestäubt.

Bombacaceae. Die meisten Bombacaceen sind Bäu-

Abb. 50.3. Kauliflorie bei *Theobroma cacao* (Kakaobaum). Blüten rechts im Bild (am Stamm). Die Ausbildung von Früchten am Stamm (Kakaofrucht, links im Bild) wird Kaulikarpie genannt.

725

me des neotropischen Regenwaldes. Vom Menschen genutzt wird das Holz von *Ochroma pyrimidalis* (Balsa) sowie Samenkapselfasern von *Bombax* (Kapok).

Einige Arten sind Bewohner trockener Lebensräume, an die sie durch eine flaschenförmige, tonnen- oder eiförmige Erweiterung des Stamms (Wasserspeicher) angepaßt sind. Typische Beispiele hierfür sind einmal *Adansonia digitata* (Affenbrotbaum oder Baobab), zum anderen *Cavanillesia platanifolia* sowie *Chorisia*-Arten. Affenbrotbäume werden meist durch Fledermäuse bestäubt.

Malvaceae. Die Malvaceen sind die artenreichste Familie der Malvales. Wenige Arten (wohl unter 10) gehören zur heimischen Flora, oft sind diese auf Ruderalstellen zu finden; andere, z.B. die *Hibiscus*-Arten, werden wegen ihrer auffallenden Blüten als Ziersträucher kultiviert.

Die bekannteste Nutzpflanze ist die Baumwolle (*Gossypium*). Die angebauten Sorten sind verschiedene, meist polyploide Bastarde. Als Ausgangsformen sind zwei Arten aus dem europäisch-asiatischen Raum mit n = 26 Chromosomen (*Gossypium arboreum* und *Gossypium herbaceum*) sowie zwei amerika-

nische Arten mit n = 52 Chromosomen (*Gossypium hirsutum* und *Gossypium barbadense*) zu nennen. Neben den Samenhaaren wird auch das Samenöl verwertet.

Weitere Gattungen/Arten sind *Abutilon* und *Hibiscus esculentus* (Okra). Deren Fruchtknoten werden in wärmeren Klimaten als Gemüse geschätzt.

G. Gottsberger (1972) nimmt an, daß sich die Malvaceae im frühen Tertiär von neotropischen ornithophilen Tiliaceen abgespalten und später zu Chiropterophilie (Fledermausbestäubung) oder Entomophilie (Insektenbestäubung) entwickelt haben.

Nepenthales

Nepenthales sind insektivore Pflanzen, die zu einer Ordnung von unsicherer taxonomischer Stellung zusammengefaßt werden. Ihr gehören drei, teils gar nicht eng miteinander verwandte Familien an (s. Abb. 50.4):
- Sarraceniaceae,
- Nepenthaceae,
- Droseraceae.

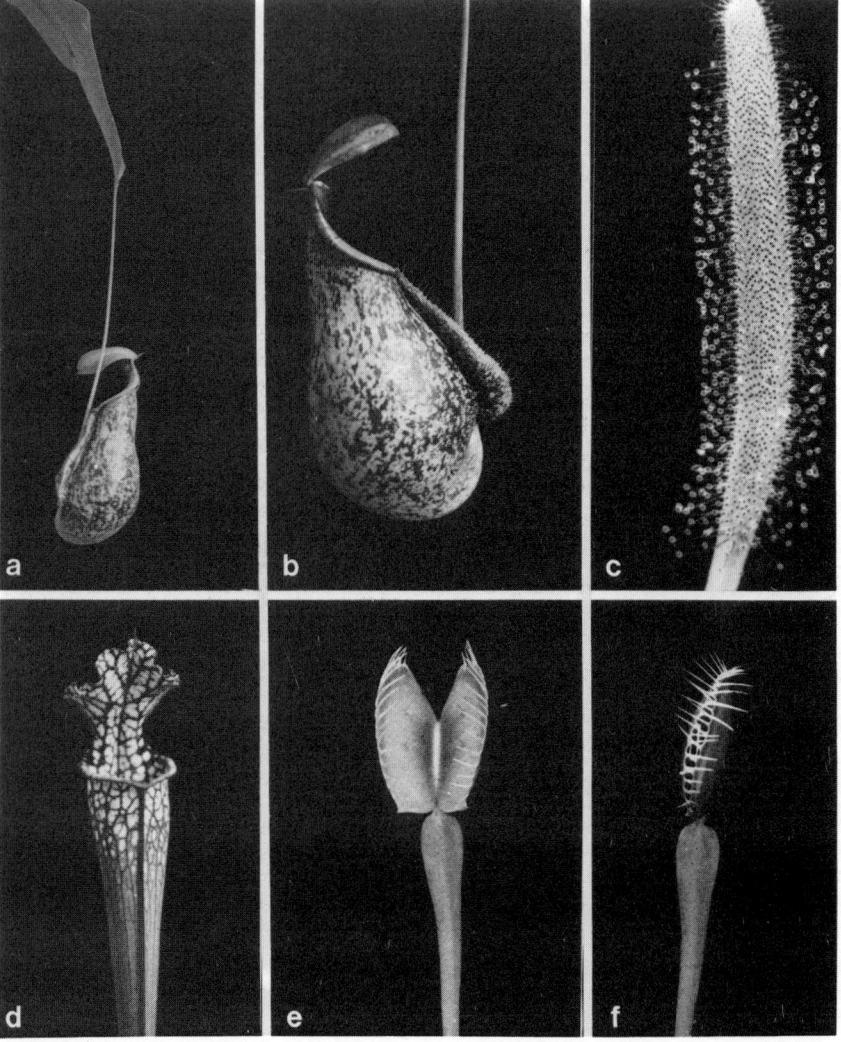

Abb. 50.4. Blätter insektivorer Pflanzen. *a,b Nepenthes rafflesiana* (Kannenpflanze). Die Blattspitze ist zu einer Kanne geformt. In *b* sind der „Deckel" und die Reusenhaare am Rand der Kannenöffnung zu sehen. *c Drosera capensis* (eine südafrikanische Sonnentauart). Das Blatt ist mit Drüsenhaaren besetzt. *d Sarracenia leucophylla* (Schlauchpflanze). Der obere Teil des zu einer Röhre geformten Blattes ist lebhaft gefärbt und täuscht damit im Aussehen eine Blüte vor, wodurch Insekten angelockt werden. *e, f Dionaea muscipula* (Venusfliegenfalle). Falle geöffnet und geschlossen.

Je nachdem, welches Merkmal man betrachtet, stellt man Affinitäten zwischen zwei Familien unter Ausschluß der dritten fest. Selbst die Zuordnung zu den Dilleniidae ist fragwürdig. A. Cronquist (1981) würde sie, wären sie nicht insektivor, den Theales zurechnen. Ob aber die bei den Sarraceniaceae vermutete zentrifugale Anordnung der Stamina tatsächlich existiert, muß durch weitere Untersuchungen geklärt werden. A. Takhtajan (1966) stellt die Nepenthaceae hinter die Papaveraceae, somit zu den Magnoliidae, die Droseraceae stellt er zu den Rosidae. V. A. Heywood (1978) betrachtet die Nepenthaceae als eine Aristolochiales-Familie, und stellt die Droseraceae ebenfalls zu den Rosidae; R. Dahlgren erhebt die Sarraceniaceae zu einer eigenständigen Ordnung (s. Kap. 48 und 52).

Eine Zusammenfassung der Familien – aufgrund der Insektivorie – zu einem Taxon ist im Grunde genommen sehr fragwürdig, weil die vorhandenen Mechanismen des Insektenfangs und der Insektenverdauung nicht miteinander homologisierbar sind.

Hier die wesentlichen Kennzeichen der einzelnen Familien.

Sarraceniaceae. Die Sarraceniaceen sind in Nord- und Südamerika beheimatete Kräuter, deren Blätter in einer grundständigen Rosette angeordnet sind, deren Blattspreite zu einem Trichter verwachsen ist, in dem sich Regenwasser sammelt und in den hinein die Pflanze proteolytische Enzyme sezerniert. Die sich im Trichter fangenden Insekten werden durch glatte Innenwände und randständige Borsten am Entkommen gehindert. Die Insektennahrung dient den Pflanzen fast ausschließlich zur Deckung ihres Stickstoffbedarfs. Die Sarraceniaceen, wie übrigens auch die Droseraceae, kommen auf nahezu stickstofffreien Torfböden vor. Durch die Methode des Insektenfangs haben sie sich eine ökologische Nische erschlossen. Das gilt entsprechend auch für die in tropischen Regenwäldern lebenden Nepenthaceae, denn auch der Boden des Regenwalds ist außerordentlich nährstoffarm. (Man könnte sich nun fragen, warum nicht mehr Familien zur Insektivorie übergegangen sind.) Noch ein wichtiger Punkt: Die (großen) Blüten sind zwittrig.

Nepenthaceae. Die Nepenthaceae (Kannenpflanzen) sind in der Paläotropis zu Hause. Das Verbreitungsgebiet reicht von Madagaskar über Südostasien, Borneo, Neu-Guinea bis ins tropische Australien. Die etwa 70 Arten sind kletternde Kräuter. Die Blüten sind eingeschlechtig; ♀ und ♂ Blüten sind in einem zymösen Blütenstand vereint.

Dies wäre der erste Unterschied gegenüber den Sarraceniaceae; der zweite betrifft die Form der (wechselständigen) Blätter, sofern sie als Insektenfänger ausgebildet sind; einige wenige Arten zeichnen sich nämlich durch Heterophyllie aus. Ein insektenfangendes Blatt besteht aus drei Abschnitten. Der basale Teil entspricht einer normalen Blattspreite, der mittlere ist als Blattranke ausgebildet, und der apikale ist zu einer Kanne (einem Trichter) abgewandelt.

Die meist lebhaft gefärbten Kannen besitzen einen Deckel, oft sind Nektarien vorhanden. Diese – und die Färbung – dienen offenbar der Insektenanlockung (Mimikry einer Blüte). Die Methode des Insektenfangs ähnelt der der Sarraceniaceae. Vermerkt sei aber, daß die Kannen bestimmten Insekten und anderen Kleintieren (Mückenlarven, Milben, Nematoden, Spinnen u.a) auch als Lebensraum dienen. Offensichtlich sind diese, sofern sie in der Kannenflüssigkeit leben, resistent gegenüber den Verdauungsenzymen der Pflanze.

Droseraceae. Zu den Droseraceae gehören u.a. die Gattungen *Dionaea* (Venusfliegenfalle) und *Drosera* (Sonnentau). Über den Klappmechanismus der im Südosten Nordamerikas endemischen *Dionaea* haben wir bereits gesprochen (s. Kap. 32).

Drosera ist mit drei Arten (*Drosera rotundifolia, Drosera intermedia, Drosera anglica*) in der heimischen Flora (auf Hochmooren) vertreten. Die Blätter sind auf ihren Oberseiten mit Fangtentakeln versehen, an deren Spitzen proteolytische Enzyme enthaltende Sekrettropfen ausgeschieden werden.

Violales

Die Violales umfassen 24 auf den ersten Blick sehr verschieden aussehende Familien. Die meisten der hierher gehörenden Familien faßte man früher als Parietales zusammen, weil sie sich durch eine parietale Anordnung ihrer Samenanlagen auszeichnen. Sie besitzen darüber hinaus meist freie Kronblätter sowie einen gelegentlich unecht gefächerten Fruchtknoten.

Die Blüten sind in der Regel zwittrig und meist radiärsymmetrisch, doch unter den namensgebenden Violaceae (Veilchen) sind viele zygomorph gebaut. Die Zahl der Karpelle beträgt üblicherweise drei. Der Pollen ist bi- oder multiaperturat oder tricolporat.

Die wohl primitivste Violales-Familie sind die Flacourtiaceae. Als primitiv werden in dieser Ordnung folgende Merkmale angesehen:

Bäume mit wechselständigen, mit Stipeln versehenen Blättern; zwittrige, polypetale Blüten; zahlreiche, zentrifugal angeordnete Stamina; zusammengesetzter, oberständiger Fruchtknoten mit parietaler Placentation, und Samen mit gut ausgebildetem Endosperm.

Als abgeleitet gilt:

mittelständiger Fruchtknoten; Reduktion der Zahl der Stamina; Fusion von Filamenten; Entwicklung einer Corona (Nebenkrone), Reduktion der Zahl der Karpelle (→ drei), und Reduktion des Endospermanteils.

Jede dieser Tendenzen kann bereits bei den Flacourtiaceae festgestellt werden. Die übrigen Familien unterscheiden sich von diesen durch die stärkere Betonung einzelner dieser Evolutionstrends.

Den Violales gehören 5 000 Arten an, 80 Prozent davon zu fünf der 24 Familien:

Begoniaceae (1 000 Arten)
Flacourtiaceae (800 Arten)

727

Violaceae (800 Arten)
Cucurbitaceae (700 Arten)
Passifloraceae (650 Arten)

Cistaceae. Die mit auffallenden Blüten bestückten *Cistus*-Arten (Cistrosen) sind Charakterpflanzen der Macchie und der Garigues (s. Kap. 57) des Mittelmeerraums. *Helianthemum*-Arten (Sonnenröschen) sind Vertreter der süddeutschen Flora. Sie kommen bevorzugt an steinigen, sonnigen Abhängen vor.

Violaceae. Violaceae sind, soweit wir sie in unseren Breiten kennen, Kräuter; doch kommen, vornehmlich in den Tropen, Sträucher, kleine Bäume und Lianen vor, die Blätter vieler Arten sind alkaloidhaltig oder mit harzhaltigen Zellen durchsetzt.

Gelegentlich sind die Blüten kleistogam, d.h. sie bleiben geschlossen, so daß Fremdbefruchtung verhindert wird.

In verschiedenen Gattungen, vornehmlich bei *Viola* (Veilchen), sind sie zygomorph gebaut. In diesen Fällen ist das unterste Kronblatt zu einem langen, nach hinten gerichteten Sporn umgewandelt. Am Grunde solcher Sporne sammelt sich Nektar. Spornbildung – vielfach zusammen mit der Ausprägung speziell gefärbter Blütenmale ist eine Anpassung an Bestäubung durch Bienen und andere rüsseltragende Insekten.

Die optimale Anpassung an Fremdbefruchtung und die Kleistogamie scheinen im Widerspruch zueinander zu stehen. Vermerkt sei daher, daß Kleistogamie vorwiegend bei kleinblütigen, einjährigen Arten in Erscheinung tritt. Selbst bei diesen werden zunächst offene Blüten angelegt (Chasmogamie), und erst die spät angelegten sind kleistogam (Risikominderung bei Ausbleiben der Fremdbestäubung).

Die Violaceae sind Kosmopoliten. Die artenreichste Gattung (*Viola*) hat ihren Verbreitungsschwerpunkt in der nördlichen gemäßigten Zone und in den Gebirgen der Tropen. Die ebenfalls artenreiche Gattung *Rinorea* kommt in tropischen Regenwäldern vor.

Tamaricaceae. Die Tamariskengewächse (*Tamarix*) sind Charakterpflanzen trockener oder salzhaltiger Biotope des Mittelmeerraums und Zentralasiens. Sie wurden in den Südwesten der USA und Nordmexikos eingeschleppt und haben sich in den dortigen Wüsten zügig ausgebreitet.

Meist sind Tamarisken Sträucher oder kleine Bäume. Oft sind sie immergrün, die Blätter sind schuppenförmig, somit an die Trockenheit gut angepaßt.

Die Blätter halophiler Arten (auf Salzböden lebend) enthalten salzausscheidende Drüsenzellen. Die Blüten sind klein und zu ährenförmigen Blütenständen vereint.

Passifloraceae. Das auffallende Merkmal der Passifloraceae (Passionsblumen) ist die abgewandelte Blütenform, bei der neben einem äußeren, normal ausgebildeten Petalenkreis ein zweiter mit stark reduzierten Petalen („Dornen", daher auch „Dornenkrone Christi" genannt) vorhanden ist. Die saftigen Früchte mancher Arten (*Passiflora quadrangularis* (kultiviert u.a. auf Hawaii), *Passiflora maliformis* (Westindien), *Passiflora edulis* (Indien, Sri Lanka, Australien) sind

eßbar; der aus ihnen gewonnene Saft ist als Maracuja-Saft bekannt. Aber: Die Früchte vieler anderer Arten sind in unreifem Zustand cyanidhaltig und damit ungenießbar, da Cyanid von keinem Tier zu entgiften ist.

Von den meist gegenständigen Blättern ist eines handförmig unterteilt, das andere als Ranke ausgebildet.

Caricaceae. *Carica papaya* (Melonenbaum) produziert große, saftige und wohlschmeckende Früchte (Papayas). Molekularbiologen und Biochemiker schätzen sie als Quelle des proteolytischen Enzyms Papain.

Verbreitet sind die Caricaceen vornehmlich im tropischen und subtropischen Amerika sowie an der afrikanischen Westküste. Dieses Verbreitungsmuster läßt darauf schließen, daß die Familie unmittelbar vor der Trennung Afrikas von Amerika entstanden ist. Die Blüten öffnen sich nachts und werden von Schwärmern bestäubt. Da sie sich aber nicht wieder schließen, werden sie tagsüber auch von Kolibris, Schmetterlingen und großen Bienen besucht.

Cucurbitaceae. Die Cucurbitaceae (Kürbisgewächse) sind wegen ihrer saftigen, außergewöhnlich großen Früchte bekannt. Kürbis (*Cucurbita pepo*), Gurke (*Cucumis sativus*), Wassermelone (*Citrullus lanatus*) und der Flaschenkürbis (*Lagenaria siceraria*) wären hier zu nennen. Von Kultursorten abgesehen, enthalten die Früchte oft große Mengen an bitterschmeckenden Triterpenverbindungen. Calciumoxalat und Gerbstoffe fehlen, statt dessen wird Calciumcarbonat gespeichert.

Die Familie ist in den Tropen und Subtropen verbreitet; nur wenige Vertreter kommen in der gemäßigten Zone vor. Ein Grund hierfür mag in der außergewöhnlichen Frostempfindlichkeit der vegetativen Teile liegen. Wie schon den Römern bekannt war (s. Kap. 1), vertragen Gurken- und Kürbispflanzungen keinen Spätfrost.

Die Cucurbitaceae sind fast ausnahmslos Rankenpflanzen, die sich entweder an senkrechten Stützen emporwinden oder sich flächig auf dem Boden ausbreiten. Die Ranken können als Seitenorgane des Hauptsprosses angesehen werden, von denen pro Knoten eine gegenständig zu einem Blatt angelegt wird. Die Blätter sind meist deutlich gelappt, oft mit Nektarien besetzt. Die Blüten stehen achselständig, sind meist eingeschlechtig und nicht besonders groß. Die Sepalen und Petalen sind vielfach am Grunde verwachsen.

Teilnehmern mikroskopisch-botanischer Anfängerpraktika ist bekannt, daß die Leitbündel bikollateral gebaut sind (s. Abb. 6.11), Genetiker wissen, daß C. Correns an *Bryonia* einen Mechanismus der Geschlechtsvererbung aufgeklärt hat (s. Kap. 10), und Pflanzenphysiologen haben sich mit den Ursachen der Spritzbewegungen von *Ecballium* (s. Abb. 32.12) auseinandergesetzt.

Die systematische Stellung der Cucurbitaceae ist umstritten. Manches spricht dafür, sie in die Nähe der Passifloraceae zu stellen, doch auch zu den Begoniaceae u.a. bestehen vielleicht Affinitäten. Nicht selten werden sie als selbständige Ordnung geführt.

Begoniaceae. Die Begonien sind meist dickfleischige, perennierende Kräuter, deren Blätter, Stiele und Blüten mit zahlreichen Drüsenhaaren besetzt sind. Wegen ihrer dekorativen Blüten werden verschiedene *Begonia*-Arten als Garten- und/oder Topfpflanzen gezogen. Die Gattung umfaßt etwa 1 000, fast ausschließlich tropische Arten. Auch die systematische Stellung der Begoniaceae ist umstritten.

Salicales

Diese Ordnung enthält nur eine Familie, die Salicaceae (Weiden). Es sind Holzpflanzen mit stark reduzierten, zu Kätzchen vereinten, fast ausnahmslos eingeschlechtigen Blüten. Die Pflanzen sind üblicherweise diözisch. Bei Arten der Gattung *Populus* (Pappel) sind sie windbestäubt, bei vielen *Salix*-Arten ist eine vermutlich sekundär erworbene Bestäubung durch Bienen und Hummeln zu beobachten.

Man vermutet, daß die Blüten der Salicaceen-Vorfahren klein und zwittrig gewesen sind, zahlreiche Stamina enthielten und einen aus mehreren Karpellen zusammengesetzten Fruchtknoten mit parietaler Placentation besaßen. Es gilt als sicher, daß sie dem Verwandtschaftskreis der Flacourtiaceae (Violales) angehören.

Die Gattung *Salix* ist in der heimischen Flora mit ca. 25 Arten (Unterarten nicht mitgerechnet) vertreten. Ihre Bestimmung ist außergewöhnlich schwierig, weil es zwischen den Arten umfangreiche Bastardschwärme gibt.

Die Familie ist weltweit verbreitet. Viele Arten sind auf nährstoffreiche, feuchte Böden angewiesen (Auwälder, Überschwemmungsgebiete), andere, z.B. *Salix herbacea,* wachsen als Spälersträucher (bodenbedeckende Zwergsträucher) noch weit oberhalb der Baumgrenze in Hochgebirgen und in der arktischen Zone.

Capparales

Die Capparales sind Kräuter, seltener Sträucher oder Bäume, die sich durch Produktion verschiedenartiger Senfölglykoside (Glucosinolate, s. Abb. 20.30) auszeichnen. Sie entstehen in speziellen Myrosinzellen, die das für die Spaltung der Glycosidverbindungen erforderliche Enzym Myrosinase enthalten. Gerbstoffe und Alkaloide sind nicht vorhanden. Senfölglykoside dienen als Abwehrstoffe gegen Insekten. Trotzdem gibt es eine Reihe von Insektenarten, denen sie offenbar nicht schaden und die auf sie unter Umständen sogar angewiesen sind! Man denke dabei nur an die Larven des Kohlweißlings, die sich von Kohlblättern ernähren. Die gesamte Schmetterlingsfamilie Pieridae verfügt über einen Entgiftungsmechanismus für Senföle.

Die Samen sind oft ölhaltig, die Öle enthalten ungesättigte Fettsäuren mit ein oder zwei Doppelbindungen: Erucasäure, Ölsäure, Linolsäure.

Wegen der scharf schmeckenden Inhaltsstoffe dienen verschiedene Arten als Gewürzpflanzen, wegen ihres hohen Vitamingehalts auch als Gemüsepflanzen.

Capparales haben wechselständige, selten gegenständige oder zu einer Rosette vereinte Blätter.

Die Blüten sitzen terminal in Trauben (ohne Gipfelblüte) oder Trugdolden, meist sind sie zwittrig, nicht selten autogam.

Die Zahl der Sepalen beträgt 2–8, meist vier oder 2×4, die der Petalen 2–8, meist vier und die der Stamina 2–4 oder mehr (oft $2 + 4$).

Das Gynoeceum ist typischerweise aus zwei Karpellen gebaut. Bei einer der Familien, den Brassicaceen, ist der Fruchtknoten durch eine falsche, transparent erscheinende Scheidewand unterteilt. Die Samenanlagen sitzen parietal, selten axial. Die Früchte sind Kapseln (Schoten oder Schötchen), Beeren, gelegentlich Nüsse. Die Samen enthalten einen großen Embryo, nur wenig oder kein Endosperm.

Die 4 000 Arten gehören fünf Familien an, von denen man allein 3 000 zu den Brassicaceae (= Cruciferae = Kreuzblütler) zählt. Die nächstgrößere Familie sind die Capparaceae mit 800 Arten, die drei übrigen enthalten jeweils weniger als 100.

Capparaceae. Die Blütenknospen einiger *Capparis*-Arten sind als Kapern bekannt. Die Familie ist in den Tropen weit verbreitet.

Brassicaceae (= Cruciferae). Die Brassicaceen sind eine der wenigen, in sich homogenen, von den übrigen Familien klar unterscheidbaren Angiospermenfamilien. Es sind nahezu ausschließlich ein- und zweijährige, perennierende Kräuter. Sträucher sind selten. Die Blätter stehen wechselständig, Nebenblätter sind nicht vorhanden.

Die Blüten enthalten stets vier Sepalen und vier auf Lücke und über Kreuz stehende Petalen, dann sechs Staubblätter in zwei Kreisen: vier lange und zwei kurze.

Das oberständige Gynoeceum besteht aus zwei Karpellen, zwischen denen die schon erwähnte falsche Scheidewand eingezogen ist. Sind die Früchte mindestens dreimal so lang wie breit, spricht man von Schoten, ist das Längen-/Breitenverhältnis zugunsten der Breite verschoben, hat man ein Schötchen vor sich. Bei einigen Arten sind Schließfrüchte vorhanden. Die Schote zerfällt dabei in eine Anzahl von Segmenten (Gliederschoten).

Die Familie ist mit 350 Gattungen weltweit verbreitet, 45 von ihnen kommen in der heimischen Flora vor. So gut die Brassicaceen von den übrigen Pflanzenfamilien zu unterscheiden sind, so schwierig ist zum Teil die Abgrenzung zwischen den einzelnen Gattungen. Viele Arten sind Ruderalpflanzen oder Pflanzen gestörter Standorte, die sich dort durch die Autogamie eine ökologische Nische erschlossen haben (s. Kap. 38).

Eine der vielseitigsten und ältesten Kulturpflanzen

ist *Brassica oleracea* (Kohl). Je nach Unterart oder Sorte werden die Blätter (Weiß- und Rotkohl), die Blätter der Seitentriebe (Rosenkohl), der Stamm (Kohlrabi) oder die Infloreszenzen (Blumenkohl) verwertet.

Die verwandte Art *Brassica napus* (Raps) wird als wichtige Gemüse-, Futter- und Ölpflanze angebaut.

Die Samen von *Brassica nigra* werden zu Senf (Schwarzer Senf) verarbeitet. Der verdickte Wurzelstock einer Art der verwandten Gattung *Raphanus, R. sativus,* ist als Rettich oder Radieschen bekannt. Die enge Verwandtschaft zwischen beiden Gattungen wurde durch die Tatsache erhärtet, daß Bastardierungen zwischen ihnen erfolgreich sind (*Raphanobrassica,* s. Kap. 12).

Wie diese Beispiele zeigen, spielen Capparales eine wichtige Rolle als Nutzpflanzen. Ihr Anteil an der Gemüseproduktion beträgt in Europa und Asien etwa 30 Prozent, in den USA nur 8 Prozent.

Als weitere Gattungen/Arten seien genannt: *Arabidopsis, Arabis, Armoracia rusticana* (Meerrettich), *Biscutella* (Brillenschötchen, s. Kap. 37), *Capsella bursa-pastoris* (Hirtentäschelkraut (s. Kap. 10 und Kap. 42), *Cardamine pratense* (Wiesenschaumkraut), *Draba* (mit ca. 300 Arten die artenreichste Gattung), *Erysimum cheirii* (Goldlack), *Lepidium* (Kresse), *Lunaria rediviva* (Silberblatt), *Matthiola* (Levkoje), *Nasturtium* (Brunnenkresse), *Sinapis* (Senf), *Thlaspi* (Hellerkraut).

Resedaceae. Verbreitungsschwerpunkt ist die nördliche Hemisphäre der Alten Welt. Die Blätter stehen wechselständig, besitzen aber im Gegensatz zu den Brassicaceae Nebenblätter. Die zygomorph gebauten Blüten sind zu Ähren oder Trauben vereint. Bekannte Arten sind *Reseda luteola* (Färberwau) und die in Gärten angepflanzte *Reseda odorata.*

Ericales

Ericales sind fast ausnahmslos verholzte Sträucher und Zwergsträucher, selten kleine Bäume. Vielfach bedecken sie ausgedehnte Flächen, sind an bestimmten Standorten dominierend, und für viele Pflanzengesellschaften (Assoziationen) namengebend:

Ericetum tetralices (Glockenheide-Gesellschaft)
Calluno-Genistetum typicum (Trockene Heide)
Calluno-Genistetum molinietosum (Feuchte Heide)
Deschampsio-Callunetum (Drahtschmielen-Heide)
Calluno-Vaccinietum (Hochheide)
Rhododendro-Vaccinietum (Bodensaures Alpenrosengebüsch)
Empetro-Vaccinietum (Alpine Krähenbeer-Rauschbeerheide)
Loiseleurio-Cetrarietum (Alpenazaleen-Teppich)
Vaccinio uliginosi-Piceetum (Fichtenbruch) u.a.
Weiteres hierzu im Kapitel 33.

Die Ericales sind in unterschiedlichem Grade mycotroph, also auf eine Symbiose mit Mykorrhizapilzen angewiesen. Von den Ericaceae über die Pyrola-

ceae zu den Monotropaceae ist eine kontinuierliche Progression der Abhängigkeit feststellbar.

Vieles spricht dafür, die Ericales in die Nähe der Theales zu stellen, von denen sie sich in einigen abgeleiteten Merkmalen unterscheiden. Generell kann man sagen, daß bei ihnen gleichermaßen primitive und abgeleitete Merkmale in Erscheinung treten. Zu den abgeleiteten gehören:

- die Verwachsung der Petalen (bei vielen, nicht bei allen Arten): Sympetalie,
- die invertierte Anordnung der Stamina und die Freisetzung des Pollens durch Poren (poricide Antheren),
- die Verbreitung von Pollentetraden,
- eine bemerkenswerte Spezialisierung in der Embryonalentwicklung, die bei fast allen Ericales nach einem einheitlichen Muster erfolgt.

Als ein primitives Merkmal gilt der Sitz der Filamente am Rezeptakulum, und nicht an der Basis der Corolla, sowie das Vorkommen von einzelnen Pollenkörnern (im Gegensatz zu Pollentetraden) bei den Clethraceae. Diese Familie wird als die ursprünglichste angesehen und steht den Theales am nächsten.

Ericales kommen vorwiegend auf stickstoffarmen Böden vor. Sie nutzen den wenigen Stickstoff intern durch Desaminierungen von Phenylalanin. Es kommt daher zu einer Akkumulation von Phenylpropanen, wie Zimtsäuren, die im normalen Stoffwechsel Ausgangsstoffe für die Synthese von Lignin und Anthocyanen sind. Die starke Verholzung der Ericales kann daher mit ihrer Bevorzugung nährstoffarmer Böden zusammenhängen.

Ericales sind, mit einer Präferenz für die gemäßigten und borealen Zonen sowie für Hochgebirge, weltweit verbreitet. Die Verbreitungsmuster der einzelnen Familien sind sehr charakteristisch.

So sind z.B. die Ericaceae Kosmopoliten, die lediglich in Mittel- und Nordaustralien fehlen. Die Familie Epacridaceae hingegen ist auf Australien, Neuseeland, die Philippinen, die Küstenregion Südostasiens, Hawaii sowie die Südspitze Südamerikas beschränkt.

Die Gattung *Rhododendron* (Ericaceae) hat ihr Verbreitungszentrum im Quellgebiet der großen asiatischen Flüsse (Brahmaputra, Mekong, Jangtse u.a.). Ein zweites Zentrum liegt in Neu-Guinea, und mit wenigen Arten ist die Gattung entlang des gesamten Himalaya, in Südasien, Japan, Europa und Nordamerika vertreten. Die größte Zahl an *Erica*-Arten findet man in Südafrika.

Die Blätter der Ericales sind oft wintergrün, bei einigen sind sie schuppenförmig, bei anderen mit normalen Lamina ausgestattet. Die Arten der Familie Monotropaceae (Fichtenspargel) sind chlorophyllfrei.

Die Blüten sind meist in Trauben angeordnet und zwittrig, bei den Empetraceen hingegen oft eingeschlechtig. Diözie ist dort vorherrschend, doch hängt sie maßgeblich mit dem Ploidiegrad zusammen: diploide Rassen sind diözisch, tetraploide zwittrig. Wie schon angedeutet, sind die (Sepalen und) Petalen

730

meist verwachsen. Freie Petalen kommen u.a. bei der Ericacee *Ledum palustre* (Sumpfporst) und bei den Pyrolaceae (Wintergrüngewächsen) vor. Die Zahl der Stamina ist meist doppelt so hoch wie die der Petalen. Als Fruchtformen wären Kapseln, Beeren und Steinfrüchte zu nennen.

Die Ericales (4 000 Arten) untergliedert man in acht, zum Teil schon genannte Familien. 3 500 Arten gehören zu den Ericaceae, 400 zu den Epacridaceae.

Empetraceae. Die Empetraceae sind immergrüne mycotrophe Zwergsträucher. Wichtige Eigenschaften wurden bereits besprochen. Ergänzt sei, daß die Blüten unscheinbar und meist anemophil sind.

Epacridaceae. Im Vergleich zu vielen Ericaceen besitzen sie auffallend gefärbte, röhrenförmige Blüten. Als Bestäuber treten neben Insekten Vögel in Aktion.

Ericaceae. Meist immergrüne Zwergsträucher, Sträucher und kleine Bäume, nur ganz selten Kräuter. Die Früchte sind Kapseln oder Beeren, das Endosperm der Samen ist gut entwickelt.

Bekannte Vertreter:

Ledum (Porst), *Rhododendron* (Alpenrose; Arten, die ihr Laub verlieren, nennt man Azaleen. Von Rhododendren und Azaleen sind zahlreiche Zuchtformen erzeugt worden), *Loiseleuria procumbens* (Gamsheide; eine dominierende Art im alpinen Bereich oberhalb der Baumgrenze), *Vaccinium vitis-idea* (Preiselbeere), *Vaccinium myrtillus* (Heidelbeere), *Vaccinium uliginosum* (Rauschbeere), *Vaccinium oxycoccus* („cranberry", eine in Nordamerika verbreitete Art), *Calluna vulgaris* (Besenheide), *Erica tetralix* (Glokkenheide), *Erica carnea* (Schneeheide).

Monotropaceae. Parasitisch lebende, chlorophyllfreie, weiß, rosa, rot, gelb oder braun gefärbte Pflanzen mit zu Schuppen reduzierten Blättern. Die Mykorrhiza ist obligat. Oft stellen die Pilze ein Kontinuum zwischen *Monotropa* und Wurzeln verschiedener Nadelbäume (z.B. Fichten) her, von denen *Monotropa* via Pilz Nährstoffe bezieht. Wie bei vielen Parasiten wird der Embryo nur rudimentär ausgebildet, ein Endosperm fehlt.

Primulales

Die Primulales sind – von wenigen Ausnahmen abgesehen – sympetale Dikotyledonen, bei denen die Zahl der Stamina gleich der der Petalen (respektive Kronröhrenzipfel) ist. Alle Karpelle sind verwachsen, der Fruchtknoten ist einkammrig, die Samenanlagen durch frei-zentrale oder basale Placentation gekennzeichnet. Die vegetativen Organe sind von einem schizogenen Sekretionssystem durchzogen. Schizogen bedeutet, daß es durch Auseinanderweichen und Aufbrechen von Zellen entstanden ist. Es enthält gerbstoffhaltige, rote, gelbe oder braune Sekrete. Die typischen sekundären Pflanzstoffe der Ordnung sind Triterpensaponine.

Die Blätter sind in der Regel einfach, ohne Nebenblätter; oft ist der Blattrand gezähnt. Sie stehen wechselständig oder in grundständigen Rosetten, selten gegenständig.

Die Blüten sind radiärsymmetrisch und meist zwittrig. Freie Petalen kommen nur bei der Gattung *Pelletiera* (Primulaceae), apetale Blüten nur bei *Glaux* (ebenfalls Primulaceae) vor. Heterostylie (s. Kap. 10) ist weit verbreitet, die Filamente der Stamina entspringen der Basis der Corolla. Vielfach sind Staminodien zu finden. Der Pollen ist meist tricolporat.

Die Frucht ist als Kapsel, Beere oder Sammelfrucht ausgebildet. Der Embryo ist in meist voluminöses Endosperm eingebettet. In der Gattung *Cyclamen* (Alpenveilchen, Primulaceae) wird nur ein Keimblatt gebildet.

Den Primulales gehören 1 900 Arten an, von denen ca. 1 000 zu den Myrsinaceae, 800 zu den Primulaceae, der Rest zu den Theophrastaceae gehören.

Die Theophrastaceae (s. Abb. 38.9) besitzen neben einem Stamenwirtel einen (äußeren) Staminodienwirtel. Dieses Merkmal wird als primitiv eingestuft; demnach wären sie die ursprünglichste der drei Familien. Aufgrund der Leitbündelarchitektur muß man ihnen jedoch eine Mittelstellung zwischen den Myrsinaceae und den Primulaceae einräumen. Keine der Familien kann direkt von einer der anderen abgeleitet werden; keine besetzt eine besondere ökologische Nische, und keine zeichnet sich durch Merkmale aus, denen man einen besonderen adaptiven Wert zuschreiben würde.

Die Theophrastaceae und die Myrsinaceae sind vorwiegend in den Tropen und Subtropen beheimatet. Es sind Bäume und Sträucher mit oft auffallend großen Blüten. Keine der Arten wird in großem Stil wirtschaftlich genutzt, einige dienen als Zierpflanzen.

Primulaceae. Das Verbreitungsgebiet der Primulaceae überdeckt die gemäßigten Zonen und die Subtropen. Auf der nördlichen Hemisphäre sind sie artenreicher als auf der südlichen. Es sind annuelle Kräuter oder perennierende Stauden. Etliche Arten sind verholzt.

Als typische Vertreter wären zu nennen: Verschiedene *Primula*-Arten (Primeln, Schlüsselblumen). Einige sind für den alpinen Bereich typisch, von denen wiederum (s. Kap. 37) einige Kalk (*Primula auricula*), andere Urgestein (*Primula hirsuta*) bevorzugen. Primeln und Primelbastarde sind beliebte frühblühende Garten- und Topfpflanzen.

Cyclamen (Alpenveilchen) ist durch die Ausbildung von Hypokotylknollen ausdauernd. Das Verbreitungsgebiet umfaßt den südosteuropäischen Mittelmeerraum, und reicht im Norden bis in die Kalkalpen.

Soldanella ist eine Charakterpflanze der „Schneetälchen" im Hochgebirge, sie blüht unmittelbar nach der Schneeschmelze. *Anagallis* (Gauchheil) ist eine auf Ruderalstellen verbreitete Gattung; die halophile Art *Glaux maritima* gehört zur Küstenvegetation der Nord- und Ostsee.

Literatur

Siehe Literaturverzeichnis zu Kapitel 48.

51. Rosidae

Beginnen wir mit einem Problem: Es gibt keine sicheren diagnostischen Merkmale der Rosidae. Um es vielleicht noch etwas drastischer auszudrücken: Ihnen werden vielfach Familien und Ordnungen nur deshalb zugewiesen, weil sie in keine der anderen Unterklassen passen.

Die Rosidae zeichnen sich durch keinerlei ökologische Präferenzen aus. Vielmehr sind die verschiedensten Strategien erkennbar, die es ihnen erlauben, die unterschiedlichsten Biotope zu besiedeln. Es gibt aber keine Art, die an irgendeiner Stelle dominierend wäre und dadurch andere zurückdrängen würde.

Unter den Dilleniidae ist uns mit den Ericales und den Cistaceae eine solche Erscheinung begegnet.

Meist wird angenommen, daß die Rosidae von den Magnoliidae abzuleiten sind. Gäbe es nur die primitivste ihrer rezenten Ordnungen, die Rosales, würde man sie bedenkenlos den Magnoliidae zuordnen dürfen. Vergleicht man sie hingegen mit den übrigen Ordnungen, fallen Gemeinsamkeiten auf, die nicht wegzudiskutieren sind.

Unter den Magnoliidae gibt es neben Gruppen mit primitiven morphologischen Merkmalen (schraubige Anordnung der Blütenorgane, laminare Placentation, mono- oder diaperturater Pollen, einfache ungeteilte Blätter mit nur wenig vernetzter Aderung, einfacher Bau des Holzes u.a.) solche, deren Merkmale als abgeleitet zu betrachten sind. Beispiele dafür haben wir beschrieben. Unter den Rosidae sind außer Apokarpie keine der obengenannten primitiven Merkmale mehr zu finden, deshalb sind sie auch als Gruppe im Vergleich zu den Magnoliidae als evolutionär höherstehend (progressiver) einzustufen.

Es wird vermutet, daß die Vorfahren der Rosales tricolpaten Pollen und gefiederte, später auch anders zusammengesetzte Blätter besaßen. Am ehesten kommt die Gattung *Sapindopsis* dieser Vorstellung entgegen. Schwer zu beantworten ist die Frage nach der Abgrenzung zu den Dilleniidae. Es gibt nämlich nichts, was ausschließlich für die eine oder die andere Gruppe charakteristisch wäre. Daher sind es auch vorwiegend konzeptionelle Erwägungen, die dafür sprechen, sie getrennt zu behandeln. Vieles weist darauf hin, daß sie auf unterschiedliche Vorfahren zurückzuführen sind, die im Verlauf ihrer Evolution gleiche oder ähnliche Wege gegangen sind (Konvergenz oder Parallelevolution, siehe Kapitel 43), und

sich dadurch mehr oder weniger aneinander angeglichen haben. Lediglich die Häufigkeit bestimmter Merkmale oder Merkmalskombinationen sind bei den beiden Gruppen verschieden. Die Formenvielfalt beruht daher vermutlich zum überwiegenden Teil auf Neukombination genetischer Information, die bereits bei ihren Vorfahren vorhanden war. Die evolutionäre Errungenschaft der Dilleniidae und Rosidae wäre demnach das Ausprobieren neuer Gen- und Genomzusammenstellungen. Unter Verwendung von Begriffen aus der klassischen Genetik müßte man sagen, daß hier Rekombinationen, und nicht Mutationen, die allein zu veränderten Proteinen führen würden, die Evolutionsursache waren. Die vielfältigen äußeren Bedingungen terrestrischen Lebens (Klima, Boden usw.) sorgten dafür, daß nur bestimmte Phänotypen erhalten blieben.

Daß die eben vorgetragenen Argumente keine aus der Luft gegriffenen Spekulationen sind, geht u.a. aus der Tatsache hervor, daß gerade unter den Angiospermen ein hoher Anteil der Arten polyploid und damit hybridogenen Ursprungs ist (s. Kap. 37); daß man zeigen konnte, daß auch durch scheinbar kleine Genomveränderungen gravierende Veränderungen in der Form einzelner Organe oder der ganzen Pflanze hervorrufen können und daß es recht einfach ist, durch Züchtung zahlreiche neue Varianten zu gewinnen.

Nun noch einige Merkmale der Rosidae: Multistaminate Blüten zeichnen sich meist durch eine zentripetale Stamenentwicklung aus (s. Abb. 48.7), während eine zentrifugale für die Dilleniidae typisch ist. Aber es gibt sowohl unter den Rosidae Arten mit zentrifugaler Anordnung als auch unter den Dilleniidae solche mit zentrifugaler. Alles spricht dafür, daß man diese „scheinbaren" Ausnahmen als Parallelentwicklungen zu deuten hat.

Eine parietale Placentation der Samenanlagen ist selten, kommt bemerkenswerterweise aber bei einigen Saxifragaceen vor. Die Blüten sind meist polypetal, selten apetal, in mehreren Ordnungen sympetal. Der Blütenboden ist oft entweder becherförmig vertieft oder zu einem Diskus erweitert. Die Blätter sind meist gefiedert, einfache Blätter gelten als sekundär entstanden.

Die Rosidae umfassen rund 58 000 bis 60 000 Arten in 17 Ordnungen und 112 Familien. Wie wir später

732

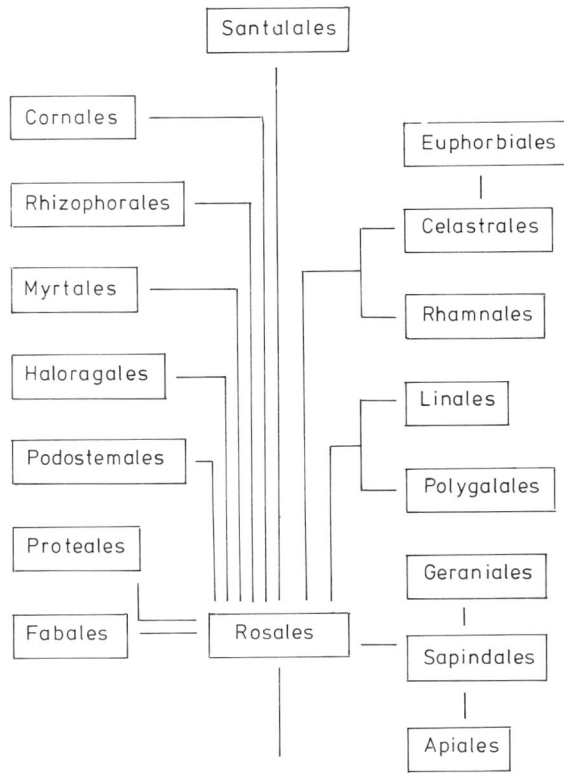

Abb. 51.1. Rosidae. Ein phylogenetisches Schema zur Darstellung der Beziehungen zwischen den einzelnen Ordnungen. (A. Cronquist, 1981)

noch sehen werden (s. Kap. 52), gibt es Hinweise darauf, daß die gegenüber den Rosidae und Dilleniidae progressivere Subklasse der Asteridae von den Rosidae abgeleitet werden kann. Die Ansichten hierüber sind jedoch nicht unumstritten. Die Asteridae umfassen ca. 60 000 Arten, aber nur 11 Ordnungen und 49 Familien. Die geringere Zahl taxonomischer Einheiten weist auf eine höhere Homogenität dieser Gruppe hin.

75 Prozent aller Rosidae-Arten gehören fünf Ordnungen an:

Fabales (14 000 Arten)
Myrtales (9 000 Arten)
Euphorbiales (7 600 Arten)
Rosales (6 600 Arten)
Sapindales (5 400 Arten).

Die restlichen etwa 15 000 Arten verteilen sich auf 12 weitere Ordnungen. Ein Versuch, sie in einem phylogenetischen Schema unterzubringen, ist in der Abbildung 51.1 wiedergegeben. Den Rosales fällt dabei eine Schlüsselstellung zu. Problematisch ist die Stellung der Euphorbiales, weil jene in einer Anzahl von Merkmalen mit den Malvales (Dilleniidae) übereinstimmen.

Es darf auch nicht verschwiegen werden, daß viele der Zuordnungsprobleme auf Familien- oder Ord-

nungsebene liegen. Es gibt zahlreiche Fälle, bei denen ein Autor eine Familie (oder Ordnung) den Dilleniidae, ein anderer dieselbe den Rosidae zuweist. Ein solches Beispiel haben wir bereits bei der Beschreibung der Nepenthales kennengelernt.

Wenn man ganz vorsichtig sein wollte, müßte man alle Familien unsicherer taxonomischer Stellung der Ordnung „Incognitales" zuweisen, im Englischen sagt man da „Unknowniales".

Rosales

Die Rosales sind eine typische Sammelgruppe, für die man keine verläßlichen diagnostischen Merkmale angeben kann. Man kann lediglich sagen, daß sie nie Parasiten und nie an eine aquatische Lebensweise adaptiert sind.

Von den 24 Familien sind 21 fast nur Experten bekannt, viele von ihnen kommen, wie so oft in solchen Fällen, fast nur in den Tropen vor und bestehen oft nur aus einer oder nur wenigen Arten. Doch gerade sie sind es, die zu der oben skizzierten Verwirrung beitragen. Drei der Familien hingegen sind artenreich, weltweit verbreitet, gut zu definieren und allgemein bekannt:

Rosaceae (3 000 Arten)
Crassulaceae (900 Arten)
Saxifragaceae (700 Arten)

Crassulaceae. Die Crassulaceae (Dickblattgewächse) sind sukkulente Kräuter oder Stauden. Die Photosynthese verläuft meist nach dem CAM-Schema, das ja auch nach ihnen benannt ist: Crassulacean-Acid-Metabolism.

Die meisten Arten sind an aride Biotope adaptiert, wenige auch an feuchte. Die charakteristischen Speicherstoffe und die Produkte des Sekundärstoffwechsels sind Sedoheptulose und Isocitrat. Die Akkumulation beider Substanzen steht im Zusammenhang mit dem CAM, sie sind daher als Produkte des Primärstoffwechsels anzusehen. In einzelnen Zellen des parenchymatischen Gewebes sind Calciumoxalatkristalle enthalten. Ferner sind Piperidinalkaloide (s. Abb. 20.14) zu nennen.

Mit Ausnahme von Australien und Polynesien, sind Crassulaceen weltweit zu finden.

Die bekanntesten Gattungen sind *Sedum, Crassula* und *Kalanchoe*. Letztere wird als Versuchsobjekt zum Studium des Phototropismus (s. Kap. 31) verwendet. *Bryophyllum* (s. Abb. 38.11) dient als Beispiel zur Demonstration von Brutknospen.

Die Gattung *Penthorum* weist auf eine Verwandtschaft zwischen den Crassulaceen und den Saxifragaceen hin, denn ihre zahlreichen Karpelle und Sepalen sind für Crassulaceen typisch. Die Pollen weisen Crassulaceen- und Saxifragaceen-Merkmale auf, und die vegetativen Organe (u.a. fehlende Sukkulenz) solche der Saxifragaceae.

Saxifragaceae. Die Saxifragaceae (Steinbrechgewächse) sind in der Regel perennierende Stauden, selten annuelle Kräuter. Die Oberflächen der vegetativen Teile sind meist mit vielzelligen Haaren besetzt, gelegentlich sind Ansätze einer Sukkulenz erkennbar. Wie bei den Crassulaceen wird oft Sedoheptulose gespeichert, CAM wurde bei einigen Arten nachgewiesen. Meist stehen die Blätter wechselständig, selten gegenständig. Als Arten, die sich gerade in diesem Punkt unterscheiden, können die an schattigen Wassergräben, an Waldbächen und auf Quellfluren oft nebeneinander vorkommenden Milzkräuter *Chrysosplenium alternifolium* und *Chrysosplenium oppositifolium* zitiert werden.

Die Blätter vieler *Saxifraga*-Arten besitzen Hydathoden (s. Kap. 5), an denen üblicherweise Kalk abgesondert wird. Die zu razemösen oder zymösen Infloreszenzen vereinten Blüten sind radiärsymmetrisch oder leicht asymmetrisch und fast immer zwittrig; sie enthalten meist einen mittel- oder unterständigen Fruchtknoten, lediglich der von *Parnassia* ist nahezu oberständig.

Bei *Parnassia palustris* stehen Stamina und Staminodien alternierend. Die Staminodien sind mit langen, glänzenden Haaren besetzt, die eine Nektarsekretion vortäuschen.

Saxifragaceen sind Kosmopoliten. Verbreitungsschwerpunkte sind die nördlichen kalten und gemäßigten Zonen sowie Hochgebirge.

Rosaceae. Bäume, Sträucher und Kräuter. Die Blätter sind einfach oder zusammengesetzt und oft mit auffallenden Nebenblättern bestückt. Die ebenfalls auffallenden großen Blüten sind meist fünfstrahlig oder polypetal, und in der Regel radiärsymmetrisch und zwittrig. Die Zahl der Stamina beträgt fünf oder ein Zwei- bis Vierfaches der Petalenzahl. Der Fruchtknoten ist meist apokarp, die Karpelle sind oft nur an der Basis verwachsen. Die Griffel sind frei. Die Blütenachse (der Blütenboden) ist entweder vertieft, flächig verbreitert, oder kegelförmig gestaltet. Nicht selten wird die Blütenachse in die sich bildende Frucht mit einbezogen.

Die Rosaceae unterteilt man üblicherweise in vier Unterfamilien, die sich im Bau des Gynoeceums und folglich in der Art ihrer Früchte voneinander unterscheiden lassen:
Spiraeoideae
Rosoideae
Prunoideae
Maloideae.
Bereits 1930 erkannte K. Sax, daß die Maloideae x = 17 Chromosomen enthalten, während die Basiszahl für die Spiraeoideae x = 8 oder 9 und für die Rosoideae x = 7, 8 oder 9 beträgt.

Von diesen Befunden ausgehend, nahm er (1935) an, die Maloideae seien durch Bastardierung von je

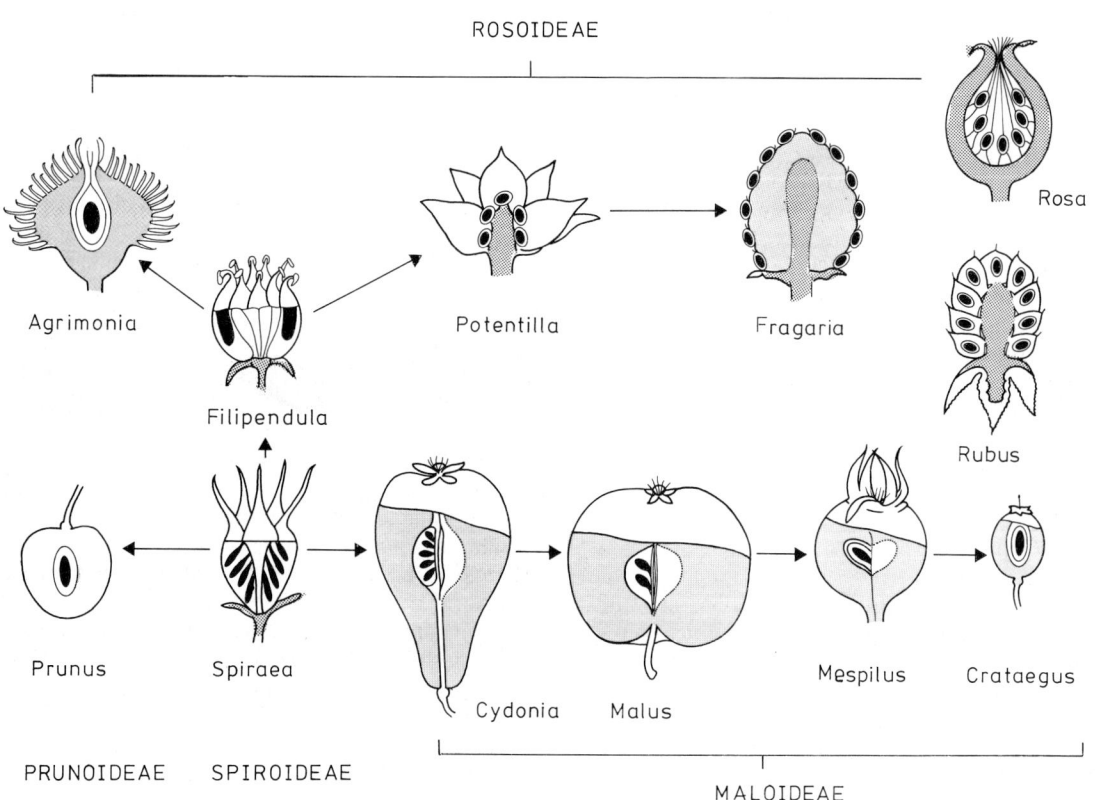

Abb. 51.2. Die Unterfamilien der Rosaceen und die Progressionsreihen ihrer Fruchtformen. Achsengewebe gerastert. Samen schwarz. (Nach D. Frohne und U. Jensen, 1979)

einer Art der zuletzt genannten Unterfamilien entstanden. Denkbar wäre jedoch auch eine Polyploidisierung nur einer Art (mit nachfolgendem Chromosomenverlust, einer Chromosomenfusion oder dem Gewinn eines Chromosoms), oder eine Bastardierung zweier Arten aus einer der Unterfamilien.

In der Abbildung 51.2 sind die Progressionsreihen einiger der häufigsten Fruchtformen wiedergegeben, die für diese Familie das wohl sicherste Merkmal zur Klärung phylogenetischer Zusammenhänge sind.

Die Rosaceae produzieren einige charakteristische sekundäre Pflanzenstoffe. Die Verbreitung einiger ist auf einzelne Unterfamilien (bzw. deren Früchte) beschränkt. Die Samen sind stets stärkefrei, oft enthalten sie Öl (z.B. Bittermandelöl), manchmal auch cyanogene Verbindungen (z.B. Amygdalin (s. Abb. 20.29) in Samen des Mandelbaums *Prunus dulcis* var. *amara*). Triterpensaponine und Gerbstoffe sind weit verbreitet (meist in Blättern). Ellagsäure und Gallussäure (Abb. 20.23) treten nur bei den Rosoideae auf. Sorbitol fehlt gerade dort, kommt aber bei den anderen Unterfamilien vor.

Spiraeoideae. Am bekanntesten sind einige Ziersträucher: *Spiraea, Sorbaria,* ihr auffallendes Merkmal sind Balgfrüchte.

Rosoiddee sind durch einsamige Schließfrüchte oder Beeren gekennzeichnet. Die Existenz von balgähnlichen, sich bei der Reife aber nicht öffnenden Früchten von *Filipendula* weist auf die Verwandtschaft mit den Spiraeoideae hin.

Bei *Fragaria* (Erdbeere) ist die Blütenachse fleischig verdickt. Die Sammelsteinfrüchte der Brom- und Himbeeren (*Rubus*-Arten) sind von einem fleischigen Mesokarp umhüllt. Nüßchen findet man bei *Alchemilla* (Frauenmantel), *Sanguisorba* (Wiesenknopf) u.a.; bei *Dryas octopetala* (Silberwurz) wird der Griffel während der Fruchtreife zu einem Flugorgan umgestaltet.

Die Früchte der genannten – und auch nichtgenannter – Arten sind wegen ihres hohen Zuckergehalts, dem hohen Gehalt an organischen Säuren (Äpfelsäure, Zitronensäure u.a.) und Vitamin C für die Ernährung von Mensch und Tier bedeutungsvoll (Beerenobst). Wie kaum eine andere Gruppe haben sich die Rosoideae auf eine zoochore Samenverbreitung spezialisiert (das gilt auch für die beiden folgenden Unterfamilien).

Die Blüten der Rosoideae sind meist sehr groß, duftend, und am Grunde nektarreich. Sie werden von einer Vielzahl von Insekten bestäubt. Viele Arten werden als Zierpflanzen gehalten. Die Rose wäre als herausragendes Beispiel zu nennen. Ihre Wildarten sind wegen der Tendenz zur Bastardbildung und einem eigenartigen Vererbungsmechanismus oft nur schwer zu bestimmen: matrokline Vererbung. Im *Rosa-canina*-Komplex werden über Eizellen 21 Chromosomen, über den Pollen nur sieben weitergegeben. Die Kultursorten der Rose sind komplexe Bastarde, die auf mindestens neun Wildarten zurückzuführen sind. Weitere bekannte Vertreter dieser Unterfamilie: *Po-*

tentilla (Fingerkraut, mit 300 Arten die artenreichste Gattung), *Geum* (Nelkenwurz).

Prunoideae. Zu den Prunoideae gehören Arten, deren Früchte man als Steinobst bezeichnet: Kirschen, Pflaumen, Aprikosen, Zwetschen (alles Gattung *Prunus*).

Maloideae. Hierzu gehören Arten, die als Kernobst bekannt sind:

> *Malus communis* (Apfel)
> *Pyrus communis* (Birne)
> *Crataegus monogyna* und *C. oxycantha* (Ein-, bzw. Zweigriffliger Weißdorn)
> *Mespilus germanica* (Mispel)
> *Sorbus aucuparia* (Vogelbeere, s. Abb. 51.3)

Die Früchte sind reich an Sorbitol, Zuckern, Fruchtsäuren und Vitamin C. Birnen (*Pyrus*-Früchte) unterscheiden sich von Äpfeln (*Malus*-Früchten) durch das Vorkommen von Steinzellen (s. Abb. 6.4).

Die unterschiedlichen Verhältnisse von Zuckern, Alkoholen (Sorbitol), organischen Säuren und sekundären Pflanzenstoffen bedingen den jeweils art-oder sortenspezifischen Geschmack.

Abb. 51.3. *Sorbus aucuparia* (Eberesche, Vogelbeere). *a* Nur selten (hier am Wilseder Berg in der Lüneburger Heide) wächst die Eberesche zu einem hohen, wohlproportionierten Baum heran. Meist findet man sie – auf trockenem, magerem Boden – an Waldrändern oder als Bestandteil von Hecken. *b* Blütenstand, eine Trugdolde.

735

Fabales (Leguminosae)

Die Fabales sind trotz der hohen Artenzahl eine sehr homogene Ordnung. Ihr gehören nur drei Familien an:

Mimosaceae
Caesalpinaceae
Fabaceae (= Papilionaceae, Schmetterlingsblütler, Hülsenfrüchtler)

Die Blüten der Mimosaceae sind radiärsymmetrisch gebaut und ähneln denen der Rosaceae. Unter denen der Caesalpinaceae finden sich zahlreiche Übergänge zwischen radiärsymmetrischem und zygomorphem Bau. Die Blüten der Fabaceae sind ausnahmslos zygomorph.

Eine beträchtliche Zahl der Leguminosen sind wirtschaftlich genutzte Kulturpflanzen. Nach den Poaceae (Gräser, speziell Getreide) nehmen sie den zweiten Rang als Weltnahrungsmittelproduzenten ein.

Verwendet werden sowohl vegetative Teile der Pflanzen (z.B. Klee und Luzerne als Viehfutter) als auch die Samen. Letztere vor allem deshalb, weil sie protein-, stärke- und ölreich sind und – richtig zubereitet – auch gut schmecken.

Die meisten Fabales leben in Symbiose mit stickstoffbindenden Bakterien (Rhizobien), die sie in knöllchenförmigen Verdickungen der Wurzel (Knöllchenbakterien) beherbergen. Die gute Versorgung mit Stickstoffverbindungen mag ein Hauptgrund für die Schnellwüchsigkeit der Pflanzen, die hohe Biomasseproduktion, den hohen Proteingehalt und den hohen Anteil nicht-proteingebundener, sogenannter „seltener" Aminosäuren (s. Abb. 20.24) in den Samen sein.

Als weitere sekundäre Pflanzenstoffe sind ein weites Spektrum an Alkaloiden, Saponinen und Isoflavonen zu nennen. Viele dieser Substanzen, einschließlich einiger nicht proteinogener Aminosäuren und Proteine, sind extrem toxisch. Als Beispiele seien das Alkaloid des Goldregens (*Laburnum anagyroides*) sowie Phasin, ein Lektin aus Bohnen (*Phaseolus*-Arten), zu nennen. Letzteres ist für die Giftigkeit roher (ungekochter) Bohnensamen verantwortlich.

Eine toxische Aminosäure ist das Canavanin, das in Samen zahlreicher Leguminosen nachgewiesen wurde. Etliche andere Substanzen sind pharmakologisch bedeutungsvoll.

Fabales sind Bäume, Sträucher oder Kräuter, manche der Arten sind rankenbildend.

Die Blätter sind meist gefiedert oder gefingert, nur selten sind sie einfach. Ganze Blätter, oder auch nur die obersten Fieder, können zu Ranken umgestaltet sein. Die Fiederansatzstellen sind oft mit Gelenken versehen, Tag-Nacht-rhythmische- und autonome Bewegungen sind bei vielen Fabaceae, seismische Bewegungen bei Mimosaceae, speziell bei *Mimosa pudica,* zu beobachten (s. Kap. 32). Die Kurztriebe holziger Arten sind oft zu Dornen umgestaltet.

Mimosaceae. Die Petalen der radiärsymmetrischen, oft sehr kleinen Blüten sind meist zu einer Röhre verwachsen. Die Stamina, mit ihren gefärbten, sehr langen Filamenten, überragen die Corolla und sind für das Aussehen der Blüten ausschlaggebend. In der Regel sind sie zu Köpfchen vereint, die wiederum stehen in traubigen oder andersartigen Infloreszenzen.

Die Mimosoideen sind tropische Holzpflanzen arider oder semiarider Standorte; viele Arten werden als Zierpflanzen gehalten. Am bekanntesten sind die Akazien (*Acacia:* 700–800 Arten) und *Mimosa* (450–500 Arten). Die aus dem tropischen Afrika stammende *Acacia senegal* und ihre Verwandten dienten lange Zeit als Quelle für *Gummi arabicum,* ein glucuronsäurehaltiges Polysaccharid, das vor der Kunstharz-Ära als Klebstoff genutzt wurde. Wegen ihres hohen Gerbstoffgehalts wird die Rinde von *Acacia catechu* (Katechu) verwertet.

Caesalpinaceae. Als bekannteste Vertreter seien genannt: *Caesalpina pulcherrima,* ein in wärmeren Gegenden häufig angebauter Baum mit auffallenden Blütentrauben, *Ceratonia siliqua* (Johannisbrotbaum) und *Cercis siliquastrum* (Judasbaum; seine Blüten und Früchte sind kauliflor).

Fabaceae. An anderer Stelle wurde die Rankenbewegung und die endogene Rhythmik beschrieben. Hier

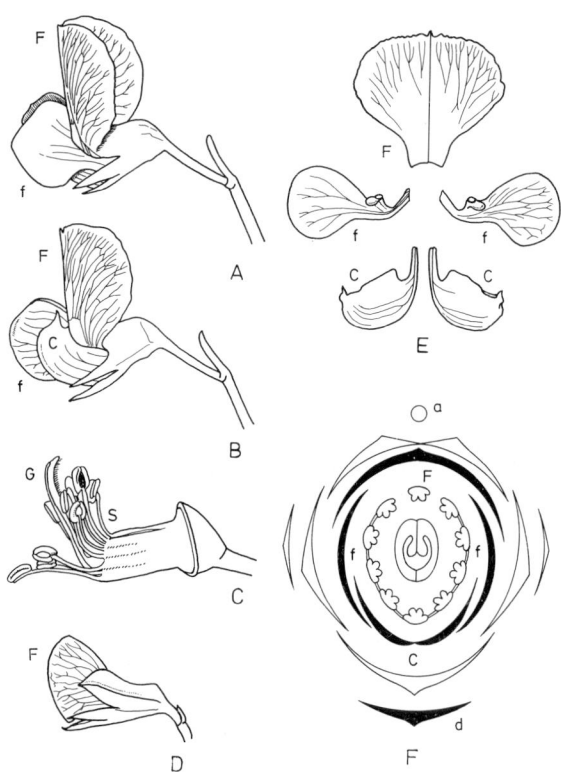

Abb. 51.4. Eine typische Fabaceenblüte: *Pisum sativum* (Erbse). *A* Blüte (Gesamtseitenansicht) (*F* Fahne, *f* Flügel). *B* Blüte nach Entfernung des vorderen Flügels (*c* Carina, bzw. Carinablätter, Karpell mit Ventral- und Dorsalnaht; *G* Griffel, *S* Staubblätter) *D* Blütenknospe, *E* in ihre Bestandteile zerlegte Blütenkrone, *F* Blütendiagramm (*a* Blütenachse). (Nach W. Troll, 1957)

736

muß vor allem der Bau der Blüte (s. Abb. 51.4) hervorgehoben werden.

Die Blüten sind in der Regel fünfzählig; die Sepalen sind fast immer miteinander verwachsen. Die fünf Petalen unterscheiden sich strukturell klar voneinander. Die oberste ist stark vergrößert und als Fahne ausgebildet.

Die beiden seitlichen, etwas kleineren, sind frei und bilden die Flügel, während die beiden unteren zu einem Schiffchen verwachsen sind. Wegen der Blütenform werden die Fabaceae Schmetterlingsblütler oder Papilionaceae genannt. Das Schiffchen (Carina) umhüllt die inneren Blütenorgane. Die Filamente der zehn, gelegentlich auf neun reduzierten Stamina sind an der Basis zu einer Röhre verwachsen, die den Griffel umgibt; die Placentation ist marginal.

Die Frucht ist stets als eine klappig aufspringende Hülse ausgebildet (daher auch die Bezeichnung Hülsenfrüchtler). Innerhalb der Samen dienen die Kotyledonen der Speicherung der Reservestoffe. Ein Endosperm fehlt oder ist nur rudimentär angelegt.

Zur Illustration einige Arten/Gattungen: *Astragalus* (Tragant) ist mit 2 000 Arten die artenreichste Gattung; in der mitteleuropäischen Flora ist sie mit wenigen, meist wenig bekannten Arten vertreten.

Trifolium pratense (Rotklee), *Trifolium repens* (Weißklee). Weltweit gibt es 300 *Trifolium*-Arten, in der heimischen Flora ca. 20 bis 25. Die roten, rosa, weißen oder gelben Blüten sind stets zu Köpfchen vereint.

Phaseolus vulgaris (Gartenbohne), *Phaseolus multiflorus* (= *coccineus*) (Feuerbohne): Die Samen dieser und verwandter Arten dienen der menschlichen Ernährung; besonders breit ist das Sortiment genutzter Arten in Indien.

Vicia (Wicke), *Vicia faba* (Saubohne): Einige Arten werden als Schmuckpflanzen kultiviert.

Lathyrus (Platterbse): Blüten in Trauben. Blätter unpaarig gefiedert, Endfieder oft zu einer Ranke umgebildet.

Lotus (Hornklee): gelbe Blüten, einzeln oder in kleinen Infloreszenzen.

Dolichos biflorus: eine in Indien beheimatete und dort auch angebaute Leguminose. Die Samen enthalten *Dolichos biflorus*-Agglutinin (DBA) mit einer Affinität zu N-Acetylgalactosamin.

Medicago lupulina und Verwandte (Hopfenklee, Schneckenklee): Die Hülsen sind schraubig gewunden.

Arachis hypogaea (Erdnuß),

Glycine max (Sojabohne): Die Samen sind protein- und ölreicher als die irgendwelcher anderen Pflanzenarten. Von daher gesehen können sie als wertvollste Kulturpflanze betrachtet werden.

Genista (Ginster): Mehrere Arten sind in Mitteleuropa verbreitet. Bei einigen sind die Seitenkurztriebe zu Dornen umgestaltet (z.B. bei *Genista anglica* und *Genista germanica*), bei anderen, z.B. *Genista sagittalis,* ist der Stengel breit geflügelt und dient weitgehend als Blattersatz.

Ulex europaeus (Stechginster) ist ein reichverzweigter, dorniger Strauch mit einfachen Blättern. Seine Samen enthalten *Ulex europaeus*-Agglutinin (UEA), das eine Affinität zu L-Fucose hat.

Lupinus (Lupine) kommt in mehreren Arten auf leichten Böden vor. Wegen des hohen Alkaloidgehalts der Blätter eignen sich die Wildformen nicht als Grünfutter. Durch Selektion alkaloidfreier Mutanten mit nichtplatzenden Hülsen, konnte die Lupine zu einer Kulturpflanze aufgewertet werden (R. v. Sengbusch, 1928).

Pisum sativum (Erbse) war G. Mendels Versuchsobjekt (s. Kap. 8), die Samen sind nahrhaft.

Robinia pseudacacia (Robinie), ein in wärmeren Gegenden häufiger, dekorativer Straßenbaum.

Haloragales

Der Ordnung gehören 200 Arten in zwei Familien an. Erwähnt sei hier nur *Gunnera chilensis,* die in Botanischen Gärten gerne wegen ihrer extrem großen, mit Dornen besetzten Blätter gezeigt wird. Die ganze Pflanze sieht rhabarberähnlich aus, sie ist extrem frostempfindlich.

In den Hohlräumen ihres Stiels beherbergt *Gunnera* die Blaualge *Nostoc,* die bekanntlich Stickstoff binden kann. Durch die Symbiose mit ihr bessert die Wirtspflanze ihre Stickstoffbilanz auf.

Myrtales

Die Myrtales sind eine recht homogene, leicht zu umreißende Ordnung. Die meisten Vertreter sind terrestrisch lebende Kräuter oder Holzpflanzen, einige wenige sind an aquatische Lebensweise adaptiert.

Das auffallendste Merkmal ist eine becherförmige Vertiefung ihrer Blütenachse, das Hypanthium, dessen Wände den Fruchtknoten weitgehend umschließen.

Er steht daher meist unter- oder mittelständig. Da eine derartige Organisation auch bei den Rosales anzutreffen ist, wird angenommen, daß die beiden Ordnungen nahe miteinander verwandt sind.

Als sekundäre Pflanzenstoffe wären vor allem die kondensierten und hydrolysierbaren Gerbstoffe zu nennen, die viele Familien (z.B. die Myrtaceae) kennzeichnen; nicht minder wichtig sind Polyphenole und Triterpene (besonders bei den Punicaceae und den Myrtaceae). Alkaloide und Sesquiterpene wurden nur bei wenigen Arten festgestellt. Calciumoxalat ist weit verbreitet. Die Zellen der Markstrahlen verholzter Arten enthalten in der Regel amorphe, gummiähnliche Substanzen.

Die Gewebe des primären Pflanzensprosses sind meist von schizogen entstandenen Sekretsystemen durchsetzt. Sie enthalten ätherische Öle, deretwegen eine Anzahl von Myrtaceen als Gewürz- oder Heilpflanzen Verwendung findet.

Die Leitbündel sind bikollateral gebaut. Die Blätter

sind einfach und ganzrandig, gegenständig, zu Quirlen vereint oder wechselständig. Die Nebenblätter (Stipeln) sind, sofern vorhanden, stark verkürzt und nur selten voll ausgebildet.

In der Regel sind die Blüten radiärsymmetrisch, zwittrig und vierzählig. Sepalen, Petalen und Stamina werden an den Rändern des Hypanthiums angelegt. Oft sind die Sepalen nur als lappige Anhängsel des nicht selten farbigen Hypanthiums erkennbar. Die Petalen stehen alternierend zu den Sepalen. Die Zahl der Stamina ist meist doppelt so hoch wie die der Petalen.

Das Gynoeceum besteht aus zwei oder mehr verwachsenen Karpellen. Die Samenanlagen zeichnen sich durch zentralwinkelständige Placentation aus.

Den Myrtales gehören 12 Familien an. Am artenreichsten sind die ausschließlich tropischen Melastomataceae (über 4 700 Arten), ihnen folgen die Myrtaceae mit 3 000 Arten. Eine Gruppe von drei Familien besteht aus je 400 bis 650 Arten:
- Onagraceae,
- Combretaceae,
- Lythraceae.
Die übrigen enthalten zusammen weniger als etwa 60 Arten.

Lythraceae. Die Lythraceae sind Kräuter und Sträucher mit weitgehend unspezialisierten Blatt- und Blütenmerkmalen. Der prominenteste Vertreter ist *Lythrum salicaria* (Blutweiderich), der in Eurasien beheimatet ist, nach Nordamerika verschleppt wurde und dort ebenso häufig wurde wie in der Alten Welt.

Ein auffälliges Merkmal der Lythraceae ist die Tristylie, d.h. die Ausprägung dreier genetisch determinierter Blütenformen mit unterschiedlich langen Griffeln. Die Tristylie dient, wie am Beispiel Distylie besprochen (s. Abb. 10.2 und Abb. 27.8), der Verhinderung von Selbstbestäubung. Sie ist allerdings weniger effizient als die Distylie.

Trapaceae. Als Charakterart ist *Trapa natans,* die Wassernuß, zu nennen. Sie ist an aquatische Lebensweise adaptiert. Die Blätter sind in Form einer Schwimmrosette angelegt; der Stiel ist blasig angeschwollen. Die vier Petalen werden in der postfloralen Phase zu Dornen umgewandelt. Die Früchte (Nüsse) werden in Ostasien, Malaysia und Indien als Gemüse genossen.

Myrtaceae. Die Myrtengewächse sind vornehmlich Pflanzen der Subtropen und Tropen. Zu ihnen gehören die im mediterranen Bereich vorkommende *Myrtus communis* sowie die *Eucalyptus*-Arten. Ihr Verbreitungszentrum liegt in Australien. Sie sind waldbildend. Die Bäume können bis zu 150 Meter hoch werden (*Eucalyptus amygdalina*). Sie sind schnellwüchsig und werden ihres Holzes und ihrer Inhaltsstoffe wegen kultiviert. Durch Bastardierung zwischen verwandten Arten sind in den letzten Jahren ertragreichere Kultursorten gezüchtet worden. Ihr Nachteil: Sie säuern den Boden stark an, so daß in einem *Eucalyptus*-Wald kaum andere Arten wachsen können. Viele Arten zeichnen sich durch Hetero-

phyllie aus. Die Blätter der Jugendstadien unterscheiden sich von den später erscheinenden sichelförmigen Folgeblättern. Jene enthalten ätherische Öle, die für Heilzwecke verwendet werden (Hustenbonbons, Hustensaft u.a.).

Die Sepalen und Petalen sind, wenn vorhanden, zu rudimentären Resten rückgebildet. Um so auffälliger sind die gefärbten Filamente der zahlreichen Stamina, die der Anlockung der Bestäuber, wie Vögel, Fledermäuse, aber auch Insekten (Bienen, man denke an Eukalyptushonig), dienen. Der Blütenboden ist mit Nektarien besetzt.

Als ein weiterer Vertreter der Myrtaceae wäre der Gewürznelkenbaum (*Syzygium aromaticum*) zu nennen, der auf Sansibar, Madagaskar und anderen Inseln vor der Ostküste Afrikas kultiviert wird. Verwendung finden die Blütenknospen („Nelken") und die Samen, aus denen das Nelkenöl gewonnen wird.

Punicaceae. Dieser Familie gehört der auf dem Balkan und im Vorderen Orient kultivierte Granatapfel (*Punicum granatum*) an.

Onagraceae. Die Nachtkerzengewächse sind eine bekannte Familie, deren Vertreter vornehmlich in Süd- und Nordamerika verbreitet sind. Nach Europa eingeschleppte Arten (*Oenothera*) haben sich hier ebenso durchgesetzt wie die bereits erwähnte *Lythrum salicaria* in Nordamerika.

Es sind Kräuter, manchmal Stauden; einzelne tropische Arten sind bis zu 30 Meter hohe Bäume. Am ursprünglichsten scheint die aus Südamerika stammende Gattung *Fuchsia* zu sein, die wegen ihrer dekorativen, hängenden (an Kolibribestäubung angepaßten) Blüten oft angepflanzt wird. Ihre Blüten sind eingeschlechtig, während die der übrigen Gattungen in der Regel zwittrig, meist vierstrahlig, radiärsymmetrisch (oder leicht asymmetrisch) sind. Der unterständige Fruchtknoten ist mit der oft farbigen Blütenachse verwachsen. Die Onagraceae sind in bezug auf sekundäre Pflanzenstoffe wenig spezialisiert. Sie enthalten keine Saponine oder cyanogene Verbindungen, nur selten Alkaloide. Gerbstoffe werden gebildet. Die Epidermis enthält oft Ölzellen. Bekannt, und zum Teil bereits an anderer Stelle beschriebene Arten/Gattungen, sind *Epilobium angustifolium* (Weidenröschen), *Oenothera* (s. Kap. 12) und *Clarkia* (s. Kap. 37).

Melastomataceae. Die Melastomataceen-Arten sind durch eine typische bogennervige Blattnervatur und poricide Antheren charakterisiert. In Südamerika gibt es kaum ein Gebiet tropischer Vegetation, in dem nicht ein Dutzend oder mehr Arten wachsen. Insgesamt umfaßt die pantropische Familie rund 4 700 Arten in 180 Gattungen, mit dem Schwerpunkt in Südamerika (mindestens 3 000 Arten). Die meisten Vertreter sind Büsche oder kleine Bäume; großwüchsige Baumarten sind seltener. 641 Arten sind epiphytisch, d.h. kletternd oder rein epiphytisch, viele sind beides; auch einjährige Kräuter kommen vor. Die Blüten sind meist zwittrig. Auf dem becherförmigen Hypanthium tragen sie meist vier bis acht freie Petalen und fast immer die doppelte Anzahl Stamina. In

738

der Knospe ist jedes Stamen am oberen Ende des Filaments derart geknickt, daß die Anthere mit ihrer Spitze nach unten zeigt. In vielen Fällen sind die Stamina in geöffneten Blüten zygomorph gruppiert. Die Stamina eines Androeceums können dimorph sein, und dort, wo das Konnektiv die Pollensäcke mit dem Filament verbindet, verschiedenartige dorsale oder ventrale Anhängsel tragen. Der ober-, mittel- oder unterständige Fruchtknoten entwickelt sich zu Kapseln oder kleinen Beeren mit meist vielen ölhaltigen Samen.

Die artenreichsten Gattungen sind *Miconia* (1 000 Arten) (s.a. Abb. 38.1) und *Tibouchina* (350 Arten) in den Neotropen und *Medinilla* (400 Arten) in den Paläotropen. Amazonische Melastomataceen werden durch Bienen bestäubt. Der Pollen ist nährstoffreich. Er ist aber nicht allen Besuchern offen zugänglich, vielmehr müssen die Bienen die Stamina in Vibration versetzen, um eine Ausschüttung zu erreichen („*buzzing*"). Außer den Bestäubern werden die Blüten durch pollenraubende *Trigona*-Bienen besucht, die die Antheren mit ihren Mandibeln zerstören. Viele der Arten sind selbstkompatibel; bei einigen wurde Agamospermie nachgewiesen (S. Renner, 1984).

Rhizophorales

Diese Ordnung enthält nur die Familie der Rhizophoraceae, der einige der an den Küsten tropischer Meere häufige Mangrovegehölze (s. Abb. 51.5) angehören. Aber von den 100 Arten in 14 Gattungen sind nur 17 (respektive vier) Mangrovegehölze, die übrigen sind Bäume und Sträucher des Binnenlandes; u.a. auch ihre artenreichste, pantropisch verbreitete Gattung *Cassipourea*.

Mangrovegehölze zeichnen sich durch Stelzwurzeln, Atemwurzeln und Viviparie aus. Doch nicht alle

gehören zu den Rhizophorales. Zu den Myrtales rechnet man die *Sonneratia*-Arten sowie die Combretaceen-Gattungen *Laguncularia* (verbreitet in Westafrika und Amerika) und *Lumnizera* (weiße Mangroven; verbreitet in Ostafrika, Asien und Australien).

Die systematische Stellung der Rhizophorales ist umstritten. Sicher ist nur, daß sie sich klar von den Myrtales abtrennen lassen, denn die Myrtales haben bikollaterale Leitbündel, die Rhizophorales kollaterale; die Gefäße der Myrtales sind einfach perforiert, die der Rhizophorales scalariform. Die Myrtales enthalten nur selten Alkaloide, die Rhizophorales sehr oft und in großen Mengen. Die Myrtalesblätter besitzen meist keine Stipeln; bei den Rhizophorales sind sie deutlich ausgeprägt, und schließlich enthalten die Samen der Myrtales wenig oder kein Endosperm, bei denen der Rhizophorales ist es üppig ausgebildet.

Einige weitere Merkmale der Rhizophorales: Die Blüten stehen meist einzeln, sind zwittrig, vier- bis fünfstrahlig und radiärsymmetrisch. Die Sepalen sind meist länger als die Petalen. Die Filamente sind frei oder an ihrer Basis miteinander verwachsen. Meist kommen zwei- bis drei- oder viermal so viele Stamina wie Petalen vor. Die Blüten enthalten Nektarien, und das Gynoeceum ist aus zwei bis fünf (bis sechs) verwachsenen Karpellen zusammengefügt.

Die bekanntesten Mangrovengattungen dieser Ordnung sind:
Rhizophora (pantropisch verbreitet)
Bruguiera und *Ceriops* (tropisches Asien, Afrika)
Kandelia (Südostasien)

Santalales

Die Santalales umfassen 2 000 Arten in 10 Familien. Die meisten kommen in den Tropen vor. Die drei primitivsten Familien enthalten baum- oder strauch-

Abb. 51.5. *Rhizophora stylosa* (Dunk Island, Ostküste Australiens).

739

artige Pflanzen. Die Vertreter der übrigen hingegen sind Halbschmarotzer oder Schmarotzer. Als Halbschmarotzer bezeichnet man Arten mit grünen Blättern, die den Wirtspflanzen lediglich Wasser und Nährsalze (und Vitamine?; Wuchsstoffe?; Phytohormone?) entziehen. Schmarotzer (Parasiten) sind chlorophyllfrei und auf die Assimilate der Wirtspflanzen angewiesen.

Die Halbschmarotzer und Schmarotzer zeichnen sich durch eine progressive Reduktion zahlreicher Merkmale aus. An erster Stelle sei die Mistel (*Viscum album*, Familie Loranthaceae) besprochen. Sie ist ein auf Holzpflanzen lebender halbstrauchiger Halbschmarotzer mit gabelig verzweigtem Astsystem, der mit Haustorien an der Wirtspflanze verankert ist. Die Blätter sind gegenständig. Die in endständigen Trugdolden sitzenden Blüten sind eingeschlechtig; die Pflanzen sind diözisch.

Thesium-(Leinblatt-)Arten aus der Familie Santalaceae parasitieren auf Wurzeln anderer Arten. Auch sie sind Halbschmarotzer. Gleiches gilt für die anderen 400 Santalaceen. Das Holz des Sandelbaums (*Santalum album*) wird in Südostasien für zeremonielle Zwecke (Totenverbrennung) verwendet. Es ist reich an aromatischem Sandelöl, das sich aus Sesquiterpenalkoholen zusammensetzt und als Essenz für kosmetische Artikel wirtschaftlich verwertet wird.

Die Balanophoraceae sind echte Parasiten. Der Sproß ist stark verdickt, die Blätter sind allenfalls als Anlagen erkennbar. Die ganze Struktur ähnelt eher einem Pilz als einer grünen Pflanze.

Aus Wurzeln von Wirt und Parasit wird ein gemeinsames knollenförmiges Agglomerat gebildet, in dem Zellen beider Arten miteinander kooperieren. Die Blüten sind eingeschlechtig, die Pflanzen sind monözisch oder diözisch. Beispiele: *Balanophora* (tropisch), *Cynomorium* (u.a. mediterran).

Celastrales

Die Celastrales sind „wieder" voll autotrophe, terrestrische Holzpflanzen oder Kräuter, die entweder ein oder mehrere Alkaloide enthalten. Die Blätter sind gegenständig, gelegentlich auch wechselständig; sie sind einfach, ihre Ränder sind oft gezähnt. Die Blüten sind meist unscheinbar, radiärsymmetrisch, selten eingeschlechtig (wo das der Fall ist, besteht eine Tendenz zur Diözie).

Insgesamt ist eine starke Vereinfachung der Struktur der Blütenorgane und eine Reduktion ihrer Zahl festzustellen. Die Blüten sind zwar fünf- seltener vierzählig und in Kelch und Krone untergliedert, doch fehlen oft die Kronblätter. Die Stamina sind in der Regel durch nur einen Staubblattkreis vertreten. Der skizzierte Blütenbau weist auf eine Verwandtschaft der Celastrales mit den Saxifragaceae hin.

Trotz der hohen Arten- und Familienzahl (2 000, respektive 11) brauchen hier nur zwei Gattungen vorgestellt zu werden:

Euonymus europaeus (Pfaffenhütchen, Familie Celastraceae). Seine Blüten sind klein und grünlich gefärbt, die Samen hingegen sind von einem auffallenden, rotorange gefärbten Samenmantel (Arillus) umgeben. Die Gattung *Euonymus* ist mit 200 Arten weltweit verbreitet. Ihr Verbreitungszentrum und vermutlicher Ursprung liegt in Südostasien. Viele Arten sind milchsaftführend. Aus dem Saft wird das kautschukähnliche Gutta gewonnen, bei dem die Isoprenreste in trans-, und nicht in cis-Stellung (wie beim Kautschuk) verknüpft sind (s. Abb. 20.21). Eine Mischung aus Gutta und Harz wird als Guttapercha bezeichnet. Man nutzte es als Isoliermittel.

Ilex aquifolium (Stechpalme). Der mit derben, ledrigen, immergrünen Blättern besetzte Strauch ist in Mitteleuropa als Unterwuchs in Buchenwäldern im Einflußbereich des atlantischen Klimas verbreitet. Er trägt auffällige rote Steinfrüchte. Die koffeinhaltigen Blätter der südamerikanischen Art *Ilex paraguaiensis* werden zur Herstellung von Mate-Tee genutzt.

Euphorbiales

Zu den Euphorbiales rechnet man autotrophe, terrestrische, verholzte, selten krautige Pflanzen mit manchmal stark vereinfachten Blüten und einem umfangreichen Sortiment sekundärer Pflanzenstoffe, meist Alkaloiden. Der Ordnung gehören vier Familien an, von denen die Euphorbiaceen die mit Abstand am bekanntesten sind. Von den übrigen drei sind die Buxaceae erwähnenswert. Der Buchsbaum (*Buxus sempervirens*) wird wegen seiner immergrünen Blätter oft als dekorativer Strauch angepflanzt.

Die Euphorbiaceen (Wolfsmilchgewächse) sind weltweit verbreitet. Durch verschiedenste Abwandlungen ihrer vegetativen Organe sind sie an unterschiedlichste Lebensbedingungen adaptiert. Am artenreichsten ist die Gruppe in den indomalaiischen Tropen. In der heimischen Flora sind etliche krautige Arten an Ruderalstandorten zu finden. In den ariden Gebieten Afrikas (einschließlich Madagaskars und Südasiens) sind sie sukkulent, oft stark verzweigt und baumförmig, und vertreten dort die Kakteen.

Im Unterschied zu jenen stehen die Dornen bei den Euphorbien in Zweiergruppen auf kissenförmigen Erhebungen des Stammes (Nebenblattdornen, s. Abb. 43.5). Bei großer Variabilität der vegetativen Teile, ihren ökologischen Ansprüchen und dem Gehalt an sekundären Pflanzenstoffen, sind die Blüten der Euphorbiaceen klein und oft stark reduziert. Die Pflanzen können diözisch oder monözisch sein. Diözie findet man z.B. in der Gattung *Mercurialis*, Monözie ist bei *Euphorbia* vorherrschend.

Die Rechtfertigung, die Euphorbiales den Rosidae zuzuordnen, ergibt sich aus dem Bau des Gynoeceums. Hier sind gewisse Ähnlichkeiten mit dem der Celastrales zu erkennen. Unter dieser Voraussetzung wären die Euphorbiales das Endglied einer Reduktionsreihe (einer regressiven Entwicklung von Blüten). Die Euphorbienblüten sind, wie an anderer Stelle (s. Kap. 2) ausgeführt, Scheinblüten, also in Wirklichkeit Blütenstände (Cyathien), die aus einem gestielten, herabhängenden, dreifächrigen Fruchtknoten (♀ Blüten) und mehreren (meist fünf) in einer Reihe wickelig verbundenen ♂ Blüten (jede mit nur einem Staubblatt) zusammengesetzt sind.

Umschlossen wird das Gebilde von fünf becherartig verwachsenen Hochblättern, zwischen denen meist eine elliptische oder halbmondförmige Honigdrüse liegt. Die Cyathien sind ihrerseits wieder zu übergeordneten Blütenständen zusammengesetzt. Im Fruchtknoten entwickeln sich drei, zunächst beieinanderbleibende einsamige Teilfrüchte, deretwegen die Ordnung früher Tricoccae genannt wurde.

Die vegetativen Teile der Euphorbiaceae, nicht jedoch die der anderen Familien, sind von einem ausgedehnten, weißen oder farbigen Saft (Latex) führenden Milchgangsystem durchzogen. Vielfach enthält der Milchsaft Stärkekörner (s. Abb. 4.12).

Ansonsten ist die Zusammensetzung der Inhaltsstoffe sehr variabel. Einige werden wirtschaftlich genutzt, z.B. der Milchsaft von *Hevea brasiliensis* zur Herstellung von Naturkautschuk. Viele der Substanzen sind stark toxisch. Erwähnt sei das Crotonöl (aus *Croton tiglium*), das ko-carcinogene Komponenten (Phorbolester) enthält. Diese sind in Verbindung mit bestimmten anderen Stoffen (doch nicht allein) krebserregend.

Die Samen vieler Arten speichern toxische Proteine, z.B. das *Ricinus communis*-Agglutinin, ein Lektin, das aus *Ricinus*-Samen gewonnen werden kann. Da es durch eine Hitzebehandlung zerstört wird, kann aus den Samen Rizinusöl gewonnen werden, das als Abführmittel wirkt und medizinisch genutzt wird.

Rhamnales

Die Rhamnales gehören in den Verwandtschaftskreis der Celastrales. Auch sie zeichnen sich durch eine weitgehende Reduktion ihrer Blüten aus. Im Unterschied zu den Celastrales sind hier jedoch andere Einheiten betroffen. So fehlt den Rhamnales der äußere Staubblattkreis; die verbliebenen Staubblätter stehen stets den Petalen gegenüber. Bei den Celastrales ist der äußere Kreis eliminiert, und die verbliebenen Staubblätter stehen den Sepalen gegenüber. Von den rund 1 700 Arten (drei Familien) genügt es, hier nur zwei vorzustellen: *Rhamnus frangula* (Kreuzdorn, Faulbaum, Familie Rhamnaceae). An feuchten Stellen in Wäldern verbreiteter Strauch mit kleinen fünfzähligen grünlich-weißen Blüten, verdornten Zweigen und roten, später schwarzvioletten Steinfrüchten.

Vitis vinifera (Weinrebe, Familie Vitaceae). Eine Rankenpflanze mit Blüten in traubig-rispigen Infloreszenzen und mit Beerenfrüchten. Eine der Wildformen (*Vitis vinifera* var. *sylvestris*) ist noch in den Auwäldern des Oberrheins zu finden. Die Pflanzen sind diözisch. *Vitis vinifera* var. *sativa,* die Kultur-

form, wird in zahlreichen Sorten angebaut; ihre Blüten sind zwittrig.

Sapindales

Diese Ordnung umfaßt zum Teil sehr bekannte Bäume und Sträucher, selten auch Kräuter. Sie alle lassen sich durch ihre Inhaltsstoffe gut charakterisieren. Sie enthalten verschiedenartige Harze und oft bittere Triterpenderivate und Alkaloide. Die Blüten sind meist radiär oder leicht asymmetrisch (z.B. bei den Hippocastanaceae), meist sind sie zwittrig, doch kommen auch eingeschlechtige Blüten vor.

Vielfach enthält ein Blütenstand neben eingeschlechtigen auch zwittrige Blüten. Die Petalen sind meist frei, bei einigen Familien jedoch an der Basis verwachsen. Die acht bis zehn Stamina sind in der Regel in zwei Staubblattkreisen angeordnet. Oft ist jedoch einer, bei den Aceraceae beide, unvollständig. Bei den Rutaceae ist die Staubblattzahl erhöht. Der Fruchtknoten ist oberständig und besteht aus zwei bis fünf Karpellen, die zumindest im basalen Teil miteinander verwachsen sind.

Durch zahlreiche Übereinstimmungen zwischen den Sapindales und den Rosales scheinen die Verwandtschaftsverhältnisse im großen und ganzen geklärt zu sein. Gegenüber den Rosales zeichnen sich die Sapindales durch eine Kombination der folgenden Merkmale aus:
- die Blätter sind zusammengesetzt, oft fiederspaltig, handförmig geteilt oder gelappt,
- die Stamina stehen in ein bis zwei Kreisen,
- es sind deutlich erkennbare, scheibenförmige Nektarien vorhanden,
- der Fruchtknoten ist synkarp. Jede Kammer enthält nur eine oder wenige Samenanlagen in axiler (zentralwinkelständiger) Placentation.

Den Sapindales gehören 5 400 Arten in 15 Familien an, mehr als die Hälfte davon entfallen auf die Sapindaceae und die Rutaceae (je etwa 1 500). 2 300 Arten gehören zu den folgenden sechs Familien: Anacardiaceae (600), Burseraceae (600), Meliaceae (550), Zygophyllaceae (250), Aceraceae (110), Simaroubaceae (150). Die übrigen enthalten nur wenige Arten, was hier aber nicht bedeutet, daß sie unbekannt seien. Hervorgehoben seien deshalb die Hippocastanaceae mit ihren nur 16 Arten.

Hippocastanaceae. Von den beiden Hippocastanaceen-Gattungen ist *Aesculus* (Roßkastanie) die bekanntere. Sie ist in Nordamerika und im nördlichen Südamerika, auf der Balkanhalbinsel, sowie in der Gegend von Thailand und Norvietnam zu finden. Die in Mitteleuropa vom Balkan importierte Art *Aesculus hippocastanum* wird häufig als Alleebaum gepflanzt.

Die Blätter sind groß und fingerförmig gefiedert, die Blüten sind asymmetrisch und stehen in Trauben. Die apikal stehenden Blüten sind funktionell männlich und öffnen sich als erste, die basalwärts stehenden sind zwittrig.

Die Frucht ist eine dreifächrige, stachelige Kapsel. Die von einer ledrigen Hülle umgebenen Samen (Kastanien) sind saponinreich. Bemerkenswert sind die außergewöhnlich großen Winterknospen, die von harzhaltigen Schuppen umgeben sind, welche dem Schutz der innen liegenden Organanlagen dienen.

Aceraceae. Die Aceraceae sind eine Familie, der vornehmlich mittelgroße oder kleine Bäume der gemäßigten Zone der nördlichen Hemisphäre angehören. Einige der subtropischen Arten sind immergrün. Die Blätter sind gelappt und gegenständig; die Blüten sind zwittrig oder eingeschlechtig. Kelch und Krone sind vier- bis fünfzählig. Die Zahl der Stamina beträgt meist 2×4. Der Fruchtknoten besteht aus zwei Karpellen, die sich bei der Reife voneinander trennen und zu Flugorganen werden. Die Frucht zerfällt demnach in zwei Spaltfrüchte.

Die dominierende Gattung ist *Acer*. Die in Mitteleuropa häufigsten Arten sind *Acer pseudo-platanus* (Bergahorn), *Acer platanoides* (Spitzahorn) und *Acer campestre* (Feldahorn). Die Blattformen sind die sichersten Unterscheidungskriterien zwischen ihnen. Die Blütentrauben der ersten Art sind hängend, die der übrigen stehen aufrecht.

Die nordamerikanische Art *Acer saccharum* speichert im Winter im Phloem der Stämme einen zuckerhaltigen Sirup. Er wird im Frühjahr geerntet und ist ein aus der nordamerikanischen Küche kaum wegzudenkendes Nahrungsmittel (*maple-sirup*). Die Blätter verleihen den Wäldern im Osten Nordamerikas die spektakuläre rote Laubfärbung im Herbst (*Indian summer*). Das rote Ahornblatt ist Bestandteil der kanadischen Fahne.

Anacardiaceae. Mehrere Arten der Anacardiaceae gelten als giftige Holzpflanzen. Sie enthalten in ihren schizogen oder lysogen angelegten, oft milchhaltigen Harzgängen in der Borke und im Phloem der Hauptblattadern, aber auch im Parenchym von Blüten und Früchten, toxische Dihydroxybenzole (Brenzkatechin, Resorcin, Hydrochinon) mit langen unverzweigten Seitenketten, z.B. das Uruschiol (s. Abb. 20.23). Sie wirken bei Berührung der Pflanzenteile als Hautreizstoffe. Trotz der Gefahr, die von ihnen ausgehen kann, werden viele, der zum Teil aus Nordamerika stammenden Arten als Ziersträucher in Gärten angepflanzt. Die bekanntesten Gattungen sind *Rhus* (Essigbaum) und *Toxicodendron* (*poison ivy, poison oak*; Giftsumach, Giftefeu). Doch nicht alle Arten dieser Familie sind toxisch.

Mangifera indica liefert die in den Tropen beliebten Mangofrüchte. Die Samen von *Pistacia vera* sind als Pistazienkerne bekannt. Sie zeichnen sich durch bereits ergrünte Kotyledonen aus. Cashew-Nüsse sind die Samen der südamerikanischen Art *Anacardium occidentale*.

Meliaceae. Das Holz der in Mittelamerika vorkommenden *Swietenia mahagoni* ist ein wertvolles Rohprodukt der Möbelindustrie.

Rutaceae. Zu den Rutaceae gehören holzige und krautige Arten. Zu nennen wären in erster Linie die *Citrus*-Arten, die, aus Südostasien stammend, in allen subtropischen Ländern kultiviert werden und deren Früchte als Zitronen, Grapefruit, Orangen, Mandarinen, Pomeranzen u.a. bekannt sind.

Das Fruchtfleisch der Beerenfrüchte besteht aus großen Mesokarp-Ausstülpungen, die von Endokarp überzogen sind. Die Fruchtschale, die Blüten und die Blätter sind reich an diversen ätherischen Ölen.

Geraniales

Von den fünf Familien der Geraniales sind die Oxalidaceae, die Balsaminaceae und die Geraniaceae hervorzuheben. Die beiden erstgenannten stehen einander verwandtschaftlich sehr nahe. Die Geraniaceae und die Gattung *Oxalis* sind zwar klar voneinander getrennt, doch bei zahlreichen kleineren Gattungen ist nicht immer sicher zu entscheiden, welcher Familie man sie zuordnen soll. Die Balsaminaceae stehen etwas abseits, und es gibt Autoren, die sie lieber in der Nähe der hier nicht besprochenen Ordnung Polygalales sehen würden.

Fast alle Arten (2600) sind krautig; die meisten sind mehrjährige Stauden.

Oxalidaceae. Kräuter und Stauden mit dreizählig gefingerten Blättern und einem hohen Oxalatgehalt, daher auch Sauerklee genannt. Die Blüten sind fünfzählig. Die zehn Stamina sind in zwei Kreisen angeordnet. Ihre Filamente sind am Grunde miteinander verwachsen. Der Fruchtknoten ist oberständig, die Frucht eine Kapsel. Die bei uns häufigste Art ist die am Boden unserer Laub- und Nadelwälder verbreitete *Oxalis acetosella*. Unter ungünstigen Wetterbedingungen ist sie kleistogam, d.h., ihre Blüten werden, ohne sich zu öffnen, selbstbestäubt. Andererseits gibt es bei den Oxalidaceae auch Arten mit Di- und mit Tristylie, die eine Fremdbefruchtung damit geradezu erzwingen. Das Hauptverbreitungsgebiet der Familie (über 100 Arten) ist das tropische Asien und Afrika.

Geraniaceae. Die Geraniaceen oder Storchschnabelgewächse sind fast immer Kräuter und Stauden, selten Sträucher. Die mit Stipeln versehenen Blätter stehen meist gegenständig. Die fünfzähligen Blüten sind radiär, die Fruchtblätter schnabelartig verlängert. Repräsentative Gattungen sind *Geranium* (Storchschnabel) und *Erodium* (Reiherschnabel). Die *Erodium*blätter sind im Gegensatz zu den *Geranium*blättern nicht handförmig unterteilt, sondern gefiedert, und von den zehn Stamina sind nur fünf fertil.

Das Hauptverbreitungsgebiet der Geraniaceae sind die gemäßigten und subtropischen Zonen. Die in Gärten angepflanzten Geranien sind meist Arten der aus Südamerika und Südafrika stammenden vogelbestäubten Gattung *Pelargonium*.

Die Mehrzahl der Kultursorten sind Hybriden, die bekanntesten sind aus Kreuzungen zwischen *Pelargonium zonale* und *Pelargonium inquinans* hervorgegangen. Die Blätter sind oft in regelmäßigen Mustern panaschiert (s. Abb. 10.20). Pelargonien enthalten aromatische Öle.

742

Abb. 51.6. *Tropaeolum majus* (Kapuzinerkresse). *a,b* Blüte in Vorder- und Seitenansicht; *c* schildförmiges Blatt (Unterseite).

Tropaeolaceae. Der wohl bekannteste Vertreter der Tropaeolaceae ist *Tropaeolum majus,* die Kapuzinerkresse mit schildförmigen Blättern und großen, zygomorphen, orange bis roten Blüten (s. Abb. 51.6). Ein am Grunde nektarhaltiger Sporn ist zum Teil einem der fünf freien Sepalen homolog. Die Zygomorphie der Sepalen ist damit deutlicher als die der Petalen ausgeprägt. Die Familie stammt aus Mittel- und Südamerika, mit Schwerpunkt in Mexiko und Zentral-Chile. Die Mehrzahl der Arten sind sukkulente, senfölhaltige Kräuter.

Balsaminaceae. Die Balsaminaceae sind Kräuter mit saftigen, glasig durchscheinenden, an den Knoten verdickten Stengeln. Die Blüten sind zygomorph. Der Kelch ist durch Ausfall der beiden vorderen Kelchblätter dreiblättrig, das hintere Kelchblatt ist gesporn und blütenblattartig. Die Zahl der Blütenkronblätter beträgt fünf. Sie sind paarweise miteinander verbunden. Die Blüten vieler Arten sind dimorph, zum Teil sind sie klein, fertil und kleistogam, zum Teil groß und weitgehend steril.

Die Frucht ist eine Kapsel, die bei Berührung aufspringt („Rühr mich nicht an"); die Samen werden durch einen Schleudermechanismus (s. Kap. 32) verbreitet. Die bekannteste mitteleuropäische Art ist *Impatiens noli-tangere. Impatiens parviflora* ist aus Asien eingewandert. Auf Ruderalstellen breitet sich in zunehmendem Maße die purpurn blühende *Impatiens glandulifera* aus. Das Vorhandensein des Sporns wird als Argument für die Verwandtschaft der Balsaminaceae mit den Tropaeolaceae genannt. Als Einwand dagegen mag die Feststellung stehen, daß der Sporn der Balsaminaceenblüten ausschließlich mit einem umgewandelten Kelchblatt homologisierbar ist, während bei dem der Tropaeolaceenblüten auch Rezeptakulumgewebe mit einbezogen ist.

Apiales

Wie in fast allen Ordnungen der Rosidae, findet man auch hier krautige und holzige Arten. Das Muster der sekundären Pflanzenstoffe ist jedoch weitgehend charakteristisch für diese Gruppe. Die meisten Arten enthalten Sesquiterpene und triterpenoidähnliche Substanzen, Polyacetylene, aber nur selten Alkaloide oder Gerbstoffe. Es fehlen u.a. auch die Ellagsäure, meist auch die Proanthocyanine. Ein Trisaccharid, Umbelliferose, wird als Speicherstoff gebildet. Ein auffallendes Merkmal sind die die parenchymatischen Gewebe durchsetzenden Sekretkanäle und Cavernen, die ätherische Öle, Harze und gummiähnliche Verbindungen enthalten.

Die Blüten sind meist unscheinbar. Gelegentlich stehen sie in Köpfchen, in der Regel jedoch in einfachen oder zusammengesetzten Dolden. Im Falle zusammengesetzter Dolden werden die Tragblätter (Hochblätter) der Doldenstrahlen als Hülle, jene der Teildolden (Döldchen) als Hüllchen bezeichnet.

Die Apiales (3700 Arten) sind weit verbreitet. Man untergliedert sie in zwei Familien. Die primitivere ist die der Araliaceae (Efeugewächse), die abgeleitete, die der Apiaceae (= Umbelliferae, Doldengewächse).

Araliaceae. Der zu den Araliaceen gehörende Efeu *(Hedera helix)* ist eine mit Haftwurzeln kletternde Holzpflanze (Liane). Die Blätter der nichtblühenden Triebe sind zweizeilig angeordnet und drei- bis fünfeckig gelappt. Die Blätter der Blütentriebe sind eirautenförmig und lang zugespitzt. Man unterscheidet demnach zwischen den Jugend- und den Altersblättern. Diese Heterophyllie beruht offensichtlich auf unterschiedlichen Verhältnissen der einzelnen DNS-Fraktionen in den Zellkernen der beiden Blattypen. Der relative Anteil an Heterochromatin ist in den Altersblättern reduziert (K.-H. Schäffner und W. Nagl, 1979).

Die unscheinbaren, grünlichen Blüten stehen in halbkugeligen Dolden. Das Verbreitungsgebiet der etwa 700 Araliaceen umfaßt die gemäßigten Zonen, die Subtropen und die Tropen. Die Verbreitungszentren liegen in Malaysia und Südamerika. Aus den Wurzeln der ostasiatischen Arten *Panax quinquefolia* und *Panax repens* (Ginseng) wird ein Extrakt gewonnen, dem eine stimulierende Wirkung auf das menschliche Allgemeinbefinden zugeschrieben wird.

Aus den Fasern von *Tetrapanax papyrifera* wird das in China und Japan vielgenutzte Reispapier hergestellt.

Apiaceae (Umbelliferae). Der aus zwei Karpellen bestehende unterständige Fruchtknoten ist zweifächrig. Als Ergebnis der Fruchtreife lösen sich die beiden Fruchtblätter an der ursprünglichen Verwachsungsstelle, so daß die Frucht in zwei einsamige Teilfrüchte zerfällt. Trotz dieser eigenartigen Fruchtbildung konnte ihr keine besondere ökologische Bedeutung zugeschrieben werden. Die Samen sind oft mit Stacheln und Widerhaken besetzt, sie sind damit an eine exozoochore Verbreitung adaptiert.

Viele Doldengewächse sind markante Vertreter der heimischen Flora, einige sind Kulturpflanzen. Verwiesen sei nur auf *Daucus carota* (Möhre), deren Wurzel reich an Vitamin A ist, sowie auf viele Arten, deren Blätter oder Samen als Gewürze verwendet werden: *Anthriscus* (Kerbel), *Coriandrum* (Koriander), *Apium* (Sellerie), *Petroselinum hortense* (Petersilie), *Carum* (Kümmel), *Pimpinella* (Bibernelle), *Foeniculum* (Fenchel), *Anethum* (Dill), *Levisticum* (Liebstöckel) u.a.

Conium maculatum (Schierling) ist eine seit dem Altertum bekannte Giftpflanze.

Literatur

Siehe Literaturverzeichnis zu Kapitel 48.

Sax, K.: The cytological analysis of species hybrids. Bot. Rev. *1,* 100–117 (1935)

Schäffner, K.-H., W. Nagl: Differential DNA replication involved in transition from juvenile to adult phase in *Hedera helix* (Araliaceae). Plant Syst. Evol., Suppl. *2,* 105–110 (1979)

52. Asteridae

Die Asteridae sind die evolutionär am höchsten stehenden Angiospermen. Sie erschienen kurz vor Beginn des Tertiärs und entfalteten sich bereits während des Oligozäns sehr stark.

Sie zeichnen sich durch Sympetalie aus, d.h., ihre Petalen sind zu einer Kronröhre verwachsen. Die Zahl der Stamina ist gleich oder geringer als die der Kronröhrenzipfel. Pflanzen mit verwachsenen Petalen wurden von A. Engler (1887) zur Gruppe der Sympetalae zusammengefaßt. Sie ist mit der der Asteridae nahezu deckungsgleich, wenngleich von ihnen einige nicht besonders artenreiche Ordnungen abgetrennt werden mußten: Diapensiales, Ericales, Ebenales, Primulales, Plumbaginales und Cucurbitales.

Die Blüten der Asteridae enthalten Nektarscheiben, und man vermutet, daß diese dem inneren Staubblattkreis homolog seien; sie sind nie polyandrisch. Die Stamina sitzen direkt an der Corolla. Der Fruchtknoten besteht aus meist zwei miteinander verwachsenen Karpellen. Alle Arten der Placentation kommen vor. Der Pollen ist triaperturat (meist tricolpat). Die Samen sind in der Regel endospermhaltig und die Embryonen zweikeimblättrig; lediglich bei einigen Parasiten und Arten mit mycotropher Lebensweise (obligate Symbiose mit Pilzen) entfällt die Differenzierung in die beiden Keimblätter.

Die Asteridae verfügen über ein weites Spektrum an sekundären Pflanzenstoffen. Die Substanzen sind durchweg Produkte verkürzter Biosynthesewege (s. Kap. 43), d.h., ihre Produktion ist weniger energieaufwendig als die von Produkten primitiverer Pflanzengruppen.

Krautige Pflanzen sind unter den Asteridae vorherrschend. Infolge ihrer kürzeren Generationsdauer ist bei ihnen die Chance, neue Genkombinationen zu erproben, höher; damit auch die Chance, neue Lebensräume zu besiedeln. Diese Strategie ist an einer Erhöhung der Artenzahl (im Vergleich zur Artenzahl der Holzpflanzen) erkennbar.

Vorhanden sind verschiedene Alkaloide (aber niemals Benzylisochinolinalkaloide), dann Polyacetylene und iridoide Verbindungen, während cyanogene Verbindungen und Saponine relativ selten sind, Ellagitannine und kondensierte Gerbstoffe nur bei sehr wenigen Arten vorkommen, und Betalaine und Senföle nie nachgewiesen wurden.

Das Fehlen der Betalaine und Isochinolinalkaloide kann zur Abgrenzung der Asteridae gegenüber den Caryophyllidae und den Magnoliidae benutzt werden. Das nur ausnahmsweise Vorkommen der Ellagsäure und der Proanthocyanine trennt sie von den Rosidae, Dilleniidae und Hamamelididae. Diese Aussage ist nicht „wasserdicht", denn einer großen Zahl von Arten der drei zuletzt genannten Subklassen fehlen diese Substanzen ebenfalls.

Die in einigen Familien (Loganiaceae, Apocynaceae und Rubiaceae) vorkommenden Indolalkaloide sind die giftigsten Verbindungen dieser Art überhaupt. Sie entstanden aus der Koppelung zweier weit verbreiteter Verbindungen: den Iridoiden, die aus Monoterpenen entstehen, und dem Indolring, der aus Trytophan hervorgeht.

Es gibt gute Argumente für die Annahme, daß die Asteridae von Vorfahren der Rosales abstammen, denn alle Merkmale, die für die Asteridae typisch sind, findet man getrennt auch bei einzelnen Arten, Gattungen oder Familien der Rosales.

Der evolutionäre Fortschritt der Asteridae wäre demnach in einer Kombination bereits vorhandener Merkmale (bzw. deren Erbanlagen) zu neuen funktionellen Einheiten zu sehen. Es sei vermerkt, daß ihre Verwandtschaft zu den meisten rezenten Ordnungen der Rosidae allerdings kaum erkennbar ist, weil jene bereits zu spezialisiert sind.

Die Blüten der Asteridae sind in vieler Hinsicht an die Lebensweise und das Mustererkennungsvermögen ihrer Bestäuber angepaßt. Auffallend ist eine Tendenz zur Zygomorphie. Während radiärsymmetrische Blüten in ihrer Größe beträchtlich variieren, ist die Variation der Größe zygomorpher Blüten stark eingeschränkt und an die Körpergrößen ihrer Bestäuber adaptiert. Das Vorhandensein von Landeplätzen, Nektarien, Blütenmalen und die Produktion von Duftstoffen sind weitere Spezialisierungen, die der Anpassung an Bestäuber dienen.

Den Asteridae gehören 60 000 Arten in 11 Ordnungen und 49 Familien an (s. Abb. 52.1). Wie bereits dargelegt, weist die geringe Zahl an Ordnungen auf eine weitgehende Homogenität dieser Unterklasse hin. Offensichtlich wurde auf der Ebene der Rosidae und der Parallelgruppe der Dilleniidae alles das ausprobiert, was das Angiospermengenom durch Umstrukturierung hergibt. G.L. Stebbins (1984) nennt diesen Prozeß eine Mosaikevolution. Auf der Ebene

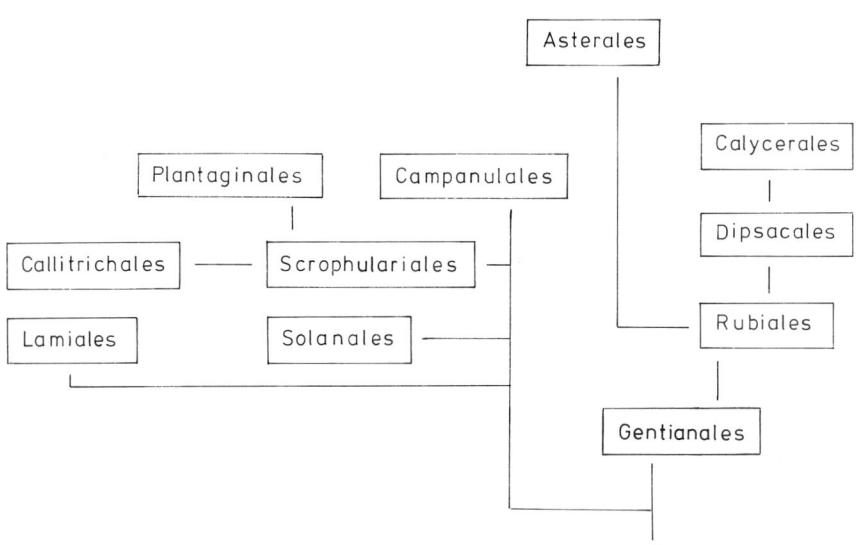

Abb. 52.1. Asteridae. Ein phylogenetisches Schema zur Darstellung der Beziehungen zwischen den einzelnen Ordnungen. (A. Cronquist, 1981)

der Asteridae wurde eine optimale Kombination gefunden, und es ging im Verlauf ihrer Evolution vornehmlich um eine Optimierung von Details im Blütenbau.

Die Wechselwirkungen und gegenseitigen Abhängigkeiten von Blüten und Bestäubern (meist Insekten) wurden vervollkommnet. Eine solche Anpassung setzt aber auch voraus, daß die Evolution der Insekten mit der der Blüten Schritt hielt.

Ein alternativer Klassifikationsvorschlag:
Wie bereits erwähnt (s. Kap. 48, Abb. 48.8), untergliedern D. Frohne und U. Jensen (1985) die Asteridae (s.1.) in die Cornidae, wobei hier einige Ordnungen zugeschlagen werden, die bereits bei den Rosidae behandelt wurden, die Lamiidae und die Asteridae (s.str.). Diese Zuordnung beruht auf der Gruppierung der folgenden Merkmalskombinationen:

Cornidae: Blätter einfach, ungeteilt; oft sympetale Blüten mit coenokarpem Gynaeceum; scalariforme Perforation in Gefäßen. Das ist ein primitives Merkmal und ein Hinweis darauf, daß die Cornidae den Hamamelididae und den Magnoliidae nahestehen. Das Endosperm ist zellulär ausgebildet. Iridoide sind die vorherrschenden sekundären Pflanzenstoffe. Folgende Ordnungen werden zu dieser Unterklasse zusammengefaßt: Cornales, Dipsacales, Sarraceniales, Ericales, Gentianales, Oleales (hier als eigenständige Ordnung geführt).

Lamiidae: Es sind, wie die Cornidae, Iridoidpflanzen, was dafür spricht, daß beide Taxa phylogenetisch zusammengehören. Polyacetylene fehlen. Man findet bei ihnen im Vergleich zu den Cornidae mehr abgeleitete Merkmale und Merkmalskombinationen. Vorwiegend Kräuter. Die wechsel- oder gegenständigen Blätter tragen keine Nebenblätter. Die Blüten sind tetrazyklisch, d.h., sie verfügen über nur einen Staubblattkreis. Die Filamente der Staubblätter sind an der Basis mit der Kronröhre verwachsen. Zygomorphe

Blüten besitzen vier, radiärsymmetrische fünf Staubblätter (in Einzelfällen ist die Zahl sogar noch niedriger). Es sind nur zwei Fruchtblätter vorhanden. Zugehörige Ordnungen: Solanales, Boraginales (hier als eigenständige Ordnung geführt), Scrophulariales, Lamiales.

Asteridae (s.str.): Keine Iridoidpflanzen, sie enthalten statt dessen Polyacetylene als sekundäre Pflanzenstoffe. Die meist fünf Blütenblätter sind hier zu einer Kronröhre verwachsen, zwei Fruchtblätter, meist fünf Staubblätter (nie polyandrisch). Der Pollen ist trinukleat. Es bestehen Tendenzen zur Bildung dorsiventraler Blüten und einer Verwachsung von Antheren. Nebenblätter fehlen. Zugehörige Ordnungen sind Campanulales und Asterales.

Gentianales

Gentianales enthalten meist iridoide Verbindungen, meist auch das eine oder das andere Alkaloid. Die oft ungeteilten, ganzrandigen Blätter stehen üblicherweise gegenständig oder in einer Rosette. Die Leitbündel sind fast immer bikollateral, und die Blüten sind radiärsymmetrisch. Der Ordnung gehören 5500 Arten in sechs Familien an, vier von ihnen werden hier behandelt. Die beiden artenreichsten, Apocynaceae und Asclepidiaceae, enthalten je etwa 2000 Arten, die Gentianaceae 1000 und die Loganiaceae 500.
Loganiaceae. Die Loganiaceae sind die primitivsten Vertreter der Gentianales. Die meisten Arten – Bäume, Sträucher, Lianen – kommen in den Tropen, den Subtropen und den gemäßigten Zonen vor, doch ist trotz weiter Verbreitung keine von ihnen wirklich häufig. Einige Arten enthalten extrem toxische Indolalkaloide. Aus *Strychnos nux-vomica* wird Strychnin (s. Abb. 20.13) gewonnen; die Rinde von *Strychnos*-Arten (*Strychnos toxifera* und *Strychnos castelnaei*) ist reich an Curarewirkstoffen (s. Abb. 20.1).

In vielen Arten sind Iridoid-Glykoside, z.B. das Loganin nachweisbar, die als Schlüsselsubstanzen der Biosynthese von Indolalkaloiden galten.

Gentianaceae. Die Gentianaceae oder Enziangewächse sind weit verbreitet, es sind annuelle Kräuter oder perennierende Stauden. Die Pflanzen sind reich an Bitterstoffen. Manche Arten leben fakultativ in Symbiose mit Mykorrhiza-Pilzen. Eine obligate Symbiose (Mycotrophie) kommt nur bei wenigen parasitisch lebenden Arten mit reduzierten, weitgehend chlorophyllfreien Blättern vor.

Die meist blauen, gelben oder violetten trichter- oder glockenförmigen Blüten stehen einzeln oder in kleinen Infloreszenzen. Bemerkenswert ist die gedrehte Knospenlage der Blütenblätter. Die Blätter von Hochgebirgsarten – und denen in arktischen Zonen – stehen meist in bodenständigen Rosetten. Die bedeutendsten einheimischen Gattungen sind *Gentiana* (Enzian), von der etwas über 20 Arten vornehmlich in den Alpen verbreitet sind, und *Centaurium* (Tausendgüldenkraut).

Apocynaceae. Die Apocynaceae sind eine große pantropische Familie. Ihr gehören einige der größten Regenwaldbäume an, andere Arten sind strauchig, Lianen oder Kräuter. Die bekannteste Gattung ist *Vinca*

Abb. 52.2. *Vinca major* (Immergrün). Die Blütenhülle zeichnet sich durch eine Drehsymmetrie aus. Die Enden der freien Blütenkronblätter sind asymmetrisch gebaut.

(Immergrün). *Vinca*-Arten sind am Grunde etwas verholzte Stauden mit immergrünen, gegenständigen Blättern und hellblauen Blüten, deren Blütenzipfel an ihren Enden nach links gedreht sind (s. Abb. 52.2).

Viele Apocynaceen sind für ihre artspezifischen, oft toxischen Inhaltsstoffe bekannt.

Die im tropischen Asien vorkommende *Rauwolfia serpentina* enthält in ihren Wurzeln Alkaloide mit blutdrucksenkender und halluzinogener Wirkung (Reserpin, Serpentin, s. Abb. 20.14). *Vinca*-Arten enthalten Vinblastin, ebenfalls ein Alkaloid (s. Abb. 25.8), das die Polymerisation von Tubulin zu Mikrotubuli unterbindet und daher in der experimentellen Zellforschung regelmäßig Verwendung findet.

Strophanthus-Arten (in Äquatorialafrika vorkommende Lianen) akkumulieren in ihren Blättern und Samen herzwirksame Glykoside: Strophanthin u.a.

Blätter der mediteranen Art *Nerium oleander* (Oleander) enthalten ein weiteres Glykosid, das Oleandrin (s. Abb. 20.29).

Asclepiadaceae. Auch dieser Familie gehören Arten an, die man wegen ihrer Inhaltsstoffe nennen könnte.

Hier sollen sie jedoch wegen ihrer besonderen Art der Bestäubung behandelt werden. Die Pollenkörner sind nämlich zu einem Pollinium verklebt, sie werden daher als Paket übertragen. In dem Zusammenhang ist erwähnenswert, daß auch die Zahl der Samenanlagen außergewöhnlich hoch ist. Der Witz hierbei, wie z.B. auch bei der Bestäubung der Orchideen, ist folgender: Bei so komplexen Pollenübertragungssystemen muß der – statistisch gesehen – hohen Seltenheit einer erfolgreichen Pollenübertragung durch hohen Samenansatz infolge eines einmaligen Aktes Rechnung getragen werden.

Asclepidiaceen sind weit verbreitet. Neben solchen mit epiphytischer Lebensweise *(Dischidia)* kommen stammsukkulente kakteenähnliche *(Stapelia)* vor.

Hoya carnosa (Wachsblume) sollte man vom Botanischen Anfängerpraktikum oder als Zimmerpflanze kennen. *Vincetoxicum hirundinaria (= Cynanchum vincetoxicum)*, die Schwalbenwurz, ist die einzige, in Mitteleuropa verbreitete Art. Ihre gelblich weißen Blüten stehen in achselständigen Trugdolden. Trugdolden und echte Dolden sind übrigens auch die Blütenstände vieler anderer Asclepidiaceen.

Solanales

Die Ordnung Solanales steht den Gentianales phylogenetisch sehr nahe. Verbindende Merkmale sind einmal die Ähnlichkeiten im Blütenbau, zum anderen das Vorkommen bikollateraler Leitbündel, wenngleich sie bei den Gentianales weit häufiger als bei den Solanales anzutreffen sind. Aufgrund embryologischer Merkmale sind die Solanales gegenüber den Gentianales als progressiver einzustufen, denn ihr Embryo ist von Anfang an zellulär, während der der Gentianales anfangs nukleär ist.

Die Blattstellung der Solanales (wechselständig) ist

747

gegenüber der der Gentianales als primitiv zu werten, wobei ungeklärt ist, ob die gemeinsamen Vorfahren beider Ordnungen wechselständige Blätter besaßen oder ob die Solanales sie sekundär erworben haben.

Im Unterschied zu den Gentianales produzieren die Solanales keine herzwirksamen Glykoside und keine iridoiden Verbindungen, statt dessen werden Tropan- und andere Alkaloide gebildet. Es gibt jedoch gewisse Übereinstimmungen im Alkaloidmuster bei einigen Arten aus den Familien der Solanaceae und Loganiaceae. Unter den Solanales findet man weniger Holzpflanzen als unter den Gentianales.

Gegenüber den anschließend zu besprechenden Ordnungen Lamiales und Scrophulariales sind folgende Abgrenzungen anzuführen.

Gegenüber Lamiales: deutliche Unterschiede im Bau des Gynoeceums und der Frucht.

Gegenüber Scrophulariales: Deutliche Unterschiede im Blütenbau; die Corolla der Scrophulariaceenblüte ist zygomorph; Scrophulariaceen besitzen niemals bikollaterale Leitbündel. Sie enthalten iridoide Substanzen, gelegentlich herzwirksame Glykoside, aber keine Alkaloide.

Die ca. 5000 Solanales lassen sich acht Familien zuordnen, von denen die Solanaceae mit 2800 Arten und die Convolvulaceae mit 1500 Arten die dominierenden sind. Von den artenärmeren Familien seien Cuscutaceae und Polemoniaceae genannt.

Aufgrund morphologischer Merkmale konnte eine recht enge verwandtschaftliche Beziehung zwischen den Solanaceae und den Convolvulaceae einerseits, und den Convolvulaceae und den Cuscutaceae andererseits, ermittelt werden.

Unter Berücksichtigung vornehmlich chemischer Merkmale (sekundäre Pflanzenstoffe und Proteine [serologische Daten]) konnte R. Dahlgren diese Verwandtschaftsbeziehungen nicht bestätigen. Er schlug daher, unter Einbeziehung weiterer, hier nicht genannter Familien, ein alternatives phylogenetisches Schema vor.

Solanaceae. Die Solanaceae (Nachtschattengewächse) sind Kosmopoliten. Ihre Blüten stehen meist in Wickeln, selten einzeln. Die Scheidewand des Fruchtknotens ist schräg zur Mediane (Mittellinie) der Blüte gestellt. Die Fruchtform ist eine Beere, seltener eine Kapsel (z.B. bei *Datura*). Familientypisch sind die hochgiftigen Tropan-Alkaloide (s. Abb. 20.29), die u.a. aus folgenden bekannten Arten isolierbar sind:

Atropa belladonna (Tollkirsche)
Datura stramonium (Stechapfel)
Hyoscyamus niger (Bilsenkraut)
Scopolia carniolica (Tollkraut).

Nicotin, ein Pyridinalkaloid, wird in Blättern verschiedener *Nicotiana*-(Tabak-)Arten gespeichert und kann dort bis zu 10 Prozent Gewichtsanteil erreichen. Außer dem Nicotin enthalten die Blätter eine Anzahl ihm ähnlicher Derivate. In konzentrierter Form werden sie im Gartenbau als Insektenvertilgungsmittel eingesetzt. Arten der Gattungen *Solanum* und *Lycopersicon* u.a. enthalten alkaloidähnliche Substanzen

mit Saponineigenschaften. Hierzu rechnet man das Solanidin, das in Früchten von *Solanum tuberosum* (Speisekartoffel), *Solanum nigrum* (Schwarzer Nachtschatten) und *Solanum dulcamara* (Bittersüßer Nachtschatten) anzutreffen ist. Die Knollen von *Solanum tuberosum* und die Früchte von *Solanum melongena* (Aubergine) sowie die von *Lycopersicon esculentum* (Tomate) sind frei davon.

Einige *Capsicum*-Arten enthalten N-haltige, scharf (brennend) schmeckende Capsaicine. Zur Veranschaulichung sei auf *Capsicum frutescens* (Chilli) und *Capsicum annuum* (Paprika) verwiesen.

Eine Anzahl von Solanaceen sind klassische Objekte der botanischen Grundlagenforschung in den verschiedensten Disziplinen: *Nicotiana* (s. Kap. 29 und 43), *Solanum* (s. Kap. 29), *Datura* (s. Kap. 13).

Convolvulaceae. Die Convolvulaceae oder Windengewächse sind Kräuter oder Stauden mit meist windenden Sprossen. Die Blätter sind einfach, die Blüten groß und mit einer trichterförmigen bis fast radförmigen, in der Knospenlage gedrehten Blütenkrone versehen.

Der Rand ist bei den meisten Arten glatt, so daß die Zahl der Petalen durch einfache Beobachtung nicht bestimmt werden kann. Eine Klärung kann durch histologische Analyse erbracht werden.

Die Convolvulaceae sind in den Tropen, Subtropen und in der gemäßigten Zone verbreitet. Zu den Gemeinsamkeiten mit den Solanaceen gehört das Vorkommen bikollateraler Leitbündel und von Tropan-Alkaloiden.

Die artenreichste Gattung ist *Ipomoea*. Zahlreiche ihrer Arten werden als Zierpflanzen kultiviert; *Ipomoea batates* (Süßkartoffel oder Batate) liefert in den Tropen und Subtropen als wichtiges Nahrungsmittel dienende, stärkehaltige Knollen. Ein Hauptproduzent der Süßkartoffel ist Japan. Zu den mitteleuropäischen Vertretern der Familie gehören *Convolvulus arvensis* (Ackerwinde), *Convolvulus soldanella* (Strandwinde) und *Convolvulus sepium* (Zaunwinde).

Cuscutaceae. Die einzige Gattung der Cuscutaceen ist *Cuscuta* (Seide, Zwirn), sie ist durch parasitische Lebensweise charakterisiert. Die Blüten sind klein und stehen meist in Köpfchen. Die Blätter sind chlorophyllfrei und zu Schuppen reduziert. Der Sproß ist im Verhältnis zu seiner Länge sehr dünn, daher auch die oben genannten deutschen Namen. Viele Autoren zählen *Cuscuta* zu den Convolvulaceae, andere bewerten die Cuscutaceae als Unterfamilie der Convolvulaceae. Die Unterschiede im Blütenbau und die spezialisierte Lebensweise rechtfertigen es jedoch, *Cuscuta* in eine eigenständige, wenngleich mit den Convolvulaceae eng verwandte Familie, zu stellen.

Polemoniaceae. Zu den Polemoniaceae oder Sperrkrautgewächsen gehört die in Gärten in mehreren Arten angepflanzte Gattung *Phlox*. Als Vertreter der heimischen Flora wäre *Polemonium coeruleum* (Himmelsleiter) zu nennen, und als Objekt der Evolutionsforschung haben wir *Gilia* (s. Kap. 37) kennengelernt. Die *Gilia*-Arten sind Kräuter oder Stauden mit zum

Teil stark gefiederten Blättern. Die Corolla ist bei einigen Arten zygomorph.

Lamiales

Kräuter, Stauden, selten Bäume; oft mit iridoiden Verbindungen, selten mit cyanogenen oder mit Saponinen.

Bikollaterale Leitbündel kommen nur bei einigen Arten der Verbenaceae vor. Die Blätter stehen meist gegenständig, selten wechselständig oder in Quirlen. Die Blüten sind in der Regel zwittrig und radiär oder asymmetrisch gebaut. Das Gynoeceum besteht aus meist zwei, seltener bis zu fünf Karpellen. Durch falsche Scheidewände ist der Fruchtknoten in vier Kammern unterteilt, die je eine Samenanlage in meist zentralwinkelständiger Placentation enthalten.

Die 7800 Arten lassen sich vier Familien zuordnen, von denen drei dominierend sind:
- Lamiaceae (3200 Arten)
- Verbenaceae (2600 Arten)
- Boraginaceae (2000 Arten).

Die nur vier bis fünf Arten der Lennoaceae leben parasitisch.

Die Lamiaceae und die Verbenaceae stellen ein nah verwandtes Familienpaar dar, die Übergänge zwischen ihnen sind fließend, die Abgrenzung bleibt Ermessenssache.

Bei den Lamiaceae sind einige Trends im Blüten- und Fruchtknotenbau weiter vervollkommnet. Die Pollenkörner der Verbenaceae haben eine vielgestaltige Wand, die der Lamiaceae ist weitgehend einförmig.

Die Boraginaceae haben wechselständige Blätter, zu ihren Inhaltsstoffen gehören Alkannin und Pyrrolizidin-Alkaloide (s. Abb. 20.6), jedoch keine iridoiden Verbindungen (die für die beiden anderen Familien typisch sind).

Die Verwandtschaft der Boraginaceae zu den beiden erstgenannten Familien erscheint – vor allem wenn man die Vertreter der heimischen Flora betrachtet – weniger eng zu sein. Das Bild ändert sich jedoch, wenn man die in den Tropen verbreiteten baumartigen Boraginaceae und Verbenaceae in die Betrachtung mit einbezieht. Die Analyse der Fruchtknotenarchitektur ergab, daß bei den Boraginaceae alle Übergänge zwischen Verbenaceen-Typ und Lamiaceen-Typ existieren.

Die Lamiales sind, wie an anderer Stelle ausgeführt, mit den Solanales verwandt. Es ist zweckmäßig, beide Ordnungen als Parallelgruppen zu sehen, denn selbst die primitivsten Solanales sind so weit spezialisiert, daß sie oder ihre Vorfahren kaum als Vorfahren der Lamiales in Betracht gezogen werden können. Gesichert ist hingegen die Annahme, daß beide Ordnungen eine Affinität zu den Gentianales haben.

Boraginaceae. Alle einheimischen Arten der Boraginaceae oder Rauhblattgewächse sind Kräuter oder Stauden. Unter den tropischen Vertretern kommen Sträucher, Bäume und Lianen vor.

Alle vegetativen Teile sind von einzelligen, steifen Haaren besetzt, deren Steifheit auf Silikat- und/oder Calciumcarbonateinlagerungen in die Wand beruht. Die Blätter sind ungeteilt und wechselständig. Die meist radiärsymmetrischen oder leicht zygomorphen Blüten stehen vielfach in schneckenförmig eingerollten Wickeln. Bei vielen Arten ist die Blütenröhre am äußeren Rand durch Ausstülpungen oder Haare (Schlundschuppen) verengt (s. Abb. 52.3).

Die Aufteilung des oberständigen Fruchtknotens in vier Fächer ist deutlich. In Aufsicht hat es den Anschein, als würde der Stempel genau dazwischen stehen.

Die reife Frucht zerfällt in vier einsamige Nüßchen. Die artenreichsten Gattungen kommen in den Tropen vor, die bekanntesten mitteleuropäischen sind *Cynoglossum* (Hundszunge), *Lithospermum* (Steinsame), *Myosotis* (Vergißmeinnicht), *Echium* (Natternkopf), *Pulmonaria* (Lungenkraut) und *Symphytum* (Beinwell).

Verbenaceae. Auch hier gibt es wieder alle Wuchsformen, von großen Bäumen über Lianen bis hin zu Kräutern. *Avicennia* ist eine der bekanntesten Mangrovegattungen. Die Familie ist pantropisch, nur wenige Vertreter kommen in der gemäßigten Zone vor. Zu den wirtschaftlich bedeutendsten Arten gehört *Tectona grandis* (Teakbaum), dessen Holz durch Imprägnation mit Kieselsäure und verschiedenen An-

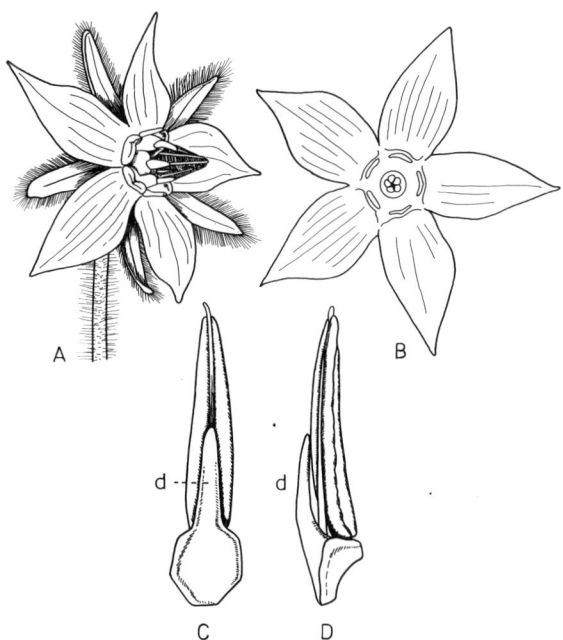

Abb. 52.3. *Borago officinalis* (Boretsch). *A* Blüte (Gesamtansicht) mit dem in der Mitte aufragenden Staubblattkegel, der von Schlundschuppen umstellt ist. *B* Blütenkrone in Aufsicht. An der Basis der Kronblätter ist die Anordnung der Schlundschuppen erkennbar. *C,D* Staubblatt in Rücken- und Seitenansicht (*d* zapfenförmiger Filamentfortsatz) (W. Troll, 1957)

749

thrachinonderivaten gegen Termitenfraß und Pilzbefall geschützt ist. Wegen seiner Widerstandsfähigkeit und Härte ist es eines der wertvollsten Nutzhölzer.

Das Holz von *Citharexylum* (aus Mexiko und Südamerika) wird zur Herstellung von Musikinstrumenten gebraucht, jenes von *Premum* (aus Malaysia) dient in Japan zur Herstellung eindrucksvoll gemaserter Messergriffe.

Lamiaceae (= Labiatae). Die Lamiaceae sind besser unter ihrem alten Namen Labiatae oder dem deutschen Namen Lippenblütler bekannt. Es sind Kräuter, Stauden, in Einzelfällen auch mittelgroße Bäume. Der Stengel krautiger Arten ist vierkantig, die Ecken sind durch Kollenchym verstärkt. Die Blätter stehen gekreuzt gegenständig.

Die fast immer stark zygomorphen Blüten sind zu ein- bis zwanzig-blütigen, gedrungenen, achselständigen Scheinquirlen zusammengefaßt, die ihrerseits zu Ähren oder Trauben vereint sind.

Die Kronröhre ist glockenförmig-röhrig, meist fünfzählig und typischerweise zweilippig; genau gesagt, zwei der Petalen sind in ihrem apikalen Abschnitt zu einer Oberlippe, drei zu einer Unterlippe verwachsen. An der Basis sind sie zu einer einheitlichen Röhre vereint.

Es kommen zweimal zwei ungleich lange Stamina vor. Wie bei den Boraginaceae beschrieben, steht der Griffel zwischen den emporgewölbten Fruchtknotenkammern (das gleiche Muster kommt übrigens auch bei den Verbenaceae vor).

Histologisch sind der Fruchtknoten der Boraginaceae und der der Lamiaceae meist deutlich voneinander unterscheidbar, denn bei den Lamiaceae sind Mikropyle und Radicula nach unten gerichtet, bei den Boraginaceae meist nach oben.

Wie aus dem Dargelegten auch hervorgeht, ist der Hauptunterschied zu den Verbenaceae in der stärkeren Ausprägung der Blütenzygomorphie zu sehen, welche wiederum, zusammen mit der Stellung der Stamina und des Griffels, als ein Musterbeispiel für eine Adaptation an Bestäuber (Bienen, Schmetterlinge, Kolibris) gilt. Bemerkenswert ist der Bau der Stamina vieler *Salvia*-Arten. Bei *Salvia pratensis* (Wiesensalbei) z.B. sind die beiden Antherenhälften (Theken) durch ein asymmetrisch gebautes Konnektiv verbunden. Der eine Ast ist außergewöhnlich lang und trägt eine fertile Theka, der andere ist kurz, plattenförmig verbreitert und trägt lediglich eine reduzierte, sterile Theka. Beim Landeanflug auf die Unterlippe und dem Versuch, an den am Blütengrund gesammelten Nektar zu gelangen, stößt die Biene (oder Hummel) mit dem Kopf gegen den kurzen Ast, wodurch sich der lange Ast nach dem Prinzip der Hebelwirkung absenkt. Der Pollensack kommt dadurch mit dem Rücken des Bestäubers in Kontakt und entleert sich. *Salvia*-Blüten sind protandrisch. Sie durchlaufen also zunächst ein männliches, anschließend ein weibliches Stadium. Während der Reifung des Gynoeceums verlängert sich der Griffel, und die zweiteilige Narbe wächst aus dem Schutz der Oberlippe heraus. Ein

anfliegender, auf dem Rücken mit Pollen bepuderter Bestäuber überträgt jenen zwangsläufig auf die Narbe, Fremdbestäubung ist damit gewährleistet.

In einigen anderen Gattungen (*Hyptis:* in Südamerika vorkommende Sträucher; *Aeollanthus* aus dem tropischen Afrika) wird der Pollen explosionsartig freigesetzt, sobald ein Insekt auf der Unterlippe der Blüten landet.

Bestäubung durch Kolibris kommt bei vielen amerikanischen Arten vor. Ihre Blütenkronen sind lang. Die Lamiaceae sind reich an ätherischen Ölen, meist sind es Mono-, Sesqui- oder Diterpenderivate. Als Beispiele können die ätherischen Öle von Lavendel, Minze, Salbei, Thymian, Origanum und Rosmarin genannt werden. Saponine und iridoide Substanzen werden nur selten gebildet. Kohlenhydrate werden oft als Stachyose und/oder Oligogalactoside gespeichert. Bei vielen Arten enthalten die Zellen parenchymatischer Gewebe Calciumoxalatkristalle.

Obwohl die Lamiaceae weltweit verbreitet sind, liegt einer ihrer Verbreitungsschwerpunkte im mediterranen Bereich. Einige sind Charakterarten der Macchie und der Garrigue, z.B. *Sideritis* und *Thymus*.

Lamiaceae sind Pflanzen offener Biotope, im tropischen Regenwald sind sie daher kaum anzutreffen.

Typische heimische Gattungen sind *Ajuga* (Günsel), *Teucrium* (Gamander), *Glechoma* (Gundermann), *Prunella* (Braunelle), *Lamium* (Taubnessel), *Stachys* (Ziest), *Salvia* (Salbei), *Thymus* (Thymian) und *Mentha* (Minze).

Etwa 50 Prozent der Blüten von *Mentha* sind funktionell weiblich, weil die Stamina entweder nur rudimentär angelegt werden oder steril sind.

Plantaginales

Die Ordnung Plantaginales enthält nur eine Familie, die Plantaginaceae oder Wegerichgewächse. Sie sind durch parallelnervige, in bodenständigen Rosetten vereinte Blätter, sekundär erworbene Anemophilie (Windbestäubung), und zu meist ährigen oder kopfigen Blütenständen vereinte, unscheinbare Blüten gekennzeichnet.

Die Blütenkrone ist vierzählig und als radiärsymmetrische Röhre ausgebildet. A. Takhtajan ordnet die Familie den Scrophulariales zu. Die Verwandtschaft mit ihnen ist unumstritten. Die starke Reduktion im Blütenbau rechtfertigt es jedoch, sie einer eigenständigen Ordnung zuzuweisen. Bekannte Arten, meist an Ruderalstellen zu finden, sind *Plantago major* (Großer Wegerich) und *Plantago lanceolata* (Spitzwegerich). *Plantago coronopus* (Schlitzwegerich), mit einfach fiederspaltigen Blättern, ist eine Charakterpflanze der Nord- und Ostseeküste.

Scrophulariales

Die Scrophulariales ähneln den Laminales, sind jedoch viel weniger spezialisiert als jene. Der Fruchtknoten enthält auch keine falschen Scheidewände.

750

Abb. 52.4. Scrophulariaceenblüten sind meist zygomorph. *a Verbascum nigrum* (Königskerze). Ihre Blüten sind nahezu radiärsymmetrisch, bei genauerem Hinsehen wird eine Asymmetrie jedoch erkennbar. *b Antirrhinum majus* (Löwenmäulchen) mit „typischen" zygomorphen Scrophulariaceenblüten (s.a. Abb. 10.1).

Zu den Inhaltsstoffen gehören iridoide Verbindungen und das phenolische Glykosid Orobanchin. Saponine, Alkaloide, cyanogene Verbindungen und kondensierte Gerbstoffe sind nur selten anzutreffen. Ellagsäure und Proanthocyanine fehlen ganz. Es besteht eine starke Tendenz zur Ausbildung zygomorpher Blüten. Sie sind primär fünfzählig, doch findet man bei vielen Arten eine Reduktion zur Vierzähligkeit.

Die Corolla ist typischerweise zweilippig, von den vier Stamina sind meist nur zwei fertil.

Es gibt viele Beispiele, anhand derer Reduktionsreihen oder die Zunahme der Zygomorphie nachvollzogen werden können: So hat beispielsweise *Verbascum* (Königskerze) nahezu radiärsymmetrische Blüten, bei *Scrophularia* (Braunwurz) sind sie stärker asymmetrisch, bei *Digitalis* (Fingerhut) und *Antirrhinum* (Löwenmäulchen) deutlich zygomorph (s. Abb. 52.4).

Bei einigen Arten der Gattungen *Pedicularis* (Läusekraut), *Rhinanthus* (Klappertopf), *Euphrasia* (Augentrost) oder *Melampyrum* (Wachtelweizen) sind die Blüten deutlich zweilippig. Verstärkt wird die Zygomorphie durch Ausstülpungen der Unterlippe und/oder Ausbildung eines Sporns, so bei *Linaria* (Leinkraut) und *Antirrhinum* (Löwenmäulchen). Wie im Kapitel 10 dargelegt, ist *Antirrhinum* ein gut untersuchtes Objekt der klassischen Genetik. Der Wechsel von der Zygomorphie zur Radiärsymmetrie wird vom Zustand eines einzelnen Gens bestimmt. Darüber hinaus wurde *Antirrhinum* zum Studium der Variabilität von Blütenfarbstoffen (s. Kap. 10) genutzt. In den letzten Jahren wurde die Mitwirkung springender Gene an der Ausprägung von Farbmustern untersucht. Eine Vierzähligkeit der Blütenkrone – und nur zwei Stamina – findet man bei *Veronica* (Ehrenpreis).

Die 11 000 Arten der Scrophulariales können 12 Familien zugeordnet werden, 75 Prozent der Arten gehören drei besonders artenreichen Familien an:

Scrophulariaceae (4000 Arten)
Acanthaceae (2500 Arten)
Gesneriaceae (2500 Arten).

Einige der kleineren Familien sind durch besondere Anpassungen gekennzeichnet. So sind zum Beispiel die Orobanchaceae obligate Parasiten, die Lentibulariaceae sind insektivor und zum Teil an aquatische Lebensweise adaptiert, die Pedaliaceae haben auffallende Früchte, die an zoochore Verbreitung angepaßt sind (s. Abb. 2.20).

Von den Solanales unterscheiden sich die Scrophulariales, wie bereits erwähnt, durch den Bau ihrer Blüten, ihre Inhaltsstoffe und das Fehlen bikollateraler Leitbündel.

Oleaceae. Die Oleaceae oder Ölbaumgewächse sind Bäume und Sträucher mit meist gegenständigen Blät-

Abb. 52.5. Olivenbaum *(Olea europaea)*: Im mediterranen Bereich eine seit dem Altertum verbreitete Kulturpflanze *(a)*; Fruchtansatz *(b)*.

751

tern und vier- bis zwölfzähligen Blüten; gelegentlich sind sie apetal. Mannitol und iridoide Verbindungen sind die wichtigsten Inhaltsstoffe.

Als häufigste Arten, von denen manche als frühblühende Ziersträucher (oder Nutzpflanzen) bekannt sind, seien genannt:

Forsythia suspensa (Forsythie)
Jasminum nudiflorum (Echter Jasmin)
Syringa vulgaris (Gemeiner Flieder)
Ligustrum vulgare (Liguster).

Fraxinus excelsior (Esche) ist ein Beispiel für Apetalie (fehlende Blütenkrone) – bei gleichzeitiger Anemophilie.

Olea europaea, der im Mittelmeerraum verbreitete Olivenbaum, wird wegen seiner Früchte (Oliven) und des daraus gewonnenen Öls genutzt (s. Abb. 52.5).

Gelegentlich werden die Oleaceae zu den Gentianales gestellt, doch aufgrund embryologischer Merkmale und des Fehlens bikollateraler Leitbündel scheint diese Zuordnung fragwürdig zu sein. Der gravierendste Einwand gegen ihre Zuordnung zu den Scrophulariales wird in der Regelmäßigkeit ihrer vierzähligen Corolla gesehen.

Serologische Befunde (J.E. Piechura und D.E. Fairbrothers, 1979) weisen darauf hin, daß sie von den übrigen Ordnungen der Scrophulariales gleich weit wie von den Gentianales entfernt sind. Es sieht demnach so aus, als käme ihnen eine Brückenstellung zwischen beiden Ordnungen zu.

Scrophulariaceae. Die wesentlichen Merkmale der Scrophulariaceae wurden bereits genannt, denn die meisten von ihnen sind nicht allein für die Familie, sondern für die ganze Ordnung bezeichnend. Mit anderen Worten: Die Scrophulariaceae sind die am wenigsten spezialisierte Familie der Scrophulariales.

Einige der Arten sind Halbparasiten, die auf Wurzeln anderer Pflanzen (meist auf Gräsern) wachsen (z.B. *Scrophularia*), selten sind es obligate Parasiten (z.B. *Harveya*).

Der meist hohe Gehalt an Orobanchin und iridoiden Verbindungen führt zu einer Schwarzfärbung der Blätter nach dem Trocknen. *Digitalis*-Arten enthalten herzwirksame Glykoside (*Digitalis*-Glykoside), die als wirkungsvollste Medikamente gegen Herzinsuffizienz eingesetzt werden. Die Blüten sind meist zu verschiedenartigen Infloreszenzen vereint, selten stehen sie einzeln.

Scrophularia-Blüten sind dichogam, d.h., es besteht eine zeitliche Trennung der Reifung von Gynoeceum und Androeceum. In diesem Fall wird das Gynoeceum früher reif als die Antheren; Fremdbefruchtung wird damit gesichert. *Scrophularia* wird von Wespen bestäubt, *Verbascum* und *Veronica* vornehmlich durch Bienen.

Die Früchte sind meist Kapseln, selten Beeren. Die Familie ist weltweit verbreitet, die Verbreitungszentren sind die gemäßigten Zonen und die Bergregionen der Tropen. Dominierende Gattungen sind *Pedicularis* (Läusekraut), *Verbascum* (Königskerze), *Veronica* (Ehrenpreis), *Penstemon* (Hornist), *Linaria* (Lein-

kraut), *Scrophularia* (Braunwurz), *Antirrhinum* (Löwenmäulchen) und *Digitalis* (Fingerhut).

Globulariaceae. Die Globulariaceae oder Kugelblumengewächse sind eine kleine Familie, deren Verbreitung auf Europa, Nordafrika und Kleinasien beschränkt ist. Drei *Globularia*-Arten kommen (auf Kalk) in Süddeutschland, speziell in den Alpen vor.

Orobanchaceae. Die Sommerwurzgewächse sind chlorophyllfreie, ein- oder mehrjährige Parasiten mit oft hoher Wirtspezifität. Mit Haustorien dringen sie in die Wurzeln der Wirtspflanzen ein.

Die oft großen und auffallenden Blüten stehen in Ähren oder Trauben in den Achseln schuppenförmiger Tragblätter. Die Orobanchaceae sind zweifelsohne von den Scrophulariaceae ableitbar. Auch bei ihnen wurde der Weg von Autotrophie über Halbparasiten zu Parasiten beschritten. Von der Scrophulariaceengattung *Harveya* unterscheiden sie sich durch eine starke Reduktion des Embryos. Ihnen fehlen die Kotyledonen, der undifferenzierte Embryo ist in ölhaltiges Endosperm eingebettet.

Einige Beispiele für Parasit-Wirt-Spezifitäten:

Orobanche ramosa	auf Hanf und Tabak
Orobanche arenaria	auf *Artemisia campestris*
Orobanche coerulescens	auf *Artemisia campestris*
Orobanche loricata	auf *Artemisia campestris*
Orobanche purpurea	auf *Achillea millefolium*
Orobanche gracilis	auf verschiedenen Leguminosen
Orobanche vulgaris	auf *Galium* und *Asperula*
Orobanche salviae	auf *Salvia glutinosa*
Orobanche lucorum	auf *Berberis vulgaris*

Wie die Aufzählung zeigt, findet man unter den Wirtspflanzen Vertreter verschiedener Familien, Kräuter ebenso wie Holzpflanzen.

Gesneriaceae. Obwohl die Gesneriaceae eine große pantropische Familie sind, sind bei uns nur wenige Arten bekannt. Von daher wäre allenfalls *Saintpaulia ionantha,* das Usambaraveilchen (Heimat Ostafrika) zu erwähnen.

Die übrigen Arten sind Kräuter, Sträucher, selten kleine Bäume, sowie Lianen und oft Epiphyten.

Bei *Streptocarpus* entwickeln sich die Kotyledonen durch interkalares Wachstum zu persistierenden, blütentragenden Organen.

Es wird wohl nicht zu Unrecht die Meinung vertreten, die Gesneriaceae würden die Scrophulariaceae in den Tropen vertreten. Ihre Blüten sind auf vielfache Weise an ihre Bestäuber adaptiert. Ornithophilie ist vor allem bei Arten der Neotropis häufig. Typisch ornithophile Blüten sind zweilippig und rot. Andere Arten sind an Bestäubung durch Fledermäuse, Bienen oder Schmetterlinge angepaßt.

Acanthaceae. Wieder eine große, nur in den Subtropen und Tropen verbreitete Familie. Fast alle Arten sind Sträucher. *Acanthus ilicifolius* ist ein Mangrovestrauch.

Von der im Mittelmeerraum verbreiteten *Acanthus longifolius* wird behauptet, ihr Laubwerk sei Vorbild für das Muster der Kapitelle korinthischer Säulen.

752

Die Samen sind stets endospermhaltig, die Embryonen außerordentlich groß. Der Blütenbau stimmt weitgehend mit dem der Scrophulariaceae überein. Die Abgrenzung zu ihnen ist wegen zahlreicher Übergänge schwierig.

Pedaliaceae. Die ölhaltigen Samen der im tropischen Asien kultivierten Art *Sesamum indicum* sind als Sesam bekannt (s.a. Abb. 2.20.)

Bignoniaceae. *Catalpa bignonioides* (Trompetenbaum) wird wegen seiner auffallend großen, trichterförmigen Blüten als Zierbaum gepflanzt. *Jacaranda*-Bäume sind charakteristische Straßenbäume in tropischen Städten. Zwischen *Catalpa* und etlichen Scrophulariaceen besteht eine engere serologische Verwandtschaft als zwischen *Catalpa* und den übrigen (untersuchten) Bignoniaceae (J.E. Piechura und D.E. Fairbrothers, 1979).

Aufgrund morphologischer Merkmale kann ihr jedoch eine Brückenstellung zwischen den beiden Familien eingeräumt werden.

Lentibulariaceae. Zu den Lentibulariaceen oder Wasserschlauchgewächsen gehören zwei auffallende Gattungen der heimischen Flora: *Pinguicula* (Fettkraut) und *Utricularia* (Wasserschlauch). Die Blätter stehen im Dienst des Insektenfangs.

Die Blüten stehen einzeln oder in Trauben, die Blütenkrone ist zweilippig und meist gesport. Der Schlund ist jedoch oft durch eine Ausstülpung der Unterlippe verschlossen. *Pinguicula*-Arten sind Landpflanzen mit ungeteilten, rosettigen, am Rande nach oben umgerollten Blättern.

Utricularia-Arten leben submers, ihre fein zerteilten Blätter sind meist mit tierfangenden Blasen besetzt. Die gelben Blüten stehen in langgestielten Trauben; Wurzeln fehlen, einige Arten sind durch sogenannte Erdsprosse (chorophyllfreie Sprosse) im Boden verankert (z.B. *Utricularia minor*), andere sind obligate Schwimmpflanzen (z.B. *Utricularia vulgaris*). Phloem und Xylem sind vielfach nur rudimentär angelegt und nicht zu gemeinsamen Strängen vereint. Von den Scrophulariaceae unterscheiden sich die Lentibulariaceae vornehmlich durch ihr insektivores Verhalten und die Placentation der Samenanlage (hier frei zentral; bei Scrophulariaceen axil).

Campanulales

Die Campanulales sind zum überwiegenden Teil Kräuter; wenige Arten sind sekundär verholzt. Als charakteristisches, sonst nur noch bei den Asteraceae vorkommendes Polysaccharid ist Inulin zu nennen.

Ansonsten kommen als Inhaltsstoffe Pyridinalkaloide (Lobelin bei *Lobelia*-Arten) sowie Polyacetylene (Campanulaceae) vor.

Die Campanulales lassen sich an die Solanales anschließen, mit denen sie u.a. den radiärsymmetrischen Blütenbau und die wechselständigen Blätter gemeinsam haben. Sie kennzeichnet jedoch ein besonderer Mechanismus der Pollenübertragung und ein unter-

ständiger Fruchtknoten. Die meisten Arten sind protandrisch, d.h., die Stamina der Androeceen reifen und geben Pollen ab, bevor das Stigma aufnahmebereit ist. Die Stamina gehen schon kurz nach dem Öffnen der Blüten zugrunde.

Der an der mit Haaren besetzten Oberfläche des Griffels (nicht an der Narbe!) hängenbleibende Pollen wird von Insekten, meist Bienen, übernommen und auf Blüten mit reifer Narbe übertragen. Die Narbenreifung besteht im Auseinanderklappen der Griffelenden und der damit verbundenen Freilegung einer neuen Oberfläche. Dies erfolgt in der Regel erst einige Tage nach Beginn der Anthese.

Man kann sagen, daß die Blüten zunächst eine männliche, später eine weibliche Phase durchlaufen. Neben diesem Fremdbefruchtung fördernden Mechanismus kommt bei einigen Arten Kleistogamie und damit Selbstbefruchtung vor, beispielsweise bei den Gattungen *Legousia* und *Lobelia,* sowie einigen *Campanula*-Arten.

Die 2500 Arten gehören sieben Familien an, doch 80 Prozent sind allein in der Familie Campanulaceae (Glockenblumengewächse) zusammengefaßt. Von den übrigen Familien sind drei ausschließlich oder vorwiegend in Australien beheimatet.

Rubiales

Den Rubiales gehören zwei Familien an, von denen die Rubiaceae mit 6500 Arten eine der artenreichsten Familien der Blütenpflanzen sind. Sie sind weltweit verbreitet; tropische Arten sind meist Sträucher, die der gemäßigten Zonen meist Kräuter. Die häufigsten einheimischen Vertreter gehören zur Gattung *Galium,* und die bekanntesten Exoten sind *Coffea arabica, Coffea camphora* u.a. (Kaffeesträucher), deren Steinfrüchte nach Entfernung des Perikarps und der Samenschale („Silberhäutchen") als Kaffeebohnen bekannt sind, außerdem *Cinchona*-Arten, aus deren Rinde (Chinarinde) das Malariaheilmittel Chinin gewonnen wurde.

Die Rubiaceae sind reich an sekundären Pflanzenstoffen. Dazu gehören Indolalkaloide und Purinalkaloide, Chinoline, Isochinoline, manchmal auch kondensierte Gerbstoffe, Triterpene und Saponine.

Die Inhaltsstoffe der Kaffeebohnen sind neben dem Koffein, einem Methylxanthinderivat (s. Abb. 20.1), Theobromin und Theophyllin.

In der Chinarinde sind außer dem Chinon weitere „China-Alkaloide", wie Chinidin und Chinchonidin zu finden.

Anthrachinone kommen u.a. in Wurzeln von *Rubia tinctorum* (Krapp) vor, die früher zum Färben von Textilien gewonnen wurden. *Galium odoratum,* der wohlriechende Waldmeister, enthält Cumarin, das in hohen Konzentrationen toxisch wirkt.

Einiges zur Morphologie und zur systematischen Stellung der Familie: Die Blätter sind einfach und meist gegenständig. In vielen Gattungen, z.B. *Asperu-*

la und *Galium,* sind die Nebenblätter wie die Laubblätter gestaltet; beide stehen in sechs- bis achtzähligen Quirlen.

Die Blüten stehen meist in Trugdolden, der Kelch ist vier- bis fünfzählig, oft aber nur rudimentär ausgebildet, die Corolle ist stets sympetal und radiärsymmetrisch, der Fruchtknoten ist unterständig. Als Fruchtformen sind Kapseln *(Cinchona),* Steinfrüchte *(Coffea)* und Spaltfrüchte *(Galium)* zu nennen.

Die Rubiaceae stehen einerseits den Gentianales (speziell der Familie Loganiaceae), andererseits den Dipsacales (Familie Caprifoliaceae) sehr nahe, und alles spricht dafür, daß sie eine Art Brückenstellung zwischen der primitiveren und der spezialisierteren Ordnung einnehmen.

G. Wagenitz (1959) hingegen hält sie für eine Untergruppe der Gentianales und betrachtet die Gemeinsamkeiten mit den Dipsacales als konvergente Erscheinungen.

Die Gemeinsamkeiten zwischen den Rubiaceae und den Loganiaceae sind:
- nukleäres Endosperm,
- gut entwickelte Nebenblätter (Stipeln),
- drüsige Anhänge an der inneren Oberfläche der Nebenblätter,
- ähnliche Pollenwandstruktur,
- häufiges Vorkommen von Indolalkaloiden.

An Unterschieden wären anzuführen:
- unterschiedlich gebaute Samenanlagen,
- das Fehlen bikollateraler Leitbündel bei den Rubiaceen.

Zu den Unterschieden gegenüber den Dipsacales (Caprifoliaceen) gehören:
- das dort vorkommende zelluläre Endosperm,
- das Fehlen der drüsigen Anhänge auf den Nebenblättern.

Dipsacales

Die Dipsacales haben, wie die Rubiales und die Campanulales, mehr oder weniger radiäre Blüten und einen ganz oder nahezu ganz unterständigen Fruchtknoten, der aus zwei, seltener aus fünf Karpellen besteht. Im Gegensatz zu den Campanulales sind die Einzelblüten oft klein und unscheinbar, aber zu umfangreichen Infloreszenzen vereint, die als solche deutlich in Erscheinung treten. Die köpfchenförmigen Blütenstände der Dipsacaceae täuschen, ähnlich wie die der Asterales (Compositae), Einzelblüten vor.

Die Dipsacales (1000 Arten) können in vier Familien untergliedert werden. Die Caprifoliaceae mit 400 Arten, Valerianaceae mit 300 Arten und die Dipsacaceae mit 270 Arten sind als mittelgroße Angiospermenfamilien aufzufassen. Die Adoxaceae enthalten nur wenige Arten, darunter die in mitteleuropäischen Laubwäldern verbreitete, frühblühende *Adoxa moschatellina* (Moschuskraut). Die Caprifoliaceae sind die wohl ursprünglichste Familie der Ordnung; die Valerianaceae lassen sich von ihnen direkt ableiten.

Die Dipsacaceae stehen diesen beiden Familien weniger nahe, doch scheinen alle die gleichen Vorfahren gehabt zu haben. Insgesamt stehen die Dipsacales den Rubiales recht nahe, bei ihnen sind aber die für jene typischen Nebenblätter entweder stark reduziert, fehlen ganz oder treten sekundär (?) wieder in Erscheinung.

Caprifoliaceae. Zu den Caprifoliaceae oder Geißblattgewächsen gehören Sträucher mit radiärsymmetrischen Blüten, beispielsweise *Sambucus nigra* (Holunder) und *Viburnum lantana* (Schneeball) sowie solche mit zygomorphen, zum Beispiel verschiedene *Lonicera-*(Geißblatt-) Arten. Die Familie ist vornehmlich in der nördlichen Hemisphäre verbreitet.

Valerianaceae. Die Valerianaceae oder Baldriangewächse umfassen Kräuter und Stauden. Die gegenständigen Blätter sind einfach oder gefiedert. Die kleinen, meist stark reduzierten Blüten stehen in rispigen Trugdolden. Sie sind zwittrig oder eingeschlechtig, meist leicht zygomorph. Als bekannteste Gattungen wären *Valerianella* (Feldsalat) und *Valeriana* (Baldrian) zu nennen. *Valeriana dioica,* der Kleine Baldrian, ist zweihäusig, *Valeriana officinalis* (n = 7, 14, 28), der Gemeine Baldrian, hat zwittrige Blüten. Aus seinen Wurzeln (und denen verwandter Arten) wird das ätherische Baldrianöl gewonnen, dessen Wirkstoffe (Valepotriat-Derivate) beruhigende Wirkung haben.

Dipsacaceae. Die Dipsacaceae oder Kardengewächse sind wieder Kräuter und Stauden mit gegenständigen, am Grunde miteinander verwachsenen Blättern. Die Blüten stehen in Köpfchen oder Ähren, die von einer Hochblatthülle umgeben sind. Manchmal sind an den Blüten Tragblätter (= Spreublätter) vorhanden. Unter dem borstenförmigen Kelch ist oft ein häutiger, schüsselförmiger Außenkelch ausgebildet. Die verwandtschaftlichen Beziehungen der Gattungen sind von F. Ehrendorfer (Botanisches Institut der Universität Wien) im Detail studiert worden.

Zur Klärung der Beziehungen wurden die Differenzierung der Tragblätter (soweit vorhanden), die der Früchte (mit Außen- und Innenkelch), sowie die Lebensweise (einjährige Kräuter, mehrjährige Stauden) und die Chromosomenzahlen ausgewertet. Die Familie ist in Europa, Asien und Afrika verbreitet, der Verbreitungsschwerpunkt liegt im Mittelmeerraum.

Asterales

Den Asterales gehört nur eine Familie an. Mit 20 000 Arten sind die Asteraceae (= Compositae, Korbblütler) die bei weitem arten- und individuenreichste Familie der Dikotyledonen. Morphologisch sind sie relativ einheitlich, was u.a. darin zum Ausdruck kommt, daß diese hohe Artenzahl widerspruchslos in einer Familie untergebracht werden kann. Eine Variabilität kommt auf der Ebene der sekundären Pflanzenstoffe zum Ausdruck. Die vegetativen Teile sind oft mit Drüsenzellen besetzt. Die Kohlenhydrate werden in Form von Polyfructosanen, meist als Inulin, gespeichert.

Charakteristisch ist die Bildung von Polyacetylenen (gebildet in Sekretkanalzellen), bitteren Sesquiterpenlactonen, dem einen oder dem anderen Alkaloid (z.B. Pyrrolizidinalkaloiden = *Senecio*-Alkaloiden), sowie einer Vielzahl von Monoterpenen und anderen terpenoiden Geruchstoffen. Selten sind cyanogene Verbindungen, fast nie sind Gerbstoffe anzutreffen.

Der evolutionäre Erfolg der Asteridae hat offensichtlich mehrere, miteinander zusammenhängende Gründe:

- Durch Verkürzung der Biosynthesewege sekundärer Pflanzenstoffe wurde die Möglichkeit eröffnet, zahlreiche neue Substanzen (Derivate einfacher Produkte) zu bilden.
- Dadurch wurde die mittlerweile erworbene Resistenz der Freßfeinde gegenüber iridoiden Substanzen umgangen. Neuartige Abwehrstoffe erlaubten es, sich gegenüber anderen Pflanzen durchzusetzen.
- Verkürzte Biosynthesewege sind energiesparend. Lignin wird meist nur in geringen Mengen produziert. Die Entwicklungsdauer der Pflanzen ist dadurch verkürzt. Sie sind dadurch für Biotope mit kurzer Vegetationsdauer präadaptiert.
- Alle bei den Asteraceae zu beobachtenden morphologischen Merkmale gelten als abgeleitet. Sie sind folglich optimiert, und alle Vorteile, die man jedem für sich auch anderen Taxa zuschreiben kann, kommen hier vereint zur Wirkung. Es gibt optimale Anpassungen an Bestäuber (es gibt aber auch Anemophilie), optimale Samenverbreitung (Verbreitung durch Wind und Exozoochorie, aber nur selten Endozoochorie (zu energieaufwendig!) und optimal funktionierende vegetative Organe.

Die Asteraceae sind weltweit verbreitet, typischerweise sind es Pflanzen offener Habitate. Selten sind sie eigentlich nur in dichten Wäldern (und damit auch in den feuchten Tropen), sowie in aquatischen Lebensräumen.

Die Familie ist, wie schon angedeutet, morphologisch relativ leicht zu fassen. Problematisch ist es, die Vielzahl der Gattungen gegeneinander abzugrenzen. Verschiedene Rekombinationsmechanismen, wie Fremd- neben Selbstbefruchtung und (oder Apomixis, ein hohes Bastardierungspotential und die Tendenz, in neuen Lebensräumen Varianten auszubilden, erschweren das Bestimmen. Über das Beispiel *Hieracium* haben wir bereits gesprochen (s. Kap. 38).

Viele Asteraceae werden als Schmuckpflanzen kultiviert, und auch die erfolgreiche Züchtung vieler neuer Sorten macht deutlich, daß das Evolutionspotential noch lange nicht erschöpft ist. Bekannte Gattungen: *Dahlia, Helianthus, Tagetes, Aster, Solidago, Carduus, Chrysanthemum* u.a.

Hier die wichtigsten Kennzeichen der Blüten: Die Blüten stehen stets zu mehreren bis vielen in von Hochblättern umgebenen, oft eine Einzelblüte vortäuschenden Köpfchen. Sie sind von einem oder von mehreren Hüllblattkreisen umgeben; die Hüllblätter sind dabei oft dachziegelartig angeordnet; bei Arten einiger Gattungen (*Carlina, Xeranthemum, Helichry-*

sum, Gnaphalium u.a.) sind sie zum Teil gefärbt und blumenblattähnlich ausgebildet (s. Abb. 52.6 und 52.7).

Die Blüten stehen auf scheibenförmig verbreiterten, kugeligen oder schüsselförmigen, meist vertieften Blütenböden in der Achsel sogenannter Spreublätter, die jedoch bei manchen Arten auch fehlen. In der Regel sind die Blüten zwittrig, selten, z.B. bei *Xanthium* und *Ambrosia,* sind die Randblüten des Köpfchens eingeschlechtig. Anstelle des Kelches sind fedrige Haare (= Pappus) vorhanden, die der reifen Frucht als Flugorgan dienen. Die Blütenkrone ist entweder radiär mit fünfzipfliger, trichterförmiger Röhre (= Röhrenblüte) oder stark zygomorph (= Zungenblüte).

Die Staubblätter sind zu einer den Griffel umgebenden Röhre verwachsen. Die Antheren öffnen sich an ihren Innenseiten und entladen (wie bei den Campanulales) den Pollen an die mit Haaren besetzten Griffelseitenflächen. Die Blüten sind also wieder protandrisch.

Der Fruchtknoten ist stets unterständig, einfächrig und aus zwei Karpellen zusammengesetzt. Die Frucht ist eine vom Pappus (wenn vorhanden) gekrönte Schließfrucht, eine Achaene, bei der Frucht- und Samenschale miteinander verwachsen sind. Die Samen sind endospermlos. Die Asteraceae können in zwei Unterfamilien untergliedert werden:

1. Cichorioideae (= Liguliflorae). Die Blütenkörbchen enthalten bei ihnen nur zygomorphe Zungenblüten. Darüber hinaus zeichnen sich die vegetativen Teile durch ein gegliedertes milchsaftführendes Gewebe aus, dessen Latex Triterpenverbindungen enthält.

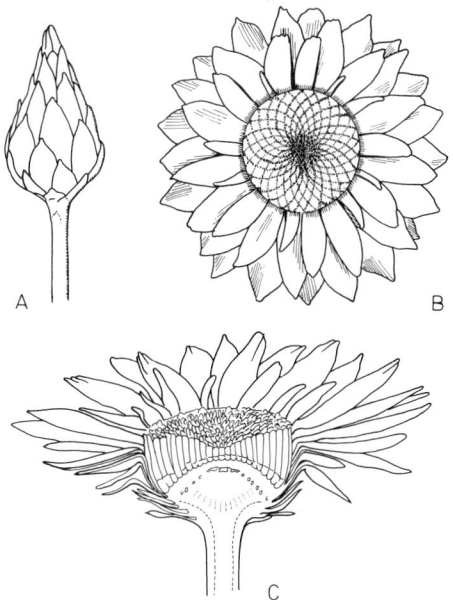

Abb. 52.6. Bau einer Compositenblüte *(Helipterum roseum) A* präflorales Köpfchen in Seitenansicht. *B,C* erblühtes Köpfchen in Aufsicht und im radialen Längsschnitt. (W. Troll 1957)

755

Abb. 52.7. Compositenblüten (hier nur Asteroideae). *a Chrysanthemum alpinum; b,c Helianthus salicifolius.* Man beachte *(c)* die Anordnung der zentral gelegenen Blüten in Form von zwei gegenläufigen Spiralen. *d Carlina acaulis.* Röhrenblüten von Blättern (Hüllkelch) umgeben. *e Cirsium spinosissimum.* Die unscheinbaren Blüten sind von nahezu farblosen Blättern umgeben, die hier als Schauapparat zur Insektenanlockung dienen. *f Echinops sphaerocephalus.* Es fehlen Randblüten. Die Insektenanlockung erfolgt durch die – hier blau gefärbten – Röhrenblüten, die zu einem Köpfchen zweiter Ordnung (bestehend aus vielen wenigblütigen Köpf-chen) zusammengefaßt sind. *g Leontopodium alpinum.* Ähnlich wie bei *f,* auch hier sind wenige Köpfchen (in der Bildmitte) zu einem Köpfchen zweiter Ordnung zusammengefaßt, das wiederum von filzig behaarten Honigblättern umgeben ist. *h Senecio jacobaea.* Röhrenblüten von randständigen, gelb gefärbten verlängerten Zungenblüten umgeben, die der Insektenanlockung dienen. *i Tanacetum vulgare.* Nur gelb gefärbte, kompakte Köpfchen bildende Röhrenblüten vorhanden. Die Köpfchen stehen dicht beieinander und bilden so eine homogene Landefläche für anfliegende Bestäuber.

Als typisches Beispiel kann *Taraxacum officinale* (Löwenzahn) genannt werden.

2. Asteroideae (= Tubuliflorae). Ihre Blütenkörbchen enthalten entweder Zungenblüten und radiärsymmetrische Röhrenblüten (Beispiel: *Bellis perennis,* (Gänseblümchen) oder nur Röhrenblüten (Beispiel: *Matricaria matricarioides,* Strahlenlose Kamille).

Die vegetativen Organe dieser Unterfamilie sind von schizogen entstandenen, mit Epithel ausgelegten Öl- und Harzgängen durchzogen.

Lange Zeit nahm man an, die Asteraceae (Asterales) würden sich von den Campanulales ableiten lassen, da sie über den gleichen Mechanismus der Pollenpräsentation verfügen, darüber hinaus Inulin als Speicherkohlenhydrat besitzen.

Aber einen solchen Mechanismus der Pollenübertragung findet man auch bei einer Familie der Rubiales. Zudem bestehen beträchtliche Unterschiede in der Embryonalentwicklung der beiden Ordnungen. Weil es schließlich unter den primitiven Asteraceen auch baum- und strauchartige Arten gibt, ist anzunehmen, daß auch die Vorfahren Holzpflanzen waren. Demnach würden die Campanulales als bereits zu spezialisiert als Vorfahren ausfallen.

Es spricht manches dafür, daß man die Asterales in der Nähe der Rubiales anzusiedeln hat, es wird aber, vor allem aufgrund der starken Übereinstimmung der sekundären Pflanzenstoffe, auch eine Verwandtschaft mit den Araliales diskutiert; doch ist auch diese nicht gesichert.

Literatur

Siehe Literaturverzeichnis zu Kapitel 48.

Piechura, J.E., D.E. Fairbrothers: Serological investigation of the Oleaceae and putative relatives. Bot. Soc. Amer. Misc. Ser. Publ. *157,* 65 (1979)

53. Liliopsida – Monocotyledonae (Monokotyledonen)

Lange Zeit war die Gliederung der Angiospermen in Mono- und Dikotyledonen unangefochten. Heute ist man vielleicht ein wenig vorsichtiger, denn es gibt nicht ein einziges Monokotyledonenmerkmal, das nicht bei den einen oder den anderen Dikotyledonen zu finden wäre; und es gibt auch Dikotyledonenmerkmale, die auf die Monokotyledonen übergreifen. Auch bestehen auffallende Gemeinsamkeiten zwischen bestimmten Ordnungen der Monokotyledonen und der Dikotyledonen. So stehen die Alismatales den Nymphaeales sehr nahe, die Arecales den Piperales und die Dioscoreales der Familie der Aristolochiaceae. Zumindest für die Nähe der Alismatales zu den Nymphaeales werden konvergente Entwicklungen angenommen, deren Auswahl durch Besiedlung gleichartiger Standorte gefördert wurde.

Dennoch repräsentieren die Monokotyledonen alles in allem eine relativ homogene Gruppe, von der

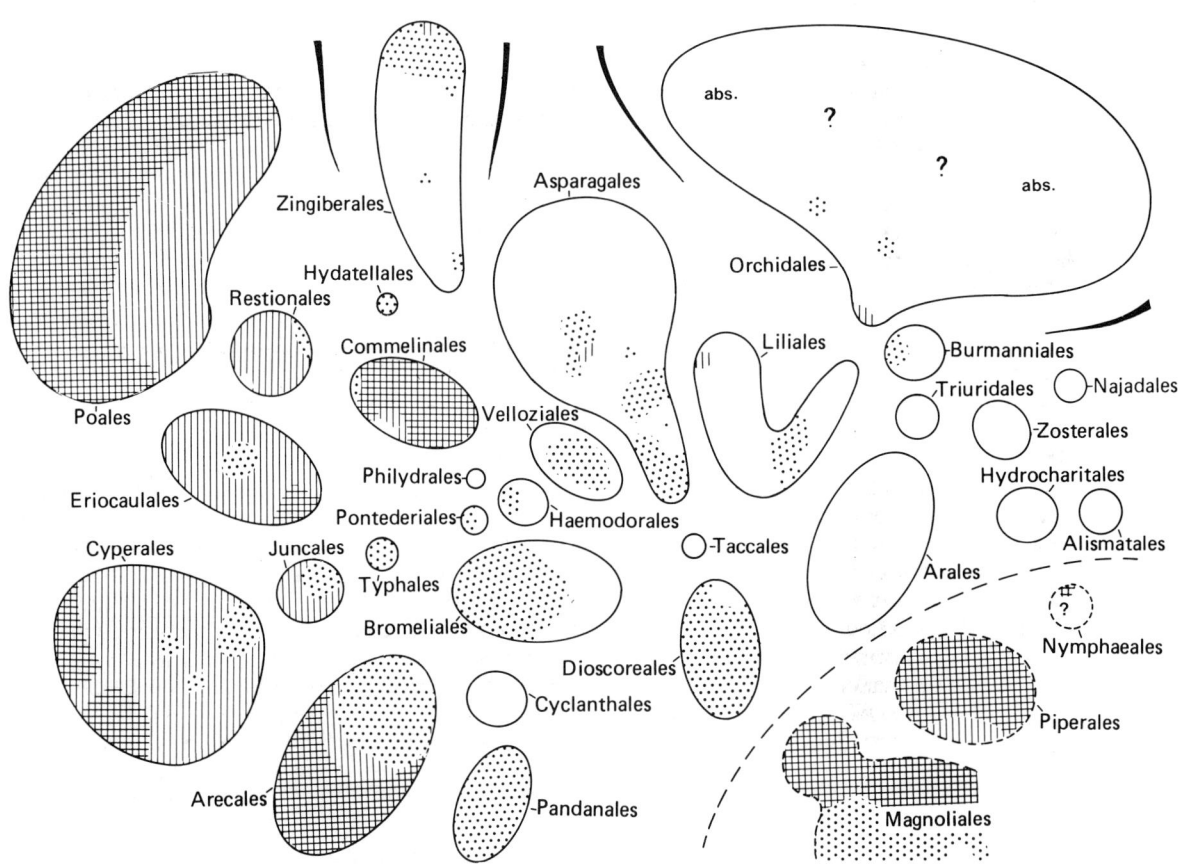

Abb. 53.1. Ein Versuch, die phylogenetischen Beziehungen der Monokotyledonenordnungen schematisch darzustellen: „Querschnitt durch einen Stammbaum" (s. Abb. 43.3 und 4). Die hier wiedergegebenen Ordnungen weichen in einigen Fällen von den im Text behandelten ab. So werden hier u.a. die Poales und Cyperales als getrennte Taxa angesehen, während sie A. Cronquist zu einem vereint. Rechts unten im Bild die den Monokotyledonen nahestehenden Dikotyledonen. Die Positionen der einzelnen im Schema repräsentierten Taxa beruhen auf einer Optimierung gemeinsamer Merkmalskombinationen. Zwei von über 20 untersuchten Merkmalsverteilungen sind in den Teilabbildungen *A* und *B* er-

man nach wie vor annimmt, daß sie monophyletischen Ursprungs ist (R.M.T. Dahlgren, H.T. Clifford, P.T. Yeo, 1985), und daß sie sich von ursprünglich dikotyledonenhaften Typen ableitet.

Die Monokotyledonen sind durch zwei durchgehende Merkmale gekennzeichnet:
(1) Ausbildung von nur einem Keimblatt. Die bei einigen Dikotyledonen beobachtete Einkeimblättrigkeit beruht auf Reduktion des zweiten.
(2) P II–c–Plastiden in Siebröhren (s. Abb. 49.5). Hierbei handelt es sich um einen besonderen Typ von Siebröhrenplastiden mit charakteristischen kristallinen Proteineinschlüssen, die bei allen Monokotyledonen (und nur ausnahmsweise bei Dikotyledonen) zu finden sind.

Neben diesen für alle Monokotyledonen geltenden Merkmalen können ihnen noch eine Reihe weiterer gruppentypischer Eigenschaften zugeschrieben werden: Es sind meist Kräuter oder Stauden, selten Holzgewächse, welche sich dann aber nicht durch das dikotyledonenspezifische sekundäre Dickenwachstum auszeichnen. Bei wenigen Vertretern tritt ein besonderer Typ eines Dickenwachstums in Erscheinung. Die Leitbündel sind geschlossen, d.h., sie besitzen kein Kambium; Gefäße (Tracheen) kommen oft nur in den Wurzeln vor; in nur wenigen Gruppen sind sie auch im Sproß nachweisbar.

Das Wurzelsystem besteht nach dem frühen Absterben der Hauptwurzel aus Adventivwurzeln. Wurzelhaare entspringen nur bestimmten spezialisierten Rhizomisbereichen, oder sie fehlen ganz. In solchen Fällen sind die Pflanzen auf eine Symbiose mit Mykorrhizapilzen angewiesen (obligate Mycotrophie). Unter den sekundären Pflanzenstoffen sind die kondensierten Gerbstoffe zu nennen, manchmal kommen auch Alkaloide und Saponine vor; cyanogene Verbindungen leiten sich, wenn vorhanden, vom Tyrosin ab, Ellagsäure ist nicht vorhanden.

Die Blätter sind typischerweise parallelnervig oder einfach gefiedert, gelegentlich kommt Netznervatur vor. Meist sind die Blätter in Blattscheide und Blattspreite untergliedert. Die Blüten sind in der Regel dreizählig (Trimerie). Vielfach sind die Kelch- und Kronblätter nicht voneinander unterscheidbar, oder

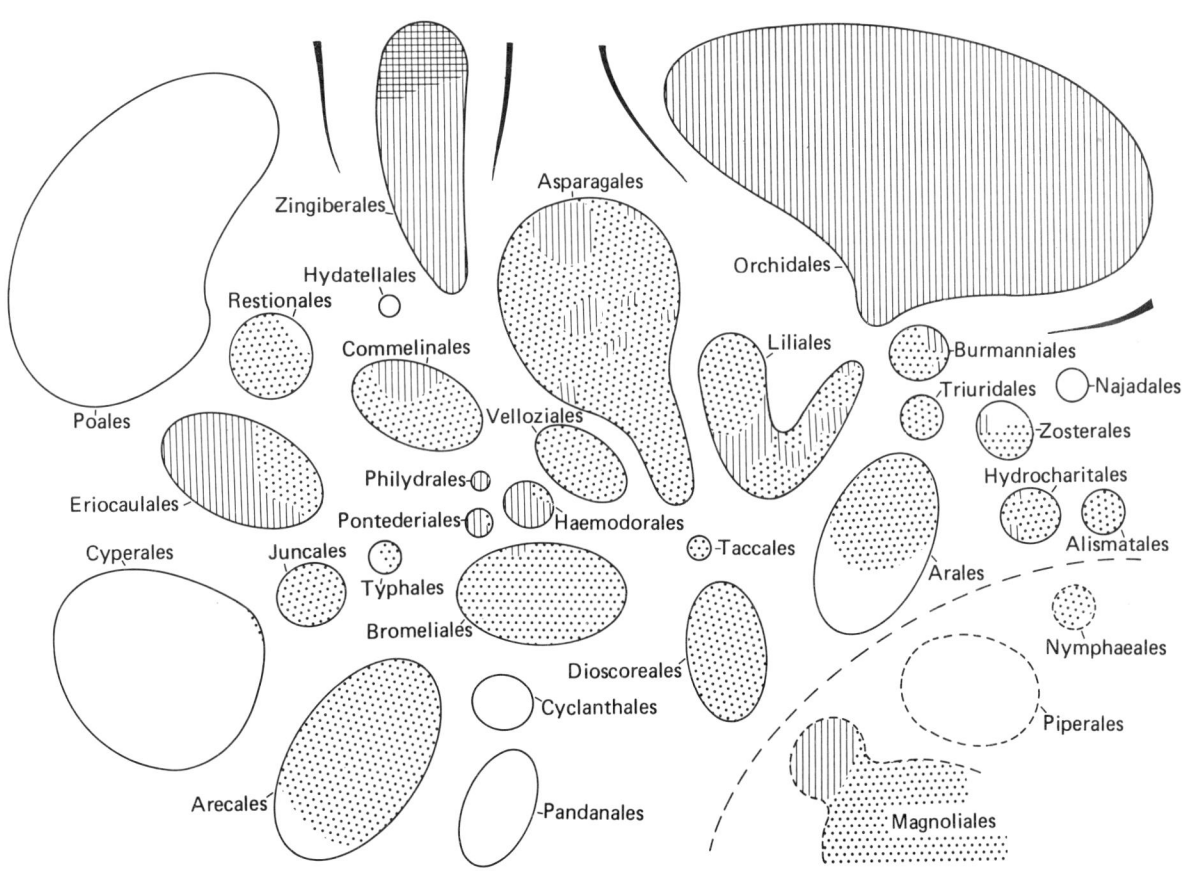

kennbar. A Vorkommen von Gefäßen (Tracheen) im Sproß; ungerastert: Tracheen fehlen, Punktraster: Gefäße vorhanden, Perforation leiterförmig (scalariform); Linienraster (senkrecht): Gefäße vorhanden, Perforation einfach oder leiterförmig; gekreuztes Raster: Gefäße vorhanden: einfach perforiert. B Zygomorphie und Asymmetrie von Perianth und/oder Androeceum; ohne Raster: reduziertes Perianth (meist Windblütler); Punktraster: radiärsymmetrische Blüten; Linienraster: zygomorphe Blüten; Kreuzraster: asymmetrisch gebaute Blüten. (R.M.T. Dahlgren, H.T. Clifford, 1982)

759

aber beide Blütenkreise sind blumenblattähnlich ausgebildet, doch voneinander verschieden. Der Pollen ist in der Regel uniaperturat (monocolpat), selten polyporat.

Den Monokotyledonen gehören ca. 50 000 Arten an, die man vier relativ sicher zu umreißenden Unterklassen und einer wohl nur auf dem Papier existierenden zuordnen kann (s. Abb. 48.8 und Abb. 53.1). Die Liliidae enthalten Ordnungen mit recht ursprünglichen Merkmalen (Dioscoreales) neben solchen mit hochgradig spezialisierten (Orchidales). Die Alismatidae stehen ein wenig abseits, während die drei übrigen Unterklassen (Arecidae, Zingiberidae und Commelinidae) teils als ursprünglich (Arecidae), teils als abgeleitet eingestuft werden können. Unter Arecidae werden zwei (oder mehr?) isoliert dastehende Taxa zusammengefaßt; zu den Commelinidae gehören neben insektenbestäubten Ordnungen solche, die zu Windbestäubung übergegangen sind.

Die artenreichste Familie der Liliopsida, die Orchidaceae, umfaßt etwa die Hälfte aller Arten. Diese ist jedoch individuenarm, und ihr Anteil an der Gesamtbiomasse der Erde ist verschwindend gering. Die Poaceae (Gramineae, Gräser) sind die individuenreichste Familie. Ihr Anteil an der Vegetation der Erdoberfläche beträgt 20 Prozent. Ein beträchtlicher Teil der Monokotyledonen ist an feuchte Standorte gebunden; doch gerade am Beispiel der eben erwähnten Gräser ist demonstrierbar, daß sich unter den Monokotyledonen Spezialisten für jeden beliebigen Lebensraum herausgebildet haben.

Alismatidae

Alismatidae sind Sumpf- und Wasserpflanzen, denen man eine gewisse Ähnlichkeit mit den Nymphaeales nicht absprechen kann.

Im Leitungssystem kommen Gefäße nur in den Wurzeln einiger Arten vor. Die Blätter sind meist grundständig, einfach und parallelnervig; die Blüten entweder recht groß und einzeln oder klein und zu Blütenständen vereint. Die Bestäubung erfolgt durch Insekten, Wind oder Wasser.

Meist sind die Blüten zwittrig. Eingeschlechtig sind sie u.a. bei der Gattung *Sagittaria* (Pfeilkraut) und bei den Familien mit submers lebenden Arten. Die Blüten sind dreizählig, oft ist die Blütenhülle doppelt. Es sind sechs oder zahlreiche Stamina vorhanden. Die Karpelle sind nicht verwachsen; der Fruchtknoten ist also apokarp, seine Stellung ist ober- bis mittelständig. Die Placentation der Samenanlagen ist marginal oder laminar. Der Pollen ist typischerweise monocolpat oder polyporat. Die Samen sind endospermlos.

Zu den Alismatidae werden vier Ordnungen, 16 Familien und 500 Arten gerechnet. Die drei Ordnungen Alismatales, Hydrocharitales und Najadales gelten als relativ nahe miteinander verwandt, die Triuridales stehen etwas isoliert da.

Alismatales

Die Alismatales sind Kosmopoliten. Zu der größten Familie, den Alismataceae (Froschlöffelgewächse), gehören der aquatisch lebende Gemeine Froschlöffel *(Alisma plantago-aquatica)*, der in Sümpfen, an Ufern stehender Gewässer und in Gräben häufig ist, und das in ähnlichen Biotopen vorkommende Pfeilkraut *(Sagittaria sagittifolia)*.

Butomus umbellatus (Schwanenblume) aus der Familie der Butomaceae fällt durch große rosa, in Dolden stehende Blüten auf. Man findet sie an Ufern stehender oder langsam fließender Gewässer. Das Verbreitungsgebiet ist die gemäßigte Zone Eurasiens.

Hydrocharitales

Die Hydrocharitales enthalten als einzige Familie die Hydrocharitaceae oder Froschbißgewächse. Es sind untergetauchte oder schwimmende Wasserpflanzen, deren Blüten oder Blütenstände vor der Anthese von einer aus ein oder zwei Hochblättern gebildeten Spatha umschlossen sind. Die radiären Blüten sind eingeschlechtig. Als bekannteste einheimische Arten seien *Stratiotes aloides* (Krebsschere) und *Hydrocharis morsus-ranae* (Froschbiß) genannt. Hinzu kommt die aus Nordamerika eingeführte Art *Elodea (= Helodea) canadensis* (Wasserpest) sowie *Vallisneria spiralis,* eine beliebte Aquarienpflanze. In den Zellen der Blätter beider Arten ist eine deutlich gerichtet ablaufende Plasmaströmung erkennbar (s. Kap. 25). Es wird behauptet, *Elodea canadensis* sei Mitte des letzten Jahrhunderts aus dem Botanischen Garten in Berlin an zwei Stellen in der Mark Brandenburg ausgesetzt worden und habe sich von dort über ganz Mitteleuropa ausgebreitet.

Fest steht, daß von dieser diözischen Art nur die weiblichen Pflanzen nach Europa gelangt sind. Ihre Vermehrung geschah und geschieht daher ausschließlich vegetativ.

Najadales

Die Najadales repräsentieren eine Gruppe von weitgehend submers lebenden Pflanzen, deren Blüten stark reduziert und anemophil oder hydrophil sind. Dort, wo noch ein Perianth erkennbar ist, fehlt meist eine Untergliederung in Sepalen und Petalen. Erkennbar ist eine solche nur bei Vertretern der Familie Scheuchzeriaceae (Blumenbinsengewächse), von der man vermutet, daß sie eine Zwischenstellung zwischen den Alismatales und den Najadales einnimmt.

Im Verlauf der Najadales-Evolution kam es zu einer progressiven Adaptation an aquatische und marine Habitate.

Der Ordnung gehören 10 Familien an, von denen die Scheuchzeriaceae und Juncaginaceae als Sumpfpflanzen oder Pflanzen salziger Strandwiesen (Vorland) zu betrachten sind.

760

Die Potamogetonaceae (Laichkrautgewächse) sind untergetauchte oder mit Schwimmblättern versehene Pflanzen des Süßwassers, deren Infloreszenzen jedoch meist noch aus dem Wasser herausragen. Die Najadaceae, Ruppiaceae und Zannichelliaceae leben stets und ganz untergetaucht, man findet sie im Süß- und Brackwasser, während die Posidoniaceae, Zosteraceae (Seegras) und Cymodoceaceae ausschließlich marin sind.

Die Pollenkörner der marin lebenden Arten sind oft sehr langgestreckt (sogenannte Fadenpollen).

Liliidae

Die Liliidae sind die artenreichste Unterklasse der Monokotyledonen. Im Gegensatz zu den weitgehend anemophilen Commelinidae beruht ihr Erfolg auf einer Vielseitigkeit im Blütenbau und einer damit verbundenen Adaptation an bestimmte Bestäuber, vorwiegend an spezialisierte Insekten, seltener an Vögel oder Fledermäuse. Anemophilie und Autogamie sind die Ausnahmen.

Die meisten Liliidae sind terrestrisch oder epiphytisch lebende Stauden, oft sind sie obligat mycotroph und manchmal als Parasiten chlorophyllfrei. Dazu kommen verholzte Vertreter, von denen einige echte Bäume mit einem charakteristischen, anomalen sekundären Dickenwachstum sind. Typisch ist die Ausbildung von meist unterirdischen Speicherorganen (Wurzelstöcken, Knollen, Zwiebeln). Die Wurzeln enthalten Gefäße; in oberirdischen Teilen sind sie nur bei Vertretern zweier kleiner Familien zu finden. Als sekundäre Pflanzenstoffe wären Alkaloide und Saponine zu nennen.

Die Blätter stehen meist wechselständig, gelegentlich aber auch gegenständig, in Quirlen oder in grundständigen Rosetten. In der Regel sind sie ungeteilt, am Rande oft gezähnt und mit Parallelnervatur versehen.

Abb. 53.2. *Trillium grandiflorum.* Die Dreizähligkeit der Blüte (Trimerie) ist ein typisches Merkmal vieler Monokotyledonenblüten. Die Gattung *Trillium* ist in Nordamerika beheimatet.

Die Blüten sind üblicherweise zwittrig, radiärsymmetrisch oder stark asymmetrisch. Sie enthalten Nektarien. Sepalen und Petalen sind nicht voneinander unterscheidbar. Die Perianthteile sind meist frei, gelegentlich aber auch verwachsen.

Der ein- bis dreikammrige Fruchtknoten ist ober- oder unterständig. Er enthält zahlreiche Samenanlagen in axiler oder parietaler Placentation. Die Frucht ist meist eine Kapsel; aber auch andere Fruchtformen kommen vor.

Die Samen sind nicht immer endospermhaltig. Sofern ein solches vorhanden ist, ist es ziemlich hart, denn die an sich schon dicken Wände sind durch Ein- und Auflagerungen von Hemicellulose verstärkt. Die Zellen enthalten Proteine und Öl, selten Stärke als Reservestoffe.

Die etwa 25 000 Arten lassen sich zu vier Ordnungen gruppieren.

Dioscoreales

Die Dioscoreales verfügen über eine Anzahl ursprünglicher dikotyledonenartiger Merkmale. So beispielsweise die (bei einigen Arten) gestielten Laubblätter und die netznervige, kreisförmige Anordnung der Leitbündel im Stengel.

Ihnen gehören eine Anzahl meist tropischer und subtropischer Kräuter oder holziger Schlingpflanzen an. Die bekannteste (krautige) heimische Art ist *Paris quadrifolia* (Einbeere), eine der amerikanischen Gattungen (s. Kap. 37, Abb. 37.11) ist *Trillium* (s. Abb. 53.2).

Asparagales

Die Asparagales wurden früher vielfach mit den Liliales in eine Ordnung gestellt. Die Aufgliederung (H. Huber, 1969) beruht auf dem häufigen Vorkommen von Septalnektarien, die bei den Liliales nie beobachtet wurden. (Statt dessen erfolgt die Nektarsekretion dort am Grunde der Staubblätter.) Bei den Asparagales kommt Sukkulenz vor, bei den Liliales nie. Schleimzellen und Raphidenbündel (Bündel nadelförmig aussehender Kristalle) in den Zellen sind bei den Asparagales verbreitet, sie sind aber auch bei den Liliales zu finden.

Ferner unterscheiden sich die beiden Ordnungen durch die Form der Früchte. Bei den Asparagales sind entweder Beeren mit unpigmentierten Samen vorhanden, oder es kommen in den in Fächer gegliederten Kapseln schwarzgefärbte Samen vor. Die Färbung wird durch Phytomelane verursacht, die bei den Liliales nicht vorkommen. In einigen der Familien finden sich schwarzgefärbte Samen auch in den Beeren. Das äußere Integument der Beerenfrüchte löst sich im Verlauf der Reifung weitgehend auf (es verschleimt), der mechanische Schutz der Samen wird dann ausschließlich durch ein zu einem Panzer verhärteten

Endosperm gewährt. Bei Arten mit Kapselfrüchten verhärtet das äußere Integument zu einer spröden schwarzen Kruste.

Smilacaceae Die Ordnungszugehörigkeit dieser Familie ist zweifelhaft. Sie nimmt eine Zwischenstellung zwischen den Dioscoreales und den Asparagales ein. Während sie in der Mehrzahl der kürzlich erschienenen Systemvorschläge an dieser Stelle erscheint, wurde sie von R.M.T. Dahlgren *et al.* (1985) den Discoreales zugeschlagen. Die Smilacaceae sind in der Regel verholzte Kletterpflanzen, selten aufrecht wachsende Kräuter oder verzweigte Sträucher. Gefäße kommen in den Wurzeln und im Stamm vor. Die wechsel- oder gegenständigen gestielten Blätter sind mit großen Blattspreiten ausgestattet. Die Blattspreite kann, z.B. bei *Smilax*, Rankencharakter annehmen.

Die Blüten sind radiär und entweder zwittrig, oder – wie bei *Smilax* – eingeschlechtig. Die Pflanzen sind diözisch. *Smilax pumila* ist ein Vertreter der mediterranen Flora.

Convallariaceae. Es sind typische Rhizompflanzen der nördlichen Hemisphäre. Die Frucht ist eine Beere. Das Perigon ist frei, wie beispielsweise bei *Maianthemum bifolium* (Zweiblatt), oder verwachsen, wie bei den *Polygonatum*-Arten (Salomonsiegel) und *Convallaria majalis,* dem Maiglöckchen.

Asparagaceae. Die Blätter sind zu Schuppen reduziert, die Photosynthese erfolgt in Phyllokladien (zu blattähnlichen Gebilden umgeformten Seitensprossen. Die Phyllokladien von *Ruscus aculeatus,* aus der den Asparagaceae nahestehenden Familie der Ruscaceae, sind das Standarddemonstrationsobjekt für diese Metamorphose (s. Abb. 2.4).

Die Blüten sind eingeschlechtig, die Frucht ist eine Beere, und die Wurzel als Wurzelstock ausgebildet. Die Sprosse von *Asparagus officinalis* (Spargel) sind reich an freiem Asparagin.

Dracenaceae. In diese Familie gehört der auf den Kanarischen Inseln beheimatete Kanarische Drachenbaum (*Dracaena draco,* Abb. 53.3), der sich durch ein monokotyledonenspezifisches sekundäres Dickenwachstum (mit ausschließlich extrafaszikulärem Kambium s. Abb. 6.19) auszeichnet. Viele der Arten dieser Familie besitzen einen mehr oder weniger verholzten Stamm, einigen Arten (z.B. *Sansevieria zeyloni*) fehlt ein solcher, Ansätze zu einen zum Teil unterirdischen Stamm sind jedoch erkennbar. Die Blätter dieser Art sind sukkulent.

Asteliaceae. Den Asteliaceen werden die Keulenlilien (*Cordyline*) zugeordnet. Es sind große Kräuter oder Bäume (*Cordyline australis,* s. Abb. 53.4), deren Blätter schopfartig angeordnet sind (in Form einer Rosette, daher auch die Bezeichnung „Rosettenbaum"). Eine derartige Wuchsform kommt bei den Liliales nicht vor.

Agavaceae. Die Agavengewächse sind Pflanzen warmer und trockener Standorte (Xerophyten) in der Alten und der Neuen Welt. Im Habitus ähneln sie den Aloeaceae (= Asphodeliaceae, einer weiteren Familie der Asparagales), doch unterscheiden sie sich von diesen im Blütenbau sowie durch blattanatomische und cytologische Merkmale. Es sind strauch- oder baumartige Stauden (blattsukkulente Schopfpflanzen), gelegentlich echte Bäume, selten einjährige Kräuter. Auffallend ist das Vorkommen von fünf großen und 25 kleinen Chromosomen bei zahlreichen Arten (z.B. der Gattungen *Agave, Yucca,* s. Abb. 53.5). Derartige Karyotypen wurden aber auch bei einer Liliaceengattung *(Hosta)* gefunden. Ob dieses Muster als ein Indiz für eine phylogenetische Verwandtschaft der betreffenden Arten herangezogen werden kann, bleibt zu klären.

Einige Arten dieser Familie und deren wirtschaftliche Bedeutung:

Abb. 53.3. Kanarischer Drachenbaum *(Dracaena draco)*. Abgebildet ist der älteste Baum auf der Insel Teneriffa (Standort La Laguna). Das Jahr der Aufnahme ist unbekannt (Archiv des Instituts für Allgemeine Botanik, Hamburg).

762

Abb. 53.4. *Cordyline australis* (Keulenlilie; *b* Fruchtstand). Bäume dieses Typs werden wegen der Blattanordnung als Schopfbäume bezeichnet. Sie sind für die Liliidae typisch, kommen aber in der Ordnung Liliales nie vor.

Die in den Blättern enthaltenen Fasern von *Agave sisalana* und *Agave fourcraeoides* werden zu Sisalhanf verarbeitet, aus *Agave americana* wird ein alkoholisches Getränk, der in Mexiko viel getrunkene Pulque

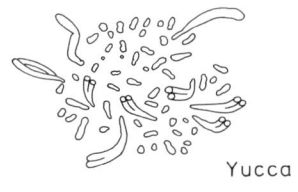

Yucca

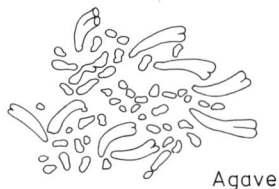

Agave

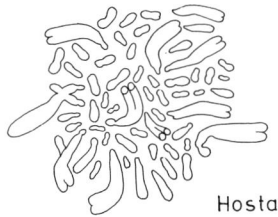

Hosta

Abb. 53.5. Chromosomensätze von *Yucca*, *Agave* und *Hosta*, die sich durch große (2n = 10) und kleine (2n = 50) Chromosomen auszeichnen (2n = 60). *Yucca* und *Agave* gehören den Agavaceen, *Hosta* den Liliaceen an. (D. Sato, 1935, E.B. Granick, 1944)

gewonnen. Die beiden Gattungen *Agave* und *Yucca* (s. Abb. 53.6) unterscheiden sich durch die Lage des Fruchtknotens, bei *Agave* ist er unter-, bei *Yucca* oberständig. (Die den Neuseelandhanf liefernde Art *Phormium tenax* gehört zur verwandten, in Südostasien, Australien und dem pazifischen Raum beheimateten Familie der Phormiaceae.)

Hyacinthaceae. Zwiebelpflanzen mit traubigen Blütenständen, oberständigem Fruchtknoten und Kapselfrüchten. Ihr Verbreitungsgebiet erstreckt sich von Südafrika bis ins Mittelmeergebiet. Bekannte Gattungen sind *Hyacinthus* (Hyazinthe), *Scilla* (Blaustern, (s. Kap. 38) und *Muscari* (Träubelhyazinthe).

Alliaceae. Zwiebelpflanzen mit grundständigen Blättern und Blüten in Scheindolden. Wie bei den Hyacinthaceae ist der Fruchtknoten oberständig und die Frucht eine Kapsel.

Allium (Lauch): Die stechend riechenden Inhaltsstoffe sind Derivate des Cysteins (Alliin und Homologe). Di- und Polyalkylsulfide werden als Lauchöle bezeichnet.

Bekannte Arten sind *Allium cepa* (Küchenzwiebel), *Allium porrum* (Porree), *Allium sativum* (Knoblauch), *Allium schoenoprasum* (Schnittlauch) und *Allium ursinum* (Bärlauch).

Amaryllidaceae. Die alkaloidreichen Amaryllidaceae stehen den Liliales sehr nahe; sie zeichnen sich diesen gegenüber durch einen unterständigen Fruchtknoten aus. Ihre Blüten stehen einzeln oder sind zu doldenartigen Blütenständen vereint. In den Zwiebeln kommen neben Stärke Fructane vor; in Stengeln und Blättern werden große Mengen an glucomannanhaltigen Schleimen produziert.

Typische Vertreter sind *Narcissus, Clivia, Amaryllus, Leucojum* und *Galanthus* (Schneeglöckchen).

763

a

b

c

d

Abb. 53.6. *a,b Agave americana.* Blüten mit dem Syndrom der Fledermausbestäubung: nachts duftend, Staubblätter und Fruchtblätter stark hervorstrebend. *c,d Yucca brevifolia* (Joshua-tree; im Joshua-tree National Park, Kalifornien). Verzweigter Schopfbaum von bizarrem Habitus, Charakterbaum im Südwesten der USA und Mexiko.

Liliales

Autotrophe, nur selten mycotrophe, meist perennierende Stauden, selten annuelle Kräuter mit ausgedehnten unterirdischen Speicherorganen oder Sträucher, nie Schopfbäume.

Die zu verschieden gestalteten Infloreszenzen vereinten Blüten sind meist entomophil. Die Placentation der Samenanlagen ist zentralwinkelständig, die Samen enthalten meist ein voluminöses Endosperm. Die Stärkekörner sind, wenn vorhanden, nicht zusammengesetzt. Die Früchte sind wandspaltige Kapseln, nur ausnahmsweise Beeren; die Samen sind nie schwarz.

Allein 4000 Arten rechnet man zu den Liliaceae, der „typischen Familie der Monokotyledonen", und 1500 zu den Iridaceae. Keine der Familien kann als primitiv eingestuft werden, da alle, in wechselnder Zusammensetzung, ursprüngliche und abgeleitete Merkmale enthalten.

Liliaceae (einschließlich Colchicaceae). Die Liliaceae sind eine der großen Angiospermenfamilien und die wohl bedeutendste für den Gartenbau, denn fast alle Vertreter zeichnen sich durch dekorative, meist duftende Blüten aus. Sie stehen einzeln oder sind zu den verschiedensten Infloreszenzen zusammengefaßt. Die Liliaceae sind Kosmopoliten, obwohl einzelne Gattungen oder Unterfamilien nur beschränkte Verbreitung haben. Der Verbreitungsschwerpunkt liegt in trockeneren, kühleren bis subtropischen Gebieten. Die Liliaceae sind fast ausnahmslos Stauden, deren vegetative Teile bei Arten der gemäßigten und subtropischen Zonen einjährig sind. Es überwintern unterirdische Speicherorgane, wie Wurzelstöcke, Knollen oder Zwiebeln. Letztere können als unterirdische Knospen aufgefaßt werden. Aufgrund der unterschiedlichen Speicherorgane lassen sich einzelne Unterfamilien der Liliaceae charakterisieren. Ansätze zu einem sekundären Dickenwachstum sind bei *Veratrum*-Arten (Germer) festzustellen. Die Mehrzahl der Arten enthält toxische Inhaltsstoffe der folgenden Stoffklassen: Steroidsaponine, Steroidalkaloide, Alkaloide als Derivate des Phenylalanins oder Tyrosins und Chelidonsäurederivate.

Calciumoxalat ist weitverbreitet und wird in Form von Raphiden oder anders gestalteten Kristallen gelagert. Die vegetativen Organe sind meist von schleimhaltigen Kanälen durchsetzt. Die Blätter sind in der Regel linear und parallelnervig; bei vielen Arten ist eine Scheide ausgebildet, bei anderen fehlt sie.

Bekannte Vertreter und einige ihrer Besonderheiten: *Colchicum autumnale* (Herbstzeitlose). Die Blätter entwickeln sich im Frühjahr, die Blüten im Herbst, die Samenreife erfolgt im darauffolgenden Frühjahr. Das bekannte Alkaloid dieser Art ist das Colchicin, dessen Wirkung in der Hemmung der Mikrotubulibildung liegt (Mitosehemmstoff, ein Agens zur Induktion von Polyploidie, s. Kap. 12). Weitere Kräuter: *Veratrum* (Germer), *Anthericum* (Graslilie), *Gagea* (Goldstern).

Lilium (Lilie): *Lilium martagon* (Türkenbund); *Lilium bulbiferum* (Feuerlilie), ihre aufrecht stehenden, nicht-duftenden Blüten werden von Tagfaltern bestäubt.

Fritillaria meleagris (Schachblume).

Tulipa gesneriana (Tulpe) Herkunft: Steppen Westasiens.

Iridaceae. Die Iridaceae stehen den Liliaceae sehr nahe, besitzen aber nur drei, anstelle von sechs Stamina, sie haben in der Regel einen unterständigen Fruchtknoten. Die sechs Perigonblätter sind entweder alle gleichgestaltet (z.B. bei *Crocus*) oder bestehen aus zweimal drei verschieden gestalteten (z.B. bei *Iris*). Oft sind sie an der Basis verwachsen. Die Blüten sind radiär (z.B. bei *Crocus*) oder zygomorph (z.B. bei *Gladiolus*). Die Blätter sind entlang der Mittelrippe oft scharf gekielt. Die Blattscheide ist, wenn vorhanden, offen. Wie die Liliaceae sind auch die Iridaceae Kosmopoliten. Ihr Verbreitungszentrum liegt in Südafrika, wo 900 der 1500 Arten vorkommen.

Bekannte Gartenpflanzen sind *Iris, Gladiolus, Crocus* und *Freesia*.

Orchidales

Die Ordnung Orchidales ist in sich weitgehend homogen und daher leicht gegenüber anderen abgrenzbar. Sie enthält keine Art, deren Zuordnung zu ihr fraglich wäre. Gegenüber den Liliales zeichnen sich die Orchidales durch obligate Mycotrophie und Produktion einer hohen Zahl an Samen aus. Es sind Kosmopoliten. Der Verbreitungsschwerpunkt liegt jedoch in den Tropen. In der mitteleuropäischen Flora sind sie mit knapp über 50 Arten vertreten.

Die Orchidales gliedert man in vier Familien; der bei weitem größte Teil der Arten gehört zu den Orchidaceae. Die drei übrigen sind artenarm, und von den Orchidaceae vornehmlich durch die Zahl ihrer Stamina unterscheidbar.

Orchidaceae. Die Orchidaceae sind die artenreichste Angiospermenfamilie (s. Abb. 53.7). Über die Artenzahl werden unterschiedliche Angaben gemacht: 15 000 (bis 20 000, vielleicht sogar bis 30 000).

Die Ursachen für diese Unsicherheit liegt einmal darin, daß kaum eine der Arten wirklich individuenreich und weit verbreitet ist. In vielen Fällen ist nicht sicher, ob zwei oder mehr als Arten beschriebene Formen tatsächlich eigenständige Arten sind oder lediglich Varianten ein und derselben Art. Unter Kulturbedingungen sind in der Nachkommenschaft einer Pflanze zahlreiche neue Formen gefunden und weitergezüchtet worden. Von dieser Feststellung ausgehend, muß man annehmen, daß sich auch in der Natur an verschiedenen Standorten unterschiedlich aussehende Phänotypen durchsetzen. Das würde die Zahl beschriebener Arten stark reduzieren, andererseits werden ständig neue Arten beschrieben, so daß die Artenliste sich stetig verlängert.

Was ist das Besondere an den Orchidales/Orchida-

Abb. 53.7. Orchideen (züchterisch bearbeitete Formen). *a Masdevallia veitchiana; b Calanthe* Hybrid. „*Bryon"; c Den-drobium phalaenopsis* (Hybrid); *d Paphiopedilum leanum* (Hybrid); *e Cattleya spec.; f Epidendrum radicans.*

ceae? Bereits C. Darwin hat sich mit dieser Frage auseinandergesetzt (s. Kap. 36); er kam zu dem Schluß, daß sich die Orchideen in ihren vegetativen Teilen nur wenig, im Blütenbau aber stark voneinander unterscheiden. Wie bei keiner anderen Familie ist die Blüte an eine Bestäubung durch bestimmte Bestäuber (Bienen, Wespen, Hummeln, Schmetterlinge, Käfer, aber auch Vögel und Fledermäuse) adaptiert. Der hohe Grad an Spezialisierung – zum Teil gibt es sogar Mimikryerscheinungen (typisches Beispiel: *Ophrys*)–spiegelt sich in der Formen- und Farbenfülle der Orchideenblüten wider.

Dennoch lassen sie sich auf ein recht einfaches Grundmuster zurückführen.

Die Blüten sind meist zwittrig und zygomorph. Sie stehen meist in ährigen oder traubigen Infloreszenzen in den Achseln von zuweilen gefärbten Hochblättern.

Die Blütenhülle – das Perigon – besteht aus zwei Blattkreisen mit je drei freien oder verwachsenen Blättern. Das „mittlere" (d.h. das mediane) Blatt des inneren Kreises ist meist zu einer gespornten Lippe, dem Labellum, verwachsen. Es dient als Landeplatz für Insekten, und fast immer ist es anders gestaltet und gefärbt als die übrigen Perigonteile, von denen sich die

des äußeren Kreises auch meist von den beiden übrigen des inneren unterscheiden.

Die meisten Orchideen besitzen nur ein funktionelles Staubblatt (Ausnahme: bei *Cypripedium calceolus*, dem Frauenschuh sind zwei vorhanden), das mit dem Griffel zu einer säulenförmigen Struktur, dem Gynostegium verwachsen ist. Eine Selbstbefruchtung wird meist unterbunden, denn einer der drei Stigmalappen ist steril und als Rostellum ausgebildet, das sich als Schirm zwischen Anthere und die beiden fertilen Stigmalappen schiebt.

Die Pollenkörner sind fast immer (Ausnahme: u.a. *Cypripedium*) untereinander verklebt und bilden ein Pollinium, das bei der Bestäubung als Ganzes übertragen wird. Der um 180° gedrehte, unterständige Fruchtknoten ist in der Regel aus drei Karpellen zusammengesetzt. Er enthält in parietaler (selten zentralwinkelständiger (axiler) Placentation eine hohe Zahl (größenordnungsmäßig 10^4 bis 10^6) von Samenanlagen.

Die Samen sind endospermlos; die Embryonen bestehen aus nur wenigen undifferenziert aussehenden Zellen. Die Reifung dauert zwei bis achtzehn Monate, die Zeit bis zur Keimung ist etwa ebenso lang. Es

766

können dann nochmals drei bis vier Jahre vergehen, ehe der gesamte Vegetationszyklus durchlaufen ist. Um die Zeit zu verkürzen, erfolgt die Vermehrung von Orchideen in Gärtnereibetrieben heutzutage ausnahmslos über Meristemkulturen. Die winzigen Samen (s. Abb. 48.18) werden nicht gezielt durch tierische Vektoren (Verbreiter) an geeignete Standorte verfrachtet, sondern durch Luftströmungen ungezielt verteilt. Nur ein kleiner Teil gelangt deshalb an Orte, die den Pflanzen geeignete Entwicklungsmöglichkeiten bieten. Im Zusammenhang hiermit ist die obligate Pilzsymbiose während der Jugendentwicklung der Orchideen zu sehen. Nur wo der Pilz optimale Lebensbedingungen vorfindet, kann der Samen keimen (s.a. Kap. 33). Die Bildung der Pollinien steht im Zusammenhang mit der hohen Zahl der Samenanlagen, die sich nur dann weiterentwickeln können, wenn eine ebenso große Zahl an Pollenkörnern für deren Befruchtung zur Verfügung steht. Um eine Übertragung der Pollinien sicherzustellen, haben sich ausgeklügelte Spezialisierungen im Blütenbau (einschließlich Farbe, Duft, Nektarien usw.) als nützlich erwiesen.

Vermerkt sei, daß sich bis zu einem gewissen Grad auch Spezialisierungen auf der Gegenseite, d.h., bei den Bestäubern herausgebildet haben.

Etwa ein Drittel der Arten lebt terrestrisch, die übrigen meist epiphytisch, einige wenige sind Saprophyten (z.B. *Neottia nidus-avis* [Nestwurz]) mit chlorophyllfreien, zu Schuppen reduzierten Blättern. Terrestrisch lebende Arten besitzen handtellerförmig untergliederte Wurzelknollen oder oberirdische Sproßknollen, die reich an Stärke (zusammengesetzte Stärkekörner), schleimführenden Zellen und Wasser sind (Wasserspeicher); Gefäße kommen in den Wurzeln vor, nur ausnahmsweise sind sie im Stengel, noch seltener in den Blättern zu finden.

Epiphytisch lebende Arten besitzen Luftwurzeln (mit Velamen radicum, s. Abb. 5.16; z.B. bei *Dendrobium*). Zu den sekundären Pflanzenstoffen gehören neben Alkaloiden verschiedene Saponine. Vanillin (aus *Vanilla*) entsteht nach Glykosidabspaltung aus der geruchlosen Vorstufe Vanillosid.

Die artenreichsten Gattungen sind *Dendrobium* (1500 Arten), *Bulbophyllum* (1000 Arten) und *Epidendrum* (800 Arten). Häufig kultiviert werden Arten aus der Gattung *Cattleya* (60 Arten). Einige typische Arten/Gattungen der mitteleuropäischen Flora: *Cypripedium calceolus* (Frauenschuh), selten in Laubwäldern Süddeutschlands; *Epipactis* (Sumpfwurz); *Neottia nidus-avis* (Nestwurz); *Platanthera bifolia* (Zweiblättrige Kuckucksblume); *Coeloglossum* (Hohlzunge); *Gymnadenia* (Händelwurz); *Nigritella* (Kohlröschen); *Ophrys* (Ragwurz); *Orchis* (Knabenkraut, 15 Arten); *Corallorhiza* (Korallenwurz), wurzellos, korallenartig aussehende, verzweigte Grundachse.

Diese Orchideen sind Beispiele für terrestrisch lebende Arten. Die meisten kommen an offenen Standorten (z.B. auf Trockenwiesen), vor. Sie sind damit ein eindrucksvolles Beispiel für die ökologische Vielseitigkeit der Familie. Die Endung ...,,wurz" deutet auf die

bereits genannten handtellerförmig verzweigten Wurzelknollen hin.

Zingiberidae

Unter dieser Subklasse werden die beiden Ordnungen Bromeliales und Zingiberales zusammengefaßt.

Es sind terrestrisch oder epiphytisch lebende Kräuter (Stauden), die auch beträchtliche Dimensionen erreichen können, jedoch kein sekundäres Dickenwachstum aufweisen. Gefäße kommen üblicherweise nur in den Wurzeln vor, doch gibt es einige wenige Arten, bei denen sie im Stamm und/oder in allen vegetativen Teilen zu finden sind. Die Blätter stehen meist gegen- oder grundständig. Sie sind entweder linear und parallelnervig oder deutlich in Stiel und Blattspreite untergliedert und werden durch gefiederte Blattadern versorgt.

Die Infloreszenzen sind oft von einer Anzahl gefärbter Hochblätter umgeben, oftmals stehen diese auch an der Basis von Teilinfloreszenzen.

Die Blüten sind zwittrig, manchmal jedoch funktionell eingeschlechtig; sie sind entweder radiär oder in unterschiedlichem Grade zygomorph.

Dreizähligkeit ist vorherrschend. Die drei Sepalen sind getrennt oder verwachsen, manchmal petalenähnlich, doch stets anders als jene ausgebildet. Auch die drei Petalen können frei oder verwachsen sein. Sechs Stamina stehen in zwei Kreisen, doch sind nie mehr als fünf von ihnen funktionell, die übrigen sind als Staminodien ausgebildet.

Das Gynoeceum besteht aus drei miteinander verwachsenen Karpellen. Der Fruchtknoten ist ober-, mittel- oder unterständig; die Frucht ist meist eine Kapsel oder Beere; der Samen enthält Endosperm.

Bestäubt werden die Zingiberidae meist von Insekten, Vögeln oder Fledermäusen, selten durch Wind.

Es gibt etwa 3800 Arten, die den bereits genannten, etwa gleich großen Ordnungen angehören. Während die Bromeliales nur die Familie Bromeliaceae enthalten, untergliedert man die Zingiberales in acht Familien.

Von verschiedenen Autoren werden die Bromeliales zu den Commelinidae, die Zingiberales zu den Liliidae gestellt, doch beide Ordnungen passen nicht so recht da hin und erschweren die Charakterisierung und Abgrenzung der jeweiligen, ansonsten recht homogenen Gruppen.

Die Zingiberidae würden zu den Liliidae passen, weil sie Septalnektarien besitzen und Gefäße meist nur in den Wurzeln vorkommen. Andererseits ähneln sie den Commelinidae (und unterscheiden sich dadurch von den Liliidae) zum einen durch stärkehaltiges Endosperm (mit zusammengesetzten Stärkekörnern), zum anderen durch unterschiedlich gestaltete Sepalen und Petalen.

Von den beiden Gruppen unterscheiden sie sich durch den Bau der Stomata, denn die Schließzellen

sind bei ihnen von vier (und nicht von nur zwei) Nebenzellen umgeben.

Bromeliales

Die Bromeliales/Bromeliaceae oder Ananasgewächse sind terrestrisch lebende Stauden oder Epiphyten. Sie

sind im Süden Nordamerikas, in Mittelamerika und dem größten Teil Südamerikas (mit Ausnahme von Südargentinien) verbreitet. Eine Art kommt an der Westspitze Nordafrikas vor. Die Art *Tillandsia usneoides* (spanisches Moos) ist so weit verbreitet wie die ganze Familie. Ihr Vegetationskörper besteht aus schnurartigen, wurzellosen Sprossen und ähnelt da-

768

Abb. 53.8. Bromeliaceen. *a,d Tillandsia cyanea* mit typischen trimeren Blüten. In *d* ist die Anordnung der Blüten in einer Ähre zu sehen. *b,e Aechmea dactylina; b* Ährenbüschel, *e* Wasserspeicher in einer Blattachsel. *c Tillandsia usneoides.* Diese Art besitzt Einzelblüten (nicht im Bild). *f Canistrum lindenii* (var. *roseum* f. *procerum*). Zu kopfigen Gebilden umgestaltete Blütenstände. Die Blüten stehen bis zur Halskrause im Wasser. *g Neoregelia laevis,* Blütenstand wie bei *f.*

mit im Habitus einer Bartflechte. Viele Bromeliaceen sind Xerophyten, d.h. an trockene (aride) Habitate angepaßte Pflanzen (s. Abb. 53.8).

Terrestrisch lebende Bromeliaceen *(Pitcairnia, Puya, Ananas)* gelten als ursprünglich, epiphytisch lebende *(Tillandsia)* als abgeleitet.

Die oft sehr harten, an den Rändern bedornten Blätter stehen meist in grundständigen Rosetten. In ihnen bilden sich voluminöse Wasserreservoire aus, die bis zu fünf Liter Wasser und Humus ansammeln können. Diese Wasseransammlung stellt eine Mikroumwelt für eine artenreiche Flora und Fauna dar; in ihr wurden neben zahlreichen Kleintierarten, Insekten und Algen, *Utricularia* und verschiedene Baumfroscharten gefunden. Die Wurzeln der terrestrischen Bromeliaceen sind nur schwach entwickelt, oft sind Adventivwurzeln vorhanden. Die stets wurzellosen epiphytischen *Tillandsia*-Arten decken ihren Wasservorrat anders. Ihre Blattoberflächen sind von vielzelligen schuppenartigen Trichomen (die Zellen sind abgestorben) übersät (s. Abb. 5.10). Sie speichern atmosphärisches Wasser, lebende Zellen entziehen es ihnen aufgrund ihrer osmotischen Aktivität. Damit fallen die Trichome in sich zusammen. Das ist insofern wichtig, als nunmehr die Stomata Kontakt zur Außenwelt erhalten, somit der für die Photosynthese notwendige Gasaustausch erfolgen kann. Wassergefüllte Trichome verhindern ihn. Das mag ein Grund dafür sein, weshalb manche *Tillandsia*-Arten in permanent feuchter Umgebung (Regenwald) nicht existieren können.

Ananas comosus ist eine in den Tropen und Subtropen verbreitete Nutzpflanze. Von den dreieinhalb Millionen Tonnen jährlich produzierter „Früchte" gelangen nur etwa 30 Prozent in den Export, der Rest wird an Ort und Stelle konsumiert. Die „Ananasfrucht" besteht aus einem zapfenartigen Blütenstand, bei dem Achse und Deckblätter im Verlauf der Fruchtreife fleischig und saftig werden.

Wir haben es daher mit einer Sammelfrucht zu tun. Während der Fruchtreife wächst die Achse apical weiter und legt oberhalb der „Frucht" eine neue Blattrosette (einen Blätterschopf) an. Abgetrennt und eingepflanzt entwickelt sich aus ihm eine vollständige Pflanze. Die Blütenstände vieler Bromeliaceen, z.B. von *Puya raimondii* (aus den Hochanden Perus), können mehrere Meter hoch werden.

Zingiberales

Die Zingiberales sind eine nahezu ausschließlich auf die Tropen beschränkte Ordnung. Es sind meist Kräuter, deren Blätter deutlich in Stiel und Blattspreite untergliedert sind. Die große Blattspreite ist als Adaptation an die hohe Feuchtigkeit und geringe Lichtintensität in tropischen Regenwäldern zu verstehen. Von den acht Familien ist die der Zingiberaceae mit 1000 Arten die artenreichste, gefolgt von den Marantaceae mit 400 Arten. Am bekanntesten sind die Musaceae; ihr Hauptvertreter ist die Banane.
Strelitziaceae. *Strelitzia reginae,* eine aus Südafrika stammende Art, kann heute als Schnittblume in jedem Blumenladen gekauft werden. Ihr Blütenaufbau ist

Abb. 53.9. *Ravenala madagascariensis.* Die Gattung *Ravenala* besteht nur aus je einer Art in Madagaskar und Guayana nebst Nordbrasilien; eine sehr merkwürdige Verbreitung, die darauf deutet, daß viele geographische Zwischenformen untergegangen sein müssen. Heute wird *Ravenala* in den Tropen überall angepflanzt. Das Photo entstand im Sentosa Park/Singapur. *Ravenala madagascariensis* heißt auch „Baum des Reisenden", weil sich das in den hohlen Blattscheiden zusammenfließende Wasser durch Anstechen gewinnen läßt. Da dieses aber meist fade und reich an Verunreinigungen ist, tut der Reisende besser daran, sich durch Anschneiden von Lianen gesundes und reines Wasser zu verschaffen.

Abb. 53.10. *Musa paradisiaca;* große, herabhängende Blüte, nektarhaltig, offenes Bestäubersystem, ursprünglich vorwiegend von Fledermäusen bestäubt (Chiropterophilie); aufgenommen bei Manaus/Brasilien. (S. Renner, 1981)

wie folgt zu beschreiben: Die drei äußeren Perigonblätter sind orange gefärbt, eines der inneren ist hellblau. Es wird Labellum genannt und umhüllt Stamina und Griffel. Hinzu kommen zwei weitere Blätter des inneren Perigonkreises, die schuppenförmig ausgebildet sind und Nektarien überdecken. Die Bestäubung erfolgt durch Honigvögel *(Nectarina afra)*. Die zweite nennenswerte Art dieser Familie ist *Ravenala madagascariensis,* der „Baum der Reisenden", dessen zweizeilig angeordnete Blätter wie ein Fächer in einer Ebene angeordnet sind (s. Abb. 53.9).

Musaceae. Die Musaceae oder Bananengewächse sind große, zum Teil sehr große baumähnliche, immergrüne Stauden. Der „Stamm" besteht ausschließlich aus eng aneinanderliegenden, weitgehend geschlossenen Blattscheiden; er muß daher korrekterweise als Scheinstamm bezeichnet werden. Gefäße kommen nur in den Wurzeln vor. Die Blattspreiten sind außergewöhnlich groß und fast immer durch externe Einwirkungen (Wind, Regen u.a.) an den Rändern eingerissen.

Die leicht dorsiventralen Blüten sind von der Anlage her zwittrig, funktionell jedoch eingeschlechtig (s. Abb. 53.10). In einer Infloreszenz stehen die weiblichen Blüten basal, die männlichen terminal. Die Blüten enthalten Nektarien. Zu ihren wichtigsten Bestäubern gehören Fledermäuse und Vögel.

Die Frucht ist eine fleischige Beere, in der die steinigen Samen von festem Exokarp und fleischigem, vielfach zucker- oder stärkehaltigem Endokarp umgeben sind.

Der Verbreitungsschwerpunkt und vermutliche Entstehungsort der Familie liegt im Bereich Burma – Neu-Guinea. Man kennt an die 40 Arten, von denen einige wenige (oder Bastarde zwischen ihnen) als Kulturformen der Banane weite Verbreitung gewonnen haben. Sie sind die Hauptobstproduzenten der Tropen und Subtropen. Der Anbau erfolgt meist in Tief-

lagen oder niederen Hanglagen. Meist werden Bastarde aus *Musa acuminata* und *Musa balbisiana* als Obstbananen, und *Musa paradisiaca,* deren Frucht reich an Stärke ist, als Mehlbananen kultiviert.

Die Kulturformen sind in der Regel samenlos, die Pflanzen meist triploid, und ihre Vermehrung in Kultur erfolgt durchweg durch Stecklinge.

Eine weitere Kulturpflanze ist *Musa textilis,* der Lieferant von Manilahanf.

Zingiberaceae. Die Zingiberaceae besitzen dorsiventrale Blüten mit nur einem funktionellen Stamen. Die beiden übrigen sind staminodial ausgebildet, sehen kronblattähnlich aus und sind zu einem Labellum verwachsen, das den Griffel umgibt. Zwei charakteristische Merkmale der Familie: Einmal sind ausgedehnte, fleischige, stärkehaltige, oft verzweigte Rhizome vorhanden, zum zweiten wird ein reiches Sortiment sekundärer Pflanzenstoffe gebildet (Terpene, Phenylpropanverbindungen), deretwegen manche Arten als Gewürz- oder Heilpflanzen genutzt werden.

Die Familie ist vorwiegend in Süd- und Südostasien, aber auch in Südafrika und Südamerika beheimatet.

Aus den Rhizomen von *Curcuma longa* und verwandten Arten wird Curry-Pulver gewonnen, aus *Curcuma zanthorrhiza* eine Droge mit gallentreibender Wirkung, und aus *Zingiber officinale* der Ingwer.

Marantaceae. Die Marantaceae sind eine kleine tropische Familie. Wegen ihrer dekorativen Blattzeichnungen (Panaschierungen) werden einige Arten bei uns als Zimmerpflanzen gehalten.

Bezeichnend ist das Blattmuster von *Calatea makoyana* und verwandten Arten (s. Abb. 53.11), denn es gleicht der Projektion eines beblätterten Sprosses auf die Lamina eines Blattes.

Unter den Marantaceen gibt es Arten, deren Habitus tatsächlich so aussieht wie das projizierte Muster. Mit anderen Worten: Es gibt in der Familie ein genetisches Programm, das die Bildung des Sprosses, die

770

Abb. 53.11. Marantaceenblätter mit auffallendem Panaschierungsmuster. *a Calatea makoyana; b Ctenanthe burlemaxii.*

Anlage der Blätter in bestimmten Abständen, die Wechselständigkeit und die Ausbildung einer breiten Lamina steuert. Bei *Calatea makoyana* u.a. wird die Morphogenese durch ein anderes Programm gesteuert. Die Blätter sind hier langgestielt und grundständig. Man kann nun darüber spekulieren, wie deren Panaschierungsmuster zu erklären sei. Geht man davon aus, daß ihr Genom (wie das der meisten Angiospermen) mehr nichtexprimierte als exprimierte Gene enthält, ist es sogar wahrscheinlich, daß es auch das Programm (also den Satz an Genen) enthält, das zur Ausbildung des Phänotyps „beblätterter Sproß" (s.o.) benötigt wird. Dieses Programm ist hier offensichtlich von seiner ursprünglichen Funktion entkoppelt und wird zur Ausbildung des Panaschierungsmusters genutzt. Diese Deutung ist zunächst rein deskriptiv zu verstehen, sie mag aber als Arbeitshypothese dienen, den eigentlichen molekularen Regelmechanismus zu analysieren.

Derartige Entkopplungen und Neukombinationen morphologischer Einheiten sind im Pflanzenreich nicht selten. Die Flexibilität der Genexpression ist die Ursache dessen, was G.L. Stebbins (1984) Mosaikevolution genannt hat.

Pontederiaceae. Die Pontederiaceae sind schwimmende, wurzellose oder bewurzelte ein- oder mehrjährige Wasserpflanzen. Die Familie ist zwar artenarm (30 Arten), in den Tropen aber weit verbreitet.

Eichhornia crassipes und verwandte Arten (Wasserhyazinthen) gelten als berüchtigtes Wasserunkraut, das große Anteile fließender und stehender Gewässer in den Tropen bedeckt. Die Wasserhyazinthen besit-

zen dorsiventral (zygomorph) gebaute Blüten und zeichnen sich durch Heterostylie aus, was außergewöhnlich ist, denn Heterostylie kommt bei den Monokotyledonen ansonsten nicht vor.

Arecidae

Die Arecidae sind mit Sicherheit kein natürliches Taxon. Sinnvollerweise müßte man sie in (mindestens?) zwei Taxa untergliedern, eines würde die Ordnungen Arecales, Cyclanthales und Pandanales enthalten, das andere die Arales (mit den beiden Familien Araceae und Lemnaceae). R.M.T. Dahlgren *et al.* (1985) stufen diese beiden Gruppen als Überordnungen ein und bezeichnen sie als Areciflorae und Ariflorae.

Wie dem auch sei, die vorwiegend tropischen und subtropischen Arecidae repräsentieren eine extrem heterogene Pflanzengruppe. Einerseits rechnet man hierzu über 60 Meter hohe Palmenarten sowie andere Palmen, wie die Seychellenpalme *(Lodoicea seychellarum)*, deren Früchte 10–12 kg schwer und damit die größten Früchte überhaupt sind, andererseits aber auch die kleinste aller Blütenpflanzen, die nur 1–1,5 mm große, wurzellose Zwerglinse *Wolffia arrhiza*.

Die Gemeinsamkeiten der Arecidae werden im Blütenbau gesehen. Die Blüten sind in der Regel stark reduziert und an eine Bestäubung durch Wind, Insekten, Vögel oder Fledermäuse adaptiert. Oft sind sie eingeschlechtig, und neben monözischen kommen diözische Arten vor.

In der Regel sind die Blüten zu mehr oder weniger komplexen Blütenständen vereint. Oft sitzen sie an kolbenförmig verdickten Achsen (einem Spadix, s.a. Abb. 2.11), und oft sind sie von einem auffallend gefärbten Hochblatt, einer Spatha umgeben. Die Existenz des Spadix war der Anlaß, die Arecidae ursprünglich als Spadiciflorae (oder wegen der Spatha als Spathiflorae) zu bezeichnen. Es mehren sich jedoch die Hinweise darauf, daß das Vorkommen des Spadix nicht als Homologiebeweis gewertet werden darf. Den Arecidae gehören die schon genannten vier Ordnungen (fünf Familien) an. Die Pandanales und die Arecales (= Palmaceae) sind durch ein auffälliges primäres Dickenwachstum (Erstarkungswachstum) gekennzeichnet.

Arecales

Arecaceae (= Palmaceae). Die Palmen sind in den Tropen und Subtropen verbreitete, meist unverzweigte, schlankstämmige Bäume, Bäume mit gestauchtem Stamm, oder strauchähnlich aussehende Formen, die gelegentlich einen teilweise unterirdischen Stamm besitzen. Der Familie gehören 3000 Arten an (= etwa die Hälfte der 5600 Arecidae-Arten). Am oberen Stammende tragen sie alle einen Schopf (eine Krone)

771

aus wechselständigen, außergewöhnlich großen, langgestielten, immergrünen, derben Blättern (Wedeln), und je nach deren Form unterscheidet man zwischen Fieder- und Fächerpalmen (s. Abb. 53.12 a, b).

Bei den Fächerpalmen ist die Blattspreite während der Entwicklung ungeteilt angelegt und gefaltet

Abb. 53.12. Fieder- und Fächerpalmen; *a Cocos nucifera* (Kokospalme); *b Chamaerops humilis* (Zwergpalme).

(s. Abb. 53.13), bei den Fiederpalmen ist die Unterteilung bereits in der Anlage erkennbar. Von starken Mittelnerven gehen annähernd parallel laufende Seitennerven schräg zum Rand ab. Palmen sind obligat mycotroph, da sie keine Wurzelhaare ausbilden.

Die vielfach eingeschlechtigen Blüten sind zahlreich und meist in axillär stehenden Infloreszenzen vereint.

Die bekannteste Art und die wohl vielseitigste Kulturpflanze ist die Kokospalme *Cocos nucifera.*

Ihr Holz dient dem Bau von Häusern und anderen Konstruktionen, die Blattwedel werden zum Decken von Häusern (Hütten) oder zum Flechten von Matten genutzt. Der feste Anteil des Endosperms („Kopra") sowie der flüssige („Kokosmilch") dienen der menschlichen Ernährung. Aus der Schale der Steinfrucht („Kokosnuß"), die ein steinhartes Endokarp besitzt, können Gefäße gefertigt werden; die Fasern des Mesokarps werden zum Flechten und als Füllmaterial verwendet.

Die Kokosmilch ist reich an das Zellwachstum und die Zellteilung stimulierenden Substanzen. Sie wird daher routinemäßig in der Zell- und Gewebekultur eingesetzt (s. Kap. 29).

Die Früchte von *Phoenix dactylifera* (Dattelpalme) sind einsamige Beeren. Die Dattelpalme bildet tiefgehende Wurzeln aus, sie ist daher ein Charakterbaum des nordafrikanischen und westasiatischen Wüstengürtels.

Sie ist zweihäusig, und bereits seit dem Altertum wußte man, daß eine Dattelpalmenplantage nur dann Früchte erzeugt, wenn ein männlicher Baum in der Nähe steht. Schon seit alter Zeit wußte man aber auch, daß man den Bestäubungsprozeß auch beschleunigen konnte, indem man einzelne Zweige männlicher Infloreszenzen mit in weibliche Infloreszenzen einband.

Eine dritte intensiv genutzte Palmenart ist *Elaeis guinenesis,* die Ölpalme, deren Fruchtstand aus über 1000 Einzelfrüchten zusammengesetzt ist und daher als Sammelfrucht bezeichnet werden kann.

Zu nennen wären ferner *Metroxylon rumphii* und *Metroxylon laeve* (Sagopalmen), sodann die in Ägypten vorkommende *Hyphaene thebaica* (Dum-Palme) mit einem stark verzweigten Stamm und die in ganz Südostasien häufige *Areca catechu,* die Betelnußpalme. Ihre rotbraunen Samen („Betelnüsse") sind alkaloidreich (Arecolin u.a., s. Abb. 20.14) und reich an Gerbstoffen und ätherischen Ölen. Das Kauen der Betelnüsse (eingewickelt in mit Kalk bestrichene Blätter von *Piper betle,* s. Kap. 52) soll belebende Wirkung haben.

In Indien und anderen Teilen Südostasiens ist das Betelkauen weit verbreitet. Betelkauer fallen durch eine rotorange Verfärbung ihres Zahnfleisches auf.

Cyclanthales

Die Cyclanthales sind süd- und mittelamerikanische Kräuter, die meist epiphytisch leben, gelegentlich sind es Sträucher oder Lianen, die ihre Adventivwurzeln

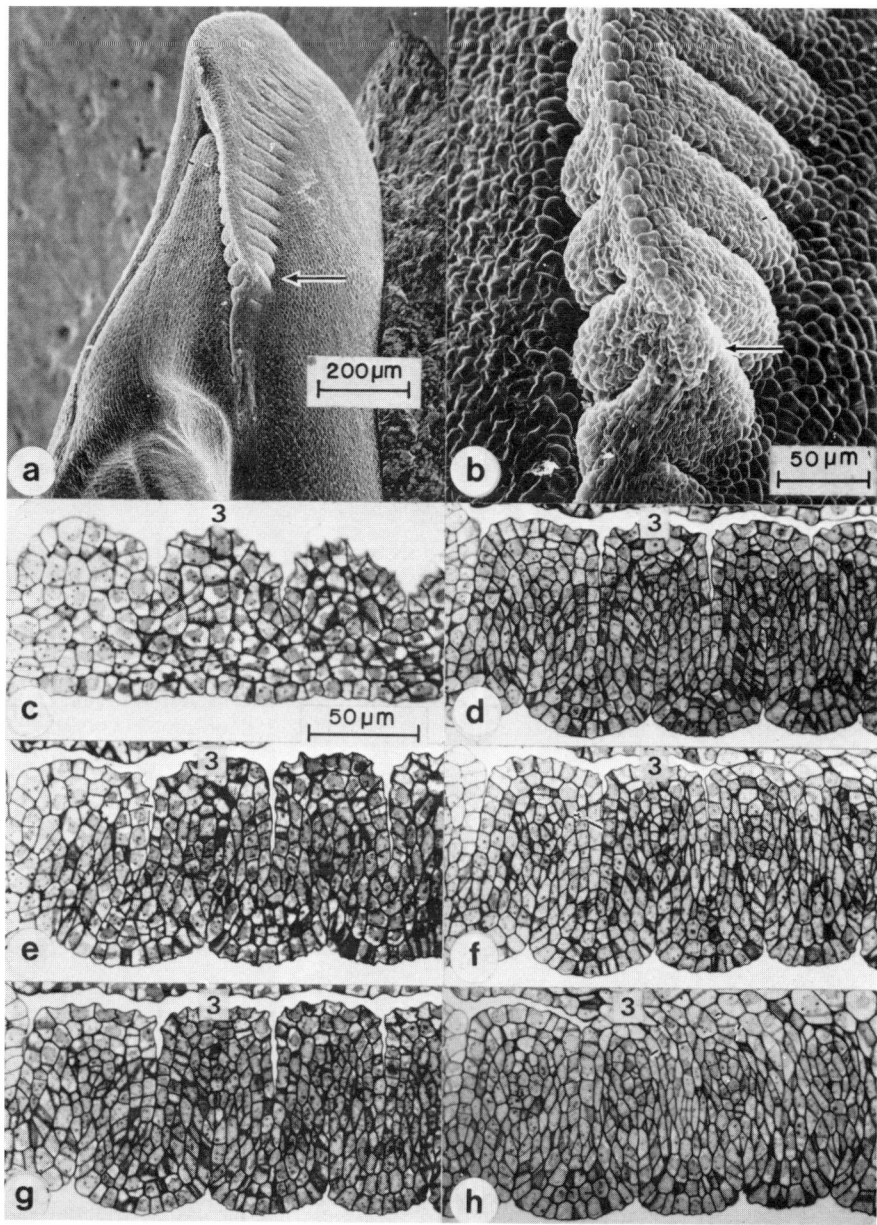

Abb. 53.13. Entstehung des Faltungsmusters während der Bildung des Wedels einer Fächerpalme *(Chrysalidocarpus lutescens)*. *a* und *b* rasterelektronenmikroskopische Aufnahmen der etwa zwei Millimeter langen Anlage. Bildung eines alternierenden Musters, bestehend aus Rippen am Anlagenrand. *b* Ausschnittsvergrößerung. Die Pfeile in *a* und *b* dienen der Orientierung. *c* bis *h* Serienschnitte durch eine zwei Millimeter lange Blattspreite. Die „3" in den Bildern markiert die jeweils gleiche (dritte) Falte. (N.G. Dengler, R.E. Dengler, D.R. Kaplan, 1982)

zum Klettern nutzen. Ihre Blätter ähneln denen der Palmen. Junge Blätter von *Carludovica* sind das Rohprodukt zum Flechten von Panamahüten. Die Cyclanthales kommen in tropischen Regenwäldern vornehmlich entlang der Wasserläufe vor.

Pandanales

Die bekanntesten Arten der Pandanales sind die Schraubenbäume *(Pandanus*-Arten). Ihre linearen Blätter stehen in drei schraubig gedrehten Zeilen, Auffallend sind ferner die reichlich ausgebildeten, oft dichotom verzweigten Adventivwurzeln (s. Abb. 53.14), die als Stelzwurzeln fungieren. Die Pandanales sind auf die Tropen der Alten Welt beschränkt, wo sie besonders in der Strandvegetation hervortreten.

Arales

Die beiden Familien der Arales (Araceae und Lemnaceae) sind durch Bau der Blüte und der vegetativen Organe sowie ihre ökologischen Ansprüche klar voneinander unterschieden.

Araceae. Die Araceae oder Aronstabgewächse sind Rhizom- oder Knollenstauden mit oft netznervigen Blattadern und eingeschlechtigen oder zwittrigen, in einem vielblütigen Kolben vereinten Blüten. Der Blütenstand ist von einer auffallend gefärbten Spatha umgeben. Die Früchte sind Beeren.

Arum maculatum (Aronstab) ist eine in schattigen, feuchten Laubwäldern vorkommende Art, die durch unangenehmen Geruch auffällt. Ihre Bestäuber sind kleine Fliegen und Mücken, die olfaktorisch (durch

Abb. 53.14. *Pandanus tectorina* mit Stelzwurzeln (im Botanischen Garten Singapur).

den Gestank) angelockt und in einem von der Spatha gebildeten Kessel zeitweilig gefangen gehalten werden. Das Gynoeceum reift vor dem Androeceum. Während die Pflanze die ♀ Phase durchläuft, ist ein

Entkommen ausgeschlossen. Die glatte Innenwand der Spatha verhindert ein Herauskrabbeln (Gleitfallenblume), ein Haarkranz das Herausfliegen (Kesselfallenblume) (s. Abb. 53.15). Erst nach dem Reifen

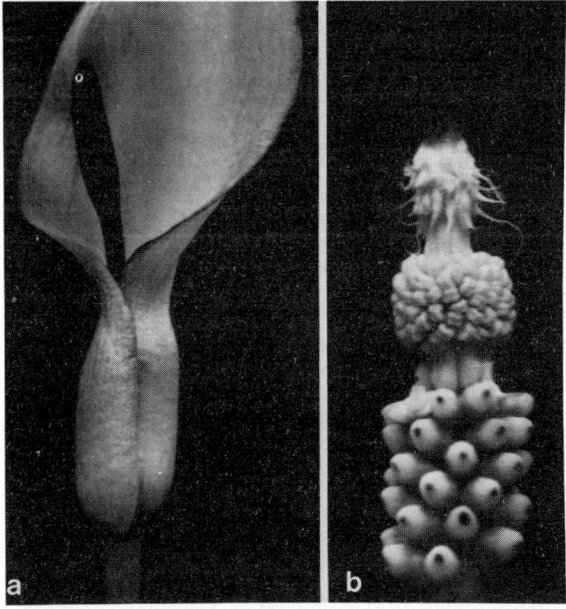

Abb. 53.15. *Arum maculatum* (Aronstab) *a* Ein zusammengerolltes, an der Basis einen Kessel bildendes Hochblatt (Spatha) umschließt den Blütenstand. Nur sein oberer Teil, ein violett gefärbter Kolben (Spadix), ragt aus dem Kessel heraus. *b* Freipräparierter Blütenstand (im Abblühen begriffen): An der Basis weibliche Blütenorgane, in der Mitte männliche und darüber ein eine Reuse bildender Kranz aus starren Haaren (umgewandelten sterilen Staubblättern). Die Reuse verhindert das Entkommen fliegender Bestäuber (daher der Ausdruck: Kesselfallenblume). Die glatte Innenseite der Spatha verhindert das Herauskrabbeln der Bestäuber (daher der Ausdruck: Gleitfallenblume).

Abb. 53.16. *Amorphophallus titanum*, blühend; links im Bild (größer als die Infloreszenz) zwei Blätter (im Botanischen Garten Hamburg, Postkarte aus der Vorkriegszeit).

774

der Antheren schrumpft das „Gefängnis", und die mit Pollen beladenen Insekten können ausfliegen, die nächste Blüte besuchen und sie bestäuben. Zahlreiche Araceen-Gattungen tropischer Herkunft werden als Zierpflanzen kultiviert. Genannt seien *Zantedeschia aethiopica* (Calla) mit leuchtend weißer Spatha, dann *Amorphophallus titanum* (Titanwurz) aus Sumatra, deren Infloreszenz zwei bis fünf Meter hoch werden kann (s. Abb. 53.16), sowie die als Zimmerpflanzen kultivierten Arten der Gattung *Philodendron* mit ihren charakteristisch durchlöcherten (gefensterten) Blättern.

Lemnaceae. Die Lemnaceae oder Wasserlinsengewächse sind frei schwimmende, zuweilen untergetauchte, nicht in Sproß und Blatt gegliederte, sich in Europa ausschließlich vegetativ vermehrende Pflanzen, die aus flachen oder gewölbten, durch Sprossung sich teilenden, oft aber noch lange Zeit miteinander verketteten Gliedern bestehen. Sofern überhaupt Blüten ausgebildet werden, sind sie eingeschlechtig, apetal und in einer kleinen, meist von einer Spatha umhüllten Infloreszenz enthalten. Bekannte Gattungen sind *Lemna, Spirodela* sowie die bereits genannte *Wolffia*. Letztere ist wurzellos. *Lemna* und *Spirodela* besitzen pro Glied ihres Vegetationskörpers eine bzw. mehrere ins Wasser hängende Wurzeln.

Commelinidae

Dic Commelinidae sind eine der beiden größten und erfolgreichen Unterklassen der Monokotyledonen. Im Gegensatz zur zweiten (Liliidae) zeichnet sich hier ein deutlicher Trend zur Anemophilie und der damit verbundenen starken Reduktion der Blütenstruktur ab.

Verholzte Pflanzen sind selten, die meisten Arten sind mehrjährige Kräuter (= Stauden). Die Blätter stehen wechselständig, oft aber auch grundständig. Sie sind einfach, parallelnervig und in ihrem unteren Teil als offene oder geschlossene Scheide ausgebildet, mit der sie den Stengel umhüllen. Die Blüten sind zwittrig oder eingeschlechtig, in der Regel ohne Nektarien und ohne Nektar. Das Gynoeceum besteht aus zwei bis drei oder vier verwachsenen Karpellen. Die Placentation der Samenanlagen ist zentralwinkelständig, parietal oder frei zentral (basal oder apical). Der Fruchtknoten ist stets oberständig.

Die Befruchtung erfolgt durch pollensammelnde Insekten (vor allem bei den Familien mit ursprünglichen Merkmalen), besonders aber durch Wind. Auch Apomixis kommt vor. Die Früchte sind meist trokken. Sie enthalten in der Regel stärkehaltiges Endosperm, gelegentlich auch ein eine oder wenige Zellschichten dickes, proteinhaltiges Speichergewebe (Aleuron).

Die 15 000 Arten der Commelinidae lassen sich sieben Ordnungen (16 Familien) zuordnen. Weit über die Hälfte der Arten gehören zu den Poaceae (Gramineae, Gräsern). Zusammen mit den Cyperaceae (Ried- oder Sauergräsern) machen sie 80 Prozent aller Arten aus. Als primitivste Ordnung gelten die Commelinales, deren Vertreter oft noch auffallende, mit einem Perianth versehene Blüten besitzen. Bei ihnen lassen sich zahlreiche Übergänge von Entomophilie zu Anemophilie feststellen. Einen Weg zurück (zu sekundär erworbener Entomophilie) kann man bei den Eriocaulales, einer vornehmlich auf der Südhemisphäre verbreiteten und mit 1200 Arten nicht gerade kleinen Ordnung, verfolgen.

Commelinales

Den Commelinales gehören in vier Familen eine Vielzahl subtropischer und tropischer Arten an, von denen hier lediglich *Tradescantia virginiana* und *Rhoeo discolor* angesprochen werden. Bekanntlich sind die Staubfadenhaare von *Tradescantia virginiana* ideale Objekte zur Beobachtung einer Plasmaströmung und Objekte, an denen der Mitoseablauf ohne zusätzliche Hilfsmittel im Lichtmikroskop verfolgt werden kann. Die Epidermis der Blattunterseite von *Rhoeo discolor* wird wegen des hohen Anthocyangehalts in den Vakuolen gerne als Demonstrationsobjekt der Plasmolyse herangezogen (s. Kap. 4).

Juncales

Den Juncales gehören zwei Familien an, von denen die eine (Juncaceae, Binsengewächse) mit 300 Arten die bei weitem dominierende ist.

Die Juncaceae sind ein- oder mehrjährige, stets krautige Pflanzen. Ihr Stengel ist, von ganz wenigen Ausnahmen abgesehen, knotenlos, die Blätter ähneln entweder denen der Gräser *(Luzula),* oder sie sind stielrund, markhaltig und damit stengelähnlich *(Juncus).*

Die Leitbündel vegetativer Organe enthalten Gefäße. Die allenfalls von einem trockenhäutigen, bräunlichen, doch unscheinbaren Perianth umgebenen Blüten sind zu Köpfchen, Dolden oder Spirren zusammengefaßt. Der Infloreszenztyp ist ein wichtiges Bestimmungsmerkmal der Arten. An der Basis der Blütenstände können ein oder mehrere Tragblätter (Hüllblätter) vorhanden sein.

Die Blüten sind in der Regel anemophil, gelegentlich aber auch autogam. Die Chromosomen zeichnen sich durch diffuse Centromere aus, ihre Zahl ist daher variabel.

Da die Organisation der Blüte (vom Perianth abgesehen) weitgehend der der Liliaceenblüte gleicht, nahm man zunächst an, die Juncaceae seien eine Seitenlinie der Liliaceae, von denen sie durch Erwerb der Anemophilie unterschieden sind.

Dieser Ansicht widerspricht jedoch der unterschiedliche Bau der Leitbündel (Liliaceen haben in ihren vegetativen Organen keine Gefäße), die Organisation der Schließzellen und schließlich die unterschiedlichen Reservestoffe in den Samen.

In vielem ähneln die Juncaceae den Cyperales; es ist daher eher die Frage berechtigt, warum letztere so viel erfolgreicher als die Juncaceae geworden sind.

Typhales

Den Typhales gehören zwei kleine Familien, die Typhaceae (Rohrkolbengewächse) und die Sparganiaceae (Igelkolbengewächse) an. Es sind Sumpf- oder Wasserpflanzen mit ausgedehntem, kriechendem, stärkereichem Rhizom, lanzettlichen Blättern und eingeschlechtigen Blüten. Die Pflanzen sind monözisch. Bei den Typhaceae sind die weiblichen Blüten im unteren Teil, die männlichen im oberen Teil eines Kolbens vereint, bei den Sparganiaceen sind die Geschlechter auf verschiedene, kugeligsternförmig aussehende Köpfchen verteilt.

Heimische Vertreter: *Typha* (Rohrkolben) mit fünf Arten (weltweit: 10); *Sparganium* (Igelkolben) mit fünf Arten (weltweit 13).

Cyperales und/oder Poales

Dieser Gruppe lassen sich zwei Großfamilien, Cyperaceae (4000 Arten) und Poaceae (8000 Arten), zuordnen. Viele Autoren erheben jede der Familien in den Rang einer Ordnung – und das vielleicht gar nicht zu Unrecht –, andere wiederum wählen Poales anstelle von Cyperales als Ordnungsname; auch das ist Ermesenssache.

Es gibt Gemeinsamkeiten zwischen den beiden Familien. Sie produzieren wenig sekundäre Pflanzenstoffe, die Zellen enthalten Silikate; sie ähneln einander in der Leitbündel- und Blattstruktur. Die Blüten sind klein, unscheinbar und zu Infloreszenzen vereint. Windbestäubung ist vorherrschend, daneben kommen Autogamie und Apomixis vor. Die trockene Frucht (=Karyopse) enthält meist nur einen Samen, das Endosperm ist gut ausgebildet. Diese Art von Gemeinsamkeiten mögen nicht unbedingt überzeugend klingen und Grund für eine Zusammenlegung der Familien zu einer Ordnung sein. Gerade die genannten Merkmale unterliegen einem hohen Selektionsdruck und mögen daher eher als Adaptationen an bestimmte Habitate zu werten sein als als Anzeichen gemeinsamer phylogenetischer Herkunft.

Welches sind die nächsten Verwandten der Cyperaceae und Poaceae? Zweifelsohne sind die Juncaceae dazu zu rechnen, obwohl sie einen blind endenden Seitenzweig repräsentieren und nicht in direkter Abstammungsfolge zu den erstgenannten Familien stehen. Es zeichnet sich jedoch ab, daß sie den Restiona-

les, einer wenig bekannten Commeliniden-Ordnung (mit 450 Arten im südlichen Teil der Tropen der Alten Welt vertreten) phylogenetisch nahestehen und daß sie und die Cyperales auf einen gemeinsamen Restionales-ähnlichen Vorfahren zurückzuführen sind.

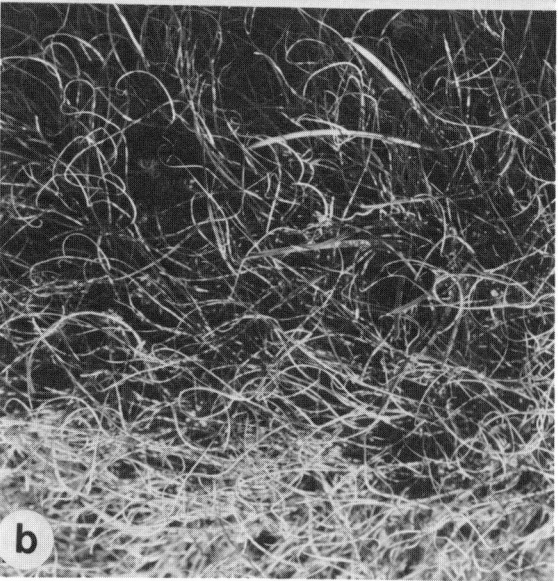

Abb. 53.17. Krummseggenrasen *(Caricetum curvulae)* oberhalb der Waldgrenze in den Zentralalpen (auf Urgestein, *a*). *Carex curvula (b)*, die Charakterart dieser Pflanzengesellschaft ist an den eingerollten Blattspitzen erkennbar. Die Einrollung wird durch eine Pilzinfektion verursacht.

776

Cyperaceae. Die Cyperaceae sind meist feuchte Standorte besiedelnde, ein- oder mehrjährige Kräuter mit dreikantigem, selten knotig gegliedertem Stengel. Die Blätter sind dreizählig gestellt, die Blattscheiden sind in der Regel geschlossen. Die Wurzeln sind, abgesehen von denen der Gattung *Eleocharis*, mit Wurzelhaaren besetzt und daher nicht mycotroph. Die Blüten sind zwittrig oder eingeschlechtig, stehen in Achseln trockenhäutiger Tragblätter (Spelzen), und sind zu ein- bis mehrblütigen Ährchen vereint. Diese wiederum sind zu Ähren, Köpfchen oder Spirren zusammengefaßt.

Sofern ein Perigon vorhanden ist, sind die einzelnen Elemente (Sepalen?; Petalen?) zu Borsten oder Haaren reduziert. Die Zahl der Stamina beträgt drei, der Fruchtknoten ist oberständig und einfächrig; die Frucht ist eine Nuß.

Die Cyperaceae sind weltweit verbreitet, wobei neben der schwerpunktmäßigen Verbreitung in feuchten Biotopen (der gemäßigten und arktischen Zone) das Vorkommen im Hochgebirge (weit oberhalb der Baumgrenze) hervorzuheben ist. Carices besiedeln dort oft auch noch Biotope, in denen die Gräser nicht mehr dominierend sind (Krummseggenmatten: *Caricetum curvulae = Curvuletum*, Abb. 53.17).

Im Vergleich zu den Gräsern sind die Cyperaceae jedoch im allgemeinen weit weniger erfolgreich. Sie enthalten zwar halb so viele Arten wie jene, und gehören damit zu den größten Angiospermenfamilien, aber keine der Arten ist wirklich weit verbreitet und individuenreich. Sie bilden nur selten dichte monotypische (eine Art enthaltende) Rasen aus; meist stehen sie in relativ kleinen, individuenarmen Beständen zusammen, manche der Arten sind horst- und/oder bultenbildend.

Möglicherweise ist ihre ökologische Spezialisierung (feuchte Standorte) ein Grund für ihre kleinräumige, mosaikartige Verbreitung.

Im Gegensatz zu den Gräsern, aber ähnlich wie die Juncaceae, besitzen sie Chromosomen mit diffusen Centromeren, folglich zeichnen sie sich durch die Fähigkeit zur Ausbildung von Aneuploidieserien aus.

Die artenreichste Gattung ist *Carex* (Segge) mit 1100 Arten. Ihre Blüten sind stets eingeschlechtig, und zu männlichen, weiblichen oder gemischtgeschlechtigen Ähren vereint.

Diese Organisation ist ein wichtiges Bestimmungsmerkmal und Ausgangspunkt für eine Untergliederung der Gattung in Untergattungen.

Die weiblichen Blüten werden in der Regel als (einblütige) „Ährchen" bezeichnet. Der von einem verwachsenen Vorblatt umhüllte Fruchtknoten heißt Utriculus. Auch dessen Form ist ein bedeutendes Bestimmungsmerkmal. Die Hülle bleibt an reifen Samen erhalten. Die nächst größere Gattung ist *Cyperus*, von der *Cyperus papyrus* als Lieferant des Papyrusrohstoffs, dem Papier der alten Ägypter, in die menschliche Kulturgeschichte eingegangen ist. *Scirpus* (Simse) ähnelt in seinen vegetativen Merkmalen und ökologischen Ansprüchen vielen Juncaceen.

Eriophorum (Wollgras) hat zwittrige Blüten und ist während der Fruchtreife an langen, aus Perigonborsten hervorgehenden Wollhaaren (Flugorganen reifer Früchte) erkennbar.

Poaceae (= Gramineae). Die Poaceae (= Gramineae = Glumiflorae; Gräser) sind zwar nicht die arten-, wohl aber die individuenreichste Pflanzenfamilie. Die Gräser bedecken 20 Prozent der Landoberfläche der Erde. Es sind Charakterpflanzen ausgedehnter Vegetationszonen (Steppe, Prärie, Savanne) und lokaler Ökosysteme und Pflanzengesellschaften. Zu ihnen gehören die bedeutendsten Kulturpflanzen (Getreide: Weizen, Reis, Mais usw.) Die Entdeckung, daß ihre Samen für die menschliche Ernährung geeignet seien und die Pflanzen kultiviert werden können, war ein entscheidender Schritt in der menschlichen Kulturgeschichte (s. Kap. 8). Seßhaftigkeit und die Entwicklung des städtischen Gemeinwesens setzten eine intensiv betriebene Landwirtschaft voraus.

So wichtig Getreide als Existenzgrundlage des Menschen ist, so klar muß gesagt werden, daß durch sie alleine nicht alle Ernährungsprobleme aus der Welt zu schaffen sind. Getreidekörner sind stärkereich, aber im Vergleich zum Stärkegehalt proteinarm. Stärkereiche Nahrung (z.B. Reis) führt zu einer Sättigung, bevor der Proteinbedarf des Menschen (speziell von Kleinkindern) gedeckt ist. Das entstehende Proteindefizit führt vor allem bei Kindern in Entwicklungsländern zu irreversiblen Entwicklungsstörungen. Das Krankheitsbild Kwashiorkor ist mit einem Namen belegt, der ins Deutsche übertragen so viel bedeutet, wie „eine Krankheit, die ein Kind erwirbt, sobald ein weiteres geboren wird"; dann nämlich wird ihm die proteinreiche Muttermilch entzogen.

Eine Ernährung mit geschältem (poliertem) Reis, so wie er in der abendländischen Küche erwünscht ist, führte in der ersten Hälfte des Jahrhunderts in Südostasien zu gravierenden Vitaminmangelerscheinungen (Beri-Beri).

Wegen der großen wirtschaftlichen Bedeutung sind viele Gramineen zu Versuchsobjekten der Grundlagenforschung geworden. Mit zahlreichen Einzelheiten haben wir uns bereits an anderer Stelle befaßt (*Avena*: Phytohormone, Phototropismus, s. Kap. 31; *Triticum, Zea mays*: Chromosomen, Genetik, (s. Kap. 11., 21.; *Triticum* (Weizenkeimlinge): zellfreies System der Proteinbiosynthese, s. Kap. 21; Pflanzenkrankheiten, s. Kap. 33). Warum sind gerade die Poaceae eine so erfolgreiche Pflanzenfamilie und wodurch unterscheidet sich ihr Erfolg von dem der Asteraceae?

– Windbestäubung, hohe Individuenzahl und flächendeckende Ausbreitung fördern nicht gerade die Bildung neuer Arten. Diese erfolgt eher in Pflanzengruppen mit Insektenbestäubung, isolierten Verbreitungsgebieten und anderen Isolationsbarrieren. Das mag bereits der wesentliche Grund dafür sein, daß die Asteraceae (und die Orchidaceae) artenreicher, doch individuenärmer als die Poaceae sind.
– Windbestäubung und weitgehende Wasserunabhängigkeit fördern die Besiedlung eines weiten

Spektrums unterschiedlicher terrestrischer Lebensräume. Die unterschiedlichen Lebensbedingungen selektieren ihrerseits verschiedene Genotypen, fördern damit die Bildung neuer Arten.

– Die Poaceae enthalten auffallend wenig sekundäre Pflanzenstoffe (etwas ätherische Öle, z.B. Cumarin, das frischem Heu seinen Duft verleiht). Die durch die krautige Wuchsform bedingte kurze Generationsdauer sichert den Erfolg gegenüber Holzpflanzen (Gymnospermenbäume u.a.). Poaceae konnten daher in Lebensräume mit kurzer Vegetationsperiode vordringen, beispielsweise im Hochgebirge in die über der Waldgrenze liegende Zone (Almen). Die Photosynthese verläuft meist nach dem C_3-Schema. Ein beträchtlicher Energieanteil wird zur Produktion endospermhaltiger Samen eingesetzt. Die erhalten damit gute Startbedingungen nach der Keimung.
Wenige Vertreter (*Zea mays, Saccharum officinarum* u.a.) betreiben Photosynthese nach dem C_4-Schema. Die investieren viel Biomasse in vegetativen Teilen (Blätter, saccharosehaltiger Stengel u.a.).

– Die Blätter der Poaceae (und der *Carex*-Arten) enthalten an ihrer Basis interkalares Meristem. Sie sind daher gegenüber Verbiß oder andersartiger Zerstörung (Mähen eines Rasens, Brand, usw.) weniger anfällig als Arten mit nur apikalem Meristem.

– Die Chromosomen sind sehr groß; die Lage des Centromers ist eindeutig. Polyploidisierung und Bastardbildung kommen oft vor. Apomixis und Kleistogamie fördern das Überleben neuer labiler Genkombinationen und damit die Artneubildung (s. Kap. 38).

Wichtige morphologische Merkmale: Der Stengel (= Halm) ist hohl (abgesehen von C_4-Arten: *Zea, Saccharum* u.a.), deutlich in Nodien und Internodien untergliedert und an den Nodien verdickt. Die Blätter sind zweizeilig angeordnet, die Blattscheide ist meist offen, und zwischen ihr und der Blattspreite (Lamina) ist ein transparent erscheinendes Blatthäutchen, die Ligula, ausgebildet. Die Blüten sind fast immer zwittrig (Ausnahme z.B. *Zea mays*) und ohne Blütenhülle. Umgeben werden sie von trockenhäutigen Hochblättern (Spelzen). Stets sind die Blüten zu (wenigblütigen) Ährchen vereint, die ihrerseits meist von zwei weiteren Hüllspelzen umgeben sind. Man nennt diese die äußere und die innere Hüllspelze; im Unterschied hierzu heißen die Spelzen, die die Einzelblüten umgeben, Deckspelzen (s. Abb. 53.18). Oft sind sie mit borstenförmigen Fortsätzen (Grannen) versehen. Die Ährchen sind (wie bei den Cyperaceae) zu Ähren oder Rispen zusammengefaßt. Man unterscheidet demnach Ähren- und Rispengräser. Hinzu kommen solche mit zusammengesetzten Infloreszenzen: Ährenrispengräser (s. Abb. 53.19).

Diese Systematisierung der Gräser wurde lange Zeit als Grundlage ihrer Zuordnung gesehen. Sie bewährte und bewährt sich zum Bestimmen der Arten, spiegelt aber nicht deren phylogenetische Verwandtschaft wi-

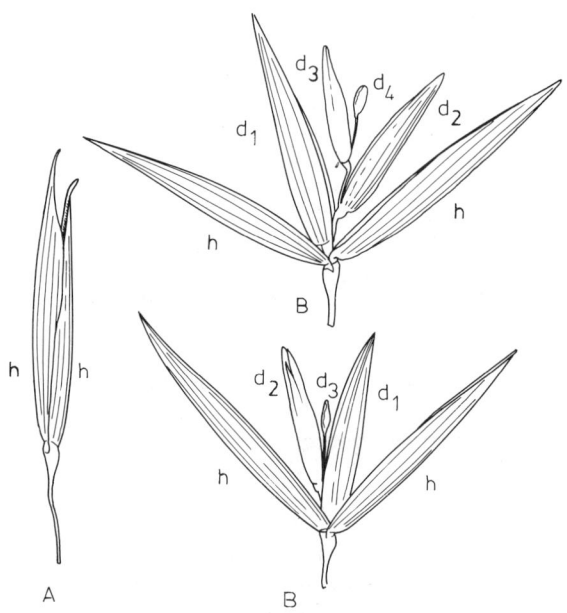

Abb. 53.18. *Avena sativa* (Hafer). Aufbau eines Ährchens. *A* geschlossenes, präflorales Ährchen (*h* Hüllspelzen); *B,C* geöffnete Ährchen (*h* Hüllspelzen, *d* Deckspelzen). (W. Troll, 1957).

der. Man ist daher bemüht, aufgrund histologischer Vergleiche, der Photosynthesemechanismen, der Chromosomenzahlen und der Embryonalentwicklung ein natürliches System zu erstellen.

Wie bereits vermerkt, sind Gräser in den verschiedensten Lebensräumen zu finden. Viele Arten sind mehrjährig (Stauden). Es ist darüber spekuliert worden, wie alt und wie umfangreich das Wurzelwerk einer einzelnen Pflanze sein kann. Es gibt begründete Schätzungen, die zum Beispiel das Alter eines solchen Wurzelwerks von *Festuca ovina* in einer Größenordnung von 1000 Jahren angeben. Verholzte Arten sind unter den Gräsern selten. Die große Ausnahme sind die in Ostasien verbreiteten waldbildenden Bambusarten. Eigentlich handelt es sich bei den „Wäldern" auch nur um Rasen (wenngleich einzelne Arten bis zu 40 Meter hoch werden können), denn es fehlt den „Bäumen" eine Untergliederung in Stamm und Krone. Eine Verzweigung der Halme kommt allerdings bei einigen Arten vor. Zahlreiche Gräser sind Charakterpflanzen einzelner Pflanzengesellschaften (s. Kap-

Abb. 53.19. Blütenstände einiger Gramineen und einer Cyperacee. *a,c Oryza sativa* (Reis, ein Rispengras); *b Zea mays* (Mais), sich entwickelnder Maiskolben (♀ Blütenstand) *d Cyperus spec.*, eine Art aus der Gruppe der Papyrusarten, Cyperaceae (Spirre); *e Spartina townsendii* (Schlickgras, s.a. Abb. 56.9) (Ähre); *f Stipa spec.* (Rispe); *g Deschampsia flexuosa* (Drahtschmiele): Rispengras; *h Pennisetum compressum* (Ähre).

57). Zur Illustration einige ausgewählte Beispiele aus der heimischen Flora:

- *Elymo-Ammophiletum:* Eine Gesellschaft aus Strandhafer *(Ammophila arenaria)* und Strandroggen *(Elymus arenarius)* in Dünen an den Küsten der Nord- und Ostsee. Das ausgedehnte Wurzelwerk sichert die Stabilität der Düne (Schutz vor Verwehung). Vielfach werden *Elymus* und *Ammophila* im Zuge des Küstenschutzes gepflanzt.
- *Scirpo-Phragmitetum:* Teichröhricht, Schilfgürtel. *Scirpus lacustris* (Teichsimse), *Phragmites australis* (Schilf). Schilfgürtel sind typische, oft mehrere Kilometer breite Vegetationsformen entlang stehender oder langsam fließender Gewässer. *Phragmites australis* ist die dominierende Art. Sie kann in Wassertiefen bis zu 120 Zentimetern gedeihen.
- *Lolio-Cynosuretum:* Weidelgras-Weißklee-Weide. *Lolium perennne* (Weidelgras), *Cynosurus cristatus* (Kammgras). Dieser Weiden- oder Wiesentyp ist die häufigste Wirtschaftswiese im norddeutschen Tiefland sowie in Tälern des Hügellandes. Neben den genannten Gramineen gehören ihr eine Vielzahl anderer Arten an.
- *Arrhenatheretum elatioris:* Glatthaferwiese (s. Abb. 53.20). *Arrhenatherum elatius* (Glatthafer). Dieser

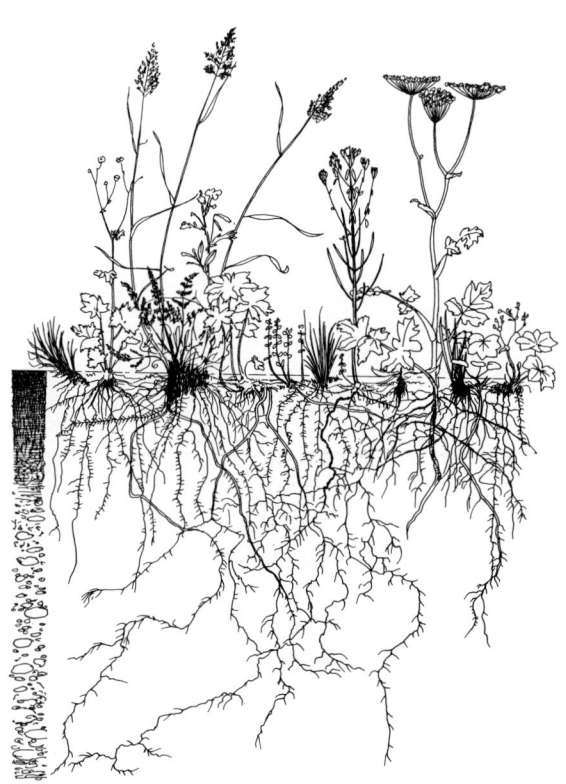

Abb. 53.21. Vertikalschnitt durch eine Goldhaferwiese *(Trisetetum)* im Unterharz. Man beachte das im Vergleich zur Glatthaferwiese völlig andere Wurzelwerk. (R. Hundt, 1962).

ebenfalls sehr artenreiche Wiesentyp ist für Täler und niedere Hanglagen im Hügel- und Bergland Süddeutschlands charakteristisch.

- *Trisetetum flavescentis* (s. Abb. 53.21). *Trisetum flavescens* (Goldhafer). Goldhaferwiesen treten in höheren Berglagen, auf Hügeln und an Berghängen – oberhalb der Zone der Glatthaferwiesen – auf. Auch sie sind arten- und variantenreich.
- *Junco-Molinietum. Juncus* (Binse), *Molinia coerulea* (Pfeifengras). Ein Wiesentyp saurer Böden; typische Pflanzengesellschaft auf Torfböden.
- *Xerobrometum. Bromus erectus* (Aufrechte Trespe). Trockenrasen, vor allem auf südlich exponierten, kalkhaltigen Hängen. Er enthält wäremeliebende Arten.

Außer den natürlichen Pflanzengesellschaften spielen Gräser in der Kulturlandschaft eine dominierende Rolle. Die dem Menschen Nahrung liefernden Kulturpflanzen gehören vornehmlich den folgenden Gattungen an: *Triticum* (Weizen), *Oryza* (Reis), *Zea* (Mais), *Avena* (Hafer), *Saccharum* (Zuckerrohr), *Sorghum* (Sago), *Secale* (Roggen), *Hordeum* (Gerste).

Einige Gräser sind weltweit verbreitete Pioniere, zum Beispiel *Poa annua*. Rasenbildende Arten werden als Zierrasen und/oder zum Schutz der Erdoberfläche

Abb. 53.20. Vertikalprofil durch eine typische Glatthaferwiese *(Arrhenatheretum)* im Saaletal oberhalb Wörmlitz. (R. Hundt, 1958)

780

vor Erosion gepflanzt. Eine wichtige Rolle spielen sie auch im Kustenschutz. *Festuca rubra, Festuca ovina* und zwei *Puccinellia*-Arten sind essentielle Bestandteile des Vorlandes und der Deiche (grüne Küstenlinie).

Literatur

Siehe Literaturverzeichnis zu Kapitel 48.

Daghlian, C.P.: A review of the fossil record of the monocotyledons. Bot. Rev. *47,* 517–555 (1981)

Dahlgren, R.M.T., H.T. Clifford: The monocotyledons. A comparative study. New York, London: Academic Press, 1982

Dahlgren, R., F.N. Rasmussen: Monocotyledon evolution characters and phylogenetic estimation. In: „Evolutionary Biology" (M.K. Hecht, B. Wallace, G.T. Prance (eds.)), Vol. *16,* 255–395. New York: Plenum Publ. Corp., 1983

Dahlgren, R.M.T., H.T. Clifford, P.F. Yeo: The families of the monocotyledons: structure, evolution and taxonomy. Berlin–Heidelberg–New York–Tokyo: Springer 1985

Dengler, N.G., R.E. Dengler, D.R. Kaplan: The mechanism of plication inception in palm leaves: histogenetic observations on the pinnate leaf of *Chrysalidocarpus lutescens.* Can. J. Bot. *60,* 2976–2998 (1982)

Granick, E.B.: A karyosystematic study of the genus *Agave.* Amer. J. Bot. *31,* 283–298 (1944)

Huber, H.: The treatment of the monocotyledons in an evolutionary system of classification. Plant Syst. Evol., Suppl. *1,* 285–298 (1977)

Hundt, R.: Beiträge zur Wiesenvegetation Mitteleuropas. Nova Acta Leopoldina N.F. *20,* 135–441 (1958)

Hundt, R.: Die Bergwiesen des Harzes, Thüringer Waldes und Erzgebirges. Habilitationsschrift, Universität Halle/Saale, 1962

Sato, D.: Analysis of the karyotype of *Yucca, Agave* and related genera with special reference to the phylogenetic significance. Jap. J. Genet. *11,* 272–278 (1935)

54. Ökologische Aspekte; Ökosysteme

„… (die) Ökologie erforscht die Existenzbedingungen der Organismen, die Abhängigkeit ihrer Lebensweise von der organischen und anorganischen Umgebung, ihren Haushalt, die Wechselwirkungen zu ihren Parasiten, Feinden, Freunden, usw. Je vollkommener der Organismus an sich organisiert, und je spezieller er an eine Gruppe von Existenzbedingungen angepaßt ist, desto wertvoller kann die vergleichende Ökologie desselben auch für die Erkenntnis seiner Deszendenz und der Transformation seiner direkten Ahnen werden."
E. Haeckel, 1894.

Den Begriff Ökologie (Lehre vom Haushalt in der Natur) prägte Haeckel bereits im Jahre 1866, doch

Alexander von Humboldt (1769–1859); Universalgelehrter (Geograph, Metereologe, Botaniker, Anthropologe…) und Weltreisender. Er bereiste Süd- und Mittelamerika sowie Zentralasien. Begründer der Pflanzengeographie. In den Jahren 1799–1803 erstellte er eine exakte Vegetationskarte der Anden zwischen 10° nördlicher und 10° südlicher Breite. (Staats- und Universitätsbibliothek Hamburg)

kann er keinesfalls als Begünder dieser Wissenschaftsdisziplin angesehen werden, da man sich bereits seit dem Altertum mit ökologischen Problemen befaßte. Theophrasts Werke enthalten eine Fülle einschlägiger Beispiele. Auch die Geschichte der Landwirtschaft lehrt, daß Erfolge sich erst dann einstellten, als man die Bedeutung von Bodenart und -bearbeitung, Düngung, Bewässerung, den richtigen Zeitpunkt der Aussaat, der Schädlingsbekämpfung u.a. erkannt hatte. Als ein Musterbeispiel für einen ökologisch sinnvollen Ackerbau in einer vorindustriellen Gesellschaft kann die Dreifelderwirtschaft genannt werden.

Als Beginn planmäßiger ökologischer Forschung wären verschiedene Ansätze zu nennen. Einmal sei an C. Gesners Beobachtung einer Vegetationszonierung im Gebirge erinnert (s. Kap. 1), zum anderen an die Erkenntnis aus der Zeit der „Entdeckungsreisen", daß die Vegetation in anderen Erdteilen andersartig gestaltet ist. A. v. Humboldt (1769–1859) verfaßte im Anschluß an seine Südamerikaexpedition (1795–1803) im Jahre 1807 eine kleine, aber richtungweisende Schrift mit dem Titel „Ideen zu einer Geographie der Pflanzen". Sie enthält, außer einer Beschreibung der Vegetation, eine Fülle von Meßdaten physikalischer und chemischer Größen (Strahlung, Lichtbrechung, geologische Daten, Temperatur, Feuchtigkeit u.a.).

Die Verpflanzungsversuche von G. Bonnier und A. Kerner v. Marilaun in der zweiten Hälfte des vorigen Jahrhunderts zeigten, daß es standortspezifische Wuchsformen gibt. Im Zusammenhang mit dem Thema Evolution haben wir die Ergebnisse ausgiebig diskutiert.

Allein dadurch wird deutlich, daß Evolutionsforschung und Ökologie eng miteinander verzahnt und nicht scharf gegeneinander abgrenzbar sind. Wenn man so will, kann man sie als die beiden Seiten einer Münze betrachten. Man könnte allenfalls sagen, die Evolutionsforschung, so wie in den Kapiteln 36 bis 42 dargestellt, befaßt sich schwerpunktmäßig mit Änderungen genetischer Information und deren Auswirkungen, während man sich in der Ökologie mehr mit der Erscheinung „Selektion" und dem Einfluß von Standortfaktoren auseinandersetzt. Bereits in früheren Kapiteln haben wir uns mit Einflüssen physikalischer und chemischer Größen sowie von Symbionten und Parasiten auf einzelne Pflanzen befaßt und die

Entwicklung der Pflanzen als Reaktion auf die verschiedensten Parameter kennengelernt. Untersuchungen dieser Art werden heute üblicherweise unter dem Begriff Autökologie zusammengefaßt. Dem steht die Synökologie gegenüber. Dabei werden Beziehungen zwischen Organismengruppen sowie die Einflüsse der verschiedensten Faktoren auf ganze Lebensgemeinschaften und deren Reaktion (Umsatz, Produktivität, Stoffkreisläufe u.a.) analysiert. Das Verhalten der Individuen, ggf. auch einzelner Arten, wird dabei in der Regel nicht berücksichtigt.

Was ist ein Ökosystem?

Der Ausdruck Ökosystem wurde 1935 durch den britischen Ökologen A.G. Tansley geprägt. Er definierte damit eine Einheit, die alle Organismen in einem gegebenen Areal, sowie deren Beziehungen zur anorganischen Umwelt umfaßt.

Die Organismen innerhalb eines Ökosystems bilden eine Lebensgemeinschaft, eine Biozönose; ihre unbelebte Umwelt bezeichnet man als Lebensraum oder Biotop. Die Gesamtheit aller Ökosysteme auf der Erde ist die Biosphäre.

Ökosystem ist ein operationaler Begriff, denn er beschreibt Einheiten, die weniger klar zu fassen sind als etwa ein Molekül, eine Zelle oder eine Art.

Es liegt daher im Ermessen eines Bearbeiters, was er als Ökosystem bezeichnet. So können beispielsweise ein See, ein Schilfgürtel, ein Wald oder ein Getreidefeld als ein solches definiert und beschrieben werden. Wie sich aus der Systemtheorie ableiten läßt, kann jedes System aus einer Anzahl von Teilsystemen bestehen. Es hängt daher vor allem von praktischen Erwägungen ab, mit welcher Komplexitätsstufe man sich auseinandersetzen möchte.

Es wird zwischen einfach und komplex strukturierten, zwischen aquatischen und terrestrischen, zwischen natürlichen und vom Menschen beeinflußten Ökosystemen unterschieden. Zu den außergewöhnlich komplexen, d.h., besonders artenreichen Systemen gehören der tropische Regenwald und die Korallenriffe.

Systeme sind bekanntlich mehr als nur die Summe von Leistungen der Systemelemente (Glieder), denn zwischen ihnen bestehen zahlreiche, oft spezifische und fast immer geregelte Beziehungen. Geregelte Systeme wiederum sind durch Rückkopplungen und damit durch einen hohen Grad an Stabilität gekennzeichnet. Sie sind daher gegenüber Störungen weitgehend unempfindlich. Je höher die Zahl der Systemelemente und die Zahl der Wechselwirkungen untereinander ist, desto wirkungsvoller können Schwankungen ausgeglichen werden. Und doch hat jedes System nur eine beschränkte Kapazität. Es gibt eine Kapazitätsgrenze, nach deren Überschreiten es entweder nicht mehr in seine ursprüngliche Ausgangslage zurückkehrt oder sogar irreversibel zerstört wird (Regel-

katastrophe). Ökosysteme mit nur wenigen Systemelementen sind extrem störanfällig. Man denke dabei nur an eine Fichtenmonokultur oder ein Getreidefeld. Das Gleichgewicht in ihnen kann nur durch stabilisierende (energieaufwendige) Maßnahmen (Einsatz von Insektiziden u.a.) aufrechterhalten werden. Andererseits können sie nach einer Zerstörung unschwer neu errichtet werden. Komplexe Systeme sind zunächst einmal sehr stark belastbar. Sie verfügen über eine hohe Pufferkapazität. Eine Zerstörung hingegen kann nicht wieder rückgängig gemacht werden. Ein einmal zerstörter tropischer Regenwald oder ein einmal zerstörtes Korallenriff sind für immer verloren.

Natürliche oder naturnahe Ökosysteme haben dem Einfluß der Menschen über Jahrhunderte standgehalten, doch immer deutlicher zeichnet sich ab, daß die Grenzen der Belastung erreicht, oft sogar überschritten sind.

Die Ökologie ist daher im vergangenen Jahrzehnt in steigendem Maße ins Licht der Öffentlichkeit gerückt.

Umweltschutz wurde zu einem zentralen Thema der Innenpolitik der Bundesrepublik und anderer Industrienationen. Viele Studenten studieren nur deshalb Biologie, weil sie an Umweltfragen interessiert sind, doch die Mehrzahl von ihnen erlebt Enttäuschungen, weil Studieninhalte, politischens Tagesgeschehen und manche persönlichen Vorstellungen nicht miteinander in Einklang zu bringen sind.

Die Ökologie kann keine politischen Probleme lösen, kann vor allem keine schnelle Entscheidungshilfe anbieten, um kurzfristig auftauchende Fragen zu beantworten.

Man muß, wenn man in einer menschlichen Gesellschaft etwas erreichen möchte, wissen, wie sie strukturiert ist, wie sie funktioniert, wer die Entscheidungsträger sind, welche Veränderungen durchsetzbar sind und wie man Änderungsprozesse am wirkungsvollsten einleitet.

Erfolge, die durch Organisationen wie Greenpeace u.a. erzielt wurden, haben maßgeblich dazu beigetragen, ein Umweltbewußtsein unter Politikern und in der Öffentlichkeit zu wecken, doch sind sie kein Ersatz für ein Studium der Ökologie.

Ökologie ist eine integrierende Wissenschaft. Ökologisches Arbeiten ist ein Unterfangen, bei dem langjährige Berufserfahrung, ein Detailwissen über Pflanzen, Tiere oder Mikroorganismen, eine fundierte Artenkenntnis und/oder das Beherrschen physikalischer und chemischer Meßmethoden mehr zählen als spontanes politisches Handeln.

Kaum jemand verfügt über alle aufgeführten Voraussetzungen. Eine Kooperation zwischen Wissenschaftlern unterschiedlicher Fachrichtungen ist daher der sinnvollste Weg, um sich dem Ziel zu nähern; ein gutes Wissenschaftsmanagement ist erforderlich, um die Aktivitäten der einzelnen am Projekt beteiligten Wissenschaftler zu koordinieren.

Ökosysteme sind einem ständigen Wechsel unterworfen. Änderungen oder Störungen beruhen nicht

Abb. 54.1. Lüneburger Heide: *Calluna*-Flächen und Wacholder. Der Erhalt dieses vom Menschen geschaffenen Ökosystems wird mittels regelmäßiger Beweidung durch Schafe gewährleistet. Sie bieten einer sonst rasanten Ausbreitung der Birke wirkungsvoll Einhalt. Die Einzigartigkeit dieser Landschaftsform war Anlaß, die Heide zum ersten deutschen Naturschutzgebiet zu erklären. Sie wurde oft beschrieben, besungen und gemalt. (R. Hank, Romantischer Kreis, Hanstedt, 1986)

nur auf menschlichem Zutun. Die Evolution der Organismen und ihre Adaptation an variable Umweltbedingungen sind die Hauptursachen der Änderungen und damit auch einer Evolution von Ökosystemen. Eine Aufeinanderfolge unterschiedlich strukturierter Systeme unter gleichbleibenden abiotischen Bedingungen wird Sukzession genannt. In Mitteleuropa zum Beispiel gelten bestimmte Waldtypen als das stabilste System. Man nennt dann solches eine Klimaxgesellschaft (oder eine Klimax). Derartige Endglieder von Entwicklungen können jedoch nur solange existieren, solange die Umweltbedingungen konstant bleiben. In erdgeschichtlicher Zeit hat es wiederholt drastische Klimaänderungen gegeben, die zum Aussterben ganzer Pflanzengruppen (s. Abb. 43.13) und damit auch zum Ersatz einst stabiler Ökosysteme durch andere geführt haben. Erwähnt sei in diesem Zusammenhang das irreversible Verschwinden der Steinkohlenwälder oder der voreiszeitlichen Vegetation in Mittel- und Nordeuropa. Nach dem Zurückweichen des Eises wurde das Land vom Süden her erneut besiedelt. Wie aber der Vergleich der rezenten mittel- und nordeuropäischen Flora mit der nordamerikanischen zeigt, ist erstere deutlich artenärmer. In Nordamerika, das nur zum geringen Teil von Eis bedeckt war, konnte sich eine Artenvielfalt halten, wie sie voreiszeitlich auch in Europa zu finden war.

Gravierende Auswirkungen auf alle Ökosysteme hatte natürlich die Umwandlung der Natur- in eine Kulturlandschaft. Oftmals sind dabei neue, unter Umständen ebenfalls schützenswerte Ökosysteme entstanden, die unter natürlichen Bedingungen (an den entsprechenden Standorten) nicht existieren könnten. Ein eindrucksvolles Beispiel dafür sind die *Calluna vulgaris*-Flächen in der Lüneburger Heide (s.

Abb. 54.1). Ohne eine regelmäßige Beweidung (durch Heidschnucken) würden sie durch Birken-Kiefernwälder zurückgedrängt werden.

Wie analysiert man Ökosysteme?

Ökosysteme sind in der Regel probabilistische, d.h. stochastische Systeme. Sie sind es deshalb, weil sie zum einen von einer Vielzahl unterschiedlicher Parameter abhängig sind, von denen man zwar die wichtigsten, aber nie alle erfassen kann, und zum anderen, weil sie stets offen sind. Ihre wichtigsten Glieder, die Organismen, sind nämlich auf ständige Energiezufuhr angewiesen.

Es gibt zwei konzeptionell verschiedene Verfahren, um Informationen über Lebensgemeinschaften und Ökosysteme zu gewinnen.
(1) Bestandsaufnahmen:
  - Erfassung von (allen) Arten eines Lebensraums,
  - Ermittlung der prozentualen Anteile der einzelnen Arten,
  - Bestimmung von Veränderungen der Artenzusammensetzung (und Individuenzusammensetzung) als Funktion der Zeit (a. im Jahreszyklus; b. über längere Zeiträume hinweg),
  - Bestimmung und Registrierung aller chemischen und physikalischen Parameter, von denen die Existenz der Organismen abhängt.

Bestandsaufnahmen haben eine lange Tradition. Hier sollen sie vorweg nur durch Stichworte wie Vegetationskartierung und Pflanzengeographie gekennzeichnet sein, mehr dazu später (Kap. 57).
(2) Systemanalytischer Ansatz:
  Der systemanalytische Ansatz ist jüngeren Da-

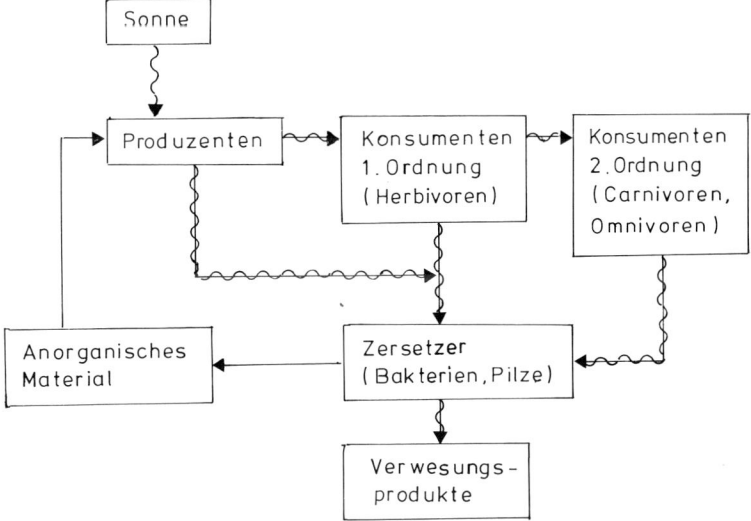

Abb. 54.2. Vereinfachtes Modell eines Energie- und Materialflusses in einem Ökosystem. Der Materialfluß (gerade Linien) ist ein Kreislauf, der Energiefluß (geschlängelte Linien) ein linearer.

tums. Mit dem Aufkommen der Kybernetik Mitte der vierziger Jahre wurden Hilfsmittel erarbeitet, um Systeme und Systemeigenschaften mathematisch zu definieren und um zum Prognostizieren geeignete Modelle zu konzipieren.

Beide Ansätze – Bestandsaufnahme und Systemtheorie – ergänzen einander, und nur unter Berücksichtigung der Ergebnisse beider läßt sich der Versuch unternehmen, ein Ökosystem zu verstehen und sein Verhalten, seine Gleichgewichtslage und die Empfindlichkeit gegenüber Störungen zu beschreiben sowie zukünftige Entwicklungen zu erkennen.

Grundlagen der Systemtheorie haben wir bereits besprochen (s. Kap. 15), hier einige Ergänzungen sowie eine Veranschaulichung anhand eines Beispiels.

In der Abbildung 54.2 ist ein generalisierendes Schema eines Ökosystems wiedergegeben, aus dem zweierlei hervorgeht:

(1) Die Systemelemente (hier Produzenten, Konsumenten erster Ordnung, Konsumenten zweiter Ordnung, Zersetzer) sind hintereinander angeordnet. Die Anordnung ist hierarchisch. Die einzelnen Hierarchieebenen werden als Trophieebenen oder trophische Stufen bezeichnet.

(2) Es gibt einen Energie- und einen Materialfluß zwischen den Systemelementen. Der Energiefluß ist ein linearer Prozeß; der Materialfluß stellt einen Kreislauf dar.

Nur Pflanzen (und wenige Mikroorganismen) können Lichtenergie in chemische Energie umsetzen. Man nennt sie daher Produzenten (Primärproduzenten, P). Alle übrigen Organismen sind Konsumenten (1., 2., 3. Ordnung) oder Zersetzer (Saprophyten). Die Lebensweise der Produzenten bezeichnet man als autotroph, die der Konsumenten als heterotroph (Autotrophie, Heterotrophie). Für eine mathematische Beschreibung eines Ökosystems benötigt man vier Grundelemente:

(1) Systemvariable (v_i): Darunter versteht man eine Gruppe von Werten (v_1, v_2 ... v_n), durch die der Zustand eines Systems zu einem gegebenen Zeitpunkt beschrieben wird. Dazu gehören beispielsweise die Angaben über die Biomasse (ausgedrückt in g, kg oder t Trockengewicht pro Flächen- oder Volumeneinheit). Den Produzenten (P) käme demnach der Wert v_1, den Konsumenten 1. Ordnung der Wert v_2, den Konsumenten 2. Ordnung (Carnivoren) der Wert v_3 usw. zu.

(2) Transfer- oder Übergangsfunktionen (F_i): Das sind Gleichungen, die den Stoffumsatz im System beschreiben. Unter anderem wird durch sie der Anteil an Biomasse erfaßt, der durch Veratmung verlorengeht, oder jener, der zur Ernährung der Individuen in einer übergeordneten Trophieebene benötigt wird (s. folgenden Abschnitt).

Die Veränderungen einer Systemvariablen als Funktion der Zeit wäre demnach durch die folgende Differentialgleichung zu beschreiben

$$\frac{dv_i}{dt} = f(v_1, v_2 \ldots v_n, F_1, F_2 \ldots F_n)$$

wobei f hier ganz allgemein für Funktion steht.

(3) Antriebsfunktionen *(inputs)*: Darunter wird die Energie- und Materialmenge verstanden, die einem System zur Verfügung steht, zum Beispiel die Menge der eingestrahlten, verwertbaren Sonnenenergie, die limitierende Menge an Nährstoffen (Mineralien) im Boden, die Temperatur als reaktionsbestimmender Faktor usw.

Möchte man nur die Transferfunktion von einer trophischen Stufe zur nächst höheren betrachten, wird das entsprechende F_i zur Antriebsfunktion. Für die Menge an Carnivoren beispielsweise ist die der Herbivoren (und der Carnivoren) ausschlaggebend.

(4) Proportionalitätsfaktoren (c_i), konstante Parameter: Dieser Kategorie gehören unveränderliche Größen an, beispielsweise die Menge pflanzlicher

785

Tabelle 1. Gegenseitige Abhängigkeiten von Systemvariablen in einem Ökosystem

i \ j	Pflanzen	Herbivoren	Carnivoren	Zersetzer
Pflanzen	X	X	0	X
Herbivoren	X	X	X	X
Carnivoren	0	X	X	X
Zersetzer	X	0	0	X

(X: nachgewiesene Abhängigkeit; 0: ohne Einfluß; weitere Einzelheiten s. Text).

Nahrung, die ein einzelnes Tier pro Zeiteinheit benötigt.

Das mathematische Modell eines Systems ist nunmehr als ein Satz von Gleichungen zu schreiben, die den Energie- und Materialfluß zwischen den einzelnen Ebenen (Stufen) beschreiben. Zur Verrechnung von Datensätzen und Gleichungen bedient man sich heutzutage der Matrizenrechnung. Eine Matrix ist zunächst einmal nichts anderes als eine Datenliste (Tabelle 1), in der jeder Wert durch seine Koordinaten i und j gekennzeichnet ist. Matrices sind untereinander multiplizierbar, wobei als Ergebnis wiederum eine Matrix entsteht.

Mit einer solchen Darstellung läßt sich zum Beispiel zeigen, welche Gruppe (Systemkomponente) direkten Einfluß auf eine andere hat. Auf unser generalisiertes Ökosystem bezogen, ergibt sich dann ein Bild, aus dem zu ersehen ist, daß jede Systemkomponente auf sich selbst einwirkt, daß aber beispielsweise die Carnivoren keinen direkten Einfluß auf die Pflanzen ausüben.

In der ökologischen Forschung fallen stets große Datenmengen an. Es ist daher sinnvoll, sie computergerecht aufzuarbeiten, d.h., sie von vornherein so in Matrices zu ordnen, daß sie für eine Eingabe in den Rechner geeignet sind.

Bei der Beurteilung natürlicher Ökosysteme ist zu berücksichtigen, daß die Realität oft von idealisierten Modellvorstellungen abweicht. Für viele der benötigten Parameter lassen sich keine exakten Datensätze gewinnen. In der Regel sind die Antriebsfunktionen großen Schwankungen unterworfen, so zum Beispiel den nicht vorhersagbaren Witterungsbedingungen. Die Zahl der Wechselwirkungen in einem natürlichen Ökosystem ist meist größer als im Modell. Um auf unser Beispiel zurückzugreifen, sei vermerkt, daß sich Tiere keineswegs klar in Herbivoren und Carnivoren einteilen lassen, denn viele sind bekanntlich Allesfresser (Omnivoren). Doch wenn man solche Komplikationen kennt, lassen sie sich unschwer in ein vorhandenes Modell integrieren. Meist fehlt es jedoch an der notwendigen Information.

Andererseits gibt es aber auch Beziehungen, die quantitativ kaum ins Gewicht fallen. Es ist daher sinnvoll, sie zu vernachlässigen, um sich nicht mit unnötiger Rechenarbeit zu belasten.

Man kannte bislang nur sehr wenige Ökosysteme, an denen beispielhaft gezeigt werden konnte, welche Eigenschaften das System hat. Es gibt in Deutschland einen See, den Plußsee bei Plön/Holst., der als ein Beispiel für ein nahezu vollkommen erforschtes Ökosystem zitiert werden kann (bearbeitet vom Max-Planck-Institut für Limnologie in Plön; näheres im Kapitel 58). Als Beispiel für ein terrestrisches System muß das „Solling-Projekt" erwähnt werden, ein Waldgebiet, das von Wissenschaftlern der Universität Göttingen untersucht wird.

Die Mehrzahl ökologisch arbeitender Biologen verfügt zwar meist über die notwendige Kenntnis der Pflanzen- und/oder Tierarten, doch nur sehr wenige wissen etwas über Bodenbakterien und -pilze (Zersetzer). Es gibt daher kaum Daten über deren Artzusammensetzung, Populationsdichte und Vermehrungsrate in ihrer natürlichen Umwelt. Vermehrungskinetiken, die unter Laborbedingungen gemessen wurden, sind nur bedingt brauchbar, weil die Wachstumsbedingungen dort meist günstiger sind und die Vermehrungsrate damit höher liegt als in der Natur.

Systemanalytische Ansätze lassen sich jedoch oft derart perfektionieren, daß man mit nur wenig, dazu auch noch recht lückenhafter Information relativ treffsichere Vorhersagen machen kann. Zur Illustration sei auf die Hochrechnungen nach Bundes- und Landtagswahlen verwiesen, deren erste Prognosen dem amtlichen Endergebnis in der Regel schon sehr nahe kommen. Auch in der Ökologie ist man auf vergleichbare Optimierungsprozesse angewiesen, denn alle Datenlisten, so umfangreich sie auch aussehen mögen, repräsentieren immer nur eine verhältnismäßig kleine Stichprobe der tatsächlich vorhandenen, doch nicht erfaßten Daten.

Mit zunehmender Komplexität eines mathematischen Modells nimmt seine Treffsicherheit zu, mit zunehmender Komplexität eines Ökosystems steigt – wie schon gesagt – auch dessen Stabilität.

Aus der Statistik (s. Kap. 13) wissen wir, daß ein systematischer Fehler (σ) umgekehrt proportional zur Wurzel aus der Zahl der Einzelmessungen ist ($1/\sqrt{n}$). Je größer das Zahlenmaterial ist, desto geringer ist folglich die Fehlerquote.

Energiefluß in Ökosystemen – Produktivität, Nahrungsketten, Trophieebenen

Wie im letzten Abschnitt dargelegt, ist ein Energiefluß ein wesentliches Merkmal eines jeden Ökosystems, denn alle lebenden Systeme sind als offen zu beschreiben. Sie sind auf eine ständige Energiezufuhr angewiesen, um die strukturelle Organisation und die lebenserhaltenden Funktionen aufrechtzuerhalten, denn nach dem zweiten Hauptsatz der Thermodynamik (s. Kap. 18) strebt jedes System den Zustand höchster Entropie an. Die Umkehr – also die Bildung entropiearmer (= geordneter) Einheiten – erfordert die Zufuhr von Energie aus der Umgebung, und da nur

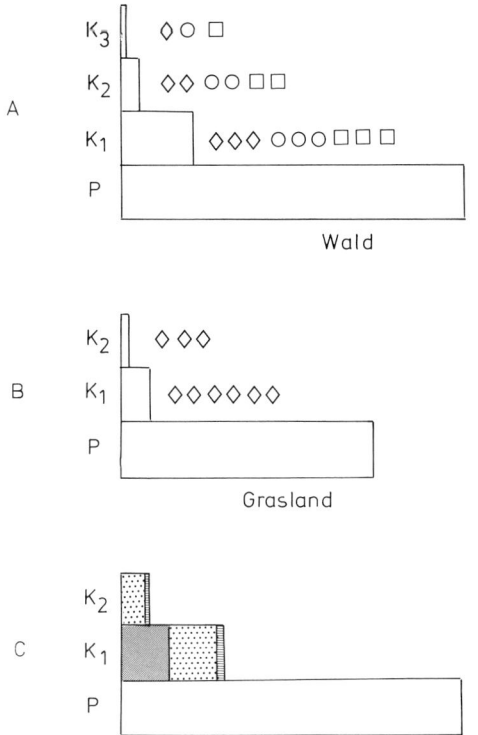

Abb. 54.3. Biomasse und Artenzahl auf verschiedenen Trophieebenen. Die verschiedenen Arten sind durch Symbole (Rauten, Kreise, Quadrate) gekennzeichnet. (P: Produzenten, $K_{1,2,3}$: Konsumenten erster, zweiter und dritter Ordnung) A Wald als Beispiel eines intakten Ökosystems. Trotz der starken Abnahme der Biomasse beim Übergang von einer Trophieebene zur nächst höheren, findet man auf jeder Ebene zahlreiche Arten. B Grasland als Beispiel für ein partiell bewirtschaftetes Ökosystem. Die Artenzahl ist stark eingeschränkt, die Individuenzahl bleibt jedoch hoch. C Getreidefeld. Ausnutzung der Biomasse durch den Menschen. K_1 (dunkel): Futtermittel für Haustiere (Fleischproduktion); gerastert (K_1 und K_2) vom Menschen direkt oder indirekt verwertet. Ein geringer Prozentsatz (dünne Säulen) geht durch Schädlinge verloren. (G.M. Woodwell 1970)

Pflanzen (und einige Prokaryoten, vornehmlich die Cyanophyta) Lichtenergie verwerten können, fällt ihnen in jedem natürlichen Ökosystem eine Schlüsselrolle zu.

Weil der Energiefluß ein gerichteter (vektorieller) Prozeß ist und weil beim Übergang von einer trophischen Ebene (Stufe) zur nächsthöheren bestenfalls 10 Prozent der Biomasse verwertet werden kann, nimmt die Biomasse von Trophieebene zu Trophieebene drastisch ab. In der Natur kann es daher selten mehr als vier, höchstens fünf Trophieebenen geben.

Die Biomasse aller Carnivoren zusammengenommen, ist stets geringer als die der Herbivoren, und die wiederum ist geringer als die der Pflanzen.

Wir erhalten dadurch eine Nahrungspyramide, deren Gestalt von der Produktivität und Artzusammensetzung des jeweiligen Ökosystems abhängt (s. Abb. 54.3). Die lineare Abfolge der einzelnen Glieder (Produzenten, Konsumenten 1. Ordnung ...) nennt man Nahrungskette, doch weil die Verhältnisse in natürlichen Ökosystemen meist komplexer sind, ist es besser, von einem Nahrungsnetz (oder Nahrungsgefüge) zu sprechen.

Nahrungspyramiden beziehen sich in der Regel auf Angaben der Biomasse, nicht so sehr auf Arten- und Individuenzahlen. Über 90 Prozent der Gesamtbiomasse der Erde entfällt auf Pflanzen, nur wenige Prozent auf die übrigen Organismengruppen. Der Vergleich der Artenzahlen hingegen ergibt, daß es etwa zehnmal so viele Tier- wie Pflanzenarten gibt.

Unter gewissen Bedingungen können umgekehrte Nahrungspyramiden beobachtet werden. Die Ursache hierfür liegt entweder in einer zeitlichen oder räumlichen Versetzung des Erscheinens der einzelnen Systemelemente. Eine Anzahl von Tieren ernährt sich von toten Pflanzen oder Pflanzenresten. Die Biomasse lebender Tiere kann daher in manchen Ökosystemen im Winter höher als die der lebenden Pflanzen sein. Während der übrigen Jahreszeiten gelten die üblichen Bedingungen. Eine räumliche Trennung ist für die Tiefsee typisch, denn Tiefseetiere leben in Zonen, in denen Photosynthese, und damit das Vorkommen von Pflanzen ausgeschlossen ist. Sie ernähren sich von einem ständigen Regen abgestorbener Pflanzen (fast ausnahmslos einzellige Algen). Um die Größenordnungen der Energieflüsse in Ökosystemen zu ermitteln, muß man sich zunächst mit dem Energieinput, d.h., der Menge und Qualität des Sonnenlichts auseinandersetzen. In der Abbildung 54.4 sind die Emissionsspektren der Sonne sowie die Filterwirkung der Atmosphäre, der Wolken und der Pflanzendecke wiedergegeben. Das Schema demonstriert erneut, daß im Verlauf der pflanzlichen Evolution solche Pigmente selektiert wurden, die die verfügbare Lichtqualität (d.h. Wellenlänge der Strahlung) optimal nutzten. Eine Bewölkung wirkt als Wärmeschutzfilter, sie absorbiert UV- und Infrarotstrahlung; beide sind für die Photosynthese wertlos, ja sogar schädlich. Licht des sichtbaren Bereichs wird in weit geringerem Maße absorbiert.

Eine Vegetationsdecke filtert sichtbares Licht. Da Chlorophylle und Phytochrom annähernd die gleichen Absorptionscharakteristika haben, gelangt hellrotes Licht kaum in tiefere Schichten. Da aber gerade dieser Wellenlängenbereich zur Steuerung von Keimungs- und Wachstumsprozessen benötigt wird (s. Kap. 30), inhibiert eine dichte Pflanzendecke die Entwicklung nachwachsender Pflanzen.

Über die Erdoberfläche gemittelt (ausgenommen Polar- und Wüstenregionen) wird die Sonnenenergie mit ca. 2 cal/cm²/min angegeben. Dieser Wert ist die Solarkonstante. Jahreszeitliche Schwankungen sowie Unterschiede in der Exposition (Nordhang, Südhang) führen zu Differenzen im Bereich einer Größenordnung.

Pro Tag erreicht demnach die Strahlungsenergie

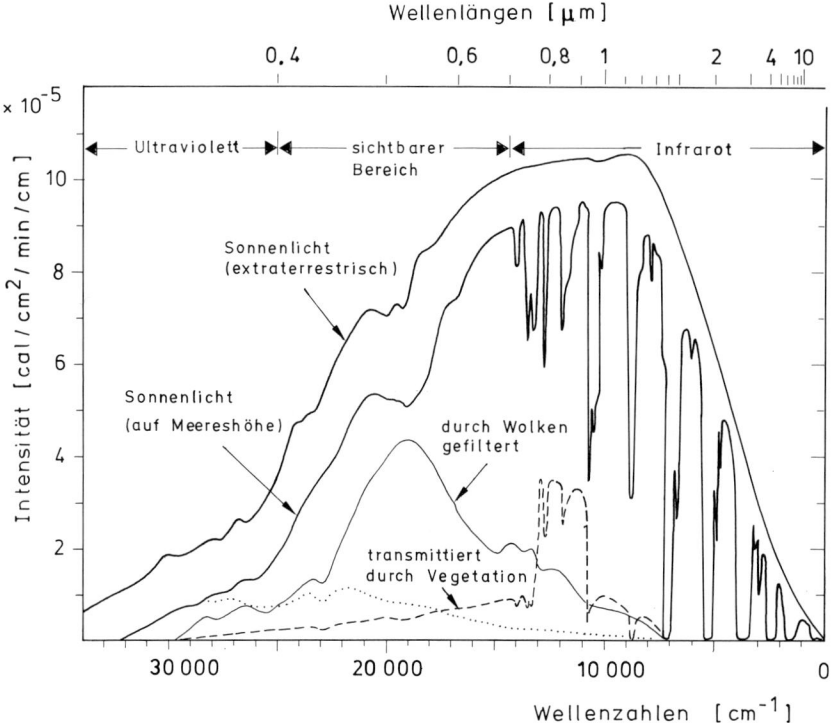

Abb. 54.4. Emissionsspektrum der Sonne sowie Filterwirkungen in der Biosphäre. (D.M. Gates, 1965)

einen Durchschnittswert von 3000–4000 kcal/m², das sind im Jahr $1,1$–$1,5 \times 10^5$ kcal/m².

Ein Teil dieser Energie wird von der Erdoberfläche reflektiert, ist damit für Biosyntheseprozesse von vornherein verloren. Was übrigbleibt, nennt man Nettostrahlung, für die man in Breiten zwischen 40° Nord und 40° Süd über dem Meer einen Wert von 1×10^6 kcal/m²/Jahr und über dem Festland einen Wert von $0,6 \times 10^6$ kcal/m²/Jahr ermittelt hat.

Wasserverdunstung und Luftbewegungen sind wichtige Faktoren, die dafür sorgen, daß der größte Teil dieser an und für sich gewaltigen Energiemengen zeitversetzt – als Wärmeenergie – ins Weltall abgeführt wird. Ohne diese Energieabgabe würde sich die Erde in kürzester Zeit überhitzen, und es würden dadurch Temperaturen entstehen, unter denen Leben nicht möglich wäre. Andererseits sind Sonneneinstrahlung und die damit verbundene Temperaturerhöhung die Hauptursache für das Auftreten von Klimazonen (tropisch, gemäßigt, polar) sowie von jahres- und von tageszeitlichen Schwankungen.

Die jährliche Biomasseproduktion wird auf etwa 164 Milliarden Tonnen geschätzt (R.H. Whittaker und G.E. Likens, Cornell University, 1975), ein Drittel davon entsteht in Ozeanen, zwei Drittel in terrestrischen Ökosystemen.

Zwischen Biomasse und Produktionsrate ist klar zu unterscheiden. Unter der Produktionsrate oder Produktivität versteht man eine pro Zeiteinheit fixierte Energiemenge. Aus vorhandener Biomasse allein lassen sich nur unter Vorgabe bestimmter Bedingungen Näherungswerte des Energieumsatzes ermitteln.

Wie bereits betont, geht bei jedem Schritt im Stoffwechsel Energie in Form von Wärme verloren. Um dem Rechnung zu tragen, unterscheidet man zwischen Brutto- und Nettoproduktion. Die Nettoproduktion ist dabei der nach Abzug der durch Atmungsprozesse verlorenen Energiemenge verbleibende Restbetrag. Zu den Schwierigkeiten der Produktivitätsbestimmung gehört das Faktum, daß oft nicht zu entscheiden ist, ob sich ein System (hier die Pflanzen) in einem Fließgleichgewicht oder in einem dynamischen Gleichgewicht (Wachstumsphase) befindet. Mit der kontinuierlichen Abnahme der Wachstumsaktivität nimmt auch die Atmungsaktivität ab, denn zum Erhalt von Strukturen wird weniger Energie benötigt als zum Aufbau neuer.

Aus der Bestimmung der Photosyntheseaktivität – gemessen an der Menge freigesetzten Sauerstoffs – läßt sich ebenfalls nur wenig über die Produktivität aussagen, denn ein Teil des Sauerstoffs wird durch die Atmung verbraucht, ein weiterer durch die Lichtatmung (Photorespiration, s. Kap. 23), deren Aktivität wiederum direkt mit der zur Verfügung stehenden Lichtmenge korreliert ist.

Unter kontrollierten Laborbedingungen und großem experimentellem Aufwand sind die einzelnen Faktoren voneinander getrennt meßbar. Die unter derartigen Bedingungen gewonnenen Daten können zu Proportionalitätsfaktoren umgerechnet werden. Oft bedient man sich zur Bestimmung der Biomasse der Messung des Kohlenstoffanteils (einer bestimmten Einheit).

Als Umrechnungsfaktoren gelten:

788

Abb. 54.5. Produktivitätsmodelle für Feldfrüchte, die zeigen, daß die maximale Ernte eßbarer Teile nicht mit der maximalen Gesamtproduktion zusammenfallen. *A* Beziehungen zwischen Bruttoprimärproduktion und Nettoprimärproduktion. *B* Auswirkung der Dauer der Vegetationsperiode auf den Ertrag von Körnern und die gesamte Trockensubstanz über dem Boden (Stroh und Korn) beim Reis. (J.L. Monteith 1965, nach E. Black 1963; R. Best 1962)

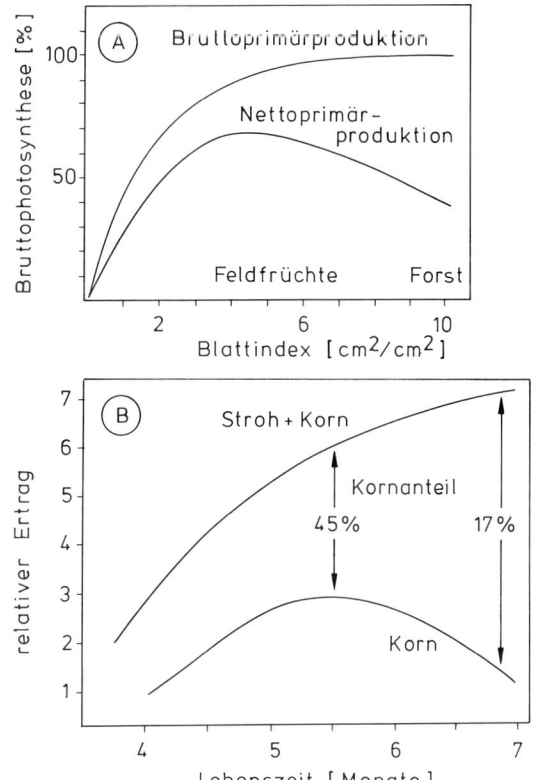

10 kcal $\triangleq$ 2 g Trockensubstanz $\triangleq$ 1 g Kohlenstoff
Ein Energiefluß wird üblicherweise in Dimensionen von kcal/g Trockengewicht angegeben.

Natürliche Ökosysteme sind auf eine maximale Bruttoproduktionsrate (hohen Umsatz) optimiert, vom Menschen beeinflußte (landwirtschaftlich genutzte Flächen) auf eine möglichst hohe Nettoproduktionsrate (s. Abb. 54.5).

Klimaxgesellschaften, z.B. der tropische Regenwald, zeichnen sich durch eine hohe Produktivität bei nahezu gleichbleibender Biomasse aus. Anders ein Ökosystem, das sich in einer Sukzession befindet. Ein Moor beispielsweise wächst durch stetige Ablagerung von abgestorbenem *Sphagnum*-Gewebe.

Nur etwa 5 Prozent der verfügbaren Sonnenenergie wird in Form chemischer Energie in der Biomasse der Pflanzen konserviert, davon können – rein theoretisch – allenfalls 80 Prozent von den Organismen der nächsthöheren Trophieebene genutzt werden. Die

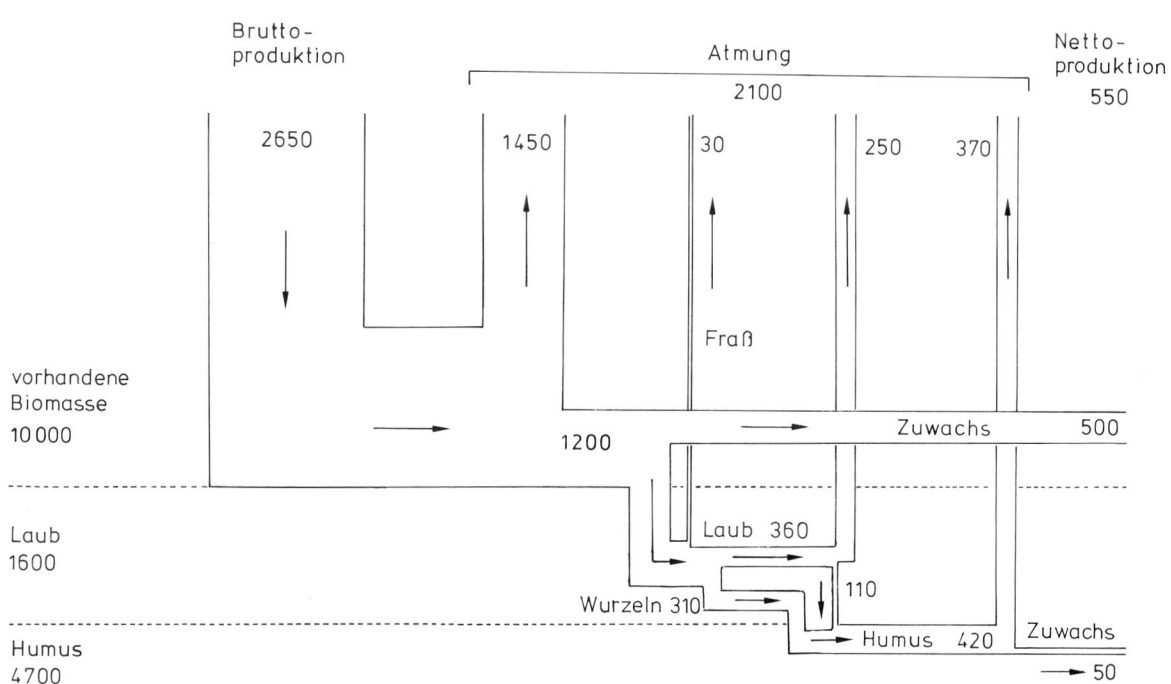

Abb. 54.6. Energiefluß durch ein Ökosystem (Eichenwald in Nachbarschaft des Brookhaven National Laboratory/ Ostküste USA). Zahlenangaben: g Trockengewicht/m²/ Jahr. Wie die Abbildung zeigt, geht der größte Teil der fixierten Biomasse durch Atmung wieder verloren. Nur etwa 20 Prozent der Bruttoproduktion sind als Zuwachs (Nettoproduktion) zu veranschlagen. (G.M. Woodwell 1970)

Tabelle 2. Nettoprimärproduktion und jährliche Energiefixierung in verschiedenen Vegetationseinheiten der Erde

| Vegetationseinheit | Fläche (10^6 km²) | Nettoprimärproduktion | | Energiefixierung/Jahr | |
		Mittelwert (g/m²/Jahr)	Flächensumme (Produkt der beiden letzten Spalten)	10^6 cal/m²	10^{18} cal/Fläche
Summe für Land	149,0	669	100,2		426,1
Wälder	50,0	1290	64,5		277,0
tropischer Regenwald	17,0	2000	34,0	8,2	139,4
regengrüner Wald	7,5	1500	11,3	6,3	47,2
sommergrüner Wald	7,0	1000	7,0	4,6	32,2
mediterraner Hartlaubwald	1,5	800	1,2	3,9	5,9
warmtemp. Mischwald	5,0	1000	5,0	4,7	23,5
borealer Wald	12,0	500	6,0	2,4	28,8
Waldland	7,0	600	4,2	2,8	19,6
niederes und offenes Gestrüpp	26,0	90	2,4		10,2
Tundra	8,0	140	1,1	0,6	4,8
Buschwüste	18,0	70	1,3	0,3	5,4
Grasland	24,0	600	15,0		60,0
tropisches Grasland	15,0	700	10,5	2,8	42,0
temperiertes Grasland	9,0	500	4,5	2,0	18,0
extreme Wüsten	24,0	1			0,1
Trockenwüsten	8,5	3	–	–	0,1
Eiswüsten	15,5	0	–	–	–
Kulturland	14,0	650	9,1	2,7	37,8
Binnengewässer	4,0	1250	5,0		21,4
Sumpf und Moor	2,0	2000	4,0	4,8	16,8
Seen und Flüsse	2,0	500	1,0	2,3	4,6
Ozeane	361,0	155	55,0		260,8
Riffe und Brackwasser	2,0	2000	4,0	9,0	18,0
Küstenzonen	26,6	350	9,3	1,6	42,6
offenes Weltmeer	332,0	125	41,5	0,6	199,2
Auftriebszonen	0,4	500	0,2	2,5	1,0
Summe	510,0	303	155,2		686,9

H. Lieth, 1974 (vereinfacht)

Die Nettorpimärproduktion kann in den einzelnen Einheiten beträchtlich schwanken, so wird der niedrigste Wert für „offenes Weltmeer" mit zwei, der höchste mit 400 angegeben, für „Kulturland" lauten die entsprechenden Angaben 100, respektive 4000. In den meisten der übrigen Vegetationseinheiten schwanken die Werte um etwa das Fünffache.
Zur Umrechnung von Nettoprimärproduktion auf Energiefixierung wird ein Heizwert (kcal/g) angenommen. Er liegt bei ca. 4,5. Der niedrigste Wert (4,0) wird für Grasland angegeben, der höchste (4,9) für offenes Weltmeer und Auftriebszonen.

Realität sieht aber meist viel ungünstiger aus. So liegt beispielsweise in Wäldern der überwiegende Teil der Biomasse in Form von Holz fest, und das ist für tierische Ernährung denkbar ungünstig. Nur wenige Spezialisten können damit etwas anfangen. Die Abbildung 54.6 veranschaulicht die Beziehung zwischen Brutto- und Nettoproduktion sowie den Energiefluß in einem Wald-Modellökosystem.

Die verfügbare Lichtmenge ist in der Regel kein limitierender Faktor. Anders verhält es sich mit dem Wasser (s. Tabelle 2). Man denke dabei nur an das karge Pflanzenwachstum in Wüsten und vergleiche es mit der üppigen Vegetation der Tropen. Ergänzt sei, daß die Lichtmenge in den meist wolkenlosen Wüstengebieten die der wolkenbedeckten Tropen deutlich übersteigt.

In bewässerten Wüstenregionen ist wegen der hohen Lichtintensität eine höhere Bruttoproduktionsrate als in Gebieten mit geringerer Lichtintensität zu erzielen. Doch aufgrund der hohen Atmungsverluste während der warmen Nächte wird von der Pflanze mehr Energie verbraucht als in kühleren Gegenden.

In der Bilanz ergibt sich daraus eine Verminderung der Nettoproduktionsrate. Das erklärt, weshalb zum Beispiel Reisernten in äquatorialen Gebieten stets geringere Flächenerträge ergeben als in gemäßigten Zonen.

Stoffkreisläufe

Die Elemente, die für den Aufbau lebender Systeme benötigt werden, sind in erster Näherung als stabil zu betrachten. Radioisotope spielen nur eine untergeordnete Rolle, und selbst die Halbwertszeit des ^{14}C von 5770 Jahren übersteigt die Lebensdauer von Organismen in der Regel um ein Vielfaches.

Daraus folgt, daß alle Elemente im System Biosphäre erhalten bleiben (sofern man von dem minimalen Anteil absieht, der durch Diffusion ins Weltall abwandert). Das einzige, was sich ändert, ist deren Verteilung. Zu diesen Änderungen gehören einmal räumliche Verlagerungen, zum anderen chemische

Abb. 54.7. Die Bedeutung von Wasser für die Vegetation und die menschliche Zivilisation. Nildelta und Sinai-Halbinsel. Deutlicher als auf einem solchen Satellitenphoto kann der Kontrast zwischen bewässertem Land (hier einem der ältesten menschlichen Siedlungsräume) und umgebender Wüste wohl nicht sichtbar gemacht werden. (NASA S-65-34 776, Gemini IV, Juni 1965)

Reaktionen (z.B., im Stoffwechsel der Organismen), durch die bestimmte Atome in verschiedene Molekülverbände eingebaut werden.

Alle Änderungen lassen sich zusammenfassend durch Kreisprozesse (Zyklen) beschreiben. Kreisläufe können für jedes beliebige Element erstellt werden, doch befaßt man sich, wenn man an biologischen Problemen interessiert ist, vornehmlich mit denen des Sauerstoffs, Kohlenstoffs, Stickstoffs, Phosphors, Schwefels sowie dem des Wassers. Wasser ist zwar kein Element, aber ein weitgehend stabiles Molekül, das für alle Lebensprozesse essentiell ist. Kreisläufe können ebenso als Systeme beschrieben werden, wie wir es am Beispiel des generalisierten Ökosystems kennengelernt haben. Als Systemelemente oder Kompartimente sind die oft riesigen Depots (Reservoirs oder pools) der Elemente zu nennen (Erdkruste, Ozean, Atmosphäre usw). Nur ein verschwindend geringer Anteil des Materials ist in Bewegung und noch weniger an der Ausbildung lebender Systeme beteiligt.

Der Kreislauf des Wassers

Der Wasserkreislauf wird an erster Stelle besprochen, weil die Wasserversorgung der Erdoberfläche neben der Sonneneinstrahlung – und der damit verbundenen Energiezufuhr – die wichtigste Voraussetzung für die Vegetation, damit auch für die Besiedlung der Erde ist. Besonders eindrucksvoll ist diese an sich bekannte Tatsache durch Luftaufnahmen zu belegen, die über partiell bewässerten Trockengegenden gemacht wurden (s. Abb 54.7).

Wasser kann in drei Zuständen vorliegen: fest (Eis), flüssig und gasförmig (Dampf). Im für physiologische Prozesse optimalen Temperaturbereich liegt es in flüssiger Form vor. Wasser hat eine hohe Wärmespeicherkapazität, ferner ist es ein ideales Lösungsmittel für zahlreiche Ionen. Der pH-Wert von Bodenwasser kann daher zwischen pH 3 und 10 schwanken. (Mit dem Problem „Saurer Regen" werden wir uns an anderer Stelle befassen, s. Kap. 55). Im Küstenbereich der Weltmeere liegt er über pH 9 und in den Ozeanen über pH 8. Die hohe Alkalität ist eine der Hauptursachen für die hohe Aufnahmekapazität von CO_2, das in Carbonat/Bicarbonat überführt wird. Nur ein Bruchteil des vorhandenen Wassers wird chemisch verändert, wobei die Photolyse durch Photosynthese den Hauptanteil ausmacht.

Die Erdoberfläche beträgt 510 Millionen km², davon sind 362 Millionen km² von Wasser bedeckt, davon wiederum machen 325 Millionen km² offene Ozeane aus.

Die Gesamtmenge des Wassers liegt bei 1,5 Milliarden km³. 97 Prozent davon ist in den Ozeanen enthalten, nur drei Prozent im Süßwasser, und drei Viertel

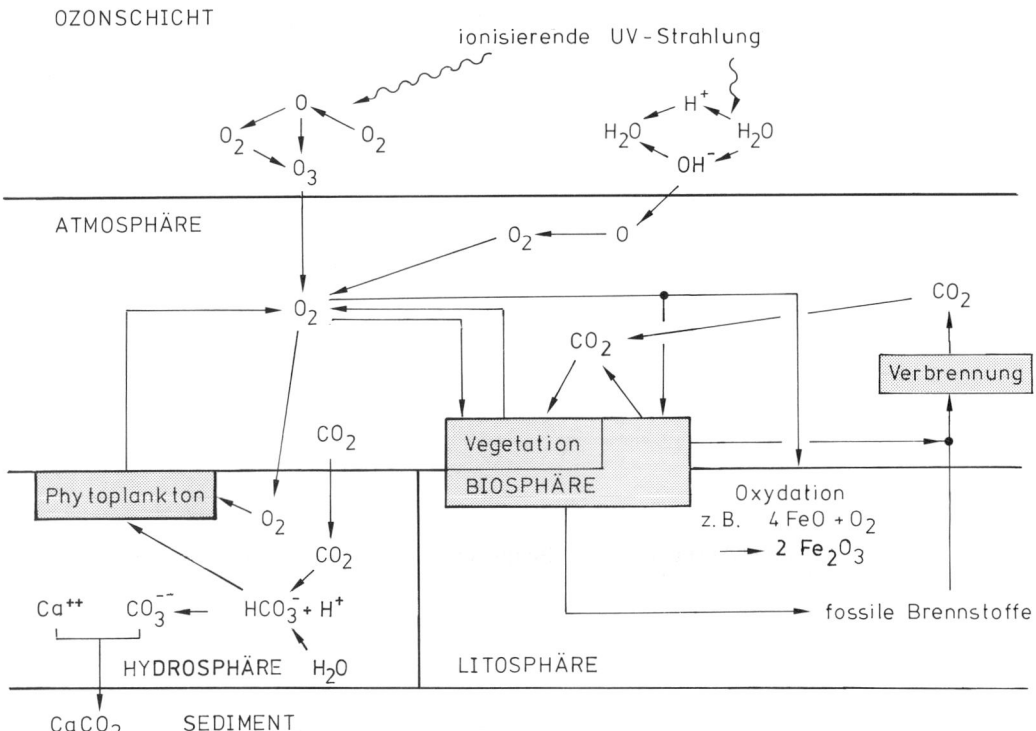

Abb. 54.8. Sauerstoffkreislauf

davon ist als Eis in den Polkappen und Gletschern immobilisiert.

Der atmosphärische Anteil liegt unter 0,001 Prozent. Die für Pflanzen erreichbare Menge liegt in der gleichen Größenordnung.

Atmosphärisches Wasser zeichnet sich durch eine geographisch unterschiedliche Verteilung aus. Die Hauptmenge findet man in Äquatornähe.

Wasser hält sich in der Atmosphäre wenige Stunden bis Wochen, im Durchschnitt sind es etwa 9–10 Tage. Atmosphärische Temperatur- und Druckunterschiede sind die Ursachen der Luftmassenbewegungen. Über den Ozeanen ist die Präzipitation geringer als die Verdunstung (107–114 cm/Jahr gegenüber 116–124 cm/Jahr). Über Land liegen die Verhältnisse umgekehrt (Verdunstung: 47 cm/Jahr; Präzipitation: 71 cm/Jahr). Der Ausgleich erfolgt über Abfluß von Oberflächenwasser (Flüsse) oder zum geringeren Teil durch Bodenwasser (Sickerwasser).

Für einen Botaniker sind noch zwei weitere Aspekte wichtig:
– einmal die unterschiedliche geographische Verbreitung der Niederschläge, mehr dazu im Abschnitt Vegetationszonen, siehe Kapitel 57
– und zum anderen jener Abschnitt des Kreislaufs, an dem die Pflanze selbst beteiligt ist.

Zur Produktion von 20 Tonnen Biomasse (Frischgewicht von Gras) werden 2000 Tonnen Wasser benötigt; und das wiederum heißt, daß der überwiegende Teil des Wassers die Pflanze passiert und durch Tran-

spiration abgegeben wird. Von den 20 Tonnen Frischgewicht entfallen 15 auf ungebundenes Wasser (in den Geweben der Pflanze). Die restlichen fünf Tonnen sind Trockengewicht. Von ihnen sind drei Tonnen gebundenes Wasser, die verbleibenden bestehen aus anderen Substanzen.

Der Kreislauf des Sauerstoffs

Der Sauerstoffgehalt der Atmosphäre geht nahezu ausschließlich auf die Photosyntheseaktivität grüner Pflanzen zurück. Im Verlauf der Erdgeschichte kam es daher seit dem Auftreten der ersten zur Photosynthese durch Wasserhydrolyse befähigten Organismen zu einer stetigen Sauerstoffanreicherung (s. Abb. 42.1), bis ein Gleichgewichtszustand, der bei dem heutigen Wert von 21 Volumenprozent liegt, erreicht war. Die Quellen des atmosphärischen Sauerstoffs waren vornehmlich H_2O, in geringerem Maße andere Oxyde. Atmungs- und Verbrennungsprozesse sind sauerstoffzehrend, das Endprodukt der Atmung ist CO_2. Die in Organismen ablaufenden Redoxerscheinungen haben wir bereits an anderer Stelle beschrieben.

In der Atmosphäre sind größenordnungsmäßig $1,3 \times 10^{14}$ Tonnen freien Sauerstoffs enthalten. Die Lithosphäre enthält $5,5 \times 10^{16}$ Tonnen gebundenen Sauerstoffs, also mehr als hundertmal so viel. Der Hauptteil ist dort in Form von Carbonaten, Silikaten, Sulfaten und anderen Oxyden gebunden. In der At-

792

mosphäre liegt er vorwiegend als O_2 vor, in höheren Schichten (Stratosphäre) entsteht, bewirkt durch die stark ionisierende kosmische Strahlung, O_3 (Ozon) und O (atomarer Sauerstoff). Die Ozonschicht bildet einen wirkungsvollen Schutz der Biosphäre vor kurzwelliger UV-Strahlung.

Seit Jahrzehnten wird Sauerstoff durch menschliche Aktivitäten (anthropogene Einflüsse; Industrialisierung u.a.) in steigendem Maße verbraucht, und CO_2 wird freigesetzt, dennoch ist eine Abnahme an freiem Sauerstoff nicht zu befürchten. Wie wir aber im folgenden Abschnitt sehen werden, ist ein merklicher Anstieg der CO_2-Konzentration in der Atmosphäre registrierbar.

Eine wesentliche Eigenart des Sauerstoffkreislaufs (s. Abb. 54.8) ist seine Verknüpfung mit einem Teilabschnitt des Kohlenstoffkreislaufs, dem Carbonatkreislauf, bei dem den Pflanzen eine Schlüsselrolle zufällt.

Ein weiterer Punkt ist die relativ hohe Austauschrate des atmosphärischen Sauerstoffs, sie liegt bei 2000 Jahren. Mit anderen Worten: Pro Jahr wird durch Photosyntheseaktivität 1/2000 des gesamten atmosphärischen Sauerstoffs erzeugt (und ebensoviel wird durch Oxydation verbraucht).

Das CO_2 der Atmosphäre wird in nur 300 Jahren vollständig ausgetauscht. Die gesamte Wassermenge, nämlich die bereits genannten 1,5 Milliarden km³, wird im Verlauf von zwei Millionen Jahren photolytisch gespalten und durch Oxydation neu gebildet.

Diese Werte veranschaulichen, daß sich am Wasserkreislauf ohne die Aktivität der Pflanzen nur wenig ändern würde, während Sauerstoff- und Carbonatkreislauf dadurch drastisch in Mitleidenschaft gezogen wären.

Kreislauf des Kohlenstoffs

Kohlenstoff ist ein Element, das an der Erdoberfläche nur zu einem geringen Teil in atomarer Form vorliegt (Kohle, Diamant). Der überwiegende Teil ist entweder oxydiert (CO_2, Carbonat/Bicarbonat, in geringer Menge auch CO), oder reduziert (Kohlenwasserstoffe und deren Abkömmlinge (s. Kap. 16.).

Der Hauptanteil des Kohlenstoffs in organischer Substanz ist reduziert, und der Einbau (Fixierung) des Kohlenstoffs erfolgt im Verlauf des Photosyntheseprozesses. Den Pflanzen fällt damit erneut eine Schlüsselrolle zu, der Kohlenstoffkreislauf ist daher unmittelbar mit ihrem Energiehaushalt gekoppelt.

In vielen Lehrbüchern wird ein Unterabschnitt – der Carbonatzyklus – ausgegliedert und getrennt besprochen. Das mag aus praktischen Erwägungen angebracht sein, denn der Umsatz des CO_2, bzw. des in Wasser gelösten Carbonats/Bicarbonats ist verhältnismäßig leicht meßbar. Die ^{14}C-Methode hat wesentlich dazu beigetragen, daß wir über den Verbleib des Kohlenstoffs recht gut Bescheid wissen.

Unter dem Gesichtspunkt „Carbonatzyklus" wird

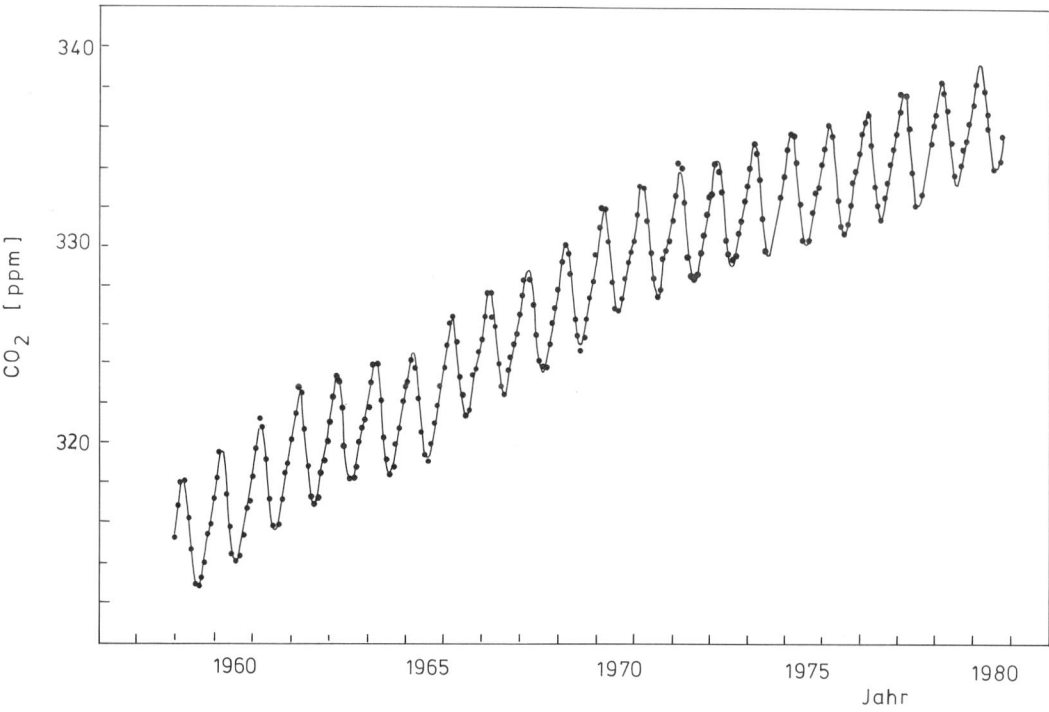

Abb. 54.9. Zunahme des atmosphärischen CO_2 im Verlauf von 20 Jahren. Die CO_2-Konzentrationen unterliegen einer Schwankung im Jahresgang (entsprechend der Photosyntheseaktivitäten der Pflanzen). Die Werte wurden zwischen 1958 und 1979 auf Mauna Loa (Hawaii) registriert (Mauna-Loa-Kurve). Die Messungen werden fortgeführt. (D.M. Gates *et al.*, 1983)

die reduzierte Form des Kohlenstoffs als *black box* behandelt. In der Tat wissen wir über sie auch am wenigsten Bescheid. Sie enthält einerseits die lebende Substanz (Biomasse) – darüber gibt es verläßliche Angaben – andererseits aber auch abgestorbenes Material und das, was man unter dem Begriff „fossile Brennstoffe" zusammenfassen kann.

Die Menge des von Pflanzen fixierten Kohlenstoffs ist zur Bruttoprimärproduktion direkt proportional, während die Menge des durch Atmung freigesetzten CO_2 von der Differenz zwischen Brutto- und Nettoproduktion abhängt.

Der Hauptanteil des Kohlenstoffs liegt als Carbonat in der Lithosphäre vor, ein geringerer Anteil ist in den Ozeanen gelöst. In der Atmosphäre macht der Anteil des CO_2 etwa 0,03 Volumenprozent (= ca. 300 ppm; *parts per million*) aus. Diese Angabe ist ein Richtwert. Seit Ende der fünfziger Jahre wird eine stetige Zunahme der CO_2-Konzentration registriert. Die in der Abbildung 54.9 dargestellte Funktion (eine Exponentialfunktion) läßt sich nach rückwärts extrapolieren und ergibt, daß die CO_2-Konzentration in vorindustrieller Zeit 260 ppm betragen haben mußte. Zwischen 1958 und 1982 nahm der CO_2-Gehalt der Luft um 8 Prozent zu.

Ein großer Teil der Zunahme beruht auf Verbrennung fossiler Brennstoffe (Kohle, Erdöl, Erdgas). Legt man Angaben aus den Jahren 1979 und 1980 zugrunde, läßt sich der Anteil auf $5,3 \times 10^9$ t (= 5,3 Milliarden Tonnen) pro Jahr hochrechnen. Hinzu kommt ein weiterer Betrag von ca. $1,8-4,7 \times 10^9$ t C pro Jahr, der auf Biosphärenzerstörung zurückzuführen ist. Darunter versteht man die Rodungen in den Tropen, die Zerstörung der Savannen, sowie häufiges Pflügen landwirtschaftlich genutzter Flächen. Durch die Bodenauflockerung gelangt nämlich CO_2 aus Abbauprozessen (Humusbildung) an die Oberfläche, die Adsorption an Humuspartikel entfällt, CO_2 entweicht

und reichert damit die Atmosphäre an oder geht durch Abschwemmung verloren (über die Flüsse ins Meer). Die erwähnten Angaben der atmosphärischen CO_2-Konzentrationen sind Durchschnittswerte. Die Konzentrationen können regional und lokal beträchtlich schwanken. Als Beispiel sei eine Messung in der Nähe eines Waldstücks wiedergegeben (s. Abb. 54.10), aus der hervorgeht, daß neben Tag-Nachtschwankungen in verschiedenen Höhen über dem Boden unterschiedliche Werte registrierbar sind.

Zum Verständnis der globalen Verschiebungen des Kohlenstoffs müssen einige quantitative Angaben berücksichtigt werden: Die Gesamtmenge liegt bei $1,384 \times 10^{18}$ t, davon liegen $3,9 \times 10^{13}$ t in anorganischer und 1×10^{12} t in organischer Form vor.

Die Gesamtbiomasse enthält $5,6 \times 10^{12}$ t C, die jährliche Bruttoprimärproduktion umfaßt $1,1-1,2 \times 10^{11}$ t C, die Nettoprimärproduktion wird mit $0,57 \times 10^{11}$ t C angegeben. Etwa die Hälfte der Bruttoprimärproduktion entfällt auf marine Pflanzen (einzellige Algen): $0,43 \times 10^{11}$ t C. Doch trotz dieses hohen Beitrags beträgt der Anteil mariner Organismen an der Gesamtbiomasse nur etwas über 10 Prozent. Mit anderen Worten: Der überwiegende Teil des durch Primärproduktion fixierten Kohlenstoffs wird entweder direkt oder im Verlauf des biologischen Abbaus von totem organischem Material wieder veratmet. Die Lebensdauer mariner Organismen wird nach Wochen bemessen, die der terrestrisch lebenden nach Jahren. Die erhöhte Lebensdauer (und die damit verbundene Akkumulation von fixiertem Kohlenstoff) macht sich in einer verminderten Atmungsaktivität bemerkbar. Nur ca. 30 bis 40 Prozent wird veratmet. Ein Modell des globalen Kohlenstoffkreislaufs ist dem folgenden Schema zu entnehmen (s. Abb. 54.11).

Die besprochenen Zahlen, vor allem die Zunahme an atmosphärischem CO_2 und der hohe Anteil der

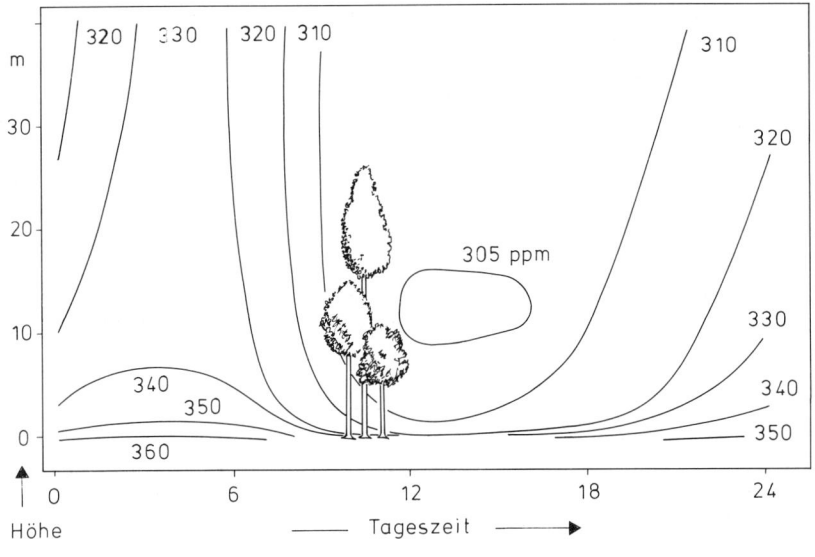

Abb. 54.10. Ungleiche CO_2-Verteilung in Nachbarschaft einer Baumgruppe im Verlauf eines Tages. (A. Baumgartner 1968 nach R. Miller und J. Rusch 1960)

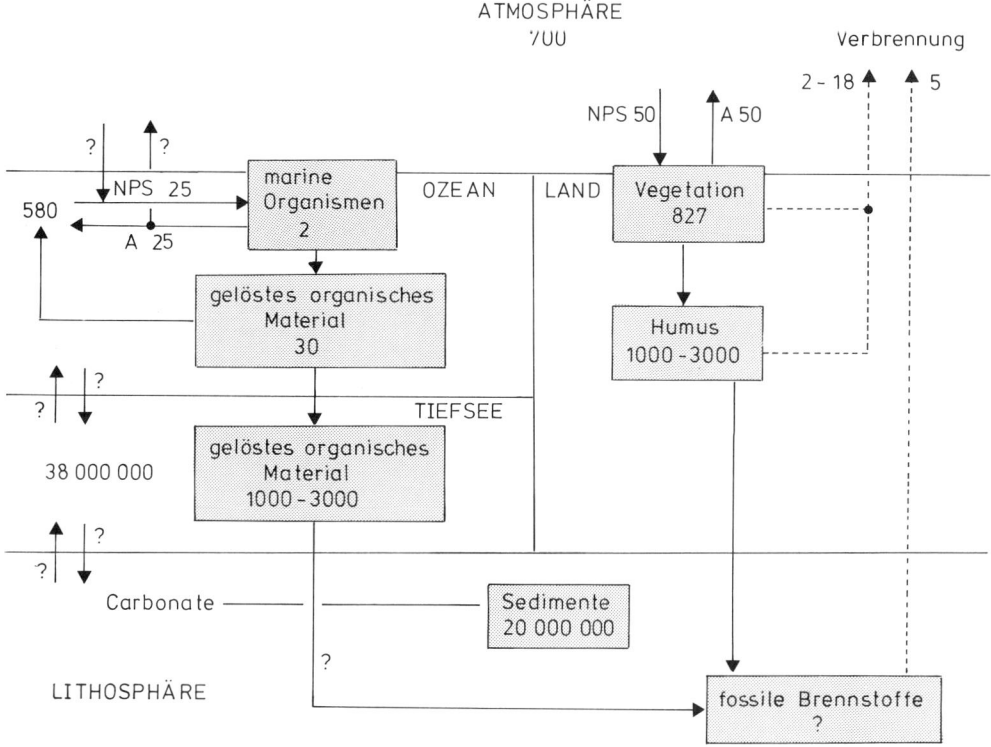

Abb. 54.11. Kohlenstoffkreislauf. Zahlenangaben in 10^9 Tonnen (NPS: Nettophotosynthese, A: Atmung) (B. Bolin, 1970)

Biosphärenzerstörung läßt vermuten, daß der Kohlenstoffkreislauf aus dem Gleichgewicht gerät und weitere Folgen, beispielsweise ein Temperaturanstieg (Glashauseffekt), unausweichlich sind. In der Realität sieht das Bild wesentlich komplexer aus, denn nur ein geringer Bruchteil der bei Verbrennungsprozessen freiwerdenden CO_2-Menge gelangt in die Atmosphäre und verbleibt dort.

Ein beachtlicher Teil wird von der Ozeanen absorbiert. Dort wird er als (Ca^{2+})-Carbonat unter anderem zur Skelettbildung der Organismen benötigt. Wie bedeutungsvoll dieser Prozeß ist, beweist das Vorkommen umfangreicher Kreidelager sowie die Tatsache, daß eine verstärkte Kreidebildung Anlaß zur Benennung eines ganzen Erdzeitalters wurde.

Trotz der Zerstörung der Vegetation in unserer Zeit durch den Menschen gibt es kaum Hinweise darauf, daß sich die jährliche Biomasseproduktion verringert. Das Gegenteil scheint der Fall zu sein, was u.a. darauf beruhen mag, daß CO_2 stets ein limitierender Faktor der Photosynthese gewesen ist. Ein höheres Angebot führt demnach zu höherem Umsatz. Ob Düngung landwirtschaftlicher Flächen den Wert darüber hinaus erhöht, ist derzeit noch fraglich.

Der Kohlenstoffumsatz terrestrisch lebender Organismen ist nur unter Einbeziehung der Kompartimente Lithosphäre, Oberflächenwasser, Atmosphäre und Ozean verständlich, während der Abschnitt in Ozeanen sich als weitgehend geschlossener Teilzyklus erwies.

Die Austauschmengen zwischen Ozean und Atmosphäre fallen demgegenüber kaum ins Gewicht. Trotz großer Massenverschiebungen (Strömungen) von Oberflächenwasser bleibt Tiefenwasser davon weitgehend verschont. Messungen des ^{14}C-Gehalts ergaben, daß im Atlantik unterhalb von 1500 m Tiefe die Verweildauer des Wassers (und der darin gelösten Stoffe) an einem Ort 275 Jahre beträgt.

Kreislauf des Stickstoffs

Der Stickstoffkreislauf ist wesentlich komplexer strukturiert als die bisher behandelten. 79 Prozent der Atmosphäre besteht aus freiem Stickstoff (N_2), mindestens ebenso große Mengen an gebundenem Stickstoff sind in der Lithosphäre enthalten, doch stehen diese gewaltigen Reservoirs den Pflanzen nicht unmittelbar zur Verfügung. Eine zentrale Rolle spielen die Mikroorganismen. Stickstoffixierung ist das fast alles beschreibende Stichwort. Wir haben uns mit diesem Vorgang bereits auseinandergesetzt und gesehen, daß der Prozeß außergewöhnlich energieaufwendig ist. Pflanzen verwerten Stickstoff fast nur in Form von Ammonium- und Nitrationen. Die Bedeutung der Insektivoren können wir hier außer acht lassen. In

795

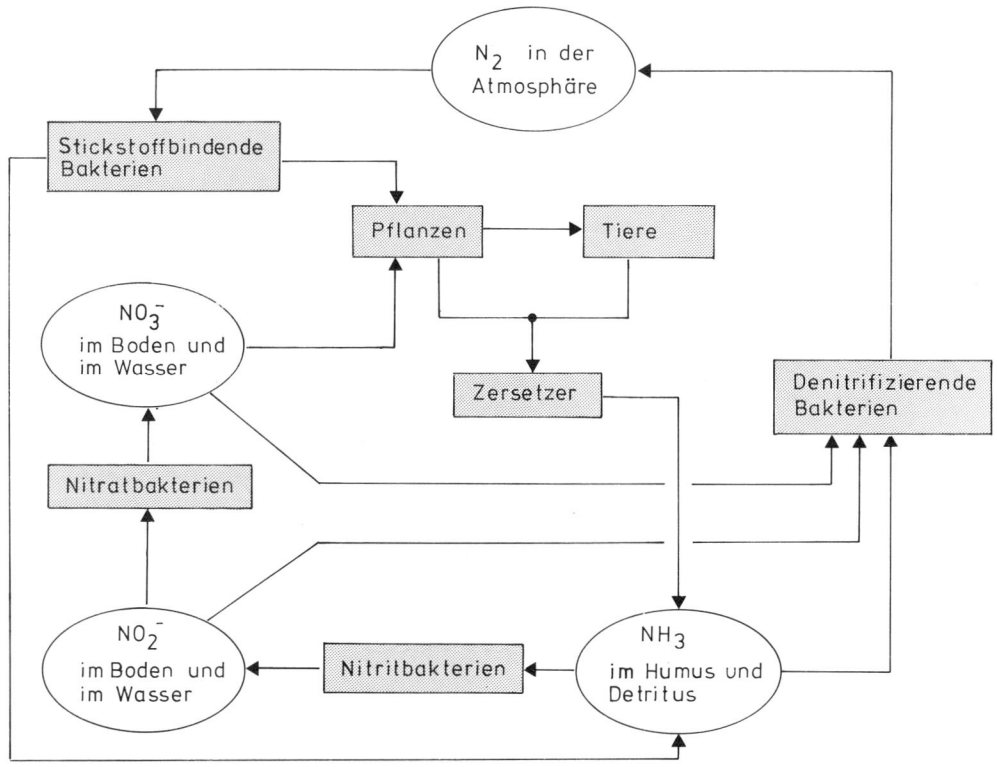

Abb. 54.12. Stickstoffkreislauf

organischer Substanz wird Stickstoff vornehmlich zur Bildung von Aminogruppen (in Proteinen, Nuklein-säuren usw.) benötigt. Nitrat- und Nitritbakterien (Mineralisierer) verarbeiten jene wieder zu Nitrat (Ni-trit). Denitrifizierende (boden- und wasserbewohnen-de) Bakterien reduzieren oxydierte Stickstoffverbin-dungen und schließen damit den Kreis (s. Abb. 54.12). Stickstoffixierung und Denitrifikation halten sich an-nähernd die Waage.

Die Produktion von Ammoniumverbindungen und Nitraten ist ein limitierender Faktor des Pflanzen-wachstums. Zwar enthält die Lithosphäre Nitrate in unbeschränkter Menge, doch liegen sie zum größten Teil in Tiefen, die für Pflanzenwurzeln unerreichbar sind. Auch für den Menschen ist es unökonomisch, diesen Nitratpool auszubeuten.

Stickstoffverbindungen sind meist gut wasserlös-lich, große Mengen gehen daher durch Auswaschung verloren. Sie können sich – vor allem, wenn übermäßi-ge Zufuhr durch Düngung hinzukommt – in geschlos-senen Gewässern (Seen, Teichen) anreichern und dort eine Eutrophierung hervorrufen. Mit diesem Problem werden wir uns im Anschluß an die Beschreibung des Phosphorkreislaufs befassen.

Viele stickstoffixierende Bakterien und Blaualgen sind freilebend, andere leben in Symbiose mit Pflan-zen (Leguminosen, *Cycas, Ginkgo* u.a.) Durch die symbiontisch lebenden Arten wird etwa zehnmal so viel Stickstoff gebunden wie durch die freilebenden. Für die freilebenden wird ein Durchschnittswert von

1 g/m²/Jahr genannt, der gemessene Höchstwert liegt bei 20 g/m²/Jahr.

Die relativ hohen Reiserträge in Süd- und Südost-asien beruhen teilweise auf dem Vorkommen umfang-reicher Blaualgenpopulationen (*Nostoc* u.a.) in den stehenden flachen Gewässern, in denen die Reiskultu-ren gepflanzt werden.

Das Beispiel zeigt, daß es bei der Betrachtung des Stickstoffkreislaufs weniger auf globale oder regiona-

Tabelle 3. Jährlicher *Input* und *Output,* sowie Verteilung von N, P und S in annuellen Graslandgesellschaften

Input, Output, Verteilung	N (kg/ha)	P (kg/ha)	S (kg/ha)
unterirdisch			
inert (unzugänglich)	–	6000–12000	100
organisch	2000–5000	1500–3500	750–1750
verfügbares Mineral	1–10	1–20	1–10
Wurzeln	20–80	2–8	2–15
Mikroorganismen	10–40		
oberirdisch			
Pflanzensprosse	35–80	2–35	2–4
Herbivoren	2–12	1–10	0,1–0,6
natürliche Düngung	10–50	0,7–25	0,5–12
Abfluß (Verlust)	13–63	0–0,5	1–20
Regen (Gewinn)	3–10	0,04–0,5	1–20
Kunstdünger		nach Bedarf	
Stickstoff-Fixierung	5–50	–	–
Tiere (Verlust durch Abwanderung)	2–20	0,2–4	0,1–2

M.B. Jones und R.G. Woodmansee, 1979

796

le Veränderungen ankommt, als vielmehr auf lokale Konzentrationen, eigentlich nur Konzentrationen im Wurzelbereich der Pflanzen (der Rhizosphäre).

In der Tabelle 3 ist die Stickstoffbilanz eines bestimmten, in bezug auf diesen Faktor in sich weitgehend abgeschlossenen Ökosystems (eines unbeweideten Graslands), wiedergegeben. Analysen dieser Art sind wiederholt durchgeführt worden; ohne die Ergebnisse solcher Studien ist eine moderne Landwirtschaft (und unter entsprechenden Voraussetzungen eine moderne Forstwirtschaft) nicht denkbar.

Atmosphärischer Stickstoff ist chemisch weitgehend inert, Stickstoffverbindungen hingegen sind meist sehr reaktiv und oft toxisch. Eine Überdüngung führt daher statt zu besserem Wachstum zu Degenerationserscheinungen und Ertragsminderung. Nitrose Gase sind extrem giftig und daher ein Hauptfaktor bei der Entstehung von Saurem Regen.

Kreisläufe des Phosphors und des Schwefels

Wie am Beispiel des Stickstoffkreislaufs dargelegt, sind auch hier nur bestimmte Verbindungen für die Pflanze verwertbar: Phosphate und Sulfate.

Es gibt – unter den Bedingungen der Biosphäre – keine gasförmigen und auch keine reduzierten Phosphorverbindungen; gasförmige Schwefelverbindungen (H_2S, SO_2 u.a.) sind selten, und wo sie auftreten, überwiegen die durch sie verursachten Schäden.

Es ist nicht ganz korrekt, von einem Phosphor- und Schwefelkreislauf zu sprechen. Der Materialfluß ist nämlich – wenn wir nur Zeitabschnitte von Hunderten oder Tausenden von Jahren betrachten – nahezu ausschließlich als eine lineare Reaktionsfolge zu beschreiben. Erst unter Einbeziehung anthropogener Einflüsse, zum Beispiel Düngung, läßt sich so etwas wie ein Kreislauf darstellen.

Die Reservoirs des Phosphors sind phosphathaltiges Gestein und Ablagerungen anorganischer und organischer Phosphorverbindungen. Phosphate sind meist gar nicht oder nur sehr schwer wasserlöslich und in dieser Form daher für die Pflanze unzugänglich.

Durch einen schrittweisen Abbau (meist unter Mitwirkung von Mikroorganismen) gelangt das Mineral in die Ökosysteme. Die Verteilung von Phosphaten ist geographisch sehr unterschiedlich: Abbauwürdige Vorkommen findet man beispielsweise in Marokko. Heutzutage herrscht die Meinung vor, daß es weltweit genügend Phosphatquellen gäbe, um die Landwirtschaft auch in Zukunft mit ausreichend Düngemitteln zu versorgen. Ob sich die optimistische Prognose bewahrheitet, hängt zum einen von der politischen Großwetterlage ab, zum anderen vom geforderten Preis. Industrienationen können den Import von Phosphaten (u.a. Düngemitteln) ohne Schwierigkei-

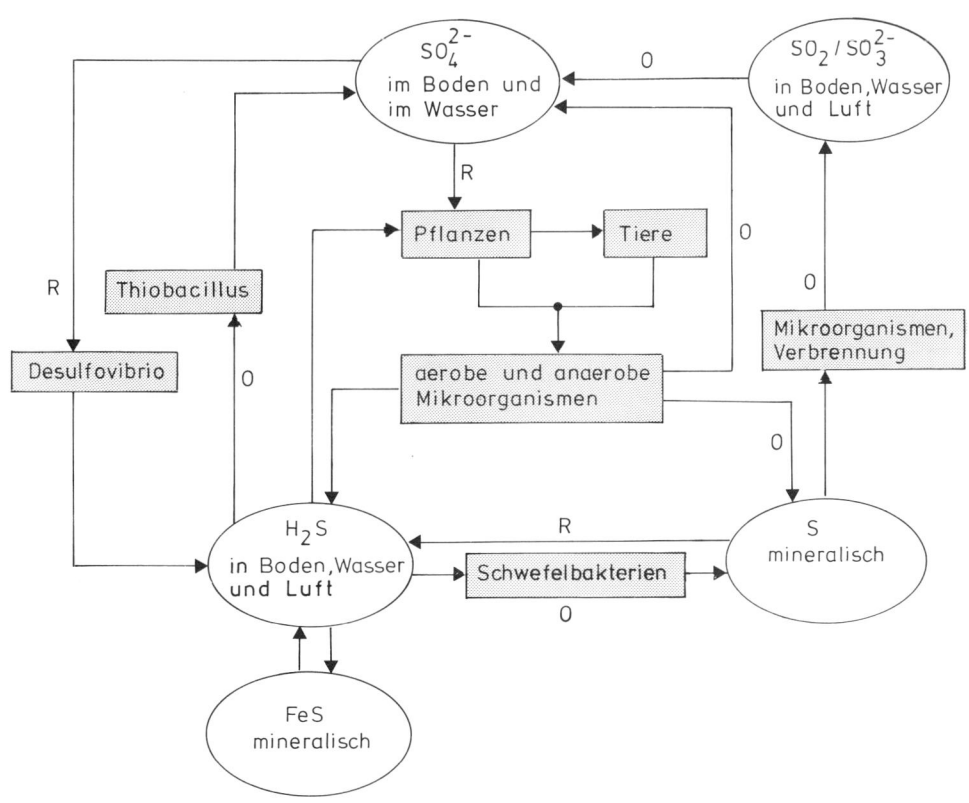

Abb. 54.13. Kreislauf des Schwefels (O: Oxydation, R: Reduktion).

797

ten finanzieren, Entwicklungsländer können dies nicht.

Als Phosphatquelle organischen Ursprungs sind die Guanoberge vor der Küste Perus zu nennen, die durch Akkumulation von Vogelkot entstanden sind und seit dem vergangenen Jahrhundert zielstrebig abgebaut werden.

Der Schwefelkreislauf ist in der Abbildung 54.13 wiedergegeben. Im Gegensatz zum Phosphor wird der Schwefel durch mikrobielle Prozesse oxydiert und auch reduziert.

Für die Pflanze sind letztlich nur die Sulfate nutzbar (s. Kap. 19), Sulfate und die für Pflanzen verfügbaren Phosphate sind wasserlöslich und werden in Böden daher leicht ausgewaschen. Ein Teil sammelt sich in stehenden Gewässern (Seen, Teichen) und trägt zu deren Eutrophierung bei (s. Kap. 55 und 58). Der überwiegende Teil der Phosphate gelangt schließlich in die Ozeane, wird in unlösliche Form überführt, sammelt sich am Meeresgrund und ist damit für die Biosphäre zunächst einmal verloren.

Auskunft über den jährlichen Bedarf von Pflanzen in einem Ökosystem „Wiese" gibt die Tabelle 3, aus ihr ist zu ersehen, daß Pflanzen C : N : P : S im Verhältnis von etwa 60 : 9 : 1 : 0,5 benötigen.

Literatur

Baumgartner, A.: Ecological significance of the vertical energy distribution in plant stands. In: „Functioning of terrestrial ecosystems at the primary production level", p. 367–374 (F.E. Eckardt ed.). Proceedings of the Copenhagen Symposium, Natural Resources Research V. Unesco.

Best, R.: Production factors in the tropics. Neth. J. Agr. Sci. 10, 347–353 (1962)

Bolin, B.: The carbon cycle. Sci. American, September 1970, S. 125–132

Bormann, F.H.: The nutrient cycles of an ecosystem. Sci. American, Oktober 1970, S. 92–101

Cloud, P., A. Gibor: The oxygen cycle. Sci. American, September 1970, S. 110–123

Cloud, P.: The biosphere. Sci. American, Sept. 1983, S. 132–144

Delwiche, C.C.: The nitrogen cycle. Sci. American, September 1970, S. 137–146

Ellenberg, H. (Herausg.): Ökosystemforschung. Berlin–Heidelberg–New York: Springer Verlag, 1973

Esser, G., I. Aselmann, H. Lieth: Modelling the carbon reservoir in the system compartment „litter". Mitt. Geol.-Paläont. Inst. Univ. Hamburg 52, 39–58 (1982)

Gates, D..: Energy, plants and ecology. Ecology 46, 1–13 (1965)

Gates, D.M.: The flow of energy in the biosphere. Sci. American, September 1971, 89–100

Gates, D. M.: Biophysical ecology. Berlin–Heidelberg–New York: Springer Verlag, 1980

Gates, D.M., B.R. Strain, J.A. Weber: Ecophysiological effects of changing atmospheric CO_2-concentration. In: „Physiological Plant Ecology IV" (O.L. Lange, B.S. Nobel, C.B. Osmond, H. Ziegler (eds.), S. 503–526. Berlin–Heidelberg–New York–Tokyo: Springer Verlag, 1983 (Encyclop. Plant Physiol. 12d)

Hutchinson, G.E.: The biosphere. Sci. American, September 1970, S. 45–53

Jones, M.B., R.G. Woodmansee: Biogeochemical cycling in annual grassland ecosystems. Bot. Review 45, 111–144 (1979)

Lieth, H., Whittaker, R.H. (eds.): Primary productivity of the biosphere. (Ecological studies 14.) Berlin–Heidelberg–New York: Springer Verlag, 1975

May, R.M.: The evolution of ecological systems. Sci. American, September 1978, S. 119–133

Miller, R., J. Rusch: Zur Frage der Kohlensäureversorgung des Waldes. Forstwiss. Cbl. 79, 42–64 (1960)

Monteith, J.L.: Light distribution and photosynthesis in field crops. Ann. Bot. N.S. 29, 17–37 (1965)

Odum, E.P.: Fundamentals of ecology. Philadelphia: W.B. Saunders Comp., 1971 (3. Aufl.) (dt. Übers. Grundlagen der Ökologie [in 2 Bänden] Stuttgart: G. Thieme Verlag, 1980)

Penman, H.L.: The water cycle. Sci. American, September 1970, S. 99–108

Smith, R.L.: Ecology and field biology. New York, London: Harper and Row Publishers, 1974 (2. Aufl.)

Tansley, A.G.: Introduction to plant ecology. London: G. Allen and Unwin Ltd., 1923 (Reprint 1949)

Tischler, W.: Einführung in die Ökologie. Stuttgart: G. Fischer Verlag, 1984 (3. Aufl.)

Whittaker, R.H., Likens, G.E.: The biosphere and man. In: „Primary production of the biosphere" (H. Lieth, R.H. Whittaker [eds.]), S. 305–328. New York–Heidelberg: Springer Verlag, 1975

Woodwell, G.M.: The energy cycle of the biosphere. Sci. American, September 1970, S. 65–74

55. Störung eines Gleichgewichts, demonstriert durch eine Modellrechnung: Eutrophierung eines Sees. Luftverunreinigungen, Saurer Regen; Waldschäden, Waldsterben

In den beiden vergangenen Jahrzehnten sind eine Reihe von Hochrechnungen durchgeführt worden, die unter Verwendung vorhandener Meßwerte das Ziel verfolgten, zukünftige Entwicklungen vorherzusagen, um Politikern Entscheidungshilfen bei der langfristigen Planung zu bieten.

Besonders intensiv befaßte sich der *„Club of Rome"*, eine Vereinigung von Wissenschaftlern mit Interesse an Zukunftsfragen, mit der Problematik des globalen Gleichgewichts sowie mit Modellstudien zur Wachstumskrise der menschlichen Bevölkerung und den Auswirkungen der Umweltzerstörung.

Zahlreiche Simulationen wurden während der siebziger Jahre in den Arbeitsgruppen von D.L. Meadows an Massachussetts Institute of Technology und E. Pestel, Technische Universität Hannover, angestellt. Sämtliche Kalkulationen beruhten auf folgenden Prämissen:

(1) Die Zuwachsraten bleiben unverändert. Die Systemvariablen sind voneinander abhängig.
(2) Eine der Variablen wird rechnerisch manipuliert, um das Verhalten der übrigen Parameter im System zu studieren.

Alle Annahmen gehen davon aus, daß die Ressourcen der Erde endlich sind und daß irgendeine Veränderung in dem derzeitigen exponentiellen Wachstumsprozeß (Bevölkerungsexplosion, Umweltzerstörung u.a.) notwendig sein wird. Zu den endlichen Ressourcen zählen:

(1) Der Vorrat an ausbeutbaren, nicht erneuerbaren Rohstoffen.
(2) Die Absorptionskapazität der Umwelt für Schadstoffe.
(3) Die Reserven an potentiellem Ackerland.
(4) Der Ertrag pro Hektar Land.

Niemand kennt die Grenzen genau. Auch sind sie nur schwer durch jeweils eine einzige Zahl zu definieren, da diese sich durch Mißbrauch von Ressourcen (überhöhter Energieverbrauch in Industrienationen, Raubbau an der Natur in Entwicklungsländern und vieles mehr) reduziert.

Bei jeder Modellkonstruktion sind Rückkopplungsschleifen von eminenter Bedeutung. Sie beschreiben Vorgänge, bei denen das Endprodukt auf das Ausgangsprodukt wirkt. Dabei müssen Verzögerungsfaktoren berücksichtigt werden, denn viele Auswirkungen treten erst mit einer zeitlichen Verzögerung auf.

Das hat zur Folge, daß manche Entwicklungen durch ein „Überschwingen" gekennzeichnet sind. Geregelte Systeme sind durch eine negative Rückkopplung charakterisiert. Das Endprodukt hemmt seine Eigensynthese. Durch eine positive Rückkopplung („Wachstum fördert Wachstum", siehe Wachstumsfunktion im Kapitel 40) kann ein System eskalieren und aus dem Gleichgewicht geraten.

Von den zahlreichen veröffentlichten Ansätzen wurde zur folgenden Darstellung der Modellfall „Eutrophierung von Seen" herausgegriffen (J.M. Anderson, 1973).

Zuvor einige Begriffe und Definitionen (s.a. Kap. 58):

Oligotropher See (oligotrophes Gewässer, Oligotophie): nährstoffarmer See, Nährstoffarmut. Beispiele: Gebirgsseen und viele Seen in Skandinavien.

Eutropher See (eutrophes Gewässer, Eutrophie): nährstoffreicher See, Nährstoffreichtum. In diese Kategorie fallen u.a. die mitteleuropäischen (stehenden) Gewässer. Unter Eutrophierung versteht man den Prozeß zunehmender Nährstoffzufuhr und damit einer Nährstoffanreicherung in Gewässern. Zu den am stärksten belastenden Nährstoffen gehören: Phosphate, Nitrate und andere anorganische Substanzen sowie organische Materialien (ungeklärte Abwässer u.a.).

Detritus: partikuläre, amorphe tote organische Substanz (z.B. im Faulschlamm oder im Wasser schwebend).

Epilimnion: obere, lichtdurchstrahlte und damit erwärmte Wasserschicht in einem stehenden Gewässer.

Hypolimnion: untere, unbelichtete und damit kalte Wasserschicht in stehenden Gewässern. Zwischen Epi- und Hypolimnion bildet sich eine Temperatursprungschicht aus (Metalimnion). In einer Zone von weniger als einem Meter Mächtigkeit kann der Temperaturabfall bis zu 10° betragen.

Die klare Trennung zwischen Epi- und Hypolimnion ist bei Seen in Klimazonen mit Jahreswechsel nur im Sommer ausgeprägt. Während der Wintermonate kommt es zu einer Durchmischung des Wasserkörpers und damit zur Aufhebung des Temperatursprungs.

Die Modellrechnung beruht auf der Annahme, daß Seen durch eine kontinuierliche Phosphatzufuhr eutroph werden. Ein typisches Beispiel hierfür ist der Bodensee, der noch bis in unser Jahrhundert hinein oligotroph war. Inzwischen ist die Eutrophierung lokal weit fortgeschritten, 1960 betrug der Phosphatgehalt 20 mg/m³, und die Planktonproduktion nahm im Verlauf der letzten 100 Jahre auf das 20fache zu. Die Ursachen für die erhöhte Phosphatzufuhr sind:

(1) Überdüngung von landwirtschaftlichen Flächen mit Phosphaten (diese Aussage gilt entsprechend auch für Nitrate u.a.).
(2) Phosphate – als Bestandteile von Waschmitteln (Weichmachern) – gelangen als Abwasser in Flüsse und Seen. In nur wenigen Kläranlagen wird der Phosphatgehalt reduziert (technisch ist dies möglich).

Mit steigender Eutrophierung nimmt der Bestand an Lebewesen zu (gemessen nach Arten- und Individuenzahlen), mit ihnen steigt aber auch der Bedarf an wassergelöstem Sauerstoff.

Vereinfacht dargestellt, ergibt sich die folgende Kausalkette: Nährstoffzufuhr führt zu erhöhter Algenproduktion im See. Es wird daher zunächst zusätzlich Sauerstoff freigesetzt. Da photosyntheseaktive Arten in großer Menge nur im Epilimnion auftreten, dazu auch nur nahe der Seeoberfläche und es in stehenden Gewässern im Sommer kaum eine Wasserumwälzung gibt, geht ein hoher Anteil des gebildeten Sauerstoffs direkt an die Atmosphäre verloren. Nach dem Absterben der Algen erfolgt der stark sauerstoffzehrende bakterielle Abbau, die Sauerstoffkonzentration des Sees sinkt drastisch ab. Stark sauerstoffbedürftige Arten sterben als erste. Am Boden des Sees sammelt sich Detritus (eine Faulschlammschicht). Die Fäulnisprozesse verbrauchen die verbliebenen Sauerstoffreste, und als Stoffwechselprodukte entstehen toxische Kohlenwasserstoffe, so zum Beispiel das Methan u.a.

Die wiederum führt zu einer weiteren Beeinträchtigung des Lebens im See. Das Endstadium ist das sogenannte „Umkippen"; der See ist damit biologisch tot. Als Extrembeispiel für einen solchen Degenerationsprozeß wäre der Erie-See im Norden der USA zu nennen. Oligotrophe Seen sind in der Regel sauerstoffgesättigt. In eutrophen Seen fällt der Sauerstoffgehalt auf ca. 30 Prozent des Sättigungswerts (vor allem im Hypolimnion). Eutrophierung an sich bedeutet noch lange nicht Absterben allen Lebens im See. Die Mehrzahl eutropher Seen (u.a. fast alle mitteleuropäischen) befinden sich in einem biologischen Gleichgewicht. Eutrophierung ist nämlich ein Prozeß, der in fast jedem See, auch in einer vom Menschen unbelasteten Umwelt in Erscheinung tritt. Natürliche Eutrophierung spielt sich aber in Zeiträumen von Tausenden von Jahren ab und ist ein erster Schritt einer Sukzession:

oligotropher See → eutropher See → Verlandung → Niederungsmoor → Hochmoor

Demgegenüber läuft Eutrophierung durch anthropogene Einflüsse in nur wenigen Jahrzehnten ab; in einem solchen Zeitraum ist an die Sukzession nicht zu denken.

Es lassen sich nunmehr Maßnahmen aufzählen, die einer Eutrophierung entgegenwirken:

(1) Gründliche Behandlung der Abwässer mit dem Ziel, Nährstoffe zu entfernen.
(2) Weitläufige Verteilung von Abwässern. Einleitung in schnellfließende Flüsse (Vorsicht: deren Kapazität und Regenerationsvermögen ist zwar höher als das stehender Gewässer, aber Kapazitätsgrenzen gibt es auch dort).
(3) Zugabe von Algiziden.
(4) Entfernung von Detritus vom Gewässerboden durch Ausbaggerung.
(5) Abernten von Algen (Vorteil: sie können getrocknet als Viehfutter verwendet werden).
(6) Sauerstoffzufuhr durch künstliche Belüftung.

Unter Berücksichtigung dieser Vorgaben läßt sich ein Sauerstoff- und Nährstoffkreislauf formulieren. Die Abbildung 55.1 zeigt, wie die einzelnen Systemelemente voneinander abhängen und daß dabei sowohl positive als auch negative Rückkopplungen zur Wirkung kommen.

Um die Reaktion des Modells zu testen, benötigt man quantitative Angaben für die einzelnen Parameter. Als solche können die in Tabelle 1. wiedergegebenen Werte genommen werden. Es sind Durchschnittswerte, die in letzter Zeit an einer Anzahl eutroph werdender Seen gemessen wurden und hier als Eckdaten für die nachfolgende Modellrechnung herangezogen werden sollen. Die zu einem Blockschaltbild (Flußdiagramm) zusammengefaßten Angaben bilden ihrerseits die Grundlage für ein Computerprogramm.

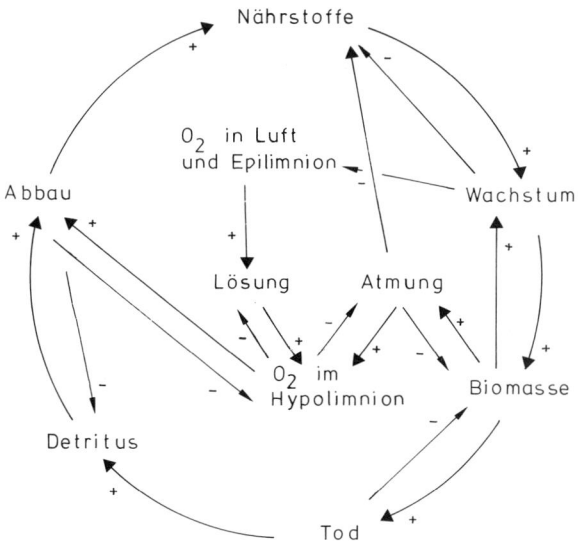

Abb. 55.1. Ursache–Wirkung-Beziehungen bei der Eutrophierung eines Sees. Die Pfeile weisen von der Ursache zur Wirkung. Z.B. beschleunigen mehr Nährstoffe das Wachstum (positive Wirkung). Durch Wachstum (Ursache) werden Nährstoffe verbraucht (negative Wirkung). (J.M. Anderson, 1974)

800

Tabelle 1. Parameter und Bedingungen für die Modellrechnung „Eutrophierung eines Sees"

Nährstoffe	40 mg/l
Biomasse	0,2 mg/l
Sauerstoff	10 mg/l im Epilimnion
Wachstumsrate	0,2 l/mg/Jahr
Sterbekonstante	4 pro Jahr
Respirationskonstante	0,445 l/mg/Jahr
Lösungskonstante	4,27 pro Jahr

(J. M. Anderson, 1973, 1974)

Mit Hilfe des Rechners lassen sich dann unter gegebenen Voraussetzungen folgende Ergebnisse erzielen:
(1) Verlauf einer Eutrophierung unter natürlichen Bedingungen. Als Voraussetzung wird eine Nährstoffzufuhr von 1 µg/l/Jahr angegeben. Das System befindet sich im Gleichgewicht. Der Gehalt an Biomasse (und Detritus) nimmt nur unmerklich zu, der O_2-Gehalt bleibt annähernd gleich. Unter der Annahme einer Nährstoffzufuhr von 10 µg/l/Jahr ändert sich an der Situation nur wenig (s. Abb. 55.2).
(2) Steigerung der Nährstoffzufuhr. In diesem Fall beginnt man wieder mit einer Nährstoffzufuhr von 10 µg/l/Jahr, steigert den Wert aber jährlich um 2 Prozent. Das genügt, wie die Abbildung 55.3 zeigt, zum Systemzusammenbruch – der See kippt um.
(3) Erste Hilfsmaßnahme ist die Anwendung von Algiziden: Als Folge dieser Maßnahme entsteht ein sauerstoff- und nährstoffgesättigter See. Gleichzeitig nehmen Biomasse und Detritus den Wert 0 an. Wir erhalten ein totes Gewässer.
(4) Zweite Hilfsmaßnahme: Sauerstoffzufuhr durch künstliche Belüftung. Kurzzeitig führt die Maß-

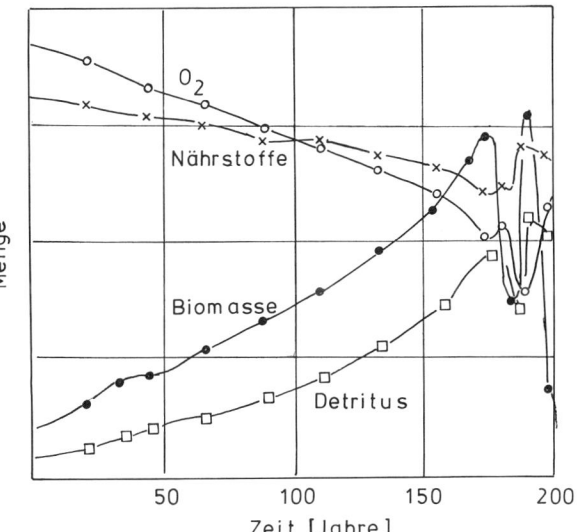

Abb. 55.3. Simulation einer Eutrophierung. Nährstoffzufuhr: 10 µm/1/Jahr, jährliche Steigerung zwei Prozent; das Gewässer „kippt". (J.M. Anderson, 1973)

nahme zu Erfolgen, langfristig aber zu einer erneuten Erhöhung der Biomasse und des Detritus, wodurch der Bedarf an Sauerstoff exponentiell zunimmt (s. Abb. 55.4). Wir haben es mit einem typischen Fall einer positiven Rückkopplung zu tun: der Bedarf an Sauerstoff steigert den Bedarf. Das System verbleibt im Ungleichgewicht. Fazit: Manipulationen haben, wenn überhaupt, nur kurzfristig Erfolg. Der auch langfristig allein erfolgversprechende Weg ist eine starke Beschränkung der Nährstoffzufuhr.

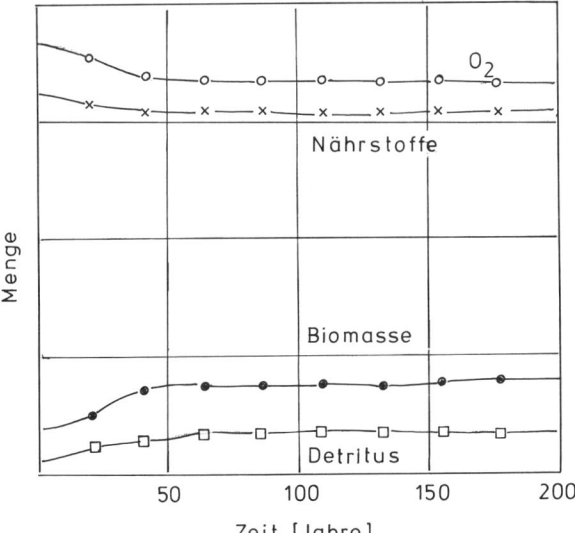

Abb. 55.2. Simulation einer Eutrophierung unter natürlichen Bedingungen (Nährstoffzufuhr 10 µm/1/Jahr) (J.M.Anderson, 1973)

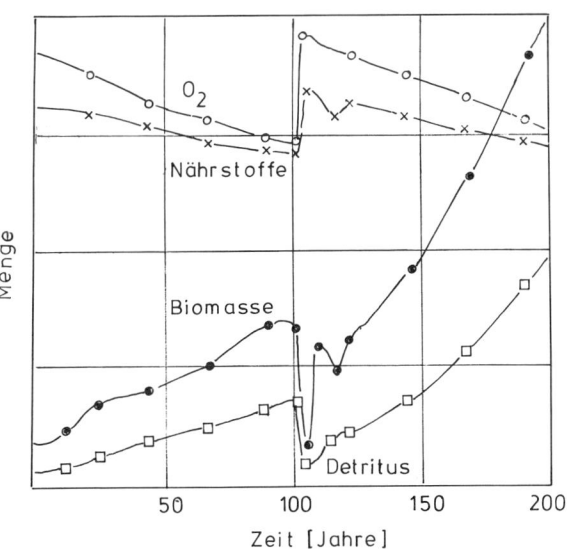

Abb. 55.4. Simulierung einer Hilfsmaßnahme zur Sanierung eines eutrophen Gewässers durch Sauerstoffzufuhr (künstliche Belüftung): kurzfristige Entlastung, langfristig exponentielle Zunahme der Biomasse. (J.M. Anderson, 1973)

Luftverunreinigungen, Saurer Regen; Waldschäden, Waldsterben

„Als der Wiener Botaniker A. Kerner von Marilaun (s. Kap. 37) 1896 zu einer Audienz bei seinem Kaiser erschien, erkundigte sich der Monarch nach dem botanischen Universitätsgarten, der in den letzten Jahren neue Gewächshäuser erhalten hatte. Als der Kaiser hörte, daß die Koniferen im Freien so gut fortkommen, bemerkte er, daß sich sein Schwiegersohn, Prinz Leopold in München, vergebliche Mühe gebe, die Nadelhölzer in seinem Parke fortzubringen. Kerner fügte hinzu, daß der botanische Garten etwa achtzig verschiedene Koniferen besitze und ihr Gedeihen mit der gegen die Rauchplage geschützten Lage zusammenhänge. Mit dem Rauche gelange nämlich in den Städten schweflige Säure auf die Bäume, die wie ein Gift auf die grünen Nadelblätter wirke."

(aus: E.M. Kornfeld: Anton Kerner von Marilaun. Leipzig, 1908)

Saurer Regen wurde zu einem politischen Reizwort der letzten Jahre. Von Jahr zu Jahr nehmen die sichtbaren Schäden an der Vegetation zu. Besonders betroffen sind Nadelbäume, die Tanne stärker als die Fichte. Das Tannensterben begann in Süddeutschland schon in den sechziger Jahren, wurde aber noch nicht mit dem Sauren Regen in Verbindung gebracht. Die ersten Meldungen über Schäden durch saure Niederschläge sind erst acht bis zehn Jahre alt, Fische und kleine Lebewesen in den oligotrophen, fast ungepufferten Seen Skandinaviens starben ab. Der pH-Wert sank auf Werte von ca. 3.

Man versuchte zunächst, die Schäden durch Kalkzufuhr abzumildern, doch zeigte sich, daß dieses Verfahren – später auch in deutschen Wäldern eingesetzt – nur Symptome heilen konnte, die Ursache aber nicht beseitigte.

In den Jahren nach 1980 stellte man zunehmend Waldschäden in Mitteleuropa fest. Die größten – irreversiblen – Ausfälle waren im Ostblock (Tschechoslowakei) zu verzeichnen. Bedingt durch den Schadstoffausstoß (Immissionen) der großen böhmischen Kraftwerke, wurden die Wälder auf den windexponierten Höhen des Erzgebirges vollständig zerstört, so daß man zu Recht von einem Waldsterben sprechen konnte.

In Deutschland sieht die Situation zur Zeit nur deshalb günstiger aus, weil zwar viele Bäume erkrankt, aber erst relativ wenige abgestorben sind. Dennoch wurden 1983 bereits an 30 bis 40 Prozent aller Nadelbäume schwere Krankheitssymptome festgestellt. Im regenarmen Sommer 1983 nahm das Ausmaß bedenkliche Formen an. Eine weitere Zunahme kranker Bestände war 1984 zu verzeichnen, wobei die Schäden zusehends auch auf Laubbäume übergriffen.

In den Jahren 1985 und 1986 nahmen die Waldschäden nur noch geringfügig zu. In beiden Jahren wurde ein leichter Anstieg um jeweils 2 Prozent verzeichnet (s. Tabelle 2). Damit sind die Bäume auf 54 Prozent der Waldfläche, das sind 4 Millionen Hektar, in ihrer Vitalität geschwächt oder geschädigt. Es sieht so aus, als sei derzeit eine gewisse Stabilität der Situa-

Tabelle 2. Waldschäden nach Baumarten

Baumart	Prozentualer Anteil an der Waldfläche in der BRD	Prozentualer Anteil der geschädigten Bäume (alle Schadstufen) an der Gesamtfläche der jeweiligen Baumart			
		1982	1983	1984	1986
Fichte	39,2	9	41	51	54
Kiefer	19,9	5	44	59	54
Tanne	2,4	60	75	87	82
Buche	17,0	4	26	50	60
Eiche	8,4	4	15	43	60
Sonstige	13,1	4	17	31	34
Insgesamt:	100	8	34	50	53

Waldschäden nach Schadstufen

Schadstufe	in Prozent der Waldfläche				in Prozent der Schadfläche			
	1982	1983	1984	1986	1982	1983	1984	1986
1 (kränkelnd)	6	25	33	35	75	72	66	65
2 (krank)	1,5	9	16	17	19	25	31	32
3 (sehr krank/tot)	0,5	1	1,5	1,6	6	3	3	3
Insgesamt	8	34	50	53	100	100	100	100

Angaben des Bundesministers für Ernährung, Landwirtschaft und Forsten, Bonn – Waldschadenserhebung 1984, 1986

tion eingetreten; sie bewegt sich jedoch auf einem hohen Schädigungsniveau. Dabei geht eine Verlangsamung bzw. Trendentwicklung bei den Nadelbaumarten mit einer gleichzeitigen Zunahme der Schäden bei den Laubbaumarten einher. Die Tanne bleibt nach wie vor die am stärksten geschädigte Baumart. Unter den Laubbäumen ist die Eiche am stärksten betroffen. Der Wald (bezogen auf alle Baumarten) befindet sich auf großen Flächen in einem labilen Gleichgewicht. Insbesondere sind die Wälder in den höheren Lagen der Mittelgebirge und der Alpen geschädigt. Gerade an diesen Standorten fallen häufig und ergiebig Niederschläge; sie zeichnen sich zudem durch relativ niedrige Jahresdurchschnittstemperaturen, lange Frostperioden und einen hohen Anteil an Nebeltagen aus.

Das Krankheitsbild ist nicht einheitlich. Neben gesunden Beständen kommen in vergleichbarer Lage stark geschädigte vor. Damit stellte sich die Frage, ob außer den Luftverunreinigungen (Saurer Regen) noch weitere Faktoren im Spiel sind. Man verwies darauf, daß es Waldschäden schon in früheren Jahrhunderten gegeben habe. Zur Diskussion stellte man Epidemien (z.B. Infektionen durch Viren, Mycoplasmen oder Rickettsien) oder Befall durch Parasiten (Insekten [Borkenkäfer], Nematoden und Pilze). Es zeichnet sich aber immer deutlicher ab, daß keiner der genannten Faktoren als Hauptursache für eine weiträumige Waldschädigung in Betracht kommt. Die durch Infektionen und Parasiten hervorgerufenen Schäden bewegen sich in einem seit Jahrzehnten bekannten Rahmen. Im Fall der Tanne im Südschwarzwald – sie kommt dort fast nur in Monokulturen vor – wurde eine natürliche Alterung der Bestände genannt.

Neben den Umweltfaktoren suchte man auch nach genetischen Unterschieden zwischen betroffenen und nicht betroffenen Populationen einer Art (z.B. der Fichte). Die Analyse der Iso-/Alloenzymmuster (s. Kap. 17) macht deutlich, daß sich das Verteilungsmuster in kranken Beständen von dem in gesunden unterscheidet. Diese Befunde sind insofern alarmierend, als sie zeigen, daß in belasteten Lebensräumen nur bestimmte Genotypen überdauern, wodurch es zu einer Reduktion des Genpools der Art kommt. Die Symptome eines kranken Baumes sind ebenfalls sehr vielfältig. Bei der Fichte (und anderen Nadelbäumen) wurden folgende Schäden festgestellt:

Schäden an Nadeln (Vergilbung, später Abfall),
Schäden an Knospen und jungen Trieben,
Rindenschäden,
Holzschäden,
Wachstumsanomalien und schließlich,
Schäden im Feinwurzelbereich (da Schäden dieser Art im Vergleich zu den vorangegangenen nur schwer feststellbar sind, liegen hier erst wenige Analysen vor).

Betont sei, daß die einzelnen Symptome meist unabhängig voneinander auftreten. Eine Vergilbung der Nadeln beruht oft auf einem Nährstoffmangel (Mangel an Mg^{2+} oder K^+, meist verbunden mit N-Mangel). Eine Nadelvergilbung kann zum Tode und damit zum Abfall der betroffenen Nadel führen, es gibt aber auch die Möglichkeit einer Regeneration und damit einer Wiederergrünung. Eine Rotfärbung von Nadeln beruht meist auf einem Pilzbefall.

Es kann wohl als sicher gelten, daß sich die Böden mitteleuropäischer Wälder nicht in bestem Zustand befinden. Anders als in der Landwirtschaft wird in der Forstwirtschaft zwar auch geerntet, aber nicht gedüngt. Die Folge davon ist eine kontinuierliche Verarmung des Bodens an Mineralien (z.B. an Mg^{2+}) und damit verbunden eine höhere Anfälligkeit der Bäume. Ob aber eine großangelegte Düngungsaktion mit Mineralien – so wie vorgeschlagen – einen Erfolg verspricht und die Einflüsse des Sauren Regens kompensiert, ist allerdings mehr als fraglich. Politiker sind es gewohnt, von einfachen Ursache-Wirkung-Beziehungen auszugehen und danach zu entscheiden; dem Fall Saurer Regen stehen sie daher ziemlich hilflos gegenüber und suchen Zeit zu gewinnen, doch die steht kaum mehr zur Verfügung.

In der Tat beruhen die Waldschäden auf einem komplexen Ursachenbündel, das nicht leicht aufzuschlüsseln ist. Viel schlimmer: es sind positive Rückkopplungen (Verstärkereffekte, s. vorangegangenen Abschnitt) mit im Spiel, so daß kleine Ursachen, die für sich alleine genommen unbedeutend sein mögen, zusammen mit mehreren anderen Bedingungen verheerende Folgen haben. Fest steht, daß das Redoxpotential in der Atmosphäre durch Verbrennung fossiler Brennstoffe nachhaltig verändert wurde. In vorindustrieller Zeit standen Oxydations- und Reduktionsprozesse im Gleichgewicht zueinander. Das Ausmaß

der durch anthropogene Einwirkungen (Industrialisierung) hervorgerufenen Oxydation von Brennstoffen hingegen übersteigt die in biologischen Systemen meßbare Oxydationsrate.

Hierdurch kam es neben der Anreicherung von CO_2 zu einer Zunahme von SO_2, SO_3, NO, NO_2, HNO_2, HNO_3 und anderen in der Atmosphäre. Der Ausstoß dieser Gase geht ununterbrochen weiter. Ende 1984 wurde in der Bundesrepublik das Kraftwerk Buschhaus in Betrieb genommen, das ohne Entschwefelungsanlage alleine pro Jahr 125 000 Tonnen SO_2 freisetzt. Insgesamt wird die Atmosphäre in der BRD jährlich (1984) mit 1,8 Millionen Tonnen SO_2 belastet. Die Situation wird noch verschlimmert, weil durch die Verbrennung von Polyvinylchloriden (Plastikartikel, verbrannt in städtischen Verbrennungsanlagen) HCl erzeugt wird. Daß darüber hinaus unter Umständen auch TCDD (s. Abb. 31.11) entstehen könnte, sei hier nur am Rande vermerkt.

Die CO_2-Zunahme ist für die folgenden Betrachtungen belanglos. Wesentlich gravierender ist die Zunahme der übrigen Komponenten, wobei die Umsatzraten und die Aufnahmekapazität der Atmosphäre zu berücksichtigen wären. Eine Absorption durch die Ozeane kann vernachlässigt werden, denn ein solcher Austauschprozeß würde etwa 1000 Jahre in Anspruch nehmen. Andererseits liegt die Verweildauer atmosphärischen Wassers (und der darin gelösten Substanzen) bekanntlich in der Größenordnung von neun bis zehn Tagen. Eine Lösung der genannten Oxydationsprodukte im (ungepufferten) Wassertropfen (oder in Form von Aerosolen) führt zu Dissoziationen und somit zur Bildung von H^+. Die Folge ist ein drastischer pH-Abfall. Nun gelangen außer Säuren natürlich auch Basen in die Atmosphäre. Deren Anteil ist aber auch heute noch fast ausschließlich „natürlichen Ursprungs". Zu nennen wären Ammoniumverbindungen sowie Carbonate (in Form von Staub).

Zusammen mit den Säureäquivalenten entstehen daher Tropfen oder Aerosole unterschiedlicher Zusammensetzung, z.B. NH_4HSO_4, $(NH_4)_2SO_4$, … NH_4NO_3… usw.

Solange sich in der Atmosphäre nur CO_2 und H_2O – im Gleichgewicht – befinden, ergibt sich ein pH-Wert des Regenwassers von ca. 5,6. Kommen die obengenannten Verbindungen hinzu, kann er regional auf 4,3 absinken.

Bei einer Verweildauer von neun bis zehn Tagen können derartige Komponenten Hunderte bis Tausende von Kilometern zurücklegen. Etwa zwei Drittel der Schwefel- und Stickstoffverbindungen gelangt durch Regenwasser wieder auf die Erde, der Rest durch „trockene Deposition", d.h., sie werden unverdünnt abgelagert.

Der Protonenüberschuß im Regenwasser bewirkt eine forcierte Auflösung von Gesteinen, die Verwitterungsrate steigt (rapide Zerstörung von Kulturdenkmälern, Sandsteinskulpturen in Städten nahe vielbefahrener Straßen); Kationen werden vermehrt aus dem Boden ausgewaschen, hierzu gehören vornehmlich die für Pflanzen (und andere Organismen) toxischen Aluminiumionen (und Schwermetallionen). Mit anderen Worten: Hier liegt ein indirekter, nicht unmittelbarer Schadeinfluß auf die Organismen vor. Zusätzlich führt eine Korrosion von Gesteinen und ein Auswaschen von Kationen (hier Ca^{2+}, Mg^{2+} u.a.) zu einer weiteren Ansäuerung des Bodens. Der pH-Wert kann damit auf Werte von ca. 3,9 fallen, was kaum eine Pflanze verträgt. Durch zeitliche oder räumliche Entkopplung von Produktion und Mineralisation wird die H^+-Balance weiter verschlechtert (z.B. bei intensiver Nutzung des Bodens durch Land- oder Forstwirtschaft). Zu einer Ansäuerung von Gewässern kommt es aber auch dann, wenn sie durch Wasser gespeist werden, das vorher Waldboden durchlaufen hat.

Der derzeitige Wissensstand über die im letzten Jahrzehnt schlagartig sichtbar gewordenen Waldschäden läßt sich durch die folgenden Ursache-Wirkung-Beziehungen beschreiben, um somit auf die Kausalzusammenhänge und die synergistische Wirkung einzelner Faktoren hinzuweisen:

1. Primäre Schadstoffe: Gas- oder staubförmige Immissionen, vor allem SO_2, NO_x, Fluor, Ozon, Peroxyde, Schwermetalle. Chemische Umwandlungen werden durch Temperatur und Licht (Photooxydation) beschleunigt. Folgen nach Einwirkung auf Pflanzen (einen Baum z.B.):
   – Zerstörung von Blattorganen und der Rinde
   – Zerstörung von Wachsschichten u.a.
2. Saurer Regen entsteht durch Lösung der unter Punkt 1 genannten Gase in atmosphärischem Wasser. Er kann direkt oder über den Boden auf Pflanzen einwirken. Die Folgen:
   – Veränderungen im Boden: Auswaschung von Nährelementen aus den oberen Bodenschichten durch Versauerung; Freisetzung toxischer Mineralien. Der Schädigungsgrad hängt vom Bodentyp ab
   – Störung der Aufnahmemechanismen durch die Änderung der bodenchemischen Verhältnisse; hinzu kommen Wurzelschäden (im Bereich der Feinwurzeln)
   – Nährstoffungleichgewicht infolge erhöhter Einträge von biologisch verwertbaren Stickstoffverbindungen
3. Witterungseinflüsse (Trockenperioden, Niederschlagsdefizit, längere Niederschlagsperioden):
   – Eine erhöhte Temperatur führt zu erhöhter Transpiration und gegebenenfalls Wassermangel in der Pflanze
   – Niederschlagsdefizite führen zu Versauerungsschüben im Boden und damit wieder zu Schäden im Wurzelbereich
4. Krankheitssymptome eines Baums als Folge der Schädigungen:
   – Schäden im Feinwurzelbereich. Beeinträchtigung der Wechselwirkungen zwischen Baum und Mykorhizzapilzen. Reduktion der Aufnahmekapazität von Nährstoffen

   – Naßkern (bei der Tanne festgestellt; Fäule des Kernholzes)
   – Nährstoffmangel, verbunden mit Wassermangel führt zum Absterben von Blättern bzw. Nadeln
   – Wuchsstörungen
   – Nachlassende Widerstandsfähigkeit gegen Frost, Infektionen, Schädlinge u.a.
   – Schädigung aller physiologischen Leistungen und dadurch schließlich Tod des Baumes

Waldschäden oder Waldsterben? Vor allem der zweite Begriff ist emotional beladen. Im eingangs erwähnten Beispiel der Erzgebirgswälder ist er zutreffend. Für die Zustände der Wälder in der Bundesrepublik Deutschland mag der Begriff Waldschäden eher angebracht sein.

Wir wissen noch viel zu wenig über das Ökosystem Wald. Dennoch sei schon jetzt vermerkt, daß ein starker Laub- oder Nadelverlust der Bäume („Lamettasyndrom") auch dazu führt, daß mehr Licht den Boden erreicht. Als eine Konsequenz daraus verändert sich die Bodenvegetation. Lichtempfindliche, gegen Austrocknung empfindliche Arten (z.B. manche Moose) verschwinden und werden durch ein anderes Artenspektrum, an dem vor allem Gräser beteiligt sind, ersetzt. Diese neue Vegetationsdecke beeinflußt ihrerseits die Mikrofauna und die Bodenverhältnisse. Eine erhöhte Transpirationsrate dieser Pflanzen bewirkt eine schnellere Austrocknung des Bodens und fügt den bereits kranken Bäumen noch weiteren Schaden zu.

Die in den letzten Jahren unter außergewöhnlich starkem Zeitdruck ausgeführten Forschungsarbeiten beziehen sich im wesentlichen auf das Verhalten einzelner Bäume. Es hat sich gezeigt, daß diese über etliche Reserven und über ein hohes Regenerationsvermögen verfügen. Wie sonst sollte man sich das Stagnieren der Schadenszuwächse in den Jahren 1985 und 1986 erklären? Sollte man nunmehr „Entwarnung" geben? Keineswegs, es mag an günstigen Temperatureinflüssen gelegen haben, die den Bäumen eine „Erholungspause" einräumten. Nur wenn alle getroffenen Schutzmaßnahmen tatsächlich auch eingehalten und vor allem verstärkt werden, erhalten die Bäume eine echte Regenerationschance. Das Ökosystem Wald könnte dann von einem labilen zu einem stabilen Gleichgewicht zurückkehren. Wichtig sind dabei auch ökologisch sinnvolle Wiederaufforstungen; durch Anlage von Monokulturen wären weitere Schäden vorprogrammiert. Noch sind die Schäden nicht irreversibel. Üblicherweise wurden langfristige Störungen des Ökosystems Wald nur dann verzeichnet, wenn eines der vier folgenden Kriterien erfüllt war:
1. Klimaverschiebungen. Die europäischen Eis- bzw. Kaltzeiten haben den Wald mehrfach für Jahrtausende vernichtet und ihn durch Kaltsteppe ersetzt.
2. Bodenzerstörungen. Bodenabspülungen durch starke Regenfälle im Gebirge, die nackten Fels zurücklassen, verhindern eine Wiederansiedlung von Wald, an dessen Stelle sich dann bestenfalls Gebüsch entwickelt (Beispiel: Karstlandschaft in Jugoslawien).

3. Langandauernde Vernässung oder Austrocknung des Bodens, die in vielen Fällen Waldwuchs ausschließen (Ausnahme: Moor- und Bruchwälder).
4. Starke chemische Veränderungen der Atmosphäre mit Auswirkungen auf den Boden.

Es ist der letzte Punkt, an dem sich die vorgetragene Diskussion entzündet hat.

Literatur

Anderson, J. M.: Die Eutrophierung von Seen. In: Das globale Gleichgewicht (D.L. und D.H. Meadows, Herausg.). Stuttgart: Deutsche Verlags-Anstalt, 1973

Bucher, J.: „Waldsterben" Our dying forests. Experientia 41, 285–286 (1985) (und nachfolgende Aufsätze)

Eberle, G.: Pflanzen unserer Feuchtgebiete und ihre Gefährdung. Frankfurt: Verlag von Waldemar Kramer, 1979

Forschungsbeirat Waldschäden/Luftverunreinigungen der Bundesregierung und der Länder. 2. Bericht, Mai 1986. Karlsruhe: Kernforschungszentrum (Literaturabteilung), 1986

Fabian, P.: Atmosphäre und Umwelt. Chemische Prozesse/Menschliche Eingriffe. Berlin–Heidelberg–New York–Tokyo: Springer Verlag, 1984

Hock, B., E.F. Elstner: Planzenökologie. Der Einfluß von Schadstoffen auf Pflanzen. Mannheim, Wien, Zürich: B.I. Wiss. Verlag, 1984

Matzner, E., B. Ulrich: „Waldsterben". Our dying forests. Experientia 41, 578–584 (1985)

Meadows, D.L.: Die Grenzen des Wachstums. Stuttgart: Deutsche Verlags-Anstalt, 1972

Meadows, D.L., und D.H. Meadows: Das globale Gleichgewicht. Modellstudien zur Wachstumskrise. Stuttgart: Deutsche Verlags-Anstalt, 1973

Meadows, D.L., H. v. Nussbaum, K. Rihaczek, D. Senghaas u.a.: Wachstum bis zur Katastrophe? Stuttgart: Deutsche Verlags-Anstalt, 1974

Mesarović, M., E. Pestel: Menschheit am Wendepunkt. Stuttgart: Deutsche Verlags-Anstalt, 1974

Rat der Sachverständigen für Umweltfragen, Sondergutachten März 1983: Waldschäden und Luftverunreinigung. Stuttgart und Mainz: Verlag W. Kohlhammer GmbH, 1983

Stumm, W., J.J. Morgan, J.L. Schnoor: Saurer Regen, eine Folge der Störung hydrogeochemischer Kreisläufe. Naturwissenschaften 70, 216-223 (1983)

56. Standortfaktoren und Vegetation

Unter Standortfaktoren versteht man abiotische und biotische Gegebenheiten, die auf eine Pflanze einwirken. Zu den abiotischen rechnet man chemische und physikalische Größen, wie Licht, Klima, Wasser, Bodenzusammensetzung und -konsistenz, Exposition (Hangrichtung, Hangneigung) u.a. Zu den biotischen gehören Einflüsse, die eine Art auf eine andere (und sich selbst) ausübt (Konkurrenz, Koexistenz usw.).

1840 formulierte J. v. Liebig das „Konzept des Minimums". Es besagt, daß jenes Element, das in geringster Menge vorhanden ist, das Pflanzenwachstum begrenzt. Die praktischen Auswirkungen dieser Erkenntnis sind hinlänglich bekannt; es genügt, sie hier nur durch das Stichwort künstliche Düngung anzusprechen. Auf den meisten landwirtschaftlich genutzten Flächen sind Stickstoffverbindungen und

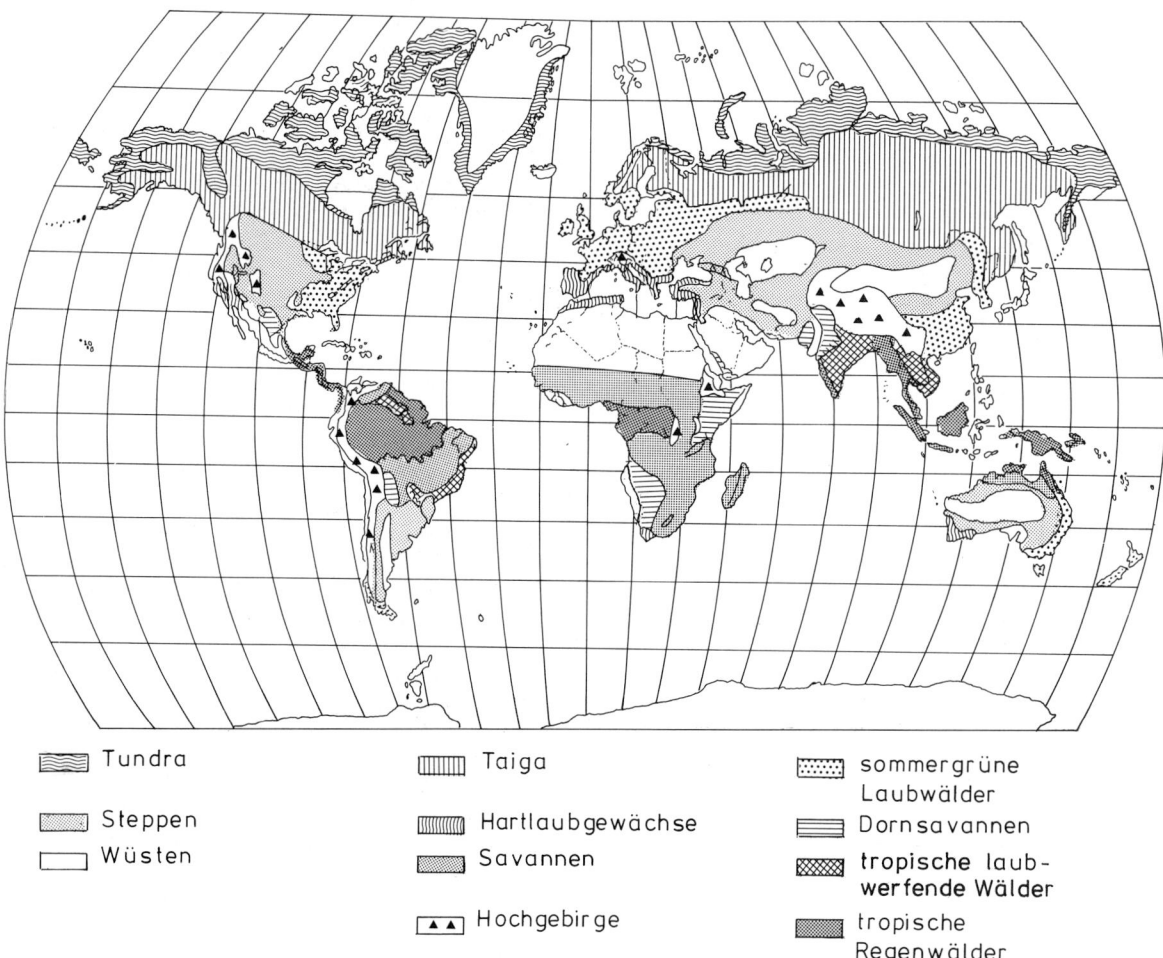

Tundra

Taiga

sommergrüne Laubwälder

Steppen

Hartlaubgewächse

Dornsavannen

Wüsten

Savannen

tropische laubwerfende Wälder

Hochgebirge

tropische Regenwälder

Abb. 56.1. Überblick über die wichtigsten Vegetationszonen (Vegetationsformationen) der Erde. Entlang der Hochgebirge, insbesondere der Anden, kommen kleinräumig verschiedene Vegetationsformationen vor, die auf der Karte nicht verzeichnet sind. Ebenso fehlt eine Untergliederung der einzelnen Formationen, z.B. der Wüsten in Kältewüsten, Trockenwüsten usw.

806

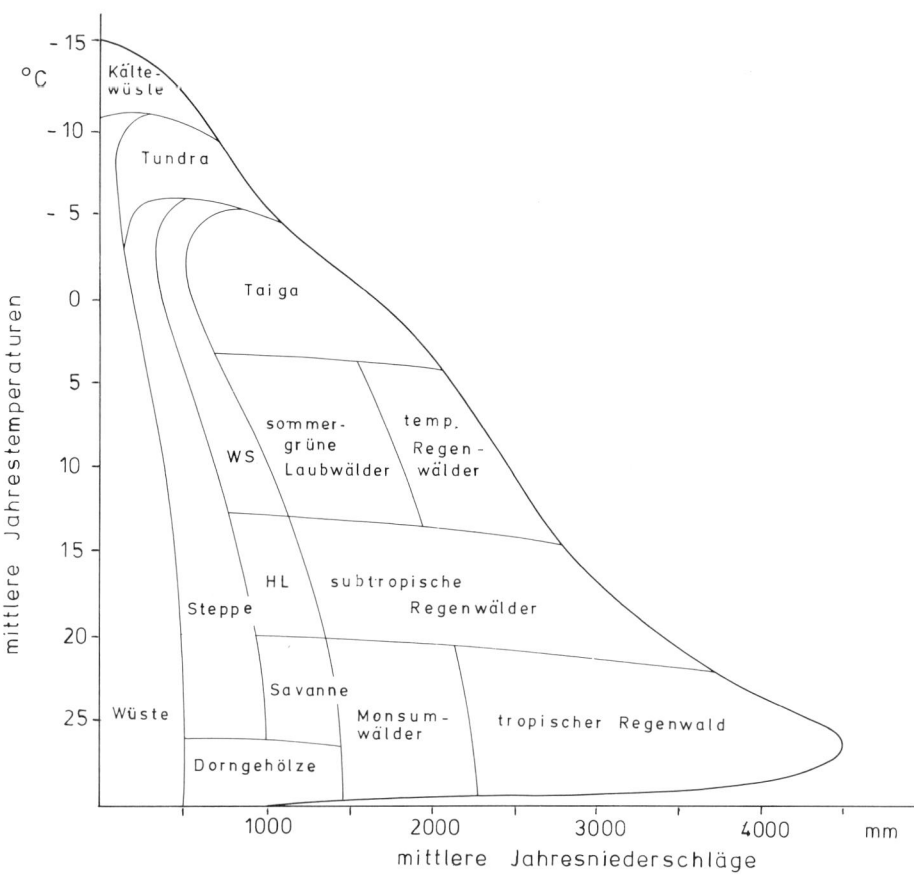

Abb. 56.2. Vegetationszonen (Formationstypen des Festlands). Versuch einer Gliederung der Klimaxgesellschaften nach mittleren Jahrestemperaturen und Niederschlagsmengen. WS: temperate Steppen, HL: Hartlaubgewächse. (Nach F. Ehrendorfer, 1978, 1983)

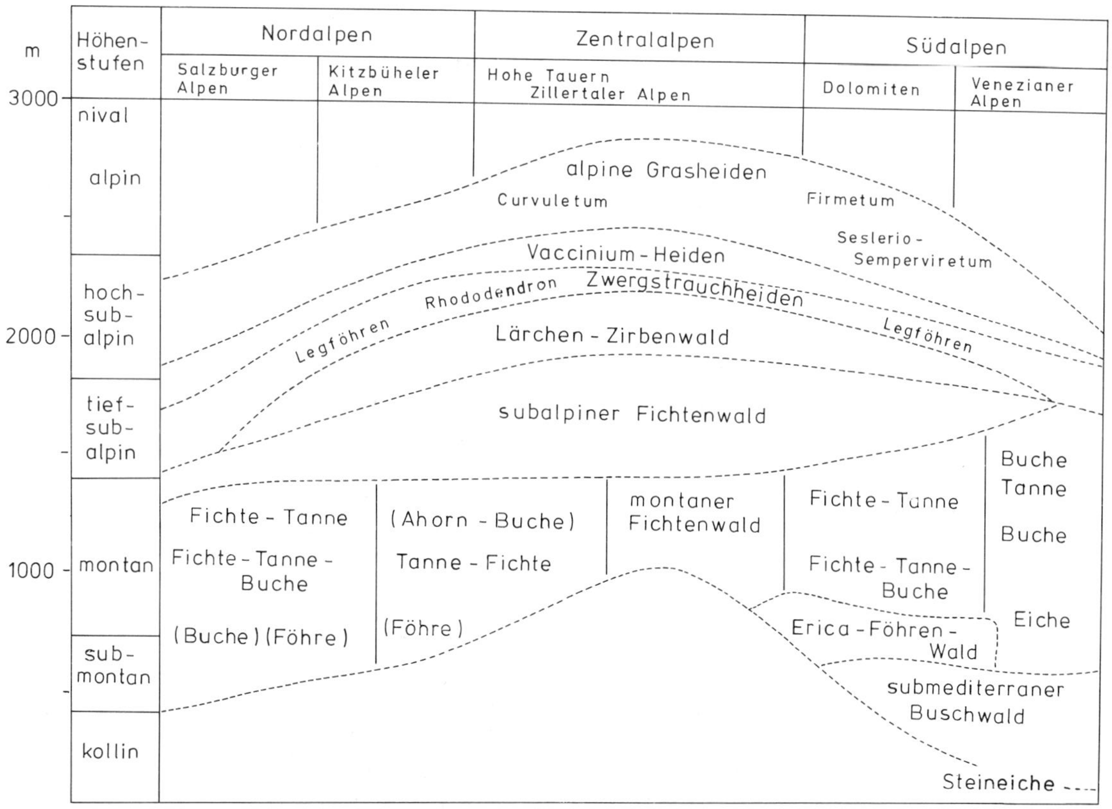

Chart axes: mittlere Jahrestemperaturen (°C) vs. mittlere Jahresniederschläge (mm). Zones labeled: Kältewüste, Tundra, Taiga, WS, sommergrüne Laubwälder, temp. Regenwälder, Steppe, HL, subtropische Regenwälder, Wüste, Savanne, Monsumwälder, tropischer Regenwald, Dorngehölze.

Second chart (Abb. 56.3): Höhenstufen profile with columns Nordalpen (Salzburger Alpen, Kitzbüheler Alpen), Zentralalpen (Hohe Tauern Zillertaler Alpen), Südalpen (Dolomiten, Venezianer Alpen). Vertical axis in m: 3000, 2000, 1000. Höhenstufen: nival, alpin, hoch-sub-alpin, tief-sub-alpin, montan, sub-montan, kollin. Vegetation labels include: alpine Grasheiden, Curvuletum, Firmetum, Seslerio-Semperviretum, Vaccinium-Heiden, Rhododendron Zwergstrauchheiden, Legföhren, Lärchen-Zirbenwald, subalpiner Fichtenwald, Fichte-Tanne, (Ahorn-Buche), montaner Fichtenwald, Fichte-Tanne, Buche Tanne Buche, Fichte-Tanne-Buche, Tanne-Fichte, Fichte-Tanne-Buche, (Buche)(Föhre), (Föhre), Erica-Föhren-Wald, Eiche, submediterraner Buschwald, Steineiche.

Abb. 56.3. Vegetationsprofil durch die mittleren Ostalpen. Die Höhengrenzen liegen in den kontinentalen Zentralalpen am höchsten. (H. Mayer, 1974).

807

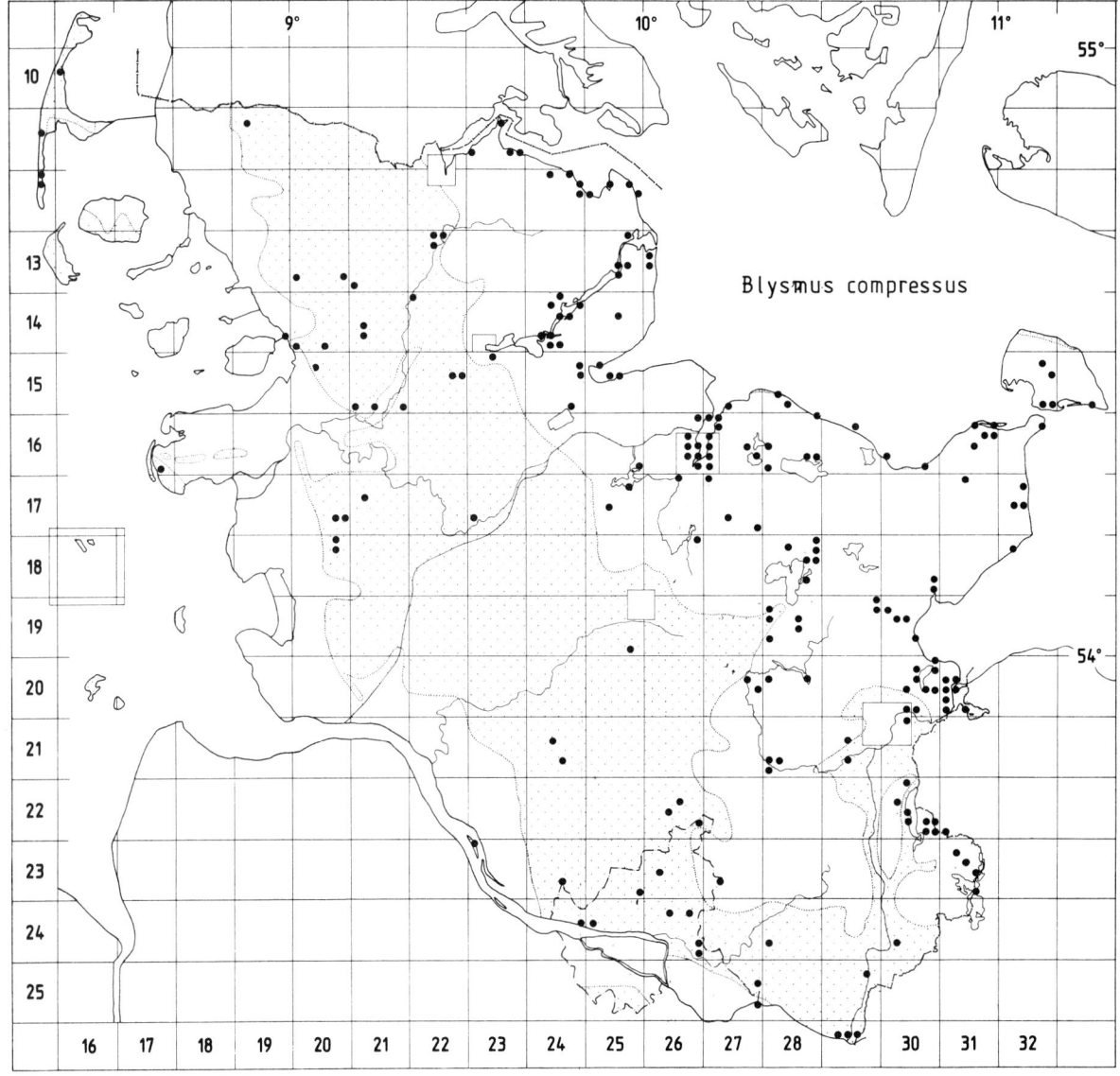

Abb. 56.4. Verbreitungskarten (Arealkarten) zweier *Blysmus*-Arten in Schleswig-Holstein. Oben: *Blysmus compressus* (= *Scirpus caricinus*, = *Scirpus distichus*): Zusammengedrücktes Quellried. Eine auf feuchten Wiesen verbreitete, den Seggen nahestehende Art. In Schleswig-Holstein findet man sie außer an den Meeresküsten u.a. im Bereich der Holsteinischen Seenplatte, nahe anderer Seen, in der Flußniederung der Eider und in der Nachbarschaft von Mooren. Die Art ist über ganz Deutschland verbreitet. Rechts: *Blysmus rufus* (= *Scirpus rufus*): Fuchsrotes Quellried. Im Ge-

Phosphate limitierend. Unter natürlichen Bedingungen können es auch Spurenelemente sein. Zu ihnen gehört das Zn, von dem Pflanzen an sonnigen Standorten einen höheren Bedarf als an schattigen haben. An ersteren ist es daher eher limitierend als an letzteren.

Liebigs Konzept wurde 1913 von V.E. Shelford erweitert. Auf ihn geht das „Konzept der Toleranz" zurück, das besagt, daß Pflanzen stets von einem ganzen Faktorenkomplex beeinflußt werden und daß für jeden dieser Faktoren eine gewisse Toleranzbreite vorhanden und meßbar ist. Die mit Abstand wichtig-

sten Faktoren sind Temperatur, Wasser und Licht sowie Kombinationen von diesen.

Die Vegetation der Erde wird in eine Anzahl von Vegetationszonen untergliedert (s. Abb. 56.1). Jede kann durch bestimmte Temperatur- und Feuchtigkeitswerte charakterisiert werden (s. Abb. 56.2), wobei zu berücksichtigen ist, daß tages- und jahresperiodische Schwankungen (Maximal- und Minimalwerte) oft wichtiger als die Durchschnittswerte sind.

Vergleichbare Ursachen hat die Höhenzonierung der Vegetation in Gebirgen. So liegt beispielsweise die Baumgrenze am Südrand der Alpen wegen der dort

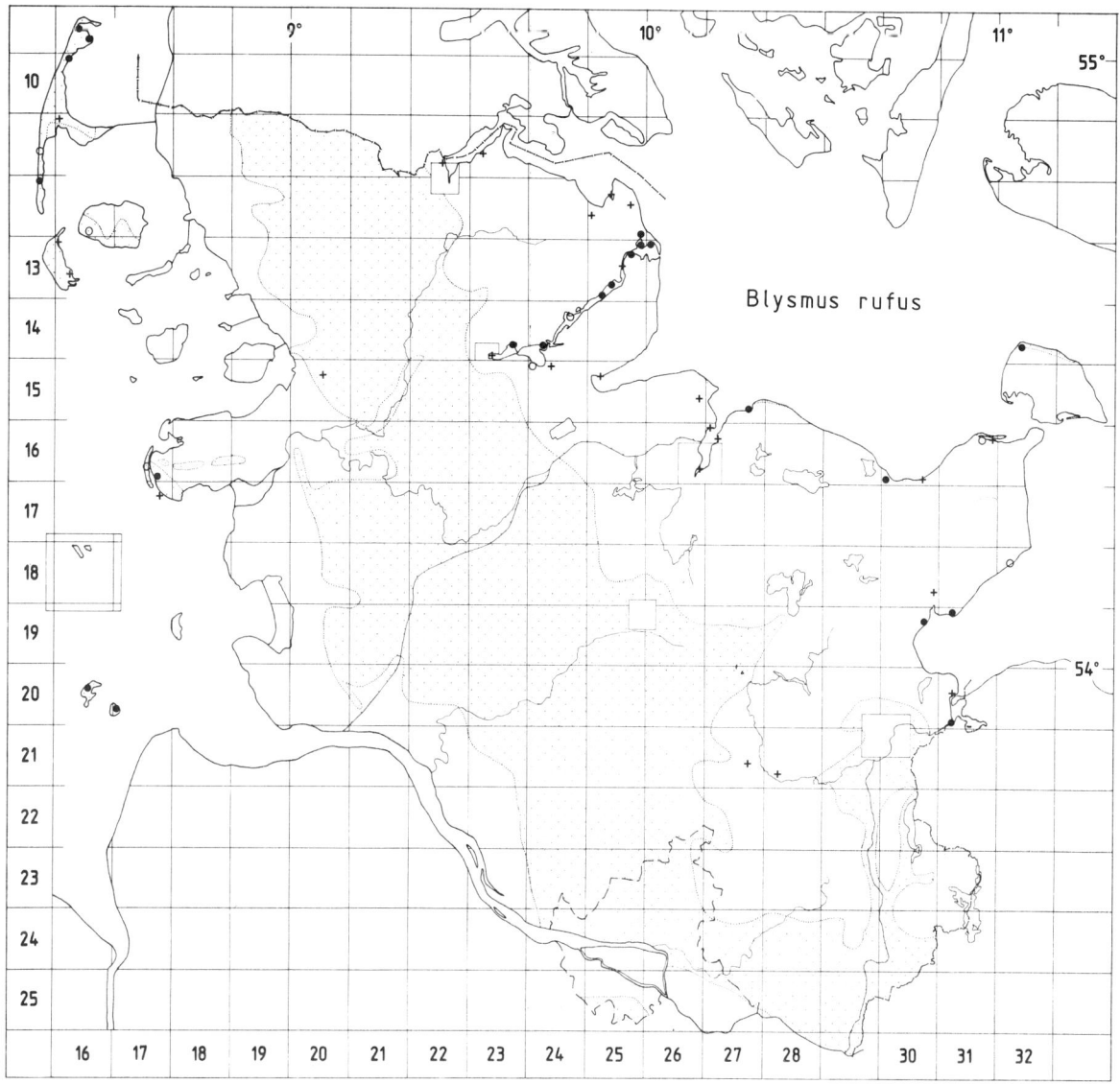

Blysmus rufus

gensatz zur vorangegangenen Art ist diese ein Halophyt. Ihr Vorkommen ist daher auf die Küsten der Nord- und Ostsee begrenzt. Signaturen: ● nach 1960 beobachtet; □ zwischen 1945 und 1960 beobachtet; + Vorkommen vor 1945, inzwischen verschollen oder nachweislich ausgestorben. (K. Dierßen, 1986)

höheren durchschnittlichen Temperatur höher als im Norden (s. Abb. 56.3).

Während das Großklima die Ursache für die Ausprägung von Klima- und Vegetationszonen ist, kontrollieren Bodenbedingungen, Kleinklima und biotische Faktoren die Verbreitung einzelner Arten in ihnen. Im einfachsten Fall spiegelt die Verbreitung einer Art die geologischen Verhältnisse wider. Mit am anschaulichsten ist das durch die unterschiedliche Vegetationszusammensetzung von Kalkalpen und Urgesteinsalpen (Silikatuntergrund) zu belegen.

Für jede Pflanzenart läßt sich ihr geographisches Verbreitungsgebiet (Areal) ermitteln. Oft läßt sich aus so gewonnenen Verbreitungskarten (s. Abb. 56.4) ent-

nehmen, daß einander nah verwandte Arten sich durch geographisch unterschiedliche Verbreitung auszeichnen.

Man unterscheidet zwischen geschlossenen Arealen, d.h., in sich homogenen Verbreitungsgebieten und mosaikartiger Verbreitung (disjunkter Verbreitung). Solche Muster lassen auf eine frühere Einheit des Verbreitungsgebiets schließen. Ob die Trennung physikalische Ursachen hat (z.B. Kontinentalverschiebung, Vereisung u.a.) oder ob sie den Beginn des Aussterbeprozesses der betreffenden Art anzeigt (weil sie durch besser angepaßte Arten in einer sich ändernden Umwelt verdrängt wird), läßt sich allenfalls an Einzelbeispielen entscheiden. Weltweit vertretene Ar-

809

ten werden als Kosmopoliten bezeichnet, solche, die nur in einem begrenzten Gebiet (z.B. auf bestimmten Inseln) vorkommen, nennt man Endemiten. So sind z.B. 90 Prozent aller auf Hawaii vorkommenden Gefäßpflanzen Endemiten. Der hohe Prozentsatz ist ein Indiz für ein sehr hohes Alter dieser Inselgruppe und die lange Zeitperiode, während der sich die Pflanzen ohne „Störung" von außen isoliert entwickeln konnten.

Aus der Verbreitung von Arten läßt sich auf ihr Ausbreitungspotential schließen. E. Mayr hat 1965 einige Kriterien zusammengestellt, die die Ausbreitung von Pflanzen bestimmen und ihr Ausbreitungspotential dem anderer Organismengruppen gegenübergestellt:

(1) Das Ausbreitungspotential der Pflanzen ist in der Regel größer als das der höheren Vertebraten. Sie können Wasserflächen leichter überwinden.

(2) Wenn Vögel oder Säugetiere ein derartiges Hindernis überwunden haben, fällt es ihnen leichter, sich im neuen Lebensraum zu etablieren als den Pflanzen. Vögel und Säuger sind daher die besseren Kolonisierer.

(3) Innerhalb einer Klimazone sind Pflanzen den Vertebraten in bezug auf Ausbreitung überlegen. Letztere hingegen sind bei einem Wechsel von einer Klimazone zur anderen im Vorteil.

(4) Auf Inseln ist der Umsatz *(turnover)* durch Kolonisation (Neubesiedlung) und Extinktion (Aussterberate) bei Vögeln und Säugern höher als bei Pflanzen. Die Artzusammensetzung der nächstgrößeren Landmasse ist für die Ausbreitung der Vögel und Säuger daher wichtiger als für die der Pflanzen. Der aufgezeigte Gegensatz kann nicht auf alle Tiergruppen extrapoliert werden. Viele Insekten und niedere Invertebraten weisen Verbreitungsmuster auf, die mehr denen der Pflanzen als denen der höheren Vertebraten ähneln.

Neben den besprochenen Klimafaktoren und dem

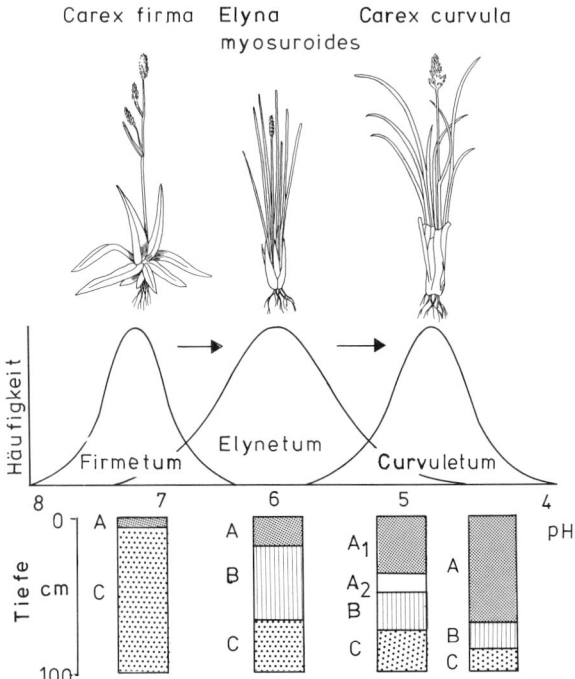

Abb. 56.6. Sukzession im Hochgebirge: Boden- und Vegetationsentwicklung. Aufbau einer Humusschicht (A). Übergang von flachgründigen zu tiefgründigen Böden. Durch die Verwitterung im B-Horizont kommt es zu einer Kalkauswaschung, der C-Horizont sinkt dadurch ab. (J. Braun-Blanquet und H. Jenny, 1926)

Wasser sind die Bodenverhältnisse für das Gedeihen der Pflanzen ausschlaggebend. Die Bodeneigenschaften werden sowohl durch das Klima als auch durch Organismen beeinflußt (s. Abb. 56.5 und 6). Die oberen Bodenschichten sind daher stets ein Gemisch aus anorganischen und organischen Verbindungen. In der Bodenkunde unterscheidet man übereinanderliegende Schichten, die zu A-, B-, C-... Horizonten zusammengefaßt werden. Der A-Horizont umfaßt die obersten Schichten, die zum überwiegenden Teil aus abgestorbenen Pflanzen- (und Tier-) Teilen bestehen. Mit zunehmender Tiefe nimmt die Partikelgröße ab. Im A-Horizont spielen sich die Verwesungs- und Humifizierungsprozesse ab (Humusbildung). Im darunterliegenden B-Horizont erfolgt die Mineralisierung. Die durch Zersetzer (Mikroorganismen) aus organischer Substanz freigesetzten anorganischen Komponenten vermischen sich dort mit den bereits vorhandenen Mineralien. Der C-Horizont schließlich besteht fast ausschließlich aus Mineralien.

Die Horizonte und die einzelnen Schichten innerhalb der Horizonte sind in Bodenprofilen oft an charakteristischer Färbung und Konsistenz erkennbar. Sie unterscheiden sich in ihrer Mächtigkeit je nach Klimazone, topographischer Lage und Vegetationsbedeckung. In Böden, die von einer Grasnarbe bedeckt sind (Grasflächen, Prärien usw.) läuft die Humifizierung sehr schnell ab, während die Mineralisierung

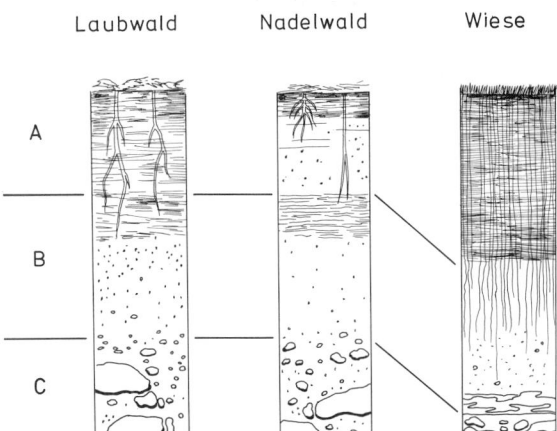

Abb. 56.5. Bodenprofile mit unterschiedlicher Mächtigkeit von A- und B-Horizont in Abhängigkeit von der Vegetation.

810

langsam erfolgt. Weil Gramineen, einschließlich ihrer Wurzeln, meist kurzlebig sind, gelangen große Mengen organischer Substanz in den Boden, die Pflanzenkörper zerfallen sehr schnell; es sammelt sich nur wenig Spreu an, viel Humus entsteht. Noch ausgeprägter ist dieser Vorgang in Mooren, denn wegen der schlechten Entwässerung sammelt sich eine dicke Humusschicht (Torf) an, eine Mineralisierung unterbleibt. Im Gegensatz dazu erfolgt eine Humusbildung in Wäldern nur sehr langsam, eine Mineralisierung jedoch sehr schnell. Prärieboden enthält 600 Tonnen Humus pro Hektar, Waldboden nur 50 Tonnen. In tropischen Regenwäldern kommt es wegen der fast ganz fehlenden Humusablagerung und schneller Mineralisierung zu Laterit- oder Ortsteinbildung in geringer Tiefe. Diese wenigen Bemerkungen über Böden machen deutlich, wie groß der Beitrag der Pflanzen für deren Entstehung (und Qualität) ist und daß Mißbrauch und falsche Erwartungen zu irreversiblen Schäden führen können.

Änderungen von Standortfaktoren führen zum Verschwinden einzelner Arten (oder Pflanzengesellschaften) und Ersatz durch andere (s. Abb. 56.7). Besonders gravierend sind die Einflüsse des Men-

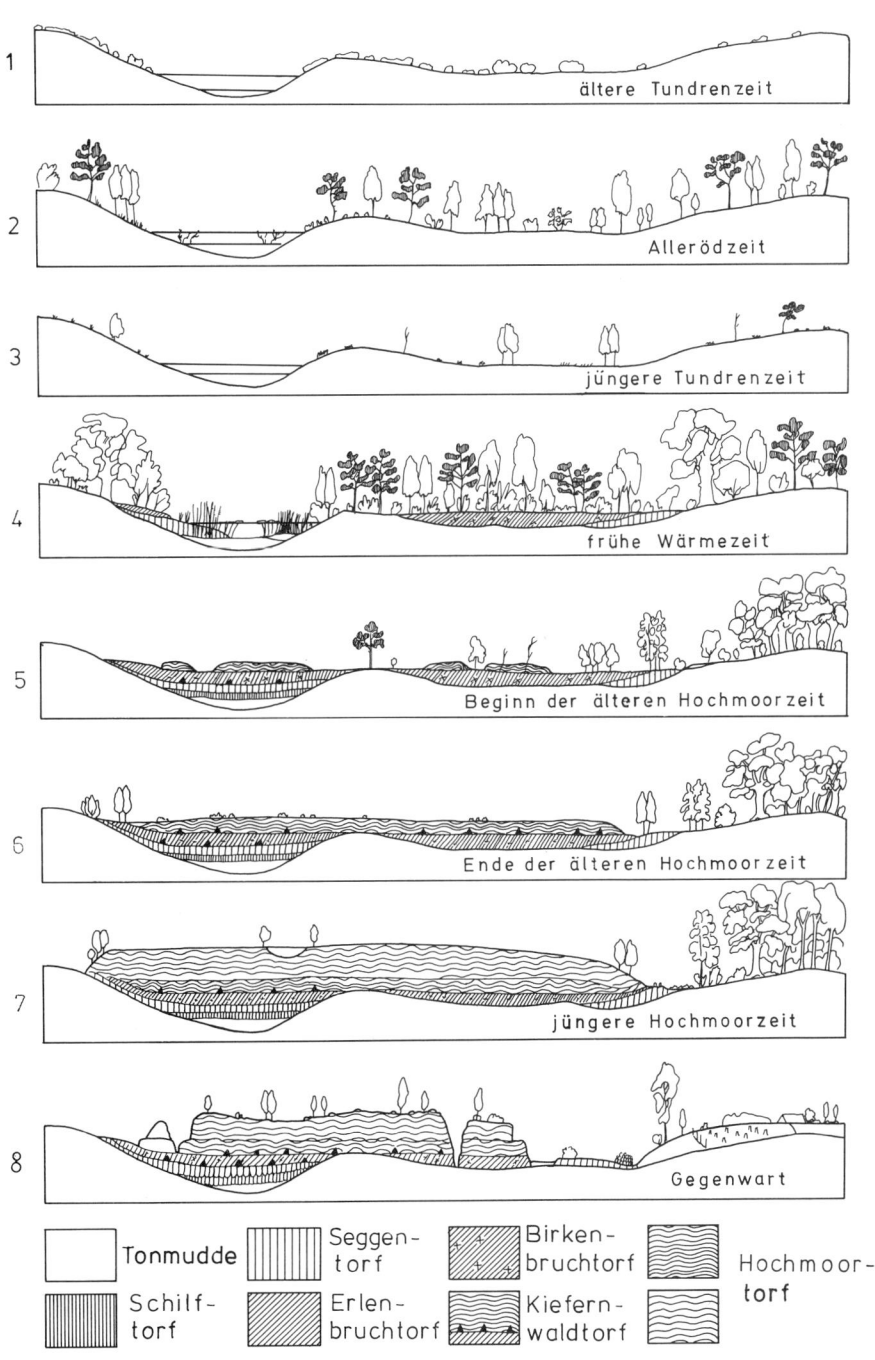

Abb. 56.7. Beispiel für eine Vegetationsentwicklung: Entwicklung eines Hochmoores und seiner Umgebung im nordwestdeutschen Flachland (halbschematische Darstellung). (Nach F. Overbeck, 1957/58 aus H. Walter und H. Straka, 1970)

811

schen, durch dessen Kulturmaßnahmen (Abholzung von Wäldern, Trockenlegung von Mooren, Flußbegradigungen usw.) sich das Vegetationsbild grundsätzlich verändert. Oft genügt bereits das Einbringen einer einzigen Komponente, um einzelne Pflanzenarten zum Verschwinden zu bringen. So sind etliche Arten karger, kalkhaltiger Trockenrasen gegenüber Düngung (stickstoffhaltigen Verbindungen) außerordentlich empfindlich. Hierzu gehören viele Orchideenarten sowie *Koeleria gracilis, Pulsatilla vulgaris, Potentilla arenaria, Trifolium scabrum* u.a.

Pflanzen lassen sich vielfach als Anzeiger (Indikatoren) bestimmter Umweltbedingungen einsetzen. Doch sollte man bei der Deutung der Ergebnisse vorsichtig sein, denn aus der An- oder Abwesenheit einer bestimmten Pflanzenart lassen sich meist keine sicheren Schlüsse über die Art der Standortfaktoren (oder Störungen) ziehen.

Zahlreiche Erfahrungen zusammenfassend sei gesagt, daß große Arten bessere Indikatoren als kleine sind, denn große Arten besitzen eine stabilere Biomasse, die mit kleinen und kurzfristigen Fluktuationen im System besser fertig wird.

Einzellige Algen sind daher zum Beispiel ausgesprochen schlechte Indikatoren des Zustands eines Gewässers. Die Auswertung umfangreicher Bestandsaufnahmen ergab, daß zwar bestimmte Arten nach Verschmutzung (bzw. Eutrophierung) eines Gewässers zunächst verschwinden, sich dann aber wieder einstellen können (Adaptation an die neuen Bedingungen durch Mutationen; Selektion resistenter Zellen). Ob eine Art in einem bestimmten Jahr in Erscheinung tritt, hängt unter anderem auch von ihren Startbedingungen ab. Wie wir noch sehen werden (s. Kap. 58), kann in einem Jahr eine Art, in einem anderen eine zweite dominierend sein, obwohl sich an den physikalisch-chemischen Parametern des Gewässers nichts geändert hat.

Eine ganze Pflanzengesellschaft (s. Kap. 57) ist daher meist ein besserer Indikator als eine einzelne Art.

Pflanzen können ungünstige Konstellationen in beträchtlichem Umfang kompensieren. Unter verschiedenen Standortbedingungen entstehen unterschiedliche Phänotypen, werden verschiedene Genotypen selektiert (s. Kap. 37), der Stoffwechsel ist anders (Isoenzyme, s. Kap. 17), alternative Stoffwechselwege werden eingeschlagen, und oft ist die Anatomie abgewandelt (z.B. Sonnenblätter/Schattenblätter). Wie in den Kap. 25 und 30 ausführlich dargelegt, wird die Entwicklung einer jeden Pflanze von verschiedenen externen Faktoren gesteuert, vornehmlich durch Licht (Periodendauer, Qualität) und Temperatur.

Da Temperaturschwankungen im Wasser geringer als an Land sind, sind dementsprechend die Toleranzbereiche aquatischer Organismen in bezug auf diesen Faktor wesentlich niedriger als die der terrestrisch lebenden.

Mit steigender Lichtintensität nimmt bei Land- und Wasserpflanzen die Photosyntheseaktivität zu. Das Optimum liegt bereits bei niedrigen Lichtsättigungs-

werten. Bei hohen Werten geht die Photosyntheseaktivität oftmals sogar drastisch zurück. Das erfolgt vor allem bei Arten, die an schattige Biotope oder aquatische Lebensweise adaptiert sind.

Bei Populationen einzelliger Algen mißt man daher die höchste Aktivität nicht unmittelbar an der Gewässeroberfläche, sondern in einer Zone, die einige Dezimeter darunter liegt. Arten, die an sonnige Standorte adaptiert sind und über einen C_4-Weg der Photosynthese verfügen, erreichen (wie der Mais) auch bei Lichtsättigung nicht das Aktivitätsmaximum.

Bei der Analyse des Faktors Feuchtigkeit sind nicht allein die absolute Regenmenge und die Bodenfeuchtigkeit entscheidend. Wichtig sind die jahreszeitliche Verteilung sowie das Gleichgewicht zwischen Niederschlägen (und der relativen Luftfeuchtigkeit) und der Verdunstung. Eine Pflanze welkt, sobald die Transpirationsrate höher als die Wasseraufnahmerate (durch die Wurzeln) ist. In der Regel ist die Wachstumsrate bei Pflanzen zur Transpirationsrate direkt proportional; d.h., daß Transpiration und Primärproduktion miteinander gekoppelt sein müssen. M.L. Rosenzweig (University of Pennsylvania, 1968) hat diese Beziehung in die Gleichung

$$\log P_nN = (1{,}66 \pm 0{,}27) \log AE - (1{,}66 \times 0{,}07)$$

gefaßt.

In ihr ist P_n die Nettoproduktionsrate über dem Erdboden (in g) je m² und AE die jährliche Transpiration in mm.

Bei Kenntnis des Breitengrades, der mittleren monatlichen Temperaturen und der Niederschläge kann AE aus – mittlerweile vorhandenen – Tabellenwerken entnommen werden, folglich hat man damit auch die Nettoprimärproduktion ermittelt. Die Formel ist für jedes sich im Gleichgewicht befindende Ökosystem anwendbar; sie eignet sich aber weniger, um sich entwickelnde Ökosysteme zu beschreiben.

Toleranz

Das Konzept der Toleranz und seine Implikationen können wie folgt beschrieben werden:
(1) Pflanzen (und andere Organismen) können eine große Toleranz für einen Faktor, eine nur geringe für einen anderen Faktor haben.
(2) Pflanzen mit großen Toleranzbereichen für möglichst viele Faktoren sind meist weit verbreitet.
(3) Wenn eine Art einen ökologischen Faktor nicht im Optimum vorfindet, können die Toleranzbereiche gegenüber anderen Faktoren drastisch eingeschränkt sein. (Bei Gramineen und vielen anderen Pflanzen sinkt die Resistenz gegenüber Trockenheit mit der Stickstoffverarmung der Böden. Das ist leicht einsehbar, weil die Pflanzen bei einem geringen Stickstoffangebot viel Wasser (mit darin gelösten Stickstoffverbindungen) aufnehmen, um den Bedarf an Stickstoff zu decken.)

(4) Da auch biotische Faktoren einen entscheidenden Einfluß auf das Vorkommen von Pflanzen ausüben, leben viele Arten nicht im optimalen Bereich. Oft spielen Faktoren oder Faktorenkomplexe eine größere Rolle als ein leicht erkennbarer (meßbarer) Faktor. (Tropische Orchideen z.B. können – kalt gehalten – dem vollen Sonnenlicht ausgesetzt werden. In der Natur leben sie im Schatten, weil sie die Kombination von Wärme und hellem Sonnenlicht nicht ertragen.)

(5) Die Vermehrungsphase ist gegenüber limitierenden Faktoren meist viel sensibler als die vegetative Phase (Blüten z.B. sind gegenüber Austrocknung viel empfindlicher als die Blätter der gleichen Pflanze).

Artenzahl und Individuenzahl

Je besser eine Art an gegebene Standortbedingungen angepaßt ist, desto individuenreicher ist sie, und um so geringer ist die Wahrscheinlichkeit, daß eine der übrigen Arten dominant wird. Von den Arten einer Pflanzengesellschaft sind daher stets nur einige wenige wirklich häufig; sie sind es auch, die den Hauptanteil des Energieumsatzes auf der entsprechenden trophischen Ebene (hier Primärproduzenten) ausmachen. Die seltenen Arten tragen zur Artendiversität des Systems bei. Als Maß dafür hat man den Artendiversitätsindex entwickelt, durch den das Verhältnis von Artenzahl zu Häufigkeit (gemessen als Zahl, Biomasse, Reproduktionsrate) beschrieben wird.

In Ökosystemen, deren Entwicklung durch physikalische oder chemische Umweltfaktoren beschränkt wird, ist die Artenzahl gering (boreale Zone, Wüsten). Sie ist hoch in Systemen, die vornehmlich durch biologische Faktoren reguliert werden. Im allgemeinen nimmt die Diversität mit dem Absinken der Relation zwischen notwendiger Erhaltungsenergie und Biomasse zu. Damit sind wir wieder bei dem alten Postulat des Physikers E. Schrödinger, der 1943 in einer bedeutsamen kleinen Schrift, *„What is life?"* das Axiom „Ordnung, die auf Ordnung basiert" prägte (s.a. Selbstorganisation der Materie, Kapitel 41).

Die Artenvielfalt steht damit mit der Stabilität des Systems in direkter Beziehung, und es besteht daher auch ein linearer Zusammenhang zwischen Zahl der Arten und der Zahl der Individuen pro Art.

Bei Belastung durch chemische oder physikalische Faktoren nimmt vor allem die Zahl der seltenen Arten ab. Die skizzierten Beziehungen können in eine Gleichung gefaßt werden, die nach ihren Entdeckern Shannon–Weaver–Funktion oder Shannon–Index genannt wird.

Eine Erhöhung der Artenzahl führt zu längeren Nahrungsketten, und somit zu einem höheren Komplexitätsgrad der Nahrungsnetze; damit verbunden ist auch die Zunahme der Art-Art-Wechselwirkungen, wie Symbiose, Parasitismus, Kommensalismus u.a.

Pflanzenernährung; Optima; Toleranzgrenzen

Die Wachstumsrate der Pflanzen wird in entscheidendem Maße von einer ausreichenden Versorgung mit Wasser (und darin gelösten essentiellen Ionen) limitiert. Der Phänotyp der Pflanze variiert daher weit stärker als der der Tiere. Sehr wichtig ist der pH-Wert des Bodens. Die Mehrzahl der Pflanzen bevorzugt neutrale oder leicht saure Böden. Die Toleranzbereiche der meisten Pflanzenarten umfassen selten viel mehr als eine pH-Einheit. Wurzelhaare und Mykorrhizapilze, die in Assoziation mit Wurzeln zahlreicher Pflanzen leben (s. Kap. 33), sind besonders empfindlich.

Es gibt nur wenige Pflanzen, die auf Böden mit pH-Werten unter 3 existieren können, ein Beispiel ist *Deschampsia flexuosa* (eine Gramineenart).

Inwieweit eine Toleranzgrenze überschritten werden kann, hängt im wesentlichen von der Kombination anderer Faktoren ab. Nur selten sind die Standortbedingungen in bezug auf alle Anforderungen der Pflanze optimal, so daß sie stets „mit Kompromissen" leben muß, die sich in einer Verringerung der Wuchshöhe, der Zahl der Blüten oder der stoffwechselphysiologischen Leistungen manifestieren.

Ebenso schädlich kann ein Überangebot bestimmter Ionen sein. 1919 stellte P. Ehrenberg eine nach ihm benannte Regel auf, die folgendes besagt:

„Wird für eine nur schwächer mit Kalk versorgte Pflanze die Kalkzufuhr erheblich gesteigert, so tritt hierdurch eine Zurückdrängung der Kalium-Aufnahme ein, welche erhebliche Schädigungen im Gefolge haben kann."

Diese Regel gilt für zahlreiche Arten; zu den Ausnahmen gehört *Tussilago farfara* (Huflattich). Hier ist eine erhöhte Ca^{2+}-Aufnahme nämlich mit erhöhter K^+-Aufnahme korreliert; allerdings sinkt die Aufnahmekapazität für Mg^{2+}-Ionen, und auch das wirkt wachstumshemmend.

Die Gramineen, Cyperaceen und Juncaceen können ihren Ionenhaushalt weit besser als Arten anderer Familien regulieren, was vermutlich auf einer höheren Effizienz der spezifischen Ionenpumpen in ihren Wurzelzellen (in der Endodermis) beruht. So können manche Arten entgegen der obengenannten Regel eine Ca^{2+}-Aufnahme drosseln und gleichzeitig die Effektivität der K^+-Aufnahme erhöhen.

Im allgemeinen nehmen diese Pflanzen, bezogen auf ihr Trockengewicht und ihren N-Gehalt, weniger Ionen auf als die übrigen.

Die Regulation der Ca^{2+}-Aufnahme ist arttypisch. So ist beispielsweise der Ca^{2+}-Gehalt in Sprossen von *Agrostis stolonifera* (Straußgras) mit dem Angebot im Substrat linear korreliert. Bei der verwandten Art *Agrostis setacea* hingegen erreichen die Werte im Gewebe bereits bei niedrigem Ca^{2+}-Angebot eine Sättigung. Auf kalkarmen Böden ist diese Art der *Agrostis stolonifera* an Biomasseproduktion überlegen, für kalkreiche Böden gelten umgekehrte Verhältnisse.

Die meisten Pflanzenarten sind gegenüber hoher Schwermetallionenkonzentration im Boden besonders empfindlich. Einige hingegen, die sogenannten Schwermetallpflanzen sind mehr oder weniger tolerant, wobei sich die Toleranz der einzelnen Arten stets nur gegenüber einem bestimmten Ion äußert und auch durch unterschiedliche physiologische Reaktionen gekennzeichnet ist. Cu^{2+}-Toleranz beruht auf einer Veränderung der Permeabilitätseigenschaften der Membranen toleranter (resistenter) Arten gegenüber diesem Ion. Zn- und Ni-Toleranz beruhen auf der Fähigkeit der Zellen, diese Ionen in der Vakuole zu speichern.

Pflanzen salzhaltiger Standorte (Halophyten)

Unter ökophysiologischen Aspekten kann zwischen obligaten, fakultativen und standortindifferenten Halophyten unterschieden werden:
(1) Obligate Halophyten wachsen ausschließlich an Salzstandorten. In Kulturversuchen erfahren sie durch Salzzufuhr eine deutliche Entwicklungsförderung. Viele Chenopodiaceen gehören in diese Kategorie.
(2) Fakultative Halophyten können zwar Salzböden besiedeln, ihr physiologisches Optimum liegt jedoch im salzfreien, zumindest salzarmen Milieu. Die Salzbelastung am Standort wird toleriert. In diese Kategorie fällt die überwiegende Zahl der Gramineen, Cyperaceen und Juncaceen sowie eine große Zahl von Arten der Dikotyledonen, zum Beispiel *Glaux maritima, Plantago maritima, Aster tripodium* u.a.
(3) Standortindifferente Halophyten kommen im Freiland (noch) mit Salzböden zurecht. Ihre Verbreitung erstreckt sich üblicherweise jedoch auf salzfreie Böden. Einerseits können sie mit salzsensitiven Arten konkurrieren, andererseits ermöglicht ihnen ihre Salztoleranz, auch auf Salzböden vorzukommen. Beispiele: *Chenopodium glaucum, Myosurus minimus, Potentilla anserina*, einige Gräser u.a.
Bei vielen der Arten unterscheiden sich die Populationen auf Salzböden genetisch von denen auf salzfreien. Beispiele: *Festuca rubra, Agrostis stolonifera, Juncus bufonius.*
Halophyten sind häufig sukkulent, viele Arten besitzen Salzdrüsen, andere können in ihrer Vakuole beträchtliche Salzkonzentrationen speichern.
Im Jahre 1898 wies A.F.W. Schimper darauf hin, daß die Ausbildung wasser- und salzspeichernder Gewebe eine Anpassung an eine physiologische Trockenheit darstellen. Da eine Wasseraufnahme mit einer hohen Salzaufnahme verbunden ist, müssen die Pflanzen mit einem angespannten Wasserhaushalt zurechtkommen. In der Regel sind die Proteine der Halophyten nicht weniger salzempfindlich als die der übrigen Pflanzen.

Um mit der hohen Salzbelastung fertigzuwerden, werden unterschiedliche Strategien verfolgt.
(1) Sukkulenz. Die aktive Konzentrierung (Energieverbrauch) von Salz in der Vakuole und die Speicherung eines großen Wasservolumens sorgen für eine geringe Salzkonzentration im Plasma.
(2) Absalztypen. Das Salz wird durch Abscheidung über Salzdrüsen entfernt. Die Menge im Gewebe bleibt gering.
(3) Halophyten ohne Regelmechanismen. Das klassische Beispiel ist *Juncus gerardii*. Der Salzgehalt steigt im Verlauf einer Vegetationsperiode stetig bis zu einer für die Pflanze tödlichen Grenze. Der Zeitabschnitt ist aber lang genug, um gerade einen vollständigen Entwicklungszyklus zu durchlaufen.
(4) Wurzelfiltertyp. Beispiel: Mangrovegehölz. Die Güte des Filtereffekts schwankt in weiten Grenzen. Einige Gräser verfügen über sehr effiziente Filter, die Sukkulenten über wenig wirksame.
Die Na^+-Aufnahme ist vom Membranaufbau und der Effizienz der darin enthaltenen Ionenpumpen abhängig (erhöhte Aktivität der einzelnen Moleküle und/oder erhöhte Zahl pro Flächeneinheit). Salztolerante *Vitis*-Arten zeichnen sich durch einen erhöhten Phosphatidylcholinanteil in ihren Membranen aus, der Galactosylglyceridanteil ist reduziert. Es sieht so aus, als könnten diese Lipide die Aktivität der Pumpen modulieren.
In der Regel sind Halophyten an salzfreien Standorten anderen Pflanzen gegenüber unterlegen; das liegt nicht zuletzt an ihrer relativ langsamen Entwicklung.
Salzschädigungen:
(1) Osmotische Effekte; erschwerte Wasseraufnahme.
(2) Störung der mineralischen Ernährung; die Selektivität der Ionenaufnahme ist gestört. In den Zellen stellt sich ein falsches Ionengleichgewicht ein.
(3) Toxische Effekte: Aussalzeffekt. Fällung oder partielle Denaturierung von Proteinen, Änderung ihrer Regulierbarkeit, Änderung der Permeabilitätseigenschaften von Membranen u.a.

Hochmoorpflanzen

Hochmoore sind extreme Standorte. Anstelle eines mineralhaltigen Bodens tritt nährstoffreicher Torf (abgestorbenes Torfmoos); der pH-Wert ist extrem niedrig, alle Hochmoorpflanzen sind an das geringe Nährstoffangebot adaptiert. Sie vertragen Staunässe, reagieren aber empfindlich gegenüber pH-Erhöhung. Sie können daher nur selten an anderen Standorten gedeihen. Hochmoore zeichnen sich durch Artenarmut aus. Auffallend ist das Fehlen von annuellen und zweijährigen Pflanzen. Die kurze Vegetationsperiode und das geringe Nährstoffangebot (insbesondere akuter N-Mangel) lassen während eines Jahres keinen vollständigen Entwicklungszyklus zu. Es fehlen auch Zwiebel- und Knollenpflanzen, da deren Überdauerungsorgane dem Zuwachs an Torfmasse nicht folgen

Abb. 56.8. Wachstum von drei Gramineenarten in Rein- und Mischkultur. *a* Versuchsanordnung: Die Fläche des Beetes (schräge Gerade) ist so geneigt, daß der Grundwasserspiegel relativ zur Oberfläche links höher als rechts liegt. *b* Wachstumsoptimum für die drei Arten. *c* Wachstumsoptima bei gemeinsamer Aussaat. Konkurrenz führt zu einer grundwasserabhängigen Verteilung; weiteres siehe Text. (H. Walter 1960 nach H. Ellenberg 1952)

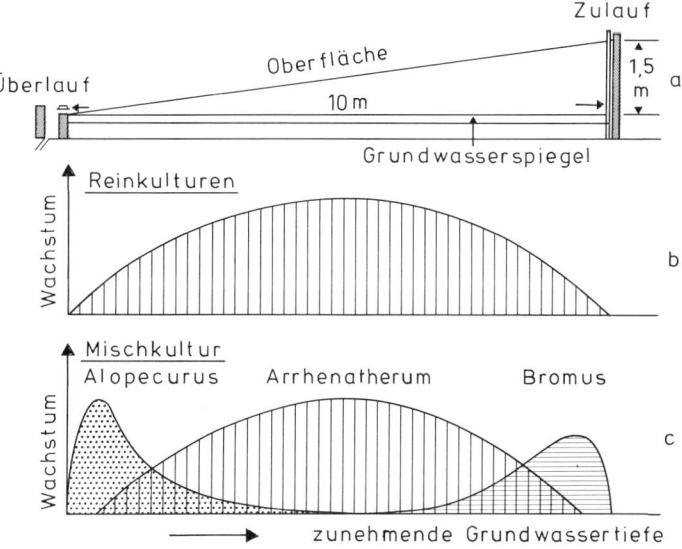

können. Verbreitet sind rhizom- und ausläuferbildende Pflanzen, deren Sproßknospen jährlich höher verlegt werden können.

Einfluß einzelner Arten auf andere; Konkurrenz, Koexistenz

Zunächst einige Beispiele:

(1) Die drei Gramineenarten *Alopecurus pratensis*, *Arrhenatherum elatius* und *Bromus erectus* zum Beispiel sind (wie die übrigen Pflanzen) auf eine bestimmte Menge an Grundwasser angewiesen. Experimentell ließ sich zeigen, daß alle drei Arten bei einer mittleren Grundwassermenge am besten gediehen (s. Abb. 56.8).

In Mischkultur hingegen kommen *Alopecurus pratensis* und *Bromus erectus* in diesem Bereich nicht zum Zuge, da die Konkurrenz durch *Arrhenatherum elatius* zu groß ist. In Bereichen, die für das *Arrhenatherum*-Wachstum ungünstig sind (zu feucht oder zu trocken), gedeihen nunmehr die beiden verdrängten Arten. Jede hat damit ihre ökologische Nische gewonnen. Das Modellexperiment spiegelt die natürlichen Verhältnisse sehr gut wider. Alle drei Arten sind Charakterarten von Wiesengesellschaften. Die *Alopecurus pratensis*-Wiesen sind im feuchten norddeutschen Tiefland vorherrschend, *Arrhenatherum elatius*-Wiesen im Bereich der Mittelgebirge, und *Bromus erectus* ist

Abb. 56.9. Vegetationszonierung im nicht eingedeichten Vorland an der Nordseeküste. In der äußersten, bei Flut regelmäßig überspülten Zone sind der Queller *(Salicornia europaea, a)* oder das Schlickgras *(Spartina townsendii, b)* dominierend. Landeinwärts folgt die Andelzone mit *Puccinellia maritima* (Andel, *c*), die nur bei Spring- oder Sturmflut überflutet wird. Im Bildvordergrund *(c)* ist der Übergang zur *Festuca rubra-* (Rotschwingel-)Zone zu sehen.

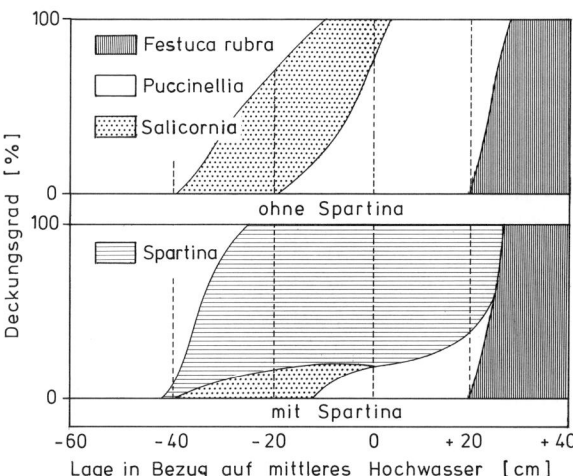

Abb. 56.10. Zonierung der dominierenden Arten bei Schlickablagerung an der schleswig-holsteinischen Nordseeküste. (D. König, 1948)

die Charakterart der Trockenrasen Süddeutschlands (an südlich exponierten Hanglagen).

(2) Die Verdrängung von Arten nach Einführung einer weiteren läßt sich am Beispiel der Ausbreitung von Spartina townsendii an der Nordseeküste demonstrieren. Diese Art, in der zweiten Hälfte des letzten Jahrhunderts an der englischen Küste entstanden (s. Abb. 56.9), wächst am Rande der Ge-

zeitenzone in einem Bereich, den sich üblicherweise zwei andere Arten teilen. Die durch Gezeiten regelmäßig überflutete Zone wird vom Queller (Salicornia europaea) besiedelt; in der nur sporadisch (durch Spring- und Sturmfluten) überfluteten und durch Sedimentablagerung höher liegenden Zone ist der Andel (Pucinellia maritima), eine narbenbildende Grasart, dominierend. Eine dritte, sich landeinwärts anschließende Zone ist bereits relativ artenreich, der Rotschwingel (Festuca rubra) ist die vorherrschende Charakterart. Wie die Abbildung 56.10 zeigt, gedeiht Spartina townsendii sowohl in der Salicornia- als auch in der Pucinellia-Zone.

Wegen ihres höheren Durchsetzungsvermögens (schnelleres Wachstum, höhere Biomasseproduktion) hat sie die ursprünglich vorhandenen Arten weitgehend zurückgedrängt. Die Ausbreitung von Spartina townsendii wurde durch den Menschen zunächst begrüßt, zum Teil auch gefördert, denn man erwartete von ihr eine Beschleunigung des Landgewinnungsprozesses. Die Maßnahme erwies sich jedoch als Fehlschlag, weil Spartina townsendii in turbulentem Wasser (während Sturmfluten) leicht herausgespült wird, die Pflanzendecke damit aufreißt und weiterer Erosion Vorschub leistet.

(3) Mitteleuropa liegt in der Vegetationszone der sommergrünen Laubwälder. Die häufigsten Arten und deren Standortpreferenzen sind der Abbil-

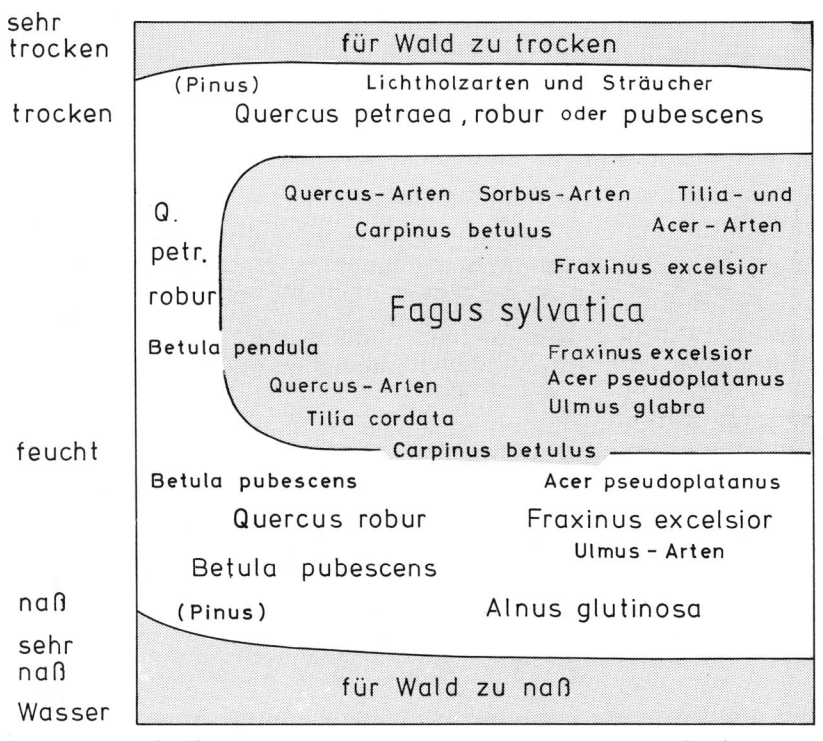

Abb. 56.11. Verbreitung der häufigsten mitteleuropäischen Baumarten in der submontanen Zone in gemäßigt-subozeanischem Klima in Abhängigkeit von Feuchtigkeit und pH-Wert der Böden. Die Größe der Schrift spiegelt in etwa die Beteiligung der entsprechenden Arten an der Baumschicht wider. (H. Ellenberg 1981)

816

dung 56.11 zu entnehmen. Unter natürlichen Bedingungen sind in Westeuropa Buchenwälder *(Fagus sylvatica)*, in Höhenlagen Tannenwälder *(Abies alba)* und in Osteuropa Eichen-Hainbuchenwälder *(Quercus robur* und *Carpinus betulus)* vorherrschend. Der Grund dafür: Im Kontinentalklima des Ostens fehlen ausreichende Frühjahrs- und Sommerregen, die die Buche für optimales Wachstum benötigt. Ihre Dominanz in Westeuropa beruht auf schneller Wüchsigkeit und relativ geringen Ansprüchen an die Bodenqualität. Buchenwälder sind relativ artenarm, die Strauch- und Krautschicht sind nur schwach entwickelt, weil die auf den Boden gelangende Lichtmenge nicht ausreicht. In Buchenwäldern haben sich deshalb vorwiegend solche Arten halten können, deren Vegetationsperiode vor der Laubentfaltung der Buche liegt (Frühjahrsblüher: *Anemone nemorosa* u.a.).

Birke und Kiefer, beides lichtbedürftige Arten, haben in Buchenwäldern keine Chance, die Birke ist jedoch in Biotopen mit hohem Grundwasserspiegel (Staunässe) im Vorteil, denn Buchen können hier nicht existieren.

Im Gegensatz zu Nadelwäldern findet man in Buchenwäldern am Boden nie eine zusammenhängende Moosdecke; lediglich an erhöhten Stellen (auf Steinen, abgestorbenen Baumresten) kommen Moose vor. Der Grund für das Fehlen ist der herbstliche Laubfall, durch den in kurzer Zeit eine lichtundurchlässige Decke entsteht, die wegen des langsamen Verwesungsprozesses monatelang liegenbleibt und damit den Moosen die Existenzgrundlage nimmt.

Die Bodenvegetation in Eichenwäldern ist von der in Buchenwäldern grundsätzlich verschieden. Weil das Kronendach nicht dicht schließt, erreicht Sonnenlicht mosaikartig den Boden. Die ungleiche Lichtverteilung führt zu einer mosaikartigen Verteilung von Pflanzen in der Krautschicht.

In den bisher besprochenen Fällen liegt der Vorteil der dominierenden Art auf ihrer Schnellwüchsigkeit. In anderen Fällen beruht Dominanz auf aktiver Verdrängung konkurrierender Arten.

Einige Blaualgen und Algen sezernieren Antibiotika oder antibiotikaähnliche Substanzen ins Medium, um sich im Biotop einen Standortvorteil vor der Konkurrenz zu verschaffen. Bei höheren Pflanzen kennt man einen solchen Fall von zwei kalifornischen Sträuchern des Chaparral (einer macchienartigen Vegetation): *Salvia leucophylla* und *Artemisia californica,* die flüchtige toxische Verbindungen (Cineol und Kampfer) absondern, welche das Wachstum von Kräutern in einem Umkreis von ein bis zwei Metern unterbinden. Damit gewinnen die beiden Arten einen Vorteil vor der Konkurrenz, weil sich ihr Wurzelwerk nunmehr ungestört ausbreiten kann (im Chaparral herrscht Wassermangel!). Da ihr Holz aber leicht brennbar ist und Brände in der Gegend keine Seltenheit sind, steht das Gelände anschließend wieder für Kräuter, die die besseren Pionierarten (Erstbesiedler)

sind, zur Verfügung (C. H. Muller, 1966, 1968, University of California, Santa Barbara).

Unter Walnußbäumen *(Juglans regia)* können sich kaum andere Pflanzen halten. Aus den verrottenden Blättern von *Juglans* wird Juglon freigesetzt, eine Substanz, die (im Regenwasser gelöst) nahezu jegliches andere Pflanzenwachstum unterbindet. Es entsteht aus der nichttoxischen Vorstufe, dem Hydrojuglon durch mikrobiellen Abbau.

Vegetationsentwicklung und Sukzessionen

Das Phänomen Sukzession hat uns schon mehrfach beschäftigt. Da fossiler Pollen, vor allem seit dem Pleistozän, in leidlich gutem Zustand und ausreichender Menge vorhanden ist, ließ sich die Entwicklung der nacheiszeitlichen Vegetation in Mitteleuropa recht gut rekonstruieren (s. Abb. 56.12). In vielen Fällen konnte durch ^{14}C-Datierung eine verläßliche Zeitskala ermittelt werden. Die Ergebnisse ließen nicht nur Rückschlüsse auf Moorbildungen und das Vorrücken der Wälder nach dem Zurückweichen des Eises zu, sondern auch Aussagen über den Beginn und den Grad der Abholzung mitteleuropäischer Wälder, denn seit dem Mittelalter nahm der Anteil der Pollen von Kräutern im Verhältnis zum Anteil der Pollen von Bäumen stetig zu.

Das Konzept der Sukzession fußt auf der Annahme, daß ein Standort durch die Vegetation verändert wird und daß diese Änderung ihrerseits eine Änderung der Vegetation nach sich zieht, selbst wenn alle übrigen Faktoren (vornehmlich das Klima) gleich bleiben. Man unterscheidet zwischen primärer Sukzession, zum Beispiel Besiedlung eines Felssturzes durch Flechten, Moose, dann Kräuter, Sträucher und schließlich Bäume (Wald), und sekundärer Sukzession, d.h., Wiederherstellung einer Vegetation, die durch menschliches Zutun oder natürliche Ursachen (z.B. Blitzschlag) zerstört wurde.

Die Erscheinung der Konkurrenz ist Ursache dafür, daß die einzelnen Organismenarten nur auf einen Teil der für sie prinzipiell besiedelbaren Standorte beschränkt sind. Dieser Sachverhalt hat zur Definition des Nischenkonzepts geführt. Unter ökologischer Nische versteht man nicht nur einen räumlich/zeitlichen Ausschnitt der Umwelt, sondern die Gesamtheit der abiotischen und biotischen Umweltgegebenheiten, die eine Pflanzen- oder Tierpopulation nutzt. Aus dem Nischenkonzept ergibt sich auch, daß Arten mit ähnlichen Ansprüchen einander ökologisch ausschließen *(complete competitors cannot coexist!)*. An anderer Stelle (Kap. 40) haben wir uns mit dem Phänomen Koexistenz auseinandergesetzt und dabei das Ergebnis eines Experiments mit zwei Kleearten in Mischkultur vorgestellt. Beide Arten *(Trifolium repens* und *Trifolium fragiferum)* koexistieren unter Einbuße maximaler Leistung. Der Grund dafür liegt in einer zeitlichen Verschiebung der Wachstumsphasen beider Arten sowie unterschiedlicher Wachstums-

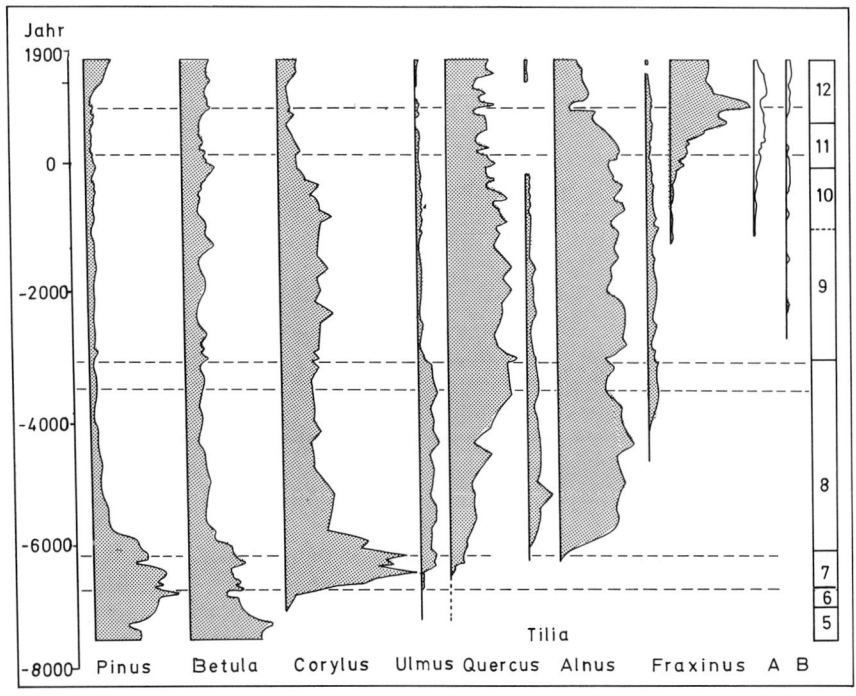

Abb. 56.12. Die nacheiszeitliche Vegetationsgeschichte im Pollendiagramm, erstellt bei Süderlügum (Schleswig). Die Eichung der Zeitskala erfolgte durch Messung des ^{14}C-Gehalts der Proben. Die Eichwerte sind durch die gestrichelten Linien markiert. Das Diagramm zeigt, daß es eine Sukzession der Baumarten gegeben hat. Zunächst waren *Pinus* und *Betula* dominierend, später folgten *Corylus*, *Quercus*, *Alnus*, in jüngster Zeit trat *Fraxinus* stark in den Vordergrund. A: *Carpinus*, B: *Plantago lanceolata*. Die Skala am rechten Bildrand gibt die waldgeschichtliche Gliederung nach dem Zonensystem von F. Overbeck und S. Schneider wieder. (K. Kubitzki, K.O. Münnich 1960)

formen. *Trifolium repens* entwickelt sich zeitlich früher, erreicht daher zunächst die größere Blattdichte. *Trifolium fragiferum* hat längere Blattstiele und kann daher zu einem späteren Zeitpunkt die bereits existierende Blattdecke überwachsen und die erste Art an ihrer weiteren Entwicklung hemmen.

Für eine Koexistenz am gleichen Ort zur gleichen Zeit lassen sich vier Kriterien nennen:
(1) Unterschiedliche Ernährungsbedingungen (z.B. Leguminosen mit Stickstoffeigenversorgung einerseits, alle übrigen Pflanzen andererseits).
(2) Verschiedene Ursachen der Sterblichkeit (z.B. unterschiedliche Empfindlichkeit gegenüber Beweidung).
(3) Unterschiedliche Empfindlichkeit gegenüber Toxinen (siehe eingangs genannte Beispiele).
(4) Empfindlichkeit gegenüber einem bestimmten Faktor in verschiedenen Entwicklungsstadien.

Sukzessionen lassen sich durch drei zum Teil schon genannte Kriterien beschreiben:
(1) Eine Sukzession ist ein wohlgeordneter Prozeß der Entwicklung eines Systems, in dessen Verlauf sich die Artenzusammensetzung ändert und damit auch das System selbst. Die Entwicklung ist gerichtet.
(2) Die durch die Organismen bedingten Veränderungen wirken sich auf die physikalische Umwelt aus. Die Sukzession wird von den Organismen selbst hervorgerufen. Die physikalische Umwelt bestimmt lediglich das Muster und die Geschwindigkeit der Veränderungen.
(3) Die Sukzession endet in stabilen Ökosystemen, die sich durch größtmögliche Biomasse ($\triangleq$ hohe In-

formationsverwertung) und einen hohen Anteil an Wechselwirkungen zwischen den Arten auszeichnen.

Die frühen Entwicklungsstadien werden Pionierstadien genannt, das letzte die Klimax. Sukzessionen kann man auch als Evolution von Ökosystemen bezeichnen.

Eine Artverdrängung im Verlauf der Sukzession erfolgt zwangsläufig, weil alle zusammen (= das Ökosystem) die physikalische Umwelt verändern und damit gewissen Arten die Existenzgrundlage nehmen und anderen eine neue bieten. Der Verdrängungsprozeß setzt sich so lange fort, bis eine Artzusammensetzung entstanden ist, die sich im Gleichgewicht zwischen belebter und unbelebter Umwelt befindet.

Hierbei kommt es zu drastischen Veränderungen im Energiefluß durch das System. In steigendem Maße wird Energie nur noch zur Erhaltung des Systems (nicht zur Produktion zusätzlicher Biomasse) benötigt.

Bezeichnet man die Bruttoprimärproduktion eines Systems mit B und die Atmung aller Systemelemente mit P, lassen sich die Beziehungen P/B > 1 als Autotrophie, P/B < 1 als Heterotrophie klassifizieren. Solange P > B, reichert sich Biomasse und tote organische Substanz an, die Zuwachsrate nimmt stetig ab und beginnt schließlich zu sinken.

Mit anderen Worten: Im Verlauf einer Sukzession ändert sich der Charakter des Systems von autotroph zu heterotroph. Typische Klimaxgesellschaften sind die Wälder mit einem hohen Anteil an Holzpflanzen.

Damit ist ein scheinbares Paradoxon vorgezeichnet, denn aus der Evolutionsforschung an Pflanzen

818

weiß man, daß bei Angiospermen Holzpflanzen ursprünglicher als Kräuter sind. Das Paradoxon löst sich, wenn man berücksichtigt, daß eine Klimaxgesellschaft nur unter gleichbleibenden abiotischen Umweltfaktoren (hauptsächlich Klima) existieren kann. Daß diese Voraussetzungen jedoch kaum je gegeben sind, weiß man ja auch. Derartige Klimaänderungen und die Gegebenheiten in den meisten Gebieten der Erde (zu trocken, zu feucht oder zu kalt) lassen die Ausbildung oder das Überleben von Wäldern nicht zu, und hier liegen die Chancen der Kräuter. Wie auch schon dargelegt, sind riesige Waldflächen durch menschliche Kulturmaßnahmen gerodet worden. Dennoch sieht es so aus, als würde die jährliche Biomasseproduktion (s. a. Kap. 54) auch heute noch steigen. Die Entstehung der Kräuter ist demnach eine erfolgreiche (opportunistische) Evolutionsstrategie der Pflanzen, um sich in einer variablen Umgebung zu behaupten und so genetische Information zu erhalten. – Die Selektion greift bekanntlich am Individuum, nicht an ganzen Pflanzengesellschaften an.

Literatur

Borkmann, F.H., G.E. Likens: Patterns and process in a forested ecosystem. Berlin–Heidelberg–New York: Springer Verlag, 1979

Braun-Blanquet, J., H. Jenny: Vegetationsentwicklung und Bodenbildung in der alpinen Stufe der Zentralalpen. Erg. d. Wiss. Unters. d. Schweizer Nationalparks. Denkschrift d. Schweiz. Nat. Ges. 63 (1926)

Clarkson, D.T.: Calcium uptake by calcicole and calcifuge species in the genus Agrostis. J. Ecol. 53, 427–435 (1965)

Daubenmire, R.F.: Plants and environment. A textbook of plant autecology. London, New York: J. Wiley and Sons Inc., 1959

Ehrenberg, P.: Das Kalk-Kali-Gesetz. Berlin: P. Parey Verlag, 1919

Ellenberg, H.: Physiologisches und ökologisches Verhalten derselben Pflanzenarten. Ber. Deutsch. Bot. Ges. 65, 351–361 (1952)

Ellenberg, H.: Grundlagen der Vegetationsgliederung. Aufgaben und Methoden der Vegetationskunde. Stuttgart: E. Ulmer, 1956

Ellenberg, H.: Vegetation Mitteleuropas mit den Alpen. Stuttgart: E. Ulmer, 1981 (3. Aufl.)

Gosz, J.R., R.T. Holmes, G.E. Likens, F.H. Borkmann: The flow of energy in an forest ecosystem. Sci. American, März 1978, S. 92–102

Horn, H.S.: Forest succession. Sci. American, Mai 1975, S. 90–98

Kinzel, H. (Herausg.): Pflanzenökologie und Mineralstoffwechsel. Stuttgart: E. Ulmer 1982

König, D.: Spartina townsendii an der Westküste Schleswig-Holsteins. Planta (Berl.) 36, 34–70 (1948)

Kreeb, K.-H.: Vegetationskunde. Stuttgart: Ulmer (UTB Große Reihe), 1983

Kubitzki, K., K.O. Münnich: Neue ^{14}C-Datierungen zur nacheiszeitlichen Waldgeschichte Nordwestdeutschlands. Ber. Deutsch. Bot. Ges. 73, 137–146 (1960)

Larcher, W.: Physiological plant ecology. Berlin–Heidelberg–New York: Springer Verlag, 1980 (2. Aufl.)

Larcher, W.: Resistenzphysiologische Grundlagen der evolutiven Kälteakklimatisation von Sproßpflanzen. Pl. Syst. Evol. 137, 145–180 (1981)

Mayer, H.: Die Wälder des Ostalpenraums. Stuttgart: G. Fischer Verlag, 1974

Mengel, K.: Ernährung und Stoffwechsel der Pflanzen. Stuttgart: G. Fischer Verlag, 1984 (6. Aufl.)

Overbeck, F.: Die Zeitstellung des „Grenzhorizonts" norddeutscher Flachmoore und ihre Bedeutung für die Vorgeschichte. S. 631–635 Ber. V. Int. Kongress für Vor- und Frühgeschichte, Hamburg 1958

Overbeck, F.: Botanisch-geologische Moorkunde unter besonderer Berücksichtigung der Moore Nordwestdeutschlands. Neumünster: K. Wachholtz Verlag, 1975

Raabc, E.W.: Atlas der Flora Schleswig-Holsteins und Hamburgs. (Herausg. K. Dierßen und U. Mierwald). Neumünster: Wachholtz 1987

Rosenzweig, M.L.: Net primary production of terrestrial communities; prediction from climatological data. Amer. Nat. 102, 67–74 (1968)

Scheffer, F., P. Schachtschabel: Lehrbuch der Bodenkunde. Stuttgart: F. Enke Verlag, 1979 (10. Aufl.)

Schrödinger, E.: What is life? Cambridge: University Press, 1944

Walter, H.: Grundlagen der Pflanzenverbreitung: Standortslehre. Stuttgart: E. Ulmer, 1960 (2. Aufl.)

Walter, H., H. Straka: Arealkunde. Floristisch-historische Geobotanik. Stuttgart: E. Ulmer, 1970 (2. Aufl.)

West, D.C., H.H. Shugart, D.B. Botkin: Forest succession. Concepts and applications. Berlin–Heidelberg–New York: Springer Verlag, 1981

Yeo, A. R.: Salinity resistance: physiologies and prices. Physiol. Plant. 58, 214–222 (1983)

57. Pflanzengesellschaften und Vegetationszonen

Pflanzengesellschaften

An gleichartigen Standorten kommt in der Regel ein Sortiment von Pflanzenarten vor, die an die dort herrschenden Bedingungen annähernd gleich gut angepaßt sind.

Das fiel bereits C. v. Linné auf, der unter anderem von einem Pinetum sprach, wobei er zusammenfassend all jene Arten meinte, die mit *Pinus sylvestris* vergesellschaftet sind.

Mitte des letzten Jahrhunderts beschrieben O. Heer (1835) und O. Sendtner (1854) den Zusammenhang zwischen Pflanzengesellschaften und Standortbedingungen. Sendtner teilte die Vegetation nach ihren jeweiligen Standorten ein und unterschied bereits zwischen bestimmten Vegetationstypen und deren Untergruppen.

1918 erschien – herausgegeben von E. Warming und P. Graebner – das Warmingsche Lehrbuch der ökologischen Pflanzengeographie, in der eine differenzierte Klassifizierung der mitteleuropäischen Flora vorgestellt wird.

Die in diesem Jahrhundert entwickelten, richtungsweisenden analytischen Methoden sind im wesentlichen auf J. Braun-Blanquet (1884–1980, Station Internationale de Geobotanique Mediterranéenne et Alpine in Montpellier) zurückzuführen.

Die ersten Richtlinien, die einer Vereinheitlichung der Bestandsaufnahmen dienen sollten, schlug er 1915 vor, Verbesserungen wurden anläßlich der Internationalen Botanikerkongresse in Amsterdam (1935), Stockholm (1950) und Paris (1954) verabschiedet. Die Vereinheitlichung der Arbeitsweise erlaubte nunmehr, die Bestandsaufnahme der Vegetation in den verschiedensten Teilen der Erde miteinander zu vergleichen. Die Richtlinien gelten vornehmlich für Gesellschaften höherer (meist terrestrischer) Pflanzen. Hydrobiologische Untersuchungen werden nach anderen Gesichtspunkten ausgewertet. Auch zur Analyse extrem komplexer Pflanzengesellschaften (z.B. des tropischen Regenwalds) sind sie nur bedingt anwendbar, allein schon deshalb nicht, weil fast niemand alle Pflanzenarten eines (begrenzten) Gebietes kennt.

Bestandsaufnahme:

Bei einer Bestandsaufnahme einer Pflanzengesellschaft sind folgende Kriterien und Merkmale zu berücksichtigen:

– Individuenzahl (Abundanz) und Dichte eines Bestands.
– Deckungsgrad: Bestimmung des Bodenanteils, der von den oberirdischen Vegetationskörpern der einzelnen Arten bedeckt wird.
– Häufigkeit und Verteilung: Es genügt nicht, nur eine Probenfläche auszuwerten. Die Analyse muß eine Anzahl solcher Flächen umfassen, dann erst läßt sich verallgemeinernd sagen, ob das Vorkommen einer Art für die betreffende Gesellschaft typisch ist oder nicht.
– Frequenz: das ist ein angenäherter Ausdruck für die Homogenität der Einzelbestände.
– Schichtung: In Wäldern beispielsweise unterscheidet man zwischen Baum-, Strauch-, Kraut- und Moosschicht.
– Vitalität und Fertilität: Hierbei ist zu klären, ob die Standortbedingungen optimal oder gerade ausreichend sind.
– Periodizität: Die Zusammensetzung von Pflanzengesellschaften ändert sich im Verlauf des Jahres. Daher ist zu protokollieren, wann eine Aufnahme erfolgte.

Ohne profunde Artkenntnisse ist es wenig sinnvoll, mit Bestandsaufnahmen von Pflanzengesellschaften zu beginnen. Die Kenntnisse müssen sich auch auf die vegetativen Teile der Pflanzen erstrecken, denn nicht selten findet man sie in nicht blühendem Zustand vor.

Es ist meist nicht zweckmäßig, die Individuen auf einer Fläche auszuzählen. Praktikabler und zeitsparender sind Schätzungen, wobei man entweder die Individuenzahl, den Deckungsgrad oder eine Kombination von beiden zugrunde legt. Letztere hat sich bei Feldaufnahmen als günstig herausgestellt. Dabei bewährte sich die in Tabelle 1 wiedergegebene Skala.

Die Größe der Aufnahme- oder Probefläche hängt von der Art der Pflanzengesellschaft ab. Untersucht man beispielsweise eine Wiese, genügt zunächst eine Fläche von 1–4 m², befaßt man sich mit einem Wald der gemäßigten Zone, sind 100 m² angemessen. (Im tropischen Regenwald müßte die Fläche mindestens 10 000 m² betragen). Ausschlaggebend ist auch die Auswahl der Probefläche. Erkennbare Standortunterschiede und bestimmte Pflanzengruppierungen sollten miteinander korrelierbar sein. Mit zunehmender Viel-

Tabelle 1. Bewertungsskala für eine Kombination aus Individuenzahl und Deckungsgrad.

+	spärlich mit sehr geringem Deckungswert
1	reichlich, aber mit geringem Deckungswert (weniger als $\frac{1}{10}$) oder ziemlich spärlich mit größerem Deckungswert.
2	sehr zahlreich, aber mindestens $\frac{1}{10} - \frac{1}{4}$ der Aufnahmefläche deckend.
3	Individuenzahl beliebig, $\frac{1}{4} - \frac{1}{2}$ der Aufnahmefläche deckend.
4	Individuenzahl beliebig, $\frac{1}{2} - \frac{3}{4}$ der Aufnahmefläche deckend.
5	Individuenzahl beliebig, mehr als $\frac{3}{4}$ der Aufnahmefläche deckend.

J. Braun-Blanquet, 1964

Tabelle 2. Bewertung des Stetigkeitsgrads – Stetigkeitsklassen

VI	stets vorhanden; in 80–100% der Einzelbestände
V	meist vorhanden; in 60–80% der Einzelbestände
IV	öfter vorhanden; in 40–60% der Einzelbestände
III	nicht oft vorhanden; in 20–40% der Einzelbestände
II	selten vorhanden; in 2–20% der Einzelbestände
I	ganz vereinzelt vorhanden; in weniger als 2% der Einzelbestände

J. Braun-Blanquet, 1964

gestaltigkeit eines Landschaftsbilds (Reliefs) nehmen Standortunterschiede und damit eine strukturelle Untergliederung der Vegetation zu.

Vergleichbare Flächen für Parallelanalysen müssen sich deshalb durch gleiche Standortbedingungen auszeichnen.

Zu einer vollständigen Aufnahme gehören:

(1) Datum, Bezeichnung des Orts, einschließlich Höhenangabe, Exposition, Bodenneigung, geologischer Unterlage. Für das eigentliche Protokoll empfiehlt sich eine Eintragung ins jeweilige Meßtischblatt.

(2) Nähere Standortkennzeichnung. Größe der Aufnahmefläche, Bodenprofil (ggf. Bodentiefe), Bodenfeuchtigkeit, Grundwasserstand, Wurzelverhältnisse, eventuell chemische und physikalische Charakterisierung einer Bodenprobe.

(3) Menschliche Beeinflussung, deren Dauer und Wirkung; Bearbeitung, Düngung, Mahd, Bewässerung, Beweidung, Brand, Schlag usw. Sichtbare Regen-, Wind-, Schnee-, Frost- oder Dürrewirkung. Allgemeine Feuchtigkeitsverhältnisse.

(4) Deckungsgrad und Höhe der verschiedenen Vegetationsschichten. Bei Waldgesellschaften: Alter und Höhe der Bäume, mittlerer Stammdurchmesser, forstliche Bewertung (Bonität). Vorkommen und Verteilung abhängiger Gesellschaften (z.B. Epiphyten).

(5) Artenliste, nach Schichten getrennt. Jahreszeitlicher Entwicklungsstand (gekeimt, blütenlos, blühend, fruchtend, steril).

Die Fülle vorliegender Ergebnisse erlaubte es, die Bedeutung der einzelnen Arten in und für eine Gesellschaft zu erkennen, die Pflanzengesellschaften zu systematisieren, und ihre Entwicklung über Jahre hinweg zu verfolgen.

Das immer wiederkehrende Erscheinen einer Art wird Stetigkeit genannt. Um eine Stetigkeitsbestimmung durchzuführen, müssen mehr als 10 verschiedene Parallelaufnahmen von Einzelbeständen durchgeführt werden. Der Stetigkeitsgrad wird dann zweckmäßigerweise nach einer sechsteiligen Skala beurteilt (s. Tabelle 2).

Je nachdem, ob eine Art in einer oder in mehreren verschiedenen Pflanzengesellschaften vorkommt, unterscheidet man zwischen Charakter- oder Kennarten, Differentialarten, Begleitern und zufällig auftretenden Arten.

Unter Charakter- oder Kennarten versteht man ausschließlich – oder nahezu ausschließlich – an eine bestimmte Gesellschaft gebundene Arten.

Ihr Vorkommen läßt sich daher als Indiz für das Vorkommen der entsprechenden Pflanzengesellschaft und dann meist auch als Kennzeichen bestimmter Standortfaktoren heranziehen.

Differential- oder Trennarten kommen innerhalb einer Gesellschaft nur unter bestimmten Voraussetzungen vor; man trifft sie auch in andersartigen Gesellschaften an. Begleiter sind Arten ohne einen bestimmten Gesellschaftsanschluß; zufällig auftretende Arten sind Einzelstücke oder Kleinbestände aus anderen Pflanzengesellschaften oder Relikte früher dagewesener Gesellschaften.

Systematik der Pflanzengesellschaften. Als kleinste Einheit gilt die Assoziation. Sie repräsentiert eine charakteristische Artenkombination. Mehrere Assoziationen in immer wiederkehrenden Kombinationen repräsentieren einen Verband, mehrere Verbände eine Ordnung, mehrere Ordnungen eine Klasse.

Der Rang einer Gesellschaft wird durch eine Endung gekennzeichnet, die dem Namen der jeweiligen Charakterart angehängt wird:

Klasse = ...*etea*
Ordnung = ...*etalia*
Verband = ...*ion*
Assoziation = ...*etum*

Wie im Zusammenhang mit der Systematik der Pflanzen beschrieben (s. Kap. 44), ist es verhältnismäßig einfach, niederrangige Taxa (z.B. Arten oder Gattungen) zu beschreiben, während die Charakterisierung der höherrangigen (oberhalb der Ordnung) mit großen Schwierigkeiten verbunden ist. Bei der Einordnung von Pflanzengesellschaften steht man vor ähnlichen Problemen.

Klassifikationen höherer Ränge sind oft abstrakte Größen; die Zugehörigkeit der Assoziationen zu ihnen folgt von Fall zu Fall unterschiedlichen Kriterien; oft ist das äußere Erscheinungsbild ausschlaggebend. Klassen sind für Laien daher manchmal leichter zu identifizieren als die Assoziationen. J. Braun-Blan-

821

quet nennt 52 europäische Gesellschaftsklassen, die er nach zunehmender Komplexität ordnet (s. Tabelle 3). Nicht jede der Klassen ist in Ordnungen und Verbände untergliederbar, das gilt vor allem für die am Anfang der Liste stehenden. Die Wasserlinsengesellschaften beispielsweise gelten als extrem artenarm, doch liegt es nur daran, daß hier fast nur schwimmende Gefäßpflanzen berücksichtigt werden, die sich an der Oberfläche von Gewässern finden. Die zahlreichen Algen- und Blaualgenarten in ihnen bleiben unberücksichtigt. Es gibt in der Regel keine klassenspezifischen Kennarten. Felsspaltengesellschaften zum Beispiel kommen sowohl in den Kalk- als auch in den Urgesteinsalpen vor. Die Standortbedingungen unterscheiden sich chemisch, sie gleichen einander physikalisch, keine Art kommt hier wie dort vor.

Die umfangreichste Klasse bilden die „nährstoffreichen Fallaubwälder". Hier ist eine Untergliederung in Ordnungen und Verbände zwingend. Dabei wird üblicherweise zwischen drei Ordnungen unterschieden:

A: Hecken und Gebüsche *(Prunetalia spinosae)*
B: Buchen- und Edellaubwälder *(Fagetalia sylvaticae)*
C: Wärmeliebende Eichen-Mischwälder *(Quercetalia pubescentis)*

Der Ordnung *Fagetalia sylvaticae* z.B. gehören vier Verbände an:

a: Echte Buchenwälder *(Fagion sylvaticae)*
b: Eichen-Hainbuchenwälder *(Carpinion betuli)*
c: Hartholzauenwälder *(Alno ulmion)*
d: Linden-Mischwälder *(Tilio acerion)*

Diese Liste zeigt, daß hier jeder Verband durch eine einzelne Baumart und jede Ordnung durch eine Kombination von mindestens zwei Baum- oder Straucharten gekennzeichnet ist.

Die Untergliederung einer Klasse in Assoziationen soll am Beispiel der Eichen-Birkenwälder exemplarisch erörtert werden. Die hierher gehörenden wenigen Assoziationen werden im folgenden vorgestellt (nach F. Runge: Die Pflanzengesellschaften Deutschlands, 1973):

Kiefern-Traubeneichenwald *(Pino-Quercetum petraeae)*.

Die Kiefern-Traubeneichenwälder kommen in einer Zone zwischen natürlichen Kiefernwäldern und dem Buchen-Eichenwald vor. Typische Arten in der Krautschicht sind *Deschampsia flexuosa* (Drahtschmiele), *Festuca ovina* (Schafschwingel), *Melampyrum pratense* (Wiesenwachtelweizen), *Pteridium aquilinum* (Adlerfarn), *Vaccinium myrtillus* (Heidelbeere) *Carex pillulifera* (Pillensegge).

Stieleichen-Birkenwald *(Querco roboris-Betuletum)*.

Laub- oder Mischwälder des Tieflands, vorwiegend in Sandgebieten, Weißbirken und Moorbirken dominieren auf nährstoffarmem Boden; im Hügel- und Bergland sind sie selten. Man unterscheidet zwischen Stieleichen-Birkenwäldern (an trockenen Standorten) sowie solchen, die an feuchten Standorten anzutreffen sind. Dort ist *Molinia coerulea* (Pfeifengras) in der Krautschicht dominierend.

Tabelle 3. Zusammenstellung der europäischen Pflanzengesellschaften (Klassen)

a) Einheiten der eurosibirisch-boreoamerikanischen Region

1. *Lemnetea* Schwimmende Linsengesellschaften
2. *Asplenietea rupestris* Felsspaltengesellschaften
3. *Adiantetea* Gesellschaften der Tuffablagerungen
4. *Thlaspietea rotundifolii* Felsschutt- und Geröllgesellschaften
5. *Crithmo-Limonietea* Strandfelsgesellschaften
6. *Ammophietea* Stranddünengesellschaften
7. *Cakiletea maritimae* halophile Spülsaumgesellschaften
8. *Secalinetea* Halmfruchtgesellschaften
9. *Chenopodietea* Hackfrucht- und Ruderalgesellschaften
10. *Onopordetea* Lägergesellschaften
11. *Epilobietea angustifolii* Schlaggesellschaften
12. *Bidentetea tripartiti* nährstoffreiche Schlammbodengesellschaften
13. *Zoosteretea marinae* halophile Schwimmpflanzengesellschaften
14. *Ruppietea maritimae* Brackwassergesellschaften
15. *Potametea* haftende Schwimmpflanzengesellschaften
16. *Litorelletea* untergetauchte Teichrandgesellschaften
17. *Plantaginetea majoris* Trittgesellschaften
18. *Isoeto-Nanojuncetea* Zwergbinsengesellschaften
19. *Montino-Cardaminetea* Quellflurgesellschaften
20. *Corynephoretea* einjährige Sandgesellschaften
21. *Asteretea tripolium* mittel- u. nordeurop. Salzwiesengesellschaften
22. *Salicornietea* Salzstaudenfluren
23. *Juncetea maritimi* mäßig halophile Salzwiesen
24. *Phragmitetea* Röhricht und Großseggengesellschaften
25. *Spartinetea* Schlickgrasgesellschaft
26. *Sedo-Scleranthetea* Fettkrautgesellschaften
27. *Salicetea herbaceae* Schneebodengesellschaften
28. *Arrhenatheretea* Fettwiesengesellschaften
29. *Molinio-Juncetea* Streuwiesengesellschaften
30. *Scheuchzerio-Caricetea fuscae* azidophile alpin-nordische Flachmoorgesellschaften.
31. *Festuco-Brometea* Trockenrasengesellschaften
32. *Elyno-Seslerietea* neutro-basophile alpin-nordische Urwiesen
33. *Caricetea curvulae* azidophile alpin-nordische Urwiesen
34. *Calluno-Ulicetea* Ericaceen–Ulex–Heiden
35. *Oxycocco-Sphagnetea* Hochmoorgesellschaften
36. *Salicetea purpureae* Flußbegleitende Wiesenauen
37. *Betulo-Adenostyletea* Hochstauden- und montane Hainwaldgesellschaften
38. *Alnetea glutinosae* Schwarzerlen-Auenwälder
39. *Erico-Pinetea* Erika-Föhrenwälder
40. *Vaccinio-Piceetea* bodensaure Nadelwälder und Zwergstrauchgesellschaften
41. *Quercetea robori-petraeae* bodensaure Fallaubwälder
42. *Querco-Fagetea* nährstoffreiche Fallaubwälder

b) rein mediterrane Gesellschaftsklassen

1. *Crithmo-Staticetea* Strandfelsgesellschaften
2. *Tuberarietea guttati* bodensaure Zwergrasen
3. *Juncetea maritimae* mediterrane Salzwiesen
4. *Thero-Brachypodietea* Kalk-Trockenrasen
5. *Ononido-Rosmarinetea* Rosmarin-Hauhechel-Garriguen
6. *Nerio-Tamaricetea* Oleander-Tamarix-Busch
7. *Pegano-Salsoletea* nitrophile Kleinstrauchsteppe
8. *Cisto-Lavanduletea* Zistrosen-Lavendelgebüsche
9. *Quercetea ilicis* Grüneichengesellschaften
10. *Populetea albae* Weißpappel-Auenwälder

J. Braun-Blanquet, 1964

822

Stieleichen-Birkenwälder werden meist als Niederwald bewirtschaftet. Artenzusammensetzung: *Betula pubescens* (Moorbirke) *Betula pendula* (Weißbirke) *Quercus robur* (Stieleiche), *Sorbus aucuparia* (Eberesche), *Frangula alnus* (Faulbaum), *Deschampsia flexuosa* (Drahtschmiele), *Vaccinium myrtillus* (Heidelbeere), *Festuca ovina* (Schafschwingel), *Polytrichum attenuatum* (Waldhaarmützenmoos).

Traubeneichenwald *(Luzulo-Quercetum petraeae)*.

Vorkommen auf nährstoffarmen Gesteinsverwitterungsböden der Mittelgebirge. Er ähnelt in der Artzusammensetzung dem Stieleichen-Birkenwald und dem Buchen-Eichenwald. Er ist arm an Blütenpflanzen, doch reich an Kryptogamen. Artenliste: Weißbirke und Stieleiche fehlen, dafür kommt die Traubeneiche *(Quercus petraea)* vor; ebenso fehlen Eberesche und Faulbaum. Die übrigen Arten der Krautschicht des Stieleichen-Birkenwaldes kommen vor, darüber hinaus *Luzula albida* (Hainsimse), *Melampyrum pratense* (Wiesenwachtelweizen), *Hieracium umbellatum* (Doldiges Habichtskraut), *Hieracium lachenalii* (Gemeines Habichtskraut), *Hieracium silvaticum* (Waldhabichtskraut), *Hieracium sabaudum* (Savoyer Habichtskraut), *Dicranum scoparium* (Besen-Gabelrah-Moos), *Hypnum cupressiforme* (Schlafmoos), *Cladonia fimbriata* (Becherflechte).

Es gibt Hinweise darauf, daß Traubeneichenwälder aus Buchen-Eichenwäldern oder dem Hainsimsen-Buchenwald hervorgegangen sind.

Buchen- Eichenwald *(Fago-Quercetum)*.

Auch dieser Wald ähnelt dem Stieleichen-Birkenwald, enthält aber in größerer Zahl Buchen. Vorkommen: auf Sand über Lehm, auf Schiefer und Sandstein. Er enthält zahlreiche Flechten und besonders viele Pilze. Nicht selten kommt auch die Kiefer *(Pinus sylvestris)* vor, Typische Arten sind *Fagus sylvatica* (Buche), *Quercus petraea* (Traubeneiche), *Quercus robur* (Stieleiche), *Betula pendula* (Weißbirke), *Betula pubescens* (Moorbirke), *Sorbus aucuparia* (Eberesche), *Frangula alnus* (Faulbaum), *Lonicera periclymenum* (Waldgeißblatt), *Ilex aquifolium* (Stechpalme), *Rubus fruticosus* (Brombeere), *Deschampsia flexuosa* (Drahtschmiele), *Vaccinium myrtillus* (Heidelbeere), *Maianthemum bifolium* (Schattenblume), *Pteridium aquilinum* (Adlerfarn), *Molinia coerulea* (Pfeifengras), *Carex pilulifera* (Pillensegge), *Melampyrum pratense* (Wiesenwachtelweizen), *Luzula pilosa* (Behaarte Simse), *Convallaria majalis* (Maiglöckchen) sowie die in den anderen Eichenwäldern vorkommenden Moose.

Aspen-Eichenwald *(Populo-Quercetum)*.

Das Verbreitungsgebiet des nordischen Aspen-Eichenwaldes reicht von Südschweden über Jütland, Schleswig-Holstein bis nach Cuxhaven hinunter, südlich der Ostsee weit in Richtung Osten. Die Assoziation ist sehr windbeständig. Birken sind kaum anzutreffen, dafür ist *Populus tremula* (Zitterpappel, Aspe) oft dominierend. Zu den häufigsten

Arten gehören neben ihr und *Quercus petraea*, *Polypodium vulgare* (Tüpfelfarn), *Solidago virgaurea* (Goldrute), *Vaccinium myrtillus* (Heidelbeere), *Juniperus communis* (Wacholder), *Deschampsia flexuosa* (Drahtschmiele) und *Sorbus aucuparia* (Eberesche).

Das Studium der Pflanzengesellschaften stellt einen wesentlichen Schritt zum Verständnis der Vegetation einer Landschaft dar. Behandelt wird dabei eine wesentliche Komponente des jeweiligen Ökosystems, nämlich die der Primärproduzenten. In bestimmten Pflanzengesellschaften können sich nur bestimmte Konsumenten halten. Von daher gesehen, ist die Kenntnis der Pflanzenzusammensetzung auch ein Indikator für das Vorkommen bestimmter Tierarten. Einschlägige Untersuchungen haben diese Annahme bestätigt.

Vegetationszonen

Wie aus den Abbildungen 56.1 und 56.2 hervorgeht, sind Vegetationszonen und Klimazonen auf der Erde weitgehend deckungsgleich. Die Erforschung der Vegetation verschiedener Kontinente hat eine lange Tradition. In der ersten Forschungsphase ging es ausschließlich darum, die Verbreitung von Pflanzen in Abhängigkeit von klimatischen, geologischen und geographischen Faktoren zu ermitteln. Derartige Studien können als weitgehend abgeschlossen gelten. Heute stehen die folgenden Probleme im Mittelpunkt des Interesses:

– Wie haben sich Pflanzen im Verlauf der Evolution an extreme Standortbedingungen angepaßt? Welche Evolutionsstrategien wurden verfolgt? Wodurch unterscheiden sich physiologische Aktivitäten und die morphologischen und anatomischen Strukturen von denen der Pflanzen gemäßigter Zonen?
– Welche Leistungen erbringen die Ökosysteme in den einzelnen Vegetationszonen?
– Wie sind die Ökosysteme strukturiert? Welche spezifischen Wechselwirkungen bestehen zwischen den dort vorkommenden Organismen?

Mit Problemen des ersten Fragenkreises haben wir uns wiederholte Male auseinandergesetzt (s. Kap. 37, 38, 57). Zur Problematik der Ökosystemleistungen auf globaler Ebene sei auf die Daten in der Tabelle auf S. 790 und Abbildung 57.1 verwiesen. Daraus geht hervor, daß die Hauptbiomasseproduktion terrestrischer Ökosysteme im Bereich der Tropen liegt und daß sie in Wüstenregionen sowie in den größten Teilen der oreane am niedrigsten ist.

Im Gegensatz zu den terrestrischen Ökosystemen liegen die Schwerpunkte der Produktivität in Ozeanen nicht in warmen, sondern in kalten Zonen. Die wichtigsten Organismengruppen, die hierzu beitragen, sind die Dinoflagellaten und die Diatomeen.

Die Artzusammensetzung in den einzelnen Regio-

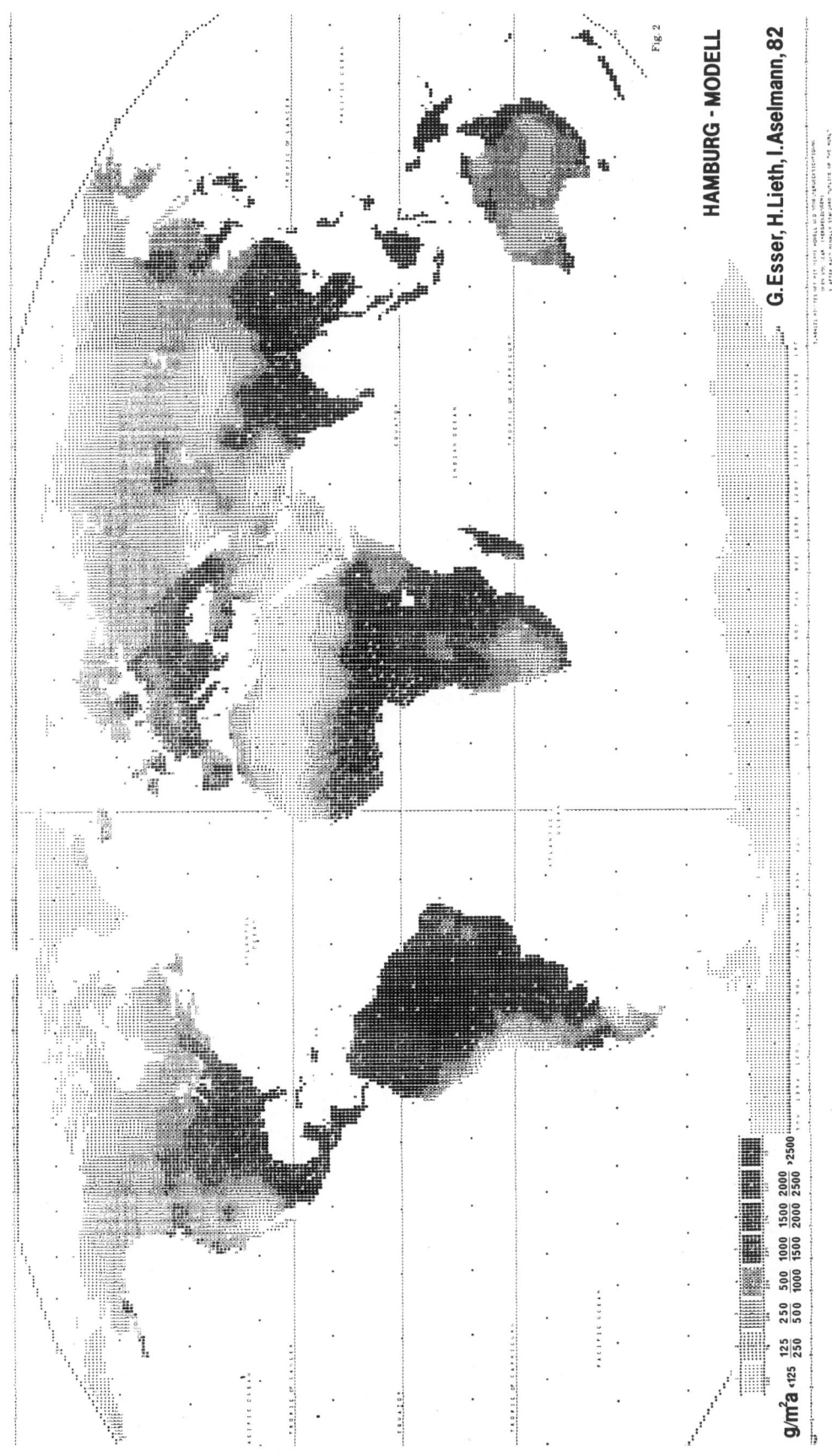

HAMBURG - MODELL

G. Esser, H.Lieth, I.Aselmann, 82

Fig. 2

g/m²a

824

Abb. 57.1. Jährliche Nettoprimärproduktion. Das erste Modell des Produktionsmusters der Biosphäre wurde 1964 von H. Lieth erstellt. 1971 wurde es unter Einsatz von EDV durch eine verbesserte Version, das bekannte „Miami Modell" (so genannt, weil es erstmals auf einer Konferenz in Miami vorgestellt wurde) abgelöst. Die Fortentwicklung des „Miami-Modells" führte zum „Hamburg-Modell", das 1982 vorgestellt wurde. Der Berechnung liegen außer den Klimafaktoren (die schon 1964 und 1971 die ausschlaggebende Rolle spielten) die Ertragseigenschaften der Böden zugrunde. Man erhält daher ein wesentlich differenzierteres Bild. Vor allem zeigt es sich, daß die Orte maximaler Produktion nicht auf die Tropen beschränkt sind. Ausgewertet wurden nur terrestrische Ökosysteme. Als Maß für die Produktion wurde g. Trockensubstanz /m²/ Jahr gewählt. (H. Lieth, 1964, 1975; G. Esser, H. Lieth, I. Aselmann, 1982)

nen der Erde hängt nicht allein vom Klima ab, sondern weitgehend auch von der erdgeschichtlichen Entwicklung, den geologischen Gegebenheiten und den dadurch bedingten Isolationsbarrieren.

Es ist daher sinnvoll, die Vegetation in eine Reihe von Florenreiche zu untergliedern:

1. Holoarktis: Es ist das größte, doch am wenigsten eigenständige Florengebiet. Es enthält kaum endemische (nur hier vorhandene, respektive hier entstandene) Familien. Artenreiche Floren kommen nur in Ostasien, im Südwesten Nordamerikas und in den mediterranen Regionen vor. Das heißt, in jenen Gebieten Eurasiens und Nordamerikas, die

von der quartären Vereisung verschont blieben und die stets ein relativ warmes Klima aufwiesen.

2. Antarktis: extrem artenarm (Flechten, Algen).
3. Neotropis: Dieses Florenreich umfaßt Süd- und Mittelamerika, zeichnet sich durch eine uneingeschränkte Florenentfaltung aus und beherbergt zahlreiche endemische Arten (Familien). Charakteristische Familien sind Bromeliaceae und Cactaceae.
4. Palaeotropis: Die Tropen der Alten Welt. Auch hier kommen viele eigenständige Familien und Gattungen vor.
5. Australis: Umfaßt neben Australien und Neu-Guinea eine Anzahl pazifischer Inseln. Es ist floristisch weitgehend eigenständig. Die Gattung *Eucalyptus* (600 Arten) kam vor der Besiedlung Australiens durch Europäer nur hier vor. Verpflanzungsversuche zeigten, daß viele der Arten auch an verschiedenen anderen Orten der Erde gedeihen können.
6. Capensis: Das kleinste, mit der Palaeotropis eng verbundene Florenreich an der Südspitze Afrikas. Zahlreiche endemische Arten sind typisch.

Die Vegetation der Landflächen läßt sich grob in Wälder und baumlose Regionen unterteilen. Die Wälder nehmen etwa 30 Prozent der Fläche ein. Ihre Entstehungsgeschichte und Verbreitung hängt vom Großklima ab. Die einzelnen Waldtypen sind daher für die Mehrzahl der Vegetationszonen namenge-

Abb. 57.2. *A* Profil eines tropischen Regenwaldes (Trois Sants, Franz. Guyana) aus dem der Stockwerkaufbau erkennbar ist. *B* Im Vergleich dazu ein Wald der gemäßigten Zone (Tom Swamp, Harward Forest, Ostküste der USA). (F. Hallé *et al.,* 1978)

bend. Wälder können nur dort entstehen, wo mindestens während einer jährlich wiederkehrenden Periode reichlich Niederschläge fallen oder wo ein ausreichend hoher Grundwasserspiegel vorhanden ist. Sie können sich unterhalb bestimmter jährlicher Durchschnittstemperaturen oder unter bestimmten Minimaltemperaturen nicht halten. Je nach Waldtyp spielen unterschiedliche Werte eine Rolle. Die Existenz von Wäldern schafft ein eigenständiges Standortklima; die Luftfeuchtigkeit innerhalb der Wälder ist höher, die Temperaturschwankungen geringer, und die Windwirkung ist abgeschwächt. Meist zeichnen sie sich durch ein mehr oder weniger geschlossenes Kronendach aus. Vielfach ist eine deutliche vertikale Vegetationsschichtung erkennbar (s. Abb. 57.2).

Zwischen acht Waldtypen kann unterschieden werden:
(1) Tropischer Regenwald, einschließlich der montanen Regenwälder.
(2) Tropische Wälder in Zonen mit einem Wechsel von Trocken- und Regenzeit. Laubwerfende tropische Wälder.
(3) Savannen
(4) Wälder in warmen und gemäßigten Zonen; temperierte Regenwälder.
(5) Wälder in Nebelzonen subtropischer Gebirge.

(6) Immergrüne Hartlaubwälder in Trockengebieten mit Winterregen.
(7) Sommergrüne Laub- und Mischwälder der gemäßigten Zonen.
(8) Nadelwälder der borealen Zone (Taiga) und der Hochgebirge.

Tropische Regenwälder

Tropische Regenwälder entwickeln sich nur in einem ganzjährig nahezu gleichbleibenden Klima mit Temperaturen von über 24 °C, einer über das ganze Jahr verteilten Regenmenge von mindestens 150 cm (vielfach werden Werte von 200–430 cm registriert) und einer relativen Luftfeuchtigkeit von mehr als 75 bis 80 Prozent.

In drei Regionen der Erde werden diese Bedingungen erfüllt:
– im tropischen Amerika, nördlich bis nach Mittelamerika reichend. Die größte zusammenhängende Waldfläche überhaupt ist der Regenwald im Amazonasbecken mit einer Ausdehnung von $4,7$–6×10^6 km².
– im mittleren Afrika, einschließlich Teilen Madagaskars und

Abb. 57.3. Viele Bäume des tropischen Regenwalds zeichnen sich durch Brettwurzeln aus, die den Bäumen eine erhöhte Festigkeit verleihen. Die obige Darstellung ist der *Flora brasiliensis* entnommen. Die *Flora brasiliensis* ist das umfangreichste vollendete Florenwerk (40 Bände Großformat (Folio), in lateinischer Sprache), das in den Jahren 1840–1906 erschien. Das Werk wurde von C.F.P. Martius begründet, von A.G. Eichler fortgeführt, und von I. Urban abgeschlossen.

826

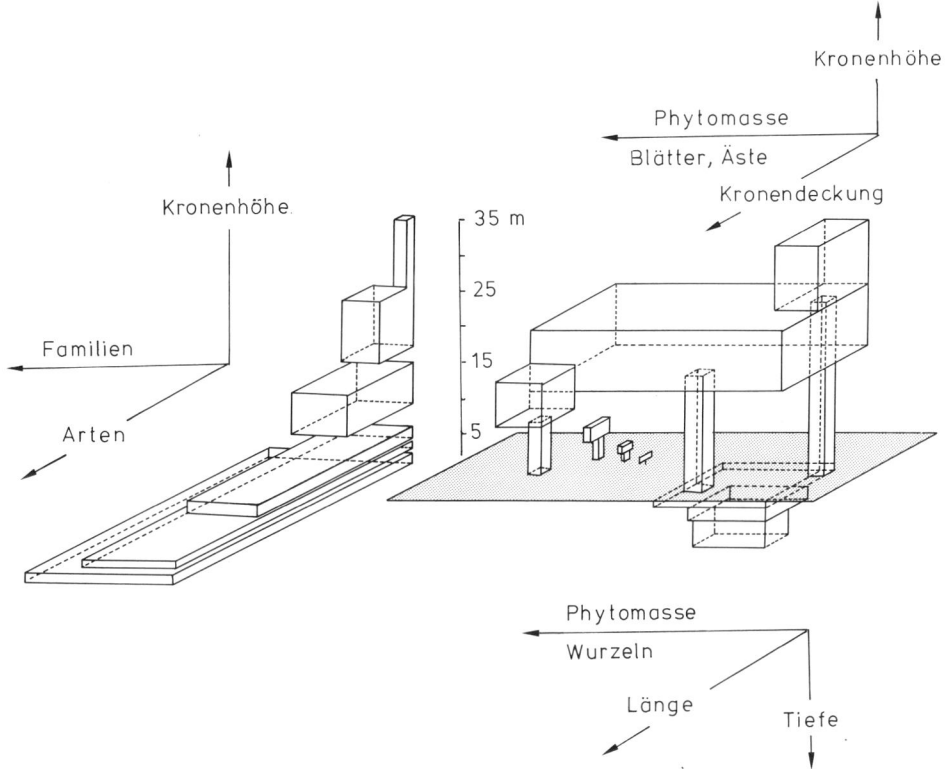

Abb. 57.4. Stockwerkbau und vertikale Verteilung der Phytomasse und der Arten und Familien im Regenwald Zentralamazoniens. (H. Klinge 1973)

– in Südostasien; von Indien über Malaysia bis Nordost-Australien reichend.

Ein typisches Merkmal der Wälder ist deren Staffelung, wenn auch wegen der Dichte der Vegetation eine eigentliche Gliederung in Stockwerke oder Schichten im Gelände und auf Photos oft nicht auszumachen ist.

Detaillierte Analysen ergaben jedoch, daß fast alle Baumarten auf einen bestimmten Höhenbereich beschränkt sind und daß Arten tieferer Schichten niemals in höhere eindringen können. Aus der Abbildung 57.2 ist zu ersehen, daß sich die Bäume der einzelnen Schichten (Etagen) durch ihre Architektur deutlich voneinander unterscheiden und damit – unabhängig von phylogenetischer Verwandtschaft – bestimmten Wuchsformtypen zugeordnet werden können. Die höchsten Bäume zeichnen sich durch eine schirmförmige Gestalt der Krone aus. Die Standfestigkeit vieler Bäume ist durch Brettwurzeln (s. Abb. 57.3) erhöht. Die Vertikalschichtung der Vegetation kommt bei einem Vergleich (einerseits der Artenzahl, andererseits der Produktivität) in den einzelnen Schichten am eindrucksvollsten zum Ausdruck (s. Abb. 57.4). Wie die Werte zeigen, sind die beiden Größen einander umgekehrt proportional. Die größte Artenvielfalt (Moose mit eingeschlossen) findet sich in den untersten Schichten des Waldes, die höchste Produktionsrate in der zweithöchsten Kronenschicht. Die hohe Produktivität beruht ausschließlich auf der ganzjährigen Photosynthesebereitschaft der Pflanzen, die Aktivität der einzelnen Zellen ist nicht höher

als bei Pflanzen gemäßigter Zonen. Der Anteil an lebenden und aktiven Blättern an der oberirdischen Biomasse beträgt nur 2,5 Prozent, der Anteil der Äste und Zweige 27,5 Prozent und der der Stämme 63,7 Prozent. Legt man die Gesamtbiomasse zugrunde, entfallen auf den oberirdischen Anteil 74,2 Prozent, auf die Wurzeln 25,8 Prozent.

Der tropische Regenwald ist reich an verholzten Lianen und Epiphyten, von denen sich einige zu einem in sich geschlossenen Mantel um die Wirtspflanze entwickeln können (s. Abb. 57.5).

Zwei weitere Merkmale der Epiphyten sind einmal die Ausbildung von Luftwurzeln, die sich vielfach zu zusätzlichen Stützpfeilern entwickeln können, zum anderen diverse Vorrichtungen zum Klettern und Ranken.

Obwohl Regenwälder immergrün sind, kommt es zu einem Laubfall, der aber nicht synchron abläuft. Charakteristisch ist auch die von R. Brown (dem Entdecker des Zellkerns) beobachtete Laubschüttung, d.h., die simultane Neubeblätterung ganzer Zweige (s. Abb. 57.6).

Die Blühperioden verschiedener, verwandter Arten können über das ganze Jahr verteilt sein (s. Abb. 38.1). Die Bestäubung erfolgt nahezu ausschließlich durch Insekten (zahlreiche Bienen-, Hummel-, Wespen-, Schmetterlingsarten u.a.), Vögel oder Fledermäuse, gelegentlich auch durch andere Säugetiere (z.B. Mäuse). Windbestäubte Arten treten kaum in Erscheinung. Ebenso gibt es nur selten eine Windverbreitung der Samen; allenfalls bei Arten des obersten

Abb. 57.5. Keimung und Wachstum eines Würgers auf einem Wirtsbaum *(1)*. Der „Stamm" des Epiphyten (in *2* bis *4*) wird durch Zusammenschluß abwärts wachsender Luftwurzeln gebildet. (F. Hallé *et al.*, 1978)

Stockwerks kommen geflügelte Samen vor. An der Samenverbreitung sind meist Tiere (Säuger, Vögel) beteiligt. Pflanzenarten mit fleischigen Früchten sind daher im Vorteil. Besonders bei Bäumen der unteren Schichten werden Blüten und Früchte vielfach direkt am Stamm gebildet (Kauliflorie, s. Abb. 57.7).

Neben der Samenverbreitung durch Tiere ist fließendes Wasser bedeutsam. Die Samen der *Hevea brasiliensis* werden unter anderem so verbreitet. Ohne weitere Zusatzannahmen würde sie nur stromabwärts erfolgen. Da aber auch Stromaufwärtsverbreitung vorkommt, müssen weitere Faktoren im Spiele sein. Offensichtlich kommt den Fischen dabei eine entscheidende Rolle zu.

Zu den vielen ungeklärten Problemen gehört die Frage nach der Entstehung der Artenfülle. Von den etwa 250 000 Blütenpflanzen sind etwa 155 000 auf die

Tropen beschränkt, 90 000 kommen im tropischen Amerika vor, 50 000 im Amazonasgebiet.

Zahlreiche Baumarten kommen nebeneinander unter gleichen Klima- und Bodenbedingungen vor. Es hat daher den Anschein, daß die Regel, gleichartige Formen schlössen sich bei gleichen Lebensansprüchen im gleichen Lebensraum aus, durchbrochen und das Konzept der ökologischen Nische aufgehoben sei. Die abiotischen Faktoren genügen nicht, die Entstehung der vielen Arten zu erklären. Berücksichtigt man jedoch die hohe Zahl der teilweise sehr speziellen und spezifischen Wechselwirkungen der Arten untereinander, kommt man der Lösung des Problems wesentlich näher. Es sieht demnach so aus, als seien biotische Faktoren, d.h. die Wechselwirkungen zwischen Pflanzen und Tieren, ursächlich für die Entstehung der großen Artenvielfalt verantwortlich.

Abb. 57.6. Laubschüttung (*Maniltoa browneoides;* im Botanischen Garten Singapur, aus Java stammend). Die Art ist nach R. Brown, dem Entdecker der Laubschüttung (und der Brownschen Molekularbewegung und des Zellkerns) benannt.

Abb. 57.7. Kauliflorie (Kanonenkugelbaum, *Couroupita guianensis* (Lecythidaceae)); *a* Früchte (daher der Name); *b* Blüte. Diese Gattung stammt ursprünglich aus Südamerika, wird heutzutage aber auch in Südostasien gepflanzt (im Botanischen Garten Singapur).

Montane Regenwälder werden in einer Höhenzone zwischen etwa 1000 und 2500 Metern und höher auch Nebelwälder genannt. Man trifft sie an Gebirgshängen, die im Windschatten liegen, an. Sie zeichnen sich durch niedrigere Baumhöhen als die Tieflandwälder

und einen üppigen Epiphytenbewuchs aus. Auffallend ist der hohe Anteil an Farnen (speziell Baumfarnen) sowie bodenbedeckenden Moosen und diversen *Selaginella*-Arten. Coniferen fehlen in allen tropischen Regenwäldern. In Hochgebirgen (z.B. in den Anden) kommen allerdings oberhalb der Wolkenzone *Podocarpus*- und Araucarien-Arten vor, die anstelle von Nadeln harte, schuppenartige Gebilde tragen (s. Abb. 47.6).

Laubwerfende tropische Wälder

In Regionen mit einem Wechsel von Trocken- und Regenperioden im Jahreswechsel (Indien, Südostasien, Teile von Afrika, Mittel- und Südamerika) kommt ein artenreicher Waldtyp vor, für den ein Nebeneinander von belaubten und nichtbelaubten Bäumen während der Trockenzeit typisch ist. Die Synchronie des Laubfalls ist nur partiell, die laublose Phase ist meist nur sehr kurz und hängt von den jeweiligen Standortbedingungen ab. Bei vielen Arten ist der Laubfall fakultativ, mehrere Beobachtungen weisen darauf hin, daß regelmäßig bewässerte Exemplare ganzjährig grün bleiben, während andere der gleichen Art beim Einsetzen der Trockenperiode ihr Laub verlieren. In Gebieten mit längeren Trockenperioden nimmt der Synchroniegrad zu, so daß schließlich Waldtypen mit periodisch synchronem Laubfall überwiegen. Epiphyten und Lianen sind seltener als im tropischen Regenwald. Weil der Wald als Ganzes über eine hohe Feuchtigkeitsreserve verfügt, machen sich die Klimaunterschiede in der Strauch- und Baumschicht nur wenig bemerkbar. Dennoch ergaben Messungen diverser physiologischer Parameter, daß die Aktivitäten einem Jahresrhythmus unterliegen. Die meisten Bäume blühen gegen Ende der Trockenzeit.

Savannen

Savannen zeichnen sich durch eine ausgedehnte homogene Grasfläche mit verstreut darin stehenden Holzpflanzen (Bäume und Sträucher [Dornenbüsche]) aus.

Die Übergänge von lichten Wäldern (Savannenwäldern; hier dominieren die Bäume) zu Savannen und baumfreien Graslandschaften (Grasland, Steppe) sind fließend (s. a. Abb. 57.13)

Die Bäume der Savannen zeichnen sich durch drei auffallende Eigenschaften aus:
- erstens haben sie meist eine schirmförmige Krone,
- zweitens, sind sie weitgehend feuerfest (Brände, ausgelöst durch Blitzschlag, in neuerer Zeit auch durch menschliche Einwirkungen, sind keine Seltenheit), und
- drittens haben sie tiefgehende, bis zum Grundwasser reichende Wurzeln. Diese können eine Tiefe bis zu 40 Metern erreichen.

Abb. 57.8. Galeriewald entlang eines Flußlaufs in Zentralaustralien.

Entlang der Wasserläufe ist der Baumbestand dichter, man spricht hier von Galeriewäldern (s. Abb. 57.8).

Buschsavannen treten überall dort auf, wo die Bodenverhältnisse (zu steinig) die Ausbildung einer normalen Savanne unterbinden. Hier dominieren Holzpflanzen, deren Höhe von der Niederschlagsmenge abhängt.

Man unterscheidet zwischen den trockenen Savannen, in denen die jährliche Niederschlagsmenge 60 bis 180 Zentimeter beträgt und den feuchten Savannen, die das ganze Jahr über mit Niederschlägen versorgt werden. Wie die Bäume, sind auch die (ausdauernden) Gräser weitgehend feuerfest. Zwar geht bei Bränden die gesamte in dem betreffenden Jahr durch Zuwachs erworbene Biomasse verloren, jedoch verfügen die Gräser über ausreichende Anteile unterirdischen meristematischen Gewebes, die nach Bränden umgehend aktiviert werden.

Wälder in warmen und gemäßigten Zonen; temperierte Regenwälder

Wälder dieser Art kommen in Regionen ohne deutlich ausgeprägte Trockenperioden vor. Die Bäume sind meist immergrün, die Vegetation ist üppig, aber nicht so artenreich wie in den tropischen Regenwäldern. Epiphyten sind selten, Farne häufig. Vorkommen: Ostküste Australiens, Neuseeland, Süd-Chile.

Auch diese Wälder lassen sich zwischen Regenwald und sommergrünen Laubwäldern einordnen.

Wälder in Nebelzonen subtropischer Gebiete

Charakteristisch für diese Zone sind Lorbeerbaumwälder – und nicht selten Coniferenbestände mit reichlichem Unterwuchs an Moosen und Farnen sowie einer Vielzahl von Epiphyten (z.B. die Bromeliaceae: *Tillandsia usneoides*).

Immergrüne Hartlaubwälder

Die immergrünen Hartlaubwälder benötigen eine mindestens einen Monat andauernde Trockenperiode sowie eine Anzahl von Monaten mit nur geringen Niederschlagsmengen (30–200 cm), und einer ganzjährig günstigen Temperatur (5–18°C). In solchen Gegenden entwickeln sich, neben reinen Trockenwäldern, Trockenstrauchformationen wie Macchie, Garrigue und Chaparral. Es gibt fünf Regionen, für die diese Bedingungen zutreffen: Mittelmeergebiet, Kalifornien, Zentral-Chile, Kapland und Südaustralien.

Die Pflanzen in all diesen Regionen ähneln einander, obwohl sie verschiedenen Familien angehören. Holzpflanzen sind dominierend. Ihre Blätter sind klein und derb, das Wurzelwerk tiefgründig.

Im Übergangsbereich zu den sommergrünen Laubwäldern (z.B. in Südosteuropa) haben sich Steppenheidewälder entwickelt, in denen *Quercus pubescens* die dominierende Art ist. Vergleichbare Formationen kommen in Nordamerika und in Westaustralien vor. In Westaustralien findet man in dieser Zone ausgedehnte Eucalyptuswälder.

830

Die geologischen Verhältnisse im Bereich der immergrünen Hartlaubwälder sind sehr variabel, mittelhohe Gebirge sind häufig. Dementsprechend ist die Artenzusammensetzung der einzelnen Pflanzengesellschaften innerhalb eines Areals (z.B. des Mittelmeerraums) sowie zwischen den Arealen ausgesprochen vielfältig. In ariden Höhenlagen sind Nadelwälder verbreitet, die wichtigsten Arten gehören folgenden Gattungen an: *Pinus, Cedrus, Abies, Cupressus*.

Sommergrüne Laub- und Mischlaubwälder

Sommergrüne Laub- und Mischlaubwälder sind im größten Teil Europas, in Ostasien und im Nordosten Amerikas verbreitet. Die heutigen europäischen Wälder entsprechen nur in Ausnahmen dem Urzustand, in der Regel sind es Wirtschaftswälder mit gegenüber einst verringerter Artenzahl und einem erhöhten Nadelwaldanteil (s. Abb. 57.9). In Europa kommt echter Urwald nur noch in der Nähe von Bialowieza an der polnisch-sowjetischen Grenze vor. Im Vergleich zu den tropischen Regenwäldern sind sommergrüne Laub- und Mischlaubwälder extrem artenarm. Die geringe Artenzahl in Europa und Nordamerika wurde durch die letzte Eiszeit verursacht.

In Ostasien, das von Eiszeiten verschont blieb, sind die Wälder wesentlich artenreicher, und selbst bei einem Vergleich von Europa und Nordamerika schneidet letzteres weit günstiger ab, weil dort die Gebirgszüge in Nord-Süd-Richtung verlaufen und einer Neubesiedlung vom Süden her kein Hindernis in den Weg legen, wie beispielsweise die Alpen in Europa.

In Westeuropa sind 51 Baumarten (darunter drei *Quercus*-Arten) gezählt worden, in Nordamerika 800 Arten (darunter 70 *Quercus*-Arten).

Eine Etagierung ist im Urzustand der Wälder deutlich ausgeprägt, in Wirtschaftswäldern ist sie weitgehend unterbunden.

Unter den Holzpflanzen setzen sich solche Arten durch, die
- am höchsten werden,
- eine große Lebensdauer erreichen,
- stark schattierendes Blattwerk ausbilden,
- sich gut verjüngen,
- in der Jugend Schatten zu ertragen vermögen und
- bei ausreichender Lichtmenge rasch und umgehend emporschießen (H. Ellenberg, 1968).

Am besten erfüllt in Mitteleuropa die Rotbuche (*Fagus sylvatica*) diese Bedingungen (s. Abb. 56.11). Für die Pflanzen im Inneren eines sommergrünen Laubwaldes können folgende Kriterien genannt werden:
- Sie müssen sich zu Beginn einer Saison rasch entfalten können (z.B. *Anemone nemorosa* u.a.) oder den Winter immergrün überstehen (Beispiel: *Ilex aquifolium*),
- gegen Spätfröste unempfindlich sein,
- bis zu Beginn der Vollbelaubung ihren Entwicklungszyklus abschließen oder mit dem den Boden des Sommerwaldes erreichenden Licht auskommen und
- im übrigen alle die für Holzpflanzen genannten Eigenschaften haben.

Wie bereits erwähnt, kommen Laubwälder auf nährstoffreichen, aber nicht zu trockenen oder zu feuchten Böden vor. Während der nacheiszeitlichen Periode bestand die Vegetation Mitteleuropas aus einem Mosaik aus Buchen-, Eichen- und Auwäldern sowie Mooren.

Der herbstliche Laubfall, ein charakteristisches Merkmal der Laubbäume, dient vornehmlich dem Schutz vor Austrocknung. Die Mehrzahl der laubwer-

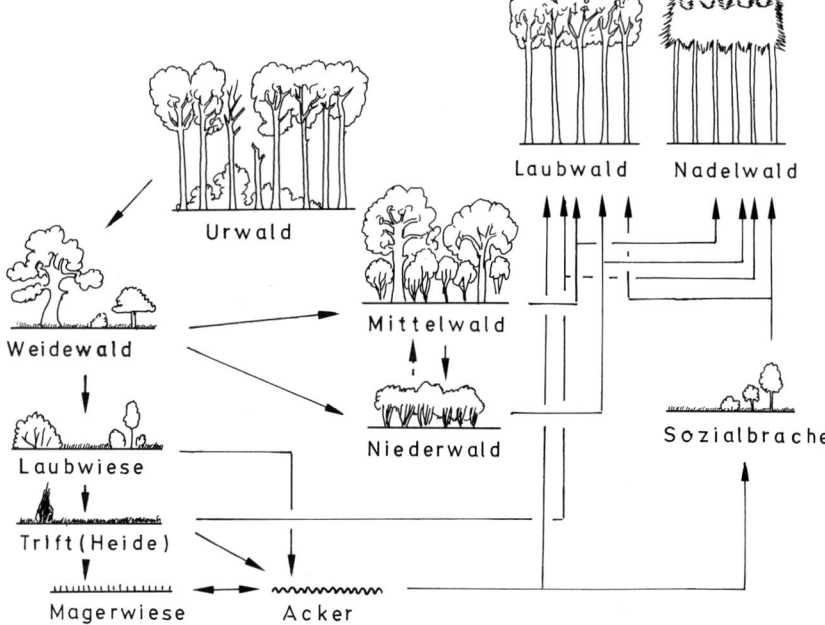

Abb. 57.9. Umwandlung eines Urwalds durch weide-, acker- und waldwirtschaftliche Bewirtschaftungsformen (in Mitteleuropa auf lehmüberdecktem Kalkboden; in der submontanen Stufe: Kalkbuchenwald). (H. Ellenberg 1981)

831

fenden Bäume wird windbestäubt. Der Pollenflug erfolgt noch vor der Belaubung, wodurch hohe Pollenverluste vermieden werden. Zugleich ist Windbestäubung mit relativer Artenarmut bei hohen Populationsdichten verknüpft. Alle Laubbäume benötigen zumindest vier, besser fünf bis sechs Monate Temperaturen über 10°C, und die Kälteperiode darf nicht länger als drei bis vier Monate andauern. Die nördliche Verbreitungsgrenze (und die Baumgrenze in Gebirgen) ist damit vorgezeichnet. Entscheidend ist dabei die Tatsache, daß Laubbaumknospen weniger frostresistent als die der Nadelbäume sind.

In mitteleuropäischen Buchenwäldern sind 200 Samenpflanzenarten (einschließlich der krautigen) nachgewiesen worden. Hinzu kommen 15 Farn-, 190 Moos- und 160 Algenarten. Ferner gibt es 3 000 Pilz-, 50 Myxomyceten-, 280 Flechten- und 130 Bakterienarten. Die Zahl der Tierarten beträgt 7 000. Alles zusammen entspricht etwa 20 Prozent der gesamten terrestrischen Flora und Fauna dieser Breiten.

Boreale und montane Nadelwälder – Taiga

Der Übergang zwischen der Zone der sommergrünen Laubwälder und der reinen Nadelwaldzone ist fließend. Im Übergangsbereich (Osteuropa, Südsibirien, Kanada) ist die Birke *(Betula)*, in Ostsibirien auch die Lärche *(Larix)*, der einzige jahresperiodisch Nadeln verlierende Nadelbaum, häufig. Die Nadelwaldzone (Taiga) erstreckt sich von Skandinavien über Sibirien nach Nordamerika. Das Klima ist durch lange, schneereiche Winter und kurze, meist kühle Sommer gekennzeichnet.

Die Temperaturen steigen allenfalls während vier Monaten über 10°C; die kalte Jahreszeit dauert sechs und mehr Monate. Die Vegetationsperiode ist dementsprechend kurz, unter ungünstigen Bedingungen beträgt die Wachstumsperiode nicht mehr als ein bis zwei Monate. Allerdings kommen der Photosyntheseaktivität die in Polnähe sehr langen Tage (Mitternachtssonne) zugute, so daß in kurzer Zeit eine relativ hohe Primärproduktion erreicht wird. Die höheren Pflanzen sind durchweg mehrjährig, denn während einer so kurzen Saison kann kein vollständiger Entwicklungszyklus durchlaufen werden. Der Boden ist durch Permafrost gekennzeichnet und taut während der wärmeren Jahreszeit nur oberflächlich auf. Wässer (Tauwasser, Niederschläge) können nicht tief eindringen, es bilden sich daher allenthalben Wasserflächen und Sümpfe. Die Pflanzen müssen deshalb auch gegenüber Staunässe weitgehend unempfindlich sein. Von den Laubbäumen ist allein die Birke diesen Anforderungen gewachsen.

Die meist flachwurzelne Fichte *(Picea excelsior)* benötigt nährstoffreiche, mit Wasser gut versorgte Böden. Sie ist die vorherrschende Art in der Taiga. Die Kiefer *(Pinus sylvestris)* stellt zwar geringere Ansprüche an Wärme, Feuchtigkeit und Bodenbedingungen, ihr Wurzelwerk ist plastischer, es kann bei-

spielsweise auf trockenen Sandböden tiefwurzelnd sein; in feuchten Böden wird ein kompaktes Wurzelsystem ausgebildet. Die Kiefer ist jedoch windanfällig und hat daher auf Permafrostböden nur wenig Chan-

Abb. 57.10. Wald-(Baum-)Grenze in den Zentralalpen. Auf Urgestein bilden Zirben *(Pinus cembra, a)* oder Grünerlen *(Alnus viridis, b)*, auf Kalk Legföhren oder Latschen *(Pinus mugo, c)* die Baumgrenze.

832

cen. An der Nordgrenze der Taiga schließt sich die baumlose Tundra an. Ihre Vegetation ist durch Flechten-, Gras- und Zwergstrauchheiden gekennzeichnet. *Empetrum, Vaccinium, Betula nana, Dryas* u.a. sind vorherrschend.

In der ostsibirischen Tundra sind 239 Gefäßpflanzen, 117 Moosarten, 237 aquatische Algen und 150 Bodenalgenarten nachgewiesen worden.

Die immergrünen Nadelbäume der Taiga sind selbst bei 4°C noch photosyntheseaktiv. Ihre Knospen sind frostresistent. Die Resistenz hängt vom Zuckergehalt in den Vakuolen der Zellen ab. Je höher er ist, desto niedrigere Temperaturen können ertragen werden. Das heißt aber auch, daß die Pflanzen Aktivitätsphasen (Photosynthese) durchlaufen müssen, um Kälte ertragen zu können. Ein kalter Winter im Anschluß an einen außergewöhnlich kalten oder kurzen Sommer schadet deshalb mehr als ein extrem kalter Winter nach einem relativ warmen Sommer.

Am Waldboden bildet sich nur wenig Humus, denn die abfallenden Nadeln und abgestorbene Ericaceen (*Vaccinium* u.a.), die neben Moosen zum Bodenbewuchs gehören, sind durch Bakterien schwer abbaubar. Um so günstiger sind die Voraussetzungen für üppiges Pilzwachstum. Das wiederum wird benötigt, denn alle Nadelbäume und Ericaceen sind mycotroph (s. Kap. 33).

Montane Nadelwälder (z.B. in den Hochalpen) sind nur bedingt mit den Wäldern der borealen Zone vergleichbar. Andere geologische und klimatische Vorgaben selektieren ein anderes Artenspektrum. Unter natürlichen Bedingungen ist die höhenbedingte Waldgrenze als eine geschlossene Front erkennbar. Beispiele dafür sind in den argentinischen Anden zu finden. In den Alpen, mit der jahrhundertealten Nutzung der Vegetation (Beweidung, Holzschlag u.a.), ist sie aufgelockert (s. Abb. 57.10); die Auswahl der Arten wurde durch den Menschen beeinflußt. Da eine natürliche Baumgrenze (z.B. Kältegrenze) durch die physiologischen Leistungen der Pflanzen bestimmt wird, wird sie auch in Gegenden mit artenreicher Flora nur von wenigen Arten, oder gar nur von einer einzigen gebildet.

Baumlose Regionen

Baumlose Regionen findet man überall dort, wo es für das Gedeihen von Bäumen zu trocken oder zu kalt ist. Man unterscheidet daher zwischen den Wüsten- und Steppenregionen einerseits, und der arktischen Tundra und den hochalpinen Matten andererseits.

Wüsten, Halbwüsten und Steppen

Die Übergänge von Wüste, Halbwüste über Steppe zu Savannen oder savannenähnlicher Vegetation sind fließend; entscheidend ist die Aridität (Zeit der Trockenperioden).

Wüsten trifft man im Bereich des nördlichen und südlichen Wendekreises an. Niederschläge fallen dort allenfalls in einem bis zu zweimonatigen Zeitabschnitt pro Jahr. Extrem hohe Tag- und niedrige Nachttemperaturen und ein damit verbundener tagesrhythmischer Wechsel des Luftfeuchtigkeitsgehalts sind typisch. Jahreszeitliche Schwankungen findet man nur in höheren Breitengraden (35° N, respektive S). Der Pflanzenwuchs ist spärlich (maximal 25 Prozent Bodenbedeckung). Bei über 25 Prozent Bodenbedeckung spricht man von Halbwüsten.

Die Pflanzendecke ist diffus und zeichnet sich durch eine mosaikartige Untergliederung aus. Mehrjährige Pflanzen überwiegen. Sie haben ein ausgedehntes Wurzelwerk, das sich dicht unter der Erdoberfläche ausbreitet (s. Abb. 57.11). Das hat den Vorteil, daß selbst geringste Niederschlagsmengen optimal genutzt werden. Nur selten sind die Wurzeln tiefgehend, und das wiederum liegt an dem meist unerreichbar tiefen Grundwasserspiegel. Überall, wo er hoch ist (z.B. in Oasen), können sich Bäume halten.

Sämtliche Wüstenpflanzen (Xerophyten) verfügen über einen effizienten Transpirationsschutz. Sie sind entweder sukkulent (Cactaceae, Euphorbiaceae, Chenopodiaceae, Crassulaceae, Aizoaceae u.a.), haben sehr kleine Blätter, die nur während der kurzen Regenzeit erscheinen (Ocotillo, s. Abb. 57.12), oder haben Blätter, die von einer dicken Wachsschicht umgeben oder dicht behaart sind. Die Zahl der Stomata ist – auf die Fläche bezogen – niedrig, oft sind diese eingesenkt, Samen können monatelange Trockenperioden ertragen.

Die Sukkulenten lassen sich nach anatomischen Kriterien in zwei Gruppen einteilen:
1. Ort der Wasserspeicherung und Ort der Photosynthese sind identisch („Allzellsukkulente").
2. Ort der Wasserspeicherung und Ort der Photosynthese sind getrennt, d.h., es wird ein spezielles Wasserspeichergewebe ausgebildet („Speichersukkulente").

Sie kommen allerdings keineswegs in allen Trockengebieten der Erde vor, so daß die Frage berechtigt erscheint, ob sie tatsächlich allen Anforderungen der Trockenheit gewachsen sind. Sie verfügen über eine hohe Wasserspeicherkapazität, sind in der Lage, zu Zeiten von Wassermangel aus diesen Speichern Wasser zu mobilisieren und zur Aufrechterhaltung von wichtigen Lebensvorgängen an beliebiger Stelle des Pflanzenkörpers einzusetzen: z.B. Versorgung der Vegetationspunkte, der Zellen in Wurzel und Achse, und Aufrechterhaltung eines Minimums an Photosynthese. Viele der Arten zeichnen sich durch einen CAM-Weg der Photosynthese aus (s. Kap. 24). Wegen des – wenn auch minimalen – Wasserverbrauchs sind sie jedoch weniger trockenresistent als viele der übrigen Wüstenpflanzen. Unter Kulturbedingungen ist leicht zu zeigen, daß beispielsweise Kakteen und sukkulente Euphorbien bei täglicher Wasserzufuhr besser gedeihen als bei unregelmäßiger. Eine kurze Trockenperiode fördert ihre Entwicklung, doch kann sie wesent-

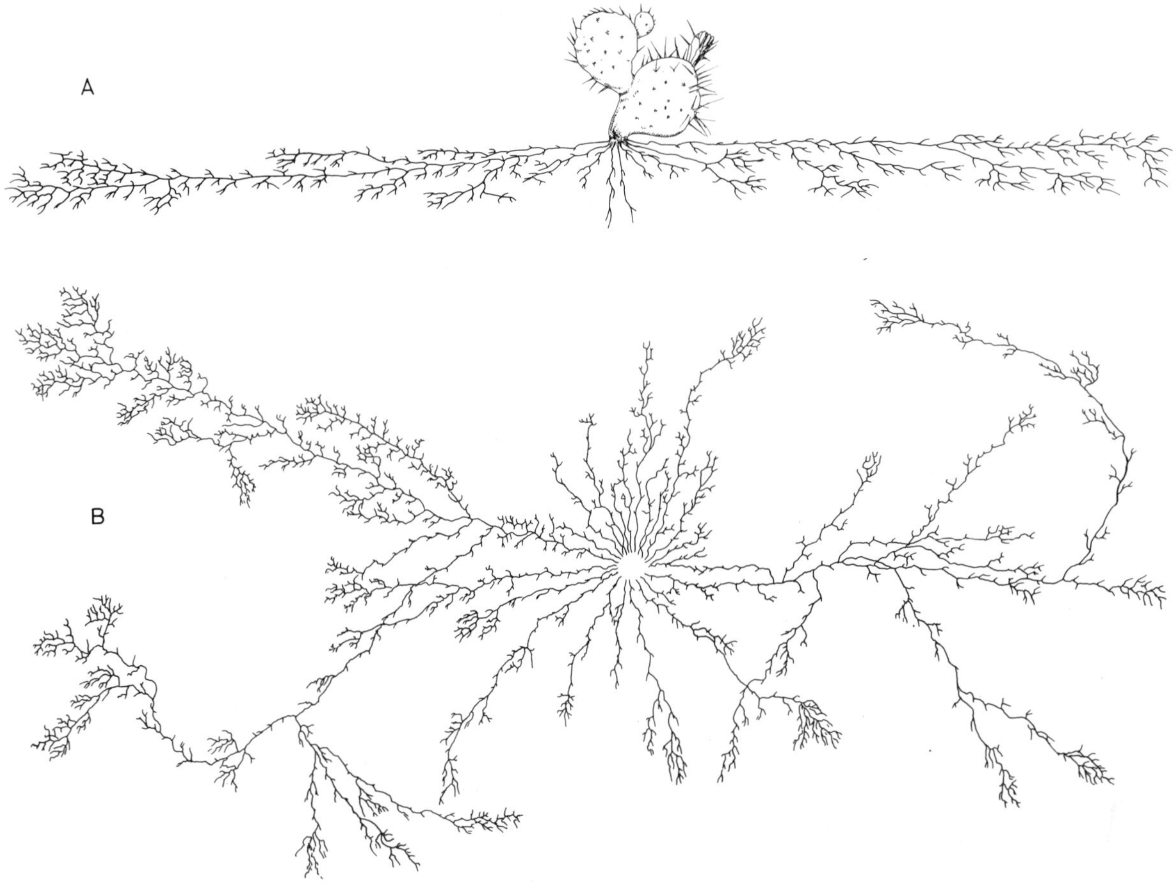

Abb. 57.11. Wurzelsystem einer Opuntie. *A* Seitenansicht, *B* in Aufsicht. (Nach E. Epstein, 1973)

Abb. 57.12. Ocotillo (*Fouquieria splendens,* Fouquieriaceae) in der Anza-Borego Wüste in Südkalifornien. *a* Der Strauch hat winzige, nur wenig sukkulente Blätter, die in der Trockenzeit abgeworfen werden; *b* Blüte.

lich kürzer sein, als es an natürlichen Standorten der Fall ist. H. Ellenberg (Pflanzengeographisches Institut der Universität Göttingen, 1981) fand, daß Sukkulente vornehmlich dort zu finden sind, wo geringe, aber regelmäßige Niederschläge fallen. Die jährliche Gesamtmenge kann unter 200–100 mm liegen, doch dürfen die Trockenperioden nicht länger als ein Jahr andauern. In Gegenden, in denen Niederschläge langfristig ausbleiben, sind andere Wuchsformen (z.B. Sträucher) den Sukkulenten weit überlegen, zwar mögen jene in Trockenzeiten große Teile ihres Vegetationskörpers (Blätter, Zweige, zum Teil auch den Stamm) verlieren, doch nach kurzen Regen wachsen sie um so rascher wieder aus. In warmem Klima wachsen sie schneller als die Sukkulenten, deren flaches Wurzelwerk nach stärkeren Regenfällen, bei denen Wasser auch tief in den Boden eindringt, nur einen kleinen Teil davon nutzen kann. Sukkulenten benötigen zudem mehr Zeit, um ihren voluminösen Vegetationskörper aufzubauen. Auffallend ist das Fehlen endemischer Sukkulenten in Australien. Zwar fehlen dort auch langjährige Messungen der Niederschläge, doch zeichnet es sich bereits aufgrund der in den letzten Jahren gewonnenen Werte ab, daß die Niederschläge in Zentralaustralien viel zu selten und viel zu unregelmäßig fallen, um ein Sukkulentenwachstum zu ermöglichen. Die eingeschleppte *Opuntia ficus-indica* konnte sich nur dort durchsetzen, wo der Mensch die ursprüngliche Vegetation (Trockenwäl-

der) zerstört hatte. Ähnliche Beobachtungen wurden in Amerika, Südasien und Afrika gemacht.

Aus allem folgt, daß Sukkulenten nur an ganz bestimmten Standorten dominierend sind. Felsiger Untergrund ist für sie günstiger als für andere Pflanzen. Ebenso vorteilhaft sind Randzonen stark salzhaltiger Regionen, denn durch Regen wird das Salz gerade in der obersten Bodenschicht ausgewaschen, den Sukkulenten steht damit mehr „Süßwasser" zur Verfügung als den Pflanzen mit tiefgehendem Wurzelsystem.

Gräser haben in Wüsten keine Chance; ihre oberirdischen Teile sind gegenüber Transpirationsverlusten nicht ausreichend geschützt. Sie trocknen daher zu leicht aus, und ihre eher in die Tiefe als in die Breite gehenden Wurzeln sind nicht effizient genug, um geringste Niederschlagsmengen wirkungsvoll zu nutzen.

In Steppenregionen hingegen sind mehrjährige, zeitweilig Trockenheit ertragende Grasarten (mit derben Blättern) vorherrschend. Steppen kommen in der subtropischen und der gemäßigten Klimazone vor. Ihre größte Ausdehnung finden sie im osteuropäisch-asiatischen Steppengürtel (in Europa Pußta), in der nordamerikanischen Prärie und der ostargentinischen Pampa. Im Gegensatz zur Savanne kommen keine einzelstehenden, feuerfesten Bäume mit schirmförmiger Krone vor. Wo es die Grundwasserverhältnisse zulassen, können sich mehr oder weniger geschlossene Baumbestände halten. Mit zunehmender Niederschlagsmenge nimmt der Anteil der Gräser ab; andere, oft verholzte Arten dringen in die Pflanzendecke ein (s. Abb. 57.13).

Literatur

Braun-Blanquet, J.: Pflanzensoziologie. Wien–New York: Springer Verlag, 1964 (3. Aufl.)

Castri, F., H.A. Mooney (eds.): Mediterranean type ecosystems. Origin and structure. Berlin–Heidelberg–New York: Springer Verlag 1973 (Ecological studies 7)

Ehrendorfer, F. (ed.): Liste der Gefäßpflanzen Mitteleuropas. Stuttgart: G. Fischer, 1973

Ellenberg, H.: Leben und Kampf an den Baumgrenzen der Erde. Naturwiss. Rundschau *19*, 133–139 (1966)

Ellenberg, H.: Wege der Geobotanik zum Verständnis der Pflanzendecke. Naturwissenschaften *55*, 462–470 (1968)

Ellenberg, H.: Ursachen des Vorkommens und Fehlens von Sukkulenten in den Trockengebieten der Erde. Flora *171*, 114–169 (1981)

Esser, G., I. Aselmann, H. Lieth: Modelling the carbon reservoir in the system compartment „litter". Mitt. Geol.-Paläont. Inst. Hamburg *52*, 39–58 (1982)

Farnworth, E.G., F.B. Golley (eds.): Fragile ecosystems. Evaluation of research and applications in the neotropis. Berlin–Heidelberg–New York: Springer Verlag, 1974

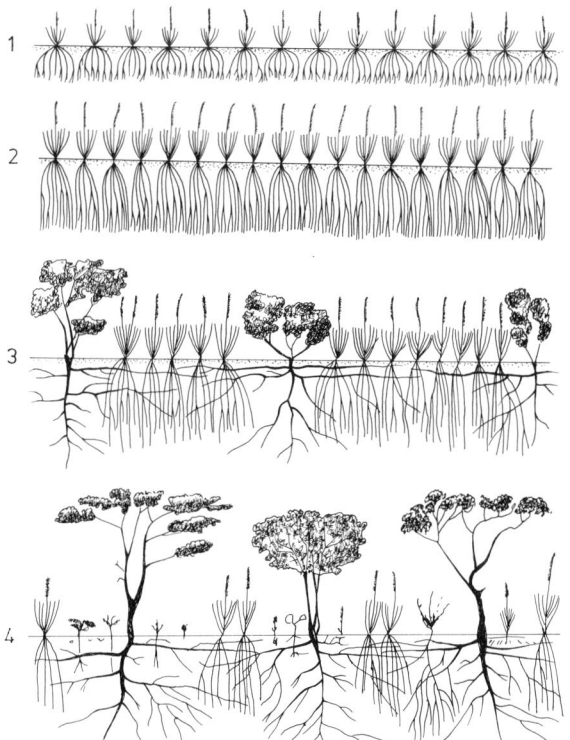

Abb. 57.13. Schema des Übergangs von Grasland (Grassavanne, *1* und *2*) zur Savanne *(3)* und zum Trockenwald (Savannenwald, *4*). (H. Walter, 1973)

Firbas, F.: Spät- und nacheiszeitliche Waldgeschichte von Mitteleuropa nördlich der Alpen. Jena: G. Fischer, 1949

Hallé, F., R.A.A. Oldeman, P.B. Tomlinson: Tropical trees and forests. An architectural analysis. Berlin–Heidelberg–New York: Springer Verlag, 1978

Klinge, H.: Biomasa y materia orgánica del suelo en el ecosistema de la pluviselva centro-amazonica. Acta Cient. Venezolana 24, 174–181 (1973)

Lieth, H.: Versuch einer kartographischen Darstellung der Produktivität der Pflanzendecke auf der Erde. Wiesbaden: Max Steiner Verlag, 1964 (Geographisches Taschenbuch, 1964/65, S. 72–80)

Martius, C.F.P. Flora brasiliensis. München: Oldenbourg 1840–1906; 40 Bände. Das umfangreichste Werk der botanischen Literatur.

Niklfeld, H.: Bericht über die Kartierung der Flora Mitteleuropas. Taxon 20, 545–571 (1971)

Prance, G.T., T.E. Lovejoy (eds.): Key environments – Amazonia. Oxford: Pergamon Press, 1985

Richards, P.W.: The tropical rain forest. Sci. American, Dezember 1973, S. 58–67

Runge, F.: Die Pflanzengesellschaften Deutschlands. Münster: Verlag Aschendorff, 1973 (4. Aufl.)

Sonn, S.W.: Der Einfluß des Waldes auf die Böden. Jena: VEB G. Fischer Verlag, 1960

Tischler, W.: Einführung in die Ökologie. Stuttgart, New York: G. Fischer Verlag, 1979 (2. Aufl.), 1984 (3. Aufl.)

Tüxen, R. (Herausg.): Grundfragen und Methoden in der Pflanzensoziologie. Den Haag: Verlag Dr. W. Junk N.V., 1972

Tüxen, R.: Die Pflanzengesellschaften Nordwestdeutschlands. 1. und 2. Lieferung (2. Aufl.) Vaduz: J. Cramer, 1974, 1979

Walter, H.: Grundlagen der Pflanzenverbreitung. Einführung in die Pflanzengeographie. Stuttgart: E. Ulmer, 1954

Walter, H.: Die Vegetation der Erde. (Band 1 und 2) Stuttgart: E. Ulmer, 1964, 1968

Walter, H.: Vegetationszonen und Klima. Stuttgart: E. Ulmer, 1970

Walter, H., H. Straka: Arealkunde. Floristisch-historische Geobotanik. Stuttgart: E. Ulmer, 1970 (2. Aufl.)

Walter, H.: Die Vegetationszonen der Erde in ökophysiologischer Betrachtung. Stuttgart: G. Fischer, 1973 (3. Aufl.)

Walter, H.: Die ökologische Gliederung der Erde. Naturwissenschaften 71, 387–392 (1984)

Walter, H., Breckle, S.-W.: Ökologie der Erde I. Ökologische Grundlagen in globaler Sicht, II. Spezielle Ökologie der tropischen und subtropischen Zonen, III. Spezielle Ökologie der gemäßigten und arktischen Zonen. Stuttgart: G. Fischer Verlag (UTB Große Reihe) 1983, 1984, 1986

Warming, E., P. Graebner: Lehrbuch der ökologischen Pflanzengeographie. Berlin: Gebr. Borntraeger, 1933 (4. Aufl.).

58. Aquatische Ökosysteme

70 Prozent der Erdoberfläche sind von Wasser bedeckt. Allein schon deshalb ist es notwendig, sich intensiv mit aquatischen Ökosystemen auseinanderzusetzen. Man unterscheidet bekanntlich zwischen Süß- und Salzwasser sowie zwischen stehenden und fließenden Gewässern. Obwohl die stehenden Süßwasserreservoirs (Seen) prozentual nur den geringsten Flächenanteil ausmachen, sind sie weit besser bearbeitet worden als jedes der anderen Systeme. Das liegt zum einen an ihrer Überschaubarkeit, zum anderen daran, daß man sie als quasi-geschlossene Systeme betrachten kann, deren Entwicklung über längere Zeiträume hinweg verfolgt werden kann, Flüsse sind dagegen Durchlaufsysteme. Die Ökosystemforschung der Binnengewässer ist die Limnologie, die der Meere die Ozeanographie. Wie in jeder wissenschaftlichen Teildisziplin, so hat sich auch hier eine eigenständige Terminologie etabliert, daher zunächst einige Definitionen (zum Vergleich s. auch Kap. 55):

Aufgrund ihrer Lebensweise unterscheidet man zwischen den frei im Wasser lebenden planktischen Organismen (Plankton) und den festsitzenden, benthisch lebenden (Benthos).

Zur Charakterisierung der Lebensräume wird zwischen der Freiwasserzone (Pelagial), der Bodenzone (Benthal) und der Uferzone (Litoral) unterschieden.

Nährstoffarme Gewässer heißen oligotroph, nährstoffreiche eutroph.

Die vom Tageslicht durchleuchtete, relativ warme und gut durchlüftete Oberflächenzone ist das Epilimnion, der darunter liegende, sauerstofflimitierte Bereich kalten Wassers ist das Hypolimnion. Wegen der großen Dichteunterschiede zwischen kaltem und warmem Wasser kommt es im Sommer (!) kaum zu einem Wasseraustausch zwischen oben und unten (kein vertikaler Austausch). Die Grenze zwischen beiden Zonen ist daher durch einen drastischen Temperaturabfall (Sprungschicht) markiert. Die Schichtung ist für eutrophe Seen typisch, in oligotrophen ist sie nur schwach oder gar nicht vorhanden. Dazwischen wären die nur schwach eutrophen, teilweise geschichteten Seen anzusiedeln.

Algen, einschließlich der Blaualgen, machen den Hauptanteil der Primärproduzenten aquatischer Ökosysteme aus. Höhere Pflanzen sind meist auf das Litoral beschränkt, wobei eine markante, von der Wassertiefe abhängende Zonierung erkennbar ist (s. Abb. 58.1). Üblicherweise wird dabei zwischen Röhrichtgürtel, Schwimmblattgürtel und Gürtel der submers lebenden Wasserpflanzen unterschieden.

Die Algen des Pelagials (Phytoplankton) sind meist einzellig oder zu wenigzelligen Kolonien vereint. Um einem Absinken entgegenzuwirken, sind sie vielfach von voluminösen Gallerten umgeben; oft enthalten sie öl- oder gashaltige Vakuolen oder tragen ausladende Schwebefortsätze. Auffälligerweise sind diese bei marinen Algen stärker als bei den Süßwasseralgen ausgeprägt, obwohl der Auftrieb im Salzwasser höher als im Süßwasser ist. Zahlreiche Phytoplankter sind begeißelt und können sich aufgrund phototaktischen Verhaltens (s. Kap. 30) dicht unterhalb der Wasseroberfläche sammeln. Das Leben der Süßwasserorganismen wird vornehmlich durch folgende Parameter beeinflußt:

– der hohen Dichte des Mediums Wasser,
– der relativ geringen Salzkonzentration,

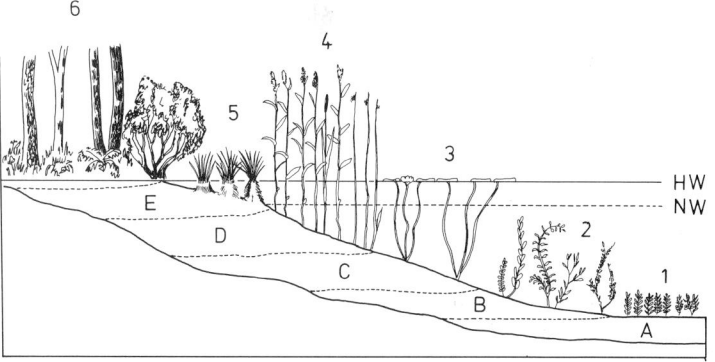

Abb. 58.1. Verlandungsschema eines eutrophen Gewässers (HW: Hochwassergrenze, NW: Niedrigwassergrenze). *1* Characeenrasen *2.* submerser Laichkraut-Gürtel; *3* Schwimmblattzone, *4* Röhrichtgürtel; *5* Großseggengürtel; *6* Erlenbruchwald; *A* Kalkmudde; *B* Feindetritusmudde; *C* Grobdetritusmudde; *D* Schilftorf; *E* Seggentorf; *F* Erlenbruchtorf. (F. Overbeck, 1950)

837

– der guten Löslichkeit von anorganischen und organischen Stoffen im Wasser, und
– der Ausbildung von vertikalen Gradienten verschiedener Faktoren.

Die Analyse aquatischer Ökosysteme begann wie die der terrestrischen mit Bestandsaufnahmen. Ende des letzten Jahrhunderts wurden die ersten Artenlisten erstellt, und schon sehr früh wurde gesehen, daß sich die Artenzusammensetzung im Jahreszyklus ändert und daß bestimmte Arten in gewissen Zeiträumen dominieren und dadurch auffallende Wasserblüten hervorrufen können.

Die Bedeutung der anorganischen und physikalischen Parameter wurde in zunehmendem Maße erkannt, die relevanten Größen wurden kontinuierlich registriert, so daß heute, zumindest von einigen (wenigen) Seen, mathematische Modelle erstellt werden können, die die Abläufe im Jahresgang simulieren.

In Deutschland sind vor allem der Plußsee, nördlich von Plön gelegen, und einige der übrigen Seen der ostholsteinischen Seenplatte sowie der Bodensee unter laufender Beobachtung; in den USA ist es unter anderem der Lake Mendota, an dessen Ufer der Campus der University of Wisconsin, Madison, liegt. Zur Veranschaulichung der Problematik und der Arbeitsweise werden im folgenden einige der durch Bearbeitung des Plußsees gewonnenen Ergebnisse präsentiert.

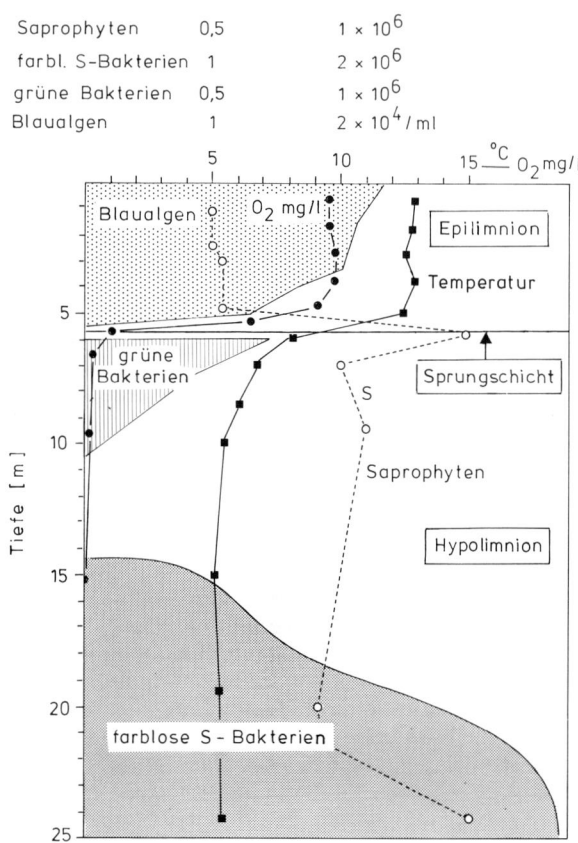

Abb. 58.3. Gliederung des Plußsees (Ostholstein) am 7.10.1964. (J. Overbeck, 1972)

Der Plußsee

Der See hat das Profil eines Kegels, der Durchmesser beträgt maximal 400 Meter, die Oberfläche 14 Hektar und das Volumen $1,3 \times 10^6$ m³. Er erreicht eine Tiefe von 29,5 Metern (s. Abb. 58.2). Da er von einem geschlossenen Waldgürtel umgeben ist, ist er weitgehend windgeschützt. Es gibt keine Zu- und Abflüsse. Er wird als eutroph eingestuft. Das Epilimnion hat eine Mächtigkeit von fünf Metern, die Sprungschicht ist in den Sommermonaten deutlich ausgeprägt. Die Sauerstoffverteilung im Vertikalprofil ist der Abbildung 58.3 zu entnehmen.

Im Phytoplankton dominieren die Blaualgen in wechselnder Artenzusammensetzung. *Oscillatoria redekii, Anabaena flos-aquae* und *Aphanizomenon gracile* sind in aufeinanderfolgenden Jahren mit unterschiedlichen Anteilen vertreten.

Es besteht kein Zusammenhang zwischen der Algenpopulation im Plußsee und der in einem der benachbarten Seen. So ist unter anderem die genannte *Aphanizomenon*-Art außer im Plußsee in keinem der anderen Seen der ostholsteinischen Seenplatte in größerer Zahl enthalten.

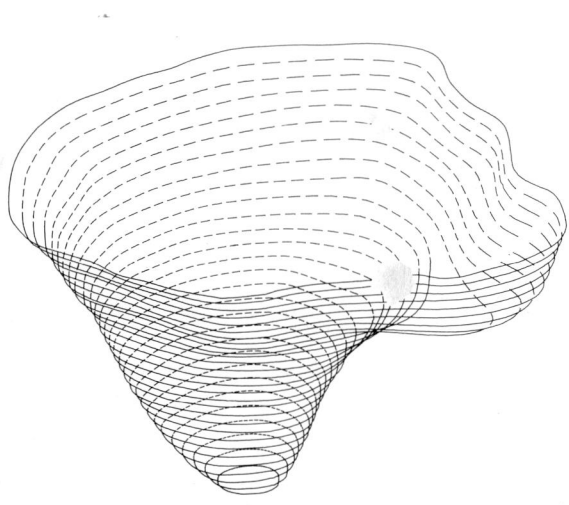

Abb. 58.2. Parallelprojektion des Plußsees unter 60° als ein Beispiel einer räumlichen Darstellung; Tiefenmaßstab 6,9. (H.-J. Krambeck, 1974)

838

Abb. 58.4. Vorkommen von *Oscillatoria redekii* im Plußsee in den Jahren 1964–1967 in einer 25 Meter tiefen Wassersäule. (J. Overbeck, 1972)

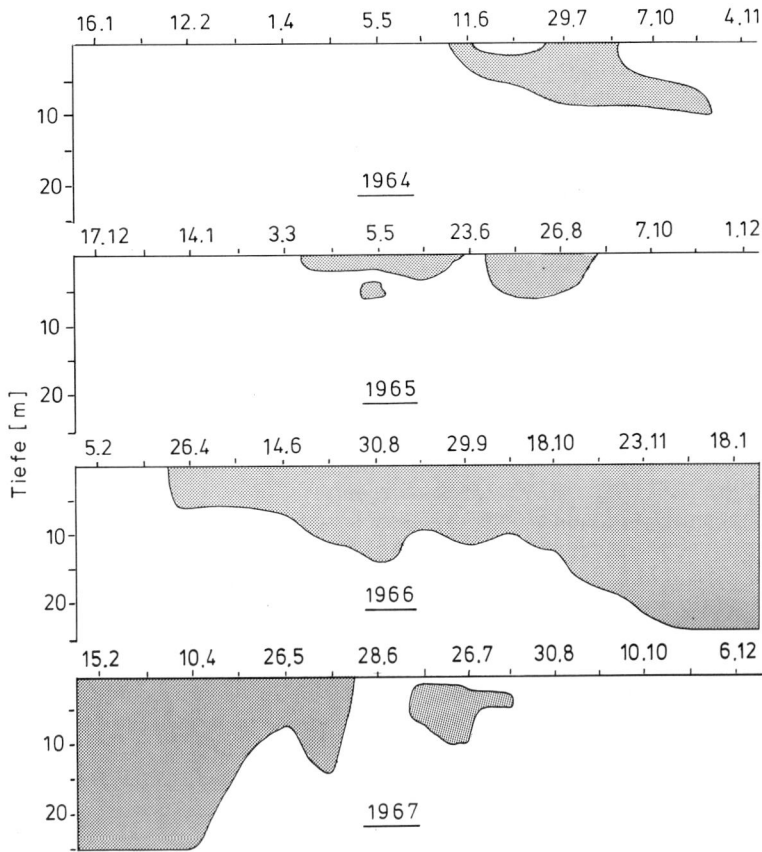

Welche der Arten in einem bestimmten Jahr dominiert, ist schwer vorhersagbar; mit entscheidend sind offensichtlich die Startbedingungen zu Saisonbeginn, d.h., die Anzahl teilungsfähiger Zellen zu einem Zeitpunkt, der für eine Massenvermehrung optimal ist.

Das saisonale und vertikale Verteilungsprofil von *Oscillatoria redekii* in den Jahren 1964 bis 1967 ist in der Abbildung 58.4 wiedergegeben. Auffallend ist das nur sporadische Auftreten in den Jahren 1964 und 1965; 1966 war die Art den ganzen Sommer und Herbst über dominierend. Mit abnehmender Wassertemperatur sank die Sprungschicht stetig ab, die Grenze zwischen Epi- und Hypolimnion löste sich auf; im gesamten Wasserkörper des Sees erfolgte eine Vollzirkulation, die zu einer Durchmischung des Wassers mit Nährstoffen und Sauerstoff führte. Die Folge war eine den gesamten Wasserkörper umfassende Ausbreitung der *Oscillatoria* im Winter 1966/67. Doch V... hier wiedergegebenen Darstellung fehlen d... Zellzahlen. Die Verteilung ist nicht homogen, vie... ... ...gaben Zellzahlmessungen, daß die höchsten Zahlen im Winter in etwa fünf Meter Tiefe vorhanden waren.

Die Anzahl der planktischen Algenarten ist – von Wintermonaten mit Eisgang abgesehen – über das ganze Jahr hinweg mehr oder weniger konstant. Die Biomasse des Phytoplanktons hingegen durchläuft in jeder Saison ein, zwei oder mehr deutlich ausgeprägte Maxima (s. Abb. 58.5).

Das Frühjahrsmaximum wird in der Regel durch massenhaftes Auftreten von Diatomeen und Peridineen hervorgerufen. Sie erreichen hohe Zellzahlen bei niedriger Wassertemperatur. Es folgt (Messungen aus dem Jahr 1979) ein Flagellatenmaximum (*Eudorina*,

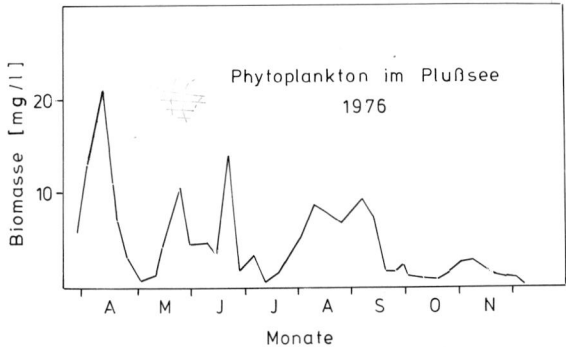

Abb. 58.5. Saisonale Verteilung der Phytoplanktonbiomasse. Einzelheiten über Artzusammensetzung siehe Text. (B. Hickel, 1977)

Cryptomonas u.a.); das Sommermaximum wird durch *Oscillatoria redekii* gebildet, und im Herbst, nach dem Verschwinden der Blaualgen, trat *Rhizochysis scherffelii* (eine Chrysophycee) in großer Zahl auf.

Eine stets wiederkehrende Frage lautet, warum eine bestimmte Algenpopulation so plötzlich die Überhand gewinnt, aber nach kurzer Wasserblüte genauso plötzlich wieder in sich zusammenbricht. Eine vielzitierte Hypothese der Phytoplanktonökologie besagt, daß die interspezifische Konkurrenz um Nährstoffe die Artenzusammensetzung und die saisonbedingte Sukzession des Phytoplanktons in Seen determiniert.

Der Aufbau einer Population ist recht einfach erklärbar. Zu Beginn der warmen Jahreszeit ist der See nährstoffreich, die Lichtwerte erreichen für das Wachstum optimale Werte.

Problematischer sind die Erklärungen für den Abfall der Populationsgröße.

Langjährige Messungen ergaben, daß der Plußsee phosphatlimitiert ist. Zwar ist anorganisches Phosphat im Hypolimnion stets in ausreichender Menge vorhanden, im Epilimnion hingegen sinken die Werte bereits im Mai/Juni so stark ab, daß in dem betreffenden Jahr nicht mehr mit einer übermäßigen Biomasseproduktion zu rechnen ist. Das anorganische Phosphat wird im Verlauf einer Saison vom Phytoplankton restlos aufgebraucht. Es kann dann bis in den September/Dezember hinein dauern, bevor sich der Pool wieder auffüllt. Der Phosphatmangel ist sicherlich der gravierendste Faktor für den Zusammenbruch einer Algenblüte.

Ein weiterer Faktor, der – zumindest zeitweilig – eine Dominanz der Blaualgen sichert, ist deren Tendenz, Antibiotika und andere toxische Substanzen ins Medium abzugeben, und damit konkurrierende Arten zu unterdrücken. Manche Blaualgen sezernieren eisen-chelierende Agentien und entziehen damit durch selektive Entfernung eines essentiellen Ions den übrigen Arten die Nahrungsgrundlage (T.A. Murphy *et al.*, 1976). Phytoplankton ist ein Glied in der Nahrungskette, und ein reichhaltiges Angebot ist die Grundlage einer starken Zooplanktonvermehrung.

Als Begleitorganismen sind oftmals Pilze (Chytridien) nachgewiesen worden, und gegen Ende einer Algenblüte (s. Kap. 33) war kaum ein Filament pilzfrei, so daß anzunehmen ist, daß der Pilzbefall den Zusammenbruch der Algenblüte beschleunigt.

Ein großer Teil des absterbenden Phytoplanktons sinkt ab und sammelt sich im Sediment. Der bakterielle Abbau ist die Ursache der Sauerstoffzehrung im Hypolimnion (Aktivität Methan-oxydierender Bakterien).

Parallel dazu erfolgt eine bakterielle Sulfatreduktion, bei der große Mengen an H_2S anfallen.

Der so entstehende H_2S-haltige Lebensraum erstreckt sich gegen Ende des Sommers nahezu über den gesamten Tiefenbereich des Sees und begünstigt das Auftreten roter und grüner phototropher Schwefelbakterien (s. Abb. 58.3). Ihre ökologische Bedeutung liegt im Aufbau organischer Substanz unter Ausnut-

zung von Restlicht im anaeroben Bereich, wodurch das H_2S zur CO_2-Reduktion verbraucht wird. Die Pigmentzusammensetzung der Bakterien erlaubt es ihnen, die Restlichtmenge in größerer Tiefe zu nutzen.

Für 1980 konnten im Plußsee die folgenden Eckdaten des Kohlenstoffkreislaufs ermittelt werden:
1. Primärproduktion: 25 000 kg C*/Jahr
2. Methanproduktion: 7 400 kg C/Jahr,
3. Methanoxidation: 6 075 kg C/Jahr.

Daraus folgt, daß 82 Prozent des im See gebildeten Methans im Verlauf eines Jahres oxidiert werden. Die Relation der Methanproduktion zur Primärproduktion (Photosynthese der Phytoplankter) liegt bei 29 Prozent. Der Wert ist für eutrophe Seen typisch.

Geht man nunmehr davon aus, daß etwa 10 Prozent der Primärproduktion (hier also 2 500 kg C/Jahr) den Seeboden erreichen und daß davon 85 Prozent (1 875 kg C/Jahr) zu Methan abgebaut werden, verbleibt ein Fehlbetrag von 5 525 kg C/Jahr, der in Form anderer Verbindungen dem See zugeführt werden muß (Niederschläge, Erosion usw.). In solchen Einträgen ist das gemessene Kohlenstoff-Phosphor-Verhältnis ca. 100 : 1; d.h., es müssen außer den 5 525 kg C/Jahr auch etwa 50 kg Phosphor pro Jahr in den See gelangen. Dieser Wert liegt in dem Bereich, der zusätzlich erforderlich ist, um die Menge der tatsächlich gebildeten Biomasse zu erklären.

Eutrophierung von Gewässern (Teil 2, s. a. Kap. 55)

Die Mehrzahl der mitteleuropäischen Seen ist eutroph, der Eutrophierungsprozeß wird durch menschliche Einwirkung beschleunigt. Dazu zwei Beispiele:

Sedimentanalysen vom Boden des Großen Plöner Sees ergaben, daß er im 13. Jahrhundert ziemlich plötzlich von oligotrophem in eutrophen Zustand überführt wurde. Ein Grund dafür war die Entscheidung der Stadt Plön, den natürlichen Ablauf (die Schwentine) weitgehend zu unterbinden. Der Seespiegel stieg als Folge dieser Maßnahme um mehr als zwei Meter. Große Teile der flachen, vielfach sumpfigen Gewässerumgebung wurden überflutet und bildeten damit einen neuen Lebensraum für eine üppige Litoralflora (und -fauna), die ihrerseits, zusammen mit der Einspülung organischen Materials, zur Erhöhung des Nährstoffangebots im See führte. Im 20. Jahrhundert erfolgte ein weiterer sprunghafter Anstieg des Eutrophierungsgrads. Die Einleitung ungeklärter Abwässer, die Überdüngung von seenahen landwirtschaftlich genutzten Flächen, und der hohe Phosphatanteil in Waschmitteln sind die Hauptursachen hierfür.

Das zweite Beispiel ist der Bodensee:

An seinen Ufern liegen weit über 100 Städte mit mehr als drei Millionen Einwohnern. Durch Fremdenverkehr sind jährlich zusätzliche 4,7 Millionen

---

* C = Kohlenstoff

Übernachtungen zu verzeichnen. Für alle Menschen ist der See ein Trinkwasserreservoir, Abwässer werden (wurden) ungeklärt eingeleitet. Jährlich werden 1,5 Millionen Kilogramm Fische gefangen.

Wegen unterschiedlicher Tiefe und Uferstrukturierung sind Ober- und Untersee (253, respektive 46 m tief; mittlere Tiefe 100 m, respektive 20 m) als getrennte Seetypen oder Ökosyteme zu betrachten. Der Untersee gilt seit langem als eutroph. Wegen des großen Wasservolumens des Obersees wird in ihm ein ausreichender Sauerstoffvorrat gespeichert, so daß der überwiegende Teil des Planktons schon im Absinken abgebaut wird. Nur ein verschwindend geringer Teil erreicht das Sediment. Durch die Vollzirkulation im Winter gelangen nur geringe Nährstoffmengen an die Oberfläche, viel Phytoplankton wird dabei jedoch in die Tiefe gerissen, die Algen sterben ab, die Primärproduktion wird dadurch zeitweilig vollständig blockiert. Wegen der genannten Bedingungen ist der Obersee als klassisches Beispiel für einen oligotrophen See bekannt geworden. Im Verlauf dieses Jahrhunderts änderten sich die Bedingungen schlagartig. 1948 wurden erstmals meßbare Phosphatwerte im Obersee festgestellt. Die Menge nahm im Zeitraum zwischen 1950 und 1970 exponentiell zu (59 Prozent durch erhöhten Waschmittelgebrauch). Parallel dazu stieg die Algenbiomasse gleichfalls exponentiell an, so daß der Obersee heute, zumindest in weiten, vorwiegend küstennahen Bereichen, als eutroph einzustufen ist.

Gewässergütebeurteilung/Saprobiensystem

Die unterschiedlichen Organismenarten zeichnen sich durch unterschiedliche Empfindlichkeitsschwellen gegenüber Schadstoffen aller Art aus. Ihr Vorkommen kann daher als Indiz für den Grad der Belastung eines Gewässers angesehen werden. Es erwies sich daher als zweckmäßig, zwischen vier Saprobiestufen (Wassergüteklassen) zu unterscheiden, die wie folgt definiert werden:

Wassergüteklasse I: reines Wasser ohne darin gelöstes organisches Material.

Wassergüteklasse II (β-mesosaprobe Zone): Das Wasser enthält nur wenige Bakterien, es ist sauerstoffreich und klar, allenfalls durch Wasserblüten getrübt. Das Plankton ist artenreich, die Ufer der Gewässer sind oft stark verkrautet. Die Leitorganismen dieser Zone sind gegenüber Fäulnisprodukten, geringem Sauerstoffgehalt und stärkeren pH-Schwankungen empfindlich.
Den Gewässern kann (bei entsprechender Aufbereitung) Trinkwasser entnommen werden. Die Mehrzahl der mitteleuropäischen Seen ist dieser Stufe zuzuordnen. Sie enthalten eine vielfältigere Flora und Fauna als die der übrigen Saprobiestufen.

Wassergüteklasse III (α-mesosaprobe Zone): Die Gewässer dieser Güteklasse sind noch zur Selbstreinigung befähigt, da in ihnen Oxydationsprozesse

überwiegen. Das Wasser ist zwar sauerstoffreich, doch ist die Sauerstoffzehrung aufgrund hoher bakterieller Aktivitäten sehr hoch.
Kieselalgen, Grünalgen, zahlreiche Protistenarten sind häufig.

Wassergüteklasse IV (polysaprobe Zone): Die am stärksten verschmutzte Zone. Das Wasser ist ganz oder nahezu sauerstofffrei; es ist übelriechend, der Gewässerboden ist von einer dicken Faulschlammschicht bedeckt. Bakterien sind zahlreich, alle übrigen Organismen sind – von einzelnen Arten abgesehen – spärlich vertreten. Zu den typischen Bewohnern der polysaproben Zone gehören heterotroph lebende Protisten, einige Blaualgenarten und Schlammröhrenwürmer *(Tubifex tubifex)*. Zu dieser Zone rechnet man ungeklärte Abwässer sowie Flüsse und Seen an Stellen, an denen Abwässer eingeleitet werden.
In Verlandungszonen kann es durch Ansammlung tierischer und pflanzlicher Überreste zu polysaproben Verhältnissen kommen.

Die Einteilung in die obengenannten Wassergüteklassen berücksichtigt nur die Belastung (Verschmutzung) der Gewässer durch organisches Material sowie die dadurch bedingte erhöhte Sauerstoffzehrung. Sie macht jedoch keine Aussage über die Belastung durch nichtabbaubare organische Substanzen (wie 2,4–D, Dioxin oder andere chlorierte Kohlenwasserstoffe) sowie Schwermetalle. Durch abbaubares Material belastete Gewässer können sich regenerieren und können dann wieder als sauber gelten. Für nichtabbaubare Materialien trifft die Aussage nicht zu.

Es ist problematisch, Fließgewässer nach Wassergüteklassen einzuteilen, da sich der Wasserkörper ständig ändert. Die Einteilung ist aber auch dort zutreffend, wenn die Belastung an bestimmten Stellen als permanent zu betrachten ist (Einleitung ungeklärter Abwässer, Industrieabwässer, warmen Wassers u.a.).

Eine weitere Komplikation: Es zeigte sich in den letzten Jahren, daß sich etliche Arten an steigende Belastung adaptieren. So treten, nach jahrelanger Abwesenheit, „empfindliche" Arten auch in verschmutzten Gewässern wieder auf, Mutanten erobern verlorenes Terrain zurück.

Fließgewässer

Die Beschreibung eines Ökosystems „Fließgewässer" (Fluß) ist weit schwieriger als die eines Sees, weil sich wegen der mehr oder weniger starken Strömung kein stabiles Gleichgewicht einstellen kann. Die Zusammensetzung des Phytoplanktons hängt im wesentlichen vom Eintrag aus den Gewässern im Einzugsbereich des Flusses ab. Hinzu kommt ein erhöhter Einfluß der Uferregion. Durch die strömungsbedingte Aufwirbelung des Bodens und der Uferränder ist Flußwasser meist nährstoff- und auch sauerstoffreich; wegen der in ihm gelösten Partikel ist es fast immer trüb. Flüsse sind selten tiefer als fünf bis zehn Meter; es gibt daher auch keine Trennung in Epi- und Hypolimnion.

Da fast nie bekannt ist, woher das Phytoplankton in einen Fluß geraten ist und über welche Strecken es transportiert worden ist, lassen sich aufgrund der Artenzusammensetzung keine Aussagen über den Saprobiegrad machen.

Es gibt keine „flußtypischen" planktischen Organismen. Anders sieht es mit benthisch lebenden aus, denn der Besatz des Bodens ist einmal von dessen Konsistenz (Fels, Sand, Schlick usw), dann von der Tiefe, und schließlich von der Strömung abhängig.

Zahlreiche Arten haben unter diesen Bedingungen ihre ökologische Nische gefunden. An Steinen beispielsweise findet man an der strömungsabgewandten Seite (Lee) vielfach einen reichhaltigen Algenbewuchs. In strömungsberuhigten Totwasserzonen, die sich zum Beispiel zwischen und unter Steinen ausbilden, kann sich ein artenreiches Mikroökosystem etablieren.

Marine Ökosysteme

Wenn man von einigen wenigen Binnenmeeren absieht, sind alle übrigen als ein Kontinuum zu betrachten, in dem wegen der durch das Klima bedingten starken Strömungen ein intensiver horizontaler und vertikaler Wasseraustausch stattfindet.

Abnehmende Sonneneinstrahlung bei zunehmender geographischer Breite, Erdrotation, Passatwinde, Humboldtstrom, Labradorstrom usw. seien in diesem Zusammenhang nur als Stichworte genannt. Durch Temperaturunterschiede, unterschiedliche Salinität und Tiefe sind der freien Beweglichkeit der Organismen natürliche Grenzen gesetzt. Die höchsten Art- und Individuenzahlen findet man in flachen küstennahen Meeren (dem Kontinentalschelf) oder Randmeeren (Beispiel Ostsee). Die Produktivität in kälteren Regionen ist oft höher als in wärmeren.

Viele marine Algen vertragen Kälte recht gut, sind aber gegenüber Erwärmung sehr empfindlich. So ermittelte K. Lüning (Biologische Anstalt Helgoland) 1984 folgende Werte für benthische Algen aus der Region um Helgoland: Die Temperatur des Meerwassers schwankt dort saisonal zwischen 3 und 18°C. Alle dort vorkommenden Algen vertragen Temperaturen um 0°C, keine eine Temperatur von über 33 °C. Die empfindlichste Braunalge (Chorda tomentosa) verträgt keine Temperaturen über 18°C (im Experiment betrug die Temperaturbehandlung eine Woche). Laminarien benötigen zum Wachstum Temperaturen

Abb. 58.6. Mangrovengehölze in der Gezeitenzone (*Rhizophora stylosa,* Rhizophoraceae) vor Dunk Island, Ostküste Australien.

unter 20°; 23° ist die Toleranzgrenze; *Fucus*-Arten und *Cladostephus spongiosus* ertragen 28°. Bei den Helgoländer Rotalgen sind ähnliche artspezifische Schwellenwerte gemessen worden: 20°C, 30°C. Besonders empfindlich ist die Grünalge *Monostroma undulatum,* deren Temperaturoptimum unter 10° liegt, eine Temperatur von 15° wirkt bereits letal.

Das Gebiet um Helgoland ist für viele der hier vorkommenden Arten die Südgrenze ihres Verbreitungsgebiets.

Ein besonderer, quasi-mariner Lebensraum ist das Aestuar (Brackwasserzone). Es umfaßt einen küstennahen Wasserkörper mit freiem Zugang zum offenen Meer, der oft durch Gezeiten und Süßwasserzuflüsse (Flußmündungen) gekennzeichnet ist. Typische Beispiele dafür sind die Elbe-, Weser-, Ems- und Eidermündungen im Bereich der Deutschen Bucht. Aestuare sind nährstoffreich und zeichnen sich durch hohe Produktivität aus. Es gibt aber nur wenige Organismenarten, die an den Wechsel von Süß- und Salzwasser, bzw. wechselnde Salinität und/oder ein zeitweiliges Trockenfallen (Watt) adaptiert sind.

Im erweiterten Sinne kann auch die gesamte Ostsee als Aestuar eingestuft werden. Ihr Salzgehalt liegt weit unter dem der übrigen Weltmeere, ihr erdgeschichtliches Alter beträgt nur 12 000 Jahre.

Am Ostseeboden sind kaum Sedimente zu finden, jedoch ist in den letzten Jahrzehnten eine meßbare Erhöhung der Nährstoffzufuhr zu verzeichnen, und lokal (in Küstennähe, Buchten) sind typische Anzeichen einer Eutrophierung auszumachen.

Eine charakteristische Randvegetation tropischer und subtropischer Aestuare ist die Mangrove. Es ist ein Baumgürtel mit bis zu 30 Metern hohen Bäumen. Die vorderste Grenze reicht bis in die Gezeitenzone (s. Abb. 58.6). Die Mangrove an Aestuaren ist artenärmer als die an Meeresküsten ohne Brackwassereinwirkung.

Literatur

Elster, H.-J.: Der Bodensee – Bedrohung und Sanierungsmöglichkeiten eines Ökosystems. Naturwissenschaften *64,* 207–215 (1977)

Gessner, F.: Die Binnengewässer. in „Handbuch der Pflanzenphysiologie" (W. Ruhland, Hrsg.) *4,* 179–232. Berlin–Göttingen–Heidelberg: Springer Verlag, 1958

Hellebust, J.A.: Extracellular products. In: „Algal physiology and biochemistry" (Steward, W.D.P. ed.). Berkeley and Los Angeles: University of California Press, 1974

Hickel, B.: Phytoplankton population dynamics in Plußsee (East-Holstein, Germany). Verh. Ges. f. Ökologie, Kiel *7,* 119–126 (1977)

Hutchinson, G.E.: A treatise on limnology, Vol. *1,* S. 1–1015. New York: J. Wiley and Sons, Inc., 1957

Krambeck, H.-J.: Energiehaushalt und Stofftransport eines Sees. Beispiel einer mathematischen Analyse limnologischer Prozesse. Arch. Hydrobiol. *73,* 137–192 (1974)

Lüning, K.: Temperature tolerance and biogeography of seaweeds: The marine algal flora of Helgoland (North Sea) as an example. Helgoländer Meeresunters. *38,* 305–317 (1984)

Lüning, K.: Meeresbotanik: Verbreitung, Ökophysiologie und Nutzung der marinen Makroalgen. Stuttgart–New York: G. Thieme Verlag, 1985

Magaard, L., G. Rheinheimer (eds.): Meereskunde der Ostsee. Berlin–Heidelberg–New York: Springer Verlag, 1974

Murphy, T.P., D.R.S. Lean, C. Nalewajko: Bluegreen algae. Their excretion of iron-selective chelators enables them to dominate other algae. Science *192,* 900–902 (1976)

Ohle, W.: Der Stoffhaushalt der Seen als Grundlage einer allgemeinen Stoffwechseldynamik der Gewässer. Kieler Meeresforschg. *18,* 107–120 (1962)

Ohle, W.: Die rasante Eutrophierung des Großen Plöner Sees in frühgeschichtlicher Zeit. Naturwissenschaften *60,* 47 (1973)

Overbeck, J.: Zur Struktur und Funktion des aquatischen Ökosystems. Ber. Deutsch. Bot. Ges. *85,* 553–577 (1972)

Ruttner, F.: Grundriß der Limnologie. Berlin: W. de Gruyter und Co., 1962 (3. Aufl.).

Schwoerbel, J.: Einführung in die Limnologie. Stuttgart: UTB 31, G. Fischer Verlag, 1980 (4. Aufl.)

Silvey, J.K.G., and J.T. Wyatt: The interrelationship between freshwater bacteria, algae, and actinomycetes in southwestern reservoirs. In: „The structure and function of fresh-water microbial communities" (J. Cairns, ed.), S. 249–275. Blocksburg, Virginia: Virginia Polytechnic Institute and State University.

Stumm, W.: Die Beeinträchtigung aquatischer Ökosysteme durch die Zivilisation. Naturwissenschaften *64,* 157–165 (1977)

Thienemann, A.: Die Binnengewässer Mitteleuropas. Stuttgart: E. Schweizerbart'sche Verlagsbuchhandlung, 1926

Thienemann, A.: Die Binnengewässer in Natur und Kultur. Berlin–Göttingen–Heidelberg: Springer Verlag, 1955

Utermöhl, H.: Limnologische Phytoplankton-Studien. Die Besiedlung ostholsteinischer Seen mit Schwebpflanzen. Arch. Hydrobiol., Suppl. *5,* 524 S., 1925

Whitford, L.A.: Notes on the history of freshwater phycology. J. Phycol. *4,* 169–173 (1968)

Zmudziński, L.: Eutrophierung der Ostsee und ihrer Randgewässer. Limnologia *10,* 419–424 (1976)

Register

848

850

854

862